AF830053

Gesamtverzeichnis des deutschsprachigen Schrifttums (GV) 1700 – 1910

Bearbeitet unter der Leitung von
Hilmar Schmuck und Willi Gorzny

Bibliographische und redaktionelle Beratung:
Hans Popst und Rainer Schöller

91

Lud - Mac

K · G · Saur München · New York · London · Paris 1983

CIP-Kurztitelaufnahme der Deutschen Bibliothek

Gesamtverzeichnis des deutschsprachigen Schrifttums :
(GV). – München, New York, London, Paris : Saur.
Bd. 1 – 6 bearb. unter d. Leitung von Peter Geils
u. Willi Gorzny.
ISBN 3-598-30000-X

1700 – 1910 / bearb. unter d. Leitung von Hilmar
Schmuck u. Willi Gorzny. Bibliograph. u. red.
Beratung: Hans Popst u. Rainer Schöller

NE: Schmuck, Hilmar [Bearb.]

91. Lud - Mac. - 1983.

© 1983 by K. G. Saur Verlag KG, München
Techn. Realisierung und Druck: Norbert Gärtner, Mainz-Kastel
Binden: Karl Schaumann, Darmstadt
Printed in the Federal Republic of Germany
ISBN 3-598-30000-X (Gesamtwerk)

Lud: Przez lud (Durch das Volk)
v. Zwowa.

Luda, Geo., Asthma, e. Kohlensäurevergiftung, u. sein Wesen, Behandlung u. Heilung durch Entgiftung des Blutes. (31 S. m. 1 Abbildg.) gr. 8. Berlin 906. E. Ebering. n. 1. —

Luda, Georg *Anselm Johannes* [aus Danzig]: Die Verletzungen des knöchernen Schädels mit stumpfen Säbeln in forensischer und kriegschirurgischer Beziehung u. unter bes. Berücks. ihres Entstehungsmechanismus ... Berlin, Druck v. E. Ebering, *1897;* 26 S., 3 Bl. 8.
Berlin, Med. Fak., Inaug.-Diss. v. 16. Juli 1897

Luda, Max, approb. Arzt aus Danzig: Aus d. pathol. Institute zu Kiel. **Beitrag** zur Kenntnis des Leberabscesses. *Kiel 1900: P. Peters.* (38 S.) 8°
Kiel, Med. Diss. v. [27. Aug.] 1900

Ludämilia Elisabeth, Gräfin und Fräulein von Schwarzburg-Rudolstadt etc., geistliche Lieder, s. Sängerinnen, geistliche, der christl. Kirche deutscher Nation.

— geistliche Lieder, herausg. von Sarnighausen, s. Sängerinnen, geistliche.

—— die Stimme der Freundin. Geistliche Lieder. Vornemlich deutschen Frauen zum Lebensgeleite, getreu und vollständig nach dem ersten Druck aufs Neue dargeboten von Wilh. Thilo. 16. (LXX und 456 S. mit dem (lithogr.) Bildnis der Verf. mit 1 Holzschnt.) Stuttgart 856, S. G. Liesching. *

Ludneus, Gttl., Consilium medicum von der Krampfsucht oder Kriebelkrankheit. Bud. 8°. 1718

Lüdcke, Wilhelm

Lüdcke, 301 Aufgaben aus der darstellenden Geometrie, s.: Gubatz.

Lüdcke, Wilh., Linearzeichnen in der Volksschule nach den neuen preuss. Zeichenlehrplänen. Nebst Ergänzungsaufgaben für Mittelschulen u. Präparandenanstalten. Mit 19 lith. Taf. u. 43 Textfig. (60 S.) qu. gr. 8. Dortmund (904). F. W. Ruhfus. Geb. in Leinw. n. 2. —

Lüdcke, Wilh., Linearzeichnen in der Volksschule nach den neuen preußischen Zeichenlehrplänen. Ein method. Handbuch. 2. verm. u. durchgeseh. Aufl. (71 S. m. 32 Fig. u. 24 Taf.) 14,5×23 cm. Bielefeld-Gadderbaum (910). W. Bertelsmann. Geb. in Leinw. 2. 25

— Uebungsstoff f. den prakt. Unterricht in der darstellenden Geometrie an höh. Lehranstalten, Kunstgewerbeschulen, Lehrerseminarien u. gewerbl. Fortbildungs- u. Fachschulen. Mit 1 mehrfarb. u. 18 einfach lith. Taf. (15 S. m. Abbildgn.) gr. 4. Ebd. (904). In Mappe n. 3. 60

— 5 Vorlegeblätter f. das Linearzeichnen der Zimmerer. Sonderabdr. der Taf. 4—8 aus dem „Konstruktiven Zeichnen in gewerbl. Fortbildungs- u. Fachschulen. I. Tl." (5 Taf. m. 2 S. Text.) 20,5×27 cm. Kiel (907). Lipsius & Tischer. — 50

— 5 Vorlegeblätter für das Linearzeichnen der Zimmerer. (5 T) qu 4° Kiel (1908)

— Das konstruktive Zeichnen in gewerblichen Fortbildungs- u. Fachschulen. I. u. II. Tl. 21,5×27,5 cm. Ebd. (907). Kart. 13. —
I. Für Zimmerer. Zugleich e. Lehranweisg. f. die Vor- u. Unterstufe der Baugewerkschulen. (24 S. m. Fig. u. 34 Taf.) 5. —
II. Für Bau- u. Möbeltischler. (31 S. m. 26 Fig. u. 62 Taf.) 8. —

Lüdeke W. das konstruktive Zeichnen in gewerblichen Fortbildungs- und Fachschulen I. Für Zimmerer. (24 S 34 T) qu 4° Kiel (1908)

Lüdde, Gedenkblätter des deutschen Krieges im Sommer 1866. Für das deutsche Volk, insbesond. für Preußens Krieger zusammengestellt. Berlin 866. Alemann. 8. (24 S. mit amtl. Chronik der Kriegsereignisse u. mit 1 lith. Kriegskarte in gr. 4.) 5 ngr.

Lüdde, Friedrich, aus Weimar: Über neue Abbauprodukte der Pulegensäure. *Weimar 1899: Hof-Buchdr.* (38 S.) 8°
Göttingen, Phil. Diss. v. [3. Sept.] 1899

Lüdde, Frdr., über neue Abbauprodukte der Pulegensäure. Diss. gr. 8. (38 S.) Weimar 899. (Göttingen, Vandenhoeck & Ruprecht.) n. 1. —

Lüdde, Hans: Das Recht des Kommissionshandels nach dem neuen Handelsgesetzbuch und dem Bürgerlichen Gesetzbuch. *Marburg 1897: F. Sömmering.* (43 S.) 8°
Erlangen, Jur. Diss. v. 2. Nov. 1897

Lüdde, Johann Gottfried. Begleit-Worte zum Raaz'schen Relief-Atlas in 16 photolithographirten Karten Berlin 1866.

Lüdde, Joh. Gtfr., die Geschichte d. Erdkunde. Eine Abhandl. üb. ihr Wesen u. ihre Literatur; mit e. beurtheil., ausführl. Verzeichn. d. metholog. Schriften üb. d. Erdkunde. gr. 8 (7¼ B.) Berlin 841. [Halle, Colditz.]

Lüdde, Joh. Gottfr., die Geschichte der Methodologie der Erdkunde. In ihrer ersten Grundlage, vermittelst einer historisch-krit. Zusammenstellung der Literatur der Methodologie der Erdkunde bearb. gr. 8. (XIV und 130 S.) Leipzig 849, Hinrichssche Buchh.

Lüdde, Joh. Gfried., Compendium der allgemeinen Erdkunde (Geographia universalis) nach den Fortschritten der Wissenschaft und ihrer Methodik systematisch bearb. für Lehrer und Schüler der Gymnasien und Realschulen. 8. (XXII und 303 S.) Berlin 857, Hempel. *

Lüdde, Joh. Gttfr., die Methodik der Erdkunde, od. Anleitung, die Fortschritte der Wissenschaft der Erdkunde in den Schul- u. akademischen Unterricht leichter u. wirklich einzuführen. Nebst Bemerkungen über die Wissenschaft der Erdkunde u. Kritiken üb. deren neueste didactische Literatur. gr. 8. (9¼ B.) Magdeburg 842, Baensch.

Lüdde, Joh. Gfr., die Sonne im Dienste der Kartographie. Kritische Erörterungen zur Geschichte der neueren Kartographie zur Einführung des Schulatlas über alle Theile der Erde nach Reliefs von C. Raaz. gr. 8. (39 S.) Berlin 868, Peiser's Verlag. *

Lüdde, Joh. Gfr., die Sonne im Dienste der Kartographie. Kritische Erörtergn. zur Geschichte der neueren Kartographie zur Einführg. der Wandkarten u. d. Schulatlas üb. alle Theile der Erde nach Reliefs v. C. Raaz, G. Woldermann, C. Bamberg, Fr. Schilling. Neue Ausg. bearb. v. Frz. Matthes. gr. 8. (61 S.) Weimar 874. photolithogr. Institut. gratis.

— s.a. Zeitschrift für Erdkunde.

Lüddecke, Erich Otto Christian, Referendar am Kgl. Amtsgericht Leipzig: Das Schuldverhältnis zwischen dem Vorerben und dem Nacherben. Borna-Leipzig 1908: R. Noske. (IX, 99 S.) 8°
Leipzig, Jur. Fak., Diss. v. 22. April 1908
[Geb. 31. März 82 Cramme (Braunschweig); Wohnort: Leipzig; Staatsangeh.: Sachsen; Vorbildung: Gymn. Wolfenbüttel Reife O. 01; Studium: Heidelberg 1, Leipzig 3, Berlin 2, Leipzig 2 S.; Rig. 3. Febr. 05.]

Lüddecke, Georg

Lüddecke, G., der Beobachtungs-Unterricht in Naturwissenschaft, Erdkunde u. Zeichnen an höheren Lehranstalten, besonders als Unterricht im Freien. Mit e. Vorworte v. Herm. Schiller. gr. 8. (VII, 161 S.) Braunschweig 893. O. Salle. n. 2. 40

Lüddecke, G., Bilder aus dem Crossener Odergau, nebst e. Anh.: Die wichtigsten Wanderlinien bei Crossen. Mit 1 Ansicht der Stadt Crossen, 5 Kartenskizzen u. e. Anzeigen-Anh. 12. (VIII, 138 S.) Crossen (900). R. Zeidler. n. 1.—

Lüddecke, Georg: B i l d e r aus dem Crossener Odergau nebst e. Anh.: Die wichtigsten Wanderlinien bei Crossen von G[eorg] Lüddecke, Oberl. Mit e. Ansicht d. Stadt Crossen. 5 Kartenskizzen u. e. Anzeigen-Anh.
Crossen a. O.: R. Zeidler 1902. (VIII, 156 S.) 8° [F.]

Lüddecke, Karl: Die Frage der Echtheit und Abfassungszeit des Euthydemus. Celle, Druck v. W. Grofsgebauer, 1897; 49 S. 8.
Celle, k. G, OP 1897 (310)

Lüddecke, Karl: Die Terminologie im Menon in ihrer Bedeutung für die Frage der Echtheit und Abfassungszeit des Dialogs. *Celle 1900: W. Grossgebauer.* (23 S.) 8°
Celle, k. G. OP 1900 (321)

Lüddecke, Richard

Lüddecke, R. Afrika in 6 Blättern. (Aus Stielers Handatlas). Mit einem vollständigen Namensverzeichniss. 1 : 10 000 000. Gotha. c. K. Ff

Atlas Escolar Portuguez de Ricardo **Lüddecke**. Mandado organisar pela Direcção Geral de Instr. Publ. para uso dos Lyceus e Inst. de ensino secundario. *Gotha: J. Perthes 1897.* (46 Karten.) 4° [00. 7238

Lüddecke, R. Emin Pascha u. Stanley in Centralafrika 1889. [Justus Perthes' Gelegenheitskarten zur Tagesgeschichte. 1889. Nr. 2.] 1 : 10,000,000. Chromolithogr. qu. Fol. Gotha 889, J. Perthes. — 60

Lüddecke, R. Karte v. Afrika in 6 Blättern. 1 : 10,000,000. [Aus: Stieler's Hand-Atlas.] Kpfrst. u. color. (87×104 cm.) Mit Namenverzeichnis. (23 S.) Gotha 890, J. Perthes.
Auf Leinw. in Leinw.-Decke 10 —

Lüddecke, Dr. R. Karte der Volksdichte der Vereinigten Staaten und von Canada. Auf Grund der Ergebnisse des X. Zensus (1880) und unter Ausschluss der Orte über 10 000 Einwohner. 1 : 7 500 000. Gotha 1888. 1 Bl. c. L. Ff.

Lüddecke, Richard: Ueber Moränenseen. Ein Beitrag zur allgemeinen Erdkunde. Halle 1881: Karras. 32 S. 8°
Halle-Wittenberg, Phil. Diss. v. 17. Jan. 1881
Geb. Magdeburg 1. 1. 1859. V.
Ersch. vollst. im Buchhandel Halle: Niemeyer 1881. 67 S.

Lüddecke, Rich., über Moränenseen. Ein Beitrag zur allgemeinen Erdkunde. gr. 8. (67 S.) Halle 881, Niemeyer. *

[F.] Deutscher Schulatlas. Von Dr. R. **Lüddecke**. Unterstufe. 53 Kt. u. 3 Bilder auf 20 S. ... *Gotha: J. Perthes 1896.* (1 Bl., 20 S.) 1 Bd 4. [96. 192

Deutscher Schulatlas. Bearb. u. hrsg. von Dr. [Richard] **Lüddecke** u. Dr. H. Haack. 88 Karten u. 7 Bilder auf 51 Seiten. 3., bericht. u. erw. Aufl. *Gotha: J. Perthes 1902.* (51 S.) 4° [F.] [02. 2,8.

Lüddecke, Robert: Ueber die Verletzungen grosser Gelenke. Halle a. S. 1884: Plötz. 23, XXIII S. 8°
Halle-Wittenberg, Med. Diss. v. 20. Dez. 1884
Geb. Harbke (Kr. Neuhaldensleben) 7. 11. 1858. V.

Lueddeckens, Frdr., ein Beitrag zu e. sicheren Behandlg. v. Rachen-Diphtherie u. Scharlach ohne Serum. gr. 8. (47 S. m. Titelbild.) Leipzig 897. W. Engelmann. n. 1.—

Lueddeckens, Friedrich *Carl August* [pr. Arzt in Liegnitz]: Zur Casuistik der Neurosis electrica ... Leipzig, Druck v. A. Edelmann, Univ.-Buchdr., *1895;* 32 S., 1 Bl. 8.
Leipzig, Med. Fak., Inaug.-Diss. v. 25. Nov. 1895

— zur Casuistik der Neurosis electrica. Diss. gr. 8. (32 S.) Leipzig 896. (G. Schlemminger.) n. 1.—

Lueddeckens, Fritz, Rechts- u. Linkshändigkeit. gr. 8. (VII, 82 S. m. 11 Fig. u. 3 Fragebog.) Leipzig 900. W. Engelmann. n. 2.—

Lüddeckens, P., s.: Verfassung u. Verwaltungsorganisation der Städte des Königr. Preußen.

Luedden, Carl Friedrich Heinrich, s. L u e d d e n , Karl Friedrich Heinrich

Luedden, Carl Heinrich Theoph., s. L u e d d e n , Karl Heinrich Theoph.

Lüdden, Ernst, Arzt aus Wollin (Pomm.): Irrtümer bei der Diagnose der Schwangerschaft in vorgerücktem Stadium. *Marburg 1901: R. Friedrich.* (43 S.) 8°
Marburg, Med. Diss. v. 14. Dez. 1901

Luedden, Karl Friedrich Heinrich

Luedden, Carl Friedr. Heinr. (Bettmar / Braunschweig), Theoriae marochettianae de hydrophobia expositio et epicrisis. Diss. med. Berlin (Nietack) 9. VII. 1837. 27 S. mit Biogr. (M.: Henr. Scheller.) (3.—) 21790
Gew.: G. J. v. Kathen, Chr. Koepsel. — Oppon.: L. F. Hassel, A. Mueller, H. A. Nordsieck.

Luedden, Car. Henr. Theoph. (geb. Schievelbein 12. 6. 1840): De amenorrhoea primitiva. Berolini (1864). (31 S.) 8°
Berlin, Med. Diss. v. 1. Aug. 1864

LÜDDENS, HEINRICH C. J. Ueber das Diphenyl und einige neue Derivate desselben; und ein Versuch eine neue Benzolformel zu begründen. Göttingen, 1876.

Lüddens, Heinr. C. J., über das Diphenyl und einige neue Derivate desselben; und ein Versuch, eine neue Benzolformel zu begründen. Inaugural-Dissertation. gr. 8. (31 S.) Göttingen 879, (Vandenhoeck und Ruprecht's Verlag.) *

Lüddicke, Albert [aus Berlin]: Zur Lehre von den sogenannten traumatischen Neurosen ... Göttingen, Druck d. Dieterich'schen Univ.-Buchdr., 1892; 23 S. 8.
Göttingen, Med. Fak., Inaug.-Diss. v. [5. März] 1891

Lude, A.: Der G r a t u l a n t . Neujahrs-, Geburtstags- u. Namenstags-Wünsche von A. Lude. 2. verb. Aufl.
Patschkau: G. Buchal [1902]. (74 S.) 8° [Ant. u. F.]

Lude, A.: Der G r a t u l a n t . Neujahrs-, Geburtstags- u. Namenstags-Wünsche von – . 2. verb. Aufl. Patschkau: G. Buchal [um 1903]. (74 S.) 8⁰ [F. u. Ant.]

Lüde, die Amtmannstochter, eine Wertheriade. Bremen 1797. V: *Hoche, Johann Gottfried.* (Ky)
Wilmans in Frankfurt

Lude Cv, liegende Dampfmaschine in 13 Vorlegeblattern fur d. Zeichenunterricht. Imp

Lüdecke, s. a. L ü d e k e

Beleuchtung der nöthigen Vorsichtigkeits-Regeln bey Ergötzungen, welche den 9. Trinit. 1771 über den ordentlichen Nachmittags-Text der Catharinen-Gemeinde zu M a g d e b u r g von ihrem Lehrer dem Herrn Pastor *Lüdecke* öffentlich vorgestellet worden. Frankfurth und Leipzig 1771. 16 S. 8⁰.

L u e d e c k e, über neue Erwerbungen des mineralogischen Instituts, sowie über neue Mineralien aus Japan und Thüringen. gr. 4. (7 S. mit 4 eingedr. Fig.) Halle 879, Schmidt's Verlag. *
Aus: Sitzungsberichte der naturforschenden Gesellschaft zu Halle, besonders abgedruckt.

Lüdecke's Special-Kursbuch. Enth.: Die Eisenbahn-, Post- u. Dampfschiffs-Verbindungen in Nord- u. Mittel-Deutschland, sowie Eisenbahn-Anschlüsse der benachbarten Länder etc. Mit 1 (lith.) Eisenbahn-Uebersichtskarte v. Deutschland. Nach amtl. Angaben red. v. Rud. Lüdecke. Ausg.: 15. Octbr. 1880—1. Januar 1881. 8. (319 S.) Magdeburg 880. Exped. 1. —

Luedecke, C.

Luedecke, C., das Gesetz vom 2. Juni 1852, den Holzdiebstahl betr., s.a. G e s e tz ꝛc.

Luedecke, C.: Das G e s e t z vom 2. Juni 1852, den Diebstahl an Holz und anderen Waldproducten betr. Für den pract. Gebrauch erg. u. erl. Magdeburg 1859.

— Zusammenstellung der für die Schon-, Setz- und Hegezeit des Wildes im Herzogth. Magdeburg und im Fürstenth. Halberstadt geltenden Bestimmungen. gr. 8. (40 S.) Magdeburg 857, Ebers. *

Lüdecke, C. F., Mittheilungen über zwei wichtige Handschriften des C. Julius Solinus Pr. 1866. 11 S. 4⁰. —.90

Lüdecke, C. P., d. Lehre von d. prakt. Anwendung d. thierischen Magnetismus als Heilmittel. 8. Leipz. 821. Lauffer. 15 gr

L ü d e c k e, (C. P.,) die Lehre von d. prakt. Anwendung d. thierischen Magnetismus als Heilmittel. 8. Lpz. 824, Lauffer.

Luedecke, Carl, s. L u e d e c k e , Karl

Lüdecke, Christoph Wilhelm

— Auszug d. christl. Glaubenslehre. 8. Halle 761. Waisenhaus B. 2 gr

Lüdeke, Christoph Wilhelm, Doctor der Gottesgelehrsamkeit etc. Beschreibung des t ü r k i s c h e n R e i c h e s, nach seiner Religions- und S t a a t s v e r f a s s u n g, in der letzten Hälfte des achtzehnten Jahrhunderts. (3 Bde.) 8. Leipzig 1780—1789.

— Beschr. des t ü r k i s c h. R e i c h s, nach s. Relig. u. Staatsverf. 3 Thle. gr. 8. Leipz. Gleditsch. 780—89. (I. 1 Rthlr. 4 gr. II. 1 Rthlr. 12 gr. III. 20 gr.)

— s. B u s i n e l l o, Nachricht.

— kurze Erläuterung einiger Schriftstellen aus d. Natur u. d. Sitten des Orients, übers. u. mit Anmerkk. vers. v. J. H. v. Melle. 8. Lübeck 778. (Brockhaus in Leip.) 5 gr

— expositio brevis locorum sac. scripturae, ad orientem se referent. 8. Halle 777. Waisenh. B. 3 gr

— zwei in Memmingen gehalt. Gastpredigten. 8. Augsb. 768. v. Jenisch u. St. 2 gr

Lüdecke, Cph. Wlh., († d. 21. Juni 1805.) allgemein Schwed. Gelehrsamkeitsarchiv, unter Gustav III. Regierung. 7 Thle. gr. 8. Leipz. 781—96. (Brockhaus). 5 rß 22 gr

— das Gleichniß Jesu von d. Pharisaer u. Zöllner, als e. Unterricht für Lehrer u. Zuhörer. 8. Stockh. 774.

— glaubwürdige Nachrichten von d. Türkischen Reiche. 8. Leipz. 770. Verm. Aufl. A. u. d. T.: Beschreib. d. Türk. Reichs, nach seiner Religion u. Staatsverfassung in d. letzten Hälfte d. 18n Jahrh. gr. 8. Ebd. 771. 2e A. 780. 3r u. 3r Thl. 778, 79. (Brockhaus). 3 rß 12 gr

— zu Augsburg im J. 1794 gehaltene Predigten. 8. Augsb. 795. v. Jenisch u. St. 4 gr

— zwei Predigten von d. Liebe Gottes u. vom Glauben. 8. Stendal 795. Franzen u. Gr. 4 gr

— nöthige Vorsichtsmaßregeln bei Ergötzungen. 8. Magdeb. u. Leipz. 771. 2e A. 772.

Lüdecke, D., Predigt bei Einführ. d. Past. Hachenburg. 8. Dessau 783. Gel. Buchh. 9 gr

Lüdecke, E., Handbuch der allgemeinen und speciellen Arzneiverordnungslehre, s. E w a l d, C. A.

Lüdecke, Frz., die Ironie in der Geschichte. 8. (46 S.) Gotha 891. G. Schloeßmann. n. — 75

Lüdecke, Frz., wo liegen die Grenzen der Welt? 8. (16 S.) Gotha 900. Hamburg, G. Schloeßmann. n. — 40

Lüdecke, Frdr., Burschenlieder. (VIII, 115 S.) 8. Dresden (907). E. Pierson. 1.50; geb. n 2.50

Lüdecke, Frdr., plattdütsche Dichtungen. 8. (V, 106 S.) Dresden 902. E. Pierson. n. 1.50; geb. n. 2.50

Lüdecke, Friedrich: J o h a n n a die Päbstin. Tragödie von – Bremen, J. Kühlmann, 1874. 8⁰. 120 S.

L ü d e c k e, Frid., de Marciani Capellae libro VI. Dissertatio inauguralis. gr. 8. (48 S.) Göttingen 862, (Vandenhoeck und Ruprecht's Verlag.) *

Lüdecke, Frdr., die Reise nach Braunschweig, s.: K n i g g e, A. Frhr.

Luedecke, Friedrich August [Praes.], s. M i n c k w i t z , Loth Siegmund von: De potestate principis circa religionem.

Lüdecke, G. C., s. L u d e k e , Johann Christian

Luedecke, Gustav: **Wundverband und Wundnaht nach Heinrich von Mondeville.** ⟨14. Jahrhundert.⟩ *Berlin (1898): G. Schade.* (32 S.) 8°
Berlin, Med. Diss. v. 15. Juli 1898

Lüdecke, H., Ton- u. Notenlehre, auf natürlichen Grundlagen aufgebaut u. f. den Schulunterricht bearb. Theorie u. prakt. Anleitg. f. die Unterstufe. (VI, 61 S.) 8. Düsseldorf (909). L. Schwann. Kart. 1. 20

Lüdecke, Hugo, das apostolische Glaubensbekenntnis u. Prof. Adolf Harnack. Eine Verteidigungsschrift d. erstern gegen den letztern. gr. 8. (30 S.) Köslin 892. A. Hoffmann. n. — 60

LUEDECKE, Hugo Ernst, U e b e r d e m A b g r u n d. Ein Buch des Abschieds an die Träume. Leipzig, 1908. Deutsche Verlags-Actien-Gesellschaft. 8°. III—228 S. (Mk. 3—.)

Luedecke, Hugo Ernest, s.: M u s e n - A l m a n a c h, Hallescher.

— die S ä u l e des Lebens. Ein Gedicht-Zyklus. Mit Umschlagzeichng. v. Ernst Bublitz. (VI, 67 S.) 8. Halle 905. H. Kuhnt. n. 1. 50

— Z e u s. Ein Gedichtbuch. Mit Umschlagzeichnung v. Ernst Bublitz. (III, 141 S.) 8. Ebd. 904. n. 2. —

Lüdecke, (Hofprediger Dr.) J. A. A., Denkmal d. Wiedereröffnung d. deutschen Kirche in Stockholm 1821. Eine Predigt mit diplomat. histor. Beilagen. Mit 2 Steintafeln. gr. 8. Stockh. (Halle, Schwetschke u. S.; a. Löffler in Stralsund). 2 ₰ 12 gG

L ü d e c k e, J. A. A., **das Jubeljahr 1830 der christl. Kirche in Schweden. Eine Pred. am 1. Advents-Sonnt. in d. deutschen Kirche zu Stockholm gehalten etc.** gr. 8. (1¼ B.) Stockholm 830. (Stralsund, Löffler.)

— Lapides morenses. 1 lithograph. Blatt in gr. Fol. (Stralsund 826, Löffler.)

Lüdecke, J. A. A., Ueber Waisenhäuser. 8°. Naumb., Klaffenbach. (Schwetschke u. S. in Halle.)

— warum ist u. bleibt nach allen Jahrhunderten noch d. Feier des Gedächtnisstages der Reformation d. Christen heilig u. ehrwürdig? 8. Stockh. 817. Maritius in Greifsw. 6 gG

Lüdecke, J. C., s. L ü d e c k e , Johann Christian

Lüdecke, J. F.

— Ausz. d. Glaubenslehr. f. Schul. 8. Ebend. 762.

***Lüdecke,* J. F., tabulae synopticae in S. J. Baumgarten theses theolog. 8. Halle 765. Waisenh. B. 4 gG**

Lüdecke, Jakob Friedrich

— — De evocatione deorum ex opidis obsessis. Präs. Joh. Wilh. Berger. Wittenberg (Schroeder) 9. XII. 1714. (4.—) 21795

— Jac. Friedr. (Wittenberg). De lautiis veterum. Präs. Joh. Wilh. Berger. Wittenberg (Creusig) 1711. 60 S. (5.—) 21794

Lüdecke, Johann David

— — De adaeratione servitiorum equestrium. Von dem **Rossdienst-Gelde, oder Anschlag der** Ritter-**Pferde. Altdorf (Steph. Grebner) April 1746.** 70 Seiten. (5.—) 21797

— Joh. Dav. (Halle), Diss. jur. de probationis probatione meliori. Von Bessern Beweiss. Präs. Sam. Strykius. Halle (Joh. Montagius) April 1705. 56 S. (5.—) 21796

— Joh. Gebh. (Halle), Diss. jur. de crimine gratiae. **Präs. Joh. Fried. Schneider. Halle** (A. Zeitler) **Sept. 1704. 44 S. (4.20)** 21798

Lüdecke, K. F. : B e i t r a g zu einer Biographie des Claudius Salmasius. (1588-1658). Bremen. 1867. Schul-/Univ. Schrift.

Luedecke, Karl

Luedecke, zweckmäßigste Behandlg. u. Düngg. v. Wiesen u. Weiden, s.a. **W e i ß, Max.**

[F.] Zweckmässigste Behandlung und Düngung von Wiesen und Weiden mineralischen wie Moorbodens, um dauernd die quantitativ, wie qualitativ höchsten Erträge zu erzielen. Von Dr. [C a r l] **Luedecke,** Grossherzogl. Kulturingen. in Mainz. *Berlin: F. Telge 1895.* (62 S.) 1 Bd 8.
= **Preisschriften** u. Sonderabdr. d. Illustrierten Landwirtschaftl. Z e i t u n g. No 9. [96. 2461

Lüdecke, Carl, Betrachtungen üb. den Standpunkt gegenwärtiger Kunst. Vortrag, am 9. Novbr. 1898 geh. Aus dem Nachlass. gr. 8. (18 S.) Breslau 894. Maruschke & Berendt. n. — 50

Luedecke, C., die Boden- u. Wasserverhältnisse des Odenwaldes, s.a. **A b h a n d l u n g e n** der grossherz. hess. geolog. Landesanstalt zu Darmstadt. IV. 1.

Die Boden- und Wasserverhältnisse des Odenwaldes und seiner Umgebung von C[arl] Luedecke, Breslau. (Mit 2 Taf.) *Darmstadt: A. Bergsträsser in Comm. 1901.* (183 S.) 4°(8°)
= Abhandlungen d. grossh. hessischen geol. L a n d e s a n s t a l t zu Darmstadt. Bd 4. H. 1. [...]

— die Boden- u. Wasserverhältnisse der Prov. Rheinhessen, des Rheingaus u. Taunus, s.a. **A b h a n d l u n g e n der grossherz. hess. geolog. Landesanstalt zu Darmstadt.**

Luedecke, Karl: Die B o d e n - und Wasser v e r h ä l t - n i s s e der Provinz Rheinhessen des Rheingaus und Taunus. Von C[arl] L u e d e c k e , Breslau. Darmstadt: A. Bergsträsser in Comm 1899. (S. 151-298.) 4° (8°).
= Abhandlungen d. grossh. hessischen geol. Landesanstalt zu Darmstadt. Bd. 3. H. 4.

Lüdecke, Carl, neue Gedichte. (136 S.) 8. Leipzig 906. J. G. Findel. 1.25; geb. n 2. –

Lübeke, Carl, die Kimmung. Gedicht in 9 Gesängen. 8. (VIII und 77 S.) Leipzig 863, Luppe. *
geb. mit Goldschn. *

—— dass. — 2. Aufl. 8. (VIII und 77 S.) Leipzig 864, Findel. * 15 Ngr.; geb. mit Goldschn. *

Lüdecke, C., Rathhaus zu Breslau. Erneuerungs-Arbeiten in den J. 1884—1891. Amtliche Veröffentlichg. der Stadt Breslau. gr. Fol. (13 [4 farb.] Taf. m. 12 S. Text.) Breslau (899). (Berlin, E. Wasmuth.) In Mappe n. 30. —

Lüdecke, Carl, das Rathhaus zu Breslau in seinen äusseren und inneren Ansichten und Details. Mit einer histor. Beschreibung von Alw. Schultz. Fol. (18 S. mit eingedr. Holzschn. und 14 Kpfrt.) Berlin 868, Ernst und Korn. *

Lüdecke, Carl: Schuhcremes und Bohnermassen. Augsburg 1910

Luedecke, Carl [Grossh.-Hess. Cultur-Ingenieur d. Prov. Rheinhessen]: Untersuchungen über Gesteine und Böden der Muschelkalkformation in der Gegend von Göttingen ... (Aus: Zeitschr. f. Naturw., Bd 65.) Leipzig, *Gebauer-Schwetschke'sche Buchdr., Halle (Saale)*, 1892; 1 Bl., 130 S., 1 Bl., 1 Taf. 8.
Leipzig, Phil. Fak., Inaug.-Diss. v. [9. Dez.] 1892

Lüdecke, Karl Robert, a. Berlin: Zur Kenntnis der Glyzerinphosphorsäure und des Lecithins. München 1905: V. Höfling. (81 S.) 8°
München, Phil. Fak., Ref. v. Baeyer, Diss. v. 20. Dez. 1905
[Geb. 6. März 80 Berlin; Wohnort: Berlin; Staatsangeh.: Preußen; Vorbildung: Sophien-Realgymn. Berlin Reife O. 99; Studium: Berlin 4, München 10 S.; Rig. 20. Dez. 05.]

Lüdecke

— Levin Christ. (Halle), Diss. jur. de murmuratione praescriptionem impediente. Präs. Friedr. Schneider. Halle (Chr. A. Zeitler) Dez. 1704. 60 S. (5.—) 21800

— — Disp. jur. cont. resolutiones casuum forensium. Präs. Sam. Strykius. Halle (Chr. Henckel) Mai 1705. 72 S. (4.50) 21801
Gew.: Friedr. v. Steinberg.

Lüdecke, Martin [aus Robe b. Treptow a/R. (Pommern)]: Der Höhenstand des Fundus uteri in der Austreibungs- und Nachgeburtsperiode.... Würzburg, Druck d. Bonitas-Bauer'schen Buchdr., 1889; 20 S. 8°
Würzburg, Med. Fak., Inaug.-Diss. v. 1889

Lüdecke, Max, Deutschlands Banner. Humoristische Silhouetten aus der Gegenwart. 16. (23 S. mit 1 Holzschn.) Leipzig 866, Leiner.

Luedecke, Maximilianus: De fontibus quibus usus Arrianus Anabasin composuit ... Lipsiae, typ. I. B. Hirschfeldi, 1888; 2 Bl. + 55 + 1 S. 8°
Leipzig, Phil. Fak., Inaug.-Diss. v. 16. Jun. 1888

Luedecke, Maximilianus, de fontibus quibus usus Arrianus Anabasin composuit. Diss. Leipzig 1888, Gustav Fock. 8°. 55 S.

Lübecke, Max, Calbenser Genre-Bilder. Poetisch-satyrisches Adreßbuch für Einheimische und Fremde. 16. (24 S.) Staßfurt 868, Hartte. *

—— Staßfurter Genre-Bilder. Humoristisch-satyrischer Compaß für Einheimische und Fremde. 16. (16 S. mit eingedr. Holzschn.) Staßfurt 868, Hartte.

— des berühmten Schäfer Thomas Lebenslauf u. neue Enthüllungen aus der Zukunft. Nach seinen eigenen Mittheilungen für das deutsche Volk aufgezeichnet. Magdeburg 867. (Streiber.) gr. 8. (8 S.) 1½ ngr.

—— des Kriegers Leid und Lust. Poetisches Lebensbild aus dem Feldzuge der Main-Armee im J. 1866. 16. (20 S.) Magdeburg 868, Streiber. *

Luedecke, Otto: Krystallographische Beobachtungen. Halle 1878: Gebauer-Schwetschke. 34 S., 1 Taf. 8°
Halle-Wittenberg, Phil. Hab.-Schr. v. 29. Apr. 1878
Aus: Zeitschrift f. d. ges. Naturwissenschaften. Bd 51. Berlin 1878. S. 78 bis 109, Taf. 6; aber die Hab.-Schr. ist verm. um (S. 33—34): Uebersicht der Resultate u. Erklärung der Figuren. — Forts. 1. 2. unter and. Tit. u. 3. ersch. ebda Bd 52. 1879. S. 600—605; 54. 1881. S. 102—104; 58. Halle 1885. S. 438—450, Taf. 4. — Ferner: Krystallographische Beobachtungen an organischen Verbindungen. In: Zeitschrift f. Krystallographie u. Mineralogie. Bd 6. Leipzig 1882. S. 263—269 u. deren Resultate in: Annalen d. Physik u. Chemie. Beibl. 6. 1882. S. 445.

Luedecke, Otto. Ueber Datolith. Eine mineralog. Monographie. Mit 6 Taf., 5 grossen u. vielen kleinen Tabellen. gr. 8. (170 S.) Halle 889, Tausch u. Grosse. * 6 —
Aus: Zeitschr. f. Naturwissensch., besonders abgedruckt.

Luedecke (Otto), Ueber die jungen Eruptivgesteine Süd-Thüringens. (Sep.-Abdr. a. d. Zeitschrift f. d. ges. Naturwiss. Band LII. Heft 2. 1879.) (Ohne Druckort.) 8.

Luedecke, Otto: Der Glaukophan und die Glaukophan führenden Gesteine der Insel Syra. Accedit tabula. Halis Saxonum 1876: (Starcke in Berlin). 45 S., 1 Taf. 8°
Halle-Wittenberg, Phil. Diss. v. 31. Juli 1876
Geb. Teutschenthal (Seekr. Mansfeld) 8. 6. 1851. V.
Ersch. auch in: Zeitschrift der deutschen geologischen Gesellschaft. Bd. 28. Berlin 1876. S. 248—292.

Die Minerale des Harzes. Eine auf fremden u. eigenen Beobachtgn beruh. Zsstellg d. ... bekannt geword. Minerale u. Gesteinsarten v. Dr. Otto **Luedecke**, a. o. Prof. ... in Halle a. S. M. 1 Atl. v. 27 Taf. u. 1 Kt. [Text.] (Atlas.) *Berlin: Gebr. Borntraeger 1896.* 2 Bde 8.
[Text.] (XII, 643 S.) (Atlas.) (1 Bl., 27 Taf., 1 Kt.) (97. 65)

Luedecke, O., üb. e. alpines Mineralvorkommen im Harz am Ramberg. [Aus: „Abhandlg. d. naturforsch. Gesellsch. zu Halle".] gr. 8. (15 S.) Halle 894. M. Niemeyer. n. — 50

Ⓑ **Luedecke,** O., üb. e. alpines Mineralvorkommen im Harz. 894. (KBL 28.) Jetzt: Stuttgart, E. Schweizerbart.

Luedecke

— Urban Levin Gabriel (Braunschweig), S. R. J. princeps politiam circa commercia et studia civium suorum rite adornans. Präs. Gg. Heinr. Ayrer. Göttingen (J. Chr. L. Schulz) 6. IV. 1746. 168 S. (6.—) 21803
Widm. v.: G. H. Ayrer, Alex. Andr. v. Ramdohr, I. M. Strube, Rud. Wichelhausen.

Lüdecke, W., s. Lüdcke, Wilhelm.

Lüdecke, Wilhelm: Geschichte der Herzoglichen Töchterschule. Festschrift z. Feier d. 100jährigen Bestehens d. Herzogt. Höh. Töchterschule 1910. Von Prof. Dr. (Wilhelm) Lüdecke, Dir. Cöthen 1910: (Schettler). 94 S. 8°

Lüdecke, Willy: Der historische Wert des 1. Buches von Otto's von Freising Gesta Friderici. Halle a/S. 1884: (Franzen & Grosse in Stendal). 53 S. 8°

Halle-Wittenberg, Phil. Diss. v. [16. Febr. 1885]

Geb. Zichtau (Kr. Gardelegen) 14. 11. 1859. V.

Forts. ersch. Stendal 1885: Franzen & Grosse. 32 S. 8° (4°) Gymn.-Progr. — Verf. erlebte die Diplomerneuerung 1935 als Studiendirektor a. D. Professor in Dessau. vgl. Anh. Nr. 770.

Lüdecke, Winfr., die Blumen der Nacht. Gedichte. (74 S.) kl. 8. Stuttgart (908) Charlottenburg, A. Juncker Verl. 3. —

Lüdecking, H. C. C., christl. Gesangbuch f. Schulen, s. Gesangbuch.

Lüdecking, Heinr., Blüthen englischer Dichtung für Schulen gesammelt. A. u. d. T.: Flowers of poetry. A selection of english poems, chiefly modern. 8. (X und 187 S.) Wiesbaden 857, [Riedner.]

Blnv. geb.

Lüdecking, H., Blüthen englischer Dichtung für Schulen gesammelt. 2. Aufl. 8. Wiesbaden 869. Leipzig, Amelang's Verlag. *M* 1,50.; geb. *

Lüdecking, Heinr., Blüthen englischer Dichtung für Schulen gesammelt. 2., verb. Aufl. 8. (X, 195 S.) Wiesbaden 869, Niedner.

geb. mit Goldschn. *

Lüdecking, Heinr., Flowers of Poetry. A selection of English poems, chiefly modern. 3d edit, illustrated and enlarged. 12. (352 S. mit Holzschntaf.) Leipzig 884, Amelang's Verlag. geb. mit Goldschn.

Lüdecking, H. Zur Geschichte der Negation in der französischen Sprache. Wiesbaden, Rg., 1861. 14 S. 4. Progr.

—— englisches Lesebuch. 1. Thl. Mit einem vollständigen Wörterbuche. Für untere und mittlere Klassen. 1. Aufl. 1858. und 2. Aufl. gr. 8. (VIII und 240 S.) Wiesbaden 861, Riedner. *

Lüdecking, Heinr., englisches Lesebuch. 1. Thl. Mit einem vollständ. Wörterbuche. Für untere und mittlere Klassen. 3. —5., sorgfältig durchgeseh. Aufl. gr. 8. (VIII und 242 S.) Wiesbaden 863—68, Riedner. *

—— dass. — 2. Thl. Für obere Klassen. gr. 8. (VIII und 318 S.) Ebendas. 864. *

—— englisches Lesebuch. 2 Thle. gr. 8. Ebendas. *

Inhalt:

Thl. 1. Mit einem vollständ. Wörterbuche. Für untere und mittlere Klassen. 6., verb. Aufl. (VIII, 246 S.) 1870. *M* 1,60.; 7. verb. Aufl. (VIII, 248 S.) 1873. *M* 1,70., und 8. sorgfältig durchgeseh. und verb. Aufl. (VIII, 246 S.) 875. *M* 1,75.

„ 2. Für obere Klassen. 2. verb. Aufl. 1870. *M* 2,40., und 3. sorgfältig durchgeseh. und verb. Aufl. (VIII, 318 S.) 875. *M* 2,70.

Lüdecking, Heinr., englisches Lesebuch. 2 Thle. gr. 8. Leipzig, Amelang's Verlag. *

Inhalt:

Thl. 1. Für untere und mittlere Klassen. Mit einem vollständ. Wörterbuche. 9. verb. Aufl. (VIII, 246 S.) 878. *M* 1,75.

„ 2. Für obere Klassen. 4. verb. Aufl. (VIII, 320 S.) 879. *M* 2,70.

Lüdecking, Heinr., englisches Lesebuch. 1. Tl. Mit einem vollständ. Wörterbuche. Für untere u. mittlere Klassen. 10., sorgfältig durchgeseh. u. verb. Aufl. gr. 8. (VIII, 246 S.) Leipzig 882. Amelang. n. 1. 75

Lüdecking, Heinr., englisches Lesebuch. 2. Tl. Für obere Klassen. 5. Aufl. gr. 8. (VIII, 318 S.) Leipzig 883. Amelang. n. 2. 70

Lüdecking, H., englisches Lesebuch. 2 Tle. gr. 8. Leipzig, Amelang. n. 4. 45

1. Mit e. vollständ. Wörterbuche. Für untere u. mittlere Klassen. 12., verb. Aufl. (VIII, 246 S.) 889. n. 1. 75
2. Für obere Klassen. 6., durchgeseh. Aufl. (VIII, 318 S.) 888. n. 2. 70

Lüdecking, Heinr., englisches Lesebuch. 1. Tl. Mit e. vollständ. Wörterbuch. Für untere u. mittlere Klassen. 13., sorgfältig durchgeseh. Aufl. gr. 8. (VIII, 246 S.) Leipzig 892. C. F. Amelang's Verl. n.n. 1. 75

Lüdecking, Heinr., englisches Lesebuch. 2 Tle. gr. 8. Leipzig, C. F. Amelang. Geb. in Leinw. n. 5. 45

1. M. e. vollständ. Wörterbuche. Für unt. u. höh. Klassen. 14., nach d. neuen Lehrplänen u. Bestimmgn. einger. u. verm. Aufl., hrsg. v. Herm. Lüdecking. (VIII, 279 S.) 896. Geb. n. 2. 25
2. Für obere Klassen. 7., sorgfält. durchgeseh. Aufl. (VIII, 322 S.) 894. Geb. n. 3. 20

Lüdecking, Heinr., englisches Lesebuch. 1. Tl. Mit e. vollständ. Wörterbuche, Anmerkgn. u. 1 Karte v. England. Für untere u. mittlere Klassen. 16., nach den neuen Lehrplänen u. Bestimmgn. eingericht. u. verm. Aufl., hrsg. v. Herm. Lüdecking. (VIII, 279 S.) gr. 8. Leipzig 903. C. F. Amelang. Geb. in Leinw. n. 2. 25

— französisches Lesebuch. 1. Thl. Mit einem vollständigen Wörterbuche. Für untere und mittlere Klassen. 3. Aufl. 854. 15 ngr. — 4. Aufl. 856. — 5. Aufl. Mainz 857. Kunze. gr. 8. (X, 238 S.) 16 ngr.

— — 2. Thl. Für obere Klassen. Ebend. 855. gr. 8. (VIII, 327 S.) 27 ngr.

—— französisches Lesebuch. 1. Thl. Mit einem vollständigen Wörterbuche. Für untere und mittlere Klassen. 5. Aufl. 1857. und 6. Aufl. gr. 8. (X und 289 S.) Mainz 860. Kunze.

—— dass. — 2. Thl. Für obere Klassen. 2. Aufl. gr. 8. (VIII und 336 S.) Ebendas. 860.

—— französisches Lesebuch. 1. Thl. Mit einem vollständ. Wörterbuche für untere und mittlere Klassen. 7. — 10., durchgeseh. Aufl. gr. 8. (X und 240 S.) Wiesbaden 862—68, Riedner.

—— dass. — 2. Thl. Für obere Klassen. gr. 8. 3., verb. Aufl. (VIII und 347 S.) Ebendas. 867.

—— französisches Lesebuch. 2 Thle. gr. 8. Ebendas. *

Inhalt:

Thl. 1. Mit einem vollständ. Wörterbuche. Für untere und mittlere Klassen. 11. und 12. durchgeseh. Aufl. (X, 240 S.) 1870,72. *M* 1,60., und 13. durchgeseh. Aufl. (X, 242 S.) 874. *M* 1,75.

„ 2. Für obere Klassen. 4. Aufl. 1869. *M* 2,70., und 5. Aufl. (VIII, 347 S.) 873. *M* 3.

—— französisches Lesebuch. 2 Thle. gr. 8. Ebendas. *

Inhalt:

Thl. 1. Für untere und mittlere Klassen. Mit einem vollständ. Wörterbuche. 15. durchgeseh. Aufl. (X, 242 S.) 879. *M* 1,75.

„ 2. Für obere Klassen. 7. Aufl. (VIII, 347 S.) 879. *M* 3.

1. Thl. 14. Aufl. und 2. Thl. 6. Aufl. erschienen im Verlage von Riedner in Wiesbaden.

—— französisches Lesebuch. 2 Thle. gr. 8. Ebendas. *

Inhalt:

Thl. 1. Für untere und mittlere Klassen. Mit einem vollständ. Wörterbuche. 16. Aufl. (X, 240 S.) 881; 17. Aufl. (VIII, 240 S.) 883. *M* 1,75.

„ 2. Für obere Klassen. 8. Aufl. (VIII, 347 S.) 883. *M* 3.

—— französisches Lesebuch. 2 Tle. gr. 8. Ebendas. *

Inhalt:

Tl. 1. Mit einem vollständigen Wörterbuche. Für untere und mittlere Klassen. 18. und 19. durchgeseh. Aufl. (VIII, 240 S.) 884,88. *M* 1.75.

„ 2. Für obere Klassen. 9. Aufl. (VIII, 347 S.) 888. *M* 3.—

—— Französisches Lesebuch. 2 Tle. gr. 8. Ebd. * 4 75
1. Mit vollständ. Wörterbuche. Für untere u. mittlere Klassen. 20. durchges. Aufl. (VIII, 240 S.) 889. * 1 75.
2. Für obere Klassen. 10. Aufl. (VIII, 347 S.) 891. * 3 —.

— französisches Lesebuch. 2 Tle. gr. 8. Ebd. n. 4. 75
1. Für untere u. mittlere Klassen. Mit e. vollständ. Wörterbuche. 21., durchgesehene Aufl. (VIII, 237 S.) 894. n. 1. 75
2. Für obere Klassen. 10. Aufl. (VIII, 347 S.) 891. n. 3. --

— französisches Lesebuch. 1. Tl. M. e. vollständ. Wörterbuche. F. unt. u. mittl. Klassen. 22., nach den neuen Lehrplänen u. Bestimmngn. eingericht. u. verm. Aufl., hrsg. v. Herm. Lüdecking. gr. 8. (X, 294 S.) Ebd. 897. Geb. in Leinw. n. 2. 25

Lüdecking, Heinr., französisches Lesebuch. 2. Tl. Für mittlere u. obere Klassen. 11., nach den neuen Lehrplänen u. Bestimmgn. eingerichtete u. verm. Aufl., hrsg. v. Herm. Lüdecking. gr. 8. (VIII, 338 S.) Leipzig 901. C. F. Amelang. Geb. in Leinw. n. 3. 50

Lüdecking, H., Französisches Lesebuch für untere u. mittlere Klassen. Mit Anmerkungen u. einem vollständ. Wörterbuche. gr. 8. (X u. 230 S.) Mainz 850, Kunze. — 2. verb. Aufl. gr. 8. (XII u. 241 S.) Ebd. 852. 1/2 ₰

Lüdecking, Heinr., französisches Lesebuch für untere und mittlere Klassen. 1. Thl., mit Anmerkungen und einem vollständigen Wörterbuche. 3. Aufl. 1854. 15 Ngr. und 4. Aufl. gr. 8. (X und 238 S.) Mainz 856, Kunze.

—— dass. — 2. Thl. Für obere Klassen. gr. 8. (VIII und 327 S.) Ebds. 855.

Lüdecking, H. Die neuromantische Poesie der Franzosen. Wiesbaden, Rg., 1853. 27 S. 4. Progr.

Lüdecking, H. Altfranzösische Sprachproben aus Joinville's Ludwigs des Heiligen Geschichte. Wiesbaden, Rg., 1863. 4.
Dasselbe. Erläuterungen. Ebd. 1869. 15 S. 4. Progr.

Ludecus, Eduard

Ludecus, Ed., Reise durch d. mexikan. Provinzen Tumalipas, Cohahuila u. Texas im J. 1834. In Briefen an seine Freunde. gr. 8. (22¼ B.) Leipzig 837. Hartknoch.

Ludecus, Eduard. Reise durch d mexikanischen Provinzen Tamaulipas, Coahuila u Tex im Jahre 1834. Lpz, 1839.

Ludecus, Joh. Karol. Amal., s. Amalie Berg. s. Cäcilie.

Ludecus, Johanne Karol. Amal., geb. v. Kotzebue, s. Dienstboten-Katechismus ɾc., u. setze hinzu: (v. J. K. A. Ludecus). s. Erziehung, über weibliche.

s.a. Louise, od. die Folgen des Leichtsinns.

LOUISE, oder die unseligen Folgen des Leichtsinns. Eine Geschichte einfach und wahr (von *Johanna Caroline Amalia Ludecus*, geb. *v. Kotzebue*). Mit Vorrede von A. v. Kotzebue. Leipzig 1800. 8°. (1 fl. 12 xr. Scheible, vor 1870.) Zahm.
— — Dasselbe. 2 Thle. Mit Titelkpfrn. Ebd. 1801. 8°. (2 Mk. Stuber, Würzb., 1877; 2 Mk. 50 Pfg. P. Neubner, Köln, 1892.)
Anon.-Lex. III. p. 87 hat nur „1800" (nach Kayser, der Allg. dtsch. Biogr. u. Goedeke).

Ludecus, W., siehe: Aus Goethes Leben.

Lüdeke, s. a. Lüdecke.

Lüdeke, Versuch e. kurzen u. fassl. Unterrichts in d. einfachen Obstbaumzucht f. d. Landjugend. 8. Dortmund, 1796. — 4

Lüdeke, C. F. A., Abschiedspredigt von d. hochlöbl. Knobelsdorfschen Infanterieregimente am 12. Nov. 1786 gehalten. 8. Stendal 786. Franzen u. Gr. 2 gr.

— Fahnenrede bei der Huldigung des v. Knobelsdorfschen Infanterieregimente, nach d. Thronbesteigung Friedrich Wilhelms II. Königs von Preußen, am 19. Aug. 1786 gehalten. Stendal 786. Franzen u. Gr. 1 gr.

— Gast- u. Antrittspredigt in d. hohen Stiftskirche zu Magdeburg, nebst Rede bei seiner Einführung als 2r Domprediger daselbst. gr. 8. Stendal 786. Franzen u. Gr. 4 gr.

— Predigt am Dankfest wegen d. am 1. Jan. 1808 zu Cassel geschehenen Huldigungsfeier. gr. 8. Magdeb. 808. Heinrichshofen. 3 gr.

Lüdeke, C. F. A., Predigt b. d. Gedächtnißf. Friedrichs d. Einzig., am 17. Sept. 1786 gehalten. 8. Stend. 786. Franzen u. Gr. 3 gr.

— Standrede d. Hrn. Hauptmanns v. Dornenthal. gr. 8. Stend. 783. Franzen u. Gr. 1 gr.

— Standrede bei d. Sarge d. Hrn. Auditeurs Krause. gr. 8. Stendal 783. Franzen u. Gr. 1 gr.

Lüdeke, Carl, s. Lüdecke, Karl

Lüdeke, Christoph Wilhelm, s. Lüdecke.

— **Eberh. Friedr.** (Magdeburg), De discernenda propria et tropica dictione. Präs. Joh. Aug. Noesselt. Halle (Joh. Fr. Grunert) 11. V. 1762. 43 S. (4.—) 21806
Widm. v.: J. A. Noesselt, J. Fr. S. Augustin, Chr. Boehmer, L. Ad. Boehmer.

Lüdeke, Gabriel Benedictus: Sollemnia natalitia ... [Geburtstagsrede auf Friedrich IV., König von Dänemark, 11. Oct. 1726.] — Altonaviæ (1726): Dreyer. 2 Bl. 2°

Lüdeke, Gerhard [app. Arzt aus Bremen]: Ein Fall von congenitalem Thoraxdefect in Verbindung mit Lungenhernie ... München, Buchdr. Kastner & Lossen, 1896; 34 S. 8.
München, Med. Fak., Inaug.-Diss. v. 1896

Lüdeke, H., Beschreibung und Erklärung des Globus für die Volksschule. gr. 8. (67 S. mit Karten.) Einbeck 888, (Ehlers.) *
Mit Globus *

Lüdeke, J. A. A., s. Lüdecke.

Lüdeke, Johann Christian

— Gedanken e. altmarkischen Landwirths v. Gemeinheitsaufheb. u. Stallfütterung. 8. Berl. 774. (Sander). 3 gr.

Lüdeke, Joh. Christian (Hrsg.), s. a. Magazin, Alt-märkisches ökonomisch-physicalisches.

— altmärk. ökonom.-physikal. Magazin. 8. Berl. 774. (Sander). 8 gr.

— Versuch e. Naturgeschichte d. Altmark. 8. Berl. 774. (Sander). 3 gr.

(Lüdecke, J. C.): „Vorschläge zur Verbesserung der Bauernhöfe", Berlin 1774 (Realschulbuchh.).

Lüdeke, Jh. Chr., († 1801.) Vorschlag zur Verbesser. d. Bauerhöfe. 8. Berl. 774. (Sander). 2 gr

Lüdecke, G. C., Vorschl. z. Verbesser. d. Bauerhöfe. 8. Berlin, Wever. 774.

Lüdeke, Johann Friedrich

Lüdeke, J. F. Friedrich der Grösste unter den grossen Regenten der neueren Jahrhunderte wurde unterthänigst bewundert in einer Rede bei Uebernahme des Cölnischen Conrectorats in lateinischer Sprache gehalten, auf Verlangen ins Deutsche übersetzt von . . . Berlin 1758.

Lüdeke, Joh. Friedr.. Den Höchstbewundernswürdigen Sieg Friedrichs II, welcher den 25ten August 1758 bey Zorndorf in der Neu-Mark erfochten wurde, feiret durch eine Danksagungsrede — — Berlin. 4.

Lüdeke, Oskar Über die Erzeugung von Flächen durch zwei sich schneidende veränderliche Kegel. 25 S. **Progr.** Ri. *Brandenburg* 1885.

Lüdeke, Oscar, über die **Erzeugung von Flächen**, insbesondere zweiten Grades durch zwei sich schneidende veränderliche Kegel. Diss. **Halle 1885, Gustav Fock.** 8°. 42 S.

Lüdeke, Oscar [Adjunkt a. d. Ritter-Akademie zu Brandenburg a. H.]: Ueber die Erzeugung von Flächen, insbesondere zweiten Grades durch zwei sich schneidende veränderliche Kegel . . . . Halle a. S., Plotz'sche Buchdr. (R. Nietschmann), 1885; 42 S. 8°.
Halle, Phil. Fak., Inaug.-Diss. v. [16. Sept. 1885.

Lüdeke, *Oskar* [Dr., Dir.]: 1. Zur Geschichte der Anstalt. — 2. Das neue Schulgebäude und seine Einweihung. Steglitz, Druck d. Stegl. Zeitgsdr., 1897; 2—10 S. 4.
Steglitz, R, OP 1897 (134)

Lüdeke, O[skar]: Der Neubau der Oberrealschule. — Die Feier der Einweihung. IV S. der Schuln. 4.
Progr. Oberrealschule *Steglitz* 1906 (164).

Lüdeke, Oscar [Dr.]: **Über angewandtes Turnen.** *Steglitz, Druck v. O. Löper* (1890); S. 77—85; 4°
Steglitz, PG, **Festschr.** 1890 ••

Lüdeke, W., s. Lüdcke, Wilhelm

Ludeking, Konrad

Ludekingio, Conrado: Dissertatio inauguralis Juris communis & Ordinationis, provincialis Holsaticae differentias principes exhibens, quam in academia Hasso-Schaumburgica praeside Conrado Ludekingio pro licentia summos in utroque jure honores ritè consequendi disquisitioni submittit Matthias Joachim Sommer, Wilstriâ-Holsatus. 1717. Rintelii. (1717.) 4°.

Ludeking, Konrad [Praes.], s. Harhoff, Johann Heinrich: De subtilitatibus quorundam jurium.

Ludeking, Konrad [Praes.], s. Heldmann, Franz Hermann: De restitutione in integrum propter documenta noviter reperta.

Ludeking, Konrad [Praes.], s. Möller, Johann Adolph: De subtilitatibus quorundam jurium.

Ludeking, Konrad [Praes.], s. Riensche, Johann Heinrich: De casibus quibusdam conscientiae in jure occurrentibus, Von Gewissens-Sachen.

Ludeking, Konrad [Praes.], s. Starcke, Christian Lewin: De fundata pro lege, ejusque observantia, intentione.

Ludekingius, Conr.: De usucapione et praescriptione rerum et temporum, tam antiqua, quam nova, quibusdam sententiis atque responsis illustrata, tractatus succinctus. Rintelii 1712.

Ludeking, Conr., De usu capione et praescriptione rerum et temporum. Rinteln (Herm. Aug. Enax) 1713. 400 S. (6.80) 21693

Ludeking, Konrad [Praes.], s. Windreuter, Gottlieb Christian: Dissertatio inauguralis juridica de damno causato.

Lüdeking, Carl, s. Lüdeking, Karl

Lüdeking, F., theoretisch-praktisches Rechenbuch für Bürger und Landleute. 1. Thl. enth.: die 4 Grund-Rechnungen, Regeldetri und Gesellschafts-Rechnung. 8. Lemgo u. Detmold 843. Meyer'sche Hofbuchh. 1/2 ß

Lüdeking, F., Rechen-Fibel od. ein Büchlein mit möglichst vielen Aufgaben fürs Tafelrechnen. 1. Hft. 8. (...) Lemgo 834, Meyersche Hofbuchh.

—— 3850 Antworten zu d. Aufgaben d. 1. Hfts d. Rechenfibel. 8. (...) Ebds. 835.

Lüdeking, Karl

Lüdeking, Carl. StL u Carondolet. Sonst u Jetzt. Die Gesch v Carondolet dem zukunftigen "Birmingham am Miss" f d dt-anische Conversations-Lexicon. Ed: Gustav Heinrichs. StL, 1873.

Luedeking, Rob. [aus St. Louis, Mo., U. S. A.]: Untersuchungen über die Regeneration der quergestreiften Muskelfasern. Strassburg, J. H. Ed. Heitz, Univ.-Buchdr., 1876. 8. 31 S.

Lüdeling, Georg

— Ergebnisse der Beobachtungen an den Stationen II. u. III. Ordnung, s.: Veröffentlichungen des königl. preuss. meteorologischen Instituts.

Lüdeling, G., Ergebnisse zehnjähriger magnetischer Beobachtungen in Potsdam, s.a. Abhandlungen des königl. preuss. meteorolog. Instituts. I. 8.

Lüdeling, Georg: Ergebnisse zehnjähriger magnetischer Beobachtungen in Potsdam. Von Dr. G[eorg] Lüdeling. Berlin: A. Asher & Co. 1901. (54 S.) 4°
= Abhandlungen d. Kgl. Preuss. Meteorol. Instituts. Bd. 1, No.8.

Lüdeling, G., Ergebnisse der Niederschlags-Beobachtungen, s.: Veröffentlichungen des kgl. preussischen meteorologischen Instituts.

— u. A. **Nippoldt**, die Expedition des kgl. preuss. meteorolog. Instituts nach Burgos in Spanien zur Beobachtung der totalen Sonnenfinsternis am 30. VIII. 1905, s.a. Veröffentlichungen des königl. preuss. meteorolog. Instituts.

Lüdeling, Georg: Die Expedition des Königlich Preußischen Meteorologischen Instituts nach Burgos in Spanien zur Beobachtung der totalen Sonnenfinsternis am 30. Aug. 1905. Von G[eorg] Lüdeling u. A[lfred] Nippoldt. Berlin: Behrend 1908. 92 S. 4°
(Abhandlungen d. Kgl. Preuss. Meteorolog. Instituts. Bd. 2, Nr. 6.)
(Veröffentlichungen d. Kgl. Preuss. Meteorol. Instituts. Nr. 198.)

— **über den täglichen Gang der erdmagnetischen Störungen an Polarstationen. gr. 8. (11 S. m. 1 Taf.) Berlin 899. (G. Reimer.) n. — 50**
Sonderabdruck aus: „Sitzungsber. d. preuss. Akad. d. Wiss."

Lüdeling, G.: Erdmagnetische Messungen im physikalischen Institut der Universität Kiel v. –. Kiel. 1892. Kiel, Phil. Diss. 8°.
Besonders abgedruckt aus: Schriften des Naturwissenschaftl. Vereins für Schleswig-Holstein, Bd 9.

Lüdeling, *J. H. Georg* **[Assist. am physik. Inst. zu Kiel]: Erdmagnetische Messungen im physikalischen Institut der Universität Kiel ... Kiel, Druck v. H. Fiencke, 1892 ([Umschlagt.:] Druck v. Schmidt & Klaunig, 1891); 65 S., 2 Bl., 3 Taf. 8.**
Kiel, Phil. Fak., Inaug.-Diss. v. [16. März] 1892

Lüdeling, G., üb. d. tägl. Variation d. Erdmagnetismus an Polarstationen. [Aus: „Sitzungsber. d. preuss. Akad. d. Wiss."] gr. 8. (7 S. m. 3 Fig.) Berlin 898. (G. Reimer.) n. — 60

(Liberal-kirchlicher Verein. 41. Sept. 1900.) Ernst Lüdemann weil. Reiseprediger des nordwestdeutschen Protestantenvereins. Gest. den 23. Juni 1900 als Pfarrer zu Eutingen. Großherzogthum Baden. Heidelberg. 1900. 8°.

Lüdemann, Nissen, Stolteberg, Lebensworte aus Gottes Wort. Ein Erbauungsbuch, aus Worten der heil. Schrift zusammengestellt. gr. 8. (VII, 416 S.) Breklum 889. Christl. Buchhandlg. n. 2. 60

LÜDEMANN, Adam Georg: Zuverlässige und in ganz Deutschland brauchbare geometrische Tabellen für Besitzer grosser Landgüter, für Oekonomen und Verwalter, auch überhaupt für alle diejenigen, welche oft Land zu messen haben, und zwar Kunstverständigen zur Bequemlichkeit, Unkundigen aber zur Richtschnur, nebst deutlichem Unterricht für die, so seiner bedürfen. - Hannover 1792. 112 S. - 2. Aufl. ebd. 1812 Hahn

Lüdemann, Ant. Geo., geometr. Tabellen f. Gutsbesitzer, Pächter, Verwalter u. Landmesser in allen Gegenden Deutschlands. Nebst Anleit. z. Gebr. derselben. 3., von neuem durchges. Aufl. 8. (8 B. u. 3 Stnt.) Hannover 835, Hahn'sche Hofbuchh.

Lüdemann, Anton Georg, s. Lüdemann, Adam Georg

Lüdemann, Bertha, Haus u. Heimat. Gedichte. (118 S.) 8. Kiel (908). Lipsius & Tischer.
Geb. in Leinw. m. Goldschn. 2. —

Lüdemann, Bertha: Aus der Stille v. –. Danzig. (1905.) 8°.

Lüdemann, C., s. Lüdemann, Karl

Lüdemann, Ernst. Die Bedeutung der 95 Thesen Luthers f. Vergangenheit u. Gegenwart. [Mit e. Anh.: Die 95 Thesen, aus „Luthers Werken f. das christl. Haus".] 8. (III, 48 S.) Braunschw. 890, Schwetschke u. Sohn. * — 50

Lüdemann, Ernst *Albert August* **[aus Vorpommern]: Über Entstehung, Ausbildung und Verlauf der Paranoia im Allgemeinen, erläut. an e. bestimmten Falle ... Greifswald, Buchdr. C. Sell, 1897; 78 S., 1 Bl. 8.**
Greifswald, Med. Fak., Inaug.-Diss. v. 26. Mai 1897

Lüdemann, Ernst, Luther und das Papstthum, s. Katholicismus, der römische, beleuchtet in Vorträgen.

Protestanten-Gesangbuch enthaltend die gebräuchlichsten deutschen Kirchenlieder in zeitgemäfser Bearbeitung sowie eine Anzahl geistlicher Dichtungen der Neuzeit. Hrgg. v. Ernst **Lüdemann.** Bremen. 1886. 8°.

Lüdemann, Georg Wilhelm, s. Lüdemann, Wilhelm

Lüdemann, Gustav

[F.] General-Uebersichtskarte der Bahnpostämter und Bahnposten im Deutschen Reichspostgebiete sowie Uebersicht der z. Wahrnehmg d. Postbetriebes auf d. Eisenbahnzügen im Königr. Bayern u. Württemberg bestehenden Oberpostämter u. Postanst. ... Entw. u. hrsg. v. G[ustav] **Lüdemann,** Postmeister, unt. Beihülfe d. Ober-Post-assist. Wilhelm Müller als Kartenzeichner. 2. verm. Aufl. [Massst. 1:2,000,000.] *Berlin: F. Luckhardt 1891.* (1 Bl., 15 S., 1 Ktnbl. F.) 1 Bd 8.
[91. 3390

Lüdemann, Gust., s.: Kalender, Gestewitz-Lüdemannscher, f. Post u. Telegraphie.

Lüdemann, Gust., s.: Kalender f. Post u. Telegraphie.

Lüdemann, Gust., Katechismus zum Post-Expedienten-Examen oder der Post-Examinator. Ein Compendium, enthltd. alle nach § 19 des Reglements der norddeutschen Postverwaltung vom 15. Febr. 1868 geforderten Prüfungsgegenstände, nebst einer Einleitung, enthltd. die Bedingungen zum Eintritt in den norddeutschen Postdienst u. zur demnächst. weiteren Anstellung. (Für Post-Eleven, u. Post-Expedienten mannigfach erweitert.) Mit einer lith. Uebersichtskarte der Eisenbahn-Routen, der im Bau begriffenen u. projectirten Eisenbahnen (in gr. Fol.). 3. verm. u. verb. Aufl. Cassel 870. (Leipzig, C. Luckhardt.) gr. 8. (VIII, 255 S.) n. 25 ngr.

– (Hrsg.), s. Postfreund für Norddeutschland.

Lüdemann, Gust., kleines Post- und Telegraphen-Lexicon für Comtoir und Haus. Ein Nachschlagebuch für Jedermann, insbesondere für Kaufleute, Fabrikanten, Gewerbsleute ꝛc.**, als auch für den Verkehrs-Beamten berechnet. 8. (III, 114 S.) Berlin 881, F. Luckhardt. cart. ***

— **Post- u. Telegraphen-Taschenlexikon f. Comptoir u. Haus.** Alphabetische Post- u. Telegraphenordng. u. vollständ. Tarif-Lexikon f. das In- u. Ausland. Ein Nachschlagebuch f. Jedermann, insbesondere f. Verkehrsbeamte, Behörden, Kaufleute ꝛc. Nach amtl. Unterlagen u. den neuesten Postdienstvorschriften bearb. v. M. Weigel. 3. verm. u. verb. Aufl. 12. (152 S.) Leipzig 900. Luckhardt's Buchh. f. Verkehrswesen. Geb. in Leinw. n. 1. —

— **Post- u. Telegraphen-Taschenlexikon f. den Schalterdienst, sow. f. Comptoir u. Haus.** Alphabet. Post- u. Telegraphenordng. u. vollst. Tarif-Lexikon f. d. In- u. Ausland. E. Nachschlagebuch f. Jedermann, insbes. f. Verkehrsbeamte, Behörden, Kaufleute u. s. w. 2., verm. u. verb. Aufl. Hrsg. v. M. Weigel. 12. (128 S.) Leipzig 898. F. Luckhardt. Geb. in Leinw. n. 1. —

Lüdemann, Gust., Rechnen-Handbuch für Postbeamte oder die Prüfungen im postal. Rechnen. Ein Hülfsbuch für jüngere Postbeamte und für Militairanwärter, Schüler ꝛc., die in das Postfach eintreten wollen. 1. Aufl. (VI, 86 S.) 1877; 2. Aufl. (VIII, 86 S.) 1878; 3. verm. Aufl. gr. 8. (VIII, 88 S.) Berlin 879, F. Luckhardt. cart. *

—— Rechnen-Handbuch für jüngere Postbeamte oder die Prüfung im postal. Rechnen. Ein Hülfsbuch für jüngere Postbeamte, sowie für Militairanwärter und Schüler &c., die in das Postfach eintreten wollen. 4. verm. Aufl. gr. 8. (VII, 86 S.) Ebendas. 884. *

Lüdemann, G., Rechnen-Handbuch für jüngere Postbeamte od. die Prüfung im postal. Rechnen. 5., verm. Aufl. gr. 8. (VIII, 120 S.) Berlin 889. F. Luckhardt. n. 1. 50

Lüdemann, Gust., Rechnen-Handbuch f. jüngere Postbeamte od. die Prüfg. im postal. Rechnen. Durch viele Beispiele erläutert. 6. Aufl. gr. 8. (VIII, 132 S.) Berlin 893. L. Luckhardt. n. 1. 50

— Rechnen-Handbuch f. jüngere Postbeamte od. die Prüfg. im postal. Rechnen. E. Hilfsbuch f. d. Assistenten-Prüfg. u. s. w., sowie f. Militäranwärter u. Schüler &c., die in das Postfach eintreten wollen; sowohl z. Erlangg. d. Fertigkeit im Rechnen überhaupt, als insbes. in d. Berechng. postal. Aufgaben, betr. d. Berechng. v. Futterkostenzuschüssen, Fuhrvergütgn. f. Posthalter &c., Taxierg. v. Postsendgn. &c. Durch viele Beispiele erläut. 7., mehrfach erweit. Aufl. gr. 8. (VIII, 139 S. m. Fig.) Ebd. 898. n. 1. 50; geb. n. 2. —

— deutscher Reichs-Katechismus. Ausgestaltg. u. Verfassg. d. neuerstandenen Deutschen Reiches. Für alle Reichsfreunde u. Staatsbürger u. f. d. reif. Jugend, angeh. Zeitungsleser (z. Verständnis) erläut. m. Angabe d. bezügl. Reichsgesetze u. Erklärung öfter vorkomm. polit. Ausdrücke, anregend z. Selbststudium u. z. Erweckg. d. Vaterlandsliebe in Fragen u. Antworten nach amtl. u. außeramtl. Quellen gemeinverständl. zusammengest. gr. 8. (XVI, 246 S.) Ebd. 898. n. 3. —; geb. n. 4. —

Lüdemann, Gust., s.a. Reichs-Post- und Telegraphen-Kalender.

—— deutscher Reichs-Post- und Telegraphen-Kalender für die J. 1872—1875. 2.—5. Jahrg. 8. (IV, 197 S. mit 7 Tab. in 8., hoch und qu. 4.; VII, 316; IX, 342; VIII, 370 S.) Ebendas. geb. 1872 und 1873 à * 1874 und 1875 à *

—— deutscher Reichs-Post- und Telegraphen-Kalender für die J. 1876—1880. 6.—10. Jahrg. (à 2 Thle.) gr. 16. (V, 400; IV, 208, 149; 232, 150; 234, 158; IV, 240, IV, 127 S.) Ebendas. geb. und geh. Jahrg. 1876 * geb. und geh. Jahrg. 1877—1880 à **

—— deutscher Reichs-Post- und Telegraphen-Kalender für das J. 1881. 11. Jahrg. 2 Thle. 12. (IV, 234, 134 S.) Ebendas. *

—— dass. — für die J. 1882—1885. 12.—15. Jahrg. à 2 Thle. 12. (96, 79; 90, 148; 84, 128; 83, 117 S.) Ebendas. à Jahrg. *

—— deutscher Reichs-Post-Katechismus oder Post-Examinator. Ein Compendium, enth. die nach dem Reglement des kaiserl. General-Postamts am 23. Mai 1871 für das erste Post-Examen geforderten Prüfungsgegenstände, nebst einer Einleitung, enth. die Bedingungen zum Eintritt in den Postdienst und zur demnächst weiteren Anstellung. Für Postgehülfen, Posteleven sowie für Militair-Anwärter. 4. verm. und verb. Aufl. 1872, und 5. Aufl. gr. 8. (VIII, 294 S.) Leipzig und Berlin 875, Luckhardt'sche Verlagsh. *

—— deutscher Reichs-Post-Katechismus oder Post-Examinator. 6. Aufl. gr. 8. (VIII, 359 S.) Ebendas. 877. * geb. *

—— dass. — oder Hülfsbuch zu den ersten Post-Prüfungen, enth. die nach den Vorschriften vom 1. Jan. 1876 für die erste Postprüfung geforderten Prüfungsgegenstände, nebst einer Einleitung, enth. die Bedingungen zum Eintritt in den Postdienst und zur demnächst weiteren Anstellung. Für Postgehülfen, Posteleven, sowie für Militäranwärter und Schüler, die in den Postdienst treten wollen, hrsg. 7. verm. und verb. Aufl. gr. 8. (VIII, 311 S.) Ebendas. 879. *

—— deutscher Reichs-Post-Katechismus oder Post-Examinator. 8. verb. und verm. Aufl. gr. 8. (VIII, 388 S.) Ebendas. 883. *

Lüdemann, Gust., deutscher Reichs-Post-Katechismus oder Post-Examinator. 9. verb. und verm. Aufl. gr. 8. (VIII, 405 S.) Berlin 886, Luckhardt. *M 4.—.; geb. *

10. Aufl. u. d. T.:

—— deutscher Reichs-Post-Katechismus oder Post-Examinator. Ein Hülfsbuch zu den ersten Post-Prüfungen, enthaltend die nach den Vorschriften vom 1. Octbr. 1882 bei den ersten Post-Prüfungen gestellten Anforderungen, unter eingehender Darstellung der geforderten Prüfungsgegenstände. Nebst einer Einleitung, enthaltend die Bedingungen zum Eintritt in den Post- und Telegraphendienst und zur demnächstigen weiteren Anstellung. Besonders für Postgehülfen, auch für Posteleven zur Vorbereitung auf die Postassistenten- bezw. Postsecretair-Prüfung, sowie für Militäranwärter und Schüler, die in den Post- und Telegraphendienst eintreten wollen. 10. verm. und verb. Aufl. gr. 8. (X, 426 S.) Berlin 888, Luckhardt. * geb. *

—— Deutscher Reichs-Post-Katechismus od. Post-Examinator. Ein Hülfsbuch zu den ersten Post-Prüfgn. 11.—13. neu durchgeseh. u. verb. Aufl. gr. 8. (VIII, 443 S.) Ebd. 889—92. * 4 — geb. in Leinw. * 5 —

— deutscher Reichs-Post-Katechismus od. Post-Examinator. Ein Hülfsbuch zu den ersten Post-Prüfgn. 14. u. 15., mehrfach verb. Aufl. gr. 8. (VIII, 456 S.) Ebd. 893. 894. n. 4. —; geb. in Leinw. n. 5. —

— deutscher Reichs-Post-Katechismus od. Post-Examinator. E. Hülfsbuch zu d. ersten Postprüfgn., enth. d. nach d. Vorschriften v. 1. X. 1882 bei d. ersten Post- u. Telegraphen-Prüfgn. gestellten Anfordergn., unt. eingeh. Darstellg. d. geford. Prüfungsgegenstände. Nebst e. Einleitg., enth. d. Bedinggn. z. Eintritt in d. Post- u. Telegraphendienst u. z. demnächst weit. Anstellg., sow. d. Gehaltsaussichten u. e. Dienstaltersstufen-Gehaltsplan d. angest. Post- u. Telegraphenbeamten. Bes. f. Postgehülfen, auch f. Posteleven, z. Vorbereitg. auf d. Assistenten-, bezw. Secretair-Prüfg., — sow. f. d. Militairanwärter u. Schüler, d. in d. Post- u. Telegraphendienst eintreten wollen. 17., mehrfach verb. Aufl. gr. 8. (X, 469 S. m. Fig.) Ebd. 897. Geb. in Leinw. n. 5. —

— deutscher Reichs-Post-Katechismus od. Post-Examinator. Ein Vorbereitungsbuch f. Postgehülfen u. Postanwärter (zur Assistentenprüfg.) u. f. Postassistenten (zur Sekretärprüfg.), sowie für Militäranwärter, die in den Post- u. Telegraphendienst eintreten wollen. Nebst e. Einleitg., enth. die Bedinggn. zum Eintritt in den Post- u. Telegraphendienst. 19. Aufl. Durchgesehen von M. Weigel. gr. 8. (XII, 465 S.) Ebd. 903. Geb. in Leinw. n. 5. —

— deutscher Reichs-Post-Katechismus od. Post-Examinator. Ein Vorbereitungsbuch f. Postgehilfen u. Postanwärter (zur Assistentenprüfg.) u. f. Postassistenten (zur Sekretärprüfg), sowie f. Militäranwärter, die in den Post- u. Telegraphendienst eintreten wollen. Nebst e. Einleitg., enth. die Bedinggn. zum Eintritt in den Post- u. Telegraphendienst. 20. Aufl. Durchgesehen, ergänzt u. teilweise umgearb. v. M. Weigel. (VIII, 440 S.) 8. Leipzig 906. Luckhardt's Buchh. f. Verkehrswesen. Geb. in Leinw. n. 5. —

— Schule der Amtssprache. Ein Hülfs- u. Vorbereitungsbuch für den schriftl. Theil der Assistenten- u. Sekretärprüfgn. I. Thl.: Anleitung zum Selbststudium der Amtssprache in der Reichs-Post- u. Telegraphen-Verwaltg. (m. vielen Musterbeispielen). II. Thl.: Praktische u. fachwissenschaftl. Uebungs-, Probe u. Prüfungsarbeiten aus dem Postgebiete u. aus dem Telegraphengebiete, ausgearb. f. die Postassistenten- u. Postsekretärprüfg., sowie für die Telegraphenassistenten- u. Telegraphensekretärprüfg. Unt. Berücksicht. der Verfüggn. des Reichspostamts, insbesondere unter Zugrundelegg. der Rechtschreibg. u. Sprachreinheit des bürgerl. Gesetzbuchs, sowie der Fingerzeige f. die richt. Ausdrucksweise aus Rothes Schrift „Ueber den Kanzleistil" hrsg. gr. 8. (XII, 260 S.) Dessau 900. Leipzig, Luckhard's Buchh. f. Verkehrswesen. Geb. n. 3. 50

— Schule der Amtssprache. Ein Vorbereitungsbuch f. den schriftl. Tl. der Assistenten- u. Sekretärprüfg. sowie allgemeines Lehrbuch üb. dienstl. Arbeiten aller Art (Berichte, Schreiben, Verhandlgn. usw.) zum Gebrauche für Dienstanfänger, Bureaubeamte, Prüfungskandidaten usw. 2. vielfach verm. u. verb. Aufl., hrsg. unter Mithülfe bewährter Kräfte. (VIII, 312 S.) gr. 8. Ebd. 904. n. 3. —; geb. in Leinw. n. 4. —

— Spezial-Übersichtskarte der Bahnposten östlich von Berlin. Unter Beihilfe von Wilh. Müller als Kartenzeichner. Berlin, F. Luckhardt, 1887. gr. Fol. Chromolith. Mit einer Übersicht der bezügl. Bahnpostämter, der grösseren Eisenbahnverkehrsstrassen innerhalb des deutschen Reichs, sowie der Auslandskartenschlüsse der im östl. Theile des deutschen Reichspostgebiets kursirenden Bahnposten. Ebenda. gr. 8. (M. 1,20.)

[F.] Spezial-Uebersichtskarte der Bahnposten östlich von Berlin m. e. Uebersicht d. bezügl. Bahnpostämter, d. grösseren Eisenbahnverkehrsstrassen innerhalb d. Deutschen Reichspostgebietes sowie d. Auslandskartenschlüsse der im östl. Theile d. Deutschen Reichspostgebietes kursirenden Bahnposten. Entw. u. hrsg. v. G[ustav] Lüdemann, Postmeister, unt. Beihülfe d. Ober-Postass. Wilhelm Müller als Kartenzeichner. 2. verm. Aufl. [Massst 1 : 2,000,000.] *Berlin: F. Luckhardt 1891.* (2 Bl., 8 S., 1 Ktnbl. 2°) 1 Bd 8. (96. 5591)

— Spezial-Übersichtskarte der Bahnposten westlich von Berlin. Berlin. F. Luckhardt, 1887. gr. Fol. Chromolith. Mit Text in 8. (M. 1,20.)

[F.] Spezial-Uebersichtskarte der Bahnposten westlich von Berlin m. e. Uebersicht d. bezügl. Bahnpostämter. d. grösseren Eisenbahnverkehrsstrassen innerhalb d. Deutschen Reichspostgebietes sowie d. Auslandskartenschlüsse der im westl. Theile d. Deutschen Reichspostgebietes kursirenden Bahnposten. Entw. u. hrsg. v. G[ustav] Lüdemann, Postmeister, unt. Beihülfe d. Ober-Postassist. Wilhelm Müller als Kartenzeichner. 2. verm. Aufl. [Massst. 1 : 1,625,000.] *Berlin: F. Luckhardt 1894.* (1 Bl., 25 S., 1 Ktnbl. 2°) 1 Bd 8. (92. 5594)

Lüdemann, H., die neuere Entwicklung der protestantischen Theologie. Eine Orientirung für Nichttheologen. Vortrag, gehalten im Protestantenverein zu Bremen und Hamburg. gr. 8. (38 S.) Bremen 885, Rousselt. *

Lüdemann, H., Geometrie für Volkslehrer und Seminaristen 8. (IV und 128 S. mit eingedr. Holzschn.) Bremen 863 Kühtmann und Comp. *

Lüdemann, H., der Bremer Humoreskenschreiber des deutschen Schulwarts u. der Anschauungsunterricht, nebst einem Vortrage, geh. im Michaelis-Bürgerverein. 8. (54 S.) Bremen 878. Rühle & Schlenker. n. — 80

— Lehrgang für Denk- u. Sprechübungen. gr. 8. (82 S.) Ebend. 878. n. 1. 50

Lüdemann, H., Plan u. Stoff f. den deutschen Sprachunterricht, nebst Andeutgn. f. die Behandlg. d. Stoffes. gr. 8. (X, 284 S.) Bremen 890. Rühle & Schlenker. n. 4. —

— der erste Rechenunterricht. Ein Handbuch f. Lehrer. gr. 8. (V, 88 S.) Hannover 882. Helwing's Verl. n. 1. 20

Reden bei der Begräbnisfeier von Kirchenrat Professor D. Karl **Lüdemann.** Senior der theol. Facultät zu Kiel. am 21. Febr. 1889 in der Aula der Universität geh. v. H. Lüdemann u. H. Mau. ⟨Abgedruckt aus der Protestantischen Kirchenzeitung. 1889. Nr. 10.⟩ Berlin. (1889.)] 8°, geb. in 4°

— Schlüssel zu den 37 letzten Übungen in der schriftlichen Darstellung. gr. 8. (40 S.) Ebd. 893. n.n. 1. —

Lüdemann, H., Übungen in der sprachlichen Darstellung. gr. 8. (76 S.) Bremen 893. E. Hampe. n. — 80

Lüdemann, Heinr., Gott ist tot; es lebe der neue Gott od. Die germanisch-kathol. Kirche. (102 S.) kl. 8. Wilhelmshaven (904). H. Lüdemann. (Nur direkt.) n. 1. —

— im herzinnigen Gutsein liegt immer zugleich die Gewißheit der Unsterblichkeit od.: Das german. Papsttum. Die Fabel v. Jesu Christo. Die ewige Religion. Ausblicke in Deutschlands Zukunft. Eine reformator. Tat. (VIII, 48 S.) kl. 8. Ebd. (904). n. 2. —

Lüdemann, Heinrich, Referendar in Hamburg: Die Haftung des Rheders aus Vertrags- und Deliktsobligationen des Schiffers im geltenden deutschen Recht. Hamburg 1904: Berngruber & Henning. (VIII, 131 S.) 8°

Marburg, Jur. Fak., Ref. Westerkamp, Diss. v. 2. Febr. 1905

[Geb. 23. Apr. 78 Hamburg; Wohnort: Hamburg; Staatsangeb.: Hamburg; Vorbildung: Johanneum Hamburg Reife O. 98; Studium: München 4, Göttingen 2 S.; Rig. 11. Dez. 02.]

Lehmann-Hohenberg und Johannes **Lehmann** oder zwei Seelen in einer Brust v. Heinrich Lüdemann. (Elberfeld. 1896.) 8°

Lüdemann, Heinr., der Mann aus der Fremde. Socialreligiöse Ansprache. gr. 8. (VII, 37 S.) Berlin 900. [H. Eichblatt.] Bremen, Ed. Hampe. n. — 60

— die Vorherrschaft des Geistes. Religionsphilosophische u. erkenntnißtheoret. Aperçus. gr. 8. (VII, 96 S.) Ebd. 899. n. 2. —

Lüdemann, Herm., die Anthropologie d. Apostels Paulus u. ihre Stellung innerhalb seiner Heilslehre. Nach den vier Hauptbriefen dargestellt. gr. 8. (VIII, 217 S.) Kiel 872. Universitäts-Buchh. n. 5. 40

Lüdemann, Hermann. Das Erkennen und die Werturteile. VIII + 232 S. 8. Leipzig, M. Heinsius Nachfolger, 1910. [M. 6.—]

Lüdemann, Herm., Individualität u. Persönlichkeit. Rektoratsrede, geh. am 66. Stiftungstage der Universität Bern, den 17. XI. 1900. gr. 8. (24 S.) Bern 900. A. Benteli. n. — 90

Lüdemann, H., Reformation u. Täufertum in ihrem Verhältnis z. christl. Princip. gr. 8. (95 S.) Bern 896. W. Kaiser. n. 1. 80

Lüdemann, H[ermann]. Religion und Leben. Vortrag, gehalten in der Versammlung des kantonalen bernischen kirchlichen Reformvereins in Langenthal. [Herausgeber:] Schweizerischer Verein für freies Christentum. 31 S. 8. Bern, Büchler & Co., 1908. [fr. —.30]

(Gratis-Beilage zu den «Schweizer Reformblätter», [Jahrg. 42, No. 3, 18. Januar 1908], Bern.)

— Religion u. Leben. Vortrag, geh. in der Versammlg. des kantonalen bern. kirchl. Reformvereins in Langenthal. (Hrsg. vom Schweizer. Verein f. freies Christentum.) (31 S.) 8. Bern 908. (Zürich, A. Frick.) — 40

Lüdemann, Herm., was heisst „Biblisches Christentum"? Vortrag, geh. im kirchl. Reformverein der Stadt Bern am 20. XI. 1904. (32 S.) gr. 8. Bern 905. A. Francke. n. — 60

Lüdemann, Hermann. Was heisst « Biblisches Christentum »? Vortrag gehalten im kirchlichen Reformverein der Stadt Bern am 20. Nov. 1904. 2. durchgesehene Aufl. 35 S. 8. Bern, A. Francke, 1905. [fr. —. 75]

Lüdemann, Hermann Karl Georg: Die Eidbrüchigkeit unserer neukirchlichen Geistlichen. Eine Orientierung für Nichttheologen – . Separat-Abdruck aus der "Kieler Zeitung". Kiel. 1881. 8°.

Lüdemann, Hugo (Red.), s. Nahrungsmittel-Interessent.

Lüdemann, J., kleines praktisches Briefmarken-Album. gr. 8. (72 S.) Duderstadt 886, Haensch. cart.

LÜDEMANN, J. C., Donnerposaune vom Untergang der babylonischen Monarchie. Babylonia 1713.

Lüdemann

— Joh. Andr. (Lichtenst./Schoenburg), Disp. jur. **nona selectiora juris principia.** Präs. Tob. Richter. Lpz. (Langenheim) 11. XII. 1748. (4.—) 21811

Gew.: Chr. Klette, J. Chr. H. Lindner.

Lüdemann, Karl: Des Königs Aufgabe und des Kriegers Beruf. Predigt am Geburtstage Sr.Majestät des Königs von Preussen gehalten von – . Kiel. 1866. 8°.

Lüdemann, C., Aufrichtung zu Gott. Predigt bei Eröffnung der Ständeversammlung für das Herzogth. Holstein am 24. Jan. 1863 in der St. Laurentii-Kirche zu Itzehoe gehalten. 1. und 2. Aufl. gr. 16. (16 S.) Kiel 863, [G. v. Maack's Verlag.] *

Lüdemann, C., zur Bekenntnißfrage. Sendschreiben an Hrn. Pastor Decker in Wesenberg. gr. 8. (32 S.) Kiel (861)62, Akademische Buchh. *

—— der Bettag vor dem Kampfe. Predigt über 1. Petri 5, 6 am 27. Juni beim Militärgottesdienste in der Kloster- und Garnisonskirche zu Kiel gehalten. gr. 8. (14 S.) Kiel 866, [G. v. Maack's Verlag.] *

—— Bußtags-Predigt und Bußtags-Gebet. gr. 8. (20 S.) Kiel 861, Akademische Buchh. *

Lüdemann, C., Erinnerungen an Claus Harms u. seine Zeit. Ein Beitrag zur Säcularfeier seines Geburtstages, den 25. Mai 1878. gr. 8. (36 S.) Kiel 878. Universitäts-Buchh. n. 1. 50

— „fürchtet euch nicht!" Weihnachtspredigt. Angehängt: die zur Einweihung der neuen Orgel in der Klosterkirche gesprochenen Worte. gr. 8. Ebend. 843. 1/8 ₰

Zum Gedächtniss der am 22. Febr. d. J. verstorbenen Frau Dorothea Hensler, geb. Behrens. Kiel, den 28. Febr. 1860 (v. [Karl] Lüdemann). Kiel. 1860. 8°.

—— die Geistlichen Holsteins und die kirchliche Fürbitte. gr. 8. (8 S.) Kiel 863, [G. v. Maack's Verlag.]

Lüdemann, C., die Heiligthümer der Menschheit. Ein Morgengruß an die bessere Zeit. 8. (III, 68 S.) Kiel 873. Universitäts-Buchh. n. 1. 20

—— Confirmations-Rede, Charfreitags- und Osterpredigt. gr. 8. (52 S.) Kiel 862, [G. v. Maack's Verlag.] *

Lüdemann, C., die sittlichen Motive des Christenthums nach ihrer Beschaffenheit, ihrem ethischen Gehalt und ihrem Gebrauch in der kirchlichen Praxis dargestellt. (Besonders abgedruckt aus den Theol. Mitarbeiten, 1839, 1. Heft.) gr. 8. Kiel 841, Universitäts-Buchh. 1/2 ₰

Lüdemann, C., „nur die den Herrn lieb haben, können seine Heerde weiden." Eine Pred. üb. Joh. 21, 15—19, beim Antritt sein. academ. Lehramtes gehalten. Angeh. ist e. kurze Nachricht üb. d. homilet. Seminar zu Kiel u. d. anderweit. Vorbild. d. Theologie Studirenden daselbst in pract. Beziehung. gr. 8. (1 1/2 B.) Kiel 839, Universität-Buchhandlung.

Lüdemann, Carl: De pietate sincera firmissimo publicae salutis praesidio oratio qua in regis Friderici VII natalitiis celebratis vota publica nuncupavit. Carolus Lüdemann. Kiliae. 1852. 4°.

Lüdemann, Karl: Predigt bei Eröffnung der Ständeversammlung für das Herzogthum Holstein am 6ten März 1861 zu Itzehoe gehalten v. – . Itzehoe. 1861. 8°.

—— Reformationspredigt über Luc. 10, 38—42. gr. 8. (19 S.) Kiel 866, [G. v. Maack's Verlag.] *

LÜDEMANN, C[ARL PT. MATTH.], Uebersicht der gegenwärtigen Missions-Bestrebungen der evangelischen Kirche, zur Förderung dieser heiligen Sache in der Missionsstunde am 21. Juni d. J. gegeben. Kiel. 1837. P.

— über das Verhältniß des Christenthums zum Staatsbürgerthum. Rede am 18. Septbr. bei der Feier des Geburtstags Sr. Maj. in der academ. Aula. gr. 8. Kiel 846, Academ. Buchh. 4 ngl

—— die Verleugnung Gottes des Vaters. Ein theolog. Bedenken. gr. 8. (IV und 62 S.) Kiel 861, Akademische Buchh. *

Lüdemann, Karl (Hrsg.), s. Vierteljahres-Schrift, Kirchliche.

—— Weihrede bei der feierlichen Grundsteinlegung des neuen Universitätsgebäudes im Schlossgarten zu Kiel. Am 3. Aug. 1873 gehalten. 4. (6 S.) Ebendas. 873. *

Lüdemann, Karl: Weihrede bei der feierlichen Grundsteinlegung des neuen Universitätsgebäudes im Schlossgarten zu Kiel am 3. August 1873 gehalten v. – . Kiel. 1873. Siehe in: Schriften der Univ. zu Kiel. Bd. 20. Kiel. 1874. 4°.

— über das Wesen des protestant. Cultus. Eine theolog. Untersuchung, mit welcher zur Theilnahme an d., am 18. Febr., anzustellenden 3. Säcularfeier des Todestags Luthers einladet zc. gr. 4. Ebend. 846. n. 1/2 ₰

Lüdemann, C., Aus dem Wort des Lebens. Predigten. gr. 8 (XV und 447 S.) Kiel 863, [G. v. Maack's Verlag.] *

Worte beim Begräbniss des Etatsraths Professor Dr. [Emil Friedrich] **Goetz.** gespr. v. [Karl] Lüdemann. Kiel, den 12. Juli 1858. Siehe in: Schriften d. Univ. zu Kiel, Bd. 5. Kiel. 1859. 4°.

Worte beim Begräbniss des Professor [Wilhelm] **Junghans** am 31. Januar 1865 gesprochen v. [Carl Peter Matthias] Lüdemann. (Kiel. 1865.) 2 Bl. 4° [Kopft.]

Lüdemann, Karl: W o r t e beim Begräbnisse des stud. med. J. F. Martinsen aus Langenborn, gespr. v. – . Kiel, den 17.Decbr. 1856. Anlage 2 zur Chronik 1856. Siehe in: Schriften d. Univ. zu Kiel, Bd. 3. Kiel. 1857. 4°.

— Worte beim Begräbniss des Kirchenraths Prof. Dr. N. Thomsen am 27. Decbr. 1872 gesprochen. 4. (7 S.) Ebendas. 873. *

Worte beim Begräbniss des Kirchenraths Professor Dr. Nicolaus **Thomsen** am 27. Dec. 1872 gespr. v. Carl Lüdemann. Kiel. 1873. Siehe in: Schriften d. Univ. zu Kiel, Bd. 20. Kiel. 1874. 4°.

Lüdemann, Karl Peter Matth., s. L ü d e m a n n , Karl

Lüdemann, Luise, Pension Kloppenburg. Wahrheit u. Dichtg. (238 S.) 8. Straßburg 909. J. Singer. 4. —

Lüdemann, Max *Georg Wilhelm* [Cand. d. höh. Schulamts aus Stettin]: Über [!] Destouches' Leben und Werke ... Greifswald, Druck v. J. Abel, 1895; 59 S. 8.
Greifswald, Phil. Fak., Inaug.-Diss. v. 15. Juli 1895

Lüdemann, Max, Dr.: Über den Begriff Tragik und die Tragik im Hamlet. Pankow 1906: C. Giessmann. (7 S.) 4°
Pankow, RG i. E. P 1906 (160)

Lüdemann, Wilhelm

Lüdemann, (Geo.) Wilh. v., † (Justus Ironius Kosmopolita,) Afronius Fatagel, s. Afronius.

v. Lüdemann, Wlh., s. Alfieri; Trsple.

Lüdemann, (Geo.) Wilh. v., † (Ernst Scherzlieb,) Andruzzo's d. Livadier, s.a. Bibliothek, wohlf., v. Unterhaltungsschriften, 4. u. 5. Bdchn.

v. Lüdemann, Wlh., Andruzzo's der Livadier, Histor. Roman. 2 Bdchn. 8. Leipz. 826. Klein. 1 ℛ 16 gl in 12. Ebd. 829. 18 gl

s. Ansichten d. Rheinbundes, u. fete hinzu (v. H. Luden).

— s. Bibliothek klass. Romane des Auslandes

— s. Byron, die Foscari u. dess. Werner.

Luedemann, Wilhelm von [Übers.]
s. Byron, Georg Gordon: Poesien. 1821–25.

SCHERZLIEB, Ernst (d. i. *Wilhelm v. Lüdemann*, damals zu Cyrus bei Fraustadt in Schlesien), D r e s d e n w i e e s i s t, Zwickau, Gebr. Schumann, 1830. 8°. (1⅓ Rthl.) (In Breslau, Kgl. u. Univ.-Bibl.: Hist. Germ. V. 8° 337.) (4 Mk., Expl. im Orig.-Umschl., Max Jaeckel, Potsdam, 1906.)

—— die Foscari, s. Bibliothek histor. Romane u. Erzählungen, 5. u. 6. Bd.

s. K. Frommel, pittoreskes Italien.

— Gesch. d. Architektur, s.a. Taschenbibl., allgem. deutsche, Nr. 9.

— Geschichte d. Architektur. 8. Dresd. 828. Hilscher. 12 gl

—— Geschichte der Architektur. 8. (9 B.) Dresden 828. [Zittau, Nauwerck.] 12 Gr., hrbgs. Pr.

v. Lüdemann, Wlh. (G. W.), Geschichte der Architektur. 8. Jetzt Brandes in Leipzig. ⅙ ℛ

— Geschichte Griechenlands u. d. Türkei. 4 Bdchn. 8. Dresd. 827. Hilscher. 1 ℛ 12 gl

— Geschichte d. Kupferstecherkunst u. d. damit verwandten Künste rc. 8. Dresd. 828. Hilscher. 9 gl
(Vorstehende 3 Werkchen sind aus d. Taschenbiblioth. menschl. Culturgeschichte abgedr.)

—— Gesch. d. Kupferstecherkunst u. d. damit verwandten Künste Holzschneide- u. Steindruckkunst. 8. (8 B.) Dresden 828. [Zittau, Nauwerck.] 9 Gr., hrbgs. Pr.

— Gesch. d. Malerei rc., s.a. Taschenbibl. allgem. deutsche, Nr. 10.

— Geschichte d. Malerei u. Zeichenkunst. 8. Dresd. 828. Hilscher. 12 gl

—— Gesch. d. Mahlerey u. Zeichenkunst. 8. (11½ B.) Dresden 828. [Zittau, Nauwerck.] 12 Gr., hrbgs. Pr.
Vorstehende 3 Schriften sind aus der „Taschenbibliothek d. menschl. Culturgesch." besond. abgedruckt.

Lüdemann, W. v., und C. Witte, das malerische und romantische Italien, s. Frommel.

—— Vittoria Iturbide. Histor.-romant. Gemälde d. Mexican. Freiheitskrieges. 3 Thle. 8. (33 B.) Zwickau 830, Gebr. Schumann.

s. J. J. Kosmopolita.

v. Lüdemann, Wlh. (G. W.), Lehrbuch d. neugriech. Sprache. gr. 8. Leipz. 826. Brockhaus. 1 ℛ

v. Lüdemann, W., s. Molières sämmtliche Werke.

—— Monatsrosen. Zwölf Erzähln. u. Novellen. 3 Bde. gr. 12. (33⅔ B.) Glogau 836, Flemming.

— Neapel wie es ist. 8. Dresd. 827. (Gerold in Wien). 1 ℛ 12 gl Hbg. Pr. 16 gl

— Neapel wie es ist. 8. Dresd. 827. Hilscher. 1 ℛ 12 gl

— Novellen u. Erzähll. 16 Bdchn. 8. Dresd. 827, Hilscher.

— Novellen u. Erzählungen 16 Bdchn. 8. Dresd. 827. (Meyer in Braunschw.) 1 ℛ 12 gl

—— **Ober-Italien, s. Frommel, C.**

— Petersburg wie es ist. 8. Dresd. 1530. (soll heißen) 1830. (Reimann in Leipz.) 1 ℛ 8 gl

—— Petersburg wie es ist. 2. Ausg. 8. (16 B.) Leipzig 836, [Melzer.]

— s. Cr. Scherzlied.

— Stambul oder Konstantinopel wie es ist. 8. Dresd. 827. (Reimann in Leipz.) 1 ℛ 12 ℊ

—— Stambul od. Constantinopel wie es ist. 2. Ausg. 8. (19 B.) Leipzig 836, [Melzer.]

— der Sulictenkrieg, nebst den darauf bezüglichen Volksgesängen. Ein Beitrag zur Geschichte des griech. Freiheits-Kampfes. 8. Leipz. 825, Brockhaus.

—— Töplitz wie es ist, od. die beiden Grafen. gr. 12. (6½ B.) Dresden 829, [Grimmer.] 18 Gr., hrbgs. Pr.

— Teplitz wie es ist, od. die beiden Grafen. Novelle. 8. Dresd. 829. Hilscher. 18 ℊ

—— Venedig, wie es war u. wie es ist. Eine getreue Schilderung d. Sitten u. Gebräuche d. Einwohner, u. Wegweiser f. Fremde zu d. Kunstschätzen u. Schönheiten Venedigs. 1. Aufl. Dresden 828. 1 Thlr. 12 Gr., 2. Ausg. (à 11 B.) gr. 12. Leipzig 834, Michelsen.

— Züge durch die Hochgebirge u. Thäler d. Pyrenäen, im J. 1822. Mit 2 Karten. 8. Berl. 825. Duncker u. H. 1 ℛ 16 ℊ

Lüdemann-Ravit, Hermann (August Albert Arthur): Der strafrechtliche Notstand unter besonderer Berücksichtigung der §§ 228, 904 B.G.B. Pforzheim 1906: Birkner & Brecht. (74 S.) 8°

Freiburg i. B., rechts- u. staatsw. Fak., Ref. v. Rohland, Diss. v. 15. Juni 1906

[Geb. 2. Juli 80 Barlt b. Meldorf (Süderditmarschen, Holstein); Wohnort: Pforzheim; Staatsangeh.: Baden; Vorbildung: Lateinsch. Germersheim, Realsch. Bretten, Gymn. Bruchsal, Pforzheim Reife M. 99; Studium: Heidelberg 3, Kiel 1, Berlin 1, Heidelberg 2 S.; Rig. 25. Mai 03.]

Luden, Bernh., s. W. Beaumont, neueste Versuche.

Luden, Friedrich (Übers.), s. Droz, Fr. X. J.: Gesch. d. Regierung Ludw. XVI.

Luden, Heinr. (II.), Abhandlung aus d. gemeinen teutschen Strafrechte. 1. u. 2. Bd. gr. 8. Göttingen, Vandenhoeck u. Ruprecht.

A. u. d. Titln.:

Bd. 1. Ueber d. Versuch d. Verbrechens nach gemein. teutschen Rechte. (32¾ B.) 836. 2 Thlr.

" 2. Ueber d. Thatbestand d. Verbrechens nach gemein. teutschen Rechte. (37 B.) 840. 2 Thlr. 4 Gr.

—— des Königs Aufgabe und des Krieges Beruf. Predigt am Geburtstage Sr. Maj. des Königs von Preußen beim Militärgottesdienst in der Kloster- und Garnisonskirche zu Kiel gehalten. gr. 8. (15 S.) Kiel 866, [G. v. Maack's Verlag.] *

— kleine Aufsätze geschichtl. Inhalts. 2 Bde. 8. Gött. 807, 8. (Vandenhöck u. R.) 2 ℛ 8 ℊ (2r Bd. A. u. d. T.: kleine Aufsätze, meist histor. Inhalts: Sir Will. Tempe, Biographie. 1 ℛ 6 ℊ)

— s. Droz, Jos., Geschichte der Regierung Ludwigs XVI.

— Hauptmann von Gerlach (General von Grolman) 1812 Student in Jena. Aus den ungedruckten „Rückblicken in mein Leben." 12. Ebend. 843. ¼ ℛ

— allgemeine Geschichte d. Völker u. Staaten. 1r Thl. (A. u. d. T.: Allgemeine Geschichte d. Völker u. Staaten d Alterthums.) gr. 8. Jena 815. 2e A. 819. 3e A. 824. Frommann. 2 ℛ 16 ℊ 2r Thl. 2 Abthll. 821, 22. 2e A. 2r u. 3r Thl. Gesch. d. Mittelalters. 824. 5 ℛ 8 ℊ Alle 3 Thle. ord. Pap. 6 ℛ fein Pap. 8 ℛ

Luden, Hnr., Geschichte der Teutschen. 1.—3. Bd. gr. 8. Jena 842, 43, Luden. 1. Bd. 1⅞ ℛ 2. Bd. 2 ℛ 3. Bd. 2 ℛ

Luden, Heinr., Geschichte d. teutschen Volkes. 4—10. Bd. gr. 8. Gotha, J. Perthes. Drckvlnp. 15 Thlr. 4 Gr., Vlnp. 21 Thlr. 12 Gr., gr. Real-Schrb.- od. Drckvlnp.

			Drckp.		Schrbp.		gr. Real-Schrb.- od. Drckvlnp.
Bd. 4.	(28 B.)	828.	2 Thlr.	— Gr.	8 Thlr.	— Gr.	5 Thlr.
" 6.	(41 B.)	830.	2 —	— —	8 —	— —	6 —
" 6.	(41 B.)	831.	2 —	4 —	8 —	— —	6 —
" 7.	(40 B.)	832.	2 —	4 —	8 —	— —	6 —
" 8.	(45½.)	833.	2 —	12 —	8 —	12 —	6 —
" 9.	(42 B.)	834.	2 —	4 —	8 —	— —	6 —
" 10.	(42 B.)	835.	2 —	4 —	8 —	— —	6 —

1—3. Bd. Ebendas. 1825—27. Drckp. 7 Thlr., Schrbp. 10 Thlr., gr. Real-Schrbp.- od. Drckvlnp. 15 Thlr.

Luden, Heinr. (I.), Geschichte d. teutschen Volkes. 11. u. 12. Bd. gr. 8. (à 45¼ B.) Gotha 836, 37, J. Perthes. Drckvlnp. à * 2⅓ Thlr., Vlnp. * 3⅓ Thlr., gr. Real-Schrb.- od. Drckvlnp. *

1—10. Bd. Ebendas. 1825—35. Drckvlnp. * 22⅚ Thlr., Vlnp. * 31⅓ Thlr., gr. Real-Schrb.- od. Drckvlnp. * 50 Thlr.

— über den Glauben an den Sieg des Guten, e. Predigt am letzten Sonnt. d. J. 1801 zu Göttingen gehalten. Mit e. Vorbericht herausg. v. C. F. Ammon. 8. Gött. 802. Röwer. 3 ℊ

— Hugo Grotius, nach seinen Schicksalen u. Schriften dargestellt. 8. Berl. 805. (Herbig). 1 ℛ 12 ℊ

Luden, Ritter Hnr., Grundriß d. Aesthetik. gr. 8. Götting. 808. (Vandenhöck u. R.) 12 ℊ

— Handbuch d. Staatsweisheitslehre oder d. Politik. Ein wissenschaftlicher Versuch. 1e Abtheil. gr. 8. Jena 811. Frommann. 2 ℛ

— Handbuch des teutschen gemeinen und particularen Strafrechtes. 1. Bd. 1. 2. Heft. gr. 8. Ebend. 843. à ⅚ ℛ

Luden, Heinr. († d. 23. Mai 1847), Handbuch des teutschen gemeinen u. particularen Strafrechtes. 1. Bd. 3. Hft. gr. 8. (XII S. u. S. 325—482.) Jena 847, Luden. ⅚ ℛ (1. Bd. 2½ ℛ)

— das Königreich Hannover nach seinen öffentl. Verhältnissen, besonders d. Verhandlungen d. allgemeinen Ständeversammlung in den Jahren 1814, 15 u. 16. gr. 8. Nordhausen 818. (Hahn in Hannov.; a. Klinckhardt in Leipz.) 2 ℛ (Lauffer in Leipz.) 3 ℛ

— das Königreich Hannover rc. gr. 8. 818, ist auch bei Sühring in Leipzig u. d. Pr. nur

— s. J. G. v. Herders Ideen.

— d. Landtag d. Großherzogth. Sachsen-Weimar-Eisenach 1820. Verhandll. über d. Oeffentlichkeit. 8. Jena 821.

Luden, Heinr., Meletematum hist.-crit. ad antiquum Germanorum statum. Spec. I. Jena (Goepferdt) 24. V. 1811. 47 S. (3.—) 21694

— s. J. B. Reißedauer, Darstell. d. provisor. Verwaltung rc.

Loy Hering. Ein Beitrag z. Geschichte d. deutschen Plastik d. 16. Jhs von Dr. Felix **Mader**. Mit 70 Abb. München: Gesellsch. f. christl. Kunst 1905. (122 S.) 4° [05. 11927

Mader, Fel., s.: **Kunstdenkmäler, die, d. Königr. Bayern.**

Mader, Fr. Karl

Mader, Fr. K. Sichere Nachrichten von der Kaiserl. u. des heil. Reichs Burg Friedberg. 3 Thl. 8. Lauterbach 1760–64.

Mader, Fr. Karl, († d. 28. März 1770.) sichere Nachrr. von d. kaiserl. u. des heil. Reichs Burg Friedberg, u. der dazu gehör. Grafschaft u. freien Gericht zu Kinhen ꝛc. 3 Thle. 8. Lauterbach 766—74.

Mader, Fritz, Ausflugsbuch f. Nizza u. Umgebungen. 76 lohn. Touren u. mehrtäg. Ausflüge in die Meer-Alpen m. geschichtl. u. naturgeschichtl. Notizen. Unentbehrliche Ergänzg. zu jedem Rivieraführer. [Aus: „M., Riviera".] (S. 135—456 m. Abb., 4 Vollbildern u. 1 farb. Karte.) 8. Nizza (909). A. Hohberg. 3.—

Mader, Fritz, illustr. Führer durch d. französ. Riviera. Nizza, Cannes, Beaulieu, Monaco, Monte-Carlo, Menton u. Sanremo nebst Spaziergängen u. Ausflügen in den Meeralpen, m. geschichtl. u. naturgeschichtl. Notizen. 8. (IV, 456 S. m. 1 Plan u. 1 Karte.) Nizza 900. L. Gross. Geb. in Leinw. n. 5.—

Mader, Fritz *Heinrich:* Die höchsten Teile der Seealpen und der ligurischen Alpen in physiographischer Beziehung ... Hierzu 12 Abb. nach Originalaufnahmen d. Vfs. Leipzig, G. Fock, 1897; 235 S., 6 Taf. 8.
Leipzig, Phil. Fak., Inaug.-Diss. v. [14. Juni] 1897

Mader, Fritz, s.: **Wozu leben wir?**

Mader, Geo., Photographien der Cartone zu den Freskogemälden in der Stadtpfarrkirche zu Bruneck. Photographisch aufgenommen von Jos. Albert in München. Innsbruck 866. (Vereins-Buchh.) qu. 4. (18 Photogr. u. 1 Blatt Text.) In Carton 8 ƒ

Mader, Geo., Volkstümliches v. d. Alpenpflanzen. (48 S. m. Abb.) 8. Würzburg 910. Memminger. —60

Mader, Gustav, Tierarzt: Aus d. chir. Klinik d. Tierärztl. Hochsch. zu Dresden. Über Anwendung und Wirkung des Eumydrins bei Untersuchung der Augen der Pferde. Dresden-N. 1908: Ulrich. 63 S. 8°
Leipzig, Veterinär-Med. Diss. v. 3. Okt. 1908, Ref. Röder
[Geb. 29. Sept. 69 Lewin; Wohnort: Dresden; Staatsangeh.: Preußen; Vorbildung: Matthias-Gymn. Breslau Reife O. 89; Studium: Zahnheilk. Breslau 2, Vet.-Med. Berlin Tierärztl. Hochsch. 7 S.; Coll. 7. Nov. 08; Approb. 25. März 08.] [U 09. 2828

Mader, Heinrich: Ueber Ermüdungsmessungen an Schülern. Mettmann 1909: Kirchmann. S. 1—14. 4°
Mettmann, R u. RPG P 1909 (692) [S 09. 307

Mader, Hubert [app. Arzt aus Lewin]: Ein Pseudoneurom am Nervus medianus ... München, Buchdr. v. M. Ernst, 1892; 21 S. 8.
München, Med. Fak., Inaug.-Diss. v. [3. März] 1892

Mader, Joachim Johann. De Bibliothecis atque Archivis virorum clarissimorum ... II. ed. ... Helmst. 1702. H: *Schmid, Joh. Andreas.* (AarK) (Ebert) (BrMm)

Mader, J. J., De bibliothecis atque archivis libelli viror. clariss. Ed. secund. curav. J. A. S. (Schmidt.) Helmst. 702-705. 3 Tom. 2 Vol. .4. 1 rthl. 16 gr.

[J.] **Mader,** Johann [Dr. theol., Prof. in Chur]: Der Heilige Cyrillus, Bischof von Jerusalem, in seinem Leben und seinen Schriften nach d. Quellen dargest. ... Einsiedeln '(Schweiz)', Benziger & C. ..., 1891; 204 S. 8.
Freiburg i. B., Theol. Fak., Inaug.-Diss. v. 1891
(Nicht für den Austausch)

Mader, Joh., allgemeine Einleitung in das Alte u. Neue Testament. (V, 146 S.) gr. 8. Münster 908. Aschendorff. 2.80

Mader, Jh., selecta equestria s. Opuscula, jura et statum nobilitatis Imperii immediatae in Suevia, Franconia etc. edita et inedita, cum animadv. editor. II Tomi. 8. Frankfurt 774, 75. (Felssecker in Nürnb.) 1 ƒ 8 gl

Mader, Joh., Kompendium der biblischen **Hermeneutik.** gr. 8. (VII, 80 S.) Paderborn 898. F. Schöningh. n. 1.20

— reichsritterschaftl. Magazin. 13 Bde. 8. Erlang. 781—90. Palm. 17 ƒ 8 gl

MADER, Joa.: Reichsritterschaftl. Magazin. *Erlangen*, Palm's V. II. 790—91. 13 Bde. 8. (17 Thl. 8 Gr.)

— **Raupenkalender,** oder Verzeichn. aller Monate, in welcher d. von Rösel und Kleemann beschr. und abgebildeten Raupen, nebst ihrem Futter zu finden, herausgegeben von C. F. C. Kleemann. gr. 8. Nrnbg. Raspe. 786.

— Raupenkalender, od. Verzeichniß aller Monate, in welchem d. von Rösel u. Kleemann beschr. u. abgebild. Raupen nebst ihrem Futter zu finden, herausgeg. v. C. F. C. Kleemann. 777. 2e A. 785. 8 gl 3e A. neuer Raupenkalender ꝛc. v. C. Schwarz. 2 Abthlgn. gr. 8. Nürnb. 791. Bauer u. Raspe. 2 ƒ

— Samml. reichsgerichtl. Erkenntnisse in reichsritterschaftl. Angelegenheiten. 25 Bde. 8. Tübing. 776—91. (Osiander). 33 ƒ 16 gl

— Samml. reichsgerichtl. **Erkenntnisse** in reichsritterschaftl. Angelegenh. 25 Bde. 8. Tübingen, Heerbrand. 780–91.

Mader, Jh. Ed., Reise von Böhmisch-Krumau durch d. Ober-Emsische Salzkammergut nach Salzburg u. Berchtolsgaden im Herbste 1807. 8. Prag 809. Widtmann. 2 ƒ

Mader, Josef

– s.a. **Aufsätze aus d. Moral.**

(MADER Josef). Vermischte Aufsätze aus der Moral, Staatskunst und Staatenkunde zum Versuch Lesen und Denken besonders bey der studierenden Jugend zu befördern. (Von –) Widtmann. Prag 1788. 1 vol. 8 Bl. + 239 S.

v. Mader, Jos., († d. 25. Dec. 1815.) üb. Begriff u. Lehrart der Statistik. 8. (Prag). 793. Neureutter. 4 gl

— krit. Beitr. z. Münzkunde d. Mittelalters. 6 Thle. mit 29 Kpfrn. gr. 8. Prag 803—15. Widtmann. 9 ƒ

— **Versuch üb. die Bracteaten, insbes. üb. die böhmischen.** Mit 7 Kpft. 4. Prag 797.

— **zweiter Versuch üb. d. Bracteaten.** Mit Kupft. gr. 8. Prag 808. Widtmann. 1 ƒ

– s. **Vorzüge d. Naturrechts.**

Mader, Karl

Mader, P. Carl, C.S.S.R.: Die Congregation des allerheiligsten Erlösers in Oesterreich. Chronikalbericht über ihre Einführung, Ausbreitung, Wirksamkeit und ihre verstorbenen Mitglieder als kleine Festgabe zur Centenarfeier ihres heiligen Stifters Alphonsus Maria de Liguori. gr. 8°. (XII, 547 S.) Wien, St. Norbertus-Buchdruckerei. 1887.

LUDENHAUSER, Sebastian (Steinbach): De podagra.- Monachii: Poessenbacher 1835. 15 S. 19.8.1835 - Urk
Diss. Ingolst.-Landsh.-Mchn.

Ludenheim, C. A., gründl. Heilung der Pollutionen, oder: Belehrungen über die höchst verschiedenartigen, zum Theil bisher unbeachtet gebliebenen Ursachen d. zu häufigen Pollutionen, deren sichere Vermeidung und Heilung der aus ihnen hervorgehenden körperlichen und geistigen Nachtheile. 8. Nordhausen 843. Fürst. 1/2 ₰

Ludenheim, C. A., gründliche Heilung der Pollutionen. Ein Rathgeber für junge Leute, welche sich aus Blödigkeit einem Arzte nicht entdecken wollen. Neue Ausg. 8. (100 S.) Nordhausen 847. (Leipzig, Hentze.) 1/2 ₰

Lüdenscheid [Schlagwort]

Lüdenscheid, s.: Arnsberg, Reg.-Bez.

Lüdenscheid, s.: Deutschland. Karte. (Abt. Preussen.)

Lüdenscheid, s.: Rheinprovinz, Liebenow, W.

Lüdenscheid, s.: Woerl's Reisehandbücher.

Lüder von Wülfingen. Sage der Vorzeit. Bayreuth 1793—95. V: *Kapf, Carl Gottlieb Heinrich.* (Ky) (BGE) (GGr) ›1793—94‹ (MGT)

Lüder, ..., allgemeine Witterungskunde ꝛc. 8. Wien 807. Al. Doll. 5 ₰

Lüder, Albrecht [Dr.]: Lord Byrons Urteile über Italien und seine Bewohner, ihre Sprache, Litteratur und Kunst. Dresden, Druck v. C. Heinrich, *1893*; 3—27 S. 4.
Dresden-Neustadt, Drei-König-S '(RG)', OP 1893 (552)

Lüder, Albrecht: I. Zur Vorgeschichte der Anstalt. II. Die Eröffnung des Gymnasiums. S. 3—10. 4.
Progr. König Georgs-Gymn. *Dresden-Johannstadt* 1904 (624a).

Lüder, Anton *s.* Ganioz, Emanuel, et Lüder, Anton.

Lueder, August Ferdinand

Lueder, A. F. Beitrag zur Geschichte der Finanzen der Republik der Vereinigten Niederlande, vorzüglich der Provinz Holland. 8°. Berlin 1805.

Lüder, Aug. Fd., († d. 27 Febr. 1819.) statist. Beschreib. d. Besitzungen d. Holländer in Amerika. 1r Thl. gr. 8. Braunschw. 792. Schulbuchh. 16 ₰

– s. Charaktere vom Schwed. Hofe.

— Einleitung in d. Staatenkunde, nebst einer Statistik d. vornehmsten europäischen Reiche. 1r Thl. 8. Leipz. 792. (W. Vogel). 1 ₰ 6 ₰

— Entwickelung d. Veränderung d. menschl. Geschlechts. 1r Bd. gr. 8. Braunschw. 810. Vieweg. 1 ₰ 8 ₰

— Geschichte d. holländ. Handels, nach Lüzaks Hollands Rykdom bearbeitet. gr. 8. Leipz. 788. (W. Vogel). 2 ₰

— krit Geschichte d. Statistik. gr. 8. Götting. 817. Röwer. 3 ₰ 12 ₰

— Geschichte d. vornehmsten Völker d. alten Welt im Grundriß. 8. Braunschw. 800. Reichard. 1 ₰ 8 ₰

— über die Industrie und Cultur der Portugiesen. 8. Berlin, Danker und H. 809.

— Kritik d. Statistik u. Politik, nebst e. Begründung d. politischen Philosophie. 8. Gött. 812. Vandenhöck u. R. 1 ₰ 16 ₰

— über d. Kultur u. Industrie d. Portugiesen. 8. Berl. 809. Duncker u. H. 12 ₰

— Leitfaden d. alten Geschichte, zu Vorlesungen. 8. Braunschw. 810. Vieweg. 1 ₰ 8 ₰

— Leitfaden d. alten Geschichte zu akadem. Vorlesungen entworfen. 8. Braunschw. Vieweg. 811.

— Materialien zur Statistik. 1s Hft. 8. Götting. 794. Dieterich. 12 ₰

– s. J. Meermann, Reise durch Preußen.

Lüder, Aug. Fd. Ueber Nationalindustrie und Staatswirthschaft, nach Ad. Smith bearbeitet. 3 Thle. gr. 8°. Berlin (Duncker u. H.) 1800—1804.

— die Nationalindustrie u. ihre Wirkungen. 8. Braunschw. 808. Vieweg. 18 ₰

— National-Oekonomie, oder Volkswirthschaftslehre, nach dem Tode d. Verfassers herausgegeben. 8. Jena 820. Cröker. 1 ₰ 12 ₰

– s. Portefeuille, histor.

— Repertorium für d. Geschichte, Politik u. Staatenkunde. I. 1—3. II. 1. 8. Berl. 801—5. (Duncker u. H.) (à 12 ₰) 2 ₰ Hbg. Pr. 16 ₰

– s. Staatsanzeigen, Holländische.

Lueder, (A.F.) (Übers.u.Comm.):

s.: Stavorinus, J.S.: Reise nach dem Vorgebürge der guten Hoffnung, Java und Bengalen in den Jahren 1768 bis 1771. (Reize van Zeeland over de Kaap de Goede Hoop naar Batavia, Bantam, Bengalen enz gedaan in den Jaaren 1768 tot 1771. Dt.Ausz.) Berlin: 1796

JB 5.629

— über d. Veredlung d. Menschen, besonders d. Juden. gr. 8. Braunschw. 808. Vieweg. 1 ₰ 8 ₰

– s. Zustand der Kolonie.

Lüder, Barth., Epigramm. ac elogia divor. Societ. Iesu ac praecipuar. familiar. in Polonia. 8. Col. Agripp. 738.

Lueder, Carl, s. L u e d e r , Karl

v. Lüder, Chr. Fr., vollständ. Inbegriff aller bei d. Straßenbau vorkommenden Fälle. Mit Kpf. gr. 8. Frankf. 779. Hermann. (a. Brönner). 1 rß 12 gr

Lüder, Christ. u. Dan. Gottl. Müller (Chemnitz), De **caussis variantium lectionum scripturae s. Novi testam. Lpz. (Tacke) 21. VI. 1730.** 32 Seiten. (4.—) 21813
Gew.: Christ. Friedr. Boerner, Joh. Zach. Plattner.

Lüder, F. W. Ant., s. L ü d e r s , Fr. Wilhelm Anton

Lueder, Franz Hermann Heinrich (Mitarb.), s. A b e r c r o m b i e . John: Vollständige Anleitung zur Erziehung u. Wartung . . . aller Obst-u.Fruchtbäume . . .

— vollständ. Anleit. z. Wartung aller in Europa bekannten K ü c h e n g a r t e n g e w ä c h s e. Aus d. Engl. (d. M i l l e r) u. mit botan. u. prakt. Anmerk. erläut. Mit Kpf. gr. 8. Lübeck, 1780. (Asschenfeldt.) 2. 25

— vollständ. Anleitung zur Wartung aller in Europa bekannten Küchengartengewächse; aus d. Engl. neu übers. u. mit botan. u. prakt. Anmerkk. erläutert. Mit Kpf. gr. 8. Lübeck 780. Donatius. 2 rß 20 gr Schrbp. 4 rß

Lüder, Frz. Herm. Hnr., († d. 31. Dec. 1791.) Briefe über die Anlegung u. Wartung e. Blumengartens für diejenigen, welche von Blumen noch keine Kenntniß haben. 8. Hannov. 777. 2e Aufl. 786. Helwing. 18 gr

— Briefe über die Bestellung e. Küchengartens. 3 Thle. 8. Hannov. 768 — 79. 2e Aufl. 773. 793. 783. 3e A. 1r Thl. 778. Helwing. (1r 16 gr, 2r 20 gr, 3r 16 gr) 2 rß 4 gr

— Briefe üb. d. Bestellung e. K ü c h e n g a r t e n s. 8. 3. Thle. 1. Thl. 1768. 2. Aufl. 1773. 3. Aufl. 1778. 2. Thl. 1776. 2. Aufl. 1793. 3. Thl. 1779. 2. Aufl. 1783. Hannover, Helwing. 2. 5
— — Dies. im Auszuge. 2 Thle. 8. Ebend. 1798. 1. —

— Grundriß d. christl. Sittenlehre, zum Leitfaden beim häuslichen Unterricht. 12. Celle 789. Richter. 1 gr

— botan.-prakt. Lustgärtnerei, nach Anleit. d. besten neuesten Britischen Gartenschriftsteller; mit Anmerkk. für d. Klima in Deutschland. 4 Bde. Mit 14 Kpf. Leipz. 783—86. Weidmann. 15 rß 20 gr

— Nachricht v. Anbau u. Erhalt. d. grünen K o h l s in d. Winterzeit. 12. Flensburg, 1772. Korte. (Altona, Hammerich.) — 2¹ ;

Lüder, Frz. Herm. Hnr., (Psdn.) vollkomm. Pfropf- u. Okuliermeister, oder Anweis. zum nützl. Pflanzen, Erziehen, Pfropfen u. Verschneiden der Obst- u. a. Bäume, nebst Kraut- u. Küchengarten; herausg. v. Jh. Rob. Wilks. 8. Leipz. 793.
(NB. Ist dem obigen untergeschoben.)

Lüder, Frz. Herm. Hnr., drei Predigten bei Gelegenheit d. Ueberschwemmung in Lüneburg. 8. Hannov. 772. Helwing. 4 gr

— Tabelle üb. d. in d. Briefen üb. e. Küchengarten vorkomm. K ü c h e n g a r t e n g e w ä c h s e. 4. Leipzig, 1775. Neue Aufl. Dresden, 1805. (Hilscher.) — 5

— Tabelle über d. in d. Briefen über e. Küchengarten vorkomm. Küchengewächse. Leipz. 775. 2e A. 4. Dresd. 805. N. A. 825. (Henge in Bresl.) 6 gr

— Georg Gust. (Hannover), De origine et fundamento probationis pro exoneranda conscientia. Göttingen (Baier) 13. XI. 1827. (4.—) 21814
Oppon.: Heintze, Hoppenstedt.

— Gust. Friedr. Lud. (Hannover), De diaphragmatitide. Diss. med. Berlin (Brüschcke) 24. VIII. 1826. 47 S. mit Biogr. (M.: Reinharth.) (3.—) 21815
Gew.: Aug. Wilh. Jacobi. — Oppon.: F. Schmidt, W. Reinhardt, J. Lindenthal.

Lüder, Heinr. Albr., Carlo Goldoni in seinem Verhältnis zu Molière. Ein Beitrag zur Geschichte der dramat. Litteratur Italiens im 18. Jahrh. gr. 8. (44 S.) Oppeln 883, Franck's Buchh.
Aus: Zeitschrift für neufranzösische Sprache, besonders abgedruckt.
s. a. L ü d e r , W.

Lüder, Johann Friedrich

— — Disp. jur. de causis usurarum dubiis. Präs. Christ. Hanacke. Wittenberg (Schlomach) 17. III. 1752. 32 S. (5.—) 21819

— Joh. Friedr. (Wittenberg), De lenocinio. Präs. Aug. Leyser. Wittenberg (Tzschiedrich) April 1737. 20 S. (4.20) **21818**

— Joh. Werner (Küstrin), De conductione perpetuaria. Dem Erbpacht. Präs. Joh. Peter Ludewig. Halle (Zahn) 29. IV. 1709. 86 S. (5.—) 21820
Gew.: Eberh. v. Metternich. — Widm. v.: Sam. Strykius.

— Joh. Wilh. (Hannover), De origine contentionum inter Corinthios. Präs. Joh. Laur. Mosheim. Helmstädt (Seb. Bucholtz) Juli 1726. 14 Seiten. (4.50) 21821
Widm. v.: J. Friedr. Buchhorst, O. C. Cöler, J. Th. Hampe.

Lueder, Joseph [approb. Arzt aus Warburg in Westfalen]: Beiträge zur Lehre von der Leukaemie mit besonderer Berücksichtigung der Steinbildung .... Göttingen, Druck d. Univ.-Buchdr. v. W. Fr. Kästner, 1888; 28 S. + 1 Bl. 8°
Göttingen, Med. Fak., Inaug.-Diss. v. 18. Febr. 1888

L u e d e r , Jos., Beiträge zur Lehre von der Leukaemie mit besond. Berücksicht. der Steinbildung. Inaugural-Dissertation. gr. 8. (28 S.) Göttingen 888, (Vandenhoeck und Ruprecht.) *

Lueder, Karl

Lueder, Carolus: De abolitione paschali maxime de quaestione utrum illa revera abolitio sensu Romanorum an potius vera aggratiatio fuerit. Lipsiae 1861: (Breitkopf & Härtel). 20 S. 4°
Halle-Wittenberg, Jur. Hab.-Schr. v. 16. Okt. 1861

Lueder, Carl, über die criminelle Bestrafung des Arbeitscontractbruches. Ein academ. Vortrag. gr. 8. (84 S.) Erlangen 875, Deichert. *

— la c o n v e n t i o n de Genève au point de vue historique, critique et dogmatique. Ouvrage qui a remporté le prix offert en 1873 par S. M. l'Impératrice d'Allemagne. Traduit par les soins du comité international de la croix-rouge. gr. 8. (XI, 414 S.) Ebendas. 876. *

[F.] **Lueder,** Carl [Dr. jur., Referendar]: Die Entwicklung des selbstständigen Begriffs der Unterschlagung im älteren deutschen Recht ... Erlangen, k. b. Hof- u. Univ.-Buchdr. v. F. Junge, 1894; 33 S. 8.
Erlangen, Jur. Fak., Inaug.-Diss. v. 1894

Lueder, Carl, Gustav Geib. Sein Leben und Wirken. gr. 8. (104 S.) Leipzig 864, Engelmann.

Lueder, Carl, Grundriß zu Vorlesungen über deutsches Strafproceßrecht. Mit dem Texte der Strafproceßordnung für das deutsche Reich und den das Strafproceßrecht betreffenden Stellen des Gerichtsverfassungsgesetzes und der Einführungsgesetze. gr. 8. (XIV, 206 S.) Erlangen 881, Deichert. *

— Grundriss zu Vorlesungen über deutsches Strafrecht. Mit e. dem System sich anschliess. Wiedergabe d. Strafgesetzbuches f. das deutsche Reich. gr. 8. (64 S.) Leipzig 872. Serig. n. 1. 50

— Grundriß zu Vorlesungen über deutsches Strafrecht. Mit einer dem System sich anschließ. Wiedergabe des Strafgesetzbuchs für das Deutsche Reich. 2. erweit. und verb. Aufl. gr. 8. (X, 145 S.) Erlangen 877, Deichert. *

— die Genfer Convention. Historisch und kritisch-dogmatisch mit Vorschlägen zu ihrer Verbesserung, unter Darlegung und Prüfung der mit ihr gemachten Erfahrungen und unter Benutzung der amtl., theilweise ungedr. Quellen bearb. Mit dem von Ihrer Majestät der deutschen Kaiserin gelegentlich der Wiener Weltausstellung gestifteten Preise durch die internationale Jury gekrönte Preisschrift. Mit 6 Uebersichts- und Vergleichungs-Tab. Lex.-8. (XII, 444 S.) Erlangen 876, Besold. *

— **Recht und Grenze der Humanität im Kriege. Vortrag, gehalten am 13. März 1880 im Wissenschaftl. Vereine zu Berlin.** gr. 8. (32 S.) Erlangen 880. Besold. *

Lueder, J. C. F. L. Carl, das Souveränetäts-Recht der Begnadigung. gr. 8. (VII und 224 S.) Leipzig 860, Engelmann.

— das Strafgesetzbuch für das Deutsche Reich vom 15. Mai 1871 nach der Novelle vom 26. Febr. 1876, nebst Einführungs- und Abänderungs-Gesetz. Handausgabe mit Einfügung des vollständ. alten Textes an den neu gefaßten Stellen und Hinzufügung wicht. Abweichungen der Regierungsvorlage, mit einer Zusammenstellung sämmtl. neben dem Reichsstrafgesetzbuche gelt. Strafbestimmungen enthaltenden oder auf das Strafgesetz sich beziehenden Reichsgesetze im Wortlaut und mit vollständ. Sachregister. 8. (VI, 199 S.) Ebendas. 876. * ℳ 1.; cart. *

Lueder, Carl, das Strafgesetzbuch für das deutsche Reich vom 15. Mai 1871 nach den bis zum J. 1886 erschienenen Novellen. Handausg. mit Einfügung des vollständ. alten Textes an den durch die Novelle vom 26. Febr. 1876 neugefaßten Stellen und Hinzufügung wichtiger Abweichungen der Regierungsvorlage, mit einer Zusammenstellung sämmtl. neben dem Reichsstrafgesetzbuche geltenden Strafbestimmungen enthaltend oder auf das Strafrecht sich beziehenden Reichsgesetze, welche bis 1886 erlassen sind, im Wortlaut und mit vollständ. Sachregister. 8. (VI, 199 S.) Erlangen 886, Deichert'sche Verlagsh. Nachf. cart. *

— **die Verbrechen gegen das Vermögen vom Standpunkte und nach den Bedürfnissen der gegenwärtigen deutschen Strafgesetzgebung in zusammenhängenden Monographien dargestellt. I. Die Vermögensbeschädigung.** gr. 8. (VII und 199 S. mit 1 Tab. in Imp.-Fol.) Leipzig 867, Veit und Comp. *

Lüder, Ludwig, s. Lüders.

Lüder, W. Carlo Goldoni in seinem Verhältniss zu Molière. Diss. Leipzig 1883. 44 S.
s. a. Lüder, Heinr. Albr.

Lueder, Wilhelm, Cand. d. Theol. aus Hildesheim: **Beiträge zur Geschichte des Ursprungs der hannöverschen Armee.** *Göttingen 1903: E. A. Huth.* (67 S.) 8° ¶ (Der Rest erscheint später.)
Göttingen, Phil. Diss. v. [10. Sept.] 1903

Lüderitz [Schlagwort]

Lüderitz [Schlagwort]

Lüderitz, s.: Preussen. Messtischblätter.

Lüderitz-Land. s: Seekarten.

Lüderitz [Verfasser]

Lüderitz, Adolf [app. Arzt aus Bremen]: Glaukom als Complikation einer abgelaufenen Stauungs-Papille bei einem Falle von Kleinhirntumor ... Strassburg i. E., Buchdr. C. Gœller, 1893; 43 S. 8.
Strassburg, Med. Fak., Inaug.-Diss. v. 1893

Lüderitz, Anna, die Liebestheorie der Provençalen bei den Minnesingern der Stauferzeit, s.a. Forschungen, literarhistorische.

Lüderitz, Anna, aus Berlin: **Die Liebestheorie der Provençalen bei den Minnesingern der Stauferzeit.** *Berlin (1902): G. Schade.* (40 S.) 8° ¶ (Teil d. eingereichten Arbeit.)
Berlin, Phil. Diss. v. 11. Okt. 1902

Lüderitz, Anna: Die Liebestheorie der Provencalen bei den Minnesängern der Stauferzeit. Eine literarhist. Untersuchung von Anna Lüderitz. Berlin: E. Felber 1904. (136 S.) 8°
= Forschungen, Literarhistorische. H. 29.

Lüderitz, Carl, s. Lüderitz, Karl

Lüderitz, Ernst, Rechtsanwalt in Zerbst: Die Haftung des Mieters für den Schaden, den seine Familienangehörigen, Dienstboten und sein Logierbesuch der Mietsache zufügen. Zerbst 1906: O. Schnee. (80 S.) 8°
Würzburg, Jur. Fak., Ref. Mendelssohn-Bartholdy, Diss. v. 13. Okt. 1906
[Geb. 2. Aug. 76 Zerbst; Wohnort: Zerbst; Staatsangeh.: Anhalt; Vorbildung: Gymn. Zerbst Reife M. 97; Studium: Freiburg i. B. 2, Berlin 2, Halle 2 S.; Rig. 27. Juli 06.]

Lüderitz, Heinrich: Beitrag zur experimentellen Untersuchung des Wahlvorganges. [Göttingen: Calvör] 1929. 94 S. 8° ¶ Soll ersch. in: Untersuchungen z. Psychol., Philos. u. Pädag. Bd 7.
Göttingen, Math.-naturwiss. Diss. v. 1. Febr. 1929 [U 29. 2457
(Nur in beschränkter Anzahl für den Austausch)

Lüderitz, J. R., gewagte Blicke ins Heilige u. Allerheiligste. gr. 8. Hamb. 810. (Campe). 16 ɡr.

Lüderitz, J. R., gewagte Blicke ins Heilige und Allerheiligste. gr. 8. Hamburg, Steffen. 816.

Lüderitz, Karl

Lüderitz, Carl, Beiträge zur Lehre v. der progressiven Muskelatrophie. Inaugural-Dissertation. gr. 8. (34 S.) Berlin 876. (Jena, Deistung.) n. — 60

Lüderitz, Carl, Gedanken z. allgem. Energetik d. Organismen. (VII, 59 S.) 8. Berlin 910. A. Hirschwald. 1.20

Lüderitz, W., Mären aus der Vergangenheit u. Gegenwart. (70 S.) 8. Berlin (910). Silva-Verlag. 2.—; geb. 3. —

Lüderliche, der,. Trsp. v. Bretzner. 8. Leipz. Jacobder. 789.

Lüders, Tabellen über die Bestellung e. Küchengartens. 4. Dresden 825. Hilscher.

Lüders, A., die Gesundheitspflege der Soldaten und die ärztl. Selbsthülfe und Hülfeleistungen bei Verwundungen, plötzl. Erkrankungen und Lebensgefahren. Für Offiziere und Militärbeamte bearb. 16. (120 S.) Luxemburg 864, Heintze.

Lüders, Adolf

Geschichte von Königslutter, Oberlutter und Stift Königslutter. Verf. von A(dolf) Lüders, Kantor. 1. Aufl. Königslutter: H. Lüders 1909. 171 S. 8° (10. 1808

Lüders, Adolf: Der K a i s e r d o m zu Stift Königslutter. Zugleich e. Führer durch diesen. Unter geschichtl. u. architekton. Berücks. beschrieben von Adolf Lüders. Mit mehreren Abb. Im Anh.: Die farbige Ausstattung d. Domes durch Wand- u. Glasmalerei u.e. Verzeichnis d. Aebte d. Stiftes u. d. Pastoren ... Königslutter: H. Lüders 1904. (72 S.) 8°

Lüders, Adolph Friedrich

Lüders, Ad. Fr., († d. 14. Dec. 1831.) einige Bemerkk. üb. mehrere Ursachen d. Elends in d. untern Volksklasse, u. d. Mittel, dasselbe zu vermindern; besonders auf die Herzogthüm. Schleswig u. Holstein. gr. 8. Alt. 829. Hammerich. 8 ℊℊ

— s. Beobachtt. über d. Cholera.

— über die Errichtung u. Ordnung meiner Klinik. Ein Wort an d. Theilnehmer derselben bei ihrer Eröffnung im Jan. 1825. 8. Altona 825. Hammerich. 4 ℊℊ

— Geschichte eines geheilten chronischen Wundstarrkrampfs, nebst einigen Bemerkungen über die Natur und Behandlung, dieser Krankheit. (Bes. abgedruckt aus Hufeland's und Osann's Journal der praktischen Heilkunde. Bd. 68. St. 4). Berlin. 1829. P. (U. B).

— Vacciolarum nativarum historia cuncta quae de hoc morbo huiusque innotuerunt continens. Programma. Kiliae. 1826. 4. P.

— Versuch e. krit. Geschichte der bei Vaccinirten beobachteten Menschenblattern, nebst Untersuchungen über d. Natur, Ursachen u. Verhütung dieser Krankheit. gr. 8. Altona 824. Hammerich. 1 ẞ

LÜDERS, A[DOLPH] F[RIEDR.], Ein Wort an die Theilnehmer seiner Klinik beim Beginne derselben im Jan. 1825. Altona. 1825. P.

— Ueber das intermittirende Wundfieber, seine Symptome, Ursachen und Behandlung. Hamburg. 1831. Perthes u. Besser.

Lüders, Auguste, Anleitung zur Aquarell-, Gouache- und Chromo-Malerei. Fingerzeige für Anfänger. 8. (32 S.) Leipzig 885, Zehl. *

Lüders, Auguste, Anleitung zur Aquarell-, Gouache- u. Chromo-Malerei. Fingerzeige f. Anfänger. 2., verm. Aufl. 8. (48 S.) Leipzig 892. E. Haberland. n. — 60

Lüders, A., Anleitung zur Aquarell-, Guache- u. Chromo-Malerei. Fingerzeige f. Anfänger. 3., verb. u. verm. Aufl. 8. (VII, 44 S.) Leipzig 901. E. Haberland. n. — 75

— Anleitung zur Porzellanmalerei. Zum Selbstunterricht f. Anfänger u. Mindergeübte 8. (37 S.) Ebend. 885. n. — 60

Lüders, C. Die weiße Antilope. Eine Geschichte aus dem Togo-Lande. 8. (64 S.) Hamb. 889, Kramer. — 25

Lüders, C., das Karlchen. Lustige Verse. Mit Zeichngn. d. Autors. Umgezeichn. v. Hans Stubenrauch. (Neue [Titel-] Ausg.) (64 S.) 8. Berlin [907] (909). Harmonie. 1.—; geb. 2. —

– Turners Lust und Leid, s.a. G u t Heil!

Lüders, C., Turners Lust u. Leid, Lebende Bilder m. verbind. Text, Hamburg, 12 S., 8°.

—— Rede [gereimte] f. Festlichkeiten in Radfahrer-Vereinigungen, insbesondere f. Stiftungsfeste. gr. 8. (4 S.) Ebd. 889. * — 60

Lüders, C., komische Schaustellungen (Wunder der Mechanik. Curiose Turner. Der Singapparat), s.a. Gut Heil!

Lüders, C., Komische Schaustellungen; Wunder der Mechanik; Kuriose Turner; Der Singapparat, Hamburg, 16 S., 8°.

Lüders, C. E. (Adf. Bourset), lebende Bilder f. Herrenabende, s.: Fastnachts-Bühne.

Lüders, C. E., Bosheiten üb. Bosheiten. Ein humorist. Wörterbuch der Liebe u. Ehe. 8. (160 S.) Stuttgart 894. Druckerei u. Verlagshaus Stuttgart. n. 2. —; geb. n.n. 2. 75

Lüders, C. E., zum Geburtstag. Glückwünsche f. Kinder u. Erwachsene. (96 S.) gr. 8. Reutlingen (908). R. Bardtenschlager. — 50

— o, ihr Frauen! Eine humoristisch-satir. Blumenlese kleiner Verleumdgn. d. schönen Geschlechts. 12. (96 S.) Hamburg 891. A. Leckband. n. 1. —

Lüders, C. E., die Sanitäts-Kolonnen, s.: Sammlung lebende Bilder.

Lüders, C. F., Chrestomathia Ciceroniana. Ein Lesebuch für mittlere Gymnasialklassen. 2 Hefte. gr. 8. Leipzig 867,68. Teubner. [1. Heft (X und 94 S.) * 10 Ngr., 2. Heft (XXV und 207 S.) * 18 Ngr.] *

Lüders, C. F., Chrestomathia Ciceroniana. Ein Lesebuch für mittlere Gymnasialklassen. 2. Aufl. gr. 8. (X, 278 S.) Leipzig 878, Teubner.

Lüders, C. F., chrestomathia Ciceroniana. Ein Lesebuch f. mittl. u. ob. Gymnasialklassen. 3. Aufl., bearb. v. O. Weissenfels. gr. 8. (XVI, 281 S. m. Titelbild.) Leipzig 895. B. G. Teubner. Geb. n. 2. 80

— Hülfsbuch für den gesammten Religionsunterricht in evangel. Volks- u. Bürgerschulen. Quedlinburg 868. Ernst. 8. (IV, 236 S.) n. 10 ngr.

Lüders, C. F., Handbuch für den gesammten Religionsunterricht in evangelischen Volks- und Bürgerschulen. Unter allseit. Berücksicht. der von der hochwürd. Pommerschen Provinzial-Synode ausgesprochenen Desiderien bearb. gr. 8. (V, 239 S.) Wollin 880, Lipski. geb. *

—— der Volksschulunterricht, sein Ziel, sein Stoff und seine Methode. Lehrpläne für evangel. Schulen und Vorträge aus Lehrerkonferenzen. 8. (VI, 140 S.) Leipzig 882, Merseburger.

—— praktischer Wegweiser fur evangelische Volksschullehrer bei ihrem Thun und Walten in und außer der Schule. gr. 8. (VI und 209 S.) Halberstadt 867. (Frantz'sche Buchh.) *

Lüders, C. F., praktischer Wegweiser f. Volksschullehrer bei ihrem Thun und Walten in u. außer der Schule, enth. pädagogisch-didakt. Abhandlgn., im Geist u. Sinne der neuesten „Verfügg. üb. Einrichtg., Aufgabe u. Ziel der preuß. Volksschule" geschriebene Jahrgänge f. alle Unterrichtsstufen; Lehrproben u. Examenlectionen; e. Anh. m. Aphorismen, Schul- u. Conferenzgebeten, u. Lections- u. Stundenplänen. 8. (VIII, 375 S.) Quedlinburg 873. Ernst. n. 3. —

— praktischer Wegweiser für Volksschullehrer bei ihrem Thun u. Walten in u. außer der Schule, enth. pädagogisch-didakt. Abhandlungen; im Geist u. Sinne der neuesten „Verfügung über Einrichtung, Aufgabe u. Ziel d. preuß. Volksschule" geschriebene Lehrgänge für alle Unterrichtsstufen; Lehrproben u. Examenlectionen; ein Anh. mit Aphorismen, Schul- u. Conferenzgebeten u. Lections- u. Stundenplänen. 2., verb. u. sehr verm. Aufl. gr. 8. (VIII, 375 S.) Quedlinburg 878. Ernst. 2. —

Lüders, C. W., der grosse Goldfund in Chiriqui im J. 1859. [Aus: „Jahrbuch der hamburg. wissenschaftl. Anstalten".] gr. 8. (7 S. m. 6 Taf.) Hamburg 889. (Gräfe.) n. 1. —

Lüders, C. W., üb. Wurfwaffen. [Aus: „Jahrb. der Hamburg. wiss. Anstalten".] Lex.-8. (16 S. m. 15 Taf.) Hamburg 891. (L. Gräfe & Sillem.) n. 2. —

Lüders, Carl, s. Lüders, Karl

Lüders, Else, Arbeiterinnenorganisation u. Frauenbewegung, s.a. Fortschritt, sozialer. Nr. 30.

Lüders, Else: Arbeiterinnenorganisation und Frauenbewegung. — Berlin: Dümmler 1902. 23 S. 8°
Aus: Die Frauenbewegung. Jg. 8. 1902.

— Arbeiterinnenorganisation und Frauenbewegung. 2. Aufl. — Leipzig: Dietrich 1904. 12 S. 8° (Sozialer Fortschritt. No 30.)

Lüders, Else: Der „linke Flügel". Ein Blatt aus d. Geschichte d. deutschen Frauenbewegung. — Berlin: Loewenthal [1904]. 68 S. 8°

Deutsche Sektion. Gesellschaft f. Soziale Reform. **Lüders,** Else: Heimarbeitfragen in Deutschland. Bericht an d. Internat. Vereinigung f. gesetzl. Arbeiterschutz. [1.] 2. — Berlin 1910–1912: Vaterländ. Verlags- u. Kunstanst. 8°

Lüders, Else: Das Interesse des Staates am Frauenstimmrecht. — Berlin: Preuß. Landesverein f. Frauenstimmrecht 1908. 14 S. 8° [Schriften d. Preuß. Landesvereins f. Frauenstimmrecht. 2.]

Lüders, Else: Das Problem der Mutterschaftsversicherung. — Berlin 1905: Mittler. 15 S. 8°

Lüders, Else. Stand der deutschen Frauenbewegung im Beginn des Jahres 1902. Im Auftrage des Verbandes fortschrittlicher Frauenvereine bearbeitet. IV + 64 S. 8. Zürich ⟨*und* Leipzig⟩, Th. Schröter, 1902. [fr. —. 70]

Lüders, Else: Der Weltbund für Frauenstimmrecht und die Errungenschaften der internationalen Stimmrechtsbewegung. — Berlin: Preuss. Landesverein f. Frauenstimmrecht 1909. 16 S. 8° [Umschlagt.] (Schriften des Preuss. Landesvereins f. Frauenstimmrecht. Nr 5.)

Lüders, F., Beiträge zur Erklärung von Shakespeare's Othello 8. (X und 108 S.) Hamburg 863, O. Meissner.

Lueders, F.: Der Koloss zu Rhodos. Hamburg 1865. Schul-/Univ.-Schrift

Lüders, F. G. J., das Gesetz der Wechselwirkung im Weltall, wie es sich offenbart aus der Bewegung der Himmelskörper und den Wärme-, Licht- und elektrischen Erscheinungen der Materie im Allgemeinen. gr. 8. (VIII, 210 S. mit eingedr. Holzschn.) Hamburg 870, Richter.

— das Nord- oder Polarlicht, wie es ist und was es ist. Eine Zusammenstellung von Thatsachen über dasselbe und diesem verwandte Erscheinungen der Atmosphäre. Nach Beobachtungen im Westen der Vereinigten Staaten von Nordamerika. gr. 8. (45 S.) Ebendas. 870.

Lüders, Ferd., Bilder aus Alt-Hamburg. Jugenderinnerungen. (143 S.) 8. Hamburg 906. O. Meißner's Verl n. 2. —; geb. n. 3. —

Lüders, Ferd., zur Lehre v. d. epileptischen Verwirrtheitszuständen. (Diss.) (25 S.) gr. 8. Berlin 910. R. Trenkel. 2. —

Lüders, Fr. Wilhelm Anton

— s. J. G. Gleditsch, Botanica medica.

Lüder, F. W. Ant., Nomenclator botanic. stirpium Marchiae brandenburgens. secund. systema Gleditsch. a staminum situ digestus. 8. maj. Berl. Hesse. (Müller.) 786.

Lüders, Fr. Wlh. Ant., († d. 6. Nov. 1810.) nomenclator botanicus stirpium Marchiae Brandenburgens. secund. systema Gleditsch. ad staminum situm digestus. 8maj. Berl. 786. Hesse (Stuhr). 8 gr.

Lüders, Franc. Friedr. (Berlin), Diss. jur. de sponsionibus et aliis contractibus qui aleam continent. Präs. Just. Christ. Dithmar. Frankfurt / Oder (Joh. Chr. Schwartz) 27. XI. 1730. 20 S. (5.—) 21822
Gew.: Wilh. Heinr. v. Thulemeier.

Lüders, G.: „Project einer neuen Leihe- und Rehder-Banco, die Roulirung des Geldes sammt Handel und Wandel in einer Republique mit ungemeinem Nutzen zu befördern, aus mathematisch-politischen Gründen vorgestellet und der Stadt Hamburg praesentiret", Hamburg 1741. — Vorh.: Com. Bibl. Hamburg.

Lüders, G. L. D., nützl. Belehrungen u. enthüllte Geheimnisse üb. Schrift, Schreibkunst u. Schreibmaterialien ꝛc. 8. Quedlinb. 827. Basse. 8 gr.

Lüders, G. L. D., die Kunst, alle Arten Schreib- u. Zeichnen-Tinten, so wie d. echte unzerstörb. Tinte z. Bezeichnen d. Leinen-, Mousselin- u. and. Zeuge, alle Sorten Tintenpulver ꝛc. selbst zu verfertigen. Nebst nützl. Anweis. u. Belehr. in Betreff d. Schreibens u. Zeichnens mit Tinten. 1. u. 2. Aufl. (à $3\frac{1}{2}$ B.) 8. Quedlinburg 828, 29, Basse. à

— **Gerh.** (Hamburg), De progressu emendatae per Lutherum religionis. Präs. Gottl. Wernsdorf. Wittenberg (Gerdes) 17. XI. 1717. 68 S. (4.—) 21823

Lüders, Gust., die demokratische Bewegung in Berlin im Oktbr. 1848, s.a. Abhandlungen zur mittleren u. neueren Geschichte. 11. Heft.

Lüders, Gustav: Die demokratische Bewegung in Berlin im Oktober 1848. Berlin & Leipzig: Rothschild 1909. 191, VI S. 8° ¶(Ersch. auch als: Abhandlungen z. mittl. u. neueren Geschichte. H. 11.)
Leipzig, Phil. Diss. v. 13. Febr. 1909, Ref. Brandenburg, Seeliger
[Geb. 7. Nov. 84 Hamburg; Wohnort: Hamburg; Staatsangeh.: Hamburg; Vorbildung: Oberrealsch. v. d. Holstentor Hamburg Reife M. 03; Studium: Tiefbau Dresden Techn. Hochsch. 2, Phil. München 3, Kiel 1, Berlin 2 S.; Rig. 30. Juli 08.] [U 09. 3014

Lüders, Gust. Adph., Johann Hus. 8. (VIII und 245 S.) Cüstrin 854, (Massute's Buchh.)

Lüders, Gust. Ad., s. Wilberforce, W.: Familiengebete.

Lüders, H., der Giftmord in Elberfeld. Wörtliche Berichte über den Criminal-Prozeß gegen August Steiniger u. Gertrud Kruse, Wittwe August Herken, verhandelt vor dem Königl. Assisenhofe zu Elberfeld vom 16. bis 21. Juni 1858. Stenographisch aufgenommen. Elberfeld 858. Lucas. 12. (228 S. u. 2 lith. Portr.) $7\frac{1}{2}$ ngr.

Lüders, H., Illustrationen zu Fritz Reuter's Werken, s.: Hiddemann, F.

— **A. Helmuth**, das Schlachtfeld v. Gravelotte-St. Privat in 24 Ansichten nach Orig.-Zeichngn. in Holzschn. ausgeführt v. R. Brend'amour & Co. u. Darstellg. der auf demselben am 18. Aug. 1870 gelieferten Gefechte. Mit e. (chromolith.) Uebersichts-Karte d. Schlachtfeldes. Qu.-Fol. (68 S. m. 24 Taf.) Berlin 874. C. Pfeiffer. In Carton. n. 15. —

Lüders, Heinr., die Aufhebung des jetzigen Systems der Personal-Schuldhaft, eine Forderung des Rechts, der Moral und des socialen Fortschritts. 1. und 2. Aufl. gr. 8. (31 S.) Berlin 865, Liebrecht.

Lüders, Heinr., üb. die Grantharecension des Mahābhārata, s.a. Abhandlungen d. königl. Gesellschaft der Wissensch. zu Göttingen. Phil.-hist. Kl. N. F. IV. 6.

Über die Grantharecension des Mahābhārata. (Epische Studien 1.) Von Heinrich Lüders. *Berlin: Weidmann 1901.* (91 S.) 4°
= Abhandlungen d. Königl. Gesellschaft d. Wiss. zu Göttingen. Phil.-hist. Kl. N. F. Bd 4, No 6. [02. 1756

Lüders, H., s.: Grundriss der indo-arischen Philologie u. Altertumskunde.

Lüders, Heinrich [aus Lübeck]: Die Vyâsa-Çikshâ besonders in ihrem Verhältnis zum Taittirîya-Prâtiçâkhya. Am 3. Juni 1893 v. d. phil. Fak. d. Univ. Göttingen gekr. Preisschrift. Göttingen, Druck d. Dieterich'schen Univ.-Buchdr., 1894; 2 Bl., 118 S., 1 Bl. 8.
Göttingen, Phil. Fak., Inaug.-Diss. v. [3. Jan.] 1895

Lüders, Heinr., die Vyâsa-Çikshâ, bes. in ihrem Verhältnis zum Taittirîya-Prâtiçâkhya. Von d. philosoph. Fakultät d. Universität Göttingen gekrönte Preisschrift. gr. 8. (118 S.) Kiel 895. C. F. Haeseler's Verl. n. 5. 60

Ⓑ **Lüders, Heinr.**, d. Vyâsa-Çikshâ. 895. (KBl. 30.) Jetzt: Rixdorf. M. Umlauf.

— Das Würfelspiel im alten Indien, s.a. Abhandlungen d. königl. Gesellschaft d. Wissenschaften zu Göttingen. Phil.-histor. Kl. IX, 2.

Das Würfelspiel im alten Indien. Von Heinrich **Lüders**. Berlin: Weidmann 1907. (74 S.) 4°
= **Abhandlungen** d. Kgl. Gesellschaft d. Wiss. zu Göttingen. Philol.-hist. Kl. N. F. Bd 9, No 2. [07. 1181

Lüders, Herm., Anno 70 mitgelaufen. Erlebnisse e. Berliner Jungen im deutsch-französ. Kriege. Mit 40 Illustr. vom Verf. gr. 8. (IV, 96 S.) Quedlinburg 892. Ch. F. Vieweg. n. 1. 50; geb. in Leinw. 2. 50

Hamburgs Handel und Gewerbe am Ausgang des Mittelalters v. Hermann Lüders. Leipzig. 1910. 8°

— unter drei Kaisern. Malerfahrten. Mit 221 Illustr. vom Verf. 2 Bde. 8. (VIII, 345 u. 328 S.) Berlin 892. G. Grote. Kart. n. 8. —; geb. in Leinw. n. 9. 60

Lüders, H., s.a. Kriegsfahrten von Jena bis Belle-Alliance.

Lueders, H. Kriegsfahrten von Jena bis Belle-Alliance. Erinnerungen eines Soldaten der englisch-deutschen Legion. Mit Abb. Leipzig 1898. 234 S.

Lüders, Herm., ein Soldatenleben in Krieg und Frieden. Lex.-8. (187 S. mit Illustr. vom Verf.) Stuttgart 888, Deutsche Verlags-Anstalt. *M 5.—.; geb. *

— Theorie des Handels, s. Gellert, R.

Lüders, Hermann, a. Halle a. S.: Systematische Untersuchungen über die Caryophyllaceen mit einfachem Diagramm. Mit 7 Figuren im Text. Leipzig 1907: W. Engelmann. (41 S.) 8° ¶(Aus: Englers Botan. Jahrbücher Bd 40 Beibl. 91.)
Erlangen, Phil. Fak., Ref. Solereder, Diss. v. 27. Mai 1907
[Geb. 29. März 83 Halle; Wohnort: Halle; Staatsangeh.: Preußen; Vorbildung: Oberrealsch. Halle Reife O. 02; Studium: Halle 5, Göttingen 1, Halle 2 S.; Rig. 25. Juli 06.]

Lüders, J., über den Kreisprozess d. Gasmaschine. Kritik d. Buches: Kalorimetr. Untersuchgn. über d. Kreisprozess d. Gasmaschine v. A. Slaby, Professor an d. Techn. Hochschule zu Berlin, u. theoret. Neues m. e. Anh.: Die Wissenschaft u. d. Gasmaschinen-Patent-Prozesse von 1882/86. gr. 4. (VI S. u. 80 Sp. m. Fig.) Aachen 896. C. Mayer. n. 1. 20

— dasselbe. II. Krit. Würdigg. d. Abhandlg.: Beiträge zur Theorie d. Gasmaschine (Verhandlgn. d. Vereins zur Beförderg. d. Gewerbefleisses 1896, S. 190 ff.) v. A. Slaby, Professor an d. Techn. Hochschule zu Berlin. gr. 4. (V S. u. 22 Sp.) Ebd. 897. n. 1. 20

Lüders, J., Wider Herrn Reuleaux! Eine Würdigung der wissenschaftl. Arbeiten und Methoden des Hrn. Prof. Reuleaux. (1. Heft.) 1. und 2. Abdr. gr. 8. (88 S.) Kiel 877, Homann. *

Lüders, J., die Verteidigung des Patentes No. 80974 durch Professor A. Riedler u. Genossen. Tatsachen betr. die Pflichten v. Parteigutachtern, aus den Akten mitgeteilt. gr. 8. (XI, 106 S. m. Fig.) Aachen 899. C. Mayer. n. 2. —

Lüders, Joach. Hnr. Chr., († im Jan. 1814.) über die Erbfolge des Ehegatten, nach gemeinen, mecklenb., lübbischen u. rostockischen Rechten. 1r Thl. 8. Rostock 786.

— Joach. Heinr. Christ. (Rostock), De juribus ex cessione tam valida, quam invalida. Präs. Walter Vinc. Wiese. Rostock (Adler) 20. VI. 1780. 40 S. (4.—) 21824
Gew.: E. B. Frehse, J. Fr. Frehse, C. H. Frehse. — Widm. v.: W. V. Wiese, H. Burchard, J. C. Koppe, J. G. Crumbiegel.

Lüders, Johann Heinrich Philipp Leo, s. Lüders, Leo.

Lüders, Johann Joachim Christian: Praktische Erörterung der in den Herzogthümern Schleswig und Holstein geltenden Normen über das Heimathswesen. Hrgg. aus dem Nachlasse des Regierungsraths Johann Joachim Christian Lüders. Schleswig. 1847. 8°.

Lüders, Johannes [pr. Arzt aus Kirchwärder]: Aus d. med. Klinik zu Kiel. Ueber Cachexia strumipriva.... Kiel. Druck v. Schmidt & Klaunig, 1890; 31 + 1 S. + 2 Bl. 8°
Kiel, Med. Fak., Inaug.-Diss. v. 1. Febr. 1890

Lüders, Johs. Ueber Cachexia strumipriva. Diss. gr. 8. (32 S.) Kiel 890, (Lipsius u. Tischer). * 1 20

* Lüders, Johannes Nicolaus, De longaevitate ex motu corporis, Diss., Halae-Magdeb. 1728, 33 S., 8°.

Lüders, Jürgen. Beitrag zur Technik der Embryotomie. Diss. Vet.-Med. Bern. [Mit Abbildungen.] *Kopftitel:* Aus der ambulatorischen Klinik der Königlichen Tierärztlichen Hochschule in Hannover.... 46 S. 8. Alfeld a. L., F. Stegen, 1909.

Lüders, K., Denkschriften üb. die Entwickelung der gewerblichen Fachschulen u. der Fortbildungsschulen in Preußen während der J. 1879—1890. hoch 4. (IV, 318 S.) Berlin 891. C. Heymanns Verl. n. 12. —

Lüders, K., u. O. Simon, Denkschrift üb. d. Entwickelg. d. gewerbl. Fortbildungsschulen u. d. gewerbl. Fachschulen in Preussen währ. d. J. 1891 bis 1895. Fol. (V, 131 S.) Berlin 896. C. Heymann's Verl. n. 6. —

Lüders, Karl

Lüders, Carl, aus Berlin: 1. Beiträge zur Morphologie und Anatomie der Bowiea volubilis Harv. 2. Untersuchungen über die Stammanatomie der Epacridaceen. *Berlin [1900]: W. Greve.* (82 S.) 8°
Heidelberg, Naturw.-math. Diss. v. 1900

Lüders, Carl. Der Bismarck-Archipel u. seine Bewohner, s. Universal-Bibliothek, geographische.

Lüders, Karl, approb. Arzt aus Wernigerode: Über einen Fall von laryngealem Pfeifen. *Berlin (1902): G. Schade.* (29 S.) 8°
Berlin, Med. Diss. v. 15. Aug. 1902

Lüders, Carl, schwarze Ladung. Eine Geschichte aus dem J. 1839. 8. (64 S.) Hamburg 878. Kramer. — 25

— der Negercapitän oder Sclavenhändler auf See. Eine Seegeschichte. 8. (64 S.) Ebend. 878. — 25

Lüders, Karl: Der Negercapitän oder Sklavenhändler auf See. Eine Seegeschichte von Carl Lüders. Berlin: A. Weichert (1899). (64 S.) 8° [F.]
= Indianer- u. Volksbibliothek. 81.

— im eisigen Norden od.: Der Weg nach Sibirien. Eine Erzählung. 8. (64 S.) Ebend. 878. — 25

Lüders, Karl: Im eisigen Norden, oder: Der Weg nach Sibirien. Eine Erzählung von Carl Lüders. Berlin: A. Weichert (1899). (64 S.) 8° [F.]
=Indianer- u. Volksbibliothek. 85.

Lüders, Carl, Paul und Virginie. Nach Bernardin de St. Pierre. 8. (64 S.) Hamburg 880, Kramer.

Lüders, Carl, der Schatz am Ohio. Eine Indianergeschichte. 8. (64 S.) Hamburg 881, Kramer.

— die Schreckenstage der Republik. Historische Erzählung. 8. (64 S.) Ebendas. 878.

Lüders, K., Skizzen aus Afrika, s.: Universal-Bibliothek, geographische.

Lüders, K., Timbuktu, s.: Universal-Bibliothek, geographische.

Lüders, Carl [aus Coblenz]: Über das Urogenitalsystem beim Prolapsus uteri im Anschl. an e. Fall v. completem Gebärmuttervorfall ... Wiesbaden, Druck v. R. Bechtold & C., 1893; 40 S., 3 Taf. 4.
Freiburg i. B., Med. Fak., Inaug.-Diss. v. 1893

Lüders, Carl *Friedrich August* [app. Arzt aus Salzwedel]: Aus d. patholog. Institute zu Kiel. Ueber das Vorkommen von subpleuralen Lymfdrüsen ... Kiel, Druck v. L. Handorff, 1892; 17 S., 1 Bl., 1 Taf. 8.
Kiel, Med. Fak., Inaug.-Diss. v. [20. Mai] 1892

Lüders, Karl, die Welt geht unter!, s.: Vereinstheater.

Lüders, Karl Fr. H., prakt. Hand. d. Baukunst, od. gründl. Unterricht in einigen Haupttheilen derselben, als 1) in d. Architektur, od. v. d. Säulen u. Säulenordn.; 2) von d. Verfertigung irregulärer Werksätze; 3) von d. Treppenbaukunst; 4) von d. Schatten-Constructionen ꝛc. Mit 39 Kpf. gr. 8. Leipz. 805. Mit n. Tit.: Handbuch d. Baukunst, od. gründl. Unterricht in einigen Haupttheilen derselben ꝛc. 818. Brockhaus. 3 ℛ 8 ℊ

Lüders, L. C., prakt. Handbuch der Baukunst, oder gründl. Unterricht in den Hauptstücken der bürgerl. Baukunst, mit 31 Kupf. 2te Aufl. Fol. Leipzig, Gleditsch. 818. Rthlr.

Lüders, Karl Fr. L., vollständ. Inbegriff aller bei dem Straßenbau vorkomm. Fälle, sammt e. vorausgesetzten Wegegeschichte. Mit Kpf. gr. 8. Frankf. a. M. 779. Brönner. 1 ℛ 12 ℊ

— Unterricht z. Treppenbau. Mit 10 Kpf. 4. Leipz. 810. Liebeskind. 16 ℊ Dass. mit 13 Kpf. 4. Leipz. 811. Barth. 1 ℛ 15 ℊ

Lüders Anweisung z. Treppenbau, mit K. 4. Leipz. Barth. 812.

Lüders, L. C., s. Lüders, Karl Fr.

Lüders, Leo: Beitrag zur Kenntnis der Lepidopterengattung Phyllocnistis. Z. (Mit 4 Taf.) *Hamburg 1900: Lütcke & Wulff.* (32 S.) 8°
Hamburg, R m St. Pauli, P 1900 (792)

Lüders, Leo: (Aus d. Zool. Inst. zu Leipzig.) Gigantocypris Agassizii (Müller). Mit Taf. VII u. VIII u. 7 Fig. im Text. Leipzig: W. Engelmann 1908. 50 S. 8° ¶(Aus: Zeitschr. f. wiss. Zool. Bd 92.)
Leipzig, Phil. Diss. v. 12. Dez. 1908, Ref. Chun, Pfeffer
[Geb. 1. Okt. 83 Hamburg; Wohnort: Hamburg; Staatsangeh.: Hamburg; Vorbildung: Oberrealsch. vor d. Holstentor Hamburg Reife O. 04; Studium: Erlangen, Berlin, Leipzig zus. 8 S.; Rig. 17. Juli 08.] [U 09. 3015

Lüders, Ldw., († d. 5. Juli 1822.) welthistorische Ansicht vom Zustande Europas, am Vorabende d. Schlacht bei Leipzig im Jahre 1813. Mit 1 Plane d. Schlacht bei Lützen, am 2. Mai 1813. 8. Leipz. 814. Brockhaus. 14 ℊ

Lüders, (L.,) Archiv f. Europa, s.a. Archiv, diplomatisches.

Lüders, L.: „Diplomatisches Archiv für Europa". Auch u. d. T.: „Diplomatischer Codex", 2 Bände, Leipzig 1819, 1822 (Baumgärtner). 3. Band, 1. und 2. Abteilung, fortgesetzt von K. H. L. Pölitz, Ebenda 1823.

— — diplomatisches Archiv für Europa. 1r Bd. 2te Abth. gr. 8. Ebend. 820.

s.a. Europa. Ein statistisch-heraldisch-genealogisches Taschenbuch.

— — Europa. Ein statistisch-heraldisch-genealogisches Taschenbuch auf das Jahr 1818, 19 und 821. 1r bis 3r Jahrg. 12. Ebend. 817 — 821. (1r Jahrg. 1 Rthlr. 2r Jahrg. 1 Rthlr. 12 Gr. 3r Jahrg. 1 Rthlr. 8 Gr.)

s. Europa's Palingenesie.

— Frankreich u. Rußland, s.a. Frankreich.

— Frankreich u. Rußland, od. Darstell. d. großen Kampfes. Eine Samml. d. wichtigsten Materialien z. neuesten Geschichte d. europ. Continents. 2 Bde. gr. 8. Berl. 814. u. 16. (Sander). 5 ℛ 16 ℊ (Auch als 2r Thl. von Europens Palingenesie).

— Geschichte d. Mathematik bei d. alten Völkern, dargestellt in e. chronolog.-biograph. Wörterbuche üb. alle Mathematiker v. J. 2837 v. Chr. Geb. bis z. 6ten Jahrh. nach Chr. Geb. 2e revid. Aufl. gr. 8. Altenb. 811. W. E. Richter. 18 ℊ

— diplomatischer Codex zu dem statist.-heraldischen Taschenbuche Europa, s.a. Archiv, diplomatisches.

Lüders, Ludw., diplomatischer Codex zu dem statist.-heraldischen Taschenbuche Europa. Ir Bd. 1ste Abtheil. gr. 8. Leipzig, Baumgärtner. 819.
Auch unter dem Titel:
Diplom. Archiv für Europa.

— dasselbe 1r Bd. 2te Abtheil.
Auch unter dem Titel:

— diplomat. Codex 2r u. 3r Bd., s. Archiv.

s. Continentalsystem.

Lüders, Ldw., s. G. Moll.

Lüders, Ldw., Probe aus der Handschrift von: Jahrbücher d. Menschen- u. Staatengeschichte; das Jahr 1 nach Christi u. d. J. 1789 enthaltend. 8. Altenb. 816.

— Pythagoras u. Hypatia, od. die Mathematik d. Alten ꝛc. Mit e. synchronist. Taf. gr. 8. Altenb. 809. 2e Aufl. 810. (Lauffer in Leipz.) 18 ℊ

Lüders, L., Pythagoras und Hypatia, oder die Mathematik der Alten. Mit synchronist. Tafeln. Altenb. 809. 8. 18 gr. Ebend. 811. 8. 18 gr.

— das Schloß zu Altenburg u. seine Herren. Eine Skizze. Mit 4 Ansichten. 4. Altenb. 820. Hahn. (Schnuphase). 2 ℛ 8 ℊ Dasselbe ohne die Ansichten. Ebd. 8 ℊ

s.a. Schlösser, die, in Spanien.

SCHLÖSSER, Die, in Spanien; ein psychologischer Roman (von *Ludw. Lüders*). Ronneburg 1798—99.
Anon.-Lex. IV. p. 39 (nach Meusel u. Kayser). — Selten!

MOLL, Gustav (d. i. *Ludw. Lüders*), Sophie und Ottokar. Roman. Mit Titelkpfr. u. gestoch. Tit. m. Vignette. Leipzig, bei Heinrich Gräff. 1800. 8°. (1$^1/_3$ Rthl.) (1 Mk. 80 Pfg., mit 3 Kpfrn., fleckig, 1 Bl. d. Einleitg. fehlte, A. Bielefeld, 1911.)

Lüders, Ludw.: „Die Volks- und Staatswirthschaft", 1. (einziger) Teil: „Die Volkswirthschaft", Leipzig 1822.

— die Wissenschaften zur Staatswissenschaft. 1r Thl. — A. u. d. T.: die Volks- u. Staatswirthschaft. 1e Abthlg. Volkswirthschaft. gr. 8. Leipzig 822, Barth.

Lüders, Max, aus Oschersleben: Ueber einige Aminoverbindungen der Puringruppe. *Berlin (1899): E. Ebering.* (49 S.) 8°
Berlin, Phil. Diss. v. 15. Aug. 1899

Lüders, Max, Tierarzt in Ermsleben a. Harz: Aus d. Veterinärinstitut d. Univ. Leipzig. Ueber die Gewöhnung der Rinder an das Tuberkulin. Ermsleben 1908: A. Bastian. (37 S.) 8°
Leipzig, Phil. Fak., Ref. Eber-Kirchner, Diss. v. 5. Febr. 1908
[Geb. 8. Nov. 73 Halle a. S.; Wohnort: Ermsleben a. H.; Staatsangeh.: Preußen; Vorbildung: Realgymn. Magdeburg Reife f. Prima O. 92; Studium: Tierärztl. Hochsch. Hannover 4, Berlin 3, Univ. Leipzig 3 S.]

Lüders, Otto, appr. Arzt a. Salzwedel: Aus der chirurgischen Abteilung des Diakonissenhauses zu Posen. Zur operativen Behandlung maligner Geschwülste der Harnblase. Greifswald 1906: H. Adler. (28 S.) 8°
Greifswald, Med. Fak., Ref. Friedrich, Diss. v. 20. Juli 1906
[Geb. 29. März 77 Salzwedel; Wohnort: Posen; Staatsangeh.: Preußen; Vorbildung: Gymn. Salzwedel Reife O. 97; Studium: München 5, Berlin 2, München 5 S.; Coll. 17. Jan. 06; Approb. 15. Juli 03.]

Lüders, O., Deutschland in Athen. 1875. 14 S.

Lüders, Otto, die Dionysischen Künstler. Nebst 2 (lith.) Tafeln u. e. Anh. gr. 8. (IV, 200 S.) Berlin 873. Weidmann. n. 6. —

Lüders, Otto (geb. am 13 Aug. 1844 in Anholt Westf.): Qvaestionvm de collegiis artificvm scenicorvm prolvsio ... Bonnae, typ. expr. P. Nevsser 1869. 30 S., 1 Bl. 8.
Bonn, Phil. Fak., Diss. v. 9 Jan. 1869

Lüders, Otto, der **Rollschuhsport (Roller-Skating),** s.a. Miniatur-Bibliothek f. Sport u. Spiel.

Lüders, O.: Der Rollschuhsport. (Roller-Skating.) Leipzig 1910. 103 S. m. Abb. (Miniaturbibl. für Sport u. Spiel. 21.)

Lüders, Otto. Der Rollschuhsport ... Leipzig, Berlin, München, Paris, Grethlein & Co. [1910]
... 32 Bl. m. 32 Abb. ...
... Miniaturbibliothek für Sport und Spiel ...

— O., Ein Stück griechischen Kunstlebens. S.-A. 1874. 7 S.

Lüders O., Friedrich Gottlieb Welcker. S.-A. 1881. 12 S.

Lüders, P. O., s. Lüders, Philipp Ernst.

Lüders, Paul, Chronik v. Groß-Lichterfelde, neu bearb. v. Herm. Lüders. 2. stark verm. u. verb. Aufl. Mit 10 Abbildgn. u. 1 Plan v. Gr.-Lichterfelde. 8. (V, 133 S.) Gr.-Lichterfelde (902). B. W. Gebel. Geb. in Leinw. n. 2. —

— **Groß-Lichterfelde** in den ersten 25 Jahren seines Bestehens. Mit Illustr. u. e. Plane v. Groß-Lichterfelde hrsg. vom Lichterfelder Verein. gr. 8. (VII, 94 S.) Berlin 893. Ebd. Kart. 1.50

Lüders, Paul *Gustav Alexander* [app. Arzt aus Hamburg]: Aus d. städt. Krankenhaus zu Kiel. Ueber doppelseitige, eitrige, nicht tuberculöse Pleuritis ... Kiel, Druck v. L. Handorff, 1892; 20 S. 8.
Kiel, Med. Fak., Inaug.-Diss. v. [10. Dez.] 1892

LÜDERS, PT., Historische Darstellung und rechtliche Prüfung der Dienst- und Zinns-Pflicht sowohl der Bonden- wie auch Feste-Bohlsleute in denen durch die Kgl. Cessions-Urkunde ... v. 24. Sept. 1764 tradirten vier Lehngütern: Rönnhoff, Langenvorwerk, Kekenisgaard und Maybüllgaard. 1. Bd. Sonderburg. 1832. (Mere udkom ikke).

Lüders, Philipp Ernst

Abhandelung von der Artbarmachung eines alten Landes v. Philipp Ernst **Lüders.** Flensburg. 1771. 8°.

(Lüders Ph. E.): Abhandlung üb. die Frage: Ob die Verbesserung d. Ackerbaues eben so wohl im Grossen als im Kleinen könne möglich gemacht werden? Flensb. 1765. 72 S.

Lüders, Ph. Er., Abhandl. von der Marschkrankheit, die unter dem Namen der Stoppelfieber bekannt ist. 8. Flensb. 761.

Abhandlung von dem Nutzen der Sommer-Fütterung auf dem Stalle v. Philipp Ernst **Lüders.** Flensburg. 1771. 8°.

– Abhandlung, ob die Verbesserung des Ackerbaues eben so wohl im Großen als im Kleinen könne möglich gemacht werden. 8. Flensburg 1765.

Lüders Ph. E.: Abhandlungen u. Bedenken üb. das Acker-Wesen u. den Anbau verschiedener Feldfrüchte, aus eigener Erfahrung entworfen. Flensb. u. Leipz. 1765. (40) 416 S.

— — **Abhandlungen und Bedenken über das Ackerwesen.** gr. 8. Ebend. 775. Jetzt Ebend.

– Die königl.-dänische Acker-Academie, wie sie nach ihrem Sinn, Art, Ordnung u. Zweck am Stiftungs-Tage d. 13. Julii 1762 entworfen worden ... Flensb. 1763. 144 S.
(S. 22-126 er Abhandl.u v. dem Waitzen-Bau, do. v. der Witterung etc.; S. 127-44: P. E. Petersen ... Lehrgebäude v. dem Feldbaue).

Lüders, P. E.: „Die Königl. dänische Ackerakademie, wie sie am Stiftungstage entworfen worden", Flensburg 1763 (Korte).

Lüders, Philip Ernst (Mitarb.), s. Acker-Allmanach. – Schleswig-Holsteinischer Acker-u. Garten-Allmanach auf d. Jahr 1786.

Lüders, Ph. E.: „Fortgesetzter und erläuterter Ackerbau", Leipzig 1769 (W. Vogel).

Vestgesetzter und erläuterter Ackerplan, nach welchem in der Königlichen Dänischen Acker-Akademie der Anbau der Feldfrüchte gezeiget wird v. Philipp Ernst **Lüders.** Flensburg. 1769. 8°.

— **fortgesetzter u. erläuterter Ackerplan.** 8. Flensb. 769. (Leipz., W. Vogel). 6 K

Lüders, Philipp Ernst: En kort Anledning til Hør-Avling, udg. af –. Flensburg 1770. 8°.

— **Anleit. zum Kartoffelbau.** 12. Flensb. 772.

— **kurze Anleit. zum Leinbau.** 8. Flensb. 770.

Lüders P. E.: Kurze Anleitung wie der Acker-Bau auf der Heide könne verbessert werden. Frag- u. Antwortsweise abgefasset. Flensb. 1764. 144 S.

Anleitung für die Landleute auf der Heide, die keine volle Hufe haben, wie sie den Feld- mit dem Garten-Bau vereinigen, und dadurch ihre Einnahme verbessern können. Gesprächsweise ausgestellet v. Philipp Ernst **Lüders**. Flensburg. 1764. 8°.

— Anleitung für die Landleute auf der Heide, wie sie Feld- u. Gartenbau vereinigen können. 12. Flensb. 770. (Christiani in Schlesw.) 3 ß

— Anleitung, wie d. Landbau a. d. Heide könne verbessert werden? 12. Flensb. 764.

Lüders, Ph. Er., Antwortschreiben auf d. Frage: wie d. E i n h ä g u n g auf d. leichten u. sandigten Boden am besten u. dauerhaftesten z. veranstalten sei. 12. Flensburg, 1770. Korte. (Altona, Hammerich.) · 2½

(Lüders Ph. E.): Antwort-Schreiben an die oeconomische Gesellschaft in Paris. Flensb. 1764. (11) S.

L ü d e r s, P. E.: „Antwortschreiben an die ökonomische Societät zu Paris", Flensburg 1764.

Lüders P. E.: Drey Bedenken üb. die Erforschung, die Beurtheilung u. den Gebrauch der Erd-Arten. Flensb. 1764. 104 S.

Bedenken über die Frage: Ob das Pflügen in dem Marschboden könne verändert und verbessert, und dadurch sowohl die Mühe und Kosten erleichtert, als auch die Fruchtbarkeit gewisser und ansehnlicher gemacht werden? Zur Prüfung ausgestellet v. P. E. L. [d. i.: Philipp Ernst **Lüders**]. Flensburg. 1765. 8°.

— Bedenken über die Frage: ob die Verbesserung des Ackerbaues möglich sei? 8. Flensb.

Lüders, Philipp Ernst: B e d e n k e n über die Frage: Ob ein flaches, oder ein tiefes Pflügen dem Acker-Besitzer vortheilhafter sey? Ausgestellet v. Philipp Ernst Lüders. Flensburg. 1766. 8°.

-- Bedenken über die Frage: ob nicht bei dem nicht ganz ungewöhnl. Mißschlag d. Winterfrucht durch die Einführung u. Anbau gewisser Sommerfrüchte dem Brodmangel konne vorgebeugt werden? 12. Flensb. 772.

— Bedenken über den Frühlingslauf des 1765 Jahres. 4. Flensb. 766.

Bedenken über den Frühlings- und Sommerlauf des 1766. Jahrs, aus wahrscheinlichen Gründen ausgestellt v. Philipp Ernst **Lüders**. Flensburg. (1766.) 4° k.

L ü d e r s, P. O.: „Bedenken über den Gebrauch der Erde, wenn Freyheit und Eigenthum bey dem Bauernstande sollte eingeführt werden", Flensburg 1770. — Vorh.: Preuß. Staatsbibliothek Berlin

Lüders, Philipp Ernst: B e d e n k e n über den Landbau in Angeln, entw. v. Philipp Ernst Lüders. Flensburg. 1766. 8°.

Lüders, Ph. Er., Näheres Bedenken über den Gebrauch der Erde, wenn Freiheit und Eigenthum, wo ihnen beides fehlet, bei dem Bauernstande sollte eingeführet werden. 8°. Flensburg 1770. (Christiani in Schleswig.)

— Bedenken, ob ein flaches oder tiefes Pflügen dem Ackerbesitzer vortheilhafter sei? 8. Flensb. 766.

— Bedenken über das Unkraut. 12. Flensb. 772.

— Bedenken, was von der verstrichenen Sommer- u. Herbstwitterung zu halten sei. 8. Flensb. 765.

(Begleitschreiben v. Philipp Ernst **Lüders** für eine Sendung seiner Schriften, gerichtet an einen Schullehrer mit der Bitte, die Bücher an abgehende Schüler zu verteilen; datiert: Flensburg, den 11. April 1772.) 1 Bl. 4° k.

Lüders, Philipp Ernst: Schleswig-Glücksburgische B e i t r ä g e zur Aufnahme Oeconomischer Wissenschaften, worin vermischte und auf die Verbesserung der Landwirtschaft abzielende Abhandlungen enthalten sind, Aus eigener Erfahrung abgefasset v. P. E. L. (d. i.: Philipp Ernst Lüders). Stück 1–4. Flensburg. 1758. 4° k.

— Beitr. zur Aufnahme ökonom. Wissenschaften. 8. Flensb. 769.

Lüders, Philipp Ernst: B e r i c h t an Ihre Königl. Majestät zu Dännemark, Norwegen etc. worin eine fortgesetzte Nachricht von dem Bau der Acker-Academie enthalten ist. Abgestattet von einem Mitglied der dänischen Acker-Academie (d. i.: Philipp Ernst Lüders). Flensburg. 1762. 4° k.

L ü d e r s, P. E.: „Bericht oder fortgesetzte Nachricht von dem Bau der Ackerakademie", Flensburg 1762.

(—) umständl. Beschreibung vom Leinbau, worin die demselben anklebenden Fehler entdeckt u. die Mittel zu dessen Verbesserung gezeigt werden; in 14 Briefen an e. Freund, v. P. E. L. 8. Flensb. 760.

Lüders, Philipp Ernst: Nähere B e s t ä t i g u n g daß das schmale und flache Pflügen dem Besitzer eines schweren, Leim- und Thonartigen Bodens am nützlichsten und vortheilhaftesten sei, v. Philipp Ernst Lüders. Flensburg. 1769. 8°.

— nähere Bestätigung, daß das schmale u. flache Pflügen bei leim- u. thonartigem Boden vortheilhaft sey. 8. Flensb. 770.

Die Bienen-Zucht; aus eigener Erfahrung beschrieben v. Philipp Ernst **Lüders**. Schleswig. 1784. 8°.

Lüders, Peter: Historische Darstellung und rechtliche Prüfung der Dienst- und Zinns-Pflicht sowohl der Bonden- wie auch Feste-Bohlsleute in denen durch die Königl. Cessions-Urkunde v. 24 Sept. 1764 an des Herrn Herzogs Friederich Christian zu Schleswig-Holstein-Sonderburg-Augustenburg Durchlaucht für sich und seine Leibes- und Lehnserben männlichen Stammes, wie auch sonst Mitbeschriebene zur Fideicommissorischen Nutzniessung überlassenen und den 2ten bis 5ten Nov. 1764 tradirten vier Lehngütern: Rönnhoff, Langenvorwerk, Kekenisgaard und Maybüllgaard, sammt unvorgreiflichen Rechtsgutachten über die für die Untergehörige dieser Bohlsleute Güter mittelst [!] Bescheide des Höchstpreislichen Schleswigschen Obergerichts zu Gottorff resp. den 26 April 1806 und 7 Febr. 1807 genehmigten Dienstvorschläge, Dienstreglement und neuen Erbfestebriefen v. Peter Lüders.
Bd. 1. Sonderburg. 1832. 8°.

— daß das schmal und flache Pflügen b. leim- und thonartig. Boden vortheilhaft sey. 8. Ebend. 770.

Die edle Denkungs-Art eines patriotisch-gesinnten Landmannes (Hinrich Gerths oder Jordt) in Angeln, beschrieben v. Philipp Ernst Lüders. Flensburg. 1772. 8°.

Lüders, Philipp Ernst v.: (E i n l a d u n g an die Mitglieder der Königlich-Dänischen Acker-Academie zu einer Versammlung in Glücksburg am 16. Juli 1765 v. Philipp Ernst Lüders). 2 Bl. 4° k. datiert: Glücksburg, den 24. May 1765.

— Entwurf, wie in e. schweren Lehm- u. thonartigen Lande d. Getreidebau gewisser, ergiebiger u. leichter könne eingerichtet werden. 8. Flensb. 769.

Philipp Ernst Lüders Erörterung der von der Königl. Academie der Wissenschaften in Berlin aufgegebenen Frage: Wie, bey dem Ackerbau, die Theorie mit der Praxi am bequemsten verbunden werden könne? Flensburg. 1769. 8°.

Lüders, Ph. E.: „Erörterung der Frage: Wie ist beim Ackerbau Theorie mit Praxis zu verbinden?" Schleswig 1770 (Christiani).

— Erzähll. u. Gesch. d. dänischen Ackerakademie bis auf d. Schluß des 1766 Jahres. 4. Flensb. 767. (Christiani in Schlesw.) 5 ℛ

— Fragepunkte von einigen der Absicht d. Akademie gemäßen mitzutheilenden Nachrichten. 4. Flensb. 763.

Lüders, Philipp Ernst: Korte F o r e s t i l l i n g , hvorledes Byg- og Rug-Dyrkningen udi Siælland med Visshed og Gavn kand drives, udstillet af P.E.L. [d. i.: Philipp Ernst Lüders]. Flensborg. 1768. 8°.

— Gartenbau in Fragen u Antworten. 12. Flensb. 783.

— Gesch. d. dänisch. Ackerakademie. 4. Ebend. 767.

Kurzes Gespräch zwischen einem Landmann und einem Prediger, worinn die Materie vom Lein- Potatos- Hopffen- und Kleverbau abgehandelt wird. In Frag und Antwort abgefasset v. **Philipp Ernst Lüders.** Flensburg. 1760. 8°.

Lüders Ph. E.: Gespräche zwischen einem Prediger u. einem Landmann, worinn der Lauf in der Witterung theils beschrieben, theils die Art, wie man denselben aufsuchen soll, gezeiget wird. Flensb. 1763. 96 S.

Lüders, P. E.: „Grundriss einer zu errichtenden Ackerschule, in welcher die Landesjugend zu einer richtigen Erkenntniss und Uebung im Landbau eingeführt und zubereitet werden könne", Flensburg 1759 (Sorringhausen).

Grundriss einer zu errichtenden Acker-Schule, in welcher die Landes-Jugend zu einer richtigen Erkenntniss und Uebung im Landbau eingeführet und zubereitet werden könne. Entw. v. **Philipp Ernst Lüders.** Flensburg. 1769. 8°.

— Grundriß einer zu errichtenden Ackerschule, f. die Landjugend. 8. Flensb. 770. (Christiani in Schlesw.) 3 ℛ

— der Leinbau in sr. verbesserten Gestalt. 8. Flensb. 765.

— Nachricht vom Anbau u. Erhaltung des grünen Kohls in Winterzeit. 12. Flensb. 772.

— Nachricht vom Kleeverbau. 12. Flensb. 765.

Kurze Nachricht von der General-Versammlung der Dänischen Acker-Academie, die den 13. Juli auf Glücksburg gehalten worden. Abgefasset von einem Mitgliede derselben (d. i.: **Philipp Ernst Lüders**). Flensburg. 1762. 4° k.

Kurze Nachricht von dem Klever-Bau (v. **Philipp Ernst Lüders**). Flensburg. 1761. 8°.

Kurze Nachricht von dem, den 16. Julii 1765. gehaltenen Versammlungs-Tage der K. D. Acker-Academie (v. **Philipp Ernst Lüders**). Flensburg. 1765. 4° k.

Lüders, P. E.: „Kurze Nachricht, wie man in der Dänischen Ackerakademie den Feld- mit dem Gartenbau zu vereinigen, und allerlei nützliches darin zuziehen könne", Flensburg 1762.

LÜDERS, PHIL. ERNST, Nachricht an die Landleute, die Anschaffung des besten Lein-Samens von Riga her betreffend. U. St. o. A. [Glücksburg. 1761]. (Uden Titelbl.). (4 S.). (U. B.).

Nachricht von denen Schriften, die zur Verbesserung der Landwirthschaft solien ausgearbeitet und gedruckt werden (v. **Philipp Ernst Lüders.** Flensburg. 1764.) 4° k.

Vorläufige Nachricht von dem Bau und Errichtung der Acker-Academien und oeconomischer Lehrschulen. Aus gewissen Ursachen entworfen Von dem Verfasser (**Philipp Ernst Lüders**). Flensburg. (1759.) 8°.

— von dem Nutzen der Sommerfütterung auf d. Stalle. 12. Flensburg 771.

Lüders, Philipp Ernst v.: S c h r e i b e n an einen Freund worinn von der Art und Einrichtung der Verbesserungswege im Landbau Nachricht gegeben wird entworfen von dem Verfasser [d. i. Philipp Ernst Lüders]. Hamburg. 1764. 8°.

Schreiben an die Gönner und Mitglieder der dänischen Acker-Academie worin von des Verfassers diesjährigen oeconomischen Bemühungen Nachricht gegeben und zugleich eine Einladung zum wirklichen Bau der Acker-Academie enthalten ist, entworfen von einem Mitgliede derselben (d. i.: **Philipp Ernst Lüders**). Flensburg. 1762. 8°.

Lüders, Philipp Ernst v.: S c h r e i b e n an die Gönner und Mitglieder der Königlich-Dänischen Acker-Academie worin von des Verfassers vorjährigen Oeconomischen Bemühungen Nachricht gegeben und zugleich eine Einladung zum fortzusetzenden Bau der Acker-Academie enthalten ist. Entworfen von einem Mitgliede derselben (d. i.: Philipp Ernst Lüders). Flensburg. 1763. 8°.

Schreiben an die Landes-Patrioten v. **Philipp Ernst Lüders.** Flensburg. 1773. 4° k.

Lüders, P. E.: „Schreiben an die Mitglieder der dänischen Ackerakademie, worinnen von des Verfassers ökonomischen Bemühungen Nachricht gegeben wird", Flensburg 1762.

(Schreiben v. **Philipp Ernst Lüders.** betr. die Verteilung seiner Schriften: datiert: Glücksburg, den 20. Jan. 1773.) 2 Bl. 4° k.

— ökonom. Unterredungen über d. Verbesserung d. Ackerbaues. 8. Flensb. 772. (Hammerich in Altona). 21 ℛ

Lüders, P E., ökonom. Unterredungen über den Ackerbau. 8. Flensb. 777. Jetzt Hammerich in Altona.

Lüders, Ph. E.: „Oekonomischer Unterricht über den gesammten Ackerbau", Schleswig 1772 (Hammerich).

— von der Urbarmachung e. alten Landes. 12. Flensb. 771.

— wie man säen müsse. 12. Flensb. 770. (Christiani in Schlesw.) 3 ℛ

— der wahrscheinliche Witterungslauf des J. 1756, nebst e. Anmerk. in Ansehung d. Frucht- u. Unfruchtbarkeit. 4. Flensb. 758.

Lüders R, die Weltausstellungen. Sind Ausstellungen ein Bedürfnis? Görlitz 1893

Lüders, R. K., Denkschriften über die Entwickelung der gewerblichen Fachschulen und der Fortbildungsschulen in Preussen während der Jahre 1879 bis 1890. hoch 4⁰. Berlin, Heymann's Verl., 1891.

Lüders, Rich., die neueren Arzneimittel in ihrer Anwendung u. Wirkung, bearb. unter Mitwirkg. v. W Thom. Mit zahlreichen Rezepten, prakt. Anleitgn. u Illustr. im Text unter besond. Berücksicht. der in- u. ausländ. Literatur. (XIII, 904 S. m. Abbildgn.) 8 Leipzig 907. B. Konegen. n. 15. – geb. in Leinw. n. 16. 50

Graphische Darstellung der Statistik des deutschen Patentamts aufgest. vom Patentbureau Richard **Lüders**, Inhaber Dr. B. Alexander-Katz. *Gorlitz [1900].* (1 Bl.) 2° (01. 3655 2

LÜDERS, RICHARD. Zur Kenntniss der Undecolsäure. Würzburg, 1884.

Lüders, Rich., der Patent-Anwalt. gr. 8. (20 S.) Görlitz 893. Selbstverlag. — 50

Lüders R, der Patentanwalt. (24 S) Görlitz 1897

Lüders, Theodor

Lüders, Th., Denkwürdigkeiten zur neuesten schleswig-holsteinischen Geschichte, s.a. **Denkwürdigkeiten.**

Denkwürdigkeiten zur neuesten Schleswig-Holsteinischen Geschichte. Von dem Verfasser der Schrift: „Generallieutenant von Willisen und seine Zeit" (d. i.: **Theodor Lüders**). In 4 Büchern. 8°.

Buch 1. Die provisorische Regierung und der Krieg des Jahres 1848. Stuttgart. 1851.

Buch 2. Der Waffenstillstand und die gemeinsame Regierung. ebd. 1851.

Buch 3. Die Statthalterschaft und der Krieg im Jahre 1849. ebd. 1851.

Buch 4. Die Herzogthümer im Jahr 1850. ebd. 1853.

Das 4. Buch erschien auch selbständig u. d. T.:

Die Herzogthümer im Jahr 1850. Von **Theodor Lüders.** Stuttgart. 1853. 8°.

Lueders, Th. Denkwürdigkeiten zur neuesten schleswig-holsteinischen Geschichte. Stuttgart 1851. 800 S.

Lüders, Th., Verf. d. „Denkwürdigkeiten zur neuesten schleswig-holsteinischen Geschichte". Generallieut. von Willisen und seine Zeit. Acht Kriegsmonate in Schleswig-Holstein. Mit 1 Karte des Schlachtfeldes von Idstedt, nach der Karte des General-Quartiermeisteramtes gezeichnet. 3. unveränderte Aufl. 8. Stuttgart 1853.

Lüders, Theodor: Die Herzogthümer im Jahr 1850. Von Theodor Lüders. Stuttgart 1853. 8⁰.

Lüders, Th., für die Kameraden! gr. 8. (45 S.) Heidelberg 852, Akadem. Anstalt f. Literatur u. Kunst. n. 6 ngr.

Genrllt. v. Willisen und seine Zeit. Mit 1 Krt. (Von Th. Lueders.) Stuttgart 1851. 236 S.

—— Generallieutenant v. Willisen und seine Zeit. Acht Kriegsmonate in Schleswig-Holstein. 3., unveränd. Aufl. 8. (VIII und 236 S. mit einer lithogr. Karte des Schlachtfeldes von Idstedt in qu. Fol., nach der Karte des General-Quartiermeisteramtes gezeichnet.) Stuttgart 853, Metzler'sche Buchh. *

Lüders, Ulrich Adolph (Hrsg.), s. Policey-Ordnung ...

[Lüders, Ulr. Ad.]: Statutum der Stadt Flensburg, oder das ihr von dem ehemal. Herzog zu Süder-Jütland, Woldemar IV., im Jahre 1284 verliehene Stadt-Recht, nebst der alten Flensburgischen Knuts-Gilde-Skraa. Flensburg 1765.

Lüders, Wilhelm

Lüders, W., Meklenburgs eingeborner Adel u. seine Vorrechte. Histor. Andeutungen z. Aufhellung streitiger Punkte zwischen abligen u. nichtadl. Gutsbesitzern. 1. Hft. gr. 8. (2½ B.) Hamburg 840, Hoffmann u. Campe.

Lüders, Wilh., Bruchstücke u. Bausteine. gr. 8. (III, 74 S.) Kiel 892. H. Eckardt's Verl. n. 1. 50

Lüders, Wilhelm: Capella. Die Hofkapelle der Karolinger. (T. 1. 2. Bis z. Tode Karls d. Großen.) Göttingen: (Leipzig: Veit) 1908. VI, 55 S. 8° ¶(Ersch. vollst. u. d. T.: Capella. Die Hofkapelle d. Karolinger bis z. Mitte d. 9. Jhs. Capellae auf Königs- u. Privatgut, in: Archiv f. Urkundenforschung. Bd 2, H. 1.)
Göttingen, Phil. Diss. v. 15. Aug. 1908, Ref. Brandi
[Geb. 22. Aug. 83 Braunschweig; Wohnort: Braunschweig; Staatsangeh.: Braunschweig; Vorbildung: Wilhelms-Gymn. Braunschweig Reife M. 01; Studium: Göttingen 3, München 1, Berlin 1, Göttingen 3 S.; Rig. 13. Nov. 07.]
[U 09. 1378

— Schleswig-Holsteins Erhebung u. Kampf gegen Dänemark. Lex. 8. (IV u. 159 S.) Leipzig 850, O. Wigand. 1 ₰

Lueders, Wilhelm [III.]
s. Fischer, Wilhelm: Bunte Bilder. 1874.

Lüders, Wilh., das Gewohnheitsrecht auf dem Gebiete der Verwaltung. gr. 8. (VIII und 102 S.) Kiel 863, Homann.

Lüders, Wilhelm: Zur Kritik des schleswig-holsteinischen Staatsgrundgesetzes vom 15. September 1848 v. Wilhelm Lüders. Kiel. 1866. 8⁰.

Lüders, Wilh., zur Kritik des schleswig-holsteinischen Staatsgrundgesetzes vom 15. Septbr. 1848. Kiel 867. Schwers'sche Buchh. 8. (III, 31 S.) 6 ngr.

—— Johannes Rösing vor Gericht, s. Rösing.

—— über den Ursprung der 40jährigen Verjährung der speciales in rem actiones mit besond. Rücksicht auf C. 2. Cod. quae sit longa consuetudo (VIII. 53.) Eine Habilitationsschrift. gr. 8. (45 S.) Heidelberg 864, Bangel und Schmitt.

—— über die Vereinigung des Fleckens Brunswik mit der Stadt Kiel. gr. 8. (56 S.) Kiel 862, Homann.
Aus: Jahrbücher der S.-H.-L. Gesellschaft für vaterländische Geschichte besonders abgedruckt.

– (Hrsg.), s. Volks-Taschenbuch.

Lüders, Wilh., des Dr. Kuhlmann neue Welt oder das Reich des Geistes auf Erden. Für das deutsche Volk, für Bürger, Bauern, Soldaten und Jedermann angenehm, nützlich und lehrreich zu lesen. In einem Auszuge hrsg. gr. 8. (32 S.) Hamburg 850, Meißner und Schirges. *

— s. Zeit, die.

Lüders, Wilh. Mecklenburgs Zoll-, Steuer- uud Gewerbeverhältnisse. Beleuchtet. gr. 12°. Hamburg, Hoffmann u. Co., 1840.

Lüders, Wilh., Mecklenburgs Zoll-, Steuer- u. Gewerbe-Verhältnisse. Beleuchtet. gr. 12. (8 B.) Hamburg 842, Hoffmann u. Campe. —

Lüders, Wlh., Mecklenburgische Zustände beleuchtet. 1. Heft. Der Bürgerkrieg in der Ritterschaft. gr. 8. Leipzig 844, Mayer. 2/3 ß

Lüders-Schönsee, C. E., D. ursidelen Turner, Komisches Ensemble f. Gesang u. turnerische Aufführungen, m. Noten, Marienburg (Westpr.), 8°.

Lüdersdorf, A., Tabellen zur Erleichterung der Kalkulation mit Hamburg über diejenigen Artikel, welche in Hamburg nach dem Gewichte in Hamburger Marco u. Courant-Valuta verkauft werden, und für alle Orte, in welchen nach preuß. Gewichte und nach preuß. Gelde gerechnet wird, mit Berücksichtigung d. vorkommenden Coursverhältnisse u. für Ein- u. Verkäufer eingerichtet. gr. 4. Glogau 845, Flemming. 3/4 ß
NB. Besonderer Abdruck aus dem Serapeum. 1846. Nr. 12.

Lüdersdorff, Beschreibung d. Pistoriusschen Dampfbrennapparates, nebst erläut. Bemerkn. 2., nach d. neueren Erfahrn. verb. Aufl. gr. 8. (3 1/4 B. u. 7 Stnt.) Berlin 835, Veit u. Cp. *

Lüdersdorff und Wellenbergh, Erfahrungen und Untersuchungen in Betreff des Einimpfens der Lungenseuche des Rindviehes. Auf Veranlassung d. Königl. Preuß. Landes-Oekonomie-Collegiums veröffentlicht. Berlin 853. Wiegandt u. Grieben. (Bosselmann.) gr. 8. (26 S. u. 1 Tabelle in 4.) n. 6 ngr.

Lüdersdorff, Friedrich

Lüdersdorff, Dr. F., das Auflösen u. Wiederherstellen des Federharzes, genannt: Gummi elasticum; zur Darstellung luft- u. wasserdichter Gegenstände rc. 8. Berl. 832. Boike. 8 ℊ

— das Auflösen u. Wiederherstellen des Federharzes rc. 8. Berlin 832, jetzt Veit u. Comp. 1/3 ß

LÜDERSDORFF, FRIEDRICH WILHELM.
Das Auflösen und Wiederherstellen des Federharzes genannt Gummi elasticum. Berlin, 1838. 8vo.

Luedersdorff, F(riedrich): Das Auftrocknen der Pflanzen für Herbarien, und die Aufbewahrung der Pilze, nach einer Methode, wodurch jenen ihre Farbe, diesen außerdem auch ihre Gestalt erhalten bleibt. 151 S., gbd., Abb.
Berlin: Hause & Spener 1827

—— die Fabrikation d. Runkelrübenzuckers, erläut. durch e. allgem. Darstell. d. Operationen. 2. Aufl. 8. (1 B.) Berlin 836, Bade.

Lüdersdorff, F., der Maisbau mit Rücksicht auf die klimat. und Boden-Verhältnisse der Mark. gr. 8. (IV und 46 S. mit 1 Kpfrt. in 4.) Berlin 849, Förstner'sche Buchh.

Lüdersdorff, F., der Maisbau, mit Rücksicht auf die klimatischen und Boden-Verhältnisse der Mark. 1. Hft. 2., unveränd. (Titel-)Aufl. und 2. Heft. gr. 8. (IV und 97 S. mit 2 Kpfrt. in 4. und Fol.) Berlin 852. [Leipzig,] Förstner'sche Buchh. à Heft 15 Ngr.

Lüdersdorff, F., s. Pistorius, J. H. L., Anleitung zum Branntweinbrennen.

— das Wesen der Destillirkunst, nebst dessen Repertorium der gebräuchl. Gewürze. Mit 2 Kpf. gr. 8. Berl. 827. Haude u. Sp. 22 ℊ

Lüdersdorff, Friedrich Wilhelm, s. L ü d e r s d o r f f, Friedrich.

Lüdersen, Heinrich Karl Ludwig

Henr[icus] Carol[us] Ludovic[us] Lüdersen: De Hydatidibus. Gottingae (1808): Baier. 88 S. 8°
Göttingen, Med. Diss. v. 7. Apr. 1808

Lüdersen, H. C. L., de hydatidibus, c. fig. 4. Gött. Brose. 808. Rthlr.

— idem lib. 4. (Gött. Dankwerts in Comm.) 808.

Lüdersen, H. C. L., Diss. inaug. de hydatidibus. Cum fig. 4. Gött. 808. (Vandenhöck u. R.) 12 ℊ

Lüdersen, H. L., Diss. inaug., in qua quaestio: num mercator venditis mercibus adhuc actione quanti minoris adversus venditorem experiri possit? 4. Helmst. 801. Fleckeisen. 4 ℊ

Lüderßen, Rud., die Befreiung und Mobilisirung des Grundbesitzes im Herzogth. Braunschweig. Aus Anlaß des 50jähr. Regierungs-Jubiläums Sr. Hoh. des Herzog Wilhelm in historisch-statist. Skizze dargestellt. gr. 8. (VIII, 159 S.) Braunschweig 881, (Schulbuchhandlung.) *

Ludert, Johann Christian (Lübben), De jurisdictione incompetentis judicis in non subditos per prorogationem fundata. Präs. Gg. Beyer. Wittenberg (Aug. Koberstein) 12. III. 1712. (4.—)
21698

Lüdert, Hugo [aus Riepenburg]: Über Hexametaphosphorsaure Salze ... '(Hamburg, L. Voss.)', 1893; 34 S., 1 Bl. 8.
Berlin, Phil. Fak., Inaug.-Diss. v. 19. Juli 1893

Lüdert, Th., fünf Jahre in Transvaal. 1895—1900. Reise- u. Kriegs-Erlebnisse. gr. 8. (87 S. m. Bildnis u. 1 Karte.) Hamburg 901. O. Meißner's Verl. Geb. n. 3.—

Lüderwald, Leitfaden zum praktischen Betrieb der Branntweinbrennerei. Ein unentbehrl. Handbüchlein f. Alle, welche diesen Geschäftszweig mit Nutzen betreiben wollen. Nach langjähr. Erfahrungen bearb. 12. (58 S.) Crossen 852, Range. 12 ngr.

Lüderwald, George Ernst

— s. ferner: 1) Dank u. Liebe. 2) Euphrosine. 3) Freibrief, der. 4) Geretteten, die. 5) Herrmann, Graf v. Heldenstein. 6) Kartoffeln. 7) Ronna, oder d. heil. Weihe.

Lüderwald, Geo. Er., Ruriks Segen. Ein lyr. Festspl. 8. St. Petersb. 827.

Lüderwald, Geo. Er., s. 1) Zustand d. Berlin. Theaters.

Lüderwald, Johann Balthasar

— Abh. z. richtig. Beurtheil. d. Religion. 8. Wolfenb. Meißner. 749.

Lüderwald, Jh. Balth., († d. 25. Aug. 1796.) über Allegorie u. Mythologie in d. Bibel. gr. 8. Helmst. 786. Kühnlin. 2 ℊ

— freie Anmerkk. über einige, d. heil. Schrift 2c. betreffend sogen. Axiomata. gr. 8. Helmst. 780. Kühnlin. 10 ℊ

— histor. u. theolog. Anmerkk. über 1. Joh. V. 7., nebst Fortsetz. 8. Braunschw. 762—72. Schröder. 12 ℊ

— Anti-Hierocles, oder Jesus Christus u. Appollonius von Thyana, in ihrer großen Ungleichheit vorgestellt. 8. Halle 793. Waisenh.-B. 8 ℊ

— die Ausbreitung d. christl. Religion, nach ihrer wahren Beschaffenheit u. Beweiskraft. gr. 8. Helmst. 788. Kühnlin. 8 ℊ

— Bemühungen zur gründl. Beurtheilung u. Erkenntniß d. Offenbarung Johannes. 2 Thle. gr. 8. Helmst. 777, 78. Kühnlin. 1 ℔ 4 ℊ

— Bemühungen z. Vertheidigung d. geoffenbarten Glaubens. 3 Stücke. 8. Braunschw. 756—59. Waisenhaus B. (Schulbuchh.) (à 4 ℊ) 12 ℊ

— kurze u. deutliche Betrachtt. bei der Beichte u. d. heil. Abendmahle für Anfänger im Christenthum. 8. Helmst. 781. Kühnlin. 2 ℊ

— Betrachtt. v. d. sittl. Verhältniß d. Glücks- u. Unglücksfälle 2c. 8. Braunschw. 758. Waisenh. B. (Schulbuchh.) 6 ℊ

— conjectanea de conciliandis historiae dissentionibus. 4. Helmst. 786. Kühnlin. 5 ℊ

— commentatio de criteriis fabularum et resecandis ab historia fabulis. 8. Braunschw. 761. Schulbuchh. 6 ℊ

— commentatio de criteriis fabularum. 4. Braunschw. 786.

— Denkmal d. göttl. Güte bei d. nunm. 50jähr. Verkünd. des Evangelii auf d. Küste Coromandel. 8. Wolfenb. 756. Meißner. (Schulbuchh. in Braunschw.) 3 ℊ

— d. Durchgang d. Israeliten durch d. rothe Meer gegen d. Einwürfe d. Ungläubigen bericht. u. vertheidigt. gr. 8. Helmst. 779. Kühnlin. 8 ℊ

— allegor. Erklärung d. drei ersten Kapitel Mosis, insonderheit d. Sündenfalls in ihrem Ungrund dargestellt. gr. 8. Helmst. 781. Kühnlin. 16 ℊ

— histor. u. gegründ. Erklärung d. hohen Liedes Salomonis. 8. Wolfenb. 776. Meißner. 4 ℊ

— s. Gedanken über das Preuß. Religionsedikt.

— Gedank. v. d. Reue der Menschen üb. ihre Sünden. 8. Wolfenb. Meißner. 747.

— Gedanken von d. Stärke d. Beweises für die Gottheit Christi. 4. Wolfenb. 766. Meißner. 3 ℊ

— Gedanken von d. Unterschied d. Lehre u. d. Lehrvertrags im Christenthum. gr. 8. Helmst. 781. Kühnlin. 6 ℊ

— Geschichte Bileams, deutl. u. begreifl. erklärt; als e. Anh. zu d. allgem. Erklärung. 8. Helmst. 781.

— s. B. Hoadlen, zwei Reden.

Lüderwald, Jh. Balth., d. sechs ersten Kapitel Daniels nach histor. Gründen geprüft u. berichtigt. gr. 8. Halle 787. Waisenh. B. (Schulbuchh.) 10 ℊ

Lüderwaldt, Joh. Balth., Diss. theol. de pacto inter deum patrem et filium ad redimendam generis humani salutem. Helmst. (P. D. Schnorr) 15. VI. 1764. 35 S. (4.50) **21825**

— Diss. de pacto inter Deum patrem et filium ad redimend. generis humani salutem. 4. Helmst. 764. Meissner. 6 ℊ

— Revision e. von ihm durchlebt. 50jähr. theol. Periode von 1740 bis 1790, nebst Lebenslauf u. Verzeichn. sr. Schriften. gr. 8. Helmst. 789. Meißner. 16 ℊ

— spicileg. observation. in praestantiss. Deborae epinicium Ind. V. 4. Wolfenb. 772. Meissner. 3 ℊ

— Theses vom heil. Abendmahle. gr. 8. Helmst. 783.

Lüderwald, J. B., v. Unterschiede der Lehre u. Lehrart. Braunschw. 1781. 8.

— ausführl. Untersuchung von d. Berufung u. Seligkeit d. Heiden. 2 Thle. 8. Wolfenb. 755. Meißner. 1 ℔

— Untersuchung der Gründe, warum Gott d. heil. Schrift mehr eine erzählende, als lehrende Einrichtung gegeben. gr. 8. Helmst. 781. Kühnlin. 16 ℊ

— Untersuchung von d. Kenntniß e. zukünft. Lebens zu den Zeiten d. A. Testaments. gr. 8. Helmst. 781. Kühnlin. 8 ℊ

— Untersuchung einiger neuern Zweifel über die Aufrichtigkeit u. Göttlichkeit Mosis u. seiner Begebenheiten. gr. 8. Helmst. 782. Kühnlin. 12 ℊ

— neuer Versuch über d. Immanuel, bei Jesaias IV, 14., nebst Anhang. gr. 8. Helmst. 783. Kühnlin. 6 ℊ

— Vertheid. Jesu, seiner Wunder u. seiner Jünger, gegen d. hart. Beschuldigungen d. Horus. gr. 8. Helmst. 784. Kühnlin. 18 ℊ

— commentatio de vi argumenti, quod ducitur e silentio scriptoris. 8. Braunschw. 753. Schröder. 4 ℊ

— die Wahrheit u. Gewißheit d. Auferstehung Jesu Christi. Gegen eine neuere 2c. dagegen herausgekommene u. hier völlig eingerückte Schrift erwiesen u. vertheidigt. gr. 8. Helmst. 778. Kühnlin. 12 ℊ

Lüderwaldt, s. Lüderwald

Ludewieg, Fr. Fd., Gedichte. 3 Thle. 8. Hamb. 823—30 Hoffmann u. Campe. 3 ß 12 K

Ludewig d. Baier, Kaiser d. Deutschen u. Römer, siehe Eteer.

Ludewig I., Großherzog von Hessen und bei Rhein ꝛc., im Andenken seines dankbaren Volkes. Zur Erinnerung an die feierliche Enthüllung Seines Monuments, am 25. Aug. 1844. Mit einer Ansicht des Ludewigs-Monuments in Stahlst. u. der Abbild. des Standbildes. gr. 12. Darmstadt 844, Ollweiler. n. 1/4 ß

Ludewig, s.a. Ludovici. – Ludovicus. – Ludwig

Ludewig, Dr., s.a. Beleuchtung, neue, der polnischen Frage.

Ludewig, Dr. Neue Beleuchtung der polnischen Frage. Aus den Papieren eines Russen ins Deutsche übertragen. 8. Leipzig 1845.

Ludewig, A., s.a. Ludewig, Friedrich August.

Ludewig, Abschieds-Predigt, gehalten am 19. Sonntage nach Trinitatis, den 22. Octbr. 1854, zu Deutmannsdorf. gr. 8. (16 S.) Schreiberhau 855. (Breslau, Dülfer's Buchh.) *

— Anweis. zum religiös-katechetischen Unterr. f. Lehrer an Bürger- u. Landschulen. 8. Wolfenb. 826. Albrecht. 12 K 2r Thl. A. u. d. T.: katechet. Entwürfe u. Musterkatechisationen über e. Stelle aus d. Katechismus, über Bibelstellen ꝛc. 8. Wolfenb. 828. Albrecht. 10 K

Ludewig, A., die Apostel Jesu Christi. Oder: Mannichfaltige Nachrichten und Untersuchungen historischer und kritischer Art über die gemeinsamen Schicksale und das gemeinsame Wirken der Apostel des Heilandes. Für Theologen überhaupt und für Studirende insbesondere. gr. 8. Quedlinburg 841, Basse. 5/6 ß

— vermischte Aufgaben zu Ausarbeitungen über Gegenstände aus der Schulwelt, für Mitglieder von Lehrerconferenzen, Seminaristen u. Präparanden. 8. Wolfenbüttel 842, Holle'sche Buchh. n. 1/12 ß

—— die Beaufsichtigung d. Volksschulwesens. Ein Handb f. Volksschulaufseher u. Volksschullehrer. 8. (9 B. u. 2 B. Tabn.) Halle 835. [Leipzig,] Gebauersche Buchh.

— systemat. Darstellung d. deutschen Interpunktionslehre für Lehrer u. reifere Schüler. 8. Halle 831. Anton. 6 K

Ludewig, A. Ergebniss einer hüttenmännischen Studienreise nach Oberschlesien. Berlin. 1862.

—— das Ernte- oder Missionsfeld unsers Herrn Jesu Christi. Predigt am Gedächtnißtage des 25jähr. Bestehens des Missions-Hülfs-Vereins zu Strehlen, den 12. Juni 1850. gr. 8. (24 S.) Breslau 854, (Dülfer's Buchh.)

– Erzählungen, Sagen, Characterzüge u. Denkwürdigkeiten aus. Braunschweig. u. Hannover. Geschichte. Ein unterhalt. u. belehr. Lesb. f. d. Jugend. 8. (6 B.) Helmstädt: Fleckeisen 1833.

Ludewig, A., die Früchte der rückgängigen Bewegung in der evangelischen Kirche. Ein populäres Wort über die Tagesfrage. 8. (86 S.) Leipzig 857, Kollmann. *

— Handbuch beim Religionsunterrichte für Lehrer an Bürger- u. Landschulen. 8. Halle 830. Anton. 20 K

— Leitfaden beim Confirmandenunterrichte. 2. völlig umgearb. Aufl. Wolfenbüttel 858. Stichtenoth in Comm. 8. (24 S.) n. 2 Ngr.

– Über das Losreißen der Schule von d. Kirche. Ein Sendschreiben an den Ober-Consistorialrath Schwabe in Weimar. gr. 8. Leipzig 1831. (W. U. Künzel.)

Ludewig, (Schullehrer) ..., über das Losreißen d. Schule von d. Kirche. Ein Sendschreiben an Hrn. Dr. Schwabe in Weimar. gr. 8. Leipz. 831. Schumann. 6 K

—— ausführl. Methodik des Bibellesens u. der Bibelkunde. Ein Hülfs- u. Handbuch f. Alle, welche die Bibel mit Schülern zu behandeln haben. 9 Lfgn. gr. 8. (71 3/4 B.) Wolfenbüttel 844—46, Holle'sche Buchh. à Lfg. * 10 Ngr. *

—— Methodik d. deutschen Sprachunterrichts, mit besond. Berücksichtig. d. Satzauflösung u. Satzbildung (Analyse u. Construction), hauptsächl. f. Bürger- u. Volksschulen. 8. (6 B.) Braunschweig 838, G. C. E. Meyer sen.

— die christliche Religion und Kirche. Ein method. Hülfs- und Handbuch beim Unterrichte nach jedem Katechismus für Lehrer an Bürger- u. Landschulen. 1. Buch. Die christliche Religion. 8. Eisleben 843, Reichardt. 1 2/3 ß

— dess. 2. Buch. Die christl. Kirche. 8. Ebend. 843. 1 1/3 ß

Ludewig, A., s. 1) Saint-Amaranthe.

— s. Schulblatt für die Lehrer an den Bürger- und Landschulen in Braunschweig.

— die Schuldisziplin für Alle, die an Schulen wirken u. sich für Schulen interessiren. 8, Eisleben 840. Reichardt, jetzt Hermes in Berlin. 1 ß

—— der Schulmeister in d. Stadt u. auf d. Lande. Leitfaden beim Unterr. künft. Schulmeister üb. alle Zweige u. Verhältnisse ihres Berufs. Auch von bereits angestellten Schulmeistern zur Wiederhol. des im Seminar Erlernten zu benutzen. 8. (16 B. u. 3 Tabn.) Wolfenbüttel 841, Holle'sche Buchh. *

– s. A. Ugewild.

Ludewig, (Schul- u. Seminardirektor) A., histor.-krit. Untersuchungen über d. verschiedenen Meinungen von d. Abkunft unsers Herrn u. Heilands Jesu Christi. 8. Wolfenb. 831. Albrecht. 12 K

—— das Volksschullehrer-Seminar, f. Seminar-Aufseher, Lehrer u. Zöglinge. 8. (11 B.) Braunschweig 837, G. C. E. Meyer sen.

Ludewig, A., die Vorschule d. deutschen Sprache, als Verstandes- u. Gedächtnißübung u. als Vorbereitung zu dem eigentlichen wissenschaftl. Unterrichte für die mittleren Klassen der Bürgerschulen. 8. Wolfenb. 832. Albrecht. 5 K

—— die Vorschule d. deutschen Sprache f. d. mittl. Klassen v. Bürger- u. f. d. Oberklassen v. Volksschulen, 2., gänzl. umgearb. Aufl. 8. (5 1/4 B.) Wolfenbüttel 841, Albrecht'sche Buchh. (Leipzig, Klinkhardt.)

– s. Zilla.

Ludewig, A. F.: Erinnerung an Mag. Adam Gschwend. Eisenberg. 4. 16 S. 1815.
Schul-/Univ.-Schrift

Ludewig, A. L., s. L u d e w i g , Friedrich August

Ludewig, Anton Schliemanns Ausgrabungen und die Homerische Cultur. 8 (50 S., 1 Taf.).
Progr. Öff. Privat-Unter-G. an d. Stella matutina *Feldkirch* 1893.

Ludewig, Anton: [Bericht über den Neubau des Anstaltsgebäudes.] S. 41—45, 1 Taf. 8.
Progr. Öffentl. Privatgymn. a. d. Stella Matutina *Feldkirch* 1901.

—: Briefe und Akten zur Geschichte des Gymnasiums und des Kollegs der Gesellschaft Jesu in Feldkirch. V, 64 S., 1 Taf. 8. II. 1 Bl., S. 65—180. 8. III. Teil. S. 181—248, 2 Taf. 8.
Öffentl. Privatgymn. a. d. Stella Matutina *Feldkirch* 1908. 1909. 1910.
Progr.

Ludewig, Ant., S. J., Briefe u. Akten zur Geschichte d. Gymnasiums u. d. Kollegs d. Gesellschaft Jesu in Feldkirch. V—III. Progr. Lex. 8. Feldkirch (F. Unterberger). 4. 70
I. (II, V, 64 S. m. Abb.) 908. 1. 20
II. (S. 65—180 m. Abb.) 909. 1. 50
III. (S. 181—248 m. Abb. u. 2 Taf.) 910. 2. —

Ludewig, Anton † P. Johann Nep. Fischer S. J. 8 (S. 37—40).
Progr. Öffentl. Privatg. a. d. Stella matutina *Feldkirch* 1894.

Ludewig, Anton: Die Lichtbilder der archäologischen Sammlung des Privatgymnasiums. S. 64—66. 8. (Fortsetzung.) S. 75—77. 8. (Fortsetzung.) S. 249—250. 8.
Öffentl. Privatgymn. a. d. Stella Matutina *Feldkirch* 1907. 1908. 1910.
Progr.

Ludewig, Ant., quomodo Plinius maior, Seneca philosophus, Curtius Rufus, Quintilianus, Cornelius Tacitus, Plinius minor particula quidem usi sint, s.: Studien, Prager philologische.

Ludewig, *Anton: Professor P. Adolf Rodewyk. † am 27. Juni 1898.* 8 (S. 35—37).
Progr. Öffentl. Privatg. an der Stella Matutina *Feldkirch* 1899.

Ludewig, Arnold, dei Fleigenfreter, s.: Schultze, J., dei vorlegte Sündag.

— dei kranke Mann. Glick schleist Du meck noch emol. 2 plattdeutsche Vorträge. 8. (7 S.) Braunschweig 897. F. Dessau. — 15

Ludewig, August [pr. Arzt aus Westfalen]: Über einen Fall von spontaner Darmruptur bei Atresia ani. . . . Greifswald, Druck v. C. Sell, 1891; 18 S., 2 Bl. 8°
Greifswald, Med. Fak., Inaug.-Diss. v. 5. Febr. 1891

Ludewig, August, approb. Arzt aus Vorsfelde, Hzgt. Braunschw.: Ueber die in den letzten drei Jahren in der hiesigen chirurgischen Klinik zur Behandlung gekommenen Fälle von Struma. *Kiel 1902: P. Peters.* (25 S.) 8°
Kiel, Med. Diss. v. [18. Apr.] 1902

[Ludewig, Augustus]: • Quomodo conus in plano obliquo volutatus moveatur? 52 S. 4°
Halle-Wittenberg, Phil. Diss. v. 16. Jan. 1861
Geb. [Quedlinburg 4. 1. 1829]

Ludewig, August Theodor, s. L u d e w i g , Theodor.

Ludewig, Beda, s. L u d w i g .

Ludewig, C., s. L u d w i g , Christian Friedrich

Ludewig, C. Fr., s. L u d w i g , Christian Friedrich

Ludewig, C. G., Angabe, um bis z. einem gewiss. Grade verdorb. Getreide unschädlich u. Brod auch von andern Erdprodukten als Korn zu machen. 8. Lingen 795. Jülicher. 1 ⁄⁄

Ludewig, C. G., Nummophylacium sive Recensio numismatum Graecorum, Romanorum et recentiorum omnis aevi et moduli. Viteb. 732. 8. 10 gr.

Ludewig, C. Gl., s. L u d w i g , Christian Gottlieb

Ludewig, C. W., Erläuterung d. Rechtstheorie vom Schadenersatz aus unerlaubten Handlungen, vom Besitz, vom Eigenthum u. Erwerbsarten rc. nach d. preuß. Landrecht. 2 Bde. gr. 8. Bresl. Kreutzer u. Scholz. 814.

Ludewig, Carl, s. L u d e w i g , Karl

Ludewig, Carl Wolfg. Werner, s. L u d e w i g , Werner.

Ludewig, Chr. Gli. Ephr., (Pfarrer bei Zittau,) das blaue Büchlein, oder Unterhaltungen aus der Religion, Natur u. Kunst. 8. Zittau 801.

— gemeinnützige Monatsschrift für Bürger u. Landleute. 8. Zittau 798.

Ludewig, Christoph, approb. Arzt: Ein Beitrag zur Kasuistik der Osteomyelitis des Kreuzbeins. *Greifswald 1904: J. Abel.* (29 S.) 8°
Greifswald, Med. Diss. v. 23. März 1904

Ludewig, Christoph, a. Klein-Algermissen b. Hildesheim: Beiträge zur Statistik des Speiseröhrenkrebses. Göttingen 1905: L. Hofer. (31 S.) 8°
Göttingen, Med. Fak., Ref. Bendix, Diss. v. 19. Mai 1905
[Geb. 13. Sept. 77 Klein-Algermissen; Wohnort: Klein-Algermissen; Staatsangeh.: Preußen; Vorbildung: Gymn. Josephinum Hildesheim Reife O. 00; Studium: Freiburg i. B. 1, München 1, Göttingen 2, Erlangen 1, Berlin 2, Göttingen 2 S.; Coll. 8. März 05; Approb. 19. Mai 05.]

Ludewig, Cph. Fr., († d. 14. April 1769.), s. 1) Beitr. zur neuesten deutschen Kritik. 2) der Christ in d. Welt, u. setze bei beiden hinzu: (v. Cph. Fr. Ludewig.) 3) J. C. Pfeifer, Trauerreden.

Ludewig, Christoph Friedrich

— — (Gera), De legibus positivis divinis universalibus disquis. Präs. Joh. Gottl. Waldinus. Jena (Schill) April 1757. 36 S. (5.—) 21701
Widm. v.: J. E. I. Walch, J. C. B. v. Eyseneck, G. W. Heubler, J. G. Waldinus.

— — Dasselbe. Jena (Schill) April 1757. 32 S. (4.—) 21702
Widm. v.: J. E. I. Walch.

Ludewig, Christoph Friedr., De Augusti prudentia minus tanta quanta vulgo creditur. Jena (Schill) o. J. 20 S. (3.—) 21700

Ludewig, Daniel, s. L u d w i g .

Ludewig, Ed. (Hrsg.), s. I r i s .

Ludewig, Ernst, a. Metz: Beiträge zur Kenntnis der Sebacinsäure. Straßburg i. E. 1906: C. & J. Goeller. (63 S.) 8°
Straßburg, Math.-naturw. Fak., Ref. Thiele, Diss. v. 1906
[Geb. 10. Mai 79 Metz; Wohnort: Metz; Staatsangeh.: Preußen; Vorbildung: Lyzeum Metz Reife M. 99; Studium: Straßburg 13 S.]

Ludewig, F., zwanzigste Nachricht von dem Lyceum zu Eisenberg auf das Schuljahr Ostern 1853 bis dahin 1854. Einladungsschrift ꝛc. Eisenberg 854. Schöne. 4. (12 S.) 3 ngr
Inhalt: „In memoriam Joh. Friedrici Magnanimi El. et Duc. Sax." Lateinische Ode von Haberland.

Ludewig, F. W., Handbuch u. Rechenknecht für die in den deutschen Staaten des norddeutschen Bundes in Kraft tret. neuen Maaße u. Gewichte für den häusl., gewerbl. u. Marktverkehr. Minden 870. (A. Volkening) 16. (40 S.) 3½ ngr

Ludewig, Franz Argentan

— theol. Bedenken v. Vortrefflichk. Gottes ꝛc. 5 Thle. 4. Ebend. 761.

Ludovici, Frz. Argentan, Betrachtt. über d. Vollkommenheit Gottes. 8. Augsb. 789. (Wolf). 5 gr

Ludewig, Friedrich August, s.a. Ludewig, A.

— clavis Virgiliana etc. (P. I. Bucolica et Georgica. P. II. Aeneis.) 8. Berl. 805. Duncker u. H. 1 ℛ

Ludewig, F. A., Erklärung d. in d. kleinen Ziegenbeinschen Bibel vorkomm. Sprüche durch Fragen üb. dieselben, f. Landschullehrer. 8. (7½ B.) Helmstedt 830, Fleckeisensche Bh. Thlr. *

Ludewig, Fr. Aug., Fragen über H. P. Henkes Auswahl bibl. Erzählungen für die erste Jugend. 8. Helmst. 800. Fleckeisen. 7 gr

Ludewig, F. A., Geschichte und Beschreibung der Stadt Helmstädt. 8. (Helmstädt, Fleckeisen.) 821.

— Geschichte u. Beschreibung d. Stadt Helmstädt. 8. Helmst. 821. (Fleckeisen). 1 ℛ 8 gr

Ludewig, Friedr. Aug., Heinrich Julius, Herzog zu Braunschweig u. Lüneburg. Ein biograph. Versuch. gr. 8. (4½ B.) Helmstädt 833, Fleckeisen.

Ludewig, F. A.: Die Kirchenverfass. im Herz. Braunschw. *Helmst.*, Fleckeisen. 834. 8. (12 Gr.)

— Leitfaden bey dem Unterricht d. Katechumen. 8. Braunschweig, Pluchart.

Ludewig, A. L., Leitfaden b. d. Unterricht der Katechumenen. 8. Braunschweig, Culemann. 802.

— Leitfaden bei d. Unterricht d. Katechumenen. 8. Braunschw. 802. 2e A. 808. Plüchart. 4 gr

— Rede bei d. Einweihung d. Fahnen für d. Bürgergarde zu Helmstädt d. 24. April 1831. 8. Helmst. 832. Fleckeisen. 4 gr

— tabellar. Uebersicht alles dessen, was bei Geburtsfällen, Taufen, Confirmationen ꝛc. von den Predigern im Herzogthum Braunschweig zu beobachten ist. Fol. Helmst. 827. Fleckeisen. 10 gr

— warum u. wie müssen gutgesinnte Unterthanen an d. Freude ihres guten Fürsten Theil nehmen? Eine Predigt. gr. 8. Helmst. 804. Fleckeisen. 2 gr

Ludewig, Fritz, approb. Arzt aus Göttingen: Ueber Wanderniere mit besonderer Berücksichtigung der Magen- und Darmverhältnisse. *Göttingen 1901: Dieterich.* (62 S.) 8°
Göttingen, Med. Diss. v. [14. Juni] 1901

Ludewig, Fritz, über Wanderniere m. besond. Berücksicht. der Magen- u. Darmverhältnisse. Diss. gr. 8. (62 S.) Göttingen 901. (Vandenhoeck & Ruprecht.) n. 1.60

Ludewig, G., Präparation zu Cäsar's gallischem Kriege, s.: Krafft u. Ranke's Präparationen.

Ludewig, G., Präparationen zu Cäsar's gallischem Kriege, s. Ranke, Fritz.

Ludewig, G. T., de periodeutis vet. eccl. Lips. 1729. 4.

Ludewig, Georg *Wilhelm* [aus Hannover]: Die Politik Nürnbergs im Zeitalter der Reformation. I. Teil. (1517—1525.) . . . (Ersch. vollst. im Laufe d. J.) Göttingen, Druck d. Univ.-Buchdr. v. E. A. Huth, 1891; 1 Bl., 47 S. 8°
Göttingen, Phil. Fak., Inaug.-Diss. v. [30. Jan.] 1889

Ludewig, Geo., die Politik Nürnbergs im Zeitalter der Reformation (von 1520—1534). gr. 8. (III, 156 S.) Göttingen 893. Vandenhoeck & Ruprecht. n. 3.50

Ludewig, Georg C.

— Buß-, Trost-, Dank-, Leichen- u. Valet-Predigt. 8. Erfurt. 723.

Ludewig, Geo. C., Evangelien u. Episteln in Fragen. 8. Nürnb. 731.

Ludewig, Geo. Mart., († d. 8. Jan. 1800.) der kalte Brand an dem Ideal d. Kantischen Kritik d. reinen Vernunft. 8. Leipz. 793. Graffé. 5 gr

— Prüfung ungenießbarer Aufklärungen d. Naturalisten, Materialisten ꝛc. 8. Leipz. 790. Graffé. 8 gr

Ludewig, Gf., s. Ludwig, Gottfried

— **Gottfr. Thom.**, De episcopis scottis disserit. Leipzig (Breitkopf) (1728). (Namen.) (3.—) 21703

Ludewig, Gottfried Thomas [Praes.], s. Erdmann, Johann: Differentiam jur. comm. et statutarii Lubenensis intuitu successionis ab intestato consanguineorum.

— — **De periodeutis veteris ecclesiae disserit.** Lpz. (Breitkopf) 1729. (3.—) 21704

Ludewig H. die praktische Ausbildung der Maschinentechniker. Berlin 1883

Ludewig, H., allgemeine Theorie der Freistrahlturbinen. [Aus: „Civilingenieur".] gr. 4. (IV, 54 Sp. m. 18 Fig.) Leipzig 891. A. Felix. n. 1.40

—— Allgemeine Theorie der Turbinen. Eine allgemeine Anleitg. zur Berechng. v. Turbinen u. Strahlrädern überhaupt, f. techn. Lehranstalten u. zum prakt. Gebrauche. gr. 4. (VIII, 194 S. m. 80 Fig.) Berl. 890, Simion. * 10 —

Ludewig, H., das technische Unterrichtswesen auf der Weltausstellung in Wien 1873, mit besond. Berücksicht. des maschinentechn. Unterrichtes. gr. 8. (VI, 104 S.) München 875, Th. Ackermann. *

Ludewig, H. (Red.), s. Zeitschrift des Vereins Deutscher Ingenieure.

Ludewig, H[ans], aus Grumbach: **Beiträge zur Kenntnis der Brenzkatechinessigsäure.** *Dresden 1899: Lehmann.* (55 S.) 8°
Rostock, Phil. Diss. v. [4. Mai] 1899

Ludewig, Harry, a. Rostock, Gerichtsassessor, Neustrelitz: Ueber Wesen und Wirkung der Mängel einer vermieteten Sache nach den §§ 537—541 des Bürgerlichen Gesetzbuches. Neustrelitz 1904: H. Bohl. (III, 51 S.) 8°
Rostock, Jur. Fak., Ref. Bernhöft, Diss. v. 5. Nov. 1904
[Geb. 3. Sept. 74 Rostock i. M.; Wohnort: Neustrelitz; Staatsangeh.: Mecklenburg-Schw.; Vorbildung: Gymn. Rostock Reife M. 93; Studium: Würzburg 3, Kiel 1 S., dann Rostock; Rig. 15. Okt. 03.]

Ludewig, Herm., zur Bibliothekonomie. — Festgabe z. vierten Säcularfeier d. Erfind. d. Buchdruckerkunst etc. gr. 8. (4½ B.) Dresden 840. (Leipzig, T. O. Weigel.) •

Ludewig, Hermann [aus Bernburg-Anh.]: **Ueber Endometritis senilis ...** Berlin, Druck v. E. Ebering, *1897;* 30 S., 1 Bl. 8.
Berlin, Med. Fak., Inaug.-Diss. v. 20. Juli 1897

Ludewig, Hermann Ernst

Ludewig, Hermann Ernst. Das Auswandgswesen in Dtld. Ber an d Dten Volksverein z NY ... Erstattet in d Generalversmlg vom 2. März 1848 .. NY. 1848.

Zwei Fragen aus dem Freimaurer-Rechte. Gutachtlich beantwortet von Herm. E. Ludewig. Als Ms. f. Brr gedr. New York 1856: Teubner. 10 S. 8° [Umschlagtit.]
Recens: T. 2 (1856—1857) S. 112 (E. Röhr).
Tt. 1051. Betr. die Befugnisse der Beamtenkonferenz u. die Rechte u. Pflichten eines Archivars nach der Konstitution der Grloge von Hamburg.

Ludewig, Herm. E., the Literature of american local history; a bibliographical essay. gr. 8. (12½ B.) Leipzig 846, Brockhaus u. Avenarius. *

Ludewig, Herm. E., the literature of American aboriginal languages. With additions and corrections by Wm. W. Turner. Edit. by N. Trübner. London 858. Trübner u. Co. (Leipzig, Brockhaus.) gr. 8. (XXIV, 259 S.) n. 3 ₰. 15 ngr.

—— die Organe der erscheinenden Literatur u. d. Buchhandel in den Vereinigten Staaten v. Nordamerika, nebst Beantwortung d. Frage: was hat eine Buchhandl. in jenen Staaten zu hoffen? gr. 8. (1 B.) Leipzig 846, T. O. Weigel.

Ludewig, Hermine, der Gerechte erbarmet sich seines Viehs; wer aber erbarmet sich der für vogelfrei erklärten Kranken? Ein Stechpalmreis auf meines guten Onkel Doktors Grab. (51 S.) gr. 8. Bunzlau 903. G. Kreuschmer. n. — 50

Ludewig, Hermine, man muss sich zu helfen wissen. [Aus: „Mitteilgn. d. allgem. Vereins f. Verbesserg. d. Frauenkleidg."] gr. 8. (16 S. m. Abb.) Berlin 898. (Bunzlau, G. Kreuschmer.) n. — 20

Man muss sich zu helfen wissen! Ein Beitrag z. Bekleidungsfrage von Hermine **Ludewig**, Bunzlau. 2. verm. u. verb. Aufl. *Bunzlau: G. Kreuschmer 1899.* (20, 4 S.) 8° [03. 3403

Was ich Arzten und verständigen Hausfrauen abgelernt habe. Selbsterprobtes von Hermine **Ludewig**, Bunzlau. *Bunzlau: G. Kreuschmer 1899.* (27, 20, 15 S.) 8° [F.] [03. 3404

Ludewig, Hermine, wie behandelt man seinen Arzt? Ungelehrte Plaudereien. gr. 8. (51 S.) Bunzlau 901. G. Kreuschmer. n. — 30

Ludewig, J., praktische Bearbeitung der festtäglichen Evangelien oder Erläuterungen u. Entwürfe üb. dieselben gr. 8. Ebend. 792.

— Gebete und Betrachtungen für schwangere Frauen. 8. Nürnb. Raspe. 790

— gute Gedanken u. Betrachtungen üb. gewöhnl. u. besond. Vorfälle. 8. Kempten, Typogr. 787.

Ludewig, J., Geist u. Stoff. Erörterungen u. Betrachtungen über die Souveränetät der Materie. gr. 8. (VIII, (244 S.) Iserlohn 881. Bädeker. n. 5. —

Ludewig, J. C., s.a. Ludwig, Johann Christoph

Ludewig, J. C., Ehrendenkmal des Geschlechts von Schafgotsch. Hirschberg 1781. fol.

Ludewig, J. F., neuste Nachrichten von Surinam. 8. Jena, Akad. Buchhandl. 798.

Ludewig, J. H., Frankfurt am Main und seine Umgebungen. Mit 10 Stahlst. u. 1 Plane der Stadt. 2. Aufl. 16. Frankfurt a/M. 843, Ullmann'sche Buchh. n. ⅓ ₰

—— **Francfort sur le Mein et ses environs. Traduit de l'Allemand par J. L. Trénel. 16. (14⅝ B. 10 Stahlst. u. 1 Plan der Stadt.) Frankfurt a. M. 845, Ullmann'sche Buchh.**
Vgl. Ludwig.

Ludewig, Joh., die kirchliche Lehre von der Generalabsolution. Eine Decanatsarbeit. Mit 3 amtl., die Generalabsolution betr. Schreiben der hochwürd. Generalvicariate zu Köln, Paderborn u. Brünn, sowie eine auf selbe Bezug habende Entscheidung der heil. Congregation der Riten an den Verf. Als Anh.: Papst Benedict's XIV. Bulle „Pia mater" vom 5. April 1747 m. verb. Texte. 2., verm. u. verb. Aufl. 8. (VIII, 190 S.) Regensburg 882. Manz. 2. 25

— **Joh. Christoph** (Bremen), Diss. jur. de imtore non stante locatione antecessoris. Göttingen (Schultz) Juni 1762. 90 S. (5.20) 21706
Gew.: Aug. Wilh. v. Schwicheldt.

— **Joh. Dav.** (Waldheim) u. **J. S. Gribner,** De furti apud Lacones licentia. Lpz. (Chr. Goez) 16. V. 1705. (4.—) 21707
Gew.: Th. Ittig.

— **Joh. Heinr. Ant.** (Wolfenbüttel), De haemoptysi inprimis catamenjali. Helmst. C. G. Fleckeisen) 18. III. 1796. 30 S. (4.—) 21708

— **Joh. Casp.** (Jauer/Schles.), De mysterio S. Trinitatis in libris apocryphis. Präs. J. C. Haferung. Wittenberg (S. Creusig) 28. VI. 1718. (5.—) 21705
Gew.: Laur. Baudis, Chr. Frimel, D. G. Schuwerdt, Th. Cresel, S. Pirsch.

Ludewig, Johann Peter von

Ludewig, J. P. de, Abrégé des droits de Sa Majesté le Roi de Prusse sur plusieurs principautés et seigneuries en Silésie. (Berlin 1741.) 4. (Auszug aus der Exposition von Joh. Gotthelf Vockerodt.)

— Abrégé de la propriété fondée en droit de la mais. roy. de Prusse sur les duchés de Jaegerndorff, Liegnitz, Brieg, Wohlau etc. 1741. 4. (Ein anderer Auszug aus der Exposition.)

Ludewig, J. P. v. Ökonomische Anmerkungen über Seckendorfs Fürstenstaat . . . Frankfurt u. Leipzig 1753. V: *Klotz, Christian Ehrenfried.* (ML) (Ky)

— ökonom. Anmerkk. über Seckendorfs Fürstenstaat, nebst einer Fortsetz. d. Germania princeps (herausg. von Chr. Ehrenfr. Klotz). gr. 8. Ulm 766. Stettin. 8 K

— gelehrte Anzeigen in allen Wissensch., w. d. wöchentlichen Hallisch. Anzeig. einverl. worden. 3 Thle. m. Reg. 4. Halle, Kümmel. 743–45.

Ludewig, Joh. Peter v. (Hrsg.), s. A n z e i g e n in alle Wissenschaften, lauffenden, geistlicher und weltlicher alter und neuer Sachen. . .

Ludewig, Johann Peter von [Praes.], s. A r c o, Philipp von: Formulam Brandenburgici ducatus.

Ludewig, Johann Peter von [Praes.], s. A r n o l d, Georg Bernhard: Diss. clericum exulem successionis in feuda et principatus S.R.I.

Ludewig, Jo. Petr. de: De aetate legitima puberum et maiorum, Vom Mannbarem und mündigem Alter. Ed. nov. Halae Magdeb. (1726).
— Ed. nov. Halae Vened. 1735.

Ludewig, Johann Peter von [Praes.], s. B a r c k h a u s, Heinrich v.: De obligatione successoris in principatus et clientelas.

Ludewig, Johann Peter von [Praes.], s. B a u e r, Adam Caspar: De prorogatione investiturae, Vom Lehens-Indult.

Ludewig, Johann Peter von [Praes.], s. B e c k e r, Johann Heinrich: Differentias juris Romani & Germanici in tutelis, testamentaria et legitima.

Ludewig, Johann Peter von [Praes.], s. B l e c h e n, Johann Wilhelm: Dissert. differentias juris Romani & German. in successione conjugum et dissortium liberorum.

Ludewig, Johann Peter von [Praes.], s. B o e n h o e f e r, Georg Michael: Dissert. differ. juris Romani & Germanici in opifice exule in pagis. Von Handwerckern auf den Dörfern.

Ludewig, Johann Peter von [Praes.], s. B o n i t z, Carl Heinrich: De purgatione contumaciae in processu, praecipue elect. Saxon. hodierno.

Ludewig, Johann Peter von [Praes.], s. B r e s c i u s, Joh. Adam: Diss. diff. jur. Romani & Germanici in fructuum attributione, inprimis tutelae fructuariae.

Ludewig, Johann Peter von [Praes.], s. B ü h l e r, Albert Jacob: Diss. differentias jurium in praediatoria jurisdictione nobilium der ritterschaftlichen Güter.

— bibliothecae catalogus. IV pts et Mspta. 8. Halae, Waisenhaus. °745.

L u d e w i g, J. P. d e, — Catalogus thesauri libror. vulgator. et mss. J. P. de L. C. notis J. D. Michaelis. Hal. 745. 4 P. 8. 2 rthl.

Ludewig, Johann Peter von [Praes.], s. D i e z, Wolfgang Friedrich: De praerogativis Wurtenbergici ducatus, praesertim adversus adpellationes, evocationes, austregas.

Ludewig, Joh. Petr. de: D i f f e r e n t i a e juris civilis et canonici, subjuncta praxi moderna, methodo Institutionum strictim propositae. Halae Magdeb. 1704.
Neue Ausg. 1712.

Ludewig, Johann Peter von. Differentiae iuris Romani et germanici secundum ordinem Institutionum . . . Lemgo 1778. H: *Uhl, Johann Ludwig.* (ML)

— differentiae juris romani et germanici, ed. Jh. L. Uhl. 8. Lemgo 778. Meyer. 6 K

LUDEWIG, Petrus de: Differentiae iuris Romani et Germanici in venatu eiusque regali. - Halle 1730

[**Ludewig**, Jo. Petr. de]: D i f f e r e n t i a e juris veteris novissimi et praxeos ad ordinem Novellarum. [Halle?] o. J.

— Halae Magdeb. 1712.

— Discurs üb. B. G. Struvens Einl. z. deutschen Reichshistorie. 8. Frankf. 747.

— dissertat. selectae. III Vol. 4. Halae. 748.

Ludewig, Johann Peter von [Praes.], s. E c k a r d t, Johann Christian: Dissert. differ. juris Romani et German. in dignitate uxoris, Vom Kunckel=Adel.

Ludewig, J. P. de, Rechtsgegründetes Eigenthum, des Königl. Chur-Hauses, Preussen u. Brandenburg, Auf die Herzogthümer Jägerndorff, Liegnitz, Brieg, Wohlau und zugehörige Herrschafften in Schlesien. (Berlin) 1740. 8. (90 Seit.)

Ludewig, Joh. Peter v.: Rechtsgegründetes E i g e n t h u m des Königl. Chur-Hauses, Preussen u. Brandenburg, auf die Hertzog-thümer und Fürstenthümer, Jägerndorff, Liegnitz, Brieg, Wohlau, u. zugehörige Herrschaften in Schlesien. Halle a. S. 1740.

L u d e w i g, Johann Peter von: „Einleitung zu dem teutschen Müntzwesen mittlerer Zeiten. Nebst einem Anhang verschiedener Anno 1708 ausgegrabener Hällischer und Magdeburgischer fünfhundertjähriger Bracteatorum", Wendisch Halle 1709. — Vorh.: Bibl. des Oberlandesgerichts Celle — Tc. 559 — StB Nürnberg, Com. Bibl. Hamburg.

— Einleit. zu d. deutschen Münzwesen mittl. Zeiten, mit Mosers Anmerkk. u. vielen Münzen. 8. Ulm 752. Stettin. 16 K

— Entw. d. Reichshistorie. 8. Halle, Kümmel. 710.

— Erläuter. d. güldenen Bulle. 2 Thle. Mit e. Vorr. v. J. G. Estor. 4. Frankf. a. M. 752. (F. Ch. W. Vogel in Leipz. 6 ₰

Ludewig, Joh. Peter v.: Rechtliche E r l e u t e r u n g der Reichs-Historie, vom ersten Ursprung bis 1734. Halle 1735.

v. Ludewig, J. Pt.: Vollst. Erläut. d. güldnen Bulle. *Frankf.*, Hechtel. (716 — 19.); m. e. Vorrede von J. G. Estor. 752. 2 Thle. 4. (5 Thl.)

— Exposition des droits incontestables de la mais. roy. de Prusse, sur plusieurs principautés — de la Silésie. 1740 (Berlin 1741.) 4. (Uebersetzung des Rechtsgegründeten Eigenthums. Die Uebersetzer sind Jaques Egide du Han de Jandun und Henri de Podewils.)

Ludewig, Johann Peter von [Praes.], s. Förster, Johann Jacob: Historiam principatus Arausionensis, et fata ejus novissima sub Guilielmo Tertio, Magno Britanniarum rege.

Ludewig, Johann Peter von [Praes.], s. F u h r m a n n , Karl Heinrich: Differentias jurium 1) Romani, 2) Graeci, 3) Germanici, 4) feudalis, 5) publici, 6) naturae, 7) gentium, 8) veniae aetatis, 9) problematum forensium in aetate puberum et majorum, regium; principum; clientum; subditorum.

Ludewig, Joh. Peter v.: Die alte G e r e c h t i g k e i t der so gen. Sachsen-Busse, demjenigen zu bezahlen, der unschuldigen Arrest und Gefängniß erlitten. o.O. u. J.

Ludewig, Joh. Pet. v. (weil. k. preuss. Kanzler u. Geheimrath. 1670—1743), erläuterte Germania Princeps, d. i., histor.-genealog.-politisch u. rechtliche Anmerckungen uber desselben Teutsche Fürsten-Staaten . . . . *Das Buch vom ganzen Bayer. Hause u. dessen sämtlichen Staaten*, Alles bis auf den heutigen Tag fortgesetzet . . . . durch *D. H. v. Finsterwald.* (3 Abth. in 2 Bdn.) Franckfurt u. Leipzig 1747—49. 4°. Pgmtbde.
I: 4 Bll. (incl Tit. in Roth- u. Schwarzdr.), 509 S., 1 S. Err. II: 4 Bll. u. S. 553—1288 (sic). III: 4 Bll. u. S. 1289—2192. IV: 4 Bll. u. S. 2193—2888, nebst 72 Bll. Reg. über alle 4 Thle.

— erläut. Germania princ., d. i. hist. polit. u. rechtl. Anmerk. üb. d. Staat. des bayr. Hauses. 4 Thle. 4. Halle, Renger. 747 - 49.

— — — über der Staat des Pfälzischen Hauses. 4. Ebend. 746.

— — — über die Staaten von Oesterreich, herausg. von Finsterwald. 4. Ebend. 744.

de Ludewig, Jh. Pet., († ...) Germania princeps. II Tomi. c. contin. et fig. 8. Ulm 752. Stettin. 2 ₰ 12 K

— Geschichtschreiber d. Bisth. Würzb. u. e. Vorbereit. z. fränk. Hist. u. d. Bildn. all. Bischöfe. Fol. Frankf. (Renger in Halle). 713.

— — dass. Fol. Leipz. Gleditsch. 713.

Ludewig, Johann Peter von [Praes.], s. G o n n e , Johann Gottlieb: De formula ducatus Thuringici.

Ludewig, Johann Peter von [Praes.], s. G r a e f e , Valentin: Dissert. differentiae juris romani & germanici in Hagenstolziatu exule in Germania, Latii partu L. Juliae et Papiae Poppaeae.

Ludewig, Johann Peter von [Praes.], s. G r u b e r , Johann Daniel: Differentias juris Romani & Germanici in re militari.

Ludewig, Johann Peter von [Praes.], s. G r u b e r , Johann Daniel: Germania princeps postcarolingica sub Conrado I. orientalium Francorum rege.

Ludewig, Johann Peter von [Praes.], s. G u m p r e c h t , Johann Gottlieb: Trebellianicam et legitimam exules in fideicommissis fructuariis.

(v. Ludewig, Joh. P.): Rechtl. Gutachten wegen d. Lehnsvererbung u. jährl. Bezahlung d. Ritterpferde. *Berlin.* 718.

Ludewig, Johann Peter von [Praes.], s. H a h n , Simon Friedrich: Henricus Auceps, historia anceps.

Ludewig, Johann Peter von [Praes.], s. H e r m a n n , Ulrich Benedikt: Dissertat. de sociis stipendiariis hosto, in causa reipublicae Memmingensis.

Ludewig, Johann Peter von [Praes.], s, H e r o l d , Wolfgang Hieronymus: Dissertatione inaugurali Noribergam, insignium imperialium tutelarem.

Ludewig, Johann Peter von [Praes.], s. H e u s s , Johann Philipp: De civitatum dispari nexu cum S. R. Imperio. Von Reichs und freyen Reichs=Städten.

v. **Ludewig, Joh. Pet.** Historia principatus Arausionensis et fata eius novissima sub Guilielmo III, Magnae Britanniae rege. 4. Halae 1694. — 4. ib. 1706. — 4. Jenae 1743.

Ludewig, Johann Peter von [Praes.], s. H o c h k l e m m e r , Reinh. Wilhelm: Differentias juris Romani & Germanici in maternis tutelis.

Ludewig, Johann Peter von [Praes.], s. H o i e r m a n n , Albert Philipp: Edictum Juliani contra philosophos Christianos.

Ludewig, Johann Peter von [Praes.], s. H o e l d e r , Benjamin Benedict: Paradoxon pro jure retractandi transactionem, novis instrumentis repertis, ad L. 35. ff. de re jud. & LL. 19. ac 29. C. de transact.

Ludewig, Johann Peter von [Praes.], s. H ü b e n e r , Jo. Ernst: Jura primatus Germaniae.

Huldigungs-Geschichte, wie solche am 2. Aug. 1740 von der Stadt Halle u. dem gesamtem Saal-Creysse durch den verordneten Commissarium Joh. Peter von Ludewig aufgenommen worden. Nebst der von dem K. Commiss. gehaltenen Rede und von dem Syndiko Gaden gethanen Antwort. Halle 1740. 8.

Ludewig, Johann Peter von [Praes.], s. J ü c h e n , Arnold Wilhelm von: Dissertat. inaug. differentias juris Romani & Germanici in Attiliana tutela.

Ludewig, Jo. Petr. de: Jura feudorum Romani imperii atque Germaniae principis et provincialium nobilium landsassiorum ex medii aevi antiquitatibus et diplomatibus eruta et illustrata. Halae Sal. 1740.

— **jura feudorum S. R. imperii et germ. princ. ex medii aevi antiquitatib. eruta. 8. Halae, Waisenb. 740.**

Lud[e]wig, Joh. Petr.: De iure adlegandi ordinum S. R. I. . . . ab ortu progressuque reipublicae Germanicae ad . . . annos post Chr. nat. 1700. compositum confectumque. Halae Hermund. 1704.

Ludewig, Johann Peter von: „De Jure clientelari Germaniorum in Feudis et Colonis S. R. I. In specie dem Erbpacht, Lassgütern, Churmeden, Landsiedeleyhe, Meyergütern, Schillinghauer-Recht", Frankfurt und Leipzig 1717.

Ludewig, Jo. Petr.: De iure clientelari Germanorum in feudis et coloniis, sigillatim atque ex instituto 1. Dem Erbpacht 2. Laßgütern 3. Curmeden 4. Landsiedeleihe 5. Meiergütern 6. Schillingshauerrecht, cum ex moribus medii aevi tum ex usu hodierno . . . erutum et declaratum. Halae 1717.

Ludewig, J. P.: De iure, quod sibi Galliarum rex in Lotharingiam postulavit usurpavitque hactenus, scripta diss., rerum serie ad haec tempora usque producta. Ed. 4. Halae Magdeb. 1712.

— **Joh. Petr., De emendanda Germaniae jurisprudentia. Halle (Chr. Andr. Zeitler) (12. VII. 1713). 40 S. (5.—) 21709**

Ludewig, Johann Peter von [Praes.], s. Knoll, Johann David: De Sueviae tribunali S. R. I. Austriaco, Dem Kayserlichem Landgericht in quadrurbe.

Ludewig, Johann Peter von [Praes.], s. Knorr, Karl Gottlieb: Differentias juris Romani & Germanici de senatoribus et consulibus.

Ludewig, Johann Peter von [Praes.], s. Kolbe, Paul: De primo foro subfeudorum imperialium, in Reichsaffter= Lehen, parium curiae exemplo in Hassiae comitatu Rittbergensi.

Ludewig, Johann Peter von [Praes.], s. Krimpff, Christian: De differentiis juris Romani & Germanici in donationibus et, barbari adnexus, acceptatione.

Ludewig, Johann Peter von [Praes.], s. Lange, Jo. Hieron.: Diff. juris Rom. et German. in ferarum furto Den Wild Deuben.

Ludewig, Johann Peter von [Praes.], s. Lengnich, Gottfried: Juris Romani et Germanici differentias.

Ludewig, Johann Peter von [Praes.], s. Lüder, Johann Werner: De conductione perpetuaria. Dem Erbpacht.

Ludewig, Johann Peter von [Praes.], s. Marchall, Samuel: De jure annatarum.

Ludewig, Johann Peter von [Praes.], s. Nazmer, Karl Dubislav von: De matrimoniis principum per procuratores.

— **neniae pontificis de iure reges appellandi. 8. Hal. Renger. 706.**

— **preuß. Neuburg od. Neufchatel, nebst dessen Gerechts. 8. Teutschenthal. (Renner in Halle). 708.**

Ludewig, Johann Peter von [Praes.], s. Nitzsche, Johann: Diss. inaug., Differ. jur. Romani et Germanici in stupro, sub matrimonii spe.

— **observationes ad Strykii examen juris feudalis. 8. Frcft. Strauss. (Acad. Buchhandl.). 751.**

— **Observationes ad Sam. Stryckii examen juris feudalis; jam primum ex Apographo Senkenbergiano editae. Accedit ejusd. Diss. de feudorum Germaniae et Longobardiae differentiis. Edid. Jh. Ldw. Uhl. 8maj. Frankf. u. Leipz. 751. Strauss. 10 ℛ**

— **observat. ad. I. Iac. Mascovii principia iuris publ. imp. rom. germ. 8. Francf. et Leips. (Lange, Berl.) 747.**

— **Observationes ad J. J. Mascovii principia juris publ. Imp. Roman. German. 8maj. Berl. 774. Lange. 4 ℛ**

— **von der neuen Oekonomie:, Polizey: u. Kameral:Profession zu Halle. 8. Halle. 727.**

Ludewig, Johann Peter von [Praes.], s. Opel, Friedrich Christoph: De sorte suffragatoria ecclesiae, vom Priester-Loß.

— **Opera omnia ad universam juris prudentiam, in VIII. Tomos distributa. 4maj. Genevae 744—48. Editio nova ab Jh. L. Uhl. (cum Supplementis in II Tmis.) X Tomi. 4maj. ibid. 769.**

Ludewig, J. P. de, De opifice exule in pagis, von Handwerkern auf Dörfern. 8°. Halle 1724.

— **opuscula iuris feudalis. 4. Francf. 740.**

— **opuscula miscella. II Tmi. fol. Halae, Kümmel, (Gleditsch, Lips.). 720.**

— **Opuscula oratoria. 8. Halae. 721.**

Ludewig, Johann Peter von [Praes.], s. Orth, Hieronymus Wilhelm: Diss. inaug. partem iidam differentiarum jur. Romani et Germanici in senatusconsulto Velleiano atque Mulierum obligationibus aliis, occasione reipublicae Francofurtanae statutorum.

Ludewig, Johann Peter von [Praes.], s. Oertling, Johann Friedrich: Justas Anglorum in Galliam praetensiones.

— **Patrimonium atavitum Porussiae regis et gentis Brandenburgicae in quatuor Silesiae ducatibus Jaegerndorf. Brieg, Liegnitz, Wohlau cum adnexis pluribus dynastiis. 1740. (Berlin 1741.) 4. (Uebersetzung des Rechtsgegründeten Eigenthums.) (64 u. 32 Seiten.)**

Ludewig, Johann Peter von [Praes.], s. Pertsch, Johann Christian: Diss. inaug. Differentias juris Romani et Germanici in senatusconsulto velleiano exule.

Ludewig, I. Pet. de, de philosophia principis, pedantismo opposita. 8. Lips. 711. Rthlr.

— **Positiones von dem deutschen Provinziallehnrechte, nebst einer Anleit., wie d. deutsche Lehnrechtsgelahrtheit mit Nutzen zu erlernen etc. Herausg. von K. M. Dagener. 8. Erf. 750.**

— **de praerogativis Wirtembergici ducat. adversi appellationis. 4. Lips. 713.**

— vertheidigtes Preussen, wider d. deutsch. Ritterorden. 4. Halle. Renger. 703.

Ludewig, Johann Peter von: „Die von Sr. Königlichen Majestät unserem allergnädigsten Könige auf dero Universität Halle am 14. Juli 1727 Neu angerichtete Profession in Oeconomie, Polizey und Cammersachen wird nebst Vorstellung einiger Stücke verbesserter Königl. Preußischer Polizei bekannt gemachet von dem zeitigen Prorectore Johann Peter von Ludewig JCT, Halle 1727. — Vorh.: Preußische Staatsbibliothek Berlin — Signatur Ay 28188.

Ludewig, Johann Peter von [Praes.], s. Redel, Karl Wilhelm: De praecipuo principis evangelici Vom Vorrecht eines Evangelischen Fürsten.

Ludewig, Johann Peter von [Praes.], s. Reichel, Georg Ehrenfried: De processu per mandatum, in Lusatia superiori Bey Verbriefeten und unverbriefeten Schulden.

— reliquiae MSS. omnis aevi diplomatum ac monumentor. ineditor. XII Tmi. 8. maj. ibid. 720–41.

Ludewig, Johann Peter von [Praes.], s. Reuter, Bernhard Michael: Diss inaug., Differentias juris Romani, Gallici et Germanici in peregrinitate Albinagio atque Wildfangiatu.

Ludewig, Johann Peter von [Praes.], s. Rögner, Christian Gottl.: Differentiae iuris Romani et Germanici in re bafiaria tinctorum Den Färbereyen.

Ludewig, Johann Peter von [Praes.], s. Rosenbach, Heinrich August: Differentiae iuris Romani et Germanici in usuris praecipue ultra alterum tantum.

Ludewig, Johann Peter von [Praes.], s. Schade, Johann Daniel: Dissertatio inauguralis, qua differentias iuris Romani et Germanici in dote mariti, 1) morgengaba, 2) dotalitio, 3) vidualitio, 4) melioratione ... respondit ...

Ludewig, Johann Peter von [Praes.], s. Schlossberger, Paul Heinrich: De lege caducaria.

Ludewig, Johann Peter von [Praes.], s. Schönbeck, Jakob Christian: De iure postarum heredetario, Vom Recht des General-Erb-Post-Amts.

— kleine deutsche Schriften. 8. Halle, Renger. 705.

Ludewig, Johann Peter von [Praes.], s. Schroeder, Lorenz Heinrich: Dissertatione inaugurali differentias iuris Romani et Germanici in consensu connubiali extra patrem 1) matris ... respondebit ...

Ludewig, Johann Peter von [Praes.], s. Schüler, Johann Christian: Differentiae iuris communis et Saxonici in simultanea investitura Der gesamten Hand.

Ludewig, Johann Peter von [Praes.], s. Schwasmann, Isaak Nikolaus: Differentiae iuris Romani et Germanici in fideiussione uxoris.

Ludewig, Joh. Peter von, Scopulos doctrinae vulgaris de coloniis adscriptitiis von Lassgütern und Curmoden ... evitabit respondendo J. F. Engelhardt. Halae Ven. 1709. 4. . . . . (l).l

— Scriptores rerum germanicarum etc. II Tmi. fol. Hal. Waisenh. 718.

Schreibp.

Ludewig, Johann Peter von [Praes.], s. Seidenbusch, August Friedrich: Differentiae iurium Romani et Germanici in pactis de superstitis heredio ad l. ult. c. de pactis itemque 50 decisionum characteres.

Ludewig, Johann Peter von [Praes.], s. Semler, Johann Michael: De nexu scripturae et subscriptoris, Von Schrifften und Unterschrifften.

Ludewig, Johann Peter von [Praes.], s. Seyberth, Johann Philipp: Paradoxa iuris, maxime publici.

Ludewig, Johann Peter von [Praes.], s. Seyfart, Johann Friedrich: Differentiae iuris Romani et Germanici in dote et donatione propter nuptias, Heurath-Gut und Gegen=vermächtnüs.

— singularia juris feudalis. 8. Francf. Strauss. (Academ. Buchhandl.) 751.

— singularia juris feudalis, ed. J. L. Uhl. 8. Frankf. a. O. 753. Strauss. 10 gl.

— singularia iuris publici german. imp. II pts. 8. Halae, Waisenh. 730. 31.

Ludewig, Johann Peter von [Praes.], s. Steudner, Johann Gottfried: Differentiae iuris communis et Lusatici in legitima atque dote, vom Lehens-Pflicht-Theil.

Ludewig, Johann Peter von [Praes.], s. Taubenheim, Christoph von: De iuris gentium laesione, Vom verletztem Völcker-Recht.

Ludewig, Johann Peter von [Praes.], s. Troemer, Johann Andreas: De nominatore haeretico ad parochiam, Vom Vorschlagungs-Recht.

DE LUDWIG, J. Pet.: Vita Justiniani M. atque Theodorae Augg. nec non Triboniani, Jurisprudentiae Justinianeae proscenium. *Hal.* 731. 4.

— Vita Iustiniani M. atque Theodorae Augustae, nec non Triboniani. 4. Halae, Waisenh. 731.

Ludewig, Johann Peter von [Praes.], s. Vollbrecht, Jo. Christoph: Differentiae iuris feudalis communis atque Porussici.

Ludewig, Johann Peter von [Praes.], s. Wapenhentsch, Christian Ferdinand: Differentiae iuris Romani et Germanici in connubiali imperio consensuque parentum.

Ludewig, Johann Peter von [Praes.], s. Weissensee, Johann Heinrich: Differentiae juris Romani et Germanici in venatu eiusque regali.

Ludewig, Johann Peter von [Praes.], s. Wolzogen, Christian Wilhelm Frh. von: De principum S. R. I. potestate in sacris, ante paces religionis.

Ludewig, Johann Peter von [Praes.], s. Zeh, Paul: Differentiae iuris Romani et Germanici in mutuo, im Anlehen.

Ludewig, Johann Peter von [Praes.], s. Z e r n o t t e, Lorenz: Historia sine parente de causis fabularum circa gentium origines.

Ludewig, Julius

Ludewig, Jul., der Bau von Telegraphenlinien mit besond. Berücksicht. der Vorschriften der Telegraphen-Verwaltung des norddeutschen Bundes, sowie der neuen Maasordnung. Für Telegraphen-Beamte und Techniker. 1. Aufl. (VIII, 307 S. mit 133 Holzschn.) 1869, und 2. verm. und theilweise umgearb. Aufl. gr. 8. (XVII, 327 S. mit 137 in den Text gedr. Holzschn.) Leipzig [Dresden] 870, Baensch.

Ludewig, Jul., der Bau von Telegraphenlinien mit besond. Berücksicht. der Vorschriften der Telegraphen-Verwaltung des norddeutschen Bundes. 2. Aufl. gr. 8. Berlin 870, Baensch.

Ludwig, J., die Elektricität im Dienste des Lebens, s. XVII. Bd. 2. Abthl. S. 833: Vorträge und Abhandlungen, gemeinnützige.

Ludewig, Jul., elektrische Messkunde. Ein Handbuch zum Selbstunterrichte, sowie zum Gebrauche für Telegraphenbeamte u. Elektriker, unter besonderer Berücksicht. der bei der Telegraphen-Verwaltung des Deutschen Reichs bestehenden Einrichtungen. Mit 67 in den Text gedr. Holzschn. gr. 8. (X, 178 S.) Dresden 878. Baensch. n. 6. —

—— der Reichstelegraphist. Ein Handbuch zum Selbstunterricht und zur Vorbereitung auf das Telegraphistenexamen sowie zum Gebrauche für Telegraphenbeamte. 1. und 2. Aufl. gr. 8. (XI, 404 S. mit 150 in den Text eingedr. Holzschn. und 2 lithogr. Karten in Fol.) Ebendas. 874. *

—— der Reichstelegraphist. Ein Handbuch zum Selbstunterricht und zur Vorbereitung für das Telegraphistenexamen, sowie zum Gebrauche für Post- und Telegraphenbeamte. 3. und 4. nach den neuesten Vorschriften vervollständ. Aufl. gr. 8. (XVI, 452 S. mit 163 in den Text eingedr. Holzschn. und 4 lithogr. Karten in qu. gr. Fol.) Ebendas. 877. *

Ludewig, J., Die Störungen im Telegraphen-Betrieb durch Nordlicht im August 1880. (Archiv für Post und Telegraphie, 1881, No. 9.) Berlin.

Ludewig, Jul., die Telegraphie in staats- u. privatrechtlicher Beziehung vom Standpunkte der Praxis u. d. gelt. Rechtes. Zur Orientirg. f. ausüb. Beamte u. das den Telegraphen benutz. Publikum. 8. (200 S.) Ebend. 872. 6. 75

Ludewig, K., neueste Geographie von Schlesien. 8. Schweidnitz 831. (Bresl., Pelz; a. Henze). 4 ℊ

Ludewig, Karl

Ludewig, Carl, die Substanztheorie bei Cartesius im Zusammenhang m. der scholastischen u. neueren Philosophie. Eine historisch-crit. Untersuchg. [Aus: „Philosoph. Jahrb."] gr. 8. (128 S.) Fulda 893. (Fuldaer Actiendruckerei.) n. 1. 80

Ludewig, M. E., engl. Arzneybüchlein Dr. Lowers, nebst Radcliffs Recepten. 3 Thle. 8. Leipz. Weidmann. 754.

Ludewig, Nicolaus Matthias (Hrsg.), s. A e s o p: Griechische Fabeln nach dem Plan des Gedickeschen Lesebuchs.

⊙ Vorläufige Bemerkungen über die, den 95 Streitsätzen des Claus Harms von Jasper Boysen entgegengesetzten 95 Sätze v. Nicolaus Matthias Ludewig. Hamburg. 1818. 8°.

⊙ Treuherzige Warnung an die Christen der Evangelisch-Lutherischen Confession vor dem Abfall von dem wahren Christenthume v. Nicolaus Matthias Ludewig. Hamburg. 1818. 8°.

Ludewig, O., u. H. Steinach, amerikanische Sicherheitsschlösser. Mit 134 Textfig. [Aus: „Bayer. Industrie- u. Gewerbeblatt".] Lex.-8. (67 S.) München 887. (Literar.-artist. Anstalt.) n. 3. 50

Ludewig, Dr. Paul: R e g e s t a episcoporum Constantiensium. Regesten zur Geschichte der Bischöfe von Constanz von Bubulcus bis Thomas Berlower 517–1496. Herausgegeben von der badischen historischen Commission. I. Bd. 1. Lief. Unter Leitung von Dr. Friedrich von Weech. gr. 8°. (80 S.) Innsbruck: Wagner 1886.

Ludewig, P(aul): Über die sogenannten elektrolytischen Stromunterbrecher. Göttingen 1907: Dieterich. (76 S., 3 Taf.) 8°

Göttingen, Phil. Fak., Ref. Simon, Diss. v. 24. Okt. 1907

[Geb. 15. April 85 Göttingen; Wohnort: Göttingen; Staatsangeh.: Preußen; Vorbildung: Gymn. Göttingen Reife O. 03; Studium: Göttingen 2, München 1, Berlin 1, Göttingen 5 S.; Rig. 28. Juni 07.]

Ludewig, Theod.: De dictionis Sophocleae ubertate quae in verbis cum praepositionibus compositis conspicitur. Berolini 1864 (37 S.).

Ludewig, W. C., Handbuch, solche Stellen d. Bibel leicht aufzufinden, welche vorzüglich von der reifern Jugend können gelesen werden. 8. Hannov. 818. Hahn. 3 ℊ

Ludewig, Walther *Friedrich Alexander Albert Julius* [aus Dresden]: Monographie des menschlichen Oberschenkelbeins ... Berlin, C. Vogt's Buchdr., *1893*; 45 S., 1 Bl. 8.
Berlin, Med. Fak., Inaug.-Diss. v. 24. März 1893

Ludewig, (Carl Wolfg.) Werner (geb. Cöln a. Rh. 11. 8. 1860): Die Regalität der Telegraphie im Allgemeinen und in Deutschland insbesondere. Berlin (1883). (54 S.) 8°
Berlin, Jur. Diss. v. 16. Juli 1883

Ludewig, Wilh., Handbuch der Hygiene u. Diätetik des Truppenpferdes zum Gebrauch f. Veterinäre u. Studierende, sowie Offiziere u. Verwaltungsbeamte. Mit 48 Taf. in Steindr. (XIV, 413 S.) Lex.-8. Berlin 906. E. S. Mittler & Sohn. n. 11. —; geb. n. 12. 50

Ludewig, Wilhelm, aus Sondershausen: Ueber Kieselsäuregel. Ueber Titrationen von Alkalisilicaten. Ueber Erdalkalisilicate und ihr Verhalten gegen Alkalilaugen. Erlangen 1905: E. Th. Jacob. (64 S.) 8°

Erlangen, Phil. Fak., Ref. Fischer, Diss. v. 28. Febr. 1905

[Geb. 5. Dez. 76 Sondershausen; Staatsangeh.: Schwarzburg-Sondershausen; Vorbildung: Realgymn. Weimar Reife M. 96; Studium: Jena 4, Göttingen 1, Erlangen 8 S.; Rig. 28. Febr. 05.]

Ludewig, Wilhelm: Ueber die Kondensation von β-Naphtaldehyd mit Bernsteinsäure und einen neuen Uebergang vom Naphtalin zum Phenanthren. 1910. 51 S. 8°
¶ Ausz. in: J. Liebig's Annalen d. Chemie. Bd 379. 1911.
Hannover, Dr.-Ing.-Diss. v. 22. 11. 1909

Ludewig, [Wilhelm]: Leitfaden zum Militär-veterinärärztlichen Dienstunterricht für Unterveterinäre ... Hannover 1911. XI, 189 S.

Ludewits, Karl, aus Oberhausen, Referendar am kgl. Amtsgericht zu Oberhausen: Die Abtretung von Forderungen aus gegenseitigen Verträgen nach dem B.G.B. unter Berücksichtigung des gemeinen Rechts. *Oberlahnstein 1902: F. Schickel.* (54 S.) 8°
Erlangen, Jur. Diss. v. 16. Juli 1902

Lüdgen, Max. Stanisl. Jos., Diss. inaug. med. de medicamento nov. antiquo Tebaschis dicto. 8. Gött. 791. Dieterich. 2 gr.

Ludger, Leonard. Die klösterliche Tagesordnung. Anleitg. f. Laienbrüder u. Ordensschwestern, die tägl. Uebgn. ihres heil. Standes im rechten Geiste zu verrichten, zugleich auch Belehrg. üb. den heil. Ordensstand f. Solche, die nur erst die Absicht hegen, sich als Laien e. Orden anzuschließen. Mit e. Auswahl v. Gebeten. 2. verm. u. verb. Aufl. 16. (VI, 415 S. m. 1 Farbendr.) Regensb. 890, Pustet. 1 50; geb. * 2 —

Lüdger, Conrad, s. Lüdger, Konrad

Lüdger, Karl, Thalia Anglo-Germanica. Origin.-Schspie. zur Unterhalt. freundschaftl. Familienzirkel rc. (Englisch und deutsch. 1s Hft. 8. Bremen 814. Heyse. 10 gr. Schrbp. 12 gr.

Lüdger, Konrad

— the complaint, an Elegy. 8. Hannov. 802.

Lüdger, Konr., Conversation on the most common Occurrences in Life; in English and German. — Gespräche, englisch u. deutsch auf d. pra t. Gebrauch des angehenden Erlernens dieser Sprache berechnet. 4 Bdchn. 8. Leipz. 823—25 Barth. 2 rℓ

Lüdger, Grammatica succinta del idioma aleman. 8. Hamb. Perthes. 808.

— theoretisch praktische Grammatik der englischen Sprache. gr. 8. Ebend. 808.

Lüdger, Conr., theoretisch-praktische Grammatik der englischen Sprache für Lehrer und Lernende. neue verb. Aufl. gr. 8. Leipzig, Göschen. 820.

Lüdger, Conr., theoret.-pract. Grammatik d. engl. Sprache f. Lehrer u. Lernende. 4., durchaus umgearb. u. verb. Ausg. v. Joh. Sporschil. gr. 8. (20⅛ B.) Leipzig 837, [Göschensche Vrlsh.]

— Lancelot oder d. Weihe d. Kunst. 8. Altenb. 821. (Lit.-Compt.) 18 gr. Pbg. Pr. 9 gr.

— ausführl. Lehrgebäude der spanischen Sprache. gr. 8. Leipz. 827, Barth.

Lüdger, C., the Life of Bianca Capello. Leben Blanka Capellos, aus d. Deutschen ins Engl. übersetzt, mit deutscher Phraseologie. 8. Brem. Kaiser. 815.

Lüdger, Konrad, s. Präferenzrecht, das.

— — Rudiments of german grammar. a pocket companion to the engl. traveller and man of business. N. Edit. gr. 8. Bremen, Heyse. 818.

— Thalia Anglo-Germanica, zur Unterhaltung freundschaftl. Familienzirkel, um sich d. Gesellschaftssprache beider Nationen zu bemächtigen. 1s, 2s Hft. 8. Bremen 816—17. Heyse. 10 gr. Schrbp. 12 gr.

Lüdger, Wilhelm Erhard

— — englische Handelsbriefe, frey ins Deutsche übertragen von C. Lüdger. 8. Leipzig, Rein. 819.

Lüdger, W. E., english mercantile letters for the use of young people studying that language. 2d edit. 8. Ebend. 817.

Lüdger, (Wilh. E.,) Lettres de Commerce. Trad. de l'anglais en français, par G. H. Stehr. 8. Hamb. 826, Herold jun.

Lüdger, W. E., Sammlung engl. Kaufm. Br. z. Uebers. im correct. Styl. 8. Bremen, Seyffert. (Müller). 805. (hat auch d. Titel: english mercantile Letters).

Lüdgers, Ferd., das Daguerr(e)otyp. Eine ausführl. Beschreib. d. Daguerre'schen Methode, die Bilder d. Camera obscura zu fixiren, nebst Abbild. aller dazu gehör. Apparate. gr. 8. (1½ B.) Quedlinburg 839, Basse. Verklebt

Lüdgers, Marc. Stanislaus Jos., s. Lüdgen.

Ludi poetici . . . S. l. 1733. V: *Prileszki, Johann Bapt.* (Jes)

Ludi poetici Parnassi Viennensis in scenam dati. Viennae Austriae 1702. V: *Purgstall, Albert Christian.* (Jes)

Ludi pueriles, cum colloquiis quibusdam. Ex sermone teutonico latine vertit Jh. Ph. Ldw. Finke. 8. Lemgo 780. Meyer. 8 gr.

Lüdi, Rudolf. Beiträge zur Kenntniss der Chytridiaceen. [Theile 1 und 2.] 8.
[Theil 1:] Diss. Phil. Bern. ([Mit 2 Tafeln. — Sep.-Abdr. aus] Hedwigia [... Band 40, Jahrg.] 1901.) II + 44 S. Dresden, C. Heinrich.
[Theil 2:] (Fortsetzung.) (Sonderabdruck aus »Hedwigia« (Organ für Kryptogamenkunde...) Band 40. [Jahrg.] 1901.) (Dresden, C. Heinrich.) S. 180—189.

Luedicke, Ein Beitrag zur Beurtheilung der desinficirenden Wirkung des atmosphärischen Ozons nach Beobachtungen in Gotha. Weimar 1874.

Lüdicke A., der Bau-, Kunst- und Maschinenschlosser. Mit Atlas. (Schauplatz der Künste und Handwerke 50) Weimar 1878

Lüdicke, A., praktisches Handbuch für Kunst-, Bau- u. Maschinenschlosser rc., s.: Schauplatz, neuer, d. Künste u. Handwerke.

Lüdicke, A., der Schlosser. Praktisches Handbuch f. Schlosser aller Zweige. Enth.: Gewinnung, Eigenschaften u. Bearbeitg. der Metalle; Beschläge für Fenster u. Thüren; Anordnung u. Bau der Schlösser u. Sicherheitsschlösser; Anlage v. Blitzableitern, Gas- u. Wasserleitgn. u. Haustelegraphen. 2., verb. Aufl. Mit e. Atlas v. 22 (Fol.-) Taf., enth. 950 Fig. gr. 8. (XII, 346 S.) Weimar 891. B. F. Voigt. 10. —

Lüdicke, A. A., die bemerkenswerthesten Theile in der Brust- und Bauchhöhle des menschlichen Körpers nach ihrer Lage. 8. Breslau, J. F. Korn d. ält. 817.

Luedicke, A. Fr., De attractionis magnetum naturalium quantitate. 22 pp. Viteb. 4°.

Lüdicke, Iul(ius) Theophilus **Arminius:** De symptomatis et aetiologia eclampsiae adiuncta duorum exemplorum enarratione. Halis Saxonum (1855): Gebauer-Schwetschke. 30 S 8°
Halle-Wittenberg, Med. Diss. v. 22. Aug. 1855
Geb. Hettstedt 20. 2. 1830. V.
Verf. erlebte die Diplomerneuerung 1905 als Sanitätsrat in Halle a. d. S., vgl. Anh. Nr. 419.

Lüdicke, Arthur, s. F e i e r , Die öffentliche, der Rektoratsübergabe ...

Lüdicke, Arthur, der badische Feldzug. Ein Volksbuch f. Stadt u. Land. 4 Hfte. Mit 3 Kpfrn. gr. 16. (188 S.) Halle 849. 50, Knapp's Sort.-Buchh. [Schrödel & Simon.] (à 3 ngl) 12 ngl

Lüdicke, Arth., mechanische Technologie, s. a. **Sammlung Göschen.**

Lüdicke, Arthur: Mechanische T e c h n o l o g i e . Von –, Prof. Mit Fig. 1. 2. Leipzig: Göschen 1907. 8°
1. Formgebung auf Grund d. Gießbarkeit u. Bildsamkeit.
2. Formgebung auf Grund d. Teilbarkeit u. durch Zusammenfügen.
(Sammlung Göschen. 340. 341.)

Lüdicke, Augustus Adolphus *(geb. Meißen [19. 5.] 1780)*: Utrum in opio insit acidum coeruleum Berolinense, nec ne? [Vratislaviae] (1815.) (34 S.) 4° *(Praeses: Ernst Daniel August Bartels.) [Im Ausz. abgedr. in Schweigger's Journ. f. Chem. u. Phys. Bd 17. 1816.]*
Breslau, Med. Diss. v. 18. Nov. 1815

Lüdicke, Aug. Fr., († d. 12. Dec. 1822.) Versuch e. neuen Theorie d. Parallellinien im Zusammenhange mit d. Geometrie dargestellt. Mit 1 Steintaf. gr. 8. Meißen 819. Goedsche. 4 gl

Lüdicke, Aug(ustus) Ludovic(us) Theodorus: De serosarum membranarum inflammationibus. Halis Saxonum (1850): Schmidt. 31 S. 8°
Halle-Wittenberg, Med. Diss. v. 9. Febr. 1850
Geb. Potsdam 9. 11. 1826. V.

Lüdicke, Carl, s. L ü d i c k e , Karl

Lüdicke, Carl Fd., s. L ü d i c k e , Karl Fd.

Lüdicke, Chr. H., Chorlieder-Album. Auserlesene Gesänge f. gemischten Chor. 2 Tle., m. Orig.-Kompositionen v. Frz. Abt, K. Appel, Otto Dienel x. 8. Braunschweig 889. Wollermann. cart. à n. 1. 25; in 1 Bd. geb. n. 2. 50
1. 126 weltl. Gesänge. (IV, 232 S.)
2. 118 geistl. Gesänge. (IV, 260 S.)

Lüdicke, Chr. H., Chorlieder-Album. Auserles. Gesänge f. gem. Chor f. Gymnasien, Real- u. Bürgerschulen, Kirchenchöre, Gesangvereine u. Familienkreise. In 2 Tln. m. Orig.-Kompositionen v. Frz. Abt, K. Appel, Otto Dienel u. a. 1. Tl.: 126 weltl. Gesänge. 2. Aufl. 8. (IV, 232 S.) Braunschweig 897. H. Wollermann. Geb. n. 1. 40

Lüdicke, Chr. H., Chorlieder-Album. Auserlesene Gesänge f. gemischten Chor f. Gymnasien, Real- u. Bürgerschulen, Kirchenchöre, Gesangvereine u. Familienkreise. In 2 Tln. m. Orig.-Kompositionen von Frz. Abt, C. Altenburg, K. Appel u. a. II. Tl.: 132 geistl. Gesänge. 2. erheblich verm. Aufl. 8. (IV, 284 S.) Braunschweig 899. H. Wollermann. Geb. n. 1. 40

Lüdicke, Chr. H., 88 Choral-Melodien nach den ursprünglichen und gebräuchlichsten Singweisen, sowie die Chöre der Liturgie. Für Kirche, Schule und Haus zusammengestellt. gr. 8. (32 S.) Leipzig 882, Siegismund und Volkening. *

— **Friedhofsklänge.** Grabgesänge f. 3- u. 4 stimm. gem. Chor. Unt. Mitwirkg. hervorrag. Theologen u. Komponisten bearb. u. hrsg. 1. u. 2. Hft. gr. 8. Hildburghausen, F. W. Gadow & Sohn. n. 2. 80
1. (XII, 114 S.) 896. n. 1. 20; geb. n. 1. 60
2. (XII, 132 S.) 897. n. 1. 60

Lüdicke, Chr. H., deutsches Liederbuch. Eine Sammlung der besten Volkslieder für deutsche Schulen. Mit Orig.-Kompositionen von Frz. Abt, Karl Appel, Ernst Hauer x. Ausg. in 2 Tln. 2. Tl.: 190 Lieder und Gesänge für die Mittel- und Oberstufe. 2. Aufl. 8. (128 S.) Leipzig 886, Siegismund und Volkening. * 30 Pf.; cart. *
1. Tl. Ebendas. 1875. * 25 Pf.; cart. * 35 Pf.

— deutsches Liederbuch. Eine Sammlg. der besten Volkslieder f. deutsche Schulen. Mit Orig.-Kompositionen von Frz. Abt, Karl Appel, Ernst Hauer x. Ausg. in 2 Tln. 2. Tl. 216 Lieder u. Gesänge f. die Mittel- u. Oberstufe. 3., verb. Aufl. gr. 8. (128 S.) Leipzig (901). E. Zehl. n. n. — 35; kart. n. n. — 45

Lüdicke, Chr. H., deutsches Liederbuch f. Volks-, Bürger- u. Töchterschulen. 2 Thle. m. Orig.-Compositionen v. Frz. Abt, Universitäts-Musikdir. H. K. Breidenstein, Karl Ed. Hering x. u. 3 Reigen f. die turn. Jugend. 8. Leipzig 875. Siegismund & Volkening in Comm. n. 1. —
1. 100 Lieder f. die 1. Hälfte der Schulzeit. (IV, 64 S.) n. — 40
2. 151 Lieder f. die 2. Hälfte der Schulzeit. (IV, 128 S.) n. — 60

— und F. A. Schulz, deutsche Liederhalle. Neue zwei-, drei- und vierstimm. Lieder und Hymnen und alte Volksweisen mit neuen Texten x. Insbesondere für Oberklassen der Volksschulen. 8. (II, 128 S.) Braunschweig 883, Wollermann. *

Lüdicke, Chr. H., Liederwald. Lieder f. deutsche Schulen. Mit Origin.-Komposition von Frz. Abt, K. Appel, H. K. Breidenstein x. Ausg. in 4 Tln. 2—4. Tl. gr. 8. Leipzig 881. Siegismund & Volkening. n. — 80; cart. n. 1. 10
2. 120 Lieder u. Gesänge für die Mittelstufe. 2. [Ster.-]Aufl. (80 S.) n. — 25; cart. n. — 35
3. 155 Lieder u. Gesänge für die Oberstufe. [114 dreistg., 102 zweistg., 3 vierstg. Nummern u. 10 Kanons.] 3. [Ster.-]Aufl. (132 S.) n. — 30; cart. n. — 40
4. 83 Lieder u. Gesänge für Oberklassen der Volksschulen u. f. höhere Lehranstalten. [74 dreistg., 3 vierstg. Nummern u. 6 Kanons.] (96 S.) n. — 25; cart. n. — 35

— Liederwald. Lieder f. deutsche Schulen. Mit Orig.-Kompositionen v. Frz. Abt, K. Appel, H. K. Breidenstein x. Ausg. in 4 Tln. gr. 8. Ebend. 883—86. n. 1. —; cart. n. 1. 40
1. 120 Lieder u. Gesänge f. die Unterstufe. 3. [Ster.-]Aufl. (64 S.) n. — 20; cart. n. — 30
2. 120 Lieder u. Gesänge f. d. Mittelstufe. 4. [Ster.-]Aufl. (80 S.) n. — 25; cart. n. — 35
3. 155 Lieder u. Gesänge f. die Oberstufe. 5. [Ster.-]Aufl. (132 S.) n. — 30; cart. n. — 40
4. 83 Lieder f. Oberklassen der Volksschulen u. f. höhere Lehranstalten. 3. [Ster.-]Aufl. (96 S.) n. — 25; cart. n. — 35

—— Liederwald. Lieder für deutsche Schulen. Mit Orig.-Compositionen von Frz. Abt, K. Appel, H. K. Breidenstein x. Ausg. in 4 Tln. 1.—3. Tl. 8. Ebendas. * 75 Pf.; geb. *
Inhalt:
Tl. 1. 120 Lieder und Gesänge für die Unterstufe. 4. [Ster.-]Aufl. (64 S.) 887. * 20 Pf.; geb. * 30 Pf.
" 2. 120 Lieder und Gesänge für die Mittelstufe. 4. [Ster.-]Aufl. (80 S.) 886. * 25 Pf.; cart. * 35 Pf.
" 3. 155 Lieder und Gesänge für die Oberstufe. 5. [Ster.-]Aufl. (132 S.) 888. * 30 Pf.; geb. * 40 Pf.
4. Tl. Ebendas. 1883. * 25 Pf.; geb. * 35 Pf.

— Liederwald. Lieder f. deutsche Schulen. Mit Orig.-Kompositionen von F. Abt, K. Appel, H. K. Breidenstein x. Ausg. in 4 Tln. gr. 8. Leipzig, Siegismund & Volkening. n. 1. 5; geb. n. 1. 45
1. 120 Lieder u. Gesänge f. die Unterstufe. 4. [Ster.-]Aufl. (64 S.) 889. n. — 20; geb. n. — 30. — 2. 120 Lieder u. Gesänge f. die Mittelstufe. 5. [Ster.-]Aufl. (80 S.) 890. n. — 25; geb. n. — 35. — 3. 255 Lieder u. Gesänge f. die Oberstufe. [140 dreistg., 102 zweistg., 3 vierstg. Nummern u. 10 Kanons.] 6. [Ster.-]Aufl. (IV, 132 S.) 890. n. — 30; geb. n. — 40. — 4. 83 Lieder f. Oberklassen der Volksschulen u. f. höhere Lehranstalten. [75 dreistg., 3 vierstg. Nummern u. 6 Kanons.] 4. [Ster.-]Aufl. (96 S.) 890. n. — 30; geb. n. — 40.

Lüdicke, Chr. H., Liederwald. Lieder f. deutsche Schulen. Mit Orig.-Kompositionen v. Frz. Abt, K. Appel, H. K. Breidenstein u. a. Ausg. in 4 Tln. 1.—3. Tl. 8. Leipzig, Sieglsmund & Volkening. n. — 75; kart. n. 1. 5

1. 120 Lieder u. Gesänge f. die Unterstufe. 5. (Ster.-)Aufl. (64 S.) 891. n. — 20; kart. n. — 30
2. 120 Lieder u. Gesänge f. die Mittelstufe. 6. (Ster.-)Aufl. (80 S.) 894. n. — 25; kart. n. — 35
3. 155 Lieder u. Gesänge f. die Oberstufe. (114 dreistg., 102 zweistg., 3 vierstg. Nrn. u. 10 Kanons.) 7. (Ster.-)Aufl. (132 S.) 892. n. — 30; kart. n. — 40

Lüdicke, Chr. H., Liederwald. Lieder f. deutsche Schulen. Mit Orig.-Kompositionen von Frz. Abt, K. Appel, H. K. Breidenstein u. a. Ausg. in 4 Tln. II. u. III. Tl. 8. Leipzig, E. Zehl. n. — 70; kart. n.n. — 90

II. 160 Lieder u. Gesänge f. die Mittel- u. Oberstufe. 7., verm. u. verb. Aufl. (96 S.) 901. n. — 30; kart. n.n. — 40
III. 186 Lieder u. Gesänge f. d. Oberstufe. (142 dreistg., 120 zweistg., 1 vierstg. Nummer u. 10 Kanons). 10. verm. Aufl. (160 S.) 901. n. — 40; kart. n. — 50

Lüdicke, Chr. H., Liederwald. Lieder f. deutsche Schulen. Mit Orig.-Kompositionen v. Frz. Abt, K. Appel, H. K. Breidenstein u. a. Ausg. in 4 Tln. 1. u. 4. Tl. 8. Leipzig, E. Zehl. n. — 80; kart. n.n. 1. —

1. 165 Lieder f. die Unter- u. Mittelstufe. 6. umgearb. u. verm. Aufl. (80 S.) 903. n. — 30; kart. n.n. — 40
4. 188 Lieder u. Gesänge f. die Oberstufe. (28 zweistg., 117 dreistg. u. 10 vierst. Nummern.) 5., umgearb. u. verm. Aufl. (160 S.) 904. n. — 50; kart. n.n. — 60

Lüdicke, E.

Schleswig-holstein'sche Kriegsbilder oder Fatalitäten eines Ruppiner Bilderbogen-Händlers. Eine Humoreske aus dem wirklichen Volksleben v. **E. Lüdicke.** (Berlin. 1864.) 8°

Lüdicke, Fr. Ad., Atlas von Sachsen, s. **Zobel, J. C. H. v.**

Lüdicke, Georg, appr. Arzt a. Stettin: Doppelseitige Ovarialtumoren bei einem Falle von Pseudohermaphroditismus femininus. Greifswald 1906: J. Abel. (28 S.) 8°

Greifswald, Med. Fak., Ref. Grawitz, Diss. v. 24. Aug. 1906

[Geb. 31. Dez. 79 Stettin; Wohnort: Stettin; Staatsangeh.: Preußen; Vorbildung: Hohenzollern-Gymn. Schwedt a. O. Reife M. 00; Studium: Berlin 1, Heidelberg 2, Greifswald 1, Berlin 2, Greifswald 3 S.; Coll. 30. März 06; Approb. 1. Juni 06.]

Lüdicke, H., das preußische Gesetz üb. Zwangsvollstreckung in das unbewegliche Vermögen vom 13. Juli 1883, nebst Kostengesetz u. e. Anh. üb. die Abweichungen d. Gesetzes vom 12. April 1888. Mit Erläutergn. u. Beispielen versehen zum besseren Verständniß f. Gerichtsschreiber, Justizanwärter, Rechtsconsulenten, Kirchenvorstände, Darlehnskassen, Rendanten, Geschäftsleute, f. alle Gläubiger u. Schuldner. 8. (215 S.) Düsseldorf 890. F. Bagel. cart. n. 2. —

Lüdicke, J. H.: Von dem Ursprung der Münzen . . ., s. Lüdicke, Johann August.

Lüdicke, Johann August

— Befestigung d. Beweise von d. Unsterblichkeit d. Seele. 4. Cöthen 768.

— daß die Bewegung d. Erde um die Sonne d. heil. Schrift nicht zuwider sey. 4. Cöthen 775.

— daß die christl. Religion zur Uebung d. Tugend e. d. vorzüglichst. Mittel sey. 4. Cöthen 765.

— vom Ende d. Welt durchs Feuer. 4. Cöthen 771.

– s. Fabre, Versuch.

— de locutione emblematica ad c. III. Zachar. v. 9. 4. Cöthen 773.

Lüdicke, Jh. Aug., († d. 9. Juli 1821.) de quibusdam illegitimis parandae doctrinae modis. 4. Cöthen 763.

– s. W. Nicholson, Naturlehre.

— de diversis in republica religionibus admittendis. 4. Cöthen 765.

— de sinu Abrahae, secund. Lucae XVI, 22. 23. 4. Cöthen 772.

— vom Ursprung d. Münzen. 4. Cöthen 767. — Erste Forts. von Anhalt. Medaillen. 4. Ebd. 768. — Zweite u. dritte Fortsetz. v. europ. Münzen. 4. Ebd. 769, 70.

— warum d. Sternwissenschaft u. Naturlehre d. Jugend schon auf Schulen sollte beigebracht werden? 4. Cöthen 774.

Lüdicke, Julius Theophil Armin, s. Lüdicke, Armin.

Lüdicke, K. F., († d. 14. Nov. 1828.) Erstlinge. 8. (Leipz. 817. Reclam). 8 gl

Luedicke, Karl

Luedicke, Carl, Herzogl. Anhalt. Regierungsreferendar in Merseburg: Die obligatorischen Verpflichtungen in Beziehung auf das Pfandrecht an beweglichen Sachen nach dem Bürgerlichen Gesetzbuche. Borna-Leipzig 1906: R. Noske. (IX, 94 S.) 8°

Leipzig, Jur. Fak., Diss. v. 24. Sept. 1906

[Geb. 22. Febr. 80 Gotha; Wohnort: Merseburg; Staatsangeh.: Anhalt; Vorbildung: Stadtgymn. Halle Reife M. 98; Studium: Freiburg i. B. 3, Halle 4 S.; Rfg. 22. Nov. 02.]

Luedicke, Carl, die obligatorischen Verpflichtungen in Beziehung auf das Pfandrecht an beweglichen Sachen nach dem bürgerlichen Gesetzbuche. Eine rechtswissenschaftl. Studie. (Diss.) (IX, 94 S.) gr. 8. Berlin 906. Struppe & Winckler. n. 2. 40

Lüdicke, Carl Fd., 25 Festgebete. 8. Meißen 844, Goedsche. 1/4 ß

Lüdicke, M., Rein geometrische Theorie der Parallel-Linien. (Aus: Gilb. Ann. der Physik, B. 72, St. 4, J. 1822, St. 12.)

Luedicke, O. C. F., Vergleichende Zusammenstellung der Resultate meteorolog. Beobachtungen, angestellt zu Gotha in den Jahren 1846—59 von Dr. Looff, mit den Resultaten der Beobachtungen, angestellt zu Gotha im Jahre 1868 von —. Gotha 1869.

Lüdicke, Reinh., die Königs- u. Kaiserurkunden d. königl. preuss. Staatsarchive u. des königl. Hausarchivs bis 1439, s.a. **Mitteilungen d. k. preuss. Archivverwaltg. 16. Heft.**

Lüdicke, Reinhard: Die Königs- und Kaiserurkunden der Königlich Preussischen Staatsarchive und des Königlichen Hausarchivs bis 1439. Chronolog. Verzeichnis d. Orig.Ausfertigungen. Von Dr. Reinhard Lüdicke. [Nebst:] Nachträge u. Berichtigungen. Leipzig: Hirzel 1910–12. 8°

Mitteilungen d. Kgl. Preussischen Archivverwaltung. H. 16. 20.

Lüdicke, Reinhard, aus Münster i. W.: **Die landesherrlichen Zentralbehörden im Bistum Münster. Ihre Entstehung u. Entwickelung bis 1650.** *Münster 1901: Regensberg.* (115 S.) 8° (F.) ¶[Erschien mit urkundl. Anh. in: Zeitschrift f. vaterl. Gesch. u. Altertumskunde Westfalens, Bd 59.]

Göttingen, Phil. Diss. v. [3. Sept.] 1901

Lüdicke, Victor: Zur Quellenfrage von Rudolfs Willehalm von Orlens. Halle a. S. 1910: Karras. 98 S. 8° ¶ (Ersch. vollst. u. d. T.: Vorgeschichte u. Nachleben d. Willehalm v. Orlens v. Rudolf v. Ems, als: Hermaea. H. 8.)
Halle, Phil. Diss. v. 12. April 1910, Ref. Strauch
[Geb. 14. Febr. 87 Köthen; Wohnort: Halle a. S.; Staatsangeh.: Anhalt; Vorbildung: Gymn. Köthen Reife O. 05; Studium: Freiburg i. B. 2, Halle 8 S.; Rig. 11. Nov. 09.] [U 10. 1771

Lüdicke, Vict., **Vorgeschichte u. Nachleben des Willehalm v. Orlens von Rudolf v. Ems,** s.a. **Hermaea. VIII.**

Vorgeschichte und Nachleben des Willehalm von Orlens von Rudolf von Ems. Von Victor **Lüdicke**. Halle: Niemeyer 1910. 177 S. 8° (Hermaea. 8.) [10. 8597 3

Lüdicke, Walther: Die Entwicklung des Verkehrs im Kaiser-Wilhelm-Kanal und sein Einfluß auf die Schiffahrt der deutschen Ostseehäfen innerhalb der Jahre 1895—1905. Cöthen 1908: Schettler. 97 S. 8°
Jena, Phil. Diss. v. 12. Aug. 1908, Ref. Dove
[Geb. 7. Sept. 83 Köthen; Wohnort: Köthen; Staatsangeh.: Anhalt; Vorbildung: Gymn. Köthen Reife O. 03; Studium: Jena 2, Leipzig 3, Jena 4 S.; Rig. 30. Mai 08.] [U 09. 2201

Ludig, Eman., Gedichte. 2., verm. Aufl. 12. (VII, 800 S.) Oberwarth 892. (Leipzig, Fr. Richter.) n. 8. —; geb. n. 4. —

Ludig, Eman., d. Schrift im Schnee. Erzählg. gr. 8. (66 S. m. Abb.) Dresden-Blasewitz 895. Gustav Adolf-Verl. n. 1. 50

Lüdike, Fr. Germ., s. Lüdke.

Ludimagister (ps.), Wiesbadens Spielhimmel und Spielhölle, oder die Kunst zu gewinnen. 1867.
Weller, Lex. Ps. p. 331.

Ludin, Adolf, Grossh. Reg.-Baumeister: **Der Ausbau der Niederdruckwasserkräfte. [Frankfurt a. M.: Gesellschaft f. wirtschaftl. Ausbildung in Komm.]** 1910. **IV, 216 S., 8 Taf. 8°**
Karlsruhe, Dr.-Ing.-Diss. v. 19. 5. 1909

Ludin, Alfred. **Der schweizerische Almanach «Alpenrosen» und Seine Vorgänger (1780—1830). 192 S. 8. Zürich. A. Markwalder, 1902.**
Ausg. 1: Diss. Phil. I. Univ. Zurich von Alfred Ludin....
Ausg. 2: Ein Beitrag zur deutsch-schweizerischen Litteraturgeschichte des 19. Jahrhunderts von Dr A. Ludin.

Ludin, Fritz: Adam Sibers Bearbeitung des 'Nomenclator H. Junii'. Lexikalisch erläutert (Als Beitrag zu[!] Localisierung des neuhd. Wortbestandes). *Karlsruhe 1898: M. Gillardon.* (169, VII S.) 8°
Freiburg i. B., Phil. Diss. v. 1898

Lüdin Frères, paye des ouvriers. Tableaux indiquant d'une manière pratique les salaires de 1 à 120 centimes par heure pour une durée de 1 à 150 heures de travail. (IV, 37 S.) Lex. 8. Liestal 908. Lüdin & Co. Geb. in Leinw. 4. 40

— Prontuario pel giorna di paga onde calculare l'importo della mercedi in base alle retribuzione percepita all' ora da 1 a 120 centesimi e per un tempo di lavoro da 1 a 150 ore. (IV, 37 S.) Lex. 8. Ebd. 908. Geb. in Leinw. 4. 40

— Zahltag. Tabellen zum prakt. Gebrauch bei Lohnauszahlgn., ausgerechnet f. Stundenlöhne v. 1—120 Heller od. Pfennig od. Rappen f. Arbeitszeiten von 1—150 Stunden. (41 S.) Lex. 8. Ebd. 908. Geb. in Leinw. 4. 40

Lüdin, Aug., Tabellen z. Berechng. d. Milchpreise f. d. Preislagen von 16—21 Cts. per Kilo u. f. Quantitäten bis zu 500000 Kilogramm, ausgerechnet f. Preisdifferenzen von 5 zu 5 Cts. per 100 Kilogramm. (105 S.) Lex. 8. Ebd. 910. Geb. in Leinw. 4. 20

Lüdin, Emil, von Ramlinsburg ([Kt.] Baselland): Die Abhängigkeit der specifischen Wärme des Wassers von der Temperatur. Uster-Zür. A. Gull Dr. 1895. 56 S., 1 Taf. 8°.
Zürich. Phil. Diss. [v. 26. Aug. 1895].

Lüdin, E[mil]. **Die Bestimmung der Haupt- und Brennpunkte von Linsen und Linsensystemen. Mit 5 Figuren. Beilage zum Programm des Technikums des Kantons Zürich in Winterthur für das Schuljahr 1903/1904. 11 S. 4. Winterthur, Geschwister Ziegler, 1903.**

Lüdin, Emil. Nachweis elektrischer Schwingungen in Spulen. [Mit 3 Figuren.] Separat-Abdruck aus den Annalen der Physik. IV. Folge. Band 7. 1902. III S. + S. 584—588. 8. Leipzig, Johann Ambrosius Barth.

Lüdin, Max. Über die Diätbehandlung des Ulcus ventriculi. Diss. Med. Basel. (Sonderabdruck aus dem Archiv für Verdauungskrankheiten. Bd. 15.) 14 S. 8. Berlin, S. Karger, 1909.

Lüdinger, ber. Staaten des Alterth. 8. Wien, Kurzböck. 775.

Lüdinghausen [Schlagwort]

Lüdinghausen, Kreis, s.: Münster.

Lüdinghausen, Kreis, s.: Westfalen. Wegekarte.

Lüdinghausen [Verfasser]

[F.] Kurze Darstellung der Geschichte des 2. Garde-Regiments zu Fuss 1813—1893. Bearb. f. die Unteroffiz. u. Mannschaften. (Vf.: [Albert] Frh v. **Lüdinghausen** gen. Wolff, Major ... M. 3 Bild. u. 6 Skizzen im Text. *Berlin: R. Eisenschmidt 1893.* (112 S., 1 Portr., 2 Taf., 1 Kt.) 1 Bd 8. [94. 339

Kurze Darstellung der Geschichte des 2. Garde-Regiments zu Fuß 1813—1905. Bearb. f. d. Unteroffiziere u. Mannschaften. (Verf.: [Albert] Frh v. **Lüdinghausen** gen. Wolff, Major.) Mit 3 Bild. u. 6 Skizzen. 3. verm. Aufl. Berlin: R. Eisenschmidt 1905. (120 S.) 8° [F.] [07. 11364

von Lüdinghausen-Wolff, Bernd Freiherr [Kammergerichtsref.]: Die bindende Kraft des einseitigen Versprechens im heutigen gemeinen Privatrechte. ... Frankfurt a. d. O., Kommissionsverl. v. Trowitzsch & Sohn, 1889; 3 Bl. + 106 S. 8°
Berlin, Jur. Fak., Inaug.-Diss. v. 3. Mai 1889

Lüdinghausen-Wolff, Edm. v., Ideen zu e. Metaphysik der Materie. gr. 8. (35 S.) Dorpat 870. Schnakenburg. n. — 80

Lüdinghausen, gen. Wolff, Ferd. Baron v., die Ausbildung u. Taktik der französischen Armee. Nach den neuesten offiziellen Berichten dargestellt. Posen 870. Rehfeld. 8. (IV, 83 S.) n. 15 ngr.

Lüdinghausen, gen. Wolf, Ferd. Baron v., Organisation und Dienst der preußisch-norddeutschen Kriegsmacht. Zum Gebrauch als Leitfaden der „Dienstkenntniß" bei der Vorbereitung zum Offizier-Examen. 1. Aufl. 1868. * 1 Thlr., 2. Aufl. 1865. * 1 Thlr. 10 Ngr. und 3., verb. und erweit. Aufl. gr. 8. (XIV und 298 S. mit 1 Stnt.) Berlin 867. Mittler und Sohn. *

—— Organisation und Dienst der Kriegsmacht des norddeutschen Bundes. Zugleich als Leitfaden der „Dienstkenntniß" bei der Vorbereitung zum Offizier-Examen bearb. [Mit einer Lithogr. in 4.] 4. Aufl. (XVI, 400 S.) 1869; 5. Aufl. (XVI, 392 S.) 1871. *M 4,80.; 6. Aufl. (XXIV, 447 S.) 1872, und 7. umgearb. und verm. Aufl. gr. 8. (XXIV, 419 S.) Berlin 874, Mittler und Sohn. *

Lüdinghausen gen. Wolff, v., Organisation und Dienst der Kriegsmacht des deutschen Reichs. Zugleich als Leitfaden der „Dienstkenntniß" bei der Vorbereitung zum Offizier-Examen. Fortgesetzt und neu bearb. nach dem Tode des Verf. durch Alfr. Baron v. Eberstein. 8. umgearb. und verm. Aufl. gr. 8. (XVIII, 500 S. mit 1 Tab. in qu. Fol.) Berlin 876, Mittler und Sohn. *

Lüdinghausen gen. Wolff, Otto Frhr. v., Geschichte des königl. preußischen 2. Garde-Regiments zu Fuß. 1813—1882. Auf Befehl des Regiments-Kommandeurs Oberst v. Wißmann verf. Mit dem (Lichtdr.-)Bildniß Sr. Maj. des Königs, (13) Illustr. (in Lichtdr., Holzschn. und Farbendr.), (10 lithogr.) Karten und Plänen. gr. 8. (XIV, 614 S.) Berlin 882, Mittler und Sohn. **

Lüdinghausen gen. Wolff, Otto Frhr. v., Geschichte d. königl. preußischen 2. Garde-Regiments zu Fuß. 1813—1892. 2., durchgeseh. u. verm. Aufl. Lex.-8. (XVI, 675 S. m. Abbildgn., Karten u. Plänen.) Berlin 892. E. S. Mittler & Sohn. n.n. 17. 50; geb. in Leinw. n.n. 20. —

Lüdinghausen gen. **Wolff,** Otto Wilhelm Frhr von, Kammergerichtsref. in Berlin: Die Verpfändung des Nießbrauchs nach römischem Recht und Bürgerlichem Gesetzbuch. Borna-Leipzig 1906: R. Noske. (VIII, 76 S.) 8° [F.]
Leipzig, Jur. Fak., Diss. v. 3. März 1906
[Geb. 14. Nov. 81 Berlin; Wohnort: Schöneberg b. Berlin; Staatsangeh.: Preußen; Vorbildung: Ritter-Akad. Liegnitz Reife O. 00; Studium: Genf 2, Berlin 7 S.; Rig. 30. Mai 05.]

Luditz [Schlagwort]

Luditz. Handkarte des politischen u. Schul-Bez. Luditz. 1 : 150,000. 20,5×24 cm. Farbendr. Luditz 894. M. Hoffer. n. — 30

Lüdke, Ueber Lautmalerei in Ovid's Metamorphosen. Pr. 1871. 82 S. 4°.

Lüdke, August

[F. u. Ant.] Katholisches Diözesan-Gesangbuch für die deutschen Pfarreien der Erzdiözese Gnesen-Posen. Hrsg. v. Lic. A. **Lüdke** ... 2. verm. u. überarb. Aufl. ... Hierzu: 'Melodienbuch' in 2. verm. Aufl. *Breslau: Aderholz* (Melodienb.: *Selbstv.; Posen: J. Leitgeber) 1895. 96.* 1 Bd 8. 1 Bd quer-8.
Gesangbuch. 1896. (XVI, 358 S., 1 Portr.) Melodienbuch 1895. (1 Bl., 76 S.)
[97. 806

Katholisches Gesang- und Gebetbuch der Erzdiözese Gnesen-Posen. Hrsg. von Lic. A[ugust] **Lüdke**, Propst in Fraustadt. 3. Aufl. Hierzu: 'Melodienbuch' in 2. verm. Aufl. *Breslau: Aderholz 1896–1901.* 1 Bd 8°, 1 Bd quer-8° [F.]
Gesang- u. Gebetbuch. 1901. Melodienbuch. 1896. [04. 6133

— 67 kathol. Kirchenlieder f. vierstimm. Männerchor. Zun. f. höh. Lehranst. Lex.-8. (IV, 79 S.) Ebd. 898. Geb. in Leinw. n. 2. 20

Lüdke, A., die hl. Kreuzweg-Andacht. Nach dem Formular der Franziskaner. 4. Aufl. 16. (34 S.) Zedlitz 893. (Breslau, G. P. Aderholz.) — 15

[F.] Die heilige Kreuzweg-Andacht. Nach d. Formular d. P. P. Franziskaner v. Lic. A. **Lüdke**. 5. Aufl. *Breslau: G. P. Aderholz 1891.* (32 S.) 1 Bd 8. [98. 7375

Lüdke, A., die hl. Kreuzweg-Andacht. Nach dem Formular der P.P. Franziskaner. 7. Aufl. (32 S.) gr. 16. Breslau 903. G. P. Aderholz. n. — 15

Lüdke, A., Maiglöckchen. Eine Sammlung der schönsten Marienlieder besonders zum Gebrauch bei Mai-Andachten. 2. verm. Aufl. gr. 16. (64 S.) Fraustadt 879. (Breslau, Aderholz' Buchh.) **
—— dass. — Melodien von J. Koczyk. 4. (24 S.) Ebendas. 879. *

— „Maiglöckchen". Eine Sammlg. v. 66 der schönsten Marienlieder besonders zum Gebrauch bei „Mai-Andachten". 5. u. 6. unveränd. Aufl. 12. (80 S.) Ebd. 892. 894. — 30

— dasselbe. Melodien dazu. 5., verb. Aufl. 4. (51 S.) Ebd. 892. n. 2. 40

[F.] 'Maiglöckchen'. E. Sammlg v. 66 der schönsten Marienlieder bes. z. Gebr. bei 'Mai-Andachten' v. Lic. A. **Lüdke** ... 6. unveränd. Aufl. [Text.] [Nebst] Melodien ... 6. verb. Aufl. ... *Breslau: Aderholz 1894. 95.* 2 Bde 8.
[Text.] 1894. (77 S., 1 Bl.) Melodien. 1895. (51 S.) [97. 9973

— „Maiglöckchen". Eine Sammlg. v. 66 d. schönsten Marienlieder bes. z. Gebrauch bei „Mai-Andachten". 7., unveränd. Aufl. 16. (80 S.) Ebd. 898. — 30

Lüdke, A., „Maiglöckchen". Eine Sammlg. v. 69 d. schönsten Marienlieder besond. z. Gebrauch bei „Mai-Andachten". 16. unveränd. Aufl. (84 S.) 16. Breslau 908. G. P. Aderholz. nn — 25

Lüdke, Carl Friedrich, s. L ü d k e , Karl Friedrich

Lüdke, F. Hermann, s.a. L ü d k e , Fr. Germ.– L ü d t k e , Friedrich Germanus.

Lüdke, F. Hermann, Gespr. über die Abschaffung des d. Staaten entbehrl. 2c. geistl. Standes. 8. Berlin, Nicolai. 784.

— zwey Predigten bey Gelegenheit der Regier.-Veränd. in den Preuß. L. gr. 8. Ebend. 787.

— vom falschen Religionseifer. 8. Berl. Mylius. 767. -

— über Toleranz u. Gewissensfreyheit. 8. Ebend. 774. -

Lüdke, Fr. Germ., s.a. L ü d k e , F. Hermann .– L ü d t k e , Friedrich Germanus.

— s. Briefe an Freunde, u. setze hinzu: (v. F. G. Lüdke).

Lüdke, nach Andern Lüdike, Fr. Germ., († d. 8. März 1792.) Briefe e. Weltmanns an einen Landgeistlichen, das neue Gesangbuch betreffend, s. Briefe an e. Landgeistlichen d. n. Gesangbuch betr., u. setze hinzu: (v. F. G. Lüdke).

– s.a. **Th. Coles. Betrachtungen.**

—christl. Communionbuch. 8. Berl. 772. 4e A. mit e. Vorr. v. J. A. Hermes. 793. N. A. 804. Nicolai. 6 gr Schrbp. 8 gr mit grob. Schr. Drckp. 10 gr mit grob. Schr. Schrbp. 16 gr

—über Toleranz u. Gewissensfreiheit. 8. Berl. 777. Mylius. 18 gr

Lüdke, nach And. Lüdike, Fr. Germ., Vorstellung wider die Geringschätzung des heil. Abendmahls. 8. Berl. 772.

Lüdke, Georg, a. Spandau: Über das Verhältnis von Staat und Erziehung in Platos πολιτεια. Berlin: R. Trenkel 1908. (38 S.) 8°
Erlangen, Phil. Fak., Ref. Hensel, Diss. v. 17. Jan. 1908
[Geb. 5. Okt. 83 Spandau; Wohnort: Spandau; Staatsangeh.: Preußen; Vorbildung: Gymn. Spandau Reife O. 03; Studium: Berlin 9 S.; Rig. 19. Nov. 07.]

Lüdke, Hermann, aus Elberfeld: **Agglutination bei Antoinfectionen [!] mit besonderer Berücksichtigung des Icterus.** *Würzburg 1904: F. Staudenraus.* (89 S.) 8°
Würzburg, Med. Diss. v. 1904

Lüdke, Herm., die bakteriologische Frühdiagnose bei akuten Infektionskrankheiten, s.: Abhandlungen, Würzburger, aus d. Gesamtgebiet der prakt. Medizin. VIII, 9.

— Grundzüge der modernen Behandlung u. Bekämpfung des Abdominaltyphus, s.: Abhandlungen, Würzburger, aus dem Gesamtgebiet der prakt. Medizin. IX, 10.

Lüdke, Herm., Kaiser Julian. Dramatische Dichtg. in 5 Aufzügen. (94 S.) 8. Leipzig 905. Modernes Verlagsbureau. n. 1. 50

— Zur Kenntnis der Komplemente. (84 S.) gr. 8. Würzburg 908. C. Kabitzsch. 2. 40
Sonderabdr. a.: „Verhandlgn. d. phys.-med. Gesellsch. zu Würzburg".

Lüdke, H[ermann], Dr., 1. Assistent d. med. Klinik d. Univ. Würzburg: Zur Kenntnis der Komplemente. Würzburg: A. Stuber 1908. (214 S.) 8° [Umschlagt.] ¶ (Aus: Verhandlungen d. phys.-med. Gesellschaft zu Würzburg N. F. Bd 39.)
Würzburg, Med. Fak., Hab.-Schr. v. 1908

— Über diagnostische u. therapeut. Verwertung des Alttuberkulins in d. internen Praxis, s.: Abhandlungen, Würzburger. aus d. Gebiete der prakt. Medizin. VII, 9.

Lüdke, Karl Friedr. Über rhythmische Malerei in Ovids Metamorphosen. 48, 22 SS. **Progr.** Rg. *Stralsund* 1878. 1879.

Luedke, C[arolus] Fr[idericus]: • De Tetralogiis Sophocleis. 50 S. 2°
Halle-Wittenberg, Phil. Diss. v. 2. Apr. 1859
Geb. [Triepkendorf b. Feldberg (Meckl.-Strel.) 8. 1. 1831]
Im Diplom fälschlich Luedtke.

Ludkiewicz, L., Kwestya volna w Galicyi. (Die Agrarfrage in Galizien.) 8°. Lemberg 1910.

LUDKIEWICZ, Michael: De prophetismo Hebraeorum et de ejus relatione ad artem μαντείαν ethnicorum. — (1876) 130 S. 8° (Handschr.) Diss. 355
Diss. Wien, Univ.

Ludkiewicz Stanislaus: Zwei Beiträge zur Entwicklung der Tonmalerei.
II. 1908 PN 2415 **Diss.** Wien, Univ. 2140

Ludlams Höle, ein dramat. Mährchen in 5 Akten und Freya's Altar, Lustspiel in 5 Akten, von A. Oehlenschläger. 8. Berlin, Nicolai. 818.

— die Ludlamshöle von Demselben apart. Wohlf. Ausgabe. Ebend. 821.

Ludley, R. Henry, der vollkommene und jederzeit glückliche Angelfischer. Enthaltend: Eine prakt. Anleitung zum Angeln nach den neuesten und zweckmäßigsten in England und Deutschland üblichen Methoden, mit Angabe aller Angelarten, besonders der neuesten mit der künstlichen Fliege; ferner eine deutliche Anweisung alle Arten bisher geheimgehalt. Köder und Lockspeisen zu machen ꝛc. Mit einem Anhange, wie Krebse auf verschied., leichte und belustigende Weise zu fangen und zu mästen sind. Mit Illustrationen. gr. 16. (72 S. mit eingedr. Holzschn.) Wien 851, Wenedikt'sche Buchh. *

Ludloff, (C.) Thüringische Sagen- u. Volksmährchen. Mit 1 Vign. 8. Sondersh. 822, Voigt.

Ludloff, F. K., pädagogische Blumenlese für gebildete Mütter. 8. (IV, 45 S.) Berlin 879, Haack. *

Ludloff, F. K., Thüringsche Sagen u. Volksmährchen. 1r Bd. 8. Sondersh. 822, Voigt in Ilmenau. 1 ₰

Ludloff, F. K., († 1823.), s. 1) Wochenschrift für vaterländ. Unterhaltungen.

Ludloff, Hieronymus

—, Diss. aeger syncopalis. Erf. 4°. 1723

Ludloff, Hier., Diss. de tabaci noxa post pastum. Erf. 4°. 1723

Ludloff, Hier., Diss. Therapia anhelationis. Erf. 4°. 1721

Ludloff, K., amerikanische Reisebilder. Skizzen über den Staat *Wisconsin.* Milwaukee, Wis., 1879. Buchdr. des „Wisconsin-Banner und Volksfreund". 8°. Cart.*)
2 Bll. u. 60 S. (à 2 Col.).

Ludloff, K. Amerikanische Reisebilder. Skn ü d Staat Wis. 3d ed. Milw, 1882.

Ludloff, K., die Ursachen des Wohlstandes und der Verarmung der Völker. gr. 8. (39 S.) Milwaukee, Wis. 882, Caspar. *

Ludloff, K., über die Verwerthung der Linien gleicher Höhe für Bergbau, Forst-, Land- und Volkswirthschaft und deren Wichtigkeit für Fruchtbarkeit und den Wasserreichthum, sowie den Verkehr eines Landes. Eine Studie. 8. (VIII, 32 S.) Prag 878, Dominicus. *

Ludloff, K., über d. Verwerthung der Linien gleicher Höhe u. deren Wichtigkeit f. Fruchtbarkeit etc. ein. Landes. 8. (VIII, 32 S.) Prag 878. Teplitz-Schönau, A. Becker. n. — 80

Ludloff, Karl, Atlas klinisch wichtiger Röntgen-Photogramme, s.: Eiselsberg, Frhr. v.

Ludloff, Karl: Zur Pathogenese und Therapie der angeborenen Hüftgelenksluxation. (Aus d. Kgl. chir. Univ.-Klinik zu Königsberg i.Pr.) Von Privatd. Dr. Karl Ludloff. Hierzu 14 Taf. u. 152 Abb. Jena: G. Fischer 1902. (136 S.) 8°
Jahrbuch, Klinisches. Bd 10, H. 1.

Ludloff, Karl [app. Arzt aus Berlin]: **Untersuchungen über den Galvanotropismus ...** (Aus: Arch. f. d. ges. Physiol., Bd. 59.) Bonn, E. Strauss, 1895; 2 Bl., 30 S., 1 Taf. 8.
Jena, Med. Fak., Inaug.-Diss. v. [18. Dez.] 1894

Ludloff, Max

Das neue Rathaus in Cassel. Eine baukünstlerische Würdigung von Architekt M[ax] Ludloff. Cassel [1910]: Schneider. 15 S. 8° [10.13.]

Ludloff, R. Ueber Domänenveräusserungen. 8°. Leipzig 1879.

Ludloff, R., landwirthschaftliche Thiergärten und deren Nutzen. gr. 8. (VI, 18 S.) Leipzig 881, Barth.

Ludloff, R. F., Coburg anno 1629. Wahrheit u. Dichtg. (184 S. m. 2 Taf.) kl. 8. Coburg 905. (Riemann.) n. 2. —

— Coburg anno 1632. Wahrheit u. Dichtg. (172 S. m. 3 Taf.) 8. Ebd. 906. n. 2. —

Ludloff, R. F., nach Deutsch-Namaland (Südwestafrika). Reisebriefe. gr. 8. (136 S.) Coburg 891. (Berlin, Luckhardt's Sort.) n. 1. 80

Ludloff, R.F., Oberpfälzer Kartoffelschau. Regensburg 1893

Ludloff, Rich., s.a. Dichtungen, argentinische.

Argentinische Dichtungen nebst erl. Abhandlungen dazu. Aus d. Span. übertr. von Richard **Ludloff**. Jubiläums-Ausg. Bd 1/3. Dresden & Leipzig: Pierson 1910. 176, 74 S. 8°

Die Schöpfung. Dichtung von Richard **Ludloff**. Dresden: Pierson [um 1908]. VIII, 90 S. 8°

Die Schöpfung. Dichtung von Richard **Ludloff**. Erlangen 1908: Junge & Sohn. (80 S.) 8° [J.]

Lüdlon, J., moderne Wege z. Bildung f. Alle, die höh. Schulen nicht besuchen konnten. Eine prakt. Anleitg., auf d. leichteste Weise alle Bildungsmängel zu beseitigen u. dadurch sozial u. gesellschaftl. empor zu kommen. (140 S.) 8. München 910. M. Kupferschmid. 1.80

Ludlow, J. M., und Lloyd Jones, die arbeitenden Klassen Englands in socialer und politischer Beziehung. Aus dem Engl. von Jul. v. Holtzendorff. gr. 8. (XII, 210 S.) Berlin 868, Springer's Verlag.

Ludlow, J. M., über die Untersuchung von Gewerbestreitigkeiten, s. Schriften des Vereins für Socialpolitik.

Ludlow, Johnny [Mrs. Henry Wood], Anne and other Tales, s. Collection of British Authors.

—— Lost in the Post and other Tales, s.: Collection of british authors.

†Ludlow, J. [Mrs. Henry Wood], the mystery of Jessy Page and other tales, s. Collection of British Authors.

—— the story of Dorothy Grape, and other tales, s.: Collection of brit. authors.

—— a Tale of Sin and other Tales, s. Collection of British Authors.

—— Helen Whitney's wedding, and other tales, Collection of brit. authors.

Ludmilla, das schöne Hussiten-Mädchen; ein Roman v. K. Stein. 2 Thle. m. K. 8. Posen, Kühn, 809.

Ludmilla von Sternberg, der Geisterliebling oder die lebenden Bäume zu Stromka bei Leipzig. Wien 1842. 1851. V (nicht): *Gleich, Joseph Alois.* (GGr VI/399, Nr. 1/87)

Ludmillens zu Bogen, Brauttag mit Herzog Ludwig in Baiern. Lstspl. in 5 Handl. (v. J. M. M. Einzinger v. Einzing). 8. München 782. (Fleischmann). 6 gr.

Ludmillens zu Bogen, Brauttag mit Herzog Ludwig in Bayern. Lstsp. 8. München, Strobl. (Fleischmann.) 783.

Ludo, Frdr., modernes Heilbronn. E. humoristisch-satyr. Zeitbild, in zwanglose Reime gebracht. 8. (24 S.) Heilbronn 897. Stuttgart, Strecker & Schröder. — 25

Ludolf, Erzbischof von Magdeburg, s. Hartung, J. Vogel, W. Friedrich.

Ludolf v. Rohenstein, Graf, der Weibermörder. Eine Ritter- u. Geistergeschichte vom Verf. des Rächers der heil. Vehme rc. 2 Bde. 12. Leipzig 846. (Museum.) 1 ℔

Ludolf von Sachsen

Ludolf, (Cardin.), De vita Jesu Christi ex ss. IV evangeliorum sanctorumque patrum fontibus derivata. Augsburg, 1729, Fol.

Ludolphus de Saxonia, vita Jesu Christi ex evangelio et approbatis ab ecclesia catholica doctoribus sedule collecta. Ed. novissima curante L.-M. Rigollot. 2 partes. gr. 8. (VII, 857 u. 937 S.) Parisiis 872. (Berlin, Calvary & Co.) 20. —

Der Tractatus de longevo schismate des Abtes **Ludolf** von Sagan. Mit e. Einl., krit. u. sachl. Anm. hrsg. von J[ohann] Loserth. Wien: Gerold in Comm. 1880. 219 S. 8°
Aus: Archiv f. österr. Geschichte. Bd 60.
(Beiträge z. Geschichte d. hussitischen Bewegung. 3.

Ludolf von Suchen

Ludolphi de itinere terrae sanctae liber, s.a. Bibliothek d. litterar. Vereins in Stuttgart. 25.

Ludolphi, rectoris ecclesiae parochialis in Suchem, de itinere Terrae Sanctae liber. Nach alten Handschriften berichtigt hrsg. von Ferd. Deycks, s.a. Bibliothek des litterarischen Vereins in Stuttgart, Bd. 25.

Ludolphus de Sudheim, Rector ecclesiae parochalis in Suchem: De itinere Terrae Sanctae liber. Nach alten Handschriften berichtigt. Herausgegeben von Ferdinand Deycks. Stuttgart 1851. XXV, 104 S. 8°.

Ludolf von Suchen, Reisebuch ins heilige Land in niederdeutscher Mundart. Herausg. von J. G. L. Kosegarten. Greifswald 861. Koch. 4. (88 S.) n. 1 ℔

Ludolf, s.a. Ludolff. – Ludolph.

Ludolf, wie Berolinensis Silesiacus der Dichter des „jüdischen Referendar" ward. 8. (12 S.) Löbau Wpr. 879. Skrzeczek. n. — 25

— dasselbe. 2. Ausg. 8. (VI, 120 S.) Ebend. 878. n. 2. —; geb. n. 2. 80

Ludolf, Georg Melchior von, s. Ludolph.

Ludolf, Georg Wilh. (Wetzlar)
Dissertatio juridica de jurisdictione compromissaria tum generatim, tum speciatim August. camerae imp. judicii ad conc. ordinat. cam. p. II. t. XXIX.
Giessae 30. Mai 1747: Eb. Henr. Lammers. (4), 76 S. 4°
pro summis in utroque jure honoribus rite obtinendis.

Ludolf, Heinr. Wilh., (De ecclesiae orientalis statu.) Halle (Kitler) 31. X. 1704. (4.—) 21712

Ludolf, Hieronymus von

De Adfectu [Affectu] spasmodico, vago, maligno, epidemico, vernacula, Grübel- Kranckheit. [Resp.:] Michael Dietericus Blohm. Erfordiae (1756:) Hering. 31 S. 8°

Erfurt, Med. Diss. v. 7. Apr. 1756

LUDOLFF, HIERONYMUS VON.
Die in der Medicin siegende Chemie . . . Erfurt, 1746–49. Seven parts and a supplement dated 1750.

Ludolff, H., resp. G. L. **Gnuege,** De clavo hysterico. 24 pp. Erf. 4°. 1750

Generales de febribus epidemicis Conceptus. [Resp.:] Iohann[es] Gottlieb Seydel. Erfordiae (1753:) Hering. 40 S. 8°

Erfurt, Med. Diss. v. 8. Okt. 1753

Ludolf, Hieron(ymus): Vollständige und gründliche Einleitung in die Chymie, darin nicht allein alle Chymische Arbeiten deutlich gezeiget und gründlich erkläret, sondern auch zu derselben Erläuterung die wichtigsten Versuche aus der Pharmacie, Metallurgie und Alchymie nebst allen Vortheilen treulich ausgeführet worden. 1104 S., gbd., Abb.

Erfurt: Nonne 1752

JB 299

Hieron. Ludolff (resp. Gfr. Mieckisch) diss. hist. sist. exercitationem circa medicinam in sacra scriptura fundatam. Erford. 1726. 4.

Ludolff, Hier., Diss. de fabis Caffé earumque sub infuso usu et abusu. Erf. 4°. 1724.

—, Pr. de mirabili fabrica articulationis maxillae inferioris cum ossibus temporum. Erf. 4°.
1749

Ludolff, Hieronymus [Praes.], s. Horn, Johann Joseph: De menstruorum fluxu nimio.

— Hieron. u. Andr. Eysel (Erfurt), Diss. med. de lethalitate vulnerum. O. O. (J. H. Grosch) 24. IX. 1712. 51 S. (5.—) 21713

Ludolff, Hieronymus [Praes.], s. Kirsch, Johann Friedrich: De artis pharmaceuticae ad studium medicum necessitate et utilitate.

Ludolff, Hieronymus [Praes.], s. Otto, Johann Friedrich: De eo, quod dicatur, nempe sui medicus quilibet esse potest.

Ludolf, H., resp. **Tresselt,** Diss. de olei animalis praeparatione et modo agendi. Erf. 4°. 1748

Ludolff, Hieronymus [Praes.], s. Scheidemandel, Friedrich Wilhelm: Disputatio inauguralis medica, sistens aegrotum syncopalem.

Ludolff, Hieronymus [Praes.], s. Schumacher, Gottfried: De morbis gingivarum.

Ludolff, Hier., Singultus chronicus. Misc. Berol. VI, 15. 1749

Hieronymus [von] Ludolf: De insigni clysterum Utilitate atque noxa. [Resp.:] Theophil(us) Ernest(us) Theodorus Rentsch [Gottlieb Ernst Theodor Rentsch]. Erfordiae (1748:) Hering. 24 S. 8°

Erfurt, Med. Diss. v. 7. Nov. 1748

Ludolff, Hieronymus [Praes.], s. Wöllner, Johann Wilhelm: Disputatio inauguralis medica sistens casum novi morbi spasmodico-convulsivi, rigidi dicti, vulgo Steiffenüss, Steiffe Kranckheit, die Kramffsucht, ziehende Seuche und Kriebel-Kranckheit.

Ludolff, Hieronymus [Praes.], s. Wulle, Johann Albert: Dissertatio inauguralis medica sistens pathologiam et therapiam icteri sive morbi regii.

Ludolff, Hieronymus [Praes.], s. Zeuner, Theodor: Dissertatio inauguralis medica, sistens requisita medici conscientiosi.

Ludolf, Hiob, s. Ludolff.

Ludolf

— Joh. Wilh. (Erfurt), De differentiis processus judiciarii camerae imperii a processu judiciorum Saxoniae. Erfurt (J. H. Grosch) 30. V. 1714. 27 S. (4.—) 21714
Gew.: Ph. W. Graf v. Bolneburg.

Ludolf, Johann Wilhelm Heinrich

Ludolf, J. W. H., system. Entwickel. d. Lehre von d. Intestat-Erbfolge n. Röm. u. heut. Recht. gr. 8. Halle, Hemmerde u. Schw. 794.

Ludolf, Johs., aus sonniger, wonniger Zeit. Lieder. 8. (VIII, 80 S.) Hannover 872. Schmorl & v. Seefeld. n. 1. 20

Ludolf, Karl, der Sprachen- und Völkerkampf in Ungarn. Ein Bericht- und Mahnwort an das deutsche Volk. [Bedeutend verm. und veränd. Abdr. aus der Zeitschrift: „Aus allen Welttheilen".] 8. (IV, 88 S.) Leipzig 882, Mutze. *

Ludolf, Mich. Matth., pharmacologia univ. oder Anfangsgr. d. ganzen Arzneywissenschaft. 8. Berl. Voß. 754.

Ludolff, s.a. Ludolf. – Ludolph.

Ludolff, Georg Melchior, s. Ludolph.

Ludolff, Hieronymus von, s. Ludolf.

De Impedimentis circa solutionem febrium malignarum maxime salutarem obviis. Halae ad Salam (1758:) Curtius. 68 S. 8°

Halle, Med. Diss. v. 2. Nov. 1758

Lausitzisches Magazin oder Sammlung verschiedener Abhandlungen u. Nachrichten z. Behuf d. Natur-, Kunst-, Welt- u. Vaterlandsgeschichte, der Sitten u. d. schönen Wissenschaften, v. K. G. Dietmann. Görlitz 1768 ff. 4.

— Lausitzisches, od. Sammlung verschied. Abhandl. d. Natur-, Kunst- u. Vaterlandsgeschichte. 18 Jahrgge. v. 1768—85. 4. Görlitz. Deinzer. 36 Thlr

– Jg. 1–25 (zu je 24 Stücken). Görlitz: Fickelscherer 1768–92. 4°

— für Lehr- und Lernmittel. Unter Mitwirkung von Schulmännern hrsg. von C. Schröder. 1. Jahrg. 1877. 12 Nrn. (à 2 Bog.) gr. 4. Magdeburg, (Creutz'sche Buchh.) *
— dass. — und Wegweiser durch die pädagog. Literatur. Unter Mitwirkung von Schulmännern hrsg. von C. Schröder. 2. Jahrg. 1878. 12 Nrn. (à 2 Bog.) gr. 4. (Ebendas.) *
— dass. — 3. Jahrg. 1879. 24 Nrn. (Bog.) gr. 4. Magdeburg, (Graefe.) *

— für Lehr- und Lernmittel. Unter Mitwirkung von Schulmännern hrsg. von Conr. Schröder. 4. Jahrg. 1880. 24 Nrn. (Bog.) gr. 4. Magdeburg, Friese. *

— dass. — 5. Jahrg. 1881. 24 Nrn. (Bog.) gr. 4. Magdeburg, Expedition. *

— dasselbe. 5. Jahrg. 1881. 24 Nrn. (B.) gr. 4. Magdeburg, Magazin f. Lehr- u. Lernmittel. n. 4 —

— dasselbe. 6. Jahrg. 1882. 24 Nrn. (B.) gr. 4. Leipzig, Dietz & Zieger. n. 4. —

— dass. — 6. Jahrg. 1882. 24 Nrn. (Bog.) gr. 4. Leipzig, Heitmann. *

Magazin für Lehr- u. Lernmittel aller Länder. Unter Mitwirkg. v. Schulmännern hrsg. v. Conr. Schröder. Mit der Gratisbeilage: Schulpraxis. 7—10. Jahrg. 1883—1886. à 24 Nrn. (2 B.) gr. 4. Leipzig, Dietz & Zieger. à Jahrg. n. 4. —

— für Lehrmittel aller Länder. Unter Mitwirkg. v. Schulmännern hrsg. v. C. Schröder. Mit der Gratisbeilage: Schulpraxis. 11. Jahrg. 1887. 24 Nrn. (B.) gr. 4. Leipzig, [Dietz & Zieger]. n. 2. —
Fortsetzg. s.: Lehrmittel-Magazin, deutsches.

— von Leichen-Reden. Hrsg. von e. Gesellschaft evangel. Prediger. Zugleich auch z. Gebr. bei Leseleichen bestimmt. 1—4. Bd. gr. 8. Bayreuth, Grau'sche Buchh. [1. 1. u. 2., unveränd. Aufl. (à 22 B.) 835, 40., 2. (21 B.) 837., 3. (20½ B.) 838., 4. (19½ B.) 841. à * 1 Thlr.] *

— von Leichen-Reden. Herausgeg. von einer Gesellschaft evangel. Prediger. Zugleich auch zum Gebrauch bei Leseleichen bestimmt. 2. Bd. 2. veränd. Aufl. 843. n. 1 Thlr — 4. Bd. gr. 8. Bayreuth 841, Grau'sche Buchh. n. 1 Thlr

Magazin von Leichen-Reden. Hrsg. von einer Gesellschaft evangel. Prediger. Zugleich auch zum Gebrauch bei Leseleichen bestimmt. 5 u. 6. Bd. gr. 8. (5: IV u. 290 S. 6: IV u. 300 S.) Bayreuth 844. 49, Grau. à 1 Thlr (1—6: 6 Thlr)

— Leipziger, z. reinen u. angewandten Mathematik; hrsgg. v. Joh. Bernoulli u. K. F. Hindenburg. Mit Kupf. f. d. J. 1786—88. 1r, 2r J. a 4 Stcke. 3r J. 1s, 2s Stck. gr. 8. Leipz. Müller. 6 Thlr
Fortges. u.d.T.: Archiv der reinen und angewandten Mathematik.

Funk, Chr. B., Leske, Nathanael Gottfried, Hindenburg, K. F. (Herausgeber): „Leipziger Magazin zur Naturkunde, Mathematik und Oekonomie", Jahrgang 1781—1784 (je 4 Stücke), Leipzig und Dessau 1781—1784 (Hersg. und Buchh. der Gelehrten). — Vorh.: UB Göttingen. — Fortsetzung: Leske, Nathanael Gottfried (Herausgeber): „Leipziger Magazin zur Naturgeschichte und Oekonomie" (Stücktitel), Jahrgang 1786 (= Stück 1—4), Jahrgang 1787 (= Stück 1—4), Jahrgang 1788 (= Stück 1 u. 2). Bandtitel jedes Jahrgangs noch: „Leipziger Magazin zur Naturkunde, Mathematik und Oekonomie", Leipzig 1786—1788 (J. G. Müller). — Vorh.: UB Göttingen.

— Leipziger, zur Naturkunde, Mathematik, Oekonomie; hrsgg. v. Funk, Leske u. A. f. d. J. 1781—88. Mit Kpf. gr. 8. Leipz. Müller. (Jahrg. à 1 Thlr 8 Gr) 10 Thlr 16 Gr Schreibp. (à 1 Thlr 16 Gr) 13 Thlr 8 Gr

Magazin, Leipziger, für Rechtsgelehrte, s. Günther, Christian August

Magazin gemeinnütziger, interessanter und unterhaltender Lectüre; eine Quartalschrift. Quartal 1–4. Nürnberg: Monath 1785–86. 8°
Hrsg.: K. F. Meister u. K. L. Graf.

Magazin nützlicher und angenehmer Lektüre, s. Hoff, Heinrich Georg

— das, der Liebe f. Damen u. Herren, od. nützl. Unterr. f. alle, welche sich d. Liebe weihen, um in d. Liebe glücklich u. in d. Ehe zufrieden leben zu können, u. d. Kunst zu fesseln u. stets neue Reize zu entwickeln. Mit e. Anh.: Mittel z. Pflege einiger Körpertheile, schöne u. verständ. Kinder zu zeugen u. d. Geschlecht d. Kinder vor d. Geburt bestimmen zu können. Frei a. d. Franz. übers. gr. 12. (7 B.) Ulm 834. (München, Jaquet.)

— das, der Liebe f. Damen u. Herren, od. nützl. Unterr. f. Alle, welche sich d. Liebe weihen, um in der Liebe glücklich u. in d. Ehe zufrieden leben zu können, u. d. Kunst zu fesseln u. stets neue Reize zu entwickeln. Mit ein. Anhange. (Frei a. d. Franz. übers.) 3. Aufl. 8. (10½ B.) Ulm 838. (Leipzig, E. Klein.)

Magazin für Liebhaber der Entomologie. Bd 1. 2. (zu je 2 St.) Zürich u. Winterthur: Ziegler 1778–79. 8°
Hrsg.: Joh. Kaspar Fuessli.
Fortges. u.d.T.: Neues Magazin f. d. Liebhaber der Entomologie.

Magazin für die Liebhaber der Entomologie
Ⓑ Jahrbuch (bei BGSZ: 99, p. 55, Nr. 20 irrtümlich als halbjährig erscheinend angenommen).

Magazin geistlicher Lieder zum allgemeinen Gebrauch. Nördlingen 1780—81. H: *Tröltsch*, *Wallfried Daniel von*. (MGT) »1780—83« (Ky)

— geistl. Lieder, (v. W. Dn. v. Tröltzsch). 4 Thle. 8. Nördl. 780—83. Beck. 1 Thlr 16 Gr

— lippisches, f. vaterländ. Cultur u. Gemeinwohl. Hrsg. v. R. Brandes, M. L. Petri, H. Schierenberg. 1. u. 2. Jahrg. 1835 u. 36. gr. 4. (à 52 B.) Lemgo, Meyersche Hofbuchh. à *

— Lippisches, für vaterländische Kultur u. Gemeinwohl. 3.—7. Jahrg. 1837—1841. gr. 4. Lemgo, Meyer'sche Buchh. à n. 2½ Thlr

—— der Talisman. Novelle. 8. (255 S.) Bonn 877, Hauptmann. *

— der Talisman. Novelle. 2. Aufl. 8. (III, 439 S.) Ebd. 892. n. 2. —

—— die Tochter des Spielers. Novelle. 8. (228 S.) Ebendas. 877. *

— Verschollen, s.a. Roman-Sammlung, P. Hauptmann'sche. Nr. 2.

Ludolff, M., Verschollen! Roman. 2 Bde. 8. (215; 204 S.) Bonn 884, Hauptmann. *

Ludolff, M., verschollen! Roman. 2 Bde. 2. Aufl. 8. (215 u. 204 S.) Bonn 889. Hauptmann. n. 4. —

— Verschollen! Preisgekrönter Roman. 3. (Umschlag-) Aufl. 8. (III, 326 S.) Bonn 898. P. Hauptmann. n. 3. —; geb. n. 4. —

— Verschollen. Preisgekrönter Roman. (5. [Umschlag-] Aufl.) 8. (III, 326 S. m. Bildnis.) Ebd. (901). n. 3. —; geb. n. 4. —

— Verschiedene Wege, s.a. Roman-Sammlung, P. Hauptmann'sche. Nr. 3.

—— verschiedene Wege. Novelle. 8. (IV, 243 S.) Ebendas. 879. *

Ludolff, M., verschiedene Wege. 2. Aufl. 8. (298 S.) Bonn 886, Hauptmann. *

— Weihnachts-Erzählungen, s.: Unterhaltungs-Bibliothek, Steyler. Nr. 23.

—— sein letzter Wille. Erzählung. 8. (IV, 320 S.) Mainz 888, Kirchheim.

— in sturmbewegter Zeit. Roman. 8. (III, 426 S.) Ebd. 898. n. 3. —

Ludolff, Margar., vier Blumenstudien f. Holzpaneele in Oelmalerei. Fol. Berlin 893. W. Schultz-Engelhard. n. 8. —

Ludolff-Huyn, M., s. Ludolff, M.

Lüdolff, A., Kunst-Stickereien f. Innen-Decoration, f. den pract. Gebrauch ausgeführt u. zusammengestellt. I. u. II. Serie. Fol. (à 12 Taf.) Leipzig 893. A. Lüdolff. à 10. —

Lüdolff, A., Kunst-Stickereien f. Innen-Decoration. Photograph. Miniatur-Aufnahmen. III. Serie. Fol. (20 Taf.) Leipzig 894. O. Lüdolff. n. 20. —

— Original-Entwürfe u. Arrangements von Kunst-Stickereien f. Innendecoration in allen Stilarten. Vorlagen f. d. ges. Innendecorations-Branche, f. Möbelfabriken, Tapezierer u. Decorateure, Möbelstoff- und Teppichhandlungen, Ausstattungsgeschäfte etc. etc. IV. Serie. 12 Hefte. gr. 4. (à 4 Taf.) Ebd. 895. 96. à n. 1. — (Kplt. geb.: in Leinw. n. 16. —)

— dasselbe. V. Serie. 1.—6. Hft. gr. 4. (à 4 Taf.) Ebd. 897. 98. à n. 1. —

Lüdolff, Original-Entwürfe u. Arrangements v. Kunst-Stickereien. Vorlagewerk f. die gesammte Innendecoration. V. Serie. 7.—12. Hft. u. VI. Serie. 1.—12. Hft. gr. 4. (à 4 Taf.) Leipzig 898—901. O. Lüdolff. à n. 1. —

Lüdolff, Original-Entwürfe u. Arrangements v. Kunst-Stickereien. Vorlagewerk f. die gesammte Innendekoration. VII. Serie. 60 Taf. in moderner Richtg. Entworfen u. hrsg. vom Atelier Osc. Lüdolff. gr. 4. Leipzig (903). O. Lüdolff. n. 6. —

Ludolf's, Junker, Gedenkbüchlein. Ein Beitrag zur Geschichte der Reformationszeit in Lüneburg von A. v. d. Elbe. Mit Vorwort von Herm. Allmers u. 4 Illustr. (Holzschntaf.) von Rob. Leinweber. 8. (VI, 147 S.) Bremen 878. Volksschriften-Verlag. n. 3. —; geb. n. 3. 80

Ludolfs, Maria

Arm und reich oder Zwei Lebenswege. Eine Erzählung von Maria Ludolfs. Reich ill. Neu-Ruppin: G. Kühn [um 1904]. (96 S.) 8° [F.]
(Gustav Kühn's Jugendschriften. 731.) [o4. 9470

Dina. Eine Erzählung f. d. Jugend von Maria Ludolfs. Mit vielen Ill. Neu-Ruppin: G. Kühn [um 1904]. (160 S.) 8° [F.]
(Gustav Kühn's Jugendschriften. 705.) [o4. 9439

Dorf und Schloß. Eine Erzählung f. d. Jugend von Maria Ludolfs. Neu-Ruppin: G. Kühn [um 1904]. (160 S.) 8° [F.]
(Gustav Kühn's Jugendschriften. 710.) [o4. 9464

Elternlos. Eine Erzählung f. d. Jugend von Maria Ludolfs. Neu-Ruppin: G. Kühn [um 1904]. (160 S.) 8° [F.]
(Gustav Kühn's Jugendschriften. 713.) [o4. 9464

Koch-ABC der bürgerlichen Küche in Rezepten für drei Personen von Maria Ludolfs. Neu-Ruppin: G. Kühn [um 1905]. (320 S.) 8° [F.] [o6. 8691

In der Pension. Erzählung f. d. Jugend von Maria Ludolfs. Neu-Ruppin: G. Kühn [um 1904]. (160 S.) 8° [F.]
(Gustav Kühn's Jugendschriften. 706.) [o6. 9460

Der kleine schwarze Said. Erzählung f. d. Jugend von M[aria] Ludolfs. Neu-Ruppin: G. Kühn [um 1904]. (128 S.) 8° [F.]
(Gustav Kühn's Jugendschriften. 753.) [o6. 9480

Die Schwestern. Erzählung f. d. Jugend von Maria Ludolfs. Neu-Ruppin: G. Kühn [um 1904]. (128 S.) 8° [F.]
(Gustav Kühn's Jugendschriften. 756.) [o6. 9485

Ilschen Wildfang. Eine Erzählung f. junge Mädchen von Maria Ludolfs. Neu-Ruppin: G. Kühn [um 1904]. (224 S.) 8° [F.]
(Gustav Kühns Jugendschriften. 851.) [o6. 9491

Ludolfs, Maria: Wir Sechs. Eine Erzählung f. d. Jugend von Maria Ludolfs, Neu-Ruppin: G. Kühn [um 1904]. (160 S. 8°
(Gustav Kühn's Jugendschriften. 711.)

Ludolph v. Kitzing, oder der gekränkte Patriot. 8. Magdeb. 799. v. Schütz. (Leipz., Lauffer). 12 gr.

Ludolph, s.a. Ludolf. — Ludolff.

Ludolph, Ernst [aus Bonn]: Aus d. gynäkolog. Klinik zu Bonn. Über operativ behandelte Pankreascysten. . . . Bonn, Univ.-Buchdr. v. Carl Georgi, 1890; 41 + 1 S. 8°
Bonn, Med. Fak., Inaug.-Diss. v. 5. März 1890

Ludolph, Georg Melchior von
Pseudonym: Wilhelm Franckenberg

Ludolph, Geo. Melch. de, de actis extrahendis. 4. Wezlar Winkler. 734.

v. Ludolph, Geo. Melch.: Beschreib. e. Reichstags. *Halle*, Kümmel. 751. 8. (5 Gr.)

Ludolph, Geo. Melch. de, Corpus iuris cameralis. fol. Francf. 724. Rthlr.

de Ludolph, Geo. Melch.: Corpus juris cameralis. Ed. II. a. J. Geo. Krauss. *Francof.*, 797. Fol.

— historia sustentationis judicii suprem. camerae imper. 4. Ienae, Bielke. 731.

(Ludolf, Georgius Melchior de): „Idea philosophiae simulatae, non verae, in scientia iuris et forensi", (Wetzlariae) 1735. — Vorh.: Bibl. des Oberlandesgerichts Celle — (2 an Ak. 125).

— Index üb. d. Regensb. jüng. Reichsabschied. fol. Wetzl. u. Leipz. Winkler. 759.

— — de introduct. iuris primogeniturae. fol. Dresd. Walther. 733.

Ludolf, alias Leutholf, Ge. Melch. de: De introductione juris primogeniturae tractatus nomico-politicus. Ed. 3. Jenae 1733. fol.

— — id. l. fol. Ien. Bielke. 733.

Ludolf, Ge. Melch. v.: De jure camerali commentatio systematica, ex fontibus legum publicarum et recessus visitationis novissimae concinnata. c. app. nec non catalogo privilegiorum de non appellando. Ed. 2. Francofurti ad M. 1722.
— Ed. nov., aucta cura Jo. Jac. Zwierlein. Wetzlariae 1741. 2 Bde.

— comment. systemat. de iure camerali. 4. Wetzl. Andreae. 742.

Ludolph, Georg Melch. (Eisenach), De jure foeminarum illustrium. Jena (Goth. Reyher) Juni 1710. 48 S. (5.—) 21710

de Ludolph, Geo. Melch: Tractatus nomico-pol. de jure foeminar. illustrium. *Dresd.*, Walther. (711. 4.) 734. fol. (3 Thl. 8 Gr.)

Ludolf, alias Leutholf. Ge. Melch. de: De jure foeminarum illustrium tractatus nomico-politicus ad jura Germaniae potissimum accommodatus. Ed. 2. Jenae 1734.

— tractat. nomico-polit., de iure foeminarum illustr. fol. Ienae. (Walther, Dresd.) 734.

Ludolf, Fe. Melch. de: Modestini et Pomponii in colloquiis familiaribus de statu cameralis judicii in imperio supremi ad ordinat. cam. partis primae titulos potiores meditationes acromaticae. Wetzlar 1735.

Ludolff, Ge. Melch. de: Observatio ad statutum urbis Wezlariensis de successione conjugum: de acquaestu conjugali: de legitima liberorum etc. Mit beygefügter wiederholt- u. erneuerter Reformation des H. R. Stadt Wetzflar, die Successions- u. Erb-Fälle betr. Wetzlar [um 1755].

Ludolff, Ge. Melch. de: Variarum observationum forensium P. 1—3 [nebst] Suppl. Wetzlariae. 4 Bde
P. 1. Ed. 2. 1735.
„ [2.] [u. d. Tit.:] Observationum forens. continuatio. 1732.
„ 3. Cum fasciculis 2 adjunctorum. Acc. statutorum quorundam provincial. patriae collectio. 1734.
Suppl. . . . cum fasc. adjunctorum 2: nempe sententiarum cam. et ad historiam juris publ. spectantium. 1738.

de Ludolf, G. Mich.: Var. observatt. for. ex omni jure. *Wetzlar*, Winkler. 734—42. 3 T. 4. (6 Thlr.)

de Ludolph, Geo Melch., var observat. for ex omni jure. II Ptes. 4. Wetzl. 785. Winkler. 2 ₰ 12 gl

Ludolf, Ge. Melch. v.. Der expedite Referendarius oder: Anleitung, wie man gerichtliche Acten mit Nutzen lesen, geschickt excerpiren, und verständig referiren soll. Franckfurt u. Leipzig 1725.

Ludolf, Georg Melchior von. Expediter Referendarius . . . Wetzlar 1756. V (nicht): *Ludolf, Gg Melchior v.* (Fahnenberg, Lit. d. K. Reichskammergerichts. Wezlar 1792. S. 118.)

Ludolf, Ge. Melch. v.: Expedite Referendarius. Mit Anm. u. Erl. 3. Aufl. [Nebst Anh.] Wezlar 1765.
Anh. [u. d. Tit.:] Schaumburg, Joh. Gottfr.: Kurtze u. deutliche Anweisung wie man geschickt u. ordentlich aus denen Acten referiren solle.

Ludolf, G. M. v. Schlendrian oder Discours . . . über die Errata . . . der Pragmaticorum . . . Wezlar [17??]. V (nicht): *Ludolf, Georg Melchior v.* (Fahnenberg, Lit. d. K. Reichskammergerichts. Wezlar 1792. S. 118.)

Ludolf, Ge. Melch. de [Pseud.: Guil. Franckenberg]: Schlendrianus, celebris practicorum magister, brevi schediasmate neo-practicis forensibus commendatus. Coloniae 1720.

— **Wilhelm,** Schlendrianus celebris practicorum magister brevi schediasmate neo-practicis forensibus commendatus. Ed. altera. o. O. 1722. 121 Seiten. (8.—) 9346

— de statu Cameral. iudicii. 4. ibid. 755.

Ludolf, Ge. Melch. de: Symphorema consultationum et decisionum forensium, in quibus causarum plurimum illust. aliarumque insignium historia recensetur. Acc. symphoremata alia duo sententiarum augusti judicii cam. recentiorum maximeque notabilium. Francofurti ad M. 1731. fol.

— symphorema consultation. et decis. forens. III Vol. fol. Francf. Andreae. 731–39.

Ludolph, Hieronymus von, s. L u d o l f

— **Joh. Georg** (Hessen), De collatione bonorum. Präs. Joh. Heinr. Meier. o. O. (J. H. Grosch) 27. III. 1712. (4.—) 21717
Gew.: Dav. Heinr. J. Laur. Ludolph.

Ludolph, W., s.: J a h r b u c h, kleines nautisches.

Ludolph, W., Leuchtfeuer und Schallsignale in Ostsee, Nordsee und Kanal. Nach den neuesten Quellen bearb. Jbg. (1—)21. Bremerhaven 1871—1892. 8.
Sep.-Abdr. aus: Ludolph, Leuchtfeuer u. Schallsignale der Erde.

Ludolph, W., die Leuchtfeuer der Erde 1872 gesammelt u. zusammengestellt nach den neuesten amtl. Quellen. gr. 8. (IV, 176 S.) Bremerhaven 872. v. Vangerow. geb. n. 4. 50

L u d o l p h, W., die Leuchtfeuer der Erde 1873—1875, hrsg. nach den neuesten amtl. Quellen. 2.—4. Jahrg. gr. 8. (XIV, 182; XIV, 190; XIV, 198 S.) Bremerhaven v. Vangerow. geb. à Jahrg. *

L u d o l p h, W., die Leuchtfeuer der Erde 1876—1879, hrsg. nach den neuesten amtl. Quellen. 2. Aufl. 5.—8. Jahrg. gr. 8. (XVI, 187; XVI, 200; XVI, 210; XVI, 226 S.) Bremerhaven, v. Vangerow. geb. à Jahrg. *

L u d o l p h, W., die L e u c h t f e u e r der Erde 1880, hrsg. nach den neuesten amtl. Quellen. 9. Jahrg. 2. Aufl. gr. 8. (XVI, 236 S.) Bremerhaven, v. Vangerow. geb. *

— L e u c h t f e u e r u. Schallsignale der Erde 1881, hrsg. nach den neuesten Quellen. 10. Jahrg. 3., wesentlich verm. u. verb. Aufl. gr. 8. (XV, 243 S.) Ebend. 881. geb. n. 6. —

— dasselbe. 11. Jahrg. 3. Aufl. 1. Nachtrag. Ergänzungen u. Veränderungen bis zum Beginne des Jahres 1882. gr. 8. (26 S.) Ebend. 882. n. — 50

—— dass. — 1883. 12. Jahrg. Mit Nachtrag. gr. 8. (243, 18 S.) Ebendas. *

Ludolph, W., L e u c h t f e u e r u. Schallsignale der Erde 1884, nach den neuesten Quellen bearb. 13. Jahrg. 4. Aufl. gr. 8. (XX, 279 S.) Bremerhaven 884. v. Vangerow. geb. n. 6. —

L u d o l p h, W., Leuchtfeuer und Schallsignale der Erde 1885—1888. Nach den neuesten Quellen bearb. 14.—17. Jahrg. 5. umgearb., wesentl. verm. und verb. Aufl. Lex.-8. (294; 323; 354; XVIII, 374 S.) Bremerhaven, v. Vangerow. geb. à Jahrg. *

L u d o l p h, W. Leuchtfeuer u. Schallsignale der Erde 1891 u. 1892. 20. u. 21. Jahrg. 6. umgearb., wesentl. verm. u. verb. Aufl. Lex.-8. (à Jahrg. XXIV, 372 S.) Mit jährlichen Ergänzungsheften. (16 u. 15 Bl.) Brem. 891,92, Heinsius Nachf. geb. à Jahrg. * 7 50
Daraus apart:
Ostsee, Nordsee u. Kanal. (à Jahrg. IX, 116 S.) à Jahrg. * 3 —

— L e u c h t f e u e r u. Schallsignale der Erde. Nach den neuesten Quellen bearb. 23. Jahrg. 7., umgearb., wesentlich verm. u. verb. Aufl. gr. 8. (XXV, 22 Bl. u. 372 S.) Bremen 894. M. Heinsius Nachf. Geb. in Leinw. n. 7. 50

— dasselbe. 23. Jahrg. 7. Aufl. 2., Ergänzungshft. gr. 8. (4 Bl.) Ebd. 894. Unentgeltlich.

— dasselbe in Ostsee, Nordsee u. Kanal. [Aus: „Leuchtfeuer u. Schallsignale der Erde f. 1894".] 23. Jahrg. 7., umgearb., wesentlich verm. u. verb. Aufl. gr. 8. (6 Bl. u. IX, 116 S.) Ebd. 894. n. 3. —

— dasselbe. 23. Jahrg. 7. Aufl. 2., Ergänzungshft. gr. 8. (2 Bl.) Ebd. 894. Unentgeltlich.

— L e u c h t f e u e r u. Schallsignale d. Erde 1898. Nach d. neuesten Quellen bearb. 27. Jahrg. 8., umgearb., wesentl. verm. u. verb. Aufl. gr. 8. (XXIII, 400 S. u. Ergänzungshft. 39 Bl.) Bremen. Leipzig, M. Heinsius Nachf. Geb. in Leinw. n. 7. 50

— dasselbe in O s t s e e, Nordsee und Kanal. [Aus: „Leuchtfeuer u. Schallsignale d. Erde f. 1898".] 27. Jahrg. 8., umgearb., wesentl. verm. u. verb. Aufl. gr. 8. (XI, 128 S. u. Ergänzungshft. 1896. 97. u. 98.; 18 Bl.) Ebd. n. 3. —; Ergänzungshft. allein n.n. — 50

— L e u c h t f e u e r u. Schallsignale der Erde f. 1902. Nach den neuesten Quellen bearb. 31. Jahrg. gr. 8. (XXII, 526 S.) Bremerhaven 902. L. v. Vangerow. Geb. in Leinw. n. 8. —

— dasselbe in Ostsee, Nordsee u. Kanal. [Aus: „Leuchtfeuer u. Schallsignale der Erde".] 31. Jahrg. (10. umgearb., wesentlich verm. u. verb. Aufl. gr. 8. (XIII, 181 S.) Ebd. 902. n. 3. —

— Leuchtfeuer u. Schallsignale der Erde f. d. J. 1906. Nach den neuesten Quellen bearb. 35. Jahrg. (XXVII, 525 S.) gr. 8. Bremerhaven 906. L. v. Vangerow. Geb. in Leinw. n. 8. —

— dasselbe in Ostsee, Nordsee u. Kanal f. d. J. 1906. Nach den neuesten Quellen bearb. (XV, 192 S.) gr. 8. Ebd. 906. n. 2. —
Sonderabdruck aus: „Leuchtfeuer u. Schallsignale der Erde".

— Leuchtfeuer u. Schallsignale der Erde f. d. J. 1909. Nach d. neuesten amtl. Quellen bearb. Abgeschlossen am 1. XI. 1908. 38. Jahrg. (XLVII, 710 S.) gr. 8. Bremerhaven 909. L. v. Vangerow. Geb. in Leinw. 9. —

— dasselbe in Ostsee, Nordsee u. Kanal, d. Gewässern der englischen u. schottischen Westküste, Irlands u. Islands f. d. J. 1909. [Aus: „Leuchtfeuer u. Schallsignale d. Erde".] Nach den neuesten amtl. Quellen bearb. Abgeschloss. am 1. XI. 1908. 38. Jahrg. (XXXIII, 288 S. u. Nachtrag XI Bl.) gr. 8. Ebd. 2. —

—— L e u c h t f e u e r und Schallsignale der Ost- und Nordsee. Hrsg. nach den neuesten Quellen. 13. Jahrg. 4. wesentlich verm. und verb. Aufl. gr. 8. (VIII, 67 S.) Ebendas. 884. *
Aus: Leuchtfeuer und Schallsignale der Erde für 1884, besonders abgedrukt.

—— Leuchtfeuer und Schallsignale in Ostsee, Nordsee und Kanal. Nach den neuesten Quellen bearb. 17. Jahrg. 5. umgearb., wesentl. verm. und verb. Aufl. gr. 8. (VII, 123 S.) Ebendas. 888. *

Ludolphi de itinere . . . , s. L u d o l f von Suchen

Ludolphi, Heinr., nordalbingisches Album, s. A l b u m.

Ludolphi, Heinr., Bilderbuch. Bunte Skizzen aus dem Leben u. nach dem Leben. gr. 12. ($11\frac{1}{8}$ B.) Itzehoe 844, Claussen.

—— Conversationsblätter, norddeutsche, s. C o n v e r s a t i o n s b l ä t t e r.

Ludolphs Lehrjahre, v. L. F. v. Bilderbeck. 3 Thle. m. K. 8. Lpz. Voß. 804.

Ludophus de Saxonia, s. L u d o l f von Sachsen.

Ludolphus de Sudheim, s. L u d o l f von Suchen .

Lüdorf, G.

Die Schwebebahn Barmen—Elberfeld—Vohwinkel [W u p p e r t a l - Elberfeld]. Von G. Lüdorf. — (Berlin 1901: Hermann.) 23 S. quer-8° [Kopft.] Aus Elektrotechn. Zeitschrift. Bd 22, H. 26. 1. 38 A.

Ludorff, Adolphus (*geb. Zirke in Pos. 1 12 1824*): De enteritide. Vratislaviae (1851). (31 S.) 8°
Breslau, Med. Diss. v. 2. Sept. 1851

Ludorff, Albert

Ludorff, A. [Bearb.], s.a. B a u - und Kunst d e n k m ä l e r von Westfalen.

Die Bau- und Kunstdenkmäler des Kreises Ahaus. Im Auftr. d. Prov.-Verbandes d. Prov. Westfalen bearb. von A[lbert] **Ludorff**, Prov.-Bauinsp. Mit gesch. Einl. von J. Schwieters, Pfarrdechant. *Münster i. W.: F. Schöningh in Komm. 1900.* (102 S., 68 Taf.) 4° [F.]
= **Bau-** u. **Kunstdenkmäler** v. Westfalen. Kreis Ahaus. (01. 7930 10

Ludorff, Albert: Die B a u - und Kunst d e n k m ä l e r des Kreises Arnsberg. Im Auftr. d. Prov.-Verbandes Westfalen bearb. von –. Mit geschichtl. Einl. von Prof. [Karl] Féaux de Lacroix. 3 Karten, 395 Abb. auf 59 Taf. u. im Text. Münster i.W.: F. Schöningh 1906. (130 S.) 4°
Bau- u. Kunstdenkmäler von Westfalen. Kreis Arnsberg.

[F.] Die Bau- und Kunstdenkmäler des Kreises Beckum. Im Auftr. d. Prov.-Verb. d. Prov. Westfalen bearb. v. A[lbert] **Ludorff**, Prov.-Bauinsp. ... M. geschichtl. Einleitgn v. J[ulius] Schwieters, Pfarrdechant zu Freckenhorst. *Münster i. W.: Komm.-V. u. Dr. v. F. Schöningh 1897.* (4 Bl., 91 S., 2 Bl., 80 Taf., 1 Kt.) 1 Bd 4.
= **Bau-** u. **Kunstdenkmäler** v. **Westfalen**. Kreis Beckum. (98. 3851

Ludorff, Albert: Die B a u - und Kunst d e n k m ä l e r des Kreises Bielefeld-Land. Im Auftr. d. Prov.-Verbandes d. Prov. Westfalen bearb. von –. Mit geschichtl. Einl. von Dr. R[udolf] Schrader. 3 Karten, 64 Abb. auf 12 Taf. Münster i.W.: F. Schöningh 1906. (28 S.) 4°
Bau- und Kunstdenkmäler von Westfalen Kreis Bielefeld-Land.

Ludorff, Albert: Die B a u - und Kunst d e n k m ä l e r des Kreises Bielefeld-Stadt. Im Auftr. d. Prov.-Verb. d. Prov. Westfalen bearb. von –. Mit geschichtl. Einl. von Dr. R[udolf] Schrader, Oberl. zu Bielefeld. 4 Karten, 106 Abb. Münster i.W.: F. Schöningh 1906. (31 S.) 4°
Bau- u. Kunstdenkmäler, Die, von Westfalen. Bielefeld-Stadt.

Die Bau- und Kunstdenkmäler des Kreises Bochum-Land. Im Auftr. d. Prov.-Verbandes d. Prov. Westfalen bearb. von A[lbert] **Ludorff**, Kgl. Bau-R. Mit geschichtl. Einl. von Prof. Dr. [Franz] Darpe. 3 Karten, 76 Abb. Münster i. W.: F. Schöningh in Komm. 1907. (56 S.) 4° [F.]
= **Bau-** u. Kunst**denkmäler**, Die, von Westfalen. Kr. Bochum-Land. (08. 11508

Die Bau- und Kunstdenkmäler des Kreises Bochum-Stadt. Im Auftr. d. Prov.-Verbandes d. Prov. Westfalen bearb. von A[lbert] **Ludorff**, Prov.-Konservator. Mit geschichtl. Einl. von Prof. Dr. [Franz] Darpe. 3 Karten, 27 Abb. auf 10 Taf. u. im Text. Münster i. W.: F. Schöningh in Komm. 1906. (36 S.) 4° [F.]
= **Bau-** u. Kunst**denkmäler** von Westfalen. Kreis Bochum-Stadt. (06. 3966

Ludorff, Albert: Die B a u - und Kunst d e n k m ä l e r des Kreises Gelskirchen-Land. Im Auftr. d. Prov.-Verbandes d. Prov. Westfalen bearb. von –. Mit geschichtl. Einl. von Prof. Dr. [Franz] Darpe. 3 Kt., 17 Abb. Münster: F. Schöningh in Paderborn in Komm. 1908. 44 S. 4°
(Die Bau u. Kunstdenkmäler von Westfalen. Gelsenkirchen-Land.)

Ludorff, Albert: Die B a u - und Kunst d e n k m ä l e r des Kreises Gelsenkirchen-Stadt. Im Auftr. d. Prov.-Verbandes d. Prov. Westfalen bearb. von –. Mit geschichtl. Einl. von Prof. Dr. [Franz] Darpe. 4 Kt., 37 Abb. Münster: F. Schöningh in Paderborn in Komm. 190 S. 40 S. 4°
(Die Bau- u. Kunstdenkmäler von Westfalen. Gelsenkirchen-Stadt.)

Ludorff, Albert: Die B a u - und Kunst d e n k m ä l e r des Kreises Hagen-Land. Im Auftr. d. Prov.-Verbandes d. Prov. Westfalen bearb. von A[lbert] Ludorff, Baurath. Mit geschichtl. Einl. von Prof. Dr. [Franz] Darpe, Dir. 3 Kt., 110 Abb. auf 30 Taf. u. im Text. Münster i.W.: F. Schöningh in Komm. 1910. 82 S. 4°
(Die Bau- u. Kunstdenkmäler von Westfalen. Kreis Hagen-Land.)

Die Bau- und Kunstdenkmäler des Kreises Hagen-Stadt. Bearb. von A[lbert] **Ludorff.** Mit geschichtl. Einl. von Prof. Dr. [Franz] Darpe. 3 Kt., 18 Abb. Münster; Paderborn: Schöningh in Komm. 1910. 23 S. 4°
(Die Bau- und Kunstdenkmäler von Westfalen. Kr. Hagen-Stadt.) (11. 3751

Ludorff, Albert: Die B a u - und Kunst d e n k m ä l e r des Kreises Halle. Im Auftr. d. Prov.-Verbandes d. Prov. Westfalen bearb. von –. Mit geschichtl. Einl. von Dr. [Karl] Nitzsch, Oberl. 3 Kt., 130 Abb. Münster i.W.: F. Schöningh in Komm. 1908 (1909). IV, 42 S., 38 Taf. 4°
(Die Bau- u. Kunstdenkmäler von Westfalen. 28.)

Die Bau- und Kunstdenkmäler des Kreises Hattingen. Im Auftr. d. Prov.-Verbandes d. Prov. Westfalen bearb. von A[lbert] **Ludorff.** Mit geschichtl. Einl. von Prof. Dr. [Franz] Darpe. 3 Kt., 90 Abb. auf 22 Taf. u. im Text. Münster i. W.: Schöningh in Paderborn in Komm. 1909. 79 S. 4°
(Die Bau- u. Kunstdenkmäler von Westfalen. Kr. Hattingen.) (10. 15366

Ludorff, Albert: Die B a u - und Kunst d e n k m ä l e r des Kreises Herford. Im Auftr. d. Prov.-Verbandes d. Prov. Westfalen bearb. von Prof. –. Mit geschichtl. Einl. von Prof. Dr. [Hermann] Jellinghaus. 3 Karten, 341 Abb. Münster i.W.: F. Schöningh 1908. (98 S., 76 Taf.) 4°
Bau- u. Kunstdenkmäler, Die, von Westfalen. Kreis Herford.

Die Bau- und Kunstdenkmäler des Kreises Iserlohn. Im Auftr. d. Prov.-Verbandes d. Prov. Westfalen bearb. von A[lbert] **Ludorff**, Kgl. Baurath. Mit geschichtl. Einleitungen von H. Henniges, Pfarrer zu Hennen. *Münster i. W.: F. Schöningh in Komm. 1900.* (64 S., 32 Taf.) 4°
= **Bau-** u. **Kunstdenkmäler** v. **Westfalen**. Kreis Iserlohn. (00. 9464

Die Bau- und Kunstdenkmäler des Kreises Lübbecke. Im Auftr. d. Prov.-Verbandes d. Prov. Westfalen bearb. v. Albert **Ludorff**, Prov.-Baurath. Mit geschichtl. Einl. von Dr. jur. F[rh]. [Karl Adolf] von d. Horst, Reg.-Assessor a. D. 3 Karten, 168 Abb. auf 27 Taf. u. im Text. Münster i. W.: F. Schöningh in Komm. 1907. (82 S.) 4° [F.]
— **Bau-** u. **Kunstdenkmäler**, Die, von Westfalen. Lübbecke. (07. 16813 4

Die Bau- und Kunstdenkmäler des Kreises Meschede. Im Auftr. d. Provinzial-Verbandes d. Prov. Westfalen bearb. von A[lbert] **Ludorff.** Mit geschichtl. Einleitungen von Kaplan F. Brügge †. 3 Karten, 361 Abb. Münster i. W.: F. Schöningh in Paderborn in Komm. 1908. (IV, 116 S.) 4° [F.]
= **Bau-** u. Kunst**denkmäler** von Westfalen. Kreis **Meschede.** (08 16805

Ludorff, Albert: Die B a u - und Kunst d e n k m ä l e r des Kreises Minden. Im Auftr. d. Prov.-Verbandes d. Prov. Westfalen bearb. von A[lbert] Ludorff, Baurath. Mit geschichtl. Einl. von Dr. [Herm. Jos.] Wurm, Pfarrer zu Hausberge. Münster i.W.: F. Schöningh in Paderborn in Komm. 1902. (134 S.– 4°
Bau- u. Kunstdenkmäler von Westfalen. Kreis Minden.

Die Bau- und Kunstdenkmäler des Kreises Münsterland. Im Auftr. d. Prov.-Verb. d. Prov. Westfalen bearb. v. A[lbert] **Ludorff**, Prov.-Bauinsp. ... M. geschichtl. Einl. v. Dr. A[lbert] Weskamp, Oberl. ... zu Dorsten. *Münster i. W.: Komm.-V. u. Dr. v. F. Schöningh 1897.* (4 Bl., 198 S., 3 Bl., 2 Kt., 123 Taf.) 1 Bd 4.
= **Bau-** u. **Kunstdenkmäler** v. **Westfalen**. Kreis Münsterland. (97. 6970

Die Bau- und Kunstdenkmäler des Kreises Olpe. Im Auftr. d. Prov.-Verbandes d. Prov. Westfalen bearb. von A[lbert] **Ludorff**, Kgl. Baurath. Mit geschichtl. Einleitungen von Prof. F[ranz] Hölscher. 2 Karten, 316 Abb. auf 45 Taf., sowie im Text. *Münster i. W.: F. Schöningh 1903.* (113 S.) 4° [J.]
— **Bau- u. Kunstdenkmäler** von Westfalen. Kreis Olpe.

Ludorff, Albert: Die Bau- und Kunstdenkmäler des Kreises Paderborn. Im Auftr. d. Prov.-Verbandes d. Prov. Westfalen bearb. v. A[lbert] Ludorff, Prof.-Bauinsp. . . . M. geschichtl. Einleitg v. W[ilhelm] Richter, Oberl. . . . zu Paderborn. Münster i.W.: Kommv. & Dr. v. F. Schöningh 1899. (2 Bl., III, 154 S., 3 Bl., 118 Taf., 2 Kt.) 1 Bd 4.
Bau- u. Kunstdenkmäler v. Westfalen. Kreis Paderborn.

Ludorff, Albert: Die Bau- und Kunstdenkmäler des Kreises Schwelm. Im Auftr. d. Prov. Verbandes d. Prov. Westfalen bearb. von P. Mit geschichtl. Einl. von Dr. Gottfried Dütschke, Prof. 3 Kt., 82 Abb. auf 16 Taf. u. im Text. Münster i.W.: Schöningh in Paderborn in Komm. 1910. 43 S. 4°
Die Bau- u. Kunstdenkmäler von Westfalen. Kr. Schwelm.

Die Bau- und Kunstdenkmäler des Kreises Siegen. Im Auftr. d. Prov.-Verbandes d. Prov. Westfalen bearb. von A[lbert] **Ludorff**, Baurath. Mit geschichtl. Einl. von Dr. [Jakob] Heinzerling, Prof. zu Siegen. *Münster i. W.: F. Schöningh in Paderborn in Komm. 1903.* (92 S.) 4° [J.]
— **Bau- u. Kunstdenkmäler** von Westfalen. Kreis Siegen.

Die Bau- und Kunstdenkmäler des Kreises Soest. Im Auftr. d. Prov.-Verbandes d. Prov. Westfalen bearb. von A[lbert] **Ludorff**, Baurath. Mit geschichtl. Einleitungen von Prof. [Eduard] Vogeler. Münster i. W.: F. Schöningh in Paderborn in Komm. 1905. (181 S., 102 Taf.) 4° [J.]
— **Bau- u. Kunstdenkmäler** von Westfalen. Kreis Soest.

Ludorff, Albert: Die Bau- und Kunstdenkmäler des Kreises Steinfurt. Im Auftr. d. Prov.-Verbandes d. Prov. Westfalen bearb. von A[lbert] Ludorff, Prov.-Konservator. Mit geschichtl. Einleitungen von Dr. [Karl] Döhmann, Oberl. zu Burgsteinfurt. 2 Karten, 475 Abb. Münster i.W.: F. Schöningh in Paderborn in Komm. 1904. (123 S.) 4°
Bau- u. Kunstdenkmäler v. Westfalen. Kreis Steinfurt.

Die Bau- und Kunstdenkmäler des Kreises Tecklenburg. Im Auftr. d. Prov.-Verbandes d. Prov. Westfalen bearb. von A[lbert] **Ludorff**, Prov.-Baurath. Mit geschichtl. Einleitungen von Dr. A[dolf] Brennecke, Danzig. 3 Karten, 200 Abb. auf 37 Taf. u. im Text. Münster i. W.: F. Schöningh in Komm. 1907. (118 S.) 4°
— **Bau- u. Kunstdenkmäler**, Die, v. Westfalen. Kr. Tecklenburg. [07. 15086 4

Ludorff, A., die Bau- u. Kunstdenkmäler v. Westfalen. Hrsg. vom Provinzial-Verbande der Prov. Westfalen, bearb. v. A. L. Der Kreis Lüdinghausen. Mit geschichtl. Einleitgn. v. J. Schwieters. gr. 4. (VI, 113 S. m. 2 Karten u. 392 Abbildgn. auf 73 Lichtdr.- u. 32 Clichétaf., sowie im Text.) Paderborn 893. (F. Schöningh.) n. 5. 60; geb. n.n. 10. —
Bildet die Fortsetzung zu Kunst- u. Geschichtsdenkmäler, die, der Prov. Westfalen.

Ludorff, A., d. Bau- u. Kunstdenkmäler v. Westfalen. Hrsg. v. Provinzial-Verbande d. Prov. Westfalen, bearb. v. A. L. D. Kreis Dortmund-Stadt. Mit geschichtl. Einleitg. v. E. Roese. gr. 4. (III, 54 S. m. 4 Karten u. 175 Abb. auf 44 Lichtdr.- u. 13 Clichétaf., sow. im Text.) Münster 894. (Paderborn, F. Schöningh.) n. 3. —; geb. n.n. 6. —

— dasselbe. (V.—VIII.) gr. 4. Ebd. n. 18. 30; geb. n.n. 26. 30
- V. Der Kreis Dortmund-Land. M. geschichtl. Einleitgn. von E. Roese. (V, 83 S. m. 3 Karten u. 218 Abb. auf 37 Lichtdr.- u. 6 Clichétaf., sowie im Text.) 895. n. 2. 80; geb. n.n. 5. 80
- VI. D. Kreis Hörde. M. geschichtl. Einleitgn. v. E. Roese. (II, 69 u. 3 S. m. 2 Karten u. 172 Abb. auf 32 Lichtdr.- u. 9 Clichétaf., sowie im Text.) 896. n. 3. —; geb. n.n. 6. —
- VII. Kreis Münster-Land. M. geschichtl. Einleitgn. v. A. Weskamp. (VII, 193 S. m. 2 Karten u. 526 Abb. auf 101 Lichtdruck- u. 23 Clichétaf., sowie im Text.) 897. n. 4. 50; geb. n.n. 8. 50
- VIII. Kreis Beckum. M. geschichtl. Einleitgn. v. J. Schwieters. (VII, 96 S. m. 2 Karten u. 388 Abb. auf 68 Lichtdr.- u. 11 Clichétaf., sowie im Text.) 898. n. 3. —; geb. n.n. 6. —

Ludorff, A., die Bau- u. Kunstdenkmäler v. Westfalen. Hrgs. vom Prov.-Verbande der Prov. Westfalen. gr. 4. (IX—XIII.) Münster (Paderborn, F. Schöningh.) n. 16.60; geb. n.n. 36. 60
- IX. Kreis Paderborn. Mit geschichtl. Einleitgn. v. W. Richter. (III, 158 S. m. 2 Karten u. 630 Abbildgn. auf 104 Lichtdr.- u. 14 Clichétaf., sowie im Text.) 899. n. 4. 20; geb. n.n. 8. 20
- X. Kreis Iserlohn. Mit geschichtl. Einleitgn. v. H. Henniges. (VII, 67 S. m. 2 (1 farb.) Karten u. 193 Abbildgn. auf 31 Lichtdr.-Taf., 1 Clichétaf., sowie im Text.) 900. n. 2. 40; geb. n.n. 6. 40
- XI. Kreis Ahaus. Mit geschichtl. Einleitgn. v. J. Schwieters. (VII, 106 S. m. Abb. u. 68 Taf.) 900. n. 3. —; geb. n.n. 7. —
- XII. Kreis Wiedenbrück. Mit geschichtl. Einleitgn. von Eickhoff. (VII, 88 u. 3 S. m. Abbildgn. u. 58 Taf.) 901. n. 3. —; geb. n.n. 7. —
- XIII. Kreis Minden. Im Auftrage des Prov.-Verbandes der Prov. Westfalen bearb. Mit geschichtl. Einleitgn. v. Wurm. (Mit 2 Karten u. 442 Abbildgn. auf 72 Lichtdr.-Taf., 6 Clichétaf., sowie im Text.) (VII, 134 S.) 902. n. 4. —; geb. n.n. 8.—

Ludorff, A., die Bau- u. Kunstdenkmäler v. Westfalen. Hrsg. vom Prov.-Verbande der Prov. Westfalen. (XIV.—XIX.) 4. Münster. (Paderborn, F. Schöningh.) n.n. 18. 10; geb. n.n. 42. 10 (I.—XIX.: n.n. 80. 60; geb. n.n. 156. 50)
- XIV. Kreis Siegen. Im Auftrage des Prov.-Verbandes der Prov. Westfalen bearb. Mit geschichtl. Einleitgn. v. Heinzerling. (VII, 95 S. m. 2 Karten, 177 Abbildgn. auf 22 Lichtdr.-Taf., sowie im Text.) 903. n.n. 2. 40; geb. n.n. 6. 40
- XV. Kreis Wittgenstein. Im Auftrage des Prov.-Verbandes der Prov. Westfalen bearb. Mit geschichtl. Einleitgn. v. Heinzerling. (VII, 74 S. m. 2 Karten, 161 Abbildgn. auf 18 Taf., sowie im Text.) 903. n.n. 3. —; geb. n.n. 7.—
- XVI. Kreis Olpe. Im Auftrage des Prov.-Verbandes der Prov. Westfalen bearb. Mit geschichtl. Einleitgn. v. F. Hölscher, 2 Karten, 316 Abbildgn. auf 45 Taf., sowie im Text. (VII, 113 S.) 903. n.n. 3. —; geb. n.n. 7. —
- XVII. Kreis Steinfurt. Im Auftrage des Prov.-Verbandes der Prov. Westfalen bearb. Mit geschichtl. Einleitgn. v. Döhmann. 2 Karten, 475 Abbildgn. auf 86 Taf., sowie im Text. (VII, 108 S.) 904. n.n. 4. —; geb. n.n. 8. —
- XVIII. Kreis Soest. Mit geschichtl. Einleitgn. v. Vogeler. 4 Karten, 775 Abbildgn. auf 162 Taf. sowie im Text. (VII, 180 S.) 905. n.n. 4. 50; geb. n.n. 8. 50
- XIX. Kreis Bochum-Stadt. Mit geschichtl. Einleitgn. v. Darpe. 3 Karten, 27 Abbildgn. auf 10 Taf. u. im Text. (VII, 36 S.) 906. n.n. 1. 20; geb. n.n. 5. 20

Ludorff, A., d. Bau- u. Kunstdenkmäler v. Westfalen. Hrsg. v. Prov.-Verbande d. Prov. Westfalen. (XX—XXXIII.) 31,5×25 cm. Münster. Paderborn, F. Schöningh. nn 32.20; geb. nn 88. 20
- Arnsberg, Kreis. Mit geschichtl. Einleitgn. v. Feaux de Lacroix. 3 Karten, 395 Abb. auf 59 Taf. u. im Text. (VII, 130 S.) 908. (XX.) nn 3.—; geb. nn 7. —
- Bielefeld-Land, Kreis. Mit geschichtl. Einleitgn. v. R. Schrader. 3 Karten, 64 Abb. auf 12 Taf. u. im Text. (VII, 31 S.) 906. (XXI.) nn 1.20; geb. nn 5. 20
- Bielefeld-Stadt, Kreis. Mit geschichtl. Einleitgn. v. R. Schrader. 4 Karten, 106 Abb. auf 31 Taf. u. im Text. (VII, 14 S.) 906. (XXII.) nn 2.40; geb. nn 6. 40
- Bochum-Land, Kreis. Mit geschichtl. Einleitgn. v. Darpe. 3 Karten, 76 Abb. auf 14 Taf. u. im Text. (VII, 56 S.) 907. (XXV.) nn 1.20; geb. nn 5. 20
- Gelsenkirchen-Land, Kreis. Mit geschichtl. Einleitgn. v. Darpe. 3 Karten, 17 Abb. auf 3 Taf. u. im Text. (VI, 43 S.) 908. (XXVIII.) nn 1.20; geb. nn 5. 20
- Gelsenkirchen-Stadt, Kreis. Mit geschichtl. Einleitgn. v. Darpe. 4 Karten, 37 Abb. auf 8 Taf. u. im Text. (VI, 40 S.) 908. (XXIX.) nn 1.20; geb. nn 5. 20
- Halle, Kreis. Mit geschichtl. Einleitgn. v. Nitzsch. 3 Karten, 130 (Umschlag: 128) Abb. auf 35 Taf. u. im Text. (IV, 42 S.) 909. (XXX.) nn 4.20; geb. nn 8. 20
- Hattingen, Kreis. Mit geschichtl. Einleitgn. v. Darpe. (VII, 79 S. m. 90 Abb. im Text u. auf 22 Taf. u. 3 [2 farb.] Karten.) 909. (XXXI.) nn 2.40; geb. nn 6. 40
- Herford, Kreis. Mit geschichtl. Einleitgn. v. Jellinghaus. 3 Karten, 341 Abb. auf 76 Taf. u. im Text. (VII, 58 S.) 908. (XXVI.) 3.—; geb. nn 7. —
- Lübbecke, Kreis. Mit geschichtl. Einleitgn. v. Mitgl. d. Heroldsamts Frhr. v. der Horst. 3 Karten, 168 Abb. auf 27 Taf. u. im Text. (VII, 82 S.) 907. (XXIV.) nn 2.40; geb. nn 6. 40
- Meschede, Kreis. Mit geschichtl. Einleitgn. v. Hausgeistl. Kapl. F. Brügge †. 3 Karten, 301 Abb. auf 42 Taf. u. im Text. (IV, 116 S.) 908. (XXVII.) nn 4.—; geb. nn 8. —
- Schwelm, Kreis. Mit geschichtl. Einleitgn. v. Gottfr. Dütschke. (VII, 43 S. m. 73 Abb. im Text u. auf 16 Taf. u. 3 [2 farb.] Karten.) 910. (XXXIII.) nn 2.40; geb. nn 6. 40
- Tecklenburg, Kreis. Mit geschichtl. Einleitgn. v. A. Brennecke. 3 Karten, 200 Abbild. auf 37 Taf. u. im Text. (VII, 118 S.) 907. (XXIII.) nn 2.40; geb. nn 6. 40
- Witten-Stadt, Kreis. Mit geschichtl. Einleitgn. v. Darpe. (VII, 19 S. m. 16 Abb. im Text u. auf 4 Taf. u. 3 [2 farb.] Karten.) 910. (XXXII.) nn 1.20; geb. nn 5. 20

Ludorff, Albert: Die Bau- und Kunstdenkmäler des Kreises Wiedenbrück. Im Auftr. d. Prov.-Verbandes d. Prov. Westfalen bearb. von A[lbert] Ludorff, Baurath. Mit gesch. Einleitungen von Dr. [Hermann] Eickhoff, Prof. zu Hamm. (2 Karten, 260 Abb.) Münster i.W.: F. Schöningh in Komm. 1901. (88 S., 58 Taf.) 4°
Bau- u. Kunstdenkmäler v. Westfalen. Kreis Wiedenbrück.

Die Bau- und Kunstdenkmäler des Kreises Witten-Stadt. Im Auftr. d. Prov.-Verbandes d. Prov. Westfalen bearb. von A[lbert] Ludorff. Mit geschichtl. Einl. von Prof. Dr. [Franz] Darpe. 3 Kt., 16 Abb. auf 4 Taf. u. im Text. Münster i. W.: Schöningh in Paderborn in Komm. 1910. 18 S. 4°
(Die Bau- u. Kunstdenkmäler von Westfalen. Kr. Witten-Stadt.) [10. 13363

Die Bau- und Kunstdenkmäler des Kreises Wittgenstein. Im Auftr. d. Prov.-Verbandes d. Prov. Westfalen bearb. von A[lbert] Ludorff. Baurath. Mit geschichtl. Einl. von Dr. [Jakob] Heinzerling, Prof. zu Siegen. 2 Karten. 164 Abb. auf 18 Taf., sowie im Text. *Münster i. W.: F. Schöningh in Paderborn in Komm. 1903.* (73 S.) 4° [F.]
— Bau- u. Kunstdenkmäler von Westfalen. Kreis Wittgenstein. [03. 7

Ludorff, Frz., Elgeva, Königin von England. Trauerspiel in 5 Aufzügen. 8. (VII, 87 S.) Münster i. W. 888, (Mitsdörffer.) **

Ludorff, Frz. Der Heiland. Epos in 17 Gesängen. gr. 8. (VII, 195 S.) Münster i. W. 890, Selbstverlag d. Verf. * 3 —

Ludorff, Frz., der Heiland. Epos in 19 Gesängen. 2. Aufl. gr. 8. (VIII, 185 S. m. Bildnis.) Dresden 894. Druckerei Glöß. n. 2. —

Ludorff, Franz (Münster)
Ueber die Sprache des altenglischen lay Hauelok pe Dane. Münster 1873. 31 S.
Diss. phil. Giessen 12.8.1873.

Ludorff, Frz., üb. die Sprache der altenglischen lay Hauelok pe Dane. Ein Beitrag z. Kenntniß d. altengl. Grammatik. Inaugural-Dissertation. gr. 8. (31 S.) Münster 874. Aschendorff. n. — 50

—— Hans Waldman. A tragedy in 5 acts. 12. (VIII, 239 S.) Münster 886, Regensberg. *

Ludovic, Venedig im Jahre 1457, od. d. Rache Macht. Histor. Trauersp. in 5 Aufz. gr. 8. (5 B.) Leipzig 839, Rein'sche Bh.

Ludovic, C., flüchtige Bemerkungen auf flüchtiger Reise durch e. Theil v. Belgien, Holland u. England. M. Ansichten d. Westminster-Abtei u. v. Dover. 8. (24½ B.) Leipzig 846, Arnoldische Buchh.

Ludovici, Carl Günther, s. Ludovicus, Karl Günther.

Ludovici, C(hristian) (Übers.):

s.: Arzneibüchlein, Englisches. 6.Ed. (Th.1-3). Leipzig: 1717 - 1721

JB 1.334

Ludovici, C(hristian) (Übers.):

s.: Arzneibüchlein, Englisches. 6.Ed. (Th.1). Leipzig: 1717
an: Urteile, Vernünfftige, über tödtliche Wunden... 1719

JB 5.254

Ludovici, D., s. Ludwig, Daniel.

Ludovici, E., Jakob Böhme, s. a. Biographien u. Lehren v. Philosophen, Theosophen u. Schauenden aller Zeiten. III.

Ludovici, E.: Jakob Böhme. Von –. Schmiedeberg & Leipzig: Baumann [1909]. 32 S. 8°
(Biographien u. Lehren von Philosophen, Theosophen u. Schauenden aller Zeiten. 3.)

— Sterne. Gedichte. (VI, 58 S.) kl. 8. Leipzig 910. M. Altmann. 1. —

Ludovici, Franz Argentan, s. Ludewig, Franz

Ludovici, Georg Samuel, s. Ludovicus.

Ludovici, Godofr., s. Ludwig, Gottfried.

Ludovici, Hermann, Referendar: Der gutgläubige Erwerb beweglicher Sachen vom Anfechtungsgegner. Borna-Leipzig 1910: Noske. VIII, 36 S. 8°
Heidelberg, Jur. Diss. v. 14. März 1910, Ref. Endemann
[Geb. 5. Nov. 86 Nienover; Wohnort: Trier; Staatsangeh.: Preußen; Vorbildung: Kaiser-Wilhelms-Gymn. Trier Reife O. 04; Studium: Bonn 5, Marburg 2, München 1 S.; Rig. 21. Dez. 09.] [U 10. 1933

Ludovici, Jakob [Praes.], s. Steuber, Heinrich Wilhelm: Collegii juris feudalis disputatio III. sistens theses de personis, quae contractum feudale celebrare possunt.

Ludovici, Jakob Friedrich, s. Ludwig

Ludovici, Karl Günther [Praes.], s. Winckler, Wolfgang Heinrich: De ritu osculis explorandi Romanarum mulierum abstinentiam a vino lege Romuli sancitam.

Ludovici, L. Christian, s. Ludwig

Ludovici, L. G., s. Ludovicus, Karl Günther.

Ludoviciana. Festzeitung zur dritten Jahrhundertfeier der Universität Gießen. Hrsg. im Auftrage d. Univ. v. B[runo] Sauer u. H[erman] Haupt. Gießen: v. Münchow 1907. (99 S.) 2°

Ludovico, ou le petit émigré, par l'auteur des Oeufs de pâques (Chr. Schmid). (Mit 7 Steindr.) 12. Paris et Strasbourg 835. Levrault. 5 gl — fein Pap. mit ill. Steindrr. u. ill. Umschlag ½ ₰

Ludovico oder der Sohn eines Mannes von Genie. 3 Bdchn. in 1 Bde. 8. Stuttgart 846, Hallberger. 1 ₰

— s. auch Aula der schönen Literatur, 42.—44. Bdchen.

Ludovicus Granatensis

Ludwig v. Granada, Anleitung zur Betrachtung der göttlichen Wahrheiten unserer heiligen Religion. gr. 12. (496 S.) Aachen 857, Cremer'sche Buchh.

Ludwig von Granada, andächtige Betrachtungen über das Leben unseres göttlichen Herrn, s. Leitsterne auf der Bahn des Heils.

Ludwig v. Granada, Betrachtungen über das Gebet des Herrn. Aus dem Span. übers. Nebst einer Beigabe. 2., verb. Aufl. Regensburg 865. Manz. 32. (82 S.) 3 ngr.

Ludwig v. Granada, Betrachtungen üb. das Leiden unseres Herrn Jesus Christus. Aus dem Franz. übers. v. e. Priester der Erzdiöcese Cöln. Nebst e. Anh. v. Andachtsübgn. 16. (285 S. m. 1 Farbendr.) Steyl 894. Missionsdruckerei. n. — 60; geb. in Leinw. n. — 90; m. Goldschn. n. 1. 20; in Ldr. m. Goldschn. 1. 50

— Betrachtungen auf alle Tage der Woche über die wichtigsten Gegenstände der Religion u. besonders über das Leiden des allerheiligsten Erlösers. Ins Deutsche übers. von einem Priester. Schaffhausen 866. Hurter'sche Buchh. 16. (XVI, 310 S.) 15 ngr.

Ludwig v. Granada, O. Praed., Betrachtungen auf alle Tage der Woche üb. die wichtigsten Wahrheiten der Religion u. besonders üb. das Leiden des allerheiligsten Erlösers. Aufs neue durchgesehen u. hrsg. v. Maurus Ilmberger, O.S.B. 2., verb. Aufl. (XXIII, 387 S.) kl. 8. Regensburg 909. Verlagsanstalt vorm. G. J. Manz. 1. 50

—— Caritas oder die heil. Liebe. Dargestellt mittelst wahrhaft großer Vorbilder aus dem Leben echter Helden der heil. Liebe aus allen Jahrhunderten. 8. (VIII und 288 S. mit 1 Stahlst. und 24 Orig.-Illustr. in Holzschn.) Wien 862, Gorischek's Universitäts-Buchh. cart. *

Ludwig v. Granada, Einkehr in Gott auf der Bahn des geistlichen Lebens, s. Perlen katholischer Ascetik.

Ludwig von Granada, homiletische Fastenpredigten, nebst 5 Predigten über das Sacrament der Buße. Uebersetzt v. J. P. Silbert. gr. 8. (35⅓ B.) Wien 830, Grund.

—— der Führer des Sünders oder Abhandlung über die Vortrefflichkeit der Tugend und über die Vortheile, die aus ihr entspringen, sowie über den Weg, der zu ihr führt. Nach der aus dem span. Orig. in 4., verb. Aufl. veranstalteten französ. Bearbeitung des Hrn. Abbé Crouzet. Neu in deutscher Sprache hrsg. von Jos. Chowanetz. gr. 12. (VIII und 534 S.) Aachen 858, Hensen.

Ludwig v. Granada, Gedenkbuch des christlichen Lebens. 3. verb., mit dem Leben des Verf. verm. Aufl. 4 Bde. gr. 12. (342. 283. 231 u. 280 S.) Aachen 852, Cremer. 2⅔ ₰

Ludwig v. Granada, der Gewissensrath der Sünder. Getreu aus dem span. Orig. übers. von J. B. Rupert. 1. Buch. 16. (VII, 456 S.) [München 877,] Augsburg, Literar. Institut von Dr. Huttler. *

— v. dem Leiden u. dem Tode Jesu. Erwägungen. [Aus: „Hausschatz".] 12. (138 S.) Paderborn 892. Bonifacius-Druckerei. — 60

— die Lenkerin der Sünder. 2 Bde. 5. verb. Aufl. 853. — 6. verb. Aufl. Aachen 858. Cremer. 12. (380; 364 S.) 1 ₰. 10 ngr.

Ludwig von Granada, die Lenkerin der Sünder, oder Abhandlung über die Vortrefflichkeit der Tugend und über die Vortheile, die aus ihr entspringen, sowie über den Weg, der zu ihr führt. Nach der aus dem span. Orig. in 4. verb. Aufl. veranstalteten französ. Bearb. des Abbé Crouzet. Neu in deutscher Sprache herausg. von Jos. Chowanetz. 2. durchges. Aufl. Aachen 863. Hensen. 12 (XIV, 534 S.) 27 ngr.

Ludwig v. Granada, dir Lenkerin der Sünder. 7. verb. Aufl. 2 Bde. 8. (376 u. 359 S.) Aachen 876. Cremer. n. 4. 50

Ludwig v. Granada, O. S. D. (1504—1588), die Lenkerin der Sünder. Nach der neuesten span. Orig.-Ausg. bearb. v. A. Schauenberg. (X, 568 S.) kl. 8. Paderborn 906. F. Schöningh. n. 2. 20

— über die Liebe Gottes, oder: von der Vollkommenheit des christlichen Lebens. Uebers. aus den Werken des etc. 4. Aufl. Wien 853. Mechitharisten-Congreg.-Buchhdlg. 8. (XX, 236 S. u. 1 Kpfrst.) 15 ngr.

Ludwig von Granada, Predigten auf das ganze Kirchenjahr. Aus dem Latein. übersetzt von J. P. Silbert. Auf's Neue mit dem Orig. verglichen und sehr verb. von einem kathol. Geistlichen. 1. und 2. Bd. 2. Aufl. gr. 8. (XII, 340; IV, 318 S.) Regensburg 869, Manz. à Bd. ℳ 3.

Ludwjk z Granady, Rozjímání w passiowém týdni, zwláště přjhodna w Bežjm Hrobě. Přeložil a obětowal Pawel Zahálka. 12. (112 S.) Prag 851, Cretner & Kleinbub in Comm. n. 6 ngr.

Ludwig von Granada, Sei barmherzig gegen dich selbst! s.a. Bibliothek, ascetische.

— „Sei barmherzig gegen dich selbst! Gib Almosen!" Ein Mahnruf an jedes Christenherz. Aus dem Spanischen übers. von Jak. Ecker. 8. (VIII, 75 S.) Freiburg i/Br. 882. Herder. — 60

—— die heil. Spes, oder der wahre Lebensanker. Dargestellt mittelst Züge aus dem Leben edler Jungfrauen, thatkräftiger Bekenner und siegreicher Glaubenshelden. 8. (VIII und 258 S. mit 1 Stahlst. und 24 Orig.-Illustr. in Holzschn.) Wien 861(63), Gorischek's Universitäts-Buchh. cart. *

—— Veritas, oder: der wahre Fortschritt und scheinbare Rückschritt. Dargestellt mittelst einzelner Züge aus der Geschichte. 2., verb. und verm. Aufl. 8. (VIII und 308 S. mit 1 Stahlst.) Wien 864, Gorischek's Universitäts-Buchh. cart. *

—— Virtus, oder die wahren Tugendhelden. Dargestellt mittelst wahrhaft großer Vorbilder aus dem Leben echter Helden der heil. Liebe aus allen Jahrhunderten. 8. (VIII und 288 S. mit 1 Stahlst. und 24 Orig.-Illustr. in Holzschn.) Wien 862, Gorischek's Universitäts-Buchh. cart. *

Ludovicus, s.a. Ludewig. — Ludovici. — Ludwig.

LUDOVICUS (ps.), Philosophische und gereimte Sprüche, Sprüchwörter, Lebensregeln zur Erheiterung und Belehrung. 1878.
Weller, Lex. Ps. p. 331.

Ludovicus, Ant. Sam. (Hohenlohe), De veteri quiritium formula comiter conservandi. Präs. Conr. Sam. Schurzfleisch. Wittenberg (Chr. Gerdes) 3. II. 1702. (4.—) 21718

Ludovicus, Carl Günther, s. Ludovicus, Karl Günther

Ludovicus, Daniel, s. Ludwig, Daniel.

— Franc. Anton (Westfale), De jure ex pacto tertii quaesito. Präs. Just. Henning Boehmer. Halle (Joh. Friedr. Grunert) 4. VII. 1735. 58 S. (5.—) 21727
Cew.: Fr. Chr. v. Fürstenberg, W. v. Westphalen, J. W. v. Imsen, B. W. v. Droste, Moritz v. Plettenberg, L. R. v. Wenge, C. Gaud. v. Bucholtz, A. v. Hatzfeld, v. Nagel, Kerckering z. Borg, v. Boselager, v. Gahlen, C. Wolff Metternich v. Sickingen, v. Schaesberg, v. Lippe, v. Haxthausen. — Widm. v.: J. H. Boehmer.

— — Dasselbe. Halle (Joh. Friedr. Grunert) 4. VII. 1735 (1760). 61 S. (4.—) 21728

Ludovicus, Georg Samuel

Ludovici, Ge. Sam.: Tractatus juris publici de sacro fisci j u r e circa feuda Silesiae mediata ex crimine laesae majestatis commissa. Lipsiae 1724.

— Georg Sam. (Landshut/Schlesien), De usu juramenti purgatorii in criminalibus. Präs. J. H. Boehmer. Halle (J. Grunert) 1. VII. 1723. (5.—) 21729
Widm. v.: J. Schmid, G. L. Baudiss, Chr. Ludovicus, G. Th. Ludovicus.

— M. Gottfr. (Leipzig), Sapientia e veteribus poetis latinis hauriend. Lpz. (Joh. Georg) 6. IV. 1695. (4.—) 21741

— Gottfr. Thom., Judicis partes in revocando jurejurando purgatorio et suppletorio. Präs. Gg. Ad. Schubert. Lpz. (Im. Titius) 24. IV. 1721. 35 S. (5.—) 21730
Gew.: Gottl. Hieron. v. Leipziger.

Ludovicus, H. H. [Praes.], s. K u p f f e r, M. J.: Morbos scholarum Germaniae.

Ludovicus, J. F. D., s. L u d w i g, Jakob Friedrich

Ludovicus, Jakob Friedrich, s. L u d w i g, Jakob Friedrich.

— Joh. Christ., Connexio juris privati ecclesiastici praesertim Saxonici. Lpz. (Langenheim) 1738. 32 S. (4.—) 21739
Gew.: Joh. Flor. Rivinus.

— Joh. Pet., De auspicio regum occasione. Halle (Chr. Andr. Zeitler) 1715. 132 S. (5.—) 21740

Ludovicus, Johannes: Vermehrtes Weinrechen-Büchlein. Auff Würtemberger und Eßlinger / auch anderer benachbarter Eych gerichtet / samt dero Müntz und Kreutzerwehrung / nach theurer und wohlfalen Käuffen, in den hochlöblichen Hertzogthum Würtemberg / auch der Stadt Eßlingen / und andern inn- und anligenden Orten nutz- und dienlich zugebrauchen. Durch Johannem Ludovicum Helvetium. Stuttgart: Metzler 1700. 356 S. -- 24°
BJ: Helvetius, J. L.

Ludovicus, Karl Günther

L u d o v i c i, Carl Günther: „Eröffnete Academie der Kaufleute, oder vollständiges Kaufmanns-Lexicon, woraus sämmtliche Handlungen und Gewerbe . . . . erlernet werden können; und worinnen alle Seehäfen, die vornehmsten Städte und Handelsplätze, alle Arten der rohen und verarbeiteten Waaren . . . . . beschrieben und erkläret werden", 1. Teil A—B; 2. Teil C—G; 3. Teil H—M; 4. Teil N—S; 5. Teil T—Z, Leipzig 1752—1756. — 2. vermehrte und verbesserte Auflage, 5 Teile, ebenda 1767, 1768, vorh.: Bücherei der Industrie- und Handelskammer Leipzig; Bibl. des Kammergerichts Berlin — Od. 2665[2] —; UB Berlin und UB und StB Köln. — 3. Auflage, durchaus umgearbeitet von Joh. Chr. Schedel, u. d. T.: „Neu eröffnete Academie der Kaufleute, oder Encyclopädisches Kaufmannslexicon alles Wissenswerthen und Gemeinnützigen in den weiten Gebieten der Handlungswissenschaft", 6 Teile, Leipzig 1797—1801. — Vorh.: Bibl. des Kammergerichts Berlin — Od. 2670 — und Com. Bibl. Hamburg.

Ludovici, L. G., neueröffn. Akademie der Kaufleute oder Enkyclopäd. Kaufmannslexicon, umgearbeitet von Schedel. 6 Thle. gr. 8. Leipzig, Breitkopf und Härtel. 797—801. (à 4 Rthlr.)

— Carl Günther (Leipzig), Autoritas Augustanae confessionis demonstrata. Präs. Salom. Deyling. Lpz. (Joh. Christ. Langenheim) 29. VI. 1730. 40 S. (5.—) 21719
Widm. v.: Sal. Deyling.

— ausführl. Entw. e. vollst. Historie d. Wolfisch. Philosophie. 3 Thle. 8. Leipz. Löwe. 737. 38.

— — — d. Leibnitz. Philosoph. 2 Thle. 8. Ebend. 737.

— — Regulae probabilitatis historicae gradus. Lpz. (Breitkopf) 21. X. 1761. (3.—) 21721

L u d o v i c i, Carl Günther: „Grundriss eines vollständigen Kaufmannssystems, nebst Anfangsgründen der Handlungs-Wissenschaft und angehängter kurzer Geschichte der Handlung zu Wasser und zu Lande, woraus man zugleich den gegenwärtigen Zustand der Handlung von Europa, auch bis in die andern Welttheile, erkennen kann; zum Dienste der Handlungsbeflissenen, entworfen", Leipzig 1756. 2. vermehrte und verbesserte Auflage, ebenda 1768. — 2. Aufl. vorh.: Preuß. Staatsbibl. Berlin, UB Münster, Bücherei der Industrie- und Handelskammer Leipzig. — Omnitypiedruck der 2. Auflage von 1768, Stuttgart 1932 (Poeschel) (= Band IV der Quellen und Studien zur Geschichte der Betriebswirtschaftslehre, herausgegeben von Professor Dr. Rudolf Seyffert). Mit einer Einleitung: „C. G. Ludovici und sein Hauptwerk „Die Akademie der Kaufleute".

Ludovici, L. G., Grundriß eines vollst. Kaufmannssystems. 8. Leipz. Breitkopf u. Härtel. 768. Rthlr.
Mehrere Ludovici s. unter Ludewig.

— neuest. Merkwürdigk. der Leibnitz-Wolf. Philosophie. 8. Erf. u. Leipz. Haude. 738.

— — De disciplinarum philologicarum numero et nexu pauca praefatur. (Lpz., Breitkopf) (1766). 20 S. (4.—) 21724

— — De perfectionibus sermonis aestheticis. Lpz. (Langenheim) 8. III. 1764. 20 S. (4.—) 21723

— — Continuatio prolusionis de perfectionibus sermonis aestheticis. Leipzig (Langenheim) 1764. 19 S. (3.—) 21722

— — De ratione veri per fictiones in veniendi pauca praefatur. Lpz. (Langenheim) 1. III. 1770. 16 S. (3.60) 21725

— — u. Wolffg. Heinr. Winckler (Grimma), De ritu osculis explorandi Romanorum mulierum abstinentiam a vino lege Romuli sancitam. Lpz. (Langenheim) 28. III. 1733. 40 S. (4.50) 21726
Gew.: Matth. Heinr. All, Joh. Ad. Zange.

— Samml. u. Ausz. d. sämmtl. Streitschr. wegen der Wolf. Philos. 2 Thle. 8. Leipz. Born. 737–38.

— — Panaetii junioris stoici philos. vitam et merita in Romanorum cum philosophiam tum jurisprudentiam illustrat. Lpz. (Breitkopf) 23. XII. (11. IV.) 1733 (1734). 28 S. (4.50) 21720

Ludovicus, L., Gebet z. schmerzhaften Mutter Gottes auf d. Kalvarienberge in Jerusalem. 16. (2 S.) München u. Passau 898. N. Abt. —08

Ludovicus a Victoria, Th., Missa pro defunctis, s. Musica divina.

Ludovicy, Pierre: Einige N o t i z e n über die frühere Abtei von Bonneweg.
Luxemburg: Worré-Mertens [1896]. 2 S. 8°

Ludovika, oder Verbrechen aus Liebe. Ein Roman, von C. Friedrich. 2 Thle. 8. Quedlinburg, Basse. 817.

Ludovika, als Gegenstück zu Schmid's Ludwig der kleine Auswanderer. Wien 1837. V: *Wimmer, Franz.* (EB)

Ludovike, Erzählung zur Belehrung des Schönen. 8. Wien ... 2e Aufl. 784. Gerold. 4 ℊ (Leipz., Barth). 6 ℊ

Ludovike (Simanowiz). Ein Lebensbild aus der nächsten Vergangenheit geschildert für christl. Mütter u. Töchter unserer Tage von der Herausgeberin des Christbaums (Friederike Klaiber geb. Hellwag). Mit Originalbriefen von Schiller, Therese Huber u. ihren Zeitgenossen. Mit Titelkupfer. gr. 8. (IV u. 444 S. m. 1 Facsimile.) Stuttgart 847, Belser. 1 ₰ — 2. Ausg. Mit Vorwort v. Karl Steiger. Mit 1 Titelkupfer. 8. (VIII u. 444 S. m. 1 lith. Facsimile in 4.) Ebd. 850. In Engl. Einb. 1 ₰ 3 ngr
vgl. Ludowike.

Ludoviko di Parma. Dramat. Gemälde mit Musik. 8. Leipz. 804. Rein. 18 ℊ

Ludowi Wiejskiemu całéj ziemi polskiéj. Mołość Prawda i Pozdrowienie braterskie. (Przez Jacenty Toporek.) gr. 8. (16 S.) Breslau 848, Schulz & Co. 1/12 ₰

Ludowich, A., Kritische Beiträge zu den poetischen Erzeugnissen griechischer Magie und Theosophie. Pr. 1899. 24 S. 4°. 1.50

Ludowici, Karl

Ludowici, C: Katalog über Ludowici-Falzziegel und Thonwaren. Jockgrim (Pfalz) (1900)
Nebst: Nachtrag. (1905?)

Ludowici, Carl: Kataloge üb. Falzziegel und Tonwaren. Bd 1. 1906? ff. Jockgrim (Rheinfalz).
[Bd 1.] Jubiläumsausgabe zur Feier des 50 jähr. Bestehens 1857—1907. 1906?

Ludowici, Wilhelm

Stempel-Bilder Römischer Töpfer. Aus meinen Ausgrab. in Rheinzabern. Nebst d. 2 T. d. Stempel-Namen 1901–05. Wilhelm Ludowici. (München 1905: Meisenbach, Riffarth & Co.) (VI, 293 S.) 4° [Umschlagt.] [Fol. 17018]

Ludowici, Wilh., Stempel-Bilder römischer Töpfer aus meinen Ausgrabungen in Rheinzabern nebst dem II. Tl. der Stempel-Namen 1901—1905. (VI, 293 S. m. Abbildgn. u. Taf.) Lex.-8. München (906). (M. Rieger.) Kart. n.n. 50. —

Ludowici, Wilhelm. Stempel-Namen Römischer Töpfer von meinen Ausgrabungen in Rheinzabern (Tabernae Rhenanae 1901–1904). Von –. (München 1904: Meisenbach, Riffarth & Co.) (X, 140 S.) 4⁰ (8⁰)

Urnen-Graeber Römischer Töpfer in Rheinzabern u. 3. Folge dort gefundener Stempel-Namen u. Stempel-Bilder bei meinen Ausgrabungen 1905–1908. Wilhelm Ludowici. (München 1908: Meisenbach, Riffarth & Co.) (VI, 294 S.) 4° [Umschlagt.] [Fol. 17620]

LUDOWICKA, eine Erzählung zur Belehrung der Schönen. 2. Auflage. Wien, Gerold, 1784. 8⁰. Selten!
Geschichts- u. Romanen-Litt. (Cat.) Breslau 1798. — Ed. I. c. 1780?

Ludowieg, J. C. H., prakt. Anweisung z. planimetr. Vermessen, s. Hogrewe, J. L.

Ludowieg, J. C. H., Grundriß der reinen Mathematik, oder Leitfaden für den Unterricht in der gesammten Elementar-Mathematik. Zum Gebrauche für die oberen Classen der Gymnasien ɪc. 1. Abthl. Arithmetik und Algebra. Mit Einschluß der Combinationslehre und einigen Theilen der höhern Algebra. gr. 8. Hannover 844, Hahn'sche Hofbuchh. 1 1/6 ₰

— Grundriß der reinen Mathematik, oder Leitfaden für den Unterricht in der gesammten Elementar-Mathematik. 2. Abth. Ebene Geometrie u. Trigonometrie. Mit 4 Kupfertaf. (in 4.) gr. 8. (VIII u. 214 S.) Ebd. 847. 1 ₰ (1. u. 2.: 2 1/6 ₰)

—— erster Cursus d. reinen Mathematik, enth.: Die Anfangsgründe d. Arithmetik u. Algebra u. d. ebenen Geometrie. Zum Gebr. als Leitfaden beim mathemat. Unterr. auf höh. Lehr-Anstalten, insbesond. f. d. mittl. Classen d. Gymnasien. gr. 8. (11 1/2 B. u. 70 eingedr. Holzschn.) Hannover 837, Hahn'sche Hofbuchh.

Ludowieg, J. C. H., erster Cursus der reinen Mathematik, enth.: die Anfangsgründe der Arithmetik und Algebra und der ebenen Geometrie. Zum Gebrauch als Leitfaden beim mathemat. Unterrichte, insbesond. in den mittleren Classen der Gymnasien, und in Real- und höheren Bürgerschulen. 2., verb. und verm. Aufl. gr. 8. (XII und 228 S. mit 71 eingedr. Fig.) Hannover 849, Hahn'sche Hofbuchh. Thlr.

Ludowieg, J. C. H., erster Cursus der reinen Mathematik, enthaltend: die Anfangsgründe der Arithmetik und Algebra und der ebenen Geometrie. Zum Gebrauche als Leitfaden beim mathematischen Unterrichte, insbesondere in den mittleren Classen der Gymnasien, und in Real- und höheren Bürgerschulen. 8., verb. und verm. Aufl. gr. 8. (XIV und 259 S. mit 71 eingedr. Fig. in Holzschn.) Stade 857. (Hannover, Hahn'sche Hofbuchh.) *

Ludowieg, J. C. H., Lehrbuch d. Arithmetik u. d. Anfangsgründe d. Algebra. Zunächst als Leitfaden bei seinem Unterr. auf d. Kgl. Militair-Schule zu Hannover. 1. Aufl. ... 828. 1 Thlr. 18 Gr., 2., verb. u. verm. A. gr. 8. (26 B.) Hannover 835, Hahn.

—— Lehrbuch d. Arithmetik u. d. Anfangsgründe d. Algebra, f. Gymnasien u. höh. Lehranstalten. 2., verb. u. verm. Aufl. gr. 8. (26 B.) Hannover 835, Hahn'sche Hofbuchh.

Ludowieg, J. C. H., Lehrbuch der Arithmetik u. der Anfangsgründe der Algebra. Für Gymnasien u. höhere Lehranstalten, so wie auch zum Selbst-Unterrichte. 3. verb. u. bedeut. verm. Aufl. gr. 8. (XVI u. 384 S.) Hannover 852, Hahn. 1 1/2 ₰

—— Lehrbuch d. Elementar-Geometrie u. Trigonometrie. 1. Thl. — A. u. d. T.: Lehrbuch d. ebenen Geometrie u. ebenen Trigonometrie. M. 5 Kpfrt. (gr. 4.) gr. 8. (26 1/2 B.) Hannover 831, Hahn.
Vgl. Ludewieg, Ludewig, Ludwig.

—— Lehrbuch d. Elementar-Geometrie u. Trigonometrie, f. Gymnasien u. höh. Lehranstalten. 2 Thle. gr. 8. Hannover, Hahn'sche Hofbuchh.
A. u. d. Ttln.:
Thl. 1. Lehrbuch d. ebenen Geometrie u. ebenen Trigonometrie, nebst d. Grundlehren d. analyt. Trigonometrie. 2., verb. u. verm. Aufl. (28 B. u. 6 Kpfrt.) 839. 2 Thlr.
= 2. Lehrbuch d. Stereometrie u. sphär. Trigonometrie. (22 3/4 B. u. 6 Stnt.) 840. 2 Thlr. 8 Gr.

—— die elementare Stereometrie, zum Gebrauche für Schulen und zum Selbst-Unterrichte. gr. 8. (VIII und 120 S. mit 3 Stnt. in gr. qu. 4.) Stade 855(56.) (Hannover, Hahn'sche Hofbuchh.) *

Ludowig, Heinr., die Bierbrauerei aus Kartoffeln, s.a. Schauplatz, neuer, der Künste. 164. Bd.

Ludowig H., d. Bierbrauerei aus Kartoffeln. 2. Aufl. 1854. —.60

— Bleiweiß- u. Bleizuckerfabrikation, s.a. Schauplatz, neuer, der Künste u. Handwerke, 155. Bd.

— — d. Bleiweiss u. Bleizuckerfabrikat. 2. Aufl. 1854. —.60

—— Handbuch der Bleiweiß- und Bleizuckerfabrication, f. Schauplatz, neuer, der Künste ꝛc. 164. und 155. Bd.

Ludowigs, Henr. (geb. Cöln a. Rh. 9. 9. 1841): De apoplexia cerebri. Berolini (1864). (30 S.) 8°
Berlin, Med. Diss. v. 12. Aug. 1864

Ludowigs, Kaspar Heinrich, Medizinalpraktikant: Beitrag zur Casuistik der Halsphlegmonen und Halseiterungen. München 1905: Kastner & Callwey. (31 S.) 8°
München, Med. Fak., Ref. v. Bollinger, Diss. v. 20. Febr. 1907
[Geb. 25. Juli 79 Cöln a. Rh.; Wohnort: Cöln; Staatsangeh.: Preußen; Vorbildung: Thomas-Gymn. Kempen a. Rh. Reife O. 99; Studium: Naturwiss. Genf 1, Med. Berlin 1, München 6, Rostock 1, Königsberg 2, München 1 S.; Coll. 20. Febr. 07; Approb. 1. Jan. 07.]

Ludowika. Oder: Das Mädchen aus den Apenninen. Eine belehr. Erzähl. f. reif. Mädchen. Als Seitenstück z. Erzähl. d. Hrn. Chrstph. Schmid: Ludwig d. kleine Auswanderer. Vom Verf. „der tugendhaften Mädchen," ꝛc. gr. 12. (6½ B. u. Ttlkpfr.) Wien 837, [Wimmer, Schmidt u. Leo.]

Ludowike. Ein Lebensbild.... Stuttgart 1850 s. [Klaiber-Hellwag, Friederike].

Ludowike. – Ludowike. Ein Lebensbild, s. Ludovike.

Ludowike von Suttheim. Ein Drama in 5 Aufz. Hamb. 1785. V: *Hanker, Garlieb.* (GGr)

Ludsteck, sen. (H. X.,) kurze Abhandlung, den Hopfen in Baiern mit Nutzen anzubauen. Nach eigner Erfahrung. 8. Straubing 819, Schorner.

— kurze u. deutliche Anweis., den Hopfen, dieses so nützliche u. zum Bierbrauen unumgänglich nothwendige Produkt mit Nutzen anzubauen. Neue wohlf. Ausg. 3. Straubing 827, Schorner.

LUDSTECK, Ignaz (Straubing): De haemoptysi.- Straubingae: Lern 1842. 16 S.
30.7.1841 - Urk: F 65
Diss. Ingolst.-Landsh.-Mchn.

Ludt, A.

Handkarte des Kreises Ottweiler. Bearb. u. gez. unter Benutzung seiner Wandkarte d. Kreises u. der von d. Kgl. Kataster-Insp. hrsg. Entfernungs- u. Reisekarte d. Kreises von A. Ludt, Lehrer, St. Johann a/S. Maßst. 1:80,000. *Trier: F. Lintz [1903]; Lith. E. Gaebler, Leipzig-N.* (1 Kartenbl. 36×32 cm.) quer-4° [kol.]

Handkarte des Kreises Saarbrücken. Für d. Schul- u. Privatgebr. bearb. von A. Ludt, Lehrer, St. Johann. Maßst. 1:75,000. *Trier: F. Lintz [1903]; Lith. E. Gaebler, Leipzig-N.* (1 Kartenbl. 41×40 cm.) quer-4° [kol.]

Lüdt, R., Gedichte. 1. und 2. Aufl. 16. (20 S.) Weimar 870, Kühn. *

Lüdtge, Robert

— Ueber die Ausbreitung der Flüssigkeiten auf einander. (Aus: Poggendorff's Annalen, Bd. CXXXVII.)

Lüdtge, (Franz Herm.) Rob. (geb. Berlin 11. 9. 1845): Ueber den Einfluss mechanischer Veränderungen auf die magnetische Drehungsfähigkeit einiger Substanzen. Berlin (1866). (35 S.) 8°
Berlin, Phil. Diss. v. 16. Apr. 1866

— Ueber die Spannung flüssiger Lamellen. (Aus: Poggendorff's Annalen, Band CXXXIX.)

Lüdtke, Alb., s.: Lotterien, unsere.

Lüdtke, Clemens, s. Lüdtke, Klemens

Lüdtke, Frz., s.: Apotheker-Kalender f. d. Deutsche Reich.

Lüdtke, Frz., die strategische Bedeutung der Schlacht bei Dresden. (Diss. Sonderdr.) (61 S.) 8. Berlin-Wilmersdorf (Nassauischestr. 37) 904. Dr. F. Lüdtke. n. 3.—

Lüdtke, Franz, aus Bromberg: Die strategische Bedeutung der Schlacht bei Dresden. *(Berlin: A. Unger 1904)* (58 S.) 8° [F.] ¶ (Soll in erweit. Form u. mit Kartenskizzen im gleichen Verl. erscheinen u. d. T.: Die Schlacht bei Dresden, ⟨1813⟩. Eine strateg. Untersuchung.)
Berlin, Phil. Diss. v. 13. Febr. 1904

Lüdtke, Franz [aus Conitz]: Beiträge zur Kenntniss der Aleuronkörner. . . . (Aus: Jahrb. f. wiss. Bot. Bd. XXI. H. 1.) Berlin, Druck v. G. Bernstein, 1889; 67 S. u. 3 Taf. 8°
Erlangen, Phil. Fak., Inaug.-Diss. v. 1889

Lüdtke, Frz., Führer durch Bromberg u. Umgebung. (47 S. m. Abbildgn., 1 Karte u. 1 farb. Plan.) kl. 8. Bromberg (909). Mittler. 1.—

Lüdtke, Franz, Dr.: Die Geologie im erdkundlichen Unterrichte höherer Schulen. Wollstein 1907: S. Wolffsohn. (S. 3—13.) 4° [F.]
Wollstein, k. R. i. E. OP 1907 (217)

— Lieder e. Suchenden. (108 S.) 8. Lissa 909. O. Eulitz. 1.50; geb. in Leinw. 2.—

Lüdtke, F. Die Überlieferung und Legende der Schlacht bei Dresden 1813. (Dresden 1904.) 4°. (Aus: Dresdener Geschichtsblätter.)

Professor Sombarts 'Deutsche Volkswirtschaft im 19. Jahrhundert'. Eine Kritik von Dr. Franz **Lüdtke.** Leipzig: Th. Fritsch in Komm. 1905. (36 S.) 8° [F.]

Lüdtke, Friedrich Germanus, s.a. Lüdke, F. Hermann. – Lüdke, Fr. Germ.

Zwei Predigten, bei Gelegenheit der Regierungsveränderung in den preussischen Landen, von Friedrich Germanus Lüdtke, Prediger an der Nicolai- und Kloster-Kirche. Berlin 1787. 8.

Lüdtke, G., s.: Minerva.

Lüdtke, G(erhard), aus Greifenberg i. P.: **Geschichte des Wortes 'Gothisch' im 18. und 19. Jahrhundert.** *Straßburg: K. J. Trübner 1903.* (20 S.) 8° [F.] ¶ [Aus: Zeitschr. f. deutsche Wortforschung, Bd 4.]
Heidelberg, Phil. Diss. v. 1903

Lüdtke, Gustav

Lüdtke, G. The Erl of Tolous and the Emperes of Almayn. I. Teil. Diss. Berlin 1881. 30 S.

Lüdtke, Gust. (Otto Dan.) (geb. Torney bei Stettin 17. 1. 1857): The Erl of Tolous and the Emperes of Almayn. Teil 1. Weimar 1881. (30 S.) 8° * Vollst. ersch. in: Sammlung engl. Denkmäler Bd 3. Berlin, Weidmann 1881.
Berlin, Phil. Diss. v. 1. Juli 1881

Lüdtke, H., Lehrbuch der Physik, s.: Münch, Pet.

Lesestoff in mäßig gekürzter Debattenschrift des Einigungssystems 'Stolze-Schrey' von H. **Lüdtke,** Lehrer in Guben. Berlin: L. Oehmigke 1904. (48 S.) 8° [Text stenogr.]

Lüdtke, Hans, Referendar: Zur Lehre von der Übertragung der Forderungen. *Greifswald 1902: J. Abel.* (46 S.) 8°
Greifswald, Jur. Diss. v. [22. Juli] 1902

Lüdtke, Heinrich: Physikalische Aufgaben über Maxima und Minima in elementarer Behandlung. *Iserlohn (1898): F. Dossmann.* (1—21 S.) 4° [F.]
Iserlohn, RG u. R, P 1898 (388)

Lüdtke, Heinrich [aus Naugard]: **Aus d. physikal. Institut d. Univ. Greifswald. Über die Eigenschaften verschiedener Silbermodifikationen ... Greifswald, Druck v. F. W. Kunike, 1893; 2 Bl., 55 S. 8.**
Greifswald, Phil. Fak., Inaug.-Diss. v. 30. Juni 1893

Lüdtke, H[einrich], Dr.: **Über elektrische Stromlinien und verwandte Versuche zur Elektricitätslehre. Altona 1905:** M. Gehricke. (20 S.) 4°
Altona, RG u. R OP 1905 (340)

Lüdtke, H(einrich), Dr.: Versuche aus der Wärmelehre und verwandten Gebieten, zum Teil im Anschluss an Loosers Doppelthermoskop. *Altona (1899): P. Meyer.* (16 S.) 4°
Altona, RG u. R, OP 1899 (303)

Luedtke, Karl, Arzt: Zur Lehre von den Intoxikationspsychosen. Kiel 1910: Schmidt & Klaunig. 22 S. 8°
Kiel, Med. Diss. v. 4. Juli 1910, Ref. Siemerling
[Geb. 5. Okt. 83 Berlin; Wohnort: Gr.-Lichterfelde; Staatsangeh.: Preußen; Vorbildung: Gymn. Gr.-Lichterfelde Reife O. 03; Studium: Berlin 10 S.; Coll. 17. Juni 10; Approb. 30. Nov. 09.] [U 10. 2452

Lüdtke, Klemens

Lüdtke, Clem., die Bilderverehrung u. die bildlichen Darstellungen in den ersten christlichen Jahrhunderten. Eine dogmat. u. kunstgeschichtl. Programm-Abhandlg. 4. (38 S.) Freiburg i/Br. 874. Herder. n. 1. —

Lüdtke, Clem., Erklärung des heil. Meßopfers. Eine Weihnachtsgabe für Studierende. 8. (VIII, 142 S.) Danzig 882, Boenig. *

Lüdtke, Clem., Geschichte der Kirche Jesu Christi für Studirende, zunächst für die oberen Classen höherer Lehranstalten. Mit Approbation der hochwürdigsten Bischöfe von Culm und Ermland. 3 Abthlgn. 8. Danzig, Boenig. *
Inhalt:
Abthl. 1. Das christliche Alterthum. (XII, S. 1—144.) 878. *ℳ 1,20.
„ 2. Das christliche Mittelalter. (V, S. 145—292.) 878. *ℳ 1,20.
„ 3. Die christliche Neuzeit. (VI, 293—567.) 877. *ℳ 1,80.

Lüdtke, Clemens, Geschichte der Kirche Jesu Christi f. Studierende. 3 Abtlgn. 2., neubearb. Aufl. gr. 8. Danzig, H. F. Boenig. n. 6. —
1. Das christliche Altertum. (VIII, 142 S.) 890. n. 1. 50
2. Das christliche Mittelalter. (VI u. S. 145—296.) 892. n. 1. 50
3. Die christliche Neuzeit. (VIII u. S. 297—600.) 893 n. 3. —

—— das von Sr. Heil. Papst Leo XIII. für die Zeit vom 19. März bis 1. Novbr. 1881 verkündete außerordentliche Jubiläum und die Missionen der kathol. Kirche im 19. Jahrh., nebst einem Unterrichte und Gebeten für die Gewinnung des Jubelablasses. 8. (92 S.) Ebendas. 881. **

Lüdtke, Clemens: Das St. Marien-Krankenhaus in Danzig. Zum 50jähr. Jub. dieser Kranken- u. Waisenanstalt am 13. Nov. 1902 in dankbarer Erinnerung gewidmet von Dr. Clemens Lüdtke, Domkapitular. Mit zahlr. Abb. Danzig: H. F. Boenig 1902. (134 S.) 8°

Unterrichts- und Erbauungsbüchlein für das allgemeine Jubiläum, welches in d. Stadt Rom im J. 1901 gefeiert u. vom hl. Vater Leo XIII f. d. Jahr 1901 auf d. ganzen Erdkreis ausgedehnt ist. Zsgest. u. verf. von Dr. Clemens **Lüdtke,** Domherr. *Danzig: H. F. Boenig 1901.* (70 S.) 8° [J.]
[01. 10008 10

Lüdtke, Paul, Referendar: Das kaufmännische Zurückbehaltungsrecht. Kolberg 1908: Burmann. 90 S. 8°
Greifswald, Jur. Diss. v. 21. Jan. 1909, Ref. Frommhold
[Geb. 26. März 84 Alt-Damm; Wohnort: Kolberg; Staatsangeh.: Preußen; Vorbildung: Gymn. Kolberg Reife O. 04; Studium: Marburg 1, Berlin 3, Greifswald 2 S.; Rig. 5. Nov. 07.] [U 09. 1462

Lüdtke, Willy, s.: **Abercii,** S., vita.

Die Grabschrift des Aberkios [Abercius], ihre Überlieferung u. ihr Text von Willy **Lüdtke** u. Theodor Nissen. Mit 1 Taf. Leipzig & Berlin: Teubner 1910. 50 S. 8°
(S. Abercii Vita ed. Th. Nissen. Suppl.)
(Bibliotheca script. Graec. et Rom. Teubneriana.) [11. 1313

Lüdtke, Willy [aus Coerlin a. d. Persante]: **Untersuchungen zu den Miniaturen der Wiener Genesis ... Greifswald, Akad. Buchh., J. Bindewald, 1897; 2 Bl., 52 S. 8.**
Greifswald, Phil. Fak., Inaug.-Diss. v. 10. Apr. 1897

Lüdtke, Willy: Verzeichnis der Balhorn-Drucke. Die 'Materia corrasa' d. Lübecker Dompredigers Johann Lüthken. Von W[illy] Lüdtke. Lübeck 1907: Rathgens. 47 S. 8°
Aus: Zeitschr. d. Ver. f. Lübeckische Geschichte u. Altertumskunde. Bd 9.

Lüdtke, Willy, s. Vita, S. Abercii. Suppl.

Ludus divinae providentiae in Henrico comite Calvensi. [Salisburgi 1701.] V: *Seiz, Placidus von.* (Hr)

Das Spiel von den zehn Jungfrauen (Ludus de decem virginibus) und das Katharinenspiel (Ludus de beata Catharina) untersucht u. hrsg. von Otto Beckers. Breslau: M. & H. Marcus 1905. (VIII, 157 S.) 8°
= Abhandlungen, Germanistische. H. 24. [05. 9188 9

Ludvigh, S. v., Gedichte. A. d. Jünglingsalter. gr. 8. (12 B., Titelkpfr. u. Titelvign.) Güns 827. (Leipzig, Weygand.) Thlr.

—— Myrthenstraeusse, od. originelle Erzählungen, Gedichte u. Reisescenen. Der gebild. Damenwelt gewid. 7 Bdchn. 16. (43 B.) Pressburg 833. (Hildburghausen, Kesselring.)

—— Reise in Ungarn im J. 1831. In d. Comitaten a) disseits d. Donau: Pesth, Gran, Neograd; b) jenseits d. Donau: Comorn, Raab, Oedenburg, Eisenburg, Zala, Veszprim, Stuhl-Weissenburg; c) disseits d. Theiss: Zips, Sáros, Abaúj, Torna u. Gömör. gr. 8. (9¼ B.) Pesth 832. (Leipzig, Weygand.) 1 Thlr., Schrbvlnp.

—— Theon, od. poet. Anklänge, s. 8. Bd.: Theon.

Ludvigh, Samuel. Alt und Neu: Uebungen für geistiges Turnen. Cincinnati, 1868. DLC

________. Frisch und frei: Eine Sammlung prosaischer Aufsätze. Cincinnati: Verlag des Verfassers, 1866. DLC

Ludvigh, Samuel. Kossuth, oder der Fall Ungarn: Historisches Drama in fünf Acten. Baltimore: Ludvigh, 1853. DLC, MdHi, WHi

Ludvigh, Sam., Licht- und Schattenbilder republikanischer Zustände. Skizzirt während seiner Reise in den verein. Staaten von Nord-Amerika 1846/47. 8. (VIII und 344 S.) Leipzig 848, Jurany.

______. Protokoll-Buch für die Arbeiter-Grauen und Mädchenbund. New York, 1886-89. TIL

______. Protokoll Buch, Section New York. New York, 1886-88. TIL

______. Protokoll-Buch des Unterstützungs-Committee der Socialistischen Arbeiter Partei. New York, 1885-90. TIL

______. Reden, Vorlesungen und prosaische Aufsätze im Gebiete der Religion, Philosophie und Geschichte. Baltimore: Verlag des Verfassers, 1850. DLC, MnHi, PPMerc

Ludvigh, Sim. v., malerische Reise von Pesth üb. Semlin, Belgrad, Mehadia nach Orsowa. Mit polit.-histor.-statist. Bemerkn. u. vorzügl. Berücksichtig. d. Bäder Mehadia, Sliács, Stubna, Trencsin. 2 Thle. 8. (19¼ B.) Hildburghausen 835, Kesselring'sche Hofbuchh.

Ludweiler [Schlagwort]

Ludweiler, s.: Geologische Karten (Elsass-Lothringen).

Ludwell, G., commentarii ad institutionum iuris. 4. Nürnb. 701.

— comment. im Imp. Iustiniani institution. libros IV. 4. ibid. 707.

— decisiones ex univ. iure. 4. ibid. 713.

— Rechtsansprüche u. Beschränkungen. 4. Ebend. 714.

Ludwich, Arth., s.a. Allegoriae Homericae.

... Index lectionvm ... per aest. a. 1895 ... habendarvm. Insvnt Allegoriae Homericae ex codice Vindobonensi primvm editae ab Arthvro Lvdwich. Regimontii ... *1895;* 34 S. 4.

— Allegoriae Homericae ex cod. Vindob. primum ed. Pr. 1905. 18 S. 4°.

Ludwich, Arthur: Anekdota zur griechischen Orthographie. I. Königsberg 1905: Hartung. (32 S.) 8°
Königsberg, Verz. d. Vorl. f. d. WS. 1905/06

Ludwich, Arthur: Anekdota zur griechischen Orthographie. II. Königsberg 1906: Hartung. (S. 33—64.) 8° ¶[Ist Forts. d. Vorl.-Verz. 1905/06.]
Königsberg, Verz. d. Vorl. f. d. SS. 1906

Ludwich, Arthur: Anekdota zur griechischen Orthographie. III. Königsberg 1906: Hartung. (S. 65—96.) 8° ¶[Forts. d. Vorl.-Verz. 1905/06, 1906.]
Königsberg, Verz. d. Vorl. f. d. WS. 1906/07

Ludwich, Arth., Anekdota zur griechischen Orthographie. IV.—XI. Progr. (S. 97—340.) gr. 8. Königsberg 907—10. (Akadem. Buchh. v. Schubert & Seidel. à — 30

Ludwich, Arthur: Anekdota zur griechischen Orthographie. IV. Königsberg 1907: Hartung. (S. 97—128.) 8° ¶[Forts. d. Vorl.-Verz. 1905/06, 1906, 1906/07.]
Königsberg, Verz. d. Vorl. f. d. SS. 1907

Ludwich, Arthur: Anekdota zur griechischen Orthographie. V. Königsberg 1907: Hartung. (S. 129—160.) 8° [Forts. d. Vorl.-Verz. 1905/06, 1906, 1906/07, 1907.]
Königsberg, Verz. d. Vorl. f. d. WS. 1907/08.

Ludwich, Arthur: Anekdota zur griechischen Orthographie. VI. Königsberg 1908: Hartung. (S. 161—192) 8° [Forts. d. Vorl.-Verz. 1905/06, 1906, 1906/07, 1907, 1907/08.]
Königsberg, Verz. d. Vorl. f. d. SS. 1908

Ludwich, Arthur: Anekdota zur griechischen Orthographie. VII. Königsberg 1908: Hartung. S. 193—209. 8° [Forts. d. Vorl.-Verz. 1905/06, 1906, 1906/07, 1907, 1907/08, 1908.]
Königsberg, Verz. d. Vorl. f. d. WS. 1908/09 [U 09. 2356

Ludwich, Arthur: Anekdota zur griechischen Orthographie. VIII. Königsberg 1909: Hartung. S. 209—244. 8° [Forts. d. Vorl.-Verz. 1905/06. 1906, 1906/07, 1907, 1907/08, 1908, 1908/09.]
Königsberg, Verz. d. Vorl. f. d. SS. 1909 [U 09. 2357

Ludwich, Arthur: Anekdota zur griechischen Orthographie. IX. Königsberg 1909: Hartung. S. 245—276. 8° [Forts. d. Vorl.-Verz. 1905/06, 1906, 1906/07, 1907, 1907/08, 1908, 1908/09, 1909.]
Königsberg, Verz. d. Vorl. f. d. WS. 1909/10 [U 10. 2558

Ludwich, Arthur: Anekdota zur griechischen Orthographie. X. Königsberg 1910: Hartung. S. 277—308. 8° [Forts. d. Vorl.-Verz. 1905/06, 1906, 1906/07, 1907, 1907/08, 1908, 1908/09, 1909, 1909/10.]
Königsberg, Verz. d. Vorl. f. d. SS. 1910 [U 10. 2559

Ludwich, Arthurus: Animadversiones ad Cassiae sententiarum excerpta. *Regimontii 1898: Hartung.* (7 S.) 4° ¶[In deutscher Sprache.]
Königsberg, Progr. z. Gedächtnissfeier am 11. Juni 1898

... Index lectionvm ... per aest. a. 1892 ... habendarvm. — Insvnt Arthvri Lvdwich (I.) Adnotationes criticae ad scholia in Homeri Iliadem Genavensia [Th. 1] et (II.) commentatio Die sogenannte voralexandrinische Ilias inscripta. Regimontii ... *1892;* 48 S. 4.

... Index lectionvm in regia academia Albertina per hiem. a. 1892/93 ... habendarvm. — Insvnt Arthvri Lvdwich (I.) adnotationvm criticarvm ad scholia in Homeri Iliadem Genavensia p. II et (II.) commentatio Qvantitaetszeichen in den aeltesten Iliashandschriften inscripta. [Abh. 1 Th. 1: Ind. lect. 1892.] Regimontii, ex offic. Hartvngiana, *1892;* 48 S. 4.

Ludwich, Arth., adnotationes criticae ad scholia in Homeri Iliadem Genavensia et commentatio „Die sogenannte voralexandrinische Ilias" inscripta. gr. 4. (32 S.) Königsberg i/Pr. 892. (Akadem. Buchh. v. Schubert & Seidel.) n. — 20

— dasselbe, pars II et commentatio „Quantitätszeichen in den ältesten Iliashandschriften" inscripta. gr. 4. (31 S.) Ebd. 892. n.n. — 20

Ludwich, A., Zur griechischen Anthologie. S.-A. 1878. 10 S.

... Index lectionvm ... per aest. a. 1894 ... habendarvm. — Inest Batrachomachiae Homericae archetypon ad fidem codicvm antiqvissimorvm ab Arthvro Lvdwich restitvtvm. Regimontii ... *1894;* 1 Bl., 44 S. 4.

— Batrachomachiae Homericae archetypon ad fidem codicum antiquissimorum rest. Pr. 1894. 28 S. 4°.

Ludwich, Arthurus, P. P. O.: Aeschylea. Regimontii 1909: Hastung. 8 S. 8°
Königsberg, Progr. z. Gedächtnisfeier am 12. Juni 1909
[U 09. 2428

Ludwich, Arthurus, P. P. O.: Aeschylea. 2. Regimontii 1910: Hartung. 8 S. 8° [Forts. d. Progr. z. Gedächtnisfeier. 1909.]
Königsberg, Progr. z. Gedächtnisfeier am 28. Mai 1910
[U 10. 2636

— s.: Batrachomachia, die homerische, des Karers Pigres.

Ludwich, Arth., Beiträge zur Kritik des Nonnos von Panopolis. gr. 4. (143 S.) Königsberg 873, Nürmberger's Buchh. (Berlin, Calvary und Comp.) *

Ludwich, Arthur: Kritische Beiträge zu den poetischen Erzeugnissen griechischer Magie und Theosophie. *Königsberg 1899: Hartung.* (S. 1—24.) 4°
Königsberg, Verz. d. Vorl. f. d. SS 1899

Ludwich, Arth., kritische Beiträge zu den poetischen Erzeugnissen griechischer Magie u. Theosophie. Progr. hoch 4. (24 S.) Königsberg 899. (Akadem. Buchh. v. Schubert & Seidel.) — 30.

— Bemerkgn. zu d. Inschriften d. ilischen Tafeln u. zu Bakchylides. M. einem Anh. v. Otto Rossbach. Progr. 4. (13 S.) Königsberg 898. (Akadem. Buchh. v. Schubert & Seidel.) — 30

Ludwich, Arthur: Bemerkungen zu den Inschriften der ilischen Tafeln und zu Bakchylides. Mit einem Anhange von Otto Rossbach. *Königsberg 1898: Hartung.* (42 S.) 4°
Königsberg, Verz. d. Vorl. f. d. S.S. 1898

Ludwich, Arthur: [1.] Besserungsvorschläge zu Kolluthos. — [II.] Kritische Miscellen ⟨21—24⟩. *Königsberg 1901: Hartung.* (S. 1—20.) 4° ¶ [II ist Forts. d. Vorl.-Verz. 1897 u. 1899/1900.]
Königsberg, Verz. d. Vorl. f. d. SS 1901

— s.: Briefe, ausgewählte, von u. an Chr. A. Lobeck u. K. Lehrs.

Ludwich, Arthurus, P.P.O.: Callimachea. Regimontii 1907: Hartung. (8 S.) 8°
Königsberg, Progr. zur Gedächtnisfeier am 1. Juni 1907

Ludwich, Arthurus, p. p. o.: De Philonis carmine Graeco-Iudaico. *Regimontii 1900: Hartung.* (8 S.) 4° ¶ [In deutscher Sprache.]
Königsberg, Progr. zur Gedächtnisfeier am 16. Juni 1900

Ludwich, Arthurus, p. p. o.: De Theodoti carmine Graeco-Iudaico. *Regimontii 1899: Hartung.* (8 S.) 4° ¶ [In deutscher Sprache.]
Königsberg, Progr. zur Gedächtnisfeier am 3. Juni 1899

... **Index lectionvm** in regia Academia Albertina per hiem. a. 1894/95 ... habendarvm. — Inest Arthvri **Lvdwich** de codicibvs Batrachomachiae dissertatio. Regimontii, ex offic. Hartvngiana, *1894;* 38 S. 4.

— de codicibus Batrachomachiae. Progr. gr. 4. (22 S.) Königsberg i/Pr. 894. (Akadem. Buchh. v. Schubert & Seidel.) n. — 20

Moschopuli in Batrachomyomachiam commentarii Pars I qua orationes ad celebrandam diebus XI m. Mart. XXI et XXIII m. Maii XXIII m. Iunii memoriam virorum illustrium Caelestini de Kowalewski Iacobi Friderici de Rhod Friderici de Groeben Aboli Friderici de Groeben Ioannis Diterici de Tettau . . . diebus XIV et XXI m. Iunii publice habendas indicit Arthurus Ludwich P. P. O. Regimontii, ex offic. Hartungiana, 1890; 7 S. 4°

... **Index lectionvm** in regia academia Albertina per hiem. a. 1891/92 ... habendarvm. — Inest Moschopvli in Batrachomyomachiam commentarii p. II ab Arthvro **Lvdwich** edita. [P. I: Einladungsschr., 1890.] Regimontii, ex offic. Hartvngiana, *1891;* 41 S. 4.

Ludwich, Arth., commentatio in Joanne Philopono grammatico. gr. 4. (18 S.) Königsberg 888, (Akadem. Buchh. von Schubert und Seidel.) *

Ludwich, Arthurus, P. P. O.: Coniectaneorum in Athenaeum fasc. I. *Regimontii 1901: Hartung.* (8 S.) 4°
Königsberg, Progr. zur Gedächtnisfeier am 8. Juni 1901

Ludwich, Arthurus, P. P. O.: Coniectaneorum in Athenaeum fasc. II Hermesianactis Leontii fragmentum continens. *Regimontii 1902: Hartung.* (8 S.) 4° ¶ [Forts. d. Progr. z. Gedächtnisf. 1901.]
Königsberg, Progr. zur Gedächtnisfeier am 31. Mai 1902

Ludwich, Arthurus, P.P.O.: Coniectanea ad Bucolicos Graecos. Regimontii 1908: Hartung. (8 S.) 8°
Königsberg, Progr. z. Gedächtnisfeier am 20. Juni 1908

Ludwich, Arthurus, P. P. O.: De Cyclo Homerico dissertatio. Regimontii 1905: Hartung. (11 S.) 8°
Königsberg, Progr. zur Gedächtnisfeier am 24. Juni 1905

— Erinnergn. an Oskar Erdmann, s.: Festschrift, z. 70. Geburtstage Oskar Schade dargebracht.

Ludwich, Arth., de Didymi περὶ τῆς Ἀρισταρχείου διορθώσεως fragmenta ad Il. 1—423 composita et explicata. Königsberg 866. (Akademische Buchh. von Schubert & Seidel.) gr. 4. (18 S.) n. 6 ngr.

— — ad Il. inde a V. 423 composita et explicata. Ebend. 868. gr. 4. (16 S.) n. 8 ngr.

Ludwich, Arthurus, P.P.O.: De quibusdam Timonis Phliasii fragmentis. *Regimontii 1903: Hartung.* (8 S.) 4°
Königsberg, Progr. zur Gedächtnisfeier am 13. Juni 1903

Ludwich, A., Hermesianactis Leontii fragmentum. 1902.

Ludwich, Arthur: Gedächtnisrede auf Karl Lehrs bei seiner hundertjährigen Geburtstagsfeier am 14. Jan. 1902 geh. von –. Königsberg i. Pr. 1902: Hartung. (16 S.) 8°

— über d. Handschriften d. Epikers Musäos. Progr. gr. 4. (16 S.) Königsberg 896. (Akadem. Buchh. von Schubert & Seidel.) n. — 20

Ludwich, Arth., de hexametris poetarum graecorum spondiacis. gr. 8. (IV und 168 S.) Halle 866, Buchh. des Waisenhauses. *

— Homerica I—V. Progr. gr. 4. (20 S.) Ebd. 893. n. — 20

... **Index lectionvm** in regia academia Albertina per hiem. a. 1893/94 ... habendarvm. — Insvnt Arthvri **Lvdwich** Homerica I—V. Regimontii, ex offic. Hartvngiana, *1893;* 36 S. 4.

... Homerica. (VI.) [I—V = Ind. lect. 1893/94.] — Qvibvs orationes ad celebrandam diebvs XXI et XXIII m. Maii, XXIII m. Ivnii memoriam virorvm illvstrivm Iacobi Friderici de Rhod, Friderici de Groeben, Abeli Friderici de Groeben, Ioannis Diterici de Tettav ... d. XXVI m. Maii ... pvblice habendas indicit Arthvrvs **Lvdwich** P. P. O. Regimontii, ex offic. Hartvngiana, 1894; 8 S. 4.

... Homerica. (VII.) [I—V = Ind. lect. 1893/94; VI: Einladungs-Schr. 1894.] — Qvibvs orationes ad celebrandam diebvs XI m. Martii, XXI et XXIII m. Maii, XXIII m. Ivnii memoriam virorvm illvstrivm Caelestini de Kowalewski, Iacobi Friderici de Rhod, Friderici de Groeben, Abeli Friderici de Groeben, Ioannis Diterici de Tettav ... d. VI m. Ivnii ... pvblice habendas indicit Arthvrvs **Lvdwich** P. P. O. Regimontii, ex offic. Hartvngiana, 1896; 8 S. 4.

Verzeichniss der auf der Kgl. Albertus-Universität zu Königsberg im W.-Halbj. v. 15. Oct. 1896 an zu haltenden **Vorlesungen** und der öffentlichen akademischen Anstalten. — Homerica '(VIII—XII)'. Von Arthur **Ludwich.** [I—V = Ind. lect. 1893/94; VI: Einladungs-Schr. 1894; VII: Einladungs-Schr. 1896.] Königsberg, Hartungsche Buchdr., 1896; 58 S. 4.

— d. **Homervulgata als voralexandrinisch erwiesen.** gr. 8. (VI, 204 S.) Leipzig 898. B. G. Teubner. n. 6. —

Ludwich, Arthur: Über Homercitate aus der Zeit von Aristarch bis Didymos. *Königsberg 1897: Hartung.* (68 S.) 4°
Königsberg, Verz. d. Vorl. f. d. W.S. 1897—98

— Homerischer Hymnenbau, nebst seinen Nachahmgn. bei Kallimachos, Theokrit, Vergil, Nonnos u. Anderen erschlossen. (XII, 380 S.) gr. 8. Leipzig 908. S. Hirzel. 10.— ; geb. 12. —

— s.a. Hymnus Homericus Mercurii.

Index lectionum ... per aest. a. 1891 a d. XV m. Apr. habendarum. — Inest hymnus Homericus Mercurii ab Arthuro Ludwich germanice versus praemissis lectionibus ex codice Leidensi excerptis. Regimontii ... *1891;* 64 S. 4°

— Hymnus Homericus Mercurii germanice versus praemissis lectionibus ex codice Leidensi excerptis. Pr. 1891. 38 S. 4°. 1.50

Index lectionum in regia academia Albertina per hiem. a. 1890/91 a d. XV m. Oct. habendarum. — Inest hymnus Homericus in Mercurium ab Arthuro Ludwich editus adiectis animadversionibus criticis in Phlegontis Oracula Sibyllina. Regimontii, ex offic. Hartungiana, *1890;* 68 S. 4°

Ludwich, Arthurus, P.P.O.: De Iresione carmine Homerico dissertatio. Regimontii 1906: Hartung. (11 S.) 8°
Königsberg, Progr. zur Gedächtnisfeier am 16. Juni 1906

Ludwich, Arthur: Kant und der Humanismus. Königsberg i. Pr. 1904: Hartung. (S. 1—9.) 8°
Königsberg, Verz. d. Vorl. f. d. W S 1904/05

Zur Kantfeier der Albertina. Oratiuncula d. XXIII m. April. h. a. habita qua orationes ad celebrandam diebus XI m. Mart. XXI et XXIII m. Maii XXIII m. Iunii memoriam virorum illustrium Iacobi Friderici de Rhod Friderici de Groeben Abeli Friderici de Groeben Ioannis Diterici de Tettau ... diebus XXII et XXIX m. Iunii publice habendas indicit Arthurus Ludwich P. P. O. Regimontii, ex offic. Hartungiana, 1889; 9 S. 4°

Ludwich, A., Lectiones Pseudophocylideae. I u. II. Gel. 1892, 1904. 6, 6 S. 4°.

... Lectiones Psevdophocylideae. — Qvibvs orationes ad celebrandam diebvs XXI et XXIII m. Maii, XXIII m. Ivnii memoriam virorvm illvstrivm Iacobi Friderici de Rhod, Friderici de Groeben, Abeli Friderici de Groeben, Ioannis Diterici de Tettav ... d. XXVIII m. Maii ... pvblice habendas indicit Arthvrvs **Lvdwich** P. P. O. Regimontii, ex offic. Hartvngiana, 1892; 8 S. 4.

— Zur Metabole d. Nonnos. S.-A. 1880. 17 S.

Verzeichniss der ... im S.-Halbj. v. 21. Apr. 1897 an zu haltenden **Vorlesungen** ... — Kritische Miscellen '(I—XI)'. Von Arthur **Ludwich.** Königsberg ... 1897; 47 S. 4.

— **kritische Miscellen.** (I.—XI.) Progr. gr. 4. (20 S.) Königsberg 897. (Akad. Buchh. v. Schubert & Seidel.) — 30

Ludwich, A., Nachahmer u. Vorbilder des Dichters Gregorios von Nazianz. S.-A. 1887. 6 S.

Ludwich, Arthur: Zwei byzantinische Odysseus-Legenden. Hrsg. *Königsberg 1898: Hartung.* (S. 1—20.) 4°
Königsberg, Verz. d. Vorl. f. d. WS 1898/99

Ludwich, Arthur: Über die Papyrus-Commentare zu den Homerischen Gedichten. *Königsberg 1902: Hartung.* (S. 1—24.) 4°
Königsberg, Verz. d. Vorl. f. d. SS 1902

Homeri Iliadis et Odysseae periochae metricae ab Arthuro Ludwich editae ad celebrandam diebus XI m. Martii XXI et XXIII m. Maii XXIII m. Junii memoriam virorum illustrium Caelestini de Kowalewski Jacobi Friderici de Rhod Friderici de Groeben Joannis Diterici de Tettau. Regimontii, prostat in aed. Hartungianis, 1887; 16 S. 4°.

— der **Karer Pigres** u. sein Thierepos Batrachomachia. Die byzantin. Odysseus-Legenden. Zwei Entgegngn. Progr. gr. 4. (24 S.) Ebd. 900. — 30

Ludwich, Arthurus, P.P.O.: Quaestionum Pseudophocylidearum P. II. *Regimontii 1904: Hartung.* (S. 27—32.) 4° [In deutscher Sprache. — P. I: Vorl.-Verz. 1904.]
Königsberg, Progr. zur Gedächtnisfeier am 4. Juni 1904

... Carminis Iliaci deperditi reliqviae. — Qvibvs orationes ad celebrandam diebvs XXI et XXIII m. Maii, XXIII m. Ivnii memoriam virorvm illvstrivm Iacobi Friderici de Rhod, Friderici de Groeben, Abeli Friderici de Groeben, Ioannis Diterici de Tettav ... d. XIX m. Ivnii ... habendas indicit Arthvrvs **Lvdwich** P. P. O. Regimontii, ex offic. Hartvngiana, 1897; 8 S. 4.

Ludwich, A., Eudociae Augustae carminum reliquiae ed. Pr. 1893. 53 S. 4°. 1.20

... **Index lectionvm** in regia Academia Albertina per hiem. a. 1895/96 ... habendarvm. — Insvnt Procli Lycii carminvm reliqviae ab Arthvro **Lvdwich** editae. Regimontii, ex offic. Hartvngiana, *1895;* 48 S. 4.

Ludwich, Arthur: Revision meiner Ausgabe des Homerischen Hermes-Hymnus. [II.] Kritische Miscellen ⟨25—28⟩. Königsberg i. Pr. 1905: Hartung. (S. 1—24.) 8° [Forts. des Vorl.-Verz. 1897, 1899/1900 u. 1900/1901.]
Königsberg, Verz. d. Vorl. f. d. S S 1905

... Scholia Graeca in Mvsaei carmen. — Qvibvs orationes ad celebrandam diebvs XI m. Martii, XXI et XXIII m. Maii, XXIII m. Ivnii memoriam virorvm illvstrivm Caelestini de Kowalewski, Iacobi Friderici de Rhod, Friderici de Groeben, Abeli Friderici de Groeben, Ioannis Diterici de Tettav ... d. III m. Ivnii ... pvblice habendas indicit Arthvrvs **Lvdwich** P. P. O. Regimontii, ex offic. Hartungiana, 1893; 8 S. 4.

— scholia ad Odysseae L. XIII ex codicibus mss. Veneto et Monacensi edita. gr. 4. (23 S.) Ebend. 871. n. 1. —

Index lectionum . . . per aest. a. 1888 a d. XVI m. Apr. hab. — Insunt Scholia in Homeri Odysseae A 1—43 auctiora et emendatiora edita ab Arthuro **Ludwich**. Regimontii, ex offic. Hartungiana (1888); 43 S. 8°

Scholia in Homeri Odysseae A 44—68 auctiora et emendatiora ab Arthuro **Ludwich** edita ad celebrandam diebus XI m. Martii XXI et XXIII m. Maii XXIII m. Iunii memoriam virorum illustrium Iacobi Friderici de Rhod Friderici de Groeben Abeli Friderici de Groeben Ioannis Diterici de Tettau. Regimontii, ex offic. Hartungiana, 1888; 8 S. 4°

Index lectionum in regia academia Albertina per hiem. a. 1889/90 a d. XV m. Oct. hab. — Insunt Scholia in Homeri Odysseae A 154—237 auctiora et emendatiora edita ab Arthuro **Ludwich**. Regimontii, ex offic. Hartugniana [sic!] (1889); 41 S. 4°

Index lectionum . . . per aest. a. 1890 a d. XV m. Apr. hab. — Insunt scholia in Homeri Odysseae A 238—309 auctiora et emendatiora edita ab Arthuro **Ludwich**. Regimontii . . . (1890); 42 S. 4°

— Die Scholien zur Ilias in W. Dindorfs Bearbeitung. 1877. 27 S.

Ludwich, Arthur: Über zwei Scholien zu Herondas und einige Verderbnisse bei Babrios. *Königsberg 1902: Hartung.* (S. 1—12.) 4°
Königsberg, Verz. d. Vorl. f. d. WS 1902/03

Ludwich, Arthur: Über das Spruchbuch des falschen Phokylides. *Königsberg 1904: Hartung.* (S. 1—26.) 4° ¶ [Schluß im Progr. z. Gedächtnisfeier 1904 No 83.]
Königsberg, Verz. d. Vorl. f. d. SS 1904

Ludwich, Arthur: [I.] Kant's Stellung zum Griechenthum. (Rede, geh. am 22. Apr. 1899.) [II.] Kritische Miscellen (12—20). *Königsberg 1899: Hartung.* (S. 1—20.) 4° ¶ [II ist Forts. d. Vorl.-Verz. 1897.]
Königsberg, Verz. d. Vorl. f. d. WS 1899/1900

—— Streifzüge in entlegenere Gebiete der griechischen Litteraturgeschichte. 8. (22 S.) Königsberg 887, Hübner und Matz. *
Aus: Königsberger Studien, besonders abgedruckt.

Index lectionum in regia academia Albertina . . . per hiem. a. 1887/88 a. [sic!] d. XV m. Oct. hab. — Inest Didymi de Aristarchea Odysseae recensione reliquiarum supplementum ab Arthuro **Ludwich** editum. Regimontii, ex offic. Hartungiana (1887); 20 S. 4°

— Inest Didymi de Aristarchea Odysseae rec. reliquiarum suppl. Pr. 1887. 10 S. 4°.

Herodiani Technici reliquiarum supplementum — Quo orationes ad celebrandam diebus XI m. Mart. XXI et XXIII m. Maii XXIII m. Iun. memoriam virorum illustrium Iacobi Friderici de Rhod Friderici de Groeben Abeli Friderici de Groeben Ioannis Diterici de Tettau . . . diebus VI et XIII m. Iun. publice habendas indicit Arthurus **Ludwich** P. P. O. Regimontii, ex offic. Hartungiana, 1891; 7 S. 4°

Ludwich, Arth., Aristarchs homerische Textkritik, nach den Fragmenten des Didymos dargestellt und beurtheilt. Nebst Beilagen. 2 Thle. gr. 8. Leipzig, Teubner. [1. Thl. (VIII, 635 S.) 884. *ℳ 12.; 2. Thl. (VI, 774 S.) 885. *ℳ 16.] * 28 —

. . . Tryphiodorea. — Qvibvs orationes ad celebrandam diebvs XXI et XXIII m. Maii, XXIII m. Ivnii memoriam virorvm illvstrivm Iacobi Friderici de Rhod, Friderici de Groeben, Abeli Friderici de Groeben, Ioannis Diterici de Tettav . . . d. XV m. Ivnii . . . pvblice habendas indicit Arthvrvs **Lvdwich** P. P. O. Regimontii, ex offic. Hartvngiana, 1895; 8 S. 4.

Ludwich, Arthur: Textkritische Untersuchungen über die mythologischen Scholien zu Homer's Ilias: 1. *Königsberg 1900: Hartung.* (S. 1—28.) 4°
Königsberg, Verz. d. Vorl. f. d. SS 1900

Ludwich, Arthur: Textkritische Untersuchungen über die mythologischen Scholien zu Homer's Ilias: 2. *Königsberg 1901: Hartung.* (S. 1—24.) 4° ¶ [Forts. d. Vorl.-Verz. 1900.]
Königsberg, Verz. d. Vorl. f. d. WS 1901/02

Ludwich, Arthur: Textkritische Untersuchungen über die mythologischen Scholien zu Homer's Ilias: 3. *Königsberg 1903: Hartung.* (S. 1—24.) 4° ¶ [Forts. d. Vorl.-Verz. 1900 u. 1901/02.]
Königsberg, Verz. d. Vorl. f. d. SS 1903

Ludwich, Arthur: Textkritische Untersuchungen über die mythologischen Scholien zu Homer's Ilias: 4. *Königsberg 1903: Hartung.* (S. 1—20.) 4° ¶ [Forts. d. Vorl.-Verz. 1900, 1901/02, 1903.]
Königsberg, Verz. d. Vorl. f. d. WS 1903/04

— varietas lectionis et scholia ad Batrachomyomachiam ex codice Veneto cum epimetro edita. gr. 4. (22 S.) Regimonti 871. (Berlin, Calvary & Co.) n. 1. —

Ludwich, A., Zu Aristophanes Vögeln. S.-A. o. J. 10 S.

Ludwig [Sachliches OW]

LUDWIG. Ein Gemählde menschl. Sitten, Vorurtheile, Thorheiten, Laster etc. in allen Himmelsstrichen. Seitenstück zu Hans Kiekindiewelts Reisen. Mit Titelkpfr. u. gestoch. Titel. Leipzig 1795. 8°. 400 S. (3 Mk. 50 Pfg. Friedr. Klüber, München, 1905; 2 Mk. Ant. Creutzer, Aachen, 1906.)

Ludwig der Achtzehnte. Wien 1816. V: *Rittig von Flammenstern, Andreas.* (WBL)

Ludwig und Amalie, Lesebuch für die Jugend, z. vorläufigen Erkenntniß der Bestimmung des Menschen rc. 8. Augsb. Doll. 793. Rthlr.

Ludwig Anthorn. Ein Fragment aus einer Biographie. 8. (16½ B.) Leipzig 831, Barth.

Ludwig (I.), der kleine Auswanderer, s. a. Erzählungen, neue f. Kinder.

Ludwig, der kleine Auswanderer. Eine Erzählung für Kinder und Kinderfreunde . . . Regensburg 1834. 4. Aufl. 1879. V: *Schmid, Christoph.* (Russell IX, 624)

Ludwig, der kleine Auswanderer. Regensburg 1843. V: *Schmidt, Chph.* (Ky)

Ludwig der kleine Auswanderer. Eine Erzählung für Kinder und Kinderfreunde. Von dem Verf. der Ostereier (Chrph. v. Schmid). Neue illustr. Orig.-Aufl. 8. (188 S. mit 1 Stahlst. und eingedr. Holzschn.) Regensburg 864, Manz.

Ludwig der Baier, Kaiser; Geschichte aus dem vierzehnten Jahrh. Würzburg 1790. V: *Westenrieder, Lorenz.* (Ky)

Ludwig, Kaiser, der Baier. Gesch. a. d. 14ten Jahrhund. 8. Würzburg, Stahel. 790.

Ludwig d. Baier, Kaiser, Geschichte aus dem vierzehnten Jahrhundert. Mit TKpf. (nach *Carl Laubreis* von *A. W. Kuffner* gest.). Frankfurt u. Leipzig (Würzburg), bey Joh. Jak. Stahel sel. Wittwe. 1792. 8°. Gleichzeit. Hfrzb.
TK. u. 157 S. – Nicht häufig!

Ludwig der Baier, Schauspiel in 5 Aufz. von Uhland. 8. Berlin, Reimer. 819.

— Dasselbe von Chr. v. Aretin. 8. München. (Landshut, Weber.) 820.

Kaiser Ludwig der Bayer an König Ludwig II. von Bayern. Neujahrsgruss 1866. Augsburg. 8°. 15 S. Beibd.

Ludwig Capet; od. der Königsmord. Trsp. v. Buri. 8. Thal Ehrenbreitst. Gehra. 793.

Ludwig, der dankbare. Eine Geschichte aus dem 18. Jahrh. Für die Jugend bearb. v. A. R. 16. (64 S.) Brem. 890, Verlag d. Tractathauses. cart. * — 40

Ludwig III. Kurfürst v. d. Pfalz, Ludwig IV. Kurf. v. d. Pfalz. Ludwig I. von Veldenz. Ludw. V. Kurf. v. d. Pfalz . . . [Leipz. 1884.] V: *Wille, Jacob & Frdr. Bezold.* (ZP)

Ludwig der Eiserne, Landgraf von Thüringen. Gotha 1792. V: *Heinse, Gottlob Heinrich.* (Ky) (MGT)

Ludwig. – Ludwig der Eiserne. Landgraf von Thüringen. 2 Theile. 8. Gotha: Ettinger 1792.

— der Eiserne, Landgraf v. Thüringen, (von Gtl. H. Heinse). 2 Thle. 8. Gotha 792. Ettinger. 1 ₰ 6 gr

Ludwig Ernst, Herzog zu Braunschweig und Lüneburg, kaiserl. königl. . . . Reichsfeldmarschall . . . Göttingen 1786. 2. Aufl. 1787. 3. Aufl. 1787. H: *Schlözer, August Ludwig von.* (GGr)

Ludwig I. von Bayern. Eine Charakterstudie von Filodom. 8. (24 S.) München 887, M. Ernst.

Ludwig I., Grossherzog von Hessen und bei Rhein . . . im Andenken seines Volkes. Darmstadt 1844. V: *Nodnagel, August.* (Hessische Biographien. Hgbn. von Herman Haupt. Darmstadt [1921]. II/2, S. 134)

Ludwig I., König v. Bayern, s.a. Leipold, E. u. J. Lindner. — Trost, Ludw.

—— s.a. Reidelbach, Hans.

—— s.a. Riebl, Otto.

LUDWIG I., König v. Bayern, Schönheiten-Gallerie in der kgl. Residenz zu München. 38 Stahlstichtfln., gem. v. Stieler u. Dürk, gest. v. Fleischmann, Rigal, Schultheiss, Geyer. Münch., Pilatz u. Löhle. ca. 1855. Imp.-Fol. Hlwd. (Grosse Ausgabe!) (100 Mk., Hlwd., Heinr. Kerler, Ulm 1911.)

Ludwig I. König von Bayern und sein Wirken für Staat, Wissenschaft und Kunst. Mit Abbildgn. von 39 auf Regierungshandlungen König Ludwig's geprägten Denkmünzen. gr. 8. (16 S. mit 10 Stnt. in Congrevedr.) Leipzig 853, E. Schäfer. *

– Familie

— — Ludwig, Die, in der Abtey Fontaine-Andrée. Berlin, bey C. Quien. 1802. 8°. (Dunker u. H.)
Tit. u. 346 S. Zahm.

Ludwig der Friedsame, Landgraf zu Hessen; ein Bruchstück aus der vaterländischen Geschichte . . . Frankfurt a. M. 1784. V: *Günderode genannt von Kellner, Friedrich Justinian Freiherr von.* (ML) (Ky)

Ludwig d. Friedsame, Landgraf zu Hessen; ein Bruchstück aus der vaterländ. Geschichte, zum Nutzen der zur Regierung bestimmten deutschen Fürsten (von Fr. Just. v. Günderrode). 8. Frankf. 784. Hermann. 6 gr

Ludwig V., Großherzog von Hessen, s. Stammbaum.

Ludwig XV., König von Frankreich oder Erzählungen des Merkwürdigsten aus dem Privatleben und der Regierung dieses Königs. Leipzig 1804. V: *Bauer, Johann Christian August.* (BGE IV, 282)

Ludwig Gruno, Prinz v. Hessen-Homburg. Lebensbeschreibung, s. Mitteilungen d. Vereins f. Geschichte u. Altertumsk. z. Homburg v. d. H.

Ludwig v. Anjou, d. hl., Bischof v. Toulouse u. Paniers, erwählter Erzbischof v. Lyon (1274—1297). E. Heiligenleben aus d. Franziskanerorden. Nach d. Franz. bearb. v. e. Priester d. Franziskanerordens in Bayern. 16. (XI, 152 S. m. Titelbild.) Heiligenstadt 897. F. W. Cordier. n. — 50

Ludwig, der hl., König von Frankreich, s.a. Blumen, eucharistische.

Ludwig der Heilige, König von Frankreich. Frankf. a. M. 1788. V: *Hess, Johann Carl.* (MGT) (Ky)

Ludwig d. Heilige, König von Frankreich. 2 Thle. 8. Frankf. 788. Andreä. 16 gr

Ludwig der Höcker oder der bestrafte Undank der Kinder gegen die Eltern. Donauwörth 1784. V: *Mayr, Beda.* (ML VIII, 581) (Zeitschr. f. Büch. N. F. 15, 1923, S. 115)

— u. Julius, s. a. am Walde.

— u. Julius; eine Gesch. nicht aus d. Ideenwelt, von Just am Walde. 2 Bde. (h. a. d. Tit.: Geistesentwickelung durch Schwärmerey, 2 Thle.) 8. Berl. Langhoff. (Gräff in Lpz.) 796—97. (I. 1 Rthlr. II. 1 Rthlr. 8 gr.)

Ludwig, d. kleine, s.: Missionstraktate, kleine.

—— König von Bayern. Sein Leben und Wirken von M. v. M. 12. (21 S.) München 888, (Wilhelm.)

Ludwig, König, sechster Kreuzzug, siehe: Gnaden, die, des Christenthums, 9. Bd.

Ludwig der Kunstsinnige, s. Stern, Ludw.

— u. Lidwina, od. Treue bis in den Tod. Ritterroman aus der östreich. Vorzeit. Mit Kpf. 8. Wien 823. K. Haas. 20 gr.

Ludwig Napoleon und die Diener seines Willens, s. Lord's Zeithefte.

Ludwig IX. v. Hessen-Darmstadt, Landgraf, s. Rathgeber, Jul. Der letzte deutsche Fürst v. Hanau-Lichtenberg.

— und Otto, ein Gemählde ländlicher Glückseligkeit von Gisecke, 8. Leipzig, 791. Reinicke. Holländisch Papier 1 Rthl. 5 sgl.
Dasselbe Buch, Schreibp. 1 Rthl.

Ludwig Philipp I., König der Franzosen. Eine biographische Skizze nach den besten Quellen. Leipzig 1830. V: *Runkel, Martin Matthias.* (Nowack, Schles. Schriftsteller-Lexikon. Breslau 1836—43. IV, 137.)

—— König d. Franzosen. Eine biograph. Skizze nach d. sichersten Quellen. 8. (3¼ B. u. L's. Bildn.) Leipzig 830, Köhler.

Ludwig Philipp I. v. Orleans, König d. Franzosen. Ein gedrängter Abriß d. merkwürd. Ereignisse aus d. Leben dies. Fürsten. Nebst d. Geschlechts-Register d. Hauses Bourbon, seit seiner Erheb. auf d. Thron v. Frankreich durch Heinrich IV. bis auf d. neueste Zeit, u. der Protestation d. vormal. Herzogs v. Orleans geg. d. legit. Geburt d. Herzogs v. Bordeaux. gr. 8. (2 B.) Kiel 830, Universitäts-Buchh. Thlr.

Ludwig Philipp, König der Franzosen, ist nicht der Sohn des Herzogs Joseph Philipp von Orleans, sondern das ausgetauschte Kind eines italienischen Gefangenwärters; a. d. Franz. Bern 1847. V: *Sternberg, Maria Stella v. geb. v. Joinville.* (Cat. d. Stadtbibl. Zürich. Zürich 1864—97.)

Ludwig Philipp von Orleans genannt Egalité. Aus d. Französ. mit Fuss-Noten. Frankfurt u. Leipzig [Nürnberg] 1793. V: *Nisard, Th.* Ü & B: *Schubart, Ludwig Albrecht.* (BGE V[a], 488) : Vgl. III, 611.

— der Sechste, Graf v. Gleichen; eine Gesch. a. d. mittlern Zeitalter. 8. Altenb. Petersen. 802.

Ludwig der Sechzehnte. Ein Trauerspiel in fünf Aufzügen. Düsseldorf 1792. V: *Scheler, Carl Ernst Frdr. v.* (MGT) (Ky) (GGr)

Ludwig XVI.; ein Trspl. in 5 Aufz. (v. K. E. F. v. Scheler). 8. Düsseld. 792.

— Ankunft im Reiche d. Schatten, von einem Ungenannten. 8. Berl. 793. Schöne. 4 gr.

Ludwig XVI. Gefangenschaft rc. s. Gefangenschaft.

Ludwig XVI., letzter König d. Franken. Eine Skizze. 8. Altona (Herold in Hamb.) 5 gr.

Ludwig XVI., letzter König der Franken. 8 Danzig 1793

Ludwig XVI., letzter König der Franken, e. Skizze. 8. Th. (Verlagsgesellsch. A.) (a. Vollmer in Hamb.) 795.

— letzter Lebenstag, s. Lebenstag.

Ludwig XVI. vor Deutschlands Richterstuhl. gr. 8. Chemnitz 793. (Starke). 8 gr.

Ludwig XVII. noch am Leben! Versuch, die Identität des in Amerika lebenden Indianer-Missionärs Eleazer Williams mit dem todt geglaubten Sohne Ludwigs XVI. nachzuweisen. Uebers. aus: Putnam's monthly magazine of American literature science & art. — Febr. 1853. gr. 8. (VIII und 63 S. mit 1 Portr. in Holzschn.) Dessau 853, Gebr. Katz.

Ludwig der Springer, Graf von Thüringen; eine wirkliche Geschichte ... Leipzig 1791. V: *Heinse, Gottlob Hnr.* (GGr) (Ky) (MGT)

— der Springer, Graf von Thüringen; eine wirkl. Gesch. a. d. 12ten Jahrhund. 2 Thle. 8. Lpz. Weygand. 791.

— der Springer. Schsp. v. Hagemann. 8. Hannover, Hahn. 793.

Ludwig der Springer auf der Burg zu Giebichenstein. Romant. Abentheuer, von J. A. Knüttel. 8. Halle, Ruff. 817.

— der Strenge. Trsp. 8. Breslau, Korn d. j. 766.

— der Strenge. Trspl. in 5 A. (v. Ldw. Wlh. v. Langenau). 8. Bresl. 776. W. G. Korn. 8 gr.

Ludwig der Strenge, oder die blinde Eifersucht. Donauwörth 1782. V: *Mayr, Beda.* (ML) (Zeitschr. f. Büch. N. F. 15, 1923, S. 115)

Ludwig der Strenge, ein vaterländisches Trauerspiel in fünf Akten. München 1782. V: *Langenau, Ludwig Wilh.* (BrMm) (HThPP) »Breslau 1776« (Ky)

— dass. 8. Münch. 783. (Fleischmann). 8 gr

Ludwig der Vierte genannt der Baier. Ein Schauspiel in fünf Aufzügen. München 1780. MV: *Rothammer, Franz Wilhelm,* Fürstlich Taxischer Archivrath. (Staatsarchiv. Staatskanzlei Bayern, Fasc. 54, Nr. 151) (Hdschr. Mitth. von Ministerialrath Dr. Arthur Goldmann, Wien) (GGr V/358 bis 359 Nr. 17) (GGr V/359, Nr. 24/3) Vgl. III, 2971.

Ludwig der Vierte, genannt der Bayer. Nationalschsp. 8. Münch. Lindauer. 781. Rthlr.

Ludwig der Vierte, genannt der Baier. Ein Schauspiel in fünf Aufzügen. München 1780. 2. Aufl. 1782. V: *Lengenfelder, Johann Nepomuk.* (BB) (Ky) (HThPP) (GGr)

— der Vierte, genannt der Baier. National-Schspl. (v. J. N. Lengenfelder). 8. Münch. 780. 2e A. 782. (J. Lindauer.. 8 gr

Ludwig IV., Großherzog v. Hessen, s. Ehrhardt, C. — Scriba, Otto.

Ludwig XIV., oder Sammlung der interessantesten Züge aus seinem Leben, nebst einer Schilderung seines Hofes. Leipzig 1803. 8°. XIV u. 224 S. (1/2 Rthl. H. W. Schmidt, Halle, vor 1875; jetzt theurer!)

Ludwig der Vierzehnte vor den Richterstuhl der Nachwelt gezogen. Nach d. Franz. (des Joseph de la Valée). Strassburg 1791. V: *Kotzebue, Aug. Frdr. Ferdinand von.* (GGr)

LUDWIG DER XIV. und der Hirschpark. Eine kritische Ausgabe des Werkes: Justine u. Juliette. Hottingen-Zürich, o. J. 8°. (3 Kr. Halm & Goldmann, Wien, 1904:)

„Kein Roman, sondern eine Abhandlung über das berüchtigte Werk von *de Sade.*“

Ludwig XIV. u. sein Jahrhundert, s.: Bibliothek, Europäische, 6. 62. 105—108 Bd.

Ludwig XIV., König v. Frankreich, s.a. J. C. A. Bauer, Anekdoten.

— Wilban, od. Reue versöhnt. 8. Leipz. 798. Mittler. 9 gr

Ludwig von Zollern. Ein Roman . . . Erster Band. Berlin 1821. V: *Schwarz, Theodor Philipp.* (Wr) (GGr) V: *Hardenberg, Georg Anton von.* (EE)

Ludwig. – König Ludwig der Zweite

— s. König Ludwig II. von Bayern.

— s.a. Schaufert, L. R.

— das Ministerium Lutz und seine Gegner. Ein Wort zur Verständigung und zum Frieden. Von einem Freund des Vaterlandes und der Wahrheit. gr. 8. (36 S.) München 886, Kellerer. *

— rasches Ende eines Fürstenlebens. Gedanken über die Ereignisse des 13. Juni 1886 von M. v. M. 8. (16 S.) München 886, Wilhelm.

Ludwig II., König. Ein Rückblick auf den 13. Juni 1886. Von einem Mitglied der bayer. Abgeordnetenkammer. Nördlingen 1886. V: *Lampert,* Pfarrer. (Hugo Hayn, Thesaurus librorum Ph. Pfister. München 1888) (Hdschr. Mitth. von Friedrich Müller, München)

Ludwig II., König. Ein Rückblick auf den 13. Juni 1886. Von einem Mitglied der bayer. Abgeordnetenkammer. 1. und 2. durchgeseh. Aufl. 8. (IV, 42 S.) [Nördlingen 886.] München, Beck'sche Verlagsb. cart. *

— Sein Leben, Wirken und Ende. Ein Gedenkblatt für das treue bayer. Volk. 8. (13 S.) Regensburg 886, Verlagsbureau. *

Ludwig II., König v. Bayern, s.a. Alpenrosen u. Gentianen. — Lampert, Friedr.

Ludwig II., König v. Bayern, Erinnerung von M. v. M. 8. (16 S.) München (900). C. Beck. n. — 20

Ludwig's des Frommen, des Landgrafen, Kreuzfahrt. Heldengedicht der Belagerung von Akkon am Ende des 12. Jahrhunderts. Aus der einzigen Handschrift durch Friedr. Heinr. v. d. Hagen. Leipzig 854. Brockhaus. gr. 8. (XL, 300 S.) n. 2 Thlr. 20 ngr.

Ludwigs Schicksale, od.: der Wechsel des Glückes. Sehr angenehme, lehrreiche Erzählungen u. Gedichte f. d. gebildete Jugend. gr. 12. (5 B. u. Titlvign.) Wien 844, Grund.

Ludwig [Persönlicher Name]

Ludwig I. von Bayern

. *Ludovici,* Bavarorum regis, *carmina ad Graecos,* in linguam graecam convertit Dr. *Joannes Franzius.* Stuttgardiae, apud F. G. Franckh. MDCCCXXX. (1830.) 4°. Orig.-Ppb.*)

Tit., 2 Bll. griech. Vorr. (dat. München), 45 S., 1 Bl. (Wiederholung d. Druckans. in griech. Spr.).

— Carmina ad Graecos, in linguam graecam convertit Jo. Franzius. 4. (7 B.) Stuttgartiae 830. [Monachii, Franz.]

— Carmina, quibus Italia et Sicilia celebrantur. Latine redd. F. A. M. Fiedler. 8. (8 B.) Vesaliae 831, Klönne.

Ludovici Regis Bavar. Augustiss. Carmina, quibus Italia et Sicilia celebrantur. Lat. redd. Franc. Fiedler. Edit. II. 8. (7 3/4 B.) Vesaliae 838, Klönne.

— Choix de poésies imitées en vers par Mme. Montigny. 8. Aachen 830. (Mayer). 16 gr

Zur Feier der allerh. Ankunft Seiner Majestät unseres allergnädigsten Königs Ludwig, in Aschaffenburg am 4. August 1826 in allertiefster Ehrfurcht dargebracht von den Schülern des Gymnasiums. — Ohne Druckort. — 1 Bogen. — Inhalt: a) Deutsche Ode in 12 Str. — b) Lat. Gedicht in 12 Distichen, — beide ohne Angabe des od. der Verf.
Progr. Aschaffenburg

Ludwig I., König v. Bayern. Gedichte, s.a. Universal-Bibliothek.

Ludwig I., König von Bayern, Gedichte. 3 Bde. (in 1 vol.). München, Cotta, 1829, 29, 39. Kl. 8°. Hfrzb.
1: XIV–298 S. 2: VIII–254 S. 3: X–268 S.

Ludwig, König v. Bayern, Gedichte. 2 Thle. 1. Aufl. (36 B.), 2., verm. A. (41 B.) 8. München 829, Literar.-Artist.-Anstalt. à

(——) Einige Gedichte d. Königs Ludwig v. Bayern, aus d. Deutschen ins Lateinische übers. u. in beiden Sprachen gleichmetr. gegeneinander gestellt v. Frz. M. Schumm. 8. (7½ B.) Bamberg 830, [Literar.-artist. Institut.]

Ludwig I., Königs v. Bayern, Gedichte. 1—3. Thl. gr. 8. München 839, Literar.-artist. Anstalt. [1. u. 2. 3. Aufl. (40¾ B.) * 2⅙ Thlr., 3. (17½ B.) * 1⅚ Thlr.] *

Ludwigs I., Königs v. Bayern, Gedichte. 4. Thl. gr. 8. (XIV u. 331 S.) München 847, Literarisch-artistische Anstalt. n. 1 ℛ 26 ngr (1—4. n. 5 ℛ 26 ngr)

Ludwig's I., Königs v. Bayern, Gedichte. 12. (VIII, 71 S.) Münch. 888, Bassermann. * 1 80; cart. * 2 —

—— Königs von Bayern, Gedichte. Mit kunstgeschichtl. und bibliograph. Beilagen hrsg. von Geo. Laubmann. Festgabe der königl. bayer. Hof- und Staatsbibliothek zur Feier des 100jähr. Geburtstages von König Ludwig I. von Bayern. 12. (VIII, 71 S.) München 888, Literarisch-artist. Anstalt. *
cart. *

— neueste Gedichte, s. Charitas.

Walhalla's Genossen, geschildert durch *König Ludwig den Ersten von Bayern, den Gründer Walhalla's.* München, literar.-artist. Anstalt, 1842. 8°. Blauer Srsb. m. Press. u. Goldtit. auf Deckel.
VIII–268 S. Vorr. dat.: München, d. 10. Dezbr. 1829. — Hübsche Ausstattung u. schöner Druck. Jede Seite mit Linien-Einfassung.

Ludwig der Erste von Bayern, Gründer Walhallas, König, Walhalla's Genossen, geschildert. gr. 8. München 842, Literarisch-artistische Anstalt. Velinp. n. 1¼ ℛ

Ludwig der Erste, Koenig von Bayern. Walhalla's Genossen. Zweyte Auflage. München 1847. 4°.

Seiner Majestät König Ludwig I. Seinem erhabenen Wiederhersteller und Beschützer in aller tiefster Ehrfurcht das Gymnasium Ludovicianum zu Schweinfurt den 12. Aug. 1839. — 1 Bog. Fol. — Gedicht in 6 achtzeil. Str.
Progr. Schweinfurt.

Ludwig von Bayern, König, Recept gegen Schwiegermütter, s. Both's, L. W., Bühnen-Repertoir.

A selection from the poems of his Majesty Louis the First, King of Bavaria. Imitated in english verse. 2d edit. Munich, G. Franz, 1844. 8°. Ppb. m. Lwdr.
XII–180 S.

Ludwig I., König v. Bayern, Urteil üb. den Jesuitenorden, s.: Aktenstücke, kirchliche.

Ludwig IV. (der Bayer), Kaiser von Deutschland

Die Appellation König Ludwigs des Baiern [Kaiser von Deutschland] von 1324 in ursprünglicher Gestalt hrsg. von J[akob] Schwalm. Mit 3 Lichtdrucktaf. Weimar: H. Böhlaus Nachf. 1906. (31 S.) 4° [06. 5967

† Ludwig von Erfurt, (Carl Ludw. Heinr. Hilsenberg), Gedichte. 8. (6 B.) Leipzig 843. (Hartung.) *

— Laßt die Todten ruh'n! An die Franzosen. (5 Gedichte.) Lex.-8. Leipzig 841, Wunder. n. 1/12 ℛ

† Ludwig von Erfurt, (Carl Ludw. Heinr. Hilsenberg,) die Mähr von den drei Inseln. Ein Gedicht. 32. (30 Seit.) Erfurt 839. (Leipzig, Hartung.)

Ludwig XVIII. von Frankreich

Ludwig XVIII., König von Frankreich, Beschreib. seiner Reise nach Brüssel u. Coblenz im J. 1791, aus d. Französ. mit Anmerkk. für deutsche Leser u. e. Stammtafel d. königl. Familie. 8. Halle 823. Grunert. 12 ₓ

Ludwig XVIII., Königs von Frankreich, Beschreibung seiner Reise nach Brüssel u. Coblenz im J. 1791, aus dem Französ. mit Anmerkk. f. deutsche Leser u. e. Stammtafel d. königl. Familie. 8. Halle 823, (Kümmel.)

Ludwig von Granada, s. Ludovicus Granatensis

Ludwig von Pavia, Pater: Unterricht, welchen P.Ludwig von Pavia, Pfarrer und Oberaufsichtsträger des Pestspitals von Sanct Anton in Smirna, dem Grafen Leopold Berchtold in Beziehung auf die Heilung und Bewahrung vor der Pest gegeben hat. 16 S.(S.7 - 22), gbd.

Wien: typ.Schrämbl 1797
in: Berchtold, Leopold Graf von: Nachricht von dem im St.Antons-Spitale in Smirna... gebrauchten einfachen Mittel, die Pest zu heilen... 1797

JB 6.704

Ludwig de Ponte, s. Arnaja, Nicol. v., Betrachtungen über das Leben und Leiden Jesu Christi.

Ludwig da Ponte, christliche Betrachtungen. In einem bequemen Auszug auf alle Tage des Jahres wie auch auf die Feste der Heiligen, welche im Verlaufe des Jahres besonders verehrt werden, gebracht von Nikol. Frizon. Aus dem Französ. herausg. von der Marian. Gesellschaft zur Verbreitung guter Schriften. 3 Bde. Innsbruck 859. (F. Rauch.) 12. (XXIV, 1157 S.) n. 2 ℛ 12 ngr

— Leben des P. Balthasar Alvarez, Priesters der Gesellschaft Jesu. Aus dem Französ. übers. von G. Möller. Münster 859. Aschendorff. gr. 8. (VIII, 359 S.) 1 ℛ

— und A. P. Ramirez, das wundersame Leben der ehrw. Jungfrau Marina von Escobar, s. Sammlung der vorzüglichsten mystischen Schriften.

Ludovicus de Ponte, meditationes de praecipuis fidei nostrae mysteriis, vitae ac passionis D. n. Jesu Christi et B. V. Mariae, Sanctorumque, et evangeliorum toto anno occurrentium, cum orationis mentalis circa eadem praxi. Hispanice editae et in VI partes divisae, interprete Melch. Trevinnio. De novo editae per J. Mart. Dux. 6 partes. Noerdlingiae 857. Beck. 8. (VIII, 343; 252; 509; 445; 342; 500 S.)
n. 3 ℛ. 26 ngr

— der Weg zur Vollkommenheit für die höheren und höchsten Stände in der Gesellschaft. Herausg. von Clemens Grafen zu Brandis. Regensburg 860. Manz. 8. (264 S.)
27 ngr

Ludwig vom Walde (ps.), die Katastrophe im Hause Wittelsbach. Budapest, Gust. Grimm. 1886. 8⁰. Blau Hsrsb. *)

24 S. — Inh.: Ludwig I. — Maximilian II. — Prinzessin Marie von Preussen. — Die Prinzen Ludwig u. Otto. — Ludwig II. — Richard Wagner. — Sein Einfluss auf den König. — Wagner in Ungnade. — Der König in den Bergen. — Des Königs Brautwerbung. — Rückgang der Verlobung. — Der König u. seine Minister. — Herr v. Lutz. — König Ludwigs Wahn. — Charakterzüge u. Episoden aus dem Leben Ludwigs II. — Die Königsschlösser. — Prinz Luitpold. — Prinz Ludwig. — Prinzessin Therese. — Prinz Otto, nunmehr König Otto I. — Der Wahnsinn im Hause Wittelsbach. — Graf Durckheim. — Graf Holnstein.

Ludwig Amadeus v. Savoyen, Herzog der Abruzzen: Der Ruwenzori. Erforschung u. erste Ersteigg. seiner höchsten Gipfel. Hrsg. v. F. De Filippi. Mit 190 v. Vittorio Sella aufgenommenen Abbildgn., darunter 35 ganzseit. Bildern u. 4 Panoramen, sowie 4 Karten. (XII, 471 S.) gr. 8. Leipzig 909. F. A. Brockhaus. Geb. in Leinw. 12. —

Ludwig Amadeus v. Savoyen, Herzog der Abruzzen, Kgl. Hoh., Die Stella Polare im Eismeer. Erste italien. Nordpolexpedition 1899—1900. Mit Beiträgen v. Cagni u. Cavalli Molinelli, 166 Abbildgn. im Texte, 28 Sep-Bildern, 2 Panoramen u. 2 Karten. (XIV, 566 S.) gr. 8. Leipzig 903. F. A. Brockhaus. n. 9. —; geb. n. 10. —

Ludwig Bonaparte, s. B o n a p a r t e , Louis

L u d w i g F e r d i n a n d, kgl. Prinz von Bayern. Zur Anatomie der Zunge. gr. 4. Münch. 884, Bassermann. * 60 —; geb. * 62 —

L u d w i g F e r d i n a n d, königl. Prinz von Bayern, zur Anatomie der Zunge. Eine vergleichend-anatom. Studie. gr. 4. (X, 108 S. mit 51 doppelten und 2 einfachen Taf. in lithogr. Farbendr.) München 884. Literarisch-artist. Anstalt. *

L u d w i g F e r d i n a n d v. B a y e r n, Prinzessin, Maria de la Paz, Infantin v. Spanien, s. C a r i t a s.

Ludwig Ferdinand, Prinzessin v. Bayern, E m a n u e l a T h e r e s e vom Orden der hl. Klara, Tochter Kurfürst Max Emanuels von Bayern (1696—1754). Ihre Geschichte, hauptsächlich nach ungedruckten Briefen u. Schriftstücken zum ersten Male erzählt. Mit 2 farb. Titelbildern, 5 Vollbildern, 43 Abbildgn. im Text, Stammtafeln u. 2 Musikbeilagen. gr. 8. (XII, 108 u. 10 S.) München 902. Allgemeine Verlags-Gesellschaft. Geb. in Leinw. n. 10. —; feine Ausg. auf starkem Kunstdr.-Pap. 15. —; französ. Ausg. zu gleich. Preisen.

Ludwig Ferdinand, Dr., kgl. Prinz v. Bayern (geb. 22. Octob. 1859), ueber *Endorgane der sensiblen Nerven in der Zunge der Spechte.* Mit 2 color. Taf. (der lithogr. Anstalt von *Jos. Roth* sel. Wwe.). München, akadem. Buchdr. v. F. Straub, 1884. 4⁰. Grosspapier. Blau Srsb. m. Fileten.

12 S. Lat. Lett. — Sitzungsber. d. k. b. Akad. d. Wiss. 1884. I.

Ludwig Ferdinand v. Bayern, Frau Prinzessin, in der ewigen Stadt. Reiseerzählung. (32 S. m. 1 Abbildg.) gr. 8. München 903. Herder & Co. n. — 25

Sonderabdruck aus: „Historisch-polit. Blätter".

Ludwig Napoleon, s. Napoleon, Ludwig.

A l b o r a n . [Vf.: **Ludwig** Salvator Erzherzog von Oesterreich.] Prag: H. Mercy Sohn 1898. (VII, 89 S., 18 Taf., 2 Pl., 2 Kt.) 1 Bd. 4.

A n m e r k u n g e n über Leukas. [Verf.: **Ludwig** Salvator Erzherzog von Oesterreich.] Prag: Mercy 1908. 61 S. 4⁰

[L u d w i g S a l v a t o r, Erzherzog v. Oesterreich.] Die B a l e a r e n. In Wort u. Bild geschildert. 1. Bd., 2. Bd., 3. Bd. 2 Hälften, 4. Bd., 5. Bd. 2 Hälften, 6. u. 7. (Schluß-)Bd. Fol. Lpz., Brockhaus. geb. Nicht im Handel.

1. Die alten Pityusen. (VI, 309 S. m. 50 Taf. in Farbendr., 2 Taf. u. 40 Text-Illustr. in Holzschn.) 869.
2. Die eigentlichen Balearen. (IV, 665 S. m. 11 Taf. in Farbendr., 1 Karte u. 56 Text-Illustr. in Holzschn.) 871.
3. —— dass. — [Fortsetzung.] 1. Hälfte. (S. 1—508 m. 6 Taf. in Farbendr. u. 67 Text-Illustr. in Holzschn.) 880. — 2. Hälfte. (S. 509—931 m. 1 Taf. in Farbendr., 2 Karten, 2 Taf. u. 82 Text-Illustr. in in Holzschn.) 880.
4. —— dass. — [Fortsetzung.] (309 S. m. 13 Taf. in Farbendr., 2 Karten, 1 Taf. u. 123 Text-Illustr. in Holzschn.) 882.
5. —— dass. — [Fortsetzung.] 1. Hälfte. (VI, S. 1—444 m. 56 Taf. in Farbendr., 3 Karten u. 109 Text-Illustr. in Holzschn.) 884. — 2. Hälfte. (S. 445—799 m. 27 Taf. in Farbendr., 5 Karten, 1 Taf. u. 160 Text-Illustr. in Holzschn.) 884.
6. —— dass. — [Fortsetzung.] (I, 595 S. m. 11 Taf. in Farbendr., 1 Karte u. 133 Text-Illustr. in Holzschn.) 890.
7. —— dass. — [Schluß.] (I, 463 S. m. 11 Taf. in Farbendr., 3 Karten u. 137 Text-Illustr. in Holzschn.) 891.

Daraus apart 6. u. 7. Bd. u. d. T.:

Die Insel M e n o r c a. I. Allgemeiner Thl. 1890; II. Specieller Thl. 1891.

Der 4. Bd. ist u. d. T.: Die Stadt P a l m a. Lpz. 1882, Brockhaus, geb. * 60 —, auch in den Handel gekommen (s. XVII. Bd. 2. Abthl. S. 282).

Ludwig Salvator, Erzherzog, die Balearen. Geschild. in Wort u. Bild. 2 Bde. 4. (XII, 488 u. VIII, 452 S.) Würzburg 897. L. Wörl. à n. 27. 50; geb. à n. 30. —

Benzert. [Vf.: **Ludwig** Salvator, Erzherzog v. Oesterreich.] *Prag: H. Mercy 1897.* (XI, 69 S., 35 Taf., 1 Kt.) 1 Bd 4. [98. 6948

Ludwig Salvator, Erzherzog von Toscana): Bizerta und seine Zukunft. Prag 1881. VIII, 48 S. 11 Tf. 1 Krt. 8⁰.

Ludwig, Salvator Erzherzog, Lose Blätter aus Abbazia. Hoch-4⁰. (89 S. mit 32 Illustrationen.) Wien, Hölzel. cart. fl. 6.—. 1886.

—— Eine **B l u m e** aus dem Goldenen Lande od. Los Angeles. 8. (XII, 257 S. m. 13 Taf. u. 3 Text-Illustr. in Holzschn.) Prag 878, Mercy. geb. Nicht im Handel.

Die 2. Aufl. kam in den Handel; s. XVIII. Bd. 2. Abthl. S. 83.

Bougie, die Perle Nord-Afrikas. [Verf.: **Ludwig** Salvator Erzherzog v. Oesterreich.] Prag: H. Mercy Sohn 1899. (VIII, 122 S.) 2⁰ (4⁰) [F.]

Ludwig Salvator, Erzherzog, B o u g i e, die Perle Nord-Afrikas. gr. Fol. (VIII, 122 S. m. 1 Abb., 32 Taf. u. 1 farb. Karte.) Leipzig 900. Woerl's Reisebücher-Verlag. n. 30.—

Cannosa. Vf.: [**Ludwig** Salvator Erzherzog v. Oesterreich.] *Prag: H. Mercy 1897.* (VI S., 1 Bl., 36 S., 10 Taf.) 1 Bd 4. [98. 3473

Ludwig **Salvator**, Erzherzog von Toskana: Columbretes. Prag 1895. 177 S. 26 Tf. 2 Krt. 4⁰.

[Ludwig Salvator von Toscana, Erzherzog von Österreich.] Das was verschwindet. Trachten aus den Bergen und Inseln der Adria. Leipzig. F. A. Brockhaus [1904]. (X S. 87 farb. Taf. m. 87 Bl. Text. 4°.

Die F e l s e n f e s t e n Mallorcas. Geschichte und Sage. [Verf.: **Ludwig** Salvator Erzherzog von Oesterreich.] Prag: Mercy 1910. XVIII, 493 S. 3° [10. 12231

Die Insel Giglio. [Verf.: **Ludwig** Salvator Erzh. v. Oesterreich.] *Prag: H. Mercy Sohn 1900.* (VI, 127 S.) 4° [00. 8240

Ludwig **Salvator**, Erzherzog von Toscana): Der Golf von Buccari-Porto Ré. Bilder und Skizzen. Prag 1871. 125 S., 31 Tf., 4 Krt. 4⁰.

— Helgoland, s.: W o e r l's Reisehandbücher.

—— s.a. H o b a r t t o w n.

Ludwig **Salvator**, Erzherzog von Toscana): Hobarttown oder Sommerfrische in den Antipoden. Mit 23 Vollbildern und 6 in den Text gedruckten Illustrationen. Prag 1886. (XII), 281 S., 1 Krt. 4⁰. [K 1558

— eine Y a c h t - R e i s e an den Küsten v. Tripolitanien u. Tunesien, s.: W o e r l's Reisebibliothek.

—— Y a c h t - R e i s e in den Syrten. 1873. gr. 4. (VIII, 400 S. m. 1 Karte, 30 Taf. u. 34 Text-Illustr. in Holzschn.) Ebd. 874. geb. Nicht im Handel.

Die Liparischen Inseln. [Vf.: **Ludwig** Salvator Erzherzog v. Oesterreich.] Heft 1—8. *Prag: H. Mercy 1893—96.* 8 Bde 2.(4.)
1. Vulcano. 1893. (XII, 95 S., 13 Taf., 1 Kt.)
2. Salina. 1893. (IX, 72 S., 9 Taf., 1 Kt.)
3. Lipari. 1894. (XVI, 158 S., 27 Taf., 1 Kt.)
4. Panaria. 1895. (VIII, 30 S., 7 Taf., 1 Kt.)
5. Filicuri. 1895. (VIII, 37 S., 7 Taf., 1 Kt.)
6. Alicuri. 1896. (VII, 26 S., 4 Taf., 1 Kt.)
7. Stromboli. 1896. (X, 51 S., 10 Taf., 1 Kt.)
8. Allg. Theil. 1894. (X, 150 S., 7 Taf., 2 Kt.) [57. 1806

Der Canal von Calamotta. [Verf.: **Ludwig** Salvator, Erzherzog von Österreich.] Prag: Mercy 1910. 44 S. 4°(8°) [10. 14843

—— Die Karawanen-Strasse v. Aegypten nach Syrien. kl.-4. (X, 88 S. m. 22 Taf. u. 1 Text-Illustr. in Holzschn.) Prag 879, Mercy. Nicht im Handel.

(**Ludwig Salvator**, Erzherzog von Toscana): Leukosia. die Hauptstadt von Cypern. Prag 1873. 89 S., 12 Tf. 4°.

Ludwig Salvator, Erzherzog, Los Angeles in Südcalifornien. Eine Blume aus dem goldenen Lande. 2. verb. Aufl. 12. (XII, 240 S. mit Illustr. und Karten.) Würzburg 885, Woerl's Sep.-Cto. *ℳ 4.—; cart. * geb. *

— Märchen aus Mallorca. gr. 8. (XXIV, 271 S.) Ebd. 896. Geb. n. 5.—

— dasselbe, s. a.: Rondayes de Mallorca.

Parga. [Verf.: **Ludwig** Salvator Erzherzog von Österreich.] Prag: H. Mercy Sohn 1907. (XIII, 475 S., 40 Taf.) gr. 2° [08. 1740

(**Ludwig Salvator**, Erzherzog von Toscana): Paxos und Antipaxos. Würzburg u. Wien 1887. XV, 480 S., 100 Tf. 4°.

—— **Paxos und Antipaxos. 4. (XV, 480 S. mit 87 eingedr. Abbild., 98 Taf. und 5 Plänen.) Würzburg 887, Woerl. *ℳ 30.—; cart. *ℳ 35.—; geb. ***

— Ramleh als Winteraufenthalt. gr. 4. (XVII, 151 S. m. 77 Taf.) Leipzig 900. Woerl's Reisebücher-Verlag. Geb. in Leinw. n. 20.—

Sommertage auf Ithaka. [Verf.: **Ludwig** Salvator, Erzherzog von Oesterreich.] *Prag: H. Mercy Sohn 1903.* (6 Bl., 102 Taf.) 2° [03. 11011

Ludwig Salvator, Erzherzog, s.: Spanien in Wort u. Bild.

(**Ludwig Salvator**, Erzherzog von Toscana): Eine Spazierfahrt im Golfe von Korinth. Prag 1876. XXVII, 291 S., 60 Tf., 2 Krt. 4°.

(**Ludwig Salvator**, Erzherzog von Toscana): Tunis. Ein Bild aus dem nordafrikanischen Leben. Prag 1870. 98 S., 7 Tf. 8°.

Ustica. [Vf.: **Ludwig** Salvator, Erzh. v. Oesterreich.] *Prag: H. Mercy Sohn 1898.* (XII, 132 S., 58 Taf., 2 Kt.) 1 Bd 2. [98. 10751

Versuch einer Geschichte von Parga. [Verf.: Ludwig Salvator Erzherzog von Oesterreich.] Prag: H. Mercy Sohn 1908. (VII, 219 S.) gr. 2°

Ludwig Salvator, Erzherzog, um die Welt, ohne zu wollen, s.a. Woerl's Reisebibliothek.

(**Ludwig Salvator**, Erzherzog von Toscana): Um die Welt, ohne zu wollen. Prag 1881. 384 S. 8°.

—— um die Welt ohne zu wollen. 4. unveränd. Aufl. (In 6 Lfgn.) 12. (XII, 343 S. mit 100 Illustr.) Würzburg 886,87, Woerl's Sep.-Cto. à Lfg. * 50 Pf. *

— um die Welt ohne zu wollen. 5. bill. Volks-(Titel-)Ausg. 12. (XII, 343 S. m. 100 Illustr.) Würzburg 894. L. Woerl. n. 2.—

Wintertage auf Ithaka. [Verf.: **Ludwig** Salvator Erzherzog von Oesterreich.] Prag: H. Mercy Sohn 1905. (X, 315 S.) 2°(4°) [05. 9579

—— Einige Worte üb. die Kaymenen. Juli 1874. 4. (24, VII S. m. 5 Taf. u. 2 Text-Illustr. in Holzschn.) Ebd. 875. Nicht im Handel

Ludwig Salvator, Erzherzog, Zante. Specieller Thl. u. allgemeiner Thl. 4. Leipzig (904). Woerl's Reisebücher-verl. Geb. in Leinw. n. 100.—
Specieller Thl. (IX, 449 S. m. Abbildgn., 1 Taf., 4 farb. Plänen, 2 farb. Karten u. 1 Tab.) 40.—. — Allgemeiner Thl. (XIV, 687 S. m. Abbildgn.) 60.—.

Zante. [Verf.: **Ludwig** Salvator Erzherzog von Oesterreich.] Spec. Th. *Prag: H. Mercy Sohn 1904.* 4° [04. 11638

Ludwig Wilhelm, Markgraf von Baden, s.a.: **Kriegs- u. Staatsschriften.**

Ludwig Wilhelm von Baden. Kriegs- und Staatsschriften des Markgrafen ....., über den spanischen Erbfolgekrieg, 1700 bis 1707, aus den Archiven von Carlsruhe, Wien und Paris, mit einer geschichtlichen Einleitung und Facsimile. Herausgegeben von Freih. Philipp Röder v. Diersburg, Grossherzoglich Badischer Obrist etc. (2 Bde.) 8. Carlsruhe 1850.

Ludwig Wilhelm, Markgraf v. Baden, s. Neff, W.

Ludwig, s.a. Ludewig. – Ludovici. – Ludovicus.

Ludwig [Familienname]

Ludwig, Onkel [Pseud.], s.a. Auer, Ludwig [wirkl. Name]

Ludwig, kurzer Abriß der Geschichte des Fußartillerie-Regiments Encke (Magdeburgisches) Nr. 4. Für den Unterricht der Mannschaften auf Befehl des Regiments bearb. Mit e. Bildnis des Generals Encke, 4 Kartenskizzen u. e. bunten Abbildg. der Fahne. (53 S.) 8. Berlin 905. Liebel. n. — 75; geb. n. 1.25

Ludwig, üb. Aluminium, s.: Abhandlungen u. Vorträge aus dem Gesammtgebiete der Naturwissenschaften.

Ludwig, Onkel (Ludw. Auer), aus dem Leben u. f. das Leben. Neue Volks- u. Jugendschriften. II. Abtlg. Kinder-Schriften. 1. Lfg. Der Schul-Ludwig. Eine Erzählg. f. Kinder. 2. Aufl. (114 S. m. Abbildgn. u. Bildnis.) kl. 8. Donauwörth 905. L. Auer. Kart. n. — 50

Ludwig, die operative Bedeutung der Festungen, s.a. Militär-Wochenblatt. 1910. Beiheft 9.

Die operative Bedeutung der Festungen. Von **Ludwig**, Hauptm. Mit 4 Skizzen. Napoleonische Erinnerungen in der modernen französischen Operationslehre. Von Franz Endres, Oberlt. Berlin: Mittler (1910). S. 279–322. 8° [Umschlagt.]
(Militär-Wochenblatt. 1910, Beih. 9.) [10. 14110

Ludwig. Priester. große biblische Bilder-Gallerie zu der biblischen Geschichte. 8. Wien. Gorischek. 1861. 40 kr.

Ludwig, Caritas oder heilige Liebe. Dargestellt mittelst wahrhaft großer Vorbilder aus dem Leben echter Helden der heiligen Liebe aus allen Jahrhunderten. Mit 1 Stahlst. und 24 Orig.-Illustr. (in Holzschn.) Wien 862. Gorischek. 8. (VIII, 288 S.) n. 20 ngr.

—— Der kleine Christ. 3. verb. mit vielen neuen Holzschnitten verm. Aufl. n. 8. (48 S.) Ebd. 1861. 20 kr.

Ludwig und Achilles, Entgegnung auf den Bericht der Hrn. Petersen und Rosenbaum vom Juli 1838. 4.

Ludwig, Onkel: Die Entstehung und Bedeutung des Christbaums, s. Ahle, J. N.: Geistlicher Christbaum.

Ludwig, Feuer-Hannes, der verfolgte Brudermörder, und seine Spießgesellen, oder: Geheimnißvolle Enthüllungen aus dem Leben des berüchtigtsten Brandstifters. A. u. d. T.: Feuer-Hannes, der Brudermörder und berüchtigte Brandstifter. Historischer Volksroman. 30 Hefte. gr. 8. (1139 S. mit 30 Chromolithogr.) Dresden 874,75, Lohse und Kadler. à Heft 30 Pf.

Ludwig, Onkel: Der Arbeit Fluch und Segen, s. Ahle, J. N.: Geistlicher Christbaum

Ludwig, die Flucht des Rebellen oder zum Tode verurtheilt. 8. (61 S.) Dresden 876, [Lohse und Kadler.] Lohse.

Ludwig, die Flucht des Rebellen oder zum Tode verurtheilt. 8. (61 S.) Reutlingen 882. Bardtenschlager. — 30

† Ludwig, Führer durch die Vereinigten Staaten von Nord-Amerika. Handbuch für Geschäfts- und Vergnügungs-Reisende, insbesondere für Besucher der internationalen Ausstellung in Philadelphia. Mit einer (lithogr.) Special-Reisekarte (in Imp.-Fol.), anderen chartograph. (lithogr.) Erläuterungen (in qu. gr. 8.) und (Holzschn.-)Abbild. der Ausstellungs-Gebäude. Nach amtl. Quellen und persön. Erfahrungen. gr. 16. (XII, 144 S.) Leipzig 876, Wagner Separat-Conto. geb. *

Gemeindeverwaltung und Trinkerfürsorge. Die Schankkonzession. Vortrag von Bürgermeister Ludwig in Neunkirchen (Bez. Trier), geh. in Trier. Trier: Paulinus-Dr. 1907. (32 S.) 8° [ö.] (08. 1741

Ludwig: Der Glaubenstern in der dunklen Nacht des Lebens für Jung und Alt. 1868. kl. 8. (130 S.) Wien: Hummel's Verl.-Exped. 1867.

Ludwig, *Priester*. Katholischer Glaubensweg, dargestellt mittelst der Geschichte aus allen Jahrhunderten. Herausg. vom — —. *Wien* 1857. Druck u. Verl. von *Leopold Grund*. 167 S. Mit 1 (lith.) Abbild. kl. 8°.

— s.: Hausbrot.

Ludwig, Priester. Jenosef, oder der katholische Künstler. Frei nach dem Französischen. Von — —. 8. (180 S. 1 lithogr. Bild.) Wien. Leop. Grund. 1854.

Ludwig, Priester — Jenosef oder: der katholische Künstler. Von — —. 2te verbesserte und vermehrte Aufl. Wien, 1857. Druck und Verlag von Leopold Grund. (178 S. 8 Mit einem Titelbild.)

Kirchenaustrittsbewegung und Kirche. Vortrag bei der Landestagung der Sächsischen Evangelischen sozialen Vereinigung von Pfarrer LUDWIG-Leipzig. Herausgegeben von der Sächsischen-sozialen Vereinigung. Sonder-Abdruck aus dem Neuen Sächsischen Kirchenblatt. Leipzig 1914. Verlag von Arwed Strauch. 8°.

Ludwig. Kraftübertragung durch Druckluft, s. Sammlung naturwissenschaftlicher Vorträge.

Ludwig. Kriegführung und Geld. (Aufsatz aus den »Vierteljahrsheften für Truppenführung und Heereskunde«, 1907, Heft 3 und 4. Berlin.)

—— der christliche Kunstreiter, oder der gottesfürchtige Antonio. Frei übers. und hrsg. 12. (141 S. mit 1 Holzschnt.) Wien 854, Grund.

—— über die Liebe Gottes, oder: von der Vollkommenheit des christlichen Lebens. Uebersetzt aus seinen Werken. 4. Aufl. gr. 12. (XX und 236 S. mit 1 Stahlst.) Wien 853, Mechitaristen-Congregations-Buchh.

Ludwig, Lucie, die Tochter des Briganten, s.a. Erzählungen, interessante wohlfeile.

Ludwig, Lucie, die Tochter d. Briganten. Romantische Erzählg. 8. (63 S.) Dresden 875. Lohse & Kadler. — 40

— Lustig in Ehren. Anleitung u. Stoff zu guter Unterhaltg. 1. Lfg. 5. Aufl. (VIII, 176 S.) kl. 8. Ebd. (904). n. 1. 50

— dasselbe. 2. u. 3. Lfg. 3. Aufl. (VIII, 176 u. VIII, 168 S. m. Abbildgn.) kl. 8. Ebd. (905). à n. 1. 50

— Lustig in Ehren. Anleitung u. Stoff zu guter Unterhaltg. 4. Lfg. 2. Aufl. (144 S. u. Musikbeilage 62 S. in gr. 8.) kl. 8. Donauwörth (907). L. Auer. 1. 50

Ludwig, Onkel, Lustspiele für Kinder, s. Lustspiele.

Ludwig, Onkel (Ludw. Auer), Maria v. Brabant. Trauerspiel in 5 Akten. Dramat. Versuch. 12. (80 S.) Donauwörth 897. L. Auer. n. 1. —

— Maria v. Brabant. Trauerspiel in 5 Akten. Dramatischer Versuch. 3. Aufl. (96 S. m. Titelbild.) kl. 8. Ebd. 906. n. 1. —

— Materielles der Großherzogl. Badischen Feldartillerie. Fol Carlsruhe 839. Braun n. 1/2 ₰

—— der kühne Pascher-Toni vom Böhmer Walde, oder Wilddiebereien und Abenteuer der Schmuggler-Bande unter ihrem verwegenen Anführer „Pascher-Toni", ihre Kämpfe mit Zollwächtern, Förstern und Soldaten, sowie endliche Gefangennahme und Strafe. Historischer Volks-Roman. 86 Hefte. gr. 8. (1430 S. mit 36 color. Stnt.) Ebendas. 875,76. à Heft 30 Pf.

Ludwig: Phantasien und Reflexionen auf einer Reise durch d. südliche Deutschland in d. Schweiz. 1r Bd. 1ste 2te Abth. 8. Leipzig: Gräff 1810.

Ludwig: Das bestehende Oberschlesische Provinzialrecht. Im Auftr. des Königl. Justiz-Ministeriums entworfen im Jahre 1830. Berlin 1839.

— die Rache des Wildschützen od. Der Kampf s.a. Erzählungen, interessante wohlfeile.

— die Rache d. Wildschützen od. der Kampf am wüsten Schloß. 8. (62 S.) Ebend. 876. — 40

— die Rache des Wildschützen oder der Kampf am wüsten Schloß. 8. (62 S.) Ebend. 882. — 30

— am Rande d. Abgrundes. Eine Indianergeschichte. 8. (64 S.) Ebend. 876. — 40

Ludwig u. Hülssner, d. Reinigg. d. Kanalwässer nach d. Verfahren v. L. u. H. gr. 8. (14 S. m. 4 lith. Taf.) Stuttgart 895. K. Wittwer. n. 1.20

am wüsten Schloß. s.: Erzählungen, interessante wohlfeile.

Ludwig & Hülssner, neue Schulhäuser. Eine Sammlg. ausgeführter Entwürfe öffentl. Schulbauten m. Berücksicht. der Verhältnisse auf dem Lande, in kleinen u. grossen Städten, nebst übersichtl. Zusammenstellg. der Herstellungskosten. Fol. (III, 11 S. m. 25 Taf.) Stuttgart 893. K. Wittwer's Verl. In Mappe. n. 20.—

— unter den Seeräubern. s.a. Erzählungen, interessante wohlfeile.

—— unter den Seeräubern. Eine Erzählung aus dem Piratenleben. 8. (63 S. Ebendas. 876.

— unter den Seeräubern. Eine Erzählung aus dem Piratenleben. 8. (63 S.) Ebend. 882. — 30

— die heilige Spes, oder der wahre Lebensanker. Dargestellt mittelst Züge aus dem Leben edler Jungfrauen, thatkräftiger Bekenner und siegreicher Glaubenshelden. Mit 1 Stahlst. u. 24 Orig. Illustr. (in Holzschn.) Ebend. 861. 8. (VIII, 258 S.) n. 20 ngr.

Ludwig, (I.,) Studien über Ballistik. Mit 20 (lithogr.) Taf. Abbildungen. (Autographie.) gr. 4. (20 S.) Carlsruhe 853, Gutsch. *

Ludwig: Die Tugend-Schule. Dargestellt aus der Geschichte und Betrachtung. 3. verbesserte Auflage. 8. (152 S.) Wien: Hummel's Verlags-Exped. 1868.

Ludwig (I.), der neueste, vollständigste Universal-Gratulant in allen nur mögl. Fällen d. Lebens; od. Gelegenheitsgedichte z. neuen Jahre, zu Namens- u. Geburtstagen, rc. Für jeden Rang u. Stand. 8. (8 3/4 B.) Quedlinburg 838, Basse.

Ludwig, ..., der neueste, vollständigste Universal-Gratulant in allen nur möglichen Fällen des Lebens, oder Gelegenheitsgedichte rc. Für jeden Rang und Stand. 2. Aufl. 8. Quedlinburg 842, auch 846, Basse. 5/12 ₰

Ludwig (II.), d. neueste, vollständigste Universal-Gratulant in allen nur möglichen Fällen des Lebens. Für jeden Rang u. Stand. 2. Aufl. (8 3/4 B.) 843 u. 3., verm. Aufl. 8. (11 B.) Quedlinburg 846, Basse.

Ludwig, der neueste, vollständigste Universal-Gratulant in allen nur möglichen Fällen des Lebens; oder Gelegenheitsgedichte zum neuen Jahre, zu Namens- u. Geburtstagen, zur silbernen und goldenen Hochzeitsfeier, zu allen andern häuslichen Festen, sowie Todtenkränze rc. Für jeden Rang und Stand. 3., verm. Aufl. Quedlinburg 853. Basse. 8. (174 S.) 12 1/2 ngr.

Ludwig, der neueste, vollständigste Universal-Gratulant oder Gelegenheitsgedichte zum neuen Jahre, zu Namens- und Geburtstagen, zu Hochzeiten rc. 4. verm. und verb. Aufl. 8. (IV, 186 S.) Quedlinburg 878, Basse. *

— Veritas, oder: der wahre Fortschritt und scheinbare Rückschritt. Dargestellt mittelst einzelner Züge aus der Geschichte. 2. verb. u. verm. Aufl. Ebend. 864. 8. (VIII, 303 S. u. 1 Stahlst.) n. 8 ngr.

— Virtus, oder die wahren Tugendhelden. Dargestellt mittelst wahrhaft großer Vorbilder aus dem Leben echter Helden der heiligen Liebe aus allen Jahrhunderten. Mit 1 Stahlst. u. 24 Orig.-Illustr. (in Holzschn.) Ebend. 862. 8. (VIII, 288 S.) n. 20 ngr.

— Für's Volkstheater. 1.—3. Bdchn. kl. 8. Ebd. à — 75
1. Liebe u. Haß od. Der letzte Ritter v. Katzenstein. Schauspiel in 4 Akten, m. Liedern od. auch ohne Gesang, nach e. schwäb. Sage aus der Zeit des Faustrechts. (53 S.) 909.
2. Hochmut u. Demut od. Die stumme Büßerin. Schauspiel in 6 Aufzügen nach e. kärntener Volkssage bearb. Musik v. Musiklehr. Miller. (71 S.) 909.
3. Der G'luster, od.: Die g'näschige Eva. Volksstück, nach e. schwäb. Sage bearb. (64 S.) 909.

—— Wegweiser durch die nächsten Umgebungen v. Darmstadt u. nach den schönsten Punkten des Odenwaldes u. d. Bergstraße nebst Angabe d. v. Darmstadt abgehenden u. daselbst ankommenden Posten u. Eisenbahnzüge u. des Personengeldes auf denselben. Mit d. Plane v. Darmstadt u. e. Kärtchen d. Main-Neckar-Eisenbahn u. des angrenz. Odenwaldes. 16. (2 5/8 B. u. 1 Tab.) Darmstadt 846, Pabst. *

Ludwig, Wegweiser im Gebiete der Volksliteratur, für Vorsteher von Volksbibliotheken. gr. 8. (27 S.) Darmstadt 847, Pabst.

Ludwig, einige Worte üb. Schullehrer-Seminarien. gr. 8. Darmst. 821, Heyer.

Ludwig, A., s.: Adreß-Buch, Berliner.

Ludwig, A., üb. den anfang des Mahâbhârata Adiparva I—CVIII. gr. 8. (17 S.) Prag 899. (F. Řivnáč.) n. — 24

Ludwig, A., der apolog vom bock u. dem meszer Mh. Bh. II. 2193. [Aus: „Sitzungsber. d. k. böhm. Gesellsch. d. Wiss."] gr. 8. (9 S.) Prag 894. (F. Řivnáč.) n. — 20

Ludwig, A., d. apolog vom bock u. d. meszer Mh. Bh. II. 2193. 2. artikel. [Aus: „Sitzungsber. d. k. böhm. Gesellsch. d. Wiss."] gr. 8. (10 S.) Prag 895. (F. Řivnáč.) n. — 20

— üb. die neuesten Arbeiten auf dem Gebiete der Rgveda-Forschung. [Aus: „Sitzungsber. d. k. böhm. Gesellsch. d. Wiss."] gr. 8. (176 S.) Ebd. 893. n. 3. 20

— d. bedeutg. v. lat. superstitio u. lat. panis. [Aus: „Sitzungsber. d. k. böhm. Gesellsch. d. Wiss."] gr. 8. (4 S.) Ebd. 895. n.n. — 10

Ludwig, A., Beiträge zur Geologie der Umgebung v. St. Gallen, s.: Falkner, Ch.

Ludwig, A., Bemerk. zu den Inschriften der ilischen Tafeln und zu Bakchylides. Pr. 1898. 13 S. 4°. 1.50

— d. etymologie von Pharao (hebr. par o). [Aus: „Sitzungsber. d. k. böhm. Gesellsch. d. Wiss."] gr. 8. (6 S.) Ebd. 895. n.n. — 10

— die Euphorbosepisode Ilias P 1—119. gr. 8. (8 S.) Ebd. 900. n. — 20

— d. Füllhorn. [Aus: „Sitzungsber. d. k. böhm. Gesellsch. d. Wiss."] gr. 8. (2 S.) Ebd. 895. n.n — 10

— e. besond. gebrauchsweise d. zweiten futurums im Samskrt. [Aus: „Sitzungsber. d. k. böhm. Gesellsch. d. Wiss."] gr. 8. (12 S.) Ebd. 896. n. — 20

Ludwig, A., die Genesis der grammatischen Formen d. Samskrt u. die zeitliche Reihenfolge in der Selbständigwerdung der indoeuropaeischen Sprachen. [Aus: „Abhandlgn. d. k. böhm. Gesellsch. d. Wiss."] Imp.-4. (164 S.) Prag 891. (F. Řivnáč.) n. 4. 80

— üb. Genesis IV. 7. [Aus: „Sitzungsber. d. k. böhm. Gesellsch. d. Wiss."] gr. 8. (4 S.) Ebd. 895. n.n. — 10

— d. geschichte v. Videgha Mathava im Brahmana d. weiszen Yajurveda. Çatap. br. I. 4, 1, u. ff. [Aus: „Sitzungsber. d. k. böhm. Gesellsch. d. Wiss."] gr. 8. (6 S.) Ebd. 895. n. — 20

— d. geschichte v. Yayâti Nahuṡya, analyse u. rolle derselben im Mahâbhârata. [Aus: „Sitzungsber. d. k. böhm. Gesellsch. d. Wiss."] gr. 8. (18 S.) Ebd. 898. n. — 28

LUDWIG, A.
Über den Grundgedanken des Mahabharata. Von A. Ludwig. (Sitzungsberichte der königl. böhmischen Gesellschaft der Wissenschaften. Classe für Philosophie, Geschichte uud Philologie. 1900. XVII.) Prag. 1900. Verlag der königl. böhmischen Gesellschaft der Wissenschaften. In Comm. Řivnáč. Gr.-8°. 11 S. K —.20

— d. herkunft d. Litauischen k-optativs. — D. etymologie v. slav. мѣсѧсь u. d. bezeichngn. d. mondes in d. verwandten sprachen. [Aus: „Sitzungsber. d. k. böhm. Gesellsch. d. Wiss.") gr. 8. (8 S.) Ebd. 898. n.n. — 12

— über die integrität der Ilias. gr. 8. (36 S.) Ebd. 899. n. — 48

Ludwig, A., Zur Kritik d. Aeschylos. Eine Reihe von Abhdlngn. Gel. 1860. 76 S. 2.—

Ludwig, A., über die Kritik d. Rgveda-Textes. [Aus: „Abhandlgn. d. k. böhm. Gesellsch. d. Wiss."] gr. 4. (66 S.) Prag 889. (Calve.) n. 1. 80

— über den begriff 'lautgesetz'. [Aus: „Sitzungsber. d. k. böhm. Gesellsch. d. Wiss."] gr. 8. (54 S.) Ebd. 894. n. — 80

Ludwig, A., die Mantralitteratur u. das alte Indien, s.: Rigveda, der.

— über Methode bei Interpretation d. Rgveda. [Aus: „Abhandlgn. d. k. böhm. Gesellsch. d. Wiss."] gr. 4. (72 S.) Prag 890. (Řivnáč.) n. 3. —

Ludwig, A., s. Lady Morgan, das Buduirbuch.

— d. Nâsadasîya-hymnus Rigveda X. 129. [Aus: „Sitzungsber. d. k. böhm. Gesellsch. d. Wiss."] gr. 8. (8 S.) Ebd. 895. n. — 16

— das perfectum periphrasticum des Sanskrit. gr. 8. (5 S.) Ebd. 900. n.n. — 14

— Purûravas u. Urvaçî. [Aus: „Sitzungsber. d. k. böhm. Gesellsch. d. Wiss."] gr. 8. (15 S.) Ebd. 897 n. — 24

— Purûravâh u. Urvaçî; zusätze u. berichtiggn. gr. 8. (16 S.) Ebd. 899. n. — 24

— Remorsurus petor — od.: Ludwig versus Oldenberg. gr. 8. (18 S.) Ebd. 900. n.n. — 26

— die rhapsodien der Ilias A—Σ in bezug auf ihre zusammensetzg. analysiert. gr. 8. (34 S.) Ebd. 899 n. — 48

— über den Schluszaphorismus v. Pânini's Grammatik. [Aus: „Sitzungsber. d. k. böhm. Gesellsch. d. Wiss."] gr. 8. (14 S.) Ebd. 894. n. — 40

— üb. d. schwanken d. localen darstellgn. in d. Ilias. [Aus: „Sitzungsber. d. k. böhm. Gesellsch. d. Wiss."] gr. 8. (20 S.) Ebd. 898. n. — 28

Ludwig, A., Die Stele auf dem Forum Romanum u. die Inschrift darauf. Gel. 1901. 8 S. — 60

— zwei klassische texte üb. den Mazdaeismus. gr. 8. (6 S.) Ebd. 900. n. — 20

Ludwig, A., Ukalegon in Ilias u. Aeneis. — Eine besondere dualform bei Homer. [Aus: „Sitzungsber. d. k. böhm. Gesellsch. d. Wiss."] gr. 8. (15 S.) Prag 897. (F. Řivnáč.) n. — 24

Ludwig, A., Ukalegon in Ilias und Aeneis. 8°. (5 S.) K —.20
Fr. Rivnac: Prag 1907.

— über die unmöglichkeit e. sogenannten urilias. gr. 8. (31 S.) Ebd. 901. n. — 48

— über die verbalflexion der Dravidasprachen. gr. 8. (15 S.) Ebd. 900. n. — 24

— üb. d. absoluten verbalformen d. Samskrt u. d. praedicatsauszdruck i. allgemeinen. [Aus: „Sitzungsber. d. k. böhm. Gesellsch. d. Wiss."] gr. 8. (92 S.) Ebd. 897. n. 1. 40

Ludwig, A., über das verhältnis des mythischen elements zu der historischen grundlage des Mahâbhârata. gr. 4. (18 S.) Prag 884, (Calve'sche Universitäts-Buchh.) *
Aus: Abhandlungen der k. böhmischen Gesellschaft der Wissenschaften, besonders abgedruckt.

— Ia) Das verhältnis der m-formen d. Germanischen declination zu denen des Lettischen u. Slavischen. b) Die erste plur. auf mess im Althochdeutschen. II. Über die griechische redeweise εἰπεῖν μοι. gr. 8. (8 S.) Ebd. 899. n. — 20
Vorstehende 12 Abhandlgn. sind aus: „Sitzungsber. d. böhm. Gesellsch. d. Wiss." besonders abgedruckt.

— Ueber d. Verhältnis d. Peisistratischen Redaktion zu dem Ganzen d. Ilias. S.-A. 1908. 27 S.

Ludwig, A., Ueber das Verhältnis der peisistratischen Redaction zu dem Ganzen der Ilias. XI. Gr.-8°. (27 S) † K —.10
Prag: Fr. Rivnac 1903.

— Yavanânî (Pân. IV, 1, 49). [Aus: „Sitzungsber. d. k. böhm. Gesellsch. d. Wiss."] gr. 8. (11 S.) Ebd. 893. n. — 40

Ludwig, Adph., Anleitung über Seidenbau und Bienenzucht. gr. 16. (63 S. mit 60 lithogr. Abbild. auf 8 Taf.) Berlin 864. [Leipzig, Wartig.] *

Ludwig, Adf., ein Liebestraum. (116 S.) 8. Wien 903. C. Konegen. n. 1.60

Die Landwirtschaft in Californien. Persönliche Erfahrungen, gesammelt und niedergeschrieben von Adolph J. **Ludwig**. Dagobertshausen-Marburg 1907. ([Cassel] 1907: [Gebr. Müller].) (33 S.) 8° [F.] (08. 4003 4

Ludwig, Albert: Lope de Vegas Dramen aus dem karolingischem [!] Sagenkreise. T. 1. *Berlin: Mayer & Müller 1898.* (60 S.) 8° ¶[Erschien vollständig 1898 im gleichen Verlage.]
Berlin, Phil. Diss. v. 26. Jan. 1898

Ludwig, A., das kirchliche Leben der evangel.-protestant. Kirche des Großherzogt. Baden, s. a. **Kirchenkunde**, evangel. 3. Tl.

Ludwig, A[lbert]. Das kirchliche Leben der evangelisch-protestantischen Kirche des Grossherzogtums Baden. Dargestellt von A. L', Pfarrer in Eichstetten. XII + 250 S. 8. Tübingen, J. C. B. Mohr, 1907. [M. 5.—]
Evangelische Kirchenkunde. Das kirchliche Leben der deutschen evangelischen Landeskirchen. Hrg. von D. Paul Drews.... Teil 3....

Ludwig, Albert: Schiller und das erste Dezennium des neunzehnten Jahrhunderts. (Dat. Lichtenberg) 1908. 32 S. 4°
Lichtenberg b. Berlin, RPG i. E. u. R i. E. OP 1908 (126) [S 08. 290

Ludwig, Alb., Schiller u. die deutsche Nachwelt. Von der kaiserl. Akademie der Wissenschaften zu Wien gekrönte Preisschrift. (XII, 679 S.) gr. 8. Berlin 909. Weidmann. 12.—; geb. in Halbldr. 14.—

Ludwig, Alb., das Urteil üb. Schiller im 19. Jahrh. Eine Revision seines Prozesses. Von der Gesellschaft f. Literatur u. Kunst Bonn gekrönte Preisschrift. (113 S.) gr. 8. Bonn 905. F. Cohen. n. 2.—

Ludwig, Albert: Über das 2-Bromflavon. Bern 1898. 54 S. 8°.
Bern. Phil. Diss. 1898/99.

Ludwig, Alb. Christian

— — (Zeitz), Diss. jur. de uxore in donatione propter nuptias neque dominium neque hypothecam tacitam habente. Präs. Tob. Jac. Reinharth. Erfurt (Grosch) 24. XI. 1729. 26 Seiten. (4.—) 21745

Ludwig, Alexander, aus Craiova i. Rumän.: Ueber die Einwirkung von magnesiumorganischen Verbindungen auf alkylierte Phtalimide und Saccharine. *(Berlin 1904: A. W. Schade.)* (36 S.) 8°
Berlin, Phil. Diss. v. 6. Aug. 1904

Ludwig, Alexander (Hrsg.), s. Turner-Kalender, Deutscher

Ludwig, Alfr., Agglutination od. Adaptation? Eine sprachwissenschaftl. Streitfrage. Mit Nachträgen zu d. Verf. „Infinitiv im Veda." gr. 8. (133 S.) Prag 873. Calve. n. 3.—

— die philosophischen u. religiösen Anschauungen d. Veda in ihrer Entwicklung. Gratulationsschrift zur Eröffnungsfeier d. k. k. Universität in Czernowitz. gr. 8. (VI, 58 S.) Prag 875. Tempsky. n. 2. 40

Ludwig, Alfr., die auffindung der Tôrâh im tempel zu Yerusalem unter Yosia König v. Yuda. (11 S.) gr. 8. Prag 910. (F. Řivnáč.) — 20

Ludwig, Alfred, a. Potsdam: Beiträge zur Kenntnis der δ- und β-Anisalllävulinsäure. Straßburg i. E. 1905: C. Müh. (40 S.) 8°
Straßburg, Math.-naturwiss. Fak., Ref. Thiele, Diss. v. 1905
[Geb. 12. Mai 79 Potsdam; Wohnort: Königsberg i. Pr.; Staatsangeh.: Preußen; Vorbildung: Viktoria-Gymn. Potsdam Reife M. 97; Studium: Königsberg 1, Straßburg 13 S.]

Ludwig, Alfr. (II.). Das Birkwild, dessen Naturgeschichte, Jagd u. Hege. Ein monograph. Beitrag zur Jagdzoologie. gr. 8. (VIII, 123 S.) Wien 889, Gerold's Sohn. * 2 —

Ludwig, Alfr., das Birkwild, dessen Naturgeschichte, Jagd u. Hege. Ein monograph. Beitrag zur Jagdzoologie. 2., wesentlich verm. Aufl. Lex.-8. (XV, 254 S.) Wien 894. C. Gerold's Sohn. 6.—

— A discovery and a disappointment, or the interpretation of Rigo. X. 95, I. and of the sequel. — Die spezifische bedeutung v. φίλος. (24 u. 3 S.) Lex. 8. Ebd. 909. — 40

Ludwig, A., die Entstehung der A-Declination und die Zurückführung ihrer Elemente auf das ihr zu Grunde liegende Pronomen zugleich mit der Darstellung des Verhältnisses der A-Nomina zu den derivierten Verbalformen. Ein Beitrag zur Geschichte der Wortbildung im Indogermanischen. Lex.-8. (64 S.) Wien 867, (Gerold's Sohn.) *
Aus: Sitzungsberichte der k. Akademie der Wissenschaften, besonders abgedruckt.

Das gebet der Mazdayaçna genannt Ahunavairya '(Honover)'. Von A[lfred] Ludwig. *Prag: Kgl. böhm. Ges. d. Wiss. 1897.* (5 S.) 8. = Věstník Král. Č. Společnosti Náuk. Třída filos.-hist.-jazykozpytná. 1897. [No] 26. (98. 4937

Eine besondere Gebrauchsweise des zweiten Futurums im Samskrt. Von A[lfred] Ludwig. *Prag: Kgl böhm. Ges. d. Wiss. 1896.* (12 S.) 8. = Věstník Král. Č. Společnosti Náuk. Třída filos.-hist.-jazykozpytná. 1896. [No] 3.

— über d. mythische grundlage d. Mahâbhârata. [Aus: „Sitzungsber. d. k. böhm. Gesellsch. d. Wiss."] gr. 8. (26 S.) Ebd. 895. n. — 50

Über Ilias Z 165. Die Diapeira Il. B. 73 flg. posthomerisch. (Ergänzg u. berichtigg zu d. abh. XX. 1895 der sitzgsberichte ...) Von A[lfred] Ludwig. *Prag: Kgl. böhm. Ges. d. Wiss. 1897.* (11 S.) 8. = Věstník Král. Č. Společnosti Náuk. Třída filos.-hist.-jazykozpytná. 1897. [No] 24. 25. (98. 4938

— der Infinitiv im Veda. Mit einer Systematik des litauischen u. slav. Verbs dargestellt. Prag 871. Calve. 8. (VIII, 159 S.) n. 1 40

Ludwig, Alfred, die Ironie im Mahâbhârata und im Rgveda, s. Festgruss an Otto v. Böhtlingk.

Ludwig, Alfr., s.: Krankenhaus, das evangelische, Cöln.

Ludwig, Alfr. (früher Ludwig & Hülssner), neue öffentliche Krankenhäuser u. Pflegeanstalten. E. Sammlung ausgef. u. projektirter kleiner, mittl. u. gröss. Anstalten. M. 21 Taf. Fol. (III, 10 S.) Stuttgart 897. K. Wittwer. In Mappe n. 20.—

Ludwig, Alfr., zur Kritik des Aeschylos. Eine Reihe von Abhandlungen. Lex.-8. (76 S.) Wien 860, (Gerold's Sohn.) *
Aus: Sitzungsberichte der k. Akademie der Wissenschaften, Jahrg. 1860, besonders abgedruckt.

—— Ueber die Kritik d. Rgveda-Textes. gr. 4. (66 S.) Prag 889, (Calve). * 1 80

Das Mahâbhârata als Epos und als Rechtsbuch, ein Problem ausz Altindiens Cultur- und Litteraturgeschichte von Joseph Dahlmann S. J. Von A[lfred] Ludwig. *Prag: Böhm. Ges. d. Wiss. 1896.* (112 S.) 8°
= Sitzungsberichte d. k. böhm. Gesellsch. d. Wiss. Cl. f. Philos. 1896, 5. [01. 1967]

—— Ueber Methode bei Interpretation d. Rgveda. gr. 4. (72 S.) (Ebd.) 890. • 3 —
Vorstehende 3 Schriften sind aus: Abhandlgn. d. k. böhm. Gesellsch. d. Wiss., besonders abgedruckt.

Ludwig, Alfr. (I.). Ueber die diphthongische Nominalflexion im Keltischen, im Germanischen u. im Slavolettischen. gr. 8. (S. 147—169.) Prag 892, (Řivnáč). • — 40
Aus: Sitzungsber. d. k. böhm. Gesellsch. d. Wiss., besonders abgedruckt.

—— s.a. Rigveda, der.

Ludwig, Alfred, Der Rigveda oder die heiligen Hymnen der Brâhmana. Zum erstenmal vollst. ins Deutsche übersetzt mit Commentar u. Einleitung. IV. Bd. Commentar. 1. Theil. gr. 8. (VIII u. 435 S.) geh. 6 fl. Prag: Tempsky 1881.

Ludwig, Alfred, Der Rigveda oder die heiligen Hymnen der Brâhmana. Zum ersten Male vollständig ins Deutsche übersetzt mit Commentar u. Einleitung. V. Band. (Des Commentars II. Thl.) gr. 8. (645 S.) geh. 8 fl. Prag: Tempsky 1882.

Ludwig, Alfr., die Saalfelder Stadtwaldung von 1876—1901. Ein Rechenschaftsbericht u. Rückblick. 8. (IX, 166 S.) Saalfeld 901. C. Niese. n. 1. 50

Der doppelte stammbaum des Somavança im Mahabharatam. Von A[lfred] Ludwig. *Prag: Kgl. böhm. Ges. d. Wiss. 1897.* (7 S., 1 Tab.) 8.
= Véstnik Král. Č. Společnosti Náuk. Třída filos.-hist.-jazykozpytná. 1897. [No] 16. [97. 8415]

Ludwig, Alfred und Th. Hein: Synthese des Hydroxylamines. (Sonder-Abdr. a. d. Sitzungsber. d. k. Akad. d. Wiss.) gr. 8. (4 S.) Wien: Gerold 1870.

— Ukalegon in Ilias u. Aeneis. Eine deuterologie. (5 S.) gr. 8. Ebd. 907. — 20
3 Sonderabdr. aus: „Sitzungsber. d. böhm. Gesellsch. d. Wiss".

Über die absoluten verbalformen des Samskṛt und den praedicatsausdruck im allgemeinen. Von Prof. A[lfred] Ludwig. *Prag: Kgl. böhm. Ges. d. Wiss. 1896.* (92 S.) 8.
= Véstnik Král. Č. Společnosti Náuk. Třída filos.-hist.-jazykozpytná. 1897. [No] 7. [97. 8416]

Ludwig, A[ndreas]. Die Alviergruppe. [Mit Figuren und 1 Illustration.] SA. 8. [St. Gallen 1897.]

Ludwig, A[ndreas]. In der Churfirsten-Alvierkette. SA. 8. [St. Gallen 1895.]

Ludwig, A[ndreas]. Höhen und Tiefen in den Alpen. Erinnerungen aus dem Rhätikon, der Silvretta-Gruppe und Tödikette. Mit 15 Illustrationen [auf 13 Tafeln, sowie illustriertem Umschlag]. 228 S. 8. St. Gallen, Fehr, 1908. [fr. 5. —, geb. 6. —]

LUDWIG, Andreas (Beuerbach): Über das physiologische Verhalten des Sexualkörpers in Rücksicht der höhern Organe.- München: Wolf 1844. 31 S.
11.1.1843 - Urk (Titel: De conditione physiologica corporis sexualis quoad organa superiora.); P 66
Diss. Ingolst.-Landsh.-Mchn.

Ludwig, Andr. Gli., († im Juni 1763.) kurzer Entwurf e. allgemeinen u. besond. Geschichtebeschreibung d. Klüfte u. Erdbeben, mit ihren Ursachen, Absichten u. Wirkungen; nebst e. wahren u. ausführl. Abbild. der Stadt Lissabon. 8. Nürnb. 756.

Ludwig, Anton

Ludwig, Ant., Briefsteller. Moderner Briefsteller f. das Geschäfts- u. Privatleben. Liebesbriefe. Mit e. ausführl. Anstandslehre, Anleitg. zur Rechtschreibg. u. Satzlehre, sowie e. vollständ. Fremdwörterbuch. 8. (VIII, 158 u. 270 S.) Berlin 892. Neufeld & Henius. Geb. in Leinw. 3. —

Ludwig, A., neuester zeitgem. Briefsteller f. Geschäfts- u. Privatzwecke. Liebesbriefe. M. ausführl. Anstandslehre, Anleitg. z. Rechtschreibg. u. Satzlehre. Neue Orthographie. 3. Aufl. 8. (VIII, 158 S.) Berlin 898. Neufeld & Henius. 1. —

Ludwig, A., neuester zeitgemäßer Briefsteller f. Geschäfts- u. Privatzwecke. Liebesbriefe. Mit ausführl. Anstandslehre, Anleitung zur Rechtschreibg. u. Satzlehre. Neue Orthographie. 5. Aufl. gr. 8. (VIII, 158 S.) Berlin (902). Neufeld & Henius. 1. —

Ludwig, A., neuester zeitgemäßer Briefsteller f. Geschäfts- u. Privatzwecke. Liebesbriefe. Mit ausführl. Anstandslehre, Anleitg. zur Rechtschreibg. u. Satzlehre. 6. Aufl. Neue Rechtschreibg. (VIII, 158 S.) 8. Berlin (905). Neufeld & Henius. 1. —; geb. 1. 50

Ludwig, A., neuester zeitgemäßer Briefsteller f. Geschäfts- u. Privatzwecke. Liebesbriefe. Mit ausführl. Anstandslehre, Anleitg. zur Rechtschreibg. u. Satzlehre. 8. Aufl. 22.—24. Taus. (VIII, 158 S.) 8. Berlin (910). Neufeld & Henius. 1.—; geb. 1. 50

Ludwig, Anton

Ludwig, Ant., s.: Energie.

— s.a. Führer durch die gesammte Calciumcarbid- u. Acetylen-Literatur.

LUDWIG, ANTON.
Führer durch die gesammte Calciumcarbid- und Acetylen-Litteratur. Bibliographie der auf diesen Gebieten bisher erschienenen Bücher, Journale, Aufsätze in Zeitschriften, Abhandlungen und wichtigsten Patentschriften. Herausgegeben unter Mitwirkung von L. Ludwig. Berlin, 1899. 8vo.

Ludwig, A., Handbuch f. Acetylen, s.: Caro, N.

— s.: Taschenbuch f. den Acetylen-Techniker.

Ludwig, Ant., Volksgunst. Politisches Volksschauspiel in 5 Aufzügen. (IV, 146 S. m. Bildnis.) 8. Dresden (905). E. Pierson. n. 1. 50

Ludwig, Anton, s. Zeitschrift für Calcium-carbid-Fabrikation und Acetylen-Beleuchtung.

Ludwig, Arnold (Arnold Ludw. Hirt), Bilderschatz zur Länder- u. Völkerkunde, s.: Hirt, Ferd.

Ludwig, Arnold, Allgem. Erdkunde in Bildern, s.: Oppel, Alwin.

— s.: Hirt's, Ferd., Bilderschatz z. Länder- u. Völkerkunde.

Ludwig, Arnold, jederzeit kampfbereit, s.: Höcker, Osk.

Ludwig, Arth., Analysis of the book of Iyyôb. (57 S.) Lex.-8. Prag 904. (F. Řivnáč.) n. — 80

Ludwig, Arth., Beiträge zur Kritik d. Nonnos v. Panopolis. 4. (143 S.) Königsberg 873. (Nürnberger.) n. 3. 50

— On the dual-forms εω äu. (6 S.) gr. 8. Ebd. 903. n. — 20

— Ἐννέωρος; Μίνως; u. Od. κ 1903. (9 S.) gr. 8. Ebd. 903. n. — 20

Ludwig, Arthur, approb. Arzt aus Leipzig: Ein Fall von melanotischer Geschwulst der Caruncula lacrymalis mit diffuser Pigmentirung der Conjunctiva. *Leipzig 1902: B. Georgi.* (47 S.) 4°
Leipzig, Med. Diss. v. (10. Dez.) 1902

Ludwig, Arthur, prakt. Arzt aus Steinheim (Westf.): Ueber einen Fall von Mediastinaltumor. *München 1900: Kastner & Lossen.* (31 S.) 8°
München, Med. Diss. v. 1900

— die homerische Frage u. ihre beantwortung. Eine Recapitulation. (11 S.) Lex.-8. Ebd. 904. n. — 20

— d. ursprüngliche gestalt v. Ilias B. 1—454. [Aus: „Sitzungsber. d. k. böhm. Gesellsch. d. Wiss."] gr. 8. (24 S.) Ebd. 895. n. — 40

— die ursprüngliche gestalt v. Ilias B. 1—454. (20 S.) gr. 8. Ebd. 903. n. — 30

— der blinde mann v. Chios u. sein name. Homerische thesen. (14 S.) Lex.-8. Ebd. 904. n. — 20

— über die vermeintliche notwendigkeit, e. epos Οἶτος Ἰλίου anzunemen m. einigen bemerkungen über N—T. (20 S.) gr. 8. Ebd. 902. n. — 30

— über das verhältnis der Peisistratischen redaction zu dem ganzen der Ilias. (27 S.) gr. 8. Ebd. 903. n. — 40

— die älteste weltkarte. (5 S.) gr. 8. Ebd. 903. — 12
Vorstehende 9 Abhandlgn. sind aus: „Sitzungsber. d. böhm. Gesellsch. d. Wiss." besonders abgedruckt.

Ludwig, Aug., s. a.: Rabe, Aug.

Ludwig, Aug., geharnischte Artikel üb. Musik. 8. (51 S.) Berlin 891. R. Eckstein Nachf. n. — 60

— s. a. Bienen, unsere.

Ludwig, August: Unsere Bienen. Ein ausführl. Handbuch über alles, was e. Imker heute wissen muss. Unter Mitw. von ... hrsg. von August Ludwig, Diakonus in Herbsleben. Mit 3 Modellen, 369 Textabb., zahlr. Kopfleisten, Bildertaf. Berlin: Pfenningstorff (1906). VII, 831 S. 8°.

— Am Bienenstand. Ein Wegweiser zum einfachen u. lohn. Betriebe der edlen Imkerei. 2. Aufl. (VI, 143 S. m. 109 Abb.) 8. Berlin (910). F. Pfenningstorff. 1. —

Ludwig, Aug., Cabaret-Muse aus „Artige u. unartige Gedichte" in acht Büchern (Buch III u. VI). (30 u. 24 S. m. Bildnis u. 1 Taf.) gr. 8. Tempelhof-Berlin (907). [Eisoldt & Rohkrämer.] Leipzig, C. Beck. 1. —

— Die Cyprer. Schwank f. fröhl. Imkerfeste in 1 Akt. (26 S.) kl. 8. Herbsleben (909). (Weimar, L. Thelemann.) 1. —

Ludwig, Aug., die Cyprer. Jetzt: Berlin, F. Pfenningstorff.

— Daheim u. draußen. Volksstück in 4 Bildern. Schnozelborn, 2. Tl. (67 S.) kl. 8. Ebd. (908). — 60

— das musikalische Dreigestirn! Eine beschaul. Betrachtg. 8. (12 S.) Berlin 892. A. Ludwig. n. — 20

Ludwig, Aug., für Alle, nicht für Jedermann. Kleine Historien und Sonstiges in gebundener und ungebundener Redeweise. 8. (150 S.) Dresden 888, Pierson's Verlag. *

Ludwig, Aug., artige u. unartige Gedichte in 8 Büchern. 8 Tle. (Mit je 1 Bildnis.) gr. 8. Berlin (905). Tempelhof, Eisoldt & Rohkrämer. n. 5. 50; in 1 Bd. (223 S.) n. 3. —
1. Aus jungen Tagen. Gedichte u. Schelmenlieder. (51 S.) 1. —. — 2. Scharf Geschliffenes. Sinnsprüche u. Epigrammdichte. (20 S.) — 50. — 3. Leichte Ware. Reimereien m. Grübchen im Backen u. Schelm im Nacken. (30 S.) — 50. — 4. Im Lebensstrom. Vers-Fantasien. (47 S.) 1. —. — 5. Vers-Splitter u. -Gaben. (20 S.) — 50. — 6. Bohèminchen. Ein freier, allzufreier Vers-Zyklus. (24 S.) — 50. — 7. Herbst-Astern. (Aus meiner Hinterlassenschaftsmappe.) (16 S.) — 50. — 8. Der Musik Angetrautes. A. Gesang-Verse, B. Instrumental-Geleitverse. (35 S.) 1. —.

Ⓑ — Artige u. unartige Gedichte. 8 Tle. 905. (KBL 34.) Jetzt: Leipzig, C. Beck.

Fromme und unfromme Gedichte in 3 Büchern von Aug. **Ludwig**. 1. Aus **junger** u. jüngster Zeit. 2. Rosen u. Pfeile. Reimsprüche. 3. Am Kompaß d. Lebens. Mit reichl. Buchschmuck. Neue Folge zu 'Artige u. **unartige** Gedichte' in 8 Büchern. Dresden: Deutscher Liederverl. [1907]. (68 S.) 8° [F.]
[08. 13371

— Fromme u. unfromme Gedichte in 3 Büchern. I. Aus junger u. jüngster Zeit. II. Rosen u. Pfeile. Reimsprüche. III. Am Kompaß des Lebens. Mit reichl. Buchschmuck. Neue Folge zu „Artige u. unartige Gedichte" in 8 Büchern. (68 S. m. Bildnis.) gr. 8. Dresden (907). [A. Ludwig.] Leipzig, C. Beck. 1. —

— „Gelobet seist du jederzeit: Frau Musika!" Oder: Aufgezwungene Betrachtgn. durch die „Internationale Musik- u. Theater-Ausstellg." zu Wien. 8. (114 S.) Ebd. 892. n. 1. —

'Gelobet seist du jederzeit: Frau Musika!' Oder: Aufgezwungene Betrachtungen durch d. 'Internat. Musik- u. Theater-Ausstellung' zu Wien. Von Aug. Ludwig. Berlin: Ludwig; Leipzig, Hofmeister [in Komm.] (1892). 114 S. 8°
A 11. 13697

Ludwig, August [Priester d. Diöc. Würzburg]: Die Geschichte des Sacrilegs nach den Quellen des kathol. Kirchenrechts ... [Aus: Arch. f. kath. Kirchenr., 1893.] Mainz, F. Kirchheim, 1893; 88 S. 8.
Würzburg, Jur. Fak., Inaug.-Diss. v. 1893

— s.: Hoheliedes, das, Salomos?!

Ludwig, Aug., weibliche Kleriker in der altchristlichen u. frühmittelalterlichen Kirche. (24 S.) gr. 8. München 910. J. J. Lentner. — 75
Sonderabdruck aus: „Theol.-prakt. Monats-Schrift".

Das Meistersingen von Berlin. Ein musikalisch-literarisches Konglomerat. Frei, teilweise in Natur bearb. nach Richard Wagner's Meistersinger von Nürnberg von August Ludwig. 2. unveränd. Aufl. Berlin: Selbstverl. 1894. 40 S. 8° [10. 10715

— Die Sanitätskolonne. Tragischer Schwank in 3 Akten. (39 S.) kl. 8. Herbsleben (909). (Weimar, L. Thelemann.) 1. —

— Schnozelborn. Thüringer Dorfleben in 4 Bildern. (49 S.) 8. Herbsleben (905). (Weimar, L. Thelemann.) n. 1. 20

Schnurren. Heitere Geschichten in Thüringer Mundart von August Rabe [d. i. Aug. **Ludwig**, Diakonus in Herbsleben]. (3. Aufl.) T. [1.] Weimar: L. Thelemann [1904]. 8° [F.] [06. 9573

Ludwig, August: [Humoristische Schriften von August Rabe (Pfarrer August Ludwig in Herbsleben). Bd. 1.] Erfurt: F. Bartholomäus [1902]. 8° [F.]

Ludwig, Aug., so ziehet hin ... Wandersprüche f. junge u. alte Erdenpilger. (VI, 146 S. m. Bildnis.) 8. Berlin 910. Deutsche Landbuchh. Geb. in Leinw. 2. 50

Ludwig, Aug., Stachel u. Lorbeer! (Aus drei Redaktionsjahren.) gr. 8. (III, 328 S. m. Bildn.) Gr. Lichterfelde 897. A. Ludwig. n. 2. —

(8) — Stachel u. Lorbeer. 897. (KBL 30.) Jetzt: Leipzig, C. Beck.

Ludwig, August: Stachel und Lorbeer! (Aus drei Redaktionsjahren.) Von — . (Op. 43.) Gr. Lichterfelde: A. Ludwig: Leipzig: Hofmeister (1897). 328 S. 8°.

Tannhäuser redivivus. Das Rätsel der inneren Stimme. Ein geistiges Kampfbild in Vers u. Prosa. Aus Geheimschriften e. neuen Tannhäusers entziffert von Aug. **Ludwig**. Dresden: Deutscher Liederverl. [1907]. 48 S. 8° [11. 13461

— „Und in Jene lebt sich's bene." Ein lust. Studentenstück in 4 Akten. (66 S.) kl. 8. Weimar (909). L. Thelemann. 1. —

— Verrücktheiten u. Entzücktheiten e. neuen Tannhäusers. I. Das Rätsel der inneren Stimme. II. Harfenklang u. Hammerschlag. Aus Geheimschrift entziffert. (48 S.) gr. 8. Dresden (907). [A. Ludwig.] Leipzig, C. Beck. 2. —
Hieraus einzeln:
Harfenklang u. Hammerschlag! Neue Gedichte u. Reimsprüche. (24 S.) 1.—. — Das Rätsel der inneren Stimme. (Ein geistl. Kampfbild in Vers u. Prosa.) (24 S.) 1.—.

— Der neue Walther v. der Vogelweide. Ein Sängerduell in geharnischten u. beschaul. Versen. Mit Buchschmuck. (72 S.) gr. 8. Leipzig (910). C. Beck. 2.

— wir haben keinen König! Musikalisches Ausstellungs-Praeludium. 8. (19 S.) Ebd. 892. n.n. — 50

Ludwig, Aug., Zschopauwellen! Waldheimer Spielmanns-Erinnergn. in Versen. Op. 50. gr. 8. (15 S.) Leipzig 898. (Gr. Lichterfelde, A. Ludwig.) n. 1. —

(8) — Zschopauwellen. 898. (KBL 32.) Jetzt: Ebd.

Ludwig, Aug. Fr., Moses—Jesus—Gott. (53 S.) 8. Hamburg 909. (C. H. A. Kloß.) — 75

Ludwig, A. Fr., neue Untersuchungen üb. den Böschlianismus. (96 S.) 8. Regensburg 906. F. Pustet. n. — 75

Weihbischof Zirkel von Würzburg in seiner Stellung zur theologischen Aufklärung und zur kirchlichen Restauration. Ein Beitrag z. Gesch. d. kath. Kirche Deutschlands um d. Wende d. 18. Jhs von Dr. A[ugust] Fr[iedrich] **Ludwig**, Prof., Dillingen. Bd 1. 2. Paderborn: F. Schöningh 1904–06. 2 Bde 8° [F.]
1. Mit d. Bildn. d. Weihb. Zirkel. 1904. 2. 1906. [07. 4236 4

Ludwig, August Maria

[F.] Von der protestantischen Theologie zum katholischen Priesterthum. Von e. Priester d. Diöz. Würzburg ... [Vf.: **Aug. Maria Ludwig.**] *Erfurt: G. A. Brodmann 1896.* (2 Bl., 56 S.) 1 Bd 8. [96. 6937

Ludwig, August Martin Karl: Ein Fall von Kleinhirntumor .... *Leipzig, Spamersche Buchdr.* (1887); 32 S. 8°
Freiburg i. B., Med. Fak., Inaug.-Diss. v. 6. Mai 1887

Ludwig, B. (L.), die biblischen Geschichten im Stande der Nothwehr. Offenes Sendschreiben an Herrn Dr. ph. Schultze in Jena. gr. 8. (15 S.) Weimar 873, Kühn. *

Ludwig, B., Möbel-Tischlerarbeiten, s.: **Ausstellungs-Bericht**, officieller.

Ludwig, B., Schlagwetter u. Kohlenstaub. Gemeinfaßliche Darstellg. (22 S. m. Fig.) gr. 8. Hamm (908). Breer & Thiemann. — 75

Ludwig, Beda

— dissertat. de eo, quod circa missam parochi audiend. justum est. 8maj. Bamb. 783. Göbhard. (Wesché in Frankf.) 5 gr.

Ludwig, Beda, († 1796.) exegesis Psalmi CIX, Hebr. CX, de Messia, Jesu Naz. vero Deo rege et sacerdote: ex veritate Hebraica et antiquiss. versionib. adornata. 8. Bamb. 779. (Wesché in Frankf.) 4 gr.

— s.a. Habakuk.

Ludwig, Beda, Habakuk der Prophet nach dem hebräischen Texte mit Zuziehung der alten Übersetzungen übertragen und erläutert. Frankfurt und Bamberg, Göbhardt, 1779, 8°, 11 Bg.

Ludwig, Bernhard von, aus Neuwaltersdorf: Ueber die Nothwendigkeit der Beschränkung des Jacobi'schen Umkehrproblems auf Abel'sche Integrale erster Gattung. *Halle a. S. 1900: C. A. Kaemmerer & Co.* (94 S.) 8°
Halle, Phil. Diss. v. 3. März 1900

Ludwig, C. Abhandlungen üb. den Speichel, s.a. **Klassiker der exakten Wissenschaften.**

Ludwig, C., Abhandlungen üb. den Speichel, s.a. Ostwald's, W., Klassiker der exakten Wissenschaften.

Ludwig, Becher und Rahn, Abhandlungen über den Speichel. (Ostwald's Klassiker der exakten Wissenschaften 18) Leipzig 1890

— und Th. Zawarykin, zur Anatomie der Niere. Lex.-8. (34 S. mit 3 Taf. in Farbendr. in Lex.-8. und gr. 4. und 2 eingedr. Holzschn.) Wien 864, (Gerold's Sohn.) *
Vorstehende drei Schriften der Verf. wurden aus: Sitzungsberichte der k. Akademie der Wissenschaften, besonders abgedruckt.

— und Tomsa W.: Die Anfänge der Lymphgefäße im Hoden. S. 44. II. 155 . . . vgr.
— — Die Lymphwege des Hodens und ihr Verhältnis zu den Blut- und Samengefäßen (mit 2 Taf. in Farbendruck). S. 46. II. 221 . . . . vgr.
Separatabdruck

—— s.a. **Arbeiten aus der physiologischen Anstalt zu Leipzig.**

Ludwig, C., Arbeiten der physiologischen Anstalt zu Leipzig vom J. 1866. gr. 8. (III und 181 S. mit 7 Stnt., wovon 5 ill., in gr. 8. und qu. 4.) Leipzig 867, Hirzel. *
Aus: Berichte der mathemat.-phys. Classe der k. sächs. Gesellschaft der Wissenschaften zu Leipzig, besonders abgedruckt.

Ludwig, C., Arbeiten aus der physiologischen Anstalt zu Leipzig. 2.—8. Jahrg. 1867—1873. gr. 8. Leipzig, Hirzel. [1867. (III, 271 S. mit 4 lithogr. Taf., wovon 1 in Buntdr., in qu. gr. 4. und eingedr. Holzschn.) 868; 1868. (III, 154 S. mit 5 lithogr. Taf., wovon 3 in Tondr. und 2 color., in 8. und qu. 4.) 869; 1869. (III, 207 S. mit 4 lithogr. Taf., wovon 1 in Tondr. und 1 color., in 8. und qu. 4.) 870; 1870. (IV, 288 S. mit 6 lithogr. Taf., wovon 5 in qu. Fol.) 871; 1871. (III, 266 S. mit 11 lithogr. und chromolithogr. Taf. in 8. und qu. Fol. und 54 eingedr. Holzschn.) 872; 1872. (280 S. mit 7 lithogr. und chromolithogr. Taf. in 8. und qu. 4. und 62 eingedr. Holzschn.) 873; 1873. (280 S. mit 8 lithogr. und chromolithogr. Taf. in 8. und qu. 4. und 18 eingedr. Holzschn.) 874.] à Jahrg. *
Aus: Berichte der k. s. Gesellschaft der Wissenschaften zu Leipzig, besonders abgedruckt.

Ludwig, C., Beiträge z. Lehre vom Mechanismus der Harnsecretion. gr. 8. (3 B.) Marburg 843, Elwert'sche Universit.-Buchh.

—— **Bemerkungen über den Stoss und den ersten Ton des Herzens. gr. 4. (8 S.) Leipzig 869, (Dürr'sche Buchh.)**

Ludwig C.: Einige neue Beziehungen zwischem dem Bau u. der Function d. Niere. (Wien 1863). 9 S. (Særtr.). P.

—— **einige neue Beziehungen zwischen dem Bau und der Function der Niere. Lex.-8. (9 S. mit 1 eingedr. Holzschn.) Wien 864, (Gerold's Sohn.)** *
Aus: Sitzungsberichte der k. Akademie der Wissenschaften, besonders abgedruckt.

Ludwig, C., ein Blick in die röm. Katakomben. Vorträge. Mit 11 Illustr. Bern, B. F. Haller. 1876

—— **und J. Stefan, über den Druck, den das fliessende Wasser senkrecht zu seiner Stromrichtung ausübt. Lex.-8. (20 S. mit 3 Stnt.) Wien 858, (Gerold's Sohn.)** * *
Die letzten zwei Schriften des Verf. wurden aus: Sitzungsberichte der k. Akademie der Wissenschaften, Jahrg. 1857 und 1858, besonders abgedruckt.

—— **und L. Thiry, über den Einfluss des Halsmarkes auf den Blutstrom. Lex.-8. (34 S. mit 1 Stnt.) Wien 864, (Gerold's Sohn.)** * *

Ludwig, C., Christiane Glahn, Mörderin ihrer Stieftochter u. d. Wildschütz C. Ziegler, Mörder d. Jägers Stöker. Zwei Criminalgeschichten. 2e Aufl. 8. Braunschw. 827. Meyer. 8 gr

Ludwig, C., De hydrope cerebri puerorum. 34 pp. Lps. 4°.
Weiz, N. Ausz. 1774, II, 9—17. *Baldinger,* Syll. V p. 120.

Ludwig, C., Lehrbuch der Physiologie des Menschen. (In 2 Bdn.) 1. Bd.: Physiologie der Atome, der Aggregatzustände, der Nerven und Muskeln. 2 Abthlgn. gr. 8. (1. Abthl. V und S. 1—192.) Heidelberg 852, [Leipzig,] C. F. Winter'sche Vrlgsh. *

—— **dass. — 2 Bd.: Aufbau und Verfall der Säfte und Gewebe. Thierische Wärme. (2 Abthlgn.) gr. 8. (X und 501 S. mit eingedr. Holzschn.) Ebds. 855—56.** *

Ludwig, C., Lehrbuch der Physiologie des Menschen. Mit eingedr. Holzschn. 2., neu bearb. Aufl. in 2 Bdn. 1. Bd. 2 Abthlgn. und 2. Bd. in 3 Abthlgn. gr. 8. Leipzig, C. F. Winter'sche Verlagsh. [1. Bd. 1. Abthl. (S. 1—240.) 857. * 1 Thlr. 16 Ngr., 2. Abthl. (VII und S. 241—612.) 858. * 2 Thlr. 14 Ngr., 2. Bd. 1. Abthl. (S. 1—320.) 859. * 2 Thlr., 2. Abthl. (S. 321—544.) 860. * 1 Thlr. 10 Ngr., 3. Abthl. (VI und S. 545—780.) 861. * 1 Thlr. 15 Ngr.] Thlr. *

—— **die physiologischen Leistungen des Blutdrucks. Ein Vortrag gehalten beim Antritt des Lehramts zu Leipzig am 1. Mai 1865. gr. 8. (24 S.) Leipzig 865, Hirzel.** *

Ludwig, C., über die atmosphärische Luft im menschlichen Körper. Ein populärer Vortrag. 8. (21 S.) Wien 860, (Seidel und Sohn.)
Aus: Medicinische Wochenschrift, besonders abgedruckt.

— u. F. **Schweigger-Seidel**, die Lymphgefässe der Fascien u. Sehnen. Mit 3 (chromolith.) Taf. Fol. (VIII, 16 S.) Ebend. 872. geb. n. 8. --

—— **und W. Tomsa, die Lymphgefässe des Hodens und ihr Verhältniss in den Blut- und Samengefässen. Lex.-8. (17 S. mit 2 Taf. in Farbendr. in gr. 4.) Wien 863, (Gerold's Sohn.)** *

—— **über einige Naphtalinderivate, s. Graebe, C.**

—— **Rede beim Beginn der Vorlesungen in der neuen physiologischen Anstalt zu Leipzig am 26. April 1869 gehalten. Lex.-8. (18 S.) Leipzig 869, Hirzel.** *

Ludwig, C., Rede zum Gedächtniss an Ernst Heinrich Weber. Gehalten im Namen der medicin. Facultät am 24. Febr. 1878 in der akadem. Aula zu Leipzig. gr. 8. (23 S.) Leipzig 878, Veit und Comp. *

—— **die gemüthliche Stellung des Menschen zum Thiere. Vortrag, gehalten in der ersten Generalversammlung des Thierschutzvereins zu Leipzig. gr. 8. (10 S.) Leipzig 876, Hirzel.**

—— **die wissenschaftliche Thätigkeit in den physiologischen Instituten. Vortrag, gehalten im Kaufmänn. Vereine zu Leipzig 27. März 1879. gr. 8. (16 S.) Ebendas. 879.** *
Vorstehende zwei Schriften sind aus: Im neuen Reich, besonders abgedruckt.

—— **und A. Spiess, Vergleichung der Wärme des Unterkiefer-Drüsenspeichels und des gleichseitigen Carotidenblutes. Lex.-8, (9 S.) Wien 857, (Gerold's Sohn.)** *

Ludwig C.: Zusammenstellung d. Untersuchungen üb. Blutgase, welche aus der physiolog. Anstalt d. Josefs-Akademie hervorgegangen sind. (Wien 1865). 22 S. (Særtr.). P.

Ludwig, C. Alb., Johann Sebastian Bach in seiner Bedeutung für Cantoren, Organisten u. Schullehrer. Bleicherode 865. (Halle, Petersen.) 8. (63 S.) 6 ngr.

Ludwig, C. Alb., Johann Sebastian Bach in seiner Bedeutung für Cantoren, Organisten u. Schullehrer. Bleicherode 865. Rildiger. 8. (63 S.) 6 ngr.

Ludwig, C. A., Entwurf der Statuten, Instruktion, Geschäftstabelle rc. zur Einführung von Friedens- resp. Sühnegerichten. Unter Grundlegung der Gesetze des Herzogth. Meiningen umgearbeitet. 4. (16 S.) Cahla 848. (Gera, Illgen's Erben.) 3 ngr

Ludwig, C. A., Entwurf der Statuten, Instruktion, Geschäftstabelle rc. zur Einführung von Friedens- resp. Sühnegerichten. Unter Grundlegung der Gesetze des Herzogth. Meiningen umgearbeitet. 4. (16 S.) Cahla 849. (Gera, Illgen's Erben.)

— Joseph Haydn. Ein Lebensbild. Nach authent. Quellen dargestellt. Nordhausen 867. Büchting. 8. (213 S.) 18 ngr.

— Methodik des Unterrichts im Orgelspiele, nach einem neuen, auf die höhere Ausbildung hinarbeitenden Systeme. Nordhausen 861. Büchting. gr. 8. (22 S.) n. 5 ngr.

Ludwig, C. Alb., Orts-, u. Wörter-Lexikon der deutschen Geschichte. Ein Hülfsbuch beim Studium derselben, alphabetisch geordnet u. hrsg. gr. 8. (112 S.) Gera 874. Issleib & Rietzschel. n. 2. —

Ludwig, C. F. E., Phantasieen u. Reflexionen auf einer Reise durch das südliche Deutschland, in die Schweiz im Sommer 1808. 1. Thl. 1. u. 2. Abthlg. Leipzig 1810. 8.

— s. Voltaire, Geschichte Karl XII. u. dess. Geschichte des russ. Reichs.

Ludewig, C. F. M., Reise durch d. südl. Deutschland u. d. Schweiz. 1r Thl. 8. Leipz. Göschen. 813.

Ludwig, C. H. s.a.: *Haushaltungsbuch.*

Ludwig, C. H., Haushaltungsbuch. 10., verm. u. verb. Aufl. Zürich 867. Neustadt a. d. H., Gottschick-Witter's Buchh. hoch 4. (56 S.) cart. 12 ngr.

Ludwig, C. H. Haushaltungsbuch pro 1876. 17. vermehrte und verbesserte Aufl. 1875. 1. 60

Ludwig, C. H. Haushaltungsbuch. Neue verbesserte Auflage. In-4°, 58 S. Zürich, Selbstverlag. 1880. Cart. 1 60

Ludwig, C. H., Haushaltungsbuch. Neue verb. Aufl. 4. (58 S.) Zürich 881, (Meyer und Zeller.) cart. * *

Ludwig, C. H., Haushaltungsbuch. Neue verb. Aufl. gr. 4. (60 S.) Zürich 882. (Meyer & Zeller.) cart. n. 1. 60

Ludwig, C. H. Haushaltungsbuch. Neue verbesserte Auflage. Gr. in-4°, 64 S. Zürich, C. H. Ludwig. 1888. Cart. 1 60

Ludwig, C. H., Haushaltungsbuch f. d. J. 1892. Neue verb. Aufl. gr. 4. (59 S.) Zürich, (Meyer & Zeller). Kart. n. 1. 60

Ludwig, C. Haushaltungsbuch. Neue Aufl. In-4°. Zürich, Meyer und Zeller. 1893. cart. 2 —

Ludwig, C. H. Haushaltungsbuch. Neue verb. Aufl. Gr. in-4°. Zürich, C. H. Ludwig. 1895. 1 60

Ludwig, C H. Haushaltungsbuch hrg. von C. H. Ludwig. Neue verbesserte Aufl. ([Formular. Mit eingeklebtem] Kalender für das Jahr 1903.) [II + 58 S.] 4. Zürich, Druck F. Lohbauer (Verlag C. H. Ludwig [*jetzt* 1903: F. Daeniker]). [cart. fr. 1. 60]

Ludwig, C H. Haushaltungsbuch für das Jahr 19—. (Hrg.) Von C. H. L'. Neue verbesserte Aufl. ([Formular. Mit] Kalender für das Jahr 1906.) [II + 58 S.] 4. Zürich, Verlag F. Daeniker, Druck F. Lohbauer. [cart. fr. 1. 60]

Ludwig, C. J., der Kirchenfriede u. dessen dauerhafte Begründung. gr. 8. (1½ B.) Düsseldorf 842. [Leipzig, Otto Klemm.]

Ludwig, C. W.

— s. Commentar z. allgem. Landrecht für preuß. Staaten.

Ludwig, C. W.: Erläuterung der Rechts-Theorie vom Schadens-Ersatz aus unerlaubten Handlungen, vom Besitz, vom Eigenthum [usw.] nach den Grundsätzen des Allg. Preuß. Landrechts in Verb. mit dem Röm. Rechte. Th. 1. 2. Breslau (1812).

Ludwig, C. W., Erläuterung der Rechtstheorie vom Schadenersatz aus unerlaubten Handlungen, vom Besitz. 2 Thle. (od. 3r. u. 4r Thl. d. Commentars d. allgem. Landrechts, für d. königl. preuß. Staaten.) gr. 8. Bresl. 815. (Leipz., Barth). 3 rß 16 gr (a. Heymann in Glogau). 2 rß 8 gr

– Erläuterungen der Rechtstheorie vom Schadenersatz der unerlaubten Handlungen, vom Besitz, vom Eigenthum u. von einigen Erwerbsarten des Eigenthums. 2 Thle. gr. 8. Breslau 1815. Jetzt Heymann in Berlin.

Ludwig, C. W.: Commentar zum allgem. Landrecht f. d. Preuss. Staaten, od. Erläuter. d. Allgem. Landrechts u. Vergleichung desselb. mit d. gem., besond. Röm. Rechte, nebst einem den Schles. Provinzialgesetzen gewidmeten Anh. 2 Bde in 4 Abtheill. *Breslau*, (Heymann in *Berlin*.) 804—6. gr. 8. (4 Thl. 4 Gr.)

Ludwig, C. W., der praktische Tischler. Wegweiser zur Selbständigkeit. Rathgeber, Lehr- u. Hilfsbuch f. Tischler u. andere Holzarbeiter. Angabe bester directer Bezugsquellen der Rohmaterialien, Werkzeuge rc. 8. (105 S.) Nordhausen 891. (Ebeleben, C. W. Ludwig's Selbstverl.) n. 1. 75

Ludwig, Ch. W. F., Stunden des höhern Lebens zur Erbauung und Gottesverehrung. In 10 Predigten. Neue Ausg. gr. 8. Quedlinburg (838) 846, Ernst. 5/12 rß

Ludwig, Chr.

Ludwig (H.), Elemente d. darstell. Geometrie (Schattenlehre u. Perspective), als Leitfaden z. Vortrage an d. Grossh. Artillerie-Schule bearb. (2 Abthln.) Lithogr. Fol. (39 B. u. viel. Stnt.) Carlsruhe 839, Wagner. (Braun'sche Hofbuchh.) *

Ludwig, (Artillerie-Hauptmann,) Elemente der darstellenden Geometrie, als Leitfaden zum Vortrage an der Großherzogl. Bad. Artillerie-Schule. Folio. Karlsruhe 839, G. Braun. Herabges. Preis n. 1 rß 6 ngr

Ludwig, Chr. Fr. M., christl. Festfeier in Predigten. 1s Bdchn gr. 8. Rinteln 840. Literar.-artist. Verlags-Institut. 3/4 rß

Ludwig, Chr. Fr. M., christliche Festfeier in Predigten. 2. Bdchn. gr. 8. Rinteln 843, Bösendahl. à 3/4 rß

Ludwig, Chr. Fr. M.: Stunden des höhern Lebens in der Gemeinde des Herrn verlebt. Predigten. 1e Sammlung gr. 8. Cassel u. Leipz. 1838. Krieger'sche Buchh. (Fischer.)

— theoret.-prakt. Vorschule z. einer wissenschaftl. Auffassung d. latein. Sprache. Ein Elementarbuch nach strenger Stufenfolge. I. Cursus. Die Entwickelung des Hauptsatzes nach seinen Theilen u. deren Formen. gr. 8. Quedlinburg (837), Ernst. 1/2 ℔

— dies. II. Curs. Satzverhältnißlehre. gr. 8. Ebend. 846. 1/2 ℔

– theoretisch-praktische V o r s c h u l e zu einer wissenschaftlichen Auffassung der lateinischen Sprache. Ein Elementarbuch nach strenger Stufenfolge. 1r Cursus: Die Entwicklung des Hauptsatzes nach seinen Theilen und deren Formen. gr. 8. Leipzig 1837. Cassel, Krieger'sche Buchh. (Fischer.) IIr Cursus: Satzverhältnisse. gr. 8. Ebd. 1839.

L u d w i g, Chr. Fr. W., christliche F e s t f e i e r in Predigten. 1. Bdchn. gr. 8. (13 B.) Rinteln 840, [Bösendahl.]

L u d w i g, Chr. Fr. W., christl. Festfeier in Predigten. 2. Bdchn. gr. 8. (13 B.) Rinteln 843, Bösendahl.
1. Bdchn. Ebendas. 1840. 22 1/2 Ngr.

—— S t u n d e n d. höhern Lebens in d. Gemeinde d. Herrn verlebt. Predigten. 1. Samml. gr. 8. (10 B.) Cassel 838, [Fischer.]

—— theoret.-prakt. V o r s c h u l e zu e. wissenschaftl. Auffassung d. lat. Sprache. Ein Elementarb. nach strenger Stufenfolge. 1. u. 2. Curs. gr. 8. Cassel, Fischer. *
Curs. 1. Die Entwicklung d. Hauptsatzes nach seinen Theilen u. deren Formen. (16 1/2 B.) 837. * 16 Gr.
" 2. Satzverhältnisse. (9 1/2 B.) 839. * 12 Gr.

—— W o r t e zur Verständigung üb. d. Behauptung, daß d. evangel. Geistliche auf d. symbol. Schriften verpflichtet werden müsse. gr. 8. (1 B.) Cassel 839, Fischer. *

— **Christ. Ephraim** (Zittau/Lausitz), De transactione tutoris in causa pupillari. Lpz. (Langenheim) 23. IV. 1768. 15 S. (4.—) 21751

Ludwig, Christian

— — u. **Christian Ernst Wünsch** (Hohenstein-Schoenburg), De aethere varie moto causa diversitatis luminum. Lpz. (Langenheim) 24. IV. 1773. (5.—) 21750
Gew.: H. G. v. Globig.

L u d w i g, Chr., complete Dictionary, Engl. and German and German and Engl. — Vollständ. Deutsch-Engl. u. Engl.-Deutsches Wörterbuch. 2. Aufl., mit e. gründl. Anleit. z. Aussprache d. Engl. verm. u. z. allgem. Gebr. d. Deutschen u. Engl. Nation bequemer eingerichtet; verbess. durch e. genauere Angabe d. Bedeutungen d. Wörter, Redensarten u. Sprichwörter, u. verm. mit vielen neuen Ausdrücken, u. e. Verzeichn. d. unregelmäßigen Zeitwörter beider Sprachen. 2 Thle. gr. 8. (57 1/4 B.) Leipzig 832, Brockhaus.

Ludwig, Chr., a Dictionary, english and german and french etc. Engl.-deutsch-französ. Lexikon. 3e verb. Ausg. v. J. B. Rogler. 2 Theile. gr. 4. Leipz. 765. Mit n. Tit. 791. (Brockhaus). 7 ℔ 8 ℊ Hbg. Pr. 4 ℔ 12 ℊ

L u d w i g, C., D i c t i o n a r y, english, germ. ad french. engl.-deutsch-franz. Lexicon. 2 Thle. 4. Leipz. Gleditsch. 791.

— the complete D i c t i o n a r y english-germ. and germ.-english. 2 Parts. gr. 8. ibid. 808. geb.

L u d w i g, C., Pocket Dictionary english german and german english. vollst. deutsch-engl. und engl.-deutsches Wörterbuch. IId edit. 2 Vol. 8. Leipzig, Gleditsch. 821.
Daraus ist besonders gedruckt:
Anleitung zur richtigen A u s s p r a c h e des Englischen für Deutsche. 8.

Ludwig, Christian, das Glaubensgericht. Ein Zeitbild aus dem Hannöverschen in 5 Acten. 8. (92 S.) Bremen (902). (C. Schünemann.) n. 1.—

— — De hydrope cerebri puerorum. Lpz. (Breitkopf) 22. IV. 1774. 34 S. (4.—) 21749

— **Christian** (Leipzig), Diss. de magnetismo in corpore humano. Präs. Joh. Dan. Reichel (Leipzig). Lpz. (Langenheim) 22. IV. 1772. 40 S. (3.—) 21748
Gew.: Chr. G. Ludwig.

Ludwig, Christian. Vollständiges englisch-deutsches und deutsch-englisches Wörterbuch. Neue Aufl. O. O. 1765. H: *Rogler*, *Johann Bartholomäus*. (ErschDL)

— Vollständ. deusch-engl. u. engl.-deutsches Wörterbuch ꝛc. Neu ausgearb. v. J. B. Rogler. 2 Thle. gr. 8. Leipz. 790. Mit n. Tit. 808. 2e Aufl. Mit e. gründlichen Anleit. zur Aussprache d. Englischen ꝛc. 2 Thle. gr. 8. 812. a. 832. (Brockhaus). 2 ℔ 8 ℊ Die Anleit. zur richtigen Aussprache d. Englischen für Deutsche apart. 9 ℊ

Ludwig, Christian Friedrich

L u d e w i g, C., Abhandl. von den Erdäpfeln. 8. Bern, Societät. 770.

Erste Aufzählung der bis jezt in Sachsen entdeckten Insekten. Im Namen der Linneischen Societät herausgegeben von CHRISTIAN FRIEDRICH LUDWIG. Leipzig 1799. In Comm. bey Christian Gottlieb Rabenhorst. 80.

– s. A u s m i t t e l u n g e. Medicinalfonds, u. setze hinzu: (v. Chr. F. Ludwig).

– s.a. B a u m z u c h t, d. wilde.

LUDWIG, Christian Friedrich: Die neuere wilde Baumzucht in einem alphabetischen und systematischen Verzeichnisse aufgestellt. – Leipzig 1783. 70 S. – 2. Ausg. ebd. 1802

(Ludwig C. F.): Die neuere wilde Baumzucht in einem alphabet. u. systemat. Verzeichnisse aufgestellt. 2. verm. Aufl. Leipz. 1797. (10) 91 S.

Ludwig, Christian Friedrich [Praes.], s. B e c k e r, Gottfried Wilhelm: De nisu formativo.

— Beytr. z. Gesch. der Saugadern, s. C r u i k s c h a n k.

– s. B e i t r ä g e zur Thierarzneikunst, u. setze hinzu: (v. Chr. F. Ludwig).

Ludwig, Christian Friedrich (Hrsg.), s. B e y t r ä g e, N e u e r e, zur Geschichte und Beschreibung ...

– s. l e B l a n c, Inbegriff.

Chr. Frid. Ludwig catalecta litteraria phys. et med. I. Bibliographia vasorum lymphaticorum. Lips. 1806. 4.

Ludwig, Christian Friedrich: Historiae insitionis variolarum humanarum et vaccinarum C o m p a r a t i o . Spec. 8. (Lipsiae) 1809 (: Klaubarth). 8°

Ludwig, Christian Friedrich (Hrsg.):

s.: Cruikshank, William: Geschichte und Beschreibung der Saugadern des menschlichen Körpers von W.Cruikshank und Paolo Mascagni u.a. Leipzig: 1789 - 1794

JB 779

— — De suffusionis per acum curatione. Lpz. (Klaubarth) 22. II. 1783. 23 S. (3.—) 21753

— — u. Salom. Const. Titius (Wittenberg), Physiologorum atque pathologorum de systemate absorbente recentissima quaedam decreta. Comm. I. Lpz. (Sommer) 7. VIII. 1789. 44 S. (3.—) 21757

Ludwig, Chr. Fr, delectus opusculorum ad scientiam natural. spectant. Vol. I., c. VII fig. 8maj. Leipz. 789. (W. Vogel). 1 ₰ 20 gr

Ludwig (C. F.). Delectus opusculorum . . . Lips. 1790. 8°.
Writings by Boehmer, Gmelin, the younger Linnaeus, etc.

– s.a. K. F. D i e t e r i c h, Pflanzenreich.

Ludwig, Christian Friedrich, [Einladungsschrift zur Dr. med.-Promotion von Karl Maximilian Andree, Leipzig, 24. Nov. 1809.]

— Einleitung in die Bücherkunde der prakt. Medicin ꝛc. gr. 8. Leipzig, Crusius. (F. C. W. Vogel.) 806.

Ludwig, Chrn Frdr, E. B. G. Hebenstreit u. C. G. Eschenbach, Entwurf einer okonomischen Zoologie. Leipzig 1778. 8

L u d e w i g , C., E x e r c i t a t. academicae. fascic. I. 8. Lips. Sommer.

— exercitationes academicae. Fasc. I. 8. Leipz. 790. (List in Berl.) 12 gr

Christianus Fridericus Ludwigius [Ludwig]: De venaesectione Exploratoria. [Nur] Continuatio. (Leipzig 1823). XII S. 8°

Continuatio: (1823.)
[Einladungsschrift zur Dr. med.- Promotion von Christian Gottfried Schenkel Leipzig, 20. Juni 1823]

— — Historiae anatomiae et physiologiae comparantis brevis expositio. Lpz. (Sommer) 18. VIII. 1787. 20 S. (4.—) 21754

— Pr. Hist. anatomiae et physiologiae comparantis. 4. Leipz. 787. (List in Berl.) 4 gr

Ludwig, Christian Friedrich [Praes.], s. F e h t z s c h , Leopold Karl: De sanguinis motu per orbem meditationes nonnullae.

Ludwig, Christian Friedrich [Praes.], s. F i c k e w i r t h , Benjamin Carl: De febre sic dicta puerperarum.

Ludwig, Christian Friedrich [Praes.], s. F i t z a u , August Friedrich Ludwig: De tertio ramo paris quinti nervorum cerebri sive nervo maxillari inferiore.

— — De diagnostices morborum fontibus. Lpz. (Klaubarth) 26. XI. 1796. 16 S. (3.—) 21755

Ludwig, Christian Friedrich (Hrsg.):

s.: Geschichte der lymphatischen Gefäße. (Storia dei vasi linfatici. Dt.) Leipzig: 1794

JB 779/3

Grundriß der Naturgeschichte der Menschenspecies... von Christian Friedrich Ludwig. Leipzig: Schwickert 1796. XII,313 S. 8°

— Handbuch d. Botanik. Mit 4 Kpf. gr. 8. Leipz. 800. (Hahn). 2 ₰

— Handbuch d. Mineralogie, nach Werner. m. K. 2 Thle. gr. 8. Leipz. Crusius. (F. C. W. Vogel.) 803. 4. (I. 1 Rthl. 22 gr. II. 1 Rthlr.)

— Handbuch d. Mineralogie, nach Werner. 2 Thle. Mit 4 Kpf. 1 Farbentabelle. gr. 8. Leipz. 803 u. 4. (W. Vogel). 2 ₰ 22 gr

Ludwig, Christian Friedrich [Praes.], s. H a n d t , Karl: De erysipelate.

s. H i s t o r i a pathologica.

(Ludwig, Christian Friedrich) (Übers.u.Hrsg.):

s.: Howard, John: Nachrichten von den vorzüglichsten Krankenhäusern und Pesthäusern in Europa. Nebst einigen Beobachtungen über die Pest und fortgesetzten Bemerkungen über Gefängnisse und Krankenhäuser. (An Account of the principal lazarettos in Europe; with various papers relative to the plague: together with further observations on some foreign prisons and hospitals... Dt.) Leipzig: 1791

JB 5.374

– s. F. A. v. H u m b o l d t, Aphorismen.

Ludwig, Christian Friedrich: Icones cavitatum thoracis et abdominis a tergo apertarum. 20 S., gbd., Abb.(fehlen!)

Lipsiae: Crusius 1789

JB 847

— icones cavitatum thoracis et abdominis a tergo apertarum, cum 2 fig. Fol. maj. Leipz. 789. (W. Vogel). 16 gr

— introductio in rem literariam praxeos medicae. Einleit. in die Bücherkunde d. prakt. Medicin; zum Gebrauch d. Vorlesungen bestimmt. gr. 8. Leipz. 806. (W. Vogel). 2 ℔ 8 ℊ

Ludwig, Christian Friedrich [Praes.], s. J o s t, Christian August: Observationem et meletemata quaedam de haemorrhoidibus sic dictis oris.

Ludwig, Christian Friedrich [Praes.], s. I s a a c, Karl August: Meletemata ad doctrinam de inflammatione.

Ludwig, Christian Friedrich [Praes.], s. J u n g h a n n s s, Karl Wilhelm: De opio analecta quaedam historica.

Ludwig, Christian Friedrich [Praes.], s. K r e b s, Johann Lebrecht Gottreich: De dentitione difficili.

Ludwig, Christian Friedrich [Praes.], s. K u h l, Karl August: De dysenteria.

Ludwig, Christian Friedrich [Praes.], s. L e h m a n n, Chr. Friedr. Gottl.: De tabe ossium.

Ludwig, Christian Friedrich [Praes.], s. L e u t h i e r, Karl Chr. August: Meletemata quaedam circa febrem intermittentem veterisque tum, cum recentioris scholae medicae ei medendi methodum.

Christiani Friderici Ludwigii [Ludwig]Primae Lineae anatomiae pathologicae sive De morbosa partium corporis humani fabrica libellus. ... Lipsiae: Crusius 1785. XVI,116 S. 8°

***Ludwig*, Chr. Fr., († d. 8. Juli 1823.) primae lineae anatomiae pathologicae, sive de morbosa partium corporis humani etc. 8maj. Leipz. 785. (W. Vogel). 8 ℊ**

Ludwig, Christian Friedrich [Praes.], s. M e i s c h n e r, Christian Ernst: De praecipuis quibusdam morbis per menses Augustum, Septembrem et Octobrem A. 1817.

Chr. Frid. Ludwig progr. Saxoniae merita in medicinam publicam ab anno 1768 ad annum 1818. Lips. 1818. sq. 4.

– s. J. P. Michell, Abhandl.

Ludwig, Christian Friedrich [Praes.], s. M i r u s, Christ. Friedrich Wilhelm: Observationem dysenteriae atque inflammationis arteriae pulmonalis morbo syphilitico supervenientis una cum epicrisi.

Ludwig, Christian Friedrich [Praes.], s. M o e c k e l, August Friedrich: De hydrorhachitide.

— Nachricht von der am 31. Jan. 1780 zu Leipzig gestifteten naturforschenden Gesellschaft. 8. Leipz. 799.

Ludwig, Christian Friedrich [Praes.], s. N e u h o f, Theodor Benjamin: De virium medicamentorum maxime probabili partitione.

Ludwig C. F.: De membranarum ortu. (Gratulationsschr.). Lips. 1778. 15 S.

Ludwig, Christian (Friedrich) (Übers.):

s.: Priestley, Joseph: Versuche und Beobachtungen über verschiedene Gattungen der Luft. (Experiments and observations on different kinds of air. Dt.) Wien u. Leipzig: 1778 - 1780

JB 230

— — **u. Petr. Gnidlitsch (Ukraine), De pulvere antherarum. Lpz. (Breitkopf) 21. X. 1778. 33 S. (4.—)** **21756**
Gew.: H. Fr. Irm. Apel.

Ludwig, Christian Friedrich: De tertio R a m o paris quinti nervorum cerebri sive Nervo maxillari inferiore. [Resp.:] Augustus Fridericus Ludovicus Fitzau. Lipsiae 1811: Hirschfeld. 30 S. 8°. Leipzig, Med. Diss. v. 20. Sept. 1811

Ludwig, Christian Friedrich [Praes.], s. R e d l i c h, Christian Friedrich Wilhelm: De colica Saturnina.

Ludwig, Christian Friedrich [Praes.], s. R e i b e t a n z, Karl Gottlob: Casum abscessus hepatis memorabilem exponens.

Ludwig, Christian Friedrich (Übers.):

s.: Saunders, William: Beobachtungen über die die vorzüglichen Heilkräfte der rothen peruvianischen Rinde. (Observations on the superior efficacy of the re Peruvian bark in the cures of agues and other fevers. Dt.) Leipzig: 1783

JB 1.538

Ludwig, Christian Friedrich (Comm.u.Ed.):

s.: Scriptores neurologici minores selecti sive opera minora ad anatomiam, physiologiam et pathologiam nervorum spectantia. Tom.1 - 3. Lipsiae: 1791 - 1793

JB 4.772

— de quarund. aegritudinum hum. corporis sedibus et causis Tab. XVI. fol. maj. Lips. Weidmann. 798.

Ludwig, Christian Friedrich, s. S t u d i e n f. d. neuen Gartenkünstler.

Ludwig, Ch. F., De cinerea cerebri substantia. C. I. tab. 34 pp. Lps. 4°. Weiz, Neue Ausz. 12°. Frkf. u. Lpz. 1780, XII, 1–8.

1779

— Christian Friedr. (Leipzig), De cinerea cerebri substantia. Lpz. (Breitkopf) 27. VIII. 1779. 36 S. u. 1 Tafel. (3.—) **21752**
Gew.: Ernst G. Bose u. Sam. Fr. N. Mor.

– s. Studien für d. neuen Gartenkünstler.

– s.a. Uebersicht d. Geschichte d. Thierheilkunde.

(CHRISTIAN FRIEDRICH LUDWIG), Tabellarische Uebersicht der Geschichte der Thierheilkunde. Leipzig 1794. Gedruckt bei Wilhelm Gottlob Sommer. 8o.

(Ludwig, Christian Friedrich): Chronologisches Verzeichnis der Schriftsteller, welche die Saugaderlehre von 1564 oder seit Entdeckung des Milchbrustgangs bis auf die neuesten Zeiten erläutert haben. 48 S.(S.107 - 154), gbd.

Leipzig: Weidmann 1794
(Cruikshank, William: Geschichte und Beschreibung der Saugadern des menschlichen Körpers von W.Cruikshank und Paolo Mascagni u.a., hrsg.von Ch.F.Ludwig. Bd 3. Leipzig: 1794)

JB 779/3

Ludwig, Ch. F., resp. Ch. A. **Struve**, Diss. de vi terroris in corpus humanum. 31 pp. Lps. 4°. *Doering*, I, 321. *Schlegel*, II, 620. *Usteri*, Rep. 90, p. 184. 1790

Ludwig, Christian Gottlieb

— Abhandl., wie ferne d. pharmaceut. u. chirurg. Hülfsmittel u. Diät zur Verlängerung des Lebens beförderlich seyn können. 4. Leipz. 758.

Christianus Gottlieb Ludwig: De Abscessu latente. ([Leipzig] 1758: Langenheim.) XVIII S. 8°

[Einladungsschrift zur Dr. med.- Promotion von Johann Karl Gehler, 1732 - 1796, Leipzig, 5. Mai 1758.]

Ludewig, C. Gl., adversaria medica, s.a **Adversaria.**

Adversaria medico practica. ([Verf.:] Christian Gottlieb Ludwig.) Vol. 1.- 3. Lipsiae: Weidmann et Reich 1769 - 74. 8°
Vol.1,p. 1 - 4: 1769 - 70.
p.1: 1769.
p.2-4: 1770.
Vol.2,p.1 - 4: 1771 - 72.
p.1-3: 1771.
p.4: 1772.
Vol.3,p.1 - 4: 1772 - 74.
p.1: 1772.
p.2.3: 1773.
p.4: 1774.

Ludwig, Christian Gottlieb [Praes.], s. A l t e n b u r g , Christian Gottlieb: De oligochymiae differentiis.

— Anfangsgründe d. Wundarzneikunst. 8. Leipz. 766. (Brockhaus). 1 ₰

Ludwig, Christian Gottlieb: Anfangsgründe der Wundarzneykunst zum Gebrauche seiner Vorlesungen abgefaßt. (Institutiones chirurgiae... Dt.) 634 S., gbd.

Leipzig: Gleditsch 1766

JB 3.228

— Anleit. zur rechtl. Arzneikunde. 8. Lpz. 779. (Brockhaus). 10 gr

Christian Gottlieb Ludwigs [Ludwig: Institutiones medicinae forensis. Deutsch:] Anleitung zur rechtlichen Arzeneikunde, nach d. 2. verm. Ausg. des Ernst Gottlob Bosens [Bose] übers. Leipzig: Gleditsch 1779. 192 S. 8°

— Anweis. zur Erkenntniß d. Theile d. menschl. Körpers, nach dess. Tode herausg. von Th. Th. Weichard. 8. Dresd. 778. (Göthe in Leipz.) 20 gr

Ludwig, Christian Gottlieb [Praes.], s. B o d e n , Christian Friedrich Erdmann: De caussis obstructionis alvinae.

Ludwig, Christian Gottlieb [Praes.], s. B ü r c k n e r , Christian Gottlieb: De medicamentorum contrariorum compositione.

Christianus Gottlieb Ludwig: De immoderatis excretionibus Causae debilitatis in morbis. (Lipsiae 1763: Langenheim.) XVI S. 8°

[Einladungsschrift zur Dr. med.- Promotion von Johann Friedrich Knolle, Leipzig, 25. Febr. 1763]

Ludwig, Christian Gottlieb [Praes.], s. C h r i s t , Johann Friedrich: Scriptionis laborem 23 philosophiae candidatis qui magistri creantur.

— — De collo femoris eiusque fractura diss. et anatomen publ. cadaveris foeminini. (Lpz., Langenheim) 27. I. 1755. 16 S. u. 1 Tafel. (3.80) 21760

Christianus Gottlieb Ludwig: De Colore plantarum species distinguente. (Lipsiae 1759: Breitkopf.) XII S. 8°

[Einladungsschrift zur Dr. med.- Promotion von Georg Christian Reichel, Leipzig, 27. Apr. 1759.]

—, Pr. de contentione studiorum in aetate puerili curanda. Lps. 4°. *Baldinger*, Ausg. I, 185. 1767

De primarum viarum Debilitate. [Resp.:] Carolus Sigismundus Kazowski. Lipsiae (1748:) Langenheim. 32 S. 8°

Leipzig, Med. Diss. v. 20. Sept. 1748

Ludwig, Ch. G., resp. D. H. **Schindler**, De nimia animi defatigatione caussa debilitatis in morbis. 12 pp. Lps. 4°. 1762

— **definitiones gener. plantarum. 8maj. Leipz. 737. Ed. II. 744. Denuo auct. emend. c. G. R. Boehmer. 8. Leipz. 760. (Brockhaus). 1 ₰ 4 gr**

— definitiones gener. plantarum. 8. ibid. 747.

— Christian Gottlieb (Brieg/Schlesien), **De deglutione naturali et praepostera. Präs. A. Fr. Walther. Lpz. (Langenheim) 31. V. 1737. 56 S. (4.—) 21758**

De plethorae Differentiis. [Resp.:] Iacobus Mussen. Lipsiae (1766:) Langenheim. 36 S. 8°

Leipzig, Med. Diss. v. 31. Jan. 1766

LUDWIG, Christian Gottlieb (Hrsg.): Ectypa Vegetabilium usibus medicis praecipue destinatorum, et in Pharmacopoliis obviorum variisque modis praeparatorum, ad naturae similitudinem expressa. Accedit eorumdem culturae proprietatum viriumque brevis descriptio moderante D. Christian. Gottlieb Ludwig: Nach der Natur verfertigte Abdrücke der Gewächse, welche besonders zu dem medicinischen Gebrauche bestimmt sind, und in Apotheken aufbehalten auch auf verschiedene Art zubereitet werden, nebst einer kurzen Beschreibung deren Wartung, Eigenschaften und Wirkungen. - Leipzig, Halle 1760-1764

— ectypa vegetabilium, edente Geo. Gf. Trampe. VIII Fasc. (Latein. u. deutsch.) Fol. Halle 760—64. Trampe. (Breitkopf u. H. in Leipz.) 12 ₰

Ludewig, C. Gl., Einleit. in der Pathologie, a. d. Lat. v. Hedwig. gr. 8. Erlangen, Breuning. 777. fRthlr.

— Einleit. in d. Pathologie; aus d. Latein. v. J. Hedwig. gr. 8. Erlang. 777. (Heyder). 16 gr

Ludwig, Christian Gottlieb: Einleitung in die Pathologie. (Institutiones pathologiae. Dt.) Übers. von Johann Hedwig. 292 S., gbd.

Erlangen: Walther 1777

JB 1.148

Ludwig, Christian Gottlieb [Praes.], s. Friedrich, Hieronymus David: De victu animali.

Ludwig, Christian Gottlieb [Praes.], s. Gebhardt, Christian Amandus: De crisibus variolarum accessoriis.

Ludwig, Christian Gottlieb [Praes.], s. Hahn, Georg Christian: De arteriarum tunicis.

De Humore cutem inungente. [Resp.:] Franciscus Grützmacher. Lipsiae (1748:) Saalbach. 31 S. 8°
Leipzig, Med. Disp. v. 23. Febr. 1748

— institutiones chirurgiae. 8maj. Leipz. 764. (Brockhaus). 20 gr

Christiani Gottlieb Ludwig, Institutiones chirurgiae praelectionibus academicis accommodatae. Lipsiae: Gleditsch 1764. VIII,462 S. 8°

— institutiones historico-physicae regni vegetabilis in us. auditorum adornatae. 8. Leipz. 742. Ed. II. longe auctior 757. (Brockhaus). 12 gr

— institutiones medicinae clinicae. 8maj. Leipz. 758. Ed. altera 769. (Brockhaus). 20 gr

Christiani Gottlieb Ludwig Institutiones medicinae clinicae praelectionibus academicis accommodatae. Lipsiae: Gleditsch 1758. 538 S. 8°

Ludwig, Christian Gottlieb: Institutiones medicinae clinicae praelectionibus academicis accommodatae. Editio secunda. 546 S., gbd.

Lipsiae: Gleditsch 1769

JB 2.133

— institut. medicinae forensis. 8maj. Leipz. 765. Ed. II. ed. Er. G. Bose. 8maj. ibid. 774. Ed. III. 788. (Brockhaus). 8 gr

Christiani Gottlieb Ludwig Institutiones medicinae forensis praelectionibus academicis accomodatae. Lipsiae 1765: Gleditsch. VI, 162 S. 8°

Christiani Gottlieb Ludwig Institutiones medicinae forensis praelectionibus academicis accomodatae. Ed. 2., auctior curante Ernesto Gottlob Bose. Lipsiae 1774: Gleditsch. 168 S. 8°

— institutiones pathologiae praelect. acad. accomm. 8. Leipz. 754. Ed. alt. 767. (Brockhaus). 10 gr

Ludwig, Christian Gottlieb: Institutiones pathologiae praelectionibus academicis accomodatae. 180 S., gbd.

Lipsiae: Gleditsch 1754

JB 1.147

Christiani Gottlieb Ludwig Institutiones pathologiae praelectionibus academicis accommodatae. Ed. 2., em. Lipsiae 1767: Gleditsch. 188 S. 8°

— institutiones physiologiae, c. fig. 8. Lips. Gleditsch. 752.

— institutiones physiologicae cum praemissa introductione in universam medicinam praelect. academicis accommodatae. Cum fig. 8maj. Leipz. 752. (Brockhaus). 1 rthl 4 gr

Christiani Gottlieb Ludwig Institutiones physiologiae. Cum praemissa Introductione in universam medicinam praelectionibus academicis accomodatae. Lipsiae: Gleditsch 1752. 350 S. 8°

— institutiones therapiae generalis, praelect. acad. accomm. 8. Leipz. 754. Ed. n. 771. (Brockhaus). 8 gr

Ludwig, Christian Gottlieb: Institutiones therapiae generalis praelectionibus academicis accomodatae. Editio altera emendata. 196 S., gbd.

Lipsiae: Gleditsch 1771

JB 2.134

—, De ischuria ex tumoribus vesicae. 15 pp. Lps. 4°. *Baldinger*, Ausg. I, 187. *Weiz*, Ausg. V n. 2. *Haller*, Bibl. chir. II, 416.
1767

Ludwig, Christian Gottlieb [Praes.], s. Jokusch, Johann Gottfried: De venaesectione differentiis plethorae accomodanda.

Ludwig, Chr. Gttl., resp. C. A. Dietrich, De fallaci judicio vulgi super vi imaginationis maternae in foetum observata quaedam. 16 pp. 1 pl. Lps. 4°. 1759

Ludwig, Christian Gottlieb [Praes.], s. Kazowski, Karl Sigismund: De primarum viarum debilitate.

—, resp. Herm. Bluhm, De luxatione vertebrarum colli a medico forensi circumspecto disquirenda. 16 pp. Lps. 4°. *Haller*, Bibl. chir. II, 416. 1767

Ludwig, Chr. G., resp. Herm. Bluhm, Pr. de luxatione vertebrarum colli, a med. forensi circumspecte disquirenda. 16 pp. Lps. 4°. Avors. pract. II, 2, p. 253. 1787

Ludwig, Chr. C., resp. J. A. Pfutsch, De membrana epicrania et musculis in eam insertis. 16 pp. Lps. 4°. *Haller*, Bibl. anat. II, 295. 1760

— methodus doctrinae medicae. 8. Leipz. 766. (Brockhaus). 8 gr

Christiani Gottlieb Ludwig Methodus doctrinae medicae universae praelectionibus academicis accomodata. Lipsiae 1766: Gleditsch. VIII,200 S. 8°

Ludwig, Christian Gottlieb [Praes.], s. M u m s s e n, Jakob: De plethorae differentiis.

Christianus Gottlieb Ludwig: De laesa ossium Nutritione. [Resp.:] Carolus Ernestus Oschatz. Lipsiae 1759: Ex Officina Langenhemia. 32 S. 8°

Leipzig, Med.Diss.v.7.Dez.1759

Ludwig, Christian Gottlieb, Ode auf die hohe Vermählung
Carls und Amalia
siehe Schriften ---
Zwo Schriften, welche in der Deutschen Gesellschaft u.s.w.

— — De ortu et structura unguium commentatio. (Lpz., Saalbach) 28. II. 1748. 16 S. (3.60) 21759

Ludwig, Christian Gottlieb [Praes.], s. O s c h a t z, Karl Ernst: De laesa ossium nutritione.

Ludwig, C. G., resp. Ad. Jul. Bose, Pr. de paraplegia ex fractura vertebrarum colli. 19 pp. Lps. 4°. Weiz, N. Ausg. IV, 159. Advers. III, 23. *Haller*, Bibl. chir. II, 416. 1767

Ludwig, Chr. Gttl., resp. Ad. Jul. Bose, De paraplegia ex fractura vertebrarum colli. 19 pp. *Weiz*, N. Ausg. Lpz. 1776, IV, 159—66. 1776

Ludwig, Chr. G., resp. Jo. Dan. Reichel, De plexibus nervorum abdominalium atque nervo intercostoli duplici obs. nonnullae. 16 pp. Lps. 4°. *Ludwig*, III, 105—111. 1772

Christian Gottlieb Ludwig: De Variantibus arteriae brachialis ramis in aneurysmatis operatione attendendis.([Leipzig] 1767.) XX S. 8°

[Einladungsschrift zur Dr. med.- Promotion von Johann Gotthelf Herrmann, Leipzig, 10. Apr. 1767.]

— — De vera studiorum ratione ineunda. Lpz. (Langenheim) 1765. 20 S. (3.50) 21762

Ludwig, Christian Gottlieb [Praes.], s. R i d d e r, Johann August: De morbi notione.

De Sanitate senili. (Lipsiae 1759: Langenheim.) XVI S. 8°

[Einladungsschrift zur Dr. med.-Promotion von Karl Ernst Oschatz, Leipzig, 7. Dez. 1759.]

— — De situ viscerum in intimo ventre nonnulla proponit et anatomen publ. cadaveris foeminini. (Lpz., Langenheim) 20. XI. 1755. 16 S. (3.—) 21761

Christianus Gottlieb Ludwig: De Suctione vulnerum pectoris. ([Leipzig] 1763.) XV S. 8°

[Einladungsschrift zur Dr. med.- Promotion von Christian Erhard Kapp, Leipzig, 1763.]

Ludwig C. G.: Terrae musei regii Dresdensis quas digesit, descripsit, illustravit —. Lips. 1749. (14) 298 S. 12 Tvl. Fol.

De Venaesectione differentiis plethorae accomodanda. [Resp.:] Ioannes Gottfried Tokusch. Lipsiae (1767:) Langenheim. 36 S. 8°

Leipzig, Med. Diss. v. 3. Juni 1767

Ludwig, C. G., De vita molli causa debilitatis in morbis. Lps. 4°. 1761

Ludwig, Christian Sophie

s. Aufsätze e. Frauenzimmers.

— moralische Erzählungen. 8. Zwickau 802. Schumann. 1 ₰

Ludwig, Sophie, geb. Fritsche, Erzählungen vom Gut. für gute Seelen. 2 Thle. m. K. 8. Leipz. Gräff. 799. 800.

Ludwig, Chr. Sophie. geb. Fritsche, († d. 23. Febr. 1815.) Erzählungen von guten u. für gute Seelen. 2 Bde. 8. Leipz. 799; 800. (Wienbrack) 2 ₰ 20 gr

— d. arme Familie. 8. Leipzig, Gräff. (auch Schumann in Zwickau). 799.

— die arme Familie. 8. Zwickau 799. Schumann. 4 gr

— skizzirte Gemälde häusl. Scenen, 4 Thle. 8. Leipz. 788—91. Reinicke in Halle. 4 ₰ 16 gr

Ludwig, (Christ. Soph.) Gemälde häuslicher Scenen, zur Veredlung junger Herzen. 4 Thle. 8. 801, ist Verl. v. Reinike in Halle.

H e n r i e t t e

— —, oder das Weib, wie es sein kann .... (Zahmer Roman von *Christine Sophie Ludwig*, geb. *Fritsche*.) Leipzig 1803. 8°.
v. Schindel hat „1780—84". (?)

— Henriette, oder das Weib, wie es sein kann. 8. Leipz. 805. 2e A. 816. Wienbrack. 1 ₰ 8 gr

— — Dasselbe. 2. bis 4. Aufl. Ebd. 1806. 8°.
Bibl. Günther. III. no. 6332.

— — Dasselbe. 5. Aufl. Ebd. 1815. 8°.

— die Familie Hohenstamm. 4 Bde. 8. Leipz. 793, 796. N. A. 801. (Krappe). 4 ₰

— Juda, od. der erschlagene Redliche. 8. Leipz. 791. 2e A. 795. 3e A. 813. Hinrichs. 10 gr

— Lohn der Tugend. 2 Thle. 8. Leipz. 805. Wienbrack. 2 ₰

Ludwig, Christ. Sophie, geb. Fritsche, († d. 23. Febr. 1815.) der arme Mann. Eine Erzähl. zum Besten d. armen Mannes herausg. gr. 8. Leipz. 802. Gräff. 2 gr

— Selenlden. N. A. 8. Zwickau 809. Schumann. 1 ₰

s. Unterhaltungen d. Christen mit Gott.

Ludwig, Curt, s. L u d w i g, Kurt

Ludwig, Daniel

Ludewig, Dan., carmina et inscript. ad us. scholar. 8. Augsb. Rieger. 769.

[Werke] Danielis Ludovici [Ludwig] Opera omnia, et quidem 1. De pharmacia moderno seculo applicanda dissertationes 3. 2. De volatilitate salis tartari dissertatio, 3. De morbis castrensibus & dysenteria tractatus 2.; nunc primum è Germanico...in Lat. translati. 4. Observationes physico-chimico-medicae curiosae 48. ... Acc. Praefatio nova de medicina hodiernae... Opera & studio Johannis Conradi Michaelis. Francofurti a.M.: Andreae 1712. 722 S 8°

— — ead. a G. W. Wedel. 8. Lips. Crusius. (F. C. W. Vogel.) 712.

Ludwig, Daniel: Opera omnia. Accessit vita autoris. Ed. Georg Wolfgang Wedel. 1189 S., gbd.

Lipsiae: Klose 1712

JB 1.986

Danielis Ludovici [Ludwig] Zwey teutsche Tractätlein [Traktätlein] von Feld-Kranckheiten u. rothen Ruhr. Deren 1. (Unterricht von denen Feld-Kranckheiten) nebst Entwurf e. bequemen Feld-Apoteckleins, ... d. andere aber bey ereigneter rothen Ruhr ... von ihm hrsg. worden. ... mit fleiß rev., corr. ... u.a. ... Reg. vers. Nebst noch e. andern Unterricht ... itzo drittenmahls s. Dr. beschickt durch David Kellnern [Kellner]. Leipzig: Kloss 1702. 163 S. 8°

[Sondert.1:] (Ludwig:) Kurtzer Unterricht von der rothen Ruhr. 1701.

[Sondert.2:] Kurtzer Unterricht von hitzigen Fiebern, Seitenstechen, Kindesblattern u. denen Masern oder Röthe. Von vormahls zu Gotha seyenden Collegio medico auffgesetzet. 1701.

(Ludwig, D[aniel] A[ugust].) Der Prättigauer Aufstand anno 1622. 52 S. 8.

65ster Bericht über die Evangelische Lehranstalt Schiers 1901 auf 1902. Beilage: «Das Prättigau steht auf.» ⟨Auszug aus Pfr. Ludwigs Buch: «Der Prättigauer Freiheitskampf» (1. Aufl.) Schiers, ⟨Walt & Hoffmann⟩. 1902.

Ludwig, D[aniel] A[ugust]. Der Prättigauer Freiheitskampf. Den Prättigauern erzählt von Pfr. D. A. Ludwig... . 201 S. 8. Schiers, Richter & Good, 1901. [geb. fr. 2. —]

Ludwig, D[aniel] A[ugust]. Der Prättigauer Freiheitskampf. Den Prättigauern erzählt von Pfr. D. A. Ludwig... . 2., verbesserte und vermehrte Aufl. VIII + 216 S. 8. Schiers, Buchdr. Schiers, 1902. [fr. 2. —, geb. fr. 2. 70]

Ludwig, D[aniel] A[ugust]. Pfarrer Johann Melchior Ludwig (1798–1883). Eine Darstellung seiner Lebensgeschichte von seinem Sohne D. A. L'.... Mit Bildniss [Tafel]. 8. Basel 1884 (*Umschlag*: 1885). Missionsbuchhandlung

Ludwig, D. A., das Oberammergauer Passionsspiel. Vortrag. 8. (106 S.) Davos 891. H. Richter. n. 1. 25

— Quellenbuch zur Kirchengeschichte. Für Freunde derselben, insbesondere f. Studierende u. prakt. Theologen bearb. 1. Tl. Bis zur Alleinherrschaft Konstantins d. Gr. gr. 8. (VII, 331 S.) Ebd. 891. n. 4. 80

Ludwig, D. A., Quellenbuch z. Kirchengeschichte bis zur Zeit Konstantins d. Großen. 2., wohlf. [Titel-] Ausg. gr. 8. (VII, 331 S.) Basel (891) 898. H. Richter. n. 2. 50

Ludwig, D[aniel] A[ugust]. Verhandlungen über die Prättigauer Angelegenheit vom Beginn des Aufstandes bis zum Zusammentritt der Lindauer Konferenz ⟨Ende April bis Anfang September 1622⟩. 97 S. = S. 21—117. 8.

36 Jahresbericht der historisch-antiquarischen Gesellschaft von Graubünden. Jahrg. 1906. Chur, Sprecher & Valer, 1907. (... Beilagen: [2].)

Ludwig, D[aniel] A[ugust]. Der Versuch der Gegenreformation im Unterengadin und im Prättigau anno 1621/22. S. 95—146. 8. P

35. Jahresbericht der Historisch-antiquarischen Gesellschaft von Graubünden. Jahrg. 1905. Chur, Sprecher & Valer, 1906. (... Beilagen: [2].)

Ludwig, E. (II.), Afghanistan und sein Emir Schir Ali. Mit Rücksicht auf die Vergangenheit und Gegenwart. Nach den besten Quellen geschildert. 8. (43 S. mit 1 lithogr. und color. Karte in qu. gr. 4.) Neu-Ulm 879, Stahl.

Ludwig, [E.] (I.), die Aufgabe der Realschule. Rede, gehalten bei der öffentl. Prüfung der Schüler der städt. Realschule zu Straßburg im Elsaß am 11. Aug. 1876. gr. 8. (8 S.) Neuwied 876, Heuser'sche Verlagsh.

Aus: Die deutsche Schule, besonders abgedruckt.

Ludwig, E., Bericht über die Litteratur zu späteren latein. Schriftstellern von 1874 S. A. 1878. 44 S.

Ludwig, E., Hermann Cohn in memoriam, s.: Laqueur, Ludw.

— E., Jahresbericht über die auf Vulgärlatein bezügl. Literatur aus d. Jahre 1877. S.-A. 1877. 21 S.

Ludwig, E., Irrungen des Mutterherzens und Szenen und Bilder aus dem Frauenleben. gr. 8. (III, 76 S.) Zürich 887. Schröter und Meyer. *ℳ 1.—.; geb. *

Ludwig, E., und Otto Horn, Muster-Vorlagen und Motive zur Decoration von Buchdecken und Rücken. Hrsg. von Horn und Patzelt in Gera. 1.—8. Lfg. gr. 4. (29 lithogr. und chromolithogr. Taf. mit Text S. 1—40.) Gera 884, Griesbach's Verlag. à Lfg. ℳ 1,50.

Ludwig E und O Horn, Mustervorlagen und Motive zur Dekoration von Buchdecken und Rücken für Handvergoldung. (48 S 41 T) 4° Gera 1885

Ludwig, E., s.: Rundschau, neue philologische.

— Lateinische Stilistik f. obere Gymnasialklassen, s.: Berger, E.

— u. J. E. de Vry, Untersuchung des Milchsaftes der Antiaris toxicaria, s. Vry, J. E. de.

Ludwig, E., s.: Weck, S.

Ludwig, Eduard (Bearb.), s. Aschenbrödel oder der Schönheit und Tugend gebührt der Preis des Lebens.

Ludwig, Ed., die Flucht des Rebellen oder zum Tode verurtheilt. (2. Aufl.) 8. (61 S.) Reutlingen 882, Bardtenschlager.

—— der Goldbauer. Eine spannende Dorfgeschichte aus dem bayer. Hochgebirge. Dem Volke erzählt. 8. (64 S.) Ebendas. 883.

Feine Ausg.

Ludwig, Eduard: Isabella, die schöne Gräfin von Croye, und Balduin Howard, der Bogenschütze des Königs von Frankreich oder Dem Muthigen gehört die Welt. Eine flandrische Geschichte, erzählt von –. Reutlingen. Druck und Verlag von Robert Bardtenschlager. (= Nro. 224). o. J. (1879), 64 S., 162x107, U.-Fig.: Ritter im Kampfe, 73x88, sign. A H.

—— die Rache des Wildschützen oder der Kampf am wüsten Schloß. (2. Aufl.) 8. (62 S.) Ebendas. 882.

—— am Rande des Abgrundes. Eine Indianergeschichte. (2. Aufl.) 8. (64 S.) Ebendas. 883.
Feine Ausg.

—— unter den Seeräubern. Eine Erzählung aus dem Piratenleben. (2. Aufl.) 8. (63 S.) Ebendas. 882.

Ludwig, Elise, Gedichte. Hrsg. zum Besten unserer für Deutschlands Ehre kämpfenden Brüder in Schleswig-Holstein. gr. 16. (IV und 96 S.) Augsburg 850, (Lampart und Comp. Leipzig, Hübner.)

[Ludwig, Emanuel.] Gebet, gehalten... bei Anlass der Beerdigung des Herrn [Niclaus] Rudolf von Wattenwyl, Altschultheissen der Stadt und Republik Bern. Bern, den 13. August 1832. 8. *o. O.*

Ludwig, Emil

Ludwig, E., Berechnung u. Konstruktion der Schiffsmaschinen u. Kessel, s.: Bauer, G.

Ludwig, Emil, die Borgia. Ein Schauspiel. (287 S.) 8. Berlin 907. B. Cassirer. 4. —

Ludwig, Emil, ein Friedloser. Dramatische Dichtg. in 4 Akten. (VII, 84 S.) 8. Wien 903. C. W. Stern. n. 2. —

Ludwig, Emil, darstellende Geometrie u. Raumlehre, s.: Barchanek, Klein.

Ludwig, E, s.a. **Kalender f. Seemaschinisten.**

Kalender für Seemaschinisten. Von E. Ludwig u. E. Linder ... Hrsg. von Dr. G[ustav] Bauer, Obering. [1.] 1904. München & Berlin: R. Oldenbourg 1904. 8° [07. 5444

— Napoleon. Drama. (118 S.) 8. Berlin 906. B. Cassirer. n. 2. —

Ludwig, (Gust. Maur.) Aemil. (geb. Berlin 28. 8. 1831.) De rheumatismi gonorrhoeici natura. Berolini (1856). (26 S.) 8°.
Berlin, Med. Diss. v. 30. Juli 1856.

Ludwig, Emil: Der Pabst und die Abenteurer oder Die glücklichen Gärten. Comödie. Berlin: Oesterheld 1910. 182 S. 8°.
(Ludwig: Symphonie. 3.)

Ludwig, Emil [app. Arzt aus Rosenfeld]: Über Pessarien Tübingen, F. Pietzcker, 1893; 46 S. 8.
Tübingen, Med. Fak., Inaug.-Diss. v. 1893

Ludwig, Emil, üb. Pessarien. Diss. gr. 8. (46 S.) Tübingen 893. A. Moser. n. 1. —

Emil **Ludwig**. Der Spiegel von Shalott. Eine Dichtung in 3 Akten. [Berlin]: B. Cassirer 1907. (109 S.) 8° [07. 3345

Emil **Ludwig**. Symphonie. [1]–3. Berlin: B. Cassirer (3: Österheld) 1905–1910. 8°
1. Ein Untergang. 1905. 2. Die Borgia. 1907. 3. Der Papst und die Abenteurer oder Die glücklichen Gärten. 1910 [10. 6591

— Symphonie. (3 Tle.) 3. Tl. Der Papst u. die Abenteurer od. Die glückl. Gärten. Comödie. (182 S.) kl. 8. Berlin (910). Oesterheld & Co. 3.—; geb. 4. —

Ludwig, Emil (Hrsg.), s.a. Taschenbuch für Schiffsingenieure

— u. E. **Linder, Taschenbuch f. Schiffsingenieure u.** Seemaschinisten **(früher Kalender f. Seemaschinisten,** hrsg. v. G. Bauer). **Mit e. Beitrag üb. Nautik v. P.** Vogel. 2., verm. u. verb. **Aufl. des Taschenbuches f.** Seemaschinisten. **Mit 435 Fig. im Text, 1 (farb.)** Flaggentaf. u. 1 (farb.) **Weltkarte. (XI, 411 S.) kl. 8.** München 909. R. Oldenbourg. Geb. in Leinw. 5. 50

Ludwig, E., und E. Linder: **Taschenbuch für Seemaschinisten. (Früher: Kalender für Seemaschinisten).** München und Berlin 1907

Ludwig, Emil: Tristan und Isolde. Dramat. Rhapsodie von – . Berlin: Oesterheld 1909. 191 S. 8°.

Emil **Ludwig**. Ein Untergang. Drama in 5 Akten. Berlin: B. Cassirer 1904. 178 S. 8°
(Ludwig: Symphonie. [1.]) [10. 6594

Ludwig, Emil, Gerichts-Ref.: Die Verletzung des Berufsgeheimnisses (§ 300 R. St. G. B.). *Breslau 1904: Th. Schatzky.* (59 S.) 8°
Breslau, Jur. Diss. v. 4. Juni 1904

Ludwig, Emilie, das Buch d. jungen Mutter, s.: Benninghoven, Marie.

[J.] Ferida und andere Erzählungen für Mädchen von 10—13 Jahren v. Emilie **Ludwig**. M. Farbendruckb. nach Orig. v. Paul Heydel. *Berlin: Globus Verl. [1898].* (2 Bl., 235 S., 5 Taf.) 1 Bd 8. [98. 10798

Ludwig, Emilie, Frühlings-Stürme. Erzählung f. die Mädchenwelt. 8. (255 S.) Berlin 891. Neufeld & Henius. Geb. in Leinw. n. 4. —

— Frühlings-Stürme. Erzählung f. die Mädchenwelt. 8. (255 S. m. Titelbild.) Berlin (902.) Globus-Verlag. Geb. in Leinw. n. 1. 40

— Hildegard. Erzählung f. junge Mädchen. gr. 8. (278 S. m. 1 Heliograv.) Ebd. (900). Geb. in Leinw. n. 2. —

— die schönsten Märchen aus allen Landen. Der Jugend erzählt. Mit zahlr. Text-Illustr. nach Originalen von Eug. Siegert u. mehreren farb. Bildern. 4. (254 S.) Ebd. (901). Geb. in Leinw. n. 2. 50

Ludwig, Emilie, die schönsten Märchen aus allen Landen. Der Jugend erzählt. Mit zahlreichen Text-Illustr. nach Originalen v. Eug. Siegert u. 1 farb. Titelbild. (254 S.) gr. 8. Berlin (905). Globus Verlag. Geb. n. 1. 60

— Schulmädel-Geschichten. 20 Erzählgn. f. Mädchen im Alter v. 7—12 Jahren. Mit vielen Textillustr. nach Originalen v. Eug. Siegert, sowie 3 farb. Vollbildern. 4. (III, 243 S.) Ebd. (900). Geb. 3. —

— Schulmädelgeschichten. 20 Erzählgn. f. Mädchen im Alter von 7—12 Jahren. Mit vielen Textillustr. nach Originalen v. Eug. Siegert, sowie 1 farb. Titelbild. (III, 243 S.) gr. 8. Ebd. (905). Geb. n. 1. 60

Ludwig, Er., Rede bei der Einweihung des Constitutionssteines in Zittau am 4. Sept. 1833. gr. 8. Zittau 833. (Schöpfische Buchh.) 1/12 ₰

Ludwig, Er.F.F., Beschreibung aller, in Lückendorf u. Oybin, am Jubelfeste d. Augsburg. Confession 1830 veranstalteten Feierlichkeiten, nebst 2 Reden, auf dem Oybin gehalten. gr. 8. Leipz. 830. Frohberger. 4 gGr

– s. Gedanken üb. Fichte's Appellation.

— das Menschenleben, in Dichtungen u. ungebund. Rede. 8. Altenb. 821. Literatur-Compt. 1 Rthlr 18 gGr Hbg. Pr. 1 Rthlr Schrbp. 2 Rthlr Velinp. 2 Rthlr 12 gGr

— Phantasien u. Reflexionen auf e. Reise durch d. südl. Deutschland u. d. Schweiz. Mit Kpf. 4 Thle. 8. Leipz. 810—13. Göschen. 1 Rthlr 20 gGr

– s. F. W. Gay, über Menschenleben u. Gesellschaft.

Ludwig, Erna, Gedichte. (129 S.) 8. München 908. R. Piper & Co. 2. 50

Ludwig, Ernst

Ludwig, E., chemische Analyse d. Meteoreisens aus der Wüste Atacama [1870]. [Aus „Sitzungsber. d. k. Akad. d. Wiss."] Lex.-8. (2 S.) Wien 871. (Gerold's Sohn.) — 15

Ludwig, E., chemische Analyse der Mineralquellen von Johannisbrunn in Mähren. (Abdr. aus d. Sitzungsber. d. k. Akad. d. Wiss.) Wien 864. (Gerold.) gr. 8. (12 S.) n. 2 ngr.

Ludwig, E., chemische Analyse der Mineralquellen vom Johannisbrunn in Mähren. [Aus d. Sitzungsber. der k. Akad. der Wiss.] Wien 866. (Gerold's Sohn.) Lex.-8. (12 S.) n. 2 ngr.

— Chemische Analyse der Therme von Tobelbad bei Graz in Steiermark. S. 52. II. 864 . vgr. Separatabdruck

Ludwig, E., s.: Archiv f. Chemie u. Mikroskopie.

Ludwig, E., über das Arsen, s.: Vorträge des Vereines zur Verbreitung naturwiss. Kenntnisse in Wien. 43. Jhrg. 10. Hft.

Ludwig, Ernst, Beschreibung aller, in Lückendorf u. Oybin, am Jubelfeste d. Augsburg. Confession 1830 veranstalt. Feierlichkeiten, nebst 2 Reden, auf d. Bergfelsen Oybin gehalten rc. gr. 8. (2 B.) Leipzig 830, Frohberger.

Ludwig, Ernst, fünf Brote zur Seelenspeise, s.: Predigt-Bibliothek, moderne. I.

Ludwig, Ernst, medicinische Chemie in Anwendung auf gerichtliche, sanitätspolizeiliche und hygienische Untersuchungen, sowie auf Prüfung der Arzneipräparate. Ein Handbuch für Aerzte, Apotheker, Sanitätsbeamte und Studirende. gr. 8. (VIII, 416 S. mit 24 Holzschn. und 1 Farbendr.-Taf.) Wien 885, Urban und Schwarzenberg. *M 10.—; geb. *

Ludwig, Ernst, medicinische Chemie in Anwendg. auf gerichtl., sanitätspolizeil. u. hygien. Untersuchgn., sow. auf d. Prüfg. d. Arzneipräparate. E. Handbuch f. Ärzte, Apotheker, Sanitätsbeamte u. Studirende. 2., vielf. verm. u. verb. Aufl. gr. 8. (VIII, 428 S. m. 30 Holzschn. u. 1 farb. Taf.) Wien 895. Urban & Schwarzenberg. n. 10. —

Ludwig, Ernst, Chemie u. Rechtspflege. Inaugurationsrede, geh. am 24. Octbr. 1892. gr. 8. (33 S.) Wien 892. A. Hölder. n. 1. —

— u. Conr. Clar, die Entwicklung der österreichischen Curorte in den letzten 50 Jahren. gr. 8. (42 S.) Wien 901. M. Perles. n. 1. 60
Sonderabdruck aus: „Oesterreichs Wohlfahrts-Einrichtgn."

Ludwig, Ernst, Referendar: Die Haftung der Revisionsverbände der Erwerbs- und Wirtschaftsgenossenschaften. Borna-Leipzig 1909: Noske. VIII, 79 S. 8°
Leipzig, Jur. Diss. v. 2. Aug. 1909
[Geb. 18. Juni 85 Gießen; Wohnort: Eitorf; Staatsangeh.: Preußen; Vorbildung: Städt. Gymn. Bonn Reife O. 03; Studium: Bonn 2, Freiburg i. B. 1, München 1, Bonn 4 S.; Rig. 2. Aug. 09.] [U 09. 2599

— Schwefelbad Ilidže bei Sarajevo in Bosnien. Hrsg. v. der Landesregierg. f. Bosnien u. Hercegovina. gr. 8. (24 S. m. 1 Karte u. 1 Abbildg.) Wien 892. (A. Hartleben.) n. — 60

Ludwig, Ernst, Schwefelbad Ilidže bei Sarajevo in Bosnien. 6., verb. Aufl. gr. 8. (63 S. m. Abbildgn.) Wien 902. (A. Hartleben.) n. 1. —

Ludwig, Ernst (I.). Ein Capitel aus der Nahrungsmittellehre, s. Vorträge d. Vereines zur Verbreitung naturwissenschaftlicher Kenntnisse in Wien.

Ludwig, Ernst, Kommentar zur 8. Ausg. der österreichischen Pharmakopöe, s.: Vogl, Aug. v., u. Kremel.

Ludwig, E., K. Hödlmoser und Th. Panzer: Über den Franzensbader Mineralmoor. Leipzig 1903

— über Mineralwässer, s.: Vorträge des Vereines zur Verbreitung naturwissenschaftl. Kenntnisse in Wien. 41. Jahrg. 11. Hft.

Ludwig, Ernst, die hl. Nacht, s.: Vereinsbühne.

Ludwig, Ernst, „nimm mich mit." Thüringer Liederbuch. (62 S.) 16. Gera (910). M. Lange. nn — 35

—— Rede bei d. Einweihung d. Constitutionssteines in Zittau am 4. Sept. 1833. gr. 8. (1 B.) Zittau, (Schöps.)

—— über Schwefelallyl. Lex.-8. (6 S.) Wien 866, (Gerold's Sohn.) *
Vorstehende Schrift des Verf. wurde aus: Sitzungsberichte der k. Akademie der Wissenschaften, besonders abgedruckt.

Ludwig, Ernest., de Petronii sermone plebejo. Dissertatio inauguralis. gr. 8. (III, 39 S.) Marburgi 869. (Leipzig, Teubner.) *

—— und Th. Hein, Synthese des Hydroxylamines. Lex.-8. (4 S.) (Ebendas.) 870.
Vorstehende Schrift aus: Sitzungsberichte der k. Akademie der Wissenschaften, besonders abgedruckt.

— Chemische Untersuchung des Danburit von Scopi in Graubünden. S. 86. I. 870 . vgr. Separatabdruck

— Über das Vorkommen des Trimethylamins im Weine. S. 56. II. 867 . . . . vgr. Separatabdruck

Ludwig, Ernst (II.), s. Weck, S.

— Worte des Lebens, s.: Predigt-Bibliothek, moderne. I, 3.

Ludwig, Eug. (Red.), s. Abendfrieden.

Ludwig Eugen: Einwirkung von schwefliger Säure auf Methyläthylakrolein. S. 97. IIb. 870 vgr. Separatabdruck

Ludwig, F.: Die B e f r u c h t u n g der Pflanzen durch Hülfe der Insekten. Bielefeld. 35 p. 1867.
Schul-/Univ. Schrift

Ludwig, F., Dramaturgisches. Sammlung kleinerer Aufsätze. 16. (31 S.) Leipzig 868, Rhode. *

Ludwig, F., der heil. Johannes Chrysostomus in seinem Verhältniß zum byzantinischen Hof. gr. 8. (IV, 175 S.) Braunsberg 883, Huye's Buchh. *

Ludwig, F., die Küstenseen des Rigaer Meerbusens. s.a. A r b e i t e n des Naturforscher-Vereins zu Riga. 11.

Die Küstenseen des Rigaer Meerbusens. Chem. u. geophysikal. Untersuchungen von Mag. F. **Ludwig**. Mit 3 Tab. u. 24 Karten. Riga: W. F. Häcker 1908. (197 S.) 4°(8°)
= **Arbeiten** d. Naturforscher-Vereins zu Riga. N. F. H. 11. [08. 6441 9

Ludwig F.: Der Milch- u. Rothfluss d. Bäume u. ihre Urheber. Vorläufige Mittheilung. 1891. [Rostr. Saml.].

Ludwig F.: Notiz üb. die Verbreiter d. Alkoholgärung u. d. Schleimflusses d. Eichen u. verwandter Baumkrankheiten. (Ca. 1890). [Rostr. Saml.].

Ludwig, F. Pilzwirkungen. 28 S. Progr. *Graz* 1882

Ludwig F.: Ueber neue australische Rostkrankheiten. 1892. [Rostr. Saml.].

Ludwig, F., der Schauspielerverein u. die Theaterschulen. 1. u. 2. Heft. [Aus „Neue allgem. Zeitschrift für Theater u. Musik."] Leipzig 867. Lucius. gr. 16. (112 S.) Jedes Heft n 15 ngr.

—— **das deutsche Theater.** 2 Hefte. gr. 16. (47 und 38 S.) Leipzig 867, Rhode. à Heft * 10 Ngr. *
Vorstehende zwei Schriften sind aus: Neue allgem. Zeitschrift für Theater und Musik, besonders abgedruckt.

Ludwig, F. A., s. L u d e w i g , Friedrich August

L u d w i g , F. D.: „Anleitung zur Stellung und Revision der Cameral-, Kirchen- und Gemeinde-Rechnungen", Darmstadt 1827 (Leske).

Ludwig, F. G., in den Ferien, s.: Humoresken aus dem Eltern-, Kinder- u. Lehrerleben.

Ludwig, F. K., zur Geometrie zweier u. mehrerer Kreise, s.: F u c h s , C. A.

Ludwig, F. K., das logarithmische Rechnen. Leichtfassliche Darleggn. üb. das Wesen, die Berechng. u. Anwendg. der Logarithmen nebst zahlr. Beispielen m. ausführl. Lösgn. Zum Selbstunterricht bearb. (III, 52 S.) gr. 8. Reichenberg (902). (P. Sollors Nachf.) n. 1. —

— Das logarithmische Rechnen. Leichtfassliche Darleggn. üb. das Wesen, die Berechng. u. Anwendg. der Logarithmen nebst zahlreichen Beispielen m. ausführl. Lösgn. Zum Selbstunterricht bearb. 2. Aufl. (53 S. m. 1 Fig.) gr. 8. Komotau (908). (W. Benker.) 1. 80

Ludwig, F. Oloff H., über die Entstehung u. Ausbildung d. Vorstellungen vom Messias. 8. Götting. 816.

Ludwig, F. W.: Die B e t t l e r i n vom Pont des Arts, s. K a s k e l , Karl von

v. Ludwig, Fr., Gedichte. 8. Frankf. a. d. O. 801. (Wienbrack in Leipz.) 12 ℊ

Ludwig, Fr. Non scholae, sed vitae discendum. Rede gehalten b. d. öffentl. Schlussfeier am 9. Aug. 1878. S. 57—64. Rsch. Joh. *Strassburg* 1879. Progr.

Ludwig, Fr. Die städtische Realschule in ihrem Verhältnis zu den übrigen städtischen Unterrichtsanstalten. (Vorschläge zu einer einheitlichen Organisation des gesamten städtischen Schulwesens.) 36 S. Progr. Rsch. Joh. *Strassburg Els.* 1876.

Ludwig, Fr. Dan., Anleit. z. Vermessen, Verzeichnen, Berechnen u. Theilen d. Gewannen u. Hofraiten. Mit 7 Kpft. 8. Darmst. 808. Leske. 1 ℛ 14 ℊ weiß Pap. 1 ℛ 20 ℊ 2e wohlf. Aufl. u. d. T.: Anweis. zur Feldmeßkunst ꝛc. Mit 7 Kpft. 8. Ebd. 810. N. A. 821. Heyer. 20 ℊ

— s. A n l e i t u n g zur Stellung u. Revision ꝛc.

Ludwig, Frank, die Entstehung der kursächsischen Schulordnung v. 1580 auf Grund archivalischer Studien, s.a. M i t t e i l u n g e n der Gesellschaft f. deutsche Erziehungs- u. Schulgeschichte. 13.

Ludwig, Frank: Die Entstehung der kursächsischen Schulordnung von 1580 auf Grund archivalischer Studien. Berlin 1906: Thormann & Goetsch. (173 S.) 8°
Leipzig, Phil. Fak., Ref. Brandenburg-Volkelt, Diss. v. 22. Febr. 1907
[Geb. 4. Jan. 70 Waldkirchen im Vogtl.; Wohnort: Dresden; Staatsangeb.: Sachsen; Vorbildung: Domgymn. Halberstadt Reife O. 90; Studium: Leipzig 8 S.; Rig. 2. Aug. 06.]

Ludwig, Frank: Die E n t s t e h u n g der kursächsischen Schulordnung von 1580 auf Grund archiv. Studien. Berlin: A. Hofmann & Ko. 1907. (176 S.) 8°.
Beiträge z. Geschichte d. Erziehung u. d. Unterrichts in Sachsen. [1.]
Mitteilungen d. Gesellschaft f. deutsche Erziehungs- u. Schulgeschichte. Beih. 13.

Ludwig, Frz., der gewerbsmäßige Arbeitsnachweis. (VIII, 169 S.) gr. 8. Berlin 906. C. Heymann. n. 3. —
Sonderabdruck aus: „Schriften des Verb. deut. Arbeitsnachweise, 6. Heft".

— forđert das allgemeine Wahlrecht! Ein Mahnwort an alle österreich. Reichsrathswähler u. an solche, die es noch nicht sind. gr. 8. (16 S.) Reichenberg 891. (Fritsche.) n. — 25

— die Gesindevermittlung in Deutschland, s.a. **Zeitschrift f. die gesamte Staatswissenschaft.** 10. Erg.-Hft.

Ludwig, Franz: Gewerbsmäßige, kommunale und karitative Gesindevermittlung in Deutschland. *Tübingen 1903: H. Laupp jr.* (XI, 167 S.) 8°
Tübingen, Staatswiss. Diss. v. 1903

Ludwig, Frz., die Grafsch. Glatz in Wort u. Bild. Enth. 26 Vollbilder, 105 Textillustr. u. 1 Uebersichtskarte der Grafsch. Glatz. qu. Fol. (VI, 225 S.) Glatz 896. 97. (Breslau, Müller & Seiffert.) Geb. in Leinw. n. 12. —

Ludwig, Franz: [F.] Die Grafschaft G l a t z in Wort und Bild. Von –. Enth. 26 Vollb., 105 Textill. u. 1 Übersichtskt. d. Grafsch. Glatz. (In 13 Heften.) Glatz: L. Schirmer 1896/97. (4 Bl., 225 S., 26 Taf., 1 Kt.) 1 Bd. quer-8.

Ludwig, Franz: K o m m u n a l p o l i t i k und Sozialdemokratie. Von Dr. – . Mit 1 Abb. Berlin: Teutonia 1910. 354 S. 8°.

Ludwig, Frz., Kommunalpolitik u. Sozialdemokratie. (VII, 354 S.) kl. 8. Berlin 910. Verlagsanstalt u. Druckerei „Teutonia". 3. —

— Kommunismus, Anarchismus, Sozialismus. Geschichtliches u. Kritisches. 2. Aufl. (VII, 199 S.) gr. 8. Berlin 908. Reichsverband gegen die Sozialdemokratie. 2. 25

Ludwig, Frz., der industrielle Lebensversicherungsbetrieb u. seine Nachtheile. Ein Mahnwort an alle Versicherten u. an den Staat. gr. 8. (48 S.) Hagen i/W. 892. H. Risel & Co. n. — 50

Männerquartett. Gedicht von Emil Rittershaus. In Musik gesetzt von Franz Ludwig. Kassel: Hühn. [ca 1894.]
[A. (NF.) 13 (1894) S. 255.]

Ludwig, Frz., ein feuchtes Quartier, s.: Viktoria-Theater.

— Die Reichstagswahlen v. 1907 u. die Sozialdemokratie, s.a. Politik, die. 1. Heft.

Ludwig, Frz., 1. Die Reichstagswahlen von 1907 und die Socialdemokratie. 1. Tl. Nach dem Dreimillionensieg. 2. Tl. Die Reichstagswahlen von 1907. 8°. Berlin, C. A. Schwetschke, 1907. (Die Politik, Heft 1 u. 2.)

LUDWIG, FRANZ: Der Sünder in der Betrachtung, herausgegeben von Franz Ludwig Kapuziner Ordens. Tyrnau 1804. Gedr. bey Wenzel Jelinek. 3 l. 315 S. - 175 mm

Ludwig, Franz, Zur Lübecker Verfassungsreform von 1905. Staatsrechtliches u. Polemisches Lübeck 1905. 8°.
Aus Lübecker Anzeigen.

LUDWIG, Franz K.: Der Spessart und seine Benutzung. - Miltenberg 1805. XI, 146 S.

Ludwig, Friedr., Andachten über das Gebet des Herrn. 8. (9 B.) Kassel 843, Bohné. Thlr. -

Ludwig, Frdr., Anleitung zum Kameral-Rechnungswesen, insbesondere zur Fertigung der Voranschläge, zur Buchführung, Aufstellung u. Revision der Rechnungen. Darmstadt 859. Jonghaus. gr. 8. (V, 114 S.) n. 20 ngr.

Ludwig, Fried., Anweis. zur Feldmeßkunst rc. m. K. 8. Darmstadt, Heyer und L. 810.

Ludwig, F., Anweisung zur Feldmeßkunst. Neue Aufl. Mit 7 Kupfern. 8. Darmstadt, Heyer. 821.

Ludwig, Friedrich. Die Aufgaben der Forschung auf dem Gebiete der mittelalterlichen Musikgeschichte. Antrittsvorlesung. München 1906.

Ludwig, Friedr. (III.), über die praktische Auslegung der heiligen Schrift. 8. (IV und 133 S.) Frankfurt a. M. 859, Brönner. *

Ludwig, Friedr., Brief-Marken-Album. Neue verb. und verm. Aufl. qu. gr. 4. (IV und 137 S.) Leipzig 864, Loewe. geb. * 1 Thlr.; in engl. Einb. *

Ludwig, Friedr., Buch der heiligen Liebe. Sonette. 16. (III und 198 S.) Cassel 850, Hotop. Sinb. *

—— Gedichte. 8. (15 B.) Cassel 842, Fischer. *

—— Grundzüge der christl. Lehre f. die oberen Klassen evangelischer Gymnasien. 1. u. 2. Curs. gr. 8. Frankfurt a. M., Zimmer. *
A. u. d. Titn.:
Curs. 1. Propädeutik. (6¾ B.) 843. * 10 Ngr.
· 2. Apostolisches Zeugniß. Das Leben u. die Lehre d. Apostel des Herrn u. Verfassung d. apostol. Kirche. (11 B.) 846. * 15 Ngr.

— Vom ungerechten Haushalter. Eine Homilie. gr. 8. Frankfurt a/M. 846, Zimmer. 1/12 ₰

—— vom ungerechten Haushalter. Eine Homilie. gr. 8. (18 S.) Frankfurt a. M. 847, [Völcker.] *

— Helm und Schild. Eine Festgabe für evangel. Christen. Jena 858. Mauke. 16. (XVI, 374 S.) n. 20 ngr.

— L. Scheible u. H. Gerdeneleben, deutsche Jugend, übe Pflanzenschutz! 3 Preisarbeiten. Ausg. A f. die Zöglinge der höheren Lehranstalten. 2. Aufl. (46 S.) gr. 8. Leipzig 903. [Th. Hofmann.] B. G. Teubner. n. — 30

Ludwig, Frdr., Lehrbuch d. Biologie d. Pflanzen. gr. 8. (XII, 604 S. m. 28 Fig.) Stuttgart 895. F. Enke. n. 14. —

Ludwig, Frdr., Lehrbuch der niederen Kryptogamen m. besond. Berücksicht. derjenigen Arten, die f. den Menschen v. Bedeutg. sind od. im Haushalte der Natur e. hervorrag. Rolle spielen. gr. 8. (XVI, 672 S. m. 13 Fig. in ca. 130 Einzelbildern.) Stuttgart 892. F. Enke. n. 14. —

Ludwig, Friedrich [Praes.], s. L i n c k, Hieronymus Pius: De jure declarationis.

—— Macarismen oder Seligpreisungen der heiligen Schrift ausgelegt für Bibelstunden in Kirche und Haus. 4. (VI und 156 S.) Jena 861, Frommann. *
Schreibp. *

— Macarismen oder Seligpreisungen der heiligen Schrift ausgelegt für Bibelstunden in Kirche u. Haus. Jena 864. Frommann. 4. (VI, 156 S.) n. 20 ngr.;
Schreibp. n. 1 ₰

—— Maria Magdalena. Religiöse Dichtungen. 12. (7⅓ B.) Frankfurt a. M. 844, Brönner. *

Ludwig, Frdr., die Milbenplage der Wohnungen, s.a. Sammlung naturwissenschaftlich-pädagog. Abhandlungen. I. 9.

Ludwig, Friedrich: Die M i l b e n p l a g e der Wohnungen, ihre Entstehung u. Bekämpfung. Nebst e. Anh. über neuerliche Massenverbreitung einiger anderer bisher wenig beachteter Wohnungsschädlinge von Prof. Dr. Friedr. Ludwig, Gymn. Oberl. in Greiz. Mit 7 Abb. Leipzig & Berlin: B. G. Teubner 1904. (20 S.) 4° (8°).
Sammlung naturwissenschaftl.-pädag. Abhandlungen. Bd. 1, H. 9.

Ludwig, Friedr., Aus dem Mutterherzen. (Gedichte.) Jena 856. Mauke. 16. (200 S.) 15 ngr.

Ludwig, Frdr., üb. die Phosphorescenz der Pilze u. d. Holzes. Inaugural-Dissertation. gr. 8. (30 S.) Hildburghausen 874. (Göttingen, Vandenhoeck & Ruprecht's Verl.) n. — 60

—— aus der Provence, s.a. Original-Bibliothek, neue belletristische.

— aus der Provence. Reisebriefe. 12. (13⅙ B.) Frankfurt a. M. 845, Brönner. *

Repertorium organorum recentioris et motetorum vetustissimi stili. Hrsg. m. Unterstütz. d. Wiss. Gesellschaft u. d. Cunitz-Stiftung in Straßburg von Friedrich **Ludwig**. Bd 1, Abt. 1. Halle: Niemeyer 1910. 4° [10. 16517 2

Ludwig, Frdr., Repertorium organorum recentioris et motetorum vetustissimi stili. Hrsg. m. Unterstützg. der wissenschaftl. Gesellschaft u. der Cunitz-Stiftg. in Strassburg. I. Bd. Catalogue raisonné der Quellen. 1. Abtlg. Handschriften in Quadrat-Notation. (VI, 344 S.) Lex. 8. Halle 910. M. Niemeyer. 18. —

Ludwig, Friedrich *Franz Albert* [aus Potsdam]: Untersuchungen über die Reise- und Marschgeschwindigkeit im XII. und XIII. Jahrhundert. I. Die Itinerare d. deutschen Könige u. Kaiser, der französ. Könige u. d. Päpste ... [Erschien vollst. 1897 im gl. Verl.] Berlin, gedr. in d. kgl. Hofbuchdr. v. E. S. Mittler & Sohn, 1897; VI S., 1 Bl., 98 S., 1 Bl. 8.
Strassburg, Phil. Fak., Inaug.-Diss. v. 1897

Ludwig, Friedr., die Verklärung des Herrn. Grosses Oratorium nach Joh. Jerem. Kummer. In Musik gesetzt von Friedr. Kühmstedt. 8. (15 S.) Erfurt 852, Körner's Verlag. *

— Wartburgstimmen. Dichtungen. 8. (9½ B.) Kassel 843, Bohne. –

Ludwig, Frdr. Aug., das Buch vom Gottwissen. In heil. Liebe zu Gott u. zur Menschheit verfasst. gr. 8. (160 S.) Leipzig 891. W. Friedrich. n. 2. —

— s.: Erwachet!

— Hinan! — Vorwärts! — Voran! wenn auch die Landwehr nicht nachkommen kann! Von e. Schock Gedankenwurzeln die erste Mandel. [In homöopath. Dosen zu nehmen!] gr. 8. (78 S.) Leipzig 891. O. Wigand. n. 1. —

Deutsche Lustspiel-Oper in 5 Akten Rauschgold oder 'Kunst u. Schein' in Wort u. Ton von Friedrich August **Ludwig**. Werk 46. [Text.] Dresden: Musikmärchen-Verl. [1906]. (98 S.) 8° [J.] [07. 7078

Ludwig, Fritz, der Cowboy u. die Geigenfee u. andere Erzählungen. (Für Knaben im Alter von 10 bis 14 Jahren.) 8. (243 S.) Leipzig 894. F. Simon. Kart. n. 3. —

Ludwig, G., s.: Dokumente üb. Bildersendungen v. Venedig nach Wien in den J. 1816 u. 1838.

Ludwig, G., Tertullian's Ethik in durchaus objektiver Darstellung. gr. 8. (XV, 206 S.) Leipzig 885. Böhme. n. 2. 80

Ludwig, G., Handbuch der Universalgeschichte. 1. Bd. Regensburg 857. Manz. gr. 8. (VIII, 596 S.) 2 ℛ 9 ngr.

Ludwig, G., Handbuch der Universalgeschichte. 2. Bd. Regensburg 861. Manz. gr. 8. (VIII, 908 S.) 3 ℛ 15 ngr.

Ludwig, G. B., (praes. F. Oberthür) popularis Jesu methodus docendi. Wirceb. 1792. 8.

Ludwig, Georg, Rechtsanwalt in Stuttgart: Die Baubeschränkung des Straßen- und Platzlandes. Stuttgart 1907 (C. Grüninger). (VII, 40 S.) 8°
Tübingen, Jur. Fak., Ref. Beling, Diss. v. 12. Dez. 1907
[Geb. 11. Febr. 72 Isny; Wohnort: Stuttgart; Staatsangeh.: Württemberg; Vorbildung: Gymn. Ebingen Reife M. 91; Studium: Tübingen 8 S.; Rig. 8. März 07.]

Ludwig, Geo., Chronik von Brünn. [1555—1604.] Herausg. von P. v. Chlumecky. (Aus den „Monumenta Moraviae" abgedr.) Brünn 859. (Große.) Lex.-8. (XII, 112 S.) n. 12 ngr.

Ludwig, Georg (Darmstadt)
Versuch einer Entwicklung der einzelnen Verrücktheitsformen aus den besonderen menschlichen Vermögen.
Giessen 1853. 36 S.
Diss. med. 27. Juli 1853. vorh. 26.7.

Ludwig, Geo. Balth., tentamen exegetico-homileticum sistens popularem Jesu docendi methodum. 8. Würzb. 792.

— s. Worin sind die guten Erziehungsanstalten &c.

Ludwig, Gfried., Bethlehem. Im J. 1864 besucht. 8. (VI und 74 S. mit 1 Holzschn.- und 1 Stnt. in 8. und 4.) Bern 865, Dalp'sche Buchh. *

Ludwig, G[ottfried]. Bilder aus Aegypten. SA. 8. Bern 1873.

Ludwig, G[ottfried]. Ein Blick in die römischen Katakomben. Vorträge, in etwas verkürzter Form gehalten in Bern im Januar und Februar 1876. (Mit 11 Illustrationen [wovon 4 Tafeln. SA.].) 8. Bern 1876.

Ludwig, G., ein Blick in die römischen Katakomben. Vorträge, in etwas verkürzter Form gehalten in Bern im Januar und Februar 1876. gr. 8. (96 S. mit eingedr. Holzschn. und Holzschntaf.) Bern 877, Haller. * ℳ 1,60.; cart. *

Ludewig, Gf., Ehre des Casimiriani academici, oder dess. vollst. Hist. 2 Thle. m. K. 8. Coburg, Schiffel. 725—729.

Ludwig, G[ottfried]. Erinnerungen an Pfarrer (Karl) Franz Lauterburg (1825[–1871]). [Mit Portrat-Tafel. SA.] 8. [Bern 1873.]

Ludovici, Godofr., Examen novae Franc. de Curdua anthropologiae et daemonologiae. Cob. 718. 8.

— hist. rectorum gymnasior. scholarumq. celebr. deutsch. 5 Thle. 8. Leipz. 708—18.

— das Leben des heiligen Columba. Bern 861. Dalp in Comm. 16. (V, 75 S.) n. 7½ ngr.

Ludovici, G., de Judaeorum in republica Christianorum officiis in festo nativ. Christi. Schleusing. 1707. 4.

Ludwig, Gottfried. J. E. J. // Teutsche Poesie // dieser Zeit /// Vor die in // Gymnasiis und Schulen // studirende Jugend // An nöthigen Reguln ietzt be- // rühmter Poeten/ zulänglichen Exem- //peln der Gedichte ieder Gattung /// und allen dem /// was zur Invention, Disposition und // Elocution eines Teutschen Carminis heu- //tiger Art erfordert wird /// durch // Frag und Antwort // vorgestel- let /// Und mit einem // hierzu gehörigen Reim-Register// versehen // von // M. Gottfried Ludwigen /// des Fürstl. Gemeinschafftl. Gymnasii // in Schleusingen Rectore. // Leipzig / in Verlegung Fr. Lanckischens Erben. // Druckts Immanuel Tietze / An. 17o3. - 8 Blatt (nicht paginiert) Titelblatt, Widmung, Vorrede und Ordnung der Fragen. - 616 S. und noch 19 Blatt (nicht paginiert) Register. - Auf dem Einbanddeckel steht in Golddruck:

G. GOTTH. MARCHE
BUDISS.
SOCIETATI PHILOTEUT.
POETICAE.
D. D. D.
1 7 2 *

* die letzte Ziffer durch Wurmfraß getilgt !

Innen auf dem Vorblatt steht:
Hier ist ein schlechtes Buch, // das ich zum Angedencken,
Aus Pflicht und Schuldigkeit, // Doch willig wollen schencken,
Nehmt solches nur von mir ge- //neigt und güttiget an;
Ein Sz der mehrers giebt, als // itzt sein Beutel kan.

C. GH. M.
Ph. et LL. Cult.

B. S. T. 8°.419.

— deutsche Poesie für die in Gymnasien und Schulen studirende Jugend in Fragen u. Antworten. 8. Leipzig, Junius. 745.

Ludovici, M. Godefr. (Rect. Schleusing.) diss. nova seculi praesentis decimi octavi, hujusque decimi primi spectralia et magica, h. e. theoremata de spectris, sagis et magis. Von Gespenstern, Hexen und Zauberern, in academiis a viris eruditis novissime scripta. Schleussingae 711. 4.

Ludovici, Gfr., et Ge. Chph. **Vey,** nova seculi praesentis spectralia et magica, h. e. theoremata de spectris, sagis et magis. Schleus. 711. 4.

—— vier Tage in Athen. Einige Blätter aus den Notizen einer Reise in den Orient. 8. (171 S.) Bern 867, Haller'sche Verlagsh. *
Aus: Berner Taschenbuch, besonders abgedruckt.

— Universalhistorie. 5 Thle. 8. Ebendaselbst. 724-44. (I. 16 gr. II. 12 gr. III. 16 gr. IV. 12 gr. V. 8 gr.)

Ludwig, Gottfried Thomas [Praes.], s. Fleischer, Gottlob Heinrich: De servitutibus realibus feudo acquirendis imponendis et remittendis.

— Gottfr. Thomas (Leipzig), Diss. I. De feudo censuali. Lpz. (I. Titius) 2. XI. 1724. 32 S. (3.—)
Gew.: Jac. Born. 21763

— — u. Joh. Carl Kolbe (Breslau), Historiam Saxoniae a Francis. subiugat. regnate. Carolo M. Lpz. (I. Titius) 2. IX. 1724. 30 S. (5.—) 21764

— Günther, Tertullian's Ethik. Lpz. (H. J. Ramm) 1885. 206 S. mit Biogr. (5.—) 21765

Ludwig, Gust., s. **Euripides Werke.**

Ludwig, Gust. Maur. Aemil, s. Ludwig, Emil

LUDWIG, H. Die Kasernierung der Prostitution. Berlin 1905. Gr. 8°. 20 S. (S. A.)

Ludwig, H. (II.). Sibirische Märchen, gesammelt u. erzählt. Mit 5 Bildern in Farbendr. v. Otto Försterling. 8. (III, 104 S.) Glogau 890, Flemming. cart. 2 50

Ludwig, H. (Bearb.), s. Marquart, C.: Lehrbuch der prakt. u. theoret. Pharmacie.

Ludwig, H., der Rosenknopf bei Mariastein, s. Familien-Bibliothek.

Ludwig, H., die Tochter des Brahmanen, s.: Bücher-Schätze.

Ludwig, **Hans,** die Algebra der Chemie. Eine ausführl. Bearbeitung der anorgan. Zersetzungsgleichungen in übersichtl. Form. Nebst 2 Tab., enth. die wichtigsten organ. Verbindungen. gr. 8. (XV, 310 S.) Freiburg i. Br. 876, Herder'sche Verlagsh. *

Ludwig, **Hans.** Inwiefern kann das Urometer nach Southall das Bedürfnis des Praktikers befriedigen. Diss. Med. Univ. Zürich. [Mit Figuren.] 22 S. 8. Schiers, Walt & Fopp, 1908.

Ludwig, Hans: The life and works of Aaron Hill. A complementary study to the era of Pope. London, Brown & Co., 1914. X,76 S. 8°.
Bern. Phil. Diss. 1913/14.

Natürlichen (Die) **Wässer in ihren chemischen Beziehungen** zu Luft und Gesteinen. Stuttgart, 1862. 8vo.

Ludwig, **Heinr.,** die Erinnerung, od. Gedenkverse ins Stammbuch d. Confirmanden. 16. ($4\frac{1}{2}$ B.) Hannover 839, Hahn'sche Hofbuchh.

Ludwig, Heinr., über Erziehung zur Kunstübung u. zum Kunstgenuss, s.a. Studien zur deutschen Kunstgeschichte.

Heinrich **Ludwig.** Ueber Erziehung zur Kunstuebung und zum Kunstgenuss. Mit e. Lebensabriss d. Verf. (von P[aul] Knapp: H. Ludwigs Leben) aus d. Nachlass hrsg. (von J[os.] A[ug.] Beringer.) Strassburg: J. H. E. Heitz 1907. (165 S.) 8°
= **Studien** z. deutschen Kunstgeschichte. H. 78. [07. 3746]

Ludwig, Heinr., u. Rud. **Savor,** die Geburt bei engem Becken. Bericht aus d. Klinik Chrobak üb. d. Zeitraum 1878—1895. [Aus: „Berichte aus d. 2. geburtsh. gynäkolog. Klinik in Wien".] gr. 8. (241 S.) Wien 897. A. Hölder. n. 3. 60

Ludwig, Heinr., kleine Gelegenheitsschriften. 1. u. 2. Hft. gr. 8. Leipzig 892. W. Engelmann. à n. – 60
1. Petroleumfarben u. sogenannte Harzölfarben. (22 S.)
2. In Zimmerluft nassbleibendes, an der Sonne verdunstendes Petroleum. (19 S.)

Ludwig, Heinr., die Genesis, ein Buch christl. Weisheit. Eine Festgabe für gebildete Söhne u. Töchter. 8. (VIII u. 316 S.) Lüneburg 851, Engel. n. 5/6 ₰

Ludwig, H., über die Grundsätze der Oelmalerei und das Verfahren der classischen Meister. gr. 8. (XII, 272 S. mit 1 eingedr. Holzschn.) Leipzig 876, Engelmann.

-- üb. die Grundsätze der Ölmalerei u. das Verfahren der classischen Meister. 2., vom Verf. durchgeseh. u. verb. Aufl. gr. 8. (XII, 269 S.) Ebd. 893. n. 7. --; geb. n. 8. --

Ludwig, Heinr., s.: **Kalender,** deutscher, f. Krain u. das Küstenland.

Ludwig, Heinrich. Lionardo da Vinci. Das Buch von der Malerei. Nach dem Codex Vaticanus (Urbinas) 1270. (Quellenschriften für Kunstgeschichte und Kunsttechnik, herausgegeben von R. Eitelberger v. Edelberg. Bd. 15—18.) Wien 1882. 8°.

Ludwig, Heinr., Lionardo da Vinci, das Buch von der Malerei. Neues Material aus den Orig.-Manuscripten, gesichtet und dem Cod. Vatic. 1270 eingeordnet. gr. 8. (XII, 288 S.) Stuttgart 885, Kohlhammer. *

— Schriften zur Kunst u. Kunstwissenschaft, s.a. Studien zur deutschen Kunstgeschichte.

Heinrich Ludwig. Schriften zur Kunst und Kunstwissenschaft. 1. Ueber Darstellungsmittel d. Malerei. 2. Ueber Kunstwissensch. u. Kunst. Aus d. Nachlass hrsg. Strassburg: J. H. E. Heitz 1907. (XII, 122 S.) 8° = Studien z. deutschen Kunstgeschichte. H. 80. 07. 5750

— die Technik der Oelmalerei, im Auftrag des königl. preuss. Ministeriums der geistl., Unterrichts- u. Medicinal-Angelegenheiten verf. in 2 Thln. gr. 8. Ebd. 893. n. 5. —; geb. n.n. 7. —
1. Die optischen Besonderheiten der Oelmalerei. (XIII, 169 S. m. 2 Fig. u. 6 Taf. in Mappe.)
2. Die materielle Dauerhaftigkeit der Oelmalereien. (XX, 226 S.)

Ludwig, Heinr., die Unsterblichkeit oder: Ein Blick auf die Verbindung des Menschen mit der Erde und mit der Gottheit. Eine freundliche Gabe für frohe und trübe Stunden. 16. (III und 152 S.) Hannover 853, Rümpler. *

Ludwig, H. v., Warum lässt man die Frauen in der Rückenlage gebären? Eine Frage an die deutschen Aerzte. 2. vervollständ. Aufl. gr. 8. (V, 33 S. mit 1 Stnt. in 4.) Breslau 870, (Maruschke und Berendt.) *

Ludwig, Hnr. Ph., einige Worte über Schullehrer-Seminarien. gr. 8. Darmst. 821. Heyer. 3 gr.

Ludwig, Herb. (Müller-Rellüm), die Examenskandidaten! Göhren'sche Novellen. Buchschmuck v. Rhold. Hansche u. Klara Arnheim. (VII, 92 S.) 8. Dresden 906. E. Pierson. n. 1. —; geb. n. 2. —

Ludwig, Herb. (Müller-Rellüm), Lieder, die Euch selber eigen. (VIII, 79 S. m. 1 Bildnis.) 8. Leipzig-Gohlis 907. B. Volger. 1. 50

— die Venus v. Milo. (VII, 60 S) 8. Ebd. 904. n. 1. 50; geb. n. 2. 50

Ludwig, Hermann. 1907 [Pseud.] s.a. Bezzenberger, Hermann. [11. 10758

917

Herm. Ludwig, Bern.... Comestibles, Delikatessen, Konserven, Kolonialwaren etc. Preisliste Nr. 13. November 1901. IV [+ 10] + 24 S. 8.

†Ludwig, Herm. [H. L. v. Jan], Erzählungen aus dem Wasgau. 8. (VII, 143 S.) Leipzig 887, Grunow. brosch. mit Goldschn. *

Ludwig, Herm., „Sein Glück". Erzählung. (71 S.) kl. 8. Dresden (906). Oschatz, H. Hackarath. n 1. —; geb. in Leinw. n. 1. 50

Ludwig, Herm., Grundzüge der analytischen Chemie unorganischer Substanzen. Zum Gebrauche in landwirthschaftlich-chem. Laboratorien entworfen. gr. 8. (XVI und 472 S.) Jena 851, Doebereiner. *

Ludwig, Herm., Handbuch f. den gesamten Turnunterricht an höheren Lehranstalten. Systematisch bearb. gr. 8. (XI, 220 S.) Berlin 900. A. Ludwig. Geb. in Leinw. n. 3. —

Ludwig, Herm. (I.), Heimgebrachtes von landwirthschaftlichen Ausflügen. 8. (VIII und 208 S.) Leipzig 867, Thomas.

— Hermann Ludwig-Galerie. I. Serie. (Ich küsse die Knute! Ich fühle die Knute! Ich zerbrach die Knute! Ich sprenge die Kette! Ich bin frei!) Photographische Aufnahmen v. Roemer & Co. in Cassel. (5 S. Abb.) gr. 8. Leipzig 907. (M. Spohr.) 1. —

Ludwig, Herm. (v. Jan). Die letzte Huldigung d. Hanauer Ländchens an seinen Landesherrn (27.—29. Mai 1790). Ein Beitrag zur Geschichte Ludwig's (X.) I. v. Hessen-Darmstadt u. der hess. Besitzgn. im Elsass. Zeitgenössische Schilderg. gr. 8. (32 S. m. Abbildgn.) Strassb. i. E. 890, (Schmidt). * 1 —

Ludwig, Herm., (H. Bezzenberger), ich will, m. 44 physiognom. Studien im Text, u. Die Himmelsleiter, m. 46 physiognom. Studien im Text. Photographische Aufnahmen v. Roemer & Co. in Cassel. 2 Tle. (III, 105 u. 130 S.) Lex. 8. Leipzig (907). Cassel, H. Bezzenberger. Geb. 8. —

Ludwig, Hermann: Ich will (1: mit 44 physiognom. Studien im Text) und Die Himmelsleiter (1: mit 46 physiognom. Studien im Text.) Von –. T. 1. 2. Leipzig: Spohr in Komm. [übergeklebt: Cassel: Bezzenberger] [1907]. 4° (8°)

—— Strassburger Kaiserbuch. Deutsche Kaiser u. Könige in Strassburg. Blätter aus der Geschichte der Westmark d. Reichs. gr. 4. (228 S. m. Abbildgn.) Ebd. 889. * 20 — geb. * * 27 —

Ludwig, Herm., Johann Georg Kastner, e. elsäss. Tondichter, Theoretiker u. Musikforscher. Sein Werden u. Wirken. 2 Thle. in 3 Bdn. Mit Illustr. u. Fcsms. gr. 8. (XIX, 422; VIII, 472 u. VII, 424 S.) Leipzig 886. Breitkopf & Härtel. n. 40. —; geb. m. Goldschn. n. 52. —

Ludwig, H.
s.a. Pharmaceutische Monatsblätter: Archiv der Pharmacie.

Ludwig, Herm., lateinische Phraseologie. Unter Berücksicht. der Sprichwörter u. Fremdwörter zusammengestellt. (163 S.) 8. Stuttgart 906. A. Bonz & Co. Geb. n. 3 60

— dasselbe zu Cornelius Tacitus' Annalen. 1. u. 2. Heft. 8. Ebd. 906. n. — 90
1. Buch I. 1—52; 55—72. (85 S.) n. — 50
2. Buch II u. III. (22 S.) n. — 40

Ludwig, (Herm.), Präparation zu Cornelius Tacitus' Annalen. 3. Heft: Auswahl aus Buch IV, V, VI. (80 S.) 8. Leipzig 906. B. G. Teubner. — 50

Ludwig, Hermann: Präparation zu Sophocles' Antigone. Von Prof. Dr. – . Leipzig & Berlin: B. G. Teubner 1903. (36 S.) 8° [Umschlagt.]
(Schülerpräparationen zu lat. u. griech. Schriftstellern.)

— Präparation zu Platons Apologie u. Kriton, s.: Teuffel.

Ludwig, Hermann: Präparation zu Q. Horatius Flaccus' Oden. Von Prof. Dr. – . H. 1.2. Leipzig & Berlin: B. G. Teubner 1903. 2 Bde. 8° [Umschlagt.]
Schülerpräparationen zu lat. u. griech. Schriftstellern.)

Präparation zu Sophocles' Oedipus rex von Prof. Dr. H[ermann] Ludwig. Leipzig & Berlin: B. G. Teubner 1906. (34 S.) 8° [Umschlagt.]
(Schülerpräparationen zu lat. u. griech. Schriftstellern.) [06. 8091

Ludwig, Herm., Präparation zu Sophocles' Philoctetes. gr. 8. (22 S.) Leipzig 902. B. G. Teubner. n. — 50

Präparation zu Q. Horatius Flaccus' Satiren von Prof. Dr. H[ermann] **Ludwig.** H. 1. 2. Leipzig & Berlin: B.G. Teubner 1904. 2 Bde 8° [Umschlagt.]
1. Buch 1. 2. Buch 2.
(Schülerpräparationen zu lat. u. griech. Schriftstellern.) [o5. 10340

— **lateinische Stilübungen f. Oberklassen an Gymnasien u. Realgymnasien.** gr. 8. (XII, 148 S.) Stuttgart 902. A. Bonz & Co. Geb. in Leinw. n. 1. 60; Übersetzung. (III, 98 S.) n. 1. 85

— **lateinische Stilübungen f. Oberklassen an Gymnasien u. Realgymnasien. Uebersetzung.** 2. umgearb. Aufl. (100 S.) 8. Stuttgart 906. A. Bonz & Co. Geb. n. 1. 85

—— **Strassburg vor hundert Jahren.** Ein Beitrag zur Kulturgeschichte. gr. 8. (XII, 148 S.) Stuttgart 888, F. Frommann. *

—— **Strassburg vor hundert Jahren.** Ein Beitrag zur Kulturgeschichte. gr. 8. (XII, 348 S.) Stuttg. 888, Frommann. * 5 —
Zur Berichtigung der falschen Seitenzahl im vorigen Bande.

Ludwig, Herm. (I.), s. **Tardieu,** Ambr., die Vergiftungen.

Ludwig, Herm., die Tochter des Brahmanen, s. **Bücher-Schätze.**

Ludwig, H., Übungsstücke für d. latein. Komposition, s.: **Planck,** G. Chr.

Ludwig, Hermann Neue Untersuchungen über den Lauf des römischen Grenzwalls vom Hohenstaufen bis zur Jagst. 4 (36 S., 2 Karten). Progr. G. *Schwäbisch Hall* 1888 (553).

Ludwig, Herm., Vivat Hoch! Sie sollen leben! Toastbuch für heitere Leute. 2., verm. u. verb. Aufl. 16. (80 S.) Chemnitz 880. Hager. — 50

Ludwig, Herm., vivat Hoch! Sie sollen leben! Toastbuch f. heitere Leute. (3. Aufl.) 12. (80 S.) Chemnitz 894. C. A. Hager. — 50

Ludwig, Herm. (II.), die natürlichen Wasser in ihren chemischen Beziehungen zu Luft und Gesteinen. Lex.-8. (XII und 336 S.) Erlangen 862, Enke's Verlag. *

Ludwig, Herm., die geheime Zeichensprache der Liebenden. Ein Büchlein der Verständigg. f. gleichfühlende Herzen. 16. (84 S.) Naumburg 872. Regel. n. 1. —

— **Herm. Osc.** (Ebersbach/Lausitz), **Nonnulla de remediorum benignorum abusu et noxa.** Diss. med. Lpz. (Ernst Stange) 26. II. 1850. 15 S. mit Biogr. (M.: Joh. Charl. Haensch.) (3.50) 21766
Gew.: Ernst Menzel.

Ludwig, Hubert

Vorläufiger Bericht über die erbeuteten Holothurien. Von Hubert Ludwig. *Cambridge, U. S.: The Museum 1893.* (S. 103–114.) 8°
= Reports on the Dredging Operations off the West Coast of Central America to the Galapagos. 4.
= Bulletin of the Museum of Compar. Zoölogy at Harvard College. Vol. 24, No 4. [o5. 8138 11

Ludwig, Hub, Brutpflege bei Echinodermen, s.: **Jahrbücher, zoologische.** VII. Suppl.-Bd.

Ludwig, Hub., Crinoideen, s.a. **Ergebnisse der Hamburger Magalhaensischen Sammelreise.** 4. Lfg.

Ludwig, Hubert: Crinoideen bearb. v. Prof. H[ubert] Ludwig (Bonn). Hamburg: L. Friederichsen & C. 1898. (7 S.) 4. (8.)
Ergebnisse d. Hamburger Magalhaensischen Sammelreise. Lfg. 4. [No] 4.

— u. **Otto Hamann, Echinodermen (Stachelhäuter),** s.a. **Bronn's, H. G., Klassen u. Ordnungen des Thier-Reichs.** II. 3.

Echinodermen (Stachelhäuter) von Dr. Hubert **Ludwig**, Prof., Bonn (2 ff.: Fortges. von Prof. Dr. Otto Hamann in Berlin). Mit Taf., Fig. u. Karten. Buch 1–5. (In 77 Lfgen.) Leipzig: C. F. Winter 1889–1907. 5 Bde 4°(8°)
1. Die Seewalzen. 1889–1892. 2. Die Seesterne. 18(94–)99.
3. Die Schlangensterne. Die Systematik von Dr. Maximilian Meissner in Berlin. 19(00–)01.
4. Die Seeigel. Mit Beiträgen v. Dr. Meissner u. Dr. Hans Przibram. 19(01–)04.
5. Die Seelilien. 19(05–)07.
= **Bronn**, Heinrich Georg: Klassen u. Ordnungen d. Tier-Reiches. Bd 2, Abt. 3, Buch 1–5. [07. 17337

— **Echinodermen des Sansibargebietes.** gr. 4. (S. 537—563.) Frankfurt a. M. 899. (M. Diesterweg.) n. 1. —
Sonderabdruck aus: „Abhandlgn. der Senckenberg. naturforschenden Gesellschaft".

(S) **Ludwig,** Hub., Echinodermen d. Sansibargeb. 899. (KBL 32.) Jetzt: Frankfurt a. M. (Viktoria-Allee 7), Senckenberg. naturforsch. Gesellsch. Erm. Pr. nn — 50

Ludwig H., Dr.: Über Gentianin. S. 45. II. 149 . . . . vgr.
Separatabdruck

Ludwig, Hub., über die Eibildung im Thierreiche. Eine von der philosoph. Facultät der Universität Würzburg gekrönte Preisschrift. gr. 8. (224 S. mit 8 lithogr. Taf. Abbild. in qu. 4.) Würzburg 874, Stahel'sche Buchh. *

— **Holothurien,** s.a. **Ergebnisse d. Hamburger Magalhaens. Sammelreise.**

Ludwig, Hubert: Holothurien bearb. von Prof. H[ubert] Ludwig (Bonn). Mit 3 Taf. Hamburg: L. Friederichsen & Co. 1898. (98 S.) 4° (8°).
Ergebnisse d. Hamburger Magalhaens. Sammelreise. Lfg. 3, I.

— **Jugendformen v. Ophiuren.** gr. 8. (26 S. m. Fig.) Berlin 899. (G. Reimer.) n. 1. —
Sonderabdruck aus: „Sitzungsber. d. preuss. Akad. d. Wiss."

— **Klassen u. Ordnungen des Tier-Reichs,** s.: **Bronn,** H. G.

Ludwig, Hub., analytischer Leitfaden f. den 1. wissenschaftlichen Unterricht in der Naturgeschichte, s.: **Leunis, Joh.**

— **Notomyota, e. neue Ordnung der Seesterne.** (S. 435—466.) Lex. 8. Berlin 910. G. Reimer. 1. —
Sonderabdr. aus: „Sitzungsber. d. preuss. Akad. d. Wiss."

— **Ophiuroideen,** s.a. **Ergebnisse der Hamburger Magalhaensischen Sammelreise.** 4. Lfg.

Ludwig, Hubert: Ophiuroideen bearb. v. Prof. Hubert Ludwig (Bonn). Hamburg: L. Friedrichsen & C. 1898. (28 S.) 4. (8.)
Ergebnisse d. Hamburger Magalhaensischen Sammelreise. Lfg. 4. [No] 3.

Ludwig, Hub., d. Seesterne d. Mittelmeeres, s.a. **Fauna u. Flora d. Golfes v. Neapel.**

Die Seesterne des Mittelmeeres v. Dr. Hubert Ludwig, Prof. ... an d. Univ. Bonn. M. 12 Fig. im Text u. 12 Taf. Hrsg. v. d. Zoolog. Station zu Neapel. *Berlin: R. Friedlander & Sohn 1891.* (X, 491 S., 1 Bl., 12 Taf. m. je 1 Erl.-Bl.) 1 Bd 4.
= Fauna u. Flora d. Golfes v. Neapel. Monogr. 24. [97-303]

Ludwig, Hubert: Stipendien- und andere Stiftungen für Studierende an der Rhein. Friedrich-Wilhelms-Universität zu Bonn bearb. vom zeit. Rektor –. Bonn 1902: J. F. Carthaus. (42 S.) 8° [F.]

Ludwig, Hubert, Morphologische Studien an Echinodermen. 1. Bd. (3 Hefte.) Mit 23 Taf. und 5 Holzschn. gr. 8. Leipzig, Engelmann. *

Inhalt:
Heft 1. Beiträge zur Anatomie der Crinoideen. (S. 1–99 mit 8 lithogr. Taf.) 877. *M 5.
» 2. Zur Anatomie des Rhizocrinus lofotensis M. Sars. — Ueber bewegliche Schaalenplatten Echinoideen. — Ueber Rhopalodina lageniformis Gray und die darauf gegründete Classe Diplostomidea Semper. — Beiträge zur Anatomie der Asteriden. (S. 101–212 mit 8 lithogr. Taf.) 877. *M 5.
» 3. Trichaster elegans. — Zur Kenntniss der Gattung Brisinga. — Beiträge zur Anatomie der Ophiuren. — Ueber die Genitalorgane von Asterina gilbora. Sachregister und Berichtigungen. (V, S. 213–300 mit 7 lithogr. Taf.) 879. *M 4.
Aus: Zeitschrift für wissenschaftl. Zoologie, besonders abgedruckt.

Ludwig, Hub., morphologische Studien an Echinodermen. 2. Bd. 1. und 2. Heft. Mit (lithogr.) Taf. (in 4.) und (eingedr.) Holzschn. gr. 8. Leipzig, Engelmann. *

Inhalt:
Heft 1. Das Mundskelett der Asterien und Ophiuren. — Ueber Asthenosoma varium Grube und über ein neues Organ bei den Cidariden. Mit 2 (lithogr.) Taf. — Ueber den primären Steinkanal der Crinoideen nebst vergleichenden anatomischen Bemerkungen über die Echinodermen überhaupt. Mit 2 (lithogr.) Taf. — Neue Beiträge zur Anatomie der Ophiuren. Mit 3 (lithogr.) Taf. (S. 1–90.) 880. *M 4.
» 2. Zur Entwickelungsgeschichte des Ophiurenskelettes. Mit 2 (lithogr.) Taf. — Entwickelungsgeschichte der Asterina gibbosa Forbes. Mit 8 (lithogr.) Taf. (S. 91–208.) 882. *M 6.
Aus: Zeitschrift für wissenschaftliche Zoologie, besonders abgedruckt. 1. Bd. 3 Hefte. Ebendas. 1877–79. *M 14.

—— Verzeichniss der von Prof. Dr. Ed. van Beneden an der Küste von Brasilien gesammelten Echinodermen. gr. 4. (26 S.) Brüssel 882. (Berlin, Friedländer und Sohn.) *

—— die Wirbeltiere Deutschlands in übersichtlicher Darstellung. 8. (VIII, 200 S. mit 64 Holzschn.) Hannover 884, Hahn'sche Buchh. geb. *

Ludwigs, Hubert Maria

Das vierte allgemeine Jubiläum im Pontifikate des Papstes Leo XIII. Ein Wort der Belehrung über den Jubiläums-Ablass nebst e. Gebets-Anh. von Dr. H[ubert] M[aria] Ludwigs, Domkapitular in Köln. Unter bes. Berücks. d. für d. Erzdiöcese Köln getroff. Bestimm. *Köln: H. Theissing 1901.* (46 S.) 8° [F.] [63 704]

Ludwig, Hugo, Fachzeichnen f. Buchbinder, bezw. f. Maler, Schriftsetzer u. Buchdrucker, s.: Lehrhefte für d. Fachzeichnen an gewerbl. Schulen. (Freter, Jul.)

Ludwig, J., Altes und Neues. Vier Erzählungen. 1. Sammlung. gr. 8. (328 S.) Düsseldorf 868, Budich. *

Ludwig, J., die Geschichte e. französisch-reformierten Kolonie im Refuge, illustr. durch Stammtafeln. Als Mskr. gedr. 2 Tle. (120 S.) Lex. 8. Basel 910. (Basler Buch- u. Antiquariatshandlg.) 6. 40

Ludwig, J., Lieder u. Gedichte für Freunde der Natur. 8. Hildburgh. Hanisch. 801.

Ludwig, J., für frohe Mädchen. 4 Erzählgn. Mit 2 Farbdruck-Bildern v. A. Zick. (123 S.) 8. Stuttgart (910). Loewe. Geb. in Halbleinw. 1. 20

— u. **Renata Beutner,** goldner Mädchenschatz. 11 Erzählgn. Mit 8 Tonbildern v. R. Wehle u. A. Zick. (128 S.) 8. Ebd. (910). Geb. in Leinw. 2. 50

Ludwig, J., über die Pflicht, Gott in der Natur aufzusuchen. 8. Altenb. Schnuphase. 799. Rthlr.

Ludwig, J. Tabellen zur Anfertigung statischer Berechnungen, enth. die Gewichte der Mauermassen, Balkenlagen, Treppenläufe u. Kappengewölbe, sowie die Widerstandsmomente der dazu erforderlichen Träger. gr. 8. (IV, 85 S.) Berl. 892, Siemens. geb. * 2 —

Ludwig, J., Tabellen zur Anfertigung statischer Berechnungen, enth. die Gewichte der Mauermassen, Balkenlagen, Treppenläufe u. Kappengewölbe, sowie die Widerstandsmomente der dazu erforderlichen Träger. 2. Aufl. (IV, 79 S.) 8. Berlin 908. G. Siemens. Geb. 2. —

Ludwig, J. B., Jubiläums-Büchlein f. d. v. Papst Leo XIII. ausgeschriebene große Jubiläum d. J. 1900. 16. (119 S. m. Titelbild.) Frankfurt a/M. (900). B. Kreuer. n. — 25

Ludwig, J. G., Beschreibung und Abbildung der unweit *Leipzig* erbauten Windpapiermühle nach holländischer Art. *Leipzig.* 1820.

Ludwig, J. Ch., († d. 1. Aug. 1811.) Unterricht üb. die jetzt herrschende Ruhr unter d. Gebirgsvolke. 8. Hirschb. 805.

Ludwig, J. G. J., s. de Ponte, Ludwig.

Ludwig, J. L.

Ludwig, J. L., das A. B. C. des Hrn. Lehrers Schultheiß in Nürnberg geprüft u. beurtheilt. — Eine Antwort auf d. Sendschreiben an die deutschen Schulmänner v. W. K. Schultheiß. gr. 8. (3½ B.) Hof u. Wunsiedel 842, Grau.

Ludwig, J. L., die vorzüglichsten Ansichten üb. den Religions-Unterricht in den deutschen Schulen. 8. (46 S.) Ulm 874. Ebner. — 60

Ludwig, J. L., vollständig prakt. Bearbeitung der sechs ersten Lebensverhältnisse nach Graser. Ein nothwend. Hand- u. Hülfsb. f. alle Lehrer in d. teutschen Schulen, welche e. angenehmen u. geistigen Unterr. ihren Schülern ertheilen wollen. 1–3. Bd. gr. 8. Hof u. Wunsiedel, Grau.

Bd. 1. Erstes Lebensverhältniß. Mit e. histor.-krit. Einleit. üb. d. verschied. Ansichten auf d. Gebiete d. Erziehung u. d. Unterr. (26½ B.) 840. 20 Gr.
» 2. Zweites Lebensverhältniß. (19⅛ B. u. 1 Stnt.) 841. 18 Gr.
» 3. Das Unterthanenverhältniß. Mit e. Beschreibung d. elementar. Sprachunterr. nach Graser's Prinzipien u. e. Nachtr. f. d. 2. Bd.: „Ausführl. Geschichte d. göttl. Offenbarung." (25 B. u. 2 Stnt.) 842. 20 Gr.

—— vollständig praktische Bearbeitung der sechs ersten Lebensverhältnisse nach Graser. 4–6. (letzter) Bd. 4–6. Lebensverhältniß. gr. 8. Hof u. Wunsiedel, Grau. [4. (21½ B. u. 2 Kart.) 25 Ngr., 5. (32 B.) 843. 1 Thlr. 10 Ngr., 6. (13⅛ B.) 44. 25 Ngr.]
Bd. 1–3. Ebendas. 1840–42. 2 Thlr. 12½ Ngr.

Ludwig, J. L., kurze Geographie und Geschichte Bayerns. 8. (19 S.) Bayreuth 853, Grau'sche Buchh. *

—— und G. F. Heinisch, kurze Geschichte der deutschen Sprache und Literatur, s. Heinisch.

— deutsches Sprach- u. Lesebuch f. Schulen, s.: Heinisch, G. F.

– und G. F. Heinisch

—— —— drittes Sprach- und Lesebuch, s. Heinisch, G. Fr.

Ludwig, J. L., erstes Sprach- und Lesebuch, s. Heinisch, G. F.

Ludwig, J. L., Sprachlehr- und Uebungsbuch für die deutschen Schulen, nach den 3 Hauptschülerklassen in 3 Thln. bearb. 1. Thl. 1. und 2. Abthl. 12. (à 96 S.) München 865, Central-Schulbücher-Verlag. cart. à Abthl. * * 2⅓ Ngr. * *

—— Unterricht in den für das Volkswesen wichtigsten Bestimmungen des bayerischen Straf- und Polizeistraf-Gesetzbuches für Schulen bearb. 8. (52 S.) Bamberg 866, Buchner'sche Buchh. *

—— der Unterricht in der einfachen landwirthschaftlichen Buchführung, s. Unterricht, der.

— das bayerische Vaterland (Geographie u. Geschichte). Ein Lehr- u. Lesebüchlein zur Erweckung der Vaterlandsliebe u. der Treue u. Anhänglichkeit an den Landesvater u. das angestammte Regentenhaus in dem Herzen der Jugend. München 866. Central-Schulbücher-Verlag. 12. (96 S. mit 1 Uebersichtskärtchen von Bayern in Holzschn. u. Buntdr. in 4.) n.n. 3 ngr

—— das Vorzüglichste aus der Menschenlehre, Naturkunde, Geographie und Geschichte für Schüler in den Oberklassen der deutschen Schulen; mit einem Anhange, welcher die Geographie und Geschichte Bayerns enthält. 8. (IV und 48 S. und Anhang 19 S.) Bayreuth 853, Grau'sche Buchh. *

—— das Vorzüglichste aus der Menschenlehre, Naturkunde, Geographie und Geschichte für Schüler in den Oberklassen der deutschen Schulen und für Sonntagsschüler. 4. Aufl. 1863. und 5., verm. und verb. Aufl. gr. 8. (IV und 83 S.) Bayreuth 867, Grau'sche Buchh. * *

Ludwig, J. L., welche Forderungen macht d. aufmerks. Betrachtung d. gegenwärt. Zeit- u. Volksgeistes an d. Volksschulen u. deren Lehrer? — Mit besond. Rücksicht auf d. Landschulen beantw. Mit e. Anh., welcher d. Grundzüge d. Graser'schen Unterrichtslehre enthält, v. dems. Verf. 8. (7½ B.) Baireuth 831, (Grau.)

— s. Graser, J. B., die Elementarschule für's Leben. — dess. letztes Werk. Die Erziehung d. Taubstummen.

—— Grundsätze und Lehren vorzüglicher Pädagogiker von Locke an bis auf die gegenwärt. Zeit, nach ihrem Wesen und Verhältnisse, zur Förderung gründl. Kenntniß der Pädagogik für Erzieher und Lehrer in Kirche und Schule dargestellt. 1. und 2. Bd. gr. 8. Bayreuth 853, Grau'sche Buchh. [1. (XXVIII und 512 S.) 853., 2. (XXVIII und 412 S.) 856. à Bd. * 1 Thlr. 10 Ngr.] *

Ludwig, J. L., Grundsätze und Lehren vorzüglicher Pädagogiker von Locke an bis auf die gegenwärtige Zeit, nach ihrem Wesen und Verhältnisse, zur Förderung gründlicher Kenntniß der Pädagogik für Erzieher und Lehrer in Kirche und Schule dargestellt. 3. Bd. gr. 8. (XXVII und 512 S.) Bayreuth 857, Grau'sche Buchh. *
1. und 2. Bd. Ebendas. 1853. * 2 Thlr. 20 Ngr.

—— methodisch-praktisches Handbuch für den Unterricht in den deutschen Schulen. Nach den bewährtesten Grundsätzen und dem gegenwärt. Stand der Pädagogik bearbeitet. gr. 8. (XL und 431 S.) Bamberg 853, Buchner'sche Buchh.

—— Zwischen Himmel und Erde. Erzählung. 8. (III und 320 S.) Frankfurt a. M. 856, Meidinger Sohn und Comp.

—— können von d. Lehrern in d. Volks- od. teutschen Schulen körperl. Strafen d. Schüler vermieden werden? Nach Vernunft u. Erfahr. beantw. u. den Vorgesetzten d. Schulen u. d. Lehrern in dens. gewidmet. 8. (4 B.) Nürnberg 836, Riegel u. Wießner.

Ludwig, J. L., mein bisheriges Leben u. Wirken. Eine Selbstbiographie. gr. 8. (XVI u. 84 S.) Bamberg 850, Buchner. n. 12 ngr

— zweites Lehr- u. Lesebuch für die Elementar-Schüler in den deutschen Schulen. gr. 8. (XVI u. 165 S.) Hof 848, Grau. n. ½ ₰

—— die Lehre vom Staate, s. Graser, die Elementar-Schule.

Ludwig, J. L., ein Lehrerleben. Selbstbiographie. gr. 8. (VI, 128 S.) Augsburg 878, (Reichenbach'sche Buchh.) *

—— erstes Lesebuch f. die Vorbereitungsschüler in den deutschen Schulen. In 2 Abthl. 8. (7½ B.) Bayreuth 845, Buchnersche Buchh.

—— der durch Erfahrung gebild. Graserische Schreib- u. Leselehrer, od. die einfachste u. natürlichste Weise, gründl., leicht u. angenehm Schreiben u. Lesen zu lehren, nebst Geschichte, Kritik u. Eintheil. aller Lesemethoden. 8. (6½ B.) Nürnberg 836, Stein.

—— der deutsche Schullehrer als Religionslehrer. Durch mehrere neue Erscheinungen auf d. religiös-didakt. Gebiete, insbesond. durch d. hohen Verordnn. d. k. Oberkonsistoriums in München v. 25. April u. 8. Juli 1836: Die Ertheilung d. Religionsunterrichtes in d. Schulen betreffend, veranlaßt rc. 8. (7 B.) Nürnberg 837, Stein.

Ludwig, Jac., die reformirte Gemeinde in Fredericia. Ein Beitrag zur Geschichte der französisch-reformirten Kolonien im heut. Dänemark. 8. (137 S.) Bremen 886, Müller's Verlag. *

Ludwig, J[acob]. Die Geschichte einer französisch-reformierten Kolonie im Refuge illustriert durch Stammtafeln. (Die franz'-reformierte K' in Fredericia, Dänemark.) 2 Teile. 120 S. 4. [Basel,] Basler Druck- und Verlags-Anstalt (*Aufdruck:* Comm. Basler Buch- und Antiquariatsh.), 1910. [zus. fr. 8. —]

Rede zur Erinnerung an die am 2. Juni 1735 stattgefundene Grundsteinlegung der reformierten Kirche zu Fredericia. (Gehalten am 31. Mai 1885 ... von Jak[ob] **Ludwig.** — (Fredericia 1885: Adressekontor.) 8 S. 8°

Ludwig, Jacob: Aus d. chirurg. Klinik d. Univ. Bonn. Ueber die Wirkung des Phenol auf organische Gewebe und Gewebsbestandteile. ... Bonn, Hauptmann'sche Buchdr., 1891; 29 S., 1 Bl. 8°
Bonn, Med. Fak., Inaug.-Diss. v. [28.] Febr. 1891

Ludwig, Jakob Friedrich [Praes.], s. Agricola, Johann Christoph: De jureconsulto sine lege loquente.

— Anm. z. dessen Wechselproceß, von Schlitten. 4. Ebend. 743.

Ludwig, Jakob Friedrich [Praes.], s. Arckenberg, Heinrich Andreas: De summa appellabili.

Ludwig, Jakob Friedrich [Praes.], s. Bachoven Freiherr v. Echt, Johann Friedrich: De praecognitis juris feudalis.

Ludwig, Jakob Friedrich [Praes.], s. Bastineller, Gebhard Christian: De vitio reali et personali.

Ludwig, Jac. Fr., Diss. de belladonna ejusque usu in vesania. 24 pp. Jen. 4°. *Doering*, 1, 277.

1789

Ludwig, Jakob Friedrich [Praes.], s. Böhm, Johann Christian: De judice extra acta aliquid adserente.

— die Nasendouche, ihre Anwendung u. ihre Gefahren. gr.8. (14 S.) Königsberg 882. Hartung. n. — 30

Magnus, A., die Nasendouche, ihre Anwendung und ihre Gefahren. 2. Aufl. gr. 8. (14 S.) Königsberg 885, Hartung'sche Verlagsdr. *

— s. Tagblatt der 19. Versamml. der Gesellschaft deutscher Naturforscher u. Aerzte.

Magnus, Albert

Magnus, A., über das Flußwasser und die Cloaquen größerer Städte. In medicinisch-polizeilicher Hinsicht. 8. Berlin 840. Hirschwald. n. 1/3 ₰

Magnus, Alb., über das Flußwasser u. die Cloaquen größerer Städte. In medicinisch-polizeilicher Hinsicht. gr. 8. Berlin 841, Hirschwald. n. 1/3 ₰

Magnus, Albert, Kammergerichtsreferendar in Angermünde U./M.: Die Verurteilung zur Duldung der Zwangsvollstreckung unter besonderer Berücksichtigung des § 739 Z.P.O. Berlin 1908: W. Pilz. (73 S.) 8°
Jena, Jur. Fak., Ref. Danz, Diss. v. 29. Febr. 1908
[Geb. 17. Juli 85 Berlin; Wohnort: Angermünde; Staatsangeh.: Preußen; Vorbildung: Wilhelms-Gymn. Berlin Reife M. 03; Studium: Berlin 1, Genf 1, München 1, Berlin 4 S.; Rig. 4. Febr. 08.]

Magnus, Alfred, Dr. phil.: Eine Prüfung der Grundhypothese des Nernstschen Wärmetheorems. Tübingen 1910: Laupp. 27 S. 8°
Tübingen, Naturwiss. Hab.-Schr. v. 1910 [U 10. 4265
(Nicht für den Austausch)

Magnus, Alfred Wilhelm, aus Ramle (Ägypten): Über die durch elektrische Entladungen hervorgerufene Gasabsorption in Geisslerschen Röhren. Leipzig: J. A. Barth 1905. (36 S.) 8°
München, Phil. Fak., Ref. Roentgen, Diss. v. 19. Juli 1905
[Geb. 12. Aug. 80 Ramle b. Alexandrien; Wohnort: Wiesbaden; Staatsangeh.: Preußen; Vorbildung: Gymn. Wiesbaden Reife O. 98; Studium: München 14 S.; Rig. 19. Juli 05.]

Magnus, Arthur von, Assistenzarzt an d. Kgl. Univ.-Frauenklinik zu Königsberg i. Pr.: Aus d. Kgl. Universitäts-Frauenklinik zu Königsberg i. Pr. Ein Beitrag zur Therapie des engen Beckens. *Königsberg i. Pr. 1902: O. Kümmel.* (120 S.) 8°
Königsberg, Med. Diss. v. 7. März 1902

Magnus, Arthur Gustav: Inhalt und staatsrechtliche Schranken des Reichsindigenats nach Art. 3 der Reichsverfassung. Greifswald 1904: J. Abel. (54 S.) 8°
Greifswald, Jur. Fak., Ref. Sartorius, Diss. v. 26. Nov. 1904
Geb. 23. Okt. 81 Berlin; Wohnort: Berlin; Staatsangeh.: Preußen; Vorbildung: Französ. Gymn. Berlin Reife M. 99; Studium: Oxford 2, Bonn 2, Leipzig 1, Berlin 3 S.; Rig. 29. Juli 04.]

Magnus, Carl, s. Magnus, Karl

Magnus, Carl Gottl., s. Magnus, Karl Gottl.

Magnus, Carl Gottlieb, s. Magnus, Karl Gottlieb

Magnus, Cäs., s. a.: Dickhuth, Gust.

Magnus, Cäs., d. Letzte d. Regiments Gensdarmes. E. Erzählg. aus d. J. 1806. 8. (278 S.) Breslau 898. E. Trewendt. n. 4. —

— Venus als Siegerin, s.: Auswahl v. Werken zeitgenössischer Schriftsteller. 2. Bd.

Magnus, Ed., über Einrichtung und Beleuchtung von Räumen zur Aufstellung von Gemälden und Sculpturen. Ein Vortrag, gehalten in der königlichen Akademie der Künste am 27. Novbr. 1863. Mit 2 Kpfrtaf. Berlin 864. Ernst & Korn. Fol. (12 S.) n. 15 ngr.

Magnus, Ed., Entwurf zu dem Bau eines Kunst-Museums. Als Nachtrag zu dem Schriftchen über Einrichtung u. Beleuchtung von Räumen zur Aufstellung von Gemälden u. Sculpturen. Berlin 866. (Ernst & Korn.) gr. Fol. (12 S. mit 2 lith. Blättern in qu. gr. Fol.) n. 1 ₰

Magnus, Ed. Isidor, kritische Bearbeitung u. Erklärung des Hohen Liedes Salomo's. gr. 8. Halle 842, Lippert. 1 ₰

Magnus, Ed. Isidor, kritische Bearbeitung u. Erklärung des Hohen Liedes Salomo's. gr. 8. (16 B.) Halle 842. [Schmidt's Verl.]

Magnus, Ed. Isidor, philologisch-historischer Kommentar zum Buche Hiob. 1. Buch: Das echte Gedicht. gr. 8. (S. 1—448.) Halle 851, Buchhandlung des Waisenhauses. 2 ₰

Magnus, Eduard, Referendar: Die Ausgleichungspflicht nach dem Bürgerlichen Gesetzbuch. *Breslau 1901: Grass, Barth & Co.* (IX, 120 S.) 8°
Breslau, Jur. Diss. v. 26. Juli 1901

Magnus, Ed., die Ausgleichungspflicht nach d. bürgerl. Gesetzbuch. gr. 8. (XI, 120 S.) Breslau 901. J. U. Kern. n. 2. 50

Magnus, Eduard. Die Polychromie vom künstlerischen Standpunkte. Ein Vortrag für eine Anzahl befreundeter Künstler und Kunstverständiger aufgezeichnet. Als Manuscript gedruckt. Berlin 1871. 8°.

Magnus, Ed., die Polychromie vom künstlerischen Standpunkte. Ein Vortrag f. e. Anzahl befreundeter Künstler u. Kunstverständiger. gr. 8. (90 S.) Bonn 872. Marcus' Sort. 1. 80

Magnus, Eduardus: *Dissertatio de Ecclesiastae XII. I.—VI. Libelli Pars I. De Abu Ferasi vita et carminibus. Libelli Pars 2. 34, 15 S. 4° (2°)
Halle-Wittenberg, Phil. Diss. v. 13. Aug. 1833
Geb. [Berlin 17. 6. 1810]
Verf. erlebte die Diplomerneuerung 1883 als ordentlicher Professor der orientalischen Sprachen in Breslau, vgl. Anh. Nr. 586.

Magnus, Emanuel Gottfried Alexis, s. Magnus, Emil Gottfried Alexis

Fehmarn. Seine wirtschaftliche Entwickelung, seine Sitten und Gebräuche v. Emil Magnus. Burg a. F. o. J. 8°

Magnus, Emil, 28 Vorspiele zu den gebräuchlichsten Chorälen f. gottesdienstliche Zwecke. gr. 8. (55 S.) Flensburg (899). A. Westphalen. n. 1. 20

— Emil Gottfr. Alex., De intumescentia prostatae. Diss. med. Halle (Heynemann) 1847. 30 S. mit 1 Tafel u. Biogr. (3.—) 22003
Gew.: J. H. Meckel. — Oppon.: C. Lerche, A. Hüttenheim.

Magnus, Ernst Adf. Ludw., de evictione in legatis et in donatione praestanda. Dissertatio inauguralis. gr. 8. (69 S.) Regimonti Pr. 873. (Leipzig, Kessler.) n. 2. —

Magnus, F., die Bibel Gottes Wort. 8. (32 S.) Barmen 896, Wupperthaler Traktat-Gesellschaft. n. — 30

Ludwig, Jakob Friedrich [Praes.], s. E i ß e n , Christoph Andreas: De impositione silentii.

Ludovici, J. F., de eo, quod justum est circa campanas. Hal. 1708. 4.

Ludwig, Jakob Friedrich [Praes.], s. F l e c k e n - b ü h l gen. Bürgel, Georg Philipp von: De domino vasalli vasallo.

LUDOVICI, JAC. FRID., s. Fridlib, Eric. 1700.

Ludwig, Jakob Friedrich [Praes.], s. G a s s e r , Simon Peter: De coelibatu poenae nomine imposito.

Ludwig, Jakob Friedrich [Praes.], s. G l i m p e r , Christian Philipp: De restitutione rei furtivae.

Ludwig, Jakob Friedrich [Praes.], s. G o e b e l , Johann Gerhard: De diverso jure bonorum adquisitorum et hereditariorum.

Ludwig, Jakob Friedrich [Praes.], s. G r o t e n , Dietrich von: De judice in causis principum protestantium matrimonialibus.

Ludwig, Jakob Friedrich [Praes.], s. H a g e - m e i s t e r , Johann Albert: De dominio ex contractu doloso non translato.

Ludwig, Jakob Friedrich [Praes.], s. H a g e r , Friedrich Paul: De capitulationibus bellicis.

Ludwig, Jakob Friedrich [Praes.], s. H a k e , Christian Heinrich: De jure retentionis ex diversa etiam causa competente.

— peinl. Halsgerichtsordnung Carls V. 4. Ebend. 726.

Ludwig, Jakob Friedrich [Praes.], s. H a m i l t o n , Jakob Immanuel: De deditione personarum noxiarum.

Ludwig, Jakob Friedrich [Praes.], s. H a m m e r , Adolph Levin: De natura et interpretatione sponsionum.

Ludwig, Jakob Friedrich [Praes.], s. H a n e w a l d , Johann Jac.: De jure carnificum in bona propricidarum et quae circa eos reperiuntur.

Ludwig, Jakob Friedrich [Praes.], s. J a c o b i , Andreas Dieterich: De judicio fortunae.

Ludwig, Jakob Friedrich [Praes.], s. I t t e r , Georg Martin: De notario testes examinante.

Ludovici, Jac. Friedrich: De i u r e carnificum in bona propricidarum et quae circa eos reperiuntur. [Resp.:] Johannes Jacobus Hanewald. Halae [1702]. 28 S. an Av 130
Halle, Jur. Diss. v. 1702.

— Commentar über Kais. Carls V. peinliche Halsgerichts-Ordn. 4. Halle, Renger. 716.

Ludwig, Jakob Friedrich [Praes.], s. K r e ß , Christian Gottlob: De genuino intellectu brocardici vulgaris: omne juramentum servandum esse, quod salva salute aeterna servari potest.

Ludovici, Jac. Fr.: Kriegs-Process. 10. Aufl. *Halle*, Buchh. d. Waisenh. (714) 771. 4. (6 Gr.)

. Ludovici, Jac. F.: Criminal-Process. *Halle*, Waisenh. B. (1—2e A. 707—750.) 13e A. 770. 4. (6 Gr.)

Ludwig, Jakob Friedrich [Praes.], s. K r i m p f f , Christian: De actuarii praesentia in actu testandi.

Ludwig, Jakob Friedrich [Praes.], s. K ü n e r , Johannes Christoph: De creditore ad fidem habendam inducto.

L u d o v i c i, Jac. Friedrich: „Das sächsische Lehn-Recht, in der altteutschen, lateinischen und letzo gebräuchlichen hochteutschen Sprache, nebst nöthigen Auszügen aus der Glosse . . . wie auch einer Vorrede herausgegeben", Halle 1721. — Vorh.: Bibl. des Oberlandesgerichts Celle — Mb. 50.

— sächs. Lehnrecht. 4. Halle, Waisenh. 761.

Ludwig, Jakob Friedrich [Praes.], s. L e y s s n e r , Christian: De grammatica mala.

Ludwig, Jakob Friedrich [Praes.], s. L o e s e r , Tham.: De solennibus juramentorum Von denen bey Ablegung der Eyde gebräuchlichen Solennitäten.

Ludwig, Jakob Friedrich [Praes.], s. L u p i n , Eitel Friedrich: Diss. jur. quam de quaest. an species deroget generi?

Ludwig, Jakob Friedrich [Praes.], s. M e v e s , Johann Ernst: De limitibus defensionis in bello defensivo.

Ludwig, Jakob Friedrich [Praes.], s. M e y e r , Christian Friedrich: Problema jurid. an et quatenus adfectus humani in foro considerentur.

Ludwig, Jakob Friedrich [Praes.], s. M u m m , Bernhard Johann von: De facto tutorum a pupillis non praestando.

Ludovici, Jac. Frid.: De n a t u r a litiscontestationis Romanae ac Germanicae. Progr. (Halle 1702.)

Ludwig, Jakob Friedrich [Praes.], s. N i t z , Johann: De duobus circa idem factum concurrentibus.

Ludwig, Jakob Friedrich [Praes.], s. N i t z , Immanuel: De intercessione innocentum.

Ludovicus, Jac. Fr., Opp. omnia. Lps. 8°.

1712

Ludwig, Jakob Friedrich [Praes.], s. P f l u g k , Georg Karl: Theses de definitione et divisione feudi.

Ludwig, Jakob Friedrich [Praes.], s. P f l u g k , Georg Karl: Theses de effectibus ex dominio directo profluentibus.

— — De praescriptione et successione feudali. [Halle] (Chr. Andr., Zeitler) 15. VII. 1701. 16 S. (2.80) 21735

— — (Treptow/Pommern), **De praesumptione bonitatis.** Präs. Chr. Thomasius. Halle (Salfeld) 11. IV. 1700 (1724). 40 S. (4.—) 21733
Widm. v.: Chr. Thomasius.

— — **De principio juris naturae.** Halle (J. J. Schütz) (J. J. Krebs typ. ac.) (2. X. 1703). 24 S. (4.—) 21736

Ludwig, Jakob Friedrich [Praes.], s. R ö s i n g, Gerhard: De juramento compensationem non excludente.

Ludwig, Jakob Friedrich [Praes.], s. R u d l o f f, Johann Heinrich: De involucro, Vom Couvert oder Umschlage bey Testamenten und andern Briefschaften.

Ludovici, Jac. Fried.: S a c h s e n - S p i e g e l, oder das Sächsische Land-Recht, in der Altdeutschen, Lateinischen und ietzo gebräuchlichen Hoch-Teutschen Sprache, nebst nöthigen Auszügen aus der Glosse u. Gegeneinanderhaltung der Zobelischen und Loßischen hochteutschen edition, wie auch e. Vorr. Halle 1720.
– Neue Aufl. 1750.

— Sachsenspiegel oder Landrecht. 4. Halle 750. Waisenhaus B. 20 ℛ

Ludwig, Jakob Friedrich [Praes.], s. S c h l i t t e, Johann Gerhard: De probabilitate ejusque effectu.

Ludwig, Jakob Friedrich [Praes.], s. S c h o t t, Johann Martin: De hypotheca tacita fisci propter debita ex delicto.

Ludwig, Jakob Friedrich [Praes.], s. S c h ü z, Johann Sigmund: De effectu poenitentiae, et in civilibus et in criminalibus causis.

— — **De scopo et utilitate disputationum.** [Halle] (Andr. Zeitler) (20. III. 1701). (4.—) 21734

Ludwig, Jakob Friedrich [Praes.], s. S e e f e l d, Johann Jakob: De praescriptione nonagenaria.

Ludwig, Jakob Friedrich [Praes.], s. S e g m e h l, Ferdinand Leopold: De eo, qui post litem contestatam bona immobilia possidere desiit.

Ludwig, Jakob Friedrich [Praes.], s. T r e k e l l, Johann Christian: De anticipatione in foro, praesertim Saxonico.

Ludovici, Jac. Fr.: Usus pract. distinctt. juridicar. juxta ord. Digg. adornatus. P. I — III. *Hal.* (703. Ed. III. 717.) Ed. IV. Recens. et locuplet. a F. Gerh. Schlitt. 726. 8.

Ludovici, Jac. Frid.: Usus practicus distinctionum jur. iuxta seriem Digestorum adornatus. Rec., ill. et locupletatus a Jo. Ger. Schlittio. Ed. 4. P. (1)—3. Halae Magdeb. 1726.

— Ed. 5. 1735.
[Zwischentit.:] **Wissenbachius**, Joh. Jac.: Emblemata Triboniani, sive leges a Triboniano interpolatae, et ad novi iuris rationem inflexae, rev. a Jac. Frid. Ludovici.

—usus practicus distinctionum jurid. 8. Halle ... Ed. VIII. ibid. 10 ℛ

Ludovici, Jac. F., usus pract. distinctionum iuridicar. iuxta seriem digestorum adorn. recens. illustr. a. I. Gerh. Schlittio. 8. Halae, Waisenh. 755.

Ludovici, Jac. Fr.: Sächsisches Weichbild in latein. u. hochteutscher Sprache — aus alten Codicibus — mit Auszügen aus der Glosse — u. einer Vorrede v. d. Historie des Weichbildes. *Halle.* 721. 4.

Ludwig, Jakob Friedrich [Praes.], s. W e i n h a g e n, Dietrich Friedrich Ludolph: De effectu baptismi juridico.

Ludwig, Jakob Friedrich [Praes.], s. W e i n h a g e n, Dietrich Friedrich Ludolph: De successione conjugis deserentis.

Ludwig, Jakob Friedrich [Praes.], s. W e i s e, Georg Christoph: De jure et jurisprudentia domestica.

Ludwig, Jakob Friedrich [Praes.], s. W i t t e, Heinrich: Theses de effectibus ex dominio utili provenientibus.

Ludwig, Joh., der Flieg'nsteckerl-Anstreicher, s.: Kammerlander, C., Amor, Humor, Rumor.

Ludwig, Johann: F r a g m e n t e aus dem häuslichen Leben des Bürgers Klugmann und des Landmanns Fröhlich. Oder: über die Glückseligkeit des Bürgers und Landmanns. Ein unterhaltsames Lesebuch in den Winter-Abenden. Von einem Freund der Bürger- und Landleute (= Johann Ludwig). Nürnberg 1799.

Ludwig, Joh. Zwei Gedächtnisspredigten auf den Tod Josephs II. 8. Ulm 1790.

Ludwig, Jh. Adam Jak., († 1782.) Abhandl. v. Erdäpfeln. gr. 8. Bern 770. Typogr. Soc. 10 ℛ

— Gedanken üb. die großen Orgeln, die aber deswegen keine Wunderwerke sind. 4. Hof u. Leipz. 762.

Ludwig, J o h a n n B a p t. Alphabetischer Auszug aus dem für alle Erblanden mit 1.ten Jänner 1803 in Wirksamkeit gesezten k. k. Stempelpatente. Klgft., v. Kleinmayer & Kümel, 1803. 187 S.

Ludwig, Johann Chr., s. L u d w i g, Johann Christoph.

Ludwig, Joh. Christ. (von Nordhausen), Centuria aenigmatum selectorum, d. i. auserlesene Räthsel, nebst Auflösungen. 2 Thle. Franckf. 1749. 8°. (3 Mk., Hprgt., Th. Ackermann, München, 1913.)

Ludewig, Johann Christian, Omina caute observanda, d. i. Anzeigungen oder Vorbedeutungen 2c. in 200 Historien abgefasset. Nordh. 747. 8.

Ludwig, J. Chr., omnia caute observanda oder Anzeigungen und Vorbedeutungen sowohl des herannahenden Todes, als auch das Glücks und Unglücks durch Träume und Gesichte sich geäußert, in 200 Historien. Eisenach 749. 8.

— **Joh. Christian** (Liegnitz), **Diss. med. de vulnerum residuo.** Lpz. (Langenheim) 2. IV. 1757. 32 S. (4.—) 21768
Gew.: Chr. Andr. Cothe, Carl Friedr. Ludolph, Joh. Heinr. Bounness.

Ludwig, Johann Christoph

— Anzeigen u. Vorbedeutungen eines herannahenden Todes. 8. Eisenach ... Bärecke. 3 gl.

— Anzeigen u. Vorbedeutungen eines herannahenden Todes. 8. Ebend. 749.

Ludwig, Jh. Cph., († ...) der an seinem Geburts- u. Tauftage andächtige Christ. 8. Nordhaus. 756.

Ludewig, J. C., Fragen a. die Autoren. 8. Nordhausen, Kaiser. 718.

— 200 Historien von Anzeigungen des Todes. 8. Eisenach, Griesbach. (Wittekind). 749.

Ludwig, Joh. Chrstph., der erfurter Levkoyen-Züchter. 16. (4 B.) Erfurt 844, Hennings u. Hopf.

Ludwig, Joh. Christph., d. Erfurter Levkoyen-Züchter. 16. Erfurt, 1844. (Leipzig, Lehmann.) — 10

— histor. Nachrichten v. d. evangel. Kirche im Altendorfe zu Nordhausen. 8. Nordhaus. 759.

— auserlesene Räthsel, 3 Bdchen. 8. Eisennach 748—50. (Bärecke). 14 gl.

— auserlesene Räthsel. 3 Bdchn. 8. Eisenach, Wittekind. 748-50.

— s. C. F. Schmersahl, Lebensbeschreibung.

— s. Stunden, letzte großer Herren.

— der betende u. dankende Sulamith, gläubige Unterredungen mit Gott ꝛc. 8. Wernigerode 770.

— s. Sulamith, d. seufzende.

Ludwig, Jh. Chr., († ...) histor. Untersuchung der ehemaligen Kampf-, Renn- u. Ritterspiele. 8. Eisennach 750. Griesbach. 4 gl.

Ludwig, J. Chr., Vorbedeutungen des Todes als auch eines Glückes durch Träume, Stimmen ꝛc. in 200 Historien. Eisenach. 8°.

1747

— s. Vorbereitungsstunden, selige.

— biblischer Wegweiser, herausg. v. Jh. Cph. Ludwig. 8. Nordhaus. 753. Groß. 12 gl.

— der orthograph. Wegweiser, od. Anweis. z. deutschen Rechtschreibung ꝛc. 8. Nordhaus. 757. Groß. 3 gl.

— nützl. Zeitvertreib. 8. Ebend. 725.

Ludwig, Jh. Eman., s. Crétineau-Joly, J., Geschichte d. Jesuiten.

Ludwig, Jh. Fr., († d. 17. Jan. 1800.) neueste Nachrr. v. Surinam, als Handbuch f. Reisende, herausg u. mit Anmerkk. versehen J. Ph. Fr. Binder. 8. Jena 789. 2e A. 798. (Henninge in Neiße). (a. Ettinger in Gotha). 18 gl.

Ludwig, Joh. Kaspar, Centuria aenigmatum selectorum d. i. Hundert ausserlesene Räthsel. 1—3. Hundert. Frankfurt u. Leipzig 1729—50. 8.

Ludwig, Jh. Mart., üb. einige wichtige Fehler auf latein. Schulen u. deren Verbess. gr. 8. Erlang. 776. Heyder. 2 gl.

Ludwig, Johann Melchior

Ludwig, J. M., das Oberengadin in seinem Einfluss auf Gesundheit und Leben. Gekrönte Preisschrift. gr. 8. (VII, 143 S.) Stuttgart 877, Enke. *

Ludwig, J[ohann] M[elchior]. Pontresina and its Neighbourhood. With a Map. First English Ed. 8. London, Leipsic 1876.

Ludwig, J. M. (M. D. resident physicien at Pontresina). Pontresina and its neighbourhood. Fourth (second english) edition. In-12°, 148 p. With a map. Chur, Kellenberger. 1879. bound 4 —

— Pontresina und seine nächste Umgebung. 16. (VIII, 48 S. mit 1 lithogr. Karte in qu. 4.) Leipzig 875, Engelmann.

Ludwig, J. M. (Dr. u. Arzt in Pontresina). Pontresina und seine Umgebung. 2. verb. Aufl. 16°, 106 S. Mit 1 Karte. Leipzig, Engelmann. (Chur, Jost & Albin.) 1878. cart. 3 55

— Pontresina und seine Umgebung. 2. vollständig umgearb. Aufl. 16. (VIII, 106 S. mit 1 chromolithogr. Karte in Imp.-Fol.) Chur 878, Kellenberger'sche Buchh. cart. *

Ludwig, J. M., Pontresina und seine Umgebung. 5. [3. deutsche] Aufl. 16. (VII, 139 S. mit 1 chromolithogr. Karte.) Chur 881, Hitz'sche Buchh. cart. *

Ludwig, J. M., Pontresina und seine Umgebung. 7. [4. deutsche] Aufl. 12. (VII, 146 S. mit 1 Karte.) Samaden 886. (Chur, Rich.) cart. **
Die 6. [3. engl.] Aufl. erschien 1883. *M 3.50.

Ludwig, Johann Peter, s. Ludewig.

Ludwig, Jh. Sam., († d. 8. Juni 1798.) der Bürgerfreund, ein Lesebuch für Kinder in Bürgerschulen. 8. Berl. 787. 6e Aufl. umgearb. u. verm. v. F. P. Wilmsen. 8. Ebd. 826. Reimer. 6 gl.

— Geschichten u. Gespräche, für Kinder zur Beförderung guter Sitten, nützlicher Erkenntniß u. ächter Gesinnungen. 8. Berl. 788. (Sander). 5 gl.

— offener Brief enth. Pred. Lorenz, die Recepte wider die Langeweile in Schulen betreff. 8. Leipz. 790.

— **Joh. Theoph.** (Gerbstädt/Mansfeld), Diss. med. de exostosibus. Präs. Joh. Juncker. Halle (Joh. Chr. Hilliger) Dez. 1756. (5.—) 2177'2
Widm. v.: Erdm. Martin Ludwig, Ehrenfr. Aug. Ludwig.

LUDWIG, Johann Valentin (Nürnberg): De dysenteria.- Monachii: Giesser 1835. 15 S. 15.8.1828 - Urk: F 59

Diss. Ingolst.-Landsh.-Mchn.

Ludwig, Joan. Gul. Car.: Theses medicae. Berolini (1815). (2 Bl.) 8°
Berlin, Med. Thes. v. 7. Aug. 1815

Ludwig, Johannes, († d. 26. Sept. 1801.) prakt. Bearbeit. der festtäglichen Evangelien, od. Erläuterungen u. Entwürfe über dieselben. gr. 8. Leipz. 782. Graffé. 18 gr.

Ludwig, Johannes, s.a. Ehestandsbegebenheiten.

EHESTANDS-BEGEBENHEITEN. Fortsezung (!) der Jugend-Geschichte Zweyer Liebenden. Eine Lektür (sol) für erwachsene Mädchen und Jünglinge; auch für Land-Geistliche (von *Johannes Ludwig*) Kempten und Leipzig, typogr. Gesellsch., 1786. 8°. (2 Mk. 50 Pfg. L. Rosenthal, 1907.)
In Briefen. XVI u. 464 S. Zahm. Die Vorrede ist nicht zu übersehen, da der Vf. eine Selbstkritik an seinem früheren Roman übt. Letzterer (Jugendgeschichte Albrecht's und Susannen's) erschien im selben Jahre, nicht lange vorher. — Kayser hat die unrichtige Jahrz. „1787".

— s. Erklärung d. Sonn- u. Festtags-Evangel.

— s. Erzählungen aus d. Bibel.

— s. Fragmente aus d. Leben d. Bürgers Klugmann.

— s. Freudenreichs rc. Jugendjahre.

— Gebete u. Betracht. für schwangere Frauen. 8. Nürnb. 799. Bauer u. Raspe. 16 gr.

— zwei Gedächtnißpredigten auf d. Tod Joseph II. 8. Ulm 790.

— gute Gedanken u. Betracht. üb. gewöhnl. u. besondere Vorfälle u. Wahrnehmungen im Hausstande. 8. Kempten 787. Dannheimer. 14 gr.

— s. Geschichte Tobias Beiels.

s.a. Gustav u. Karoline.

GUSTAV und Karoline, oder die Wege der göttlichen Vorsehung in der Lebensgeschichte eines Landgeistlichen und seiner Gattin. Ein Buch zum nützlichen Zeitvertreib und zur Erbauung. (Zahmer Roman von *Johannes Ludwig*.) Mit Titelkpf. Nürnberg, Raspe, 1800. 8°.
430 S. (incl. Tit. u. 7 Bl. Vorr.), nebst 1 Bl. Errata. — Anon.-Lex. II. p. 248 (nach Kayser u. Adelung). Meusel hat „1801". (?)

s.a. Jugendgeschichte zweier Liebenden.

JUGENDGESCHICHTE zweyer Liebenden zur Beherzigung junger Leute (von *Johannes Ludwig*). Mit Kupf. Kempten. Typographie, 1786. 8°. (1 Rthl.)
Anon.-Lex. II. p. 344 (nach Meusel). Kayser hat „1786 —87".

— — Eine Fortsetzg. erschien titulo: Ehestands-Begebenheiten. Ebd. 1786. 8°. 464 S.
Freien Inhalts. Selten!

Ludwig, Johannes, a. Sehlem ⟨Reg.-Bez. Trier⟩: Lautlehre der moselfränkischen Mundart von Sehlem ⟨Reg.-Bez. Trier⟩. Bonn 1906: P. Hauptmann. (53 S.) 8°
Freiburg i. B., Phil. Fak., Ref. Kluge, Diss. v. 12. März 1906
[Geb. 28. Sept. 75 Sehlem; Wohnort: Trier; Staatsangeh.: Preußen; Vorbildung: Gymn. Prüm Reife O. 97; Studium: Freiburg i. B. 3, Bonn 2 S.; Rig. 20. Jan. 06.]

— Lieder u. Gedichte für Freunde d. Natur u. häusl. Glückseligkeit. 8. Hildburgh. 802. (Leipz., Cr. Fleischer). 20 gr.

— über die Pflicht, Gott in d. Natur aufzusuchen, als e. allgem. Menschen- u. Christenpflicht. 8. Altenb. 799. Schnuphase. 12 gr.

Ludwig, Ioannes, Wurzensis: Quae fuerit vocis ἀρετή vis ac natura ante Demosthenis exitum. Lipsiae 1906: Borna, R. Noske. (52 S.) 8°
Leipzig, Phil. Fak., Ref. Lipsius-Marx, Diss. v. 18. Sept. 1906
[Geb. 15. März 84 Wurzen; Wohnort: Wurzen; Staatsangeh.: Sachsen; Vorbildung: Gymn. Wurzen Reife O. 02; Studium: Leipzig 8 S.; Rig. 29. Mai 06.]

Ludwig, Johannes (*geb. Wüstegiersdorf in Schles. 22. 6. 1832*): De venaesectione in pneumonia quaedam. Vratislaviae (1858). (30 S.) 8°
Breslau, Med. Diss. v. 13. Nov. 1858

— s. Unterhaltungen f. Religionsfreunde.

— s. Verfall d. Christenthums.

— Johs. Michael (Nürnberg), De praeiudiciis practicis christianismo noxiis. Präs. Johs. Wilh. Baier. Altdorf (J. W. Kohl) Jan. 1717. 78 S. (5.—) 21771

Ludwig, Jos., s.: Kalender f. Schüler an gewerblichen Lehranstalten.

Ludwig, Josef, s. Liederstrauß, Wiener.

Ludwig, Jos. (Jos. L. Haase), Mir od. mich? Dramatisch. Scherz in 3 Vorgängen. gr. 8. (40 S.) Wien 902. A. Pichler's Wwe. & Sohn. n. — 80

Ludwig, Jos., moderne Motive f. Schmuckwaaren, s.: Raab, K.

Ludwig, Jos., die Wiener Salon-Kegelbahn („Winterbahn"). deren Herstellung und das Kegelspiel. gr. 8. (44 S. mit eingedr. Holzschn., 1 Holzschntaf. in 4. und 12 Illustr. in Holzschn.) Wien 867, Dirnböck's Buchh.

— ein Tag aus dem Leben zweier Studenten od. Die unverhoffte Erbschaft, s.: Dilettantenbühne, kathol.

Ludwig, Josef, Stabsveterinär im 2. Grossherzoglich Mecklenburgischen Dragonerregiment Nr. 18 (bisher Oberveterinär im Niederschlesischen Trainbataillon Nr. 5): Aus dem Königlichen hygienischen Institut in Posen. (Direktor: Medizinalrat Professor Dr. E. Wernicke.) Tierexperimentelle Untersuchungen über Druse mit besonderer Berücksichtigung der Immunisierung von Kaninchen. Stuttgart 1906. II + 34 S. 8°. S.-A. a. Monatshefte f. prakt. Tierheilkunde Bd. 17. [7. VII. 05.]
Bern. Vet.-med. Diss. 1905/1906.

Ludwig, Josef. Tierexperimentelle Untersuchungen über Druse, mit besonderer Berücksichtigung der Immunisierung von Kaninchen. Diss. Vet.-Med. Bern. Sonderabdruck aus «Monatshefte für praktische Tierheilkunde». Band 17. *Kopftitel:* Aus dem Königlichen hygienischen Institut in Posen. ⟨Direktor: ... Professor Dr. E[rich] Wernicke.⟩ II + 33 S. 8. Stuttgart, Union Deutsche Verlagsgesellschaft, 1906.

Ludwig, Julie, Blumen am Wege. Fünf Erzählgn. f. Mädchen. Mit 4 Farbdr.-Bildern v. A. Zick. 8. (III, 147 S.) Stuttgart 891. F. Loewe. Geb. in Leinw. 3. —

Ludwig, Julie, Blumen am Wege. 5 Erzählgn. f. Mädchen. M. 4 Farbdr.-Bild. v. A. Zick. 3. Aufl. gr. 8. (III, 147 S.) Stuttgart 897. F. Loewe. Geb. in Leinw. 3. —

Ludwig, Julie, im Frühlicht. Von junger Herzen Freud und Leid. Märchen und Erzählungen. 8. (III, 292 S. mit 6 Bildern in Farbendr. von Herm. Vogel.) Stuttgart 887, Gebr. Kröner. geb.

—— mein Großoheim und andere Erzählungen, s. Collection Spemann.

—— Im kühlen Grund u. andere Geschichten. 8. (236 S.) Minden i. W. 890, Bruns. * 2 50; geb. * 3 50

—— Schloß Heimburg, s. Universal-Bibliothek für die Jugend.

Ludwig, Julie, aus goldner Zeit. Erzählungen für die Jugend. Mit 6 Bildern in Farbendr. nach Auguste Ludwig. 8. (272 S.) Stuttgart 884, Kröner. geb.

Ludwig, Julie, aus goldener Zeit. 8 Erzählgn. f. d. Jugend. Mit 4 Bildern in Farbendr. v. Ernst Zimmer. (Julie Ludwigs Jugendnovellen.) 2. Aufl. 8. (III, 212 S.) Stuttgart (901). Union. Geb. in Leinw. n. 2. —

Aus goldner Zeit. 8 Erzählungen f. d. Jugend von Julie **Ludwig**. Mit 4 Bildern von Ernst Zimmer. 4. Aufl. *Stuttgart, Berlin, Leipzig: Union [1901]*. (212 S.) 8° [J.]
(Julie Ludwigs Jugendnovellen) [01. 1303]

Ludwig, Julius, s. Ludewig, Julius.

Ludwig, K., rechnerische u. logarithmische Tafel. I. zur Reduktion des oberen bzw. unteren Heizwertes v. Gasen bei t° C. u. b mm Barometerstand auf 0° bezw. 15° u. 760 mm, II. zur Reduktion beliebiger Gasvolumina bei t° C. u. b mm Barometerstand auf 0° bezw. 15° u. 760 mm. (Umschlag: Reduktions-Tabelle f. Heizwert u. Volumen v. Gasen.) (8 S.) 8. München (911). R. Oldenbourg. 1.20

Ludwig, K., wen sollen wir wählen? Ein vaterländ. Mahnwort. 8. (19 S.) Emmendingen 893. (A. Dölter.) n. — 40

Ludwig, K. Fr., wie verschaffe ich mir ein Darlehn ohne Sicherheit, sowie auf Bürgschaft, durch Wechsel, durch Teilhaberschaft u. dergleichen, nebst e. Anh.: Wie vermeidet man e. Konkurs? Ein Ratgeber. (64 S.) gr. 8. Pößneck (903). H. Schneider Nachf. 2. —

— dasselbe, s.a. Im Kampf ums Dasein! 1. Bd.

Ludwig, K. Frz., Wasserseege, Wasserkrahnen, Wasseruhr, nebst Beschreib. von venetian. Brunnen, z. Nachahmung in d. Bergvestungen. Mit 3 Kpfr. gr. 8. Mainz 797. (Streng in Frankf. a. M.) 16 K

Ludwig, K. J., der Kirchenfriede und dessen dauerhafte Begründung. gr. 8. Düsseldorf 842, Schaub. (Leipzig, O. Klemm.) 1/12 ℔

Ludwig Karl: Der bildliche Ausdruck bei Wolfram von Eschenbach. (31). Mies 90. (Vgl. auch d. Progr. v. 89).
Progr.

Ludwig Dr. Karl: Der Bacher und Possruck. 38. Olmütz R. 96.
Progr.

LUDWIG, Karl: Ein Beitrag zur Geographie des Bacher und Possruck. — 1893. 71 Bl., 2 Taf. Diss. Graz, Univ.

Ludwig, Carl, s. Beiträge zur Physiologie. Carl Ludwig zu seiner 50 jährigen Doctor-Jubelfeier.

Ludwig Karl: Einige Bemerkungen zur stilistischen Verwertung unserer Anschauungsmittel. (Mit 2 Plänen). 20. Wien XIX. 04.
Progr.

— Das mittelalterliche Bregenz. Hist. Stud. 29. ibd. 00
Progr.

Ludwig, Karl, das keltische u. römische Brigantium. Eine geschichtl. Studie. Progr. gr. 8. (XXVIII S.) Bregenz (899). J. N. Teutsch. — 60

LUDWIG, CARL. Ueber einige stickstoffhaltige Derivate des Phenolis. Tübingen, 1867.

Ludwig, Carl, drei Fragen über Gesangunterricht in Volksschulen beantwortet. 8. (3 B.) Heiligenstadt 841, Delion.

Ludwig, Carl, die drei Freunde oder der König rief, und Alle, Alle kamen! Eine Erzählung aus dem Freiheitskriege von 1813—1815. Für die Jugend. 16. (71 S. mit 1 Holzschntaf.) Berlin 863, Frank. cart. *

Ludwig, Karl, die Gegenreformation in Karlsbad. Nach d. Quellen dargest. Progr. gr. 8. (48 S.) Prag 897. H. Dominicus. n. 1. —

Ludwig, Karl, Grundzüge der Handels- u. Verkehrsgeographie (allgemeine Wirtschaftsgeographie). 2. Aufl. (V, 493 S. m. 123 Abb.) gr. 8. Wien 910. A. Pichler's Wwe. & Sohn. Geb. in Leinw. 6. —

Ludwig, Carl, der neue Hamlet. Poesie u. Prosa aus den Papieren e. verstorbenen Pessimisten. 8. (XV, 196 S.) Zürich 885. Verlags-Magazin. n. 3. —

Ludwig, C., der neue Hamlet, neue Ausg., s.: Büchner, L.

Ludwig, Karl: Heimatskarte der deutschen Literatur. Für Schulzwecke entw. u. gez. von Prof. – . Wien: G. Freytag & Berndt [1903]. (6 Kartenbl., 2 je 61x58, 2 je 61x82, 65x58, 65x82 cm.) quer-gr. 2° [kol.]

Heimatskarte der deutschen Literatur mit Orts- u. Namenverzeichnis. Für Schulzwecke entworfen von Prof. Karl **Ludwig**. Taschen-Ausg. (Masst. 1:4.000.000.) [Mit 2 Nebenkarten.] Wien: G. Freytag & Berndt 1906. (1 Kartenbl. 32×28 cm, 21 S.) 8° [lith.] [kol.] [07. 4337

Ludwig, Carl (II.), ein Hochsommer. Erlebnisse fünf wackrer Brüder in dem J. 1866. Für die deutsche Jugend erzählt. 2. Aufl. Mit 4 (lithogr.) Bildern in Buntdr. nach Orig.-Zeichnungen von W. Schäfer. br. 8. (160 S.) Neu-Ruppin [Leipzig] 869, Oehmigke's Verlag. cart. *

—— ein preußischer Hoch-Sommer oder fünf wackre Brüder. Eine patriot. Erzählung aus dem Kriege Preußens gegen Oestreich und dessen Bundesgenossen im J. 1866. Für die deutsche Jugend. br. 8. (160 S. mit 8 Stnt. in Tondr.) Neu-Ruppin 877, Oehmigke. * 17½ Ngr.; cart.

Ludwig, Carl, Jägerlieder, nach Text u. Melodie sorgfält. ausgew., m. Illustr. vers. u. sonst noch Einiges, was d. Weidmann nicht vergrämt. 8. (82 S.) Neuwied 898. (Heuser's Verl.) n. — 50

Ludwig, Karl, Hans Katzianer, d. Türkenheld. Histor. Erzählg. f. d. reif. Jugend. u. deren Freunde aus den Tagen d. ersten Türkenbelagerg. Wiens (1529). gr. 8. (V, 348 S.) Innsbruck 896. Wagner. n. 2. 40; kart. n. 3. 20

— der Kindergarten und Alles was da lebt und webt. 50 kleine Erzählungen über Thiere und Pflanzen, für Kinder bis zum 8. Jahre. br. 8. (244 S. mit 9 lithogr. und ill. Bildern.) Berlin 867, Winckelmann und Söhne. cart. —

— der Krieg zwischen Deutschland und Frankreich im J. 1870 und 1871. Eine wahrheitsgetreue Erzählung und Schilderung für die Jugend und das Volk. 8. (602 S. mit 8 Tonbildern und eingedr. Plänen.) Berlin 871, Winckelmann und Söhne. [Hamburg. Rudolphi.] cart. (ℳ 5,50.) *

Ludwig, Karl, die Kuenringer. Eine Erzählg. aus Österreichs vergangenen Tagen f. die reifere Jugend u. deren Freunde. gr. 8. (IV, 319 S.) Innsbruck 894. Wagner. n. 2. 40

Ludwig, Karl, kurzer Lehrgang d. hebräisch. Sprache. Ein Elementarbuch. 2., durch e. Übungsbuch verm. Aufl. der Schulregeln der hebr. Grammatik. gr. 8. (VI, 129 S.) Giessen 899. J. Ricker. Geb. in Leinw. n. 3. —

Ludwig, K.: Peter der Große in Karlsbad 1711 und 1712. Programm Gymnasium Karlsbad 1904. 1481

Ludwig, K Carolus [Gothanus]: Pluti Aristophaneae utram recensionem veteres grammatici dixerint priorem . . . (Aus: Dissertationes Ienenses IV.) Lipsiae, typ. B. G. Teubneri, 1888; 2 Bl. + S. 63—102. 8°
Jena, Phil. Fak., Inaug.-Diss. v. 1888

Ludwig, Karl, Prüfungs-Aufgaben aus d. allgem. Mathematik u. deren Auflösgn. Zusammengest., gelöst u. hrsg. gr. 8. (119 S. m. Fig.) Leipa 898. J. Künstner, Verl. Kart. n. 2. 60

Ludwig, Karl, Dr.: De Psalmis delectis emendatius ac metrice edendis. Gotha 1907: Engelhard-Reyher. (13 S.) 4°
Gotha, herz. G Ernestinum OP 1907 (879)

Ludwig, Karl, de psalmis delectis emendatius ac metrice edendis. Progr. (13 S.) Lex. 8. Gotha 907. (Leipzig, Buchh. G. Fock.) 1. —

Ludwig, Karl, neues Recht. Scherzhafter Ernst aus dem bürgerl. Gesetzbuch. gr. 8. (VII, 128 S.) Neuwied 903. Heuser's Verl. n. 1. 80

Ludwig, Karl, 30 Reden u. Trink-Sprüche zu Kaisers Geburtstag, nebst e. Anh.: Prolog zu Kaisers Geburtstag. 4. Aufl. (III, 73 S.) gr. 8. Neuwied (904). L. Heuser Wwe. & Co. n. 1. 20

Ludwig, Karl, 10 Reden zu Kaisers Geburtstag nebst e. Anh.: Vaterländische Gedenktage. 8. (59 S.) Neuwied 894. Heuser's Verl. n. — 80

Ludwig, Karl, 10 Reden zu Kaisers Geburtstag, nebst e. Anh.: Vaterländ. Gedenktage. 2. [Titel-] Aufl. 8. (59 S.) Neuwied (894) 896. L. Heuser. n. — 80

Ludwig, Karl, 20 Reden u. Trinksprüche zu Kaisers Geburtstag, nebst e. Anh.: Prolog zu Kaisers Geburtstag. 3. Aufl. 8. (79 S.) Neuwied (899). Heuser's Verl. n. 1. —

— Preußens Schilderhebung für die Freiheit und Einheit Deutschlands im J. 1866. Schilderungen und Erzählungen aus dem Kriege Preußens gegen Oesterreich und seine Verbündeten. 8. (64 S. mit eingedr. Holzschn. und 1 Holzschntaf.) Neuwied 866, Heuser's Verlag.

Ludwig Karl u. Klement Dr. Karl: Zur Schillerfeier. (17). Wien XIX. 06
Progr.

Ludwig, Karl, d. Schulregeln d. hebräischen Grammatik nach d. Ergebnissen d. neueren Sprachwissenschaft z. Memorieren u. Repetieren. gr. 8. (VI, 77 S.) Giessen 895. J. Ricker. Geb. in Halbleinw. n. 2. —

Ludwig, Carl, vollständiges Schul-Wörterbuch zu Homers Ilias und Odyssee, mit steter Benutzung der besten neuern Quellen bearb. u. mit einem die schwierigern Verbal-Formen enthaltenden Anhange versehen. Quedlinburg 853. Franke. gr. 8 (2 Bl., 170 S.) 25 ngr.

Ludwig, Carl, vollständiges Schul-Wörterbuch zu Homers Ilias und Odyssee, mit steter Benutzung der besten neuern Quellen bearb. mit einem die schwierigen Verbal-Formen enthaltenden Anhange versehen. 8. (IV und 170 S.) Quedlinburg 855, Franke.

Ludwig, Karl: Die beabsichtigte Sukcession Philipp II. in Deutschland.
Phil. Diss., Prag 1889/90

— hebräisches Übungsbuch. Separatausg. f. die Besitzer der 1. Aufl. der Schulregeln der hebr. Grammatik. gr. 8. (III u. S. 78—129.) Ebd. 899. n. 1. —

Ludwig, Karl, praktisches Uebungsbuch f. den deutschen Sprachunterricht in der Volksschule. 1. Heft. gr. 8. (91 S.) Essen 874. Radke. n. — 60

Ludwig, Carl, pract. Arzt aus Marburg: Aus d. Kgl. Universitäts-Poliklinik f. Ohren-, Nasen- u. Halsleiden zu Marburg. Untersuchungen über das Hörvermögen der Taubstummen. *Marburg 1900: C. L. Pfeil.* (13 S.) 8°
Marburg, Med. Diss. v. 1. Dez. 1900

Ludwig, Carl, was muß jeder Vermieter u. Mieter (Verpächter, Pächter) bei Abfassung v. Mietsverträgen nach den Vorschriften des am 1. I. 1900 in Kraft tretenden bürgerl. Gesetzbuches f. das Deutsche Reich wissen? Enth.: die Gesetzesparagraphen f. Miet- u. Pachtverhältnisse nebst vielen anderen damit in Verbindg. steh. Paragraphen u. vielen Erläutergn.; ferner Miet- u. Pachtverträge u. e. Anleitung zur Versteuerung derselben sowie einheitl. Mietsvertrag d. Hausbesitzer-Vereine Deutschlands. gr. 8. (74 S.) Neuwied 900. Heuser's Verl. n. 1. —

Ludwig, Karl, 70 der schönsten Weihnachts-Lieder und Kindergebete. Ausgewählt für Schule und Haus. 8. (48 S.) Neuwied 881, Heuser's Verlag.

— dass. — 2. Aufl. 12. (48 S. mit 2 eingedr. Holzschn.) Ebendas. 882.

Ludwig, K., 70 der schönsten Weihnachts-Lieder u. Kindergebete, nebst 2 schönen Weihnachtsgeschichten. Für die Schule ausgewählt. 10. Tausend. 12. (IV, 48 S. m. 2 Holzschn.) Neuwied 890. Heuser's Verlag. — 60

Ludwig, Karl. 70 der schönsten Weihnachts-Lieder u. Kindergebete, nebst zwei schönen Weihnachtsgeschichten. Für die Schule ausgewählt. 10. Tausend. 12. (IV, 48 S. m. 2 Holzschn.) Neuwied 891, Heuser's Verlag. — 60

— 70 der schönsten Weihnachts-Lieder u. Kindergebete, nebst 2 schönen Weihnachtsgeschichten. Für die Schule ausgewählt. 15. Tausf. 12. (IV, 48 S. m. 2 Bildern.) Ebd. 893. — 25

[F.] 70 der schönsten Weihnachts-Lieder u. Kindergebete nebst zwei schönen Weihnachtsgeschichten. Für d. Schule ausgew. v. Karl Ludwig. 20. Taus. *Neuwied & Leipzig: Heuser [1897].* (2 Bl., 48 S.) 1 Bd 8. [97. 3715

— 70 der schönsten Weihnachts-Lieder u. Kindergebete, nebst zwei schönen Weihnachtsgeschichten. Für die Schule ausgewählt. 20. Tausf. 12. (IV, 48 S. m. Abbildgn.) Ebd. (900). — 50

Ludwig, Carl Friedr. Ernst

— s. Blätter, literar., d. Börsen-Halle.

—— Gebilde d. Phantasie f. Geist u. Herz. gr. 12. (12¼ B.) Hamburg 830, Herold'sche Buchh. Thlr. *

— Geschichte d. letzten 50 Jahre. 1r Thl. A. u. d. T.: Ueberblick d. Geschichte d. Menschheit u. d. verschied. Bildungsstufen ihres Fortschreitens in geistiger u. sittl. Bildung. gr. 8. Altona 832. Hammerich. 1 ₰ 8 gr. 2r Thl. Auch u. d. T.: Gesch. d. französ. Revolution v. d. Berufung d. Notablen bis zum Sturz d. Schreckensregierung, oder d. Tode Robespierre's gr. 8. Ebd. 832. 2 ₰

—— dass. 2. Thl. — A. u. d. T.: Gesch. d. franz. Revolution v. d. Berufung d. Notabeln bis zum Sturz d. Schreckensregierung, od. d. Tode Robespierre's. gr. 8. (33¼ B.) Ebds. 833.

—— dass. 3. Thl. — A. u. d. T.: Gesch. d. Directorial-Regierung, od. Gesch. d. franz. Revolution v. Tode Robespierre's bis z. Rückkunft Bonaparte's aus Aegypten. gr. 8. (21½ B.) Ebds. 833.

—— dass. 4. Thl. — A. u. d. T.: Gesch. d. Consulats, od. Bonaparte als erster Consul d. franz. Republik bis zu seiner Erhebung z. erbl. Kaiser d. Franzosen u. König v. Italien, v. 9. Nov. 1799 (18. Brumaire d. J. VIII.) bis z. 2. Dec. 1804 u. 26. Mai 1805. gr. 8. (23 B.) Ebds. 834.

—— dass. Werk, 4 Thle. od. 9 Lfgn. gr. 8. (103½ B.) Ebds. 834. à Lfg. 12 Gr.

—— Geschichte d. letzten funfzig Jahre. 10. u. 11. (letzte) Lfg. (od. 5. Bd.) — A. u. d. T.: Geschichte d. Kaiserreichs od. Napoleon Bonaparte, als erbl. Kaiser d. Franzosen u. König v. Italien v. 2. Dec. 1804 u. 26. Mai 1805 bis zu seiner Entsagung zu Fontainebleau, d. 11. April 1814. gr. 8. (21 B.) Altona 837, Hammerich. à ½ Thlr.
1—9. Lfg. (od. 1—4. Bd.) Ebendas. 1834. 4 Thlr. 12 Gr.

Ludwig, C. Fr. E., die Hauptstaaten d. alten u. neuen Welt in ihrem jetzigen polit. Zustande u. ihren wechselseitigen Beziehungen. 8. Hamb. 829. P. Hoffmann. 12 gr.

Ludwig, C. F. E., kurze Lebensbeschreibung des jüngst verstorbenen Conrad Daniel Grafen v. Blücher-Altona, Königl. Dänisch. Oberpräsid. u. Geh. Conferenzrath. Aus authentischen Quellen geschöpft. gr. 8. Altona 845, Schlüter. n. ¼ ₰

— s. Miniaturbibliothek der ausländ. Classiker.

—— polit. Rückblick auf d. J. 1838. Nebst Anh. üb. d. ersten fünf Monate d. lauf. Jahres. gr. 8. (8¼ B.) Hamburg 839, Nestler u. Melle.

— **Carl Gottl.** (Leisnig), Quaestio an juramentum de ultima voluntate non mutanda omni careat obligatione. Präs. Chr. Heinr. Breuning. Lpz. (Rumpf) 28. IX. 1772. 8 S. (3.—) 21746

— **Carl Wilh. Ed.** (Poln.-Wartenberg/Schles.), Diss. med. de naturae in vulneribus sanandis actione. Breslau, 23. XI. 1825. 34 S. mit Biogr. (M.: Carol. Krause.) (3.50) 21747
Gew.: Carl Fr. Zimmermann, C. Th. Krause.

Ludwig, Konrad, a. Dröda: Ueber Keratoma palmare et plantare hereditarium. Leipzig 1907: B. Georgi. (22 S.) 8°
Leipzig, Med. Fak., Ref. Hoffmann, Diss. v. 13. Febr. 1907
[Geb. 1. Juli 81 Dröda i. V.; Wohnort: Leipzig; Staatsangeh.: Sachsen; Vorbildung: Nikolai-Gymn. Leipzig Reife M. 01; Studium: Leipzig 11 S.; Coll. 15. Febr. 07; Approb. Wintersem. 06/07.]

Ludwig, Kurt

Ludwig, Curt, Medizinalprakt.: Aus d. Kgl. Frauenklinik zu Dresden. ⟨Direktor: Leopold.⟩ Ein Beitrag zur Casuistik der completen Uterusruptur. Leipzig 1909: Georgi. 39 S. 8°
Leipzig, Med. Diss. v. 20. Jan. 1909, Ref. Zweifel
[Geb. 4. Mai 84 Leipzig; Wohnort: Dresden; Staatsangeh.: Sachsen; Vorbildung: Realgymn. Leipzig Reife O. 03; Studium: Leipzig 9, München 1 S.; Coll. 23. Jan. 09.] [U 09. 2827

Ludwig, Curt, die Gedächtnislehre, s.: Hillger's, Herm., illustr. Volksbücher.

Ludwig, Kurt, a. Berlin: Zur Kenntnis der Thalassicolliden. Berlin 1908: E. Ebering. (87 S.) 8°
Kiel, Phil. Fak., Ref. Brandt, Diss. v. 20. Jan. 1908
[Geb. 3. Juli 83 Berlin; Wohnort: Berlin; Staatsangeh.: Preußen; Vorbildung: Friedrichs-Gymn. Berlin Reife M. 02; Studium: Berlin 5, Kiel 4 S.; Rig. 16. Nov. 07.]

Ludwig, Kurt, aus Berlin: Über Nitro- und Amidoverbindungen des Triphenyl- und Tritolylarsins. *Leipzig 1901: A. Edelmann.* (42 S.) 8°
Rostock, Phil. Diss. v. [18. Juni] 1901

Ludwig, L., Religion & Sittlichkeit. (207 S.) 8. Brackwede 905. Dr. W. Breitenbach n. 3. —

Ludwig, L. Christian [Praes.], s. Eichel, Friedrich Wilhelm: Diss. quae logicae Peripateticae vestigia, in theologorum orthodoxorum scriptis, quantum ad doctrinam de accidente.

Ludwig, L. Christian [Praes.], s. Engelcke, Matthias: Diss. quae logicae Peripateticae vestigia, in theologorum orthodoxorum scriptis, quantum ad doctrinam de accidente.

Ludwig, L. Christian [Praes.], s. Hoffmann, Johann Theodor: Dissertationem quartam, quae logicae peripateticae vestigia, in theologorum orthodoxorum scriptis, quantum ad doctrinam de accidente.

Ludwig L. G.: Das Dünger-Büchlein od. Winke zum Nachdenken üb. die beste Art d. Bereitung, Erhaltung u. Anwendung d. thierischen Düngers. Nebst einem Anh. üb. die Preisfrage: Wie wirkt der Dünger? Gotha 1805. 100 S.

Ludwig, L. G., Düngerbüchlein ꝛc. nebst Anhang über die Preisfrage: Wie wirkt d. beste Dünger? 8. Gotha, Becker. 805.

Ludwig, L. R. Alfr.

Ludwig LRA (und Hulssner), neue Schulhäuser. Eine Sammlung ausgeführter Entwürfe öffentlicher Schulbauten. Serie I. II. (25. 23 T) fol. Stuttgart (1893. 1900)

Ludwig, L. R. Alfr., neue Schulhäuser. II. Serie. Eine Sammlg. ausgeführter Entwürfe öffentl. Schulbauten m. Berücksicht. der Verhältnisse auf dem Lande, in kleinen u. grossen Städten, nebst übersichtlich. Zusammenstellg. der Herstellungskosten. gr. Fol. (23 Taf. m. 10 S. Text.) Stuttgart (900). K. Wittwer. In Mappe n. 20. —

Ludwig, Chrd. Gust., Düngerbüchlein, oder Winke zum Nachdenken über die beste Art d. Bereitung d. Düngers rc., nebst Anh. über die Preisfrage: wie wirkt der beste Dünger? 8. Gotha 805. Becker. 6 gr

Ludwig, M., das heiligste Altars-Sakrament in Predigt-Entwürfen. Mit einem Anhang von Anreden an die Erstkommunikanten. 5 Lfgn. gr. 8. (378 S.) Mainz 878,79, Faber'sche Buchh. à Lfg. * 75 Pf. *

—— die christliche Jungfrau. Entwürfe zu Vorträgen über die Pflichten christl. Jungfrauen für die Kanzel und Jungfrauenvereine. gr. 8. (VIII, 221 S.) Regensburg 888, Verlags-Anstalt.

Ludwig, M., die christliche Mutter. Entwürfe zu Vorträgen über die Pflichten christl. Mütter für die Kanzel und Mütter-Vereine. gr. 8. (XII, 303 S.) Mainz 880, Kirchheim.

Ludwig, M., Stufengang des elementaren Ornamentenzeichnens m. Kolorier- u. Komponierübungen. Eine auf dem Grunde der Leipziger Zeichenmethode steh. Anleitung zum Gebrauch an allgemein bild. Lehranstalten. 72 schwarze u. 12 farb. Taf. nebst e. Texte. gr. 4. (16 S.) Leipzig 887. E. A. Seemann. In Mappe. n. 10. —

Ludwig, M., Zeichenschule. 1. Tl. Zeichenhefte m. Vorzeichngn. f. Volksschulen. Mit Berücksicht. der gesetzl. Bestimmgn. f. den Zeichenunterricht der Volksschulen in den Königreichen Preussen u. Sachsen. 1.—8. Hft. 4. (à 20 S.) Leipzig-Neustadt 899. A. Henze. à n.n. — 15

1. Vorübungen, Rechteck, Quadrat. — 2. Dreieck, Sechseck, Achteck. — 3. Kreis, Rosette, Ellipse. — 4. Blätter u. Blüten, Spiralen. — 5. Blätter, Blüten, Früchte u. Schmetterlinge. — 6. Pflanzenteile, ornamental verwertet. — 7. Gebundenes Zeichnen f. Knaben. — 8. Angewandtes Zeichnen f. Mädchen.

Ludwig, M., die Civilehe. Eine Belehrg. f. kathol. Braut- u. Eheleute. 8. (47 S.) Mainz 885. Frey. n. — 40

Ludwig, Marie Elisab., Jugendglück u. Sonnenschein. Erinnerungen. Mit 4 vierfarb. u. 3 schwarzen Vollbildern, 9 Textbildern u. sonst. Buchschmuck v. Dora Gustav. (VII, 189 S.) 8. Altenburg 907. St. Geibel. Geb. in Leinw. 3. —

Ludwig, Matth., Geschichte d. Herzogth. Kärnthen. 8. Wien 810. ... (Vergl. auch Geschichte.)

LUDWIG, Max (Flammersfeld): Beiträge zur Frühdiagnose der Masern, mit besonderer Berücksichtigung des Blutbildes.- München: Victor 1910. 24 S.
26.11.1910 - Chr 1910/11,23; U 11.5683
Diss. Ingolst.-Landsh.-Mchn.

Ludwig, Max. Die Jünger der Kunst. Ein wohlgemeintes Wort an alle Eltern, deren Söhne Buchdrucker werden wollen. 8. (14 S.) Berleburg 891. (Lpz., Schneider.) — 30

Ludwig, Max, Marianne. Die Geschichte e. Liebe. (243 S.) 8. München 910. A. Langen. 3.—; in Pappbd. 4.—; geb. in Halbfrz. 6. —

Ludwig, Max, s.: Steinhausen, Wilh., die Bergpredigt.

Ludwig, Mh. R., äsop. Fabeln, nach Gedikens Plan bearbeitet. 8. Gött. Dieterich. 789.

Ludwig, R., neuer erfolgreicher Bienenzuchtbetrieb. 8. (62 S.) Leipzig (900). Leipziger Bienenzeitg. n. — 50

Ludwig, R., rentable Entenzucht. Wie halte ich Enten m. größtem Nutzen? Eine ausführl. prakt. Anleitg., insbesondere zur Aufzucht u. Mast v. Jungenten. (40 S. m. 1 Fig.) 8. Leipzig 908. R. Michaelis. — 75

— Futtersaft oder tierische Veranlagung als der Beherrscher u. Ordner geheimnisvoller Vorgänge im Bienenvolke. gr. 8. (56 S.) Ebd. 896. n. — 80

Ludwig, R., die Republik, s. Theater, kleines.

— Winterleger. Wie erzielt man die meisten Wintereier? (40 S. m. 1 Abb.) 8. Ebd. 908. — 75

LUDWIG, NIKOLAUS: Monographie der röm. kath. Kirchen-Gemeinde Gyertyámos 1785-1885. Herausgegeben anläßlich des hundertjährigen Jubiläums der Kirchen-Gemeinde Gyertyámos durch die Gemeindevorstehung. Temesvár (Temeswar) 1885: Csanáder (Tschanader) Diöz.-Buchdruck. 4, 342, 1 S. - 230 mm

Ludwig, Nikolaus Matthias, s. Ludewig.

Ludwig, O., s.: Amts-Kalender f. Gutsvorsteher rc.

Ludwig, O., s.: Amtskalender f. Ortsbehörden im Königr. Sachsen.

Ludwig, O., s.: Amtskalender f. die Verwaltung.

Ludwig, Ottilie, aus dem Waldleben. Bilder aus dem Leben im Forsthause. 2 Thle. 8. (VIII, 360; 319 S.) Halle 884, Hendel. à Thl. * M 3, * geb. à Thl. * M 4. *

Ludwig, Ottilie, aus dem Waldleben. Bilder aus d. Leben im Forsthause. 2. Tl. 2. Aufl. 8. (320 S.) Halle 901. O. Hendel. n. 3. —; geb. in Leinw. n. 4. —

Ludwig, Otto

— Das Annedorle, s.: Schatzgräber, der.

Ludwig, Otto, aus d. Regen in d. Traufe, s.a. Bibliothek d. Gesamtlitteratur d. In- u. Auslandes.

— dasselbe. Das Märchen vom toten Kinde, s.a. Bücherei, deutsche.

— dasselbe, s.a. Meyer's Volksbücher.

Ludwig, O., aus dem Regen in die Traufe, s.a. Novellenschatz, neuer deutscher.

— dasselbe, s.a. Reuter's Bibliothek f. Gabelsberger-Stenographen.

— Aus dem Regen in die Traufe, s.a. Verein f. Verbreitung guter Schriften, Zürich.

— dasselbe, s.a. Volksbibliothek des Lahrer hinkenden Boten.

— dasselbe, s.a. Volksbücher der deutschen Dichter-Gedächtnis-Stiftg.

— aus dem Regen in die Traufe. s.a. Volksbücherei.

[F.] Aus dem Regen in die Traufe. Novelle v. Otto **Ludwig**. *Halle a. d. S.: O. Hendel [1896].* (IV S., 1 Bl., 425—492 S.) 1 Bd 8.
= **Bibliothek** d. Gesamtlitteratur d. In- u. Auslandes. No 922. 96. 5161

— aus dem Regen in die Traufe. Erzählung. Illustr. v. Ernst Liebermann. (Illustrierte Elzevier-Ausgaben.) gr. 16. (200 S.) Leipzig (901). H. Seemann Nachf. Geb. in Ldr. n. 3. —

Aus dem Regen in die Traufe. Erzählung von Otto **Ludwig**. Berlin: Deutsche Bücherei [1904]. (68 S.) 8° [F.]
= **Bücherei**, Deutsche. Bd 15. [1.] 05. 4,15

(F) **Ludwig**, O., Aus dem Regen in die Traufe. Erzählung. [Volksbücherei Nr. 96/97.] 8°. (103 S.) Graz: Styria 1905. K —.40

Ludwig, Otto. Aus dem Regen in die Traufe. Erzählung. 90 [+ *Ablagen-Verzeichnis etc.* 6] S. 8. Zürich, Jacques Bollmann, November 1907. fr. —. 20
Verein für Verbreitung guter Schriften. (Zürich) No. 68. 1907.

— Agnes Bernauer. Volksschauspiel in 5 Aufzügen. Unter Benutzg. ungedruckter Manuskripte f. die Bühne bearb. v. C. Ludwig. 8. (XVI, 60 S.) Köln 900. A. Ahn. n. 1. —

— Dramen. (Hrsg. v. Adf. Stern.) 8. (769 S.) Ebd. 891. n. 6. —; geb. in Leinw n.n. 7. —; in Halbfrz. n.n. 8. 50

— die Emancipation der Domestiken, s.: Hesse's, Max, Volksbücherei.

– Der Erbförster

— dasselbe, s.a. Bibliothek d. Gesamtlitteratur d. In- u. Auslandes.

— dasselbe, hrsg. v. Karl Ludwig, s.a. Dichter, neuere f. die studierende Jugend.

Ludwig, O., der Erbförster, s.a. Haus-Bibliothek.

— dasselbe, s.a. Mehrakter.

— Der Erbförster, s.a. Meisterwerke, die, der deutschen Bühne.

— dasselbe, s.a. Meyer's Volksbücher.

— dasselbe, hrsg. v. Max Gorges, s.a. Schöningh's, Ferd., Textausgaben alter u. neuer Schriftsteller.

— dasselbe, s.a. Universal-Bibliothek.

Ludwig, Otto, [aus Eisfeld], der Erbförster, die Makkabäer und andere dramatische Werke. 2 Thle. in 1 Bd. 8. (288; 272 S.) Berlin 875, Janke.

— dasselbe. 12. (99 S.) Berlin (892). O. Janke. n. — 50; ermäß. Preis — 30

— d. Erbförster. Trauersp. in 5 Aufzgn. (Bill. Ausg.) 12. (111 S.) Leipzig 895. F. W. Grunow. n. — 50; geb. in Damast n. 1. 10

[F.] Der Erbförster. Trauerspiel in 5 Aufz. v. Otto **Ludwig**. *Halle a. d. S.: O. Hendel (1896).* (IV, 80 S.) 1 Bd 8.
= **Bibliothek** d. Gesamtlitteratur d. In- u. Auslandes. No 915. 96. 2080

Ludwig, Otto: Der Erbörster. Trauerspiel in 5 Aufz. von – . Für d. Schulgebr. hrsg. von Franz Kleinsorge, Oberl. Mit e. Bildnis d. Dichters. Münster i. W.: Aschendorff 1904. (164 S.) 8° [F.]
Ausgaben, Aschendorffs, f. d. deutschen Unterricht. [38.]

Der Erbförster. Trauerspiel in 5 Aufz. von Otto **Ludwig**. Mit Einl. u. Anm. von Dr. Max Gorges, Oberl. Paderborn: F. Schöningh [1907]. (102 S.) 8° [F.]
= **Textausgaben**, Schöninghs, alter u. neuer Schriftsteller. 46. 07. 14305

Ludwig, Otto: Der Erbförster. Trauerspiel in 4 Akten von – . Für d. Aufführung auf kleineren Bühnen eingerichtet von Paul Meinhold. Mühlhausen i. Th.: Danner [1908]. 72 S. 8°
(Mehrakter. Nr. 33.)

— Der Erbförster. Trauerspiel in 5 Aufzügen. Mit Einleitg. u. Anmerkgn. v. Rob. Lohan. (132 S. m. Titelbild.) kl. 8. Leipzig 910. G. Freytag. — Wien, F. Tempsky. Geb. — 75

Ludwig aus Reichenbach, O., zwei Erzählungen, s. National-Bibliothek neuer deutscher Dichter.

— dramatische Fragmente. (Hrsg. v. Adf. Stern.) 8. (V, 411 S.) Ebd. 891. n. 3. —; geb. in Leinw. n.n. 4. —; in Halbfrz. n.n. 5. 50

— Gedanken. Aus seinem Nachlaß ausgewählt u. hrsg. v. Cordelia Ludwig. (174 S.) 12. Leipzig 903. Jena, E. Diederichs. Kart n. 2 50

— Gedichte u. Dramen. 2 Bde. 12. (215 u. 320 S.) Leipzig (900). M. Hesse. In 1 Leinw.-Bd. n. 1. 50

— die wahrhaftige Geschichte v. den drei Wünschen, s.a. Hesse's, Max, Volksbücherei.

Die wahrhaftige Geschichte von den drei Wünschen. Von Otto **Ludwig**. (Hrsg.: Carl Schüddekopf u. Georg Witkowski.) (Leipzig): Leipziger Bibliophilen-Abend 1907. 70 S. 8°(4°) A 12. 7795

— d. Heiterethei, s.a. Bibliothek d. Gesamtlitteratur d. In- u. Auslandes.

— dasselbe, s.a. Meyer's Volksbücher.

— die Heiterethei. (Bill. Ausg.) 12. (267 S.) Leipzig 895. F. W. Grunow. n. 1. —; geb. in Damast n. 1. 60

[F.] Die Heiterethei. Novelle v. Otto **Ludwig**. *Halle a. d. S.: O. Hendel [1896].* (IV S., 1 Bl., 195—422 S., 1 Portr.) 1 Bd 8.
= **Bibliothek** d. Gesamtlitteratur d. In- u. Auslandes. No 919—921.

— d. Heiterethei. Erzählg. aus d. Thüringer Volksleben. Illustriert v. Ernst Liebermann. Eingel. u. hrsg. v. B. Schweizer. gr. 4. (IV, 188 S.) Leipzig 899. C. Meyer's graph. Institut. Geb. in Leinw. 12. —

— die Heiteretei. Erzählung. 8. (VI, 361 S.) Halle 902. H. Gesenius. Geb. in Leinw. m. Goldschn. n. 2. 50

Ludwig, Otto, die Heiterethei. Erzählung aus d. Thüringer Volksleben. Mit Bildern v. Ernst Liebermann. Eingeleitet u. hrsg. v. V. Schweizer. 3. neudurchgesehene Aufl. (6.—8. Taus.) (231 S.) Lex.-8. Berlin 906. H. Seemann Nachf. Geb in Leinw. n. 6.—

— Die Heiterethei. Ein Roman. Hrsg. u. eingeleitet v. Paul Merker. (XII, 296 S.) 8. Leipzig 909. Insel-Verlag. In Pappbd. 2.—; geb. in Ldr. 4.—

— Die Heiterethei u. ihr Widerspiel, s.a. Bücher, die, des deutschen Hauses.

— die Heiteretei u. ihr Widerspiel, s.a. Hesse's, Max, Volksbücherei.

— dasselbe u. ihr Widerspiel, s.a. Universal-Bibliothek.

— die Heiterethei u. ihr Widerspiel. Erzählung. 3. Aufl. 8. (348 S.) Ebend. 874. n. 3.—

— die Heiterethei u. ihr Widerspiel. — Novellen (Hrsg. v. Adf. Stern.) 8. (V, 648 S.) Ebd. 891. n. 5.—; geb. in Leinw. n.n. 6.—; in Halbfrz. n.n. 7.50

— die Heiteretei u. ihr Widerspiel. 12. (294 S.) Leipzig (900). M. Hesse. Geb. in Leinw. n. 1.25

Otto Ludwig. Die Heiterethei und ihr Widerspiel. (Aus d. Regen in d. Traufe.) Zwei Novellen. *Berlin: A. Weichert [1902].* (293 S.) 8° [F.] (01. 3745)

Ludwig, Otto: Die Heitherethei und ihr Widerspiel. Von —. Ill. von W. A. Wellner. Berlin: Buchverlag fürs Deutsche Haus 1909. 304 S. 8°. (Die Bücher d. Deutschen Hauses. Bd. 67.)

Die Heiteretei und ihr Widerspiel. Von Otto Ludwig. Leipzig: Hesse [1909]. 294 S. 8° (Bibliothek August Scherl. Bd 536.) (10. 13912)

– Zwischen Himmel und Erde

— dasselbe, s.a. Bibliothek der Gesamtlitteratur d. In- u. Auslandes.

— dasselbe, s.a. Bücher, die, des deutschen Hauses.

— dasselbe, s.a. Bücherei, deutsche.

— dasselbe, hrsg. v. Karl Ludwig, s.a. Dichter, neuere, f. die studierende Jugend.

— dasselbe, s.a. Erzähler, unsere.

— dasselbe, hrsg. v. Ed. Castle, s.a. Graeser's Schulausgaben klass. Werke.

— zwischen Himmel und Erde, s.a. Haus-Bibliothek.

— dasselbe, s.a. Hendel's, Otto, Reisebibliothek.

— dasselbe, s.a. Hesse's, Max, Volksbücherei.

— dasselbe, s.a. Meisterwerke in Taschenausgaben.

— dasselbe, s.a. Meyer's Volksbücher.

— dasselbe, s.a. Universal-Bibliothek.

— dasselbe, s.a. Verein f. Verbreitung guter Schriften. Zürich.

— dasselbe, s.a. Volksbibliothek des Lahrer hinkenden Boten.

— dasselbe, s.a. Volksbücher, Wiesbadener.

— dasselbe, s.a. Volksbücherei.

— dasselbe, s.a. Von Buch zu Buch.

— Zwischen Himmel und Erde. Erzählung. 856. — 2. Aufl. Frankfurt a. M. 858. Meidinger. 8. (3 Bl., 324 S.) 1 ₰. 15 ngr.

Ludwig, Otto, zwischen Himmel und Erde. Erzählung. 2. Aufl. Frankfurt a. M. 1857. 1 Thlr. 15 Ngr. und 3. Aufl. 8. (V und 306 S.) Berlin (861)62, Janke.

— zwischen Himmel u. Erde. Erzählung. 4. Aufl. Berlin 869. Janke. 8. (XXVII, 214 S.) n. 10 ngr.

— zwischen Himmel und Erde. Erzählung. 4. Aufl. 1869, [und Neue Ausg.] 8. (XXVII, 214 S.) Ebendas. 874. *

— zwischen Himmel u. Erde. Erzählung. 5. Aufl. 8. (103 S.) Berlin 881. Janke. n. 1.—

— zwischen Himmel u. Erde. — Gedichte. (Hrsg. v. Adf. Stern.) 8. (384 u. II S.) Ebd. 891. n. 3.—; geb. in Leinw. n.n. 4.—; in Halbfrz. n.n. 5.50

— zwischen Himmel u. Erde. (Bill. Ausg.) 12. (220 S.) Leipzig 895. F. W. Grunow. n. 1.—; geb. in Damast n. 1.60

— dasselbe. Erzählg. gr. 8. (161 S.) Leipzig 896. Berlin, J. Gnadenfeld & Co. n. 1.—

[F.] Zwischen Himmel und Erde. Novelle v. Otto Ludwig. *Halle a. d. S.: O. Hendel [1896].* (IV, 191 S., 1 Portr.) 1 Bd 8.
= Bibliothek d. Gesamtlitteratur d. In- u. Auslandes. No 917. 918.

— dasselbe. Roman. 16. (371 S.) Leipzig 897. W. Fiedler. Geb. in Damast m. Goldschn. 2.—

— zwischen Himmel u. Erde. Erzählung. 12 (316 S.) Halle 900. H. Gesenius. Geb. in Leinw. m. Goldschn. n. 2.50

— dasselbe. 12. (182 S.) Leipzig (900). M. Hesse. Geb. in Leinw. n. 1.25

Zwischen Himmel und Erde. Erzählung von Otto Ludwig. Berlin: Deutsche Bücherei [1904]. (187 S.) 8° [F.]
= Bücherei, Deutsche. Bd 19. (05. 5909)

— zwischen Himmel u. Erde. Erzählung. 1.—5. Taus. (Hamburg. Hausbibliothek. Hrsg. im Auftrage der Gesellschaft hamburg. Kunstfreunde usw.) (223 S.) 8. Hamburg 904. A. Janssen. Geb. in Leinw. n. 1.—

(F) Ludwig, O., Zwischen Himmel und Erde. Aus dem Regen in die Traufe. Novellen. [Volksbücherei. Bd. 25.] 8°. (230, 103 S.) Graz: Styria 1905. geb. K 1.80

(F) Ludwig, O., Zwischen Himmel und Erde. Novelle. [Volksbücherei. Nr. 92/95.] 8°. (230 S.) Graz: Styria 1905. K —.80

Zwischen Himmel und Erde. Erzählung von Otto **Ludwig**. Ill. von Paul Scheurich. (Vorr.: Dr. Wilhelm Mießner.) Berlin-Leipzig: Buchverl. fürs Deutsche Haus 1908. (288 S.) 8° [F.]
— **Bücher**, Die, d. Deutschen Hauses. Reihe 1. Bd 2. 08. 5764

Zwischen Himmel und Erde. Novelle von Otto **Ludwig**. Mit d. Bilde d. Dichters. Halle a. S.: O. Hendel [1908]. (IV, 191 S.) 8° [F.]
(Otto **Hendel's Reisebibliothek**. Ser. 1. No 14.) 08. 10883 3

Zwischen Himmel und Erde. Erzählung von Otto **Ludwig**. Berlin: Scherl [1909]. 310 S. 8°
(Bibliothek August Scherl. Bd 81.) 10. 13761

Otto **Ludwig**. Zwischen Himmel und Erde. Mit Einl. von Richard M[oritz] Meyer. Berlin & Leipzig: Weicher 1909. XII, 309 S. 8°
(Meisterwerke in Taschenausgaben. Nr 2.) 10. 14850

— **Zwischen Himmel u. Erde. Mit Bildern v. Ant. C. Baworoski. (VI, 174 S.) Lex. 8. Leipzig (909). Turm-Verlag. Geb. in Leinw. 3. —**

Ludwig, Otto: Zwischen Himmel und Erde. Münster i. W.: Aschendorff [1909]. 224 S. 8°.
(Unsere Erzähler. Buch 13/14.)

— **dasselbe. Ein Roman. Für den Schulgebrauch hrsg. v. Leo Hornung. (261 S. m. Bildnis.) kl. 8. Leipzig 910. G. Freytag. — Wien, F. Tempsky. Geb. 1. 20**

(F) **Ludwig**, O., Zwischen Himmel und Erde. [Neuere Dichter für die studierende Jugend.] 8°. (244 S.) geb. K 1.40
Wien: Manz 1910.

Ludwig, Otto [app. Arzt i. V.: Assistenzarzt an d. kgl. Univ.-Augenklinik zu Greifswald]: Über Lactophenin und seine Wirkung beim Typhus abdominalis ... Greifswald, Druck v. C. Sell, 1895; 29 S., 1 Bl. 8.
Greifswald, Med. Fak., Inaug.-Diss. v. 9. Mai 1895

– Die Makkabäer.

— **dasselbe**, s.a. **Bibliothek der Gesamtlitteratur d. In- u. Auslandes.**

— **die Makkabäer**, s.a. **Meisterwerke, die, der deutschen Bühne.**

— **dasselbe**, s.a. **Meyer's Volksbücher.**

— **dasselbe, hrsg. v. Max Gorges**, s.a. **Schöningh's, Ferd., Textausgaben alter u. neuer Schriftsteller. Nr. 46 u. 47.**

— **die Makkabäer, hrsg. v. Rob. Pelsch**, s.a. **Teubner's, B. G., Sammlung deutscher Dicht- u. Schriftwerke. 28.**

— **dasselbe**, s.a. **Universal-Bibliothek.**

— **d. Makkabäer. Trauerspiel in 5 Akten. (Bill. Ausg.) 12. (124 S.) Leipzig 895. F. W. Grunow. n. — 50; geb. in Damast n. 1. 10**

[F.] Die **Makkabäer**. Trauerspiel in 5 Akten v. Otto Ludwig. *Halle a. d. S.: O. Hendel (1896).* (IV, 81—176 S., 1 Portr.) 1 Bd 8.
— **Bibliothek** d. Gesamtlitteratur d. In- u. Auslandes. No 916. 96. 2081

Die **Makkabäer**. Trauerspiel in 5 Aufz. von Otto **Ludwig**. Mit Einl. u. Anm. von Dr. **Max Gorges**, Oberl. Paderborn: F. Schöningh [1907]. (103 S.) 8° [F.]
— **Textausgaben**, Schöninghs, alter u. neuer Schriftsteller. 47. 07. 14306

— **dasselbe. Für Schule u. Haus hrsg. v. Frz. Kleinsorge. (134 S. m. Bildnis.) kl. 8. Münster 908. Aschendorff. Geb. 1. 25**

— **Die Makkabäer. Trauerspiel in 5 Akten. Für den Schulgebrauch hrsg. v. Rob. Lohan. (131 S. m. 1 eingedr. Karte.) kl. 8. Leipzig 910. G. Freytag. Wien, F. Tempsky. Geb. — 80**

— **das Märchen vom todten Kinde**, s.a. **Haus-Bibliothek.**

— **das Märchen vom toten Kinde. — Aus e. alten Schulmeisterleben**, s.a. **Hesse's, Max, Volksbücherei.**

Das Märchen vom todten Kinde. Erzählung von Otto **Ludwig**. Berlin: Deutsche Bücherei [1904]. (S. 71–99.) 8° [F.]
— **Bücherei**, Deutsche. Bd 15, [2.] 05. 2526

— **Maria, s.: Meyer's Volksbücher.**

Otto **Ludwig's** ausgewählte **Meisterwerke** mit Ill. von M. Känike, K. Storch, K. Volkert. *Berlin: Bong & Co. [1901].* (436 S.) 8° [F.]
(Ill. Klassiker-Bibl. Beigabe von: 'Zur guten Stunde'.) 02. 293

Ludwig, Otto, ausgewählte **Meisterwerke**, m. Illustr. v. M. Känicke, K. Storch, H. Volkert. gr. 8. (436 S. m. Bildn.) Berlin (902). Deutsches Verlagshaus Bong & Co. Geb. in Leinw. n. 4. —

Ludwig's, Otto, Nachlaßschriften. Mit e. biograph. Einleitg. u. sachl. Erläutergn. v. Mor. Heydrich. 1. Bd. Skizzen u. Fragmente. Mit Ludwig's Portr. (Kpfrst.) nach e. Zeichng. v. L. Gey gestochen v. Th. Langer. 8. (IV, 487 S.) Leipzig 873. Halle, Gesenius. 6. 75

— Thüringer Naturen. Charakter- u. Sittenbilder in Erzählungen. 1. Bd. A. u. d. T.: Die Heiterethei u. ihr Widerspiel. Zwei Erzählungen. 1. Thl. Frankfurt a. M. 857. Meidinger. 8. (524 S.) 2 ℛ.

— **Novellen. (Aus d. Regen in d. Traufe. D. wahrhaft. Geschichte v. d. drei Wünschen. Aus e. alten Schulmeisterleben. Maria.) (Bill. Ausg.) 12. (311 S.) Leipzig 895. F. W. Grunow. n. 1. —; geb. in Damast n. 1. 60**

Ludwig, Otto [aus Reichenbach], zwei Novellen. Reden oder Schweigen. Der Todte von St. Anna's Kapelle. Zwei Erzählungen. 1. und 2. Aufl. 1871,72. ℳ 1,50., und 3. Aufl. 8. (220 S.) Berlin 874, Janke. *

Ludwig, Otto, Aus der Provence, s. Original-Bibliothek, neue belletristische.

– Die Rechte des Herzens, s. Haus-Bibliothek.

†**Ludwig, Otto, aus Reichenbach [E. v. Puttkammer], Reden oder Schweigen?** s.a. **Novellenschatz, neuer deutscher.**

— Reden od. Schweigen. Der Todte v. St. Anna's Kapelle. 2 Erzählgn. 8. (220 S.) Berlin 871. Janke. 1. 50

— dasselbe. 3. Aufl. 8. (220 S.) Ebend. 874. n. 1. —

Ludwig, Otto. Gesammelte Schriften. Leipzig 1891. H: *Stern, Adolph & Erich Schmidt.* (Berl)

Ludwig's, Otto, gesammelte **Schriften**. (Hrsg. v. Adf. Stern.) 6 Bde. 8. (XV, 319, 386; V, 648, 769; V, 411; 549 u. 460 S. m. 1 Bildnis in Photograv.) Leipzig 891. F. W. Grunow. n. 28. —; geb. in Leinw. n.n. 34. —; in Halbfrz. n.n. 42. —

— sämtliche erzählende **Schriften** in 3 Bdn. 12. (289, 294 u. 182 S.) Leipzig (900). M. Hesse. In 1 Leinw.-Bd. n. 2. 25

Ludwig, Otto. Das Fräulein von Scuderi, bearbeitet von Christian Otto. B: *Ludwig, Cordelia.* (Birk, Karl, Bühne u. Welt, Heft 21) (Eckart, VII. Jg., Heft 12, S. 846)

— d. Fräulein v. Scuderi. Schausp. in 5 Aufzgn. Nach E. T. A. Hoffmann's Erzählung. (Bill. Ausg.) 12. (152 S.) Leipzig 895. F. W. Grunow. n. — 50; geb. in Damast n. 1. 10

— dasselbe, s.a. Meyer's Volksbücher.

— Shakespeare-Studien. Aus dem Nachlasse d. Dichters hrsg. v. Mor. Heyderich. gr. 8. (CXV, 541 S.) Leipzig 871. Halle, Gesenius. n. 6. 75

— Shakespeare-Studien. Mit e. Vorbericht u. sachl. Erläutergn. von Mor. Heydrich. Mit Ludwig's Portr. nach e. Zeichnung v. L. Gey. Orig.-Ausg. 2. Aufl. 8. (LXXXV, 403 S.) Halle 901. H. Gesenius. n. 4. 50; geb. in Leinw. 6. —

— s. Stern, Adf. O. L. Ein Dichterleben.

— Studien. 2 Bde. 8. (549, 460 S.) Ebd. 892. ** 8 — geb. in Leinw. ** 10 —; in Hlbfrz. ** 13 —

— ausgewählte Studien u. krit. Schriften. 12. (312 S.) Leipzig (900). M. Hesse. Geb. in Leinw. n. 1. 50

Ludwig, Otto, s. Von Buch zu Buch.

— Werke, s.a. Klassiker-Bibliothek, goldene.

Ludwig's (Otto), Werke. Hrsg. v. Vikt. Schweizer. Krit. durchgeseh. u. erläut. Ausg. 3 Bde. 8. (46, 379; 368 u. 379 S. m. Bildn. u. 1 Fksm.) Leipzig 898. Bibliograph. Institut. Geb. in Leinw. n. 6. —; in Halbsaffian n. 9. —
(Meyers Klassiker-Ausgaben in 150 Bdn.)

— dasselbe. Auswahl in 1 Bde. 8. (XV, 176 u. 492 S. m. Bildn.) Halle 896. O. Hendel. Geb. in Leinw. 2. 25; in Orig.-Bd. 3. —

Ludwig's, Otto, Werke in 6 Bdn. Hrsg. v. Adf. Bartels. Mit Ludwig's Bildnis, eine Abbildg. des Denkmals in Meiningen, e. Gedicht in Fksm., sowie e. Biographie u. Charakteristik Ludwig's. 12. (LXVIII, 215, 320, 289, 294, 182 u. 312 S.) Leipzig (900). M. Hesse. n. 3. —; in 2 Leinw.-Bdn. n. 4. —; auf besserem Papier, in 2 Halbfrz.-Bdn. n. 6. —; Liebhaber-Ausg., in 2 Halbfrz.-Bdn. n. 8. —

Ludwig's, Otto, Werke in 6 Bdn Hrsg. v. Adf. Bartels. Mit Ludwigs Bildnis, einer Abbildg. des Denkmals in Meiningen, e. Gedicht in Fksm., sowie e. Biographie u. Charakteristik Ludwigs. (Neue Aufl.) (LXVII, 215, 368, 289, 294, 182 u. 318 S.) kl. 8. Leipzig (906). M. Hesse. n. 3. —; in 2 Bde geb, Leinw. n. 4. —; auf besserem Pap., Halbfrz. n. 6. —; Liebhaber-Ausg, Halbfrz. n 8. —

(Otto) **Ludwigs** Werke in 4 Tlen. Hrsg. u. mit Einl. versehen von Arthur Eloesser. T. 1–4 [in 2 Bden]. Berlin, Leipzig, Wien, Stuttgart: Bong & Co. [1908]. 4 Bde 8° [F.]
1. Gedichte. Die Heiterethei u. ihr Widerspiel. Mit e. Lebensbild versehen.
2. Zwischen Himmel u. Erde. Geschichte von d. drei Wünschen. Aus e. alten Schulmeisterleben. Maria.
3. Der Erbförster. Das Fräulein v. Scuderi. Die Makkabäer. Agnes Bernauerin.
4. Dramat. Studien.
(Goldene Klassiker-Bibliothek.) 108. 6418

Ludwig's, Otto, Werke in 6 Bdn. Hrsg. v. Adf. Bartels. Mit Ludwigs Bildnis, e. Abbildg. des Denkmals in Meiningen, e. Gedichte in Fksm., sowie e. Biographie u. Charakteristik Ludwigs. Neue verm. Ausg. (LXVII, 215, 368, 289, 294, 182 u. 487 S.) kl. 8. Leipzig (908). Hesse & Becker Verl. 3.—; geb. in 2 Bdn., Leinw. 4.—; feine Ausg., Halbfrz. 6.—; Luxusausg., Liebhaber-Halbfrz. 8. —

Ludwig, Otto: Werke in 6 Bden. Hrsg. von Adolf Bartels. Mit Ludwigs Bildn., e. Abb. d. Denkmals in Meiningen, e. Gedicht in Faks., sowie e. Biogr. u. Charakteristik Ludwigs. (Neue verm. Ausg.) Bd. 1-6. Leipzig: Hesse [1909]. 8°.
1. Biogr. u. Charakteristik. Gedichte u. Jugenddramen.
2. Meisterdramen u. Fragmente. 3. Erzählungen. 4. Die Heiterethei u. ihr Widerspiel. 5. Zwischen Himmel u. Erde. 6. Ausgewählte Studien u. krit. Schriften.
(Max Hesses Neue Leipziger Klassiker-Ausgaben.)

— ausgew. Werke in 2 Bdn. Neu hrsg. v. Ernst Brausewetter. 12. (392 u. 352 S.) Leipzig 896. Ph. Reclam jun. 1. 50; in 1 Leinwbd. 2. —

Ludwig, Otto: Ausgewählte Werke in 2 Bdn. Neu hrsg. von Ernst Brausewetter. Bd. 1.2. Leipzig: Ph. Reclam jun. [1899]. 2 Bde. 8. 1. (391 S.) 2. (351 S.)

Otto **Ludwigs** Ausgewählte Werke in 7 Büchern. Mit Ludwigs Portr. ... sowie d. Lebensschilderung u. e. Charakteristik d. Werke Ludwigs von Walter Eichner [d. i. Heichen]. Bd 1. 2. *Berlin: A. Weichert [1902].* 2 Bde 8° [F.] [03. 3746]

— Ausgewählte Werke in 4 Bdn. Hrsg. v. Frdr. Bernt. Mit Ludwigs Bildnis, e. Abbildg. des Denkmals in Meiningen u. e. Gedicht als Handschriftprobe. (XLVII, 91, 368, 294 u. 242 S.) kl. 8. Leipzig (907). Hesse & Becker Verl. 1.50; in 1 Leinw.-Bde. 2. —

— ausgewählte Werke in 7 Büchern. Mit Ludwigs Portr. u. Abbildg. des Ludwigs-Denkmals in Meiningen, sowie der Lebensschilderung u. e. Charakteristik der Werke Ludwigs von Walt. Eichner. 2 Bde. 12. (48, 67, 392, 320 u. 250, 293, 183 u. 215 S.) Berlin (902). A. Weichert. Geb. in Leinw. n. 4. —

— dramatische Werke. 1. u. 2. Bd. Leipzig 853, 54. Weber. 8. Jeder Bd. n. 1 ℛ.
1. Bd.: Der Erbförster. Trauerspiel in 5 Aufzügen. (178 S.)
2. Bd.: Die Makkabäer. Trauerspiel in 5 Akten. (4 Bl 154 S.)

— gesammelte Werke, s.a. National-Bibliothek neuer deutscher Dichter.

Ludwig's, Otto, gesammelte Werke. (Neue Ausg.) Mit einer Einleitung von Gust. Freytag. 4 Bde. 8. Berlin 883, Janke. * geb. *

Inhalt:
Bd. 1. Der Erbförster. Das Fräulein von Scuderi. (XXIV, 288 S.)
" 2. Die Maccabäer. Die Torgauer Haide. Der Engel von Augsburg. Tiberius Gracchus. Gedichte. (272 S.)
" 3. Die Heiterethei und ihr Widerspiel. (348 S.) Einzelpr. *M 2.
" 4. Zwischen Himmel und Erde. (214 S.) Einzelpr. *M 1.

— aus toller Zeit. Gedichte. 16. (96 S.) Jena 877, Doebereiner. *

Ludwig, P. (Hrsg.), s. Töpferzeitung.

Ludwig, P. W., Warnung vor dem Arianismus u. Socinianismus der gegenwärt. Zeit, u. besonders des Hrn. Prof. Dr. Paulus. gr. 12. Freiburg 819. Gebr. Groos. 1 ℛ

Ludwig, P. W., Warnung vor d. Arianismus u. Socinianismus d. gegenwärt. Zeit, u. besond. d. Hrn. Geh. Kirchenr. u. Prof. D. Paulus. gr. 12. (14 B.) Freiburg 829, Gebr. Groos.
Vgl. Ludewieg, Ludewig, Ludowieg.

Ludwig, Paul, aus unserm sonnigen Baden. Heitere u. ernste Dichtgn. schmal 8. (VII, 87 S.) Wiesbaden 901. O. Nemnich. n. 1. —; geb. n. 1. 50

Ludwig, Paul, prakt. Arzt: **Aus d. Königl. chirurg. Klinik zu Breslau. Beiträge zur modernen operativen Behandlung von Lähmungen und ihrer Folgezustände an den Gliedmassen.** *Breslau 1899: R. Nischkowsky.* (34 S.) 8°
Breslau, Med. Diss. v. 12. Aug. 1899

Ludwig, Paul (Red.), s. F e i e r s t u n d e n.

Ludwig, Paul, Gedichte. Zur Jahrhundertfeier Kaiser Wilhelms d. Großen hrsg. gr. 8. (328 S. m. Vignetten u. 3 Bildn.) Karlsruhe (Kaiserstr. 139) 897. Selbstverlag. n. 3. —

— Lehrbuch e. Neuschrift. Stenograf. System m. Zahlensystem. gr. 8. (41 u. II, XXIII, XVI u. VIII autogr. S.) Karlsruhe 895. J. J. Reiff. Geb. in Leinw. n. 2. —

L u d w i g, Paul. Rede, gehalten vor Abbrechung der Kirche in Altnau, den 15. April dieses Jahres, von Paulus L'.... Nebst den dazu gehörigen Gebeten.... 8. *o. O.* 1811.

— (Hrsg.), s. Z e i t s c h r i f t für B ü r s t e n - , Pinsel- und Kamm- f a b i k a t i o n.

Ludwig, Paul Adolf, Gesellenstück e. Maurers, s.: B e r u f s a u f s a tz, der, in der Fortbildungsschule.

Ludwig, Ph. C., über Ferienheime f. kaufmänn. Angestellte. (16 S.) 8. Harzburg 905. R. Stolle. n. — 25

Ludwig, R., Sect. A l l e n d o r f,
— Sect. A l s f e l d,
— Sect. B i e d e n k o p f,
— Sect. G l a d e n b a c h,
— Sect. W o r m s,
} s.: K a r t e n u. Mittheilungen d. mittelrhein. geol. Vereins.

L u d w i g, Richard, dictionnaire latin-français, rédigé pour la lecture de Cornelius Nepos. 8. (114 S.) Genf 857, (Müller-Darier.)

L u d w i g, Rich., das Entwerfen einfacher Bauobjekte im Gebiete des Eisenbahn-Ingenieurwesens. 1. Bd.: Wegbrücken [Wegüberführungen] in Stein, Eisen- und Holz-Beschreibung, Konstruktion und statische Berechnung der Wegbrücken, mit besond. Rücksicht auf ausgeführte Bauwerke. Für angehende Ingenieure, Baugewerken, Strassen- und Eisenbahnbautechniker, Bahnbeamte, sowie zum Gebrauch im Konstruktionsbüreau. Mit 28 (lithogr.) Taf. in 4., wovon 25 Taf. mit ausgeführten Bauwerken. gr. 4. (VII, 54 S.) Weimar 884, B. F. Voigt.

L u d w i g, Rich., Wegbrücken (Wegüberführungen) in Stein, Eisen und Holz. Beschreibung, Konstruktion und statist. Berechnung der Wegbrücken, mit besond. Rücksicht auf ausgeführte Bauwerke. Für angehende Ingenieure, Baugewerken, Strassen- und Eisenbahnbautechniker, Bahnbeamte, sowie zum Gebrauch im Konstruktionsbüreau. 2. Aufl. gr. 4. (VII, 54 S. mit 28 Taf. in Quarto, wovon 25 Taf. mit ausgeführten Bauwerken.) Weimar 888, B. F. Voigt.
Die 1. Aufl. erschien 1884 als 1. Bd. von L u d w i g, Rich., das Entwerfen einfacher Bauobjekte im Gebiete des Eisenbahn-Ingenieurwesens. ℳ 6.—.

Ludwig, [Robert]: Apologie der Vorschule. Breslau 1909: Graß, Barth & Co. S. 3—9. 4°
Breslau, st. RG am Zwinger P 1909 (294) [S 09. 302

Ludwig, (Rud. Moritz) Rob. (geb. Leipzig 4. 1. 1861): Ein Beitrag zur Kenntniss der Oxybenzaldehyde und Cumarsäuren. Berlin 1883. (62 S.) 8°
Berlin, Phil. Diss. v. 21. Juli 1883

L u d w i g, R., Chronik des **Realgymnasiums** am Zwinger zu Breslau vom J. 1816 bis 1886. gr. 8. (81 S.) Breslau 886, (Scholtz.) *

Ludwig, [Robert], Direktor Professor Dr.: **Lebensgeschichte eines schlesischen Schulmannes (Caesar Albano Kletke's Selbstbiographie.) Breslau 1905:** Grass, **Barth & Co.** (35 S.) 4°
Breslau, st. RG am Zwinger P 1905 (255)

Ludwig, Robertus *(geb. Breslau [1. 12.] 1838)*: Quae Bolognettus cardinalis Gregorii XIII. papae nuncius apostolicus in Polonia ab anno 1582 usque ad annum 1585 perfecerit. Vratislaviae (1864). (32 S.) 8°
Breslau, Phil. Diss. v. 5. Aug. 1864

L u d w i g, *Robert* Die Vorgeschichte und Geschichte des Realgymnasiums am Zwinger in Breslau von 1816 bis 1886. 8 (S. 1—81).
Progr.

Ludwig Rudolf, Dr.: [1]) Beiträge zur Kenntnis der atmosphärischen Elektrizität. 4. Über eine während der totalen Sonnenfinsternis vom 22. Jänner 1898 ausgeführte Messung der atmosphärischen Elektrizität (mit 1 Taf.). S. 108. II a. 436 . . . . . „ —.40
Separatabdruck

Ludwig, R., geognost. Beobachtungen in der Gegend zwischen Giessen, Fulda, Frankfurt a. M. u. Hammelburg. Nebst 2 (lithochrom.) Karten (in gr. Fol.) gr. 8. (IV u. 52 S.) Darmstadt 852, Bauerkeller's Präganstalt. n. 1 1/2 ß

L u d w i g, Rud., geognostische B e o b a c h t u n g e n in der Gegend zwischen Giessen, Fulda, Frankfurt a. M. und Hammelburg. gr. 8. (IV und 52 S. nebst 2 (lithochrom.) Karten in gr. Fol.) Darmstadt 852, [Jonghaus'sche Hofbuchh.] Thlr. *

——— Beobachtungen über Gesteinsmetamorphose. Darmstadt 1858. 8.

Ludwig, Rud., das Buch der Geologie, s.a. F e i e r s t u n d e n, malerische.

Ludwig, R.: Das B u c h der Geologie. 2. Auflage. Leipzig 1861.

L u d w i g, Rud., fossile Crocodiliden aus der Tertiärformation des Mainzer Beckens. Mit 16 (lith.) Doppeltaf. Abbildungen (in qu. Fol.). gr. 4. (52 S. m. 16 Bl. Tafelerklärungen.) Kassel 877. Fischer. n. 60. —

—— das kohlensaure G a s in den Soolsprudeln zu Nauheim und Kissingen und die von ihm abhängenden Erscheinungen. gr. 8. (70 S. mit 2 lithogr. geolog. Profilzeichnungen.) Frankfurt a. M. 856, Keller. —

Ludwig, R.: G e o g n o s i e und Geogenie der Wetterau. Hanau. 1858. 8.

L u d w i g R. geologischer Globus. 30 cm mit glattem Halbmeridian a. Holzfuss. Weimar

Ludwig, Rud., Karte von Deutschland geologisch bearbeitet. Auf Stein gez. von J. Runge. M. 1 : 3 500 000. Weimar, Geograph. Institut, 1866. gr. qu.-Fol. Chromolith. (Bi. Mo.)

Ludwig, Rud., s. K a r t e n u. Mittheilungen des mittelrheinischen geologischen Vereins.

—— die K o c h s a l z - und E i s e n s ä u e r l i n g e zu Pyrmont. gr. 8. (IV und 67 S. nebst 2 Stnt. und 3 Tab.) Darmstadt 862, Jonghaus'sche Hofbuchh. *

L u d w i g, Rudolph, Die Lagerungs-Verhältnisse der produktiven Steinkohlen-Formation im Gouvernement Perm.

Ludwig (R.), Die vulkanoidischen Massen der Breitfirst, Wasserscheide zwischen Fulda und Mainstromgebiet bei Sparhof. (Ohne Ort und Jahr.) 8.

—— die Meeresströmungen in ihrer geologischen Bedeutung und als Ordner der Thier- und Pflanzen-Provinzen während der verschiedenen geologischen Perioden. gr. 8. (VIII und 128 S. mit 15 Stnt., wovon 10 in Buntdr.) Darmstadt 865, Jonghaus'sche Hofbuchh. *

Ludwig, Rud., über e. während der totalen Sonnenfinsterniss v. 22. I. 1898 ausgeführte Messung d. atmosphärisch. Elektricität, s.a. Beiträge z. Kenntniss der atmosphärischen Elektricität. IV.

Über eine während der totalen Sonnenfinsterniss vom 22. Jänner 1898 ausgeführte Messung der atmosphärischen Elektricitat von Dr. Rudolf Ludwig Mit 1 Tafel. Aus den Sitzungsberichten der kaiserl. Akademie der Wissenschaften in Wien. Mathem.-naturw. Classe; Bd. CVIII. Abth. II.a. März 1899. Wien. 1899. In Comm. Gerold's Sohn. Gr.-8°. 9 S. fl. —.20

—— die Mineralquellen zu Homburg vor der Höhe. gr. 8. (24 S. mit 2 Profilzeichnungen auf 1 Stnt. in 4.) Darmstadt 861, Jonghaus'sche Hofbuchh. Thlr.
Aus: Notizblatt des Vereins für Erdkunde etc. zu Darmstadt, besonders abgedruckt.

—— Die warmen Mineralquellen zu Bad Ems. Moskau 1863. 8. Mit 2 Taf.

Ludwig, Rud., zur Palaeontologie des Ural's. Actinozoen und Bryozoen aus dem Carbon-Kalkstein im Gouvernement Perm. gr. 4. (48 S. mit 18 Stnt. Abbild.) Cassel 862, Fischer. *
Aus: Palaeontographica, besonders abgedruckt.

Ludwig (R.). Fossile Pflanzen aus der Steinkohlenformation im Lande der Don'schen Kosaken. (Sep.-Abdr. Bulletin, Moskau 1876.) 8. Mit Tafel.

—— geologische Skizze des Grossherzogth. Hessen. Hrsg. vom mittelrhein. geolog. Verein. gr. 4. (III und 24 S. mit einer lithogr. geolog. Uebersichtskarte in Farbendr. in gr. Fol.) Darmstadt 867, Jonghaus'sche Hofbuchh. *

—— geologische Specialkarte des Grossh. Hessen etc. Sect. Friedberg, s. Karten und Mittheilungen des mittelrhein. geolog. Vereins.

Ludwig, Rud., die Steinkohlenformation im Lande der Don'schen Kosaken. gr. 8. (IV, 37 S. mit 1 geolog. chromolithogr. Karte und 1 chromolithogr. Taf. mit Gebirgsprofilen in qu. 4.) Moskau 874, (Lang.) *

—— geogenische und geognostische Studien auf einer Reise durch Russland und den Ural angestellt. gr. 8. (IV und 267 S. mit 3 eingedr. Holzschn. und 15 Stnt. in Farbendr. in gr. 8. und gr. 4.) Darmstadt 862, Jonghaus'sche Hofbuchh. *

– Ueberblick der geologischen Beobachtungen in Rußland; insbesondere im Ural. Während einer Reise im J. 1860 angestellt. Zugleich Nachtrag zu dessen „Buch der Geologie." 2. Aufl. Mit vielen in den Text gedr. Abbildgn. nach Orig.-Zeichngn. des Verf. in Holz geschn. Leipzig 862. Spamer. 8. (40 S.) n. 5 ngr.

—— Versuch einer geographischen Darstellung von Hessen in der Tertiärzeit. gr. 8. (20 S. mit 1 lithogr. Karte in Fol.) Darmstadt 855, Jonghaus'sche Hofbuchh. *
Aus: Notizblatt des Vereins für Erdkunde etc. zu Darmstadt, besonders abgedruckt.

RUDOLPH LUDWIG. Versuch einer Statistik des Grossherzogthums Hessen auf Grundlage der Bodenbeschaffenheit. Beigabe zum Notizblatt des Vereins für Erdkunde und verwandte Wissenschaften zu Darmstadt und des mittelrheinischen geologischen Vereins. Darmstadt 1868. G. Jonghaus. 8°.

—— das Wachsen der Steine oder die Kräfte, welche die Bildung und Entwicklung der Gebirgsarten vermitteln. Allgemeinfasslich dargestellt. Nebst Zeichnungen. gr. 8. (XVIII und 226 S. mit 8 Stnt.) Darmstadt 853, Jonghaus'sche Hofbuchh.

Ludwig, Rud. Moritz Rob., s. Ludwig, Robert

Ludwig, Sam., Bürgerfreund, ein Lesebuch für Kinder in Bürgerschulen. 8. Berlin, Lange, (a. Weber in Presb.) 810.

Ludwig, (S.,) d. Bürgerfreund, ein Lesebuch. Für d. 6e Aufl. umgearb. u. vermehrt v. F. P. Wilmsen. 8. Berlin 826, Reimer.

— Geschichten u. Gespräche für Kinder z. Beförderung guter Sitten, nützlicher Erkenntniß und ächter Gesinnungen. 8. Berlin. (Acad. Buchhandl. in Frankf.) 788.

– – Geschichten und Gespräche für Kinder. 8. Berlin. 788. Jetzt Filttner.

Ludwig, Th., über Beziehungen zwischen der Schmelzbarkeit u. der chemischen Zusammensetzg. der Tone. Vortrag, geh. auf der Hauptversammlg. des Vereins deutscher Fabriken feuerfester Produkte, E. V., am Dienstag, den 23. II. 1904. (11 S. m. 2 Abb.) 33,5×25 cm. Berlin 904. Tonindustrie-Zeitg. 1.—
Sonderabdruck aus: „Tonindustrie-Zeitg."

Ludwig, Thdr., d. badische Bauer im 18. Jahrh., s.a. Abhandlungen aus d. staatswissenschaftl. Seminar zu Strassburg.

Der badische Bauer im achtzehnten Jh. Von Dr. Theodor Ludwig. *Strassburg: K. J. Trübner 1896.* (XI, 211 S.) 1 Bd 8.
= Abhandlungen a. d. staatsw. Seminar zu Strassburg. H. 16. [96. 7397

Ludwig, Theodor [Dr.]: Betrachtungen über die Wahlen der Académie française. Königsberg, Hartungsche Buchdr., 1897; 1—26 S. 4.
Königsberg in Pr., Kneiphöfisches Stadt-G, P 1897 (9)

Ludwig, Theodor, approb. Arzt aus Heidelberg: Über einen Fall von amyotrophischer Lateralsclerose. *Todtnau 1900: Gebr. Gutsch.* (25 S.) 8°
Heidelberg, Med. Diss. v. 1900

Ludwig, Theodor [aus Emmendingen]: Die Konstanzer Geschichtschreibung bis zum 18. Jahrhundert ... Strassburg, K. J. Trübner, 1894; VIII, 271 S. 8.
Strassburg, Phil. Fak., Inaug.-Diss. v. 1894

[5.] Die deutschen Reichsstände im Elsass und der Ausbruch der Revolutionskriege. Von Dr. Theodor Ludwig, Privatdoc. an d. Univ. Strassburg i. E. *Strassburg: K. J. Trübner 1898.* (XI, 216 S.) 1 Bd 8. [98. 9494

Ludwig, Thdr., de enuntiatorum interrogativorum apud Aristophanem usu. Dissertatio inauguralis. gr. 8. (69 S.) Königsberg 882, (Beyer's Verlag.) *

Ludwig, Thdr., Racines Verzicht auf die Bühnendichtung u. sein Anteil an dem Giftmordprozess, s.a. Festschrift zur Feier des 600jähr. Jubiläums des Kneiphöf. Gymnasiums zu Königsberg.

Ludwig, Theodor, Dr.: Racines Verzicht auf die Bühnendichtung und sein Anteil an dem Giftmordprozess. (Königsberg i. Pr. 1904: Hartung.) (16 S.) 8°
Königsberg, Kneiphöfisches G Festschrift z. Feier d. 600jähr. Jubiläums (9)**

Ludwig, Vict., über Friedrich Wilhelms IV. Stellung zur preuss. Verfassungsfrage, s.a. Studien, Breslauer, zur Geschichte. 1. Heft.

Ludwig, Victor: Ueber Friedrich Wilhelm IV. Stellung zur Preußischen Verfassungsfrage. Breslau 1907: H. Fleischmann. (2 Bl.) 8° (Nur Titelblatt u. Vita.)
Breslau, Phil. Fak., Ref. Kaufmann, Diss. v. 27. Apr. 1907
[Geb. 3. Sept. 80 Seichau, Kr. Jauer; Wohnort: Breslau; Staatsangeh.: Preußen; Vorbildung: Friedrichs-Gymn. Breslau, Gymn. Jauer Reife M. 03; Studium: Breslau 7 S.; Rig. 27. April 07.]

Ludwig, Victor: Über Friedrich Wilhelms IV. Stellung zur Preußischen Verfassungsfrage. Breslau: Trewendt & Granier (1907). (40 S.) 8° ¶ (Erscheint vollst. als „Beiträge z. Geschichte d. deutschen Nationalgefühls", hrsg. v. Kampers u. Preuss, H. 2.)
Breslau, Phil. Fak., Ref. Kaufmann, Diss. v. 27. April 1907
[Geb. 3. Nov. 80 Seichau, Kr. Jauer; Wohnort: Breslau; Staatsangeh.: Preußen; Vorbildung: Gymn. Jauer Reife M. 03; Studium: Breslau 7 S.; Rig. 13. Febr. 07.]

Über Friedrich Wilhelms IV Stellung zur Preussischen Verfassungsfrage von Dr. Victor **Ludwig**. Breslau: Trewendt & Granier 1907. (VIII, 105 S.) 8°
— **Studien**, Breslauer, z. Geschichte. H. 1. fol. 4399 2

Ludwig, Vincent, Howard-Ludwig'sche Buchführung für den kleinen Landwirth, mit besonderer Rücksichtnahme auf die Erfordernisse der Einkommensteuer entworfen. Bearb. u. hrsg. von W. H. Howard. gr. 4. (32 S.) Leipzig 880. Hungar. 3. —

Ludwig, Vinzenz, Lebensweisheit des Markgrafen Leopold des Heiligen. Predigt am St. Leopoldsfeste, 15. XI. 1907, in der Stiftskirche der reg. lat. Chorherren des hl. Augustinus zu Klosterneuburg geh. (15 S.) gr. 8. Wien 908. H. Kirsch. — 20

— Reisebilder v. der Orientreise des Wiener Lehrerhaus-Vereines vom 4. bis 30. VIII. 1905. Mit Orig.-Illustr. (IV, 187 S.) 8. Wien 906. A. Opitz Nachf. Geb. 3. —

Ludwig Vinzenz: Probst Thomas Ruef. Ein Beitrag zur Geschichte des österr. Prälatenstandes. Diss. Wien, Univ.
D: Jahresbericht des Stiftes Klosterneuburg 1908.
1908 PN 2591 1002

Ludwig, Vinzenz, St. Vinzenz von Paul u. die heiligste Eucharistie. Dem Klerus u. dem kathol. Volke zur Erbaug. u. den wackeren St. Vinzenz-Konferenzen zur geistl. Lesg. dargeboten. (107 S. m. Titelbild.) kl. 8. Wien 905. H. Kirsch. n. 1. —

— Vinc. Georg August (Leipzig), De jure adcrescendi Diss. I. Präs. Joh. Gottfr. Müller. Leipzig (Staritz) 27. III. 1817. 38 S. (4.—) 21773
Widm. v.: J. G. Müller.

(Ludwig, W.) Henry Martyn (1781–1812), Missionar in Indien und Persien .... [Illustriert.] 8. Basel 1868.

Ludwig, W., Hydraulische Wasserhaltung auf Zeche Prinzregent bei Bochum. Berlin, 1886. 12 S. mit 2 Taf.

Ludwig, Walther: Über die Ebenen, welche aus einer Fläche II. Grades einem gegebenen Kegelschnitt ähnliche Kegelschnitte ausschneiden. *Breslau 1898: R. Galle.* (74 S.) 8°
Breslau, Phil. Diss. v. 7. Nov. 1898

Ludwig, Walth., die Horopterkurve m. e. Einleitung in die Theorie der kubischen Raumkurve, s.a. Abhandlungen, mathematische. N. F. 3.

Ludwig, Walther: Die Horopterkurve mit e. Einl. in d. Theorie d. kubischen Raumkurve. Von – . Mit 5 Fig. Halle a. S.: M. Schilling 1902. (36 S.) 8°
(Abhandlungen, Mathematische. N.F. 3.)

Ludwig, Walther, Dr. phil., Assist. d. darstellenden Geometrie: Projektive Untersuchungen über die Kreisverwandtschaften der nichteuklidischen Geometrie. 1904. 54 S., 1 Taf. 8°
Karlsruhe Te. H., Hab.-Schr. v. 30. 6. 1904

Ludwig, Walt. W., Künstlerleben u. Lebenskunst. Gedanken u. Sprüche gesammelt. (V, 116 S.) kl. 8. Leipzig 910. F. Eckardt. Geb. in Leinw. 2. 50

Ludwig, Wilh., Die Abänderungsbedürftigkeit des österreichischen Privatangestellten-Versicherungsgesetzes in technischer Beziehung. 8°. Wien, Export-Akad. d. k. k. österr. Handelsmuseums, 1911.

Ludwig, W., Lehrbuch der politischen Arithmetik. Gr.-8°. (IV, 188, 32 S.) Wien: Fromme 1907. K 4.50

Ludwig, Wilh., Lehrbuch der politischen Arithmetik. 2. Aufl. (IV, 182 S. u. Hilfs-Tabellen 31 S.) gr. 8. Wien 910. C. Fromme. 3. 40

Ludwig, Wilhelm [aus Rosenfeld]: Die Löslichkeitsverhältnisse homologer Reihen Aether, Ester, Alkohole in Wasser ... Tübingen, Druck v. H. Laupp jr, 1896; 32 S., 5 Taf. 8.
Tübingen, Naturw. Fak., Inaug.-Diss. v. 1896

Ludwig, Wilh., Ratschläge u. Erfahrungssätze f. Zuckerkranke. In jahrelanger Praxis erprobt. (VII, 52 S. m. Abbildgn.) kl. 8. Düsseldorf (905). H. Kufittich. n. 2. —

Ludwig, Wilh., erstes Schulbuch für Kinder. Auf Grundlage der „Deutschen Fibel" u. des „Ersten Lesebuchs" von Heinr. Fechner nach der reinen Schreiblesemethode bearb. gr. 8. (IV, 124 S., wovon 32 lith.) Berlin 878. Wiegandt & Grieben. n. — 50

—— dass. — Ausg. für Braunschweig. gr. 8. (38 S.) Ebendas. 878. *

Ludwig's, Wilhelm, erstes Schulbuch für Kinder. Ausg. B. 4. Aufl. (Für das Herzogtum Braunschweig.) 8. (86 S.) Berlin 886, Wiegandt und Grieben. *
Ausg. A. Ebendas. 1878. * 50 Pf.

Ludwig, Wilh., erstes Schulbuch f. Kinder. Auf Grundlage d. „Neuen Fibel" (Ausg. A) v. Heinr. Fechner nach d. reinen Schreiblesemethode bearb. Ausg. A. 6. Aufl. 8. (VI, 72 S. m. Abb.) Berlin 896. Wiegandt & Grieben. n. — 40; Einbd. n.n.n. — 13

— dasselbe. Auf Grundlage d. „Neuen Fibel" u. d. „Ersten Lesebuches" v. Heinr. Fechner nach d. reinen Schreiblesemethode bearb. Ausg. B. 8. (VI, 92 S. m. Abb.) Ebd. 896. n. — 45; Einbd. n.n.n. — 13

¶ Ludwig, Wilh. [Ludw. Kuhlenbeck]. Spaziergänge e. Wahrheitssuchers ins Reich der Mystik. gr. 8. (VII, 257 S.) Lpz. 890, Rauert u. Rocco. * 4 —
Vgl.: Behre, Chrn.

Ludwig, Wilhelm, a. Fritzlar: Ueber Veränderungen der Ganglienzellen des Rückenmarks bei der Meningitis cerebro spinalis epidemica. Gießen 1906: v. Münchow. (34 S.) 8°
Gießen, Med. Fak., Ref. Bostroem, Diss. v. 3. Jan. 1907
[Geb. 19. Apr. 80 Fritzlar; Wohnort: Kassel; Staatsangeh.: Preußen; Vorbildung: Wilhelms-Gymn. Kassel Reife M. 00; Studium: München 1, Kiel 1, Gießen 3, Leipzig 1, Gießen 3 S.; Coll. 26. Juli 06; Approb. 9. Aug. 06.]

Mahler, Ed., astronomische Untersuchungen über in hebräischen Schriften erwähnte Finsternisse. 1. und 2. Thl. Lex.-8. Wien 885, (Tempsky.) *

Inhalt:
Thl. 1. Die biblischen Finsternisse. Ein Beitrag zur bibl. Chronologie. (29 S.) * 60 Pf.
» 2. Die prophetischen Finsternisse. (20 S.) * 40 Pf.
Vorstehende drei Schriften sind aus: Sitzungsberichte der k. Akademie der Wissenschaften, besonders abgedruckt.

—— chronologische Vergleichungs-Tabellen, nebst einer Anleitung zu den Grundzügen der Chronologie. 1. Heft: Die ägyptische, die alexandrinische, die seleucidische und die griechische Zeitrechnung. Imp.-4. (66 S.) Wien 888, (Lippe.) *

Mahler, Dr. Eduard, Chronologische Vergleichungstabellen nebst einer Anleitung zu den Grundzügen der Chronologie. I. Heft. Inh.: Die egyptische, Die alexandrinische, Die seleucidische und die griechische Zeitrechnung. 4. (66 S.) 1.50

— — II. Heft. Inh.: Die Zeit- u. Festrechnung der Juden. 4. (74 S.) Wien: Fanto 1889. 2.—

Mahler, Emil, approb. Arzt aus Leutenbach b. Waiblingen: Ein Beitrag zur Theorie der Hemicephalie. *Rudolstadt [1898]: F. Mitzlaff.* (11 S.) 8°
Tübingen, Med. Diss. v. 1896

Mahler, Emil, heiteres vom Flügelrade, s.: Sattler's interess. Bibl.

Mahler, Erasmus [Pseud.], s.a. Hastenpflug, Wilhelm von

Mahler, Erasm., (Wlh. v. Hastenpflug), Abendzeitvertreib f. Bürger u. Landleute, die Spaß verstehen u. Kurzweil lieben. 8. Leipz. 811. Beygang. N. A. 817. Joachim. 12 gr

Mahler, E., Zeitvertreib für Bürger und Landleute, die Spaß verstehen und Kurzweil lieben. Neue Aufl. 8. Leipzig, Joachim. 817.

Mahler, Fr., gemeinnütz. Beitrag z. Menschenkunde. 2 Thle. 8. Leipz. 781. Weygand. 1 ß

Mahler, Frz., das Alräunchen. Eine Dichtg. aus dem 16. Jahrh. gr. 16. (VII, 184 S.) Wien (899). A. Hartleben. Geb. in Leinw. n. 2.—

Mahler, Frz., Bumm, s.: Bruck, W. van den.

— u. Otto Gebhardt, das macht Spaß. Ein Bilderbuch m. Versen v. M. u. (farb.) Zeichngn. v. G. Aus der Sammlung „Das deutsche Bilderbuch". (15 S.) Lex. 8. Mainz (907). J. Scholz. Kart. 2.—; auf Pappe (12 S.) 2.50

— Gute Freunde. Tierbilder. Mit Versen. (8 farb. S. auf Pappe.) 16×21 cm. Wesel (910). W. Düms. Geb. — 40

— dasselbe. (Malbuch.) 2 Sorten. (Je 8 [4 farb.] Bl. m. untergedr. Text.) 16×21,5 cm. Ebd. (910). à — 25

Mahler, Frz., der Kindertausch. Ein lustig Buch für groß u. klein, m. (farb.) Bildern v. Max Brinkmann. (Einbd.: Paul u. Christian od. der Kindertausch.) (21 Bl.) gr. 8. Mainz (903). J. Scholz. Geb. n. 1.50

— neue Postkarten-Grüsse. Epigramme. (32 S.) 8. Berlin (903). Berolina, F. Cronmeyer & Co. n. — 50

— die Reise der Tiere. Ein Bilderbuch. Mit (farb.) Bildern v. W. Schäfer. gr. 8. (6 S. auf Pappe.) Wesel (902). W. Düms. Geb. — 50

— die Reise der Tiere. Ein Bilderbuch. Mit Bildern v. W. Schäfer. (6 S. m. farb. Abbildgn. auf Pappe.) gr. 8. Wesel (903). W. Düms. Geb. — 50

— Würzewein. Gesammelte Schelmenlieder u. andere Scherzdichtgn. (158 S.) 8. Berlin 903. Berolina (F. Cronmeyer & Co.). n. 2. —; geb. in Leinw. n. 3. —

Mahler, Fr[itz], approb. Arzt aus Mannheim: Über die in der Heidelberger Klinik 1887—1897 behandelten Fälle von Carcinoma mammae. *Tübingen: H. Laupp 1900.* (34 S.) 8°
¶(Aus: Beiträge zur klinischen Chirurgie, Bd 26, H. 3.)
Heidelberg, Med. Diss. v. 1900

Mahler, Gottfried

Mahler, G., physikalische Aufgabensammlung, s.: Sammlung Göschen.

Mahler, Gottfried Einleitung in die Grassmannsche Ausdehnungslehre. 14 S. u. Taf. Progr. G. *Ulm* 1884.

Mahler, G., physikalische Formelsammlung, s.a. Sammlung Göschen.

Mahler, Gottfried: Physikalische Formelsammlung von –. Mit 65 Fig. 3. verb. Aufl. Neudr. Leipzig: Göschen 1910. 182 S. 8°
Sammlung Göschen. 136.

Mahler, G., ebene Geometrie, s.a. Sammlung Göschen.

Ebene Geometrie. Von G[ottfried] **Mahler**, Prof. Mit 110 Fig. 4., verb. Aufl. Neudr. Leipzig: Göschen 1910. 166 S. 8°
(Sammlung Göschen. 41.) [11. 14297 II

— Über Ionen u. Elektronen. (32 S. m. Fig.) gr. 8. Stuttgart 909. W. Kohlhammer. nn — 70
Sonderabdruck aus: „Neues Korrespondenzbl. f. d. höh. Schulen Württ."

— Leitfaden f. d. Anfangsunterr. in d. Algebra, s.a. Sammlung v. Lehrmitteln f. höhere Unterrichtsanst.

— Leitfaden f. den Anfangs-Unterricht in der Algebra. Resultate. gr. 8. (37 autogr. S.) Stuttgart (896). A. Bonz & Co. n.n. 1.20

— Leitfaden f. den Anfangs-Unterricht in der Planimetrie an höh. Lehranstalten, s.: Sammlung v. Lehrmitteln f. höh. Unterrichtsanstalten. III.

Mahler, G[ottfried]: Uebersicht über die in der Umgebung von Ulm wildwachsenden Phanerogamen. *Ulm 1898: Wagner.* (1—39 S.) 4°
Ulm, k. G, P 1898 (623)

Symphonie in C-moll No 2 von Gustav **Mahler**. Für 2 Claviere zu 4 Händen gesetzt von Hermann Behn. Leipzig: F. Hofmeister in Komm. 1896. (153 S.) 4° [J. u. Ant.] [04. 14409

Symphonie No 1 in D-dur von Gustav **Mahler**. Partitur. Wien, Leipzig, Paris: J. Weinberger [1899]. (171 S.) 4° [05. 3546

Symphonie No 5 für großes Orchester von Gustav **Mahler**. Partitur. *Leipzig: C. F. Peters (1904).* (251 S.) 4° [J. u. Ant.]
(Edition Peters. No 3087.) [04. 13901

Ludwigs, Ferd., das Heiligtum v. Antiochien. Schauspiel. Mit Männerchören, Soli u. Klavierbegleitg. komponiert v. F. Koenen. Ohne Frauenrolle. 4. Aufl. (IV, 108 S.) 12. Düsseldorf (903). L. Schwann. n. 1. 20

— Das Heiligtum v. Antiochien. Schauspiel. Mit Männerchören, Soli u. Klavierbegleitg. komponiert v. F. Koenen. Ohne Frauenrolle. 5. Aufl. (IV, 108 S.) kl. 8. Düsseldorf (909). L. Schwann. 1. 20

— St. Michael. Melodrama m. leb. Bildern. Musik v. P. Faßbänder. 8. (48 S.) Aachen 891. A. Jacobi & Co. n. — 30

Ludwigs, Ferd., der Triumphzug Christi. Dichtung. gr. 16. (III, 127 S.) Paderborn 891. F. Schöningh. n. 1. 60; geb. n. 2. 60

Ludwigs, G., Wilhelm Walloth, s.: Litteratur, die moderne, in biographischen Einzel-Darstellungen.

Ludwigs, Heinr. Maria, Erinnerungen an das Priester-Seminar. Ein Beitrag zur Chronik des erzbischöfl. Priesterseminars zu Köln. (VIII, 191 S.) gr. 8. Köln 903. H. Theissing. n. 3. —

Ludwigs, Heinr. Maria, Die Erneuerung des Priesters in Christus durch die Wiedererweckung der Weihegnaden. (163 S.) kl. 8. Einsiedeln 908. Verlagsanstalt Benziger & Co. 1.20; geb. in Leinw. 1. 90

— 6 Fastenpredigten üb. die Passion des Herrn. Im Dom zu Köln geh. (52 S.) 8. Köln 910. J. P. Bachem. — 80

Ludwigs, H. M., Fest-Reden zur Feier des diamantenen Priesterjubiläums unseres hochw. Hrn. Bischofs Ignatius v. Senestrey, s.: Sepp, B.

Ludwigs, H. M., das heil. Jahr od. das große Jubiläum 1875. Ein Wort der Belehrg. üb. das Jubilstum u. den Jubiläumsablaß nebst e. Anh. der durch Erlaß d. hochw. Herrn Erzbischofs v. Köln vorgeschriebenen u. anderer Gebete. gr. 16. (85 S.) Köln 875. Theissing. — 30

Ludwigs, H. M., das dritte allgemeine Jubiläum im Pontifikate des Papstes Leo XIII. Ein Wort der Belehrung über den Jubiläums-Ablaß, nebst einem Gebets-Anhang. gr. 16. (36 S.) Köln 886, Theissing. *

— das vierte allgemeine Jubiläum im Pontifikate des Papstes Leo XIII. Ein Wort der Belehrg. üb. den Jubiläums-Ablaß, nebst e. Gebetsanh. Unter besond. Berücksicht. der f. die Erzdiöcese Köln getroffenen oberhirtl. Bestimmgn. gr. 16. (47 S.) Köln 901. H. Theissing. — 15

Ludwigs, H. M., das zweite allgemeine Jubiläum im Pontifikate des Papstes Leo XIII. Ein Wort der Belehrung über den Jubiläums-Ablaß, nebst einem Gebets-Anhang. 5. Aufl. Unter Berücksichtigung der neuesten kirchl. Entscheidgn. 16. (36 S.) Köln 881. Theissing. n. — 10

— Kardinal Erzbischof Dr. Paulus Melchers u. die St. Pauluskirche in Köln. Eine zeitgeschichtl. Erinnerg., aus Anlaß ihrer feierl. Konsekration am 29. IV. 1909 dem kathol. Volke dargeboten. (103 S. m. 1 Bildnis.) gr. 8. Ebd. 909. 1.50; geb. 2.—; feine Ausg. 2.—; geb. 2. 50

— Seminar-Vorträge f. die Kandidaten des Priestertums. I. Serie. 1.—5. Vortrag. (46 S.) 8. Ebd. 909. — 80

Ludwigs, Heinrich Maria: Seminar-Vorträge für die Kandidaten des Priestertums. Von — . Ser. 1. Cöln: Bachem 1909. 8°.

— Wanderungen u. Wallfahrten der allerseligsten Jungfrau Maria. Geistliche Lesgn., f. den Maimonat u. f. die Reise- u. Wallfahrtszeit bearb. (100 S. m. 10 Vollbildern.) kl. 8. Ebd. (910). Geb. in Leinw. nn 1. 90

Ludwigs, Kurt, Rechtsprakt.: Das Verhältnis der Beamtenhaftung ⟨§ 839⟩ zur allgemeinen Deliktshaftung ⟨§§ 823, 826⟩ im Bürgerlichen Gesetzbuch. Heidelberg 1910: Rössler & Herbert. 77 S. 8°

Heidelberg, Jur. Diss. v. 21. Juli 1910, Ref. Heinsheimer

[Geb. 22. Jan. 87 Berlin; Wohnort: Mannheim; Staatsangeh.: Baden; Vorbildung: Oberrealsch. Mannheim Reife M. 05; Studium: Heidelberg 4, Berlin 1, Heidelberg 3 S.; Rig. 5. März 10.] [U 10. 1934

Ludwigs, Marie, Kochbuch f. den Selbstkocher. 2. Aufl. (VII, 128 S.) 8. Berlin 906. C. Habel. Geb. in Leinw. n. 1. 50

Gedanken Otto **Ludwigs**. Aus s. Nachlaß ausgewählt u. hrsg. von Cordelia Ludwig. *Leipzig: E. Diederichs 1903.* (173 S.) 8° [F.] [03. 12600

Ludwigsbahn, pfälzische, früher Rhein-Bexbacher od. Ludwigshafen- (u. Speyer-) Bexbacher Eisenbahn v. Phil. Ant. Dethier. gr. 8. (1¾ B. u. 1 ill. Karte der Bahnrichtung.) Berlin 844. (Eyssenhardt'sche Buchh.?) * —

Aus: Der Dampfer, od. Zeitung f. Eisenbahnkunde etc. besond. abgedruckt.

Ludwigsbrücke, die neue, in Bamberg. Erste Kettenbrücke in Bayern. 2. Aufl. mit neuen verbess. lith. Taf. u. e. Anh. üb. d. Eröffnung d. neuen Brücke. gr. 4. (1½ B. u. 2 Taf. qu. gr. Fol.) Bamberg 830, (Literar.-artist. Institut.)

Ludwigsburg [Sachliches OW]

Ludwigsburg, Die A. H. Werner'sche Kinderheilanstalt. Festschrift zu ihrer 50jährigen Jubelfeier am 23. Juli 1891. Ludw. 1891. V: *Schmidt, Herm. & O. E. B. Blum.* (Heyd)

Ludwigsburg mit Umgebung. Hrsg. von d. Kgl. Statist. Landesamt 1902. Zsgest. aus d. Sekt. d. Neuen Topogr. Karte No 43, 44, 56, 57, mit Nachträgen bis 1902. Massst. 1:25.000. *([Ludwigsburg] 1902)* K. *Stat. Landesamt.* (1 Kartenbl. 78 × 64 cm mit Legende) quer gr. 2° [kol.]

Ludwigsburg [Schlagwort]

— s. a.: Deutschland. Kürschner-Pelp.

Ludwigsburg, Oberamt, s. a. Württemberg. Bauser, W.

Ludwigsburg, Stadt. Karte v. Ludwigsburg u. Umgebung. 1 : 200,000. Lith. gr. Fol. Tübingen 890. Fues. n. 1. 40; auf Leinw. n. 2. —

Ludwigsburg. Karte von Ludwigsburg m. Umgebung, hrsg. von dem königl. statist. Landesamt. 1 : 50,000. Steindr. 48,5×47,5 cm. Stuttgart 892. (K. Aue. — J. B. Metzler's Sort.) [1. —] n.n. — 75

Ludwigsburg. Karte v. Ludwigsburg m. Umgebung, hrsg. v. dem königl. statist. Landesamt. Zusammengestellt aus den Sektionen der neuen topograph. Karte Nr. 43, 44, 56, 57, m. Nachträgen bis 1902. 1:25,000. 68×82 cm. Lith. Stuttgart 902. (H. Lindemann.) n.n. 2.50; in 3 Farben m. Höhenkurven, auf dünnem Pap. n.n. 2.70

— Manöverkarte, s.: Militärkarten.

Ludwigsburg. Umgebungskarte von Ludwigsburg, hrsg. v. dem königl. statist. Landesamt. 1 : 60,000. Neue Ausg. 1898. 48 × 48 cm. Lith. Stuttgart 898. (H. Lindemann.) n.n. — 75

Ludwigs-Donau-Main-Canal. Ursprünglicher Entwurf von dem K. b. Oberbaurathe Frh. v. Pechmann. Ergänzt von der Generaldirection der K. b. Verkehrsanstalten. München im August 1858. Mit 4 Bl. Karten (80,000) und 7 Bl. Kunstbauten. 11 Bl.

Ludwigseck [Schlagwort]

Ludwigseck, s.: Geologische Karten (Preussen).

Ludwigseck, s.: Preussen. Messtischblätter.

Ludwigshafen [Schlagwort]

Ludwigshafen a. Rh., s.a. Mannheim.

Ludwigshafen, s.a. Pfalz.

Ludwigshafen. Hilschmann, Frz, Heimatkarte v. Ludwigshafen a. Rh. 1 : 100,000. 27 × 34 cm. Farbendr. Ludwigshafen 895. F. Baumgartner. n. — 20

— — Karte v. Ludwigshafen a. Rh. u. Umgebung. 1 : 100,000. Nach amtl. Quellen gezeichnet. 27 × 34 cm. Farbendr. Ebd. 895. n. — 40

— — Stadtplan v. Ludwigshafen am Rhein. Für den Schul- u. Handgebrauch gezeichnet. 1 : 12,000. 27 × 35 cm. Farbendr. Ebd. 895. n. — 30

Ludwigslust [Sachliches OW]

Ludwigslust, einst u. jetzt. Ein Wegweiser. (59 S. m. 5 Taf.) 8. Ludwigslust 909. Hinstorff. 1. —

Ludwigslust [Schlagwort]

Ludwigslust, s.: Deutschland. Uebersichtskarte.

Ludwigsstadt [Schlagwort]

Ludwigsstadt, s.: Bayern. Karte.

Ludwigswalde [Schlagwort]

Ludwigswalde, s.: Preussen. Messtischblätter.

Ludwik, C. Das Kessel- u. Maschinenhaus der Jubiläumsausstellung in Wien 1888. gr. 8. (19 S. m. 2 Taf.) Prag 889, (Calve). Aus: Techn. Blätter, besonders abgedruckt. * * 2 40

Ludwik, C., Schiffs-Hebewerke d. vereinigt. Maschinen-Fabriken. Lex.-8. (21 S.) Prag 902. J. G. Calve. n. 1. — Sonderabdruck aus: „Techn. Blätter".

Ludwik, Paul, Elemente der technolog. Mechanik. (57 S. m. 20 Fig. u. 3 lith. Taf.) gr. 8. Berlin 909. J. Springer. 8. —

Die Kegelprobe. Ein neues Verfahren z. Härtebestimmung von Materialien. Von Ing. Dr. Paul **Ludwik**. Berlin: J. Springer 1908. (35 S.) 8°

— Vergleichende statische u. dynamische Kerbbiegeproben, s.: Mitteilungen aus d. mechanisch-techn. Laboratorium d. techn. Hochschule in Wien. (Leon, Alfons.)

Ludwik, Paul: Technologische Studie über Blechbiegung; ein Beitrag zur Mechanik der Formänderungen. – 1904.
Diss. Wien, TH

Ludwinowski, Jacob. Über das Vorkommen von Glykogen in den Hoden von Rana esculenta. Aus dem physiologischen Institut in Zürich. Diss. Med. Univ. Zürich. 20 S. 8. Zürich, Scherreschewsky, 1910.

Ludwinowski, Samuel. Synthese des 1-Oxy-3-methyl-flavons. Diss. Phil. Bern. 48 S. 8. Berlin, Gustav Schade, 1908.

Ludy, Friedrich

Ludy, Fr., caligraphical Handwriting for the exerc. of young People. qu. 4. (13 Bl., Kpfrst.) Elberfeld 830, Becker.

– Schulvorschriften. 16 Heft. qu. Fol. Elferf. 826. (Büschler). 20 ϗ

Ludy, Vorschriften, s.a. Vorschriften.

—— allgem. Deutsche Vorschriften f. d. Schulgebr. u. z. Selbstunterr. qu. 4. (13 Bl., Kpfrst.) Elberfeld 830, Becker.

Ludy, Friedr., allgem. deutsche Vorschriften f. d. Schulgebr. u. z. Selbstunterr. (Neue Aufl.) qu. schmal gr. 4. (12 Bl., Kpfrst.) Elberfeld 835, Becker.

– neue Vorschriften zum Schönschreiben. qu. Fol. Elberf. ... Schönian. 1 ₰ 12 ϗ

—— neueste Engl. Vorschriften z. Schönschreiben, f. d. Schul- u. Privatgebr. qu. gr. 4. (13 Bl., Kpfrst.) Elberfeld (832), Becker.

Lüdy Ernst, Dr.: Über einige aldehydische Kondensationsprodukte des Harnstoffes und den Nachweis des letzteren. S. 98 Hb. 191 . . . . vgr.
Separatabdruck

Lüdy, Ernst, über die Spaltung des Fettes in den Geweben und das Vorkommen der freien Fettsäuren in denselben. Inaugural-Dissertation. gr. 8. (25 S.) Bern 888, (Huber und Comp.) *

Lüdy, Fritz. Über den Patentschutz in der Chemie und Pharmacie. Separatabdruck aus der «Schweiz. Wochenschrift für Chemie und Pharmacie» [Jahrg. 39,] 1901, Nr. 13. 7 S. 8. [Zürich, Art. Institut Orell Füssli.]

Lüdy, Fritz. Studien über die Sumatra-Benzoë und ihre Entstehung. (Bern) Berlin, 1893.

Ludzie i ludziska życie i wegetowanie. Powieść przez autora „Wspomnień kapitana wojsk polskich z 1863 roku." 8. (108 S.) Leipzig 866, Kasprowicz. *

Lueg ins Land: Der Lueg ins Land
① Eine Stimme aus dem Volk für das Volk, zur Anbahnung einer Verfassungsverbesserung (5. und 12. 4. 1839) ④ Luzerner Anzeiger (I) ⑤ 5. 4. 1839 —26. 12. 1839 ⑥ 4° ⑦ Wochenblatt ⑧ Luzern: A. Petermann (5. 4.—18. 7. 1839); Altdorf: Z'graggen (26. 7. 1839—1. 8. 1839); Luzern: Jos. Huwyler & Cie (8. 8.—26. 12. 1839) ⑩ zuerst A. Petermann, dann Huwyler ⑫ unabhängig ⑬ BGSZ: 1028: Der Eidgenosse (Sursee) 1840, Nr. 6 ⑭ Lu: Z; Be: L Die beiden Nrn. 15 und 16 tragen keinen Druckvermerk. — Ab Nr. 3 Titelvignette «Mannliturm» der Luzerner Museggmauer.

Luëger, Karl

Luëger, Carl, e. Held d. christlich-german. Volkes u. seine Mitkämpfer, s.: Volk, christliches, wach auf.

Lüer, A., die Volksschul-Erziehung im Zeitalter der Sozialreform. Sozial-pädagogische Studien. gr. 8. (VIII, 324 S.) Leipzig 899. E. Wunderlich. n. 3.—; geb. n. 3.60

Lüer, Herm., die Entwicklung in der Kunst. Ein Erklärungsversuch. 8. (71 S.) Strassburg 901. J. H. E. Heitz. n. 1.50

— u. **Max Creutz**, Geschichte der Metallkunst. (2 Bde.) 1. Bd.: Kunstgeschichte der unedlen Metalle: Schmiedeeisen, Gusseisen, Bronze, Zinn, Blei u. Zink. Bearb. von Herm. Lüer. (VIII, 660 S. m. 445 Abbildgn.) Lex.-8. Stuttgart 904. F. Enke. n. 28.—; geb. in Leinw. n. 30.—

Lüer, Herm., u. **Max Creutz**, Geschichte der Metallkunst. 2. (Schluss-)Bd.: Kunstgeschichte der edlen Metalle. Bearb. v. Max Creutz. (VIII, 462 S. m. 401 Abbildgn.) Lex. 8. Stuttgart 909. F. Enke. 18.—; geb. in Leinw. n 20.—
Bd. I. Ebd. 904. 28.—; geb. n 30.—

Lüer, Herm., Kronleuchter u. Laternen, s.: Vorbilder-Hefte aus dem kgl. Kunstgewerbe-Museum zu Berlin. 30. 31. Hft.

Kunstgeschichte der unedlen Metalle: Schmiedeeisen, Gußeisen, Bronze, Zinn, Blei u. Zink. Bearb. von Dr. Hermann Lüer. Mit 445 Abb. *Stuttgart: F. Enke 1904.* (VIII, 660 S.) 8°
= Lüer: Geschichte d. Metallkunst. Bd 1. [04. 13370

Lüer, Hermann: Über japanische Stichblätter. *Heidelberg 1897: F. Culemann in Hannover.* (56 S.) 8°
Heidelberg, Phil. Diss. v. [30. Okt.] 1897

— **Technik der Bronzeplastik**, s.a. Monographien des Kunstgewerbes. IV.

Technik der Bronzeplastik von Hermann Lüer. Mit 144 Abb. *Leipzig: H. Seemann Nachf. [1902].* (134 S.) 4°(8°)
— Monographien d. Kunstgewerbes. 4. [03. 3766 8

Lüer, Karl, approb. Arzt aus Goslar a. H.: Aus d. Kgl. Universitäts-Frauenklinik zu München Sr. Magnificenz Geh. Rat Prof. Dr. Ritter F. v. Winckel. Ueber einen Fall von congenitaler Scheidenatresie mit Cystokolposbildung, bei völligem Mangel der Urethra und Blase, sowie der Portio, Cervix und des Corpus uteri. *München 1903: C. Wolf & Sohn.* (42 S.) 8°
München, Med. Diss. v. 1903

Lüer sen., Otto, die Diphtheritis, ihre Erscheinung, Entstehung, Verbreitung und Bekämpfung, speciell erläutert. 2. Aufl. mit Anmerkungen. gr. 8. (12 S.) Hirschberg 883, (Kuh'sche Buchh.) *

—— der Milzbrand. Entstehung und Bekämpfung desselben, speciell erläutert. Mit Nachtrag. gr. 8. (15 S.) Ebendas. 883. *

Lüer, Otto, Der Milzbrand. Entstehung und Bekämpfung desselben, spez. erläutert. Hirschberg 84. Kuh. M. —.50

Lüers, Adolf, aus Neumarkt: David Humes religionsphilosophische Anschauungen. *Berlin: R. Gaertner 1900.* (20 S.) 4°
Erlangen, Phil. Diss. v. 18. Juli 1900

Lüers, Adf., David Humes religionsphilosophische Anschauungen. Progr. 4. (20 S.) Berlin 901. [R. Gaertner.] Weidmann. n. 1.—

Lüerssen, Heinr., das Lahntal, s.: Roth's illustr. Lahnführer.

Lüerssen, Heinrich, aus Schlüte: Das Schiffsgläubigerrecht und die übrigen seerechtlichen Pfandrechte. *Borna 1901: R. Noske.* (68 S.) 8°
Leipzig, Jur. Diss. v. 1901

Lüerssen, Heinr., das Schiffsgläubigerrecht u. d. übrigen seerechtlichen Pfandrechte. gr. 8. (69 S.) Berlin 902. Struppe & Winckler. n. 1.60

Luff, Arth. P., die Gicht. Ihre Pathologie u. Therapie. Autoris. Übersetzg. aus dem Engl. v. Ralf Wichmann. gr. 8. (VI, 177 S. m. 1 Kurve.) Berlin 899. O. Salle. n. 4.—

Luff, Gust., Chemie f. Hausfrauen sowie zum Gebrauch an Haushaltungsschulen. (VII, 127 S.) gr. 8. Stuttgart 909. F. Grub. 2.50; geb. in Leinw. 3.—

LUFF, GUSTAV. Ueber die 4 isomeren Nitro-m-Oxyzimmt-Säuren. (Basel) Memmingen, 1890.

Luffmann, Jh., Beschreibung d. Insel Antigua in Westindien rc. mit Anmerkk. v. Wiedmann; s.a. Bibliothek d. n. Reisebeschreibungen 15r Bd.

Luffmann, J., kurze Beschr. der Insel Antigua, a. d. Engl. von Wiedemann. m. K. gr. 8. Nürnberg, Schneider u. W. 790.

Lufft, Andreas Georg, Das Stehen vor den Königen, als — Lohn der Rechtschaffenheit in den Berufs-Geschäfften wurde, als — — — Friedrich Christoph Freyherr von Geuder genannt Rabensteiner — — Ihro — Majestät — geheimder Rath — — den 25sten Octobris 1770 — — betrauert worden — — zu Trost und Erbauung vorgestellet. Nürnberg. fol.

Lufft, August

(**Lufft**, [Worms] Aug., k. bayer. Regier.-Dir. a. D.) Der Feldzug am Mittelrhein in den Monaten Mai, Juni und Juli 1794. Insbesondere: Die Sprengung der Gebirgspostenlinie der Alliirten zwischen Edenkoben und Kaiserslautern am 13. Juli 1794. Dargestellt von A. L. W. unter Benützung bisher unbekannter Quellen mit höchst wichtigen Aufschlüssen über die Eroberung des Hauptgebirgspostens „Schänzel". Mit einem Anhange und 5 Plänen. gr. 8. Karsruhe 1870.

Lufft, Aug., der Feldzug am Mittelrhein von Mitte August bis Ende Dezbr. 1793. gr. 8. (XV, 160 S.) Freiburg i. Br. 881, Mohr. *

Lufft, Aug., das Schänzel bei Edenkoben in der bayerischen Pfalz oder die Entscheidung des Feldzuges am Mittelrhein im J. 1794. gr. 8. (VIII, 72 S. mit 1 lithogr. Plan.) Karlsruhe 885, Braun'sche Hofbuchh. *

Lufft, August, k. bayer. Regierungs-Director a. D., Verfasser des Feldzuges am Mittelrhein 1793 und des Feldzuges am Mittelrhein 1794. Die Schlachten bei Freiburg (Breisgau) im August 1644. Enghien (Condé) und Turenne gegen Mercy. Mit 1 Plan. gr. 8. Freiburg i. B. und Tübingen 1882.

Lufft, A., Streiflichter auf bayerische Zustände. Mannheim 1873. 8°.
Ppbd.
4 Bll., 295 S.

Lufft, A., Streiflichter auf bayerische Zustände. gr. 8. (295 S.) Straßburg 873. Schneider. n. 3.60

Lufft, A., Streiflichter auf bayerische Zustände. 1. Ausg. 1873. *M 3,60., und 2. Ausg. gr. 8. (VII, 295 S.) Mannheim [Straßburg] 875, Schneider. *

Lufft, A. Offene aktenmäßige Verwahrung und Abwehr bezüglich der gegen ihn erhobenen politischen Beschuldigungen. Mit Nachtrag. Augsburg, Rieger 1848, 1851. VI 176, 98, 24 S. 8.

Lufft, E., Druckverhältnisse in Silozellen. Ein Beitrag zur Berechng. v. Silowänden. (III, 26 S. m. 19 Abb.) Lex. 8. Berlin 910. W. Ernst & Sohn. 1.40
Sonderabdruck aus: „Beton u. Eisen".

Lufft, F. Matth., bibl. Erläut. a. d. morgenländ. u. a. Reisebeschr. 8. Nürnb. 735.

Lufft, Friedr. Matth. (Rüsselb./Nürnb.), De varietate in formis animalium externis tanquam indice existentiae divinae. Präs. Leonh. Bohner (Nürnberg) Altdorf (J. Wilh. Kohl) 15. V. 1725. 32 S. (4.—) 21842
Gew.: J. Chr. v. Imhof, Hieron. Wilh. Ebner, J. S. Pfinzing, J. H. Loeffelholz.

Lufft, Hermann: Über die Darstellung der Fruchtbarkeitsverhältnisse einer Bevölkerung. Borna-Leipzig 1908: Noske. 44 S. 8°
Göttingen, Phil. Diss. v. 17. Sept. 1908, Ref. Lexis
[Geb. 2. Sept. 80 Reichenhall; Wohnort: Reichenhall; Staatsangeh.: Bayern; Vorbildung: Maximilians-Gymn. München Reife Juli 99; Studium: München Techn. Hochsch. 2, Univ. 8, Göttingen 1, Leipzig 5, Göttingen 1 S.; Rig. 31. Juli 08.] [U 09. 1379

Lufft, Herm., die Weltanschauung des Hamlet. (73 S.) 8. Leipzig 909. Xenien-Verlag. 1.20

— **Joh. Conr.** (Fischbach / Nürnberg), De utilitate studii Matheseos in philosophia. Präs. Mich. Kelsch (Nürnberg). Altdorf (M. Dan. Meyer) 16. IX. 1720. 16 S. (4.50) 21844

Luft [Sachliches OW]

Luft, frische, in die Krankenstube. Ein Mahnwort an die Katholiken Bayerns. (S.-A. d. Artikelserie „Auf Vorposten" aus dem „Bayer. Vaterland".) München 1880. 8°. 1 Bl., 40 S. Cart.

Luft, jena'sche. Eine Sammlung wildgewachsener Studentenlieder als Beitrag zur akademischen Sittengeschichte dargebracht von der alten Latte. 8. (38 S.) Weimar 858, Kühn. *

Luft, mehr! Polare Atmungsgymnastik als Schlüssel zur Heilkunst. Von e. Selbstarzt. 2. Aufl. (76 S.) 8. Berlin (S.O. 26) 910. Gust. Ferd. Müller. 1.—

Luft, Münchner. Jahrg. 1905. 12 Nrn. (à ca. 16 S. m. Abbildgn.) 4. München, R. Abt. n. 6.—

MEINE Tante Resi Luft, Bordellbesitzerin in Budapest. Geschrieben von ihrer Nichte Elise. Verlag von Casanova o. J. (1910). Kl. 8°. 76 S.

Luft, Wiener, s.: Figaro.

Luft [Verfasser]

Luft, Eduard: Über die Unterschiedsempfindlichkeit für Tonhöhen .... (Aus: Philosoph. Studien, herausg. v. Wundt, Bd. IV.) Leipzig, Wilhelm Engelmann, 1888; 32 S. + 1 Bl. 8°
Leipzig, Phil. Fak., Inaug.-Diss. v. 13. Febr. 1888

Luft, Friedrich: Über die Verletzbarkeit der Ehre in der altfranzösischen Chanson de geste. T. 1. Berlin 1907: Weidmann. (26 S.) 4°
Berlin, IX. R OP 1907 (144)

Luft, Friedrich: Über die Verletzbarkeit der Ehre in der altfranzösischen Chanson de geste. T. 2. Schöneberg 1909: Sommer. 34 S. 4° ¶[Forts. d. P-Beil. 1907.]
Schöneberg, Hohenzollern-S OP 1909 (99. 182) [S 09. 305

Luft, Gustav, approb. Arzt aus Gießen: Aus d. pathol. Institut zu Gießen. Zur Casuistik der traumatischen Ruptur des Herzens. *Homburg a. d. Ohm 1903: Th. M. Spamer Nachf.* (33 S.) 8°
Gießen, Med. Diss. v. 1903

Luft, Heinrich: Aus d. Univ.-Frauenklinik zu Giessen. Luxatio humeri congenita. Berlin: Karger 1909. 16 S. 8° ¶(Aus: Monatsschrift f. Geburtsh. u. Gynäkol. Bd 30.)
Gießen, Med. Diss. v. 12. Okt. 1909, Ref. v. Franqué
[Geb. 14. Febr. 85 Steinbach i. Taunus; Wohnort: Wiesbaden; Staatsangeh.: Hessen; Vorbildung: Realgymn. Wiesbaden Reife O. 03; Studium: Gießen 1, Marburg 1, Gießen 5, Heidelberg 1, Gießen 2 S.; Coll. 9. März 09; Approb. 20. Aug. 09.] [U 10. 1149

Luft, Joh., lyrische Gedichte. 8. (18¼ B.) Darmstadt 835, (Lange.)

Luft, Joh., Leben u. Schicksale in meiner Schulmeister-Laufbahn, eingeleitet u. erläut. v. Karl Esselborn, s.a. Volksbücher, hess. 7.

Johann **Luft**: Leben und Schicksale in meiner Schulmeister-Laufbahn eingeleitet u. erl. von Karl Esselborn. Darmstadt: W. Diehl, Selbstverl. 1910. 120 S. 8°
(Hessische Volksbücher. 7.) [10. 16118 4

Luft, Johann

Historische Novellen und Erzählungen in Prosa und Versen. 7., mit einem Anhang von Gedichten vermehrte Aufl. Giessen: Verf. 1853. 245 S. 8°

Luft, Jh., poetische Versuche. 2 Thle. 8. Darmst. 827.

Luft, (K[arl] E[duard]), Dr.: **Materialien zum mathematischen Unterricht in Landwirtschaftsschulen.** *Döbeln 1903: A. Thallwitz.* (S. I—XXII.) 4°
Döbeln, k. RG u. h. Landwirtschafts-S, P 1903 (630)

Luft's, Conr., umschreibende Erklärung des kleinen Katechismus Dr. Luther's mit Einschluß der Haustafel nebst zwei Beigaben. Neu bearb. und zum Gebrauch in Kirche, Schule und Haus eingerichtet von J. C. K. Harleß. gr. 8. (VIII und 119 S.) Erlangen 854, Bläsing.

Luft, Max: Ueber cyklische Basenderivate des 4-Aminoantipyrins. 1906. 36 S. 8° ¶ Vgl. Berichte d. Deutschen Chem. Gesellschaft. Jg. 38. 1905.
Berlin, Dr.-Ing.-Diss. v. 12. 1. 1906

Luft, Max, Lehrseminarist Schöntal. Eine Tragödie aus dem Schülerleben in 3 Aufzügen. (78 S.) 8. Berlin-Friedenau (910). Bureau C. Fischer. 2.—

Luft, Max, d. Sünderin. Realist. Roman. 8. (190 S.) München 896. A. Schupp. n. 1.80

Luft, Mich., Geschichte der Stadt Weipert, s.: Schmidl, Carl G.

Luft, Pet., Serenissimus in Nöten, s.a. Fastnachts-Bühne. 91. Hft.

Serenissimus in Nöten. Tragikom. Intermezzo in 1 Akt von Peter **Luft**. *Berlin: E. Bloch 1903.* (19 S.) 8° [F.]
= Fastnachts-Bühne. H. 91. [03. 10858

Luft, Rob., die Verordnungen d. kgl. Landrathsamts, d. Polizeibehörde u. d. städt. Behörden zu Leobschütz m. kurzen Erläutergn. 8. (VIII, 224 S.) Leobschütz 897. W. Witke. Geb. in Leinw. n. 8.—

Luft, Wilhelm [aus Berlin]: Die Entwickelung des Dialoges im alten Hildebrandsliede ... Berlin, C. Vogts Buchdr., *1895*; 37 S., 1 Bl. 8.
Berlin, Phil. Fak., Inaug.-Diss. v. 10. Aug. 1895

Luft, Wilh., Studien zu d. ältesten german. Alphabeten. gr. 8. (VIII, 116 S.) Gütersloh 898. C. Bertelsmann. n. 2.40

Lüft, Dr., ..., s. Jahrbücher für Theologie.

Lüft, Joh. Bapt., Betrachtungen über den christlichen Glauben u. das christliche Leben. Predigten. gr. 8. (VI u. 272 S.) Mainz 852, Kirchheim & Schott. n. 26 ngr

Lüft, Jh. Bapt., Liturgik, oder wissenschaftliche Darstellung des kathol. Cultus. 1. Bd.: Allgemeine Liturgik. gr. 8. Mainz 844, Kirchheim, Schott u. Thielmann. 1⅚ ₰

— Liturgik oder wissenschaftliche Darstellung des kath. Cultus. 2. Bd. 2 Abthlgn. gr. 8. (XIV u. 746 S.) Ebd. 847. à 1 ₰ 12 ngr (I. II. 1. 2.: 4 ₰ 19 ngr)

Luftbahn, die, das Verkehrsmittel der Zukunft, hrsg. v. der Luft-Bahn-Gesellschaft, Marburg. (L. B. G.) (24 S. m. Abb.) gr. 8. Marburg 909. N. G. Elwert's Verl. 1. —

Luftball, der, ein kom. Heldengedicht in Knittelversen, (v. F. X. Huber). 8. Augsb. 786. Doll. 4 K

Luftball, Der auf den 24. Aug. 1786 **angekündigte,** in Augsburg. Ein Heldengedicht in Knittelversen. O. O. 1786. V: *Huber II, Franz Xaver.* (BiblPort) (GGr V/447, Nr. 5/2)

Luftball, Montgolfiers. Eine poetische Deklamation. Berlin 1784. V: *Eckhardt, Gottlieb Wilhelm.* (Ky) (GGr)

Luftbälle, Die, oder die Liebhaber à la Blanchard. Lustspiel mit einem musikalischen Epilog: Blanchard auf dem Parnass. [1788.] V: *Grossmann.* (Fritz Hartmann, Sechs Bücher Braunschweiger Theater. Wolfenbüttel 1905. S. 243) (BiblPort)

Luftbälle, die; od. der Liebhaber a la Montgolfier. Lustsp. v. Bretzner. 8. Lpz. Jacobäer. 786. — 6

Luftballon, der, ein Blatt f. Herz, Geist, Kopf u. Magen, s. Komet.

Luftballon, Der, oder die Hundstage in Schilda . . . Leipzig 1827. V: *Herloss, Georg Carl Reg.* (GGr)

Luftballon, der. Geschichte und Entwicklung der Luftschiffahrt. gr. 8. (11 S.) Wien 882, Verlag der Allgem. Sport-Zeitung.

Luftballon, Der. Geschichte und Entwicklung der Luftschiffahrt. 2. Aufl. Wien 1883. V: *Silberer, Victor.* (EB)

Luftballon, der. Humoristisches Wochenblatt. Red.: Art. Lokesch. Jahrg. 1908. 52 Nrn. (à ca. 16 S. m. z. Tl. farb. Abbildgn.) 80,5×23 cm. Berlin, Verl. der „Lust. Blätter". 7. —
Fortsetzg., s.: Sporthumor.

Luftblasen. Halle 1851. V: *Flemming, G. J. G. F.* (Ky)

Luftblasen. Von Veratrinus Leuchtkäfer, der Arzneigelahrtheit Doctor. gr. 8. (IV und 52 S.) Halle 851, Pfeffer. Thlr. *

Luftblasen. Neue Folge von Veratrinus Leuchtkäfer, Doctor der Arzeneigelahrtheit. (Flemming.) gr. 8. (V und 87 S.) Halle 853, Pfeffer. *
1. (Bdchn.) Ebendas. 1851. * 10 Ngr.

Luftensteiner, Hans, mag. pharm., aus Pabneukirchen, O.-Oesterreich: Zur Chemie der Molekülverbindungen des Zinns. Zürich 1907. 70 S. 8°. [21. VIII. 07.]
Zürich. Phil. Diss. II. S. 1906/1907.

Luftensteiner, Hans. Zur Chemie der Molekülverbindungen des Zinns. Diss. Phil. [II.] Univ. Zürich. 70 S. 8. Zürich, Jean Frank, 1907.

Lufterneuerung, die vollständige, von F. X. v. Häberl u. die Heizung mit erwärmter Luft v. P. T. Meissner. Zur endlichen Berichtig. der Debatten über die Wahl des besten Mittels für Erwärmung u. Ventilation der Krankenhäuser u. anderer öffentl. Gebäude. Zunächst f. Staatsökonomen, Aerzte, Bauverständige u. die Besitzer der obengenannten Schriften mitgetheilt v. Fr. A. K. gr. 8. (7¾ B. u. 1 Stnt.) Zürich u. Winterthur 844, Literar. Comptoir. *

Luftfahrt, Die, in Augsburg. Ein komisches Heldengedicht in vier Gesängen. Gedruckt im Mond bey Montgolfier und Blanchard 1787 [Augspurg]. V: *Huber II, Franz Xaver.* (Wr) (Hdschr. Mitth. von Gustav Gugitz, Wien) (BiblPort) (GGr V/447, Nr. 5/2)

Luftfahrten, wissenschaftliche. Ausgeführt vom deutschen Verein z. Förderg. der Luftschiffahrt in Berlin. Unter Mitwirkg. von O. Baschin, W. v. Bezold, R. Börnstein, H. Gross, V. Kremser, H. Stade u. R. Süring hrsg. v. Rich. Assmann u. Arth. Berson. 3 Bde. hoch 4. Braunschweig, F. Vieweg & Sohn. n. 100. —
1. Assmann, R., A. Berson, H. Gross, Geschichte u. Beobachtungsmaterial. Mit 1 farb. Vollbilde, 19 eingedr. Abbildgn. u. 59 Karten. (XI, 212 u. 154 S.) 899.
2. Assmann, R., O. Baschin, A. Berson, R. Börnstein, H. Gross, V. Kremser, H. Stade u. R. Süring, Beschreibung u. Ergebnisse der einz. Fahrten. Mit 5 farb. Vollbildern, 310 eingedr. Abbildgn. u. 2 Taf. (X, 706 S.) 900.
3. Assmann, R., A. Berson, W. v. Bezold, R. Börnstein u. R. Süring, Zusammenfassungen u. Hauptergebnisse. Mit 20 eingedr. Abb. u. 2 Taf. (IX, 313 S.) 900.

Die **Luftflotte.** Offizielles Organ d. Deutschen Luftflotten-Vereins. Unter Leitung von Hermann W. L. Moedebeck, Oberstlt a. D., hrsg. v. Deutschen Luftflotten-Verein. Jg. 1. Berlin-München: Braunbeck & Gutenberg-Dr. 1908(–09). 4° [11. 17634]

Luftgeist, der; ein Roman, von K. Stein. 8. Berlin, Schüppelsche Buchh. 817.

Luftjagd, Die, am 22. May von Berlin gesehen . . . Berlin 1800. V: *Bratring, Friedrich Wilhelm August.* (Ky) (GGr) (Hitzig)

Lustjagd, die am 22. Mai 1800 v. Berlin gesehen u. bewunderte. Ein Gedicht, (v. F. W. A. Bratring). 8. Berl. 800. Schöne. 4 K

Der Luftikus: Jahrgang 1, no. 001, Jan. 15, 1909–? Baltimore, MD

Luftkugel, die,. Theatral. Schnurre v. Hagemann. 8. Hamburg, Matthießen. 784. — 2

Luftkugeln und Schneeballen, ein Gedicht. Hamburg 1784. V: *Kühl, Gottdank Anton.* (Schr) (Ky) (GGr) (Adel)

Luft- u. Wasserkur, meine, nebst Bemerkgn. zur Ernährungs- u. Kleidungsfrage. Zugleich e. Mahnwort an alle Kneipp-Enthusiasten v. F. D. 8. (VII, 64 S.) Karlsruhe 891. Reiff. n. 1.

Luftkurort und Pension zum Bären in Alblingen.... [Mit 2 Illustrationen.] 8. Bern [1894].

Luft- u. Terrain-Curort Leutenberg. [Thüringen.] gr. 8. (15 S. m. Karte.) Leutenberg 889. (Kahla, Hevl.) * — 50

Luftmann, Geo., Debet u. Credit. Lehrbuch d. einf. u. dopp. Buchhaltg. f. d. Schul- u. Selbst-Unterricht. gr. 4. (128 S.) Czernowitz 897. (H. Pardini.) Geb. n. 3. 60

Lüftner, Frz., Resultate aus den meteorolog. Beobachtungen in Pola, s.: Kesslitz, Wilh.

LUFT-POST, Neue Freie. Organ f. Electricität, kunstaeronautischen Verkehr u. Wissenschaft. Nr. 43 100. 17. Februar 1882. Herausg. v. J. Olujic, Druck v. Melchior & C. Verboten v. L.-G. Wien, 1882. § 516.

Luftpumpe. Technische Anwendung der Luftpumpe in England. 1822

Luftreisen. Selbstberichte bekannter Ballonfahrer, s.a. Jugendbücherei, deutsche.

Luftreisen. Selbstberichte bekannter Ballonfahrer. (32 S.) Berlin. 1910. M. —.10

Luftreisen von J. Glaisher, C. Flammarion, W. v. Fonvielle und G. Tissandier. Mit einem Anhang über Ballonfahrten während und nach der Belagerung von Paris. Frei aus dem Französ. Eingeführt durch Herm. Masius. 2. verm. Aufl. gr. 8. (VIII, 349 S. mit zahlreichen Illustr.) Leipzig 884, Brandstetter. geb. *

Luftreisen in der idealischen Welt. 8. Chemn. 805. Starke. 1 ℳ

Luftschiff 13. Ein Zukunftsroman. (176 S.) 8. Leipzig (908). A. F. Schlöffel. 2. 50

— das, im Tierlande. (32 S. m. Abb. u. 8 farb. Taf.) 23,5×29,5 cm. Nürnberg 910. Th. Stroefer. Geb. in Halbleinw. 4. 50

Luftschiffahrt, die. Dem heut. Stande der Wissenschaft entsprechend dargestellt v. K. Hackstetter, Siegfr. Hartmann, Hofmann, Ernst Mickel, Emil Sandt, Stelling, P. Schulze u. Graf Ferd. v. Zeppelin. 1.—5. Aufl. (157 S. m. Abbildgn. u. 4 Doppeltaf.) 8. Stuttgart (908—10). Franckh. 1.60; geb. 2. 50

— **Flugtechnik u. -Sport.** Illustr. Halbmonatsschrift f. das gesamte Ballon- u. Flugwesen. Red. v. Gust. Riefenstahl. 1. Jahrg. 1910. 24 Nrn. (à ca. 48 S.) Lex. 8. Bielefeld, E. Gundlach. 6. —

Luftschiffahrtskarten. Ravenstein, Hans, aëronautische Höhenschichten-Karte der bayrischen Pfalz u. v. Rheinhessen. 1. Mit bunten Höhenstufgn. gedruckt, System: Major v. Papen. 2. Mit braunen Höhenstufgn. gedruckt. 1 :170,000. 76,5×53 cm. Farbdr. Nebst krit. Betrachtgn. üb. Vor- u. Nachteile dieser beiden Systeme. (11 S.) 8. Frankfurt a/M. (909). L. Ravenstein. 3. —

— Seyfert, E., Luftschiffahrtskarte v. Deutschland. (Mathematisch genau berechnete direkte Luftlinien.) 1 : 2,500,000. 44×61 cm. Lith. Leipzig (909). O. Weber. 1.50; auf Leinw. n 2. 50

Luftschiffe, üb. d., u. brennbare Luft. m. K. 8. Mannh. Schwan u. G.

Luftschiffer, Die; Lustspiel in drei Akten. Augsburg 1787. V: *Blaimhofer, Maximilian.* (Ky)

Luftschiffer, die; Lstspl. in 3 A. (v. Max. Blumhofer). 8. Augsb. 787. v. Jenisch u. St. 4 ℊ

Luftschiffer, Die, oder der Strafplanet der Erde. Singspiel. Augsburg 1786, auch Leipz. 1787 u. Köln 1787. V: *Blaimhofer, Maximilian.* (Zeitschr. f. Büch. N. F. Jg I, 1909, S. 68.) (MGT)

— die, od. der Strafplanet der Erde. Singspl. 8. Köln 787. Imhof. 5 ℊ

Luftschiffer-Abteilung, die königl. preußische, Berlin. 1884—1901. (47 S. m. Abbildgn.) qu. kl. 8. Berlin (905). (E. S. Mittler & Sohn.) n. 1. 50

Luftschifferverband, Internationaler. Satzungen und Reglements. Deutsch von E v Selasinsky und H Stade Strassburg 1908

Luftschiffer-Zeitung, Wiener. Unabhängiges Fachblatt f. Luftschifffahrt u. Fliegekunst sowie die dazu gehör. Wissenschaften u. Gewerbe. Hrsg. u. Red.: Vict. Silberer. 1. Jahrg. März 1902—Febr. 1903. 12 Nrn. gr. 4. (à ca. 20 S.) Wien, Verwaltung. n.n. 8. 50

Luftschiffer-Zeitung, Wiener. Unabhängiges Fachblatt f. Luftschiffahrt u. Fliegekunst, sowie die dazu gehör. Wissenschaften u. Gewerbe Hrsg. u. Red.: Vict. Silberer. 2.—5. Jahrg. 1903—1906. à 12 Nrn. (V, 282; V, 294; V, 260 u. IV, 272 S. m. Abbildgn.) gr. 4. Wien, Verlag d. Allg. Sport-Zeitg. à Jhrg. n.n. 10. —

Luftschiffer-Zeitung, Wiener. Unabhäng. Fachblatt f. Luftschiffahrt u. Fliegekunst, sowie d. dazu gehör. Wissenschaften u. Gewerbe. Mitteilungen der österreich. aëronaut. Kommission u. des Wiener Aëro-Klubs. Hrsg. u. Red.: Vict. Silberer. 6.—9. Jahrg. 1907—1910. 12, 12, 24 u. 24 Nrn. (IV, 280; IV, 324; V, 456 u. VI, 500 S. m. Abb.) Lex. 8. Wien, Verlag der allg. Sport-Zeitg. Postfrei à Jahrg. nn 10. —

Die **Luftschiffhalle**. Ill Fachschrift z. Förderung d. Luftverkehrs mit besond. Berücks. d. Errichtung von vollst. ausgestatteten Luftschiff-Stationen u. Flugplätzen f. lenkbare Luftschiffe u. Aeroplane. [1.] 1909, Dezemberheft No 1. Frankfurt a/M.: Schäfer 1909. 4°

Luftschiffhalle, die. Illustr. Fachschrift zur Förderg. des Luftverkehrs m. besond. Berücksicht. der Errichtung v. Luftschiffstationen u. Flugplätzen f. lenkbare Luftschiffe u. Aeroplane. Hrsg. unter Mitwirkung v. Bejeuhr, Deimling, Eschenbach u. a. Schriftleitung: Wilh. Franckh. 1. u. 2. Jahrg. 1910 u. 1911. à 26 Nrn. (à ca. 12 S. m. Abbildgn.) 31,5×23,5. Frankfurt a/M. Darmstadt, Techn. Verlagsgesellsch. à Jahrg. 12. —
Erscheint nicht mehr.

Luftschitz, Heinrich: Synthesen und Umwandlungsprodukte in der Gruppe des Phenylmethylpyrazolons. 1910. 28 S., 1 Taf. 8°
München, Dr.-Ing.-Diss. v. 23. 12. 1910

* **LUFT-SCHLOSS,** Das, oder Lebens- und Liebes-Geschichte eines Magisters der Weltweissheit. Franckfurt u. Leipzig (Breslau) 1749. 8°.
49 SS. Liederlich. — Rar!

Luftschlösser. Lustsp. v. Vulpius. 8. Schw. Bödner. 792. -

Luftschlösser. Vom Verf. des Schief-Levinche. Hamburg 1854. V: *Schiff, Herm. Dav.* (schr)

Luftschlösser. Vom Verf. des Schief-Levinche (Isaak Bernays.) 8. (XIX und 352 S.) Hamburg 854, Hoffmann und Campe.

Luftschlösser. Von der Verf. von „Herzblättchen", „der Erbe von Redclyffe", „der kleine Herzog" rc. Frei in das Deutsche übers. 8 Bde. 8. (561 S.) Leipzig 865, Kollmann.

[F.] Die Luftschlösser. Lustsp. in 1 Akt im Schweizer-Dialekt v. C. F. 2. Aufl. *Paderborn: J. Esser [1894].* (1 Bl., 147—164 S.) 8.
= Sammlung, J. Esser's, leicht aufführb. Theaterstücke. H. 17. [96. 1066

Lüftung, die natürliche, des Stuttgarter Thales. (Von Fritz Erk.) Nachtrag zu dem Werke: Die Stuttgarter Stadterweiterg. m. volkswirtschaftl., hygien. u künstler. Gutachten. Hrsg. vom Stadtschultheissenamt Stuttgart. (11 S. m. 5 Fig.) 4. Stuttgart 902. W. Kohlhammer. n. 30
Hauptwerk u. d. T.: Stadterweiterung, die Stuttgarter. Ebd. 901. n. 8.—.

Luftverkehr, der. Illustriert. Fachblatt f. die gesamte Flugtechnik, das Kraftfahrwesen u. den einschläg. Sport. Offizielles Organ des flugtechn. Vereins Nürnberg, d. „Aviata" usw. Chefred.: W. Mayer. 2. Jahrg. 1910. 24 Nrn. (à ca. 16 S.) 30,5×22,5 cm. Leipzig-Plagwitz, K. Wagner & Co. 6. —
Vgl.: Revue, internat., f. Autowesen u. Aviatik.

Luftverkehr, der. Jetzt: Leipzig-Plagwitz, Verl. „Der Luftverkehr". (Leipzig, O. Klemm.)

Luftwagen, der, od. Reisen in den Mond, a. d. Franz. 8. Strasb. (Hinrichs in Lpz.) 784.

Luftwagen, Der, oder die Reise in den Mond; a. d. Franz. ... Strasburg 1785. Ü: *Ehrmann, Theophilus Friedrich.* (MGT) »Leipzig 1784« (Ky)

Polnischer Lug. Tritt mein Bruder — Einer, der auf deutscher Seite steht. Druck von E. Litfaß. 1 Bl. Fol.
Flugblatt. Berlin, 4. Mai 1848.

Lug und Trug der Sozialdemokratie im Kampfe gegen das Zentrum. (M.-Gladbach: Westdeutsche Landeszeitung [1905].) (48 S.) 8° [Kopft. F.] [06. 86]

Lug, Viktor: Das Verhältnis des Grafen Ulrich II. von Cill zu Ladislaus Posthumus.
Phil. Diss. Prag 1904/1905

Lueg, H., Neuerungen und Fortschritte beim Abteufen von Schächten in Schwimmsand und wasserreichem Gebirge. Berlin, 1887. 29 S. mit 6 Taf.

Lueg, H., üb. Neuerungen beim Schachtabteufen im Braunkohlengebirge. [Aus: „Zeitschr. f. d. Berg-, Hütten- u. Salinenwesen".] gr. 4. (11 S. m. Fig. u. 1 Taf.) Berlin 893. W. Ernst & Sohn. n. 2. —

Lueg, Sever., Manuale Benedictionum, s.a. Manuale Benedictionum.

Lueg, Severinus, Manuale benedictionum. Accedunt processiones variae publicis necessitatibus congruentes. Commodo animarum pastorum usui. Edit. II. 8. (III und 401 S.) Passavii 849, Elsässer et Waldbauer.

Lueg, Sev.: Biblische Real-Concordanz, mit Zugrundelegung der Alliolischen Bibel. 1e Lfrg. Lex. 8. Passau ... Pustet. 1

Lueg, Sev., biblische Real-Concordanz, eine Zusammenstellung der in den heiligen Schriften zerstreut vorkomm. Texte, Beispiele u. Gleichnisse über die Glaubens- u. Sittenlehren, sowie der Stellen über bibl. Personen, Orte u. dgl. unter alphabetisch geordnete Titel mit den nöthigen sachgemäßen Ab- u. Unterabtheilungen. Ein nützl. u. bequemes bibl. Repertorium für kath. Theologen, Religions-Lehrer u. Seelsorger. 2 Bde. Lex.-8. Passau 841, 42; jetzt: Kollmann in Augsburg. (à 1 ℳ) 2 ℳ

Lueg, Sev., biblische Real-Concordanz. Eine Zusammenstellung der in der heiligen Schriften zerstreut vorkommenden Texte, Beispiele u. Gleichnisse über die Glaubens- u. Sittenlehren, sowie der Stellen über bibl. Personen, Orte u. dgl. unter alphabetisch geordnete Titel m. den nöthigen sachgemäßen Ab- u. Unterabtheilungen. Ein nützl. u. bequemes bibl. Repertorium f. kathol. Theologen, Religions-Lehrer u. Seelsorger. 2., durchaus umgearb., berichtigte u. stark verm. Aufl. durch Frz. Jos. Heim. 2 Bde. Augsburg 853. Kollmann. Lex.-8. (VIII, 552; IV, 576 S.) n. 4 ℳ 6 ngr

Lueg, Sev., biblische Real-Concordanz. Eine Zusammenstellung der in den heil. Schriften zerstreut vorkommenden Texte, Beispiele und Gleichnisse über die Glaubens- und Sittenlehren, sowie der Stellen über bibl. Personen, Orte u. dgl. unter alphabetisch geordnete Titel mit den nöth. sachgemäßen Ab- und Unterabtheilungen. Ein nützl. und bequemes bibl. Repertorium für kathol. Theologen, Religions-Lehrer und Seelsorger. 2. durchaus umgearb., berichtigte und stark verm. Aufl. durch Frz. Jos. Heim. Neue (Titel-)Ausg. 2 Bde. gr. 8. (VIII, 552; IV, 576 S.) Regensburg (853)886, Verlags-Anstalt. *

Lueg, Sev., Biblische Realkonkordanz. Alphabetisch geordnete Zusammenstellung der in den hl. Schriften vorkommenden Texte, Beispiele und Gleichnisse über die Glaubens- und Sittenlehren, sowie der Stellen über biblische Personen, Orte u. dgl. mit sachgemäßen Ab- u. Unterabteilungen. Repertorium für kath. Prediger, Religionslehrer, Seelsorger und Theologen. Dritte revidierte und verbesserte Auflage durch Franz Jos. Heim. Regensburg, Verlags-Anstalt, 1889—1890. gr. 8°. 2 Bde. 14,40 Mk.
Bd. I: XI und 560 S., 7,20 Mk.; Bd. II: VI und 603 S., 7,20 Mk. — 1. Aufl. (Passau, Pustet, 1841) recens. von Sted, (Tüb.) Theol. Quartalschr. 1842, S. 154—157. Gilt als die beste u. brauchbarste biblische Realkonkordanz in Deutschland.

Lueg's, Sev., biblische Realkonkordanz. Alphabetisch geordnete Zusammenstellg. der in den hl. Schriften vorkommenden Texte, Beispiele u. Gleichnisse üb. die Glaubens- u. Sittenlehren, sowie der Stellen üb. bibl. Personen, Orte rc. Repertorium f. kathol. Prediger rc. 3. rev. u. verb. Aufl. durch Frz. Jos. Heim. 12 Lfgn. gr. 8. (XI, 560; VI, 603 S.) Regensb. 890,91, Verlagsanstalt.
à Lfg. * 1 20; * 14 40; geb. * 16 40.

Lueg's, Sev., biblische Realkonkordanz. Alphabetisch geordnete Zusammenstellg. der in den hl. Schriften vorkomm. Texte, Beispiele u. Gleichnisse üb. die Glaubens- u. Sittenlehren, sowie der Stellen üb. bibl. Personen, Orte u. dergl. m. sachgemäßen Ab- u. Unterabteilgn. Repertorium f. kathol. Prediger, Religionslehrer, Seelsorger u. Theologen. 4., rev. u. verb. Aufl. durch Frz. Jos. Heim. 2 Bde. gr. 8. (XI, 560 u. VI, 601 S.) Regensburg 894. Nationale Verlagsanstalt. n. 14. 40; in 1 Halbfrzbde. n.n. 16. 40

Lueg's, Sev., biblische Realkonkordanz. Repertorium für kathol. Prediger, Religionslehrer, Seelsorger u. Theologen. 5., rev. u. verb. Aufl. durch Bernh. Maierhofer. 2 Bde. gr. 8. (XI, 743 u. 735 S.) Regensburg 900. Verlagsanstalt vorm. G. J. Manz. n. 16. —; geb. in Halbfrz. n. 20. —

Lueg, Wilhelm, Referendar: Das Eintrittsrecht in die Rechte des befriedigten Gläubigers nach Bürgerlichem Gesetzbuch. *Unna 1904: G. Hornung.* (44 S.) 8°
Heidelberg, Jur. Diss. v. 1904

Luganersee [Schlagwort]

Luganersee. Weber, J., Vogelschaukarte d. Luganersees. Farbendr. qu. gr. Fol. Mit Abbildgn. am Rande u. 3 Eisenbahnkärtchen. Zürich 890. Orell Füssli Verl. In Carton. n. 3. —

Lugano [Sachliches OW]

Lugano e dintorni. [Trasporto litografico dai fogli 540bis e 541—545 dell' Atlante topografico Siegfried.] Scala di 1 : 25000 [Pubblicato dal] Servizio topografico federale, Berna. Riporto 1904. 555/565 mm. 1 foglio fol.-obl. fr. 1. 50 [montato su tela 2. 50]

Lugano. Lugano u. Umgebung. Hrsg. vom eidgenöss. topograph. Bureau. 1 : 25,000. Überdr.-Ausg. 55,5 × 57,5 cm. Farbdr. Bern 897. (A. Francke.) n.n. 1.50; gefalzt n.n. 2. —; auf Leinw. n.n. 2. 50

Lugano und seine Umgebungen.... Zürich s.a. [Schmidt, Cäsar].

Lugano und seine Umgebungen. Zürich [1884]. V: *Schmidt, Cäsar.* (Cat. d. Stadtbibl. Zürich. Zürich 1864—97.)

Lugano [Schlagwort]

Lugano, s.a. Schweiz. Volksatlas.

Lugano. Planta della città di Lugano e comuni limitrofi con cartina itineraria dei dintorni. 1 : 5000. 87 × 53,5 cm. Farbdr. Lugano 898. (A. Arnold.) n. 2. —

Lugano [Verfasser]

Lugano, Adolph, Der Fortbestand Oesterreichs bedingt durch einen innigen Anschluß an Deutschland als Herz eines centraleuropäischen Völkerbundes. Wien, C. Gerold, 1848. 38 S. 8°.

Lugano, Sylvio, s.a. Riedel-Ahrens, B[ertha].

Lugano, Sylvio, die Königin der Nacht. Roman. 2 Bde. 1. und 2. Aufl. 8. (421 S.) Leipzig 884, Friedrich. *

†Lugano, Sylvio [B. Riedel-Ahrens], Rolandsholm. Roman. 2 Bde. 8. (à Bd. 248 S.) Berlin 887, Janke. *

—— Schiffbruch. Erzählung. 8. (336 S.) Ebendas. 885. *
—— dass. — Wohlfeile Ausg. 8. (336 S.) Ebendas. 888. *

Lugansky, Wladimir, (W. F. Dahl), Erzählungen u. Mährchen 2 Bücher. 8. St. Petersburg 835. ...

Lugart, Fr., Leitfaden zur Anfertigung der Glanz- und Matt-Vergoldung nach einem leichtfaßl. Verfahren auf Kreide-, Poliment- und Oel-Grundirung sowohl auf Holz wie auf Eisen, Stein, Marmor und Alabaster. gr. 8. (VII, 55 S.) Carthaus 881. (Danzig, Homann's Buchh.) Verklebt **

Lugart, Fr., Leitfaden zur Anfertigung der Glanz- u. Matt-Vergoldung nach e. leichtfaßlichen Verfahren auf Kreide-, Poliment- u. Öl-Grundierung sowohl auf Holz, wie auf Eisen, Stein, Marmor u. Alabaster. 2. Aufl. gr. 8. (VII, 59 S.) Leipzig 892. C. Scholtze. n. 2. —

Lugart F, Leitfaden zur Anfertigung der Glanz- und Metallvergoldung. 2. Auflage (59 S) Leipzig (1902)

Luge, G., Berechnung der Servisentschädigung f. Quartierleistung an die Truppen im Frieden. 3., verb. Aufl. gr. 4. (39 S.) Straßburg 894. (C. F. Schmidt's Sort.) n.n. 2. 50

Luge, G., Berechng. d. Servisentschädigung f. Quartierleistg. an d. Truppen im Frieden. 4., verb. Aufl. gr. 4. (52 S.) Straßburg 897. (C. F. Schmidt.) n.n. 2. 50

Luge, G., Berechnung der Servisentschädigung f. Quartierleistung an die Truppen im Frieden. — Das Naturalleistungs-Gesetz vom 24. V. 1898, nebst der durch Allerhöchsten Erlaß Sr. Maj. des Kaisers vom 13. VII. 1898 genehmigten Verordnung, sowie der durch Allerhöchsten Erlaß Sr. königl. Hoh. des Prinzregenten Luitpold v. Bayern vom 28. VIII. 1898 genehmigten Instruktion zur Ausführg. dieses Gesetzes u. den weiter dazu ergang. kriegsminister. Bestimmgn. 10. verb. Aufl. (52 u. 32 S) 4. Straßburg (904). (C. F. Schmidt.) n.n. 2. 50

Luge, J. G., Chronik der Stadt Greiffenberg in Schlesien. gr. 8. (VIII und 476 S.) Greiffenberg 861. (Löwenberg, Holaeufer.) *

Lüge

— die edle,. Schausp. v. Kotzebue, Fortsetz. von Menschenhaß u. Reue. 8. Lpz. Kummer. 792.

Lüge, Die edle. Ein Schauspiel in einem Aufzuge. O. O. 1793. V: *Kotzebue, August Friedrich Ferdinand von.* (GGr)

Lüge, die kleinste, ist gefährlich. Nachspl. 8. Frankf. 796. (Sommer in Leipz.) 6 *K*

Lüge nicht! oder Auguste's Sieg. 16. (24 S.) Berlin 865, Buchh. des Missions-Vereins.

Lüge über Lüge! Aktenmäßig nachgewiesene Widerlegung der bei J. G. Manz in Regensburg erdichteten Bröchüre: „Offenes Sendschreiben der Wittwe Anna Czerska rc." Auf den Wunsch des Herrn Pfarrers Czerski zu Schneidemühl veröffentlicht. 8. Thorn 845, Lambeck. n. 2 *ngl*

Lüge und Wahrheit, Schauspiel ... Dresden u. Leipzig 1836. V: *Amalia, Prinzessin von Sachsen.* (Ky)

Lugebil. Karl

Lugebil, C., Zur Frage über zweiteilige u. einheitliche Sätze. S.-A. O. J. 33 S.

Lugebil, Karl, der Genetivus singularis in der sog. zweiten altgriechischen Declination. [Aus: „Jahrbb. für class. Philol." 12. Suppl.-Bd.] gr. 8. (58 S.) Leipzig 880. Teubner. n. 1. 60

Lugebil, Karl, zur Geschichte der Staatsverfassung v. Athen. Untersuchungen. [Aus „Jahrbücher f. class. Philologie."] gr. 8. (164 S.) Leipzig 871. Teubner. n. 3. —

Lugebil, C., De Venere Coliade Genetyllide liber singularis. Diss. 1858. 50 S.

Lugebil, Karl, über das wesen und die historische bedeutung des ostrakismos in Athen. (Abdr. aus dem 4. Suppl.-Bd. der Jahrbücher fur class. Philologie.) Leipzig 861. Teubner. gr. 8. (59 S.) n. 12 ngr.

Lügemund, X., s. Münchhausen, des wiederauferstandenen, neueste Abenteuer und Flausen.

Lügen, Keckheit und Unwissenheit, Die aufgedeckten Sterzingerschen, aus unwiderstösslichen Wahrheiten beleuchtet. Augsburg 1775. V: *Sartory, von* [?]. (Mp).

Lügen, gedruckte, 8. Berlin, Rellstab. 784.

— die größten, des 18. Jahrh. d. Orang-Outang von Europa. 8. Stettin 780 (Nicolai in Berl.) 6 gl.

Lügen, konventionelle, im Buchhandel. Allerlei Unverfrorenheiten v. Xanthyppos. 1. u. 2., unveränd. Aufl. 8. (109 S.) Leipzig 896. L. Hamann. n.n. 1. 60; geb. in Leinw. n.n. 2. —

Lügen, konventionelle, im Buchhandel. Allerlei Unverfrorenheiten v. Xanthippos. 3. veränd. Aufl. (119 S.) 8. Leipzig (903). [L. Hamann.] Schöneberg, Verlag Euterpe. n.n.n. 1. 25; geb. n.n.n. 1. 60

Lügen, konventionelle, im Buchhandel. Jetzt: Stargard, W. Prange's Verl.

Lügen, Die conventionellen, der Kulturmenschheit, die Tagespresse ... 2. Aufl. Leipzig 1883. V: *Nordau (= Südfeld), Max Simon.* (Kat. d. stat. Bureaus. Dresden 1890.)

Lügen, die conventionellen, der Kulturmenschheit, die Tagespresse und Max Nordaus' kritische Abwehr. 1. und 2. verm. Aufl. 8. (89 S.) Leipzig 884, [Schlicke.] Elischer.

Lügen und Lästern des rasenden Schusters Lüdemann in seiner Donnerposaune. Christiania (Stern in Lüneburg). 1713. Weller's fing. Dr.

Lügen (Die socialen) der Gegenwart und die socialen Wahrheiten des Christenthums. Von einem Laien. 8°. Bern, Haller'sche Verl.-Buchh., 1868.

Lugenbühl, Emil [app. Arzt aus Wiesbaden]: Zur Casuistik der Urethralfisteln des Mannes ... Wiesbaden, J. F. Bergmann, 1891; 45 S. 8.
Strassburg, Med. Fak., Inaug.-Diss. v. 1891

Lügenchronik d. Frhrn. v. Münchhausen, s. a. Lieblingsbücher, 3. u. 4. Thl.

Lügen-Chronik oder wunderbare Reisen zu Wasser und zu Lande, und lustige Abenteuer, wie er dieselben bei der Flasche im Zirkel seiner Freunde selbst zu erzählen pflegt. Hrsg. von Wilh. Cornelius. 4 Thle. in 2 Bdn. Mit 120 ganzseitigen Holzschnitten. Stuttgart, Scheible, 1839. Kl. 8°. Mit illustr. Umschlag. (6 Mk. Adolf Weigel, 1904.)
— — Dasselbe. Neue durchgesehene Auflage. 4 Abthlgn. in 2 Bdn., mit 124 interess. Abbildgn. Ebd. 1854. 8°. 256 u. 232 S. Selten! (12 Mk. H. Streisand, Berlin, 1908.)

Lügenchronik oder wunderbare Reisen zu Wasser u. Lande, und lustige Abenteuer des Freiherrn v. Münchhausen, wie er dieselben bei der Flasche im Zirkel seiner Freunde selbst zu erzählen pflegt. Neue, durchgeseh. Aufl., vollständig in 4 Abtheilgn., mit 124 (lith.) Abbildgn. Stuttgart 854. Scheible. 32. (256; 232 S.) 27 ngr.

Lügenchronik des Freiherrn v. Münchhausen, oder seine Reisen u. Abenteuer zu Wasser u. zu Land. 3. Aufl. Reutlingen 869. Enßlin & Laiblin. 8. (64 S. mit eingedr. Holzschn.) 2 ngr.

Lügenchronik des Frhrn. v. Münchhausen, oder seine Reisen und Abenteuer zu Wasser und zu Land. 3. Aufl. 1869, und Neue Aufl. 8. (64 S. mit eingedr. Holzschn.) Reutlingen 874, Enßlin und Laiblin.

Wahrhaftige Lügen-Erscheinung eines Pensylvan. Zitterers, den jetzigen Zustand Europens betreffend, in einem Sendschreiben an einen begeisterten Mucker in Kalekut. 1758. 4.

Der Lügenfeind: 1850–1852?
Weekly. Organ of a Freie Christliche Gemeinde. Edited & published by J. Marle.
Buffalo, NY

Lügengeist, der, der heutigen kath. Journalistik oder der Mainzer „Katholik" in seiner wahren Gestalt enthüllt von einem Katholiken. gr. 8. Siegen 845, Friedrich. 3 ngl.

Lugenheim, Joh. Dan. (Nürnberg), Diss. jur. de testamento judiciali per repetitionem ab actis infirmato. Altdorf (Joh. Paul Meyer) 8. IV. 1771. 32 S. (4.—) 21846

Lugenheim, Paul, Tschr. Tunnermarsch. Wortlaut v. M. Unterbeck (m. Einzelstimmen). Leipzig. 8°.

Lügenkaiser, der neue, oder: der lustige Gehülfe bei allen fröhlichen Gesellschaften. kl. 16. Eisenberg 841, Schöne. 1/4 rf — 2. Aufl. 16. Ebend. 843. 1/4 rf

Lügenkaiser, der neue, oder der lustige Gehülfe bei allen fröhlichen Gesellschaften. 3. Aufl. 12. (142 S.) Eisenberg 847, Schöne. 1/4 rf

Lügenkampf, der, gegen die Kirche, genannt „Los v. Rom"-Bewegung. 2 Reden üb. die Abfallbewegg., geh. auf dem 5. allgemeinen österreich. Katholikentage in Wien im Novbr. 1905. Die Wahrheit üb. „Los v. Rom". Rede des Augustinus Grafen Galen, O. S. B. — „In Treue fest f. Kirche u. Vaterland!" Ein offenes Wort an die Katholiken Oesterreichs angesichts der Abfallbewegg. Rede von Nikola Racke. (33 S.) gr. 8. Wien 906. „Austria" F. Doll. n. — 20

'Heilige' **Lügenpropheten** der Gegenwart. Erfahrungen u. Beobachtungen von einem, der sie erkannt hat. Krefeld: Worms & Lüthgen [1908]. 30 S. 8°

Lügenritt. Frei nach Ferd. Freiligrath's Löwenritt. Hamburg 868. Grüning. Fol. 1 ngr.

Lugeon, Maurice. Les Grandes nappes de recouvrement des Alpes suisses. Conférence faite le 24 août 1903 à Vienne (Autriche) en séance générale du 9e Congrès géologique international. Extrait des Comptes rendus de la 9e Session du C' g' i'. II p. + p. 477—492. (16 p.) gr.-8. Vienne, Hollinek Frères, 1904.

Lugeon, M., note sur quelques Chéloniens nouveaux de molasse Langhienne de Lausanne, s.: Golliez, H.

Luger, Friedrich

Luger, F., aus der Zeit u. f. die Zeit. Zehn Predigten gehalten in den Kriegsmonaten d. J. 1870. gr. 8. (VI, 78 S.) Göttingen 871. Vandenhoeck & Ruprecht's Verl. n. 1. 20

Luger, Fr., der Brief des Jacobus, in 26 Betrachtungen für die häusl. Erbauung, sowie zum Gebrauch bei Lesegottesdiensten ausgelegt. gr. 8. (VIII, 194 S.) Leipzig 887, Dörffling und Franke. *M 3.60.; geb. *

Luger, Fr., Christus unser Leben. Zwanzig Predigten, mehrentheils über die evangel. Pericopen. Göttingen 855. Vandenhoeck u. Ruprecht. gr. 8. (VI, 166 S.) n. 20 ngr

Luger, Fr., Christus unser Leben. Zwanzig Predigten. 2. Sammlung. gr. 8. (VI und 148 S.) Göttingen 858, Vandenhoeck und Ruprecht's Verlagsh. *
1. Sammlung. Ebendas. 1855. * 20 Ngr. Der Preis ist im 12. Bd. irrig mit * 2 Ngr. angegeben.

Luger, Fr., Christus unser Leben. Predigten. 3. Sammlung: Wenn ich aufwache, bin ich noch bei Dir! Ps. 139, 18. Frühpredigten über freigewählte Texte. gr. 8. (X und 230 S.) Göttingen 865, Vandenhoeck und Ruprecht's Verlag. *
1. und 2. Sammlung. Ebendas. 1855,58. * 1 Thlr. 10 Ngr.

— — 4. Sammlung: Frühe säe deinen Samen, u. laß deine Hand des Abends nicht ab! Pred. 11, 6. Frühpredigten über freiwill. Texte. II. Ebend. 869. gr. 8. (VIII, 248 S.) n. 1 ₰

Luger, Fr., Christus unser Leben. Predigten. 1. u. 2. Sammlung. Predigten mehrentheils über die evangel. Pericopen. 2. revid. Aufl. Göttingen 870. Vandenhoeck & Ruprecht's Verl. gr. 8. (VII, 302 S.) n 1 ₰; geb. mit Goldschn. n. 1 ₰ 8 ngr

Luger, Fr., Christus unser Leben. Predigten. 5. Sammlg. gr. 8. Göttingen 886. Vandenhoeck & Ruprecht's Verl. n. 4. —; geb. n. 4. 80 (1—5.: n. 14. —)
Und nun, Kindlein, bleibet bei Ihm! — 1. Joh. 2, 28. — Predigten aus den letzten Jahren der Amtsführung. (VIII, 317 S.)

Luger, Fr., du aber bleibe in dem, das du gelernt hast, u. dir vertraut ist. Confirmationsrede über 2. Tim. 3, 14—17, geh. am Palmsonntage 1877. gr. 8. (13 S.) Göttingen 877. Vandenhoeck & Ruprecht's Verl. n. — 40

Luger, Fr., Heinrich Pestalozzi, ein Beitrag zur Feier seines Andenkens. gr. 8. Hamburg 846, Agentur des Rauhen Hauses. n. 1/6 ₰

—— das lübeckische Schullehrerseminar nach seiner Entstehung und seinem 50jähr. Bestande. Ein Vortrag gehalten bei der Jubelfeier der Anstalt. gr. 8. (27 S.) Lübeck 857, v. Rohden'sche Buchh. *

Luger, Frdr., Vater, unser täglich Brot gib uns heute! Die rechte Bitte um das tägliche Brot. Predigt gehalt. am 7. Sonntage n. Trin. zu Lübeck. gr. 8. (15 S.) Lübeck 848, v. Rohden. 1/12 ₰

Luger, Friedr., über Zweck, Inhalt u. Eigenthümlichkeit d. Rede d. Stephanus, Apostelgesch. Cap. 7. Nebst e. Versuche z. Lösung ihrer geschichtl. Schwierigkeiten. gr. 8. (3¾ B.) Lübeck 838, Aschenfeldt.

Luger, T. C., de quarto Salvatoris cruci affixi verbo. Matth. 27, 46. Marc. 15, 34. Lips. 1739. 4.

Lueger und Bebel auf der Düne zu Helgoland. Ein politisches Märchen für Grosse. Wien 1907. V: *Eckhart, Andreas.* (EB)

Lueger u. Bebel auf der Düne zu Helgoland. Ein polit. Märchen f. Große. (115 S.) kl. 8. Wien 907. (H. Kirsch.) 1.—

Lueger [Verfasser]

Lueger, s.: Bemerkungen zum Bericht des Herrn v. Branco betr. das Salzbergwerk Kochendorf.

Lueger, A., Mi Tante, s.: Braunschweig, A.

Lüger, J. Geo., Saft u. Kern des Psalterbuchs. 12. Stockholm. 730.

Lueger, Karl, s.: Gemeinde-Verwaltung, die, der k. k. Reichshaupt- u. Residenzstadt Wien.

— Rob. Pattai u. Prinz Alois Liechtenstein, Reden, geh. in d. christl.-socialen Parteiversammlg. im Musikvereinssaale am 16. Mai 1895. 12. (29 S.) Wien (895). Warnsdorf, A. Opitz. n. — 10

Lueger, Otto, s.a. Lexikon der gesamten Technik.

Lueger's, Otto, Lexikon d. ges. Technik u. ihrer Hilfswissenschaften. Im Verein m. Fachgenossen hrsg. M. zahlr. Abb. 4.—34. Abtlg. Lex.-8. (1. Bd. VI u. S. 481—800; 2.—6. Bd. 800, 800, 800, 800 u. 960 S. u. 7. Bd. S. 1—640.) Stuttgart 895—898. Deutsche Verlags-Anstalt. à Abtlg. n. 5. —; (à Bd. kplt geb. in Halbfrz. n. 30. —)
Die Abtlgn. 1—3 wurden im 28. Bde. d. Bücher-Lexikons unter Lexikon etc. aufgenommen.

Lueger's, Otto, Lexikon der gesamten Technik u. ihrer Hilfswissenschaften. Im Verein m. Fachgenossen hrsg. Mit zahlr. Abbildgn. 35. (Schluss-)Abtlg. Lex.-8. (7. Bd. S. 641—1032.) Stuttgart 899. Deutsche Verlags-Anstalt. n. 5. —; (à Bd. geb. in Halbfrz. n. 30. —)

Lueger, Otto. Lexikon der gesamten Technik und ihrer Hilfswissenschaften. Im Verein mit Fachgenossen herausgegeben. Mit zahlreichen Abbildungen. 2. vollständig neu bearbeitete Auflage. 1. Bd. A—Biegung. gr. 8. Stuttgart und Leipzig 1904.

Lueger, Otto, Lexikon der gesamten Technik u. ihrer Hilfswissenschaften. Im Verein m. Fachgenossen hrsg. Mit zahlreichen Abbildgn. 2., vollständig neu bearb. Aufl. 1.—4. Bd. (VIII, 800; 800; 796 u. 804 S.) Lex.-8. Stuttgart (904—906). Deutsche Verlags-Anst. Geb. in Halbfr. à n. 30. —; auch in 40 Abtlgn. à n. 5. —

Lueger, Otto, Lexikon der gesamten Technik u. ihrer Hilfswissenschaften. Im Verein m. Fachgenossen hrsg. Mit zahlr. Abbildgn. 2., vollständig neu bearb. Aufl. 5.—8. (Schluss-)Bd. (800, 820, 848 u. 1046 S.) Lex.8. Stuttgart (907—10). Deutsche Verlags-Anstalt. Geb. in Halbfrz. à 30.—; auch in 40 Abtlgn. à 5. —

Lueger, Otto, Theorie der Bewegung des Grundwassers in den Alluvionen der Flussgebiete. gr. 8. (VII, 67 S. mit 21 eingedr. Holzschn.) Stuttgart 883, Neff. *

Lueger, Otto. Wasserversorgung der Gebäude, s. Handbuch der Architektur.

Lueger, O: Die Wasserversorgung der Stadt Lahr. Lahr 1884

— Die Wasserversorgung der Städte, bearb. unter Mitwirkg. v. Ernst Fischer, s.a. Tiefbau, der städtische. II, 2.

Lueger, Otto. Die Wasserversorgung der Städte. 1. Hft.: (Theoretische und empirische Vorbegriffe.) Mit 62 in den Text gedruckten Illustrationen. 2. Hft.: (Entstehung und Verlauf des flüssigen Wassers auf und unter der Erdoberfläche.) Mit 33 in den Text gedruckten Illustrationen. 3. Heft.: (Anlagen zur Wassergewinnung.) Mit 146 in den Text gedruckten Illustrationen. 4. Hft.: (Zuleitung und Vertheilung des Wassers im Versorgungsgebiete.) Mit 222 in den Text gedruckten Illustrationen.
gr. 8. Darmstadt 1890 – 1895.

Lueger, O. Die Wasserversorgung d. Städte. Stuttgart 1898.

Lueger O. die Wasserversorgung der Städte. II. (545 S) (Tiefbau, der städtische II, 2) Leipzig 1908

Lugert, Josef Der Ehrbegriff der Nikomachischen Ethik. 8 (S. 3—27). **Progr.** Deutsch. Oberg. der Kleinseite *Prag* 1889.

LUGERTH, ROBERT JOSEPH O. F. M.: Dankrede auf den feyerlichen Gedächtnußtage der von Gott beglückten und siegreichen Eroberung der Hauptstadt Ofen. Ofen (1779). Gedr. bey Kath. Landerinn, Wittwe. 21 S. - 190 mm

Lugge, Georgius, quomodo Euripides in Supplicibus tempora sua respexerit. Diss. Münster 1886, H. Mitsdörffer. 8°. 46 S.

Lugge, Georgius [Guestfalus]: Quomodo Euripides in Supplicibus tempora sua respexerit .... Monasterii Guestfalorum, ex typogr. Coppenrathiana, 1887; 46 S. 8°.
Münster, Phil. Fak., Inaug.-Diss. v. [23. Dez.] 1886.

Lugger, Silverius

(F) **Lugger,** P. S., Erklärung des vom österr. Gesamtepiskopat approbierten mittleren Katechismus. 8°. (X, 440 S.) Innsbruck: Fel. Rauch 1907 K 2.60

Lugger, Silverius, O. Cap., Erklärung des v. österreich. Gesamt-Episkopat approbierten mittleren Katechismus. 2., verb. Aufl. (X, 440 S. m. Titelbild.) 8. Innsbruck 909. F. Rauch. 2.20; geb. 2.90; in Halbfrz. 3.20

(F) **Lugger,** P. S., Erklärung des vom österreichischen Gesamtepiskopat approbierten mittleren Katechismus. 3. Aufl. 8°. (X, 440 S.) Innsbruck: Rauch 1910 K 2.60, geb. K 3.40

Luggin, Hans

Luggin, H., über die Art der Elektricitätsleitung im Lichtbogen. [Aus: „Sitzungsber. d. k. Akademie der Wissensch."] Lex.-8. (48 S. m. 1 Textfig.) Wien 889. (Tempsky.) n. — 80

Luggin, H[ans]: Über die photoelektrischen Erscheinungen und den photographischen Prozess. Mit 3 Fig. im Text. Leipzig: W. Engelmann 1897. 61 S. 8° ¶ Aus: Zeitschrift f. physik. Chemie. Bd 23.
Karlsruhe Te. H., Hab.-Schr. v. 13. 11. 1897

Über die photoelektrischen Erscheinungen. Von H. Luggin. Tl I. ... Stockholm: Kgl. Boktr. P. A. Norstedt & söner 1898. 8°
= Bihang till K. Svenska Vet.-Akad. Handlingar. Bd 23. Afd. I. No 6.

— Eine einfache Methode zur Vergleichung magnetischer Felder
Phil. Diss. Prag 1886/87

Luggin, H., üb. das Potential der Metalle bei sehr kurz dauernder Berührung m. Elektrolyten. [Aus: „Sitzungsber. d. k. Akad. d. Wiss."] Lex.-8. (14 S. m. 2 Fig.) Wien 893. (F. Tempsky.) n. — 30

– Versuche und Bemerkungen über den galvanischen Lichtbogen
Phil. Diss., Prag 1886/87

Luggin, H., Versuche und Bemerkungen über den galvanischen Lichtbogen. [Aus dem physikal. Institute der k. k. deutschen Universität in Prag.] [Aus: „Sitzungsberichte der k. Akademie d. Wissenschaften".] Lex.-8°. (18 S.) Wien, Gerold's Sohn. fl. —.18 1887

Luginbühl. [David]. Aerztlicher Bericht über die Saison im Jahre 1875 und 1876 in Faulenseebad. [Mit 1 Tabelle und illustriertem Umschlag.] 8. Interlaken 1877.

Luginbühl, Rud., die Anfänge der Kartographie in der Schweiz, m. Seb. Schmids Anleitg. z. Kartenzeichnen a. d. J. 1556. (S. 213—231 m. Fig.) gr. 8. Basel 907. (Leipzig, C. Beck.) 1. —
Sonderabdr. a.: „Festschr. z. 49. Vers. deut. Philologen u. Schulmänner".

Luginbühl, Rudolf. Die Anfänge der Kartographie in der Schweiz mit Seb(astian) Schmids Anleitung zum Kartenzeichnen a. d. J. 1566. Von (**Umschlag:* Älteste Kartogr' der Schweiz. Hrg. von) R' L'. [Mit Figuren.] Aus der Festschrift zur 49. Versammlung Deutscher Philologen und Schulmänner. Basel 1907. II S. + S. 213—231. 8. [Basel, Emil Birkhäuser. 1907.]

Luginbühl, Rudolf. Basel und die Eidgenossen. Reformation und Gegenreformation. [Mit 2 Illustrationen und 3 Porträt-Tafeln.] Separatabdruck aus der Festschrift zum vierhundertsten Jahrestage des ewigen Bundes zwischen Basel und den Eidgenossen, 13. Juli 1901. III S. + S. 34—67. 4. Basel, Schweighauserische Buchdr., [1901].

Luginbühl, R. (Hrsg.), s.a. Briefwechsel. – Aus ... Stapfer's Briefwechsel.

Luginbühl, Rudolf. Aus Philipp Albert Stapfer's Briefwechsel. Hrg. von Dr. R' L'. 2 Bände. Quellen Schweiz. Gesch. Band 11 *u.* 12. 8. Basel 1891.

Luginbühl, R[udolf]. Lazare Carnot (1753–1823) „Organisator des Sieges". Vortrag, gehalten ... in Basel den 17. Februar 1889. SA. 8. Basel 1889.

Luginbühl, R[udolf]. Gab es in der Schlacht bei Murten auf Seite der Schweizer und ihrer Verbündeten einen Oberanführer? [Sep.-Abdr. aus: Jahrbuch für Schweizerische Geschichte.... Band 31.] 22 S. 8. [Zürich, Fäsi & Beer, 1906.]

Luginbühl, Rudolf. Der Galgenkrieg 1531. (Sonderdruck aus: Basler Zeitschrift für Geschichte und Altertumskunde. Band 5 [Heft 1].) II S. + S. 66—95. 8. [Basel, Helbing & Lichtenhahn, 1905.]

Luginbühl, Rudolf. Das Gefecht auf dem Bruderholz. (22. März 1499. [Sep.-Abdr. aus: Basler Jahrbuch. 1904.]) II + 32 S. 8. [Basel, Helbing & Lichtenhahn.]

Luginbühl, Rud[olf]. Aristokratische Gegenrevolutionsversuche am Schlusse der Helvetik (ein Brief des helvetischen Oberschreibers Franz Xaver Bronner). Separatabdruck aus den «Blättern für bernische Geschichte, Kunst und Altertumskunde» [Jahrg. 2, Heft 4]. 6 S. 8. (Bern, Gustav Grunau, [1906].)

Luginbühl, Rud[olf]. Zur Geschichte Biels 1798/1800 (zwei Briefe Johann Georg Albrecht Höpfners). Separatabdruck aus den «Blättern für bernische Geschichte, Kunst und Altertumskunde» [Jahrg. 2, Heft 2]. 5 S. 8. (Bern, Gustav Grunau, [1906].)

Luginbühl, Rud[olf]. Zur Geschichte Graubündens im Jahre 1801 (zwei Briefe des Jakob Ulrich v. Sprecher). [Sep.-Abdr. aus: 35. Jahresbericht der Historisch-antiquarischen Gesellschaft von Graubünden. Jahrg. 1905.] S. 193—199. 8. [Chur, Sprecher & Valer, 1906.]

Luginbühl, Rudolf. Geschichte der Schweiz für Mittelschulen, hrg. von Dr. R' L'. Mit einer [doppelten] Wappentafel, entworfen nach den von den einzelnen Kantonsregierungen endgültig festgesetzten ... Wappen. 1.—5. Tausend. VI + 178 S. 8. Basel, Helbing & Lichtenhahn, (1903). [geb. fr. 2. 25]

Luginbühl, Rud., Geschichte der Schweiz f. Mittelschulen. Mit e. (farb.) Wappentaf., entworfen nach den von den einzelnen Kantonsregiergn. endgültig festgesetzten u. im schweizer. Landesmuseum in Zürich aufgestellten Wappen. 6.—15. Taus. (VI, 178 S. m. 1 Taf.) 8. Basel 905. Helbing & Lichtenhahn. Geb. n.n. 1. 80

Luginbühl, Rudolf. Geschichte der Schweiz für aargauische Mittelschulen, hrg. von Prof. Dr. R' L'. Mit einer [Ansichts-Tafel und einer doppelten] Wappentafel, entworfen nach den von den einzelnen Kantonsregierungeu endgültig festgesetzten ... Wappen. VI + 182 S. 8. Basel, Helbing & Lichtenhahn, 1909. [geb. fr. 3. —]

Im Kanton Aargau zu beziehen vom Kantonalen Lehrmittelverlag Aarau.

Luginbühl, Rud., Geschichte der Schweiz in neuerer Zeit zum Gebrauch f. Mittelschulen. 8. (XVI, 120 S.) Basel 893. R. Reich. Geb. n. 1. 20

Luginbühl, Rud., Geschichte der Schweiz in neuerer Zeit z. Gebr. f. Mittelschulen u. angeh. Rekruten d. Kantons St. Gallen. gr. 8. (IV, 111 S.) Basel 896. R. Reich. Kart. n.n. 1. 35

Luginbuhl. Rudolf. Alexandre de Humboldt et Philippe Albert Stapfer. par Rodolphe L'. [Avec vignettes. E.] 8. Bâle 1891.

— **geistige Kultur der Schweiz, s.a. Bibliographie der schweizerischen Landeskunde. V. 10a.**

Luginbühl, Rudolf. Geistige Kultur der Schweiz im Allgemeinen. VIII + 154 S. 8. 1903. [fr. 2. —]

Ausg. A mit deutschen Titeln: ... Zusammengestellt von Dr. Rudolf Luginbühl.... Bern, K. J. Wyss. — Bibliographie der Schweizerischen Landeskunde.... Fascikel V 10a.

Ausg. B mit französ. Titeln: Culture intellectuelle de la Suisse en général. Elaboré par le Dr. Rodolphe Luginbühl.... Berne. K. J. Wyss. — Bibliographie nationale suisse.... Fascicule V 10a.

Geistige Kultur der Schweiz im Allgemeinen. Zsgest. von Dr. Rudolf Luginbühl. *Bern: K. J. Wyß 1903.* (VIII, 154 S.) 8°
= Bibliographie d. Schweizer. Landeskunde. Fasc. V 10a. [03. 13174]

— Methodik des Geschichts-Unterrichts besonders in Volks- u. Mittelschulen. (27 S.) 8. Basel 903. Helbing & Lichtenhahn. n. — 50

Luginbühl, Rud[olf]. Die Neuenburgerfrage, ihre Entstehung und Lösung. ([Sep.-Abdr. aus:] Schweiz[erisches] Jahrb[uch. 1906. Jahrg. 1].) I S. + S. 266—327. 8. [Zürich, Schulthess & Co., 1906.]

— s.: Quollen zur schweiz. Geschichte. I. II. (Brennwald's, Heinr., Schweizerchronik.)

Luginbühl, Rud[olf]. Die Basler Reformation, 1528—1529. Akademischer Vortrag, gehalten am 26. Januar 1909 zu Basel. 30 S. 8. Basel, Friedrich Reinhardt, 1909. [fr. —. 40]

Luginbühl, Rud., Ph. Alb. Stapfer, helvetischer Minister der Künste und Wissenschaften. [1766—1840.] Ein Lebens- und Kulturbild. gr. 8. (IX, 589 S. mit Lichtdr.-Bild.) Basel 887, Detloff's Verlag. *

Luginbühl, Rudolf. Phil(ipp) Alb(ert) Stapfer, helvetischer Minister der Künste und Wissenschaften (1766—1840). Ein Lebens- und Kulturbild. 2. Ausgabe mit einem Anhang. [Mit 1 Porträt-Tafel.] X + 589 + *Anhang* 18 S. 8. Basel, R. Reich, 1902. [fr. 4. —]

Titel-Aufl., vermehrt durch den Anhang.

Luginbühl, Rud., Weltgeschichte f. Sekundar-, Bezirks- u. Realschulen in method. Anordng. M. 24 Illustr. u. 12 Geschichtskarten. gr. 8. (XII, 359 S.) Basel 895. R. Reich. n. 3. 20; geb. in Leinw. n.n. 3. 70

Luginbühl, Rud., Weltgeschichte f. Sekundar-, Bezirks- u. Realschulen in methodischer Anordnung. 2., völlig umgearb. Aufl. Mit 25 Illustr. u. 6 Karten. gr. 8. (XI, 220 S.) Basel 899. Helbing & Lichtenhahn. Geb. n. 2. 40

Luginbühl, R. Weltgeschichte für Sekundar-, Bezirks- und Realschulen in methodischer Anordnung. 2. Aufl. Mit 25 Illustr. u. 6 Karten. Gr. 8°. XI, 220 S. Basel, R. Reich. 1900 Gebd. 3 —

Luginbühl, Rudolf. Weltgeschichte für Sekundar-, Bezirks- und Realschulen in methodischer Anordnung. 3. Aufl. Mit 25 Illustrationen und 6 Karten. XII + 221 S. 8. Basel, Helbing & Lichtenhahn, 1903. [geb. fr. 3. —]

Luginbühl, Rudolf. Weltgeschichte für Sekundar-, Bezirks- und Realschulen in methodischer Anordnung. 4. Aufl. Mit 25 Illustrationen und 6 Karten. XII + 221 S. 8. Basel, Helbing & Lichtenhahn, 1905. [geb. fr. 3. —]

Luginbühl, Rudolf. Weltgeschichte für Sekundar-, Bezirks- und Realschulen in methodischer Anordnung. 7. und 8. Aufl. Mit 25 Illustrationen und 6 Karten. XII + 224 S. 8. Basel, Helbing & Lichtenhahn, 1909. [geb. fr. 3. —]

Luginger, Joseph. Streptothricheen als Ursache von Endocarditis beim Rind. Diss. Vet.-Med. Bern. Mit 6 Abbildungen. [Sep.-Abdr. aus: Monatshefte für praktische Thierheilkunde, Band 15.] *Kopftitel:* Aus dem pathologischen Institut der Königl. thierärztlichen Hochschule in München. II + 48 S. 8. Stuttgart, Union Deutsche Verlagsgesellschaft, 1904.

Beschreibung der Hauptmethoden, welche bei der Bestimmung der Verbrennungswärme üblich sind. Von W. Louguinine [Vladimir Luginin], Moskau. M. 4 Kupfertaf. u. 21 Textfig. *Berlin: R. Friedländer & Sohn 1897.* (1 Bl., 112 S., 1 Bl., 4 Taf.) 1 Bd 4. [97. 6151]

Lugino, Jh. Bapt., Dictionnaire de poche franç.-allem. et allem.-français. II Toms. 8. Gräz 807. 2e verm. Ausg., a. mit d. deutschen Titel. kl. 4. Ebd. 809. Ferstl. 2 ₰ 16 K

— französ. Chrestomathie. gr. 8. Köln 811. Rommerskirchen. 20 K

— prakt. franz. Grammatik nach Meidingers Methode. 2 The. 5e verb. u. verm. Aufl. gr. 8. Köln 827. Rommerskirchen. 16 K

— umgearbeitete Meidingersche französ. Grammatik. Mit zwei eigenen Wörtersamml. rc., v. G. M. Greiner. 2 Thle. gr. 8. Grätz... 4e A. 808. Ferstl. 1 ₰

Lugino, J. B., verbesserte Meidingers Grammatik, siehe Meidinger.

— französ. Sprachlehre, f. d. zartere Jugend, vorzüglich nach Mozin bearbeitet. 8. Frankf. a. M. 808. 2e A. 810. 3e verm. A. 822. Jäger. 14 K

Luginsland. Monatsblätter f. Literatur u. Kunst. Hrsg. Walther Neubert-Drobisch. Jg. 1. Halle: Nietschmann 1907. 8°

Luginsland. Monatsblätter f. Literatur u. Kunst. Begründet v. Walth. Neubert-Drobisch. Hrsg. v. Paul Schaumburg. 1.—3. Jahrg. 1908—1910. à 12 Hefte. (à ca. 32 S.) Lex. 8. Halle, C. Nietschmann. à Jahrg. 5.—
Erscheint nicht mehr.

Luginsland, G., großstädtischer Mädchenschacher. Ein trostloses Sittenbild unserer Zeit. An der Hand eines Münchener Kuppeleiprozesses [der am 8./10. Juli 1886 vor dem Landgerichte München I verhandelt wurde] geschildert und gebührend beleuchtet. gr. 8. (16 S.) München 886, M. Ernst.

(**Lugnani,**) Cenni sulla storia del commercio, s. Cenni.

Lugnani, Giov., Tragedie. 3 Vol. gr. 8. Venezia. (Vienna, Volke.) 82).

Lügner, der, Lustsp. v. Corneille. 2 Thle. gr. 8. Quedlinb. Biesterfeld. (Ernst.) 762.

Lügner, Der. Theaterstück. Donauwörth 1789. V: *Mayr, Beda.* (ML) (Zeitschr. f. Büch. N. F. 15, 1923, S. 115)

— — dasselbe. Lustsp. in 5 Aufz. 8. Wien, Wallishausser. 807.

Der entlarvte Lügner, durch Anmerkungen über prüfende Anmerkungen zu dem Sendschreiben des Herrn HR. von . . . an den H. Hrn. Mitglied der churbayerischen Akademie in München, über einige von dem Herrn Gaßner, Pfarrer im Klösterle, während seines Aufenthalts in Ellwangen unternommene Operationen. Dargestellt von einem Wahrheitsfreund und Augenzeugen. Augsb. 775. 8.

Lügner, Der entlarvte, durch Anmerkungen über die prüfenden Anmerkungen . . . eine Schrift zur Verteidigung [J. Jos.] Gassners . . . 1775. V: *Sartori, Jos. v.* Vgl. Euphor 28 (1927), S. 571, Anm. 18. Ist eine Gegenschrift zu dem Sendschreiben des »H. R. von . . .«, das IV, 2187 wohl irrtümlich dem Sartori zugeschrieben wird. (DARP)

Lügner: Der Lügner ohne Gleichen
v. Baselbieter (I).

Lügner, der leichtsinnige. Lustsp. in 3 Aufz. von F. L. Schmidt. 8. Tübing. Cotta. 813. — 16

Lügner, der, u. sein Sohn. Posse in 1 Aufz. Nach Collie d'Harleville. Frei bearb. 8. (2⅝ B.) Wien 837, Wallishausser.

Lügner u. sein Sohn od. Treumund Wanderer u. sein Buch: „Dresden u. d. Dresdener" v. Freimuth dem Sachsen. 8. Dresden 846, Kori. n. 8 ngl

Lugo, Emil, Handzeichnungen u. Aquarelle. 15 unveröffentlichte Blätter aus dem Nachlasse des Meisters. Mit e. Vorwort von Siegfr. Graf Pückler-Limpurg. qu. gr. Fol. (4 S. Text m. Bildnis.) gr. Fol. München (903). Leipzig, F. Rothbarth. In Mappe n. 27. —

de Lugo, Jh, Alph., († 1816.) Grundsätze des Geschäftsstyls. ... 3e umgearb. Aufl. unt. d. T.: systemat. Handbuch für Jedermann, der Geschäftsaufsätze zu entwerfen hat. 2 Bde. 8. Wien 783. 4e A. 786. 5e ganz umgeänd. Aufl. (ist aber gar nichts veränd.) 790. Hörling. 1 ℔ 4 K

LUGO Johann Alfons. - sistematisches Handbuch für Jedermann, der Geschaftsaufsatze zu entwerfen hat . . . 3. ganz umgearbeitete Aufl. Hörling, Wien 1785 2 Tle. in 2 vol.
4. Auflage ebenda 1786; 5. Auflage, 2 Teile, ebenda 1792.

Lugol, J. G. A.

Lugol, die kräftigste u. bewährteste Heilmethode d. Scrophelsucht u. der von ihr abhäng. Zustände. Nach d. Verf. Mémoires sur l'emploi de l'Iode et des Bains jodurés dans les maladies scrofuleuses frei bearb. v. A. P. Wilhelmi. Mit e. Vorw. v. Alb. Braune. gr. 8. (19½ B. u. 1 Tab.) Leipzig 836. [Hamburg, Engel.]

Lugol, J. G. A., die scrophulösen Krankheiten, s. Handbibliothek der vorzügl. neueren Werke d. Auslandes.

Lugol, J. G. A., Untersuchungen u. Beobachtungen über die Ursachen der scrophulösen Krankheiten. gr. 8. Leipzig 844—46, Kollmann. 1⅓ ℔

Lugol, J.G.A.: Untersuchungen und Beobachtungen über die Ursachen der scrophulösen Krankheiten. (Recherches et observations sur les causes des maladies scrofuleuses. Dt.) Übers. von G(ustav) Krupp. 264 S., gbd.
Leipzig: Kollmann 1845

—— Untersuchungen u. Beobachtungen üb. die Ursachen der Skrofel-Krankheiten. (Für Aerzte u. Laien.) Deutsch v. L. v. Haxthausen. gr. 8. (13 B.) Siegen 845. [Wiesbaden,] Friedrich'sche Vrlgsh.

Lugol's, J. G. A., Untersuchungen und Beobachtungen über die Ursachen der Skrofel-Krankheiten. Eine gekrönte Preisschrift. Deutsch von L. v. Haxthausen. (Für Aerzte und Laien.) 2. (Titel-)Ausg. Wiesbaden (845.) 855. Friedrich. gr. 8. (VIII, 198 S.) 24 ngr.

Lugomirska, Marianna, Thaddeus Kosciuszko. Historischer Roman. 4 Bde. 8. (1133 S.) Jena 864, Costenoble.

Lugowoi, A. A., Pollice verso, s.: Universal-Bibliothek

Lugowoi, A. A., wenns Küsse regnet. Erzählg. Einzig autor. Übertragung v. Heinr. Johannson. 2. Aufl. 8. (184 S.) Berlin 897. Vita, Deutsches Verlagshaus. n. 2. —

[F.] Wenns Küsse regnet. Erzählg v. A. A. Lugowoi. Einzig autoris. Übertragg v. Heinrich Johannson. *Berlin: Romanwelt 1897.* (2 Bl., 184 S.) 1 Bd 8. [97. 8520

Lugowoi, Alexis, ein Brief. Roman. Berechtigte Übertragg. aus dem Russ. von Heinr. Johannson. 8. (140 S.) Berlin (900). Vita. n. 1. —

[F.] In der Werkstätte des Lebens. Roman in 5 Buchern v. Alexis Lugowoi . . . Einzig autoris. Übs. a. d. Russ. v. Heinrich Johannson. *Berlin: Vita [1899].* (2 Bl., 704 S.) 1 Bd 8. [99. 875

Lugrin, Ernest, de l'enseignement du Français dans les écoles de langue allemande. gr. 4. (22 S.) Basel 894. B. Schwabe. n. 1. 20

Lugrin, E. De l'enseignement du français dans les écoles de langue allemande. In-4°. 22 p. Basel, Schweighausersche Buchdruckerei. 1894.
*** Wissenschaftliche Beilage zum Bericht über die Töchterschule in Basel.

Lugrin, E. Histoire de la littérature française depuis ses origines jusqu'à la fin du XVIIIe siècle. Gr. in 8°. VII, 352 p. Basel, B. Schwabe. 1893 4 50

Lugrin, Ernest, lectures choisies pour servir d'introduction à l'étude des grands écrivains français des XVIIe, XVIIIe et XIXe siècles. gr. 8. (IV, 278 S.) Basel 896. B. Schwabe. n. 3. 20; kart. n. 3. 60

Lugrin, Ernest, résumé de l'histoire de la littérature française au XIX. siècle. gr. 8. (IV, 138 S.) Basel 890. Schwabe. n. 2. —; geb. n. 2. 25

Lugt, **Jh. Abr., Diss. inaug. med. de temperamentis. 4. Götting. 781. Dieterich.** 2 ℊℊ

Lugt, Jo. Alw., De temperamentis. 29 pp. Gott. 8°. Erb. Bentr. 82, XI, 168. Frkf. Abh. 82, XVII, 347. *Gruner*, III, 24. *Schlegel*, I, 225.

1781

Lügumkloster [Schlagwort]

Lügumkloster, s.: Deutschland. Kürschner-Peip.

Lügumkloster, s.: Deutschland. Übersichtskarte.

Luhde, K. U., († 1801.) Predigten zur eigenen Beruhigung und bei Gelegenheit Gustavs III. Tod. gr. 8. Greifsw. 792. (Reimer in Berl.) 8 ℊℊ

Luhde, C. U., Predigten bey Gelegenheit Gustavs Tod. gr. 8. Greifswalde. (Lange in Berlin). 792.

Lühder, Albert, aus Greifswald: **Desmoide Geschwülste der Bauchdecken.** *Greifswald 1899: H. Adler.* (28 S.) 8°
Greifswald, Med. Diss. v. 29. März 1899

Lühder, Ernst

Badereise oder Hauskur? Den Ärzten, sowie allen an Gicht, Rheuma, Nierenleiden etc. Erkrankten z. Information angelegentlichst empfohlen von Dr. [Ernst] **Lühder.** (Falkenberg-Grünau bei Berlin: Chemische Fabrik Falkenberg 1906.) (16 S.) 8° [Umschlagt.]

Lühder, Ernst, aus Greifswald: **Über den Einfluss von Kernsubstituenten auf die Reaktionsfähigkeit aromatischer Aldehyde und Ketone.** *Greifswald 1902: H. Adler.* (54 S.) 8°
Greifswald, Phil. Diss. v. 7. Juni 1902

Gicht, Nierengries-Nierenstein-Leiden, Gelenk-Muskel-Rheumatismus, Angioneurose, Neuralgie, Ischias u. s. w. Ihre rationelle Behandlung durch d. Falkenberger Arthriticin- bezw. Phenocoll-Tabletten. Von Dr. [Ernst] **Lühder.** (Berlin [1906?]: Mesch & Lichtenfeld.) (33 S.) 8°

Werth, Wesen, Wirkung der Falkenberger Rheuma- und Gicht-Wasser. Von Dr. [Ernst] **Lühder.** (Falkenberg-Grünau bei Berlin: Chemische Fabrik Falkenberg 1906.) (16 S.) 8° [Umschlagt.]

Lühder, Rob., die Druckschriften der Bibliothek des geistl. Ministeriums zu Greifswald in alphabet. Verzeichnis m. e. Geschichte der Bibliothek. (231 S.) gr. 8. Greifswald 908. L. Bamberg. 2. 50

Lühdorf, Fr. Aug., acht Monate in Japan nach Abschluß des Vertrages von Kanagawa. gr. 8. (XV und 254 S. mit Titel in Holzschn. und 11 verschiedenen Illustr. in eingedr. Holzschn., 6 Holzschnt. und 1 Stnt. in gr. 8., 4. und qu. 4.) Bremen 857, Strack. *

Lühdorf, Fr. Aug. Baron v., Winke für Zuckerkranke, nach eigenen langjähr. Erfahrungen und Studien zusammengestellt. 8. (96 S.) Hamburg 888, Hoffmann und Campe's Sortiment. *

Lühdorf, F. A. Baron v., Winke f. Zuckerkranke, nach eig. langjähr. Erfahrgn. u. Studien zusammengest. 2., verm. Aufl.. hrsg. v. M. Paul. gr. 8. (V, 99 S.) Hamburg 898. G. A. Rudolph. n. 1. 50

Lühe, v. der, Geschichte des holsteinischen Feldartillerie-Regiments Nr. 24. Auf dienstl. Veranlassg. f. Unteroffiziere u. Mannschaften zusammengestellt. 8. (104 S.) Güstrow 901. Opitz & Co. n. 1. 20

v. d. Lühe, C. A. P., Richers u. Hanne. Ein Zeugniß für die Wahrheit, gegen die unwahre Wissenschaft. gr. 8. (20 S.) Leipzig 852, Dörffling & Franke. 3½ ngr

v. d. Lühe, Frhr. Fr. Karl, s. a. Dunciade.

DUNCIADE, Deutsche. Erster (einz.) Theil. (Prosa-Satyre mit eingestreuten Versen von *Friedr. Karl* Frhrn. *von der Lühe*, 1788—1801). Mit einer Vorrede hrsg. von Herrn Schirach. Leipzig und Helmstädt 1773. 8°. Selten!
Flögel, Gesch. d. komischen Litt. III, 555; Anon.-Lex. I. p. 421 (nach Alberti, Kayser, v. Maltzahn u. Meusel).

Lühe, Hans Eggert Willibald v. der, Militair-Conversations-Lexikon, s. Militair-Conversations-Lexikon.

Lühe, Karl Emil Frh. von der

Lühe, von der, an Flora u. Ceres, zwey Hymnen. 8. Wien, Degen. 803.
Velinp.
kl. 4. m. K. Velinp.
gr. 4. m. K. Velinp.

Lühe, v. der, an Flora und Ceres, schöne Ausg. mit 2 Portr. 4. Velinpap. 803. Jetzt Verlag von v. Mösle in Wien.

v. d. Lühe, Frhr. Karl Emil, († d. 9. März 1801.) Hymnus an Flora u. Ceres. gr. 4. Wien 797. 800. N. A. an Flora u. Ceres, zwei Hymnen. 8. Ebd. 803. Degen. (Mörschner u. Jasper; a. v. Mösle). 4 ℊℊ Velinp. 16 ℊℊ kl. 4. mit Kpf. Velinp. 2 ℛℓ gr. 4. mit Kpf. Velinp. 3 ℛℓ Hdg. Pr. 1 ℛℓ 12 ℊℊ (bei Armbruster) 1 ℛℓ 12 ℊℊ

Luehé, Karl Heinrich Leopold

Luehé, Carolus Henricus Leopoldus *(geb. Berlin 1778)*: De tinea capitis. Vratislaviae 1818. (20 S.) 4°
Breslau, Med. Diss. v. [30. März] 1818

Lühe, Ludwig

Aufgaben und Verwendung der Helferinnen vom Roten Kreuz im Kriege. Vortrag von Generalarzt a.D. Dr. [Ludwig] Lühe. Hrsg. von d. Helferinnenabt. d. Vaterländ. Frauenver. Königsberg. Königsberg i. Pr.: Ostpr. Dr. & Verlagsanst. 1909. 16 S. 8°

Lühe, L., Vorlesungen üb. Kriegschirurgie. gr. 8. (X, 230 S.) Berlin 897. A. Hirschwald. n. 6. —

Luehe, Ludov. Frid. Herm. (geb. Breslau 28. 12. 1838): De arthritide deformante. Berolini (1861). (32 S.) 8°
Berlin, Med. Diss. v. 31. Juli 1861

Lühe, Max, Beiträge zur Helminthenfauna d. Berberei. Vorläuf. Mittheilg. üb. Ergebnisse e. m. Unterstützg. d. kgl. Akademie d. Wissenschaften im J. 1898 ausgef. Forschungsreise. [Aus: „Sitzungsber. d. preuss. Akad. d. Wiss."] gr. 8. (10 S. m. 4 Fig.) Berlin 898. (G. Reimer.) n. — 50

Lühe, M., Ergebnisse der neuen Sporozoenforschung. Zusammenfassende Darstellg. m. besond. Berücksicht. der Malariaparasiten u. ihrer nächsten Verwandten. gr. 8. (IV, 100 S. m. 35 Abbildgn.) Jena 900. G. Fischer. n. 2. 80
Erweit. Sonderabdr. aus: „Centralbl. f. Bakteriologie".

Lühe, Max, Leitfaden zur Untersuchg. der tierischen Parasiten des Menschen u. der Haustiere, s.: Braun, Max.

Lühe, Max *Friedrich Ludwig* [pr. Arzt. Assist. am Kgl. zoolog. Museum]: Zur Morphologie des Taenienscolex ... Königsberg i. Pr., Druck v. M. Liedtke, 1894; 2 Bl., 133 S., 2 Bl. 8.
Königsberg, Phil. Fak., Inaug.-Diss. v. 21. Dez. 1894

Lühe, Max, zur Morphologie des Taenienscolex. Diss. gr. 8. (133 S. m. Fig.) Königsberg 894. (W. Koch.) n. 2. —

— Parasitische Plattwürmer, s.: Süsswasserfauna, die, Deutschlands. 17. u. 18. Heft.

... Lectiones cursorias, quas ... Maximilianus **Luehe** Phil. Dr. über das Thema: „Was ist ein Thier und wodurch unterscheidet es sich von den Pflanzen?" ad docendi facultatem rite impetrandam d. XI. Jan. ... habebit, indicit Hermannus Baumgart Phil. Dr. P. P. O. Ord. Phil. h. t. Decanus. Regimonti Bor., ex offic. Hartungiana, 1897; 1 Bl. 4.

Lühe, Frau Veronika, s.: Schulz, B.

Lühe, Wilhelm: Hugo von Die und Lyon, Legat von Gallien. *Breslau 1898: F. W. Jungfer.* (169 S.) 8°
Strassburg, Phil. Diss. v. 1897

Lühl, Adolf [Gerichts-Ref.]: Gründe und Arten der Deliktshaftung nach dem neuen Bürgerlichen Gesetzbuche für das Deutsche Reich ... Düsseldorf, E. v. Kreyfelt, *1897;* 57 S., 1 Bl. 8.
Erlangen, Jur. Fak., Inaug.-Diss. v. 1897

Lühl, Kurt

Lühl, Curt, pr. Arzt: Aus d. Univ.-Augenklinik zu Marburg. Ueber die Häufigkeit des Astigmatismus und seine Beziehungen zur Sehschärfe. Marburg 1909: Köster & Schell. 14 S. 8°
Marburg, Med. Diss. v. 12. Aug. 1909, Ref. Bach
[Geb. 29. April 81 Gemen; Wohnort: Gemen; Staatsangeh.: Preußen; Vorbildung: Gymn. Marburg Reife M. 01; Studium: Marburg 6, München 3, Marburg 4 S.] [U 09. 3146

Luhmann, Specialkarte des Wesergebiets von Schlüsselburg bis Hameln, des Fürstenth. Schaumburg-Lippe, der Rehburger Berge und des Teutoburger Waldes 1 : 150,000. Lithogr. und color. qu. gr. Fol. Minden 882, Marowsky. * — 50

Luhmann, Adf., die Ueberlieferung v. Lajamon's Brut, s.a. Studien zur englischen Philologie. XXII.

Luhmann, Adolf, a. Lüneburg: Die Überlieferung von Lagamons Brut. Halle a. d. S. 1905: E. Karras. (78 S.) 8° ¶ (Ersch. vollst. als: Studien z. engl. Philologie, H. 22.) x)
Göttingen, Phil. Fak., Ref. Morsbach, Diss. v. 21. März 1905
[Geb. 19. Apr. 81 Lüneburg; Wohnort: Lüneburg; Staatsangeh.: Preußen; Vorbildung: Realgymn. Lüneburg Reife O. 00; Studium: Göttingen 2, München 2, Göttingen 6 S.; Rig. 18. Nov. 04.]

Die Überlieferung von Lagamons Brut nebst e. Darstellung d. betonten Vokale u. Diphtonge von Adolf **Luhmann.** Halle: M. Niemeyer 1906. (IX, 212 S.) 8°
[Ein T. erschien als Inaug.-Diss. Göttingen 1905.]
— **Studien** z. englischen Philologie. H. 22. [06. 1989 8

Luhmann, E., praktische Anleitung zur Fabrikation der moussirenden Getränke, s.: Gressler.

Luhmann, E: Die Fabrikation der Dachpappe und der Anstrichmasse für Pappdächer in Verbindung mit der Theerdestillation nebst Anfertigung aller Arten von Pappbedachungen und Asphaltirungen. Wien, Pest und Leipzig 1883

Luhmann E, die Fabrikation der Dachpappe und der Anstrichmasse für Pappdächer. (Bibliothek, Chemisch-technische 106) Wien 1883

Luhmann, E., die Fabrikation der Dachpappe und der Anstrichmasse für Pappdächer in Verbindung mit der Theerdestillation, nebst Anfertigung aller Arten von Pappbedachungen und Asphaltirungen. Ein Handbuch für Dachpappe-Fabrikanten, Baubeamte, Bautechniker, Dachdecker und Chemiker. 8. (IV, 238 S. mit 47 eingedr. Abbild.) Wien 883, Hartleben's Verlag. 3 25

Luhmann, E: Die Fabrikation der Dachpappe und der Anstrichmasse für Pappdächer in Verbindung mit der Theerdestillation nebst Anfertigung aller Arten von Pappbedachungen und Asphaltirungen. 2. Aufl. Wien, Pest und Leipzig 1902

Luhmann, E., die Fabrikation der Dachpappe u. der Anstrichmasse f. Pappdächer in Verbindung m. der Theerdestillation, nebst Anfertigg. aller Arten v. Pappbedachgn. u. Asphaltirgn. Ein Handbuch f. Dachpappe-Fabrikanten, Baubeamte, Bautechniker, Dachdecker u. Chemiker. 2. Aufl. 8. (VIII, 221 S. m. 47 Abbildgn.) Wien 902. A. Hartleben. n. 3.25; geb. n. 4.05

Luhmann, E., d. Fabrikation d. moussirenden Getränke. Prakt. Anleitung zur Fabrikation aller moussir. Wässer, Limonaden, Weine etc. u. gründl. Beschreibung d. hiezu nöth. Apparate. 3., neu bearb. u. erweit. Aufl. des in 1. Aufl. v. Osk. Meitz verf. Werkes. 8. (XVI, 176 S. m. 31 Abb.) Wien 897. A. Hartleben. n. 2. —; geb. n. 2. 80

Luhmann, E., die Fabrikation der moussierend. Getränke. Praktische Anleitg. zur Fabrikat. aller moussier. Wässer, Limonaden, Weine etc. u. gründl. Beschreibg. der hierzu nöt. Apparate. 4., neu bearb. u. erweit. Aufl. des in 1. Aufl. v. Osk. Meitz verf. Werkes. (VIII, 248 S. m. 60 Abb.) 8. Wien 907. A. Hartleben. 3.—; geb. 3.80

— die **Fabrikation** der flüssigen Kohlensäure. (204 S. m. 69 Abbildgn.) 8. Berlin 904. M. Brandt & Co. n. 3. —; geb. in Leinw. n. 3. 80

Die Fabrikation der künstlichen Mineralwässer, Brauselimonaden u. sonstiger kohlensäurehaltiger Getränke. (Von Dr. E[duard] Luhmann.) Mit Abb. u. Recepten. *Halle a. S.: L. Hofstetter 1904.* (XVI, 136 S.) 8°
[Umschlagt:] Luhmann Die Mineralwasser-Fabrikation
— **Greßler,** Eduard: Prakt. Anleitung z. Fabrikation d. moussirenden Getränke. 4. Aufl. Bd 1. [04. 1998

Luhmann, Dr. E., Die moussirenden Getränke. Praktische Anleitung zur Fabrication aller moussirenden Wässer, Limonaden, Weine etc. und gründliche Beschreibung der hiezu nöthigen Apparate. Dritte, neu bearbeitete und erweiterte Auflage des in erster Auflage von Oscar Meitz verfaßten Werkes. Mit 31 Abbildungen. 8. (XVI, 176 S.) [Chemisch-technische Bibliothek, Bd. 84. Dritte Auflage] 1.10
Dasselbe. Geb. (nur fest) Wien: Hartleben 1896 1.55

Luhmann, E: Die Jndustrie der verdichteten und verflüssigten Gase. Wien und Leipzig 1904

— **die Industrie der verdichteten u. verflüssigten Gase. Eine ausführl. Darstellg. der Eigenschaften, Herstellg. u. gewerbl. Verwendg. der gasförm. Körper, welche in verdichteter Form Handelsartikel geworden sind. (VIII, 312 S. m. 70 Abbildgn.) 8. Wien 904. A. Hartleben. n. 4. —; geb. n. 4. 80**

Luhmann E, die Industrie der alkoholfreien Getränke. (364 S) (Bibliothek Chemisch-technische 285) Wien 1905

Luhmann, E: Die Jndustrie der alkoholfreien Getränke. Wien und Leipzig 1905

Mahon — Plan de la Ville et du Port — et du Fort St. Philippe. Tel qu'il etoit fortifié en 1706 par les Espagnols. Communiquée du Public par les Heritiers du Homann. 1756. y joint Profil du Fort St. Philippe. Plan du Fort St. Philippe. 1: 6000 circa. 2 Bl.

Mahon [Verfasser]

Mahon, Lord, s.a. Stanhope, Earl.

Mahon's Geschichte von England. Vom Frieden von Utrecht bis zum Frieden von Versailles 1713—1783. Deutsch von Fr. Steger. 8 Bde. Braunschweig 855, 56. Westermann. gr. 16. (1. Bd.: VIII, 420 S.; 2. Bd.: XII, 339 S.; 3. Bd.: XIII, 433 S.; 4. Bd.: X, 412 S.; 5. Bd.: IX, 393 S.; 6. Bd.: IX, 386 S.; 7. Bd.: X, 410 S.; 8. Bd.: X, 427 S.) n. 6 ℳ. 20 ngr.
Gleichzeitig auch in einer Ausgabe auf größerem Papier (gr. 8.) zu gleichem Preise und in gleichem Umfange erschienen.

Mahon, Lord, (Stanhope,) Grundsätze der Elektricität; aus d. Engl. übers., mit Anmerkk. v. J. F. Seerger. Mit 6 Kpf. 8. Leipz. 789. (W. Vogel). 20 gl

Mahon, Grundſ. der Elektricität, a. d. Engl. übers. mit Anmerk. von Seeger, m. K. gr. 8. Leipz. Crusius. (F. C. W. Vogel.) 789.

—— History of England, s.a. Collection of british authors.

—— History of England from the peace of Utrecht to the peace of Versailles. 1713—1783. Copyright edition. In seven volumes. (7 Bde.) 8. Leipzig 1853—1854.

Mahon, Paul Augustin Olivier. Ueber die syphilitische Krankheiten der Schwangern . . . A. d. Franz. . . . Hildesh. 1807. H: *Henke, Hnr. Ludw.* (MGT)

Mahon, P. A. O., üb. die syphilitisch. Krankheiten d. Schwangern 2c.; aus d. Französ., mit Anmerkk. 8. Hildesh. 807. Gerstenberg. 18 gl

Mahon, P. A. O., Medicina legale e Polizia medica tradotto dal francese da Gius. Chiappari. 3a Ediz. 4 Vol. in 12. Milano. 820. (Vienna, Volke.)

Mahon, Silvester (Ed.):

s.a.: Arzt für das schöne Geschlecht. (Every Lady her own physician, or the closet companion..., corrected and revised by S.Mahon. Dt.) Übers.und mit praktischen Anmerkungen...begleitet von Christian Friedrich Michaelis. Leipzig: 1790

JB 3.918

Mahon, Silv., Arzt f. d. schöne Geschlecht; aus d. Engl., mit e. Register v. Chr. Fr. Michaelis 11. gr. 8. Leipz. 790. (Brockhaus). 14 gl

Mahon de Monaghan, Eug., l'Église, la réforme, la philosophie et le socialisme, au point de vue de la civilisation moderne. 12. (433 S.) Luxemburg 864, Brück.

— — 2. édit. Ebend. 864. 12. (433 S.) Schreibp. 1 ℳ 18 ngr.

O'Mahony. Trauerrede auf Claudius Bertrand du Coin, Hauptmann der Königl. Französ. Garde. 8. (2 B.) Augsburg 1829. 0,25.

Mahoreig, J., Der Hausbesitzer. Praktisches, unentbehrliches Hand- und Nachschlagebuch für Hausbesitzer etc. Gr.-8°. (VIII, 185 S.) Graz: Styria 1905. K 3.—

Mahr, (Hofinstrumentenmacher), über die gewerblichen Verhältnisse unserer Zeit, den beklagenswerthen Zustand der besitzlosen Volksklassen u. die Mittel zur Abhülfe des Uebels. Vortrag, gehalten in der Darmstädter Localsection des Großherz. Hess. Gewerbe-Vereins. gr. 8. Darmst. 845, Pabst. 1/8 ℳ

Mahr A, Erhebung über die Wirkung des Handwerkergesetzes. Zusammenstellung der Erhebungen bei den Innungen usw. (14 S 7 Tab.) 4° Darmstadt 1906

Mahr A, Untersuchung über die Durchführung des Handwerkergesetzes. Herausgegeben vom Verband deutscher Gewerbevereine. (33 S 19 T) fol Darmstadt 1906

Mahr, C. C., Denkschrift zur Jubelfeier des 50jähr. Doctorats des Königl. Dän. Staatsraths 2c. Franz Hermann Hegewisch. Begleitet von einigen Erinnerungsworten an den schwarzen Tod in den Herzogth. Schleswig u. Holstein vor nunmehr 500 Jahren. Hamburg 855. Hoffmann u. Campe. gr. 8. (61 S. u. 1 Lithogr.) 12 ngr.

— Paragramme und Beiträge zur theoretischen und practischen Medicin. Ausstellungen und Verhandlungen nach einer 25jährigen Praxis entworfen. 1. Abth. Zur allgemeinen Pathologie und Therapie. Braunschweig 854. Schwetschke. gr. 8. (X, 272 S.) 1 ℳ. 15 ngr.

Mahr, C. C., der Seeschrecken auf den Auswandererschiffen. Unter Beistand eines obergerichtl. Erkenntnisses besprochen. Oldenburg i. H. 869. Fränckel. gr. 8. (24 S.) n. 4½ ngr.

Mahr, Carl Heinrich Christian, s. Mahr, Karl Heinrich Christian

Mahr, Christian

Mahr, C., die Pest in Glückstadt im Jahre 1712. Ein Bau- u. Bruchstück zur Geschichte der Medizin. gr. 8. (VI, 50 S.) Kiel 879. Lipsius & Tischer. n. 1. —

Mahr, Christian Heinrich Karl

Denkschrift zur Feier des funfzigjährigen Doctorats des Staatsraths Franz Hermann **Hegewisch.** Begleitet von einigen Erinnerungsworten an den schwarzen Tod in den Herzogthümern Schleswig und Holstein vor nunmehr fünfhundert Jahren v. Christian Heinrich Carl Mahr. Hamburg. 1855. 8°.

Mahr, Christian Heinrich Karl: Historischer Ueberblick über die Pest in Schleswig-Holstein im Jahre 1711 v. –. Separatabdruck aus dem Deutschen Archiv für Geschichte der Medicin etc., red. v. H. und G. Rohlfs. Bd. 2, Heft 3. Leipzig. [1879.] 8°

Mahr, Em., Vorschule der Mathematik für Jedermann. Eisenach 853. Baerecke. Lex.-8. (VI, 280 S.) 20 ngr.

Mahr, F. J., in der Frohnveste (sic). München 1874. 8°. 45 S. Beibd.

Mahr, Frz. Jos., offener Brief an den Herrn Erzbischof v. München-Freising. 2. Aufl. gr. 8. (16 S.) München 872. Stahl. n. — 20

Mahr, Frz. Jos., Hirt u. Heerde. Predigt, gehalt. am 2. Sonnt. nach Ostern. 2. Aufl. gr. 8. (IV u. 15 S.) Bamberg 851, Züberlein. n. n. 3 ngr.

Mahr, Heinrich (geb. am 19 Juni 1845 in Diez Rgbz. Wiesbaden): Fracturen in der Diaphyse des Oberschenkelknochens ... Bonn, gedr. bei J. F. Carthaus (1870). 27 S., 1 Bl. 8.
Bonn, Med. Fak., Diss. v. 27 Jan. 1870

Luhn's Bilderbücher z. Pflege künstler. Sehens f. Jung u. Alt. 1.—3. Bd. (à 12 farb. Bl. m. III S. Text.) 32,5 ×17,5 cm. Barmen (910). P. Luhn. à 1. 80

Luhn, F. W., Bericht über seine Erfahrungen in Texas. Verwandten, Freunden und Auswanderern gewidmet. gr. 8. (16 S.) Hamburg 849, (Schuberth und Comp.) •

Luhn, Joh. Bernh. u. Gabr. Chr. Crell (Altenburg). De Atho sancto. Wittenberg (Chr. Gerdes) 24. I. 1704. 100 S. (5.—) 21847

Der Familien-Stammbaum. Eine kulturelle Studie von Peter Luhn. Barmen: Luhn 1910. 8 Bl. 4° [11. 951

Lühn, Friedrich [aus Oppenheim a. Rh.]: Beiträge zur Kenntnis des Chlorknallgases ... Würzburg, Druck d. kgl. Universitätsdr. v. H. Stürtz, 1893; 50 S., 1 Bl. 8.
Heidelberg, Naturw.-math. Fak., Inaug.-Diss. v. [25. Apr.] 1893

Lühn, Otto, die Funktionen zweier Variabeln, welche durch Hilfe der elliptischen Funktionen dargestellt werden können. gr. 8. (30 S.) Heidelberg 882. C. Winter. n. 1. 20

Lühne, Vincenz

— Beitrag zur Flora des Triester Golfes. 8. ibd.
Progr.

Lühne Vincenz: Unsere Kenntnisse über Artenbildung im Pflanzenreiche. 12. Tetschen 02.
Progr.

Lühning, E., d. Ausbau d. deutschen Binnenwasserstrassen u. deren Abgaben. Ein Beitrag z. Lösung dieser Frage. Erweit. u. verm. Sonder-Abdr. aus d. „Zeitschr. f. Architektur u. Ingenieurwesen". gr. 8. (56 S.) Berlin 898. Puttkammer & Mühlbrecht. n. 1. —

Lühning, E., Der Kieler Aussenhafen. Ein neuer Weg zur Lösung der Hafenfrage. Kiel und Leipzig 1894.

Lühning, E., der Kieler Außenhafen. Ein neuer Weg zur Lösg. der Hafenfrage. gr. 8. (15 S. m. 2 Kartenskizzen.) Kiel 894. Lipsius & Tischer. n. 1. —

Finanzielles und Volkswirtschaftliches vom Rhein-Weser-Elbe-Kanal von E. Lühning ... *Hannover 1900: Jänecke.* (14 S.) 8° [5.]
— **Sammlung** von Schriften z. Kanalfrage. No 6. [04. 10135 4

Lühr, Georg

Lühr, Georg, Dr.: **Cursus** Gloriae Mortalis dramatica poesi **expressus, sive** Jason Fabula. Ein Drama des Jesuiten Thomas **Clagius**. Mit Beiträgen zur Geschichte d. Kgl. Gymn. zu Rössel. *Rössel 1899: B. Kruttke.* (S. 1—47.) 4°
Rössel, k. G, OP 1899 (15)

—Einiges über Leben und Charakter des am 16. März 1899 gestorbenen Direktors Johannes Thurau. Aus der Gedächtnisrede. 4 (S. 14—15). **Progr.** Kgl. G. *Rössel* 1900

Lühr, Geo., die Schüler des Rösseler Gymnasiums nach dem Album der marianischen Kongregation. Ein Beitrag zur Geschichte der einzelnen Familien u. der gelehrten Bildg. im Ermland wie in den angrenz. Gebieten während des 17. u. 18. Jahrh. 1. Tl. 1631—1748. 1.—3. Lfg. (II, 356 S.) gr. 8. Braunsberg 904. 906. E. Bender. n. 3. 80
Sonderabdruck aus: „Ztschr. f. die Geschichte u. Altertumskde. Ermlands".

Lühr, Geo., die Schüler d. Rösseler Gymnasiums nach dem Album der marianischen Kongregation. Ein Beitrag zur Geschichte der einzelnen Familien u. der gelehrten Bildung im Ermland wie in d. angrenz. Gebieten während des 17. u. 18. Jahrh. 2. Tl. 1749—1797. Als Anh.: Nachträge z. 1. Tl. (1631—1748). (144 S.) gr. 8. Braunsberg 908. E. Bender's Verl. 2. —
Sonderabdruck aus: „Ztschr. f. d. Geschichte u. Altertumskde. Ermlands".
1. Tl. Ebd. 904.06. 3. 80.

Luehr, Geo., de P. Papinio Statio in silvis priorum poetarum romanorum imitatore. Dissertatio inauguralis philologica. gr. 8. (58 S.) Brunsbergae 880. (Königsberg, Beyer.) n. 1. 20

Lühr, Georg, Dr., stellv. Dir.: [Direktor Prof. Johannes Thurau, gest. am 16. März 1900.] *Rössel 1900: B. Kruttke.* (S. 14—15.) 4°
Rössel, k. G, OP 1900 (15)

Lühr, H.

— **Kiel u. Umgebg.**. s.a. Grieben's Reiseführer.

Kiel und Umgebung, der Kriegshafen, die Kriegsmarine und die Kieler Woche. Praktischer Reiseführer v. **H. Lühr.** Mit 2 Karten. Berlin. 1909—1910. 8°

Lühr, H., die holstein. Schweiz, s.a. Grieben's Reiseführer.

Die Holsteinische **Schweiz.** Praktischer Führer. 3. Aufl. neu bearb. v. H[einrich] Lühr. Mit 3 Karten. Berlin. 1909—10. 8°
—— Dass. 6. Aufl. neu bearb v. H[einrich] Lühr. Mit 4 Karten. ebd. 1919—20. 8°

Lühr, Karl, zur Abwehr gegen Hrn. Past. Decker's Ansprache an die Gemeinden. Auch ein Wort an die Gemeindeglieder der schleswig-holsteinischen Landeskirche. gr. 8. (16 S.) Garding 880. Lühr & Dircks. n. — 20

—— **Akten** aus meiner Disciplinaruntersuchung. gr. 8. (88 S.) Eckernförde 882. (Garding, Lühr und Dircks.) 1. 60

Lühr, Karl, dein Reich komme! Nachgelassene Predigten üb. das Vaterunser u. einige andere Texte. (V, 179 S.) gr. 8. Berlin 904. A. Duncker. n. 2. —; geb. in Leinw. n.n. 2. 60

(B) **Lühr**, Karl, Dein Reich komme. 904. (KBB 34.) **Jetzt: Charlottenburg, A. Glaue.**

Zur Geschichte des Pfarrwahlrechts in der schleswig-holsteinischen Landeskirche v. Karl Lühr. Freiburg i. Br. 1885. 8°.
Separat-Abdruck aus Zeitschrift für Kirchenrecht. Bd. 22 (N. F. 7) H. 3.

Lühr, Karl, die neue Gottesdienstordnung in Schleswig-Holstein u. Hannover. Ein Beitrag zur liturg. Neuordng. d. protestant. Gottesdienstes überhaupt. 8. (72 S.) Garding 885. Lühr & Dircks. n. — 90

— **Schlußakten** aus meiner Disciplinaruntersuchung. Hrsg. u. allen Gesinnungsgenossen, die tapfer f. mich eingestanden, in herzl. Dank gewidmet. gr. 8. (IV, 64 S.) Ebend 884. n. 1. —

Schlußakten aus meiner Disciplinaruntersuchung v. Karl Lühr. Garding. 1884. 8°

Lühr, Karl, u. Frdr. **Baun**, die Seligpreisungen. 16 Predigten. Lühr, K.: Das Lied v. der Freiheit der Seele. 8 Predigten üb. d. Seligpreisgn. — Baun, F.: Die achtfache Thür z. Himmelreich. 8 Predigten üb. d. Seligpreisgn. Auf Grund d. Preisausschreibens v. Septbr. 1896 v. d. Herausgebern d. „Pfennigpredigten", Drews, Issel u. Kind z. Veröffentlichg. ausgew. gr. 8. (64 S.) Heidelberg 897. Evang. Verlag. n. — 60

—— die vier menschlichen Temperamente. Predigten. 8. (IV, 49 S.) Gotha 886, Windaus. *

— zum Totenfest. „Ich bin bereit". Aus den hinterlassenen Predigten. (14 S.) 8. Gotha 904. E. F. Thienemann. n. — 30

Lühr, Karl, Untersuchung der Zeitfrage: Ist e. religionslose Moral möglich? gr. 8. (III, 61 S.) Berlin 899. C. A. Schwetschke & Sohn. n. 1. —

Eine Stimme von der Westküste für und an die durch die Sturmfluth des 13. Novbrs. so hart betroffenen Bewohner der Ostseeküsten. Predigt, geh. a. 26. Sonntag n. Trin. den 24. Novbr. 1872 v. W. Lühr. Itzehoe. 1872. 8°

Lühr, Wilhelm, Dr.: José-Maria de Heredia, ein Dichter des Parnasse contemporain. Hamburg 1907: Lütcke & Wulff. (25 S.) 8°
Hamburg, R in Eppendorf P 1907 (922)

Lühr, Wilhelm, aus Hamburg: Die drei Cambridger Spiele vom Parnass ⟨1598—1603⟩ in ihren litterarischen Beziehungen. Eine litterarhist. Studie. *Kiel 1900: P. Peters.* (107 S.) 8°
Kiel, Phil. Diss. v. [4. Aug.] 1900

Lührig, Heinrich [aus Göttingen]: Beiträge zur Kenntnis des Fenchylamins ... Göttingen, Druck d. Univ.-Buchdr. v. W. F. Kästner, 1892; 54 S., 1 Bl. 8.
Göttingen, Phil. Fak., Inaug.-Diss. v. [17. Febr.] 1893

Lührig, Heinr., Beiträge zur Kenntnis d. Fenchylamins. Diss. gr. 8. (54 S) Göttingen 892. (Vandenhoeck & Ruprecht.) n. 1. —

Lühring, Heinrich, aus Fallingbostel: **Theaterbearbeitungen der 'Räuber'.** *Greifswald 1904: J. Abel.* (103 S.) 8°
Greifswald, Phil. Diss. v. 2. Juni 1904

Luhrmann, Festschrift zur diamantenen Jubelfeier des Turnvereins Mülheim a. Rh. (Körperschaft), 1850—1910, m. Abb., Mülheim a. Rh. 1910, 91 S., 8°.

Lührmann, Friedrich [aus Bonn]: Aus der chirurg. Klinik. Ueber die Behandlung der Gaumenspalten .... Bonn, Univ.-Buchdr. v. Carl Georgi, 1887; 38 S. + 1 Bl. 8°.
Bonn, Med. Fak., Inaug.-Diss. v. 4. März 1887.

Lührmann, Friedrich, aus der chirurg. Klinik. Ueber die Behandlung der Gaumenspalten. Diss. Bonn 1887, Emil Strauss. 8°. 38 S.

Dr. med. F. Bartels' Sanatorium Bad Kreischa bei Dresden. Gegründet 1839 f. Nerven-, Stoffwechselkranke u. Erholungsbedürftige. (Verf.: Dr. med. F[riedr.] **Lührmann**, Nervenarzt, u. Dr. med. F[riedr.] Bartels, Besitzer.) *(Dresden: F. Bartels [1902].)* (31 S.) quer 8° (02, 386)

Lührs, Alb., auserlesene biblische Geschichten mit Eingangsspruch, Katechismusfragen und Liederversen. gr. 8. (IV unt 192 S.) Hannover 862, Hahn'sche Hofbuchh. **

— der rechte Heilsweg für unsere Kirche und für unser Volk. Reformations- und Jubelpredigt, gehalten am 18. October 1863. Ebend. 863. gr. 8. (15 S.) 2½ ngr.

—— Katechismusschule für Lehrer in Kirche, Schule und Haus über Dr. Mart. Luthers kleinen Katechismus mit Erklärung. 3 Abthlgn. gr. 8. Hannover, Hahn'sche Hofbuchh. [1. Abthl. (167 S.) 863. * 20 Ngr., 2. Abthl. (230 S.) 863. * 1 Thlr., 3. Abthl. (X und 282 S.) 865. * 1 Thlr. 6 Ngr.] *

Lührs, Alb., Schutz- und Trutzwort wider die Baptisten. gr. 8. (112 S.) Berlin 871, Schlawitz. [Leipzig, Hinrichs' Verlag.] *

Lührs, Alb., der Stern der Weisen. Epiphanias-Predigten nebst zwei Missionsfest-Predigten und einem Anhang, enth. Vorarbeiten, Predigt-Skizzen und Entwürfe. Ein Beitrag zur Kanzel- und Missions-Literatur aus dem Nachlaß des sel. Verf. 1. Heft. gr. 8. (122 S.) Hannover 875, Wolff. *

—— die Union in Alt-Preußen. Actenstücke und Zeitstimmen, den Einverleibten und Verbündeten in Norddeutschland zu Nutz und Frommen hrsg. gr. 8. (VI und 106 S.) Braunschweig 868, Bruhn. *

—— dass. — Neue wohlf. (Titel-)Ausg. gr. 8. (VI und 106 S.) Ebendas. 868. *

Lührs, die Wiedertäufer. 16. (2½ B.) Clausthal 844, Schweigersche Buchh.
Aus: Christl. Sonntagsblatt besond. abgedruckt.

Lührs, Albert, die Wiedertäufer. Neuer unveränd. Abdr. 16. (36 S.) Clausthal 848, Schweiger. $^1/_{12}$ ℳ

—— die Wiedertäufer. In Briefen an eine Mutter. Neue mit Briefen an die Tochter verm. Aufl. 8. (70 S.) Clausthal 869, Grosse'sche Buchh. *

Lührs, August

Lührs, A., der Kirchenfreund f. d. nördl. Deutschland, s. Kirchenfreund.

—— die Verbesserung d. Volksschullehrer-Stellen im Königr. Hannover. Beleuchtung d. Anträge, welche d. gemeinschaftl. Commission beider Cammern zu d. Gesetzentwurf d. Ministerii, das Volksschulwesen betreff., gestellet hat. gr. 8. (5⅛ B.) Osnabrück 837, Rackhorst'sche Buchh. *
Aus dem: Kirchenfreund ꝛc. besond. abgedruckt.

Lührs, Ernst. Anatomische und histologische Untersuchungen des Nervus recurrens sinister von mit Hemiplegia laryngis behafteten Pferden. Diss. Vet.-Med. Bern. II + 32 S. 8. Berlin, E. S. Mittler & Sohn, 1904.

Lührs, Fr., katechetische Dispositionen über Dr. Martin Luthers kleinen Katechismus mit Erklärung. 4 Hefte. 1. und 2. Aufl. gr. 8. Hannover, (Feesche.) **
Inhalt:
Heft 1. Das 1. Hauptstück. (48 S.) 879. ** 60 Pf.
" 2. Das 2. Hauptstück. (74 S.) 876. ** ℳ 1.
" 3. Das 3. Hauptstück. (38 S.) 877. ** 50 Pf.
" 4. Das 4. und 5. Hauptstück. (32 S.) 878. ** 50 Pf.

Lührs, Fr., katechetische Dispositionen über Dr. Martin Luthers kl. Katechismus m. Erklärg. 2. u. 3. Hft. 2. Aufl. 8. Hannover, (Feesche). n.n. 1. 50
2. Das 2. Hauptstück. (74 S.) 884. n.n. 1. —
3. Das 3. Hauptstück. (38 S.) 885. n.n. — 50

Lührs, Fr., katechetische Dispositionen über Dr. Martin Luthers kleinen Katechismus mit Erklärung. 2. Aufl. 3. Heft: Das 3. Hauptstück. 8. (38 S.) Dannenberg 886. (Hannover, Feesche.) **
1., 2. und 4. Heft. Ebendas. 1876—79. ** ℳ 2.10.

Lührs, Fr., die Verfassung der evangelisch-lutherischen Landeskirche Hannovers. Für die Gemeinde und die weltl. Kirchenvorsteher in kurzer Uebersicht dargestellt. 8. (16 S.) Hannover 874, Meyer. *

Lührs, Herman: Ausgewählte Doktordissertationen der Leipziger Juristenfakultät. Die Folgen der falschen Eintragungen in das Handelsregister. *Leipzig: Veit & C. 1898.* (58 S.) 8°
Leipzig, Jur. Diss. v. [3. Apr.] 1897

Lührs, Karl

Lührs, Carl [aus Freiburg-Elbe]: Beiträge zur Kenntnis der Aktinomykosis des Menschen. ... Göttingen, Druck d. Univ.-Buchdr. v. W. Fr. Kästner, 1889; 36 S. 8°
Göttingen, Med. Fak., Inaug.-Diss. v. 13. Nov. 1888

Lührs, Carl. Beiträge zur Kenntnis der Aktinomykosis d. Menschen. Diss. gr. 8. (36 S.) Gött. 889, (Vandenhoeck u. Ruprecht). • 1 —

Lührs, O., Materialien zu mündlichen und schriftlichen Uebungen in der englischen Sprache, eine Sammlung von Briefen, Erzählungen, Beschreibungen und dialogischen Stücken nebst einem Verzeichniß der im gewöhnl. Leben am häufigsten vorkommenden Wörter. Für die Mittelklassen höherer Schulen. 8. (IV und 108 S.) Stade 857. (Hannover, Hahn'sche Hofbuchh.) *

Lührs, Otto, Vorschriften f. die Oberklassen der Bürgerschule. 1. Hft. qu. 4. (16 lith. Bl. u. 1 Bl. Text.) Wismar 851, Hinstorff in Comm. n. 12 ngl

Luehrs, Phoebe M(ary): Der Nordische Aufseher. Ein Beitr. z. Geschichte d. moral. Wochenschriften. Heidelberg 1909: Rössler & Herbert. 143 S. 8°
Heidelberg, Phil. Diss. v. 4. April 1910, Ref. v. Waldberg
[Geb. 18. Febr. 78 Cleveland, Ohio; Wohnort: Cleveland; Staatsangeh.: Vereinigte Staaten; Vorbildung: Womens Coll. Western Reserve Univ. Cleveland B. A. Juni 00; Studium: Berlin 3, Heidelberg 7 S.; Rig. 7. Dez. 08.]
[U 10. 2150

Lührse, L., die Errichtung von Volkszahnkliniken, e. soziale Pflicht der Städte. Aus e. grösseren Arbeit: Zahnverderbnis u. Volkshygiene". (12 S.) gr. 8. Stettin (903). (Keimling & Grünberg.) — 30

Lührsen, G., der Stadt Hamburg Erbe- und Rente-Buch- oder Grund-Eigenthums- und Hypotheken-Buch-Ordnung. Ein Gesetz-Entwurf. gr. 8. (85 S.) Hamburg 860, Nestler und Melle. *

Luehrsen, Konrad Otto

Luehrsen, Conr. Otto (Hamburg), De proxenetis publicis ex jure Germanico, praesertim Hamburgensi spectatis. Göttingen (H. M. Grafe) 9. X. 1795. 44 S. (4.—) 21828

Luhs, Maria de, junges Grün. Gedichte. 8. (VIII, 97 S.) Dresden 897. E. Pierson. n. 1. 50; geb. n. 2. 50

Lühwing, F., Bilder aus der Geschichte u. Sage, — Erzählungen aus der Weltgeschichte, — Vorschule der Geschichte, } s.: Dorenwell, K.

Luja, Antoine: Stadt Luxemburg. Preis-Verzeichnis der Arbeiten und Lieferungen für Reparatur, Unterhalt oder Neubau für die Jahrgänge ...
Luxemburg: Jos. Beffort 1886. 29 S. 4°

Luja, Antoine: Allgemeine, den Unternehmern öffentlicher Stadtbauten obliegende Verpflichtungen und Bedingungen.
Luxemburg: V. Bück o. J. 16, 2 S. 4°

Luja, C., kurzgefasste und übersichtliche Darstellung der Pathologie und Therapie der venerischen Krankheiten nach den neuesten Forschungen. Zum Gebrauche für Studirende und Aerzte bearb. gr. 8. (IV und 60 S.) Würzburg 864, Stuber.

Luja, J. C., de sensibus externis in genere etc. 8maj. Göt. ting. 805. Brose. 3 gl

Luja, K. F., der Egoismus, nach d. heil. Schrift u. Vernunft betrachtet. 8. Hanau 814.

— die Harmonie d. Welt nach individuellem Blicke, od. meine Vorstellungen von Gott, vom Menschen u. von d. Welt. 8. Hanau. (Frankf. a. M.) 815.

— die Musik als vorzügliches Bildungsmittel des menschl. Kopfes u. Herzens, angepriesen v. Mart. Luther. 8. Frankf. 812. Hermann. 2 gl

Luib, Alfons [aus Strassburg]: Ueber die Einwirkung von Natronlauge auf die Phenylisocrotonsäure. ... Strassburg, Univ.-Buchdr. v. J. H. E. Heitz, 1891; 29 S. 8°
Strassburg, Math.-naturw. Fak., Inaug.-Diss. v. 1891

Luib, Fel., d. Schwarzwald. 150 Bilder in Phototypie, nach d. Natur aufgenommen u. hrsg. Erläut. Text v. Alfr. Wichard. qu. gr. 4. (VII, 24 S.) Straßburg 897. W. Heinrich. In Leinw.-Mappe n. 64. —

— der Taunus u. sein Gebiet zwischen Rhein, Main u. Lahn. 100 Blatt in Phototypie. Nach der Natur aufgenommen. (In 20 Lfgn.) 11.—19. Lfg. gr. 4. (à 5 Bl.) Frankfurt a/M. 895—897. Kesselring. à Lfg. n. 2. —

Luib, Fel., der Taunus u. sein Gebiet zwischen Rhein, Main u. Lahn. 100 Blatt in Phototypie. Nach der Natur aufgenommen. 20. (Schluß-)Lfg. gr. 4. (5 Bl.) Frankfurt a/M. (901). Kesselring. n. 2. —

Luib, Ferdinand —. Biographische Skizze des k. k. Hof-Fortepianoverfertigers Karl Andreas Stein. Verfaßt von — —. Wien, 1856. Druck von L. C. Zamarski. Universitäts-Buchdruckerei. (Vorm. J. P. Sollinger.) (55 S. 8.) geh.

Luib, Konr., Oberschwaben, seine Sage, seine Geschichte u. seine Alterthümer in Verbindg. m. der Kronik der Stadt Mengen. 1. Hft. Die Celten- u. Römerzeit. qu. gr. 8. (48 S. m. 3 Steintaf.) Tübingen 874. Fues in Comm. n. n. 1. 40

Luib, Theodor *Ludwig* [app. Arzt aus Mengen (Württemb.)]: Aus d. patholog. Institut zu Kiel. Über Geschwülste der Blase. ... Kiel, Druck v. A. F. Jensen, 1890; 18 S., 1 Bl. 8°
Kiel, Med. Fak., Inaug.-Diss. v. [11. Sept.] 1890

Luib, Thdr. Ueber Geschwülste der Blase. Diss. gr. 8. (18 S.) Kiel 890, (Lipsius u. Tischer). • 1 —

Luick, Karl

Luick, K., s.: Beiträge, Wiener, zur engl. Philologie.

Luick, Karl, Geschichte der heimischen englischen Versarten. 2. verb. u. verm. Aufl. (III, 41 S.) Lex.-8. Strassburg 905. K. J. Trübner. n. 1.—
Sonderabdruck aus: „Paul's Grundriss d. german. Philol."

— deutsche Lautlehre. Mit besond. Berücksicht. der Sprechweise Wiens u. der österreich. Alpenländer. (XII, 103 S.) gr. 8. Wien 904. F. Deuticke. n. 2. 50

Luick Karl: Der mittelenglische Stabreimvers des 14. Jahrhunderts in seinem Verhältnis zum altenglischen.
II. 1888 PN 502 Diss. Wien, Univ. 1913

— Studien zur englischen Lautgeschichte, s.a. Beiträge, Wiener, zur englischen Philologie. XVII.

Studien zur englischen Lautgeschichte von Karl Luick. *Wien & Leipzig: W. Braumüller 1903.* (XI, 217 S.) 8°
= Beiträge, Wiener, z. engl. Philologie. Bd 17. (o). 1860

— Untersuchgn. zur englischen Lautgeschichte. gr. 8. (XVIII, 334 S.) Strassburg 896. K. J. Trübner, Verl. n. 9.—

Luidgarde

Luigarde, Markgräfin von Maisen, ... Kitzingen Köpplingersche Buchhandlung

Luidgarde, Markgräfin v. Meißen. Eine romant. Sage a. d. 11ten Jahrh. 8. Kitzingen 825, Gundelach.

Luig, Alexander, approb. Arzt aus Münster i. W.: Aus d. Kgl. Universitäts-Frauenklinik zu Kiel. Über Ablösung der Placenta bei normalem Sitze derselben in der Endzeit der Schwangerschaft und unter der Geburt. *Kiel 1904: H. Fiencke.* (38 S.) 8°
Kiel, Med. Diss. v. [7. Juni] 1904

Luigarde, s. Luidgarde

Der Ruwenzori. Erforschung u. erste Ersteigung seiner höchsten Gipfel. Von Ludwig Amadeus von Savoyen, Herzog der Abruzzen [**Luigi** Amedeo von Italien]. Hrsg. von Dr. F[ilippo] De Filippi. Mit 190 Abb., sowie 4 Kt. Leipzig: Brockhaus 1909. XII, 471 S. 8°

Die Stella Polare im Eismeer. Erste ital. Nordpolexpedition. 1899–1900. Von Ludwig Amadeus v. Savoyen [**Luigi** Amedeo v. Italien], Herzog d. Abruzzen. Mit Beiträgen von Kapitänlt. (Umberto) Cagni u. Oberstabsarzt (Achille) Cavalli Molinelli. 166 Abb., 28 Sep. Bild., 2 Panor. u. 2 Karten. *Leipzig: F. A. Brockhaus 1903.* (XIV, 566 S.) 8° [F.] (o) 73

Luigi, G., Stimmungsbilder aus dem Leben eines Einjährig-Freiwilligen. 1. und 2. Aufl. 8. (VI, 50 S.) [Chemnitz 884.] Würzburg, Kattentidt. • 60 Pf.; geb. 1 20

Luiken sprich, wo pickt er Dir, Und hast Du sonst noch Schmerzen. Berliner Prügeldrama von Hautihm, Radikalmittel fur französische Louis. Mit color. Titelbild. Berlin 1870. 8°. 8 S. (2 Mk. der Vorige, 1906.)

Luiken, Hermann, approb. Arzt aus Bremerhaven: Elephantiasis nach Lymphdrüsenexstirpation. *Greifswald 1902: J. Abel.* (57 S.) 8°
Greifswald, Med. Diss. v. 12. Mai 1902

Luini, Bernardino

Luini, Meisterbilder, s.a. Weicher's Kunstbücher.

Luini, [Bernardino]. Die Meisterbilder von L' (c. 1475—1532 (?)). Eine Auswahl von 60 Reproduktionen nach Photographien der Originalaufnahmen, die am besten des Künstlers Lebenswerk charakterisieren. [Umschlag mit Porträt-Vignette.] 66 S. 8. Berlin und Leipzig, Wilhelm Weicher, 1909. (M. —.80)
(Weichers Kunstbücher Nr. 30.)

Luini's, B., Biographie und Charakteristik, s. Brun, C.

Luis de Granada, s. Ludovicus Granatensis

Luis, G., Beschreibung des Entwurfes eines Muster-Baues eines öffentlichen Bad- u. Waschhauses, mit einem Status der Kosten u. deren Deckung, so wie eines Grundplanes einer solchen Anstalt. gr. 8. (16 S. m. 1 lith. Taf. in gr. Fol.) Hamburg 851, Nestler & Melle. n. 6 ngr.

Luis, Heinrich (Hamburg)
Dissertatio inauguralis de indole et effectu pacti quo litis denunciatio remittitur et evictionis praestatio firmatur.
Gissae Nov. [hs. korrigiert: 2. Dec.] 1751: Joh. Jak. Braun. 76 S. 4°
pro summis in jure honoribus rite et more majorum obtinendis.

— **Joh.** (Hamburg), De usu practico tituli instit. quibus modis jus patriae potestatis solvitur. Präs. Chr. Thomasius. Halle (Salfeld) 22. V. 1716. 41 S. (5.—) 21849

— **Joh. Herm.** (Hamburg), De natura legati generatim. Göttingen (Joh. Christ. Dieterich) 30. XII. 1786. 44 S. (3.60) 21850

Luiscius, A., Beantw. der Frage: Welches sind d. Ursachen d. Fäulniß in vegetabil. u. thierischen Substanzen? a. d. Holl. gr. 8. Marburg, Krieger. 800.

Luise, s. Louise.

Luise [Sachliches OW]

— oder die Macht der weiblichen Tugend, eine Erzählung, neue Aufl. 8. Leipzig, 774. Weidmanns. 8 sgl.

Luise, oder die Bauerhütte im Marschlande, aus dem Engl. der M. Helme, 2 Theile, 8. Leipzig, 789. Gräff. 23 sgl.

— oder der Sieg weiblicher Tugend im Contraste zweyer Schwestern, eine wahre Geschichte, 2 Theile, 8. Frankfurt, 792. Pech. 1 Rthl. 10 sgl.

— ein Beytrag zur Geschichte der Konvenienz, 8. Daselbst, 796. Wolf. 25 sgl.

Luise, oder: der Sieg der göttl. Liebe. Frei nach d. Engl. 8. Basel 828. Schneider. 9 gr.

Luise, Königin. Ein Preußenbuch. 855. n. 1 rf. 7½ ngr. — 2. Aufl. 856. — 3. Aufl. Langensalza 857. Klinghammer. 16. (VIII, 264 S.) n. 20 ngr.

Luise, Königin. Ein Preußenbuch. 8. Aufl. 1857. und 4. Aufl. 16. (XII und 266 S.) Langensalza 860, Klinghammer. *
geb. *
In Leder geb. mit Goldschn. **

Luise, Auguste Wilh. Amalie, Königin v. Preußen. Ein Denkmal mit deren Bildniß. gr. 8. Berl. 810. (Rücker). 1 rf 12 gr.
Schreibp. 2 rf

Luise, Großherzogin, in ihren Beziehungen zum badischen Volke. (2.—4 Taus.) gr. 8. (42 S. m. 1 Bildn.) Baden-Baden 902. P. Weber. n. — 30

Luise, Königin, die Dulderin auf Preußens Thron, od. Fürstenkrone u. Dornenkranz. Geschichtl. Sensationsroman nach hinterlassenen Enthüllgn. e. Eingeweihten. 60 Hfte. gr. 8. (1440 S. m. 60 Bild.) Berlin 897. A. Weichert. à Hft. — 10

Luise an Elise, oder schwesterlicher Rath an deutsche Mädchen und Frauen, von Fr. v. D. 8. Brandenb. 817. Wiesicke. 12 gr

— Gräfin von H**berg, eine wahre Geschichte von A. G. Meißner, mit Kupf. zweyte Aufl. 8. Leipzig, (Wien) 798. (Hofmeister) 10 sgl.

LUISE, Gustav, Hermann. (Roman, größten Theils in Briefen.) Altenburg, Schnuphase, 1805. 8°.
2 Bll. u. 166 S., nebst 1 Bl. Err. — Zahm.

— von H** oder der Triumph der Unschuld, eine rührende Geschichte, 2 Theile, 8. Berlin, 784. Rottmann. 20 sgl.

Luise Henriette, Kurfürstin v. Brandenburg. Festschrift zum Andenken an die Enthüllg. des Denkmals dieser Fürstin durch Se. kgl. Hoh. Prinz Eitel Friedrich v. Preußen am 20. VI. 1904 zu Moers. (Von H. Otto.) (16 S. m. 1 Abb.) 8. Moers (904). J. W. Spaarmann. n. — 20

Luise Henriette, Kurfürstin v. Brandenburg, u. ihre Lieder als ihres Lebens Spiegel. 12. (40 S.) Barmen 880. Wiemann. — 24

Luise, Herzogin v. Sachsen-Coburg-Saalfeld. Ein Lebensbild nach Briefen derselben. Hrsg. von Paul v. Ebart. (XII, 244 S. m. 2 Bildnissen.) 8. Minden (903). J. C. C. Bruns. n. 4. 50; geb. in Leinw. n. 5. 25

Luise, Königin v. Preußen, s.a. Adami, Friedr.

– s.a. Belling, Ed.

Luise Königin von Preußen, s.a. Charakterköpfe.

– s.a. Hudson, E. F.

– s.a. Kühne, H.

– s.a. Menzel, P.

– s.a. Pätzold, W.

– s.a. Schawaller, Fritz.

– s.a. Schleh, J.

– s.a. Stein, Armin.

— Königin von Preußen; der Preuß. Nation gewidmet, (v. Frau v. Berg). Zum Besten der Wittwen u. Waisen d. gefallenen Freiwilligen. gr. 8. Berl. 814. Dümmler. 1 rß

— Königin von Preußen, mit 1 Kpf. 8. Leipz. 814. Seeger. 8 gr

Luise Königin v. Preußen. Dem deutschen Volke gewidmet. 2. neu bearb. Aufl. gr. 8. (XX u. 428 S.) Berlin 849, Dümmlers Verlag. n. 2 rß

—— Königin von Preußen. Dem deutschen Volke gewidmet. (Von Friedr. Adami.) 3., umgearb. Ausg. 16. (XXIII und 421 S. mit Anhang 14 S.) Berlin 859, Dümmler's Verlagsh. geb. *

— Ein Lebensbild in Briefen u. Aufzeichngn. d. Königin u. ihrer Zeitgenossen. Zusammengestellt v. Paul Gärtner u. Paul Samuleit. Hrsg. v. der literar. Vereinigg. des Berliner Lehrervereins. (330 S. m. 2 Bildnissen.) 8. Berlin-Schöneberg 910. Buchverlag der „Hilfe". Geb. in Seide 3. —

— Gedenkschrift zu dem 100jähr. Sterbetage 19. VII. 1910. (Verf. v. Elsa Grassow.) (51 S. m. Abb.) gr. 8. Berlin (910). (A. W. Hayn's Erben.) — 40

Luise, Königin v. Preußen. Aufführungsmaterial zur Gedächtnisfeier f. den 100. Todestag der Königin Luise (19. VII. 1910). Für den Gebrauch in der Schule u. im Verein. (88 S.) 8. Mühlhausen i/Th. (910). G. Danner. 1. 50

Königin **Luise** von Preußen. Gedenkblätter z. Jahrhundertfeier ihres Todestages v. e. Schulmanne. Neurode: Rose 1910. 100 S. 8°
(10. 1005) 2

Luise, Raugräfin zu Pfalz, eine wahre Geschichte. 5 Thle. m. K. Leipz. Göschen. 798.

— und Rosenfeld ein Gegenstück zu Werthers Leiden, mit Kupf. 8. Wien, 789. Wucherer. 12 sgl.

‚Königin Luise', Königl. Steinkohlenbergwerk bei Zabrze [Hindenburg], O.-S. — Zabrze 1904: Kempsky. 12 S. 8° E 1.

Alt-Königsberger Bilderbogen. Königin **Luise** und ihre Zeit. Königsberg i. Pr.: Gräfe & Unzer 1907. (12 gez. Bl.) quer-4° [Umschlagt.] (08. 17440

Luise [Persönlicher Name]

Luise, Großherzogin v. Baden, Ich weiß, daß mein Erlöser lebt! Glaubensworte f. Tage der Prüfg., ausgewählt. (Bearb. v. E. Fischer.) 1. u. 2. Aufl. 8. (à XI, 172 S.) Bielefeld 900. 901. Velhagen & Klasing. Geb. in Leinw. m. Goldschn. n. 2. —

Luise, Großherzogin v. Baden, ich weiß, daß mein Erlöser lebt! Glaubensworte f. Tage der Prüfg., ausgewählt. (Bearb. v. E. Fischer.) 3. u. 4. Aufl. (à XI, 172 S.) 8. Bielefeld 903. 905. Velhagen & Klasing. Geb. in Leinw. m. Goldschn. 2. —

Luise, Großherzogin v. Baden, ich weiß, daß mein Erlöser lebt! Glaubensworte, f. Tage d. Prüfg., ausgewählt. 5. u. 6. Aufl. (Mit der Bearbeitg. dieses Büchleins wurde v. J. K. H. der Großherzogin E. Fischer beauftragt.) (XI, 172 S.) 8. Bielefeld 907. 10. Velhagen & Klasing. Geb. in Leinw. m. Goldschn. 2. —

Luise, Gräfin v. K., padagog. Ideen. 8. Berlin, W. Oehmigke. 793.

Luise, Königin v. Preußen, 50 ausgewählte Briefe. Mit verbind. geschichtl. Texte hrsg. v. Ludw. Wülker. (IV, 135 S. m. Bildnis.) 8. Hannover 909. Hahn. 3.50; geb. in Leinw. 4. 50

Luise, Königin, s. Briefwechsel König Friedrich Wilh. III.

Luise, Königin, hrsg. v. **Otto Krack,** s.a. **Stimme, die,** der Grossen. 2. Bd.

Konigin **Luise** [von Preußen]. [Ausz.] Hrsg. von Dr. Otto Krack. Berlin: Concordia [1907]. (94 S.) 8°
= **Stimme,** Die, der Großen. Bd 2. [08. 978

Luise, Königin v. Preußen, in ihr. Briefen, s.: Braun, J. W.

Luise, ehemal. Kronprinzessin von Sachsen, s.: Montignoso, Luise Gräfin v.

Luise, Fürstin zu Wied, aus ihrem Nachlasse. Ihren Verehrern gewidmet. (Gedichte.) (Mit 1 Bildn., 1 Vign. u. 2 Steindr.) gr. 8. Frankf. a. M. 828. Andreä. 1 ℛ 6 ℊ

Luise, Amalie, (Amalie Luise Liebhaber) poetische Versuche. 8. Braunschw. 824. Vieweg. 1 ℛ 16 ℊ

Luise von Toscana, frühere Kronprinzessin von Sachsen, s. Montignoso, Luise Gräfin v.

Luise Ulrike, die schwedische Schwester Friedrichs d. Grossen. Ungedruckte Briefe an Mitglieder d. preuss. Königshauses. Hrsg. v. Fritz Arnheim. 1. u. 2. Bd. 8. Gotha, F. A. Perthes. 19.—; geb. 23. —
1. 1729 bis 1746. (XXIX, 400 S.) 909. 9.—; geb. 11. —
2. 1747—1758. (XXXI, 519 S. m. Bildnis.) 910. 10. —; geb. 12. —

Luise [Familienname]

Luise, Tante, Herzblättchens Geburtstagswünsche. gr. 8. (III, 60 S.) Danzig 871. Bertling. — 75

[F.] Für Haus und Herz. Bilder aus Littauen gez. v. **Luise.** *Königsberg: Commv. d. Hartungschen Verl. 1897.* (3 Bl., 273—366 S.) 1 Bd 8. [97. 6151

Luise, Gasp. de, Codex canonum ecclesiae qui ex antiquo jure adhuc usque vigent et ex concilii Tridentini decretis. Pro cleri atque populi christiani reformatione editis, diligenter deprompti atque ex summorum pontificum nuperque Pii IX. tam per se quam in sacro concilio Vaticano constitutionibus escripti traduntur. Praemisso brevi tractatu de ecclesiae natura ejusque regimine ac ferendi leges potestate. gr. 8. (LXIV, 400 S.) Napoli 873. (Regensburg, Pustet.) *

Luise, Gasp. de, **Codex** dogmatum fidei christianae et canonum disciplinae ecclesiae catholicae. 2 vol. gr. 8. (XI, 307; VIII, 376 S.) Augustae Taurinorum 876. (Leipzig, Brockhaus' Sortiment und Antiq.) **

—— de jure publico seu diplomatico ecclesiae catholicae. Tractationes, documenta, conventiones, queis autonomia, libertas, divina missio apostolicae romanae sedis vindicantur, ut vera duplicis potestatis concordia habeatur, ecclesiasticae et civilis. Opus contra politicos nostri temporis delirantes concinnatum. gr. 8. (VII, 623 S.) Neapoli 877. (Regensburg, Pustet.) **

Luisen-Bibliothek für die Frauen des badischen Volkes, s. Victoria-Bibliothek.

Luisenfelde [Schlagwort]

Luisenfelde, s.: **Preussen. Messtischblätter.**

Kurhotel **Luisenhöhe** Malente-Gremsmühlen. Malente. o. J. [1909?] 8°

Luise's u. Friederike's Ankunft u. Vermählung in Berlin, im Dec. 1793, mit Kpf. gr. 8. Berl. 794. Voß. 20 ℊ

v. **Luisenthal,** s. Reiseskizzen aus dem Morgenlande.

Luisinus, Aloysius

s.: **Luvigini, Aloisio**

Luistorp, W., Die sociale Not der ländlichen Arbeiter und ihre Abhilfe. 8°. Leipzig 1891.

Luitgens, J. J. H., Kurzgefasste Charakteristik der Bauernwirthschaften in den Herzogthümern Schleswig und Holstein. Mit 38 Tafeln. 8°. Hamburg 1847.

Luithlen, die bäuerliche Anspannung. u. das Einfahren junger Pferde, s.: Merkblätter, landwirtschaftliche.

Luithlen, Friedrich

Luithlen, Frdr., s.: **Handbibliothek, medizinische.**

Luithlen, Frdr., Therapie der Hautkrankheiten, s.a. **Handbibliothek, medicinische. I.**

Luithlen, F., Therapie der Hautkrankheiten. [Medicinische Handbibliothek. I. Bd.] 8°. (IV, 205 S.) geb. K 3.50
Wien: Hölder 1902.

Luithlen, Friedrich, appr. Arzt, Unterarzt b. Feldart.-Reg. Nr. 29: Über das Verhalten der Chromatophoren bei der Regeneration pigmenthaltiger Haut. Berlin (1909): G. Schade. 32 S. 8°
Berlin, Med. Diss. v. 12. Jan. 1909, Ref. Orth
[Geb. 15. Febr. 81 Öhringen; Wohnort: Ludwigsburg; Staatsangeh.: Württemberg; Vorbildung: Gymn. Wertheim a. M. Reife O. 02; Studium: Berlin K. W. A. 10 S.; Coll. 10. Dez. 08; Approb. 9. Jan. 09.] [U 09. 73

— die **Zellgewebsverhärtungen** der Neugeborenen (Sclerema oedematosum, adiposum u. Sclerodermie). Eine monograph. Studie. gr. 8. (VII, 78 S.) Wien 902. A. Hölder. n. 3. 20

Luithlen, Vict., unsere Arbeit. Den Eltern der uns anvertrauten Kinder vorgeführt. (Als Mscr. gedr.) 8. (11 S.) Wien 866, (Beck'sche Universitäts-Buchh.) **

—— die Erziehung der Mädchen. (Als Mscr. gedr.) 8. (12 S.) Wien 864, (Beck'sche Universitäts-Buchh.) **

— die **Jugendzeiten** der Völker. Die erste Stufe des Unterrichts in der Geschichte. Notizen berechnet für die Hand des Schülers. Ebenb. 868. gr. 8. (37 S.) n. 6 ngr.

Luithlen, Vict., die Jugendzeiten der Völker. Die erste Stufe des Unterrichts in der Geschichte. Notizen berechnet für die Hand des Schülers. gr. 8. (37 S.) Wien 870, Hölder. *

Luitpold, Prinzregent v. Bayern, Prinzen u. Herzoge d. kgl. Hauses. 12. (12 Bildertaf.) München 896. A. Bruckmann. 1.—

Zur Verherrlichung der Anwesenheit Seiner Königlichen Hoheit des Prinzen Luitpold von Bayern in Burghausen am 23. Sept. 1844 in allerunterthänigster Ehrfurcht dargebracht von der k. lateinischen Schule. — Ebend. — 1½ Bog. unpag. — a) Lat. Chronogramm v. Weißgärber, Stdl. — b) Deutsches Gedicht von Haut, Subr. — c) Latein. Gedicht v. Weißgärber, Stdl. — d) Deutsches Gedicht v. Raila, Stdl.
Progr. Burghausen.

Luitpold, Prinzregent v. Bayern, s.a. Edelmann, Aug. — Oberbreyer, Max. — Petzet, G. Chr. — Reidelbach, Hans. — Sommer, M.

1908	Hohenschwangau/München	**Luitpold**, Prinz von Bayern, des Königreichs Bayern Verweser, Das Fischereigesetz für das Königreich Bayern.
1907	München	**Luitpold**, Prinz von Bayern, des Königreichs Bayern Verweser, Das Wassergesetz für das Königreich Bayern vom 23. März 1907.

Luiz de Valdivia, arte, vocabulario y confesionario de la lengua de Chile. Publicados de nuevo por Julio Platzmann. Edicion facsimilar. 8. (261 S.) Leipzig 887, Teubner. *

(B) **Luis de Valdivia**, Arte, vocabulario y confesionario de la lengua de Chile. 887. (KBL 24.) Jetzt: Leipzig, O. Harrassowitz. Erm. Pr. nn 10. —

Lukács, E., Die wirtschaftliche u. sociale Lage des Feldarbeiterstandes in Ungarn. Diss. 8⁰. Heidelberg 1910.

Lukácsy, Ludw., Zinsberechnungs-Tabellen. Zur leichten, schnellen u. genauen Berechnung der Tageszinsen, von 1 bis 184 Tagen in 30⁰/₀ Sätzen. Unter Zugrundelegung der Capital-Einheit, auf ein beliebiges Capital ohne Unterschied des Münzfusses. gr. 8. (80 S.) Arad 873. (Budapest, Tettey & Co.) n. 2. 40

Lukan, Karl (Hrsg.), s. Almanach des k. ständ. Theaters zu Prag.

Lukanow, Johannes, Referendar in Cöln a. Rh.: Der **Kauf** auf Probe. Nach d. Recht d. Bürgerl. Gesetzbuchs. *Rostock 1903: C. Hinstorff.* (72 S.) 8° [J.]
Rostock, Jur. Diss. v. [12. Febr.] 1904

Łukanowski, Edmund, Referendar: Die Haftung des Beschenkten bei Verletzung des Pflichtteils durch Schenkungen des Erblassers unter Lebenden. Borna-Leipzig 1904: R. Noske. (X, 67 S.) 8°
Rostock, Jur. Fak., Ref. Matthiass, Diss. v. 23. Dez. 1904
[Geb. 29. Okt. 77 Posen; Wohnort: Posen; Staatsangeh.: Preußen; Vorbildung: Mariengymn. Posen Reife O. 99; Studium: Berlin 4, Breslau 2 S.; Rig. 4. Aug. 03.]

Lukanus, s. Lucanus

Lukas, s.a. Lucas.

Lukas u. Hannchen. Operette (v. J. J. Eschenburg). 8. Braunschw. 768. Schulbuchh. 3 gr

Lukas v. Leyden, das Leiden Christi. 14 Bl., in Kpfr. gestochen von J. Müller. gr. 8. (4 S. Text.) Regensburg 883, Manz. * 2 80

Lukas, O. Carm., Maria-Schnee. (7 Gedichte.) [Aus: „Das Apostolat der christl. Tochter".] gr. 16. (8 S.) Wien 895. (H. Kirsch.) n. — 20

Lukas, Fr., Logarithmen der Zahlen und der trigonometrischen Functionen und Antilogarithmen. Mit einer Sammlung von Tabellen und Formeln für wissenschaftl., technische und Schulzwecke in neuer Anordnung. gr. 16. (IV und 204 S.) Wien 860, Helf. Thlr. *

Lukas Franz, Dr., Beiträge zur Kenntnis der absoluten Festigkeit von Pflanzengeweben.
1. Teil. S. 85. 1. 82 . . . . — 60
— — 2. Teil. S. 87. 1. 8u . . . . — 50
Separatabdruck

Lukas, Frz., Beiträge zur Kenntniss der absoluten Festigkeit von Pflanzengeweben. I und II. [Arbeiten des pflanzenphysiolog. Institutes der k. k. Universität Prag.] Lex.-8. Wien, (Gerold's Sohn.) [I. (36 S.) 882. * 60 Pf.; II. (25 S.) 883. * * 50 Pf.] * * 1 10
Aus: Sitzungsberichte der k. Akademie der Wissenschaften, besonders abgedruckt.

Lukas, Frz., die Grundbegriffe in den Kosmogonien der alten Völker. gr. 8. (VIII, 277 S.) Leipzig 893. W. Friedrich. n. 6. —

Lukas, Frz., Lehrbuch d. empir. Psychologie, s.: Lindner, Gust. A.

— Manuale di psicologia empirica quale scienza induttiva, s.: Lindner, Gust. A.

Lukas, Frz., die Methode der Eintheilung bei Platon. In einer Reihe von Einzeluntersuchungen dargestellt. gr. 8. (XVI, 308 S.) Halle 888, Pfeffer. *

Lukas, Frz., Psychologie der niedersten Tiere. Eine Untersuchg. üb. die ersten Spuren psych. Lebens im Tierreiche. (VIII, 276 S.) gr. 8. Wien 905. W. Braumüller. n. 5. —

— der babylonische u. d. biblische Weltentstehungsbericht. 2. Aufl. (66 S.) gr. 8. Leipzig 903. [F. Luckhardt.] O. Gracklauer. n. 2. —

Lukas, Frz. Carl, d. Ausbildg. v. mathematischen Sachverständigen in d. Lebensversichergs.-Wissenschaft. [Aus: „Oesterr. Versichergs.-Zeitg."] 12. (30 S.) Wien (v, Arndtstr. 17) 897. Selbstverl. n. — 50

Lukas, Frz. Carl, über Hilfsmittel u. deren Anwendung bei statistischen u. versicherungstechnischen Untersuchungen. 8. (29 S.) Wien (XII/3, Stachegasse 4) 899. Selbstverlag. 1. 50
Sonderabdruck aus: „Ehrenzweig's Assecuranz-Jahrb."

Als Ms. gedr. Der **Kampf** um mein Recht gegenüber Inama-Sternegg und Genossen. Auf Grundl. d. Gerichtsakten dargest. von Franz K(arl) Lukas. *Gedr. im Auslande 1901.* (VIII, 72 S.) 8° [J.] [illegible] 4

— zur Reform d. Administrativ-Statistik. [Aus: „A. Ehrenzweig's Assecuranz-Jahrb.", 18. Jahrg.] gr. 8. (16 S.) Ebd. 896. — 60

— Zur Reform der administrativen Statistik. Gr.-8. (16 S.) Wien: Lukas 1897 —.30

— die Theorie der biologischen Ordnungen in der analyt. Statistik. [Aus: „A. Ehrenzweig's Assecuranz-Jahrb.", 18. Jahrg.] gr. 8. (47 S. m. Fig.) Ebd. 897. 1. 50

Lukas, Franz Carl, Die Theorie der biologischen Ordnungen in der analytischen Statistik. Gr.-8. (47 S.) Wien: Lukas 1897 — .90

— **zur Untersuchung biologischer Erscheinungen. [Aus: „A. Ehrenzweig's Assecuranz-Jahrb.", 17. Jahrg.] gr. 8. (43 S. m. 14 Fig.) Ebd. 896. (Berlin, R. Friedländer & Sohn. — Dresden, v. Zahn & Jaensch.) 1. 50**

— **die Versicherung minderwerth. Leben v. Standpunkte d. statistischen Untersuchg. [Aus: „A. Ehrenzweig's Assecuranz-Jahrb.", 17. Jahrg.] gr. 8. (9 S.) Ebd. 896. — 45**

Lukas, F. C. Die Versicherung minderwertiger Leben. S. A. Wien 1896.

Ein österreichischer Verwaltungsjustizmord. Mein Leidensweg als Staatsbeamter u. Schriftsteller unter Inama Sternegg. Ein vorläuf. Bericht über meine gewaltthät. zeitliche Pensionierung u. den mir weiterhin zugefügten Schaden. Von Franz Karl Lukas. *Wien 1900.* (20 S.) 8° [*A.*] [*w. 4185* 6

— **Vorausberechnung u. Ausgleichung statist. Erscheingn. [Aus: „Ehrenzweig's Assecuranz-Jahrb."] gr. 8. (35 S. m. Fig.) Wien (v, Arndtstr. 17) 898. Selbstverlag. n. 1. 50**

Lukas, Fridericus (geb. 1805 in Kobier Kr. Pless Oberschl.): Dissertatio, ... de iure offerendi ... Bonnae, typ. C. Georgii 1832. 4 Bl. 8. * Nur Titelbl., Vita u. Thesen. D. Diss. selbst ist nicht erschienen.

Bonn, Jur. Fak., Thes. v. [7 Apr.] 1832

Lukas, G.: Gegen die Einführung militärischer Exercitien und Commandoworte in Elementar- und Mittelschulen. Wien 1885. 6 S.

Lukas, G., Das häusliche Leben in Athen zu den Zeiten des Aristophanes auf Grund der in den Komödien des Dichters gegebenen Andeutungen. 2 Tle. Pr. 1878. 1881. 36. 43 S. 5.—
I. Th. 34. Graz I. 78; II. Th. 41. Weidenau. 81. **Progr.**

Lukas, Geo., die Stadt Graz in ihren geographischen Beziehungen. Mit 2 Textkärtchen, 1 geolog. Karte v. Frz. Heritsch u. 1 Bilde v. Alt-Graz. (54 S.) gr. 8. Wien 909. R. Lechner's Sort. nn 1. —
Sonderabdr. aus: „Mittlgn. d. k. k. geograph. Gesellsch. in Wien".

Lukas, Georg *Professor Johann Lepol.* † *26. April 1893.* 8 (S. 36—37).
Progr.

Helgoland v. Georg A. Lukas. Ausschnitt aus: Geographische Zeitschrift. hrgg. v. Alfred Hettner. Jg. 11. H. 6. Leipzig. 1905. 8°.

LUKAS, Georg Alois: Orographie von Bosnien und der Hercegovina und Versuch einer systematischen Einteilung des illyrischen Gebirgslandes auf geologischer Basis. — 1897. 106 S., 2 Kt. **Diss.** Graz, Univ.

Lukas Dr. Georg A.: Eduard Richter. Sein Leben und seine Arbeit. 28. Graz St. R. 05
Progr.

Lukas Dr. Georg A.: Studien über die geogr. Lage des österr. ung. Okkupationsgebietes und seiner wichtigeren Siedlungen. 70. Linz R. 03.
Progr.

Lukas, Dr. Giuseppe, Storia dell' Educazione e Istruzione. Per uso di Istituti magistrali austriaci. Versione italiana del Savino Pedrolli. Wien 1904. K. k. Schulbücherverlag. Preis, in Ganzleinwand gebunden 2 K 30 h.

Lukas, Gust., s.: **Gutsmuths, Gymnastik f. die Jugend.**

Lukas, Gust., Methodik d. Turnunterrichtes, s.a. **Handbuch d. spec. Methodik.**

Lukas, Gustav, Methodik des Turnunterrichts, m. Abb., Wien 1897, V u. 160 S., 8°.

Lukas, G.: Zur Organisation des Turnunterrichts. Wien 1885. 16 S. Aus: Jahresber. d. k. k. Staatsrealschule am Schottenfelde.

Lukas, Gust., zur Organisation des Turnunterrichtes. Lex.-8. (16 S.) Wien 885, (Pichler's Wwe. und Sohn.) *

Lukas, Gustav, Rundlauf, m. Abb., Wien 1884, 31 S., 8°.

Lukas Gustav: Schulreform, gesellschaftliche und körperliche Erziehung. 9. Wien VII. R. 91.
Progr.

Lukas, Gust., der Turnunterricht an den Realschulen Österreichs. Method. Ausführungen des Lehrplanes. 1. Heft: Rundlauf. gr. 8. (31 S. mit eingedr. Fig.) Wien 884, Hölder. * 1 —

— die Übungen im Hang an den wagrechten Leitern. Für Mittelschulen bearb. [Aus: „Monatsschr. f. d. Turnwesen".] gr. 8. (16 S.) Berlin 892. R. Gaertner. n. — 40

— die k. k. Universitäts-Turnanstalt in Wien. Ein Beitrag zur Geschichte des Schulturnens in Österreich. gr. 8. (36 S. mit 1 Abbild.) Berlin 888, Gaertner's Verlag. *
Aus: Monatschrift für das Turnwesen, besonders abgedruckt.

Lukas, Prof. Herm., Ein Beitrag zur Schreibfrage in der Volks- und Mittelschule. Mit neun Beilagen. Kl.-4. (10 S.) 1.—
Salzburg: Hermann Kerber 1891

Lukas, Herm., Prang's kurz. Lehrgang im Formstudium, s.: Clark, John S.

Lukas, Herm., zur Schulhygiene. Ein Beitrag zur Schreibfrage in der Volks- u. Mittelschule. 4. (10 S. m. 7 Taf.) Salzburg 891. H. Kerber. n.n. 2. —

— s.: **Über den Gebrauch v. Modellen.**

Lukas, Herm., u. Hugo Ullmann, elementares Zeichnen nach modernen Grundsätzen. Eine theoretisch-prakt. Anleitg. f. Schulzwecke. I.—III. Lex.-8. Dresden, A. Müller-Fröbelhaus. n. 10. —; geb. n.n. 12. 30
I. 1. u. 2. unveränd. Aufl. (43 S. m. 24 [8 farb.] Taf. u. 5 Bl. Erklärgn.) 904. 907. n. 3.—; geb. n.n. 3. 75
II. (41 z. Tl. farb. Taf. m. Text auf der Rückseite u. VI S. Text.) (905). n. 4. ; geb. n. 4. 80
III. (34 z. Tl. farb. Taf. m. Text auf der Rückseite u. VI S. Text.) (906). n. 3.—; geb. n.n. 3. 75

Lukas, J. G., s. Lucas, Jh. Gg.

Lukas, Jos., biografische Bilder aus der alten Geschichte. Für die österreich. Volks- u. Bürgerschulen, sowie zum Privatgebrauch. gr. 8. (IV, 127 S.) Graz 874. (Leuschner & Lubensky.) n. 1. 20

LUKAS, Josef: Kaiser Claudius. — 1874. 96 S. **Diss.** Graz, Univ.

Lukas Dr. Josef: Adolf Diesterweg. 33. Wiener Neustadt Lehr. Sem. 91.
Progr.

Lukas, Jos., Fehler im Gesetzgebungsverfahren. (26 S.) 8. Hannover 907. Helwing. — 50
Sonderabdr. aus: „Das Recht".

Lukas, Jos., Geschichte der Stadt und Pfarrei Cham, aus Quellen und Urkunden bearb. 8. (XVI und 429 S. mit 1 Stahlst.) Landshut (861)62, Thomann'sche Buchh.

Lukas, Dr. Josef. Geschichte der Erziehung und des Unterrichtes für österreichische Lehrer- und Lehrerinnen Bildungsanstalten. Wien 1893 K. k. Schulbücher-Verlag. (Min.-Erl. v. 13. August 1893, Z. 18277.) In Ganzleinwand —.60

Lukas, Jos., über die Gesetzes-Publikation in Oesterreich u. dem Deutschen Reiche. Eine historisch-dogmat. Studie. (VII, 248 S.) gr. 8. Graz 903. Leuschner & Lubensky. n. 5. —

— Grundzüge der österreichischen Verfassung u. Verwaltung. Auf Grund der steiermärk. Verhältnisse f. Schule u. Haus gemeinverständlich dargestellt. 8. (VIII, 76 S.) Ebend. 874. n. — 70

— Zur Lehre vom Willen des Gesetzgebers, s.: Abhandlungen, staatsrechtl., Festgabe f. Paul Laband.

Lukas, Jos., die Presse, ein Stück moderner Versimpelung. 1. und 2. Aufl. gr. 8. (VIII und 200 S.) Regensburg 867, Pustet.

—— Schiller, sein religiöser Fortschritt und sein Tod. gr. 12. (84 S.) Landshut 863, Thomann'sche Buchh.

Lukas, Jos., der Schulmeister von Sadowa. gr. 8. (VIII, 602 S.) Mainz 878. Kirchheim. 4. —

—— der Schulzwang, ein Stück moderner Tyrannei. 1. und 2. Aufl. gr. 8. (VII und 179 S.) Landshut 865, Thomann'sche Buchh. *

Lukas, Jos., die rechtliche Stellung des Parlamentes in der Gesetzgebung Österreichs u. der constitutionellen Monarchien des Deutschen Reiches. Eine Kritik der herrsch. Lehre. gr. 8. (XI, 243 S.) Graz 901. Leuschner & Lubensky. n. 5.—

Lukas, J.: Karl's des Grossen Thätigkeit für die Volksbildung. 28 S.–Graz Hpt. u. UR., Progr. 1866.

Lukas, Jos.: Staatsrechtlicher und völkerrechtlicher Zwang. Versuch einer Grenzziehung. Berlin 1910.
(in: Festgabe f. Güterbock z. 80. Geburtstage.)

Lukas, Karl [approb. Arzt aus Deggendorf]: Ein Fall von Neubildung in den Lungen.... Mühldorf, Druck v. D. Geiger, 1888; 31 S. 8°
München, Med. Fak., Inaug.-Diss. v. 1888

Lukas, Karl, ein Fall von Neubildung in den Lungen. Diss. München 1888, A. Buchholz. 8°. 31 S.

Lukas, Karl (Red.), s. Korbmacher-Zeitung.

Lukas, W., der Cicerone in den Weckelsdorfer Felsen. 2. Aufl. qu. 16. (22 S. mit 10 lithogr. Ansichten.) Prag 864, Silber und Schenk. *

Lukasch, Johann Die blattbürtigen Knospen der Tolmica Menziesii (Tor. et A. Gray). 8 (7 S., 1 S. unp., 2 Taf.).
Progr. K. k. Staats-Ober-G. Mies 1894.

Lukaschek, Hans, Referendar: Die Organisation und die rechtliche Natur der Reichsbank. Breslau 1910: Graß, Barth & Co. 103 S. 8°
Breslau, Jur. Diss. v. 4. März 1910, Ref. Brie, Schott
[Geb. 22. Mai 85 Breslau; Wohnort: Hermsdorf u. K.; Staatsangeh.: Preußen; Vorbildung: Gymn. Patschkau Reife O. 06; Studium: Breslau 3, Berlin 2, Breslau 1 S.; Rig. 29. Juli 09.] [U 10. 511

Lukašcík, R., Vom sozialdemokratischen Kriegsschauplatze in dem Ostrau-Karwiner Reviere. Mähr.-Ostrau, 1900. 113 S.

Lukasiewicz, Eumenius. Untersuchungen über das Verhalten des Bacillus typhi abdominalis, Coli communis Prodigiosus, Rhinoscleroma, Vibrio cholerae asiaticae und Proteus vulgaris bei der Eiterung. Diss. Med. Univ. Zürich. 16 S. 8. *Kiew, N. T. Kortschak* ..., 1902.

Lukasiewicz, Greg., das Berechnen u. Schneiden der Gewinde. Ein prakt. Hilfsbuch f. den Eisen- u. Metalldreher. gr. 8. (VIII, 86 S. m. 16 Abbildgn.) Weimar 891. B. F. Voigt. 2. 50

Lukasiewicz, Greg., d. Berechnen u. Schneiden d. Gewinde. Ein prakt. Hilfsbuch f. d. Eisen- u. Metalldreher. 2., verm. u. verb. Aufl. gr. 8. (VIII, 92 S. m. 20 Abb.) Weimar 897. Leipzig, B. F. Voigt. 2. 50

Lukasiewicz, Greg., das Berechnen u. Schneiden der Gewinde. Ein prakt. Hilfsbuch für den Eisen- u. Metalldreher. 3. verb. u. verm. Aufl. (VI, 92 S. m. 20 Abbildgn.) gr. 8. Leipzig 904. B. F. Voigt. 2. 50

— die Metalldreherei, s.: Neumann, Frdr.

Lukasiewicz, Josef

Lukaszewicz, Jos., historisch-statistisches Bild der Stadt Posen, wie sie ehedem, d. h. vom J. 968—1793 beschaffen war. Aus dem Poln. übers. von L. Königk im J. 1846, revid. und berichtigt von Ziegler. 1.—4. Lfg. Lex.-8. (1. Bd. S. 1—192 mit 3 Stnt.) Posen 878,79, (Zolowicz.) à Lfg. * M 1. *

Lukaszewicz, Jos., historisch-statistisches Bild der Stadt Posen, wie sie ehedem, d. h. vom J. 968—1793 beschaffen war. Aus dem Poln. übers. von L. Königk im J. 1846, revid. und berichtigt von Ziegler. 5.—14. (Schluß-)Lfg. Lex.-8. (1. Bd. S. 193—322; 2. Bd. 343 S. mit 4 Stnt.) Posen 880,81, (Zolowicz.) à Lfg. * M 1. * 10 —
compl. * 16 —
1.—4. Lfg. Ebendas. 1878,79. à * M 1.

— historisch-statistisches Bild d. Stadt Posen in früheren Zeiten. Bearb. nach d. poln. Werke. (1. Hft.) 8. Lissa 846, Günther. à 1/4 ₰

Lukasiewicz, Jos., über d. Dissidenten im Grossherzgth. Posen, im 16. u. 17. Jahrh. (In poln. Sprache.) 8. (14 B.) Posen 832. (Breslau, Schletter.)

Lukaszewicz, Jos., Dzieje kościoła helweckiego w Litwie. 2 tomy. 8. Poznań 842. 43. (Leipzig, Brockhaus.) n. 4 ₰

Lukaszewicz, Jos., Geschichte der reformirten Kirchen in Lithauen. 2 Bde. gr. 8. Leipzig, Dyk'sche Buchh. [I. (270 S.) 848. 1 Thlr. 10 Ngr., 2. (188 S.) 850. 1 Thlr. 5 Ngr.]

Łukasiewicz, Jos., zur Kenntniss der Tuberculose des weiblichen Genital-Apparates. Inaugural-Dissertation. gr. 8. (35 S. mit 2 Stnt.) Dorpat 881, (Karow.) * 1 —

Lukaszewicz, Jos., von den Kirchen der Böhmischen Brüder im ehemaligen Großpolen. Aus dem Poln. übers. von G. W. Thdr. Fischer. 8. (VI, 204 S.) Poln.-Grätz 877, Streisand. *

Lukasiewitsch, Jos. v., geschichtl. Nachrichten üb. die Dissidenten in der Stadt Posen u. die Reformation in Groß-Polen im 16. u. 17. Jahrh. Nach der Folgenreihe der Jahre geordnet. Ins Deutsche übers. v. Vincenz v. Balitzki. gr. 8. (6 B.) Darmstadt 843, Leske.

—— Obraz historyczno-statystyczny miasta Poznania w dawniejszych czasach. Tom. I, II. 8. (55¾ B. u. 2 Stnt.) Poznaniu 838, (Heine u. Comp.) *

— das Königr. Polen u. d. Freistaat Krakau, s. Hoffmann, K. F. V., Europa, 8. Bd. 3. Abthl.

Lukasiewicz, Nikol. v., die Lage der Pferdezucht in Galizien in bezug auf die Remontierung in Österreich. (24 S.) 8. Wien 907. W. Frick. — 60

Łukasiewicz, Wlad., Folliculitis exulcerans, s.: Beiträge zur Dermatologie u. Syphilis.

Lukasiewitsch, Josef, s. Lukasiewicz, Josef

Lukaszczyk, Jacob: Beiträge zur Erz-Aufbereitung. Die Vorteile des schiefen Stosses bei ebenen Stossherden. Freiberg i.S.: [Craz & Gerlach in Komm.] 1902. 46 S., 8 Taf. 8°
Berlin, Dr.-Ing.-Diss. v. 11. 7. 1902

Lukaszewicz, Jos., s. Lukasiewicz, Jos.

Lukaszewski, Julius Xt. (geb. Skorzęcin in Posen 19. 8. 1836): De eclampsia. Berolini (1862). (32 S.) 8°
Berlin, Med. Diss. v. 5. Aug. 1862

Łukaszewski, Xav. F. A. E., Elementarz Polsko—Niemiecki dla katholickich szkoł elementarnych, wiejskich i miejskich, podług metody, poczynającéj czytanie od pisania, ułozony. — Polnisch-deutsche Fibel nach d. Schreibend-Lese-Methode f. kathol. utraquistische Elementar-Schulen. gr. 12. (7½ B.) Lissa 845, Günther.

Lukaszewski, Xaw. F. A. E., Elementarz Polsko-Niemiecki dla katol. szkół elementarnych, wiejskich i miejskich, podług metody, poczynającéj czytanie od pisania, ułozony. 2., poprawne wydanie. — Polnisch deutsche Fibel nach der Schreibend-Lese-Methode für kathol., utraquist. Elementar-Schulen. (2, verb. Ausg.) gr. 12. (180 S.) Lissa 848, Günther. *

Łukaszewski, Xaw. F. A. E., Kinderfreund od. Lesebuch f. Volksschulen. (In poln. Sprache.) 8., nach den neuesten pädagog. Grundsätzen u. Fordergn. der hohen Schulbehörden bearb. Aufl. gr. 8. (XIX, 345 S.) Berlin 893. E. S. Mittler & Sohn. n. 1. —; geb. in Halbldr. n.n. 1. 25

— nauka pisania listow etc. dla prywatnego i szkólnego użytku. 8. (IV u. 258 S.) Gleiwitz 847, Landsberger. In Engl. Einb. n. ⅔ ℛ

Łukaszewski, Xaw. F. A. E., Przyjaciel dzieci, czyli książka do czytania, podług A. E. Preussa i J. A. Vettera, dla katolickich szkół elementarnych. 3. poprawione wydanie. (Der Kinderfreund, ein Lesebuch nach Preuss und Vetter, für die kathol. Elementarschulen bearb.) gr. 8. (VI und 337 S.) Berlin 861, Mittler und Sohn. *

Lukaszewski, Xaw. F. A. E., Przyjaciel dzieci, czyli książka do czytania, podług A. E. Preussa i J. A. Vettera dla katolickich szkół elementarnych. 4. poprawione wydanie. 8. (VI und 337 S.) Berlin 864, Mittler und Sohn. *

Lukaszewski, Xaw. J. A. E., przyjaciel dzieci czyli ksiażka do czytania, dla katolickich szkoł elementarnych. 5. wydanie poprawione przez Maksymil. Kawczyńskiego. Berlin 870. Mittler & Sohn. gr. 8. (XII, 334 S.) n. 9 ngr.

—— słownik podręczny wyrazów obcych i rzadkich w języku polskim używanych. gr. 8. (14 und 311 S.) Königsberg 847, Gebr. Bornträger.

Lukaszewski, Xav. F. A. E., i. Aug. Mosbach, Polsko-Niemiecki słownik kieszonkowy do szkólegno i podręcznego użycia podług najlepszych źródeł wypra cowany. 7. Wydanie stereot. — Polnisch-Deutsches Taschen-Wörterbuch zum Schul- und Handgebrauch nach den besten Hülfsquellen bearb. 7. Stereot.-Ausg. gr. 16. (1683 Sp.) Berlin 856(57,) Schletter's Verlag.

—— tablice scienne podług metody łączącej naukę czytania z pisaniem. Fol. (12 Taf.) Lissa 847, Günther.

—— u. Aug. Mosbach, polnisch-deutsches Taschen-Wörterbuch z. Schul- u. Handgebrauch. Stereot.-Ausg. — Polsko-Niemiecki Słownik Kieszonkowy do szkolnego i podrecznego uzycia. 16. (52 B.) Breslau 845, Schletter.

Lukaszewsky, X. F. A. E., und Aug. **Mosbach**, Polnisch-Deutsches Taschen-Wörterbuch zum Schul- und Handgebrauch nach den besten Hülfsquellen bearb. 7. Stereot.-Ausg. A. u. d. T.: Polsko Niemiecki słownik kieszonkowy do szkólnego i podręcznego uzycia podług najlepszych zródel wypracowany etc. Berlin 857. Schletter. 16. (2 Bl., 1638 Sp.) 1 ℛ. 10 ngr.

—— und Aug. Mosbach, polnisch-deutsches Taschen-Wörterbuch zum Schul- und Handgebrauch nach den besten Hülfsquellen bearb. — Polsko-niemiecki słownik kieszonkowy. 9. Ster.-Ausg. gr. 16. (1638 Sp.) Berlin 862, Behr's Buchh.

— u. Aug. **Mosbach**, Polnisch-Deutsches [u. Deutsch-Polnisches] Taschen-Wörterbuch zum Schul- u. Handgebrauch nach den besten Hülfsquellen bearb. 3. Stereotyp-Ausg. — Polsko-Niemicki [i Niemiecko-Polski] Słownik Kieszonkowy do szkólnego i podręcznego użycia podług najlepszych źródeł wypracowany. 3. wydanie stereot. 2 Thle. in 1 Bde. gr. 16. (374 u. 444 S.) Breslau 847, Schletter. — 4. Stereotyp-Ausg. gr. 16. (375 u. 444 S.) Ebd. 850. 1⅓ ℛ

Lukaszewski, Xav. F. A. E., und Aug. **Mosbach**, polnisch-deutsches und deutsch-polnisches Taschen-Wörterbuch, zum Schul- und Handgebrauch nach den besten Hülfsquellen bearb. Vollständig umgearb. von Aug. Mosbach. 2 Thle in 1 Bd. 12. (VIII, 1190; 910 Sp.) Berlin 881, Behr's Verlag. 4 50

Lukaszewski, Xav. F. A. E., u. Aug. **Mosbach**, polnisch-deutsches u. deutsch-polnisches Taschen-Wörterbuch, zum Schul- u. Handgebrauch nach den besten Hülfsquellen bearb. Vollständig umgearb. v. Aug. Mosbach. 12. (VIII, 1190 u. 910 Sp.) Berlin 885. Behr's Verl. 4. 50

Lukaszewski, Xav. F. A. E. u. Aug. Mosbach. Polnisch-deutsches u. deutsch-polnisches Taschen-Wörterbuch, zum Schul- u. Handgebrauch. Vollständig umgearb. v. Aug. Mosbach. [Neuer Abdr.] 2 Thle in 1 Bd. 12. (VIII, 1190; 910 Sp.) Berl. 890, Behr's Verlag. 4 50

— u. Aug. **Mosbach**, polnisch-deutsches u. deutsch-polnisches Taschen-Wörterbuch, zum Schul- u. Handgebrauch nach den besten Hülfsquellen bearb. Vollständig umgearb. v. Aug. Mosbach. (Neue Aufl.) 2 Thle. in 1 Bde. 12. (VIII, 1190 u. 910 Sp.) Berlin 893. B. Behr's Verl. 4.50

Deutsch-Polnisches und Polnisch-Deutsches Wörterbuch z. Schul- u. Handgebrauch von Xaver F. A. E. **Lukaszewski** u. August Mosbach. 55.–60. Aufl. Vollst. neu bearb. u. d. neuen Orthographie angepasst von Dr. Ludsmil German. Der Neubearb. 1.–5. Aufl. T. 1. 2. Berlin: B. Behr 1906. 2 Bde 8° [F. u. Ant.]
1. Deutsch-Polnisch. 2. Polnisch-Deutsch.
[Nebent.:] Słownik Niemiecko-Polski i Polsko-Niemiecki ... przez Xawerego F. A. E. Lukaszewskiego ... [of. 14740]

Deutsch-Polnisches und Polnisch-Deutsches Wörterbuch zum Schul- und Handgebrauch von Xaver F. A. E. **Lukaszewski** u. August Mosbach. 61.–65. Aufl. Vollst. neu bearb. u. d. neuen Orthogr. angepasst von Dr. Ludomil German. Der Neubearb. 6.–10. Aufl. T. 1. 2. Berlin: Behr 1909. 8°
[Nebent.: Poln.] Słownik Niemiecko-Polski i Polsko-Niemiecki do szkolnego i podręcznego użytku ... przez Xawerego F. A. E. Lukaszewskiego ... [Ic. 1803] 2

Lukat, Max, s.: Urkunden zur Geschichte des ehem. Hauptamts Insterburg.

Lukat, Max: Urkunden zur Geschichte des ehemaligen Hauptamts Insterburg, s. Kiewning, Hans

Lukáts de Borosnyo Viktor: Die Entwicklung in Rembrandts Verhältnis zu den dramatischen Szenen der Passionsgeschichte.
II. 1902 PN 1471 Diss. Wien. Univ. 1881

LUKCSICS, Josephus: Persecutiones Christianorum in imperio Romano usque ad finem Decianae. — (1900) 110 S. 4° (Handschr.) Diss. 685
Diss. Wien, Univ.

Luke, Adalb. Ableitung der Poissonschen Differentialgleichung für die Potentialfunktion für rechtwinklige, krummlinige Koordinaten und zwar mit Hülfe des theorema quartum aus Gauss' Abhandlung „de attractione corporum sphaeroidicorum homogeneorum". 19 S. **Progr.** *Marienburg* 1880

Luke, Adb., Sammlung planimetrischer Aufgaben über das Dreieck mit besond. Berücksicht. des Determinierens der Aufgaben. 2 Hefte. gr. 8. Halle 881, Schmidt's Verlagsh. * 5 —
Inhalt:
Heft 1. Aufgaben für Quarta, Tertia und Untersecunda oder Aufgaben, welche die Lehre von der Proportionalität der Linien und der Aehnlichkeit der Dreiecke nicht voraussetzen. (X, 125 S. mit 5 Stnt.) *M 2,40.
Heft 2. Aufgaben für Secunda und Prima oder Aufgaben, welche die Lehre von der Proportionalität der Linien und der Aehnlichkeit der Dreiecke voraussetzen. (118 S. mit 2 Tab. und 6 Stnt.) *M 2,60.

—— Sammlung trigonometrischer Aufgaben, nebst einer Anleitung zur Lösung derselben. Aufgaben für Obersekunda. 1. und 2. Heft. gr. 8. Halle 883, Schmidt's Verlagsh. à Heft *M 2,40. * 4 80
Inhalt:
Heft 1. Goniometrische Aufgaben. (V, 142 S.)
» 2. Das rechtwinklige und das gleichschenklige Dreieck. (V, 137 S. mit 1 Stnt.)

Luke, E., s. Bäder-Lexikon.

Luke, F. Eine mathematische Aufgabe. 26 S. u. Figurent. [über Kreisberührung.] . . . .
Culm, Progr. 1845

Luke, F., geometrische Aufgaben nach d. Methode d. Alten, f. Schulen bearb. 1. Thl. Planimetrische Aufgaben. gr. 8. (14½ B. u. 11 Stnt.) Thorn 845, Lambeck. *

Luke, F., geometrische Aufgaben nach der Methode der Alten, für Schulen bearb. Planimetrische Aufgaben. 2. (Titel-) Ausg. gr. 8. (XIX und 204 S. mit 11 Stnt. in qu. Fol.) Thorn 855, Lambeck. *

Luke Behandlung der drei ersten Hauptfälle der Fermatschen Aufgabe über Kugelberührungen. 51 S. . . . .
Paderborn, Progr. 1834

Luke: Die gewöhnlichen Brüche. 21 S. – Culm, Progr. 1851.

Luke, Jos. Vide: Bericht über die Glasindustrie.

Lüke: Über das Ansehen der heil. Schrift . . ., s. Sak.

Lüke, Heinrich: Die Aussprache des Englischen in tabellarischer Übersicht. Zweiter Teil: Unregelmässigkeiten u. Eigentümlichkeiten in d. Aussprache. (Forts. d. P-Beil. 1890.) Conitz, Buchdr. v. F. W. Gebauer, 1891; S. 3–28; 4°
Conitz, k. G, P 1891 (33)

Lüke, Heinrich: Die natürliche Erkenntnis Gottes. E. Beitr. z. Religionsunterr. in d. Prima d. Gymnasien. Konitz, F. W. Gebauer Nf., 1893; 3–34 S. 4.
Konitz, k. G, P 1893 (33)

Lüke, Konrad

Lüke, Conr., Bilder aus d. Familien-Leben. Vier Predigten. gr. 8. (5 B.) Breslau 832, Max u. Komp.

Luken, D. F Fibel f. d. ersten Schreib- u Lese-unterr Chi. 1873.

[F.] Erinnerungen eines Jerusalem-Pilgers. Von Gerhard **Lüken**, Kaplan in Vechta ... (S.A. aus 'Die kathol. Welt.') *M. Gladbach & New York: Dr. v. A. Riffarth [1897].* (242 S., 1 Bl., 1 Portr.-Taf.) 1 Bd 8. 97 3316

Lüken, Günther, aus Köln: **Beiträge** zur Bestimmung des Fuselgehalts alkoholischer Flüssigkeiten. *Frankenhausen (Kyffh.) (1904): F. Schröder.* (28 S.) 8° [F.]
Leipzig, Phil. Diss. v. 1904

Lüken, Heinrich. Die Einheit des Menschengeschlechts und dessen Ausbreitung über die ganze Erde. Hannover, Hahn, 1845, gr. 8°, 245 S., 4 Mk.
Recens. a. a. O. 1846, Heft 1, S. 143–148.

Lüken, die Götterlehre der Griechen und Römer oder das klassische Heidentum, vom religionsvergleichenden Standpunkt bearb. 8. (XXII, 445 S. mit 31 Holzschntaf.) Paderborn 881, F. Schöningh. * 3 60

Lüken, Heinr., Die Stiftungsurkunde des Menschengeschlechts oder die mosaische Schöpfungsgeschichte, erläutert u. bestätigt durch die Sagen der Völker u. die Naturwissenschaft. Freiburg, Herder, 1876, 8°, VIII, 156 S., 1,50 Mk.
Recenss. v. Schanz, (Tüb.) Theol. Quartalschr. 1877, S. 168–72; v. Wieser, (Innsbr.) Ztschr. f. k. Theol. 1877, S. 467–78; von B. Schäfer, Litt. Rundsch. 1877, S. 259–61.

Lüken, Heinr., die Traditionen des Menschengeschlechts oder die Uroffenbarung Gottes unter den Heiden. gr. 8. (XII und 483 S.) Münster 856, Aschendorff'sche Buchh. *

— Die Traditionen des Menschengeschlechtes oder die Uroffenbarung Gottes unter den Heiden. Münster, Aschendorff, 1869, 8°, 2. sehr vermehrte, mit alphab. Register versehene u. mit 4 Steindrucktafeln illustrierte Auflage, XV, 538 S., (5 Mk, jetzt) 3.50 Mk. — (1. Aufl. 1856.)
Recens. von Stiefelhagen, (Bonner) Theol. Litt.-Bl. 1869, S. 483—488. (Tüb.) Theol. Quartalschr., Jahrg. 52, S. 329 ff.

— die sibyllinischen Weissagungen, s. a. Studien, katholische.

Lüken: Die sibyllinischen Weissagungen und ihr Nachhall bis in unsere Zeit oder die Volkspropheten aller Zeiten in ihrem Zusammenhang. 18 S. 4° – Meppen. Progr. 1871.

Lüken, Heinr., Die sibyllinischen Weissagungen, ihr Ursprung und ihr Zusammenhang mit den altersprophetischen Darstellungen christlicher Zeit. Würzburg, Woerl, 1875, 8°, 52 S., 90 Pf. (Kathol. Studien Jahrg. 1, Heft 5.)

Lucken, J., Rechenbuch, s.: Munderloh, H. F.

Lueken, Karl, approb. Artzt[!] aus Oldenburg i. Gr.: Aus d. Kgl. Frauenklinik zu Marburg. Über den Einfluß hochgradiger Blutungen nach Geburten auf den mütterlichen Organismus. *Marburg 1903: R. Friedrich.* (27 S.) 8°
Marburg, Med. Diss. v. 15. Okt. 1903

Lueken, Wilh., s.: Bibliographie d. theologischen Rundschau.

Fünfundzwanzig Jahre allgemeiner evangelisch-protestantischer Missionsverein. Von Pfarrer Lic. [Wilhelm] Lueken. (Marburg 1908. Bauer.) 20 S. 8°

Lueken, Wilhelm: Der Erzengel Michael in der Überlieferung des Judentums. *Marburg 1898: E. A. Huth in Göttingen.* (61 S.) 8° ¶ [Erscheint vollständig bei Vandenhoeck & Ruprecht in Göttingen u. d. T.: Der Erzengel Michael in der Tradition des Judentums und der morgenländischen Christenheit.]
Marburg, Theol. Diss. v. [16. Juli] 1898

Lueken, Wilh., Michael. E. Darstellg. u. Vergleichg. d. jüd. u. d. morgenländisch-christl. Tradition v. Erzengel Michael. Mit Sachregister, Register d. bibl. u. Register d. ausserbibl. Citate. gr. 8. (X, 186 S.) Göttingen 898. Vandenhoeck & Ruprecht. n. 4. 80

Lueken, W., s.: Schriften, die, des Neuen Testaments.

Lueken, Wilhelm: Thesen ... zur Erlangung der Würde eines Licentiaten der Theologie ... *o. O. (1898).* (2 Bl.) 8°
Marburg, Theol. Thes. v. 16. Juli 1898

Lukens, Hermann T. [aus Philadelphia in Pennsylvanien]: Die Vorstellungsreihen und ihre pädagogische Bedeutung ... Gütersloh, Druck v. C. Bertelsmann, 1892; 50 S., 1 Bl. 8.
Jena, Phil. Fak., Inaug.-Diss. v. 1892

Lukens, Herm. T., die Vorstellungsreihen u. ihre pädagogische Bedeutung. Diss. gr. 8. (51 S.) Gütersloh 892. (Rudolstadt, H. Dabis.) n. 1. —

Lukeš, Frant. Bohusl., sedmero kázaní postních s připojeným kázaním na slavný hod velikonoční. Prag 865. Credner. gr. 8. (IV, 100 S.) n. 16 ngr.

Lukeš, J. (Schriftsteller). Militärischer Maria-Theresien-Orden. Ueber Autorisation des Ordens nach authentischen Quellen verfasst und angeordnet. Mit 44 Bildnissen. Nach Original-Aufnahmen in Kupfer gestochen von J. Klaus. (3. Abth., 1850 bis 1890, zugleich Fortsetzung des Werkes: „Der Militär-Maria-Theresien-Orden und seine Mitglieder". Wien 1857 (von Hirtenfeld).
8. Wien 1890.

Lukeš, J., militärischer Maria-Theresien-Orden. Über Autorisation d. Ordens nach authent. Quellen verf. u. angeordnet. Mit 44 Bildnissen. Nach Orig.-Aufnahmen in Kpfr. gest. v. J. Klaus. 2. unveränd. Aufl. Lex.-8. (XII, 552 S.) Wien 891. Hof- u. Staatsdruckerei. Geb. n. 24. —; Pracht-Ausg. geb. n. 30. —

Lukes, J. (Schriftsteller). Militärischer Maria-Theresien Orden — (Ergänzung) Beigebunden: Berichtigungen und Nachträge. 8. Wien 1902.

Lukeš, J., unsere Soldatengräber. Verschollene — erhaltene — vergessene ... gr. 8. (24 S.) Wien 894. (L. W. Seidel & Sohn.) n. 1. 35

— dasselbe. 2., verm. Aufl. gr. 8. (IX, 30 S.) Ebd. 895. n. 1. 40

Lukian, s. Lucianus Samosatensis

Lukjanow, S. M., Beiträge zur Morphologie der Zelle, s. Archiv für Anatomie und Physiologie, Suppl.-Bd. zur physiolog. Abtheilung.

Lukjanow S. M.: Grundzüge einer allgemeinen Pathologie d. Zelle. Vorlesungen. Leipz. 1891. 325 S.

Lukjanow, S. M., Grundzüge e. allgemeinen Pathologie des Gefäss-Systems. Vorlesungen, geh. an der k. Universität Warschau. gr. 8. (VIII, 428 S.) Leipzig 894. Veit & Co. n. 10. —

Lukjanow, S. M., Grundzüge e. allgem. Pathologie d. Verdauung. Zehn Vorlesgn. gr. 8. (VIII, 267 S.) Leipzig 899. Veit & Co. n. 10. —

— Grundzüge e. allgemeinen Pathologie der Zelle. Vorlesungen, geh. an der k. Universität Warschau. gr. 8. (VIII, 325 S.) Ebd. 891. n. 7. 50

Wärmelieferung und Arbeitskraft des blutleeren Säugethiermuskels, s. Archiv für Anatomie und Physiologie.

Lukianowitsch. Beschreibung des Türkenkrieges 1828 und 1829. (2 Bde.) (In russischer Sprache.) 8. St. Petersburg 1844.

Lukin-Lissogorskaja, Olga, aus Tamboff (Russland): Aus dem Züricher Kinderspital. Beitrag zur Casuistik der Lebercirrhose im Kindesalter. Zürich 1906. 44 S. 8°. [26. V. 06.]
Zürich. Med. Diss. 1905/1906.

Lukin-Lissogorskaja, Olga. Beitrag zur Casuistik der Lebercirrhose im Kindesalter. Diss. [Med.] Univ. Zürich. *Kopftitel:* Aus dem Zürcher Kinderspital. 43 S. 8. Zürich, Geb(r). Leemann & Co., 1906.

Lukinac, Alex., die Gewerbe-Inspektion in Österreich. (100 S.) gr. 8. Wien (XIV, 1, Goldschlagstr. 47) 908. Finanzkomm. A. Lukinac. 3. —

Lukinac, Alexander, k. k. Finanz-Kommissär: Die Gewerbeinspektion in Österreich. Erlangen 1909: Junge. 99 S. 8°
Erlangen, Phil. Diss. v. 21. Jan. 1909, Ref. v. Eheberg
[Geb. 1. Nov. 67 Warasdin; Wohnort: Wien; Staatsangeh.: Österreich; Vorbildung: Gymn. Wien Reife 87; Studium: Wien 8 S.; Rig. 19. Jan. 09.] [U 09. 842

Lüking, Gustav, approb. Arzt aus Hillegossen: Ueber Paracentese des Herzbeutels bei Pericarditis exsudativa. *Leipzig 1901: B. Georgi.* (33 S.) 8°
Leipzig, Med. Diss. v. (24. Apr.) 1901

Lukinger, Otto, Medizinalprakt.: Arrosion der Carotis im Verlaufe von Diphtherie. Regensburg 1909: Brand. 22 S. 8°
München, Med. Diss. v. 13. Dez. 1909, Ref. v. Bollinger
[Geb. 3. Febr. 84 Breitenfurt; Wohnort: Eichstätt; Staatsangeh.: Bayern; Vorbildung: Gymn. Eichstätt Reife Juli 03; Studium: Heidelberg 2, München 3, Erlangen 1, München 4 S.; Coll. 13. Dez. 09; Approb. 1. Dez. 09.] [U 10. 3541

LUKINGER, Ulrich (Amberg): De craniopagia. (Titel nach der Urkunde)
24.5.1661 - Urk; Chr 1660/61,15
Diss.Ingolst.-Landsh.-Mchn.

Lukmanier [Sachliches OW]

Lukmanier, der, neben dem Gotthard. Beiträge zur Gotthardsfrage von einem deutschen Ingenieur. gr. 8. (32 S.) Stuttgart 878. Metzler's Verl. n. — 60

Lukmanier [Schlagwort]

Lukmanier, s. Schweiz. Atlas.

Lukmanierbahn. Zusammenstellung der verschiedenen Projekte m. den techn. u. finanziellen Ergebnissen u. Schlussfolgerungen. Fol. (20 S. m. 21 Steintaf. in gr. Fol.) Stuttgart 871. Metzler's Verl. n.n. 16. —

Lukmanierbahn, die, in technischer, commerzieller u. finanzieller Beziehung u. Vergleichungen mit der Gotthardtbahn. Hrsg. vom Lukmanier-Comité. St. Gallen 865. Scheitlin & Zollikofer. 4. (VII, 195 S. mit 2 chromolith. Karten in Imp.-Fol.) n. 1 ℛ 2 ngr

Lukomski, Boleslaw

Łukomski, B. v., das arabische Pferd in Slawuta u. anderen Gestüten des südwestl. Russlands, s.a. Pferde, unsere. 38. Hft.

Łukomski, Boleslaw v., a. Posen: Das arabische Pferd in Slawuta und anderen Gestüten des südwestlichen Rußlands. Stuttgart 1906: C. Hammer. (93 S.) 8°
Breslau, Phil. Fak., Ref. Holdefleiß, Diss. v. 27. April 1906
[Geb. 19. Sept. 79 Ostrowo, Pr. Posen; Wohnort: Czerlejnko, Kr. Schroda, Posen; Staatsangeh.: Preußen; Vorbildung: Gymn. Frankfurt a. O. Reife M. 97; Studium: Krakau 1, München 2, Halle 1, Breslau 6 S.; Rig. 21. Febr. 06.]

Lukowicz, Johann von: Ein Fall von Gallertgeschwulst des Os femoris. Halle a. S. 1879: Plötz. 29 S., 1 Taf. 8°
Halle-Wittenberg, Med. Diss. v. 4. Aug. 1879
Geb. Blumfelde (Kr. Konitz, Westpr.) 29. 4. 1854. V.
In der Vita: Newlin-Lukowicz.
Im Goth. geneal. Taschenbuch, Briefadel, 1939. S. 428 steht er mit der Namensschreibung v. Lukowitz.

Lukowicz, Marcell von: Beitrag zur Prognostik des Glioma retinae. Halle 1884: Karras. 27 S. 8°
Halle-Wittenberg, Med. Diss. v. 25. Nov. 1884
Geb. Blumfelde (Kr. Konitz, Westpr.) 27. 9. 1858. V.
In der Vita: Newlin-Lukowicz.
Im Goth. geneal. Taschenbuch, Briefadel, 1939, S. 428 steht er mit der Namensschreibung v. Lukowitz. Er erlebte das goldene Dr.-Jubiläum 1934 als deutscher Vizekonsul a. D. in Zoppot.

Lukowitz, Th. v., ein Wort zur Hebung der natürlichen Industrie in Ostpreußen. 8. (20 S.) Königsberg 878. Hartung. n. — 30

Lukowo [Schlagwort]

Lukowo, s.: Geologische Karten. Preussen. 99.

Lukowski, L., kathol. Seelenwecker z. Erkenntniß Gottes etc. 12. Cöslin 821. Hendeß. 15 ℊ

Die Erde ein Elektromagnet oder Das Gesetz des schroffen Ueberganges. Eine Hypothese aufgestellt von Marian **Łukowski.** Dortmund 1904: Gebr. Lensing. (16 S.) 8°

Lukretius, s. Lucretius

Luks Hf., Antwerpen und die Weltausstellung 1885. Berlin 1885

Luks, H. F., die Gemeinschädlichkeit des Jesuitenordens oder welche Gründe bewogen 1773 Papst Clemens XIV. die Gesellschaft Jesu für alle Zeiten aufzulösen? Für das Volk dargestellt. Nach geschichtl. Quellen bearb. und mit den bezügl. Urkunden und Actenauszügen versehen. gr. 8. (47 S.) Stralsund 872, Dühr.

Luks, H. T., s.a. Grieben's Reise-Bibliothek.

Luks, H. T., Baden-Baden u. Umgebungen, s. Grieben's Reisebibliothek.

Luks, H. T., Belgien und Holland, s. Grieben's Reise-Bibliothek.

— die Bergstrasse u. der Odenwald, s. Grieben's Reise-Bibliothek.

—— die Brunnen- und Bade-Orte Deutschlands, Oesterreichs etc.
s. Grieben's Reise-Bibliothek

— Brüssel u. Umgebungen,
s. Grieben's Reise-Bibliothek

Luks, H. T., Bad Ems u. das Lahnthal. s.: Grieben's Reise-Bibliothek.

— die deutschen Grenzen (Elsaß-Lothringen. Metz 1875. 8.

Luks, H. T., die deutsche Grenzmark Elsass-Lothringen. 1. Thl. Organisation, Topographie u. Statistik. 8. (II, 202 S.) Metz 875. Deutsche Buchh. n. 2. 50

—— das Reichsland Elsass-Lothringen. Topographisch-statist. Handbuch mit kriegsgeschichtl. Notizen und besond. Berücksicht. der Vogesen. 8. (XV, 202 und 297 S. mit 1 chromolithogr. Karte in Imp.-4.) Metz 875, Deutsche Buchh.

— Heidelberg u. das Neckarthal,
s. Grieben's Reise-Bibliothek

— die Mosel von Koblenz bis Trier m. Berücksicht. d. Bades Bertrich, s.: Grieben's Reise-Bibliothek.

— Bad Neuenahr, das Ahrthal u. die vulkanische Eifel,
s. Grieben's Reise-Bibliothek

— Ostende, Blankenberghe, Heyst, Nieuport u. La Panne,
s. Grieben's Reise-Bibliothek

— Pyrmont u. Umgebungen,
s. Grieben's Reise-Bibliothek

Luks, H. T., Reise-Handbuch f. Elsass-Lothringen. Mit kriegsgeschichtl. Notizen u. besond. Berücksicht. der Vogesen. 8. (VIII, 297 S. m. 2 lith. u. color. Plänen u. 1 lith. Karte in qu. 4. u. Imp.-4.) Metz 875. Deutsche Buchh. 3 50

— der Rhein,
s. Grieben's Reise-Bibliothek

— die Rheinlande, s. Grieben's Reise-Bibliothek.

— der Schwarzwald,
s.a. Grieben's Reise-Bibliothek

Luks, H. T., der Schwarzwald. Praktischer Führer f. Reisende. Mit besond. Berücks. von Baden-Baden, Wildbad u. Umgeb. 4. Aufl. (*Grieben's* Reise-Bibl. Bd. 30.) Berlin 1881. 8⁰. Orig.-Srsb. IV—191 S. Mit 3 Kart. u. 1 Plan von Stuttgart.

— Strassburg, Metz u. die Vogesen,
s. Grieben's Reise-Bibliothek

— das Wesergebirge u. der Teutoburger Wald m. Bad Pyrmont,
s. Grieben's Reise-Bibliothek

— Wiesbaden, Schlangenbad, Schwalbach u. Umgebungen,
s. Grieben's Reise-Bibliothek

[F.] Luks, Konstantin [Dr.]: Der Schulgarten und der botanische Unterricht. Tilsit, gedr. bei E. Suttkus, 1896; 50 S., 1 Taf. 4.
Tilsit, k. G, OP 1896 (15)

Luks, Wald. Das Anfechtungsgesetz vom 21. Juli 1879 u. die §§ 22 ff. der Konkursordnung vom 10. Febr. 1877, erläutert durch die Entscheidgn. d. Reichsgerichts. 8. (33 S.) Berl. 889, H. W. Müller. * — 80

Luks, Waldem., das Anfechtungsgesetz v. 21. VII. 1879 u. die §§ 29 ff. der Konkursordnung vom 10. II. 1877, erläutert durch die Entscheidgn. des Reichsgerichts. 2., verm. Aufl. 8. (IV, 71 S.) Berlin 902. H. W. Müller. n. 1.20

Luks, Waldem., das Kommunalabgabengesetz vom 14. Juli 1893, zum prakt. Gebrauche m. Erläutergn. versehen. 8. (VI, 76 S.) Berlin 894. F. Vahlen. n. 1.60

Luks, Wald., d. Wohnungsmiethe im Geltungsbereiche d. Preuß. Allgem. Landrechts, unt. Berücksicht. d. Entwurfs II e. bürgerl. Gesetzbuchs f. das Deutsche Reich bearb. auch z. Gebrauche f. Nichtjuristen. gr. 8. (IV, 70 S.) Berlin 895. H. W. Müller. n. 1.—

Luksch's illustr. Führer f. d. Stilfserjoch-Routen. 4. Aufl. 8. (48 S. m. 1 Karte.) Wien (Waaggasse 9) 895. Verl. Luksch. n. — 30

Luksch Alfred. Über einige neue Kondensationen von o-Aldehydcarbonsäuren mit Ketonen S. 113. II b. 681 . . . . vgr.
Separatabdruck
Diss., Prag 1903/1904

Luksch, Ernst. [1.] Ueber Curcuma-Oel; [2.] Zur Kenntnis unsymmetrischer Phenylhydrazin-Derivate. Diss. Phil. Basel. 47 S. 8. Wien, Sport-Druckerei, 1906.

Luksch, Josef

Luksch, J., Beobachtungen u. Messungen der Temperatur usw. des Wassers in der nördl. Adria, s.: Wolf, Jul.

Luksch, J., s. Bericht an die königl. ungarische Seebehörde in Fiume über physikalische Unte suchungen des adriatischen Meeres.

Luksch, Josef: Bericht an die Königlich Ungarische Seebehörde ..., s. Wolf, Julius

Luksch, J., vorläufiger Bericht üb. die physikalisch-oceanographischen Arbeiten, s.a. Veröffentlichungen der Commission f. Erforschung d. östlichen Mittelmeeres.

— Vorläufiger Bericht über die physikalisch-ozeanographischen Arbeiten im Sommer 1892 vom Meridian von Rhodus bis zur syrischen Küste (mit 1 Kartenskizze) S. 101. I. 87 . . . . —.50
Separatabdruck

— Vorläufiger Bericht über die physikalisch-ozeanographischen Arbeiten im Sommer 1893 (mit 1 Karte). S. 102. I. 523 . . . . —.80
Separatabdruck

— Vorläufiger Bericht über die physikalisch-ozeanographischen Untersuchungen im Roten Meere, Oktober 1895 bis Mai 1896 (mit 2 Kartenskizzen) S. 105. I. 361 . . . 1.20
Separatabdruck

Luksch, Jos., vorläuf. Bericht üb. d. physikalisch-oceanograph. Untersuchgn. im Rothen Meere. Octbr. 1895—Mai 1896. [Aus: „Sitzungsber. d. k. Akad. d. Wiss."] gr. 8. (32 S. m. 2 farb. Kartenskizzen.) Wien 896. (C. Gerold's Sohn.) n. 1.20

— dasselbe. Untersuchgn., 6. IX. 1897 bis 24. III. 1898. [Aus: „Sitzungsber. d. k. Akad. d. Wiss."] gr. 8. (29 S. m. 1 Kartenskizze.) Ebd. 898. n. — 70

Luksch, J. und Wolf, J., Temperatur und specifisches Gewicht des Seewassers. (Sonder-Abdr. aus dem Werke: Die internationale Polarforschung 1882—1883. Die österreichische Polarstation Jan Mayen. I. Bd.) Wien 1886.

Luksch, J., physikalische Untersuchungen in der Adria, s. Wolf, J.

— und Wolf Julius. Physikalische Untersuchungen im östlichen Mittelmeere. 1. und 2. Reise S. M. Schiff „Pola" in den Jahren 1890—1891 (mit 25 Taf.).
— — 3. Reise S. M. Schiff „Pola" im Jahre 1892 (mit 12 Karten und 1 Textfigur).
— — 4. Reise S. M. Schiff „Pola" im Jahre 1893 (mit 6 Karten).
siehe I. Abt. Berichte der Kommission für Erforschung des östlichen Mittelmeeres, 1., 2. und 3. Reihe
Separatabdruck

Luksch, Josef: Untersuchungen über die Transparenz und Farbe des Seewassers. Mit 3 Tafeln und 11 Textfiguren. (Expedition S. M. Schiff „Pola" im Mittelländischen, Aegäischen und Rothen Meere in den Jahren 1890—1898. Wissenschaftliche Ergebnisse. XIX. [S.-A.] Denkschriften der mathem.-naturw. Classe der kais. Akademie der Wissenschaften. Bd. 69. Berichte der Commission für oceanographische Forschungen.) Wien 1900. 87 S. 4⁰.

Luksch Josef: Veröffentlichungen der Kommission für Erforschung des östlichen Mittelmeeres. Vorläufiger Bericht über Lotungen und physikalische Beobachtungen im Sommer 1891 (mit 1 Kartenskizze) S. 100. II a. 927 . . . . —.70
Separatabdruck

Luksch, J. Veröffentlichungen der Commission f. Erforschung d. östlichen Mittelmeeres. Vorläufiger Bericht üb. Lothgn. u. physikal. Beobachtgn. im Sommer 1891. Lex.-8. (9 S. m. 1 graph. Skizze.) Wien 891, (Tempsky). * — 70
Aus: Sitzungsber. d. k. Akad. d. Wiss., besonders abgedruckt.

Luksch, J., Veröffentlichungen der Commission für Erforschung des östlichen Mittelmeeres. Vorläufiger Bericht über die physikalisch-oceanographischen Arbeiten im Sommer 1893. Mit einer Kartenskizze. Gr.-8. (22 S.) —.40
Wien: Tempsky 1894.

Luksch, J.: Weltkarte . . ., s.a. M a y e r , E.

Luksch, Josef, und Mayer, Ernst, Weltkarte als Behelf für das Studium geographischer Entdeckungen und Forschungen. Mit einer Broschure: Begleitworte zu der Weltkarte etc. Wien 1879.

Luksch, Leopoldine, wunderbare Traumerfüllungen als Inhalt des wirklichen Lebens! Ein Appell an die Wissenschaft. 8. (VIII, 96 S.) Leipzig 894. O. Mutze. n. 1. —

Ottomar LUKSCH Über Gravitation
Diss. Prag 1808/1809

Luksch, V., Illustr. Geschichte der kathol. Kirche, s.: K i r s c h.

Lukshe, Jh., Notizen von d. politischen u. Justizverfassung Mährens seit den ältesten Zeiten bis zum Jahre 1628. 8. Brünn 808.

— das alte u. neue Recht Mährens u. Schlesiens k. k. österr. Antheils, nach der Ordnung des bürgerl. Gesetzbuches. 2 Thle. in 3 Bden. 8. Brünn 818. Traßler. 4 ß

— besondere Rechte der Personen Mährens u. Schlesiens, vorzüglich in politischer Hinsicht. 2 Bde. 2e verm. u. verb. Aufl. 8. Brünn 828. Traßler. 3 ß 16 K

— kurze Uebersicht d. Stellen u. Aemter im Markgrafthum Mähren, seit d. Jahre 1628 u. d. Veränderung derselben; nebst e. Anh. v. d. Einführung d. böhmischen Stadtrechte in Mähren u. Schlesien. 8. Brünn 804.

Lukšić, Abel, Besitzers des goldenen Verdienstkreuzes mit der Krone etc. **B o s n i e n u n d d i e H e r c e g o v i n a.** Kurzgefasste Darstellung aller geographischen, volkswirthschaftlichen und socialen Verhältnisse dieser Länder, nebst vollständigem Lexikon aller Städte und wichtigeren Orte etc. Mit Benützung des besten Quellenmateriales und auf Grund persönlicher Reisen verfasst.
kl. 8. Prag 1878.

Lukšić, Abel, Reiseführer durch Kroatien u. Slavonien. Mit Benützg. d. besten histor. u. statist. Quellenmaterials. Mit 12 Illustr., Plan v. Agram u. 1 Karte v. Kroatien u. Slavonien. gr. 16. (208 S.) Agram 892. L. Hartman's Sort. Geb. n. 3. —

Luksor [Schlagwort]

Luksor. **S c h w e i n f u r t h, G.,** Karte der westlichen Umgebung v. Luksor u. Karnak [Theben] m. Benutzg. v. Wilkinson's topographical survey of Thebes, 1830, in 1 : 4500 u. d. Katasteraufnahme v. 1904, in 1 : 2500. 1 : 25,000. 54,5×70 cm. Farbdr. Nebst Text. (IV S.) Lex. 8. Berlin 909. D. Reimer. 5. —

Luley, des ehrlichen Jacob, eines Märtyrers der Wahrheit, Leiden und Freuden, vom Verf. des Erasmus Schleicher, (C. G. Cramer) 2 Theile mit Kupf. 8. Leipzig, 796/97. B. Fleischer. 2 Rthl.

Luley, Amalie, an Gottes Hand. Erinnerungen aus meinem Diakonissenleben. Mit Vorwort v. J. Müllersiefen u. dem Bild der Verf. 3. verm. Aufl. 8. (VII, 224 S.) Neudietendorf (902). (Expedition des thüring. evangel. Sonntagsblattes.) n. 1. 75; geb. in Leinw. n. 2. 50

Luley, G[eorg]: Ein Ferienaufenthalt in Oxford. Wimpfen 1906: Chr. Elser. (S. 17—22.) 4°
Wimpfen, großh. R P 1900 (S13)

Luley, J[oseph]: **Das Oxforder Summer-Meeting von 1901 als Volksbildungsmittel und sein Wert für die deutschen Lehrer des Englischen.** *(Gießen 1902: v. Münchow.)* (44 S.) 4°
Gießen, großh. RG u. R, P 1902 (721)

Lülfing, Heinrich, Marine-Assistenzarzt aus Wurzen i. S.: Aus d. Kinderkrankenhause zu Leipzig. **Aetiologie und Therapie der akuten Osteomyelitis.** *Wurzen 1902: R. Müller.* (23 S.) 8°
Kiel, Med. Diss. v. [18. Febr.] 1902

Lüling, C. A., neues Rechenbuch f. Jedermann. Ein Leitfaden zur Kenntniß u. Anwendung des Decimal-Systems auf d. französ. Maaß u. Gewicht. Mit Beisp. 8. Münst. 813. Coppenrath. 16 K

— Reduktions-Tabelle aller im Ober-Ems-Departement cirkulirender u. in d. Tarif v. 20. Aug. 1811 enthalt. Geldstücke in Franken u. Centimen ꝛc. 4. Lübeck 811. (Herold u. W. in Lüneb.) 10 K

Lüling, Ernst

Lüling, E., Bergwerks- und Hüttenkarte der wichtigsten Teile des Oberbergamtsbezirks Bonn, nebst einem alphabetischen Verzeichnis der Bergwerke. 4 Bl. (Saarbrücken, Aachen, Siegen, Nassau). 1 : 200000. Essen, 1886.

Lüling, E., mathematische Tafeln für den praktischen Markscheider, Bergingenieur u. Geometer, sowie zum Gebrauche für Bergschulen. Ster.-Druck. Mit in den Text gedr. Zeichnungen. Lex.-8. (XXIV, 64 S.) Bonn 881. Behrendt in Comm. n. 5. —

Lüling, E., mathematische Tafeln für Markscheider und Bergingenieure, sowie zum Gebrauche für Bergschulen. Ster.-Druck. 2. Aufl. hoch 4. (XXIV, 64 S. mit in den Text gedr. Zeichnungen.) Bonn 887, (Behrendt.) **

Lüling, E., m a t h e m a t i s c h e T a f e l n f. Markscheider u. Bergingenieure, sow. z. Gebr. f. Bergschulen. Mit in d. Text gedr. Fig. 4., erweit. Aufl. Lex. 8. (XLI. 64 S.) Berlin 898. J. Springer. Geb. in Leinw. n. 6. —

Lüling, E., mathematische Tafeln f. Markscheider u. Bergingenieure, sowie zum Gebrauche f. Bergschulen. Mit in den Text gedr. Fig. 5. Aufl. Lex.-8. (XLI, 64 S.) Berlin 902. J. Springer. Geb. in Leinw. n. 6. —

Lüling, Heinr., Kaiser Rotbarts Erwachen. Festspiel in 2 Abtlgn. 8. (23 S.) Hof (902). R. Lion. n. 1. —

Lüling, R. G.: G r u n d r i s s als Anfang „Mahnruf“ eines Nachtwächters! Witten 1884.

LULKIMACHER, ABRAHAM. Ueber das β-Propylpyridylketon. (Bern) Odessa, 1892.

Lullies, Friedrich [prakt. Arzt]: Ueber die Zeit des Eintritts der **Menstruation nach Angaben von 3000 Schwangeren in der Koenigl. gynaekologischen Klinik zu Königsberg i. Pr. . . .** Königsberg i. Pr., gedr. bei **A. Kiewning,** 1886; 79 S. 8°.
Königsberg, Med. Fak., Inaug.-Diss. v. 11. Aug. 1886.

Maien, Carl, Sternbilder. Dichtungen. 8. (13 B.) Leipzig 841, [Metzger.]

Maien, Karl, Veilchen. Für seine Freunde nah und fern. (Gedichte.) 8. Leipzig 840. Lehnhold. n. 1/2 ℛ

—— Veilchen. Für seine Freunde nah u. fern. (Gedichte.) 8. (6¾ B.) Leipzig 840, [Wöller.] *

Maienblümlein, der Mutter Gottes geweiht. Enthält nebst d. Marienmonat die gewöhnl. Andachtsübungen e. kathol. Christen 2c. 18. Einsiedeln 842, Gebr. Benziger. 4½ n𝔤

Maienblümlein der Mutter Gottes geweiht. Enthaltend nebst dem Marienmonat, Morgen-, Abend-, Beicht-, Kommunion-, Vesper- u. sechs sonntägl. Aloysiandachten. [3. Aufl.] 24. (144 S. m. 1 Lith.) Einsiedeln 849, Gebr. Benziger. 4 n𝔤

Maienblüthen oder Betrachtungen, Gebete und Lieder der hohen Himmelskönigin Maria zur Feier der Mai-Andacht geweiht. Nebst einem Anhange, die gewöhnlichen Andachtsübungen eines kathol. Christen u. fünf Novenen auf die vornehmsten Marienfeste enthaltend, von e. Priester der Diöz. Regensburg. Regensburg 853. Pustet. 8. (320 S. u. 1 Stahlst.) 12 n𝔤

Maienblüthen u. Märzglöcklein. Gebete u. Betrachtungen zur Verehrung Mariä u. Joseph's. Für den Maimonat u. den Monat März. Autoris. Uebersetzung. 16. (377 S. mit 1 Stahlst.) Einsiedeln 879. Benziger. — 70

Majendie, M., Dita, s.: Britannia-Bibliothek.

Majendie, Vizian Dering, die englischen Kanonen u. ihre ausländischen Beurtheiler. Aus dem Engl. übers. gr. 8. (115 S.) Frankfurt a. M. 872. (Wien, Seidel & Sohn.) n. 1. 50

Maienfest. – Maien-Fest in Kösen den 26. Mai 1861. Leipzig. 8. 14 S.
Zehn Lieder von Schiller. Goethe, Herder, Marbach und Lucius.

Maienfisch, Ernst, pract. Arzt in Zürich [von Kaiserstuhl. Kt. Aargau]: Beiträge zur multiplen Sklerose des Gehirns und Rückenmarks. Zür. D. Bürkli Dr. 1877. 64 S., 1 Bl. Thesen. 8°.
Zürich. Med. Diss. [v. 14. März 1877].

Maienfisch, E., die Kaltwasserbehandlung zu Hause und in der Anstalt. Mit einem Anhang: Electrotherapie. Eine gemeinverständliche Abhandlung. 1. und 2. Aufl. gr. 8. (72 S.) Basel 883, Schwabe. *

Maienfisch, E., Dr. Die Kaltwasserbehandlung zu Hause und in der Anstalt. Mit einem Anhang: Elektrotherapie. Eine gemeinverständliche Abhandlung. 3., neu bearb. Aufl. In-8°, 70 S. Basel, Benno Schwabe. 1886. 1 60

Maienfisch, E[rnst]. Wasserheilanstalt Mammern am Untersee ‹Bodensee›. Schweiz. Anstalt für elektrische und diätetische Behandlung. [Prospect mit 1 Ansicht.] 8. Zürich *o. J.* [ca. 1890].

Maienfisch, Ernst, Nervosität u. Nervenschwäche. Eine gemeinverständliche Abhandlung für Gebildete aller Stände. 2. Aufl. gr. 8. (IV, 47 S.) Basel 883. Schwabe. n. 1. —
1. Aufl. Ebd. 1882.

— Nervosität u. Nervenschwäche. Eine gemeinverständl. Abhandlg. f. Gebildete aller Stände. 3. Aufl. gr. 8. (41 S.) Ebend. 886. n. 1. —

— Die Wasserkur, das Verhalten bei derselben und die Krankheiten, für die sich eine solche eignet. Eine gemeinverständliche Abhandlung. In-8°, 72 S. Basel, Benno Schwabe. 1886. 1 60

Maienfisch, Ernst Rob., drei Erzählungen. 12. (264 S.) Zürich 892. A. Müller's Verl. n. 3. —; geb. n. 4. —

Maienkönigin, die. Schäferspiel mit Tanz in 1 Aufzuge frei nach dem Französischen des Favart, s. Kalbeck, Max.

Maienlust. gr. 8. (12 S. m. z. Tl. farb. Bild.) Konstanz (894). C. Hirsch. — 40

Maientanz, der, oder die Gründung von Würzburg. s. im Alphabet; Adrian.

Maienthal, Wilhelm, u. Karoline Silbing; e. Gesch. in Briefen v. Morus. 8. Coburg, Sinner. 800.

Maienzeit. Album der Mädchenwelt. Mit Beiträgen von Frdr. v. Bodenstedt, Vict. Blüthgen, Fel. Dahn u. a. (1. Jahrg.) Lex.-8. (192 S. m. Bildern.) Stuttgart 891. Union. Geb. in Leinw. n. 6. 75

— dasselbe. Mit Beiträgen v. Ernst Eckstein, Jak. v. Falke, A. Godin. (2. Jahrg.) Lex.-8. (192 S. m. Text-Bildern, 24 Taf. u. 1 Farbendr.) Ebd. 892. Geb. in Leinw. n. 6. 75

— dasselbe. Mit Beiträgen v. Vict. Blüthgen, Mart. Greif, Carl Hecker 2c. (3. Jahrg.) Lex.-8. (192 S. m. Text-Bildern u. 25 Taf.) Ebd. 893. Geb. in Leinw. n. 6. 75

— dasselbe. Mit Beiträgen von Gerh. v. Amyntor, Vict. Blüthgen, Rud. v. Gottschall u. a. (4. Jahrg.) Lex.-8. (192 S. m. Abbildgn.) Ebd. 894. Geb. in Leinw. n. 6. 75

Maier, s.a. Mair. – Mayer – Meier, – Meyer

Maier, Bist du ein Geistlicher? Eine Pastoralfrage über Predigt und Seelsorge. 2 Tle. 8. Gotha 884, Schloeßmann. [1. Tl. 1. und 2. verm. Aufl. (VII, 142 S.) *ℳ 1,80.; 2. Tl. (III, 227 S.) *ℳ 2,40.] *

Maier, (Kreis Assess.) General-Instruktion zur Untersuchung der allgemeinen Beschwerden gegen die Steuerperäquation im Großherzogth. Baden. 8. Freiburg 825. Fr. Wagner.

Maier, u. Louis Rothschild

Maier-Rothschild. Handbuch der gesammten Handelswissenschaften für ältere und jüngere Kaufleute, sowie für Fabrikanten, Gewerbetreibende, Verkehrsbeamte, Anwälte und Richter. Bearb. von M. Haushofer, J. Landgraf, H. Gießler und L. F. Huber. 2. neu bearb. Aufl. 2 Bde. gr. 8. (XVI, 660; XI, 712 S.) [Stuttgart 879, Maier.] Frankfurt a. M., Schwelm. (*ℳ 10.) *
Die 1. Aufl. vgl.: Handbuch der gesammten Handelswissenschaften.

Maier-Rothschild. Handbuch der gesammten Handelswissenschaften für ältere u. jüngere Kaufleute, sowie für Fabrikanten, Gewerbetreibende, Verkehrsbeamte, Anwälte u. Richter. Bearb. von M. Haushofer, J. Landgraf, H. Gießler u. L. F. Huber. 2., neu bearb. Aufl. 2. Abdr. 2 Bde. in 21 Lfgn. gr. 8. (XVI, 660 u. XI, 712 S.) Stuttgart 881. Maier. à Lfg. — 50 (cplt.: n. 10. —)

—— dass. — 3. neu bearb. Aufl. 21 Lfgn. oder 2 Bde. gr. 8. (XIV, 658; XI, 700 S.) Ebendas. 883.
à Lfg. 50 Pf.; compl. ℳ 10.; geb. *

Lulof, Johann, Einleitung zu der mathematischen und physikalischen Kenntniss der Erdkugel. (Aus dem Holland. übersetzt von Abrah. Gotth. Kästner.) Göttingen und Leipzig 1755.

Lulof, Jh., Einleit. zu d. mathemat. u. physikal. Kenntniß d. Erdkugel; aus d. Holländ. (v. A. G. Kästner). Mit Kpf. 4. Götting. 755. (Weidmann in Leipz.) 3 ₰ 12 ℊ

— introductio ad cognition. atq. us. globi. 8. Lips. Löwe. 748.

Lulofs, Bartholdi Henr., Oratio de eloquentiae exterioris, quam vocant, interiorique consensu, sive, ut Quinctilianus significat, de pronuntiationis seu actionis ratione, non alia atque ipsius orationis. 8maj. (4 B.) Groningae 839, van Boekeren.

Lulofs, W[arner]: Über das Verhalten des Ohmschen Widerstandes und des Selbstinduktionskoeffizienten in Abhängigkeit von der Frequenz des durchgeschickten Wechselstromes. 1906. 38 S. 8°
Braunschweig, Dr.-Ing.-Diss. v. 29. 1. 1906

Lülsdorff, G. v., Geneal. Forschungen über die Edlen von Lülsdorff. Mit 4 Tfln. u. 2 Stammbäumen. Engelskirchen 1881. 8. Nicht im Handel.

Lulu oder die Zauberflöte von Wieland, s. Wien, 791. 8 gl.

Lulu-Bilderbuch f. Jung u. Alt. Zur Erinnerg. an den Siegeszug der Deutschen in Frankreich 1870—71 gemalt u. m. kurzweil. Reimchen versehen v. Füsilier Kutschke. gr. 4. (12 Bl. m. Chromolith. in Text.) Würzburg 872. Stahel. n. 2. 10

Lulu's Erzählungen. Ein Märchenbuch f. unsere Kleinen. (III, 114 S.) 8. Berlin 907. Wilmersdorf, H. Paetel. 1.50; geb. in Leinw. 2. —

Lulvès, J., moderne Geschichtsforscher. I. Die gegenwärt. Geschichtsbestrebgn. in Aachen. Eine krit. Studie. gr. 8. (V, 104 S.) Aachen 892. O. Müller. n. 1. 80

Lulvès, J., 2 Töchter der Stadt Hannover auf deutschen Königsthronen. Luise v. Preußen u. Friederike v. Hannover. Zur Erinnerg. an die Enthüllg. des Denkmals f. die beiden königl. Schwestern in Hannover u. an die 100. Wiederkehr des Todestages der Königin Luise. (61 S. m. Abb.) gr. 8. Hannover 910. C. Meyer. — 60

Lulvès, Jean, die Machtbestrebungen des Kardinalats bis zur Aufstellung der ersten päpstlichen Wahlkapitulationen. Vortrag, geh. im kgl. preuss. histor. Institut. (32 S.) gr. 8. Rom 910. Loescher & Co. 1. 20

Lulvès, Jean *Ernst Heinrich* [aus Berlin]: Die Summa cancellariae des Johann von Neumarkt. Eine Handschriftenuntersuchung über die Formularbücher aus der Kanzlei Kaiser Karls IV. . . . (Theil I.) Berlin, Mayer & Müller, 1891; 2 Bl., 26 S., 1 Bl. 8°
Berlin, Phil. Fak., Inaug.-Diss. v. 14. März 1891

— Päpstliche Wahlkapitulationen, e. Beitrag zur Entwickelungsgeschichte des Kardinalats. Vortrag, geh. am 12. VIII. 1908 in der VI. Sektion des internationalen Kongresses f. histor. Wissenschaften zu Berlin. (24 S.) gr. 8. Ebd. 909. nn 1. 20
2 Sonderabdr. a.: „Quellen u. Forschgn. a. italien. Archiv."

Lumbe, Jos., s. Spatného, Fr., slownik hospodársko-technicky etc.

Lumbroso, Alberto, s.: Miscellanea Napoleonica.

Lümburger, X. [Pseud.], s. Kellen, Tony

Lumen accensum pro videntibus et non videntibus. S. l. [174?]. V: *Geissendorfer, Anselm.* (CLZür Forts. I)

Lumen et Columen, Grande Orbis orthodoxe sapientis . . . Bresl. 1734. V: *Jockisch, Caspar.* (Kat. d. Druckschr. üb. Breslau. Breslau 1903. S. 262.)

Lumholtz, Karl, unter Menschenfressern. Eine vierjähr. Reise in Australien. Autoris. deutsche Uebersetzg. Mit 107 Abbildgn., 2 Karten u. dem Bildniß d. Verf. in Lichtdr. gr. 8. (XVI, 455 S.) Hamburg 892. Verlags-Anstalt u. Druckerei, A. G. n. 15. —; geb. in Leinw. n. 16. 50

Lumière: La Lumière (Be)
① Organe de l'association ouvrière libérale d'Ajoie ⑤ 1893—1894 (25 numéros) ⑥ in-4° ⑦ hebdomadaire ⑧ Moutier: Ad. Imhoff (gérant: Artiste Bessire) ⑩ Ad. Imhoff ⑪ Chevillat fils, notaire ⑫ organe de quelques jeunes libéraux de Porrentruy ⑬ BGSZ: 962, 973 ⑮ Cet organe a caractère satirique et est dirigé contre quelques chefs du parti libéral.

Lumina, Festiva, Illustr. D. Antonio e Comitibus Csáky de Keresztszegh . . . S. l. 1800. V: *Lux, Andreas.* (Jes)

Luminaria, Hierarchiae Benedictino-ecclesiasticae, majora, quorum sanctitate et doctrinis sancta mater Romana ecclesia illustratur . . . Salisburgi 1754. V: *Mayrlechner, Sebastian.* (CLZür Forts. II)

Lümkemann, Paul

Lümkemann, P., Turenne's letzter Feldzug 1675, s.a. Abhandlungen, Halle'sche, zur neueren Geschichte.

Lümkemann, Paul: Turennes letzter Feldzug 1675. Halle 1883: Karras. 31 S. 8°
Halle-Wittenberg, Phil. Diss. v. [10. März] 1883
Geb. Levern (Kr. Lübbecke; Westf.) 18. 2. 1858. V.
Ersch. vollst. im Buchhandel Halle: Niemeyer 1883. 76 S. (Hallesche Abhandlungen zur neueren Geschichte. H. 18.)

Lümkemann, Paul, Turennes letzter Feldzug 1675. [Hallesche Abhandlungen zur neueren Geschichte, 18. Heft.] gr. 8. (76 S.) Halle 883, Niemeyer. * 1 80

Lumley, Henry, Betrachtungen u. Briefe zur Förderg. d. Baues e. Wasserleitung f. Jerusalem. Mit Erlaubniss d. Verf. aus dem Engl. übers. v. Martin Jaffé. gr. 8. (28 S.) Leipzig 873. Hartknoch in Comm. — 75

von Lumm, Carl [aus Crefeld]: Die Preussische Bank in Elsass-Lothringen. . . . (Ersch. vollst. u. d. T.: „Die Entwickelung des Bankwesens in Elsass-Lothringen seit der Annexion" in: „Staatswiss. Studien" Bd. 3. H. 7.) Jena, G. Fischer, 1890; 2 Bl., 77 S. 8°
Freiburg i. B., Phil. Fak., Inaug.-Diss. v. 1890

v. Lumm, Entwickelg. d. Bankwesens in Elsass-Lothringen seit d. Annexion. Jena 891.

Lumm, Karl v., die Stellung der Notenbanken in der heutigen Volkswirtschaft. (44 S.) 8. Berlin 909. J. Guttentag. 1.—

v. Lumm. Die Verwaltung der öffentlichen Gelder in Elsass-Lothringen. (Aus dem »Finanz-Archiv«, Jahrgang 8. 1891).

Lumme, Georg [app. Arzt]: **Über Fettnekrose in der Peritonealhöhle . . . Leipzig, Druck v. A. Th. Engelhardt, 1897; 23 S. 8.**
Leipzig, Med. Fak., Inaug.-Diss. v. 22. Juli 1897

Lümmel von Lümmelsdorf, des gestrengen Herrn von, Abenteuer u. merkwürdige Reisen; eine satyr. kom. Gesch. m. K. 2 Bde. 8. Lpz. Joachim. Ml.lc.

Lümmel v. Lümmelsdorf, Braut u. Bräutigam in der Klemme. 8. Coburg 802. Ahl. (Riemann). 4 K

Lummer. Notizen über das Waisenhaus zu Gera. *Gera.* **1781**

Lummer, J. G. u. Chr. K. Fr. Müller, wöchentl. Unterhalt. für d. mittl. Jugend in Volksschulen. 52 Stücke. gr. 8. Gera 786 87. Beckmann. 21 K

Lummer, J[ohannes] H., a. Gera (R. j. L.): Das Erfordernis der Unbedingtheit der Aufrechnungserklärung nach § 388 B.G.B. Berlin 1904: G. Schade. (45 S.) 8°
Jena, Jur. Fak., Ref. Danz, Diss. v. 3. Aug. 1904
[Wohnort: Gera R.; Staatsangeh.: Reuß j. L.; Coll. 3. Aug. 04.]

Lummer, Otto (Hrsg.), s. A b b e, Ernst: Lehre von der Bildentstehung im Mikroskop.

Lummer, O., und E. **Gehrcke**: **Über die Anwendung der Interferenzen an planparallelen Platten zur Analyse feinster Spektrallinien. Leipzig 1903** (Mitteil. a. d. Physik.-Techn. Reichsanst.)

— u. E. Gehrcke, über den Bau der Quecksilberlinien; e. Beitrag zur Auflösung feinster Spectrallinien. gr. 8. (7 S. m. 1 Fig.) Ebd. 902. n. — 50
2 Sonderabdrucke a.: „Sitzungsber. d. preuss. Akad. d. Wiss."

Lummer, O., und E. **Gehrcke**: **Über den Bau der Quecksilberlinien; ein Beitrag zur Auflösung feinster Spectrallinien. Berlin 1902**

Lummer, O: **Beitrag zur Klärung der neuesten Versuche von R. Blondlot über die n-Strahlen. Braunschweig 1903**

Lummer, O: **Beiträge zur photographischen Optik. Berlin 1897**

Lummer, O., und E. **Pringsheim**: **Bestimmung des Verhältnisses (x) der spezifischen Wärmen einiger Gase. Leipzig 1898**

Lummer, O., und E. **Pringsheim**: **Zur anomalen Dispersion der Gase. Leipzig 1903**

Lummer, O., und Brodhun, E., Ersatz des Photometer-Fettflecks durch eine reine optische Vorrichtung. (Mittheilung aus der Physikal.-Techn. Reichs-Anstalt.) (Sonder-Abdruck aus der „Zeitschrift für Instrumenten-Kunde." IX. 1889.) Berlin 1889.

Lummer, O: **Experimentelles über das Sehen im Dunkeln und Hellen (Hypothesen über die Ursache der »Farbenblindheit«). Braunschweig 1904**

Lummer, O., und F. **Kurlbaum**: **Ueber das Fortschreiten der photometrischen Helligkeit mit der Temperatur. Leipzig 1900**

Lummer, O: **Über die Giltigkeit des Draperschen Gesetzes. Leipzig (1901)**

Lummer, O: **Ueber Graugluth und Rothgluth. Leipzig 1897**

— und Kurlbaum, F., Dr., **Ueber die Herstellung eines Flächenbolometers.** (Sep.-Abdr. aus der Zeitschr. für Instrumentenkunde, 1892.)

Lummer, O: **Herstellung und Montirung der Quecksilberlampe. Berlin 1901** (Mittheil. d. Physik.-Techn. Reichsanst.)

Lummer, O., und E. **Gehrcke**: **Über die Interferenz des Lichtes bei mehr als zwei Millionen Wellenlängen Gangunterschied. Leipzig 1902**

Lummer, Otto (geb. Gera 17. 7. 1860): Ueber eine neue Interferenz-Erscheinung an planparallelen Glasplatten und eine Methode die Planparallelität solcher Gläser zu prüfen. Berlin (1884). (30 S.) 8°
Berlin, Phil. Diss. v. 28. Juni 1884

Lummer, O., complementäre Interferenzerscheinungen im reflectirten Lichte. gr. 8. (10 S. m. Fig.) Berlin 900. (G. Reimer.) n. — 50

Lummer, O: **Eine neue Interferenzmethode zur Auflösung feinster Spectrallinien. Leipzig 1901**

Lummer, O: **Ein neues Interferenz-Photo- und Pyrometer. Leipzig 1901**

Lummer, O: **Ein neues Interferenz-Spectroskop. (Charlottenburg 1901)**

Lummer, O., und E. **Gehrcke**: **Über eine Kadmiumamalgamlampe aus Quarz. Berlin 1904** (Mitteil. a. d. Physik.-Techn. Reichsanst.)

Lummer, O., und F. **Kurlbaum**: **Der electrisch geglühte »absolut schwarze« Körper und seine Temperaturmessung. (Berlin 1898)**

Lummer, O., und F. **Kurlbaum**: **Der elektrisch geglühte »schwarze« Körper. Leipzig 1901**

Lummer, O., und E. **Pringsheim**: **Kritisches zur schwarzen Strahlung. Leipzig 1901**

Lummer, Otto, Lehrbuch der Physik u. Meteorologie, s. Müller-Pouillet.

Lummer, Otto, und Fritz **Reiche**: **Die Lehre von der Bildentstehung im Mikroskop, von Ernst Abbe. Braunschweig 1910**

Lummer, Otto, die Lehre v. der strahlenden Energie (Optik), s. Müller-Pouillet's Lehrbuch der Physik.

Die Lehre von der strahlenden Energie (Optik) von Otto **Lummer**, Prof. Braunschweig: F. Vieweg & Sohn 1907. (XXII, 880 S.) 8°
= **Müller**, Joh.: Lehrbuch d. Physik u. Meteorologie. 10. Aufl. Bd 2, Abt. 1, Buch 3. [07. 1093] 4

Lummer, O: **Licht und Leuchten. Berlin 1897**

Lummer, O.: Methode zur Prüfung . . ., s. W i e n, W.

Lummer, O., und E. **Pringsheim**: **Notiz zu unserer Arbeit: Ueber die Strahlung eines »schwarzen« Körpers zwischen 100° und 1300° C. Leipzig 1900**

Lummer, O.: Über die neue P l a t i n l i c h t e i n h e i t d. Phys.-Techn. Reichsanstalt, s. K u r l b a u m, Ferd.

Lummer, O: **Die planparallelen Platten als Interferenzspektroskop. Leipzig 1902**

Lummer, O., und E. **Jahnke**: **Ueber die Spectralgleichung des schwarzen Körpers und des blanken Platins. Leipzig 1900**

Lummer, O., **Ueber die Strahlung des absolut schwarzen Körpers und seine Verwirklichung. (Sonder-Abdr. aus der Naturwissenschaftlichen Rundschau. Jahrg XI, No. 6, 7 und 8.) Braunschweig 1895.**

Lummer, O., und E. Pringsheim: Die Strahlung eines »schwarzen« Körpers zwischen 100 und 1300° C. Leipzig (1897)

Lummer, O., und E. Pringsheim: Ueber die Strahlung des schwarzen Körpers für lange Wellen. Leipzig 1900

Lummer, O., und E. Pringsheim: Zur Temperaturbestimmung von Flammen. Leipzig 1902

Lummer, O., und E. Pringsheim: Temperaturbestimmung mit Hilfe der Strahlungsgesetze. Leipzig 1901

Lummer, O., und E. **Pringsheim:** Temperaturbestimmung hocherhitzter Körper (Glühlampe usw.) auf bolometrischem und photometrischem Wege. Leipzig 1901

Lummer, O., und E. Pringsheim: Die strahlungstheoretische Temperaturskala und ihre Verwirklichung bis 2300° abs. Braunschweig 1903 (Mitteil. a. d. Physik.-Techn. Reichsanst.)

— und Kurlbaum. F., Bolometrische Untersuchungen für eine Lichteinheit. (Separat-Abdruck.) Berlin 1894.

Lummer, O., und Brodhun, E., Photometrische Untersuchungen. (Mittheilung aus der Physik.-Techn. Reichs-Anstalt.) (Sonder-Abdr. aus der Zeitschrift für Instrumentenkunde, Jahrg. IX, Febr. 1889.) Berlin 1889.

Lummer, O., Dr., und Brodhun, E., Dr., Photometrische Untersuchungen.
III. Vergleichung der deutschen Vereinskerze und der Hefnerlampe mittelst elektrischer Glühlichter. (Sep.-Abdr aus der Zeitschr. für Instrumentenkunde, 1890.)

Lummer, O, Dr., und Brodhun, E., Dr., Photometrische Untersuchungen.
IV. Die photometrischen Apparate der Reichsanstalt für den technischen Gebrauch. (Separat-Abdruck aus der Zeitschr. für Instrumentenkunde, 1892.)
— — V. Ueber ein neues Spektralphotometer. (Separat-Abdruck aus der Zeitschr. für Instrumentenkunde, 1892.) Berlin.
6. Verwendung des Talbot'schen Gesetzes in der Photometrie. 1896

Lummer, O., und E. Pringsheim: Die Vertheilung der Energie im Spectrum des schwarzen Körpers. (Leipzig) 1899

Lummer, O., und E. Pringsheim: Die Vertheilung der Energie im Spectrum des schwarzen Körpers und des blanken Platins. Temperaturbestimmung fester glühender Körper. Leipzig 1900

Lummer, O: Die Ziele der Leuchttechnik. Vortrag. Berlin 1902

Lummer, O: Die Ziele der Leuchttechnik. München und Berlin 1903

Lummer, Otto, die Ziele der Leuchttechnik. (112 S. m. Abbildgn.) gr. 8 München 903. R. Oldenbourg. n. 2. 50

Lummer, Ueber die Ziele und die Thätigkeit der Physikalisch-Technischen Reichsanstalt. Vortrag. (Sonder-Abdr. Verhandl. d. Ver. z. Beförd. d. Gewerbfleisses.) Berlin 1894. 4.

Lummert, A., das niedere Schulwesen der Großstadt im Lichte der pädagog. Forderungen der Gegenwart. gr. 8. (51 S.) Berlin 901. L. Oehmigke's Verl. n. — 60

Lummert, August. Impressions de voyage en France et en Suisse romande. 26 p. kl.-4. Berlin, Weidmann, 1909. [M. 1.—] No 10100[4]
Wissenschaftliche Beilage zum Jahresbericht der Dorotheenschule zu Berlin. Ostern 1909.

Lummert, August (geb. Nauen 10. 8. 1858): Die Orthographie der ersten Folioausgabe der Shakspere'schen Dramen. Halle 1883. (30 S.) 8° ¶ Vollst. ersch. Halle: Niemeyer 1883.
Berlin, Phil. Diss. v. 30. Juni 1883

Lummert, Aug., die Orthographie der ersten Folioausgabe der Shakespeare'schen Dramen. gr. 8. (X, 64 S.) Halle 883, Niemeyer. * 1 60

Bericht des Taubstummen-Turnvereins 'Friedrich' über das erste Jahrzehnt seiner Tätigkeit 1888—1898 als Festschrift z. Feier d. zehnjähr. Bestehens. Hrsg. v. Vorstand. Bearb. von M(ax) **Lummert**. Berlin: W. Pilz 1898. (76 S.) 8° [F.] (07. 6133

Lummert, Wilhelm: Aus dem chemischen Laboratorium des physiologischen Instituts zu Breslau. Beiträge zur Kenntniss der thierischen Fette. *Bonn: E. Strauss 1898.* (37 S.) 8° ¶ (Aus: Archiv für die gesammte Physiologie, Bd 70.)
Breslau, Med. Diss. v. 2. März 1898

Lummerzheim, De Aeschyli Choephorarum, Sophoclis et Euripidis Electrae cum Homerica poesi necessitudine. Pr. 1874. 14 S. 4°. 1.20

Lummersheim, *Karl Johann Friedrich* [app. Arzt aus Forst N.-L.]: Ueber einen Fall von Spina bifida combiniert mit angeborenen Klumpfüssen, Contracturen im Kniegelenk, Fehlen der Patellen, Nabelschnurbruch, Atresia ani und anderen Missbildungen ... Forst N.-L., E. Hoene's Buchdr., 1894; 30 S., 1 Bl. 8.
Leipzig, Med. Fak., Inaug.-Diss. v. 2. Aug. 1894

Lummersheim, Max, aus Forst i. L.: **Über Kondensationsprodukte von Hydrazobenzol mit aliphatischen Aldehyden.** *Leipzig 1899: Metzger & Wittig.* (44 S.) 8°
Leipzig, Phil. Diss. v. [27. Apr.] 1899

Lumnitzer, J. G., naturhistor. Atlas d. Thierreichs, s. Atlas.

— Lehrbuch f. d. ersten systemat. Unterricht in d. Naturgeschichte. M. 12 Kpfrt. gr. 8. Wien 827. Müller. 1 ß 16 K ill. 2 ß 12 K

Lumnitzer, J. G., sieben naturhistor. Tafeln d. Thierreiches. Nebst Namensverzeichniß in latein., deutscher, französ., italien., ungar., poln. u. engl. Sprache. 1e Taf. (Säugethiere). 2e Taf (Vögel). 3e Taf. (Amphibien). 4e Taf. (Fische). 5e Taf ( ). 6e Taf. (Insekten. 7e Taf. (Würmer). gr. Fol Wien 825. Müller. No. 1. 35 ß No. 2. 17 ß 12 K No. 3 7 ß 21 K No. 4. 5 ß 20 K

Lumnitzer, Steph., Flora Posoniens., exhib. plantas circa Posoniam sponte crescent. c. fig. 8. maj. Lipsiae, Crusius. (F. C. W. Vogel.) 791.

Lump, der. Offizielles Organ der vereinigten Wiener Jux-brüder u. -Schwestern. Red.: Otto Pfeiffer. 20. u. letzter Jahrg. Nr. 1. Fol. (4 S. m. Abbildgn.) Wien 892. (C. Daberkow.) n. — 20

Lump, Josef

— Melodien aus d. Nürnb. Gesangbuche, f. d. vor- u. nachmittäg. Gottesdienst mit Begleit. d. Orgel. Freiburg, Herder. 1 ß 8 K

Lump, Jos., Präludien f. d. Orgel. 1r u. 2r Thl. 1s u. 2s Heft. 4. Freiburg 821. Herder. 3 ß 18 K

— Samml. mehrerer Zwischenspiele zum Volksgesange, nebst leichten Orgelstücken ꝛc., u. einer kurzen Erklärung aller Uebergänge ꝛc. qu. Fol. Freiburg, Herder. 14 K

Lump, L., der Choral-Gesang nach d. Kultus der kathol. Kirche für Geistliche, Cantoren u. Organisten. 2e umgearb. u. verm. Aufl. ... Freiburg ... Herder. 1 ß

Lump, L., deutsche vierstimmige Messen. 6 Hfte. Fol. Freiburg 833, Herder'sche Vrlsbuchh.

Lump, (Dompräb.) L., Samml. der bei kirchl. Feierlichkeiten üblichen Choral-Gesänge, für kathol. Geistliche. Zum Behufe des Choral-Unterrichtes im Erzbischöfl. Seminar zu Freiburg und zum Privat-Gebrauche, mit einer erklär. Einleitung. Lexikon-8. Freiburg 830. Herder. Velinp. 21 K

Lumpazi's Carneval. I. Hft. Die schöne Hulda. Von A. Hopf. 8. (2 B.) Charlottenburg 846, Bauer.

Lumpacivagabundus, der böse Geist, oder: das liederliche Kleeblatt. Zauberposse in 4 Aufzügen nach weil. Joh. Nestroy. Frei für Kindertheater bearb. von G. und B. Dom. 32. (24 S.) Urfahr-Linz 878, Kraußlich.

Lumpacivagabundus das liederl. Kleeblatt; od. Leim, Zwirn u. Knieriem in anderer Gestalt. Drei liederl. Erzähln. v. drei liederl. Menschen. Von Treum. Strohmer, Gtti. Gurgel u. Lebr. Wind. Nebst Zugabe e. Schurkenstreiches. 8. (11½ B.) Weimar 835, Voigt.

Lumpe, Eduard. — Kompendium der praktischen Geburtshilfe, mit vorzüglicher Berücksichtigung der Grundsätze an der Wiener geburtshilflichen Schule. Von — —. 8. (X, 2 Blätter, 274 S.) Wien. Gedruckt bei J. Stöckholzer v. Hirschfeld. Wilh. Braumüller. 1854.

Lumpe, Ed., Compendium der praktischen Geburtshilfe. 4. durchgearb. u. verm. Aufl. gr. 8. (XVI, 306 S.) Wien 875. Braumüller. n. 6. —

Lumpe, Ed., Cursus der pract. Geburtshülfe m. vorzügl. Berücksichtig. der Ansichten der Wiener geburtshülfl. Schule. gr. 8. (14¼ B.) Wien 843, Braumüller u. Seidel.

Lumpe, Ed., Cursus der prakt. Geburtshilfe. 2., verb. Aufl. gr. 8. (XII und 210 S.) Wien 847, [Braumüller.]

Lumpen-Brunnen, der, eine anmuthige Volkssage aus dem Schwarzwalde. 8. Tüb. 822, Osiander.

Lumpenfahrt. Reiseskizzen und Erinnerungen aus einem dreitägigen Lumpenleben.... Als Manuskript gedruckt.... 8. Zurich *o. J.* [ca. 1860].

Lumpenproletarier (Der). Journ. London, April 1893 sq. 9 Nrn. in fol., 2 Nrn. von 1894 in 16⁰.

Lumpensammler, der. Ein Kalender für Vergangenheit, Zukunft u. 1850. 8. (85 S. m. eingedr. Holzschn.) Berlin, Gerhard (jetzt: Grobe). n. 8 ngr

Lumpensammler, der kleine. Erzählung f. Kinder v. M. (Lenk). 16. (47 S. m. Bildern.) Zwickau 891. J. Herrmann. Kart. n. — 25

Lumpensammlerin, die kleine. 64. (16 S.) Elberfeld 878, (Langewiesche's Buchh.) *

Lumpensammlerlied. (Hat mich Gott verdammt auf Erden.) Berlin, Druck von R. Kretschmer. 1 Bl. Fol.
Flugblatt. Berlin, 1848/49.

Lumpenspiegel, Der goldene,
ein Gemälde. Paris [Stuttg.] 1768. V: *Plouc-quet, Gottfried.* (Wr) (Ky)

Lumpenspiegel, d. goldene, ein Gemälde f. viele, (v. Gf. Ploucquet). 8. Paris 768. (Hofmann in Stuttg.) 4 gl

Lumpenspiegel, d. goldne, e. Gemälde f. viele. 8. Paris. (Erhard, Stuttg.) 798.

Lumper, Gf., († d. 8. März 1801.) der Christ in der Fasten, oder Fastenevangelien erklärt. 8. Ulm 796. Wohler. 14 gl

Lumper, G., Historia theologicocritica de vita, scriptis atq. doctrina Patrum aliorumq. scriptor. ecclesiast. trium prior. saeculor. Aug. Vind. 783–95. 12 Vol. 8. 16 rthl.

— historia theol.-critica de vita, scriptis atque doctrina SS. patrum aliorumque scriptor. ecclesiasticor. XIII Tomi. 8maj. Augsb. 783–99. Rieger. 21 ₰ 12 gl

— historia theol.-critica de vita, scriptis atque doctrina SS. patrum aliorumque scriptor. ecclesiasticorum. XIII Tmi. 8. maj. Augsb. Rieger. 784–97. (I. 1 Rthlr. 8 gr. II. 1 Rthlr. 8 gr. III. 1 Rthlr. 12 gr. IV. 1 Rthlr. 8 gr. V. 1 Rthlr. 12 gr. VI. 1 Rthlr. 18 gr. VII. 1 Rthlr. 12 gr. VIII. 1 Rthlr. 16 gr. IX. 1 Rthl. 18 gr. X. 2 Rthlr. XI. 1 Rthlr. 16 gr. XII. 1 Rthlr. 18 gr. XIII. 2 Rthlr. 10 gr.)

— institut. historiae ecclesiast. meth. Schroekh. accomm. 8. maj. ibid. 790.

— s. J. M. Schröckh, historia religionis.

Lumpert, E[ugen]. Thermoelektrische Messungen am lebenden Körper bei Wärme- und Kälteapplikation. Aus der chirurgischen Klinik und Poliklinik in Basel.... Diss. Med. Basel. [Mit 1 Figur.] 31 S. 8. Zürich, Gebr. Leemann & Co., 1910.

Lumpp, Georg. Ueber Normalbutylmalonsäure, eine neue isomere Pimelinsäure. (Bern) Reutlingen, 1885.

Lumpp, Hermann: Über Oxyphenanthrene und deren Abkömmlinge. 1909. 66 S. 8⁰ ¶ Vgl. Berichte d. Deutschen Chem. Gesellschaft. Jg. 43. 1910.
Stuttgart, Dr.-Ing.-Diss. v. 23. 7. 1909

Lumpp, Leop., und Jos. Waldmann, Melodien zum katholischen Gesang- und Gebetbuch für die Erzdiöcese Freiburg, s. Melodien.

Lumsden, John S. [aus Dundee (Scotl.)]: Die Reduktionsprodukte der Ortho-Phenol-Carbonsäuren ... München, Druck v. V. Höfling, 1895; 54 S. 8.
München, Phil. Fak., Inaug.-Diss. v. 1895

Lumtzer, Vikt., u. Joh. **Melich**, deutsche Ortsnamen u. Lehnwörter des ungar. Sprachschatzes, s.a. Quellen u. Forschungen zur Geschichte etc. Österreichs. VI.

Lumtzer, Viktor, u. Johann Melich: Deutsche Ortsnamen und Lehnwoerter des ungarischen Sprachschatzes. Innsbruck '00. X, 311 S. (Quellen u. Forsch. z. Gesch., Litt. u. Sprache Österreichs. 6.)

Luna, ein Taschenbuch auf das Jahr ... Hrsg. v. Franz Horn. Leipzig, Züllichau, Freistadt: Darnmann 1804—1805. 8⁰
Anh. zu 1804 [u. d. T.]: Horn, Franz: Andeutungen für Freunde der Poesie.

1804: Mit den Portraits von Shakspear, Cervantes, Ariosto, Göthe. 1804. 3 Bl., 336 S., 1 Bl. [*Die Kupfer fehlen.*]
1804 Anh.: 1804. 3 Bl., 168 S.
1805: Mit Schillers Portrait, gest. v. [Johann] (H[einrich]) Lips. 1805. 4 Bl., 404 S., 1 Bl., 1 Titelkupf.

— ein Taschenbuch f. d. J. 1804. Herausg. v. Frz. Horn, mit Kpf. 8. Züllichau 803. (M. Grau in Leipz.) 2 ₰ 6 gl Hbg. Pr. 1 ₰ Dass. auf 1805. Ebd. (Ebd.) 12 gl

Luna. Eine Biographie in 12 Abend-Blättern od. Tod, Auferst. u. Himmelfahrt d. Pfarrers Flor. Nebel aus Marienberg, v. K. v. K. 8. (19½ B.) München 829, (Fleischmann.)

Luna. Monatliche Unterhaltungsblätter aus der Pfalz. Novellen, Gedichte, Räthsel, Anekdoten ic. Unter Mitwirkung von Mehreren hrsg. von Phil. Mayer. 1. Jahrg. 1848. 12 Hefte. gr. 8. Landau, Kaußler. *

Luna. Belletristisches Beiblatt der Agramer Zeitung. Red. *F. S. Stauduar.* Druck der National-Buchdr. von Dr. *Gaj* in *Agram*..
Erscheint in **Agram**, jeden Montag, ½ Bogen in 4°. 2-spalt.

Luna. Belletrist. Beiblatt der A. Ztg. Obig. Redakt. u. Verl. 4. 2 sp. Wochentlich einmal. 1853

Luna. Belletristisches Beiblatt der Agramer-Zeitung. Redakteur F. S. Stauduar. Schnellpressendruck der National-Buchdruckerei von Dr. Gaj. 4. 2spaltig. Jeden Samstag. 1854

Luna. Belletristisches Beiblatt der Agramer Zeitung. Redakteur: F. S. Stauduar. Druck von Dr. Gaj. 4. 2spaltig. Jeden Samstag. Agram: 1855

Luna. Belletristisches Beiblatt der Agramer Zeitung. Redakteur: F. S. Stauduar. Schnellpressendruck der National-Buchdruckerei von Dr. Gaj. 4. 2spaltig. Agram: 1856

Luna. Belletr. Beiblatt der Agramer Zeitung. Redakteur: F. S. Stauduar. Druck von Dr. Gaj. Erscheint in 4. 2spaltig. 1857

Luna u. der Angelica Lebensgesch. 8. Cöln. 749.

Luna Ottomanica in ortu progressu et occasu in Hungaria saeculo XVII et XVIII. 12. Heidelbergae 1717.

Luna ottomanica in ortu, progressione et occasu in Hungaria saeculo XVII et XVIII. Moguntiaci 1717.

Lunadoro, ..., u. Abbé Zaccaria, das Conclave, od. Beschreib. d. Feierlichkeiten vom Absterben des Papstes an, bis zur Erhebung u. Krönung des neuen Oberhauptes d. Kirche. Aus d. Italien. Mit 1 Steindr. gr. 12. Köln 831. Pappers. 14 ℊ

Lunadoro, Girolamo. Der gegenwärtige Staat des päpstlichen Hofes . . . a. d. Ital. . . . Halle 1771. Ü: *Rabe, Georg Ludwig.* (Ky)

Lunadoro, ..., (... Leti,) der gegenwärtige Staat des päpstl. Hofes, aufs Neue übersehen u. verm. v. A. Tosi; aus d. Ital. (v. G. L. Rabe). Mit e. Vorrede u. Anmerkk. v. P. E. Bertram. 8. Halle 771. Hendel. 10 ℊ

Luňák, I., de paricidii vocis origine. gr. 8. (18 S.) Odessae 900. (Leipzig, Simmel & Co.) n. 1.—

Luňák, Johs., quaestiones Sapphicae. Accedit corollarium criticum atque exegeticum ad Ovidianam Sapphus epistulam. gr. 8. (VII, 115 S.) Kazaniae 888. (Leipzig, Simmel und Comp.) *

Lunamandus [Pseud.], s. Gleichmann, Johann Zacharias

Lunavori, Staat des päbstl. Hofes, s. Tosi.

Lunblad, Johan Fredrik af. Geschichte des Königs Karls X. . . . a. d. Schwed. . . . Berlin 1826—29. Ü: *Pachelbel-Gehag, Heinrich Christian Friedrich von.* (Ky) (BrMm)

Lunckenbein, Hans, approb. Arzt aus Hof a. S.: Ueber Elephantiasis. (Im Anschluss an zwei Fälle von Eleph. cruris). *München 1898: Kastner & Lossen.* (19 S.) 8°
München, Med. Diss. v. 1899

LUNCKENBEIN, Hans (Hof): Ueber die Schwäche des jetzigen civilisirten Menschengeschlechts, ihren Grund und die Mittel sie zu heben.- München: Weiss 1867. 24 S.
14.6.1866 - Urk (Titel: De generis humani, quod nunc est, imbecillitate, ejusque causa et remediis.); F 71
Diss. Ingolst.-Landsh.-Mchn.

Lüncker, Nicolaus Christoph von, s. Lyncker

Lunckwitz, Ernst, Verfall-Buch. qu. gr. 4. (99 Doppels.) Leipzig (901). O. Seiler. Geb. n. 5.—

Luncz, Abraham Mose

Luncz, A. M., s.: Jerusalem.

Die jüdischen Colonien Palästinas. Eine ausführl. statist. u. hist. Beschreibung sämmtl. jüd. Colonien im heil. Lande nebst Übersichtstab. u. Ill.: 'Die Weinlese' von A[brāhām] M[ōše] Luncz. *Jerusalem: Selbstverl. 1902.* (58 S.) 8°

Luncz, A. M., s.: Palästina-Almanach.

LUNCZ, Johannes: Conditiones quibus merces iusta in contractu conductionis definitur, exponantur. — (1903) 86 S. 8° (Handschr.) Diss. 818
Diss. Wien, Univ.

Lund, s.a. Aus uns. Mäßigkeitsarbeit.

Lund, s.a. Troels-Lund.

Lund, Upsala und Stockholm im Sommer 1842. Etliche Blätter aus einem Tagebuche mit einer Zugabe über die skandinavische Einheit v. Christian Molbech. A. d. Dan. übers. v. Ludwig Clarus. Mainz 1846. 8°.

Lund (C. Wesenberg): Danmarks Rotifera. I. Grundtrækkene i Rotifêrernes Økologi, Morfologi og Systematik. København. 1899. (VI), 145 S. — 2 Tavler. Kvo.
Kjøbenhavn. — Phil. Dissert. 1899 Nr. 8

Eine prähistorische Brunnenanlage im Strandellhjörn im Kreise Hadersleben. Beschrieben v. C. M. Lund. (Toftlund.) 1907. 2 Bl. Fol.

Lund, D., (Upsal. 1706. 8.) Reich, O., (Altorf. 1713. 4.) de encaeniis templorum.

Lund, F., u. Reinberg, F., Geschichte des Rendsburger Männerturnvereins, hrsg. z. 50jähr. Fest., 1859—1909, 19 S., 8°.

Lund, G., Kritiske Bemaerkninger om texten i Ciceros Laelius. Pr. 1868. 88 S. 1.25

Lund, G. F. W., Om latinunderviisningen i de udvidede laerde skolers tredie kla Pr. 1854. 81 S.

Lund, Geo. Fr. Wlh., de parallelismo syntaxis graecae et latinae usu casus genitivi demonstrato disputatio. 8maj. Hauniae 845, Philipsen. $^{3}/_{4}$ ₰

Lund, Gust., die Bauchrednerkunst. gr. 16. (24 S. mit Portr. und einigen erklärenden Zeichnungen.) Leipzig 885, C. A. Koch's Verlag.

Lund, Gust. Die Bauchrednerkunst. Mit Portr. u. Zeichngn. 2. Aufl. gr. 16. (24 S.) Lpz. 890, C. A. Koch. * — 50

Lund, Gustav Budde —, s.a. Budde - Lund, Gustav.

Die Landisopoden der deutschen Südpolar-Expedition 1901–1903. Mit Diagnosen verwandter Arten. Von G[ustaf] Budde-Lund, (Kopenhagen). Mit Taf. 3 u. 4. (Berlin: G. Reimer 1906.) (S. 71–92.) 4°
= Südpolar-Expedition, Deutsche, 1901–1903. Bd 9, H. 2, 1.

Lund, Heinrich

Erstes Lesebuch für die Schulen der deutschen Nordmarken. Vorstufe zum „Vaterland". Hrgg. v. Heinrich **Lund** und Wilhelm **Suhr.** Kiel und Leipzig. 1901. 8°.

— u. Wilh. **Suhr**, erstes Lesebuch f. die Schulen der deutschen Nordmarken. Vorstufe zum „Vaterland". gr. 8. (VII, 128 S.) Kiel 901. Lipsius & Tischer. Geb. n.n. — 80

Lund, Heinr., Schleswig-Holsteinische Sagen, s.a. Müllenhoff, Karl.

Schleswig-Holsteinische Sagen. Eine Auswahl aus Karl Müllenhoffs Sagen, Märchen und Liedern der Herzogtümer Schleswig, Holstein und Lauenburg. Im Einverständnis mit dem Jugendschriften-Ausschuss des Kieler Lehrervereins zusammengestellt v. Heinrich **Lund.** Siegen. 1901. 8°.

Lund, Heinr., schleswig-holsteinische Sagen. Eine Auswahl aus Karl Müllenhoff's Sagen, Märchen u. Liedern der Herzogtümer Schleswig, Holstein u. Lauenburg. Im Einverständnis m. dem Jugendschriften-Ausschuß des Kieler Lehrervereins zusammengestellt. 2., verb. Aufl. (209 S.) 8. Siegen (909). M. Liebscher. Geb. in Leinw. 1. 25

Das Vaterland. Lesebuch für die deutschen Nordmarken. Hrgg. v. Heinrich **Lund** und Wilhelm **Suhr.** Mittelstufe. Ausg. für Mittel- und Volksschulen. Kiel und Leipzig. 1901. 8°.
—— Oberstufe. Ausg. für Volksschulen. ebd. 1901. 8°.
—— Oberstufe. Ausg. f. Mittelschulen. Tl. 1–2. ebd. 1901. 8°.
—— Ausg. in 1 Bande. ebd. 1902. 8°.

Lund, Heinr., u. Wilh. **Suhr**, das Vaterland. Lesebuch f. die deutschen Nordmarken. Begleitwort. 4. Ausg. m. zahlreichen Hinweisen auf den Erlaß des Unterrichtsministers vom 28. II. 1902, sowie m. Uebersichten üb. den Inhalt des Lesebuches. (80 S.) gr. 8. Kiel 902. Lipsius & Tischer. n. — 70

— — das „Vaterland" u. die Kritik. (45 S.) gr. 8. Ebd. 903. n. — 40

— u. Wilh. **Suhr**, das Vaterland. Lesebuch f. die deutschen Nordmarken. 3 Bde. 2., umgearb. Aufl. gr. 8. Ebd. 908. Geb. 5. 10
1. Unterstufe. (140 S.) 1. —. — 2. Mittelstufe. (296 S.) 1. 60. — 3. Oberstufe. (608 S.) 2. 50.

— dasselbe. Ausg. in 2 Bdn. (f. einfache Schulen). 2. Bd. Mittel- u. Oberstufe. 2., umgearb. Aufl. (624 S.) gr. 8. Ebd. 908. Geb. 2. 50

— — dasselbe. Ausg. f. Mittelschulen. 3. Bd. u. 4. Bd. 2 Hälften. gr. 8. Ebd. Geb. 8. 20
III. 2., umgearb. Aufl. (624 S.) (Buchschmuck v. Geo. Burmester.) 909. Geb. 2. 80
IV, 1. 2., umgearb. Aufl. (496 S.) 909. Geb. 2. 40
IV, 2. 2., umgearb. Aufl. Deutsches Dichterbuch. (Bildnisse, gezeichn. v. Hedw. Westphal. Titelzeichnungen v. Geo. Burmester.) (674 S.) 910. Geb. 3. —

Das Vaterland. Lesebuch für die deutschen Nordmarken. Hrgg. v. Heinrich **Lund** und Wilhelm **Suhr.** Ausg. für Mittelschulen. 2. Aufl. Bd. 4, 2. Hälfte: Deutsches Dichterbuch. Kiel u. Leipzig. 1910. 8°

Lund, Henriette, s.: **Kierkegaard's, Sören, Verhältnis zu seiner Braut.**

Lund, J., Gedenkblätter in Predigten aus den J. 1849 bis 1853. gr. 8. (VI und 345 S.) Kiel 853, Schröder und Comp. *

Lund, J., spicil. enchiridii exeget. in Nov. Test. ceu talis deinceps edendi specim. 8 Hafn. 802. Schubothe. 10 ℊℊ

v. **Lund**, J. C., Beschreibung einer im Winter 1841 gemachten Reparatur einer Schleuse des Schleswig-Holsteinischen Canals. Nebst allgemeinen Bemerkungen über Winterbauten steinerner Werke an u. im Wasser. gr. 8. (Mit 1 Steintaf.) Kiel 841. (Bünsow.) n. $^{5}/_{12}$ ₰

Lund, Jakob Friedrich Johann Leonhard

Gedenkblätter in Predigten aus den Jahren 1849 bis 1853 v. Jacob Friedrich Johann Leonhard **Lund.** Kiel. 1853. 8°.

LUND, J[AC. FRIEDR. JOH. LEONH.], Leitfaden zum Unterricht der Confirmanden. Schleswig. 1837. — 2. Aufl. Sm. St. 1840.

G. Stille in Gott unsere Stärke. Predigt nach der Schlacht bei Idstedt, am 28. Juli 1850 geh. v. [Jacob Friedrich Johann Leonhard] **Lund.** Altona. (1850.) 8°

Lund, Joann[es] Jacobus Georgius: De oleo Crotonis. Halis Saxonum 1831: Gebauer. 39 S. 8°
Halle-Wittenberg, Med. Diss. v. 11. Mai 1831
Geb. Slagelse (Seeland: Dänemark) 30. 11. 1801. vorh. Berlin UB

Beschreibung einer im Winter 1841 gemachten Reparatur einer Schleuse des Schleswig-Holsteinischen Canals. Nebst allgemeinen Bemerkungen über Winterbauten steinerner Werke an und im Wasser v. Johann Cornelius v. **Lund.** Kiel. 1841. 8°.

Lund, Frl. K., Kierkegaard's Familie u. Privatleben, s.: Kierkegaard, Sören, ausgewählte christliche Reden.

Lund, Nicolaus, Conspectus Hymenomycetum circa Holmiam crescentium, quem supplementum Epicriseos Eliae Fries scripsit etc. 8. Christianiae 846, Dahl. 24 ℊℊ

Volksgedichte in hoch- und plattdeutscher Mundart ernsthaften und humoristischen Inhalts in 3. Aufl. und Ünnerscheedliche Tiden un Minschen. Dahlschrewen un herutgewen v. Peter Nicolai **Lund.** Norderbrarup. 1910. 8°

Lund, Pt. Wlh., de Geneve Euphonas, praesertim de singulari canalis intestinalis structura in hocce avium genere. Copenhagen 829. Brummer. 6 ℊℊ

— physiologische Resultate der Vivisectionen neuerer Zeit. Eine gekrönte Preisschrift. Aus d. Dän. 8. Kopenh. 825. Brummer. 1 ℛ 12 ℊℊ

Lund, Ragnvald, Apotheker von Stavanger (Norwegen): Ueber die Untersuchung des Bienenhonigs unter spezieller Berücksichtigung der stickstoffhaltigen Bestandteile. (Aus dem chemischen Untersuchungs-Laboratorium des Kantons Bern.) Bern 1910. 25 S. 8°. [14. XII. 09.]
Bern. Phil. Diss. 1909/10.

Lund, Ragnvald. Ueber die Untersuchung des Bienenhonigs, unter spezieller Berücksichtigung der stickstoffhaltigen Bestandteile. Diss. Phil. Bern. 25 S. 8. Bern, Neukomm & Zimmermann, 1910.

Lund, Troels, das tägliche Leben in Skandinavien während des 16. Jahrh. Eine culturhistor. Studie über die Entwickelung und Einrichtung der Wohnungen. Deutsche, vom Verf. besorgte Ausg. gr. 8. (X, 483 S.) Kopenhagen 882, Hoest und Sohn. * 9 —

Lund, Walt., „Und wem es just passieret" . . . Eine Kaufmannstragödie in 2 Aufzügen. (83 S.) 8. Berlin 906. Leipzig, Deutscher Kulturverlag. n. 2. —

Lund, Zachar., auserlesene Gedichte, s. Bibliothek deutscher Dichter. XIII.

Lund, C. Wesenberg-, s. Wesenberg-Lund

Lunda, Jos., die Augenblennorrhoe vom feldärztlichen Standpunkte betrachtet nebst einem Anhange über das granulöse Augenleiden. gr. 8. (III und 66 S.) Wien 861, Braumüller's Verlags-Conto.

Lundahl, B., Tabak ist Gift! Physischer u. psych. Einfluß des Tabaks auf den menschl. Organismus. Ergebniß wissenschaftl. Forschungen, in verschiedenen Ländern gesammelt. Aus dem Schwed. 1—3. Aufl. Berlin 867. Grieben. gr. 8. (IV, 79 S.) n. 10 ngr

Lundberg, E., das gerichtliche Abschätzungs-Verfahren nebst Gebührentaxen für Sachverständige aller Branchen. Ein Handbuch zum prakt. Gebrauch für Gerichtsbeamte und alle Diejenigen, die als Sachverständige bei gerichtl. Geschäften zugezogen werden. Zusammengestellt unter Berücksicht. aller bis auf die neueste Zeit erschienenen, hierauf Bezug habenden Gesetze, Verordnungen, Rescripte &c. gr. 8. (XII und 187 S.) Kempen 858. (Ostrowo, Priebatsch.) *

—— und A. Rump, der vollständige Expedient für Justiz-Bureau-Beamte. Hrsg. unter Berücksicht. aller bis auf die neueste Zeit erschienenen, hierauf Bezug habenden, Gesetze, Verordnungen &c. gr. 8. (XVI und 294 S.) Kempen 857. (Ostrowo, Priebatsch.) *

—— der Rechtsverständige. Ein Handbuch für Jedermann zur eigenen Belehrung und selbständigen Bearbeitung gerichtl. Angelegenheiten. Zusammengestellt mit Berücksicht. und Angabe der bis zur jetzigen Zeit geltenden gesetzl. Bestimmungen. 1—5., verm. und verb. Aufl. gr. 8. (XVI und 251 S.) Kempen 859—61, (Ostrowo, Priebatsch.) *

Lundberg, der Rechtsverständige. Ein Handbuch für Jedermann zur eigenen Belehrung und selbständ. Bearbeitung gerichtl. Angelegenheiten. Zusammengestellt mit Berücksichtigung und Angabe der bis zur jetzigen Zeit gelt. gesetzl. Bestimmungen. 10., verb. und verm. Aufl. 8. (XVI und 251 S.) Breslau 867. (Priebatsch.) *

Lundberg, E., der Rechtsverständige. Ein Handbuch für Jedermann zur eigenen Belehrung und selbstständ. Bearbeitung gerichtl. Angelegenheiten. Zusammengestellt mit Berücksicht. und Angabe der bis zur jetz. Zeit geltenden gesetzl. Bestimmungen. Neueste Aufl. gr. 8. (XVI, 256 S.) Magdeburg 874. (Ostrowo, Priebatsch.) *

Lundberg, E., der Rechtsverständige. Ein Handbuch f. Jedermann zur eigenen Belehrg. u. selbstständ. Bearbeitg. gerichtl. Angelegenheiten. Zusammengestellt m. Berücksicht. u. Angabe der bis zur jetz. Zeit gelt. gesetzl. Bestimmgn. Neueste Aufl. gr. 8. (XVI, 256 S.) Magdeburg 876. (Ostrowo, Priebatsch.) n. 3. —

—— der Rechtsverständige nach den neuen Reichs-Justizgesetzen. Praktisches Handbuch zur eigenen Belehrung und selbstständigen Bearbeitung gerichtl. Angelegenheiten. Zusammengestellt unter Zugrundelegung der am 1. Oktbr. 1879 in Kraft tretenden Justizgesetze. 1. und 2. Aufl. gr. 8. (XVI, 848 S.) Leipzig 879, (H. Voigt.) *
cart. * ℳ 3,50.; geb. *

Lundberg, E., der Rechtsverständige nach den neuen Reichs-Justizgesetzen. Prakt. Handbuch zur eigenen Belehrung und selbstständ. Bearbeitung gerichtl. Angelegenheiten. Zusammengestellt unter Zugrundelegung der am 1. Oktbr. 1879 in Kraft getretenen Justizgesetze. 5. und 6. verb. Aufl. 8. (XII, 386 S.) Leipzig 881,85, Pfau. * ℳ 3.—.; cart. *
geb. *

Lundberg, E., der Rechtsverständige nach den neuen Reichs-Justizgesetzen. Praktisches Handbuch zur eigenen Belehrg. u. selbstständ. Bearbeitg. gerichtl. Angelegenheiten. Zusammengestellt unter Zugrundelegg. der am 1. Oktbr. 1879 in Kraft getretenen Justizgesetze. 6., verb. Aufl. Neue (Titel-)Ausg. 8. (XII, 386 S.) Leipzig 890. Milde. n. 3. —; cart. n. 3. 50; geb. n. 4. 50

— Strafgesetzbuch f. das deutsche Reich nebst Gesetz betr. die Red. d. Strafgesetzbuchs f. den norddeutschen Bund als Strafgesetzbuch f. das deutsche Reich vom 15. Mai 1871 u. Strafgesetzbuch f. die bisher. königl. preuß. Staaten vom 14. April 1851. gr. 8. (IV, 171 S.) Posen 872. (Heine.) 1. 50

—— Strafgesetzbuch für das deutsche Reich vom 15. Mai 1871 in der durch das Gesetz vom 26. Febr. 1876 geänderten Fassung unter Hinzufügung des Strafgesetzbuches für die bisherigen königl. preußischen Staaten vom 14. April 1851. gr. 8. (VII, 195 S.) Magdeburg 877. (Ostrowo, Priebatsch's Buchh.) *

— Strafgesetzbuch für das Deutsche Reich vom 15. Mai 1871 u. der durch das Gesetz vom 26. Febr. 1876 u. den bis jetzt erschienenen Nachtragsgesetzen geänderten Fassung, nebst Strafprozeßordnung &c. 8. (VIII, 288 S.) Leipzig 880. (G. A. Schmidt.) n. 1. 50; cart. n. 2. —; geb. n. 2. 25

Die Feier des 50jährigen Bestehens der St. Johannis-Loge „Boanerges zur Bruderliebe" in Hamburg am 12. Mai 1882. Von Franz Lundberg. Als Ms. f. Brr. verf. Hamburg [1882]: J. H. Meyer.
[Kneisner, F.: Gesch. d. Prov.loge v. Niedersachsen. 1909 S. 1.]

Lundberg, Jak. Flor., Predigten, vor, während u. nach d. feindlichen Besetzung Kurlands im J. 1812 gehalten. 8. Riga 814.

Lundberg, Jonas, Lehrb. d. bürgerl. Rechenkunst. 8. Reval 813.

Lundberg, R., die Ostsee- u. Süsswasserfischereien, s.: Fischereiausstellung, internationale, zu Berlin 1880.

Lundblad, **Dr. Fr., Panegyricus divo Carolo Augusto principi regni Sueco-Gothici haered. etc. 4maj. Hafn. 811. Bonnier. 12 ℊ**

Lundblad, **J., Poëmata et Orationes. Vol. I. 8. Hamb. 821. (Strals., Löffler). (a. Nestler in Hamb.) 1 ₰ 8 ℊ**

Lundblad, (J.,) Poëmata et Orationes. Vol. I. 8. Hamb. 822, (Strals, Löffler.)

Lundblad, J(oh.). F(riedr.). v., Geschichte d. Königs Carl X. Gustav. Uebers. aus d. Schwed. v. e. gebor. Pfälzer (v. Pachelbel-Gehag.) 2. Thl. Mit d. Bildn. d. Königin. gr. 8. (8¼ B.) Berlin 829, Mittler.
1. Thl. Ebendas. 1826. 1 Thlr.

— schwedischer Plutarch. Uebers. v. Fr. W. v. Schubert. 1r Thl. gr. 8. Stralf. 826. Löffler. 1 ₰ 6 ℊ 2r Thl. Auch u. d. T.: Leben Oxenstjerna's u. de la Gardie's. gr. 8. Ebd. 831. 1 ₰ 12 ℊ

Lundblad, Knut af, Geschichte Karl XII., Königs v. Schweden. Nach d. schwed. Orig. übers., bericht. u. erweit. v. G. F. v. Jenssen. 2 Thle. gr. 8. Hamburg, [Friedr. u. Andr. Perthes.] [1. (29 B. u. K's. Bildn.) 835. * 2 Thlr., 2. Mit e. Skizze d. Belagerung v. Frederikshald im J. 1718 u. XXIV Anlagen. (44¼ B., 1 orig. Todesbild K's. u. 1 Bl. Facsim.) 840. * 4 Thlr.] *

Lundblad, Swen, die Hauptlehren d. christl. Religion. A. d. Schwed. v. G. Knoblauch. Mit e. Vorw. v. G. (Chr. F.) Mohnike. 8. (13 B.) Stralsund 831, Löffler.

Lundbohm, Hjalmar, Verzeichniss einer Sammlung ost- und westpreussischer Geschiebe, eingesandt von Dr. Alfr. Jentzsch in Königsberg, geordnet und theilweise bestimmt von H. L. gr. 4. (9 S.) Königsberg 886. (Berlin, Friedländer und Sohn.) *
Aus: Schriften der physikalisch-ökonomischen Gesellschaft in Königsberg, besonders abgedruckt.

Lundborg, Herm., die progressive Myoklonus-Epilepsie (Unverricht's Myoklonie). Hrsg. m. Unterstützg. des Wilhelm Ekman's Universitätsfonds. (IV, 207 S. m. 3 Tab.) Lex.-8. Upsala (903). Almqvist & Wiksell's Buchdruckerei-A.-G. (Nur direkt.) n.n. 5. —

Lundborg, Herm., die progressive Myoklonus-Epilepsie. Jetzt: (Leipzig, Haupt & Hammon).

Lundborg, Herm., klinische Studien u. Erfahrungen betreffs der familiären Myoklonie u. damit verwandten Krankheiten. (Svenska läkaresällskapets nya handlingar, Serien III. Delen 3.) gr. 8. (131 S. m. 7 Taf.) Stockholm 901. (Nordiska Bokhandeln.) n. 3. 75

Lundborg, Ragnar, Islands staatsrechtliche Stellung von der Freistaatszeit bis in unsere Tage. (64 S.) gr. 8. Berlin 908. Puttkammer & Mühlbrecht. 1. 50

Lunde, Alb., 3 Erweckungsreden. — Gott ruft Dich. — Bringst du Opfer der Gerechtigkeit?, s.: Wache auf, der du schläfst!

Lundeberg, Anders, Bilder aus meiner Praxis. Mittheilungen aus dem Tagebuche eines schwed. Arztes. Deutsch von Aug. Kretzschmar. 3 Bde. 8. (XVII, 684 S.) Leipzig 868, Kollmann.

— der Hausgeistliche. Nachtrag zu Bilder aus meiner Praxis. Mittheilungen aus dem Tagebuche eines schwedischen Arztes. Deutsch von Aug. Kretzschmar. Ebend. 869. 8. (VI, 209 S.) 1 ₰

Lundeberg, Nic. D., De distinctione attributorum divinorum. Präs. Nic. Lagerlöf. O. O. (Ludw. Decreaux) 24. IX. 1736. 12 S. (4.—) 21854

Lundehn, A. Esquisses de l'histoire littéraire de la France au moyen âge, s. Bibliothèque française.

Lundehn, A., Lectures faciles et instructives, s. Bibliothèque française.

Lundehn, A. G.

Lundehn: Bemerkungen über den Ursprung und die Bedeutung der doppelten Präpositionen der franz. Sprache. 23 S. – Stolp, Progr. 1864.

Lundehn, A. G., eine deutsche Kaiser-Wahl und Krönung. Guhrau. 4. 16 p.
Schul-/Univ.-Schrift 1867

Lundehn, A. G., Herr Geh. Regierungs-Rath Häpe und die Stolze'sche Stenographie. Ein Wort der Abwehr. gr. 8. (24 S.) Stolp 863, Eschenhagen.

Lundehn, A. G., Ursprung u. Bedeutung der doppelten Präpositionen der französ. Sprache. Stolp. 4. 21 p.
Schul-/Univ.-Schrift 1864

Lundehn, Adph., die Friedrich-Wilhelm-Schützen-Brüderschaft zu Danzig. Historische Skizze zur 500jähr. Jubelfeier dieser Gesellschaft verfasst. Mit einer (lith.) Abbildg. des neuen Gesellschaftshauses (in qu. Fol.). gr. 4. (IV u. 34 S.) Danzig 851, Kabus. n. 16 ℊ

Geschichte der Freimaurer-Logen in Glogau zur hundertjährigen Jubelfeier der St. Johannis-Loge „Zur Biederen Vereinigung" am 3. Mai 1903. Zsgest. von Adolf **Lundehn.** Als Ms. gedr. f. Brr. Glogau: Flemming 1903. 80 S. 8⁰ [Umschlagtit.:] „Zur Biederen Vereinigung" 1803—1903.
Recens: A. (NF.) 23 (1904) S. 254.
cf. BZC. 32 (1903) S. 284—285; Bbl. 17 (1903) S. 400 (G. Diercks); L. 26 (1903) S. 96 (R. Fischer).
Gesch. der Logen Aux trois piédestaux, zum goldnen Ringe, zur goldnen Himmelskugel, zur biedern Vereinigung 1803—1903. Nebst Verzeichn. der Beamten der Loge u. ihrer Stiftungen.

Lundehn, Gertr., der Baum, v. dem man nicht essen darf, s.: Gott zum Gruß.

— Goldlore. Erzählung. (32 S.) kl. 8. Reutlingen (910). Enßlin & Laiblin. — 15; geb. — 20

— s.: Hirte, der gute.

— Der Nußbaumkrause, s.: Ähren, goldene.

— Theas Patenkind, s.: Ähren, goldene.

— Das Bilzdorle, s.: Gott zum Gruß.

Lundehn, Gertrud. El Principe de la Tinta. Cuento infantil, por G' L'. Traduccion de Casiano Costal, Madrid. IV + 15 p. 8. Zürich, Vende se: J. Scherrer (Typ. Jean Frey, [1909]). fr. —.40

— Der goldene Schlüssel. Erzählung. (64 S.) kl. 8. Reutlingen (910). Enßlin & Laiblin. — 20; geb. — 25

— Weihnachten im Schnee u. drei andere Erzählgn. f. die Jugend. (64 S.) kl. 8. Reutlingen (907). Enßlin & Laiblin. — 20; kart. — 25

— Wie aus Hänschen e. Hans wurde. Gretes Sommerferien. 2 Erzählgn. f. die Jugend. (32 S.) kl. 8. Ebd. (907). — 15; kart. — 20

Lundell, P. M., de Desmidiaceis, quae in Suecia inventae sunt, observationes criticae. Cum tabulis V. (in lapide incis.) [Reg. societati scientiarum Upsaliensi traditum die 19. Nov. 1870]. gr. 4. (100 S.) Upsala 872. Academische Buchh. n. 8. 40

Lundén, Harald, Affinitätsmessungen an schwachen Säuren u. Basen. (110 S.) Lex. 8. Stuttgart 908. F. Enke. 3. 60
Sonderabdruck aus: „Sammlg. chem. u. chemisch-techn. Vorträge".

— Die Kriterien der Pseudosäuren. (10 S.) 8. Uppsala 907. (Berlin, R. Friedländer & Sohn.) nn — 75
Sonderabdr. aus: „Arkiv f. kemi, mineralogi och geologi".
Abhängigkeit der Neutralsalzwirkung bei katalytischen Reaktionen v. der Konzentration d. Säure. (5 S.) 8. Ebd. 910. nn — 60

— Das Nobelinstitut f. physikalische Chemie in Stockholm. (11 S. m. 7 Fig.) 8. Ebd. 909. nn — 60
2 Sonderabdrucke aus: „Meddelanden f. k. vetenskapsakad. Nobelinst."

Lundén, Harald, Bemerkungen zur Theorie der amphoteren Elektrolyte. (6 S.) 8. Uppsala 906. (Berlin, R. Friedländer & Sohn.) n.n. — 80

Amphoteric Electrolytes. By Harald **Lundén**. Uppsala & Stockholm 1908: Almqvist & Wiksell; Berlin: R. Friedländer & Sohn. (21 S.) 8° [Umschlagt.]
= **Meddelanden** från K. vetenskapsakad. Nobelinstitut. Bd 1, No 11. [08. 17630

Hydrolyse des sels des acides faibles et des bases faibles et sa variation avec la température. Par M. Harald **Lundén**. Uppsala & Stockholm 1907: Almqvist & Wiksell; Berlin: R. Friedländer & Sohn. (33 S.) 8° [Umschlagt.]
= **Meddelanden** från K. vetenskapsakad. Nobelinstitut. Bd 1, No 8. [08. 17633

Influence de la température sur l'énergie interne et l'énergie libre des dissociations électrolytiques des acides et bases faibles. Par M. Harald **Lundén**. Avec 1 fig. Upsala & Stockholm : Almqvist & Wiksell: Berlin: Friedläner (usw.) 1908. 16 S. 8° [Umschlagt.]
(Meddelanden från K. Vetenskapsakad. Nobelinstitut. Bd 1, 12.)

— über Katalyse v. Aethylacetat durch Salpetersäure bei Gegenwart v. Alkalinitraten. (S. 265—276.) 8. Stockholm 904. (Berlin, R. Friedländer & Sohn.) — 60
Sonderabdruck a.: „Arkiv f. kemi, mineralogi och geologi".

Das Nobelinstitut für physikalische Chemie in Stockholm von Harald **Lundén**. Uppsala & Stockholm: Almquist & Wiksell 1909. 11 S. 8° [Umschlagt.]
(Meddelanden från k. Svenska Vetenskapsakad. Nobelinstitut. Bd. 1, Nr. 15.)

Sur la relation entre les coefficients d'affinité et l'hydrolyse des sels des cétones isonitrosées. Par Harald **Lundén**. Uppsala & Stockholm 1907: Almqvist & Wiksell; Berlin: R. Friedländer & Sohn. (38 S.) 8° [Umschlagt.]
= **Meddelanden** från K. Vetenskapsakad. Nobelinstitut. Bd 1, No 7. [07. 13901

Über einen einfachen Toluolregulator und eine einfache Schüttelvorrichtung für Thermostaten. Von Harald **Lundén** u. W[illiam] Tate. (Mit 2 Textfig.) Uppsala & Stockholm 1906: Almqvist & Wiksell; Berlin: R. Friedländer & Sohn. (4 S.) 8°

Lundenburg [Schlagwort]

Lundenburg, s.: Europa. Liebenow.

Lundgreen, Frdr., die Benutzung der Pflanzenwelt in der alttestamentlichen Religion, s.a. Zeitschrift f. die alttestamentliche Wissenschaft. 14. Beiheft.

Die Benutzung der Pflanzenwelt in der alttestamentlichen Religion. Eine Studie von Friedrich **Lundgreen**, Oberl. Gießen: A. Töpelmann 1908. (XXIII, 191 S.) 8°
— **Zeitschrift** f. d. alttestamentl. Wissenschaft. Beih. 14. [08. 6183

Lundgreen, F[ritz]: Heilige Bäume im Alten Testament. Leipzig 1908: Drugulin. 43 S. 8° ¶ [Vollständig ersch. u. d. T.: Lundgreen, Die Benutzung d. Pflanzenwelt in d. alttestam. Religion. (Zschr. f. alttest. Wiss. Beih. 14.)]
Rudolstadt, fürstl. G u. RPG OP 1908 (934) [S 08. 292

Lundgren, B.: Über Angelin's geologische Übersichtskarte von Schonen. 1878.

Lundgren, W. T., Hafon-Lexikon. (Schwedisch, deutsch, französisch u. englisch.) gr. 8. (XXXVIII, 625 S.) Stockholm 881. (Bonnior.) n. 20. —

Die Verbindlichkeit eines Lehrers, seine Seele an seinem Jubel-Tage besonders zum Lobe Gottes zu erwecken, in einer 1762 am Sonntage Trinitatis gehaltenen Dank-Predigt vorgestellet und zum beständigen Denkmal der in seinem 50j. Amte reichlichst genossenen Güte Gottes dem Druck übergeben v. Christian Ernst **Lundio**. Flensburg. 1762. 4° k.

Lundius, Bernhard, a. Hamburg: Deutsche Vagantenlieder in den Carmina Burana. Halle a. S. 1907. (70 S.) 8° ¶ (Aus: Zeitschrift für deutsche Philologie Bd 39.)
Kiel, Phil. Fak., Ref. Kauffmann, Diss. v. 4. Mai 1907
[Geb. 25. Juli 84 Hamburg; Wohnort: Altona-Ottensen; Staatsangeh.: Hamburg; Vorbildung: Gymn. Christianeum Altona Reife O. 03; Studium: Göttingen 3, Berlin 1, München 1, Kiel 2 S.; Rig. 23. Febr. 07.]

Lundius, C., dissertationes jurid. 4. Greifswalde, Löffler. 743.

Lundius, Christian Ernst: Der rühmlich geführte und wol niedergelegte Richter-Stab ... [Trauergedicht auf Jasper **Jaspersen**, Bürgermeister, † 16. Jan. 1725.] — Flensburg (1725): Vogel. 2 Bl. 4°

Stand-Rede und Leich-Predigt, welche bey der Beerdigung des Consistorial-Raths Christian Ernst **Lundius** 1767, den 29. Jan. gehalten worden. Flensburg. (1767.) 4° k.

Lundius, Joh. („Diener am Wort Gottes zu Tundern in Schlesswig", geb. zu Flensburg 11. Septbr. 1638, † zu Tondern 13. Septbr. 1686), die alten Jüdischen Heiligthümer, Gottesdienste u. Gewohnheiten, für Augen gestellet, in einer ausführlichen Beschreibung des gantzen Levitischen Priestertbums, u. funff unterschiedenen Büchern: . . . . (Titel sehr lang.) Mit Kpfrn. Samt e. Vorbericht *Henr. Muhlii* . . . . Hamburg, Gottfr. Liebernickel. Buchhändler im Dom. Rudolstadt, druckts Heinr. Urban, 1704. (Nebst Portr. u. Frontisp.) Fol. Gepr. Pgmtb., schönes Expl.
22 Bl. Vors: (incl. Kupfertitel, gest von J W Michaelis), 1090 S. (à 2 Col.), 70 Bll. sechsfaches Reg.

Lundius, Johannes. Die Alten Jüdischen Heiligthümer, Gottesdienste und Gewohnheiten. Samt einem Vorbericht Henrici Muhlii. Itzo von neuem übersehen, und in beygefügten Anmerkungen, hin und wieder theils verbessert, theils vermehret durch Johan. Christophorum Wolfium. Hamburg 1738. Fol.

Lundius, J., alte jüd. Heiligthümer, Gottesdienst u. Gewohnh., in e. ausführl. Beschr. m. Anm. von J. C. Wolf. m. K. Fol. Hamb. Brand. (Walther in Dresden), 738.

Lundius, Thomas

— die Ehre des dreyeinigen Gottes oder Erört. einiger Spr. heil. Schr. 5 Bücher. 8. Ebend. 737.

Lundius, Thom., Geheimn. d. heil. Dreyfaltigkeit. 8. Ulm, Wohler. 752.

Lundlab, J. F. Geschichte Königs Carl X. Gustav A. d. Schwed von einem geborenen Pfälzer. 2 Bde 8. Berlin 1826 29 5,50.

v. Lundlab, I. F. Schwedischer Plutarch. Deutsch von F v. Schubert. 2 Thle (.., 16¾ B.) 8 Stralsund 1826—31 8.25. Stuttgart 1827. 32.

Lundlab, Knut. Geschichte Karls XII, Königs von Schweden. Deutsch von G. F. v. Jenssen. 2 Thle. 8. M. 1 Pl. Hamburg 1835. 40.

Lündner M, die Industrie- und Gewerbeausstellung für Elsass-Lothringen, Baden und die Pfalz. (358 S) Strassburg 1895

Lündner, Max, Friedrich der Große. Ein Festspiel f. die decorationslose Volksbühne. 2. Tauf. 8. (III, 118 S.) Straßburg 894. W. Heinrich, Verl. n. 1. 50

Lundson, Th., Reise von Indien durch Persien u. Armenien nach England. Aus d. Engl. gr. 8. Jena 824. Bran. 1 ₰ 6 gr

Wegweiser für Brüder Freimaurer. Entworfen und gesammelt von Friedr. Lundstedt. (Als Ms. f. Brr gedr.) [Hamburg ca 1890.] 96 S. 8⁰
Enth. Reisesprüche für die Lehrlings- u. Mstrgrade, ein Lied ohne Noten, einige Gedichte u. Toaste. 193.

Lundström, Axel N., pflanzenbiologische Studien. I. Die Anpassgn. der Pflanzen an Regen u. Thau. Mit 4 (lith.) Taf. gr. 4. (IV, 67 S.) Upsala 884. Lundequist. n. 9. —

Lundström, J., perfekt Schwedisch sprechen. Mit Aussprache. Ein Hilfsbuch f. Deutsche auf schwed. Sprachgebiet. 8. (56 S.) Berlin 899. H. Steinitz. n. 1. —

Lundström, Vilelm., s.: Anecdota byzantina.

Ein Columella-Excerptor aus dem 15. Jahrhundert von Vilh. Lundström. *Upsala: (Akad. Bokh.; Leipzig: O. Harrassowitz) 1894.* (17 S.) 8⁰
= Skriftor utg. af K. Humanist. Vetenskapssamfundet i Upsala. Bd 3, 6. [90. 8548

Lundström, Vilelm, s.: Eranos.

C. Flaminius och Hannibal. Hist.-filolog. studie af Vilh. Lundström. *Upsala: Lundequist; Leipzig: O. Harrassowitz 1898.* (2 Bl., 79 S.) 1 Bd 8.
= Lundström, V.: Studier till andra puniska krigets hist. [No] 1. [98. 9808

— Prolegomena in Eunapii vitas philosophorum et sophistarum. [Skrifter utgifna af k. humanistiska Vetenskaps-Samfundet i Upsala.] gr. 8. (85 S.) Upsala 897. Leipzig, O. Harrassowitz. n.n. — 90

Lundström, Wilh., quaestiones Papinianae. Commentatio academica. gr. 8. (III, 83 S.) Upsala 893. (Lundequist.) n.n. 2. —

Studier till andra puniska krigets historia ... Af Vilh. Lundström. [No] 1. *Upsala: Lundequist; Leipzig: O. Harrassowitz 1898.* 8. [98. 9808

Lundt, G. M., das hamburgische allgemeine Krankenhaus. Ein Bild innerer und äusserer Verhältnisse. gr. 4. (66 S. mit 1 Tab. in qu. Fol., 5 lithogr. und chromolithogr. Taf. in qu. Fol. und 1 Lichtdr. in qu. 4.) Hamburg 876, Mauke Söhne. *

Bericht über die Schleswiger Gewerbeschule 1878/79 (v. H A. Lundt. Schleswig.) o.J. Fol.

Lüne, Werner v., Knud Laward, Herzog v. Schleswig. Histor. Schauspiel in 5 Aufzgn. u. e. Vorspiel: Die Wenden in Schleswig. 12. (75 S.) Flensburg 899. G. Soltau. n. 1. 60; geb. n. 2. 50

Luneburg, G., Haushaltungskunde. Leitfaden f. den hauswirtschaftl. Unterricht in Volks- u. Fortbildungsschulen. 3., neubearb. Aufl. 8. (80 S.) Breslau 901. F. Hirt. Kart. n. 1. —

Luneburg, G, Haushaltungskunde. Leitfaden f. den hauswirtschaftl. Unterricht in Volks- u. Fortbildungsschulen. 4., durchgeseh. Aufl. (88 S.) 8. Breslau 905. F. Hirt. Kart. n. — 90

Luneburg, G., Haushaltungskunde. Leitfaden f. den landwirtschaftl. Unterricht in Volks- u. Fortbildungsschulen. 5., durchgeseh. u. verm. Aufl. (96 S.) 8. Breslau 909. F. Hirt. Kart. — 90

— Hauswirtschaftsbuch zum Gebrauch in mittler. u. höh. Mädchenschulen, Fortbildungsschulen, Hauswirtschaftsschulen u. f. das deutsche Haus. (31 S.) Lex. 8. Berlin (910). F. Ashelm. — 60

— Hauswirtschaftslehre m. e. Abriß der Volkswirtschaftslehre u. Gesetzeskunde, s.a. Lehr- u. Handbücher f. Haushaltungs-, Handarbeits- u. Gewerbeschullehrerinnen. 1. Bd.

Hauswirtschaftslehre mit e. Abriß d. Volkswirtschaftslehre u. Gesetzeskunde als Anh. . . . von G[ustav] Luneburg. Leipzig & Berlin: Teubner 1909. XII, 270 S. 8⁰
(Lehr- u. Handbücher f. Haushaltungs-, Handarbeits- u. Gewerbeschullehrerinnen. Bd 1.)

Luneburg, G., die Koch- u. Haushaltungsschule in Verbindung m. der Mädchen-Volksschule, ihr Wert u. ihre Einrichtung. 8. (31 S.) Eberswalde 893. A. Lemme. n. — 50

— u. Hertha Rehfeldt, Leitfaden f. den Unterricht an Koch- u. Haushaltungsschulen, zugleich e. Kochbuch f. bürgerl. Familien. 2. Aufl. gr. 8. (42 S.) Ebd. 893. n. — 50
Die 1. Aufl. war v. G. Luneburg allein bearb.

Luneburg, G., Methodik des hauswirtschaftlichen Unterrichts, s.a. **Lehr- u. Handbücher f. Hauswirtschafts-, Handarbeits- u. Gewerbeschullehrerinnen. 3. Bd.**

Luneburg, G[ust.], Methodik des hauswirtschaftlichen Unterrichts m. e. Überblick üb. d. geschichtl. Entwickl. d. Hauswirtschaftsunterrichts, d. Einricht. von Schulküchen u. Schulgärten u. d. Prüf. von Hauswirtschaftslehrerinnen. Leipzig u. Berlin 1909. 8⁰.

(Lehr- u. Handbücher f. Hauswirtschafts-, Handarbeits- u. Gewerbeschullehrerinnen. Bd 3.)

— **Pädagogik f. Hauswirtschafts-, Handarbeits- u. Gewerbeschullehrerinnen-Seminare, s.: Lehr- u. Handbücher f. Haushaltungs- usw. Lehrerinnen. 2. Bd.**

— **Wandtafeln** f. den hauswirtschaftl. Unterricht. I. Serie: Schlachttiere. 4. Blatt. (1. Blatt 82,5×114,5 cm, 2.—4. Blatt à 68,5×86,5 cm.) Farbdr. Charlottenburg (909). Schiller-Buchh. 4.—; 1. Blatt allein 1. 20

— dasselbe. II. Serie: Nährwerte der Nahrungsmittel. (2 Taf.) 80,5×94 cm. Farbdr. Ebd. (909). à 1. 50
1. Tierische Nahrungsmittel.
2. Pflanzliche Nahrungsmittel u. Getränke.

Lüneburg [Sachliches OW]

Lüneburgs ältestes Stadtbuch u. Verfestungsregister, hrsg. v. Wilh. Reinecke, s.: Quellen u. Darstellungen zur Geschichte Niedersachsens. 8. Bd.

Lüneburg [Schlagwort]

Lüneburg, s.a. **Deutschland. Karte.** (Abt. Preussen.) — **Geologische Karten. Preussen. 108.**

Lüneburg, s. a.: Europa. Liebenow.

Lüneburg, Reg.-Bez., s.a. **Heimatskärtchen. 14.**

Luneburgici — Ducatus — et Comitatus Dannebergensis accurata Descriptio primum edita a Joh. Bapt. Homanno etc. Noribergae 1726? 1 : 380,000. 1 Bl.

Lüneburg, Reg.-Bez. **Liebenow**, W., neue Spezial- u. Verkehrskarte f. den Reg.-Bez. Lüneburg. Neue Bearbeitg. nach amtl. Kartenwerken durch Hans Ravenstein. 1:300,000. (Volks-Ausg.) 55×72,5 cm. Farbdr. Frankfurt a/M. (907). L. Ravenstein. 1. —

Lüneburg, Kreis. **Oschmann**, Rhold., Special-Karte (Umschlag: Touristenkarte) der Kreise Lüneburg u. Winsen nebst angrenzenden Gebieten. 1 : 100,000. 3. verb. Aufl. 66,5×66,5 cm. Farbdr. Hamburg (909). Kramer's Sort. — 60

Lüneburg. Plan, grosser, der Stadt Lüneburg. Nach amtl. Unterlagen. 83,5 × 59 cm. Farbendr. Hannover (891). Göhmann. n. 3. —

— **Ravenstein**, Hans, neue Spezial- u. Verkehrskarte f. den Reg.-Bez. Lüneburg. Neue Bearbeitg der W. Liebenow'schen Karte v. Mittel-Europa nach amtl. Kartenwerken. 1:300,000. (Volksausg. Neue Aufl.) 55×72,5 cm. Farbdr. Ebd. (908). 1. —

Lüneburg. Schriever, Frdr., Heimatskarte vom Reg.-Bez. Lüneburg, für den Schulgebrauch gezeichnet. 1 : 100,000. 6 Blatt à 80×55 cm. Farbdr. Harburg (901). G. Elkan. Auf Leinw. m. Stäben n. 20. —

— **Verkehrskarte** von Lüneburg. 26×33 cm. Farbdr. Nebst Ankunfts- u. Abgangszeiten der in Lüneburg ankomm. u. abfahr. Züge. qu. gr. 16. (1 Bl.) Lüneburg (900). Herold & Wahlstab. — 50

Lüneburg [Verfasser]

Lueneburg, Albertus [Regiomontanus]: De Ovidio sui imitatore .... Jenae, typ. H. Pohle (1888); 2 Bl. + 89 + 1 S. 8°
Königsberg, Phil. Fak., Inaug.-Diss. v. 12. Jun. 1888

Lüneburg, Alb., de Ovidio sui imitatore. Dissertatio inauguralis philologica. gr. 8. (89 S.) Jena 888, (Pohle. — Königsberg, Koch.) *

Lüneburg, Ernst, approb. Arzt aus Benz i. M.: Aus d. anat. Institut in Rostock. **Beiträge zur Entwicklung und Histologie der Knäueldrüsen in der Achselhöhle des Menschen.** *Rostock 1902: Adler's Erben.* (34 S.) 8°
Rostock, Med. Diss. v. [30. Juli] 1902

Lüneburg, Henricus: De Xenophontis aetate quid ex Anabasi statui possit commentatio ... Monachii, typ. Seitz & Schauer, 1892; 1 Bl., 20 S. 8.
Erlangen, Phil. Fak., Inaug.-Diss. v. 1892

Lüneburger Heide [Schlagwort]

Lüneburger Heide. Kanisch, W., Spezialkarte der Lüneburger Heide. Nach den Karten der kgl. preuss. Landesaufnahme bearb. 1 : 75,000. 1. Blatt. Die Lüneburger Heide zwischen Buchholz — Lüneburg — Uelzen — Soltau. 29,5 × 39 cm. Farbdr. Hamburg (904). O. Meissner's Verl. n. 1. 50; auf Leinw. n. 2. —

Lüneburger Heide. Kanisch, W., Spezialkarte der Lüneburger Heide. Nach den Karten der kgl. preuss. Landesaufnahme bearbeitet. Die Lüneburger Heide zwischen Buchholz—Lüneburg—Ülzen—Soltau. 3. u. 4. Blatt: Soltau u. Ülzen, 1 : 75,000. 29,5×39 cm. Farbdr. Hamburg (909). O. Meissner's Verl. à 1.50; auf Leinw. à 2. —

Lüneburger Heide. Karte der Lüneburger Heide. 1 : 300,000. 49,5 × 65 cm. Lith. Hannover (900). O. Borgmeyer. n. 1. —

Lüneburger Heide. Wanderkarte der Lüneburger Heide. Gezeichnet v. H. Baumann. 1 : 300,000. 39,5 × 62 cm. Photolith. Bremen 896. Leipzig, M. Heinsius Nachf. n. 2. —

— **Wunder**, Rob., Verkehrskarte der Lüneburger Heide. 1 : 200,000. 46 × 64 cm. Farbdr. Braunschweig (Cellerstrasse 29) (902). R. Wunder. — 75

Lvneburgvm. Ohne M. im Vogel-Perspectiv. 1 Bl.

Lunecke, Herm., d. Schreckenst. v. Peking, s.: Günther, Hugo.

Lunecke, Herm., Wesen u. Wert d. Zusammenfassg. d. Lehrstoffs, s.a. **Abhandlungen, pädagog. 2. Bd.**

[F.] Wesen und Wert der Zusammenfassung des Lehrstoffs. Von Hermann Lunecke, Lehrer in Hamm i. W. ... *Bielefeld: A. Helmich [1898].* (11 S.) 1 Bd 8.
= Abhandlungen, Pädagogische. N. F. Bd II. H. 8. 99. 1191

Wie wird das heilige Johannisfest zum brüderlichen Bundesfeste? Eine Rede, am 24. Junius 5832 in der Loge zum schwarzen Bär in Hannover gesprochen und auf Verlangen zum Druck befördert von Jul. **Lunecke.** Hannover [1832]: Kius. 16 S. 8° [Umschlagtit.]
Abgedr. in: Archiv f. Frmrei. 1, 1 (1841) S. 53—69. 215.

Lunecke, Jul. Aug. Chrn., achtzig Gedenkblätter zur Erinnerung an die Confirmation. 3. verm. Aufl. Stade 857. Pockwitz. 4. n. 15 ngr.

Lunecke, Jul. Aug. Chr., funfzig Gedenkblätter an den Tag der heiligen Confirmation, aus den Schriften A. u. N. T. gesammelt. 2., über die Hälfte verm., u. durch symbolische Vignetten und Einfassung verschönerte, Aufl. gr. 8. Stade 840. (Lüneburg, Herold u. Wahlstab.) n. 1/3 ₰

Lunel, Godefroy, Histoire naturelle des poissons du Bassin du Léman. XII et 209 pp. aves 20 planches chromolith. in-folio. Genève et Bâle, H. Georg. 1874. 100. —
*** Fait partie des publications de l'Association zoologique du Léman. —
Tiré à 120 exemplaires, dont 20 pour le commerce.

LUNELUND, Harald
Über die Struktur einiger Spektrallinien und ihren Zeeman-Effekt in schwachen Magnetfeldern. Helsingfors 1910. 90 pg. nebst einer Tafel. Diss. Hels.

Lünemann, Erich, Leitfaden der doppelten Brauereibuchführung. (V, 89 S.) gr. 8. Wien 909. A. Hölder. 1.40

Lünemann, Erich, Repetitorium der Handelswissenschaften. Kaufmännische u. polit. Arithmetik, Buchhaltg., Comptoirarbeiten, Correspondenz, Handelskunde, Wechsel- u. Handelsrecht. Ein Hilfs- u. Nachschlagebuch m. 25 prakt. Hilfstabellen u. e. Fachlexikon. 8. (VIII, 243 S.) Wien 902. L. Weiss. n. 2.50

Lünemann, Erich, Repetitorium der Handelswissenschaften. (Kaufmänn. u. polit. Arithmetik, Buchhaltg., Kontorarbeiten, Korrespondenz, Handelskunde, Wechsel- u. Handelsrecht.) Ein Hilfs- u. Nachschlagebuch. 2., verb. Aufl. (VIII, 301 S. m. 6 Tab.) kl. 8. Wien (905). [L. Weiss] A. Hölder. n. 3.40

— Repetitorium d. Handelswissenschaften. (Kaufmännische u. polit. Arithmetik, Buchhaltg., Kontorarbeiten, Korrespondenz, Handelskunde, Handels-, Wechsel- u. Scheckrecht.) Ein Hilfs- u. Nachschlagebuch f. Schule u. Kontor. 3., verm. n. verb. Aufl. (VII, 347 S. m. 3 Tab.) 8. Ebd. 908. 4. —

— u. Egon v. **Komorzynski**, Repetitorium der deutschen Sprache (Sprachgeschichte, Rechtschreibg., Grammatik, Stilistik, Metrik, Poetik, Literaturgeschichte). Studienbehelf f. Lehramtskandidaten aller Kategorien sowie f. Maturanten, Einjährig-Freiwillige-Aspiranten u. Studierende. (X, 108 S. m. 1 Tab.) 8. Wien 907. A. Hölder. n. 1.40

Eine durch Bachstudien gewonnene kompositionstechnische Erfindung auf symphonischem Gebiete, niedergelegt in e. kontrapunktisch-orchestralen Riesenwerke. An alle Tonkünstler ... beim Beginne d. Konzert-Saison 1907/08. (Verf.: Friedrich **Lünemann**, Annaberg.) (Crimmitschau 1907: R. Raab.) (6 Bl.) 2° [Umschlagt.] [07. 14707]

Lünemann, Georg Heinrich

— s. Aeliani, Sophistae, variae histor.

- s. Bibliotheca romana classica.

Lünemann, **Geo. Hnr.**, († d. 8. Jan. 1830.) descriptio Caucasi, gentiumq. Caucasiarum ex Strabone comparatis scriptoribus recentioribus. gr. 4. Lpz. 803 (Taubert). 22 ℊ

— latein.-deutsches u. deutsch-latein. Handlexikon, s. Imm. Gerh. Scheller.

Lünemann, Georg Heinr. Lateinisch-deutsches und deutsch-lateinisches Handwörterbuch nach Imm. Joh. Gerh. Schellers Anlage neu bearbeitet. Sechste Auflage. 2 Bde. Leipzig 1826. 4°.

Lünemann, Geo. Heinr., latein.-deutsches u. deutsch-latein. Handwörterbuch nach Imm. Joh. Gerh. Scheller's Anlage neu bearb. Mit e. Vorr. v. G. F. Grotefend. Lateinisch-deutscher Thl. 2 Bde. 7., vielfach verb. u. verm. Aufl. gr. 8. (158 B.) Leipzig 831, Hahn.

—— dass. Deutsch-latein. Thl. 2 Bde. — A. u. d. T.: Deutsch-latein. Handwörterbuch aus d. Quellen zusammengetr. u. mit besond. Bezugnahme auf Synonymik u. Antiquitäten u. Berücksichtigung d. besten Hülfsmittel ausgearb. v. Karl Ernst Georges. Mit e. Vorw. v. G. F. Grotefend. 2 Bde. in 4 Abthln. gr. 8. Leipzig, Hahn. [1. (54½ B.) 831., 2 (62¼ B.) 833. à 1 Thlr. 12 Gr.] Thlr

— Diss. Primae lineae theoriam Lexicographiae latinae histor. sist. 8. Götting. 807. Dieterich. 3 ℊ

— deutsch-lateinisches Wörterbuch nach den classischen Schriftstellern der Römer u. den besten neuern Latinisten kritisch bearbeitet in 4 Bänden. 1r Thl. A—D. gr. 4. Götting. 821. Vandenhöck u. Rupr. 3 ₰ 16 ℊ

Lünemann, Georg. Conr. Amadeus, de epistolae, quam Paulus ad Ephesios dedisse perhibetur, authentia, primis lectoribus, argumento summo ac consilio. 4 maj. (7½ B.) Gottingae 842, libr. Dieterich. *

Lünemann, Geo. Conr. Amad., Pauli ad Philippenses epistola. Contra Ferd. Chr. Baurium defendit. 8maj. (IV und 64 S.) Gottingae 847, libr. Dieterich. *

Lünemann, Gottlieb

- Kritisch exegetisches Handbuch über die Briefe an die Thessalonicher, s. Kommentar, Kritisch exegetischer.

—— kritisch exegetisches Handbuch über die Briefe an die Thessalonicher, s.: Meyer, H. A. W., kritisch exegetischer Kommentar über das neue Testament.

—— kritisch exegetisches Handbuch über die Briefe an die Thessalonicher, s. Testament, das neue, von H. A. W. Meyer.

Lünemann, Glieb., kritisch exegetisches Handbuch über den Hebräerbrief, s. Kommentar, kritisch exegetischer.

Lünemann, Glieb., kritisch-exegetisches Handbuch über den Hebräerbrief,
s. **Meyer**, H. A. W., **kritisch exegetischer Kommentar über das Neue Testament.**

Lünemann, Johann Heinrich Christian

— s. Juvenalis Saturae. — s. Quintiliani, institutiones. — s. Tacitus, opera.

Lünemann, Jh. Hnr. Chr., (†d. 25. Jan. 1827.) Wörterbuch zu Homer's Ilias. gr. 8. Königsb. 824. 2e A. verb. v. J. Fr. Ebert. gr. 8. Ebd. 830. Unzer. 1 ʀɫ

Lünemann, J. H. Chr., Wörterbuch zu Homers Odyssee. Königsb. 822. 8. 18 gr.

Lünemann, Jh. Hnr. Chr., Wörterbuch zu Homer's Odyssee. 1e A. (ohne d. Verfass. Namen 812.) 2e A. gr. 8. Königsb. 823. 3e A. 827. Unzer. 18 gr

—— Wörterbuch zu Homers Odyssee. 4., verb. Aufl., besorgt v. Fr. Jul. Horn. gr. 8. (20⅛ B.) Königsberg 832, Unzer.

Lünemann, J. H. Chr., Wörterbuch zu Homers Odyssee, f. Anfänger d. Homerischen Lectüre. 5., verb. Aufl., besorgt v. Fr. Jul. Horn. gr. 8. (22 B.) Königsberg 840, Unzer.

Lünemann's, J. H. Chr., Wörterbuch zu Homer's Odyssee für Anfänger der homerischen Lectüre. Verbessert von Fr. Jul. Horn. 6. Aufl. gr. 8. (X und 340 S.) Königsberg 850, Unzer. —

Lünemann's, J. H. Chr., Wörterbuch zu Homer's Odyssee für Anfänger der Homerischen Lectüre. Verbessert von Fr. Jul. Horn. 7. Aufl. gr. 8. (342 S.) Königsberg 862, Unzer. —

Lünen, L.

—— petit barème contenant les réductions du franc en marcs d'Allemagne, en thalers, en florins et en livres Sterling, de même la réduction de chacune de ces valeurs dans les autres valeurs. D'un centime jusqu'à 10000 francs [marcs, thalers etc.]. gr. 16. (27 S.) Ebendas. 874.

Lünen, L. v., Barème universel contenant des tables de réduction des huit monnaies les plus importantes à savoir la réduction des francs en marcs d'Allemagne, en thalers, florins de l'Allemagne du Sud, florins d'Autriche, florins de Hollande, dollars et livres Sterling, de même la réduction de chacune de ces valeurs dans les autres valeurs et des francs en marcs d'Allemagne d'après la valeur réelle. D'un pfennig [centime, kreutzer, neukreuzer, cent, pence] jusqu'à 100000 marcs [thalers, florins, francs etc.]. 2e édit. Schmal hoch 4. (43 S.) Metz 874, Deutsche Buchh.

—— Hilfs-Tabellen. Neuer zuverlässiger Rathgeber für das Dezimalsystem. Enth. Preisberechnungen für 1/10 bis 1000 Stück zum Einheitssatze von 1 Pfennig [Centime, Neukreuzer, Cent] bis M. 2.99 Pf., und von 3 bis 100 Mark [Francs, Gulden]; Umrechnungstabellen der Längen-, Flächen-, Körper- und Flüssigkeitsmaaße, sowie der Gewichte des metr. Systems in die verschiedenen Landesmaaße und umgekehrt; Zinstabellen zu 2 % bis 6 % auf einen Monat und ein Jahr. 8. (IV, 163 S.) Ebendas. 876.

Lünen, L. de, Münz-Tabelle f. Reichsmark, Francs, Thaler u. süddeutsche Gulden. 16. (6 S.) Ebend. 874. — 10

—— kleiner Münz-Umrechner, enth. die Reductionen der Reichsmark, Francs, Thaler, Süddeutschen Gulden, Livres Sterling, Hamburger und Bremer Währung. 1.—3. verm. und verb. Aufl. 16. (32 S.) Ebendas. 874,75.

— kleiner Münz-Umrechner, enth. die Reductionen der Reichsmark, Francs, Thaler, süddeutschen Gulden, Livres, Sterling, Hamburger u. Bremer Währg. 4. Aufl. gr. 16. (32 S.) Ebend. 876. — 40

Lünen, L. v. Kleiner Münz-Umrechner. Enth. die Reduktionen der Reichsmark, Francs, Thaler, süddeutschen Gulden, Livres Sterling, Hamburger u. Bremer Währung. 4. (Umschlag-)Ausg. 12°. 32 S. Zürich, Meyer & Zeller. 1899. — 50

Lünen, L. v., kleiner Münz-Umrechner. Enth. die Reductionen der Reichsmark, Francs, Thaler, süddeutschen Gulden, Livres Sterling, Hamburger u. Bremer Währg. 4. [Umschlag-]Ausg. 12. (32 S.) Zürich (875) 899. E. Rascher's Erben. n. — 50

— vollständiger Münzumrechner enth. 1.) das Gesetz, betr. die Ausprägg. v. Reichsgoldmünzen vom 4. Decbr. 1871.; 2.) Bestimmungen üb. Münzverhältnisse, entnommen dem Wiener Münz-Vertrage vom 24. Jan. 1857.; 3.) Werthverhältnisse der gangbarsten Münzen aller Welttheile. gr. 8. (44 S.) Ebend. 873. 1. —

— des Försters Rechenknecht. 3. Aufl. Auf Grund der neuen Währg. vollständig umgearb. 8. (IV, 156 S.) Ebend. 876. 1. 80

— Reductions-Tabellen der deutschen Reichsmark in die Währungen v. Preussen resp. Norddeutschland, Süddeutschland u. der Franken, sowie aus jeder dieser Währgn. in die 3 anderen von 1 Pfennig (Kreuzer, Centime) bis 100,000 Mark, Thaler, Gulden u. Franken, nebst e. Anh., enth. die Reduction der deutschen Reichsmark in die Feingehalt-Währg. der Franken. 2. Ster.-Aufl. Schmal-Fol. (IV, 104 S.) Ebend. 875. 2. 40

— petites tables de réduction des francs, marcs de l'empire, thalers de Prusse et guldens (florins) de l'Allemagne du Sud. 16. (6 S.) Ebend. — 10

— tables de réduction du franc en marc de l'empire allemand, en thalers de Prusse et en florins [Gulden] de l'Allemagne du sud; de même que de chacune des ces monnaie des trois autres depuis un centime, [kreuzer, pfennig], jusqu'à 100,000 francs, marcs, thalers, florins avec un appendice contenant la réduction du marc de l'empire allemand en valeur réelle des francs. hoch 4. (IV, 104 S.) Ebend. 874. 2. 40

— Universal-Münz-Umrechner, enth. Reductions-Tabellen der acht wichtigsten Münz-Währgn., nämlich der Reichsmark in Thalern, Gulden süddeutsch, Gulden österreichisch, Francs nach dem gewöhnl. Course, Gulden holländisch, Dollars u. Livres Sterling, sowie aus jeder dieser Währgn. in die 7 anderen; ferner der Reichsmark in die Frankenwährg., sowie der Frankenwährg. in Reichsmark, Dollars u. Livres Sterling nach Feingehalt u der Reichsmark in Hamburger-Währung von 1 Pfennig [Centime, Kreuzer, Neukreuzer, Cent, Pence] bis zu 100,000 Mark [Thaler, Gulden, Francs etc.] 3. Ster.-Aufl. Schmal-Fol. (44 S.) Ebend. 875. 1. 20

Lünenborg, Georg [aus Borken (Westf.)]: Ein Beitrag zur Lehre von den Luxationen des Hüftgelenks. . . . Würzburg, Druck d. F. Röhrl'schen Buchdr., 1890; 27 S. 8°
Würzburg, Med. Fak., Inaug.-Diss. v. 1890

Lünenbürger, Friedrich: Der deutsch-schweizerische Handelsvertrag vom 10. December 1891. *Strassburg 1901: M. Du Mont-Schauberg.* (52 S.) 8° ¶(Erscheint vollst. u. d. T. Die handelspolit. Beziehungen zwischen d. Deutschen Reiche u d. Schweiz.)
Strassburg, Rechts- u. staatswiss. Diss. v. 1901

LUNET DE LAJONQUIÈRE, [Marius-Joseph Louis-]René. — Sur l'engouement herniaire. — *Toulouse, 1906,* in-8° [44 p.].
Toulouse. Th. méd. 1905-1906. N° 658

Lung, Gustav, a. Wohnbach ⟨Hessen⟩: Ist die statische Berechnung heute noch angebracht? Untersuchungen über statische Berechnungen bei hessischen Betrieben. Gießen 1907: Heppeler & Meyer. (II, 132 S., 16 Taf.) 8° [F.]
Gießen, Phil. Fak., Ref. Gisevius, Diss. v. 29. Okt. 1907
[Geb. 2. Febr. 83 Wohnbach; Wohnort: Gießen; Staatsangeh.: Hessen; Vorbildung: Oberrealsch. Darmstadt Reife O. 02; Studium: Gießen 8, München 1 S.; Rig. 20. Dez. 06.]

Lung, Nicol. (Kolmar), De munditiei affectatae incommodis. Präs. Anton Wilh. Plaz. Lpz. (Langenheim) 30. VI. 1747. 40 S. (4.—) 21858

Lunge, Geo., technisch-chemische Analyse, s.a. Sammlung Göschen.

Lunge, G[eorg]. Technisch-Chemische Analyse. Von Dr. G. L', Professor ... in Zürich. Mit 16 Abbildungen. 128 S. 8. Leipzig, G. J. Göschen, 1904. (geb. M. —. 80)
Sammlung Göschen. (Nr. 195.)

Lunge, Geo., Beiträge zur Kenntnis hydraulischer Bindemittel. (6 S.) 32,5×23,5 cm. Stuttgart 905. (Freiburg i/B., J. Bielefeld.) 1. —
Sonderabdruck aus: „Baumaterialienkde."

Lunge, Geo., Beleuchtung sonst, jetzt u. einst, s.a. Neujahrsblatt hrsg. v. der naturforsch. Gesellschaft in Zürich. 102.

Beleuchtung sonst, jetzt und einst. Von Prof. Dr. G[eorg] Lunge. Mit 2 Taf. Zürich (1900): Zürcher & Furrer. (20 S.) 8°
= Neujahrsblatt hrsg. v. d. Naturforschenden Gesellschaft in Zurich. 1900. St. 102.

— s.: Bericht der internationalen Analysen-Kommission.

Lunge, Geo., Bericht über Gruppe 15 der schweizerischen Landesausstellung Zürich 1883: Chemische Industrie. gr. 8. (213 S.) Zürich 884, Orell, Füssli und Comp. * 2 50

Lunge, G., **Meyer,** V. und **Schulze,** E. Über die Bestimmung und technische Beseitigung des Fuselöls im Sprit. Gutachten, abgestattet im Auftrage des Departements des Innern der Schweizer Eidgenossenschaft. Bern. 1884

Lunge, Geo., die Destillation des Steinkohlentheers und die Verarbeitung der damit zusammenhängenden Nebenproducte. gr. 8. (XII und 197 S. mit 29 in den Text eingedr. Holzst.) Braunschweig 867, Vieweg und Sohn. *

Lunge, Georgius (geb. Breslau 15. 9. 1839): De fermentatione alcoholica. Vratislaviae (1859). (28 S.) 8° [*Im Buchhandel 1859 bei Gosohorsky in Breslau.*]
Breslau, Phil. Diss. v. 20. Apr. 1859

Lunge, Geo., zur Frage der Ventilation, mit Beschreibung des „minimetrischen" Apparates zur Bestimmung der Luftverunreinigung. Vortrag, gehalten in Zürich am 18. Jan. 1877. gr. 8. (47 S. m. eingedr. Holzschn.) Zürich 877. Schmidt. n. 1. 20

Lunge, G. (Prof. in Zürich). Zur Frage der Ventilation mit Beschreibung des mimetrischen Apparates zur Bestimmung der Luftverunreinigung. 2. verb. Aufl. In-8°. Mit 2 Holzschn. Zürich, Cäs. Schmidt. 1879. 1 50

— zur Geschichte der Entstehung u. Entwicklung der chemischen Industrien in der Schweiz. Zusammengestellt im Auftrage der schweizer. Gesellschaft f. chem. Industrie, auf Grund v. Mitteilgn. seitens Mitgliedern der Gesellschaft. gr. 8. (71 S.) Zürich 901. Art. Institut Orell Füssli. n. 1. —

Lunge, G. Handbuch der Schwefelsäure-Fabrikation. Braunschweig. 1893.

Lunge G, Handbuch der Sodafabrikation. 2. Auflage. I: Schwefelsäurefabrikation. (Handbuch der chemischen Technologie Neue Folge 7) Braunschweig 1893

Lunge G, Handbuch der Sodafabrikation. 2. Auflage. II.: Sulfat, Salzsäure etc (Handbuch der chemischen Technologie NF 8) Braunschweig 1894

Lunge, Geo., **Handbuch der Soda-Industrie u. ihrer Nebenzweige. 1. Bd. Handbuch der Schwefelsäure-Fabrikation,** s.a. **Handbuch der chemischen Technologie.**

Handbuch der Soda-Industrie und ihrer Nebenzweig für Theorie und Praxis. Braunschweig, 1879–80. 2 vols., 8vo. Ill.
Cf. **Bolley's Handbuch.**

— — 2. Auflage. 3 Bde (Handbuch der chemischen Technologie von Bolley Neue Folge 7-9) Bd 1. Schwefelsäure-Fabrikation. 1893. — Bd 2. Sulfat, Salzsäure, Leblancverfahren. 1894. — Bd 3. Ammoniak-Soda u A. 1896. Braunschweig 1893-96

Lunge, Georg. Handbuch der Soda-Industrie und ihrer Nebenzweige. Von Dr. Georg Lunge, Professor ... in Zürich. 3. vollkommen umgearbeitete Aufl. Band 1: Handbuch der Schwefelsäure-Fabrikation. Mit 512 [in den Text und auf 18 Tafeln] eingedruckten Abbildungen. XXII + 1118 S. 8. Braunschweig, Friedrich Vieweg & Sohn, 1903. [M. 36. —, geb. M. 38. 50]
⟨Zugleich als Liefg. 12 von Bolley-Englers Handbuch der chemischen Technologie Neue Folge.⟩

Lunge, Georg. **Handbuch der Soda-Industrie und ihrer Nebenzweige. Von Dr. G' L'.... 3. umgearbeitete Aufl. Band 2:** Sulfat, Salzsäure, Leblanc-Verfahren, Kaustische Soda. Mit 326 Abbildungen im Text und auf 9 Tafeln. XVIII + 868 S. 8. Braunschweig, Friedrich Vieweg & Sohn, 1909. [M. 34. —, geb. 36.60]
⟨Zugleich als Liefg. 16 von Bolley-Englers Handbuch der chemischen Technologie. Neue Folge.⟩

Lunge, G. Die chemische Industrie und die chemisch-technischen Hochschulen in Nord-Amerika. Bern 1894. (Weltausstellung Chicago 1893. Berichte der schweiz. Delegierten.)

LUNGE, G.
Chemische (Die) Industrie und die chemisch-technischen Hochschulen in Nord-Amerika. Zürich, 1894. 8vo.

Lunge, G., die Industrie des Steinkohlentheers und Ammoniaks, s.a. **Handbuch der chemischen Technologie.**

Industrie (Die) des Steinkohlentheers und Ammoniaks. Dritte vermehrte und verbesserte Auflage. Braunschweig, 1888. pp. 195, 8vo. Ill.
Cf. **Bolley's Handbuch [etc.], Neue Folge.**

— die Industrie des Steinkohlentheers. 4. Aufl. v. Hippolyt Köhler, s.: Handbuch d. chem. Technologie. N. F.

Die Industrie des Steinkohlentheers und Ammoniaks. Vierte umgearbeitete und stark vermehrte Auflage von H. Köhler. Band II, Ammoniak. Braunschweig, 1900. 8vo. Ill.

Lunge G.: Die Industrie d. Steinkohlentheer-Destillation u. Ammoniakwasser-Verarbeitung. Braunschw. 1882. 356 S. Fig.
(2. Abth. d. 3. Gruppe d. 1. Bandes v. Bolley-Birnbaums Handbuch d. chemischen Technologie).

— die chemische Industrie u. d. chemisch-techn. Hochschulen in Nord-Amerika. Bericht d. schweizer. Delegierten üb. die Weltausstellg. in Chicago, 1893. gr. 8. (22 S.) Bern 894. (Zürich, A. Raustein.) n. — 80

— die chemischen Laboratorien d. Eidgenössischen Polytechnikums in Zürich, s.: Bluntschli, F.

Taschenbuch für die Soda-, Pottasche- und Ammoniak-Fabrikation. Hrsg. von G. Lunge. Berlin 1883

— d. Sodaindustrie u. ihre Nebenzweige (siehe Bolley Hdbch.).

— Tabellen für Gasanalysen, gasvolumetrische Analysen, Stickstoffbestimmgn. etc. 2 Blatt. Imp.-Fol. Braunschweig 897. F. Vieweg & Sohn.
In Umschlag gefalzt n. 2.—

— u. E. Berl, Taschenbuch f. d. anorganisch-chemische Grossindustrie. 4., umgearb. Aufl. des Taschenbuches f. die Soda-, Pottasche- u. Ammoniakfabrikation. (XIX, 299 S. m. 15 Fig.) kl. 8. Berlin 907. J. Springer. Geb. 7.—

Lunge, Geo., Taschenbuch für die Soda-, Pottasche- und Ammoniak-Fabrikation. Hrsg. im Auftrage des Vereins deutscher Sodafabrikanten und unter Mitwirkung der Commissions-Mitglieder J. Stroof, J. Dannien, H. Kunheim etc. 12. (XII, 194 S.) Berlin 883, Springer. geb. *

— Taschenbuch f. die Soda-, Pottasche- u. Ammoniak-Fabrikation. Hrsg. im Auftrage d. Vereins deutscher Sodafabrikanten u. unter Mitwirkg. v. J. Stroof, Jacobsen, E. Richters, C. Schwab u. Siermann. 2., umgearb. Aufl. 12. (XVI, 248 S. m. 14 Fig.) Berlin 892. J. Springer. Geb. in Ldr. n. 7.—

— Taschenbuch f. die Soda-, Pottasche- u. Ammoniak-Fabrikation. 3., umgearb. Aufl. 12. (XVII, 291 S. m. 18 Fig.) Berlin 900. J. Springer. Geb. in Ldr. n. 7.—

Lunge.: Die Technologie der chem. Produkte... s. Bolley, P.: Handbuch d. chem. Technologie.

Lunge, G., Untersuchungen über die salpetrige Säure und Untersalpetersäure. Zürich, Polytechnikum 1879.
Progr.

— s.a. Untersuchungsmethoden, chemisch-technische.

Chemisch-technische **Untersuchungsmethoden**. Mit Benutzung d. früheren von Dr. Friedrich Böckmann bearb. Aufl., u. unter Mitw. von ... hrsg. von Dr. Georg Lunge, Prof. in Zürich. 4., vollst. umgearb. u. verm. Aufl. Mit Abb. Bd 1–3. *Berlin: J. Springer 1899–1900.* 3 Bde 8°
1. 1899. 2. 3. 1900. (oo. 10961

Lunge, Georg. Chemisch-technische Untersuchungsmethoden. Mit Benutzung der früheren von Dr. Friedrich Böckmann bearbeiteten Auflagen, und unter Mitwirkung von E(mil) Adam, ... R[obert] Gnehm (Zürich), ... L[ajos] W Winkler hrg. von Dr. G' L', Professor ... in Zürich. 5., vollständig umgearbeitete und vermehrte Aufl. 3 Bände. ([*je* Mit] Anhang: ... Tabellen ... auf einseitig bedrucktem Papier ..., *in Couvert*.) 8. Berlin, Julius Springer, 1904–1905.
Band 1. Mit 180 in den Text gedruckten Abbildungen. XXVI + 953 + *Anhang* IV + 49 S. 1904. [M. 20. —, geb. 22. —]
Band 2. Mit 153 in den Text gedruckten Abbildungen. XX + 842 + *Anhang* 8 S. 1905. [M. 16. —, geb. 18. —]
Band 3. Mit 119 Textabbildungen und 3 Tafeln. XXVIII + 1306 + *Anhang* IV + 44 S. 1905. [M. 26. —, geb. 28. 50]

Lunge, Georg, und Berl, Ernst. Chemisch-technische Untersuchungsmethoden. Unter Mitwirkung von E(mil) Adam, ... R[obert] Gnehm (Zürich), ... L[ajos] W Winkler hrg. von Dr. G' L' ... und Dr. E' B'.... 6., vollständig umgearbeitete und vermehrte Aufl. Band 1. Mit 163 in den Text gedruckten Figuren. ([Mit] Anhang: ... Tabellen ... auf einseitig bedrucktem Papier....) XX + 674 + *Anhang* 72 S. 8. Berlin, Julius Springer, 1910. [M. 18. —, geb. 20. 50]

Lunge, Georg, und Berl, Ernst. Chemisch-technische Untersuchungsmethoden. Unter Mitwirkung von E[mil] Adam, ... R[obert] Gnehm (Zürich), ... L[ajos] W Winkler hrg. von Dr. G' L' ... und Dr. E' B'.... 6., vollständig umgearbeitete und vermehrte Aufl. Band 2. Mit 138 in den Text gedruckten Figuren ([und] Anhang: ... Tabellen ... auf einseitig bedrucktem Papier ...). XVI + 869 + 8 S. 8. Berlin, Julius Springer, 1910. [M. 20. —, geb. 22. 50]

—— das Verbot der Phosphorzündhölzchen in der Schweiz und dessen Wiederaufhebung. gr. 8. (68 S.) Zürich 883, Schmidt. *

— das Zeitalter des Stahles, s.a. **Sammlung gemeinverständlicher wissenschaftlicher Vorträge.**

Lunge G, das Zeitalter des Stahles. (Slg. wiss. Vortr. NF 202) Hamburg 1894

Lunge, G. Weltausstellung Paris 1889, chemische und pharmaceutische Produkte. Zürich 1890.

[F.] **Lüngen,** Richard: Ueber die Behandlung der neueren Kirchengeschichte an den höheren Lehranstalten nach Massgabe d. Lehrplanes f. d. evangel. Religionslehre v. 6. Jan. 1892. Köln, Druck, Gebr. Brocker, 1893; 3—14 S. 4.
Köln, OR u. VS sowie Fortbildungs-S. P 1893 (491)

Lüngen, Richard: Ober-Realschule der Stadt Köln. **Katalog der Schülerbibliothek. Zusammengestellt und nach Fächern geordnet.** *Köln 1898: Gebr. Brocker.* (35 S.) 8°
Köln, OR u. VS, P 1898 (513)

Lüngen, (Richard): Nachtrag 1 ⟨1899⟩ u. 2 ⟨1900⟩ (zum Katalog der Schülerbibliothek). *Köln 1900: Gebr. Brocker.* (S. 25—26.) 4° ¶ [Forts. d. P-Beil. 1898.]
Köln, OR u. VS, P 1900 (532)

Lüngen, (Richard): Nachtrag 3 ⟨1901⟩ (zum **Katalog** der Schülerbibliothek). *Köln 1901: Gebr. Brocker.* (S. 24.) 4° ¶ [Forts. d. P-Beil. 1898. 1900.]
Köln, OR u. VS, P 1901 (540)

Lüngen, [Richard]: Nachtrag III (1901). IV (1902). V (1903). VI (1904) [zum Katalog der Schülerbibliothek]. S. 24. 4. S. 26—27. 4. S. 28—29. 4. S. 24—25. 4.
Ober-Realschule (mit Real-Gymn. [i. E.]) u. Vorschule der **Progr.** Stadt *Cöln* 1901 (540). 1902 (555). 1903 (573). 1904 (583).

Lüngen, W. Zur Politik Gregors VII. gegen Heinrich IV. (1076—1080). 27 S. **Progr.** Rsch. *Bochum* 1882.

Lüngen, Wilh[elm]: Fragen der Frauenbildung. Aufsätze u. Vorträge. — Leipzig u. Berlin: Teubner 1904. 108 S. 8°

Lüngen, W[ilhelm]: Knabenerziehung — Mädchenerziehung. Ein Vergleich. Vortrag. Gedruckt auf Veranlassung d. Vereins „Frauenbildung — Frauenstudium." — Frankfurt: Diesterweg 1898. 19 S. 8°
Aus: Rhein. Blätter f. Erziehung u. Unterricht.

Lüngen, Wilh., war Hartmann v. Aue ein Franke od. e. Schwabe? Inaugural-Dissertation. gr. 8. (42 S.) Jena 876. (Deistung.) n. — 60

Lungen-Entzündungen, die, s.: Miniatur-Bibliothek.

Lungenfäule, die, der Rinder leicht heilbar! Praktische Erfahrungen über die Lungenfäule der Rinder, die Ursache ihrer Entstehung, ihre Behandlungsweise und Angabe unfehlbarer Mittel gegen diese Krankheit, sowie noch anderer Vieh-Krankheiten, als: Das Schweinesterben rc.; die Bräune der Schweine; das Verhüten des Schafviehes; die Egelkrankheit und das Aufblähen der Rinder. Nebst einer Abhandlung über die Entstehung der Kartoffel-Krankheit rc. Von einem prakt. Oekonomen. Würzburg 854. Stahel. 8. verklebt n. 18 *ngr.*

Lungenkrank, s.: Flugschriften, hygienische. 6. Hft.

Lungenkrankheiten u. deren gründliche Heilung durch die Schroth'sche Heilkur, gemeinfaßlich dargestellt v. e. Naturarzt. Rev. v. Karl Schroth. 32. Aufl. (37 S. m. 1 Bildnis.) 8. Freiwaldau (904). A. Blažek. n. — 70

Lungenkrankheiten u. deren gründliche Heilung durch die Schroth'sche Heilkur, gemeinfaßlich dargestellt v. e. Naturarzt. Rev. v. Karl Schroth. 32. Aufl. (37 S.) 8. Freiwaldau (906). A. Blažek. — 70

Lungenkrankheiten und deren gründliche Heilung durch die Schrothsche Heilkur. 8°. (37 S.) 32. Aufl. K —.80
Freiwaldau: Blazek 1909.

Lungenkrankheiten namentlich die Schwindsucht und deren gründliche Heilung durch die Schrot'sche Naturheillehre, mit Rücksicht auf häusliche Selbstanwendung derselben, gemeinfaßlich dargestellt von einem Natur-Arzte. Hamburg 864. Nestler & Melle. 8. (39 S.) n. 7½ *ngr.*

Lungenkrankheiten, namentlich die Schwindsucht und deren gründliche Heilung, die Schroth'sche Heil-Cur. Mit Porträt. 8. (39 S.) —.45
Freiwaldau: Blazek 1890.

Lungenschwindsucht, die chronische, u. ihre Heilg. im Hochgebirge. Geschrieben f. Leidensgefährten v. e. geheilten Lungenkranken auf Grund d. in 6jähr. Kur gemachten Erfahrgn. gr. 8. (III, 60 S.) Chur 896. (J. Rich.) n. 1. 40

Die **Lungenschwindsucht**, ihr Wesen, Verhütung u. Behandlung. Katechismus für Jedermann. Nach d. gleichnamigen Schrift v. Dr. Moeller, Görbersdorf i. Schl., bearb. v. einem Menschenfreunde.
Aachen: C. H. Georgi [1899]. 8° [Umschlagt.] [F.]

Lungenseuche und Voigtländer. O. O. u. J. [Dresden 1857.] V: *Schlieffen, Wilhelm Graf von.* (Bachmann, Mecklenburg. Güstrow 1889. S. 282.)

Lungenseuchenkarten [Schlagwort]

Lungenseuchenkarten. Übersichtskarte d. Lungenseuche- u. Viehseuchensperrgebiete v. Österreich-Ungarn. 2 Karten in farb. Steindr., 1:1,500,000, nebst aufgedruckten Verzeichnissen d. Sperrgebiete. Bearb. im kaiserl. Gesundheitsamt. à 72×95,5 cm. Berlin 909. D. Reimer. In Umschlag 10. —

Lungen-Tuberkulose, die, s.: Miniatur-Bibliothek.

-- die, in ihren Anfangsstadien. Vorträge, geh. im Auftrage des königl. Kultus-Ministeriums im Febr. u. März 1900 im Charitékrankenhause. Red. v. Schaper. gr. 8. (III, 212 S.) Berlin 900. A. Hirschwald. n. 5. —

— die, in der Armee, s.a. Veröffentlichungen aus dem Gebiete des Militär-Sanitätswesens. 14. Hft.

Die **Lungentuberkulose** in der Armee. Bearb. in der Medizinal-Abt. des Kgl. Preuß. Kriegsministeriums. Berlin 1899. 114 S. m. Abb. (Veröffentl. a. d. Geb. d. Militär-Sanitätswesens. 14.) Hirschwald.

Lungerhausen, J. Jac., auferwecktes Christenthum, oder Erklär. der Sonn- u. Festtags-Evangelien. 4. Mühlhausen. 742.

Lungershausen, Hugo [Assist. an d. Veterinär-Anst. d. Univ. Giessen]: Über Hypotrichosis localis cystica. '(Schrot-Ausschlag des Schweines.)' ... Leipzig, Druck v. J. B. Hirschfeld, 1894; 28 S. 8.
Giessen, Med. Fak., Inaug.-Diss. v. 1894

Lungershausen, Johann Jakob

— — Oratio de encaeniis ex loco Joh. X, 22. Präs. Joh. Mich. Foertsch. Jena (Chr. Krebs) 15. XII. 1713. 16 S. (4.—) 21860

Lungershausen, Joh. Jac. (Weimar), Diss. theol. prior. mysteria christian. contra anglicujusdam anonymi christianity not mysterious. Präs. Mich. Foertsch. Jena (Krebs) Juli 1713. 38 S. (5.—) 21859

Lunglmayr, Alfr., Deutschthum u. Reichsangehörigkeit. Vortrag, geh. im Bürgerverein Augsburg am 3. I. 1899. 8. (72 S.) Augsburg 899. Gebr. Reichel. n. — 50

Lunglmayr, Alfr., üb. Ortsnamen. Mit besond. Berücksicht. der Ortsnamen aus der Umgebg. v. Lindau. hoch 4. (16 S.) Lindau 890. (J. Th. Stettner.) n. — 50

— das erste Schwurgericht in Augsburg. Eine Erinnerg. an die Einführg. der Schwurgerichte im rechtsrhein. Bayern 1848/49. 8. (38 S.) Ebd. 899. n. — 50

Lunglmayr, Alfr., der juristische Vorbereitungsdienst in Bayern. 2 Bde. gr. 8. Berlin 905. F. Vahlen. n. 22.— ; geb. n.n. 24.—
1. Die Vorschriften. — Die Ordng. des Dienstes. — Allgemeine Lehren. (XII, 639 S.) n. 12.—; geb. n.n. 13.—
2. Die einzelnen Stadien der Ausbildg.: Amtsgericht — Landgericht — Bezirksamt (Magistrat u. Polizeidirektion) — Rechtsanwaltschaft. (XII, 516 S.) n. 10.—; geb. n.n. 11.—

Lunglmayr, F. X. (k. bayer. Ingenieur), Zoll-Vereins-Karte von Deutschland und den benachbarten Ländern, nach den neuesten amtlichen Mittheilungen u. andern zuverlässigen Quellen entworfen. München, im Verlag des Unternehmers. 1836. Imp.-Fol. Wandkarte, 24theilig, auf Lwd. gez., in Etui m. Schwarzdrucktitel. (Steht bei 8°.)
Schöne color. Karte m. deutlichem Stich. (Flüsse blau.)

Lunglmayr, F. X., Zoll-Vereins-Karte von Deutschland und den benachbarten Ländern; nach den neuesten amtlichen Mittheilungen und andern zuverlässigen Quellen entworfen. M. 1:1400000. München, Mey & Widmayer, 1836. Roy.-Fol. 4 Bll. Lith. u. kolor. (2 1/3 ℛ.) . . . . (RPA.)

Lungo [Schlagwort]

Lungo, Hafen, s.: Adriatisches Meer.

Lungstrass, Hans: Ueber multiple Tumorenbildung. (Ein Fall von Uterusmyom, Bauchdeckensarkom u. Bauchlipom.) [Maschinenschrift.] 22 S. 4° [Lag nicht vor. — Auszug nicht gedruckt.]
München, Med. Diss. v. 20. Aug. 1924 [U 24. 7798

Lungwitz, Anton

Lungwitz, A., Belehrung üb. Hufbeschlag f. Hufschmiede. (Dezember 1897.) Im Auftrage des königl. Ministeriums des Innern bearb. gr. 8. (9 S.) Dresden 898. Leipzig, G. Schönfeld. n. —25

Lungwitz A.: Ueber Formveränderung d. Pferdehufes unter der Einwirkung d. Körperlast . . . [Berl.] (1890). 30 S. Fig. (Særtr.). P.

Lungwitz, A., der Fuß des Pferdes, s.: Leisering-Hartmann.

— Krankheiten des Hufes, s.: Handbuch der thierärztlichen Chirurgie u. Geburtshilfe. IV, 3 I.

Lungwitz, A., der Lehrmeister im Hufbeschlag. Ein Leitfaden für die Praxis und die Prüfung. gr. 8. (VIII, 131 S. mit 129 Holzschn.) Dresden 884, Schönfeld's Verlagsh. geb. *

Lungwitz, A., der Lehrmeister im Hufbeschlag. Ein Leitfaden f. die Praxis u. die Prüfg. Mit 134 Holzschn. 2. verb. Aufl., m. e. Anh., enth. die gegenwärtig im Deutschen Reiche gelt., die Ausübg. d. Hufbeschlaggewerbes betr. gesetzl. Bestimmgn. 8. (VIII, 154 S.) Dresden 886. G. Schönfeld's Verl. geb. n. 2.—

Lungwitz, A., der Lehrmeister im Hufbeschlag. Ein Leitfaden f. die Praxis u. die Prüfg. Mit 134 Holzschn. 3., verb. Aufl., m. e. Anh., enth. die gegenwärtig im Deutschen Reiche gelt., die Ausübg. d. Hufbeschlaggewerbes betr. gesetzl. Bestimmgn. 8. (VIII, 154 S.) Dresden 887. G. Schönfeld's Verl. geb. n. 2.—

Lungwitz, A. Der Lehrmeister im Hufbeschlag. Ein Leitfaden f. die Praxis u. die Prüfg. 4. u. 5. verb. Aufl., m. e. Anh., enth. die gegenwärtig im Deutschen Reiche gelt., die Ausübg. d. Hufbeschlaggewerbes betr. gesetzl. Bestimmgn. gr. 8. (VIII, 156 S. m. 136 Holzschn.) Dresd. 889,92, Schönfeld. geb. * 2 —

— dasselbe. 4., verb. Aufl. gr. 8. (VIII, 156 S. m. 136 Holzschn.) Ebd. 890. geb. n. 2.—

— der Lehrmeister im Hufbeschlag. Ein Leitfaden f. die Praxis u. die Prüfg. 5. verb. Aufl., m. e. Anh., enth. die gegenwärtig im Deutschen Reiche gelt., die Ausübg. d. Hufbeschlaggewerbes betr. gesetzl. Bestimmgn. gr. 8. (VIII, 156 S. m. 136 Holzschn.) Dresden 892. G. Schönfeld's Verl. Geb. in Leinw. n. 2.—

— dasselbe. 6., verb. Aufl., m. e. Anh. gr. 8. (VIII, 164 S. m. 141 Holzschn.) Ebd. 893 Geb. in Leinw. n. 2.—

— d. Lehrmeister im Hufbeschlag. E. Leitfaden f. d. Praxis u. d. Prüfg. 8., verb. Aufl., m. e. Anh., enth. d. gegenwärt. im Deutschen Reiche gelt., d. Ausübg. d. Hufbeschlaggewerbes betr. gesetzl. Bestimmgn. gr. 8. (VIII, 168 S. m. 141 Holzschn.) Dresden 896. G. Schönfeld. Geb. in Leinw. n. 2.—

— der Lehrmeister im Hufbeschlag. Ein Leitfaden f. die Praxis u. die Prüfg. 9. verb. Aufl., m. e. Anh., enth. die gegenwärtig im Deutschen Reiche gelt., die Ausübg. des Hufbeschlaggewerbes betr. gesetzl. Bestimmgn. gr. 8. (VIII, 170 S. m. 143 Holzschn.) Ebd. 899. Geb. in Leinw. n. 2.—

Lungwitz, A: Der Lehrmeister im Hufbeschlag. 10. Aufl. Leipzig 1903

— der Lehrmeister im Hufbeschlag. Ein Leitfaden f. die Praxis u. die Prüfg., neu bearb. v. M. Lungwitz. 11, Aufl, m 2 Anh., betr. die Haftpflicht des Schmiedes u. die gegenwärtig im Deutschen Reiche gelt., die Ausübg. des Hufbeschlaggewerbes betr. gesetzl. Bestimmgn. (IX. 198 S. m. 201 Abbildgn.) 8. Leipzig 906. Berlin, R. C. Schmidt & Co. Geb. in Leinw. n. 2.—
10. Aufl. (VIII, 179 S. m. 160 Abb.) Ebd. 903. Geb. 2.—.

Lungwitz, A., der Lehrmeister im Hufbeschlag. Ein Leitfaden f. die Praxis u. die Prüfg., neu bearb. v. M. Lungwitz. 12. Aufl., m. 2 Anh., betr. d. Haftpflicht d. Schmiedes u. die gegenwärtig im Deutschen Reiche gelt., die Ausübg. des Hufbeschlaggewerbes betr. gesetzl. Bestimmgn. (IX, 221 S. m. 206 Abb.) 8. Hannover 910. M. & H. Schaper. Geb. in Leinw. 2.50

—— die Verwendung des Gummi im Hufbeschlage, s.a. Vorträge für Thierärzte.

Lungwitz, Ant., Die Verwendung des Gummi im Hufbeschlage. Mit 3 Taf. 8°. (44 S. mit 3 L.) Dürselen. Wiesbaden. M. 3.–

Lungwitz A.: Die Verwendung d. Gummi im Hufbeschlage. Jena 1880. 44 S. 3 Tvl.
(Vorträge f. Thierärzte. Ser. 3 H. 8/9). 327.

—— Wandtafeln zur Beurteilung der Füsse u. Hufe d. Pferdes m. Rücksicht auf Fussaxe u. Hufform. Suppl. zu den „26 Wandtafeln zur Beurtheilg. der natürl. Pferde-Stellgn.“ v. A. L. 10 Bl. u. 1 Titelbl. Zinkdr. à 72,5×50 cm. Ebd. 892. In Holzklammer * 12 —

— Wandtafeln zur Beurtheilung der Füsse u. Hufe des Pferdes m. Rücksicht auf Fussaxe u. Hufform. Suppl. zu den „26 Wandtaf. zur Beurtheilg. der natürl. Pferde-Stellgn.“ 4. Aufl. (10 Taf.) 70×50,5 cm. Dresden (902). Leipzig, G. Schönfeld. Mit Holzrolle n. 12.—

— Wandtafeln zur Beurteilung der Füsse u. Hufe des Pferdes Mit Rücksicht auf Fussaxe u. Hufform 5. Aufl. Suppl. zu den „26 Wandtafeln zur Beurteilg der natürl. Pferdestellgn.“ (10 Taf.) 75×50,5 cm Ebd. 904. In Mappe n. 12.—

—— Wandtafeln zur Beurtheilung der natürlichen Pferde-Stellungen. gr. Fol. (26 Stnt.) Ebendas. 886. *

— Wandtafeln zur Beurtheilung der natürlichen Pferde-Stellungen. 8. Aufl. (26 Taf.) 74,5×50,5 cm. Ebd. (903). In Mappe n. 30.—

— Wandtafeln zur Beurteilung der natürlichen Pferde-Stellungen. 9. Aufl. (26 Taf.) 75×50 cm. Ebd. 904. In Mappe n. 30.—

A[nton] **Lungwitz**. Wandtafeln zur Beurteilung der natürlichen Pferdestellungen. 26 Taf. 9. Aufl. durchges. u. erg. von Prof. Dr. M[ax] Lungwitz. Hannover: Schaper 1910. 26 Taf. gr 2° [Umschlagt.] [II. 1125 7

— **Was** ist Reitern, Fahrern u. Pferdebesitzern vom Hufbeschlag zu wissen nötig? gr. 8. (24 S. m. Abbildgn.) Würzburg 901. Leipzig, R. C. Schmidt & Co. n. —80
Sonderabdruck aus: „Zeitschr. f. Pferdekunde u. Pferdezucht".

Was ist Reitern, Fahrern und Pferdebesitzern vom Hufbeschlag zu wissen nötig? Von Commissionsrat A[nt.] Lungwitz. 2. Aufl. *Halle a. S.: Bossert & Gründler [1904].* (24 S.) 8° [44. 430]

— u. P. **Schmidtchen**, Zeichenvorlagen f. Hufbeschlag-Fachschulen. qu. gr. 8. (30 Taf. m. 2 S. Text.)
Dresden 1900. Schönfeld. n. 7. 50

Lungwitz, C. H., Posthandbuch f. d. Königr. Sachsen, zum Nutzen u. Gebrauch f. Postbeamte, Kaufleute, Reisende u. A. gr. 8. Leipz. 827. Reclam. 1 ℔

Lungwitz, Emil Ernst, Berg- u. Hütten-Ingenieur, Newyork, N.-Y. U. St. A.: Über die regionalen Veränderungen der Goldlagerstätten. *Leipzig 1899: B. G. Teubner.* (30 S.) 8°
Rostock, Phil. Diss. v. [30. Juni] 1899

Lungwitz, Glob. Osk., die Heimatskunde und deren Pflege mit besond. Berücksicht. Leipzigs und deren Umgebung. gr. 4. (26 S. mit 1 chromolithogr. Karte.) Leipzig 883, (Hinrichs'sche Buchh.) *

Lungwitz, H., Geyer, s.: Grohmann, Max, das Obererzgebirge.

Lungwitz, H. Max, Gesellenstück e. Kupferschmiedes, s.: Berufsaufsatz, der, in der Fortbildungsschule.

Lungwitz, Hans, Führer der Menschheit? Ein sozialer Roman aus der Gegenwart. (374 S.) 8. Berlin 911. Adler-Verlag. 4.—; geb. 5. —

Lungwitz, Hans, cand. med. a. Reichenbach i. V.: Condensation von Zimtaldehyd mit organischen Basen der aromatischen Reihe. Halle a. S. 1905: R. P. Nietschmann. (29 S.) 8°
Halle, Phil. Fak., Ref. Doebner, Diss. v. 26. Mai 1905
[Geb. 19. Okt. 81 Gössnitz, S.-Altenburg; Wohnort: Halle; Staatsangeh.: Sachsen; Vorbildung: Gymn. Altenburg Reife O. 01; Studium: Philos. Greifswald 1, Med. u. Naturw. Greifswald 1, München 1, Halle 6 S.; Rig. 8. Mai 05.]

Lungwitz, Hans, Magendarmkrankheiten u. ihre physikalisch-diätetische Heilweise. 1. Heft. Darmerkrankungen. (IV, 41 S.) 8. Halle 906. C. Marhold. — 30

Lungwitz, Hans, Dr. phil., Chemiker und appr. Arzt: Stoffwechselversuche über den Eiweissbedarf des Kindes. Halle a. S.: C. Marhold 1908. (82 S.) 8°
Halle, Med. Fak., Ref. Schmidt, Diss. v. 12. März 1908
[Geb. 19. Okt. 81 Gößnitz (Sachsen-Altenburg); Wohnort: Berlin; Staatsangeh.: Preußen; Vorbildung: Gymn. Altenburg Reife O. 01; Studium: Philos. Greifswald 1, Med. u. Naturw. Greifswald 1, München 1, Halle 8 S.; Coll. 21. Febr. 08; Approb. 14. Febr. 08.]

— Zu den medizinischen Wirren. (19 S.) gr. 8. Berlin (909). G. Ehrke. - 50
Sonderabdruck aus: „Therapeut. Rundschau".

— s.: Zeitschrift f. Stadthygiene.

Lungwitz, Herm., Altes und Neues über Karl Stülpner, mit Benutzung der Schönberg'schen Aufzeichnungen mitgeteilt. gr. 8. (55 S.) Ehrenfriedersdorf 887. (Annaberg, Graser.) *

Lungwitz, Herm., Geschichte d. Rittergutes Tannenberg bei Geyer. gr. 8. (32 S.) Annaberg 897. Graser. n. 1.–

Lungwitz, Johann Max [Sanitätsthierarzt in Leipzig]: Taenia ovilla Rivolta, ihr anatom. Bau u. d. Entwickelg ihrer Geschlechtsorgane ... M. 2 lithogr. Taf. (Aus: Arch. f. wiss. u. prakt. Thierheilk., 1895. Bd. XXI Heft 2 u. 3.) Berlin, gedr. bei L. Schumacher, 1895; 1 Bl., 55 S., 2 Taf. 8.
Leipzig. Phil. Fak., Inaug.-Diss. v. [5. Febr.] 1895

Lungwitz, Max

Lungwitz, M., die Bedeutung des Hufbeschlages f. die Verhütung u. Heilung v. Lahmheiten. Festrede zur Feier des Geburtstages S. Maj. des Königs v. Sachsen, geh. in der königl. tierärztl. Hochschule zu Dresden am 25. V. 1908. (20 S.) gr. 8. Hannover 908. M. & H. Schaper. 1.25

— Der Fuss des Pferdes. s.a. Leisering u. Hartmann.

Lungwitz (M.). Der Fuss d. Pferdes. 2 Farb. Bl. je 81—67,5 c.m. Hannover. 1907. Auf Lwd. M. 7.50

Lungwitz, M., Die Gase des Rinderpansens etc. S.-A. aus dem Handbuch für wissenschaftliche und prakt. Tierheilkunde. Bd. XVIII., Heft 1 u. 2. Berlin 91. Hirschwald.

Lungwitz, M., s.: Hufschmied, der.

— Das Knochengerüst (Skelett) des Pferdes, zirka $1/2$ natürliche Grösse. 4 Blatt je 80,5×95,5 cm. Lith. Hannover 908. M. & H. Schaper.
In Mappe 12.—; aufgez. m. Stäben 18. —

— Krankheiten der Sehnen, Sehnenscheiden u. Schleimbeutel, s.: Handbuch der tierärztlichen Chirurgie u. Geburtshilfe. (Siedamgrotzky.)

Lungwitz, M.: Über Placentartuberkulose beim Rind, s.a. Kockel, Richard

— u. Kockel, R., Über Placentartuberkulose beim Rind. S.-A. Jena 94. Fischer.

— Kongenitale Tuberkulose beim Kalbe mit nachgewiesener placentarer Infektion. S.-A. Ebd. 94.

Lungwitz, M[ax]: Übungen am Hufe für Studierende der Tierheilkunde. Mit 82 Abb. Leipzig 1893. VI, 69 S.

— Uebungen am Hufe f. Studierende der Tierheilkunde. (VI, 69 S. m. 82 Abbildgn.) gr. 8. Leipzig 903. Berlin, R. C. Schmidt & Co. Geb. in Leinw. n. 3. –

B) — Übungen am Hufe. 903. (XXII 34.) Jetzt: Hannover, M. & H. Schaper.

Lungwitz, Mich. Dissertatio de sacri Romani Imperii burggraviis a Dohna. 4. Elbingae 1720.

Lungwitz, O., u. F. M. **Schröter**, Landeskunde d. Königr. Sachsen. Zunächst zur Ergänzg. der Ausgaben A u. B der Schulgeographie von E. v. Seydlitz hrsg. Mit vielen Holzschn., Profilen u. Kärtchen. gr. 8. (32 S.) Breslau 889. F. Hirt. cart. n — 30

Lungwitz, O., u. F. M. **Schröter**, Landeskunde d. Königr. Sachsen. Zunächst zur Ergänzg. der Ausgaben A u. B der Schulgeographie von E. v. Seydlitz. Mit vielen Holzschn., Profilen u. Kärtchen. 2., durchgesch. Aufl. gr. 8. (32 S.) Breslau 891. F. Hirt. Kart. n. — 30

Lungwitz, O., u. F. M. **Schröter**, Landeskunde d. Königr. Sachsen. Zunächst z. Ergänzg. d. Schulgeographie von E. v. Seydlitz hrsg. M. vielen Holzschn., Profilen u. Kärtchen. 4. Aufl. gr. 8. (32 S.) Breslau 897. F. Hirt. Kart. n. — 30

Lungwitz, O., u. F. M. Schröter, Landeskunde des Königr. Sachsen. Zunächst zur Ergänzg. der Schulgeographie von E. v. Seydlitz hrsg. Mit 9 Profilen u. Kärtchen im Text u. e. Bilderanh. 5., durchgeseh. Aufl. gr. 8. (24 u. 16 S.) Breslau 901. F. Hirt. Kart. n. — 50

— — dasselbe. Bearbeitung f. Lehrerbildungsanstalten, s.: Schunke, H.

Lungwitz, O., u. F. M. Schröter, Landeskunde des Königr. Sachsen. Zunächst zur Ergänzg. der Schulgeographie von E. v. Seydlitz hrsg. Mit 9 Profilen u. Kärtchen im Text u. e. Bilderanh. 6., durchgeseh. Aufl. (24 u 16 S.) gr. 8. Breslau 903. F. Hirt. Kart. n. — 50

Lungwitz, Paul: Über die Einwirkung von Säurechloriden auf Na-Malonester und Na-Acetessigester. Borna-Leipzig 1910: Noske. VIII, 100 S. 8°
Leipzig, Phil. Diss. v. 22. Febr. 1910, Ref. Beckmann, Hantzsch
[Geb. 13. Okt. 86 Seelitz b. Rochlitz; Wohnort: Leipzig; Staatsangeh.: Sachsen; Vorbildung: Realgymn. Borna Reife O. 06; Studium: München Techn. Hochsch. 1, Leipzig 6 S.; Rig. 21. Dez. 09.] [U 10. 3189

Lutiaczeck, Leonh. Fel., Samml. christkathol. Lieder zur Erbauung, Belehrung u. Erhebung. 8. Salzb. 794. (Haßlinger in Linz). 3 K

Lünig, Joh. Christian. Bibliotheca curiosa deductionum, Worinn eine zuverläßige Nachricht vieler merckwürdiger Schrifften vorhanden, welche so wohl Von der Röm. Kayserl. Maiestät, als auch Chur-Fürsten und Ständen ... ingleichen Auswärtigen Königen, Republiquen, und Freyen Fürstenthümern, wegen Unterschiedener wichtigen Praetensionen, Hoher Gerechtsamen, und Praecedenz-Streitigkeiten Publiciret und ans Licht gegeben werden. Leipzig, F. Lanckischs Erben, 1717. Kl.8°. 7 (statt 8) Bl. 844 S. 49 (statt 50) Bl. Gelockerter alter HLdbd. mit im 19. Jahrh. erneuerten Rücken.

Diese Schrifttumsübersicht des bekannten Staatsrechtlers und Leipziger Stadtschreibers Lünig (1662—1740), Herausgebers des Teutschen Reichsarchivs, ist nicht nur juristisch und staatswissenschaftlich bedeutsam, sondern auch von genealog., histor., kirchen- und kulturhistor. und bibliograph. Interesse.

Lünig, Joh. Christ. Bibliotheca deductionum. S. R. J. Anezo in eine geschicktere Ordnung gebracht, durchaus verbessert und vermehrt von Dr. Gottlob August **Jenichen.** (2 Bde.)
8. Leipzig 1745.

Lünig, J. C., bibliotheca deductionum S. R. I. verm. von G. A. Jenichen. 2 Thle. 8. Leipz. Gleditsch. 747.

Bibliotheca Juris Feudalis, in welcher die vornehmsten und wichtigsten Schrifften, sowohl von dem Jure feudali communi, als auch particulari, erzehlet werden. (Von Johann Christian **Lünig.** Franckfurth am Mayn. 1727.) Siehe in desselben: Corpus juris feudalis Germanici. T. 3. Fol.

— Codex Augustaeus, vidi Codex.

Lünig, Joh. Chr.: Codex Germaniae diplomaticus, worinnen viele vortreffliche ... auch zur Illustration der teutschen Reichs-Historie u. juris publici, höchstnöthige Documenta enthalten sind, welche ... weder in dem Teutschen Reichs-Archiv, noch dessen Continuationen u. Spicilegiis zu befinden. Th. 1. 2. Franckfurt u. Leipzig 1732. 33. 2 Bde fol.

— codex Germaniae diplomat. II Tmi. fol. Lips. Iunius. 732–33. (I. 3 Rthlr. 12 gr. II. 4 Rthlr.)

Luniqius, J. C.: Codex Italiae diplomaticus. *Francof. et Lips.* 725—35. Tom. I—IV. Fol.

Lünig, Joh. Chr.: Collectio nova, worinn der mittelbahren, oder landsäßigen Ritterschafft in Teutschland, welche unter dem Kayser, auch Chur-Fürsten und Herren angesessen, und von der unmittelbahren freyen Kayserl. Reichs-Ritterschaft in Schwaben, Francken, und am Reinstrom, unterschieden ist, sonderbahre Praerogativen und Gerechtsame, auch Privilegia und Freyheiten enth. sind. Th. (1.) 2. Franckfurth u. Leipzig 1730. 2 Bde

— collectio nova von der mittelbaren od. landsäss. Ritterschaft in Deutschland Prärogativen u. Freyheit. 2 Thle. Fol. Leipz. Junius. 730.

Lünig, Johann Christian: „Corpus juris feudalis germanici. Sammlung der teutschen Lehen-Rechte und Gewohnheiten, worinnen nicht nur die allgemeinen Reichs-Lehen-Rechten, sondern auch die in denen teutschen Provintzien hergebrachte Jura feudalia, in ihrer Ordnung, mehrentheils aus ungedruckten Nachrichten, beygebracht worden; nebst einer vollständigen Bibliotheca juris feudalis", 3 Bände, Frankfurt a. M. 1727. — Vorh.: Preuß. Oberbergamt Dortmund — T. 65.

Lunig, Jo. Christ.: Corpus juris feudalis Germanici d. i. Sammlung derer deutschen Lehen-Rechten und Gewohnh. etc. nebst e. vollständ. Bibliotheca juris feudalis. 3 Tomi. *Frcf.* (*Lpz.* Brockhaus.) 727. Fol. (7 Thl. 8 Gr.)

Lünig, Johann Christian. Corpus juris militairis, des heil. Röm. Reichs, worinn das Kriegs-Recht sowohl der Röm. Kayserl. Majestät, als auch desselben Reichs und dessen Creisse insgemein, ingleichen aller Churfürsten etc. enthalten ist. (2 Bde.) Fol. Leipzig 1723.

Lünig, Joh. Chr.: „Grundfeste Europäischer Potenzen Gerechtsame", 2 Bände, Leipzig 1716. — Vorh.: Bibl. des Kammergerichts Berlin — fol. Ja. 5392.

— Hauptregist. üb. d. deutsche Reichsarchiv u. dess. Contin. u. Spicilegia. Fol. Ebend. 722.

§ **SINCERUS**, Germanus (d. i. *Joh. Chrn. Lünig*), Curieuse Hof- und Staats-Schreiben. Franckf. a. M. 1707. 8°. (In München: Epist. 855.)
Weller, Lex. Ps. p. 525.

— Angenehmes Labyrinth Der Staats- und gelehrten Beredsamkeit. Worinn Viel wohlgesetzte, auch die neuesten Reden zu befinden. Welche An unterschiedenen Europäischen Höfen, und sonsten, in Freud und Leid, gehalten worden. Nebst einem Elencho ... Leipzig, F. Lanckische Erben, 1725. 8°. 12 Bl. 686 S. 13 Bl. letztes leer.

— angenehmes Labyrinth der Staats- u. gelehrten Beredsamkeit, als eine Fortsetz. zu den Reden großer Herren. 2 Thle. 8. Leipz. 750. Junius. 1 aß

Lünig, Jo. Chr.: Literae procerum Europae ab imperatoribus, electoribus ... ad reges, principes ... et vice versa ... ab anno 1552 usque ad annum 1712; latina lingua exaratae. P. 1. 2. Lipsiae 1712. 2 Bde

— literae procerum Europae ab Ao. 1552 usq. ad ann. 1712. lat. lingua exaratae. III pts. 8. Lips. Frommann. 712.

— Ministerreden, s. Reden.

— orationes procerum Europae eorundemque ministrorum ac legator. ut et virorum celeberrimorum ab aliquot saeculis habitae. III pts. 8. Lips. (Frommann, Ienae). 713.

Lünig, Joh. Chr.: Grosser Herren, vornehmer Ministren, und anderer berühmter Männer gehaltene Reden. Th. 1—12. Leipzig 1712—22. 6 Bde

Lünig, Johann Christian. Grosser Herren, // vornehmer Ministren, // und anderer // berühmten Männer // gehaltene // Reden. // Erster Theil. // LEIPZIG /// bey Thomas Fritschen, // 1719. - 16 Blatt (nicht paginiert) Titelblatt, Widmung, Vorrede und Inhalt. - 1o72 S. -

Das Teutsche Reichs-Archiv. Aus den berühmtesten Scribenten zusammengetragen, ... mit dienlichen Summarien ... und vollständigem Register versehen und ans Licht gegeben v. Johann Christian Lünig. Fol.

(T. 1–4): Pars generalis nebst dessen Continuation, welcher in sich begreifft, ein vollkommenes Corpus juris publici des Heiligen Römischen Reichs Teutscher Nation. Leipzig. 1713–20.

(T. 5–14): Pars specialis nebst dessen 1. 2. 3. und 4. Continuation. Worinn zu finden. Die merckwürdigsten Allianzen und Bündnisse etc. etc. Welche concerniren Das Kayser u. Königl. Ertz-Hertzogl. Hauss Oesterreich, Chur-Fürsten etc. etc. Leipzig. 1711–13.

(T. 15–21): Spicilegium ecclesiasticum oder Germania sacra diplomatica. Leipzig. 1716—1721.

(T. 22–23): Spicilegium seculare. Worinn Viel merckwürdige Bündnisse, Reichs- und Friedensschlüsse etc. etc. enthalten etc. etc. Leipzig. 1719.

(T. 24): Haupt-Register. ebd. 1722.

Lünig, Jo. Chr.: Das neue deutsche Reichs-Archiv u. zwar pars generalis nebst dessen Continuation, welcher in sich begreift ein vollkommenes Corpus juris publici d. heil. röm. Reichs etc. 2 Voll. fol. *Leipz.* 713. — Pars specialis nebst dessen I. II. III. u. IV. Continuation. *ib.* 713. (Cont. I. *Leipz.* 711. Anhang zur 1. Forts. der 1. Cont., der 1. Cont. andern u. 3. Forts.; 2. Cont. 712 nebst Forts.; 3. Cont. 713 in 4 Absätzen; 4. Cont *Leipz.* 714 in 2 Theilen nebst Forts.) fol.

Lünig, Johann Christian. Die teutsche Reichskanzlei, worinen zu finden auserlesene Briefe welche von Kaysern, Königen, Chur und Fürsten, Praelaten, Grafen und Herren auch Ritter etc. etc., sowohl in fröhlichen als traurigen Begebenheiten, dann in Religions-, Staats-, Kriegs- etc. und anderen Sachen; seit dem Westphälischen Friedensschlusse de Anno 1648 bis auf den etc. im Jahro 1714 zu Rastadt praeliminariter geschlossenen etc. Frieden. Nebst nöthigen Summarien, Elenchis und Registern. (8 Bde.) 8. Leipzig 1714.

Lünig, J. C., deutsche Reichskanzley, auserl. Briefe von Kaisern, Königen, Chur- u. a. Fürsten ꝛc. in Begebenheiten von 1648 bis 1714. 8 Thle. 8. Leipzig, Junius. 714. 9 Rthlr.

— Schreiben von hohen Potentaten ꝛc. vom J. 1713–46. 8. Leipz. Junius. (Gleditsch). 747.

— wohlabgef. Schreiben von hohen Potentaten ꝛc. in den wichtigsten Angeleg., verm. von Jenichen. gr. 8. Bamberg, Göbhard.

Lünig, J. C., wohlabgef. Schreiben v. hohen Potentaten, großen Herren u. and. Standespersonen abgelassen; mit e. Abhandl. von Reichsdörfern u. reichsfreien Leuten, verm. v. D. G. Jenichen. gr. 8. Frankf. a. M., ... (Wesché). 1 ⁊ 16 𝔎

Lünig, Joh. Chr.: Selecta scripta illustria, welche viel wichtige u. auserlesene in causis publicis ergangene Materien in sich halten. Leipzig 1723. fol.

— sel. Scripta illustr., w. viel wicht. ꝛc. mater. enth. Fol. Leipz. Junius. 723.

— Spicilegium ecclesiasticum des deutschen Reichsarchivs. 4 Bänden. 3 Contin. Fol. Ebend. 716. (I–IV. 14 Rthlr. 1e Cont. 3 Rthlr. 12 gr. 2e 5 Rthlr. 16 gr. 3e 5 Rthlr.)

— — seculare des deutschen Reichsarchivs. 2 Bde. Fol. Ebend. 719.

Lünig, Joh. Chr.: Europäische Staats-Consilia oder curieuse Bedencken, welche von grossen Herren, ... in Religions- Staats- Kriegs- u. andern wichtigen Sachen ... seit dem Anfange des 16. Seculi bis auf dieses 1715 J., abgefasset worden. Th. [1.] 2. Leipzig 1715.
2 Bde fol.

— europ. Staatstitularbuch, mit Zus. vom sächs. Hofstaat, u. mit Anmerkungen von Jenichen. 2 Thle. 8. Leipz. Junius. 743.

Lünig, Joh. Chrn.) Das neueröffnete Europäische Staats-Titular-Buch. Leipzig 1709. 8. . . . . (D.)

—— Neueröffnetes Europaeisches Staats-Titularbuch. Ebda 1725. 8. . . . . . . (D.)

Lünig, Joh. Chr.: Neueröffnetes Europäisches Staats-Titular-Buch, mit nöthigen Anm. erl. u. bey dieser neuen Aufl. verm. durch Gottlob Aug. Jenichen. Th. (1.) 2. [Nebst] Gantz neue Zusätze. Leipzig 1743. 44.

Lünig, J. C.: Publicorum negotiorum Sylloges supplementum et continuatio ab a. 1674 usque ad a. 1702. *Ibid.* 702. 4.

— sylloge negotiorum publicorum lat. lingua tractator. et usq. ad ann. 702. continuator. III pts. 4. Francf. 694–702.

Lünig, J. Ch.: Theatrum ceremoniale historico-politicum od. histor.-polit. Schauplatz aller Ceremonieen, welche b. Päbst- u. Kaiser- auch König-Wahlen u. s. w. beobachtet worden. *Leipz.* 716. 2 Bde. Fol. 2. Aufl. 719. 20. Fol.

Lünig, Johann Cristian. Theatrum ceremoniale historico-politicum oder historisch- und politischer Schauplatz aller Ceremonien ... Leipzig, bey Moritz Georg Weidmann 1719–1720.
3 Bde. 4°
1. Tit., 24 Bl., 1422 S.
2. Tit., 16 Bl., 1700 S., 12 Bl.
3. Tit., 5 Bl., 424 S., 10 Bl.
Groesse IV, 254

— thesaurus juris d. Grafen u. Herren d. heil. röm. Reichs. Fol. Leipz. Junius. 725.

Lünig, Jo. Chr.: Thesaurus juris derer Herren u. Grafen des heil. Röm. Reichs u. s. w. *Frankfurt* und *Leipzig.* 735. fol.

Lünig, Titularbuch. Mit Vorrede vom gräflichen Hause Giech. Leipzig 1750.

Lünig, Joh. Chr.: Ein angenehmer Vorrath wohl-stylisirter Schreiben, welche von Kayser, Königen ... in Religions- Staats- Kriegs- u. andern wichtigen Begebenheiten von 1713 biß 1728 abgelassen worden. Leipzig 1728.

Lunin, N., über die Bedeutung der anorganischen Salze für die Ernährung des Thieres. Inaugural-Dissertation. 8. (18 S.) Dorpat 880, (Karow.) *

Lunin, Wassily, zur Diagnostik der pathologischen Trans- u. Exsudate m. Hilfe der Bestimmg. d. spec. Gewichts. Diss. gr. 8. (50 S.) Jurjew (Dorpat) 892. (E. J. Karow.) n. 1. 20

Anon.: Hermann Lüning. Zürich, Kantonsschule, Progr. 1875.

Lüning, die Militärstrafgerichtsordnung v. 1. XII. 1898 nebst Einführungsgesetz. Zum Selbst-Unterricht f. Offiziere, Fahnenjunker u. Reserve-Offiziersaspiranten, sowie zum Gebrauch an militär. Lehranstalten. 2., nach den neuesten Bestimmgn. umgearb. Aufl. 12. (36 S.) Metz 900. G. Scriba. n. — 50

Lüning, A., u. W. Schulthess, Atlas u. Grundriss der orthopäd. Chirurgie, s.a. Lehmann's med. Handatlanten.

Lüning, August

Atlas und Grundriss der orthopädischen Chirurgie für Studierende u. Aerzte von Dr. A[ugust] Lüning u. Dr. W[ilhelm] Schulthess, Privatdozenten in Zürich. Mit 16 Taf. u. 366 Abb. *München: J. F. Lehmann 1901.* (XXIX, 610 S.) 8°
= Handatlanten, Lehmanns medizinische. Bd 23. (o3. 88) 11

Lüning, A[ugust]. Beitrag zur Nieren- und Ureterchirurgie. Separat-Abdruck aus Beiträge zur klinischen Chirurgie.... Band 49. Jubiläumsband für R[udolf] U[lrich] Krönlein. II S. + S. 95—135. 8. Tübingen, H. Laupp, 1906.

Lüning, August, Med. pr. aus Rüschlikon (Kt. Zürich): Über die Blutung bei der Exarticulation des Oberschenkels und deren Vermeidung. Zür. F. Schulthess Dr. [u. Commiss.-Verl.] 1876. 2 Bl., 123 S., 1 Bl. Thesen. 8°.
Zürich, Med. Diss. [v. 16. Dec. 1876].

Lüning, Aug., über die Blutung bei der Exarticulation des Oberschenkels und deren Vermeidung. gr. 8. (123 S.) Zürich 877, Schulthess. *

Luening, Fridericus Augustus, Guesphalus: De melanosi pulmonum. Tur. apud F. Hoffmann. 1838. 32 S. 8°.
Zürich. Med. Diss. v. 10. Febr. 1838.

Lüning, H.

— und J. Sartori, deutsches Lesebuch für die unteren und mittleren Klassen höherer Schulen [Gymnasien, Industrieschulen u. s. w.]. 2 Thle. Zürich 861. Schultheß. gr. 8. (VIII, 240 S.; VI, 240 S.) Jeder Thl. n. 18 ngr.

Lüning, H., u. J. Sartori, deutsches Lesebuch für die unteren u. mittleren Klassen höherer Schulen. [Gymnasien, Industrieschulen ꝛc.] 1. Thl. 2., durchgeseh. u. veränd. Aufl., von J. Sartori. gr. 8. (VI, 304 S.) Zürich 878. Schultheß. n. 2. 80

Lüning, H., und J. Sartori, deutsches Lesebuch für die unteren und mittleren Klassen höherer Schulen [Gymnasien, Industrieschulen ꝛc.] 2. Tl. 2. umgearb. und verm. Aufl. von K. Schnorf. gr. 8. (IX, 288 S.) Zürich 884, Schultheß. *
1. Thl. Ebendas. 1878. *ℳ 2,80.

Lüning, H., u. J. Sartori, deutsches Lesebuch f. die untern u. mittlern Klassen höherer Schulen [Gymnasien, Industrieschulen u. s. w.]. 1. Tl. 3. Aufl. Neu bearb. v. K. Schnorf. gr. 8. (VIII, 304 S.) Zürich 891. F. Schultheß. n. 2. 80

Lüning u. Sartori, deutsches Lesebuch, 4. Aufl., s.: Schnorf, K.

Lüning, H., Schulgrammatik der neuhochdeutschen Sprache für die unteren und mittleren Classen höherer Unterrichtsanstalten, Secundarschulen ꝛc. 1. Aufl. 1852. und 2., durchges. Aufl. 8. (VIII und 136 S.) Zürich 856(57,) Meyer und Zeller's Verlag. *

Lüning, H., Schulgrammatik der neuhochdeutschen Sprache für die unteren und mittleren Classen höherer Unterrichtsanstalten, Sekundarschulen ꝛc. 3. und 4., durchgeseh. Aufl. 8. (IV und 136 S.) Zürich 862,67, Meyer und Zeller's Verlag. *

—— dass. — für deutsche Mittelschulen. 5., mit besond. Rücksicht auf die Sekundarschule umgearb. Aufl. gr. 8. (VIII und 104 S.) Ebendas. 868.

Lüning, H., Schulgrammatik der neuhochdeutschen Sprache f. deutsche Mittelschulen. Mit besond. Rücksicht auf die Sekundarschule umgearb. 6. verm. Aufl. gr. 8. (VIII, 109 S.) Zürich 874. Meyer & Zeller. 1. 20

Lüning, H., Schulgrammatik der neuhochdeutschen Sprache für deutsche Mittelschulen. Mit besond. Rücksicht auf die Sekundarschule umgearb. 7. verb. Aufl. gr. 8. (IV, 112 S.) Zürich 878, Meyer und Zeller. *

Lüning, H. O., Gedichte. 8°. Schaffhausen, Brodtmann'sche Buchh., 1844.

Luening, Heinrich Otto, s. Luening, Otto

Lüning, Herm., die Edda, s. Edda, die.

Lüning, H(ermann): Etwas über die deutsche Orthographie. Zür. Zürcher u. Furrer Dr. 1865. 1 Bl., 22 S., 1 Bl. 4°.
Programm der Kantonsschule in Zürich 1865.

Lüning, Hermann: Altnordische Texte. Zür. Zürcher u. Furrer Dr. 1859. 1 Bl., 24 S. 4°.
Programm der Kantonsschule in Zürich 1859.

Lüning, Joh. (Mecklenburger), De Christo in nobis ad illustr. plurimorum scripturae locorum inprimis vero dicti apostol. Präs. Joh. Fecht. Ed. nova. Wittenberg (Gerdes) 5. VIII. 1705 (1735). 60 S. (5.—) 21830
Widm. v.: Joh. Fecht.

Lüning, O., die Methode der Massanalyse, s.: Beckurts, H.

Lüning, Otto

Lüning, O., Hector Berlioz, s.a. Neujahrsblatt der allgemeinen Musikgesellsch. in Zürich.

Lüning, [O.] Hector Berlioz. 1. 2. Teil. (81. 82. Neujahrsblatt der allgemeinen Musikgesellschaft in Zürich.) Zürich 1893. 1894.

Lüning, O. Friedrich Chopin, s.a. Neujahrsblatt der allgemeinen Musikgesellschaft in Zürich.

Lüning, O[tto]. Friedrich Chopin (1809–1849). Ein Künstlerbildniss. [Mit 1 Porträt-Tafel.] Njbl. AMusikges. Zürich 1892. 4 (Zürich.)

Lüning, Otto, dieß Buch gehört dem Volke, s.a. Buch.

Lüning, Otto. Dies Buch gehört dem Volke. 2 Jahrgänge. Bielefeld 1844, 1845. 208, 237 S. 8.

L[üning], O[tto]. Zum Gedächtnis von Dr. August Lüning (1813[–1896]). a. Bezirksarzt in Rüschlikon. 8. Zürich 1896.

Lüning, Otto, a. Lüneburg: Ueber die Konstitution zweier isomerer Di-p-Nitrobenzoyloxalessigester. Würzburg 1906: C. J. Becker. (51 S.) 8°
Tübingen, Naturw. Fak., Ref. Wislicenus, Diss. v. 7. März 1906
[Geb. 11. Febr. 80 Oster-Ihlienworth, Landdrostei Stade; Wohnort: Tübingen; Staatsangeh.: Preußen; Vorbildung: Gymn. Lüneburg Reife f. Obersek., Pharmaz. Staatspr. 1 Dez. 03; Studium: Braunschweig T.H. 4, Tübingen 4 S.; Coll. 7. März 06.]

Lüning, Otto. Die Lage der arbeitenden Klassen in England. (Deutsches Bürgerbuch für 1846.)

Lüning, O., Franz Liszt. Ein Apostel d. Idealen, s.a. **Neujahrsblatt der allgem. Musik-Gesellschaft in Zürich.**

Lüning, O[tto]. Franz Liszt (1811–1886). Ein Apostel des Idealen. [Mit 1 Porträt-Tafel.] Njbl. AMusikges. Zurich 1896. 4. (Zurich.)

Lüning, Otto, von Rüschlikon [Kt. Zürich]: Die Natur, ihre Auffassung und poetische Verwendung in der altgermanischen und mittelhochdeutschen Epik bis zum Abschluss der Blütezeit. Zür. F. Schulthess Dr. [u. Verl. 1888. 4 Bl., III, 313 S., 1 Bl. 8°.
Zürich, Phil. Diss. I. S. [v. 4. Febr. 1888].

Lüning, Otto, die Natur, ihre Auffassung und poetische Verwendung in der altgermanischen und mittelhochdeutschen Epik bis zum Abschluss der Blütezeit. gr. 8. (III, 313 S.) Zürich 889, Schulthess. *

Luening, (Henricus: Otto *(geb. Gütersloh in Westf. 6. 2. 1818.)*
De velamentis medullae spinalis Vratislaviae 1839. (30 S.) 8°
Breslau, Med. Diss. v. 31. Juli 1839

Lüning, O., R. Wagner als Dichter u. Denker, s.a. **Neujahrsblatt, 88., d. allgem. Musikgesellschaft in Zürich.**

Lüning, O[tto]. R(ichard) Wagner als Dichter und Denker. [Mit 1 Porträt-Tafel.] Njbl. AMusikges. Zürich 1900. 4. (Zurich.)

Lüning, Rob., 1. Ueber Natrium, Schwefelwasserstoff u. Benzonitril. 2. Ueber Benzonitril, Benzylchlorid u. Zink oder Natrium. 3. Nitrirung von Paratoluidinsulfat. 4. Propionylchlorid u. Orthodiamide. 5. Ueber ein Nitrosulfobenzol. Inaugural-Dissertation. 8. (32 S.) Göttingen 878. (Vandenhoeck & Ruprecht.) n. — 80

Lüning, Rud., üb. die Percussion d. Herzens. Inaugural-Dissertation. gr. 8. (46 S. m. 1 Steintaf. in 4.) Göttingen 876. (Peppmüller.) n. 1. —

Lüning, Th., Hülfstafeln zur schnellen Berechnung von Deviations-Tabellen für den Regelkompass eiserner Schiffe, s. Jessen, F.

Lüning, Thdr., Koppel-Tafeln nach Viertel-Strichen u. Graden, nebst Erklärg. u. Gebrauchsanweisg. Bis zu Distanzen v. 500 Seemeilen erweitert. gr. 8. (VII, 137 S.) Flensburg 891. Verl. d. Flensburger Nachrichten (L. P. H. Maass). (Leipzig, K. F. Koehler.) Geb. in Leinw. n. 3. 50

Lüning, Wilhelm, Rechtskand.: Anspruch auf Ersatz von Verwendungen auf die Sache nach BGB. §§ 994—1003. Leipzig-Reudnitz 1909: Hoffmann. 48 S. 8°
Leipzig, Jur. Diss. v. 8. Okt. 1909
[Geb. 18. Sept. 86 Waune; Wohnort: Gelsenkirchen; Staatsangeh.: Preußen; Vorbildung: Gymn. Wattenscheid Reife O. 06; Studium: Münster 1, Berlin 1, Leipzig 2, Münster 1, Leipzig 2 S.; Rig. 2. Aug. 09.] [U 10. 2758

Lüning, Wilhelm, approb. Arzt aus Niederurff: **Aus d. pharmakolog. Institut Würzburg. Die anorganischen Bestandteile des Pankreas.** *Würzburg 1899: P. Scheiner.* (27 S.) 8°
Würzburg, Med. Diss. v. 1899

Luninus. M., Prolegomena ad res Achaeorum, quibus mythica Argolidis historia primordia breviter adumbrantur. Diss. 1882. 96 S. 2.-

Lunitz, Adolph. (Frid. Mich.) (geb. Rössel 24. 10. 1830): De typho abdominali. Berolini (1862). (31 S.) 8°
Berlin, Med. Diss. v. 26. März 1862

Luniz, Christoph Friedr. (Stolberg), Diss. jur. de valida illatorum confessione a marito facta. Präs. Heinr. Brokes. Wittenberg (Ephr. Gottl. Eichsfeld) Nov. 1737. 30 S. (5.—) 21861
Gew.: Casp. Ernst v. Mezerodt.

Lunkaszprie, G. von, s. Carabelli

Lunke, Wilh., Sang u. Klang an vaterländischen Gedenktagen. Ein National-Liederbüchlein f. die deutsche Volksschule. 2. erweiterte Aufl. 8. (84 S.) Elberfeld 871. Lucas in Comm. n. — 75

Lünkenbein, examinatorium juxta praecipuas institutionum Heineccii materias. 8. Francf. (Acad. Buchhandl.) 753.

Lunkenbein, Chr., d. zierl. Franzose, in w. d. Zierlichk. der ganzen franz. Sprache abgehandelt worden. 1r Thl. gr. 8. Hamb. Hoffmann. 757.

— vollst. Grammatik oder Sprachlehre. m. 8 Tabellen u. e. deutsch-franz. Wörterbuche. 4. Hamb. Hoffmann. (Junius in Leipzig). 752.

— Kern auserles. Redensarten d. französ. Sprache. 8. Hamb. 757. (A. Campe). 4 gl

— Kern auserl. Redensarten d. franz. Sprache. 8. Hamburg, Hoffmann. 757.

— Versuch, d. franz. Sprache zu erlernen, m. Tabellen. 4. Leipz. Junius. (Curich). 752.

Lunkenheimer, C., Düngung unserer landwirtschaftlichen Kulturpflanzen unter besond. Berücksicht. d. Kunstdünger. (35 S.) 8. Trier 910. Paulinus-Druckerei. — 20

Lunn, Charles, s.: Trug, Ludw. J., die menschliche Stimme.

Lunn, Charles, s. Trüg, Ludw. J. Die menschliche Stimme.

Lunn, Jos., Fish out of water, with notes by K. Albrecht, s.: Theatre, modern English comic. Nr. 51.

Lunn, W. Holdsworth s. Lunn, Henry Simpson, and Lunn, W. Holdsworth.

LUNN, Wilhelm Joseph (Hull/Engl.): De prolapsu ani. (Titel nach der Urkunde)
22.7.1859 - Urk: F 64
Diss. Ingolst.-Landsh.-Mchn.

Lünnemann, Fritz, a. Ruhrort: Die Arbeiterpolitik der englischen und deutschen Staatswerften. Kiel 1909: Handorff. 103 S. 8°
Kiel, Phil. Diss. v. 1. April 1909, Ref. Bernhard
[Geb. 6. Jan. 83 Laar; Wohnort: Laar; Staatsangeh.: Preußen; Vorbildung: Realgymn. Aachen Reife O. 04; Studium: München 1, Marburg 3, Kiel 4 S.; Rig. 27. Juli 08.] [U 09. 2323

Lünnemann, Leopold

Lünnemann, L., Bad Driburg u. seine Heilmittel. Unter besond. Berücksicht. der Wirkgn. u. speciellen Anwendungsformen, nebst e. Beschreibg. des Ortes u. der Umgebg., dargestellt f. Ärzte u. Kurgäste. 8. (83 S. m. Abbildgn.) Paderborn 902. Junfermann. n. 1. —

Führer durch Bad Driburg und Umgebung. Hrsg. von Dr. med. [Leopold] **Lünnemann**. Paderborn: Junfermann [1910]. 32 S. 8°
[10. 17545

Iburg und Driburg. Eine Geschichte d. Burg u. Stadt nebst Bericht über d. jüngsten Ausgrabungen von Dr. med. [Leopold] **Lünnemann.** Mit 9 Ill., 1 Stammtaf. u. 1 Grundriß. 2. verb. Aufl. Paderborn: Junfermann 1907. (39 S.) 8° [F.] (08. 3494

Lünnemann, Leopold [aus Gross-Wanzleben]: Uber [!] einen Sanduhrmagen. Beitrag z. patholog. Anatomie d. Ulcus ventriculi simplex ... Würzburg, Druck d. Etlinger'schen Buchdr., 1891; 37 S. 8.
Würzburg, Med. Fak., Inaug.-Diss. v. 1891

Lünnemann, Thdr., Handbuch der katholischen Militärseelsorge Preußens. Cöln 870. Boisserée. gr. 8. (III, 98 S.) n. 15 ngr

Lunow, Max: Beitrag zur Diagnose und Therapie der Actinomycose. ... Königsberg i. Pr., gedr. bei E. Erlatis (1889); 29 + 1 S. + 1 Bl. 8°
Königsberg, Med. Fak., Inaug.-Diss. v. 8. Aug. 1889

Lunow, Max. Beitrag zur Diagnose u. Therapie der Actinomykose. Diss. gr. 8. (29 S.) Königsb. 889, (Koch). * — 80

Lunquist, Chr. Hnr. Karl., († d. 6. Juni 1806.) Anleit., d. Bauernwirthschaften durch den Kleebau u. Stallfütterung z. höherm Ertrag zu bringen. Mit e. Vorrede u. Anmerkk. v. F. C. L. Karsten, gr. 8. Berl. 799. Pauli. 4 gr

Lunquist C. H. K.: Okonomische auf Erfahrung gegründete Anleitung, wie die Bauerwirthschaften durch den Kleebau u. durch die mit demselben zu verbindende Stallfütterung z. höhern Ertrage zu bringen ... M. e. Vorr. u. Anmerk. v. F. C. L. Karsten. Berl. 1799. (22) 58 S.

Lünse, F. s.a. Koeppen, C.

Lünse, F., Anleitung zur Anfertigung der Unter-Rechnungen u. deren Beistücke, sowie der Schreibmaterialien-Rechngn. [Separatausg. der Beilage zum „Bürcau-Blatt f. gerichtl. Beamte".] gr. 8. (45 S.) Berlin 890. A. Nauck & Co. n. — 75

— der Gast- u. Schankwirthschafts-Betrieb u. der Kleinhandel m. geistigen Getränken im Königr. Preußen, s.a. **Koeppen,** C.

Lünse, F., Haupt-Register, s.: Bureau-Blatt f. gerichtliche Beamte.

Lünsmann, Carl, Postinspektor in Straßburg i. E.: Der Giro- und Scheckverkehr und die Frage seiner Organisation durch die deutsche Post. Straßburg i. E. 1908: Straßburger Druckerei u. Verlagsanstalt. (86 S.) 8°
Straßburg, Rechts- u. staatswiss. Fak., Ref. Sartorius v. Waltershausen, Diss. v. 22. Febr. 1908
[Geb. 14. Nov. 75 Weener (Hannover); Wohnort: Straßburg i. E.; Staatsangeh.: Preußen; Vorbildung: Gymn. Leer (Hannover) Reife; Studium: Straßburg 6 S.]

Lünstedt, Jul., wie muß d. deutsche Volk d. gesammelten 600 000 000 Mark der Alters-, Invaliditäts- u. Unfall-Versicherungsgenossenschafts-Fonds z. Besten d. Vaterlandes anlegen? E. Vorschlag friedl. Socialreform. Zugl. Programm der „Gesellschaft für genossenschaftl. Colonisation". M. 2 Anlagen: Eingabe an d. socialdemokrat. Parteitag, Eingabe an d. deutschen Reichstag. 2. Taus. 8. (IX, 54, III u. IX S.) Zürich 898. C. Schmidt. n. 1.—

Luntblad, Knut. Geschichte Karl des Zwölften, Koenigs von Schweden. Nach dem schwedischen Original frei übersetzt und mit erläuternden Anmerkungen begleitet von G. F. v. Jenssen. 2 Bde. Hamburg 1835—1840.

Luntowski, A., Beobachtungen eines Beobachteten. Einiges zur Kritik der Bildg. u. Erziehg. in unseren Lehrerseminarien. (32 S.) Lex.-8. Leipzig 904. W. Röhmann Nachf. n. — 80

— dasselbe. (2., verb. u. vervollständ. Aufl. m. e. Nachtrag. 4. Taus.) (43 S.) Lex.-8. Ebd. 904. n. 1. —

— zwischen Tag u. Nacht. (VIII, 80 S.) 8. Dresden 905. E. Pierson. n. 1. 50; geb. n. 2. 50

Luntowski, Adalb., Menschen. Carlyle, Whitman, Liliencron, Dehmel, Fidus, Wagner, Kleist, Nietzsche, Beethoven, Thoreau, Emerson. (Mit e. Orig.-Bl. v. Fidus u. 11 Portr.-Beigaben nach Originalen v. Behrens, Klinger, Olde etc.) (270 S.) 8. Leipzig 910. Xenien-Verlag. 5.—; geb. n 7. —

— Maler Müller, s.a. Beiträge zur Literaturgeschichte.

Maler Müller von Adalbert **Luntowski.** Leipzig: Verl. f. Lit., Kunst u. Musik 1908. (96 S.) 8° [F.]
— **Beiträge** z. Literaturgeschichte. H. 49. (08. 3803

Luntschitz, Salomo Ephraim. Ein Lebensbild, s. Grünwald, M.

Luntz Erwin Dr.: Georg Muffat. „Auserlesene mit Ernst und Lust gemengte Instrumental Music." 1701. D: Denkmäler der Tonkunst in Oest. Jg. 11. Teil 2. Wien, 1904.
1904 PN 1688 Diss. Wien, Univ. 2127

Luntz Ivo: Beiträge zur Geschichte der Wiener Ratsurkunde.
M. 1908 PN 2416 Diss. Wien, Univ. 986

Lüntzel, A., die Behandlung der Cholera nach den in Indien gemachten eigenen Erfahrgn. gr. 8. (12 S.) Gotha 892. K. Schwalbe. n. — 40

Lüntzel, Alfr., Einheitsstaat oder Bundesstaat? gr. 8. (16 S.) Hannover 867, Cruse's Buchh.

Lüntzel, E. A. Die Stiftsfehde. Erzählungen u. Lieder, hersgeg. von E. A. L. ... (19¾ B.) 8. Hildesheim 1846. 4,00.

Lüntzel, Hermann Adolf

Lüntzel, Herm. Ad., die Annahme des evangel. Glaubens-Bekenntnisses von Seiten der Stadt Hildesheim, zu dem nach drei Jahrhunderten wiederkehrenden Jahrestage erzählt. Mit einem bisher ungedruckten Briefe Luther's. gr. 8. Hildesheim 842, Gerstenberg'sche Buchh. n. ½ ng

Lüntzel, H. A., der heilige Bernward, Bischof von Hildesheim. (Aus dessen als Mscr. nachgelassener Geschichte der Diöcese und Stadt Hildesheim abgedr.) Lex.-8. (IV und 100 S. und Verhandlungen des Gesammt-Vereins der deutschen Geschichts- und Alterthums-Vereine zu Hildesheim am 16.—19. Septbr. 1856. S. 104—129 mit 2 Stnt.) Hildesheim 856, (Gerstenberg'sche Buchh.) *

Lüntzel, Hermann Adolf.
Geschichte der Diöcese und Stadt Hildesheim. Hildesheim 1858. H: *Römer, H.* (Kat. d. Bibl. d. dtsch. Reichstages. Berl. 1882.)

Lüntzel, H(erm.) A(d.), Geschichte der Diöcese und Stadt Hildesheim. Hrsg. aus dessen Nachlasse. 18 Hefte. gr. 8. Hildesheim 858, Gerstenberg'sche Buchh. [1. Bd. (XV und 548 S.) 2. Bd. (676 S.)] à Heft * 10 Ngr. *

—— Geschichte des Schlosses Steinbrück im Fürstenth. Hildesheim und Jürgen Wullenweber. gr. 8. (140 S. mit 2 Stnt.) Hildesheim 851(57), (Gerstenberg'sche Buchh.) *

Lüntzel, Herm. Ad., die ältere Diöcese Hildesheim, beschrieben. gr. 8. (30½ B. u. 2 ill. Kart., Fol.) Hildesheim 837, Gerstenbergsche Buchh.

Lüntzel, H. Ad., die bäuerl. Lasten im Fürstenthume Hildesheim. Eine geschichtl.-rechtl. Abhandl. gr. 8. (18 B.) Hildesheim 830, Gerstenberg.

— s. Mittheilungen, geschichtl. u. gemeinnütz. Inhalts.

Lüntzel. Schloss Steinbrück u. Jürgen Wullenweber. (140) 8. Hildesheim 1849.

—- die Stiftsfehde, s. Zeitschrift des Museums.

Lüntzel, Herm. A., s. Zeitschrift d. Museums zu Hildesheim.

Lüntzmann, farbiges Malerbuch, s.: Witte.

(Lüntzmann, A.) Memoire gegen die Vertheidigungs-Schrift des Marschall Davout vor Ludwig XVIII. Hamburg 1814. 8°.

Lüntzmann, Carl, Schriften-Atlas. Eine Sammlg. v. Alphabeten moderner Schriften, zum prakt. Gebrauch f. Schriftmaler u. verwandte Berufe zusammengestellt u. hrsg. (12 Taf. m. 1 Blatt Text.) 35×24,5 cm. Bremen (905). (Berlin, Schuster & Bufleb.) In Mappe 5. —

Lüny, od. die Sehnsucht nach der Heimath. Eine Novelle v. K. A. Ragotzky. 8. Stendal, Franzen u. Gr. 804.

Lunz [Schlagwort]

Lunz, s.: Alpen. Artaria.

Lunz [Verfasser]

Lunz, Adf., üb. das Verhalten der Elasticität der Arterien bei Vergiftungen m. Phosphor, Quecksilber u. Blei. Diss. gr. 8. (34 S. m. 1 Taf.) Jurjew (Dorpat) 892. (E. J. Karow.) n. 1. —

Lunz, Gustavus Adolphus, Campodunensis: Anatomicae de febri puerperali quaestiones. Staefae typ. Leuthianis (1834). 18 S., 1 Bl. 8°. Zürich, Med. Diss. v. 21. Juni 1834.

Lunz, J. G.

— s. Grundsätze d. Höflichkeit.

Lunz, J. G., Handl. u. Gebete, s. Handlungen.

Lunz, Jh. Geo., († im Sept. 1812.) Lehrbegriff d. nöthigsten Kenntnisse z. Unterr. in d. bürgerl. Schulen. gr. 8. Kempten 782. 2e A. 787. Dannheimer. (a. Köhler in Leipz.) 16 gr

— der rechtschaffene Mann, Rede am Grabe M. J. U. Zorn, am 8. Dec. 1791. 4. Kempten 791. Dannheimer. 2 gr

Lunz, Joh. Georg (Kempten), Diss. med. sist. novam inflammationis theoriam. Jena (Schlotter) 6. II. 1801. 18 S. (3.50) 21862

Lunz, Karl Gotthelf, s. L u n z e, Karl Gotthelf

Lunze, Bernh. Über Wesen und Bildung des Charakters. 19 S. *Plauen* 1879. **Progr.**

Lunze, Gustav

Lunze, G., die Hundezucht im Lichte der Darwin'schen Theorie. gr. 8. Berlin 877. Magdeburg, Creutz'sche Buchh. * 4 50

Lunze, Gust., die Hundezucht im Lichte der Darwin'schen Theorie, als 1. Thl. einer allgemeinen Thierzucht, nebst einem Anhang über die Errichtung eines kynologischen Gartens. gr. 8. (231 S.) Berlin 877. Gerschel. n. 4. 50

Lunze

Lunzius, Joh. Gottl., De Christi divitiis et paupertate ad 2 Cor. 8, 9. Lpz. (Sommer) Jan. 1784. 16 S. (3.—) 21864
Gew.: Chr. Friedr. Enke, Christ. Gottfr. Haubold.

Lunze, Johann Gottlob

— Academica Veneta, seu della Fama, in disquisitionem vocata actore et auctore etc. 8. Leipz. 801. Tauchnitz. 16 gr

Lunze, Joh. Gottl., Academia veneta seu della fama. Lpz. (Carl Tauchnitz) 1801. 179 Seiten. (4.—) 21863

Lunze, Jh. Glo., († d. 2. Juli 1826.) Carena u. Kehren, od. etymologisch-philolog. Untersuchung über d. Ursprung u. d. Bedeutung d. beiden genannten Wörter. gr. 8. Leipz. 808. Dürr. 12 gr

— Monument. typographicorum decas. Lips. 799. 8. 3 gr.

— monimentorum typogr. decas; illustr., ad Panzeri Annal. typograph. accommod. atque edidit. 8. Leipz. 800. Schäfer. (Kühn). 3 gr

Lunze, J. G., Monumentorum typographicorum tridecas. Lips. 801. 8. 7 gr.

Lunze, Karl Gtthlf., vernünftige Anleit. z. Rechnen, f. Lehrer u. And., die schon rechnen können. gr. 8. Dresd. 785. (Gödsche in Meißen). 16 gr

Lunzenau [Schlagwort]

Lunzenau, s.: Chemnitz, Umgeg.

Lunzer, Ed., Girardinetto. Gesammelte Skizzen üb. Alexander Girardi's Künstler-Laufbahn. gr. 8. (46 S. m. 2 Bildnissen.) Wien 894. (C. Gerold's Sohn.) n. 1. —

Lunzer, Fritz, der neue Bursche, s.: Theater, modernes.

— Im Heiratsbureau Fortuna, s.: Bloch's, Ludw., Damen-Bühne.

— Ein Freundschaftsdienst, s.: Thalia.

— Ein Guß v. oben, s.: Bloch's, Ludw., Herren-Bühne.

— Seine Kusine, s.: Bloch's, Ludw., Militär-Festmappe.

— Der geleimte Liebhaber, s.: Bloch's, Eduard, Theater-Korrespond.

Lunzer, Fritz, die Männerfeindin, s.: Bloch's, Ludw., Damen-Bühne Nr. 39.

— Ein ruhiges Nachtquartier, s.: Bloch's, Ludw., Herren-Bühne.

— eine Sprechstunde beim Stabsarzt, s.: Bloch's, Ludw., Militär-Festmappe. 81. Heft.

— das Spuk-Quartier, s.: Bloch's, Ludw., Militär-Festmappe. 82.

— Der beste Turner, s.: Vereins-Bühne.

— Unter Verbrechern, s.: Volkstheater. Nr. 61. (Peschke, Jul.)

— Die Zwillingsschwestern, s.: Bloch's, Ludw., Damen-Bühne.

Lunzer, Jos., moral.-prakt. Seelenlehre. 8. (10 B.) Innsbruck 837, Wagner'sche Buchh. Thlr. *

Lunzer, Jos., Studien über die Natur-Prozesse bei Erkrankungen und Heilungen. gr. 8. (15 S.) Krems 857, Löhner's Buchh. Thlr. *

von Lunzer, [Justus]: [Festrede bei der Feier des Namensfestes Sr. Maj. des Kaisers.] S. 52—53. 8. K. k. erstes Staats-Gymn. *Graz* 1907. Progr.

Lunzer, Just., d. Metrik d. Nibelungenbearbeitg. k, s.a. Festschrift d. deutschen akadem. Philologen-Vereins in Graz.

Lunzer, Dr. Justus, Die Metrik der Nibelungen-Bearbeitung. K. Gr.-8. (14 S.) —.40
Graz: Leuschner & Lubensky 1896.

v. Lunzer, Justus: Zu „Virginal" und „Dietrichs erster Ausfahrt". XXXIII S. 8. K. k. Franz Josephs-Gymn. *Wien* 1901. Progr.

Lunzer Edler v. Lindhausen, Just., s.: Ortneit u. Wolfdietrich.

Lunzi, Anastas. Comes a, de pronuntiatione linguae graecae. gr. 8. (VII und 178 S.) Berlin 864, Th. C. F. Enslin. *

Lunzius, s. Lunze

Mauritii Luenzii Arithmetica fundamentalis. Bernae, 8, 1710.

Lünzmann, Andr., mémoire, contre l'écrit. de la défense de Maréchal Davoust. gr. 8. Lüneburg 814. Herold u. W. 15 gr.
— Dass. deutsch, s.a. Memoiren gegen d. Vertheidigungsschrift d. Marschall Davoust.

Lünzmann, Andr. Memoire gegen die Vertheidigungsschrift des Marschalls Davoust. 8. Hamburg 1814. 1,50.

Lünzner, Eduard Personifikationen in Vergils Gedichten. 27 S. Progr. *Gütersloh* 1876.

Lünzner, [Ernst], Dir. Prof. Dr.: Ansprache des Direktors bei der Entlassung der Abiturienten zu Ostern 1904. Gütersloh 1904: C. Bertelsmann. (S. 1—6.) 4° [F.]
Gütersloh, evangel. G P 1904 (411)

Lünzner [Dir. Prof. Dr.]: Ansprache zum Gedächtnis weil. Sr. Majestät des hochseligen Kaisers und Königs Friedrich III. . . . Gütersloh, gedr. bei C. Bertelsmann, 1889; S. 3—9; 4°
Gütersloh, ev. G, OP 1889 (337)

Lünzner, [Ernst], Dir. Prof. Dr.: Bericht über die Feier des fünfzigjährigen Bestehens der Anstalt. *Gütersloh 1902: C. Bertelsmann.* (S. 3—10.) 4° [F.]
Gütersloh, ev. G, P 1902 (391)

Lünzner, (E[rnst]), Dir. Prof. Dr.: Das evangelische Gymnasium zu Gütersloh. Ein Rückblick auf d. halbe Jahrhundert seines Bestehens. *Gütersloh (1901): C. Bertelsmann.* (S. 1—53.) 8° [F.]
Gütersloh, ev. G, Festschr. 1901**

Lvenzner, Ernestvs (geb. 1842 in Köln): Epaphroditi grammatici qvae svpersvnt ... Bonnae, typ. C. Georgii 1866. 2 Bl., 49 S., 1 Bl. 8.
Bonn, Phil. Fak., Diss. v. 26 Juli 1866

[F.] Lünzner, *Ernst* [Dir. Prof. Dr.]: Das Verhältnis von Schule und Haus in der Erziehung unserer Jugend. E. Wort z. Verständigg an Eltern- u. Pensionshaus. Gütersloh, gedr. bei C. Bertelsmann, 1895; 3—11 S. 4.
Gütersloh, ev. G, P 1895 (359)

(Luoco.) Histor. Versuch üb. d. Revolution in Neapel. A. d. Ital. von B. M. 2 Thl. 8. Berlin 1805. 6,00.

Lüönd, A. Chronologischer Abriss der Schweizergeschichte. Ein Schul- u. Repetitionsbuch. In-8°, IV. 55, u. XI. S. Zürich, Cæsar Schmidt. 1880.

Lupáče z Hlavačova, M. Prok., Historia o císaři Karlovi, toho jména Čtvrtém, králi Českém. K pětistyleté slavnosti založení Karolinských vysokých škol pražských podruhé vydána od Václava Hanky. gr. 12. (XXIV und 120 S. mit 1 Stahlst. und 1 Facsimile.) Prag 848, Kronberger'sche Buchh. *

Lupi, i, smascherati, nella confutazione e traduzione del libro intitolato etc. 8. Lausanno, Pott. 761.

Lupi, Johs., s.: Wolff, Johs.

Lupichius, Franc., De risu. Bas. 4°. 1738
Basel; med. Diss.

Lupin, Ed. Jak., (†im Jan. 1772.) historiae morborum difficiliorum, iisdemque adhibitae curationes, cum subjunctis annotationibus. 8. Regensb. 768. Montag u. W. 5 gr.

Lupin, Eitel Friedr. (Memmingen), Diss. jur. quam de quaest. an species deroget generi? Präs. Jac. Friedr. Ludwig. Halle (Chr. Henckel) Mai 1721. 44 S. (5.—) 21865

Lupin, Friedrich Frhr. von: Landwirtschaftliche Beschreibung von Illerfeld. 1817.

v. Lupin auf Illerfeld, (Fr.,) Biographie jetzt lebender oder im Laufe d. gegenwärtigen Jahrhunderts verstorbener Personen. 1r Bd. gr. 8. Stuttg. 826, Cotta.

Lupin, Fr. v., d. Gärten. Ein Wort z. seiner Zeit, mit e. Gartenroman, u. e. Verzeichniss d. in Illerfeld vorhand. Pflanzen. 8. München, 1820. (Leipzig, Hartmann.) 1. 20

v. Lupin auf Illerfeld, Frhr., die Gärten. Ein Wort zu seiner Zeit, mit einem Gartenroman, u. e. Verzeichnisse der in Illerfeld vorhand. Pflanzen. 8. Münch. 820. Lentner. 1 ₰ 18 gr.

(Lupin, Friedr. Frhr. v.,) † (Florian Fenbel,) der Landbär. gr. 8. (5¼ B.) Weimar 840, Voigt.
A. u. folgend. Titln.:
Der grüne Esel am blauen Wasserfall, vom Verf. d. blauen Esels am grünen Wasserfall, od. auf Druckpapier fixirte Lichtbilder e. Camera non obscura. — Zwei Menschenalter e. Menschen, d. merkwürdigsten seines Lebens, kurz dargestellt v. ihm selbst. Aus d. nachgelass. Papieren d. Studienrektors Felbel. — Endbetrachtungen üb. e. glückl. Leben am Ende e. wahren Geschichte, od. Fürsten- u. Volksspiegel. — Quintus Firlein, in d. Adelstand erhoben, od. Leben e. bayerschen Edelmanns, 30 Jahre vor u. 30 nach der Mediatisirung. — Einhundert u. letzter Beitr. z. Nekrolog d. Deutschen. Auf eigene Rechnung geschrieben u. hrsg. v. Verf. d. Biographie d. Lebenden. — Selbstbiographie d. Friedr. Frhrn. v. Lupin auf Illerfeld: Ein Lesebuch f. alle Stände ꝛc. — „Wollt Ihr mich haben od. nicht?"

Lupin (F. von). Resume der auf verschiedenen Reisen in das schwäbische Alb-Gebirge gemachten geognostisch-mineralogischen Beobachtungen. (Separat-Abdr.) 4.

— Resumé der auf verschied. Reisen in das schwäb. Alpgebirge gemachten geognost.=mineralog. Beobachtt. gr. 4. Münch. 811. (G. Franz). 9 ℊ (Auch in d. Denkschriften d. Acad. d. W.)

(——) Schulrede, s. † Felbel, Florian.

v. Lupin's, Fr., Frhrn. auf Illerfeld, Selbst=Biographie. 4 Thle. (In 2 Bden.) gr. 8. Weimar 844, Voigt. 6 ℛ — 2. nach seinem, d. 28. Nov. 1845 erfolgten Ableben, mit einer Nachrede u. seinem Portrait verm. wohlf. Aufl. 4 Thle. (In 2 Bden.) gr. 8. Ebend. 846. 2 ℛ

Lupin's, Friedr. v., † (Florian Felbel,) Selbst=Biographie. 4 Thle. (In 2 Bdn.) 1. Aufl. 844. 6 Thlr. u. 2., m. L's Portr. u. ein. Nachrede verm., wohlf. Aufl. gr. 8. (à 103 B.) Weimar 847, Voigt.

Lupin, Friedr. v., auf Illerfeld, Selbst-Biographie. 2., nach seinem, den 28. Nov. 1845 erfolgten Ableben mit einer Nachrede und seinem Portrait verm. wohlf. Aufl. 4 Thle. (in 2 Bdn.) gr. 8. (1646 S.) Weimar 847, Voigt.

Lupin, K. Frhr v. Über die Fortschritte in der Feuerwirkung der Feldartillerie. (Berlin 1877.) 8°. (Aus: Bh. z. M. W. B.)

— Phil. (Augsburg), De debitore pecunias pupillares tuto solvente. Altdorf (Joh. Gg. Meyer) März 1742. 32 S. (4.—) 21869

Lupinai de la Vinde, (Paul. Erdt,) akad. Rede: ob man die heil. Reden heute meistentheils aus dem Papier herlesen, ob ob man solches zu thun frei lassen solle? .. Freiburg 772.

Lupini, C., Chronicon, s. Chronicon.

Lupius, Jakob, vgl. Luppius

Lupius, Jac., Schatzkammer der Natur, oder gründliche Erklärung dreier großer Geheimnisse, deren das erste ist Extractio der spiritualischen Mumie des Menschen und anderer Thiere, das andere das große mysterium magicum des Baums des Lebens und des Baums des Erkenntnisses Gutes und Böses, das dritte ein sonderbares doch natürliches Arcanum durch Träume etwas zu erfahren. Erfurt 644. 8. [Anon.] ebd. 615. 12. 1651. 12. s. l. 681. 8. Leipz. 710. 723. 8. Frkf. 756. 8.

Lupius, Jak., Schatzkammer der Natur. 8. Leipz. 756. (W. Nauck). 4 K

Lupius, Jak., großes Traumbuch. 8. Glogau 804. Chr. Fr. Günther. 8 K

Lupius, R., codex diplomat. civitatis Bergomatis. II Vol. fol. Lps. Gleditsch. 784.

— de figuris sententiar. et elocutionis. II libri. ed. Ruhnken. 8. maj. Leid. Luchtmann. 768.

***Lupius*, Rutili, s. *Rutilius*.**

Lupius, Servat., epistolae et al. opera; c. not. S. Baluzzii. 8. Lips. (Beck, N.) 710.

Lüpke, ..., d. Freund od. Priester am Krankenbette. 2 Thle. 8. Münster 804. Theissing. 12 K

Lüpke, v. (Red.), s. Pastoral-Correspondenz, Hannoversche.

Lüpke, Schloß Plön. Auf Befehl des Kommandos des Kadettenhauses verf. (V, 42 S. m. Abbildgn.) 12. Ploen 903. (Hahn.) n. — 50

FRIEDR WILH. LÜPKE, Die Gründung des Domes zu Cammin. Festschrift zur Feier seines 700jährigen Bestehens. Stettin, 1875. Verlag der Gesellschaft für Pommersche Geschichte und Alterthumskunde. 8°.*)

Lüpke, Hans v., die Arbeit des Pfarrers f. die Wohlfahrt des Landvolks. Vortrag auf der Kreispredigerkonferenz zu Weida am 5. VII. 1899. (Schriften des Ausschusses f. Wohlfahrtspflege auf dem Lande.) gr. 8. (55 S.) Berlin 900. [Deutscher Dorfschriftenverlag.] Deutscher Verlag. n. — 80

Die Arbeit des Pfarrers für die Wohlfahrt des Landvolks. Vortrag zu Weida 1899. Von Hans v. Lüpke, Pfarrer. Berlin: Deutscher Dorfschriftenverl. [Deutsche Landbuchh.] 1900. 55 S. 8°
(Schriften d. Ausschusses f. Wohlfahrtspflege auf d. Lande. [1.])
(Schriften z. Dorfkirche. H. 3.) [illegible]

Ⓑ **Lüpke, Hans v., die Arbeit d. Pfarrers. 900. (KVB 32.) Jetzt: Berlin, Deutsche Landbuchhandlg.**

— s.: Dorfkirche, die.

— s.: Schriften zur Dorfkirche.

Lüpke, Hans v., Tat u. Wahrheit. Eine Grundfrage der Geisteswissenschaft. (35 S.) gr. 8. Leipzig 903. Dürr'sche Buchh. n. — 50

Lüpke, Johann Christian Gottfried

Lüpke, J. C. G., practische Abhandlung über Kolik, Lungenseuche, Hundestaupe ꝛc. der nutzbarsten Haus-Säugethiere. Ein Hilfsbüchlein für angehende Thierärzte, Landwirthe u. Jäger. Mit 1 Abbild. 8. Aschersleben 845. (Laue.) n. 1/2 ℛ

Lüpke, J. C. G., praktische Abhandlung über Kolik, Hunde- u. Lungenseuche des Rindviehes ꝛc. Ein auf Erfahrung begründetes Hilfsbüchlein f. Landwirthe, Jäger u. angehende Thierärzte. 2. verb. u. sehr verm. Aufl. Mit 1 (lith.) Abbildung. 8. (XII u. 138 S.) Quedlinburg 852, Ernst. 1/2 ℛ

Lüpke, J. C. G., kurzer Entwurf e. Hufbeschlags=Lehre f. Cavalleristen, Pferdebesitzer u. Beschlagschmiede. 12. (3 B. u. 1 Stnt.) Halle 828, (Anton.)

Lüpke, J. C. G., Handbuch der sporadisch-herrschenden Krankheiten d. Rindviehes. Nach allopath. u. homöopath. Grundsätzen f. den Landwirth bearb. gr. 8. (XVIII, 166 S.) Aschersleben 875. Schlegel. n. 1. 50

Lüpke, J. C. G., practisches Handbuch der Verdauungs-Krankheiten u. die in Preußen geltenden Gewährsmängel unserer Haussäugethiere. Nach allopatischen u. homöopatischen Grundsätzen für den Landwirth bearb. gr. 8. (II, 181 S.) Aschersleben 878. Schlegel's Verl. n. 1. 50

Lüpke J. C. G.: Handbüchlein d. Hufbeschlags-Lehre ... Od.: wie hat sich der Cavallerist ... zu verhalten, um den Krankheiten d. Pferdes vorzubeugen, die entstandenen richtig zu erkennen, sie zu heilen u. die Hüfe gegen äussere Verletzungen zu schützen. 2. verb. u. verm. Aufl. Quedlinb. u. Leipz. 1836. 121 S. 8 Tvl.
(S. 1-71 er Hestens Sundhedspleje og Patologi i Alm.).

Lüpke, Joh. Chrstn. Gtfr., Handbüchlein d. Hufbeschlags-Lehre, f. Cavalleristen, Pferdebesitzer u. Beschlagschmiede. 2., verb. u. verm. Aufl. gr. 12. (5 1/2 B. u. 8 Stnt.) Quedlinburg 836, Basse.

Lüpke, J. C. G., Haus-Thier-Arzt für homöopathische und allopathische Behandlung. gr. 8. (164 S.) [Aschersleben 880, Schlegel.] Minden, Köhler. geb. *

— **Haus-Thier-Arzt** für homöopathische u. allopathische Behandlung. (In 7 Lfgn.) 1. Lfg. gr. 8. (II, 48 S.) Ebend. 881. n. — 40

Lüpke, J. C. G., Haus-Thier-Arzt f. homöopathische u. allopathische Behandlung. 2—7. (Schluß-)Lfg. gr. 8. (1. Thl. S. 49—215 u. 2. Thl. XVIII, 163 S.) Aschersleben 881. Minden, Köhler. à n. — 40

— Haustierarzt für homöopathische und allopathische Behandlung. In 7 Lfgn. Aschersleben 86. (Köhler, Minden.) M. 2.80

—— **Veterinair-Receptirkunst** nach neuern medicin. Grundsätzen u. Erfahrn. f. Thierärzte u. denkende Oeconomen. 8. ($9^{1}/_{2}$ B.) Aschersleben 834, Lorleberg.

—— **Veterinair-Recept-Taschenbuch f. Thierärzte u. Oekonomen.** Od.: Allgem. verständl. Unterr. in Betreff d. in d. Thierarzneikunde gebräuchl. Medicamente, rc. gr. 8. (8 B.) Quedlinburg 835, Basse.

— **Veterinair-Receptirkunst** nach neuern medicin. Grundsätzen u. Erfahrungen für Thierärzte u. denkende Oeconomen. 2. verb. Aufl. gr. 8. Neuhaldensleben 843, Eyraud. $^{1}/_{2}$ ₰

Lüpke, Robert: Ueber die Bedeutung des Kaliums in der Pflanze. . . . Berlin, Druck v. Gebr. Unger (Th. Grimm), 1888; 31 S. + 1 Bl. u. 1 Taf. 8°
Giessen, Phil. Fak., Inaug.-Diss. v. 1888

Lüpke, Rob., Grundriss der Chemie, s.: **Rüdorff, Fr.**

LÜPKE, ROBERT.
Grundzüge der wissenschaftlichen Elektrochemie auf experimenteller Basis. Berlin, 1895. 8vo. Ill.
Zweite vermehrte Auflage. Berlin, 1896. 8vo. Ill.

Grundzüge der Elektrochemie auf experimenteller Basis. Von Dr. Robert **Lüpke**, Oberl. . . . zu Berlin. 2., verm. Aufl. M. 54 in d. Text gedr. Fig. Berlin: Springer 1896. (XI, 186 S.) 1 Bd 8.

— **Grundzüge der Elektrochemie auf experimenteller Basis.** 3. verm. u. verb. Aufl. gr. 8. (XII, 286 S. m. 77 Fig. u. 28 Tab.) Berlin 899. J. Springer. n. 5.—; geb. in Leinw. n. 6.—

Lüpke, Rob., Grundzüge der Elektrochemie auf experimenteller Basis. 4., m. der 3. gleichlaut. Aufl. (XII, 286 S. m. 77 Fig. u. 28 Tab.) gr. 8. Berlin 903. J. Springer. n. 5.—; geb. in Leinw. n. 6.—

— **Grundzüge der Elektrochemie auf experimenteller Basis.** 5., neu bearb. Aufl. v. E. Bose. (XII, 271 S. m. 80 Fig. u. 24 Tab.) 8. Berlin 907. J. Springer. Geb. in Leinw. 6.—

Lüpke, Rob., Grundzüge der wissenschaftl. Elektrochemie auf experiment. Basis. gr. 8. (VIII, 150 S. m. 46 Fig.) Berlin 895. J. Springer. n. 3.—; geb. n. 3.80

Lüpke, Th. v., Baalbek, s.: **Puchstein, O.**

Lüpkes, Adolf, approb. Arzt aus Leer: **Aus d. Psychiatr. u. Nerven-Klinik zu Kiel. Beitrag zur Stichverletzung des Rückenmarks.** *Kiel 1904: H. Fiencke.* (33 S.) 8°
Kiel, Med. Diss. v. [28. Jan.] 1904

Lüpkes, J. E., Katechismus d. deutschen Sprache, od. d. Regeln d. deutschen Sprache in Beispielen u. Aufgaben. Eine Anleit. z. theoret. u. prakt. Unterr. in d. Anfangsgründen d. deutschen Sprache f. Elementar-Schulen. 2., sehr veränd. u. verm. Aufl. gr. 8. ($14^{1}/_{2}$ B.) Emden 823. (Potsdam, Vogler.)

Lüpkes, Lüpke, Konrad, Bischof von Passau, Erzbischof von Salzburg. Inaugural-Dissertation. gr. 8. (52 S.) Halle 880. (Göttingen 881, Vandenhoeck und Ruprecht's Verlag.) *

Lüpkes, W., Hausschatz tägl. Andachten, s.: **Scriver, Chrn.**

Lüpkes, Wiard, alte Heimathklänge. 30 ostfries. Festlieder und 300 Reimsprüche mit Erläuterungen. 8. (IV, 104 S.) Emden 888, Haynel. *

O s t f r i e s l a n d . Beiträge zur ostfries. Heimat- u. Volkskunde nach Lichtbildern. Orig.-Sammlung von W(iard) **Lüpkes**. (Esens 1910: Biermann.) IV, 167 S. 8°

Lüpkes, W., Seemannssprüche. Sprichwörter u. sprichwörtl. Redensarten üb. Seewesen, Schiffer- u. Fischerleben in den german. u. roman. Sprachen. Gesammelt, geordnet u. erklärt. gr. 8. (XII, 192 S.) Berlin 900. E. S. Mittler & Sohn. n. 2. 50; geb. in Leinw. n.n. 3. 75

Lüpkes, W., ostfriesische Volkskunde. Mit üb. 100 Orig.-Bildern. (VIII, 260 S.) Lex. 8. Emden (907). W. Schwalbe. In Leinw. kart. 5. —

Luppe, Andr. Frid. (geb. Dessau 11. 7. 1795): De hydrophobia Berolini (1819). 123 [vielmehr 32 S.] 8°
Berlin, Med. Diss. v. 30. Jan. 1819

Luppe, Gust. u. Jul. Ottens. Elementarbuch der französ. Sprache, s.a. **Ottens, J.** Französische Schulgrammatik.

Luppe, Gust., u. Jul. Ottens, Elementarbuch der französischen Sprache f. Oberrealschulen, Realschulen u. verwandte Anstalten. Mit Berücksicht. v. K. Keller, Elementarbuch der französ. Sprache, 12. Aufl., bearb. 1. u. 2. Tl. gr. 8. Zürich 885. 86. Orell Füßli & Co. Verl. cart. n. 3. 30
1. Das 1. Schuljahr. (VII, 157 S.) n. 1. 50
2. Das 2. Schuljahr. (V, 183 S.) n. 1. 80

Luppe, G., u. J. Ottens, Elementarbuch der französischen Sprache für Oberrealschulen, Realschulen u. verwandte Anstalten. Mit Berücksicht. v. K. Keller, Elementarbuch der französischen Sprache, 12. Aufl., bearb. 3. Tl. Das 3. Schuljahr. gr. 8. (XVI, 185 S.) Zürich 887. Orell Füßli Verl. cart. n. 2. — (1—3.: n. 5. 30)

Luppe, Gustav. Himmel und Hölle, das Schlufslied der vier Evangelia nach Ezzo's Redaktion. 32 S. **Progr.** OR. *Kiel* 1877.

Luppe, Hermann

— u. **Osk. Sell, Behandlung erwerbsbeschränkter u. erwerbsunfähiger Wanderarmen,** s.a. **Schriften des deutschen Vereins f. Armenpflege u. Wohltätigkeit. 85. Heft.**

Behandlung erwerbsbeschränkter und erwerbsunfähiger Wanderarmen. Bericht erstattet von Dr. Hermann **Luppe**. Mitbericht erstattet v. Oskar Sell, Pastor. Leipzig: Duncker & Humblot 1908. (119 S.) 8° [J.]
= **Schriften** d. deutschen Vereins f. Armenpflege u. Wohltätigkeit. H. 85.

Luppe, *Willy* Hermann *Rudolf Ernst* **[Referendar aus Kiel]: Beiträge zum Totschlagsrechte Lübecks im Mittelalter . . .** Kiel, Druck v. A. F. Jensen, 1896; 53 S., 1 Bl. 8.
Kiel, Jur. Fak., Inaug.-Diss. v. [18. Mai] 1896

Luppe, Herm., Beiträge zum Totschlagsrechte Lübecks im Mittelalter. Diss. gr. 8. (53 S.) Kiel 896. (Leipzig, Buchh. G. Fock.) n. — 90

Luppe, Herm., Gewerbeordnung f. das Deutsche Reich, s.: Guttentag's Sammlung deutsch. Reichsgesetze. (Berger, T. Ph. u. L. Wilhelmi.)

— s.: Lexikon des Arbeitsrechts.

Luppe, Herm., das Kieler Barbuch, s.: Mitteilungen der Gesellschaft f. kieler Stadtgeschichte. 17. Hft.

Luppe, Wohnungsfrage, s. Veröffentlichungen des Vereins f. Säuglingsfürsorge, 4. Heft.

— s.: Wohnungsfrage u. Säuglingsfürsorge.

Luppe, Johann Samuel

— — De coronis veterum. Wittenberg (Schroeder) 17. X. 1718. (3.—) 21873

Luppius, Joh. Sam. (Delitzsch), De hypodematibus christi. Präs. Wilh. Wilcke (Memel). Wittenberg (Chr. Schroedter) 6. XI. 1706. 16 S. (4.—) 21872

Gew.: Joh. Georg Neumann.

Luppii, Jo. Sam., Diss. de jure imaginum apud veteres romanos. Vitemb. 712. 4. (24 S.)

Luppe, Johann Samuel [Praes.], s. Werner, Johann Georg: De iure imaginum apud veteres Romanos.

Luppe, J. Sam., bibl. Zeugniß von der heil. Dreyeinigkeit, n. d. Hauptspr. 1 Joh. V., 7. 8. Stettin. (Horvath in Potsdam). 745.

Luppe, Th., moderne Dachungen. Das Rasendach u. die Deckung mit Holzcement. Prag 869. Dominicus. gr. 8. (24 S. mit 2 Steintaff.) 7½ ngr.

— die Düngerstätte. Eine landwirthschaftl. Studie. Ebend. 869. gr. 8. (30 S. mit 1 Steintaf.) 7½ ngr.
Prag: Dominicus.

Luppe, Willy Hermann Rudolf Ernst, s. Luppe, Hermann

Lupperger, Jac., dreyfache sonntäg. Predigten. Fol. Augsburg, Wolf. 739. Rthlr.

Luppius, Jakob

Vgl. Lupius

— großes Traumbuch nach Art der Araber. Leipz. 735. 8.

Luppius, Jac., großes u. sonderbares Traum-Buch aus alten u. neuen Scribenten. Erfurt 641. 651. 658. Leipzig 677. 681. 692. 697. 710. 722. 8. Nebst Traum-Tabelle und Punctir-Buch. Leipz. 742. 8.

Luppius, Johann Samuel, s. Luppe

Lüppo-Cramer, s.a. Cramer, Hinricus

Lüppo-Cramer, wissenschaftl. Arbeiten auf d. Gebiete d. Photographie, s.a. Encyklopädie d. Photographie.

Lüppo-Cramer: Wissenschaftliche Arbeiten auf dem Gebiete der Photographie. Von Dr. Lüppo-Cramer (in Leer). Halle a. S.: W. Knapp 1902. (111 S.) 8°
Encyklopädie d. Photographie. H. 40.

Lüppo-Cramer, Kolloidchemie u. Photographie. (VII, 154 S. m. Abb. u. 3 Taf.) 8. Dresden 908. Th. Steinkopff. (Urspr. Pr. 5.—; geb. in Leinw. 5.80)

— Photographische Probleme, s.a. Encyklopädie d. Photographie. 58. Heft.

Luppo-Cramer: Photographische Probleme. Halle a. S. 1907 (Encyklopädie d. Photographie, H. 58)

— Die Röntgenographie in ihrem photographischen Teil, s.a. Encyklopädie der Photographie. 67. Heft.

Luppo-Cramer, die Röntgenographie in ihrem photographischen Teil. (140 S) (Encyklopädie der Photographie 67) Halle 1909

Lüppo-Cramer, d. Trockenplatte, s.a. Bibliothek, photogr. 17. Bd.

Die Trockenplatte. Ihre Eigenschaften u. ihre Behandlung in d. photogr. Praxis. Von Dr. Lüppo-Cramer. Mit 6 Taf. *Berlin: G. Schmidt 1903.* (99 S.) 8°
— Bibliothek, Photographische. Bd 17. [03. 6395

Luppold, Alfred: Die falsche Anschuldigung des R.St.G.B. Heidelberg 1907: K. Rössler. (IX, 95 S.) 8°
Heidelberg, Jur. Fak., Ref. v. Lilienthal, Diss. v. 1908
[Geb. 6. Juli 81 Riegel (Baden); Wohnort: Heidelberg; Staatsangeh.: Baden; Vorbildung: Gymn. Heidelberg Reife Juli 00; Studium: Heidelberg 1, München 1, Heidelberg 6 S.; Rig. 30. Juli 07.]

Luppold, F., kleine Naturgeschichte, s.: Riedel, J.

Lupprian, H. [app. Arzt aus Braunschweig]: Zur Pathologie des Magenkrebses mit besonderer Berücksichtigung des Scirrhus ventriculi. . . . Würzburg, P. Scheiner's Buchdr., 1890; 34 S. 8°
Würzburg, Med. Fak., Inaug.-Diss. v. 1890

Luppy, M. H. M., die rationelle Behandlung der Diphtheritis und ihre sichere Heilung ohne Hinterlassung von Folge-Krankheiten. gr. 8. (28 S.) Hamburg 887, (Kloß.) *

LUPRECHT, FRANZ VON FAHNETHAL: Anrede an die vierzig Kinder, welche den 22, 27, und 29. März 1813 das Ehrensteinische Ballett zum Besten des Ofner Armenhauses aufgeführt hatten, als sie zum Beschluß ihrer wohlthätigen Unternehmung einem Hochamte in der Kirche des nämlichen Hauses den 20. April 1813 beiwohnten. Ofen 1813. Gedr. mit kön. hung. Universitäts-Schriften. 12 S. - 8°

LUPRECHT, FRANZ VON FAHNETHAL, Prediger und Gehilfe an der Ofner Wasserstädter Haupt-Pfarrkirche bey St. Anna: Beurlaubungs-Rede, welche im Namen des Hochw. Herrn Franz von Stipcsics etc. als er von seiner Altofner Gemeinde etc. feierlich schied, gehalten wurde. Ofen 1802. Mit kön. Universitäts-Schriften. 48 S. - 8°

LUPRECHT, FRANZ VON FAHNETAL: Installations-Rede verbunden mit einer Lob-Rede auf den Schutzpatron Johannes des Täufers, da in dem herzoglichen Marktfleck Rátzkeve den 26 Juny 1803 bey Gelegenheit des Festes der Hochw. Herr Johannes Schmid als Pfarrherr dieser Gemeinde eingesetzt wurde. Pest 1803. Gedr. bey Matth. Trattner. 44 S. - 8°

LUPRECHT, FRANZ VON FAHNETAL: Lobrede am Festtage der heiligen Elisabeth. Ofen 1806. Gedr. mit kön. hung. Universitäts-Schriften. 39. S. - 8°

LUPRECHT, FRANZ: Predig am Feste der heiligen Elisabeth, gehalten . . . in Ofen, vorgetragen von Franz Luprecht . . . in dem Jahre 1796. o. O. (Ofen) 1796: Druck. Landerer 36 S

LUPRECHT VON FAHNETHAL, FRANZ: Rede bei Gelegenheit, da zu dem neuerbauten Krankenhause bei den W.W. E.E. Klosterfrauen des heil. Elisabeth-Ordens in der Wasserstadt der k. k. Hauptstadt Ofen der Grundstein gelegt wurde den 9. Sept. 1804. Ofen 1804. Gedr. mit kön. Pester Universitäts-Schriften. 24 S. - 8°

Lüpscher, A., und Gömmel, F., Theorie der Fechtkunst. Eine analytische Abhandlung sämmtl. Stellungen, Stöße, Paraden, Finten u. s. w., überh. aller Bewegungen im Angriffe und der Vertheidigung. Nach d. Traité d'escrime par le Chevalier Chatelain frey bearbeitet. Nebst einer Anleit. üb. d. Hiebfechten. Mit 2 Tabellen und 20 bildl. Darstellungen. 8. Wien, Härter. (Leipzig, Liebeskind.) 819. Rthlr.

Lüpscher, Anton und Franz Gömmel. Theorie der Fechtkunst. Eine analytische Abhandlung sämmtlicher Stellungen, Stösse, Paraden, Finten u. s. w. ... nebst einer Anleitung über das Hiebfechten. Wien 1819, Gedruckt bey Anton Strauß.
Tit., 1 Bl., XX S., 2 Bl., S. 24—188, 1 Bl.; 20 Taf. in Kupferst. 8°

Lüpschyer, Ant., u. Fr. Gömmel, Theorie d. Fechtkunst, Eine analytische Abhandlung sämmtl. Stellungen, Stöße, Paraden, Finten u. s. w., überh. aller Bewegungen im Angriffe u. d. Vertheidigung. Nach d. Traité d'escrime par le Chevalier Chatelain frei bearbeitet. Nebst einer Anleit. üb. d. Hiebfechten. Mit 2 Tabellen u. 20 bildl. Darstell. 8. Wien 820. Tendler. 1 fl 20 kr

Lüpschütz, Alfons, Referendar in Berlin: Die Wirkungen der Auflösung des Verlöbnisses nach dem BGB., insbesondere der Verlöbnisbruch. Borna-Leipzig 1907: R. Noske. (X, 58 S.) 8°
Leipzig, Jur. Fak., Diss. v. 10. Jan. 1907
[Geb. 24. Juli 81 Berlin; Wohnort: Schöneberg b. Berlin; Staatsangeh.: Preußen; Vorbildung: Friedrichs-Gymn. Berlin Reife M. 99; Studium: Berlin 3, Jena 1, Berlin 2 S.; Rig. 26. Okt. 06.]

Lüpschütz, Isid., das Bündniß Preußens vor Gott, ein freies Wort an das Volk. Predigt, gehalten zu Landsberg a. d. W. am Sabbathe Schekalim 5610 [9. Febr. 1850]. 8. (22 S.) Landsberg 850, Volger & Klein. 3 ngr

—— das Gebet der Preußen vor Gott. Predigt, gehalten am 25. Febr. 1849 in der Synagoge zu Landsberg a. d. W. 8. (16 S.) Landsberg 849, Volger und Klein.

Lupton-Bey's Briefe, s. **Buchta, Rich.,** der Sudan unter ägyptischer Herrschaft.

Lupulov, Petru —. Spiritulu familiare, tradusu din limba italiana pe limba romana de — —. Vienna, 1855. Cu tipariulu Mechitharistiloru. (52 S. 8.) (Häuslicher Sinn, aus dem Italienischen ins Romänische übersetzt von Petrus Lupulov. Wien, 1855. Buchdruckerei der Mechitharisten. Ein Theaterstück.)

Lupus, Alexis, einige Worte üb. A. S. Puschkin, seine deutschen Uebersetzer u. deutschen Kritiker. Eine Erwiderung. 2. Aufl. gr. 8. (35 S.) St. Petersburg 899. (K. L. Ricker.) n. 1. 20

Lupus, Bernhard

— Achradina. Eine topograph.-histor. Studie. S.-A. 1890. 18 S.

— Neues aus Syrakus. S.-A. 1892. 9 S.

Lupus, B., der Satzbau d. Cornelius Nepos. I. Der einfache Satz. 2 Hfte. gr. 4. (51 S.) Berlin 872. 73. Weidmann. n. 3. —

Lupus, Bernh., der Sprachgebrauch des Cornelius Nepos. gr. 8. (VII, 224 S.) Berlin 876, Weidmann'sche Buchh. *

Lupus, B. Die Stadt Syrakus im Altertum. Eine historisch-topographische Skizze. 26 S. u. Karte. **Progr.** Pr. G. *Strassburg* 1885.
Vgl. des Verf. Die Stadt Syrakus im Altertum. Autor. deutsche Bearbeitung der Cavallari-Holmschen topografia archeologica di Siracusa. (XII, 343 SS. u. Tafeln.) 8. Ebd. 1887, Heitz. 10 Mk.

Lupus, Bernh., die Stadt Syrakus im Alterthum. Autoris. deutsche Bearbeitung der Cavallari-Holm'schen Topografia archeologica di Siracusa. gr. 8. (XII, 343 S. mit eingedr. Illustr. und 2 Karten.) Strassburg 887, Heitz. *

Lupus, B., Zur Topographie des antiken Syrakus. S.-A. 1885. 82 S.

Lvpvs, Bernhardvs ⟨geb. am 7 März 1842 in Frankfurt a. M.⟩: Vindiciae Ivvenalianae ... Bonnae, typ. expr. P. Nevsser 1864. 2 Bl., 48 S. 8. ¶ Erschien zugleich selbständig bei Cohen & Sohn in Bonn.
Bonn, Phil. Fak., Diss. v. 4 Mai 1864

Lupus, Bernh., Vindiciae Juvenalianae. gr. 8. (46 S.) Bonn 864, Cohen und Sohn.

Luquet, J. F. A., über die kirchlichen Zustände der Schweiz, in seiner Zuschrift an Se. Heiligkeit Papst Pius IX. Aus dem Französ. übers. von Jos. Burk. Leu. Luzern 861. Schiffmann. gr. 8. (192 S.) 22½ ngr.

Luqui, Jul., Perseverantia. Bühnen-Almanach, s. **Perseverantia.**

Luria, Schmera: Ueber die Einwirkung von Bromwasserstoffsäure auf gebromte Nitrile. 1898. 36 S. 8°
Karlsruhe, Dipl.-Diss. v. 25. 3. 1898

Lurie, Gregor: Ein Phenylenkohlensäure-Aether. 1882. 35 S. 8°
Karlsruhe, Dipl.-Diss. v. 23. 12. 1881

Lurie, Joseph (geb. Malmö 15. 11. 1848): Echinococcus pulmonum. Berlin (1875). (31 S.) 8°
Berlin, Med. Diss. v. 22. Mai 1875

Lurie, Karl, industrielle u. kommerzielle Entwicklung in Mexiko, s. a. **Berichte, kommerzielle.**

Industrielle und kommerzielle Entwicklung in Mexiko. Von Karl **Lurie.** Wien: Manz in Komm. 1908. (40 S.) 4°(8°)
= **Berichte,** Kommerzielle, hrsg. v. K. u. k. österr. Handelsmuseum. No 10. [08. 16368

— Torreon, s. a. **Berichte, kommerzielle.**

Torreon. Ein mexikan. Baumwoll- u. Gummigebiet in s. kommerziellen u. industr. Bedeutung. Von Karl **Lurie.** Wien: Manz in Komm. 1907. (9 S.) 4°(8°)
= **Berichte,** Kommerzielle, hrsg. v. K. K. Österr. Handelsmuseum. No 3. [07. 12383

Lurje, M[arie]. Über ein Teratom der Schilddrüse. Diss. Med. Univ. Zürich. [Mit 1 Tafel.] *Kopftitel:* Aus dem Pathologischen Institut Zürich. 29 S. 8. Zürich, J. J. Meier, 1908.

Lurie, Mark, aus Pinsk ⟨Russl.⟩: Ueber α-Aethyl β-oxybuttersäure und ihre Spaltungsprodukte. *Strassburg i. E. 1902: C. & J. Goeller.* (25 S.) 8°
Strassburg, Math.-naturw. Diss. v. 1902

Lurje, Mark, üb. das Verhalten der Netzhautgefässe bei Sclerose der Hirnarterien u. der übrigen Theile des Aortensystems. Diss. gr. 8. (66 S. m. 1 Taf.) Jurjew (Dorpat) 893. (E. J. Karow.) n. 1. 50

Lurje, Mirka. Über die Pneumatisation des Taubenschädels. Aus dem anatomischen Institut in Bern.... Diss. Med. Bern. [Mit 1 Figur und 10 Tafeln.] II + 61 S. 8. Bern, E. Bollmann, 1910.

Lurje, Sawelli, Studien üb. Chirurgie der Hippokratiker. Diss. gr. 8. (127 S.) Jurjew (Dorpat) 890. (E. J. Karow.) n. 3. —

Lurie, Simon. Über zwei Fälle von Meningitis cerebrospinalis epidemica. ⟨Aus dem Kinderspital Basel.⟩ Diss. Med. Basel. 22 S. 8. Basel, Friedrich Reinhardt, 1907.

Lurine, Louis, und Raymond Deslandes, eine Frau nach der neuesten Mode, s. **Both's, L. W.,** Bühnen-Repertoir des Auslandes.

Lurine, Louis & Charles Alphonse Brot. Die Klöster, deren Ursprung, Geschichte, Regeln, Zucht, Sitten, Gepräge und Geheimnisse. Nach dem Französischen. Tübingen 1846. Neue wohlfeile Ausgabe 1882. Ü: *Friederich, Joh. Conrad.* (Ebrard, Fr. Cl. & L. Liebmann: Joh. Konrad Friederich. Frankfurt a. M. 1918) S. 302/303)

Lurine, Louis, u. A. Brot, die Klöster, deren Ursprung, Geschichte, Regeln, Zucht, Sitten, Gepräge und Geheimnisse. Nach d. Französ. gr. 8. Tübingen 846, Osiander. $1^{1}/_{3}$ ₰

LURINE, L., u. A. Brot, Die Klöster, deren Ursprung, Geschichte, Regeln, Zucht, Sitten, Gepräge u. Geheimnisse. Tübingen 1852. 8⁰. ($1^{1}/_{3}$ Rthl.) (In Breslau, Stadtbibl.) Vergriffen! (4 Mk. Adolf Weigel, 1898, mit Beibd.)

—— **un padre terribile, s. Emporeo drammatico.**

STRASSEN, Die, von Paris, oder Schilderung der denkwürdigsten Schicksale, Sitten, Gebräuche, Personen u. Gebäude dieser Stadt, von den ältesten Zeiten bis auf unsere Tage. Nach dem französ. Werke (des *L. Lurine*) bearbeitet von A. Diezmann. Mit ca. 300 schönen Holzschnitten. Leipzig, o. J. (c. 1845). Lex.-8⁰. 592 S. (5 Mk. Paul Neubner, Cöln, 1888; 8 Mk. 50 Pfg., schönes Expl., Scheible, c. 1895.)

Fehlt im Anon.-Lex.

Orig.: *Lurine,* L., Les Rues de Paris. Paris ancien et moderne. Origines, histoire, monuments, costumes, moeurs, chroniques et traditions. Ouvrage rédigé par l'élite de la littérature contemporaine sous la direction de L. Lurine, et illustré de 300 dessins exécutés par les artistes les plus distingués (Gavarni, Nanteuil etc.) 2 vols. Paris, G. Kugelmann, 1844. Gr. in-8⁰. (15 Mk., toile, expl. comme neuf, Scheible, c. 1888; 10 frcs., demi-veau, Schweizer. Antiqu., Zurich, 1892.) Nombreuses et très-belles gravures s. bois dans le texte et hors texte.

WANDERUNGEN, Malerische, durch Paris, oder Schilderung der denkwürdigsten Schicksale, Sitten, Gebräuche usw. dieser Stadt, von den ältesten Zeiten bis auf unsere Tage. Nach d. französ. Werke (des *L. Lurine*): „Les rues de Paris", bearb. v. A. Diezmann. Illustrirt mit ca. 300 nach Org.-Zeichngn. v. d. ersten Künstlern in Paris ausgef. Holzschn. Leipzig, o. J. (1844—45). Lex.-8⁰. 590 S. (4 Rthl.) 6 Mk. 50 Pfg. F. E. Lederer, Berlin, 1908; 12 Mk. Jos. Jolowicz, Posen, 1910.) Selten!

Lüring, Heinrich L. Emil: Die über die medicinischen Kenntnisse der alten Ägypter berichtenden Papyri verglichen mit den medicinischen Schriften griechischer und römischer Autoren. . . . Leipzig, Druck v. Breitkopf & Härtel, 1888; 170 S. 8⁰

Strassburg, Phil. Fak., Inaug.-Diss. v. 1888

Lüring R. I. üb. Natrium. Schwefelwasserstoff u. Benzonitril. II. üb. Benzonitril. Benzylchlorid u. Zink od. Natrium. III. Nitrirung v. Paratoluidinsulfat. IV. Propionylchlorid u. Orthodiamide. V. üb. e. Nitrosulfobenzol 1878. —48

Lürken, Joseph [pr. Arzt in Wilnsdorf (Kr. Siegen)]: Ueber totale Zerstörung der weiblichen urethra und ihre Behandlung, insbesondere durch plastische Operationen. . . . Marburg, Buchdr. O. Ehrhardt, 1890; 42 S. 8⁰

Marburg, Med. Fak., Inaug.-Diss. v. [17. Sept.] 1890

Lürman, August [cand. med. aus Bremen]: Ueber die Recidive der acuten, infectiösen Osteomyelitis. . . . Strassburg i. E., Buchdr. C. Goeller, 1890; 89 S., 1 Bl. 8⁰

Strassburg, Med. Fak., Inaug.-Diss. v. 1890

Lürman, Stefan, Ref. in Bremen: Die Rechte und Pflichten des Lagerhalters. Leipzig: O. Wigand 1906. (73 S.) 8⁰

Leipzig, Jur. Fak., Diss. v. 19. Juli 1906

[Geb. 28. Juli 80 Bremen; Wohnort: Bremen; Staatsangeh.: Bremen; Vorbildung: Gymn. Bremen Reife M. 99; Studium: Lausanne 1, Heidelberg 3, Berlin 2, Kiel 1 S.; Rig. 15. Juli 05.]

Lürmann, Arminius, Referendar: Sonderrechte der Aktionäre. Leipzig: Wigand 1909. 66 S. 8⁰

Leipzig, Jur. Diss. v. 10. April 1909

[Geb. 13. Jan. 84 Bremen; Wohnort: Homburg v. d. H.; Staatsangeh.: Bremen; Vorbildung: Gymn. Bremerhaven Reife M. 04; Studium: München 4, Jena 2 S.; Rig. 3. März 09.] [U 09. 2600

Lürmann, Fritz W., das Friedrich Siemens'sche neue Heizverfahren m. freier Flammen-Entfaltung. Mit 1 Taf. Zeichngn. gr. 8. (16 S.) Düsseldorf 886. A. Bagel. n 1. 20

Lurmann, F. W: Verzeichniß der vom 1. Juli 1877 bis 1. Juli 1885 ertheilten und erloschenen Patente der Klasse 10, betreffend Brennstoffe, Klasse 18, betreffend Eisenerzeugung, Klasse 24, betreffend Feuerungsanlagen, Klasse 36, betreffend Heizungsanlagen, Klasse 40, betreffend Hüttenwesen. Osnabrück 1885—1886

Lürmann, J. F., das Ringerbuch des berühmten Faustfechters u. Ringers Jos. Petter. Aus d. Holländ. übersetzt. 8. Berl. 814. Maurer'sche Buchh. 4 ℊ

Lürmann, Wilh., e. Fall v. Doppelmissbildung. [Sternopagie.] gr. 4. (23 S. m. Steintaf.) Kiel 874. v. Wechmar. n. 1. 60

Lürman, Wilhelm, Ref. in Bremen: Der Vergleich, seine Voraussetzung, Zulässigkeit und Rechtsbeständigkeit. Bremen 1905: H. M. Hauschild. (65 S.) 8⁰

Leipzig, Jur. Fak., Diss. v. 19. Jan. 1906

[Geb. 30. Juli 81 Bremen; Wohnort: Bremen; Staatsangeh.: Bremen; Vorbildung: Gymn. Bremen Reife M. 00; Studium: Lausanne 2, Heidelberg 2, Berlin 2, Kiel 1 S.; Rig. 18. Juli 04.]

Lüroth, J., über die Extreme e. Funktion v. zwei od. drei veränderlichen Grössen. (S. 405—413.) gr. 8. München 906. (G. Franz' Verl.) n. — 20

Sonderabdruck aus: „Sitzungsber. d. bayer. Akad. d. Wiss."

Lüroth, J., üb. die kanonischen Perioden der Abel'schen Integrale. gr. 4. (38 S. m. Fig.) München 885. (Franz' Verl.) n.n. 1. 20

Lüroth, J., üb. die kanonischen Perioden der Abel'schen Integrale. [2. Abhandlg.] [Aus: „Abhandlgn. d. k. b. Akad. d. Wiss."] gr. 4. (45 S.) München 887. Franz' Verl. n.n. 1. 50 (1. u. 2: n.n. 2. 70

Reden gehalten . . . am 17. Mai 1890 bei der öffentlichen Feier der Uebergabe des Prorectorats . . . von dem abtretenden Prorector Hofrat Prof. D^R^. J. Lüroth und dem antretenden Prorector Prof. D^R^. Franz Xaver Kraus. Freiburg i. B., Univ.-Buchdr. v. Chr. Lehmann, 1890; 63 S. 4⁰

Lüroth, J. Zur Theorie der windschiefen Flächen. (Chr. Jour. Bd. 67). 1866. 4. Habil.-schr. Heidelberg.

Lüroth, (Jakob), eine Bemerkung zum Michelsonschen Versuch, s.: Sitzungsberichte der königl. bayerischen Akademie der Wissenschaften. Mathem.-phys. Kl. 1909. VII.

Lüroth, Jak.: Rationale Flächen u. involutorische Transformationen. Freiburg 1889. 4.

Lüroth, Jak., Grundriss der Mechanik. gr. 8. (VI, 80 S. mit eingedr. Holzschn.) München 881, Th. Ackermann. *

Programm wodurch zur Feier des Geburtsfestes Seiner K. Hoheit unseres durchlauchtigsten Grossherzogs Friedrich . . . einladet der gegenw. Prorector Dr. Jakob Lüroth. Inhalt: Rationale Flaechen und involutorische Transformationen. Freiburg, Univ.-Buchdr. v. Chr. Lehmann, 1889; 4 Bl. + 25 S. 4⁰

Lüroth, J., Vorlesungen üb. numerisches Rechnen. gr. 8. (VI, 194 S. m. 14 Fig.) Leipzig 900. B. G. Teubner. n. 8. —

Lürsen, des deutschen Volkes Erbfeind. 1. u. 2. Heft. 8. Barmen (910). Buchh. des blauen Kreuzes. à — 30
1. Eine volkstüml. Studie über die Alkoholfrage im Lichte der hl. Schrift u. der Wissenschaft. (32 S.)
2. Die Bibel u. der Alkohol u. Winke zur Beleuchtung der Alkoholfrage an der Hand biblischer Geschichten u. Katechismusstücke. (32 S.)

Luersmann, Jh. Hnr., Aufmunterungen zur Vaterlandsliebe. 8. Lippstadt 815.

— christl. Rede am Dankfeste nach vollbrachter Erndte. 8. Brilon 817.

— die Wirkungen d. Religion in Beziehung auf d. gegenwärt. Zeitumstände. Eine Rede. 8. Arnsberg 814.

Luerssen, Arthur, Arzt: Beiträge zur Biologie des Influenzabacillus. *Königsberg i. Pr. 1903: O. Kümmel.* (35 S.) 8°
Königsberg, Med. Diss. v. 31. März 1903

Luerssen, Art., Boxen, s.a. Bibliothek f. Sport u Spiel.

Luerssen, Artur: Boxen. Faustkampf u. Fußfaustkampf z. Selbstwehr u. Leibesübung von –, Dr. med. Mit 76 Abb. Leipzig: Grethlein & Co. [1906]. (228 S.) 8°
Bibliothek f. Sport u. Spiel. 34.

Die Cholera, ihre Erkennung und Bekämpfung. Ein Erfolg d. modernen Naturforschung. Gemeinverst. dargest. von Dr. med. Artur Luerssen, Königsberg Pr. Berlin: J. Püttmann [1906]. (48 S.) 8° [J.]
(Kollektion Püttmann.)

Ein Hinweis auf die Bedeutung der Alkoholfrage. Von Dr. med. A[rthur] Luerssen. (Königsberg i. Pr. [1904]: Ostpr. Dr.) (1 Bl.) 4° [Kopft.]
(Flugblatt d. Königsberger Guttempler-Logen.) 10

Luerssen, Art., Lebenskunst. Vortrag, geh. auf der 19. Jahresversammlg. d. Deutschlands Großloge II des internationalen Guttemplerordens zu Stettin 1908. (21 S.) 8. Hamburg 908. Deutschlands Großloge II. — 20

— Die Unbrauchbarkeit der Zitronensäure zur Desinfektion der Milch. (8 S.) 8. Berlin 907. J. Goldschmidt.
Sonderabdruck aus: „Deutsche med. Presse". — 60

Luerssen, Christian

Luerssen, Chr. (Bearb.), s. Auerswald, B.: Botanische Unterhaltungen zum Verständnis der heimatlichen Flora.

Luerssen, Chr., Beiträge zur Kenntnis d. Flora West- u. Ostpreussens, s.a. **Bibliotheca botanica.**

Beiträge zur Kenntniss der Flora West- und Ostpreussens. Mittheilungen aus d. Königl. botan. Inst. d. Univ. zu Königsberg i. Pr. Von Prof. Dr. Chr[istian] Luerssen. 1–3. *Stuttgart: E. Nägele 1894.* 4°
= Bibliotheca botanica. H. 28.

Luerssen, Chr., s.: Bibliotheca botanica.

Luerssen, Chr., medicinisch-pharmaceutische Botanik. Handbuch der systemat. Botanik für Botaniker, Aerzte und Apotheker. Mit zahlreichen vom Verf. auf Holz gezeichneten Abbildungen. 1.—10. Lfg. gr. 8. (1. Bd. XII, 657 S.; 2. Bd. S. 1—160.) Leipzig 877—79, Haessel. à Lfg. M 2.

Luerssen, Chr., medicinisch-pharmaceutische Botanik. Handbuch der systemat. Botanik, für Botaniker, Aerzte und Apotheker bearb. Mit zahlreichen vom Verf. auf Holz gezeichneten (eingedr.) Abbild. 11.—23. (Schluss-)Lfg. gr. 8. (2. Bd. XII, S. 161—1229.) Leipzig 880—82, Haessel. à Lfg. M 2. * compl. 2 Bde. geb. *

1.—10. Lfg. Ebendas. 1877—79. à * M 2.

Luerssen (C.). Einfluss d. rothen u. blauen Lichtes . . . Stroemung d. Protoplasma. Bremen, 1868. 8°.

LUERSSEN, Chr.: Die Einführung japanischer Waldbäume in die deutschen Forsten. - Berlin 1886. 108 S.

Luerssen (C.). Zur Entw. der Farnsporangien. Leipz. 1872. 8°.

Luerssen, Ch., die Farnpflanzen, s.a. Rabenhorst, L., Kryptogamen-Flora von Deutschland, Oesterreich u. der Schweiz.

——— Die Farnpflanzen. (Rabenhorst's Kryptog. Flora. Band 3.) Leipzig 1889. 8.

Luerssen (C.). Farnsporangien. Leipzig, 1872. 8°.

Luerssen (C.). Filices graeffeanae. . . . Farnflora der Viti Leipzig, 1871. 8°.

Luerssen (C.). Filices der Palaos . . . Ein Beitrag zur Farnflora. Leipzig, 1872. 4°.

—— Forstbotanik, s. Handbuch der Forstwissenschaft.

LUERSSEN, Chr.: Grundzüge der Botanik. Repetitorium für Studirende der Naturwissenschaften und Medizin und Lehrbuch für polytechnische, land- und forstwirthschaftliche Lehranstalten. - Leipzig 1877. XI, 405 S. - 2. Aufl. ebd. 1879. - 3. Aufl. ebd. 1881. - 4. Aufl. ebd. 1885. 578 S.

—— Grundzüge der Botanik. Repetitorium für Studirende der Naturwissenschaften und Medicin und Lehrbuch für polytechn., land- und forstwirthschaftl. Lehranstalten. 3. theilweise umgearb. Aufl. Mit 228 vom Verf. auf Holz gezeichneten Abbild. gr. 8. (XI, 490 S.) Leipzig 881, Haessel. *

—— Grundzüge der Botanik. Repetitorium für Studirende der Naturwissenschaft und Medicin und Lehrbuch für polytechnische, land- und forstwirthschaftl. Lehranstalten. 4. verm. und verb. Aufl. gr. 8. (VIII, 578 S. mit 367 grösstentheils vom Verf. auf Holz gezeichneten Abbild.) Leipzig 885, Haessel. * M 7.—; geb. *

— Grundzüge der Botanik. Repetitorium f. Studirende der Naturwissenschaften u. Medicin u. Lehrbuch f. polytechn., land- u. forstwirthschaftl. Lehranstalten. 5., durchgesch. u. theilweise umgearb. Aufl. Mit 366 grösstentheils vom Verf. auf Holz gezeichn. Abbildgn. gr. 8. (XII, 586 S.) Leipzig 893. H. Haessel. n. 7. —; geb. in Leinw. n. 8. —

Luerssen C.: Handbuch d. systematischen Botanik m. besond. Berücks. d. Arzneipflanzen. I. Bd. Kryptogamen. Leipz. 1879. 657 S. Fig.
(=: Medicinisch-pharmaceutische Botanik. I. Bd.). 91.

— die Pflanzen der Pharmacopoea germanica botanisch erläutert. Mit zahlreichen Abbildgn. gr. 8. (IV, 664 S.) Ebend. 883. n. 10. —

Luerssen, Chr., die Pflanzengruppe der Farne, s.a. Sammlung gemeinverständl. wissenschaftl. Vorträge.

Lürssen C, die Pflanzengruppe der Farne. (Slg wiss. Vortr. 197) Berlin 1874

Luerssen, Franz: Extracranielle Operationen bei Trigeminusneuralgie. Jauer (1910): Hellmann. 31 S. 8°
Berlin, Med. Diss. v. 5. Aug. 1910, Ref. Hildebrand
[Geb. 29. Okt. 82 Wetzlar; Wohnort: Neiße; Staatsangeh.: Preußen; Vorbildung: Realgymn. Gießen Reife Aug. 02; Studium: Berlin K. W. A. 10 S.; Coll. 8. Febr. 10; Approb. 5. Febr. 10.] [U 10. 67

Luerssen, Heinr., s.a. **Roth's illustr. Lahnführer.**

Madame (Françoise [m^ise]) de **Maintenon.** Extraits relatifs à l'éducation, choisis et ann. par MM. Henri Bornecque et Georges Lefèvre, Prof., Lille. Berlin: Weidmann 1907. (VI, 152 S.) 8°
(Collection pédagogique à l'usage des Séminaires de jeunes filles.) [07. 13713

Maintenon, Madame de, extraits relatifs à l'éducation, s.a. Collection pédagogique à l'usage des seminaires de jeunes filles.

MAINTENON. Gefpräche in dem Reiche der Todten zwifchen Madame de Maintenon und ihrem gewefenen Ehemann dem Poeten Scarron. Mit 2 Kpfrn. 2 Theile. Leipzig 1721. 4°.

Maintenon, pour servir de suite à l'histoire de la Duchesse de la Valière, p. Mad. Genlis. 8. Lpz. G. Fleischer. 806.

— — dasselbe deutsch, m. K. 8. Leipz. Hinrichs. 807. Velinpap.

MAINTENON, Der Welt-bekannten MADAME de, Liebes- u. Lebens-Avanturen, aus d. Französ. ins Teutsche übersetzet von FERNANDO. Freyburg (fing.), Anno 1710. 4°. (In München: Biogr. 159d; in Dresden fehlen die Seiten 1—6: Hist. Gall. biogr. 195.) (6 Mk., cplt., E. Frensdorff, c. 1906.)

Mainufer, die, u. ihre nächsten Umgebungen, s. Braunfels, L.

Mainville

— des Fräuleins v., Gesch., a. d. Franz. des d'Argens. 8. Hamb. Herold. (Ernst in Quedlinburg.) 776.

Mainville, Fräulein von, eine wahre Geschichte, aus dem Franz. 8. Hamburg, 777. Herold. 10 sgl.

— des Fräuleins von, Geständnisse, 3 Theile, 8. Leipzig, 776. Heinsius. 1 Rthl. 25 sgl.

v. Mainville, das Fräulein, nachmal. vermählte Herzogin v. ***, Geständnisse. 3 Thle. 8. Leipz. 776, 777. (Brockhaus). 2 ₰ 20 gl

Main — Waldungen, s.: **Forstkarten.**

Mainwaring, G. B., dictionary of the Lepcha-language, revised and completed by Alb. Grünwedel. Printed and published by order of Her Majesty's secretary of State for India in Counsil. Lex.-8. (XVI, 552 S.) Berlin 898. (Leipzig, O. Harrassowitz.) Geb. in Leinw. n.n. 25. —

[Mainwaring, John.] Georg Fridrich (!) Händels Lebensbeschreibung ..... übersetzet .... vom Legations-Rath Mattheson. Hamburg 1761.

Mainx, Georg, s. Aloisius. Verus contemtor mundi S.

Mainyo-i-khard, the book of the, the pazand a. sanskrit texts [in roman-characters] as arranged by Nerios engh D'haval, in the 15. century. With an english translation, a glossary of the pazand text, containing the sanskrit, persian a. pahlavi equivalents, a sketch of pazand grammar, a. an introductin by E. W. West. Lex.-8. (XXXII, 452 S.) Stuttgart 871. Grüninger. n. 15. —

Mainyo-i-Khard, The Book of the, also an Old Fragment of the Bundehesh both in the Original Pahlavi . . . edited by Frederic Charles Andreas. Kiel 1882.

Mainz [Sachl. OW]

Mainz, s.: Woorl's Reisehandbücher.

Mainz. Militärisch politisch u. rein militärisch. Mit 1 Krt. Berlin 1861. 150 S.

Mainz. Berlin 861. J. Springer. gr. 8. (VIII, 150 S.) n. 20 ngr.

Mainz, das alte. Photographien von C. Hertel. 1.—4. Lfg. qu. gr. 4. (à Lfg. 8 Bl.) Mainz 878, 79, Diemer. à Lfg. * M 4,20. *

Mainz, das alte. Photographien von C. Hertel. 5.—7. (Schluß-) Lfg. qu. gr. 4. Mainz, Diemer. [5. und 6. Lfg. (à 3 Bl.) 880. à * M 4,20.; 7. Lfg. (4 Bl.) 881. * M 8.] *
1.—4. Lfg. Ebendas. 1878, 79. à * M 4,20.

— das Bollwerk Deutschlands und die französische Invasion. Zwei militärische Gutachten. Mainz 860. v. Zabern. gr. 8. (27 S.) n. 5 ngr.

— das Bollwerk Deutschlands noch einmal und die französische Invasion. Ebend. 860. gr. 8. (30 S.) n. 5 ngr.

Mainz, über, in Briefen, (v. J. N. Becker). 8. Frankf. 792. (Fr. Fleischer in Leipz.) 10 gl.

—— die Bundesfestung. Eine Beleuchtung der Schrift: Mainz das Bollwerk Deutschlands und die französische Invasion. 1. und 2., unveränd. Aufl. gr. 8. (19 S.) Darmstadt 860, Zernin. *

Mainz, seine bemerkenswerthen Gebäude, Monumente u. Sehenswürdigkeiten, m. e. (chromolith.) Plane d. Stadt u. 24 Ansichten nach Zeichngn. v. C. Sutter. Ein Spaziergang durch die Stadt. 16. (16 S.) Mainz 889. Diemer. n. — 60

Mainz im Genusse der durch die Franzosen errungenen Freiheit und Gleichheit. Leiden der treuen Mainzer Bürger unter d. Joche d. Franzosen u. Klubbisten. 8. Deutschland 1793. 2,00.

— im Genuß d. durch die Franzosen errung. Frei- u. Gleichheit. 8. Frankf. a. M. 793. Hermann. 16 gl.

Mainz im J. 1863. Ein Bild öffentl. Lebens. In Briefen skizzirt von E. P. 1.—3. Aufl. 8. (144 S.) Aachen 863. (Frankfurt a. M., Verlag für Kunst und Wissenschaft. — Leipzig, Wengler.) *
Aus: Echo der Gegenwart, besonders abgedruckt.

Mainz-Koblenz. Führer für Reisende auf dem Rhein zwischen Mainz und Koblenz, sowie nach Wiesbaden und Kreuznach, s. Brockhaus' Reise-Atlas.

Mainz nach den Reichstagswahlen 1907. Krit. Betrachtgn. v. e. Zentrumsmann. (VIII, 71 S.) 8. Mainz 907. Kirchheim & Co. — 60

Mainz und seine Umgegend . . . Darmstadt u. Wiesbaden 1843. V: *Malten, Heinrich Carl Gottl. Müller.* (EngG) (HS)

Mainz und seine Umgegend. Mit näherer Berücksichtigung d. örtl. Zustände in früheren Zeiten und in der Gegenwart. 12. Darmstadt 843, Lange. n. 1/2 ₰

— dass. Lex.-8. (Mit 7 Stahlst.) Ebend. 843. n. 1 1/6 ₰

—— und die deutsche Westgrenze. gr. 8. (31 S.) Mainz, 861, v. Zabern. *

Mainz nach der Wiedereroberung . . . im Jahre 1793. Hamburg 1793. V: *Meyer, Frdr. Joh. Lorenz.* (schr) (Pr) (Ky) (MGT)

Georg **Lurz**: Die bayerische M i t t e l s c h u l e seit der Übernahme durch die Klöster bis zur Säkularisation. Berlin: A. Hofmann & Co. 1905. (VIII, 141 S.) 8°
= Beiträge z. Geschichte d. Erziehung u. d. Unterr. in Bayern. H. 6, [1.]
= Mitteilungen d. Gesellschaft f. deutsche Erziehungs- u. Schulgeschichte. Beihefte. 6, [1.]

Lurz, Ignaz Carl Josef, aus Würzburg: Zur **Casuistik** der Mediastinaltumoren. *Würzburg 1902: P. Scheiner.* (36 S.) 8°
Würzburg, Med. Diss. v. 1903

[J.] **Lurz**, Raimund [Rechtspraktikant in Bayreuth]: Die Haftung des veräussernden gutgläubigen Besitzers ... Bayreuth, L. Ellwanger, 1896; 89 S. 8.
München, Jur. Fak., Inaug.-Diss. v. 1896

Lurz, Richard Otto, appr. Arzt a. Untereschenbach (Unterfr.): **Über extragenital acquirierte Primäraffekte an Kinn, Wangen, Ohren, behaartem Kopf und Stirn und anschließend daran ein Fall von Initialsklerose an der rechten Wange.** Würzburg 1905: F. Staudenraus. (34 S.) 8°
Würzburg, Med. Fak., Ref. v. Leube, Diss. v. 24. Sept. 1905
[Geb. 9. März 81 Untereschenbach; Wohnort: Würzburg; Staatsangeh.: Bayern; Vorbildung: Gymn. Würzburg Reife Juli 00; Studium: Würzburg 10 S.; Coll. 19. Juni 05; Approb. 13. Juni 05.]

Lurzer v. Zechendthal, Thdd. Kajet., Abhandl. über die wichtigsten Gegenstände der Landwirthschaft in gebirgigen Gegenden. gr. 8. Salzb. 800. Mayr. 12 gl.

(—) Anmerkk. über die Verbesser. d. Getreidearten überhaupt, u. vorzügl. im Salzburgischen. 8. Salzb. 790.

Lusanski, L. K., die österreichische Nationalbank und ihre Gläubiger oder die Rückkehr, Erhaltung und Vermehrung des Metallgeldes in den österreich. Staaten. Agram 861. (Suppan.) 8. (32 S.) n. 11 ngr.

Lusart, Johann Baptist (Hrsg.), s. A b e r c r o m b y , David: Der spanische oder frantzösische Pockenmeister . . .

Lusatia [Sachliches OW]

Lusatia superior. Authore Barthol. S c u l t e t o Gorlitio. 1 : 240,000. 1 Bl.

Lusatia [Schlagwort]

Lusatiae Inferioris etc. — Marchionatus etc. — Sumtibus Matth. S c u t t e r i. August. Vindel. Tob. Lotter sc. 1 : 180,000. 1 Bl.

Lusatiae — Marchionatus — Superioris felicissimo Poloniae Regis Electoris Saxoniae sceptro florens, Dynastiis et Praefecturis suis distributus nova accuratione Matth. S c u t t e r i. S. C. M. Geogr. delineatus in Augusta. 1: 180,000. 1 Bl.

Lusatiae Inferioris Tabula chorographica etc. delineata et edita curis Homannianorum Heredum. Norimbergae emend. 1807. 1 : 275,000. 1 Bl.

Lusatiae — Totius Marchionatus — tam superioris quam inferioris Tabula specialis in suos Comitatus et Dominatus distincta. Revisa et aucta a Viro Clarissimo Dom. Joh. H ü b n e r o et in lucem edita a Joh. Bapt. Homanno. Norimbergae. 1: 320,000. 1 Bl.

Lusch, Otto, aus Berlin: **Über die Konstitution der Einwirkungsprodukte der salpetrigen Säure auf Thiosemicarbazide.** *Erlangen 1899: F. Junge.* (44 S.) 8°
Erlangen, Phil. Diss. v. 27. Juli 1898

Luschan, Fel. v., Sammlg. Baessler, s.: V e r ö f f e n t l i c h u n g e n aus dem königl. Museum f. Völkerkunde. XII. (Baessler, Arth.)

Luschan, Fel. v., **Beiträge z. Völkerkunde d. deutschen Schutzgebiete. Erweit. Sonderausg. aus d. „Amtl. Bericht üb. d. 1. deutsche Kolonial-Ausstellg." in Treptow 1896. M. 48 Taf. u. 46 Textabb. gr. 4. (III, 187 S.) Berlin 897. D. Reimer. Geb. in Leinw. n. 20.—**

Luschan F. von: 4. Bericht der prähistorischen Kommission von Ferdinand von H o c h s t e t t e r. Über alte Begräbnisstätten in Bosnien und Dalmatien. S. 82. I. 426.
Siehe I. Abt. Mitteilungen der prähistorischen Kommission.
Separatabdruck

(Luschan, F. v.) Über den antiken Bogen. o. O. (c. 1895.) 4°. (Aus: ?) (Verm. Jähns.)

Luschan, Felix v., s. R e i s e n im südwestlichen Kleinasien.

Luschan, Felix von: R e i s e n in Lykien ... , s. P e t e r s e n , Eugen

Luschan, Fel. v., **die Karl Knorrsche Sammlung von Benin-Altertümern im Museum f. Länder- u. Völkerkunde in Stuttgart. Im Auftrag des Vorstandes beschrieben. Mit 72 Abbildgn. auf 12 Taf. u. im Text.** gr. 8. (III, 95 S.) Stuttgart 901. (H. Lindemann.) n. 2.—
Sonderabdruck aus: „17. u. 18. Jahresber. des württ. Vereins f. Handelsgeographie".

[Umschlagt.:] **von Luschan**, *Felix* [Dr.]: Die Tachtadschy und andere Überreste der alten Bevölkerung Lykiens ... M. 5 Abbild. u. e. Curventaf. (Aus: Arch. f. Anthropol. XIX. Bd. u. aus: Petersen & Luschan, Reisen in Lykien ... 1889.) o. O., *1891;* 31—53 S. 4.
München, Phil. Fak., Inaug.-Diss. v. 1891

Luschan, Fel. v., s.: V ö l k e r k u n d e, illustrierte.

— **das Wurfholz in Neu-Holland u. in Oceanien,** s.: F e s t s c h r i f t f. Adolf Bastian.

Luscher, Alfr., **praktische Anleitung f. Bau, Behandlung u. Reparatur v. transportabl. Accumulatoren. Ratgeber f. die Werkstatt.** 2. Aufl. (II, 77 S. m. Abb.) 8. Dresden 910. (v. Zahn & Jaensch.)
Geb. in Leinw. nn 1. 50
1. Aufl. (IV, 60 S. m. Abb.) 908. 1. 50

Luscher, Herm., Verzeichniss der Gefässpflanzen v. Zofingen u. Umgebung u. den angrenz. Theilen der Kantone Bern, Luzern, Solothurn u. Baselland. gr. 8. (103 S.) Aarau 886. Sauerländer. n. 1. 60

Luscher, P., **General-Übersicht der Ziehungs-Resultate der königl. sächs. Landes-Lotterie, enthaltend sämmtl. Loos-Nummern, auf welche seit der ersten im J. 1831 eingerichteten bis zu der im J. 1883 vollendeten 104. Lotterie die Gewinne von 3000 Mark und darüber gefallen sind, unter gleichzeitiger Angabe der Höhe der betr. Gewinne.** gr. 4. (33 S.) Leipzig 884, (Ehrlich.) *

Luscher (Düsseldorf), P., Die Unfall-Statistik der Berufsgenossenschaften und ihr Einfluss auf die Beiträge der Mitglieder. Zur Information der Genossenschaftsorgane u. sämmtl. Betriebsunternehmer. gr. 8°. Düsseldorf (Berlin, G. Winckelmann) 1889.

Lüscher, A., Schlussbericht der Realschule in Bern. Chronik der wichtigsten Ereignisse während ihres 50jährigen Bestehens. Bern, Realschule 1880.
Progr.

Lüscher, Fritz, bacteriologische u. klinische Versuche üb. Sozal u. Lysol. Diss. gr. 8. (41 S.) Bern 892. (H. Körber.) n. — 80

Lüscher, G., s.a. *Thierwelt.*

Lüscher, Gottlieb. Die Entstehung des Grundeises. Diss. Phil. [II]. Univ. Zürich. [Mit 2 Tafeln.] 60 S. 8. Aarau, Emil Wirz, 1906.

Lüscher, G(ottlieb). Festschrift zur Feier des fünfundsiebzigjährigen Bestehens der Bezirksschule Schöftland. (Sonntag den 21. August 1910.) Mit Benützung der Festschrift von 1885 verfasst von G. L', Rektor. [Mit 2 Abbildungen.] II + 47 S. 8. (Schöftland, Buchdr. Sch', 1910.) [fr. —. 50]

Lüscher, G[ottlieb]. Das Grundeis und daherige Störungen in Wasserläufen und Wasserwerken. Mit 2 Tafeln. VIII + 172 S. 8. Aarau, Emil Wirz, 1906. [fr. 5. —]

Lüscher, Hermann. Beiträge zur Flora des Cantons Aargau. [A.] 8. ([Arnstadt] 1893.)

Lüscher, Hermann. Neue Beiträge zur Flora der Nordschweiz. mit besonderer Berücksichtigung der Umgebungen von Zofingen. SA. 8. [Arnstadt 1891.]

Lüscher, Herm., Flora des Kantons Solothurn. Hrsg. unter Mitwirkg. der solothurn. naturforsch. Gesellsch. 12. (XIII, 238 S.) Solothurn 898. Th. Petri. Geb. in Leinw. n. 2. 50

Lüscher, Hermann. Nachtrag zur Flora des Kantons Solothurn von H' L'. 24 S. 8. Grenchen, Selbstverlag des Verfassers, 1904. [fr. 1. —]

Lüscher, Hermann. Flora des K' Sol'.... Solothurn 1898: A

Lüscher, Hermann. Zweiter Nachtrag zur Flora des Kantons Solothurn. Separatabdruck aus »Allgemeine Botanische Zeitschrift« für Systematik, Floristik, Pflanzengeographie etc., Nr. 5 u. 6 u. Nr. 7/8 u. 9, Jahrg. 1910.... 4 + 4 S. 8. Karlsruhe i. B., J. J. Reiff, (1910).

Lüscher, Herm., Verzeichniss der Gefässpflanzen von Zofingen und Umgebung und den angrenzenden Theilen der Kantone Bern, Luzern, Solothurn und Baselland. gr. 8. (103 S.) Aarau 886, Sauerländer's Verlag. *

Lüscher, J., Heimatkunde v. Seon. gr. 8. (III, 226 S.) Aarau 898. H. R. Sauerländer & Co. n. 3. 20

Lüscher, R. Th., Patriot u. Rebell. Vaterländ. Schauspiel in 5 Akten. gr. 8. (135 S.) St. Gallen 887. Grüningen, J. Wirz. n. 1. 50; geb. n. 2. 50

Lüscher, R. Th., Patriot und Rebell. Vaterländ. Volksschauspiel in 5 Akten aus der Zeit des Zusammenbruches der alten Eidgenossenschaft. gr. 8. (135 S.) St. Gallen 887, Hasselbrink. *ℳ 1.50.; geb. *

Lüscher & Bömper: Preisliste über medizinische Verbandstoffe und pharmaceut. Präparate. Fahr-Neuwied 1906

Luschin v. Ebengreuth, Arnold, die Chronologie der Wiener Pfenninge des 13. u. 14. Jahrh. Ein Beitrag zur Methodologie der Münzgeschichte. gr. 8. (68 S. m. 2 Taf.) Wien 899. (C. Gerold's Sohn.) n. 2. 20
Sonderabdruck aus: „Sitzungsber. d. k. Akad. d. Wiss."

—— Demi-Tournois de la ville de Thann, s. Engel, A., Documents pour servir à la numismatique de l'Alsace.

Luschin v. Ebengreuth, Arnold, der Denar der Lex Salica, s.a. Sitzungsberichte der k. Akademie der Wissenschaften in Wien. Philos.-histor. Kl. 163. IV.

Luschin v. Ebengreuth, A., Der Denar der Lex Salica. 90 S. m. 4 Abbildgn., 1 Taf. u. 1 Karte. gr. 8. Wien, A. Hölder. 1910. 2. 40.

Luschin, Arnold, die Entstehungszeit d. österreichischen Landesrechtes. Eine krit. Studie. Veröffentlicht v. der k. k. Universität zu Graz zur Jahresfeier am 15. Novbr. 1872. gr. 4. (IV, 56 S.) Graz 872. Leuschner & Lubensky in Comm. n. 1. 50

Luschin v. Ebengreuth, A., Geschichte des ältern Gerichtswesens in Oesterreich ob und unter der Enns. gr. 8. (XIII, 295 S.) Weimar 879, Böhlau. *

— Grundriss der österreich. Reichsgeschichte. Eine Bearbeitg. seines Lehrbuches der „Österreich. Reichsgeschichte". Mit 3 in den Text gedr. Karten u. 5 Stammtaf. gr. 8. (XIII, 361 S.) Bamberg 899. C. C. Buchner Verl. n. 6. —

— Die Handelspolitik der österreichischen Herrscher im Mittelalter. Vortrag, gehalten in der feierlichen Sitzung der kaiserlichen Akademie der Wissenschaften am 31 Mai 1893. F. S. 1893 . . . . —.70
Separatabdruck

Luschin v. Ebengreuth, Arnold Ritter, die Handelspolitik der österreichischen Herrscher im Mittelalter. Vortrag, geh. in der feierl. Sitzg. der kaiserl. Akademie der Wissenschaften am 31. Mai 1893. 8. (29 S.) Wien 893 (F. Tempsky.) n. — 70

Luschin, A. v., u. Ant. Kapper, Katalog der landschaftl. Urkunden d. steiermärk. Landesarchives, s.: Publikationen aus dem steiermärk. Landesarchive. A. II.

— Materialien zur Geschichte des Behördenwesens in der Verwaltung in Steiermark, s.a. Veröffentlichungen d. histor. Landes-Commission f. Steiermark. VIII.

Luschin von Ebengreuth, Arnold: Materialien zur Geschichte des Behördenwesens und der Verwaltung in Steiermark. Heft 1. Graz: Selbstv. d. Hist. Landes-Comm. 1898. 8°.
Veröffentlichungen d. Histor. Landes-Commission f. Steiermark. No 8.

Vorläufige Mitteilungen über die Geschichte deutscher Rechtshörer in Italien. S. 127 2 . . . . 3.—
Separatabdruck

Luschin, Dr. Arnold, von Ebengreuth, Vorläufige Mittheilungen über die Geschichte deutscher Rechtshörer in Italien. Gr.-8. (144 S.) Wien: Tempsky 1893. 1 50

Luschin v. Ebengreuth, Arnold, die Münze als historisches Denkmal, sowie ihre Bedeutung im Rechts- u. Wirtschaftsleben, s.a. Aus Natur u. Geisteswelt.

Die Münze als historisches Denkmal sowie ihre Bedeutung im Rechts- u. Wirtschaftsleben. Von Dr. Arnold Luschin v. Ebengreuth. Mit 53 Abb. Leipzig: Teubner 1906. 124 S. 8°
(Aus Natur u. Geisteswelt. Bdch. 91.) [11. 1830] 11

— allgemeine Münzkunde u. Geldgeschichte des Mittelalters u. der neueren Zeit. (Handbuch der mittelalterl. u. neueren Geschichte. Hrsg. v. G. v. Below u. F. Meinecke. V. Abtlg. Hilfswissenschaften u. Altertümer.) (XVI, 287 S. m. 107 Abbildgn.) Lex.-8. München 904. R. Oldenbourg. n. 9. —; geb. n. 10. 50

—— zur österreichischen Münzkunde des 13. und 14. Jahrh. Ein krit. Versuch. Lex.-8. (50 S. mit 2 lithogr. Taf.) Wien 870, (Gerold's Sohn.) *

— Wiens Münzwesen, Handel u. Verkehr im späteren Mittelalter. [Aus: „Geschichte der Stadt Wien".] Fol. (IV, 126 S. m. Abbildgn., 9 Taf. u. 1 Karte.) Wien 902. A. Holzhausen. n.n. 45. —

—— die Wiener Pfenninge. Fundverzeichnisse und krit. Studien. gr. 8. (II, 278 S. mit 8 Kpfrt.) Wien 877, Manz'sche Hofbuchh. **
Aus: Numismatische Zeitschrift, besonders abgedruckt.

— Quellen zur Geschichte deutscher Rechtshörer in Italien. 1. In italienischen Archiven und Sammlungen. S. 113/176 . . . „ —.80
— — — 1. Fortsetzung. S. 118/2 . . . „ —.40
— — — 2. Fortsetzung. S. 124/11 . . . „ —.40
Separatabdruck

Luschin v. Ebengreuth, Arnold, Quellen zur Geschichte deutscher Rechtshörer in Italien. I. In italienischen Archiven und Sammlungen. Lex.-8. (50 S.) Wien 887, (Tempsky.) *
Aus: Sitzungsberichte der k. Akademie der Wissenschaften, besonders abgedruckt.

Luschin v. Ebengreuth, Arnold. Quellen zur Geschichte deutscher Rechtshörer in Italien. I. In italien. Archiven u. Sammlgn. [Fortsetzung I u. II.] Lex.-8. (24; 30 S.) Wien 889,91, (Tempsky). à Tl. † — 40; * — 80
Aus: Sitzungsber. d. k. Akad. d. Wissensch., besonders abgedruckt.
[1. Tl.] Ebd. 1887. * — 80.

Luschin v. Ebengreuth, Arn., österr. Reichsgeschichte. (Geschichte der Staatsbildg., der Rechtsquellen u. d. öffentl. Rechts.) E. Lehrbuch. I. Thl. D. Zeit vor 1526. 2 Hlftn. gr. 8. (IV, 324 S.) Bamberg 895. C. C. Buchner, Verl. à n. 3. 20

— dasselbe. II. (Schluss-) Thl. D. Zeit von 1526—1867. gr. 8. (XVI u. S. 325—585.) Ebd. 896. n. 5. 60

Luschin v. Ebengreuth, Arnold. Uebersicht der in den periodischen Schriften des historischen Vereines für Steiermark bis einschliesslich 1892 veröffentlichten Aufsätze ferner der historischen oder die Steiermark betreffenden Artikel in der Steiermärkischen Zeitschrift. Graz 1894.

— Umrisse e. Münzgeschichte der altösterreichischen Lande im Mittelalter. (54 S.) Lex. 8. Wien 909. (Graz, Leuschner & Lubensky.) nn 2.—; m. Taf. nn 3. —
Sonderabdruck aus: „Numismat. Ztschr."

— die Universitäten. Rückblick u. Ausblick. Rede, geh. bei der Rektors-Inauguration an der k. k. Karl Franzens-Universität zu Graz am 4. XI. 1904. (17 S.) gr. 8. Graz 905. Leuschner & Lubensky. n. — 40

— Vorschläge u. die Erfordernisse f. die Geschichte der Preise in Oesterreich. gr. 8. (VI, 73 S.) Wien 874. Gerold's Sohn. n. 2. —

—— münzgeschichtliche Vorstudien. gr. 8. (47 S.) (Ebendas.) 871. *
Aus: Archiv für oesterreichische Geschichte, besonders abgedruckt.

Luschin Ritter v. Ebengreuth, Eug. Asbest, dessen Vorkommen u. Verarbeitung in Oesterreich-Ungarn. gr. 8. (42 S.) Wien 890, (Szelinski). * 1 40
Aus: Berg- u. Hüttenmänn. Jahrb., besonders abgedruckt.

Luschka, Hubert, die Adergeflechte des menschlichen Gehirnes. Eine Monographie. Mit Abbildgn. gr. 4. (VI und 174 S. mit 4 in Kpfr. gest. und lithogr. Taf.) Berlin 855, G. Reimer. *

Luschka, Hub., die Anatomie des Menschen in Rücksicht auf die Bedürfnisse der prakt. Heilkunde bearb. (In 3 Bdn.) 1. Bd. 1. Abthl. A. u. d. T.: Die Anatomie des menschlichen Halses. Lex.-8. (XII und 440 S. mit 35 eingedr. Holzschn.) Tübingen (861)62, Laupp'sche Buchh. *

Luschka, Hub., die Anatomie des Menschen in Rucksicht auf die Bedürfnisse der praktischen Heilkunde bearb. Tübingen 862—64. Laupp. Lex.-8.
1. Bd. 1. Abth.: Die Anatomie des menschlichen Halses. Mit 35 Holzschn. (XII, 440 S.) n. 3 ß 15 ngr.
- 2. Abth.: Die Anatomie der Brust des Menschen. Mit 40 Holzschn. (X, 464 S.) n. 3 ß 15 ngr.
2. Bd. 1. Abth.: Die Anatomie des menschlichen Bauches. Mit 48 Holzschn. (X, 378 S.) n. 3 ß
- 2. Abth.: Die Anatomie des menschlichen Beckens. Mit 62 Holzschn. (X, 420 S.) n. 3 ß 15 ngr.

Luschka, Hub. v., die Anatomie des Menschen in Rücksicht auf die Bedürfnisse der praktischen Heilkunde bearb. 3. Bd. 2 Abthlgn. Tübingen, Laupp'sche Buchh. Lex.-8. n. 7 ß 15 ngr.
1. Abthlg. Die Anatomie der Glieder der Menschen. 865. (XII, 496 S. mit 72 eingedr. Holzschn.) n. 3 ß 15 ngr.
2. Abthlg. Die Anatomie des menschlichen Kopfes. 867. (XVI, 550 S. mit 99 eingedr. Holzschn.) n. 4 ß

Luschka, Hub. v., die Anatomie des Menschen etc. Vollständiges Sach- u. Namen-Register. Tübingen 869. Laupp'sche Buchh. Lex.-8. (III, 102 S.) n. 20 ngr.

— Die anormalen Artikulationen des ersten Rippenpaares (mit 3 Taf.). S. 39. 413 . . — .70
Separatabdruck

— die anomalen Articulationen des ersten Rippenpaares. Mit 3 (lith.) Taf. (Aus den Sitzungsber. d. k. Akad. d. Wiss.) Wien 860. Gerold in Comm. gr. 8. (20 S.) n. 7 ngr.

— Die Blutgefäße der Klappen des menschlichen Herzens (mit 2 Taf.). S. 36. 367 . . —.60
Separatabdruck

—— die Blutgefässe der Klappen des menschlichen Herzens. Lex.-8. (19 S. mit 2 chromolithogr. Taf.) Wien 859, (Gerold's Sohn.) **

— die Brustorgane des Menschen in ihrer Lage. Mit 6 von L. Volz nach der Natur gez. (lith.) Taf. Tübingen 857. Laupp. gr. Fol. (22 S. u. 6 Bl. Erklärgn.) n. 6 ß.

Luschka, Hub. v., die Brustorgane des Menschen in ihrer Lage. Mit 6 von L. Voltz nach der Natur gezeichneten (lithogr., zum Theil farb.) Taf. Neue Ausg. gr. Fol. (22 S. mit 6 Bl. Erklärungen.) Tübingen 883, Laupp'sche Buchh. In Mappe *

Luschka, Hub., Entwickelungsgeschichte der Formbestandtheile des Eiters u. der Granulationen. gr. 8. (4 B. u. 3 Taf. Abbild.) Freiburg 845, Emmerling. * —

—— die Fascia pelvina in ihrem Verhalten zur hinteren Beckenwand. Lex.-8. (14 S. mit 1 Stnt. in 4.) Wien 859, (Gerold's Sohn.) *
Vorstehende drei Schriften des Verf. wurden aus: Sitzungsberichte der k. Akademie der Wissenschaften, Jahrg. 1859 und 1860, besonders abgedruckt.

—— die Halbgelenke des menschlichen Körpers. Eine Monographie. Imp.-4. (IV und 144 S. mit 6 Kpfrt.) Berlin 858, G. Reimer. *

— Die Halsrippen und die *Ossa suprasternalia* des Menschen (mit 2 Taf.). D 16. II. 1 . . . 1.60
Separatabdruck

— die Halsrippen und die Ossa suprasternalia des Menschen. Mit 2 (lith.) Taf. (Aus den Denkschr. d. k. Akad. d. Wiss.) Ebend. 859. gr. 4. (18 S.) n. 16 ngr.

—— der Herzbeutel und die Fascia endothoracica. gr. 4. (20 S. mit 3 lithogr. und chromolithogr. Taf. in gr. 4. und Fol.) Wien 859, (Gerold's Sohn.) *
Vorstehende zwei Schriften des Verf. wurden aus: Denkschriften der k. Akademie der Wissenschaften, besonders abgedruckt.

—— der Hirnanhang und die Steissdrüse des Menschen. gr. 4. (III und 97 S. mit 2 Kpfrt.) Berlin 860, G. Reimer. *

Das Höllental bis zum Ausgange des Dreißigjährigen Krieges. Von Hubert **Luschka**. *Freiburg i. Br.: C. A. Wagner 1903.* (42 S.) 8° [o]. 1,60

Luschka, Hub., **das Höllental bis zum Ausgango des 30jährigen Krieges. (42 S.) gr. 8. Freiburg** i/B. 905. (C. Troemer.) n. 1. 50

Luschka, Hubert v., der **Kehlkopf** d. Menschen. Mit 10 (lith.) Taf. Abbildgn. (wovon 3 in Buntdr.) gr. 4. (VI, 199 S.) Tübingen 871. Laupp. n. 24. —

— die **Lage** der **Bauch-Organe** d. **Menschen.** Imp.-Fol. (38 S. u. 5 Chromolith.) **Karlsruhe** 879. Müller. n. 24. —; in Mappe n. 25. 20

— über **Mass- u. Zahlenverhältniss** d. menschlichen **Körpers. Eine Rede.** gr. 8. (III, 17 S.) Tübingen 871. **Moser.** — 50

— Die Muskulatur am Boden des weiblichen Beckens (mit 4 Taf.). D 20. II. 75 . . . ngr.
Separatabdruck

Luschka Hubert, Dr.: Der *Musculus transversus colli* des Menschen. S. 33. 18 . . „ —.50
Separatabdruck

— der **musculus transversus colli des Menschen. Mit 1 (lith.)** Taf. (in 4.) **Aus d. Sitzungsberichten d. k. Akad. d. W. Wien** 858. Gerold in Comm. gr. 8. (9 S.) n. 5 *ngr.*

—— die Musculatur am Boden des weiblichen Beckens. Imp.-4. (24 S. mit 4 Stnt., wovon 2 in Buntdr.) Wien 861, (Gerold's Sohn.) *
Aus: Denkschriften der k. Akademie der Wissenschaften, besonders abgedruckt.

Luschka, Hubert, die **Nerven** in der **harten Hirnhaut.** Eine anatomische Abhandlung. gr. 4. (IV und 54 S. mit 3 Stnt.) Tübingen 850, **Laupp'sche Buchh.** *

—— die **Nerven des menschlichen Wirbelkanales.** hoch 4. (IV und 51 S. mit 2 Stnt.) **Tübingen 850,** Laupp'sche Buchh. *

Luschka, Hubert, der **Nervus phrenicus** des **Menschen.** Eine Monographie. Mit Abbildungen. gr. 4. (VII und 72 S. mit 3 Stnt.) Tübingen 853, Laupp'sche Buchh. *

— der **Schlundkopf** des **Menschen.** Mit 12 (lith.) Taff. Abbildungen. Ebend. 868. Imp.-4. (VI, 221 S. u. 12 Bl. Erläuterungen.) **n. 7** *rp*

—— die Structur der serösen Häute des Menschen. gr. 4. **(VI und 98 S. mit 3 Stnt. Abbildungen.) Tübingen** 851, **Laupp'sche Buchh.** *

—— die Venen des menschlichen Halses. gr. 4. (30 S. mit **2 Stnt.) Wien 862, (Gerold's Sohn.)** *
Aus: Denkschriften der k. Akademie der Wissenschaften, besonders **abgedruckt.**

Luschka. H., die Verhältniswahl im deutschen Verwaltungsrecht, s.a. **Abhandlungen, Freiburger, aus dem Gebiete des öffentlichen Rechts. 5. Hft.**

Luschka, H[ubert], Rechtspraktikant: Die Verhältniswahl im **deutschen Verwaltungsrecht** insbesondere bei Gewerbe- und **Kaufmannsgerichten,** Bergarbeiterausschüssen, Krankenkassen usw. Karlsruhe i. B. 1905: G. Braun. (VIII, 90 S.) 8°
Freiburg i. B., Rechts- u. staatsw. Fak., Ref. Rosin, Diss. v. 1905
[Geb. 28. Mai 82 Weingarten, O.-A. Ravensburg; Wohnort: Karlsruhe; Staatsangeh.: Baden und Württemberg; Vorbildung: Gymn. Tübingen Juli 01; Studium: Freiburg i. B. 2, Berlin 3, Freiburg i. B. 1 S.; Rig. 14. Nov. 04.]

Luschka, M[ax]. «Frei religiöse Gedanken». Referat, gehalten an der Generalversammlung der Sektion Tessin des schweizerischen Vereins für freies Christentum, in Lugano, ... den 11. Februar 1906. 15 S. 8. Basel, G. Krebs, 1906.

Luschka, Max, erhobene Herzen im Lebenskampf. Predigten u. Betrachtgn. (VIII, 277 S.) 8. **Frauenfeld 908. Huber** & Co. **3.20; geb. in Leinw. 4. —**

Luschka, M[ax]. Confirmations-Predigt gehalten ... in Luzern. 8. [Luzern, H. Keller.]
... am Palmsonntag den 23. März 1902.... 6 S.
... am Karfreitag den 10. April ([und] Oster-Predigt gehalten am ... 12. April) 1903.... 11 S.
... am Palmsonntag den 27. März 1904 *u.* am Karfreitag den 21. April 1905.... *je* 6 S.

Luschka, M[ax]. Konfirmations-Predigt gehalten am Palmsonntag, den 8. April 1906. 6 S. 8. [Luzern, H. Keller.]

Luschka, M[ax]. Konfirmations-Predigt gehalten am Karfreitag, den 29. März 1907 in Luzern. 6 S. 8. [Luzern, H. Keller.]

Luschka, M[ax]. Konfirmations-Predigt gehalten am Palmsonntag den 12. April 1908 in Luzern. 5 S. 8. [Luzern, H. Keller.]

Luschka, M[ax]. Predigt gehalten am Sonntag den 13. November 1904 in Luzern durch Pfarrer M. L'. *autogr.* [10 S.] 4.

Luschnat, Th., Union, Gebetsverein, Freikirche nach Gottes Wort u. den lutherischen Bekenntnißschriften. gr. 8. (II, 193 S.) **Insterburg 902. (J. Krauß Nachf.) n. 1. —**

Lüsebrink, Frdr., der hundertjährige **Geburtstag** unseres Sängers der Freiheitskriege Ernst Moritz Arndt. Ein Neujahrsbüchlein für die Oberklasse der Volksschule. Elberfeld 870. Lucas. 8. (24 S.) 1½ *ngr.*

Lüsebrink, **Friedr., der hundertjährige Geburtstag unseres Sängers der Freiheitskriege Ernst Moritz Arndt. Ein Neujahrsbüchlein für die Oberklasse der Volksschule. 8. (24 S.) Elberfeld 871, Lucas.**

— **Taschenbüchlein** zur Einführung in das neue Maß u. Gewicht für Jedermann aus dem Volke, mit Berücksichtigung für solche, die keine Kenntnisse der Decimalbrüche haben, nebst einem Anh. für Schulen. Remscheid 870. Krumm. 8. (32 S.) n. 3 *ngr.*

Lüsebrink, Friedrich Wilhelm [pr. Arzt aus Halver, Assist. a. d. Anat. in **Marburg]: Die erste Entwickelung der Zotten** in der Hundeplacenta ... **Würzburg, kgl. Universitätsdr.** v. H. Stürtz, 1891; 19 S., 1 Bl. 8.
Marburg, Med. Fak., Inaug.-Diss. v. [24. Febr.] 1892

Lusebrink, Johann Peter Friedrich

Lüsebrink, J. P. F., elementarische Sprach- u. Stylübungen, od.: Der mündl. u. schriftl. **Gedankenausdruck in allen Klassen** der Volksschule. **gr. 8. (VIII u. 255 S.) Hamm 852, Grote.** n. 5/6 *rp*

Lüsebrink, J. P. F., **elementarische Sprach- und Stylübungen,** oder: **Der mündliche und schriftliche Gedankenausdruck** in allen **Klassen der Volksschule. 2. (Titel-) Aufl. Hamm** (852.) 855. **Grote.** gr. 8. (VII, 255 S.) **25** *ngr.*

—— Winke über das ausdrucksvolle Lesen, basirt auf die Theorie der Gegensätze. Ein Handbüchlein für Volksschullehrer. 8. (94 S.) Gütersloh 854, Bertelsmann. *

Lüsebrink, **Joh. Pet. Friedr., die Zweisatzrechnung, f. Elementarschulen. Neu bearb. 8. (5½ B.) Neiße 839, Hennings.**
Vgl. **Hand- u. Taschen-Bibliothek, pädag., II. Abthl. 22. Bdchn.**

Lüsen, J. (Gräfin Stephanie Lonyay, vorm. Kronprinzessin v. Oesterreich), Gedankensplitter, Erlebnisse u. Eindrücke. 1.—3. Aufl. gr. 8. (à 301 S.) Wien (900). R. Lechner's Sort. Geb. in Leinw. n. 5. —

Lusenberg, Wilhelm Moroder-
s. **Moroder**-Lusenberg. A 12.9535

Lusenberger J. R.: Die europäische Krisis um die Mitte des 18. Jahrh. 31. Landskron 76. **Progr.**

Lusensky, F., Anweisung betr. die Genehmigg. u. Untersuchg. der Dampfkessel. Vom 16. März 1892. Mit erläut. Bemerkgn. hrsg. 8. (VI, 72 S.) Berlin-Charlottenburg 892. Fr. Kortkampf. n. — 80

Lusensky, F., s.: Bericht der XII. Kommission zur Vorberatung des Gesetzentwurfs gegen die Verunstaltung v. Ortschaften usw.

Lusensky, Franz

Lusensky, F., Gesetz üb. d. Handelskammern, s.a. Guttentag's Sammlg. preuß. Gesetze.

Lusensky, F. Gesetz über die Handelskammern vom $\frac{\text{24. Februar 1870}}{\text{19. August 1897}}$. Text-Ausgabe mit Erläuterungen, geschichtlicher Einleitung, Sachregister, sowie Übersicht des Bestandes der kaufmännischen Vertretungen. Berlin 1897. — 2. Auflage. 1909 (Guttentagsche Sammlung)

— Gesetz betr. die Pflichten d. Kaufleute bei Aufbewahrg. fremder Werthpapiere, s.a. s.: Guttentag's Sammlung deutscher Reichsgesetze.

— der Handel, s.: Handbuch der Gesetzgebung in Preußen u. dem Deutschen Reiche. XV. 1.

Handel und Gewerbe ... Von F[ranz] Lusensky, Geh. Ober-Reg.R. 1. *Berlin: J. Springer 1904.* 8° [F.]
— Handbuch d. Gesetzgebung in Preußen u. d. Deutschen Reiche. 15. Bd 1. [04 638]

Lusensky, F., Die Sonntagsruhe im Handelsgewerbe. Nach den gesetzl. und den ministeriellen Ausführungs-Vorschriften erläutert. 8°. Berlin-Charlottenburg, F. Kortkampf, 1893.

— der zollfreie Veredlungsverkehr. (VI, 218 S.) gr. 8. Berlin 903. O. Häring. n. 6. —

Lusi, Fr. Wilhelm Ritter Comte v.

— Geschichte d. Empörung des Aly Bey, wider die Ottomann. Pforte. 8. Leipz. 784. Junius. ...

Lusi, le Comte de, **Réflexions** sur l'ouvrage de Mr. de Pradt intitulé: de la Révolution actuelle de l'Espagne et de ses suites. Septbr. 820. gr. 8. Berlin, Nicolai. 820.

— Voyage sur le Mont-Blanc entrepris le 15. Sept. 1816. 8. Vienne, Gerold. (Berl., Mittler in comm.) 817.

Lusi, Susanne Sophie Gräfin, s.a. Birk, Susi Sophie

Lusignan, S., Reisen nach der Türkei u. einem Theile d. Levante. gr. 8. Hamb. 789. Bohn. 10 gr.

Lüsing, Gust., üb. das Verhältniß v. Schulbildung u. Sittlichkeit. Ein Vortrag geh. in der VII. allgemeinen schleswig-holstein. Lehrer-Versammlg. gr. 8. (17 S.) Leipzig 873. Mentzel. n. — 37

Lüsing, [Johann] (Stadtbautechn.): Beschreibung des neuen Schulgebäudes und der Bauausführung. S. 26—27. 4. **Progr.**

Lüsing, Kuno, prakt. Arzt in Brunsbüttelkoog: Aus der Chirurgischen Klinik zu Rostock. Ein Beitrag zur Frage: Appendicitis oder Appendixeinklemmung im Bruchsack? Rostock 1907: Adlers Erben. (42 S.) 8°
Rostock, Med. Fak., Ref. Müller, Diss. v. 28. Juni 1907
[Geb. 8. Dez. 69 Altona; Wohnort: Brunsbüttelkoog; Staatsangeh.: Preußen; Vorbildung: Gymn. Christianeum Altona Reife O. 90; Studium: Kiel 4, Würzburg 8 S.; Coll. 8. Mai 07; Approb. 5. Okt. 96.]

Lusk, Graham, Ernährung u. Stoffwechsel. In ihren Grundzügen dargestellt. 2., erweit. Aufl. Ins Deutsche übertragen u. hrsg. v. Leo Hess. Mit e. Vorwort v. M. Rubner. (X, 368 S. m. Abbildgn.) gr. 8. Wiesbaden 910. J. F. Bergmann. 7.—; geb. 8. —

Lusk, Graham [aus New-York]: Ueber die Glykogenbildung bei Aufnahme verschiedener Zuckerarten ... München, k. Hof- u. Univ.-Buchdr. v. Dr. C. Wolf & Sohn, 1892; 27 S. 8.
München, Phil. Fak., Inaug.-Diss. v. [28. Juli] 1891

Luska, Sidney (Henry Harland), zu jung gefreit, s.: Engelhorn's allgem. Romanbibliothek, 13. Jahrg.

Lüske, Fr., Anfangsgründe der Seelen- u. Naturlehre, f. Kinder. 8. Hildesh. 790. .., (Anonym.)

— s. Entwickelung d. ersten Religionsbegriffe.

Luskina, Wlad., d. grosse Jahr. E. Fragment aus d. Poln. Übers. v. Mich. Landau. 1. Buch. D. Kriegserklärg. 8. (39 S.) Tarnopol 895. (Leipzig, Literar. Anstalt, A. Schulze.) n. 1. —

Lusner Ludwig: La Somme des vices et des vertus. 10. Wien X. R. 05. **Progr.**

Lusner Ludwig: Die sizilianische Ausgabe der Somme des vices et des vertus.
II. 1907 PN 2339 **Diss.** Wien, Univ. 2280

Luss, Alfred, cand. med. aus Pfungstadt: Anatomische Beiträge zur Coxa vara. *Würzburg 1899: Becker.* (30 S.) 8°
Würzburg, Med. Diss. v. 1899

Luss, S., der Aerztestreik. Roman aus dem Leben. (124 S.) 8. Mannheim 906. Dr. H. Haas. (Urspr. Pr. 2.50; geb. 3.50.)

— Frauenrechtlerinnen. Roman. (237 S.) 8. Ebd. 910. 3.—; geb. in Leinw. 4. —

— Um 20 Gulden. Roman aus dem jüd. Gemeindeleben. (193 S.) 8. Mannheim (Moltkestr. 5) 910. Selbstverlag. 3.—; geb. 4. —

— Schamsche. Roman aus dem jüd. Gemeindeleben. (262 S.) 8. Ebd. 3.—; geb. 4. —

Lussan de

ROMAN, Ein, ohne Roman, oder die Geschichte der Gräfin v. Gondetz, von ihr selbst beschrieben. Aus d. Frantzös. (der Mlle. *de Lussan*) übersetzet von Selimantes (Chp. Gottl. Wendt). Hamburg, Thom. v. Wierings Erben. Leipzig, Phil. Hertel. 1730. 8⁰. 1 Alph. 2 Bogen. Selten!
Cat. Meissner; Bibl. J. J. Schwabii II. p. 289.
Orig.: Histoire de la Comtesse de Gondez, par Mlle *de Lussan*. 2 vols. Paris, Pépie, 1725. 12⁰. (Bibliogr. de l'amour IV. p. 38.) — Rep. ib. 1727. 12⁰. II. (In Zurich. Stadtbibl. nur Th. 2.)

— — Dasselbe, titulo: Die Geschichte der Gräfin von Gondez, von ihr selbst beschrieben. Aus d. Französ. 2 Thle. Ulm, b. Albr. Friedr. Bartholomäi. 1769. 8⁰. (In Stralsund, Rathsbibl.) 1 Alph. 2 Bog.
Cat. Meissner. Bibl. Schwabii II. p. 289.

Lüssan, der Madem. v., thessal. Zauber- u. Geistermährchen, a. d. Franz. 2 Thle. 8. Zittau, Schöps. 792. (1r 1 Rthlr. 2r 1 Rthlr. 4 gr.)

Lussan, Marguerite de. Thessalische Zauber- und Geistesmärchen a. d. Franz. der Mad. v. Lussan übers. von *J.* S. G. S. Zittau u. Leipzig 1800. Ü: *Schorcht.* (Wielands Werke 35, 320)

Lüssem, Franz (geb. am 24 Juli 1858 in Gross-Vernich Kr. Euskirchen): Experimentelle Studien über die Vergiftung durch Kohlenoxyd, Methan und Aethylen ... Berlin, gedr. bei L. Schumacher 1885. 1 Bl., 32 S., 1 Bl. 8. ¶ Sonderabdr. aus d. Zeitschr. f. klin. Med. IX 1885 S. 397 ff.
Bonn, Med. Fak., Diss. v. 6 Juli 1885

Lüssem G.: Vergleichende Untersuchungen üb. den *Bacillus suipestifer (Uhlenhuth)*, den *Bacillus paratyphi B.* u. den *Bacillus suipestifer* d. hygienischen Instituts d. tierärztlichen Hochschule zu Hannover. Diss. (Giessen). Hettstedt 1909. 30 S. P.

Lüssem, Gustav, appr. Tierarzt: Vergleichende Untersuchungen über den Bacillus suipestifer (Uhlenhuth), den Bacillus paratyphi B und den Bacillus suipestifer des Hygienischen Instituts der Tierärztlichen Hochschule zu Hannover. Hettstedt 1909: Schnee. 30 S. 8⁰
Gießen, Veterinär-Med. Diss. v. 12. Juni 1909, Ref. Olt
[Geb. 23. Dez. 81 Sinzenich; Wohnort: Helbra; Staatsangeh.: Preußen; Vorbildung: Gymn. Münstereifel Reife O. 03; Studium: Tierärztl. Hochschulen Hannover 4, München 1, Hannover 2 S.; Rig. 30. April 09.] [U 09. 1161

Lüssenhop, Carl. Zur Kenntnis der Tuberkulose des weiblichen Geschlechtsapparates des Schweines. Diss. Vet.-Med. Bern ... von K' L'.... Mit zwei Tafeln. (*Kopftitel:* Aus dem veterinärpathologischen Institut der Universität Giessen.) 64 S. 8. Lübbecke, Fr. Werneburg, 1909.

Lusser, Carl Franz, s. Lusser, Karl Franz

Lusser, Franz, s. Lusser, Karl Franz

Lusser, Karl Franz

Lusser, [Carl Franz]. Funfzehn Ansichten der neuen St. Gotthards-Strasse.... Zürich 1833 *s.* Kälin, M[einrad], und Suter, J[acob]. Funfzehn Ansichten....

Lusser, [Carl Franz]. Zwölf Ansichten der neuen St. Gotthards-Strasse. Zürich 1830 *s.* Kälin, M[einrad]. Zwölf Ansichten....

Lusser, Franz [aus Altdorf (Kt. Uri)]: Über multiple verkalkte Atherome des Scrotums. Zürich 1898. 25 S. 8⁰.
Zürich. Med. Diss. 1898/99.

Lusser, Dr., Bemerkungen über den Föhnwind. (Ausgezogen aus dem Allgem. Schweizer. Naturwissenschaftl. Anzeiger, 1. April 1820).

Lusser, [Carl Franz]. Nachträgliche Bemerkungen zu der geognostischen Forschung und Darstellung des Alpendurchschnitts vom St. Gotthard bis Art am Zugersee. [Mit 3 Tafeln.] (N. Denkschr. Schweizer. Ges. für Naturwiss. Band 6.) 4. (Neuchâtel 1842.)

—— **Beschreibung z. d. 15 Ansichten d. neuen St. Gotthard-Strasse, s. Kälin, M., u. J. Suter.**

Lusser, Karl Frz., **Einleitung u. Beschreibung z. d. 12 Ansichten d. neuen St. Gotthard-Strasse, s. Kälin, M.**

Lusser. [Carl Franz]. Geognostische Forschung und Darstellung des Alpen-Durchschnitts vom St. Gotthard bis Art am Zugersee. [Mit 2 Tafeln.] (Denkschr. Schweizer. Ges. für Naturwiss. Band 1. Abtheilung 1.) 4. (Zürich 1829.)

Lusser, Karl Frz., Geschichte des Kantons Uri von seinem Entstehen bis zur Verfassungs-Aenderung vom 5. Mai 1850. gr. 8. (XVI und 645 S.) Schwyz 862. (Luzern, Gebhardt.) *

Lusser, [Carl] F[ranz]. Leiden und Schicksale der Urner, während der denkwürdigen Revolutionszeit, vom Umsturz der alten Verfassung im Jahre 1798, bis zu deren Wiederherstellung im Jahr 1803 ... aufgeschrieben von Dr. F. L'.... 8. Altdorf 1845.

Lusser, [Carl Franz]. Karl Florian Lusser (geb. 1781), Archivarius und Landschreiber zu Ury. Dessen Freunden zum Andenken. 4. *o. O.* 1825.

Lusser, Carl Franz *s.* Panner. Die alten P' der schweizerischen Urkantone.... (Zürich 1843.)

—— **der Kanton Uri rc., s. Gemälde d. Schweiz, 4. Hft.**

Lusser, Carl Franz. Der Kanton Uri, historisch, geographisch, statistisch geschildert. Beschreibung aller in demselben befindlichen Berge, Seen, Flüsse, ... Burgen und Klöster.... Ein Hand- und Hausbuch ... hrg. von K' F' L'.... [Mit 1 Vignette.] 8. St. Gallen und Bern 1834.
Historisch-geographisch-statistisches Gemälde der Schweiz. Heft 4.

[Lussi.] P. Benno. Wunder- Und Tugendt-Stern, Der in dem Schweitzerischen Alp-Gebürg entstanden ... und ... sich der Welt geoffenbahret hat. Das ist Ubernatürliches Leben ... und grosse Wunder-Werck deß Villseeligen Bruder Clausen von Underwalden.... Zu gmeiner Christlicher Aufferbauung ... zusamen getragen, und neuenß aufgesetzt durch Pf. Bennonem von Stanß.... [Mit 2 Tafeln.] 4. Lucern 1732.

Export und Import in Cigarren und Tabaken von J. J. Lüssi, ... Basel. ([Preisliste und Kalender für] 1902.) [12 S.] 8. Basel. Franz Wittmer, [1901].

Lussin. — Lussin piccolo, Hafen, s.: Adriatisches Meer.

Lussingrande, Lussinpiccolo. Lussin u. die Inseln des Quarnero. Ein Wegweiser f. Kurgäste u. Ferienreisende. (VIII, 104 S. m. 50 Abbildgn. u. 3 Karten.) 8. Wien (905). A. Hartleben. Kart. n. 1. 80

Lussingrande, Lussinpiccolo u. Cigale. Lussin u. die Inseln des Quarnero. Ein Wegweiser f. Kurgäste u. Ferienreisende. 2., umgearb. Aufl. (VIII, 104 S. m. 60 Abbildgn. u. 4 farb. Karten.) 8. Wien (910). A. Hartleben. 1. 80

Lussinpiccolo u die Insel Lussin, s.: Woerl's Reisehandbücher.

Lußmann, J., der Hinblick auf d. leidenden Jesus stärket uns. Glauben, uns. Hoffnung, uns. Liebe. Dargest. u. vorgetragen in zwölf Fastenpredigten, nebst e. Einleitungs- u. Schlußrede. 2. Aufl. 8. (15 B.) Wien 829, [C. Doll.]

— Predigt bei dem jährl. Dankfeste d. Gesellschaft d. adligen Frauen zur Förderung d. Guten u. Nützlichen, 8. Wien 820. Gerold. 4 K

Lußmann, Jos., Predigten, an d. Fastensonntagen u. am Osterfeste im J. 1838 vorgetragen. gr. 8. (10½ B.) Wien, [Braumüller u. Seidel.]

Lußmann, Jos., Predigten an den Fastensonntagen u. am Osterfeste. 2. Aufl. gr. 8. (10½ B.) Wien 845, Mayer u. Comp.

Lussy, Mathis, die Kunst d. musikalischen Vortrags. Anleitung zur ausdrucksvollen Betong. u. Tempoführg. in der Vocal- u. Instrumentalmusik. Nach der 5. französ. u. 1. engl. Ausg. v. Lussy's „Traité de l'Expression musicale" m. Autoris. d. Verf. übers. u. bearb. v. Felix Vogt. gr. 8. (XV, 255 S.) Leipzig 886. Leuckart. n. 4. —

Lüssy, J. Robert, von Maur, Ct. Zürich: Das Toluylendiamin und seine Derivate. Ein Beitrag zur Kenntniss der aromatischen Diamine. Zür. Orell Füssli Cie Dr. 1876. 50 S. 8°.
Zürich, Phil. Diss. [v. 30. Juli 1875].

Lust [Sachliches OW]

Lust im Freien. gr. 4. (8 farb. Bl. m. eingedr. Text.) Stuttgart (902). G. Weise. n. — 50

Lust u. Freud. qu. 4. (8 farb. Bilder m. eingedr. Text.) Eßlingen (894). J. F. Schreiber. Kart. — 25

Lust u. Freud. (6 S. m. farb. Abbildgn. auf Pappe.) 33,5 ×21 cm. Weißensee-Berlin (910). E. Bartels. Geb. 2. —

Lust u. Freud der Kinderzeit. 12. (16 farb. Taf. m. Text.) Leipzig 889. Fr. Pfau. cart. n. — 25

Lust u. Freud zur Winterszeit. 8. (12 S. m. z. Tl. farb. Bildern.) Stuttgart 893. F. Loewe. — 40

— — dasselbe. 12. (8 S. m. z. Tl. farb. Bildern.) Ebd. 894. — 15

Lust u. Freude, der Kleinen, in lehrreichen Liedern u. Erzählungen. Mit 6 color. Bildern. 4. (16 S.) Reutlingen 871. Stuttgart, Neugebauer. geb. 1. 10

— **der Jugend, und Lehre.** Album für das reifere Jugendalter. Herausg. von Herm. Masius. 4–8. Bd. Jahrg. 1860–64. à 12 Liefgn. (à 3 Bgn. u. 2 Lithogr.) Glogau, Flemming. Lex.-8. Jede Liefg. 5½ ngr

Lust, der Kleinen, und Spiel. Schilderungen und Scenen aus dem Jugendleben. In 12 (lith. u. color.) Bildern (m. 1 Bl. Text). Mit Versen. Stuttgart (855.) Schreiber u. Schill. cart. 27 ngr

Lust der Kleinen, und Spiel. Schilderungen und Scenen aus dem Jugendleben. In 12 (lith. u. color.) Bildern. Mit Versen. Stuttgart 862. Schreiber & Schill. 4. 27 ngr

— **des Knaben, und Lehre.** Blätter zur Unterhaltung u. Belehrung für Knaben im Alter von 10 bis 16 Jahren. Mit Beiträgen von Curtman, W. Buchner, Otto Buchner, O. Glaubrecht ꝛc. Mit Lithogr. nach Orig.-Zeichnungen. 1. u. 2. Jahrg. 1857 u. 58. à 12 Liefgn. (à 3 Bgn. u. 2–3 Lithogr.) Glogau, Flemming. Lex.-8. Jede Liefg. 6 ngr

Lust, des Knaben, und Lehre. Album für das reifere Jugendalter herausg. von Herm. Masius. Mit Lithogr. nach Origin.-Zeichnungen. (3.) Jahrg. 1859. 12 Liefgn. (à 3 Bgn. u. 1–3 Lithogr.) Glogau, Flemming. Lex.-8. Jede Liefg. 5½ ngr

LUST bey der Last, Prasst (!) und Unlust dieser Welt, Erbauend und vergnügende —, von *D. G. B. S.* Hanau 1756. 4°. (In Marburg, Univ.-Bibl.: I. B 69.) (4 Mk. 10 Pfg. L. Rosenthal, 1888.)
Curioses Sammelsurium, selten!

— **u. Lehr' fürs junge Volk.** 4. Bd. Juli 1895–Juni 1896. 13 Nrn. (à ca. 8 S. m. Abb.) gr. 8. Zürich, Th. Schröter. n. 1. —

— — dasselbe. Beilage z. schweiz. Familien-Wochenblatt. 5. Bd. Juli 1896–Juni 1897. 13 Nrn. (à ca. 8 S. m. Abb.) gr. 8. Ebd. n. 1. —

— — dasselbe. 6. Bd. Juli 1897–Juni 1898. 12 Nrn. (à ca. 8 S. m. Abb.) gr. 8. Ebd. n. 2. —

Lust u. Lehr' fürs junge Volk. Beilage zum schweiz. Familien-Wochenblatt. 14. u. 15. Bd. Aug. 1905–Juli 1907. à 12 Nrn. (à ca. 8 S. m. Abbildgn.) gr. 8. Zürich, E. Richter. à Jhrg. n. 1. —

— **u. Lehr' fürs junge Volk. Beilage zum schweiz. Familien-Wochenblatt.** 16.–18. Bd. Juli 1907–Juni 1910. à 12 Nrn. (à 8 S. m. Abbildgn.) gr. 8. Zürich. G. Meyer. à Jahrg. 1. —

Lust und Lehre, ABC-, Bilder- und Lesebuch für die deutsche Jugend. 12. (48 S. und 8 ill. Stnt.) Chur 847, Grubenmann'sche Buchh.

Lust u. Lehre, ABC-, Bilder- u. Lesebuch f. die deutsche Jugend. 12. (48 S. m. 8 col. Lith.) Chur 850, Grubenmann. ⅓ ℛ

Lust u. Lehre. Blätter für Jung u. Alt. Hrsg. von A. Chr. Jessen. Jahrg. 1868. 24 Nrn. (Bgn. mit eingedr. Holzschn.) Wien 868. Pichler's Witwe & Sohn. gr. 16. 1 ℛ

— — Jahrg. 1869. 12 Hefte. (Bgn. mit eingedr. Holzschn.) Ebend. 869. gr. 16. 24 ngr

Lust u. Lehre. Der katholischen Jugend gewidmet von Herm. Rolfus u. Wilh. Herchenbach. 3. Bdchn. 8. Mainz 879. Kupferberg. cart. 1. 50
Bilder aus der Kirchengeschichte von Herm. Rolfus. 2., verb. u. verm. Aufl. (VIII, 246 S.)

Lust und Lehre : 1880-

Sub-title: Ein Jahrbuch des illustrierten Jugendblatt. Published by The Pilger Publishing Co. Reading, PA

—**u. Lehre** f. Kinder. Ein Bilderbuch m. Gedichten u. Erzählgn. 4. (10 S. m. 8 chromolith. Taf.) Leipzig 874. Bauer. geb. 2. 40

Lust und Lehre für kleine Kinder. 8. (16 S. mit 8 ill. Stnt.) Stuttgart 861, Nitzschke.

Lust und Lehre

—— —— **des Knaben, s. Knaben, des, Lust und Lehre.**

Lust u. Leid der Kinderzeit. 8. (8 Chromolith.) Reutlingen 884. Enßlin & Laiblin. cart. — 40; unzerreißbar geb. n. — 60

Lust und Leid der Kinderzeit. (16 S. mit 8 Bildern in Farbendr.) Wien, *Garay & Co. Eleg. cart. 100 Expl. 9 fl. 60 kr. 1884

Lust und Leid der Kinderzeit. Unzerreißbares Bilderbuch. 8. (8 Chromolithogr. mit eingedr. Text.) Reutlingen 886, Enßlin und Laiblin. geb.

Lust und Leid, Der Liebe, der Frau zur Frau. Stargard i. P. [1895]. V: *Knopf*, *Emilie*. (Berl)

—— und Leid der Thiere. 8. (8 color. Stnt.) Reutlingen 874, Enßlin und Laiblin. [Stuttgart, Neugebauer und Botteler.]

Lust u. Nutzen aus der Historie. 3 Stck. 8. Nürnb. Monath. 732.

Des Sängers **Lust**. 1300 neueste u. bekannteste Walzer-, Gesellschafts- ... Liedertexte einschließl. 400 poet. Orig.-Postkarten-Grüße. *Berlin: A. Kunz [1901].* (176 S.) 8° [F.]
— Vereins- u. Vergnügungs-Bibliothek. Adolf Kunz' Deutsche. Bd 1. [04 10054

— u. **Scherz**. qu. 4. (6 Chromolith. m. eingedr. Text.) Stuttgart 885. G. Weise. — 40; unzerreißbar, geb. 1. 50

— u. **Scherz**. qu. 4. (12 Chromolith. m. untergedr. Text.) Stuttgart 888. G. Weise. cart. — 50

— — Unzerreißbares Bilderbuch. qu. 4. (6 Chromolith. auf Carton.) Ebd. 887. geb. n. — 50

— u. **Scherz**. E. Katzenbilderbuch f. Kinder. gr. 4. (14 S. m. z. Tl. farb. Bild.) Nürnberg 896. Th. Stroefer. — 75

— **u. Spiel**, allerlei, der kleinen Welt. Mit Text v. Frz. Sträßle. All sorts of games a. amusement. — Divertissements de tout genre. — Allerlei vermaak. gr. 8. (18 S. m. 18 Chromolith.) Stuttgart 875. G. Weise. 1. 40

— u. **Spiel**. 4. (10 S. m. z. Tl. farb. Bildern.) Fürth 895. (Leipzig, W. Opetz.) — 50

Lust und **Spiel** der kleinen Welt. Mit Text von Frz. Sträßle. All sorts of games and amusement. — Divertissements de tout genre. — Allerlei vermaak. gr. 8. (18 S. mit 18 Chromolithogr.) Stuttgart 875, G. Weise. cart.

Lust, die, am Trinken oder Gesundheit und Geld erhalten durch richtige Wahl des Getränkes. Freundlicher Rath für junge und alte Liebhaber diverser Nasses und — Solche, die es werden wollen. 2., verm. Aufl. 16. (94 S.) Naumburg 862, Regel. *

Lust und Unlust, Die, Des Ehestandes, Aus dem Frantzösischen In das Teutsche übersetzet. (Galante Novelle.) Gedruckt im Jahr 1707. O. O. (Jena, Gollner). 12°.

Lust, Die durch Unlust vergallete, des Ehelichen Lebens ... Giessen 1720. H: *Weber*, *Immanuel*. (BGE)

Lust [Verfasser]

Lust, F. W., praes. M. **Alberti**, De rhoncho dormientium, vom Schnarchen der Schlafenden. 28 pp. Hal. 4°. 1745

Lust, Franz Alexander, appr. Arzt a. Frankfurt: Ueber einen **Antikörper gegen** Crotin im normalen Organismus. Braunschweig 1904: Vieweg & Sohn. (18 S.) 8°
Heidelberg, Med. Fak., Ref. Gottlieb, Diss. v. 8. Dez. 1904
[Geb. 28. Juli 80 Frankfurt; Wohnort: Heidelberg; Staatsangeb.: Baden; Vorbildung: Gymn. Dillenburg Reife O. 99; Studium: Heidelberg 4, München 2, Berlin 1, Heidelberg 3 S.; Coll. 29. Juli 04; Approb. 3. März 04.]

Lust, G., die Arbeit. **Ein Lustspiel in 3 Akten.** (94 S.) 8. Wien 905 W. Braumüller. n. 2. —

Lust, G. (Gust. Lustig), die Union der Techniker. Ein Aufruf zur Organisation. (VII, 66 S.) 8. Wien 908. W. Braumüller. 1. —

Lust, H., Dorf- und Stadtgeschichten für das Volk. gr. 8. (126 S.) Grünberg 847, Levysohn. *

—— über die Emancipation der Juden. gr. 8. (16 S.) Grünberg 847, Levysohn. *

Lust, Johann Dietrich Christ.

Ioann[es] Dieter[icus] Christ. Lust: De Usu opii in morbis venereis. Helmstadii 1785: Schnorr. 24 S. 8°

Helmstedt, Med. Diss. v. 1785

Lust, Jh. Hnr., s. Salomo's Sprüche.

LUST, Philipp (ps.), Erinnerungen eines Lebemanns. Roman. (Privatdruck.) O. O. u. J. (Berlin 1908.) 8°. 200 u. 220 S. (Mk. 30—; gebd. 36—; Luxusausgabe 50—.)

Lust, Waldemar [cand. med., aus Rogasen (Prov. Posen)]: Über angeborene Nieren- und Lungencysten ... Leipzig-Reudnitz, Druck v. M. Hoffmann, 1895; 32 S. 8.
Würzburg, Med. Fak., Inaug.-Diss. v. 1895

LUST, August (Straubing): Reflexepilepsie und Nervendehnung.- München: Wolf 1879. 27 S. 1.5.1879 - Urk (Titel: De epilepsia per reflexiones orta deque nervorum extensione.); Chr 1878/1879,12
Diss.Ingolst.-Landsh.-Mchn.

Lüst, H. Monleon in seinem Thyeste als Nachahmer Senecas. Münnerstadt, G., 1887. 28 S. Progr.

§ Die Lustbarkeiten in den Bädern zu Baden in der Schweiz. Ein Beitrag zur Geschichte mittelalterlicher Badesaisons (1416). Aus dem Lateinischen übertragen von Franz Sauter. Würzburg, Fr. E. Thein, 1862. 8°. 19 S. (In München: Helvet. 559.)
Aus dem obigen Briefe.
Eine französische Uebersetzung sei hier erwähnt: Pogge, Les Bains de Bade au xve siècle, scène de Mœurs de l'âge d'or, traduit pour la première fois par Antony Méray, texte latin en regard. Paris, 1876. petit in-18°. („Opuscule d'une grâce et d'une fraîcheur de style admirables. Le joyeux auteur des Facéties a voulu prouver qu'il savait être à ses heures délicat, discret, presque pudique.") (3 Mk. 50 Pfg. Scheible, c. 1888.)

Lust- u. Lebensbilder, topographisch-historische, vom Waldschlößchen bei Dresden. Erinnerungsblätter für Einheimische u. Fremde. 8. Dresden 841. (Walther'sche Hofbuchh.) 2 ngl

* LUST- Scherz- und Würfelbüchlein, Ein schön ganz neu erfundenes, für die Jungfrauen, Frauen, Mägde, etc., welches mit zwey Würfeln gespielet wird, und einem oftdermalen gar deutlich die Wahrheit sagen thut. Ganz neu gedruckt. O. O. u. J. (ca. 1740?). 8°. (24 xr. Scheible, vor 1870; 1 Mk. G. Priewe, 1895; jetzt theurer!)

Lüstenöder's Erzählungsschatz. 1.—5. Heft. 8. Gablonz a/N. (903). Frankfurt a. M., H. Lüstenöder. à — 10
Christian Klebauer & Co. Roman. Von H. E. Fritze. (1. Bd. S. 1—160.)

Lüster, R., Pflanzenverzeichnis zum Herbarium m. Anweisungen f. den Sammler. (III S. u. 14 perforierte u. gummierte Bl.) qu. 8. Hagen (905). Schlegel & v. der Heyden. n. — 50

— der Zeichenunterricht nach den amtlichen Lehrgängen in praktischer Ausführung. 2 wesentlich verm. u. verb. Aufl. (84 S. m Abbildgn.) 8. Ebd. (906). n. — 35

Lüstermann, Pater. [Halle 1787.] V: *Westphal, Gg Erhard Christian.* (MGT)

„Lustert ens!" Prosa u. Gedichte in Aachener Mundart. 1. Bdchn. gr. 16. Aachen 903. G. Schmidt. n. — 60
Dichtungen, Von Jos. Sirkens. (88 S. m. Bildnis.)

Lustert ens! Wochenblatt zur Pflege der Aachener Mundart, Literatur u. Heimatkunde. 1. Jahrg. Oktbr.—Dezbr. 1907. 13 Nrn. (à ca. 8 S. m. Abbildgn.) 33×24 cm. Aachen, G. Schmidt. 1. —

Lustfahrt, die, durch Krähwinkel, oder: Freundnachbarlich. [Aus den hinterlaff. Papieren eines Verbrechers.] 8. (11 S.) Euskirchen 850, Kreuder. 2 ngr

Lustfahrt, Die, von Magdeburg nach London . . . Magdeburg 1844. V: *Wilke, J. L.* (EngG)

Lustfahrt, die, von Magdeburg nach London im Mai u. Juni 1841. Von ***r. gr. 8. (3½ B.) Magdeburg 841, Heinrichshofen.

Lustfahrt, stenographische. Redact.: Th. Wendisch. Jahrg. 1867 u. 1868. à Jahrg. 12 Nrn. (Bgn.) Berlin 867. (Th. C. F. Enslin.) 8. Jeder Jahrg. 24 ngr

Lustfahrten, humoristische, des Grafen von und zu Dattenberg. Nach autent. Quellen bearb. von F. A. W. 1. Serie. gr. 12. (III und 159 S.) Cöln 863, (Bollig's Buchh.) *

Lustfeld der Kinder, oder erste belebende Mittheilungen d. Mütter an ihre Kleinen zugleich als erstes unterhalt. Lesebuch. Mit Kupf. gr. 12. Frankf. 827, Sauerländer.

Lustfeld, der Kinder, od. erste belebende Mittheiln. d. Mütter an ihre Kleinen, zugleich als erstes unterhalt. Lesеb. f. Kinder. Von d. Verf. v. „Der Knaben Lustwald" rc. (H. Dittmar.) (Neue, wohlf. Ausg. Mit Ttlkpfr. u. Vign.) Breit 12. (12¼ B.) Frankfurt a. M. 832, Sauerländer.

Lust-Feuerwerker, d. kleine vollkommene. Nach eigenen Erfahrungen u. m. erprobten Vortheilen v. Ant. St. Mit mehr als 150 Feuerwerks-Compositionen u. 53 Abbild. 16. Wien 846, Wenedict's Buchh. ½ rf

Lustfeuerwerkerei, die, s.a. Schauplatz, neuer, der Künste und Handwerke. 92. Bd.

Lustfeuerwerkerey, die, für Dilettanten, oder Anleitung, wie man mit wenig Kosten alle Arten von Kunst- u. Lustfeuern zur Verschönerung häusl. Feste zubereiten kann. Aus d. Franz. von F. C. A. Büttner. 5e sehr verb. Aufl. Mit 11 Steindrucktaf. 8. Weimar 837. Voigt. 2s Bdchn. unter d. T.: Der excellirende Lustfeuerwerker aus d. Franz. des F. M. Ehertier. . 8. Ebd. 837. (Vgl. Schauplatz d. Künste u. H. 92r Bd.)

Lustfeuerwerkerei, die, für Dilettanten. 1. Bdchen. Aus d. Französ. von F. C. A. Büttner. Mit 11 Steindrücken. 6. sehr verb. Aufl. u. 2. Bdchen., enthaltend den excellirenden Lustfeuerwerker. Aus d. Französ. des F. M. Chertier von H. Gauß. 8. Weimar 841, Voigt. ⅚ rf

Lustgänge, drei, aus Saadis Rosenhain, s. Saadis Rosenhain.

Lustgärtchen für gute Kinder. Unzerreißbares Leinwand-Bilderbuch. Nürnberg 862. Geißler. 4. (16 lith. u. color. Taf.) 20 ngr

Lustgarten

— wahrer Andacht, od. auserlef. aus geistl. Schriften gezog. Kern erbaul. Gebete u. Gesänge, nebst Morgen-, Abend-, Meß- rc. Gebeten. N. A. 12. Köln ... Rommerskirchen. 8 gr Velinp. 10 gr

Lustgarten, der, für frohe Knaben u. Mädchen. Ein unterhaltendes Bilderbuch mit lehrreichen Geschichten, f. Kinder, welche zu lesen anfangen. Mit 48 ill. Bildern. 4. Wien 830. Müller. 2 rf 20 gr

Der Mägdlein Lustgarten. Erster Theil. Mit 9 Kupfern. — Zweiter Theil. Mit fünf Kupfern. [2 Bde.] Erlangen, bei J. J. Palm und Ernst Enke. [1822 u.] 1823. XII, 420 u. XII, 420 S. Mit 2 reizenden Frontispizen, Heideloff del., Vogel jr. sc., u. F. Fleischmann del. et sc., sowie 12 sehr hübschen Kupfern v. Fleischmann im Text. Kl.-4°. Rotbraune Hmaroqbde. d. Z. m. sehr geschmackvoller Rückenvergold. 75.—
RümKB. 244. ★ Originalausgabe. Sehr gut ausgewählte Anthologie von Gedichten, Märchen, Legenden, Erzählungen v. Uhland, Arnim, Brentano, Rückert, Kerner, d. Brüdern Grimm, J. P. Hebel usf. Sehr hübsch ausgestattet. — Einbände unbedeut. berieben. Schönes Ex. m. Exlibris Leuchtenberg. ★★

Mathematischer Lust-und Nutz-Garten. Darinnen das Nohtwendigste von der Aritmetica vulgari, decimali und sexagesimali; deßgl. von der Geometrie, Trigonometrie, Longimetrie und Planimetrie; oder vom Feldmessen... erl. durch S.R. Nürnberg: Weigel 1724. 262 S. 8°

— österreich., mit kräftigen u. anmuthigen Seelenlabnissen rc. 8. Wien 758. Gerold. 12 gr

Lustgarten, Frdr., Besteuerung v. Fleisch, Wein u. Most außer den f. die Verzehrungssteuer als geschlossen erklärten Orten. Zusammenstellg. der auf obige Besteuerg. bezügl. Gesetze, Verordngn. u. Entscheidgn., nebst e. Anh., enth. Bestimmgn. üb. die Einhebg. der Gemeindezuschläge zur Verzehrungssteuer vom Fleisch- u. Weinverbrauche im Falle der Verpachtg. od. Abfindg. (Redactionelle Beilage d. kärntn. Gemeindeblattes 1894.) gr. 8. (IV, 64 S.) Klagenfurt 894. (F. v. Kleinmayr.) n. 1. 50

Lustgarten, Sigmund

— Über den Nachweis von Jodoform, Naphtol und Chloroform in tierischen Flüssigkeiten und Organen. S. 85. II. 97. . . . . vgr.
Separatabdruck

Lustgarten Siegmund Über einen aus dem Glykogen bei der Einwirkung von Salpetersäure entstehenden Salpetersäure-Ester. S. 84. II. 61 . . . . vgr.
Separatabdruck

Lustgarten, Sigm., die Syphilisbacillen. 1. und 2. Aufl. gr. 8. (24 S. mit 4 lithogr. Taf.) Wien 885, Braumüller. *
Aus: Medicinische Jahrbücher der k. k. Gesellschaft der Aerzte in Wien, besonders abgedruckt.

Lustgärtlein, chymisches, in welch. d. Verborgenheit der Natur u. Kunst gepflanzet. 8. Ludwigsburg. 747.

— chymisches. 8. Mannheim, Löffler. (auch Steinkopf in Stuttg.) 747.

Lustgärtlein frommer Seelen. 12. Basel 794. Thurneisen. 2 gr

Lustgärtlein gottinniger Seelen, nach dem sel. Thomas v. Kempen v. L. v. H. (IV, 154 S.) 16. Münster (905). Alphonsus-Buchh. Geb. in Leinw. m. Goldschn. n. 2. —

Lustgärtlein. Neu vermehrtes geistliches L'-G' frommer Seelen. Das ist: Heilsame Anweisungen und Regeln zu einem gottseligen Leben. Wie auch schöne Gebete und Gesänge, täglich und auf alle Festtage im Jahr, in allerlei Anliegen zu gebrauchen. Sammt einem nothwendigen Bericht von dem Gebrauch des Heil. Abendmahls. Aufs neue mit Fleiss übersehen, mit schönen Gebeten und Liedern, wie auch mit dem geistlichen Rauchwerk vermehret. Langnau, Christian Blaser, 1877. [Neue Stereotyp-Ausgabe.] 336 S. 8. [Langnau, Chr' Bl', Dezember 1908.] [geb. fr. 1. 20]

Lustgärtner, d. kleine, oder d. kleine Obst- u. Blumengärtner, (v. Chr. A. Frege). 12. Leipz. 809. Fr. Bruder. 12 gr.

Lust- u. Spiel-Haus zeitkürzendes, wor. e. Schatzkammer rar. Künste u. Spiele. m. K. 8. Kunstburg. 731.

* **LUST-** und Spiel-Hauss, Das Zeit kürtzende, In welchen der Curiose Künstler In etlichen Zimmern allerhand rare Künste und Spiele vorstellet etc. etc. (Hrsg. von Eberh. Welper.) Vorgemach u. Zimer 1—14. (Cplt.) Kunstburg (Frankfurt, Gensch, laut Weller's fing. Dr.) O. J. (c. 1690. — Nebst Kupfertitel.) 8°. (Auch in Carlsruhe: Zb 116.) (15 Mk. A. Graff, Brnschw., 1892; 24 Kr. Gilhofer & Ranschburg, 1908.)

18 Bll. Vorst., 1371 fortl. gez. SS. Mit 7 Kpfrn. u. vielen Holzschnitten im Texte.

— — Dasselbe. O. O. u. J. 8°. Mit 16 Kpftaf. u. über 200 Text-Abbildgn. (27 Mk., beschäd. Prgmtbd., Jacques Rosenthal, c. 1903.)

Lusthaus, das Stuttgarter, od. Das ist spaßhaft, was der „Hanesjörg u. sei' Greth'" übers Lusthaus sagen. Humoristisch-satyr. Gedicht in schwäb. Mundart. Abgelauscht u. mitgeteilt v. W. H. 1.—2. Tauf. (12 S.) 12. Stuttgart 904. P. Mähler. n. — 20

Lusthäuser, städtische. Ein ernstes Wort ohne Umschweife! Von M. K. G. Mit e. Vorwort v. C. Fraenkel. (35 S.) gr. 8. Leipzig 905. J. A. Barth. n. — 40

Lusticus, f.: Fremdwörter, Münchener, u. etliche Redensarten.

Lustig, Bruder, s.a. Volksbücher, II.

Bruder Lustig: 1886–1888 Chicago, IL

Humorous semi-monthly. Quarto, each issue 8 pages

Bruder **Lustig**. / Eine Sammlung / der originellsten und pikantesten / Anecdoten aus Schwaben. / (Fig.: Feister Mann hält sich den Bauch, 80x60) / Reutlingen./ Druck und Verlag von Robert Bardtenschlager. (= Nro.82.) o.J., 16 S., 165x108.

Lustig u. anständig. Eine Sammlg. humorist. Vorträge in gebundener u. freier Redeweise f. kathol. Vereine, zusammengestellt u. hrsg. v. der Congregation der frommen Arbeiter vom hl. Josef Calasanz v. der Mutter Gottes. 8. (151 S.) Wien (899). (Bonn, P. Heidelmann.) n. 1.—

Lustig in Ehren. Anleitung und Stoff zu guter Unterhaltung. Gesammelt vom Onkel Ludwig. 1. und 2. Lfg. 8. (VIII, 176 S. mit eingedr. Holzschn.; VIII, 176 S. mit 1 Illustr.) Donauwörth 881,82, [Buchh. des kathol. Erziehungs-Vereins.] Auer. à Lfg. ℳ 1,50.

Lustig in Ehren. Anleitung und Stoff zu guter Unterhaltung. Gesammelt vom Onkel Ludwig. 1.—3. Lfg. 12. Donauwörth 883—87, Auer. [1. Lfg. 2. und 3. Aufl. (VIII, 176 S. mit Illustr.); 2. Lfg. 2. Aufl. (VI, 176 S.); 3. Lfg. (VIII, 165 S.)] à Lfg. ℳ 1.50.

Lustig in Ehren. Anleitung u. Stoff zu guter Unterhaltg. Gesammelt vom Onkel Ludwig. 1. u. 4. Lfg. 12. Donauwörth 890, Auer. [1. Lfg. 4. Aufl. (VIII, 176 S. m. eingedr. Abbildgn.) 4. Lfg. (144 S.) Mit einer Musikbeilage. Lex.-8. (62 S.)] à Lfg. 1 50

2. u. 3. Lfg. Ebd. 1883–87. à Lfg. 1 50.

Bruder **Lustig** / auf seinen / seltsamen Landfahrten./ Eine gar heitere und ergötzliche Historie. / (Fig.: Bruder Lustig und Sankt Petrus, 78x58) / Reutlingen. / Druck und Verlag von Enßlin und Laiblin. (= Reutlinger Volksbücher, 2.)

o. J., 16 S., 165x116.

Lustig Lebendig, od. lächerl. Begebenh. für Lustigmacher. 4 Bdchn. (das 4te h. a. d. Tit.: Nahrung für Spaßvögel 18) v. J. Kottnauer. 8. Prag, Neureutter. (Joachim in Lpz.) 797—802. (à 8 gr.)

LUSTIG Lebendig, oder Der muntere Bettelstudent. Eine Sammlung (100) lustiger Histörchen und Anekdoten, welche die bekannten Spassvögel Hafner, Theaterdichter, und Prehauser, Hanswurst in Wien, unter guten Freunden zu erzählen pflegten; nebst 100 Räthseln (Prosa u. Verse). (Vign.) O. O. (Wien) 1803. 8°. (Besass Prof. Kürschner in Stuttgart.) Aeusserst selten!

Lustig u. lehrreich. 8. (6 farb. Taf. m. Verschen.) Düsseldorf 894. A. Bagel. n. — 10; auf Pappe (2 Bl. Text.) geb. — 30

Lustig, s.a. Spaßvogel.

Lustig, Doktor, der Anekdoten-Erzähler. Eine Sammlung der lustigsten Anekdoten und Schwänke, der launigsten Geschichtchen und Gedichtchen zur Erschütterung des Zwerchfells. Illustrirt durch mehr denn 50 schöne Steinzeichnungen und Holzschn. Hrsg. von Jakob aus den Bergen, unter Mitwirkung des Dr. Jocus, Magister Hocus und Prof. Pocus. 8. (128 S.) Mülheim 879, Bagel's Verlagsh.

LUSTIGS, Vetter, Buch zum Todtlachen. Eine Auswahl meist komischer Anekdoten und pudelnärrischer Streiche zur Erschütterung des Zwerchfells. Augsburg und Stadtamhof. (1812.) 8°.

Wildmoser's Münchener Leihbibl.-Cat., no. 1922; Weller, Lex. Ps. p. 334 nennt d. Jahrzahl.

Lustig's, Vetter, Erheiterungen. Drollig, schnakisch, schnurrig, possirlich etc. Nebst e. Anhang von Namens- u. Neujahrswünschen. N. Ausg. 8. Leipz. 827. Centr.-Compt. 12 gr.

Lustig's, Onkel, Geburtstag-Kalender pro 1890. 1. Jahrg. Eine Festgabe f. die Familie. Mit 18 Farbenbildern v. ersten Wiener Künstlern. Verse v. M. Reymond u. 400 Illustr. v. H. G. Ströhl. qu. 4. (VI, 132 S.) Wien 890. Perles. geb. n. 3. —

— dasselbe, pro 1891. II. Jahrg. Mit 18 Farbenbildern v. ersten Wiener Künstlern. Verse v. M. Reymond u. 400 Illustr. v. H. G. Ströhl. qu. 4. (VI, 132 S.) Ebd. 890. geb. n. 3. —

Lustig, Karlsbad und Teplitz-Schönau, balneotherapeutisch dargestellt für Trink- und Badecurbedürftige. 2. wesentl. veränd. Aufl. 8. (IV, 135 S.) Wien 886, (Braumüller.) *

Onkel Lustig's Namenstagsbuch mit zierlichen Verschen von M. Reymond und 18 schönen Farbenbildern von ersten Wiener Künstlern, sowie an 400 charakteristischen Illustrationen von Hugo Ströhl. quer 4. (120 S.) In orig. eleg. Einband 4 fl.
Wien: Perles 1882.

Lustig, Doktor, der unübertroffene Spaßmacher. Eine Sammlung der lustigsten Anekdoten und Schwänke, der launigsten Geschichtchen und Gedichtchen zur Erschütterung des Zwerchfells. Illustrirt durch mehr denn 50 (eingedr.) Steinzeichnungen und Holzschn. Hrsg. von Jakob aus den Bergen unter Mitwirkung des Dr. Jokus etc. 8. (112 S.) Mülheim a. d. R. 860, (Bagel.)

LUSTIG, Doktor (ps.), Der unübertroffene Spaßmacher. Eine Sammlung der lustigsten Anekdoten und Schwänke, der launigsten Geschichtchen und Gedichtchen zur Erschütterung des Zwerchfells. Illustrirt durch mehr denn 50 Steinzeichnungen und Holzschnitte. Herausgegeben von Jacob aus den Bergen, Dr. Jocus, Magister Hocus und Professor Pocus. Mülheim a. d. R. 1861.
Gmähle's Münchener Leihbibl.-Cat., no. 22316.

Lustig, Doctor, der unübertroffene Spaßmacher. Eine Sammlung der lustigsten Anekdoten und Schwänke, der launigsten Geschichtchen und Gedichtchen zur Erschütterung des Zwerchfells. Illustr. durch mehr denn 50 Steinzeichnungen und Holzschn. Herausg. von Jakob aus den Bergen. (Neue Ausg.) Mülheim 864. Bagel in Comm. 8. (128 S.) 10 ngr.

— — Zeitverkürzungen. 1827.

A. LUSTIG, Antikritische Bemerkungen zur Frage der Zulässigkeit des Fleisches und der Milch perlsüchtiger Rinder für den menschlichen Genuss. Separat-Abdruck aus der Wochenschrift für Thierheilkunde und Viehzucht XX. Jahrg. Nro. 22. Augsburg. s. a. Druck von Rackl & Lochner. 8°.

Lustig, A., Bilder üs em Elsass. Gedichte uf Milhüserditsch. gr. 8. (108 S.) Mülhausen i. E. 883, (Petry.) *

Lustig, A., die Frage der Zulässigkeit d. Fleisches u. der Milch perlsüchtiger Rinder f. den menschlichen Genuss. Ein Gutachten d. deutschen Veterinär-Raths. gr. 8. (25 S.) Augsburg 876. Lüderitz in Comm. n.n. — 50

Lustig, A., Die embolische Nephritis der Pferde und das Wurmaneurysma. (Separatabdruck aus der Zeitschrift für Tiermedizin und vergleichende Pathologie. Hannover 75.

Lustig, Adf., Erfahrungen u. Erlebnisse auf dem Kriegsschauplatze in Frankreich. 8. (24 S.) Teplitz 871. Pörzler in Comm. n. — 50

Lustig, Fragmente zur allgemeinen Balneo-Therapie der Teplitz-Schönauer Heilquellen gestützt auf chemische Experimente. Prag 868. (Leipzig, Cnobloch.) 8. (VI, 37 S.) n. 10 ngr.

Lustig, Alexander

Lustig, Alessandro, Beiträge zur Kenntniss der Entwickelung der Geschmacksknospen. [Aus dem physiol. Institute zu Innsbruck.] Lex.-8. (17 S.) Wien 884. (Gerold's Sohn.) n. — 40

— die Degeneration d. Epithels der Riechschleimhaut d. Kaninchens nach Zerstörung der Riechlappen desselben. [Aus dem physiol. Institute zu Innsbruck.] Mit 1 (lith.) Taf. Lex.-8. (14 S.) Ebend. 884. n.n. — 50

Lustig, Alex., Diagnostik der Bakterien d. Wassers. 2., sehr verm. Aufl. Ins Deutsche übers. v. R. Teuscher, m. e. Vorwort von P. Baumgarten. gr. 8. (X, 128 S.) Jena 893. G. Fischer. n. 3. —

Lustig, Alessandro, die Grotte Giusti in Monsummano u. die Bäder v. Montecatini. (Führer durch das Nievoletal in Toskana.) (Braumüllers Bade-Bibliothek.) (92 S.) 8. Wien 905. W. Braumüller. In Leinw. kart. n. 1. 40

— Zur Kenntnis des Faserverlaufes im menschlichen Rückenmarke (mit 1 Taf.). S. 88. III. 139 . . . . —.50
Separatabdruck

— zur Kenntniss d. Faserverlaufes im menschlichen Rückenmarke. [Ausgeführt unter der Leitg. v. Sigm. Exner in Wien.] Lex.-8. (18 S.) Ebend. 888. n.n. — 40

Lustig Alexander: Über die Nervenendigung in den glatten Muskelfasern (mit 1 Taf.). S. 83. III. 186 . . . . —.50
Separatabdruck

Lustig, Alex., über die Nervenendigung in den glatten Muskelfasern. [Aus dem physiologischen Institute der Wiener Universität.] [Mit 1 (lith.) Taf.] [Aus: „Sitzungsber. d. k. Akad. d. Wiss."] Lex.-8. (9 S.) Wien 881. (Gerold's Sohn.) n.n. — 50

Lustig, Alfr. A., die Arterienverhärtung u. Arterienverkalkg. (28 S.) kl. 8. Tachau (910). (Warnsdorf, A. Opitz.) — 25

Lustig, Arnold *(geb. Myslowitz [19. X.] 1851)*: Zur Lehre von den vasomotorischen Neurosen. Breslau (1875). (37 S.) 8°
Breslau, Med. Diss. v. 25. März 1875

LUSTIG, Bernhard Junius (ps.), Bomben und Granaten, oder das non plus ultra aller Anekdotenbücher. 1839 (3 Auflagen).
Weller, Lex. Ps. p. 333.

Lustig, Bern. Jun., Räthselkranz. Eine Auswahl d. nach Inhalt u. Form Gediegensten aus Zeitschriften u. d. meisten bis jetzt besteh. Sammln. v. Räthseln, Charaden, Homonymen u. Logogriphen. gr. 12. (10 B.) Ulm 838, Rübling.

Lustig, Ernst, Rentier Buchholz aus Berlin besucht die Bremer Ausstellung. Humoreske. gr. 8. (32 S.) Hamburg 890. (Bremen, Behrens.) n. — 50

Lustig, Fel., in froher Laune. E. Sammlg. der wirksamsten kom. Vorträge. 8. (95 S.) Berlin 898. A. Weichert. — 50

Lustig, Franz [aus Berlin]: Ueber einige Amido-Derivate des p-Xylols ... Berlin, A. W. Schade's Buchdr., 1895; 32 S., 1 Bl. 8.
Berlin, Phil. Fak., Inaug.-Diss. v. 20. Juli 1895

Lustig, Fritz, a. Ratibor: Verbindungen, welche Vanadinsäure und selenige Säure enthalten. Würzburg 1906: C. J. Becker. (41 S.) 8°
München, Phil. Fak., Ref. v. Baeyer, Diss. v. 18. Juni 1906
[Geb. 13. Febr. 79 Ratibor; Wohnort: Ratibor; Staatsangeh.: Preußen; Vorbildung: Kgl. Gymn. Ratibor Obersekunda M. 98, pharmazeut. Staatsexamen Mai 03; Rig. 18. Juni 06.]

Lustig, Georg [aus Breslau]: Untersuchungen über den Stoffwechsel bei der Basedow'schen Krankheit. . . . Würzburg, Druck d. Bonitas-Bauer'schen Buchdr., 1890; 29 S. 8°
Würzburg, Med. Fak., Inaug.-Diss. v. 1890

Lustig, Giuseppe [aus Triest]: Beiträge zur Kenntniss einiger aromatischer Schwefelverbindungen. . . . Göttingen, Druck d. Dieterich'schen Univ.-Buchdr., 1890; 58 S. 8°
Göttingen, Phil. Fak., Inaug.-Diss. v. [1. Nov.] 1890

Lustig, Giuseppe, Beiträge zur Kenntniss einiger aromatischer Schwefelverbindungen. Diss. gr. 8. (53 S.) Göttingen 890. (Vandenhoeck & Ruprecht.) n. 1. —

Lustig, Gust., s.: Lust, G.

Lustig, Hugo, nordamerikanische Eisenbahnwerte. Handbuch f. Bankiers u. Kapitalisten. (XX, 259 S. m. eingedr. Kartenskizzen u. 1 Karte.) Lex. 8. Berlin 909. Minenverlag. Geb. in Leinw. 10. —

Lustig, Hugo, südafrikanische Minenwerte. Handbuch f. Bankiers u. Kapitalisten. gr. 8. (VII, 600 S.) Berlin 902. Minen-Verlag. Geb. in Leinw. n. 12. —

Lustig, Hugo, südafrikan. Minenwerte. Handbuch f. Bankiers u. Kapitalisten. (VII, 864 S. m. eingedr. Skizzen u. 5 Karten.) gr. 8. Berlin 905. Minen-Verlag. Geb. n. 15. —

— Südafrikanische Minenwerte. Handbuch für Bankiers u. Kapitalisten. 3. Aufl. (XIX, 776 S. m. Abbildgn. u. 5 Karten.) gr. 8. Ebd. 909. Geb. in Leinw. 15. —

Lustig's, Vetter, Zeitverkürzungen, besteh. in Schnaken, Schnurren, Schwänken u. Possen ꝛc. Nebst e. Anh. von Scherz- u. Pfänderspielen. N. Ausg. 8. Ebd. 12 gr.

Lustig, Jacobus *(geb. Adamowitz bei Ratibor [3. 8.] 1810)*: De partu praematuro arte excitando. Vratislaviae (1835). (40 S., 1 Taf.) 8°

Breslau, Med. Diss. v. 15. Aug 1835

***Lustig*, Jak. W., Inleiding tot the Musick-Konde. 8. Brem. 753. Cramer. 20 gr.**

— Saamen Spraken, oder Musicals Tydverdryf. 12 Deele. gr. 4. Brem. 754. Cramer. 4 ℔

Lustig, Jeremias, Abenteuer, Liebschaften und Kniffe des berüchtigten Spitzbuben Cartouche, von —, weiland Spiessgesellen dieser noblen Compagnie. Mülheim (Zürich, Ziegler) 1800. 8⁰. Rar!

Lustig, Joseph (geb. Ratibor 18. 3. 1854): Beitrag zur Casuistik der sacralen Tumoren mit fötalem Inhalt. Berlin (1881). (30 S.) 8°

Berlin, Med. Diss. v. 12. Febr. 1881

Lustig, Isidor [geb. Ratibor 20. 7. 1847]: Thesen. Berlin (1870) (2 Bl.) 8°

Berlin, Med. Thes. v. 25. Juli 1870

Lustig, Julius (geb. Gleiwitz 24. 8. 1834): De eclampsia gravidarum et parturientium. Berolini (1858). (32 S.) 8°

Berlin, Med. Diss. v. 26. Nov. 1858

Lustig, Karl, mein Wien! Ein Reigen f. Knaben u. Mädchen. — Musik v. Frdr. Radl. — Die Schneeflocken. Ein Reigen f. Mädchen. Musik v. Karl Lohner. (14 S.) kl. 8. Wien (906). F. F. Rosenberg. — 25

Lustig, Karl Herm., die Israeliten sollen aufstehen! u. andere Skizzen. (VIII, 73 S.) 8. Dresden (909). E. Pierson. 1.—; geb. n 2. —

LUSTIG, Kaspar (ps.), Angenehmer Zeitvertreib für muntere Gesellschaften. Wien 1771. 8⁰.

Jocose Räthsel. Anekdoten, Witzworte, Pfänderspiele &c. (1 Mk. 60 Pfg. Scheible.)

— — Dasselbe. Mit Titelvignette. Ebd., J. Gerold, 1791. 8⁰. 284 S. (1 Mk. Taussig, 1904.)

Weller, Lex. Pseud. p. 333 hat „1792".

Lustig, Kasp., angenehmer Zeitvertreib f. muntere Gesellschaften. 8. Wien 792. Gerold. 16 gr. Hbg. Pr. 12 gr.

Lustig, L., die Kuhpocken, oder d. Ehrenschnurrbart. Marionettenspiel mit lebendigen Figuren. 8. Dresd. 803. Arnold. 16 gr.

Lustig, Max [aus Berlin]: Zur Frage nach den Endresultaten der Kniegelenkresection bei Kindern ... Freiburg i. B., Universitätsbuchdr. v. Ch. Lehmann, 1893; 30 S., 1 Bl. 8.

Freiburg i. B., Med. Fak., Inaug.-Diss. v. 1893,

Lustig, Max., das Gedankenlesen. Das zweite Gesicht, s.: Miniatur-Bibliothek.

— die Handlesekunst, s.: Miniatur-Bibliothek.

Lustig, Max, Gerichtsass.: Das Recht am bürgerlichen Namen. Berlin: G. Schade 1909. 47 S. 8°

Jena, Jur. Diss. v. 4. Mai 1909, Ref. Danz

[Geb. 31. Juli 81 Berlin; Wohnort: Berlin; Staatsangeh.: Preußen; Vorbildung: Sophien-Gymn. Berlin Reife M. 99; Studium: Berlin 6 S.; Rig. 12. März 09.] [U 09. 2106

Lustig, Siegfr., zur Kenntniss des Carvacrols [Oxycymols] und seiner Derivate. Inaugural-Dissertation. gr. 8. (31 S.) Breslau 885, (Köhler.) *

Lustig, Sigm., die Cemente in der Zahnheilkunde. (15 S.) gr. 8. Budapest 905. (Berlin, Berlin. Verlagsanstalt.) n. 1. —

Lustig, Wilh., drei Recepte. I. Neue Transparent-Crystall-Kerzen zu fertigen. II. Eine feine, höchst wohlriech. Toilettenseife aus gewöhnl. Seife mit ganz geringen Kosten darzustellen, u. III. Anleit. zur Talgraffinerie, als höchst wicht. Mittheil. f. Talghändler, Seifensieder ꝛc. qu. ½ 4. Leipzig 834, (Andrä.) Versieg.

Lustig, Wilhelm, Referendar: Das Zurückbehaltungsrecht gegenüber unpfändbaren Forderungen. Breslau 1910: Nischkowsky. VIII, 37 S 8°

Breslau, Jur. Diss. v. 11. März 1910, Ref. Schott, Fischer

[Geb. 1. Sept. 86 Gleiwitz; Wohnort: Wünschelburg; Staatsangeh.: Preußen; Vorbildung: Gymn. Gleiwitz Reife O. 05; Studium: München 2, Genf 1, Berlin 1, Breslau 2 S.; Rig. 2. Juni 08.] [U 10. 512

Lustige, der. Anekdoten- u. Bilderkalender f. 1907. (74 S. m. Wandkal.) gr. 8. Stuttgart, C. Weber & Co. — 20

Lustige, der. Anekdoten- u. Bilderkalender f. 1911. (57 S.) gr. 8. Stuttgart, K. Daser. — 20

Lustige Blätter-Bibliothek. 2 Bde. kl. 8. Berlin, Verlag der lust. Blätter. à — 50

1. Ueber'n großen Teich. Pietsch u. Krause auf der Weltausstellg. in St. Louis. (80 S. m. Abbildgn.) (904.)
2. Los v. Berlin! (80 S. m. Abbildgn.) (904.)

Lustige Blätter-Kalender, Nürnberger, f. das J. 1911. 22. Jahrg. (72 S. m. Abbildgn.) Lex. 8. Nürnberg, E. Spandel. — 35

Lustige-Blätter-Kalender. Schweizerischer Lustige Blätter-Kalender für das Jahr 1902 mit reich illustrirten Feuilletons, Gedichten, Witzen etc. etc. Hrg. von der Redaktion der «Schweizerischen Lustigen Blätter» in Zürich-Enge. X + 72 S. 4. Zürich I, W. Steffen & Cociffi. fr. —. 70, Gratis-Zugabe [zum Abt.].

Lustige-Blätter-Kalender. Schweizerischer Lustige Blätter-Kalender für das Jahr 1903. Mit reich illustrierten Feuilletons, Gedichten, Witzen etc. etc. Hrg. von der Redaktion der «Schweizerischen Lustigen Blätter» in Zürich-Enge. XII + 89 S. 4. Zürich. Jean Frey. fr. —. 70, Gratis-Zugabe [zum Abt.]

Lustiges, allerlei. 4. (24 S. m. farb. Abbildgn. u. eingedr. Text) München (900). Braun & Schneider. n. 1. —

Lustiges, allerlei, in Vers u. Bild. 8. (72 S. m. farb. Abbildgn.) Wesel 892. W. Düms. Geb. 1. 50

Lustiges aus dem Reiche der Stenographen u. Maschinenschreiber. (84 S.) 8. Berlin 906. Frz. Schulze. 1. —

Lustiges aus d. Tierwelt. Kolorierbuch. 4. (16 [8 farb.] Taf.) Fürth 897. G. Löwensohn. 1. 20

Lustigmacher, der, in d. Einsamkeit u. in Gesellschaft allezeit fertige. 8. Prag 785. Schönfeld. 10 ℊ

— d. kleine, mit dem Juwelenkasten 2c. Bremen 809. (Taubert in Leipz.) 3 ℊ

Lustkandl, W., Theodor Körner. Heldengedicht in 16 Liedern. Hamburg 863. (Leipzig, Friese.) 32. (64 S.) n. 6 ngr

Lustkandl, Wenzel, Abhandlungen aus dem österreichischen Staatsrecht über das kaiserl. Manifest u. Patent vom 20. Septbr. 1865, über die beiden Adressen des ungar. Landtages von 1861 u. über die Unbedingtheit, Einheitlichkeit u. Realität der pragmat. Sanction mit Anschluß ihrer Documente. Wien 866. (Braumüller.) gr. 8. (LXXX, 391 S.) 2 ℳ

— Föderation oder Realunion? Eine polit. Studie mit besond. Berücksichtigung der nordamerikan., schweizer. u. norddeutschen Verfassungsgeschichte als Antwort auf Dr. A. Fischhof's Brochure: „Oesterreich u. die Bürgschaften seines Bestandes." 2. Aufl. Wien 870. Beck'sche Univ.-Buchh. gr. 8. (46 S.) n. 10 ngr

Lustkandl, W., die Josephinischen Ideen und ihr Erfolg. Festrede zur 100jähr. Gedenkfeier des Regierungsantrittes Kaiser Joseph des Zweiten, gehalten in der Aula der Universität zu Wien am 29. Novbr. 1880. gr. 8. (VIII, 132 S.) Wien 881, Konegen. *

Lustkandl, Wenzel, der Kaiser u. König in Österreich-Ungarn. 1. Thl.: Geschichtl. Darstellg. [Aus: „Österr. Staatswörterbuch".] Lex.-8. (III, 110 S.) Wien 895. A. Hölder. n. 3. —

Lustkandl, W., Sonnenfels u. Kudler. Rede auf Josef v. Sonnenfels u. Josef v. Kudler, geh. am 17. Juli 1891 bei der Enthüllg. der in den Arkaden der Universität Wien aufgestellten Büsten derselben. gr. 8. (73 S.) Wien 891. (Manz.) n. 1. 20

—— das ungarisch-österreichische Staatsrecht. Zur Lösung der Verfassungsfrage historisch-dogmatisch dargestellt. gr. 8. (XVIII und 498 S.) Wien 863, Braumüller. *

— Verordnungsrecht. [Sep.-Abdr. d. Artikel „Nothverordngn." u. „Verordngn." aus d. „Oesterreich. Staatswörterbuche".] Lex.-8. (24 S.) Ebd. 897. n. 1. 20

—— das Wesen der österreichischen Reichsverfassung. Eine akademische Antrittsrede. gr. 8. (68 S.) Wien 864, Braumüller. *

Lustlager. – Das Lustlager.

— Dasselbe, Singspl. in 2 Akt. 8. Münch. 785. (Fleischmann). 4 ℊ

— das,. Singsp. 8. München, Strobl. 785.

Lustlager, Das. Ein Schauspiel in einer Handlung. Wien 1779. V: *Alexander, C.* (saar 4/16) (Biblport)

Lustlager, das,. Schausp. 8. Frkf. Reiffenstein. (Herrmann, auch Gräff in Lpz.) 779.

Lustlager, das; Schspl. in 1 A. 8. Frankf. 779. (Leipz., Wienbrack). 3 ℊ

Lustmordprocesse. Räuber- u. andere Prozesse. Weibliche Strassenräuber, hrsg. v. W. Fischer. Heilbronn, o. J. (c. 1900?). 8⁰. (50 Pfg. A. Bielefeld, c. 1905.)

Lüstner, Gustav: Beiträge zur Biologie der Sporen. *Wiesbaden 1898: R. Bechtold & C.* (30 S.) 8⁰
Jena, Phil. Diss. v. [17. Juli] 1897

Lüstner, G., u. C. Seufferheld, die Bekämpfung d. Traubenwicklers (Heu- u. Sauerwurm) nach dem neuesten Stande. Hrsg. v. der königl. Lehranstalt f. Wein-, Obst- u. Gartenbau zu Geisenheim. gr. 8. (23 S. m. 1 farb. Taf.) Wiesbaden 902. (R. Bechtold & Co.) n.n. — 50

— u. C. Seufferheld, die Bekämpfung des Traubenwicklers (Heu- u. Sauerwurm) nach dem neuesten Stande. Hrsg. v. der königl. Lehranstalt f. Wein-, Obst- u. Gartenbau zu Geisenheim a. Rh. 2. Aufl. (32 S. m. 2 farb. Taf.) gr. 8. Wiesbaden (904). R. Bechtold & Co. n. — 75

Lüstner, Gust., die wichtigsten Feinde der Obstbäume. 3 in der Gärtner-Genossenschaft Sachsenhausen geh. Vorträge. (IV, 47 S. m. 30 Abbildgn.) 8. Stuttgart 907. E. Ulmer. Kart. 1. —

Lüstner, Gust., Frostnachtspanner. Hrsg. v. der königl. Lehranstalt f. Wein-, Obst- u. Gartenbau zu Geisenheim a. Rh. Plakat. 46×38 cm. Farbdr. Berlin (903). P. Parey. n.n. — 50

— Handbuch des Weinbaues u. der Kellerwirtschaft, s.: Babo, A. Frhr. v., u. E. Mach.

Lüstner G.: Ueber einen Mehltaupilz d. Birnbäume. 1901. [Rostr. Saml.].

— Obstwickler. Hrsg. v. der königl. Lehr-Anstalt f. Wein-, Obst- u. Gartenbau zu Geisenheim a. Rh. Plakat. 46×38 cm. Farbdr. Ebd. (902). n.n. — 50

— u. E. Molz, Schutz der Weinrebe gegen Frühjahrsfröste. Leichtverständliche Darstellung der verschiedenen Frostwehrmethoden des In- u. Auslandes, nebst Anleitg. zur Behandlg. frostbeschädigter Reben. (IV, 121 S. m. 27 Abbildgn.) gr. 8. Stuttgart 909. E. Ulmer. 2.50; geb. 3. —

— Springwurmwickler. Hrsg. v. der königl. Lehr-Anstalt f. Wein-, Obst- u. Gartenbau zu Geisenheim a. Rh. Plakat. 46×38 cm. Farbdr. Ebd. (902). n.n. — 50

Lustparthie d. Wellnerschen Familie nach Epstein 2c. Mit 1 Kpf. 12. Frankf. a. M. 816. Schäfer. 1 ℛ Auf Druckp. ohne Kpf. 16 ℊ

Lustpartieen der Wallnerschen Familie nach Epstein, v. F. Strens, m. 4 Landschaften. 12. Frankfurt, Schäfer. 814.

§ LUST- und Sittenpredigt, Des Wohlehrwürdigen Pfarrers zu Brinnhausen —. O. O. 1775. 8⁰. (In München 3 Expll.: Hom. 885, Liturg. 426½, oder Var. 546, 8.)

Lust- u. Sittenpredigt, d. i. gewohnl. Ostermährchen, abgehalten am Ostermontage 1775 von d. Pfarrer zu Brumhausen u. Sangersdorf dedicirt. Eine Satyre. 8. Münch. 775. J. Lindauer. 2 ℊ

Lustra Decem Coronae Viennensis . . . Viennae Austriae 1734. V: *Schachner, Ignaz.* (Feil) (Jes) (SO) [»1733«] V: *Insprugger, Sebastian.* (EB)

FÜNF LUSTRA des Vereins der osterländischen Aerzte 1853—1878. Einladungsschrift zur Fünfundzwanzigjährigen Jubelfeier des Vereins durch dessen Vorstand. 1878. Altenburg. Druck von Oskar Bonde. 8°.

Lustrationen und weltbürgerliche Rügen. O. O. 1799. V: *Petri, Frdr. Erdmann.* (Gd)

Lustre des Hauses Stolberg jüngerer Linie in 104 Tabellen. Nordhausen 1727. 4.

Lustreise, die, von M. Brooke, aus dem Engl. 2 Theile, 8. Leipzig, 778. Weidmanns. 2 f gl.

Lustreise, humoristische. In Briefen von P. an W. v. B. Aus dem Schwed. von Z . . . d. 16. (VI und 157 S.) Lübeck 849, Boldemann.

Lustreise, Herrn G. E. v. R., durch Oestreich und Mähren . . . [Leipzig 1784.] V: *Rotenstein, Gfr. Edler von.* (MS)

Lustreise in die Rheingegenden. In Briefen an Fr. J. v. Pf. Frankf. u. Lpz. 1791. V: *Rotenstein, Gottfr. von.* (Mannheim. Geschichtsbl. 1912, Nr. 10—12, Sp. 204) (Zeitschr. f. Büch. N. F. 15, 1923, S. 115)

Lustreise in den Rheingegenden, in Briefen. 8. Tübing. 791. Heerbrand. 8 gr.

Lustreise durch die sächsische Schweiz. Ein treuer und gemüthlicher Führer für alle Reisende. Mit 8 Ansichten (Holzschn. im Text). Leipzig (855.) Ruhl. 4. (16 S.) n. 2½ ngr.

Lustreise, die, nach T a u c h a zum Jahrmarkt. Ein unterhaltendes Gesellschaftsspiel. Mit 9 ill. Karten u. 9 Würfeln. Neue Aufl. 16. Leipzig 836. Hunger.

Lustreisen durch Baiern, Würtemberg, Pfalz, Sachsen, Brandenburg ꝛc. in d. Jahren 1784—91, (von G. v. Rotenstein). 3 Thle. 8. Leipz. 792, 93. Schneider. 1 Rthl. 6 gr. (Vergl. Auswahl kl. Reisen. 19r—22r Thl.)

§ **LUST-ROSE,** Neueste hundertblätterigte, worinnen die schönsten Arien u. Lieder für muntere Gesellschaften enthalten sind. Amsterdam, bey J. J. Wysmüller und Sohn (Nürnberg). 1802. 8°. (In München: P. o. germ. 889 t.) (1 Mk. Scheible, vor 1885; jetzt theurer!) Weller, fing. Dr. — Selten!

Lustrum III. Regis Maximi Romanorum et Hungariae Josephi I. Carmen epicum. Graecii 170? V: *Stadler, Franz Xaver.* (Jes)

Lust's a weng! Gedichte in oberbayrischer Mundart von C. v. S. Bamberg 1895. V: *Zipperer, Wilhelm.* (Hdschr. von Friedrich Müller, München)

Lust's a weng'! Gedichte in oberbayer. Mundart von C. v. S. 8. (VII, 115 S.) Bamberg 895. C. C. Buchner Verl. Kart. n. 2. 20; geb. n. 2. 60

Lustschlösser, Deutsche. 1. Section. A. u. d. T.: Württembergische Lustschlösser von S. H ä n l e. 1. Abth.: Ludwigsburg. 2. Abth.: Freudenthal, Solitude, Hohenheim, Bellevue u. Rosenstein. Mit 1 Stahlst. 8. (363 u. 230 S.) Würzburg 847, Stahelsche Buchh. 3⅓ Rthl.

Lust- u. Trauerspiel, europäisches, oder d. denkwürdigen Jahre des deutschen Freiheitskampfes 1812—15. Als Gesellschaftsspiel aufgefaßt u. dargestellt. Der vaterländ. Jugend gewidmet. Mit 1 lithogr. Spielplan in gr. Fol. N. Aufl. 8. Bresl. 832. Pelz. 12 gr.

LUST-, Sau- und Trauerspiel in Form einer Theateranzeige. Budweis. Druck von F. Zdarßas Erben (1877). Konfisziert.

Lustspielabend, e. historischer. Hanns Sachs. Jacob Ayrer. Gottlieb Prehauser. Das heiß' Eysen. — Die ehrlich Bäckin — Hanswurst der traurige Küchelbäcker. gr. 8. (76 S.) Wien 876. Rosner. n. 5. —

Lustspiel-Abend, historischer. Vier Jahrhunderte. gr. 8. Berlin (897). M. Böhm. 3. —

1. Das heiß' Eißen. Ein Fastnachtsspiel auf frewdgr Schawbine, eröffnet v. Hans Sachs. (Zum 1. Male aufgeführt in Nürnberg im J. 1531.) (8 S.) Einzelpr. 1. —
2. Die ehrlich Bäckin m. ihren drei vermeinten Liebsten. Ein Possenspiel z. Lehr u. Kurzweil gemeiner Christenheit, insbes. Frauen u. Jungfrauen zum gold. Spiegel. Von Jakobus Ayrer. (Zum 1. Male aufgeführt in Leipzig im J. 1615.) (15 S.) Einzelpr. 1. —
3. Hans Wurst, der traurige Küchelbäcker, u. s. Freund in der Noth. E. hier noch nie geseh., f. diesen Tag bes. eingericht. krit. u. sehr kom., lehrreich u. lust. Freudenspiel, vom Verf. der Wirthin m. d. schönen Hand. Von Gottl. Prehauser. (Zum 1. Male aufgeführt in Wien im J. 1729.) (16 S.) Einzelpr. 1. —
4. Nach 100 Jahren. Zukunftsposse m. Gesang in 1 Akt. Von Mart. Böhm. Musik v. G. Steffens. (12 S.) Einzelpr. 1. 50

Lustspiel-Abend, Sylter. M. Übersetzg., Erläutergn. u. Wörterbuch hrsg. v. Thdr. Siebs. (I. Erich Johannsen's „Freier v. Morsum". II. Erich Johannsen's „Liebeswerbung auf Sylt".) 8. (III, 244 S.) Greifswald 898. J. Abel. n. 3. —

Lustspiele. (Enthaltend: d. Liebhabertheater, Coquetterie u. Liebe.) 8. Bern. (Geßner, Zürich.) 802.

Lustspiele. 1. Das Liebhabertheater in zwey Aufzügen. 2. Coquetterie und Liebe in drey Aufzügen. Bern und Zürich 1802. V: *Zschokke, Johannes Hnr. Daniel* [?]. V: *Kleist, Heinrich v.* [?]. (Eug. Wolff. Zwei Jugend-Lustspiele von H. von Kleist. Oldenburg 1898.) V: *Wieland, Ludwig Friedrich August* [?]. (Wukadinovic, Spiridion. **Kleist-Studien. Stuttgart-Berlin 1904.**)

Lustspiele. Wien 1802. V:
Richter, Joseph. (MGT)

— oder dramatischer Almanach für die Jahre 1819—1821. 9r 10r 11r Jahrgang, von F. v. Kurländer. s. Almanach.

Lustspiele oder dramatischer Almanach für das Jahr . . .
Von F[ranz] A[ugust] von Kurländer.
Mit Kupfern.
Leipzig: Baumgärtner
10. 1820. 11. 1821. 14. 1854. 15. 1825. 19. 1829.
20. 1830. 24. 1843 – 27. 1837.

Lustspiele. Nr. 1—17. 8. Leipzig, Rauh & Pohle. à n. 1.—

Brückelt, Const., Fräulein Leutnant od. Strafe muß sein. Lustspiel in 1 Akt. (28 S.) (905.) (Nr. 12.)
Heinz, Pet., der Doppelgänger. Lustspiel in 1 Akt. (15 S.) Probstheida (903). (Nr. 5.)
— eine fidele Gläubigerversammlung. Humoristisches Gesamtspiel. Text u. Musik v. H. (12 S.) (901.) (Nr. 8.)
— die Höllenmaschine. Lustspiel in 1 Akt. (12 S.) Probstheida (903). (Nr 7.)
— das lenkbare Luftschiff. Lustspiel in 1 Akt. (16 S.) Probstheida (903.) (Nr. 2.)
— das verunglückte Schlachtfest. Humoristisches Gesamtspiel. (20 S.) (904.) (Nr. 11.)
— die Verlobung in der Backkammer. Lustspiel m. Gesang in 1 Akt. (20 S.) (906.) (Nr. 16.)
— ihr Lieblingslied. Lustspiel in 2 Aufzügen. (12 S.) Frankenhausen (905). (Nr. 14.)
Zeiß, Max, abgebrannt. Schwank in 1 Aufzug. (16 S.) Probstheida (903). (Nr. 4.)
— Regimentsbefehl. Schwank in 1 Aufzug. (16 S.) Probstheida (903.) (Nr. 3.)
Jentzsch, Alfr., u. Alfr. Forker, ein geplagter Schulmeister. Humoristisches Gesamtspiel. Musik v. Paul Sperling. (12 S.) (904.) (Nr. 10.)
Kiehne, Wilh., die Liebesprobe. Lustspiel in 1 Akt. Nach dem Französ. (23 S.) Probstheida (903). (Nr. 6.)
— die Verlobten. Lustspiel in 1 Akt nach J. France. (20 S.) (904.) (Nr. 9.)
Parpart, G. v., Professors Barbiertag. Lustspiel f. 3 Herren u. 1 Dame. (12 S.) Probstheida (903). (Nr. 1.)
Renner, Gust., auf nach Chikago! od. Eine verunglückte Amerikafahrt. Schwank m. Gesang in 2 Aufzügen. (35 S.) (906.) (Nr. 17.)
Schröder, Paul, König Dampf. Schauspiel in 3 Aufzügen. (19 S.) Frankenhausen (905). (Nr. 15.)
— die Getreuen v. Jever. Lustspiel in 1 Aufzuge. (34 S.) Frankenhausen (905). (Nr. 13.)

Lustspiele. Nr. 18—32. 8. Leipzig, Rauh & Pohle. à p 1.—

Ackermann, Paul, Heiratsvermittler wider Willen. Schwank in 1 Akt. (16 S.) (910.) (Nr. 32.)
Bernauer, Hans, das Wunderkind. Schwank in 1 Akte. (16 S.) (908.) (Nr. 26.)
Ewald, Fritz, Notquartiere. Lustspiel in 1 Aufzuge. (18 S.) (908.) (Nr. 21.)
Gebbers, Curt, Postmeisters Töchterlein. Schwank in 1 Aufzug. (15 S.) (909.) (Nr. 27.)
Große, Rich., die Lindenwirtin. Dramatisches Gesamtspiel in 1 Akt. (16 S.) (910.) (Nr. 30.)
— Durch List zum Ziel! od.: Der imitierte Räuberhauptmann im Gasthaus zur „Bleiernen Ente“. Repertoirnummer der beliebten Reichstein-Jantzen-Sänger in Leipzig. (20 S.) (907.) (Nr. 18.)
— Meister Pascha oder Liebe kann alles. Lustspiel in 1 Akt. Musik v. P. Jähne. (24 S.) (910.) (Nr. 29.)
Heinz, Pet., der Herzog kommt! Lustspiel in 1 Aufzuge. Text u. Musik v. H. (21 S.) (908.) (Nr. 20.)
— Die kranke Liese. Schwank in 1 Aufzuge. Text u. Musik v. H. (10 S.) (908.) (Nr. 23.)
— Onkels erster Maskenball. Humoristisches Gesamtspiel. Text u. Musik v. H. (15 S.) (910.) (Nr. 31.)
Kropf, J., 30000 Mark! Schwank in 1 Aufzuge. (14 S.) (908.) (Nr. 25.)
Lehnhard, Paul R., auf den Hund gekommen! Schwank in 1 Akt. (15 S.) (908.) (Nr. 22.)
Renner, Gust., eine halbe Million. Schwank in 1 Aufzuge. (23 S.) (908.) (Nr. 24.)
— In Nöten. Posse in 1 Aufzug. (22 S.) (910.) (Nr. 28.)
Schier, Arth., die Straf-Instruktionsstunde. Humoristisches Gesamtspiel f. 5 Herren. (9 S.) (907.) (Nr. 19.)

— Nr. 1—36. 8. Leipzig, G. Richter. à 2.—

Blitz, Paul, Egons Trick. Lustspiel in 1 Akt. (24 S.) (908.) (Nr. 11.)
— Der Goldsucher. Lustspiel in 1 Akt. (27 S.) 906. (Nr. 8.)
— Marotte. Schwank in 1 Aufzug. (18 S.) (908.) (Nr. 13.)
— Ein Scheidungsgrund. Schwank in 1 Akt. (24 S.) (908.) (Nr. 12.)
— Alte Sünden. Lustspiel in 1 Akt. (28 S.) (906.) (Nr. 22.)
— Auf verbotenen Wegen. Lustspiel in 1 Akt. (24 S.) (907.) (Nr. 5.)
Börckel, Alfr., auf Schillers Flucht. Historisches Lustspiel in 1 Akt. (24 S.) (907.) (Nr. 3.)
Büchner, W. O., Heimweh. Singspiel in 1 Akt. Musik v. C. Krause. (29 S.) (908.) (Nr. 19.)
Engler, Hans, falsche Diamanten. Ein Schauspiel in 1 Akt. (20 S.) (908.) (Nr. 10.)
Flottwell, Rud., frei ist der Bursch! Lustspiel in 1 Akt. (31 S.) (909.) (Nr. 28.)
— Zeppelin als Heiratsvermittler. Schwank in 1 Akt. (27 S.) (909.) (Nr. 26.)
Frentel-Norden, Rich., Serenissimus als Brautwerber. Orig.-Burleske (in 1 Akt). (32 S.) (909.) (Nr. 31.)
Gesky, Thdr., Schiller in Oggersheim. Dramatisches Lebensbild in 1 Aufzuge. (29 S.) (907.) (Nr. 4.)
— Eine nette Ueberraschung. Lustspiel in 1 Akt. 2. Aufl. (27 S.) (908.) (Nr. 9.)
Heinz, Pet., das Gretel vom Erlengrund. Singspiel in 1 Akt. Text u. Musik v. H., Op. 210. (24 S.) (909.) (Nr. 25.)
Hohendorff, Hans, der Floh. Burleske in 1 Akt. (16 S.) (910.) (Nr. 32.)
Keßler, Rich., die Benzinmaus. Lustspiel in 1 Akt. (29 S.) (910.) (Nr. 33.)
— Aus der Jugendzeit . . . Lustspiel m. Gesang in 1 Akt. (28 S.) (910.) (Nr. 35.)
Lehmann, M., gewonnen! Schwank in 1 Akt. (22 S.) (909.) (Nr. 20.)
Liebling, Alice (Jan Michailowicz), die Liebesschule. Lustspiel in 1 Akt. (30 S.) 8. München (907). (Nr. 6 [ohne Nummernbezeichnung].)
Lippmann, Jak., eine musikalische Familie. Schwank m. Gesang in 1 Akt. (38 S.) (908.) (Nr. 15.)
Neuenhof, Heinz, die Einbrecher. Schwank in 1 Akt. (32 S.) (909.) (Nr. 21.)
— Ein Versuchsballon. Lustspiel in 1 Akt. (32 S.) (909.) (Nr. 27.)
— Die Henkersmahlzeit. Lustspiel in 1 Akt. (32 S.) (910.) (Nr. 34.)
— Der Meisterschaftsfahrer. Schwank in 1 Akt. (29 S.) (908.) (Nr. 23.)
— Die Soldatenfalle. Schwank in 1 Akt. (33 S.) (908.) (Nr. 17.)
Neuenhof, Heinz, die Vorstandswahl. Schwank in 1 Akt. (34 S.) (908.) (Nr. 14.)
Renker, Fel., a b'sondrer Bua. Volksstück m. Gesang in 1 Akt. (27 S.) (906.) (Nr. 16.)
— Geschmolznes Eis! Volksstück in 1 Akt. (16 S.) (908.) (Nr. 18.)
— Ein Millionentraum! Schwank in 1 Akt. (21 S.) (909.) (Nr. 30.)
Romuald, Adjutus, Lenchen v. Heilbronn. Lustspiel in 1 Akt. (20 S.) (910.) (Nr. 36.)
Soest, Rob. v., er hat 'nen Vogel. Orig.-Posse in 1 Akt. (21 S.) (909). (Nr. 24.)
Steinitz, Klara, der Allerletzte. Lustspiel in 1 Aufzuge. (14 S.) (909.) (Nr. 29.)
Tribolet, Hans, ein rettendes Erkennen. Lustspiel in 1 Aufzug. (20 S.) (907.) (Nr. 2.)
Weddigen, Otto, der Philosoph v. Sanssouci u. die Jungfer Antoinette. Lustspiel in 1 Akt. (24 S.) (908.) (Nr. 7.)
— Moderne Welt. Lustspiel in 1 Akt. (32 S.) (907.) (Nr. 1.)

— (von Jh. Andre). 8. Frankf. a. M. 771.

— v. Brandes. 2 Thle. 8. Lpz. Dyk. 773. 74.

Lustspiele von Castelli, v. Holtei, Hutt, Kuffner u. Lembert. 12. (16⅓ B.) Wien 830, Tendler.

Lustspiele, von H. Clauren. 2 Bände, mit d. Bildniß der Frau Schirmer. Enth: der Brautkranz — die Folgen eines Maskenballs — der Abend im Posthause — das Doppelduell. (Welche auch einzeln zu haben sind.) 8. Dresden, Arnold. 817.

— v. Gellert. gr. 8. Lpz. Fritsch. 774.

— v. Theod. Hell. 2 Bde. 8. Lpz. Weigel. 805. 6. (1r 1 Rthlr. 16 gr. 2r 2 Rthlr.)

— v. Theod. Hell. 4 Bde. 8. Lpz. Hinrichs. 810. 11. (à 1 Rthlr. 12 gr.)

Velinp.

Maischsteuer-Tabelle zur Berechnung des Steuersatzes von 20—50,000 Quart Bottigraum, zusammengestellt nach dem Gesetz v. 19. April 1854 u. der Verordnung v. 1. Juni 1854. Stettin 1855. 4. (88 S.)

Maisel, Alex., über Albuminurie nach Injection von Gummilösungen. Inaugural-Dissertation. gr. 8. (25 S.) Jena 882, (Neuenhahn.)

Maisel, Hanns Beiträge zur Würdigung der Handschriften des Cassius Dio. 8 (35 S.).
Progr. Kgl. humanist. G. bei St. Anna *Augsburg* 1894.

Maisel, Hanns, Beiträge zur Würdigung der Handschriften des Cassius Dio. Der „Observationes in Cassium Dionem" 2. Tl. gr. 8. (35 S.) Leipzig 894. G. Fock. n. 1. 50

Maisel, Joannes: Observationes in Cassium Dionem .... Berolini, Berliner Buchdr.-Actien-Ges., 1888; 2 Bl. + 24 S. 8°
Erlangen, Phil. Fak., Inaug.-Diss. v. 1888

Auch im Buchh.als: Berliner Studien für classische Philologie und Archaeologie. Bd.8,H.1.

Maisel, J., observationes in Cassium Dionem, s. Studien, Berliner, für classische Philologie und Archäologie.

Maisel, Otto, der Rhein in Bild u. Lied. gr. 8. (42 S. m. z. Tl. farb. Abbildgn.) Boppard 899. O. Maisel. Geb. in Leinw. m. Goldschn. 6.—

Maisel, Sarah, aus Grodna (Russland): Beitrag zur Beurteilung der Lumbago traumatica. Bern 1908. 34 S. 8°. [17. VI. 08.]
Bern. Med. Diss. 1907/08.

Maisel, Sarah. Beitrag zur Beurteilung der Lumbago traumatica. Diss. Med. Bern. 34 S. 8. Bern, H. v. Kamp-Berger, 1908.

Maisel, Wilhelm [aus Bamberg]: Kritische Studien über den Nachweis der Cyanverbindungen in forensen Fällen ... (Aus d. Forschungsber. üb. Lebensmittel u. ihre Bezieh. z. Hyg ...) München, E. Wolff, 1895; 2 Bl., 20 S. 4.
Erlangen, Phil. Fak., Inaug.-Diss. v. 22. Mai 1895

Maiselis, Issai [aus Tultschin (Russl.)]: Ueber die erworbene Immunität nach menschlichen Infectionskrankheiten ... Berlin, Buchdr. v. G. Schade, *1893*; 29 S., 1 Bl. 8.
Berlin, Med. Fak., Inaug.-Diss. v. 11. Aug. 1893

Maison, la, bourgeoise en Suisse, s.: Bürgerhaus, das, in der Schweiz.

Maison à vendre. Coméd. p. Duval. 8. Brschw. Pluchart. 806.

Maison, C. Referat betr. die Errichtung einer staatlichen Mobiliar-Feuerversicherungsanstalt in Bayern für die Handels- und Gewerbekammer von Oberbayern. München 1884.

Maison, Hellm., der gute Doktor, s.: Nassauer, Max.

MAISON, Johann Georg 1730 - 1784
Das den 24 Junii 1777 von neuem feyerlich zu begehende höchst erwünschte Geburts-Fest der Durchlauchtigsten Fürstin und Frauen Frauen Friderica Carolina Marggräfin zu Brandenb ... Welches das Culmbachische Lyseum den 23 Junii unterthänigst feyern wird kündiget an Johann Georg Maison, Conrector nebst vorausgeschichter Allusion auf die Worte Cäsars Transivimus Rubiconem bey Gelegenheit der den Ocean paßirten tetschen Truppen.
Kulmbach: Spindler. [1777]. 12 S. 8°.
Staatsarchiv Bamberg

Maison, Rud., Anleitung zur Bildhauerei f. den kunstliebenden Laien. 12. (VI, 119 S. m. 63 Abbildgn.) Leipzig 894. J. J. Weber. Geb. in Leinw. n. 3.—

Maison. Anleitung zur Bildhauerei. Für den kunstliebenden Laien. (Aus: „J. J. Weber's Illustrierte Katechismen" Nr. 150.) Leipzig 1894.

Maison, Rud., Anleitung zur Bildhauerei f. den kunstliebenden Laien. 2. Aufl., umgearb. v. Rich. König. (VIII, 117 S. m. 73 Abbildgn.) kl. 8. Leipzig 910. J. J. Weber. Geb. in Leinw. 3.—

Maison, Rudolph, Medizinalprakt.: Die Therapie der Placenta praevia und ihre Erfolge in der Münchener Universitäts-Frauenklinik (1884—1907). München 1908: Wolf. 73 S. 8°
München, Med. Diss. v. 13. Jan. 1910, Ref. Döderlein
[Geb. 21. Mai 82 München; Wohnort: München; Staatsangeh.: Bayern; Vorbildung: Gymn. Burghausen Reife Juli 03; Studium: München 5, Freiburg i. B. 1, Kiel 1, München 3 S.; Coll. 13. Jan. 10; Approb. 31. Dez. 09.]
[U 10. 3547

Maisonabe, C. A., die Verkrümmungen d. Rückgrathes u. deren Heilung. Uebers. v. Ed. Martiny. gr. 8. (5½ B. u. 2 Taf. Abbildn.) Quedlinburg 837, Basse.

Maisonabe, C. A., Die Verkrümmungen des Rückgrates und deren Heilung, übers. v. Ed. Martini, m. Abb., Quedlinburg u. Leipzig 1837, 83 S., 1 Taf., 8°.

de la Maisonfort, Marquis, l'Abeille, ou le Journal littéraire et politique de Bronsvic. 8. Braunschw. 795. ... (vergl. *Abeille.*)

de la Maisonfort, Marquis, s. Etat réel.

— Tableau politique de l'Europe depuis la bataille de Leipsic, gagnée le 18. Octbr. 1813. gr. 8. London 814. (Brockhaus in Leipz.) 9 gr. — Dass. deutsch. Auch u. d. T.: Politisches Gemälde v. Europa nach d. Schlacht bei Leipzig d. 18. Octbr. 1813; aus d. Französ. Mit Anmerk. u. einer Frage: Was hofft Europa seit dem 3. April 1814? gr. 8. Deutschland. (Ebd.) 814. 12 gr.

Maispflanze, die, in ihrer vollen Verwerthung. 12. (94 S.) Wien, Hof- & Staatsdruckerei. 1863. 40 kr.

Maispflanze, die, in ihrer vollen Verwerthung. Wien 863. (Leipzig, Denicke.) 8. (94 S.) n. 10 ngr.

Maiss, Eduard

Maiss Dr. E.: Die Allotropie des Goldes. 11. Prag R. II. 87. Progr.

Maiss, Ed., Aufgaben üb. Elektricität u. Magnetismus. Für Studierende an Mittel- u. Gewerbeschulen, zum Selbststudium f. angeh. Elektrotechniker, Physiker u. a. gr. 8. (V, 159 S. m. 58 Fig.) Wien 893. A. Pichler's Wwe. & Sohn. n. 2. 40

Maiss, Ed., Aufgaben üb. Wärme einschliesslich der mechan. Wärmetheorie u. d. kinet. Theorie d. Gase. Für Studier. an Mittel- u. Gewerbeschulen, z. Selbststudium f. angeh. Techniker, Physiker u. a. M. 29 Fig. im Text. gr. 8. (V, 118 S.) Wien 898. A. Pichler's Wwe. & Sohn. n. 2. 40

Maiss Dr. E.: Die Entwicklung der Lehre von der Dispersion des Lichtes. 41. Prag R. II. 81. Progr.

Maiss, E., die Entwickelung der Lehre v. der Dispersion d. Lichtes. gr. 8. (41 S. m. eingedr. Fig.) Wien 885. (Pichler's Wwe. & Sohn.) n. — 90

Maiss, Eduard, Hilfsbuch zur Naturlehre, s.: Höfler, Alois.

— Hilfsbuch zur Physik, s.: Höfler, Alois.

Lustspiele ohne Heirathen. Wittenberg u. Zerbst 1772. V: *Schummel, Johann Gottlieb.* (Ky) (MGT)

Lustspiele für Kinder. Peter in der Fremde. Vetter Hans aus Meißen. Zwei Thaler! Nebst einem Anhange leicht aufzuführender dramatisirter Sprüchwörter. Vom Onkel Ludwig. Mit separat gedr. Rollen der 3 Lustspiele. gr. 16. (VIII und 271 S. mit 3 lithogr. und ill. Bildern von Frz. Jüde.) Weimar 854, Jansen und Comp.

Lustspiele, Kleine. Frankfurt a. M. 1751. V: *Reitzenstein, Marianne Sophie von, geb. Weickard.* (GGr)

— kleine, 8. Frankf. Andreä. 791.

Lustspiele, kleine, I. (Das Rendezvous vor d. Convenienz-Heirath, od. d. Liebe aus d. Stegreife.) 8. (3 B.) Aachen 837, [Kaatzer's sel. Wwe.]

— kleine, für junge Leute, nicht für Theater gemacht, (von Dav. Janiz enth.: Der Zerstreute. — Alles wider Vermuthen. — Die Jagd.) 8. Halle 777. Hendel. 8 gr.

— kleine neue, und Possen, von C. Lebrün. Enth.: Der erste April. — Die Zudringlichen. — Weiberlist u. Männertreue. — Shakespeare, Spiel in Versen. 8. Ebend. 818.

— kleine, und Possen, von C. Lebrün. Enth.: die Empfehlungsbriefe 4 Gr. — Liebe und Geheimniß 4 Gr. — Der Krämerzwist 6 Gr. — Die diebische Elster 10 Gr. 8. Mainz, Kupferberg. 816.

— kleine, u. Possen f. Privattheater und Familienzirkel. 1r Bd. enth. 1) der freiwillige Jäger. 2) der Unsichtbare. 3) der Hausarzt. 4) die unerwartete Verlobung. 8. Glogau, Neue Günter'sche Buchh. 815.

— von Marie v. *** (Marie Elis. Helene v. Zay. (A. u. d. T.: Feierstunden, von Maria v. ***. 2s Buch.) 8. Brünn 820. Traßler. 1 Rthlr 20 gr (Enth.: Die drolligen Wirthe. — Der Schoßhund. — Die getheilte Eifersucht. — Das Bild. — Die unsichtbaren Liebhaber auf der Probe. S. auch in Romanen: Feierstunden 2s Bdchen; auch M. E. H. v. Zay).

Lustspiele von Marie von ***. Pesth 1820. V: *Zay, Maria Elisabeth Helene Freifrau v. geb. Freiin v. Calisch.* (MGT) (Ky)

— von Marie von ***. Enth.: die drolligen Wirthe — der Schooshund — die getheilte Eifersucht — das Bild — die unsichtbaren Liebhaber auf der Probe — (s. auch unter d. Titel: Feyerstunden 2s Bändchen in Romanen.) 8. Pesth, Hartleben. 820. Geb. 2 Thlr. Rob

Lustspiele in Zürcher Mundart. VI. Heft. In-8°. Zürich, Art. Institut Orell Füssli. 1897. 2 —
*** Der Afrikaner. Lustspiel in 4 Akten von *Leonh. Steiner.* 73 S.

Lustspiele in Zürcher Mundart. VII. Heft. 8°. Zürich. Art. Institut Orell Füssli. 1899. 2 —
VII. *Steiner, Leonhard:* Am Wildseeli. Lustspiel in 5 Akten in Zürcher Mundart. 76 S. 2 —

— von musikal., welche zu Berlin aufgef. worden. 8. Berl. Haude. 764.

— neue. 1) Der Zweikampf. 2) Die Comödianten rc. (v. Jh. Ldw. Schloßer). 8. Bremen 767. Cramer. 10 gr

Lustspiele, Neue. Hamburg 1767. N. A. Bremen 1768. V: *Schlosser, Johann Ludwig.* (Schr) (MGT) (Ky)

— neue, v. K. G. Kldbr. (Enth. das Wechselrecht, und die ungewisse Hochzeit. 8. Meißen, Gödsche. 814.

— neuere, von Jul. v. Voß, enthaltend: 1) der Weg zum Halsbrechen; 2) der blühende und der verblühte Jüngling, Lustspiel in 2 Theilen (Gegenstück zu dem Lustspiel: die blühende und die verblühte Jungfer). 1r Theil: der blühende Jüngling; 2r Theil: der verblühte Jüngling. 8. Berlin, Schüppel. 821.

— neueste kleine und Possen, von C. Lebrün. Enth.: Ich irre mich nie, oder der Räuberhauptmann 6 Gr. — Der Sylvesterabend, oder die Nachtwächter 8 Gr. — Die beyden Philibert 12 Gr. — Der Unschlüssige 7 Gr. — Man muß nichts übertreiben 9 Gr. — Der alte Jüngling 7 Gr. 8. Ebend. 820.

Lustspiele u. Possen, die neuesten englischen, s. Theatre.

— u. Operetten, nach französ. Mustern, (v. Jh. André). 3 Thle. 8. Frankf. a. M. 772, 73. Andreä.

Lustspiele, die Plautinischen, im Trimeter übers. von Karl Mor. Rapp, siehe: Plautus.

Lustspiele nach dem Plautus. Frankf. u. Leipzig 1774. V: *Lenz, Jacob Michael Reinhold.* (BrMm) (Ky) (R-N)

Lustspiele n. d. Plautus, f. deutsche Theater. 8. Lpz. Weigand. 774. (Rthlr.)

— u. Possen, a. d. Frz. d. Moliere, f. d. deutsch. Bühne, v. Zschokke. 6 Bde. m. K. 8. Zürich, Geßner. 805 u. 6.

— für Privattheater, s. a. Taschenbuch für Freunde d. Privattheaters.

Lustspiele für Privattheater, (a. unter d. Tit.: Taschenb. f. Liebhaber d. Pr. Th.) 8. Leipzig, Sommer. 795. Rthlr. -

— für Privattheater, oder Nachspiele für d. deutsche Bühne, entlehnt von den Franzosen. 8. Goslar 805. a. 808. Lohmann. 12 gr

— f. Radfahrer. Nr. 1—5. 8. Ebd. à n. 1. —
1. Radlerliebe. Zeitbild in 3 Aufzügen. Von G. v. Parpart. (14 S.) Probstheida (903).
2. Das Glück erradelt. Gesamtspiel. Von Pet. Heinz. (15 S.) Probstheida (903).
3. Der Radlerfeind. Lustspiel in 1 Aufzuge. Von Adf. Hellfron. (16 S.) (904.)
4. Tolle Streiche od. Eine verunglückte Brautwerbg. Lustspiel in 1 Akt. Von Pet. Heinz. (24 S.) (904.)
5. Der Kunstradfahrer. Humoristisches Gesamtspiel. Von Rich. Eckensberger. (16 S.) (906.)

Lustspiele f. Radfahrer. Nr. 6—10. 8. Leipzig, Rauh & Pohle. à 1. —

Biesendahl, Karl, fahrendes Volk. Radsportliches Lustspiel in 1 Akt. (38 S.) (908.) (Nr. 9.)

Eckensberger, Rich., das Geister-Rad. Lustspiel f. Radfahrer. (16 S.) (908.) (Nr. 10.)

Heinz, Pet., August als Kunstfahrer. Komische Szene f. 3 Personen. Text u. Musik v. H. (14 S.) (907.) (Nr. 6.)

Scheller, Arth., ein Sieg ohne Kampf. Schwank f. Arbeiter-Radfahrer. (11 S.) (908.) (Nr. 8.)

Schier, Art., zum Radfahrer bekehrt od.: Ein Radfahrer muß es sein. Schwank in 2 Bildern. (17 S.) (908.) (Nr. 7.)

— sämmtl. v. Jos. v. Petrasch. 2 Thle. gr. 8. Nürnb. Felsecker. 765.

— sämmtl., a. d. Frz. d. Moliere. 4 Thle. m. K. 8. Hamb. Groß. 769.

— sechs, v. Gellert. 8. Leipz. Wendler. 747.

— sämmtl. v. Cremeri. 8. Wien, Camesina. 787.

— sechs, nach d. neuesten Geschmack, in gebund. u. ungeb. Rede. 8. Nürnb. 752.

Lustspiele, Sylter. Mit Übersetzung, Erläuterung und Wörterbuch hsg. von Prof. Dr. Theodor Siebs . . . Greifswald 1898. V: *Johannsen*, *Erich*. (Berl)

— turnerische. Nr. 1—24. 8. Ebd. à n. 1. —

Bromme, William, unter dem Tannenbaum. Weihnachtsschwank f. Arbeiter-Turnvereine in 3 Aufzügen. (16 S.) (904.) (Nr. 15.)

Eckensberger, Rich., ein nettes Kleeblatt od. Aus Liebe zur Kunst. Humoristisches Gesamtspiel in 3 Auftritten. (20 S.) (906.) (Nr. 21.)

Franke, Hans, Master Jahn. Lustspiel in 2 Aufzügen m. turner. Aufführgn. 2. Aufl. (15 S.) Probstheida (902). (Nr. 2.)

Franke, Hans, Kuriert. Lustspiel in 2 Aufzügen. (2. Aufl.) (20 S.) Probstheida (902). (Nr. 1.)

— Unterm Weihnachtsbaum. Schauspiel in 1 Akt. 3. Aufl. (16 S.) (905.) (Nr. 4.)

— der Wunderdoktor. Schwank in 1 Aufzug m. turner. Aufführgn 3. Aufl. (8 S.) Probstheida (902.) (Nr. 3.)

— aus stürmischer Zeit. Schauspiel in 1 Akt m. turner. Aufführgn. (20 S.) Probstheida (902). (Nr. 5.)

Helm, Gust., hoch das Turnspiel. Lustspiel in 1 Aufzuge. (11 S.) Probstheida (903). (Nr. 12.)

Heinz, Pet., die gestörte Einquartierung. Humoristisches Gesamtspiel aus dem Turnerleben. Text u. Musik v. H. (16 S.) Probstheida (904). (Nr. 13.)

— die Turner im Verhör. Turnerschwank in 1 Akt m. Gesang nach bekannten Melodien nach Belieben. (19 S.) (906). (Nr. 23.)

— Turner-Rache. Schwank in 1 Akt. Text u. Musik v. H. (14 S.) (904.) (Nr. 14.)

— eine Turnstunde auf dem Standesamt. Humoristische Scene m. Gesang nach Belieben. Text u. Musik v. H. (15 S.) Probstheida. (903). (Nr. 8.)

Kotschwar, J., abgeblitzt. Turnerschwank in 2 Aufzügen. (8 S.) (906.) (Nr. 19.)

Lange, Max, zum Turnen bekehrt. Charakterbild in 1 Aufzuge. (23 S.) Cüstrin 895. (Nr. 7.)

Merz, Paul, Fort m. dem Sport! Ein lust. Turnerstücklein in 1 Aufzuge. (24 S.) (906.) (Nr. 22.)

Neumann, Geo, Ende gut, alles gut. Lustspiel m. turner. Aufführgn. u. Gesang nach Belieben in 1 Akt. Text u. Musik v. N. (11 S.) Probstheida (903). (Nr. 10.)

Oertel, Paul, im Pensionat. Schwank in 1 Akte m. Reigeneinlagen. (30 S.) (904.) (Nr. 17.)

— Verlobung auf dem Gauturnfest. Schwank in 1 Akte mit turner. Einlagen. (20 S.) (906.) (Nr. 18.)

Renker, Fel., freie Turner. Lustspiel in 1 Akt. 3. Aufl. (16 S.) Probstheida (903). (Nr. 9.)

Renker, Gust., auf nach Chikago! oder Eine verunglückte Amerikafahrt. Schwank m. Gesang in 2 Aufzügen. (35 S.) (906.) (Nr. 20.)

— ausgekniffen. Schwank in 1 Aufzuge. (27 S.) Probstheida (903) (Nr. 11.)

— Meisels Brautfahrt. Schwank in 1 Aufzuge f. 5 Herren u. 3 Damen. (24 S.) Probstheida (902). (Nr. 6.)

Tapper, Emil, ein famoses Quartier. Turnerposse in 1 Akt. (27 S.) (901.) (Nr. 16.)

Unterm Weihnachtsbaum. (16 S.) (902.) (Nr. 4.)

Warg, Jos., die bekehrte Schwiegermutter od.: Eine ungewöhnl. Vereinssitzung. Turnerschwank in 2 Aufzügen. (27 S.) (906.) (Nr. 24.)

— turnerische. Nr. 25—38 u. 40. kl. 8. Ebd. à 1. —

Heinz, Pet., lustige Handwerksburschen. Komische Szene f. 6 Turner. (15 S.) (907.) (Nr. 27.)

— Überlistet. Turnerinnen-Lustspiel in 1 Akt m. turner. Aufführgn. (19 S.) (907.) (Nr. 25.)

Merz, Paul, frisch auf! Festakt in 1 Aufzuge. (10 S.) (907.) (Nr. 29.)

— Gut Quartier. Turnerischer Schwank in 1 Aufzuge. (20 S.) (909.) (Nr. 37.)

— Der Riege Geburtstag. Turner-Lustspiel in 1 Aufzuge. (15 S.) (907.) (Nr. 30.)

— Ein neuer Sieg! Turnerlustspiel in 1 Aufzuge. (24 S.) (910.) (Nr. 40.)

— Nein, diese Turner. Schwank in 1 Aufzuge. (24 S.) (907.) (Nr. 26.)

Renner, Gust., Freund Krause. Schwank in 1 Aufzuge. (19 S.) (908.) (Nr. 31.)

— Krieg u. Frieden vor dem Gauturnfeste. Schwank in 1 Aufzug. (22 S.) (909.) (Nr. 34.)

— Eine Pfingst-Turnfahrt. Turnerisches Lustspiel m. Gesang in 1 Aufzuge. (30 S.) (908.) (Nr. 32.)

— Ein Turnersieg. Schwank in 1 Aufzuge. (20 S.) (908.) (Nr. 33.)

— Am Weihnachtstag. Lebensbild in 1 Aufzuge. (18 S.) (909.) (Nr. 36.)

— Zimmer zu vermieten. Schwank in 1 Aufzuge. (24 S.) (907.) (Nr. 28.)

Schier, Arth., Vater Packein od. Der bekehrte Turnerfeind. Lustspiel in 1 Aufzuge. (14 S.) (909.) (Nr. 38.)

Schleef, H., der Sieg der Turner. Turner-Lustspiel in 1 Akt. (21 S.) (909.) (Nr. 35.)

— übersetzte auserlesene neue, u. ein Nachspl. 8. Frankf. u. Leipz. 769. (Köln, Metternich).

— zur Unterhaltung am Purimfeste, in hebräischer Schrift von Wolfsohn. 8. Berlin, Büreau f. Lit. u. Kunst.

Lustspiele u. Weihnachtsspiele, s.a. Fest- u. Gelegenheitsgedichte. 8. Bdchn.

(F) **Lustspiele und Weihnachtsspiele.** Mit einem Anhang von Gelegenheitsgedichten von Schwester Therese. („Fest- und Gelegenheitsgedichte". 8. Bd.) Linz-Urfahr. [1901.] Pressverein. Gr.-8°. 121 S. K 1.20

(F) **Lustspiele** und Weihnachtsspiele mit einem Anhang von Gelegenheitsgedichten. 2. Aufl. [8. Bd. der Fest- und Gelegenheitsgedichte.] 8°. (128 S.) K 1.20
Linz: Pressverein, Verlagsbuchhandlung, 1910.

Lustspiele, Zwei, aus der Brandenburgischen Geschichte gezogen. Leipzig 1783. V: *Dyk*, *Johann Gottfried*. (Ky) (MGT)

— zwey, a. d. Brandenburg. Gesch. gezogen. 8. Leipz. Dyk. 783.

— zwey, 1) der Marsch, 2) die Gräfin v. Roccalde ꝛc. a. d. Franz. 8. Leipz. Weygang. 790.

— zwei: 1) Die Schlittenfahrt. 2) Ernst u. Laune. 8. Preßb. 792. Mahler. 5 ℊ

— zwei, vom franz. Theater. 8. Hannover, Lohmann. 805.

Lustspiel-Preisaufgabe, die, ein vaterländisches Lustspiel in Einem Akt. 8. Leipzig 841, Otto Wigand. n. 1/3 ℛ

Lustwald d. Knaben ꝛc., s.a. Lesebuch, deutsches. 3r Bd.

Lustwald d. Knaben. 2 Thle. 12. Nürnb. 820. Riegel u. W. (à 1 ℛ 8 ℊ) 2 ℛ 16 ℊ Gute Ausg. 1 ℛ

Des Knaben Lustwald. Erster Theil. Mit acht Bildern und einem sinnbildlichen Umschlage. Nürnberg, im Verlage von Riegel und Wießner. 1821. — Zweiter Theil. Mit sieben Kupfern. Ebenda 1822. XIV, 390 u. VIII, 448 SS. Kl.-8° (fast quadratisch). Lederbd. d. Z. 30.—

★ Erstausgabe dieser sehr gut ausgewählten, anspruchsvollen (es sind auch mittelhochdeutsche Texte gegeben) Anthologie bes. a. d. Romantikern, Grimm, dem Wunderhorn usw. — Die sehr hübschen Kupfer, das Frontispiz und der reizende Umschlagtitel sind von J. L. KIRCHNER gezeichnet und von A. WEBER gestochen. — Schmutztitel des 1. Teils verbunden, Vortitel des 2. Teils fehlt. Hie und da Flecken, einige Gebrauchsspuren (bes. am Schluß). Einband etwas abgenutzt.

— poetischer, Samml. von Gedichten ꝛc., s. J. G. F. Haug.

Lustwald, der Sänger, s.: Sänger, der, Lustwald.

LUSTWALDCHEN, Das. Galante Gedichte aus der deutschen Barockzeit. Gesammelt und herausgeg. von Franz Blei. München, Hans v. Weber, 1907. 8°. Color. Umschl. von Const. Somoff. Imit. Büttenpap. 127 S. (5 Mk. Adolf Weigel, 1907.)

— — Dasselbe. Luxus-Ausgabe auf ächt Zanders-Bütten, in 100 numerirten Exemplaren gedruckt. Eleg. Halbpergament, mit Goldschn. (15 Mk. der Vorige, 1907.)

— — Dasselbe. 2. Aufl. Ebd. 1907. 8°. (4 Mk., Lederbd., Orig.-Umschl. mit eingebd., der Vorige, 1908.)

Lustwandler, der, eine Auswahl unterhalt. Aufsäße u. Anekdoten. 2 Thle. 8. Leipz. 789. Weygand. 18 gr

Lustwandler, die kleinen, e. unterhalt. u. belehr. ABC- u. Lesebüchlein f. lernbegier. Kinder. M. 22 ill. Kpfr. (auf 8 Bl.) gr. 12. (2 B.) Nürnberg 833, Bauer u. Raspe.

LUSTWANDLER, Der Nürnberger. Blätter für gesellige Unterhaltung. Redakteur: W. Lindner. Nürnberg, Schneider u. Weigel, 1837. 4°. (In München: Per. 4° 11 y.)

Lustwandlungen auf d. Morgenaue des Lebens, zur Erheiterung u. Belehrung d. weibl. Jugend. Vom Herausgeber von „der Mägdlein Lustgarten." 2 Thle, mit Vign. 12. Frankf. 829. Sauerländer. 3 ₰ 4 gr Neue wohlf. Ausg., mit 2 Kpf. u. 2 Vign. br. 12. Ebd. 832. 2 ₰ 20 gr

Lustweg, anmuthiger, in das Thierreich. Enthalt. 28 Erzählungen nebst 12 ill. Bildern. Ein Festgeschenk für die Jugend. 16. Wriezen und Berlin 843, Literatur- und Kunst-Compt. geb. 2/3 ₰

— für die Jugend. qu. 4. (17 Bl. mit Abbild. und Text.) Stuttg. u. Eßlingen 846, Schreiber u. Schill. geb. 3/4 ₰ — color. 7/8 ₰

— neuer, zum Ziel nützl. Künste u. Wissenschaften. Ein unterhaltendes ABC-Bilderbuch, in deutscher, latein., französ. u. italien. Sprache. Mit 92 ill. Kpf. 8. Nürnb. 821. Schneider u. W. 1 ₰ schwarz 12 gr

Lustweg, d. neuerfundene, zu allerlei schönen Künsten u. Wissenschaften. Mit 15 Kpf. 8. Nürnb. 783. Schneider u. W. 10 gr

Lusus satyrico-morales, sententiosis iconibus exhibet. 8. Augsb. Wolf. 726.

Lusztig, J. C., Felix Weingartner, s.a. Persönlichkeiten.

Felix Weingartner. Von J. C. **Lusztig**. Charlottenburg: Virgil-Verl. [1908]. (29 S.) 8°

— **Persönlichkeiten**. Illustr. Essays. H. 12. [08. 7840

Lütcke — Leben des Georg Rollenhagen. 16 S. Thl. 2. 28 S.
Berlin, G. Kl., Progr. 1846, 1847

Luetcke, Fr. Guil. Leop. Aem. (geb Berlin 4. 2. 1805): De Graecorum dithyrambis et poetis dithyrambicis. Berolini 1829. (58 S.) 8°
Berlin. Phil. Diss. (v. 8. Juni 1829)

Lütcken, Friedr. Wilh. von

Eloge, fait sur le roi, Frédéric le Grand! Par Fred. Guill. de Lütcken. Officier Prussien. Le 12. Juin 1787. Potsdam 1787. 8.

Luteńka z nad Bugu czyli wspomnienia przeszłości. 8. (VIII und 102 S.) Leipzig 864, (Kasprowicz.) *

Luterbacher, Fr.

Jahresbericht über das Gymnasium in Burgdorf am Schlusse des Schuljahres 1879-80. Mit einer wissenschaftlichen Beigabe: Der Prodigienglaube und der Prodigienstil der Römer, von Dr. Fr. **Luterbacher**. In-4°, 28 u. 47 S. Burgdorf, C. Langlois. 1880

Luterbacher, Franc., de fontibus librorum XXI et XXII Titi Livii dissertatio. gr. 8. (59 S.) Strassburg 875. Trübner. n. 1. —

Luterbacher, Frz. Der Prodigienglaube und Prodigienstil der Römer. 1880.
⁎ Beilage zum Jahresbericht über d. Gymnasium in Burgdorf, 1879—80.

Luterbacher, Franz. Der Prodigienglaube und Prodigienstil der Römer. Eine historisch-philologische Abhandlung in neuer Bearbeitung. Beilage zum Jahresbericht über das Gymnasium in Burgdorf [pro 1903/04]. (2. Aufl. der Beilage zum J' des Gymnasiums B' vom Jahr 1880.) 69 S. 8. Burgdorf, Buchdr. P. Eggenweiler, Komm. C. Langlois & Cie., 1904.

Luterbacher, Jos[ef]. Die Verfolgungskurven einer Geraden. Diss. Phil. Bern. [Mit 1 Tabelle.] IV + 56 S. 8. Bern, K. J. Wyss, 1909.

Luternauer, H[ans]. Leitfaden für den Orthographie-Unterricht. Vollständige Ausgabe. II + 59 S. 8. Luzern, J. Burkhardt, 1901. [fr. —. 60]

Luternauer, H[ans]. Leitfaden für den Orthographie-Unterricht. Schüler-Ausgabe. II + 43 S. 8. Luzern, J. Burkhardt, 1901. [fr. —. 35]

Luterotti, C. v., Gedichte im tyroler Dialecte, s. Gedichte.

Lutetia Parisiorum erudita sui temporis ... Norimbergae 1722. V: *Wallin, Georg.* (BrMm) (Myl) (Barbier)

Lütetsburg, A., s.: Klinck-Lütetsburg, F.

Lutfi, K. Omer, aus Lom a. Donau: Die völkerrechtliche Stellung Bulgariens und Ostrumeliens. *Erlangen 1903: E. Th. Jacob.* (61 S.) 8°
Erlangen, Jur. Diss. v. 13. Jan. 1903

Lutfi Pascha, das Asaf nâme, hrsg. u. übertr. von Rud. Tschudi, s.: Bibliothek, türkische. Bd. 12.

Lutfullah, Autobiography, s. Collection of british authors.

Lütge, Lehr- u. Lernbüchlein f. den ersten Geschichtsunterricht. s.: Dettmer, H.

Lütge, A., An ihren Früchten sollt ihr sie erkennen! Ein Beitrag zur Orientirung über die in Veranlassung der Missionssache in Lübeck hervorgetretenen confessionellen Gegensätze. Lübeck 857. v. Rohden. 8. (56 S.) n. 6 ngr.

Lütge, B.

Zum Gedächtnis d. Silbernen Hochzeit unseres ... Kaiserpaares. Predigt über Psalm 3, Vers 9, geh. 1906 von B. **Lütge**, Pastor zu Elberfeld. Elberfeld: Niederl. ref. Gemeine 1906. (21 S.) 8° [F.] [06. 10667

'Verbirg, Herr, Deine Gebote nicht vor mir!' Predigt über Psalm 119, 19b von B. **Lütge**, Pastor. Geh. am 9. Febr. 1902. Elberfeld: Niederl.-reform. Gemeine 1902. (22 S.) 8° [F.] [06. 1198 B

Lütgo, H. A. J. Der Aufschwung der böhmisch-mährischen Kirche, unter Kaiser Franz Josef I., 1848—88, zum 40jähr. Regierungsjubiläum dargestellt. 4. (XI, 108 S.) Amsterd. 888, Scheffer u. Comp. 2 —; geb. 3 —

Luetgebrune, Walter, Referendar am Kgl. Preuß. Landgericht zu Göttingen: Die Sicherungsübereignung. ⟨Ein Konstruktionsversuch.⟩ Göttingen 1906: Dieterich'sche Univ.-Buchdruckerei. (57 S.) 8° [F.]

Freiburg i. B., rechts- u. staatsw. Fak., Ref. A. Schultze, Diss. v. 1906

[Geb. 18. Febr. 79 Ehrentrup b. Lage (Lippe); Wohnort: Göttingen; Staatsangeb.: Lippe u. Preußen; Vorbildung: Gymn. Lemgo (Lippe) Reife 98; Studium: Leipzig 2, Tübingen 2, Berlin 2, Göttingen 2 S.; Rig. 19. Jan. 03.]

Luetgebrune, Walt., die Sicherungsübereignung. (Ein Konstruktionsversuch auf Grund der neueren Literatur u. Rechtsprechg. unter besond. Berücksicht. der seit dem 1. I. 1900 ergangenen Entscheidgn. des Reichsgerichts u. der Oberlandesgerichte.) (VIII, 57 S.) gr. 8. Göttingen 906. F. Kronbauer. 1. 50

Lütgemeier, die Fortbildung d. Lehrers. [Aus: „Konferenzblätter".] gr. 8. (30 S.) Tangerhütte 895. Quedlinburg, Verl. d. „Konferenzblätter" (C. Voges). n.n. — 60

Lütgen, über Selbsthülfe u. Staatshülfe bei Bekämpfung des Vagabundenthums, s.a. **Stursberg, H.**, die Vagabundenfrage.

Lütgen, Ueber Selbsthülfe u. Staatshülfe bei Bekämpfung des Vagabundentums. 8°. Düsseldorf 1882.

Lütgen, A., Feldzug der Schleswig-Holsteinischen Armee u. Marine im J. 1850. gr. 8. (VIII u. 487 S.) Kiel 852, Schröter & Co. n. 2½ ₰; m. 3 lith. Karten in Imp. Fol. n. 5 ₰

Lütgen, B., dialogues français et allemands, accompagnés d'une traduction interlinéaire etc. A. u. d. Ttl.: Deutsche u. französ. Gespräche, mit französ. u. deutscher Interlinear-Uebersetzung, z. Gebr. beider Nationen. 8. (8¾ B.) Leipzig 846, Brockhaus u. Avenarius.

Lütgen, B., Dialogues français et allemands, accompagnés d'une traduction interlinéaire, à l'usage des deux nations. — Deutsche und französische Gespräche mit französischer und deutscher Interlinear-Uebersetzung, zum Gebrauche beider Nationen. 3.—5. Aufl. gr. 8. (146 S.) Leipzig 871—75, Brockhaus. *

Lütgen, B., Dialogues français et allemands, accompagnés d'une traduction interlinéaire, à l'usage des deux nations. — Deutsche und französische Gespräche mit französischer und deutscher Interlinear-Uebersetzung, zum Gebrauche beider Nationen. 6. Aufl. 8. (V, 146 S.) Leipzig 879, Brockhaus. *

Lütgen, B., deutsche und französische Gespräche, mit französischer und deutscher Uebersetzung zum Gebrauche beider Nationen. — Dialogues français et allemands. — 2. verb. u. verm. Aufl. Leipzig 863. Brockhaus. 8. (2 Bl., 153 S.) n. 12 ngr.

Lütgen, B., deutsche u. französische Gespräche in französischer u. deutscher Interlinear-Übersetzung zum Gebrauche beider Nationen. 3. Aufl. gr. 8. (146 S.) Leipzig 871. Brockhaus. n. 1. 20

Lütgen, B., deutsche u. französische Gespräche mit französischer u. deutscher Interlinear-Uebersetzung, zum Gebrauche beider Nationen. 6. Aufl. 8. (V, 146 S.) Leipzig 879. Brockhaus. n. 1. 20

Lütgen, B., deutsche und französische Gespräche mit französischer und deutscher Interlinear-Uebersetzung, zum Gebrauche beider Nationen. 7. Aufl. 8. (V, 146 S.) Leipzig 884, Brockhaus. *

— erster englischer Unterricht. Praktische Anleitg. zur schnellen Erlerng. der engl. Sprache. 8. (IV, 104 S.) Ebend. 873. n. 1. —

Lütgen, B., erster englischer Unterricht. Praktische Anleitung zur schnellen Erlernung der englischen Sprache. 2. Aufl. 8. (V, 104 S.) Ebendas. 878. *

Lütgen, L., De priorum scriptorum argenteae, quae dicitur, latinitatis studiis scholasticis I. Pr. 1907. 87 S. 4°. 1.20

Lütgenau, Franz

Lütgenau, F., Darwin u. der Staat. (Preisgekrönt in Jena, Krupp'sche Stiftg.) (VI, 155 S.) gr. 8. Leipzig (905). Th. Thomas. n. 3. 20

— Die Jesuitenfrage. Eine politisch-geschichtliche Abhandlung zur Aufklärung des arbeitenden Volkes. 8°. Bielefeld, Hancke, 1894.

Lütgenau, F., die Jesuitenfrage. Eine politisch-geschichtl. Abhandlg. zur Aufklärg. d. arbeit. Volkes. 8. (84 S.) Bielefeld 894. G. Slomke. — 40

— die Judenfrage, ökonomisch u. ethisch. gr. 8. (22 S.) Berlin 893. F. Dümmler's Verl. n. — 30

— Das eherne Lohngesetz und der Achtstundentag. Nach einem Vortrage. 8°. Berlin, Maurer, Werner u. Co., 1891.

Lütgenau, Frz., der Essener Meineids-Prozeß vom 14. bis 17. Aug. 1895. Geschichte u. Glossen. gr. 8. (48 S.) Berlin 895. Buchh. d. „Vorwärts". — 15

Lütgenau, Frz., Jean Palsgrave und seine Aussprache des Französischen. Inaugural-Dissertation. gr. 8. (65 S.) Bonn 880, (Behrendt.) *

Lütgenau, Franz ⟨geb. am 25 Okt. 1857 in Rheindorf Kr. Solingen⟩: Jean Palsgrave und seine Aussprache des Französischen .•. Bonn, Druck v. J. F. Carthaus (1880). 65 S., 1 Bl. 8. ¶ In Komm. bei Behrendt in Bonn.

Bonn, Phil. Fak., Diss. v. 9 Aug. 1880

— natürliche u. soziale Religion. 8. (VIII, 260 S.) Stuttgart 894. J. H. W. Dietz. n. 1. 50; geb. n.n. 2. —

Lütgenau, Frz., Shakespeare als Philosoph (116 S.) 8. Leipzig 909. Xenien-Verlag. 2. —

Lütgenau, F., der Ursprung der Sprache. Eine sprachpsycholog. Untersuchung. gr. 8. (32 S.) Leipzig 901. H. Seemann Nachf. n. 1. 50

Lütgendorf, F. Frh. v., Sammlung bildl. Darstellungen malerischer Scenen aus Schillers vorzügl. Balladen u. Romanzen. 4. (12 Kpfr. in 16. auf blaues Pap. geklebt.) Prag 829, v. Mayregg.

Lütgendorf, K. F.

— s.a. Einfluß d. Sittenlehre.

Lütgendorf, K. F. v., Einfluß d. Sittenl. a. d. Glückseligkeit d. Staats. 8. Münch. Lindauer. 786.

DAHLFELD, Karl von, der Jüngling, oder: Der junge Herr und sein Hofmeister als Nebenbuhler. Ein Originallustspiel in drey Aufzügen (von *Karl Fr. Aug.*-Frhrn. *v. Lütgendorf*). Mit 1 Kpfr. München und Leipzig, bey Joseph Lindauer (.) Buchhändler. 1788. 8°. (6 Mk. 80 Pfg. L. Rosenthal, 1910.)
16 Bl., 185 S. u. 4 Bl. Verbess. — Goedeke (welchem Verfasser unbekannt geblieben) V, 397, 16: „Inhalt wie der Titel sagt. Gemeine Prosa; Schimpfwörter im Munde der Gebildeten; Leichtfertigkeiten im Hintergrund; platte Charakterzeichnung; sehr gewöhnliche Intrigue. Die Mutter des Mädchens begünstigt den Hofmeister."
— — Dasselbe. Berlin 1795. 8°. (l. c.)

v. Lütgendorf, Frhr. Karl Fr. Aug., Karl v. Dahlfeld; e. Origin.-Lstspl. 8. Berl. 795. (Wienbrack in Leipz.; a. J. Lindauer in Münch.) 12 gr.

— s. Folgen e. minderjähr. Verlobung.

Lütgendorf, Karl Friderich (!) Aug. Frhr. v., *Kurbairisches Nationaltheater*, Sr. Excellenz dessen Intendanten, dem Hochgebohrnen (sic) Herrn *Jos. Ant. Grafen v. Seeau*, Herrn auf Buchberg und Eberaweier, Kurf. Kämmerer, geh. Rath. u. Ihrer Drl. der verw. Fr. Fr. Herzoginn in Baiern etc. Oberhofmeister, Hofmusick (!)- u. Theater-Intendant, Pfleg-, Kast- u. Mauthnern zu Pfaffenhofen. dann des Hochadelichen Ritterordens des heil. Michael Groskreuzherrn (sic), u. Kanzlern, zugeeignet von —. O. O. 1786. Gr. 8°. Unbeschn. in Hpgmtb. aus d. Zeit, m. hübschem Buntpap.-Ueberz. Sehr schönes Expl. eines ungemein seltenen Werkes.

v. Lütgendorf, Frhr. Karl Fr. Aug., Schriften. 1r Bd., mit Kpf. 8. Berl. 795. (W. Nauck in Leipz.) 1 Thlr 8 gr.

v. Lütgendorfs, (C. F. A.) Schriften. Enth.: die Folgen einer minderjährigen Verlobung. 2) Carl von Dahlfeld. Mit Kupf. 8. Leipz. 795, Sommer.

- s. Trennung aus Stolz.

Lütgendorf, Kasimir

Lütgendorf, Cas. Frhr. v., üb. Anlage u. Leitung der applicator. Taktik-Besprechungen b. Truppenkörper nebst 88 Beispielen. gr. 8. (81 S.) Wien 898. L. W. Seidel & Sohn. n. 1. —

— Aufgaben-Sammlung f. das applicator. Studium d. Taktik. 1.—4. Hft. gr. 8. Ebd. à n. 2. 40
1. Aufgaben f. Zugs-, Unterabtheilungs- u. Abtheilungs-Commandanten. Hiezu 2 Karten. 2. Aufl. (85 S.) 896.
2. Aufgaben f. Regiment, Detachement u. Brigade. Hiezu 2 Skizzen. 2., nach d. Neuaufl. d. Dienstreglements II. Th. umgearb. Aufl. (73 S.) 896.
3. Applicator. Besprechg. d. Thätigkeit d. Brigaden Möring u. Bauer in d. Schlacht v. Custozza 1866. Hiezu 3 Skizzen u. Plan d. Schlachtfeldes v. Custozza. (78 S.) 895.
4. Eine fünftägige takt. Übung im Terrain. Durchgeführt u. besprochen von v. L. Hiezu 2 Specialkartenblätter u. 4 Skizzen. (47 S.) 896.

Lütgendorf, Casimir Frhr. v., üb. Befehlsgebung im Felde bei e. Detachement, erläut. an e. Beispiele f. Cantonierg., Marsch u. Gefecht. gr. 8. (IV, 55 S. m. 1 Skizze u. 1 Karte.) Wien 894. L. W. Seidel & Sohn. n. 1. 60

— applicator. Besprechung der Thätigkeit des k. k. 10. Corps im Gefechte bei Trautenau am 27. Juni 1866. 1. Hft. Vormarsch des Corps, Gefecht der Brigade Mondel u. der Windischgrätz-Dragoner bis 3h nachmittags. Hiezu 1 General- u. 2 Specialkartenblätter, 2 Skizzen u. 8 Oleaten. gr. 8. (71 S.) Ebd. 896. n. 2. 40

Lütgendorf, Casimir Frhr. v., applicatorische Besprechung der Thätigkeit des k. k. 10. Corps im Gefechte bei Trautenau am 27. VI. 1866. 2. Hft. a) Gefechtsperiode von 3h nachmittags an bis zum Schlusse. b) Anh. m. 24 Aufgaben f. applicator. Besprechgn., Kriegsspiele etc. gr. 8. (VII, 59 S. m. 4 Oleaten.) Wien 899. L. W. Seidel & Sohn. n. 2. 40

Lütgendorf, Casimir Freiherr von, Taktische u. operative Betrachtungen über die Offensiv-Operation des F.-M. Grafen Radetzky von Ende Mai bis Anfangs Juni 1848. Mit zwei Beilagen. Gr.-8. (45 S.) —.60
Wien: Seidel 1898.

— Felddienst- u. Gefechts-Aufgaben e. Detachements im engen Verbande m. e. Infanterie-Truppen-Division. Durchgef. u. bearb. nach d. Neuaufl. des Dienst-Reglements, II. Thl. Hiezu 1 Generalkartenblatt, 4 Skizzen, 1 Oleate. gr. 8. (55 S.) Ebd. 896. n. 2. 40

— Feld-Sanitäts-Dienst u. Gefechtslehre (Taktik) in Wechselbeziehung. Applicatorische Studie. Theorie u. 21 Aufgaben m. Besprechgn. Hiezu 1 Karte, 1 Plan u. 21 Skizzen u. Oleaten. gr. 8. (VII, 107 S.) Ebd. 902. n. 4. 80

Lütgendorf, Kasimir Frhr. v., militärischer Führer üb. die Gefechtsfelder der Monarchie (exkl. Ungarn). Hiebei Angabe jener Momente, die v. allgemeinem Interesse, bezw. f. applikator. Besprechgn., Übungsritte etc. besonders geeignet sind. (VI, 76 S.) Lex. 8. Wien 908. L. W. Seidel & Sohn. 1. 50
Sonderabdruck aus: „Streffleur's militär. Ztschr."

Lütgendorf, K. Frhr v. Der Gebirgskrieg. Krieg im Hochgebirge und im Karst. Wien 1909. 8°.

Lütgendorf, C. F. v., Gefechts-Schulung des Bataillons auf dem Exerzierplatze und im Walde. 8°. (ill. VI, 84 S. mit 2 Skizzen.) K 1.50
Wien: Seidel 1902.

Lütgendorf, Casimir, Freiherr von, Grenzsicherung, dann Marsch und Gefecht im Gebirge, applicatorisch besprochen an kriegsgeschichtlichen Episoden aus dem Jahre 1866. Mit einem General-, einem Special-Karten-Blatte und 10 Skizzen und Oleaten. Gr.-8. (100 S.) 1.80
Wien: Seidel 1898.

Lütgendorf, Kasimir Frhr. v., über Okkupation u. Pazifizierung von insurgierten Gebirgsländern unter besond. Berücksicht. der Volksstämme u. des Terrains auf der Balkanhalbinsel. 3 Skizzen. (80 S. m. 3 Taf.) gr. 8. Wien 904. L. W. Seidel & Sohn. n. 2. —

— **Taktik-Behelf** für Stabsofficiers-Aspiranten der Truppe, dann f. Corps- u. Kriegsschul-Aspiranten aller 3 Waffen. 76 takt. Aufgaben, applicator. Besprechgn., Kriegsspiele, Entwürfe f. Gefechts-Exercieren u. Übgn., Beispiele zur Befehlstechnik, Aufgaben-Lösgn. Hiezu 2 Specialkarten, 3 Skizzen u. 6 Oleaten. gr. 8. (X, 282 S.) Ebd. 901. n. 6. —

— die **Thätigkeit** der Cavallerie im Zukunfts-Kriege. Theorie u. Beispiele. 2 Hfte. gr. 8. Ebd. n. 7. —

1. Grenzsicherung. Die strateg. u. takt. Aufklärg. Sicherungsdienst. Feuergefecht zu Fuss. Theorie u. 31 Beispiele. Hiezu 1 Generalkartenblatt, 1 Skizze u. 3 Oleaten. (VIII, 104 S.) 900. n. 3. —
2. Cernierungen. Requisitionen. Deckung v. Traincolonnen. Etapendienst. Gefangenen-Transporte. Streifcommanden. Theorie u. 9 Beispiele. Anh. — Anhaltspunkte zur Stellg. u. Lösg. v. Aufgaben. 20 Aufgaben — Lösgn. aus dem 1. u. 2 Hfte. Hierzu 1 Specialkarte u. 1 Oleate. (IX, 161 S.) 901. n. 4. —

Lütgendorf - Leinburg, Willibard Leo Frhr. v.

Lütgendorff-Leinburg, Willib. Leo Frhr. v. Familiengeschichte, Stammbaum u. Ahnenprobe. Kurzgefaßte Anleitg. f. Familiengeschichtsforscher. 8. (VII, 129 S. m. 1 Taf.) Frankf. a. M. 890, [Rommel.] Keller. 2 50

Lütgendorff-Leinburg, Willib. Leo Frhr. v., Familiengeschichte, Stammbaum u. Ahnenprobe. Kurzgefasste Anleitg. f. Familiengeschichtsforscher. 2. umgearb. u. verm. Aufl. (X, 205 S. m. Fig. u. 1 Stammtaf.) 8. Frankfurt a/M. 910. H. Keller. 3.60; geb. in Leinw. 4. 50

Lütgendorff, Wilib. Leo Frhr. v., die Geigen- u. Lautenmacher vom Mittelalter bis zur Gegenwart. Nach den besten Quellen bearb. (XX, 812 S. m. Abbildgn.) Lex.-8. Frankfurt a/M. 904. H. Keller. n. 28. —; geb. n. 31. —

Lütgendorff, Willibald Leo, Freiherr von. Die Geigen- und Lautenmacher vom Mittelalter bis zur Gegenwart. Frankfurt a. M. 1904. Nachtrag (1905).

Lütgendorff, W. L. v., **Lübeck zur Zeit unserer** Grossväter m. 64 Bildern u. Text. (III, 36 S. m. 26 Lichtdr.-Taf.) 40×32,5 cm. Lübeck (907). B. Nöhring. Geb. in Leinw. 25. —

Lütgendorff, W[illibald] Leo Fr[ei]h[er]r v[on]. Der Maler und Radierer Ferdinand v(on) Lütgendorff, 1785—1858. Sein Leben und seine Werke. [Mit Porträt auf dem Umschlag und 11 Tafeln.] VIII + 298 S. 8. Frankfurt a. M., Heinrich Keller, 1906. [M. 8. —]

Darin S. 30–32 u. S. 166–169: Aufenthalt des Malers in Rorschach *und* St. Gallen *etc. und Werke von dort,* 1810—1811, *betr.; s. auch S. 152 etc.*

Lütgendorff-Leinburg, Materialien zu einer Geschichte der Freiherrn von Lütgendorff-Leinburg. Lübeck 1891. 8. Als Manuscript gedruckt.

Lütgendorff, W. Leo Frhr. v., das Stammbuch Davids v. Mandelsloh. Ein Beitrag zur Adelsgeschichte des 17. Jahrh. gr. 8. (XXXIII, 164 S. m. Fksms. u. 4 Taf.) Hamburg 893. Verlagsanstalt u. Druckerei. n. 12. —

Lütgendorff, Frhr. v., die Werke Lübeckischer Maler in der Gemäldesammlung des Museums zu Lübeck. [Aus: „Das Museum zu Lübeck".] gr. 8. (42 S. m. 2 Taf.) Lübeck 900. (Lübcke & Nöhring.) n. 1. 80

Hermann Tzyrenberghs Testament. Ein Beitrag z. Gesch. einer altlübeckischen Stiftung von W. L. v. **Lütgendorff.** *Lübeck 1898: Gebr. Borchers.* (28 S.) 8° [T.]
Aus: Vaterstadt. Blätter. [00. 55

Lütgendorff, Max Freih. v. Wiener Katzerl-Marsch. Klgft., Birnbacher, (1907). Folio. 3 S.

Lütgendorff, Willibald Leo Frhr.v., s. Lütgendorf - Leinburg.

Lütgendorff - Leinburg, s. Lütgendorf - Leinburg.

Lütgens, Alfred, Referendar: Der Heuervertragsabschluß und seine Voraussetzungen nach der Seemannsordnung vom 2. Juni 1902. (Borna-Leipzig 1909: Noske. IX, 60 S. 8°
Leipzig, Jur. Diss. v. 30. Aug. 1909
[Geb. 19. Sept. 81 Hamburg; Wohnort: Hamburg-Gr.-Hausdorf; Staatsangeh.: Hamburg; Vorbildung: Wilhelm-Gymn. Hamburg Reife Aug. 00; Studium: Lausanne 2, Berlin 2, Heidelberg 1, Kiel 1 S.; Rig. 10. Febr. 06.] [U 10. 2789

LÜTGENS, ANT., Diss. inaug. med. de dysenteria. Kiliæ. 1717. 4. P. [Præs. Wilh. Huld. Waldschmiedt]. (M. Progr.).

Lütgens J. J. H.: Kurzgefasste Charakteristik d. Bauernwirthschaften in den Herzogthümern Schleswig u. Holstein nebst Grund- u. Aufrissen einzelner Gehöfte verschiedener Landestheile. Hamb. 1847. 18 S. 50 Tvl. og Pl. Fol.

Polemische Erörterungen über Zweck, Einrichtung und weitere Entwicklung der Schleswig-Holsteinischen höhern Volksschule in Rendsburg, v. J. J. H. Lütgens. Rensburg. 1846. 8°.

— der allgemeine dänische Schullehrerverein, dessen Stiftung, Organisation u. erste Wirksamkeit; ein Vorbild für Deutschlands Schullehrerconferenzen. Nach den Berichten der dän. Schulzeitung „Maanedskrift og Repartorium for Almue-Skolelærere" dargestellt. gr. 8. Ebend. 842. Kiel.

Lütgens, J. J. H., die Centralconferenz der Schullehrer des Herzogth. Holstein. Ein Beitrag z. Geschichte der Lehrerconferenzen. gr. 8. (2 B.) Kiel 842, (Universitätsbuchhandlung.)*

Lütgens, Rudolf, a. Hamburg: Oberflächentemperaturen im südlichen Indischen Ozean 1901—1903. (Berlin 1905: E. S. Mittler & Sohn.) (16 S.) 4° ¶[Ersch. in den Annalen der Hydrographie.]
Berlin, Phil. Fak., Ref. v. Richthofen, v. Bezold, Diss. v. 8. Juli 1905
[Geb. 25. Juli 81 Hamburg; Heimatsort: Hamburg; Staatsangeh.: Hamburg; Vorbildung: Realgymn. des Johanneums Hamburg Reife M. 00; Studium: München 2, Berlin 1, München 3, Berlin 1 S.; Rig. 8. Juni 05.]

Lütgens, Rud., **auf e. Segler um Kap Horn,** s.a. **Meereskunde.** IV, 8.

Auf einem Segler um Kap Horn. Von Dr. Rudolf **Lütgens**, Oberl. Berlin: Mittler 1910. 26 S. 8° [Umschlagt.]
(Meereskunde. Jg. 4, H. 8.) [11. 5064

Lütgerath, Friedrich, approb. Arzt aus Gifhorn: Ueber postmortale **Veränderungen** des Zentralnervensysteins nachgewiesen am Rückenmark vom Ochsen. *Göttingen 1903: W. F. Kaestner.* (21 S.) 8°
Göttingen, Med. Diss. v. [17. Aug.] 1903

Lütgerath, Frdr., über postmortale Veränderungen des Zentralnervensystems, nachgewiesen am Rückenmark vom Ochsen. Diss. (21 S.) gr. 8. Göttingen 903. (Vandenhoeck u. Ruprecht.) n. — 80

Lutgert, J. S., Latinorum poematum fasciculus. Ps. I. 8maj. (5¾ B.) Amstelodami 838. (Lipsiae, libr. Weidmann.) •

Lutgert, Carol. Aug., tabula medicinae historica in ordinem chronologicum et philosophicum. gr. Fol. (8 Bog.) Et: Adnotationes ad tabulam medicinae historicam. gr. 4. (14 S.) Lugduni Bat. 852, Brill. n. 3 ℳ

Lütgert, Adolf, aus Gütersloh i. Westf.: Über die Einwirkung von Chlorkohlensäureester und Chloressigsäureester auf α-Benzyl- und α-Äthylphenylhydrazin. *Rostock 1897: C. Hinstorff.* (33 S.) 8°
Rostock, Phil. Diss. v. [26. Apr.] 1898

Lütgert, D.: Was heißt Christliche Arbeiterbewegung, s. Lütgert, Wilhelm.

Lütgert, F., üb. Erkenntn. d. Lehre von Unsterblichkeit der Seele im A. Test. 8. Helwing D. 796.

Lütgert, H., Choral-Melodien m. untergelegten Texten. Unter besond. Berücksicht. d. „christl. Gesangbuches f. Minden-Ravensberg" f. Schulen hrsg. 2 Hfte. 8. Eisenach 873. Bacmeister. n. — 50
1. 100 Choräle enth. (36 S.) n. — 20
2. 125 Choräle enth. (47 S.) n. — 30

Lütgert, Johannes: Individualismus und Gesellschaft nach Ibsen'schen Dramen. (Iserlohn 1909: Wichelhoven.) 39 S. 8°
Iserlohn, RG u. R OP 1909 (498) [S 09. 304

Lütgert, Karl Fr., über d. Erkenntniß d. Lehre von Unsterblichkeit d. Seele im alten Testamente. 8. Duisb. 796. Helwing. (Bädeker in Essen). 2 K

Lütgert, Paul [app. Arzt aus Schwelm]: Aus d. patholog. Institute zu Kiel. Über Pulsionsdivertikel oberhalb des linken Bronchus ... Kiel, Druck v. L. Handorff, 1892; 16 S., 1 Bl. 8.
Kiel, Med. Fak., Inaug.-Diss. v. [2. Sept.] 1892

Lütgert, Wilh., die Anbetung Jesu, s.a. Beiträge zur Förderung christl. Theologie. VIII, 4.

Die Anbetung Jesu. Von D. W[ilhelm] **Lütgert**. *(Gütersloh: C. Bertelsmann 1904.)* (S. 47–65.) 8° [F.]
— Beiträge z. Förderung christl. Theologie. Jg. 8. H. 4, [2.] [04. 10446

Lütgert, W[ilhelm], D., Prof. in Halle a. S.: Antinomismus und Askese in den Pastoralbriefen. Gütersloh 1909: Bertelsmann. 52 S. 8° ¶ (Ersch. erweit. u. d. T.: Die Irrlehrer der Pastoralbriefe, als: Beiträge z. Förderung christl. Theol. Jg. 13, H. 3.)
Halle, Osterpr. für 1909 [U 09. 1726

— s.: Bibelfrage, die, in der Gegenwart.

Lütgert, W., die johanneische Christologie, s.a. Beiträge zur Förderung christl. Theologie. 1899. Hft. 1.

[F.] Die Johanneische Christologie. Von Lic. theol. W[ilh.] Lütgert, a. o. Prof. in Greifswald. Gütersloh: C. Bertelsmann 1899. (VIII, 139 S.) 1 Bd. 8 = Beiträge z. Förderung christl. Theologie. Jg. 3. H. 1.

— Im Dienste Gottes. Betrachtungen. (VII, 102 S.) kl. 8. Berlin 907. M. Warneck. 1.20; geb in Leinw. 2.—

— die Erschütterung des Optimismus durch das Erbeben v. Lissabon 1755, s.a. Beiträge zur Förderung christl. Theologie. V. 3.

Die Erschütterung des Optimismus durch das Erdbeben von Lissabon 1755. Ein Beitrag z. Kritik d. Vorsehungsglaubens d. Aufklärung von W[ilhelm] **Lütgert**. *Gütersloh: C. Bertelsmann 1901.* (59 S.) 8° [F.]
— Beiträge z. Förderung christl. Theologie. Jg. 5, H. 3, [1.] [01. 3407 3

— Christliche Freiheit. Eine Predigt, geh. im akadem. Gottesdienst zu Halle am 26. I. 1908. (16 S.) 8. Leipzig 908. A. Deichert Nachf. — 40

— Freiheitspredigt u. Schwarmgeister in Korinth, s.a. Beiträge zur Förderung christlicher Theologie. XII, 3.

Lütgert, W[ilhelm], D., Prof. in Halle a. d. S.: Freiheitspredigt und Schwarmgeister in Korinth. Ein Beitrag z. Charakteristik d. Christuspartei. Gütersloh: C. Bertelsmann 1908. (101 S.) 8° [F.] ¶ (Erscheint vollst. als: Beiträge z. Förderung christl. Theologie Jg. 12, 1908, H. 3.)
Halle, Osterpr. für 1907 u. 1908

— die Furcht Gottes, s.: Studien, theologische.

Lütgert, Wilhelm: Zum Gedächtnis. Halle (Saale): Niemeyer 1919. 14 S. 8° ¶ (Hallische Universitätsreden. 11.)
Halle, Rede bei d. Feier für die im Kriege gefallenen Angehör. d. Univ. am 22. Mai 1919 [U 19. 102

Lütgert, Wilh., Glaube u. Heilsgeschichte. Vortrag, geh. auf d. luther. Konferenz in Freienwalde am 17. Septbr. 1895. gr. 8. (32 S.) Gütersloh 895. C. Bertelsmann. n. — 50

— Die Gottsucher unserer Zeit, s.: Gott, der lebendige.

— s.: Jesus Christus f. unsere Zeit.

— Die Irrlehrer der Pastoralbriefe, s.a. Beiträge zur Förderung christlicher Theologie. XIII, 3.

Die Irrlehrer der Pastoralbriefe von D. W[ilhelm] Lütgert, Prof. Gütersloh: Bertelsmann 1909. 93 S. 8°. (Beiträge z. Förderung christl. Theologie. Jg. 13. H. 3.)

— die Lehre von der Rechtfertigung durch den Glauben. Vortrag, geh. auf der zweiten Eisenacher Gemeinschafts-Konferenz am 9. VI. 1903. (27 S.) gr. 8. Berlin 903. Gr. Lichterfelde, Tempel-Verlag. n. — 75

— die Liebe im Neuen Testament. Ein Beitrag zur Geschichte des Urchristentums. (XII, 275 S.) gr. 8. Leipzig 905. A. Deichert Nachf. n. 5.40

— Natur u. Christentum, s.: Lasson, Geo.

— Natur u. Geist Gottes. Vorträge zur Ethik. (VII, 144 S.) gr. 8. Leipzig 910. A. Deichert Nachf. 2.80; geb. n 3.50

— das Problem der Willensfreiheit in der vorchristl. Synagoge, s.a. Beiträge zur Förderung christlicher Theologie. 1906. 11.

Das Problem der Willensfreiheit in der vorchristlichen Synagoge. Von Prof. Dr. W[ilhelm] **Lütgert**. (Gütersloh: C. Bertelsmann 1906.) (S. 56–88.) 8° [F.]
= Beiträge z. Förderung christl. Theologie. Jg. 10, H. 2, [2.] [illegible]

Lütgert, [Wilhelm], Prof. Dr.: Das Problem der Willensfreiheit in der vorchristlichen Synagoge. Halle a. S. 1906: Waisenhaus. (S. 1–24.) 4°
Halle, Progr. zur akadem. Preisverteilung 1906

Lütgert, Wilhelm, Rektor D., Prof. d. Theol. u. Geh. Konsistorialr.: Die deutsche Reformation und Deutschlands Gegenwart. Halle (Saale): Niemeyer 1917. 23 S. 8°
¶ Hallische Universitätsreden. 7.
Halle, Festrede z. Feier d. 4. Jahrhundertfeier d. Reformation
[U 17. 65

— d. Reich Gottes nach den synopt. Evangelien. Eine Untersuchg. z. neutestamentl. Theologie. gr. 8. (VIII, 179 S.) Ebd. 895. n. 2. 40; geb. n. 3. —

— geschichtlicher Sinn u. Kirchlichkeit in ihrem Zusammenhang, s.a. Beiträge z. Förderg. christl. Theologie. 1899. Hft. 4.

Geschichtlicher Sinn und Kirchlichkeit in ihrem Zusammenhang von Lic. theol. W(ilh.) Lütgert, Prof. in Greifswald. (Gütersloh: C. Bertelsmann 1899.) (S. 77-122.) 8° [F.]
= Beiträge z. Förderung christl. Theologie. Jg. 3, H. 4, [2.]

Gottes Sohn und Gottes Geist. Vorträge z. Christologie u. z. Lehre v. Geiste Gottes. Von D. Wilhelm Lütgert, Prof. Leipzig: A. Deichert 1905. (VI, 141 S.) 8° [F.] [05. 13308 G

— s.: Studien, Greifswalder.

— Sündlosigkeit u. Vollkommenheit. Ein Vortrag. 8. (44 S.) Gütersloh 897. C. Bertelsmann. n. — 60

— Die Vollkommenen im Philipperbrief u. die Enthusiasten in Thessalonich, s.a. Beiträge zur Förderung christl. Theologie. XIII, 6.

Die Vollkommenen im Philipperbrief und die Enthusiasten in Thessalonich. Von D. W[ilhelm] Lütgert. Gütersloh: Bertelsmann 1909. VIII, 102 S. 8°
(Beiträge z. Förderung christl. Theologie. Jg. 13, H. 6.)

Lütgert, Wilh., was heißt christliche Arbeiterbewegung?, s.a. Hefte der freien kirchlich-sozialen Konferenz. 42.

Was heißt christliche Arbeiterbewegung? Nach e. Vortrage von Prof. D. [Wilhelm] Lütgert-Halle geh. auf d. 13. Kongress d. Freien kirchl.-soz. Konferenz in Bielefeld, nebst Diskussion; Geschäftsbericht d. Kirchl.-soz. Konferenz f. d. J. 1907. Berlin: Vaterländ. Verl.- u. Kunstanst. 1908. 84 S. 8°.
(Hefte d. Freien kirchlich-sozialen Konferenz. H. 42.)

Lüth, A. H. F., evangelische Reden, theils im Großherzogthum Oldenburg, theils im Königreich Griechenland gehalten und als Erinnerung an seine frühere Gemeine Neuenbrok im Großherzogthum Oldenburg übersandt. 2. Aufl. gr. 8. Oldenburg 841. (Bremen, Heyse.) n. 1/6 ₰

Lüth, C., De usu particulae πρίν, qualis apud oratores Atticos fuerit. Diss. 1877. 50 S. 2.

Lüth, Heinz, in des Kaisers Rock durch Deutsch-Südwestafrika, s.: Volksbücher, neue.

Lüth, Leonhard (geb. am 1 Febr. 1843 in Burtscheid bei Aachen): Ueber angeborenen Hydrocephalus ... Bonn, Druck v. F. Krüger 1867. 21 S., 1 Bl., 1 Taf. 8.
Bonn, Med. Fak., Diss. v. [14 Aug.] 1867

Lüth, Ludwig. Untersuchungen über die physikalischen, chemischen und mikroskopischen Eigenschaften des Harnes gesunder und kranker Hunde. Aus der Klinik für kleinere Haustiere der Kgl. Tierärztl. Hochschule zu Berlin ... Diss. Vet.-Med. Bern. 94 S. 8. Berlin, Emil Ebering, 1910.

Lüth, Wilhelm, Assistenzarzt d. städt. Anstalt f. Epileptische Wuhlgarten bei Berlin: **Die Spätepilepsie.** *Greifswald 1899: H. Adler.* (93 S.) 8°
Rostock, Med. Diss. v. [2. Aug.] 1899

Luthard, s. Luthardt

Luthardt, August

Luthardt, Aug., Armenpflege und Unterstützungswohnsitz, s.a. Zeitfragen des christlichen Volkslebens.

Luthardt, A., Armenpflege und Unterstützungswohnsitz. 8°. Heilbronn 1874. 8°. Ebd. 1880.

Luthardt, Aug., über Gerichtsverfassung, Verwaltungsreform u. Behandlung der Realrechte in Bayern. Nördlingen 860. Beck. gr. 8. (50 S.) n. 7½ ngr.

Luthardt, A., Hauptregister zu Bd. 11—20 der Blätter f. administrative Praxis, s.: Blätter.

— Kritik der modernen Kirchenverfassungs-Grundsätze, veranlaßt durch Zorn's „Reform der evangel. Kirchenverfassung in Bayern". gr. 8. (46 S.) Nördlingen 879. Beck. n. — 80

— über den Unterstützungswohnsitz, s.a. Sammlung von Vorträgen.

— Ueber den Unterstützungswohnsitz. 8°. Heidelberg 1881.

Luthardt, Aug., ein Verwaltungsgerichtshof auf der Grundlage des bestehenden Rechtes in Bayern. Nördlingen 867. Beck'sche Buchh. gr. 8. (112 S.) n. 14 ngr.

Luthardt, Aug. Emil, mein Werden u. Wirken im öffentl. Leben. gr. 8. (VII, 403 S.) München 901. C. H. Beck. n. 3. —; geb. in Leinw. n.n. 4. —

Luthardt, Christoph, s. a. Luthardt, Christoph Ernst

Luthardt, Chp., Almanach f. den Bayerischen Landtag. 1. Ausgabe. 2 Hefte. München 1881. 8°. Cart. *)
I 114 S., 1 Bl. II 46 u. 1 Bl.

Luthardt, Chrph., parlamentarisches Handbuch f. Bayern. Neue Folge des „Almanach f. den bayer. Landtag". II. Folge. 1.—4. Lfg. gr. 8. (S. 1—304.) Nürnberg 894. Dietz & Spandel. à n.n. 1. 25

Luthardt, Chrph. Ernst, die Apologie des Christenthums. 3 Thle. gr. 8. Leipzig, Dörffling und Franke. à Thl. *ℳ 5. *
Inhalt:
Thl. 1. Apologetische Vorträge über die Grundwahrheiten des Christenthums. 7. Aufl. (XVI, 318 S.) 870. *ℳ 4., und 8. verb. und verm. Aufl. (XVI, 323 S.) 873.
„ 2. Apologetische Vorträge über die Heilswahrheiten des Christenthums. 3. Aufl. 1871. *ℳ 4., und 4. vielfach verm. Aufl. 1874.
„ 3. Vorträge über die Moral des Christenthums. 1. Aufl. 1872. *ℳ 4,60., und 2. Aufl. (XII, 316 S.) 873.

Luthardt, Chr. Ernst, Apologie d. Christenthums. 3. Thl.: Vorträge üb. die Moral des Christenthums, im Winter 1872 zu Leipzig geh. 5.—7., durchgeseh. Aufl. (Wohlfeile Ausg.) gr. 8. (XVI, 345 S.) Leipzig 898. Dörffling & Franke. n. 4. —; geb. n. 5. 20

Luthardt, Chr. Ernst, Apologie des Christenthums. 2. Thl.: Apologetische Vorträge üb. die Heilswahrheiten d. Christenthums, im Winter 1867 zu Leipzig geh. 7. durchges. Aufl. (Wohlf. Ausg.) gr. 8. (X, 340 S.) Leipzig 901. Dörffling & Franke. n. 4. —; geb. in Leinw. n. 5. 20

Luthardt, Chr. Ernst, die Arbeit der christlichen Barmherzigkeit, welche man Innere Mission nennt. Predigt, am Jahresfest des Vereins für Innere Mission zu Leipzig in der Nikolaikirche daselbst am 25. Oktbr. 1885 gehalten über Ev. Matth. 9, 36—38. gr. 8. (16 S.) Leipzig 885, Dörffling und Franke. *

—— Melanchthon's Arbeiten im Gebiete der Moral. gr. 4. (62 S.) Ebendas. 884. *

Luthardt, C. E.: Christliche Armenpflege..., s. Ahlfeld, Frdr.

Luthardt, Chrn. Ernst, von der reichen Armuth der evangelischen Kirche. Predigt üb. Luc. 6, 20 am 1. Jahrestage der Einweihung der evangel. Kirche zu Forchheim den 21. Aug. 1853 gehalten. Erlangen, Deichert. gr. 8. (15 S.) n. 2 ngr.

Luthardt, Chr. Ernst, Armuth u. Reichthum der evangelischen Kirche. Predigt bei der Jahresversammlg. d. Leipziger Hauptvereins der Gustav-Adolf-Stiftung am 6. Aug. 1873 zu Penig üb. Luk. 6,20. gr. 8. (16 S.) Leipzig 873. Hinrichs' Verl. — 30

— die soziale Aufgabe u. Bedeutung der innern Mission. Vortrag am Jahresfest d. Vereins f. innere Mission zu Leipzig am 3. Decbr. 1871 geh. [Aus „2. Jahresbericht d. Vereins f. innere Mission zu Leipzig."] gr. 8. (12 S.) Ebend. 872. — 30

— dasselbe. 2. Abdr. gr. 8. (10 S.) Leipzig 875. Buchh. d. Vereinsh. n. — 20

Luthardt, Chr. Ernst, von der christlichen Barmherzigkeit. Predigt über Ev. Matth. 9, 36—38, am Jahresfest des Landesvereins für innere Mission zu Dresden am 14. Apr. 1880 gehalten. gr. 8. (15 S.) Dresden 880, v. Zahn und Jaensch Verlag. *

—— die Bedeutung der Lehreinheit für die lutherische Kirche in der Gegenwart. Vortrag gehalten bei der zweiten allgemeinen luther. Conferenz zu Leipzig am 9. Juni 1870. gr. 8. (31 S.) Leipzig 870, Dörffling und Franke. *
Aus: Verhandlungen der zweiten allgem. luther. Conferenz, besonders abgedruckt.
Vgl.: Vierling, Ernst.

Luthardt, Chr. Ernst, vom Beruf der Kirche auf Erden. Predigt, beim Schlußgottesdienst der 5. evangel.-luther. Landessynode d. Königr. Sachsen in der evangel. Hofkirche zu Dresden am 26. Juni 1891 üb. Evangelium Matthäi 5, 13—16 geh. gr. 8. (13 S.) Dresden 891. v. Zahn & Jaensch. n. — 25

Luthardt, Christ. Ernst, zwei Bilder aus dem Leben unseres Heilandes. Aus der Epiphanienzeit. 16. (42 S.) Leipzig 865, Dörffling und Franke. * 4⅓ Ngr.; cart. mit Goldschn. *

— der Brief an die Römer, s.: Kommentar, kurzgefaßter, zu den hl. Schriften Alten u. Neuen Testamentes.

— d. Briefe des Johannes, ausgelegt. [Aus: „Strack-Zöckler's Kommentar zu d. hl. Schriften A. u. N. Testaments".] 2., völlig neubearb. Aufl. gr. 8. (72 S.) München 895. C. H. Beck. n. 1. 20

— dasselbe, s.a. Kommentar, kurzgef., zu d. hl. Schriften Alten u. Neuen Testamentes.

—— die drei Briefe Johannis, s. Kommentar, kurzgefaßter, zu den heil. Schriften Alten und Neuen Testamentes.

—— de primae Joannis epistolae compositione. gr. 4. (38 S.) Leipzig 860, Dürr'sche Buchh.

—— de compositione evangelii Joannei. 8maj. (XIII und 92 S.) Norimbergae 852, Geiger.

Luthardt, Christoph. Ern., de compositione evangelii Matthaei. gr. 4. (29 S.) Leipzig 861, Dürr'sche Buchh.

—— über die Darstellung des Schmerzes in der bildenden Kunst. Vortrag im Leipziger Kunstverein am 11. Decbr. 1864 gehalten. 8. (20 S.) Leipzig 864, Dörffling und Franke.

— die modernen Darstellungen des Lebens Jesu. Eine Besprechung der Schriften von Strauß, Renan u. Schenkel, sowie der Abhandlungen von Coquerel d. j., Scherer Colani und Keim. Vortrag. 1. u. 2. Aufl. Leipzig 864. Dörffling & Franke. gr. 8. (51 S.) 7½ ngr.

— deine Toten sollen leben! Predigt üb. Hesekiel 37, 1—10 zum 25jähr. Jubiläum d. Landesvereins f. innere Mission der evangelisch-luther. Kirche im Königr. Sachsen am 18. Apr. 1893 in Dresden. gr. 8. (16 S.) Dresden 893. Niederlage zur Verbreitg. christl. Schriften. n. — 20

Luthardt, Chr. Ernst, s. Denker, deutsche. 4. Heft.

—— der Dienst der Frauen im Reiche Gottes. Vortrag am Jahresfeste des Vereins der Armenfreunde zu Leipzig gehalten den 12. Jan. 1868. 8. (23 S.) Ebendas. 868. *
cart. mit Goldschn. *

— Albrecht Dürer. 2 Vorträge m. Erläutergn. Mit Dürer's Selbstportr. in Holzschn. gr. 8. (VI, 73 S.) Leipzig 875. Dörffling & Franke. n. 1. 60

—— die Eigenthümlichkeit der vier Evangelien. Vortrag. gr. 8. (22 S.) Ebendas. 874. *

— zur Einführung in das akademische Leben u. Studium d. Theologen. In Briefen an e. angeh. Theologen. 8. (VI, 177 S.) Leipzig 892. Dörffling & Franke. n. 2. —

—— der Entwicklungsgang der religiösen Malerei. Vortrag im Leipziger Kunstverein gehalten am 28. Decbr. 1862. gr. 8. (16 S.) Leipzig 863, Dörffling und Franke.

—— Erinnerungen aus vergangenen Tagen. 8. (IV, 259 S.) Ebd. 889. * 3 60; geb. * 4 50
—— dass. — 2. vielfach verm. Aufl. 8. (VI, 373 S. m. dem Lichtdr.-Bildniß d. Verf.) Ebd. 891. * 5 —; geb. * 6 —

— Erinnerungen aus vergangenen Tagen. 2., vielfach verm. Aufl. 8. (VI, 373 S. m. dem Lichtdr.-Bildniß d. Verf.) Ebd. 891. n. 5. —; geb. n 6. —

— „Der Ernst der heiligen Liebe Jesu." Predigt am 10. p. Trin. in der luther. Stadtpfarrkirche zu Marburg über Ev. Lucas 19, 41—48 gehalten. Marburg 859. Ehrhardt. gr. 8. (15 S.) 3 ngr.

— zur Ethik. Ueber verschiedene ethische Themata. gr. 8. (80 S.) Ebendas. 888. *

— die antike Ethik in ihrer geschichtlichen Entwickelung als Einleitung in die Geschichte der christl. Moral dargestellt. gr. 8. (VIII, 187 S.) Leipzig 887, Dörffling und Franke. *
geb. *

— die Ethik des Aristoteles in ihrem Unterschied von der Moral des Christenthums. I. Die Güterlehre. gr. 4. (III, 39 S.) Leipzig 869, (Dürr'sche Buchh.)

— die Ethik des Aristoteles in ihrem Unterschied von der Moral des Christenthums. Fortsetzung u. Schluss. gr. 4. (54 S.) Leipzig 876. (Dürr'sche Buchh.) 1. 80
(cplt.: 3. 30)

— die Ethik Luthers in ihren Grundzügen. gr. 8. (116 S.) Leipzig 867, Dörffling und Franke.

— die Ethik Luthers in ihren Grundzügen. 2. verb. Aufl. gr. 8. (VI, 134 S.) Ebendas. 875. *

— die vier Evangelien. Verdeutscht u. gemeinverständl. ausgelegt. 4 Thle. gr. 8. Ebd. 899. n. 12. —;
Einbde. in Leinw. à n. — 80

1. Das Evangelium des Matthäus. (III, 273 S.) n. 4. —
2. Das Evangelium des Markus. (115 S.) n. 2. —
3. Das Evangelium des Lukas. (200 S.) n. 3. —
4. Das Evangelium des Johannes. (224 S.) n. 3. —

— das johanneische Evangelium nach seiner Eigenthümlichkeit geschildert und erklärt. 2 Abthlgn. gr. 8. Nürnberg, Geiger. [1. (XVI und 413 S.) 852. 1 Thlr. 24 Ngr., 2. (XII und 491 S.) 853. 2 Thlr.]

— das johanneische Evangelium nach seiner Eigenthümlichkeit geschildert und erklärt. 2 Thle. 2. erweit. und mehrfach umgearb. Aufl. gr. 8. Nürnberg, Geiger. [1. Thl. (XII, 529 S.) 875. * ℳ 6,60.; 2. Thl. (XI, 560 S.) 876. * ℳ 7.] *

— das Evangelium nach Johannes, s. Kommentar, kurzgefaßter, zu den heiligen Schriften Alten und Neuen Testamentes, sowie zu den Apokryphen.

— die soziale Frage in der Vergangenheit u. in der Gegenwart. Vortrag, am Jahresfest des Vereins für innere Mission zu Leipzig den 11. Novbr. 1877 gehalt. gr. 8. (16 S.) Leipzig 878. Buchh. d. Vereinsh. n. — 20

— die Friedensgabe des Auferstandenen. Predigt am Sonntag Quasimodogeniti über Joh. 20, 19—23 gehalten. gr. 8. (16 S.) Leipzig 863, Dörffling und Franke.

— s.: Gebetbuch, allgemeines.

— das Gedächtniß der Väter. Predigt am Sonntag Estomihi über Hebr. Kap. 13. V. 7. gr. 8. (15 S.) Leipzig 860, Dörffling und Franke. *

— die Geduld des Christen. Predigt am Sonntage Rogate über Ep. St. Jacobi Kap. 5, V. 7. u. 8. Ebend. 860. gr. 8. (14 S.) n. $2^1/_2$ ngr.

— Christian Fürchtegott Gellert. Rede am 13. Decbr. 1869 in der Aula der Leipziger Universität gehalten und mit Erläuterungen versehen. gr. 8. (31 S.) Leipzig 870, Dörffling und Franke. *

— vom jüngsten Gericht. Predigt, am 24. Sonntag nach Trin. 1885 über Evang. Matth. 25, 31—46 in der Universitätskirche zu Leipzig gehalten. gr. 8. (15 S.) Leipzig 885, Dörffling und Franke. *

— Geschichte der christlichen Ethik. 1. Hälfte. Vor der Reformation. gr. 8. (XII, 335 S.) Ebendas. 888. *

— Geschichte der christlichen Ethik. 2. Hälfte: Geschichte der christl. Ethik seit der Reformation. gr. 8. (XII, 744 S.) Leipzig 893. Dörffling & Franke. n. 16. — (cplt.: n. 25. —)

— das Gespräch Jesu mit Nikodemus als Vorbild der Pastoralweisheit. Ansprache auf der Pastoralconferenz zu Hohenstein am 19. Juni 1861. 8. (20 S.) Leipzig 861, Dörffling und Franke. *

— die christl. Glaubenslehre, gemeinverständl. dargest. gr. 8. (XVI, 633 S.) Leipzig 898. Dörffling & Franke. n. 9. —; geb. n. 11. —

Luthardt, Chr. Ernst, die christliche Glaubenslehre, gemeinverständlich dargestellt. 2. Aufl. (wohlfeile unveränderte Ausg.) (XVI, 633 S.) gr. 8. Leipzig 906. Dörffling & Franke. n. 5. 50; geb. n. 6. 50

— das Gleichniß vom verlornen Sohn. Predigt am XII. nach Trin. zu Leipzig gehalten. gr. 8. (15 S.) Leipzig 856, Dörffling und Franke.

— Gnade u. Friede. Predigten, zumeist in der Universitätskirche zu Leipzig geh. 7. Sammlg. gr. 8. (VII, 115 S.) Leipzig 880. Dörffling & Franke. n. 2. —

— die Gnade Gottes in Christo Jesu. Fünf Predigten in der Universitätskirche zu Leipzig gehalten. gr. 8. (III und 60 S.) Leipzig 867, Dörffling und Franke. *

— die Gnade Gottes in Christo Jesu? Predigten zumeist in der Universitätskirche zu Leipzig gehalten. 2. Abth. gr. 8. (VIII u. S. 61—248.) Leipzig 871. Dörffling & Franke. n. 2. 40 (cplt.: n. 3. 20)

— die Gnade Gottes in Christo Jesu. Predigten, zumeist in der Universitätskirche zu Leipzig geh. (Predigten 4. Bd.) 2. Aufl. gr. 8. (VIII, 252 S.) Ebd. 894. n. 5. —;
geb. n. 6. 20

— Gnade u. Wahrheit. Predigten, zumeist in der Universitätskirche zu Leipzig geh. gr. 8. (VI, 179 S.) Ebend. 874. n. 3. —

— Gott ist allgegenwärtig. Predigt am 1. Sonntag nach Epiphanias 1892 üb. Psalm 139, 7—12. gr. 8. (15 S.) Leipzig 892. (J. C. Hinrichs' Sort.) n. n. — 40

s. Hanak. Die Heilswahrheiten d. Christenthums.

Luthardt, Christ. Ernst, das Heil in Jesu Christo. Predigten in der Universitätskirche zu Leipzig gehalten. 1. Aufl. 1864. und 2., durchgeseh. Aufl. gr. 8. (VIII und 244 S.) Leipzig 868, Dörffling und Franke. *

— Jesus Christus allein das Heil der Menschen. Predigt am 7. Sonntag nach Trin. 1871 üb. Ap.-Gesch. 4, 8—21 geh. gr. 8. (14 S.) Ebend. 871. — 30

— Jesus Christus der Weg, die Wahrheit und das Leben. Missions-Predigt den 16. Juni 1865 zu Grimma gehalten. gr. 8. (16 S.) Grimma 865, Gensel.

— Jesus Christus gestern u. heute u. derselbe auch in Ewigkeit. Predigten, zumeist in der Universitätskirche zu Leipzig geh. [11. Sammlg.] gr. 8. (VII, 156 S.) Leipzig 892. Dörffling & Franke. n. 3. —

—— Jesus ist der Christ. Adventspredigt über Evangelium St. Lucae Kap. 3. V. 15—17. gr. 8. (16 S.) Leipzig 859, Dörffling und Franke. *

—— Jesus und das Volk. Predigt am Sonntage Septuagesimä über Ev. St. Johannis Kap. 2, V. 23—25. gr. 8. (16 S.) Leipzig 859, Dörffling und Franke. *

—— Ihr seid der Propheten und des Bundes Kinder. Predigt über Apost.-Gesch. 3, 22—25 in der Universitäts-Kirche zu Leipzig gehalten. gr. 8. (18 S.) Leipzig 858, Bredt. **

—— „Ihr werdet meine Zeugen sein". Predigt, beim Konvent d. Domkapitels v. Meißen Montag nach Exaudi 1890 üb. Ap.-Gesch. 1, 8 geh. gr. 8. (12 S.) Ebd. 890. * — 40

— d. Johannesevangelium, ausgelegt. [Aus: „Strack-Zöckler's Kommentar zu d. hl. Schriften A. u. N. Testaments".] 2., völlig neubearb. Aufl. gr. 8. (144 S.) München 895. C. H. Beck. n. 2. 80

— irdisch oder himmlisch gesinnt sein. Mit einem Wort über die Nothwendigkeit mehr Kirchen zu bauen. Predigt über Phil. 3, 17—21, am 23. Sonntag nach Trin. den 12. Nov. 1882 in der Universitätskirche zu Leipzig geh. gr. 8. (15 S.) Ebend. 882. n. — 40

—— die Kirche in ihrer Bedeutung für das öffentliche Leben. Vortrag, gehalten am 23. Februar 1882 im Kaufmänn. Verein zu Leipzig. gr. 8. (23 S.) Leipzig 882, Hinrichs'sche Buchh.
Aus: Allgemeine conservative Monatsschrift, besonders abgedruckt.

——, K. F. A. Kahnis und B. Brückner, die Kirche nach ihrem Ursprung, ihrer Geschichte, ihrer Gegenwart. Vorträge im Winter 1865 in Leipzig gehalten. 1. Aufl. 1865. und 2. Aufl. 8. (VI und 218 S.) Leipzig 866, Hinrichs' Verlag. geb. *

—— K. F. A. Kahnis und B. Brückner, die Kirche nach ihrem Ursprung, ihrer Geschichte, ihrer Gegenwart. Vorträge, im Winter 1865 in Leipzig gehalten. 3. Ausg. 8. (VI, 218 S.) Leipzig 888, Hinrichs'sche Buchh., Verlag. geb. *

— die Kirche und die Welt. Predigt am 8. Sonntage nach Trin. über Apost.-Gesch. Kap. 8. V. 14—25. Ebend. 860. gr. 8. (16 S.) n. 2⅓ ngr

— s.: Kirchenzeitung, allgem. evangel.-luther.

—— „Kommet her zu mir Alle!" Missionspredigt am 5. Oktbr. 1865 zu Riesa gehalten. gr. 8. (16 S.) Leipzig 865, Dörffling und Franke.

— Kompendium der Dogmatik. 1—3., verb. u. verm. Aufl. Ebend. 865—68. gr. 8. (VIII, 315 S.) 1 ℛ 10 ngr

—— Kompendium der Dogmatik. 4. verb. und verm. Aufl. 8. (VIII, 330 S.) Ebendas. 873. *

—— Kompendium der Dogmatik. 5. verb. und verm. Aufl. gr. 8. (VIII, 372 S.) Leipzig 878, Dörffling und Franke. *

—— Kompendium der Dogmatik. 6. mehrfach verb. Aufl. gr. 8. (VIII, 391 S.) Leipzig 882, Dörffling und Franke. *

—— Kompendium der Dogmatik. 7. verb. und verm. Aufl. gr. 8. (VIII, 394 S.) Ebendas. 886. *ℳ 7.—.; geb. *

—— Kompendium der Dogmatik. 8. verb. Aufl. 8. (VIII, 398 S.) Ebd. 889. * 7 —; geb. * 8 50

— Kompendium der Dogmatik. 9., verb. Aufl. gr. 8. (VIII, 410 S.) Ebd. 893. n. 7. —

— Kompendium der Dogmatik. 10. verm. u. verb. Aufl. gr. 8. (VIII, 416 S.) Leipzig 900. Dörffling & Franke. n. 7. —; geb. in Leinw. n. 8. —

[F.] Kompendium der theologischen Ethik. Von D. Chr[istoph] Ernst Luthardt. *Leipzig: Dörffling & Franke 1896.* (VIII, 379 S.) 1 Bd 8. [illegible]

Luthardt, Chr. Ernst, Kompendium d. theolog. Ethik. 2., verb. Aufl. gr. 8. (VIII, 382 S.) Leipzig 898. Dörffling & Franke. n. 7. —

— das Königthum Jesu Christi. Predigt am Sonntage Cantate über Ev. Matth. 28, 18—20. Ebend. 859. gr. 8. (15 S.) n. 2⅓ ngr

— über kirchliche Kunst. Vortrag auf Veranlassung des Vereins für kirchliche Kunst in Leipzig gehalten am 13. December 1863. Ebend. 864. 8. (16 S.) 3 ngr

—— über kirchliche Kunst. Vortrag auf Veranlassung des Vereins für kirchl. Kunst in Leipzig gehalten am 13. Decbr. 1863. 3. verb. Aufl. gr. 8. (16 S.) Ebendas. 878.

— die erste sächsische Landessynode. Zur Verständigg. Vortrag am 20. Juni 1871 im großen Saale der Buchhändlerbörse zu Leipzig geh. gr. 8. (26 S.) Ebend. 871. n. — 35

Luthardt, Chr. Ernst, lasset uns auf der Bahn unsrer Kirche bleiben. Predigt, bei der allgemeinen luther. Konferenz zu Hannover am 8. Oktbr. 1890 üb. 2. Tim. 3, 14 geh. gr. 8. (14 S.) Hannover 890. Feesche. n. — 25

— die Lehre von den letzten Dingen in Abhandlungen und Schriftauslegungen dargestellt. Ebend. 861. gr. 8. (VII, 246 S.) n. 1 ℛ 2 ngr

— die Lehre von den letzten Dingen in Abhandlungen u. Schriftauslegungen dargestellt. 2. Aufl. Ebend. 870. gr. 8. (VII, 250 S.) n. 1 ℛ 2 ngr

—— die Lehre von den letzten Dingen in Abhandlungen und Schriftauslegungen dargestellt. 2. Aufl. gr. 8. (VII, 250 S.) Ebendas. 871. *

—— die Lehre von den letzten Dingen, in Abhandlungen und Schriftauslegungen dargestellt. 3. Aufl. gr. 8. (VIII, 250 S.) Ebendas. 885. *

—— die Lehre vom freien Willen und seinem Verhältniß zur Gnade in ihrer geschichtl. Entwicklung dargestellt. gr. 8. (XII und 470 S.) Leipzig 863, Dörffling und Franke. *

— Licht u. Leben. Predigten, zumeist in der Universitätskirche zu Leipzig geh. 9. Sammlg. gr. 8. (VII, 144 S.) Ebend. 885. n. 2. 50

— s.: Litteraturblatt, theologisches.

—— Luther nach seiner ethischen Bedeutung. Vortrag. gr. 8. (20 S.) Ebendas. 883. *

—— der Missionsberuf der Kirche in der Gegenwart. Festpredigt am 18. Octbr. 1868 gehalten. gr. 8. (16 S.) Hamburg 868, Nolte. *

Luthardt, Chr. Ernst, die Missionspflicht unserer Kirche. Festpredigt, am 200jähr. Geburtstage Bartholomäus Ziegenbalgs, den 24. Juni 1883 zu Pulsnitz, gehalten. gr. 8. (12 S.) Leipzig 883, Dörffling und Franke.
Aus: Pastoralblätter, besonders abgedruckt.

— Missions-Predigten u. -Vorträge. [Aus: „Ev. luth. Missionsbl." u. „Pastoralblätter".] gr. 8. (VII, 68 S. m. Bildn.) Leipzig 897. Verlag der Ev.-luth. Mission. n. — 50; geb. n. 1. —; erhöht. Preis n. 1. 20

—— die Offenbarung Johannis übersetzt und kurz erklärt für die Gemeinde. 8. (86 S.) Leipzig 861, Dörffling und Franke. *

—— der Apostel Paulus. Ein Lebensbild. Vortrag im Saale der Buchhändlerbörse zu Leipzig gehalten. 8. (24 S.) Leipzig 869, Dörffling und Franke.

—— Pfingstpredigt über Eph. 1, 15—19 am 2. Pfingstfeiertage 1858 in der Universitätskirche zu Leipzig gehalten. gr. 8. (16 S.) Leipzig 858, Bredt. **

—— Predigten. 1.—5. Bd. gr. 8. Ebendas.
Inhalt:
Bd. 1. Ein Zeugniß von Jesu Christo. Zwanzig Predigten in der Universitätskirche zu Leipzig gehalten. 2. Aufl. 868. *M. 3,20.
„ 2. Das Heil in Jesu Christo. Zwanzig Predigten in der Universitätskirche zu Leipzig gehalten. 2. Aufl. (VIII, 244 S.) 868. *M. 3,20.
„ 3. Das Wort der Wahrheit. Zwanzig Predigten in der Universitätskirche zu Leipzig und auf Missionsfesten gehalten. 2. Aufl. (VIII, 230 S.) 875. *M. 4.
„ 4. Die Gnade Gottes in Jesu Christo. Zwanzig Predigten zumeist in der Universitätskirche zu Leipzig gehalten. (VIII, 248 S.) 871. *M. 3,20.
„ 5. Gnade und Wahrheit. Fünfzehn Predigten zumeist in der Universitätskirche zu Leipzig gehalten. (VI, 179 S.) 874. *M. 3.

Luthardt, Chr. Ernst, Predigten, zumeist in der Universitätskirche zu Leipzig gehalten.
Die übrigen Sammlungen, Leipzig, Dörffling und Franke, bisher unter ihren Spezialtiteln aufgeführt, sind folgende:
Sammlg. 1. Ein Zeugnis von Jesu Christo. 2. Aufl. (VIII, 260 S.) 868. *M 3.20.; geb. *M 4.40.
„ 3. Das Wort der Wahrheit. 2. Aufl. (VIII, 239 S.) 875. *M 4.—.; geb. *M 5.20.
„ 4. Die Gnade Gottes in Christo Jesu. (VIII, 248 S.) 871. *M 3.20.; geb. *M 4.40.
„ 5. Gnade und Wahrheit. (179 S.) 874. *M 3.—.; geb. *M 4.20.
„ 6. Das Wort des Lebens. (VIII, 117 S.) 877. *M 2.—.; geb. *M 3.20.
„ 7. Gnade und Friede. (VII, 115 S.) 880. *M 2.—.; geb. *M 3.20.
„ 8. Der Weg des Heils. (VII, 110 S.) 882. *M 2.—.

Luthardt, Chr. Ernst, Predigten, zumeist in der Universitätskirche zu Leipzig gehalten. 10 Sammlgn. gr. 8. Leipzig, Dörffling & Franke. n. 31. 70
1. Ein Zeugnis von Jesu Christo. 3. Aufl. (VIII, 264 S.) 890. n. 5. —; geb. n. 6. 20
2. Das Heil in Jesu Christo. 3. Aufl. (VIII, 250 S.) 887. n. 5. —; geb. n. 6. 20
3. Das Wort der Wahrheit. 2. Aufl. (VIII, 239 S.) 875. n. 4. —; geb. n. 5. 20
4. Die Gnade Gottes in Christo Jesu. (VIII, 248 S.) 871. n. 3. 20; geb. n. 4. 40
5. Gnade und Wahrheit. (179 S.) 874. n. 3. —; geb. n. 4. 20
6. Das Wort des Lebens. (VIII, 117 S.) 877. n. 2. —; geb. n. 3. 20
7. Gnade und Friede. (VII, 115 S.) 880. n. 2. —; geb. n. 3. 20
8. Der Weg des Heils. (VII, 110 S.) 882. n. 2. —
9. Licht und Leben. (VII, 144 S.) 885. n. 2. 50
10. Es ist in keinem Andern Heil. (VII, 140 S.) 887. n. 3. —; geb. n. 4. 20

—— Predigten, zumeist in der Universitätskirche zu Leipzig gehalten. 1. u. 11. Sammlung. gr. 8. Lpz. 891, Dörffling u. Franke. * 8 —; geb. * 10 10
1. Ein Zeugniß v. Jesu Christo. 3. durchgeseh. Aufl. (VIII, 264 S.) * 5 —; geb. * 6 20.
11. Jesus Christus gestern u. heute u. derselbe auch in Ewigkeit. (VII. 156 S.) * 3 —; geb. ** 4 20.
2.—10. Sammlung. Ebd. 1871—87. * 26 70.

— Predigten u. Betrachtungen. (Predigten 12. Sammlg.) gr. 8. (IV, 180 S.) Ebd. 895. n. 3. —; geb. n. 4. 20

—— zehn Predigten. gr. 8. (VII und 114 S.) Erlangen 835, Deichert. *

—— und Thomasius, Reden bei der Beerdigung des Dr. K. Graul, s. Thomasius.

— d. Römerbrief, ausgelegt. [Aus: „Strack-Zöckler's Kommentar zu den hl. Schriften A. u. N. Testaments".] 2., völlig neubearb. Aufl. gr. 8. (168 S.) München 895. C. H. Beck. n. 2. 80

— Hans Sachs u. Albrecht Dürer, s.: Ahlfeld, F.

— v. der heiligen Schrift. Predigt, am 3. Sonntag nach Trin. in der Universitätskirche zu Leipzig üb. 2. Tim. 3, 15—17 geh. gr. 8. (14 S.) Ebd. 892. n. — 40

—— die richtige Stellung zur Welt. Predigt am 3. Sonntag nach Trinitatis über 1 Tim. 6, 6—10 gehalten. 8. (13 S.) Leipzig 878, Dörffling und Franke.

— die Stufen der apostolischen Verkündigung im neuen Testament. Vortrag. gr. 8. (20 S.) Leipzig 875. Dörffling & Franke. n. — 40

—— die Stunden der Erquickung im irdischen Leben. Predigt über Evang. Matth. 17, 1—9, am Sonntag Septuagesimä den 1. Febr. 1885 in der Universitätskirche zu Leipzig gehalten. gr. 8. (15 S.) Leipzig 885, Dörffling und Franke. *

— die Synoden u. die Kirchenlehre. Den Synoden der evangelisch-luther. Kirche gewidmet. gr. 8. (56 S.) Ebend. 871. n. — 80

—— Tabelle zur evangelischen Synopse. gr. 4. (4 S.) Ebendas. 884.

Luthardt, Chr. Ernst, Tabelle zur evangelischen Synopse. 3. Aufl. gr. 4. (4 S.) Leipzig 893. Dörffling & Franke. — 30

— Die Tugendlehre I. Gel. 1870. 16 S. 4°. 8.—
— D. Tugendlehre. (Schluss.) Gel. 1876. 54 S. 4°. 2.—

— Ueberblick über den Inhalt des prophetischen Worts. (Abdr. aus dem Sächs. Kirchen- u. Schulblatt.) Ebend. 859. 8. (16 S.) 3 ngr.

— der johanneische Ursprung d. 4. Evangeliums untersucht. gr. 8. (VIII, 221 S.) Ebend. 874. n. 3. 60

— Vortrag, s. Vorträge, neun apologetische.

— apologetische Vorträge über die Grundwahrheiten des Christenthums im Winter 1864 zu Leipzig gehalten. 1—3. Ausg. Ebend. 864. gr. 8. (XII, 266 S.) n. 1 ₰ 6 ngr.

— apologetische Vorträge über die Grundwahrheiten des Christenthums im Winter 1864 zu Leipzig gehalten. 1. Thl. 4. Aufl. 1865. 1 ₰ 6 ngr., 5., verb. Aufl. 867. 1 ₰ 10 ngr. u. 6. u. 7., verb. Aufl. Leipzig 868,70. Dörffling & Franke. gr. 8. (XVI, 316 S.) 1 ₰ 10 ngr.

— apologetische Vorträge üb. die Grundwahrheiten d. Christenthums im Winter 1864 zu Leipzig geh. 8. Aufl. gr. 8. (XVI, 323 S.) Ebend. 873. n. 5.

— apologetische Vorträge über die Grundwahrheiten d. Christenthums, im Winter 1864 zu Leipzig geh. 9., verb. Aufl. gr. 8. (XVI, 333 S.) Ebend. 878. n. 5. —

— apologetische Vorträge üb. die Grundwahrheiten des Christenthums, im Winter 1864 zu Leipzig geh. 11., verb. Aufl. 8. (XVI, 370 S.) Ebd. 889. n. 6. —; geb. n. 7. 20

Luthardt, Chr. Ernst, apologetische Vorträge über die Grundwahrheiten des Christenthums, im Winter 1864 zu Leipzig geh. 12.—14. durchgeseh. u. verb. Aufl. 8. (XVI, 364 S.) Leipzig 897. Dörffling & Franke. n. 4. —; geb. in Leinw. n. 5. 20

—— apologetische Vorträge über die Grundwahrheiten des Christenthums, im Winter 1864 zu Leipzig gehalten. 10. verb. Aufl. gr. 8. (XVI, 370 S.) Ebendas. 884. *

—— apologetische Vorträge über die Heilswahrheiten des Christenthums im Winter 1867 zu Leipzig gehalten. (Der apologetischen Vorträge 2. Thl.) 1. und 2., unveränd. Aufl. gr. 8. (VIII und 253 S.) Leipzig 867, Dörffling und Franke. *

— apologetische Vorträge üb. die Heilswahrheiten des Christenthums im Winter 1867 zu Leipzig gehalten. 3. vielfach verm. Aufl. gr. 8. (VII, 314 S.) Ebend. 871. n. 4. —

— dasselbe. 4. Aufl. gr. 8. (VIII, 315 S.) Ebend. 874 n. 5. —

—— apologetische Vorträge über die Heilswahrheiten des Christenthums, im Winter 1867 zu Leipzig gehalten. 5. verb. Aufl. gr. 8. (VIII, 340 S.) Ebendas. 882. *

— dasselbe üb. die Heilswahrheiten d. Christenthums, im Winter 1867 zu Leipzig geh. 6., durchgeseh. Aufl. 8. (X, 340 S.) Ebd. 890. n. 6. —; geb. n. 7. 20

— gesammelte Vorträge verschiedenen Inhalts. gr. 8. (VI, 414 S.) Ebend. 876. n. 6. —

— Vorträge üb. die Moral d. Christenthums im Winter 1872 zu Leipzig geh. (Der apologet. Vorträge 3. Thl.) gr. 8. (XII, 316 S.) Ebend. 872. n. 4. 60 (1—3.: n. 11. 60)

— dasselbe. 2. Aufl. gr. 8. (XII, 316 S.) Ebend. 873. n. 5. —

Luthardt, Chr. Ernst, Vorträge über die Moral des Christenthums, im Winter 1872 zu Leipzig geh. 3. Aufl. gr. 8. (XII, 342 S.) Leipzig 882. Dörffling & Franke. n. 6. —

—— Vorträge üb. d. Moral d. Christenthums, im Winter 1872 zu Leipzig geh. 4. durchgeseh. Aufl. 8. (XII, 343 S.) Ebd. 889. * 6 —; geb. * * 7 20

—— warum wir uns der Mission nicht schämen, sondern Freudigkeit zu ihr haben. Predigt am Missionsfeste zu Gotha, den 22. Juli 1868, gehalten über Römerbr. 1, 16. gr. 8. (14 S.) Ebendas. 868.

—— der Weg des Heils. Predigten zumeist in der Universitätskirche zu Leipzig gehalten. gr. 8. (VII, 110 S.) Ebendas. 882. *

Luthardt, Chr. Ernst, welche Zeit ist es? Predigt am ersten Adventsonntag in der Universitäts-Kirche zu Leipzig geh. üb. Röm. 13, 11—14. gr. 8. (14 S.) Leipzig 874. Dörffling & Franke. — 30

—— die modernen Weltanschauungen und ihre praktischen Konsequenzen. Vorträge über Fragen der Gegenwart aus Kirche, Schule, Staat und Gesellschaft, im Winter 1880 zu Leipzig gehalten. 1. und 2. unveränd. Abdr. 8. (X, 260 S.) Ebendas. 880. *

— die modernen Weltanschauungen u. ihre praktischen Konsequenzen. Vorträge üb. Fragen der Gegenwart aus Kirche, Schule, Staat u. Gesellschaft, im Winter 1880 zu Leipzig geh. (Apologie d. Christenthums 4. Thl.) 3., verm. Aufl. gr. 8. (XII, 286 S.) Leipzig 891. Dörffling & Franke. n. 6. —; geb. in Leinw. n. 7. 20

— Die modernen Weltanschauungen u. ihre prakt. Konsequenzen. Vorträge üb. Fragen der Gegenwart aus Kirche, Schule, Staat u. Gesellschaft, im Winter 1880 zu Leipzig geh. (Apologie des Christentums. 4. Tl.) 4. Aufl. (Wohlfeile unveränd. Ausg.) (XII, 292 S.) 8. Leipzig 908. Dörffling & Franke. 4.—; geb. n 5. —

— von der Wiederkunft Christi in der Zeit. Eine Predigt zu Nürnberg gehalt. am 4. Advent-Sonnt. 1849. gr. 8. (15 S.) Nürnberg 849, Raw. 2 ngr

—— der Widerspruch wider den Namen Jesu. Predigt am 20. Sonntage nach Trin. über Apost.-Gesch. Kap. 19. V. 23—40. gr. 8. (16 S.) Leipzig 860, Dörffling und Franke. *

— wir sind das Evangelium aller Welt schuldig. Missionspredigt üb. Röm. 1, 14. zu Weimar geh. den 26. Juni 1872. gr. 8. (14 S.) Ebend. 873. — 30

—— das Wort des Lebens. Predigten, in der Universitätskirche zu Leipzig gehalten. gr. 8. (VII, 117 S.) Ebendas. 877. *

— das Wort der Wahrheit. Predigten in der Universitätskirche zu Leipzig u. auf Missionsfesten gehalten. Ebend. 866. gr. 8. (VIII, 236 S.) 1 ₰ 2 ngr

— das Wort der Wahrheit. Predigten in der Universitätskirche zu Leipzig u. auf Missionsfesten geh. 2. Aufl. gr. 8. (VIII, 239 S.) Ebend. 875. n. 4. —

—— die sieben Worte Jesu am Kreuze. Predigt am Charfreitage den 21. März 1856 in Marburg zum Abschied von der Gemeinde gehalten. gr. 8. (14 S.) Marburg 856, Elwert'sche Universitäts-Buchh.

—— die sieben Worte Jesu am Kreuze. Predigt am Charfreitage den 21. März 1856 in der evangelisch-luther. Stadtpfarrkirche Marburgs zum Abschied von der Gemeinde gehalten. 2. Aufl. gr. 8. (14 S.) Marburg 871, Elwert's Verlag.

—— ein Zeugniß von Jesu Christo. Predigten in der Universitätskirche zu Leipzig gehalten. gr. 8. (VIII und 309 S.) Leipzig 861, Dörffling und Franke. *

Luthardt, Jh. Cph., († ...) accurate Kapitalzinsausrechnung, nach verschied. angenommenen Procenten. 4. Leipz. 790. Fr. Fleischer. 9 gr

Luthardt, Max, Referendar, Eisfeld: Die Grundlagen der Haftpflicht aus § 823 B.G.B. *Saalfeld a. S. 1900: K. Stöckigt.* (52 S.) 8°
Jena, Jur. Diss. v. (Dez.) 1900

Luthardt, R., die Feste des Kirchenjahres in liturgischen Vespern. Mit einem Vorwort von H. Thiele. gr. 8. (VI, 92 S.) Leipzig 881. J. Naumann. n. 1. 50

de Luthardt, Sam. Fr., Diss. inaug. philosophico-jurid. de praescript. naturae etc. 4. Götting. 787. Dieterich. 2 ℛ

[Lüthardt, Franz.] Das Münster zu Bern. Mit historischen Andeutungen über die Kirchenbaukunst des Mittelalters. Mit einem Titelkupfer [Tafel]. 4. [Bern.]
Neujahrsgeschenk von dem Künstlerverein in Bern für 1835

Lüthardt, F[ritz], und Müller, E(rnst). Christentum und Krankheit. Vorträge, gehalten am kirchlichen Bezirksfest in Lützelflüh. 19 S. 8. Bern, Eugen Sutermeister, 1902. [fr. —.40]

Luthardt's, Chr. Ernst, Lebensbild, s.: Winter, F. J.

Luthe, Die aristotelischen Kategorien. Pr. 1874. 15 S. 4°.

Luthe, Werner, Begriff und Aufgabe der Metaphysik [σοφία] des Aristoteles. gr. 8. (15 S.) Düsseldorf 884. (Leipzig, Teubner.) *

Luthe, Werner, Beiträge zur Logik. 1. Thl. gr. 8. (VI, 63 S.) Berlin 872. Weber. n. 1. 20

Luthe, Werner, Beiträge zur Logik. 2. (Schluss-)Thl. gr. 8. (80 S.) Berlin 877, Weber. *
1. Thl. Ebendas. 1872. *ℳ 1,20.

Luthe, Werner [Oberl. Dr.]: Die Erkenntnisslehre der Stoiker. Leipzig, Druck v. B. G. Teubner, 1890; 46 S. 8°
Emmerich, k. G, P 1890 (432)

Luthe, Werner, de Parmenide, qui Platoni tribuitur. Dissertatio philosophica. gr. 8. (III und 34 S.) Münster 867, (Coppenrath'sche Buchh.)

Lüthe, J[ohann] H[einrich]: • Ueber die chemische Stellung des Wismuth einerseits den schweren Metallen, andererseits den Metalloiden gegenüber. 24 Bl. 4° (2°)
Halle-Wittenberg, Phil. Diss. v. 29. Juli 1864
Geb. [Abbendorf (Kr. Salzwedel) 15. 3. 1835]
Ersch. in: Zeitschrift f. d. ges. Naturwissenschaften. Bd. 24. Berlin 186-
S. 1—30.

Lüthen, B., Aloysius-Büchlein f. Kinder oder Leben u. Verehrg. d. hl. Aloysius, nebst e. Anh. der gewöhnl. Gebete. 16. (159 S. m. e. Stahlst.) Paderborn 875. Junfermann. n. — 40

Lüthen, B., Aloysius-Büchlein für Kinder oder Leben u. Verehrung des hl. Aloysius, nebst einem Anh. der gewöhnl. Gebete. 2., verb. Aufl. 16. (176 S. m. 1 Stahlstich.) Paderborn 877. Junfermann. n. — 40

—— kurzer Beicht-Unterricht, samt Beichtspiegel und Beichtandacht für das liebe Volk. 16. (32 S.) Donauwörth 879, Buchh. des kathol. Erziehungsvereins. *

Lüthen, B., kurzer Beichtunterricht mit Beichtandacht für das liebe Volk. 4. Aufl. 16. (32 S.) Donauwörth 886, Auer. **

Lüthen, B., kurzer Beichtunterricht m. Beichtandacht f. das liebe Volk. 6. Aufl. (32 S.) 16. Donauwörth 907. L. Auer. nn — 06

— das heilige Jubiläum d. J. 1881 u. der Seelsorgsklerus. Materialien u. Vorschläge zu segensreicher Verwaltung. Seinen hochwürd. Mitbrüdern vorgelegt. gr. 8. (48 S.) Ebend. 881. n. — 60

—— Jubiläums-Büchlein, s. Koneberg, Herm.

Luther [Sachliches OW]

Luther. Ein historisches Gedicht in vier Gesängen. Frankf. 1817. V: *Friederich, Gerhard.* (GGr)

— — ein histor. Gedicht rc. s. Hyneck.

Luther. Ein historisches Gedicht in zwei Gesängen zur Feier des dritten Jubiläums der Reformation. Nürnberg 1817. V: *Hynek, Ludwig.* (GGr)

Luther. Ein Festspiel f. den evangel. Handwerker-Verein in Rothenburg o/Tbr. (Mit e. Anh. f. Nürnberg.) 3., (verm.) Aufl. 8. (IV, 52 S.) Rothenburg o/Tbr. 892. (C. H. Trenkle.) n.n. — 30

Vom Doctor Martin Luther. Leipzig, Braun. Verboten v. L.-G. Brünn, 29. IV. 1899. §§ 65a, 302. 303.

Luther. Der Mann und das Werk. Laibach 1906. V: *Hegemann, Ottmar.* (EB)

— Schausp., s. Theater v. A. Klingemann rc.

Luther, Doctor, auf dem Abtritt; ein Intermezzo. Bern 1785. V: *Dunker, Balthasar Anton.* (MGT)

Luther im Angesichte seines Todes. 2. Aufl. 8. (31 S.) Stuttg. 890, Buchh. der Evang. Gesellschaft. * — 15

Luther als Anwalt der Singvögel u. sein Schutzbrief für dieselben. Ein Gespräch m. seinen Söhnen, dem Hauslehrer Wolf, Dr. Jonas u. M. Mathesius. Für Schulen u. Vereine. 8. (16 S.) Halle 902. Christl. Volksschriften-Verein. n. — 20

—— als Bibelleser. Aus einem Vortrag, gehalten von Daue in der Versammlung der Sonntagsschul-Lehrer und Lehrerinnen Berlins am 11. Febr. 1878. 8. (16 S.) Gernsbach 883, Christl. Kolportage-Verein.

Luther, Doctor, an die Teutschen des 19ten Jahrh. [Stuttg. 1816.] V: *Pahl, Johann Gottfried.* (MGT)

—— als Dichter, s. Schleusner, Geo.

Luther, der wahre u. der falsche Doctor. Löschhorn auf die „Lodernde Fackel." gr. 8. (3½ B.) Straßburg 843. (Heidelberg, C. F. Winter.)

Luther, Ed., Gedächtnissrede auf ihn, s. Franz.

— Eisleben. 8. (4 Steintaf.) Eisleben 883. Mähnert. n. 1. —

Luther in Erfurt. [Aus: „Lutherfest-Almanach".] gr. 8. (130 S.) Erfurt (883). Leipzig, Otto. 2.—
1. D. Universität Erfurt u. d. Humanismus. Von W. Heinzelmann.
2. D. Bedeutg. Erfurts f. Luther u. d. Reformation in Erfurt. Von Bärwinkel.
3. D. Lutherstätten in Erfurt. Von R. Scheibe.
4. D. evang. Jubelfeiern Erfurts. Von O. Lorenz.

Luther als Erzieher. Von *.*. 1.–5. Taus. *Berlin: M. Warneck 1902.* (VI, 208 S.) 8° [02. 1490] 0

Luther als Erzieher. Von *.* 6.–10. Taus. *Berlin: M. Warneck 1902.* (VI, 208 S.) 8° [F.] [02. 1634]

Luther, ein Gedicht. [Magdeburg 1791.] V: *Rötger, Gotthilf Sebastian.* (MGT)

Luther hat Recht! Paulus, e. Mann f. uns. Zeit. gr. 8. (1 B.) Bremen 840, Kaiser. Thlr. *
Aus dem: Kirchenboten, besond. abgedruckt.

Luther als Hausvater. Ein Familienspiegel . . . Bielefeld 1850. V: *Bosse.* (ZU)

— der heilige. Nach seinen „Tischreden" gewürdigt u. herabgewürdigt von Lucifer. gr. 8. (48 S.) Berlin 899. Dr. R. Wrede. n. 1.—

Luther als Jubelprediger . . . Leipzig 1839. V: *Meurer, Moriz.* (Haan) H: *Fischer, Ludwig.* (ZU)

Luther u. die Juden. Den deutschen Studenten gewidmet von einem Kommilitonen. 8. (32 S.) Leipzig 883. Frohberg. n. — 60

—— und das Judenthum von Islebiensis. gr. 8. (16 S.) Berlin 882, (Lorentz.)

Luther und seine Kampfgenossen. Für Jedermann. Neue Ausg. Lahr 1883. V: *Schenkel, Daniel.* (Russell XVI, II, 1, 1500)

—— und seine Kampfgenossen. Für Jedermann. 8. (IV, 112 S.) Lahr 883, Schauenburg.

—— vor Kaiser Karl V. auf d. Reichstage zu Worms. A. D. MDXXI. — Martin Luther before the Emperor Charles V. at the diet of Worms. A. D. 1521. — Martin Luther devant l'Empereur Charles V. a la diète de Worms. A. D. 1521. Gez. v. P. App. Lith. v. H. Anschütz. Gedr. v. J. Selb. 1 Bl. v. 21¼" Höhe u. 27¼" Breite. Nebst Erklär. unt. d. T.: Der Reichstag zu Worms, nebst Gedanken üb. d. Reformation, v. Th. Schacht. gr. 8. (2½ B.) Worms 829, Kunze. Tonplatten 3 Thlr. 16 Gr., Chines. Pap.

Luther in Beziehung auf die Preussische Kirchen-Agende vom Jahre 1822 . . . Berlin 1827. V: *Friedrich Wilhelm III., König v. Preussen.* (ZU) (Sonntags-Beil. Nr. 46 z. Nat.-Ztg. 16. XI. 1902. Nr. 666.)

Luther, in Beziehung auf d. Preuß. Kirchenagende v. J. 1822, mit d. im J. 1823 bekannt gemachten Verbess. u. Vermehrungen. gr. 8. Berl. 827, Mittler.

— u. die die Reformation fördernden Churfürsten u. Herzoge zu Sachsen, Landgrafen zu Thüringen bildlich dargestellt, ihre Wahlsprüche u. Lebensbeschreibg. nach Bibelabdruck 1744. Hrsg. v. Pet. Rudhart. (31 S.) gr. 8. Dresden-Blasewitz 907. E. Leonhardi. 1.50

— nach seinem Leben u. Wirken, s. Niemeyer, Chr.

—— lebt noch! u.: Es lebe Luther! doch nicht im todten Buchstaben, sondern im lebendigen Geist. „Der Buchstabe tödtet, aber der Geist macht lebendig!" Epistel an die Rottenmacher u. Schwarmgeister des 19. Jahrh. von Redivivus Lutherus. gr. 8. (1½ B.) Magdeburg 846, Falckenberg u. Comp. *

—— gegen Luther. Ein Beitrag zur Beleuchtung des „Reformators" von Wittenberg. 1. und 2. Aufl. 12. (36 S.) Paderborn 882, Bonifacius-Druckerei.

—— dass. — 3. und 4. Aufl. 12. (40 S.) Ebendas. 883.
Aus: Bonifacius-Broschüren, besonders abgedruckt.

— gegen Luther. Ein Beitrag zur Beleuchtg. des „Reformators" v. Wittenberg. 7. Aufl. gr. 16. (40 S.) Paderborn 902. Bonifacius-Druckerei. — 15

— gegen Luther. Ein Beitrag zur Beleuchtg. des „Reformators" v. Wittenberg. 8. Aufl. (40 S.) gr. 16. Paderborn 902. Bonifacius-Druckerei. n. — 15

—— als deutscher Mann, s. Rushacke, Bernh.

Luther, Martin, s. Platzhoff, H.

Luther, Doctor Martin! Deutsche gesunde Vernunft von einem Freunde der Fürsten und des Volks . . . Nicht in Berlin, auch leider! nicht in Braunschweig, eher noch in Wien! [Altona] 1792. N. A. 1793. V: *Hennings, August Adolph Friedrich.* (Wr) (Ky) (Bruun, Bibl. Danica II, 530.) (Kordes, Schlesw.-holst. u. eutin. Schriftst. Schleswig 1797.)

Luther, Doctor Martin, Nicht in Berlin, auch leider! nicht in Braunschweig, eher noch in Wien! 1793. V: *Mauvillon, Jac. v.* (?). (Heigel, Deutsche Gesch. vom Tode Friedrichs d. Gr. bis zur Auflösung des alten Reichs. Bd. I. Stuttgart 1899. S. 299 f.)

Luther, M., oder Die Weihe der Kraft. Eine Tragödie . . . Berlin 1807. V: *Werner, Friedrich Ludwig Zacharias.* (BrMm) (MGT) (GGr) (Grisebach, Weltlitteraturkat. Berlin 1898—1901. I, 258.)

Luther, Martin; od. d. Weihe d. Kraft, v. Verf. d. Söhne d. Thales. 8. Berl. Sander. 807.
Velinp.

—— od. kurze Reformationsgesch., s. Schriften, kl., z. Beförderung d. christl. Glaubens ꝛc., No. 2a.

Malapert-Neufville, Marie Constanze Frfr. v., s. a.: Heisterbergk, Constanze.

Malapert-Neufville, M. C. Frfr. v. (Constanze Heisterbergk), schlichte Geschichten aus dem Volke u. für das Volk. 8. (VII, 200 S.) Dresden 903. E. Pierson. n. 2.—; geb. in Leinw. n. 3.—

— Schottische Landschafts-Bilder in Verbindung m. Geschichte u. Sage. Blätter aus e. Reisetagebuche. 2. verb. Aufl. (VII, 96 S.) 8. Leipzig-Gohlis 908. B. Volger. 2.—

— Malergeschichten. Neun Novellen. 8. (236 S. m. Bildnis u. 8 Taf.) Ebd. 902. n. 4.—; geb. n. 5.—

Maria und Magdalena. Erzählung von Constanze Hoch [d. i.: Marie Konstanze Freifrau v. **Malapert**-Neufville]. *Leipzig: E. Ungleich 1895.* (173 S.) 8° [F.] [03. 5448]

— aus Nord u. Süd. Neun Novellen. 8. (VIII, 247 S.) Ebd. 901. n. 3.—; geb. n. 4.—

— aus Nord u. Süd. Neue Folge v. Novellen u. Skizzen nach dem Leben. (VII, 213 S.) 8. Dresden 905. E. Pierson. n. 3.—; geb. n 4.—

Malapert-Neufville, Rob. Frhr. v., bakteriologische Untersuchung der wichtigsten Quellen der städt. Wasserleitung Wiesbadens, sowie einer Anzahl Mineralquellen zu Schlangenbad, Schwalbach, Soden i. T. und Bad Weilbach. Ein Beitrag zur bakteriolog. Untersuchung natürl. Gewässer. gr. 8. (51 S. mit 32 Holzschn.) Wiesbaden 886, Kreidel. *
Aus: Zeitschrift für analytische Chemie, besonders abgedruckt.

Malarce, A. de, die Schul-Sparkassen, s.: Zeit- u. Streit-Fragen, deutsche.

Malaria. International archives under the direction of Ronald Ross and of W. G. Mac Callum; archives internationales sous la direction d'Edmond Sergent; internationales Archiv unter der Leitg. v. B. Nocht; archivi internazionali sotto la direzione die Angelo Celli, hrsg. v. C. Mense. 1. u. 2. Bd. à 4 Hefte. (IV, 282 S. m. 5 Taf. u. IV, 216 S. m. Abb.) Lex. 8. Leipzig 908—10. J. A. Barth. à Bd. 20.—

Malarme, Charlotte de Bournon. Eugenie Bedford, oder die unmöglich geglaubte Heurath; a. d. Franz. Berlin 1788. Ü: *Mylius, Wilhelm Christhelf Siegmund.* (KY) (MGT)

v. **Malarme,** Frau, Eugenie Bedford, oder die unmögl. geglaubte Heirath; aus d. Französ. (v. W. C. S. Mylius). 8. Berl. 788. Schöne. 1 Rthlr. 16 Gr.

— Richard Bodley, od. die unglückl. Vorsicht. 2 Thle. 8. Liebau 788. Friedrich. (Leipz., Rein). 1 Rthlr. 16 Gr.

Malaspina di Sannazaro. Bemerkgn üb. d. Hospitäler, besond. deren innere Einrichtg z. Verpflegg u. Wartg d. Kranken. A. d. Ital. Leipzig 1798.

Malaspina di Sanazaro, Bemerkung üb. Hospitäler etc.; aus d. Italien. v. S. K. Titius. gr. 8. Lpz. 798. (Brockhaus). 14 Gr.

Malaspina, M., Bemerk. üb. Hospitäler etc. a. d. Ital. v. S. C. Titius. gr. 8. Lpz. Gleditsch. 798.

Malassez, Mme. J., Histoire du petit Paul, hrsg. von F. Lotsch, s.: Schulbibliothek, französische u. englische, C. 40.

Malát, Jan, Zpěvnik pro školy obecné a měšťanské. Wien und Prag 1895. K. k. Schulbücher-Verlag. (Min.-Erl. vom 12. Juni 1895, Z. 13667.) 1. Theil —.20. 2. Theil .20. 3. Theil —.20. 4. Theil —.20. 5. Theil —.25. 6. Theil (für die Bürgerschulen und 6.—8. Classe der Volksschulen), a) Ausgabe mit Begleitstimmen: 1. Heft (Einstimmige Gesangstücke) —.55, 2. Heft (Zweistimmige Gesangstücke) —.55, 3. Heft (Drei- und vierstimmige Gesangstücke) —.35, b) Ausgabe ohne Begleitstimmen: 1. Heft (Einstimmige Gesangstücke) —.30, 2. Heft (Zweistimmige Gesangstücke) —.30, 3. Heft (Drei- und vierstimmige Gesangstücke)

Mälat, ..., s. Nachrichtsblatt für Deutschlands Turnanstalten.

Malatides, D., tractatus de otalgia, singula dolorum aurium genera, species et varietates, methodo pathol. therapeut. exponens. 8. Wien 821. Schaumburg. 16 Gr.

Malatimadhavae Fabulae Bhavabhutis actus primus. Ex recens. Chr. Lassen. (Fasc. I.) Lex.-8. (3 B.) Bonnae 832. (Weber.)

Malau, s.: Deutschland. Karte. (Abt. Preussen).

Malavašič, Fr., Slovenska slovnica za perve slovenske šole v mestih in na deželi. Po nar holjših dosadanjih slovnicah zdélana. 8. (VIII und 176 S.) Laibach 849, Giontini. *

Malavika et Agnimitra, Drama indicum, Kalidasae adscriptum. Text. primus ed., in lat. convertit, varietat. script. et annotationes adjecit Otto Friedr. Tullberg. Lex.-8. (7½ B.) Bonnae 840, Koenig. *

Malayola, K., der Aufenthalt des Coppernicus in Bologna, s. Mittheilungen des Coppernicus-Vereins.

Malberg. Schausp. d. Vorzeit v. J. W. Tilly. 8. Berlin, Maurer. 798.

Malberg, s.: Kalender f. d. höh. Schulwesen Preußens, V. Jahrg., 2 Tl.

Malberg, A., über Construction von Laschenverbindungen der Eisenbahnschienen in den Stössen und Verwendung von Stahl zu denselben, nebst einem Anhange, enth.: Beschreibung einer neuen Methode der Regeneration des verbrannten Stahls. Fol. (18 S. mit 2 Kpfrtf. und mehreren eingedr. Holzschn.) Berlin 853, Ernst und Korn. Thlr. *

— die Literatur des Bau- und Ingenieur-Wesens der letzten 30 Jahre, oder Verzeichniss der vornehmlichsten Werke in deutscher, französ., engl., italien., holländ. etc. Sprache, welche die genannten Fächer betreffen. gr. 8. (VIII und 211 S.) Berlin 852, Ernst und Korn.

Malberg, Anna, aus dem Bilderbuch e. reichen Kindheit. (VII, 174 S.) 8. Dresden 906. C. Reißner. n. 2.—; geb. n. 3.—

Malberg, Anna, Wunderdinge v. dazumal u. andere Geschichten. (VII, 171 S.) 8. Dresden 907. C. Reißner. 2.50; geb. 3.50

Malbilder, neue. (8 [4 farb.] Bl.) 8. Eßlingen (907). J. F. Schreiber. —30

Luther, Dr. Martin, der deutsche Reformator. In bildlichen Darstellungen von Gust. König. In geschichtlichen Umrissen von Heinr. Gelzer. 4 Lfgn. gr. 4. (246 S. m. 48 Kpfrst.) Hamburg 847—51, R. Besser. (1. Lfg. n. 1⅔ ₰ 2 u. 3. Lfg. à n. 1 ₰ 4. Lfg. n. 1⅓ ₰) cplt. in Engl. Einb. m. Goldschn. Ladenpr. n. 7 ₰ Chines. Pap. (1. Lfg. n. 2½ ₰ 2 u. 3. Lfg. à n. 1⅓ ₰ 4. Lfg. n. 2 ₰) In Lederbd. m. Goldschnitt n. 10 ₰ Ausg. mit den Kpfrn. in gr. Fol. (1. Lfg. n. 3⅓ ₰ 2 u. 3. Lfg. à n. 2⅔ ₰ 4. Lfg. n. 2 ₰) n. 10 ₰

— der deutsche Reformator und der Trappisten-Reformator Le Bouthillier de Rancé. Ein psycholog. Vergleich zur Vermittelung einer richtigen Ansicht über Heiligung im evangelischen und katholischen Sinne. Aus der „Zeitschrift für Protestantismus und Kirche" abgedr. u. neu herausg. von dem Protestant. Verein Nr. 2. Elberfeld 860. Bädeker in Comm. gr. 8. (IV, 53 S.) n. 10 ngr

Luther, Doctor Martin, auf der Wartburg vom 4. Mai 1521 bis zum 2. März 1522. Jena 867. F. Mauke. 16. (III, 106 S. mit 3 Holzschntaff.) 7½ ngr

— **wie er lebte, leibte u. starb, nach unwiderleglichen Berichten dargestellt. Streitschrift gegen die „Los v. Rom-Pastoren". 2. u. 3., unveränd. Aufl. (à 93 S.) 8. Graz 906. 907. Styria. n. — 50**

— wie er lebte, leibte u. starb, nach unwiderleglichen Berichten dargestellt. Streitschrift gegen die „Los v. Rom"-Pastoren. 4. u. 5., unveränd. Aufl. (95 S.) 8. Graz 907. Styria. — 50

——, Melanchthon u. d. protestant. Fürsten Deutschlands. Zur Feier d. 3. Jubelfestes d. Augsburg. Confess., am 25. Juni 1830. gr. 8. (2 B.) Erlangen 830, Heyder.

Luther u. seine Mitarbeiter beim Reformationswerke. (Aus d. Wanderungen durch d. histor. Welt.) 8. Leipz.... Centr.-Cpt. 8 K

—— der neue. — Sendschreiben des Joh. Ronge an den Bischof Arnoldi von Trier. — Das Glaubensbekenntniß d. deutsch-kathol. Gemeinde zu Schneidemühl. — Absagebrief des Prof. Dr. Regenbrecht zu Breslau an das dortige Domkapitel. — Aufruf des Joh. Ronge an die niedere kathol. Geistlichkeit. Mit dem Vor- u. Nachworte e. Katholikenfreundes. gr. Lex.-8. (1½ B. u. 1 Stnt.) Hamburg 845, Berendsohn.

—— als Pädagog, s. Klassiker, die, der Pädagogik.

— oder Papst? Eine Zeitschrift für Mitglieder der evangel. Kirche. Redig. u. herausg. von A. Sander. 1. u. 2. Bd. à 4 Hefte (à 4—5 Bgn.). Hildesheim 853, 54. (Leipzig, C. L. Fritzsche.) gr. 8. Jeder Bd. n. 1 ₰

— der deutsche Papst, sein Verhältnis zu den Herren u. Universitäten, s. a. Sammlung zeitgemäßer Broschüren.

(F) Luther, der „deutsche Papst". [Sammlung zeitgemäßer Broschüren. Nr. 44.] 8°. (16 S.) Graz: Styria 1908 K —.10

Luther und die Reformation. Aus M. J. Schmidt's Geschichte der Teutschen. Ulm 1783. B: *Gaum, Johann Ferdinand.* (MGT)

— **u. d. Reformation, aus Schmidt's Geschichte d. Deutschen, mit Anmerkk. herausg. von J. F. Gaum. gr. 8. Ulm 783. Stettin. 10 K**

—— u. die Reformationsbewegung in Deutschland vom Jahre 1520—1532. In Auszügen aus Marino Sanuto's Diarien. [Hrsgbr.: Georg Martin Thomas.] gr. 8. (L, 222 S.) Ansbach 883, Brügel u. Sohn. * 6 —

—— in Rom 1510 und in Worms 1521. Ein Volks- und Schulblatt. 16. (III und 128 S.) Stuttgart 855, Ed. Hallberger.

Luther, kein Römling. Ein Wort üb. d. Verunglimpfungen, welche ein kathol. Pfarrer sich gegen ein königl. Schreiben u. gegen Luther erlaubt hat. Von Christianus. gr. 8. Leipzig 826, Reclam.

—— u. Ronge, od. Aufklärungen aus d. 16. Jahrh. zum Verständniß des 19. Zugleich als Widerlegung der Schmähschrift: „Wunderthäter u. Ablaßkrämer im 19. Jahrh. Wesel, bei Bagel." gr. 8. (6¼ B.) Neuß 845, Hüsgen.

—— eine Säule d. Auctorität, s. Burmeister, Ernst.

Luther im Tode. Nach d. Orig.-Gemälde (Brustbild in Lebensgröße) seines Freundes Luk. Kranach in Stahl gest. v. Ed. Schuler. (Roy.-Fol.) Mit begleit. Texte v. Ernst Sartorius. Imp.-Fol. (1 B.) Stuttgart 837, S. G. Liesching. 1⅓ Thlr., chines. Pap.

—— im Urtheile eines Zeitgenossen. Genauer Abdruck des Capitels D. Martinus Lutherus aus Sebastian Francks Chronica, Zeytbuch und Geschichtbibel, cet. von 1531, besorgt durch Xanthippus. gr. 8. (55 S.) Rom 883, Loescher und Comp. *

— wie er e. Reformator ward u. war. 12. (47 S. m. Holzschn.) Ducherow 883. (Leipzig, Buchh. d. Vereinshauses.) n. — 15

Luther, d. Wiederhersteller d. evangel. Glaubens, zur 300jähr. Jubelfeier d. 31. Oct. 1817, für den Bürger u. Landmann erzählt. 8. Braunschw. 817. Vieweg. 3 K

—— von d. Wiege bis zum Grabe. Für das Volk erzählt u. demselben z. 300jähr. Gedächtnißfeier von Luthers Todestage dargeboten. Mit ein. auf das Gedächtnißfest bezügl. Cantate. 8. (2 B.) Weißenfels 846, Sueß.

Luther und seine Zeitgenossen ... Leipzig 1817. V: *Becker, Gottfried Wilhelm.* (MGT) (Ky)

— u. seine Zeitgenossen, oder Ursachen, Zweck u. Folgen d. Reformation, von *r. (G. W. Becker). 8. Leipz. 817. Engelmann. 1 ₰ 4 K

Luther, Doktor, an den Ritter von Zimmermann. O. O. 1788. V: *Trapp, Ernst Christian.* (Ischer, Zimmermanns Leben u. Werke. Bern 1893.) *Spohr, Gg Ludw. Heinrich.* (MGT)

— **an den Ritter v. Zimmermann, (von G. L. H. Spohr). gr. 8. Braunschw. 789. Schulbuchh. 3 K**

Luther und Zwingli . . . Meiningen 1819. V: *Herrklotsch, August Wilhelm Ludwig.* (Ky) (MGT) (StAt I, 153)

— u. Zwingli, oder Gedanken über d. Trennung u. Wiedervereinigung d. Lutheraner u. Reformirten, (v. A. W. L. Herrklotzsch). 8. Meiningen 819. Keyßner. 3 K

Luther's

— christlicher abschid vnd sterben. M. D. XLvj. (Wortgetreues Fcsm. e. im J. 1546 zu Wittenberg gedruckten ersten Todesnachricht Luther's.) 12. (7 S.) Wittenberg 889. M. Senf. — 50

Luther's Aufenthalt in Worms vom 16. bis 26. April 1521. Abdruck einer gleichzeitigen Schrift nebst einer bisher unbekannten Ausg. von Luther's Antwort vor Kaiser und Reich am 18. April. (Herausg. von Aug. Buchholtz.) Riga 857. Götschel in Comm. 4. (VIII, 33 S.) n. 12 ngr.

Luthers Character, seine socialen Grundsätze und sein Antheil am Bauernkriege. Vom katholischen Standpunkte betrachtet. 8°. Mainz 1842.

—— Christ-Baum, mit sechs schönen Bildern (in Holzschn.) 4. (32 S.) (Philadelphia 857, Schäfer und Koradi.) *

Luther's Christ-Baum. 4. (32 S. mit 1 lithogr. Titelbild.) Neu-Ruppin 859, Bergemann.

—— Christbaum, mit 6 schönen Bildern (in eingedr. Holzschn. und 1 Holzschntaf.) Neue Aufl. gr. 8. (32 S.) Philadelphia 875, Schäfer und Koradi.

Luther's, Mart., Denkmal, oder Entwürfe, Ideen u. Vorschläge zu demselben. 2 Hefte. gr. 8. u. 4. Halle 805. Schwetschke u. S. (1s H. gr. 8. 8 K 2s H. 4. 1 rß 12 K) 1 rß 20 K

— Denkmal zu Eisleben. 8. Frankf. u. Leipz. 806.

Luthers Entscheidung, dramat. Gedicht von H. Schorch. gr.. 8. Weimar, L. Ind. Comt. 818. •

Luther's Glaube u. d. Strasburg. Gedicht in 8 Ges. 16. (5 B.) Strasburg 827. (Berlin, Hold.)

Luther's Handschrift. (1 lith. Bl. in ½ Fol.) Zur Erinnerung an den 18. Febr. 1846. Berlin. (David.) * 5 Ngr.; chines. Pap.

Luther's Leben, s. a. Brügel, Friedr. — Burk, Carl. — Dorneth, J. v. — Evers, Geo. G. — Gräbner, A. L. — Gutmann, Karl A. — Junge, Friedr. — Keyl, E. G. W. — Kolde, Thdr. — Köstlin, J. — Laurmann, R. — Plitt, G. — Rein, Wilh. — Richter, Alb.

——'s Leben in XV. (qu. gr.) Folio-Bl., gez. u. lith. v. E. Emminger. (Mit erläut. Text, gr. Fol.) Stuttgart (831), Brodhag.

Luther's Leben. Ein Bilderbuch f. d. Jugend. In 13 lith. Blättern. Fol. Berlin 835, Sachse u. Comp.

— Leben, Einiges aus, nebst e. kurzem Unterricht von der, durch ihn unternomm. Reformation u. der dadurch gestifteten evangel. Kirche. Für protestant. Leser; aus des Consistor.-Raths J. Glatz „Samml. einiger Reformations-Jubelpredigten" besond. abgedruckt. Mit Luthers Bildn. u. Handschrift. gr. 8. Wien 830. Heubner. 5 K

—— häusliches Leben. gr. 16. (23 S.) Hamburg 870, (Barmen, Klein.)

—— Leben, für die Jugend erzählt. Übersetzung von Auguste Daniel. Mit Luthers (Holzschn.-)Bildnis. 8. (221 S.) Gotha 884, F. A. Perthes. geb. *

— Leben für Kinder u. junge Leute. 8. Götting. 783. Dieterich. 4 K

— — Leben nach Johann Mathesius. 2te Aufl. gr. 12. Nürnberg, Lechner. 817. -
Schreibpap. -
Velinpap. -

— Leben nach Joh. Mathesius. gr. 12. Nürnb. 18.. 2e A. 817. (v. Ebner). 6 K Schrbp. 9 K Velinp. 12 K 3e Aufl. gr. 12. Ebd. 833. Riegel u. W. 6 K

— Leben, Meinungen u. Thaten, ein Lesebuch für den Bürger u. Landmann, (von Er. Bornschein). 8. Leipz. 802. Voß. 12 K

— u. Ph. Melanchthons Leben u. Wirken. Zur Feier u. zum Andenken d. 3ten Jubiläums d. Reformation, bearb. v. C. A. B**** (C. A. Buhle). Mit Luthers Portr. u. Handschrift. 8. Merseb. u. Leipz. 1e — 4e Aufl. 817. Er. Klein. 6 K Schrbp. mit Kpf. 8 K

— Leben u. Schriften, s.: Köstlin, J.

Luther's Leben, Sterben u. vollständige Geschichte der Reformation. Nebst noch gar Vielem, was zu wissen jetzt Jedem noth, von welcher Confession er sey. Mit 10 Bildnissen u. Darstellungen u. der echten Handschrift Luther's (in Holzschn.) Volksbuch. Zusammengestellt v. Mehreren. 4. (Titel-) Aufl. 8. (140 S.) Berlin (846) 852, Vereins-Buchhandl. n. 1/6 rß

— Leben, Sterben und vollständige Geschichte der Reformation. Nebst noch gar Vielem, was zu wissen jetzt Jedem noth, von welcher Confession er sey. Mit 11 Bildnissen u. Darstellungen u. der echten Handschrift Luther's (in Holzschn.). Zusammengestellt von Mehreren. 5. verm. rc. Aufl. Berlin (857.) Vereins-Buchhdlg. 8. (153 S.) n. 6 ngr.

— Leben u. Wirken, s. a. Dorneth, J. v.

— — Leben und Wirken von H. Müller, s. a. Müller, H.

Luther's Leben und Wirken. Neue Ausg. Mit 4 (lith.) Bildern geziert. Neu-Ruppin 859. Bergemann. 8. (80 S.) 5 ngr.

Luther's Leben, Wirken u. Streben in 12 Originalien geschildert von Melanchthon, Luther selbst, Justus Jonas u. a. Augen- u. Ohren-Zeugen u. d. deutschen Volke vorgelegt zum Andenken an Luther's vor 300 Jahren am 18. Febr. 1546 erfolgten Tod. 8. (8 B.) Karlsruhe 846, Braunsche Hofbuchh. Thlr. *

—— D. Martin, Leben u. Wirksamkeit f. seine Freunde dargestellt. gr. 8. (13 B. u. L's. Bildn.) Stuttgart 830, [Beck u. Fränkel.]

— — Lebensbeschreibung von Holthaus, s. Holthaus P. A.

—— Lebensende, s. Majunke, Paul.

—— desgl. — in Gesängen, Deklamationen rc., s. Knöll, W. Eine kirchliche Lutherfeier.

— Lebenslauf u. Abschied, s.: Wartburghefte. Nr. 8.

—— letzte Lebenstage, s. Lebenstage.

—— Lehre von der Beichte, s. Pfisterer.

— kathol. Monument, s. Versuch e. Beleuchtung.

— Philosophie von Theophilos. 1. Heft. Die Logik. Hannover 870. Meyer. gr. 8. (IV, 183 S.) n. 1 Thlr

— erhabene Reise durch Erfurt nach Worms. 8. Helmst. 778. Kühnlin. 2 gr

— Reisen u. merkwürd. Schicksale, nebst ein. kurzen Gesch. d. Reformat. rc. ein Leseb. f. Bürger u. Bürgerschulen, herausg. von Kutscher. 8. Schlesw. Christiani. 802.

— Reisen u. merkwürd. Schicksale, nebst e. kurzen Geschichte d. Reformation u. ihrer Schicksale bis auf d. Westphäl. Frieden; ein Lesebuch für Bürger u. Landschulen; herausg. von Frz. Jak. Kutscher. 8. Schlesw. 802. (Altona, Hammerich). 1 Thlr

— Schatten, z. Erinnerung an d. 31. Oct. 1830. Mit Luthers Bildniß. 8. Dresd. 830. (Hentze in Bresl.) 2 gr

— Schwert u. Kelle. Red.: J. M. Michael. 1. u. 2. Jahrg. Juli 1897—Dezbr. 1898. 12 u. 24 Nrn. gr. 8. (96 u. 192 Sp.) Zwickau, J. Herrmann. n. 1.50

— dasselbe. Red.: M. Willkomm. 3.—6. Jahrg. 1899—1902. à 24 Nrn. gr. 8. (à 8 Sp.) Ebd. à Jahrg. n. 1.—

Luther's Schwert u. Kelle. Hrsg.: M. Willkomm. 7.—10. Jahrg. 1903—1906. à 24 Nrn. bezw. 12 Hefte. (IV, 192 Sp.; IV, 192 Sp.; IV, 192 Sp. u. IV, 192 S.) 8. Zwickau, J. Herrmann. à Jhrg. n. —80; geb. 1.50

Luther's Schwert u. Kelle. Hrsg.: M. Willkomm. 11.—14. Jahrg. 1907—1910. à 12 Hefte. (à Jahrg. VIII, 192 S.) 8. Zwickau, J. Herrmann. à Jahrg. nn —90; geb. 1.50

— Selbstmord, e. historisch erwiesene Thatsache. Mit e. Anh.: Das neue jüdische Hochgericht u. e. protestant. Anti-Deckert. Vademecum f. Katholiken, die lutherisch werden wollen. (Von Jos. Deckert.) Hrsg. v. Ant. Jos. Ph. (Nach der Confiskation.) 2. verm. Aufl. gr. 8. (64 S.) Wien 899. (H. Kirsch.) n. —40

— — Stimmen aus drey Jahrhund. rc. s. Stimmen.

—— Tod. Eine Denkschrift zu des großen Reformators 300jähr. Todestage, welcher d. 18. Febr. d. J. gefeiert wird. gr. 8. (1¼ B.) Danzig 846, Homannsche Buchh. **

—— Tod u. Begräbniß, v. Augenzeugen geschildert; u. die 4 Trauerreden, die an Luthers Sarge gehalten sind. 3. Vorbebereitung auf den 18. Febr. 1846, hrsg. v. Carl Heinr. Bresler. gr. 8. (4 B.) Danzig 846. (Gerhard'sche Buchh.) *

Vgl.: Förstemann, K. E.

—— 300jährige Todesfeier. Gedenkbuch f. protestirende Christen mit Beiträgen v. E. F. Apelt, L. Bechstein, J. H. T. Behr, v. Biedenfeld, G. Lippert rc. Hrsg. v. J. Günther. 8. (21¾ B.) Jena 846, Mauke.

— Unterricht. Eine Chrestomathie gesunder Glaubens-, Sitten- u. Lehrbekenntnisse rc., den Geist des Protestantismus zu nähren. gr. 8. Züllichau 789. (Frommann in Jena). 20 gr Hbg. Pr. 12 gr

— Verdienste um die kathol. Kirche. Von einem Katholiken, mit e. Vorrede von einem Protestanten. 8. Ulm 818. Wohler. 1 gr

— — Verdienste um die Musik, nebst einem Verz. der von demselben componirt. geistl. Lieder rc. von J. J. Müller. gr. 8. Erfurt, Müller. 817.

— Verdienste um die Musik, nebst einem Verz. der von demselben componirten geistl. Lieder rc., von Jh. Am. Müller. gr. 8. Erfurt 817. (Weygand in Leipz.) 4 gr

— deutsche gesunde Vernunft, von einem Freunde d. Fürsten u. d. Volks (A. Hennings). 8. Altona 793. Hammerich. 12 gr

— vita ed. I. Dan. Herrnschmidt. 8. Halae, Waisenh. 742.

—— äußerst merkwürdige Weissagungen, gesammelt 30 Jahre nach seinem Tode, im Jahre 1576, v. Johns. Lappäus. Auf's Neue hrsg. v. Chr. Ludw. Knapp. gr. 8. (2¼ B.) Stuttgart 846, Belsersche Buchh.

—— Wiederkunft u. Ansprache an das Geschlecht dieser Zeit. Lex.-8. (7¾ B.) Berlin 844. [Danzig, Gerhard'sche Buchh.] *

— Wiederkunft u. Ansprache an das Geschlecht dieser Zeit. Lex.-8. Berlin 844, Gumprecht. n. ⅔ Thlr

— Zeitverkürzungen, s. J. R. Anton.

— Zeitverkürzungen, in 12 Kap. dargestellt. 8. Leipzig, Köhler. 804.

——'s Zelle im August.-Kloster zu Erfurt. Nach d. Natur gez. v. Fr. Rehkopf. Lith. gr. Fol. (Nebst 1 Bl. Erklär. 4.) Erfurt 830, Andreä.

Luther [Verfasser]

Luther, A., s. Luther, Alexander Ferdinand

Luther, Adolf, approb. Arzt aus Kuddewörde: Aus d. chirurg. Klinik zu Kiel. Ueber zwei Fälle von Nabelhernien. *Kiel 1900: P. Peters.* (23 S.) 8°
Kiel, Med. Diss. v. [19. Febr.] 1900

Luther, Alexander Ferdinand

Ueber Chlorosaccus, eine neue Gattung der Süsswasseralgen, nebst einigen Bemerkungen z. Systematik verwandter Algen. Von A. Luther. Mit 1 Taf. *Stockholm 1899: P. A. Norstedt & söner.* (22 S.) 8°
(Meddelanden fran Stockholms Hogskola. No 187.)
= Handlingar, K. Svenska Vetenskaps-Akademiens. Bihang. Bd 24, Afd. 3, No 13. (vgl. 5394

LUTHER, Alex.

Die Eumesostominen. I. Allgemeiner Teil. Leipzig 1904. II + 159 pg. 8:o nebst neun Tafeln. Diss. Hels.

Über eine Littorina-Ablagerung bei Tvärminne, nebst einigen Bemerkungen über d. Kalk auflösenden Eigenschaften d. jetzigen Ostsee u. d. Littorina-Meeres. Von Alex. Luther. Helsingfors 1909: (Simelii Arf.). 22 S. 8°
(Acta Societatis pro fauna et flora Fennica 32, Nr 4)

Untersuchungen über die vom N. trigeminus innervierte Muskulatur der Selachier (Haie u. Rochen) unter Berücks. ihrer Beziehungen zu benachbarten Organen von Alex[ander Ferdinand] Luther. Mit 5 Doppeltaf. u. 23 Fig. (Helsingfors: Finn Lit.-Gesellsch. 1909.) 176 S. 4°
(Acta societatis scientiarum Fennicae. T. 30, 5)

Verzeichnis der Land- und Süßwassermollusken der Umgebungen Revals. Ein Beitrag z. Fauna Estlands. Von A. Luther in Helsingfors. *Helsingfors 1901: (K. Malmström in Kuopio).* (10 S.) 8°
= Acta Societatis pro fauna et flora Fennica. 20, No 2.

Luther, Alfred, a. Leipzig: Über Methylen-Verbindungen und einige andere Derivate der Meta-dioxybenzole. Leipzig 1906: Hallberg & Büchting. (36 S.) 8°
Leipzig, Phil. Fak., Ref. Beckmann, Hantzsch, Diss. v. 22. März 1906
[Geb. 11. Juli 78 Leipzig; Wohnort: Leipzig; Staatsangeh.: Sachsen; Vorbildung: König Albert-Gymn. Leipzig; Approb. als Apotheker mit Note 1 Dresden Nov. 02; Studium: Leipzig 8 S.; Rig. 25. Juli 05.]

Luther, Anna, im Banne. Erzählungen. (90 S.) 8. Dresden 903. E. Pierson. n. 1. 80; geb. n. 2. 80

Luther, Arth., Byron. Heine. Leopardi. 3 Vorträge. (IV, 114 S.) Moskau 904. (Leipzig, F. Wagner.) n. 1.75

— Goethe. 6 Vorträge. (VIII, 208 S. m. 1. Taf.) 8. Jauer (902). O. Hellmann. n. 3. —; geb. n. 4. 50

Goethe. 6 Vorträge von Arthur **Luther**. Jauer & Leipzig: O. Hellmann [1905]. (208 S.) 8° [F.]

Luther, Arth., Franz Grillparzer, s. a. Beiträge zur Literaturgesch.

Franz Grillparzer von Arthur **Luther**. Leipzig: Verl. f. Lit., Kunst u. Musik 1907. (51 S.) 8° [F.]
= **Beiträge** z. Literaturgeschichte. H. 34.

— Jesus u. Judas in der Dichtung. Ein Beitrag zur vergleich. Literaturgeschichte. (50 S.) 8. Hanau 910. Clauß & Feddersen. 1. —

Luther, August, a. Reval (Estland): Aus dem landwirtschaftlich-technologischen Institut der Universität Breslau. Ueber Amine und Diamine der Stilbazole. Breslau 1907: H. Fleischmann. (67 S.) 8°
Breslau, Phil. Fak., Ref. Ladenburg, Diss. v. 5. Juli 1907
[Geb. 4. Dez. 79 Keinis in Estland (Rußland); Wohnort: Reval (Estland); Staatsangeh.: Rußland; Vorbildung: Gymn. d. deutschen Annenschule St. Petersburg 00; Studium: Dorpat 5, Breslau 3 S.; Rig. 26. Juni 07.]

Ibsens Beruf. Von Dr. Bernhard **Luther**, Oberl., Haspe. Halle a. S.: Niemeyer 1910. 121 S. 8°

Luther, Bernhard, Referendar a. Drohndorf (Anhalt): Die Haftung des Ratgebers nach dem gemeinen Recht und nach dem Recht des Bürgerlichen Gesetzbuchs für das Deutsche Reich. Borna-Leipzig 1905: R. Noske. (X, 92 S.) 8°
Leipzig, Jur. Fak., Diss. v. 14. Juni 1905
[Geb. 8. Sept. 81 Drohndorf, Anhalt; Wohnort: Drohndorf; Staatsangeh.: Anhalt; Vorbildung: Gymn. Aschersleben Reife O. 00; Studium: Tübingen 1, Leipzig 1, Halle 5 S.; Rig. 27. Nov. 03.]

Luther, Bernh., die Israeliten u. ihre Nachbarstämme, s.: Meyer, Eduard.

Luther, Bernhard, aus Löbnitz a. d. Bode: Die israelitischen Stämme. Erster (Allgem.) Teil. *Halle a. S. 1900: (W. Drugulin in Leipzig).* (33 S.) 8° ¶(Erscheint vollst. in: Zeitschrift f. d. alttest. Wissenschaft, 21, 1901.)
Halle, Phil. Diss. v. 1900

Luther, C., wie können Preussen und andere deutsche Staaten zur See mächtig werden? Ein rhapsod. Beitrag zur preuss. resp. deutschen Flottenfrage. Lex.-8. (III und 42 S.) Dessau 863, Baumgarten und Comp.

Luther, Carl August Friedrich, s. Luther, Karl August Friedrich

Luther, Carl Friedrich, s. Luther, Karl Friedrich

Luther, Carl J., s. Luther, Karl J.

Luther, Charlotte: Briefe über die Erziehung junger Töchter aus den gebildeten Ständen. T. 1. 2. — Rostock u. Leipzig: Stiller 1809–11. 8°

Luther, Chrn., ein Leben im Wort und Worte für's Leben. Lebens- und Charakterbild, nebst einer Sammlung von ihm gehaltenen amtlichen Gelegenheitsreden. Reval 859. (Kluge.) gr. 8. (182 S.) n. 1 *n*ℬ

Luther, Eduard

Luther, Ed., s. Beobachtungen, astronomische, auf der königl. Universitäts-Sternwarte zu Königsberg.

Luther, Ed. Gedächtnisrede auf Argelander. 1875.

Luther, Eduard, Das Klima von Königsberg. (Separ.-Abdr. aus den Schrift. der physik.-ökonom. Ges.) Königsberg, im Aug. 1864.

Luther, Ernst [app. Arzt aus Meiningen]: Bemerkungen über die Verbreitung des Alkoholismus auf dem Land in Bayern ... Meiningen, Druck d. Keyssner'schen Hofbuchdr., 1896; 22 S. 8.
München, Med. Fak., Inaug.-Diss. v. 1896

Luther, E., üb. Chloroform, seine Wirkung u. Folgen, s.: Zeit- u. Streitfragen, klinische.

— über die Gonorrhoe beim Weibe, s.: Sammlung klinischer Vorträge.

Luther, Ernst. Methoden der Untersuchung d. Harns auf Zucker u. üb. das Vorkommen v. Kohlehydraten im normalen Harn. Aus dem chem. Laboratorium der medizin. Klinik in Freiburg i. Br. gr. 8. (56 S.) Berl. 890, Grosser. * 1 —

Luther, Ernst [app. Arzt aus Mühlhausen i. Thür.]: Über das Vorkommen von Kohlehydraten im normalen Harn. . . . Berlin, Druck v. Leonhard Simion, 1890; 1 Bl. + 57 S. 8°
Freiburg i. B., Med. Fak., Inaug.-Diss. v. 1890

Luther, Ewald, s.: Viehhändler-Kalender.

Luther, F., Autorität u. Freiheit. Vortrag. (50 S.) 8. Reval 906. Kluge & Ströhm. n. 1. —

Luther, F. [aus Bremen]: Beiträge zur Casuistik der Epuliden mit besonderer Berücksichtigung der pathologischen Anatomie sowie einiger Bemerkungen über karyokinetische Figuren .... Würzburg, Paul Scheiner's Buchdr., 1887; 30 S. u. 1 Taf. 8°
Würzburg, Med. Fak., Inaug.-Diss. v. 1887

Luther, F., d. moderne Christentum. Vortrag. gr. 8. (36 S.) Leipzig 896. A. Deichert Nachf. n. — 60

Luther, F., Rechtfertigung und Heiligung in ihrem gegenseitigen Verhältnisse nach der Schrift. gr. 8. (39 S.) Riga 880, (Kymmel's Verlag.) *
Aus: Mittheilungen und Nachrichten für die evangelische Kirche, besonders abgedruckt.

Luther, F., der Smithismus und seine Gefahren, im Lichte der Schrift und nach eigener Erfahrung dargestellt. gr. 8. (76 S.) Reval 878, (Kluge's Verlag.) *

Luther, F., die Theologie Ritschl's. Vortrag, gehalten 1887 auf der Torpater Januar-Conferenz. gr. 8. (56 S.) Reval 887, (Kluge.) *
Aus: Mittheilungen und Nachrichten für die evangel. Kirche in Rußland, besonders abgedruckt.

Luther, Friedrich, a. Barmen: Über das Oxäthylthiopyrin und seine Derivate. Rostock 1906: C. Boldt. (37 S.) 8°
Rostock, Phil. Fak., Ref. Michaelis, Diss. v. 20. März 1906
[Geb. 3. Febr. 78 Barmen; Wohnort: Rostock; Staatsangeh.: Preußen; Vorbildung: Realgymn. Barmen Prima-Reife O. 98; Studium: Marburg 3, Rostock 9 S.; Rig. 17. März 06.]

— Friedr. Martin, Diss. jur. de sepultura et sepulchris. Präs. Chr. Mich. Bohn. Lpz. (Fleischer jun.) 11. V. 1708. 36 S. (5.—) 21878

Luther, Georg, Ref. in Naumburg a. S.: Der Selbstschutz des Besitzers nach dem Rechte des Bürgerlichen Gesetzbuches für das deutsche Reich. Leipzig-Reudnitz 1906: A. Hoffmann. (105 S.) 8°
Leipzig, Jur. Fak., Diss. v. 23. Febr. 1906
(Geb. 26. Juni 80 Schkeitbar b. Lützen; Wohnort: Naumburg a. S.; Staatsangeh.: Preußen; Vorbildung: Lateiu. Hauptsch. d. Franckeschen Stiftungen Halle a. S. Reife M. 99; Studium: Tübingen 2, Leipzig 3, Halle a S.; Rig. 7. Dez. 05.]

— Georg Wilh. (Ansbach), Diss. jur. de testamentis principum absque solennitate validis. O. O. 2. XII. 1707. 24 S. (4.—) 21879

Luther, Gerhard

Luther, G: Die Ausgestaltung des Hafens von Odessa. Braunschweig 1889

Luther, G., la construction et l'installation de greniers spécialement de magasins à grain dans leurs derniers perfectionnements. gr. 8. (VII, 180 S. m. eingedr. Illustr. u. 15 Taf.) Braunschweig 887. J. H. Meyer. cart. n. 8. —

Luther, Gerh., die technische u. wirtschaftliche Entwicklung des deutschen Mühlengewerbes im 19. Jahrh., s. a. Forschungen, staats- u. sozialwissenschaftl. XXIV, 4.

Luther, Gerhard: Die technische und wirtschaftliche Entwicklung des deutschen Mühlengewerbes im XIX. Jahrhundert. Kap. 1—3. (Leipzig: Duncker & Humblot 1909.) IV, 49 S. 8° ¶(Ersch. vollst. als: Staats- u. Sozialwissenschaftl. Forschungen. Bd 24, H. 4.)
Berlin, Phil. Diss. v. 27. Febr. 1909, Ref. v. Schmoller
[Geb. 28. Jan. 83 Braunschweig; Wohnort: Berlin; Staatsangeh.: Braunschweig; Vorbildung: Gymn. Goslar Reife O. 02; Studium: Berlin Techn. Hochsch. 8, Univ. 2 S.; Rig. 3. Dez. 08.] [U 09. 228

Die technische und wirtschaftliche Entwicklung des deutschen Mühlengewerbes im 19. Jahrhundert. (Mit Berücks. d. früheren Entwicklung u. unter Fortführung bis auf d. neueste Zeit.) Von Gerhard Luther. Leipzig: Duncker & Humblot 1909. IX, 163 S. 8°
(Staats- u. sozialwissenschaftl. Forschungen. H. 114.)

Luther, G., die Construction und Einrichtung der Speicher, speciell der Getreide-Magazine, in ihren neuesten Vervollkommnungen dargestellt. gr. 8. (VII, 132 S. mit 116 Holzschn., 12 Lichtdr.-Taf. und 14 lithogr. Plänen.) Braunschweig 886, J. H. Meyer. cart. *

Luther, G., Maschinenfabrik u. Mühlenbauanstalt, Aktiengesellschaft, Braunschweig: Abtlg.: Moderne Transmissionen. (XX, 329 S. m. Abbildgn.) 8. Braunschweig (907). (B. Goeritz.) Geb. in Leinw. 3. —

Luther, Gerhard, Dr. phil.: Der deutsche Mühlenbau. Eine Monographie dieses Gewerbezweiges nach seiner jüngeren Entwickelung. [1909.] 78 S., 1 Taf. 8°
Darmstadt, Dr.-Ing.-Diss. v. 18. 9. 1909

Luther, G. Die Neugestaltung des Hafens von Odessa. Braunschweig 1889. 4.

Luther, Gotthard Alfred [wirkl. Name], s. a. Alfred, Gotthard [Pseud.]

—— moderne Flibustier. Ein Bild aus der Gegenwart. 2 Bde. 8. (608 S.) Leipzig 858, C. L. Fritzsche.

Luther, Gotthardt Alfr., die deutschen Freiheitskriege 1813—1815. Für das deutsche Volk. Leipzig 863. E. Schäfer. 4. (236 S. u. 11 color. Lithogr.) n. 1 ₰ 22½ ngr.

— lustige Geschichten aus Thüringen. 2 Bde. Leipzig 860. C. L. Fritzsche. (C. F. Schmidt.) 8. (638 S.) 2 ₰ 15 ngr.

Luther, Ghardt. A(lfr.), Geschichten aus dem jetzigen Volksleben. 5 Bde. gr. 16. Leipzig, Kollmann. Thlr
Inhalt:
Bd. 1. Die alte Linde und Frieder. (VII und 273 S.) 857. 25 Ngr.
" 2. Der Hofbauer und der tolle Hannes. (VII und 240 S.) 857. 15 Ngr
" 3. Der Grobian und der Weingeh. (VII und 232 S.) 857. 20 Ngr
" 4. Der Wäldler. — Endlich doch. Zwei Geschichten. (V und 146 S. 859. * 10 Ngr.
" 5. Der Balsamträger vom Rennsteig. — Ein deutscher Trapper. (VI und 200 S.) (861)62. * 20 Ngr.

Luther, G. A., Kaiserglück, s. a. Gotthardt Alfred.

—— die ewig Proscribirten. Eine Erzählung aus dem jetzigen Volksleben. 2 Bde. gr. 16. (491 S.) Wenigen-Jena 861, Hochhausen's Verlag. *

Luther, Ghardt. Alfr., Rom u. Habsburg. Historischer Roman. 4 Bde. Wurzen 865. Verlags-Comptoir. gr. 16. (782 S.) 3 ₰ 15 ngr.

Luther, Gotthardt Alfr., St. André. Geschichtlicher Roman. 3 Bde. Leipzig 858. H. Schultze. 8. (336; 389; 200 S. u. 3 Lithogr.) n. 4 ₰.

Luther, Gust. Adolph (geb. Raguhn bei Dessau 13. 1. 1815): De eclampsia parturientium et puerperarum. Berolini (1842). (29 S.) 8°
Berlin, Med. Diss. v. 14. Okt. 1842

Luther, Hans, das Gesetz üb. die Enteignung v. Grundeigenthum v. 11. VI. 1874. Textausg. m. Anmerkgn. u. Sachregister. gr. 16. (XII, 140 S.) Berlin 902. F. Vahlen. Geb. in Leinw. n. 1. 60

Luther, Hans, das Gesetz üb. die Enteignung v. Grundeigentum vom 11. VI. 1874 u. das Gesetz, betr. die Anlegung u. Veränderung v. Straßen u. Plätzen in Städten u. ländlichen Ortschaften, vom 2. VII. 1875. Handausg. in 2 Tln. m. gemeinschaftl. Sachregister. 2., vollständig umgearb. Aufl. (XVI, 452 S.) 8. Berlin 906. F. Vahlen. n. 6. 50; geb. n. 7. 50

Luther, Hans: Inwieweit lassen sich Goethes Ideen über Erziehung, wie sie in 'Wilhelm Meister' niedergelegt sind, auf die Gegenwart anwenden? Wehlau 1910: Holke. 15 S. 8°
Wehlau, k. R OP 1910 (30) [S 10. 273

[Umschlagt.:] **Luther,** Hans: „Das Pflanzenleben als Unterrichtsgegenstand auf dem Gymnasium". Osterode Ostpr., gedr. in d. F. Albrecht'schen Buchdr., 1893; 3- 16 S. 4.
Hohenstein in Ostpr., k. G, P 1893 (5)

Luther, Hans, appr. Arzt aus Luckenwalde: ⟨Aus der Frauenklinik zu Jena.⟩ Ueber Stieltorsion bei Hydrosalpinx. Hierzu 2 Tafeln. Jena 1906: G. Neuenhahn. (65 S.) 8°
Jena, Med. Fak., Ref. Franz, Diss. v. 18. April 1906
[Geb 1. Dez. 79 Luckenwalde; Wohnort: Luckenwalde; Staatsangeh.: Preußen; Vorbildung: Wilh-Gymn. Hoxter Reife O. 01; Studium: Tubingen 2, Halle 2, Jena 5 S.; Coll. 26. Febr. 06; Approb. 31. März 06.]

— **Thronstreitigkeiten u. Bundesrat, s.a. Studien, rechts- u. staatswissenschaftliche, 26. Hft.**

Thronstreitigkeiten und Bundesrat. Von Hans **Luther**. *Berlin: E. Ebering 1904.* (104 S.) 8°
— **Studien**, Rechts- u. Staatswissenschaftliche. H. 26. [04. 14036 6

Luther, Hans, Referendar im Bez. d. Kgl. Kammergerichts: Die Zuständigkeit des Bundesrats zur Entscheidung von Thronstreitigkeiten innerhalb des Deutschen Reiches ⟨§ 1—6.⟩ Berlin 1904: E. Ebering. (45 S.) 8° ¶ (Erschien vollst. u. d. T.: „Thronstreitigkeiten und Bundesrat" als: Rechts- u. Staatswiss. Studien, H. 26, 1904.)
Berlin, Jur. Fak., Ref. Hübler, Diss. v. 6. Okt. 1904
[Geb. 10. März 79 Berlin; Wohnort: Berlin; Staatsangeh.: Preußen; Vorbildung: Leibniz-Gymn. Berlin Reife M. 97; Studium: Berlin 1, Genf 1, Kiel 1, Berlin 3 S.; Rig. 19. Juli 04.]

Luther, Heinrich: Josephus und Justus von Tiberias. Ein Beitrag zur Geschichte des jüdischen Aufstandes. Halle a. S. 1910: Wischan & Burkhardt. 90 S. 8°
Halle, Phil. Diss. v. 7. Juli 1910, Ref. Kern
[Geb. 25. Juni 83 Schkeitbar; Wohnort: Halle a. S.; Staatsangeh.: Preußen; Vorbildung: Latina Halle Reife M. 03; Studium: Tübingen 2, Göttingen 3, Halle 8 S.; Rig. 24. Mai 10.] [U 10. 1772

Luther, Dr. Hier., über d. Zurechnungsfähigkeit bei gesetzwidrigen Handlungen überhaupt, u. besond. in Beziehung auf d neuern Grundsätze in d. gerichtl. Arzneiwissenschaft. 8. Eisenach 824. Bärecke. 15 gGr.

— Hieron. Jac. Conr. (Eckernförde / Holstein), De haemoptysi. Diss. med. Wittenberg (Carl Chr. Dürr) 22. IX. 1783. (4.—) 21880

Luther, J., Vorschläge zur Einführg. d. weibl. Diakonie auf d. flachen Lande, nebst e. im Diakonissenhause geh. Ansprache. Synodalvortrag. [Aus: „Bote aus dem Mitauer Diakonissenhause".] 12. (65 S.) Mitau 895. (Reval, F. Kluge.) n. 1. —

Luther, J. Sam., examen doctrinae Cullenianae. 8maj Halle 787. Curt. 2 gGr.

Luther, Joh. Andr.

— — Diatribe in Lucani Pharsaliam. Präs. J. Fr. Wichmanshausen. Wittenberg (Chr. Gerdes) 20. XII. 1712. 24 S. (4.40) 21882

— Joh. Andr. (Freiberg), Maledictoribus diei. Präs. Jo. Fr. Wichmanshausen. Wittenberg (Gerdes) 10. IV. 1712. 20 S. (4.—) 21881

Luther, Joh. Christ., lasset euch versöhnen mit Gott! Predigten zum Theil üb. das apostol. Glaubensbekenntniß nach Luthers kleinem Catechismus, zum Theil üb. bibl. Texte. gr. 8. (18 5/8 B.) Reval 843. (Koppelson.) *

— Joh. Gottfr. (Ansbach), De condictione ex canone non dabili. Präs. Joh. Georg Fichtner. O. O. (J. W. Kohl) 26. XI. 1707. 33, 1 S. (5.—) 21883

— — De homicida in persona errante. O. O. (M. D. Meyer) 23. III. 1708. 28 S. (5.—) 21884

— Joh. Mich. (Erfurt), Diss. med. de venenis vegetabilibus in genere. Erfurt (Joh. Chr. Goerling) 21. IX. 1792. (4.—) 21887

— Joh. Nicol. (Frankfurt / Main)

— — De impari matrimonio et jure liberorum ex eo natorum circa successionem feudalem. Präs. Gg. Ludw. Boehmer. Göttingen (Luzac) 31. XII. 1755. 73, 5 S. (5.—) 21889
Widm. v.: Gg. Ludw. Boehmer, Fr. Ludw. Klingling, M. Chr. Schaaff.

Luther, Johs., ein neuer Bericht üb. Luthers Verbrennung der Bannbulle, s.: Perlbach, M.

Luther, Johs., die Beziehungen Dr. Martin Luthers zur Wartburg u. Koburg. Vortrag, geh. in der Vereinigg. zur Erhaltg. deutscher Burgen. Mit 2 Bildnissen in Kupferlichtätzg. u. 8 Abbildgn. im Text. Fol. (14 S.) Berlin 900. W. Ernst & Sohn. n. 3. —

— der Buchdruck u. Buchschmuck der alten Meister. Berichte üb. zehn Vorträge, geh. im königl. Kunstgewerbemuseum zu Berlin. gr. 8. (48 S. m. Abbildgn.) Berlin (N.W., Ottostr. 9) (901). Selbstverlag. n.n. 2. 50
Sonderabdruck aus: „Papierzeitung".

— Aus der Druckerpraxis der Reformationszeit. (S. 235—264.) gr. 8. Leipzig 910. O. Harrassowitz. 1. —
Sonderabdruck aus: „Zentralbl. f. Bibliotheksw."

— die Erfindung der Buchdruckerkunst, s.: Meisner, Heinr.

Luther, Joh., die Reformationsbibliographie u. d. Geschichte d. deutschen Sprache. Vortrag, geh. auf d. 44. Versammlg. deutscher Philologen u. Schulmänner in Dresden. gr. 8. (32 S.) Berlin 898. G. Reimer. n. — 60

Luther Johannes [aus Salzwedel]: Die Sprache Luthers in der Septemberbibel .... Halle, Druck v. H. Hoffmann, Salzwedel, 1887; 1 Bl. + 32 S. + 1 Bl. 8°.
Halle, Phil. Fak., Inaug.-Diss. v. 9. Jul. 1887.

Luther, Johs., die Sprache Luthers in der Septemberbibel. Inaugural-Dissertation. gr. 8. (32 S.) Halle 887. (Leipzig, Fock.) *

Luther, Johannes, approb. Arzt aus Grossburschla (Prov. Sachsen): Ueber den heutigen **Stand** der Lehre von der Thymushyperplasie. *Leipzig-Möckern 1900: Schumann & Trommer.* (26 S.) 8°
Leipzig, Med. Diss. v. 14. März 1900

— Die Titeleinfassungen der Reformationszeit. (In ca. 6—8 Lfgn.) 1. u. 2. Lfg. (à 50 Taf. m. 12 u. 8 S. Text.) 30,5×24,5 cm. Leipzig 909. 10. R. Haupt. Ausg. A auf weissem Karton à nn 25.—; Ausg. B auf weissem Karton unter Zufügg. des Abzugs auf durchsicht. Papier à nn 35. —

Neue Wege der Lutherbibliographie. Von Dr. Johannes **Luther,** Greifswald. Weimar: Böhlau 1910. 8 S. 4°
Veränd. Abdr. aus. M. Luthers Werke. Krit. Gesamtausg. Bd 30, Abt. 3.
[10. 13317 8

Luther, K., geschichtliche Notizen über Martin Luther's Vorfahren. gr. 8. (42 S.) Wittenberg 868, Zimmermann. *

Luther, Karl August Friedrich

LUTHER, CARL AUG. FR., Gedichte. Altona. 1832.

Luther, Carl Aug. Friedr., Hammonia. Gedichte. gr. 12. (3⅙ B.) Altona 833, Hammerich.

Luther, Carl Aug. Friedr., Iris. Neueste Schriften f. Geist u. Herz. Eine Festgabe f. Gebildete. gr. 12. (...) Hamburg 838, Berendsohn.

—— Töne d. Andacht, christl.-relig. Gesänge. gr. 12. (5 B.) Altona 835, (Hammerich.)

—— Urania. Hamburg. Zeitschrift, s. Urania.

Luther, Karl Friedrich

LUTHER, CAROL. FRID., Exercitatio philosophica de actione aeris in machinulam barometricam seu tubam Torricellianam. Kiliae Hols. 1701. 4. P. (M. 1 Tvl.). [Resp. Petr. Petersen].

Luther, C. Fr., resp. Ch. U. **Schreiber,** An potus Theo exsiccandi et emaciandi virtute polleat? Ob der Thee zehre? 22 pp. Kil. 4°.
1702

Luther, Karl Fr., († im Oct. 1796.) Anfangsgründe d. Artillerie. 2 Thle, mit 17 Kpft. gr. 8. Dresd. u. Leipz. 789. Mit n. Tit. 805. Baumgärtner. 3 ₰

Luther, Karl Friedrich, churfürstlich sächsischer Artillerie-Hauptm., Ober-Feuerwerksmeister etc. Anfangsgründe der Artillerie. Neue Aufl. Mit (17) Kupfern. (2 Bde.) 8. Leipzig 1802.

Luther, C. F., resp. D. H. **Höflich,** De epilepsia. Kil. 4°. 1780.

Luther, Carl Friedr. (Frankfurt/M.), De jure revolutionis S. recadentiae. Präs. Jo. Christ. Koch. Giessen (Jo. Jac. Braun) 17. I. 1772. 38 Seiten. (4.—) 21877

— Diss. med. Fridericiana de partus humani vitalis natura et vero termo. Kilonii. 1703. 4. P. [Resp. Henr. Dahl]. (U. B.).

— De tripudio solis paschali disp. Kilonii. 1703. 4. P. [Resp. Joh. Frid. Meius].

Luther, Karl Friedrich [Praes.], s. Waldschmiedt, Wilhelm Heinrich: De morbis simulatis ac dissimulatis.

Luther, Karl J.

Luther, Carl J., Wintersport im Bayrischen Hochland, s.a. Grieben's Reiseführer.

Luther (Carl J.). Wintersport im bayerischen Hochland. (Griebens Reiseführer. Bd. 132.) Berlin. 1910. 8°. 110 S. m. K. geb. M. 2.—

Luther, Carolus Guilielmus: Theses ... loco dissertationis continentis brevem stethoscopi in arte medica usus adumbrationem mox edendae. Halae (1832): Baentsch. 2 Bl. 8°
Halle-Wittenberg, Med. Thesen v. 12. Dez. 1832
Geb. Raguhn (Anhalt) [26. 9. 1810]. Die Diss. ist nicht ersch.

Luther, Martin Reformator (1483-1546)

— Abhandl. von d. Beichte. 8, Halle 755. Waisenh.-B. 1 ℛ

—— Abhandlung von der Liebe und ihrer Vortrefflichkeit über 1 Joh. 4, V. 16, 17, 18. Mit einer Vorrede von Joh. Jac. Rambach. Hrsg. von einem Lutheraner. 8. (78 S.) Frankfurt a. O. 850, (Trowitzsch und Sohn.) *

Luther, Mart., an den christlichen Adel deutscher Nation v. d. christlichen Standes Besserung, s. a. Bibliothek der Gesamt-Litteratur d. In- u. Auslandes.

— an d. christl. Adel deutscher Nation v. d. christl. Standes Besserg., s. a. Meyer's Volksbücher.

—— dass. — s. a. Schriften des Vereins für Reformationsgeschichte.

—— dass. — s. a. Universal-Bibliothek Nr. 1578.

— an den christl. Adel, s. a. Zeugnisse, evangel., gegen Rom, 2. Hft. — dess. 95 Sätze ɔc., s. Ebend. 1. Hft.

Luther, M. An den christlichen Adel. O. O. [ca. 1790]. H: *Panzer, Georg Wolfgang Franz.* (will)

—— Schrift an d. christl. Adel deutsch. Nation von d. christl. Standes Besserung. Ein deutsches Wort in undeutscher Zeit u. spitze Waffe f. alle, die geg. Rom fechten. Mit e. Vorr. v. Ludw. Fischer. gr. 8. (6½ B.) Leipzig 839, Fritzsche.

—— dass. — Zum Lutherjubiläum des J. 1883 dem deutschen Volke in verkürzter und verdeutschter Gestalt auf's neue vorgelegt von Emil Zittel. gr. 8. (52 S.) Karlsruhe 883, Braun'sche Hofbuchh. *

—— an den Christlichenn Adel deutscher Nation von des Christlichen standes besserung. Reproduction des Wittenberger Orig.-Drucks von 1520. Zum Luther-Jubiläum 1883. 4. (99 S.) Potsdam 883, Rentel's Verlag. *

In Holzbd. *

Luther, Mart., an den christlichen Adel deutscher Nation von des christlichen Standes Besserung, s. a. Neudrucke deutscher Literaturwerke des 16. und 17. Jahrh.

Martin Luther. An den christlichen Adel deutscher Nation von des christlichen Standes Besserung (1520). Hrsg. v. Wilhelm Braune. 2. Aufl. *Halle a. S.: Niemeyer 1897.* (VIII, 80 S.) 1 Bd 8.
= Flugschriften aus d. Reformationszeit. [Heft] 1.
= Neudrucke deutscher Litteraturwerke d. XVI. u. XVII. Jhs. No 4.

Luther, Dr. M., Allerley für Genossen unserer Zeit. s. Haupt, J. L.

— an die, so da Wucher treiben u. doch Christen seyn wollen. gr. 8. Frankf. a. M. 818. Andreä. 2 ℳ

—— Antwort an Erasmus Roterodamus, daß der freie Wille nichts sei, verdeutscht durch Just. Jonas 1525; zur Vertheid. d. protestant. Kirche geg. die in Möhler's Symbolik gemachten Angriffe hrsg. u. mit e. Einleit. u. Anmerkn. begleitet v. Karl Schrader. gr. 8. (19¾ B.) Bielefeld 837, Velhagen u. Klasing.

—— Antwort an Erasmus von Rotterdam, daß der freie Wille nichts sei. Verdeutscht durch Justus Jonas. [Anno 1526.] Neue (Titel-)Ausg. 8. (331 S.) Dresden 870, Naumann. *

— Antwort auf die Frage: Ob man vor dem Sterben fliehen möge? Barmen 869. (Klein.) gr. 16. (24 S.)
n. 1 ngr.

—— Antwort auf die Frage: Ob man vor dem Sterben fliehen möge? gr. 16. (24 S.) Barmen 871, (Klein.)

— antwort auf Pfintztag | den 18. tag aprilis | im 1521. vor Kay. Ma. vnd den Churfürsten Fürsten vnd andern vil der stend des Reychs offenlich beschehen. (Luthers Reichstagsrede in Worms 1521, Wortgetreues Fcsm. e. gleichzeit Druckes.) 12. (9 S. m. Bildnis.) Wittenberg 892. M. Senf. — 50

— Anweisung zum Gebet, s. Harms, L., sechs Predigten.

—— Anweisung zu einer christl. Kinder-Erziehung. Besorgt von Abthl. II. der Gesellschaft für innere Mission nach dem Sinne der luther. Kirche. Nr. 2. 8. (28 S.) Nürnberg 850, Raw'sche Buchh.

—— Anweisung zu einer christlichen Kinder-Erziehung. 6. und 7. Aufl. 8. (32 S.) Stuttgart 874,81, Buchh. der Evangel. Gesellschaft. *

—— Anweisung zum rechten Studium der Theologie. Nach mündl. Aussprüchen desselben aufgezeichnet von Hieron. Weller. Aus dem Latein. übers. und den deutschen Theologie Studirenden in Amerika gewidmet von Geo. Schick. 12. (28 S.) St. Louis 857(60.) (Philadelphia, Schäfer und Koradi.) *

—— Anweisung zum rechten Studium der Theologie. Aufgezeichnet von Hieron. Weller. Aus dem Latein. übers. von Geo. Schick. 2. Aufl. 8. (20 S.) St. Louis, Mo. 881. (Dresden, H. J. Naumann.) cart. *

— Anweisungen z. Gebrauch d. heil. Schrift, als Quelle der christl. Erkenntniß. Aus seinen Schriften gesammelt v. F. Gessert. gr. 8. Essen 826, Bädeker.

— de servo arbitrio c. S. Schmidii. 4. Strasb. 707.

—— schmalkaldische Artikel. Eine Jubelschr. Mit e. Vor- u. Nachworte hrsg. v. Gust. Schubring. 8. (3½ B.) Dessau 837, Hofbuchdruckerei. *

—— die Schmalkaldischen Artikel vom Jahre 1537. Nach Autograph in der Universitäts-Bibliothek zu Heidelberg zur vierhundertjähr. Geburtsfeier Luthers hrsg. von Karl Zangemeister. 2. Ausg. kl. 4. (XV, 80 S. mit 47 S. in Lichtdr., ausgeführt von J. Bäckmann.) Heidelberg 886, Winter's Universitäts-Buchh. [*ℳ 12.—.] *
geb. [*ℳ 14.—.] *

Luther, (Dr. M.,) u. Ph. Melanchthon üb. d. Arzt u. seine Kunst, s. G. Ch. F. Mohnicke.

— Ausleg. des in B. Mosis, herausg. von Walch. 2 Bde. 4. Halle, Gebauer 740.

—— Auslegung der ersten Epistel St. Petri. Neue (Titel-) Ausg. 8. (156 S.) Dresden 870, Naumann. *

— Ausleg. der Epist. an die Galater. 4. Halle, Gebauer 737.

—— Auslegung d. Epistel St. Pauli an die Galater, ins Deutsche übersetzt v. J. Menius. Auf's Neue z. Druck befördert v. J. H. L. Schröder. 1. Bd. 8. (25⅝ B.) Culm 846. (Thorn, Lambeck.) *

— erste deutsche Auslegung des Vaterunsers v. 1518. Im Fksm.-Druck hrsg. m. e. Uebertragg. in die heut. Schreibweise v. Otto Seitz. (70 u. 47 S.) 8. Wittenberg 904. [G. Ziemsen.] Leipzig, F. Jansa. Geb. 3. —;
erm. Pr. n. 1. —

— Auslegung d. 15. Kapitels St. Johannis. Gedruckt zu Wittenberg durch Jos. Klug 1538. N. Aufl. 8. Neudietendorf 818. (Leipz., Kummer). 3 ℳ

— Auslegung des 17. Cap. des Evangelisten St. Johannes. Die hohe Schule d. Gebets. Mit einem Vorwort v. Harleß. gr. 8. (VI u. 98 S.) Leipzig 851. (H. Fritzsche.) n. 6 ngr

— Auslegung des Magnificats oder Lobgesanges Mariä. gr. 12. Nürnb. 815. v. Ebner. (Riegel u. W.) 2 ℳ

— — Auslegung des Magnificats oder Lobgesanges Mariä. gr. 12. Nürnberg, Lechner. 815.

Luther, Mart., Auslegung des 90. Psalms, s. Gaben für unsere Zeit.

— Ausleg. des Psalters, Pred. u. h. Lied. Salomo. 2 Bde. Ebend. 741.

— Ausleg. der gross. u. klein. Propheten. 4. Halle, Gebauer. 742.

Martin Luther: Auslegung des Römerbriefes, 1515–1516. Autograph d. Königlichen Bibliothek zu Berlin, Ms. theol. lat. qu. 21. [Nachbildung in Lichtdr. Hrsg.: Prof. Dr. Johannes Ficker, Straßburg i. E. Straßburg 1908.] 156 Bl. Taf. 4° [Umschlagt.]

— s.: Auslegung vieler schöner Sprüche hl. Schrift.

Luther, M. Auslegung des Vater Unsers, für einfältige Laien abgekürzt. Magdeburg 1777. H: *Sack, Friedrich Samuel Gottfried.* (Ky)

— Ausleg. des Vaterunsers, f. einfältige Laien abgekürzt. 8. Magdeb. Scheidhauer. (Hessenland.) 777.

— Auslegung des Vater Unsers. gr. 12. Nürnb. 816. (v. Ebner). (Riegel u. W.) 1 ℛ

— — Auslegung des Vater Unsers. gr. 12. Nürnberg, Lechner. 816.

—— Auslegung des Vater Unser nebst der Vorrede. 16. (104 S.) New-York 851. (Philadelphia, Schäfer und Koradi.) *

—— Auslegung des Vater Unsers. Deutsch und griechisch. gr. 12. (23 S.) Nürnberg 853, Campe und Sohn.

—— Auslegung des Vater Unser. Zur Lutherfeier neu hrsg. Mit einem Vorwort von B. Riggenbach. 12. (VII, 160 S.) Basel 883, Riehm. * 80 Pf.; geb. *

—— dass. — Ausg. zur 400jähr. Lutherfeier nach einem Urdruck vom J. 1518. Hrsg. von L. Wünsch. 12. (III, 83 S.) Stuttgart 883, Metzler'sche Buchh. *

Luther's, Mart., Auslegung des heiligen Vater Unsers. Eine Anweisung, wie man recht beten soll, zusammengestellt aus Luther's Schriften für Alle, die sich nach der wahren Ruhe sehnen 8. (90 S.) Riga 861. (Eisleben, Kuhnt'sche Buchh.) cart. *

— vollständige Auslegung der Epistel St. Pauli an die Galater, nebst einem zweifachen Register u. einer neuen Vorrede, darinnen eine histor. Nachricht sowohl von der Epistel an die Galater, als auch von dieser Auslegung gegeben wird. Um vieles verb. u. verm. von Joh. Geo. Walch. Diesem geht voran Dr. Mart. Luther's Lebensbeschreibung v. Riepe. gr. 8. (769 S.) Philadelphia 851. (Schäfer & Koradi.) n. 5 ß

—— vollständige Auslegung der Epistel St. Pauli an die Galater nebst einem zweifachen Register und einer neuen Vorrede, worin eine historische Nachricht sowohl von der Epistel der Galater, als auch von dieser Auslegung gegeben wird. Um vieles verb. und verm. von Joh. Geo. Walch. Nebst einer Lebensbeschreibung Dr. Mart. Luthers von Riepe. Neue [4.] Aufl. gr. 8. (738 S. mit Portr. in Stahlst.) Philadelphia 868, Schäfer und Koradi. geb. *

—— Aeußerungen üb. Predigtamt u. Prediger. Nebst e. kurzen Anh. „Von d. Kirchengütern." Zur 3. Säkularfeier d. Augsburg. Confess. dargebr. v. M. E. Gerhardt. 8. (8½ B.) Tübingen 830, Osiander. Thlr.

— prophetische Aeußerungen üb. d. Wesen d. Kornthaler Gemeinde. Mit Anmerkk. v. J. J. Keller. 8. Ludwigsburg 820, Nast.

—— Aussprüche über Ehestand, Elternstand und Hausstand, s. Gericke, G.

— Aussprüche üb. den Glauben. Zu neuer Beherzigg. hrsg. v. Rud. Eckart. (32 S.) 8. Elberfeld 905. Luther. Bücherverein. n. — 20

Luther, M. In einer das Bedürfniss der Zeit berücksichtigenden Auswahl. 3. Aufl. Hamburg 1844. H: *Vent, Hans Lorenz Andreas.* (zu)

— Auswahl kleinerer Prosaschriften, hrsg. v. G. Schöppa, s.: Velhagen & Klasing's Sammlg. deutscher Schulausgaben.

— Eine Auswahl aus seinen pädagog. Schriften, hrsg. v. K. Rahfeld, s.: Velhagen & Klasing's Sammlung pädagog. Schriftsteller.

— Eine Auswahl aus seinen Schriften in alter Sprachform, m. Erläuterungen v. Rich. Neubauer, s.: Denkmäler der älteren deutschen Literatur. III, 2.

— kurzer Auszug a. s. großen Kirchenpostille. 4. Lauban. 730.

— Auszüge aus Luthers Erbauungsschriften, herausgeg. von F. C. REICHENBACH. 1. Theil: Die Evangelien-Predigten. Altona. (1784).

— Auszüge aus seinen Schriften. 16 Heft. 8. Leipz. 789. (Graffé). 8 ℛ

Luther, M. Wider die stürmenden Bauern. Wittenberg 1525. Leipzig 1848. H: *Schütz, Friedrich August.* (Ky)

—— wider die stürmenden Bauern. Wittenberg 1525. (Hrsg. von F. A. Schütz.) Nr. V. Verlag der Lutherstiftung zu Leipzig. gr. 8. (15 S.) (Leipzig 848, Barth.)

— u. seiner Collegen, Bedenken von d. Ehe mit des verstorb. Weibes Schwester. 4. Zerbst 752. Zimmermann. 2 ℛ

— gegen des Archidiaconus Cl. Harms Behauptung, daß es mit d. Vernunftreligion Nichts sey. Herausg. von K. A. A. Märtens. gr. 8. Halberst. 819. Vogler in Potsd. 5 ℛ

— letzte ernstl. Bekenntnisse einiger allgem. christl. Lehren, von J. F. Burscher. gr. 8. Leipz. 755. Compt. f. Liter. 4 ℛ

— letzte ernstl. Bekenntn. einig. allgem. christl. Lehren, von J. F. Burscher. gr. 8. Leipz. Comt. f. Lit. 799.

— nützl. Belehrung über wichtige Wahrheiten d. heil. Schrift, besond. über Erfahrungslehren d. Christenthums, aus seinen Schriften gezogen von Chr. Gli. Frohberger. 8. Leipz. 794. Hilscher. (Compt. f. Liter.) 12 ℛ

— Betbüchlein. Auf's neue geordnet u. m. den nöthigen Erläuterungen u. einer Einleitung verseh. hrsg. v. Lor. Kraussold. Wohlfeile (Titel-) Ausg. 8. (XXVI u. 269 S.) Fürth (833) 851, Schmid. n. ⅓ ß

—— Betbüchlein, aus seinen eigenen geist-, trost- und lebensvollen Worten gezogen. 2. verm. Aufl. 8. (VIII, 136 S.) Calw 886, Vereinsbuchhandlung. ** 50 Pf.; geb. *

— Betbüchlein, aus seinen eigenen geist-, trost- u. lebensvollen Worten gezogen. 3. Aufl. 12. (176 S. m. Bildnis.) Calw & Stuttgart 894. Vereinsbuchhandlg. Geb. in Leinw. n. 1. —

—— Betrachtungen über das Leben der ersten Menschen. 1. Mose 2—10. Zur Belehr. u. Erbauung f. evang. Christen, hrsg. v. Carl Georg Hermes. 8. (14½ B.) Magdeburg 846, Falckenberg u. Comp.

—— Beweis, daß diese Worte: „Das ist mein Leib" noch fest stehen. (Anno 1527.) In zeitgemäßem Auszuge. Besorgt von Abthl. II der Gesellschaft für innere Mission nach dem Sinne der luther. Kirche. gr. 8. (X und 79 S.) Nördlingen 856, Beck'sche Buchh. *

— Bibelübersetzung nach der letzten Orig.-Ausg. kritisch bearb. von Heinr. Ernst Bindseil und Herm. Agathon Niemeyer. Altes Testament. 1—3. Lfg. Lex.-8. (1. Thl. XVI und 428 S. und 2. Thl. S. 1—320.) Halle 850, Canstein'sche Bibel-Anstalt. à Lfg. * 16 Ngr. *

[G.] Blüthenstrauss aus [Martin] Luthers Werken enth. seine Ansichten üb. 36 Punkte d. christl. Glaubens in mehr als 300 Citaten. F. Katholiken u. Protestanten gesamm. v. A[ugustin] Arndt, weil. protest Theol. . . . 3. Aufl. *Berlin: 'Germania' 1895.* (37 S.) 1 Bd 8.

Blüthenstrauss aus [Martin] Luthers Werken enth. seine Ansichten über 36 Punkte d. christl. Glaubens in mehr als 300 Citaten. Für Katholiken u. Protest. gesammelt von A. Arndt, weil. protest. Theol. 4. Aufl. *Berlin: Germania 1899.* (52 S.) 8° [G.]

— Brief von Einsetzung der Kirchendiener an den Rath zu Prag in Böhmen vom J. 1528. Aus dem Latein. übers. von Paulus Speratus. Als ein Wort zu seiner Zeit zur Rettung der theuren Lehre von dem geistl. Priesterthum aller gläubigen Christen. Lex.-8. (82 S.) St. Louis, Mo. 850(58.) (Philadelphia, Schäfer und Koradi.) *

— Brief an sein Söhnlein Hänsichen, s. a. Kinderengel, der.

— Brief an sein Söhnlein Hänsigen. 8. (6 S. mit eingedr. ill. Holzschn.) Dresden 858(60), Richter. *
Aus: Der Kinderengel, besonders abgedruckt.

— Brief an sein Söhnlein Hänsigen. Mit (eingedr.) Holzschn. nach Orig.-Zeichnungen von Ludw. Richter. 8. 1.—30. Aufl. (8 S.) Leipzig 882, A. Dürr.

— Brief an sein Söhnlein Hänsigen. 31. Aufl. 8. (8 S. mit Holzschn. nach Orig.-Zeichnungen von Ludw. Richter.) Leipzig 887. A. Dürr.

— Brief an sein Söhnlein Hänsigen. Mit Holzschn. nach Orig.-Zeichngn. v. Ludw. Richter. 32. Aufl. 12. (8 S.) Lpz. 891, A. Dürr. — 15

— Brief an sein Söhnlein Hänsigen. Mit Holzschn. nach Orig.-Zeichngn. v. Ludw. Richter. 33. Aufl. 8. (8 S.) Leipzig 902. A. Dürr. — 15

— der Brief an die Römer, aus seinen Schriften hrsg. von Chr. G. Eberle. 8. (407 S.) Stuttgart 878, Buchh. der Evangel. Gesellschaft. *

— ein Brief von den Schleichern und Winkelpredigern. Wittenberg, 1532. Verlag der Lutherstiftung zu Leipzig. Nr. III. gr. 8. (18 S.) (Leipzig 848, Barth.) *

— Briefe. 2 Thle. v. Benj. Lindner. 8. Halle, Waisenh.

LUTHER, MARTIN, Briefe. Nach der Sammlung des Herrn D. GOTTFR. SCHÜTZE aus dem Latein übersetzt. Lpz. 1783.

— Briefe. In Auswahl hrsg. v. Rhard. Buchwald. (Titel- u. Einbandzeichng. v. E. R. Weiß.) 2 Bde. (XXII, 282 u. 281 S. m. Bildnis.) 8. Leipzig 909. Insel-Verlag. 9.—; geb. in Leinw. 12.—; in Ldr. 16.—

— Briefe an Albrecht, Herzog von Preußen, von den Originalen im geheimen Archiv zu Königsberg, mit erklär. Anmerk. herausg. von K. Faber. Nebst e. Vorlesung über den Geist u. Styl Luthers von L. E. Borowski. 8. Königsb. 811. (Gebhard in Grimma). 14 gr.

— auserles. Briefe, m. lit. Anm. von Strobel. 8. Nürnb. Schneider. 801.

— deutsche Briefe, s. a. Lutherdenkmal. I. 1.

D. Martin Luthers deutsche Briefe ausgew. u. erl. von Georg Buchwald. Leipzig: B. Richter 1899. 223 S. 8°
(Lutherdenkmal. 1)

— Deutsche Briefe. (Gesammelt u. hrsg. v. Geo. Haslinger.) (VI, 321 S.) 8. Leipzig 908. J. Zeitler. 4.—; geb. 5.—; Luxusausg. 20.—

— deutsche Briefe an seine Freunde, zur Kenntniß seines rechtschaffenen Herzens. 8. Nürnb. 780. Bauer. 9 gr.

— deutsche Briefe u. Sendschreiben. In einer zeitgemäßen Ausw. hrsg. v. Heinr. Döring. Gabe der Erinnerung zum 18. Febr. 1846 als 300jähr. Todestag Luthers. 1. u. 2. Bd. 16. Altenburg 846, Pierer. à 1 Thlr.
Bd. 1. Briefe aus den Jahren 1517—1522. 2 Hälften. (24¼ B.)
" 2. Briefe aus den Jahren 1528—1546. (25½ B.)

Luther, M. Briefe an seine kranken Eltern kurz vor ihrem Ende . . . Leipz. 1817. H: *Lomler, Frdr. Wilh.* (Ky)

— Briefe an seine kranken Eltern kurz vor ihrem Ende. Ein Muster d. kindl. Liebe. Nebst dessen Kinderschrift an sein liebes Söhnlein Hänschen Luther, (herausg. v. F. W. Lomler). 8. Leipz. 817. P. Vogel. 2 gr.

— Briefe an Frauen als Pfingstgabe für die deutsche protestant. Frauenwelt zusammengestellt von C. Zimmermann. gr. 8. (VI und 116 S.) Darmstadt 854, (Leske.) **

— Briefe an die Fürsten von Anhalt, s. Mittheilungen aus d. Anhalt. Geschichte, 2. Hft.

Luther, Martin. Dr. M' Luthers Briefe, Sendschreiben und Bedenken ... gesammelt ... von Dr. Wilhelm Martin Leberecht de Wette.... 6 Theile. 8. Berlin 1825–1856.
Theil 1. Luthers Br' bis zu seinem Aufenthalt auf Wartburg. Nebst Luthers Bildniss [Tafel]. 1825.
Theil 2. Luthers Br' von seinem Auf' auf W' bis zu seiner Verheurathung. Mit zwey nachgezeichneten Briefen in Steindruck [2 Tafeln]. 1826.
Theil 3. Luthers Br' von seiner Verh' bis zu seinem Aufenthalt auf der Koburger Veste ... Mit zwey nachgezeichneten Briefen in Steindruck [2 Tafeln]. 1827.
Theil 4. Luthers Br' von seinem Auf' auf der Kob' V' ... bis zur Schliessung der Wittenberger Concordie. 1827.
Theil 5. Luthers Br' von Schl' der Witt' C' bis zu seinem Tode. 1828.
Theil 6. Die in den fünf Theilen fehlenden Br' ... Luthers, nebst zwei Registern. Gesammelt, bearb. und ... hrg. von Lic. theol. Johann Karl Seidemann....

— Briefe, Sendschreiben u. Bedenken, vollständ. aus d. verschied. Ausgaben seiner Werke u. Briefe, aus and. Büchern u. noch unbenutzten Handschriften gesamm., krit. u. histor. bearb. v. W. M. L. de Wette. 5. Thl. gr. 8. (52 B.) Berlin 828, Reimer. 2 Thlr. 12 Gr., Schrbp.
1—4. Thl. Ebendas. 1826, 27. 8 Thlr. 2 Gr., Schrbp. 9 Thlr. 12 Gr. — 5 Bde. vollständ., herabgs. Pr. 6 Thlr. 16 Gr., Schrbp. 8 Thlr.

— Briefe, Sendschreiben und Bedenken, vollständig aus den verschiedenen Ausgaben seiner Werke und Briefe, aus andern Büchern und noch unbenutzten Handschriften gesammelt, kritisch und histor. bearb. von Wilh. Mart. Leberecht de Wette. 6. Thl. Die in den 5 Thln. fehlenden Briefe und Bedenken Luthers nebst 2 Registern. Gesammelt und bearb. und unter Benutzung des de Wette'schen Nachlasses hrsg. von Joh. Carl Seidemann. gr. 8. (XXVII und 710 S.) Berlin 856, G. Reimer. *
Schrbp. *
Thl. 1—5. Ebendas. 1826—28. Ermäßigter Preis * 4 Thlr.; Schrbp. * 5 Thlr.

— bisher ungedruckte Briefe. Aus Handschriften auf der öffentl. Stadtbibliothek zu Hamburg mitgetheilt von GOTTFR. SCHÜTZE. I—III. Lpz. 1780—81.

Luther, M. Ungedruckte Briefe ... aus der Schützischen Sammlung; a. d. Latein.... Wien 1784. Ü: *Wiser*, *Otto*. (KY)

— ungedruckte Briefe rc. aus d. Schütz. Samml.; aus d. Latein. übersetzt (von O. Wiser). 3 Thle. gr. 8. Wien 784. Beck. 3 ₰ Anmerkk. zum 1sten Bde 3 ₰

Luther, M. Grossentheils ungedruckte Briefe nach der Schützischen Sammlung; a. d. Latein. ... Leipzig u. Wien 1784. Ü: *Wiser*, *Otto*. (MGT)

— ungedruckte Briefe u. Urkunden, in e. Samml. aus d. Hamburg. Bibliothek, herausg. von Gf. Schütze. 3 Bde. gr. 8. Leipz. 780, 81. Weygand. 3 ₰

— Briefe, zwei, an seinen Sohn, nebst e. an seinen Freund Spengler rc. 8. Berl. 819. Th. Enslin. 1 ₰

— Briefwechsel. Mit vielen unbekannten Briefen u. unter vorzüglicher Berücksichtigung der de Wette'schen Ausg. hersg. von C. A. H. Burkhardt. Leipzig 866. F. C. W. Vogel. gr. 8. (X, 524 S.) n. 3 ₰

—— Briefwechsel. Bearb. und mit Erläuterungen versehen von Ernst Ludw. Enders. 1. Bd.: Briefe vom J. 1507 bis 1519. 8. (XIV, 494 S.) Frankfurt a. M. 884, Schriftenniederlage des Evangel. Vereins. *ℳ 3.; geb. *
Ausg. auf Velinpap. *ℳ 6.; geb. *

— Briefwechsel. Bearb. u. m. Erläutergn. versehen v. E. Enders. 2. u. 3. Bd. 8. Calw, Vereinsbuchh. Subscr.-Pr. à n. 3. —; geb. à n. 3. 60; Ladenpr. à n.n. 4. 50
2. Briefe vom April 1519 bis Novbr. 1520. (VIII, 536 S.) 887.
3. Briefe vom Dezbr. 1520 bis August 1522. (VIII, 448 S.) 889.

— Briefwechsel. Bearb. u. m. Erläutergn. versehen v. Ernst Ludw. Enders. 4. u. 5. Bd. 8. Calw u. Stuttgart, Vereinsbuchhandlg. à n. 4. 50
4. Briefe vom Septbr. 1522 bis Aug. 1524. (VIII, 383 S.) 891.
5. Briefe vom Septbr. 1524 bis Dezbr. 1526, nebst Nachträgen. (VIII, 418 S.) 893.

— Briefwechsel. Bearb. u. m. Erläutergn. verseh. v. Ernst Ludw. Enders. (Sämmtl. Werke in beiden Orig.-Sprachen nach d. ält. Ausg. krit. u. histor. bearb. Hrsg. v. J. K. Irmischer, Chr. S. Th. Elsperger, H. Schmid, H. Schmidt u. E. L. Enders.) 6.—8. Bd. 8. Calw u. Stuttgart, Vereinsbuchh. à n. 4. 50; geb. in Leinw. à n. 5. 40
6. Briefe vom Jan. 1527 bis Oktbr. 1528. (VIII, 399 S.) 895.
7. Briefe vom Oktbr. 1528 bis Juni 1530. (VIII, 391 S.) 897.
8. Briefe vom Juni 1530 bis April 1531. (VII, 400 S.) 898.

— Briefwechsel. Bearb. u. m. Erläutergn. versehen v. Ernst Ludw. Enders. (Sämmtliche Werke in beiden Orig.-Sprachen nach den ältesten Ausg. kritisch u. historisch bearb. Hrsg. v. J. K. Irmischer, Chr. S. Th. Elsperger, H. Schmid, H. Schmidt u. E. L. Enders. 9. u. 10. Bd. 8. Calw u. Stuttgart, Vereinsbuchh. à n. 4.50; geb. in Leinw. à n. 5. 40
9. Briefe vom Mai 1531 bis Jan. 1534. (IX, 384 S.) 903.
10. Briefe vom Febr. 1534 bis Juli 1536. (VIII, 384 S.) 903.

— Briefwechsel. Bearb. u. m. Erläutergn. versehen v. Ernst Ludw. Enders. (Sämmtliche Werke in beiden Orig.-Sprachen nach den ältesten Ausg. kritisch u. historisch bearb. Hrsg. v. J. K. Irmischer, Chr. S. Th. Elsperger, H. Schmid, H. Schmidt u. E. L. Enders.) 11. Bd. Briefe vom Juli 1536 bis Aug. 1538. 8. Calw u. Stuttgart 907. Vereinsbuchh. 4.50; geb. in Leinw. 5. 40

— dasselbe. Fortgesetzt v. Gust. Kawerau. 12. Bd. Briefe vom Septbr. 1538—Febr. 1540. (VIII, 400 S.) 8. Leipzig 910. R. Haupt. Subskr.-Pr. 3.—; geb. 3.60; Einzelpr. 4.50; geb. 5. 40

Luther, M. Ein gar schon nutzlich büchlin, von den gelübden der klosterlüten ... Zürich o. J. H: *Jud*, *Leo*. (Cat. d. Stadtbibl. Zürich. Zürich 1849—97.)

— Büchlein wider d. Türken. Herausg. von D. G. Panse. 8. Leipz. 826. Ind.-Compt. 8 ₰

Luther, Martin, „Eine feste Burg ist unser Gott" in 19 Sprachen. Als Gedenkblatt zum 350jährigen Jubilaeum der Augsburgschen Confession. Herausgegeben von Bernhard Pick. Rochester, N. Y. 1880.

—— le grand catéchisme. 8. (186 S. und Le petit catéchisme 31 S.) Paris 854. (Stuttgart, S. G. Liesching.) *

—— le petit Catéchisme, expliqué par un choix nombreux de passages tirés de l'Écriture sainte, accomp. de quelques éclaircissements, et précédé d'une Introduction. Par Charles Cuvier. 12. (10⅔ B.) Strasbourg 846, libr. Levrault.

Luther, Martin. Catechismus Lutheri minor Arabice quem olim sub ductu b. Sal. Negri Damasceni in hanc linguam transtulit iamque ... vulgavit Io. Henr. Callenberg. Halae 1729.

— an die Christen in Livland. Riga 860. (Deubner.) gr. 4. (26 S.) n. 12 ngr.

—— an die Christen in Livland. gr. 4. (26 S.) Riga 868, (Deubner.) *

—— wahres Christenthum, in welchem d. wahre lebend. Glaube, dess. Ursprung u. Natur, so wie auch dess. Kraft u. Wirkung, u. sodann d. wahren Christen Majestät, Herrlichkeit, Heiligkeit u. Vereinigung mit Christo, ihre ungefärbte Liebe u. d. christl. Leben mit Luthers eigenen Worten dargest. wird. Aus allen deutschen, zu Wittenberg u. Jena erschien. Schriften Luthers zusammengetragen durch Mart. Statius. Neu durchges., bericht. Ausg. gr. 8. (34½ B. u. 4 Stnt.) Reutlingen 837, Kurtz'sche Buchh.

— wahres Christenthum, in welchem der wahre lebendige Glaube, dessen Ursprung u. Natur, so wie auch dessen Kraft u. Wirkung rc. m. Luther's eigenen Worten dargestellt wird. Aus allen deutschen, zu Wittenberg u. Jena erschienenen Schriften Luther's zusammen getragen durch Mart. Statius. Neu durchgesehene u. berichtigte, m. 4 Kpfrn. verm. Ausg. gr. 8. (XXXIV u. 517 S.) Reutlingen 850, Kurtz. ¾ ₰

— Codicis sacri versio lat. iterum ed. 4. Halae, Gebauer. 746.

— collectio CCLX. Epistolar. c. praef. Buddei. 4. Halae, 703.

— collectio nova epistolarum, stud. Buddei. 4. Halae, Waisenh. 717.

Luther, Mart., colloquia od. Tischreden, s. a. Bibliothek der Gesamtlitteratur.

— colloquia, od. Tischreden u. a. Gespr. Fol. Leipzig u. Dresden. 722.

— — diese im Ausz. s. C. F. Bahrdt.

Colloquia oder Tischreden und andre christliche sehr erbauliche Gespräche. Mit Titelkpfr. Dresden 1723. Fol. (7 Mk. 50 Pfg. die vorige Firma, 1909.)
Tischreden, im Auszuge mit Anmerkungen (hrsg. von Carl Friedr. Bahrdt). Halle 1791.
Anon.-Lex. II. p. 96 (nach Kayser).

— — od. Tischreden, herausg. v. Walch. 4. Halle, Gebauer, 743.

Colloquia oder Tischreden Doktor Martin Luthers, so er in vielen Jahren mit gelehrten Leuten, auch fremden Gästen und seinen Tischgesellen geführt, nach d. Hauptstücken unserer christl. Lehre zusammengetragen. Eingel. u. in Ausw. hrsg. von Hans Wittenberg. Mit d. Bilde D. Martin Luthers. Halle a. S.: O. Hendel [1906]. (212 S.) 8° [Ant. u. J.]
(Bibliothek d. Gesammtliteratur d. In- u. Auslandes. No 1997–99.) [07. 1901]

—— colloquia, meditationes, consolationes, judicia, sententiae, narrationes, responsa, facetiae e codice ms. bibliothecae orphanotrophei Halensis cum perpetua collatione editionis Rebenstockianae edita et prolegomenis indicibusque instructa ab Henr. Ernesto Bindseil. Tom. 1—3. gr. 8. Lemgo und Detmold, Meyer'sche Hofbuchh. [Tom. 1. (CXXIII und 465 S.) 863. * 2 Thlr., Tom. 2. (X und 389 S.) 864. * 1 Thlr. 15 Ngr., Tom. 3. (XII und 516 S.) 866. * 2 Thlr.]

— commentar. in S. Ioannis Epistolam catholicam. 8. Lips. Gross. 708.

—— Commentarium in epistolam S. Pauli ad Galatas, curav. Joan. Conr. Irmischer. 3 Tom. 8. Erlangae, Heyder. [1. (25¼ B.) 843., 2. (23 B.) 3. (30½ B.) 44. à 15 Ngr.]
Bildet auch den 28—30. Bd. der Opera exegetica latina.

— u. Staupitz, Deklamatorium v. E. Z. gr. 8. (12 S.) Berlin (894). (Buchh. d. Ostdeutschen Jünglingsbundes.) n. — 20

— Denksprüche. Ein Gedenkbüchlein für lutherische Christen. Halle (858.) Knapp. 16. (23 S.) n. 2 ngr.

Luther, M. Auserlesene Denksprüche für alle Stände ... Neustadt a. d. O. 1818. H: *Liebe, Joh. Christlieb Glob.* (Ky)

— auserlesene Denksprüche für alle Stände. Aus seinen Schriften gesammelt (von J. C. G. Liebe). 8. Neust. a. d. O. 818. Wagner. 12 Kr

— denn der Herr ist dein Trotz, s.a. Worte u. Werke, lebende.

Martin Luther. Denn der Herr ist dein Trotz. Auszüge aus s. Werken. Gewählt von Fritz Bredow. (Buchschmuck von Tine Kühner. 1.–5. Taus.) *Düsseldorf & Leipzig: K. R. Langewiesche [1902].* (199 S.) 8°
— Worte, Lebende, u. Werke. Bd 2. [03. 1892]

—— Dichtungen, s. Dichter, deutsche, des 16. Jahrh.

— Dichtungen, s.: Statuen deutscher Kultur. IV.

—— Dichtungen in gebundener Rede, m. den nötigen Anmerkgn. als e. Festgabe zum 31. Oktbr. 1892 f. alle Lutherfreunde hrsg. v. G. Schleusner. 12. (VIII, 127 S.) Wittenb. 892, Wunschmann. cart. * 1 50

—— Disputatio pro declaratione virtutis indulgentiarum. 16. (16 S.) Wittenb. 890, Senf. — 50
Die 95 Sätze Luthers vom Jahre 1517 nach einer älteren Uebersetzung (Justus Jonas?)

—— Disputation über den Ablaß. Deutsch und lateinisch. 8. (15 S.) Frankfurt a. M. 883, Schriftenniederlage des Evangel. Vereins. *

[J.] Disputationen Dr. Martin Luthers in d. J. 1535—1545 an d. Univ. Wittenberg gehalten. Zum ersten Male hrsg. v. Paul Drews, a. o. Prof. in Jena. (In 2 Hälften.) *Göttingen: Vandenhoeck & Ruprecht 1895. (96).* (1 Bl., XLIV, 999 S.) 1 Bd 8. [96. 4:01]

— s.a. Disputationen, die ältesten ethischen.

Die ältesten ethischen Disputationen [Martin] Luthers. Hrsg. von D. Carl Stange, Prof. in Königsberg. *Leipzig: A. Deichert 1904.* (XIV, 74 S.) 8°
— Quellenschriften z. Geschichte d. Protestantismus. H. 1. [03. ...]

—— über die Ehe. Aus (seinen) Schriften zusammengetragen, geordnet und mit Bemerkungen versehen von H. L. v. Strampff. Lex.-8. (XXII und 484 S.) Berlin 857, Decker'sche geheime Ober-Hofbuchdruckerei.

Von Ehe- und Klostersachen. Zwölf Stücke. Neudruck der Ausgaben v. J. 1519—36. Bielefeld (Velhagen u. Klasing) 1877. 8°. (8 Mk., unbeschn., wie neu, im Orig.-Umschl., Edm. Meyer, Berlin, 1907.)
Ausgabe d. Bücherfreunde auf chinesischem Papier. Numer. Expll.

Luther, M. Einweihungspredigt, die er zu Leipzig ... 1545 gehalten ... Leipzig 1817. H: *Lomler, Frdr. Wilh.* (Ky)

— Einweihungspredigt, die er zu Leipzig in d. renovirten Pauliner Kirche am 2. August 1545 gehalten. Nebst einer kurzen Nachricht von dieser Kirche, (herausg. von F. W. Lomler). 8. Leipz. 817. P. Vogel.

— Enchiridion, der kleine Katechismus, siehe a. Löhe, Haus-, Schul- u. Kirchenbuch.

LUTHER, M. *Enchiridion,* Der kleine Catechismus ... nach dem alten Exemplar D. Martin Luthers von neuem verfertiget ... Dabey auch der Catechismus Gesangweis, Da pacem Domine, Te Deum Laudamus, Litaney deutsch, Tauf-Büchlein ... (u. a.) Nürnberg, J. A. Endters Erben (c. 1700). 64 Bl. mit mehreren Holzschnitten. Schmal-12°. Hldr. 15.—

Luther, M. Enchiridion. Der kleine Katechismus ... Cöln 1822. H: *Bruch, Christian Gottlieb.* (BrMm)

— Enchiridion; d. kleine Katechismus für d. gemeinen Pfarrherrn u. Prediger. Mit e. Vorerinnerung von C. G. Bruch. 8. Köln 822. Bachem. 3 Kr

—— Enchiridion, d. kleine Katechismus f. d. gemeinen Pfarrherren u. Prediger. Mit e. histor. Einleit. u. fortlauf. ausführl. Erläuterung f. d. evangel. Christen z. Belehr. u. Erbau., u. insbesond. f. Prediger u. Schullehrer z. Gebr. beim Religionsunterr. hrsg. v. Chr. H. Schott. gr. 8. (17½ B.) Leipzig 833, Fr. Fleischer.

— Enchiridion. Der kl. Katechismus f. d. gem. Pfarrherren u. Prediger. (Nach d. Original-Ausg. wörtl. abgedr.) 8. Dresden 846, Naumann. 1/12 ß

Luther's, Mart., Enchiridion. Der kleine Catechismus, für die gemeinen Pfarrherren und Prediger. 12. (36 S.) New-York 850. (Philadelphia, Schäfer und Koradi.) *

—— Enchiridion. Der kleine Katechismus für die gemeinen Pfarrherren und Prediger. gr. 16. (82 S.) Philadelphia 858, Schäfer und Koradi. *

Luther's, Martin, Enchiridion Oder der kleine Catechismus f. die gemeine Pfarr-Herren od. Prediger. Mit den Fragstücken, wobey vom Amt der Schlüssel d. Himmelreichs u. D. Jochimi a Beust deutsche Verse vor die Jugend nützlich zu gebrauchen. 8. (112 S. m. Abbildgn.) Berl. 889, Trowitzsch u. Sohn. * — 20

— Enchiridion. Der kleine Katechismus. 64. (104 S.) Dresden 891. [H. J. Naumann.] Calw u. Stuttgart, Vereinsbuchhandlg. Geb. in Leinw. n. — 40

[Ant. u. F.] Enchiridion. Geistliker Leder vnde Psalmen, na ordeninge der Jartydt, vppet nye mit velen schönen Gesengen, gebetert vnde vormehret. D. Mart. Luther. Gedrücket tho Magdeborch (1596). [Neudruck.] (Magdeburg: Faber 1896.) (237 Bl.) 1 Bd 8. [97- 4150

— Enchiridion. Geistliker Leder vnde Psalmen / na ordeninge der Jartydt / vppet nye m. velen schönen Gesengen / gebetert vnde vormehret. Gedrücket tho Magdeborch. (Reproduktion d. Ausg. v. 1596.) 12. (X, 462 S.) Magdeburg 897. Faber. Geb. in Ldr. n. 14.—

— Enchiridion. Der kleine Katechismus. 32. (103 S.) Dresden 898. E. Steyer. Geb. in Leinw. n. — 25

— dasselbe od. d. kleine Catechismus f. d. gemeine Pfarr-Herren od. Prediger. M. d. Fragstücken, wobey v. Amt d. Schlüssel des Himmelreichs u. D. Joachimi a Beust deutsche Verse vor die Jugend nützlich zu gebrauchen. (Neudr.) 8. (112 S. m. Bildern.) Berlin (897). Trowitzsch & Sohn. n. — 20

Enchiridion. Der kleine Catechismus fur die gemeine pfarher vnd Prediger / D. Mart[in] Luth[ers]. Wittenberg / gedruckt Nick[el] Schir[lentz] 1536. Faks. Neudr. hrsg. von Pastor Lic. O(tto) Albrecht. Halle a. S.: Waisenhaus 1905. (123 S., 64 Bl. Faks.) 8° [F. u. Ant.] [Nebent.:] Der Kleine Katechismus D. Mart. Luthers nach d. Ausg. v. J. 1536 hrsg. u. im Zusammenhang mit d. andern von N. Schirlentz gedr. Ausgaben untersucht von Lic. Otto Albrecht, Pastor. [05. 9580

—— die Epistel an die Epheser ausgelegt, aus seinen Schriften hrsg. von Chr. G. Eberle. gr. 8. (152 S.) Stuttgart 878, Buchh. der Evangel. Gesellschaft. *

—— Episteln-Auslegung. Ein Commentar zur Apostelgeschichte, den apostol. Briefen u. der Offenbarg. Aus seinen homilet. u. exeget. Werken f. Schriftforscher, Prediger u. erbauungsuch. Leser hrsg. v. Chr. G. Eberle. gr. 8. (VIII, 1192 S.) Stuttg. 866, Buchh. d. Evang. Gesellschaft. * 4 —; geb. * 5 60

— Epistolae, studio atque opera b. G. Th. Strobelii collectae, quae non sine brevi praefamine edid. Gf. Cph. Rannerus. 8maj. Nürnb. 814. Geyer. 1 ₰ 8 ℋ

—— tägl. Erbauung, s. Erbauung.

— Erbauungsschriften, s. F. Chr. Reichenbach.

— Erklärung u. Anwendung einzelner Stellen d. heil. Schriften, s. Jh. Cph. Schinmeier, Spruch- u. Schatzkästlein.

— Erklärung d. andern Artikels. 8. Berl. 753. 2 ℋ

—— ausführliche Erklärung der Epistel an die Galater. Wohlfeile Ausg. gr. Lex.-8. (IV S. und 796 S.) Berlin 856, Schlawitz. *

— Erklär. d. Bergpredigt Jesu C. Matth. 5. 6. u. 7. Cap. herausg. v. Struensee. 8. Halle. 737.

— Erklärung des Briefes St. Pauli an die Galater. Hrsg. vom Calwer Verlagsverein. 12. (368 S.) Calw u. Stuttgart, Vereinsbuchhandlg. Geb. in Leinw. n. 1.—

— hinterl. Erklär. d. augsburgisch. Confession. 4. Halle. 702.

—— Erklärung des kleinen Katechismus, s. Brunn, Fr. Gottes Wort und Luther's Lehr'.

— Erklärung der Eisenacher Perikopen. Die evangel. Perikopen. Hrsg. v. G. Mayer. gr. 8. (VII, 607 S.) Gütersloh 902. 903. C. Bertelsmann. n. 6.—; geb. n. 7.— Erschien auch in 6 Hftn à n. 1.—.

— Erklär. der letzt. Reden Christi Joh. 14. 15. 16. 8. Halle, Waisenh. 742.

—— Erklärung der heil. Schrift. Zusammengestellt von E. Müller. I. Das Evangelium Matthäi. gr. 8. (159 S.) Nordhausen 888, Eberhardt. *

— Erklärung der hl. Schrift. Zusammengestellt v. E. Müller. I–IV. gr. 8. Gütersloh. C. Bertelsmann. n. 6. 50

I. Das Evangelium Matthaei. (159 S.) 893. n. 1. 50
II. Das Evangelium des Markus u. Lukas. (S. 161—276.) 893. n. 1. 50
III. Das Evangelium Johannis. (S. 277—443.) 894. n. 2. —
IV. Die Apostelgeschichte u. der Brief an die Römer. (S. 445—619.) 894. n. 1. 50

— Erklärung d. hl. Schrift. Zusammengest. v. E. Müller. V.—IX. gr. 8. Gütersloh, C. Bertelsmann. à n. 1. 50 (Kplt. 2 Bde. n. 12.—; in 1 Hlbfrzbd. n. 14.—)

V. D. beiden Briefe an d. Korinther. (S. 621—752.) 896.
VI. D. (kleineren) paulin. Briefe an d. Galater, Epheser, Philipper, Kolosser, Thessalonicher. (S. 753—948.) 896.
VII. D. Briefe Pauli an Timotheum, Titum u. Philemon u. d. beiden Petribriefe. (S. 949—1088.) 897.
VIII. D. drei Briefe Johannis, Brief an d. Hebräer, die Briefe Jakobi u. Judä u. d. Offenbarg. Johannis. (S. 1089—1264.) 897.
IX. Nachträge und Quellennachweise. (S. 1265—1347.) 897.
Für d. Abnehmer d. Werkes unentgeltlich.

—— Ermahnung zum Frieden auf die 12 Artikel der Bauernschaft in Schwaben. Wittenberg 1525. Verlag der Lutherstiftung zu Leipzig. Nr. IV. gr. 8. (33 S.) (Leipzig 848, Barth.) *

—— Ermahnung an Jünglinge u. Jungfrauen. Zum Frommen derselben u. zur Bevestigung in ihrem Glauben ans Licht gestellt. 16. (4 B.) Erlangen 846, Palmsche Vrlgsh.

— Ermahnung an Jünglinge und Jungfrauen. Zum Frommen derselben und zur Befestigung in ihrem Glauben an's Licht gestellt von Joh. Geo. Kelber. 2. (Titel-)Ausg. Marburg (846.) 858. Ehrhardt. 16. (55 S.) nn. 2½ ngr.

Luther, Mart., tägliche Erquickung für gläubige Christen, s. Erquickung, tägliche.

—— humoristische Erzählungen, s. Hausschatz, humoristischer, für's deutsche Volk.

—— Ueber Erziehung und Unterricht der Jugend. Mit Luthers eigenen Worten zusammengestellt. 8. (28 S. mit 1 Holzschn.) Essen 853, Bädeker. Thlr. *

—— Evangelien-Auslegung aus seinen homiletischen und exegetischen Werken für Schriftforscher, Prediger und erbauungsuchende Leser zusammengestellt von Chr. G. Eberle. 6 Hefte. Lex.-8. (XVI und 1016 S.) Stuttgart 857. 58, S. G. Liesching. à Heft 12 Ngr.

—— Evangelien-Auslegung. Ein Kommentar zu den vier Evangelien. Aus seinen Werken gesammelt und bearb. von Chr. G. Eberle. 2. umgeänd. und verm. Aufl. Lex.-8. (XXVII, 1340 S.) Ebendas. 877. *

— Evangelien-Auslegung. Ein Kommentar zu den vier Evangelien. Aus seinen Werken gesammelt u. bearb. von Chr. G. Eberle. 2., umgeänderte u. verm. Aufl. Lex.-8. (XXVII, 314 S.) Ebend. 878. n. 8. —

—— Evangelien-Predigten, aus der Haus- und Kirchenpostille auf alle Sonn- und Festtage im Kirchenjahr ausgewählt von Gust. Schlosser. Eine Gabe zum 400jähr. Jubiläum der Geburt Luther's. 1. und 2. unveränd. Aufl. gr. 8. (III, 651 S. mit Holzschn.-Portr.) Frankfurt a. M. 883, Schriftenniederlage des Evangel. Vereins. geb. *

— Evangelien-Predigten, aus der Haus- und Kirchenpostille auf alle Sonn- und Festtage im Kirchenjahr ausgewählt von Gust. Schlosser. Eine Gabe zum 400jähr. Jubiläum der Geburt Luthers. 4. unveränd. Aufl. gr. 8. (III, 651 S. mit Bild.) Calw 887, Vereinsbuchhandlung. geb. *
Die ersten drei Aufl. erschienen im Verlage der Schriftenniederlage des Evangel. Vereins zu Frankfurt a. M.

— Evangelien-Predigten aus d. Haus- u. Kirchenpostille auf alle Sonn- u. Festtage im Kirchenjahr, ausgew. v. Gust. Schlosser. E. Gabe z. 400jähr. Jubiläum d. Geburt Luthers. 6., unveränd. Aufl. gr. 8. (III, 651 u. Familienchronik 4 S. m. Bildn.) Calw u. Stuttgart 897. Vereinsbuchh. Geb. in Leinw. n. 2.—

— Fabeln, s. Neudrucke deutscher Litteraturwerke des XVI. und XVII. Jahrh.

Luther, M. Facsimile eines Briefes ... nebst einigen Notizen über die Frau von Math. Zell, an welche dieser Brief geschrieben ist. Strassburg 1817. H: *Herrenschneider, Johann.* (Ky)

— kurze Form, die 10 Gebote, Glauben und Vaterunser zu betrachten. Aufs Neue wieder hrsg. von A. F. C. Mengert. 8. (53 S.) Frankfurt a. M. 848, Brönner.

— etliche Fragstücke mit ihren Antworten, f. die, so zum Sakrament gehen wollen, s.: Anhänge, drei, zum Katechismus.

— Fragstücke für die, so zum heil. Abendmahl gehen. 8. Bautzen 760. Bellmann. 4 gr.

— Von d. Freyheit eines Christenmenschen. s. Kirchenbibliothek, allgemeine.

— Von der Freiheit eines Christenmenschen, s. Neudeutscher Litteraturwerke des 16. und 17. Jahrh.

Luther, Mart., von der Freiheit eines Christenmenschen, nebst zwei andern Reformationsschriften aus dem J. 1520, s. Universal-Bibliothek Nr. 1731.

— Schrift von der Freiheit des Christenmenschen. M. ein. Vorw. begleitet v. Joh. Heinr. Ludw. Schröder. 8. (2½ B.) Berlin 842, Wohlgemuth's Buchh.

— von der Freiheit eines Christenmenschen. Wittenberg 1520. Verlag der Lutherstiftung zu Leipzig. Nr. II. gr. 8. (27 S.) (Leipzig 847, Barth.)

— von der Freiheit eines Christenmenschen. [Wittenberg 1520.] Hrsg. von der Lutherstiftung zu Leipzig. I. 2. Aufl. gr. 8. (27 S.) Leipzig 869, H. Fritzsche. [Alfr. Krüger.] *

— über christl. Freiheit, sittliche Zucht u. Werkheiligkeit. gr. 8. Nürnb. 822. Campe. 3 gr.

— über Fürsten, Adel rc., s. Jetzt — wie sonst!

Fürstenspiegel, D. Martin Luther's, von Regenten, Räthen und Obrigkeiten ... Frankf. 1783. H: *Moser, Frdr. Carl Freiherr von.* (ML)

Luther, M. Fürstenspiegel, von Regenten, Räthen und Obrigkeiten ... Frankfurt 1783. H: *Moser, Friedrich Carl Freiherr von.* (MGT) (Ky)

— Fürstenspiegel, von Regenten, Räthen u. Obrigkeiten, (von F. K. v. Moser). gr. 8. Frankf. a. M. 783. (Brönner). 14 gr.

— Fürstenspiegel von Regenten, Räthen u. Obrigkeiten. gr. 8. Frankf. Hermann. 783. Rthlr.

— Fürstenspiegel, von Regenten, Räthen u. Obrigkeiten, auch d. Welt Art, Lohn u. Dank, u. von Leiden überhaupt. Aus Luther's Schriften aufgestellt v. weiland Friedr. Carl Frh. v. Moser. 2., verb. Ausg., mit e. Vorr. dazu. 8. (18 B.) Frankfurt a. M. 834, Brönner.

— das Gebet des Herrn. 12. Ilmenau 824, Voigt.

— Gebet am Throne des Erlösers, u. ein Brief von ihm aus d. Geisterwelt an d. deutschen Gemeinen bei d. 3ten Jubelfeier d. Reformation. gr. 8. Erfurt u. Gotha 817. Hennings. 4 gr.

— das Gebethbüchlein, aufs neue geord. u. mit d. nöthigen Erläutern. u. e. Einleit. versehen, hrsg. v. L. Kraußold. gr. 12. (12½ B.) Nürnberg 833, Campe.

— Gedanken über Erziehung, Unterricht und Schulwesen. Ein pädagog. Schatzkästlein hrsg. vom Mecklenburg. Pestalozzi-Verein. 8. (43 S.) Crivitz 873. (Leipzig, Siegismund und Volkening.) *

— Gedanken über d. Musik. Zur Beförderung des Kirchengesangs aus dessen Werken gesammelt u. mit Anmerkk. u. Beilagen begleitet von Fr. A. Beck. 8. Berl. 825. Mittler. 12 gr.

— Gedanken über Schulen u. Schulwesen. Aus seinen Schriften gesammelt u. herausg. von Chr. E. A. Gröbel. 1e Abthl. Programm. 8. Dresd. 817. Meinhold u. S.

— Gedanken über d. Verwaltung des Predigtamts; aus seinen Schriften gezogen von Chr. G. Frohberger. 8. Leipz. 783.

Vom Babylonischen Gefängniß der Kirche. s. Kirchenbibliothek, allgemeine.

— von der babylonischen Gefängniß der Kirche, s. Zeugnisse.

— Geist an d. protestant. Fürsten, in Beziehung auf d. Reformations-Jubelfest. gr. 8. Hamb. 817. (Altona, Hammerich). 4 gr.

— Geisterstimme u. Donnerworte an protestant. Consistorien u. Geistliche bei d. bevorstehenden Säcularfeier d. Reformation, s. J. G. C. Capelle.

— — Geisterstimme und Donnerworte an protestant. Consistorien und Geistliche bey der bevorstehenden Säcularfeyer der Reformation. Aus den Pap. des D. Kruse entlehnt, von J. G. Capelle. gr. 8. Wittenberg. (Braunschweig, Fr. Vieweg. 817.

Der Christen ältestes Gesetz, ältestes Glaubensbekenntniss, ältestes Gebet oder Luthers Katechismus meist nach Luthers eigenen Worten erläutert ... zum zweiten Mal hrsg. von C.A.D. – Stuttgart: Steinkopf 1835. 56 S.
- Stuttgart: Steinkopf 1836.
Hrsg.: Christian Adam Dann.

— Der rechte alte evangelisch-lutherische Glaube in einer Vorrede über die Epistel St. Pauli an die Römer und anderen Zeugnissen dargeleget. Hertzhorn bey Glückstadt. 1741.

Luther's Glaubensbekenntnis v. J. 1529, s. a. Schutz- u. Trutz-Schriften d. christl. Kolportage-Vereins. Nr. 5.

—— Glaubensbekenntniß. Mit e. Vorw. v. J. C. Wallmann. gr. 12. (1½ B.) Quedlinburg 841, Franke.

—— Glaubensbekenntniß, von ihm selbst gestellt im Jahre 1529, m. Zusätzen u. Anmerkungen versehen, zu näherer Kenntniß der evangel. Christen, besonders aber auch zu Vergleichung u. Beurtheilung der, von den in der Bildung begriffenen neuen deutsch-kath. Gemeinden aufgestellten Glaubensbekenntnisse wiedergegeben v. J. C. Ortmann. 8. (1¾ B.) Gotha 845, Müller. Vgl.: Beste, W.

[LUTHER, MARTIN: Katechismus] Das älteste Glaubensbekenntniß, das älteste Gebet, das älteste Gesez der Christen oder Luthers Catechismus auf's neue dargestellt. Ein Andachtsblatt zum Andenken der Verdienste des edlen Knechts Jesu Christi, Luthers und zum Denkblatt den Neuconfirmirten gewidmet von ihrem Lehrer C. A. D. Im dritten Jubeljahr der Reformation 1817. – Tübingen: Fues (1817). 48 S.
– Stuttgart: Fues 1817.
– Stuttgart: Steinkopf 1817.
Hrsg.: Christian Adam Dann.

— Glaubensbekenntnis für evangelische Christen herausg. Erlangen 862. Bläsing. 16. (27 S.) 3 ngr.

—— Glaubensbekenntnis für evangel. Christen hrsg. 16. (27 S.) Erlangen 862, [Deichert.]

— Glaubenslehre, aus u. in den Quellen dargestellt v. W. Beste. gr. 8. Halle 845, Mühlmann. 1 ₰

—— s. Gymnasial-Katechismus.

Luther, M. Handbuch zur biblischen Geschichte, nebst dessen Vorreden zu den Büchern der heiligen Schrift . . . Mörs 1832. H: *Zahn, Franz Ludwig.* (Ky)

—— Handbuch z. bibl. Geschichte, nebst dess. Vorreden zu d. Büchern d. heil. Schrift. Ein Erbauungsb. f. jegl. Christen, e. Hülfsb. f. Lehrer u. Eltern, welche unterrichten wollen, nach (F. L.) Zahns „bibl. Historien." 1. Thl. Das alte Testament. 8. (28¼ B.) Meurs a. Rhein 832, Rhein. Schulbuchhandlung.

—— Handbuch z. bibl. Geschichte nebst dessen Vorreden z. den Büchern d. heil. Schrift. Ein Erbauungsb. f. jeglichen Christen, e. Hülfsbuch f. Lehrer u. Eltern, welche unterrichten wollen nach Zahn's bibl. Historien. 2 Thle. Neue Ausg. 8. (59⅞ B.) Meurs 846, Rhein. Schulbuchh. *]

— Hand-Concordanz. Geist aus Luthers Schriften, oder Concordanz d. Ansichten u. Urtheile d. großen Reformators über d. wichtigsten Gegenstände des Glaubens, d. Wissenschaft u. d. Lebens. Herausg. von F. W. Lomler, G. F. Lucius, J. Rust, L. Sackreuter u. E. Zimmermann. 4 Bde in 10 Abtheill. gr. 8. Darmst. 827—31. Leske. Subscr.-Pr. 6 ₰ Velinp. 10 ₰ 8 ℊ

Luther's, Dr. Mart., Handschrift. (1 lith. Bl. in ½ Fol.) Zur Erinnerung an d. 18. Febr. 1846. Berlin. (Schmidt.) n. ⅙ ₰ chines. Pap. ¼ ₰

— Hauptartikel d. christl. Glaubens. 8. Leipz. 749.

—— reformatorische Hauptschriften, s. Bibliothek theologischer Klassiker.

— 5 Hauptstücke, nebst Anh. zu dessen Katechismus u. tägl. Morgengebete für Kinder. N. Aufl. Berl. ... Wolf. 2 ℊ

—— die fünf Hauptstücke des kleinen Katechismus. 8. (8 S.) Halle 888, Grosse. *

—— fünf Hauptstücke der christl. Lehre. 8. (16 S.) Eisleben 850, Reichardt. *

—— tägliche Hausandacht auf alle Tage des Kirchenjahres. Aus Dr. Martin Luthers Schriften gesammelt von Geo. Link. Lex.-8. (IV, 720 S.) St. Louis, Mo. 877. (Dresden, H. J. Naumann.) *

— das Hausbuch der Politik, od. der Prophet Habakuk ausgelegt 1526. gr. 8. (VI u. 90 S.) Leipzig 850, Barth. (H. Fritzsche.) ⅙ ₰

— historischer Hauskalender, auf's neue hrsg. im J. 1883 v. Wilh. Ulrich. gr. 8. (24 S.) Langensalza 883. Beyer & Söhne. n. — 60

— Hauspostille, od. Erklär. der Evangel. a. alle Sonn-, Fest- u. Aposteltage, herausg. von J. G. Walch. 2 Thle. 4. Halle, Gebauer. 738.

—— Hauspostille, od. Erklär. d. Evangelien auf alle Sonn- Fest- u. Aposteltage. (2 Abthln.) gr. 4. (64 B. u. Bildn.) Hamburg 842, Kittler. *

—— Hauspostille. Hrsg. v. evang. Bücher-Verein. (Unveränd. Abdruck.) gr. 4. (86 B.) Berlin 846, (Grobe.) *

— Hauspostille, oder: Predigten über die Evangelien auf die Sonn- u. vornehmsten Festtage d. ganzen Jahres. 5. amerikan. Aufl. nach Veit Dietrich. 4. (646 S.) New-York 850. (Philadelphia, Schäfer & Koradi.) n. 3⅓ ₰

— Haus-Postille. Predigten an den Sonntagen u. wichtigsten Festen durch das ganze Jahr zur religiösen Erbauung in den Familien aller Stände. (In 24 Hftn.) 1. u. 2. Hft. hoch 4. (X u. S. 1—96 m. Bildnis u. 2 Farbdr.) Dresden 899. Niedersedlitz, H. G. Münchmeyer. à n. — 50

— Hauspostille. Hrsg. vom Evangel. Bücher-Verein. 3. Aufl. (Unveränd. Abdr.) (544 S. m. Titelbild.) Lex. 8. Berlin, Hauptverein f. christl. Erbauungsschr. Geb. 2.80

— dasselbe. Predigten an den Sonntagen u. wichtigsten Festen durch das ganze Jahr. Mit 42 Kunstbeilagen aus dem Leben Jesu Christi nach Originalen v. Wilh. Walther. Neue Ausg. v. Johs. Walther. (XIX, 976 S. m. Abb. u. Bildnis u. Familienchronik 8 S.) 31×23,5 cm. Hannover (905). (Dresden-Niedersedlitz, H. G. Münchmeyer.) Geb. in Leinw. 16. —

— doppelte Hauspostille, (aus seinen sämmtl. Werken abgedr.), herausg. von J. G. Plochmann, s. Werke.

— Hauspostille über d. Evangelien. 4. Lüneb. 774. (Nauck in Berl.) 22 ℊ

— Hauspostille über Evangelien, herausg. von Chr. Gli. Frohberger. 2 Bde à 2 Abtheill. 8. Görlitz 794, 95. (Anton in Halle). 2 ₰ (Daraus apart abgedr.: Passionspredigten. 795. 8 ℊ)

—— Haussegen, s. Pasig.

— Heerpredigt wider d. Türken. Nach d. Originalausgabe vom J. 1530 in d. Sprache d. damaligen Zeit abgedruckt. 8. Quedlinb. 826. Basse. 8 ℊ

Vom Bruder Heinrich, in Dithmar verbrannt. Martinus Luther ... allen ... Freunden in Christo zu Bremen. (Leipzig: C. Braun in Komm. 1907.) (24 S.) 8° [Kopst. J.]
— Wartburghefte. H. 36. [07. 8014

Malfertheiner, Ant., auf zum Spielplatz! 50 Marschlieder z. Gebrauche b. Jugendspielen, Ausmärschen, Schulfesten, sammt e. Anh., enth. 15 3stimm. Lieder v. berühmten Meistern, ges., bearb. u. hrsg. 2. [Umschlag-] Aufl. 8. (V, 74 S.) Wien (894) 897. A. Pichler's Wwe. & Sohn. n. — 50; kart. n. — 70

Malfertheiner, Anton (Hrsg.), s. C a e s a r , C. J.: De bello gallico comm. VII.

Malfertheiner, Ant., Gedanken u. Vorschläge zu e. zeitgemäßen Reform des humanistischen Gymnasiums. (75 S.) 8. Brünn 906. F. Irrgang. n. 1. 30

Malfertheiner, Anton: Der moderne Hauslehrer. 8 (S. 17—30). **Progr.** Staats-Oberg. *Mähr.-Trübau* 1899.

Malfertheiner, Anton Zur Methode des Musikunterrichtes. Über Umfang und Art der harmonischen Unterweisung mit besonderer Rücksichtnahme auf das Orgelspiel. 8 (S. 3—26). **Progr.** Staats-Oberg. *Mähr.-Trübau* 1893.

Malfertheiner, Ant., Realerklärung u. Anschauungs-Unterricht bei der Lectüre der griechischen Classiker. I. Thl. Xenophon, Homer, Herodot. gr. 8. (VII, 97 S.) Wien 899. A. Pichler's Wwe. & Sohn. n. 2. —

— vergleich. Statistik d. Unterrichtserfolges der österr. Gymnasien. gr. 8. (69 S.) Ebd. 897. n. 1. 20

— statist. Tabellen als Ergänzg. d. vergleich. Statistik d. Unterrichtserfolges d. österreichischen Gymnasien. gr. 8. (20 S.) Ebd. 897. n. — 60

Malfertheiner, Anton: Welche Aufgaben sind noch zu erfüllen, um die antiken Denkmäler der Schule dienstbar zu machen? 8 (S. 3—16). **Progr.** Staats-Oberg. *Mähr.-Trübau* 1899.

Malfertheiner, Anton: Ein Wort an die Eltern. S. 3—20. 8. **Progr.** K. k. Staats-Gymn. *Krems* 1903.

Malfertheiner, J.: Zum Unterrichte in den alten classischen Sprachen an den österr. Gymnasien. 14 S. 4°. – Innsbruck OG., Progr. 1872.

Malgr. s: Geologische Karten, Preussen. 104.

Malgaigne, Joseph François

Malgaigne, J. F., Abhandlung der chirurgischen Anatomie u. experimentalen Chirurgie. Aus d. Franz. v. Franz Reiss u. Jos. Liehmann. 2 Bde. gr. 8. Prag 842, Calve'sche Vrlgsh. [1. (25¾ B.) 2. (34¼ B.)] *

Malgaigne, über d. Eingeweidebrüche, s. Bibliothek von Vorlesungen üb. Medizin, XXV. Bd.

— über die Eingeweidebrüche, s. Kirby.

Malgaigne, J. F., die Knochenbrüche und Verrenkungen für prakt. Aerzte, Wundärzte und Studirende geschrieben. 1. Bd.: Knochenbrüche. Deutsch bearb. von C. G. Burger. 1—5. Lfg. gr. 8. (S. 1—820. mit eingedr. Abbildungen in Holzschn.) Stuttgart 850, Rieger'sche Vrlgsh. à Lfg. 21 Ngr.

Malgaigne, J. F., die Knochenbrüche und Verrenkungen. 2. Bd.: Verrenkungen. Mit vielen in den Text eingedr. Abbildungen (in Holzschn.) Deutsch bearb. von C. G. Burger. gr. 8. (1029 S.) Stuttgart 856, Rieger'sche Vrlgsh.
1. Bd. Ebendas. 1850. 3 Thlr. 15 Ngr.

— Lehrbuch der operativen Medicin, begründet auf normale u. patholog. Anatomie. 4. Aufl., aus d. Franz. übers. von Heinr. Ehrenberg. 4 Lfgn. gr. 8. (42 B.) Leipzig 843, Friedlein u. Hirsch.

Malgat, Sonnenstrahlen als Heil- u. Vorbeugungsmittel gegen Tuberkulose, s.: Graff, W.

Malguth, Rudolf: Aus d. Kgl. botan. Garten zu Breslau. Biologische Eigentümlichkeiten der Früchte epiphytischer Orchideen. *Breslau 1901: R. Galle.* (58 S.) 8°
Breslau, Phil. Diss. v. 12. Apr. 1901

Malherbe, Comédie en 1 Acte; mêlée de Vaudevilles; par M. M. G. Duval et V*. gr. 8. Rudolst. Hofbuchh. 811. — 4**

Malherbe, Charles (Hrsg.), s. W e r k e , Hector Berlioz.

Malherbe, Daniel François

Malherbe, Daniel F., a. Paarl, Kapland: Das Fremdwort im Reformationszeitalter. Freiburg i. Br. 1906: C. A. Wagner. (90 S.) 8°
Freiburg i. B., Phil. Fak., Ref. Kluge, Diss. v. 10. Juni 1906
[Geb. 28. Mai 81 Kleinbosch, Bezirk Paarl; Wohnort: Freiburg i. B.: Staatsangeh.: Kapkolonie; Vorbildung: Bachelor of Arts University of Cape of Good Hope Dez. 02; Studium: Halle 2, Freiburg i. B. 4 S.; Rig. 12. Mai 06.]

Malherbe, Daniel du T(oit), a. Malmesbury (Capland): Zur Kenntnis des Tertiärbutylbenzols. Halle a. S. 1905: Wischan & Burkhardt. (33 S.) 8°
Halle, Phil. Fak., Ref. Volhard, Diss. v. 8. März 1905
[Geb. 1. Okt. 79 Paardenberg, Bez. Malmesbury i. Capland; Wohnort: Halle a. S.; Staatsangeh.: Großbritannien; Vorbildung: Gymn. Paarl Reife M. 99; Studium: Victoria College Stellenbosch 5, Halle 6 S.; Rig. 17. Febr. 05.]

Malherbe, Isaak Hnr., († 1807.) s. 1) d'Antoni Papac. Abhandl. 2) Duteil, Unterricht. 3) v. Mauvillon, Grundsätze. 4) Urtubi, Handbuch.

Malheur, le, et la pitié, poëme, voy. Delille.

Malibran, Madame, biograph. Skizze. A. d. Engl. v. A. v. Treskow. gr. 12. (5½ B.) Quedlinburg 837, Basse.

Malibran, Alex., Louis Spohr. Sein Leben und Wirken. Nebst einem Verzeichnisse seiner Schüler vom Jahre 1805 bis 1856. Mit Portr. u. Facsim. (in Kpfrst.) Frankfurt a. M. 860. Sauerländer's Verlag. 8. (VII, 248 S.) 26 ngr.

Malicke G.: Studien üb. Rassenmerkmale beim Pferde. Diss. (Bern). Berl. 1910. 78 S.

Malicki, Clemens, Conicensis: De πάλιν particula. Gryphiae 1907: H. Adler. (51 S.) 8°
Greifswald, Phil. Fak., Ref. Gercke, Diss. v. 22. Aug. 1907
[Geb. 2. Juli 83 Swiniarz, Kr. Löbau (Westpr.); Wohnort: Konitz; Staatsangeh.: Preußen; Vorbildung: Gymn. Konitz Reife O. 03; Studium: Breslau 2, Berlin 2, Greifswald 4 S.; Rig. 1. Juli 07.]

Malik, A. A., Abhandlung üb. d. Ruhr, u. ihre vereinfachte Therapie, nebst Beschreib. d. Ruhrepidemie, welche im J. 1827 auf d. Gütern Nawarow u. Jeseney geherrscht hat. gr. 8. (8 B.) Prag 828, (Kronberger u. Weber.)

Malik, A. A., die Stahlquellen zu Karlsbrunn in k. k. Schlesien, naturhistorisch und medicinisch beschrieben, nebst einer Anleitung die dortige Schafmolkenkur zu gebrauchen. 8. Troppau 837, Ad. Traßler. geh. 1⅓ ₰

Málik, Vincenz

Málik, V.: De proverbiis et adagiis latinis. 18 S. – Schemnitz, Progr. 1858.

Malin, (Car. Frid.) Bernard. (geb. Lübbenau 12. 12. 1830): De struma cystica. Berolini (1855). (28 S.) 8°
Berlin, Med. Diss. v. 0. Aug. 1855

— — Katechismus. Nebst den zur Erklärung dienlichen Schriftstellen ꝛc. von J. A. Hermes. N. Aufl. 8. Quedlinburg, Ernst. 818.

—— Catechismus, erklärt v. G. C. Dreist, s. Dreist.

— — Katechismus, ausführlich erklärt in Fragen und Antworten, wie auch mit Sprüchen und Liederversen versehen. Ein Handbuch beym Katechisiren für Schullehrer auf dem Lande v. G. C. Dreist. 2te Aufl. 8. Berlin, Amelang. 820. Rthlr.

Luther, Dr. Mart., Katechismus. Mit einer katechet. Erklärung von J. G. Herder. Neue Aufl. 8. Jena, Frommann. 820.
Schreibrav.

— — Katechismus, in Fragen und Antworten erläutert, nebst hinzugefügten Sprüchen, als Hülfsbuch bey dem Gebrauch des Dresdner Katechismi, von Ge. Hieron. Rosenmüller. 8. Leipzig, Baumgärtner. 820.

— Katechismus für d. Bedürfniß d. Jugend d. vereinigten evangel. Kirche eingerichtet. 8. Halle 823. Kümmel. (12 Exempl.) 4 ℛ

— Katechismus, mit bibl. Erklärungen. 8. Berl. 831. Fröhlich u. C. 8 ℛ

—— Katechismus als Grundlage d. Konfirmanden-Unterr. im Zusammenhang erklärt v. Rud. Stier. 1. Aufl. (10 B.) 832. 5 Gr., 2., verkürzte u. verb. A. 8. (9½ B.) Berlin 833, Oehmigke.

— Katechismus, nebst e. kurzen bibl. Geschichte u. e. Erklär. der evangel. Glaubens- u. Sittenlehre. Neu abgedruckt u. revidirt im Jahre 1834. 8. Bayreuth, Grau. 1/6 ℛ

— Katechismus mit Bibelsprüchen nebst den Evangelien u. Episteln. (Mit Luthers Bildniß.) 8. Breslau 835, auch 840. Graß Barth u. Comp. 1/6 ℛ

— Katechismus. Nach Herder's Ausg. Für die Evangel. Schulen A. C. in den Staaten des Kaiserthums Oesterreich abgedruckt. Mit Luthers Bildniß u. e. symbol. Titel-Vign. (Holzschnn. vom Prof. Gubitz in Berlin): 7e Aufl. 8. Wien 835. Armbruster. 1/6 ℛ

—— ders., mit bibl. Erklärungen (v. J. Goßner). 8. (...) Berlin 838, J. A. Wohlgemuth. *

—— ders. als Grundlage d. Konfirmanden-Unterr. im Zusammenhange erklärt v. Rud. Stier. 3. u. 4. verb. Aufl. 8. (à 9½ B.) Berlin 839, L. Oehmigke. à *

—— ders. Mit e. von Herder ursprüngl. verfaßten, jetzt aber nach d. Bedürfnissen d. Zeit, veränd. u. verm. katechet. Erklär. Zum Gebr. f. Schulen u. bei d. Confirmanden-Unterr. 8. (9 B.) Marburg 839, Garthe.

Luther, M. Katechismus mit biblischen Erklärungen. Berlin 1840. H: *Gossner, Johannes.* (zu) »1838« (Ky)

—— ders. mit Bibelsprüchen, nebst d. Evangel. u. Episteln. 8. (12⅛ B. u. Bildn.) Breslau 840, Graß, Barth u. Comp.

—— ders. f. d. Volksschulen erläut. v. Gtlo. Euseb. Fischer. 8. (5⅓ B.) Eisleben 841, Reichardt.

Luthers, Mart., Katechismus nebst Fragestücken u. einer nützlichen Tabelle, einigen aufgelösten Brüchen u. dem großen Einmaleins zum Gebrauche beim Rechnen. 16. (2 B.) Berlin 844, Grobe. 2. Aufl. 16. Ebend. 846. Thlr.

—— Katechismus als Grundlage des Konfirmanden-Unterrichts im Zusammenhang erklärt von Rud. Stier. 5., verb. Aufl. 8. (150 S.) Berlin 846, L. Oehmigke.

—— Katechismus nebst Fragestücken und einer nützlichen Tabelle, einigen aufgelösten Brüchen und dem großen Einmaleins zum Gebrauche beim Rechnen. 4. Aufl. 16. (32 S. und 1 Holzschn.) Berlin 850, Grobe. *

—— Katechismus. (Zum Schulgebrauch.) 12. (24 S.) Wernigerode 851. (Halberstadt, Frantz.) **

—— Katechismus nebst Fragestücken und einer nützlichen Tabelle, einigen aufgelösten Brüchen und dem großen Einmaleins ꝛc. (in 4.) 1—4. Aufl. 1852—54. und 5. Aufl. 16. (31 S. mit 1 Holzschn.) Tangermünde 855, Doeger'sche Buchh.

—— Katechismus mit untergelegten Bibelsprüchen und biblischen Geschichten als Leitfaden zu einem einjährigen Religionsunterrichte. 2. Aufl. 1852. und 4. Aufl. 8. (66 S.) Zwickau 854, (Verlagsbuchhandlung des Volksschriften-Vereins.) **

— Katechismus mit Bibelsprüchen nebst den Evangelien und Episteln. 7. u. 8. unveränd. Aufl. Breslau 853, 55. Graß, Barth u. Co. 8. (163 S.) n. 4 ngr.

—— Katechismus sammt angehängten Fragen zu mehrerer Erläuterung für die liebe Jugend. 24., aufs Neue durchgesehene unveränd. Aufl. 8. (228 S.; Haupt-Sprüche der heil. göttlichen Schrift ꝛc. 23. Aufl. 112 S. und Zeit- und Fest-Fragen ꝛc. 36 S.) Oels 853. (Breslau, Dülfer's Buchh.) *

Luther's, Märt., Catechismus nebst Fragestücken und einer nützlichen Tabelle, einigen aufgelösten Brüchen u. dem großen Einmaleins zum Gebrauche beim Rechnen. 4—12. Aufl. Tangermünde (853—58.) Doeger. 16. (32 S. u. 1 Holzschn.) n. 1 ngr.

— Catechismus. Mit einer katechetischen Erklärung zum Gebrauch der Schulen; von Joh. Gfr. Herder. (Neue Aufl.) Weimar 853, 56. Böhlau. 8. (VIII, 158 S.) n. 5 ngr.

—— Katechismus nebst Fragestücken und einigen Gebeten sowie nützl. Tabellen ꝛc. 16. (30 S. mit 1 Tab. in 4. und 1 Holzschn.) Berlin 855, Wilhelmi. *

— Katechismus mit untergelegten Bibelsprüchen u. biblischen Geschichten als Leitfaden zu einem einjährigen Religionsunterricht. 5—11. unveränd. Aufl. Zwickau 856—61. Buchhdlg. des Volksschr.-Vereins in Comm. 8. (80 S.) 1½ ngr.

Luther's, Mart., Katechismus nebst ausgewählten nach den Hauptstücken geordneten Bibelsprüchen zum Auswendiglernen. Für Elementarschulen zusammengestellt von Ph. Buttmann. 8. (36 S.) Berlin 857, G. Reimer.

—— Katechismus (Cathechismus) für die Kirchen und Schulen der Fürstenth. Celle und Grubenhagen, auch der Untergrafschaft Hoya und Grafschaft Diepholt mit Ausdrückung der angezogenen Schriftsprüche. Verfaßt von M. Walther. 16. (144 S.) Hannover 857. (Leipzig, Michelsen's Buchh.) Thlr. *

— Cathechismus für die Kirchen u. Schulen der Fürstenthümer Celle und Grubenhagen, auch der Untergrafschaft Hoya und Diepholt mit Ausdrückung der angezogenen Schriftsprüche. Verfaßt von M. Walther. Hannover 857. (Leipzig, Naundorf.) 16. (144 S.) n. 5 ngr.

—— Katechismus nebst Fragestücken und einer nützlichen Tabelle, einigen aufgelösten Brüchen und dem großen Einmaleins ꝛc. (in 4.) 10—18. Aufl. 16. (32 S. mit 1 Holzschnt.) Tangermünde 857—60. [Osterburg,] Doeger'sche Buchh. **

—— Katechismus mit untergelegten Bibelsprüchen und bibl. Geschichten als Leitfaden zu einem einjähr. Religionsunterricht. 9—11., unveränd. Aufl. 8. (80 S.) Zwickau 859—61, (Buchhandlung des Volksschriften-Vereins.)

— Catechismus nebst Fragestücken u. einigen Gebeten, sowie nützliche Tabellen ꝛc. Berlin 860. Wilhelmi. 16. (28 S., 1 Tab. in 4. u. Luthers Portr. in Holzschn.) 1 ngr.

— Katechismus mit untergelegten Bibelsprüchen und biblischen Geschichten als Leitfaden zu einem einjähr. Religionsunterricht. 14. Aufl. 8. (79 S.) Zwickau 865, (Buchh. des Volksschriften-Vereins.) *

— — mit untergelegten Bibelsprüchen und biblischen Geschichten als Leitfaden zu einem einjähr. Religionsunterricht. 14. Aufl. Zwickau 865. Döhner. 8. (79 S.) n. 2 ngr.

— Katechismus in der Nama-Sprache. Hersg. von der Rhein. Missions-Gesellschaft. Berlin 866. (Hertz.) 8. (17 S.) geb. n. 20 ngr.

— Katechismus mit Bibelsprüchen nebst den Evangelien u. Episteln. 12. Aufl. Breslau 870. Korn. 8. (155 S.) n. 4 ngr.

— Anhang hierzu. Festfragen, Gebete, Lieder und Reimgebete enthaltend. 7. Aufl. 8. Ebendas. 870. *

— Katechismus nebst den Fragestücken, einigen Gebeten, der Zeittafel zur bibl. u. Kirchen-Geschichte, dem Ein mal Eins u. Tabellen üb. die preuß. Maaße, Gewichte u. Münzen. 16. (72 S.) Berlin 871. (Beck.) n. — 20

— Katechismus den Forderungen neuerer Erkenntniß entsprechend verändert u. ergänzt. gr. 16. (20 S.) Zerbst 873. Luppe. — 15

— Katechismus mit Bibelsprüchen nebst den Evangelien und Episteln. 13. Aufl. 8. (154 S.) Breslau 876, Korn. *

— dass. — Mit einer katechet. Erklärung zum Gebrauch der Schulen von Joh. Gottfr. Herder. 10. Aufl. 8. (128 S.) Weimar 876, Böhlau. *

— Catechismus, mit dem Taufbund, dem Gebet des Herrn, großem Einmaleins und Tabelle der Münzen, Maße und Gewichte. gr. 16. (13 S.) Berlin 879, H. R. Mecklenburg. Preis für 12 Exempl. *

— Katechismus mit Bibelsprüchen, nebst den Evangelien und Episteln. 14. und 15. Aufl. 8. (160 S.) Breslau 880,83, Korn. *

— Katechismus nebst den Fragestücken, einigen Gebeten, der Zeittafel zur bibl. und Kirchengeschichte, dem Ein mal Eins und Angaben über Maße, Gewichte und Münzen. 16. (72 S.) Berlin 886, Hauptverein für christl. Erbauungsschriften.

— dass. — nebst Fragestücken und einigen Gebeten, mit Berücksichtigung der richtigen Betonung beim Lesen oder Auswendiglernen. Nebst Anhang, enthaltend: Eine Zusammenstellung der neuen Maße, Gewichte u d Münzen; Einteilung des Jahres, sowie das große und kleine Einmal-Eins. 12. (31 S.) Magdeburg (888), L. Sperling und Comp. 100 Exempl. **

Der große Katechismus

— Der große Katechismus, s. Bibliothek der Gesamtliteratur.

Der große Katechismus. Deutscher Unterricht im Christentum. Von Martin Luther, Wittenberg 1529. In Deutsch von heute neu hrsg. von Pastor [Karl] Mörchen-Neubeckum. Mit d. Bilde Luthers. Halle a. S. Hendel [1910]. IV, 116 S. 8°
(Bibliothek d. Gesamtliteratur d. In- u. Auslandes. Nr 2179) (10. 10922 3

— der grose und kleine Katechismus. Unverändert aus dem Concordienbuche abgedr. gr. 12. (139 S.) New-York 852. (Philadelphia, Schäfer und Koradi.)

Großer Katechismus

— großer Katechismus, s. Sammlung lutherscher Schriften.

— großer Katechismus. Als christl. Lehr-, Erbauungs- u. Communionbuch. 12. Frankf. 827. Brönner. 11 gl. Velinpap. 16 gl.

— großer Katechismus. Ein christl. Lehr- u. Erbauungsbuch, nach d. besten Ausgaben abgedruckt. 8. (9½ B.) Gütersloh 838, Bertelsmann.
Vgl. Katechismus.

Luther, M. Grosser Katechismus. Ein christliches Lehr- und Erbauungsbuch ... 2. Aufl. Frankf. a. M. 1842. H: *Vömel, Johann Theodor.* (Ky) (zu)

— ders. ein christl. Lehr- u. Erbauungsbuch. In jetziger Mundart nach d. Orig. bearb. u. m. den nöthigsten Anmerkungen versehen (von J. Th. Vömel). 2. Aufl. 8. (12½ B.) Frankfurt a. M. 842, Brönner. —

— ders. Unveränd. Abdruck nach der 2. Ausg. der symbolischen Schriften der evangelisch-lutherischen Kirche, besorgt v. Joh. Andr. Detzer. gr. 8. (8 B.) Nürnberg 842, Raw'sche Buchh.

— ders., ein Hilfs- u. Handbuch f. Prediger u. Religionslehrer rc., nach der von ihm besorgten Ausg. der luther. Symbole besonders hrsg. v. Friedr. Wilh. Bodemann. gr. 8. (5½ B.) Hannover 843, Hahn'sche Hofbuchh. *

— großer Katechismus. Hrsg. vom evang. Bücherverein. gr. 8. (10 B.) Berlin 845, (Grobe, auch J. A. Wohlgemuth, Verl.) *

— großer Katechismus. Unveränd. Abdruck nach der 3. Ausg. der symbol. Schriften der evangelisch-luther. Kirche besorgt von Joh. Andr. Detzer. Neue Aufl. gr. 8. (VIII und 120 S.) Nürnberg 847, Raw'sche Buchh.

— großer Katechismus. Leipzig 857. H. Fritzsche in Comm. 8. (164 S.) n. 6 ngr.

— großer Katechismus nebst 2 Predigten über Taufe u. Abendmahl. Breslau 861. Dülfer. gr. 8. (243 S.) n. 5 ngr.

— großer Katechismus. Mit Luther's Bild. 8. (206 S.) Zwickau 882. (Dresden, H. J. Naumann.) *

— großer Katechismus. 2. Aufl. 8. (206 S. m. Bildnis.) Zwickau 892. J. Herrmann. n. 1. 20; geb. in Halbleinw. n. 1. 60; in Ganzleinw. n. 1. 80

— Großer Katechismus. 2. Aufl. 8. (206 S. m. Bildnis.) Zwickau 892. (Dresd., H. J. Naumann.) * 1 20

— großer Katechismus. 3. Aufl. (206 S. m. Bildnis.) 8. Zwickau (905). J. Herrmann. Geb. in Leinw. n. 2. —

Der kleine Katechismus

— der kleine Katechismus, s. Kinderfreund.

Der kleine Katechismus Martin Luthers, er selbst, ganz und allein. Mit neuen Holzschnitten. Kiel. o. J. 8°

⊙ Der Kleine Katechismus Martin Luthers, nebst einem Anhang. Mit Holzschnitten. 19. Aufl. Segeberg. o. J. 8°

LUTHER, MARTIN: Der Kleine Catechismus Lutheri, Denen, Welche von Anfang daran gewöhnet worden, Zum Nutzen und Belieben, Mit einigen der nöthigsten Frag-Stücken und Zeugnüssen der Heiligen Schrifft, Erweitert und erleutert. Samt einer Fürläuffigen Anzeige, wie ein einfältiger Christ die Folge und Zusammenhängung der Göttlichen Glaubens-Lehren zu fassen habe. – Stuttgart 1701: Treu. 244 S. Hrsg. Joh. Reinh. Hedinger.

Luther, M. Der kleine Catechismus samt J. Habermanns Morgen- und Abendsegen... Nürnberg 1791. H: *Kramer, Matthias.* (will)

— d. kleine Katechismus, f. Bürger- u. Landschulen ganz neu bearb. 2c. von E. A. Küchenmeister. 8. Leipzig, Dürr. 810.

Luther, Martin. Der kleine Katechismus. Phila. 1815.

Luther, M. Der kleine Katechismus. 3. Aufl. Eisenb. 1817. H: *Rost, Christian Friedrich.* (Ky)

— d. kl. Katechismus, (von Chr. Fr. Rost). 3e Aufl. 12. Eisenb. 817. 5e A. 825. Schöne. 1½ K

— d. kleine Katechismus für Kinder bearbeitet von J. A. C. Löhr. 8. Leipz. 818. Gr. Fleischer. 6 K

— — der kleine Katechismus für Bürger- und Landschulen ganz neu bearbeitet, und mit einem kurz gefaßten Religionsunterricht einer Auswahl von biblischen Sprüchen, Liederversen, Schulgebeten und Gesängen vermehrt von C. A. Küchenmeister. 4te verb. Aufl. 8. Leipzig, Dürr. 821.

—— ders., nebst e. systemat. geord. Sammlung bibl. Sprüche u. relig. Sprichwörter f. deutsche Schulen. gr. 8. (6 B.) Leipzig 827, Reclam.
Aus dem Anh. der „Mustersammlung 2c." abgedruckt.

Luther, Mart., der kleine Katechismus in Fragen u. Antworten, erklärt u. mit Bibelstellen u. Liederversen versehen. Zum Gebr. bei d. Confirmanden-Unterr., v. J. L. C. Bävenroth. 3. Aufl. 8. (10 B.) Berlin 829, Nicolai. Thlr.

—— ders. erläut. durch Bibelstellen. 3., verb. Aufl. 8. ... Liegnitz 829, Kuhlmey.

—— ders. mit bibl. Erklärungen. 8. ... Berlin 831, Fröhlich u. Comp.

—— ders., nebst e. Spruch- u. Lieder-Sammlung. 2., verb. Aufl. 8. (18½ B.) Nürnberg 831, Raw.

—— ders. mit hinzugefügten, den Inhalt zerlegenden u. erklär. Fragen u. Antworten, u. auserles. darauf hinweis. Bibel- u. Lieder-Versen, auch Anzeigen v. zum Inhalt pass. bibl. Beispielen u. Geschichten, nebst e. Anh. d. gebräuchl. Morgen-, Tisch- u. Abendgebete, hrsg. v. G. W. Backe. 11. u. 12. Aufl. 12. (à 5 B. u. 1 Vign.) Wollin 831, 34. (Berlin, Oehmigke.) à
Der Katechismus apart, 3 Gr. — In Parthien zu 25 Expl. ohne Vorwort, 2 Thlr. 2 Gr. — Das Vorwort apart, 2 Gr.

—— ders. als Grundlage e. ausführlicheren Unterweis. im Christenthum. 2., verb. Aufl. 8. (9½ B.) Barmen 832, Falkenberg.

—— ders., nebst Fragestücken u. einig. Gebeten, auch e. nützl. Tab., einig. aufgelöst. Brüchen u. großem Ein mal Eins z. Gebr. beim Rechnen. 16. ... Berlin 834, Oehmigke.
100 Expl. 1 Thlr.

—— ders., nebst einigen tabellar. Uebersichten f. d. Rechenunterr. 3. Aufl. 8. (1 B.) Rathenow 834. (Berlin, Plahn.)

— der kleine Katechismus als Grundlage einer ausführl. Unterweis. im Christenthum. 3e verb. Aufl. 8. Barmen u. Schwelm 838. Falkenberg. ¼ ß

— der verbesserte kleine Katechismus. 12. Frankfurt a. M. 839. Brönner. ⅛ ß

— Katechismus, der kleine. gr. 12. Duisburg 842, Schmachtenberg. 1¾ ngl

— Katechismus, der kleine, wie derselbe in den protestant. Schulen und Kirchen Bayerns eingeführt ist zum Aufbeten in den Kinderlehren bearbeitet. 8. Schweinfurt 843, Wetzstein. n. 1/12 ß

— ders. nebst dem großen u. kleinen Einmaleins, so wie einer nöthigen Tabelle zum Gebrauch beim Rechnen. 8. Grünberg 845, Weiß. 1/24 ß

— Katechismus, d. kleine, als Grundlage e. ausführl. Unterweisung im Christenthum. 6. Aufl. 12. Barmen 846, Falkenberg'sche Verl. n. 1/6 ß

— der kleine Catechismus. Nebst den gewöhnlichen Morgen-, Abend- u. Tisch-Gebeten. Welchem beygefügt ist, die Ordnung des Heils in einem Liede, in kurzen Sätzen, in Frag u. Antwort, u. in einer Tabelle; wie auch eine Zergliederung des Catechismus, das Würtemberg. kurze Kinder-Examen, die Confirmation u. Beichte; dem auch etliche Lieder 2c. angehängt sind. Zum Gebrauch der Jungen u. Alten. 12. (144 S. m. 1 Holzschn.) Philadelphia 847. (Schäfer & Koradi.) n. 1/3 ß

— der kleine Katechismus sammt der Auslegung u. Haustafel mit angehängten kurzen Fragstücken für junge Leute, so würdiglich zum heil. Abendmahl gehen wollen. 24. (60 S.) Lahr 849, Geiger. 2 ngl

— der kleine Katechismus mit Entwickelungen, Erörterungen u. Hinweisungen auf die Bibel u. das Gesangbuch, als ein Lehrbuch bearb. für evangel. Volksschullehrer u. ihre größern Schüler, so wie für Hausväter, von W. Harnisch, u. hrsg. von dem christl. Vereine im nördlichen Deutschland. 4. durchgehends verb. Aufl. 12. (XII u. 174 S.) Eisleben 850. Halle, Anton. n. 1/6 ß

— der kleine Katechismus einfach zergliedert, mit bibl. Geschichten, Sprüchen u. Liederversen als ein Lehrbuch für die mittlere evangel. Schuljugend versehen von W. Harnisch. 8. durchgehends verb. Aufl. 12. (IV u. 98 S.) Eisleben 851. Halle, Anton. 1/12 ß

— der kleine Catechismus, mit erklärenden u. hinweisenden Bibelstellen, gesammelt aus den Haupt-Sprüchbüchern, zum Unterricht in Schule u. Haus, welchem beigefügt ist: Die Ordnung des Heils, wie auch eine Zergliederung des Catechismus 2c. Dann auch: Die ganze unveränd. Augsburgische Confession. 16. (192 S.) New-York 851. (Philadelphia, Schäfer & Koradi.) n. 1/3 ß

— der kleine Catechismus. Mit 24 Originalzeichnungen v. C. Peschel in Holzschn. v. A. Gaber. 8. (XVI u. 54 S.) Dresden 852, Meinhold & Söhne. n. 4 ngl; cart. n. 1/6 ß; feine Ausg. in gr. 8. cart. n. 1/3 ß

—— dass. — erläutert durch Sprüche der heil. Schrift und Beispiele der bibl. Geschichte. 12. (72 S.) Wismar 852, Hinstorff'sche Hofbuchh.

— der kleine Katechismus nebst dem großen und kleinen Einmaleins, so wie einer nöthigen Tabelle zum Gebrauch beim Rechnen und einer Addir-, Subtrahir-, Multiplicir- u. Dividir-Tabelle. 3. verb. Aufl. Grünberg 853. Weiß. 8. (20 S.) nn. 1¼ ngr.

—— der kleine Katechismus mit Worterklärung und Zergliederungsfragen; nebst einer Sammlung bibl. Sprüche, Verzeichniß der bibl. Bücher und der wichtigsten bibl. Geschichten 2c. hrsg. von A. H. Dittrich. gr. 16. (XIV und 82 S.) Moskwa 853, Arlt. (Leipzig, Wagner.)

— der kleine Katechismus ausgelegt in Frage und Antwort, und mit Sprüchen, Liedern, Geschichten und Gebeten versehen. Herausg. für Schulen u. Katechumenen luther. Bekenntnisses von der Synode Brüssow. Brüssow 854. (Berlin, W. Schultze.) 8. (1 Bl., 78 S.) nn. 6½ ngr.

— der kleine Katechismus. Enthaltend: Die sechs Hauptstücke, die Gebete, die Haustafel und die christlichen Fragstücke. (Neue Ausg.) Dresden (854.) Naumann. 16. (32 S. u. 1 Holzschn.) n. 1 ngr.

—— dass. — Durch Frage und Antwort erläutert und mit angeführten Sprüchen heil. Schrift bekräftigt. Nach dem dresdener (Kreuz-)Katechismus bearb. von einigen evangelisch-luther. Pastoren der preuß. Landeskirche. 16. (140 S.) Herzberg 854, Mohr. **

— der kleine Katechismus durch Frage und Antwort erläutert und mit angeführten Sprüchen heil. Schrift bekräftigt. Nach dem Dresdener (Kreuz-)Catechismus bearb. von einigen ev.-luther. Pastoren der preußischen Landeskirche. 1—6. Aufl. Wittenberg 854—57. (Brandenburg, Müller.) 16. (IV, 138 S.) n. 3 ngr.

— der kleine Katechismus. Als Handbüchlein der Kirche zur christl. Haus- u. Schul-Andacht u. zum Confirmanden-Unterricht nach der heil. Schrift bearb., nebst Zeittafeln, Unterscheidungslehren, Gebeten u. Liedern. Den evangel. Gemeinden, Schulen u. Familien in Liebe dargeboten von der Kreissynode Halle in Westfalen. 2. Aufl. Bielefeld 855. Velhagen u. Klasing. 8. (XXVI, 102 S.) n. 4½ ngr.

— der kleine Katechismus und der Heidelberger Katechismus mit einem gemeinsamen Spruchbuch zu beiden. Zum Gebrauch für Kirchen und Schulen herausg. vom Evangel. Consistorium zu Hanau. Hanau 855. (König.) 8. (X, 206 S.) 7½ ngr.

—— der kleine Katechismus. gr. 12. (12 S.) Trebnitz 855, (Breslau, Dülfer's Buchh.) *

Luther, Mart., der kleine Katechismus. Nebst Bibelsprüchen und Liederversen zum Auswendiglernen für Kinder bei dem Unterricht im Christenthume. 8. (VI und 193 S.) Hamburg 856(57,) Perthes-Besser und Mauke. Thlr. *

— der kleine Katechismus. Bernburg 857. Gröning. 8. (XVI S. u. Spruchbuch 52 S.) n. 3 ngr.

—— der kleine Katechismus. 8. (16 S. mit einem Anhang: Spruchbuch 52 S.) Bernburg 857, [Reiter.] *

—— der kleine Katechismus mit den für die Schule unentbehrl. Erläuterungen von Friedr. Reymann. 7., verb. Aufl. 8. (119 S.) Breslau 857, Dülfer. *

—— der kleine Katechismus mit bibl. Geschichten und kurzem Inbegriff der Glaubens- und Sittenlehren. 81., revid. Aufl. 12. (142 S. mit eingedr. Holzschn.) Leipzig 865, Dürr'sche Buchh.

—— der kleine Katechismus sammt den nöthigen Sprüchen der heil. Schrift. 8. (32 S.) Hannover 867, Meyer. *

Luther, Martin. Der kleine Catechismus Dr. Mart. Luthers nebst einem Anhang . . . 3. Aufl. Leipzig 1874. H: *Heimerich*, *A.* (Ky)

Der kleine Katechismus Doctor Martin Luthers nebst Spruchbuch. 14. Aufl. Schleswig. 1881. 8°.

— der kleine Katechismus f. d. gemeinen Pfarrherren u. Prediger, s.a. Haus- u. Herz-Bücher.

Der kleine Katechismus für die gemeinen Pfarrherrn und Prediger. Durch Dr. Mart. Luther. *Ziegenrück: Ziegenr. Kolport.-Ver. 1894.* (32 S. 8° [F.] = Haus- u. Herzbücher. 1. [os. 2414

Luther, Dr. M.: Der kleine Katechismus. Nebst passenden Bibelsprüchen. 5. Auflage. 12. (33 S.) Klagenfurth: Johannes Heyn 1895.

— dasselbe, durch Bibelsprüche erläutert (v. Alb. Werner). 10. Aufl. 24. (112 S.) Tremessen 895. G. Olawski Nachf. Kart. n. — 30

— dasselbe. Nebst 2 Anhängen. 1. Kurze Form, wie d. Vater Unser zu beten. 2. Luthers Trau- u. Tauf-Büchlein. 2. Aufl. 16. (104 S.) Zwickau 895. J. Herrmann. n. — 35; geb. n. — 50

[F.] Der kleine Katechismus Dr. Martin Luthers m. Bibel- u. Denksprüchen, bibl. Beispielen u. Liederversen versehen. Zugl. Material f. e. anschauliche u. prakt.-erbauliche Auslegg d. fünf Hauptstücke. Von Heinrich Voss, Oberl. in Hamburg. 2., verb. Aufl. *Breslau: F. Hirt 1896.* (116 S.) 1 Bd 8. [96. 4003

[F.] Der kleine Katechismus D. Martin Luthers, ausgelegt v. Bernhard Dörries, Pastor in Hannover. *Göttingen: Vandenhoeck & Ruprecht 1898.* (134 S.) 1 Bd 8. [99. 1729 7

Der kleine Katechismus Dr. Martin Luthers nach seinem nächsten Wortlaute in Fragen u. Antworten zerlegt . . . als Grundlage beim Katechismusunterr. dargeboten von R. A. Seeliger, weil. Pastor zu Stresow. 14. Aufl. *Breslau: F. Hirt 1899.* (112 S.) 8° [F.] [00. 3466

LUTHER, Martin

(F) Der kleine Katechismus von Dr. Martin Luther. Hermannstadt. 1899. Krafft. 8°. 24 S. fl. —.08

Der kleine Katechismus Dr. Martin Luthers nebst Spruchbuch. Für d. Schulgebr. bearb. von H. Laag. 3. Aufl. *Minden: A. Hufeland 1899.* (56 S.) 8° [F.] [00. 8726 6

LUTHER, Martin

(F) Der kleine Katechismus von Dr. Martin Luther. 2. Auflage. Revidiert nach der Honterus'schen Ausgabe. Hermannstadt. 1900. Krafft. 8°. 23 S. K —.16

Der Kleine Katechismus D. Martin Luthers. *Berlin: Trowitzsch & Sohn [1901].* (16 S.) 8° [Umschlagt. F.] [01. 7119

Der kleine Katechismus Dr. Martin Luthers mit den f. d. Schule unentbehrlichsten Erl. von Friedrich Reymann, † Superint. in Sagan. 22. Aufl. *Breslau: C. Dülfer 1901.* (IV, 108 S.) 8° [F.] [01. 7737 2

Der kleine Katechismus Martin Luthers (in dem von d. Eisenacher Kirchenkonferenz angenommenen u. hsgegeb. Text). 2. Aufl. *Eisleben: E. Winkler [1901].* (15 S.) 8° [F.] [01. 8491 3

— der kleine Katechismus. 3. Aufl., übereinstimmend m. dem durch die Eisenacher Kirchenkonferenz festgestellten Text. 8. (24 S.) Hermanstadt 901. W. Krafft. — 14

Der kleine Katechismus Dr. Martin Luthers nach seinem nächsten Wortlaute in Fragen u. Antworten zerlegt u. durch Sprüche, bibl. Beispiele u. Lieder erl. u. namentl. den Lehrern an Volksschulen als Grundlage b. Katechismusunterr. dargeb. von R. A. Seeliger, weil. Pastor in Stresow. 15. Aufl. *Breslau: F. Hirt 1902.* (112 S.) 8° [F.] [03. 4360

Der kleine Katechismus Dr. Martin Luthers f. d. Schulunterr. bearb. von H. Schulze, weil. Schulinsp. in Braunschweig. (Hrsg.: H[ermann] Schulze, Pastor in Wangelnstedt.) T. 1–3. Bielefeld & Leipzig: Velhagen & Klasing 1904. 3 Bde 8° [F.]
1. 1. Hauptstück. 2. 2. Hauptstück. 3. 3., 4. u. 5. Hauptstück. [05. 2747

— der kleine Katechismus, nach der Ausg. v. J. 1536 hrsg. u. im Zusammenhang m. den andern v. Nickel Schirlentz gedruckten Ausgaben untersucht v. Otto Albrecht. Mit der Photographie e. Katechismustafel. (124 S. u. 127 S. in Fksm. m. Abbildgn.) 8. Halle 905. Buchh. des Waisenhauses. Geb. in Perg. n. 8. —

Kleiner Katechismus

s.a. Ackermann, C.

s.a. Bachmann, J. F.

—— ders., s.a. Bibel.

– s.a. Boeckh, C. F.

– s.a. Borkenhagen, L.

– s.a. Böttcher, G. Fr. Herm.

s.a. Caspari, Karl Heinr.

– s.a. Crüger, F. C. J.

– s.a. Crüger, Johs.

– s.a. Dächsel, C. A.

—— kleiner Katechismus erklärt, s.a. Denkmale, katechetische.

– s.a. Dietrich, J. C.

— kl. Katechismus, s.a. S. G. Dreist.

—— desgl. — s.a. Ebeling, A.

—— ders. v. Chr. H. Schott, s.a. Enchiridion.

– s.a. Ernesti, H. F. Th. L..

– s.a. Festenberg.

– s.a. Francke, Em.

– s.a. Fuchs, C. R.

– s.a. Genzken, C.

– s.a. Gilbert.

— kl. Katechismus, s.a. J. G. Gönegen.

— kleiner Catechismus, siehe a. Hand-Fibel.

– s.a. Hardeland, Thdr.

– s.a. Harnack.

– s.a. Hauptstücke, die fünf.

– s.a. Heuser, W., und Sander.

– s.a. Iberott, J. C.

– s.a. Kinderlehrbüchlein.

– s.a. Kolde, C. R.

– s.a. Koopmann, W. H.

– s.a. Kramm, C. H.

– s.a. Kretschmar, C. Th.

– s.a. Laag, Herm.

— kleiner Katechismus, s.a. A. G. H. Lambeck, Bibelsprüche.
— Mönckeberg, C.

– s.a. Nesselmann, R.

– s.a. Obst, J. G.

— — ders. erklärt, mit Zusätzen f. die Jugend von Parisius, s.a. Parisius.

– s.a. Purgold.

– s.a. Räder, R.

– s.a. Reymann, F.

– s.a. Rohde.

– s.a. Seebold, H.

– s.a. Wendel, Heinrich.

– s.a. Werner, F.

—— ders., s.a. Ziegenbein, J. W. H., die kl. Bibel.

— kl. Katechismus, mit untergelegten auserles. Bibelsprüchen u. Liederversen. 6e verb. Aufl. Berl., Krause. 3 Ngr.

— kl. Katechismus, mit d. wichtigsten Beweisstellen d. Bibel. 8. Berl., Littfas. 2 Ngr.

—— ders., enth.: Die sechs Hauptstücke, d. Gebete, d. Haustafel u. d. christl. Hauptstücke; getreu nach d. ältern Ausgaben. 16. (...) Dresden ..., Naumann.
12 Expl. nur 6½ Gr., 100 Expl. nur 1 Thlr. 8 Gr.

— kl. Katechismus. 12. Elbing ... Neumann-Hartmann. n. 1½ Ngr.

— derselbe im Auszuge. 8. Ebd. n. ½ Ngr.

— kleiner Katechismus mit untergelegten Bibelsprüchen u. Liederversen. 8. Halle ..., Colditz'sche Buchh. 1/12 Thlr.

— dasselbe, sowie Bibelsprüche u. Kirchenlieder f. den evangel. Religionsunterricht. 2. Aufl. gr. 8. (56 S.) Remscheid, H. Krumm. Kart. n. — 35

—— ders. Nebst kurzer Kirchengeschichte, Erklär. d. ungewöhnl. bibl. Ausdrücke u. e. Anh. v. Liederversen. 8. (...) Rudolstadt (...), Fröbel'sche Hofbuchdruckerei. *

— kl. Katechismus. Speyer, Kolb. 2 Ngr.

— kleiner Katechismus für die jungen Knaben u. Mägdlein. 12. Unna ... jetzt Krüger in Dortmund. 1 Ngr.

— kl. Katechismus. 8. Wien, Trattner. 2 Ngr.

— Kleiner Catechismus mit Sprüchen der Schrift von GOTTFR. ARNOLD. Altona. 1722.

— kl. Katechismus. 8. Halle 768. Waisenh.-B. 1 Ngr.

— kl. Katechismus, sammt e. kurzen Anleit. zum bessern Verstand desselben, in Fragen u. Antworten. 12. Münster 773. (Coppenrath). 4 Ngr.

Luther, M. Kleiner Katechismus zum Unterrichte der Dorf-Jugend, welche zum heiligen Abendmahle soll vorbereitet werden . . . Wien 1792. H: *Barbenius, Johann Samuel.* (TRAUSCH)

— Derſ., nebſt e. Liederkatechismus, herausg. von J. C. A. Adler. 8. Altorf 794. 4e A. Nürnb. 812. (v. Ebner). 2 gr

— kl. Katechismus, nebſt den zur Erklärung dienl. Schriftſtellen, herausg. von J. A. Hermes. 8. Quedlinb. 794. N. A. 831. Ernſt. 4 gr

Luther, M. Kleiner Catechismus. Mit Beyspielen aus der Bibel und dem täglichen Leben erläutert . . . Schlesw. 1798. V: *Schwartz, Friedrich Christian.* (Bruun, Bibl. Danica I, 270.)

— kleiner, als Leitfaden beim Unterricht im Chriſtenthum, aufs Neue bearb. von J. G. C. Reide. 8. Magdeb. 802. (Heinrichshofen). 8 gr

Luther, M., kl. Katechismus, mit Anmerkk. 8. Neu-Ruppin 806. Kühn. 1 ℛ 12 gr

— kl. Katechismus, nebſt e. Leſebuch zum Gebrauch beim Unterricht d. Jugend, von Jh. Gf. Krüger. gr. 8. Potsd. 808. Horvath. 8 gr (A. u. d. T.: Leſebuch zum Gebrauch d. Jugend.)

— Derſ., erklärt für d. Jugend, von S. J. Ramann. 8. Gotha 810. Mit n. Tit. 825. Hennings. 4 gr

Luther, M. Kleiner Katechismus nach den Bedürfnissen unserer Zeiten. Hildburghausen 1810. H: *Reuss, Georg Jacob Ludwig.* (Ky)

— kl. Katechismus, nach den Bedürfniſſen unſerer Zeiten, (von Reuß). 8. Hildburgh. 810. (Er. Fleiſcher, a. Taubert in Leipz.) 6 gr

— kleiner Katechismus n. d. Bedürfniſſen unſ. Zeiten. 8. Hildburgh. Haniſch. 810.

— — derſ. erklärt f. die Jugend, herausgeg. v. Hermes. Neue Aufl. 8. Quedlinb. Ernſt. 811.

— — derſ., nebſt einem Liederkatechismus. 4te Aufl. herausg. v. Adler. 8. Nürnb. Lechner. 812.

Luther, M. Kleiner Katechismus. Zugleich enthaltend eine 2. Erklärung der Hauptstücke desselben . . . Zum Auswendiglernen für Kinder in Volksschulen. Breslau 1813. 5. Aufl. 1820. H: *Geiser, Johann Christian Daniel.* (MGT) (Ky)

— — derſ. 12. Eiſenb. Schöne. 814.

Luther, M. Kleiner Katechismus nebst den nöthigsten Worterklärungen und beygesetzten Sprüchen. Hamburg 1815. H: *Klefecker (Klefeker), Bernhard.* (MGT) (Ky) (schr) (Rotermund, Gel. Hannover. Bremen 1823.)

— kl. Katechismus, nebſt d. nöthigſten Worterklärungen u. beigefügten Sprüchen u. Liederverſen, auch e. beſond. Anhang ſolcher Sprüche u. Verſe, (von Bernh. Klefecker). 12. Hamb. 815. (Aue in Altona). 3 gr

— kl. Katechismus, mit nöthigen Zuſätzen von J. L. Pariſius. 8. Leipz. 815. 9e A. 830. Barth. 4 gr

— — derſelbe. 12. Hamb. Gundermann. 815.

— kl. Katechismus für d. Schuljugend herausgeg., mit bibl. Geſchichten u. kurzem Inbegriff d. Glaubens- u. Sittenlehren vermehrt von Gf. L. Schrader. Mit Holzſchnitten. 12. Leipz. 816. Dürr. 1 gr

— kleiner Katechismus, mit Anmerkk. u. e. evangel. Sittentafel, nebſt e. kurzen Abriſſe d. chriſtl. Religionsgeſchichte, herausg. v. J. Fr. Ad. Krug. 8. Zittau 817. Schöps. 3 gr N. Aufl. 830. 3 gr

— kleiner Katechismus, mit Rückſicht auf ſeinen großen Katechismus erklärt, u. zur Erbauung d. Jugend bearbeitet von G. F. Döhner. 12. Zwickau 817. 2e A. 818. (Leipz., Fr. Fleiſcher). 4 gr (Magaz. f. Induſtr. u. Liter.) 2 gr

— kleiner Katechismus, mit e. kurzen Angabe der daran zu knüpfenden Religionslehren, nebſt Geſängen von S. Chr. G. Küſter. 2e Aufl. 8. Berl. 818. 3e A. 827. Enslin. 4 gr

— kl. Katechismus; nebſt Morgen-, Abend- u. Tiſchgebeten zur häusl. Andacht f. d. Jugend, (von J. Chr. D. Geiſer). 8. Bresl. ... 5e A. 820. (Graß, Barth u. Comp.) 6 gr

— kl. Katechismus, nebſt e. Auswahl von Bibelſprüchen u. Liederverſen auf alle Wochen des Jahres, im Anhange Gebete f. Kinder, herausg. von C. W. Spieker. 8. Frankf. a. d. O. 820. Flittner. 5 gr 2e A. 826. 5 gr 3e A. 831. 8. Berl., Sander. 3 gr

— — kleiner Katechismus, mit nöthigen Zuſätzen von J. L. Pariſius. 4te Aufl. 8. Leipzig, Barth. 821.

— Katechismus, kleiner, in Fragen u. Antworten erläutert, nebſt hinzugefügten Sprüchen, als Hülfsbuch bei dem Gebrauch d. Dresdner Katechismi, von Geo. Hieron. Roſenmüller. 8. Leipz. 821. Baumgärtner. 6 gr

— kleiner Katechismus mit den Fragſtücken, dem beigefügt: 1) d. 7 Bußpſalmen. 2) Gebetbüchlein für Kinder ꝛc. 31e Aufl. 8. Prenzlau 821. 32e A. 825. Ragoczy. 2½ gr

— Derſ., zum Nutzen u. Frommen d. lieben Kinder bearbeitet von F. Fr. Lechler. 8. Roſtock 821. 2e A. 826 Stiller. 5 gr

— kl. Katechismus in Fragen u. Antworten, erklärt u. mit Bibelſtellen u. Liederverſen verſehen. Zum Gebrauch bei d. Confirmanden-Unterricht, von J. L. C. Bävenroth. 8. Berl. 822. 2e A. 825. 3e A. 829. Nicolai. 8 gr

Luther, M., kl. Katechismus, oder d. Hauptſtücke d. chriſtl. Lehre in eine bequeme Eintheilung gebracht u. vollſtänd. erklärt von K. W. Stein. 12. Brandenb. 822. Wieſike. 4 gr

— kl. Katechismus für d. gemeinen Pfarrherren u. Prediger, (von Chr. G. Bruch), ſ. a. *Enchiridion.*

Luther, M. Kleiner Katechismus für die gemeinen Pfarrherren und Prediger. Köln 1822. H: *Bruch, Chn Gottlieb.* (Ky)

— Derſ., mit beigefügten Fragſtücken u. d. Haustafel, für d. evangel. Jugend in Oberöſterreich. 8. Linz 822. Eurich. 2 gr

— kl. Katechismus. 8. Gnadau 823. (Leipz., Kummer). ¼ gr

— Derſ., für d. Pfarrherrn u. Schullehrer aufs Neue durchgeſehen u. verb. von J. B. N. Hacker. 8. Leipz. 823. Focke. 3 gr

— kleiner Katechismus, mit Frageſtücken u. Gebeten. 32. Magdeb. 823. Rubach. 1 gr

— ders., ausführlich erklärt in Fragen u. Antworten, wie auch mit Liederversen versehen; v. S. C. Dreist, ein Handbuch beim Catechisiren f. Schullehrer auf dem Lande. 3e Aufl. 8. Berlin 824, Amelang.

Luther's, (Dr. M.,) kl. Katechismus, mit Hinsicht auf dessen großen Katechismus erläutert, von A. Th. Leuchte. gr. 12. Chemnitz 824, Kretschmar. Rthlr.

— derselbe, erklärt v. J. L. C. Bävenroth. 2e verb. Aufl. 8. Berl. 825, Nicolai.

— derselbe, nebst Luthers Lebenslauf. 12. 5e Aufl. Eisenberg 825, Schöne.

— ders., erklärt f. d. Jugend, v. J. Ramann. 2e wohlf. Ausg. 8. Gotha 825, Hennings.

— derselbe, mit den Fragstücken. 3e verb. rechtm. Ausg. 8. Prenzlau 825, Nagoczo.

— kleiner Katechismus mit erklär. Fragen u. Antworten, herausgeg. v. S. C. Dreist. 12. Cöslin 826, Hendeß.

— derselbe, mit e. kurzen Angabe der daran zu knüpfenden Religionslehren von Küster. 3e Aufl. 8. Berlin 827, Enslin.

— kl. Katechismus, herausgeg. mit Vorwort v. M. Backe. 9e Aufl. 8. Berlin 827, (Laue. 5 gr.) ohne Vorw.

— kl. Katechismus, herausg. mit e. Vorwort von G. W. Backe. 9e Aufl. 12. Berl. 827. 11e A. 831. (Oehmigke). 3 ℊ

— kl. Katechismus, in behaltbaren Sätzen zum Auswendiglernen, mit hinzugefügten Bibelstellen, Liederversen u. einer kurzen Geschichte d. christl. Religionsparteien, d. kirchl. Feste ꝛc., herausgeg. v. L. St. Jaspis. 8. Dresden 827, Arnold.

Luther, M. Kleiner Katechismus mit angedeuten Bibelstellen . . . für Kinder in Stadt- und Landschulen . . . Greifswald 1827. H: *Purgold*, *Carl.* (Ky)

— kleiner Katechismus, mit angedeut. Bibelstellen, bibl. Beispielen u. geistl. Liedern; für Kinder in Stadt- u. Landschulen, mit 3 Anhängen, (herausg. von C. Purgold). 8. Greifsw. 827. 2e verb. A. 831. Koch. 2 ℊ

— ders., erklärt u. mit nöthigen Zusätzen vermehrt, v. J. L. Parisius. 7e Aufl. Mit 1 Vign. 8. Leipz. 827, Barth.

— derselbe, nebst den Fragstücken. 16. Eb.

— kl. Katechismus, nebst e. systemat. geordn. Samml. bibl. Sprüche u. religiöser Sprüchwörter für deutsche Schulen. (Aus d. Anh. d. „Mustersammlung" abgedr.) gr. 8. Leipz. 827. Reclam. 4 ℊ

— ders. zum Nutz. u. Frommen d. lieben Kinder bearb. v. Fr. Lachler. 2e Aufl. 8. Rostock 827, Stiller.

— Ders., erläutert durch Bibelstellen. 3e verb. Aufl. 8. Liegnitz 829. Kuhlmey. 2 ℊ

—— kl. Katechismus, zum Gebr. in evangel. Kirchen u. Schulen katechet. erklärt v. G. Chr. Sack. 2., verm. u. verb. Aufl. 8. (5 B.) Sulzbach 829, v. Seidel.

—— kl. Katechismus z. Gebr. in Schulen bearb. u. entwickelt v. J. Fr. Voigtländer. 8. (6½ B.) Dresden 830, Arnold. Vgl. Katechismus.

—— ders., nach d. reinen Lehre d. Evangel. f. uns. Zeiten umgearb. v. H. Stephani. 8. (2 B.) Erlangen 830, Palm'sche Vrlsbuchh.

— kleiner Katechismus. Mit e. Anhange. 15e. Aufl. 12. Halle 830. (Grunert) 1/8 ℛ

—— ders. erklärt u. mit nöth. Zusätzen verm., z. Gebr. f. d. Jugend, u. z. Erinnerung u. Erbauung f. Erwachsene. Von J. L. Parisius. 9—11., verb. Aufl. (Mit L's. Bildn., als Titvign.) 8. (à 6 B.) Leipzig 830, 33, 35, Barth. à

—— kl. Katechismus, ehedem z. 3. Jubelfeste d. Reformation, jetzt z. 3. Jahrhundert-Feier d. Uebergabe d. Augsburg. Glaubensbekenntnisses, u. z. Darstellung seines innern Zusammenhanges u. hohen Werthes f. Klein u. Groß, mit durchaus verbess. Anmerkn. aufs Neue hrsg. v. J. Fr. Ad. Krug. 8. (5 B.) Zittau 830, Schöpssische Buchh.

— kl. Katechismus, nebst Fragestücken u. einigen Gebeten, einer Tabelle, einigen aufgelösten Brüchen u. großem Einmaleins, zum Gebrauch beim Rechnen. 16. Berl. 831. Oehmigke. ½ ℊ

—— ders., Nebst e. Auswahl v. Bibelsprüchen u. Liederversen auf alle Wochen d. Jahres. Im Anh. Gebete f. Kinder. Hrsg. v. C. W. Spieker. 3. Aufl. 8. (7 B.) Berlin 831, Sander.

Luther, M. Kleiner Katechismus, aus der heiligen Schrift erklärt . . . Ein Handbuch für Lehrer an Volksschulen. Greifswald 1831. H: *Purgold*, *Carl.* (Ky)

—— ders., aus d. heil. Schrift erklärt u. durch bibl. Stellen u. bibl. Beispiele bestätigt. Ein Handb., zunächst f. Lehrer an Volksschulen. Von C. Purgold. 8. (12½ B.) Greifswald 831, Koch.

— kl. Katechismus, nebst einer Spruch- u. Lieder-Sammlung. 8. Nürnb. ... 2e A. 831. Raw. 9 ℊ

—— kl. Katechismus, nebst den zur Erklärung dienl. Schriftstellen, auch einigen kurzen Sittensprüchen u. Gebeten. Hrsg. v. J. A. Hermes. Neue Aufl. 8. (6 B.) Quedlinburg 831, Ernst.

— kl. Katechismus, als Grundlage einer ausführlicheren Unterweisung im Christenthum. 2e verb. Aufl. 8. Barmen u. Schwelm 832. Falkenberg. 6 ℊ

— kl. Katechismus als Grundlage des Confirmanden-Unterrichts im Zusammenhange erklärt vom Pfarrer Rud. Stier. 8. Berl. 832. L. Oehmigke. 5 ℊ

—— ders. und großer Katechismus. Nach d. ältesten Ausgaben krit. u. histor. bearb. v. J. C. Irmischer. 8. (10 B.) Erlangen 832, Heyder.

— kleiner Katechismus, für Bürger- u. Landschulen ganz neu bearbeitet ꝛc. von C. A. Küchenmeister. 6e verb. Aufl. kl. 8. Leipzig 833. Dürr. 1/8 ℛ

— kleiner Katechismus, nebst Fragestücken u. einigen Gebeten ꝛc. 16. Magdeburg (Berlin) 833. Rubach. 1/4 ℛ

—— ders. mit Hinsicht auf dess. großen Katechismus erläut., z. Gebr. beym Katechumenen-Unterr. f. Lehrer u. Schüler v. Aug. Theod. Leuchte. 2. Aufl. gr. 16. (5 B.) Chemnitz 834, Kretschmar.

—— kl. Katechismus nebst d. evangel. Glaubens- u. Sittenlehre, entworfen v. Geo. Friedr. Seiler, umgearb. v. J. K. Irmischer. 8. (9 B.) Leipzig 834, Fr. Fleischer.

— kleiner Katechismus. Nebst einigen tabellar. Uebersichten für d. Rechenunterricht. 3e Aufl. 8. Rathenow 834. Flick's Wittwe. (Berlin, Schultze.) n. 1 ℛ

— derselbe mit Hinsicht auf dessen großen Katechismus erläutert, zum Gebrauch beym Katechumenen-Unterricht für Lehrer u. Schüler von Aug. Theod. Leuchte. 2e Aufl. gr. 16. Chemnitz 835. Kretschmar. 1/12 ₰

— kleiner Katechismus mit hinzugefügten, den Inhalt desselben zerleg. u. erklär. Fragen u. Antworten, wie auch bibl. Beweissprüchen, Beyspielen u. Liederversen, nebst e. Anhange v. Morgen-Tisch- u. Abendgebeten. Herausg. von C. G. Dreist. 5e unveränd. Aufl. 12. Cöslin, Colberg u. Stargard 836. Hendeß. 1/16 ₰ — 7e unveränd. Aufl. 12. Ebd. 840. 1/16 ₰

— kleiner Katechismus, nebst d. nöthigen Gebeten u. nützl. Sprüchen. 6e Aufl. 8. Sondershausen 836. Eupel. 1 gr

—— ders., nebst e. Sammlung v. Bibelsprüchen u. Liederversen z. Auswendiglernen f. Kinder in öffentl. u. Privatschulen. A. u. d. T.: Kern- u. Beweissprüche d. heil. Schrift mit Bezieh. auf d. Luther. Katechismus. 12. (6½ B. u. viel. Holzschnn.) Brieg 837, (Schwartz.)

—— ders., in behaltbaren Sätzen z. Auswendiglernen, mit hinzugefügten Bibelstellen, Liederversen u. e. kurzen Gesch. d. christl. Religionsparteien, d. kirchl. Feste, nebst Angabe d. Inhalts d. bibl. Gesch.; hrsg. v. Lebr. Sieg. Jaspis. 3., verb. Aufl. 8. (7¼ B.) Dresden u. Leipzig 837, Arnoldische Buchh.

—— ders. Nebst dess. Lebenslauf, Vorr. u. Fragstücken. Aufs neue mit Fleiß übers. u. mit erklär. Anmerkn. u. Gebeten verm. f. Stadt- u. Landschulen. 7. Aufl. 12. (5 B.) Eisenberg 837, Schöne'sche Buchh.

Luther, Mart., kleiner Katechismus, mit angedeut. bibl. Stellen, bibl. Beispielen u. geistl. Liedern; f. Kinder in Stadt- u. Landschulen. Angeh. sind: Die Folge u. d. Inhalt d. bibl. Bücher. — Das Verzeichniß d. lehrreichsten Abschnitte d. heil. Schrift. — Eine kleine Samml. v. Gebeten u. Liedern. 4. Aufl. 8. (3½ B.) Greifswald 837, Koch. Thlr. *

—— ders. Ein Geschenk f. Kinder. Mit e. Vorr. v. Joh. Chrstn. Friedr. Burk. 8. (... u. 40 Kpfr.) Reutlingen 837, Mäcken Sohn.

—— kleiner Katechismus, enthalt.: die fünf Hauptstücke u. d. Fragstücke. 16. (1¼ B.) Berlin 838. [Halle, Colditz.]

—— ders. mit untergelegten auserles. Bibelsprüchen u. Liederversen. 9., verb. Aufl. 16. (3⅛ B. u. L's. Bildn.) Berlin 838. [Halle, Colditz.] Stackebrandt.

—— ders., erklärt u. mit Beweisstellen u. Beispielen d. heil. Schrift erläut. nach d. Bedürfnissen uns. Zeit. Von Joh. Lebr. Müller. 8. (15¼ B.) Halle 838, Kümmel.

—— ders., erklärt u. mit nöth. Zusätzen verm., z. Gebr. f. d. Jugend, u. z. Erinnerung u. Erbauu. f. Erwachsene. Von J. L. Parisius. 12. u. 13., verb. Aufl. 8. (à 6 B.) Leipzig 838, 40, Barth. à

—— ders., worin z. richt. Lesen u. Erlernen dess., die Betonung angedeutet, u. d. Verständniß d. Inhalts durch kurze Fragen erleichtert ist; nebst e. Verzeichniß v. Bibelsprüchen f. jed. Hauptstück v. W. A. Bernhardi. 1. Aufl. (1½ B.) 839., 2., verb. A. 8. (1¾ B.) Berlin 842, Dümmler. à

— kleiner Katechismus. Zugleich enthält.: Eine zweite Erklär. d. Hauptstücke ders., eine Samml. v. Bibelsprüchen ꝛc. Von J. Ch. D. Geiser. 9e Aufl. 8. Breslau 839. Graß, Barth u. C. 1/8 ₰

—— ders., der Bibel u. den Bekenntnißschriften d. evangel.-luther. Kirche gemäß erklärt u. f. d. erste Klasse d. Volksschule hrsg. v. Joh. Karl Ctto. Hilbenz. 8. (5 B.) Budissin 840. (Dresden, Naumann.) *

12 Exempl. nur * 1 Thlr.

—— ders., aus d. heil. Schrift erklärt u. durch bibl. Stellen u. bibl. Beispiele bestätigt. Ein Handb., zunächst f. Lehrer an Volksschulen. Von Carl Purgold. 2., verb. Aufl. 8. (13 B.) Greifswald 840, Koch. *

Luther, M. Kleiner Katechismus aus der heil. Schrift erläutert. Halle 1840.
H: *Daniel, Hermann Adalbert.* (Zu) (Ky)

— kleiner Katechismus, aus der heil. Schrift erläutert (von H. A. Daniel). 8. Halle 840. Waisenhaus-Buchh. n. 1/3 ₰

— Kleiner Catechismus. Mit einem Anhang. Für die Kleinen. Schleswig. 1840.

—— ders. Zugleich enth.: Eine zweite Erklär. d. Hauptstücke dess., e. Samml. v. Bibelsprüchen, Liederversen u. e. Anhang, in welchem man Fragen u. Antworten üb. d. Inhalt d. heil. Schrift ꝛc. findet. Zunächst z. Auswendiglernen f. Kinder in Volksschulen. Hrsg. v. J. Ch. D. Geiser. 10. Aufl. 8. (...) Breslau 841, Graß, Barth u. Comp.

— kleiner Katechismus, aus der heil. Schrift erklärt und durch bibl. Stellen u. bibl. Beispiele bestätigt. Ein Handbuch zunächst für Lehrer an Volksschulen. 2. verb. Aufl. 8. Greifswald 841, Koch. 1/2 ₰

—— ders., mit kurzen Erläuterungen, mit e. Samml. auf d. Lehren dess. sich bezieh. Bibelstellen u. Gesangbuchslieder, mit ein. kurzen Abrisse des Lebens Luthers, u. mit d. Hauptunterscheidungslehren der evangel. Kirche begleitet. Für d. liebe Schuljugend hrsg. v. A. L. Steinberg. 8. (7¼ B.) Halberstadt 841, (Helm.) *

—— ders., nebst dess. Inhalt erläuternden, wicht. Bibelsprüchen u. einigen Kirchenliedern, wie auch in Verbind. mit d. preuß. Strafgesetzen. Hrsg. v. Herrm. Ohlert. 12. (4 B.) Königsberg 841, Bon. *

—— ders., zum Gebr. f. Elementarschulen, v. H. W. A. Schnur. Nebst Anhängen f. d. Unter- u. Mittel-Classe d. Elementarschulen. 12. (5½ B.) Königsberg 841, Bon.

— kleiner Katechismus mit zugehörigen Bibelsprüchen für schwache Schüler u. Konfirmanden. (Auszug aus dem Religionsbüchlein von Weiß.) gr. 12. Königsberg 841. (Leipzig, Fort.) n. 1½ ngr

—— ders., mit zugehör. Bibelsprüchen f. schwache Schüler u. Konfirmanden. (Ausz. a. d. Religionsbüchlein v. Weiß.) gr. 12. (1 B.) Königsberg 841, Hartung. *

— kleiner Katechismus, worin zum richtigen Lesen u. Erlernen desselben die Betonung angedeutet, u. das Verständniß des Inhalts durch kurze Fragen erleichtert ist; nebst e. Verzeichniß von Bibelsprüchen für jedes Hauptstück. 2. verb. Aufl. 8. Berlin 842, Dümmler. 1/12 ₰

— kleiner Katechismus, erklärt und mit nöthigen Zusätzen vermehrt, zum Gebrauch für die Jugend, u. zur Erinnerung und Erbauung für Erwachsene. Von J. L. Parisius. 14. verb. Aufl. (Mit Luther's Bildn.) 8. Leipzig 842, Barth. 5½ ngr — 15. verb. Aufl. 8. Ebend. 843. 5½ ngr — 16. Aufl. 846. 6 ngr

—— ders., mit den f. jedes Hauptstück passenden, vollständig ausgesetzten Bibelsprüchen v. K. F. Tyska. 8. (4½ B.) Berlin 843, Besser, Berl.

Aus: Agende f. d. evangel. Kirche v. K. F. Tyska, besond. abgedruckt.

—— ders., zum Gebrauche f. Elementarschulen, v. H. W. A. Schnur. 2., verb. Aufl. 12. (B.) Königsberg 843, Bon. *

—— ders. Neue Aufl. Für die Kirchen u. Schulen des Fürstenth. Schwarzburg, Rudolstädter Linie. 8. (20 B.) Rudolstadt 843. (Leipzig, Böhme.?) *

—— ders., mit Worterklärungen. Hrsg. v. Carl Friedr. Wagner. 8. (2 B.) Landsberg 844, Bolger u. Klein.

—— ders., mit Entwickelungen, Erörterungen u. Hinweisungen auf die Bibel u. das Gesangbuch als ein Lehrbuch bearb. f. evangel. Volksschullehrer rc. v. W. Harnisch u. hrsg. von d. christl. Vereine im nördl. Deutschland. 1. Aufl. (7 1/6 B.) 844. u. 2. Aufl. 12. (7 B.) Eisleben 845. (Halle, Anton.) *

—— ders., einfach zergliedert, m. bibl. Geschichten, Sprüchen u. Liederversen als ein Lernbuch f. die mittlere evangel. Schuljugend versehen v. W. Harnisch u. hrsg. von d. christl. Vereine im nördl. Deutschland. 3. u. 4. Aufl. 12. (à 4 B.) Eisleben 844, 45. (Halle, Anton.) à *

—— ders., nebst dessen Lebenslauf, Vorrede u. Fragstücken. Aufs neue m. Fleiß übersehen u. mit erklärenden Anmerkungen u. Gebeten verm. f. Stadt- u. Landschulen. 8. Aufl. 12. (5 B.) Eisenberg 845, Schöne'sche Buchh.

—— ders., m. erklärenden Bemerkungen u. Bibelsprüchen rc. 2., umgearb. Ausg. des kurzen Unterrichts im Christenthume v. J. D. Karl Pflug. 8. (3 B.) Glogau 845, Flemming. *

—— ders., mit kurzen, übersichtl. Entwürfen, bibl. Beweisstellen u. Liederversen zur Behandlung der einzelnen, in den 5 Hauptstücken enthalt. christl. Lehren. Anhang: Inhalt der bibl. Bücher, Zeittafel zur alttestamentl. u. christl. Religionsgeschichte, Schulgebete u. ein Melodien-Register. Ein Leitfaden f. Lehrer u. Schüler v. Ludw. Borkenhagen. 8. (2 1/2 B.) Berlin 846, Mittler, Verl. *

—— kleiner Katechismus. 8. (3/4 B.) Berlin 846, Müller's Verl. *

— kleiner Katechismus mit angedeuteter Betonung nebst Fragestücken, Taufbund, Beichte, einigen Gebeten, geschichtlichen Bemerkungen u. nützl. Rechnen-Tab. kl. 8. (Mit Titelvign. u. 1 Tab.) Berlin 846, Walter. n. 1 ngl

— ders. mit angedeuteten Bibelstellen, bibl. Beispielen und geistl. Liedern; für Kinder in Stadt- und Landschulen von Karl Purgold. 6. Aufl. 8. Ebend. 846. n. 3 ngl

—– ders., m. e. Vorw. v. G. C. A. Harleß. Mit 28 Stahlst. nach Originalzeichngn. v. C. Merkel. 4 Lfgn. gr. 4. (10 1/2 B.) Leipzig 846, Gebr. Reichenbach. à * 10 Ngr., *

— kleiner Katechismus erläutert z. Gebr. f. die evangel.-luth. Gemeinden in Mecklenburg-Strelitz. Im Entw. gedr. gr. 8. Neustrelitz 846. (Leipzig, Fr. Fleischer.) n. 1/2 ß

—— kleiner Katechismus, als Grundlage einer ausführl. Unterweisung im Christenthum. 6. Aufl. 12. (128 S.) Barmen 847, [Castrop, Falkenberg'sche Vrlgsh.] *

—— ders., und Spruchbuch zu demselben. Für den Schulgebrauch und Confirmandenunterricht. Zusammengestellt von R. Bieck. 8. (56 S.) Berlin 847, Enslin'sche Buchh.

— kleiner Katechismus u. Spruchbuch zu demselben. Für den Schulgebrauch u. Confirmandenunterricht. Zusammengestellt v. R. Bieck. 8. (56 S.) Berlin 847, Geelhaar. 3 ngl

— kleiner Katechismus. Mit kurzen, übersichtlichen Entwürfen, biblischen Beweisstellen u. Liederversen rc. Anh.: Inhalt der bibl. Bücher, Zeittafel zur alttestamentl. u. christl. Religionsgeschichte, Schulgebete u. ein Melodien-Register. Ein Leitfaden für Lehrer u. Schüler v. Ludw. Borkenhagen. 8. (40 S.) Berlin 847, Mittler & Sohn. n. 1/12 ß

—— ders., mit angedeuteten bibl. Stellen, bibl. Beispielen und geistl. Liedern; für Kinder in Stadt- und Landschulen von Carl Purgold. 6. Aufl. 8. (48 S.) Greifswald 847, Koch's Vrlgsb. *

— kleiner Katechismus. Mit einem Vorwort von G. C. A. Harleß. Mit 28 Stahlst. nach Originalzeichngn. v. C. Merkel. 4. Lfg. Mit 10 Stahlst. gr. 4. (S. 41–72.) Leipzig 847, Reichenbach. n. 1/3 ß (cmplt. n. 1 1/3 ß) — 2. Aufl. gr. 4. (VIII u. 72 S. m. 28 Stahlst.) Ebd. 850. n. 2/3 ß

— kleiner Katechismus. Erläutert zum Gebrauch für die evangel.-luther. Gemeinden in Mecklenburg-Strelitz. Im Entwurfe gedruckt. gr. 8. (IV u. 195 S.) Neustrelitz 847. (Leipzig, Fr. Fleischer.) n. 1/2 ß

—— ders. Nebst den gewöhnl. Morgen-, Abend- und Tisch-Gebeten. Welchem beygefügt ist, die Ordnung des Heils in einem Liede, in kurzen Sätzen, in Frag und Antwort, und in einer Tabelle; wie auch eine Zergliederung des Catechismus, das würtemberg. kurze Kinder-Examen, die Confirmation und Beichte; dem auch etliche Lieder rc. angehängt sind. Zum Gebrauch der Jungen und Alten. 12. (144 S. und 1 Holzschn.) Philadelphia 847, (Schäfer und Coradi.) *

—— ders., in einer fortlaufenden vollständ. Erklärung. Ein Handbuch für Geistliche bei dem Confirmanden-Unterricht und Lehrer bei dem Religions-Unterricht in der Oberclasse gehobener Elementarschulen, von Heinr. Wilh. Albert Schuur. 2., verb. und verm. Aufl. 8. (VIII und 175 S.) Braunschweig 848, Westermann.

— kleiner Katechismus, erklärt u. mit nöthigen Zusätzen vermehrt, zum Gebrauch für die Jugend u. zur Erinnerung u. Erbauung für Erwachsene. Von J. L. Parisius. 17. verb. u. verm. Aufl. 8. (120 S.) Leipzig 848, Barth. — 18. Aufl. 8. (112 S.) Ebd. 851. 6 ngl

— kleiner Katechismus m. bibl. Sprüchen, geschichtlichen u. Lehr-Abschnitten der heil. Schrift u. Gesängen. 8. (51 S.) Magdeburg 848, Heinrichshofen. 1/6 ß

— kleiner Katechismus. Mit auslegenden Fragen u. dienlichen Bibelsprüchen versehen von Joh. Geo. Frdr. Keßler. gr. 8. (VI u. 200 S.) Marburg 848, Elwert. 8 ngl

— kleiner Catechismus für die Pfarrherren, Schulmeister, Hausvater, Jugend u. Kinder. Mit Bildern (in Holzschn.) v. Otto Speckter nach verschiedenen Meistern. 16. (100 S.) Hamburg 849, Agentur des Rauhen Hauses. — 2. Aufl. 16. (100 S.) Ebd. 849. — 3. Aufl. 16. (104 S.) Ebd. 852. n. 3 ngl, 25 Exempl. n. n. 2 ß; geb. n. 4 ngl, 25 Exempl. n. n. 2 1/2 ß — Feine Ausg. cart. 1/4 ß, 25 Exempl. n. 5 ß

— kleiner Katechismus, erläutert, mit Bibelsprüchen u. Bibelabschnitten belegt u. mit einem Anhang versehen, zum Gebrauch in den Ober- u. Mittelklassen evangel. Volksschulen. Von K. A. Weidemann. 8. (VIII u. 160 S.) Saalfeld 849, Niese. 6 ngl

— kleiner Katechismus erläutert zum Gebrauch beim Schul- u. Confirmanden-Unterricht. 8. (IV u. 200 S.) Neustrelitz 850, Barnewitz. 1/6 ß — Mit: Lieder-Anh. zur Erläuterung des kleinen Katechismus Luthers. 8. (54 S.) 6 ngl

Luther's, Martin, kleiner Katechismus erklärt u. durch Aussprüche der heil. Schrift erläutert von K. F. Plaskuda. 8. (104 S.) Breslau 850, Max & Co. n. 1/6 ß

— kleiner Katechismus ausführlich erklärt in Fragen u. Antworten u. mit Zeugnissen der heil. Schrift u. Liederversen versehen. Ein Hülfsbuch zunächst f. evangel.-luther. Volksschullehrer. Von Herm. Seebold. 8. (XII u. 329 S.) Einbeck 850. (Göttingen, Vandenhoeck & Ruprecht.) n. n. 1/2 ß

— kleiner Catechismus, nebst einem biblischen Spruchbüchlein u. einer kurzen Geschichte d. christlichen Religion. 8. (160 S.) Erfurt 850. (Körner.) n. 4 ngl

—— ders. Mit einem Vorwort von G. C. A. Harleß. 2. Aufl. gr. 4. (VIII und 72 S. mit 28 Stahlst. nach Originalzeichnungen von C. Merkel.) Leipzig 850, Reichenbach'sche Buchh. *

— derf., erläutert zum Gebrauch beim Schul- und Confirmanden-Unterricht. 8. (IV und 200 S.) Neustrelitz 850, Barnewitz.
Mit: Lieder-Anhang zur Erläuterung des kleinen Katechismus Luthers. 8. (54 S.)

— kleiner Catechismus für evangelische Schulkinder. 16. (40 S.) Schreiberhau 850. (Breslau, Dülfer & Geiser.) 1½ ngr

Luther's, Martin, kleiner Catechismus nebst Fragestücken, Gebeten u. einer nützl. Tabelle, einigen aufgelösten Brüchen u. dem großen Einmaleins ꝛc. 16. (32 S.) Berlin 851, Jonas' Sort.-Buchhandlung. 1 ngr

— kleiner Katechismus u. Spruchbuch zu demselben. Für Lehrer u. Schüler. Hrsg. von F. W. Theel. 2. verm. Aufl. 8. (114 S.) Berlin 851, J. A. Wohlgemuth. n. ⅙ ℛ

— derf., einfach zergliedert, mit bibl. Geschichten, Sprüchen und Liederversen als ein Lehrbuch für die mittlere evangel. Schuljugend versehen von W. Harnisch. 8., verb. Aufl. 12. (IV und 98 S.) Eisleben 851. (Halle, Anton.) *

— kleiner Katechismus nebst Fragestücken u. einigen Gebeten auch einer nützl. Tabelle, einigen aufgelösten Brüchen u. einem großen Einmaleins (in 4.) 16. (32 S.) Leipzig 851, Baensch. 25 Expl. n. ⅓ ℛ

— derf., mit erklärenden und hinweisenden Bibelstellen, gesammelt aus den Haupt-Spruchbüchern, zum Unterricht in Schule und Haus, welchem beigefügt ist: Die Ordnung des Heils, wie auch eine Zergliederung des Catechismus ꝛc. Dann auch: Die ganze unveränderte augsburgische Confession. 16. (192 S.) New-York 851. (Philadelphia, Schäfer und Koradi.) *

— dasselbe, f. die gemeinen Pfarrherren u. Prediger im J. 1529 verf. u. an das Licht gestellt. Gabe d. evangel. Vereins f. die Pfalz. 12. (24 S.) Speier u. Iggelheim 851. Kaiserslautern, Evang. Verein, Schriftenniederlage. — 10

— derf., erläutert durch Sprüche der heil. Schrift und Beispiele der bibl. Geschichte. 12. (72 S.) Wismar 851, Hinstorff'sche Hofbuchh. *

— kleiner Katechismus zum Gebrauch beim Religionsunterricht durch Bibelstellen und Liederverse erklärt von R. Ostmann. 16. (62 S.) Berlin 852, G. Reimer. *

— kleiner Katechismus f. die gemeinen Pfarrherren u. Prediger. [Enchiridion.] Nach der Concordia vom J. 1580, den Wittenberger u. den Jenaer Tomis, m. Berücksicht. d. 1. Ausg. des Enchiridion vom J. 1529 u. m. einem kurzen Nachworte hrsg. von K. F. Th. Schneider. 16. (32 S.) Berlin 852, W. Schultze. 1½ ngr

Luther's, Mart., kleiner Katechismus zum Gebrauche für Elementarschulen von Heinr. Wilh. Albert Schuur. Nebst 6 Anhängen. 3., berichtigte und verm. Aufl. 8. (IV und 92 S.) Königsberg 852, Bon, Vrlgsh. Thlr. *

— dass. — mit biblischen Sprüchen, geschichtlichen und Lehr-Abschnitten der heil. Schrift und Gesängen (hrsg. von Strebe). 4. Aufl. 1852. und 6. Aufl. 8. (64 S.) Magdeburg 856, Heinrichshofen'sche Buchh.

— kleiner Katechismus. Mit Erklärung und biblischen Beweißstellen hrsg. von A. H. Dittrich. 2., verb. Aufl. gr. 12. (IV und 189 S.) Moskwa 852, Arlt. (Leipzig, Wagner.) *

— kleiner Katechismus, erläutert durch Sprüche der heil. Schrift u. Beispiele der bibl. Geschichte. 12. (72 S.) Wismar 852, Hinstorff. n. 4 ngr

— kleiner Katechismus. 8. (16 S.) Wolfenbüttel 852, Holle's Verlag.
Vgl.: Catechismus. — Katechismus. — Kreuz-Catechismus.

— kleiner Katechismus nebst seinen geistlichen Liedern und Psalmen. In unveränderter Gestalt hrsg. von C. F. Th. Schneider. 1. Aufl. (72 S.) 1853. gr. 16. * 4 Ngr. und 2., verb. und verm. Aufl. 32. (LXXII und 72 S.) Berlin 856, W. Schultze. Thlr. *

— kleiner Katechismus. Nach der Originalausg. kritisch bearb. Ein Beitrag zur Geschichte der Katechetik. Von C. F. Th. Schneider. br. 8. (LXXI und 101 S.) Berlin 853, Wiegandt und Grieben. *

— kleiner Katechismus und Spruchbuch zu demselben. Für Lehrer und Schüler. Herausg. von F. W. Theel. 3—8. Aufl. Berlin 853—57. Wohlgemuth. 12. (130 S.) n. 5 ngr

— kleiner Katechismus mit den für die Schule unentbehrlichsten Erläuterungen von Friedr. Reymann. 4—7. verb. Aufl. Breslau 853—57. Dülfer. 8. (119 S.) n. 3¾ ngr

— kleiner Katechismus für die Pfarrherren, Schulmeister, Hausväter, Jugend und Kinder. 3. Aufl. 1853. und 4. Aufl. 16. (104 S. mit 32 Bildern in Holzschn. von Otto Speckter nach verschiedenen Meistern.) Hamburg 854, Agentur des Rauhen Hauses. *
Feine Ausg.

Luther, Martin. Kleiner Katechismus mit biblischen Sprüchen, geschichtlichen und Lehr-Abschnitten der heil. Schrift . . . 5. Aufl. Magdeburg 1853. 6. Aufl. 1856. H: *Strebe.* (ZU) (KY)

— kleiner Katechismus erläutert zum Gebrauch beim Schul- und Confirmanden-Unterricht. 3. Aufl. 8. (IV und 200 S.) Neustrelitz 853, Barnewitz. *
Mit: Lieder-Anhang (54 S.) *

— kleiner Katechismus. 2. Aufl. 48. (83 S.) Schreiberhau 853. (Breslau, Dülfer's Buchh.)

— kleiner Katechismus, welchem beigefügt ist die Ordnung des Heils, sammt dem Formular der Regierung und Disciplin der evangelisch-lutherischen Kirche von Nord-Amerika; hrsg. für die evangelisch-lutherische Synode von West-Pensylvannien von C. G. Weyl. Neue, verm. und verb. Aufl. 18. (144 S.) Baltimore 854. (Philadelphia, Schäfer und Koradi.) *

— kleiner Katechismus, welchem beigefügt ist die Ordnung des Heils, sammt dem Formular der Regierung und Disciplin der evangel. luther. Kirche von Nord-Amerika; hrsg. für die evangelisch-luther. Synode von West-Pennsylvanien von C. G. Weyl. Neue verm. und verb. Aufl. 18. (144 S.) Baltimore 854(57.) (Philadelphia, Schäfer und Koradi.) *

— kleiner Catechismus für die Pfarrherren, Schulmeister, Hausväter, Jugend und Kinder. 4. Aufl. Mit 32 Bildern (Holzschn.) von O. Speckter nach verschiedenen Meistern. Hamburg 854. Agentur des Rauhen Hauses. 16. (104 S.) n. 3 ngr; feine Ausg. 7½ ngr

— kleiner Katechismus, mit kurzen Begriffserläuterungen und sorgfältig ausgewählten Bibelstellen. Für unsere Schulen bearb. von J. G. Fritzsche. Bevorwortet von E. J. Hauschild. 8. (VI und 88 S.) Leipzig 854, [Graul.]

— kleiner Katechismus mit kurzen Begriffserläuterungen und sorgfältig ausgewählten Bibelstellen. Für unsere Schulen bearb. von J. G. Fritzsche. Bevorwortet von E. J. Hauschild. Leipzig (854.) Renger. (Fries.) 8. (VI, 88 S.) 7½ ngr

— kleiner Katechismus. Mit einem Vorwort von G. C. A. v. Harleß. Mit 28 Stahlst. nach Originalzeichnungen von C. Merkel. 3. Ster.-(Titel-)Ausg. gr. 4. (X und 72 S.) Berlin 855(56,) J. A. Wohlgemuth. *

— kleiner Katechismus mit einem biblischen Spruchbuche. 8. (70 S.) Breslau 855, Gosohorsky's Buchh. **

— kleiner Katechismus für Elementarschulen, auf Grund der in den preuß. Regulativen vom 1. 2. und 3. Octbr. 1854 über Einrichtung des evangel. Seminar-, Präparanden- und Elementarschul-Unterrichts enthaltenen Grundzüge bearb. von G. A. Festenberg. 8. (IV und 61 S.) Fraustadt 855, Neustadt'sche Buchh. *

— kleiner Katechismus, von dem königl. evangel. Consistorium zu Osnabrück für Volksschulen hrsg. 2. Aufl. 8. (64 S.) Osnabrück 855, (Rackhorst'sche Buchh.) *

— kleiner Katechismus herausg. von K. A. Weidemann. 2. theilw. umgearb. u. verm. Aufl. 855. (IV, 228 S.) n. 7 ngr. — 3. Aufl. Saalfeld 856. Riese. 8. (VI, 212 S.) 6 ngr.

Luther, Martin. Kleiner Katechismus, nebst Bibelsprüchen für unsere Kinder. Torgau 1855. H: *Rättig, Hermann.* (zu) (Ky)

— kleiner Katechismus, nebst Bibelsprüchen für unsere Kinder (hrsg. von Herm. Rättig). 8. (XXXI und 40 S.) Torgau 855, Wienbrack'sche Buchh. *

— kleiner Katechismus durch Frage und Antwort erläutert und mit angeführten Sprüchen heiliger Schrift bekräftigt. Nach dem dresdner (Kreuz-)Katechismus bearb. von einigen evangelisch-luther. Pastoren der preuß. Landeskirche. 2. und 3. Aufl. 1855. und 4. und 5. Aufl. 16. (IV und 138 S. mit 2 Tab. in qu. Fol.) Wittenberg 856, Mohr. **

— kleiner Katechismus. Mit einem Vorw. von G. C. A. v. Harleß. Mit 28 Stahlst. nach Originalzeichn. von C. Merkel. 3. Stereot.-Ausg. Berlin 856. Wohlgemuth. gr. 4. (X, 72 S.) n. 20 ngr.

— kleiner Katechismus mit einer Sammlung von Bibelsprüchen, nach kurzen leitenden Sätzen geordnet, und einem Anhang von den Religionen und christlichen Confessionen. Nach Prüfung und Genehmigung des hochwürd. Ober-Kirchen-Kollegium der evangelisch-luther. Kirche in Preußen hrsg. von L. D. Ehlers. 2. Aufl. 8. (IV und 108 S.) Breslau 856, Dülfer's Buchh. *.

— kleiner Katechismus mit kurzer, fortlaufender Erklärung und passenden Bibelsprüchen versehen von L. Feldner. 12. (87 S.) Elberfeld 856, (Hassel.) *

— kleiner Katechismus und Haustafel. Leipzig 856. H. Fritzsche in Comm. 8. (50, 6 S.) n. 2 ngr.; Velinp. nn. 2½ ngr.

— kleiner Katechismus mit biblischen Sprüchen, geschichtlichen und Lehr-Abschnitten der heiligen Schrift und Gesängen. (Herausg. von Strebe.) 5. Aufl. 853. — 6. Aufl. Magdeburg 856. Heinrichshofen. 8. (64 S.) 3¾ ngr.

— kleiner Katechismus mit erklärenden und hinweisenden Bibelstellen, gesammelt aus den Haupt-Sprüchbüchern. Besonders abgedr. für Sonntagsschulen. 16. (64 S.) New-York 856. (Philadelphia, Schäfer und Koradi.)

— kleiner Katechismus mit beweisenden und erläuternden Sprüchen aus der heil. Schrift. Zusammengestellt von J. C. Haas. 16. (102 S.) Philadelphia 856, Schäfer und Koradi. *

— kleiner Katechismus mit Bibelsprüchen. Schwiebus (856.) Wagner. 12. (23 S.) 1 ngr.

Luther, Martin. Kleiner Katechismus. Nebst Bibelsprüchen und Liederversen zum Auswendiglernen für Kinder beim Unterricht im Christenthum. Hamburg 1857. H: *Vent, H. L. A.* (zu) (Ky)

— kleiner Katechismus. Nebst Bibelsprüchen und Liederversen zum Auswendiglernen für Kinder beim Unterricht im Christenthume. (Herausg. von H. L. A. Vent.) Hamburg 857. Perthes-Besser u. Mauke. 8. (VI, 193 S.) n. 15 ngr.

— kleiner Katechismus nebst Spruchbuch. Für Elementarschulen herausg. von C. Schwarze. 5. Aufl. Kiel 857. Schröder u. Co. 16. (80 S.) n. 5 ngr.

Luther, Martin. Kleiner Katechismus erklärt und mit nöthigen Zusätzen vermehrt zum Gebrauch für die Jugend ... 19. ... Aufl. Leipzig 1857. H: *Parisius, F.* (zu) (Ky)

— kleiner Katechismus erklärt und mit nöthigen Zusätzen vermehrt, zum Gebrauch für die Jugend u. zur Erinnerung u. Erbauung für Erwachsene. Von J. L. Parisius. 19. verb. ꝛc. Aufl. (Herausg. von F. Parisius.) Leipzig 857. Barth. 8. (120 S.) 6 ngr.

— kleiner Katechismus erläutert zum Gebrauch beim Schul- und Confirmanden-Unterricht. 6—8., ster. Aufl. 8. (159 S.) Neu-Strelitz 857—61, Barnewitz. * 4 Ngr.; geb. **

— kleiner Katechismus, auf churfl. Durchl. zu Sachsen gnädigsten Befehl vom Ministerio zum h. Kreuz in Dresden durch Frag und Antwort erläutert, auch mit angeführten Sprüchen heil. Schrift bekräftigt ꝛc. 16. (489 S.) New-York 857(59). (Philadelphia, Schäfer und Koradi.) geb. *

— kleiner Katechismus nebst Erklärung für den Confirmanden-Unterricht. Hrsg. von H. Michow. 2. Aufl. gr. 8. (111 S.) Stettin 857, Graßmann's Verlag. *

— kleiner Katechismus, nebst verschiedenen belehrenden und erbauenden Zusätzen, wie auch beigefügter unveränderter augsburgischer Confession. Neue, verb., auf Anordnung des Ministeriums der deutschen evangelisch-lutherischen Synode von Pennsylvanien und den benachbarten Staaten veranstaltete Ausg. 16. (151 S. mit Portr. in Holzschn.) Sumnytown, Pa. 1857. (Philadelphia, Schäfer und Koradi.) geb. *

— kleiner Katechismus erläutert durch Sprüche der heil. Schrift und Beispiele der bibl. Geschichte. 2., verb. Aufl. 8. (80 S.) Wismar 857, Hinstorff'sche Hofbuchh. *

— kleiner Katechismus durch Frage und Antwort erläutert und mit angeführten Sprüchen heil. Schrift bekräftigt. Nach dem dresdener (Kreuz-)Katechismus bearb. von einigen evangelisch-luther. Pastoren der preuß. Landeskirche. 6. Aufl. 16. (IV und 138 S.) Wittenberg 857. Brandenburg, Müller. * geb.

Luther's, Mart., kleiner Katechismus nebst Fragestücken und einigen Gebeten, auch einer nützl. Tabelle, einigen aufgelösten Brüchen und großem Einmaleins zum Gebrauch beim Rechnen. 32. (32 S. mit 1 Tab. in 4.) Berlin 858, Oehmigke's Buchh. Thlr. *

— kleiner Katechismus für die gemeinen Pfarrherrn und Prediger. (Enchiridion.) Nach den Originalausg. hrsg. von C. F. Th. Schneider. 5. Aufl. 16. (31 S.) Berlin 858, W. Schultze

— kleiner Katechismus mit erklärenden und beweisenden Bibelsprüchen und einer Auswahl kirchl. Kernlieder. gr. 8. (78 S.) Dorpat 859, (Glaeser's Verlag.) *

— kleiner Katechismus für die Pfarrherren, Schulmeister, Hausväter, Jugend und Kinder. 5. Aufl. 16. (104 S. mit 32 Bildern in eingedr. Holzschn. von Otto Spekter nach verschiedenen Meistern.) Hamburg 859, Agentur des Rauhen Hauses. *

— kleiner Katechismus mit Bibelsprüchen u. Liederversen, nebst Fragstücken u. Gebeten. Neu-Ruppin 859. Bergemann. 32. (32 S.) ½ ngr.

— kleiner Katechismus erläutert zum Gebrauch beim Schul- u. Confirmanden-Unterricht. 7. u. 8. stereot. Aufl. Neustrelitz 859, 61. Barnewitz. 8. (150 S.) n. 4 ngr.

— kleiner Katechismus, herausg. von K. A. Weidemann. 4. Aufl. 8. Saalfeld 859. Niese. 8. (VIII, 200 S.) 6 ngr.

— kleiner Catechismus durch Frage u. Antwort erläutert u. mit angeführten Sprüchen heiliger Schrift bekräftigt. Nach dem Dresdener Kreuz-Catechismus. 7. Aufl. 859. (163 S.) — 8. Aufl. Torgau 863. Wienbrack in Comm. 16. (179 S.) n. 2½ ngr.; geb. n. 4 ngr.

— kleiner Katechismus nebst Fragestücken, einigen Gebeten, den Zeittafeln der bibl. und preuß. Geschichte ꝛc. 16. (32 S.) Wriezen 859, Röder. *

— kleiner Katechismus nebst Fragestücken und einigen Gebeten, sowie nützl. Tabellen ꝛc. 16. (32 S. mit 1 Tab. in 4.) Berlin 860, Trowitzsch und Sohn. ⅓ Ngr.; geh.

— kleiner Katechismus u. Spruchbuch zu demselben. Für Lehrer u. Schüler. Herausg. von F. W. Theel. 9. Aufl. Berlin 860. Wohlgemuth. 8. (120 S.) n. 5 ngr.

— kleiner Katechismus in seiner ursprünglichen Vollständigkeit, mit einem Verzeichniß der vorzüglichsten Bibelsprüche und bibl. Beispiele, Psalmen und Kirchenlieder ꝛc. für die liebe christl. Jugend hrsg. von Ulr. Böttcher. 4., verm. und verb. Aufl. gr. 8. (48 S.) Düsselthal 860. (Berlin, Beck.) *

— kleiner Katechismus und Haustafel. 8. (55 S.) Leipzig 860, (H. Fritzsche.) **

— kleiner Katechismus nebst Fragestücken u. einigen Gebeten, auch eine nützliche Tabelle. Leipzig 860. Gräbner. 16. (32 S. u. 1 Tab. in 4.) ⅓ ngr.

— kleiner Katechismus 1529. 8. (31 S.) Leipzig 860, Hartung. **

— kleiner Katechismus mit den zum Unterricht nöthigen Grundlagen aus der heiligen Schrift und dem Gesangbuche. 8., verb. Aufl. 8. (64 S.) Merseburg 860, (Stollberg.) **

— kleiner Katechismus mit beweisenden und erläuternden Sprüchen aus der heil. Schrift; nebst einem Anhang: Gebete und eine Chronologie der Reformationsgeschichte enthaltend. Zusammengestellt von J. C. Haas. 2. Aufl. 1856. und 3. Aufl. 16. (108 S.) Philadelphia 860, Schäfer und Koradi. geb. *

— kleiner Katechismus mit erklärenden und beweisenden Bibelsprüchen. 8. (84 S.) Dorpat 861, Glaeser's Verlag. *
Mit Sammlung kirchl. Kernlieder mit Singweisen. (136 S.) *
Die Sammlung der Kernlieder einzeln *

— kleiner Katechismus (mit beigefügten hessischen Fragestücken) nebst einem Spruchbuch und einem Abriß der Kirchengeschichte. gr. 8. (112 S.) Gießen 861, Ricker.

Luther, Mart., kleiner Katechismus, sammt angehängtem Spruchbuch (von Emil Moeller). Lübbecke 861. (Minden, Volkening.) 8. (32 S.) cart. n. 2 ngr.

— kleiner Katechismus für die Schulen des Fürstenth. Schwarzburg-Rudolstadt. Nach der Bearbeitung von K. A. Kolbe, in Fragen u. Antworten zergliedert u. mit Zeugnissen aus Gottes Wort u. der Kirche versehen. 861. — 2. Aufl. Rudolstadt 862. Fröbel. (Leipzig, Wagner.) 12. (IV, 138 S.) n. 5 ngr.

— kleiner Katechismus mit Bibelsprüchen. 2. Aufl. 861. 1½ ngr. — 3. Aufl. Schwiebus 864. Wagner. 16. (32 S.) 1¼ ngr.

— kleiner Katechismus mit Bibelsprüchen und Liederversen. Hrsg. von einem hannover. Geistlichen. gr. 8. (65 S.) Harburg 862, Danckwerts. *
Liederverse dazu. (20 S.) *

— kleiner Katechismus mit Erklärung. Für die evangelisch-luther. Kirchen und Schulen des Königr. Hannover eingeführt durch königl. Verordnung vom 14. April 1862. 8. (176 S.) Lüneburg 862, (Herold und Wahlstab'sche Buchh.) *

— kleiner Katechismus, erklärt in Fragen und Antworten zum Gebrauch in Kirche, Schule und Haus. 12. (XXII und 154 S.) Philadelphia 863, (Schäfer und Koradi.) cart. *

— — sammt dessen Vorrede, wie auch christl. Fragstücken für die Jugend, so zum heil. Abendmahl zubereitet, u. zum erstenmale zugelassen werden soll. Nebst der Haustafel u. Fragstücken auf alle Festtage im ganzen Jahr, mit beigefügten Gebeten u. schönen Seufzern. Schmalkalden 863. (Pistor.) 12. (84 S.) 3 ngr.

— kleiner Catechismus durch Frage und Antwort erläutert und mit angeführten Sprüchen heil. Schrift bekräftigt. Nach dem Dresdener Catechismus. 8. Aufl. 1863. und 9. Aufl. 16 (185 S.) Torgau 867, (Jacob.) geb. *

— kleiner Catechismus, mit einem Anh. Für die Kleinen. 33. Aufl. 32. (80 S.) Schleswig 864, (Heiberg's Buchh.) geb. *

— kleiner Katechismus, erläutert durch Bibel und Gesangbuch für Kirche, Schule und Haus. 8. (IV und 68 S.) Elberfeld 865, (Bädeker'sche Buchh.) *

— kleiner Catechismus für die Pfarrherren, Schulmeister, Hausväter, Jugend und Kinder. 6. Aufl. 16. (104 S. mit 32 Bildern von Otto Speckter nach verschied. Meistern in eingedr. Holzschn.) Hamburg 865, Agentur des Rauhen Hauses. geb. *

— kleiner Catechismus nebst Gebeten, Weihnachtsliedern, Tabellen für den Rechnen-Unterricht und dem Einmaleins. 32 (32 S.) Landsberg a. W. 865, (Volger und Klein.)

— kleiner Katechismus mit Sprüchen. 8. (51 S.) Neustadt a. O. 865, Wagner.

— kleiner Catechismus. (Enchiridion.) Nach den Orig.-Ausg. hrsg. von K. F. Th. Schneider. 6. Aufl. 16. (16 S. Neuwied 865, Heuser's Verlag. *

— kleiner Katechismus. gr. 8. (16 S.) Oldenburg 865, Schulze'sche Buchh. *

—— kleiner Katechismus. 7. Aufl. 32. (64 S.) Breslau 866, Dülfer.

—— kleiner Katechismus mit Bibelsprüchen. 8. (III und 58 S. mit 25 Illustr. in eingedr. Holzschn.) Leipzig 866, Klinkhardt. cart. *

—— kleiner Catechismus. A. u. d. T.: Der alte, sogenannte Dresdener Kreuz-Catechismus in neuer Aufl. unverändert abgedr mit einem kurzen Vorworte von B. A. Langbein. Neue Ster.-Ausg. gr. 16. (XX und 281 S.) Leipzig 866, Naumann.

—— kleiner Katechismus mit erklärenden und beweisenden Bibelsprüchen. 6. Aufl. br. 8. (75 S.) Dorpat 867, Gläser's Verlag. cart. *

— — mit Bibelsprüchen für den Schul- u. Pfarrunterricht. 1. u. 2. Aufl. Hannover 867,70. Hahn'sche Hofbuchh. 8. (64 S.) cart. n. 3 ngr

—— kleiner Katechismus mit Bibelsprüchen und Liederversen für den Schul- und Confirmanden-Unterricht. 2. Aufl. 8. (72 S.) Harburg 867, Elkan. *

—— kleiner Katechismus, ausgelegt von Wilh. Kahle. 2. Aufl. 8. (44 S.) Königsberg 867, Gräfe. * 2 Ngr.; cart. * *

— — mit angehängtem Spruchbuch für Volksschulen. Ebd. 867. 8. (89 S.) cart. n. 4 ngr

— — nebst Spruchbuch nach dem Zwickauer Leitfaden, besonders beim Gebrauche des Kretzschmar'schen Handbuchs. Meißen 867. Mosche. 8. (97 S.) cart. n. 4 ngr

—— kleiner Katechismus mit angehängtem Spruchbuch für Volksschulen. 8. (89 S.) Oldenburg 867, Schmidt. cart. *

— — mit Bibelsprüchen. Für Schule u. Haus. Schleswig 867. Schulbuchh. 16. (74 S.) n. 4 ngr

— — nebst 180 Sprüchen, nach den einzelnen Lehrstücken geordnet u. mit Angabe der Betonung versehen von L. W. Seyffarth. 2. durchgeſ. u. verm. Aufl. Berlin 868. Springer's Verl. 8. (46 S.) 3 ngr

—— dass. — Ausg. für den Lehrer. 2. durchgeseh. und verm. Aufl. 8. (49 S.) Ebendas. 868.

— — mit Spruchsammlung. Kiel 868. Schwers. 16. (39 S.) n. 2½ ngr

— — nebst Fragestücken u. einigen Gebeten, auch einer nützlichen Tabelle, einigen aufgelösten Brüchen u. einem großen Einmaleins zum Gebrauche beim Rechnen. Leipzig 868. Gräbner. 32. (32 S. mit 1 Tab. in 4.) 1 ngr

Luther's, Mart., kleiner Katechismus streng nach dem Wortlaute erklärt und mit Sprüchen, bibl. Geschichten und Kirchenliedern erläut. für den Schul- und Confirmanden-Unterricht von G. Gottschewski. 8. (95 S.) Mohrungen 868, Rautenberg. * *

— — mit erklärenden Fragen u. Antworten u. erläut. u. beweis. Sprüchen der heil. Schrift sammt der Augsburg. Confession. Von Karl Buchrucker. 3. verb. Aufl. Nürnberg 868. Sebald. gr. 16. (IV, 100 S.) n. 2 ngr

— — mit erläut. Bibelsprüchen, Liederversen u. Gebeten. Sommerfeld 868. Mertsching. 16. (48 S.) n. 1 ngr

— — Ausgabe für den Lehrer. 2. durchges. u. verm. Aufl. Ebend. 868. 8. (49 S.) 3 ngr

Luther's, Mart., kleiner Katechismus. 8. (20 S.) Bernstadt 869, Schmorrde. *

— kleiner Katechismus, mit den dazu gehörigen Sprüchen der heil. Schrift, in deutscher u. wendischer Sprache. 2. Aufl. Cottbus 869. Heine. 8. (63 S.) geb. n. 4 ngr

—— dass. — mit Worterklärungen und Bibelsprüchen von R. Starck. gr. 16. (40 S.) Eisenach 870, Baerecke. cart. *

—— dass. — mit Bibelsprüchen für den Schul- und Pfarrunterricht. 2. Aufl. 8. (64 S.) Hannover 870, Hahn'sche Buchh. geb. *

— — Mit einer katechet. Erklärung zum Gebrauch d. Schulen von Joh. Gottfr. Herder. Neue Aufl. Weimar 870. Böhlau. 8. (128 S.) n. 5 ngr

—— dass. — nebst den Fragestücken, einigen Gebeten, der Zeittafel zur bibl. und Kirchen-Geschichte, dem Ein mal Eins und Tabellen über die preuß. Maaße, Gewichte und Münzen. 1871, und Neue Ausg. 16. (72 S.) Berlin 878, (Beck.) *

—— dass. — mit erklärenden und beweisenden Bibelsprüchen. 7.—9. verb. und mit 4 Beilagen verm. Aufl. 8. (106 S.) Dorpat 871—74, Gläser; [Schnakenburg.] cart. *

— dasselbe. 16. (16 S.) Flensburg 871. Westphalen. geb. n.n. — 15

dasselbe, streng nach dem Wortlaute erklärt u. m. Sprüchen, bibl. Geschichten u. Kirchenliedern erläut. f. den Schul- u. Confirmanden-Unterricht v. G. Gottschewski. 8. (95 S.) Mohrungen 871. Rautenberg. n.n. — 25

—— dass. — 2. Aufl. 8. (16 S.) Oldenburg 871, Schulze'sche Buchh.

—— kleiner Katechismus. gr. 8. (8 S.) Berlin 872, Wohlgemuth.

— dasselbe für die Pfarrherren, Schulmeister, Hausväter, Jugend u. Kinder. 7. Aufl. Mit 32 Bildern (in eingedr. Holzschn.) v. Otto Speckter nach verschiedenen Meistern. 16. (104 S.) Hamburg 872. Agentur d. Rauhen Hauses. geb. m. Goldschn. n. 1. 50

—— dass. — mit bibl. Sprüchen, geschichtl. und Lehr-Abschnitten der heil. Schrift und Gesängen. 13. Aufl. gr. 8. (64 S.) Magdeburg 872, Heinrichshofen'sche Buchh. *

—— dass. — mit angehängtem Spruchbuch für Volksschulen. 3. Aufl. 1872. * 40 Pf., und 4. Aufl. 8. (89 S.) Oldenburg 875, Schmidt's Verlag. geb. **

—— dass. — hrsg. von Weidemann. 7. Aufl. 8. (IV, 208 S.) Saalfeld 872, Niese.

—— dass. — nebst Gebetbüchlein, Spruch-Register, Denksprüchen und dem Einmaleins. 16. (40 S.) Flensburg 873, Westphalen. *

—— dass. — mit biblischen Sprüchen, geschichtl. und Lehr-Abschnitten der heil. Schrift und Gesängen. 14.—17. Aufl. gr. 8. (64 S.) Magdeburg 873—79, Heinrichshofen'sche Verlagsh. *

— dasselbe, nebst Gebetbüchlein, Spruch-Register, Denksprüchen u. dem Einmaleins. 16. (40 S.) Ebend. 873. n. — 25

—— dass. — nebst Spruchbuch und einem Anhang von Gebeten. Zum Gebrauch in den Elementarschulen zusammengestellt. 8. (58 S.) Mühlhausen 873, Heinrichshofen'sche Buchh. geb. *

—— dass. — Durch Frage und Antwort erläutert und mit angeführten Sprüchen heiliger Schrift bekräftigt. Nach dem Dresdener Catechismus. 10. Aufl. 16. (172 S.) Torgau 873, Jacob. geb. **

— dasselbe. Mit 35 (lith.) Bildern nach Orig.-Zeichngn. 16. (64 S.) Wandsbeck 873. Seitz. geb. n. 1. —

— dasselbe m. Bibelsprüchen. gr. 16. (23 S.) Breslau 874. Morgenstern. — 15

—— dass. — nebst 180 Sprüchen, nach den einzelnen Lehrstücken geordnet und mit Angabe der Betonung versehen von L. W. Seyffarth. 3. und 4. durchgeseh. und verm. Aufl. 8. (46 S.) Berlin 874,79, Springer. *

—— dass. — mit Hinzufügung von Bibelsprüchen, von Andeutungen und Erklärungen und einem Ueberblick der Kirchengeschichte. 5. Aufl. gr. 16. (III, 108 S.) Darmstadt 874, Jonghaus' Verlag. *

— dasselbe m. erklärenden u. beweisenden Bibelsprüchen. 9. verb. u. m. 4 Beilagen verm. Aufl. 8. (106 S.) Dorpat 874. Schnakenburg. n. — 60

—— dass. — nebst Sprüchen, Gesangversen, Gebeten und Liedern für die Unter- und Mittelstufe der Volksschule. 16. (36 S.) Flensburg 874, Westphalen. **

—— dass. — Nebst einigen tabellar. Uebersichten für den Rechen-Unterricht. 10. Aufl. 16. (24 S.) Rathenow 874, Haase. *

—— dass. — mit Sprüchen. Zusammengestellt für die Bürgerschulen zu Reichenbach. 8. (27 S.) Reichenbach i. V. 874, (Köhler.) *

— dasselbe m. Hinzufügg. v. Bibelsprüchen, v. Andeutgn. u. Erklärgn. u. e. Ueberblick der Kirchengeschichte. 5. Aufl. gr. 16. (III, 108 S.) Darmstadt 875. Jonghaus. n. — 20

— dasselbe. Nebst einigen tabellar. Uebersichten f. den Rechen-Unterricht. 10. Aufl. 16. (24 S.) Rathenow 875. Haase. n. — 10

Luther, Mart., kleiner Katechismus, erläutert zum Gebrauch beim Schul- u. Confirmanden-Unterricht. 18. ster. Aufl. 8. (159 S.) Neustrelitz 876. Barnewitz. n. — 40

—— dass. — Mit erklärenden und beweisenden Bibelsprüchen. 10. Aufl. 8. (106 S.) Dorpat 877, Schnakenburg's Verlag. cart. *

—— kleiner Catechismus für die Pfarrherren, Schulmeister, Hausväter, Jugend und Kinder. Mit 32 Bildern von Otto Speckter nach verschiedenen Meistern. (8. Aufl.) gr. 16. (104 S.) Hamburg 877, Agentur des Rauhen Hauses. geb. *

—— dass. — nebst Fragestücken, einigen Gebeten, einer Tabelle und einem großen Einmaleins zum Gebrauche beim Rechnen. Neue, nach den Reichs-Maaß- und Gewichtsverhältnissen veränd. Ster.-Ausg. 32. (32 S. mit 1 Tab. in 4.) Leipzig 877, Klinkhardt.

— dasselbe, u. Haustafel. 2. Aufl. 8. (55 S.) Leipzig 877. A. Krüger. — 25

— kleiner Katechismus nebst Anh. 8. (15 S.) Oederan 877. Schlesinger. — 12

— dasselbe. Mit Holzschn. 7. Aufl. 16. (64 S.) Segeberg 877. Meier. — 15; geb. n. — 30

—— dass. — Hrsg. von Weidemann. 8. und 9. Aufl. 8. (IV, 204 S.) Saalfeld 878, Niese.

— dasselbe, mit Bibelsprüchen, Liederversen, Fragestücken u. Gebeten. 16. (32 S.) Danzig 879. Axt. n.n. — 5

— dasselbe, nebst der Augsburgischen Confession. 12. (35 S.) Rendsburg 879. (Kropp, Buchh. „Eben-Ezer".) n. — 15

Luther's, Martin, kleiner Katechismus, nebst Bibelsprüchen, Kirchenliedern und zweistimmig gesetzten Choralmelodien. 9.—13. Aufl. 8. (82 S.) Meißen 880—86, Schlimpert. cart. *

Vgl.: Memorirstoff, der gesetzlich vorgeschriebene religiöse.

—— dass. — Erläut. zum Gebrauch beim Schul- und Confirmanden-Unterricht. 19.—25. ster. Aufl. 8. (159 S.) Neustrelitz 880—83. Barnewitz. * 40 Pf.; geb. *

—— dass. — Mit Bibelsprüchen, Liederversen, Fragestücken und Gebeten, sowie einem Anhang nützl. Tabellen. 2. und 3. verm. Aufl. [Nach neuer Orthogr.] 16. (32 S.) Danzig 881,84, Axt.

—— dass. — Mit biblischen Sprüchen, geschichtl. und Lehr-Abschnitten der heil. Schrift und Gesängen. [Barleber Spruchbuch.] (Neue Orthogr.) 18. und 19. Aufl. 8. (64 S.) Magdeburg 881, Heinrichshofen's Verlag. * geb. **

— dasselbe nebst Sprüchen, Gebeten rc. 4., verb. u. verm. Aufl. 16. (40 S.) Neuhaldensleben 881. C. A. Eyraud. n. — 20

— dasselbe. Erläutert durch Sprüche der heil. Schrift u. Beispiele der biblischen Geschichte. 7., verb. Aufl. 8. (80 S.) Wismar 881. Hinstorff's Verl. geb. — 60

— dasselbe, nebst Anh. 16. (62 S.) Kropp 882. Buchhandl. „Eben-Ezer". cart. n. — 20

— dasselbe, nebst Fragestücken u. einigen Gebeten, auch einer nützlichen Tabelle, einigen aufgelösten Brüchen u. einem großen Einmaleins zum Gebrauche beim Rechnen. 16. (32 S.) Leipzig 882. Klinkhardt. n. — 5

—— dass. — mit bibl. Sprüchen, geschichtl. und Lehr-Abschnitten der heil. Schrift und Gesängen. [Barleber Spruchbuch.] 20. und 21. Aufl. gr. 8. (64 S.) Magdeburg 882,85, Heinrichshofen's Verlag. geb. *

— dasselbe, mit den zum Unterricht nöthigen Grundlagen aus der heil. Schrift u. dem Gesangbuche. 9. Aufl. 12. (88 S.) Merseburg 882. (Stollberg.) n. — 20; geb. n. — 35

— dasselbe. Erläutert zum Gebrauch beim Schul- u. Confirmanden-Unterricht. 24. ster. Aufl. 8. (159 S.) Neustrelitz 882. Barnewitz. n. — 40; geb. n. — 60

Luther, Mart., kleiner Katechismus. Für die Schulen des Fürstent. Schwarzburg-Rudolstadt. Nach der Bearbeitung von K. A. Kolde in Fragen und Antworten zergliedert und mit Zeugnissen aus Gottes Wort und der Kirche versehen. 6. Aufl. 8. (142 S.) Rudolstadt 882, Hofbuchdruckerei. geb. **

— dasselbe, nebst Anh.: Kurze Form, wie das Vater Unser zu beten. 16. (78 u. VI S. m. Bildnis.) Zwickau 882. J. Herrmann. n. — 35; geb. in Leinw. n. — 50
Dresden, H. J. Naumann in Comm.

—— dass. — Mit einem Anhang, enthaltend: Die Fragestücke, Bibel-Sprüche, Gebete und Segenswünsche, christliche Lebensregeln, Gedenkverse und Sprichwörter, geograph. und statist. Nachrichten über Deutschland, Münz-, Maaß- und Gewichts-Verhältnisse 2c., eine Geschichts-Tabelle, sowie das Ein mal Eins. 2. verm. und verb. Aufl. 8. (40 S.) Elmshorn 883, Groth. cart.

—— dass. — Eine Gabe zum 10. Novbr. 1883. 8. (16 S.) Herborn 883, Buchh. des Nassauischen Colportagevereins. *

—— dass. — Nebst passenden Bibelsprüchen. 1. und 2. Aufl. 8. (32 S.) Klagenfurt 883,84, Heyn's Buchh.

— dasselbe, nebst Spruchbuch u. e. Anh. v. Gebeten. Zum Gebrauch in den Elementarschulen zusammengestellt. 2. Aufl. 8. (55 S.) Mühlhausen i/Th. 883. Heinrichshofen. geb. n. — 35; Ausg. f. Oesterreich n. — 35

—— dass. — Neue mit einer Lebensbeschreibung Luthers verm. Aufl. 16. (67 S.) Ebendas. 883. *

— dasselbe, erläutert zum Gebrauch beim Schul- u. Confirmanden-Unterricht. 25. ster. Aufl. 8. (159 S.) Neustrelitz 883. Barnewitz. n. — 40; Einbd. n.n. — 50

—— dass. — Nebst Sprüchen und einigen tabellar. Uebersichten für den Rechen-Unterricht. 11. und 12. Aufl. 8. (28 S.) Rathenow 883,84, Haase's Buchh.

—— dass. — erläutert durch Sprüche der heil. Schrift und Beispiele der bibl. Geschichte. 8. und 9. unveränd. Aufl. 8. (80 S.) Wismar 883,87, Hinstorff'sche Hofbuchh. geb. *

—— dass. — Nebst Fragestücken und einigen Gebeten, sowie nützl. Tabellen, den neuen Reichsmünzen, Maßen und Gewichten und dem großen Einmaleins zum Rechnen. 16. (32 S.) Ducherow 884. (Leipzig, Buchh. des Vereinshauses.) **

—— dass. — Nebst Bibelsprüchen und Gebeten. Hrsg. von dem Flensburger Lehrerverein. 8. (47 S.) Flensburg 884, Westphalen. cart. **

—— dass. — Durch Frage und Antwort erläutert und mit angeführten Sprüchen heil. Schrift bekräftigt. Nach dem Dresdener Katechismus. 11. Aufl. 16. (172 S.) Torgau 884, Jacob. geb. *

—— dass. — Nebst Sammlung von Bibelsprüchen und Gebeten. Hrsg. vom Elb-Pinnauer Lehrerverein. 3. Aufl. 8. (48 S.) Uetersen 884, (Koopmann.) cart. **

— dasselbe. Nebst pass. Bibelsprüchen. 3. Aufl. 16. (33 S.) Klagenfurt 885. Heyn. n. — 6

— dasselbe m. biblischen Sprüchen, geschichtlichen u. Lehr-Abschnitten der heil. Schrift u. Gesängen. [Barleber Spruchbuch.] 21. Aufl. gr. 8. (64 S.) Magdeburg 885. Heinrichshofen's Verl. geb. n. — 30

—— dass. — nebst Sprüchen und einigen tabellar. Uebersichten für den Rechenunterricht. 13.—16. Aufl. 8. (27 S.) Rathenow 885—87, Babenzien.

— kleiner Katechismus. 16. (30 S.) Bielefeld 886. Helmich. n. — 5

— dasselbe m. Bibelsprüchen, Liederversen, Fragestücken u. Gebeten, sowie e. Anh nützl. Tabellen. 4. Aufl. (32 S.) Danzig 886. Axt. — 10

— dasselbe. 8. (14 S.) Flensburg 886 Westphalen. cart. n.n. — 10

— dasselbe. 2. Aufl. 8. (16 S.) Herborn 886. Buchh. d. Nassauischen Colportagevereins. n. — 7

— dasselbe nebst Sprüchen u. einigen tabellar. Uebersichten f. den Rechenunterricht. 14. Aufl. 8. (27 S.) Rathenow 886. Babenzien. — 15

—— dass. — für die Schulen des Fürstenthums Schwarzburg-Rudolstadt. Nach der Bearbeitung von K. A. Kolde in Fragen und Antworten zergliedert und mit Zeugnissen aus Gottes Wort und der Kirche versehen. 7. Aufl. 8. (142 S.) Rudolstadt 886, Hofbuchdruckerei. *

— dasselbe, erläutert durch Sprüche der heil. Schrift u. Beispiele der bibl. Geschichte. 9. Aufl. 8. (80 S.) Wismar 887. Hinstorff's Verl. geb. n. — 40

— dasselbe. 3. Aufl. 8. (16 S.) Herborn 888. Buchhdlg. d. Nassauischen Colportagevereins. n. — 7

— dasselbe, nebst Bibelsprüchen. Zusammengestellt im Auftrage d. Schulkommission in Kiel. 3. Aufl. 12. (24 S.) Kiel 888. Homann. geb. n.n. — 30

— dasselbe, nebst Fragestücken u. einigen Gebeten, mit Berücksicht. der richtigen Betonung beim Lesen oder Auswendiglernen. Nebst Anh., enth.: Eine Zusammenstellg. der neuen Maße, Gewichte u. Münzen; Einteilung des Jahres, sowie das große u. kleine Einmal-Eins. 12. (31 S.) Magdeburg 888. L. Sperling & Co.
100 Explre. n.n. 3. 75

Luther's, Martin, kleiner Katechismus, erläutert zum Gebrauch b. Schul- u. Konfirmanden-Unterricht. 26. Ster.-Aufl. 8. (159 S.) Neustrelitz 888. Barnewitz. geb. n. — 60

—— dass. — Nebst angehängtem kleinen und großen Einmaleins. 1. und 2. Aufl. 8. (8 S.) Halle 889, Schroedel.

— dasselbe. Nebst passend. Bibelsprüchen. 4. Aufl. 16. (33 S.) Klagenfurt 889. Heyn. n. — 6

— dasselbe, nebst Sprüchen u. einigen tabellar. Uebersichten f. den Rechen-Unterricht. 17. Aufl. 12. (27 S.) Rathenow 889. Babenzien. — 15

—— desgl. — Erläutert durch Sprüche der heil. Schrift u. Beispiele der bibl. Geschichte. 10. unveränd. Aufl. 8. (80 S.) Wismar 889, Hinstorff. geb. * — 40

— kleiner Katechismus. Nach den Eisenacher Beschlüssen umgeänd. Ausg. gr. 16. (13 S.) Berlin 890. H. R. Mecklenburg. — 5

Malpas; ein histor. Roman, aus dem Anfange d. 14ten Jahrh., nach dem Verf. d. Cavaliers v. G. Lotz. 3 Bde. 8. Braunschw. 824, Meyer.

Marcellus **Malpighi**. Die Anatomie der Pflanzen. Th. 1 u. 2. London 1675 u. 1679. Bearb. von M[artin] Möbius. Mit 50 Abb. *Leipzig: W. Engelmann 1901.* (163 S.) 8°
— **Klassiker**, Ostwald's, d. exakten Wissenschaften. No 120. [0L 1119] 2

Malpighi, Marcellus, die Anatomie der Pflanzen, s. a. Ostwald's, W., Klassiker d. exakten Wissenschaften.

Malsburg, Ernst Friedrich Georg Otto, Frhr. von der

v. d. Malsburg, E. F. G. O., s. Calderon, Schauspiele. — Dess. Verwickelungen.

v. der Malsburg, Er. Fr. Geo. O. Frhrr., Gedichte. gr. 8. Marb. 818. N. Aufl. gr. 8. (Leipz. 821. Brockhaus). 2 ℛ

— poetischer Nachlaß u. Umrisse aus seinem innern Leben. Von P. C. (Philipp v. Calenberg.) Mit 1 Steindr. u. 1 Musikbeil. gr. 8. Cassel 825. Bohné. 2 ℛ

Malsburg, Friedrich Ernst Georg Otto von. Poetischer Nachlass und Umrisse aus seinem innern Leben ... Kassel 1825. H: *Calenberg (Callenberg), Philippine Sophie von.* (BrMm) (Gd) (GGr)

v. d. Malsburg, Er. Otto Frhr., s. Lope de Vega, Stern, Zepter-Blumen.

Malsburg, Karl von der, Die Zellengröße ... s. Arbeiten d. dt. Gesellschaft f. Züchtungskunde.

Malsburg, Otto von der: Untersuchungen über den Einfluß der Fütterung roher, gedämpfter, und getrockneter Kartoffeln auf die Milchproduktion bei Kühen. *Halle a. S. 1903: Wischan & Burkhardt.* (61 S.) 8°
Halle, Phil. Diss. v. 1903

Malsch [Schlagwort]

Malsch, s.: Baden. Karte.

Malsch [Verfasser]

A. Malsch, Preuß. Kassen- u. Rechnungskalender Berlin.

Malsch, Friedr. Christ. (Durlach) u. **Joh. Baumann** u. **Joh. Gg. Belser,** Disput. theol. dogm. seu judaismus christianismo sublatus. Präs. Joh. Chr. Klemm. Tübingen (Schramm) Sept. 1742. 48 S. (4.—) 22075

Malsch, J. C., s. M. *Corderi* colloquia.

Malsch, I. C., tripartitus i. e. sententiae morales A. Mureti, D. Catonis, acc. Flores Tiballi etc. 8. Marburg. 749.

Malsch, Julius [app. Arzt aus Meiningen]: Über Diagnose und Lösung peritonealer Adhaesionen des retroflectirten Uterus und der entsprechend verlagerten Ovarien. ... Jena, Frommannsche Buchdr. (Hermann Pohle), 1888; 2 Bl. + 83 S. 8°
Jena, Med. Fak., Inaug.-Diss. v. [5. Nov.] 1888

Malsch, Karl Fr., s. Chrestomathie, russische.

Malsch, M. v., Doctor Löwenthal, s.: Novellen, baltische.

Malsch, R., der Weimarische Lehrerverein in d. ersten 25 Jahren s. Bestehens. 1872—1897. Jubiläumsschrift, im Auftrage d. Gesamtvorstandes hrsg. gr. 8. (64 S.) Weimar 897. (Leipzig, H. Haacke.) n. 1.—

Malsch, Rudolf

Hypsometrische Schulhandkarte von Niederösterreich. Maßstab 1 : 600.000. Wien. Ed. Hölzel —.10
(Min. Erl. v. 10. Mai 1893, Z. 9233.)

Guilelmus Malsch [Wilhelm Malsch]: De spinae dorsi Distorsionibus novaque ad eas sanandas machina Graefii. Berolini (1818:) Unger. 28 S. 8°
Berlin, Med. Diss. v. 24. Juli 1818

Malsch, G., de nova machina Graefiana distorsiones spinae dorsi ad sanandas, nec non disquisitio deformitatum istarum. Accedit tabula aenea. 4maj. Berl. 819. Dümmler. 10 ℊ

Malschule, die kleine. 6 Hfte. qu. 8. (à 12 Holzschntaf., wovon je 6 in Buntdr.) Stuttgart 872. G. Weise. — 30

Malschule, kleine. 4. (15 zum Theil color. Stut.) Eßlingen 880, Schreiber. geb. *

Malschule, die kleine. 16. (12 z. Thl. farb. Taf.) Stuttgart 889. G. Weise. n. — 15

— dasselbe. 16. (32 z. Thl. farb. Taf.) Ebd. 889. n. — 40

— die neue. — La petite école de peinture. — The new paintingschool. — De kleine schilder. 8. (16 zum Theil color. Bilder.) Stuttgart 873. Eger & Distler. — 25

Malsen, Hans Freiherr von: Geschlechtsbestimmende Einflüsse und Eibildung des Dinophilus apatris. Hierzu 1 Taf. Bonn: F. Cohen 1906. (37 S.) 8° [Umschlagt.] ¶(Aus: Archiv f. mikroskop. Anatomie u. Entwicklungsgeschichte Bd 69. 1906.)
München, Phil. Fak., Ref. Hertwig, Diss. v. 13. März 1906
[Geb. 2. Juni 70 Traunstein; Wohnort: München; Staatsangeh.: Bayern; Vorbildung: Wilhelms-Gymn. München Reife Aug. 89; Studium: München 2, Würzburg 1, München 4 S.; Rig. 13. März 06.]

Malsen, Th. Frhr. v., Handbuch f. den Einjährig-Freiwilligen, s.: Müller, C. Th.

Malsen, Th. Frh. v., Leitfaden f. den Unterricht des Infanteristen, s.: Parseval, Otto v.

Malsen-Waldkirch, Conr. Frh. v., u. **Bruno Hofer,** das bayer. Fischereirecht auf Grund 1. des Wassergesetzes vom 23. III. 1907, 2. des Fischereigesetzes vom 15. VIII. 1908, 3. der Landesfischereiordnung vom 23. III. 1909 nebst den Vollzugsvorschriften erläutert. (XII, 627 S.) 8. München 910. C. H. Beck. Geb. in Leinw. 8.50

Malser, Hans, vom Kreuzweg des Lebens. Novellistische Studien. Hrsg. von P. K. Rosegger. 8. (VII, 279 S.) Stuttgart 881, Levy und Müller. *

[F.] [Martin] **Luthers** kleiner Katechismus nebst Sprüchen, Gebeten, Psalmen u. Liedern. Zsgest. v. Prof. Dr. Karl Noack, Prorektor ... zu Frankfurt a. O. *Berlin: Nicolai 1895.* (2 Bl., 68 S.) 1 Bd 8. [94. 4001

— dasselbe nebst e. amtl. Ausg. v. Bibelsprüchen u. Bibelabschnitten f. d. Volks- u. Mittelschulen, sow. f. d. höh. Mädchenschulen d. Prov. Schleswig-Holstein. 12. (16 S.) Schleswig 896. J. Bergas. n. — 20; in dänischer Sprache n. — 20

— dasselbe (sogen. Normativ-Katechismus, hrsg. im Auftr. d. kgl. Konsistoriums d. Prov. Brandenburg). (Neudr.) 12. (16 S.) Berlin (897). Trowitzsch & Sohn. n. — 10

[F.] [Martin] **Luthers** kleiner Katechismus nebst Spruchbuch z. Gebr. im Schul- u. Konfirmandenunterr. hrsg. v. C[arl] Altenburg, Regiergs- u. Schulr. zu Liegnitz. 6. Aufl., verm. durch d. Abdr. d. 30 f. Schlesien vorgeschrieb. Kirchenlieder. *Breslau: W. G. Korn 1897.* (100 S.) 1 Bd 8. [97. 6415

— dasselbe nebst Fragestücken u. ein. Gebeten, sow. nützl. Tabellen, d. neuen Reichsmünzen, Maßen u. Gewichten u. dem großen Einmaleins z. Gebrauche beim Rechnen. (Neudr.) 16. (32 S. m. Bildn. u. 1 Tab.) Ebd. (897). n. — 10

[Umschlagt.:] (Martin) **Luthers** kleiner Katechismus nebst d. amtl. vorgeschriebenen Bibelsprüchen u. Kirchenliedern z. Gebr. im Schul- u. Konfirmandenunterr. 9. umgearb. u. verkürzte Aufl. d. Sprachbuches v. A[ug.] Noack, Rektor. *Glogau: E. Zimmermann 1897.* (40 S.) 1 Bd 8. [98. 19473

— dasselbe m. e. biblischen Spruchbuche. Für die Schulen der Herzogtümer Coburg u. Gotha. (63 S.) 12. Gotha 897. Engelhard-Reyher'sche Hofbuchdr. (Nur direkt.) Geb. n. — 60

— dasselbe. 5. Aufl. 8. (16 S.) Herborn 898. Buchh. d. nassauischen Colportagevereins. n.n. — 05

— dasselbe, in Fragen u. Antworten m. beweisenden Sprüchen hl. Schrift u. erläut. Liederversen u. bibl. Beispielen. (Von L. A. Hamm.) 3., verb. u. verm. Aufl. 8. (IV, 104 S.) Straßburg 898. (C. A. Bomhoff.) Geb. n.n. — 60

Dr. Martin Luther's Kleiner Katechismus nebst 180 Sprüchen, nach d. einzelnen Lehrstücken geordnet u. mit Angabe d. Betonung versehen. Von Dr. L. W[ilhelm] Seyffarth, Pastor zu Liegnitz. 6. Aufl. Berlin: J. Springer 1899. (46 S.) 8°

[Martin] **Luthers** kleiner Katechismus in Fragen und Antworten einfach zergliedert u. mit Zeugnissen aus Gottes Wort u. d. Kirche versehen von K[arl] Ad[olf] Kolde, Pastor †. 8. Aufl. *Breslau: E. Trewendt 1899.* (133 S.) 8° [F.] [01. 330

Dr. Martin **Luthers** Kleiner Katechismus, f. d. Schul- u. Konfirmandenunterr. in zusammenhäng. Darst. erkl. von A[ugust] Giebe, Reg.- u. Schulrat. 4. Aufl., durchges. u. verb. von Pastor G[ust.] Koffmane. Breslau: F. Hirt 1900. (92 S.) 8°

[Martin] **Luthers** kleiner Katechismus nebst e. Auswahl von Kirchenliedern u. e. Spruchbuch z. Gebr. im Schul- u. Konfirmandenunterr. hrsg. von C[arl] Altenburg, Reg.- u. Schulrat. 8. Aufl. Breslau: W. G. Korn 1900. (96 S.) 8°

— dasselbe m. Sprüchen u. Anh. Eingerichtet nach den neuen Lehrplänen f. die höheren Schulen in Preußen v. J. 1901. 8. (56 S.) Halle 900. Buchh. des Waisenhauses. n. — 25

— dasselbe, wie derselbe e. Bekenntnisschrift der evangel. Kirche ist. 8. (32 S.) Reutlingen (900). Stuttgart, Fleischhauer & Spohn. n. — 10

— dasselbe, nebst e. Sammlg. v. Bibelsprüchen. Hrsg. vom pädagog. Verein in Altona. 5. Aufl. 12. (55 S.) Altona-Ottensen 901. Th. Christiansen. Geb. n.n. — 30

Dr. Martin **Luthers** kleiner Katechismus ausgelegt von Wilhelm Kahle, weil. Konsist.R. 22. Aufl. besorgt von Prof. E[rnst] Kahle, Danzig. *Danzig: A. Scheinert 1901.* (59 S.) 8° [F.] [01. 5000 10

— dasselbe, historisch-krit. Ausg. Urtext m. d. Abweichgn. bis 1580, nebst Anmerkgn. u. Vorschlägen zu sprachl. Ändergn. v. Aug. Ebeling. 2. unveränd. Ausg., m. e. Anh. üb. d. Ausgaben des Katechismus m. Nachträgen u. m. dem vorluther. Texte. gr. 8. (64 S.) Hannover 901. C. Meyer. n. 1. 20

— dasselbe f. die Schulen des Fürstent. Schwarzburg-Rudolstadt. Nach der Bearbeitg. v K. A. Kolbe in Fragen u. Antworten zergliedert u. m. Zeugnissen aus Gottes Wort u. der Kirche versehen. 10. Aufl. (120 S.) 8. Rudolstadt 901. Fürstl. priv. Hofbuchdruckerei n.n — 65; geb. n.n. — 90

Dr. Martin Luthers kleiner Katechismus ausgelegt von Wilhelm Kahle, weil. Kons.R., Danzig. 23. Aufl. besorgt von Prof. E[rnst] Kahle, Dir. in Danzig. Danzig: A. Scheinert 1902. (59 S.) 8°

Doktor Martin **Luthers** Kleiner Katechismus mit Sprüchen u. Anhang. Eingerichtet nach d. neuen Lehrplänen f. d. höh. Schulen in Preussen v. J. 1901. Halle a. S.: Waisenhaus 1902. (56 S.) 8°

— kleiner Katechismus. Nebst 150 Bibelsprüchen. 8. (28 S.) Kiel (902). Lipsius & Tischer. — 25

Dr. Martin **Luthers** kleiner Catechismus sammt dessen Vorrede wie auch christlichen Fragstücken für d. Jugend ... Nebst d. Haustaf. u. Fragstücken auf alle Festtage im ganzen Jahr, mit beigefügten Gebeten. *Schmalkalden: W. Eckardt 1902.* (VII, 40 S.) 8° [F.] [03. 9774 4

Dr. Martin **Luthers** Kleiner Katechismus f. Schule, Kirche u. Haus erkl. von E[mil] Bauch, Rektor, u. V[iktor] Bury, Pfarrer in Elbing. (Vorr.: D. [Adolf] Doeblin, Generalsuperint.) *Breslau: F. Hirt 1903.* (152 S.) 8° [F.] [04. 7668

[Martin] **Luthers** kleiner Katechismus nebst e. Auswahl von Kirchenliedern u. e. Spruchbuch z. Gebr. im Schul- u. Konfirmandenunterr., hrsg. von C[arl] Altenburg, Schulrat in Liegnitz. 10. Aufl. *Breslau: W. G. Korn 1903.* (96 S.) 8° [F.] [04. 1886

Doktor Martin **Luthers** kleiner Katechismus mit Sprüchen u. Anhang. Laut Ministerialerl. z. Unterrichtsgebr. genehmigt. 2. Aufl. *Halle a. S.: Waisenhaus 1903.* (56 S.) 8° [F.] [03. 11050 3

— dasselbe m. e. Auswahl v. Bibelsprüchen u. e. Anh. 22. Aufl. Hrsg. v. der Gesellschaft der Freunde des vaterländ. Schul- u. Erziehungswesens. (63 S.) 8. Hamburg 903. (C. Boysen). n. — 25; geb. n. — 50

Dr. Martin **Luthers** Kleiner Katechismus nebst kurzer Auslegung von Dr. G[eorg] B[ernhard] Weiß, weil. Ober-Konsist.R. 144. Aufl., umgearb. von Dr. theol. [Matthias] Lackner, Konsist.R. Ausg. A. *Königsberg: Hartung 1903.* (68 S.) 8° [F. u. Ant.] [03. 11000 10

Dr. Martin **Luthers** Kleiner Katechismus nebst kurzer Auslegung von Dr. G[eorg] B[ernhard] Weiß, weil. Ober-Konsist.R. 145. Aufl., umgearb. von Dr. theol. [Matthias] Lackner, Konsist.R. Ausg. A. *Königsberg: Hartung 1903.* (68 S.) 8° [F. u. Ant.] [04. 4989 10

Dr. Martin **Luthers** Kleiner Katechismus nebst kurzer Auslegung von Dr. G[eorg] B[ernhard] Weiß, weil. Ober-Konsist.R. Neu bearb. f. gehobene Schulen u. f. d. Konfirmandenunterr. von Dr. theol. [Matthias] Lackner, Konsist.R. Ausg. B. 12. Aufl. *Königsberg: Hartung 1903.* (96 S.) 8° [F. u. Ant.] [03. 11003 10

Dr. Martin **Luthers** kleiner Katechismus unter Zugrundelegung des alten Breslau-Ölser, ursprüngl. Lüneburg-Celleschen Katechismus in Frage u. Antw. erkl. u. durch Bibelsprüche ... erl. von Heinrich Wendel. 75. durchges. Aufl. In neuer Rechtschreibung. Breslau: C. Dülfer 1904. (VIII, 147 S.) 8° [F.] [07. 16417 2

Martin) **Luthers** Kleiner Katechismus nach d. Wittenberger Ausg. v. Jahre 1540 z. ersten Male hrsg. von Lic. Otto Albrecht, Pastor zu Naumburg a. S. *Erfurt: K. Villaret 1904.* (36 S.) 4° Aus: Jahrbücher d. Kgl. Akad. gemeinnütziger Wiss. zu Erfurt. N.F.H. 30. [04. 13575 10

— dasselbe, nach den ältesten Ausgaben in hochdeutscher, niederdeutscher u. lateinischer Sprache hrsg. u. m. kritischen u. sprachlichen Anmerkungen versehen v. Karl Knoke. Mit 26 Abbildgn. nach Hans Behaim. (VII, 133 S.) qu. gr. 8. Halle 904. Buchh. des Waisenhauses. Geb. in Leinw. n. 8. —

Dr. Martin **Luthers** Kleiner Katechismus nebst kurzer Auslegung von Dr. G[eorg] B[ernhard] Weiß, weil. Ober-Konsist.R. 146. Aufl., umgearb. von Dr. theol. [Matthias] Lackner, Konsist.R. Ausg. A. *Königsberg: Hartung 1904.* (68 S.) 8° [F. u. Ant.] [04. 1950 10

Dr. Martin **Luthers** Kleiner Katechismus nebst kurzer Auslegung von Dr. G[eorg] B[ernh.] Weiß, weil. Ober-Konsist.R. Ausg. A. 149. Aufl., umgearb. von Dr. [Matthias] Lackner, Konsist.R. Königsberg: Hartung 1904. (68 S.) 8° [F. u. Ant.] [05. 2363 10

Dr. Martin **Luthers** Kleiner Katechismus nebst kurzer Auslegung von Dr. G[eorg] B[ernh.] Weiß, weil. Ober-Konsist.R. Neu bearb. f. gehobene Schulen von Dr. [Matthias] Lackner, Konsist.R. Ausg. B. 15. Aufl. Königsberg: Hartung 1904. (96 S.) 8° [F. u. Ant.] [05. 2364 10

— dasselbe, nebst e. amtl. Ausgabe v. Bibelsprüchen u. Bibelabschnitten f. die Volks- u. Mittelschulen, sowie f. d. höh. Mädchenschulen der Prov. Schleswig-Holstein. 8. Abdr. (16 S.) kl. 8. Ebd. 904. n. — 20

Dr. Martin **Luthers** Kleiner Katechismus, f. d. Schul- u. Konfirmandenunterr. in zusammenhängender Darstellung erkl. von A[ugust] Giebe, weil. Reg.R. Durchges. u. verb. von Superint. D. G[ustav] Koffmane. 5. Aufl. Breslau: F. Hirt 1905. (92 S.) 8° [F.] [06. 10918

Dr. Martin **Luthers** kleiner Katechismus ausgelegt von Wilhelm Kahle, weil. Konsist.R. in Danzig. 25. Aufl. besorgt von Prof. E[rnst] Kahle, Prov.Schulrat. Danzig: A. Scheinert 1905. (59 S.) 8° [Ant. u. F.] [05. 3... 10

D. Martin **Luthers** kleiner Katechismus in Fragen und Antworten ausgelegt. Nebst einigen Zugaben. Von D. R[udolf] Steinmetz, Pastor. Sonderausg. f. d. Ev.-luth. Kirche im Fürstentum Lippe. Göttingen: Vandenhoeck & Ruprecht 1905. (168 S.) 8° [F.] [06. 9930 7

— dasselbe m. e. Anh. Für die Kleinen. 68. Aufl. (80 S.) 16. Schleswig 905. J. Bergas Verl. Kart. n. — 30

— dasselbe, erläutert durch Sprüche der hl. Schrift u. Beispiele der bibl. Geschichte. 12. unveränd. Aufl. (79 S.) 8. Wismar 905. Hinstorff's Verl. n. — 30; geb. n. — 40

— kleiner Katechismus. 1.—10. Taus. (16 S.) kl. 8. Brassó (Kronstadt) 906. H. Zeidner. n. — 08

Dr. Martin **Luthers** Kleiner Katechismus f. Schule, Kirche u. Haus erkl. von E[mil] Bauch, Rektor, u. V[iktor] Bury, Pfarrer in Elbing. (Vorr.: D. [Adolf] Doeblin, Generalsuperint.) 2., durchges. Aufl. Breslau: F. Hirt 1906. (152 S.) 8° [F.] [07. 4238 2

Dr. Martin **Luthers** [Kleiner] Katechismus für Taubstumme. Bearb. von K[arl] Prüfner, Dir. Erfurt: H. Neumann 1906. (86 S.) 8° [F.] [06. 1502 3

F) **Luthers** kleiner Katechismus. 8°. (16 S.) K —.08
Kronstadt: Zeidner 1906.

Dr. Martin **Luthers** kleiner Katechismus ausgelegt von Wilhelm Kahle, weil. Konsist.R. in Danzig. 26. Aufl. besorgt von Th[eodor] Kahle, Pfarrer, Danzig: A. Scheinert 1907. (59 S.) 8° [Ant. u. F.] [07. 8411 10

[Martin] **Luthers** kleiner Katechismus nebst d. amtlich vorgeschriebenen Bibelsprüchen u. Kirchenliedern. Zum Gebr. im Schul- u. Konfirmandenunterricht. 12. Aufl. d. Spruchbuches von A[ugust] Noack, Rektor. Glogau: E. Zimmermann 1907. (40 S.) 8° [Umschlagt. F.] [08. 7351 2

— dasselbe m. Sprüchen u. Anh. 3. Aufl. (58 S.) kl. 8. Halle 907. Buchh. des Waisenhauses. — 25

— dasselbe nebst Spruchbuch u. Gebetbüchlein. (81 S.) 8. Flensburg 908. A. Westphalen. — 20

— kleiner Katechismus. Nebst 2 Anh.: 1. Kurze Form, wie das Vaterunser zu beten. 2. Luther's Trau- u. Taufbüchlein. 3. Aufl. (116 S. m. Bildnis.) 16. Zwickau (909). J. Herrmann. Kart. — 30; geb. — 40

Kleiner u. großer Katechismus

— kleiner u. großer Katechismus. [Unveränd. Abdr.] 8. Aufl. gr. 8. (160 S.) Basel 890, [Spittler.] Jaeger u. Kober. * — 50; geb. * — 80

— kleiner u. großer Katechismus. (Unveränd. Abdr.) 9. Aufl. gr. 8. (160 S.) Basel 897. Kober. n. — 50; geb. n. — 80

Doctor Morten **Luthers** Liden Katechismus med en Samling af Bibelsprog og Psalmevers. 21. Udg. Slesvig. 1892. 8°

[F.] Dr Morten **Luthers** liden Katechismus tilligemed den foreskrevne Samling af Bibelsprog og bibelske Laesestykker for Almueskoler. *Schleswig: J. Bergas 1896.* (16, 16 S.) 1 Bd 8. [96. 6...

Der lutherische [Martin **Luthers**] Katechismus mit e. Zusammenstellung von Bibelsprüchen, Psalmen, Gebeten u. Kirchenliedern z. Gebr. f. d. Unterr. in Schule u. Kirche nach d. 'hess. Landeskatechismus' von E. Spangenberg eingerichtet von H. Ahlfeld. 6. Aufl. Kassel: E. Hühn 1902. (77 S.) 8°

Römisch-katholischer Katechismus

Luther, Martin. Römisch-katholischer Katechismus. Würzburg 1883 H: *Schuler, Michael.* (Gla I/2, 751)

— römisch-katholischer Katechismus. Eine Festgabe für das Jubelj. 1883. 16. (48 S.) Würzburg 883, Bucher. *

— römisch-katholischer Katechismus. Neueste Aufl. (Zum 1. Male als Festgabe zum Jubelj. 1883 erschienen.) gr. 16. (69 S.) Würzburg (899). F. X. Bucher. n. — 20

— wulki katechismus pschełoženy wot Jana Kiliana. (Hoyerswerda 854. Erbe.) gr. 8. (146 S.) nn. 12½ ngr.

— mały Katechismus wułoženy s bibliskimi stawisnami, se schpruchami a s khjerluschemi. Sa wuczerjow w zyrkwjach a schulchach, sa dżjeczi a sa starschich. 8. (90 S. mit 1 Holzschn.) (Hoyerswerda 852, Erbe.) *

— mały katechizm wyłożony i potrzebnemi dodatkami pomnożony ku użytkowi młodzieży i przypomnieniu i zbudowaniu dla dorosłych przez J. L. Parisiusa. Przetłomaczony z niemieckiego podług. 16., wydania przez Rob. Fiedlera. 8. (91 S.) Breslau 852, Korn. **

— über christliche Kinderzucht. Herausg. von Joh. Schiller. 2. (Titel-)Ausg. Frankfurt a. M. (846.) 854. Heyder u. Zimmer. 8. (122 S.) n. 8 ngr.

—— Kirchengesänge rc., s. Schatz des evangel. Kirchengesanges.

—— Kirchenpostille, s. dess. sämmtl. Werke, 10—15. Bd.

— Kirchenpostille, od. Ausleg. der Epist. u. Evangel. rc. 4 Thle nebst Reg. Fol. Leipz. Gleditsch. 720.

Luther, Mart., Kirchen-Postille, od. Erklär. d. sonn- u. festtägl. Evangelien durch d. ganze Jahr. Mit e. Vorr. v. Jonath. Frieder. Bahnmaier. 2 Bde. (od. 28 Lfgn.) Neue wohlf. Ausg. Mit Luthers Bildn. (Holzschn.) gr. 4. Stuttgart, [Scheible, Rieger u. Sattler.] à L. 4½ Gr. 5¼ Thlr., hrbgs. Pr. Thlr. *
Bd. 1. Winterpostille. (76 B.) 835, 36.
„ 2. Sommerpostille. (90¼ B.) 836—38.

—— Kirchenpostille. (Die Evangelienpredigten.) Hrsg. v. Friedr. Francke. 1. Bd. 2 Abthlgn. (9 Hfte.) Lex.-8. (93 B.) Leipzig 844—46, [Berlin, Gebauersche Buchh.]
Wurde auch u. d. Ttl.: Luther's sämmtl. Schriften 11. Bd. ausgegeben.

— Kirchen-Postille, d. i. Predigten über die Evangelien und Episteln des Kirchenjahrs, nach der letzten bei Luther's Lebzeiten, 1544, erschienenen Ausg. wieder abgedr. 1. Bd. 1.—4. u. 2. Bd. 1. u. 2. Liefg. gr. 8. Stuttgart 845, 46, Evangelische Bücherstiftung. à ⅓ ℛ

— Kirchenpostille. Herausg. von Friedr. Francke. Neue (Titel-)Ausg. Berlin (846.) 855. Gebauer. gr. 8. (XVI, 1468 S.) n. 2 ℛ. 18 ngr.

—— Kirchenpostille. Für das deutsche christl. Volk. 2 Bde. Neue (Titel-)Ausg. 8. Dresden 870, Naumann. *
Inhalt:
Bd. 1. Predigten über die Evangelien. (XII, 1262 S.) *ℳ 4,50.
„ 2. Predigten über die Episteln. (850 S.) *ℳ 3,60.

— Kirchenpostille üb. die Evangelien u. Episteln d. Kirchenjahres. Aufs Neue rev. u. hrsg. v. Frdr. Francke. (In ca. 20 Lfgn.) 1—9. Lfg. Lex.-8. (S. 1—839.) Dresden 871. 72. H. J. Naumann. à n. 1. —

— vollständ. Kirchenpostille, od. Ausleg. der Evangel. u. Epist. auf alle Sonn-, Fest- u. Apostelt. 3 Thle. 4. Halle, Gebauer. 737.

— vollständ. Kirchenpostille, üb. alle Sonn-, Fest- u. Apostelt. Epist. u. Evangel. Fol. Füneb. 737.

— Kraft u. Kern aus den Kirchen- u. Hauspostillen. 3 Thle. 8. Saalfeld. 741.

— christl. Lehren auf alle Tage im Jahre. 8. Neudietendorf 817. (Leipz., Kummer). 1 ℛ Schrbp. 1 ℛ 4 𝒦

—— christliche Lehren auf alle Tage im Jahre. Auserlesene Stellen aus seinen sämmtl. Schriften. 2., umgearb. Ausg. 12. (VI und 708 S.) Hamburg 850, Agentur des Rauhen Hauses.

— christliche Lehren auf alle Tage im Jahre. Auserlesene Stellen aus seinen sämmtlichen Schriften. 3. umgearb. Ausg. Hamburg 855. Agentur des Rauhen Hauses. gr. 8. (IV, 492 S.) 18 ngr.

— christliche Lehren auf alle Tage des Jahres. Auserlesene Stellen aus seinen sämmtl. Schriften 4., (3. umgearb.) Ausg. Hamburg 867. Agentur des Rauhen Hauses. gr. 8. (IV, 490 S.) n. 21 ngr.

—— christliche Lehren auf alle Tage im Jahre. Auserlesene Stellen aus seinen sämmtl. Schriften. 5. [4. umgearb.] Ausg. gr. 8. (VI, 416 S.) Hamburg 878, Agentur des Rauhen Hauses. *
Ausg. mit 1 Stahlst. geb. *

—— christliche Lehren auf alle Tage im Jahr. Auserlesene Stellen aus seinen sämmtl. Schriften. 6. Aufl. gr. 8. (416 S.) Hamb. 890, Agentur d. Rauhen Hauses. * 2 —; geb. m. Stahlst.-Bild * 3 —

— Lehren, Rath u. Warnungen f. uns. Zeiten gesamm. u. herausg. v. J. D. Thieß. 8. Hamb. Bohn. 792.

— Lehren, Rath u. Warnungen für unsere Zeiten gesammelt u. herausg. von J. D. Thieß. 8. Hamb. 792. (A. Campe). 16 𝒦

—— Lehren vom Schlüsselamt, Kirchenzucht und Bann in seinen eigenen Worten. Der lieben Christenheit dargeboten zur Erbauung, Stärkung und Tröstung von Chr. W. Vollert. gr. 8. (XVIII, 366 S.) Greiz 883, Bredt Nachf. *

— Lehren, Warnungen u. Tröstungen wegen d. Theuerung, nebst dessen Schreiben an den Kurfürsten zu Sachsen. Mit erläut. Anmerkk. von P. F. W. 8. Leipz. 817. P. Vogel.

— Dessen Lehr- u. Streitschriften zum ersten Male nicht aus Sammelwerken sondern aus den unverfälschten Urkunden f. Laien in zeitgemäße Sprache gebracht v. e. Laien. 1. u. 2. Lfg. gr. 8. (166 S.) Wiesbaden 872. 73. Killinger & Co. n. 2. 70

— evangel. Lehr- u. Lebensspiegel, siehe: Sammlung Luther'scher Schriften, 3. Sammlung.

—— Liber qui inscribitur: Ein Traubüchlein. Ex editione antiquissima edidit Fred. Nielsen. 16. (16 facs. S.) Kopenhagen 877, Klein. *

— Licht im Licht, od. Anm. zu s. N. Test. 4. Leipz. Ritter. 731.

⊙ Ein Lied von den zweien Märtyrern Christi, Namens Johann Esch und Heinrich Voes, zu Brüssel von den Sophisten von Löwen verbrannt, geschehen den 1. Jul. 1523 (v.) Martinus Luther. 3 ungezählte Bl. (Kiel. 1818.) 8°.

— s. auch Lieder u. Psalmen.

— Lieder, gesammelt von einer frommen Christin u. herausg. von J. A. Kanne. 8. Erlang. 818. Heyder. 8 𝒦

—— deutsche geistl. Lieder, nebst d. währ. seines Lebens dazu gebräuchl. Singweisen u. einigen mehrstimm. Tonsätzen üb. dieselb. v. Meistern d. 16. Jahrh. Hrsg. als Festschrift f. d. vierte Jubelfeier d. Erfindung d. Buchdruckerkunst v. C. v. Winterfeld. Mit eingedr. Holzschnn. n. Zeichnn. v. A. Strähuber. Imp.-4. (16¾ B. u. 1 Facsim., Fol.) Leipzig 840, Breitkopf u. Härtel. * 5 Thlr., Pracht-Ausg. *

— geistliche Lieder, s. a. Bibliothek der Gesamt-Litteratur d. In- u. Auslandes.

—— dass. — s. a. Danneil.

— dasselbe, s. a. Gerok, K., die Wittemberger Nachtigall.

— — herausg. von Schircks, s. a. Sänger, geistliche, der christl. Kirche.

— geistl. Lieder, paraphrasirt u. praktisch behandelt vom Pfarrer Riedel. ... Mannheim ... Beusheimer. ⁷⁄₁₂ ℛ

— geistl. Lieder, nebst dessen Gedanken über d. Musica. Gesammelt u. herausg. von K. Grell. 8. Berl. 817. Dümmler. 8 ℋ

—— geistl. Lieder. Als ehrenvolles Denkmal dieses Mannes bei d. 3. Jubelfeier d. Augsburg. Confess. = Uebergabe im J. 1830 zum Druck befördert. Mit e. Vorw. v. L. Hüffell. gr. 12. ($1\frac{1}{2}$ B.) Heidelberg 830, A. Oßwald.

—— dies. Paraphrasirt u. prakt. behandelt. Als ehrenvolles Denkmal dieses Mannes bei d. 3. Jubelfeier d. Augsburg. Confess. = Uebergabe im J. 1830 zum Druck befördert v. W. Riedel. gr. 12. (8 B.) Heidelberg 830, A. Oßwald.
14 Gr., mit Ttlkpfr.

— geistliche Lieder. Nach dem letzten von ihm selbst besorgten Drucke herausgeg. u. mit Anmerkungen u. Beilagen begleitet von Jul. Leop. Pasig. kl. 8. Leipzig 845, Gebhardt u. Reisland. n. 1/3 ℛ

—— geistliche Lieder. Vollständ. u. unveränd. m. Erläuterungen hrsg. v. Fr. Crusius. gr. 8. (9 B.) Magdeburg 846, Falckenberg u. Comp. *

—— geistl. Lieder. Paraphrasirt u. prakt. behandelt. Als ehrenvolles Denkmal dieses Mannes v. Wilh. Riedel. Neue Ausg. 12. (8 B. u. 1 Ttlkpfr.) Mannheim 846, Bensheimer.

—— geistliche Lieder mit den zu seinen Lebzeiten gebräuchl. Singweisen. Hrsg. von Phil. Wackernagel. 4. (XLVII und 195 S. mit Randzeichnungen in Holzschn. von Gust König.) Stuttgart 848, S. G. Liesching. *

— geistliche Lieder, nebst einer kurzen Geschichte ihrer Entstehung von K. F. Th. Schneider. 2. verb. u. verm. Aufl. Berlin 856. W. Schultze. 32. (LXXII, 72 S.) n. 10 ngr.

— geistliche Lieder mit den zu seinen Lebzeiten gebräuchlichen Singweisen. Herausg. von Phil. Wackernagel. Mit Randzeichngn. (Holzschn. im Text) von Gust. König. Neue Ausg. Stuttgart 856. S. G. Liesching. 4. (2 Bl., XX, 87 S. u. Titel in Holzschn.) n. 1 ℛ.

—— geistliche Lieder. [1524—1545.] Mit einer kurzen histor. Einleitung. Neue (Titel-)Ausg. 8. (76 S.) Dresden 870, Naumann. *

—— dass. — Mit einer Einleitung und kurzen geschichtlich-litterar. Erläuterungen hrsg. von Alb. Fischer. Mit einem Bildnis Luthers nach einem nicht mehr vorhandenen Gemälde Lukas Cranachs, den Randzeichnungen Gustav Königs und phototyp. Nachbildungen aus zwei Liederdrucken vom J. 1524. gr. 4. (XXX, 76 S.) Gütersloh 883, Bertelsmann.
geb. mit Goldschn. *

—— geistliche Lieder. [Nach den Orig.-Texten.] Mit (eingedr. Holzschn.-)Bildern geschmückt von Gust. König. Als Jubelgabe zum 400jähr. Lutherfeste. Lex.-8. (56 S.) Reading, Pa. 883, Pilger-Buchhandlung. geb. *

— dasselbe, s. a. Texte, kleine, f. theologische Vorlesungen u. Übungen.

Martin Luthers Geistliche Lieder. Hrsg. von Albert Leitzmann. Bonn: A. Marcus & E. Weber 1907. (31 S.) 8°
= Texte, Kleine, f. theol. Vorlesungen u. Übungen. 24/25. [08. 1833]

— Geistliche Lieder. (Nach den Orig.-Texten.) Mit Bildern geschmückt v. Gust. König. (50 S.) 8. Konstanz (907). Christl. Buch- u. Kunstverlag C. Hirsch. Kart. — 40

—— sämmtliche geistliche Lieder mit Singweisen hrsg. von A. Ch. H. Stip. 8. (IV und 68 S. mit 1 Holzschn.) Leipzig 854, Teubner. *
Prachtausg. in gr. 8. mit Portr. in Stahlst. *

— sämmtliche geistliche Lieder mit Singweisen, historischen Nachweisungen, Erzählungen ꝛc. Herausg. von C. Dreher. Nr. 1—16. (à 8 S.) Karlsruhe 857. Gutsch. 8. n. 10 ngr.

- - , Jubilirende // Lieder-Freude // Bestehend in erster Aufflage // derer allerersten A. C. 1524. und // 1525. in Druck gegangenen // Lutherischen Gesängen // zur Vermehrung schuldigster Devoti- //on und Danckbarkeit // bey dem Andern von GOtt verliehenen // Lutherischen Reformations- // JUBILAEO, // nebst einer Vorrede // mitgetheilet // von // JOHAN. CHRISTOPH. OLEARIO, // des Fürstl. Schwartzburgl. Consist. in Arnstadt // Assessore, der Unter-Gleichl. Dioeces Inspectore, der // Kirchen zu Arnstadt Archi-Diac. wie auch der Kön. // Preußl. Societ. Scient. Mitgliede / und der // Arnstädt. Land-Schule Inspectore. // Arnstadt / gedruckt mit Meurerischen Schrifften / 1717. - 48 Blatt (nicht paginiert).
B. S. T. 8°.493.

Luther, oder Auszüge aus dessen Schriften . . . Leipzig 1789. V: *Sybel, Gerhard Arnold.* (MGT)

— oder Auszüge aus dessen Schriften, mit e. Vorrede von J. G. Rosenmüller. 1s Heft, Versuch e. exeget. u. dogmat. Wörterbuchs über d. N. Testament, mit Anmerkk. von G. A. Sybel. 8. Leipz. 789.

—— als Freund der Jugend. Eigene Aussprüche desselben über Pflege und Pflichten des jungen Geschlechts. Eine Jubiläumsgabe für Schule und Haus von einem Jugendfreund. 8. (14 S.) Elmshorn 883, (Groth.)

Luther als Jubelfestprediger. Predigt Dr. M. Luthers, gehalten am Pfingstheiligenabend den 24. Mai 1539 zu Leipzig, nebst e. geschichtl. Vorberichte, so wie e. Schlußworte an seine lieben Landsleute, z. Andenken an d. vor 300 Jahren vollzog. Reformation d. Markgrafthum Meißen u. d. damit verbund. Landestheile. Hrsg. v. d. Pilger aus Sachsen. 8. (...) Dresden 839, Naumann.

Luther als Jubelfestprediger. Dessen Predigt am Pfingstheiligenabend 1539 zu Leipzig, nebst geschichtl. Vorbericht u. e. Schlußworte an seine lieben Landsleute, zum Andenken an d. Jubelfeier der Reformation d. Markgrafthums Meißen ꝛc.; von d. Pilger aus Sachsen. 2e Aufl. ... Dresden 840. Naumann. ⅛ ℛ

Luther, Mart., od. alter u. neuer Protestantismus, in Briefen an d. Graf. Leopold zu Stollberg. 8. Frankf. Hermann. 8o3.

[M.] Martin Luther ausgewählt, bearb. u. erl. v. Dr. Richard Neubauer, Prof. . . . in Berlin. 2. verb. u. verm. Aufl. Tl 1. M. 1 Holzschn. nach L. Cranach. *Halle a. S.: Waisenhaus 1897.* 8.
= Denkmäler d. Älteren deutschen Litteratur f. d. litteraturgeschichtl. Unterr. an höh. Lehranst. [Abth.] III. [Bd] 2. [97. 1913]

Martin Luther ausgewählt, bearb. u. erl. von Richard Neubauer. 3. vielf. verb. u. verm. Aufl. T. 1. *Halle a. S.: Waisenhaus 1903.* 8° [F.]
= Denkmäler d. Älteren deutschen Literatur f. d. literaturgesch. Unterr. an höh. Lehranst. 3, 2. [03. 1338. 3]

Martin Luther ausgewählt, bearb. u. erl. von Richard Neubauer. 3. vielf. verb. u. verm. Aufl. Mit 1 Holzschn. nach Lukas Cranach. T. 1. 2. Halle a. S.: Waisenhaus 1903—07. 2 Bde 8° [F.]
= Denkmäler d. älteren deutschen Literatur f. d. literaturgesch. Unterr. an höh. Lehranst. 3, 2. [07. 13930]

Luther, Martin, ein Charakterbild aus seinen Werken, bearb. v. Alfr. Grotjahn, s. a. Aus der Gedankenwelt grosser Geister.

[Martin] Luther. Ein Charakterbild aus s. Werken. Bearb. von Dr. Alfred Grotjahn. Stuttgart: R. Lutz (1907). (265 S.) 8°
= Gedankenwelt, Aus d., grosser Geister. Bd 9.

Martin **Luther**. Eine Auswahl aus s. Schriften in alter Sprachform mit Einl. u. Erl. nebst e. grammat. Anh. von Prof. Dr. Richard Neubauer. 4., vielfach verb. Aufl. T. 1. Halle a. S.: Waisenhaus 1908. 8° [F.]
— **Denkmäler** d. älteren deutschen Literatur. 3, 2. [07. 18099 8

D. Martin **Luther** im evangelischen Haus. Bearb. u. hrsg. von Paul Langbein, Pfarrer in Dettingen. *Cöln: Schafstein & Co. [1902].* (XVI, 824 S.) 4° [F.]
[Auswahl aus Luthers Werken.] [02. 11751

— im evangelischen Haus. Bearb. u. hrsg. v. Paul Langbein. 2. Aufl. (XVI, 824 S. m. Abbildgn., 1 Farbdr. u. 1 Bildnis.) gr. 4. Köln 903. H. & F. Schaffstein. Geb. in Leinw. n. 13. —; m. Goldschn. n. 15. —

Luther, Dr. Martin, als Jubelprediger. Desselb. drei noch vorhand. Predigten, so er in Leipzig gehalten. Zur freud. Erinnerung d. dritten leipziger Jubeljahres hrsg. Nebst e. geschichtl. Vorw. (von Ludw. Fischer.) gr. 8. (2 B.) Leipzig 839, Fritzsche.

— als deutscher Klassiker, Auswahl v. Eug. Lessing, s.: Hausbücherei der deutschen Dichter-Gedächtnis-Stiftung.

Luther, Martin, als deutscher Classiker in einer Auswahl seiner kleineren Schriften. gr. 8. (XXXIX, 290 S.) Frankfurt a. M. 871, Heyder und Zimmer. (ℳ 2,70.) *
—— dass. — Neue Folge. gr. 8. (VI, 428 S.) Ebendas. 874. (*ℳ 4,50.) *

— dasselbe. Neue Folge. gr. 8. (428 S.) Ebend. 876. n. 4. 50

Luther, Martin, als deutscher Classiker, in einer Auswahl seiner kleineren Schriften. 2. verm. Aufl. gr. 8. (L, 364 S.) Frankfurt a. M. 878, Heyder und Zimmer. *

—— als deutscher Classiker in einer Auswahl seiner kleineren Schriften. 3. Bd. Mit 1 Zeittafel des Lebens und der Schriften Luthers, nebst Sachregister zu Bd. 1 bis 3. gr. 8. (XXVIII, 440 S.) Homburg v. d. H. 883, Heyder und Zimmer. *ℳ 4.; geb. *
1. und 2. Bd. Ebendas. 1874,78. à *ℳ 4.; geb. *ℳ 5.

—— als Lehrer des deutschen Volkes in einer Auswahl seiner Schriften. Mit 1 Zeittafel des Lebens und der aufgenommenen Schriften Luthers hrsg. von Heinr. Zimmer. 2. Ausg. (Sep.-Ausg. von Luther als Classiker, 3. Bd.) gr. 8. (VIII, 436 S.) Homburg v. d. H. 884, Heyder und Zimmer. *

Luther, Dr. Martin, als klassischer Lehrmeister auf dem Felde der Katechese und populären Exegese, oder evangel. Lehrstoffe aus Luther's practischer Bibel- und Katechismus-Erklärung. Für Geistliche und Schullehrer als Vorbild bei dem Religionsunterrichte. Hrsg. von J. G. Hanschmann. 1. Bd. 1—4. Heft. gr. 8. (S. 1—256.) Weimar 856, Voigt. à Heft 5 Ngr. Thlr.

Luther und Rom. Drei Schriften Luthers wider das Papstthum ... Grimma 1845. V: *Pfeilschmidt, Ernst H.* (Haan 1875, S. 264) (Zeitschr. f. Büch. N. F. 15, 1923, S. 115)

—— u. Rom. Drei Schriften Luthers wider das Papstthum, mit besond. Erwähnung des Rockes Christi in Trier. 2 Hfte. 8. Grimma 845, Gebhardt. à * 8 Ngr. *
A. u. d. Ttln.:
Hft. 1. Luther's Vermahnung an die Geistlichen, versammelt auf dem Reichstage zu Augsburg 1530. (5¼ B.)
„ 2. Luther's Warnung an meine lieben Deutschen von 1531 u. seine letzte Predigt von 1546. (5¼ B.)

—— der ungefälschte, nach den Urdrucken der kgl. öffentlichen Bibliothek in Stuttgart dargestellt von Karl Haas. 15 Bdchn. 16. Stuttgart 880,81, Metzler'sche Buchh. à Bdchn. * 40 Pf. *
Inhalt:
Bdchn. 1. Von der Kirche: Was, wer und wo sie sei und woran man sie erkennen kann. — Von der Freiheit eines Christenmenschen. — Von weltlicher Obrigkeit: wie weit man ihr Gehorsam schuldig sei. (IV, 107 S.)
2. Ein Sermon von dem Wucher. Daß Jesus Christus ein geborener Jude sei. Eine kurze Unterweisung, worauf Christus seine Kirche oder Gemeinde erbauet habe. Ein Sermon Dr. Martin Luthers, in welchem gründlich bezeugt wird, daß ein jeglicher Christenmensch von Gott Macht und Gewalt habe, zu urteilen alle Menschenlehren, so viel sie die Gewissen belangen. (86 S.)
„ 3. Der 118. Psalm, oder das schöne Confitemini [Bekennet]. — Standbrief D. Mart. Luthers an Herzog Friedrich von Sachsen, Churfürsten 2c. (90 S.)
„ 4. Das Magnificat oder der Lobgesang der Jungfrau Maria. Ein Sermon zu Wittenberg gepredigt: In was Mittel allein die Seligkeit zu erlangen sei. — Das Gloria in excelsis Deo. (94 S.)
„ 5. Ein Sermon auf das Evangelium von dem reichen Manne und armen Lazarus. — Von der Sünde wider den heil. Geist. — Von zweierlei Menschen, wie sie sich in dem Glauben halten sollen, und was der sei. — Ein tröstl. Büchlein in allen Widerwärtigkeiten eines jeden christgläub. Menschen. (94 S.)
„ 6. Das 17. Kapitel Johannis, von dem Gebete Christi. (118 S.)
„ 7.—10. Die Epistel St. Paul's an die Galater. 4 Lfgn. (274 S.)
„ 11. An den christlichen Adel deutscher Nation: von der christlichen Standes-Besserung. (94 S.)
„ 12.—15. Das 5., 6. und 7. Kapitel S. Matthäi. (363 S.)

Luther-Bibel für christliche Familien. 50. Aufl. Jubel-Ausg. Berlin 865—67. Dresden, Lemke. hoch 4. (IX, 1122 S. mit 32 Stahlst.) 4 ℛ︀

Lutherbibliothek. Lehrreiches und Erbauliches für allerlei Volk aus Luthers Schriften. Geordnet und zusammengestellt zur Beförderung der häuslichen Andacht und des Volksunterrichtes in der deutschen Christenheit. Mit einem Vorworte von Friedrich Ahlfeld. Leipzig 1863. H: *Lindner, Wilhelm Bruno.* (zu)

Lutherbibliothek. Lehrreiches und Erbauliches für allerlei Volk aus Luthers Schriften. Geordnet und zusammengestellt zur Beförderung der häusl. Andacht und des Volksunterrichts in der deutschen Christenheit. Mit einem Vorworte von Friedr. Ahlfeld. 1.—7. Bdchn. 8. Leipzig und Dresden, Naumann. *
Inhalt:
Bdchn. 1. Dr. Martin Luthers lehrreiche und erbauliche Gleichnisse zur Verständniß des göttl. Wortes. Nach dem kleinen Katechismus geordnet. 1. Bdchn.: Gleichnisse zu den Hauptstücken von dem Gesetz und dem christl. Glauben. (XVII und 225 S.) 863. * 15 Ngr.
„ 2. —— dass. — 2. Bdchn.: Gleichnisse zu den Hauptstücken vom Gebet und von den Gnadenmitteln. (178 S.) 863. * 12 Ngr.
3—7. Dr. Martin Luthers Glaubenslehre in kurzen, schlagenden Kernsprüchen. Aus seinen Werken zusammengestellt und nach den 3 Artikeln des christl. Glaubens im Katechismus geordnet. 1. Bdchn.: Dr. Martin Luthers Büchlein von wahrer und falscher Gottesgelehrtheit: oder Anweisung, ein rechter Gottesgelehrter zu werden, für jeden Christenmenschen, besonders für Prediger des Wortes. (XV und 363 S.) 863. * 18 Ngr.
—— dass. — 2. Bdchn. 1. Hauptstück. Die Lehre von dem dreieinigen Gott und von Gott dem Vater. (202 S.) 861. * 15 Ngr.
—— dass. — 3. Bdchn. 2. Hauptstück. Lehre von Gott dem Sohne oder Jesu Christo dem Gottmenschen. (Christologie, Soterologie, Theanthropologie.) (136 S.) 864. * 10 Ngr.
—— dass. — 4. Bdchn. 3. Hauptstück. Lehre von dem heil. Geiste. 1. Abthl.: Lehre von dem Wesen des heil. Geistes, seinem Gnadenamte und den Mitteln und Werkstätten desselben. (290 S.) 865. * 20 Ngr.
—— dass. — 5. Bdchn. 3. Hauptstück. Lehre vom heil. Geiste. 2. Abthl.: Lehre von den innern Gnadenwirkungen des heil. Geistes im Gläubigen. (395 S.) 868. * 27 Ngr.

Lutherbibliothek. Lehrreiches und Erbauliches für allerlei Volk aus Luthers Schriften. Geordnet und zusammengestellt zur Beförderung der häusl. Andacht und des Volksunterrichts in der deutschen Christenheit. Mit einem Vorwort von Friedr. Ahlfeld. Neue (Titel-)Ausg. 7 Bde. 8. Hamburg (868)76, Oemler. *ℳ 10.; geb. in 4 Leinwbde. *

Inhalt:

Bd. 1. Dr. Martin Luthers lehrreiche und erbauliche Gleichnisse zum Verständniß des göttlichen Wortes. Nach dem kleinen Katechismus geordnet. I. Gleichnisse zu den Hauptstücken vom Gesetz und vom christlichen Glauben. (XVI, 225 S.) *ℳ 1,25.
2. —— dass. — II. Gleichnisse zu den Hauptstücken vom Gebet und von den Gnadenmitteln. (XV, 178 S.) *ℳ 1.
• 3. Dr. Martin Luthers Glaubenslehre in kurzen schlagenden Kernsprüchen. I. Dr. Martin Luthers Büchlein von wahrer und falscher Gottesgelehrtheit. Enthaltend die einleitenden Grundbegriffe der christlichen Glaubenslehre. (263 S.) *ℳ 1,50.
• 4. —— dass. — II. Die Lehre von dem dreieinigen Gott und von Gott dem Vater. (202 S.) *ℳ 1,25.
• 5. —— dass. — III. Die Lehre von Gott dem Sohne oder Jesu Christo dem Gottmenschen. (136 S.) *ℳ 1.
• 6. —— dass. — IV. Die Lehre von dem Wesen des heil. Geistes, seinem Gnadenamte und den Mitteln und Werkstätten desselben. (290 S.) *ℳ 1,75.
• 7. —— dass. — V. Die Lehre von den innern Gnadenwirkungen des heil. Geistes im Gläubigen und von den letzten Dingen. (395 S.) *ℳ 2,25.

[Martin **Luther**:] Pädagogisches Luther-Brevier. Aussprüche über Erziehung u. Schulwesen aus Luthers Schriften, gesammelt u. hrsg. von Rudolf Eckart, Waisenhausinsp. Oldenburg & Leipzig: Schulze [1905]. (VIII, 104 S.) 8° [F.] [05. 13781

Lutherbriefe, Hrsg. von Joh. Carl Seidemann. gr. 8. (VIII und 88 S.) Dresden 859, Zeh. *

Luther-Briefe in Auswahl u. Uebersetzung für die Gemeinde herausg. von Carl Alfr. Hase. Leipzig 867. Breitkopf & Härtel. 8. (IX, 420 S.) 1 ₰ 20 ngr.

Luther-Briefe, 275, in Auswahl und Uebersetzung hrsg. von Carl Alfr. Hase. Neue Ausg. 8. (XXXII, 420 S.) Leipzig 878, Breitkopf und Härtel. *ℳ 1.; geb. *

Lutherbriefe. Martin Luther als Mensch in seinen Briefen. Mit 2 bisher unbekannten u. unveröff. Bildn. von Luther u. Melanchthon. (Hrsg.: Dr. Otto Krack.) Berlin: Curtius 1910. 202 S. 8° [10. 6104

Luther-Buch. Enthaltend Dr. Martin Luther's Kern- u. Denksprüche über die wichtigsten Gegenstände des religiös., bürgerl. u. häusl. Lebens, nebst interessanten u. originellen Zügen u. Anekdoten von u. über Luther u. A. Gesammelt u. hrsg. von Herm. Rob. Korte. 8. (14 B.) Quedlinburg 842, Basse.

Lutherbuch. I, Ib, Ic, II, III, V, VIII, XIb, XIc, XII. 8. Halle 883, Petersen. *

Inhalt:

I. 1. Dr. Martin Luthers allererste Predigt, welche er zu Leipzig auf dem Schlosse Pleißenburg am Peter-Paulsfeste den 29. Juni 1519 über das Evangelium Matthäi gehalten. 2. Kurzer Bericht über die Disputation mit Eck vom 4.—17. Juli und wie Luther ein Prediger geworden. 3. Sachs, Hans, die wittenbergische Nachtigall. (15 S.) * 20 Pf.
Ib. XIc. Dr. Luther, ein zehnfacher Meister, ein deutscher Musiker und erster evangel. Kirchenliederdichter, mit seinem Aufruf für die heil. Musika und seinen Kernsprüchen über dieselbe. (16 S.) * 30 Pf.
Ic. Perlen aus M. Luthers Schriften. (16 S.) * 10 Pf.
II. Dr. Martin Luthers letzte Predigt, sein Testament, letzter Brief und seine Gebete in der Todesstunde, Grabschriften, auch die für Christi Grab. Trostgebet im letzten Stündlein u. a. (15 S.) * 20 Pf.
III. Dr. Martin Luthers Leben in Liedern nach Johs. Falk neu gedruckt. (24 S.) * 20 Pf.
V. Dr. Luther als Anwalt der Singvögel. Ein Gespräch mit Frau Käthe, den Kindern, dem Hauslehrer Wolf und Dr. Jonas. (19 S.) * 20 Pf.
VIII. Gespräch Luthers mit seinen Freunden über Glauben und Werke, aus den Verhandlungen des Wormser Reichstags: des Kaisers und der Stände Urtheilsspruch. (16 S.) * 20 Pf.
XIb. Dr. Martin Luther und die deutschen Studenten. (16 S.) * 20 Pf.
XII. Luthers Fabeln. (16 S.) * 10 Pf.

[Martin **Luther**:] Lutherbüchlein. 8. Aufl. *Barmen: H. Klein [1903].* (60 S.) 8° [F.]
= Dämmerstunde. Für die. Reihe 2, [5.] [04. 11515

Luther-Lied. Ein' feste Burg ist unser Gott rc. 8. (1 S.) Kaiserslautern 883, Gotthold's Verlagsh.
Preis für 100 Erempl. *

Luther-Lied. 101.—120. Tausend. 8. (1 S.) Kaiserslautern 888. Gotthold. — 3

Luther-Lieder. Nr. 1—6. (à 8 S. mit Melodien.) Carlsruhe 855—56, Gutsch. à Nr. ⅓ Ngr.

Luther-Lieder und Sprüche. Der singende Luther im Kranze seiner dichtenden und bildenden Zeitgenossen. Eine Jubelgabe zu Dr. Mart. Luthers 400jähr. Geburtstage, eingeleitet von Emil Frommel. Mit Randzeichnungen und Handrissen von Albr. Dürer und Luc. Cranach. 4. (XXVIII, 187 S.) Berlin 883, H. J. Meidinger. geb. in Leinw. mit Goldschn. *
geb. in Maroquin *

Luther-Sprüche. Zur Feier des 400jähr. Geburtstags D. Martin Luthers für Jung und Alt ausgewählt. 4. (9 S.) Altenburg 883, (Schnuphase'sche Hofbuchh.) *

— bei Gelegenheit der 400jähr. Jubelfeier gesammelt. gr. 8. (15 S.) Bonn 883. Schergens. n. — 20

Lutherstab aus Gottes Wort zur Pilgerfahrt durch alle Tage des Jahres. Reutlingen 860. Rupp & Baur. 32. (IV, 366 S.) n. 9 ngr.

Lutherstab aus Gottes Wort zur Pilgerfahrt durch alle Tage d. Jahres. 2. Aufl. 32. (II, 366 S.) Reutlingen 875. Baur. geb. n. 1. —

Lutherstab aus Gottes Wort zur Pilgerfahrt durch alle Tage des Jahres. 2. Aufl. 16. (366 S.) Ducherow 884. (Leipzig, Buchh. des Vereinshauses.) geb. **

- - , Lutherus ante Lutheranismum
siehe Bernhard Peter Karl.

LUTHERUS redivivus oder Luther's hinterlassene schrifftliche Erklärungen, was der Augspurgischen Confession eigentliche Meinung und Verstand sei. Nebst einem *doppelten Anhang* (56+119 S.) Von der heutigen Zech-, Schwelg-, Spiel- u. Tantzart, dass dergl. fleischliche Wollüste nicht zugelassene Mitteldinge seyen etc. 3 Thle. in 1 Bde. Halle 1705. 4°. Selten! (5 Mk., Frzbd., Th. Ackermann, München, 188*.)

Lutherworte [Martin **Luther**: Werke, Ausz.] zu den Evangelien des Kirchenjahrs nebst erl. Geschichten u. Beispielen. Hrsg. von A. v. B. *Gütersloh: C. Bertelsmann 1903.* (X, 271 S.) 8° [F.] [03. 14034 B

Luther-Worte

— u. Bekenntnisstellen als Nachklang zur Kalvinfeier. Mit e. Vorwort v. M. Willkomm. (58 S.) 8. Ebd. 910. — 30

Luther-Worte für Prediger. 8. (12 S.) Kaiserslautern 883, Gotthold's Verlagsh. *

Lutherworte üb. Schule u. Religions-Unterricht. (16 S.) kl. 8. Zwickau 908. J. Herrmann. — 10

— An Kaiserliche Majestät u. d. Christlichen Adel Deutscher Nation, s. Kirchenbibliothek, allgemeine.

—— wahre Meinung von d. allgem. Gnade Gottes, d. allgem. Kraft d. Verdienstes Christi, d. ewigen Vorsehung, Verstockung, u. a. dahin gehör. Materien. Der Wahrheit z. Dienst aus sein. Schriften gesamm., u. z. gemein. Besten hrsg., mit e. apologet. Vorr., darinnen d. Lehre d. sel. Mannes v. diesen Punkten geg. allerlei neu-wiederholte Beschuldign. vertheid. wird v. Joh. Jac. Rambach. Von Freunden auf's Neue z. Druck befördert. gr. 12. (4⅙ B.) Barmen 840, Steinhaus.

— Deutsche Messe 1526, hrsg. v. Hans Lietzmann, s. Texte, kleine, f. theologische u. philologische Vorlesgn. u. Übgn.

Martin Luthers Deutsche Messe 1526. Hrsg. von Hans Lietzmann. Bonn: Marcus & Weber 1909. 10 S. 8°
(Liturgische Texte. 5.)
(Kleine Texte f. theol. u. philol. Vorlesungen u. Übungen. 37.) [16. 4291

— — Monument, s. Versuche.

— das 1. Buch Mose in Predigten. Hrsg. vom Calwer Verlagsverein. 8. (287 S.) Calw u. Stuttgart 900. Vereinsbuchh. Geb. in Leinw. n. 1.50

Nachbildung des in der Königlichen Bibliothek zu Berlin bewahrten Originalexemplars des von (Martin) Luther im Jahre 1517 veranstalteten Druckes seiner Thesen. Z. Erinnerg an d. 31. October 1892, s.: Luther, Thesen.

—– Nachlaß, s. Dulon.

— Nachlese zu s. Kirchenpostille, v. Gottfr. Arnold. Fol. Leipzig. 721.

— Namenbüchlein, nebst Anhang z. Erklärung mehrer. wendischer Namen v. Städten u. Dörfern. Mit Luthers Portrait. 4. Leipz. Sommer. 811.

— Namenbüchlein, ein Buch für Jedermann. Nach d. Wegnerschen deutschen Uebersetzung aufs Neue herausgeg. u. mit e. Anhange vermehrt von Chr. A. L. Kästner. N. Aufl. 4. Leipz. 817. (W. Nauck). 8 Gr.

— — Namenbüchlein, ein Buch für Jedermann. Nach d. Wegnerschen deutsch. Uebersetz. aufs Neue herausgegeben und mit einem Anhange vermehrt v. Ch. A. L. Kästner. N. A. 4. Leipzig, Sommer. 817.

Luther, M. Ob Kriegsleute auch in seligem Stande sein können. Wittenberg 1526. Leipzig 1848. H: *Harless, Gottlieb Christoph Adolph.* (Ky)

—– ob Kriegsleute auch in seligem Stande sein können. Wittenberg 1526. (Hrsg. von Harleß.) Nr. VII. Verlag der Lutherstiftung in Leipzig. gr. 8. (45 S.) (Leipzig 848, Barth.)

—– ob Kriegsleute auch in seligem Stande sein können. Wittenberg 1526. Neu durchgesehen und bevorwortet von G. C. Adf. v. Harleß. 8. (48 S.) Leipzig 870, H. Fritzsche. [Alfr. Krüger.] **
Aus: Sammlung Luther'scher Schriften, besonders abgedruckt.

— ob Kriegsleute auch in seligem Stande sein können. Wittenberg 1526. [Aus der „Sammlung Luther'scher Schriften."] Neu durchgesehen u. bevorwortet von G. C. Adf. v. Harleß. Leipzig 870. Keßler. 8. (43 S.) n.n. 2⅔ ngr.

—– ob man vor dem Sterben fliehen möge? Ein Sendschr. an d. breslauer Geistlichkeit seiner Zeit, aber auch e. beherzigenswerthes Wort f. alles Volk in uns. Zeit. gr. 8. (2 B.) Nördlingen 836, Beck'sche Buchh.

— Schrift: Ob man vor dem Sterben fliehen möge. Aufs Neue hrsg. v. Ernst Haack. 8. (29 S.) Schwerin 884. Schmale. n. — 50

— — eine Ode, s. Cramer, J. A.

Luther, Mart., exegetica Opera Latina cur. Chr. Steph. Theoph. Elsperger. Tom. I — VIII. Cont. Enarrationes in Genesin. Cap. I — XXXV. 8. Erlangae, Heyder. [I. (22¼ B.), II. III. (42½ B.), IV—VI. (65 B.) 829, 30., VII. (22¼ B.), VIII. (23 B.) 831. à 12 Gr.] Thlr.

—– exegetica Opera latina, cur. Henr. Schmidt. Tom. IX — XI. Cont. enarrationes in Genesin cap. XXXVI — L. 8. Erlangae, Heyder. [IX. (20 B.) 841., X. (25¼ B.), XI. (29½ B.) 842. à ½ Thlr.]
Tom. I — VIII. Ibid. 1829 — 31. 4 Thlr.

—– exegetica Opera latina curav. Joan. Conr. Irmischer. Tom. 12—19. 8. Erlangae, Heyder. [12. (15 B.) 844., 13—15. (71 B.) 45., 16. (23 B.) 17. (19⅞ B.) 46., 18. (20⅞ B.) 19. (18⅞ B.) 47. à 15 Ngr.]
Tom. 12. Decem praecepta Wittebergensi praedicata populo 1518. — Instructio pro confessione pecatorum abbreviando secund. decalogum 1518.
13—16. Deuteronomion Mose cum annotat., operationum in psalmos Tom. 1—3.
17. Enarrationes in psalmos XXV. priores et sequentes aliquot.
18. Enarrationes psalmorum II. XLV. et XC.
19. Enarrationem psalmi LI. et commentarium in XV psalmos graduum.
Tom. 1— 11. Ibid. 1829—42. 5 Thlr. 15 Ngr.

—– exegetica opera latina. Curavit Joan. Conr. Irmischer. Vol. XX. Cont.: Finem commentarii in XV. psalmos gradum. 8. (306 S.) Erlangae 848. [Francofurtum a./M., Heyder et Zimmer.]

Lutheri, Mart., exegetica opera latina. Curaverunt Joan. Conrad. Irmischer et Henr. Schmidt. Vol. 21 — 28. 8. Frankfurt a. M., Heyder und Zimmer. à Vol. 15 Ngr.
Inhalt:
Vol. 21. Annotationes in ecclesiasten Salomonis, explicationem loci eccles. VII: non est justus etc. et enarrationem in cantica canticorum. (VI und 368 S.) 858.
» 22. Scholia in Esaiam Prophetam. cap. I—XLI. (VI und 450 S.) 860
» 23. Scholia in Esaiam Prophetam. cap. XLII—LXVI, et enarrationem uberiorem cap. IX et LIII. Esaiae. (536 S.) 861.

— Opera latina. T. IX. Curavit Chr. St. Theoph. Elsperger. 8. Erlangen 841. Heyder. ½ ₰ (I—VIII. 4 ₰)

Lutheri, Mart., opera latina varii argumenti ad reformationis historiam imprimis pertinentia. Curavit Henr. Schmidt. Vol. 1—4. 8. (Vol. 1. IV und 456 S., Vol. 2. IV und 514 S., Vol. 3. III und 503 S., Vol. 4. III und 492 S.) Frankfurt a. M. 865—67, Heyder und Zimmer. à Vol. 1 Thlr.

Lutheri, Mart., Opera latina varii argumenti ad reformationis historiam imprimis pertinentia. Curavit Dr. Henr. Schmidt. Vol. 5 — 7. 8. Frankfurt a. M., Heyder und Zimmer. *
Inhalt:
Vol. 5. Cont. scripta 1520 et 1521. (III, 521 S.) 869. *M.* 3.
» 6. Cont. scripta a. 1521—23. (IV, 535 S.) 872. *M.* 3.
» 7. Cont. scripta a. 1525—44. (IV, 572 S.) 873. **M.* 4.
Vol. 1—7. 1865—73. **M.* 22. Einzelne Bde. **M.* 4.

— quae classica Graecorum Latinorumque scripta scholis commendavit tractanda quibusque rationibus ad ea ipsa eligenda commotus est? Programma etc. invitat Dr. A. Goering. 4. 817. Lübeck 818. Niemann. 4 Gr.

— opera quae extant omnia et latina et germanica, tam e codicibus manu scriptis quam ex editionibus principibus edd., cum editionibus repetitis contulerunt, apparatu historico et ritico instruxerunt I. K. Irmischer, Chr. S. T. Elsperger, J. G. Plochmann, H. Schmid, H. Schmidt, E. L Enders. I. Linke. Exegetica opera latina. Tom. XXIV—XXVIII. Ed. I. Linke. 8. Calw, Vereinsbuchh. à n. 4.—; geb. à n. 4.80

24. Continens commentarios in Oseam prophetam tres. [Quorum primus e codice manu scripto nuperrime reperto, secundus ex editione principe nunquam repetita, hic primum usui plublico traditur.] (VII, 536 S.) 884.
25. Continens commentarios in Ioelem, Amos et Abdiam prophetas, [quorum sex e codicibus manu scriptis nuperrime repertis hic primum usui publico traduntur.] (VII, 527 S.) 884.
26. Commentarii in Jonam et Micheam prophetas [quorum IV e codicibus manu scriptis nuperrime repertis hic primum usui publico traduntur]. (V, 446 S.) 886.
27. Commentarii in Nahum, Abacuc, Sophoniam, Aggeum, prophetas et partem Zachariae [quorum IX e codicibus manu scriptis nuperrime repertis hic primum usui plublico traduntur]. (V, 431 S.) 886.
28. Commentarii in Zachariam et Malachiam prophetas [quorum II e codicibus manu scriptis nuperrime repertis hic primum usui publico traduntur.] (V, 323 S.) 886.

Den bezifferten Bänden 1—28 dieser [Erlangen-Frankfurter] Gesamt-Ausgabe schliessen sich die unbezifferten an: [tom. 29—31] Comment. in epist. Pauli ad Galatas, 3 tom.; [tom. 32—38] Opera latina varii argumenti ad reformationis historiam imprimis pertinentia. 7 tom. 1829—1885. Erlangen und Frankfurt (Heyder und Zimmer; — Schriften-Niederlage des Evangel. Vereins] und, wie oben, Calw, Vereinsbuchhandlung. — Von Letzterer sind die 38 Bde. zusammen genommen zu dem ermässigten Preise von *ℳ 40.—. zu beziehen.

— Von Ordnung Gottesdiensts, Taufbuechlein, Formula missae et communionis 1523, hrsg. v. Hans Lietzmann, s. a. Texte, kleine, f. theologische u. philologische Vorlesgn. u. Übgn.

Martin Luthers Von Ordnung Gottesdiensts, Taufbuechlein, Formula missae et communionis, 1523. Hrsg. von Hans Lietzmann. Bonn: Marcus & Weber 1909. 24 S. 8°
(Liturgische Texte 4.)
(Kleine Texte f. theol. u. philol. Vorlesungen u. Übungen 36.) (10. 1290

Luther, Mart., Pädagogik, s. Gedicke.

[F.] (Martin) Luthers Pädagogik oder Gedanken üb. Erziehg u. Schulwesen aus Luthers Schriften ges. Von Dr. Friedrich Gedike weil. Oberkonsistorial-...rat ... *(Langensalza: F. G. L. Gressler 1897.)* (VIII, 48 S.) 1 Bd 8.
= Quellenschriften, Pädagogische. Bd 2. (97. 550

—— abgemahltes Papstthum. Nach seinen Ständen, Orden, Brüderschaften kürzlichst beschrieben, nebst Vorwort und Nachwort. Wittenberg. Neujahrsgeschenk des Jahres Christi 1526. Mit Erläuterungen und Anhang von Chrn. Gottfr. Mor. Janj. gr. 8. (X und 242 S. mit 68 Holzschn.) Leipzig 848, Naumburg.

—— über d. Papsttum, s. Frey, Carl.

— wider das Papstthum zu Rom. gr. 8. Leipzig 845, Müller. 1/6 ₰
vgl. Luther: Schrift...

— Passional Christi u. Antichrist. Mit Bildern v. Lucas Cranach dem Aelteren. Auf's neue aufgelegt m. dem Briefe d. Papstes Pius IX. u. der Antwort Sr. Majestät d. Kaisers Wilhelm verm. gr. 8. (47 S. m. Holzschntaf.) Leipzig 874. R. Hoffmann. 1. 50

Luther, Mart., Passional Christi und Antichristi. Mit Bildern (eingedr. Holzschn.) von Lukas Kranach dem Aelteren. Auf's Neue aufgelegt und bevorwortet von C. F. W. Walther. gr. 8. (87 S.) St. Louis, Mo. 878. (Dresden, H. J. Naumann.) *

— Passionspredigten zur Hausandacht für evangel. Christen, herausg. v. Chr. Gli. Frohberger. 8. Görlitz 794. (Anton in Halle). 8 K

—— Perlen des Gebets, eine Auswahl, nebst einigen Gedichten über das Gebet und Vaterunser. Von Wilh. Dan. Brose. gr. 16. (VIII und 168 S.) Einbeck 855(56,) Ehlers. *

— Pfingst-Predigt üb. Joh. 3, 16—21. 8. Berl. 825, (Logier.)

—— Pfingstpredigt üb. Joh. 3, 16—21. Aus. dess. Kirchenpostille üb. d. Evangelien abgedruckt. gr. 8. (1 1/2 B.) Nürnberg 841, Raw'sche Buchh.

— Pfingst-Predigt üb. Joh. 5, 16—21. 8. Berl. 825. (Stuhr) 2 K

—— Philosophie von Theophilos. 1. Heft: Die Logik. gr. 8. (IV, 183 S.) Hannover 870, Meyer. *

— domjaza Postilla, snjemskeje Ryczje do szerskeje pschełozena. Druhi Wudawk. gr. 4. Budyschini 845, Reichel. n. 4 ₰

Luther, M. Allererste Predigt, welche er zu Leipzig ... 1519 gehalten ... Leipzig 1817. H: *Lomler, Frdr. Wilh.* (Ky)

— allererste Predigt, welche er zu Leipzig auf d. Schlosse Pleißenburg am Petri-Paulsfeste den 29. Juni 1519 gehalten. Nebst histor. Erläuterungen von P. F. B., (herausg. von F. W. Lomler). 8. Leipz. 817. P. Vogel. 2 K

—— eine Predigt, das man kinder zur Schulen halten soll, s. Sammlung selten gewordener pädagogischer Schriften des 16. und 17. Jahrh.

—— Predigt über das Evangelium am heiligen dritten Christtag. [Der Kirchen-Postille entnommen.] gr. 8. (44 S.) Dresden 880, H. J. Naumann. *

— Predigt von d. Hostie u. Frucht d. Auferstehung Christi, gehalt. am Ostertag 1533. 8. Neudietend. 817. (Lpz., Kummer). 2 K

—— letzte Predigt, gehalten zu Eisleben, kurz vor seinem Tode d. 14. Febr. 1546. 8. (1 B.) Dresden 846, Naumann.

—— letzte Predigt, gehalt. zu Eisleben am 14. Febr. 1546. Des großen Reformators letztes öffentl. Zeugniß üb. Christus, das Pabstthum u. „unsers Herrn Rock zu Trier." Bei Gelegenheit. d. 300jähr. Todesfeier Luthers am 18. Febr. 1846 hrsg. u. erläut. v. Ernst Heinr. Pfeilschmidt. gr. 8. (1 3/4 B.) Leipzig 846, Renger'sche Buchh. *

Luther, M. Predigt, im Jahre 1534 ... vor einigen Leipziger Bürgern, in seinem Hause gehalten ... Leipzig 1817. H: *Lomler, Friedrich Wilhelm.* (Ky)

— Predigt, im J. 1534 am zweiten Pfingstfeiertage vor einigen Leipziger Bürgern, in seinem Hause gehalten. Nebst e. Bemerk. über d. Genuß d. Abendmahls unter einer Gestalt, von P. F. B., (herausg. v. F. W. Lomler). 8. Ebd. 817. 3 K

— Predigt über den Selbstmord. 8. Winterth. 782. Steiner. 2 K

Luther, Martin. Acht Predigten wider die Schwarmgeister . . . Berlin 1831. H: *Mayerhoff, Ernst Theodor.* (zu) »1832« (Ky)

—— acht Predigten wider d. Schwarmgeister, gehalten im J. 1522, unmittelbar nach seiner Rückkehr v. d. Wartburg. Mit e. geschichtl. Einleit. (Hrsg. v. Mayerhoff.) gr. 8. (5 B.) Berlin 831, Oehmigke.

— acht Predigten wider d. Schwärmgeister, gehalten im Jahre 1522, unmittelbar nach seiner Rückkehr von d. Wartburg. Mit e. geschichtl. Einleitung. (Herausg. von Dr. Mayerhoff). gr. 8. Berl. 832. E. Oehmigke. 6 ⁄

— ausgewählte Predigten u. Casualreden, s.: Predigt, die, der Kirche.

— einige Predigten, Briefe u. Warnungen, aus seinen Schriften besonders abgedruckt u. mit den nothwendigsten Erläuterungen begleitet von P. F. B. 7 Hefte. 8. Ebd. 817. 21 ⁄

— Predigten, im Juli 1534 zu Dessau geh. Aus Georg Rörers Nachschriften zum erstenmale hrsg. v. Geo. Buchwald. (Umschlag: Etliche schöne Predigten f. den Fürsten v. Anhalt zu Dessau, Anno MDXXXIV geschehen.) (76 S.) kl. 8. Leipzig 909. H. Haessel Verl. 1.50

—— s. Predigten, Elf ungedruckte.

— 11 ungedruckte Predigten, geh. in der Trinitatiszeit 1539. Nach Zwickauer u. Heidelberger Handschriften zum ersten Male veröff. v. G. Buchwald. 1. u. 2. Abdr. gr. 8. (V, 116 S.) Werdau 888. Anz. n. 2.—; geb. n. 2.60

—— elf bisher ungedruckte Predigten, geh. in der Trinitatiszeit 1539. Nach Zwickauer u. Heidelberger Handschriften zum ersten Male veröffentlicht v. G. Buchwald. Volks-(Titel-)Ausg. gr. 8. (V, 116 S.) [Werdau 888, Anz.] Zwickau, Moeckel. * — 80

—— Predigten über d. Evangelien, auf alle Sonn- u. Festtage. Für uns. Zeit bearb. v. Fr. Imm. Niethammer. 2 Thle. gr. 8. (à 27 B.) Nürnberg 830, Riegel u. Wießner. à 1 Thlr. 8 Gr.

—— Predigten üb. die Evangelien. Hrsg. v. Fr. Francke. 2 Bde. gr. 8. (92¼ B.) Leipzig 840. [Berlin, Gebauer'sche Buchh.]

— Predigten zu den alten Evangelien in neuer Fassung. Aus seinen sämtl. Werken komponiert u. disponiert v. M. Kreutzer. I. Hälfte: 1. Advent bis Exaudi. gr. 8. (294 S.) Göttingen 902. Vandenhoeck & Ruprecht. n. 3.—

— Predigten zu den alten Evangelien in neuer Fassung. Aus seinen sämtlichen Werken komponiert u. disponiert v. M. Kreutzer. 2. Hälfte. (S. 295—579.) gr. 8. Göttingen 903. Vandenhoeck & Ruprecht. n. 3.— (Kplt. n. 6.—; geb. n. 6.80)

—— 70 Predigten auf alle Sonn- und Festtage des Kirchenjahres, ausgewählt von Heinr. Planck. Hrsg. von dem Calwer Verlagsverein. gr. 8. (VIII, 664 und Familienchronik 8 S. mit Bildnis.) Calw 888, Vereinsbuchhandlung. geb. *

— 70 Predigten auf alle Sonn- u. Festtage d. Kirchenjahres, ausgew. v. Heinr. Planck. Hrsg. v. Calwer Verlagsverein. 2. Aufl. gr. 8. (VIII, 648 S. m. Bildnis.) Calw u. Stuttgart 903. Vereinsbuchh. Geb. in Halbfrz. n. 3.—

Luther, M. Predigten für alle Sonntage und Festtags-Evangelien durchs ganze Jahr. Altona 1792—93. II: *Reck, Philipp Georg Friedrich v.* (MGT) (ML) (Ky)

— ungedruckte Predigten, herausg. von P. J. Bruns. 1e Abtheil. 4. Helmst. 796. 2e A., mit e. Vorrede von D. G. K. Bollmann, 817. Fleckeisen. 20 ⁄

—— ungedruckte Predigten. Aus d. Handschriften d. herzogl. Bibliothek zu Wolfenbüttel hrsg. v. Wilh. Höck. 1. Lfg.: A. u. d. T.: Luthers Predigten, zu Weimar gehalt. im J. 1522. Zur 3. Säcularfeier des Todestages Luthers. gr. 8. (6½ B.) Berlin 846, Herm. Schultze.

—— ungedruckte Predigten. Aus den Handschriften der herzogl. Bibliothek zu Wolfenbüttel. Hrsg. von Wilh. Hoeck. 1. Bd. A. u. d. T.: Predigten über Johannes C. 3. — C. 4, 10. und Matthäus C. 23, 27. — C. 24, 34. gr. 8. (VIII und 523 S.) Berlin 847, Herm. Schultze.

—— ungedruckte Predigten aus den J. 1528 bis 1546. Andr. Poachs handschriftl. Sammlung. Aus dem Orig. zum ersten Male hrsg. von Geo. Buchwald. (In 4 Bdn.) 1. Bd.: Predigten aus den J. 1528, 1529, 1530. 1. Hälfte. gr. 8. (VII, LI, S. 1—176.) Leipzig 884, Grunow. *

—— ungedruckte Predigten, im J. 1530 auf der Coburg gehalten. Nebst den letzten Wittenberger Predigten vor der Abreise und der ersten nach der Rückkehr. Aus Andr. Poachs handschriftl. Sammlung von Predigten Luthers zum ersten Male hrsg. von Geo. Buchwald. gr. 8. (VI, 41 S.) Zwickau 884, Gebr. Thost. *

—— ungedruckte Predigten aus den J. 1528 bis 1546 [Andr. Poachs handschriftl. Sammlung] aus dem Originale zum ersten Male hrsg. von Geo. Buchwald. 3. Bd.: Predigten aus den J. 1537 und 1538. 1. Hälfte. gr. 8. (272 S.) Leipzig 885, Grunow. *
Nicht mehr im Handel und nicht weiter erschienen.

— ungedruckte Predigten aus den J. 1537—1540. Zum ersten Mal veröffentlicht v. Geo. Buchwald. (XII, 696 S.) gr. 8. Leipzig 905. G. Strübig. n. 8.—; geb. n. 10.—
Erschien auch in 14 Lfgn. à n. — 60.

—— vermischte Predigten, s. dess. sämmtl. Werke, 16—20. Bd.

Luther's, Mart., vermischte Predigten. Hrsg. von Ernst Ludw. Enders. 2. bedeutend verm. Aufl. 5 Bde. oder 6 Abthlgn. 8. (XVI, 543; VIII, 472; VI, 384; VIII, 466; VIII, 523; X, 597 S.) Frankfurt a. M. 877—79, [Heyder und Zimmer.] Schriften-Niederlage des Evangel. Vereins. à Abthl. * M 3. * compl. geb. *

—— merkwürdige Prophezeiungen, s. Prophezeiungen.

—— merkwürdige Prophezeihungen über Deutschlands Zukunft. Auszug aus der im Besitze der k. Bibliothek in Berlin befindlichen, 1557 in Eisleben gedr. Schrift: 120 Prophecepunge oder Weissagung des ehrwürd. Vaters Hrn. Doctoris Martini Luthers, von allerlei straffen, so nach seinem Tod über Deutschland kommen. 8. (27 S.) Berlin 848, Hempel. *

— höchst merkwürdige Prophezeiungen über Deutschlands Zukunft u. Schicksale. Auszug aus der 1557 in Eisleben gedr. Schrift: 120 Prophecepunge od. Weissagung des Ehrwürd. Vaters Hrn. Doctoris Mart. Luther's, von allerlei Straffen, so nach seinem Tode über Deutschland kommen. 8. (16 S.) Zürich 848, Industrie- u. Literatur-Comptoir. 2

— 25 Psalmen, dem Veit Dietrich ausgelegt 1530 auf der Feste Koburg. Mit Anmerkgn. versehen, revid. u. hrsg. v. Ed. Böhl. gr. 8. (IV, 196 S.) Gütersloh 899. C. Bertelsmann. n. 2. 40; geb. n. 3. —

— Psalmen-Auslegung. Ein Commentar zu den poet. od. Lehrbüchern d. alten Testaments. Aus seinen Werken gesammelt u. bearb. v. Chr. G. Eberle. 3 Lfgn. gr. 8. (1. Bd. LIX, 901 u. 2. Bd. 512 S.) Stuttgart 874. evangel. Bücherstiftung. à Lfg. n. 3. 40

— Psalmen-Auslegung. Ein Commentar zu den poet. od. Lehrbüchern des Alten Testaments. Aus seinen Werken gesammelt u. bearb. von Chr. G. Eberle. 3. Bd. Die Salomonischen Schriften: Hoheslied, Prediger, Sprüche, Hiob. gr. 8. (224 S.) Stuttgart 879. Buchh. der Evangel. Gesellschaft. n. 1. 80 (1—3.: n. 12. —)

—— Rath f. Eltern u. Erzieher. Nebst e. Zugabe f. Ehegatten. Eine köstliche Gabe f. jedes Haus. 1. u. 2., verb. u. verm. Aufl. 16. (à 8 B.) Erlangen 845, 46, Palm'sche Vrlgsb. à

—— Rath für Aeltern und Erzieher. Nebst einer Zugabe für Ehegatten. Eine köstliche Gabe für jedes Haus. Dargeboten von Joh. Geo. Kelber. 8. (Titel-)Ausg. 16. (99 S.) Marburg (846)58, Ehrhardt.

— an die Radherren aller stedte deutsches lands: das sie Christliche schulen auffrichten vnd hallten sollen. — Von Schulen, s. a. Sammlung selten gewordener pädagogischer Schriften des 16. u. 17. Jahrh.

—— an die Rathsherren aller Städte deutschen Landes: daß sie christl. Schulen aufrichten und halten sollen. Wittenberg 1524. Verlag der Lutherstiftung zu Leipzig. Nr. I. gr. 8. (IV und 29 S.) (Leipzig 847, Barth.)

—— an die Radherrn aller stedte deutsches landes: Das sie Christliche schulen auffrichten vnd hallten sollen. Wittemberg. 1524. Jubel-Ausg. in Facs.-Typendr. 4. (40 S.) Zschopau 883, Raschke. *

Luther, M., Reformations-Jubelfest für luther.-christl. Landschulen. 2e A. Helmst. 817. Fleckeisen. 2 gr.

Luther, M. Erste Reformations-Predigt über das Evangelium am ersten Pfingstfeiertage zu Leipzig . . . 1539 gehalten. Leipzig 1817. H: *Lomler, Frdr. Wilhelm.* (Ky)

— erste Reformations-Predigt über d. Evangelium am ersten Pfingstfeiertage zu Leipzig auf d. Schlosse Pleißenburg im Jahr 1539 gehalten, (herausg. v. F. W. Lomler). 8. Leipz. 817. P. Vogel. 2 gr.

— Reformationsschriften vom J. 1520, s. a. Wartburghefte. Nr. 13.

—— drei große Reformationsschriften vom J. 1520: „An den christl. Adel deutscher Nation von des christl. Standes Besserung", „Von der babylon. Gefangenschaft der Kirche" und „Von der Freiheit eines Christenmenschen", für das deutsche Volk hrsg. von L. Lemme. gr. 8. (XIII, 215 S.) Gotha 875, F. A. Perthes. *

— drei große Reformationsschriften vom J. 1520: „An den christlichen Adel deutscher Nation v. d. christlichen Standes Besserung", „Von der babylonischen Gefangenschaft der Kirche" u. „Von der Freiheit e. Christenmenschen" v. Ludw. Lemme. 2. Aufl. gr. 8. (VIII, 322 S.) Gotha 884. F. A. Perthes. n. 2. 40

—— Reformations-, histor. u. deutsche Schriften, s. dess. sämmtl. Werke, 24—26. Bd.

— Regulae de theologiae studio recte instituendo, quas ex ore eius accepit Hieron. Wellerus. In usum studiosorum theologiae recudi curavit Franc. Delitzsch. 32. Lipsiae 842, Beyer. n. 1/6 ß

—— Regulae de theologiae studio recte instituendo, quas ex ore eius accepit Hieron. Wellerus. In usum studiosorum theologiae recudi curavit Franc. Delitzsch. 32. (36 Seit.) Lipsiae 842. [Orthaus.] *

— Religionsunterricht für gemeine Christen, oder d. kl. Katechismus für Schullehrer erklärt u. mit e. Anhang vermehrt von Tr. Aug. v. Seyffarth. 8. Leipz. 809. Köhler. 6 gr.

—— über Revolutionen u. Empörungen. Auszug aus seinen Schriften. 8. (7 B.) Altenburg 831, [Pierer.]

— roswucżenje k kſcheſzijanſkemu dżeczi woczehnenju, snjemſkeho pſchełożene wot K. we B. (Hoyerswerda 855. Erbe.) gr. 8. (31 S.) n. 5 ngr.

Luther, M. Sammlung einiger auserlesener Briefe zur nähern Kenntniss seines rechtschaffenen Herzens. Nürnb. 1777. H: *Strobel, Georg Theodor.* (ML) »1780« (Ebert) »2. Aufl. Nürnb. 1796« H: *Panzer, Georg Wolfgang.* (Ky) (BB) (will)

— Samml. auserlesener Briefe zur nähern Kenntniß seines edlen Herzens, mit literar. Anmerkk. von G. Th. Strobel. 2e Aufl. (v. G. W. Panzer). 8. Nürnb. 796. Schneider u. W. 16 gr.

— Samml. auserles. Briefe zur nähern Kenntniß seines rechtschaffenen Herzens. 8. Jena 815. Voigt. 8 gr.

— — Sammlung einiger deutscher Briefe zur nähern Kenntniß seines rechtschaffnen Herzens. Herausgegeben von G. T. Strobel. 8. Nürnberg, Schneider und W. 817.

— s.: Sammlung Göschen.

—— Sammlung Luther'scher Schriften, s. Sammlung.

—— 95 Sätze nebst seiner Erklärung, s. Zeugnisse.

— 95 Sätze gegen den Ablaß, angeschlagen an d. Stiftskirche in Wittenberg den 31. Oct. 1517. gr. 8. Nürnb. 817. (v. Ebner). (Riegel u. W.) 2 gr.

— — 95 Sätze gegen den Ablaß, angeschlagen an die Stiftskirche in Wittenberg den 31. October 1517. gr. 8. Nürnberg, Lechner. 817.

— 95 Sätze gegen den Ablaßkram. Am Allerheiligenabende 1517 angeschlagen an d. Schloßkirche zu Wittenberg. 8. Leipz. 820. (W. Rauck). 2 gr.

— — 95 Sätze gegen den Ablaßkram. Am Allerheiligen-Abende 1517 angeschlagen an der Schloßkirche zu Wittenberg. 8. Leipzig, Sommer. 820.

— 95 Sätze gegen den Ablaßkram. Wörtlich abgedr. aus seinen Werken, u. mit kleinen in den Text eingeschalt. Erläuterungen versehen. 8. Leipz. 826, Sommer.

—— gesegneten Andenkens, 95 Sätze vom Ablaß, welche er am Allerheiligen-Abend an die Schloßkirche zu Wittenberg anschlagen lassen. — Schreiben an Markgraf Albrecht, Kurfürst und Erzbischof zu Mainz und Magdeburg, am Allerheiligen-Abend 1517. — Sermon vom Ablaß und Gnade, gehalten zu Wittenberg im Novbr. 1517. 8. (32 S.) Gütersloh 883, Bertelsmann. *

Luther's, Mart., 95 Sätze. Nach e. ält. Übersetzg. neu wiedergegeben. Mit d. verklein. Nachbildg. d. in der kgl. Bibliothek zu Berlin bewahrten Orig.-Exemplars d. v. Luther im J. 1517 veranstalt. Druckes s. Thesen. 12. (13 S.) Wittenberg 894. M. Senf. —50

Die fünfundneunzig Sätze D. Martin Luthers. [Disputatio pro declaratione virtutis indulgentiarum, deutsch.] Nach e. älteren Übers. neu wiedergegeben. Mit d. verklein. Nachbild. d. in d. Kgl. Bibliothek zu Berlin bewahrt. Orig.Exemplars d. von Luther i. J. 1517 veranst. Druckes s. Thesen. Wittenberg: Senf 1909. 9 Bl. 8° [11. 1611a

—— Schatzkästlein, s. Beiträge zur Bibelkunde, No. 1.

Luther, M. Schatzkästlein. Zum kirchlichen Gebrauch für den Haus-Gottesdienst. Winterthur 1833. H: *Hess, Johann Heinrich.* (zu)

—— biblisches Schatzkästlein aus (seinen) Schriften. Enthaltend eine Betrachtung über eine Bibelstelle auf jeden Tag im Jahre. gr. 16. (360 S.) Neu-York 854. (Philadelphia, Schäfer und Koradi.) *

—— über Scheidung und Wiederverheirathung Geschiedener. Zusammengestellt aus dessen Werken von Ferd. Dahms. gr. 8. (40 S.) Berlin 859, Oehmigke's Buchh. *

— wider d. Schleich- u. Winkelprediger. Ein Sendschreiben aus d. J. 1532. Mit e. Vorwort u. einigen Beilagen herausg. von L. A. W. Hennicke. gr. 8. Bresl. 821. Max u. C. 6 gGr.

— von den Schlüsseln; mit Anmerkk. herausg. von A. Wirsing. Mit Luthers Bildn. Fol. Frankf. 795, Pech. 10 gGr.

— scholas ineditas de libro judicum habitas, e codice m. s. bibliothecae Zviccaviensis primum ed. Geo. Buchwald. gr. 8. (X, 80 S.) Frankfurt a/M. 884. Drescher. n. 3. —

Luther, Mart., Scholas ineditas de libro judicum habitas, e codice m. s. bibliothecae Zviccaviensis primum ed. D. Geo. Buchwald. gr. 8. Leipzig 884, Wilh. Weber. [M 3.—] *

— Scholia et sermones in Iam Ioann. Epist. atque annot. in Ep. P. ad Tim. et Tit. prim. ed. P. L. Bruns. 8. maj. Lüb. Bohn. (Niemann et R.) 797.

— Schr. von heiml. u. gestohlnen Briefen. 8. Jena. 751,

s.a. Luther: Streitschrift.

—— die Schrift wider das Papstum zu Rom vom Teufel gestiftet. Vom J. 1545. Wortgetreu und verständlich wiedergegeben mit einer Einleitung von Hertel. gr. 8. (VIII, 86 S.) Dresden 870, A. Wolf.

vgl. Luther: Wider das Papstthum.

—— Schriften, s. National-Litteratur, deutsche.

—— Schriften. Für das deutsche Volk. 1—12. Hft. 8. Eisleben 846, 47, Reichardt.

Inhalt:

Hft. 1. Die 95 Theses. Sermon vom Ablaß u. Gnade. Freiheit des Sermons von Ablaß u. Gnade. Brief an Staupitz. Sermon vom Sacrament der Buße. Auslegung der Bußpsalmen. (6¼ B.) * 3 Ngr.

" 2., 3. Auslegung des Vater unser f. einfältige Laien ꝛc. [2. (4 B.) 3. (4½ B.) à * 2 Ngr.] * 4 Ngr.

" 4. Die Epistel S. Pauli an die Galater, ausgelegt durch Dr. Mart. Luther in latein. Sprache 1519, verdeutscht 1525. (13¼ B.) * 7 Ngr.

" 5. Schreiben an Papst Leo X. — Von der Freiheit eines Christenmenschen. — Trostbüchlein an Churfürst Friedrich. — Von zweierlei Gerechtigkeit. (6½ B.) * 4 Ngr.

" 6. Sermon von guten Werken. — Vom Papstthum zu Rom, wider die Romanisten zu Leipzig. (8¾ B.) * 5 Ngr.

Luther's, Mart., Schriften. Für das deutsche Volk. 1—12. Hft.

Hft. 7. Sermon vom Bann. — An den christl. Adel deutscher Nation. Sermon vom neuen Testament, d. i. von der h. Messe. (7¼ B.) * 4 Ngr.

" 8. Von den neuen Eckischen Bullen u. Lügen. — Wider die Bulle des Antichrists. — Warum des Papsts u. seiner Jünger Bücher von Dr. Martin Luther verbrannt sind. — Von der babylon. Gefängniß der Kirche. (9¾ B.) * 5 Ngr.

" 9. Den Reichstag zu Worms Betreffendes. — Auslegung des Magnificat. — Nachwort zu den ersten 9 Hftn. (Schluß des 1. Bds.) (7¼ B.) * 5 Ngr.

" 10—12. Evangelien-Theil. 1—3.

1. Predigten vom 1. Advent bis z. Sonntag nach Weihnachten. (16 B.) * 8 Ngr.
2. Predigten vom Neujahrstage bis z. 3. Sonntage in der Fasten. (11 B.) * 6 Ngr.
3. Predigten vom Sonntage in der Mitfasten bis z. Sonnt. nach Ostern. (8½ B.) * 5 Ngr.

Luther's, Mart., Schriften. Für das deutsche christl. Volk. 13—22. Heft. 8. Eisleben, Reichardt. [Heft 13. (... S.) * 5 Ngr., 14. (... S.) 848. * 6 Ngr., 15. (XII und 375 S.) * 15 Ngr., 16. (240 S.) * 10 Ngr., 17. (S. 241—528.) 848. * 12 Ngr., 18. (S. 529—850.) 849. * 14 Ngr., 19. (204 S.) * 8 Ngr., 20. (224 S.) 851. * 10 Ngr., 21. (156 S.) * 6 Ngr., 22. (72 S.) 852. * 3 Ngr.] *

1—12. Heft. Ebendas. 1846—47. * 1 Thlr. 26 Ngr.

Luther's, Mart., Schriften. Für das deutsche christliche Volk. 23. u. 24. Heft. Eisleben 853, 54. Reichardt. 8. n. 20 ngr.

Inhalt: 23. Heft: Antwort an Erasmus von Rotterdam, daß der freie Wille nichts sei. Verdeutscht durch Justus Jonas. Anno 1526. (2 Bl., VIII, 331 S.) n. 14 ngr.
24. Heft: Tischreden. Mit Vorw. von Ferd. Bäßler. (VIII, 135 S.) n. 6 ngr.

— Schriften. Für das deutsche christliche Volk. 24. Hft. A. u. d. T.: Sinnreiche Tischreden Dr. Mart. Luthers. Auswahl für das deutsche christliche Volk, besorgt von Ferd. Bäßler. 2. Aufl. 8. (144 S.) Dresden 877. H. J. Naumann. n. 1. —

D. Martini Lutheri auserlesene erbauliche kleine Schriften; von D. P. J. Rambach. 2te Edit. Halle 1744. 8o.

— auserlesene erbaul. kleine Schriften, a. s. groß. Tomis gezogen. 8. Berlin. 747.

— — dieselb., mit J. Jac. Rambachs Vorrede von d. Segen der Schr. 2. 8. Jena. 747.

—— ausgewählte Schriften. Für das deutsche christl. Volk. Neue (Titel-)Ausg. 46 Lfgn. 8. (à Lfg. ca. 6 Bog.) Dresden (846)69, Naumann. à Lfg. * 80 Pf. *

— (ausgewählte Schriften.) Nr. I: Von der Freiheit eines Christenmenschen. Wittenberg 1520. Verlag der Lutherstiftung zu Leipzig. gr. 8. (27 S.) Leipzig 847, Barth. 3 ngl

— (dies.) Nr. II: An die Rathsherren aller Städte deutschen Landes; daß sie christliche Schulen aufrichten u. halten sollen. Wittenberg 1524. Verlag der Lutherstiftung zu Leipzig. gr. 8. (IV u. 29 S.) Ebd. 847. 3 ngl

— (dies.) Nr. III: Ein Brief von den Schleichern u. Winkelpredigern. Wittenberg 1532. Verlag der Lutherstiftung zu Leipzig. gr. 8. (18 S.) Ebd. 848. n. 3 ngr

— (dies.) Nr. IV: Ermahnung zum Frieden auf die 12 Artikel der Bauernschaft in Schwaben. Wittenberg 1525. Verlag der Lutherstiftung zu Leipzig. gr. 8. (33 S.) Ebd. 848. n. 3 ngr

— (dies.) Nr. V: Wider die stürmenden Bauern. Wittenberg 1525. (Hrsg. von F. A. Schütz.) Verlag der Lutherstiftung zu Leipzig. gr. 8. (15 S.) Ebd. 848. 1½ ngr

— (dies.) Nr. VI: Ein Sendebrief von dem harten Büchlein wider die Bauern. Wittenberg 1525. Mit der Schlußrede: Urbani Regii von weltlicher Gewalt wider die Aufrührer. (Hrsg. v. F. A. Schütz.) Verlag der Lutherstiftung zu Leipzig. gr. 8. (34 S.) Ebd. 848. 3 ngr

— (dies.) Nr. VII: Ob Kriegsleute auch in seligem Stande sein können. Wittenberg 1526. (Hrsg. v. Harleß.) Verlag der Lutherstiftung in Leipzig. gr. 8. (45 S.) Ebd. 848. 4½ ngr

Luther's, Martin (ausgewählte Schriften). Nr. VIII: Warnung an seine lieben Deutschen. Wittenberg 1531. (Hrsg. v. F. A. Schütz.) Verlag der Lutherstiftung zu Leipzig. gr. 8. (61 S.) Leipzig 848, Barth. 6 ngr (I—VIII. zusammen baar ½ ℛ)

— ausgewählte Schriften. Für das deutsche christl. Volk. (Neue Titel-Ausg.) 46 Liefgn. Dresden 869,70. Naumann. Jede Liefg. (ca. 6 Bgn.) n. 3 ngr.

—— Schriften, in Auswahl hrsg. von Johs. Delius. 1. und 2. unveränd. Aufl. 8. (VII, 336 S. mit 1 Holzschn.-Portr.) Gotha 883, F. A. Perthes. geb. *

—— Schriften im Auszuge, s. Geist.

— deutsche Schriften (Auswahl), hrsg. v. Ernst Schlee, s.a. Schul-Ausgaben, deutsche.

— deutsche Schriften, theils vollständig, theils in Auszügen. Ein Denkmal d. Dankbarkeit d. deutschen Volks im J. 1817. Herausg. von F. W. Lomler. 3 Bde. Mit 4 Kpf. gr. 8. Gotha 816 u. 17. Becker. 3 ℛ Velinp. 6 ℛ

Luther, Mart., Schriften u. Dichtungen in Auswahl, s.: Teubner's Sammlung deutscher Dicht- u. Schriftwerke f. höhere Töchterschulen.

— erbaul. Schriften, im Ausz. von Benj. Lindner. 9 Thle. 8. Saalfeld 738—43. 8. Halle 752. Waisenh.-B. 6 ℛ

—— katechet. deutsche Schriften, s. dess. sämmtl. Werke, 21—23. Bd.

— kleinere Schriften. 1. Bd. Wider Hans Worst u. andere Stücke persönlich-polem. Inhalts. Ausg. f. Bücherfreunde. 8. (237 S. auf holländ. Büttenpapier m. eingedr. Vignetten.) Bielefeld 876. Velhagen & Klasing. n. 7. —; geb. in Pergament n.n. 11. —; in Halbfrz. n.n. 10. —; Ausg. m. breiteren Rändern in numerirten Explrn. auf holländ. stärkeren Büttenpapier n. 20. —; auf Papier Whatman n. 30. ; auf chines. Papier n. 40. —

— kleinere Schriften. 2. Bd. Von Ehe- u. Klostersachen. 12 Stücke (m. kurzen historischen Einleitungen v. Irmischer). Ausg. der Bücherfreunde. 8. (X, 278 S.) Bielefeld 877. Velhagen & Klasing. n. 8. —; geb. in Halbfrz. n.n. 11. —; in Pergament n.n. 12. —; in Saffian n.n. 14. — (kplt.: n. 15. —; geb. in Halbfrz. n.n. 21. —; in Pergament n.n. 23. —; in Saffian n.n. 27. —)

—— pädagogische Schriften u. Äußerungen, s. Bibliothek pädagogischer Klassiker.

—— pädagogische Schriften, s. Klassiker, pädagogische.

Luther, Dr. Martin, Pädag. Schriften. Mit e. Einleitung u. erlaut. Anmerkungen herausg. v. Dr. J. Chr. Gottl. Schumann. 8. (356 S.) Wien, A. Pichler's Ww. & Sohn. 1 fl. 50 kr., eleg. in Leinwd. geb. 2 fl. 1883.

—— pädagogische Schriften, s. Seminaristen u. Lehrer ausgewählt u. zusammengestellt v. A. Moldehn. gr. 8. (58 S.) Bresl. 890, F. Hirt. * — 60

— dasselbe, f. Seminaristen u. Lehrer ausgewählt u. zusammengestellt v. A. Moldehn. 2., durchgeseh. Aufl. gr. 8. (56 S.) Breslau 899. F. Hirt. n. — 60

— pädagogische Schriften, s.a. Schriften hervorragender Pädagogen f. Seminaristen u. Lehrer. 1. Heft.

[Martin] Luthers pädagogische Schriften ausgew. u. zsgest. von A[lbert] Moldehn, Schulr. zu Berlin. 3. Aufl. *Breslau: F. Hirt 1902.* (56 S.) 8° [F.]
= Schriften hervorragender Pädagogen. H. 1. [03. [illegible]

(Martin) Luthers pädagogische Schriften ausgew. u. zsgest. von A[lbert] Moldehn. 4., durchges. Aufl. Breslau: F. Hirt 1904. (63 S.) 8° [F.]
= Schriften hervorragender Pädagogen. H. 1. [05. 13600 2

[Martin] Luthers pädagogische Schriften, ausgewählt u. zsgest. von A[lbert] Moldehn. 5., durchges. Aufl. Breslau: F. Hirt 1907. (63 S.) 8° [F.]
= Schriften hervorragender Pädagogen. H. 1. [08. 3265

—— polem. deutsche Schriften, s. dess. sämmtl. Werke, 27. Bd.

—— politische Schriften. Mit ein. Einleitung über Luther's Bedeutung im deutschen Nationalleben hrsg. v. Theod. Mundt. (8 Lfgn. od.) 4 Bde. 8. (41¼ B.) Berlin 844, Simion. (à Lfg. * 7½ Ngr.) Thlr. *

—— politische Schriften. Mit einer Einleitung über Luther's Bedeutung im deutschen Nationalleben hrsg. von Thdr. Mundt. Neue (Titel-)Ausg. 8. (XIX, 687 S.) Leipzig (844)68, E. J. Günther.

— Schriften zur Reformationsgeschichte u. verw. Inhalts, hrsg. v. Rich. Neubauer, s. Denkmäler d. älteren deutschen Litteratur.

— reformations-histor. deutsche Schriften, s. Werke.

— reformatorische Schriften, in chronolog. Folge, mit den nöthigsten Erläuterungen u. e. Biographie Luthers, z. Gedächtnisse d. 18. Febr. 1846 herausgeg. von Karl Zimmermann. 1. Bd. Enth. die Schriften d. ersten Periode, v. 31. October 1517 bis z. August 1520. Lex.-8. Darmstadt 846, Leske. n. 2 ℛ

— reformatorische Schriften in chronol. Folge, mit den nöthigsten Erläuterungen u. einer Biographie Luthers, hrsg. von Karl Zimmermann. 2—4. Bd. Lex. 8. 2. Bd., enth. die Schriften der 1. Periode; die Schriften der 2. Periode vom Reichstage zu Worms bis Ende 1524. (IV u. 562 S.) — 3. Bd. Enth. die Schriften der zweiten Periode von 1525—1530. (IV u. 448 S.) — 4. Bd. Enth.: Die Schriften der dritten Periode u. Luthers Leben. (VI u. 554 S.) Darmstadt 847—49, Leske. 2 u. 3. Bd. à n. 2 ℛ 4. Bd. gratis. (cmplt. n. 6 ℛ)

—— sämmtliche Schriften, hrsg. von Joh. Geo. Walch. Neu revid. Ster.-Ausg. Aufs Neue hrsg. im Auftrag des Ministeriums der deutschen evangel.-luther. Synode von Missouri, Ohio und anderen Staaten. 1., 2. Bd. 4. St. Louis, Mo. (Dresden, H. J. Naumann.) *

Inhalt:

Bd. 1. Auslegung des 1. Buches Mose. 1. Thl. (XLIX, 1765 Sp.) 880. *ℳ 16.

" 2. —— dass. — 2. Thl. (XLIII, 2267 Sp.) 881. *ℳ 20.

— sämmtl. Schriften, hrsg. v. Joh. Geo. Walch. Aufs Neue hrsg. im Austr. d. Ministeriums d. deutschen ev.-luth. Synode v. Missouri, Ohio u. and. Staaten. 3.—6. Bd. 4. St. Louis, Mo. (Zwickau, Schriften-Verein.) n. 59. 50 (1—13, 18—20 u. 22.: n. 254. 50)

3. Auslegg. d. Alten Testaments. (Fortsetzg.) Predigten üb. d. 1. Buch Mosis u. Auslegg n. üb. d. folg. bibl. Bücher bis zu d. Psalmen (excl.) (IX S. u. 1978 Sp.) 894. n. 16. —

4. Dasselbe. Ausleggn. üb. d. Psalmen. (XIV S. u. 2151 Sp.) 895. n. 16. —

5. Dasselbe. (Fortsetzg.) Ausleggn. üb. d. Psalmen (Fortsetzg.), d. Prediger u. d. Hohelied Salomonis. (IX S. u. 1661 Sp.) 896. n. 12. 50

6. Dasselbe. (Fortsetzg.) Ausleggn. üb. d. großen u. etliche d. kleinen Propheten, nämlich Hosea, Joel u. Amos. Neue rev. Ster.-Ausg. (XV S. u. 1837 Sp.) 897. n. 15. —

— sämmtliche Schriften, hrsg. v. Joh. Geo. Walch. Aufs Neue hrsg. im Auftrag d. Ministeriums der deutschen ev.-luth. Synode v. Missouri, Ohio u. anderen Staaten. Neue rev. Ster.-Ausg. 7.—9. Bd. gr. 4. St. Louis. Mo. (Zwickau, Schriften-Verein.) n. 66. —

7. Auslegung d. Neuen Testaments. Auslegungen üb. die Evangelisten Matthäus, Lucas u. Johannes bis zum 6. Capitel Johannis (incl.). (XIII S. u. 2463 Sp.) 891. n. 18.

8. Auslegung d. Neuen Testaments. Auslegungen üb. den Evangelisten St. Johannes Cap. 7—20, üb. das 15. u. 16. Capitel der Apostelgeschichte u. das 7. u. 15. Capitel d. ersten Briefes an die Corinther. Luthers kürzere Auslegg. der Epistel an die Galater. (XI S. u. 1925 Sp.) 892. n. 15.

9. Auslegung des Neuen Testaments. (Schluß.) Luthers große Auslegg. der Epistel an die Galater u. die übr. exeget. Schriften. (XIII S. u. 1895 Sp.) 893. n. 15. —

Luther, Mart., sämmtliche Schriften rc.

Bd. 11. Der Kirchen-Postille Evangelien-Theil. (LXXIII, 2429 Sp.) 882. *ℳ 22.

" 12. Der Kirchen-Postille Epistel-Theil, nebst vermischten Predigten. (XXIII, 2283 Sp.) 883. *ℳ 20.

" 13. 1. Abthl.: Die Haus-Postille nach Veit Dietrich. (XXVII, Sp. 1—1343.) 883. *ℳ 9.

" 13. 2. Abthl.: Die Haus-Postille nach Geo. Rörer. (XI, Sp. 1344—2873.) 884. *ℳ 9.

— sämmtliche Schriften, hrsg. v. Joh. Geo. Walch. Aufs Neue hrsg. im Auftrag des Ministeriums der deutschen ev.-luth. Synode v. Missouri, Ohio u. anderen Staaten. 14.—17. Bd. 4. St. Louis, Mo. (Zwickau, Schriften-Verein.) n. 70. —; (1—20 u. 22 n. 324. 50)

14. Vorreden, historische u. philologische Schriften. (Das „Passional" m. Illustr.) Als Suppl. des 6. Bds.: Auslegung d. Alten Testaments. (Schluß.) Ausleggn. üb. die Propheten Obadja bis Maleachi. (XXVI S. u. 2195 Sp.) 898. n. 18. —

15. Reformations-Schriften. 1. Abth.: Zur Reformationshistorie gehör. Documente. A. Wider die Papisten. Aus den J. 1517 bis 1524. Neue rev. Ster.-Ausg. (L S. u. 2647 Sp.) 899. n. 18. —

16. Dasselbe. (Fortsetzung.) Aus den J. 1525 bis 1537. Neue rev. Ster.-Ausg. (XXVIII S. u. 2325 Sp.) 900. n. 16. —

17. Dasselbe. (Schluß.) Aus dem J. 1538 bis 1546. B. Wider die Reformirten. (XXV S. u. 2261 Sp.) 901. n. 18. —

—— sämmtliche Schriften. Aufs Neue hrsg. im Auftrage des Ministeriums der deutschen evangel.-luther. Synode von Missouri, Ohio und anderen Staaten von Joh. Geo. Walch. 10., 18. und 22. Bd. 4. St. Louis, Mo. (Dresden, H. J. Naumann.) *

Inhalt:

Bd. 10. Catechetische Schriften und Predigten. (IX, 2335 S.) 885. *ℳ 16.50.

" 18. Reformations-Schriften. 2. Abthl. Dogmatisch-polem. Schriften. A. wider die Papisten. Neue revid. Ster.-Ausg. (VIII, 2011 S.) 888. *ℳ 16. —.

" 22. Colloquia oder Tischreden. Neue revid. Ster.-Ausg. (V, 1993 Sp.) 887. *ℳ 15. —.

1., 2., 11.—13. Bd. (Ebendas.) 1880—84. *ℳ 96. —. — Die übrigen Bde. sind noch nicht erschienen.

Luther's, Martin, sämmtliche Schriften, hrsg. v. Joh. Geo. Walch. Aufs Neue hrsg. im Auftrag d. Ministeriums der deutschen ev.-luth. Synode v. Missouri, Ohio u. anderen Staaten. Neue rev. Ster.-Ausg. 19. u. 20. Bd. gr. 4. St. Louis, Mo. (Dresd., H. J. Naumann.) * 52 —

19. Reformations-Schriften. 3. Abthl.: Dogmatisch-polem. Schriften. A. wider die Papisten. Fortsetzung u. Schluß. (V, 1967 Sp.) 889. * 16 —.

20. Reformations-Schriften. 2. Abthl.: Dogmatisch-polem. Schriften. B. wider die Sacramentirer u. andere Schwärmer, sowie auch wider die Juden u. Türken. (VIII, 70 S. u. 2407 Sp.) 890. * 18 —.

1., 2., 10.—13., 18., 22. Bd. (Ebd.) 1880—87. * 143 50. Die übrigen Bände sind noch nicht erschienen.

— sämmtliche Schriften, hrsg. v. Joh. Geo. Walch. Aufs Neue hrsg. im Auftrag des Ministeriums der deutschen ev.-luth. Synode v. Missouri, Ohio u. anderen Staaten. Neue, rev. Ster.-Ausg. 21. Bd. 2 Thle. Lex.-8. St. Louis Mo. (Zwickau, Schriften-Verein.) n. 28. 50 (vollständig: n. 353. —)

21. I. Dr. Martin Luthers Briefe nebst den wichtigsten Briefen, die an ihn gerichtet sind, u. einigen anderen einschlagenden interessanten Schriftstücken. Briefe vom J. 1507 bis 1532 incl. (XL S. u. 1791 Sp.) 903. n. 14. 50

II. dasselbe. Briefe vom J. 1533 bis 1546. Nachlese. Nachtrag zu den Briefen vom April 1531 bis zum Juli 1536. (XXXII S. u. Sp. 1792—3519.) 901. n. 14. —

— sämmtliche Schriften, hrsg. v. Joh. Geo. Walch. Aufs Neue hrsg. im Auftrag des Ministeriums der deutschen ev.-luth. Synode v. Missouri, Ohio u. anderen Staaten. Neue, rev. Ster.-Ausg. 23. (Schluß-)Bd. Haupt-Sachregister, Spruchregister, Berichtiggn. u. Nachträge zu sämtl. Bdn. der St. Louisen-Ausg. (VIII S. u. 2203 Sp.) Lex. 8. St. Louis, Mo. 910. (Zwickau, Schriften-Verein.) 20. — (Kplt. 373. —)

Luther, M. Sämtliche, theils von ihm selbst Deutsch verfertigte, theils ... ins Deutsche übersetzte Schrifften und Werke ... Leipzig 1729-40. H: *Börner, Christian Friedrich & Johann Gottlob Pfeiffer.* (BrMm) (Ebert)

— sämmtl. Schriften u. Werke, welche aus all. vorh. ausgegeb. Samml. zusammen getrag. worden. 22 Thle u. Regist. Fol. Leipzig, Zedler. 729-41.

Luther, Mart., sämmtl. Schriften u. Werke, welche aus allen vorher ausgeg. Sammll. zusammengetragen worden. Mit Einleit. v. J. G. Walch. 24 Thle. 4. Halle 740—51. Gebauer. 48 ℛß (Enthalten: 1r—9r, Auslegung d. heil. Schrift; 10r, katechet. Schriften; 11r, 12r, Kirchenpostille; 13r, doppelte Hauspostille; 14r, d. Vorreden nebst hist. u. phil. Schriften u. d. lat. Bibelversion; 15r—20r, zur Reformationshistorie geh. Dokumente rc.; 21r, Briefe u. Nachlese; 22r, colloquia, od. Tischreden; 23, 24r, Register u. Lebenslauf.)

—— Schriften wider d. Türken u. deren unauslöschl. Haß geg. d. Christen. Mit Vorw. u. Anmerkn. v. G. B. Eisenschmid. Neue Aufl. 8. (9 B.) Ronneburg 828, Weber.

— bisher ungedruckte Schriften, neuer Thl. Fol. Halle, Renger. 702.

—— vermischte Schriften weltlichen Inhaltes, Fabeln, Dichtungen rc., s.: Denkmäler der älteren deutschen Litteratur.

—— von Schulen, s. Sammlung selten gewordener pädagogischer Schriften des 16. und 17. Jahrh.

—— über Schulen. Ansichten, Wünsche u. Vorschläge. In zeitgemäßer Auswahl z. Beherzigung f. Eltern u. Schulfreunde auf's Neue an's Licht gestellt v. J. C. L. Hantschke. gr. 8. (5 B.) Elberfeld 830, Becker.

—— ein Sendbrieff, von Dolmetschen, vnd Fürbitte der Heiligen. Wittemberg. 1530. Zum Schulgebrauch hrsg. von Emil Grosse. 4. (VIII, 26 S.) Memel 878. (Leipzig, Teubner.)

—— Sendbrief, v. Dolmetschen heil. Schrift 1530. Auf's Neue gedr. z. 300jähr. Jubelfeier d. deutschen Bibel M. Luther's. gr. 8. (1½ B.) Nürnberg 834, Raw.

— ein Sendbrief an den Papst Leo X. u. Von der Freiheit e. Christenmenschen, s.: Bibliothek der Gesamt-Litteratur d. In- u. Auslandes.

— Sendbrief an Papst Leo X., s. Neudrucke deutscher Litteraturwerke des 16. und 17. Jahrh.

Luther, M. Ein Sendebrief von dem harten Büchlein wider die Bauern . . . Leipzig 1848. H: *Schütz, Frdr. Aug.* (Ky)

—— ein Sendebrief von dem harten Büchlein wider die Bauern. Wittenberg 1525. Mit der Schlußrede Urbani Regii von weltlicher Gewalt wider die Aufrührer. (Hrsg. von F. A. Schütz.) Nr. VI. Verlag der Lutherstiftung zu Leipzig. gr. 8. (34 S.) (Leipzig 848, Barth.)

Luther, Mart., Sendschreiben an den christl. Adel deutscher Nation, s. Bibliothek, historisch-politische.

—— Sendschreiben vom Dolmetscher und drei andere Schriften weltl. Inhalts, s. Universal-Bibliothek, Nr. 2373.

— — Sendschreiben Dr. M. Luthers an den neuesten Herausgeber seiner Streitschrift: „Das Pabstthum zu Rom vom Teufel gestiftet." Deutschland (Riegel und W. in Nürnberg). 1817. — Zweites Sendschreiben. Ebd. 1818.
Weller, fing. Druckorte. — Selten!

— merkw. Sendschr. v. Dollmetschern. 8. Leipz. Müller. 740.

— Sendschreiben an e. Oberpfarrer d. Lausitz, über d. Bedürfniß besserer Gesangbücher. Herausg. von G. F. Otto. 8. Wittenb. 798.

— Sendschreiben an Ludwig Senfel. Zum Angedenken d. Gedächtnißfeier der von Luther vor 300 Jahren bewirkten Kirchenverbesserung 2c. Herausg. von J. C. N. Kiefhaber. gr. 8. Nürnb. 818. (Felssecker). 3 K

— zweites Sendschreiben, an den neuesten Herausgeber seiner Streitschrift: das Publikum zu Rom vom Teufel gestiftet. 8. Nürnb. 818. Monath u. K. 3 K

—— Septemberbibel, s. Drucke, deutsche, älterer Zeit in Nachbildungen.

— sermo de poenitentia 1518, s. a. Quellenschriften zur Geschichte des Protestantismus. 4. Hft.

[Martin] Luthers Sermo de poenitentia. 1518. Hrsg. von Lic. Ernst Friedrich Fischer, Studieninsp. Leipzig: A. Deichert Nachf. 1906. (37 S.) 8°
— Quellenschriften z. Geschichte d. Protestantismus. H. 4.

— Sermon vom Leiden Jesu. 12. Halle 752. Waisenh.-B. 1 K

—— nützlich und tröstlicher Sermon für alle christliche Obrigkeit, Regenten, Minister und Landesstände, von ihm selbst geschrieben und erstlich 1534 im Drucke ausgegangen, als auch für unsere Zeit sehr passend, von Neuem im Auszuge hrsg. von C. J. Corvé. gr. 8. (IV und 54 S.) Halle 850, Lippert.

—— ein schöner, tröstlicher Sermon über das Evangelium Joh. 20, 11—18, von Maria Magdalena. Gepredigt zu Wittenberg Anno 1531. 8. (16 S.) Stuttgart 884, Buchh. der Evangel. Gesellschaft. *

Luther, M. Sittenbuch für den Bürger und Landmann . . . Leipzig 1794. H: *Tischer, Johann Friedrich Wilhelm.* (GGr) (MGT) (NN) (Ky) (Winer)

— Sittenbuch für den Bürger u. Landmann, aus seinen hinterlass. Werken 2c. gezogen (von J. F. W. Tischer). 8. Leipz. 794. N. A. 798. Voß. 12 K

— Sittenbuch für den gemeinen Mann, aus s. Werken gezogen. 8. Leipz. Voß. 798.

— so spricht Dr. Mart. Luther. Worte aus L.s Schriften, ausgewählt u. geordnet v. Geo. Buchwald. 1.—3. Taus. (Je III, 294 S.) 8. Berlin 903. M. Warneck. n. 3. —; geb. n. 4. —

— Sprichwörter, aus seinen Schriften gesammelt u. herausgeg. v. J. A. Heuseler. 8. Leipz. 824, Barth.

— Sprichwörtersammlung. Nach seiner Handschrift zum ersten Male hrsg. u. m. Anmerkgn. versehen von Ernst Thiele. gr. 8. (XXII, 448 S.) Weimar 900. H. Böhlau's Nachf. Geb. in Leinw. n. 10. —

— Spruch- u. Tagebüchlein, enthaltend auf jeden Tag des Jahres einige Worte aus d. heil. Schrift, nebst beigefügten Erklärungen. 8. Nürnb. 826. Raw. 12 K

—— Spruch- u. Tagebüchlein, enth. auf jeden Tag d. Jahres einige Worte a. d. heil. Schrift, nebst beigefügt. Erklärungen. 8. (...) Nürnberg 838, Raw'sche Buchh.

— bibl. Sprüche, welche im kleinen Katechismus enthalten sind. 8. Leipz. 817. Barth. 1½ K

— deutsche Sprüche in chronolog. Reihenfolge hrsg. v. Paul Ketzscher. 12. (VIII, 47 S.) Altenburg 896. Schnuphase. n. — 60

—— biblisches Spruch- und Schatz-Kästlein, s. a. Spruch- und Schatz-Kästlein.

— Spruch- u. Schatzkästchen, biblisches, gesammelt aus Dr. M. Luthers Schriften. 4 Thle. Neueste, stark verm. Original-Ausg., in welche nicht nur das von dem sel. Pastor Schinmeier gesammelte Werk aufgenommen, sondern die besond. im dritten Theile durch eine neue Samml. von Spruch-Erklärungen Luthers vermehrt worden ist. 2e Aufl. gr. 16. Reutlingen 840. K. F. Fischer jun. Subscr.-Pr. n. ⅓ ₰ Ladenpr. ½ ₰

— biblisches Spruch- u. Schatzkästlein. 4 Thle. in 1 Bd. Neueste, nach Schinmeier u. A. verm. u. vollständigste Ausg. Hrsg. v. e. Vereine evangel. Männer. Mit Luther's Bildniß. Neueste Aufl. qu. 12. (629 S.) Reutlingen [882]. (Zwickau, Schriften-Verein.) Geb. in Leinw. 1. 50

— biblisches Spruch- u. Schatzkästlein. 4 Thle. Neueste, nach Schlimmeier u. A. verm. u. vollständigste Ausg. Hrsg. von einem Vereine evangel. Männer. Mit Luther's (Holzschn.-)Bildniß. Neue Aufl. qu. 12. (629 S.) Stuttgart 882. Buchh. der Evangel. Gesellschaft. n. 1. —

— biblisches Spruch- u. Schatzkästlein. 4 Thle. Neueste, nach Schinmeier u. A. verm. u. vollständigste Ausg. Hrsg. v. e. Vereine evangel. Männer. Mit Luther's Bildniß. Neue Aufl. qu. 8. (629 S.) Ducherow 884. (Leipzig, Buchh. d. Vereinshauses.) geb. n. 1. 75

— Sprüchwörter, aus seinen Schriften gesammelt u. herausg. von J. A. Heuseler. 8. Leipz. 824. Barth. 12 gr.

— evangel. Stimme des Predigers oder Rufers Jesu Christi in d. Wüsten; d. i. neun noch ungedruckte Predigten desselben; mit e. Vorrede herausg. von Jh. Melch. Kraft. 8. Altona 750.

— Stimme über die Concilien. Wien 870. Perles. gr. 8. (III, 32 S.) n. 6 ngr

— Stimme gegen die falsch evangelische Liebe, siehe: Kirche, evangelisch-lutherische, Nr. 8.

— — und Herders Stimmen über die Juden. 8. (Lübeck, Niemann.) 817.

— Streitschrift von heimlichen u. gestohlenen Briefen, sammt e. Psalm ausgelegt, wider Herzog Georgen v. Sachsen. Aus d. lutherischen Autographensammlung der ehemals Duisburger, jetzt Bonner Univ.-Bibliothek von Neuem ans Licht gestellt u. herausg. von Gf. Chr. Fr. Lücke. Bonn 819. Weber. 4 gr.

— letzte Streitschrift. Im Original aufgefunden u. zum ersten Male hrsg. v. Geo. Buchwald. Lex.-8. (12 S.) Leipzig 893. G. Wigand. n. 1. 20

— u. **Emser,** Streitschriften, s.: Flugschriften aus der Reformationszeit.

— Streitschriften, s.: Neudrucke deutscher Litteraturwerke d. XVI. u. XVII. Jahrh.

—— Summarien üb. die Psalmen, s. Martin, Friedr. Die Psalmen Davids.

— Symbola. Der herrlichsten Lehr- u. Trostsprüche heiliger Schrift kurze, geistreiche Erklärung, so weil. Dr. Mart. Luther seel. seinen guten Freunden zum Gedächtniß in ihre Biblien geschrieben. Zuerst im J. 1547 durch Geo. Rorarius, dann im J. 1621 durch Burkhart Keller herausg. Nun auf's Neue dem luther. Volke deutscher Junge dargeboten von Emil Ohly. 16. (X u. 160 S.) Frankfurt a. M. 852, Brönner. 9 ngr

—— Tagebuch über ihn, s. Cordatus, C.

— Testament. Mit 4 Bildnissen. gr. Fol. Dresd. 830. Arnold. 8 gr

— s. Testament, das Neue.

—— Testamente aus den Jahren 1537 u. 1542, nebst urkundl. Nachrichten üb. des letzteren Vollstreckung im J. 1546 u. üb. Luthers Wittwe u. Kinder. Zur 3. Säcularf. des Todes Luthers, mitgetheilt v. Carl Ed. Förstemann. gr. 8. (5⅞ B.) Nordhausen 846. (Förstemann.) *
Aus: Mitth. des thüring.-sächs. Vereins besond. abgedruckt.

Luther, Dr. Mart., die 95 Theses rc. s. Harms, Cl.

— fünf u. neunzig Theses wider den Ablaßkram, s. Kirchenbibliothek, allgemeine.

Das sind die 95 theses oder Streitsätze (Martin) Luthers. Zum besondern Abdruck besorgt und mit andern 95 Sätzen als mit einer Uebersetzung aus Ao. 1517 in 1817 begleitet v. Claus Harms. Kiel. 1817. 8°.

—— 95 Thesen. gr. 8. (8 S.) Waldenburg i. Schl. 883, Georgi. *
Aus: Greulemann, R., die Lutherfeier in der Volksschule, besonders abgedruckt.

Nachbildung des in der Königlichen Bibliothek zu Berlin bewahrten Originalexemplars des von (Martin) Luther im Jahre 1517 veranstalteten Druckes seiner Thesen. Z. Erinnerg an d. 31. October 1892. [Nebst:] Luthers Thesen in deutscher Uebersetzung 1545. *[Berlin: Königl. Bibliothek; Kommv. Mittlers Sortiment A. Bath] (Dr. [d. Nachbildg v. A. Frisch in Berlin,] d. Uebers. v. H. S. Hermann in Berlin) (1892).* (4 Bl.) 1 Bd gr. 2. [97. 808]

[S.] [Martin] Luthers 95 Thesen im Wortlaut mitgetheilt u. nach d. neuesten Forschgn erläut. v. O(skar) Schultze, Pastor in Leipzig. *Leipzig: C. Braun 1898.* (16 S.) 8.
= Flugschriften d. Evangel. Bundes. [No] 154. (Reihe XIII, 10.) [98. 7..]

[Martin] Luthers 95 Thesen samt seinen Resolutionen, sowie den Gegenschriften von Wimpina, Tetzel, Eck u. Prierias u. d. Antworten Luthers darauf. Krit. Ausg. mit kurzen Erl. von Lic. Dr. W[alter] Köhler, Privatd., Gießen. *Leipzig: J. C. Hinrichs 1903.* (VI, 211 S.) 8° [03. 14643]

— Thesen neu angeschlagen, s.: Bolle, tumbem.

—— Tischreden, s. Meyer's Volksbücher.

—— Tischreden, s. Universal-Bibliothek Nr. 1222—1225.

Tischreden. Leipzig und Wien, Bibliogr. Institut. (Meyers Volksbücher.)
Verboten vom L.-G. Wien, 7. März 1891, § 516.

— Tischreden im Ausz. von B. Lindner. 2 Thle. 8. Halle, Waisenh. 745.

Luther, M. Tischreden, im Auszuge mit Anmerkungen. Halle 1791. H: *Bahrdt, Carl Friedrich.* (Ky)

— Tischreden, im Auszuge mit Anmerkk. (von K. F. Bahrdt). 8. Halle 791. Anton. 12 gr.

— auserlesene Tischreden. gr. 8. Nürnb. 816. (v. Ebner). (Riegel u. W.) 4 gr. Schrbp. 6 gr. Schweizerpap. 8 gr.

— Tischreden, Joh. Fischart, Geschichtserklärung. Burkardis Waldis, Fabellese. 16. Zwickau 824. (Gebr. Schumann). 9 gr.

— Tischreden, über. Luthers Freunden u. Feinden gewidmet. gr. 8. Osnabrück 843. (Rackhorst.) n. 6¼ ngr

—— Tischreden od. Colloquia, so er in vielen Jahren gegen gelehrten Leuten, auch fremden Gästen u. seinen Tischgesellen geführet, nach den Hauptstücken unserer christl. Lehre zusammengetragen. Nach Aurifaber's erster Ausg., mit sorgfält. Vergleichung sowohl der Stangwald'schen als der Selneccer'schen Redaction hrsg. u. erläutert v. Carl Ed. Förstemann. 3 Abthlgn. gr. 8. Leipzig. [Berlin, Gebauer'sche Buchh.] [Abtheil. 1. (27¾ B.) * 1 Thlr. 22½ Ngr., 2. (29 B.) 844, 3. (29 B.) 46. à * 1 Thlr. 24 Ngr.] * 5
Wurde auch u. d. Ttl.: Luthers sämmtl. Schriften 22. Bd. ausgegeben.

Mamachi, Tommaso-Maria

Mamachi, Thom. M., Epistolae de dignitate et auctoritate Summorum Pontificum occasione libelli ab anonymo editi sub titulo: Quid est Papa? concinnatae et iuris publici factae. Partes II. Augsburg, Veith, 1788, 8°.
Gegen Eybel. Zuerst Rom 1787.

Mamachii, Th. M., de beatissimi Petri apostolorum principis primatu, Romano itinere, et episcopatu dissertatio, s. Zaccaria, F. A.

— d. Sitten der ersten Christen, a. d. Ital. 3 Bde. gr. 4. Augsb. Rieger. 796.

Mamelok, Arth., das Handelsrecht, Wechselrecht u. Konkursrecht der Schweiz, s.: Handelsgesetze, die, des Erdballs. (Salis, Ludw. Rud. v.)

Mamelok, Arth., das Handelsrecht usw. der Schweiz, s.: Salis, Ludw. Rud. v.

Die juristische Person im internationalen Privatrecht. Von Dr. jur. Arthur **Mamelok**. *Zürich: E. Rascher 1900.* (VII, 351 S.) 8° [00. 11480

Mamers, Guerin de, neue Toxicologie, od. d. Lehre v. d. Giften u. Vergiftungen in chem., physiolog., patholog. u. therapeut. Beziehung. A. d. Franz. v. A. H. L. Westrumb. 8. (15 B.) Lemgo 829, Meyer.

Mamertus, C., Warum geben unsere Bischöfe nicht nach? s. Compaß für das kathol. Volk.

Fröhliche Weihnachten. Weihnachtsspiel in 2 Aufz. f. christl. Vereine von M. **Mamertus**. Berlin: Vaterländ. Verl.- u. Kunstanst. 1903. (24 S.) 8° [i5.] [03. 6660

Mamiami, Grammatik der Kiriri-Sprache, s.: v. d. Gabelentz, H. C., Beiträge zur Sprachenkunde, 3. Hft.

Mamie, Joseph, de Bonfol (Berne): Etude sur les relations entre les maladies des yeux et du nez. Lausanne 1909. 31 S. 8°. [I. 09.]
Bern. Med. Diss. 1909/10.

Mamie, [Pierre]. Saint Himier ermite et premier apôtre de la vallée de la Suze. Etude historique et religieuse. [E.] 8. [Saint-Imier 1882.]

Mamin-Sibirjak, Rusaj rakontoj, s.: Esperanta biblioteko internacia. Nr. 4.

Mamlock, Gotthold Ludwig

Mamlock, Ghold. Ludw., Friedrichs d. Großen Beziehungen zur Medizin. 8. (91 S.) Berlin 902. A. Duncker. n. 2.—

Mamlock, Gotthold Ludwig, approb. Arzt aus Berlin: Ueber aussergewöhnliches Fortbestehen, Mangeln oder Wiederauftreten des Kniesehnenreflexes bei Rückenmarkskrankheiten, besonders Tabes, Myelitis transversa und gummosa. ⟨Als Preisschrift von d. med. Facultät Berlin gekrönt.⟩ *Berlin 1901: L. Schumacher.* (26 S.) 8°
Leipzig, Med. Diss. v. (14. Mai) 1901

Mamlock, G. L., s.: Friedrichs des Grossen Korrespondenz m. Ärzten.

— Wegweiser f. Ärzte u. Medizinstudierende in Berlin zur Benutzung v. Unterstützungseinrichtungen, Stipendien, Wohlfahrtsanstalten usw. (IV, 107 S.) 8. Berlin 910. J. Springer. Geb. 2. 40

Mamlock, Leonhard, aus Berlin: Ueber alkylierte Hydroxylamine. *Berlin 1901: A. W. Schade.* (43 S.) 8°
Berlin, Phil. Diss. v. 1. Juni 1901

Stereochemie. Die Lehre von d. räuml. Anordnung d. Atome im Molekül von Dr. L[eonhard] **Mamlock**, Berlin. Mit 58 Fig. Leipzig: B. G. Teubner 1907. (VI, 152 S.) 8° [07. 17783

Mamlok, Alfred, Vol.-Assist. am Augusta-Hosp. d. Vaterl. Frauen-Vereins zu Breslau: Aus d. Kgl. Universitäts-Poliklinik für Hals-, Nasen- u. Ohren-Krankheiten ⟨Prof. Dr. Kümmel⟩. Über Elephantiasis laryngis und Laryngocele im Anschluss an einen Krankheitsfall mit Combination dieser beiden Zustände. *Breslau 1899: Th. Schatzky.* (29 S.) 8°
Breslau, Med. Diss. v. 23. Juni 1899

Mamlok, Hans Jacques

Mamlok, H. J., die Porzellanfüllung. Leitfaden f. das Füllen der Zähne m. Porzellan u. dessen Anwendg. in einigen besond. Fällen. gr. 8. (52 S. m. Abbildgn.) Berlin (901). Berlinische Verlagsanst. n. 2.75; geb. n. 3.50

Mamlok, H. J., die Porzellan-Füllung. Leitfaden f. das Füllen der Zähne m. Porzellan u. dessen Anwendung in einigen besonderen Fällen. 2. verb. Aufl. (87 S. m. Abbildgn.) gr. 8. Berlin (910). Berlinische Verlagsanstalt. 3.—; geb. in Leinw. 3. 75

Mamlok, Hugo, pract. Arzt in Berlin: Ueber die Entwicklung maligner Lymphome von den Rachentonsillen aus, mit Beschreibung eines solchen Falles. *Berlin (1899): E. Ebering.* (27 S.) 8°
Breslau, Med. Diss. v. 26. Juli 1899

Mamlok, Leontine, aus Plock (Russ.-Polen): Beiträge zur Normalagglutination. ⟨Aus dem Institut für Pharmakologie und medizinische Chemie an der Universität. Direktor: Prof. Bürgi.⟩ München 1908. 23 S. 8°.
Bern. Med. Diss. 1908/09.

Mamlok, Leontine. Beiträge zur Normalagglutination. Diss. Med. Bern. 23 S. 8. München, R. Oldenbourg, 1908.

Mammel, Friedr., auf Studium u. vieljähr. Beobachtung gegründ. sichere Regel den Temperatur-Wechsel u. Witterungsgang jed. Jahres von d. Frühlings- bis zur Herbst-Sonnenwende mit Sicherheit voraus bestimmen zu können. Ein unentbehrl. Rathgeber f. jed. Oekonomen u. Landwirth. gr. 8. (1½ B.) Stuttgart 836, Belsersche Buchh.

Mammelis, Apostolus G., aus Sygi: **Syphilis des Mediastinums.** *Jena 1903: Frommann.* (45 S.) 8°
Jena, Med. Diss. v. (20. Juli) 1903

Mammen, Franz

Mammen, die Arbeitsteilung in der Volkswirtschaft. Vortrag, geh. im evangel. Arbeiterverein Dresden. Süd-gruppe, 2. III. 1906. (16 S.) 8. Hattingen (906). (Tharandt, Akadem. Buchh.) n. — 30
Sonderabdruck aus: „Ev. Arbeiterbote".

Mammen, die volkswirtschaftliche Ausbildung des Forstwirtes. Antrittsvorlesung als Privatdozent f. Volkswirtschaftslehre u. Forstpolitik an d. königl. sächs. Forstakademie zu Tharandt am 23. X. 1905. (13 S.) schmal 8. Tharandt (905). (Akadem. Buchh.) n.n. — 20

Mammen, [Franz], Die Bedeutung des Waldes. Vortr. 3 Abdr. Kulmbach (1903) 8°
Aus: Anzeiger f. Tharandt, Rabenau ... Nr 143—147 (1903).

—— Volksbibliothek. Zu Nutz und Frommen des luther. Christenvolks ausgewählte vollständ. Schriften Dr. Martin Luthers, unverändert mit den nöthigen erläut. Bemerkungen abgedr. 29. und 30. Bd. 8. (292 S.) St. Louis, Mo. 876. (Dresden, H. J. Naumann.) geb. in 1 Bd. *

— Volkskatechismus d. Christusreligion, bearb. von A. Ziehnert. 8. Pirna 815. Friese. 8 gr

— Vorlesung üb. den Römerbrief 1515/1516, s. a. Anfänge reformatorischer Bibelauslegung. I.

[Martin] Luthers Vorlesung über den Römerbrief 1515/1516. Hrsg. von Johannes Ficker. (T. 1. 2.) Leipzig: Dieterich 1908. 2 Bde 8°
1. Die Glosse. 2. Die Scholien.
— Anfänge reformatorischer Bibelauslegung. Bd 1. [c.8. 17003]

—— erste und älteste Vorlesungen über die Psalmen aus den J. 1513—1516. Nach der eigenhändigen latein. Handschrift Luther's auf der königl. öffentl. Bibliothek zu Dresden hrsg. mit Unterstützung des hohen königl. Ministeriums des Cultus und öffentl. Unterrichts und der Generaldirection der königl. Sammlungen für Kunst und Wissenschaft von Joh. Karl Seidemann. 2 Bde. gr. 8. (XXI, 470; 408 S. mit Facs. in Photolithogr. in qu. gr. 4.) Dresden 876, v. Zahn's Verlag. *

—— dass. — 2. (Titel-)Ausg. gr. 8. (XXI, 470; 407 S.) Ebendas. 879. *

—— Vorrede zur Epistel an die Römer nebst seiner Ermahnung zum Sakrament des Altars. 32. (104 S.) Hamburg 862, Nolte. cart. * 6 Ngr.; geb. mit Goldschn. *

— Vorrede zum Römerbrief. (24 S.) 8. Zwickau 911. J. Herrmann. —10

— Vorreden zu den Büchern d. heil. Schrift; besonders gedruckt, als e. Anleit. zum Lesen d. Bibel. gr. 8. Leipz. 825. Lauffer. 9 gr

—— Vorreden auf d. Bücher d. heil. Schrift. gr. 8. (9 B.) Stuttgart 829, Steinkopf.

—— Vorreden zu d. Büchern d. heil. Schrift. Neue gesammelte Ausg. gr. 8. (11½ B.) Stuttgart 841, J. F. Steinkopf. *

—— goldene Vorreden üb. die Bücher d. heil. Schrift sammt dessen Sendbriefe vom Dolmetschen, insonderheit v. d. Uebersetzung d. Spruches Röm. 3, 28. z. 300jähr. Jubelgedächtniß d. durch ihn verdeutschten Bibel hrsg. u. mit einer Lebensbeschreibung des großen Reformators vers. im Jahre 1845. gr. 8. (14 B.) Minden, Eßmann.

—— Vorreden zur heiligen Schrift. Zum 400jähr. Ehrengedächtnis des deutschen Reformators neu hrsg. auf Veranstaltung der preuß. Hauptbibelgesellschaft. gr. 8. (XVIII, 185 S.) Berlin 883, Haupt-Verein für christl. Erbauungsschriften.

—— Warnung vor Aufruhr und Empörung. 8. (16 S.) Dresden 848, (Naumann.) *

Luther, M. Warnung an seine lieben Deutschen. Wittenberg 1531. Leipzig 1848. H: *Schütz, Friedrich August.* (Ky)

—— Warnung an seine lieben Deutschen. Wittenberg 1531. (Hrsg. von F. A. Schütz.) Nr. VIII. Verlag der Lutherstiftung zu Leipzig. gr. 8. (61 S.) (Leipzig 848, Barth.)

— Warnungsschrift an die zu Frankfurt a. M. Auch ein Aktenstück Union u. Lutherthum betreff. Mit einem Vorwort v. W. F. Besser. gr. 8. (24 S.) Leipzig 848, Dörffling & Franke. 4½ ngr

— Warum des Papstes und seiner Jünger Bücher von D. Martino Luther verbrannt seien, s. Neudrucke deutscher Litteraturwerke des 16. und 17. Jahrh.

— Eine einfältige Weise zu beten, s. Meister Peter Balbierer (1531), s.: Wartburghefte.

Luther, M. Weisheit. Nürnberg 1817—18. H: *Niethammer, Frdr. Imman.* (Ky)

Luther, M. Die Weisheit. Zweite Aufl. Nürnberg 1818—22. H: *Niethammer, Friedrich Immanuel.* (BrMm)

— Weisheit. 2 Thle, (von F. J. Niethammer). Mit 1 Kpf. gr. 8. Nürnb. 817—18. (1r Thl. 2e A. 822.) (v. Ebner). 3 rthl 8 gr Schrbp. 4 rthl 12 gr Schweizerp. 5 rthl 16 gr Velinp. 7 rthl 16 gr Bei Riegel u. W. 2 rthl Schrbp. 3 rthl

— u. Melanchthons Weisheit in Erklärung zweier Thierungeheuer, wovon eines zu Rom, das andere zu Freiberg in Sachsen kurz vor d. Reformation entdeckt worden seyn soll. 4. Augsb. 817. Doll. 2 gr

—— Weisheit auf jeden Tag des Jahres. Ein christl. Kalender. 32. (255 S. mit Luther's Bild in Stahlst.) Reutlingen 859, Kurtz'sche Buchh. In Leinwand und Futteral * Mit Goldschn. * In Leder geb. mit Goldschn. *

—— Weisheit auf jeden Tag des Jahres. Ein christl. Vergißmeinnicht, ausgewählt aus seinen Schriften. Mit Luthers Bild in Stahlst. 2. Aufl. 32. (256 S. mit Pap. durchsch.) Reutlingen 884, Kurtz'sche Verlagsh. geb. mit Goldschn.

— Werke. Supplementband. A. u. d. T.: Luthers Leben u. Wirken. Herausg. von C. F. Steffani. 12. Gotha 826. N. Aufl. 831. Hennings. 8 gr

Luther, M. Werke. In einer Auswahl. 1826. 3. Aufl. Hamburg 1844. H: *Köthe, Friedrich August.* (Th)

Luther, M. Werke. In einer das Bedürfniss der Zeit berücksichtigenden Auswahl. Hamb. 1826. H: *Vent, Hans Lorenz Andreas.* (LS) (BrMm) (Ky)

— Werke. In einer, d. Bedürfniß d. Zeit berücksichtigenden Auswahl, (vom Pred. H. L. A. Vent). 10 Bdchen. 16. Hamb. 826. Fr. Perthes. 4 rthl 12 gr

— Dies. Neue Ausg. in 8. 10 Bde. Ebd. 827. 4 rthl 12 gr Supplemente dazu, s. K. Villers Versuch.

— zu dens. Suppl. 1r u. 2r B. A. u. d. T.: Villers, (Carl) Versuch üb. d. Geist u. d. Einfluß d. Reformation Luthers, Aus d. Franz. v. Carl Fr. Cramer. 2e Aufl. 1e u. 2e Abthlg. 8. Hamb. 828, Campe.

— Werke, in e. d. Bedürfniß d. Zeit berücksichtigenden Auswahl. 1s Suppl. zur Hamburg. Ausg. 16. Mainz 827. Stenz. 1 ₰

Luther, Mart., Werke, ausgewählt u. angeordnet v. Gust. Pfizer. Prachtausg. in 1 Bde. (od. 10 Lfgn.) gr. Lex.-8. (100 1/8 B. u. L's. Büste, Stahlst.) Frankfurt a. M. 837—40, Hermann'sche Buchh. Thlr. *

—— Werke. Vollständ. Auswahl seiner Hauptschriften. Mit histor. Einleitn., Anmerkn. u. Registern hrsg. v. Otto v. Gerlach. 10 Bdchn. — A. u. d. T.: Reformator. Schriften. Vollständ. Auswahl alles Wichtigen. 10 Bdchn. 16. (125 1/4 B. u. 10 Bildn.) Berlin 840, 41, Eichler. à 1/3 Thlr.

Luther's, Mart., Werke. Vollständ. Auswahl seiner Hauptschriften. Mit histor. Einleitungen, Anmerk. u. Registern hrsg. v. Otto v. Gerlach. 11—16. Bdchn. A. u. d. T.: Luther's Predigten. Auswahl eines vollständ. Jahrganges aus Luther's Kirchen- u. Hauspostille. 1—6. Bdchn. 16. (72 1/2 B.) Berlin 843—47. [Besser, Brlgsh.] à Bdchn. 10 Ngr. Thlr.

Bdchn. 1—10. Ebendas. 1840, 41. 3 Thlr. 10 Ngr.

Luther's, Mart., Werke. Vollständ. Auswahl seiner Hauptschriften. Mit histor. Einleitungen, Anmerkungen und Registern hrsg. von Otto v. Gerlach. 17—24. (letzter) Bd. gr. 16. (VIII und 1627 S.) Berlin 848, [Wiegandt und Grieben.] à Bd. * 10 Ngr. *

1—16. Bd. Ebendas. 1840—47. * 5 Thlr. 10 Ngr.

—— dass. — Neue (Titel-)Ausg. 24 Bde. gr. 16. Berlin 848, [Wiegandt und Grieben.] à Bd. * 10 Ngr. *

Inhalt:

Bd. 1—10. Reformatorische Schriften. 10 Thle. (1971 S. mit 10 lithogr. Bildn.)
„ 11—16. Predigten. 6 Thle. (1196 S.)
„ 17—22. Erklärungen der heil. Schrift. 6 Thle. (1197 S.)
„ 23., 24. Vermischte Schriften. 2 Thle. (VIII und 450 S.)

—— Werke. In einer das Bedürfniß der Zeit berücksichtigenden Auswahl. 3. Aufl. 10 Thle. 8. (162 B.) Hamburg 844, Fr. Perthes. à 15 Ngr.

—— Werke. In einer dem Bedürfniß der Gegenwart entsprechenden Auswahl. Haus- u. Kirchenpostille, das ist, Predigten auf alle Sonn- u. Festtage. 5 Bde. (10 Lfgn.) 16. (59 1/4 B. u. 1 Facsim.) Leipzig 845, 46, Bamberg. (à Lfg. 5 Ngr.)

Vgl. dess. Schriften.

— Werke. In einer dem Bedürfniß der Gegenwart entsprechenden Auswahl. 4 Bde. Neue (Titel-)Ausg. gr. 16. (XII u. 908 S. m. lith. Facs.) Leipzig (845. 46) 850, Kittler. 1 ₰

Luther, Mart.: Werke. Krit. Gesamtausg. Weimar. 47 Bde

Bd 1—10, Abt. 1, Hälfte 1. Abt. 2. 3. 1883—1910.
„ 11—17, Abt. 1. 1889—1907.

Bd 18—20. 1897—1908.
„ 23—30, Abt. 1—3. 1900—10.
„ 32—34, Abt. 1. 2. 1906—08.
„ 36—38. 1909—12.
„ 40, Abt. 1. 1911.
„ 41—43. 1910—12.
„ 45—47. 1911. 12.
Tischreden. 1531—46.
Bd 1. 1912.

Luther's, Mart., Werke. Kritische Gesammtausg. 1—3. Bd. Lex.-8. Weimar, Böhlau. n. 53. —; Einbd. à n.n. 5. —

1. (XXIV, 710 S.) 883. n. 18. —. — 2. (XVI, 758 S.) 884. n. 19. —. — 3. (XV, 652 S.) 885. n. 16. —

Luther's, Martin, Werke. Kritische Gesammtausg. 4., 6., 8. u. 13. Bd. Lex.-8. Weimar, Böhlau. n. 70. 50; geb. n.n. 90. 50 (1—4., 6., 8. u. 13.: n. 123. 50; geb. n.n. 158. 50)

4. (IX, 717 S.) 886. n. 18. —; geb. n.n. 23. —
6. (VII, 632 S.) 888. n. 16. —; geb. n.n. 21. —
8. (VIII, 720 S.) 889. n. 18. —; geb. n.n. 23. —
13. (XXXVI, 703 S.) 889. n. 18. 50; geb. n.n. 23. 50

Luther's, Mart., Werke. Kritische Gesammtausg. 5., 9. u. 12. Bd. Lex.-8. Weimar, H. Böhlau. n. 58. — (1—6, 8, 9, 12 u. 13.: n. 181. 50; Einbde. in Halbsaff. à n.n. 5. —

5. (VIII, 676 S.) 892. n. 17. —
9. (XVI, 808 S. m. Nachbildgn. v. 27 Holzschn. u. 7 Handschriftenfcsm.) 893. n. 23. —
12. (XVI, 706 S.) 891. n. 18. —

Luther's, Mart., Werke. Krit. Gesammtausg. 7., 14., 19. u. 20. Bd. gr. Lex.-8. Weimar, H. Böhlau's Nachf. n. 88. 60; Einbde. à n.n. 5. — (1—9, 12—14, 19. u. 20.: n. 270. 10)

7. (X, 898 S.) 897. n. 25. —
14. M. Nachbildgn. zweier Seiten e. Lutherhandschrift. (XIX, 761 S.) 896. n. 19. 60
19. M. Nachbildgn. v. 66 Holzschn. u. zweier Seiten e. Lutherhandschrift. (IX, 666 S.) 897. n. 21. —
20. (XI, 808 S.) 898. n. 23. —

— Werke. Kritische Gesammtausg. 11., 15., 16. u. 23.—25. Bd. gr. Lex.-8. Weimar, H. Böhlau's Nachf. n. 118. 90; Einbde. in Halbfrz. à n.n. 5. —

11. (LII, 490 S.) 900. n. 16. —
15. (VIII, 822 S.) 899. n. 23. 50
16. (XXVIII, 654 S.) 899. n. 19. 60
23. Mit 4 Nachbildgn. von Lutherhandschriften. (XV, 762 S.) 901. n. 23. 20
24. (XLVII, 743 S.) 900. n. 21. 60
25. (V, 528 S.) 902. n. 15. —

— Werke. Kritische Gesammtausg. 10. Bd. 3. Abtlg., 27. bis 29. u. 32. Bd. gr. Lex.-8. Weimar, H. Böhlau's Nachf. n. 78. 45; Einbde. in Halbfrz. à n.n. 5. —

10. III. (CLXXV, 447 S.) 905. n. 18. —
27. (XXXI, 555 S.) n. 16. 60. — 28. (IX, 775 S.) n. 22. —
29. (XXXVI, 717 S.) 904. n. 22. —
32. (LXXXV, 569 S.) 906. n. 18. 45

— Werke. Kritische Gesamtausg. 10. Bd. I. Abtlg. 1. Hälfte u. II. Abtlg.; 17. Bd. I. Abtlg.; 18., 26. Bd., 30. Bd. II. u. III. Abtlg., 33. Bd. 34. Bd. 2 Abtlgn., 36. u. 37. Bd. Lex. 8. Weimar, H. Böhlau's Nachf. 242.20; geb. in Halbfrz. 302. 20

10. I. 1. (X, 739 S.) 910. 22.60; geb. n 27. 60
10. II. (VII, 516 S.) 907. 16.—; geb. n 21. —
17. I. (LXIV, 523 S.) 907. 17.80; geb. n 22. 80
18. (VIII, 794 S.) 908. 24.—; geb. n 29. —
26. (IV, 656 S.) 909. 20.—; geb. n 25. —
30. II. (VIII, 716 S.) 909. 22.—; geb. n 27. —
30. III. (XVIII, 590 S.) 910. 18.40; geb. n 23. 40
33. (V, 688 S.) 907. 21.20; geb. n 26. 20
34. 1. (V, 586 S.) 908. 17.60; geb. n 22. 60
2. (V, 611 S.) 908. 18.60; geb. n 23. 60
36. (XXXVI, 700 S.) 909. 22.—; geb. n 27. —
37. (XLV, 675 S.) 910. 22.—; geb. n 27. —

— Werke. Auswahl. F. den Schulgebrauch hrsg. v. Karl Kromayer. 1. Bdchn. 12. (187 S.) Leipzig 897. G. Freytag. Geb. n. — 80

— Werke. Hrsg. v. Buchwald, Kawerau, Köstlin, Rade, Ew. Schneider u. A. Volksausg. in 8 Bdn. 2. (Ster.-) Aufl. 8. Berlin 898. C. A. Schwetschke & Sohn. Geb. in Leinw. à n. 2. 50

1. 1. Folge. Reformator. Schriften. 1. Bd. Mit 1 Bildnis Mart. Luthers nach Lukas Kranach. (XVI, 420 S.)
2. 1. Folge. Dasselbe. 2. Bd. (III, 511 S.)
3. 2. Folge. Reformator u. polem. Schriften. 1. Bd. M. dem Bildnis Luthers als Junker Jörg. (III, 449 S.)
4. Dasselbe. 2. Bd. (III, 482 S.)
5. 3. Folge. Predigten u. erbauliche Schriften. 1. Bd. M. e. Bildnis Mart. Luthers nach Lukas Kranach. (XVI, 571 S.)
6. Dasselbe. 2. Bd. (III, 419 S.)
7. 4. Folge. Verm. Schriften. I. M. e. Abbildg. d. Ottoschen Luther-Statue in Berlin. (III, 540 S.)
8. Dasselbe. II. (IV, 272 S.)

Erschien auch in 32 Lfgn. à n. — 50.

— Werke. Auswahl. Für den Schulgebrauch hrsg. von Karl Kromayer. 2. Bdchn. 12. (202 S.) Leipzig (898). G. Freytag. Geb. n. — 80

— dasselbe. Hrsg. v. Buchwald, Kawerau, Köstlin, Rade, Ew. Schneider u. A. Volksausg. in 8 Bdn. 2. (Ster.=) Aufl. Vollständ. Namen- u. Sachregister. Bearb. von Rich. Sell. 8. (III, 92 S.) Berlin 899. C. A. Schwetschke & Sohn. Geb. in Leinw. n. 2.—; (kplt. m. Register n. 22.—

Luther, Mart., Werke. Hrsg. v. Buchwald, Kawerau, Jul. Köstlin, Rade, Ew. Schneider u. A. 3. Aufl. 8 Bde. 8. Berlin 905. [C. A. Schwetschke & Sohn.] Leipzig, M. Heinsius Nachf. à n. 2. 50; geb. à n. 3. 25

1. I. Folge. Reformatorische Schriften. I. Mit e. Bildniß D. Martin Luthers nach Lukas Kranach, (XVI, 420 S.)
2. I. Folge: Reformatorische Schriften. II. (III, 511 S.)
3. 4. II. Folge: Reformatorische u. politische Schriften. Mit dem Bildnis Luthers als Junker Jörg. 2 Tle. (III, 449 u. III, 482 S.)
5. 6. III. Folge: Predigten u. erbauliche Schriften. Mit e. Bildnis D. Martin Luthers nach Lukas Kranach. 2 Tle. (XVI, 571 u. III, 419 S.)
7. IV. Folge: Vermischte Schriften. I. Mit e. Abbildg. der Ottoschen Luther-Statue in Berlin. (III, 540 S.)
8. IV. Folge: Vermischte Schriften. II. (IV, 110 S.) 905.

— dasselbe. Ergänzungsbd. I u. II. Hrsg. v. Otto Scheel. (XV, 376 u. 550 S. m. Bildnis.) 8. Ebd. 8. —; geb. n. 9. 60; in Leinw. n. 10. —; in Halbfrz. n. 11.—

— dasselbe. Die deutsche Bibel. 1. Bd. Mit 4 Nachbildgn. Lutherischer Handschriften. (XXIV, 639 S.) Lex.-8. Ebd. 906. n. 19. 45; geb. n. 24. 45

— dasselbe. Für das deutsche Volk bearb. u. hrsg. v. Jul. Boehmer. (XVIII, 832 S. m. Bildnis.) gr. 8. Stuttgart 907. Deutsche Verlags-Anstalt. Geb. in Leinw. n. 6.—

Luther, Mart., Werke. Die deutsche Bibel. 2. Bd. (XXVIII, 727 S.) Lex. 8. Weimar, H. Böhlau's Nachf. 909. 23.—; geb. in Halbfrz. n 28. —

Bd. 1. Ebd. 906. 19.45; geb. 24.45

— Werke f. das christliche Haus. Hrsg. v. Buchwald, Kawerau, Köstlin, Rade, Ew. Schneider u. A. 45 Hfte. Kleine Ausg. (A.) 8. Braunschweig 890—892. C. A. Schwetschke & Sohn. à n. — 30; große Ausg. (B.) gr. 8. à n. — 50 (kplt. 8 Bde.: Ausg. A. 13. 50; geb. in Halbfrz. n. 21. 50; Ausg. B. n. 22. 50; geb. n. 34. 50)

1–10. = I. Folge: Reformatorische Schriften. 10 Hfte. (1. Bd. III, 420 S.; 2. Bd. III, 511 S.) 1. Bd. Ausg. A. n. 1. 20; geb. n. 2. 20; Ausg. B. n. 2. —; geb. n. 3. 50. — 2. Bd. Ausg. A. n. 1. 80; geb. n. 2. 80; Ausg. B. n. 3. —; geb. n. 4. 50

11–21. = II. Folge: Reformatorische u. polemische Schriften. 11 Hfte. (3. Bd. III, 449 S. m. Portr.; 4. Bd. III, 482 S.) 3. Bd. Ausg. A. n. 1. 50; geb. n. 2. 50; Ausg. B. n. 2. 50; geb. n. 4. —. — 4. Bd. Ausg. A. n. 1. 80; geb. n. 2. 80; Ausg. B. n. 3. —; geb. n. 4. 50

22–33. = III. Folge: Predigten u. erbaul. Schriften. 12 Hfte. (5. Bd. XVI, 571 S.; 6. Bd. III, 419 S.) 5. Bd. Ausg. A. 2. 10; geb. n. 3. 10; Ausg. B. n. 3. 50; geb. n. 5. —. — 6. Bd. Ausg. A. 1. 50; geb. n. 2. 50; Ausg. B. n. 2. 50; geb. n. 4. —

34–45. = IV. Folge: Schriften verschiedenen Inhalts. Lieder. Tischreden. Briefe. 12 Hfte. (7. Bd. III. 540 S. m. Bildnis; 8. Bd. IV, 472 S.); 7. u. 8. Bd. Ausg. A. à 1. 80; geb. à n. 2. 80; Ausg. B. à n. 3. —; geb. à n. 4. 50

— dasselbe. Vollständiges Namen- u. Sachregister. Bearb. v. Rich. Sell. Kleine Ausg. (A.) 8. (III, 92 S.) Ebd. 893. n. — 90; geb. in Halbfrz. n. 1. 80; große Ausg. (B.) gr. 8. n. 1. 20; geb. in Halbfrz. n. 2. 20

—— dass. — Ausg. B. Große Ausg. gr. 8. Ebd. 22 50; geb. 34 50

1. 2 Bde. [1. Bd. 889. 2 —; geb. 3 50; 2. Bd. 890. 3 —; geb. 4 50.]
2. 2 Bde. [1. Bd. 890. 2 50; geb. 4 —; 2. Bd. 891. 3 —; geb. 4 50.]
3. 2 Bde. [1. Bd. 891. 3 50; geb. 5 —; 2. Bd. 2 50; geb. 4 —.]
4. 2 Bde. 892. à Bd. 3 —; geb. à Bd. 4 50.

Auch in 45 Heften. à — 50.

Ausg. B. unterscheidet sich von Ausg. A. nur in Papier u. Format. Inhalt und Seitenzahlen sind bei beiden Ausgaben gleich. Beide Ausgaben werden nur complet abgegeben.

Luther's, (Dr. M.,) sämmtl. Werke. 1r—6r Bd. — A. u. d. T.: Luther's Hauspostille. Herausgeg. v. J. G. Plochmann. 6 Bde. 8. Erlangen 826 u. 27, Heyder.

— dass. 7r—9r Bd. A. u. d. T.: Epistel-Predigten. 3 Thle. 8. Eb. 827.

Luther, Mart., sämmtl. Werke. Neu hrsg. von v. Ammon, Elsperger, Irmischer u. Plochmann. 10—27. Bd. 8. Erlangen 827—33, Heyder. à 12 Gr.

I. Abthl. (od. sämmtl. W. 10—23. Bd.) Homilet. u. katechet. Schriften. 10—23. Bd. — A. u. d. Titln.:

Bd. 10—15. Kirchenpostille. Hrsg. v. J. G. Plochmann. 4—9. Bd. Enth. Predigten üb. d. Evangelien. 6 Bde. (... B.) 827, 28. 3 Thlr.
„ 16—20. Vermischte Predigten. Hrsg. v. J. G. Plochmann. 5 Bde. (... B.) 828, 29. 2 Thlr. 12 Gr.
„ 21—23. Katechet. deutsche Schriften. Nach d. ältesten Ausgaben krit. u. histor. bearb. v. Joh. Conr. Irmischer. 3 Bde. (... B.) 832. 1 Thlr. 12 Gr.

II. Abthl. (od. sämmtl. W. 24—27. Bd.) Reformations-, histor. u. polem.-deutsche Schriften. 1—4. Bd. — A. u. d. Titln.:

Bd. 24—26. Reformations-, histor. u. deutsche Schriften. Nach d. ältesten Ausgaben krit. u. histor. bearb. v. J. C. Irmischer. 3 Bde. (72 1/4 B.) 830. 1 Thlr. 12 Gr.
„ 27. Polem. deutsche Schriften. Nach d. ältesten Ausgaben krit. u. histor. bearb. v. J. C. Irmischer. (26 B.) 833 12 Gr.

1—9. Bd. Ebendas. 1826, 27. 4 Thlr. 12 Gr.

Luther, Mart., sämmtl. Werke. Neu hrsg. von v. Ammon, Elsperger, Irmischer u. Plochmann. 28—32. Bd. od. 2. Abthl. Reformations-, histor. u. polem. deutsche Schriften. 5—9. Bd. — A. u. d. T.: Luther's polem. deutsche Schriften. Nach d. ältesten Ausgn. krit. u. histor. bearb. v. Joh. Konr. Irmischer. 2—6. (letzt.) Bd. 8. (134 B.) Erlangen 840—42, Heyder. à 1/2 Thlr.

1—27. Bd. Ebendas. 1826—33. 13 Thlr. 12 Gr.

Luther's, Mart., sämmtliche Werke. 33—42. Bd. 3. Abthl. Exegetische deutsche Schriften. Nach d. ältesten Ausg. kritisch u. histor. bearb. v. Joh. Konr. Irmischer. 1—10. Bd. 8. Erlangen, Heyder. [33. (25 1/2 B.) 34. (23 1/2 B.) 843., 35., 36. (51 1/8 B.) 44., 37., 38. (58 B.) 45., 39. 40. (41 B.) 46., 41., 42. (49 B.) 47. à 15 Ngr.]

Bd. 1—32. Ebendas. 1826—42. 16 Thlr.

Luther's, Mart., sämmtliche Werke. 43—51. Bd. (Oder) 3. Abthl.: Exeget. deutsche Schriften. 11—19. Bd. 8. Nach den ältesten Ausg. krit. und histor. bearb. von Joh. Konr. Irmischer. Erlangen. [Frankfurt a. M., Heyder und Zimmer.] [43. (368 S.) 848., 44., 45. (XIV und 810 S.) 850., 46., 47. (VIII und 774 S.) 48., 49. (805 S.) 850., 50. und 51. (X und 935 S.) 852. à Bd. 15 Ngr.] Thlr.

1—42. Bd. Ebendas. 1826—47. 21 Thlr.

Luther's, Martin, sämmtliche Werke. 52. Bd. (Oder) 3. Abthl.: Exegetische deutsche Schriften. Nach den ältesten Ausgaben kritisch und historisch bearb. von Joh. Conr. Irmischer. 20. Bd. 8. Frankfurt a. M. 853, Heyder und Zimmer.

—— dass. — 53—65. Bd. (Oder) 4. Abthl.: Vermischte deutsche Schriften. 13 Bde. Nach den ältesten Ausg. krit. und histor. bearb. von Joh. Conr. Irmischer. 8. (CCCLXXIV und 5131 S.) Ebds. 853—55.

—— dass. — 66. und 67. Bd. (Schluß.) Alphabetisches Sach-Register über sämmtl. 65 Bände der deutschen Schriften Dr. Martin Luthers. Hrsg. von Joh. Conr. Irmischer. 2 Bde. Nebst Registern über die erklärten Bibelstellen und die hebr. und griech. Wörter. 8. (IV und 898 S.) Ebds. 856. à Heft 15 Ngr.

1—51. Bd. Ebendas. 1826—52. 25 Thlr. 15 Ngr.

— sämmtl. Werke, ausgewählt u. angeordnet von G. Pfizer. Prachtausgabe in Einem Bande. (10 Lfrgg.) schmal gr. 4. Frankfurt a. M. 837—40. Hermann'sche Buchh. n. 7 1/2 ß.

Luthers, Mart., sämmtliche Werke. 1—4. Bd. 2. Aufl. Frankfurt a. M., Heyder & Zimmer. 8. Jeder Bd. $22\frac{1}{2}$ ngr.
1. Abth.: Homiletische u. katechetische Schriften. 1—4. Bd. 863, 64. (XL, 1973 S.)

— sämmtliche Werke. 5—14. Bd. (1. Abthl.: Homiletische u. katechetische Schriften. 5—14. Bd.) 2. Aufl. Ebend. 8. [5. Bd. (VIII, 448 S.) 865., 6. Bd. (VI, 456 S.) 865., 7. Bd. (XLIV, 369 S.) 866., 8. Bd. (VIII, 323 S.) 867., 9. Bd. (VIII, 375 S.) 868., 10. Bd. (VI, 482 S.) 868., 11. Bd. (VI, 386 S.) 869., 12. Bd. (VIII, 460 S.) 869., 13. Bd. (VIII, 392 S.) 869., 14. Bd. (VIII, 400 S.) 870.] Jeder Bd. $22\frac{1}{2}$ ngr.

— sämmtliche Werke. 15. Bd. [1. Abth. Homiletische u. katechetische Schriften. 15. Bd.] 2. Aufl. 8. (X, 567 S.) Ebend. 870. 2. 25

— sämmtliche Werke. 16—19. Bd. u. 20. Bd. 2 Abthlgn. [1. Abth. Homiletische u. katechet. Schriften. 16—19. Bd. u. 20 Bd. 2 Abthlgn.] 8. Frankfurt a/M. 877—81. Schriften-Niederlage des evangel. Vereins. à n. 4.—(1—20.: n. 64.—)
Vermischte Predigten. Hrsg. von Ernst Ludwig Enders.
1—5. Bd. enth. die Predigten v. J. 1518 bis 1546. 2. Aufl. (XVI, 543, VIII, 472; VI, 384; VIII, 466; VIII, 523 u. X, 597 S.)

Luthers, Mart., sämmtliche Werke. 24—26. Bd. 8. Frankfurt a/M. 883—86. Calw, Vereinsbuchhandlung. n. 3. —
2. Abth. Reformations-historische u. polemische deutsche Schriften. Nach den ältesten Ausgaben kritisch aufs Neue bearb. v. Ernst Ludw. Enders. 1—3. B. 2. Aufl. (XIV, 407; VII, 448 u. VII, 426 S.)
Der 21—23. Bd. ist noch nicht in 2. Aufl. erschienen.

— von den guten Werken, s.: Neudrucke deutscher Litteraturwerke d. XVI. u. XVII. Jahrh.

— Von guten Werken, an Herzog Johann zu Sachsen, nachmals Churfürst Johann den Beständigen, s. Kirchenbibliothek, allgemeine.

— wie man beten soll, s.: Heintze, H., das freie Gebet im Kämmerlein u. in der Gemeinschaft.

— dźiwne Wjechcźen ja na naschich Krajow pschichodne Podendźenja. Wucźawk j 1557 w Eislebeni cźischcźaneho Pißma: 120 Wjechcźenjow Cźesćje dostojneho Wotza Knesa Dr. Mjerćźina Luthera wot wschelakich Schtrafow, kiź maju po jeho Ssmercźi na njemſki Kraj pschindź. 8. (16 S.) Budissin 848, Reichel. n. $\frac{1}{12}$ ᵽ

—— von der Winkelmesse und Pfaffenweihe, s. Neudrucke deutscher Literaturwerke des XVI. und XVII. Jahrh.

—— wider Hans Worst, s. Neudrucke deutscher Litteraturwerke des 16. und 17. Jahrh.

Luther, M.: Wider Hans Worst. 1541. (Neudrucke deutscher Literaturwerke des 16. und 17. Jahrhunderts.) 16°. 1 Bd. Max Niemeyer. Halle a. S. 1880

—— Wort vom Beruf; wider d. unberuf. Prediger u. die in e. fremdes Amt greifen. Zusammengest. v. Friedr. Gerlach. gr. 8. (3 B.) Breslau 837, Graß, Barth u. Comp.

—— Wort an Lehrer in Schulen und Kirchen. Aufs Neue in Erinnerung gebracht und in einer bedenklichen Zeit ans Herz gelegt, von Joh. Geo. Kelber. 2. (Titel-)Ausg. 16. (182 S.) Marburg (846)58, Ehrhardt. *

– WORTE DER BELEHRUNG UND ERMAHNUNG an christliche Eheleute und Aeltern von Dr. M. Luther und Dr. J. A. Bengel, aufs Neue hrsg. – Tuttlingen 1833: Bosinger. 16 S.

— ernste u. fromme Worte über den christl. Ehestand. Herausg. von H. F. W. Pätsch. gr. 8. Heidelb. 827. Oswald. 6 ℊ

— ernste, kräftige Worte über Ehe u. ehel. Verhältnisse, von J. C. W. Froböse. gr. 8. Hannov. 825. Helwing. 12 ℊ

— ernste, kräftige Worte an Eltern, Lehrer u. Erzieher. Aus dessen Schriften gesammelt u. geordnet von J. C. W. Froböse. gr. 8. Götting. 822. Vandenhöck u. R. 8 ℊ 168 S.

—— Worte von d. heil. Taufe. Zusammengetr. v. W. Löhe. gr. 8. ($7\frac{1}{4}$ B.) Nürnberg 839, Raw'sche Buchh.

—— Worte von der heiligen Taufe. Zusammengetragen von Wilh. Löhe. 2., durch Hinzufügung von Luther's Taufbüchlein verm. Aufl. 16. (VIII und 166 S.) Nürnberg 856(58), Raw'sche Buchh. *
Aus Löhe's „Haus-, Schul- und Kirchenbuch" besonders abgedruckt.

—— Wörterbuch zu Dr. Martin Luther's deutschen Schriften, s. Dietz, Ph.

—— Von d. Weibes Würde, s. Schriften für d. evang. Deutschland.

—— wider Hans Wurst, s. Universal-Bibliothek, Nr. 2088.

— an unsere Zeit, oder Worte Luthers, welche von unserm Zeitalter besonders beherzigt zu werden verdienen, aus dessen sämmtl. Werken zusammengestellt von K. G. Bretschneider. Mit Luthers Bildn. gr. 8. Erfurt 819. Keyser. 1 ᵽ 6 ℊ

—— newe Zeitung vom Rein 1542. Eine Flugschr. Luther's geg. d. Heiligthum d. Kardinals Albrecht. Wieder aufgefunden u. hrsg. v. Gust. Schwetschke. gr. 8. (3 B.) Halle 841, [Leipzig,] Gebauersche Buchh. *

Dr. M. Luther's Newe Zeitung vom Rein. 1542. Eine Flugschrift gegen das Heiligthum des Kardinals Albrecht. Wieder aufgef. und hrsg. von Dr. G. Schwetschke. Berlin 1841. 8.
Nach einer ungenauen Abschrift.

—— Zeugniß für die Freiheit der Kirche. Sein Vermächtniß an die Christenheit. gr. 16. (20 S.) Neu-Ruppin 871, (Petrenz.) *

— Zeugniß von d. Herrlichkeit Jesu Christi. Aus Luther's Schriften herausgeg. v. Karl Geo. Hermes. 8. Magdeburg 846, Falckenberg u. Comp. $\frac{3}{4}$ ᵽ (17 B.)

— Heinrich v. Zütphen, s.: Wartburghefte.

Luther, Otto: Ursache und Entstehung von Missbildungen. Halle a. S. 1884: Hendel. 31 S. 8°
Halle-Wittenberg, Med. Diss. v. 18. Juni 1884
Geb. Krange (Kr. Bochum) 7. 3. 1859. V.

Als der wohl-edle und wohlgelahrte Hr . . . [Trauergedichte der nachgesetzten Professores academiae Kiloniensis auf Otto Bernhard Luther, Student, † 16. Febr. 1710.] — Kiel (1710): B. Reuter. 2 Bl. 4°

Luther, Paul [aus Prenzlau]: Die Beziehungen des Erzbistums Ravenna zum römischen Stuhl bis zur Zeit Nicolaus I. . . . Berlin, Verl. v. Speyer & Peters (1889); 88 + 1 S. + 1 Bl. 8°
Berlin, Phil. Fak., Inaug.-Diss. v. 17. Jun. 1889

Luther, Paul, Briefe an e. jungen Theologen. Ein Wegweiser f. das theolog. Studium. 8. (29 S.) Berlin 895. Speyer & Peters. n. — 50

Luther, Paul. Rom u. Ravenna bis zum 9. Jahrh. Ein Beitrag zur Papstgeschichte. gr. 8. (68 S.) Berl. 889, Speyer u. Peters. * 2 —

Luther, Paul, deutsche Volksabende. E. Handbuch f. Volksunterhaltungsabende. F. d. Praxis zusammengest. 8. (246 S.) Berlin 898. A. Duncker.
Geb. in Leinw. n. 3. —; eleg. geb. m. Goldschn. n. 4. —

Luther, Paul, deutsche Volksabende. Ein Handbuch f. Volksunterhaltungsabende. 2. verm. u. verb. Aufl. (III, 336 S.) gr. 8. Berlin 903. A. Duncker. n. 3. —;
geb. in Leinw. n.n. 4. —

(B) **Luther, P., deutsche Volksabende. 903. (KVB 34.) Jetzt: Charlottenburg, A. Glaue.**

Luther, Reinhold, Gerichtsreferendar in Naumburg a. S.: Das Sammel-Unternehmen. Ein Beitrag zur Lehre von den öffentlichen Sammlungen für vorübergehende Zwecke. Borna-Leipzig 1907: R. Noske. (VIII, 100 S.) 8° [J.]
Leipzig, Jur. Fak., Diss. v. 1. Juli 1907.
[Geb. 24. Febr. 79 Alsleben a. S.; Wohnort: Naumburg a. S.; Staatsangeh.: Preußen; Vorbildung: Gymn. Culm W.-Pr. Reife O. 99; Studium: München 2, Halle 5 S.; Rig. 1. Juli 07.]

Luther, Richard, appr. Arzt a. Zerbst ⟨Anhalt⟩: Über genu valgum und seine Behandlung und die Erfolge derselben. Halle a. S. 1908: C. A. Kaemmerer & Co. (79 S.) 8°
Halle, Med. Fak., Ref. v. Bramann, Diss. v. 8. Juli 1908
[Geb. 22. Juni 76 Zerbst; Wohnort: Schönebeck a. Elbe; Staatsangeh.: Preußen; Vorbildung: Dom-Gymn. Magdeburg Reife M. 99; Studium: Halle 4, Leipzig 1, Halle 5 S.; Coll. 26. Juni 08; Approb. 1. Febr. 06.]

Luther, Robert (Mitarb.), s. Abegg, Richard: Messungen elektromotorischer Kräfte . . .

Luther, Rob., die Aufgaben der Photochemie. Antrittsvorlesung, geh. an der Universität zu Leipzig am 26. VII. 1905. (18 S.) gr. 8. Leipzig 905. J. A. Barth.
n. — 80

Luther, Robert Martin Hermann: Beiträge zur Erkenntniss der Purperalerkrankungen [!]. Halle (1869): Plötz. 44 S. 8°
Halle-Wittenberg, Med. Diss. v. 19. Juni 1869
Geb. Nieder-Eichstädt (Kr. Querfurt) 10. 2. 1844. V.
Verf. erlebte die Diplomerneuerung 1919 als Geheimer Sanitätsrat in Luckenwalde. vgl. Anh. Nr. 449.

Luther, Rob., Genealogia Lutherorum rediviva oder Nachrichten über die Familie Luther in Ehstland und Rußland ergänzt und mit Anmerkungen versehen von Carl Rußwurm. In Erinnerung an die Geburt Dr. Martin Luther's vor 400 Jahren, am 10. Novbr. 1483. gr. 8. (108 S.) Reval 883, (Kluge's Verlag.) *

Luther, Rob., Hand- u. Hülfsbuch zur Ausführung physikochemischer Messungen, s.: Ostwald, Wilh.

Luther, Robert *Thomas Dietrich* [aus Moskau]: Elektromotorische Kraft und Verteilungsgleichgewicht ... M. 23 Fig. im Text. (Aus: Zeitschr. f. physik. Chem., Bd XIX Heft 4.) Leipzig, W. Engelmann, 1896; 47 S. 8.
Leipzig, Phil. Fak., Inaug.-Diss. v. [30. Apr.] 1896

— **Photographie als Lehr- u. Forschungsgegenstand,** s.a. Encyklopädie der Photographie.

Photographie als Lehr- und Forschungsgegenstand. Antrittsvorlesung 1908 von Dr. R[obert] Luther, Prof. Halle: Knapp 1909. 24 S. 8°
(Encyklopädie d. Photographie. H. 66.) [op. 6725 3

— u. Fritz Weigert, über umkehrbare photochemische Reaktionen im homogenen System. I. Anthrazen u. Dianthrazen. (12 S.) Lex.-8. Berlin 904. (G. Reimer.)
n. — 50
Sonderabdruck aus: „Sitzungsber. d. preuss. Akad. d. Wiss."

Luther, Robert, Dr.: **Studien über umkehrbare photochemische Prozesse.** *Leipzig: W. Engelmann 1899.* (53 S.) 8°
¶ [Aus: Zeitschrift f. physikal. Chemie, Bd 30.]
Leipzig, Phil. Hab.-Schr. v. 13. Dez. 1899

Luther, R., die chemischen Vorgänge in der Photographie, s.a. Encyklopädie der Photographie.

Die chemischen Vorgänge in der Photographie. 6 Vortr. von R[obert] Luther. *Halle a. S.: W. Knapp 1899.* (VI, 90 S.) 8°
= **Encyklopädie** d. Photographie. H. 36. [on. 3546 3

— **Vorträge, geh. auf dem internat.** Kongress f. angewandte Photographie in Wissenschaft u. Technik, s.a. Encyklopädie der Photographie.

Vorträge gehalten auf dem Internationalen Kongreß für angewandte Photographie in Wissenschaft u. Technik. Dresden, 11.–15. Juli 1909. Im Auftr. d. Arbeitsausschusses hrsg. von R[obert] Luther u. H. Weiß. Halle a. S.: Knapp 1910. 279 S. 8°
(Encyklopädie d. Photographie. H. 72.) [11. 3580

— s.: Zeitschrift f. physikalische Chemie.

Luther, Th., Diss. de apoplexia. Erf. 4°. 1732.

Luther, Th., Diss. de cardialgia. Erf. 4°. 1776.

Luther, Th., Diss. Casus spinae ventosae feliciter curatae. Erf. 4°. 1782.

Luther, Th., Diss. de delirio. Erf. 4°. 1731.

Luther, Th., Diss. indoles et cura phrenitidis. Erf. 4°. 1733.

Luther, Th., Diss. de morbis dolorificis eorumque medela. Erf. 4°. 1788
1788.

Luther, Th., Diss. **convulsionum theoria et therapia. Erf. 4°.** 1734.

Luther, Walter Georg Arwed, approb. Arzt aus Dresden: Ueber melanotische Geschwülste ⟨mit Ausschluss der Geschwülste der orbita⟩. *Leipzig 1900: B. Georgi.* (133 S.) 8°
Leipzig, Med. Diss. v. (26. Okt.) 1900

Luther, Wilhelm

Luther W. Ueber die Bahn des Planeten Amalthea (113) 1883. 8.
Diss. Leipzig

Luther, W., Catalog v. 636 Sternen nach Beobachtgn. am Meridiankreise d. Hamburger Sternwarte, s.a. Mitteilungen d. Hamburger Sternwarte.

Catalog von 636 Sternen nach Beobachtungen am Meridiankreise der Hamburger Sternwarte. Von Dr. Wilhelm Luther, Adjunkt d. Düsseldorfer Sternwarte. *(Hamburg: L. Gräfe in Komm. 1898.)* (63 S.) 4°
= Mittheilungen der Hamburger Sternwarte. No 4.
= Jahrbuch d. Hamburg. wissenschaftl. Anstalten. 15. Beih. 3. [op. 6673

— Wilh. Jul. (Breslau), Specimen observationum ad prooemium institutionum B. Heineccii. Diss. period. Präs. Joh. Ludw. Uhl. Frankfurt/Oder (J. Chr. Winter) 25. I. 1753. 18 S. (3.20) 21890
Oppon.: Martin G. Stiegler, Sal. Gottfr. Hensel, Carl Friedr. Offermann (Breslau).

ERNST ADAM LUTHER von RODA. Abhandlung über die von der Naturforschenden Gesellschaft zu Danzig aufgegebene Frage: von den Ursachen des verderblichen Salpeterfrasses an den Mauern, und den Mitteln, so wohl bey neuen Gebäuden ihm vorzubeugen, als bereits angegriffene davon wieder zu befreyen, welche den aus dem Vermächtnisse des sel. Herrn Johann Samuel Verch, ... herrührenden Preiss am 27sten Februar 1772. daselbst erhalten hat. Altenburg 1772. In der Richterischen Buchhandlung. 4°.

Luther v. Roda, Er. Adm., († 1784.) d. Christ unter den Freidenkern, in Betrachtt. über wichtige Wahrheiten d. Religion. 8. Altenb. 770. (Hennings in Neisse). 8 gr.

— Preisschrift, von den Ursachen des verderbl. Salpeterfraßes an den Mauern. 4. Altenb. 772. (Hennings in Neisse). 4 gr.

— Samml. einiger Briefe über d. Geisterlehre. 8. Altenb. 782. (Hennings in Neisse). 6 gr.

Luther-Album. Erinnerungsblätter aus Luthers Leben. Zur 3. Secularfeier seines Todestages des 18. Febr. 1846. 4. (6 B. mit Portr. u. 10 histor. Darstell.) Jena 846, Mauke. *

Luther-Album. (10) Naturgetreue Kabinets-Photographien v. Luther u. den Lutherstätten in Eisleben, Mansfeld u. Wittenberg, (in 4.) nebst Beschreibung. 8. (16 S.) Mansfeld 883. Hohenstein. geb. n.n. 15. —

Luther-Album in Bild und Lied. Eine Jubiläumsschrift für unsere Jugend. 20 Zeichnungen (in Tondr.) nach Gust. König. 12. (22 Bl.) Stuttgart 883, Buchh. der Evangel. Gesellschaft. cart. *M 1.; geb. *

The Southern Lutheran: vol. 1--15, Jan. 1903--Dec. 1917.

Monthly. Date-line: New Orleans--Gretna. After Vol. 4, 1906 this journal was merged with the EVANGELISCH-LUTHERISCHE BLÄTTER and published in English and German.

New Orleans, LA

Der Lutheraner: Jahrgang 1--110, no. 26, Sept. 7, 1844--Dec. 28, 1954 |

Fortnightly. Organ of Die Deutsche Evangelisch-Lutherische Synode von Missouri, Ohio u. a. Staaten. "Vorlage" or Prospectus, issued June 3, 1844. Frequently designated as "Walther's Lutheraner," because of Dr. Walther's deep interest in it, and his long tenure as editor; his congregation, Trinity Church of St. Louis, gave him great assistance in establishment of the journal. Steffens likens it to a parish paper, but it rapidly became a widely read and respected journal. Size varies from small folio to large quarto, each issue 8--16 pages. Circulation: 1870, 9000; 1945, 13,700; 1954, 18,500. [Note, issue of Nov. 13, 1945, p. 357, gives circulation as 1370.] Edited by Dr. C. F. W. Walther, Sept. 1, 1844--? by Dr. Ludwig Ernst Fürbringer, 1896--1946; by L. Fürbringer, J. T. Müller, Theo. Läsch, Theo. Hoyer, F. E. Mayer in 1944; managing editor: Martin Günther, 1874--93. Jubiläums-Ausgabe: Feb. 1, 1887. Published by Concordia Publishing House, 1874--1954.

St. Louis, MO

Lutheraner, der. Hrsg. v. der Deutschen Evang.-Luther. Synode v. Missouri, Ohio u. and. Staaten. Red. v. C. F. W. Walther. 7. u. 8. Jahrg. 1851 u. 1852. à 26 Nrn. Fol. (à 2 Bog.) St. Louis. (Philadelphia, Schäfer & Koradi.) à n. 2⅓ ℛ

Lutheraner, der. Herausg. von der deutschen Evangelisch-Luther. Synode von Missouri, Ohio u. andern Staaten. Redig. von C. F. W. Walther. 18. u. 19. Jahrg. August 1861 bis Juli 1863. à Jahrg. 26 Nrn. (à 2 Bgn.) St. Louis, Mo. (Philadelphia, Schäfer & Koradi.) Fol. Jeder Jahrg. n. 2 ℛ 10 ngr.

— — 20. u. 21. Jahrg. Septbr. 1863 bis August 1865. à Jahrg. 24 Nrn. (à 2 Bgn.) St. Louis, Mo. (Leipzig, J. Naumann.) Fol. Jeder Jahrg. n. 1 ℛ 10 ngr.

— — Redig. von dem Lehrer-Collegium des theolog. Seminars in St. Louis. 22. u. 23. Jahrg. Septbr. 1865 bis August 1867. à Jahrg. 24 Nrn. (à 2 Bgn.) Ebend. Fol. Jeder Jahrg. n. 1 ℛ 20 ngr.

— — Zeitweilig redig. von dem Lehrer-Collegium des theolog. Seminars in St. Louis. 24—26. Jahrg. Septbr. 1867 bis Aug. 1870. à Jahrg. 24 Nrn. (à 2 Bgn.) Ebend. Fol. Jeder Jahrg. n. 2 ℛ

Lutheraner, der. Hrsg. v. der deutschen evangelisch-luther. Synode v. Missouri, Ohio u. a. Staaten. Zeitweilig red. v. dem Lehrer-Collegium d. theolog. Seminars in St. Louis. 27. u. 28. Jahrg. Septbr. 1870—August 1872 à 24 Nrn. (à 1—2 B.) Fol. St. Louis, Mo. Dresden, H. J. Naumann in Comm. à Jahrg. n. 6. —

Lutheraner, der. Hrsg. v. der deutschen evangelisch-luther. Synode v. Missouri, Ohio u. a. Staaten ꝛc. 29. Jahrg. Octbr. 1872—Octbr. 1873. 30 Nrn. (à 1—2 B.) Fol. St. Louis, Mo. Dresden, H. J. Naumann in Comm. n. 8. —

— dasselbe. 30. Jahrg. 1874. 24 Nrn. (B.) Fol. Ebend. n. 7. 50

— dasselbe. 31. u. 32. Jahrg. 1875 u. 1876 à 24 Nrn. (à 1—2 B.) Ebend. à Jahrg. n. 7. —

Lutheraner, der. Hrsg. von der deutschen evangelisch-luther. Synode von Missouri, Ohio u. a. St. Zeitweilig red. von dem Lehrer-Collegium des theolog. Seminars in St. Louis. 33. u. 34. Jahrg. 1877 u. 1878. à 24 Nrn. (à 1—2 B.) Fol. St. Louis, Mo. (Dresden, H. J. Naumann.) à Jahrg. n. 7. —

— dasselbe. 35. Jahrg. 1879. 24 Nrn. (à 1—2 B.) Fol. Ebend. n. 5. 40

— dasselbe. 36. Jahrg. 1880. 24 Nrn. (à 1—2 B.) Fol. Ebend. n. 6. —

— dasselbe. 37. u. 38. Jahrg. 1881 u. 1882. à 24 Nrn. (à 1—2 B.) Fol. Ebend. à Jahrg. n. 6. 70

Lutheraner, der. Hrsg. v. der deutschen evangelisch-luther. Synode v. Missouri, Ohio u. a. St. Zeitweilig red. v. dem Lehrer-Kollegium d. theolog. Seminars in St. Louis. 39. Jahrg. 1883. 24 Nrn. (à 1—2 B.) Fol. St. Louis Mo. (Dresden, H. J. Naumann.) n. 7. —

— dasselbe. 40. u. 41. Jahrg. 1884 u. 1885. à 24 Nrn. (à 1—2 B.) Fol. Ebend. à Jahrg. n. 6. 50

— dasselbe. 42. Jahrg. 1886. 24 Nrn. (à 1—2 B.) Fol. Ebend. n. 4. —

Lutheraner, der. Hrsg. v. der deutschen evangel.-luther. Synode v. Missouri, Ohio u. a. St. Red. von dem Lehrer-Collegium des theolog. Seminars in St. Louis. 43.—46. Jahrg. 1887—1890. à 24 Nrn. (à 1—2 B.) Fol. St. Louis, Mo. (Dresden, H. J. Naumann.) à Jahrg. n. 4. —

Lutheraner, der. Hrsg. v. der deutschen evangelisch-luther. Synode v. Missouri, Ohio u. a. St. Red. v. dem Lehrer-Collegium d. theolog. Seminars in St. Louis. 47. Jahrg. 1891. 24 Nrn. (à 1—2 Bog.) Fol. St. Louis, Mo. (Zwickau, Schriften-Verein.) n. 4. —

— dasselbe. 48.—50. Jahrg. 1892—1894. à 26 Nrn. (à 1—2 Bog.) Fol. Ebd. à Jahrg. n. 4. —

Lutheraner, der. Hrsg v. d. deutschen evang.-luther. Synode v. Missouri, Ohio u. a. Staaten. Red. v. d. Lehrer-Collegium d. theolog. Seminars in St. Louis. 51.—54. Jahrg. 1895—1898. à 26 Nrn. (à ca. 8 S.) Fol. St. Louis, Mo. (Zwickau, Schriften-Verein.) à Jahrg. n. 4. —

Lutheraner, der. Hrsg. v. der deutschen evangelisch-luther. Synode v. Missouri, Ohio u. a. Staaten. Red. v. dem Lehrer-Collegium des theolog. Seminars in St. Louis. 55.—58. Jahrg. 1899—1902. à 26 Nrn. Fol. (à ca. 16 S.) St. Louis, Mo. (Zwickau, Schriften-Verein.) à Jahrg. n. 4. —

Lutheraner, der. Hrsg. v. der deutschen evangelisch-luther. Synode v. Missouri, Ohio u. a. Staaten. Red. v. dem Lehrer-Collegium des theolog. Seminars in St. Louis. 59.—62. Jahrg. 1903—1906. à 26 Nrn. (IV, 416; IV, 416; IV, 416 u. IV, 432 S.) 4. St. Louis, Mo. (Zwickau, Schriften-Verein.) à Jhrg. n. 4. —

Lutheraner, der. Hrsg. v. der deutschen evangelisch-luther. Synode v. Missouri, Ohio u. a. Staaten. Red. v. dem Lehrerkollegium des theolog. Seminars in St. Louis. 63.—66. Jahrg. 1907—1910. à 26 Nrn. (à Jahrg. IV, 416 S.) 30,5×23,5 cm. St. Louis, Mo. (Zwickau, Schriften-Verein.) à Jahrg. 4. —

Lutheraner, altkatholischer, 8. Frankf. Orell. 736.

Lutheraner, Der Bekennende und Jubilirende, an dem durch Gottes Gnade erlebten zweiten Denck-, Danck- und Jubelfeste der Lutherisch-Evangelischen Kirche . . . Hamburg 1731. V: *Wend, Christoph Gottlieb.* (schr)

Lutheraner, Chemnitzer. Redact.: Johs. Grosse. 1. Jahrg. Octbr. 1876 — Septbr. 1877. 12 Nrn. (à 1/4 Bog.) gr. 8. Chemnitz, (Winter.) *

—— dass. — Kirchliche Monatsschrift für Lehre und Wehre. Redact. und Hrsgbr.: Johs. Grosse. 2. und 3. Jahrg. 1878—1879. à Jahrg. 12 Nrn. (à 1/2 Bog.) gr. 8. (Ebendas.) à Jahrg. *

— **der christl.,** 4. Frankf. 717.

Der Deutsche Lutheraner : Jahrgang 1—13, no. 39, Jan. 6, 1910— Sept. 28, 1922.

Weekly. Sub-title: An Stelle von Lutherischer Herold, Kirchenblatt der Canada-Synode, and Lutherisches Kirchenblatt. Organ des General-Konzichs der evangelisch-lutherischen Kirche in Nord-Amerika. Large quarto, each 12 pages. Edited by The Rev. G. C. Berkemeier, Jan. 6, 1910—1922 [with H. Offermann]. Published by the Board of Publications of the General Council, 1910—22.
Philadelphia, PA

N. G. S. Der von seinen holsteinischen Glaubens-Genossen wegen eines catholischen Fürsten ohne einiges Verschulden . . . erfolgte, gedruckte auch gäntzlich Hülff- und Rechtlosz gelassene Lutheraner, oder Bericht von dem, was gegen einen unschuldigen Mann zu Ploen und dessen Familie durch mannigfältige Arresta . . . vorgenommen worden. Franckf. und Lpz. 1727. 4.

—— der katholische, das ist handgreifl. Beweis aus den Schriften Luthers, daß ein Lutheraner den wahren römisch-kathol. Glauben annehmen und öffentlich bekennen kann, ohne einen Nagelbreit von der Lehre Luthers abzuweichen. In einer Unterredung zwischen zwei Lutheranern Bonifacius und Fidelis dargestellt. 16. (149 S.) Münster 868, Aschendorff'sche Buchh.

Lutheraner, Catholischer, das ist: Handgreifflicher Beweiss aus denen Schrifften Lutheri . . . Cöllen 1733. V: *Kauffmann, Georg.* (Jes)

Lutheraner und Reformirten, die, ihre Stellung zu einander, namentlich im Königr. Hannover. Von einem Mitgliede der Conferenz reformirter Geistlichen u. Presbyter u. Lingen. Emden 863. (Noteboom.) gr. 8. (20 S.) n. 3 *ngr.*

— **der standhafte,** mit Sprüchen wid. d. Abfall gegründ. 8. Ebend. 741.

— **treue,** halten es m. Kaiser u. Reich gegen den Papst u. alle seine „conservativen" Schleppenträger u. Pantoffelküsser in den deutschen Landeskirchen. Mit e. Vorw. v. F. C. Th. Ruhland. gr. 8. (IV, 18 S.) Zwickau 875. Dresden, H. J. Naumann in Comm. n. — 50

Luthéranisme, le, en Alsace. Réponse aux articles de M. Lichtenberger dans la revue chrétienne 1869 u. 1870. 1 u. 2. partie. gr. 8. (19 u. 17 S.) Strassburg 871. Vomhoff in Comm. n. — 80

Der **symbolgläubige Lutheranismus** u. sein Verhältnis zur logischen Vernunft, oder: Zwanzig Widersprüche in ebenso vielen Thesen dargestellt zugleich mit Berücksichtigung der hl. Schrift u. kath. Lehre von einem Priester der Diöc. Rottenburg. Neckarsulm, Stettner in Kommiss., 1883, 128 S., gr. 8°.

Der Autor der Schrift wollte den theol. Lehrbegriff der Reformation darstellen, wie er in den symbol. Büchern der Protest. u. in d. Schriften Luthers enthalten ist. In 20 Thesen formuliert er ebenso viele Unterscheidungslehren des Protestantismus von d. kath. Kirche u. weiß sie mit guter theol. Erudition u. logischer Schärfe nach der Norm der hl. Schrift, Geschichte u. gesunden Vernunft zu beurteilen. Vgl. Römstedt, Litt. Handw. 1883, S. 756—8. Katholik 1883, Bd. 2 S. 559. Schanz, Theol. Quartalschr. 1884, S. 694—6.

Lutheran School Journal (Schulblatt): 1864-? St. Louis, MO
Published by the Faculty of Concordia Teachers College

Lutheranus constanter errans . . . 1709. S. l. V: *Pichler, Veit.* (Jes)

LUTHER BIBLIOTHEK DES PAULUS-MUSEUM der Stadt Worms. Gesammelt und zur 400jährigen Jubelfeier gestiftet von Rittmeister Heyl. a. l. 10. November 1883. (München 1883. Gedruckt bei Knorr und Hirth.) 8°.

Lutherbild, E. M. Arndts, mit einem Commentar. Eine Synodalrede . . . Dessau 1817. V: *Neuhoff, Carl Gottfried.* (StAt)

Lutherbrille, die, s. **Humbold, Rob.**

Lutherbüchlein, das, od. Dr. Mart. Luthers Leben durch Schrift u. Bild dargestellt. qu. 16. (2 B. u. 12 ill. Kpfr.) Leipzig 840, Baumgärtners Buchh. *

Luther-Büchlein, das. Reformationsgeschichte f. die evangel. Schulen Deutschlands. 6. Aufl. gr. 16. (60 S.) Eisleben 875. Reichardt's Verl. — 30

Lutherbüchlein. 8. Aufl. 12. (60 S. m. 1 Portr.) Barmen 883. Klein. n. — 30

Luther-Büchlein, das. Eine Sammlung von poet. Vorträgen und einzelnen Liederstrophen zur Luther-Feier in Schulen. Ausg. A.: Für Lehrer. 8. (46 S. mit Luthers Bild.) Berlin 888, Oehmigke's Verlag. *
—— dass. — Ausg. B.: Für Schüler. 8. (37 S. mit Luthers Bild.) Ebendas. 888. *

—— Wormser, s. Bast, K.

Lutherdenkmal. Volkstümliche Schriften aus der Geschichte des evangel. Deutschlands. In Verbindg. m. Achelis, Ackermann, v. Deuster 2c. hrsg. v. Geo. Buchwald u. Fritz Jonas. 1. Jahrg. 1. Hft. 8. Leipzig, B. Richter. n.n. 1. 50; geb. in Leinw. n.n. 2. —; f. den Jahrg. v. 2 Hftn. n. 2. —
Luther's, Mart., deutsche Briefe, ausgewählt u. erläutert v. Geo. Buchwald. (XI, 223 S. m. 13 Abbildgn.) 899.

Lutherdenkmal. Volkstümliche Schriften aus der Geschichte des evangel. Deutschlands. In Verbindung m. Achelis, Ackermann, v. Deuster u. a. hrsg. v. Geo. Buchwald u. Fritz Jonas. 1. Jahrg. 2. Heft. kl. 8. Leipzig 899. B. Liebisch. n.n. — 50
Philipp Melanchthon. Eine Schilderg. seines Lebens u. Wirkens. Von Geo. Buchwald. (94 S. m. Abbildgn.)

Luther-Denkmal, das, in Worms nach dem Entwurfe von Ernst Rietschel. Fol. (1 Blatt mit 1 Blatt Text in deutscher, französ. und engl. Sprache.) Leipzig 860*, Brockhaus. **

— — 13 Holzschnitte mit Text. 2. Auflage. Worms 1870

Lutherfeier, die, in Bern. Predigten und Ansprachen, gehalten in den Stadtkirchen und der Spitalkapelle Sonntag den 11. Novbr. 1883. gr. 8. (III, 99 S.) Bern 883, Haller. *

Lutherfeier, die, in Bern. Predigten u. Ansprachen, geh. in den Stadtkirchen u. der Spitalkapelle Sonntag den 11. Novbr. 1883. gr. 8. (III, 99 S.) Bern 883. Nydegger & Baumgart. n. 1. —

Lutherfeier, die, in Eisleben am 18. Febr. 1896. Vorbericht u. Ansprachen. Festpredigt von Vieregge, Gedächtnisrede von Rothe. 1. u. 2. Aufl. gr. 8. (39 S. m. 5 Bild.) Eisleben 896. (G. Reichardt.) n. — 50

[F.] Die **Lutherfeier** in Eisleben am 18. Febr. 1896. Vorbericht (Vf.: Dir. [Gustav] Boesche) u. Ansprachen. Festpred. d. H. Gen.-Superintend. [Carl Heinr.] Vieregge aus Magdeburg. Gedächtnisrede d. H. Superintend. [Wilh.] Rothe ... 2. Aufl. *Eisleben: Zweigver. d. Ev. Bundes (1896).* (38 S., 1 Bl.) 1 Bd 8. [97 1487]

—— **die, in Hof am 10. und 11. Novbr. 1883.** Predigten, Reden und Ansprachen. gr. 8. (III, 44 S.) Hof 883, Grau und Comp. *

—— **katholische.** Drei Gespräche kathol. Freunde. Hrsg. von Vincenz Germanus. gr. 8. (24 S.) Reutlingen 883, Kocher's Buchh. *

—— Riga's Lutherfeier. Fest-Rede am $\frac{\text{27. Octbr.}}{\text{8. Novbr.}}$ 1883 im Saale des Gewerbevereins gehalten. gr. 8. (26 S.) (Ebendas.) 883. *

—— **die, in Stuttgart 1883.** 12. (88 S.) Stuttgart 888, J. F. Steinkopf. *

Lutherfest-Almanach, Erfurter. Hrsg. von Ottomar Lorenz. gr. 8. (V, 295 S.) Erfurt 883, Otto'sche Buchh. *

Lutherfestspiel oder Lutherhohnspiel, s.: Flugschriften, katholische, zur Wehr u. Lehr'.

Luther-Festspieltage, die Erfurter, vom 9. bis 16. Mai 1886. Zur Erinnerung für Einheimische und Fremde. gr. 8. (26 S. mit 2 Holzschn.) Erfurt 886, Bartholomäus. *

—— die Nürnberger, zum Besten der Restaurierung der St. Sebaldus-Kirche. Zur Erinnerung für Einheimische und Fremde. gr. 8. (18 S. mit Luthers Bild.) Nürnberg 888, Raw'sche Buchh. *

Lutherfesttage, die, der evangelischen Landeskirche A. B. in Siebenbürgen in Hermannstadt am 10. und 11. Novbr. 1883. gr. 8. (56 S.) Hermannstadt 883, (Michaelis.) *

Luther-Fest-Zeitung

—— **illustrirte.** Redact.: Gust. Gerstel. Fol. (30 S. mit eingedr. Holzschn.) Erfurt 883, Bartholomäus.

Luther-Fest-Zeitung, illustrirte Eislebener, zum 400jährigen Geburtstage Martin Luther's. (Phototyp.) Kunstbeilage: Historischer Festzug am 10. Novbr. 1883: Die Einholung Luther's in Eisleben durch die Grafen v. Mansfeld 1546. Fol. (16 S. mit eingedr. Holzschn.) Eisleben 883, Winkler.

Luther-Freund : 1888/ –1918/

Monthly. Quarto, each issue 12—16 pages. Circulation: 1910, 1100; 1915, 1090. Edited & published by the Rev. Frederick Volz, 1909—18.
Saginaw, MI

Lutherhaus-Weihe. Reden u. Ansprachen, geh. bei der feierl. Einweihg. des Lutherhauses in Plauen, Sonntag, den 21. VI. 1908. (20 S.) 8. Plauen (908). (A. Kell.) — 30

Lutheriade. Aurich 1760—61. V: *Derschau, Christoph Friedrich von.* (ML) (Rotermund, Gel. Hannover. Bremen 1823.) (Verz. d. v. Meusebachschen Bibl. Berlin 1855. S. 85.)

Lutheriade. 2 Thle., (von C. v. Derschau). gr. 8. Aurich 760. 61. Luschky. 1 ₰ Neue verm. Aufl. u. d. T.: die Reformation. gr. 8. Halle 781. (Laue in Berl.) 16 𝔤

— — dass. gr. 8. Halle, Curt. 798.

Lutheritz, Carl Friedrich, s. Lutheritz, Karl Friedrich

Lutheritz, Karl Christian Friedrich, s. Lutheritz, Karl Friedrich

Lutheritz, Karl Friedr., Anleitung Kröpfe u. dicke Hälse nach ihren verschied. Ursachen zu unterscheiden, zu verhüten u. zu beseitigen. 8. (8½ B.) Ilmenau 833, [Weimar,] Voigt.

Lutheritz, Karl Friedr., Anleitung Kröpfe u. dicke Hälse nach ihren verschied. Ursachen zu unterscheiden, zu verhüten u. zu beseitigen. Für Aerzte u. Nichtärzte. Neue Ausg. 8. (8½ B.) Weimar 841, Voigt.

Lutheritz, Karl Friedrich: Der Arzt für Engbrüstige, oder guter Rath für Alle, so an kurzem Athem und den damit verbundenen Krankheiten leiden. 154 S., gbd.

Ilmenau: Voigt 1825

JB 2.068

— der Arzt als warnender Freund u. Rathgeber bei allen Krankheiten. 8. Meißen 831. Goedsche. 18 𝔤

Lutheritz, Karl Friedr., der Arzt als warnender Freund u. Rathgeber bei allen Krankheiten. Ein medicin. Noth- u. Hülfsb. f. Jedermann. 8. (18 B.) Meißen 831. [Leipzig, Vetter u. Rostosky.] Thlr.

—— der Arzt f. Hypochondristen u. hyster. Frauen. Eine vollständ. Belehr. üb. d. Ursachen der sich immer mehr verbreit. Krankheiten d. Milzsucht u. Mutterbeschwerung, u. üb. d. Mittel, sie zu verhüten u. zu heilen. 8. (19½ B.) Ilmenau 833, [Weimar,] Voigt.

Lutheritz, Carl Friedr., d. Arzt f. Hypochondristen u. hysterische Frauen. 2. Ausg. 8. (19½ B.) Weimar 842, Voigt.

— der Arzt als Rathgeber in den Krankheiten der Haut, insbesondere bei Flechten, Kopfgrind, Ansprung ꝛc. Für Aerzte u. Nichtärzte. 8. Ilmenau 826. Voigt. 12 gr

— der Augenarzt, od. Kunst, d. Sehkraft selbst bei anhaltender Anstrengung ungeschwächt bis ins Alter zu erhalten ꝛc. 8. Ilmenau 824, Voigt.

—— der Augenarzt, od. d. Kunst: die Sehkraft selbst bei anhalt. Anstrengung ungeschwächt bis ins Alter zu erhalten ꝛc. Aerzten u. Nichtärzten gewidmet. 2., durchaus verb. Aufl. 8. (6 B.) Ilmenau 831, [Weimar,] Voigt.

Lutheritz, Carl Friedr. (Meissen), De causa morborum proxima. Präs. Ad. Michael Birkholz. Lpz. (Klaubarth) 11. IX. 1801. 32 S. (4.—) 21891
Gew.: Joh. Gottfr. Leonhardi.

—— Handbuch d. medicin. Diagnostik. Eine Anleit., d. Krankheiten d. menschl. Körpers richtig zu erkennen u. d. ähnlichen v. einander zu unterscheiden. Nach d. neuesten Untersuchn. z. Unterr. f. prakt. Aerzte u. z. Gebr. f. akadem. Vorlesn. gr. 8. (37 B.) Ilmenau 829, [Weimar,] Voigt.

—— Handbuch d. medicin. Diagnostik. Eine Anleit., die Krankheiten d. menschl. Körpers richtig zu erkennen u. d. ähnlichen von einander zu unterscheiden. 2. Ausg. gr. 8. (37 B.) Weimar 841, Voigt.

— Handbuch der Hausarzneikunde in alphabet. Ordnung für gebildete Leser, als Rathgeber bei Krankheiten ꝛc. 8. Ilmenau 823. Voigt. 1 rthl. 12 gr

— Hausapotheke, oder medicin. Noth- u. Hülfsbüchlein für Nichtärzte, zur Kenntniß, Wahl u. Anwendungsart der wichtigsten ꝛc. Hausmittel. 8. Meißen 825. Goedsche. 15 gr

— der freundliche Hausarzt für Alle, die an d. Rheuma, Schleimkrankheiten, (Schnupfen, Katarrh, Asthma), Hämorrhoidalbeschwerden u. an der Gicht leiden. 8. Meißen 821. 2e umgearb. Aufl. 824. 3e A. 828. Goedsche. 9 gr

—— der freundl. Hausarzt als Rathgeber bei Erkältungskrankheiten u. allen Folgen d. Blutverschleimung, als Katarrh, Schnupfen, Asthma, Schleimschwindsucht, Rheuma, Gicht u. Hämorrhoiden. 3., umgearb. Aufl. 8. (8 B.) Meißen 828. [Leipzig, Vetter u. Rostosky.]

— der Hausarzt in den Krankheiten des Unterleibes, als Rathgeber in allen, von schlechter Verdauung abhängigen Zufällen u. Uebeln. Zugleich in besonderer Beziehung auf Hypochondrie u. Leberleiden. 8. Meiß. 822. 2e A. 824. 3e umgearb. u. verb. A. 827. Goedsche. 10 gr

— d. Hausarzt bei den wichtigsten innern u. äußern Krankheiten des Kopfes, eine Anleit., wie man sich bei den verschied. Augen-, Gehör- u. Zahnübeln ꝛc. zu verhalten habe. Nebst wicht. Winken, um die Anlage zum Schlagflusse u. zu manchen Geisteszerrüttungen in ihrem Keim zu unterdrücken. 8. Ilmenau 822, Voigt.

Lutheritz, Karl Friedrich:

Der Hausarzt bei den wichtigsten innern und äußern Krankheiten des Kopfes. Eine Anleitung, wie man sich bei den verschiedenen Augen-, Gehör-u. Zahnübeln... zu verhalten habe. Nebst wichtigen Winken, um die Anlage zum Schlagflusse u. zu manchen Geisteszerrüttungen in ihrem Keime zu unterdrücken. Von Carl Friedrich Lutheritz. Meißen: Goedsche 1821
97 S. 8°

Beigeb.: Der Schleim vorzüglich der Kinder und alten Leute... Frankfurt a.M. 1822.

Lutheritz, Karl Chr. Fr., der Hausarzt bei den Nervenkrankheiten u. Kopfleiden. Nebst einem Anhange über die Anlage zu Gemüths- u. Geisteskrankheiten. 8. Meißen 826. Goedsche. 10 gr

—— des Magnetiseurs K. F. Meißners Heilvermögen geg. gichtische u. rheumat. Krankheiten, z. Belehr. d. Publicums dargest. u. Leidenden u. Kranken empfohlen, so wie durch Bemerkn.: Ueber d. Heilkraft d. Lebensmagnetismus überh. bestätigt. 8. (4¼ B. u. M's. Portr.) Meißen 835, Goedsche.

— d. Hundswuth oder die Wasserscheu, als Folge des tollen Hundebisses u. das sicherste Vorbauungsmittel dagegen. 8. Meißen 825. Goedsche. 5 gr 58 S.

— d. Kinderarzt als freundl. Rathgeber bei allen Krankheiten d. Kinder ꝛc. 8. Meißen 823. Goedsche. 12 gr

—— die Krankheiten d. Kinder, od.: wie können wir uns. Kinder v. d. Geburt bis z. Eintritt d. Mannbarkeit gesund erhalten, das Schief- u. Buckligwerden verhüten u. d. unvermeidl. Krankheiten u. Körpergebrechen frühzeitig erkennen u. unterdrücken? Für Eltern u. Erzieher dargestellt. 8. (17¼ B.) Meißen 835, Goedsche.

— die Kunst gesund zu bleiben u. alt zu werden, oder d. Volks- u. Hausarzt für alle Stände d. Lebens. (A. u. d. T.: Hygiea, od. d. Kunst gesund zu seyn ꝛc.) 2 Bde. 8. Leipz. 809, 10. Hinrichs. 3 rthl.

— das physische Leben u. d. Mittel es zu erhalten. 1r Thl. in 2 Bdn. enth. die Ansicht des menschlichen Organismus ꝛc. 8. Leipz. 808. (Barth). 1 rthl. 8 gr 2r prakt. Theil, oder Grundlehren der Diätetik für gebildete Leser ꝛc. 8. (Ebd.) 809. 8 gr

— die Lebenserhaltungskunst, oder System d. Diätetik für alle Stände. 8. Meißen 827. Goedsche. 1 rthl. 6 gr

— Perioden des Lebens, ein vollständiger Unterricht über Zeugung, Geburt, Wachsthum, Abnehmen u. Tod des physischen Menschen ꝛc. 8. Leipz. 808. Märker. 12 gr

— Rathgeber für d. Bürger u. Landmann bei d. jetzt eingetretenen Gefahr d. Verbreitung e. ansteck. Nervenfiebers. 8. Meiß. 813. Goedsche. 2½ gr

— Rathgeber für Landwirthe in d. Krankheiten d. Hausthiere. 2 Samml. 8. Leipz. 820. Mag. f. Ind. (1e Samml. 6 gr 2e Samml. 8 gr) 14 gr Hbg. Pr. 12 gr Hunger.

Lutheritz, K(arl) F(riedrich): Rezepte und Heilmethoden bei den wichtigsten innerlichen Krankheiten des Menschen. 697 S., gbd.

Ilmenau: Voigt 1827

JB 2.476

— der Schlagfluß u. d. Lähmungen, oder Anleitung, sich davor zu bewahren u. zu heilen. Für Aerzte u. Nichtärzte. 8. Frankf. 826. Wesché. 12 gr

Lutheritz, Karl Friedrich:

Der Schlagfluß und die Lähmungen, oder Anleitung sich davor zu bewahren und sie zu heilen. Von Karl Friedrich Lutheritz. Frankfurt a.M.: Wesché 1826. XI, 152 S. 8°

Lutheritz, Karl Friedrich:

Aretaeus, Alexander Tralles and Caelius Aurelianus Systeme der Medizin. Dargestellt von Karl Friedrich Lutheritz. 2. Ausg. Dresden: Arnold 1818. VIII, 304 S. 8°

([Lutheritz:Die Systeme der Aerzte von Hippokrates bis auf Brown.] Bd 2.)

— die Systeme d. Aerzte von Hippokrates bis auf Brown. 1r Bd. (A. u. d. T.: Hippokrates, Asklepiades u. Celsus Systeme der Mediciner.) 8. Dresd. 810. Arnold. 1 ₰ 12 ℊ 818. Hbg. Pr. 1 ₰ 4 ℊ 2r Bd. A. u. d. T.: die Systeme der Medicin d. Aretäus, Cölius Aurelianus u. A. Tralles. 8. Ebd. 811. 1 ₰ 12 ℊ 1818. Hbg. Pr. 1 ₰ 8 ℊ

— — Hippokrates, Asclepiades und Celsus, Systeme der Medizin. 2te wohlfeile Ausg. 8. Dresden, Arnold. 819.

Schrader, F. A. [d. i. Karl Chr. Friedr. Lutheritz]: Der Thierarzt als Rathgeber bei allen Krankheiten der Pferde, Rinder, Schafe, Ziegen, Schweine, Hunde, Katzen und des Federviehes. Thl 1. 2 Meissen, Pesth 1833.
1. Krankheiten d. Pferde.
2. Krankheiten d. Rinder.

—— der Volksarzt od. Lebensregeln um Krankheiten vorzubeugen u. alt zu werden. Nebst e. Anh. f. Verhütung einiger körperl. Gebrechen. Neue Aufl. 8. (11 B.) Leipzig 834, Magazin f. Ind., Hunger.

— d. allgemeine Volksarzt. 2 Abtheill. 8. Leipz. 820, 21. Mag. für Ind. 1 ₰ 8 ℊ (2e Abtheil. a. u. d. T.: 24 Lebensregeln, um Krankheiten vorzubeugen ꝛc.)

— d. neue Volksarzt; ein Warnungsblatt für Alle, die gesund seyn u. alt werden wollen. 1r Jahrg. 1s Quart. 8. Leipz. 808. (Märker). 7 ℊ

Carthenser, J. F. resp. Lutheritz, P.: De noxa et utilitate ebrietatis. 35. 4°. Francof. 1740.

Lutheritz, Peter Johann Daniel:

Physisch-chemische Beschreibung des Buschbades bei Meissen und einer damit zu verbindenden Sanitäts-Anstalt. Von Peter Johann Daniel Lutheriz [Lutheritz]. Dresden 1798: Gerlach. IV S., S. 6-60 mit Titelkupfer. 8°

— **Petr. Joh. Dan.** (Lommatzsch), De corporis humani laesionibus externis caute dijudicandis. Präs. Ernst Gottl. Bose. Lpz. (Langenheim) 24. I. 1777. 28 S. (4.—) 21892

Luther-Jubiläums-Büchlein, das, zum 400sten Geburtstag Dr. Martin Luthers, des großen deutschen Reformators. Neue Aufl. 8. (40 S. mit 20 Bildern.) Reading, Pa. 887, Pilger-Buchhandlung. geb. *

Luther-Kalender. Hrsg. von D. Georg Buchwald. [1-3.] Fur d. Jahre 1909-11. Leipzig: Haessel (1908-10). 8° A1. 501

Luther-Catalog, anlässlich der 400jähr. Jubiläumsfeier am 10. Novbr. 1883 hrsg. 8. (15 S.) Frankenberg i. S. 883, Stange.

Lutherkorth, Franz

Worte

— —, Einige, über das Wesen und Treiben der Corps an Deutschlands Hochschulen. Eine Studie zu Nutz und Frommen der academischen Jugend . . . . (von *Franz Lutherkorth*). Berlin 1876.

— — Dasselbe. 2. Aufl. Kahla a. d. S. 1878.
Anon.-Lex. V. p. 335 (nach Erman & Horn).

Lutherlesebuch, hrsg. v. Ernst Schlee, s.: Schulausgaben, deutsche.

Luther-Litteratur, die, 1883. Katalog einer Ausstellung, auf Veranlassung des Comité für die Volks-Lutherfeier in Hamburg veranstaltet von der Herold'schen Buchh. im Gewerbe-Museum am Steinthor. gr. 8. (IV, 52 S.) Hamburg 883, Herold'sche Buchh. **

Luthermonument, Das, zu Worms im Lichte der Wahrheit, s.a. Hundhausen, Ludwig

Luther-Monument, Das, zu Worms im Lichte der Wahrheit. Gedanken und Thatsachen zur Beantwortung der Frage: Kirche oder Protestantismus . . . Mainz 1868. V: *Hundhausen, Ludwig.* (Gla I/2, 683) *Grisar, Hartmann.* (EB)

Luthermonument, das, zu Worms im Lichte der Wahrheit. Gedanken und Thatsachen zur Beantwortung der Frage: Kirche oder Protestantismus? Dem deutschen Volke gewidmet von einem deutschen Theologen. 1. Aufl. 1868, und 2. revid. Aufl. gr. 8. (VII, 268 S.) Mainz 869, Kirchheim.

Lutherophilus. Altes und Neues zur Beförderung eines fruchtbaren Studiums der Theologie. Hrsg. von Ernst Gerh. Wilh. Keyl. 1. Heft. gr. 8. (S. 1—36.) Philadelphia 854, Schäfer und Koradi. (Leipzig, Schäfer.) *

Das sechste Gebot und Luthers Leben. Von Lutherophilus [d. i. Prof. D. Wilhelm Walther in Rostock]. Halle a. S.: M. Niemeyer 1893. (110 S.) 8° [F.] (03. 16014

Luther's . . . , s. am Ende des Sachlichen OW 'Luther'

Luthers, C. F., Anfangsgründe d. Artillerie. 2 Thle. gr. 8. Leipz. Baumgärtner. 802.

Luthersborn, Jobs von, oder Verbrechen aus Habsucht, eine Kunde der Vorzeit von Müller, 8. Neu-Ruppin, 795. Kühn. 6 sgl.
(Selbiges ist auch in dem 1sten Theil der Kunden der Vorzeit enthalten.)

Lutherstätten, Drei, (Geburtshaus, Sterbehaus, Lutherkanzel) und das Lutherdenkmal in Eisleben. Eisleben 1886. V: *Schütze, H., Sem.-Lehrer.* (Russell XVI, I, 3, 4709)

Lutherstätten, drei, [Geburtshaus, Sterbehaus, Lutherkanzel] und das Lutherdenkmal in Eisleben. 8. (15 S. mit Abbild.) Eisleben 886, (Mähnert.) *

— illustrirte. Red.: Gust. Gerstel. Fol. (80 S. m. Holzschn.) Erfurt 883. Bartholomäus. — 50

Lutherstiftung zu Leipzig, 3. Bericht, s. a. Nobbe, K. F. A.

Lutherstiftung, die, zu Leipzig vom 18. Febr. 1847 bis zum 18. Febr. 1856. 2., besonders gedr. Bericht. gr. 8. (61 S.) Leipzig 856, (H. Fritzsche.) Thlr. *

Luthertag, der, in Wittenberg am 12., 13. und 14. Septbr. 1883. Predigten, Reden und Ansprachen, hrsg. auf Veranlassung des Präsidiums des Luther-Fest-Comité's. gr. 8. (148 S.) Wittenberg 883, Herrosé Verlag. *

Luther-Tage, die, in Herborn. Festpredigten des Dek. Prof. Maurer und des Pfrs. Fischer, sowie Festrede des Direktors des theolog. Seminars, Prof. Lic. Sachsse. 8. (35 S.) Herborn 883, Buchh. des Nassauischen Colportagevereins. *

Lutherthum, Das alte, und der neue Protestantismus . . . Regensburg 1845. V: *Zetter, Johann Theophil Maximilian.* (Kn) »1844« (Gla I, 2, 1021)

Lutherthum, das alte, u. der neue Protestantismus. Ein Beitrag z. Geschichte der christl. Kirche u. der in ihr wohnenden Wahrheit. Von ein. Freunde christl. Wahrheit. gr. 8. (24 B.) Regensburg 844, Manz.

Lutherthum, Das, in Bayern; vier Worte zum Frieden. Berlin 1844. V: *Ebrard, Johann Heinrich August.* (Cat. d. Stadtbibl. Zürich. Zürich 1864—97.)

Lutherthum, das, in Bayern. Vier Worte z. Frieden. gr. 8. Berlin 844, Wohlgemuth. n. 1/4 Thlr.

Lutherthum oder Calvinismus? Populäre Beleuchtung des, als Einleitung zum 300jähr. Jubiläum der Concordia, innerhalb der Synodal-Conferenz der amerikanisch-luther. Kirche, ausgebrochenen Lehrstreites über die Gnadenwahl, von Antibarbarus Logikus. gr. 8. (72 S. mit 1 Stnt.) Oshkosh, Wis. 880. (Philadelphia, Schäfer und Koradi.) *

LUTHERTUM, Das wohl-bewaffnete und unüberwindliche und mit seinen eigenen Waffen entwaffnete und gänzlich überwundene Papstthum. Mit 3 Kupfern. Franckfurt und Leipzig 1729. 8°. (2 Mk. 50 Pfg., mit nur 2 Kpfrn., Max Jaeckel, Potsdam, 1908.) Rar!

LUTHERUS SUI IPSIUS PRODITOR, Daß (!) ist: Der durch sich selbst Entlarvte Luther, Oder Eigentlich- Warhaffter Bericht über Historische Nachricht Von dem Leben Lutheri; Herauß gegeben In dem zweyten Jahr, Da nichts als eitel Jubel war. (1717.) O. O. 8°. Sehr selten! (Expl. in Dresden.)

Luther-Vorträge, gehalten zu Breslau aus Anlaß des 400jähr. Lutherjubiläums, in Druck gegeben von dem Breslauer Luther-Comité. gr. 8. (IV, 164 S. mit 1 Holzschn.) Breslau 883, Korn. *
geb. *M 2,20.; mit Goldschn. *

Luther-Vorträge, Würzburger. Als Antwort auf die Angriffe des Jesuiten Berlichingen hrsg. vom evangel. Bund. 7 Hefte. gr. 8. München, J. F. Lehmann's Verl. n. 2.10; in 1 Bd. n. 2.—; geb. in Leinw. n. 3.—

1. Luther u. das deutsche Kulturleben. Vortrag, geh. am 2. III. 1903 zu Würzburg. Von Graf Rich. du Moulin-Eckart. (16 S.) 903. n. —20
2. Luther in Worms. Vortrag, geh. zu Würzburg am 6. III. 1903. Von Thdr. Kolde. (24 S.) 903. n. —30
3. Luther u. der Bauernkrieg. Vortrag, geh. im Schrannensaal zu Würzburg am 10. III. 1903. Von Herm. Steinlein. (31 S.) 903. n. —40
4. Luther u. die Moral. Vortrag, am 16. III. 1903 im Schrannensaale zu Würzburg geh. Von Christian Geyer. (20 S.) 903. n. —30
5. D. Martin Luther, e. christlicher Charakter. Vortrag. Von Geo. Buchwald. (22 S.) 903. n. —30
6. Luther u. seine Gegner. Vortrag, geh. im Schrannensaal zu Würzburg am 24. III. 1903. Von Gust. Kawerau. (29 S.) 903. n. —30
7. Luthers bleibende Bedeutung. Vortrag, am 31. III. 1903 zu Würzburg geh. Von Frdr. Meyer. (28 S.) 903. n. —30

Lüthgen, moderne Schrift im Schaufenster, s.: Worms.

Lüthgen, Edmund Die Aufgabe und Behandlung des deutschen Aufsatzes auf höheren Lehranstalten. 26 S. Progr. G. *Bochum* 1879.

Lüthgen, die Aufgabe und Behandlung des deutschen Aufsatzes auf höheren Lehranstalten. gr. 4. (26 S.) Bochum 879, (Stumpf.) *

Lüthgen, Edmund (geb. am 19 Juni 1844 in Wesel): Die Quellen und der historische Werth der fränkischen Trojasage ... Bonn, Univ.-Buchdr. v. C. Georgi 1875. 2 Bl., 55 S., 1 Bl. 8. ¶ Erschien 1876 selbständig bei Weber in Bonn.
Bonn, Phil. Fak., Diss. v. 11 Dez. 1875

Lüthgen, Edm., die Quellen und der historische Werth der fränkischen Trojasage. gr. 8. (55 S.) Bonn 876, Weber. *

Lüthgen, G. Eugen [sonst **Eugen**], Dr. phil.: Die Ausnahme von dem Vervielfältigungsverbote im Kunstschutzgesetze vom 9. Januar 1907. Ein Beitr. z. Lehre v. Urheberrecht. Bonn 1908: Foppen. XII, 98 S. 8°
Heidelberg, Jur. Diss. v. 18. Okt. 1908, Ref. Heinsheimer
[Geb. 17. Apr. 82 Ruhrort; Wohnort: Erpel; Staatsangeh.: Preußen; Vorbildung: Friedrich-Wilhelms-Gymn. Cöln Reife O. 03; Studium: Phil. u. Jura Bonn 2, Jura Berlin 1, Bonn 1, Heidelberg 1, Med. u. Phil. München 3, Jura Bonn 3 S.; Rig. 20. Okt. 08.] [U 09. 1849

Lüthgen, Eugen, a. Ruhrort: Die Holzplastik der Spätgotik im Gebiete zwischen Inn und Salzach. Eine entwicklungsgeschichtliche Studie. Erlangen 1907: Junge & Sohn. (VIII, 103 S.) 8°
München, Phil. Fak., Ref. Riehl, Diss. v. 8. März 1907
[Geb. 17. Apr. 82 Ruhrort; Wohnort: Erpel a. Rh.; Staatsangeh.: Preußen; Vorbildung: Friedrich-Wilhelms-Gymn. Cöln Reife O. 03; Studium: Bonn Phil. u. Jura 2, Jura Berlin 1, Bonn 1, Heidelberg 1, München Med. u. Phil. 3 S.; Rig. 8. März 07.]

Lüthgen, Eug., Sehnsüchte! Psychologische Novellen. (III, 46 S.) 8. Straßburg 904. J. Singer. n. 3.—

Lüthgen, H. Kurze Darstellung und kritische Beleuchtung der hauptsächlichsten auf den Steinkohlengruben des Ruhrkohlengebietes gebräuchlichen Abbaumethoden. Berlin, 1893. 20 S. mit 2 Taf.

Luthi s. Luthi.

Lüthi, Albert, Architekt, Maler, Glasmaler. Zürich 1906. V: ***Moser, Carl.*** (Berl)

Lüthi, Adolf. Begleitwort zu den obligatorischen Sprachlehrmitteln der zürcherischen Primarschule. 170 S. 8. Zürich, Schulthess & Co., 1903. [geb. fr. 2. 20]

Lüthi, Adolf. Sprachlehrmittel der Primarschule, bearb. von A' L': [Illustriertes] Lesebuch für das vierte u. fünfte u. sechste Schuljahr. Obligatorisches Lehrmittel für die Primarschulen des Kantons Zürich. 8. Zürich, Verlag der Erziehungsdirektion, 1906. N 5155
L' für das vierte Sch'. 6. Aufl. 230 S. [fr. —.60, geb. 1.—]
L' für das fünfte Sch'. 6. Aufl. 270 S. [fr. —.60, geb. 1.05]
L' für das sechste Sch'. 5. Aufl. 304 S. [fr. —.70, geb. 1.15]

Lüthi, Albert. Ueber venöse Stauung der Hundeschilddrüse. Diss. Med. Bern. [Sep.-Abdr. aus: Mitteilungen aus den Grenzgebieten der Medizin und Chirurgie. Band 15, Heft 3.] *Kopftitel:* Aus dem Privatlaboratorium von Dr. F[ritz] de Quervain in Chaux-de-Fonds. 24 S. 8. Jena, Gustav Fischer, 1905.

Lüthi, B., durch Kampf zum Sieg. Ein Bild aus dem ind. Missionsleben, s.: Missionstraktate, kleine.

Lüthi, C., Die Sozialdemokraten in der französischen Revolution. 8⁰. Bern 1899.

Lüthi E., d. schweizerischen permanenten Schulausstellungen. (19 S) Lausanne 1898

Lüthi, E[manuel]. Der Aufmarsch der Alamannen. ⟨Vortrag im bern. Historischen Verein, 24. Januar 1902. — Separatabdruck aus dem «Pionier» Nr. 1/2 vom 28. Februar 1902.⟩ 11 S. 8. [Bern, Stämpfli & Cie.]

Lüthi, E[manuel]. Die bernischen Chuzen oder Hochwachten im 17. Jahrhundert. 2. vermehrte Aufl. [Illustriert.] II + 18 S. 8. Bern, A. Francke, 1905. [fr. —. 60]
1. Aufl. s. in: Pionier.... Jahrg. 26, N° 1 u. 2. 28. Februar 1905. (Bern.)

Lüthi, E[manuel]. Die bernischen Chuzen oder Hochwachten im 17. Jahrhundert. 3. vermehrte Aufl. [Illustriert.] II + 19 S. 8. Bern, A. Francke, 1905. [fr. —. 60]

Lüthi, E[manuel]. Pater Gregor Girard. Sein Lebensbild als Festgabe zur Girardfeier den 18. Juli 1905 in Freiburg. Von der Schweiz. permanenten Schulausstellung in Bern. [Mit 1 Facsimile, 2 Porträts und 1 Abbildung.] II + 39 S. 8. Bern, Stämpfli & Cie. [Comm. Emil Baumgart], 1905. [fr. 1. —]

Lüthi, E[manuel]. Zum Eintausendfünfhundertjährigen Jubiläum der Alamannen der Westschweiz. Mit Bildern aus der Waffensammlung des Schweizerischen Landesmuseums und Zeichnungen von Befestigungen. II + 23 S. 8. Bern, A. Francke, 1906. [fr. —. 60]

Lüthi, E[manuel]. Jubiläumsbericht der Schweiz. permanenten Schulausstellung in Bern. 1878 bis 1903. [Mit illustriertem Umschlag.] IV + 23 S. 8. Bern, Stämpfli & Cie., 1903.

Luthi, E[manuel]. Bern's Politik in der Reformation von Genf und Waadt. 4. Bern 1885.
Ausg. A [Sep.-Ausg. der Beilage zum Jahresbericht uber das stadtische Gymnasium in Bern 1885.]
Ausg. B [Mit Portrat von] Wilhelm Farel. (Der Universitat in Genf zur 350jahrigen Feier der Reformation ... gewidmet vom Verfasser.)

Lüthi, E. Berns Politik in der Reformation von Genf u. Waadt. In-4⁰, 64 S. Bern, Fiala. 1885.

Lüthi, E., Bern's Politik in der Reformation von Genf und Waadt. gr. 4. (31 S.) Bern 885, Kaeser und Comp. *

Luthi, E[manuel]. Die bernische Politik in den Kappelerkriegen. Bern.
[1. Aufl.] ([Mit] 5 Beilagen [wovon ein] Croquis des Kriegsschauplatzes.) [Sep.-Ausg. der Beilage zum Programm der Kantonsschule in Bern 1878.] 4. 1878.

Lüthi, E., die bernische Politik in den Kappelerkriegen. 4. (58 S. mit 1 lithogr. Croquis.) Bern 878, (Jent und Reinert.) *

Lüthi, E., die bernische Politik in den Kappelerkriegen. 2. verm. Aufl. gr. 8. (V, 102 S. mit 1 lithogr. Croquis.) Bern 880, Wyss. *

Luthi, E[manuel]. Zur bernischen Politik in den Kappelerkriegen. ⟨SA.⟩ 8. ([Bern] 1883.)

Lüthi, E[manuel]. Randglossen zu [Johannes] Dierauers Geschichte der schweizerischen Eidgenossenschaft. (Separat-Abdruck aus dem «Bund», Nr. 243, 245 und 247. Mai 1908.) 12 S. 8. (Bern, [H. Jent].) [fr. —. 10]

Lüthi, E. Zur Reform unserer Primarschule. Ein Wort an das Bernervolk. 8. (50 S.) Bern 889, (Nydegger u. Baumgart). * — 50

Lüthi, E[manuel]. Berns Stellung im Sempacherkrieg. Eine Abwehr. [SA. aus: Sonntagsblatt des «Bund», Jahrg. 1909, Nr. 36—38.] [7 S.] 4. [Bern, H. Jent & Co.]

Lüthi, E[manuel]. Berns Stellung im Sempacherkrieg. Eine Abwehr in 2. Aufl. II + 50 S. 8. Bern, Stämpfli & Cie., 1910. [fr. 1. —]

Lüthi, Felix, Arzt, von und in Langnau: Achtzig Fälle von Lumbal-Anästhesie mit Alypin. ⟨Aus der chirurgischen Abteilung des Dr. Arnd, Inselspital, Bern.⟩ Langnau 1909. 32 S. und fünf Tabellen. 8⁰. [26. 11. 08.]
Bern. Med. Diss. 1908/09.

Lüthi, Felix. Achtzig Fälle von Lumbal-Anästhesie mit Alypin. Diss. Med. Bern. [Mit 4 Tafeln und 1 Tabelle.] *Kopftitel:* Aus der chirurgischen Abteilung des Herrn P. D. Dr. K[arl] Arnd, Inselspital, Bern. 32 S. 8. Langnau, Ritschard-Wyss & Cie., 1909.

Lüthi, Gottlieb. Excelsior. Lieder eines Bergwanderers. Illustriert von Adolf Thierstein. 95 S. 8. Samaden (& St. Moritz), Engadin Press Co. ..., [1902]. [geb. fr. 2. 50]

Excelsior. Lieder e. Bergwanderers von Gottlieb Lüthi. Ill. von Adolf Thierstein. *Samaden: Engadin Press Co. [1903].* (93 S.) 8⁰

Lüthi, Gottlieb, und Egloff, Carl. Das Säntis-Gebiet. Illustrierter Touristenführer. Mit 50 Illustrationen und einer Distanzenkarte. 156 S. 8. St. Gallen, Fehr, 1904. [cart fr. 2. 50]

Lüthi, Gottlieb, und Egloff, Carl. Das Säntis-Gebiet. Illustrierter Touristenführer. Mit 50 Illustrationen und einer Distanzenkarte. 2. revidierte Aufl. (*Vortitel:* Mit einem Anhang: Naturgeschichtliches aus dem Säntisgebiet, von Emil Bächler....) IV + 192 S. 8. St. Gallen, Fehr, 1908. [geb. fr. 3. —]

Lüthi, G., die Säntisreise, s.: Erzählungen aus dem schweizer. Unterhaltungsblatt. Nr. 4.

Lüthi, Hans, Erinnerungen an eine fünfjährige Dienstzeit in der französischen Fremdenlegion, mit besond. Berücksicht. der daselbst bestehenden allgemeinen Zustände [Algier und Tonkin 1880—1885]. 1. und 2. Aufl. gr. 8. (119 S.) Bern 888, (Jenni.) Köhler's Buchh. *

—— un légionnaire. Souvenirs de cinq ans de service dans la légion étrangère de France. En tenant compte surtout des conditions générales de ce corps. Algérie et Tonkin 1880—1885. Ch. Rollier, traducteur. 8. (207 S.) Ebendas. 888. **

Un légionnaire. Souvenirs de cinq ans de service dans la légion étrangère de France. En tenant compte surtout des conditions générales de ce corps. Algérie et Tonkin 1880—85. Traduit par *Ch. Rollier*. In-12⁰, 205 p. Bienne, Société typographique. 1888. 2 —

Lüthi, J[ohann]. Handbuch für Feuerwehren. Mit Berücksichtigung bernischer Verhältnisse, im Auftrage des Feuerwehrvereins des Kt. Bern bearb. von J. L'.... [Mit Figuren und 1 Tafel.] 122 S. 8. Langenthal, Buch- und Akzidenzdr. Merkur A.-G., 1909. [cart. fr. 1.—]
Zu beziehen beim städtischen Feuerwehrbureau, Zeughausgasse 4, Bern.

Lüthi, J[ohannes]. Kommentar zum Veranschaulichungs-Mittel für das Bruchrechnen von J. L', Lehrer. Utzenstorf, 1907. [Mit Figuren.] II + 82 S. 8. Selbstverlag des Verfassers [Buchdr. Albert Moser, Kirchberg]. [fr. 1. 60]

Lüthi, J., Kommentar zum Veranschaulichungs-Mittel f. das Bruchrechnen. (82 S.) 8. Utzenstorf 907. (Bern, A. Francke.) 1. 60

[Lüthi, Joseph.] Klimatischer Luftkurort Boenigen am Brienzersee, Berner Oberland. Illustrierter Führer hrg. vom Gemeinnützigen Verein Bönigen. [Von Dr. med. Lüthi in Boenigen. Illustriert.] IV + 14 S. 8. Interlaken, Schlæfli, [1901].

Lüthje, F. H., Liederbuch f. höh. Schulen. 1.—3. Hft. 8. Hamburg, F. Lücke. Geb. n.n. 3. 15
1. Vorschule. 2. Aufl. (IV, 43 S.) 897. n.n. — 60
2. Sexta u. Quinta. 2. Aufl. (96 S.) 897. n.n. — 85
3. Quarta u. Tertia. (IV, 204 S.) 895. n. 1. 70

Lüthje, F. H., Liederbuch f. höhere Schulen. 2. u. 3 Hft. 8. Hamburg (902). O. Kaven. Geb. 2. 40
2. Sexta u. Quinta. 3. Aufl. (102 S.) (902.) n. — 90
3. Quarta u. Tertia. 2. Aufl. (IV, 204 S.) (898.) n. 1. 50

Lüthje, F. H., Liederbuch für höhere Schulen. III. Heft: Quarta u. Tertia. 3. verm. Aufl. (IV, 208 S.) 8. Hamburg (904). O. Kaven. Geb. n. 1. 50

Lüthje, F. H., Liederbuch f. höhere Schulen. 2. Tl.: Sexta u. Quinta. 5. Aufl. (102 S.) 8. Hamburg 910. O. Kaven. Geb. — 90

— Zum 22. März 1897, s.: Noelting, J.

— der Schulchor. (4. Tl. des Liederbuches f. höhere Schulen.) Sammlung 4stimmig-gemischter Chöre in Einzelausgaben. Für d. Gebrauch in höh. Lehranstalten bearb. u. hrsg. Nr. 1—17. gr. 8. Ebd. 899. à n. — 05
1. 2. (à 1 S.) — 3. 4. (6 S.) — 5. 6. 7. (à 1 S.) — 8. 9. (6 S.) — 10. 11. 12. (à 1 S.) — 13. 14. (2 S.) — 15. (1 S.) — 16. 17. (2 S.)

— Singet dem Herrn!, s.: Hesse, Ed.

Lüthje, Hugo [aus Wedel in Holst.]: Ueber Bleigicht und den Einfluss der Bleiintoxication auf die Harnsäureausscheidung ... Berlin, gedr. bei L. Schumacher, 1895; 66 S., 1 Bl. 8.
Berlin, Med. Fak., Inaug.-Diss. v. 21. Dez. 1895

Lüthje, Hugo, klinische Diagnostik u. Propädeutik innerer Krankheiten, s.: Schmidt, Adf.

— Uber einige im Organismus wirksame Kräfte u. Erscheinungen. Rede zur Feier des Geburtstages Sr. Maj. des deutschen Kaisers Königs v. Preussen Wilhelm II., geh. an der Christian-Albrechts-Universität am 27. I. 1910. (23 S.) gr. 8. Kiel 910. Lipsius & Tischer. — 60

Lüthke, die Zahnpflege im Kindesalter, s. Dunzelt.

Die Bau- und Kunstdenkmäler der Kreise Biedenkopf, Dill, Oberwesterwald und Westerburg. Im Auftr. d. Bezirksverbandes d. Reg.Bez. Wiesbaden bearb. von Ferdinand Luthmer. Frankfurt a. M.: Keller in Komm. 1910. XX, 177 S. 4°(8°)
(Die Bau- u. Kunstdenkmäler d. Reg.Bez. Wiesbaden. Bd 4.)

Die Bau- und Kunstdenkmäler des Lahngebiets. Oberlahnkreis. Kreis Limburg. Unterlahnkreis. Im Auftr. d. Bezirksverbandes d. Reg.Bez. Wiesbaden bearb. von Ferdinand Luthmer. Frankfurt a. M.: H. Keller in Komm. 1907. (XX, 297 S.) 4°(8°)
= Bau- u. Kunstdenkmäler d. Reg.-Bez. Wiesbaden. Bd 3.

Die Bau- und Kunstdenkmäler des Rheingaues. Im Auftr. d. Bezirksverbandes d. Reg.Bez. Wiesbaden bearb. von Ferdinand Luthmer. Frankfurt a. M.: H. Keller 1902. (VIII, 240 S.) 4°(8°)
= Bau- u. Kunstdenkmäler d. Reg.Bez. Wiesbaden. Bd 1.

Die Bau- und Kunstdenkmäler des Rheingaues. Im Auftr. d. Bezirksverbandes d. Reg.Bez. Wiesbaden bearb. von Ferdinand Luthmer. 2. Aufl. Frankfurt a. M.: H. Keller in Komm. 1907. (VIII, 242 S.) 4°(8°)
= Bau- u. Kunstdenkmäler, Die, d. Reg.Bez. Wiesbaden. Bd 1. [07. 6056

Luthmer, Ferdinand (Bearb.), s.a. Bau- und Kunstdenkmäler des Rheingaues

Die Bau- und Kunstdenkmäler des östlichen Taunus. Landkreis Frankfurt. Kreis Höchst. Obertaunus-Kreis. Kreis Usingen. Im Auftr. d. Bezirksverbandes d. Reg.-Bez. Wiesbaden bearb. von Ferdinand Luthmer. Frankfurt a. M.: H. Keller in Komm. 1905. (XXXI, 203 S.) 4°
= Bau- u. Kunstdenkmäler d. Reg.-Bez. Wiesbaden. Bd 2. [04. 16474

Luthmer, F., Blüthenformen als Motive f. Flachornament. Fol. (10 farb. Taf. m. 1 Bl. Text.) Berlin 893. E. Wasmuth. In Mappe. n. 12. —

Luthmer, Ferd. Plastische Decorationen aus dem Palais Thurn u. Taxis zu Frankfurt a. M. Decken- u. Wanddecorationen, Rahmenwerke u. ornamentale Einzelheiten im Barock-Stile. Fol. (20 Lichtdr.-Taf. m. 2 S. Text.) Frankf. a. M. 890, Keller. In Mappe * 20 —

Das Email. Handbuch d. Schmelzarbeit v. Ferdinand Luthmer, Prof. ... zu Frankfurt a. M. M. 64 in d. Text gedr. Abb. Leipzig: E. A. Seemann 1892. (XVI, 204 S.) 1 Bd 8.
= Kunsthandbücher, Seemanns. Bd IX. [92. 7556

— das Email. Handbuch der Schmelzarbeit, s.a. Seemann's Kunsthandbücher.

Zur Feier des Verloosungs--Festes zum Besten der Wittwen- und Waisen-Stiftung der Loge Hermann zum Lande der Berge Or. Elberfeld am 15. März 1868, von Ferdinand Luthmer. Elberfeld o. J.: Lucas. 4 Bl. 8°. [Umschlagtit.] 21.

Luthmer, Ferd., Flachornamente auf d. Grundlage v. Naturformen als Schulvorlagen u. z. prakt. Gebrauch f. Decorationsmaler u. s. w. Fortsetzg. d. Flachornamente im Stile d. deutschen Renaissance dess. Verf. 18 Blatt in Farben. gr. Fol. (1 Bl. Text.) Karlsruhe 895. Stuttgart, K. Wittwer. In Mappe n.n. 18. 50

—— Flachornamente im Stil der deutschen Renaissance, als Schulvorlagen u. zum prakt. Gebrauch für Dekorationsmalerei, Stickerei, Holzeinlage, Metallätzg., Lederschnitt, Typographie etc. hrsg. gr. Fol. (25 Blatt.) Karlsr. 887, Veith. In Mappe 12 —

—— Führer durch die Freiherrl. K. v. Rothschild'sche Kunstsammlung. 12. (96 S. m. Abbildgn.) Frankf. a. M. 890, Jügel's Verlag. 1 —

Luthmer, Ferd., Gold und Silber. Handbuch der Edelschmiedekunst. gr. 8. (VIII, 272 S. mit 153 eingedr. Abbild.) Leipzig 888, Seemann. *M 3.60.; geb. *

Luthmer, Ferdinand. Gold und Silber. Handbuch der Edelschmiedekunst. Mit 153 in den Text gedruckten Abbildungen. (Seemann's kunstgewerbliche Handbücher, III.) Leipzig 1888. 8°.

— Gold u. Silber, s.a. Seemann's Kunsthandbücher.

Luthmer, Ferdinand. Goldschmuck der Renaissance nach Originalen und von Gemalden des XV.—XVII. Jahrhunderts gesammelt ... Berlin. Verlag von Ernst Wasmuth ... 1881.
Tit., 1 Bl., 71 S. m. 33 Abb.; 30 z. T. farb. Taf., davon 12 in Kupferst. 4°.

—— malerische Innenräume moderner Wohnungen. In Aufnahmen nach der Natur. Hrsg. und mit erklärenden Aufsätzen begleitet. 5 Lfgn. gr. Fol. (25 Lichtdr.-Taf. und 20 S. Text.) Frankfurt a. M. 884.85, Keller. à Lfg. *M 5. *

—— malerische Innenräume moderner Wohnungen. In Aufnahmen nach der Natur. Hrsg. und mit erklär. Aufsätzen begleitet. 2. Serie. 5 Lfgn. Fol. (4 S. Text mit 23 Lichtdr.- und 2 Farbendr.-Taf.) Frankfurt a. M. 885,86, Keller. à Lfg. *ℳ 5.—. *

[1. Serie.] Ebendas. 1884,85. *ℳ 25.—.

—— malerische Innenräume aus Gegenwart und Vergangenheit. In Aufnahmen nach der Natur. [Fortsetzung des Werkes: „Malerische Innenräume moderner Wohnungen", erweitert durch Heranziehung ausgezeichneter Beispiele der Innen-Architektur des 16., 17. und 18. Jahrh.] In 5 Lfgn. gr. Fol. (à Lfg. 5 Lichtdr.-Taf.) Ebendas. 888. à Lfg. *ℳ 5.—. *

— malerische Innenräume aus Gegenwart und Vergangenheit. In Aufnahmen nach der Natur. [Fortsetzg. d. Werkes: „Malerische Innenräume moderner Wohnungen", erweitert durch Heranziehung ausgezeichneter Beispiele d. Innen-Architektur d. 16., 17. u. 18. Jahrh.] 5 Lfgn. gr. Fol. (à 5 Lichtdr.-Taf.) Frankfurt a/M. 888. 889. Keller. à Lfg. n. 5. —

— malerische Innenräume aus Gegenwart u. Vergangenheit. In Aufnahmen nach der Natur. [Fortsetzung d. Werkes: „Malerische Innenräume moderner Wohnungen", erweitert durch Heranziehg. ausgezeichneter Beispiele der Innen-Architektur d. 16., 17. u. 18. Jahrh.] 2. Serie [Malerische Innenräume 4. Serie]. 5 Lfgn. gr. Fol. (25 Lichtdr.-Taf.) Frankfurt a/M. 892. H. Keller à n. 5. —

Luthmer F. Innenräume, Möbel und Kunstwerke im Louis XVI.- und Empire-Stil. I. II. fol Frankfurt 1897. 03

— Innenräume, Möbel u. Kunstwerke im Louis-Seize- u. Empire-Stil. Nach Vorbildern aus dem Ende des 18. u. Anfange des 19. Jahrh. 1. Abtlg. (Neue Aufl.) u. 2. Abtlg. In Lichtdr. ausgeführt von der Hof-Kunstanstalt v. Martin Rommel & Co. in Stuttgart. gr. Fol. (à 30 Taf.) Frankfurt a/M. 903. H. Keller. In Mappe à n. 30. —

Luthmer F. Innenräume, Möbel und Kunstwerke im Louis XVI.- und Empire-Stil. I. II. (je 30 T) fol Frankfurt a. M. 1903. 05

— bürgerliche Möbel aus dem ersten Drittel des 19. Jahrh., m. einigen Beispielen aus Staatsgemächern fürstl. Schlösser. (56 Lichtdr.-Taf. m. IV S. Text.) 4. Frankfurt a/M. 904. H. Keller. In Mappe n. 28. —

— Bürgerliche Möbel aus dem ersten Drittel des 19. Jahrh., m. einigen Beispielen aus Staatsgemächern fürstl. Schlösser. Neue Folge. (47 Lichtdr.-Taf. m. IV S. Text.) 34×26 cm. Frankfurt a/M. 908. H. Keller. In Mappe 24. —
1. Serie. Ebd. 904. In Mappe 28.—.

Deutsche Möbel der Vergangenheit von Ferdinand Luthmer. Mit 142 Abb. *Leipzig: H. Seemann Nachf. [1902].* (137 S.) 4°(8°)
= Monographien d. Kunstgewerbes. 7. [02. 3771 6

— gothische Ornamente in Beispielen aus Baudenkmälern des XIII. bis XVI. Jahrh. gr. Fol. (30 Lichtdr.-Taf. m. 1 Bl. Text.) Frankfurt a/M. 900. H. Keller. In Mappe n. 30. —

Romanische Ornamente und Baudenkmäler in Beispielen aus kirchlichen und profanen Baudenkmälern d. XI. bis XIII. Jhs hrsg. v. Ferdinand Luthmer. Aufgen. v. C. Böttcher in Frankfurt a. M. u. in Lichtdr. ausgef. v. d. Verlagsanst. f. Kunst u. Wiss. vorm. Friedr. Bruckmann in München. *Frankfurt a. M.: H. Keller 1896.* (2 Bl., 30 Taf) 1 Bd gr. 2. [96. 3415

— romanische Ornamente u. Baudenkmäler in Beispielen aus kirchlichen u. profanen Bauwerken des XI.—XIII. Jahrh. 2. Abth. Ornamentale Einzelheiten aus roman. Bauwerken der Schweiz. Aufgenommen v. Jaeger & Goergen in München u. in Lichtdr. ausgeführt von der Verlagsanstalt Bruckmann A.-G. in München. (30 Taf. m. 2 S. Text.) gr. Fol. Frankfurt a/M. (903). H. Keller. n. 30. —

Luthmer, Ferdinand. Romanische Ornamente und Baudenkmäler in Beispielen aus kirchlichen und profanen Bauwerken des XI. bis XIII. Jahrhunderts. Hrg. von Ferdinand Luthmer. Abtheilung 2: Ornamentale Einzelheiten aus romanischen Bauwerken der Schweiz. Aufgenommen von Jaeger & Goergen in München und in Lichtdruck ausgeführt von der Verlagsanstalt Bruckmann, A.-G. in München. 2 Bl. + 30 Tafeln *in Umschlag.* fol. Frankfurt a. M., Heinrich Keller, (1904). [M. 30.—]

— Sammlg. v. Innenräumen, Möbeln u. Geräthen im Louisseize- u. Empire-Stil aus Schlössern u. Kirchen zu Kassel, Wilhelmshöhe u. Würzburg. (Neue Folge d. Werkes: „Maler. Innenräume aus Gegenwart u. Vergangenheit".) Aufgenommen v. C. Böttcher in Frankfurt a/M. u. in Lichtdr. ausgef. v. d. Hofkunst-Anstalt v. Martin Rommel & Co. in Stuttgart. gr. Fol. (30 Taf.) Ebd. 897. In Mappe n. 30. —

— der Schatz des Frhrn. Karl v. Rothschild. Meisterwerke alter Goldschmiedekunst aus dem 14—18. Jahrh. Photographisch aufgenommen von Wehe-Wehl. In Lichtdr. ausgeführt von Römmler & Jonas. 1. Serie. (In 10 Lfgn.) 1—6. Lfg. Fol. (à 5 Bl. mit 5 Bl. Text.) Frankfurt a/M. 882. Keller. à n. 7. 50

— der Schatz d. Frhrn. Karl v. Rothschild. Meisterwerke alter Goldschmiedekunst aus dem 14—18. Jahrh. Photographisch aufgenommen v. Wehe-Wehl. In Lichtdr. ausgeführt v. Römmler & Jonas. 1. Serie. 7—10. (Schluss-)Lfg. Fol. (20 Bl. m. 23 Bl. Text.) Ebend. 883. à 7. 50

— dasselbe. 11—13. Lfg. (2. Serie. I—III. Lfg.) Fol. (à 5 Bl. m. 5 Bl. Text.) Ebend. 883—85. à 7. 50

Luthmer, Ferdinand (Hrsg.), s. Schreiner-Zeitung, Illustrierte.

—— Werkbuch des Tapezierers. Eine prakt. Darstellung aller in diesem Gewerbe vorkommenden Arbeiten und Materialien, für Fachleute, Schulen und Liebhaber unter Mitwirkung von G. Clauer und andern bewährten Fachmännern hrsg. Mit gegen 300 Illustr. und zahlreichen Beilagen. (In ca. 10 Lfgn.) 1. Lfg. Lex.-8. (24 S. mit 1 Taf.) Stuttgart 884, Spemann. * 1 —

Luthmer, Ferdinand: Werkbuch des Tapezierers. Unter Mitwirkung von G. Clauer. Berlin u. Stuttgart. (1884–87) 8°

[5.] Werkbuch des Dekorateurs. E. Darstellg d. gesamten Innendekoration u. d. Festschmuckes in Theorie u. Praxis v. Ferdinand Luthmer. Als Fortsetzg v. dess. Vfs 'Werkbuch d. Tapezierers'. M. üb. 250 Text-ill. u. 16 Vollb. (In 15 Lfgn.) *Stuttgart, Berlin, Leipzig: Union [1896. 97].* (IV, 358 S., 16 Taf.) 1 Bd 4. [98. 366

Luthmer, Ferdinand: Das deutsche Wohnhaus der Renaissance. Berlin & Stuttgart: W. Spemann [1898]. (16 S., 8 Taf.) 2°
= Baukunst, Die. [Ser. 1.] H. 1.

— Zeichen-Vorlagen f. Kunstschmiede. E. Sammlg. vorbildl. Formen aus d. Gebiete d. Schmiedekunst f. Handwerker- u. Kunstgewerbeschulen sow. f. d. prakt. Gebrauch. Zusammengest. u. gezeichnet. gr. Fol. (20 Taf. m. 1 Bl. Text.) Frankfurt a/M. 897. J. Keller. In Mappe n. 15. —

— Zimmer der Maria v. Mediol im Palast Luxemburg zu Paris, s.: Dedaux.

Luthmer, Iohannes [Hannoveranus]: Da choriambo et ionico a minore diiambi loco positis. Argentorati apud Carolum I. Truebner, 1884. 8. 99 S.

Luthmer, Johannes, de choriambo et ionico a minore diiambi loco positis, s.: Dissertationes philologicae Argentoratenses selectae.

Luthmer, Hans (Hrsg.), s. Comenius, Johann Amos: Eine Auswahl aus seinen pädagogischen Schriften ...

Luthmer, Hans, Schüler-Kommentar zu den ausgewählten Briefen Ciceros. 8. (32 S.) Leipzig 893. G. Freytag. Kart. n. — 30

— Straßburg, Metz u. die Vogesen, s.: Bernhöft, Ch.

— Zabern u. Umgebung, s.: Streifzüge u. Rastorte im Reichslande u. den angrenzenden Gebieten.

Luthmer, Konr., s.: Bericht üb. den 1. deutschen Blindenkongress in Hannover.

Luthmer, Konr., d. Geschichte meiner Erblindung. 3., m. e. ausführl. Nachwort vers. Ausg. gr. 8. (II, 130 S.) Heidelberg 897. (J. Hörning.) n. 1. 50

Luthmer, Konr., Veröffentlichg. der geheimen kriegsgerichtlichen Akten im Falle Luthmer. gr. 8. (IV, 117 S.) Heidelberg 902. (J. Hörning.) n. 1. 50

Lüthner, J., s.: Primitiae Czernovicienses.

Lütholz, *Johann August* Friedrich [aus Lüneburg]: Über das Verhältnis Rochows zum Philanthropismus ... Leipzig-R., Druck v. O. Schmidt, 1894; 41 S., 1 Bl. 8.
Leipzig, Phil. Fak., Inaug.-Diss. v. [19. März] 1894

Luthomonographie, historique et raisonnée. A. s. l. t.: Essai sur l'histoire du violon et sur les ouvrages des anciens luthiers célèbres du temps de la renaissance par un amateur. gr. 8. (VIII und 68 S. mit 2 Stnt. in Fol.) Munic 856. (Francfurt a. M., C. Jügel.) *

Lüthy, Ferdinand. Das Briefgeheimnis und dessen strafrechtlicher Schutz. Historisch-dogmatische Darstellung, mit besonderer Berücksichtigung der schweizerischen Verhältnisse. Diss. Jur. Bern. VIII + 166 S. 8. Zürich-Selnau, Gebr. Leemann & Co., 1908.

Lüthy, Jos., Fabeln. Taschenform. Wien, Kurzböck. (Camesina.) 788.

Lüthy, Jos., Fabeln. 12. Wien 788. Kurzböck, (Heubner). 16 K Schrbp. 20 K

Lüthy, Jos., scherzhafte Gedichte. 12. Wien 788. (Heubner. 16 K Schrb. 1 ß

— schweizerischer Musenalmanach, s. Musenalmanach.

Lüthy, Otto: Die bernische Kunstschule. Aarau 1907. IV + 68 S. 8°. [25. IV. 06.]
Bern. Phil. Diss. 1906/1907.

Lüthy, Otto. Die bernische Kunstschule. IV + 68 S. 8. Aarau, H. R. Sauerländer & Co., 1907. [fr. 2. —]

Lüthy, Paul. Die Gemeinde Bern als Arbeitgeber. [Mit Figuren.] 55 S. 8. Bern, Scheitlin, Spring & Cie., 1907. [fr. 1. —]
Schriften aus dem Statistischen Seminar der Universität Bern... Heft 4.

Lüthy, Paul. Die gesetzlichen und vertraglichen Zinse der Schweiz. O. R. mit ihren Einschränkungen durch das kantonale Recht. Diss. Jur. Bern. VI + 63 S. 8. Bern, H. v. Kamp-Berger, 1909.

(Lüti, J[acques].) Thurgauer Waisen-Skandal oder Ein Kampf um's Recht des Individuums gegen den pflichtvergessenen und treulosen Staat Thurgau. Lüti contra Notariat, Waisenamt, Bezirksrat und Regierungsrat des Kantons Thurgau.... (Der internationalen Rechts-, Friedens- und Freiheits-Liga... gewidmet....) 47 S. 8. Vernier bei Genf, Selbstverlag von J. Lüti, Soziolog ([Genève, Impr.] Weber, 1902). fr. —. 25

Lütje, Eduard, Gerichtsref.: **Ist fahrlässige Täuschung eine unerlaubte Handlung im Sinne von B.G.B. § 823?** *Dortmund 1902: F. W. Ruhfus.* (53 S.) 8°
Rostock, Jur. Diss. v. [20. Nov.] 1902

Lütje, J., d. Struwwel-Liese od. lust. Geschichten u. droll. (farb.) Bilder f. Kinder. M. Zeichng. v. E. Maddalena. 40. Aufl. gr. 4. (24 Bl.) Hamburg 896. Leipzig, Th. Thomas, Sep.-Cto. Kart. n. 2. —; auf Karton, kart. n. 3. —

Lütje, J. A., über den Bau u. d. Bearbeit. d. Flachses in Belgien, s. Arnemann, W.

Lütje, Julius [approb. Arzt aus Hamburg]: Über einen operativ behandelten Fall von Extrauterin-Schwangerschaft .... Tübingen, L. Fr. Fuessche Buchdr. — Franz Fues —, 1887; 14 S. 8°
Tübingen, Med. Fak., Inaug.-Diss. v. 1887

Lütje, Otto, a. Dortmund: Beitrag zu einer Landeskunde des Karolinen-Archipels. Leipzig-Reudnitz 1906: A. Hoffmann. (117 S.) 8°
Bonn, Phil. Fak., Ref. Rein, Diss. v. 21. Febr. 1906
[Geb. 13. Okt. 77 Dortmund; Wohnort: Dortmund; Staatsangeh.: Preußen; Vorbildung: Gymn. Dortmund Reife O. 97; Studium: Bonn 10 S.; Rig. 20. Dez. 05.]

Lütjens, Dirk, approb. Arzt: Zur **Kasuistik der Riesenkinder.** *Greifswald 1903: J. Abel.* (24 S.) 8°
Greifswald, Med. Diss. v. 1. Apr. 1903

Lütjens, Jacob *Eggert Christian* [aus Rendsburg]: Ueber einige jodierte aromatische Säuren ... Heidelberg, Univ.-Buchdr. v. Ph. Wiese, 1897; 32 S., 1 Bl. 8.
Heidelberg, Naturw.-math. Fak., Inaug.-Diss. v. [16. März] 1897

Lütjie, C., Ornamente, zum prakt. Gebrauch für Stubenmaler und Fabrikanten. Lithogr. gr. Fol. (18 Blätter.) Berlin 841, Sachse u. C. $4^1/_2$ ß

Lütjohann, Christian (Hrsg.), s. Apuleius: De deo Socratis liber.

Lütjohann, C., Commentationes Propertianae. Diss. 1869. 108 S. 3.—

Lütjohann, Chrn., Commentationes Propertianae. gr. 8. (III, 108 S.) Kiel 869, Schwers'sche Buchh. *

Lütke, das Christusbild im St. Petersdom, s.: Flugschriften, katholische.

Lütke, katholische Missionsthätigkeit in Afrika, s.: Flugschriften, katholische.

Lütke, ..., Observations du pendule invariable, v. Memoires de l'Academie Impériale de St. Petersbourg VI. Série T. IV.

— der qualitative Theologenmangel. Studie zur Beurteilg. der jüngsten Bemängelg. des apostol. Glaubensbekenntnisses. gr. 8. (III, 82 S.) Gütersloh 893. C. Bertelsmann. n. 1. —

— die Vorgeschichte der öffentlichen Wirksamkeit Jesu, nach den evangel. Quellen entworfen. gr. 8. (VIII, 358 S.) Berlin 892. Reuther & Reichard. n. 7. 50

— die wunderbare Zeugung. Schriftstudie zu dem 3. Satze des 2. Artikels. gr. 8. (VII, 66 S.) Gütersloh 893. C. Bertelsmann. n. 1. —

Mandel-Forbach, s.: Ausbildung, die, d. Arztes.

MANDELBAUM, Abraham (Konstantinopel): Ueber die radikale Operation der Varicocele.- München: Wolf 1861. 30 S.
7.5.1861 - Urk (Titel: De operatione varicocele radicali.); Chr 1880/81,15
Diss.Ingolst.-Landsh.-Mchn.

Mandelbaum, Alex., Beiträge zur Lehre über die physiologische Bedeutung des Muskelglycogens, seine Verwerthung bei der Contraction. Inaugural-Dissertation. gr. 8. (23 S.) Königsberg 881, (Beyer's Verlag.) *

Mandelbaum, Hersch: Aus d. dermatol. Universitätsklin. zu Breslau. Hg-Injektionskuren und ihre Einwirkung auf die Nieren. Breslau 1909: Breslauer Genossensch.-Buchdr. 35 S. 8° ¶(Aus: Virchows Archiv f. pathol. Anat. u. Physiol. Bd 193, H. 3. 1908.)
Breslau, Med. Diss. v. 18. Jan. 1909, Ref. Neißer
[Geb. 17. Juni 82 Lublin; Wohnort: Lublin; Staatsangeh.: Rußland; Vorbildung: Gymn. Lublin Reife O. 03; Studium: Warschau 4, Breslau 4, Wien 1, Breslau 1 S.; Rig. 17. Dez. 08.] [U 09. 564

Mandelbaum, M(aier): Aus d. I. med. Klinik d. Univ. München. Zur Typhusfrage in München. München: Steinicke 1910. 22 S. 8°
München, Med. Diss. v. 8. Aug. 1910, Ref. v. Bauer
[Geb. 2. Dez. 81 Aub, Unterfranken; Wohnort: Aub; Staatsangeh.: Bayern; Vorbildung: Altes Gymn. Würzburg Reife Juli 00; Studium: Würzburg 5, Berlin 3, Würzburg 3, München 4 S.; Coll. 8. Aug. 10; Approb. 21. Mai 10.] [U 10. 3543

Mandelbaum, Robert: Ueber Calciumborat und über die Bestimmung der Borsäure. 1907. 50 S. 8° ¶ Ausz. in: Zeitschrift f. anorgan. Chemie. Bd 62. 1909.
München, Dr.-Ing.-Diss. v. 15. 3. 1907

Mandelbaum, Samuel, aus Platz: Weitere Beiträge zur Kenntnis über den Hämoglobingehalt der Muskeln. *Würzburg 1901: Verlagsdruckerei.* (16 S.) 8°
Würzburg, Med. Diss. v. 1901

Mandelberg, Vikt., Erlebtes. Erinnerungen. (In russ. Sprache.) (145 S.) gr. 8. Davos 910. Administration der Verlagsanstalt Sa. Rubeschóm. 3. —

Mandelblüh, Clem., Leitfaden zur Untersuchung der verschiedenen Zuckerarten sowie der in der Zuckerfabrikation vorkommenden Produkte. Ein Hilfsbuch für Fabriksdirectoren, Techniker und Siedemeister. Lex.-8. (VI und 106 S. mit eingedr. Holzschn.) Brünn 867, Buschak und Irrgang. *

Mandelblüh, C.: Tabellen zur Berechnung der Bodenerschöpfung und des Bodenkraftersatzes für den österreichischen Landwirth. Graphische in Farben ausgeführte Darstellung der Mineralbestandtheile und des Stickstoff's landwirthschaftlicher Culturpflanzen und verschiedener Düngemittel. (Leipzig, Kormann.) gr. 8. Wien: Perles 1869.

Mandelblüh, C., Tabellen zur Berechnung der Bodenerschöpfung und des Bodenkraft-Ersatzes. Graphische in Farben ausgeführte Darstellung der Mineralbestandtheile und des Stickstoffs landwirthschaftl. Culturpflanzen und verschiedener Düngemittel. gr. 8. (2 Stnt. in Buntdr. in Imp.-Fol.) Leipzig 870, Kormann. *

Mandelblüh, C., Tabellen zur Berechnung der Bodenerschöpfung u. d. Bodenkraft-Ersatzes. Graphische in Farben ausgeführte Darstellg. der Mineralbestandtheile u. des Stickstoffgehalts landwirthschaftl. Culturpflanzen u. wicht. Düngemittel. 2. Ausg. gr. Fol. (2 Tab.) Berlin 872. Wiegandt, Hempel & Parey. n. 2. —

Mandelik, M. G., Erlebnisse e. Seele. Stimmungsbilder. (XV, 305 S.) 8. Wien 908. W. Braumüller. 3. 40; geb. in Leinw. n 4. 80

— Seelenprobleme. Ein Skizzenbuch. (XII, 216 S.) 8. Ebd. 910. 3. —; geb. in Leinw. n 4. 20

Mandelin, Karl, Untersuchungen über das Vorkommen u. üb. die Verbreitung der Salicylsäure in der Pflanzengattung Viola. Inaugural-Dissertation. gr. 8. (60 S.) Dorpat 881. (Karow.) n. 1. —

Mandel-Kalender für das Jahr nach der Geburt Jesu Christi 1871. 16. Wien, Gorischek 1870.

Mandelkern, S. B., ausführliches Lehr- und Lesebuch zum fertigen Sprechen und Schreiben der russischen Sprache, s. Bibliothek ausführlicher Lehr- und Lesebücher der modernen Sprachen und Literaturen.

Mandelkern, Šelomoh

[Hebr. u. Ant.] Bat-šeba ô šiggâjôn ledâwid šir-ahâbim bešêš mahlekôt: mêitti Šelomoh Mandelkern ... Bath-Šeba poëma Solomonis Mandelkern. *(Lipsiae: Ex officina G. Drugulini 1896.)* (67 S.) 1 Bd 8. [96. 4506 G.

Mandelkern, S.: Die neubearbeitete hebräisch-chaldäische Bibel-Concordanz nebst Gutachten von Fachgelehrten. Leipzig 1884.

Mandelkern, S., deutsch-russischer Briefsteller, s.: Fuchs, Paul.

Mandelkern, S., historische Chrestomathie der russischen Litteratur von ihren Anfängen bis auf die neueste Zeit. Mit Einleitungen, Biographien u. bibliograph. Notizen in deutscher Sprache. gr. 8. (XII, 488 S.) Hannover 891. Hahn. n. 6. —

— Veteris Testamenti concordantiae hebraicae atque chaldaicae, quibus continentur cuncta, quae in prioribus concordantiis reperiuntur vocabula lacunis omnibus expletis emendatis cuiusquemodi vitiis locis ubique denuo excerptis atque in meliorem formam redactis vocalibus interdum adscriptis. Particulae omnes adhuc nondum collatae, pronomina omnia hinc primum congesta atque enarrata, nomina propria omnia separatim commemorata. Servato textu masoretico librorumque sacrorum ordine tradito summa cura collegit et concinnavit M. (Auch m. hebr. Titel.) Fol. (XV, 1532 S.) Leipzig 896. Veit & Co. n. 150. —; geb. in Ldr. n. n. 170. —; auch in 2 Halbbdn. à n. 75. —
Erschien auch in 10 Lfgn. à n. 15. —.

— Veteris Testamenti concordantiae hebraicae atque chaldaicae, quibus continentur cuncta, quae in prioribus concordantiis reperiuntur vocabula lacunis omnibus expletis particulae, pronomina, nomina propria separatim commemorata. Servato textu masoretico librorumque sacrorum ordine tradito summa cura collegit et concinnavit M. Ed. minor exemplis omissis. (Auch m. hebr. Titel.) Lex.-8. (IX, 1011 S.) Leipzig (900). Veit & Co. Kart. n. 24. —

Lütke, Nikolaus

— Lux in tenebris, sive dissertatio de Zoare. 8. ibid. 731.

Lütke, Nic., wahre Weisheit d. Christen in e. Jahrg. üb. die ordentl. Evangel. 4. Hamburg. 759. Rthlr.

Drei offene Wunden des heutigen Protestantismus. Bekenntnißfrage. Bibelfrage. Sociale Frage. Von U. **Lütke**. Berlin: Germania 1897. (V, 132 S.) 8° [F.]
— Wittenberg u. Rom. 4.
— [**Pesch**, Tilmann]: Christ oder Antichrist? Bd 3, 4. [04. 6327

Drei offene Wunden des heutigen Protestantismus. Bekenntnißfrage. Bibelfrage. Sociale Frage. Von U. **Lütke**. [Neue Ausg.] Berlin: Germania 1897 (1898). (V, 132 S.) 8° [F.]
— Wittenberg u. Rom. 4.
— [**Pesch**, Tilmann]: Christ oder Antichrist? Bd 3, 4. [07. 9110 11

Drei offene Wunden des heutigen Protestantismus. Bekenntnißfrage. Bibelfrage. Sociale Frage. Von U. **Lütke**. [Neue Ausg.] Berlin: Germania 1897 (1899). (V, 132 S.) 8° [F.]
— Wittenberg u. Rom. 4.
— [**Pesch**, Tilmann]: Christ oder Antichrist? Bd 3, 4. [06. 6608

Lütke, U., drei offene Wunden d. heut. Protestantismus, s. a. Christ od. Antichrist.

Lütke-Wentrup, Adolf, aus Hiltrup (Westf.): Die geschichtliche Entwicklung der Pferdezucht in der Provinz Westfalen, ihre Förderung durch Staats- und Vereinshilfe und ihr gegenwärtiger Standpunkt. *Münster i. W. 1904: Westf. Vereinsdruckerei.* (69 S.) 8° [F.]
Gießen, Phil. Diss. v. 1904

Lütkemann, Anast., der Vergnügen besitzende u. gebende Gott. 8. Hannov. 705.

Lütkemann, Gabr. Timotheus, De varia litterarum humanorum in suecia fortuna. Pars III. Greifswald (Struke) 1744. 62 S. (4.—) 21832

Lütkemann, G. T., de vaticiniorum natura. Gryph. 1737. 4.

Lütkemann, Heinr., D. Joachim Lütkemann. Sein Leben u. Wirken. Nach älteren Quellen dargestellt. 2., umgearb. Aufl. gr. 8. (VII, 189 S. m. 1 Bildnis.) Braunschweig 902. H. Wollermann. n. 2.—; geb. in Halbfrz. 2.80
1. Aufl. (VIII, 145 S. m. 1 Bildn.) Ebd. 899. n. 2.—; geb. n. 2.80

Lütkemann, Heinr, D. Joachim Lütkemann. Sein Leben u. Wirken. Nach älteren Quellen dargestellt. 3., m. 16 Bildern illustr. Jubiläumsausg. (VIII, 189 S.) gr. 8. Braunschweig 908. H. Wollermann. 3.—; geb. 4.—; m. Anmerkgn. (VIII, 297 S.) 5.—; geb. 6.—

Lütkemann, Heinrich (Hrsg.), s. Lütkemann, Joachim: Aus . . . Harfe von 10 Saiten. – Wider die Trunksucht. – Aus . . . Vorschmack göttlicher Güte.

Uetze. Von Heinr. **Lütkemann**, Pastor. 2. Aufl. *Hannover 1898: Buchdr. d. Stephansstifts.* (88 S.) 8° [F.]

— Uetze. 2. Aufl. gr. 16. (88 S.) Hannover 898. (H. Feesche.) n.n. —50

— die Parochie Wiershausen, Kreis Münden. 12. (119 S.) Braunschweig 901. H. Wollermann. Geb. n. —50

[F.] Anleitung zur Katechismuslehre v. D. Joachim **Lütkemann**, weil. Hofprediger . . . zu Wolfenbüttel . . . Neue Ausg. *Hermannsburg: Missionshandlg 1898.* (VIII, 238 S.) 1 Bd 8. [98. 5350 Go

Lütkemann, Joach., apostol. Aufmunter, od. Epistelpostille. 4. Ebend. 706.

Lütkemann, Joach., apostolische Aufmunterung zum lebendigen Glauben in Christo Jesu. Nach dem Sinn u. Anleitung der gewöhnlichen Episteln durch Gottes Gnade in öffentlichen Predigten aufgestellt. Herausg. von Frdr. Wilh. Bodemann. Neu-Ruppin 863. Oehmigke. gr. 4. (526 S.) n. 2 ₰ 8 ngr.

Lütkemann, Joach., apostolische Aufmunterung zum lebendiger Glauben in Christo Jesu. Nach dem Sinn und Anleitung der gewöhnl. Episteln durch Gottes Gnade in öffentl. Predigten aufgestellt. Hrsg. von Friedr. Wilh. Bodemann. 6 Hefte. gr. 4 (526 S.) Neu-Ruppin 863. [Leipzig, Sinhuber.] *

— evangel. Aufmunter. zum lebendigen Glauben an Christ. J. od. Evangelienerklär. durchs ganze Jahr. 4. Wolfenb. 712.

Aus D. Joachim **Luetkemann** . . . Harfe von 10 Saiten (Auslegung d. 33., 34., 66., 98. u. 84. Psalms). Von Heinrich Luetkemann, Lic. theol., Pastor. Hermannsburg: Missionshandl. 1909. Getr. Pag. 8° [10. 1475 D

— Nachr. von sein. Schicksalen, Schriften und Gaben. 8. Braunschw. Schröder. 710.

— Predigten über die Episteln. 4. Frankfurt, Meisner. 748.

Der 33. Psalm. Ein Loblied. Erbaulich ausgelegt von D. Joachim **Lütkemann.** Neue Ausg. Hermannsburg: Missionshandl. 1905. (IV, 41 S.) 8° [F.] [05. 9990 7

— der 84. Psalm. Ein Danklied f. Rettg. aus der Not. Erbaulich ausgelegt. Neue Ausg. (VI, 55 S.) 8. Ebd. 906. n. —30

D. Joachim **Lütkemann.** Wider die Trunksucht. Eine Fastnachtspredigt über Jes. 5, 11–17. Neu hrsg. von Heinr. Lütkemann. (Hannover: Stephansstift) 1909. 10 S. 8°
(Bilder u. Geschichten aus d. Inneren Mission im Hannoverland. Nr 5.) [10. 8197 7

Lütkemann, Joachim: Vorschmack göttlicher Güte. Braunschweig: Schröder 1716. 12°

— — dass. 2r Thl. 8. Nordhausen, Groß. 725.

— Vorschmack göttl. Güte, mit s. Lebenslauf vermehrt von Märtens. 8. Ebend. 760.

— — der Vorschmack göttlicher Güte. gr. 16. (III und 639 S. Neu-Ruppin 864. [Leipzig, Sinhuber.] *

[F.] Aus D. Joachim **Lütkemann**, weil. Hofprediger . . . zu Wolfenbüttel, . . . Vorschmack göttlicher Güte, in Erinnerg an die 250jähr. Wiederkehr d. Zeitpunktes d. ersten Ausg. zsgest. v. Heinr. Lütkemann, Pastor zu Uetze. *Hermannsburg: Missionshandlg 1893.* (VIII, 206 S.) 1 Bd 8. [98. 5351 Go

Anwalts-Notariat oder selbständiges Notariat? Von Wilhelm **Lütkemann**, Notar. Hannover: Helwing (1908). (72 S.) 8° [F.] [08. 13478

Lütkemann, Wilh., Anwalts-Notariat oder selbständiges Notariat? 2. erweit. Aufl. (104 S.) gr. 8. Hannover 910. Helwing. 2.50

Lütkemeyer, Georg, Dr.: Der analytische Charakter der Integrale von partiellen Differentialgleichungen zweiter Ordnung in Anwendung auf die Theorie der Flächenverbiegung. Gelsenkirchen (1906): C. Bertenburg. (28 S., 1 Bl.) 4°
Gelsenkirchen, G P 1906 (428)

Lütkemeyer, Georg, Kand. d. höh. Lehramts, Coesfeld i. Westf.: Ueber den analytischen Charakter der Integrale von partiellen Differentialgleichungen. *Göttingen 1902: Dieterich.* (49 S.) 8°
Göttingen, Phil. Diss. v. [18. Sept.] 1902

Lütkemeyer, Geo., üb. den analyt. Charakter der Integrale v. partiellen Differentialgleichungen. Diss. (50 S.) Lex.-8. Göttingen 902. (Vandenhoeck & Ruprecht.) n. 1. 40

Lütkemüller: Die Scylla und Charybdis des Homer. 32 S. 8° –Teschen kth., Progr. 1857

Lütkemüller, Wandfibel zum elementar. Leseunterricht. Fol. u. 8. Berl. Amelang. 814.

LÜTKEMÜLLER, J.
Desmidiaceen aus den Ningpo-Mountains in Centralchina. Von Dr. J. Lütkemüller. Mit 1 Tafel (Nr. VI). (Annalen des k. k. naturhistorischen Hofmuseums. Separatabdruck aus Bd. XV. Heft 2.) Wien. 1900. [In Comm.] Hölder. Lex.-8°. Paginirt: S. 116—126.

Lütkemüller, Johs. (Magdeburg), Ueber Gastrostomie. Med. Diss. Berlin (G. Klemm) 16. III. 1886. 30 S. u. Biogr. (3.—) 21833
Oppon.: C. Streit, A. Ritter, A. Brecke.
S.a.:L ü t k e n m ü l l e r , Johs.

Lütkemüller, Ludw. Paul Wieland, Allgemeinheit der Kirche u. deutsche Landeskirche. Rechtfertigung üb. diese Punkte gegen eine gewisse Theologie in der berliner evang. Kirchenzeitung. gr. 8. ($3^1/_4$ B.) Leipzig 843, C. H. Reclam sen.

—— Beiträge z. Kirchengeschichte der Gegenwart. Ein Lebensbild der deutschen, belgischen u. holländ. Kirche. gr. 8. (24 B.) Leipzig 842, C. H. Reclam sen.

Lütkemüller, L. P. W., meine Erlebnisse seit dem Erscheinen meiner Schrift: „Unser Zustand von dem Tode bis zur Auferstehung." gr. 8. (VII und 287 S.) Regensburg 853, Pustet.

Lütkemüller, Paul, Die Lehre, daß der Mensch vor Gott gerecht werde allein durch den Glauben an Christus, ohne Werke, in ihrem Gegensatze zum N. Test., in den Warnungen, welche das ganze Altertum gegen sie enthält, u. in ihrem Verderbnisse für Tugend, Sittlichkeit, für bürgerliche Gerechtigkeit u. Freiheit. Sendschreiben an Herrn Dr. Cappadoce v. Pereira, Ritter 2c. im Haag. Leipzig, Reclam sen., 1856, gr. 8°, 101 S., 1,50 Mk.
Würdigung u. Widerlegung der protest. Sola fides-Theorie oder des Formalprincips des Protestantismus. Vgl. Kathol. Blätt. f. Litt., Beilage zur Sion 1856, S. 553—7. (Wiener) Kath. Littztg. 1857, S. 165.

Lütkemüller, Ludw. Paul Wieland, die Lehren u. Umtriebe d. Stephanisten. Der Aufsatz in seiner ursprüngl. Gestalt, unverkürzt u. ohne Interpolation als Vorläufer d. darüber zu beginn. u. später in Druck zu gebenden Processes, mit e. nothwendig geword., erläut. Vorr., den Stephanismus nach seinem Ursprunge u. Wesen näher bestimmend, hrsg. gr. 16. (6 B.) Altenburg 838, Pierer.

—— der reiche Mann u. der arme Lazarus. Predigt. gr. 8. (1 B.) Berlin 842, J. A. Wohlgemuth, Berl.

—— was ist die Taufe? u. wer soll getauft werden? Worte biblischer Belehrung u. des Trostes f. getaufte Christen. gr. 8. (4 B.) Berlin 842, Thome.

Lütkemüller, L. P. W., Unser Zustand von dem Tode bis zur Auferstehung. Gespräch zwischen zwei preuß. evang. Geistlichen. Ein Fragepunkt zwischen d. protest. u. kathol. Kirche. Leipzig, Reclam sen., 1852. gr. 8°, XX, 193 S., 3 Mk.
Vgl. dazu Katholik 1852, Bd. 2 S. 342 ff. Hist.-pol. Bl. Bd. 30 S. 457—85 (L. P. W. Lütkemüller u. seine neueste Schrift: „Unser Zustand" 2c. . . Ein Beitrag zur Gesch. der „Fortschritte des Protestantismus").

— Otto (Senftenberg/Niederlaus.), Ueber Venenexcisionen bei Unterschenkelgeschwüren. Diss. med. Berlin (G. Schade) 19. VI. 1880. 30 S. u. Biogr. (3.—) 21834
Oppon.: O. Witzel, Tr. Pauli, R. Dietlen.

Lütkemüller, P., Eberhard der Salier, s. Erzählungen und Novellen, neue.

Lütkemüller, Sam. Chph. Abrah., Aimar u. Suche; mit e. Vorrede v. Chph. Mt. Wieland. 2 Thle. 8. Braunschw. 802. Vieweg. 1 ∦ 16 ℊ

Lütkemüller, Samuel Christoph Abraham, s. A r i o s t o : Orlando.

Lütkemüller, Sam. Chph. Abrah., s. Erzähll. aus d. 12. u. 13. Jahrh.

REVUE. Die. Eine (zahme) Geschichte in drey Büchern (von *Sam. Chp. Abrah. Lütkemüller*, † 1833 als Prediger in Neu-Ruppin). Mit Titelkpfr. u. Titelvignette. Berlin, bei Fr. Maurer, 1804. 8°. (In Dessau, Herzogl. Bibl.) (6 Mk. Leo Liepmannssohn, Berlin, 1908:)
Goedeke IV. 228. 103 u. VII. 413. 21. Das dem Hofrath Wieland in Weimar gewidmete Buch ist ein Roman in 76 Kapiteln. Goedeke schreibt übrigens diesem Verfasser irrtümlich den von P. Ph. Wolf verfassten Roman „Magister Skriblerus" zu. — Anon.-Lex. III. p. 382 (nach Kayser).
Vf. war in Weimar der Hausfreund Wielands, bis 1803 auch Herausgeber des „Deutschen Merkur".
Dass.s.a.:R e v u e , Die.

Bevorwortung und übergearbeiteter Entwurf eines Vereins-Grundgesetzes für die Staaten des Königs von Dänemark v. X. A. d. i. Christian **Lütken**. Kjobenhavn. 1850. 8°

[Lütken, Christian:] E n t w u r f zu einem Vereins-Gesetze für die Landes des Königs von Dänemark. Ein Versuch v. X. A. Mit Zusätzen des dänischen Verfassers. Kjöbenhavn. 1850. 8°

Beim Uebergange von Bekämpfung des Aufstandes zur Ordnung und Einigkeit im Dänischen Reiche. ⟨Aus dem Dänischen des X. A.⟩ d. i. Christian **Lütken**. Kjobenhavn. 1850. 8°

An das Volk Deutschlands. Eine Stimme des Friedens aus Dänemark [v. Johan Christian **Lütken**]. Nr. (1.)—2. Kopenhagen. 1848. 8°.

[**Lütken**, Christian:] An das V o l k Deutschlands. Eine Stimme des Friedens aus Dänemark. Nr. [1]–3. Kopenhagen. 1848–50. 8°

Lütken, Chr., ein Wort zur Vertheidigung meiner Schrift: „Offene Antwort auf den Offenen Brief des Hrn. Prof. Biedermann." Als Erwiederung eines Artikels in dem Hamburger Unpartheischen Correspondenten, Nr. 251. gr. 8. (16 S.) Kopenhagen 850, Reitzel. n. 4 ngr

v. Lütken, Fr. Wlh., († d. 6. März 1794.) Betrachtt. über das menschliche Leben u. über d. damit verknüpfte Wohl u. Weh. 8. Magdeb. 791.

Lütken, (O. D.,) **de afflictionibus spiritualibus. 8 maj. Hafniae 822. (Schubothe.)**

Lütken, Otto

Lütken, O., die Nordsee-Escadre und das Seegefecht bei Helgoland am 9. Mai 1864. Autoris. deutsche Uebersetzung. Hrsg. von der Redaction der „Mittheilungen aus dem Gebiete des Seewesens". gr. 8. (64 S. mit eingedr. Illustr. und 1 Taf.) Pola 886. (Wien, Gerold's Sohn.) *

Lütken, Otto. Offenes Sendschreiben an den Kaiserl. deutschen Contre-Admiral a. D. B. v. Werner. 8. (14 S.) Kopenhagen 889, Höst u. Sohn. * — 50

Lütkenhaus, Carl, kathol. Gebeth- u. Gesangbuch, insbesond. z. Gebrauche bei dem öffentl. Gottesdienste, worin auch enthalten: Eine Abtheilung f. die marianische Sodalität d. Bürger u. Junggesellen, sowie die Bruderschafts-Andachten des h. Rosenkranzes u. der Todesangst Jesu, die Fastenandacht nebst den Abend-Andachten vor d. heil. Grabe in der Charwoche 2c. gr. 12. (28 B. u. Ttlkpfr.) Münster 842, Deiters. *

Lütkenhaus, Carl, katholisches Gebeth- und Gesangbuch, insbesondere zum Gebrauche bei dem öffentl. Gottesdienste, worin auch enthalten: Eine Abtheilung für die marian. Sodalität der Bürger und Junggesellen, sowie die Bruderschafts-Andachten des heil. Rosenkranzes und der Todesangst Jesu, die Fastenandacht nebst den Abend-Andachten vor dem heil. Grabe in der Charwoche, Vesperbüchlein 2c. 2. Aufl. (XXII, 306 und 215 S.) 1847. und 3., durchges. Aufl. gr. 12. (XXII und 306 S. mit 1 Stahlst.) Münster 852, Deiters. *

—— selig, die im Hause des Herrn wohnen! Psalm 83, 5. Kathol. Gebetbuch insbesond. z. Gebrauche bei d. öffentl. Gottesdienste. gr. 12. (18 B. u. 1 Abbild.) Münster 843, Deiters.*

—— Unterricht über die christl. Ehe für die reifere kathol. Jugend. 24. (138 S.) Münster 848, Deiters.

Lütkenhaus, Carl, Unterricht über die christliche Ehe für die reifere katholische Jugend. 2. Aufl. Münster 853. Deiters. 16. (141 S.) 6 ngr.

—— Unterricht üb. das hochheil. Opfer der Messe nach der Lehre der heil. kathol. Kirche. 12. (6⅔ B.) Münster 845, Deiters.

Lütkenhus, Theod.: De Pisistrato Atheniensium tyranno commentatio. 17 S. – Progr. Dorsten 1860.

Luetkenhus, Theodorus: • De Cornelii Nepotis vita et scriptis commentatio. 2 Bl. 4° (2°)
Halle-Wittenberg, Phil. Diss. v. 29. Dez. 1837
Geb. [Enniger (Westf., Kr. Beckum) 6. 12. 1806]. V.
Nur Tit., Vita u. Theses. Die Arbeit ersch. im Buchhandel mit gleichem Titel Monasterii: Regensberg 1838. 104 S. 8° — vorh. Leipzig UB

Lütkenmüller, Johannes, s.a. Lütkemüller, Johannes.

Lütkenmüller, Johannes [Unterarzt im 1. Hannoverschen Feld-Art.-Reg. No. 10]: Ueber Gastrostomie .... Berlin, Buchdr. v. Georg Klemm (1886); 30+2 S. 8°.
Berlin, Med. Fak., Inaug.-Diss. v. 16. März 1886.

Lütkenmüller, Johannes, über Gastrostomie. Diss. Berlin 1886, Mayer & Müller. 8°. 30 S.

Lütkens, Doris, geb. v. Cossel, Album, s.a. Album.

Lütkens, Doris, geb. v. Cossel, Album der vorzüglichsten älteren Meister in der Landschaft- u. Thiermalerei für die kunstliebende u. kunstübende Jugend, als Bildersammlung u. Wegweiser zum Zeichnen nach d. Natur, nebst kurzen Notizen üb. die Meister selbst u. ihre Werke. 1. Heft. Antoni Waterlo. 5 (lith.) Blätt. Imp.-4. Hamburg 843. (Herold.) n. 1⅓ ß

Lütkens, Doris, geb. von Cossel, Fröbel'sche Kindergärten. Eine Beantwortung der kleinen Schrift von J. Fölsing: „Fröbel'sche Kindergärten." gr. 8. (26 S.) Hamburg 849, Perthes-Besser und Mauke.

—— Normalbücher eines A-B-C des Zeichnens, verbunden mit Formenlehre; als frühanzuwendende, verstandbildende Unterrichtsmethode z. Fortbildung f. alle Fächer dieser Kunst. 2 Hfte. 4. (24 Blätt.) Hamburg 814. (Herold'sche Buchh.) *

— s. Runge, Ph. O., ausgeschnittene Blumen u. Thiere.

—— erste Uebung der Nähnadel ein Spiel für kleine Mädchen. 1. Lfg. gr. 8. (24 Taf.) Hamburg 845. (Herold'sche Bh.)**

Lütkens, Doris, geb. v. Cossel, „Unser täglich Brod gieb uns heute." Kurze liturg. Morgen-Andachten für Schule und Haus nach dem Kirchen-Jahr geordnet. Nur Bibel-Wort und Kirchenlied. Bevorwortet von J. W. Rautenberg und Wilh. Baur. 2. Aufl. 8. (IV und 436 S.) Hamburg 866, Nolte. *

Lütkens E.: Quelques mots s. la fabrication du beurre dans le duché de Holstein, et en particulier s. le procédé de M. de Destinon, propriétaire à Groenwoldt. (Lübeck) [184*]. 8 S. 2 Tvl. P.

Lütkens, Johs., Ansprache, s.: Missionsfeier in der St. Petri-Kirche zu Riga.

Lütkens, Joh., biblische Betrachtungen auf alle Sonn- u. Festtage d. Kirchenjahres. Ges. u. hrsg. v. W. Keller. gr. 8. (IV, 204 S.) Riga 895. L. Hoerschelmann. n.n. 3. —

Lütkens, J., Luther's Kirchenideal. Vortrag, am 10. Novbr. 1884 im Saale der Schwarzhäupter geh. Für den Druck erweitert. Lex.-8. (37 S.) Riga 884. (Kymmel.) n. 1. —

Lütkens, Joh., die vergebende u. helfende Liebe unseres Herrn Jesu Christi. Eine Predigt. [Aus: „E. Quandt, d. frohe Botschaft".] gr. 8. (12 S.) Riga 893. L. Hoerschelmann. n. — 30

— Riga's Lutherfeier. Fest-Rede am 27. Octbr. / 8. Novbr. 1883 im Saale d. Gewerbevereins geh. gr. 8. (26 S.) Ebend. 883. n. — 60

Lütkens, J., Luthers Prädestinationslehre im Zusammenhange mit seiner Lehre vom freien Willen geschichtlich dargestellt. Lex.-8. (108 S.) Dorpat 858(61), (Gläser's Verlag.) *

Lütkens, Johs., an die Redaction der baltischen Monatsschrift. Eine abgenöthigte Meinungsäusserung. 1. und 2. Aufl. (16 S.) * 60 Pf.; 3. verb. Aufl. gr. 8. (45 S.) Riga 878, (Stieda.) *

Lütkens, J., Seid fleißig zu halten die Einigkeit im Geiste! Predigten zumeist in der Universitätskirche zu Dorpat gehalten. 2. Sammlung. gr. 8. (VII, 195 S.) Leipzig 872, Brauns. * geb. *

1. Sammlung. Wie gelangen wir zum Glauben? Ebendas. 1867. * 80 Pf.

Lütkens, J., die Stadien der Aufklärung in neuester Zeit. 4 Vorträge. 12. (110 S.) Dorpat 865, Gläser's Verlag. *

Lütkens, Joh. Henry Drummond's Tractate. Drei Briefe an eine Freundin. 1.—4. Aufl. 8. (38 S.) Riga 891, Hoerschelmann. * 1 —

— zum hl. Vater-Unser. I. Einleitende Betrachtg. zur Erklärg. desselben. 12. (60 S.) Ebd. 893. Kart. n. 1. —

— zur Verständigung. An den Verf. der „erbetenen Meinungsäusserung". 2. Aufl. gr. 8. (32 S.) Ebend. 878. n. — 80

—— zur Vertheidigung. An den Verf. der „erbetenen Meinungsäusserung". 1. und 2. Aufl. gr. 8. (32 S.) (Ebendas.) 878. *

—— wie gelangen wir zum Glauben? — Die rechte Jüngerschaft Christi. — Die Grundlagen der Reformation. — Christus und die Universitäten. Drei Predigten und eine Confirmationsrede. gr. 8. (53 S.) Dorpat 867, Gläser's Verlag. *

Lütkens, Johann Nikolaus

— **Joh. Nic.** (Hamburg), Diss. jur. de actione pignoratitia contra tertium non competente. Göttingen (Fr. A. Rosenbusch) 6. XII. 1777. 56 S. (5.—) 21836

Lütkens, K. [pr. Arzt aus Pinneberg]: Entwickelung der Lehre vom allgemein gleichmässig verengten Becken mit Anschluss eines Falles von allgemein verengtem, schräg verschobenem Becken. . . . Freiburg i. Baden, Univ.-Buchdr. v. H. M. Poppen & Sohn, 1889; 26 S. + 1 Bl. 8°
Freiburg i. B., Med. Fak., Inaug.-Diss. v. 1889

(Lütkens, N. G.): „An die sämmtlichen Herren Kaufleute, welche die gemüssigte Vorstellung und Bitte, wegen Abänderung der bei der hiesigen Lehn-Banco eingerissenen Missbräuche an die Löbliche Deputation des Commercii unterschrieben haben", Hamburg 1768. — Vorh.: Com. Bibl. Hamburg.

Lütkens-Waripajewa, Elisabeth, aus Tula: Aus dem pharmakologischen Institute. Experiment. Untersuchungen über die Einwirkung von Gelatineinjektionen bei Nierenentzündung. [Lpz.] 1906. 16 S. 8°. S.-A. a. d. Archiv f. experim. Pathologie u. Pharmakologie. Bd. 55, S. 116—130. [30. VII. 06.]
Zürich. Med. Diss. 1905/1906.

Lütkens-Waripajewa, Elisabeth. Experiment(elle) Untersuchungen über die Einwirkung von Gelatineinjektionen bei Nierenentzündung. Diss. Med. Univ. Zürich. (Separatabdruck aus dem Archiv für experiment. Pathol. u. Pharmakol. Bd. 55.) *Kopftitel:* Aus dem pharmakologischen Institute (in Zürich). III S. + S. 116—130. [Leipzig, F. C. W. Vogel, 1906.]

Lutner, Joh. Nep., Früchte aus dem Garten der Philosophie, den Freunden der Wahrheit gewidmet. 1. Heft. gr. 8. (48 S.) Wien 840, (Jasper's Witwe und Hügel.) *

Lutnia. Piosennik polski, zbiór pierwszy. 1. Wydanie 1863. i 2. Wydanie. 16. (XVII und 365 S.) Leipzig 864, Brockhaus. * 1 Thlr.; geb. mit Goldschn. *

Lutnia. Piosennik polski. Zbiór drugi. Leipzig 865. Brockhaus. 16. (XVII, 342 S.) n. 1 *Thlr*; geb. mit Goldschn. n. 1 *Thlr* 10 *ngr.*

Lutnia, Piosannik polski. Zbior II. i III. 16. (XVII, 342 u. XX, 349 S.) Leipzig 874. Brockhaus. à n. 3. —; geb. à n. 4. —

Lutolf, Alois, s. Schmid, J.

Lütolf, Alois. Bann und Rache. Beitrag zur Sittengeschichte des 14. Jahrhunderts: nach den Quellen der Archive. ⟨SA.⟩ 8. Einsiedeln 1861.

Lütolf, A[lois]. Besuch eines Cardinals beim „Gottesfreund im Oberland". [A.] 8. ([Tubingen] 1876.)

(Lütolf, A[lois], und Joller, P. Franz.) Ueber die Edlen von Hohenembs und ihren Antheil am Müsserkrieg. [SA.] 8. [Luzern 1862.]

Lutolf, A[lois]. Kritische Erörterungen. [A.] 8. [Göttingen 1875.]

Lütolf, Alois, Forschungen und Quellen zur Kirchengeschichte der Schweiz. A. u. d. T.: Die Glaubensboten der Schweiz vor St. Gallus. Lex.-8. (VIII, 328 S. mit mehreren Abbild. in eingedr. Holzschn. und 2 Stnt.) Luzern 871, Gebr. Räber. *

Lütolf, A[lois]. Die Gebete und Betrachtungen unserer Altvordern in der Urschweiz. [Mit 1 Tafel.] ⟨SA.⟩ 8. Einsiedeln 1867.

Lütolf, Alois. Die Glaubensboten der Schweiz vor St. Gallus. Mit mehrern Abbildungen [und 2 Tafeln]. — *A. u. d. T.:* Forschungen und Quellen zur Kirchengeschichte der Schweiz. 8. Lucern 1871.

Lutolf, A[lois]. Der Gottesfreund im Oberland. [SA.] 8. [Zürich 1876.]

Lütolf, Alois. Bischof Jost von Silenen († 1497) und dessen diplomatischer Einfluss auf den Burgunderkrieg. ([Mit] Beilagen.) ⟨SA.⟩ 8. Einsiedeln 1859.

Lütolf, A., Jos. E. Kopp als Professor, Dichter, Staatsmann und Historiker dargestellt. gr. 8. Luzern 868, Prell. (*M* 6.) *

—— Joseph Eutych Kopp als Professor, Dichter, Staatsmann und Historiker dargestellt. Mit Beilagen. gr. 8. (XV, 600 S. mit photogr. Portr.) Luzern 868, Schiffmann. *

Lütolf, Alois *s.* Kopp, J(oseph) E(utych). Geschichte der eidgenössischen Bünde.

Lütolf, A(lois). Sanct Kümmerniss und die Kümmernisse der Schweizer. [Mit 1 Tafel.] ⟨SA.⟩ 8. Einsiedeln 1863.

Lütolf, Alois, Leben u. Bekenntnisse des Joseph Laurenz Schiffmann, Pfarrers, Decans u. Domherrn der Diöcese Basel. Ein Beitrag zur Charakteristik J. M. Sailers u. seiner Schule in der Schweiz. Luzern 860. Gebr. Räber. gr. 8. (X, 276 S.) 27 *ngr.*

Lütolf, Alois. Die Leprosen und ihre Verpflegung in Lucern und der Umgegend. Von Aloys L'.... SA. 8. Einsiedeln 1860.

Lütolf, A(lois). Herr Otto vom (**Nachtitel:* Her Otte zem) Turne, der Minnesinger zu Lucern. [Mit 1 Tafel.] ⟨SA.⟩ 8. Einsiedeln 1870.

— Sagen, Bräuche, Legenden aus den fünf Orten Lucern, Uri, Schwiz, Unterwalden u. Zug. I. Sagen. 1. Sammlung. Luzern 862. Schiffmann. gr. 8. (VI, 80 S.) n. 10 *ngr.*

Lütolf, Alois. Sagen, Bräuche, Legenden aus den fünf Orten Lucern, Uri, Schwiz, Unterwalden und Zug. (Abtheilung 1: Sagen. Erste Sammlung.) — *A. u. d. T.:* Sagen und Bräuche aus den fünf Orten.... Erste Sammlung. 8. Lucern 1862.

Lütolf, Alois, Sagen, Bräuche, Legenden aus den fünf Orten Lucern, Uri, Schwiz, Unterwalden und Zug. gr. 8. (VI und 597 S.) Luzern 865, Schiffmann. *

Lütolf, Alois. Sagen, Bräuche und Legenden aus den fünf Orten Lucern, Uri, Schwyz, Unterwalden und Zug. 8. Lucern 1865.
(Abtheilung 1: Sagen. — Abtheilung 2: Legenden, Segensprüche und Bräuche. Auswahl.)
Die ersten 5 Bogen, mit dem Vorwort, sind separat in 1. Ausg. 1862 erschienen.

Lütolf, A(lois). Lucerns Schlachtlieder-Dichter im fünfzehnten Jahrhundert, besonders Hans Halbsuter und das Sempacherlied. ⟨SA.⟩ 8. Einsiedeln 1862.

—— die Schweizergarde in Rom, ihre Bedeutung und Wirkungen im 16. Jahrh. Nebst briefl. Nachrichten zur Geschichte jenes Zeitalters von den Gardeofficieren. Aus den Quellen. gr. 8. (IV und 122 S. mit 1 ill. Stnt.) Einsiedeln 859, Gebr. Benziger.

(Lütolf, Alois, [und] Pfannenschmid, H .) Zur Tellsage: 1. Ist der Versuch einer mythologischen Erklärung der Tell-Sage unstatthaft? ([Von] A' L'. — 2. Die Tell-Sage bei den Persern. [Von] H. P'. [A.]) 8. [Wien 1864.]

Lütolf, A[lois]. Ueber das wahre Zeitalter des hl. Bernhard von Menthon und die bezüglichen Quellen. [A.] 8. ([Tübingen] 1879.)

L[ütolf], J[ohann], und H[eller], I[renäus]. Politische Gedichte an Luzern, in reiner und Volkssprache. 8. Bern 1845.

Lütolf, Conrad. Geschichte von Meierskappel. Von Konrad Lütolf, Kaplan. [Mit 1 Ansichts-Tafel. — Separat-Abdruck aus: Geschichtsfreund.... Band 56.] 159 S. 8. [Stans, Paul von Matt, 1901.]

Lütolf, Conrad. Die Gotteshäuser der Schweiz. Historisch-antiquarische Forschungen von † Arnold Nüscheler, Dr. phil. Fortgesetzt von Konrad Lütolf, Kaplan. (Kapitel Hochdorf.) [Ausschnitt aus dem Geschichtsfreund Bd. 57.] S. 93—128. 8. [Stans, Paul von Matt, 1902.]

Lütolf, Conrad. Die Gotteshäuser der Schweiz. Historisch antiquarische Forschungen von † Arnold Nüscheler, Dr. phil. Dekanat Sursee. Fortgesetzt von K' L', Kaplan. Separatabdruck aus dem Geschichtsfreund Bd. 60. II + 69 S. 8. [Stans,] Ad. & P. von Matt, [1905].

Lütolf, Conrad. Die Gotteshäuser der Schweiz. Historisch-antiquarische Forschungen von †Arnold Nüscheler, Dr. phil. Dekanat Willisau. Fortgesetzt von K' L', Kaplan. [Sep.-Abdr. aus dem Geschichtsfreund, Band 61.] II + 47 S. 8. Stans, Ad. & P. von Matt, 1906.

Lütolf, Conrad. Pfarrgeschichte von Root. (Kirche und Kulturleben in einer katholischen Landpfarrei.) Aus den Urkunden hrg. im Auftrage der löblichen Kirchgemeinde R' als Festschrift zur II. Jahrhundertfeier des Bestandes der heutigen Pfar. kirche. Von K' L'.... [Mit 18 Tafeln.] VIII + 212 S. 8. Root, Hch. Rast, 1908. [fr. 2.—]

Lütolf, Conrad. Privatbriefe aus der Zeit des Linden- u. Harten-Handels in Zug. Mit Einleitung. Hrg. von K' L'. Separat-Abdruck aus dem Geschichtsfreund, Band 63. II + 50 S. 8. Stans, Ad. & P. von Matt, [1908].

Lütolf, Konr., siehe da Deine Mutter! Gebet-Büchlein f. Beichtkinder. 24. (VIII, 99 S. m. Bild. u. 1 Lichtdr.) Luzern 896. Räber & Co. Geb. in Leinw. n. — 65

Lutomirski, Stanisl. (Posen), De sputis ut signis. Diss. med. Berlin (Friedlaender) 24. VI. 1837. 31 S. mit Biogr. (M.: Israel.) (3.—) 21893

Lutoslawski, Jan: Beitrag zur Lehre von der Stickstoffernährung der Leguminosen, speziell: Versuche, die Zunahme des Stickstoffgehaltes bei mit Bakterien in Symbiose getretenen Erbsen und Wicken in den verschiedenen Entwickelungsperioden und unter verschiedenen Düngungsverhältnissen zu bestimmen. *Halle a/S. 1898: (J. Püssler, Dresden).* (32 S.) 4°
Halle, Phil. Diss. v. [27. Juni] 1898

Lutoslawski, Jan., Beitrag zur Lehre v. der Stickstoffernährung der Leguminosen, s. a. Berichte a. d. physiolog. Laboratorium rc. des landwirthschaftl. Instituts der Universität Halle. 14. Hft.

Lutosławski, Kazimierz [aus Drozdowo, Polen]: Hämatologische Arbeiten unter Leitung von Privatdozent Dr. Otto Nägeli, Zürich. Die basophilen Granula der Erythrocyten. Zürich 1904. 42 S. 8°. [22. XII. 03.]
Zürich. Med. Diss. 1903/1904.

Lutosławski, Kazimierz. Die basophilen Granula der Erythrocyten. Diss. Med. Univ. Zürich. *Kopftitel:* Hämatologische Arbeiten unter Leitung von Privatdozent Dr. Otto Nägeli, Zürich. 42 S. 8. Zürich, Orell Füssli, 1904.

Lutosławski, W., Erhaltung und Untergang der Staatsverfassungen nach Plato, Aristoteles und Machiavelli. 8. (VIII, 140 S.) Breslau 888, (Koebner.) *

—— das Gesetz der Beschleunigung der Esterbildung. Beitrag zur chem. Dynamik. gr. 4. (12 S.) Halle 885, (Hofstetter.) *

— Sur une nouvelle méthode pour déterminer la chronologie des dialogues de Plat
1896. 34 S. 1

Lutoslawski, W., Theorie d. Stylometrie auf die Platonische Frage angewemdet. 8.
O. J. 49 S. 1

Lutosławski, Wincenty, über die Grundvoraussetzungen u. Consequenzen der individualistischen Weltanschauung. Diss. gr. 8. (III, 88 S.) Helsingfors 898. (G. W. Edlund.) n.n. 1. 25

Lutosławski, Wincenty. Un grand initiateur: Adam Mickiewicz. Discours prononcé le 8 novembre 1901 à l'Université de Lausanne, ... pour l'inauguration des cours de philosophie nationale polonaise. IV + 32 p. 8. Genève et Bâle, Georg & Cie, 1902. [fr. 1.50]

— Seelenmacht, Abriss e. zeitgemässen Weltanschaug. gr. 8. (XVI, 301 S.) Leipzig 899. W. Engelmann. n. 9. —; geb. n. 10. —

Lutrin, le, poëme héro-comique du célèbre Boileau Despreaux, en franç. et en ital. 8. Lausanne, Pott. 778.

Lutsch, Hans, Breslaus malerische Architekturen, s.: Probst, Otto F.

Lutsch, Hans. Mittelalterliche Backsteinbauten Mittelpommerns von der Peene bis zur Rega. Im Auftrage d. Gesellschaft f. pommersche Geschichte u. Alterthumskunde zu Stettin in Wort u. Bild geschildert. Mit 15 Kpfr.-Taf. u. 107 Holzschn. gr. Fol. (IV, 46 S.) Berl. 890, Ernst u. Sohn. cart. * 36 —
Erweit. Sonderdr. aus: Zeitschr. f. Bauwesen, besonders abgedruckt.

Lutsch, Hans, Bilderwerk schlesischer Kunstdenkmäler. Im Auftrage des Prov.-Ausschusses v. Schlesien bearb. Hrsg. vom Kuratorium des schles. Museums der bild. Künste, Breslau. (232 Taf. m. illustr. Text X S., 369 Sp., S. 370—401, 9, 10 u. 10 S.) gr. Fol. Breslau 903. (B. Richter.) In 3 Leinw.-Mappen n. 80. —

— Grundsätze f. die Erhaltung u. Instandsetzung älterer Kunstwerke geschichtlicher Zeit in der Prov. Schlesien. Mit Genehmigg. des Hrn. Staats-Conservators der Kunstdenkmäler veröffentlicht. gr. 8. (12 S.) Berlin 899. W. Ernst & Sohn. n. — 50

Nachrichten über die Provinzial-Commission zur Erhaltung und Erforschung der Denkmäler der Provinz Schlesien und über die Thätigkeit des Provinzial-Conservators in d. J. 1891 bis 31. März 1896. [Verf.: Hans **Lutsch**.] Breslau (1896): Graß, Barth & Co. (40 S.) 8° [J.] (06. 5968

Lutsch, Hans, Techniker u. Philologen. E. Beitrag zur Geschichte d. Verzeichnung d. Kunstdenkmäler. [Aus: „Centralbl. d. Bauverwaltg."] gr. 8. (13 S. m. Abb.) Berlin 896. W. Ernst & Sohn. n. — 60

— neuere Veröffentlichgn. üb. das Bauernhaus in Deutschland, Oesterreich-Ungarn u. in der Schweiz. [Aus: „Zeitschr. f. Bauwesen".] Lex.-8. (58 S.) Ebd. 897. n. 1. 60

Lutsch, Hans, Verzeichnis der Kunstdenkmäler der Provinz Schlesien. 1. und 2. Band. In amtl. Auftrage bearb. gr. 8. Breslau, Korn. *

Inhalt:

Bd. 1. Die Stadt Breslau. (XIII, 260 S.) 886. *ℳ 4.—.
» 2. Die Kunstdenkmäler der Landkreise des Reg.-Bez. Breslau. 1. Lfg.: Die Denkmäler der Grafschaft Glatz und des Fürstentums Münsterberg. (S. 1—132.) 887. *ℳ 1.60. 2. Lfg.: Die Denkmäler des Fürstentums Schweidnitz. (S. 133—287.) 888. *ℳ 2.—. 3. Lfg.: Die Denkmäler der Fürstentümer Brieg und Breslau. (S. 289—512.) 888. *ℳ 2.80. 4. (Schluss-)Lfg.: Die Denkmäler des Fürstentums Oels-Wohlau und der Herrschaften Trachenberg und Militsch sowie des Fürstentums Glogau (I). (XX, S. 513—770.) 889. *ℳ 2.20.

— Verzeichniss der Kunstdenkmäler der Provinz Schlesien. In amtl. Auftrage bearb. 2. Bd.: Die Kunstdenkmäler der Landkreise d. Reg.-Bez. Breslau. 4 Lfgn. gr. 8. Breslau, Korn. n. 8. 60

1. Die Denkmäler der Grafsch. Glatz u. d. Fürstent. Münsterberg. (132 S.) 887. n. 1. 60
2. Die Denkmäler d. Fürstent. Schweidnitz. (S. 133—287.) 888. n. 2. —
3. Die Denkmäler der Fürstentümer Brieg u. Breslau (S. 289—512.) 888. n. 2. 80
4. Die Denkmäler des Fürstent. Öls-Wohlau u. der Herrschaften Trachenberg u. Militsch, sowie d. Fürstentums Glogau [I]. (XX u. S. 513—670.) 889. n. 2. 20

— dasselbe. 3. Bd. 1.—3. Lfg. gr. 8. Ebd. n. 7. 20 (I—III, 3.: n. 19. 80)

1. Die Kunstdenkmäler d. Reg.-Bez. Liegnitz. 1. Lfg. Die Denkmäler d. Fürstent. Glogau-Sagan [II]. (168 S.) 889. n. 2. —
2. — dasselbe. 2. Lfg. Die Denkmäler d. Fürstent. Liegnitz. (S. 169—324.) 890. n. 2. —
3. — dasselbe. 3. Lfg. Die Denkmäler der Fürstentümer Schweidnitz u. Jauer [II]. (S. 325—582.) 890. n. 3. 20

Lutsch, Hans, Verzeichnis der Kunstdenkmäler der Prov. Schlesien. In amtl. Auftrage bearb. 3. Bd. 4. [Schluss-] Lfg. gr. 8. Breslau 891. W. G. Korn. n. 3. — (3. Bd. kplt.: n. 10. 20) (1.—3. Bd.: n. 22. 80)
Die Kunstdenkmäler d. Reg.-Bez. Liegnitz. 4. Lfg. Die Denkmäler der Markgrafsch. Oberlausitz. (XVIII u. S. 583—791.)

— dasselbe. 4. Bd. 1. u. 2. Hälfte. gr. 8. Ebd. n. 6. —

1. Die Kunstdenkmäler d. Reg.-Bez. Oppeln. 1. Hälfte. (181 S.) 892. n. 2. 40
2. — dasselbe. 2. Hälfte. (XVI u. S. 183—444.) 894. n. 3. 60

— Verzeichnis der Kunstdenkmäler der Prov. Schlesien. V. Bd. Register (zu den Bdn. I—IV). Im amtl. Auftrage bearb. (XV, 812 S.) gr. 8. Breslau 903. W. G. Korn. n. 12. — (I—VI.: n. 49. 80)

— Verzeichnis der Kunstdenkmäler der Prov. Schlesien. VI. Bd. Denkmäler—Karten. Im amtl. Auftrage bearb. (3 farb. Bl.) à 48×64 cm. Nebst Text. (III S.) 48×32 cm. Breslau 902. W. G. Korn. In Mappe n. 9.— (I—IV u. VI n. 37.80)

—— Wanderungen durch Ost-Deutschland zur Erforschung volksthümlicher Bauweise. gr. 8. (III, 48 S. mit 63 Holzschn.) Berlin 888, Ernst und Korn. cart. *
Aus: Centralblatt der Bauverwaltung, besonders abgedruckt.

Zur Würdigung des künstlerischen Schmuckes der St. Barbarakirche in Breslau. Von Hans Lutsch. Breslau 1898: Graß, Barth & Co. (32 S.) 8° [3.]
Aus: Festschrift z. Einweihung am 27. Febr. 1898.

Lutsch, J. A.: Beitrag zu einem Kalender der Flora der nächsten Umgegend von Hermannstadt. 35 S. 4° – Hermannstadt, ev. G., Progr. 1871.

Lutsch, Carl, mit Gott f. Kaiser, König u. Vaterland! E. patriot. Soldatenbuch. gr. 8. (139 S. m. 1 Bildn.) Czernowitz 898. (Wien, L. W. Seidel & Sohn.) n. 1. 60

Lutsch, Carl, die Unterabtheilung als Familie. Ein Beitrag zur patriot. u. moral. Erziehg. des Soldaten. gr. 8. (XV, 175 S.) Wien 901. (L. W. Seidel & Sohn.) n. 3. 60

Lutsch, Karl, die Unterabteilung als Familie. Ein Beitrag zur patriot. u. moral. Erziehung des Soldaten. 2. Aufl. (XVI, 145 S.) gr. 8. Wien 903. (L. W. Seidel & Sohn.) n. 3. —

Lutsch, Otto, Auszug aus der lateinischen Formenlehre. gr. 8. (23 S.) Bielefeld 892. Velhagen & Klasing. n. — 20

— Begleitwort zur 2. Aufl. meiner lateinischen Lehr- u. Lesebücher f. Sexta u. Quinta, nebst Erwiderg. auf J. Lattmanns Kritik in den „Verirrungen des latein. Elementarunterrichts". gr. 8. (21 S.) Ebd. 893. Unentgeltlich.

Lutsch, *Otto* Die Behandlung der lateinischen Stilistik im Anschluß an die Prosalektüre. 4 (17 S.). G. *Elberfeld* 1887 (zu 407). **Progr.**

Lutsch, Otto, die Behandlung der lateinischen Stilistik im Anschluss an die Prosalektüre. gr. 4. (17 S.) Elberfeld 887, Fassbender.

Lutsch, Otto Einige Bemerkungen über Veranlassung und Zweck der Urteile des Horaz über die alten römischen Dichter. 10 S. **Progr.** G. *Elberfeld* 1879.

—— der lateinische Elementarunterricht in Sexta und Quinta. gr. 4. (26 S.) Ebendas. 888.

Lutsch, Otto: Drei Entlassungsreden an Abiturienten. Kreuznach 1910: Harrach. 19 S. 8°
Kreuznach, k. G OP 1910 (621) [S 10. 274

Lutsch, Otto: Drei Entlassungsreden an Abiturienten. 19 S. 8. **Progr.** Kgl. Gymn. *Kreuznach* 1910 (621).
I. Halt ein Paar Freund' im Haus, das Wissen und den Glauben, Und laß von keinem dir des andern Freundschaft rauben. II. Doctrina sed vim promovet insitam, Rectique cultus pectora roborant. III. Über der Theologie darf die Religion nicht vernachlässigt werden.

Lutsch, Otto. Lateinische Formenlehre im Anschluss an die Lehr- u. Lesebücher für Sexta u. Quinta. gr. 8. (IV, 95 S.) Bielef. 889, Velhagen u. Klasing. * — 80

Lutsch, Otto, latein. Formenlehre zu d. Lehr- u. Lesebüchern f. Sexta u. Quinta. 2. Aufl. gr. 8. (IV, 90 S.) Bielefeld 897. Velhagen & Klasing. Geb. n.n. 1. 10

Lutsch, Otto, Dir.: Das Kreuznacher Gemeinde-Schulkollegium ⟨Collège de Creuznach⟩ 1807—1819. *Kreuznach 1900: R. Voigtländer.* (38 S.) 8°
Kreuznach, k. G, OP 1900 (484)

Das Kreuznacher Gemeinde-Schulkollegium ⟨Collège de Creuznach⟩ 1807–1819. Von Otto Lutsch, Gymn.Dir. *Kreuznach 1900: R. Voigtländer.* (38 S.) 8°
= Antiquar.-Histor. Verein ... zu Kreuznach. Veröffentlichung 19.
[oo. 9165

Lutsch, Otto, Dir.: Das Kreuznacher Gymnasium unter Eiler's Direktion ⟨1819—1833⟩. *Kreuznach 1903: R. Voigtländer.* (39 S.) 8°
Kreuznach, k. G, OP 1903 (521)

Lutsch, Otto, Direktor: Das Kreuznacher Gymnasium in den Jahren 1833 bis 1864. Kreuznach 1905: R. Voigtländer. (62 S.) 8°
Kreuznach, k. G OP 1905 (539)

Lutsch, Otto: Das Kreuznacher Gymnasium in den Jahren 1819 bis 1864. (2 Tle.) Kreuznach 1905: R. Voigtländer. (38, 62 S.) 8°
T. 1. erschien u.d.T.: Das Kreuznacher Gymn. unter Eilers' Direktion als Beil. z. Prgr. d. Gymn. Kreuznach. 1903.
= Antiquar.-hist. Verein f. Nahe u. Hunsrück. Veröffentlichung 20.

Lutsch, O. Laut- und Flexionslehre der nhd. Sprache für den Unterricht in Obertertia und Untersekunda. S. 24—34.
Progr. G. *Elberfeld* 1883.

—— lateinisches Lehr- und Lesebuch für Quinta. gr. 8. (58 S.) Bielefeld 889, Velhagen und Klasing. *
Begleitschreiben dazu (14 S.)

—— dass. — Vocabularium dazu, bearb. von Wilh. Sternkopf. gr. 8. (71 S.) Ebendas. 888. cart. *

—— Lateinisches Lehr- u. Lesebuch f. Sexta. gr. 8. (58 S.) Ebd. 889. * — 60
—— dass. — Begleitschreiben dazu. gr. 8. (8 S.) Ebd. 889. * — 20
—— dass. — Vocabularium dazu. Bearb. v. Wilh. Sternkopf. gr. 8. (65 S.) Ebd. 889. cart. * — 60

— lateinisches Lehr- u. Ubungsbuch f. Gymnasial-Tertia u. Untersekunda. Im Anschluss an Cornelius Nepos, Cäsars Bellum Gallicum u. Ciceros Rede de imperio Cn. Pompei. 1. Tl. gr. 8. (VIII, 133 S.) Ebd. 894. n. 1. 50

— lateinisches Lehr- u. Uebungsbuch f. Gymnasial-Tertia u. Untersekunda. Im Anschluss an Cornelius Nepos, Cäsars Bellum Gallicum u. Ciceros Rede de imperio Cn. Pompei. 2. Tl. gr. 8. (III, 115 S.) Ebd. 895. Geb. in Halbleinw. n. 1. 80

— dasselbe f. Quarta m. Anschluss an die Lehr- u. Lesebücher f. Sexta u. Quinta u. an Cornelius Nepos. gr. 8. (VIII, 146 S.) Ebd. 891. n. 1. 50

— dasselbe f. Quinta. 2., unter genauer Berücksicht. der preuss. Lehrpläne vom Jan. 1892 ausgearb. Aufl. gr. 8. (56 S.) Ebd. 893. Geb. n. — 90

— dasselbe. Vocabularium dazu. Bearb. v. Wilh. Sternkopf. 2. Aufl. gr. 8. (88 S.) Ebd. 893. Kart. n. — 90

— dasselbe f. Sexta. 2., unter genauer Berücksicht. der preuss. Lehrpläne vom Jan. 1892 ausgearb. Aufl. gr. 8. (61 S.) Ebd. 892. n. — 90

— dasselbe. Vocabularium dazu. Bearb. v. Wilh. Sternkopf. 2. Aufl. gr. 8. (92 S.) Ebd. 892. Kart. n. — 90

(**Lutsch**, Otto), Dir.: Über die Pflege der Pietät. ⟨Rede, geh. in der neuen Aula am 27. Januar 1903.⟩ *Kreuznach 1903: R. Voigtländer.* (S. 3—7.) 4°
Kreuznach, k. G, OP 1903 (521)

Lutsch, Otto Der lateinische Unterricht am Gymnasium nach den neuen preußischen Lehrplänen. 8 (53 S.).
Progr. Kgl. G. *Kreuznach* 1893 (448).

Lutsch, Otto: [Worte bei der Gedächtnisfeier für den verstorbenen Prof. Dr. Fromm.] S. 19—21 der Schuln. 4.
Progr. Kgl. Gymn. *Kreuznach* 1903 (521).

Lutsch, W. Die Handhabung der Schiffsquarantäne, s. Zeit- u. Streitfragen, deutsche.

Lutsch W, d. Handhabung d. Schiffsquarantäne. (Zeit- u Streitfr. NF 96) Hamburg 1892

Lutsch, Walter [Arzt]: Ueber Castration wegen Epilepsie bei infantilem Uterus. . . . Jena, Druck v. B. Engau, 1889; 44 S. 8°
Jena, Med. Fak., Inaug.-Diss. v. [14. Jul.] 1889

Lutsch, Walter. Über Castration wegen Epilepsie bei infantilem Uterus. Diss. gr. 8. (44 S.) Jena 889, (Dabis) * — 40

Lutschaunig, Vict., die Definizionen u. Fundamentalsätze der Theorie des Gleichgewichtes schwimmender Körper. Eine krit. Besprechg. der Stabilitätstheorie der Schiffe. gr. 8. (VIII, 66 S. m. 10 Taf.) Triest 893. (F. H. Schimpff.) n. 6. —

— dasselbe. 2. Aufl. m. 1 Anh. u. 11 Fig.-Taf. gr. 8. (VIII, 72 S.) Ebd. 894. n. 6. —

Lutschaunig, Vict., Lehrbuch der Schiffbaukunde zum Gebrauche an Schiffbauschulen und anderen höheren technischen Lehranstalten, sowie zum Selbstunterrichte. 1. Thl. A. u. d. T.: Die Theorie des Schiffes. gr. 8. (XI, 165 S. mit 84 in den Text eingedr. Holzschn.) Triest 879, (Schimpff.) *

Lutschaunig, Victor, die Theorie des Schiffes. 2. Aufl. gr. 8. (X, 165 S. mit 84 in den Text eingedr. Holzschn.) Triest 884, (Schimpff.) geb. * 8 —

Lutsche, Julius Critical essay on the march of mental progress, with regard to Buckle's history of civilization in England, Hegel's lectures on the philosophy of history and to several other authors' opinions. 19 S. **Progr.** *Pirna* 1876

Lutschewitz, W.

Aus der Missionsarbeit auf der Station Tsimo im Gebiet von Kiautschou. Von Missionar **Lutschewitz**. (Berlin: Berliner ev. Missionsgesellsch. 1906.) (16 S.) 8° [Kopft. J.]
= **Missionsschriften**, Neue. No 82.

Lutschewitz, W., alte u. neue Zeit in Tsimo, der Kreisstadt vom Hinterlande in Tsingtau. (163 S. m. Abbildgn., 6 Taf. u. 1 Karte.) gr. 8. Berlin 910. Buchh. der Berliner ev. Missionsgesellschaft. 1. —

Lutschounigg, Alexander. Gesangfibel. Anleitung zur Treffsicherheit im Singen. Klgft., St. Josef-Ver. (typ. Brandstetter in Leipzig), 1904. 28 S.

Lütt, Isa v. der, das feine Dienstmädchen, wie es sein soll. Eine Gabe f. Hausfrauen u. Dienstmädchen. 12. (V, 118 S.) Stuttgart 893. Deutsche Verlags-Anstalt. Geb. in Leinw. n. 1. 20

Lütt, Isa v. der, das feine Dienstmädchen, wie es sein soll. Eine Gabe f. Hausfrauen u. Dienstmädchen. Mit e. empfehl. Einführg. von Karl Ostertag. 6. Aufl. 12. (96 S.) Stuttgart (902). Deutsche Verlags-Anstalt. Geb. n. 1. 20

Lütt, Isa v. der, das feine Dienstmädchen, wie es sein soll. Eine Gabe f. Hausfrauen u. Dienstmädchen. Mit e. empfehl. Einführg. v. Karl Ostertag. 6. Aufl. (96 S.) 12. Stuttgart (903). Deutsche Verlags-Anstalt. Geb. n. 1. 20

Lütt, Isa v. der, das feine Dienstmädchen, wie es sein soll. Eine Gabe f. Hausfrauen u. Dienstmädchen. Mit e. empfehl. Einführg. v. Karl Ostertag. 7. u. 8. Aufl. (107 S.) kl. 8. Stuttgart (907. 08). Deutsche Verlags-Anstalt. Geb. 1. 50

Lütt, Isa v. d.: Frauenrechte — Frauenpflichten. — Stuttgart, Leipzig, Berlin, Wien: Deutsche Verl.-Anst. 1896. 80 S. 8°

Lütt, Frau Isa v. der. Die elegante Hausfrau. Mitteilungen f. junge Hauswesen. Mit besond. Winken f. Offiziersfrauen. 1. u. 2. durchgeseh. Aufl. 12. (XVIII, 333 S.) Stuttg. 891,92, Deutsche Verlags-Anstalt. geb. in Leinw. m. Goldschn. * 5 —

— die elegante Hausfrau. Mitteilgn. f. junge Hauswesen. Mit besond. Winken f. Offiziersfrauen. 4., neu bearb. Aufl. 12. (364 S.) Ebd. 900. Geb. in Damast m. Goldschn. n. 6. —

— die gesellige Hausfrau. Plaudereien üb. Geselligkeit, Ratschläge f. Gesellschaften, Feste, Bazare, Festspiele, Aufführgn., Unterhaltgn. etc. Mit Beiträgen von Geo. v. Bemming. (IV, 137 S.) gr. 8. Berlin (903). E. Bloch. Geb. in Leinw. n. 4. —

Lüttebrandt, W., Linearzeichnen in der Volksschule. Skizzen. (43 Bl. in Lex. 8) m. erläut. Text. (79 S.) 8. Cassel (Hohenzollernstr. 8) 907. Jul. Kress. In Mappe u. geh. 6. —

Lütteken, August *Cornelius* [aus Westfalen]: Ueber den Einfluss der Antisepsis auf geburtshülfliche Operationen. . . . Greifswald, Druck v. J. Abel, 1890; 20 S. 8°
Greifswald, Med. Fak., Inaug.-Diss. v. 19. Nov. 1890

Lüttefen, Lorenz, Literaturkunde, s.: Reuter, Wilh.

— Perlen aus dem Schatze deutscher Dichtung, s.: Reuter, Wilh.

Lütteken, Paul [Referendar in Weissenfels a. S.]: Erörterungen über den Satz: Quod initio vitiosum est, non potest tractu temporis convalescere. . . . Halle a. S., Hofbuchdr. v. C. A. Kaemmerer & Co., 1890; 66 S. + 1 Bl. 8°
Halle, Jur. Fak., Inaug.-Diss. v. 8. März 1890

Luttenbacher, M., der Magnetismus in der Heilkunde. 1. bis 4. Taus. 12. (141 S. m. Bildnis.) Strassburg i/E. (Manteuffelstr. 45) 900. Selbstverlag. 1.50

Luttenbacher, M., die Nervenkrankheiten u. ihre Heilung durch Magnetismus u. Suggestion. Volks-Ausg. (VII, 170 S.) 8. Leipzig 909. O. Mutze. 1.50

Luttenberg in Untersteier, seine Umgebungen, Bewohner und Geschichte . . . Gratz 1850. V: *Hofrichter, Jos. Carl.* (JOANSTYRA)

LUTTENBERGER, Alois: Die Ewigkeit der Höllenstrafen mit besonderer Berücksichtigung der Apokatastasis. — 1901. 240 S. Diss. Graz, Univ.

Luttenberger, Aug., s. Lesebuch, deutsches, für die zweite Klasse der Volksschulen.

Luttenberger C, neueste praktische Umrechnungstabellen der Münzen der süddeutschen Währung in die neue Reichswährung. Stuttgart 1875

Luttenberger, Karl, a. Stuttgart: Untersuchung über die Flösserei auf dem Neckar und seinen Nebenflüssen in geschichtlicher und wirtschaftlicher Hinsicht. (Stuttgart [1905]: Strecker & Schröder.) (VI, 112 S.) 8°
Heidelberg, Phil. Fak., Ref. Rathgen, Diss. v. 21. Febr. 1905
[Geb. 4. Dez. 69 Stuttgart; Wohnort: Stuttgart; Staatsangeh.: Württemberg; Vorbildung: Real-Anstalt Stuttgart; Studium: Straßburg 1, Heidelberg 5 S.; Rig. 1. März 04.]

Luttenhofer, L., index phraseologic. lat. germ. 8. Münch. Lentner. 765.

Luttenhofer, J. K., neue ausführl. Einleit. zu der latein. Sprache. 8. Augsb. Rieger. 775.

Lüttensen, E., Fachzeichnen f. Maurer zum Gebrauch in Gewerbe- u. Fortbildungsschulen. Ein Leitfaden f. Lehrer u. Schüler. (8 S. m. 28 Taf.) gr. 8. Hamburg 907. Boysen & Maasch. n. 2. —

Lüttensen, E., Fachzeichnen für Zimmerer zum Gebrauche in Gewerbe- u. Fortbildungsschulen. Ein Leitfaden f. Lehrer u. Schüler. (8 S. m. 27 Taf.) gr. 8. Hamburg 907. Boysen & Maasch. n. 2. —

Lutter am Barenberg [Schlagwort]

Lutter a. B., s.: Braunschweig. Landeskarte. — Preussen. Messtischblätter.

Lutter [Verfasser]

Lutter, August [app. Arzt aus Lünen '(Westf.)']: Aus d. Augenklinik zu Kiel. Beiträge zur Casuistik der luetischen Erkrankungen der Augenlider . . . Kiel, Druck v. H. Fiencke, 1896; 24 S., 1 Bl. 8.
Kiel, Med. Fak., Inaug.-Diss. v. [1. Sept.] 1896

Lutter, Eduard [aus Lünen '(Westf.)']: Zur Kenntnis des m-Nitrobenzylchlorids . . . Berlin, Buchdr. v. G. Schade, *1896;* 41 S., 1 Bl. 8.
Berlin, Phil. Fak., Inaug.-Diss. v. 14. Nov. 1896

Lutter, **Ernst**: Geographisch-statistische Untersuchungen über die Lage der Städte des deutschen Reiches mit mehr als 20000 Einwohnern und ihre Entwickelung im Laufe des 19. Jahrhunderts. Bonn 1909: Foppen. VII, 119 S. 8°
Münster, Phil. Diss. v. 13. Nov. 1909, Ref. Meinardus
[Geb. 1. März 84 Dortmund; Wohnort: Dortmund; Staatsangeh.: Preußen; Vorbildung: Realgymn. Dortmund Reife O. 04; Studium: Marburg 1, München 1, Berlin 1, Münster 5 S.; Rig. 19. Febr. 09.] [U 10. 3787

Lutter, Ferdinand

Lutter: Die systematischen Polynome. 16 S.–Schemnitz, Progr. 1855

Lutter: Die Prinzipien der Differenzialrechnung. 12 S. –Pest P., Progr. 1859

Lutter, Ferd., fünfstellige logarithmisch-goniometrische Tafeln. gr. 16. (XXXI und 174 S.) Wien 866, Hartleben's Verlag.

Lutter: Die imaginären Zahlen. 11 S.– Schemnitz, Progr. 1856

Lutter, G. Beschreibung der Gemeinde Wülfingen im landw. Kreisverein Nordstemmen. Land- u. forstw. Hauptverein Hildesheim. Königl. Landwirthschafts-Gesellschaft zu Hannover. gr. 8. (47 S. m. 1 Profilkarte.) Hildesh. 890, Gerstenberg. * — 40

Lutter, Gfr., Frühlingsreif. Eine soziale Tragikomödie in 5 Akten. 8. (V, 134 S.) Weinheim 896. F. Ackermann. n. 2. —

Lutter, H., Jermak Timofejeff, der Eroberer Sibiriens s.: Spamer's, Otto, neue Volksbücher. Nr. 25.

Lutter, **Hans**, kleiner Badener Fremdenführer u. Wegweiser in Badens Umgebung. Mit zahlreichen Illustr. u. e. Stadtplan. Neueste Ausg. (74 S.) kl. 8. Baden b. Wien 908. C. Zweymüller. nn 1. —

Lutter, Hans, Führer durch d. Curort Baden bei Wien u. seine Umgebungen. M. d. neuesten Stadtplan u. e. Wegmarkirungskarte f. d. Bez. Baden aus d. kart. Anstalt v. G. Freytag & Berndt in Wien. 12. (X, 178 S.) Baden b/Wien 897. F. Schütze. n. 1.50

Lutter, Hans, Führer durch den Kurort Baden bei Wien u. seine Umgebungen. Mit dem neuen Stadtplan u. e. Wegmarkierungskarte f. den Bez. Baden aus der kart. Anstalt v. G. Freytag & Berndt, Wien. 2. verm. u. verb. Aufl. (VIII, 205 S.) kl. 8. Baden bei Wien 904. F. Schütze. Geb. in Leinw. n. 2.—

Lutter, Richard

Lutter, R., Patentgesetz vom 7. IV. 1891, s. a. Guttentag's Sammlung deutscher Reichsgesetze. (Stephan, R.)

Patentgesetz vom 7. April 1891. Nebst Ausführungsbestimmungen, völkerrechtl. Verträgen u. Patentanwaltsgesetz, unter eingehender Berücks. d. Rechtsprechung d. Reichsgerichts u. d. Praxis d. Patentamts. Bisher hrsg. von Prof. Dr. R[ichard] Stephan. 7. völlig neubearb. Aufl. von R[ichard] Lutter, Geh. Reg. Rat. Berlin: J. Guttentag 1908. (353 S.) 8° [J.]
— **Sammlung**, Guttentag'sche, Deutscher Reichsgesetze. No 22. [illegible]

Geschichte der ger. und vollk. Johannis-Loge Blücher von Wahlstadt in den Or. Luxemburg und Charlottenburg. [Von Rud. Lutter. Nebst] Nachtr. 1. Berlin 1878: Lindow. 98 S. 8⁰
Nebst Verzeichn. der Beamten.

[Nachtr. u. d. Tit.:]

1876—1896. Erster Nachtrag zur Geschichte der ger. und vollk. Johannis-Loge Blücher von Wahlstadt im Or. zu Charlottenburg. Eine Festgabe zur bevorstehenden Feier ihres 75jährigen Bestehens verf. vom Br. K[arl] A[nton] Henniger. Charlottenburg 1896: Gertz. 45 S. 8⁰
Nebst Verzeichn. der Beamten.

Lutter, Wilhelm, appr. Arzt a. Nörten: Ein Beitrag zur Frage der Blutgerinnung. Göttingen 1905: L. Hofer. (29 S.) 8°
Göttingen, Med. Fak., Ref. Schittenhelm, Diss. v. 6. Juni 1905
[Geb. 27. Juli 75 Nörten, Kr. Northeim; Wohnort: Nörten; Staatsangeh.: Preußen; Vorbildung: Realgymn. Göttingen Reife O. 95, Nachprüf. im Lat. u. Griech. O. 98; Studium: Göttingen 5, München 1, Göttingen 5 S.; Coll. 15. März 05; Approb. 7. Aug. 03.]

Lutter, Wilh., die Knopffabrikation. (VIII, 240 S. m. 68 Abb.) 8. Wien 907. A. Hartleben. n. 4.—; geb. n. 4.80

Lutter W, die Knopffabrikation. (240 S) (Bibl. Chem.-techn. 296) Wien 1907

Lutterbeck, (Johann) Anton (Bernhard)

Lutterbeck, Anton, Apologie des sogen. Hermesianismus wider einige arge Mißverständnisse mehrer seiner Angreifer u. Verteidiger. Münster, Theissing, 1835, gr. 8°, 44 S., 0,75 Mk.

—s. Bonaventura, Weg des Geistes zu Gott.

—— die Freunde Pindar's. Ein Vortrag, gehalten in der Gesellschaft für Wissenschaft und Kunst zu Gießen. gr. 8. (66 S.) Gießen 865, Ricker. *

—— Geschichte der katholisch-theologischen Facultät zu Gießen. Eine allen Theologen Deutschlands gewidmete Denkschrift. gr. 8. (IV und 112 S.) Gießen 860, Ricker. *

— an Wilbrand's Grabe. Trauerrede zu Gießen den 11. Mai 1846 gehalten. gr. 8. Gießen 846, Ferber. 1½ ngl

Lutterbeck, Ant., Hermenien aus dem Gebiete der religiösen Speculation. gr. 8. (13½ B.) Gießen 845, Heyer's Verl.

Lutterbeck, Ant., Hermenien aus dem Gebiete der religiösen Speculation. 2. (Titel-)Ausg. gr. 8. (VII und 208 S.) Mainz 851, Wirth Sohn.

— der Informativprozeß u. seine rechtliche Nothwendigkeit f. die Entscheidung der Mainzer Bischofsfrage. gr. 8. (40 S.) Gießen 850, Ferber. n. 6 ngl

Lutterbeck, (Ant.), an den Hrn. Bischof von Mainz, Wilh. Emman. v. Ketteler. Erklärung. gr. 8. (10 S.) Gießen 860, Ricker. *

Lutterbeck, A. B., Die Klementinen u. ihr Verhältnis zum Unfehlbarkeitsdogma. Gießen, Heinemann, 1872, 8°, VI, 85 S., 1,50 Mk.
Theol. Litbl. 1872, S. 508—11 (Langen). Fallibilistisch, wie auch die nachstehenden Schriften von Buchmann.

Lutterbeck, Joh. Ant. Bernh., die neutestamentlichen Lehrbegriffe oder Untersuchungen über das Zeitalter der Religionswende, die Vorstufen des Christenthums und die erste Gestaltung desselben. Ein Handbuch für älteste Dogmengeschichte und systemat. Exegese des neuen Testamentes. 1. Bd.: Die vorchristliche Entwickelung. gr. 8. (X und 446 S.) Mainz 852, Kupferberg.

—— dass. — 2. Bd.: Die nachchristliche Entwickelung. gr. 8. (V und 314 S.) Ebds. 852.

Lutterbeck, Anton (B.) Baaders Lehre vom Weltgebäude verglichen mit neuern astronomischen Lehren. Frankfurt a. M., Hender u. Zimmer, 1866, 8°, VI, 67 S. mit 1 Steintafel, 1,20 Mk.

Lutterbeck, Joh. Ant. Bernh., über die Natur, ihre Erkenntniß, Beherrschung u. Verherrlichung durch den Menschen. [Aus d. kathol. Magazin abgedr.] gr. 8. (IV u. 74 S.) Münster 849, Coppenrath. ¼ ℛ

—— über die Nothwendigkeit einer Wiedergeburt der Philologie zu deren wissenschaftl. Vollendung. gr. 8. (VIII und 151 S.) Mainz 847, Kupferberg.

Lutterbeck, Ant. (Bernh.) An Papst Pius IX. bei Gelegenheit seines Verlangens, von dem römischen Konzil für unfehlbar erklärt zu werden. Gießen, Heinemann, 1870, gr. 8°, 29 S., 40 Pf.
Sucht die „angeblichen" Texte des N. T. für die persönl. Unfehlb. d. Papstes zu entkräften. Litt. Handw. 1870, S. 436.

—— **Sach- und Namen-Register zu Frz. v. Baader's sämmtlichen Werken, s. Baader's, Frz. v., sämmtliche Werke.**

— Leopold Schmid üb. die religiöse Aufgabe der Deutschen, s.: Bilder aus der Geschichte der kathol. Reformbewegung d. 18. u. 19. Jahrh.

—— über den philosophischen Standpunkt Baader's. Ein Beitrag zur Orientirung in der Gesammtausgabe seiner Werke. gr. 12. (VIII und 132 S.) Mainz 854, Kupferberg.

Lutterbeck, Anton, Die Theologie des Berliner Magistrats. Münster, Deiters, 1845, 8°, 0,75 Mk.

Lutterbeck, Ant., De utilitate sacrae Scripturae. Oratio academica. Gießen, Heyer. 1842, 8°, $1^1/_8$ Bg.
Katholik 1843, Bd. 86, S. 336.

—— de via ac ratione, qua opus redemtionis christ. in tempore ad finem perducitur. Dissert. theol. 8maj. ($5^1/_2$ B.) Monasterii 839, libr. Theissing.

—— Zeitberechnungstafeln, zusammengestellt und erläutert. gr. Fol. Giessen 870, Ricker.

Lutterbeck, H., Winke f. Lokomotivführer u. Heizer. 1. u. 2. durchgeseh. Aufl. 8. (à 16 S.) Minden 901. M. Volkening. n. — 25

Lutterbeck, Theodor

— etwas über Jacobiner, Demokraten, Republikaner rc. Sine ira et studio. 8. Münst. 799.

Lutterbeck Th.: Ist jetzt schon die Kuhpocken-Impfung, ohne weitere Bedingung, als ein untrügliches Verwahrungsmittel gegen Menschenblattern zu empfehlen? Münster 1801. 55 S. P. Theyssing.

Lutterbeck, Th., Ist jetzt schon die Kuhpockenimpfung, ohne weitere Bedingung, als ein untrügl. Verwahrungsmittel gegen Menschenblattern zu empfehlen? 8. Münster, Theissing. 802.

Lutterbeck, Th., d. jüngste Untersuchung der Nonnen zu Dülmen betreffend, im August 1819. 2te Aufl. 8. Dorsten, (Wesener in Paderborn.) 820.

— in Betreff d. A. K. Emmerich, abgenöthigte, zunächst dem wahrheitliebenden Publikum gewidmete Zuschrift an d. Landrath E. v. Bönninghausen. 8. Dorsten 820.

Lutterloh, Johann Otto

— — De recursus a supremis imperii Rom.-Germ. tribunalibus ad comitia genuino fundamento. Lpz. (Jacobaeer) Oct. 1789. 60 S. (4.—) 21899

— — Dasselbe. Lpz. (Jacobaeer) Oct. 1789. S. 1 bis 16. (2.—) 21900

— Joh. Otto (Hamburg), De statutis collegiorum opificum eorumque usu et abusu speciatim jure Hamburgensi. Göttingen (Schulz) 31. VII. 1759. 40 S. (4.—) 21898
Gew.: Petr. Amsinck, Joh. Schluter.

Lutteroth, Ascan A(dolf): Über die Abhängigkeit der Magnetisirbarkeit der Krystalle in verschiedenen Richtungen von der Temperatur. *Leipzig: J. A. Barth 1898.* (71 S.) 8°
¶ [Erschien gekürzt in: Annalen d. Physik u. Chemie, N. F. Bd 66.]
Leipzig, Phil. Diss. v. [2. Dez.] 1898

Lutteroth, Ascani, Taschenbuch der wichtigsten Gleichstrommessungen im Laboratorium u. in der Praxis. (XI, 135 S. m. Fig.) 8. Hildburghausen (905). F. Wittig. Geb. in Leinw. n. 3.60

Ahnentafel des Dr. jur. Ascan Wilhelm Lutteroth zu Hamburg und seiner Geschwister Frida, Elsa und Freia Lutteroth. Aufgestellt von Dr. jur. Ascan W(ilhelm) **Lutteroth**, am 26. Juli 1906. [Nebst] Zur Ahnentafel ... Die 8te Generation ... (Hamburg: A. W. Lutteroth 1907.) (1 gefalt. Taf. 2° u. 1 Bl. 4°) [F.]
Aus: Familiengeschichtliche Blätter. 1907, No 15. 16. 51. 52. [07. 13708

Lutteroth, Ascan W., Hamburger Geschlechterbuch, s.: Handbuch, genealogisches bürgerl. Familien. 18.

Lutteroth, Aug., orographisch-geognostische Skizze der Umgegend von Mühlhausen. Mit 2 lith. (u. color.) Taf. (in 4. u. Fol.) gr. 8. (39 S.) Mühlhausen 848. (Halle, Gräger.) n. 12 ngr
Vgl. Lutterroth, Aug.

Lutteroth, Eph. Ad., († d. 3. Jun. 1807.), s. Prüfung d. Religion.

Lutteroth, Gottfr. (Mühlhausen / Thür.), De effectu confessionis superatis tormentis sponte factae. Präs. Joh. Flor. Rivinus. Lpz. (Langenheim) 19. III. 1739. 42 S. (4.—) 21901
Widm. v.: J. Fl. Rivinus.

Lutteroth, Henri, s. Lutterroth, Henri.

Das Geschlecht Lutteroth. Zusammenstellung von Mathilde **Lutteroth** geb. Lutteroth zu Hamburg. Als Ms. gedr. *Hamburg 1902: C. Griese.* (386 S.) 2° [F.] [03. 5810

Lutterotti's, Carl v., Gedichte in Tiroler Dialecten. 8. Aufl., bearb. von Ludw. v. Hörmann. 8. (XV, 388 S. m. Bildnis.) Innsbruck 896. Wagner. n. 3.—; geb. in Leinw. n. 4.—

Lutterroth (vgl. Lutteroth), August: Orographisch-geognostische Skizze der Umgegend von Mühlhausen. (Preuss. Provinz Sachsen. Mühlhausen. 1848.) 8°

Lutterroth, Henri, Geschichte der Insel Tahiti u. ihrer Besitznahme durch die Franzosen. Frei aus d. Französ. m. Anmerkungen u. Zusätzen v. Th. Bruns. gr. 8. ($14^1/_4$ B. u. 1 Karte der Gesellschaftsinsel.) Berlin 843, Herm. Schultze.

Lutteroth, (H.,) Aus (J. Fr.) Oberlins Leben. Nach den Französ. mit Berichtigungen u. Zusätzen v. C. W. Krafft. 8. Straßb. 826, Treuttel u. W.

—— Rußland u. die Jesuiten von 1772 bis 1820. Nach meist ungedruckten Urkunden. Uebersetzt v. Birch. gr. 8. ($7^3/_4$ B.) Stuttgart 846, Hallbergersche Vrlgsh.

Lüttge, A., De Polybii elocutione. Diss. 1863. 17 S. 4°. 2.—

Lüttge: De Polybii elocutione. 17 S. – Nordhausen, Progr. 1863.

Lüttge, Adph., englisches Elementarbuch f. Gymnasien. Im Anschluß an die Fordergn. der „Lehrpläne u. Lehraufgaben f. die höheren Schulen" (Berlin 892) bearb. u. als Vorstufe zu seinem engl. Lehr- u. Übungsbuche (Syntax) hrsg. gr. 8. (103 S.) Braunschweig 893. C. A. Schwetschke & Sohn. Kart. n. 1.60

[F.] **Lüttge,** Adolph [Dr., Oberl.]: Proben aus dem Englischen Übungsbuche für die drei oberen Gymnasialklassen nebst einleit. Bemerkungen. (Aus: Engl. Übungsbuch ... 1. Heft. Braunschw. 1890.) Braunschweig, Druck v. J. H. Meyer, 1891; 36 S. 4°
Braunschweig, herz. G Martino-Katharineum, P 1891 (681)

Lüttge, Adph. Englisches Uebungsbuch f. die drei oberen Gymnasialklassen. 1. u. 2. Heft. gr. 8. Braunschw., Schwetschke u. Sohn. à Heft * 1 40; * 2 80
1. Uebungsbuch f. Obersekunda. (102 S.) 890.
2. Uebungsbuch f. Unterprima. (106 S.) 891.
2. Aufl. d. 1. Heftes u. d. T.:

— englisches Lehr- u. Übungsbuch f. die oberen Gymnasialklassen. 1. Hft. 2., verm. Aufl. (d. engl. Übungsbuches). gr. 8. (126 S.) Ebd. 892. n. 1.60; kart. n.n. 1.75

Lüttge, Ad., englisches Lehr- u. Uebungsbuch. 2 Tle. (Neue Titel-Ausg.) gr. 8. Braunschweig 901. A. Graff. Geb. n. 4. —
1. Elementarbuch. (V, 168 S.) n. 1. 50
2. Syntax. (V, 126 u. 106 S.) n. 2. 50

Laettge, Albert: Herder's Auffassung der Weltgeschichte. Stendal 1868. 8°
Seehausen, Gymnas. P. v. 1867/68.

Lüttge, Alb., die Lebensarbeit e. Hohenzollern im Osten Europas. (43 S.) Lex.-8. Erfurt 904. C. Villaret. n. 1. 20
Sonderabdr. aus: „Jahrbb. d. kgl. Akad. gemeinnütz. Wiss."

Lüttge, Alb. Der lateinische Unterricht in den oberen Klassen des Gymnasiums. 23 S. **Progr.** *Charlottenburg* 1876.

Lüttge, Albert Goethes Verhältnis zur Geschichte und Politik. 4 (S. 3—29). **Progr.** Kaiserin-Augusta-G. *Charlottenburg* 1887 (68)

Lüttge, Ernst, d. stilist. Anschauungs-Unterricht. Anleitg. zu e. planmäß. Gestaltg. d. ersten Stilübgn. auf anschaul. Grundlage. gr. 8. (VIII, 152 S.) Leipzig 897. E. Wunderlich. n. 1. 60; geb. n. 2. —

Lüttge, Ernst, der stilistische Anschauungs-Unterricht. 1. u. 2. Tl. gr. 8. Leipzig 901. E. Wunderlich. n. 4. —; geb. n. 5. —
1. Anleitg. zu einer planmäß. Gestaltg. der ersten Stilübgn. auf anschaul. Grundlage. 2. verm. Aufl. (VIII, 184 S.) n. 1. 60; geb. n. 2. —
2. Der Aufsatzunterricht der Oberstufe als planmäß. Anleitg. zum freien Aufsatze. (XI, 242 S.) n. 2. 40; geb. n. 3. —

Lüttge, Ernst, der stilistische Anschauungs-Unterricht. 2 Tle. 8. Leipzig, E. Wunderlich. n. 4. —; geb. n. 5. —
1. Anleitung zu e. planmäßigen Gestaltung d. ersten Stilübungen auf anschaulicher Grundlage. 3. u. 4. durchgeseh. Aufl. (à VIII, 184 S.) 904. 906. n. 1. 60; geb. n. 2. —
2. Der Aufsatzunterricht der Oberstufe als planmäßige Anleitung zum freien Aufsatze. 3., verm. Aufl. (XV, 254 S.) 906. n. 2. 40; geb. n. 3. —

Lüttge, Ernst, der stilistische Anschauungs-Unterricht. 1. u. 2. Tl. 8. Leipzig, E. Wunderlich. 4.—; geb. n 5. —
1. Anleitung zu e. planmäß. Gestaltg. der ersten Stilübgn. auf anschaul. Grundlage. 7./8. durchgeseh. Aufl. (VIII, 184 S.) 910. 1.60; geb. 2. —
2. Der Aufsatzunterricht der Oberstufe als planmäß. Anleitg. zum freien Aufsatze. 5. u. 6. verb. Aufl. (XV, 256 S.) 909. 2.40; geb. 3. —

— Beiträge zur Theorie u. Praxis des deutschen Sprachunterrichts. Eine Sammlg. v. Aufsätzen üb. alle Zweige dieses Lehrgegenstandes. gr. 8. (VII, 156 S.) Ebd. 899. n. 1. 60; geb. n. 2. —

— Beiträge zur Theorie u. Praxis des deutschen Sprachunterrichts. Eine Sammlg. v. Aufsätzen üb. alle Zweige dieses Lehrgegenstandes. 2./3. durchgeseh. u. erweit. Aufl. (IV, 202 S.) gr. 8. Ebd. 908. 1.60; geb. 2. —

— die Bildungsideale der Gegenwart in ihrer Bedeutung f. Erziehung u. Unterricht. Ein Beitrag zur Würdigg. sozialpädagog. Reformbestrebgn. gr. 8. (IV, 69 S.) Ebd. 900. n. — 80

Lüttge, Ernst. Adolf Diesterweg in seiner Bedeutung f. die Hebung d. Volksschullehrerstandes. Ein Beitrag zur Geschichte der Volksschule d. 19. Jahrh. gr. 8. (143 S. m. Stahlst.-Portr.) Lpz. 890, Siegismund u. Volkening. * 2 —; geb. * 2 50

— Der erste Leseunterricht nach phonetischen Grundsätzen, s.: Brüggemann, G. A.

— Die Praxis der Lesebuchbehandlung als Anleitung zur Selbstbildung durch Lektüre. (VIII, 350 S.) gr. 8. Leipzig 908. E. Wunderlich. 4.—; geb. 4. 60

— die Praxis des Rechtschreibunterrichts auf phonetischer Grundlage. Vollständiger Lehrgang in Unterrichtsbeispielen, nebst Diktaten in Aufsatzform. 2., durchgeseh. Aufl. (IX, 218 S.) gr. 8. Ebd. 907. n. 2. 40; geb. in Leinw. n. 3. —
1. Aufl. (IX, 217 S.) 905. n. 2. 40; geb. n. 3. —.

— Die Praxis des Rechtschreibunterrichts auf phonetischer Grundlage. Vollständiger Lehrgang in Unterrichtsbeispielen, nebst Diktaten in Aufsatzform. 3., verb. Aufl. (XV, 218 S.) gr. 8. Ebd. 909. 2.40; geb. 3. —

Die mündliche Sprachpflege als Grundlage eines einheitlichen Unterrichts in der Muttersprache. Von Ernst Lüttge. *Leipzig: E. Wunderlich 1903.* (IV, 107 S.) 8°

— Die mündliche Sprachpflege als Grundlage e. einheitlichen Unterrichts in der Muttersprache. 2., bedeutend erweit. Aufl. (VIII, 179 S.) gr. 8. Leipzig 910. E. Wunderlich. 2.40; geb. 3. —

— Stilmuster f. den ersten Aufsatzunterricht. Gesammelt u. hrsg. gr. 8. (IV, 33 S.) Ebd. 902. n. — 40

Lüttge, Ernst, Übungsbuch f. Rechtschreibung u. Wortbildung. 2 Hefte. Unter- u. Mittelstufe u. Oberstufe. (à 64 S.) 8. Leipzig 909. E. Wunderlich. à — 40

— zur Umgestaltung des Unterrichts in der Rechtschreibung. (IV, 52 S.) gr. 8. Ebd. 904. n. — 60

— wie leiten wir unsere Schüler im Unterrichte zum selbständigen Arbeiten an? Anregungen u. Gesichtspunkte. (33 S.) gr. 8. Ebd. 906. n. — 50

— Wie leiten wir unsere Schüler im Unterrichte zum selbständigen Arbeiten an? Anregungen u. Gesichtspunkte. 2., erweit. Aufl. (43 S.) gr. 8. Ebd. 910. — 50

— Praktisches grammatikalisches Wörterbuch der deutschen Sprache, s.: Hoffmann, P. F. L.

Luettge, Gust. Herm. (Braunschweig), De vita morbis tribuenda peculiari. Diss. med. Berlin (Nietack) 30. VIII. 1836. 33 S. mit Biogr. (3.—) 21837
Oppon.: J. Baumbach, E. Braumueller, E. Rave.

Lüttge, Rudolf, Referendar: Die Nichtigkeitserklärung einer Aktiengesellschaft nach dem neuen Handelsgesetzbuche. Borna-Leipzig 1908: Noske. VIII, 47 S. 8°
Leipzig, Jur. Diss. v. 15. Jan. 1909
[Geb. 22. Aug. 82 Braunschweig; Wohnort: Braunschweig; Staatsangeh.: Braunschweig; Vorbildung: Wilhelm-Gymn. Braunschweig Reife O. 02; Studium: München 1, Berlin 1, Freiburg i. B. 1, Leipzig 3 S.; Rig. 12. Juli 06.]
[U 09. 2601

Lüttge, Werner, approb. Arzt aus Braunschweig: **Panophthalmitis tuberculosa in puerperio.** *Leipzig: W. Engelmann 1902.* (24 S.) 8° ¶ (Aus: v. Graefe's Archiv f. Ophthalmol., Bd 55, H. 1.)
Heidelberg, Med. Diss. v. 1902

Lüttge, Willy, die Rechtfertigungslehre Calvins u. ihre Bedeutung f. seine Frömmigkeit. (VI, 109 S.) gr. 8. Berlin 909. Reuther & Reichard. 3. —

Lüttge, Willy, a. Berlin, Cand. pro lic. conc.: Theologische Thesen ... zur Erwerbung des Grades eines Lizentiaten der Theologie .... Berlin (1908): G. Schade. (2 Bl.) 4°
Berlin, Theol. Fak., Ref. Kaftan, Diss. v. 29. Juli 1908
[Geb. 11. Aug. 82 Berlin; Wohnort: Berlin; Staatsangeh.: Preußen; Vorbildung: Königstädt. Gymn. Berlin Reife O. 01; Studium: Berlin 7 S.; Rig. 11. Juli 08.]

Lüttgen, Gustav, aus Mülheim a. Rh.: Über die Anlagerung von Blausäure an Benzalmalonsäureäthylester und über die Einwirkung von Ammoniak auf Cyanbenzylmalonsäureester. *Bonn 1899: C. Georgi.* (52 S.) 8°
Bonn, Phil. Diss. v. 21. Jan. 1899

Lüttgen, Paul [app. Arzt aus Hof a. S.]: Über einen Fall von Papillom des Plexus chorioideus ... Dresden, Druck v. B. G. Teubner, 1896; 29 S. 8.
Würzburg, Med. Fak., Inaug.-Diss. v. 1896

Lüttgendorff, M. A. v., das Mikroskop, s.a. Taschenbibliothek, naturwissenschaftliche. 4. Bdchn.

Das Mikroskop. Ein Leitfaden f. Anfänger. Von M. A. v. **Lüttgendorff.** Mit vielen Abb. Wien & Leipzig: Hartleben (1910). 190 S. 8°
(Naturwissenschaftliche Taschenbibliothek. Bd 4.) (10. 9245 4

Lüttgens, C. (Red.), s. Mecklenburg.

Lüttgens, Carl [aus Bargteheide]: Über Bedeutung und Gebrauch der Hilfsverba im frühen Altenglischen. Sculan und willan .... Wismar, Hinstorff'sche Raths-Buchdr. (L. Eberhardt), 1888; VIII + 88 S. + 1 Bl. 8°
Kiel, Phil. Fak., Inaug.-Diss. v. 2. März 1888

Lüttgens, Carl, über Bedeutung und Gebrauch der Hilfsverba im frühen Altenglischen. Sculan und Willan. Inaugural-Dissertation. gr. 8. (VIII, 88 S.) Wismar 888. (Leipzig, Fock.) *

Lüttgert, Gottlieb

Lüttgert, G. Bemerkungen zu Ciceros Schrift de natura deorum als Schullektüre. 18 S. [Zweiter Abdruck. (42 S.) 8. Lingen 1885, van Acken. 1 Mk.] **Progr.** *Lingen* 1885.

Lüttgert, *Gottlieb* [Gerichtsref. aus Bielefeld]: Giebt es ein unmittelbar anwendbares gemeines evangelisches Kirchenrecht? .. Bielefeld, R. Mainz Nachf., 1892; 40 S. 8.
Göttingen, Jur. Fak., Inaug.-Diss. v. [21. Juni] 1892

Lüttgert, G. Giebt es e. unmittelbar anwendbares gemeines evangelisches Kirchenrecht? Diss. gr. 8. (40 S.) Bielef. 892. (Gött., Vandenhoeck u. Ruprecht.) * 1 —

Lüttgert, G., Hülfsbuch für den evangelischen Religionsunterricht in den unteren und mittleren Klassen höherer Lehranstalten. gr. 8. (XII und 392 S. mit 4 lithogr. Karten.) Bielefeld 867, Velhagen und Klasing. *

Lüttgert, G., Handbuch f. den evangelischen Religionsunterricht vorzugsweise in den unteren u. mittleren Klassen höherer Lehranstalten. 2., verm. u. verb. Aufl. Mit 6 lith. Karten (auf 4 Taf.) gr. 8. (XII, 428 S.) Bielefeld 875. Velhagen & Klasing. n. 2. 40

— Hilfsbuch für den evangelischen Religionsunterricht vorzugsweise in den unteren und mittleren Klassen höherer Lehranstalten. 3. verb. Aufl. gr. 8. (X, 425 S. mit 6 Karten.) Bielefeld 887, Velhagen und Klasing. *

Lüttgert, G., evangelisches Kirchenrecht in Rheinland u. Westfalen. (XIV, 868 S.) gr. 8. Gütersloh 905. C. Bertelsmann. n. 14. —; geb. in Halbfrz. n. 16. —

Lüttgert, G., evangelisches Kirchenrecht in Rheinland u. Westfalen. 1. Nachtrag (1905–1910). (57 S.) gr. 8. Gütersloh 910. C. Bertelsmann. 1.20; geb. 1.80
Hauptwerk. Ebd. 905. 14.—; geb. n 16.—.

— die evangelische Kirchenverfassung in Rheinland u. Westfalen nach ihrer geschichtlichen Entwicklung. (VII, 149 S.) gr. 8. Ebd. 905. n. 2. 50; geb. n. 3. 20
Sonderabdr. a.: „Ev. Kirchenrecht in Rheinland u. Westfalen".

Lüttgert: Mythologie, Glauben u. Cultus d. Griechen u. Römer, vom Standpunkte d. Christentums aus betrachtet. 26 S.–Bielefeld, Progr. 1862

Lüttgert, G. Promemoria über die Festfeier des 200jährigen Bestehens des Gymnasium Georgianum zu Lingen. 7 S. *Lingen* 1880. **Progr.**

Lüttgert, Theophilus: *Quaestiones Platonicae. 93 S. 4° (2°)
Halle-Wittenberg, Phil. Diss. v. 13. Dez. 1851
Geb. Minden (Westf.) 5. 4. 1829. V.

Lüttgert, Gottl. Rede zum Gedächtnis des sel. Rektor Joh. Raydt und des sel. Konrektor Joh. Gust. Oelker. S. 3—7, 7—10. *Lingen* 1878. **Progr.**

Lüttgert: Theologumena Varroniana a. S. Augustino in judicium vocata. P.I. 29 S. P.II. 30 S.– Sorau, Progr. 1858, 1859.

Lüttgert, G., Das Varusschlachtfeld und Aliso. Pr. 1878. 16 S. 4°.

Lutthardt, J. C.: „Accurate Capitalzinsrechnung, nach verschiedenen angenommenen Procenten", Leipzig 1790 (Fleischer).

Lüttich [Sachliches OW]

Lüttich, s.: Woerl's Reisehandbücher.

Lüttich u. die Welt-Ausstellung 1905. (15 S. m. 1 farb. Plan.) kl. 8. Brüssel, Kiessling & Co. n. — 40

Lüttich und die Weltausstellung 1905. Prakt. Reisebuch bearb. von O. Fiedler. Mit 2 Karten. 2. Aufl. Berlin: A. Goldschmidt 1905. (V, 56 S.) 8°
= Reiseführer, Griebens. Bd 99. (06. 5674

Lüttich [Schlagwort]

Lüttich-Köln, s.: Automobilkarten. Pharus-Auto-Strecke.

Lüttich-Paris, s.: Automobilkarten. Mittelbach.

Lüttich — Der nördliche Theil des ehemaligen Bisthums — etc. Entworfen von F. L. Güssefeld. Nürnberg bey den Homann. Erben verbessert 1810. 1 : 250,000. 1 Bl.

Luttich — Der südliche Theil des chemalichen Bisthums — etc. Entworfen von F. L. Güssefeld. Nürnberg bey den Homann. Erben 1790. Verbessert 1810. 1 : 250,000. 1 Bl.

Lüttich [Verfasser]

Lüttich, A., Führer durch das sächsische Einkommensteuer-Gesetz. (32 S.) kl. 8. Leipzig 910. Leipziger Buchdruckerei. — 15

Lüttich, A., das Leipziger Gewerkschaftskartell u. die Entwickelung u. wirtschaftlichen Kämpfe der Leipziger Gewerkschaften. Eine Darstellg. der wichtigsten Ereignisse der Leipziger Gewerkschaftsbewegg. in den letzten 10 Jahren m. e. Anh., betr. einige f. die Arbeiterschaft wicht. gesetzl. u. ortsstatutar. Bestimmungen. Im Auftrage des Kartellvorstandes bearb. 8. (VII, 190 S. m. 1 Tab.) Leipzig 901. Leipziger Buchdruckerei. n. 1. —

Lüttich, B., über den Mechanismus des Brechactes insbesondere über die Betheiligung des Oesophagus. gr. 4. (20 S.) Kiel 873, Haeseler. [v. Wechmar.] *

Lüttich, B., über Scharlachangina, s. Beiträge zur pathologischen Anatomie und klinischen Medicin.

Lüttich, C., die Neckar-Kettenbrücke zu Mannheim in 16 (lith.) Zeichnungen. (Stade 857. Pockwitz.) qu. Fol. n. 3 ₰.

Lüttich, C., die Neckar-Kettenbrücke zu Mannheim in XVI Zeichnungen. qu. gr. Fol. (16 Stat. mit lithogr. Titel.) Stade 858, (Pockwitz.) *

Lüttich, E. v., deutsche Minnesänger in Bild u. Wort. Gestochen v. E. Forberg. Text v. H. Holland. (In 6 Lfgn.) 1. Lfg. gr. Fol. (VIII u. S. 27—39 m. 2 Kpfrst.) Wien 876. Kaeser. n. 7. 50

Lüttich, E. v., deutsche Minnesänger in Bild u. Wort. Gestochen von E. Forberg. Text von H. Holland. 2—6. Lfg. gr. Fol. (S. 40—68 mit 10 Kpfrtaf.) Wien 877. Kaeser. à n. 7. 50; cplt. geb.: n. 60. —

Lüttich, Fr., das kaufmännische Examen. Die Grundzüge der Handelswissenschaft in katechet. Form für den Unterricht in Handelsschulen bearb. gr. 8. (88 S.) Goslar 864, Brückner. *

Lüttich, Friedr., Rathgeber f. Ritterguthsbesitzer u. Landwirthe, welche nach Ablösung d. Hut- u. Triftgerechtigkeit auf fremden Grundstücken u. Communweiden, den Bestand ihrer Schäfereien nicht reduciren wollen, sondern dens. beizubehalten wünschen. Nebst e. Anweis. gutes Futterstroh zu erlangen u. einzubringen, so wie üb. Luzerne- u. Esparsette-Bau u. dess. Samenerzeugung. Mit e. Anh. üb. d. großen Vortheil u. Nutzen d. Siebenfelderwirthschaft bei Zusammenlegung od. Bonitirung d. Felder. Mit Titlkpfr. 8. (5 B.) Leipzig 834, Lauffer.

Lüttich, H. Bad Schandau u. die sächs.-böhm. Schweiz, s. Städtebilder u. Landschaften.

Lüttich, Osk., die Bedeutung der Kriminal-Statistik für das Erziehungswesen. Vortrag, gehalten im Erziehungsverein zu Dresden. gr. 8. (16 S.) Dresden 874, Kubel.
Aus: Erziehung der Gegenwart, besonders abgedruckt.

Lüttich, Otto, Kammergerichtsref. in Berlin: Die Ansprüche des Dritteigentümers nach beendigter Zwangsvollstreckung in bewegliche Sachen. Borna-Leipzig 1906: R. Noske. (VIII, 51 S.) 8° [J.]
Leipzig, Jur. Fak., Diss. v. 16. Febr. 1906
[Geb. 7. Mai 81 Fiddichow; Wohnort: Berlin; Staatsangeh.: Preußen; Vorbildung: Friedr.-Wilh.-Gymn. Cottbus Reife O. 00; Studium: Tübingen 1, Leipzig 1, Tübingen 1, Berlin 1, Bonn 1, Berlin 1 S.; Rig. 3. Febr. 04.]

Lüttich, Otto *Heinrich Richard* [aus Bielefeld]: Ueber einige Derivate des Paracyankohlensäureaethylesters ... Leipzig, Druck v. Giesecke & Devrient, 1894; 1 Bl., 19 S., 1 Bl. 8.
Leipzig, Phil. Fak., Inaug.-Diss. v. [22. Jan.] 1895

Lüttich, Rudolf: Ungarnzüge in Europa im 10. Jahrhundert. (Kap. 4.) (Berlin 1910: Ebering.) S. 41—105. 8° ¶(Ersch. vollst. als: Histor. Studien. H. 84.)
Berlin, Phil. Diss. v. 11. Mai 1910, Ref. Schäfer
[Geb. 14. Jan. 85 Hannover; Wohnort: Freiburg i. B.; Staatsangeh.: Preußen; Vorbildung: Kaiser Wilhelms-Gymn. Hannover Reife O. 04; Studium: Heidelberg 3, Marburg 4, Berlin 4, Freiburg i. B. 1 S.; Rig. 17. Febr. 10.] [U 10. 210

Lüttich, Rudolf: Ungarnzüge in Europa im 10. Jahrhundert. Berlin: Ebering 1910. 174 S. 8°
(Historische Studien. H. 84.)

Lüttich, [Selmar]: Über den Naumburger Dom. I. Wie sind die Glasgemälde der Westchorfenster zu ergänzen? II. Welchen Bischof stellt das Grabdenkmal im Ostchor dar? Mit Zeichnungen vom Architekten Memminger. *(Naumburg a. S. 1898: H. Sieling.)* (43 S. mit Taf.) 4°
Naumburg a. S., Dom-G, OP 1898 (252)

Lüttich, Selmar, Prof.: Zur Baugeschichte des Naumburger Domes und der anliegenden Baulichkeiten. Mit 4 Taf. *Naumburg a. S. 1902: H. Sieling.* (48 S.) 4° ¶(Vgl. P-Beil. 1898.)
Naumburg a. S., Dom-G, OP 1902 (269)

Lüttich, Selmar, Prof.: Dritter Beitrag zur Baugeschichte des Naumburger Doms und der anliegenden Baulichkeiten. Mit einer Karte. Naumburg a. S. 1904: H. Sieling. (62 S.) 4° ¶(Forts. d. P-Beil. 1898. 1902.)
Naumburg a. S., Dom-G OP 1904 (288)

Lüttich, Selmar, Zur Geschichte der deutschen Markgenossenschaften. Naumburg a. S. 1885. 4.
Progr. d. Domgymn. Naumburg. . . . . (D.)

Lüttich, S. Über die Mängel und Vorzüge der Satiren des Persius. 26 S. Progr. G. *Naumburg* 1877

Lüttich, Selmar [Prof.]: Der „Püstrich" zu Sondershausen, e. Beitr. z. deutschen Altertumskunde. Naumburg a. S., Druck v. H. Sieling, 1894; 1—26 S. 4.
Naumburg a. S., Dom-G, OP 1894 (244)

Lüttich †, Selmar: Die Schenkung des Kaisers an den Bischof vom Naumburg laut Urkunde vom 16. November 1030. Mit 1 Karte (vom Hrsg. [Karl] Pilling). Naumburg a. S. 1908: Sieling. 18 S. 4°
Naumburg, Dom-G OP 1908 (317)** [S 08. 291

Lüttich, S. Über deutsche Volksetymologie: Ortsnamen. 42 S. Progr. G. *Naumburg* 1882.

Lüttich, Selmar [Oberl.]: Über bedeutungsvolle Zahlen, eine kulturgeschichtl. Betrachtung. Naumburg a. S., Druck v. H. Sieling, *1891;* S. 1-17. 4°
Naumburg a. S., Dom-G, OP 1891 (237)

Lüttich, Wilh., Buntes Allerlei. Dichtungen. (XVI, 330 S.) 8. Dresden 905. E. Pierson. n. 3. —; geb. n. 4. —

Lüttichau, Graf, Betrachtungen aus Anlaß der Militair-Vorlage und insbesondere über die Frage der dreijährigen Dienstzeit. 1. und 2., verm. Aufl. gr. 8. (28 S.) Berlin 860, [Quaas.] *

Lüttichau, Graf, Betrachtungen aus Anlaß der Militair-Vorlage u. insbesondere über die Frage der dreijährigen Dienstzeit. (26 S.) — 2. verm. Aufl. Berlin 860. D. Reimer's Sortbhdlg. gr. 8. (28 S.) n. 2½ ngr.

Lüttichau, Erinnerungen aus dem Straßenkampfe, den das Füsilier-Bataillon 8. Infanterie-Regiment (Leib-Infanterie-Regiment) am 18. März 1848 in Berlin zu bestehen hatte, und die Vorgänge bis zum Abmarsche desselben am 19. Vormittags 11 Uhr. gr. 8. (38 S.) Berlin 849, (Mittler und Sohn.) *

—— dass. — 2., verm. Aufl. nebst einer histor. Skizze als Anhang. 8. (71 S.) Berlin 849, (Brandis.)

Lüttichau, Graf, Preußen und Oesterreich und die Militärvorlagen. Eine histor. Anmerkung. gr. 8. (18 S.) Berlin 862, (Heinicke.)

Beleuchtungen der „Mittheilungen über das Amt Hadersleben u.s.w. v. Otto Kier“ durch den Grafen Anton Christian Albertus von **Lüttichau.** Hadersleben. 1853. 8°.

Lüttichau, Frederik Christian Tonne von

Lüttichau, C. F. T. v., verm. jurist. mathemat. Abhandl. gr. 8. Alt. Iversen. 770.

Patriotische Gespräche zweyer reisenden Dänen über den Zustand ihres Vaterlandes [v. Frederik Christian Tonne von **Lüttichau.** Göttingen.] 1769. 8°.

Lüttichau, Magnus Heinrich von

v. Lüttichau, Magn. Hnr., († d. 2. Jan. 1783.) Anmerkk. zur Verbesserung d. Bienenzucht in Sachsen, mit 8 Nachträgen. Mit Kpf. gr. 8. Dresd. 773—78. Gerlach. 12 gr

— Nachtrag zur Kenntniß d. Bienenzucht in Sachsen auf 1779. gr. 8. Ebd. 16 gr (beide anonym.)

(Lüttichau M. H. v.): Catechetischer Unterricht vor Bienen-Freunde ... nebst einem Verzeichniss v. Bienen-Büchern ... Dresd. 1782. (22) 180 S. Forf. Portr. 1 Tvl.

— Unterricht für Bienenfreunde.

Lüttichau, M. H. v., katechet. Unterr. in der Bienenzucht, mit K. gr. 8. Dresden, Gerlach. 783.

— — Nachträge dazu. Ebend.

[F.] Lose Blätter aus dem Leben Wilhelms des Grossen. E. Jubelschr. z. 22. März 1897 (m. e. Anh.) v. Max Graf v. **Lüttichau**, Kammerh. u. Schlosshauptm. ... *Leipzig: G. Wigand (1896).* (50 S.) 1 Bd 8. (97. 361

Lüttichau, Max Graf v., lose Blätter aus dem Leben Wilhelms d. Großen. E. Jubelschrift z. 22. III. 1897 (m. e. Anh.). 8. (48 S.) Leipzig 897. G. Wigand. n. — 25

Lüttichau, Max Graf v., Friedrich Wilhelm IV. König v. Preußen, u. Elisabeth Ludovica, Königin v. Preußen. 8. (56 S. m. 1 Bildnis.) Leipzig 894. Verlag d. Akadem. Buchh. (W. Faber). Kart. n. — 80

Lüttje, Volkswäärwikker in Markeldagen un Marktekens, herutgäven van 'n Brookmerlander. 8. (14 S.) Norden 888, Braams. *

Lüttig, *Johann* Alois [pr. Arzt aus Fürstenberg (Westf.)]: Ueber Exarticulation im Hüftgelenk wegen maligner Neubildungen am Femur. ... Marburg, Buchdr. O. Ehrhardt, 1891; 29 S., 1 Bl. 8°
Marburg, Med. Fak., Inaug.-Diss. v. [29. Mai] 1891

Lüttig, Emil, die Bewegung einer starren gleichmässig mit Masse belegten Geraden auf Cylinderflächen, speciell auf einem parabol. Cylinder, unter dem Einfluss der Schwere und von Anfangsstössen. Inaugural-Dissertation. gr. 8. (39 S.) Jena 883, (Neuenhahn.)

2 —

Lüttke, A.

Lüttke, 80 Konfirmanden-Stunden, s.: Bronisch.

Lüttke, A., das hl. Land im Spiegel der Weltgeschichte. (VIII, 568 S. m. 12 Abb. u. 3 Karten.) gr. 8. Gütersloh 908. C. Bertelsmann. 6.—; geb. 7.—

Lüttke, A., Unterredgn. m. der konfirmierten Jugend in Entwürfen. 2 Tle. gr. 8. Gütersloh 901. C. Bertelsmann. n. 4.—; in 1 Bd. geb. n.n. 4.50
1. Unterredgn. üb. Kirche u. Welt. (XVI, 219 S.) n. 2.80
2. Unterredgn. üb. das augsburgische Glaubensbekenntnis. (VIII, 96 S.) n. 1.20

— Unterredungen m. der konfirmierten Jugend in Entwürfen. I. Tl. 8. Ebd. 908. 2.80
I. Unterredungen üb. Kirche u. Welt in Entwürfen. (Umschlag: 2. Aufl.) (XVI, 235 S.)

Lüttke, Georg, a. Dresden: Die politischen Anschauungen des Generals und des Präsidenten von Gerlach. Borsdorf-Leipzig 1907: W. Hoppe. (46 S.) 8°
Leipzig, Phil. Fak., Ref. Brandenburg-Lamprecht, Diss. v. 4. Okt. 1907
[Geb. 3. April 84 Dresden; Wohnort: Dresden; Staatsangeh.: Sachsen; Vorbildung: Wettiner Gymn. Dresden Reife O. 03; Studium: Leipzig 8 S.; Rig. 25. April 07.]

LÜTTKE, JOHANNES. Ueber die Einwirkung von Ortho- und Paraxylylenbromid auf Natriumphenylhydrazin. (Basel) Leipzig, 1892.

Lüttke, J., die Magensäure d. Menschen, s.: Martius, F.

Lüttke, Mor., der Islam und seine Völker. Eine religions-, cultur- und zeitgeschichtliche Skizze. gr. 8. (VIII, 187 S.) Gütersloh 878, Bertelsmann. *

Lüttke, Moritz, Aegyptens neue Zeit. Ein Beitrag zur Culturgeschichte des gegenwärt. Jahrh. sowie zur Charakteristik des Orients und des Islam. 2 Bde. gr. 8. (XX, 266; XII, 510 S.) Leipzig 873, Brockhaus. *
geb. in 1 Bd. *

Lüttke, Mor., kirchliche Zustände in den skandinavischen Ländern Dänemark, Norwegen, Schweden. Mittheilungen aus der Gegenwart. Bevorwortet von Krafft. gr. 8. (VIII und 144 S.) Elberfeld 864, Friderichs.

Luttmann, Louis, der Wirtin Töchterlein od. Die Rache der abgeblitzten Liebhaber, s.: Radfahrer-Pantomimen.

Luttmann, L., the speaking trachter od. Wie 4 Vagabunden die Reche bezahlen, s.: Radfahrer-Pantomimen.

Lüttmann, Chr. Fr., griech. Formationstabelle. gr. Fol. Leipz. 816. Andrä. 3 gr

— lateinische Formationstabelle. kl. Fol. Ebd. 816. 2 gr

Lüttmann, Chr. Fr., vollständ. Wörterbuch über den Cornelius Nepos, in welchem Sprache und Sachen vollst. erläutert werden. Z. Gebrauch für Schulen bearb. gr. 8. Ebend. 816. Rthlr.

— s. auch Cornelius Nepos.

Lüttmann, Matth., († d. 18. Aug. 1772.) das Bild des leiden den Messias, nach Anleitung d. 69n Psalmen, in 13 Fastenpredigten. gr. 8. Hamb. 764. Bohn. (Schnuphase in Altenb.) 12 gr

Lüttringhaus, Arthur [aus Mülheim a. Rh.]: Ueber Verbindungen von Pyrazolen mit Metallsalzen ... Jena, G. Neuenhahn Univ.-Buchdr., 1896; 48 S., 1 Bl. 8.
Jena, Phil. Fak., Inaug.-Diss. v. [22. Febr.] 1896

Lüttringhaus, J. D., Bilder aus der vaterländischen Geschichte in Erzählungen und Gedichten von und nach den vorzüglichsten Schriftstellern. Für Schule und Haus. Hagen 855. Butz. gr. 8. (X, 264 S.) 22½ ngr

Lüttringhaus, J. D., Bilder aus der vaterländischen Geschichte in Erzählungen und Gedichten von und nach den vorzüglichsten Schriftstellern. Für Schule und Haus. Neue durchgeseh. und verm. Aufl. mit 7 (lithogr. und) ill. Bildern. br. 8. (X und 342 S.) Berlin 857, Winckelmann und Söhne.

— Borussia. Bilder aus der Geschichte des preuß. Vaterlandes. br. 8. (II und 418 S. mit 8 lithogr. und ill. Bildern in Tondr. von Th. Hosemann.) Berlin 858, Winckelmann und Söhne.

Lüttringhaus, J. D., Borussia. Bilder aus der Geschichte des preuß. Vaterlandes. 3. umgearb. und erweit. Aufl. (Doppel-Aufl.) Mit 8 Bildern in Farbendr. von L. Burger. gr. 8. (VIII, 461 S.) Berlin 877, Winckelmann und Söhne. cart. *

Lüttringhaus, J. D., Heimatskunde vom Kreise Altena für Schule und Haus. 8. (32 S. mit 1 lithogr. und color. Karte.) Lüdenscheid 882, Crone jun. ** — 30

— kleine Länder- und Völkerkunde. Ein Lehr- und Lesebuch für Schule und Haus. 1. Heft: Das Vaterland. 3. neubearb. Aufl. gr. 8. (80 S.) Lüdenscheid 878, Crone jun. *

— kleine Länder- und Völkerkunde. Ein Lehr- und Lesebuch für Schule und Haus. 2. (Schluß-)Thl.: Das übrige Europa und die andern Erdtheile. 3. neubearb. Aufl. 8. (116 S.) Ebendas. 880. * 1 —
1. Thl. Ebendas. 1878. * 60 Pf.

— Lebensworte aus dem Munde guter und großer Menschen aller Zeiten und Völker für Geist und Gemüt. gr. 8. (XIV, 496 S.) Ebendas. 882. geb. mit Goldschn. * 7 —

— kleine Satz- und Interpunktionslehre für Volksschulen und Präparanden-Anstalten. gr. 8. (56 S.) Ebendas. 878. *

— unser Vaterland in Erzählungen, Schilderungen und Charakterbildern. Mit 6 Bildern in Farbendr. von Gust. Bartsch. [Zugleich 3. erweiterte Aufl. von „Bilder aus der vaterländ. Geschichte".] gr. 8. (IV, 592 S.) Berlin 880, Winckelmann und Söhne. geb. * 8 —

Luttringshausen, Handbuch der Verfassung der Pfalz, s. Siebenpfeiffer, Handbuch.

Lüttschwager, Willy, Unterveterinär a. Bromberg: Beiträge zur Kenntnis von der Entstehung der Anthracosis pulmonum. (Hannover) [1908] A. Eberlein. (35 S., 2 Taf.) 8°
Gießen, Veterinär-Med. Koll., Ref. Olt, Diss. v. 18. Febr. 1908
[Geb. 12. Sept. 81 Bromberg; Wohnort: Bromberg; Staatsangeh.: Preußen; Vorbildung: Gymn. Bromberg Reife O. 00; Studium: Tierärztl. Hochsch. Berlin 7 S.; Rig. 8. Nov. 07.]

LUTTWIG, Gaston (Bitsch): Ein Fall von chronischer Tetanie.- München: Kastner & Callwey 1903. 42 S. 10.11.1903 - Chr 1903/04,16; Jv 1903/04,328
Diss.Ingolst.-Landsh.-Mchn.

Lüttwitz, Vater, Sohn und Enkel von, aus dem Hause Gorkau am Zobtenberg . . . Zobten a. B. 1887. V: *Lüttwitz, Wilh. v.* (Nent)

Lüttwitz, Frhr. v., Biographie d. kgl. preuß. Staatsministers Frhrn. v. Schuckmann. gr. 8. (4¼ B.) Leipzig 835, Brockhaus.

Lüttwitz, Baronin von: Im Schachtelhäuschen und andere Erzählungen. Hrsg. vom christl. Ver. im nördl. Deutschland. Eisleben: P. Klöppel; Leipzig: G. E. Schulze in Komm. 1902. (198 S.) 8°

Lüttwitz, Baronin v., s. a.: Ell-Dahnow, Fanny v.

Das Angriffs-Verfahren der Japaner im ostasiatischen Kriege 1904-05. Von Frh. [Arthur] v. **Lüttwitz**, Maj. im Gr. Generalst. Mit 15 Kartenskizzen. Berlin: E. S. Mittler & Sohn 1906. (55 S.) 8° [F.]

Lüttwitz, Arth. Maria Frhr. v., s. a. † Dein, Arth.

Lüttwitz, Arth. Maria Baron, das Hemd d. Glücklichen. Lose Blätter aus meinem ungeschriebenen Tagebuche. 4. Tausd. 8. (96 u. 31 S.) Berlin 894. (C. F. Conrad.) n. 1. —

Lüttwitz, Arthur Maria Baron v., Das Hemd des Glücklichen. Bunte Bilder aus dem Leben eines Konvertiten. Trier, Paulinus-Dr., 1896, gr. 8°, IV, 168 S., 3. verm. u. verb. Aufl., 1,20 Mk. — 5. Aufl. 1899.
1. Aufl.: Berlin, Selbstverlag des Verf., 1894, 8°, 96 u. 31 S., 1 Mk., u. d. T.: Das Hemd d. Gl. Lose Blätter aus meinem ungeschriebenen Tagebuche. Dazu L. v. Hammerstein, Stimmen a. M.-Laach Bd. 49, S. 572–4.

Lüttwitz, Arth. Maria Baron, das Hemd d. Glücklichen. Bunte Bilder aus d. Leben e. Convertiten. 4., verm. u. verb. Aufl. gr. 8. (IV, 168 S.) Trier 897. Paulinus-Druckerei. n. 1. 20

Lüttwitz, Arth. Maria Baron, das Hemd des Glücklichen. Bunte Bilder aus dem Leben e. Convertiten. 5. u. 6. verm. u. verb. Aufl. 8. (à IV, 168 S.) Trier 899. 901. Paulinus-Druckerei. n. 1. 20; geb. n. 2. —

Lüttwitz, Arth. Maria Baron, das Hemd des Glücklichen. Bunte Bilder aus dem Leben e. Convertiten. 7. verm. u. verb. Aufl. (IV, 168 S.) 8. Trier 903. Paulinus-Druckerei. n. 1. 20; geb. n. 2. —

Das Hemd des Glücklichen. Bunte Bilder aus d. Leben e. Konvertiten. Von Arthur Maria Bn **Lüttwitz**. Trier: Paulinus-Dr. [1910]. 244 S. 8°
[11. 13792

— Das Hemd des Glücklichen. Bunte Bilder aus d. Leben e. Konvertiten. 15.—16. Taus. (244 S.) kl. 8. Trier 910. Jubiläums-Druckerei. 2.—; geb. 3. —

— wir sind die Juden. Eine bibl. Studie. 1.—10. Taus. gr. 8. (29 S.) Ebd. 894. n. — 50

Lüttwitz, Arth. Maria Baron, wo ist d. Glück? Aphorismen. (VIII, 224 S.) 8. Freiburg i/B. (910). Herder. 2.20; geb. in Leinw. 3. 20

Lüttwitz, Er. Frhr. Ritter von (vgl. Lüttwitz, H. Frhr. v.)

— Beiträge zur Geschichte des Kriegs in Schlesien in den Jahren 1806 u. 7. gr. 8. Bresl. 809. (Holläufer). 4 K

Lüttwitz, Frhr. Rtt. Er. v. Ueber Einkommen, Klassensteuer und Blasenzins. 8°. Schweidnitz 1820.

— über d. Entstehung u. d. Fortschritte des engl. Handels. 8. Berl. 812. Haude u. Sp.

Lüttwitz, Frhr. Er. v. Erfahrungen vom Anbau des Tabacks, nebst einigen Bemerkungen über den Einfluss des darauf Bezug habenden Gesetzes vom 18. Febr. 1819 und von den nachträglichen Verordnungen wegen Erhebung der Steuer vom Taback. gr. 8°. Breslau, Schöne, 1820.

Mängel, Die, unserer Gesetzgebung über die kaufmännische Buchhaltung. Plauen 1891. V: *Braune, Albert.* (KGBerlin I, 710)

Mängel, die heimlichen, der Pferde oder Was ist Rechtens beim Pferdekauf wegen heiml. Mängel? Gesetzliche Bestimmungen, Verordnungen und gerichtl. Entscheidungen in diesen Fällen. gr. 8. (16 S.) Hamburg 865, Jowien. *

Mängel, Die, und die Hilfen. Als Anhang zu den „Worten im Fluge über die Armee-Verpflegung". (Donation Liechtenstein.) 8. Laibach 1860.

– Über die, der Badischen Medizinal-Verfassung; von e. prakt. Arzte. Freiburg: Gebr. Groos 1833. 8°

Mängel, die, der Philosophie 8. Berl. 787. Lange. 8 gr

— **u. Schäden, die, des preußischen Anwaltsgebührengesetzes vom 12. Mai 1851, u. der dem Landtage vorgelegt gewesenen Gesetzesnovelle für die Provinz Hessen-Nassau u. Schleswig-Holstein einschließlich der durch die Verordnungen vom 24., 26. u. 27. Juni, sowie 30. Aug. 1867 herbeigeführten Umgestaltung der Anwaltsverhältnisse besprochen von einem hess. Rechtsanwalte. Marburg 869. Elwert. gr. 8. (47 S.)** 6 ngr

— über einige, in unserer jetzigen gelehrten Schulbildung, v. einem akadem. Lehrer. gr. 8. Leipz. 824. (Lehnbold). 2 gr

— üb. die, des höhern Unterrichtswesens, besonders im Königr. Hannover. — Vorschläge u. Wünsche zur ernsten Prüfung von Kalokagathophilos. gr. 8. Hamb. 828. Hoffmann u. Campe. 10 gr

Ueber die bei den Civil-Relationen für die dritte jurist. Prüfung häufig wahrgenommenen Mängel. Ein besond. Abdruck aus dem 24. Hfte. d. Jahrbücher für die Preuss. Gesetzgebung u. s. w. *Berlin*, Dümmler. 836. gr. 8. (4 Gr.)

Mängel, über die, bei den Civil-Relationen für die dritte jurist. Prüfung häufig wahrgenommenen. Ein besond. Abdruck aus dem 94n Hefte der Jahrbücher für die Preuß. Gesetzgebung ꝛc. gr. 8. Berlin 836. Dümmler. 1/6 Thlr

Mangels, Gustav, Referendar aus Pinneberg (Holstein): Die utile Berechnung der Zeit insbesondere bei den ädilitischen Klagen. *Erlangen 1899: E. Th. Jacob.* (60 S.) 8° [F.]
Erlangen, Jur. Diss. v. 16. Okt. 1898

Mangels, H., wirtschaftliche, naturgeschichtliche u. klimatologische Abhandlungen aus Paraguay. (VIII, 364 S. m. 7 Taf.) gr. Fol. Freising 904. Dr. F. P. Datterer & Co. n. 6.—; geb. n.n. 8.60

Mangels, P., letztes Wort an meine Confirmanden, am Tage ihrer Entlassung aus d. Schule. 8. Lübeck 821. v. Rhoden. 2 gr

Die Entwickelung des Kreises Wiedenbrück unter der Herrschaft der Kreisordnung für die Provinz Westfalen vom 31. Juli 1886. Verf. von Mangelsdorf, Bürgermeister a. D. in Gütersloh. Gütersloh: Schmäling & Ohlbrock 1910. 79 S. 8° [10. 6015

Mangelsdorf, Reduction d. courant. Geldsorten, s. Daehne, A.

Mangelsdorf, Carl Ehregott, s. Mangelsdorf, Karl Ehregott

Mangelsdorf, Erich, appr. Arzt a. Gütersloh, Unterarzt b. 5. Rhein. Inf.-Reg. Nr. 65: Über einen Fall von Hautmelanomen des Oberschenkels bei gleichzeitig bestehendem Cystadenoma sarcomatodes beider Ovarien. Berlin: (1905): G. Schade. (28 S.) 8°
Berlin, Med. Fak., Ref. Bumm, Diss. v. 21. Juni 1905
Geb. 22. Juli 80 Gütersloh; Heimatsort: Gütersloh; Staatsangeh.: Preußen; Vorbildung: Gymn. Gütersloh Reife O. 99; Studium: Göttingen 1, Berlin, K.-Wilh. Akad. 8 S.; Coll. 19. Juni 05; Approb. 7. Juni 05.]

Mangelsdorf, Ernst, a. Karlsruhe (Baden): Eine neue Abbildung des linearen Strahlencomplexes auf dem Punktraum. Straßburg i. E. 1906: C. Müh. (32 S.) 8°
Straßburg, Math.-naturwiss. Fak., Ref. Reye, Diss. v. 1906
[Geb. 27. Juni 82 Karlsruhe; Wohnort: Straßburg i. E.; Staatsangeh.: Preußen; Vorbildung: Gymn. Karlsruhe Reife S. 00; Studium: Karlsruhe T.H. 2, München 2, Straßburg 7 S.]

Mangelsdorf, Friedrich [aus Münster i. W.]: Über Diabetes mellitus und die an einem Falle desselben beobachtete Einwirkung einiger Kohlenhydrate auf die Traubenzuckerausscheidung ... Berlin, Buchdr. v. G. Schade, *1892;* 34 S.. 1 Bl. 8.
Berlin, Med. Fak., Inaug.-Diss. v. 5. März 1892

Mangelsdorf, Fritz

Mangelsdorf, F., Reminiscere. Zum 50jähr. Jubiläum des Rettungshauses zu Schildesche, 20. VII. 1902. 8. (96 S. m. Abbildgn.) Gütersloh (902). (C. Bertelsmann.) n.n. —50; kart. n.n. —60

— Gottfr. Traugott Gotthold (Bitterfeld), De quantitate annua, in piae causae favoram legata, certa quamuis simul assignata sorte, immutabili. Präs. Ernst G. Chr. Klügel. Wittenberg (Tzschiedrich) 29. III. 1799. 26 S. (4.50) 22089
Gew.: C. E. v. Lochau. — Widm. v.: Fr. G. Goepfert.

Mangelsdorf, Gottl. August

Mangelsdorf, G. A., de Germano lege sua vivente. 4maj. Leipz. 805. (List in Berl.) 8 gr

— Gottl. August (Leipzig), De Germano lege sua vivente. Präs. Chr. Gottl. Biener. Lpz. (Sommer) 4. IV. 1805. (3.60) 22090

Mangelsdorf, G(ustav), Abteilungsarzt d. Kückenmühler-Anstalten bei Stettin, Abt. Kückenmühle: Aus d. Abt. Kückenmühle (für Idioten) d. Kückenmühler Anstalten b. Stettin. Dirig. Arzt: Oberarzt Dr. Schnitzer. Ueber Isopral. Leipzig 1905: B. Georgi. (29 S.) 8°
Leipzig, Med. Fak., Ref. Boehm, Diss. v. 24. Juni 1905
[Geb. 7. Jan. 77 Stettin; Wohnort: Stettin; Staatsangeh.: Preußen; Vorbildung: Humboldtgymn. Berlin Reife O. 95; Studium: Berlin 4, Greifswald 1, Berlin 4 S.; Coll. 19. Juli 00; Approb. 12. Sept. 00.]

— Herrmann (Crimmitzschau), Ad articulum 183 et qui sequuntur codicis crim. Sax. (de periurio). Lpz. (Staritz) 6. IV. 1843. 24 S. (3.—) 22091
Gew.: F. A. Meissner, L. W. Tischer.

Mangelsdorf, Herm., aus Sonnenlicht u. Dunkelkammer. Gedichte. (104 S.) 8. Leipzig 907. Modernes Verlagsbureau. 2.—

Aus Sonnenlicht und Dunkelkammer. Gedichte von Hermann Mangelsdorf. Berlin-Leipzig: C. Wigand 1907. (103 S.) 8° [F.] [08. 5073

Lutz, Samuel. Ein Lebensbild aus der bern. Kirche des vor. Jahrhunderts. 8. (71 S.) Basel 889. Kober. n. — 25
Sonderabdruck aus: „Basler Sammlgn."

LUTZ, Graf, von Thronenstein. Geistersage der Vorzeit. (Sehr freier u. pikanter Roman.) Mit originellem Titelkpf. Budißin u. Leipzig, bey Joh. Gottl. Arnold. 1795. 8⁰. Titel u. 282 S. (2 Mk. 50 Pfg., Leihbibl.-Expl., H. Lesser, Breslau, c. 1875; jetzt theurer!)

Lutz, Graf vom Thronenstein, eine Geistersage der Vorzeit, mit 1 Kupf. 8. Bautzen, 795. Arnold. 25 sgl.

Lutz von Unterstein. Ritterliches Schauspiel. Wien u. Leipzig 1792. V: *Giesecke (Metzler), Carl Ludw. v.* (GGr)

Lutz [Verfasser]

Lutz's romantische Bibliothek. 1.—5. Bd. 8. Stuttgart 894. R. Lutz. à n. 1. 60; geb. in Leinw. à n. 2. 25
1. 2. Lorna Doone. Romantische Erzählg. v. R. D. Blackmore. Nach der 32. Aufl. bearb. v. Marg. Jacobi. 2 Bde. (291 u. 280 S.)
3. Das Bild des Herrn Bertram. Novelle v. Rob. Kohlrausch. (285 S.)
4. 5. Ein Roman aus zwei Welten v. Marie Corelli. Autoris. Übersetzg. aus dem Engl. v. Isabella Hummel. 2 Bde. (XXXI, 252 u. 252 S.)

Lutz, die Cholera-Epidemie in dem k. Arbeitshause Rebdorf im Decbr. 1873. [Aus: „Aerztl. Intelligenzblatt."] gr. 8. (28 S.) München 874. J. A. Finsterlin. n. — 80

Lutz, unsere Flotte. E. Volksbuch f. Jung. u. Alt. gr. 8. (112 S. m. Abb.) Potsdam 898. A. Stein. Geb. in Leinw. n. 1. 50

Lutz: Unsere Flotte. Ein Volksbuch f. Jung u. Alt. Billige Volksausg. Potsdam: A. Stein [1899]. (150 S.) 8⁰

Unsere Flotte. Ein Volksbuch f. Jung u. Alt von Kapitän Lutz. Volksausg. 2. Aufl. *Potsdam: A. Stein 1900.* (160 S.) 8° [ʒ.] 101. 2786

Lutz, unsere Flotte. Ein Volksbuch für Jung u. Alt. Volksausg. 3. verm. Aufl. (171 S. m. Abbildgn. u. 1 Tab.) Potsdam 903. A. Stein. n. — 80; kart. n. — 90; geb. n. 1. —

Lutz, unsere Flotte. Mit 4 Farben- u. vielen Schwarzdr.-Bildern. 3. Aufl. (IV, 128 S.) 8. Potsdam (907). A. Stein. Geb. in Leinw. 2. —

— dasselbe. Ein Volksbuch f. Jung u. Alt. 4. verb. Aufl. (128 S. m. Abb. u. 1 Farbdr.) 8. Ebd. (907). Geb. 1. 20

Lutz, das neue württemb. Gesetz vom 2. XII. 1904 üb. den Leibgedingvertrag (Ausding) gemeinverständlich erläutert. (40 S.) 8. Ellwangen 905. Stuttgart, J. Heß. n. — 40

Lutz, D., s. Haller, ..., Badeärztl. Beobachtungen.

Lutz' Kriminal- u. Detektiv-Romane rc. 1.—47. Bd. 8. Stuttgart, R. Lutz. n. 62. 40; Einbde. in Leinw. à n. — 80
Barbour, A. M., das Testament des Bankiers. Autorisiert. 1. u. 2. Aufl. (à 336 S.) (904. 905.) (Bd. 35.) n. 1. 50
Cobb, Thom., eine dunkle Tat. Autorisiert. 4. Aufl. (304 S.) (905.) (Bd. 17.) n. 1. 50
Collins, Wilkie, der Mondstein. Deutsche Bearbeitg. 2. u. 3. Aufl. (355 S.) (903. 906.) (Bd. 26.) n. 1. 50
Doyle, Conan, Abenteuer des Doktor Holmes. 9 Detektivgeschichten. Autorisiert. 4.—6. Aufl. (à 250 S.) (903. 905. 906.) (Bd. 12.) n. 1. 20
— neue Abenteuer des Doktor Holmes. Autorisiert. 3.—5. Aufl. (à 299 S.) (904. 905. 906.) (Bd. 20.) n. 1. 50
— mein Freund der Mörder u. andere Geschichten. 1.—3. Aufl. (à 199 S.) (905. 906.) (Bd. 37.) n. 1. —
Doyle, Conan, der Hund v. Baskerville. Roman. Autorisiert. 1. u. 2. Aufl. (à 310 S.) (905.) (Bd. 41.) n. 1. 80
— späte Rache. Autorisiert. 4. Aufl. (261 S.) (903.) (Bd. 10.) n. 1. 20
— das Zeichen der Vier. Autorisiert. 4.—6. Aufl. (à 199 S.) (903. 904. 906.) (Bd. 11.) n. 1. —
Ford, P., das Abenteuer im Expreßzug. Autorisiert. 1.—3. Aufl. (à 192 S.) (904—906.) (Bd. 34.) n. 1. —
Gaboriau, Emil, Aktenstück No. 113. 3. Aufl. (413 S.) (903.) (Bd. 16.) n. 1. 80
— Herr Lecoq. Deutsche Bearbeitg. 1. u. 2. Aufl. (à 331 S.) (905.) (Bd. 39.) n. 1. 50
— um e. Weibes willen. Roman. Deutsche Bearbeitg. 1. u. 2. Aufl. (à 240 S.) (904.) (Bd. 32.) n. 1. 20
Green, A. K., einer meiner Söhne. Roman. Autorisiert. 1. u. 2. Aufl. (à 332 S.) (906.) (Bd. 43.) n. 2. —
— endlich gefunden. Autorisiert. 4. Aufl. (255 S.) (903.) (Bd. 9.) n. 1. 20
— der Filigran-Schmuck. Detektiv-Roman. Autoris. Uebersetzg. von Paul Seliger. 1.—3. Aufl. (à 307 S.) (906.) (Bd. 45.) n. 1. 20
— das verlassene Gasthaus. Autorisiert. 4. u. 5. Aufl. (à 256 S.) (903. 905.) (Bd. 5.) n. 1. 20
— Hand u. Ring. Autorisiert. 4. Aufl. (320 S.) (905.) (Bd. 3.) n. 1. 50
— hinter verschlossenen Türen. Autorisiert. 4. u. 5. Aufl. (à 288 S.) (903. 904.) (Bd. 1.) n. 1. 20
— um Millionen. Autorisiert. 4. Aufl. (344 S.) (905.) (Bd. 7.) n. 1. 50
— Schein u. Schuld. 4. Aufl. (298 S.) (906.) (Bd. 14.) n. 1. 50
— der Tag der Vergeltung. Autorisiert. 4. Aufl. (282 S.) (905.) (Bd. 15.) n. 1. 20
— zwischen 7 u. 12 Uhr. Nebst Erzählgn. v. Grant Allen, H. Davis u. Conan Doyle. Autorisiert. 3. u. 4. Aufl. (à 240 S.) (903. 906.) (Bd. 18.) n. 1. —
Hawthorne, J., der große Bankdiebstahl. Nach Mitteilgn. des Chefs der New-Yorker Geheimpolizei. Autorisiert. 5. Aufl. (231 S.) (905.) (Bd. 2.) n. 1. —
— der verhängnißvolle Brief. Nach Mitteilgn. des Chefs der New-Yorker Geheimpolizei. Autorisiert. 4. u. 5. Aufl. (à 240 S.) 903. 906. (Bd. 4.) n. 1. —
— ein tragisches Geheimnis. Autorisiert. 3. Aufl. (271 S.) (905.) (Bd. 6.) n. 1. 50
Hume, F. W., das Geheimnis e. Fiakers. 4. Aufl. (252 S.) (903.) (Bd. 13.) n. 1. 20
Kaulbach, J., die weiße Nelke. Roman. 3. Aufl. (343 S.) (903.) (Bd. 23.) n. 1. 50
Kohlrausch, Rob., in der Dunkelkammer. (231 S.) (903.) (Bd. 28.) n. 1. 20
— im Haus der Witwe. 3. Aufl. (348 S.) (905.) (Bd. 24.) n. 1. 80
— Sassi. Roman. 2. Aufl. (304 S.) (906.) (Bd. 46.) n. 2. —
Lynch, Lawrence, Schlingen u. Netze. Autorisiert. 3. Aufl. (347 S.) (904.) (Bd. 8.) n. 1. 50
Merriman, H. S., Schloß Osterno. Roman. Autorisiert. 1.—3. Aufl. (à 316 S.) (904. 906.) (Bd. 33.) n. 1. 50
Meunier, Stanislas, Kain. Roman. Autoris. Uebersetzg. von Otto Sprinzel. (181 S.) (906.) (Bd. 47.) n. 1. —
Munsmann, C., Rittmeister Bruhn u. Frau. Roman. Autoris. Uebersetzg. v. Bernh. Mann. 1. u. 2. Aufl. (à 221 S.) (905.) (Bd. 40.) n. 1. 20
Perfall, Ant. v., die Finsternis u. ihr Eigentum. 1.—3. Aufl. (à 328 S.) (905. 906.) (Bd. 38.) n. 1. 80
Poe, Edg. Allen, unheimliche Geschichten. Ausgewählte Erzählgn. Deutsche Bearbeitg. 1. u. 2. Aufl. (à 234 S.) (905.) (Bd. 42.) n. 1. —
Russell, Clark, die Juwelen der Frau Dines. Autorisiert. 1.—3. Aufl. (à 180 S.) (903. 905. 906.) (Bd. 29.) n. 1. —
Theden, Dietr., der Advokatenbauer. Roman. 3. Aufl. (272 S.) (905.) (Bd. 21.) n. 1. 20
— die zweite Buße. Roman. (286 S.) (903.) (Bd. 30.) n. 1. 50
— ein Verteidiger. Roman. 3. Aufl. (259 S.) (905.) (Bd. 22.) n. 1. 20
— das lange Wunder u. andere Kriminalgeschichten. 2. u. 3. Aufl. (à 254 S.) (904. 905.) (Bd. 27.) n. 1. —
Trojanowsky, C. v., Erzählungen e. Gerichtsarztes. Nach eigenen Erlebnissen. 1. u. 2. Aufl. (à 228 S.) (904.) (Bd. 31.) n. 1. 20
Twain, Mark, Tom der kleine Detektiv. Nebst 2 Erzählgn. v. Bret Harte. Autoris. Uebersetzgn. 3. Aufl. (200 S.) (903.) (Bd. 25.) n. 1. —
— Querkopf Wilson. Roman. Autorisiert. 4. u. 5. Aufl. (à 280 S.) (903. 906.) (Bd. 19.) n. 1. 20
Willer, Fr., der schwarze Diamant. Autorisiert. 1. u. 2. Aufl. (à 238 S.) (904. 905.) (Bd. 36.) n. 1. 20
— das geheimnisvolle Schiff. Roman. Autorisiert. 1. u. 2. Aufl. (à 232 S. u. 7 S. m. 1 Abbildg.) (906.) (Bd. 44.) n. 1. 50
Erschien früher u. d. T.: Sammlung ausgew. Kriminal- u. Detektiv-Romane.

Lutz' Kriminal- u. Detektiv-Romane rc. 1.—14., 16., 18.—37. u. 39.—72. Bd. 8. Stuttgart, R. Lutz. 94.30; Einbde. à — 80

Appleton, G. W., das Halsband des Kaisers. Autoris. Übersetzg. v. Heinr. Müller. 1.—3. Aufl. (248 S.) (909.) (Bd. 61.) 1. 50

Barbour, A. M., das Testament des Bankiers. Autoris. Übersetzg. von H. v. Remzau. 3. Aufl. (336 S.) (907.) (Bd. 35.) 1. 50

Collins, Wilkie, die Amerikanerin. Nebst zwei kleineren Geschichten. Rechtmäßige Übersetzg. v. A. Gleiner. (208 S.) (908.) (Bd. 58.) 1. —

— Die weiße Frau. Deutsche Bearbeitg. v. A. Gleiner. (390 S.) (910.) (Bd. 66.) 2. —

— Der Mondstein. Deutsche Bearbeitg. v. Margar. Jacobi. 4. Aufl. (355 S.) (908.) (Bd. 26.) 1. 50

— Nicht bewiesen. Deutsche Bearbeitg. v. A. Gleiner. 1.—3. Aufl. (261 S.) (907. 08.) (Bd. 50.) 1. 50

Dadone, Carlo, seltsame Geschichten. Autoris. deutsche Übersetzg. v. Karl Biesendahl. (236 S.) (909.) (Bd. 64.) 1. 50

Dallas, Rich., enterbt. Roman. Autoris. Übersetzg. v. P. Seliger. 2. Aufl. (283 S.) (910.) (Bd. 59.) 1. 50

Davis, Rich. H., im Nebel. Autoris. Übersetzg. v. Margar. Jacobi. (202 S.) (910.) (Bd. 71.) 1. —

Doyle, Conan, Abenteuer des Doktor Holmes. 9 Detektivgeschichten. Autoris. Übersetzg. v. L. Ottmann u. Margar. Jacobi. 7. u. 8. Aufl. (250 S.) (907. 08.) (Bd. 12.) 1. 20

— Neue Abenteuer des Doktor Holmes. Autoris. Übersetzg. v. Margar. Jacobi u. L. Ottmann. 6.—8. Aufl. (299 S.) (907. 10.) (Bd. 20.) 1. 50

— Erinnerungen an Sherlock Holmes. I. Fünf Detektivgesch. Autoris. Übersetzg. v. R. Lautenbach u. M. Pannwitz. 1.—4. Aufl. (208 S.) (908. 09.) (Bd. 56.) 1. —

— dasselbe. 2. Tl. 4 Detektivgeschichten. Autoris. Übersetzg. v. R. Lautenbach. 2. Aufl. (201 S.) (910.) (Bd. 62.) 1. —

— dasselbe. 3. Tl. 5 Detektivgeschichten. Autoris. Übersetzg. v. R. Lautenbach. 2. Aufl. (238 S.) (910.) (Bd. 68.) 1. 50

— Mein Freund der Mörder u. andere Geschichten. Übers. v. Adf. Gleiner. 4. u. 5. Aufl. (199 S.) (907. 08.) (Bd. 37.) 1. —

— Sherlock Holmes als Einbrecher. Neue Sherlock Holmes-Geschichten. Autoris. Übersetzg. v. R. Lautenbach. 1.—11. Aufl. (178 S.) (907. 08.) (Bd. 52.) 1. —

— Der Hund v. Baskerville. Roman. Autoris. Übersetzg. v. Heinr. Darnoc. 4. Aufl. (310 S.) (907.) (Bd. 41.) 1.80; erh. Pr. 2. —

Doyle, Conan, späte Rache. Autoris. Übersetzg. v. Margar. Jacobi. 6. u. 7. Aufl. (261 S.) (907. 08.) (Bd. 10.) 1. 20

— Das Zeichen der Vier. Autoris. Übersetzg. v. Margar. Jacobi. 7. u. 8. Aufl. (199 S.) (907.) (Bd. 11.) 1. —

Ford, P., das Abenteuer im Expreßzug. Autoris. Übersetzg. v. Heinr. Darnoc. 4. Aufl. (192 S.) (909.) (Bd. 84.) 1. —

Gaboriau, Emil, Aktenstück No. 113. Deutsche Bearbeitg. 4. Aufl. (413 S.) (907.) (Bd. 16.) 2. —

— Betrogene Frauen. Roman. Deutsche Bearbeitg. v. Henriette Dévidé. 2. Aufl. (287 S.) (907.) (Bd. 53.) 1. 50

— Herr Lecoq. Deutsche Bearbeitg. 3. Aufl. (331 S.) (908.) (Bd. 39.) 1. 50

— Um e. Weibes willen. Roman. Deutsche Bearb. 3. Aufl. (240 S.) (907.) (Bd. 32.) 1. 20

Green, A. K., d. Filigran-Schmuck. Detektiv-Roman. Autoris. Übersetzg. v. Paul Seliger. 4. Aufl. (307 S.) (907.) (Bd. 45.) 1. 20; erh. Pr. 1. 50

— Das verlassene Gasthaus. Autoris. Übersetzg. v. Margar. Jacobi. 5. Aufl. (256 S.) (907.) (Bd. 5.) 1. 20

— Endlich gefunden. Mit 2 kleineren Erzählgn. Autoris. Übersetzg. v. Margar. Jacobi. 5. Aufl. (248 S.) (907.) (Bd. 9.) 1. 20

— Hand u. Ring. Autoris. Übersetzg. v. Margar. Jacobi. 5. Aufl. (318 S.) (907.) (Bd. 3.) 1. 50

— Um Millionen. Autoris. Übersetzg. v. Margar. Jacobi. 5. Aufl. (344 S.) (907.) (Bd. 7.) 1. 50

— Schein u. Schuld. Roman. Deutsche Übersetzg. v. M. Lortzing. 5. Aufl. (298 S.) (908.) (Bd. 14.) 1. 50

— Einer meiner Söhne. Roman. Autoris. Übersetzg. v. Heinr. Darnoc. 3. Aufl. (332 S.) (907.) (Bd. 43.) 2. —

— Hinter verschlossenen Türen. Autoris. Übersetzg. v. Margar. Jacobi. 6. Aufl. (288 S.) (908.) (Bd. 1.) 1. 20

— Zwischen 7 u. 12 Uhr. Nebst Erzählgn. v. Grant Allen, H. Davis u. Conan Doyle. Deutsch v. L. Ottmann u. Margar. Jacobi. Autorisiert. 5. Aufl. (240 S.) (907.) (Bd. 18.) 1. —

Hains, J., Obersteuermann Trunnell. Autoris. Übersetzg. v. Frdr. Meister. (299 S.) (910.) (Bd. 70.) 2. —

Hawthorne, J., der große Bankdiebstahl. Autoris. Übersetzg. v. Margar. Jacobi. 6. Aufl. (206 S.) (907.) (Bd. 2.) 1. —

— Der verhängnisvolle Brief. Autoris. Übersetzg. v. Margar. Jacobi. 6. Aufl. (240 S.) (907.) (Bd. 4.) 1. —

— Ein tragisches Geheimnis. Autoris. Übersetzg. v. Margar. Jacobi. 5. Aufl. (271 S.) (908.) (Bd. 6.) 1. 50

Hume, F. W., das Geheimnis e. Fiakers. 5. Aufl. (252 S.) (907.) (Bd. 13.) 1. 20

Kaulbach, Isidore, die weiße Nelke. Roman. 4. Aufl. (313 S.) (907.) (Bd. 23.) 1. 50

— Schatten. Roman. 2. Aufl. (239 S.) (910.) (Bd. 69.) 1. 50

Kent, C., das Haus gegenüber. Autoris. Übersetzg. v. Geo. Rummler. (280 S.) (909.) (Bd. 65.) 1. 50

Kohlrausch, Rob., eine Affenkomödie. Humorist. Kriminalroman. (314 S.) (910.) (Bd. 72.) 2. —

— In d. Dunkelkammer. 3. Aufl. (231 S.) (907.) (Bd. 28.) 1. 20

— Im Haus der Witwe. 4. Aufl. (343 S.) (908.) (Bd. 24.) 2. —

— Saffi. Roman. 3. Aufl. (304 S.) (908.) (Bd. 46.) 2. —

Lynch, Lawrence, Schlingen u. Netze. Autorisiert. 4. Aufl. (347 S.) (907.) (Bd. 8.) 1. 50

Merriman, H. S., Schloß Osterno. Roman. Autorisiert. 4. Aufl. (316 S.) (910.) (Bd. 33.) 1. 50

Meunier, Stanislas, Kain. Roman. Autoris. Uebersetzg. v. Otto Sprinzel. 2. u. 3. Aufl. (181 S.) (907. 08.) (Bd. 47.) 1. —

Mitchell, Edm., gehetzt. Autoris. Uebersetzg. v. R. Lautenbach. 2. Aufl. (275 S.) (910.) (Bd. 63.) 1. 50

— Das Modell. Roman. Autoris. Uebersetzg. v. Paul Seliger. 1.—3. Aufl. (198 S.) (908.) (Bd. 55.) 1. —

Morrison, Arth., Detektiv Hewitt. I. Kriminal-Erzählungen. Autoris. Uebersetzg. von Frida v. Holtzendorff u. Wally Landsberg. 3. Aufl. (202 S.) (907.) (Bd. 49.) 1. —

— dasselbe. II. Erzählungen. Autoris. Uebersetzg. von Frida v. Holtzendorff u. Wally Landsberg. 2. Aufl. (255 S.) (910.) (Bd. 67.) 1. 50

Muusmann, Carl, Rittmeister Bruhn u. Frau. Roman. Autoris. Übersetzg. v. Bernh. Mann. 3. Aufl. (221 S.) (908.) (Bd. 40.) 1. 20

Olivieri, Sangiacomo, der Oberst. Ein Militär-Kriminalroman. Autoris. Uebersetzg. v. Elsa Näcke u. R. Lautenbach. 2. Aufl. (315 S.) (909.) (Bd. 57.) 2. —

Poe, Edg. Allen, unheimliche Geschichten. Ausgewählte Erzählgn. Deutsche Bearbeitg. 3. u. 4. Aufl. (234 S.) (907. 09.) (Bd. 42.) 1. —

Russell, Clark, die Juwelen der Frau Dines. Autoris. Übersetzg. v. H. Lindner. 4. Aufl. (180 S.) (908.) (Bd. 29.) 1. —

Severy, M. L., John Darrows Tod. Roman. Deutsche Bearbeitg. v. Rob. Kohlrausch. 1.—3. Aufl. (243 S.) (908.) (Bd. 54.) 1. 50

Sinclair, J. de, Sherlock Holmes junior. Auch e. Detektivgeschichte. Autoris. Uebersetzg. v. Albr. Otto. Nebst Erzählgn. v. Brander Matthews u. James Payn. Uebers. v. A. Gleiner. 1.—3. Aufl. (220 S.) (909.) (Bd. 60.) 1. —

Stevenson, Burton E., Fräulein Holladay. Roman. Autoris. Übersetzg. v. F. v. Holtzendorff. 3. Aufl. (245 S.) (907.) (Bd. 48.) 1.50

— Seine Kreolin. Roman. Autoris. Uebersetzg. v. A. Gleiner. 1.—3. Aufl. (287 S.) (907. 08.) (Bd. 51.) 1. 50

Theden, Dietr., der Advokatenbauer. Roman. 5. Aufl. (272 S.) (908.) (Bd. 21.) 1. 20

— Die zweite Buße. Roman. 3. Aufl. (286 S.) (907.) (Bd. 30.) 1.50

— Ein Verteidiger. Roman. 4. Aufl. (259 S.) (907.) (Bd. 22.) 1.20

— Das lange Wunder u. andere Kriminalgeschichten. 4. Aufl. (254 S.) (907.) (Bd. 27.) 1. —

Trojanowsky, C. v., Erzählungen e. Gerichtsarztes. Nach eigenen Erlebnissen. 3. Aufl. (228 S.) (907.) (Bd. 31.) 1. 20

Twain, Mark, Querkopf Wilson. Roman. Autoris. Uebersetzg. v. Margar. Jacobi. 6. Aufl. (280 S.) (909.) (Bd. 19.) 1. 20

— Tom der kleine Detektiv. Nebst 2 Erzählgn. v. Bret Harte. Autoris. Übersetzg. v. Margar. Jacobi. 4. u. 5. Aufl. (200 S.) (907. 08.) (Bd. 25.) 1. —

Willer, Fred., der schwarze Diamant. Autoris. Übersetzg. von Frdr. v. Känel. 3. Aufl. (238 S.) (908.) (Bd. 36.) 1. 20

— Das geheimnisvolle Schiff. Roman. Autoris. Übersetzg. von Frdr. v. Känel. 3. Aufl. (232 u. 7 S. m. 1 Abb.) (908.) (Bd. 44.) 1.50

Lutz, A., Geschichte der Turngemeinde zu Hanau 1837—1887. Festschrift zur Feier des 50jähr. Bestehens. 8. (124 S.) Hanau 887. (Lutz.) 1. —

Lutz, A., e. philosophisches Kapitel f. die Schönen d 19. Jahrh. (Gedicht.) 2. Aufl. 8. (24 S.) Weimar (888) (A. Zuckschwerdt.) n. 1. —

Lutz, A., allgemeiner Portrait-Katalog. 1.—5. Hft. gr. 8. (S. 1—240.) Hanau 887. 888. Lutz. à n.n. — 50

Fortsetzung s.: Harrwitz, Max.

— s.: Vom Baume d. Erkenntniß.

Lutz, A., das Wichtigste vom Hufbeschlag, s.: Gmelin.

Lutz, Adf., über Ankylostoma duodenale und Ankylostomiasis, s. Sammlung klinischer Vorträge.

Lutz, Adolf, Rossarzt im Feld-Art.-Reg. K. K. (i. W.) No 13. **Beiträge zur Kenntniss der Drüsen des dritten Augenlids.** *Jena: G. Fischer 1898.* (32 S.) 8°
Giessen, Veterinär-med. Diss. v. 1898

—— zur Morphologie des Mikroorganismus der Lepra, s. Studien, dermatologische.

Lutz, Ad., Tabaniden Brasiliens u. einiger Nachbarstaaten, s.: Jahrbücher. zoologische. X. Suppl. 4.

Lutz, Alban, die epidemische Diphtheritis und deren schnellste Heilung. Nach klin. Beobachtungen bearb. gr. 8. (VIII, 62 S.) Würzburg 870, Stahel'sche Buchh.

LUTZ, Alban (Oberkoellnbach): Ueber einen seltenen Fall von geheilter Lungen-Schuss-Wunde.- München: Stahl 1867. 16 S.
4.11.1864 - Urk (Titel: Qua vulnus grave, quod quis feli icto in pulmone dextro acceperat, id quod perrato fit, curatum esse demonstratur.); F 70
Diss. Ingolst.-Landsh.-Mchn.

Lutz Andreas: De publicis Graecorum laudationibus funebribus capita selecta.
H. 1897 PN 1070 Diss.Wien. Univ.

Lutz, Andreas: Die Diorite von Sankt Lorenzen im Pustertale. (Mit einer Tafel.) S. 3—17. 8. K. k. Staats-Obergymn. *Landskron i. Bö.* 1908.
Progr.

Lutz, Andreas: Über die Entstehung einiger deutsch-evangelischer Ansiedlungen in d. Gebieten d. ehem. k. k. Militärgrenze. Landskron '10. S. 3—19. Landskron, Staats-Ober-G., Jahresber. 1909/10.

Lutz, Andreas: Fahrten im klassischen Süden. S. 13—45. 8. K. k. Staats-Gymn. u. gewerbl. Fortbildungsschule *Oberhollabrunn* 1908.
I. Von Palermo nach Tunis. II. Von Athen nach Kreta.
Progr.

Lutz, Ant., s. Lutz.

Lutz, Anton. Über einige Fälle verschiedener Färbung der Iris beider Augen. Diss. Med. Univ. Zürich. (Sonder-Abdruck aus der Zeitschrift für Augenheilkunde. Bd. 19.) *Kopftitel:* Aus der Universitäts-Augenklinik in Zürich. 32 S. 8. Berlin, S. Karger, 1908.

Lutz, Aug., Geographie v. Bayern, s.: Bahmer, Dav.

Lutz, Aug.: Durch Mittelfranken, s. Aufsberg, Thdr.

Lutz, C. W., s. Lutz, Karl Wolfgang.

Lutz, Carl, s. Lutz, Karl.

Lutz, E. Th., biblische Real- u. Verbal-Handkonkordanz, s.: Büchner, Gfr.

Lutz, Eduard, a. Wahlenheim: **Die Psychologie Bonaventuras.** Nach d. Quellen dargest. Münster i. W. 1908: Aschendorff. (61 S.) 8° ¶(Erschien vollst. als: Beiträge z. Geschichte d. Philosophie d. Mittelalters Bd 6 H. 4 u. 5, 1908.)
München, Phil. Fak., Ref. Frh. v. Hertling, Diss. v. 12. Juni 1906
[Geb. 14. Okt. 79 Wahlenheim i. E.; Wohnort: Wahlenheim; Staatsangeh.: Bayern; Vorbildung: Gymn. Hagenau Reife Juni 00; Studium: Priestersem. Straßburg Phil. 3, Theol. 3, Univ. Straßburg 2, Lyzeum Dillingen 2, Phil. Univ. München 2 S.; Rig. 12. Juni 06.]

Lutz, Eduard: Die Psychologie Bonaventuras. Nach d. Quellen dargest. Münster: Aschendorff 1909. VIII, 218 S. 8°
[Ein T. erschien als Inaug.-Diss. München 1906.]
(Beiträge z. Geschichte d. Philosophie d. Mittelalters. Bd 6, H. 4. 5.)

Lutz, Ed., was man wissen muß, um d. Wein u. Most zu erhalten, zu verbessern, zu klären. Krankheiten d. Weine u. deren Heilg. Ratschläge, wie Krankheiten verhüten werden können. Analysen, Faß- u. Kellerei-Artikel. — Verschiedenes. Regenerator, d. beste, sicherste u. unschädlichste Mittel, um d. verdorbensten Fässer gründlich zu reinigen u. f. jeden Gebrauch wieder herzustellen. gr. 8. (30 S.) St. Gallen 894. (Luzern, E. Redwig.) — 60

Lutz, Eduard: Was man wissen und anwenden muß, um den Wein und Most zu erhalten, zu verbessern, zu klären. Krankheiten der Weine und deren Heilung. Ratschläge, wie Krankheiten verhütet werden können. Analysen, Faß- und Kellerei-Artikel. ... Lutzenberg b. Thal-Rheineck: Verf.; St. Gallen: Wirth in Komm. 1894. 30 S. -- Schweizerische Landesbibliothek Bern*

LUTZ, Emanuel (Adldorf): Ueber Haut-Syphilis.- München: Rösl 1836. 44 S.
21.7.1834 - Urk; F 61
Diss. Ingolst.-Landsh.-Mchn.

Lutz, Erich [aus Uslar]: Ueber den Abbau der Myristinsäure bis zur Laurinsäure .... Berlin, Buchdr. v. Gustav Schade (Otto Francke) (1886); 46 + 2 S. 8°.
Berlin, Phil. Fak., Inaug.-Diss. v. 13. März 1886.

Lutz, Erich, über den Abbau der Myristinsäure bis zur Laurinsäure. Diss. Berlin 1886, Mayer & Müller. 8°. 46 S.

Lutz, Ernst. Schnoka. 16. Würzb. 883. Stuttg., Bonz u. Comp. [* 3 —] * 1 —; geb. * 1 80

Lutz, Ernst, Schnoka. Gedichte in unterfränk. Mundart. 16. (VII, 136 S.) Würzburg 883, Stuber's Verlagsh. * 3 —

—— Ummer lusti! Gedichte in unterfränk. Mundart. 12. (96 S.) Würzburg 880, Staudinger'sche Buchh. * — 75

Lutz, Ernst [app. Arzt aus Elpenrod '(Oberhessen)']: Ueber die pathologisch-anatomischen Veränderungen der Linsenkapsel ... Stuttgart, k. Hofbuchdr. Zu Guttenberg '(C. Grüninger)', 1895; 28 S. 8.
Würzburg, Med. Fak., Inaug.-Diss. v. 1895

—— Walter. Eine Geschichte aus dem 13. Jahrh. 12. (163 S.) Würzburg 884, Stahel'sche Universitäts-Buchh. * 2 —

Lutz, Ernst „Samuel Daniel's historisches Gedicht The Civil Wars between the Houses of Lancaster und York und Shakespeare's historische Dramen". pg. 3—38. 8°. Jos. Feiner'sche Buchd.
Memmingen, Progr. 1901/02

Lutz, Eug., analytische Geometrie der Ebene. Elementares Lehrbuch f. höhere Lehranstalten. (X, 301 S. m. 132 Fig.) gr. 8. Karlsruhe 909. G. Braun'sche Hofbuchdr. Geb. 9. —

Lutz, Eugen [app. Arzt aus Wegscheid]: Zur Reflexepilepsie. ... München, K. Hof- u. Univ.-Buchdr. Dr. C. Wolf & Sohn, 1889; 33 + 1 S. 8°
Würzburg, Med. Fak., Inaug.-Diss. v. 1889

Lutz, F., Elementarbuch der französischen Sprache. 2 Thle. gr. 8. (86 u. 100 S.) St. Gallen 847. 48, Scheitlin & Zollikofer. (à 1/4 ₰) 1/2 ₰

Lutz, F., Elementarbuch der französischen Sprache. 1. Thl. 2. Aufl. 8. (IV und 111 S.) St. Gallen 868, Scheitlin und Zollikofer.

Lutz, F., english etymology, s.: Kluge, F.

Lutz, F., französ. Lesebuch in Realschulen u. untern Gymnasial-Klassen. I. Curs. gr. 8. (7¾ B.) St. Gallen 843, Scheitlin u. Zollikofer.

—— dass. 2. u. 3. Cursus. gr. 8. Ebds. 843.
A. u. d. Ttln.:
Curs. 2. Petites biographies, traits détachés et contes. (8¾ B.) 12½ Ngr.
3. Contes, voyages, histoire naturelle, histoire etc. (10¼ B.) 15 Ngr.

Lutz, F., französisches Lesebuch für Realschulen und untere Gymnasial-Klassen. I. Cursus. Première partie. 2. Aufl. gr. 8. (IV und 113 S.) St. Gallen 854, Scheitlin und Zollikofer. *

Lutz, F., französisches Lesebuch für Realschulen und untere Gymnasial-Klassen. 2. Cursus. 2. Partie. Petites biographies, traites détachés et contes. 2. Aufl. gr. 8. (148 S.) St. Gallen 858, Scheitlin und Zollikofer.
1. Cursus. 1. Partie. 2. Aufl. Ebendas. 1854. * 10 Ngr.

—— französisches Lesebuch für Realschulen und untere Gymnasial-Klassen. 1. Cursus. 3. Aufl. 8. (IV und 116 S.) St. Gallen 863, Scheitlin und Zollikofer.

Lutz, F. M. Wegweiser durch das Reichsgesetz üb. die Invaliditäts- u. Altersversicherung vom 22. Juni 1889. 8. (16 S.) Bamb. 890, Buchner's Verlag. * — 15

Lutz, F. X., der Christ vor d. Kreuze Jesu Christi, oder abwechselnde Meßandachten auf jeden Tag in der Woche. 9. Ausgb. 820. Volling. (Leipz., Herbig). 12 gr.

— das Kirchweihfest. Eine Rede. 8. Ebd. 819. 4 gr.

Wie der Sortimenter seinen Umsatz und Reingewinn erhöhen kann! Preisarbeit. (Verf.: Fr. Lutz-Köln a. Rh.) Berlin: Buchhändler-Warte 1905. (20 S.) 4° [Umschlagt. J.] [06. 10919

Lutz, Franz Joseph, Pfarrkurat in Hilpertshausen: Die kirchliche Lehre von den Evangelischen Räten mit Berücksichtigung ihrer sittlichen und sozialen Bedeutung. Paderborn 1907: F. Schöningh. (400 S.) 8° [J.]
Würzburg, Theol. Fak., Ref. Göpfert, Diss. v. 27. Juni 1907
(Nur in beschränkter Zahl für den Austausch)
[Geb. 2. Juli 63 Miltenberg; Wohnort: Hilpertshausen; Staatsangeh.: Bayern; Vorbildung: Gymn. Würzburg Reife Juli 82; Studium: Würzburg 8 S.; Rig. 15. Dez. 94.]

Lutz, Friedrich

Lutz, Fr., Choralbuch zum Gebrauch f. evangelisch-lutherische Christen in Kirche, Schule u. Haus nach Layriz, Kern des deutschen Kirchengesangs. (IV, 262 S.) qu. 4. Chicago Ill. (902). Wartburg Publishing House.
Geb. in Halbfrz. n. 7. —

Lutz, Fr[iedrich]. Im Hinterland von Kamerun: Über Bali nach Bamum. [Illustriert.] IV + 32 S. 8. Basel, Basler Missionsbuchh., 1907. (fr. —.20)

Lutz, Friedr., der Gottesgelehrte Johann Ludwig Samuel Lutz, mit einer Blüthenlese aus den Kanzelvorträgen des Verewigten. gr. 8. (VIII und 379 S.) Bern 863. (Zürich, Schultheß.) *

Lutz, [Friedrich Benedict Jacob]. Die Heilquellen des Gurnigels, in medizinisch-praktischer Hinsicht dargestellt. Eine Vorlesung, gehalten vor der medizinisch-chirurgischen Gesellschaft des Cantons Bern, am 24. Wintermonat 1819. Hrg. auf Verordnung der Gesellschaft. 8. Bern 1823.

Lutz, Fritz, Referendar am Kgl. Landgericht in Frankfurt a. M.: Der Begriff der Öffentlichkeit im Reichsstrafgesetzbuch und in den strafrechtlichen Nebengesetzen des deutschen Reichs. *Breslau: Schletter 1901.* (50 S.) 8° ¶ Aus: Strafrechtl. Abhandlungen, H. 36.
Giessen, Jur. Diss. v. 1901

Der Begriff der Öffentlichkeit im Reichsstrafgesetzbuch und in den strafrechtlichen Nebengesetzen des deutschen Reichs. Von Dr. jur. Fritz Lutz. *Breslau: Schletter 1901.* (52 S.) 8°
— Abhandlungen, Strafrechtliche. H. 36.

Lutz, G. Die oblito-schizogenen Sekretbehälter der Myrtaceen. Mit 1 Taf. In-8°. 39 S. Bern. These. 1897.

Lutz, Geo., Augenerkrankungen während der Gravidität und im Puerperium, s. Mittheilungen aus der ophthalmiatrischen Klinik in Tübingen.

Lutz, Georg [cand. med. aus Kolmberg]: Beiträge zur Neurotomia optico-ciliaris. . . . Ansbach, Druck v. C. Brügel & Sohn, 1890; 2 Bl. + 20 S. 8°
Erlangen, Med. Fak., Inaug.-Diss. v. 5. März 1889

Lutz, Georg: Über das Ketochlorid des p-p'-Dimethoxy-Dibenzalacetons. Strassburg 1909: Fischbach. 70 S. 8°
Straßburg, Math.-naturwiss. Diss. v. 10. Mai 1909, Ref. Thiele
[Geb. 9. Sept. 85 Straßburg; Wohnort: Straßburg; Staatsangeh.: Elsaß-Lothringen; Vorbildung: Oberrealsch. Straßburg Reife Juli 03; Studium: Straßburg 11 S.] [U 10. 4119

Lutz, Gottfried

Lutz, G., Pfr., Der Dienst des evang. Predigtamtes. Antrittspredigt. 14 Stn. 8. Trogen, Druck v. J. Schläpfer. 1872. —. 30

Lutz, Gfried., Gott befohlen! Abschiedspredigt über Apostelg. 20, 32, gehalten in der Kirche zu St. Peterzell den 28. April 1872. gr. 8. (12 S.) St. Gallen 872, Huber und Comp.

Lutz, G[otthilf], Justizref.: Zweck und Wesen des Kontokurrentvertrags nach neuem Handelsgesetzbuch. *Ulm 1901: Wagner.* (29 S.) 8° [J.]
Tübingen, Jur. Diss. v. 1901

Lutz, G[ottlob]. Das Mädchen von Esslingen. Ein historisch-romantisches Trauerspiel in fünf Aufzügen und einem Vorspiel. 1. Aufl. 160 S. 8. Stuttgart-Luzern, Im Selbstverlage des Verfassers ([Druck] Gasser & Cie, Basel), 1905. [fr. 1. 30]

Lutz, G[ottlob]. Parasiten. Komödie in 1 Akt. 73 S. 8. Luzern, Komm. E. Gebhardt (Buchdr. C. J. Bucher), 1907. [fr. 1.20]

LUTZ, Hans (Valley; Sauerlach): Die Prognose der Periostsarcome.- München: Wolf 1884. 28 S. 9.7.1884 - Urk (Titel: De periostei sarcomatibus.); Chr 1884/85,19
Diss. Ingolst.-Landsh.-Mchn.

Lutz, Hans, Winke u. Ratschläge f. Konzert-Zeichner u. Schnellmaler, s.: Herren-Abende.

Lutz, Hugo, theoretisch-praktische Gesangslehre u. Chor-Normalgesangsschule f. jugendliche Stimmen m. besond. Berücksicht. der Sprach-, Ton- u. Stimmbildung in methodischer Folge f. Gesangslehrer u. zum Gebrauche an Lehrerseminarien u. Mittelschulen, sowie f. d. Privatstudium. Mit 15 Illustr. u. e. Gesangslauttafel. Op. 54. (XII, 406 S.) gr. 8. Regensburg 908. A. Coppenrath's Verl. 4.50; geb. in Leinw. 5. —

Willkommen in Metz! Eine Flugschrift hrsg. vom Verkehrsverein f. Metz u. d. Metzer Land. (Bearb. von Hugo Lutz, Geschäftsführer.) *(Metz: Verkehrsver. 1903.)* (31 S.) 4°

Lutz, J., kurzgefaßte Abhandlung über rationelle Bodenentwässerung. 2. verm. Aufl. der aus Auftrag der kantonalen landwirthschaftl. Kommission des Kanton Zürich hrsg. Schrift. 8. (23 S.) Aarau 883, Christen. * — 50
1. Aufl. war nicht im Handel.

— Die Bekämpfung des Alkoholismus unter der erwachsenen Jugend. Uetikon a. Albis 1883. 17 S. 4°.

Lutz, J. Wirtshausleben und Familie. Referat. Zürich 1881. 16 S.

Lutz, J. G., Zeugnisse von Christo, dem Sohne Gottes u. Erlöser der Welt, dargelegt in einigen Erbauungsreden. gr. 8. Neuburg a. d. D. ... Prechter. 1 *ß* —

Lutz, Johs., ein Alpenstrauß in Blüthen und Früchten. gr. 16. (XII und 192 S.) Schaffhausen 861, (Brodtmann'sche Buchh.) Thlr.

Lutz, J. v., Beantwortung der Interpellation der Mitglieder der Fortschrittspartei durch das königl. bayer. Gesammtministerium. Vorgetragen in der Sitzung der Abgeordnetenkammer am 14. Oktbr. 1871. 8. (48 S.) Erlangen 871, (Besold.) *

Lutz, J(oh.), Spezialarzt f. Harn- u. Hautkranke, Essen (Ruhr): Aus d. chirurg. Klinik zu Bonn. Ueber einen Fall von Nierenfistel im Anschluß an einen Fremdkörper. *Bonn 1904: E. Eisele.* (38 S.) 8°
Bonn, Med. Diss. v. 2. März 1904

Lutz, J., allgemeines deutsches Handelsgesetzbuch erläutert, s. Gesetzgebung, die, des Königr. Bayern.

Lutz, J. v., allgemeines deutsches Handelsgesetzbuch, s.: Stahel's Sammlung deutscher Reichsgesetze u. bayerischer Gesetze.

Lutz J, allgemeines deutsches Handelsgesetzbuch. Entwurf nach den Beschlussen der dritten Lesung. 1. und 3. Auflage. Würzburg 1861

Lutz, J., Allgemeines deutsches Handelsgesetzbuch. Nebst den Einführungsgesetzen sowie einem Inhaltsverzeichnisse u. ausführl. Sachregister. Authent. Ausg. 11. Aufl. Würzburg 1866. kl. 8°.

—— allgemeines deutsches Handelsgesetzbuch. Sep.-Abdruck aus der authent. Ausg. Mit den Erkenntnissen des k. Handelsappellationsgerichts in Nürnberg und des k. Oberappellationsgerichts, dann einem Anhang: „die Zuständigkeit der Handelsgerichte betr." versehen von Chrn. Schmidt. gr. 16. (IV, 211 S.) Würzburg 870, Stahel'sche Buchh.

Lutz, Joh., 1000 leichte Kopfrechnungsaufgaben über die Maße und Gewichte des metrischen Systems für die oberen Classen der Elementarschulen. 8. (64 S.) Aschaffenburg 870, (C. Krebs.) *

Lutz, Johann (Hrsg.), s. Protokolle d. Kommission zur Berathung eines allgem. dt. Handelsgesetzbuches.

—— Reden, s. Hegnenberg-Dux, Graf v.

— Sammlung der Einführungsgesetze zum allgemeinen deutschen Handelsgesetzbuche, s. Sammlung.

—— ein deutsches Wort auf welschen Trug. Beantwortung der Interpellation des Abgeordneten Herz und Genossen. [Nach dem amtl. stenograph. Berichte.] gr. 8. (40 S.) Würzburg 871, Stahel'sche Buchh. *

Lutz, Joh. Christ. (Augsburg), De apographis veterum. Präs. Joh. Friedr. Guhling. (Chemnitz) Febr. 1723. 16 S. (3.20) 21902

Lutz, Johann Friedrich, s. Luz, Johann Friedrich.

Lutz, Johann Ev. Georg

Lutz, Joh. Evang. Geo., Abschiedswort an meine bisherige Pfarrgemeinde Oberroth, ihr zur Erinnerung, meinen Freunden und Nichtfreunden zur Beruhigung. 2. Aufl. unveränd. Abdr. Mit einer neuen Beilage. gr. 8. (48 S.) Kaufbeuren 857, (Reichel.) *

Lutz, Joh. Evang. Geo., Beleuchtung einiger religiösen Streitfragen. Ein Wort der Beruhigung an meine Freunde und Nichtfreunde. gr. 8. (58 S.) Ulm 856, Höchel's Verlag.

—— Bemerkungen zu der Schrift des Hrn. Prof. Dr. Thalhofer in Dilingen: „In Sachen des schwäbischen Irvingianismus." gr. 8. (48 S.) Augsburg 856, Kollmann'sche Buchh. *

Lutz, Joh. Evang. G., die Bestimmung der Menschheit und der christlichen Kirche insbesondere im Lichte des Evangeliums Christi. Allgemein verständlich dargestellt in öffentl. Vorträgen. gr. 8. (X, 214 S.) Augsburg 878, Preyß. *

[F.] Erlebnisse eines badischen Bibelboten im Feldzuge 1870/71. Von J. Georg Lutz nebst e. Anhang v. J. J. Erhardt. *Karlsruhe: J. J. Reiff 1896.* (4 Bl., 145 S.) 1 Bd 8.
= Badener im Feldzug 1870/71. Bd 11. [96. 3

Lutz, Joh. Evang. G., des Herrn Wort bleibt ewig. Ein Beitrag zur Begründung der histor. Wahrheit der heil. Schriften des Neuen Testaments. gr. 8. (VII, 100 S.) Basel 868, Schneider. *

—— des Herrn Wort bleibt ewig. Ein Beitrag zur Begründung der histor. Wahrheit und der Unverfälschtheit der heil. Schriften des neuen Testaments, auf allgemeinfaßl. Weise in öffentl. Vorträgen in den Casino-Sälen in Bern und Zürich behandelt. 2. verm. Aufl. gr. 8. (VII, 100 S.) Augsburg 878, Preyß. *

Lutz, Joh. Evang. G., des Herrn Wort bleibt ewig. Ein Beitrag zur Begründung der histor. Wahrheit der heil. Schriften des Neuen Testaments. 3. Aufl. gr. 8. (VII, 99 S.) Augsburg 883, Preyß. * 1 20

—— dessen Lehr- und Streitschriften zum ersten Male nicht aus Sammelwerken sondern aus den unverfälschten Urkunden für Laien in zeitgemäße Sprache gebracht von einem Laien. 1. Lfg. gr. 8. (S. 1—72.) Wiesbaden 872, Killinger und Comp. *
—— dass. — 2. Lfg.: Auslegung über Buße, Taufe und Abendmahl. gr. 8. (S. 73—166.) Ebendas. 873. *

Lutz, Ritter Jh. Evang, Geo., geschichtl. Notizen über d. bürgerl. u. religiösen Verhältnisse d. Colonisten-Pfarr-Gemeinde Karlshuld auf dem Donaumoose. 8. Münch. 830. (J. Lindauer).

Lutz, Joh. Evang. Geo., geschichtl. Notizen üb. d. bürgerl. u. religiösen Verhältnisse d. Kolonisten-Pfarr-Gemeinde Karlshuld auf d. Donau-Moose. 1. Hft., (neue, verm. Aufl.) u. 2—4. Hft. 8 (21 B.) Augsburg 832. (München, Lindauer.)
(Raw in Nürnberg)

— Nothwehr wider ungleiche Waffen. Eine Vertheidigungsschrift gegen ein Generale des bischöfl. Ordinariats Augsburg über Gottes Werk in unserer Zeit. gr. 8. (116 S.) Ulm 858, Krick'sche Buchh. *

Lutz, Joh. Evang. G., Prüfung des Geistes unserer Zeit. Ein Wort der Wahrheit in Liebe an die Gläubigen u. Ungläubigen aller christlichen Konfessionen. Basel 870. Schneider. gr. 8. (85 S.) n. 6 ngr.

— Prüfung des Geistes unserer Zeit. Ein Wort der Wahrheit in Liebe an die Gläubigen u. Ungläubigen aller christlichen Confessionen. 2., verm. Aufl. gr. 8. (100 S.) Augsburg 878. Preyß. n. 1. 20

Lutz, Joh. Evang. G., über den Rathschluß Gottes mit der Menschheit und der Erde, s. Caird, Will. Renny.

Lutz, Joh. Evang. Georg, s. Scholler, L. W. Kirchengeschichtliches aus dem deutschen Süden.

Lutz, Joh. Geo., Sendschreiben an die Hrn. Dr. Ferd. Herbst u. Dr. Patriz Wittmann. gr. 8. (8 B.) Augsburg 843, Lampart u. Comp. —

Lutz, Joh. Evang. G., Wahrheit in Sachen der apostolischen Gemeinden zur Erwiderung auf den Artikel im Sonntagsblatt der Bund vom 9. und 16. Febr. über das sogen. Irvingianerthum. gr. 8. (80 S.) Basel 870. Schneider. *

(—) Gottes Werk in unserer Zeit, dargelegt vor dem Hochwürdigsten Domkapitel des Bisthums Augsburg in der Untersuchungssache des Joh. Evang. G. Lutz, ehemal. Pfr. rc. in Oberroth. Ulm 857. Müller. (Krick.) 8. (350 S.) n. 28 ngr.

— Christi Worte über Vollendung der Wege Gottes mit Seiner Kirche, dem Volke Israel und der ganzen Menschheit und Schöpfung, s. Caird, W. R.

Lutz, Johann Heinrich

Lutz, Joh. Heinr., Aufgaben zur Uebung im schriftlichen Gedankenausdrucke. Als Handbüchlein für Schüler bearbeitet. 1. Heft. 2. verb. u. verm. Aufl. Ansbach 857. Seybold. 8. (56 S.) n. 3 ngr.

Lutz, Joh. Heinr., Aufgaben zur Uebung im schriftlichen Gedankenausdrucke. Als Handbüchlein für Schüler bearb. 1. Heft: Mittelklasse. 3. ganz umgearb. Aufl. — 2. Heft. 2. umgearb. Aufl. Ansbach 863, 60. Seybold. 8. (56; 56.) Jedes Heft n. 4 ngr.

Lutz, Joh. Heinr., Aufgaben zur Uebung im schriftlichen Gedankenausdrucke. Als Handbüchlein für Schüler bearb. 3 Hefte. 8. Ansbach 867—75, Seybold. *

Inhalt:
Heft 1. Mittelklasse. 4.—10. Aufl. (56 S.) * 40 Pf.
" 2. Oberklasse. 7. Aufl. (60 S.) * 36 Pf.
" 3. Briefe und Geschäftsaufsätze für Fortbildungsschulen. 2. Aufl. 1869. * 40 Pf., und 3. Aufl. (71 S.) 873. * 50 Pf.

Lutz, Joh. Heinr., Aufgaben zur Uebung im schriftlichen Gedankenausdrucke. Als Handbüchlein f. Schüler bearb. 1—3. Hft. 8. Ansbach 873—76. Seybold. n. 1. 26
1. Mittelklasse. 10. Aufl. (60 S.) n. — 40
2. Oberklasse. 7. Aufl. (60 S.) n. — 36
3. Briefe u. Geschäftsaufsätze f. Fortbildungschulen. 3. Aufl. (71 S.) n. — 50

Lutz, Joh. Heinr., Aufgaben zur Uebung im schriftlichen Gedankenausdrucke. Als Handbüchlein für Schüler bearb. 3 Hefte. 8. Ansbach, Seybold. *

Inhalt:
Heft 1. Mittelklasse. 11.—13. Aufl. (60 S.) 876—79. * 36 Pf.
" 2. Oberklasse. 8. Aufl. (62 S.) 878. * 36 Pf.
" 3. Briefe und Geschäftsaufsätze für Fortbildungsschulen. 4. Aufl. (72 S.) 876. * 44 Pf.

Lutz, Joh. Heinr., Aufgaben zur Übung im schriftlichen Gedankenausdrucke. Als Handbüchlein für Schüler bearb. 1.—3. Heft. 8. Ansbach 886, Seybold. *

Inhalt:
Heft 1. Mittelklasse. 14. Aufl. (64 S.) * 30 Pf.
" 2. Oberklasse. 9. Aufl. (82 S.) * 30 Pf.
" 3. Briefe und Geschäftsaufsätze für männliche und weibliche Fortbildungsschulen. 5. Aufl. (78 S.) * 40 Pf.

Lutz, Joh. Heinr., Briefe und Geschäftsaufsätze für höhere Bürger-, Landwirthschafts- und Gewerbschulen. 8. (70 S.) Erlangen 855(56). Ansbach, (Gummi's Separat-Conto.) *

— Briefe und Geschäftsaufsätze für höhere Bürger-, Landwirthschafts- und Gewerbschulen. Erlangen 856. (Ansbach, Seybold.) 8. (70 S.) n. 5 ngr.

— Haus-Aufgaben zur Uebung im schriftlichen Gedankenausdrucke. Für deutsche Volksschulen bearb. 1. Heft.: Die Mittelklasse. 2. Heft: Die Oberklasse. 8. (58 und 94 S.) Erlangen 852. 53. (Ansbach, Gummi.) [Heft 1. * 4 Ngr., 2. * 5 Ngr.] *

— Haus-Aufgaben zur Uebung im schriftlichen Gedankenausdrucke. Für deutsche Volksschulen bearbeitet. 1. Heft: Die Mittelklasse. — 2. Heft: Die Oberklasse. Erlangen 852, 53. (Ansbach, Seybold.) 8. (58; 94 S.) 1.: n. 4 ngr.; 2.: n. 5 ngr.

Lutz, J. H., Materialien zur Aufsatzlehre auf der Ober-Stufe der allgemeinen Volksschule. XVI u. 211 Stn. 8. Zürich, Fr. Schulthess. 1874. 2. 40

— Materialien zur Aufsatzlehre auf der Ober-Stufe der allgemeinen Volksschule. 2. verb. Aufl gr. 8. (XV, 211 S.) Zürich 876, Schultheß. *

Lutz, Joh. Heinrich, Lehrer. Materialien zur Aufsatzlehre auf der Ober-Stufe der allgemeinen Volksschule. Dritte verbesserte Auflage. In-8°, XV u. 215 S. Zürich, F. Schulthess. 1889. 2 40

— methodisch geordnete Materialien zur Aufsatzlehre auf der Mittel-Stufe der allgemeinen Volksschule. 8. (XVI, 148 S.) Zürich 873. Schultheß. n. 1. 50

— methodisch geordnete Materialien zur Aufsatzlehre auf der Mittel-Stufe der allgemeinen Volksschule. 8. (XVI, 148 S.) Zürich 874, Schultheß. *

— methodisch geordneter Stoff für den Zeichnen-Unterricht auf der Mittelstufe der allgemeinen Volksschule. Vorlagen-Werk. 1.—3. Abthl. qu. gr. 4. Zürich 878, Schulthess. [1. Abthl. 4. Schuljahr. (84 Fig. auf 21 lithogr. Taf.) * ℳ 2.; 2. Abthl. 5. Schuljahr. (84 Fig. auf 23 lithogr. Taf.) * ℳ 2.; 3. Abthl. (100 Fig. auf 33 lithogr. Taf.) * ℳ 3.] *

Anleitung dazu. gr. 8. (57 S.)

Lutz, Johann Ludwig Samuel

Lutz, J. L. Sam., biblische Dogmatik. Nach dessen Tode hrsg. von Rüetschi. Mit einem Vorworte von Schneckenburger. gr. 8. (XVI u. 450 S.) Pforzheim 847, Flammer & Hoffmann. 3 ℔

Lutz, J. L. Sam., biblische Dogmatik. Nach dessen Tode hrsg von Rüetschi. Mit einem Vorworte von Schneckenburger. gr. 8. (XVI und 450 S.) Pforzheim 847. [Stuttgart, Scheitlin's Vrlgsh.]

Lutz, J. L. Sam., biblische Dogmatik. Nach dessen Tode herausg. von Rud. Rüetschi. Mit einem Vorworte von Schneckenburger. 2. Ausg. Pforzheim 861. Flammer. (Lahr, Schauenburg & Co.) gr. 8. (XVI, 452 S.) 2 ₰

—— biblische Hermeneutik. Nach dessen Tode hrsg. von Adf. Lutz. gr. 8. (X und 502 S.) Pforzheim 849. [Stuttgart, Scheitlin's Vrlgsh.]

—— biblische Hermeneutik. Nach dessen Tode hrsg. von Adf. Lutz. 2. (Titel-)Ausg. gr. 8. (X und 502 S.) Pforzheim (849)61, Flammer.

Lutz, Sam., Rede, bei der Consecration neuer Predigtamts-Candidaten der Bern. Kirche, den 4. Oktober 1840 gehalten. gr. 8. Bern 840, Jenni, Sohn. 4 ngl

Lutz, [Johann Ludwig] Samuel. Trauer-Rede bei der Bestattung des Herrn Leonhard Usteri, gew. (*Ausg. B:* gewes.) Professors des Gymnasiums zu Bern, am 21. Sept. 1833, gehalten von S' L'.... 8. Bern.

Ausg. A. Gedruckt bei Carl Stampfli. [1833.]

Ausg. B. (Gedruckt) bei C. A. Jenni, 1833

Lutz, Josef

Lutz, Jos., Chrysostomus u. die übrigen berühmtesten kirchlichen Redner alter u. neuer Zeit. Eine Entwickelung der homiletischen Principien. gr. 8. (26 B.) Tübingen 846, Laupp'sche Buchh.

Lutz, Jos., Chrysostomus und die übrigen berühmtesten kirchlichen Redner alter und neuer Zeit. Eine Entwicklung der homilet. Prinzipien. 2. (Titel-)Aufl. gr. 8. (VIII und 407 S.) Tübingen (846)59, Laupp'sche Buchh.

Lutz, Jos., übersichtliche Darstellung des Wissenswerthesten aus der Naturgeschichte, Naturlehre, Geographie und Geschichte. Ein Handbüchlein für die Schüler und zugleich ein kurzer Leitfaden für den Lehrer. In katechet. Form bearb. und mit vielen Gedichten erläutert. gr. 8. (IV und 112 S.) Stuttgart 863, Schober.

LUTZ, Josef (Kirchdorf): Über 46 Fälle von traumatischer Neurose aus der Münchener medizinischen Klinik des Herrn Geheimrat Dr. v. Ziemssen, 1893-96. Statistischer Beitrag.- München: Kastner & Lossen 1896. 33 S.
16.7.1896 - Chr 1896/97,18; Jv 1896/97,236
Diss.Ingolst.-Landsh.-Mchn.

—— die Feier des heiligen Frohnleichnamsfestes. Eine Sammlung drei- und vierstimmiger Lieder zum Gebrauche bei der Frohnleichnamsprozession nebst einem Fracto demum sämmtlich mit Orgelbegleitung. Lex.-8. (IV und 94 S.) Würzburg 858, Stahel'sche Buchh. *

—— die Feier der ersten heiligen Communion, oder: drei dreistimmige Lieder, von den Communicanten unter der heil. Wandlung, drei dergleichen, von denselben nach der heil. Communion, dann vier grössere Gesänge für Sopran, Alt, Tenor und Bass, vom Chore während der heil. Communion der Kinder zu singen, nebst einem Opferliede und Ecce sacerdos magnus als Anhang, sämmtlich mit obligater Orgel-Begleitung. Lex.-8. (74 S.) Würzburg 858, Stahel'sche Buchh. *

—— Gelegenheits-Gesänge bei Namens- und Geburtstagen, Huldigungen, Empfangs-, Vorstellungs- und Abschieds-Feierlichkeiten bei Trauungen und Begräbnissen. Lex.-8. (72 S.) Würzburg 866, Stahel'sche Buchh.

Lutz, Jos., Handbuch der katholischen Kanzelberedsamkeit, nach wissenschaftl. Grundsätzen bearb. gr. 8. (XXII und 883 S.) Tübingen 851, Laupp'sche Buchh.

Lutz, Jos., Pfälzer Humor. Blüthenlese aus d. ges. pfälz. Dialektlitteratur f. d. Haus u. f. d. Vortrag. 8. (VIII, 152 S.) Worms 897. H. Fischer. Kart. n. 1.20

Lutz, J., der Kirchengänger, s. Kirchengänger, der.

— s. Lacordaire, Hnr., Kanzelvorträge.

—— Materialien zum Gebrauche als Gedächtnißübung in Volksschulen. Gesammelt und nach einem methodischen Stufengange geordnet. 8. (88 S.) Wiesensteig 849, Schmid'sche Buchh.

—— Namens- und Geburtstagsfeier für vier Männer-Stimmen mit Begleitung von Violino 1. und 2., Viola und Violoncello oder Piano-Forte. Text von J. P. Vatter. 4. (41 S.) Würzburg 859, (Kellner.) *

Lutz, Jos., das Nothwendigste aus der Harmonie- und Compositionslehre zunächst für Schullehrlinge bearb. 3. Aufl. gr. 8. (IV und 160 S.) Langensalza 865, Schulbuchh. von Greßler.

—— 17 Orgelstücke zum Gebrauche beim Gottesdienste componirt. qu. gr. 4. (30 S.) Würzburg 867, Staudinger.

—— Ventura und Lacordaire, s. Ventura.

—— die sieben Worte Jesu am Kreuze. Ein Gesang auf alle Freitage des Jahres, besonders in der Fastenzeit, sowie auf Palmsonn- und Charfreitag, für Sopran, Alt, Tenor und Bass mit leichter Orgel- oder Aeolinen-Begleitung. 1. Ausg. 1857. und 2. Ausg. Lex.-8. (34 S.) Würzburg 859, Kellner.

Lutz, Josef Anton, s. Luz, Josef Anton.

Lutz, Josef P.

Lutz, Jos. P., bürgerliches Gesetzbuch,
— neues deutsches Rechtsbuch,
— das preußische Rechtsbuch,
— das Reichsinvalidenversicherungsgesetz,
— der schriftliche Verkehr in fast allen Rechtsangelegenheiten,
} s.: Gebhard, Ferd. A.

Lutz, Julie, Anleitung zum Anfertigen von Wäsche u. Kleidung f. Kinder, s.: Ehninger, S.

Lutz, Julie, für fleißige Hände, s.: Ehninger, Sophie.

Lutz, Julie. Für fleißige Kinderhände. Anleitung u. Muster zur vollständ. Bekleidg. e. Puppe. Mit e. Gelenkpuppe u. 12 Couverts m. Mustern. 8. (53 S. m. Abbildgn. im Text.) Stuttg. 890, R. Lutz. * 6 —

— f. fleißige Kinderhände. Anleitung u. Muster zur vollständ. Bekleidg. e. Puppe. 13.—17. Taus. (Ausg. ohne Puppe.) 8. (53 S. m. Textbildern, 1 Taf. u. 12 Schnittmustertaf.) Stuttgart 893. R. Lutz. In Mappe. n. 3.50; Ausg. m. Puppe, in Pappkasten n. 6. —

Lutz, Julie, f. fleißige Kinderhände. Anleitg. u. Muster z. vollständ. Bekleidg. e. Puppe. 4. Aufl. (18.—22. Taus.) (Ausg. ohne Puppe.) 8. (64 S. m. Textbild., 5 farb. Taf. u. 12 Schnittmustertaf.) Stuttgart 895. R. Lutz. In Mappe n. 3.50; Ausg. m. Puppe, in Pappkasten n. 6. —

— die fleißige Puppenschneiderin. Anleitg. u. Muster zur vollständ. Bekleidg. e. Puppe. 5. Aufl., vollst. neu bearb. v. Bertha Heyde. Mit 12 Taf. in Farbdr. u. 36 Textillustr. 8. (60 S. m. 10 Schnittmustern.) Stuttgart (902). G. Weise. In Mappe 3.50; m. Puppe in Kasten n. 6. —

Lutz, Julius

Lutz, J., Illzacher Chronik, auf Grund meist ungedruckter Quellen zusammengestellt. Von der Mülhauser industr. Gesellschaft preisgekröntes Werk. (III, 202 S. m. Abb., 1 Taf. u. 2 Karten.) gr. 8. Rappoltsweiler 898. (Leipzig, C. Beck.) 3.—; geb. in Leinw. 4. —

Illzacher Chronik auf Grund meist ungedr. Quellen zsgest. durch J(ulius) Lutz. Mit viel. Abb. Rappoltsweiler: A. Lutz 1898. (202 S.) 8° [J.] 107.15326

— u. P. Perdrizet, die elsässischen typologischen Glasmalereien Mülhausen, Weissenburg, Colmar. (II, 27 S. m. 1 farb. Taf. u. 26 Lichtdr.-Taf.) 35,5×27 cm. Leipzig 909. C. Beck. Geb. nn 20.—; französ. Ausg. (II, 25 S. m. 1 farb. u. 26 Lichtdr.-Taf.) Geb. in Leinw. nn 20. —
Sonderabdruck aus: „Speculum humanae salvationis".

— s.: Speculum humanae salvationis.

Lutz, Jules. Les Verrières de l'ancienne église Saint-Etienne à Mulhouse. ⟨Avec 6 planches en phototypie.⟩ Supplément au Bulletin du Musée historique de Mulhouse, tome 29. IV + 127 p. gr.-8. Mulhouse, Impr. Ernest Meininger [comm. Carl Beck, Leipzig], 1906. (M. 3. —)

Lutz, K. G., kurze Anleitung zum Sammeln, Bestimmen, Trocknen, Einlegen u. namentlich zur Beobachtung der Pflanzen, sowie Einrichtg. e. Herbariums. (2. Aufl.) Neu bearb. u. erweitert v. M. Kohler. (IV, 96 S.) gr. 8. Ravensburg 903. O. Maier. n. 1. 20

Lutz, K. G., s.: Aus der Heimat.

Lutz, K. G. [von Stuttgart]: Beiträge zur Physiologie der Holzgewächse. [S. A. aus: Beiträge zur wissenschaftl. Botanik, hg. v. M. Fünfstück. Bd I 1. S. 1–80]. Stuttg. E. Nägele 1895. 1 Bl., 80 S. 8°.
Zürich, Phil. Diss. II. S. [v. 23. Aug. 1895].

— Bilder aus der heimatlichen Vogelwelt. [Aus: „Hansen's Vogelwerk".] 3 farb. Taf. à 51,5×85,5 cm. Stuttgart (900). K. G. Lutz. à n. 1. 50; auf Leinw. à n.n. 2. 30

Lutz, K. G., das Buch der Schmetterlinge. Eine Schilderg. der mitteleurop. Schmetterlinge, m. besond. Berücksicht. der Raupen u. ihrer Nahrungspflanzen. 30 farb. Taf. mit mehr als 800 Abbildgn. u. sehr vielen Textillustr. 10 Lfgn. hoch 4. (VI, 188 S.) Stuttgart 888. 889. Süddeutsches Verlags-Institut. à n. 1. — (cplt. cart.: n. 11. —; geb. n. 12. —)

—— Das Buch der Schmetterlinge. Eine Schilderg. der mitteleurop. Schmetterlinge m. besond. Berücksicht. der Raupen u. ihrer Nahrungspflanzen. 30 farb. Taf. m. mehr als 800 Abbildgn. u. zahlreichen Textillustr. 2. Aufl. 20 Lfgn. hoch 4. (VI, 188 S.) Stuttg. 890, Süddeutsches Verlags-Institut. à Lfg. * — 50; * 10 —; geb. * 12 —

Lutz, K. G., das Buch d. Schmetterlinge. E. Schilderg. d. mitteleurop. Schmetterlinge m. bes. Berücksicht. der Raupen u. ihrer Nahrungspflanzen. 30 farb. Taf. m. mehr als 800 Abb. u. sehr vielen Textillustr. 5. Aufl. gr. 4. (IV, 188 S.) Stuttgart 896. Süddeutsches Verlags-Institut. Geb. n. 12. —
Erschien auch in 20 Lfgn. à n. — 50.

— Flora v. Deutschland, s.: Sturm, J.

— unsere Haustiere. 3 Lfgn. 12 Taf. à 84,5×108 cm. Farbdr. Stuttgart (901. 902.) K. G. Lutz. n. 31. 20; 4 Taf. n. 11. 20; einzelne Taf. n. 3. —
I. 2. Der Hund (Bernhardiner). — 4. Das Schaf (Landschaf). — 7. Das Pferd (Araber). — 10. Das Huhn (Landhuhn).
II. 1. Hauskatze. — 5. Rind. — 9. Hausschwein. — 12. Hausgans u. Hausente.
III. 3. Hunde-Rassen. — 6. Rindvieh-Rassen u. Ziege. — 8. Pferde-Rassen. — 11. Hühner-Rassen.
Text dazu s.: Gaub, G., unsere Haustiere.

— Herbarium. (Grosse Ausg.) Fol. (6 Pappen, 30 Hüllbog., 70 Bog. weisses Papier, 40 Bog. Strohpapier, 10 Bog. graues Pflanzenpapier u. 1 Bog. gummiertes Papier.) Nebst Pflanzen-Etiketten. qu. 4. (24 Bl.) u. kurzer Anleitg. z. Sammeln, Bestimmen u. Beobachten d. Pflanzen, sow. z. Einrichtg. e. Herbars. gr. 8. (31 S.) Ravensburg 897. O. Maier. n. 8. —; kleine Ausg. (18 Hüllbog., 30 Bog. weisses Papier, 6 Bog. Strohpapier, 3 Bog. graues Pflanzenpapier, 1 Bog. gummiertes Papier, nebst Etiketten u. Anleitg.) n. 5. —; Etiketten allein n. — 60; Anleitg. allein n. — 50

— Herbarium. (Kleine Ausg.) Fol. (5 Bog. weisses Papier, 10 Bog. Strohpapier, 2 Bog. graues Pflanzenpapier.) Nebst Pflanzen-Etiketten. qu. kl. 4. 24 Bl. u. kurzer Anleitung zum Sammeln u. Bestimmen der Pflanzen sowie zur Einrichtung e. Herbariums. gr. 8. (31 S.) Ravensburg (900). O. Maier. In Mappe n. 2. 50

Lutz, K. G., landwirtschaftlich nützliche u. schädliche Insekten. Nebst e. Anh.: Anleitung zur Anfertigg. v. Insektensammlgn. Mit 4 Taf. kolor. Abbildgn. u. 25 Holzschn. gr. 8. (VI, 64 S.) Stuttgart 885. Ulmer. cart. n. 2. 20

— der Käfersammler, s.: Hofmann, E.

— der menschliche Körper. Verkleinerg. der anatom. Wandtaf.: Der Mensch. gr. 8. (Farbdr. m. Text auf der Rückseite.) Stuttgart (900). K. G. Lutz. 12 St. 1. 20

—— der Mensch. Wandtafel für den Schulunterricht. Chromolithogr. Imp.-Fol. Mit Text. qu. gr. 4. (1 Bl.) Stuttgart 888, C. Hoffmann's Verlag. *
Auf Leinw. mit Stäben *

Lutz, K. G. Der Mensch, anatomische Wandtafel f. den Schulunterricht. Stuttg. 888, Süddeutsches Verlags-Institut.
Auf Leinw. m. Stäben * 4 —
Vgl.: Wandtafeln, neue.

Lutz K G, Aus der Natur. Bilderwerk. (30 T) fol gebunden Stuttgart (1901)

— Naturgeschichte, s.: Repetitions-Hefte f. Volksschüler.

—— der Pflanzenfreund. Eine Anleitung zur Kenntnis der wichtigsten wildwachsenden Gewächse Deutschlands. 8. (VIII, 128 S. mit 740 Abbild. auf 28 Taf.) Ebendas. 887. geb. *

— d. Pflanzenfreund. E. Anleitg. zur Kenntnis d. wichtigsten wildwachs. Gewächse Deutschlands. M. üb. 700 Abb. auf 28 Taf. 2. Aufl. 8. (96 S.) Stuttgart 896. C. Hoffmann. Geb. in Leinw. n. 4. —

Lutz, K. G., der Pflanzenfreund. Eine Anleitg. z. Kenntnis der wichtigsten wildwachs. Gewächse Deutschlds. Mit üb. 700 Abb. auf 28 farb. Taf. u. zahlreichen Textbildern. 3., verb. u. verm. Aufl. (XI, 131 S.) 8. Stuttgart (907). W. Nitzschke. — A. Brettinger.
Geb. in Leinw. 4. —

Lutz, K. G., Präparationen zum Unterricht in der Naturgeschichte, s.: Wandtafeln, neue, zum Unterricht in der Naturgeschichte.

—— die Raubvögel Deutschlands. Nebst einem Anhang über Vogelschutz. gr. 8. (VIII, 171 S. mit 38 kolor. Abbild. auf 16 Taf. und 12 in den Text gedr. Holzschn.) Stuttgart 888, Süddeutsches Verlags-Institut. geb. *

—— das Saprokarbol, ein Radikalmittel zur Vertilgung der Blutlaus und anderer schädlichen Insekten. Mit den von der königl. württemberg. Zentralstelle für die Landwirtschaft zur Veröffentlichung übergebenen Gutachten. 8. (24 S.) Stuttgart 886, C. Hoffmann's Verlag.

— der Schmetterlingszüchter. Lebens- u. Entwicklungsweise unserer einheim. Schmetterlinge, nebst e. Anleitg. zur Schmetterlingszucht. Mit 262 Abbildgn., auf 15 Taf. in feinem Farbendr. u. 108 Textillustr. gr. 8. (188 S.) Stuttgart 892. Süddeutsches Verlags-Institut. Geb. in Leinw. n. 5. —

— der Schmetterlingszüchter. Lebens- u. Entwicklungsweise unserer einheim. Schmetterlinge, nebst e. Anleitg. zur Schmetterlingszucht. 2., veränd. Aufl. Mit 262 Abbildgn. auf 15 Taf. in Farbendr. u. 108 Textillustr. (VIII, 176 S.) gr. 8. Ulm (904). J. Ebner. Geb. in Leinw. n. 4. 50

— s.: Schriften d. deutsch. Lehrer-Vereins f. Naturkde.

—— das Süßwasser-Aquarium und das Leben im Süßwasser. gr. 8. (VIII, 171 S. mit gegen 200 fein color. Abbild. und 40 in den Text gedr. Holzschn.) Stuttgart 886, Süddeutsches Verlags-Institut, vorm. Hänselmann. geb. *

— der Vogelfreund. Unsere einheimischen Vögel in Wort u. Bild. 3 Bdchn. gr. 16. Stuttgart (901). K. G. Lutz. Geb. in Leinw. à n. 2. —
1. Mit 39 Taf. in Farbendr. u. 4 Textillustr. (IV, 164 S.)
2. Mit 40 Taf. in Farbendr. u. 3 Textillustr. (154 S.)
3. Mit 41 Taf. in Farbendr. u. 15 Textillustr. (203 S.)

—— der Volksschullehrer als Naturaliensammler. Eine Anleitung zur Herstellung von Naturalien-Sammlungen für den Unterricht in Volks-, Mittel- und Bürgerschulen. gr. 8. (VI, 104 S. mit 28 in den Text gedr. Holzschn.) Ebendas. 887. *

— Vorträge aus dem Gebiet d. Landwirtschaft. Ein Hilfsmittel bei Ausarbeitg. von Vorträgen in landwirtschaftl. Vereinen, Obstbau-Vereinen u. s. w. f. Lehrer u. Geistliche auf dem Lande, Vorstände u. Mitglieder landwirtschaftl. Vereine, sowie auch f. Lehrer an ländl. Fortbildungsschulen u. f. den Selbstunterricht. In Verbindg. m. bewährten Fachmännern hrsg. gr. 8. (VII, 141 S. m. 85 Abbildgn.) Stuttgart 901. E. Ulmer. n. 1. 60

— Wanderungen in Begleitg. e. Naturkundigen. (In 12 Lfgn.) 1.—5. Lfg. gr. 8. (S. 1—160 m. Abb. u. 10 farb. Taf.) Stuttgart 898. C. Hoffmann. à — 60

— Wanderungen in Begleitg. e. Naturkundigen. Eine Naturgeschichte f. das Volk, insbesondere f. die Jugend. In Verbindg. m. mehreren Forschern. Mit 25 farb. Taf. u. 233 Text-Illustr. 6.—12. Lfg. gr. 8. (IV u. S. 161—475 m. 14 farb. Taf.) Stuttgart 898. 899. C. Hoffmann. à — 60; (kplt. geb. in Leinw. n. 8. —)

(G) — Wanderungen. 899. (KBL. 32.) Jetzt: Stuttgart, E. Schweizerbart.

Lutz KG, Neue Wandtafeln zum Unterricht in der Naturgeschichte. (30 T) fol gebunden mit Text Stuttgart 1892

— s. a. Wandtafeln, neue, zum Unterricht in der Naturgeschichte.

Lutz, Carl. An den Chef der Bürgerwehr und gleichzeitigen Stadt-Commandanten von Berlin, Herrn General von Aschoff! Druck von F. Reichardt. 1 Bl. Fol.
Flugblatt. Berlin, 30. Mai 1848.

Lutz, Carl, von Zürich und Thal (St. Gallen): Die Güterzusammenlegung in der deutschen Schweiz. Zürich 1909. 130 S. und zwei Pläne. 8°. [18. II. 09.]
Zürich. Staatswiss. Diss. 1908/09.

Lutz, Carl. Die Güterzusammenlegung in der deutschen Schweiz. Diss. Jur. Univ. Zürich... von K' L'.... 130 S. 8. Zürich, W. Coradi-Maag, 1909.

— (Die militairische Besetzung des Zeughauses betreffend.) Herr von Aschoff, geben Sie gefälligst definitive Antwort! Druck von F. Reichardt u. Co. 1 Bl. Fol.
Flugblatt. Berlin, 30. Mai 1848.

Lutz, Karl [Florenz], Referendar, Schlettstadt i. Els.: Wesen und Geltendmachung des sogenannten hypothekarischen Anspruchs. Schlettstadt 1906: P. Rugraff. (107 S.) 8° [F.]
Straßburg, Rechts- u. staatsw. Fak., Ref. Kisch, Diss. v. 15. Juni 1906
[Geb. 24. März 80 Haegen, Kr. Zabern (Unt.-Els.); Wohnort: Schlettstadt; Staatsangeh.: Elsaß-Lothringen; Vorbildung: Gymn. Zabern, Schlettstadt Reife M. 00; Studium: Straßburg 3, München 1, Straßburg 3 S.]

Lutz, Karl Wolfgang

— Über e. neuen Flammenkollektor u. dessen Prüfung im elektrischen Felde. (S. 507—525 m. 2 Taf.) gr. 8. München 906. (G. Franz' Verl.) — 40

Lutz, Karl Wolfgang: Eine neue Form des Ebertschen Aspirations-Apparates. Mit 1 Taf. München: Kgl. Bayer. Akad. d. Wiss. 1909. 17 S. 8°
(Sitzungsberichte d. Kgl. Bayer. Akademie d. Wiss. Math.-physik. Kl. Jg. 1909, Abh. 14.)

— Über e. Saitenelektrometer. (S. 61—76 m. 1 Taf.) gr. 8. Ebd. 907. — 40
Sonderabdruck aus: „Sitzungsber. d. bayer. Akad. d. Wiss."

Lutz, Karl Wolfgang: Untersuchungen über atmosphärische Elektrizität mit besonderer Berücksichtigung ihrer technischen Bedeutung. [1904.] 102 S., 9 Taf. 8°
München, Dr.-Ing.-Diss. v. 3. 3. 1904

Lutz, Kosmas (Betriebsingenieur b. d. Generaldirektion d. b. Verkehrsanstalten), der *Bau der bayer. Eisenbahnen rechts des Rheines*, bearb. m. Benutzung amtl. Quellen. Mit 1 Uebersichtskarte. München u. Leipzig, R. Oldenbourg, 1883. Imp.-8°. Eleg. Hschwsldrb. m. Rückenvergold.
X—502 S., 1 Bl. Err., schöne Karte.

Lutz, Leonhard

Lutz, L., Allgemeine Beobachtungen über die Präpositionen bei den attischen Redn Diss. 1888. 27 S.

Lutz, Leonhard [Dr.]: Die Casus-Adverbien bei den attischen Rednern. Ein Beitr. z. histor. Grammatik d. griech. Sprache. (Forts. v.: Die Präpos. bei d. att. Redn. P-Beil. Neustadt a. H. 1887. Vgl. Allg. Beob. üb. d. Präp. . . . Inaug.-Diss. Würzburg 1888.) Würzburg, k. b. Hofbuchdr. v. Bonitas-Bauer, 1891; 40 S. 8°
Würzburg, k. neues G, P 1891.

Lutz, Leonh., die Casus-Adverbien bei den attischen Rednern. Ein Beitrag zur histor. Grammatik der griech. Sprache. gr. 8. (40 S.) Würzburg 891. (Leipzig, G. Fock.) n. 1. 20

Lutz, Leonhard Die Präpositionen bei den attischen Rednern. Ein Beitrag zur historischen Grammatik der griechischen Sprache. 8 (180 S. u. 2 S. unp.).
Progr. Studienanst. *Neustadt a. d. Haardt* 1887 (u. 1888).

Lutz, Leonh., die Präpositionen bei den attischen Rednern. Ein Beitrag zur histor. Grammatik der griech. Sprache. gr. 8. (181 S.) Neustadt a. d. H. 887. (Leipzig, Fock.) *

Lutz, Ludw. Über die Verminderung d. Haemoglobingehalts d. Blutes während d. Kreislaufs durch die Niere. Diss. gr. 8. (15 S.) Dorpat 889, (Karow). * 1 —

Lutz, Luitp., d. bayerische Artillerie v. ihren ersten Anfängen b. zur Gegenwart. Nach authent. Quellen bearb. M. 2 Taf. Zeichngn. u. 14 Uniformbild. Lex.-8. (XXVI, 883 u. Tafel-Erklärg. 4 S.) München 894. Th. Ackermann. n. 14. —

Lutz, Luitpold: Einteilung und Verwendung der bayer. Truppen während des Feldzugs 1866. München: Lindauer 1909. S. 154–188. 8°
(Darstellungen aus d. bayer. Kriegs- u. Heeresgeschichte. H. 18, [3.])

Lutz, Luitpold, Geschichte des kurbayerischen Heeres unter Kurfürst Karl Albrecht — Kaiser Karl VII. — u. Kurfürst Max III. Joseph 1726–1777, s.: Staudinger, Karl.

Lutz, Luitp., Geschichte d. königl. bayerischen 3. Feld-Artillerie-Regiments Königin-Mutter von seiner Errichtung bis zur Gegenwart 1848—1890. Nach amtl. Quellen bearb. Mit 7 Licht- u. 8 Farbendr.-Blättern, sowie 14 Plänen. Lex.-8. (XXIII, 514 S.) München 891. Th. Ackermann's Verl. n. 16. —

Lutz, L. Die bayer. Husaren im österr. Erbfolgekrieg 1742–1745. München 1901. 27 S.

Lutz, L., u. F. Hoerenz. Skizze zur Organisation und Formationsgeschichte der bayer. Artillerie. Mit Beil. München 1901. 49 S.

Lutz M, Universal-Zuschneidesystem d. männlichen Bekleidung. Mit Atl. Stuttgart

Lutz, M., welche Aufnahme die Mannheimer Schulorganisation bisher gefunden hat. Ein Führer durch die Literatur des Mannheimer Systems. (37 S.) kl. 8. Mannheim 905. J. Bensheimer's Verl. n. — 40
Sonderabdruck aus: „Neue bad. Schulzeitg."

Lutz, Markus

— Chemische Analyse und Synthese, ein alchymistischer Versuch von einem Mystiker des 19ten Jahrhundert [Gügler]. Luzern, 1816. pp. 151, 12mo.

Lutz, Marcus. Basel und seine Umgebungen...; von Markus L'.... 2., ganz umgearbeitete Aufl. 8. Basel 1814. Flick.

Lutz, Mark., Basel u. seine Umgebungen. 2e Aufl. 8. Basel 814. (Neukirch). 12 gr.

(Lutz, [Marcus].) Kurze Beschreibung der Stadt und des Kantons Basel.... Nebst einem Wegweiser von Basel durch die ganze Schweiz und nach den vorzüglichsten Städten Deutschlands und Frankreichs. 8. Basel 1811.

(Lutz, Mark.,) kurze Beschreibung u. Geschichte d. Kantons Basel. Für d. Schulgebr. auf d. Lande bestimmt. 8. (5¼ B.) Basel 829, Schneider.

Lutz, Marcus. Vollständige Beschreibung des Schweizerlandes... nach alphabetischer Ordnung. Hrg. im Verein mit Vaterlandsfreunden von Marcus L'.... 3 Theile. 8. Aarau 1827–1835.
Theil 1–3. 2. durchaus umgearbeitete und viel vermehrte Ausg. 1827.
Theil 4, zur Ergänzung des vollständigen Werkes, *u. d. T.:* Zusätze und Berichtigungen.... Nebst einem topographisch-statistischen Abriss des Herzogthums Savoyen, begleitet mit dem neuen... Wegweiser durch die schweizerische Eidgenossenschaft und die benachbarten Länder.... 1828.
[Theil 5 =] Supplement-Band. 1835.

Lutz, Markus, Pfarrer in Läufelingen etc. Vollständige Beschreibung des Schweizerlandes. Oder geographisch-statistisches Hand-Lexikon über alle in gesammter Eidgenossenschaft befindlichen Kantone, Bezirke, Kreise, Aemter sowie aller Städte, Flecken, Dörfer, Schlösser, Klöster, auch aller Berge, Thäler, Seen, Flüsse, Bäche und Heilquellen, nach alphabetischer Ordnung. (5 Bde.) 8. Aarau 1827–1835.

Lutz, Marcus. Moderne Biographien, oder kurze Nachrichten von dem Leben und Wirken interessanter Männer unserer Zeit, welche sich ... in der Schweiz ausgezeichnet haben. Von Markus L'.... 8. Bey Lichtensteig 1826. (Hartmann in Lpz.)

— Baslerisches Bürgerbuch, mit lithograph. Wappentafeln. gr. 8. Basel 819. Schweighäuser. 1 rf 21 gr.

Lutz, Marcus. Chronik von Basel oder die Hauptmomente der Bässlerischen Geschichte, aus authentischen Quellen herausgehoben und dargestellt von Markus L', Pfr. 8. Basel 1809.

Lutz, M., Chronik von Basel, od. die Hauptmomente der Basler. Geschichte. gr. 8. Basel, Flick. 810.

— Chronik von Basel, oder die Hauptmomente der Basler Geschichte. gr. 8. Basel 810. (Neukirch). 21 gr.

Lutz, Marcus. Aargauische Denkwürdigkeiten aus den Zeiten der Vergangenheit und der Gegenwart. Ein historischer und biographischer Versuch, von M. Markus L'.... 1. [einziges] Heft. [Mit 1 Tabelle.] 8. Aarau 1804.

Lutz, Mark., der schweizer. Elementarschüler, od.: das Wissenswürdigste aus d. Geschichte u. Geographie uns. Vaterlandes, mit den, hierzu nöthigen, allgem. Vorbegriffen. Nach d. Tode d. Verf. hrsg. u. vervollständ. durch J. J. Reithard v. Küßnacht. gr. 12. (7 B. u. 1 ill. Karte.) Burgdorf 836, Langlois.

(Lutz, Marcus.) Die neue Fahrstrasse über den untern Hauenstein.... Nebst einer Wegkarte. ([Von] Markus L'....) 8. Aarau 1830.

Lutz, Marcus. Das Vorderöstreichische Frickthal in historisch-topografischer Hinsicht.... Von Markus L'.... [Mit 1 Tabelie.] 8. Basel 1801. Flick. (Neukirch)

— Geschichte der Universität Basel von ihrer Gründung bis zu ihrer neuesten Umgestaltung. 8. Aarau 826.

Lutz, Pfarrer Mark., Geschichte der Universität Basel rc. gr. 8. Basel 826. Ist Verlag v. Christen in Aarau u. d. Pr. 5/6 rf

— Geschichte der ehemal. Herrschaften Birseck u. Pfeffingen. Mit 1 Karte. gr. 8. Basel 816. Schweighäuser. 1 rf 12 gr (Ist auch d. 3e Theil d. Merkwürdigkeiten von Basel.)

Lutz, Marcus. Geschichte Helvetiens seit dem Frieden von Tilsit bis zur Beschwörung des neuen Bundes. St. Gallen 1815 s. a. Meister, Leonhard. Helvetische Geschichte.... Band 5.

Lutz, M., Geschichte Helvetiens seit d. Frieden von Tilsit rc. 1r Bd. 8. St. Gallen. Huber. 815. 1Rthlr.

(Lutz, Marcus.) Kurze Geschichte und Beschreibung des Kantons Basel. Zum Gebrauch der Basel-Landschaftlichen Bewohner.... ([Von] Markus L'....) 8. Liestal 1834.

Lutz, Marcus. Geschichte des Ursprungs und der Entwicklung der kirchlichen Reformation zu Basel im Anfange des sechszehnten Jahrhunderts. Von Markus L'.... Mit einem Titelkupfer [Tafel]. 8. Basel 1814. Schweighäuser.

Lutz, Marcus. Geographisch-Statistisches Handlexikon der Schweiz.... Enthaltend vollständige Beschreibungen der XXII Kantone.... Nebst einem Wegweiser durch die Eidgenossenschaft.... Im Vereine mit Vaterlandsfreunden hrg. von Markus L'.... [3 Theile.] 8. Aarau 1822. Sauerländer.

[Theil 1.] G'-St' Handl'.... 2 Abtheilungen.

[Theil 2.] *u. d. T.:* Nachträge und Berichtigungen...

[Theil 3.] *u. d. T.:* Wegweiser durch die Schweizerische Eidsgenossenschaft. Sammt Nachrichten für Reisende.... Ein Anhang zu dem g'-statistischen H'...

— geograph.-statist. Handlexicon d. Schweiz f. Reisende u. Geschäftsmänner 2c. Nebst einem Wegweiser durch d. Eidgenossenschaft, sammt Nachrichten f. Reisende über Postenlauf, Geldeswerth u. Gasthöfe. 2 Thle u. Nachträge. 8. Aarau 822, Sauerländer.

— dass. 2e Aufl. A. u. d. T.: vollst. Beschreib. d. Schweizerlandes 2c in 3 Bänden. 12.

—— geograph.-statist. Handlexikon d. Schweiz. Zusätze u. Berichtigungen (od. 4. Thl.) Nebst e. topograph.-statist. Abriß d. Herzogth. Savoyen, begl. mit d, neuen u. vollständ. Wegweiser durch d. schweiz. Eidsgenossenschaft u. d. benachbarten Länder. gr. 12. (13 B.) Aarau 828, [Sauerländer, Brlsh.]

—— dass. — Supplementbd. (od. 5. Thl.) gr. 12. (20 B.) Ebds. 835.

1—3. Thl. Ebendas. 1827. 3 Thlr. 16 Gr.

Lutz, M., vollständiges geographisch-statistisches Hand-Lexikon der schweizerischen Eidgenossenschaft. Neu bearb. und vielfach verm. hrsg. von A. v. Sprecher. 2 Bde. Lex.-8. (IV und 1070 S. mit 1 Tab. in Fol.) Aarau 856, Sauerländer's Verlag. Thlr.

(Lutz, [Marcus].) Die Festung Hüningen von ihrer Anlage bis zu der am 28. des Augstmonats 1815 erfolgten zweyten Uebergabe. Eine geschichtliche Darstellung ihres die Stadt Basel beengenden Daseyns. 8. Basel (1815).

— die Festung Hüningen, von ihrer Anlage bis zu ihrer Schleifung. Eine geschichtl. Darstellung ihres die Stadt Basel beengenden Daseyns. Nebst d. Tagebuch der Belagerungsoperationen auf dem den eidgenössischen Truppen übergebenen rechten Rheinufer. 2e verm. u. verb. Ausgabe. gr. 8. Basel 816. Neukirch. 8 K

Lutz. Die Festung Hüningen von ihrer Anlage bis zu ihrer Schleifung. 2. Aufl. Basel 1816. 111 S.

Lutz, Marcus. Das landkirchliche Kammergut oder Wahrheit ohne Schminke. Erwiederung auf die Verunglimpfungen der ehemaligen ... Pfarrgeistlichen in Basellandschaft, von Markus L'.... 8. Liestal 1834.

Lutz, Marcus. Lebensbeschreibung des biedern Helvetiers Thomas Plater (1499–1582), In eine Akademische Vorlesung eingekleidet von Marx L'. 8. Basel 1790.

— Lehrbuch der schweizer. Erdbeschreibung, zum faßlicheren Unterrichte in Stadt- u. Landschulen, in Frag- u. Antworten eingekleidet. 8. Basel 812. 2e A. 817. Neukirch. 5 K

— Lehrbuch d. schweizerischen Erdbeschreibung. 8. Basel, Flick. 813.

— — dasselbe in Carton broch.

— Lehrbuch zum ersten Unterricht in d. Geographie d. Schweiz. gr. 8. Basel 822. Schweighäuser. 10 K 2e A. 832, Ebd. 12 K

—— Lehrbuch z. ersten Unterr. in d. Geographie d. Schweiz. 2., durchaus umgearb. u. viel verm. Aufl. gr. 8. (14 B.) Basel 833, Schweighauser.

—— Lehrbuch z. ersten Unterr. in d. Geographie d. Schweiz. 3., umgearb. Aufl. 8. (13½ B.) Basel 835, Schweighauser'sche Bh.

Lutz, Marcus. Neue Merkwürdigkeiten der Landschaft Basel, oder Fragmente zur Geschichte, Topographie, Statistik und Kultur dieses Schweizerschen Freystandes gesammelt, von Markus L'.... 2 Abtheilungen. 8. Basel 1805.

Lutz, M., Merkwürdigkeiten der Landschaft Basel. 3 Thle. M. 1 Kart. gr. 8. Basel, Schweighäuser. 805 und 816.

Lutz, Marcus. Nekrolog denkwürdiger Schweizer aus dem achtzehnten Jahrhundert. nach alphabetischer Ordnung bearb. für Freunde vaterländischer Kultur und Geschichte von Markus L'.... 8. Aarau 1812. Sauerländer.

— Predigt am Säcularfeste d. schweizerischen Kirchenreformation. 8. Basel 819. Schweighäuser. 3 K

Lutz, Markus, s. Rauracis.

— Rauracis, ein Taschenbuch mit Kupf. f. 1827. 16. Basel, Schweighäuser.

—— Rauracis. Ein Taschenbuch f. (d. J.) 1828—31, den Freunden d. Vaterlandskunde gewid. (Jeder Jahrg. m. 1 Portr. u. 3 Ansichten.) 16. (à 8 B.) Basel, Schweighauser. à 12 Gr.

Jahrg. 1827. Ebendas. 12 Gr.

Lutz, Marcus. Die Schlacht bei St. Jakob (an der Birs) am 26. August 1444. Eine historische Darstellung von Markus L'.... [Mit 1 Vignette und 1 Tafel.] 4. Basel 1824.

— die Schlacht bei St. Jakob am 26. Aug. 1444 nach allen ihren merkwürd. Umständen beschrieben. Mit 1 Kpf. u. d. Plan d. Schlachtgegend. 12. Basel 812. Flick. (Neukirch). 16 K

Lutz, Marcus. Die Schlacht bey St. Jakob [an der Birs] am 26. Augstmonat 1444, nach allen ihren merkwürdigen Umständen beschrieben von Markus L'.... Mit ([Anhang:] Gedichte über St. Jakob.) einem Küpferchen und dem Plan der Schlachtgegend. (Der Schweizerischen, vorzüglich aber der Baslerischen Jugend gewidmet auf den Neujahrstag 1813.) 8. Basel 1813.

Lutz, Markus, s. Ueberblick, Kurzer, der Stadt Basel.

(——) kurzer Ueberblick d. Stadt Basel u. ihrer literar. u. philanthrop. Institute. M. 1 lith. Aussicht auf d. Rhein. 8. (4½ B.) Basel 830, Schneider.

— über die politischen und religiösen Verhältnisse einiger Bestandtheile des vormaligen Bisthums zu der Stadt Basel. 8. Basel, Neukirch. 814.

Lutz, Marcus. Wegweiser durch die Schweizerische Eidsgenossenschaft.... Aarau 1822 *s.* Lutz, Marcus. Geographisch-Statistisches Handlexikon der Schweiz. [Theil 3.]

Lutz, Maximilian von

Lutz, M. v. Das Schweizer Milizheer u. dessen Truppen-Übung im Jahre 1883. Mit 1 Krt. München 1885. 63 S.

Lutz, Maximilian v., Oberstlieut. und Abtheilungs-Commandeur im k. b. 3. Feld-Artillerie-Regiment. Das Schweizer Milizheer und dessen Haupt-Truppen-Uebung im Jahre 1883. Zwei Vorträge gehalten in der Milit. Gesellschaft München am 20. Februar und 12. März 1885. Als Manuscript gedruckt. Aus: „Jahrbuch der Milit. Gesellschaft München“ 1884/85. (Mit 1 Taf.) 8. München 1886.

LUTZ, Michael (Ingolstadt): De febribus in genere.- Werdeae ad Danubium: Krieger 1830. 52 S.
15.7.1828 - Urk; F 59
Diss. Ingolst.-Landsh.-Mchn.

Lutz, Oskar J., aus Riga: **Über die Einwirkung von Ammoniak und Aminbasen auf Halogenbernsteinsäuren.** *Rostock 1899: Adler's Erben.* (68 S.) 8°
Rostock, Phil. Diss. v. [4. Aug.] 1899

Lutz, Otto [von Zürich und Thal (St. Gallen)]: **Die Arbeit in den Strafanstalten und der Verdienstanteil der Sträflinge.** Zürich 1899. XVI, 168 S. 8°.
Zürich. Jur. Diss. 1899/1900.

Lutz, Otto: Über den Einfluß gebrauchter Nährlösungen auf Keimung und Entwicklung einiger Schimmelpilze. Halle a. S. 1909: (Hopfer, Burg b. M.). 47 S. 8° ¶ (Aus: Annales mycologici. Bd 7.)
Halle, Phil. Diss. v. 5. April 1909, Ref. Küster
[Geb. 14. Nov. 81 Pflugfelden; Wohnort: Halle a. S.; Staatsangeb.: Württemberg; Vorbildung: Oberrealsch. Stuttgart Reife O. 04; Studium: Berlin 4, Halle 2 S.; Rig. 28. Jan. 09.] [U 09. 1680

Lutz, Otto, Prakt. Arzt von Winterthur [Kt. Zürich]: Aus dem pathologischen Institut der Universität Zürich. Über Verdickungen des Wandendocards verursacht durch Reibung verkalkter Klappenteile. Zür. Orell Füssli Dr. 1897. 23 S., 1 Taf. 8°.
Zürich, Med. Diss. [v. 16. Aug. 1897].

LUTZ, Pancraz: Ein Fall von schwerem Tetanus traumaticus.- München: Ernst 1898. 16 S.
25.2.1898 - Chr 1897/98,19; Jv 1897/98,215
Diss. Ingolst.-Landsh.-Mchn.

[Lutz,] Paul Hugo. Luzifer oder Das Ringen der Menschen. Eine Trilogie von P' H'. VI + 159 S. 8. Dresden, Richard Lincke, 1906. [M. 2.70]

Lutz, Paul Hugo. Schattens Schatten. Eine symbolisch-närrische Tragödie von P' H' Lutz [Zürich]. VI + 95 S. 8. Dresden, Richard Lincke, [1907]. [M. 1.50]

Lutz, Paul Hugo, Schattens Schatten. Eine symbolisch-närr. Tragödie. (V, 94 S.) 8. Dresden (907). E. Pierson. 1.50

Lutz, Pet., u. Val. Höller, prakt. Chorgesang-Schule f. Gymnasien, Latein- u. Realschulen. 3 Tle. 8. Bamberg 899. (H. Uhlenhuth.) n. 2.25
I. (VI, 44 S. m. 1 Taf.) n. — 50. — II. (56 S.) n. — 75. — III. (112 S.) n. 1. —.

Lutz, R., aus jungen Herzen, s. Alt, A.

Lutz, R[einhold]: Zur Regelung von Automobilmaschinen. 1909. 68 S. 4°
¶ Auch als: Mitteilungen über Forschungsarbeiten auf d. Gebiete d. Ingenieurwesens. H. 69; Ausz. in: Zeitschrift d. Vereines deutscher Ingenieure. Bd 53, Halbj. 1.
Karlsruhe, Dr.-Ing.-Diss. v. 25. 11. 1908

Lutz, R., zur Regelung v. Automobilmaschinen, s. a. Mitteilungen üb. Forschungsarbeiten auf dem Gebiete des Ingenieurwesens.

Lutz, R., Skizzen zum Eisenbahnmaschinenbau unter Berücksicht. in- u. ausländischer Bahnen. 1. u. 2. Hft. Fol. Berlin, Polytechn. Buchh. A. Seydel. à n.n. 3.50
1. Preussische Normalien. (15 Taf. m. Text auf dem Umschlag.) 901.
2. Preuss. Normalien, deutsche u. ausländ. Konstruktionen. (20 Taf. m. Text auf dem Umschlag.) 902.

Lutz, Rob., Kuhnle—Dreyfus, s.: Im Rechtsstaat. 2. Hft.

Lutz, Rob., Reform der württembergischen Irrenanstalten. E. nochmal. Mahnwort an Regierg., Volk u. Abgeordnete auf Grund neuer zahlr. Berichte üb. d. seither. Zustände in uns. Irrenhäusern u. sonst. Materials. gr. 8. (72 S.) Stuttgart 897. R. Lutz. n. 1. —

LUTZ, Rolf (Neustadt a.H.): Primäre Aktinomykose des Herzbeutels und des Herzens.- München: Wolf 1910. 24 S.
28.11.1910 - Chr 1910/11,23; U 11.3684
Diss. Ingolst.-Landsh.-Mchn.

Lutz, Rud. (Hrsg.), s. Ansichtskarten-Revue, Internationale.

Lutz, Rud., die Ansichts-Postkarte, ihre Entstehung, Entwickelung u. Bedeutung. Eine zeitgemäße Studie. [Aus: „Das neue Jahrhundert“.] 12. (18 S. m. 2 eingedr. Fksms.) Baden-Baden (901). R. Lutz. — 20

Lutz, S. (Red.), s. Draisena.

Lutz, Samuel. Die Paradisische Alve der jungfräulichen Keuschheit, welche Gott giebt allen, die da sind aus dem Glauben an den Herrn Jesum. Germantown: Saur, 1770.
AAS

Lutz, Samuel: Die under der Kelter des Zorns Gottes ligende / und sehr zerquetschgte / doch Hertz-erfreuliche Wein-Trauben. das ist: Der in dem Garten Gethsemane ängstlich-traurende / zagende und Blut-schwitzende Jesus. vorgestellt von einem / dessen Seelen Lust Dorten Das Gethsemanische Weinbeerblut Jesus Ist. [Verf.: Samuel Lutz.] Basel: Genath 1723. 199 S. -- Rüd.
[Handschriftliche Eintragung des Verfassernamens auf dem Titelblatt als Samuel Lucius; bibliographisch als Samuel Lutz nachgewiesen.]

Lutz, Siegfr. v., der Blitz-Trust, s.: Bibliothek, interessante.

Lutz, Siegfr. B., s.: Erzählungen f. die Jugend.

— Das Teufelsweib. In der Todeskammer, s.: Bibliothek, interess.

LUTZ, Stephan (Wolfsried): Der Typhus.- München: Weiss 1855. 28 S.
16.8.1855 - Urk (Titel: De typho.); F 68
Diss. Ingolst.-Landsh.-Mchn.

Lutz, Thdr., **Strassen-Eisenbahnen, deren Geschichte, Bau- und Betriebs-Einrichtungen, Art der Geleiseanlagen und Benützung des Dampfes als Zugkraft. gr. 8. (60 S. mit 1 Holzschn.- und 2 Stnt.) Zürich 878, Schmidt.** *

Lutz, Theodor. Normalspurige Transversal-Eisenbahnen mit Locomotiv-Betrieb. Practische Erörterungen zur Erstellung von Secundarbahnen. In-8°, 80 S. mit 5 Blatt Zeichnungen. Zürich, Trüb'sche Buchhandlung. 1881.

Lutz, Ulrich: Die Fertigung im Stift, Stadt und Kanton St. Gallen. Altstätten 1897. 95 S. 8°.
Bern. Jur. Diss. 1897/98.

Lutz, Valentin: Friedrich Rudolf Ludwig von Canitz, sein Verhältnis zu dem französischen Klassizismus und zu den lat. Satirikern, nebst einer Würdigung seiner dichterischen Thätigkeit für die deutsche Literatur . . . . Neustadt a/H., Aktien-Druckerei, 1887; 81 S. + 1 Bl. 8°.
Heidelberg, Phil. Fak., Inaug.-Diss. v. 1887.

Lutz, Valentin, Friedrich Rudolf Ludwig v. Canitz, sein Verhältnis zu dem französ. Klassizismus und zu den latein. Satirikern, nebst einer Würdigung seiner dichter. Thätigkeit für die deutsche Literatur. Inaugural-Dissertation. gr. 8. (83 S.) Neustadt a. H. 887. (München, Kaiser.) *

Lutz, Walter, Referendar in Stuttgart: Zur Frage der positiven Vertragsverletzungen. Berlin 1907: W. Pilz. (109 S.) 8°
Tübingen, Jur. Fak., Ref. v. Wendt, Diss. v. 23. Febr. 1907
[Geb. 25. Okt. 79 Besigheim; Wohnort: Stuttgart; Staatsangeh.: Württemberg; Vorbildung: Realgymn. Stuttgart Reife M. 98, Ergänzungszeugnis 99; Studium: Tübingen 1, München 1, Berlin 2, Tübingen 3 S.]

Lutz, Walth., Thomas Münzer. Drama in 3 Akten. (150 S.) 8. Stuttgart (909). R. Lutz. 2. —

Lutz, Wilhelm [aus Castel, Assistenzarzt II. Cl. im hess. Feld-Art.-Reg. No. 11 in Cassel]: Aus d. med. Klinik d. Herrn Prof. Riegel zu Giessen. Ueber Bigeminie des Herzens. . . . Giessen, C. v. Münchow, Univ.-Druckerei, 1889; 20 S. 8°
Giessen, Med. Fak., Inaug.-Diss. v. 1889

Lutz, Xaver

Lutz, X., die Privat-Irrenanstalt „Christophsbad" in Göppingen, s. Landerer, Gust.

Lutz, Xav., der Kulturkampf in Frankreich. (32 S.) 8. Feldkirch (906). F. Unterberger. n. — 40

— Treu zu Rom! 7 Vorträge üb. das Papsttum. (Für Geist u. Herz. 3. Bdchn.) (IV, 71 S.) kl. 8. Ravensburg (906). F. Alber. n. — 35

Lütz, Godofredus (geb. am 13 Okt. 1810 in Deutz bei Köln): De oedemate, atrophia et induratione cerebri ... Coloniae, typ. Bueschleri sociique (1835). 34 S., 1 Bl. 4.
Bonn, Med. Fak., Diss. v. 11 Apr. 1835

Lutzau, Gustav v.: Über die Einwirkung von Estern zweibasischer Säuren auf primäre aromatische Amidokörper. 1902 31 S. 8° ¶ Vgl. J. Liebig's Annalen d. Chemie. Bd 347. 1906. S. 17 ff.
Braunschweig, Dr.-Ing.-Diss. v. 13. 3. 1902

Zukünftige Aufgaben der Pandektenrechtswissenschaft. Eine Studie von Hermann v. **Lutzau**, Cand. jur. *Riga: Jonck & Poliewsky 1902.* (27 S.) 8° [F.]

Lutzau, Herm. v., zukünftige Aufgaben der Pandektenrechtswissenschaft. Eine Studie. (27 S.) gr. 8. Riga 903. Jonck & Poliewsky. n. — 80

Der Eigenthumserwerb am Wilde durch Occupation nach dem Privatrecht Liv-, Esth- und Kurlands, verglichen mit ausländ. Gesetzgebungen. Von cand. jur. H. v. **Lutzau**. Riga & Leipzig: F. Deutsch (1904). (177 S.) 8° (08. 1834 6

Lutzau, Herm. v., fünf Fragen aus dem Provincialrecht. gr. 8. (59 S.) Riga 899. Jonck & Poliewsky. n. 1.60

Die Gesetze über die Begründung der Reichsduma und Umgestaltung des Reichsrats, nebst Wahlordnung, Instruktionen und Senatserläuterungen. Ins Deutsche übers. von H. v. **Lutzau**. Riga: N. Kymmel 1907. (x, 162 S.) 8° [F.] (08. 316

Lutzau, Herm. v., s. a. Gesetze, die, üb. die Begründung der Reichsduma u. Umgestaltung des Reichsrats.

Lutzau, H. v., Die Lehre v. der Klagenverjährung nach liv-, est- u. kurländischem Privatrecht in steter Vergleichung m. dem gemeinen Recht u. den wichtigsten modernen Gesetzgebungen. 1. Bd. (XVI u. S. 1—368) gr. 8. Leipzig '04. Crimmitschau, R. Wöpke. 9. —

Lutzau, H. v., Die Lehre v. der Klagenverjährung nach liv-, est- u. kurländischem Privatrecht in steter Vergleichung u. dem gemeinen Recht u. den wichtigsten modernen Gesetzgebungen. 2. (Schluss-)Bd (VII u. S. 369—975) gr. 8. Leipzig, R. Wöpke. 1906. 14. —

(B) — Lehre von der Klagenverjährung. 904. 906. (KBB 84.) Jetzt: Leipzig, A. König.

— Streifzüge auf dem Gebiete der Theorie u. Praxis des provinciellen Privatrechts. (232 S.) 8. Riga 902. Jonck & Poliewsky. — Berlin, H. W. Müller. n. 6. —

Lutzau, H. v., Studien u. Kritiken zum ostseeprovinziellen Privatrecht. 1. Bd. (656 S.) gr. 8. Riga '08, Jonck & Poliewsky. 5. —

Lutzau, H. v., Alphabetisches Wort- u. Sachregister zum neuen Stempelsteuergesetz vom 10. VI. 1900, betr. die der Stempelsteuer unterliegenden u. die v. derselben befreiten Verträge, Urkunden u. Dokumente. (91 S.) gr. 8. Riga '01, Jonck & Poliewsky. 2. 20.

Lutzau, Karl von: Beitrag zur Casuistik der multiplen Lipome. Diss. Dorpat. 1878. 8°. 33 p. mit zwei lithographirten Tafeln.

Lutze [Sachliches OW]

Lutze, Arthur, ein humorist. Schwank in Versen von Jul. R.....th. 8. (1 B.) Berlin 845. [C. H. Schultze.] *

Lutze's, Arthur, Freisprechung d. kgl. Kammergerichts in der fiscalischen Untersuchungssache gegen ihn, veranlaßt durch die Denunciation des Dr. Philippi u. Dr. v. Ayr in Potsdam. Bezügl. auf den Zuckersieder Giesche u. den Blutlaß mit seinen Folgen. 8. (1 B.) Sondershausen 846, Eupel.

Lutze, Arthur, vor dem Herzog Heinrich v. Cöthen. Ein Gedicht von Rera. gr. 8. (1 B.) Sondershausen 846, Eupel.

Lutze [Verfasser]

Lutze, giebt es für uns ein Fortleben in der Ewigkeit? und wie gestaltet sich dasselbe unmittelbar nach dem Tode? Vortrag, gehalten auf Veranstaltung des Evangel. Vereins zu Berlin. gr. 8. (29 S.) Berlin 888, Wiegandt und Grieben. *

Lutze, Arthur, Abschiedsgruß. (Gedichte.) 3., verm. Aufl. gr. 12. (1 B.) Halle 841, Anton. *

Lutze, Arth., die Allöopathen als Würge-Engel. Eine Warnung f. Jedermann durch Thatsachen bewiesen. 16. (3 B.) Sondershausen 845, Eupel.

—— Anweisung für junge Frauen zum naturgemäßen Verhalten vor, in und nach dem Wochenbette. Mit Angabe der Heilmittel bei Krankheiten. Nach den neuesten Erfahrungen. gr. 8. (VIII und 160 S. mit eingedr. Holzschn.) Sondershausen 860, Eupel's Verlag. *

Lutze's, Arthur, Anweisung für junge Frauen zum naturgemäßen Verhalten vor, in und nach dem Wochenbette. Mit Angabe der Heilmittel bei Krankheiten. Hrsg. und neu bearb. von Paul Lutze, prakt. homöopath. Arzte, Direktor der Lutze'schen Heilanstalt zu Köthen. 3. Aufl. 8. (VIII, 136 S.) Cöthen 885, (Schettler's Erben.) *

—— genaue Anweisung f. Mütter zur Heilung der häutigen Bräune ohne Arzt. 1. Aufl. (1 B.) 844 u. 2., verb. Aufl. 16. (1¹/₈ B.) Sondershausen 846, Eupel. 3 Ngr.; m. d. Apotheke in Kästchen.

Lutze, Arth., genaue Anweisung für Mütter zur Heilung der häutigen Bräune ohne Arzt. 3. Aufl. 853. — 4. verm. Aufl. Sondershausen 857. Eupel. 16. (48 S.) 3 ngr.

Lutze, Arth., genaue Anweisung für Mütter zur Heilung der häutigen Bräune ohne Arzt. 4. und 5., verm. Aufl. 16. (42 S.) Sondershausen 857, Eupel's Verlag.

Lutze, Arth., genaue Anweisung für Mütter zur Heilung der häutigen Bräune ohne Arzt, wie auch der brandigen Bräune. 9. verm. und verb. Aufl. 16. (52 S.) Köthen 878, Schettler's Verlag. Mit einem Kästchen, enth. 8 homöopath. Mittel *
Mit 12 Mitteln *

Lutze, Arthur, Anweisung zur schnellen Selbsthülfe bei der Cholera und Schutzmittel dagegen. 8. (8 S.) Cöthen 849, (Schettler.) *

— Anweisung zur schnellen Selbsthülfe bei der Cholera und Schutzmittel dagegen. 5. verm. Aufl. Cöthen 855. (Sondershausen, Eupel.) 8. (1 Bl., 14 S.) n. 2½ ngr.

Lutze, Arth., Anweisung zur schnellen Selbsthülfe bei der Cholera. 6., verm. Aufl. Cöthen 866. Verlag der Lutze'schen Klinik. 8. (16 S.) 2½ ngr.

—— Auswahl von Gedichten. Für die reifere Jugend. Nebst einem Kinderschauspiel. 8. (170 S.) Cöthen 865, Verlag der Lutze'schen Klinik. cart.

—— offener Bericht für S. H. den Herzog von Deßau. 8. (42 S.) Deßau 848, (Neubürger.) *

—— fliegende Blätter für Stadt und Land über Homöopathie, s. Blätter, fliegende.

—— Emilie oder das rothe Kleid. Ein Kinderschauspiel. 4. Aufl. Mit einer Composition von Dr. Carl Löwe. 8. (22 S.) Cöthen 865, Verlag der Lutze'schen Klinik.

—— Emilie oder das rothe Kleid. Ein Kinderschauspiel. 5. Aufl. Mit einem Anhang von Polterabend-Scherzen und einer Composition von Carl Löwe. 8. (29 S. mit 1 Stnt. in 4.) Cöthen 869, Verlag der Lutze'schen Klinik. [Schettler's Verlag.]

—— Graf Evremont. Historisches, bürgerliches Schauspiel in 5 Acten. (Den Bühnen gegenüber Mscr.) 8. (IV und 105 S.) Cöthen 866, Verlag der Lutze'schen Klinik.

— Fieber-Tabelle. (Aus dem „Lehrbuch der Homoeopathie" abgedr.) Dessau (855.) Neubürger. (1 Bgn. in gr. Fol.) 5 ngr.

—— der alte Fritz oder eine Schuld und ihre Sühnung. Dramatische Skizze in 3 Scenen. 8. (IV und 42 S.) Cöthen 867, Verlag der Lutze'schen Klinik.

—— der alte Fritz oder eine Schuld und ihre Sühnung. Dramatische Skizze in drei Scenen. 2. Aufl. [Den Bühnen gegenüber Mscr.] 8. (42 S.) [Ebendas.] 870.

—— das Galgenmännlein. Ein dramat. Gedicht. 16. (6¼ B.) Leipzig 839, Brockhaus.

—— das Galgenmännlein. Ein Schauspiel in 5 Acten. 2., verm. Aufl. (Den Bühnen gegenüber Mscr.) 8. (VIII und 100 S.) Cöthen 864, Verlag der Lutze'schen Klinik.
geb. -

— Gedächtniß-Brücke für angehende Homoeopathen. Mit Hinweisung auf das Lehrbuch der Homoeopathie. Ebend. 868. 16. (IV, 93 S.) 5 ngr.; geb. 15 ngr.

— — 2. verm. Aufl. Ebend. 869. gr. 16. (VIII, 100 S.) 5 ngr.

—— Gedächtnißbrücke für angehende Homöopathen. Mit Hinweisung auf das „Lehrbuch der Homöopathie". 4. verm. Aufl. 8. (IV, 111 S.) Ebendas. 879. *
geb. in Leinw. *
Als Taschenbuch in Lederbd. mit Bleistift *

Lutze, Arth., Gedächtniß-Brücke für angehende Homöopathen. Mit Hinweisung auf das Lehrbuch der Homöopathie. 5. verm. Aufl. 12. (IV, 112 S.) Köthen 882, (Schettler's Verlag.) * — 50

— Gedichte. Neue Ausg. Mit dem Bildnisse des Dichters, nach der Pariser Photographie, in Stahlst. Dessau 855. Neubürger. gr. 8. (3 Bl., 271 S.) n. 1 ₰.

Lutze's, Arth., Gedichte Neue Ausg. 2., durch einen Anhang neuer Gedichte verm. Aufl. 8. (VII und 268 S. mit dem Bildnisse des Dichters in Stahlst. und 2 eingedr. Holzschn.) Dessau 859, Neubürger. Thlr. *

—— dass. — Neue Ausg. 3. Aufl. 1. Thl. gr. 8. (VII und 268 S. mit dem Bildnisse des Dichters in Stahlst. und 3 eingedr. Holzschn.) Cöthen 863, Verlag der Lutze'schen Klinik. geb.

—— Gedichte. 2. Thl. gr. 8. (V und 190 S. mit 2 Musikbeilagen in 4.) Cöthen 864, Verlag der Lutze'schen Klinik. -
geb.

—— Gedichte. 4. Aufl. In 1 Bde. gr. 8. (V, 287 S. mit dem Bildnisse des Dichters in Stahlst.) [Ebendas.] 870. *

—— s. Hahnemann's, Sam., Organon der Heilkunst.

— Hahnemannia, Lebensregeln der neuen Heilkunst oder Homöopathie, so wie Anweisung zur Heilung von Wunden u. Verbrennungen. 2. Aufl. 16. Potsdam 844, Horvath'sche Buchh. n. ⅙ ₰

—— sichere Heilung der Pocken oder Blattern durch homöopathische Mittel. Eine Anweisung für Jedermann. 16. (28 S.) Cöthen 858. (Sondershausen, Eupel's Verlag.) *

—— Herzog Heinrich und Marie oder der Triumph der Liebe. Ein Schauspiel in 5 Acten. (Den Bühnen gegenüber Mscr.) 1. Aufl. 1864. und 2. Aufl. 8. (IV und 88 S.) Cöthen 867, Verlag der Lutze'schen Klinik. 15 Ngr.; geb.

——, Karl X. Im Jahre 1832 in Schottland. Eine dramat. Scene. Anh.: Gedichte. 8. (3 B.) Neustadt-Eberswalde 836. (Berlin, Mittler, Brlsb.)

—— meinem Könige. Ein Huldigungsgedicht. Abdruck einer v. Sr. Maj. d. Könige Friedrich Wilhelm IV. huldreichst angenomm. Handschrift. gr. 8. (½ B.) Halle 841, (Anton.) *

—— Krätze, Syphilis, Sykosis, und deren homöopathische Heilung. 8. (86 S.) Cöthen 860. (Sondershausen, Eupel's Verlag.) *

— Lebensregeln der neuen Heilkunst od. Homöopathie, so wie Anweisung zur Heilung v. Wunden u. Verbrennungen. 16. (4 B.) Potsdam [Sondershausen 846, Eupel.]

—— Lebensregeln der neuen, naturgemäßen Heilkunst so wie Anweisung zur Heilung von Wunden und Verbrennungen. 17., verm. Aufl. 16. (IV und 92 S.) Cöthen 851. (Sondershausen, Eupel.)

— Lebensregeln der neuen, naturgemäßen Heilkunst so wie Anweisung zur Heilung von Wunden u. Verbrennungen. 17. verm. Aufl. 16. (IV u. 92 S.) Ebd. 851. — 19. verm. Aufl. 16. (IV u. 92 S.) Ebd. 852. 1/6 ₰

— Lebensregeln der neuen, naturgemäßen Heilkunst so wie Anweisung zur Heilung von Wunden und Verbrennungen. 20—22. verm. Aufl. Cöthen 852—54. (Sondershausen, Eupel.) 16. (IV, 92 S.) 5 ngr

— Lebensregeln der neuen naturgemäßen Heilkunst sowie Anweisung zur Heilung von Wunden und Verbrennungen. 46. Aufl. 16. (IV und 85 S.) Cöthen 866, Verlag der Lutze'schen Klinik.

Lutze, Arth., Lebensregeln der neuen naturgemäßen Heilkunst, sowie Anweisung zur Heilung von Wunden und Verbrennungen. 58. Ster.-Aufl. 16. (IV, 100 S.) Köthen 876, Schettler's Verlag. *

— Lehrbuch der Homöopathie. 1. und 2. Heft. 8. (LXIV und S. 1—320 und Repertorium 64 S.) Cöthen 854—55. (Sondershausen, Eupel's Verlag.) *

— Lehrbuch der Homöopathie. 3—5. (Schluss-)Heft. 8. (XL und S. 321—656 und Repertorium S. 64—231.) Sondershausen 857—61, Eupel's Verlag. à Heft * 10 Ngr. *
1. und 2. Heft. Ebendas. 1854,55. * 20 Ngr.

— Lehrbuch der Homöopathie. 4. u. 5. (letztes) Heft. Ebend. 860. 8. (XI, S. 369—656 u. Repertorium S. 209—231.) Jedes Heft n. 10 ngr.

— Lehrbuch der Homöopathie. 6., verm. Aufl. 8. (XCVI und 919 S.) Cöthen 867, Verlag der Lutze'schen Klinik. geb.

Lutze's, Arth., Lehrbuch der Homöopathie. Im Namen der Erben hrsg. v. Ernst Arth. Lutze. 7. verm. Aufl. 8. (XCIV, 904 S.) Cöthen 871. Verl. d. Lutzeschen Klinik. n. 5. —; geb. n. 6. —

— Lehrbuch der Homöopathie. Eine fassliche Anweisung zur Erlernung und Ausübung dieser Heilkunst. 8. und 9. verb. Aufl. 8. (LXXX, 698 und 228 S.) (Ebendas.) 874,78. * ℳ 5.; geb. **

— dasselbe. Hrsg. u. neu bearb. v. Paul Arth. Lutze. 10. Aufl. 8. (LXXXVIII, 666 u. 226 S.) Ebend. 882. n. 5. —

Lutze's, A., Lehrbuch der Homöopathie. Hrsg. u. neu bearb. v. P. Lutze. 11. Aufl. 8. (LIV, 640 u. Repertorium 226 S.) Köthen 887. (Schettler's Erben, Verl.) n. 5. —

Lutze's, Arth., Lehrbuch d. Homöopathie. Hrsg. u. neu bearb. v. Paul Lutze. 12. Aufl. gr. 8. (VIII, LIII, 647 u. III, 237 S.) Köthen 893. (P. Schettler's Erben.) n. 5. —; Einbd. n.n.n. 1. —

Lutze's, Arth., Lehrbuch der Homöopathie. Hrsg. u. neu bearb. v. Paul Lutze. 13. Aufl. 8. (8, LIII, 647 u. 241 S.) Köthen 900. (P. Schettler's Erben.) n. 5. —; Einbd. n.n.n. 1. —

Lutze's, Arth., Lehrbuch der Homöopathie. Hrsg. u. neu bearb. v. Paul Lutze. 14. Aufl. (8, LIII, 645 S.) Nebst Repertorium. Ein besond. f. Ärzte geeignetes Nachschlagewerk, in welchem d. spezielleren Krankheits-Symptome nach Körpergegenden geordnet u. dadurch leichter aufzufinden sind. Zusammengestellt v. Lutze. 14. Aufl. (242 S.) 8. Köthen 910. P. Schettler's Erben. 6.—; geb. n 7. 50

— Macht der Mutterliebe. Eine Dichtung. 2. Aufl. mit Anhang. 8. (96 S.) Sondershausen 847, (Eupel.)

Lutze, Arthur, Praktiker der reinen Homöopathie. Ein humorist. Schwank in Versen von Jul. R.....th. kl. 8. Berlin 845. (Wolff.) n. 1/6 ₰

— rules of health in general and particularly for a homoeopathic cure as also a short direction for curing the principal diseases and healing wounds and burns. 16. (VIII und 56 S.) Cöthen 864, Verlag der Lutze'schen Klinik. cart.

— Rules of life of the new medical art or Homoeopathy, as also a direction for healing wounds and burns. 16. (3 B.) London 846. (Sondershausen, Eupel.)

— die Schutzpocken-Impfung völlig unnütz und Verderben bringend. Aus statist. Tabellen und durch die berühmtesten Autoritäten nachgewiesen. Ein Mahnruf, allen Staatsgewalten ans Herz gelegt. Mit einem Nachworte von Ludw. Mertens. 8. (59 S.) Cöthen 854. (Dessau, Neubürger.) **

— die Schutzpocken-Impfung völlig unnütz und Verderben bringend. Aus statist. Tab. und durch die berühmtesten Autoritäten nachgewiesen. Ein Mahnruf allen Staatsgewalten ans Herz gelegt. Mit einem Nachwort von Ludw. Mertens. 16. Aufl 8. (IV und 33 S.) Cöthen 867, Verlag der Lutze'schen Klinik.

— Selbstbiographie. 8. (VIII und 362 S. mit eingedr. Holzschn. und dem Portr. des Verf. in Stahlst.) Cöthen 866, Verlag der Lutze'schen Klinik.

— charakteristische Symptome der Haupt-Arzneimittel aus der homöopathischen Praxis. 32. (109 S.) Leipzig 851, Bethmann. *

— the tooth-ache to be cured by smelling. With an exact direction performing this cure. — To be added: a small chest with 12 tooth-powers. 16. (2 B.) London and Potsdam 846, Sondershausen, Eupel. **

Lutze, Arthur, Hahnemanns Todtenfeier. Allgemein verständl. Entwickelung des Wesens d. Homöopathie, sowie d. Haupt-Irrthümer, Vorurtheile u. Mißbräuche d. Allöopathie. Ein öffentl. Vortrag nebst Disputatorium in Berlin. 5. Aufl., nebst Anh.: 1. Lebensregeln. — 2. Anweisung zur Heilung v. Wunden u. Verbrennungen rc. 8. (9 B.) Sondershausen 845, Eupel. Thlr.
1. Aufl. gr. 8. (5¾ B.) Potsdam 844, Horvathsche Buchh. * 10 Ngr.

— Hahnemann's Todtenfeier. Allgemein verständl. Entwickelung des Wesens der Homöopathie, sowie der Haupt-Irrthümer, Vorurtheile und Mißbräuche der Allöopathie. Ein öffentl. Vortrag nebst Disputatorium in Berlin. 8., verm. Aufl. Mit einem Anhange. gr. 8. (VIII und 141 S.) Cöthen 851. (Sondershausen, Eupel.)

— Hahnemann's Todtenfeier. Allgemein verständliche Entwickelung des Wesens der Homöopathie, sowie der Haupt-Irrthümer, Vorurtheile und Mißbräuche der Allöopathie. Ein öffentlicher Vortrag in Berlin. 11. Aufl. (VIII und 144 S.) 1852., 12. Aufl. 1853. und 17. Ster.-Aufl. 8. (VIII und 136 S.) Cöthen 855. (Sondershausen, Eupel's Verlag.) *

— Hahnemann's Todtenfeier. Allgemein verständl. Entwickelung des Wesens der Homöopathie, sowie der Haupt-Irrthümer, Vorurtheile und Mißbräuche der Allöopathie. Ein öffentl. Vortrag in Berlin. 36. Ster.-Aufl. 8. (VIII und 144 S.) Cöthen 867, Verlag der Lutze'schen Klinik.

— Hahnemann's Todtenfeier. Allgemein verständl. Entwickelung des Wesens der Homöopathie, sowie der Haupt-Irrthümer, Vorurtheile und Mißbräuche der Allöopathie. Ein öffentlicher Vortrag in Berlin. 43. Ster.-Aufl. 8. (VIII, 144 S.) (Ebendas.) 878. *

Manicke, Paul. Weitere Beiträge zur Kenntnis der Abbauprodukte der Cyklogalliphars äure, eine in den Galläpfeln vorkommende cyklische Fettsäure. Aus dem chemischen Institut der Königl. Tierärztlichen Hochschule zu Dresden.... Diss. Phil. Basel. Mit einer Tabelle und einer Kurventafel. VIII + 49 S. 8. Dresden, Arthur Schönfeld, 1910.

Manicus, Cl(audius): Annotationes in historiam et aetiologiam morborum quorundam borealium. Halae (1832): Gebauer. 40 S. 8°
Halle-Wittenberg, Med. Diss. v. 4. Okt. 1832
Geb. Sörup bei Flensburg (Schleswig) 12. 9. 1795. V.
Verf. wurde ohne Rigorosum in absentia promoviert.
Auf dem zuerst gedr. Titelblatt stand als Vorname des Verf. nur C., wegen des falschen Wortes „ordine" mußte ein neues mit „ordinis" gedruckt werden.

Manicus, Claus, s. Manicus, Klaus

Et Bidrag til den danske Nationalitets Historie i Slesvig. Af E. Manicus. o.O. (1856?). 8°
Separatabdruck. Enthält eine kurze Geschichte der Schleswiger Domschule.

Dissertationis de Civitatis Platonicae arte et consilio part. 1—2 scripsit Emil Manicus. Schleswig. 1854—55. 8°. Gymn.-Progr.

Manicus, E., De civitatis Platonicae arte et consilio pars II. Pr. 1855. 55 S.

Manicus, Klaus

Die Angeln in Cimbrien und England v. Dr. Davidson [d.i.: Claus Manicus]. Flensburg 1846. 8°

Die Germanisten und die Wege der Geschichte v. C. Hinrichsen [d. i. Claus Manicus]. Verfasser der „Historischen Übersicht der Schleswig-Holsteinischen Bewegungen". Kopenhagen. 1848. 8°

Hinrichsen, C., die Germanisten und die Wege der Geschichte. 8. (VIII und 231 S.) Kopenhagen 848, Höst. *

Historische Übersicht der Schleswig-Holsteinischen Bewegungen [v. C. Hinrichsen d. i.: Claus Manicus]. a. d. Dän. bearb. v. E. C[hristiani?]. Mit literarischen Beilagen. Kopenhagen. 1847. 8°.

Manier, Die, höflich und wohl zu reden und zu leben So wohl mit hohen vornehmen Personen seinesgleichen und Frauenzimmer Als auch wie das Frauenzimmer eine geschickte Aufführung gegen uns gebrauchen können. Hamb. 1716. V: *Hunold, Christian Friedrich.* (BGE IV³, 502)

Die MANIER, Wie man sich in der Conversation, sowol mit Hohen, vornehmen Personen, seines Gleichen und Frauenzimmer, bescheiden und kluglich verhalten und zu einer Galanten Conduite gelangen möge, So unlängst, von einem Hochgelehrten Mann, auf einer berühmten Universität, einigen Herren Studiosis in einem Collegio Conversatorio fürgetragen, und . . . zum Druck befördert worden. Nürnberg und Leipzig, In dem Felßeckerischen Buch-Laden. 1714. 12°. *Titelkupfer*, Titel in rot und schwarz, 216 S. Handgebundenes Pappbändchen der Z. in Brokatpapierüberzug, Rücken beschädigt.

Manière allemande de parler français, ou recueil d'expressions impropres, inexactes, louches, fausses, inintelligibles, contraires, les unes, aux régles de la grammaire, les autres, aux façons de parler adoptées pour l'usage, toutes un génie de la langue française etc. 8. Mannh. Schwan et G. 813. Rthlr.

Manière, la, d'apprendre de jeu d'échecs. 8. Marb., Krieger. 3 gr.

— d'apprendre à parler bien français. 8. Leipz. 772. Breitkopf u. H. 8 gr.

— d'entendre la S. Messe. 8. Regensb. 764. Montag u. W. 12 gr.

Manière facile, p. apprendre aux Enfans l' A. B. C. françois par des figures enlum. 8. Nürnb. Weigel. 790.

Manière de pratiquer les applications d'eau à Wörishofen sous le contrôle de M. l'Abbé Kneipp. Supplément à l'ouvrage „Comment il faut vivre". 8. (16 S. m. Abbildgn.) Kempten 892. Kösel. n. — 25

Manifest. [Grätz ca. 1809.] V: *Gentz, Friedrich von.* (EB)

Manifest. Ofen, gedr. m. kgl. hung. Universitäts-Schriften, 1809. 22 S. Fol. Kart. 15.—
Das erste der beiden Manifeste Franz I, Verfasser ist Friedrich v. Gentz.

Manifest. 4. Wien 1809.

Manifest an die socialdemokratischen Abgeordneten des Reichstags. 8°. Hamburg 1890.

Manifest Alexanders I., Kaisers u. Selbstherrschers v. ganz Rußland. gr. 8. Frankf. a. M. 816. B. Körner. 3 gr.

Manifest der schweizerischen Grossloge Alpina, gebildet aus den Abgeordneten sämmtlicher Freimaurerlogen der Schweiz, versammelt am 3. September 1870 zu Lausanne. 4. 4 S.
Friedensmanifest anlässlich des deutsch-französ. Krieges. Abgedruckt Bauh. 1870. S. 306. Frmrztg. 1870. S. 304. Triangel 1870. S. 148. Wegen der das deutsche Nationalgefühl verletzenden Fassung folgten Proteste in Bauh. 1870. S. 307, 369 u. 401. Frmrztg. 1870. S. 313, 329, 335 u. 401. 1871, S. 17, 28 u. 215. Vgl. Handb. d. Frmrei IV, S. 169.

Manifest an die deutschen u. französischen Arbeiter. 1870.

Manifest der socialrevolutionären Arbeiterpartei Oesterreichs an das arbeitende Volk. Flugschrift, beginnend: „Arbeiter! Brüder! . . .", schliessend: „Es lebe die sociale Revolution!" s. l. s. a.

Manifest oder Eine Summarische Declaration, über Die rechtmässige und hochwichtige Ursachen, welche bewogen und gleichsam gezwungen haben Seine Königl. Majestät (Friedrich IV.) zu Dännemarck und Norwegen etc. etc. dessen Reiche und Länder gegen des Königs (Karl XII) von Schweden vielfältige, eine Zeit nach der andern gegen den Tractaten verübte etc. Gewaltthätigkeiten zu beschirmen etc. Nach dem zu Copenhagen in der Königl. Buchdruckerey gedruckten Original den 28. Octobr. 1709. o. O. 4°.

Manifest der dten Demokratie im Auslande. Beiblatt zur Evolution. Geneva. 1849.

Manifest, Das, Döllingers in der Unfehlbarkeitsfrage und die Zustimmungsadresse der deutschen Gelehrten. Den Aufsätzen in den »Breslauer Hausblättern« vom 13. und 15. Februar d. J. dem Hauptinhalte nach entnommen. Abdruck aus der »Trierischen Zeitung«. Trier [1872]. V: *Bauer, Renward.* (SO)

III. Fernerweitiger Russ.-Kayserl. Manifest gegen Se. Königl. Maj. in Preussen, d. d. Petersburg d. 27. Aug. 1757.

— üb. den Ein- u. Ausfuhrhandel d. russ. Reichs für 1811. 4. Braunschw. 812. Pluchart. 6 gr. — Dass. französisch. 3 gr.

— Sr. Eminenz des Kardinals Wiseman und Hirtenbrief Sr. Hochw. des Erzbischofs (William Bernard) von Birmingham. Zur Beurtheilung der jetzigen antikathol. Bewegung in England. gr. 8. (VI und 52 S.) Wien 851, Beck'sche Universitäts-Buchh.

Lutze, J. J., Choralbuch, enthaltend 100 in Ost- u. Westpreußen gangbare Melodien, in für Orgel, Positiv, oder Pianoforte ausgesetzten Akkorden; zugleich Partitur von 4 Singstimmen u. 4 Posaunen. 4. Königsb. 826. (Berl., Th. Enslin). 1 ₰ 12 Kr

Lutze, J. J., Choralbuch, enthalt. 100 in Ost- u. Westpreußen gangbare Melodieen, in f. Orgel, Positiv od. Pianoforte ausgesetzten Akkorden; zugl. Partit. v. 4 Singstimmen u. 4 Posaunen. 4. (17 B.) Königsberg 826, Hartung. (Leipzig, Fort.) Thlr.

—— Melodieenbüchlein f. Vorsänger, Gemeindeglieder u. Schulkinder; enthalt. 100 in Ost- u. Westpreußen gangbare Choralmelodieen. 16. (5 B.) Königsberg 828, Hartung. (Leipzig, Fort.)

Lutze, Karl [aus Köthen in Anhalt]: Ueber den Einfluss der Chloroform-Narkose auf die menschliche Niere.... Würzburg, Paul Scheiner's Buchdr., 1890; 24 S. 8⁰
Würzburg, Med. Fak., Inaug.-Diss. v. 1890

Lutze, M. J., Dankaltar, oder Krankengebetbuch. 8. Lindau 757. Otto. 16 Kr

Lutze, Max, s.: Jahn's, Frdr. Ludw., Briefe.

Lutze, Nanny, Jene Afra! 8. (75 S.) Berlin (902). Harmonie. n. 1. 50

Metamorphosen. Von Nanny Lutze. *Berlin: A. Marchwinski [T. Trautwein in Comm.] 1900.* (58 S.) 8° [J.]

Lutze, Paul [Bearb.], s. Lutze, Arthur: Lehrbuch d. Homöopathie.

Lütze, Friedr., über das ἄπειρον Anaximanders. Ein Beitrag zur richtigen Auffassung desselben als materiellen Princips. gr. 8. (IV, 133 S.) Leipzig 878, (Klinkhardt.) *

Lütze, Fr. Über das Wunder. Ein historisch-apologetischer Versuch. 29 S. Progr. G. *Chemnitz* 1883.

Beleuchtungs-Studien von Gebr. Lützel ... *Halle a. S.: W. Knapp 1898.* (2 Bl., 49–64 Taf.) 1 Bd 4.
= Vorlage-Blätter f. Photographen. II. IV.

Lützel, J. [Pseud.], s. Kellen, Tony

Lützel, J. Heinr., Choralbuch, s. Choralbuch.

Lützel, J. Heinr., dreißig Choralgesänge der evangelischen Kirche in ihrer ursprünglichen Form. Nach den Melodieen des deutschen evangelischen Kirchengesangbuchs dreistimmig für Schulen bearb. gr. 8. (48 S.) Stuttgart 855, Metzler'sche Buchh. *

—— evangelische Choralgesänge zu den verschiedenen Festzeiten des christlichen Kirchenjahres. Für den vierstimmigen Männerchor bearb. und zum Gebrauche für Seminarien, Gymnasien, Gesang-Vereine und kirchl. Chöre hrsg. 4. (VIII und 35 S.) Eisleben 853, Kuhnt'sche Buchh.

Lützel, J. Heinr., Chorgesangbuch f. Kirchen u. Schulen. 8. (III, 296 S.) Kaiserslautern 874. Tascher. n. 2. 50

Lützel, J. Heinr., Chorgesangbuch für Kirchen- und Schulchöre. 100 geistliche Chorgesänge für gemischten Chor aus dem 16., 17., 18. und 19. Jahrh. 2. Aufl. 8. (352 S.) Kaiserslautern 880, Tascher. * 2 60

Lützel, J. Heinr. Chorgesangbuch f. Kirchen- u. Schulchöre hrsg. 3. verm. Aufl. gr. 8. (VII, 304 S.) Kaisersl. 890. Tascher. * 2 60

Lützel, J. Heinr., Chorgesangbuch f. Kirchen u. Schulchöre. 4., verm. Aufl. gr. 8. (VII, 312 S.) Kaiserslautern 899. J. J. Tascher. n. 2. 60; Einbd. n.n.n. — 55

—— evangelische Chorgesänge. Dreistimmig für Schulen bearb. 8. (46 S.) Ebendas. 872. **

—— kirchliche Chorgesänge, s. Chorgesänge, kirchliche.

— kirchliche Chorgesänge zum Gebrauche bei dem evangelischen Gottesdienste. 1—6. Heft. (Partitur u. 4 Singstimmen.) Zweibrücken 856—58. Ritter in Comm. 4. Jedes Heft (à 24 S.) 12 ngr; Partitur à 5 ngr; einzelne Singstimmen à 1¾ ngr

— kirchliche Chorgesänge der vorzüglichsten Meister des 16., 17. u. 18. Jahrhunderts. Zum Gebrauche bei dem evangelischen Gottesdienste herausg. 7—12. (letztes) Heft. Partitur. Zweibrücken 861. Ritter in Comm. 4. (VIII, S. 49—96.) Jedes Heft 5 ngr

Lützel, J. Heinr., leichte Chorgesänge für Kirchen und Schulen. gr. 8. (IV und 52 S.) Leipzig 863, Merseburger.

Lützel, J. Heinr., zwei- und dreistimmige geistliche Chorgesänge mit Orgelbegleitung. 8. (64 S.) Kaiserslautern 878, Tascher. *

—— Chorlieder zum Gebrauche beim Gesang-Unterrichte in Gymnasien, Realschulen und Präparandenanstalten. 8. (160 S.) Ebendas. 876. cart. *

—— Chorlieder für Gymnasien und Realschulen. 2. verm. Aufl. 8. (192 S.) Ebendas. 879. * 1 60

Lützel, J. Heinr., Chorlieder für Gymnasien und Realschulen. 3. verm. Aufl. 8. (VIII, 216 S.) Kaiserslautern 885, Tascher. cart. *

Lützel, J. Heinr., Chorlieder f. Gymnasien u. Realschulen. 4., verm. Aufl. gr. 8. (VIII, 224 S.) Kaiserslautern 892. J. J. Tascher. Geb. n. 1. 80

— Chorlieder f. Gymnasien u. Realschulen. 5., verm. Aufl. 12. (VIII, 232 S.) Ebd. 897. Geb. in Leinw. n. 1. 80

—— Gesanglehre für Volksschulen und die unteren Klassen höherer Lehranstalten. 1. und 2. Ausg. 8. (IV, 167 S.) Ebendas. 881. * — 30

—— Gesanglehre für Volksschulen und höhere Lehranstalten. 3. und 4. Aufl. 8. (IV, 91 S.) Ebendas. 885. cart. *

—— Gesanglehre f. Volksschulen u. höhere Lehranstalten. 5. Aufl. 12. (IV, 92 S.) Ebd. 890. cart. * — 75

Lützel, J. Heinr., Gesanglehre f. Volksschulen u. höh. Lehranstalten. 6. Aufl. 8. (VIII, 104 S.) Kaiserslautern 899. J. J. Tascher. Kart. n. — 75

Lützel, J. Heinr., Gesanglehre f. Volksschulen u. höhere Lehranstalten. 7. Aufl. (VIII, 104 S.) kl. 8. Kaiserslautern 907. J. J. Tascher. Kart. n. — 75

— Lieder f. gemischten Chor. 2. Aufl. 8. (160 S.) Ebd. 890. cart. n. 1. 20

Lützel, J. Heinr. Lieder f. gemischten Chor. 2. verm. Aufl. 8. (160 S.) Kaisersl. 891, Tascher. * 1 20

—— Liederkranz. Sammlung ein- und mehrstimmiger Lieder für Schule und Leben. 1. Heft: Ein- und zweistimm. Lieder enthaltend. 2., verm. Aufl. 8. (IV und 68 S.) Kaiserslautern 859, Tascher.

—— dass. — 2. Heft: 40 drei- und 10 vierstimmige Lieder für die obern Klassen enthaltend. gr. 8. (52 S.) Zweibrücken 857(59). (Kaiserslautern, Tascher.)

Lützel, J. Heinr., Liederkranz. Sammlung ein- und mehrstimm. Lieder für Schule und Leben. 3., verm. Aufl. 1. Heft: Ein- und zweistimm. Lieder enth. 8. (IV und 84 S.) Kaiserslautern 863, Tascher. *

—— dass. — 2. Heft: Drei- und vierstimm. Lieder enth. 2., verm. Aufl. 8. (II und 90 S.) Ebendas. 864. *

Lützel, J. Heinr., Liederkranz. Sammlung ein- u. mehrstimm. Lieder für Schule u. Leben. 4. verm. Aufl. 2 Hefte. Kaiserslautern 868. Tascher. 8. n. 10 ngr.
1. 4. verm. Aufl. (96 S.) n. 4 ngr. — 2. 3. verm. Aufl. (120 S.) n. 6 ngr.

—— Liederkranz. Sammlung ein- und mehrstimm. Lieder für Schule und Leben. 4. verm. Aufl. 2 Hefte. 8. Ebendas. 868. *
Inhalt:
Heft 1. Ein- und zweistimm. Lieder enth. 4. Aufl. 1869. und 5. verm. Aufl. (96 S.) * 40 Pf.
2. 3. verm. Aufl. (120 S.) * 60 Pf.

— Liederkranz. Sammlung ein- u. mehrstimm. Lieder f. Schule u. Leben. 5. verm. Aufl. 1. Hft. Ein- u. zweistimm. Lieder enth. 8. (96 S.) Ebend. 872. n. — 40

—— Liederkranz. Sammlung ein- und mehrstimmiger Lieder für Schule und Leben. 2 Hefte. 8. Ebendas. *
Inhalt:
Heft 1. Ein- und zweistimmige Lieder enth. 6.—8. Aufl. (96 S.) 874—78. * 40 Pf.
„ 2. Dreistimmige Lieder für die oberen Klassen der Volksschulen und für höhere Lehranstalten. 4. und 5. verm. Aufl. (128 S.) 875.76. * 60 Pf.

—— Liederkranz. Sammlung ein- und mehrstimmiger Lieder für Schule und Leben. 1. Heft: Ein- und zweistimmige Lieder. 9. Aufl. 8. (96 S.) Kaiserslautern 881, Tascher. * — 40
An Stelle des 2. Heftes erschienen:

—— dass. — 10. verm. Aufl. 3 Hefte. 8. Ebendas. 881. * — 65
Inhalt:
Heft 1. Für Unterklassen. 1. und 2. Schulj. (32 S.) * 20 Pf.
„ 2. Für Mittelklassen. 3. und 4. Schulj. (40 S.) * 20 Pf.
„ 3. Für Oberklassen. 5., 6. und 7. Schulj. (68 S.) * 25 Pf.

—— dass. — 2. und 3. Heft. Mit Übungsanhang. 10. verm. Aufl. 8. Ebendas. 881. [2. Heft. (68 S.) * 30 Pf.; 3. Heft. (104 S.) * 35 Pf.] * — 65

— Liederkranz. Sammlung ein- u. mehrstimm. Lieder f. Schule u. Leben. 1., 4. u. 5. Hft. 8. Ebend. 884. 85. n. 1. 85
1. Für Unterklassen. 1. u. 2. Schulj. 11. Aufl. (32 S.) 884. n. — 25
4. Lieder f. höhere Töchterschulen, Mädchen-Institute u. Lehrerinnen-Seminare. 6. Aufl. (128 S.) n. — 80
5. Lieder f. Latein-, Real- u. höhere Bürgerschulen. 6. Aufl. (136 S.) cart. n. — 80

—— Liederkranz. Sammlung ein- und mehrstimmiger Lieder für Schule und Leben. 12. Aufl. 8. (96 S.) Ebendas. 886. *

—— dass. — 1.—3. Heft. 11. Aufl. 8. Ebendas. *
Inhalt:
Heft 1. Für Unterklassen. 1. und 2. Schuljahr. (32 S.) 884. * 25 Pf.
„ 2. Für Mittelklassen. 3. und 4. Schuljahr. (40 S.) 886. * 25 Pf.
„ 3. Für Oberklassen. 5. und 6. Schuljahr. (72 S.) 886. * 35 Pf.

—— Liederkranz. Sammlung ein- u. mehrstimm. Lieder f. Schule u. Leben. 7. verm. Aufl. 5. Heft. Lieder f. Latein-, Real- u. höhere Bürgerschulen. 12. (144 S.) Ebd. 892. cart. * — 80
1.—4. Heft. Ebd. 1884—86. * 1 65.

— dasselbe. 13. Aufl. Gesamt-Ausg. 8. (104 S.) Ebd. 894. n. — 40

— Liederkranz. Sammlg. ein- u. mehrstimm. Lieder f. Schule u. Leben. Bearb. u. hrsg. 12. Aufl. 1. Hft. Für Unterklassen. (1. u. 2. Schulj.) 8. (32 S.) Ebd. 894. n. — 25

— Liederkranz. Sammlung ein- u. mehrstimm. Lieder f. Schule u. Leben. 5. Hft. Lieder f. Latein-, Real- u. höh. Bürgerschulen. 8. Aufl. 8. (146 S.) Ebd. 899. Kart. n. — 80

— Liederkranz. Sammlung ein- u. mehrstimm. Lieder f. Schule u. Leben. Ausg. f. Volksschulen. 14., verm. u. verb. Aufl. (120 S.) 8. Ebd. 907. n. — 50; kart. n. — 65

Lützel, J. Heinr., Liederschatz. Sammlung zwei-, drei- u. vierstimmiger Lieder für Schule u. Haus. 1 u. 2. Hft. (Jedes:) 36 zweistimm. Lieder enthaltend. gr. 8. (à 16 S.) Erfurt 851. 52, Körner. (à 1 1/2 ngr) 3 ngr

— Liederschatz. Sammlung 2-, 3- u. 4stimmiger Lieder für Schule und Haus. 3. Heft: 30 drei- u. 5 vierstimmige Lieder enthltd. Erfurt (854.) Körner's Verlag. Lex.-8. (2 Bl., 32 S.) nn. 2 1/4 ngr

—— Liederschatz. Sammlung zwei-, drei- und vierstimmiger Lieder für Schule und Haus. 3. Heft., 30 drei- und 5 vierstimmige Lieder enthaltend. gr. 8. (IV und 32 S.) Erfurt 855, Körner's Verlag. **
1. und 2. Heft. Ebendas. 1851—52. 3 Ngr.

—— der Liebe Lust und Leid. Alte und neue Volkslieder, zweistimmig gesetzt und hrsg. 16. (82 S.) Lahr 884, Schauenburg. cart. * — 50

—— geistliche und weltliche Männerchöre zum Gebrauche für Lehrerconferenzen, Seminarien und Gesangvereine. br. 8. (IV und 184 S.) Kaiserslautern 861, Tascher. *

—— geistliche und weltliche Männerchöre zum Gebrauche für Lehrerconferenzen, Seminarien, Gymnasien und Gesangvereine. 2., verm. Ausg. 8. (VIII und 292 S.) Kaiserslautern 867, Tascher. *

—— geistliche und weltliche Männerchöre für Seminarien, Gymnasien und Gesangvereine bearb. und hrsg. 3. verm. Aufl. 8. (VIII, 361 S.) Ebendas. 874. *

—— geistliche und weltliche Männerchöre für höhere Lehranstalten. 4. verm. Aufl. 8. (VIII, 377 S.) Ebendas. 878. *

—— geistliche und weltliche Männerchöre für höhere Lehranstalten. 5. verm. Aufl. 8. (VIII, 377 S.) Ebendas. 881. * 2 80

—— Geistliche und weltliche Männerchöre zum Gebrauche beim Gesangunterricht in Seminarien. 7. Aufl. 8. (380 S.) Ebendas. 888. *

— geistl. u. weltl. Männerchöre f. Lehrer-Seminare, Gymnasien u. Realschulen. 8. Aufl. 8. (VI, 404 S.) Ebd. 895. Geb. in Leinw. n.n. 3. 20

—— der praktische Organist. Sammlung von Vor- und Nachspielen für die Orgel. 2 Thle. 1. und 2. Aufl. qu. Fol. (84; 96 S.) Ebendas. 877—81. à Thl. * ℳ 5,50.; compl. * 10 —

—— Trauerklänge, s. Trauerklänge.

— Trauerklänge. Vierstimmige Gesänge für den Männerchor zum Gebrauche bei Trauerfeierlichkeiten. Erfurt (856.) Körner's Verlag. Lex.-8. (2 Bl., 39 S.) n. 6 ngr

—— Trauerklänge. Vierstimmige Gesänge für den Männerchor zum Gebrauche bei Trauerfeierlichkeiten. 2. Heft. Lex.-8. (S. 40—56.) Erfurt 864, Körner's Verlag. *
1. Heft. Ebendas. 1856. * 6 Ngr.

—— dass. — Stimmen-Ausg. 4 Hefte. br. 8. (172 S.) Ebendas. 864. à Heft * 5 Ngr. *

—— Volkslieder für gemischten Chor bearb. 8. (VIII, 80 S.) Ebendas. 876. cart. *

Lützelberger. Vide: Kann die Demokratie den Arbeitern helfen?

Lützelberger, Bernh., erster Bericht des altenburg'schen Landeslehrer-Vereins, mit einer Erläuterung des Antrags auf Vereinigung der Erziehungs- und Schulfreunde im Vereinsauftrage. gr. 8. (19 S.) Altenburg 850, Pierer.

Zur Erinnerung an Friedr. Franz v. Broke. Von Bernh. **Lützelberger.** Leipzig 1872: Bär & Hermann. 21 S. 8⁰ [Umschlagtit.]
Aus: Bh. 15 (1872) S. 265—268, 273—276. 25.

Höfler, Joh. Gottfr.: Frühgesang, dem Br. Joh. Gottfr. Höfler und der Schw. Henriette Ambrosia Höfler geb. Merkel an deren hochzeitlichem Vierteljahrhundertsmorgen dargebracht von den Brrn E. G., B[ernh.] **L[ützelberger]** u. a. Altenburg 1851: Hofbuchdr. 2 Bl. 8⁰ [Umschlagtit.]
Ohne Noten: „Die Blumen sind hervorgekommen . . .“ 193.

Frühgesang zum hochzeitlichen Silberfeste des geliebten Frmrbrs Friedr. Franz v. Broke und dessen verehrter Gattin Schwester Aug. Georgine v. Broke, geb. Puruckherr. 27. Mai 1853. Die Sänger vom Archimed. [Verf. von Bernh. Lützelberger.] Altenburg [1853]: Hofbuchdr. 2 Bl. 8⁰
Abgedr. in: Brblr. 1858 S. 67—68; A. 17 (1853 bis 1854) S. 358—359.
Tt. 2519. Ohne Noten: „Was läuten doch die Maienglocken . . .“

Wille, Karl: Frühgesang dem geliebten Frmrbundesbr. Carl Wille, und seiner Gattin, Schw. Sylvia Friederike Mathilde Wille, geb. Stark, am Silberhochzeitsmorgen den 11. Oct. 1861, in brüderlicher Liebe und Verehrung dargebracht von den Frmrbundesbrrn Assmann, Dähne u. a. [Unterz.:] B[ernh.] **L[ützelberger].** [Altenburg 1861: Hofbuchdr.] 2 Bl. 8⁰ [Umschlagtit.]
Tt. 2520. Ohne Noten: „Kommt, Jubals Söhne, Amphionen!“ 193.

Freimaurers Kleinod, die Rose. [Von Bernh. **Lützelberger.**] [Cahla 1842: Beck.] 4 S. 8⁰ [Kopftit.]
Aus: Zd. 6 (1842) S. 65—70.
Gedicht. „Golden, wie des Frühroths Glühen . . .“

[Andere Ausg. u. d. Tit.:]
Freimaurers Kleinod, die Rose. [Von Bernh. Lützelberger.] [Altenburg: Pierer 1842.] 4 S. 8⁰ [Kopftit.]
Aus: Zd. 6 (1842) S. 65—70.

Pestalozzi, Joh. Heinr.: Pestalozzi-Feier am 12. Jan. 1846 in Archimedes Freimaurerlogenhause zu Altenburg. [Unterz.:] Bernh. **Lützelberger.** Cahla [1846]: Beck. 14 S. 8⁰ [Umschlagtit.]
Aus: Zd. 10 (1846) Nr 5.
Üb. Pestalozzi s. Allgem. Deutsche Biographie Bd 25 1887 S. 432—461 (Hunziker); Rein's Handbuch der Paedagogik 2. Aufl. Bd 6 1907 S. 646—660 (Hunziker); Goedeke: Grundriss zur Gesch. der deutschen Dichtung 2. Aufl. Bd 4 1891 S. 223—224.

Lützelberger, Bernh., Reisefrüchte, gesammelt, auf d. Wanderung in e. Jacototschule, in verschied. süddeutschen u. südschweizer. Volksschulen u. Erziehungsanstalten; zunächst d. hohen u. höchsten Kultbehörden d. Hrzgth. Altenburg auf hohen Befehl berichtl. vorgelegt, sodann aber mit einigen Zusätzen allen Freunden d. Erziehungs- u. Unterrichtswesens mitgetheilt. gr. 8. (18¾ B.) Altenburg 837, [Pierer.] Thlr.

Silbergruss am masonischen Vierteljahrhundertstage des hochw. und gel. Freimaurerbruders Bernh. Morell, von den Brüdern aus der Freimaurerloge Archimedes z. d. drei Reissbretern i. O. v. Altenburg. 17. Mai 1860. [Verf. von Bernh. **Lützelberger?**] [Altenburg 1860]: Hofbuchdr. 2 Bl. 8⁰ [Umschlagtit.]
Lied ohne Noten: „Die hellen Maienglocken läuten . . .“ 25.

Lützelberger, Bernh., s. Ziegelbecker, der.

Lützelberger, Chr. Hier. Thdr., († d. 24. Mai 1814.) Handbuch für Hebammen. 8. Gob. 801. Sinner. 12 gr.

— — Diss. med. de quibusdam gravidarum symtomatibus praecipue de varicibus atque oedemate pedum. Jena (Fiedler) 15. IV. 1791. (4.—) 21840
Gew.: Joh. Chr. Starke, J. Fr. Th. Lützelberger (Vater).

Lützelberger, Chr. Hier. Theod. (Hildburghausen), De urina tenui et crassa. Part. II. Präs. E. A. Nicolai. Jena (Fiedler) 15. IV. 1791. 8 Seiten. (3.—) 21839

Lützelberger, Ernst Karl Julius

Lützelberger, E. C. J., Abschieds-Rede, gehalten bei d. freiwill. Niederlegung seines Amtes aus Gewissensgründen. 2. Aufl. 8. (1 B.) Nürnberg 838, Bauer u. Raspe.

ERNST KARL JULIUS LÜTZELBERGER. Denkschrift auf das entschlafene Mitglied des Pegnesischen Blumenordens, Herrn Georg Paul Dietelmair, II. Pfarrer an der Kirche zum heil Geist und I. Ordensrath geschrieben im Namen und Auftrag des Ordens. Nürnberg. 1864 — 4°.

—— die Gründe d. freiwill. Niederlegung meines geistl. Amtes. Eine offene Erklärung. gr. 8. (12 B.) Nürnberg 838, Bauer u. Raspe.

—— Grundzüge d. paulin. Glaubenslehre. Ein theolog.-exeget. Versuch. gr. 8. (9 B.) Nürnberg 839, Bauer u. Raspe.

— Grundzüge der Paulinischen Glaubenslehre. Ein theolog.-exeget. Versuch. gr.8. Nürnb. 839. Bauer u. R. (Merz.) 2/3 ℛ

Lützelberger, E. C. J., Jesus, was er war und wollte, u. wie er zum Christus ward, dargestellt. gr. 8. Nürnberg 842. (Bauer u. Raspe. Jul. Merz.) 2/3 ℛ

—— mein häusl. Leiden als Erklärungsgrund meiner geword. Ueberzeugung u. meines gethanen Schrittes. Eine Entgegnung. gr. 8. (1 B.) Nürnberg 838, Bauer u. Raspe.
Aus dem: Athenäum f. Wissenschaft ꝛc., besond. abgedruckt.

—— das Protevangelium Jacobi, zwei Evangelien d. Kindheit Jesu, u. die Acten des Pilatus od. d. Evangelium Nikodemi, aus der Sammlung neutestamentl. Apokryphen v. Fabrizius ins Deutsche übersetzt. gr. 8. (5¾ B.) Nürnberg 842, Bauer u. Raspe.

Lützelberger, Ernst Karl Jul., **Hans Sachs.** Sein Leben und seine Dichtung. Eine Festgabe zur Errichtung des Denkmals in Nürnberg am 24. Juni 1874. Mit dem Bildniß von Hans Sachs nach einem alten Holzschn. Nebst einem Anhang: Geschichte des Denkmals mit einer Abbildung desselben und der Beschreibung der Enthüllungsfeierlichkeiten. 8. (IV, 204 S. und Anhang 46 S.) Nürnberg 874, v. Ebner'sche Buchh. *

Lützelberger, Ernst Karl Jul., Hans Sachs. Sein Leben und seine Dichtung. Eine Festgabe zur Errichtung des Denkmals in Nürnberg am 24. Juni 1874. Mit dem Bildniß des Hans Sachs nach Hans Brosamer aus dem J. 1545 und der Abbild. des Denkmals (2 Holzschntaf.) 2. veränd. Ausg. 8. (VI, 220 S.) Nürnberg 876, v. Ebner'sche Buchh. *

Lützelberger, Ernst Karl Jul. Hans Sachs. Sein Leben u. seine Dichtg. 2. Aufl., neu bearb. u. verm. v. Carl Frommann. Mit 2 Bildnissen d. Hans Sachs. 8. (XII, 283 S.) [Nürnb. 891, Ballhorn.] Würzb., Ballhorn u. Cramer. * 3 —; geb. in Leinw. * 4 — In Hlbfrz. * 4 50

—— die kirchl. Tradition üb. d. Apostel Johannes u. seine Schriften in ihrer Grundlosigkeit nachgewiesen. gr. 8. (19½ B.) Leipzig 840, Brockhaus.

Lützelberger, Johann August Gottlieb

Lützelberger, Jh. Aug. Glt., s. Sammlung von Predigten auf alle Sonn- u. Festtage.

Lützelberger, J. A. G., was haben wir als Christen zu meiden u. was zu thun, damit uns. Urtheil üb. Selbstmörder nie ungerecht u. lieblos ausfalle, uns aber solche schreckl. Fälle selbst nützl. werden können? Eine Homilie üb. Jacobi IV, 12. Veranlaßt durch e. Selbstmord. gr. 8. (1 B.) Erlangen 831, Heyder.

Lutzelbourg, le vieux, par la Baronne B. 8. (70 S.) Baden-Baden 883, Sommermeyer. * 1 20

Luetzelburg, Philipp Freih. von: Beiträge zur Kenntnis der Utricularien. Jena: Fischer 1909. 68 S. 8° ¶ (Aus: Flora oder Allg. botan. Zeitung. Bd 100, H. 2.)
München, Phil. Diss. v. 23. Juli 1909, Ref. v. Göbel
[Geb. 16. Juli 80 Landsberg a. L.; Wohnort: München; Staatsangeh.: Bayern; Vorbildung: Progymn. Memmingen bis Juli 98, pharm. Staatspr. 06; Studium: München 9 S.; Rig. 23. Juli 09.] [U 10. 3074

Lützelburger, A. [Pseud.], s. Kellen, Tony

Lützelburger, Hans

Lützelburger, **Hans Holbein's Todtentanz, s. Holbein.**

Lützeler, Egon, Er ruh el messaferi. (Die wandernde Seele.) (VIII, 100 S.) kl. 8. Leipzig (904.) O. Mutze. n. 1. —

Der Mond als Gestirn und Welt und sein Einfluß auf unsere Erde. Von Egon **Lützeler.** Mit 80 Abb. u. 17 Kunstdr.-Taf. Köln: J. P. Bachem 1906. (XIV, 299 S.) 8° [F.] [od. 9059

Lützeler, Egon, was muß die Jugend v. den neuesten Erfindungen u. Entdeckungen wissen? Gemeinverständliche Kapitel aus Wissenschaft u. Technik. gr. 8. (VII, 124 S. m. Abb.) Stuttgart (901). Union. Geb. in Leinw. n. 2.—

Lützeler E, Was muss die Jugend von den neuesten Erfindungen und Entdeckungen wissen? 4. Auflage. (124 S) Stuttgart (1901)

Was muss die Jugend von den neuesten Erfindungen und Entdeckungen wissen? Gemeinverständl. Kapitel aus Wissenschaft u. Technik. Mit vielen Ill. Von Egon **Lützeler.** 5. Aufl. *Stuttgart, Berlin, Leipzig: Union [1902].* (124 S.) 8° [F.]

— **was muß die Jugend v. den neuesten Erfindungen u. Entdeckungen wissen? Gemeinverständliche Kapitel aus Wissenschaft u. Technik. 2. Aufl. (VII, 124 S. m. Abb.) gr. 8. Stuttgart (903). Union. Geb. in Leinw. n. 2.—**

St. Joh. □ zu den 3 Verbündeten Or.·. Düsseldorf. **5. April 1888:** Trauer-Feier zum Andenken weiland Sr. Majestät Kaisers und Königs Wilhelm I. Rede des Br.·. [Franz] **Lützeler** und des Br.·. [Theod.] **Groll.** Düsseldorf [1888]: Dietz. 12 S. 8° [Umschlagtit.] 23.

Lützeler, Ivo, Vorschläge zum Entwurfe e. Hypothekenbankgesetzes. gr. 8. (52 S.) Weimar 898. H. Böhlau's Nachf. n. 1. —

Lützeler, *Peter Josef* [aus Wichheim a. Rh.]: Aus d. medizin. Klinik zu Bonn. Statistisches über Magengeschwüre und operative Eingriffe bei demselben[!]. 1889—1895 ... Bonn, Buchdr. v. A. Henry, 1896; 43 S. 8.
Bonn, Med. Fak., Inaug.-Diss. v. [27.] Juni 1896

Lützelstein [Schlagwort]

Lützelstein, s.: Vogesen.

Lützen [Schlagwort]

Lützen, s.: Geologische Karten. Karte (Preussen).

Lützen, s.: **Preussen. Messtischblätter.**

Lützen [Verfasser]

Lützen, Adolf *Lütje* [app. Arzt aus Husum]: Aus d. patholog. Institute zu Kiel. Beitrag zu den lokalen Befunden nach Calomelinjectionen. ... Kiel, Druck v. H. Fiencke, 1891; 19 S., 1 Bl. 8°
Kiel, Med. Fak., Inaug.-Diss. v. [8. Apr.] 1891

Lützen, G., die Verbesserung des Einkommens der Lehrer ist nothwendig und ausführbar. Ein Wort zur Dotationsfrage. gr. 8. (24 S.) Berlin 867, Oehmigke's Verlag. *

Lützen, J. Die Herstellung der französischen Weichkäse. Nach französ. Orig.-Quellen bearb. 8. (IV, 100 S. m. 5 Fig.) Brem. 890, Heinsius Nachf. * 1 20

Lützen, Jens, eine Reise nach Spitzbergen. Projektions-Vortrag zu e. Reihe von 50 Photogrammen. gr. 8. (16 Bl.) Dresden 900. (Verlag des „Appollo".) n. 3. —

Lützen, Ludolf: De priorum scriptorum argenteae, quae dicitur, latinitatis studiis scholasticis. I. Eschwege 1907: A. Rossbach. (S. 3—37.) 4°
Eschwege, Friedrich-Wilhelms-S OP 1907 (482)

Lützenau, Alois v., Erklärung des mit allerhöchster Entschließung vom 30. Jan. 1847 genehmigten österreich. Eisenbahn-Polizeigesetzes unter Anführung der darauf Bezug habenden einschlägigen anderweitigen Gesetze. gr. 8. (156 S.) Wien 847, [Seidel.] Thlr. *

Lützenau, Alois von: Erklärung des mit Allerhöchster Entschließung vom 30. Januar 1847 genehmigten österreichischen Eisenbahn-Polizeigesetzes. Wien. 1848. 8°

LUTZENBERGER, Anton (Mindelheim): Carcinoma vulvae mit spezieller Berücksichtigung eines Falles bei e. 25jährigen Virgo.- München: Ernst 1894. 45 S.
17.7.1894 - Chr 1894/95,19; Jv 1894/95,205
Diss. Ingolst.-Landsh.-Mchn,

Lutzenberger, Heinr., Flora v. Augsburg, s.: **Weinhart, Max.**

Lützenberger, Hugo *Oscar* [aus Witzleben]: Ein Beitrag zur Lungengangrän und deren operativen Behandlung ... Halle a. S., Druck v. Wischan & Wettengel, 1894; 39 S., 1 Bl. 8.
Halle, Med. Fak., Inaug.-Diss. v. 22. Juni 1894

Lützenburg, Dionysius von

— großer **Katechismus**. 4. Frankf. 728.

v. Lützenburg, Dionys., († 1703.) Leben d. Antichrists. (N. Ausgabe.) 8. Wien 771. Krauß. 12 ℋ

— Lebensbeschreibungen d. Heiligen Gottes, mit den beweglichen Feste d. Jahres, nach H. Goldhagens Werke neu bearbeitet. 1r, 2r Thl. Mit 13 Kpf. 4. Augsb. 808.

Lützenburg, Dionys. v., Legende der Heiligen, s. Legende.

— verbess. Legende d. Heiligen, verm. v. Kochem. Mit Kpf. 4. Augsb. ... M. Rieger. 2 ℔ 10 ℋ

— dasselbe. 4. Bamb. 789. Wesché in Frankf. 1 ℔ 16 ℋ (NB. lauter ganz alte Bücher in neuen Bearbeitungen oder neuen Ausgaben.)

Luetzenkirchen, Reiner. (geb. Düren 1814): De magnetismo animali in singulari epilepsiae observatione fausto cum eventu adhibito. Berolini (1841). (42 S.) 8°
Berlin, Med. Diss. v. 25. Jan. 1841

Lützenkirchen, Wilhelm

Lützenkirchen, Guil. (geb. Münster in Westf. 1. 10. 1811): De cyanosi ex foramine ovali aperto profecta. Berolini (1842). (28 S.) 8°
Berlin, Med. Diss. v. 18. Nov. 1842

Lützenkirchen, Wilhelm Josef

Luetzenkirchen, Wilh. Jos. (Düren/Rhld.), Quaedam de morbis parotidis acc. cancri parotidis historia. Diss. med. Berlin (Unger) 29. IX. 1830. 19 S. mit 1 Tafel u. Biogr. (M.: Anna Maria Tillmann.) (3.50) **21841**
Gew.: C. W. U. Wagner. — Oppon.: Gummich, Levens, Duemont.

Lützenkirchen & Bröcking's Fremdenführer. Prakt. Führer f. Kurgäste u. Touristen. 1.—5. Bdchn. 12. Wiesbaden, Lützenkirchen & Bröcking. à n. — 50

1. Wiesbaden u. Umgebungen. Prakt. Führer f. Kurgäste u. Touristen. Mit Stadtplan u. Karte d. Umgegend. (IV, 60 S.) 897.
2. Langenschwalbach u. Umgebung. M. 1 (farb.) Uebersichtskarte. (IV, 45 S.) 898.
3. Schlangenbad u. Umgebung. M. 1 (farb.) Uebersichtskarte. (IV, 33 S.) 898.
4. Homburg v. d. Höhe u. Umgebung v. Vict. Garenfeld. M. Stadtplan u. (farb.) Karte d. Umgebg. (IV, 41 S.) 898.
5. Bad Nauheim u. Umgebung v. Vict. Garenfeld. M. 1 (farb.) Uebersichtskarte. (IV, 35 S.) 898.

Lützenkirchen & Bröcking's Fremdenführer. Prakt. Führer f. Kurgäste u. Touristen. 1. u. 6.—15. Bdchn. 12. Wiesbaden, W. Bröcking Verl. n. 6. 70

1. Wiesbaden u. Umgebungen. Prakt. Führer f. Kurgäste u. Touristen. Mit Stadtplan u. Karte der Umgegend. 2. Aufl. (IV, 60 S.) (899.) n. — 50
6. Bad Ems u. Umgebung. Von Vict. Garenfeld. (45 S. m. 1 Karte.) 899. n. — 50
7. Kreuznach u. Umgebung. Von Vict. Garenfeld. (VI, 35 S. m. 1 Karte.) 899.) n. — 50
8. Münster am Stein u. Umgebung. (Das Nahethal u. s. w.) Von Vict. Garenfeld. (33 S. m. 1 Karte.) 899. n. — 50
9. Bad Honnef u. Umgebung. (Das Siebengebirge u. s. w.) Von Vict. Garenfeld. (36 S. m. 1 Karte.) 899. n. — 50
10. Das Lahnthal von Niederlahnstein bis Marburg. Von Vict. Garenfeld. Mit 4 Karten. (78 S.) 899. In Leinw. kart. n. 1. 50
11. Bad Neuenahr u. Umgebung. Von Vict. Garenfeld. Mit (farb.) Karte. (VI, 39 S.) (900.) n. — 60
12. Das Ahrthal. Von Vict. Garenfeld. Mit 2 (farb.) Karten. (52 S.) (900.) n. 1. —
13. Der westliche Taunus. Führer f. Ausflüge in die engere u. weitere Umgebg. Wiesbadens, sowie durch die Stadt Wiesbaden, Schwalbach, Schlangenbad, Rüdesheim. Von Fr. Laupus. 2. verm. u. verb. Aufl. (Mit (farb.) Karte, e. Verzeichnis d. durch Farbenzeichen gekennzeichn. Wege im ganzen Taunus, genauer Angabe der Entferngn., der Eisenbahnfahrpreise u. s. w. (76 S.) (900.) In Leinw. kart. n. 1. —
14. Wiesbade et ses environs. Guide à l'usage des étrangers. Avec un plan de la ville. (IV, 47 S.) (900.) n. — 80
15. Wiesbaden and environs. *Practical* guide for visitors. With 2 maps. (IV, 44 S.) (900.) n. — 80

Lützhöft, Hans, die Engel der Weihnacht, s.: Sonntagsbibliothek. Nr. 38.

Lutzkaja, Sophie, Rostow a. D. (Russland): Ueber den Wirkungswert der folia digitalis, seine Bestimmung und seine Veränderung. ⟨Aus dem pharmakologischen Institut der Universität Zürich.⟩ Zürich 1908. 11 S. 8°.
S.-A. aus den Archives internationales de pharmacodynamie et de thérapie. Vol. 18. 1908. [22. 11. 08.]
Zürich. Med. Diss. 1907/08.

Lutzkaja, Sophie. Ueber den Wirkungswert der folia digitalis, seine Bestimmung und seine Veränderung. Diss. Med. Univ. Zürich. ([Sep.-Abdr. aus:] Archives internationales de Pharmacodynamie et de Thérapie.... Volume 18, Fascicule 1-2.) *Kopftitel:* Aus dem pharmakologischen Institut der Universität Zürich. II S. + S. 77–87. 8. Zürich, Aktien-Buchdr. (Bruxelles, H. Lamertin, Éditeur; Paris, O. Doin, Éd'), 1908.

(Lützmann.) Memoire gegen die Vertheidigungsschrift des Herrn Marschall Davoust vor Sr. Majestät Ludwig XVIII. 8. Hamburg 1814.

Lutzmayer, Ign., zur Geschichte der Culturpflanzen, s.: Zeissen's, K Chr., Volks- u. Jugendbibliothek.

Lutzmayer, J., zur Geschichte der Culturpflanzen, s. Volks- und Jugend-Bibliothek, österreichische.

BRIEFE einer Hofdame (von *v. Lützow*). O. O. 1789. Anon.-Lex. I. p. 262 (nach Schindel).

Lützow, Freiherr von. In Erfurt im Jahre 1803 errichtet, bei Auerstedt im Jahre 1806 vernichtet — eine Regiments-Geschichte (Generallieutenant Wartensleben [Nr. 59]). (Aus:) „Beiheft zum Milit.-Wochenblatt.“ 1887. 8. Berlin 1887

Lützow, Frhr. v., in Erfurt im J. 1803 errichtet, bei Auerstedt im J. 1806 vernichtet — eine Regimentsgeschichte, s. Beiheft zum Militär-Wochenblatt.

Lützow, v., die 5. Infanterie-Division im Feldzuge von 1866, s. Beiheft zum Militär-Wochenblatt.

Lützow, Frhr. v., kurze Uebersicht der Dressur des Campagne-Pferdes. Berlin 867. Mittler & Sohn. gr. 8. (27 S.) n. 4 ngr

Lützow, C., Zweck und Art des naturkundlichen Unterrichts, s. Sammlung pädagogischer Aufsätze.

Lützow, Elise, aus alter Zeit. Historische Erzählg. f. die reifere Jugend. 8. (146 S. m. Titelbild.) Potsdam (901). A. Stein. n. 1. 20; geb. in Halbleinw. n. 1. 50

Lützow, Ernst, appr. Arzt a. Bremen: Über den Einfluss von diuretisch wirkenden Mitteln auf das Zustandekommen der alimentären Glykosurie. Göttingen 1907: Dieterich. (16 S.) 8°
Göttingen, Med. Fak., Ref. Bendix-Hirsch, Diss. v. 13. Dez. 1907
[Geb. 15. Aug. 77 Bremen; Wohnort: Bremen; Staatsangeh.: Bremen; Vorbildung: Gymn. Bremen Reife O. 98; Studium: Würzburg 4, Göttingen 8 S.; Coll. 21. Nov. 07; Approb. 13. Dez. 07.]

Lützow, G., d. Laubmoose Norddeutschlands. Leichtfassl. Anleitg. z. Bestimmen u. Erkennen d. in Norddeutschland wachs. Laubmoose. M. 127 Abb. auf 16 Taf. gr. 8. (VIII, 220 S.) Gera 895. F. v. Zezschwitz. n. 4. —; geb. in Leinw. n. 5. —; ermäss. Pr. n. 3. —; geb. n. 4. —

Lützow, K. v. (Red.), s. Armee-Zeitung, Deutsche.

L(ützow,) K. (v.) Adolf Lützows Freikorps 1813/14. Berlin 1884. 8°.

Lützow's, Adf., Freikorps in den J. 1813 u. 1814 von K. v. L. gegenüber der in die preuß. Jahrbücher, hrsg. v. Heinr v. Treitschke, aufgenommenen Darstellung v. A. Koberstein. gr. 8. (86 S.) Berlin 884. Hertz. n. 1. 50

v. Lützow, K. Chr. F., Versuch e. pragmat. Geschichte von Mecklenburg. 2 Thle. gr. 8. Berl. 827—31. Reimer. 1 Thlr 12 gr (1r Thl. mit e. Vorrede v. ... Heeren.)

Lützow, K. Ch. F. v., Versuch e. pragmat. Geschichte v. Mecklenburg. 2. Thl. u. 3. Thl. 1. Abthl. gr. 8. Berlin, Reimer. [2. (29½ B.) 831. 2 Thlr., 3. 1. (19¾ B.) 835. 1 Thlr. 8 Gr.]
1. Thl. Ebendas. 1827. 1 Thlr. 12 Gr.

Lützow, Karl von

Lützow, Carl Fr. A. v., münchener Antiken. (In 8—10 Lfgn.) 1. und 2. Lfg. Fol. (12 Kpfrt. mit 22 S. Text.) München 861. 62, Fleischmann's Separat-Conto. à Lfg. * 1 Thlr. 15 Ngr. *

Lützow, Carl Fr. A. v., Münchener Antiken. 3.—6. Lfg. Fol. (24 Kpfrt. und Text S. 23—60.) München 862—68, Merhoff's Verlag. [3. Lfg. * 1 Thlr. 15 Ngr., 4.—6. Lfg. à * 1 Thlr. 6 Ngr.] *
1. und 2. Lfg. [Ebendas.] 1861,62. * 3 Thlr.

Lützow, Carl Fr. A. v., Münchener Antiken. 7. (Schluss-) Lfg. Fol. (6 Kpfrtaf. und Text X und S. 61—76.) München 869, Merhoff's Verlag. Subscr.-Pr. *
1.—6. Lfg. Ebendas. 1861—68. compl. * M 27,60.

Lützow, C. v., Aphorismen philosophisch-politischen Inhalts. gr. 8. (III und 94 S.) Schwerin 860, Bärensprung. *

—— s. Architecture moderne de Vienne. —

Lützow, Karl von, s. Bagno, Das.

Lützow, Carl v., das Bagno in Toulon. Nach Le Bonnet vert par J. Méry frei übersetzt. Neue Ausg. 8. (11¼ B.) Schwerin 846, Kürschnersche Buchh. *

Lützow, Karl von, s. v. Balzac, Der Dr. Benassis.

—— Raffael's Bildungs- u. Entwickelungsgang. gr. Fol. (III, 58 S. m. 10 Taf. u. 37 Text-Illustr.) Wien 890, Gesellsch. f. vervielf. Kunst. * 12 —
Aus: Graph. Künste, besonders abgedruckt.

Lützow, K. v. *Das Büchlein der Räthsel und Charaden.* Von Karl von Lützow. Rostock, J. M. Oeberg, 1841. 64 S. Kl.-8°. Rotbedruckter Orig.-Umschlag m. kleiner Nagelspur. 7.—

—— Büchlein der Räthsel u. Charaden. 8. (4 B.) Rostock 841, Oeberg. (Leipzig, Klinkhardt.) *

—— das choragische Denkmal des Lysikrates in Athen. Nach Theoph. Hansen's Restaurationsentwurf. Lex.-8. (15 S. mit eingedr. Holzschn. und 2 Taf. in Kpfrst.) Leipzig 868, Seemann. *
Aus: Zeitschrift für bildende Kunst, besonders abgedruckt.

Lützow, : Denkmäler der Architektur...
s. Denkmäler

—— s. Denkmäler der Kunst. —

—— s. Dürer's, Albr., Holzschnitt-Werk.

—— s. Galerie, die, der k. k. Akademie der bildenden Künste in Wien.

Lützow, Carl von, s. Gemäldegalerie, Die Kaiserlich-Königliche, in Wien.

Lützow, Carl v., Geschichte der kaiserl. königl. Akademie der bildenden Künste. Festschrift zur Eröffnung des neuen Akademie-Gebäudes. Mit Stichen und Radirungen von H. Bültemeyer, E. Doby, L. Jacoby, V. Jasper, J. Klaus, A. Pfründer, J. Sonnenleiter, W. Unger, und Illustrationen, Vignetten und Initialen in Holzschn., gezeichnet von H. Bültemeyer und J. Schönbrunner, ausgeführt von Günther, Grois und Rücker. Imp.-4. (X, 194 S.) Wien 877, (Gerold's Sohn.) *

— Geschichte d. Gesellschaft f. vervielfält. Kunst. 1871—1895. Nebst e. Rückblick auf d. älteren Wiener Kunstverein. gr. 4. (38 S. m. Abb. u. 4 Taf.) Wien 895. Gesellschaft f. vervielfält. Kunst. n. 10.—

— s.: Geschichte der vervielfältigenden Künste.

Lützow, Carl, Geschichte des deutschen Kupferstiches und Holzschnittes, s. Geschichte der deutschen Kunst.

von Lützow, Carl. Geschichte des deutschen Kupferstiches und Holzschnittes. Mit Textillustrationen, Tafeln und Farbendrucken. (Geschichte der deutschen Kunst, IV.) Berlin 1891. 4°.

Lützow, Karl von, Geschichte des deutschen Kupferstiches und Holzschnittes. Mit 131 Text-Ill. u. 40 Taf. in Farbendr. Berlin 1893. gr. Lex.-8.
Ist: Geschichte d. deut. Kunst. . . . . (D.)

—— zur Geschichte der Ornamentes an den bemalten griechischen Thongefäßen. Habilitations-Schrift. Lex.-8. (III und 56 S. mit 3 Stnt.) München 858, (Literarisch-artistische Anstalt.) *

— s.: Gesellschaft, kunsthistor., f. photograph. Publikationen.

Lützow, C.(F. A.)v., Das griechische Handwerk u. die Gegenwart. 1859. 40 S.

von Lützow, Carl. Katalog der Bibliothek der K. K. Akademie der bildenden Künste zu Wien. 1876. 8°.

Katalog der Gemälde-Gallerie der K. K. Akademie der bildenden Künste, bearbeitet von Carl von Lützow. Wien 1889. 8°.

—— Kunst und Kunstgewerbe auf der Wiener Weltausstellung 1873. Unter Mitwirkung von Br. Bucher, R. v. Eitelberger, Jac. Falcke, Fr. Lippmann, Jos. Langl, Br. Meyer, M. Thausing, A. Woltmann u. A. hrsg. In 16 Heften. Lex.-8. (524 S. mit eingedr. Holzsch. und Kpfrn.) Leipzig 873,74, Seemann. à Heft *ℳ 2. *
geb. *ℳ 36.; in roth Saffian mit Goldschn. *

Lützow, Carl v., Kunst u. Kunstgewerbe auf der Wiener Weltausstellung 1873. Unter Mitwirkung v. H. Auer, Br. Bucher, R. v. Eitelberger etc. hrsg. Mit 388 (eingedr.) Holzschn. u. 5 Kpfrn. 2—16. (Schluss-)Hft. hoch 4. (XII u. S. 33—524.) Leipzig 874 u. 75. Seemann. à n. 2. —

— s.: Kunst, die vervielfältigende, der Gegenwart.

Lützow, Carl v. Die Kunst in Wien unter der Regierung Sr. k. k. apostolischen Majestät Franz Joseph I. Mit 32 Textabbildgn. u. 6 Kunstbeilagen. Fol. (36 S.) Wien 889, Gesellschaft f. vervielfältigende Kunst. * 24 —; Luxus-Ausg. auf Japanpapier * 100 —
Aus: Die graph. Künste, besonders abgedruckt.

Lützow, Carl v., die Kunstschätze Italiens, in geographisch-histor. Übersicht geschildert. Mit Radir. von L. H. Fischer, E. Forberg, P. Halm etc. und zahlreichen Textillustr. 30 Lfgn. Fol. (XVIII, 520 S. mit 50 Radir. und 1 Heliogravüre.) Stuttgart 882—84, Engelhorn.
à Lfg. *ℳ 3.; geb. mit Goldschn. *

—— die Kunstschätze Italiens in geographisch-historischer Übersicht geschildert. Neue unveränd. wohlf. Ausg. Fol. (XVII, 520 S. mit 51 Radierungen von F. Böttcher, L. H. Fischer, P. Halm, W. Krauskopf, L. Kühn, D. Raab, K. v. Siegl, W. Unger, W. Wörnle u. A. und 343 Textillustr.) Stuttgart 887, Engelhorn. In Prachtbd. *

Lützow, Carl v., die Kunstschätze Italiens in geographisch-historischer Uebersicht geschildert. Mit Radirgn. v. F. Böttcher, J. Groh, L. H. Fischer u. a. u. zahlr. Textillustr., Autotyp. u. Holzschn. nach Zeichngn. v. Karl Bender, G. Frank, L. H. Fischer u. a. 2. verm. u. verb. Aufl. Nach dem Tode des Verf. hrsg. von Jos. Dernjač. Fol. (XXIII, 555 S.) Gera (900). C. B. Griesbach Geb. in Leinw. m. Goldschn. 60.—

(B) Lützow, C. v., die Kunstschätze Italiens. 900. (KBL 32.)
Jetzt: Berlin, Schreiter.

Lützow, Karl von (Red.), s. Kupferstich, Der, d. Gegenwart in Europa.

—- Der Kupferstich u. Holzschnitt, s. Geschichte d. deutschen Kunst.

—— Hans Makart. Ein Beitrag zu seiner Charakteristik. hoch 4. (23 S. mit Illustr. und Kunstbeilagen.) Leipzig 886, Seemann. *
Aus: Zeitschrift für bildende Kunst, besonders abgedruckt.

Lützow, Carl v., Mecklenburg-Schwerin im J. 1848. gr. 8. (71 S.) Schwerin 849, Stiller'sche Hofbuchh.

—— Mecklenburg-Schwerin im J. 1849. gr. 8. (79 S.) Schwerin 850, Oertzen und Schlöpke.

—— die Meisterwerke der Kirchenbaukunst von den ältesten Zeiten der christlichen Kirche bis zur Renaissance. Mit Abbildungen. (In 2 Abthlgn.) 1. Abthl. Lex.-8. (192 S. mit 12 Holzschnt. in Tondr. und eingedr. Holzschn.) Leipzig (861)62, Seemann. *

—— dass. — Eine Darstellung der Geschichte des christlichen Kirchenbaues durch ihre hauptsächlichsten Denkmäler. 2. Abthl. Lex.-8. (XIII und S. 193—428 mit eingedr. Holzschn. und 26 Abbild. in Tondr. auf 14 Holzschnt.) Ebendas. 862. *
Beide Abthlgn. geb. *

Lützow, Carl(F. A), die Meisterwerke der Kirchenbaukunst. Eine Darstellg. der Geschichte d. christl. Kirchenbaues durch die hauptsächlichsten Denkmäler. Mit Holzschn. (eingedr. u. auf Taf.) 2. verb. u. stark verm. Aufl. gr. 8. (XII, 454 S.) Leipzig 871. Seemann. n. 6. 75; geb. n. 9. —

Lützow, Carl v., s.: Neubauten, Wiener.

—— s. Schnaase, Carl, Geschichte der bildenden Künste.

Lützow, K.(J. A.) v.. De vasis fictilibus antiquis, more archaico pictis quae in pinacoth R. Monacensi servantur. Diss. 1856. 28 S.

— s.: Zeitschrift f. bild. Kunst.

Lützow. Karl Fr. August von, s. Lützow, Karl von.

Lützow, Freiherr Kurt Lüder von, a. Schwerin i. M.: Vergleichende anatomische und physiologische Untersuchungen bei Lauf- und Schrittpferden. Ein Beitrag z. Kritik d. Pferdemessungen. Merseburg 1908: F. Stollberg. (125 S., 4 Taf.) 8°
Jena, Phil. Fak., Ref. v. Nathusius, Diss. v. 1. Juni 1908
[Geb. 1. Dez. 83 Neiße; Wohnort: Bromberg; Staatsangeh.: Preußen; Vorbildung: Landwirtschaftssch. Marienberg-Helmstedt Reife O. 02; Studium: Leipzig 1, Jena 6 S.; Coll. 4. Mai 07.]

(Lützow, L. v.) Beiträge zur Kriegsgeschichte der Feldzüge 1813 und 1814. Berlin 1815. 8°.

Lützow, Leo v., die Schlacht von Hohenfriedberg od. Striegau am 4. Juni 1745. Ein Beitrag z. Geschichte des zweiten schles. Krieges. gr. 8. (10½ B. m. 9 Beil. u. 2 Plänen.) Potsdam 845, Riegel's Vrlgsh. *

Luetzow, L. Frh. v. Die Schlacht von Hohenfriedberg oder Striegau am 4. Juni 1745. Mit Beil. u. Krt. Potsdam 1845. 154 S.

Lützow, Markwart Frh. von

Lützow, Frhr. v., kleine Turn- u. Bajonettir-Vorschrift f. Unteroffiziere u. Mannschaften der Infanterie. Als Auszug aus der „Turnvorschrift f. die Infanterie vom 24. X. 1895", den „Vorschriften f. die Uebgn. am Sprungkasten" u. der „Bajonettir-Vorschrift vom 10. I. 1901" neu zusammengest. 1. u. 2. verb. Aufl. gr. 16. (à 38 S.) Berlin 902. Liebel. n. — 25

Kleine Turn- u. Bajonettir-Vorschrift für Unteroffiziere und Mannschaften der Infanterie. Als Auszug aus d. Turnvorschrift ... neu zsgest. von [Markwart] F[rh] v. **Lützow**. 3. verb. u. verm. Aufl. Berlin: Liebel 1903. (40 S.) 8° [F.] 105 8:6

Kleine Turn- u. Bajonettir-Vorschrift für Unteroffiziere und Mannschaften der Infanterie. Als Auszug aus d. Turnvorschrift ... neu zsgest. von [Markwart] F[rh] v. **Lützow**. 4. verb. u. verm. Aufl. Berlin: Liebel 1904 (40 S.) 8° [F.] 105 8:7

Lützow, Frhr. v., kleine Turn- u. Bajonettier-Vorschrift f. Unteroffiziere u. Mannschaften der Infanterie. Als Auszug aus der „Turnvorschrift f. die Infanterie vom 24. X. 1895", den „Vorschriften f. die Uebgn. am Sprungkasten" u. der „Bajonettiervorschrift vom 10. I. 1901", Zusätzen u. Nachtrag v. 1904 neu zusammengestellt. 5., verb. u. verm. Aufl. (48 S.) 16. Berlin 906. Liebel. n. — 25

Lützow, Frhr. v., kleine Turn- u. Gewehrfecht-Vorschrift f. Unteroffiziere u. Mannschaften der Infanterie, Fußartillerie, Pioniere u. Verkehrstruppen. Als Auszug aus der Turnvorschrift f. die Infanterie v. 3. V. 1910 u. der Vorschrift f. das Gewehrfechten der Infanterie v. 15. X. 1908. Neu bearb. 11. verb. u. verm. Aufl. (40 S. m. 5 Abb.) 16. Berlin 910. Liebel. — 25

Lützow, Therese von, s.a. T h e r e s e [Pseud.]

[L ü t z o w,] Therese [von]. Paris und die Alpenwelt. Von T h e r e s e, Verfasserin der Briefe aus dem Süden &c. 8. Leipzig 1846.

Lützower, die. Histor. Roman. 3 Bde. 8. (840 S.) Berlin 847, L. Schlesinger.

Lützower, Die. Vaterländisches Schauspiel in drei Abt. 8. Aufl. Paderborn [1902]. V: *Ney, Christian.* (Berl)

Luvigini, Aloisio: Aphrodisiacus, sive de lue venerea... Opus hac nostra aetate, qua morbi gallici vis passim vagatur, apprimé necessarium...novissimé collectum. Tom.1 - 2: editio longé emendatior, et...repurgata. Tom.3: ...scriptores...ordine chronologico digestos collegit, notulis instruxit glossarium...Christian Gottfried Gruner. Tom.1-2,3, gbd.

Tom.1 - 2: Lugduni Batavorum: Langerak & Verbeek 1728

Tom.3: Ienae: Cuno 1778

Luwenbrich, das christliche Kirchenjahr. Geschichte der Sonn- und Festtage desselben, der Festgebräuche und ihre Bedeutung, der heil. Handlungen und Ceremonien, sowie vieles andere Kirchlich-Wissenswerthe. Für Lehrer und Freunde der Kirchengeschichte. 8. (IV, 96 S.) Langensalza 872, Schulbuchh. von Greßler.

Luwisch, Mich., Handbuch des Giro- und Chequeverkehrs. Eine gemeinverständl. Darstellung der Bedeutung und des Nutzens, der techn. Organisation und des Gebrauches, sowie der Einführung und Förderung dieses Geschäftszweiges. Mit besond. Rücksichtnahme auf österreich. Verhältnisse. 16. (111 S.) Wien 878, Hartleben's Verlag.

Luwisch, Mich., Rückschau auf die Entwicklung d. Genossenschaftswesens in Oesterreich. 2. Aufl. gr. 8. Wien 876. (Lechner's Verl.) n. — 40

Luwy, Friedrich —. Erinnerungsblätter an die hohe Vermählungsfeier Sr. k. k. Majestät Franz Joseph von Oesterreich mit der königl. Braut Elisabeth, Herzogin in Baiern, am 24. April 1854, geweiht vom Verfasser seinen fleißigen Zöglingen. Allegorische Festvorstellung. Gutes thun trägt Zinsen. Gewidmet und arrangirt zur hohen Vermählungsfeier Sr. k. k. Apostol. Majestät Franz Joseph des I. Kaisers von Oesterreich, mit Ihrer kön. Hoheit der durchlauchtigsten Prinzessin Elisabeth, Herzogin in Baiern, am 24. April 1854, von — —. Dargestellt von fleißigen Schülern der Pfarrschule Pettenbach. Der Reinertrag wird zur Gründung eines Spitals im Orte Pettenbach gewidmet. 8. (24 S.) Gmunden. Druck von Johann Habacher. 1854.

Lux [Sachliches Ordnungswort]

Lux et Illuminatio de gloria Benedicti ... XIII facta ... Breslau 1724. V: *Branthal, Andreas Ferdinand.* (Kat. d. Druckschr. üb. Breslau. Breslau 1903. S. 260.)

Lux Rebbi Ascher: die Bücher Laudon ... Brünn 1762. V: *Richter, Chph Gottlieb* [?]. (ML)

Lux in tenebris ... in Locarnensium persecutione ... fecit Joannes Eutichus de Claromonte. [Zürich] 1708. V: *Muralt, Johann von.* (Cat. d. Stadtbibl. Zürich. Zürich 1864—97.)

Lux et Vita
v. Nouvelles de l'Association d'Étudiants de la Suisse Romande — Nachrichten aus der christlichen Studentenvereinigung der deutschen Schweiz.

Lux [Verfasser]

Lux, Schattenspieler, s. **Luchs**.

Lux, A. E., die Balkanhalbinsel, s. Bibliothek, illustrirte, der Länder- und Völkerkunde.

Lux, A. E., die Balkanhalbinsel [m. Ausschluß v. Griechenland]. Physikalische u. ethnograph. Schildergn. u. Städtebilder. Mit 90 Illustr., 1 Panorama v. Konstantinopel u. 1 Übersichtskarte. gr. 8. (X, 276 S.) Freiburg i/Br. 887. Herder. n. 6. —; geb. n. 8. —

—— geographischer Handweiser. Systemat. Zusammenstellung der wichtigsten Zahlen und Daten aus der Geographie. 2. und 3. verm. und verb. Aufl. gr. 8. (VIII, 55 S.) Stuttgart 885, Lovy und Müller. *

Lux, A. E., von Loanda nach Kimbundu. Ergebnisse der Forschungsreise im äquatorialen West-Afrika [1875—1876]. gr. 8. (VIII, 219 S. mit 24 eingedr. Holzschn., 5 lithogr. Bildern, 8 lithogr. Karten und 1 lithogr. Plane.) Wien 880, Hölzel. *

Lux, Adam, s. Bördel, Alfr.

Lux, Arthur [Tierarzt in Neuhausen, Sachsen]: Über den Gehalt der frisch gemolkenen Milch an Bakterien. (S.-A. a. d. Centralblatt f. Bakteriologie.) Jena 1903. 17 S. 8°. [17. VII. 03.]
Bern. Vet.-med. Diss. 1903/1904.

Lux, Arthur. Ueber den Gehalt der frisch gemolkenen Milch an Bakterien. Diss. Vet.-Med. Bern. [Sep.-Abdr. aus: Centralblatt für Bakteriologie etc. Abteilung II.... Band 11.] IV + 18 S. 8. Jena, Gustav Fischer, 1903.

Lux, Berta, das Jasminbänkchen. Eine Erzählg. f. junge Mädchen. Mit 4 Tonbildern u. 24 Textillustr. v. Willy Planck. (III, 151 S.) 8. Stuttgart 910. Loewe.
Geb. in Leinw. 3. —

Lux, Berth., der sel. Rudolf Aquaviva u. seine Gefährten, Martyrer in Vorderindien. 8. (78 S. m. 1 Titelbild.) Steyl 901. Missionsdruckerei. Geb. n. — 50

Lux, Carl, s. L u x , Karl.

Lux, Emil: Über die Beweglichkeit der Wasserstoffatome der Methylengruppe in Verbindungen der allgemeinen Formeln: RSO_2CH_2CN, $RSO_2CH_2CONH_2$, $RSO_2CH_2COOC_2H_5$. 1909. 62 S. 8° ¶ Etwas gekürzt in: Archiv d. Pharmazie. Bd 247.
Braunschweig, Dr.-Ing.-Diss. v. 30. 12. 1908

Lux, Faustinus, siehe: Schall, Emanuel.

Lux, Frz., Versuch e. Aufstellung d. Regeln z. Ausmittellung d. Viehstandes rc., s. Mittheilungen über Futterbau.

Lux, Frans Adalb. (Schlesier), De mania furibunda. Diss. med. Berlin (A. Petsch) 2. XI. 1827. 24 S. mit Biogr. (M.: Hirschig.) (3.20) 21904
Gew.: J. N. Rust. — Oppon.: J. Bruberger, A. Mueller, P. Hilsenberg.

Lux, Friedrich

Lux, Fr., sein Leben und seine Werke, s. Reißmann, Aug.

Lux, Friedr., über elektrische Beleuchtung. Vortrag, gehalten in der Sitzung des Pfalz-Saarbrücker Bezirks-Vereins deutscher Ingenieure am 2. Novbr. 1884 zu Kaiserslautern. gr. 8. (59 S.) Mainz 885, Diemer. *

Lux, Friedr. Bilderbuch f. Gasverbraucher. 12. (12 S.) Ludwigshafen 891, F. Lux. * — 50

'Durch Nacht zum Licht'. Choral-Symphonie in 3 Sätzen von Friedrich Lux. Op. 80. Mainz: J. Diemer [um 1900]. (Partitur 63 S., Orgelstimme 30 S., 7 Orchesterstimmen.) (Getr. Pag.) 4° u. quer-8° [F. u. Ant.] [05. 8395 9

Lux, F: Der elektrische Fernseher. Ludwigshafen a. Rh. 1903

Musik-Album für Freimaurer-Logen von Friedr. Lux. Zum Gedächtnis seines i. d. e. O. eingeg. Vaters. Abt. 1—3. o. O. Selbstverl. [ca 1904?].
1. Einstimmige Gesänge.
2. Mehrstimmige Gesänge.
3. Instrumentalsätze.
[A. (NF.) 23 (1904) S. 254.]

Lux, Gottlob

Lux, Glob., Herstellg. u. Instandhaltg. elektr. Licht- u. Kraftanlagen, s.: Gaisberg, S. Frhr. v.

— Taschenbuch f. Monteure elektr. Beleuchtungsanlagen, s.: Gaisberg, S. Frhr. v.

Lux, Heinrich

Lux, H., d. wirtschaftl. Bedeutg. d. Gas- u. Elektrizitätswerke in Deutschland. E. volkswirtschaftlich-techn. Untersuchg. gr. 8. (V, 131 S. m. 9 Fig.) Leipzig 898. O. Leiner. n. 3. —; geb. n. 4. —

— d. öffentl. Beleuchtung v. Berlin. E. geschichtl., techn. u. wirthschaftl. Darstellg. d. öffentl. Beleuchtungswesens in Berlin, sow. d. Beleuchtungseffektes auf d. Berliner Strassen. Auf Grund offic. Materials hrsg. M. 1 Uebersichtsplan u. 256 Abb. Lex.-8. (XIV, 468 S.) Berlin 896. S. Fischer, Verl. n. 18. —; geb. in Leinw. n. 20. —
Erschien auch in 15 Lfgn. à n. 1. —.

Lux, Heinrich (Hrsg.), s.a. B e l e u c h t u n g . Die öffentliche, von Berlin.

Lux, H., Etienne Cabet u. der Ikarische Kommunismus. Mit e. histor. Einleitg. 8. (XII, 294 S. m. Bildnis.) Stuttgart 894. J. H. W. Dietz. n. 1. 50; geb. n. 2. —

Lux, H., Elektrotechnik, s. Volksbibliothek des gesammten menschlichen Wissens.

—— Sozialpolitisches Handbuch. gr. 8. (XIX, 336 S. m. 1 Tab.) Berl. 892, Verlag d. „Vorwärts", Berliner Volksblatt. * 1 50
geb. in Leinw. * 2 —; auch in 5 Lfgn. à * — 30

— die Juden als Verbrecher. Eine Beleuchtg. antisemit. Beweisführg., s.: Sammlung gesellschaftswissenschaftlicher Aufsätze.

Licht, Luft und Wärme im eigenen Heim. Von Dr. H[einrich] Lux. Mit 10 Abb. Berlin: Baedeker & Moeller 1908. (150 S.) 8° [J.]
= Vorortbibliothek Bd 2. [08. 14799

— Louis Philipp u. seine Zeit, s.: Häupter, gekrönte.

Lux, H[einrich]: Die Prostitution, ihre Ursachen, ihre Folgen und ihre Bekämpfung. — Berlin: Vorwärts 1892. 38 S. 8° (Berliner Arbeiter-Bibliothek. Ser. 3. H. 4.)
— — 2., verm. u. verb. Aufl. 1893. 40 S.

LUX, H., Die Prostitution, ihre Ursachen, ihre Folgen und ihre Bekämpfung. 2e Aufl. Berlin 1894. 8⁰. (In Amsterdam, Bibl. Gerritsen.)
Berliner Arbeiter-Bibliothek III, 4.

—— Die Prostitution, ihre Ursachen, ihre Folgen u. ihre Bekämpfung, s. Arbeiter-Bibliothek, Berliner.

Lux, H., Repetitorium der Physik, s.: Schmidt, Thdr.

— d. techn. Revolution u. d. Kapitalismus, s. Sammlung gemeinverständl. Abhandlgn.

– Die technische Revolution und der Kapitalismus. (Sammlung gemeinverst. Vorträge, Nr. 2.) 12⁰. Berlin 1895.

— Sibirien! — Briefe aus einem Todtenhause. 8⁰. Magdeburg, „Volksstimme", 1891.

Lux, Heinr., Mechanische Technologie, s.: Volks-Bibliothek des menschlichen Wissens.

Lux, H. Untersuchungen über die Abhängigkeit des Leitungsvermögens der Elektrolyte von den dielektrischen Medien. München 1889.

— s.: Zeitschrift f. Beleuchtungswesen, Heiz- u. Lüftungs-Technik.

LUX, HERMANN. Beiträge zur Kenntniss des Phosphate und Arsenate des Zinks. Bern, 1895.

Lux, Johann Josef Wilhelm

Lux, J. J. W., über das Abdeckerwesen und die Folgen seiner Aufhebung, die Arcana, sympathet. Kuren und die geheime Sprache der Scharfrichter und Abdecker. 8. Leipzig, (Lauffer.) 819.

— Ausführliche Abhandlung über die Maul- und Klauenseuche, besonders der Rinder und Schaafe. 8. Leipzig, Hartmann. 819.

— ausführl. Abhandl. üb. d. Maul- u. Klauenseuche, besonders d. Rinder u. Schaafe. 8. Leipz. 819. (Lehnhold). 12 gr.

· Ausführliche Abhandlung über die Maul- und Klauenseuche, besonders der Rinder und Schafe. 8. Ebd. 19. Wöller. M. 1.50

Lux: Ausführliche Abhandlung üb. die Maul- u. Klauenseuche besonders d. Rinder u. Schafe ... Leipz. 1819. 79 S.

— Anweis., d. Löserdürre od. Rindviehpest abzuhalten u. zu heilen. gr. 8. Leipz. 818. Lauffer. 18 gr.

Lux, J. J. W., Beschreibung des epidemischen Nervenfiebers der Rinder, und Methode, demselben Grenzen zu setzen. gr. 8. Leipzig, Barth. (in Comm.) 815. Rthlr.

·– Beschreibung d. epidemischen Nervenfiebers d. Rinder u. Methode ihm Grenzen zu setzen. Leipz. 1815. 164 S.

— Charakteristik d. Rinderepidemie, oder Entzifferung früher Zeichen u. ausführbarer Ideen zur Verhütung rc. der Hornviehseuche. Ein Handb. f. Cameralisten, Oekonomen rc. Mit 1 Plan, 1 Karte, Kpf. u. Tabell. 2 Thle. gr. 8. Leipz. 803. (Brockhaus). 20 gr.

Lux, J. J. W., Characteristik der Rinderepidemie, od. Entzifferung früher Zeichen u. ausführbarer Ideen zur Verhütung rc. der Hornviehseuche. Ein Handb. f. Cameralisten, Oekonomen rc. nebst 1 Pl. 1 Charte und K. 2 Thle. gr. 8. Leipzig, Gleditsch. 803.

Lux J. J. W.: Charakteristik d. Rindepidemie od. Entzifferung noch nie erkannter früher Zeichen, u. ausführbare Ideen z. Verhütung u. schnellen Tilgung d. sogenannten Hornviehseuche ... Leipz. 1803. (46) 133 S. 2 Tvl. (1 Kt. mgl.).

— Joh. Jos. Wilh. (Oppeln) u. Traug. Wilh. Gust. Benedict (Oppeln), Disquisitiones pol.-oecon. et veterinariae. Lpz. (Jac. Christ. Nagel) 12. IV. 1806. 44 S. (3.—) 21905
Gew.: Aug. Theoph. v. Gaertner.

·- Handbuch der Erkenntnis der Seuchen, siehe: Tolney, A.

Lux, Joh. Jos. Wilh., die Isopathik d. Contagionen, od.: Alle ansteckenden Krankheiten tragen in ihrem eigenen Ansteckungsstoffe d. Mittel zu ihrer Heilung. Den Coriphäen d. Homöopathik z. strengen Prüfung vorgelegt. 8. (2 B.) Leipzig 833, Kollmann.

Lux, J. J. W., neue Methode, d. Rindviehpest Gränzen zu setzen. 8. Leipz. Barth. (in Comm.) 814.

— neue Methode der Rindviehpest Grenzen zu setzen. 8. Leipzig, jetzt Lauffer. 817.

– Neue Methode der Rind-Vieh-Pest Grenzen zu setzen. Leipz. 1817. 47 S. P.

— Originalien über Gegenstände d. Staatsökonomie u. veterinar. Polizei. 8. Leipz. 807. Barth. VI, 266 S.

· Originalien über Gegenstände der Staatsökonomie und Veterinär-Polizei. Ebd. 09. Barth. M. 1.15

Lux, Johann Josef Wilhelm, s. Röllingk, G.: Homöopath. Pharmacopoe.

— d. Scharfrichter nach allen seinen Beziehungen. 8. Leipz. 813. 2e A. 815. (Lauffer). 16 gr. Hbg. Pr. 12 gr.

Lux, [Johann Josef Wilhelm]: Der Scharfrichter nach allen seinen Beziehungen. 2. Aufl. Leipzig 1814. 163 S.

— Skizze über d. Entstehen, Zweck u. Vortheile d. Gesellschaften. 8. Berl. 801.

— Streifereien ins Gebiet d. Phantasie u. Dichtkunst. 8. Bresl. 799. Buchheister. 3 gr.

Hydro-homöopathisches Taschenbuch d. Tierheilkunde, s. Möller, J. G.

Lux, Joh. Jos. Wilh., Der Tierarzt ist einer der wichtigsten Männer im Staate. 8. Glogau 800. Flemming. M. —.50

— der Thierarzt ist einer d. wichtigsten Männer im Staate. 8. Glogau 800. N. Günter'sche B. 4 gr.

— Vorschlag zur Kultur d. Dorfschmiede, Hirten u. Schäfer in d. populären Hausthiererhaltungskunde. gr. 8. Leipz. 810. Köhler. 4 gr.

Lux, J. J. W.: Vorschlag zur Cultur der Dorfschmiede, Hirten und Schäfer in der populären Hausthier-Erhaltungskunde. Leipzig 1817. 24 S.

— Vorschlag zur Cultur der Dorfschmiede, Hirten und Schäfer in der populairen Hausthier-Erhaltungskunde. gr. 8. Leipzig, Köhler. 819.

— wie ist d. Rindviehpest am sichersten zu erkennen u. zu heilen? Ein Geheimniß durch Zeitschriften in e. Reihe von Berichten, Gutachten rc. für Geschäftsmänner dargestellt. Mit 1 Kpf. gr. 8. Leipz. 803. (Brockhaus). 14 gr. (Ist ein bloßer Abdruck d. obig. Charakteristick von S. 41 an.)

Lux J. J. W.: Wie ist die Rindviehpest in ihrem ersten Entstehen untrüglich zu erkennen u. zu behandeln? Ein bisher verborgenes Geheimniss ... Leipz. 1803. 95 S. 1 Kt.

- Zooiasis. Zeitschrift für die spezif. Tierheilkunst. (Homöopathische Tierheilgn.) I. Bd. 1.—3. Heft. Mit 2 Taf. Lpzg. 32/35. Kollmann. M. 8.—, II. Bd. 1. Heft. Ebd. 36. M. 4.—, kompl. M. 12.—

— Zooiasis, oder Heilungen der Thiere nach dem Gesetze d. Natur. Zunächst geschrieben für die Stadtthierärzte u. die Landpfarrherrn. 1r Bd. 1s Hft. Mit 2 Steindrucktaf. gr. 8. Leipzig 833. Kollmann. 2e Aufl. 836. n. $2/3$ rf — 1r Bd. 2s u. 3s Hft. u. 2r Bd. 1s Hft. gr. 8. Ebd. 834—36. (2s u. 3s Hft. à n. 1 rf, II. 1. n. $1\frac{1}{3}$ rf) n. $3\frac{1}{3}$ rf

Lux, Joh. Jos. Wilh., Zooiasis, od. Heilungen d. Thiere nach d. Gesetze d. Natur. Zunächst geschrieben f. d. Stadtthierärzte u. d. Landpfarrherrn. 1. Bd. 1. u. 3. Hft. u. 2. Bd. 1. Hft. gr. 8. Leipzig, Kollmann. [1. 1. 2. Ausg. (6 B.) 836. * $2/3$ Thlr., 3. ($9\frac{1}{2}$ B.) 835. * 1 Thlr., 2. 1. ($12\frac{1}{2}$ B.) 836. * $1\frac{1}{3}$ Thlr.] *
Der 2. Bd. 1. Hft. unt. d. etwas veränd. Ttl.:
Zooiasis, Zeitschr. f. d. spezif. Thierheilkunst. Ein Buch f. Gutsbesitzer, unstudierte Thierärzte u. Solche, welche allerlei Zeitungen, worin homöopath. Thierheilungen vorkommen, nicht lesen können.
1. Bd. 2. Hft. Ebendas. 1835. * 1 Thlr.

Zooiasis, od. Heilungen d. Thiere nach dem Gesetze d. Natur ... Von J. J. W. Lux. Bd. 1 (i 3 H. m. særsk. Tit. og Pag.), Bd. 2 H. 1. Leipz. 1833-36.
(Bd. 2 m. Tit.: Z., Zeitschr. f. die spezifische Thierheilkunst, Omslagstit. Z., Zeitschr. f. homöopathische Thierheilkunde).

Lux, Josef August

Alt-Holland. Von Jos. August Lux. Mit e. Schlußkapitel Die Kunst von Alt-Holland von Georg Biermann. Leipzig: Klinkhardt & Biermann [1908]. (120 S.) 8° [F.]
= Stätten d. Kultur. Bd 10. (08 14077

— Berlin—Leipzig—Hof—Regensburg—München—Lindau, s.: Hendschel's Luginsland.

LUX, Josef August
(F) A Fink vom Weanawald. Gedichte in der Unterennsischen Mundart von Josef August Lux. Wien. 1901. Amonesta. 8°. 109 S. K 1.60

— Amsel Gabesam. Roman. (377 S.) 8. Dresden 910. C. Reißner. 5.—; geb. 6. —

— Schöne Gartenkunst, s.a. Führer zur Kunst. 8. Bdchn.

Lux J A, Schöne Gartenkunst. (64 S 1 T) (Führer zur Kunst 8) Esslingen 1907

— Der Geschmack im Alltag. Ein Buch zur Pflege des Schönen. 2. Aufl. 3.—7. Taus. (X, 422 S. m. Abb.) 8. Dresden 910. G. Kühtmann. 5.—; geb. in Leinw. 6. —
1. Aufl. (IX, 422 S. m. Abb.) 908. 4.—; geb. 5. —

— s.: Ingenieur, der.

— Ingenieur-Aesthetik. (IV, 56 S. m. 16 Taf.) 8. München 910. G. Lammers. 2.60; geb. 3.60

— u. Irma Lux, deutsche Kinderreime, gesammelt u. hrsg. Buchschmuck v. Leop. Forstner. 1.—5. Taus. (208 S.) kl. 8. Ebd. (904). n. 1. —; geb. n. 1. 50

— Die Kunst d. Amateurphotographen, s.: Kunst u. Kultur. 8. Bd.

Die Kunst im eigenen Heim. Ratgeber für d. Ausstattung d. Mietwohnung. Von Joseph Aug. Lux. Mit 2 Abb. Leipzig: Reclam jun. [1906]. 101 S. 8°
(Universal-Bibliothek. 5156.) (10. 218)

— Die Kunst im eigenen Heim, s.a. Universal-Bibliothek.

Das neue Kunstgewerbe in Deutschland. Von Jos. Aug. Lux. Leipzig: Klinkhardt & Biermann 1908. (V, 250 S., 81 Taf.) 8° (08. 10837

— das moderne Landhaus. Ein Beitrag zur neuen Baukunst. (VIII, 99 S. m. 80 Abbildgn.) hoch 4. Wien (903). A. Schroll & Co. n 8 50

— Chevalier Blaubarts Liebesgarten. Roman. (284 S.) 8. Berlin 910. Schuster & Loeffler. 3.—; geb. 4. —

— Salzburg—Badgastein—Villach—Triest, s.: Hendschel's Luginsland.

Wiener Sonette und andere Lieder. Von Josef August Lux. *Dresden, Leipzig, Wien: E. Pierson [1901].* (69 S.) 8° (04. 3049

Lux, Jos. Aug., Wiener Sonette u. andere Lieder. 8. (71 S.) Dresden (902). E. Pierson. n. 2.—; geb. n. 3. —

— Der Städtebau u. die Grundpfeiler d. heimischen Bauweise. Zum Verständnis f. die Gebildeten aller Stände, namentl. aber f. Stadtverordnete, Baumeistr., Architekten, Bauherren etc. (VIII, 156 S. m. 88 S. Abb.) 8. Dresden 908. G. Kühtmann. 3.60; geb. in Leinw. n 4.50

Das Stadttheater in Posen, erbaut von Prof. Max Littmann. Eine Denkschrift von Joseph Aug. Lux. München: Werner 1910. 31 S. 8° (11. 2610

Die Stadtwohnung. Wie man sie sich praktisch, schön u. preiswert einrichtet. Ein prakt. Ratgeber ... In d. Hauptabschnitten bearb. von Jos. Aug. Lux u. Max Warnatsch. Charlottenburg: Teschner 1910. 204 S. 8° (10. 8348

Lux, Jos. Aug., s.a. Stadtwohnung, die.

— Der kleine Tischler, s.: Flugschrift, W., des Dürer-Bundes zur ästhetischen Kultur.

Volkswirtschaft des Talents. Grundsätze e. Volkswirtschaft d. Kunst von Joseph Aug. Lux. Leipzig: R. Voigtländer 1906. (VII, 126 S.) 8° [F.] (06. 11629

Lux, Jos. Aug., von der Empire zur Biedermeierzeit. Eine Sammlg. charakterist. Möbel u. Innenräume, m. e. Vorwort. (54 Taf. m. X S. illustr. Text.) Fol. Stuttgart (906). J. Hoffmann. In Mappe n. 42 —

— s.: Warte, hohe.

— „Wenn du vom Kahlenberg ..." Das künstler. Stadtbild Wiens, wie es war u. wird. Ein Buch f. einheim. u. auswärt. Fremde. (156 S. m. 10 Taf.) 8. Wien 907. Akadem. Verlag. 4.—; geb. bar 6. —

— Der Wille zum Glück. Ein Seelenbrevier. (III, 203 S.) 16. Wien 910. R. Mohr. Geb. in Perg. 4. —

— die moderne **Wohnung** u. ihre Ausstattung. Mit 173 Bildern u. 8 farb. Taf. nach Werken u. Entwürfen v. modernen Architekten u. ihren Schulen. (VII, 176 S.) Lex.-8. Wien (905). Wiener Verlag. n. 6. —; geb. n n. 8. —

Lux, Irma: Deutsche Kinderreime, s. Lux, Josef August.

Lux, Carl, Doktor der Theologie u. des kanonischen Rechtes, Präfekt des fürstbischöflichen Knabenkonvikts zu Breslau: Die Besetzung der Benefizien in der Breslauer Diözese durch die Päpste von Avignon. ⟨1305—1378.⟩ Ein Beitrag zur Geschichte des päpstlichen Provisions- und Reservationswesens im XIV. Jahrhundert. T. 1. ⟨§ 1—3.⟩ Breslau 1906: R. Nischkowsky. (48 S.) 8° ¶ (Erscheint vollst.)
Breslau, Kath.-theol. Fak., Hab.-Schr. v. 5. April 1900

Lux, Carol., s.: Constitutionum apostolicarum de general beneficiorum reservatione etc. collectio et interpretatio.

Lux, Carl, Papst Silvesters II. Einfluss auf d. Politik Kaiser Ottos III. E. Beitrag z. Geschichte d. 10. Jahrh. Auf Grund d. neuesten Forschgn. bearb. gr. 8. (VII, 82 S.) Breslau 898. Müller & Seifert. n. 1. 60

Lux, Käthe. Studien über Einwirkungen der deutschen Warenhäuser auf einige Handelszweige. Diss. Phil. [I.] Univ. Zürich. VIII + 74 S. 8. Jena, Gustav Fischer, 1910.
(Diese Arbeit ist ein Teil der unter dem Titel »Studien über die Entwicklung der Warenhäuser in Deutschland« erschienenen Abhandlung.)

Studien über die Entwicklung der Warenhäuser in Deutschland. Von Dr. Käthe **Lux**. Mit 9 Tab. u. 28 graph. Darstellungen. Jena: Fischer 1910. VI, 208 S. 8° [10. 4??]

Lux, Konrad: Johann Kaspar Friedrich Manso, der schlesische Schulmann, Dichter und Historiker. T. 2. Leipzig: Quelle & Meyer 1908. (S. 83—127.) 8° ¶ (Erscheint vollst. als „Breslauer Beiträge zur Literaturgeschichte", hrsg. v. M. Koch u. G. Sarrazin, Bd 14.)
Breslau, Phil. Fak., Ref. Koch, Diss. v. 5. März 1908
[Geb. 15. Jan. 79 Bärdorf, Kr. Münsterberg; Wohnort: Breslau; Staatsangeh.: Preußen; Vorbildung: Matthias-Gymn. Breslau Reife O. 02; Studium: Breslau 12 S.; Rig. 14. Dez. 07.]

Johann Kaspar Friedrich Manso, der schlesische Schulmann, Dichter und Historiker. Von Konrad **Lux**, Dr. phil. Leipzig: Quelle & Meyer 1908. (244 S.) 8°
= **Beiträge**, Breslauer, z. Literaturgeschichte. H. 14. [o8. 8,18

Lux, Michael: Über Keto- und Hydroxylactone. *Strassburg i. E. 1898: C. & J. Goeller.* (50 S.) 8°
Strassburg, Math.-naturw. Diss. v. 1898

Lux, P., die Ansiedlung in Afrika, s.: Groschen-Bibliothek, Nürnberger.

Lux Paul Über die Struktur des Ketens S. 117. IIb. 477 . . . . vgr
Separatabdruck

— Weitere Versuche über das Keten S. 119. IIb. 755 . . . . vgr.

Lux, Rudolf [Referendar in Neisse]: Der Erwerb des Eigentums an jagdbaren Tieren … Breslau, Druck d. Bresl. Gen.-Buchdr., 1896; 1 Bl., 64 S., 1 Bl. 8.
Breslau, Jur. Fak., Inaug.-Diss. v. 1896

Lux, Rud., d. Erwerb d. Eigentums an jagdbaren Tieren. Ein Beitrag z. Jagdrecht. gr. 8. (III, 64 S.) Breslau 896. Schletter. n. 2. —

Lux, Walter, Referendar in Breslau: Die Notwendigkeit der Streitgenossenschaft. Einleitung und erster ⟨geschichtlicher⟩ Teil. Nördlingen 1905: C. H. Beck. (24 S.) 8° [F.] ¶ (Die vollst. Arbeit erscheint u. d. T.: „Die Notwendigkeit der Streitgenossenschaft" als Heft 2 des Bd. 13 der „Abhandlungen z. Privatrecht u. Zivilprozeß des Deutschen Reichs" hrsg. v. Otto Fischer.)
Breslau, Jur. Fak., Ref. Fischer, Diss. v. 21. Dez. 1905
[Geb. 12. Nov. 80 Breslau; Wohnort: Breslau; Staatsangeh.: Preußen; Vorbildung: Elisabeth-Gymn. Breslau Reife O. 99; Studium: Breslau 6 S.; Rig. 7. Nov. 02.]

Die Notwendigkeit der Streitgenossenschaft. Von Dr. Walter **Lux**. München: C. H. Beck 1906. (VIII, 127 S.) 8°
= **Abhandlungen** z. Privatrecht u. Zivilprozeß d. Dt. R. Bd 13, H. 2. [o6. 3007

Luxardo, Girolamo Carlo, Sistema di diritto internazionale in correlazione all' impero austro-ungarico. Vol. I, parte 1. gr. 8. (VII, 228 S.) Innsbruck 876, Wagner'sche Universitäts-Buchh. *

Luxardo, Hieron. Karl, das päpstliche Vordecretalen-Gesandschaftsrecht. Eine historisch-canonist. Untersuchung. gr. 8. (VII, 56 S.) Innsbruck 878, Wagner'sche Universitäts-Buchh. *

LUXBURG, Gaston von, der freche Dirnenräuber, od. die rächende Vehme in den Ruinen der Todtenburg bei Kassel. 3. verbess. Aufl. Leipzig, literar. Museum, 1866. (Umschl. m. d. Bezeichng.: Serie I, Bd. 13.) 12°. (1/3 Rthl.)
136 S. (incl. Tit.). Zahm. — (Ed. I. c. 1860?)

Luxburg, Graf Hermann von, a. Würzburg: Untersuchungen über den Wachstumsverlauf bei der geotropistischen Bewegung. Mit 2 Figuren im Text. Leipzig: Gebr. Borntraeger 1905. (59 S.) 8° ¶ [Aus: Jahrbücher f. wissensch. Botanik Bd 41. 1905.]
Leipzig, Phil. Fak., Ref. Pfeffer u. Chun, Diss. v. 10. Mai 1905
[Geb. 17. Febr. 81 Würzburg; Wohnort: Würzburg; Staatsangeh.: Bayern; Vorbildung: Gymn. Würzburg Reife Juli 99; Studium: München 1, Straßburg 1, Leipzig 7 S.; Rig. 11. Nov. 04.]

Luxdorph, **B. W., carmina. 4maj. Kopenh. 776. (Schubothe). 1 ꝛß 4. Kopenh. 784. Gyldendal. 1 ꝛß**

Luxdorph, B. G., Carmina. 4. maj. Coph. Schubothe. (Proft.) 786.

Luxdorphiana **e Platone, sumtib. Suhmii ed. O. Wormius Spec. I. 4maj. Kopenh. 801. Schubothe. (a. Brummer). 16 ꝁ**

Luxe parisien. Modèles de la haute élégance. (Robes de ville. Toilettes de bal et soirées. Manteaux et sorties de théâtre.) Jahrg. 1910. 10 Nrn. (à ca. 14 farb. Taf. m. 8 S. illustr. Text in französ., engl. u. deutscher Sprache.) 45×33,5 cm. Wien, Verlag d. Modejournale „Chic parisien" usw. 45. —; einz. Hefte 5. —

— **grand, parisien.** Ed. spéciale du Chic parisien. Modèles de haute élégance. (Robes de ville. Toilettes de bal et soirées. Manteaux et sorties de théâtre.) Administrateur-gérant: Arnold Bachwitz. 3. année. 1910. 10 Nrn. (à ca. 18 farb. Taf. m. 8 S. illustr. Text in französ., engl. u. deutscher Sprache.) 44,5×33,5 cm. Ebd. 60. —; einz. Hefte 7. —

Luxembourg, Heinrich, aus Aachen: Aus d. chirurg. Klinik u. d. St. Johanneshospital zu Bonn. Ueber operative Behandlung von Carcinomen der Gallenblase und der Leber. *Bonn 1899: K. Drobnig.* (53 S.) 8°
Bonn, Med. Diss. v. [7. Apr.] 1900

Luxembourg, Karl [aus Aachen]: Ueber Allyltolylhydrazin sowie Derivate des Allyl- und Styrylphenylhydrazin ... Rostock, Univ.-Buchdr. v. Adler's Erben, 1893; 32 S. 8.
Rostock, Phil. Fak., Inaug.-Diss. v. [31. Mai] 1893

Luxemburg [Sachliches OW]

Luxemburg — Das Grossherzogthum — 1831. 1:463,333. 1 Bl.

Luxemburg — Das ehemalige Herzogthum — oder das französische Departement der Forèts, nebst dem grössten Theil des Departements der Sambre et Maas. Verbesserte Ausgabe. Nürnberg bey Homanns Erben 1803. 1: 320,000. 1 Bl.

Luxemburg, Stadt u. Land, s.: Woerl's Reisehandbücher.

Luxemburg [Schlagwort]

Luxemburg, s.: Eisenbahnkarten. — Niederlande. — Radfahrerkarten.

— s.: Eisenbahnkarten. — Geologische Karten. Werveke, L. van. — Hand- u. Reisekarten. 44.

Luxemburg, s.: Generalkarten. — Radfahrerkarten. Universalautomobilkarte.

Luxemburg, s.: Eisenbahnkarten. — Moselgebiet. — Radfahrerkarten. Junghans.

— s. a.: Weinbaukarten.

Luxemburg-Frankfurt a. M., s.: Automobilkarten. Automobil-Tourenkarte.

Luxemburg-Coblenz, s.: Automobilkarten. Automobil-Tourenkarte.

Luxemburg. Hansen, J., carte topographique du Grand-Duché de Luxembourg. Publiée sous le patronage du gouvernement grand-ducal. 1:50,000. 15 Bl. 50,5×65 cm. Lith. Paris (Rue Laromiguière 4) 904–07. J. Hansen. nn 22.40; einz. Blatt nn 1.80; nn 30.—; einz. Blatt nn 2.40

Luxemburgi — Ducatus — tam in Majores Ditiones accurate distinctus et exhibitus a Joh. Bapt. Homanno. Norimbergae 1: 320,000. 1 Bl.

Luxembourg — Plan de la ville et Forteresse de — avec la nouvelle Fortification. Mis au jour par les Héritiers d'Homann. Nürnberg. 1: 3950. 1 Bl.

Luxemburg. Rosbach, Post- u. Reisekarte d. Grossherzogth. Luxemburg. 1:80,000. Neue Aufl. ergänzt bis 1888. Luxemburg 888. Schamburger. Auf Leinw. gedr. n. 1.80

Luxemburg, eine vortreffliche Festung des Herzogth. gleiches Nahmens in Niederl. Herausgegeben von Matth. Seutter etc. in Augsburg. 1: 6200. 1 Bl.

—

Luxemburg [Verfasser]

Luxemburg, Rosa [aus Warschau]: Die industrielle Entwickelung Polens. Leipzig 1898. IV,95 S. 8°.
Zürich. Jur. Diss. 1897/98.

Luxemburg, Rosa, die industrielle Entwicklung Polens. gr. 8. (VII, 95 S.) Leipzig 898. Duncker & Humblot. n. 2.20

Luxemburg, Rosa, Sozialreform od. Revolution? Mit e. Anh.: Miliz u. Militarismus. gr. 8. (80 S.) Leipzig 899. Leipziger Buchdruckerei. n. — 80
Sonderabdruck aus: „Leipz. Volkszeitung".

Luxemburg, Rosa, Sozialreform od. Revolution? 2. durchgeseh. u. ergänzte Aufl. (IV, 84 S.) 8. Leipzig 908. Leipziger Buchdruckerei. — 50

— Der preußische Wahlrechtskampf u. seine Lehren. Vortrag, geh. am 17. IV. 1910 im Zirkus Schumann zu Frankfurt am Main. Stenograph. Bericht. (16 S.) gr. 8. Frankfurt a/M. (910). Buchh. Volksstimme. — 10

Der **Luxemburger** in Amerika. West Superior, Wisconsin.
Red.: François Martin.

Luxemburger, Johannes „Ueber häusliche Erziehung der Kinder". pg. 41 bis 48. 8°. August Kranzbühler.
Zweibrücken, Progr. 1889/90

Luxenberg, M., die Bogenlichtschaltungen. Kritische Darstellg. der verschiedenen Verwendungsweisen der Hauptstromlampe, Nebenschlusslampe u. Differentiallampe. [Aus: „Die Elektrizität".] 8. (45 S.) Leipzig 894. H. Paul. n. — 75

Luxenberg, M., die Bogenlicht-Schaltungen u. Bogenlampen-Gattungen. 2., vorm. Aufl. gr. 8. (51 S. m. 4 Taf.) Leipzig 897. O. Leiner. n. 2.50

— s.: Paul's Tabellen d. Elektrotechnik.

Luxenburger, August, Dr., 1. Assistenzarzt an d. chirurg. Univ.-Poliklinik in München: Experimentelle Studien über Rückenmarks-Verletzungen. Mit 3 Abb. im Text u. 12 Taf. *Wiesbaden: J. F. Bergmann 1903.* (VII, 96 S.) 8°
München, Med. Hab.-Schr. v. 1903

LUXENBURGER, August (Ludwigshafen): Ueber plötzlichen Tod im Wochenbett infolge von Herzermüdung.- München: Ernst 1892. 37 S.
2.12.1892 - Chr 1892/93,16; Jv 1892/93,208
Diss. Ingolst.-Landsh.-Mchn.

Luxenburger, Hans [aus Zweibrücken '(Pfalz)' z. Z. Arzt in d. chirurg. Universitätsklinik in Strassburg]: Ein Fall von Hernia inguino-properitonealis mit rechtsseitigem Kryptorchismus ... Strassburg i. E., Buchdr. C. Gœller, 1893; 19 S. 8.
Strassburg, Med. Fak., Inaug.-Diss. v. 1893

Luxenburger, Hans, die verbalen Präfixe der französ. Sprache. I. R-Präfix im Französischen u. Deutschen. (111 S.) gr. 8. Strassburg 910. E. van Hauten. nn 3.50

Luxenburger, Max, approb. Arzt aus Metz: Zur Kasuistik der vorgeschrittenen ektopischen Graviditäten bei lebendem Kind nebst besonderer Berücksichtigung der Therapie. *Straßburg i. E. 1902: C. Müh & Co.* (37 S.) 8°
Straßburg, Med. Diss. v. 1902

Luxenburger, Peter, appr. Arzt a. Schwalbach: Über die Erblichkeit der dermoiden Geschwülste. Bonn 1906: C. Georgi. (40 S.) 8°
Bonn, Med. Fak., Ref. Fritsch, Diss. v. 30. Mai 1906
[Geb. 23. Juli 73 Ensdorf, Kr. Saarlouis; Wohnort: Schleiden; Staatsangeh.: Preußen; Vorbildung: Gymn. Bonn Reife O. 98; Studium: Freiburg i. B. 2, Bonn 3, München 1, Bonn 3 S.; Coll. 30. Mai 06; Approb. 14. Aug. 03.]

Luxenhofer, Joseph, pract. Arzt aus Mindelau, Bayern: Seltenere Complicationen bei Masern. *Freiburg i. B. 1901: A. Kornhas.* (18 S.) 8°
Freiburg i. B., Med. Diss. v. 1901

Luxus

— über den, (v. Gli. u. H. K. Walz). 8. Königsb. 768.

Luxus, vom, e. Geschenk für alle Staaten. 8. Berl. 799. Franke (Barth in Leipz.) 3 ℊ

Luxus, Herr. Eine polnische Volkssage. (Woycickis Obrazy starodawne entnommen.) gr. 8. (16 S. mit 1 Holzschnt.) Lahr 857, Geiger.

LUXUS und Corruption. Eine philosophische Betrachtung von *G. R.* Mit großem Titelholzschnitt (Equipage von blindem Leiermann u. s. Führer angebettelt). Druck u. Verlag der Genossenschafts-Buchdruckerei Nürnberg (1878). 8°.
Tit. in Einf., 16 S., 1 leeres Bl.

LUXUS und Modesucht, der jezigen Zeit von ihrer lächerlichen Seite, und nach ihren schrecklichen Würkungen auf Völker- und Familienglück . . . geschildert von einem Wittwer. Leipzig und Frankfurt (Wien, Rehm). 1799. 8°. (Bibl. Lipperheide no. 3482:)
125 S. Originelles Schriftchen, selten!

— u. Modesucht d. jetzigen Zeit von ihrer lächerlichen Seite rc. 8. Leipz. 799. Compt. f. Litt. 6 ℊ

— der jetzigen Zeit von ihrer lächerl. Seite rc. gr. 8. Salzb. 804. Mayr. 4 ℊ

Luxus-Kalender, Fromme's, 1901. schmal 12. (13 S.) Wien, C. Fromme. n. —70
Erscheint nicht mehr.

Luyart (Don Fausto de), Chemische Zergliederung des Wolframs. Halle 1786. 8.

de Luyard, John Jos. Fausto, chem. Zergliederung des Wolframs u. Untersuchung e. darin befindl. Metalls; aus d. Engl. des K. Cullen, nebst Beitrr. v. F. A. K. Gren. 8. Halle 786. Waisenhausbuchh. 4 ℊ

Luydl (Luydt?), Korbinian

Luydl, Corb., († d. 28. Nov. 1778.) institutiones theologiae moralis christianae et evangelicae, in IV Part. 8. Kempten 771. Kösel. 2 ₰ Hbg. Pr. 1 ₰ 16 ℊ

Luydl, Corb., Phraseologia germanico-latina ex optimis classicis probatissimisque Scriptoribus collecta. 4. Frisingae 766.

— theologia moralis christiana et evangelica ex pluribus sincerisque S. Scripturae Traditionis fontibus hausta. VI Tomi. 8. Kempten 772. Kösel. 10 ₰ T. VII — X. contin. a B. Schneidenbach 779. 80.

— Theologia moralis christiana et evangelica ex puribus sincerisq. S. Scripturae font.. XVII Tom. 8. ibid. 772–84.

LUYK, Riccardo de: L'Italie ai tempi de Ottone I. — 1884. 208 S. Diss. Graz, Univ.

Luyken, Ewald, approb. Arzt aus Rüthen: Ein Fall von combinirter Misbildung [!] aus dem pathologischen Institute zu Kiel. *Kiel 1903: Vollbehr & Riepen.* (52 S.) 8°
Kiel, Med. Diss. v. [16. März] 1903

Luyken, **J. H., tentamen histor. Lichenum in genere etc. 4 maj. Gotting. 810. Dieterich. 8 ℊ**

K[arl] **Luyken**: Die absoluten erdmagnetischen Beobachtungen der Kerguelen-Station. Mit Taf. 6–12 u. 5 Abb. Berlin: G. Reimer 1906. (S. 77–187.) 4° [Umschlagt.]
= **Südpolar-Expedition,** Deutsche, 1901–1903. Bd 6, H. 2. 106. 7408

Luyken. Karl, Bericht üb. die Arbeiten der Kerguelen-Station, s.: Drygalski, Erich v., allgemeiner Bericht üb. den Verlauf der deutschen Südpolar-Expedition.

Erdmagnetische Ergebnisse der Kerguelen-Station 1901–1903. Von Dr. Karl **Luyken.** (Mit Taf. 1–5 u. 16 Abb.) (Berlin: G. Reimer 1906.) (74 S.) 4°
[Umschlagt.:] Luyken: Das Variationshaus auf Kerguelen, s. Einrichtungen u. Instrumente.
= **Südpolar-Expedition,** Deutsche, 1901–1903. Bd 6, H. 1. 106. 10730

Luyken, Karl: Lichtemission an kleinen Flüssigkeits-Elektroden. *Breslau 1899: R. Galle.* (53 S.) 8°
Breslau, Phil. Diss. v. 12. Aug. 1899

Luyken. C[aspar]. [Monatsbilder.] Bez.: C. Luyken inv. et f. [Nürnberg.] C. Weigel exc. o. J. [um 1700].
12 Taf. in Kupferst. 2°.

Luyken. C[aspar]. [Deutliche Vorstellung der Nürnbergischen Trachten. Nürnberg. Christoph Weigel 1701.]
15 Taf. in Kupferst. 4°
Drei Taf. bez.: C. Luyken (oder C. L.) ad vivum del. et f. 1701, die letzte: Chr. Weigel excudit. Unvollständig. S. die folgende Nr.

— Deutliche Vorstellung der Nürnbergischen Trachten. in Kupfer gestochen [von C. Luyken] . . . und anjetzo mit . . . Erklärungen . . . versehen. Nürnberg, bey Johann David Tyroff. Christoph Weigels des ältern sel. Erbe 1766.
24 S., 20 Taf. in Kupferst. 8°.
Spätere vollständige Ausgabe der vorigen Nummer.

Abraham a. S. Clara (*Ulrich Megerle,* ord. August.), Neu eröffnete Welt-Galleria, worinnen sehr curios u. begnügt unter die Augen kommen allerley Aufzug u. Kleidungen unterschiedl. Stände u. Nationen. Forderist aber ist darinnen in Kupfer entworfen die Kayserl. Hoffstatt in Wien. Mit 98 Kupfertafeln von *C. Luyken.* Nürnberg. Weigel. 1703. Fol. (300 Kr., Prgtbd., schönes Expl., Gilhofer & Ranschburg, 1910.)

Luyken, Wilhelm: Untersuchungen am Dieselmotor. Hannover 1904: Gebr. Jänecke. (14 S.) 4°
Göttingen, Phil. Fak., Ref. Lorenz, Diss. v. 13. Okt. 1904
[Geb. 8. Aug. 75 Hamburg; Wohnort: Hamburg; Staatsangeh.: Hamburg; Vorbildung: Gymn. Wandsbeck Reife O. 96; Studium: Berlin T.H. 7, Göttingen 5 S.; Rig. 17. Dez. 03.]

Luys, J., das Gehirn, sein Bau u. seine Verrichtungen, s. Bibliothek, internationale wissenschaftliche.

Luys J. das Gehirn, sein Bau und seine Verrichtungen. (Bibliothek, intern. 26) Leipzig 1877

Luz, Posaunenchöre. Im Auftrag des süddeutschen ev Jünglingsbundes hrsg. (XII, 312 S.) 8. Stuttgart 910. (Holland & Josenhans.) Geb. in Leinw. nn 3. —

Luz, Anton

Luz, Ant., zweckmäß. Ausbildungslehre f. die Menschheit. 3 Hefte m. K. 8. Zurich, Orell, Füßli u. C. 790.

— theologische Grundsätze des unverfälschten Christenthums der ersten u. letzten Zeiten rc. 8. Kempten 767. Kösel. 18 ℊ

— Kernlehre der prakt. Andacht nach d. Geiste d. kathol. Kirche. gr. 8. Freiburg 797. (Augsb., Doll). 12 ℊ

— das einzige Mittel wider die Revolution der Sitten u. Staaten. 8. Bregenz 794. Brentano. 16 ℊ

— u. Weib. Ihre Beziehgn. zu einander u. z. Kulturleben d. Gegenwart. Unter Mitwirkg. v. Th. Achelis, J. Bloch, Wilh. Bölsche u. a. Volkstümlich dargestellt u. hrsg. v. R. Koßmann u. Jul. Weiß. 3 Bde. Lex. 8. Stuttgart (908). Union. Geb. in Leinw. à 12.—; auch in 48 Lfgn. à — 60

1. Der Mann. Das Weib. Mit 421 Abb. im Text u. 22 Kunstbeilagen. (XVIII, 484 S.)
2. Mann u. Weib in ihren Beziehgn. zueinander. Mit 273 Abb. im Text u. 13 Kunstbeilagen. (XII, 672 S.)
3. Mann u. Weib in ihren Beziehgn. z. Kultur d. Gegenwart. Mit 285 Abb. im Text u. 13 Kunstbeilagen. (XII, 497 S.)

— — Gegenüberstellung des männl. u. weibl. Körpers in anatomisch zerlegbaren Modellen. (Album zu: Die Frau als Haus-Ärztin v. Anna Fischer-Dückelmann.) (5 farb. Taf. m. 3 S. Text.) gr. 8. Stuttgart (910). Süddeutsches Verlags-Institut. 3. —

— u. Weib, in ehelichen Verhältnissen. 8. Leipz. 801. 2e Aufl. Ebd. 802. (Lauffer). 12 gr

— u. Weib in ehelichen Verhältnissen, od. wie sie seyn sollten; e. Seitenstück z. Weibe, wie es ist. 8. Pegau, Günther. (a. H. Richter in Leipz.). 801.

MANN und Weib in ehelichen Verhältnissen, oder: Wie sie seyn sollten. Leipzig 1803. 8°. (75 Pfg. G. Priewe, 1895.)

Kayser's Romanverz. (1827) nennt p. 82 eine Ausgabe: Leipzig, Lauffer, 1801. 8°.

Mann, Der, von Welt, eine Scene des Kummers; nach d. Engl. Leipz. 1800. V: *Braubach, Daniel.* (Ky)

— d., von Welt; eine Scene d. Kummers a. d. wahren Welt, n. d. Engl. 1r Bd. 8. Altona. (W. Fleischer in Leipz.) 800.

Mann, Der, von Welt, eingeweiht in die Geheimnisse der Lebensklugheit . . . Leipzig 1803. V: *Schelle, Carl Glob.* (ErGr)

— der, von Welt, eingeweiht in d. Geheimnisse der Lebensklugh. Ein nach Balth. Gracian freibearb. vollständ. nachgel. Manuscript, v. C. H. Heidenreich. 8. Leipz. 803. Martini. (Snobloch). 1 ß Schrbp. 1 ß 8 gr

Mann, Der, nach der Welt. Magdeburg 1806. Ü: *Jariges, Carl von* (?). (Schütze, Lebensgesch. 2, 108 f.) (Zeitschr. f. Büch. N. F. 15, 1923, S. 122)

— der, von Welt. 2 Thle. 8. Leipz. 808. Glebitsch. (Brockhaus). 12 gr

Mann, Der, von Welt, eingeweiht in die Geheimnisse der Lebensklugheit. Ein nach Balthasar Gracian frey bearbeitetes vollständig nachgelassenes Manuskript von Carl Heinrich Heydenreich. Neueste Aufl. Leipzig 1817. H: *Schelle, Karl Gottlob.*

— d., aus einer andern Welt, a. d. Ital. in 3 Büchern. 8. Leipz. Kummer. 776.

— d., wie er ist, s. a. Moritz od. d. Mann rc.

— der, wie er ist, von G. Schilling. (der sämmtl. Schriften 2te Sammlung 1r Bd.) 3te Aufl. 8. Dresden, Arnold. 819.

— wilde. Illustrirter Volkskalender für 1882. 8. (152 S. mit eingedr. Illustr. u. 1 Chromolith.) Halberstadt, Bange. n. — 50

—— wilde. Illustrirter Volkskalender für 1884—1887. 8. (à Jahrg. ca. 150 S. mit eingedr. Illustr. und 1 Chromolithogr.) Halberstadt, Bange. à Jahrg. *

Der 'Wilde Mann'. Des Trinkers Weib ⟨Gedicht⟩. *Bern [&] Barmen: Blaues Kreuz [1900].* (16 S.) 8° [F.]
= Volksschriften d. Arbeiterfreundes. 2. [oo. 10697

— der, von Wort. Schausp. v. A. W. Iffland. 8. Leipz. Göschen. 800.

— der, mit der Zauberlaterne. Ein unterhalt. u. belehr. Bilderbuch f. die Jugend. Mit 43 color. Abbildd. 16. Leipz. 825, Focke.

—— der, mit d. Zauberlaterne. Ein unterhalt. u. belehr. Bilderbuch f. d. Jugend. M. 42 color. Abbild. fremder Völker, u. Titkpfr. 2., verb. Aufl. 16. (2½ B.) Leipzig 830, Focke.

Mann, üb. verschied. Erfind., d. Gebäude gegen Feuersbrünste z. sichern. aus dem Frz. gr. 8. Frkft. Guilhauman. 790.

Mann, Abbé, üb. verschiedene Erfindd., d. Gebäude gegen Feuersbrünste zu sichern; aus d. Französ. gr. 8. Frankf. 799. Guilhaumann. 8 gr

Mann, Die Grundlinien der Aristotelischen Erziehungstheorie. Pr. 1878. 15 S. 4°.

Mann, die Grundzüge d. Rechnungswesens der Gemeinden, Stiftungen, Amtskörperschaften u. Landarmenbehörden im Departement des Innern in Württemberg. Für den Unterricht u. prakt. Gebrauch bearb. (VII, 222 S.) gr. 8. Stuttgart 910. W. Kohlhammer. 3.60; geb. 4. 20

Mann, das Herz des Sklaven. Schauspiel in 4 Akten. Braunschweig 862. G. C. E. Meyer sen. in Comm. 8. (148 S.) 24 ngr.

— principes metaphysiques des Etres et des Connoissances. 4. Vien. Degen. 807.

— Principes metaphys. des êtres et de connaissances humaines. 4. Wien 807. (v. Mösle). 20 gr (Armbruster). 16 gr

— tables chronologiques de l'hist. univers. depuis le commencem. de l'anné 1700 jusqu' à la paix génér. de l'ann. 1802. 4. Dresd. 803. Walther. 1 ß 12 gr

-- chronolog. Uebersicht der Universalgeschichte des 18. Jahrh.; aus d. Französ. 4. Dresd. 804. Walther. 16 gr

—— die Unschuldigen auf dem Schaffote. Schauspiel in 3 Akten. 8. (III und 133 S.) Braunschweig 863, (G. C. E. Meyer sen.)

Mann. Ueber das Unterrichtswesen in Frankreich. Berlin, Friedr.-G. u. R., 1866. 30 S. 4. Progr.

Mann A, Handelsgesetzbuch des französischen Reichs, ins Deutsche übersetzt, nebst Originaltext und mit Bemerkungen. Mainz 1809

Mann, A., die Competenzen der Lehrer-Collegien der höheren Unterrichts-Anstalten in Preußen. Referat erstattet in der General-Versammlung des Vereins der Lehrer höherer Unterrichts-Anstalten in der Prov. Brandenburg. gr. 8. (27 S.) Brandenburg 874, Wiesike. *

Mann, A., Napoleon I. Handels-Gesetzbuch, s. *Napoleon* I. Code de Commerce, deutsch.

Mann, Adb., Thierschutz u. Vivisektion od. das dunkelste Brandmal moderner Gesittg. Eine Charakteristik d. gegenwärt. Standes der Vivisektions- als der brennendsten Frage d. Thierschutzes, auf Grund der einschläg. Litteratur dargestellt. Ein Appell an die Freunde d. Thierschutzes. gr. 8. (66 S.) St. Gallen 891. Busch & Co. n. — 80

Mann, Adam: Festbuch zur 250jährigen Jubelfeier der Schützenbruderschaft „Zum Kreuz". Lüttringhausen am 26., 27. und 28. Juni 1910. Lüttringhausen, 1910, 50 S. 1850

Mann, Adolf, a. Mainz: Zur Kenntnis der wirksamen Bestandteile von Ecballium Elaterium. Gießen 1907: Nitschkowski. (47 S.) 8°
Gießen, Phil. Fak., Ref. Elbs, Diss. v. 7. Aug. 1907
[Geb. 19. April 81 Mainz; Wohnort: Mainz; Staatsangeh.: Hessen; Vorbildung: Gymn. Mainz Reife Juli 99; Studium: Genf 1, Marburg 2, Berlin 4, Gießen 1 S.; Rig. 17. Juli 07.]

Mann, Adf., Lehrbuch der Satzkürzung in der Gabelsbergerschen Kurzschrift nach einfachen Regeln u. teilweise neuen Gesichtspunkten. gr. 8. (IX, 56 S.) Elberfeld 893. (J. Fassbender.) n. 1. 50

Mann, Adf., Lehrbuch d. Satzkürzung in d. Gabelsbergerschen Kurzschrift nach einf. Regeln u. teilweise neuen Gesichtspunkten. 3., vorb. Aufl. (3. u. 4. Taus.) gr. 8 - (III. VI, 55 S.) Lennep 897. (Elberfeld, J. Fassbender.) n.n. 1. 50

Die Wasserleitungs- und Beleuchtungs-Anlagen in Zehdenick. Ein prakt. Wegweiser f. kleine Städte. Zsgef. von Bürgermeister [Adolf] **Mann.** *Berlin: H. Stüwen (1899).* (31 S.) 8° [F.] [01. 5442

Zehdenick sonst und jetzt. Zur Erinnerung an d. Eingemeindung 1900. Verf. von Adolf **Mann**, Bürgermeister. *Zehdenick 1900: M. Karich.* (64 S.) 8° [Ant. u. F.] [01. 5443

Mann, Alb., Staat u. Bildungswesen in ihrem Verhältnis zu einander im Lichte der Staatswissenschaft seit Wilhelm v. Humboldt, s.a. Magazin, pädagog.

Staat und Bildungswesen in ihrem Verhältnis zu einander im Lichte d. Staatswissenschaft seit Wilhelm v. Humboldt. Von Dr. Albert **Mann.** *Langensalza: H. Beyer & Söhne 1901.* (82 S.) 8°
— **Magazin,** Pädagogisches. H. 160. [03. 2336

Mann, Albert, aus Langensalza: Das Verhältnis des Staates zum Bildungswesen im Lichte der Staatswissenschaft seit Wilhelm von Humboldt. *Langensalza 1900: H. Beyer & Söhne.* (84 S.) 8°
Jena, Phil. Diss. v. (14. Juli) 1900

Mann, Albert [aus East-Orange '(Amerika)']: Was bedeutet „Metamorphose" in der Botanik? ... München, Druck v. V. Höfling, 1894; 40 S. 8.
München, Phil. Fak., Inaug.-Diss. v. 1894

Mann, Alexander, (A. Werden); Paraphrasen. 2 Bde. 8. Halle 800. Ruff. 2 Thl 8 Gr.

MANN, Alex. (sonst *Adolf Werden* ps.), Paraphrasen (hrsg. von Chrn. Julius Ludw. Stelzer). 2 Thle. Halle, Ruff, 1802. 8°. (2 1/3 Rthl.) Selten!
Anon.-Lex. III. p. 255 (nach Hitzig).

Mann, Ambrose Dudley

Mann, A. Dudley, d. nordamerikanischen Freistaaten. (Uebersetzung.) gr. 8. Bremen 845, Schünemann. 1 Thl

Mann, Anka, fünf Uhr-Tee. Eine Anleitg. f. sparsame u. anmut. Geselligkeit. (78 S.) 8. Hamburg 903. A. Janssen. n. 1. —

Mann, Arn., „Liebet eure Feinde!", s.a. Lehmann's jüdische Volksbücherei.

Mann, Arnold, „Liebet eure Feinde!" Eine apologet. Erzählung. gr. 8. (232 S.) Frankfurt a/M. 899. J. Kauffmann. n. 1. 50

Mann, Arthur, aus Brake a. d. Weser: Mitteilungen über das Stillgeschäft aus der Universitäts-Frauenklinik zu Straßburg i. Els. *Straßburg i. E. 1904: C. Müh & Co.* (29 S.) 8°
Straßburg, Med. Diss. v. 1904

Mann, *August Neueinrichtung der für den Unterricht in den exakten Naturwissenschaften erforderlichen Räumlichkeiten.* 4 (S. 18—20). v. Saldernsch. Rg. *Brandenburg a. d. H.* 1895 (100).
Progr

[F.] **Mann,** *August* [Prof. Dr.]: *Die neuen Räumlichkeiten für den Unterricht in den exacten Naturwissenschaften.* Brandenburg a. d. H., J. Wiesikes Buchdr., 1895; 18—20 S. 4.
Brandenburg a. d. H., v. Saldernsches RG, OP 1895 (100)

Mann, Bernh., dennoch! Einige Worte gegen das Reichswahlrecht u. gleichzeitig gegen d. preuß. Landtagswahlsystem m. Vorschlägen zur Abänderg. beider. (82 S.) 8. Berlin 907. Herm. Walther. — 60

Mann, Bernh., der Schuldschein. (Kleine Erzählungen). 8. Braunschw. 822. Lucius. 1 Thl 12 Gr

Mann, Bruno, a. Thurm i. S.: Untersuchungen über Zellhautbildung um plasmolysierte Protoplasten. Borna-Leipzig 1906: R. Noske. (42 S.) 8°
Leipzig, Phil. Fak., Ref. Pfeffer, Chun, Diss. v. 17. Juli 1906
[Geb. 23. Dez. 79 Thurm b. Zwickau; Wohnort: Leipzig; Staatsangeh.: Sachsen; Vorbildung: Realgymn. Zwickau Reife O. 01; Studium: Leipzig 8 S.; Rig. 22. Mai 06.]

Mann jun., C., Adressbuch europäischer Briefmarkenhändler, s. Adressbuch.

Mann, C. C. von, s. Mann, Karl Chr. von

Mann, C. H., s.a. Mann, Karl Heinrich

Mann, C. H., Die Arbeit im Lichte der Bibel. 8°. Bonn 1898.

Mann, C. H. Die Militär-Organisation vom 13. Novbr. 1874, s.a. Sammlung schweizerischer Gesetze m. Erläuterungen.

Mann, C. H., die Militär-Organisation vom 13. Novbr. 1874. Mit e. histor. Einleitg. u. Erläutergn. gr. 8. (III, 223 S.) Bern 890. [Koehler.] Goepper & Lehmann. n. 2. 40

— dasselbe. Suppl.: Bundesgesetze, Bundesbeschlüsse, bundesrätl. Verordngn. u. Departementsverfüggn. bis Ende Septbr. 1893 berücksichtigend. 8. (34 S.) Ebd. 893. n. — 50

— die Totalrevision der Bundesverfassung v. 1874. Mahnung zum Aufsehen. 8. (24 S.) Ebd. 894. n. — 50

Luz, Kolumban, s. T e s t a m e n t m a c h e r , sicherer.

Luz, Col., nothw, Wissensch. geistl. Ordenspersonen. 4. Ulm, Stettin. 751.
(hat a. d. Titel: heilsamer Unterricht für Klosterfrauen.)

— nothwend. Wissenschaft geistl. Ordenspersonen. 4. Ulm 753. Stettin. 1 ß (Auch u. d. T.: heilsamer Unterricht für Klosterfrauen.)

Luzac, Elias. Betrachtungen über den Ursprung des Handels und der Macht der Holländer . . . ins Teutsche übersetzt. Greifswald 1788—89. Ü: *Engelbrecht, Johann Andreas.* (Roterm) (MGT) (Schedel, Handb. d. Litt. f. Kaufleute. Leipzig 1796. S. 15.) »1788—90« (Ky)

Lüzac, Elias, Betrachtt. üb. d. Ursprung, die Fortschritte u. den Verfall des Handels der vereinigten Niederlande; aus d. Holländ. (v. J. A. Engelbrecht). 4 Bde. gr. 8. Greifsw. 788—90. (Enobloch in Leipz.) 6 ß

— l'homme plus que machine, ouvrage qui sert à réfuter les princ. argum. etc. 12. Götting. 754. Vandenhöck u. R. 12 K

— s. R e i c h t h u m v. Holland.

Luzac, J., lectiones Atticae, de *ἀπαγῆς* Socratis dissertat. Libr. ed. curam post mortem auctoris et praefatus est J. O. Sluiter. 4maj. Traj. ad Rhenum. 808. (Weidmann in Leipz.) 4 ß 12 K

L u z a c, I., Lectiones Atticae, de *ἀπαγῆς* Socratis dissertat. Libr. ed. curam post mortem Auctoris et praefatus est I. O. Schluiter. 4. maj. Traj. ad Rhenum. (Weidmann in Lps. in Commission.) 809.

Luzac, J., Observationes apologeticae pro jureconsultis Romanis ad locum Ciceronis in oratione pro Murena capp. 11—18. Diss. 1768. 117 S. 4°. 2.—

Luzac, Josef

LUZAC, J.: Darstell. des mauthämtl. Verfahrens bey d. k. k. österr. Zoll- u. Aufschlagsämtern, zum Gebr. sow. in- als ausländ. Grosshändler, Kaufleute, Fabrikanten, Spediteure u. s. w., die mit d. österr. Zollbeamtung in Berührung kommen. *Wien.* 812. 8. (16 Gr.)

Lüzac, Jos., Darstell. d. mauthamtl. Verfahrens bei d. k. k. österr. Zoll- u. Aufschlags-Aemtern, zum Gebrauch für Großhändler, Kaufleute, Fabrikanten rc. 8. Wien 812. v. Mösler. 1 ß

LUZACK, Jos.: Inhaltsanzeige d. bürgerl. Gesetzb. nach den Gegenst. abgefasst. *Wien*, Kupfer. 816. gr. 8. (16 Gr.)

Lüzac, Jos., Inhaltsanzeige des bürgerl. Gesetzbuches nach den Gegenständen abgefaßt. gr. 8. Wien 817. (Kupfer). 16 K

Lüzac, Vers. z. Anwend. der Gesetze üb. Verbrechen. 5 Bde. gr. 8. Wien, Mösle. 810.

Lüzack, Jos., Anwendung d. Strafgesetzes üb. Verbrechen nach seinem ganzen Umfange in d. k. k. Staaten. 5 Bde. Neue Aufl. gr. 8. Wien, v. Mösle. 814.

LUZAC, J. U.: Versuch einer Anwendung der Gesetze üb. Verbrechen u. Strafen. 5 Bde. 2. Aufl. *Wien*, (v. Mösle u. Braumüller.) (810.) 816. 8 (2 Thl. 12 Gr.)

Luzac, Ldw. Ksp., Specimen historico-jurid. inaug. de Q. Hortensio oratore Ciceronis aemulo, quod publ. ac solemni examini submittit. 8maj. Leyd. 810. Haak.

Luzac, Ludwig Wilhelm

LUZAC, L. W.: Kaufmänn. pract. Anleitung zur Führ. d. Wechselgeschäfte, od. d. Commercielle d. Wechselgeschäfts, mit Anführ. mehr. für d. österr. Staaten besteh. Wechselgesetze. *Prag.* 831. gr. 8. (1 Thl. 16 Gr.)

Luzac, Ludw. Wilh., kaufmännische Briefe rc., s. A d l e r j u n g, J. L., neuester Haussecretair.

Luzac, Ludw. Wilh., Lehrbuch d. Handlungs-Wissenschaften, enthalt. d. Buchführung mit ihren Vor- u. Nebenkenntnissen; das merkantil. Rechnungswesen u. d. kaufmänn. Correspondenz, theoret. u. prakt. dargest. u. durch Beispiele erläut. z. Gebr. d. Handelsstandes überh.; insbesond. aber f. jene, welche sich d. Comptoir-Dienst widmen. 3 Bde. Prag 833, Haase Söhne. [1. u. 2. gr. 8. (25¼ B. u. 9 Tab. gr. 4.), 3. gr. 4. (22 B.)]

— Lehrbuch der Handlungs-Wissenschaften, enthalt. die Buchführung mit ihren Vor- u. Nebenkenntnissen; das merkantil. Rechnungswesen u. die kaufmänn. Correspondenz, theoret. u. prakt. dargestellt u. durch Beispiele erläutert rc. III Bde. Mit 9 Tabellen. gr. 8. Prag 834. Haase Söhne. $3\frac{1}{2}$ ß

Luzak, Aug., (Jh. Geo. Becker), d. Mesallianz; aus d. Papieren des Freiherrn v. W. 2 Thle. 8. Leipz. 794. Kühn. 1 ß 10 K

Luzatto, Artur, k. u. k. Rittmeister. A u s z u g aus der Regiments-Geschichte des k. und k. Dragoner-Regimentes Erzherzog Albrecht Nr. 9. Für die Mannschaft bearbeitet im Auftrage des Regimentskommandos. 8. Wien 1903

Luzatto, Arth., s.: Söhnstorff, Alfr.

v. Luzberg, Theodor., s. Traitteur.

Luzenberger, August von

Luzenberger, A.v.(Hrsg.), s. A b h a n d l u n g e n , Zwanglose, a.d. Gebiete der medizin.Elektrologie.

Luzenberger, A.v. (Hrsg.), s. A b h a n d l u n g e n , zwanglose. a.d. Gebiete der Elektrotherapie u. Radiologie.

Die Franklinsche Elektrizität in der medizinischen Wissenschaft und Praxis. Von Dr. August v. **Luzenberger**, Prof. Mit 24 Abb. Leipzig: J. A. Barth 1905. 98 S. 8°
(Zwanglose Abhandlungen aus d. Gebiete d. Elektrotherapie u. Radiologie. H. 4.) [11. 1905]

Luzern [Sachl. OW]

Luzern. [Waffenplatz. Lithographischer Ueberdruck aus den Blättern 202—206 und 208 des Topographischen Atlas Siegfried.] Massstab 1 : 25000. [Hrg. durch die] Schweizerische Landestopographie, Bern. Ueberdruck 1903. 516/736 mm. 1 Bl. quer-fol. fr. 2. — [aufgezogen 3. —]

Luzern. [Waffenplatz. Lithographischer Überdruck aus den Blättern VIII und XIII der Topographischen Karte Dufour.] Massstab 1 : 100000. [Hrg. durch die] Schweizerische Landestopographie, Bern. Ueberdruck 1903. 377/499 mm. 1 Bl. quer-fol. [fr. 1. —, aufgezogen 1. 70]

Luzern. (Stadtplan) 1906. 218/282 mm. [Hrg. vom] Offiz. Verkehrsbureau, Luzern. 1 Bl quer-4. Aarau & Luzern, Huber Anacker & Co.

Rückseite: Text [6 S.].

(Luzern [huldigt dem] Herzog Albrecht von Oesterreich 1293.) Njbl. s. [Hirzel, Heinrich 7].

Luzern, Schweiz. [Illustrierter Führer.] Hrg. vom Offiziellen Verkehrsbureau Luzern. [1. Ausgabe.] IV + 32 S. 8. [Luzern, H. Keller, 1905.]

Luzern, Schweiz. [Illustrierter Führer.] Hrg. vom Offiziellen Verkehrsbureau, Luzern. [2. Ausg.] IV + 32 p. 8. [Luzern, H. Keller, 1907.]

Luzern, die Stadt u. ihre Umgebungen, in topograph., geschichtl. u. statist. Hinsicht. gr. 8. Luzern 811. Mayer. (Lpz., Schmidt). 2 ₰ 20 ℊ

Luzern, Die Stadt, und ihre Umgebungen . . . Luzern 1844. V: *Businger, Joseph.* (CBH) »1811« (AarK)

Luzern und seine Umgebung. (Europäische Wanderbilder. № 16.) Zürich s. Harfin, Jean].

Luzern und seine Umgebung, s. Wanderbilder, europäische.

Luzern und die Umgebungen des Vierwaldstättersee's. Mit besonderer Berücksichtigung des Rigi, Pilatus, Gotthardt's und der Urkantone. Ein Wegweiser für Fremde und Einheimische. 8. (VIII und 168 S. mit 5 lithogr. Ansichten, lithogr. Plan von Luzern und lithogr. Karte mit Rigi-Panorama in Fol.) Luzern 855, Kaiser'sche Buchh. Thlr. *

Luzern nebst Vierwaldstätter See, s.: Woerl's Reisehandbücher.

Luzern u. Vierwaldstättersee. (40 S. Abbildgn.) qu. 8. Zürich (906). (Leipzig, C. Guttich.) n. 1. 60

Luzern, Vierwaldstätter See, Rigi und Pilatus. Touristenblätter für Alpenfreunde und Pensionsgäste. Mit 8 Ansichten (Holzschntaf.), (lithogr.) Stadtplan und (chromolithogr.) Karte. 8. (63 S.) Luzern 880, Prell. *

Luzern. Der Vorort L. von der Nacht- und Tagseite. 8. Zürich 1844.

Luzern [Schlagwort]

Luzern, s.: Schweiz. Atlas. Karte.

Luzern, s.: Westentaschen-Sammlung. — Westentaschen-Panorama-Collection.

Lucern — Canton — sive Illustris Helvetiorum Respublica Lucernensis etc. correcta a Gabr. Walsero edentibus Hommannianis Heredibus 1763. 1 : 95,000. 1 Bl.

Luzern. Plan, neuester, der Stadt Luzern. Hrsg. v. E. Gerber. 1 : 5000. Lith. u. color. Fol. Luzern 887. (Doleschal.) n. — 80

Luzern. Plan der Stadt Luzern. 8. Aufl. 87,5×58 cm. Farbdr. Mit Strassen-Verzeichnis. (8 S.) 21×10,5 cm. Zürich (910). Art. Institut Orell Füssli. — 50

Luzern-Album. Grieder's Luzern-Album. ([Hrg. von der] Seidenstoff-Fabrik-Union Adolf Grieder & Cie. Zürich-Luzern.) [Mit illustriertem Umschlag.] II S. + 23 Tafeln. quer-8. (Zürich, Polygraphisches Institut A. G., [1901].)

Luzerne, César Guillaume de la

Luzerne, Bischof, s. Laluzerne.

Luzerne, Bischof, neue Homilien auf die Sonn- u. Festtage. 4 Bde. gr. 8. Augsb. Wolf. 807.

Luzerne, de la, Homilien üb. die Evangelien der Sonntage u. Feste des Herrn. Aus dem Franz. übers. v. Wilh. Müller. Mit e. Einführg. v. Paul Wilh. v. Keppler. Vom ersten Adventsonntag bis Epiphanie. (IX, 159 S.) 8. Freiburg i/B. 906. Herder. n. 1. 60; geb. in Leinw. n. 2. 40

Luzerne, Bischof C. W. de la, Die Vortrefflichkeit der christlichen Religion. Aus dem Franz. übers. von einem kath. Geistlichen. Regensburg, Manz, jetzt Verlagsanst. 1833, gr. 8°, 1 Mk.

Luzerne, C. Wilhelm de la, die Vortrefflichkeit d. christl. Religion. A. d. Franz. übers. von e. kathol. Geistlichen. 8. (8½ B.) Luzern 836, Meyer.

Luzerne County Express: 1882?—1918?

Weekly, Independent, 1882—85; Republican, 1886—1918. For supplement, see Der Erzähler. Circulation: 1885, 808; 1895, 1100; 1905, 2060; 1915, 6500; 1918, 6500. Edited & published by August Stutzbach, 1882—90; by Mrs. Helena Stutzbach, 1891; edited by Hugo Baumann, 1892—95; by Paul A. Dippe, 1895—1902; published by Mrs. Helena Stutzbach, 1892—95; by Luzerne County Publishing Co., 1895—1902; edited & published by Paul A. Dippe, 1903—16; by Joseph D. Coons, 1917; edited by Jules E. Dippe, & published by Paul A. Dippe Estate, 1918

Wilkes-Barre, PA

Luzerne County Volks-Freund: Oct. 1866—1879?

Weekly. Continued as Deutsch-Amerikanischer Volks-Freund. Circulation: 1875, 1000 (est.); 1879, 1000. Edited & published by Carl Theodore Mayer, 1866?—1876?; by Karl Bart & Co., 1876?—1879.

Wilkes-Barre, PA

Luzernerbieter, Der katholische. Luzern 1853—66. V: *Herzog, Xaver.* (Kn)

Luzernerbieter, der katholische, eine jährliche Zeitschrift von einem Landgeistlichen. 1. Jahrg. 8. (70 S.) Luzern 853, Gebr. Räber.

—— dass. — 2—4. Jahrg. à 2 Hefte. (à Heft 80 S.) 8. Ebds. 854—56. à Jahrg. *

—— — 5. 6. Jahrg. s. Herzog, Xav.

Luzernerbieter, der katholische, eine Zeitschrift von einem Landgeistlichen. 8—15. Heft. 5—8. Jahrg. à Jahrg. 2 Hefte. 8. (à Heft ca. 84 S.) Luzern 857—61, Gebr. Räber. à Heft * 8 Ngr. *

Luzerner-Blatt

⑤ 30. 11. 1822 (1 Nummer) ⑥ 8° ⑧ Luzern: vielleicht Thüring ⑩ J. Andre, Luzern ⑪ J. Andre, Luzern ⑬ BGSZ: 1028 ⑭ Lu: Z.

Luzerner-Bote

③ Neue Luzerner Zeitung (I) ④ Die Urschweiz (Lu) ⑤ 16. 12. 1848 (Probe-Nummer)—29. 12. 1851 ⑥ 4° ⑦ wöchentlich 3× (1849/50); wöchentlich 2× (1851) ⑧ Luzern: Kaspar Hübscher ⑩ Gesellschaft des »Luzerner Boten« ⑪ Dr. med. Hermann Liebenau, Luzern; Carl von Moos, cand. jur., Luzern ⑫ katholisch-konservativ ⑬ BGSZ: 685, 1028, 1032 ⑭ Lu: Z.

Luzernersee, s.: Schweiz. Atlas.

Luzi, Johann [aus Tomils, Graubünden]: Lautlehre der subselvischen Dialekte. (S.-A. aus „Romanische Forschungen". 16. III.) Erlangen 1904. 88 S. 8°. [6. II. 04.]

Zürich. Phil. Diss. I. S. 1903/1904.

Luzi, Johann. Lautlehre der Subselvischen Dialekte. Diss. Phil. [I.] Univ. Zürich. [Sep.-Abdr. aus: Romanische Forschungen ... hrg. von Karl Vollmöller. Bd. 16, Heft 3.] VIII + 88 S. 8. Erlangen, Junge & Sohn, 1904.

Luzi, William *Robert Walther* [aus Leipzig]: Beiträge zur Kenntniss des Graphitkohlenstoffes ... (Aus: Zeitschr. f. Naturw. Bd 64.) Halle a/S., Gebauer-Schwetschke'sche Buchdr., 1891; 1 Bl., 224—271 S. 8.
Leipzig, Phil. Fak., Inaug.-Diss. v. [28. Nov.] 1891

Luzi W, über den Diamant. (Sammlung der Urania 20) Berlin 1893

Luzi, W., üb. den **Diamant,** — das **Ende** d. Zeitalters der Alchemie u. der Beginn der iatrochemischen Periode, s. a. **Sammlung** populärer Schriften, hrsg. v. der Gesellschaft Urania zu Berlin.

Luzi, W.
Das Ende des Zeitalters der Alchemie, und der Beginn der iatrochemischen Periode. Berlin, 1892. pp 33, 8vo.
Sammlung populärer Schriften herausgegeben von der Gesellschaft Urania zu Berlin. Nro. 13.

Luzian, Marie-Luise, modernes Ehe-Dirnentum. Randglossen aus meinem Eheleben. (68 S.) 8. Leipzig 907. Deutsche Verlagsactiengesellschaft. 1. —
Im Deutschen Reiche verboten.

Lužičan. Časopis za zabawu a powučenje. Rédact.: Jan Ernst Smoler. Jahrg. 1864—67. à Jahrg. 12 Nrn. (Bog.) gr. 8. Bautzen, Schmaler und Pech. à Jahrg. *
Jahrg. 1867 wurde von K. A. Fiedler redigirt.

Lužičan. Casopis za zabawu a powučenje. Redact.: K. A. Fiedler. Jahrg. 1868—1874. à Jahrg. 12 Nrn. (Bog.) gr. 8. Bautzen, Schmaler. 1868 *
1869—1874 à

Luzifer, oder gereinigte Beiträge zur Geschichte d. franzöf. Revolution, (v. K. E. Oelsner). 2 Thle. gr. 8. o. O. (Leipz.) 797. 99. Schmidt. 2 ℔ 16 gr.

Luzifer 1850-? New York, NY

Luzifer. Zeitschrift f. Seelenleben u. Geisteskultur. — Theosophie. Hrsg.: Rud. Steiner. Nr. 1—7. (à ca. 48 S.) gr. 8. Berlin, [C. A. Schwetschke & Sohn.] Leipzig, M. Altmann. à n. — 60
Fortsetzung s.: Lucifer mit d. Gnosis.

Luzuriaga, J M. R., von d. wechselseit. Thätigkeit des Bluts u. Nervensystems; übers. v. A. Winkelmann. 8. Hannov. 805. (Lucius in Braunschw.) 5 gr.

Luzzatto, Samuel David. Ein Gedenkbuch zum 100. Geburtstage, 22. VIII. 1900, hrsg. vom Verbande der Vereine f. jüdische Geschichte u. Litteratur in Deutschland. Mit Beiträgen v. W. Bacher, A. Berliner, S. Bernfeld rc. gr. 8. (V, 114 S.) Berlin 900. A. Katz. n. 2. —

Sozialistische Bewegungen und Systeme bis zum Jahre 1848. Von Elisabeth Luzzatto. Wien: Brand [1910]. VIII, 444 S. 8°
(Luzzatto: Entwicklung u. Wesen d. Sozialismus. Bd 1.) [10. 3260

Luzzatto, Elisab., sozialistische Bewegungen u. Systeme bis zum J. 1848, s. a. **Entwicklung** u. **Wesen** des **Sozialismus.** I.

Luzzatto, Ephr., Ele Bené Haneurim. Hebräische Gedichte; (genau nach der London. Original-Ausg. v. J. 1769.) 12. Wien 841, v. Schmid u. Busch. $^{3}/_{8}$ ℔

Luzzatto, Moses Chajim, Derech Chochma, kabbalistica. (In hebr. Sprache.) Berlin 865. Adolf & Co. 8. (13 S.) n. 6 ngr.

Luzzatto, M. Ch., Derech Chochma, kabbalistica. (In hebr. Sprache.) 8. (13 S.) Berlin 865, Cohn. *

Luzzatto, M. Ch., Laj'scharim T'hillah. In's Deutsche übers. von J. Musen. (Mit gegenübersteh. hebr. Texte.) 8. (109 S.) Lemberg 874. (Wien, Lödw.) *

Luzzatto, M. Ch., Laj'scharim T'hillah. In's Deutsche übers. v. J. Musen. (Mit gegenübersteh. hebr. Texte.) 8. (109 S.) Lemberg 874. (Wien, Brüder Winter.) n. 1. 20

Luzzatto, Mosche Chaim, Lebensführung der Redlichen. Mit e. neben dem Text befindl. deutschen Übersetzg. v. Osk. Sachariasohn. 2. verb. Aufl. Nebst hebr. Gedichten Mosche Chaim Luzzatto's, nach e. Handschrift zum erste Male edirt. (238 u. 8 S.) gr. 8. Budapest (VI, Királyutcza 20) 907. O. Geyer. Geb. in Leinw. 3. —

—— **Maamar ha-Ikkarim (de fundamentis), Maamar al Hagadot (de allegoriis), Maamar ha-Chochma (Kabbalistica).** (In hebr. Sprache.) 8. (61 S.) Berlin 865, Cohn. *

Luzzatto, Moses Chajim, Messillat Jescharim (via proborum) de morum integritate. (In hebr. Sprache.) 12. (96 S.) Berlin 860, Adolf und Comp. **

—— il pentateuco, s. **Pentateuco,** il.

Luzzatto, Moses Chajim, Philosoph u. Kabbalist. Nach d. aus e. Handschr. verm. Exemplar d. Hrn. Jacob Kaplan aus Minsk z. ersten Mal vollständig hrsg. u. latein., deutsch u. hebrä. eingeleitet v. M. S. Freystadt. 8. ($8^{3}/_{4}$ B.) Königsberg 840. (Leipzig, Böhme.) *

Luzzatto, Mosche Chajim, der Weg der Frommen, neu hrsg., übers. u. m. e. Einleitg. u. Quellenangaben versehen v. J. Wohlgemuth. (XXIX, 161 u. 79 S.) 8. Berlin 906. L. Lamm. n. 2. 50

Luzzatto, Philoxène, Notice sur Abou-Jousouf Hasdaï Ibn-Schaprout, médecin Juif du X. siècle, ministre des Khalifes Omeyyades d'Espagne 'Abd-Al-Rahman III et Al-Hakem II, et promoteur de la litterature Juive en Europe. gr. 8. (70 S.) Paris 852. (Leipzig, T. O. Weigel.) n. $^{2}/_{3}$ ℔

Luzzatto, Samuel David, [Tergestini], bibliotheca in qua hebraica ejus synonima continentur. Fasc. I. (In hebr. Sprache.) gr. 8. (112 S.) Przemyśl 881, (Wien, Lippe.) *
—— dass. — Fasc. II. quem Scia da Lii filii ordinaverunt et Eisig Gräber impensis propriis publicavit. (In hebr. Sprache.) gr. 8. (VIII, 206 S.) (Ebendas.) 888. *

Luzzatto, Samuelis Davidis, [Tergestini], bibliothecae philologicae, in qua tria hebraica eius scripta potissimum poetica continentur, fasc. III, quem Scia Da Lii Filii ordinaverunt et Eisig Gräber impensis propriis publicavit. (In hebr. Sprache.) gr. 8. (88 S.) Jaroslavii 889. (Wien, Lippe.) * 2 —
Fasc. I u. II. (Ebd.) 1881,88. * 5 —.

Luzzatto's, Samuel David, hebräische **Briefe,** gesammelt von seinem Sohne J. L., hrsg. von Eisig Gräber. 5 Thle. (In hebr. Sprache.) 8. (XXIV, 748 S.) Przemyśl 882. (Breslau, Jacobsohn und Comp.) *

Luzzatto's, S. D., hebräische Briefe, gesammelt v. seinem Sohne Isaias Luzzatto. Hrsg.: Eisig Gräber. 6.—9. Bd. gr. 8. Krakau. (Wien, Ch. D. Lippe.) n. 8. 90
Bd. 1—5 kamen nicht in den Handel u. sind vergriffen.
6. (VI u. S. 753—916.) 891. n. 2. —. — 7. (S. 917—1076.) 891. n. 2. —. — 8. (S. 1077—1250.) 892. n. 2. 40. — 9. (S. 1251—1426.) 894. n. 2. 50.

Luzzatto, Samuel. David., paucae quaedam **epistolae** hebraicae, quibus adjecta sunt alia quaedam hebraica scripta. Edidit **Stephanus Kocianšič.** Görz 868. (Sochar.) gr. 8. (32 S.) n. 8 ngr.

Luzatto, Sam. Dav., Grammatik der biblisch-chaldäischen Sprache u. des Idioms d. Thalmud Babli. Ein Grundriss. Aus dem Ital. m. Anmerkgn. hrsg. v. Marc. Sal. Krüger. gr. 8. (XIII, 123 S.) Breslau 873. Skutsch. n. 2. 40

Luzzatto, S. D., Grammatik der biblisch-chaldaeischen Sprache und des Idioms des Thalmud Babli. gr. 8. Breslau 878. Preuss und Jünger.

Luzzatto, Sam. Dav., il libro d'Ester, s. Libro, il, d'Ester.

Luzzatto, Sam. Dav., Liedersammlung a. d. Divan d. Jehuda Halewy, s. Liedersammlung.

— Samuel David, Maamar bisodè diqdûq leschon haq-qôdesch. Wien (5625 =) 1865.

Luzzatto, Sam. Dav., israelitische Moral-Theologie. Vorlesungen. Aus dem Italien. übers. von Lazar Elias Igel. gr. 8. (XVI und 103 S) Czernowitz 864, (Pardini.) *

— israelitische Moral-Theologie. Vorlesungen. Aus den Italien. übersetzt von L. E. Igel. Neue (Titel-) Ausg. Breslau (864), 870. Schletter. gr. 8. (XII, 103 S.) n. 20 *ngr.*

—— Hoil Mosche, s. Tedeschi, M. J.

— — Ohèb gèr ... Philoxenus, sive de Onkelosi, chaldaica Pentateuchi versione Dissertatio hermeneutico-critica ... Accedit Appendix, ubi de Lingua Syriaca ... disseritur ... Viennae 1830.

Luzzatto, Sam. Dav, Philoxenus, sive de Onkelosi, chaldaica Pentateuchi versione, dissertatio hermeneutico-critica, in qua veteris Paraphrastae a textu hebraico crebrae deflexiones in XXXII classes distribuntur, et lucido, novoque ordine illustrantur; atque CCCCL in locis, variae ejusdem versionis lectiones perpenduntur, et ex antiquioribus et rarioribus editionibus, codicibusque, emendantur. Accedit appendix, ubi de lingua syriaca, ac de syriasmis in chaldaicis paraphrasibus, disseritur; et CXXV ejusdem linguae vocabula, in eisdem paraphrasibus occurentia, vel in editionibus corrupta, vel in hebraeo-chaldaicis celebrioribus lexicis aut omissa, aut minus recte interpretata, explicantur, et coronidis instar, chaldaicae psalterii versionis, ex perraro psalterio octuplo Justiniani, emendatio adjungitur. Ed II, in qua CMIX emendationes supradictae chaldaicae versionis ex duobus codicibus quos autor vidit post impressionem libri sui, adjunctae sunt sumptibus Isaaci Gräber et cura Vict. Castiglioni. (In hebr. Sprache.) gr. 8. (XII, XVI, 139 S.) Cracoviae 895. (Wien, Ch. D. Lippe.) n. 2. 50

Luzzatto, (da Trieste, Rabbin., Prof.) Sam. David, Prolegomoni ad una grammatica ragionata della lingua Ebraica. gr. 8. Padova 836 (Lipsia, T. O. Weigel.) n. $1\frac{1}{2}$ *ℛ*

—— scelta di scritti sparsi ebraici, pubblicata da' suoi figli a cura di Eisig Gräber. gr. 8. (XV, 460 S.) Przemyśl 888. (Wien, Lippe.) *

— בתולה בת יהודה. Virgo filia Jehudae, sive excerpta ex inedito celeberrimi Jehudae Levitae Divano, praefatione et notis ill. 8maj. Prag 840. Lindau. (Leipz., Fritzsche.) $^{5}/_{12}$ *ℛ*

—— Virgo filia Jehudae, s. Virgo.

Luzzi, G., Giovanni. Eine Erzählg. f. jung u. alt. Frei aus dem Ital. übers. v. M. Muston-Ehni. gr. 16. (III, 138 S.) Basel 893. Jaeger & Kober. n. — 80; geb. in Leinw. n. 1. 40

Lvovský, B., s.: Almanach d. österr. Musik- u. Theaterzeitung in Wien.

Lwoff, Alexander, aus Simferopol [Russland]: Beitrag zur Bestimmung von Arsen und Antimon. — Einiges über indirecte Analysen. Uster-Zür. A. Diggelmann Dr. 1893. 38 S., 1 Bl. 8°.
Zürich, Phil. Diss. [v. 17. Oct. 1893].

Lwoff, Alexis v.- Ueber den freien Rhythmus des altrussischen Kirchengesangs. St. Petersburg 1859.

Lwoff, A(ron): Über Eliminierung von Diazoresten aus Azofarbstoffen durch nitrierte Aryldiazoniumsalze. Jena 1909: Vopelius. 31 S. 8°
Jena, Phil. Diss. v. 6. Febr. 1909, Ref. Vongerichten
[Geb. 31. März 75 Odessa; Wohnort: Odessa; Staatsangeh.: Rußland; Vorbildung: Gymn. Odessa Reife O. 04; Studium: Jena 7 S.; Rig. 9. Nov. 08.]

Lwoff, Basilius. Über die Entwicklung der Fibrillen d. Bindegewebes. Lex.-8. (27 S. m. 2 Taf.) Wien 889, (Tempsky). * — 90
Aus: Sitzungsber. d. k. Akad. d. Wiss., besonders abgedruckt.

Lwow. Lehrbuch des Finanzrechts. gr. 8°. Kasan, Univ.-Druck., 1887.

Lwow, Ahron Mose, S. Ōbel Mōsche. Sulzbach 1771.

[Lwowski, J.,] Gesetz betreffend die Abänderungen einzelner Bestimmungen des Allgemeinen Berggesetzes vom 24. Juni 1865/92 vom 14. Juli 1905 (teilweise im Zusammenhange mit den in Geltung gebliebenen Bestimmungen.) Dillenburg, 1905. 22 S.

Lwowsky, Raful: Aus d. 2. med. Klinik d. Kgl. Charité. Ueber Beziehungen zwischen Blinddarmentzündung und Herzerkrankungen. (Berlin 1910: Blanke.) 26 S. 8°
Berlin, Med. Diss. v. 2. Aug. 1910, Ref. Kraus
[Geb. 15. Nov. 78 Berditschew; Wohnort: Berditschew; Staatsangeh.: Rußland; Vorbildung: Gymn. Schitomir Reife 04; Studium: Bern 5, Berlin 6 S.; Rig. 29. Juli 10.] [U 10. 68

Lyacker, Ludw., Anleitung z. Situationszeichnen. M. 5 Kpfrt. 4., mit Bewilligung d. Hrn. Verf., hauptsächl. nach dess. Vorträgen an d. Grossherzogl. Militärschule umgearb. u. sehr verm. Aufl. v. Chr. W. Papst. gr. 8. ($8\frac{1}{2}$ B.) Darmstadt 829, [Heyer'sche Vrlshdlg.]

Lyall, Edna [Pseud.]
s. a. Bayly, Ada Ellen [Wirkl. Name]

In spite of All. A novel. By Edna **Lyall** [d. i. Ada Ellen Bayly]. Copyright ed. In 2 vol. Vol. 1. 2. Leipzig: Tauchnitz 1902. 8°
(Collection of British authors. Tauchnitz Ed. Vol. 3563/4.) [11. 6466

Lyall, Edna: In spite of all, s. a. Collection of British authors.

Lyall, Edna, Autobiography of a Slander, hrsg. von Camilla Hammond, s.: Writers, modern English.

Lyall, Edna, the golden days, s.: Collection of British authors.

— Carlo Donati (Knight errant). Autor. Uebersetzg. von E. v. Feilitzsch. 8. (IV, 386 S.) Leipzig 898. G. Wigand. n. 4. —; geb. n. 5. —

— Donovan: A modern Englishman, s.: Collection of British authors.

Lyall, Edna, Donovan. Lebensgeschichte e. Engländers aus unseren Tagen. Autoris. Übersetzg. v. E. Bagge. 8. (VI, 472 S.) Leipzig 893. G. Wigand. n. 5.—; geb. n. 6.—

— Donovan. Lebensgeschichte e. Engländers aus uns. Tagen. Autor. Übersetzg. v. E. Bagge. 4. Aufl. 8. (IV, 472 S.) Ebd. 898. n. 5.—; geb. in Leinw. n. 6.—

Doreen. The story of a singer. By Edna Lyall [d. i. Ada Ellen Bayly]. Copyright ed. In 2 vol. Vol. 1. 2. Leipzig: Tauchnitz 1899. 8°
(Collection of British authors. Tauchnitz Ed. Vol 3345/6.)

Lyall, Edna: Doreen, s. a. Collection of British authors.

— Doreen. Lebensgeschichte e. Sängerin. Autor. Uebersetzg. v. B. Winter. 8. (413 S.) Ebd. 897. n. 5.—; geb. n. 6.—

The Hinderers. A story of the present time. By Edna Lyall [d. i. Ada Ellen Bayly]. Copyright ed. Leipzig: Tauchnitz 1902. 202 S. 8°
(Collection of British authors. Tauchnitz Ed. Vol. 3589.)

Lyall, Edna: The hinderers, s. a. Collection of British authors.

Hope the Hermit. A novel. By Edna Lyall [d. i. Ada Ellen Bayly]. Copyright ed. In 2 vol. Vol. 1. 2. Leipzig: Tauchnitz 1898. 8°
(Collection of British authors. Tauchnitz Ed. Vol. 3322/3.)

— hope the hermit, s. a. Collection of British authors.

— Knight-Errant, s.: Collection of British authors.

Wayfaring Men. A novel. By Edna Lyall [d. i. Ada Ellen Bayly]. Copyright ed. In 2 vol. Vol. 1. 2. Leipzig: Tauchnitz 1898. 8°
(Collection of British authors. Tauchnitz Ed. Vol. 3254/5.)

— wayfaring men, s. a. Collection of British authors.

Lyall, Edna, die kleinen Missionare od. wie die kleine Fee u. ihr Bruder Paul e. großen Sturm erregen. (Kollektion mustergült. Jugendschriften.) (24 S.) hoch 4. Berlin (903). Internationale Verlagsanstalt. Kart. n. 1.—

— e. wackerer Normanne. Deutsch v. E. v. Feilitzsch. 8. (VI, 344 S.) Leipzig 896. G. Wigand. n. 4.—; geb. in Leinw. n. 5.—

— a hardy norseman, — Novelist and the autobiography of a slander, } s.: Library, the English.

— durch Stillesein u. Hoffen. Roman. Autoris. Uebersetzg. v. Ilse Charlot. (320 S.) 8. Leipzig (903). G. Wigand. n. 4.—; geb. in Leinw. n. 5.—

— Raeburns Tochter (We two). Autoris. Uebersetzg. v. E. Bagge. 8. (VIII, 405 S.) Ebd. 895. n. 5.— geb. n. 6.—

—— Derrick Vaughan. — s. Library, the English.

Lyall, Edna. Vom Funken zur Flamme. Geschichte e. Verleumdg., v. ihr selbst erzählt. Englisch v. E. L. Deutsch von M. v. M. u. H. v. B. 8. (88 S.) Gotha 892, F. A. Perthes. ** — 90

— we two, s.: Collection of British authors.

— won by waiting, s.: Collection of British authors.

Lyall, Robert. Die russischen Militaircolonien, ihre Einrichtung, Verwaltung und gegenwärtige Beschaffenheit. (Aus dem Englischen.) *Leipzig, Rein.* 1824

Lyall, R. Die russischen Militärkolonien. A. d. Engl. Leipzig 1824. 51 S.

Lyanen. Taschenbuch, enthaltend Gedichte und Novellen. Zum Besten der Säuglings- und Kinder-Bewahr-Anstalt und Arbeitsschule in Gumpendorf herausgegeben von Nephongs. 1ter und 2ter Band. Siebenter Jahrg. 1856. Wien. Gedr. bei den Edlen von Ghelen'schen Erben. (156 S. 156 S. 8.)

Lyanen. Taschenbuch, enthaltend Gedichte und Novellen. Zum Besten der Säuglings- und Kinderbewahranstalt und Arbeitsschule in Gumpendorf herausgegeben von Nephongs. 8. Jahrg. 1857. 2. Bd. Wien. Gedruckt bei den Edlen v. Ghelen'schen Erben. (158 S. 8.)

Lyautey, (H. J.) Der Rikoschettschuß. Aus d. Franz. von J. Schmoelzl. München 1855. 8°. (Orig. 1826.)

Lyautey, der Rikoschettschuß. In seiner prakt. Anschauung. Eine artilleristische Studie. Nach einer von dem französ. Artillerie-Comité preisgekrönten Denkschrift in's Deutsche übergetr. von Jos. Schmoelzl. gr. 8. (VII und 80 S. mit in den Text gedr. Fig. in Holzschn.) München 855, Literarisch-artistische Anstalt. *

Lybeck, Mikael, die Eidechse. Schauspiel in 3 Aufzügen. Einzig autoris. Übersetzg. v. Adf. Paul. (103 S.) kl. 8. Berlin 909. Oesterheld & Co. 3.—

Lyceum d. schönen Künste. 1r Bd. 1s u. 2s Stück. gr. 8. Berl. 797. (Reimer). 1 rthl 8 gr

[Lychdorff, Vincenz.] Der Ornat der Ritter des kaiserl: und königl: österreichischen Ordens der eisernen Krone. Gestiftet von Franz I. Kaiser von Österreich, zur Erinnerung an die glücklich erfolgte Wiedervereinigung mit den italienischen Provinzen zu Mailand am 1ten Januar 1816. (Gezeichnet von Vincenz Lychdorff. Innsbruck 1891.)
Tit. 1 Bl. 6 Taf. in Aquarellmalerei. gr. 2°.
5 Taf. Kopien nach Ph. v. Stubenrauch (Ordensstatut von 1816). Die Ornat-Beschreibung Auszug aus § 10 des Ordensstatutes.

Lychen [Sachl. OW]

Lychen U.-M. und Umgebung. [Lychen 1898.] V: *Stobwasser.* (Berl)

Lychen [Schlagwort]

Lychen, s.: Geologische Karten. Karte (Preussen). — Mark. — Wanderkarten.

— s. a.: Allenstein, Reg.-Bez.

Lyck [Schlagwort]

Lyck, Kreis. Spezialkarte des Kreises Lyck. Rev. v. den zuständ. Behörden. 1:100,000. 44×54 cm. Farbdr. Lissa (910). O. Eulitz. — 75; auf Leinw. in Etui 1. 50

Der Lycoming Demokrat : Dec.? 1840 -? Williamsport, PA
Democratic weekly; supported Jackson. Edited & published by H. Francis Frank.

Lycophronis Alexandra. Ad fidem cod. Mspt. Parisinis, Neapol. Vatic. Vindobon. Viteberg. Cizens Palatin. Rehdig. Potter. Sebast. Palat. Casan. Biblioth. Alex. Barber. recens., Paraphrasin ined., Scholia min. inedit., varietat. lect. Potteri et Sebastiani, Ios. Scaligeri interpret. latin. metricam, Indices graec. mytholog. historic. et scriptor. locupletiss. add. Ludov. Bachmannus. (Vol. I.) 8maj. (42 B.) Lipsiae 830. Hinrichs.

— – Ebd. 1833. Wohlfeile Ausg.

(Lycophron,) ΛΥΚΟΦΡΟΝΟΣ ΑΛΕΞΑΝΔΡΑ — La Cassandre de Lycophron éditée, traduite, annotée par F. D. Dehèque. Paris 853. Klincksieck. 4. (3 Bl., VIII, 71 S.) n. 1 ₰. 6 ngr.

Lycophronis Alexandra. Rec., scholia vetera codicis Marciani addidit Gfr. Kinkel. 8. (VI, 200 S.) Leipzig 880, Teubner.

—— dass. — Rec. Ed. Scheer. Vol. I: Alexandra cum paraphrasibus ad codicum fidem recensita et emendata, indices subjecti. gr. 8. (XXXII, 148 S.) Berlin 881, Weidmann'sche Buchh. *

Lykophron's Alexandra. Griechisch u. deutsch m. erklär. Anmerkgn. von Carl v. Holzinger. gr. 8. (427 S.) Leipzig 895. B. G. Teubner. n. 15. —

Lycophronis Alexandra. Recensuit Eduard. Scheer. Vol. II, scholia continens. (LXIV, 398 S.) gr. 8. Berlin 908. Weidmann. 18. —
Vol. I. Ebd. 881. 5.—.

Lycophron, Cassandra; c. versione et comment. P. Canteri, paraphr. notas etc. adj. H. G. Reichard. 8maj. Lpz. 788. (W. Vogel). 1 ₰ 12 𝒢 Schreibp. 2 ₰

LYKOPHRONS Cassandra. V. 1—51. (übers. und erklärt von) J[OH.] H[ANS] C[ORD] EGGERS. Altona. 1828. 4. P. (Skoleprogr.).

LYCOSTHENES (ps.), Der Durchlauchtigste ARBACES. Ein tapferer Groß-Fürst aus Meden, und ein Erretter von dem Joche des wollüstigen Assyrischen Groß-Königes Sardanapali. Nebst seiner Durchlauchtigen DAMASPIA. In einem annehmlichen Liebes- und Helden-Roman, Zu vergönneter Gemüths-Ergötzung vorgestellet Von —. Budißin und Görlitz, Bey David Richtern, 1726. 8°. (In Berlin: Yv 2031.) Sehr selten!
8 Bll. Vorst., 360 SS. u. 4 Bll. „Namen-Zeiger". Oft anstössig u. erotisch.

Conradus Lycosthenes

[Werke, Ausz. Deutsch.] Die Wunder Gottes in der Natur, bey Erscheinung der Cometen... Aus d. Schriften des... Conr[adus] Wolffh[art] Lycosthenes... Franckfurth & Leipzig 1744. 8°

Lycosthenes Psellinoros [Pseud.],
s. Spangenberg, Wolfhart

Lycurgus: Fragmenta, s. Oratores Attici.

Lycurgi deperditarum orationum fragmenta colleg. dispos. illustrav. Frid. Gust. Kiesslingius, praemissa est tum vita Lycurgi quae Plutarcho tribuitur tum Maur. Herm. Ed. Meieri commentatio de vita illa Lycurgi et de orationum ejus reliquiis. 8maj. (268 und CLXIV S.) Halis Sax. 847, librar. Orphanotrophei.

Lycurgus et Dinarchus. Recogn. Baiterus et Sauppius, s. Oratores attici, Ps. VI.

Lycurgi oratio contra Leocratem. 8maj. Leipz. 751. Iterum cens. J. G. Hauptmann. 8. ibid. 752. Junius. (Schubothe in Copenh.) 12 𝒢

Lycurgus, oratio contra Leocratem c. I. G. Hauptmann. 8. Lps. Iunius. 753.

— orationis Attici, quae una restat contra Leocratem, oratio etc. 8. Lps. (Schubothe in Copenh.) 753.

— cur. B. Thorlacius. 8maj. Kopenh. 803. Schubothe. 6 𝒢 Schreibp. 7 𝒢

Lycurgus. Oratio in Leocratem ... Bonnae et Lugd. Batav. 1821. H: *Heinrich, Carl Friedrich.* (MGT) (ErschDL) (Gi) (Ky) (Hoff)

— oratio in Leocratem emendavit C. F. H. 8maj. Bonnae. v. Bruck. 821.

— oratio in Leocratem emendavit K. F. H(einrich). 8maj. Bonn 821. (Habicht). 12 𝒢

— oratio ad fidem codicum manuscriptorum adjecta brevi annott. crit. recens. Frid. Osann. 8maj. Jena 821. Cröker. 20 𝒢

— oratio in Leocratem. Ad opt. libr. fidem recens. et adnotat. crit. adjec. G. Pinzger. Edit. scholarum usib. accommod. 8maj. Lipz. 824. (Brockhaus). 8 𝒢

Lycurgos, Oratio in Leocratem. Ad opt. libr. fidem recens. et adnotat. crit. adjec. G. Pinzger. Edit. scholarum usib. accomod. 8maj. Lips. 824, Gleditsch.

— oratio in Leocratem. Recogn. et illustr. Wlh. Arm. Blume. 8maj. Strals. 828. Löffler. 1 ₰ 6 𝒢 Der Text allein 6 𝒢

Lycurgus, Oratio in Leocratem, recogn. annotationem crit. et commentarios adjec. Ed. Maetzner. 8maj. (22½ B.) Berolini 836, Veit et Soc. *

Lycurgi oratio in Leocratem. Edidit Car. Scheibe. 8. (XIV und 48 S.) Lipsiae 853, Teubner.

Lycurgi Oratio in Leocratem. Edid. Carol. Scheibe. 8. (XIV, 48 S.) Leipzig (858)71, Teubner.

Lycurgi oratio in Leocratem. Ed. Th. Thalheim. gr. 8. (X, 50 S.) Berlin 880, Weidmann'sche Buchh.

Lycurgus: Oratio in Leocratem. Post Carolum Scheibe adiectis ceterarum Lycurgi orationum fragmentis ed. Fridericus Blass. Ed. maior. Lipsiae: B. G. Teubner 1899. (XLIV, 86 S.) 8. (Bibliotheca script. Graec. et Rom. Teubneriana.)

— dasselbe. Post Carolum Scheibe ed. Frider. Blass. Ed. ster. minor. 8. (62 S.) Ebd. 902. —60; geb. n. —90

Lycurgi
—— orationes, s. Oratores Attici.

Lycurgi oratoris attici, quae extant graece, textum leocrateae recognovit, F. Taylori prolegomena et animadversiones integras J. C. Hauptmanni, J. J. Reiskii, J. H. A. Schulzii selectas S. P. N. Mori ineditas suasque adjecit, orationum deperditarum fragmenta collegit A. G. Becker. 8. Magdeb., Heinrichshofen. 821.

Lykurg, Rede gegen Leokrates, s.: Bibliothek griech. u. röm. Klassiker in wortgetreuen deutschen Uebersetzgn.

— dasselbe (deutsch), s.: Bibliothek, kleine.

—— dass. — s. Freund's Schülerbibliothek.

— dasselbe, s.: Prosaiker, griechische, in neuen Uebersetzungen.

Lykurgos, Rede gegen Leokrates, s. Sammlung griech. u. röm. Classiker.

Lykurg's Rede gegen Leokrates, s. Universal-Bibliothek Nr. 1586.

— Rede wider den Leokrates, griech. recens. mit Anmerkk. f. Schulen, herausg. v. J. H. A. Schulze. 8. Braunschw. 789. Schulbuchh. 12 gr.

— Rede gegen Leokrates, verdeutscht v. F. A. Simon. 8. Hamb. 811. Müller. 4 gr.

— Rede wider Leokrates. Einleitung, Urschrift, Uebersetzung und Anmerkk., größtentheils krit. Inhalts, v. G. Pinzger. gr. Lpz. 824. (Brockhaus). 1 Rthlr 16 gr.

— Rede wider Leokrates. Einleitung, Urschrift, Uebersetz. u. Anmerkk., größtentheils krit. Inhalts, v. G. Pinzger. gr. 8. Lpz. 824, Gleditsch.

—— Rede geg. Leokrates, übers. u. erläut. v. Friedr. Aug. Nüsslin. gr. 8. (10¼ B.) Mannheim 840, Löffler.

Lycurgus. Proben a. e. Uebersetzung von L's. Rede wider den Leokrates v. G. Lange Pr. 1846. 16 S. 4°. —.90

— Rede gegen Leokrates und Fragmente. Griechisch mit Uebersetzung nebst prüfenden u. erklärenden Anmerkungen von Ed. Jenicke. Mit einem Sach- u. Wortregister. Leipzig 856. Engelmann. gr. 12. (XVIII, 180 S.) 15 ngr.

Lykurgos. Rede gegen Leokrates, übersetzt von Carl Holzer. Stuttgart 1865. 8°.

—— Rede gegen Leokrates, erklärt v. Adph. Nicolai. gr. 8. (VI, 78 S.) Berlin 875. Weidmann. — 75

—— Rede gegen Leokrates, erklaert von Adph. Nicolai. gr. 8. (VI, 78 S.) Berlin 876, Weidmann'sche Buchh.

— dasselbe. Für den Schulgebrauch erklärt v. C. Rehdantz. gr. 8. (III, 189 S.) Leipzig 876. Teubner. 2. 25

—— Rede gegen Leokrates, erklärt v. Adph. Nicolai. 2. Aufl. gr. 8. (83 S.) Berlin 885. Weidmann. — 75

—— Rede gegen Leokrates. Übers. v. Herm. Bender. 1. Lfg. 2. Aufl. 8. (32 S.) Berlin 898. Langenscheidt. n. — 35

Lykurgos' Rede gegen Leokrates [Oratio in Leocratem]. Hrsg. u. erkl. von Emil Sofer. Textheft. Einl. u. Komm. Leipzig & Berlin: B. G. Teubner 1905. 2 Bde 8°
= Meisterwerke d. Griechen u. Römer. 10. [05. 1879]

—— Rede gegen Leokrates. Übers. v. Herm. Bender. 1. u. 2. Lfg. 3. Aufl. (S. 1—58.) kl. 8. Berlin-Schöneberg (908. 09). Langenscheidt's Verl. à — 35

—— übers. von H. Bender, s. a. Bibliothek, Langenscheidt'sche, sämmtlicher griechischer und römischer Klassiker.

—— Rede gegen Leokrates. Für den Schulgebrauch hrsg. v. Herm. Röhl. 2 Tle. 8. Münster, Aschendorff. 1. 35

I. Text. (VIII, 55 S.) 909. Geb. — 65
II. Kommentar. (58 S.) 910. — 70

—— Reliquiae. Ediderunt Io. Geo. Baiterus et Herm. Sauppius. 8 maj. (17½ B.) Turici 834, Orell, Fuessli et Soc.

Lyczinski, H. v., Oesterreichs Feldgeschütze. Eine militärisch-ökonom. Studie. [Aus: „Oesterreich.-ungar. Militärische Blätter.“] gr. 8. (39 S.) Teschen 874. Prochaska. n. 1. —

Lydas Esche, oder die 50jähr. Gedächtnißfeier d. schles. Regierungsveränderung, (v. G. K. H. Droop). 8. Bresl. 791.

Lydekker, Richard

Die geographische Verbreitung und geologische Entwickelung der Säugetiere v. R[ich.] Lydekker, B. A., F. R. S., F. G. S. etc. Autoris. Uebs. A. d. Engl. v. Prof. G[eorg] Siebert, Oberl. a. d. Oberrealsch. z. Wiesb. M. 82 Ill. u. 1 Kt. *Jena: H. Costenoble 1897.* (XII S., 1 Bl., 532 S., 1 Taf.) 1 Bd 8. [97. 5573]

Lyddeker, R., die geograph. Verbreitung u. geolog. Entwickelung der Säugetiere. Autoris. Uebersetzung. Aus dem Engl. von G. Siebert. 2. [Titel-]Aufl. Mit 82 Illustr. u. 1 (farb.) Karte. gr. 8. (XII, 532 S.) Jena [897.] 901. Berlin, H. Costenoble. n. 6. —; geb. n.n. 7.50

Lyden, E. M. von [Pseud.], s. a. Meilheurat, Jules

Lyden, E. M. v., Entdeckungsreisen um ein Volantskleid der Damen, s. Curiosa et Jocosa.

Lyder, L. N., Discursus med. de abortu et medicamentis abortivis. 4. Hannov. Helwing. 735.

Lydgate, John

Lydgates Aesopübersetzung, s. Sauerstein, Paul.

[John] Lydgate's fabula duorum mercatorum. Aus d. Nachl. d. H. Prof. Dr. J[ulius] Zupitza, ... nach sämmtl. Hs. hrsg. v. Dr. Gustav Schleich, Oberl. ... zu Berlin. *Strassburg: K. J. Trübner 1897.* (VIII, XCI, 154 S., 1 Bl.) 1 Bd 8.
= Quellen u. Forschgn z. Sprach- u. Culturgeschichte d. german. Völker. 83. [96. 7786

[John] Lydgate's Horse, goose and sheep. Mit Einl. u. Anm. hrsg. von Dr. M. Degenhart. *Erlangen & Leipzig: A. Deichert 1900.* (VIII, 103 S.) 8°
= Beiträge, Münchener, z. roman. u. engl. Philologie. 19. [00. 5109

Lydia. Schauspiel in 3 Akten für Kinder. Leipzig 1779. V: *Trützschler, Frdr. Carl Adolph von.* (GGr)

Lydia. Schausp. f. Kinder. 8. Lpz. Böhme. 779.

Lydia oder Denkwürdigkeiten des Milord D*** eine Nachahmung des Engl. aus dem Franz. 4 Theile, 8. Stettin, 781/82. Kaffke. 1 Rthl. 15gl.

Lydia, od. Denkwürdigkeiten des Mylord D.; eine Nachahmung des Engl. 4 Thle. 8. Stettin, Kaffe. 782.

Lydia; Schspl. für Kinder. Vom Verf. d. „Elisa." 8. Leipz. 799. (Enobloch). 8 gl

Lydia, oder das Mädchen aus Griechenland ... Bern 1835. V: *Möhrle, Christoph.* (Ky)

Lydia, od. das Mädchen aus Griechenland. Ein Festgeschenk f. Kinder, v. d. Verf. des „armen Anton." 12. (3⅙ B.) Bern 835. (Basel, Bahnmaiers Buchh.) Thlr. *

Lydia, oder das Mädchen aus Griechenland. Ein Festgeschenk für Kinder, von dem Verfasser des „armen Anton." (C. Möhrle.) 12. Bern 835. (Basel, Spittler.) n. ⅛ ₰

Lydia. Von Therese. Braunschweig 1844. V: *Bacheracht, Therese von geb. von Struve.* (Schr) (EE)

Lydia. Von Therese, Verfasserin „der Briefe aus d. Süden" 2c. gr. 8. Braunschweig 844, Vieweg u. Sohn. n. 2 ₰

Lydia, oder der Segen des Herrn auf dem Wort eines Gläubigen. 12. (24 S. und 1 Stnt.) Straßburg 817, [Berger-Levrault, Witwe und Sohn.]

Lydia. Ein Sonntagsblatt für Erbauung u. innere Mission. Red.: C. A. Staudenmeyer. 1. Jahrg. Mai–December 1850. 35 Nrn. 8. (½ Bog.) Stuttgart. (Lubrecht & Co.) Vierteljährlich n. ⅙ ₰

Lydia. Ein Lebensbild. gr. 16. (118 S.) Berlin 872. Deut. Verlags-Institut. n. 1. —

Lydia. Ein Lebensbild. gr. 16. (118 S.) Berlin 872, Langmann und Comp. [Posen, Jolowicz.] (*ℳ 1.)

Lydia. Ein Volksschauspiel aus der Zeit der Kämpfe zwischen Heidenthum u. Christenthum in 3 Aufzügen. (Von Kurt Delbrück.) gr. 8. (24 S.) Hannover 898. (Wolff & Hohorst Nachf.) n. — 30

Lydia. Blätter aus der Frauen-Mission. Hrsg. v. der ev.-luth. Mission zu Leipzig. Red.: A. Gehring. Jahrg. 1907—1910. à 6 Nrn. (IV, 100; VI, 200; IV, 192 u. V, 192 S. m. Abb.) 8. Leipzig, Verlag d. ev.-luth. Mission. 1907 — 60; 1908—10 à — 80

Lydia, die Schulmeisterstochter. Basel s. a. [Buser, Johannes].

Lydia, die Schulmeisterstochter. Ein christl. Lebensbild aus dem Baselgebiet v. J. B(user). 3. Aufl. gr. 8. (68 S. m. 1 Farbdr.) Basel 891. (Missionsbuchh.) n. — 60; geb. n. 1. 15

Unsere Lydia. E. Geschichte f. jung u. alt. Mitgeteilt v. ihrem Bruder. Hamburg-Borgfelde: J. G. Oncken Nachf. [1899]. (24 S.) 8°

Lydie de Gersain, ou histoire d'une jeune Anglaise; pour l'inst. de la jeunesse. av. fig. 24. Braunschw. 814. Plüchart. 10 gl

Lydiens Kindheit 2c. s. Des Demona.

Lydin, M . Material zur Erläuterung der Parteikrise in der Socialdem. Arbeiterpartei Russlands. Von M. L' (Vertrauensmann des Centralcomitees [der]:) Sozialdemokratische A' R'. 85 S. 8. Genf, Buchdr. « Iskra » (**Umschlag:* Buchdr. Zöllner), 1904. [fr. 1.25]

Lyding, H: Preisliste über Schrotmühlen usw. Vacha a. Werra (1897?)

Lyding, Hans, Tierarzt [a.] Frankfurt a. M.: Aus dem Dr. Senckenbergschen pathol.-anatom. Institut. Zur Kenntnis der Arteriosklerose bei Haustieren. M. 1 Tafel. Jena: G. Fischer 1907. (24 S.) 8° ¶ (Aus: Zeitschrift für Tiermedicin N. F. Bd 11. 1907.)
Gießen, Veterinär-Med. Koll., Ref. Bostroem, Diss. v. 26. Juli 1907
[Geb. 6. Nov. 77 Hof Welda bei Sontra; Wohnort: Frankfurt a. M.; Staatsangeh.: Preußen; Vorbildung: Mustersch. Frankfurt a. M. Reife M. 99; Studium: Hannover 5, Gießen 1 S.; Rig. 6. März 07.]

v. Lydio, des Herrn, erstaunenswerthe Begebenheiten. 8. Kopenhag. 754. Pelt.

Lydtin, A[ugust]: Anleitung zur Ausübung der Fleischbeschau. Im Anschlusse an die Fleischschauordnung vom 26. Nov. 1878 bearb. Karlsruhe 1879. X, 191 S.
— 2. u. verm. Aufl. 1890. XIII, 316 S.

Lydtin, Anleitung zur Ausübung der Fleischbeschau für badische Fleischbeschauer. Im Anschlusse an die Fleischschauordnung vom 26. Novbr. 1878 bearb. Veröffentlicht m. Genehmigg d. Großh. Ministeriums d. Innern. 2. u. 3., verm. Aufl. 12. (XIII, 316 S.) Karlsruhe 890. Gutsch. n. 2. —

Anleitung für das Richten von Rindern auf den Ausstellungen der Deutschen Landwirtschafts-Gesellschaft. Bearb. im Auftr. d. Deutschen Landw.-Ges. von Dr. med. [August] Lydtin-Baden-Baden, Geh. Oberreg.R., u. Dr. [Hugo] Werner-Berlin, Prof. Als Ms. gedr. *Berlin 1900: (Gebr. Unger).* (XII, 96 S.) 8° [F.]
— Anleitungen f. d. praktischen Landwirt. No 10. [00. 8135

Lydtin, A., die Bekämpfung der ansteckenden Thierkrankheiten durch ein Reichsgesetz. Veterinärtechnische Beleuchtung der betr. Februar-Beschlüsse des deutschen Landwirthschaftsraths [1878]. gr. 8. (VIII, 67 S.) Berlin 875, Wiegandt, Hempel und Parey. *

Lydtin u. Beisswänger, Denkschrift üb. die Maul- u. Klauenseuche u. ihre Bekämpfung, nebst e. Zusammenstellung der bezügl. veterinär-polizeil. Bestimmgn. im Deutschen Reich nach dem Stand vom 1. Jan. 1893. Im Auftrage d. deutschen Veterinärraths gefertigt. gr. 8. (III, 235 S.) Berlin 893. R. Schoetz. n. 5. —

Die körperliche Entwicklung der deutschen Rinder. Dargestellt an Messungs- u. Wägungsergebnissen auf d. jüngsten 6 Schauen d. D.L.G. von Dr. med. A[ugust] **Lydtin**-Baden-Baden. *Berlin: Deutsche Landwirtsch.-Gesellsch. 1904.* (184, 141 S.) 8° [F.]
— **Arbeiten** d. Deutsch. Landwirtschafts-Gesellschaft. H. 90. [04.3911]

Lydtin, August: Ergebnisse der Versuche mit Tuberkulin an Rindvieh, s. Röckl, Joh.

Lydtin: Die Körpermessungen als eines d. Mittel z. Beurteilung v. Tieren, insbes. d. Rindes. U. St. [19??]. 10 S. [Særtr.]. 4°.

[F.] Körpermessungen an Rindern und Schweinen. Von Dr. med. [August] **Lydtin**, Geh. Oberregiergsr. in Baden-Baden, u. [Albert] Junghanns, Oekonomierat ... M. 6 Textabb. *Berlin: P. Parey 1897.* (30 S.) 1 Bd 8.
— **Preisschriften** u. Sonderabdr. d. Deutschen Landw. Presse. No 16. [97.6663]

Lydtin, August (Hrsg.), s. Mitteilungen, Tierärztliche.

Lydtin, A., Mittheilungen über das badische Veterinärwesen in den J. 1872 und 1873. Veröffentlicht auf Anordnung des großherzogl. Ministeriums des Innern. Lex.-8. (XIII, 134 S. mit 10 lithogr. und chromolithogr. Taf. in gr. Fol.) Karlsruhe 876, (Groos.) *

—— **Mittheilungen über das badische Veterinärwesen in den J. 1874 bis 1880 bezw. bis zum 1. April 1881. Veröffentlicht auf Anordnung des Großherzogl. Ministeriums des Innern. Lex.-8. (VI, 114 S. mit 12 lithogr. Taf.; statist. Anhang 64 S.) Karlsruhe 882, Braun'sche Hofbuchh.** *

— Über die Perlsucht. Vortrag, geh. auf dem internat. tierärztl. Kongress zu Brüssel. 8°. (112 u. 62 S.) Leipzig. (Dürselen, Wiesbaden.) M. 1.50

— Uber die Perlsucht. Vortr. (Nach d. franz. Uebers. d. Proff. Wehenkel u. Siegen). (1)-2. Leipz. 1885. (174) S.
(Vorträge f. Thierärzte. Ser. 7 H. 6/8 [ikke 6] og 9/10). 327.

Lydtin, A., über die Perlsucht, s. a. Vorträge für Thierärzte.

— die Pferdezucht im Großherzogth. Baden, ihre Vergangenheit, Gegenwart u. anstreb. Zukunft. gr. 8. (IV, 84 S.) Karlsruhe 872. Gutsch. 1. 20

Rechenknecht. Anleitung f. d. prakt. Landwirt z. Gewinnung von vergleichenden Zahlen der an Rindern und Pferden genommenen Körpermasse. Im Auftr. d. Deutschen Landwirtsch.-Ges. aufgest. von Dr. A[ugust] **Lydtin**-Baden, Geh. Ober-Reg. R. *Karlsruhe (1896): Macklot.* (XXI, 147 S.) 8° [F.]
— **Anleitungen** f. d. praktischen Landwirt. No 7.

Lydtin, A., Rechenknecht. Anleitg. f. d. prakt. Landwirt zur Gewinng. v vergleich. Zahlen der an Rindern und Pferden genommenen Körpermaße. Im Auftr. d. deutschen Landwirtschafts-Gesellschaft, Tierzuchtabteilg. bearb. 8. (XVI, 147 S.) Karlsruhe 897. Berlin, P. Parey. Geb. in Leinw. n. 4. —

Lydtin, A., u. A. Hermes, der Reinzuchtbegriff u. seine Auslegung in deutschen u. ausländischen Züchtervereinigungen, s. a. Arbeiten der deutschen Landwirtschafts-Gesellschaft.

Lydtin, A[ug]. u. A[ug] *Hermes*. Der Reinzuchtbegriff und seine Auslegung in deutschen u. ausländ. Züchtervereinigungen. Berlin 1909. 8°.
(Arbeiten d. Deutschen Landwirtschafts-Ges. H. 157.)

Lydtin A. u. **Hermes A.**: Der Reinzuchtbegriff u. seine Auslegung in deutschen u. ausländischen Züchtervereinigungen. Berl. 1910. 181 S. 4°.
(= Arbeiten d. deutschen Landwirtschafts-Gesellschaft. H. 157). 373.

Lydtin, A., Reisenotizen über Ungarn's Pferdezucht. gr. 8. (III, 56 S.) Carlsruhe 874. (Berlin, Parey.) **

Das deutsche Rind. Beschreibung der in Deutschland heimischen Rinderschläge. Im Auftr. der Deutschen Landw.-Ges. bearb. v. Dr. med. A[ugust] **Lydtin**, Geh. Ober-Reg. R. in Baden-Baden, u. Dr. H[ugo] Werner, Geh. Reg. R. u. Prof., Berlin. Hierzu 1 Atlas mit 41 Bl. bildl. Darstellungen. *Berlin 1893. Gebr. Unger.* 1 Bd 8° 1 Bd quer-8° [F.]
— **Arbeiten** d. Deutschen Landwirtschafts-Gesellschaft. H. 41. [99.2378]

—— **und M. Schottelius, der Rothlauf der Schweine, seine Entstehung und Verhütung [Schutzimpfung nach Pasteur]. Nach amtl. Ermittelungen im Grossherzogthum Baden im Auftrage des grossherzogl. Ministeriums des Innern bearb. gr. 8. (XIII, 254 S. mit 23 Taf.) Wiesbaden 885, Bergmann.** *

Systeme des Punktierrichtens für Rinder und das System der Deutschen Landwirtschafts-Gesellschaft. Von Dr. med. A[ugust] **Lydtin**-Baden-Baden. *Berlin: Deutsche Landw.-Ges. 1904.* (VII, 64 S.) 8° [F.]
— **Arbeiten** d. Deutschen Landwirtsch.-Gesellschaft. H. 87. [04.3407]

— Das Tilgungsverfahren bei der Rinderpest im Grossherzogtum Baden, im Auftr. d. grossherzogl. Minister. d. Innern. (46 S.) Ebd. 74. Gutsch. M. —. 40

Lydtin, Verbessertes Verfahren für die Beurteilung von Zucht, Nutz- und Preistieren. (Vortrag.) Karlsruhe 80.

—— **das badische Veterinärwesen. Die hierauf bezügl. Gesetze, Verordnungen und Instruktionen. 3. Aufl. 8. (XVI, 442 S.) Karlsruhe 881, Gutsch.** *

Das badische Veterinärwesen. Seuchenpolizei. (IV.) Ebd. 91. M. 6.—

— Vorschläge zur Förderung der Pferdezucht im Großherzogth. Baden. gr. 8. (105 S. m. 2 chromolith. Taf. in gr. 4.) Ebend. 873. n. 1. 50

Die Wandlungen in der Tuberkulose-Frage. Von Dr. [August] **Lydtin**, Baden-Baden. *Leipzig: R. C. Schmidt & Co. 1902.* (13 S.) 8° [F.]
Aus: Deutsche Landwirtschaftl. Tierzucht. 1902, No 3/4. [02.3804]

— s.: **Wochenschrift, deutsche thierärztl.**

Lydtin, Fritz, aus Bruchsal: **Ueber die Reindarstellung hochmolekularer Derivate des Glycols im Vacuum des Kathodenlichts.** *Heidelberg 1903: K. Rößler.* (34 S.) 8°
Heidelberg, Naturw.-math. Diss. v. 1903

Lydtin, Hermann: **Aus d. Prosektur d. städt. Krankenhauses München r. d. I. ⟨Prosektor: Privatd. Dr. Oberndorfer.⟩ Ein Fall von Pericarditis calculosa ⟨Steinherz⟩. München 1907: Kastner & Callwey. (25 S.) 8°**
München, Med. Fak., Ref. v. Bollinger, Diss. v. 18. April 1908
[Geb. 14. Juni 81 Ettenheim; Wohnort: Bruchsal; Staatsangeh.: Baden; Vorbildung: Realgymn. Karlsruhe Reife Juli 01; Studium: Gießen 5, München 1, Berlin 1, München 3 S.; Coll. 18. April 08; Approb. 15. März 08.]

Lydtin, Reinhard, a. Salem: Über Bromismus. Karlsruhe 1906: F. Thiergarten. (40 S.) 8°
Freiburg i. B., Med. Fak., Ref. Hoche, Diss. v. 1906
[Geb. 30. Okt. 79 Salem (Baden); Wohnort: Freiburg i. B.; Staatsangeh.: Baden; Vorbildung: Gymn. Constanz Reife Juli 99; Studium: München 1, Kiel 1, Freiburg i. B. 7 S.; Coll. 28. Juli 05; Approb. 9. März 05.]

Lydus, Joannes, ex recogn. Imm. Bekkeri. 8maj. Bonnae 837, Weber. n. 3 ℔ Velinp. n. 3²/₃ ℔ (Ist ein neuer Band von Corpus scriptorum historiae Byzantinae.)

Lydus, Joannes Laurentius

— de magistratibus rei publicae Romanae libri III. nunc primum in lucem editi et versione, notis indicibusque aucti a J. D. Fuss. Praef. est K. B. Hase. 8maj. Paris u. Leyd. 812. (Schöll). 5 ℔ Auch e. Ausg. in 4.

Lydi, Joa. Laur., Philadelphini, de Magistratibus reipublicae Romanae Libri III., nunc primum in lucem editi et versione, notis indicibusque aucti a J. Dom. Fuss, praefatus est C. B. Hase. 8maj. Parisiis et Lugd. Bat. 812. (Lips., Weigel.)

[Lydos.] Lydi, Ioannis, de magistratibus populi romani libri tres. Ed. Ricardus Wuensch. (XLVIII, 183 S.) 8. Leipzig 903. B. G. Teubner. n. 5. —; geb. n. 5. 60

Lydi, Joa. Laur., opusc. de mensib. ex codicib. MSS bibl. Barbarino et Vaticano, et fragm. de terrae motib. ex cod. biblioth. angelicae rom. graece ed. N. Schow. 8maj. Lpz. 794. Weidmann. 14 ℊ

— de mensibus quae exstant excerpta. Text. post. Nicol. Schowium recognovit atque ex Codice Paris. emendavit, versione latina et perpetua cum sua, tum Fr. Creuzeri et C. B. Hasii adnot. instruxit etc. adj. Fr. Creuzer. Acc. Hermetis Trismegisti περὶ βοτανῶν χυλώσεως libellus et Vettii Valentis Antiocheni libri primi ἀνθολογιῶν fragmentum. gr. 8. Darmst. 827. Leske. 2 ℔ 12 ℊ Schreibp. 3 ℔

Lydi, Ioannis Laurentii, liber de mensibus. Ed. Ric. Wuensch. 8. (XCV, 202 S. m. 1 Fig.) Leipzig 898. B. G. Teubner. n. 5. 20

Lydi, Joa. Laur., de Ostentis, quae supersunt. Una cum fragmento libri de mensibus ejusd. Lydi, fragmentoque M. Boethii de diis et praesensionibus. Ex cod. regiis edid. graecaque suppl. et latine vertit K. B. Hase. 8maj. Paris 824. Treuttel u. W. 7 ℔

Lydi, Joa. Laur., de Ostentis, quae supersunt. Una cum fragmento libri de mensibus ejusd. Lydi, fragmentoque M. Boëthii de diis et praesensionibus. Ex cod. regiis edid. graecaque suppl. et latine vertit C. B. Hase. 8 maj. Paris. 824, (Lipsiae, Weigel.) Rthlr.

Lydi, Joa. Laur., liber de ostentis ex codicibus italicis auctus et Calendaria graeca omnia ed. Curt. Wachsmuth. Accedunt anecdota duo de cometis et de terrae motibus. 8. (LX und 280 S.) Leipzig 863, Teubner.

Joannis Laurentii Lydi liber de ostentis et calendaria Graeca omnia iterum ed. Curtius Wachsmuth. Acc. epimetra duo de cometis et de terrae motibus. *Lipsiae: B. G. Teubner* 1897. (LXXI, 366 S.) 1 Bd 8. (Bibliotheca script. Graec. et Rom. Teubneriana.) (97. 3844)

Lyell, Charles, das Alter des Menschengeschlechts auf der Erde und der Ursprung der Arten durch Abänderung, nebst einer Beschreibung der Eiszeit in Europa und Amerika. Nach dem Engl. mit eignen Bemerkungen und Zusätzen und in allgemein verständl. Darstellung von Louis Büchner. Autoris. deutsche Uebertragung nach der 3. Aufl. des Orig. 2 Lfgn. gr. 8. (IX und 472 S. mit 2 Holzschntaf. und zahlreichen eingedr. Holzschn.) Leipzig 864, Thomas. [1. Lfg. * 1 Thlr., 2. Lfg. * 1 Thlr. 15 Ngr.] * geb. *

Lyell, Charles, das Alter des Menschengeschlechts auf der Erde u. der Ursprung der Arten durch Abänderung, nebst einer Beschreibung der Eiszeit in Europa u. Amerika. Nach dem Engl. mit eignen Bemerkungen u. Zusätzen u. in allgemein verständl. Darstellung von Ludw. Büchner. Autoris. deutsche Uebertragung nach der 3. Aufl. des Orig. Neue wohlf. (Titel-)Ausg. Leipzig 867. Thomas. gr. 8. (IX, 472 S. mit 1 Holzschntaf. u. zahlreichen eingedr. Holzschn.) 1 ℔ 15 ngr.

Lyell, Charles, das Alter d. Menschengeschlechts auf der Erde u. der Ursprung der Arten durch Abänderung, nebst e. Beschreibg. der Eis-Zeit in Europa u. Amerika. Nach dem Engl. m. eignen Bemerkgn. u. Zusätzen u. in allgemein-verständl. Darstellung von Ludw. Büchner. Autoris. deutsche Uebertragg. in zweiter, nach der vierten Aufl. d. Orig. v. J. 1873 völlig umgeänd. u. verm. Aufl. Mit zahlreichen (eingedr.) Holzschn. gr. 8. (X, 519 S.) Leipzig 874. Thomas. 8. —

Lyell, Carl, Elemente d. Geologie. A. d. Engl. v. Carl Hartmann. Nebst 1 Atlas m. 36 Taf. lith. Abbildn. (incl. 1 ill. u. 1 Bog. Text.) 8. (29½ B.) Weimar 839, Voigt.

Lyell, Charles, Geologie oder Entwickelungsgeschichte der Erde und ihrer Bewohner. Nach der 5. Aufl. des Orig. vom Verf. umgearb. Die Uebersetzung durchgesehen und eingeführt von Bernh. Cotta. 1. Bd. gr. 8. (XV und 412 S. mit 332 Abbild. des Orig. in eingedr. Holzschn.) Berlin 857, Duncker und Humblot. *

Lyell, Charles, Geologie oder Entwickelungsgeschichte der Erde und ihrer Bewohner. rc. 2. Bd. gr. 8. (XIII und 586 S. mit 888 Abbild. des Orig. in eingedr. Holzschn.) Berlin 858, Duncker und Humblot. Thlr. *

Lyell, Ch. Geschichte der Fortschritte der Geognosie. Deutsch von C. Hartmann. Bd. I, II. Weimar. 1841/42.

Lyell C.: Geschichte d. Fortschritte d. Geologie u. Einleitung in diese Wissenschaft ... Weimar 1842. (14) 612 S. 2 Tvl. 3 Kt. (= Grundzüge d. Geologie. I. Bd.).

Lyell, (Carl), Grundsätze und Elemente der Geologie, s. Hartmann, Carl (Friedr. Alex.)

——— Supplement zu den Grundsätzen und Elementen der Geologie, nach der 7. und 2. Aufl. der englischen Originale und anderen Hülfsmitteln bearbeitet von C. Hartmann. Mit 4 lith. Tafeln. Weimar 1849. 8.

Lyell, Carl, Grundsätze der Geologie, od. die neuen Veränderungen der Erde u. ihrer Bewohner in Beziehung zu geolog. Erläuterungen. Nach d. 6. Originalaufl. aus d. Engl. v. Carl Hartmann. 1. Bd. A. u. d. Ttl.: Geschichte der Fortschritte der Geologie u. Einleitung in diese Wissenschaft. 8. (39½ B., 6 Stnt. u. Titel zu Bd. II.) Weimar 842, Voigt.

— dass. II. Bd. d. neuen Verändergn. d. unorgan. Welt, oder Geschichte d. durch Ueberlieferung nachgewies. Einwirkungen des Wassers u. d. Feuers auf d. Gestaltung d. festen Theils d. Erde, z. Erläuterung geolog. Erscheinungen. A. d. Engl. v. Karl Hartmann. Mit 33 lith. Taf. 8. Ebd. 841. 2⅚ ℔

Lyell, Carl, dass. III. Bd. A. u. d. Ttl.: Die neuen Veränderungen der organischen Welt. 8. (27½ B. u. 6 Stnt.) Ebds. 842. Thlr.

— Ueber die auf steil-geneigter Unterlage erstarrten Laven des Aetna und über die Erhebungs-Kratere. Berlin 1859.

Lyell, Carl, Lehrbuch d. Geologie. Ein Versuch, d. früheren Veränderungen d. Erdoberfläche durch noch jetzt wirksame Ursachen zu erklären. A. d. Engl. übers. u. mit Anmerkn. v. Carl Hartmann. 3 Bde. (od. 5 Abthln.) Mit lith. Taf. gr. 8. Quedlinburg, Basse. [1. 1. (13 B. u. 2 Stnt.) 832. 1 Thlr. 4 Gr., 2. (14 B. u. 17 Stnt.) 833. 2 Thlr, 2. (Mit Zusätzen zu d. 1. u. 3. Bde.) (17½ B. u. 5 Stnt.) 835. 1 Thlr. 12 Gr., 3. 1. (10½ B. u. 13 Stnt.) 834. 1 Thlr. 16 Gr., 2. (12½ B. incl. 2 Tab. gr. 4., u. 14 Stnt. incl. 1 ill.) 834. 2 Thlr.] Thlr.

Lyell (Ch.), Lehrbuch der Geologie. Ein Versuch, die früheren Veränderungen der Erdoberfläche durch noch jetzt wirksame Ursachen zu erklären. Nach der 2. Aufl. übersetzt von Hartmann. 3 Bände. Mit 49 Tafeln. Quedlinburg und Leipzig 1833—35. 8.

— sur les preuves d'une élévation graduelle du Sol dans certaines parties de la Suède. Trad. par P. L. A. Coulon. Avec 4 planches. gr. in-4. Soleure 840. Jent et Gassmann. 1 1/3 ℳ

Lyell, Sir Charles, zweite Reise nach den vereinigten Staaten von Nordamerika. Deutsch nach der 2. Ausg. des engl. Originals von Ernst Dieffenbach. 2 Bde. 8. (XXVI und 710 S. mit 14 in den Text eingedr. Holzschn.) Braunschweig 851, Vieweg und Sohn.

—— Reisen in Nordamerika m. Beobachtungen üb. die geognostischen Verhältnisse d. Vereinigten Staaten, von Canada u. Neu-Schottland. Deutsch v. Em. Th. Wolff. Mit 2 geognost. Karten u. vielen Abbildgn. (auf 9 Taf., wov. 1 color.) Halle 846, Gräger. *

Lyell C.: Die neuen Veränderungen d. organischen Welt ... z. Erläuterung geologischer Thatsachen. Weimar 1842.
(=: Grundsätze d. Geologie ... Bd. 3).

Lyell, Carl: Die neuen Veränderungen der organischen Welt oder Erklärung der Fragen über das wirkliche Vorhandenseyn und die Unbeständigkeit der Species und über die ihrer Dauer angewiesenen Granzen, sowie der Processe, durch welche Thier- und Pflanzenreste fossil wurden; zur Erläuterung geologischer Thatsachen. Aus dem Englischen von Carl Hartmann. Mit 6 lithographirten Tafeln. Weimar 1842. VIII. 432 S. 8°.

Lyell (Ch.), Die neuen Veränderungen der unorganischen Welt, oder Grundsätze der Geologie. II

Lyell, Charles: Die neuen Veränderungen der unorganischen Welt, oder Geschichte der durch Ueberlieferung nachgewiesenen Einwirkungen des Wassers und des Feuers auf die Gestaltung des festen Theils der Erde, zur Erläuterung geologischer Erscheinungen. Aus dem Englischen von Carl Hartmann. Mit 33 lithographirten Tafeln. Weimar 1841. XX. 638 S. 8°.

Lygdamus, s. a. Tibullus, Albius.

Lygdami, carmina. Accedit Panegyricus in Messalam. Ed., adnotationibus exegeticis et criticis instruxit Geyza Némethy. (Editiones criticae scriptorum graecorum et romanorum a collegio philologico classico academiae litterarum hungaricae publici iuris factae.) (180 S.) gr. 8. Budapest 906. Verlagsbureau der ungar. Akademie der Wissenschaften. n. 3. —

„Lykia", Karte, nach den Ergebnissen der in den J. 1881—1882 ausgeführten Expeditionen, redig. und gezeichnet von Heinrich v. Kiepert, nebst e. Textheft „Erläuterungen". Wien, Carl Gerold's Sohn. In Mappe (52 S. Text) cart. 6 fl. 1884, B. 3947

Lykon und Ayle; eine Scene aus der alten Welt. Leipzig 1778. V: *Berger, Traugott Benjamin.* (GGr) (Ky) (MGT) (JL) (ZK X, 98) (Kläbe, Neuestes Gel. Dresden. Leipzig 1796.)

Lykon u. Ayle; eine Scene aus der alten Welt. 8. Lpz. Hilscher. 778.

Lykophron, s. Lycophron.

Lykos, d. Bestimmgn. üb. d. Gefecht im russ. Exercier-Reglement f. d. Fusstruppen u. d. Nothwendigkeit ihrer Modernisierg. Polem. Betrachtgn. üb. reglementar. Fragen. gr. 8. (68 S.) Wien 896. W. Braumüller. n. 1. —

Lykurg

— u. seine Gesetzgebung, s. Plutarch.

Lykurg u. seine Gesetzgebung, übersetzt aus Plutarch und mit Anmerkungen begleitet von Wettengel. 8. Leipzig, Knobloch. 811.

Lykurg, der sarmatische. s. Spaun, Fr. v.,

Lykurg, der sarmatische. gr. 8. Nürnb. Stein. 811.

Lykurge, Jakobine [Pseud.], s. Gorgy, Jean-Claude

Lykurge, Jacobine (= Jean Claude Gorgy). Ann Quin Bredouille oder Tristram Shandys Vetter, ein nachgelassenes Werk von Jakob Lykurge, jetzt Regimentspfeifer in Diensten der kleinen Derwische. Aus d. Französ. Helmstädt 1793. N. A. 1798. Ü: *Logan, Johann Zacharias.* (Allg. Lit.-Ztg. 1795, Nr. 182, Sp. 23 ff.) (Oberdeutsche Allg. Lit.-Ztg. 1795, 2, 593 ff.) (GGr VII, 672, 290, 4) (BGE IV³, 331—332)

Lykurgos, Alex., Enthüllungen über den Simonides-Dindorf'schen Uranios. Unter Beifügung eines Berichts von Hrn. Prof. Dr. Tischendorf. Leipzig 856. C. L. Fritzsche. gr. 8. (32 S.)

— — 2., zu einem Geschichtsabriss über Simonides, den Hermas u. das Leipzig-Berliner Palimpsest erweiterte, sowie mit Berichten u. paläograph. Erläuterungen Prof. Tischendorfs u. Anderer verm. Aufl. Leipzig 856. C. L. Fritzsche. gr. 8. (1 Bl., 85 S.)

Lykurgus, s. Lycurgus.

Lyly, John

Lyly, J., Euphues, s. Sprach- und Literaturdenkmäler, englische, des 16., 17. und 18. Jahrh.

Lymann Spalding, Geschichte der Einführung u. d. Gebrauchs d. Scutellaria, Lateriflora (Scullcap), als ein Vorbauungs- u. Heilmittel d. Wasserscheu, d. durch den Biß toller Thiere erzeugt wird, nebst Krankheitsfällen u. e. Abbildung d. Pflanze. Aus d. Engl. übersetzt. 8. Leipz. 823. (Leich). 8 gr.

Lympius, Max

Lympius, M., tötliche Fettembolie in der Narkose bei Brisement forcé, s.: Jahrbücher d. hamburg. Staatskrankenanstalten.

Lympius, Max: Der Nutzen der künstlichen Frühgeburt bei Nephritis .... Halle a. S., Buchdr. d. Waisenhauses, 1888; 30 S. + 1 Bl. 8°
Halle, Med. Fak., Inaug.-Diss. v. 14. Apr. 1888

Lympius, Max, der Nutzen der künstlichen Frühgeburt bei Nephritis. Diss. Halle 1888, Lippertsche Buchh. 8°. 30 S.

Lyna. Eine Wochenschrift. 35—43. Jahrg. Nr. 26 (Fra 1838 gedruckt und verlegt von HEINR. SENEBERG). Hadersleben. 1831—39. — Lyna. Haderslebener Wochenblatt. Gedruckt und verlegt von HEINR. SENEBERG. 43. Jahrg. Nr. 27—47. Jahrg. Hadersleben. 1839—43. 4. — Med 47. Jahrg. fulgte: Følgeblad til Lyna. Nr. 1—14. — Lyna. Wochenblatt für Hadersleben und Umgegend. Ugeblad for Haderslev og Omegn. Gedruckt und verlegt von HEINR. SENEBERG. 48—51. Jahrg. Hadersleben. 1844—47. 4. — Lyna. Ein schleswigsches Wochenblatt. Gedruckt und verlegt von Heinr. Seneberg. Redact. PT. CHR. KOCH. 52. Jahrg. Nr. 1—25. (25/3). Hadersleben. 1848. 4.

Lyna. Ein Unterhaltungsblatt für gebildete Stände. Herausgeg. von C. W. SAPHIR. Nr. 1—10. Altona. 1831—32. (Sept. 1831—Jan. 1832). 4.

Lynar, Gustav von, u. Valerie, od. Schwärmereyen d. Liebe v. Müller. 8. Hamb. Vollmer. 804.

Lynar, Fürst zu, Gedichte. Lex.-8. (21¾ B.) Leipzig 843, Brockhaus. *

—— die Mediceer. Drama in 5 Acten. Lex.-8. (10½ B.) Leipzig 842, Brockhaus. *

—— der Ritter von Rhodus. Trauerspiel in 4 Akten. Lex.-8. (8¾ B.) Leipzig 842, Brockhaus. *

Lynar, E., Clotilde. Eine Geschichte aus der Gesellschaft. Mit einem Vorwort von Rob. Koenig. 8. (III, 303 S.) Berlin 878, Schleiermacher. * ℳ 5.; geb. *

—— ein Dorfkind in der Stadt, s. Sammlung christlicher Erzählungen.

—— Schloß Dornow. Eine Novelle. gr. 16. (191 S.) Berlin 879, Schleiermacher. * ℳ 2.; geb. **

Lynar, E., zwei Frauen. Eine Erzählung aus dem Leben. 8. (356 S.) Gotha 882, F. A. Perthes. *

Lynar, Heinrich Kasimir Gottlob Graf zu, s. Anmerkungen über d. Sonn- u. Festtagsevangelien.

zu Lynar, Graf Hnr. Kasimir Glo., († d. 19. Sept. 1796.) Beantwortung d. Frage: woher es komme, daß die Irrlehren u. Spöttereien jetzt so überhand nehmen? mit Anmerkk. herausg. 8. Halle 785.

Lynar, Heinrich Kasimir Gottlob Graf zu, s. Beitrr., wöchentl., zur Beförderung d. Gottseligkeit.

Lynar, Heinrich Kasimir Gottlob Graf zu, s. Lavater, an Herrn.

(—) Lebenslauf, Rochus Friedr. Grafen zu Lynar. gr. 8. Leipz. 782. (W. Vogel). 1½ ℛ

Lynar, Heinrich Kasimir Gottlob Graf zu, s. Magazin f. d. Kinder Gottes.

Lynar, Heinrich Kasimir Gottlob Graf zu, s. Miscellaneen, Neue, 1. u. 4. Stück.

(—) kurze Nachricht von der Seelenführung Christian David's. 8. Halle 783.

Lynar, Heinrich Kasimir Gottlob Graf zu, s. Nachricht v. d. Ursprung d. Brüder-Unität.

Lynar, Heinrich Kasimir Gottlob Graf zu, s. Sendschreiben an d. deutsche Gesellschaft.

s. Seneca, von d. Gnade, u. dess. von d. Kürze d. Lebens. — s. Umschreibung d. Briefes an d. Ebräer. — Umschreibung des Evangelii Johannis. — Umschreibung d. vier Evangelisten. s. Versuch e. Paraphrasis d. Briefes Pauli an d. Römer.

Lynar, Heinrich Kasimir Gottlob Graf zu, s. Wochenblätter, Leipziger.

Lynar, Heinrich Kasimir Gottlob Graf zu, Worte, ein paar, über Dr. Ernesti.

Lynar, Rochus Friedrich, Graf zu

zu Lynar, Graf Rochus Fr., († d. 13. Nov. 1781.) l'homme singulier. 8. Copenh. 771. (Brummer). 6 ℛ Dass. deutsch, s. Sonderling.

LYNAR, ROCHUS FR. ZU, Rede womit im Namen I. K. M. Dieselbe d. 26. May 1744 das Kgl. Acad. Gymnasium eröffnet haben. Altona. 4. P.

— über die Rosenmüllersche Schrift, betitelt: über dogmat. und moral. Predigten. 8. Frankf. u. Leipz. (Jena). 786. Cröker. 2 ℛ

SONDERLING, Der. (Satyrisch-moral. Schilderungen ohne besondere Ueberschriften, von *Rochus Friedr.* Graf *zu Lynar.*) Mit Frontisp., Anfangs- u. Schlußvignette (C. Fritzsch fec.). Hannover, bei J. C. Richter 1761. Kl. 8°. (In München, P. o. germ. 892i, mit 1. Beibd.; auch in Oldenburg, Hofbibl., und in Hamburg, Stadtbibl.) (6 Mk. Jos. Baer & Co., 1894.)
Gestoch. Tit. (mit Vign.: Büste Demokrit's in einer Landschaft, u. mit Bordüre), 1 Bl. Vorw., 124 S. — Das seltene Büchlein eifert u. a. gegen Mode-Narrheiten.
Das Anon.-Lex. p. 96 hat „Hamburg" 1761 (nach Kayser, Meusel u. dem Cat. des British Museums).

— hinterlassene Staatsschriften u. andere Aufsätze vermischten Inhalts. 2 Bde. gr. 8. Hamb. 793. 97. (A. Campe). 5 ℛß 16 ℛ (Steinacker in Leipz.) 4 ℛß

— — dies. 2 Bde. gr. 8. Hamburg, Hoffmann. 784–98. (1r 2 Rthlr. 16 gr. 2r 5 Rthlr.)

Im Wirbel der Welt [Winds of the world]. Roman von Gertrude Lynch. Mit Ill. von Willi Werner. Berlin, Leipzig: Hillger [1910]. 112 S. 8°
(Kürschners Bücherschatz. Nr 727.) [11. 14669

Lynch, Gertrude, im Wirbel der Welt, s. a. Kürschner's Bücherschatz.

Lynch, Lawrence L., entlarvt, s.: Kriminal-Romane aller Nationen.

— Schlingen u. Netze, s.: Lutz' Kriminal- u. Detektiv-Romane. 8. Bd.

Lynch, Lawrence, Schlingen u. Netze, s.: Sammlung ausgewählter Kriminal- u. Detektiv-Romane.

Lynch, Lawrence [L.]: Verwegenes S p i e l. (The Detective's Daughter.) Kriminalroman a. d. amerikan. Leben. Deutsch v. M[arie] Walter. (Enth. auch: Der Fall 'Marie Roquet' nach Edgar [Allan] Poe.) Berlin: R. Jacobsthal [1898]. (180 S.) 8.
= Detektiv-Romane, Amerikanische. Bd. V.

Lynch, Lawrence, verwegenes Spiel, s.a.Detectiv-Romane, amerikan.

Lynch, Ricardo, mikroskopische Untersuchung der Fäces. Ihre Bedeutg. u. ihre Anwendg. in der ärztl. Praxis. Vortrag, gehalten auf dem II. Congrès Latin-Américain zu Buenos-Aires. 5.—9. IV. 1904. (35 S.) Lex.-8. Leipzig 904. G. Thieme. n. 1. 20

Lynch, Samuel: Tabellarische Uebersicht des Brownischen Systems.

s.: Brown, John: System der Heilkunde. (Elementa medicinae. Dt.) Nach der letzteren ...Englischen Ausg.übers...von C(hristoph) H(einrich) Pfaff. Hrsg.von P(aul) Scheel. Wien: (1796)

Lynch, Samuel: Tabellarische Uebersicht des Brownischen Systems.

s.: Brown, John: System der Heilkunde. (Elementa medicinae. Dt.) Nach der letzten ...englischen Ausg...übers...von C(hristoph) H(einrich) Pfaff. 3...Ausg., hrsg. von P(aul) Scheel. Kopenhagen: 1804

Lynch, W. F., Bericht über die Expedition der vereinigten Staaten nach dem Jordan und dem todten Meere. Nach der 2. Aufl. deutsch bearb. und mit dem officiellen botan. Berichte versehen von N. N. W. Meißner. gr. 8. (XVI und 332 S. mit 28 Kpfrt. und 2 lithogr. Karten in Fol.) Leipzig 850, Dyk'sche Buchh.

Lynch, W. F., Bericht über die Expedition der vereinigten Staaten nach dem Jordan und dem todten Meere. Nach der 2. Aufl. deutsch bearb. und mit dem officiellen botan. Berichte versehen von N. N. W. Meißner. Neue wohlf. (Titel-)Ausg. gr. 8. (XVI und 332 S. mit 28 Kpfrt. und 2 lithogr. Karten in Fol.) Leipzig 854, Dyk'sche Buchh. *

Lyncher, Die, in Missouri. Schauspiel in 4 Akten. Bremen 1858. V: *Thünen, Ant. Gerh. v.* Vgl. Graefe, Bremer Dichter 1875, S. 378. (DARP)

Lyncher, die, in Missouri. Schauspiel in 4 Akten. Bremen 858. Kühtmann u. Co. 12. (2 Bl., 122 S.) n. 16 ngr.

Lyncke, Karl, Kammergerichts-Referendar a. Berlin: Zur Lehre von der materiellen Rechtskraft im römischen und heutigen Recht. Berlin 1908: W. Pilz. (XII, 88 S.) 8°
Jena, Jur. Fak., Ref. Loening, Diss. v. 14. Jan. 1908
[Geb. 21. März 82 Köpenick; Wohnort: Berlin; Staatsangeh.: Preußen; Vorbildung: Gymn. Neubrandenburg Reife O. 03; Studium: Freiburg i. B. 1, Berlin 1, München 1, Berlin 5 S; Rig. 10. Dez. 07.]

v. Lyncker, Baron, Beschreibung der portativen Jochbrücke. Mit 28 Fig. gr. 8. (51 S. m. 1 lith. Taf. in Imp. Fol.) Berlin 850, Mittler & Sohn in Comm. n. 16 ngr.

Lyncker, Alfred Frh. von, Leutn. im 1. Garde-Feldart.-Reg.: Das Recht der Luftschiffahrt in privatrechtlicher Beziehung auf Grund der heutigen Gesetzesquellen. Borna-Leipzig 1909: Noske. VIII, 51 S. 8°
Heidelberg, Jur. Diss. v. 22. Juli 1909, Ref. Endemann
[Geb. 20. Okt. 82 Berlin; Wohnort: Berlin; Staatsangeh.: Preußen; Vorbildung: Gymn. Zehlendorf Reife 05; Studium: Genf 1, Berlin 5 S.; Rig. 13. Mai 09.] [U 09. 1850

Lyncker, Christoph v. (Präs.), s. H a b e r l a n d (t), Moritz Wilhelm (Resp.): De mandato rei turpis.

Lyncker, Eduard (Darmstadt)
N.N. hat eine gedruckte Thesensammlung eingereicht, die bis 1945 i.d. UB Giessen vorhanden war (A 56456/9c).
Dr. phil. Giessen 17.12.1834.

Lyncker, F., Altes und Neues über den Kurort Pyrmont und seine Mineralquellen. gr. 8. (70 S.) Pyrmont 880, (Uslar's Hofbuchh.) *

Lyncker, F., über d. rechtl. Möglichkeit, ein. verbietenden Gesetze eidlich zu entsagen, nebst e. Erkenntnisse d. Hrzgl. Braunschweig. Landes-Gerichtes u. e. Gutachten d. Juristenfacultät zu Heidelberg. gr. 8. (3 B.) Leipzig 835, Kollmann. *

Lyncker, Friedrich, s. a. L y n k e r, Friedrich.

Lyncker, Fr., Irrungen der Eifersucht. Lust- u. Possenspiel in 5 Aufzügen. 16. Leipzig 842. (Teubner.) 3/4 ₰

— Künstlerleben. Ein dramat. Gedicht mit Genien. In 5 Aufzügen. gr. 16. Leipzig 843, Goetz. n. 1 1/3 ₰

— s. Lemoine, die Savoyardin.

— Scherz und Ernst. Taschenbuch dramatischer Spiele. Der Meineid. Original-, Lust- u. Possenspiel in 5 Aufzügen. — Bruno von Turnfels. Ein romant. Trauerspiel in 5 Aufz. 16. Ebend. 842. 1 1/2 ₰

Lyncker (Lynker), Heinrich Ferdinand Christian von

Lyncker, Heinr. Ferd. Chr. v.: Historisch-publicistische Anmerkungen und Erläuterungen zu dem zwischen den hohen Herren Reichs-Vicarien im Jahr 1750 abgeschlossenen Vicariats-Gränz-Vergleich. Hildburghausen 1791.

— histor.-publicistische Anmerkk. u. Erläuterr. zwischen den Reichsvikarien 1752 abgeschloss. Vicariats- u. Grenz-Vergleichungen. gr. 8. Hildburgh. 791. (Ev. Fleischer in Leipz.) 1 ₰ 4 gr

Freyhr. v. Lyncker, H. Fd. Ch.: Histor. public. Anmerkk. zu d. zwischen d. hohen R. Vic. im J. 1750 abgeschloss. Vicar. Gränzvergl. *Hildburgh.*, Hanisch. 791. 8. (1 Thl. 4 Gr.)

Lynker, Heinr. Ferd. Chrn. v., Erörterung der Wahrheit Oesterreich seinem Falle nahe; Oder: Schreiben eines wahrhaftig Patriotisch-gesinnten Teutschen an Sr. des Herrn Reichs-Vice-Canzlers Grafens von Colloredo Excell. über die nothwendige Absonderung des Kayserlichen Hofes von dem eigentlich Wienerischen und dessen Absichten. Freyburg (Halberstadt) 1760. 4. (39 S.)

— s. Gedanken üb. d. Frage: Wer kann Kaiser werden.

— Nachr. v. d. Vorzügen u. d. Titulatur eines römischen Königs. 4. Halle 768. Hilscher in Leipz. 6 gr

— Protokolle v. d. 1764 zu Frankfurt a. M. geh. Kurfürstentage. 8. Hildburgh. 790. (Er. Fleischer in Leipz.) 7 gl.

— Protokolle v. d. 1764. zu Frankf. a. M. geh. Churfürstentage. 8. Hildburgh. Hanisch. 790.

v. LYNCKER, H. Fd. Ch.: Von d. Reichsstandsch. u. d. damit verknüpften Sitz- u. Stimmrecht auf Reichstagen. *Frkf. a. M.*, Gebauer. 761. gr. 8. (20 Gr)

Lyncker, F. C. v., Abhandl. von der Reichsstandschaft u. d. Sitz- und Stimmenrechte. 8. Frkft. (Trampe in Halle. (Hahn in Hannover) 761.

— Sammlung einiger Gelegenheitsreden. gr. 8. Leipz. 788. (Brockhaus). 12 gl.

—— Sammlung einiger Gelegenheitsreden. gr. 8. Lpz. Heinsius. (Gleditsch) 788.

Frhr. v. LYNCKER, Heinr. Fd. Chr.: Abhandl. v. der Vormundschaftsbestellung bei Privat- u. erlauchten Personen, besond. v. denen in d. kur- u. fürstl. sächsischen hohen Häusern vorgefallenen Vormundschaften. 2 Thle. *Jena*, (Hennings in *Neisse*) 790. 91. gr. 8. (3 Thl.)

— Abhandl. v. der Vormundschaftsbestellung bei Privat- u. Erlauchten Personen. 2 Thle. gr. 8. Jena 790. 91. (Hennings in Neiße; a. Ettinger in Gotha). 3 rℬ

v. LYNCKER, Heinr. Fd. Chr. Frhr.: Röm. königl. Wahl-Capitulation Josephs II., mit beigefügtem Protocolle des churfürstl. Wahltages. *Arnstadt*, Trommsdorf. 782. 83. 4. (2 Thl. 12 gGr.)

Lyncker, Heinr. Ferd. Chr. Frh. v.: Römisch-königliche Wahl-Capitulation Ihro Röm.-Kayserl. Majestat Josephs II., mit beigefügtem Protokoll des churfürstl. Wahltages. Arnstadt 1783.

— über die Wiederbesetzung der erledigten neunten Kurwürde. gr. 8. Leipz. 788. (Brockhaus). 16 gl.

— über die Wiederbesetzung der erledigten neunten Churwürde. gr. 8. Lpz. Heinsius. (Gleditsch) 788.

Lyncker, Herrm. v., die Geheimnisse der Zimmer-Heizung u. Lüftung. Anweisung ohne Anwendung gefährlicher Ofenklappen, Brennmaterial zu sparen u. die Gesundheit zu befördern. Nebst 1 (lith.) Tafel Zeichnungen (in Fol.). Breslau 861. Aland. (Morgenstern.) gr. 8. (34 S.) n. 10 ngr.

Lyncker, Herrm. v., Gesundheit u. Geld gewonnen durch richtige Luftbenutzung in Gebäuden. Ein Beitr. z. Baukunst, welcher Rauch, übeln Geruch, Feuchtigkeit, Schwamm, Mauerfraß, Fenstereis 2c. beseitigen, sowie Krankheiten, Ersticken durch Kohlendunst, ferner bauliche Reparaturen u. die bish. Holzverschwendungen verhüten, zugleich aber uns. Wohnungen auf d. wohlfeilste Weise erwärmen lehrt. gr. 8. (7 1/8 B. u. 10 Stnt., qu. 1/2 Fol.) Breslau 841, Schulz u. Comp.

Lyncker, J. J. Frhr. s. L y n k e r von Lützenwick, J. J. Frhr.

Müller, Heinrich Daniel [Präs.] u. Jo. Phil. Wilh. Ludov. Lyncker [Resp.] Theses philosophicae. Giessae 1746. 4°

Lyncker, K. Lebensbilder aus der Kirchengeschichte f. evangel. Schulen u. das christliche Haus. 8. (36 S.) Mainz 889, Kern. * — 20

— Die wichtigsten Unterscheidungslehren der römisch-katholischen u. der evangelisch-protestantischen Kirche, f. evangel. Schulen u. weitere evangel. Kreise zusammengestellt. 8. (12 S.) Ebd. 889. * — 10

Lyncker, Karl, s. L y n k e r, Karl.

Lyncker, Karl Wilhelm

Lyncker, Karl Wilh., Abschiedsgruß an Bergzabern. Predigt über 2. Kor. 13, 13. gehalten am 13. Novbr. 1859. Landau 860. Kaußler in Comm. gr. 8. (13 S.) n. 4 ngr.

Lyncker, K. W., eines Fürsten gutes Alter und friedliche Heimfahrt. Predigt zum Gedächtniß des Königs Ludwig I. von Bayern, gehalten am 11. März 1868 zu Speyer. 8. (16 S.) Speyer 868, Lang.

Lyncker, K. W., die Entwickelung d. kirchlichen Lebens in der vereinigten protestantischen Kirche der Pfalz. Ein Synodalvortrag, vor der Bez.-Synode Speier am 16. Juli 1860 geh. 18. Gabe d. evangel. Vereins f. die Pfalz. gr. 8. (21 S.) Westheim 860. Kaiserslautern, Buchh. d. evang. Vereins f. d. Pfalz. n. — 10

—— die Entwickelung des kirchlichen Lebens in der vereinigten protestantischen Kirche der Pfalz. Ein Synodalvortrag vor der Bezirkssynode Speier am 16. Juli 1860 gehalten. gr. 8. (21 S.) Westheim 860. Speier, Neidhard's Buchh. *

Lyncker, K. W., Rede gehalten am 2. Mai 1848 in der Versammlung der Abgeordneten zu Oldenburg. gr. 8. (14 S.) Oldenburg 848, Schulze'sche Buchh.

Lyncker, K. W., erste Unterweisung aus Gottes Wort für das Haus und die drei ersten Schuljahre bearb. 8. (IV und 120 S.) Speier 865, (Neidhard's Buchh.) *

—— vier Worte zur Vertheidigung. gr. 8. (42 S.) Oldenburg 848, Schulze'sche Buchh. *

Lyncker, Louis, s. a. L y n k e r, Louis.

Lyncker, Louis, Tabelle der im Herzogthum Braunschweig stattfindenden Rechtsmittel. 1 Blatt in Imp.-Fol. Braunschweig 833. Plüchart. 1/6 rℬ

Lyncker, Ludwig, s. L y n k e r, Ludwig.

Lyncker, Nikolaus Christoph von [Praes.], s. A l e f e l d t, Gossche von: De consensu electorali.

— — **De archivo imperii. Lpz. (Joh. Christ. Langenheim) 1730. 38 S. (4.—) 21920**

— — **Commentatio jur. de auxiliatoribus furum Oder: Von Diebs-Helffern. Jena (Joh. Friedr. Ritter) 1755. 32 S. (4.—) 21925**

Lyncker, Nikolaus Christoph von [Praes.], s. B a u m g ä r t n e r, Christoph Conrad: De juribus peculii militaris.

Lyncker, Nikolaus Christoph von [Praes.], s. B a u s s i u s, Gottlieb Sigismund: De potestate imperatoris alienandi bona imperii.

Lyncker, Nikolaus Christoph von [Praes.], s. B e e r b a l c k, Christian Friedrich: De vinculo familiae.

Lyncker, Nikolaus Christoph von [Praes.], s. B e r g e r, Johann Heinrich: De pactis.

Lyncker, Nikolaus Christoph von [Praes.], s. B r e t n ü z, Caspar Johann: De eo, quod circa sacram coenam justum est.

Lyncker, Nic. Chrph.: Tractatio jur. de causis judicium camerale fundantibus, von Sachen, so zur Reichs-Cammer gehören. Rec. Halae Magdeb. 1735.
Jena, Jur. Diss. v. 1689.

— — u. Joh. Christoph Hartung, De cautione usufructuaria. Vom Vorstand den ein Niessbraucher bestellen muss. Halle (Hendel) 17. IX. 1737. 31 S. (4.—) 21028

Lyncker, Nic. Chrph. de: Rerum in S. Seren. ducum Saxoniae dicasteriis Jenensibus decisarum, centuriae quinque. P. (1)—3. Jenae 1700—01.
— Ed. 2. P. 1—3. 17(19)—20.

DE LYNKER, Nic. Chr.: Rerum Decis. cent. XV. *Jenae*, Bielke. 723. 4. (1 Thl. 8 Gr.)

Lyncker, Nikolaus Christoph von [Praes.], s. C l a u d e r, Salomon August: De eo quod justum est in aresto forensis, s. extranei.

Lyncker, Nic. Chrph. de: Consilia seu responsa: quibus insignes et difficiles casus, rerum tam priv. quam publ., ex omnigeno, et tum sacro, tum profano jure deciduntur. Jenae. 2 Bde fol.
Vol. (1.) 1710.
" 2. [u. d. Tit.:] Consultationum iuris selectarum ad casus varios . . . vol. 1715. [in 2 Ex.]
— 2. ed. T. 1. 1736. fol.

— consilia s. responsa. II Vol. Ien. Bielke. 736.

DE LYNKER, Nic. Chr.: Consilia s. responsa, *Jenae*, Bielke. 737. 4. III Vol. (7 Thl.)

Lyncker, Nikolaus Christoph von [Praes.], s. D a n c k l u f f t, Heinrich Philipp: De archivo imperii.

Lyncker, N. C., de eo, quod circa s. coenam justum est. Lips. 1690; rec. 1734. 4.

Lyncker, Nic. Chrph. de: Commentatio de eo quod iustum est circa personas diversae religionis. Von dem was Rechtens ist, in Ansehung der Personen von verschiedenen Religionen. Ed. nov. Jenae 1744.

— de eo, quod justum est circa personas diversae relig. 4. Ien. Ritter. 744.

— Novellarum Justin. exegesis method. *Wien*, Kraus. (726.) 751. fol. (6 Gr.)

— novellarum Iust. exegesis method. fol. Ienae, Kraus. 751.

— comment. de fatalibus. 4. Ienae. 742.

Lyncker, Nikolaus Christoph von [Praes.], s. F ö r s t e r, Anton Philipp Günther: De superioritate sacra.

Lyncker, Nikolaus Christoph [Praes.], s. G ö l g e l, Johann Georg: De formis procuratoriis.

de LYNCKER, Nic. Chr.: Tractat. de gravamine extrajudiciali et quatenus ab illo provocare liceat. *Giss.* 672. 4. *Jen.* 697. 8. — Ed. III. *ib.* 737. 8.

— de gravamine extrajudic. 8. Ienae, Bielke. 757.

Lyncker, Nikolaus Christoph von [Praes.], s. G r o t t h a u s zu Ledenburg, Heinrich Philipp von: De familiarum nobilium splendore.

Lyncker, Nikolaus Christoph von [Praes.], s. H a b e r l a n d t, Moritz Wilhelm: De mandato rei turpis.

Lyncker, Nikolaus Christoph von [Praes.], s. H a e b e r l i n, Rupert Sigismund: De bonis ereptitiis.

Lyncker, Nikolaus Christoph von [Praes.], s. H a r t m a n n, Johann Michael: De potentatu.

Lyncker, Nikolaus Christoph von [Praes.], s. H a r t u n g, Johann Christoph: De cautione usufructuaria.

Lyncker, Nikolaus Christoph von [Praes.], s. H a r t u n g, Johann Jakob: De baptismo.

Lyncker, Nikolaus Christoph von [Praes.], s. H e y d e n r e i c h, Christoph Rudolph: De munere directoriali circa negotia imperii.

Lyncker, Nikolaus Christoph von [Praes.], s. H i m m e l, Erhard Wilhelm: De ganerbinatibus von Gan=Erbschafften.

Lyncker, Nikolaus Christoph von [Praes.], s. H ö f f l i c h, Georg Christoph: De his quae principum statuumve imperii libertati perperam accensentur.

Lyncker, Nikolaus Christoph von [Praes.], s. J a c o b i, Johann Heinrich: De juramento mandatarii in animam principalis.

— — u. Heinr. Solingh (Dortmund/Westfalen), De mero imperio. Germ. Vom Unterscheid der Ober-, Nieder- u. Erb-Gerichte, des Hals Gerichts u. Blut-Banns, auch derselben rechtliche Verwaltung. Jena (Heller) 1758. 28 S. (5.50) 21930

Lyncker, Nic. Chrph. de: Tractatio methodica de individuitate, sive de jure rerum individuarum, von Untheilbaren Dingen, c. praef. Sam. Strykii 3. ed. ab Aug. Hoffmanno. Francofurti ad M. 1710.

— instructorium forense, ab ipso auctore auctum. fol. Ienae, Fischer. 756.

Männer, die berühmtesten Deutschlands seit d. Reformation. M. Kpf. 16. Nürnb. 821. Campe. 6 Gr.

Männer, die braven, 2 Erzähl.: 1) d. Burg Uferstein, 2) d. Sommerstübchen. 8. Leipz. Joachim.

— — dasselbe. 8. Neustadt, Wagner.

Männer, deutsche. Bilder aus der Geschichte des deutschen Volkes. 20 Lfgn. Lex.-8. (IV, 164 S. mit eingedr. Holzschn.) Teschen 868,69, Prochaska. à Lfg. * 30 Pf. *
—— dass. — Bilder aus der Geschichte des deutschen Volkes von Hermann dem Cherusker bis auf unsere Tage. 317 Portr. in Holzschn. Text von Manuel Raschke. 2. Ster.-Aufl. Lex.-8. (164 Bl.) Ebendas. 870. [Leipzig, Zieger.] * M 6.; geb. *

Deutsche Männer! Bewahrt Euch die Freude am Vaterlande. ([Berlin] 1903.) 8°.

Männer, deutsche! Bewahrt Euch die Freude am Vaterlande! (31 S.) gr. 8 Berlin (904). R v. Decker. n. —20

[F.] Deutschlands grosse Männer und Zeiten. Der reiferen Jugend zur Erhöhg d. Nationalgefühles gewidm. *Langensalza: F. G. L. Gressler 1896.* (72 S.) 1 Bd 8. [illegible]

Männer, Die drei, von Ehre von ***. Dresden 1844. V: *Leonhardt-Lyser [später Pierson], Caroline Wilhelmine.* (Mitth. Prof. Dr. Friedrich Hirsch-Wien.)

Männer, drei, von Ehre. Eine wahre Begebenheit. Aus d. Engl. übers. 16. Dresden 844, Sillig. n. 1/2 Thlr

Männer, drei, für einen, s. A. Wichmann.

— drey, für einen. Lustsp. in 5 A. nach Picard v. A. Wichmann. 8. Lpz. Steinacker. 803.

Männer, drei evangelische, aus der katholischen Kirche. Geschichtliche Lebensbilder von P. v. Bl. 12. (42 S.) Barmen 879, Wiemann.

— des Erfolgs. 8. Stuttgart, C. Ulshöfer. n. 1. —
Thomas A. Edison, der amerik. Erfinder. Von Eug. Isolani. (62 S. m. 1 Bildnis.) 906.

Männer des Erfolgs. 8. Stuttgart, C. & A. Ulshöfer.
Seelmann, Theo., Jakob Fugger der König der mittelalterlichen Kaufherren. (164 S. m. 5 Taf.) 909. 1.80; geb. 2.50
Tesch, Alb., Alfred Krupp. (136 S. m. 1 Bildnis.) 910. 1.50; geb. in Leinw. 2. —
Wiese, J., Benjamin Franklin. (139 S. m. 1 Bildnis.) 909. 1.50; geb. in Leinw. 2. —

Männer, Die, der Finsterniss. Roman und kein Roman. Ein modernen Clair-obscure für Scher und Zeichendeuter. Vom Verf. der schwarzen Brüder. Leipzig und Frankreich a. O. 1795. V: *Zschokke, Johann Heinrich Daniel.* (Taute, Ordens- und Bundesromane 119) (wolfstieg II, 882) (GGR X, 69) (BGE IV³, 356) (Zeitschr. f. Büch. N. F. 15, 1923, S. 115)

— die, d. Finsterniß. 8. Frankf. Apitz. (Gräff in Leipz.) 795.

Männer u. Frauen (Die) des Neuen Testaments u. die schönsten Ansichten des Heil. Landes. In 28 Stahlst. der ersten Meister (nach *Raphael, Rubens, Tizian, L. da Vinci, Carlo Dolce, Phil. de Champagne, Overbeck* u. A. gest. von *Adr. Schleich, A. Volkert, Aug. Spiess, S. Amsler, Ph. Walther, Fr. Lehmann, Petersen, Joh. Serz, Ed. Schuler* u. *Mich. Vogler.* O. O. u. J. (18**). Gr. 4°. Eleg. Lwd.-Carton mit Deckenpressung.

Männer aus den Freiheitskriegen. Portrait-Album zur 50jährigen Gedenk-Feier der Völkerschlacht bei Leipzig. 1. u. 2. Aufl. Leipzig 863. Weber. Fol. (12 Holzschntaf. u. 4 S. Text.) n. 10 Ngr.

Maenner aus den Freiheitskriegen. Portrait Album zur fünfzigjaehrigen Gedenk-Feier der Voelkerschlacht bei Leipzig. 3. Aufl. Leipzig, J. J. Weber ... [1863].
Tit., 2 Bl.; 12 Taf. in Holzschn. 2°.

— d. 5, Lebensgeschichte d. 5 jetzt in Frankreich regier. Directoren, (aus d. Französ. übers.) v. Rebmann. 8. Hamb. 797. Herold jun. 12 Gr.

Männer, die, der Gegenwart. Neue Folge (der Lebensbilder). I.: Joseph v. Radowitz. gr. 8. (32 S. m. 1 Holzschn.) Leipzig 850. (Costenoble.) n. 1/6 Thlr — II.: Dr. Alex. Bach, k. k. österreichischer Minister des Innern. gr. 8. (31 S. m. 1 Holzschn.) Ebd. n. 1/6 Thlr — III.: Heinr. v. Gagern. Eine biographische Skizze von M(ax) Duncker. gr. 8. (48 S. m. 1 Holzschn.) Ebd. 850. n. 1/4 Thlr — IV.: Carl Frhr. v. Bruck. gr. 8. (48 S. m. 1 Holzschn.) Ebd. 850. n. 1/4 Thlr (N. F. I—IV.: n. 5/6 Thlr)

Grosse Männer. Studien z. Biologie d. Genies, hrsg. von Wilhelm Ostwald. Bd 1. Leipzig: Akad. Verlagsgesellsch. 1910. 8° [illegible]

Männer, Hamburgs denkwürdige, hsg. von Charles Fuchs. Hamburg 184? V: *Buek, Friedrich Georg.* (schr)

Männer des Handwerkerstandes! Innungsverbundene und Nichtverbundene. Meister, Gesellen und Arbeiter in Preußen! — Das Comité der hiesigen Gewerke und Innungen. Druck von Marquardt u. Steinthal. 1 Bl. 4.
Flugblatt. Berlin, 6. Jan. 1849.

Männer im Heere! Was? Schon wieder ein Plakat — Der Demokraten-Verein der Königstadt. Druck von J. Pleßner. 1 Bl. Fol.
Flugblatt. Berlin, 3. Okt. 1848.

Männer, Die, im neunzehnten Jahrhundert. Ein Traumgesicht eines Mädchens. Wien 1782. V: *Rautenstrauch, Johann.* (wrztg 1782, Nr. 10,2 Anhang; wrztg 1783, Nr. 2, Anhang) (Bucker, Das Betragen des Herrn Rautenstrauch, S. 5) (biblport)

— f. junge, beim Eintritt ins eheliche Leben, (v. P. J. Döring). Frankf. a. M. 810. Gebhard u. K. 5 Gr.

Männer, Die, vom Leder. Socialer Roman in 6 Bdn. Vom Verf. der Romane: »Die Ritter der Industrie . . .« Leipzig 1862. V: *Klencke, Hermann.* (Brü IV, 14) (Zeitschr. f. Büch. N. F. 15, 1923, S. 115)

—— die, vom Leder. Socialer Roman in 6 Bdn. Vom Verf. der Romane: „Die Ritter der Industrie." — „Die Leute der Amtsstube" rc. gr. 16. (1184 S.) Leipzig 862, Kollmann. *

MÄNNER, Die, der Nacht oder wundervolle Abenteuer eines Offiziers während seiner Feldzüge in Spanien. Mit Titelkpfr. Erfurt (Hamburg, Herold), o. J. (1811). 8°. (2 Mk. Franz Teubner.)
Jahrzahl nennt Weller, fing. Druckorte.

Das Johannisfest. Von Knud Lyne. Hamburg 1821: Mahncke. 8 S. 8° [Umschlagtit.]
Tt. 2165. Üb. Geist u. Ziel der Mrei. 193.

Lynen, L.: Verbesserter Zinkdestillirofen mit eingebauten Nischen, gemeinsamer Condensationskammer und Wassergasheizung mittelst systematischer Heizkanäle. Stolberg (Rheinl.) 1905

Lynen, Wilhelm

Die Berechnung der Centrifugalregulatoren. Von W. Lynen, ... Privatdoc. an d. Kgl. Techn. Hochschule Charlottenburg. M. 69 in d. Text gedr. Fig. u. 6 Taf. *Berlin: J. Springer 1895.* (IV S., 1 Bl., 112 S., 6 Taf.) 1 Bd 8. [96. 445]

Lynen, W., d. Wärmeausnutzg. bei der Dampfmaschine. gr. 8. (59 S. m. 24 Fig.) Berlin 901. J. Springer. n. 1.— Sonderabdruck aus: „Zeitschr. d. Ver. deut. Ingenieure".

Lyngbye, H. C., tentamen hydrophytologiae danicae cont. omnia hydrophyta cryptogama Daniae Holsatiae, Islandiae, Grönlandiae huousque cognita, systematice disposita, descripta et iconibus illustrata, adjectis nonnullis spec. Norvegicis. Opus praemio ab Univers. Reg. Hafniensi ornatum C. tabb. aen. LXX. nigris v. pictis. 4maj. (Hafniae, libr. Gyldendalia in comm.) Charta script. et membranacea, 819.
C. Tab. color. ch. membr.

Lynker, Ludw. Jakob Friedr. Wilh. v., Nekrolog. gr. 8. (1 B.) Darmstadt 844, Pabst.
Aus: Hessische Zeitung rc., besond. abgedruckt.

Lynker, Ed., Klänge vom Kaiserstuhl. Samml. verschied. Gedichte u. Erzählungen. 8. Freyburg 836. (Wagner.) 1½ ℳ

Lynker, Friedrich, s. a. L y n c k e r , Friedrich.

Lynker, Friedr., Irrungen d. Eifersucht. Lust- u. Possenspiel in 5 Aufz. 16. (11 B.) Leipzig 842. (Teubner.)

—— Künstlerleben. Ein dramat. Gedicht mit Genien. In 5 Aufz. gr. 16. (19 B.) Leipzig 843, Göt. (Schrev.) *

—— Scherz u. Ernst. Taschenbuch dramatischer Spiele. 16. (26 B.) Leipzig 842. (Teubner.)
Inhalt: Der Meineid. Original-Lust- u. Possenspiel in 5 Aufz. – Bruno von Turnfels. Ein romant. Trauersp. in 5 Aufz.

Lynker, Heinrich Ferdinand Christian von, s. L y n c k e r , Heinrich Ferdinand Christian von.

Lynker, Karl
— Geschichte der Insurrectionen wider das westphälische Gouvernement. Beitrag zur Geschichte des deutschen Freiheitskrieges. Cassel 857. Bertram. gr. 16. (3 Bl., 198 S.) n. 20 ngr.

Lynker, Carl, Geschichte der Insurrectionen wider das westphälische Gouvernement. Beitrag zur Geschichte des deutschen Freiheitskrieges. 1. Aufl. 1857. und 2. (Titel-)Ausg. br. 8. (III und 198. S.) Göttingen (857)60, Wigand. *

—— Geschichte der Stadt Wolfhagen, s. Zeitschrift des Vereins für hessische Geschichte.

Lynker, Karl, Cassel, Wilhelmshöhe und die schönsten Punkte der Umgegend. Ein Wegweiser für Fremde u. Einheimische. Mit 1 (lith.) topograph. Skizze von Wilhelmshöhe in Farbendr., 1 (lith.) Plane von Cassel u. 1 (lith.) Karte der Umgegend (in 8. u. 4.). 4. verb. rc. Aufl. Cassel 856. Bertram. 32. (2 Bl., 96 S.) n. 10 ngr.; mit 8 lith. Ansichten n. 17½ ngr.; mit 12 lith. Ansichten n. 20 ngr.

Lynker, Karl, deutsche Sagen u. Sitten in hessischen Gauen gesammelt. Cassel 854. Bertram. 8. (XX, 265 S.) n. 25 ngr.

—— deutsche Sagen und Sitten in hessischen Gauen gesammelt. 2. (Titel-)Aufl. br. 8. (XX und 265 S.) Göttingen (854)60, Wigand. *

Lynker, Louis, s. a. L y n c k e r , Louis.

LYNKER, Louis: Tabelle d. im Herzogth. Braunschweig stattfind. Rechtsmittel. *Braunschw.* (Leibrock.) 833. 1 Bl. Imp.-Fol. (4 Gr.)

Lynker, Ludwig (Jakob Friedrich Wilhelm)

Lynoker, L.: Anleitung zum Situationszeichnen. Mit dreyzehn Kupfertafeln gestochen von Felsing und Lehmann. Darmstadt 1814. 62 S. 8°.

Lynker, L., Anleitung zum Situationszeichnen, mit 13 Kupfert. v. Felsing u. Lehmann. Neue Aufl. gr. 8. Darmstadt, Heyer u. Leske. 814. 52 S.

-- — dasselbe; nebst d. Plan d. Belagerung von Graudenz, auf Leinwand gezogen. Ebend.

Lynker, L., Grossherzoglich Hessischer Ingenieur-Geograph und Major im Generalstabe. Anleitung zum S i t u a t i o n s z e i c h n e n. Mit 13 Kupfertafeln gestochen von Felsing und Lehmann in Darmstadt. 3. unveränderte Auflage. 4. Darmstadt 1819.

Lynker, L., Anleitung zum Situationszeichnen, mit 13 Kupf. 3te Aufl. 4. Darmstadt, Heyer. 819.

Lynker, (L.,) Anleit. z. Situationszeichnen. 4e Aufl. M. 15 Kupf. 4. Darmst. 827, Heyer.

-- — 4. umgearb. und verm. Aufl. von Christian Wilhelm Papst, grossherz. hess. Premierlieut Mit 15 Kupfern. 8. Darmstadt 1829. (123 S.)

Carte der Gegend, Blokade und Belagerung der Festung G r a u d e n z. Aufg., gezeichn. und herausgegeb. von L y n k e r, Lieut. im Grossherz. Hessischen Generalstab. Gest. von C. Felsing, H. K. z. Darmstadt. 1 : 20,000. 1 Bl. Darmstadt (1809).

— s. K r i e g s a r t i k e l f. d. Großh. Hessischen Truppen. – s. M i l i t a i r-Strafgesetzbuch f. d. Großherz. Hess. Truppen.

Lynker, Nikolaus Christoph von, s. L y n c k e r , Nikolaus Christoph von.

Lynker, W., Geschichte des Theaters u. der Musik in Kassel. Bis auf die neueste Zeit fortgesetzt u. mit einer Auswahl früherer Schriften Lynker's herausg. von Th. Köhler. Kassel 865. Krieger'sche Buchh. 8. (V, 430 S.) n. 1 ℳ 10 ngr.

Lynker, W., u. J. Braunhofer, Herkules oder Ambos u. Actien. Zauberposse mit Gesang in 3 Acten. Musik von Karl Graff. Cassel 859. (Göttingen, Wigand.) 16. (2 Bl., 107 S.) n. 10 ngr.

—, C. Koch und C. Altmüller, drei Weihnachtsgeschichten, s. Koch, C.

Lynker's, W., Werke. I. Bd.: Vermischte Schriften. II. Bd.: Das Theater in Kassel. Nach dem unvollendeten Mscr. bearb. und fortgeführt von Th. Köhler. 2. verm., verb., bis auf die allerneueste Zeit fortges. Ausg. von demselben Verf. 8. (562 S.) Kassel 886, Klaunig. geb. in 1 Bd. *

Lynker von Lützenwick, J. J. Frhr.

Lyncker, J. J. (Hrsg.), s. Apuleius Madaurensis: Psyche.

— s. Forstmann, d. beiorgte.

Lynker v. Lützenwick, Frhr. J. J., etl. Grundregeln aus d. neuen Feldbaukunst. 8. Weimar 795. Hoffmann. 2 K

Lynker, Grundregeln, s. Linker.

Lynkeus (Pseud.), s.a. Bauer, Erwin

Lynkeus [Pseud.], s.a. Popper, Joseph

Lynkeus (Erwin Bauer), s.: Caveat Caesar!

Lynkeus (Jos. Popper), das Individuum u. die Bewertung menschlicher Existenzen. (XII, 223 S.) gr. 8. Dresden 910. C. Reissner. 3.—; geb. 4. —

Phantasieen eines Realisten. Von Lynkeus [d. i. Josef Popper]. 2. unveränd. Aufl. Dresden & Leipzig: C. Reissner 1900. (VI, 216 S.) 8° [...]

— Phantasien e. Realisten. Neue verb. Aufl. 11. u. 12. Taus. (VIII, 237 u. 239 S.) gr. 8. Ebd. 909. 5.—; geb. 6. —

Lynkeus, s.a. Phantasien eines Realisten.

Lynkeus, am Rande d. Abgrundes. Wider Socialdemokratie u. Anarchismus. Ein Mahnruf an Fürsten u. Völker. gr. 8. (50 S.) Leipzig 894. B. Elischer Nachf. n. — 60

Lynn, Adph., die Tochter des Piratenkapitäns, s.: Weber's moderne Bibliothek.

Lynx, Nissa u. Anderes. Gedichte. Hrsg. v. d. literar. Vereinigung in Wien. 12. (308 S.) Dresden 896. E. Pierson. n. 3. —; geb. n. 4. —

Lynx, the Comic Novel, or Downing St(reet) and the Days of Victoria. With many illustrations in many styles by the Artists fun Society. 1840. No. 1. (2 farb. Steindr. u. 6 Vign.) gr. 8. London; Leipzig, T. O. Weigel. n. 5/12 ₰

Lynx, Chr., die drei Schwestern. Roman. kl. 8. Leipzig u. Halle 842, Bösenberg. 1 ₰

Lynx, Chr., die drei Schwestern. Roman. 8. (17¼ B.) Leipzig 842. [Verlags-Magazin.]

Lyon [Schlagwort]

Lyon — Gegend und Befestigungen von —. Uebersichtsplan. Oc. Z. 1862.

Lyon — Charte von dem ehemaligen Gouvernement — oder den jetzigen Departements der Loire, und der Rhône mit ihrer Eintheilung in Arrondissements und mit Bezeichnung des Hauptorts jedes Cantons, verbessert herausgegeben von Homanns Erben Nürnberg 1808. 1: 320,000. 1 Bl.

Lyon [Verfasser]

Lyon, Charles, and J. Class, the guide to the english language embracing a series of elegant extracts from renownd modern english writers. — Neue Mustersamml. aus d. neuern u. neuesten engl. Autoren. Mit erläut. Anmerkn. u. vollständ. Wortregister z. Gebr. f. Schulen u. Privatunterricht. 8. (23 B.) Berlin 839, Schroeder.

Lyon, D. G., Keilschrifttexte Sargon's, Königs von Assyrien, s. Bibliothek, assyriologische.

Lyon, G. F., Reise im nördl. Afrika, in d. J. 1818, 19 u. 20. Aus d. Engl. gr. 8. Jena 822. Bran. 1 ₰

Lyon, G. F., Reise durch d. Republik Mexico im J. 1826. A. d. Engl. gr. 8. (15½ B.) Jena 828, Bran.
Aus dem „Ethnograph. Archiv" abgedruckt.

Lyon, Henriette, Sturmwind. Familien-Glück, s.a. Theater der Gegenwart. Nr. 8.

Lyon, Henriette: Sturmwind. 2 Scenen. Familienglück. Drama in 2 Aufz.
Berlin: Dramaturg. Inst. 1899. (63 S.) 8°
= Theater d. Gegenwart. No. 8.

Lyon, J. C., praktische Anweisung zur Cultur der tropischen Orchideen, nebst einem monatlichen Kalender u. einer alphabetisch geordneten Beschreibung von über 1000 Genera u. Species derselben. Nach der 3. Engl. Aufl. übers. u. m. eigenen Zusätzen versehen v. Albert Courtin. gr. 8. (212 S.) Stuttgart 851, Schweizerbart. 27 ngr
Vgl. Lyons, J. C.

Lyon, Joh. Chr., kurze Erklärung der Offenbarung St. Johannis, worin die Erfüllung ihrer Weissagungen bis auf die gegenwärtige Zeit nachgewiesen wird aus den untrügl. Zeugnissen der Geschichte. gr. 16. (248 S.) Cincinnati 859. (Philadelphia, Schäfer und Koradi.) geb. *

— Zions-Harfe. Eine Sammlung erbaul. Lieder mit belebenden Melodien für Kinder Gottes jeder Benennung. Gedichtet und zum Theil aus dem Engl. übers. 16. (160 S.) Philadelphia 859, Schäfer und Koradi. *

Lyon, Carl, a. Spiesen (Reg.-Bez. Trier): Ein Fall von Enchondrom der Glandula Submaxillaris. Freiburg i. B.: Speyer & Kaerner 1905. (20 S.) 8°
Freiburg i. B., Med. Fak., Ref. Kraske, Diss. v. 1905
[Geb. 11. Jan. 68 Munzingen; Wohnort: Munzingen; Staatsangeh.: Bayern; Vorbildung: Gymn. Zweibrücken Reife Aug. 88; Studium: München 1, Heidelberg 4, Berlin 2, Erlangen 4 S.; Coll. 9. Dez. 04; Approb. 15. Juli 95.]

Lyon, Murray, die Mutter Kilwinning, s. Merzdorf.

Lyon, Otto, Abriß der deutschen Grammatik u. kurze Geschichte der deutschen Sprache, s.: Sammlung Göschen.

Abriß der Deutschen Poetik. Von Prof. Dr. Otto Lyon. 6., verm. u. verb. Aufl. *Leipzig [& Berlin]: B. G. Teubner 1902.* (S. 89–168.) 8° [F.]
= Lyon: Handbuch d. deutschen Sprache f. höhere Schulen. Abt. 2. [04. 8918

Lyon, Otto, praktische Anleitung zur Vermeidung v. Fehlern bei der Abfassung deutscher Aufsätze, s.: Kutzner, Adf.

Lyon, Otto, praktische Anleitung zur Vermeidung der hauptsächlichsten Fehler in Anlage u. Ausführung deutscher Aufsätze, s.: Kutzner, Adf.

Aufgabenbuch zur Grammatik, Rechtschreibung und Zeichensetzung (Unter- u. Mittelstufe). Nach d. Handbuch d. deutschen Sprache f. höh. Schulen bearb. von Prof. Dr. Otto Lyon u. Dr. Willy Scheel, Oberl. Leipzig & Berlin: B. G. Teubner 1906. (VII, 157 S.) 8° [F.] [06. 11630

— u. Willy Scheel, Aufgabenbuch zur Grammatik, Rechtschreibung u. Zeichensetzung. Für die Unter- u. Mittelstufe sämtl. Arten höh. Schulen, auch der höh. Mädchenschulen, nach dem Handbuch der deutschen Sprache f. höhere Schulen bearb. 2., durchgeseh. Aufl. (VIII, 154 S.) 8. Ebd. 909. Geb. 1. 60

— dasselbe. 1.—3. Abtlg. 8. Ebd. 1. 20
1. Sexta. 2., durchgeseh. Aufl. (64 S.) 909. — 60
2. Quinta. 2., durchgeseh. Aufl. (S. 65—88.) 909. — 30
3. Quarta. 2., durchgeseh. Aufl. (S. 89—116.) 911. — 30

Auswahl deutscher Gedichte. Hrsg. von Prof. Dr. Otto Lyon. 2., vollst. umgearb. Aufl. *Bielefeld & Leipzig: Velhagen & Klasing 1900.* (VII, 527 S.) 8° [F.]
= Sammlung. Velhagen & Klasings, Deutscher Schulausgaben. Lfg 51. [00. 476

— Auswahl deutscher Gedichte, s. a. Velhagen & Klasing's Sammlung deutscher Schulausgaben.

Lyon, O., Wettiner Balladen u. Lieder. Unter Mitwirkg. v. F. v. Bodenstedt, F. Dahn, M. Greif, W. Kirchbach, A. Ohorn u. K. Woermann hrsg. 8. (VI, 58 S.) Leipzig 889. Teubner. — 50; geb. n. — 80

—— s. a. Balladen u. Lieder, Wettiner.

— s.: Dichter, deutsche, des 19. Jahrh.

— Erläuterungen zu Goethe's Gesprächen, s.: Goethe's Gespräche.

— Festschrift zum 70. Geburtstage Rudolf Hildebrand's in Aufsätzen zur deutschen Sprache u. Litteratur, sowie zum deutschen Unterrichte, s.: Zeitschrift f. den deutschen Unterricht, Ergänzungshft.

— die Fortbildungsschule f. Mädchen. Vortrag auf dem 8. deutschen Fortbildungsschultage in Stettin am 1. X. 1905. (24 S.) Lex.-8. Leipzig 906. B. G. Teubner. n. — 60
Sonderabdruck aus: „Frauenbildg."

— Allgemeines verdeutschendes u. erklärendes Fremdwörterbuch, s.: Heyse, Joh. Christ. Aug.

Lyon, Otto, kleines Fremdwörterbuch, s.: Heyse, J. Ch. A.

Lyon, (*Paul*) Otto [Oberl. Dr.]: *Gedicht zur Vermählung des Prinzen und der Prinzessin Friedrich August von Sachsen.* Dresden, Druck v. B. G. Teubner, 1892; S. 34. 4.
Dresden-Altstadt, Annen-S '(RG)', OP 1892 (550)

— Deutsche Grammatik, s.: Heyse, Joh. Christ. Aug.

Deutsche Grammatik und kurze Geschichte der deutschen Sprache von Prof. Dr. Otto Lyon. 4., verb. Aufl. 8. Abdr. Leipzig: Göschen 1910. 153 S. 8°
(Sammlung Göschen. 20.) [11. 14572 11

Lyon, Otto, deutsche Grammatik u. kurze Geschichte der deutschen Sprache, s. a. Sammlung Göschen.

Lyon, Otto [Oberl. Dr.]: Historische und gesetzgebende Grammatik. Dresden, Druck v. B. G. Teubner, 1890; S. 1–32; 4°
Dresden-Altstadt, Annen-S (RG), OP 1890

—— Historische u. gesetzgebende Grammatik. gr. 4. (32 S.) Dresd. 890, (v. Zahn u. Jaensch). ** 1 20

—— Martin Greif als Lyriker u. Dramatiker. gr. 8. (53 S.) Lpz. 889, Teubner. — 75

— Handbuch zur Einführg. in die deutsche Litteratur, s.: Hentschel, C.

— Handbuch der deutschen Sprache f. höh. Mädchenbildungsanstalten. (Mittelstufe u. Oberstufe der höh. Mädchenschule, Lyzeum.) Nach den Bestimmgn. d. Neuordnung. f. das höh. Mädchenschulwesen vom 18. VIII. 1908. Unter Mitwirkg. v. Adf. Tiedge u. Walth. Nohl bearb. v. Otto Lyon u. Willy Scheel. 1. Tl. Mittelstufe. 7.—5. Klasse. (VII, 133 S.) 8. Leipzig 910. B. G. Teubner. Geb. 1. 50

— dasselbe. 2 Tle. 1.—5. Abtlg. 8. Ebd. 2. 80
I. Mittelstufe. 1. Abtlg. 7. Klasse. (VII, 74 S.) 910. — 80
Dasselbe. 2. Abtlg. 6. Klasse. (VII u. S. 75—100.) 910. — 40
Dasselbe. 3. Abtlg. 5. Klasse. (VII u. S. 101—133.) 910. — 60
II. Oberstufe. 4. Abtlg. 4. Klasse. (IV, 54 S.) 911. — 60
Dasselbe. 5. Abtlg. 3. Klasse. (IV u. S. 55—84.) 911. — 40

Handbuch der Deutschen Sprache für Präparandenanstalten und Seminare. Mit Übungsaufgaben. Von Prof. Dr. Otto Lyon, Stadtschulrat, u. Dr. Paul Polack, Oberl. (Ausg. C.) *Leipzig & Berlin: B. G. Teubner 1902.* (VIII, 305 S.) 8° [F.] [03. 6339

Handbuch der Deutschen Sprache für Präparandenanstalten und Seminare. Mit Übungsaufgaben. Von Prof. Dr. Otto Lyon, Stadtschulrat zu Dresden, u. Dr. Paul Polack, Oberl. zu Frankenberg. (Ausg. C.) 2. Aufl. in d. neuen Rechtschreibung. *Leipzig & Berlin: B. G. Teubner 1903.* (X, 342 S.) 8° [F.] [04. 8919

— u. Paul Polack, Handbuch der deutschen Sprache für Präparandenanstalten u. Seminare. Mit Uebungsaufgaben. (Ausg. C.) 3. Aufl. (X, 342 S.) 8. Leipzig 905. B. G. Teubner. Geb. n. 2. 80

— — dasselbe. 1. Tl.: Für Präparandenanstalten. 3. Aufl. (VIII, 240 S.) 8. Ebd. 905. Geb. n. 2. —

Handbuch der Deutschen Sprache für Präparandenanstalten und Seminare. Mit Übungsaufgaben. Von Prof. Dr. Otto Lyon, Stadtschulrat, u. Dr. Paul Polack, Sem.Dir. 4. Aufl. Leipzig & Berlin: B. G. Teubner 1907. (X, 344 S.) 8° [F.]

— u. Paul Polack, Handbuch der deutschen Sprache f. Präparandenanstalten u. Seminare. Mit Übungsaufgaben. 5. Aufl. (X, 344 S. m. 1 farb. Karte.) 8. Leipzig 910. B. G. Teubner. Geb. in Leinw. 2. 80

— — dasselbe. 2 Tle. 8. Ebd. Geb. 3. —
1. Für Präparandenanstalten. 5. Aufl. (VIII, 242 S. m. 1 farb. Karte.) 910. Geb. 2. —
2. Für Seminare. 3. Aufl. (VI u. S. 241—342 m. 1 farb. Karte.) 905. Geb. 1. —

Lyon, Otto, Handbuch der deutschen Sprache für höhere Schulen. 2 Tle. gr. 8. Leipzig 885, Teubner. *

Inhalt:

Tl. 1. Sexta bis Tertia. Mit Übungsaufgaben. (VIII, 268 S.) * ℳ 2.40.
» 2. Stilistik, Poetik und Litteraturgeschichte. Für obere Klassen. (VIII, 212 S.) * ℳ 2.—.

— Handbuch der deutschen Sprache f. höhere Schulen. Mit Übungsaufgaben. 1. Tl.: Sexta bis Tertia. 2., verm. Aufl. gr. 8. (VIII, 271 S.) Ebd. 889. n. 2. 40

—— Handbuch der deutschen Sprache f. höhere Schulen. 2 Tle. gr. 8. Lpz. 891, Teubner. à Tl. * 2 40; * 4 80

1. Mit Übungsaufgaben. Sexta bis Tertia. 3. verm. u. verb. Aufl. (VIII, 272 S.)
2. Stilistik, Poetik u. Litteraturgeschichte. Für obere Klassen. 2. verm. u. verb. Aufl. (XI, 292 S.)

— Handbuch der deutschen Sprache f. höhere Schulen. 2 Tle. gr. 8. Leipzig, B. G. Teubner. à n. 2. 40

1. Mit Übungsaufgaben. Sexta bis Tertia. 4., verm. Aufl. (VIII, 272 S.) 891.
2. Stilistik, Poetik u. Litteraturgeschichte. Für obere Klassen. 4., verm. Aufl. (VIII, 313 S.) 894.

2. Tl. getrennt u. d. T.:

— dasselbe. 2. Tl. Stilistik, Poetik u. Litteraturgeschichte. Für obere Klassen. Ausg. B in 3 Abtlgn. 3. Aufl. gr. 8. Ebd. Geb. n. 3. 80

1. Kurzgefaßte deutsche Stilistik. (VIII, 94 S.) 893. Kart. n. 1. —; geb. n. 1. 20
2. Abriß der deutschen Poetik. (VI, 80 S.) 893. Kart. n. 1. —
3. Abriß der deutschen Litteraturgeschichte. (VII, 142 S.) 893. Geb. n. 1. 60

— Handbuch der deutschen Sprache f. höhere Schulen. M. Übungsaufgaben. 1. Tl.: Sexta bis Tertia. 5., verm. u. verb. Doppelaufl. gr. 8. (VIII, 276 S.) Leipzig 895. B. G. Teubner. Geb. in Leinw. n. 2. 80

— dasselbe. 2. Tl.: Für obere Klassen. Stilistik, Poetik u. Litteraturgeschichte. Ausg. B, in 3 Abtlgn. 2. Abtlg.: Abriß der deutschen Poetik. 6., verm. u. verb. Aufl. (VI u. S 89—168.) gr. 8. Ebd. 902. Kart. n. 1. —

— Handbuch der deutschen Sprache für höhere Schulen. Mit Übungsaufgaben. 1. Tl.: Sexta bis Tertia. 8., verm. u. verb. Doppelaufl. gr. 8. (VIII, 294 S.) Leipzig 903. B. G. Teubner. Geb. in Leinw. n. 2. 80

— Handbuch der deutschen Sprache für höhere Schulen. Mit Uebungsaufgaben. I. Tl.: Sexta bis Tertia. 9., verm. u. verb. Doppelaufl. (VIII, 296 S.) 8. Leipzig 905. B. G. Teubner. Geb. in Leinw. n. 2. 80

— dasselbe. I. Tl. 1. Abtlg.: Sexta. 9., verm. u. verb. Aufl. (VIII, 118 S.) 8. Ebd. 905. Kart. n. 1. 20

— dasselbe. II. Abtlg.: Quarta u. Tertia. 9., verm. u. verb. Doppelaufl. (IV u. S. 205—296.) 8. Ebd. 905. Kart. n. — 80

Handbuch der Deutschen Sprache für höhere Schulen. Mit Übungsaufgaben. Von Prof. Dr. Otto **Lyon**, Stadtschulrat. 10., verm. u. verb. Doppelaufl. T. 1, Abt. 3. Leipzig & Berlin: B. G. Teubner 1907. 8° [F.] 07. 11661

— dasselbe. 2. Tl.: Für obere Klassen. Stilistik, Poetik u. Literaturgeschichte. Ausg. A, in 1 Bde. 7., verm. u. verb. Aufl. (VIII, 356 S.) 8. Ebd. 907. Geb. 2. 80

— dasselbe. 2. Tl.: Für obere Klassen. Ausg. B, in 3 Abtlgn. 1. u. 2. Abtlg. 8. Ebd. 907. Geb. à 1. —

1. Kurzgefaßte deutsche Stilistik. 7. verm. u. verb. Aufl. (IV, 88 S.)
2. Abriß der deutschen Poetik. 7. verm. u. verb. Aufl. (IV u. S. 89—168.)

— dasselbe. I. Tl. in 3 Abtlgn. 8. Ebd. Geb. 3. —

1. Sexta. 10., verm. u. verb. Doppelaufl. (VIII, 118 S.) 907. 1. 20
2. Quinta. 11., verm. u. verb. Doppelaufl. (VIII u. S. 121—206.) 911. Geb. 1. —
3. Quarta u. Tertia. 11., verm. u. verb. Doppelaufl. (VIII u. S. 207—316.) 910. Geb. — 80

— Handbuch der deutschen Sprache f. höhere Schulen. Mit Übungsaufgaben. I. Tl.: Sexta bis Tertia. 11., verm. u. verb. Doppelaufl. (VIII, 316 S.) 8. Ebd. 911. Geb. in Leinw. 2. 80

Handbuch der Deutschen Sprache für höhere Schulen. Mit Übungsaufgaben. Von Stadtschulrat Prof. Dr. Otto **Lyon**. Für preuß. höh. Schulen eingerichtet von Oberl. Dr. Willy Scheel. (Ausg. D.) *Leipzig & Berlin: B. G. Teubner 1902.* (VIII, 189 S.) 8° [F.] 02. 6540

Handbuch der Deutschen Sprache für höhere Schulen. Mit Übungsaufgaben. Von Prof. Dr. Otto **Lyon**. (Ausg. D.) Für preuß. höh. Schulen eingerichtet von Oberl. Dr. Willy Scheel. 2. verb. Aufl. in d. neuen Rechtschreibung. T. 1. *Leipzig & Berlin: B. G. Teubner 1904.* 8° [F.]

— dasselbe. Für preuß. höhere Schulen eingerichtet von Willy Scheel. I. Tl. 3. verb. Aufl. in der neuen Rechtschreibg. (VIII, 228 S.) 8. Ebd. 905. Geb. n. 1. 60

Handbuch der Deutschen Sprache für höhere Schulen. Mit Übungsaufgaben. Von Stadtschulrat Prof. Dr. Otto **Lyon**. Für preuß. höh. Schulen eingerichtet von Oberl. Dr. Willy Scheel. (Ausg. D.) 4. verb. Aufl. T. 1. Leipzig & Berlin: B. G. Teubner 1907. 8° [F.] 07. 4039

— dasselbe. Für preuß. höh. Schulen eingerichtet v. Willy Scheel. 1. Tl. 5. verb. Aufl. (VIII, 228 S.) 8. Ebd. 909. Kart. 1. 60

— synonym. Handwörterbuch der deutschen Sprache, s.: **Eberhard**, Joh. Aug.

— Schillers Leben u. Werke, s.: **Velhagen & Klasing's** Sammlung deutscher Schulausgaben 89. Lfg.

— Leitfaden zum gründlichen Unterrichte in der deutschen Sprache, s.: **Heyse**, J. C. A.

—— Die Lektüre als Grundlage e. einheitlichen u. naturgemäßen Unterrichtes in der deutschen Sprache, sowie als Mittelpunkt nationaler Bildung. Deutsche Prosastücke u. Gedichte, erläutert u. behandelt. 1. Tl.: Sexta bis Tertia. gr. 8. (XII, 433 S.) Ebd. 890. * 5 20

— die Lektüre als Grundlage e. einheitl. u. naturgem. Unterrichtes in der deutschen Sprache, sow. als Mittelpunkt nationaler Bildg. Deutsche Prosastücke u. Gedichte, erläut. u. behandelt. (In 2 Tln.) 1. Tl.: Sexta bis Tertia. 2., verb. Aufl. gr. 8. (X, 439 S.) Leipzig 896. B. G. Teubner. n. 5. 20

— dasselbe. 2. (Schluß-) Tl. Obertertia bis Oberprima. (In 2 Lfgn.) 1. Lfg.: Obertertia. gr. 8. (VI, 299 S.) Ebd. 897. n. 3. 60

— die Lektüre als Grundlage e. einheitlichen u. naturgemäßen Unterrichtes in der deutschen Sprache, sowie als Mittelpunkt nationaler Bildung. Deutsche Prosastücke u. Gedichte, erläutert u. behandelt. I. Tl.: Sexta bis Tertia. 3. verb. Aufl, (X, 439 S.) 8. Leipzig 904. B. G. Teubner. Geb. in Leinw. n. 6. —

— Die Lektüre als Grundlage des deutschen Unterrichtes. Deutsche Prosastücke u. Gedichte, erläutert u. behandelt. II. Tl.: Obertertia bis Oberprima. 1. Abtlg.: Obertertia. 2. Aufl. (VI, 300 S.) 8. Leipzig 907. B. G. Teubner. Geb. 4. 40

— Literaturkunde f. Lehrer- u. Lehrerinnenbildungsanstalten. Unter Mitwirkg. von Seminarlehrern bearb. Handbuch der deutschen Sprache für höhere Schulen. Ausg. E. Mit 13 Vollbildern auf Taf. (IV, 96 S.) 8. Ebd. 905. Geb. n. 1. 80

— die Meister des deutschen Briefes, s.: Klaiber, Thdr.

—— Minne- und Meistersang. Bilder aus der Geschichte altdeutscher Litteratur. gr. 8. (VI, 444 S.) Ebendas. 883. * geb. *M 7,70.; mit Goldschn. *

Das Pathos der Resonanz. Eine Philosophie d. modernen Kunst u. d. modernen Lebens. Von Otto Lyon. *Leipzig: B. G. Teubner 1900.* (202 S.) 8° [F.] [00. 7239 II

Kurzgefaßte Deutsche Stilistik. Von Prof. Dr. Otto Lyon. 7. verm. u. verb. Aufl. Leipzig & Berlin: B. G. Teubner 1907. (88 S.) 8° [F.]
— Lyon: Handbuch d. deutschen Sprache f. höh. Schulen. T. 2. Ausg. B, [Abt. 1.] [07. 11662

Lyon, Otto, Goethes Verhältniss zu Klopstock. Inaugural-Dissertation. gr. 8. (134 S.) Döbeln 880. Schmidt. *

—— dass. — Ihre geist., litterar. und persönl. Beziehungen. gr. 8. (VII, 134 S.) Leipzig 882, Grieben's Verlag. *

— s.: Zeitschrift f. den deutschen Unterricht.

Lyon's, Sigm., Schriften-System, geometrisch u. methodisch erklärt. Als Unterrichtsmittel u. zum Selbst-Studium hrsg. I. Das deutsche Alphabet. Abthl. A.: Die Kleinbuchstaben. qu. gr. 8. (XII S. m. 12 Taf.) Barm. 890, Hyll u. Klein. In Mappe * 2 50

Lyon's Schriften-System geometrisch u. methodisch erklärt. Als Unterrichtsmittel u. z. Selbst-Studium hrsg. v. Sigmund Lyon. 1. Abth. A. B. *Barmen: Hyll & Klein [1899].* quer-8°

Lyon's, Sigm., Schulvorschriften. Deutscher Cursus. 1. und 2. Heft. qu. 8. (16 S.) Hagen 873, Hammerschmidt. à Heft 30 Pf.

Lyon, Frhr. Vict. v., Chronik europäischer Fürstenhöfe. 1.—6. Bd. (Neue [Titel-]Ausg. v. Alb. Breyer, romantisch-histor. Welt-Panorama.) 8. Leipzig (904). Deutsches Verlags-Institut. à n. 2. —
1. Liebesaffairen der Gräfin v. Lichtenau. Interessantes u. Intimes aus dem Berliner Hofleben zur Zeit Friedrich Wilhelm II. (VIII, 151 S.)
2. Schön-Liese v. Possenhofen. Aus dem Wiener Hofleben u. Schicksalstragik der Kaiserin Elisabeth. (VIII, 144 S.)
3. Ein Fürstensohn im Liebesbann. Interessante Episoden aus dem Leben König Otto I. (VIII, 152 S.)
4. Spanisch-korsisches Blut od. Die Messalina der Tuilerien. (VIII, 158 S.)
5. Sultanin-Favorite Anysia. Die enthüllten Geheimnisse des Serail. (VIII, 158 S.)
6. Eine schöne Sünderin. Das Verhängnis im Konak zu Belgrad. (VIII, 160 S.)

Lyon, W., Reduktionstabelle d. köln. Maaße gegen die preuß. mit den Ackermaaßen verm. Aufl. .. Köln ... Rommerskirchen. 5 gr.

[Lyon, Wilh.]: Die Grundbuchordnung im Lichte und Dunkel der Praxis. Griesgrämliche Herzensergießungen e. alten Praktikers. Berlin 1874.

Lyon, Wilh., geharnischte Streifzüge in die Vormundschafts-Ordnung. gr. 8. (III, 188 S.) Berlin 879, H. W. Müller. *

Lyonell, E., Die Menschenrechte. 12°. Leipzig 1848.

Lyongrün, Arnold, neue freie Dekorationsmotive, entwickelt aus dem Tier- u. Pflanzenreich. Eine Auswahl v. Entwürfen im modernen Stil, m. Rücksicht auf die prakt. Verwendg. im Kunstgewerbe. 20 Blatt in Farbendr. gr. Fol. (IV S. Text.) Leipzig 899. B. F. Voigt. In Mappe 30. —

— neue Ideen f. dekorative Kunst u. f. das Kunstgewerbe. 24 Taf. m. 340 Motiven. qu. gr. Fol. (III S. Text.) Berlin (901). Kanter & Mohr. In Leinw.-Mappe n. 32.—

Lyongrün, Arnold, neue Ideen f. dekorative Kunst u. f. d. Kunstgewerbe. II. Serie. 2 Hälften. (Je 12 Lichtdr.-Taf.) gr. Fol. Berlin (903). Kanter & Mohr. In Mappe à n. 16. —

— neue Ornamente. 1. Serie. Aus dem Pflanzenreiche. 5 Lfgn. gr. Fol. (à 7 Taf. in Licht- u. Farbdr.) Berlin 899—901. E. Wasmuth. In Mappe à n. 13. —

— dasselbe. Bearb. zum Studium u. zur prakt. Verwendg. im Kunstgewerbe. 2. Serie. Vögel u. Schmetterlinge. 5 Lfgn. gr. Fol. (à 7 Taf. in Licht- u. Farbdr.) Ebd. 899—902. In Mappe à n. 13. —

Lyongrün, Arnold, der moderne Stil. (E. Sammlg. naturalist. Motive.) Bearb. m. Rücksicht auf d. prakt. Verwendg. im Kunstgewerbe. 21 Blatt in Farbendr., nebst e. Einführg. in d. Wesen d. modernen Kunstrichtg. gr. Fol. (2 S.) Leipzig 898. B. F. Voigt. In Mappe 30. —

— Stilformen, entwickelt aus Naturformen. Vorlagen f. das Kunstgewerbe, sowie f. den Zeichenunterricht. 5 Lfgn. gr. Fol. (50 Taf.) Dresden 901. G. Kühtmann. In Mappe n. 36. —; Subskr.-Pr. n. 20. —; einzelne Lfgn. n. 7. 20

— Vorbilder f. Kunstverglasungen im Style der Neuzeit. Entwürfe f. Treppen- u. Salonfenster, Vorsetzer, Lünetten, Rosetten, Oberlichte zur Ausführg. in Kathedral-, Opalescent- u. anderen Glassorten. 4 Lfgn. gr. Fol. (32 farb. Taf. m. IV S. Text.) Berlin (900.) B. Hessling. à n. 15. —; in 2 Mappen [1. u. 2. Serie] à n. 30. —

Lyongrün A, Vorbilder fur Kunstverglasungen im Stile der Neuzeit. (32 T) fol Berlin (1900-01)

— moderne Vorbilder f. Decken- u. Wandmalerei, s.: Eiserwag, A.

Lyonnois, traité de la mythologie. av. fig. gr. 8. Frankf. a. M. 798. (Varrentrapp). 1 ₰ 13 gr.

Lyonnois, Traité de la mythologie. Trier, Lintz. 1805, 8°. mit 116 Gravüren, 6 Mk.

Lyons. H. G, u. L Borchardt, Eine trilingue Inschrift von Philae. Ak. 1896. 14 u. 2 Taf. 1

Lyons, J. C., praktische Anweisung zur Cultur der tropischen Orchideen, nebst einem monatl. Kalender und einer alphabetisch geordneten Beschreibung von über 1000 Genera und Species derselben. Nach der 3. engl. Aufl. übersetzt und mit eigenen Zusätzen versehen von Albert Courtin. gr. 8. (212 S.) Stuttgart 851, Schweizerbart'sche Vrlgsh.
Vgl. Lyon, J. C.

Lyons, Rob. Edw., üb. die Phenylverbindungen v. Schwefel, Selen u. Tellur. Diss. gr. 8. (31 S.) Heidelberg 894. (J. Hörning.) n. — 80

Lypsky, Joan, Mappa Generalis R. Hungariae Partiumque eidem adnexarum Croatiae, Slavoniae et Confinium Militarium, Magni item Principatus Transsilv., geometr. partium dimensionibus, recentissimisque astronomicis observat. superstructa cum Repertorio Locorum occurrentium. Bud. 808. Typ. Soc. 40 xr

Lyra. –

— — eine Auswahl deutscher Gedichte &c. s. Solbrig, Declamirbuch für Schulen.

Lyra. Eine Sammlung unterhaltender Gedichte f. Geist u. Herz auch zum Behuf d. Deklamation.
(1821.) M. 1 Titelk.
Wien.

Lyra. Organ für Theater, Kunst, Musik und Literatur. Hrsgbr. und Redact.: F. J. C. Krause. 1. Jahrg. 1877/78. 52 Nrn. Imp.-4. (à Nr. 2 Bog.) Wien, Expedition.
Nicht weiter erschienen.

— die. Wiener allgemeine Zeitschrift für die literar. u. musikal. Welt. Mit den Beilagen: Sängerhalle, Lieder-Album u. Literatur-Zeitung. Hrsg. u. red. von Ant. Aug. Naaff. 6. Jahrg. (der Zeitschrift für die musikal. Welt). Octbr. 1882—Septbr. 1883. 24 Nrn. (à 2 B.) gr. 4. Wien. Leipzig, Kittler in Comm. n. 14. —

Lyra, die. Wiener allgemeine Zeitschrift für die literar. und musikal. Welt. Mit den Beilagen: Sängerhalle, Lieder-Album und Literatur-Zeitung. Hrsg. und redig. von Ant. Aug. Naaff. 6.—8. Jahrg. (der Zeitschrift für die musikal. Welt). Octbr. 1882—Septbr. 1885. à Jahrg. 24 Nrn. (à Nr. 2 Bog.) gr. 4. Wien, Administration. 6. und 7. Jahrg. à * 8. Jahrg. *

Lyra, die. Wiener allgemeine Zeitschrift für die literar. und musikal. Welt. Mit den Beilagen: Sängerhalle, Lieder-Album und Literatur-Zeitung. Hrsg. und geleitet von Ant. Aug. Naaff. 9.—11. Jahrg. Octbr. 1885—Septbr. 1888. à Jahrg. 24 Nrn. (à Nr. 2 Bog.) gr. 4. Wien. (Leipzig, Kittler.) Vierteljährlich compl. à Jahrg. *
Die Fortsetzung wird von der Administration der Lyra in Wien direct geliefert.

Lyra, die. Wiener allgemeine Zeitschrift f. die literar. u. musikal. Welt. Mit den Beilagen: Sängerhalle, Lieder-Album u. Literatur-Zeitung. Hrsg. u. geleitet v. Ant. Aug. Naaff. 12.—16. Jahrg. Octbr. 1888—Septbr. 1893. à Jahrg. 24 Nrn. (à Nr. 2 Bog.) gr. 4. Wien, Verwaltung. à Jahrg. * 10 —; vierteljährlich * 2 60

Lyra, die. Wiener allgemeine Zeitschrift f. die literar. u. musikal. Welt. Mit den Beilagen: Sängerhalle, Lieder-Album u. Literatur-Zeitung. Hrsg. u. geleitet v. Ant. Aug. Naaff. 14.—17. Jahrg. Octbr. 1890—Septbr. 1894. à 24 Nrn. (2 Bog.) gr. 4. Wien. (Leipzig, L. A. Kittler.) à Jahrg. n. 10. —; vierteljährlich n. 2. 60

Lyra, die. Wiener allgem. Zeitschrift f. d. literar. u. musikal. Welt. Mit den Abtheilgn. u. Beilagen: Sängerhalle, Lieder-Album u. Literatur-Zeitung. Hrsg. u. Schriftleiter: Ant. Aug. Naaff. 18.—22. Jahrg. Octbr. 1894 Septbr. 1899. à 24 Nrn. (à ca. 2 Bog. m. Abb.) gr. 4. Wien. (Leipzig, L. A. Kittler.) à Jahrg. n. 10. —

— die. Allgem. deutsche Kunstzeitschrift f. Musik u. Dichtg. Mit den Abtheilgn. u. Beilagen: Sängerhalle, Lieder-Album u. Deutsche Dichtg. Hrsg. u. Schriftleiter: Ant. Aug. Naaff. 23.—25. Jahrg. Octbr. 1899—Septbr. 1902. à 24 Nrn. gr. 8. (à ca. 16 S. m. Abbildgn.) Wien. (Leipzig, L. A. Kittler.) à Jahrg. n. 10 —

Lyra, die. Allgem. deutsche Kunstzeitschrift für Musik u. Dichtg. Mit den Abtheilgn. u. Beilagen: Sängerhalle, Lieder-Album u. Deutsche Dichtg. Begründer, Hrsg. u. Schriftleiter: Ant. Aug. Naaff. 26.—30. Jahrg. Oktbr. 1902—Septbr. 1907. à 24 Nrn. (28 u. 29. Jhrg. 332 u. 360 S. m. Abbildgn. u. Musikbeilagen in Lex.-8.) gr. 4. Wien. (Leipzig, L. A. Kittler.) à Jhrg. n. 10. —

Lyra, die. Allgem. deutsche Kunstzeitschrift f. Musik u. Dichtg. Mit den Abtheilgn. u. Beilagen: Sängerhalle, Lieder-Album u. Deutsche Dichtg. Begründer, Hrsg. u. Schriftleiter: Ant. Aug. Naaff. 31. u. 32. Jahrg. Oktbr. 1907—Septbr. 1909. à 24 Nrn. (à ca. 20 S. m. Abb.) 34,5×27 cm. Wien. (Leipzig, L. A. Kittler.) à Jahrg. 10. —
Fortsetzg., s.: Sängerbundeszeitung, deutsche.

Lyra: Jahrgang 1, no. 1, July 20, 1897—?
Monthly. Sub-title: Zeitschrift für Musik und Gesang. Officielles Organ des Nord-Amerikanischen Sänger-Bundes. Large quarto, 8 pages. Published by Jacob Willig.
Cincinnati, OH

Lyra. Gesellschafts- u. Festlieder für Lehrerkreise. 8. (IV, 124 S.) Wiesbaden (900). R. Bechtold & Co. n. — 75

Lyra: Jahrgang 1, no. 1—11, Sept. 1900—Oct. 1901.
Monthly, with slight irregularity. Cover-title: POPULÄRE MONATS-SCHRIFT. LYRA. Organ des „Verbandes Deutscher Chor-Dirigenten Amerikas", no. 1—9, Sept. 1900—May 1901. Caption-title: LYRA, Populäre Monats-Schrift für Musik, Kunst, Wissenschaft und Leben, no. 1—9. Cover-title, no. 10—11: POPULÄRE MONATS-SCHRIFT. LYRA. German-American Popular Monthly. Caption-title, no. 10—11: "LYRA." A Popular Monthly with English and German Text containing a Complete Encyclopaedia of the World's Musical Events, alphabetically arranged. Published in English and German. Large quarto, with slight variations, each issue 16 pages; illustrated. Edited by Heinrich Bauer, & published by The Lyra Publishing Co.
New York, NY

Lyra, deutsche, eine Auswahl der neuesten und beliebtesten Gesellschaftslieder neuerer Zeit. 1s Bändchen. 12. (Leipzig, Reclam in C.) 820.

LYRA, Teutsche, ein Taschenbuch für geselliges Vergnügen. Eine Sammlung von Gesängen unserer besten Dichter neuerer Zeit. Mit singbaren Melodieen ..... Erstes Bändchen. Leipzig, 1821 in Commission bei C. H. Reclam. 12°. XXII u. 384 S. (In Berlin, Magistratsbibl.)

Lyra, deutsche, eine Auswahl der neuesten u. beliebtesten Gesellschaftslieder neuerer Zeit. 2 Bdchen. 12. Leipz. 820. 22. Glück. 1 xr 3e Aufl. unt. d. T.: Taschenbuch f. geselliges Vergnügen. Eine Samml. v. Gesängen unserer besten Dichter neuerer Zeit. Mit 1 Kpf. 16. Ebd. 826. 1 xr Schreibp. 1 xr 12 gr

Lyra, deutsche, Taschenbuch f. geselliges Vergnügen. Eine Samml. v. Gesängen unserer besten Dichter neuerer Zeit. 3e Aufl. Mit 1 Kpfr. 16. Leipz. 826, Glück. 1 Rthl. Schr. P.

— die, der Geselligkeit, od. Samml. d. vorzügl. Gesellschaftslieder. 8. Sondersh. 815. Voigt in Ilmenau. 18 gr

Maurerische Lyra oder Auswahl der vorzüglichsten Gesänge für Freimaurer zum Gebrauch der Grossen Loge Royale York zur Freundschaft in Berlin und ihrer Töchter-Logen. [Nebst] Anh. Berlin: Amelang 1821. XIV, 176 S. 8°
Anh. die vom Br Kubitz gesammelten Lieder enthaltend. 78 S.
Recens: Neues JfFr. 1812—1820 S. 586.
Kl. 1692. Ohne Noten.

Lyra passionis. Lieder vom Leiden des Herrn. Mit einem Vorwort von A. Sarasin. Basel 867. Schneider. 16. (VIII, 138 S.) cart. n. 14 ngr; geb. mit Goldschn. n. 22 ngr

Lyra passionis. Lieder vom Leiden des Herrn. Mit einem Vorwort von A. Sarasin. 2. Aufl. 16. (VIII, 140 S.) Basel 878, Schneider. cart.
geb. mit Goldschn.

Lyra Passionis. Lieder vom Leiden des Herrn. Mit einem Vorwort von A. Sarasin. 3. Aufl. 16. (VIII, 140 S.) Basel 883, Schneider. cart. *ℳ 1,40.; geb. *

— Passionis. Lieder v. Leiden d. Herrn. 4. Aufl. 12. (131 S.) Basel 896. A. Geering. Geb. in Leinw. n. 1.60; m. Goldschn. n. 2.25

Lyra, schleswig-holsteinische. In zwanglosen Heften hrsg. v. C. Schmarje. 1. Hft. Pestalozzi-Album. 8. (4½ B.) Itzehoe 846. (Claussen.) *

Lyra [Verfasser]

Es werde Gott. Ein Drama in 5 Aufz. von Adolf Lyra. Berlin-Leipzig: C. Wigand 1908. (134 S.) 8° [08. 12881]

— Aus Wolke u. Wüste. Drama in 1 Aufzug. (75 S.) 8. München(-Schwabing) (908). E. W. Bonsels & Co. 2.—; geb. 3.—

Lyra, F. W., plattdeutsche Briefe, Erzählungen, Gedichte u. s. w. m. besond. Rücksicht auf Sprüchwörter u. eigenthüml. Redensarten des Landvolks in Westphalen. gr. 8. (14 B.) Osnabrück 846. (Rackhorst'sche Buchh., Meinders.) *

Lyra, F. W., plattdeutsche Briefe, Erzählungen und Gedichte. mit besonderer Rücksicht auf Sprichwörter u. eigenthümliche Redensarten des Landvolks in Westphalen. 2. wohlf. (Titel-) Ausg. Osnabrück (846.) 856. Rackhorst. gr. 8. (XX, 204 S.) 12 ngr.

Lyra, Justus Wilhelm

Lyra, Justus W., die liturgischen Altarweisen des lutherischen Hauptgottesdienstes nach ihrer Reinheit und Einheit in musikal. Beziehung untersucht und festgestellt. Mit besond. Rücksicht auf den Schatz des liturg. Chor- und Gemeindegesangs von Fr. Riegel und Ludw. Schoeberlein. Nebst Anhängen und einer Notenbeilage. Musikalischer Grundriß der Liturgie für den luther. Hauptgottesdienst nach dem System der zweiten Kirchentonart. Lex.-8. (XVIII, 79 S.) Göttingen 873, Vandenhoeck und Ruprecht's Verlag. *

Lyra, Justus W., Farben-Musik. Gedanken und Vorschlage mit Bezug auf das 1725 von Louis Bertrand Castel erfundene Farben-Clavier. (Beilage zum Flugbl. No. 39 u. 40 des Freien Deutsch. Hochstift.) [Darmstadt] 1864.

Lyra, Just. Wilh., zur älteren Geschichte des Kirchspiels Gehrden. Drei Vorträge. gr. 8. (47 S.) Hannover 882, (Feesche.) *

Lyra, Just. W., von der Kirche und ihrer Selbsterhaltung in der gegenwärtigen Zeit. Vortrag, gehalten auf der Pastoral-Conferenz zu Lüneburg am 8. Septbr. 1874 und in erweiterter Ausführung nebst angehängten Thesen mitgetheilt. 8. (88 S.) Hannover 875, Meyer. *

—— die Lehre von den letzten Dingen mit Bezug auf ihre homilet. und katechet. Behandlung in Predigt und Unterricht. Auf bibl. und gemeinkirchl. Grundlage zur Verständigung unter Amtsbrüdern und Gläubigen innerhalb und außerhalb der hannoverschen Landeskirche positiv erörtert. 8. (V, 77 S.) Ebendas. 880. *

Lyra, Justus Wilh., D. M. Luthers deutsche Messe u. Ordnung des Gottesdienstes in ihren liturgischen u. musikalischen Bestandteilen nach der Wittenberger Orig.-Ausgabe v. 1526 erläutert aus dem System des Gregorianischen Gesanges. Mit prinzip. Erörtergn. üb. liturg. Melodien u. Psalmodie, sowie mit musikal. Beilagen. Hrsg. v. Max Herold. (VIII, 192 S.) gr. 8. Gütersloh 904. C. Bertelsmann. n. 3.60; geb. n. 4.50

—— Andreas Ornithoparchus aus Meiningen, der Zeitgenosse Luthers, und dessen Lehre von den Kirchenaccenten. Nach der dem Magistrate der Stadt Lüneburg gewidmeten Schrift desselben: Musicae activae Micrologus. Lipsiae 1517, dargestellt und mit Bemerkungen über die Anwendung der Lehre auf den liturg. Gesang der luther. Kirche begleitet. Mit 1 lithogr. Beilage. gr. 8. (VIII, 57 S.) Gütersloh 877, Bertelsmann. *

—— vom Vertrauen des Bräutigams und der Braut. Vier Fragen über die Sitte der kirchl. Trauung, beantwortet durch den Verf. des Vortrags: „Von der Kirche und ihrer Selbsterhaltung in der gegenwärt. Zeit". gr. 8. (57 S.) Hannover 875, Feesche. *

[F.] Deutsche Weisen v. Justus W. Lyra. In 5 Heften ... Bearb. v. Carl Weigel, Dirig. d. Singakad. in Hannover. H. 1—v. (Vorr.: Max Herold.) *Leipzig: Breitkopf & Härtel 1896.* 5 Bde 4.
I. Geistl. Lieder. (VIII, 10 S.) II. Lieder gemischten Inhalts. (2 Bl., 15 S.) III. Studentenlieder. (2 Bl., 27 S.) IV. Gesänge f. 2 u. 3 Stimmen. (2 Bl., 23 S.) V. Gesänge f. gem. u. Männerchor. (2 Bl., 29 S.) [96. 3781]

a Lyra, Timotheus, Irid. Kleine Gedichte. 8. Leipz. 819. Wienbrack. (Berl., Maurersche Buchh.) 1 ₰

Lyragé, J. J., Taschenwörterbuch der französischen und deutschen Sprache. — Dictionnaire de poche français-allemand et allemand-français. 16. (IV und 293 S.) Reutlingen 854(55,) Fleischhauer und Spohn.

Lyragé, J. J., Taschenwörterbuch der französischen und deutschen Sprache. — Dictionnaire de poche français-allemand et allemand-français. 2. Aufl. 32. (IV und 293 S.) Reutlingen 858, Fleischhauer und Spohn. geb.

Lyragé, J. J., Taschenwörterbuch der französischen und deutschen Sprache. — Dictionnaire de poche français-allemand et allemand-français. 2. Aufl. 16. (IV und 294 S.) Reutlingen 862, Fleischhauer und Spohn. geb.

Lyragé, J. J., Taschenwörterbuch der französischen und deutschen Sprache. — Dictionnaire de poche français-allemand et allemand-français. 3. Aufl. 16. (IV, 294 S.) Reutlingen 871, Fleischauer und Spohn. geb.

Lyragé, J. J., Taschenwörterbuch der französischen und deutschen Sprache. 4. Aufl. 16. (IV, 294 S.) Reutlingen 875, Fleischhauer und Spohn. geb.

Lyragé, J. J., Taschenwörterbuch der französischen u. deutschen Sprache. 4. Aufl. 16. (IV, 294 S.) Reutlingen 883. Fleischhauer & Spohn. geb. 1.80

Lyragé, J. J., Taschenwörterbuch der französischen und deutschen Sprache. 5. Aufl. 16. (IV, 294 S.) Reutlingen 886, Fleischhauer und Spohn. geb.

Lyragé, J., neues Taschenwörterbuch. Französisch-deutsch u. Deutsch-französisch. In 6. Aufl. verb. v. P. Faber. 16. (192 u. 188 S.) Stuttgart (901). Fleischhauer & Spohn. Geb. in Leinw. 1.50

Lyraklänge nordischer Dichter. Auswahl des Schönsten u. Gediegensten aus den Dichtungen v. Andersen, Winther, Bjerregaard. Hrsg. v. Jul. Thomsen. (Neue Titelausg. v.: Die Harfe der Skalden.) 12. (VI u. 234 S.) Berlin (838) 851, E. Heymann. ¾ ₰

Lyraklänge, ernste u. heitere, aus dem Leben eines Handwerksmannes (Bäckermeister Christoph Vorholz). (Mit Bildniß.) 8. Karlsruhe 840. (Holtzmann.) n. 5/6 ₰

Lyraklänge aus dem Leben eines Handwerksmannes, s. Vorholz, Chr.

Lyra-Klänge und Prisma-Farben in lebenswarmen Bildern. Frankfurt a. M. 1824. V: *Augar, C. W.* (GGr X, 506) (Zeitschr. f. Büch. N. F. 15, 1923, S. 115)

Lyra-Klänge u. Prisma-Farben in lebenswarmen Bildern. A. u. d. T.: Guido u. Adelheid, od. das Asyl am Niagara-Katarakt. Blätter aus d. Tagebuche des Pfarrers Trautlieb. 2 Erzählungen vom Verf. des Antonio u. Felippo. 12. Frankf. 824. Sauerländer. 1 ₰ 4 K

LYRANDER (ps.), Blumen-Lese allerhand Gedichte. 1. Probe. Mit Vignette. Franckfurt 1727. 8⁰. Selten! (3 Mk. Baer & Co., 1893.)
— — Dasselbe (?). Ebd. 1731.
Weller, Lex. Pseud. p. 334.

Lyranten, Die, oder das lustige Elend. Operette. Innsbruck 1776. Wien 1778. V: *Schikaneder, Emanuel.* (GGr) (Ky) (EE)

Lyranten, die; od. das lustige Elend. Operette. 8. Wien, Trattner. 778.

Lyre, the British, or selections from the English poets by William Odell Elwell. · Brunswick 854. Westermann. 16. (XVI, 504 S. u. Titel in Farbendr.) n. 2 ₰.

Lyre, the british, or selections from the english poets by William Odell Elwell. 1. Edition. 1854. and 2. and 3. Ster.-Edition. 16. (XVI und 504 S. mit lithochrom. Titel.) Brunswick 856(57,) Westermann. *

Lyre maçonne pour les travaux et les banquets à l'usage de l'ancienne v.·. T.·. J.·. & T.·. P.·. Loge française la Royale Yorck de l'Amitié à l'O.·. de Berlin par [Claude Etienne] **Le Bauld de Nans.** Berlin 1786: Winter. 144 S. 4 Bl. 8⁰
Kl. 1579. Mit Noten. 25.

Lyrica von einem Schlesier fürs Jahr 1775. Breslau 1775. V: *Sinapius, Carl Friedrich.* (GGr) (Ky) (MGT)

Lyrika, v. e. Schlesier (K. F. Sinapius), f. 1775. 8. Breslau 775. W. G. Korn. 8 Gr. 2e Ausg. 8. Hamb. 790.

„Lyrik". Hrsg.: Karl Fessel. 1. Jahrg. Juli—Dezbr. 1899. 6 Nrn. gr. 8. (à ca. 16 S.) Berlin, K. Fessel. 2.—

„Lyrik". Monatsschrift f. Lyrik u. Kritik. Hrsg. u. Red.: Karl Fessel. 8. Jahrg. 1906. 12 Nrn. (à ca. 16 S.) 8. Berlin (NW. 21), Lyrik-Verlag. (Nur direkt.) n. 5.—; auf Velinpap. n. 10—

Lyrik, die. Monatsschrift für Lyrik u. Kritik. Red.: Karl Fessel, E. E. Hölscher, G. A. Neeff. Verantwortlich: Bernh. Minte. 9. u. 10. Jahrg. 1907 u. 1908. à 12 Nrn. (à ca. 16 S.) 8. Berlin (NW. 21), Lyrik-Verlag. à Jahrg. 5.—

Deutsche **Lyrik**. Ein Sammelbuch zeitgenöss. Dichtung. Hrsg. von Hugo Bonté. Wien: F. Schalk 1895. (145, V S.) 8⁰ [F.] (od. 11172)

Lyrik, deutsche, v. 1891. Gesammelt u. hrsg. v. C. G. Bruno, Felix Montanus, Frz. Servaes. 8. (VII, 327 S.) Stuttgart 892. Union. n. 3. 50

— **deutsche**, der Neuzeit. Eine Sammlung von Ferd. v. Saar, Fel. Dahn, J. Trojan, Mart. Greif, Ernst v. Wildenbruch, Detlev v. Liliencron, Gust. Falke, Arno Holz, R. Dehmel, Otto Jul. Bierbaum. Mit handschriftlichen Selbstbiographien der Dichter u. ihren Porträts, n. der Natur auf Stein gezeichnet v. M. A. Stremel u. e. Einleitg. von E. v. Sallwürk. (2., um die Einleitg. verm. Aufl. der „10 lyr. Selbstporträts".) (XIV, 128 S.) gr. 8. Leipzig (910). Dieterich. Kart. 3.—

Lyrik, die, der Deutschen, siehe: Wilhelmi.

Lyrik, Die horazische, und deren Kritik. Tübingen 1876. V: *Teuffel, Wilh. Sigm.* (Zuwachsverz. d. Bibliotheken in Zürich 1898 ff.)

Lyrik, humoristische, des klass. Alterthums, s. Bibliothek humorist. Dichtungen.

— **jung deutsche.** Eine Anthologie. (162 S.) 8. Diessen 903. J. C. Huber. n. 2. 50; geb. n. 3. 50

Lyrik-Almanach. Hrsg. v. Lyrik-Verl. [1.] Auf d. J. 1910. Berlin: (Lyrik-Verl. 1910). 8⁰ (11. 16837)

Deutsche **Lyriker.** (Ser. 1, H. 1. Nordhausen: H. Kiehne [1908].) 8⁰ [F.] (od. 4004 S)

Lyriker, deutsche, seit 1850. Mit literar-histor. Einleitung und biographisch-krit. Notizen von E. Kneschke und M. Moltke. Nebst Emanuel Geibel's Portr., gestochen von A. Weger. 4. bedeutend verm. und verb. Aufl. 8. (XX, 772 S.) Leipzig 874, Theile. *
geb. mit Goldschn. *

Lyriker u. Epiker der klassischen Periode, s.: National-Litteratur, deutsche.

Lyriker, griechische. Uebers. von Jak. Mähly, } s. a. Bibliothek ausländischer Klassiker.

Lyriker, griechische. Uebers. v. Jak Mähly. 8. (XXII, 143 S.) Leipzig 881. Bibliograph. Institut. geb. n. 1. 75

Lyriker, die griechischen, übersetzt von G. Thudichum, s. Classiker des Alterthums.

Lyriker, die Griechischen. Griechisch mit metrischer Uebersetzung und prüfenden und erklärenden Anmerkungen von J. A. Hartung. 1—6. Bd. Leipzig 855—57. Engelmann. 5 ₰. 15 ngr.
1—4. Bd.: Pindar's Werke. Griechisch mit metr. Uebersetzung ꝛc.
1. Thl.: Die Olympischen Oden. (LXVI, 315 S.) 1 ₰.
2. " Die Pythischen Oden. (3 Bl., 322 S.) 1 ₰.
3. " Die Nemeischen Oden. (XXIV, 239 S.) 22½ ngr.
4. " Die Isthmischen Oden u. die Trümmer der verlorenen Werke. (V, 271 S.) 22½ ngr.
5. Bd.: Die griechischen Liederdichter sammt einer Geschichte der Rhythmenschöpfung. I. Archilochos u. die Sänger zu Sparta, zu Himera, am Hofe des Polykrates und der Pisistratiden. A. u. d. T.: Archilochos u. die dorischen Liederdichter bis auf Pindar. Verangeht Geschichte der Rhythmenschöpfung. (XV, 248 S.) 22½ ngr.

Lyriker, die griechischen. Griechisch mit metr. Uebersetzung und prüfenden und erklärenden Anmerkungen von J. A. Hartung. 6. Bd.: Die Skolien-, Lohn- und Preisdichter oder die äolische Schule und die vollendete Kunstschule der griechischen Lyrik. II. (Abthl.): Alkäos, die sieben Weisen und die Skolien. Sappho und die anderen Dichterinnen. Simonides von Keos sammt Timokreon von Rhodos. Bakchylides. Die Wett- und Preisdichtung der Dithyramben und Nomen. Mit einem Register über sämmtl. 6 Bde. von E. E. Seiler. 8. (III und 368 S.) Leipzig 857, Engelmann.
1—5. Bd. Ebendas. 1855,56. 4 Thlr. 7½ Ngr.

Lyriker, moderne, s.: Hesse's, Max, Volksbücherei.

Lyriker, neue deutsche. Hrsg. u. eingeleitet v. Carl Busse. 1.—3. Bdchn. 8. Berlin, G. Grote. à n. 2.—; geb. à n. 2.50
1. Lieder u. Gesänge. Von Alfons Paquet. (XI, 124 S.) 902.
2. Sternschnuppen. Gedichte. Von Adf. Holst. (VII, 149 S.) 902.
3. Gedichte. Von Herm. Hesse. (XII, 196 S.) 902.

— neue deutsche. Hrsg. v. Carl Busse. III. ll. 8. Berlin 906. G. Grote. n. 2.—; geb. n. 2.50
Gedichte. Von Herm. Hesse. 2., veränd. Aufl. (VII, 192 S.)

Lyriker, neue deutsche. Hrsg. u. eingeleitet v. Carl Busse. IV. 8. Berlin, G. Grote. 2.—; geb. 2.50
Aussaat. Gedichte. Von Katharina Weise. (VII, 140 S.) 908.

Lyriker, Die politischen, unserer Zeit. Ein Denkmal mit Porträt und kurzen Charakteristiken. Leipzig 1847. H: *Ruge, Arnold.* (Mitth. Dr. Georg Herzfeld-Berlin.) (Mitth. Alex. Seeligmüller-Riga-Sassenhofen.)

Lyriker, die politischen, unserer Zeit. Ein Denkmal mit (10 lithogr.) Portraits und kurzen historischen Charakteristiken. 8. (X und 275 S.) Leipzig 848, Verlagsbureau. *

Lyriker, römische, s. Meyer's Volksbücher.

Lyriker, Römische. Übers. v. Jakob Mähly, s. a. Bibliothek ausländischer Klassiker.

— römische. Uebers. v. Jak. Mähly. 8. (XXVI, 156 S.) Ebend. 881. n. 1.75

— vorgoethische, ausgewählt v. Hans Brandenburg, s.: Statuen deutscher Kultur. V.

Lyrisches und Episches von einem Menschen. Berlin 1845. V: *Schwartzkopff, August Heinrich Theodor.* (ADB)

Lyrisches u. Episches von einem Menschen. 8. (10 B.) Berlin 845. (Enslin'sche Buchh.) *

(F) Lyrisches und Verwandtes aus der böhmischen Literatur ins Deutsche übersetzt von Prof. Dr. Eduard Albert. Wien. 1900. In Comm Hölder. 8°. VI, 160 S. K 2.40

Abbazia und seine Umgebung mit den Inseln des Quarnero. Von Ernest v. Lyro. M. 22 Abb. u. 1 Kt. d. Umgebg. *Linz a. d. D.: E. Mareis 1896.* (1 Bl., 84 S., 3 Taf., 1 Kt.) 1 Bd 8.
— Städtebilder u. Landschaften aus aller Welt. No 156. 157. [96. 1066]

[Lyro, Ernest von.] Illustrirtes Wanderbuch für das Oesterr. Alpengebiet. Zürich [1895] s. Schmidt. Schmidt's Illustrirte Wanderbücher. ([Band] 2.)

Lyrum Larum Löffelstiel s. Allzeit Immer Fröhlich

LYRUM Larum Lyrissimum, das ist: Eine heilsame Quint-Essenz, über dem Feuer müssiger Stunden aus Fünffhundert kurtzweiligen Geschichten, Schwäncken .... distillirt, und allen Melancholischen Grillköpffen zur kräfftigen Artzeney: ingleichen allen Sanguinischen Freudschöpsen zur nützlichen Praeservativ erfunden .... Gedruckt im Jahr 1701. 12°.
TKpf., Tit. u. 458 SS. Enth. 544 (so!) meist ganz kurze Geschichten.
— — Dasselbe. O. O. 1726. 12°.

Lys, Antoine du, der hl. Paschalis Baylon, Minderbruder, Patron der eucharistischen Vereine u. Bruderschaften. Uebersetzung (nach dem Mskr. zur 2. Aufl.) von A. Müller. Hrsg. von den Vätern vom Allerheiligsten Sakrament in Bozen. gr. 8. (229 S. m. 2 Abbildgn.) Bozen 902. (Buchh. Verlag des Emmanuel.) n. 1.30

— Leben u. Martyrium des Minderbruders Johannes v. Triora, selig gesprochen am 27. V. 1900. Autoris. Uebersetzg. aus dem Franz. v. M. Paula. 8. (III, 158 S. m. 4 Taf.) Regensburg (902). J. Habbel. n. 1.20; geb. in Leinw. n.n. 1.70

Lys, Christian, s.: Brebner, Percy J.

Lysakowski, Bernhard: Ueber einen Fall von puerperaler Pyaemie aus ungewöhnlicher Ursache. Halle (1874): Plötz. 29 S. 8°
Halle-Wittenberg, Med. Diss. v. 14. Aug. 1874
Geb. Graudenz 22.8.1846. V.
In Halle immatrikuliert, Exmatrikel und im Promotionsbuch der Fakultät als von Lysakowski.

LYSANDER (ps.). — Ehre, Die zur Ungebühr angegriffene, jedoch wieder gerettete, des löbl. Frauen-Zimmers: Entgegen gesetzt eines Pasquillantens, *Lysanders*, letzthin außgestreueter Schmäh-Schrifft. O. O. Gedruckt 1720. 4°. 8 S. (In Marburg, Univ.-Bibl.: XVIII h B 1 no. 10.)

Lysander, A. T., Quaestiones criticae ac grammaticae. Diss. 1868. 79 S.

Lysen, Leopold Wilh. Jos. (Westfale), De jure forestali. Präs. Joh. Andrea Hofmann. Marburg (Müller) 18. VII. 1771. 22 S. (4.—) 21933

Lyser, Johann Peter (Theodor)

†Lyser, J., (Joh. Pet. Theod. Burmeister,) Anleitung z. Carricaturen-Zeichnen: Das Hoehere dieser Kunst, dargest. u. durch Beispiele erläut. f. ausübende Künstler u. Dilettanten, m. 6 Stnzeich. u. (¾ lith. B.) erklär. Text. gr. 4. Leipzig (832), Pietro Del Vecchio.

(——) Benjamin, 1. Thl., s. Benjamin.

Benjamin. Ein Roman. Aus der Mappe eines tauben Malers. Th. 1, mit 12 Charakterbildern erfunden u. radirt vom Herausgeber [d. i. Johann Peter Theodor Lyser]. Hamburg. 1830. 8°

Lyser, J. P., musikalisches Bilder-ABC zum Lesenlernen der Noten, Vorzeichen und Schlüssel; Vorschule des ABC vom Prof. Panseron. qu. 4. (12 lith. Blätter.) Berlin 842, Schlesinger'sche Buch- u. Musikh. 1/2 ℛ Color. n. 5/6 ℛ

—— das Buch d. Mährchen f. Töchter u. Söhne gebild. Stände. M. 8 Stndr. 8. (11¾ B.) Leipzig 833, O. Wigand. 1 Thlr., ill.

—— das Buch v. Rübezahl. Eine vollständ. Samml. aller Volks-Mährchen aus d. Riesengebirge, neu erzählt. M. 6 Stndr. 8. (12 B.) Leipzig 834, O. Wigand.

—— Cäcilia, s. Cäcilia.

—— Deutschland u. Johannes Ronge. Ein ernstes Wort zu rechter Zeit. 2. Abdruck. Imp.-4. (½ B. u. Ronge's lith. Portr.) Leipzig 845. (Pönicke u. Sohn.) *

— ausführl. Erklärung d. Hogartschen Kupferstiche, s. Hogarth.

—— ausführl. Erklärung d. Hogarthischen Kupferstiche ꝛc., 13. Lfg., s. Sammlung etc.

— s. Erzählungen f. d. jugendl. Alter.

—— Fabeln- u. Mährchen-Buch, s. Fabeln- u. Mährchen-Buch.

Lyser, J. P. (T.), General-Uebersicht der Geschichte der Musik in Europa, namentlich in Bezug auf Deutschland, seit dem J. 1791 bis zum Schlusse des J. 1855. gr. 8. (20 S.) Hamburg 856, (Trupp.) *

Lyser, J. P. (T.) de Geschicht von de olle Frou Beerboomsch un eerem lütten Swien Peter. Ein plattdeutsches Mährchen. 8. (23 S. mit eingedr. Holzschn.) Altona (861)62, Uflacker. *

— Hundert u. Eins! Mährchen u. Lieder u. schöne Geschichten, mit (8 color.) schönen Bildern für gute Kinder. 16. (143 S.) Wien 847, Müller. 1 ℛ

Lyser, J. P., Erzherzog Johann, der Freund des Volkes. Biographische Skizze. Mit dem Portr. des Prinzen in Stahlst. u. vielen (eingedr.) Holzschn. hoch 4. (28 S.) Wien 848. (Gerold.) n. 16 ngr

† Lyser, J. P., (Joh. Pet. Theod. Burmeister,) Don Juan in Leipzig, s. Don Juan.

Lyser, J. P. (T.), de dree Jungfern u. de dree Rathsherrn, oder: dat groote Kartthorn-Knopp-Schüüern to Altona. Een plattdütsches Mährchen. Neu erzählt u. illustrirt. Hamburg 855. B. S. Berendsohn. 8. (12 S. mit Holzschn. im Text.) n. 3 ngr

—— neue Kunst-Novellen. 2 Bde. 8. (40 B. u. 7 Zeichnn. d. Verf.) Frankfurt a. M. 837, Sauerländer.
Vgl. Kunstnovellen (v. J. Lyser.)

—— Leipzig wie es geht u. steht, lebt u. liebt; od. Spaziergänge in u. um Leipzig. 1—4. Hft. (Jed. m. 1 ill. Stnt.) 16. (9 B.) Leipzig 834, 35, Zirges. à 6 Gr.

Lyser, J. [P.] Leipzig wie es geht und steht, lebt und liebt; oder Spaziergänge in und um Leipzig . . . Leipzig, Verlag von W. Zirges 1835.
4 Hefte. 8°.
1 VI + 40 S., 1 farb. Taf.
2 39 S., 1 farb. Taf.
3 32 S., 1 farb. Taf.
4 31 S., 1 farb. Taf.

—Lieder eines wandernden Malers. Mit Compositionen von Becker, Dorn, Friederike Hesse, Krug, Poley, Rastrelli u. Clara Wieck. (5 lith. Bog. in gr. 4.: Zehn Lieder e. wand. Malers.) 8. Leipzig 834. Schaarschmidt, jetzt Günz. 1⅔ ℛ jetzt ⅔ ℛ

LYSER, J. P., Linorah, oder: die Wallfahrt nach der Oelmühle. Hamburger Localposse in 2 Bildern (Parodie der Oper: Dinorah). Mit Titelvignette. Altona 1860. 8°. (8 Mk. Paul Graupe, Berlin, 1908.)
Mit einem originellen Vorwort L's., in welchem er sich gegen die Theaterdirektoren Lange u. Schultze wendet, die ihm als Honorar für die 50 mal aufgeführte Posse „5 Mark Hamburger Courant" zahlten.

——, Giacomo Meyerbeer. Sein Streben, sein Wirken u. seine Gegner. Für Freunde d. Tonkunst. 8. (4 B.) Dresden 838, (Gottschalck.) *

—Giacomo Meyerbeer. Sein Streben, sein Wirken u. seine Gegner. Für Freunde der Tonkunst. 8. Dresden 838. (Wagner'sche Buchh.) n. ⅓ ℛ

Der fahrende Münchhausen oder neue Reisebilder zu Wasser und zu Lande, durch die Luft, durch die Erde . . . v. Hyronimus Frhr. v. Münchhausen. Aus dem Franz. übers. v. Victor Savello. [Verf.: Johann Peter Theodor Lyser.] Mit prachtvollen Stahlstichen u. Zeichnungen der berühmtesten Künstler Englands u. Frankreichs. Meissen. 1814. 8°

—— Hundert und eine Nacht,
—— abendländische Tausend u. eine Nacht, } s. Nacht.

LYSER, J. P. Abendländische Tausend und eine Nacht, oder die schönsten Märchen und Sagen aller europäischen Völker zum ersten Male gesammelt und neubearbeitet von — — —. Mit 30 Bildern (und 25 lithographischen Titeln) nach Original-Zeichnungen des Herausgebers. 15 Bände. Meißen, Goedsche, (1837—39). 12°.

Einhundert und eine Nacht. Ein Mährchen- und Sagen-Strauß gesam. u. erzählt v. J[ohann] P[eter Theodor] Lyser. Bdch. 1—4. Mit 4 Abb. Meissen. 1840. 8°
Auch u. d. T.:
Fortsetzung von Abendländische Tausend und eine Nacht oder die schönsten Mährchen und Sagen aller europäischen Völker. Zum ersten Male gesam. u. neu bearb. v. J[ohann] P[eter Theodor] Lyser. Neue Folge in 4 Bändchen. Bdch. 1—4. ebd. 1840. 8°

—— Nannette, die junge Waise. Gesamm. Mährchen u. Erzählungen f. Kinder gebild. Stände. M. 8 ill. Bild. 16. (12½ B.) Leipzig 834, [Günz.]

—— Nannette, die junge Waise. Gesammelte Mährchen u. Erzählungen f. Kinder gebildeter Stände. 2. Ausg. 16. (12½ B. u. 8 ill. Bild.) Leipzig 842, Krappe.

—— Novellen (u. Fresco-Sonette). 8. (9¾ B.) Leipzig 834, O. Wigand.

LYSER, J. P. *Polichinell.* Dramatisches Feen-Mährchen für kleine und große artige Kinder. Von J. P. Lyser. Mit GEORGE CRUIKSHANK's Originalholzschnitten. Stuttgart, Paul Neff [1837]. 2 Bl. 71 S. und 18 Tafeln. Kl.-8°. Or.-Pappband mit Holzschn. auf den Deckeln. 40.—
Bei diesem Büchlein entstanden zuerst die Illustrationen, nämlich im Punch, und sie gaben Lyser die Anregung, das Kasperlestück dazu zu schreiben. — Erste Ausgabe, vergl. Hirth, Lyser, S. 557. — Vereinzelte Fleckchen, Einband leicht benützt.

—— Ronge u. der Rationalismus in seinem Verhältnis zu den neuesten Religionsfragen. Letztes Wort eines kath. Laien. Würzburg, Voigt u. Mocker, 1845, gr. 8°, 50 Pf.

Lyser u. Ronge u. der Rationalismus in seinem Verhältnisse zu den neuesten Religionsfragen. Letztes Wort eines kathol. Laien (des Verf. des „Sendschreiben an Joh. Ronge.") gr. 8. (2 B.) Würzburg 845, Voigt u. Mocker.

Offenes Sendschreiben an Joh. Ronge. Von einem kath. Laien (J. P. Lyser). Würzburg, Voigt u. Moiker, 1844, gr. 8°, 25 Pf.

Lyser, J[ohann] P[eter]. Umrisse zu Schiller's Werken erfunden und gezeichnet von J. P. Lyser. Leipzig, in der Bruggemann'schen Buchhandlung [1835].
Tit.; 10 Taf. in Lithogr. 8°

— Umrisse zu Schiller's Werken. qu. ½ Fol. Leipzig 835. (Schreck.) n. 1 ₰

—— Wiener-Ereignisse, s. a. Wiener-Ereignisse.

(Lyser, J. P.) Die Wiener Ereignisse v. 6. Oct. — 12. Nov. 1848. Von e. Augenz. (99.) 8. Wien 1849. 1.20.

—— des Knaben Wunderhorn Mährchen u. Lieder. M. 8 Stndr. 8. (9⅓ B.) Leipzig 854, O. Wigand. 1 Thlr. 8 Gr., ill.

Lyser, Caroline, s. Leonhardt-Lyser.

Lyser, Polycarp, s. a. L e y s e r

— — De ficta medii aevi barbarie inprimis circa poesin latinam. Helmstädt (H. D. Hamm) 1719. 70 S. (4.50) 21939

— Polycarp, Dissertatio qua historiam conciliorum Moguntinensium et inprimis concilii a. MCCCX. habiti. Präs. Joh. Andr. Schmid. Helmstädt (G. W. Hamm) 22. XI. 1713. 51 S. (5.—) 21938

— harmonia evangel., vide Chemnitius.

— — De vere indole poeseos praelectionibus praemissum. Helmstädt (H. D. Hamm) (12. XI. 1719). (3.60) 21940

— — De poesi disciplinarum principe. Helmstädt (H. D. Hamm) 9. XI. 1720. 16 S. (4.—) 21941

— praelect. in prophetas minor. 4. Lps. 709.

Lyser, Polycarp., sylloge epistolarum 8. Lipsiae, Iunius. 706.

Lyser, W., Christianismus, Papism. et Calvinism. oder dreyfache Erklärung des Katechism. 4. Dresd. 701.

— cursus homileticus. 8. Viteb: Ludwig 701.

Lyser, Wilhelm, s. L e i s e r

Lysias [Pseud.], s. a. Z i m m e r m a n n, Johann Joachim Daniel

Lysias

— amatorius graece. Lect. var. et Commentar. instruxit Ed. Haenisch. 8. Leipz. 827. Teubner. 8 gr. Engl. Pap. 14 gr.

Lysias, Eratosthenes, s.: Bibliothek, kleine.

Lysiae fragmenta, s. Oratores Attici.

Lysias. Hirtengedichte. O. O. 17?? V: *Zimmermann, Joh. Jac. Dan.* (Cat. d. Stadtbibl. Zürich. Zürich 1864—97.)

Lysias: Wider die K o r n w u c h e r e r. Eine gerichtliche Rede, welche vor mehr als 2000 Jahren in Athen ist gehalten worden. Aus dem Griechischen, o. V., Wien 1791. 16 S.

Lysias. Recogn. Baiterus et Sauppius, s. Oratores attici, Ps. III.

Lysias, Opera omnia. Cum adnotationibus Jo. Taylori, Jer. Marklandi, J. J. Reiske et aliorum. Vol. II. 8maj. Lips. Sommer. 772.
Schreibp.

— opera c. G. H. Schäfer. 8. Leipz. 822. Weigel. 12 gr.

Lysias. Orationes. Lipsiae 1822. H: *Schäfer, Gottfried Heinrich.* (Hoff)

— oratoris opera, ed. G. H. Schäfer. 8. Leipzig 827, Weigel.

Lysias, Oratio in Eratosthenem in usum scholarum ed. P. H. S ö d e r b a u m. Gel. 1[illegible] VI, 28 S. —

— Oratio contra Nicomachum, Latine redd. et annotat. illustrata a P. H. S ö d e r b a[illegible] Diss. 1866. 21 S. —

— Oratio quae de Tyrannide affectata vulgo inscribitur Lat. versa et annot. ill. C. F a l k e n h o l m. Diss. 1869. 82 S. —

Lysiae orationes ed. Car. Mullerus, s. Oratores Attici.

— orationes ad opt. libr. fidem ed. 12. Leipz. 818. Tauchnitz. 12 gr. Hbg. Pr. 6 gr. Fein Pap. 18 gr.

Lysiae Orationes quae supersunt omnes et deperdit. fragmenta. Ed. et brevi adnotat. crit. instr. C. Foertsch. Praecedit commentat. crit. de locis nonnullis Lysiae et Demosthenis. 8 maj. (25½ B.) Lipsiae 829, Lehnhold.

—— Orationes quae supersunt omnes, cum deperditar. fragmentis in ord. chronolog. redactas edid. et adnotat. crit. instr. Io. Franz. Praecedit praef. graece scripta de laude Lysiae et Dionysii Halicarn. de Lysia judicium. 8maj. (22 B.) Stuttgartiae 831, Hallberger.

Lysiae orationes. Edidit C a r. S c h e i b e. Accedunt orationum deperditarum fragmenta. 8. (XL u. 246 S.) Lipsiae 852, Teubner. ⅔ ₰

— orationes. Edidit Ant. Westermann. Editio stereot. Lipsiae 854. B. Tauchnitz. 16. (XXXII, 300 S.) 10 ngr.

— — Ausg. in gr. 8. Ebend. 854. (XXXII, 240 S.) 10 ngr.; Prachtausg. 1 ₰.

Lysiae orationes ad cod. Palatinum nunc denuo collatum recens. Car. Scheibe. Accedunt orationum deperditarum fragmenta. Editio II. aucta et emend. Lipsiae 855. Teubner. 8. (LXXXVI, 262 S.) 11¼ ngr.

Lysiae orationes et fragmenta, in usum studiosae juventutis emendavit C. G. Cobet. 8. (XXVIII und 275 S.) Asterdam 868, Fr. Müller. *

Lysiae Orationes ad codicem Palatinum nunc denuo collatum recensuit Carol. Scheibe. Accedunt orationum deperd. fragm. Edit. altera aucta et emend. 8. (LXXXVI, 261 S.) Leipzig 874, Teubner.

Lysias, orationes, in quibus etiam amatoria a Platone servata, cum fragmentis, brevi adnotatione instructa, scholarum in usum ed. Henr. van Herwerden. 8. (XVI, 262 S.) Groningen 899. J. B. Wolters. n. 2.50

— **orationes**. Recensuit Thdr. Thalheim. Ed. maior. 8. (L, 400 S.) Leipzig 901. B. G. Teubner. 3.—; geb. n. 3.60

Lysiae orationes rec. Theodorus Thalheim. Ed. minor. *Lipsiae: B. G. Teubner 1901.* (XX, 268 S.) 8°
(Bibliotheca script. graec. et rom. Teubneriana.) (01. 1164, 9

Lysias, orationes. In usum studiosae iuventutis textum constituit C. G. Cobet. Ed. IV quam novis curis recensuit J. J. Hartman. (Ed. maior prolegomenis, fragmentis, indice nominum aucta.) (LXI, 280 S.) 8. Leiden 905. Buchh. u. Druckerei vorm. E. J. Brill. n.n. 4.—

— et Aeschinis orationes selectas ed. J. H. Bremi. 8maj. Gotha 826. Hennings. 2 ₰ Postp. 2 ₰ 12 gr. Velinp. 3 ₰ 8 gr. (Bild. auch d. *Bibl.* gr. viror. Vol. XVI.)

—— orationes select. instr. ab J. H. Bremi, s. Bibliotheca Graeca etc. Scriptor. orat. ped. Vol. XVI.

Lysiae orationes selectae. Mit Einleitungen, erklar. Index und einem Anhang aus Xenophons griech. Geschichte. Für den Schulgebrauch hrsg. von Andr. Weidner. 8. (VIII, 168 S.) Leipzig 888, Freytag. *

— **orationes selectae**. Mit Einleitgn., erklär. Index u. e. Anh. aus Xenophons griech. Geschichte. Für den Schulgebrauch hrsg. v. Andr. Weidner. 8. (VII, 168 S.) Leipzig 893. G. Freytag. n. 1.25; geb. n.n. 1.55

Lysiae, quae extant ad cod. Vindob. gr. expr. ed. Frz. K. Alter. 8maj. Wien 785. Trattner. 12 gr.

— — ead. ad cod. Vindob. gr. expr. 8. maj. Vien. Trattner. (Tendler) 785.

Lysias. Quae extant, ad codicem Vindobonensem Graece expressa. Viennae 1785. H: *Alter, Franz Carl.* (Ebert) (BrMm)

Lysiae, quae supers., graece c. annotat. Taylor. et Markland. c. Jh. J. Reiske. II Vol. 8maj. Leipz. 772. (Barth). 11 ₰ 12 gr. Schreibp. 13 ₰ 3 gr.

Lysias, quae supers., graece c. annotat. Taylor. et Markland. c. Reiske. II Vol. 8. maj. (Lps. Sommer) 772.

— Rede gegen Agorat, s.: Bibliothek, kleine.

— Rede gegen Agorat, } s.: Bibliothek griech. u. röm.
— Rede gegen Eratosthenes, } Klassiker in wortgetreuen deutschen Uebersetzgn.

— Rede gegen Eratosthenes, s.: Sammlung, neueste, ausgewählter griech. u. röm. Classiker.

— Rede gegen Evander, mit kritischen Bemerkungen herausg. v. P. R. Müller. Pr. 1873. 25 S. 4°. 1.—

— Rede f. Mantitheos. Für den Bresthaften (Krüppel), s.: Bibliothek, kleine. 319.

—— **Reden**, s. Classiker des Alterthums.

—— desgl. — s. Bibliothek, Langenscheidt'sche, sämtlicher griechischen u. römischen Klassiker. —
Vgl.: Bordellé, Geo. Aufgaben z. Uebers. ins Griech

—— s. Müller, Paul Richard, Aufgaben zum Uebersetzen in das Griechische.

—— erhaltene Reden, s. Prosaiker, griechische, in neuen Uebersetzungen.

— — s. Sammlung Griechischer u. Römischer Classiker.

Lysias, die Reden des, übersetzt u. erläutert v. Alex. Falck. gr. 8. (24 B.) Breslau 843, W. G. Korn.

Baur, Dr. Ferdinand, Prof. am Gymnasium zu Tübingen. Die erhaltenen Reden des Lysias, übersetzt, erläutert und mit Einleitung versehen. 8. Stuttgart 1856.

—— **Reden**, von F. Baur.
Aus: Classiker des Alterthums.

— **Reden**. I. Gegen Eratosthenes. Wortgetreu nach Mecklenburg's Grundsätzen aus dem Griech. übers. von E. R. 1. Hft. 32. (64 S.) Berlin 890. H. R. Mecklenburg. n. — 25

— **Reden**. II. Gegen Agoratos. Wortgetreu nach H. R. Mecklenburgs Grundsätzen aus dem Griech. übers. v. E. R. 32. (51 S.) Berlin 891. H. R. Mecklenburg. n. — 25

Lysias' Reden. Auswahl f. d. Schulgebr. bearb. u. erl. von Prof. Dr. Hans Windel. Text. Kommentar. Bielefeld & Leipzig: Velhagen & Klasing 1905. 2 Bde 8°
(Sammlung lat. u. griech. Schulausgaben.)

Lysias' ausgewählte Reden, s. Bibliothek, Langenscheidt'sche, sämmtlicher griechischer und römischer Klassiker.

— ausgewählte **Reden**, übers. von Baur, s. Classiker des Alterthums.

—— dass. — Präparation, s. Freund's, Schüler-Bibliothek.

Lysias ausgewählte Reden, s. Sammlung griech. und latein. Schriftsteller.

Lysias ausgew. Reden. Erklärt v. R. Rauchenstein. (Sammlung Griechischer u. Latein. Schriftsteller mit Deutschen Anmerkgn.) gr. 8. (142 S.) Leipzig 848, Weidmann. n. 1/3 ₰

—— ausgewählte Reden. Erklärt von R. Rauchenstein. 2., um 2 Reden verm. Aufl. gr. 8. (VI und 214 S.) Leipzig 853. [Berlin,] Weidmannsche Buchh.

Lysias, ausgewählte Reden. Erklärt von R. Rauchenstein. 3., bis auf 12 Reden verm. Aufl. gr. 8. (VII und 249 S.) Berlin 859, Weidmann'sche Buchh.

—— ausgewählte Reden. Erklärt von R. Rauchenstein. 4., verb. Aufl. gr. 8. (XI und 260 S.) Berlin 864, Weidmann'sche Buchh.

—— dass. — Für den Schulgebrauch erklärt von Herm. Frohberger. 2 Bdchn. gr. 8. Leipzig, Teubner. [1. Bdchn. (VI und 250 S.) 866. 18 Ngr., 2. Bdchn. (VI und 188 S.) 868. 15 Ngr.]

Lysias, ausgewählte Reden. Für den Schulgebrauch erklärt von Herm. Frohberger. 3. Bdchn.: Rede für Mantitheos. — Reden gegen Nikomachos, Philon. Ueber das Vermögen des Aristophanes. Ueber die Gebrechlichen. gr. 8. (V, 247 S.) Ebendas. 871.
1. und 2. Bdchn. Ebendas. 1866,68. ℳ 3,30.

— — Erklärt von R. Rauchenstein. 5. verb. Aufl. Berlin 869. Weidmann. gr. 8. (XII, 272 S.) 18 ngr.

— ausgewählte Reden. Erklärt v. R. Rauchenstein. 6. verb. Aufl. gr. 8. (XI, 275 S.) Berlin 872. Weidmann. 1. 80

— dassellbe. Für den Schulgebrauch erklärt v. Herm. Frohberger. Kleinere Ausg. gr. 8. (IV, 411 S.) Ebend. 875. 3. —

— dasselbe. 7. verb. Aufl. gr. 8. (XII, 278 S.) Ebend. 876. 2. 25

Lysias, ausgewählte Reden. Für den Schulgebrauch erklärt von Herm. Frohberger. 1. Bd. 2. Aufl., bearb. von Gust. Gebauer. gr. 8. (VII, 510 S.) Leipzig 880, Teubner.
2. und 3. Bd. Ebendas. 1868,71. à ℳ 1,50.

—— dass. — Erklärt von Rud. Rauchenstein. 2 Bdchn. Besorgt von Karl Fuhr. gr. 8. Berlin, Weidmann'sche Buchh. [1. Bdchn. 8. Aufl. (XII, 164 S.) 880; 9. Aufl. (XIII, 165 S.) 883. ℳ 1,50.; 2. Bdchn. 8. Aufl. (III, 128 S.) 881. ℳ 1,20.]

—— dass. — Kleinere Ausg. 1. Heft. 2. Aufl., besorgt von Gust. Gebauer. gr. 8. (IV, 180 S.) Ebendas. 882.
2. Heft. Ebendas. 1875. ℳ 1.50.

—— dass. — Erklärt von Rud. Rauchenstein. 2. Bdchn. 9. Aufl. Besorgt von Karl Fuhr. gr. 8. (III, 131 S.) Berlin 886, Weidmann'sche Buchh.
1. Bdchn. Ebendas. 1880. ℳ 1.50.

—— ausgewählte Reden, von Ant. Westermann und Wilhelm Binder. 5 Lfgn. 8. Berlin, Langenscheidt'sche Verlagsh. à Lfg. * 35 Pf. *

Inhalt:

Lfg. 1. Rede vom heiligen Ölbaum. — Rede gegen Agoratos bis § 84. Verdeutscht von Ant. Westermann. 2. Aufl. (S. 1—32.) 887.
„ 2. Rede gegen Agoratos § 85 bis Schluß. — Rede für Mantitheos. — Rede über das Vermögen des Aristophanes. — Rede gegen Pankleon. — Rede gegen den Antrag auf Einziehung einer einem Gebrechlichen gewährten Unterstützung. — Rede gegen Nikomachos. Verdeutscht von Ant. Westermann. 2. Aufl. (S. 33—79.) 886.
„ 3. Rede gegen Eratosthenes; von Wilhelm Binder. 3. und 4. Aufl. (27 S.) 885,88.
„ 4. Rede wegen Ermordung des Eratosthenes. — Rede gegen Philon bei seiner Dokimasie. — Rede zu Ehren der bei der Verteidigung Korinths gefallenen Athener. — Verteidigungsrede gegen Simon wegen böswilliger Körperverletzung § 1 bis 40. Übers. von Wilh. Binder. (S. 1—48.) 886.
„ 5. Verteidigungsrede gegen Simon wegen böswilliger Körperverletzung § 41 bis Schluß. — Rede wegen böswilliger Körperverletzung. — Verteidigungsrede für Kallias wegen Tempelraubes. — Rede gegen Andokides wegen Gottlosigkeit. — Klage gegen Genossen wegen übler Nachrede. — Rede für den Soldaten. Uebers. von Wilh. Binder. (S. 49—84.) 886.

Lysias, ausgewählte Reden. Für den Schulgebrauch erklärt v. W. Kocks. Ausg. A. Kommentar unterm Text. gr. 8. (IV, 104 S.) Gotha 885. F. A. Perthes. 1. 50; Ausgabe B. Text u. Kommentar getrennt in 2 Hftn. (IV, 50 u. 52 S.) 1. 50

— dasselbe. Für den Schulgebrauch erklärt v. W. Kocks. 2. Bdchn. Ausg. A. Kommentar unterm Text. gr. 8. (V u. S. 105—199.) Gotha 887. F. A. Perthes. 1. 50; Ausg. B. Text u. Kommentar getrennt in 2 Hftn. (IV u. S. 51—93 u. 53—105) 1. 50

—— dass. — Ausg. b.: Text und Kommentar getrennt in 2 Heften. gr. 8. Ebendas. [1. Bdchn. (IV, S. 1—50; S. 1—52.) 886; 2. Bdchn. (IV, S. 51—93; S. 53—105.) 887.] à Bdchn. * ℳ 1.50. *

— ausgewählte Reden, von A. Westermann und W. Binder. 5 Lfgn. 8. Berlin 887—890. Langenscheidt'sche Verlagsh. à Lfg. n. — 35
1., 2. Aufl.; 2., 3. Aufl.; 3., 4. Aufl.; 4. u. 5., 2. Aufl.

Ausgewählte Reden des **Lysias**. Erkl. v. Rudolf Rauchenstein. 10. Aufl. Besorgt v. Karl Fuhr. Bdch. 1. 2. *Berlin: Weidmann 1889—97.* 2 Bde 8.
1. 1889. (VIII, 167 S.) 2. 1897. (2 Bl., 138 S.)
(Sammlung griech. u. lat. Schriftsteller m. deutschen Anm.) (97. 603)

Lysias, ausgewählte Reden. Für den Schulgebrauch erklärt v. Herm. Frohberger. Kleinere Ausg. 2. Hft. 2. Aufl. v. Th. Thalheim. gr. 8. (IV, 224 S.) Leipzig 892. B. G. Teubner. 1. 80

— dasselbe. Verdeutscht v. Ant. Westermann. (In 5 Lfgn.) 1.—3. Lfg. 8. Berlin, Langenscheidt. à Lfg. n. — 35
1. 4. Aufl. (1. Bdchn. S. 1—32.) 898.
2. 4. Aufl. (1. Bdchn. S. 33—79.) 895.
3. Rede gegen Eratosthenes. Übers. v. Wilh. Binder. 5. Aufl. (27 S.) 896.

— dasselbe. Für den Schulgebrauch erklärt v. Herm. Frohberger. Kleinere Ausg. 1. Hft. 3. Aufl., nach d. 2., von Gust. Gebauer besorgten, bearb. v. Thdr. Thalheim. gr. 8. (IV, 200 S.) Ebd. 896. 1. 80

— dasselbe. Für den Schulgebrauch erklärt v. W. Kocks. 2., umgearb. Aufl. v. R. Schnee. 1. Bdchn. Ausg. A, Kommentar unterm Text. gr. 8. (VI, 125 S.) Gotha 898. F. A. Perthes. 1. 50; Ausg. B, Text u. Kommentar getrennt in 2 Hftn. (VI, 50 u. 73 S.) 1. 50

— ausgew. Reden. (VII. XII. XIII. XVI. XIX. XXII. XXIV. XXV. XXXII.) Textausg. f. d. Schulgebr. v. Th. Thalheim. gr. 8. (XXVIII, 139 S.) Leipzig 898. B. G. Teubner. Kart. n. 1. —

— dasselbe. Erklärt v. Rud. Rauchenstein. 1. Bdchn. 11. Aufl. Besorgt v. Karl Fuhr. 8. (VII, 173 S.) Berlin 899. Weidmann. 1. 50

— ausgewählte Reden. 1.—4. Lfg. Berlin, Langenscheidt's Verlag. à n. — 35
1. 2. Verdeutscht v. Ant. Westermann. 5. Aufl. (S. 1—79.) (901.)
3. Übers. v. Wilh. Binder. 6. Aufl. (S. 1—27.) (901.)
4. Übers. v. Wilh. Binder. 3. Aufl. (48 S.) 899.

— ausgewählte Reden. Nach Text u. Kommentar getrennte Ausg. (B) f. den Schulgebrauch v. W. Kocks. 2 Bdchn. gr. 8. Gotha, F. A. Perthes. à n. 1. 50
I. 3. Aufl. v. R. Schnee. 2 Hefte. (VI, 56 u. 68 S.) 904. — II. 2., umgearb. Aufl. v. R. Schnee. 2 Hefte. (IV, 48 u. 76 S.) 903.

Lysias' ausgewählte Reden [Orationes, Ausz.] ⟨12. 13. 16. 7. 22. 24.⟩ Für d. Schulgebr. hrsg. von A[nton] Kleffner, Oberl. [Text.] Kommentar. Münster i. W.: Aschendorff 1903–05. 2 Bde 8°
(Aschendorffs Sammlung lat. u. griech. Klassiker.) 3 485

— dasselbe. (XII. XIII. XVI. VII. XXII. XXIV.) Für den Schulgebrauch hrsg. v. A. Kleffner. (XX, 108 S.) 8. Münster 903. Aschendorff. Geb. 1.—; Kommentar (70 S.) kl. 8. 905. Geh. — 70

— dasselbe. 1.—3. Lfg. kl. 8. Berlin. Schöneberg, Langenscheidt's Verl. à n. — 35
1. Verdeutscht v. Ant. Westermann. 6. Aufl. (1. Bd. S. 1—32.) (904.)
2. Verdeutscht v. Ant. Westermann. 5. Aufl. (S. 33—79.) (905).
3. Rede gegen Eratosthenes. Uebers. v. Wilh. Binder. 7. Aufl. (27 S.) (906).

— dasselbe m. e. Anh. aus Xenophons Hellenika. Für den Schulgebrauch hrsg. v. Andr. Weidner. 2. Aufl., besorgt v. Paul Vogel. (164 S.) 8. Leipzig 905. G. Freytag. — Wien, F. Tempsky. Geb. n. 1. 50; Schülerkommentar. (45 S.) n. — 50

— dasselbe. Nach Text u. Kommentar getrennte Ausg. (B) f. den Schulgebrauch v. W. Kocks. I. Bdchn. 4. Aufl. v. R. Schnee. 2 Hefte. (VI, 56 u. 76 S.) 8. Gotha 909. F. A. Perthes. 1. 50

Lysias' ausgewählte Reden (VII, XII, XIII, XVI, XIX, XXII, XXIV, XXV, XXXII). Textausg. f. den Schulgebrauch v. Th. Thalheim. (XXVIII, 139 S. m. Bildnis.) 8. Leipzig 909. B. G. Teubner. Kart. 1. —

— dasselbe. 4. u. 5. Lfg. kl. 8. Berlin-Schöneberg, Langenscheidt's Verl. à — 35
4. Übers. v. Wilh. Binder. 5. Aufl. (S. 1—48.) (910.)
5. Übers. v. Wilh. Binder. 4. Aufl. (S. 49—84.) (909.)

— dasselbe, bearb. v. Mart. Fickelscherer. 2 Tle. Geb. 1. 60
1. Text. (VIII, 61 S.) 910. Geb. — 80
2. Erklärungen. (IV, 64 S.) 910. Geb. — 80

Lysias' Reden gegen Eratosthenes und über den Ölbaum. Hrsg. u. erkl. von Ernst Sewera. Textheft. Einl. u. Komm. *Leipzig & Berlin: B. G. Teubner 1903.* 2 Bde 8°
— Meisterwerke d. Griechen u. Römer. 4. [o]. 9489

Lysimachus, oder Haß u. Freundschaft; Trspl. in 5 Aufz. 8. Insbr. 793. Wagner. 6 K Passau 792. Ambrosi. 3 K

LYSIMOCHUS (ps.), Von Abstellung einiger Ueberbleibsel aus dem Pabstthum. 1717.
Weller, Lex. Ps. p. 334. — Sehr selten!

Lysistrata. Lustsp. a. d. Griech. d. Aristophanes, v. A. Ch. Borheck. gr. 8. Cöln, Rommerskirchen. 806.
Postp.
Velinp.

— — dass. u. der Friede v. demselben. gr. 8. Ebend. Postp.

Lysius, J., Erzählung. w. sich m. einigen Inspirirt. in Berlin zugetragen. 4. Lpz. Nicolai. 715.

Lysius, J., de Spiritu S. in apostolos unanimos effuso. Regiom. 1708. 4.

Lysius, Johann Heinrich

Lysius, J. H., de angelo nativ. Chr. praecone. Regiom. 1742. 4.

Lysius, Johann Heinrich: De relictis in sepulcro Fasciis Christi. Königsberg 1737. 4°.

Lysius, I. H., Synopsis Controversiar. sub orthodoxiae praetextu motar. 8. Halae, Zeidler. 712.

Lysius, Johann Heinrich: Diss. solemnis philologica de usu linguae Syriacae ... respondente Friderico Christiano Jestero. Regiomonti 1726.

Lyskowski, Ign. v., Beiträge zur Beleuchtung der Gleichberechtigungsfrage der polnischen Sprache in Westpreussen zunüchst e. Denkschrift f. die Mitglieder d. Hauses der Abgeordneten. 2. Aufl. gr. 8. (70 S.) Posen 872. (Leitgeber & Co.) n. 1. —

Lyskowski, Ignaz. Beiträge zur Beleuchtung der Polenfrage. Frankfurt a. M. 1848. 23 S. 8. (Inhalt: 1. Zurückführung der Vorfälle im Posenschen und in Krakau auf Hauptgründe. 2. Die Idee des Panslavismus und der Slava. 3. Die Garantieen Polens für Deutschland.)

von Lyskowski, Ignaz [Kammergerichtsref.]: Die collegia tenuiorum der Römer. . . . Berlin, Plötz'sche Buchdr., R. Nietschmann, Halle a. S., 1888; 46 S. + 1 Bl. 8°
Berlin, Jur. Fak., Inaug.-Diss. v. 18. Okt. 1888

Lyskowski, Ign., Gospodarz. Część 1.: Rolnictwo. Cz. 2: Chodowanie i choroby koni, bydła i owiec. Cz. 3: Ogrodownictwo. Cz. 4: Pszczelnictwo. 853. (VII, 235 S.) — 2. poprawne wydanie. Strassburg 853. Kohler. 8. (X, 216 S.) n. 15 ngr.

Lysle, A. de R., neue vermehrte u. durchgesehene Ausgabe der einzigen englisch-amerikanischen Schnell-Methode zum Erlernen der englischen Sprache in 3 Monaten mit oder ohne Lehrer. 18. Aufl. 1. in deutscher Sprache; genau durchgesehen u. durch e. Verzeichnis v. 1000 engl. Zeitwörtern erweitert. (421 S.) 8. Turin (907). (F. Casanova & Co.) Geb. in Leinw. 5. —

— Neue vermehrte u. durchgesehene Ausgabe der einzigen rationellen Schnell-Methode zum Erlernen der französischen Sprache in 3 Monaten mit od. ohne Lehrer. (405 S.) 8. Ebd. (908). Geb. in Leinw. 5. —

— Neue vermehrte u. durchgesehene Ausgabe der einzigen rationellen Schnell-Methode zum Erlernen d. italienischen Sprache in 3 Monaten m. od. ohne Lehrer. (440 S.) 8. Ebd. (907). Geb. in Leinw. 5.

Daniel Lysons, [Practical Essays on continued and intermitting fevers,.. Deutsch:] Practische Abhandlungen von den Wechselfiebern, der Wassersucht, den Krankheiten der Leber, der fallenden Sucht, Colik, Ruhr u. den Wirkungen des versüßten Quecksilbers. Aus d. Engl. übers. Leipzig: Fritsch 1774. 156 S. 8°

Lyson, Dn., prakt. Abhandl. v. Wechselfiebern, Wassersucht rc.; aus d. Engl. gr. 8. Leipz. 774. Fritsch. (Hahn). 8 K

Lyssmann, Johann Ludolph.
Historische Nachricht von dem Ursprung, Anwachs und Schicksalen des Klosters Meding . . . Halle 1772. H: *Zimmermann, Johann Christian.* (ML) (Ky)

Lyßmann, J. L., histor. Nachr. vom Kloster Medingen, bis zum Jahr 1769, nebst Urkunden, mit Kpf. gr. 8. Halle 772. Gebauer. 2 ₰

Łyszczarczyk, Venantius, O. F. M., Compendium privilegiorum regularium praesertim ordinis fratrum minorum. Ad normam novarum constitutionum apostolicarum et generalium ordinis concinnavit Ł. (XVI, 255 S.) 8. Lemberg 906. (Gubrynowicz & Schmidt.) n.n. 4. —

Lyth, J. E., Schwedische Grammatik nebst einer Auswahl prosaischer u. poetischer Musterstücke mit erläut. Wörterbuche. gr. 12. (VIII u. 360 S.) Stockholm 850, Bonnier. 1½ ß

Lyth, J. E., schwedische Grammatik nebst einer Auswahl prosaischer und poetischer Lesestücke mit erläut. Wörterbuche. 2., verb. und verm. Aufl. 8. (VIII und 368 S.) Stockholm 862, Bonnier. cart. *

Lyth, J. E., schwedische Grammatik, nebst e. Auswahl prosaischer u. poet. Lesestücke m. erläut. Wörterbuche. 3., verb. u. verm. Aufl. 12. (VIII, 368 S.) Stockholm 897. A. Bonnier. Kart. n. 5. —

Lythall, A: Jllustrierte Cataloge von Marshall, Sons & Co. in Gainsborough (Engl.) über Locomobilen, Dampf- und Dreschmaschinen, von Harrison, Mc. Gregor & Cos. über »Albion«-Mähmaschinen. Halle a. S. (1897?)

Lyttelton (Lyttleton), George, Lord

Lyttleton. G., üb. d. Bekehrung u. das Apostelamt Pauli; a. d. Engl. von F. C. Hahn. Hannov. 1771. 8.

Lyttleton, George. Anmerkungen über die Bekehrung und das Apostelamt Pauli . . . A. d. Engl. [Hannover] 1772. Ü: *Hahn, Heinrich Johann von.* (Ky)

— Anmerkk. üb. die Bekehrung u. d. Apostelamt Pauli; zum Beweis von d. Wahrheit d. christl. Religion. Aus d. Engl. (v. H. J. v. Hahn). 8. (Hannov.) 772. a. 778. Helwing. 4 gr

Lyttelton's, Lord G., Bemerkungen über die Bekehrung u. das Apostelamt Pauli, zum Beweis von der Wahrheit der christl. Religion. In einem Brief an Gilbert West. Aus dem Engl. übers. 12. (108 S.) Neu-York 851. (Philadelphia, Schäfer & Koradi.) n. ⅓ ß

Lyttleton, Lord ..., Gedichte; engl. u. deutsch, v. J. G. Weigel. 8. Nürnb. 791. Raw. 8 gr

v. Lyttleton, Graf, Geschichte von England, in Briefen; aus d. Engl. 2 Thle. gr. 8. Berl. 777. Realschulbuchh. 1 ß 20 gr

Lyttleton, Geo. Geschichte der Regierung Heinrichs II. von England und seiner Söhne Richard Löwenherz und Johann. Deutsch von Weigel. 8. Nürnberg 1794.

Lyttleton, Geo., Gespräche der Todten; aus d. Engl. 8. Hamb. 767. Hertel. 10 gr.

— Gespräche d. Verstorbenen; aus d. Engl. v. J. G. H. Oelrichs. 8. Berl. 761. Rüdiger. 16 gr

Lyttleton, Lord W. H., mit Napoleon nach St. Helena, s.: Home, George.

Lytton, Edward George Earle Lytton Bulwer-
s. Bulwer, E. G. Earle Lytton

Lytton-Bulwer, Lord E. Eugene Aram. 8. (382 S.) Lpz. 889, Gressner u. Schramm. * 2 —

Lytton, Lord, the last days of Pompeii. 8. (384 S.) Leipzig 886. Gressner und Schramm. geb. *

— the Lady of Lyons, s.: Authors, English.

—— The last of the Barons. 8. (446 S.) Ebd. 889. * 2 —

— Nacht u. Morgen, s.: Bibliothek der Gesamt-Litteratur d. In- u. Auslandes.

—— Rienzi, the last of the Roman tribunes. 8. (382 S.) Ebendas. 886. geb. *

— die letzten Tage von Pompeji, s.: Bibliothek der Gesamt-Litteratur d. In- u. Auslandes.

— die letzten Tage v. Pompeji. Historischer Roman aus der Zeit des Kaisers Titus. Vollständig neu ins Deutsche übertr., m. der Einleitg. des Verf. u. m. Anmerkgn. versehen v. Karl Wilding. Mit dem Bildnisse des Dichters. (350 S.) 8. Berlin (906.). A. Weichert. 2. —
Ladenpreis aufgehoben.

Lytton, Edward Robert Bulwer-Lytton, Earl of

Lytton, R. Lord, Fables in song, } s. Collection of British
—— Poems, } Authors.

Lytton, Lord, d. Ring d. Amasis, s.: Collection Hartleben. 5. Jahrg.

Lyturgy, s. Liturgy

M** die Marquisinn von, kein Roman, 8. Danzig, 778. Flörke. 5 sgl.

M***, die Marquisin von, kein Roman. 8. Danz. Flörke. 780.

M, Das Gecrönte, auff Teutsch Magister Lobesan. O. O. u. J. V: *Hunold, Christian Frdr.* (Floßmann, Picander. 1899. S. 91. Anm.) (Erman & Horn, Bibliogr. d. dtsch. Universitäten. 1. Leipz. u. Berl. 1904.)

M*** K***, (meine Reisen), s. E. A. A. v. Göchhausen, im 2n Thle.

v. Maack, kurzer Abriß des Schleswig-Holsteinischen Staatsrechts, geschichtlich nachgewiesen. Hamburg 863. Falcke. gr. 8. (24 S. u. 1 Tab. in Fol.) 5 ngr.

Aerztliches Gutachten des Dr. v. Maack in Kiel über den Geisteszustand des auf Hornheim als Geisteskranker detinirt gewesenen mexikanischen Bürgers Hermann Facklam. (Neustadt 1862.) 8°

Maack, Christoph, Referendar a. Lüneburg: Die Eigentumsübertragung nach § 930 B.G.B. als Vertrag des Veräußerers mit sich selbst. Göttingen 1906: W. F. Kaestner. (52 S.) 8°
Göttingen, Jur. Fak., Ref. Detmold, Diss. v. 30. Juli 1906
Geb. 21. Dez. 83 Lüneburg; Wohnort: Uslar; Staatsangeh.: Preußen; Vorbildung: Realgymn. Lüneburg Reife O. 02; Studium: Heidelberg 4, Göttingen 2 S.; Rig. 19. April 06.]

—— Vertrauen auf Gott. Ein Trostbüchlein zur Belehrung und Erbauung für kathol. Christen. Deutsch von Carl B. Reisching. 24. (167 S.) Regensburg 862, Manz.

— warum wir glauben. 4 Vorträge. Mit Genehmigg. S. Eminenz übers. v. Chrn. Stamm. 8. (88 S.) Paderborn 875. Junfermann. — 60

—— das Centenarium des heil. Petrus und das allgemeine Concilium. Aus dem Engl. gr. 8. (III und 98 S.) Mainz 867, Kirchheim. *

Manninger, J., Unterrichts-Briefe f. das Selbst-Studium der Zahlen-Schnellschrift. 3 Briefe. 2. Aufl. 5.—15. Taus. gr. 8. (24, 12 u. 16 S. m. 6 autogr. Taf.) Berlin 894. (Leipzig, J. H. Robolsky.) à n.n. — 50

Manninger, Vilmos, der Entwickelungsgang der Antiseptik u. Aseptik, s.a. Abhandlungen zur Geschichte der Medicin. 12.

Der Entwickelungsgang der Antiseptik und Aseptik. Von Dr. Vilmos Manninger (Budapest). Aus d. ungar. Orig. übers. von Dr. Gustav Adolf Manninger. *Breslau: J. U. Kern 1904.* (168 S.) 8°
— Abhandlungen z. Geschichte d. Medicin. H. 12.

— die Heilung lokaler Infektionen mittels Hyperämie, s.: Abhandlungen, Würzburger, a. d. Gesamtgebiet der prakt. Medizin. VI. 6.

[Sir] Richard Manningham

[Sir] Richardi Manningham, Artis obstetricariae compendium tam theoriam quam praxin spectans,... in usum medicinae tyronum denuo ed., et novis quibusdam add., videlicet praefamine et duabus Disquisitionibus theoretico- practicis, quarum 1. De Situ uteri gravidi foetusque a sede placentae in utero per regulas mechanismi deducendo, agit, 2. vero Praestantiam et usum forcipis anglicanae in partu difficili,... (De Usu et praestantia forcipis anglicanae in partu difficili,...) commendat, auctum,... autore Philippo Adolpho Boehmero [Boehmer]. Halae Magdeb.: Luderwald 1746. 178 S. 8

Mannjoung, Francine, s.a. Schönheits-Pflege, die, der Pariser Schauspielerin.

Mannjoung, F., Die Schönheitspflege der Pariser Schauspielerin. 8°. (31 S.) † Troppa: Otto Gollmann 1907. K 1.—
Troppau: Otto Gollmann 1907.

Mannicke, W. A. G., Bericht über das Bad zu Frankenhausen im J. 1820. Als erster Nachtrag zu der Schrift: Frankenhausens Heilquelle. gr. 12. Weimar, Industrie-Compt. 821.

— — Frankenhausens Heilquelle. Mit 2 Kupf. und 1 Karte. 8. Ebend. 820.

Mannkopff, Ad. Jul., Ergänzungen u. Abänderungen d. preuss. Gesetzbücher, od. Samml. aller d. Allgem. Landrecht, die Allgem. Gerichts-, Criminal-, Hypotheken- u. Deposital-Ordn. ergänz., abänd. u. erläut. Gesetze u. kgl. Verordnn., verbunden mit ein. Repertorium d. Justiz-Ministerial-Rescripte u. der in d. Simon- u. v. Strampffschen Samml. v. Rechtssprüchen d. preuss. Gerichtshöfe enthalt. Judicate; nach d. Materien d. Gesetzbücher geordnet. Mit Genehm. Eines Hohen Justiz-Ministerii hrsg. 1—8. Bd. (7. u. 8. Bd. od. 1. u. 2. Supplbd.) gr. 12. (190½ B.) Berlin 835—40, Naucksche Bh. [1—6. 7 Thlr., 7., 8. à 2 Thlr.]
Bd. 7. od. 1. Suppl.-Bd., enth. die seit d. Jahre 1835 bis incl. 1836 erschien. Gesetze u. Cabinetsordern u. die in d. Jahren 1834 u. 1835 ergang. Justiz-Ministerial-Rescripte. 2 Abthln. (38¾ B.)
- 8. od. 2. Suppl.-Bd., umfass. die in d. Jahren 1835 bis incl. 1839 erschien. Gesetze u. Verordnn. u. die in d. Jahren 1834 bis incl. 1838 ergang. Justiz-Ministerial-Rescripte. 2 Abthln. (26 B.)
Vgl. Landrecht.

Mannkopff, A. J., Ergänzungen u. Abänderungen der Preuss. Gesetzbücher. Mit Genehmigung E. Hoh. Justiz-Ministerii. 9. Bd. od. 3. Supplbd., enth. die seit d. J. 1839 bis zum Schlusse d. J. 1846 erschienenen, auf d. Allg. Landrecht sich beziehenden Verordnungen, Justiz-Ministerial-Rescripte u. Entscheidungen. gr. 12. (838 S.) Berlin 847, Nauck. 2½ ₰ — 10. Bd. od. 4. Suppl.-Bd., enth. die seit d. J. 1839 bis zum Schlusse d. J. 1846 erschienenen, auf die allgem. Gerichts-, Criminal-, Hypotheken- u. Deposital-Ordnung, das Stempelgesetz u. die Gebührentaxen sich beziehenden Verordnungen, Justiz-Minister.-Rescripte u. Entscheidungen, nebst d. chronolog. Repertorium zum IX. u. X. Bd. gr. 12. (450 S.) Berlin 847, Nauck. 2 ₰ (1—10.: 15½ ₰)

Mannkopf, A. J.: Ergänzungen u. Abänderungen der Preußischen Gesetzbücher oder Sammlung aller das Allgemeine Landrecht, die Allgem. Gerichts-, Criminal-, Hypotheken- u. Deposital-Ordnung ergänzenden, abändernden u. erl. Gesetze u. Königl. Verordnungen. Berlin 1835—47. 10 Bde
Bd 1. Allgem. Landrecht Th. 1, Tit. 1—23.
„ 2. „ „ „ 2, Tit. 1—8.
„ 3. „ „ „ 2, Tit. 9—12.
„ 4. „ „ „ 2, Tit. 13—20.
„ 5. Allgem. Gerichts-Ordnung Th. 1—3 incl.
„ 6. Criminal-, Hypotheken- u. Deposital-Ordnung, das Stempelgesetz, die Gebühren-Taxen u. das chronol. Repertorium d. Gesetze u. Minist.-Rescripte.
„ 7. oder 1. Suppl.Bd enth. die in den J. 1835 u. 1836 ersch. Gesetze u. Cabinetsordern u. die in d. J. 1834 u. 1835. erg. Justiz-Minist.-Rescripte.
„ 8. oder 2. Suppl.Bd umfassend die in d. J. 1835 bis incl. 1839 ersch. Ges. u. Verordn. u. die in d. J. 1834 bis incl. 1838 erg. Justiz-Minist.-Rescripte.
„ 9. oder 3. Suppl.Bd enth. die seit d. J. 1839 bis zum Schlusse d. J. 1846 ersch., auf d. Allgem. Landrecht sich bez. Verordnungen, Justiz-Minist.-Rescripte u. Entscheidungen.
„ 10. oder 4. Suppl.Bd enth. die seit d. J. 1839 bis zum Schlusse d. J. 1846 ersch., auf d. Allgem. Gerichts-, Criminal-, Hypotheken- u. Deposital-Ordnung, das Stempelgesetz u. d. Gebührentaxen sich bez. Verordn., Justiz-Minist.-Rescripte u. Entscheidungen.

– s.a. Gerichtsordnung, Allgemeine, für die Preuß. Staaten.

Mannkopff, A. J.: Allgemeine Gerichtsordnung für die Preussischen Staaten in Verbindung mit den dieselbe erg., abänd. u. erl. Gesetzen. Bd 1—4. [Nebst] Reg. Berlin 1837—39. 5 Bde

—— Jahrbücher f. die Criminal-Rechtspflege im Königr. Sachsen ꝛc., s. Jahrbücher.

– s. Jahrbücher für die Criminal-Rechtspflege in den Preuß. Staaten.

Mannkopff, Ad. Jul., preuss. Criminalrecht, s.a. Criminalrecht.

Mannkopff, A. J.: Preußisches Criminalrecht in einer Zusammenstellung der Criminalordnung und des 20. Tit. 2. Th. des ALR. mit den erg., abänd. u. erl. Verordnungen. Berlin. 2 Bde
Th. 1. Preuß. Criminalordnung in e. Zusammenstellung mit den erg. . . . Verordnungen. 1839.
„ 2. Preuß. Strafrecht in e. Zusammenstellung des 20. Tit. 2. Th. des ALR. mit den erg. . . . Verordnungen. 1838.

GV92
23

Grundriss der Privat-Grundstücke an der Wassertwiete, Wasserseite, nebst Andeutung künftig etwa vorzunehmender veränderter Bauanlagen daselbst. Zum Bericht d. d. 30st Juny 1846. Von Johann Hermann **Maack**. Handzeichnung. 1 Bl. Fol., 35/41 cm.

Maack, Mart., s.: Bibliothek kleiner Novellen u. Erzählungen.

— des Kaisers Brief, s.: Festspiele f. die Jugend.

Die bekanntesten deutschen Dichter der Gegenwart mit besonderer Berücksichtigung der Novellisten. (Verf.: Martin **Maack**.) Mit e. Einl. von Prof. Dr. C[arl] Beyer: 'Die Novelle'. Mit zahlr. Portr. Lübeck: Novellenbibliothek [1896]. 348 S. 8° [10. 2411

Maack, Mart., die geschlechtliche Fortpflanzung als Endzweck unseres Daseins — die geschlechtliche Enthaltsamkeit vom idealen Standpunkte aus, ihre natürliche Berechtigung u. innere sittliche Notwendigkeit. gr. 8. (31 S.) Leipzig 893. M. Spohr. n. 1. —

Maack, Mart., Freisinnig. Schauspiel in 3 Aufzügen. gr. 8. (85 S.) Lübeck 887, [Hasse.] *

— d. dumme Hans, } s.: Bibliothek kleiner Novellen u. Erzählgn.

Maack, Mart., Heimaterde. Ein deutschvaterländ. Festspiel zur Feier der 100jähr. Wiederkehr deutscher Schmach u. Auferstehg. Für Volks-, Kinder- u. Dilettanten-Bühnen, sowie zur Darstellg. in Schulen gedichtet. 2. erweit. Aufl. (Vollständiger Text.) (44 S.) 8. Lübeck 906. Verlag der Novellen-Bibliothek. n. — 75

Maack, Mart., Heroldsrufe. Taschenliederbuch u. Deklamatorium f. Friedensfreunde. Eingeleitet von Bertha v. Suttner. 12. (67 S.) München (900). A. Schupp. n. — 30

– Sein Ideal, s. Bibliothek kleiner Novellen und Erzählungen.

— Judas. Drama in 3 Aufzügen u. 1 Vorspiel. 8. (III, 48 S.) Berlin 889. F. Luckhardt. n. 1. 60

— Judas. Dramatisches Gedicht. 2. [Titel-] Aufl. 8. (III, 48 S. m. Bildn.) Lübeck (889). 897. Verlag d. Novellen-Bibliothek. n. – 50

— allerhand lütt snurrig Krutkram to'n Deklameren u. Vördrägen. (56 S. m. Bildnis.) kl. 8 Ebd. 906. n. 1. —

[Umschlagt.:] [F.] Lütt-Dörken. Novellistische Charakterstudie aus Nieder-Deutschland. Mein Robert. Erzählg. Von Martin **Maack**. M. Titelbild. *Lübeck: Novellenbibl. [1896]*. (56 S., 1 Portr.) 1 Bd 8.
— **Bibliothek** kleiner Novellen u. Erzählgn von Dichtern u. Schriftstellern d. Gegenwart. No 39—40. [96. 5572

– Dass., s. a. Bibliothek kleiner Novellen und Erzählungen ...

— der Messias. Drama in 5 Akten. 8. (94 S.) Großenhain 893. Baumert & Ronge. n. 1. —

[F.] Die Novelle. E. krit. Lexikon üb. die bekanntesten deutschen Dichter d. Gegenwart m. bes. Berücks. der Novellisten. Von Martin **Maack**. M. e. Einl. v. Prof. Dr. C. Beyer ... M. zahlr. Portr. *Lübeck: Novellenbibl. 1896*. (348 S., 1 Portr.) 1 Bd 8.
— **Bibliothek** kleiner Novellen u. Erzählgn von Dichtern u. Schriftstellern d. Gegenwart. No 15—30. [96. 5573

– Dass., s. a. Bibliothek kleiner Novellen und Erzählungen.

— **Schiller. Ein Volksbühnenfestspiel m. Chorgesang u. Musikeinlagen zur Jahrhundertfeier v. Schillers Sterbetag 9. V. 1905. 1. u. 2. Aufl. (Je 40 S.) 8. Ebd. 905. n.n. — 50**

[Umschlagt.:] [F.] Im Schnee. E. Weihnachtsgabe f. die Kleinen v. Martin **Maack**. Die Insel der Seligen. E. Kindermärchen. *Lübeck: Novellenbibl. [1895]*. (20 S.) 1 Bd 8.
— **Bibliothek** kleiner Novellen u. Erzählgn von Dichtern u. Schriftstellern d. Gegenwart. No 14. [96. 5574

– Dass., s. a. Bibliothek kleiner Novellen und Erzählungen.

[F.] Sigrun. Schausp. in 4 Akten v. Martin **Maack**. *Lübeck: Novellenbibl. [1896]*. (119 S.) 1 Bd 8.
— **Bibliothek** kleiner Novellen u. Erzählgn von Dichtern u. Schriftstellern d. Gegenwart. No 31—33. [96. 5575

– Dass., s. a. Bibliothek kleiner Novellen und Erzählungen.

Programm u. Text z. Maifest in Israelsdorf. – Alexander von Soltwedel und die Befreiung Lübecks vom Dänenjoche am Maifesttage des Jahres 1226. Ein Festspiel auf d. Freilichtbühne von Martin Maack. Musik von Prof. K. Häßler. Lübeck (1910): Borchers 32 S. 8°

— in den Stürmen d. Lebens. Novellen aus dem Volks- u. Lehrerleben. gr. 8. (112 S.) Leipzig 890. Siegismund & Volkening. n. 1. 50; geb. n. 2. —

— s.: Umschau, Lübecker.

Maack, Mart., grote Utwahl för Pulterabend un Hochtied. Allerhand ernste un fidele Saaken für jedereen, bi Pulterabend un Hochtied, bi sülbern Hochtied un golden Hochtied vörtodrägen. (96 S.) kl. 8. Reutlingen (907). R. Bardtenschlager. — 50

– Veronika, s. Bibliothek kleiner Novellen und Erzählungen.

– Wie wir uns fanden. Flitterwochen. Kein Herz, s. Bibliothek kleiner Novellen und Erzählungen.

Eine neue Zeit. Schauspiel aus d. Reformationszeit in 4 Akten. (Erstaufführung im Stadttheater zu Lübeck z. Feier d. 750jähr. Bestehens d. Stadt.) Von Martin **Maack**. Leipzig: R. Claußner [1894]. (71 S.) 8° [F.] [1-6.1103]

— eine neue Zeit. Schauspiel aus d. Reformationszeit in 4 Akten. 2. [Titel-] Aufl. 12. (72 S.) Lübeck (894). 897. Verlag d. Novellen-Bibliothek. n. — 50

Maack, Petrus Heinrich Karl von

v. Maack, P., s. Bertrand, A., die Revolution des Erdballs.

Maack, P. H. K. v., die Entzifferung des Etruskischen und deren Bedeutung für nordische Archäologie und für die Urgeschichte Europas. gr. 8. (IV, 91 S.) Hamburg 873, O. Meissner.

Maack, [Petrus Heinrich Karl] von: Der bernsteinführende Eridanus der Alten. Ein Vortrag, am 3. Juni 1867 in der Ges. f. Geographie u. Naturwiss. in Kiel gehalten. 8° Aus: Zeitschr. d. Gesellsch. f. Erdkde. Bd. 3, 1868, S. 17-27.

Maack, v., das urgeschichtliche schleswig-holsteinische Land. Ein Beitrag zur histor. Geographie. gr. 8. (59 S. mit 1 lithogr. Karte in gr. 4.) Berlin 860, D. Reimer. Thlr. *
Aus: Zeitschrift für allgemeine Erdkunde, besonders abgedruckt.

Das urgeschichtliche Schleswig-Holsteinische Land. Ein Beitrag zur historischen Geographie v. [Petrus Heinrich Karl] v. Maack. (Abdruck aus der Zeitschrift für allgemeine Erdkunde.) Mit 1 Karte. Berlin 1860. 8° – 2. stark vermehrte Aufl. Kiel. 1869. = desselben: Urgeschichte des Schleswig-Holsteinischen Landes. Th. 1.

Maack, P. v., die geburtshülfl. Operationslehre. Tabellar. dargest. z. Gebr. f. Studirende u. pract. Geburtshelfer. Imp.-4. (4½ B.) Kiel 839, Universität-Buchh. Thlr.

Maack, P. de, de ratione, quae colorem sanguinis inter et respirationis functionem intercedit. Dissertat. chem.-physiolog. 8 maj. (2½ B.) Kiliae 834, libr. Universitatis. Thlr.

Sind das Stein-, Bronze- und Eisenalter der vorhistorischen Zeit nur die Entwicklungsphasen des Culturzustandes eines Volkes, oder sind sie mit dem Auftreten verschiedener Völkerschaften verknüpft? Eine antiquarische Untersuchung v. [Petrus Heinrich Karl] von Maack. (Aus dem Archiv für Anthropologie. Bd. 3. Braunschweig. 1863?) 4°

Maack, P. H. K. v., Urgeschichte des schleswigholsteinischen Landes. 1. Thl.: Das urgeschichtliche schleswigholsteinische Land. Ein Beitrag zur histor. Geographie. 2. stark verm. Aufl. Mit 3 (eingedr.) Holzschn. Kiel 869. v. Maack. gr. 8. (XV, 168 S.) n. 1 ₰

Maack, *Richard* [Dr.]: Über Popes Einfluss auf die Idylle und das Lehrgedicht in Deutschland. E. Beitr. z. vergleich. Litteraturgeschichte. Hamburg, gedr. bei Lütcke & Wulff, 1895; 1 Bl., 16 S. 4.
Hamburg, R am Eilbeckerwege, P 1895 (702)

Maack, R., üb. Popes Einfluss auf die Idylle u. das Lehrgedicht in Deutschland. E. Beitrag zur vergleich. Litteraturgeschichte. Progr. gr. 4. (16 S.) Hamburg 895. (Herold's Verl.) n.n. 1. —

Maack, Richard: Die Flexion des englischen Substantivs von 1100 bis etwa 1250. . . . Hamburg, 1888; 2 Bl. + 88 S. 8°
Strassburg, Phil. Fak., Inaug.-Diss. v. 1888

Maack, Rich., die Flexion des englischen Substantivs von 1100 bis etwa 1250. 8. (88 S.) Hamburg 888, O. Meissner's Verlag. *

Maack, Richard, Dr.: Künstlerische Heimatkunde von Hamburg und Umgegend. Hamburg 1907: Lütcke & Wulff. (43 S.) 8°
Hamburg, R in St. Georg OP 1907 (926)

Maack, Rich., künstlerische Heimatkunde v. Hamburg u. Umgegend. (II, 43 S.) gr. 8. Leipzig 907. Quelle & Meyer. — 80

Maack, Thdr., der sicherste Schutz gegen die Reblaus. 8. (III, 52 S. mit Abbild.) Hamburg 885, O. Meißner's Verlag.

Maack, Wilhelm, appr. Arzt a. Lüneburg (Han.): Ein Fall von Oesophagus-Carcinom mit Perforation in Lunge und Pleura. München 1905: Kastner & Callwey. (30 S.) 8°
München, Med. Fak., Ref. v. Bauer, Diss. v. 31. Mai 1905
[Geb. 12. Dez. 79 Lüneburg, Han.; Wohnort: Lüneburg; Staatsangeh.: Preußen; Vorbildung: Johanneum Lüneburg Reife O. 99; Studium: Kiel 4, München 5 S.; Coll. 8. März 05; Approb. 7. Juli 04.]

Maade, Jg., die Stellung der Krone Böhmens in der Geschichte. Eine histor.-polit. Entwickelung. 1. Heft. Prag 867. Linnekogel & Funk. gr. 8. (IV, 103 S.) 15 ngr.

Maade, Jg., die Stellung der Krone Böhmens in der Geschichte. Eine histor.-polit. Entwickelung. 1. Heft. gr. 8. (IV und 103 S.) Prag 867, Mercy's Verlag.

Maade, Ignaz. Freistadts Handelsgeschichte und Handelsleben. 71, 140, 29 SS. 8. Progr. *Freistadt Öst.* 1881. 1882. 1883.

Maader, C.: Beschreibung des patentirten Maderon für Eisenbahnen. Wien 1864.

Maader, Carl, über Berg-Bahnen. Vortrag im österreich. Ingenieur- und Architekten-Verein am 11. April 1877. 2. Aufl. gr. 8. (24 S. mit 4 lithogr. Zeichnungsblättern in qu. gr. 4. und Fol.) Budapest 875, Grill's Hofbuchh. *
Die 1. Aufl. erschien im Selbstverlag des Verfassers.

Maag, die Revision des schweizer. Expropriationsverfahrens, s.: Verhandlungen d. schweizer. Juristenvereins. 2. Heft.

Maag, A., De Ibidis Ovidianae codicibus. Diss. 1885. 63 S.

Maag, Alb., Erinnergn. d. Hrn. Oberst Bernhard Isler v. Wohlen i. A., weil. Lieutenant in napoleon. Dienst. Nach f. Aufzeichngn. hrsg. M. Islers Bild u. Orig.-Unterschrift. gr. 8. (81 S.) Aarau 895. H. R. Sauerländer & Co. n. 1. 80

Maag, Albert. Garibaldi und das neapolitanische Fremdenbataillon von Mechel auf Sizilien 1860. S. 57—100. 8.
Gymnasium in Biel. Bericht über das Schuljahr 1905/06. Beilage... (Biel, Schüler A.-G.)

— Geschichte der Schweizertruppen in französ. Diensten währ. d. Restauration u. Julirevolution (1816—1830.) M. Benützg. d. Bundesarchivs u. kantonaler Archive dargest. M. e. Chromobild, 5 Portr., e. Übersichtskarte, 5 Plänen u. e. Namensregister. gr. 8. (XV, 864 S.) Biel 899. E. Kuhn. n. 10. —

— Geschichte der Schweizertruppen in französischen Diensten vom Rückzug aus Russland bis zum 2. Pariser Frieden (1813—1815). Mit 5 chromolith. Taf., 3 Porträts, 3 Uebersichtskarten u. e. Namensregister. gr. 8. (XV, 568 S. m. 5 Bl. Erklärgn.) Ebd. 894. n. 10. —; geb. in Leinw. n. 12. —

Maag, Alb., Geschichte der Schweizertruppen in neapolitanischen Diensten 1825—1861. Mit (4 farb.) Uniformbildern, Portraits (1 Taf.), (10) Karten u. Plänen. Hrsg. durch die Stiftg. von Schnyder v. Wartensee. (XVIII, 791 S.) Lex. 8. Zürich 909. (Schulthess & Co.) Geb. in Leinw. 15. —

Maag, Alb., Geschichte der Schweizertruppen im Kriege Napoleons I. in Spanien u. Portugal (1807—1814). 1. u. 2. Bd. gr. 8. Biel, E. Kuhn. n. 14. —
1. (XII, 528 S. m. farb. Titelbild u. 5 Karten.) 892. n. 6. —
2. (IV, 626 S. m. 4 Karten.) 893. n. 8. —

Maag, A., die Schicksale der Schweizer-Regimenter in Napoleon's I. Feldzug nach Russland 1812. Mit e. Orientirungs-Karte des russ. Kriegsschauplatzes, 2 Spezialkarten u. artist. Beilagen. 2., verm. Aufl. gr. 8. (VI, 317 S.) Biel 890. Kuhn. n. 4. —

Maag, Alb., die Schicksale der Schweizerregimenter in Napoleons I. Feldzug nach Russland 1812. Mit Benutzg. des Bundesarchivs dargestellt. 3., umgearb. u. verm. Aufl. Mit 2 Portr., 1 Übersichtskarte, 3 Specialkarten u. e. Namensregister. gr. 8. (XI, 413 S.) Biel 900. E. Kuhn. n. 6. —; geb. n. 8. —

Maag, Frz. Jos. Ant., freimüthige Erinnerungen an Hrn. B. v. Wagemann, den Verf. d. Unterrichts: in was eigentl. die Natur der gegenwärtig herrsch. Hornviehseuche bestehe; nebst e. darauf sich gründ. Anweisung, wie den weitern Fortschritten derselb. am wirksamsten zu steuern rc. 8. Altdorf 796.

Maag, H. Rechnungsbüchlein für die I. Klasse der Elementarschule. Dem Lehrplane des Kantons Zürich angepasst. In-8°. 64 S. Zürich, Art. Inst. Orell Füssli. 1895. Cart. — 60

Maag, H., Rechnungsbüchlein f. d. I. Klasse Elementarschule. 2. Aufl. D. Lehrplane d. Kantons Zürich angepaßt. 8. (64 S. m. Fig.) Zürich 896. Art. Institut Orell Füßli, Verl. Kart. n. — 60

Maag, H(einrich). Ernst und Humor oder 10-jährige Mitgliedschaft des Männerchors Wiedikon, zu dessen 70-jährigem Jubiläum 1901. [Mit 10 Porträts.] 145 S. 8. Zürich, Müller, Werder & Co., 1900 (*Umschlag: 1901). [fr. 2.—]

Maag, Jak., u. Hans Müller, Kommentar zum zürcherisch. Baugesetz f. Ortschaften m. städtischen Verhältnissen und zur Quartierplanverordnung. Anh.: Vorschriften baurechtl. u. verwandten Inhalts, welche neben dem Baugesetz zur Anwendg. gelangen. (V, 313 S.) 8. Zürich 907. A. Müller's Verl. Geb. in Leinw. 4. —

Maag, Jac[ob], Aussersihl [Kt. Zürich]: Vertragsschluss unter Abwesenden nach schweizerischem Obligationenrecht mit Berücksichtigung der gemeinrechtlichen Theorien. Zür. F. Schulthess Dr. 1891. 88 S., 1 Bl. 8°.
Zürich, Jur. Diss. [v. 29. Juli 1891].

Maag, Joh[ann] Jacob, von Wattweil, Cant. St. Gallen: Beweis der Identität der drei Variolaformen: Variola vera, Variolois und Varicella. Zür. Zürcher u. Furrer Dr. 1847. 20 S., 2 Bl. 8°.
Zürich. Med. Diss. v. 18. Sept. 1847.

Maag, J[ohann] J[acob]. Der Rosengarten bei Lichtensteig, Kanton St. Gallen. Ein kurzer Bericht über die bisherigen Leistungen und den dermaligen Zustand dieser Kuranstalt. [Mit 1 Tafel.] 8. St. Gallen 1843.

Maag, Paul [cand. med. von Zürich]: Beiträge zur Lehre von den Geistesstörungen im Kindesalter. Zürich 1901. 93 S. 8°.
Zürich. Med. Diss. 1900/1901.

Maag, Paul. Beiträge zur Lehre von den Geistesstörungen im Kindesalter. Diss. Med. Univ. Zürich. *Kopftitel:* Aus dem Kinderspital Zürich. II + 95 S. 8. Zürich, Hofer & Co., 1901.

Maag, P[aul]. Vom Naturheilverfahren. Nach einem in Zürich gehaltenen Vortrage (*Umschlag: Wissenschaftliche Naturheilkunde). Von Dr. med. P. M', Kuranstalt Steinegg bei Frauenfeld.... 38 S. 8. Verlag der K' St', 1905.

Maag, P[aul]. Der Weg zur Gesundheit. Medizinische Betrachtungen für denkende Laien. 161 S. 8. Zürich, Schulthess & Co., 1903. [fr. 2.40]

Maag, P[aul]. Der Weg zur Gesundheit. Medizinische Betrachtungen für denkende Laien. 2. Aufl. IV + 257 S. 8. Zürich, Schulthess & Co., 1908. [fr. 3.20, geb. 4.—]

Maag, Rudolf, von Zürich: Die Freigrafschaft Burgund und ihre Beziehungen zu der schweizerischen Eidgenossenschaft vom Tode Karls des Kühnen bis zum Frieden von Nymwegen. '(1477—1678.)'. Zür. Zürcher u. Furrer Dr. [Fäsi u. Beer Verl.] 1891. VIII, 366 S., 1 Bl. 8°.
Zürich, Phil. Diss. [v. 19. Juli 1890].

Maag, Rud. Die Freigrafsch. Burgund u. ihre Beziehungen zu der schweizerischen Eidgenossenschaft vom Tode Karls d. Kühnen bis zum Frieden v. Nymwegen. [1477—1678.] gr. 8. (VII, 366 S.) Zür. 891, Höhr u. Fäsi. * 5 —

(**Maag,** Rudolf.) Melchior Russ der Jüngere berichtet über Archivalien, die er den Herzogen von Oesterreich ausgeliefert hat. Um 1480. SA. 8. ([Bern] 1899.)

Maag, Rudolf, aus Dielsdorf: Ueberführung von Acridonderivaten in Acridine. Zürich 1907. 64 S. 8°. [22. II. 07.]
Zürich. Phil. Diss. II. S. 1906/1907.

Maag, Rudolf. Ueberführung von Acridonderivaten in Acridine. Diss. Phil. [II.] Univ. Zürich. 64 S. 8. Zürich-Selnau, Gebr. Leemann & Co., 1906 (*Umschlag: 1907).

Maag, Rudolf s. Urbar. Das Habsburgische U'. Basel.

Maag, Rud., das habsburgische Urbar, s.: Quellen zur Schweizer Geschichte.

Maag, Rud., Wein u. Weinbereitung u. s. w., nebst Angaben über Hefenwein. 8. Zürich (Orell, Füssli & Co.) 1874. 1. —

Maag, Walter, appr. Arzt a. Budapest: Ein Fall von Osteoidtumor in der Muskulatur des Oberschenkels. Rudolstadt 1904: F. Mitzlaff. (11 S.) 8°
Tübingen, Med. Fak., Ref. v. Baumgarten, Diss. v. 22. Sept. 1904
[Geb. 4. März 80 Budapest; Wohnort: Elberfeld; Staatsangeh.: Preußen; Vorbildung: Gymn. Elberfeld Reife O. 99; Studium: Erlangen 1, Tübingen 8 S.; Coll. 2. Mai 04; Approb. 10. Mai 04.]

Maagen, Vict. v., wie man Kinder in e. fremden Sprache u. in der Grammatik unterrichten muß. Musterlektionen der französ. Sprache, gültig f. alle Sprachen, f. tote u. leb., nebst e. Sammlg. leichter Erzählgn. zum Unterrichte in den drei ersten Klassen. Bewährte Methode, die bei vollständ. Entlastg. der Schüler von jegl. häusl. Vorbereitgn. zum Klassenunterricht, einzig durch die Arbeit in der Schule m. dem Lehrer die größten Erfolge sichert. (45 S.) 8. Riga 906. (Reval, Kluge & Ströhm.) 2. —

Maager, Gust., Vorträge f. Orts-Handwerker- u. Bildungs-Vereine, sowie zur Selbstbelehrung in gedrängter Ausführung. 8. (24 S.) Potsdam 894. P. Dienemann. — 30

Manger, Karl. Zweites offenes Schreiben an den hohen Reichsrath in Angelegenheit der Siebenbürger Eisenbahn. 8. Wien 1864.

Maak, F., das Goethetheater in Lauchstädt, nebst dem v. Goethe zu seiner Einweihg. gedichteten Vorspiel: „Was wir bringen" u. e. Auszuge aus der alten Badeliste von 1721—1842. Ein Beitrag zum Schillerjahre 1905. (IV, 81 S. m. 4 Abb.) 8. Lauchstädt 905. D. Häcker. n. 1.—

Maak, R.: Reise in das Flussthal des Ussuri, ausgeführt im Auftrag der Sibirischen Abtheilung der Kaiserlichen Russischen Geographischen Gesellschaft. Bd. 1. Zoologische Ergebnisse. Bd. 2. Über die Vegetation in den Ländern am Ussuri. Ergänzungsmaterial zur Flora des Amurlandes. Zusammengestellt von E. Regel und R. Maak, St. Petersburg 1861. 2 Bde. VIII, 203, 23 S., 1 Tf.; VII, 345 S., 13 Tf., 1 Krt. 4°

Maaler, Josua. [Zürich 1804.] V: *Vögelin, Salomon.* (Cat. d. Stadtbibl. Zürich. Zürich 1864—97.)

Maar, A., Anleitg. zur Enten- u. Gänsezucht m. bes. Berücksicht. d. Zierenten u. e. Monographie d. Schwans. 8. (IV, 54 S.) Leipzig (893). Exped. der Geflügel-Börse. 1.20

Maar, A., illustrirtes Muster-Enten-Buch. Enth. das Gesammte der Zucht u. Pflege der domesticirten u. der zur Domestikation geeigneten wilden Entenarten. Mit ca. 40 Pracht-Farbendr.-Taf., direkt nach der Natur aufgenommen v. Chr. Förster, u. vielen Orig.-Text-Abbildgn. (In ca. 20 Lfgn.) 1. u. 2. Lfg. gr. 4. (S. 1–32.) Hamburg 887. J. F. Richter. à n. 1. 20

Maar, A., illustrirtes Muster-Enten-Buch. Enth. das Gesammte der Zucht u. Pflege der domestizirten u. der zur Domestikation geeigneten wilden Entenarten. Mit ca. 40 Pracht-Farbendr.-Taf., direkt nach der Natur aufgenommen von Chrn. Förster, u. vielen Orig.-Text-Abbildgn. 3.–18. (Schluß-)Lfg. gr. 4. (S. 33–288.) Hamburg 887–890. Verlagsanstalt u. Druckerei, A.-G. à n. 1. 20 (cplt.: n. 25.—; geb. n. 28.—)

Maar, A., illustrirtes Muster-Enten-Buch. Enth. das Gesamte der Zucht u. Pflege der domestizirten Entenschläge u. der zur Domestikation geeigneten Wild-Enten-Arten u. Zier-Enten. Mit 40 naturgetreuen Abbildgn. in Farbendr. u. vielen Textabbildgn. v. Chrn. Förster. 19.–21. Lfg. gr. 4. (XIX u. S. 289–316.) Hamburg 891. Verlagsanstalt u. Druckerei, A.-G. à n. 1. 20 (kplt.: n. 25.—; geb. n. 28.—)

Maar, A., praktisches Rezept-Taschenbuch f. Geflügelzüchter. 12. (IX, 58 S.) Dresden 902. H. Schultze. n. — 90; geb. in Leinw. n. 1. 20

Ⓑ **Maar**, A., Recepttaschenb. f. Geflügelzüchter. 902. (KBl. 32.) Jetzt: Reichenbach. J. G. Koch.

Des Menschen Streben, Wirken, Hoffen. Erfunden u. gemalt von B. J. Maar. Gestochen von Walther. Nürnberg: Soldan [1864]. 31,2 : 44,4 cm. [Stich.] [Fusstit.]
Allegorische Darstellung.

Maar, Friedrich [aus Neuhaus, app. Arzt]: Sterilisirte Milch bei Dyspepsien der Kinder. . . . Erlangen, Druck d. Univ.-Buchdr. v. Junge & Sohn, 1889; 23 S. 8°
Erlangen, Med. Fak., Inaug.-Diss. v. 8. Aug. 1888

Maar, Karl

MAAR, CARL: Andenken an die feierliche Eröffnung der neuerrichteten Pfarre in der heiligen Dreifaltigkeit vormals Trinitarier-Kirche zu Pressburg. Pressburg 1854: Alois Schreiber 16 S. - 8°

MAAR, CARL: Jubiläum-Rede, vorgetragen in der Dom- und Stadtpfarrkirche zu St. Martin in Pressburg, am Fest Maria Verkündigung, den 25. März 1865 von Carl Maár, geheimen Kämmerer Seiner Heiligkeit des Papstes Pius IX. und Stadtpfarrer an der Kirche zur allerheiligsten Dreifaltigkeit daselbst. Der Ertrag ist zur Restaurirung obigen Domes gewidmet. Preßburg 1865. Druck v. Alois Schreiber. 14 S. - 8°

MAAR, CARL: Predigt zur Primiz-Feier des Herrn Joseph Haydin, Weltpriesters der Graner Erzdiözese. Gehalten zu Neudorf am 5. Sept. 1841. Preßburg 1841. Gedr. bei Anton Edl. v. Schmid. 14 S. - 8°

Maar, L. J., die Kunst, physische Leiden durch unmittelb. Einwirken reinster Vernunft zu verringern. 8. Wien 804. At. Doll. 8 ⁴⁄₁₂

Maar, Peter Paul: Kaufmännisches Rechnen. Kurzgefaßte Darstellung der im praktischen Verkehre zumeist vorkommenden Rechnungsarten. (Encyclopädie für Gewerbe- und kaufmännische Sonntagsschulen von Prof. Friedrich Kerner. 5. Heft. 1870. Pest: Heckenast 1869. VIII, 95 S. 8°

Maarschalk, H. J. V. D. V. Cleve und Umgebung. Cleve. 1 Bl. L.

Maarseveen, Gertruida W. P. van [aus Amsterdam]: Ueber die Beziehung zwischen Lösungswärme, Löslichkeit und Dissociationsgrad. Amsterdam 1897. 64 S. 8°.
Zürich. Phil. Diss. II. 8. 1897/98.

Maartens, Maarten, Brothers all, s.a. Collection of British authors.

Brothers All. More stories of Dutch peasant life. By Maarten **Maartens** [d. i. J. M. V. van der Poorten-Schwartz]. Copyright ed. Leipzig: Tauchnitz 1909. 294 S. 8°
(Collection of British authors. Tauchnitz Ed. Vol. 4108.) [11. 8832

Maartens, Maarten, s.: Christmas posy, a.

— Dorothea, s.a. Collection of British authors.

Dorothea. A story of the pure in heart. By Maarten **Maartens**. In 2 vols. Vol. 1. 2. Leipzig: B. Tauchnitz 1904. 2 Bde 8°
(Collection of Brit. authors. Tauchnitz ed. Vol. 3741. 3742.) [05. 5544 10

Dorothea, Geschichte eines reinen Herzens [Dorothea, a story of the Pure in Heart]. Roman in 3 Tlen (in 2 Bden) von Maarten **Maartens** [d. i. J. M. W. van der Poorten Schwartz]. Bd 1. 2. (Deutsche Orig.-Ausg.) Berlin, Köln, Leipzig: A. Ahn 1908. 2 Bde 8° [F.] [08. 10447

— Dorothea. Geschichte e. reinen Herzens. Roman in 3 Tln. 2 Bde. (417 u. 437 S.) 8. Köln 908. Bonn, A. Ahn. 8.—; geb. 10.—

God's Fool. A Koopstad story. By Maarten **Maartens** [d. i. J. M. V. van der Poorten-Schwartz]. Copyright ed. In 2 vol. Vol. 1. 2. Leipzig: Tauchnitz 1892. 8°
(Collection of British authors. Tauchnitz Ed. Vol. 2876/7.) [11. 7930

— Dass., s. a. Collection of British authors.

The greater Glory. A story of high life. By Maarten **Maartens** [d. i. J. M. V. van der Poorten-Schwartz]. Copyright ed. In 2 vol. Vol. 1. 2. Leipzig: Tauchnitz 1894. 8°
(Collection of British authors. Tauchnitz Ed. Vol. 2965/6.) [11. 7994

— Dass., s. a. Collection of British authors.

— the healers, s.a. Collection of British authors.

The Healers. By Maarten **Maartens** [d. i. J. M. V. van der Poorten-Schwartz]. Copyright ed. In 2 vol. Vol. 1. 2. Leipzig: Tauchnitz 1906. 8°
(Collection of British authors. Tauchnitz Ed. Vol. 3873/4.) [11. 8832

— auf tiefer Höhe. Eine Geschichte aus hohen Kreisen. Roman in 2 Tln. (Deutsche Orig.-Ausg.) (XV, 567 S.) 8. Köln 906. A. Ahn. n. 5.—

— d. Liebe e. alten Mädchens. E. holländ. Geschichte. 2. Aufl. 8. (VI, 443 S.) Köln 896. A. Ahn. n. 5.—; geb. n. 6.—

[F.] Die Liebe eines alten Mädchens. Eine holländ. Geschichte von Maarten **Maartens**. *Berlin, Köln, Leipzig: A. Ahn 1897.* (3 Bl., 443 S.) 1 Bd 8. [97. 4060

Maartens, Maarten. An old maid's love, s. Collection of British authors.

Her Memory. By Maarten **Maartens** [d. i. J. M. V. van der Poorten-Schwartz]. Copyright ed. Leipzig: Tauchnitz 1898. 271 S. 8°
(Collection of British authors. Tauchnitz Ed. Vol. 3321.) [11. 8848

-- Dass., s. a. Collection of British authors.

— Gottes Narr. Eine Koopstader Geschichte. Roman in 3 Tln. Mit dem Bildnis d. Verf., Orig.-Radierg. v. Frank Willis. 8. (VIII, 583 S.) Köln 895. A. Ahn. n. 5. —; geb. n. 6. —

— Gottes Narr. Eine Koopstader Geschichte. Roman in 3 Tln. 3.—6. Tauf. (VIII, 413 S.) 8. Ebd. (909). Geb. in Leinw. 3. —

My Lady Nobody. A novel. By Maarten **Maartens** [d. i. J. M. V. van der Poorten-Schwartz.] Copyright ed. In 2 vol. Vol. 1. 2. **Leipzig**: Tauchnitz 1895. 8°
(Collection of British authors. Tauchnitz Ed. Vol. 3066/7.) [11. 8071

— Dass., s. a. Collection of British authors.

— Harmen Pols. Peasant, s. a. Collection of British authors.

Harmen Pols: Peasant. By Maarten **Maartens** [d. i. Joost Marius Willem van der Poorten Schwartz]. Copyright ed. Leipzig: Tauchnitz 1910. 319 S. 8°
(Collection of Brit. Authors. Tauchnitz Ed. Vol. 4211.) [10. 14047

Der Preis von Lis Doris [The Price of Lis Doris]. Roman von Maarten **Maartens** [d. i. J. M. W. van der Poorten-Schwartz]. (Deutsche Orig.Ausg.) Bonn, Cöln, Berlin, Leipzig: Ahn [1910]. 486 S. 8° [11. 13354

— The price of Lis Doris, s. a. Collection of British authors.

The Price of Lis Doris. By Maarten **Maartens** [d. i. J. M. V. van der Poorten-Schwartz]. Copyright ed. In 2 vol. Vol. 1. 2. Leipzig: Tauchnitz 1910. 8°
(Collection of British authors. Tauchnitz Ed. Vol. 4172/3.) [11. 6657

— a question of taste, s.: Library, the English.

— my poor relations, s. a. Collection of British authors.

My poor Relations. Stories of Dutch peasant life. By Maarten **Maartens** [d. i. J. M. V. van der Poorten-Schwartz]. Copyright ed. In 2 vol. Vol. 1. 2. Leipzig: Tauchnitz 1904. 8°
(Collection of British authors. Tauchnitz Ed. Vol. 3705/6.) [11. 8533

— Die neue Religion. Ein moderner Roman. (Deutsche Orig.-Ausg.) (523 S.) 8. Cöln (908). Bonn, A. Ahn. 5.—; geb. 6. —

— The new religion, s. a. Collection of British authors.

The new Religion. A modern novel. By Maarten **Maartens** [d. i. J. M. V. van der Poorten-Schwartz.] Copyright ed. In 2 vol. Vol. 1. 2. Leipzig: Tauchnitz 1907. 8°
(Collection of British authors. Tauchnitz Ed. Vol. 3990/1.) [11. 8744

Maartens, Maarten, Joost Avelinghs Schuld. Eine holländ. Geschichte. Roman in 2 Tln. 8. (VI, 454 S.) Köln 896. A. Ahn. n. 5. —; geb. n. 6. —

Maartens, M., the sin of Joost Avelingh, s.: Collection of British authors.

— The woman's victory, and other stories, s. a. Collection of British authors.

The woman's Victory, and other stories. By Maarten **Maartens** [d. i. J. M. V. van der Poorten-Schwartz]. Copyright ed. In 2 vol. Vol. 1. 2. Leipzig: Tauchnitz 1906. 8°
(Collection of British authors. Tauchnitz Ed. Vol. 3011/12.) [11. 8681

Maartens, Maarten, some women I have known, s. a. Collection of British authors.

Some Women I have known. By Maarten **Maartens** [d. i. J. M. V. van der Poorten-Schwartz]. Copyright ed. Leipzig: Tauchnitz 1901. 280 S. 8°
(Collection of British authors. Tauchnitz Ed. Vol. 3541.) [11. 8410

Maas, s. a. Maass

Maas, s. a. Mass . . .

Maas für Maas. Schausp. v. Schröder. 8. Wismar, Bödner. 790.

Maas, Herm., Gedächtnissrede auf ihn, s.: Michel.

Maas, einzige, wirklich erfolgreiche, auf 32jährige Erfahrung begründete Behandlung des Schreiberkrampfes. Populär dargestellt. gr. 8. (24 S. mit 144 autogr. Schriftformen.) Berlin 883, (Woznitzka.) *

Maas, Die Beschlüsse des Abgeordnetenhauses vom 26. Juni 1876 betr. das Rechtsverhältnis zwischen Grundbesitzer und Bergwerksbetreiber. Waldenburg i. Schl., 1877. 48 S.

Maas, über die Darmresection und circuläre Darmnaht bei eingeklemmten brandigen Brüchen. gr. 8. (5 S.) Würzburg 885, Stahel'sche Universitäts-Buchh.

— über e. ungewöhlichen Fall v. Unterleibsgeschwulst. [Mit Demonstration.] gr. 8. (8 S.) Würzburg 886. Stahel. n. — 20

Maas, Dr., Die badische Convention und die Rechtsvorgänge bei dem Vollzuge derselben. (Aus dem „Archiv für katholisches Kirchenrecht“ besonders abgedruckt.) 1.—3. Lfg. 8. (S. I—VIII. 1—164.) Innsbruck, Vereinsbuchdruckerei. 1861. 1 fl. 32 kr.

— neueste, bei Ihren k. Hoheiten den Prinzen Wilhelm u. Heinrich v. Preussen in Anwendung gebrachte Methode f. den Unterricht im Schnell- u. Schönschreiben. 6. Aufl. Mit e. Sortiment Federn, Federhalter u. 4 Linienblättern. gr. 4. (IV, 16 S. m. 48 Steintaf.) Berlin 884. Expedition der Prof. Maas'schen Unterrichtsmittel (Nagel & Co.). In Leinw.-Carton n. 12. —

— über die Methoden, Fremdkörper aus der Blase zu entfernen. gr. 8. (5 S.) Würzburg 885. Stahel. — 30

Maas's, neueste deutsche National-Handschrift. Erprobter Selbstunterricht in 12 Lectionen für das Schnell-Schönschreiben mit der rechten u. linken Hand, u. für Einarmige mit Rücksicht auf radicale Beseitigg. des Schreibkrampfes, Händezitterns u. anderer beim Schreiben stör. Uebel. Zum Gebrauche für Personen jeden Alters u. Standes, wenn sie Gedrucktes zu lesen vermögen. Mit über 80 lith. Taff. u. vielen in den Text gedr. Abbildgn. (in Holzschn., eingedr. u. auf 1 Taf.) 4. Aufl. Berlin 869. Grieben. qu. 4. (XII, 12 S. Text.) n. 4 ℳ

Maas's neueste deutsche National-Handschrift. [Mit dieser Einen Schrift kann man, wie andere Nationen mit der ihrigen in jeder Sprache schreiben.] Erprobter Selbstunterricht in 12 Lectionen für das Schnell-Schönschreiben mit der rechten und linken Hand, und für Einarmige, mit Rücksicht auf radicale Beseitigung des Schreibkrampfes, Händezitterns und anderer beim Schreiben stör. Uebel. Zum Gebrauche für Personen jeden Alters und Standes, wenn sie Gedrucktes zu lesen vermögen. Mit über 80 lithogr. Taf. und vielen in den Text gedr. Abbild. 4. Aufl. 1869, und 5. Aufl. 12 Lfgn. Lex.-8. Berlin 872, Expedition. [Landau'sche Sortimentsh.] à Lfg. *ℳ 1. *

Maas, die Physiologie des Schreibens. Auf mehr als 40jähr. Erfahrung begründeter Leitfaden f. den Schnell-Schönschreib-Unterricht m. rechter u. linker Hand. Zum Gebrauch f. jeden Gebildeten, insbesondere f. Lehrer, Seminare u. Präparanden-Anstalten. gr. 8. (152 S. m. Abbildgn.) Berlin 894. F. Ashelm. n.n. 2. 50

Maas: S e l b s t u n t e r r i c h t im Schnell-schönschreiben. Berlin 1872. 8⁰

— Universal-Schreibschule. gr. 8. (3 S. m. 4 Fig. u. 25 Taf., nebst Lineal u. Federn.) Ebd. 894. In Karton. n. 12. --

Maas, das Verhältnis der Ethik zur Religion, insbesondere zum Christentum, s.: Zusammenkunft, die Eisenacher, etc.

Maas, A., s. M a a s s

Maas, A. J., S. J., the gospel according to Saint Matthew with an explanatory and critical commentary. gr. 8. (XLI, 317 S.) St. Louis, Mo. 898. Freiburg i/B. Herder. Geb. in Leinw. n. 14. —

Maas, A. J., a day in the temple. 8. (215 S.) St. Louis, Mo. 892. Freiburg i/B., Herder. Geb. in Leinw. n. 3. —

— the life of Jesus Christ according to the gospel history. 2. ed. 8. (XXXIV, 621 S. m. Abbildgn., Vogelschau-Ansicht u. 2 Karten.) Ebd. 892. Geb. in Leinw. n. 8. 40

Maas, Ad., die Düngung der landwirtschaftl. Kulturpflanzen. 1. Tl. Leitfaden d. Düngerlehre. Ein Nachschlagebuch f. Landwirte u. zugl. e. Lehrbuch f. Ackerbauschulen u. landwirtschaftl. Winterschulen. gr. 8 (VII, 90 S.) Neudamm 899. J. Neumann. Kart. n. 1. 50

Maas, Ad., die Düngung der landwirtschaftlichen Kulturpflanzen. 2. Tl. gr. 8. Neudamm 899. J. Neumann. Kart. n. 2. 50

Die Ausführung des Düngens in der Praxis, veranschaulicht an Fruchtumläufen. Ein Ratgeber u. Wegweiser f. Landwirte. (XII, 161 S.)
1. Tl. Ebd. 899. Kart. n. 1. 50.

Maas, Adolf

Maas, A., Leitfaden der landwirtschaftlichen Chemie. 8. (VI, 185 S. m. 10 Abbildgn.) Berlin 894. P. Parey. Geb. in Leinw. n. 1. 60

Leitfaden der landwirtschaftlichen Chemie. Von A[dolf] **Maas**, Lehrer in Wittstock. 2., verb. u. verm. Aufl. Mit 10 Textabb. *Berlin: P. Parey 1900.* (VIII, 184 S.) 8° [F.]
— Unterrichtsbücher, Landwirtschaftliche. [11.] [00. 3917

Maas, Albrecht, a. Gernsbach i. B.: „Poet" und seine Sippe. Straßburg: K. J. Trübner 1905. (66 S.) 8° [F.] ¶[Aus: Zeitschr. f. Deutsche Wortforschung.]
Freiburg i. B., Phil. Fak., Ref. Kluge, Diss. v. 7. Jan. 1905
[Geb. 3. Aug. 81 Gernsbach; Wohnort: Freiburg i. B.; Staatsangeh.: Baden; Vorbildung: Gymn. Freiburg; Studium: Freiburg 7, Leipzig 1, Freiburg 2 S.; Rig. 29. Okt. 04.]

Maas, August, a. Crefeld: Aus d. „Inneren Abt. d. Städt. Krankenhauses zu Crefeld". ⟨Oberarzt Dr. G. Reinhold.⟩ Ein Fall von akuter Paraplegie mit Sensibilitätsstörungen bei Carcinom. Bonn 1906: E. Eisele. (36 S.) 8°
Bonn, Med. Fak., Ref. Schultze, Diss. v. 21. Juni 1906
[Geb. 29. April 78 Crefeld; Wohnort: Crefeld; Staatsangeh.: Preußen; Vorbildung: Gymn. Crefeld Reife O. 00; Studium: Bonn 1, Leipzig 1, Bonn 7 S.; Coll. 21. Juni 06; Approb. 1. Juli 05.]

Maas, B., Mein Staat. Gewidmet den Arbeitern und Proletariern. 8⁰. New York, Theod. Bergmann, s. a.

Maas, [Bernhard]: Rede zum 150. Geburtstage Schillers. Dorsten 1910: Reichartz. S. 17—23. 4°
Dorsten, kath. G P 1910 (469) [S 10. 275

Maas, C. (Red.) s. U n t e r h a l t u n g s b l a t t, Arends' stenographisches.

Maas, Casper, s. M a a s, Kasper

Maas, Dirk. [Die Reitschule.] D[irk]. Maas inv: et fecit. o. O. [um 1700]. 9 Taf. in Rad. 4°

Maas, Fel., der Klagegrund im Sinne der Civilprozessordnung. Diss. gr. 8. (61 S.) Göttingen 890. (Vandenhoeck & Ruprecht.) n. 1. 40

Maas, Friedrich (Holstein), Diss. jur. de causis arduis et majoribus. Präs. Justus Henning Böhmer. Halle / Magdeburg (Grunert) Juni 1715. (Rec. 1732.) 88 S. (5.—) 21944
Gew.: A. v. Weysen.

M a a s, G. J. E.: „Grundriss der reinen Mathematik, zu Vorlesungen und eigenem Studium", Halle 1796 (Renger).

[F.] Bibliographie der amtlichen Materialien zum Bürgerlichen Gesetzbuche für das Deutsche Reich u. zu s. Einführgsges. zsgest. v. Dr. jur. Georg **Maas**, Bibliothek-Assistent b. d. Reichsger. *Berlin: J. Guttentag 1897.* (35 S.) 1 Bd 8. [97. 7959

Maas, Georg: Bibliographie des Bürgerlichen Rechts. Verzeichnis v. Einzelschriften u. Aufsätzen üb. das im B. G. B. f. d. Deutsche Reich vereinigte Recht, sachlich geordnet. 1-[7]. — Berlin: Heymann 1899-1905. 8°

Maas, Geo., Bibliographie des bürgerlichen Rechts. Verzeichnis v. Einzelschriften u. Aufsätzen üb. das im bürgerl. Gesetzbuche f. das Deutsche Reich vereinigte Recht, sachlich geordnet. 1888—1898. gr. 8. (XL, 387 S.) Berlin 899. C. Heymann's Verl. n. 9. —
= Archiv f. Bürgerl. Recht. Bd 16.

— dasselbe. 1899. gr. 8. (68 S.) Ebd. 900. n. 1. 50

— dasselbe. 1900. gr. 8. (84 S.) Ebd. 901. n. 1. 50

— dasselbe. 1901. gr. 8. (83 S.) Ebd. 902. n. 1. 50

Maas, Geo., Bibliographie des bürgerl. Rechts. Verzeichnis v. Einzelschriften u. Aufsätzen über das im bürgerl. Gesetzbuch f. das Deutsche Reich vereinigte Recht, sachlich geordnet. 1902. 1903 u. 1904. (84, 94 u. 94 S.) gr. 8. Berlin 903—905. C. Heymann. à n. 1. 50
Sonderabdrucke aus: „Archiv f. bürgerl. Recht".

— Bibliothekumzüge. Eine bibliothektechn. Studie. gr. 8. (III, 31 S.) Leipzig 896. K. W. Hiersemann. n. 1. 60

Maas, Ges. üb. d. deut. Telegraphenwesen v. 6./4. 92. Text m. Erläutergn. Berlin 892.

Maas, Geo., das Gesetz üb. das Telegraphenwesen d. Deutschen Reichs vom 6. Apr. 1892, s.a. Taschen-Gesetzsammlung.

Maas G. das Gesetz über das Telegraphenwesen des Deutschen Reichs. Berlin 1892

Maas, Geo., s.: Handelsgesetze, die, des Erdballs.

— Jurisprudentia Germaniae 1905. Bibliographie der deutschen Gesetzgebg. u. Rechtswissenschaft. Unter Mitwirkung v. Fachgenossen gesammelt u. sachlich geordnet. (XVI, 222 S.) gr. 8. Berlin 906. W. Moeser. Geb. in Leinw. n. 5. —

— Jurisprudentia Germaniae 1906. Bibliographie der deutschen Gesetzgebg. u. Rechtswissenschaft. Unter Mitwirkg. v. Fachgenossen gesammelt u. sachlich geordnet. (XXII, 268 S.) gr. 8. Berlin 907. W. Moeser. Geb. in Leinw. 7. 50

Offizielle Regierungsdrucksachen. Eine bibliogr. u. bibliothekar. Studie. Von Dr. jur. Georg **Maas.** Leipzig (1897): Ramm & Seemann. 16 S. 8°
Aus: Börsenbl. f. d. deutschen Buchhandel. 1897, Nr 257. [11. 11933

— der Telegraphengesetzentwurf u. seine Gefahren, s.a. Zeitfragen, volkswirthschaftliche.

— Der Telegraphengesetzentwurf und seine Gefahren. (Zeitfr. Volksw. 98) Berlin 1891

Maas, G., der Vertragsschluss auf elektrischem Wege. gr. 8. (90 S.) Berlin 889. Puttkammer & Mühlbrecht. n. 2. —

Maas, Gerhard [aus Moordorf in Oldenburg]: Über die Resorption fein zerstäubter Flüssigkeiten durch die menschliche Haut .... Würzburg, Paul Scheiner's Buchdr., 1886; 20 S. 8°.
Würzburg, Med. Fak., Inaug.-Diss. v. 1886.

Maas, Gerhard, über die Resorption fein zerstäubter Flüssigkeiten durch die menschliche Haut. Diss. Würzburg 1886, Stahelsche Univ.-Buchh. 8°. 20 S.

[ʒ.] Schutzmassregeln gegen die Cholera nebst Belehrg über d. Entstehg u. Verbreitg d. Krankheit zsgest. v. Dr. G[erh.] **Maas,** pr. Arzt in Calbe a. S. *Calbe a. S.: [Comm.-V. Baehr]; Dr. v. A. Goppelt 1892.* (14 S.) 1 Bd 8. [96. 1905

Maas, Gf. Arn., († 181..) s. 1) Bachiene, W. A., Beschreib. — 2) Lesebuch f. Schulen in Cleve.

Maas, Gottlieb

Maaß, G., Briefe eines Wundarztes üb. die wichtigsten Gegenstände der chirurgischen Heilkunde. gr. 8. Berlin, Schmidt. 805.

Gottlieb Maas

Briefe eines Wundarztes über die wichtigsten Gegenstände der chirurgischen Heilkunde,...von Gottlieb Maas. Mit e. Vorr. u. Anm. von C[hristian] L[udwig] Mursinna. Berlin: J.W.Schmidt; Leipzig: Mittler 1806. XII, 484 S. 8°

Maas, Günther: Ueber Endmoränen in Westpreussen und angrenzenden Gebieten. ([S.-A.] Jahrbuch der Königl. Preussischen Geologischen Landesanstalt für 1900. S. 93-147.) Berlin 1901. 55 S. 3 Tf., 1 Krt. 8°

Maas, Günther *Heinrich Julius Maximilian* [aus Berlin]: **Die untere Kreide des subhercynen Quadersandsteingebirges ... (Erscheint vollst. in d. Zeitschr. d. deutsch. geol. Ges.)** Berlin, Druck v. F. Ashelm, 1895; 32 S., 1 Bl. 8.
Berlin, Phil. Fak., Inaug.-Diss. v. 13. März 1895

Maas, Günther: Geologische Skizzen aus der Tucheler Heide. ([S.-A.] Schriften der Naturforschenden Gesellschaft in Danzig. N. F. Bd. 10. Heft 1. 1899.) Danzig 1899. 15 S. 8°

Maas, Günther: Ueber Thalbildungen in der Gegend von Posen. ([S.-A.] Jahrbuch der Königlich Preussischen Geologischen Landesanstalt für 1898. S. 66-89.) Berlin 1899. 24 S. 8°

Maas, Hans. Anleitung zur Beurteilung des schweizer. Fleckviehes mit besonderer Berücksichtigung des Mess- und Punktierverfahrens. 3. umgearb. Aufl. In-8°. 77 S. Bern, K. J. Wyss. Cart. 2 —
1896.

Maas, Heinr., zum Frieden zwischen Staat u. Kirche. gr. 8. (VII, 163 S.) Freiburg i/Br. 880. Herder. n. 2. —

Maas, Heinr., Geschichte der katholischen Kirche im Großherzogth. Baden. Mit besond. Berücksicht. der Regierungszeit d. Erzbischofs Hermann v. Vicari. Mit dem Bildniß d. Erzbischofs Hermann v. Vicari. gr. 8. (XXIII, 692 S.) Freiburg i/B. 891. Herder. n. 10. —

Maas, Hermann

—— die Behandlung von Geschwüren mit besond. Berücksicht. der Reverdin'schen Transplantation, s. Sammlung klinischer Vorträge.

Maas, Hermann: Kriegschirurgische Beiträge. Breslau (1869). (93 S.) 8° *(In Buchhandel 1870 bei Maruschke & Berendt in Breslau.)*
Breslau. Med. Fak., Hab.-Schr. v. 2. Nov. 1869

Maas, Herm., kriegschirurgische Beiträge aus dem J. 1866. Breslau 870. Maruschke & Berendt. gr. 8. (93 S.) n. 16 ngr.

Maaß, Herm., Großherzog Friedrich v. Baden, s.: Volksabende.

Maas, Herm.: Äussere Geschichte der englischen Theatertruppen in dem Zeitraum von 1559 bis 1642., s. a. Materialien zur Kunde des älteren engl. Dramas. XIX.

Äussere Geschichte der englischen Theatertruppen in dem Zeitraum von 1559 bis 1642. Zsgest. von Hermann **Maas.** Louvain: A. Uystpruyst; Leipzig: O. Harrassowitz 1907. (X, 283 S.) 4°(8°)
— **Materialien** z. Kunde d. älteren engl. Dramas. Bd 19. [07. 11077 9

Maas, Hermann, aus Bremen: **Die Kindertruppen, ein Kapitel aus der Geschichte der englischen Theatergesellschaften in dem Zeitraume von 1559 bis 1642.** *Bremen 1901: Grube & Dathe.* (VI, 35 S.) 8° ¶(Teil d. eingereichten Arbeit üb. d. gesamten engl. Theatertruppen von 1559—1642; diese soll als besond. Buch erscheinen.)
Göttingen, Phil. Diss. v. [15. Okt.] 1901

Buchausg. 1907 u.d.T.: Äussere Geschichte der englischen Theatertruppen in dem Zeitraum von 1559 bis 1642 als: Materialien zur Kunde des älteren englischen Dramas. Bd. 19.
4°

Maas, Hermannus *(geb. Stargard in Pomm. 3. 1. 1842)*: De sarcomate melanode. Vratislaviae (1865). (25 S.) 8°
Breslau, Med. Diss. v. 11. Apr. 1865

Maas, Hermine, Med. Prakt. a. Bonn a. Rhein: Die in der Heidelberger Klinik von 1902 bis 1906 beobachteten Fälle von Amenorrhoe (nach ätiologischen Gesichtspunkten zusammengestellt). Heidelberg 1907: K. Rössler. (31 S.) 8°
Heidelberg, Med. Fak., Ref. v. Rosthorn, Diss. v. 1907
[Geb. 27. März 71 Trier; Wohnort: Heidelberg; Staatsangeh.: Preußen; Vorbildung: Gymn. Cöln Reife M. 00; Studium: Bonn 4, Heidelberg 2, Berlin 1, Heidelberg 3 S.; Coll. 30. Juli 06; Approb. 27. Aug. 06.]

Maas, Hubert, a. Darfeld: Ein Beitrag zur Kenntnis der Korrelationserscheinungen bei den Futterrüben. Bonn 1905: S. Foppen. (55 S.) 8°
Gießen, Phil. Fak., Ref. Gisevius, Diss. v. 11. Nov. 1905
[Geb. 3. Dez. 78 Darfeld; Wohnort: Bonn; Staatsangeh.: Preußen; Vorbildung: Gymn. Burgsteinfurt Reife O. 00; Studium: Bonn 9 S.; Rig. 1. Aug. 05.]

(**Maas**, J.,) erster Unterricht in d. franz. Sprache nach Jacotot, s. Unterricht rc.

Maas, J. Adam

Maas, J. A., Kissingen u. s. Heilquellen. 8. Würzburg, Stahel. 820.

Kissingen und seine Heilquellen. Von J. A(dam) Maas. 2., verm. Aufl. Würzburg 1830: Bauer. VIII, 190 S. 8°

Maas, J. A., Kissingen u. seine Heilquellen. 2., verm. Aufl. gr. 8. (12½ B. u. 1 Stnt.) Würzburg 830, (Stahel.)

Maas, J. G. E., s. Maass, Joh. Gebh. Ehrenr.

Maas, Jh., s. Maass

Maas, Johanna: Hexarhodanatosalze des Molybdäns. München 1909: Höfling. 62 S. 8°
München, Phil. Diss. v. 4. Dez. 1908, Ref. v. Baeyer
[Geb. 14. Aug. 85 Frankfurt a. M.; Wohnort: München; Staatsangeh.: Baden; Vorbildung: Mädchen-Gymn. Karlsruhe Reife Juli 02; Studium: München 13 S.; Rig. 4. Dez. 08.] [U 09. 3483

Maas, Johs.

Maas, J., ausgewählte Choralmelodien zum hamburgischen Gesangbuch im 1-, 2- u. 3stimmigen Satz. Nebst Anhang. Für den Schulgebrauch zusammengestellt. 8. (44 S.) Hamburg 889. O. Meißner's Verl. n. — 40

Maas, Johs., Liederbuch, s.: Fricke, H.

Maas, Johs. Dav., Vademecum für Choralsänger. 12. (31 S.) Kempten 888, Kösel'sche Buchh. 30 Pf.; cart. *

Maas, Josephine, s.: Prim, J. v.

Maas, Karl, aus Hohenstange, Württemb., Assistenzarzt d. Heil- u. Pflegeanst. Pfullingen: Ueber Fibrosarcom des Rectums. *Tübingen 1901: (O. Riecker).* (23 S.) 8°
München, Med. Diss. v. 1901

Maas, Kasper

— s. Schlez, J. F., Denkfreund. Für kathol. Schulen bearb.

Maas, Caspar, kurze Uebersicht der allgem. Weltgeschichte f. kath. Volksschulen. gr. 12. (5½ B.) Gießen 844, Heyer's Verl. Thlr. *·
Aus: Schlez, Denkfreund rc., besond. abgedruckt.

Maas, Ludwig, s. Maass

Maas, M. Essai de Traduction. Une Altesse mecklembourgeoise (Dörchläuchting Cap. 9) traduit du bas allemand de Fritz Reuter. Breslau, H. T. am Ritterplatz. 1872. 26 S. 4. Progr.

Maas, M., über Nutzen u. Gebrauch der Denk-Uebungen in Schulen. 8. (16 S.) Hamburg 847, Herold. n. 4 ngl

Maas, M. J. — Kurze Anweisung zur Handhabung des Atremografen (k. k. ausschl. privil. Apparat zur Beseitigung jedes störenden Uebels während des Schreibens, wie: Schreiberkrampf, Zittern u. dgl., so wie zur Verbesserung der angewöhnten Schrift, als auch zum Lernen des Schreibens) von — —. Wien. Druck von U. Klopf sen. und Alex. Eurich. (24 S. 8.) 1857.

Maas, Osc.

Maas, O., Diät u. Wegweiser bei Fettsucht, s.: Sammlung medizinischer Wegweiser.

Maas, Osc., Entfettungskuren v. Banting, Kisch, v. Noorden, Örtel u. a. Gemeinverständlich dargestellt. 17. verm. Aufl. der sog. „Schweningerkur". (63 S.) 8. Berlin (907). H. Steinitz. 1.50

—— die „Schweninger-Kur". Diätetische und Entfettungs-Kuren von Prof. Dr. Oertel in München. Wesen und Ursachen der Fettsucht. Gemeinverständlich dargestellt. 15. und 16. gänzlich umgearb. Aufl. und 17.—20. Tausend. gr. 8. (48 S.) Berlin 886,87, Steinitz. *

Maas, Osc., die „Schweninger-Kur". Diätetische u. Entfettungs-Kuren v. Oertel in München. Wesen u. Ursachen der Fettsucht. Gemeinverständlich dargestellt. 17. Aufl. gr. 8. (48 S.) Berlin 886. H. Steinitz. n. 1.50

—— dass. — Suppl.: Die Terrainkuren. Eine neue Methode für die Behandlung von Circulationsstörungen insbesondere bei Fettsucht, Herz-, Lungenkrankheiten u. A. Ursachen und Wesen dieser Krankheiten. Gemeinverständl. dargestellt. 1.—5. Tausend. gr. 8. (54 S.) Ebendas. 886,87. *
6. Aufl. u. d. T.: Maas: Terrainkuren ...

Maas, Osc., die „Schweninger-Kur". Diätetische und Entfettungskuren von Prof. Dr. Oertel, München. Wesen und Ursachen der Fettsucht dargestellt. 21. Tausend. gr. 8. (48 S.) Ebendas. 888. *

— die Schweninger-Kur. Diätetische u. Entfettungs-Kuren von Oertel in München. Wesen u. Ursachen der Fettsucht. 21. Aufl. gr. 8. (48 S.) Berlin 889. Steinitz' Verl. n. 1.50

Maas, Osc., die Schweninger-Kur. Diätetische u. Entfettungskuren v. Prof. Dr. Oertel in München. Wesen u. Ursachen der Fettsucht. Gemeinverständlich dargestellt. 16., gänzlich umgearb. Aufl. gr. 8. (48 S.) Berlin 895. H. Steinitz' Verl. n. 1.50

Maas, Osc., die Schweninger-Kur. Diätet. u. Entfettungskuren v. Prof. Dr. Oertel in München. Wesen u. Ursachen d. Fettsucht. Gemeinverständl. dargest. 16., gänzl. umgearb. Aufl. 23. (Umschlag-) Taus. gr. 8. (48 S.) Berlin (895) 898. H. Steinitz. n. 1. 50

—— die „Schweninger-Kur" und Entfettungskuren im Allgemeinen, sowie Wesen und Ursachen der Fettsucht. Gemeinverständlich dargestellt. 1.—14. Aufl. gr. 8. (III, 40 S.) Berlin 885, Steinitz. *

—— Terrainkuren und neue Methoden für die Behandlung von Cirkulationsstörungen besonders bei Fettsucht, Herz-, Lungen- und anderen Krankheiten. 6. Tausend. gr. 8. (54 S.) Ebendas. 888. *

— Terrainkuren u. neue Methoden f. die Behandlungen v. Cirkulationsstörungen, besonders bei Fettsucht, Herz-, Lungen- und anderen Krankheiten. 6. Tausend. gr. 8. (54 S.) Ebd. 889. n. 1. 50

Maas, Otto (Hrsg.), s. Antonius-Bote. Missionsblatt f. d. Franziskanermissionen.

Maas, Otto, Bemerkungen zum System der Medusen. Revision der Cannotiden Haeckels. (S. 421—445.) gr. 8. München 904. (G. Franz' Verl.) n. — 40
Sonderabdruck aus: „Sitzungsber. d. bayer. Akad. d. Wiss."

— Einführung in die experimentelle Entwicklungsgeschichte (Entwickelungsmechanik). (XVI, 203 S. m. 135 Fig.) gr. 8. Wiesbaden 903. J. F. Bergmann. n. 7. —

[Umschlagt.:] **Maas**, Otto [Dr.]: ... Die Embryonal-Entwicklung und Metamorphose der Cornacuspongien. M. 5 lithogr. Taf. (Aus: Zool. Jahrb., Abth. f. Anat. u. Ontogen. d. Thiere, Bd 7.) *Jena, Frommannsche Buchdr., 1894;* 331—448 S., 5 Taf. 8.
München, Phil. Fak., Hab.-Schr. v. 1894
(Nicht für den Austausch)

Maas, Otto, über Entstehung u. Wachstum der Kieselgebilde bei Spongien. gr. 8. (S. 553—569 m. 1 farb. Taf.) München 901. (G. Franz' Verl.) n. — 40
Sonderabdruck aus: „Sitzungsber. d. bayer. Akad. d. Wiss."

Maas, Otto [aus Mannheim]: Über die Entwicklung des Süsswasserschwamms. (Aus d. Zoolog. Institut zu Berlin.) . . . Berlin, Buchdr. v. Gustav Schade (Otto Francke) (1890); 42 S. + 1 Bl. 8°
Berlin, Phil. Fak., Inaug.-Diss. v. 28. Mai 1890

— Lebensbedingungen u. Verbreitung der Tiere, s.a. Aus Natur u. Geisteswelt.

Lebensbedingungen und Verbreitung der Tiere. Von Dr. Otto **Maas**, Prof., München. Mit Karten u. Abb. Leipzig: B. G. Teubner 1907. (IV, 138 S.) 8° [Ʒ.]
— Natur, Aus, u. Geisteswelt. Bdch. 139. [07. 9079]

Die Medusen. Von Otto **Maas**. Mit 15 Taf. *Cambridge, U. S. A.: The Museum 1897.* (92 S.) 4°
— Reports on an exploration off the west coast of Mexico ... by the U. S. Fish Commission Steamer 'Albatross', 1891. 21
— Memoirs of the Museum of Comparat. Zoölogy at Harvard Coll. Vol. 23, No 1. [00. 9486]

Die arktischen Medusen ⟨ausschliesslich d. Polypomedusen⟩ von Otto **Maas** in München. (Jena: G. Fischer 1906.) (S. 482–526.) 2°(4°)
— Fauna Arctica. Bd 4, Lfg 3, [3.] [06. 9009]

Maas, Otto, die craspedoten Medusen der Plankton-Expedition, s.: Ergebnisse der etc. Plankton-Expedition der Humboldtstiftung.

— die craspedoten Medusen der Siboga-Expedition. (Siboga-Expeditie X.) (84 S. m. 14 Taf. u. 14 Bl. Erklärgn.) Imp.-4. Leiden 905. Buchh. u. Druckerei vorm. E. J. Brill. n.n. 21. 25

Maas, Otto, japanische Medusen, s.a. Beiträge zur Naturgeschichte Ostasiens.

Japanische Medusen. Von O[tto] **Maas**. Mit 3 Taf. München: Akad. d. Wiss. 1909. 52 S. 4°
(Beiträge z. Naturgeschichte Ostasiens. Bd 1, 8.)
(Abhandlungen d. math.-phys. Kl. d. K. Bayer. Akad. d. Wiss. Suppl Bd 1, Abh. 8.) [10. 7774]

Ueber Medusen aus dem Solenhofer Schiefer und der unteren Kreide der Karpathen von Dr. Otto **Maas** in München. Mit 2 Taf. u. 9 Textfig. Stuttgart: E. Schweizerbart 1902. (S. 297–320.) 4°
= Palaeontographica. Bd 48, Lfg 6, [2.] [03. 3114]

Maas, Otto, appröb. Arzt aus Berlin: Ueber die Pigmentierungen der Leber, besonders über die Haemochromatose. *Strassburg i. E. 1898: C. & J. Goeller.* (30 S.) 8°
Strassburg, Med. Diss. v. 1898

Die Scyphomedusen der Siboga-Expedition. Von Dr. Otto **Maas**. Prof., München. Mit 12 Taf. *Leiden: E. J. Brill 1903.* (91 S.) 4°
— Siboga-Expeditie. 11. [03. 5253]

--Wirtschafts Gesetze der VS v A. Vortrag ... 23. Feb 1885, im Wiener Kaufmännischen Verein ... Wien, O, 1886.

Maas, Otto. Die amerikanische Zeitung. Vortrag gehalten am 7. Feb 1881 im Wissenschaftlichen Club in Wien Wien, O, 1881.

Maas, Paul, die Entwickelung der Sprache des Kindes u. ihre Störungen, s.: Abhandlungen, Würzburger, aus d. Gesamtgebiet d. prakt. Medizin. V. 8.

Maas, Paul, die Hygiene des Ohres, s.: Abhandlungen, Würzburger, aus dem Gesamtgebiet der praktischen Medizin. IX, 5.

Frühbyzantinische Kirchenpoesie. Ediert von Dr. Paul **Maas**. 1. Bonn: Marcus & Weber 1910. 8°
(Kl. Texte f. theol. u. philol. Vorlesungen u. Übungen. 52/53.) [10. 10376 B]

— Die Sprache des Kindes und ihre Störungen. (XI, 125 S. m. 16 Abbildgn.) 8. Würzburg 909. C. Kabitzsch. 2.80; geb. 3. 50

Maas, Paul: Studien zum poetischen Plural bei den Römern. *Leipzig 1903: B. G. Teubner.* (36 S.) 8° ¶ Gekr. Preisschr. — (Aus: Archiv f. latein. Lexikogr. u. Gramm., Bd 12; der Schluß erschien ebenda.)
München, Phil. Diss. v. 1903

— über Taubstummheit u. Hörstummheit, s.: Abhandlungen, Würzburger, aus d. Gesamtgebiet d. prakt. Medizin. III, 11.

Maas, Paul, s.: Texte, kleine, f. theolog. u. philolog. Vorlesgn. u. Übungen. (Kirchenpoesie, frühbyzantinische.)

Maas, Paul [aus Trier]: Aus d. patholog. Institut zu Bonn. Ueber die Tuberculose der weiblichen Genitalien im Kindesalter ... (Aus: Arch. f. Gynäkol., Bd. 51 Heft 2.) Bonn, *gedr. bei L. Schumacher in Berlin,* 1896; 28 S. 8.
Bonn, Med. Fak., Inaug.-Diss. v. [25. Apr.] 1896

(Maas, Peter): Cassations-Sache des Friedensrichters M. aus Uerdingen wider den Gutsbesitzer Theod. Thyssen aus Düsseldorf und die Erben des Kaufmanns Jsaac Degreif aus Crefeld, die Auflösung eines zwischen den Partheien am 3. 2. 1823 abgeschlossenen Kauf-Contractes betr. Crefeld 1828.

— Cassations-Sache des . . . Maas wider Thyssen . . . und Degreif. Crefeld 1829.

Maas, P. . . . Deutsch Ev-Luth St. Johannes Gmde in Passaic [NJ]. 189. - . . . . N. p., 1906.

Maas, Robert, a. Berlin: Zur Kenntnis der γ-Aldehydosäuren speziell ihrer Anhydride. (Berlin 1908: G. Schade.) (62 S.) 8°

Berlin, Phil. Fak., Ref. Gabriel, Diss. v. 29. Febr. 1908

[Geb. 16. März 78 Berlin; Wohnort: Berlin; Staatsangeh.: Preußen; Vorbildung: Realgymn. Guben Reife O. 00; Studium: Berlin Techn. Hochsch. 6, Univ. 6 S.; Rig. 13. Febr. 08.]

Maas, Sally, Referendar in Mainz: Der Grundsatz der Unmittelbarkeit in der Reichsstrafprozessordnung. Breslau: Schletter 1907. (VII, 84 S.) 8°

Gießen, Jur. Fak., Ref. Mittermaier, Diss. v. 24. Jan. 1907

[Geb. 3. Aug. 80 Gau-Odernheim (Rheinhessen); Wohnort: Mainz; Staatsangeh.: Hessen; Vorbildung: Gymn. Mainz Reife M. 00; Studium: Grenoble 1, Berlin 1, Leipzig 1, Gießen 3 S.; Rig. 2. Aug. 06.]

Maas, Sally, der Grundsatz der Unmittelbarkeit in d. Reichsstrafprozessordnung, s.a. Abhandlungen, strafrechtliche. 77. Heft.

Der Grundsatz der Unmittelbarkeit in der Reichsstrafprozessordnung. Von Dr. Sally **Maas**, Referendar in Mainz. Breslau: Schletter 1907. (VII, 84 S.) 8°

— **Abhandlungen**, Strafrechtliche. H. 77. [07. 3564

Maas, W., die Zerreissung d. mütterlichen Dammes während der Geburt. Aetiologie u. Prophylaxe. Inaug.-Diss. gr. 8. (61 S.) Jena 890. (Neuenhahn.) n. 1. —

– Dass., s. a. Maass

Maas-Lind, K., was uns fehlt. Religiöse Betrachtgn. e. Frau. (21 S.) kl. 8. Lorch 907. K. Rohm. — 20

Maasberg, L., s.: Gnadenfrei, Brüdergemeine, in Schlesien.

Maasbuch, neues Pariser, für Herrenkleidermacher. Ein unentbehrl. Taschenbuch für jeden gebildeten u. kunstfertigen Schneidermeister bei der Maasnahme seiner Kunden. qu. 16. (52 lith. u. 2 gedruckte Bl.) Bautzen 842, Reichel. n. 2/3 ₰

Maas-, Geschäfts- u. Contobüchlein f. Herren-Kleidermacher. Ein unentbehrl. Taschenb. z. bequemen, vortheilhaften u. accuraten Führung d. Schneider-Geschäfts. 8. (7½ B. o. P. u. 1 Stnt.) Weimar 837, Voigt.

Maasburg, Ludw. Frhr. v.: Eisenbahn-, Post-, Dampfschiff- und Telegraphen- Verkehrs-Karte der österr.-ungar. Monarchie mit Angabe der Cur- u. Bade-Orte. 1:1,000.000. 4 Bl. Aug. 1886. Cromolith. Wien: Perles 1886. Imp.-Fol.

Maasburg, Ludw. Frhr. v.: Eisenbahn-, Post-, Dampfschiff- und Telegraphen- Verkehrskarte der österreich-ungarischen Monarchie mit Angabe der Cur- und Badeorte. 1:1,000.000. 4 Blatt. Ausgabe 1887. Chromolith. Wien: Perles. 1887. Imp.-Fol.

Maasburg, M. Friedr. v., gutächtliche Aeußerung des österreichischen Staatsrathes über den von der Compilationscommission im Entwurfe vorgelegten Codex Theresianus civilis. gr. 8. (14 S.) Wien 881, Manz'sche Hofverlagsh. *

Aus: Allgemeine österreichische Gerichtszeitung, besonders abgedruckt.

Maasburg, M. Frdr. v., zur Entstehungsgeschichte der Theresianischen Halsgerichtsordnung mit besonderer Rücksicht auf das im Artikel 58 derselben behandelte crimen magiae vel sortilogii. gr. 8. (VIII, 60 S.) Wien 880. Manz. n. 1. —

Maasburg, M. Friedr. v., die Entwicklung des Institutes der öffentlichen Bücher in Böhmen. Eine rechtshistor. Studie. gr. 8. (VI, 111 S.) Prag 877, Reinitzer und Comp. *

Maasburg, M. Frdr. v., die Galeerenstrafe in den deutschen u. böhmischen Erbländern Oesterreichs. Ein Beitrag zur Geschichte der heim. Strafrechtspflege. gr. 8. (15 S.) Wien 885. Manz. n. — 80

—— **Geschichte der obersten Justizstelle in Wien [1749—1848]. Größtentheils nach amtl. Quellen bearb.** gr. 8. (X, 420 S.) Ebendas. 879. *

Ausg. auf Velinpap. *

— Geschichte der obersten Justizstelle in Wien. [1749—1848.] Größtentheils nach amtlichen Quellen bearb. gr. 8. (X, 420 S.) Ebend. 880. n. 8. —; Velinpap. n. 12. —

Maasburg, Dr. M. Friedr., Die Organisation der böhmischen Halsgerichte im Jahre 1765. gr. 8. (124 S.) Prag, Carl Bellmann. 1 fl. 50 kr. 1884.

— die Organisirung der böhmischen Halsgerichte im J. 1765. gr. 8. (IV, 124 S.) Prag 884. Bellmann. n. 3. —

— die Proceß-Ordnung f. Böhmen vom 23. Jan. 1753. Hrsg. u. m. Anmerkgn. versehen. gr. 8. (VI, 77 S.) Wien 886. Manz. n. 1. 80

Maasburg, M. Friedr. v. Die Strafe d. Schiffziehens in Oesterreich. [1783—1790.] Nebst e. Rückblick auf das altösterreich. Gefängnißwesen. gr. 8. (VIII, 92 S.) Wien 890, Manz. * 2 40

Der dreizehnfache Raubmörder | Carl Maasch | und seine Genossen, | sowie der furchtbare Raubmord der Müllerfamilie Baumgart | zu Gursdorf bei Lippehne (Kreis Soldin). | Verlag und Eigenthum / von Louis Henneberg in Salzhemmendorf.

Kol.: Druck von Gebr. Gerstenberg in Hildesheim.

o. J., 4 Bl. n. n., 188 × 111.

LBO Bänkelsängerlit. II, 25.

Verkehrs- & Touristenkarte der holsteinischen Schweiz. (Zeich. u. Lith. v. Ernst **Maasch**. Maßst. 1:50,000. Hamburg: J. Köhler [1906].) (1 Kartenbl. 54×40 cm.) 8° [Kopft.] [kol.]

[Umschlagt.:] J. Köhler's Verkehrs- u. Touristenkarte d. ostholsteinischen Schweiz. [05. 14749

Maasch, Otto, Karte von Hamburg und Umgegend. 1:100,000. Chromolithogr. Imp.-Fol. Hamburg 883, Voss. * 1 50

In Leinw.-Carton * ℳ 2.; auf Leinw. in Carton * 4 —

Lackirt und mit Stäben * 4 —

—— Plan von Hamburg-Altona. Mit Ansichten der hervorragendsten Baulichkeiten. 1. und 2. verb. Aufl. Chromolithogr. Imp.-Fol. Ebendas. 882,83. In Leinw.-Carton * 2 —

Auf Leinw., lackirt mit Stäben * 4 —

Maasdorff, W., materielle Lebensreformen. 12. (15 S.) Lorch 902. K. Rohm. n.n. — 10

Maasdorff, Willi, 16 **Briefe** zur Pflege persönlichen Lebens nebst Vorwort. (81 S.) kl. 8. Lorch 904. K. Rohm. Kart. n. — 80

— das **Geheimnis**, das menschliche Leben zu verlängern u. zu verschönern. 100 Lebensregeln aus der Praxis f. die Praxis. Winke u. Ratschläge über: Geistiges Leben, Gesundheits- u. Ernährungsfragen. Mit 6 Uebersichtstabellen. 1. u. 2. Aufl. (à 37 S.) kl. 8. Ebd. 904. 906. n. — 25

Maasdorff, Willi, die **Religion** u. die Philosophie der Zukunft. (47 S.) 12. Lorch 903. K. Rohm. n. — 40

Maasdyk, A. Ch. J. van, aus dem Leben des früher römischen, darnach evangelischen Pfarrers Heinrich van Maasdyk. Autorisirte Uebersetzung aus dem Holländischen von Johs. G. Istraut. 2. bill. (Titel-)Ausg. gr. 16. (70 S.) Barmen (1874) 878. Klein. n. — 50

Maase Taatuim. Gegen Natan Adler und seine Schüler. Czenstochow [Frankfurt a. M.? 1789?] V: *Wetzlar, Loeb.* (StBFrankf I, 264)

Maase's, C., Lieder und Gesänge für den katholischen Gottesdienst für alle Zeiten des Kirchenjahres. 2. verb. und vielfach verm. Aufl. 12. (IV, 90 S.; Anhang 30 S.) Zülz 884, Felder's Buchh. geb. *

Maase's, C., Lieder u. Gesänge f. den katholischen Gottesdienst f. alle Zeiten d. Kirchenjahres. 2., verb. Aufl. 12. (IV, 90 u. Anh. 30 S.) Zülz 888. Felder. geb. n. — 50

Maase, Friedrich, Referendar aus Düsseldorf: **Gefahrtragung** beim Kauf für die Zeit des Schwebens einer Bedingung. *Rostock 1901: H. Winterberg.* (56 S.) 8°
Rostock, Jur. Diss. v. [20. Dez.] 1901

Maase, Karl

Maase, Carl: Aus d. med. Univ.-Polikl. u. d. 1. med. Abt. d. Allerheiligen-Hospit. in Breslau. Zur Kritik der sogenannten Ophthalmo-Diagnose der Tuberkulose. Breslau 1908: Breslauer Genossensch.-Buchdr. 48 S. 8°
Breslau, Med. Diss. v. 12. Sept. 1908, Ref. v. Strümpell-Stern
[Geb. 30. Okt. 81 Leobschütz; Wohnort: Oberglogau; Staatsangeh.: Preußen; Vorbildung: Gymn. Leobschütz Reife O. 02; Studium: Freiburg i. B. 1, Breslau 1, Kiel 1, Freiburg i. B. 2, Berlin 3, Breslau 2 S.; Coll. 27. Juni 08; Approb. 19. Aug. 08.] [U 09. 562

Maaser, Karl, Referendar, aus Jena: **Erläuterung des § 166** B.G.Bs. *Meiningen 1902: Keyssner.* (49 S.) 8°
Jena, Jur. Diss. v. (21. Apr.) 1902

Maasland, H. F. P. [app. Arzt geb. zu Bandjermasin (Borneo)]: **Beitrag zur Behandlungsmethode von Blutsanhäufungen im atretischen, weiblichen Genitaltractus. . . .** Leiden, Druck v. P. W. M. Trap (1880); 3 Bl. + 44 S. u. 1 Taf. 8°
Freiburg i. B., Med. Fak., Inaug.-Diss. v. 7. Mai 1880

Maaslieбchen. Blumen der Liebe u. Freundschaft in Bildern u. Liedern. (Ausgestanzt.) 16. (16 farb. S.) Leipzig 890. Baldamus, Sep.-Cto. — 50

Maaß-Ordnung für das Großherzogthum Baden mit den darauf bezüglichen Instruktionen und Ministerial-Entschließungen. 2. amtl. Ausg. Karlsruhe 857. Müller. gr. 8. (V, 113 S.) 15 ngr.

Maaß- u. Gewichts-Ordnung, neue, f. d. Großh. Baden gr. 4. (3 B.) Freiburg 829, Herder.

– Dass., s. a. Maass-Ordnung ...

Maasregel, w. kann die Ritterschaft in Franken u. Schwaben jezt ergreiffen? 8. Nrnb. Stein.

Maasregeln, Über, gegen die Ausübung des homöopath. Heilverfahrens. (Von Karl Sundheim.) Gießen: Heyer. Vater 1833. 8°— Vgl. Abwehr.

Maass, s. a. Maas

Maass . . . s. a. **Mass** . . .

Maass und Gewicht, Deutsches. [Frankfurt a. M. 1849.] V: *Hagen, Gotthilf.* (EB)

— u. **Gewicht,** einheitliches deutsches, auf metrischer Grundlage u. dessen Einführung in Oldenburg. Oldenburg 866. Schulze'sche Buchh. gr. 8. (39 S.) n.n. 5 ngr.

Maass, Das französische, u. Gewicht ...,
s.a. Baur

Maass und Gewicht, Das französische, verglichen mit dem in den verschiedenen Gegenden Deutschlands gebräuchlichen. Essen 1812. V: *Baur.* (Russell IV, 163)

Maaß u. Gewicht, das französische, verglichen mit dem in verschiedenen Gegenden Deutschl. gebräuchlichen. gr. 8. Duisb. 812. Bädecker. 10 g?

Maaß u. Gewicht, das französische, verglichen mit dem in verschiedenen Gegenden Deutschlands gebräuchlichen. gr. 8. Duisb. Bädecker u. Kürzel. 813.

Maaß u. Gewicht, das metrische, in Oesterreich. Populäre Erläuterg. d. Einführungs-Gesetzes. [Mit e. Taf. in Farbendr. (in Imp.-Fol.] [Aus „österreich. Oekonomist."] gr. 8. (21 S.) Wien 871. Gronemeyer. n. — 50

Maaß und Gewicht, metrisches (in Farbendr.). 1.—5. Aufl. Imp.-Fol. Lahr 870, Schauenburg und Comp.

— — metrisches. gr. Fol. (1 Bl.) Oldenburg 872. Schulze. n. — 20

—— —— das neue. Tabelle zur Vergleichung des neuen norddeutschen mit dem bisher. sächs. Maas und Gewicht. 32. (20 S.) Dresden 870, Schulbuchhandl. [Leipzig, Schulverlag.]

— — das neue, praktisch erklärt f. den Haus- u. Geschäftsverkehr. 32. (4 S.) Elbing 871. Neumann-Hartmann's Verl. — 10

—— —— neues. Der kleine Nothhelfer für Jedermann bei der Einführung des metr. Maaßes und Gewichtes. Enthält kurze Anleitung zum Rechnen mit Decimalbrüchen. Tabellen zur Vergleichung des alten Maaßes und Gewichtes mit dem neuen und zur Umrechnung der Preise. 16. (32 S.) Kreuznach 872, Voigtländer. *

Maaß, Zweierlei, oder ... Prof. Krabbe u. Prof. Baumgarten vor dem akadem. Gericht in Rostock,
s.a. Baumgarten, Michael

Maaß, zweierlei, oder der Consistorialrath Prof. Dr. Krabbe u. der Prof. Dr. Baumgarten vor dem akadem. Gericht in Rostock. Eine nothgedrung. Appellation an das deutsche Rechtsbewußtsein. Kiel 865. Homann. gr. 8. (VIII, 160 S.) 18 ngr.

Maaß — Rede, geh. am 3. August. (Ueber die Persönlichkeit d. Königs.) Essen, Progr. 1838

Maafs. Remarques grammaticales et littéraires sur deux traductions de la cloche de Schiller. (Anhang zu des Verfassers: Essai sur les principales analogies des langues française et anglaise. II. partie. Neu-Brandenburg, G., 1859.) Progr.

Maass, deutsche Synonymik, s. Eberhard.

Maass, A., Entwurf einer Handwerker-Versicherung. (8 S.) 8. Kolberg (Münderstr. 19) 905. Fleischermstr. Maass. —10

— Fachwissenschaftliches aus der Fleischerei. (40 S.) 8. Ebd. 905. n. —50

Zur neuen Gewichts- und Aichordnung von A. **Maass**, Fleischermeister, Kolberg. (Colberg 1904: R. Lipski.) (2 Bl.) 8° [Kopft. F. u. Ant.] [07. 1517 9

Elende Menschen. Von A. Mass [vielm. **Maass**]. Kolberg: Selbstverl. 1904. (2 Bl.) 8° [Kopft.] [07. 5880 9

Maass, A.: Ein Ruf zum Streit ums Recht gegen Richter-Willkür. Soviel Urteile soviel Rechtsverbrechen. An alle gerechtdenkenden Bürger ... Kolberg [1910] 8°

— die neue Weltordnung. Grösstes philosoph. Werk der Gegenwart. (144 S.) 8. Ebd. 905. n. 1.50

Maass, A., die Wunder des Himmels u. der Erde, erforscht u. ergründet als Nutureroignisse allgewaltigster Art. 8. (26 S.) Leipzig 901. Kolberg, Selbstverl. 1.55

Die Wunder des Himmels und der Erde erforscht u. ergründet als Naturereignisse allgewaltigster Art durch A. **Maass**, Erfinder. *Leipzig: Metzger & Wittig 1901.* (20 S.) 8°

— die Wunder des Himmels u. der Erde, erforscht u. ergründet als Naturereignisse allgewaltigster Art. 2. Aufl. Neu bearb., ergänzt u. vollendet. (128 S.) 8. Ebd. 904. n. 3.—

Maaß, A. W., der Asphalt-Dachfilz, dessen Vorzüge, Anwendung und Feuer-Sicherheit zur Dachdeckung. Nach jahrelangen eigenen Erfahrungen zur Ersparung von Baukosten für Gutsbesitzer, Bau-Unternehmer, Bau-, Maurer-, Zimmer- u. Dachdeckermeister bearb. 4. Aufl. Mit 12 verschiedenen lith. Abbildgn. (auf 1 Taf. in Fol.) Berlin 859. Th. Grieben. 8. (18 S.) n. 6 ngr.

Maass, Adolf [pract. Arzt aus Neubrardenburg [sic!]]: Beiträge zur Tubenschwangerschaft .... Berlin, Druck v. M. Driesner (1887); 32 S. 8°.
Berlin, Med. Fak., Inaug.-Diss. v. 5. März 1887.

Maass, Albert

Maass, A., die Tuberkulose, Krebs u. dero ähnliche Seuchen, ihre Entstehung, Heilung u. Prophylaxe. Arbeit zum Wettbewerb des gleichlaut. Preisausschreibens der brasilian. Deputiertenkammer. (104 S.) 8. Kolberg (Proviant- u. Münderstr.-Ecke) 908. Selbstverl. 1.50

Maass, Albert *Friedrich Theodor* [aus Berlin]: Allerlei provenzalischer Volksglaube zsgest. nach F. Mistral's „Mirèio." ... (Erscheint vollst. als No 5 von: Berliner Beitr. z. german. u. roman. Philol., Roman. Abt.) Berlin, C. Vogts Buchdr., *1895*; 27 S. 8.
Berlin, Phil. Fak., Inaug.-Diss. v. 8. Aug. 1895

Maass, Alb., allerlei provenzal. Volksglaube, nach F. Mistral's „Mirèio" zusammengest., s.a. Beiträge, Berliner, zur german. u. roman. Philologie.

Allerlei provenzalischer Volksglaube nach F. Mistral's 'Mirèio' zsgest. v. Dr. Albert **Maass**. *Berlin: C. Vogt 1896.* [S. 1—27 erschien als Berl. Diss. 1895.] (64 S.) 1 Bd 8.
— Beiträge, Berliner, z. germanischen u. roman. Philologie. [No] XI. Roman. Abt. No 5. [97. 4909

Maaß, Alfr., afrikan. Frühlings-, italien. Sommer-Tage. Federskizzen eines Touristen üb. Algier, Tunis, Sicilien, Capri. M. 112 nach Orig.-Aufnahmen gefert. Abb. gr. 8. (VIII, 176 S.) Leipzig 895. Th. Grieben. n. 4.—; geb. n. 5.—

Maaß, Alfr., geliebt — enttäuscht! Blätter aus d. Tagebuche d. Lebens. 8. (180 S.) Berlin 898. Verlag d. litter. Agentur (C. Georgi). n. 2.—

Maass, Alfr., quer durch Sumatra. Mit 33 Vollbildern u. 2 Karten. (XII, 143 S.) gr. 8. Berlin 904. W. Süsserott. n. 6.—

Maass, Alfr., bei liebenswürdigen Wilden. Ein Beitrag zur Kenntnis der Mentawai-Insulaner, besonders der Eingeborenen v. Si Oban auf Süd Pora od. tobo lagai, nebst 30 Textbildern, 6 Lichtdr.-Taf., 2 farb. lith. Taf. u. 1 Karte. Nach Tagebuch-Blättern. gr. 8. (VIII, 256 S.) Berlin 902. W. Süsserott. n. 7.50

Durch Zentral-Sumatra. Von Alfred Maaß. Bd 1, T. 1. 2. Berlin: Susserott 1910 (1912). 4° (8°)

Maass, Bernhard

Maaß, B., Auslegung d. kleinen Katechismus Luthers zum Gebrauche f. Lehrer, Seminaristen u. Präparanden. gr. 8. (184 S.) Breslau 886. F. Hirt. n. 2.—

Maaß, B., Auslegung d. kleinen Katechismus Luther's zum Gebrauche f. Lehrer, Seminaristen u. Präparanden. 2., durchgeseh. Aufl. gr. 8. (184 S.) Breslau 890. F. Hirt. n. 2.—

Maaß, B., Auslegg. d. kleinen Katechismus Luthers z. Gebrauche für Lehrer, Seminaristen u. Präparanden. 3., durchgeseh. Aufl. gr. 8. (183 S.) Breslau 897. F. Hirt. n. 2.—

Auslegung des Kleinen Katechismus Luthers für Volksschulen und Präparandenanstalten. Von B[ernhard] **Maaß**, weil. Schulrat. 4. Aufl., bearb. von R. Wulff, K. Sem.Dir. *Breslau: F. Hirt 1903.* (VI, 192 S.) 8° [F.] [04. 7689

Auslegung des Kleinen Katechismus Luthers für Volksschulen und Präparandenanstalten von B[ernhard] **Maaß**, weil. Schulr. 5. Aufl., bearb, von R[obert] Wulff, Sem.Dir. Breslau: F. Hirt 1905. (VI, 181 S.) 8° [F.]

Maaß, B., die Psychologie in ihrer Anwendung auf die Schulpraxis. [Aus: „Bock, Volksschulunterricht, 2. Aufl."] gr. 8. (73 S.) Breslau 879. F. Hirt. n. —80

Maaß, B., die Psychologie in ihrer Anwendung auf die Schulpraxis. 2. Aufl. (75 S.) 1882; 3. verb. Aufl. gr. 8. (84 S.) Breslau 884, F. Hirt. *
Aus: Bock, Ed., der Volksschul-Unterricht, besonders abgedruckt.

— die Psychologie in ihrer Anwendung auf die Schulpraxis. 4., verb. Aufl. gr. 8. (84 S.) Ebd. 887. n. — 80

Maaß, B., die Psychologie in ihrer Anwendung auf die Schulpraxis. 5. u. 6., ster. Aufl. gr. 8. (84 S.) Breslau 891. 894. F. Hirt. Kart. n. 1. —

— d. Psychologie in ihrer Anwendg. auf d. Schulpraxis. 7., Ster.-Aufl. gr. 8. (84 S.) Ebd. 896. Kart. n. 1. —

Maaß, B., die Psychologie in ihrer Anwendung auf die Schulpraxis. 8., ster. Aufl. gr. 8. (84 S.) Breslau 899. F. Hirt. Kart. n. 1. —

— die Psychologie in ihrer Anwendung auf die Schulpraxis. 9. Aufl., nach dem neuen Lehrplan f. die Lehrerseminare vom 1. VII. 1901 umgearb. v. C. Thomas. Mit 21 erläut. Abbildgn. (124 S.) gr. 8. Ebd. 903. Kart. n. 1. 60

Maaß u. Thomas, Psychologie in ihrer Anwendung auf die Schulpraxis, neue Bearbeitg., s.: Bohnstedt, H., die Psychologie der Haus- u. Schulerziehung.

— Verordnungen f. das Volksschulwesen d. Reg.-Bez. Stralsund einschließlich der wichtigsten bezüglichen Gesetze. Aus amtl. Quellen zusammengestellt. gr. 8. (148 S.) Ebd. 893. Geb. n. 2. —

Maaß, Bruno, appr. Arzt a. Berlin: Aus d. psychiatrischen u. Nervenklinik zu Kiel. Ein Fall von einseitiger chronischer progressiver Ophthalmoplegie bei progressiver Paralyse. Kiel 1906: C. Schaidt. (16 S.) 8°
Kiel, Med. Fak., Ref. Siemerling, Diss. v. 15. Sept. 1906
[Geb. 23. Nov. 80 Berlin; Wohnort: Berlin; Staatsangeh.: Preußen; Vorbildung: Königstädt. Real-Gymn. Berlin Reife M. 00; Studium: Berlin 7, Kiel 3 S.; Coll. 8. März 06; Approb. 30. Aug. 06.]

Maass, C., s. a. Maass, K.

Maaß, C., kleine Bibelkunde für evangelische Katechumenen und Konfirmanden. Ein Anhang zu jedem Katechismus. 24. (31 S.) Neuwied 860, (van der Beeck.) *

Maaß, C., kleine Bibelkunde für evangelische Katechumenen und Konfirmanden. Ein Anh. zu jedem Katechismus. 2., verb. Aufl. 16. (32 S.) Neuwied 862, van der Beeck. 1½ Ngr.; geh. *

Maaſs, C. Vocales in stirpium terminationibus positae nominum Italicorum, Graecorum, imprimis vero Germanicorum post quas potissimum consonas in singularis nominativo perierint quaeritur. Diss. Leipzig 1873. 58 S.

Maass, C. D. (Hrsg.), s. Zeitschrift für Locomotivführer.

Maaß, C. J. Wilh. Erziehungsweisheit. Aussprüche berühmter Pädagogen, Dichter u. Denker aller Zeiten u. Völker. 8. (VII, 207 S.) Bresl. 889, Dülfer. * 2 25; geb. * 3 —

Maaß-Pforta, C. J. Wilh., pädagogisches Kleingeld f. Haus u. Schule — Welt u. Leben. Gedankenschatz aus der Weltlitteratur als Quellenrepertorium f. pädagog. Prüfgn., Abhandlgn., Vorträge rc. 2. Aufl. gr. 8. (XVI, 213 S.) Erfurt 897. Leipzig, Otto. n. 3. —

Maaß, C. J. Wilh., pädagog. Kleingeld f. Haus u. Schule — Welt u. Leben. Gedankenschatz aus der Weltlitteratur als Quellenrepertorium f. pädagog. Prüfgn., Abhandlgn., Vorträge rc. 3. Aufl. 8. (XVI, 213 S.) Leipzig 899. Otto. n. 2. —

Maaſs, C. M. Essai sur les principales analogies des langues française et anglaise. I. partie. Neubrandenburg, G., 1858. 39 S. 4. — II. partie. Ebd. 1859. 40 S. 4. Progr.

Maass, Carl, s. Maass, Karl

Maass, Emil [aus Berlin]: Einwirkung von Wasserstoffsuperoxyd auf Tetrahydrochinolin und Tetrahydroisochinolin. Berlin 1897. 46 p. 8°.
Freiberg. Mathem.-naturw. Diss. 1897/98.

Maass, Ernst

Maass, E., analecta Eratosthenica, s.: Untersuchungen, philologische.

Maass, Ernestus, P.P.O.: Analecta sacra et profana. *Marpurgi (1901): R. Friedrich.* (S. 1—16.) 4°
Marburg, Progr. zum Geburtstage d. Kaisers 1901

Maass, Ernst, Analecta sacra et profana. gr. 4. (16 S.) Marburg 901. N. G. Elwert's Verl. n. — 80

Maass, Ernst, Aratea, s.: Untersuchungen, philologische.

Indices lectionvm ... qvae in Academia Marpvrgensi per sem. hib. inde a d. xv. m. Oct. 1895 vsqve ad d. xv. m. Martii 1896 habendae proponvntvr. — Praemissa est Ernesti Maass P. P. O. De tribus Philetae carminibus commentatio. Marpvrgi, typ. acad. R. Friedrich, *1895;* xiv, 10 S. 4.

— de tribus Philetae carminibus. gr. 4. (XIV S.) Marburg 895. N. G. Elwert's Verl. n. — 60

Maass, E., De tribus Philetae carminibus. Pr. 1896. 14 S. 4°. 120

Maass, Ernest, s.: Commentariorum in Aratum reliquiae.

Index scholarum in universitate litteraria Gryphiswaldensi per sem. hib. a. 1886—1887 a d. XV m. Oct. hab. Inest Ernesti Maass commentatio mythographica. Gryphiswaldiae, typ. Iulii Abel, 1886; XXII + 20 S. 4°.

Index scholarvm ... per sem. aest. a. 1894 ... habendarvm. — Praemissa est Ernesti Maass commentatio mythographica II. Gryphiswaldiae, typ. F. G. Kvnike, 1894; xvi, 21 S. 4.

Aus der Farnesina. Hellenismus u. Renaissance von Ernst Maass. Prof Marburg. *Marburg i. H.: N. G. Elwert 1902.* (56 S.) 8°

Index scholarum ... per sem. aest. a. 1888 a d. XV. m. Apr. hab. Inest Ernesti Maass de Attali Rhodii fragmentis Arateis commentatio. Gryphiswaldiae, typ. Frid. Guil. Kunike, 1888; XXVI + 19 S. 4°

Maass, Ernst, der Genius der Wissenschaft, s.a. Reden, Marburger akademische. No. 22.

Der Genius der Wissenschaft. Rede geh. beim Antritt d. Rektorats 1909 von Ernst Maass. Marburg: Elwert 1909. 19 S. 8°
(Marburger akademische Reden. Nr. 22.)

— Griechen u. Semiten auf dem Isthmus v. Korinth. Religionsgeschichtliche Untersuchgn. 8. (IX, 135 S. m. 1 Abbildg.) Berlin 903. G. Reimer. n. 3. —

Maass, E., Die Iliasscholien des Codex Leidensis. S.-A. 1884. 42 S.

Maass, E., De Sibyllarum indicibus. Diss. 1879. 66 S. 1.50

Maass, Ernst, de Sibyllarum indicibus. gr. 8. (66 S.) Berlin 879. Weidmann. n. 1. 20

Index scholarvm in vniversitate litteraria Gryphiswaldensi per sem. hib. a. 1891—1892... habendarvm. — Praemissa est Ernesti **Maass** de Lenaeo et Delphinio commentatio. Gryphiswaldiae, typ. I. Abel, 1891; XX, 20 S. 4.

Maass, Ernst, Medizinalpraktikant a. Stettin: Seltene Missbildungen im Bereiche des Stirnfortsatzes. Heidelberg 1907: C. Pfeffer. (24 S., 1 Taf.) 8°
Heidelberg, Med. Fak., Ref. Narath, Diss. v. 1908
[Geb. 24. März 83 Stettin; Wohnort: Charlottenburg; Staatsangeh.: Preußen; Vorbildung: Gymn. Stettin Reife M. 01; Studium: Berlin 4, Freiburg i. B. 1, München 1, Heidelberg 4 S.; Coll. 22. April 07; Approb. 29. Febr. 08.]

— Orpheus. Untersuchgn. z. griech., röm., altchristl. Jenseitsdichtg. u. Religion. gr. 8. (VII, 334 S m. 2 Taf.) München 895. C. H. Beck. n. 8. --

Index scholarum in universitate litteraria Gryphiswaldensi per sem. hib. a. 1889—1890 a d. XV m. Oct. hab. — Insunt Ernesti Maass Parerga Attica. Gryphiswaldiae, typ. Iulii Abel, 1889; XV + 19 S. 4°

Index scholarvm in vniversitate litteraria Gryphiswaldensi per sem. hib. a. 1893—1894 ... habendarvm. — Praemissa est Ernesti **Maass** de Germanici proœmio commentatio. Gryphiswaldiae, typ. I. Abel, 1893; XVI, 21 S. 4.

Index scholarum in universitate litteraria Gryphiswaldensi per sem. hib. a. 1890—1891 a d. XV m. Oct. habendarum. — Praemissa est Ernesti **Maass** de Aeschyli Supplicibus commentatio. Gryphiswaldiae, ex offic. J. Abel, 1890; XXXVIII, 19 S. 4°

—— De Aeschyli supplicibus commentatio. gr. 4. (38 S.) Gryphiswaldiae 890. (Lpz., Fock.) * 1 50

— die Tagesgötter in Rom u. den Provinzen. Aus der Kultur des Niederganges der antiken Welt. gr. 8. (VIII, 311 S. m. 30 Abbildgn.) Berlin 902. Weidmann. n. 10. —

Maass, E., Unters. z. Gesch. d. griech. Prosa: Herodot. 1887.

Maass, E., Unters. z. Gesch. d. griech. Prosa: Isocrates. 1887.

Maass, E., Untersuch. zu Properz u. seinen griech. Vorbildern. S.-A. 1896. 60 S.

Maass, Felix [Rechtsanw. in Berlin]: Der Klagegrund im Sinne der Civilprozessordnung. . . . Göttingen, Druck d. Univ.-Buchdr. v. W. F. Kästner, 1890; 61 S. 8°
Göttingen, Jur. Fak., Inaug.-Diss. v. [18. Sept.] 1890

Maass, Fr. Karl Heinr.

Maaß, F. K. H. Andeutungen üb. d. Gang u. die Lehrweise bei d. Unterr. in der Relig. und in der teutschen Sprache auf dem Domgymnasium zu H. 11 S.
Progr. Halberstadt 1829

Maaß, Fr. Karl Heinr., Festreden, geh. in d. Dom-Gymnasium zu Halberstadt. gr. 8. (16 B.) Halberstadt 835, Helm.

Maaß.F.K.H. Gesetze, neu überarbeitete, für die Dom-Gymnasiasten zu H. 17 S. 8.
Progr. Halberstadt 1834

Maass, Friedrich, appr. Tierarzt a. Elberfeld: Aus d. chirurg. Veterinärklinik zu Gießen. Über Lumbalanaesthesie beim Hunde. Gießen 1906: v. Münchow. (43 S.) 8°
Gießen, Med. Fak., Ref. Pfeiffer, Diss. v. 2. Juli 1906
[Geb. 16. Aug. 80 Elberfeld; Wohnort: Elberfeld; Staatsangeh.: Preußen; Vorbildung: Realgymn. Elberfeld Reife O. 01; Studium: Gießen 4, Berlin Tierärztl. Hochsch. 2, Gießen 2 S.; Rig. 3. Aug. 05.]

Maass, Friedrich [approb. Arzt aus Korkenhagen, Assist. a. d. k. Anatomie zu Göttingen]: Ueber die Malignität der Carcinome und Sarcome an den äusseren weiblichen Genitalien . . . . Halle a. S., Hofbuchdr. v. C. A. Kaemmerer & Co., 1887; 41 [falsch pag.] + 1 S. + 1 Bl. 8°
Halle, Med. Fak., Inaug.-Diss. v. 12. Nov. 1887

Maass, Friedrich, über die Malignität der Carcinome und Sarcome an den äusseren weiblichen Genitalien. Diss. Halle 1887, Lippertsche Buchh. 8°. 41 S.

Maaß, F., das junge Pferd. 50jährige, im Krieg u. Frieden gemachte Beobachtgn. u. Erfahrgn. e. alten Landwirts, Pferdezüchters u. Landwehr-Kavallerie-Offiziers üb. Erziehg. u. Anlernen des jungen Pferdes, sowie Ratschläge beim Hufbeschlag ohne Anwendg. gewaltsamer, meist gefährl. Zwangsmittel, nebst Beurteilg. der Bespannung landwirtschaftl. u. militär. Fuhrwerke, durch Bilder u. Erzählgn. selbsterlebter Ereignisse erläutert. gr. 8. (IV, 75 S. m. 6 Taf.) Anklam 901. F. Krüger. n. 1. 50

Maaß, G., der Einfluß der Religion auf das Recht u. den Staat. gr. 8. (IV, 307 S.) Gütersloh 886. Bertelsmann. n. 5. —

— christliche Philosophie. **Erklärung der Welt aus e. Principe. gr. 8. (101 S.) Jena 883. Pohle. n. 2. —**

Maaß, G., der infallible Zeitgeist gegenüber der Kirche. 8. (29 S.) Colberg 871, Post'sche Buchh. *

Maass, Georg: Beitrag zur Casuistik der Uterusrupturen mit besonderer Berücksichtigung der mikroskopischen Untersuchung eines speziellen Falles aus der Geburtshülflichen Station der Kgl. Charité zu Berlin. *Berlin (1898): E. Ebering.* (27 S.) 8°
Berlin, Med. Diss. v. 19. Juli 1898

Maass, Gli.: Briefe eines Wundarztes ...
s. Maas, Gottlieb

Maass, Gust., über intraperitoneale Bluttransfusion bei Thieren. Inaugural-Dissertation. gr. 8. (43 S.) Königsberg 881. (Hartung.) n. 1. —

Maass, H. Fr.: Anweisung zur Verfertigung wohlfeiler Feuerspritzen. Hannover 1826. 4°

Maaß, H. L., Anweisung z. Verfertigung wohlfeiler Feuerspritzen, z. Gebrauche f. d. kleinern Städte u. d. platte Land. 2e Aufl. gr. 4. Hannov. 826. Hahn. 12 gr.

Maaß, Harry, zwischen Straßenzaun u. Baulinie. Vorgartenstudien. (VIII, 100 S. m. 45 Abb.) 8. Frankfurt a/O. 910. Trowitzsch & Sohn. 3.50; geb. n 4. —

Maaß, Heinrich, aus Wustrow (Meckl.): Ben Jonson's Lustspiel 'Every Man in His Humour' und die gleichnamige Bearbeitung durch David Garrick. *Rostock 1903: C. Boldt.* (72 S.) 8°
Rostock, Phil. Diss. v. [25. Mai] 1903

Maass, Heinr., Ben Jonson's Lustspiel „Every man in his humour" u. die gleichnamige Bearbeitung durch David Garrick. Diss. (72 S.) gr. 8. Rostock 903. (H. Warkentien.) n. 1. —

Maass, Hermann, aus Leipzig, Kammergerichts-Ref.: **Begründung und Beendigung der Mitgliedschaft in einer eingetragenen Genossenschaft nach dem Reichsgesetz vom 1. Mai 1889 in der mit dem 1. Januar 1900 in Geltung tretenden Fassung.** *Berlin 1900: G. Schade.* (67 S.) 8°
Erlangen, Jur. Diss. v. 27. Nov. 1899

Maaß, Hermann, appr. Arzt a. Wiesbaden: Statistik der am Würzburger pathologischen Institut in den Jahren 1894 bis 1902 (incl.) vorgenommenen poliklinischen Sektionen. Würzburg 1904: A. Borst. (15 S.) 8°
Würzburg, Med. Fak., Ref. v. Rindfleisch, Diss. v. 19. Sept. 1904
[Geb. 29. Sept. 80 Wiesbaden; Wohnort: Wiesbaden; Staatsangeb.: Preußen; Vorbildung: Gymn. Wiesbaden Reife O. 98; Studium: Würzburg 2, Heidelberg 2, Würzburg 2, Berlin 2, Würzburg 2 S.; Coll. 22. Juni 04; Approb. 17. März 04.]

Maass, Hugo, die eitrigen Entzündgn. der Nierenfettkapsel, s. a. Sammlung klin. Vorträge.

Die eitrigen Entzündungen der Nierenfettkapsel. Von Hugo **Maass,** (Berlin). *Leipzig: Breitkopf & Härtel 1896.* (54 S.) 8.
= Sammlung Klinischer Vorträge. N. F. No 170. (94. 9333

Maass, Hugo [aus Berlin]: Über Schwefelkohlenstoffvergiftung. . . . Berlin, Buchdr. v. Gustav Schade (Otto Francke) (1889); 30 S. + 1 Bl. 8°
Berlin, Med. Fak., Inaug.-Diss. v. 5. März 1889

Maaß, J., s. Unterricht in d. französ. Sprache.

Maass, J. G. F., s. Maass, Jh. Gebh. Ehrenr.

Maaß, J. G. W., Geschichte u. Beschreibung d. St. Marien-Dom-Kirche zu Colberg. 8. (6¼ B.) Colberg 837. (Berlin, Hold.) *

Maass, Johann. Bemerkungen auf einer Reise von Wittenberg nach Dresden, Pirna u. s. w. im Sommer 1807. 8. Wittenberg 1808.

— **Bemerkk. auf e. Reise von Wittenberg nach Dresden** xc. 8. Wittenb. 808. (Centr.-Compt. in Leipz.) 16 gr.

Maass, Johann. Bemerkungen auf einer Reise von Wittenberg aus durch einen Theil des Wittenbergischen Kreises, die Nieder- und Oberlausitz und einen Theil des Meissnischen Kreises im Spätjahre 1806. und im Frühjahre 1807 etc. 8. Wittenberg 1808.

Maaß, Joh., Bemerk. auf einer Reise v. Wittenb. aus d. e. Theil des Wittenb. Kreises xc. 1806 und 1807. 8. Wittenberg. (Fr. Bruder in Lpz.) 808.

Maaß, Jh., (†...) Bemerkk. auf e. Reise v. Wittenberg aus durch e. Theil des wittenberg. Kreises, die Nieder- u. Oberlausitz xc. im J. 1806 u. 1807. 8. Wittenb. 808. (Centr.-Compt. in Leipz.) 1 Thlr. 8 gr.

— Beobachtt. bei meinem Aufenthalte in der Oberlausitz u. auf e. Reise über Dresden. 8. Görlitz 810. (Lpz., Göthe). 20 gr.

Maaß, J., Beobachtungen bey meinem Aufenthalte in der Oberlausitz, und auf einer Reise über Dresden. 8. Görlitz. (Leipzig. Göthe.) 819.

— ausführl. Beschreib. des d. 29. Aug. 1798 zu Barby entstand. schreckl. Brandes xc. 8. Zerbst 799.

Maaß, (Joh.,) Beschreibung der feierl. Einweihung von Luthers Denkmal. gr. 8. Lpz. 823, Göthe.

Maaß, Jh., (†...) s. Briefe über d. Schaubühne in Coblenz.

Maaß, Jh., s. Cuenna.

— Denkmal d. Wittenberger Musen, als e. Erinnerung an d. akadem. Leben zu Wittenberg in den letzten 15 Jahren. 16 Heft. 8. Dresden 823. (Reclam in Lpz.) 6 gr.

Maaß, J., die schreckl. Drangsale Wittenbergs während d. Belagerung durch die königl. preuß. Truppen im J. 1813 u. 14. 8. Leipz. Bruder. 814.

— die schreckl. Drangsale Wittenbergs während d. Belagerung durch die königl. preuß. Truppen im J. 1813 u. 14. 8. Dresd. u. Leipz. 814. (Joachim). 16 gr.

Maass, Joh., Meine Fussreise im Jahre 1809 zur Zeit des Oesterreichischen Krieges Th. 1. Wittenberg 1810. 8. . . . . (1)1

— meine Fußreise im J. 1809, zur Zeit des östreichischen Krieges. 2 Thle. 8. Wittenb. (Leipz. Bruder in Comm.) 811.

— meine Fußreise im J. 1809, zur Zeit des östreich. Krieges. 8. Wittenb. 811. (Leipz. Centr.-Compt.) 1 Thlr. 4 gr.

— das Glück, ein königl. sächs. Unterthan zu seyn xc. gr. 8. Wittenb. 809. (Weigel in Leipz.) 4 gr.

— Jubelfest d. Gemeine zu Herrnhut d. 17. Juni 1822. Nebst Abbild. d. 3 Jubel-Medaillen in Steindruck. 8. Görlitz 822. (Leipz. Reclam). 8 gr.

— kurze Nachr. von d. Feierlichkeit am dritten Jubelfeste d. Universität Wittenb. gr. 8. Wittenb. 802. (Weigel in Lpz.) 3 gr.

— Reise aus d. Erzgebirge durch das Schönburgische u. Altenburgische, d. Voigtland u. das Thüringische bis an d. Harz u. von da durch das Thüringische über Naumburg, Zeitz u. Leipzig zurück nach Wittenberg. (Als 2r Bd. d. Fußreise xc.) 8. Leipz. Centr.-Compt. 12 gr.

– s. Reise durch Kursachsen ...

— kurze Uebersicht des gegenwärt. Zustandes d. Universität zu Wittenberg. gr. 8. Wittenb. 802. (Weigel in Leipz.) 4 gr.

– s. Unterhaltungen über polit. Begebenheiten.

— Wanderungen üb. d. verödeten Gefilde Sachsens u. d. Oberlausitz; (a. u. d. T.: Kriegsdrangsale v. Görlitz u. d. benachbarten Städte u. Dörfer) im J. 1813. 2 Hfte. 8. Dresd. u. Görlitz 815.

Maass, Joh. Gebh. Ehrenr.

— s. a. J. A. Knüttel.

Maaß, Jh. Gebh. Ehrenr., über d. Aehnlichkeit der christl. u. der neuern philosoph. Sittenlehre. gr. 8. Leipz. 791. Dyck. 4 gr.

— Briefe üb. die Antinomie der Vernunft. 8. Halle 788. (Anton). 6 gr.

— **Briefe über die Antinomie der Vernunft.** 8. Halle, (Anton. Görl.) 788.

Maaß, Jh. Gebh. Ehrenr., Familiengemälde. 4 Bde. 8. Halle 813—14. Fr. Ruff. 4 Thlr. 14 gr. (A. u. d. Titeln: Karl v. Horst u. Amalie v. Buchwald. 813. 1 Thlr. — Die Grafen v. Eichthal. 813. 1 Thlr. — Henriette u. Julie. 813. 1 Thlr. 8 gr. — Thekla v. Hochfeld. 814. 1 Thlr. 6 gr.)

Mausky, Rich., Untersuchungen üb. Alpharts Tod. Diss. (49 S.) gr. 8. Barmen (904). (Göttingen, Vandenhoeck & Ruprecht.) n. 1. 20

Mansmann, Emil [app. Art aus Pirmasens]: Über Reflexneurosen, die von der Nase und vom Rachen ausgehen ... Amberg, Druck v. H. Böes, 1891; 44 S. 8.
Heidelberg, Med. Fak., Inaug.-Diss. v. [4. Aug.] 1891

Manso, Carl Jak., s. Manso, Karl Jak.

Manso, Ed. Theod., Friedens-Blätter. I. Ueber d. Nothwendigkeit e. veränd. u. friedl. Politik in Europa. gr. 8. (3 B.) Nürnberg 832, Beck u. Comp. (?)

Manso, Joh. Kaspar Friedr.

Manso, Jh. Ksp. Fr., vermischte Abhandll. u. Aufsätze. gr. 8. Breslau 821. W. G. Korn. 1 ₰ 8 g̃

— Progr. über den Antheil, welchen die Griechen an den olympischen Spielen nahmen. Breslau 792. 4.

— — **Ueber die Attalen, ihr staatskluges Benehmen u. ihre anderen Verdienste. Breslau (Barth & Co.) 1815. 32 S. (3.—) 22117**

— Progr. Ueb. den Begriff u. Umfang d. griech. Hegemonie. 4. Bresl. 804.

— Progr. Ueb. d. Begründung d. Demokratie in d. griech. Staaten. 4. Bresl. 800. 22 S.

— Progr. Ueb. die Begründung der Mainotten, die vermeintl. Abkömmlinge d. alten Spartaner. 4. Bresl. 800.

Manso, J. C. F., Über Horazens Beurtheilung der ältern Dichter der Römer. Breslau 817. 4.

Manso, J. C. F., Ueber die Bildung der Rhetorik unter den Griechen. Pr. 1820. 27 S. 4°.

– s. Bion u. Moschus, Idyllen, u. dessen Reliquiae.

Manso, J. C. F., Chronica Prosperi Aquitanici, Prosperi Tironis, Idatii, aliorum, qui post Eusebium atque Hieronymum i. e. ab a. 879 universam historiam persecuti sunt, per annos digesta, inter se connexa et in unum corpus redacta. I. Pr. 1825. 58 S. 1.50
— — II. 1826. 88 S. 1.20

Manso, J. C. F. Chronicorum Prosperi Aquitanici, Idatii et alior. part. II. 36 S. 8. . . . .
Breslau, M., Progr. 1826

— — Chronicorum prosperi aquitanici, idatii et aliorum part. II. Breslau (Grass-Barth) 1826. 55 S. (3.—) 22118

Manso, J. C. F., Progr. über die atheniensischen Demagogen. Breslau 794. 4.

Manso, J. C. F., Duo Athalarici edicta e Cassiodori Variis cum adnot. Pr. 1824. 81 S.

— Epistel an Hoch, bei seiner Abreise v. Jena. gr. 8. Jena 782.

– s. Gegengeschenke an die Sudelköche ...

— Progr. Ueb. die Gemäldesammlung zu Maria Magdalena (in Breslau). 8. Bresl. 819.

— üb. das Gepräge der römisch. Literatur. gr. 4. Bresl. 819. Holäufer. 9 g̃

— Geschichte des ostgothischen Reiches in Italien. gr. 8. Bresl. 824. Max u. C. 2 ₰ 16 g̃ Velinp. 3 ₰ 16 g̃

– s.a. Geschichte des preuß. Staates.

Manso, J. C. F., Geschichte des Preussischen Staates vom Frieden zu Hubertsburg bis zur zweiten Pariser Abkunft. Bd. I. 1763 bis 1797. Band II. 1797—1807. Bd. III. 1807—1815. Frankfurt a. M. 1819. 20. 8.
— — Dasselbe, Ausgabe 2. ib. 1835. 36. 8.

Manso, J. C. F., Geschichte d. preuß. Staates, vom Frieden zu Hubertusburg bis zur zweiten pariser Abkunft. 1763 — 1815. 3 Bde. 2., bericht. Ausg. 835, 36. * 5 Thlr., 3., unveränd. Ausg. gr. 8. (à 77½ B.) Leipzig 839, Dörffling; Frankfurt a. M., Kettembeil. *

– s. Horen, Über die, und Grazien.

Manso, J. Cas. F., d. befreite Jerusalem, ein Ged. nach Tasso. 1r Bd. 8. Lpz. Dyk. 791.

– s.a. Kunst, Die, zu lieben.

§ * **KUNST**, Die, zu lieben. Ein Lehrgedicht in drey Büchern (von *Joh. Caspar Friedr. Manso*, 1760—1826). (Vign.) Mit 7 hübschen Text-Vignetten (nach Schubert von Geyser gestoch.). Berlin (o. Adresse) 1794. 8°. (In München: P. o. g. 898 o; auch im British Museum.) (4 Mk. W. H. Kühl, Berlin, c. 1883; 8 Mk. Adolf Weigel, 1906; 12 Mk. E. Frensdorff, 1904.)
240 S. (incl. S. 201 ff. Anmerkgn.). Dieses Buch des Breslauer Gymnasialdirektors wurde von Goethe und Schiller in den „Xenien" arg verspottet: 35. Die Kunst zu lieben. („Auch zu Lieben bedarfst du der Kunst? Unglücklicher Manso" etc.) 36. Der Schulmeister in Breslau. 37. Amor als Schulkollege. 38. Der zweite Ovid. 39. Das Unverzeihliche. 40. Prosaische Reimer.] — Manso rächte sich durch seine „Gegengeschenke".

— Leben Konstantins d. Großen, nebst einigen Abhandlungen geschichtl. Inhalts. gr. 8. Bresl. 817. W. G. Korn. 2 ₰

Manso, J. Casp. Frdr. Leben Constantins des Grossen. 8. Breslau 1817. — 8. Wien 1819.

— lehren wir in unsern Schulen auch nicht zu viel? ein Progr. 4. Bresl. 806.

– s. Meleagri reliquiae.

— Progr. I et II. Observationes in loca aliquot difficiliora D. Junii Juvenalis. 4. Bresl. 812, 14.

— Joh. Casp. Friedr., Observationes in loca aliquot difficiliora D. Junii juvenalis. Breslau (Grass-Barth) 1812. 18 S. (3.—) 22116

Manso, J. C. F., Ennodii Panegyricus, regi Ostrogothorum Theoderico dictus, cum animadversionibus. Pr. 1882. 56 S. 1.50

— Progr. Ueb. die Quellen, aus denen die Kenntniß d. Lykurg. Gesetzgebung geschöpft werden muß. 4. Bresl. 798.

— vermischte Schriften. 2 Thle. 8. Leipz. 801. Dyck. 2 ₰ 12 g̃

– s. Sophocles: Oedipus.

Maass, Joh. Gebh. Ehrenr., Sinnverwandte Wörter, zur Ergänzung der Eberhard'schen Synonymik. Bd. 1—5. (A-Um.) Halle u. Leipzig 1818—20. 8. . . . . (D.)

– (Hrsg.), s. W y t t e n b a c h , Daniel: Praecepta philosophiae logicae.

Maass, Johanna, appr. Ärztin a. Königsberg in Pr.: 50 Fälle von Delirium tremens. Freiburg (Baden) 1904: E. Kuttruff. (32 S.) 8°
Freiburg i. B., Med. Fak., Ref. Hoche, Diss. v. 1904
[Geb. 25. Aug. 73 Königsberg, Pr.; Wohnort: Freiburg; Staatsangeh: Preußen: Vorbildung: Kgl. Luisen-Gymn. Berlin Reife M. 99; Studium: Berlin 2, Freiburg 2, Berlin 3, Freiburg 2 S.; Coll. 15. Juli 04; Approb. 27. Juni 04.]

Maass, Johannes, approb. Arzt aus Horneburg (Prov. Hannover): Über das Vorkommen virulenter Tuberkelbacillen in Milch und Milchprodukten von perlsüchtigen Kühen und über die Gefahren des Genusses solcher Nahrungsmittel für den Menschen. *Berlin (1900): G. Schade.* (35 S.) 8°
Berlin, Med. Diss. v. 10. Aug. 1900

Maaß, K., Eins ist Noth! Predigt, gehalten zu Neuwied am 2. Sept. 1844. 8. Neuwied 844, van der Beeck. 1/12 Thlr.

Maaß, K., Predigt üb. Epheser 5, 6—14 gehalt. am 11. Febr. 1849 zu Neuwied. gr. 8. (16 S.) Neuwied 849, Lichtfers in Comm. 1/12 Thlr.

— Predigt bei der Feier des 6. Stiftungs-Festes u. der Schlacht bei Waterloo [Belle-Alliance] d. Veteranen-Begräbniß-Vereins am 18. Juni 1848 gehalt. zu Neuwied. gr. 8. (15 S.) Neuwied 848, Lichtfers. 1/12 Thlr.

—— Predigt gehalten am Geburtstage des Königs Wilhelm den 22. März 1861 in der ältern evangel. Gemeinde zu Neuwied. 8. (15 S.) Neuwied 861, (v. d. Beeck.)

Maass, Karl, die harmonische Ausbildung von Körper und Geist in der Schule, s. a. S a m m e l m a p p e, pädagogische.

Maass, Karl, die harmonische Ausbildung von Körper u. Geist in der Schule. Pädagogische Skizze. gr. 8. (38 S.) Leipzig 880. Siegismund & Volkening. n. — 80

Maass, (Joan.) Car. (Lambertus) (geb. Potsdam 15. 8. 1829) De contagiis. Berolini (1854). (30 S.) 8°
Berlin, Med. Diss. v. 27. März 1854

Maaß, Carl, Gedichte. 16. (160 S.) Berlin 851, Th. Grieben. n. 1/2 Thlr.

Maaß, Karl, 25 Jahre deutscher Reichs-Gesetzgebung. Denkschrift zur Erinnerungsfeier d. 25jähr. Bestehens der nationalliberalen Partei im deutschen Reichstage. Im Auftrage d. nationalliberalen Vereins f. das Königr. Sachsen bearb. gr. 8. (X, 561 S. m. 2 Tab.) Leipzig 892. Duncker & Humblot. Geb. in Leinw. n. 8. —

Maaß, K., das deutsche Märchen, s. a. S a m m l u n g gemeinverständlicher wissenschaftlicher Vorträge.

Maass, Karl: Das deutsche M ä r c h e n . Eine literarische Studie. Hamburg 1886. 8°
Ist: Samml., gem.-verst. wiss. Vortr. N. F. Ser. 1. Nr. 24.

[F.] **Maass,** Karl *Johann Albert* [Dr.]: Über Metapher und Allegorie im deutschen Sprichwort. Ein Gang vom Begriffsbild z. Gedankenbild. Dresden, Rammingsche Buchdr., 1891; S. 1—23; 4°
Dresden, Wettiner G, OP 1891 (631)

Maaß, Karl, üb. Metapher u. Allegorie im deutschen Sprichwort. Ein Gang vom Begriffsbild zum Gedankenbild. gr. 4. (23 S.) Dresden 891. (Leipzig, G. Fock.) n. 1. —

Maass, *Karl:* Über ein Pendel, bei welchem aufser der Schwerkraft noch eine dem umgekehrten Quadrat der Entfernung proportionale abstofsende Kraft wirksam ist. Küstrin, C. Nigmann's Buch- u. Steindr., 1895; 1—24 S. 4.
Küstrin, k. G m. st. VS, P 1895 (72)

Maaß, Carl, Rodspohn un Rakoczy. Twei plattdüütsche Geschichten. gr. 16. (98 S.) Leipzig 877. Ehrlich. n. 1.20

M a a s s, Carl (I.), practische Seelenheilkunde, nebst Grundbedingungen einer guten Irren-, Heil- und Pflegeanstalt. Ein Handbuch für Aerzte und Richter. Lex.-8. (X und 353 S.) Wien 847, [Hölzl.]

Maass, Carl, practische Seelenheilkunde, nebst Grundbedingungen einer guten Irren-, Heil- u. Pflegeanstalt. Ein Handbuch f. Aerzte u. Richter. Lex. 8. (X u. 353 S.) Wien 847, Rohrmann. 1 3/8 Thlr.

— Stömming W a t z k e. Ne plattdüütsche Geschichte. 1. Bd. 8. (136 S.) Ebend. 878. n. 2. 25

Maass, Carl, wie man in B r a n d e n b u r g spricht. [Aus: „Jahrb. d. Vereins f. niederdeutsche Sprachforschg."] 8. (32 S.) Brandenburg 896. R. Koch. n. — 50

Maaß, Carl Friedr., gründl. Lehr- u. Handbuch f. Damen, üb. Maaßnehmen u. Zuschneiden aller Arten weibl. Kleidungsstücke. M. 41 Zeichn. u. Façons (auf 8 Stnt. gr. 8.). 8. (1 1/4 B.) Berlin 834, (Stuhr.)

Maass, Lilly, das Geheimnis der Graphologie, s.: T a l i s m a n - B i b l i o t h e k.

Maass, Ludolf: Der Einfluss der Maschine auf das Schreinergewerbe in Deutschland. Ein Beitrag zur Kenntnis d. Kampfes d. gewerbl. Betriebsformen. *Stuttgart 1901: Union.* (VI, 122 S.) 8° ¶ [= Münchener volkswirtschaftl. Studien, Stück 44.]
München, Staatswirtsch. Diss. v. 1901

Maass, Ludf., der Einfluss der Maschine auf das Schreinergewerbe in Deutschland, s. a. S t u d i e n, Münchener volkswirtschaftliche.

Maass, Ludf., Der Einfluss der Maschine auf das Schreinergewerbe in Deutschland. Ein Beitrag zur Kenntniss des Kampfes der gewerblichen Betriebsformen. gr. 8°. Stuttgart, J. G. Cotta Nachf., 1901. (Münchner volkswirtsch. Studien, Heft 44.)

Maass, Ludwig: Die Brandgilden insbesondere in Schleswig-Holstein. Stuttgart: Enke 1909. VI, 197 S. 8° ¶ (Ersch. auch als: Tübinger staatswiss. Abhandlungen. H. 7.)
Tübingen, Staatswiss. Diss. v. 28. Juli 1910, Ref. Fuchs
(Nur in beschränkter Anzahl für den Austausch)
[Geb. 11. Dez. 82 Hamburg; Wohnort: Sude; Staatsangeh.: Preußen; Vorbildung: Realsch. Itzehoe Reife M. 98; Studium: Cöln Handelshochsch. 3, Tübingen 4 S.; Rig. 31. Juli 09.] [U 10. 4210

Maass, Ludw., die Brandgilden insbesondere in Schleswig-Holstein, s. a. A b h a n d l u n g e n, Tübinger staatswissenschaftliche. 6. Heft.

Die Brandgilden insbesondere in Schleswig-Holstein von Ludwig **Maass**. Stuttgart: Enke 1910. VI, 197 S. 8°
(Tübinger Staatswissenschaftl. Abhandlungen. H. 6.) [illegible]

Maass, M., Abrégé de l'histoire de Prusse depuis le grand électeur jusqu'à nos jours, adapté aux exercices de conversation française de nos écoles supérieures (Gymnasien, Realschulen, höhere Töchterschulen etc.) Berlin 867. Meumann. 8. (VIII, 112 S.) n. 8 ngr.

Maass, M., abrégé de l'histoire de Prusse depuis le grand électeur jusqu'à nos jours. Adapté aux exercices de conversation française de nos écoles supérieures [Gymnasien, Realschulen, höhere Töchterschulen u. Gewerbeschulen]. 2. éd. corrigée, revue et continuée jusqu' en 1871. 8. (IV, 144 S.) Berlin 877. Kobligk. cart. n. 1. 40

Maaß-Breslau, M., das sogenannte Apostolikum, vom ethisch-religiösen Standpunkte betrachtet. Zur Unterstützg. der Lehmann-Hohenberg'schen Agitation f. Beseitigg. des kirchl. Bekenntniszwanges. 1. u. 2. Aufl. gr. 8. (30 S.) Heidelberg 894. J. Hörning. n. — 50

Maaſs, M. A collection of Shakspearian puns, adapted for school purposes. Sprottau, H. B., 1869. 20 S. 4. Progr.

Maaß, M., unsere deutschen Dichterheroen u. die sogenannte Shakespearomanie. gr. 8. (67 S.) Thorn 874. E. Lambeck. n. 1. 20

Maaß, M., Lessing's Einfluß auf die geistige Bewegung seiner Zeit u. der Gegenwart, s.: Vorträge, gemeinfaßliche, zum Vorlesen in Vereinen.

Maaß, M., G. E. Lessing's Erziehung des Menschengeschlechtes oder der Entwickelungsgang der religiösen Idee vom Judenthume zum Christenthume, den modernen Apologeten des Judenthums gegenüber nachgewiesen. Berlin 862. G. Reimer. gr. 8. (VII, 67 S.) 10 ngr.

Maaß, M., zwei Gespräche über den Austritt aus dem Judenthume. Veranlaßt durch den über diese Frage herausgegebenen Briefwechsel des Dr. Abrah. Geiger. gr. 8. (48 S.) Leipzig 858, O. Wigand.

—— Grundlinien der Lehre von den Bewegungsempfindungen. gr. 8. (IV, 128 S. mit 18 eingedr. Holzschn.) Leipzig 875, Engelmann. *

Maaſs, M. On a method of conversational exercises. Part the first, containing a survey of the existing methods of conversational exercises. Breslau, H. T. am Ritterplatz, 1875. 14 S. 4. Progr.

— die Mischehe, das einzig wirksame Mittel einer dauernden Vereinigung zwischen der jüdischen u. christlichen Bevölkerung Deutschlands. Aus Anlaß der jüngst in der sogenannten Judenfrage geführten Debatten. Mit kritischen Nachträgen. gr. 8. (50 S.) Löbau Westpr. 881. Skrzeczek. n. — 75

Maaß, M. (I.), la prononciation française. Die Kunst elegant und richtig französisch zu sprechen. Ein prakt. Rathgeber für Techniker, Kaufleute und alle Diejenigen, die in dieser Sprache verkehren wollen. gr. 8. (III, 88 S.) Berlin 880, Horrwitz.

Maaß, M., la prononciation française. Die Kunst, elegant u. richtig französisch zu sprechen. 2. (Titel-)Ausg. 8. (III, 88 S.) Berlin 889. Cronbach. n. 1. 80

— the english pronunciation. Die Kunst, elegant u. richtig englisch zu sprechen. Ein praktischer Rathgeber für Techniker, Kaufleute u. alle Diejenigen, die in dieser Sprache verkehren wollen, sowie zum Schulgebrauch. gr. 8. (VI, 150 S.) Ebend. 881. n. 2. 50

Maass, M. The English pronunciation. Die Kunst, elegant u. richtig englisch zu sprechen. 2. (Titel-)Ausg. 8. (VI, 150 S.) Berl. 889, Cronbach. * 2 50

— **die Religion des Judenthums u. die politisch-socialen Principien unseres Jahrhunderts. Zur Kritik der Philippson'schen Resolution auf der 1. israelit. Synode zu Leipzig [29. Juni—4. Juli 1869.] Leipzig 870. Findel. gr. 8. (VIII, 184 S.)** 15 ngr.

— die Simultanschule u. die Generalsynode. gr. 8. (32 S.) Berlin 880. Th. Hofmann. n. — 50

— die sociale Stellung der Juden in Deutschland u. das Civil-Ehegesetz. Mit Bezug auf die Schrift d. Hrn. Dr. J. Kolkmann. gr. 8. (85 S.) Löbau W/Pr. 876. Skrzeczek. n. 1. —

— Suum cuique! Für Deutschland, Frankreich u. Elsass-Lothringen. Ein Vorschlag zur Güte. Mit 1 Karte. 2. Aufl. gr. 8. (82 S.) Leipzig 887. [G. Wolf.] Lovien. n. — 60

Maaß, M., e. Verständigungsversuch m. d. Freigemeindlichen, in Sachen d. Einigen (ethischen) Christentums. gr. 8. (55 S.) Heidelberg 895. J. Hörning n. — 60

— was hat es auf sich m. d. sogen. pastoralen Weite? E. offenes Sendschreiben in d. Lieco'schen Sache an d. Hrn. Konsistorialpräsidenten Schmidt in Berlin. 8. (16 S.) Ebd. 896. n. — 20

Maass, M., was soll m. Elsass-Lothringen werden?, s.: Fragen, zeitbewegende.

Maass, Nikl. Hnr.

Maassen, Nikolaus Heinrich (Holstein), Specimen inaug. de contractus literalis natura. Altdorf (J. A. Hessel) 12. IX. 1783. 40 S. (4.—) 21946 Gew.: Graf v. Holmer.

Maaß, Nikl. Hnr., († 1796.) 5 Reden bei öffentl. Confirmationen u. Segnungen. 8. Hamb. 777. Herold. 8 ß.

— die erhabene Würde d. ächten christl. Religion. 8. Hamb. 773.

Maaß, Osk., Diät u. Wegweiser bei Fettsucht, s. a. Sammlung medizinischer Wegweiser. 4. Bd.

Diät und Wegweiser bei Fettsucht von Dr. Oskar Maass, Pract. Arzt. 2. vielf. verm. Aufl. Berlin: H. Steinitz (1900). (48 S.) 8°
(Sammlung medizinischer Wegweiser. Bd. 4.)

Maass, Otto, Dr.: Die pädagogischen Ideale des jungen Herder. Rastenburg 1906: O. Lauter. (45 S.) 8°
Rastenburg, k. Herzog-Albrechts-S P 1906 (15)

Maass, Otto, Kleitarch u. Diodor. Eine Quellenuntersuchg. I. Progr. gr. 8. (88 S.) St. Petersburg 894. H. Schmitzdorff. n. 1. 50

Maass, Otto (Hrsg.), s. Post, Kaufmännische.

Maaß, Otto Waldemar, Erasmus u. Sibylla. Musik-Schauspiel in 5 Akten. (47 S.) 8. Berlin (908). M. Böhm. 2. —

Maass, Paul, aus Strelitz i. Meckl.: **Experimentelle Untersuchungen über die Innervation der Kranzgefässe des Säugethierherzens.** ⟨Von d. med. Fak. d. Univ. Rostock gekr. Preisschr.⟩ *(Altenburg) 1899: (Pierer).* (30 S.) 8° ¶(Aus: Archiv f. d. ges. Physiologie, Bd 74.)

Maaß, R., Gott grüß das Handwerk, s.: Jugendbühne.

Maaß, R., Lehrplan f. die (gemischte) ländliche Fortbildungsschule. Unter Mitwirkg. v. Lehrern an ländl. u. gewerbl. Fortbildungsschulen hrsg. (31 S.) gr. 8. Langensalza 910. J. Beltz. 1. 25

— Lehrplan-Entwurf f. die gewerbl. Fortbildungsschule in mittleren u. kleineren Orten. (61 S.) gr. 8. Ebd. 909. 1. 25

— Rechenbuch f. gewerbliche Fortbildungsschulen. A. Allgemeiner Tl. (80 S.) 8. Ebd. 910. Geb. — 70

— dasselbe. B[1]. Fachkundlicher Anh. f. das Baugewerbe u. verwandte Berufe. (56 S. m. 23 Taf.) 8. Ebd. 910. Geb. — 80

— dasselbe. B[4]. Fach-Rechenbuch f. das Metallgewerbe, v. W. Bauer. (75 S. m. Abb. u. 8 Tab.) 8. Ebd. — 90

— dasselbe. C. Grundlegende Übungen (Übungsheft f. systemat. Rechnen.) (20 S.) 8. Ebd. 910. — 20

— u. W. Rieken, Rechenbuch f. ländliche Fortbildungsschulen. (124 S. m. Fig.) 8. Ebd. 911. — 70

— Ubungsheft zur Haushaltungs-Buchführung in der Fortbildungsschule. (23 S.) Lex. 8. Nebst Übungsstoff. (12 S.) 8. Ebd. 909. — 60

— dasselbe f. Mädchenfortbildungsschulen, Volks-, Mittel- u. höhere Töchterschulen, sowie f. das deutsche Haus. Ausg. B. (23 S.) Lex. 8. Nebst Anleitg. u. Übungsstoff. (28 S.) 8. Ebd. 910. — 80

Maaß, Siegfried, Assistenzarzt b. Fußart.-Reg. Nr. 11: **Drei Fälle von krankhaftem Wandertrieb, ohne Dämmerzustand, im jugendlichen Alter.** Borna-Leipzig 1910: Noske. 28 S. 8°
Leipzig, Med. Diss. v. 29. Juli 1910, Ref. Flechsig
[Geb. 3. Sept. 83 Pöllitz b. Stettin; Wohnort: Thorn; Staatsangeh.: Preußen; Vorbildung: Gymn. Stralsund Reife O. 02; Studium: Greifswald 1, Berlin K. W. A. 9 S.; Coll. 2. Aug. 10; Approb. 14. Jan. 09.] [U 10. 3025

Maass, Th., der Urzustand der Menschheit. Religions- u. naturwissenschaftl. Studie üb. die bibl. u. kirchl. Lehren vom Urstande. gr. 8. (IV, 89 S.) Berlin 900. Mayer & Müller. n. 1. 60

Maass, Theodor A. [aus Berlin]: Studien über die Beständigkeit komplexer Anionen. Freiburg in Baden 1901. 72 S. 8°.
Basel. Phil. Diss. 1900/1901.

Maass, Theodor A . Studien über die Beständigkeit complexer Anionen. Diss. Phil. Basel. 72 S. 8. Freiburg in Baden, Karl Henn, 1901.

Maaß, W., Aphorismen zu e. praktisch brauchbaren Anschauung der Welt im goldenen Zeitalter der Technik unter den sozialen Fragezeichen. (III, 98 S.) 8. Hannover (905). W. Otto. n. 1. —

— moderne Ideen u. die Praxis. (84 S.) gr. 8. Ebd. (906). n. 1. —

Moderne Ideen und die Praxis. Von W. **Maass.** Hannover: W. Otto 1908. (84 S.) 8° [F.] [illegible]

Maaß, W., Lieder u. Gedichte. 8. (80 S.) Leipzig 890. Friedrich. n. 1. —

Maass, W. [aus Berlin]: Die Zerreissung des mütterlichen Dammes während der Geburt. Aetiologie und Prophylaxe. . . . Jena, Druck v. G. Neuenhahn, 1890; 61 + 1 S. + 1 Bl. 8°
Jena, Med. Fak., Inaug.-Diss. v. [19. Mai] 1890

— Dass., s. a. Maas

Maass, Walter: Über Äther des Anthrachinon-α-merkaptans. Freiburg ⟨Schweiz⟩ 1910: St.-Paulus-Dr. 42 S. 8°
Freiburg i. B., Phil. Diss. v. 10. Juli 1910, Ref. Gattermann
[Geb. 16. Okt. 83 Lindenstadt b. Birnbaum; Wohnort: Freiburg i. S.; Staatsangeh.: Preußen; Vorbildung: Gymn. Konstanz Reife Juli 03; Studium: Freiburg i. S. 3, München Techn. Hochsch. 2, Univ. 5, Freiburg i. B. 3 S.; Rig. 4. März 10.] [U 10. 1068

Maass, W(alther): **Die rechtliche Wirksamkeit der vor ausländischen diplomatischen Vertretern in Deutschland abgeschlossenen Ehen.** *Greifswald 1898: J. Abel.* (42 S.) 8°
Greifswald, Jur Diss. v. 1898

Maaß, Wilh., die deutsche Arbeiterversicherung als Lehrstoff in den Schulen. (48 S.) gr. 8. Leipzig 905. F. Klinkhardt. n. — 80

Maaß, Wilh., Geographie v. Esth-, Liv- u. Kurland. Ein Leitfaden nebst Begleitwort zu der Schulwandkarte. 8. (51 S.) Riga 885. Jonck & Poliewsky. cart. n. — 80

Maaß, Wilh., Handbuch z. Durchführg. d. Invaliditäts- u. Altersversicherungsgesetzes vom 22. VI. 1889 f. Behörden u. Arbeitgeber, Berufsgenossenschaften, Krankenkassen, Staatskommissare, Schiedsgerichtsvorsitzende, Büreau- u. Kontrolbeamte. 8. (VIII, 173 S.) Berlin 898. Verlag d. Arbeiter-Versorgg. A. Troschel. Kart. n. 2. —; geb. in Leinw. n. 2. 50

— Handbuch zur Durchführung des Invalidenversicherungsgesetzes vom 13. VII. 1899 f. Behörden u. Arbeitgeber, Berufsgenossenschaften, Krankenkassen, Schiedsgerichtsvorsitzende, Bureau- u. Kontrollbeamte. (Neu bearb. nach dem gegenwärt. Stande der Gesetzgebg. u. Rechtsprechg.) 2. Aufl. (XII, 190 S.) 8. Berlin 904. Gr. Lichterfelde, Verl. der Arbeiter-Versorgg., A. Troschel. n. 2. —; geb. n. 2. 80

Zum 100jährigen Jubiläum der Otto'schen Buchhandlung '(Johannes Mützel)' in Erfurt, am 22. Jan. 1897. (Vf.: Wilhelm **Maass.**) *Erfurt: Dr. v. O. Conrad (1897).* (1 Bl., 9 S.) 1 Bd 8. [illegible]

Maaß, Wilh., s.: Zeitschrift f. Lokomotivführer.

Maaß-Suhr, Luise, deutsche Klänge. Gedichte. gr. 8. (82 S.) Berlin (899). W. Süsserott. n. 1. 50; geb. n. 2. —

Deutsche Klänge. Gedichte von Luise **Maass**-Suhr. *Leipzig, Berlin, Rostock: W. Susserott [1900].* (80 S.) 8° [illegible]

Maassbuch für Schuhmacher. *Berlin: Rosenbaum & Hart [1901].* (76 Bl.) 8° [illegible]

Maaße, Gewichte u. Münzen der größten deutschen u. außerdeutschen Länder verglichen m. den Preußischen. gr. 8. (23 S.) Wriezen 852, Roeder. n. 4 ngr

— — die, v. Württemberg gegenüber den metrischen d. deutschen Reiches. Vergleichungs-Tabellen hrsg. v. der königl. württemb. Centralstelle f. Gewerbe u. Handel. gr. 8. (VIII, 76 S.) Stuttgart 871. Metzler. geb. n. 1. 40

Maasse u. Gewichte, die metrischen. Wandtafel. 104,5 ×104 cm. Bonndorf 899. Spachholz & Ehrath. Auf Pappe n.n. 4. 50

—— und Gewichte, die neuen. Eine Weihnachtsgabe für die hamburg. Jugend. 1871. 8. (15 S.) Hamburg 871, Nolte. *

Maasse u. Gewichte, die neuen, vom 1. Januar 1872 gültigen, verglichen m. den bisher in Gotha, Arnstadt u. Waltershausen gebräuchlichen Maassen u. Gewichten. 16. (8 S.) Gotha 872. Conrad. n. — 20

Maasse, die neuen, u. Gewichte, des metrischen Systems nach der Eichordnung für den norddeutschen Bund. Berlin 870. G. W. F. Müller. Imp.-Fol. n. 9 ngr.

Maassen, A.: Ueber die H e r s t e l l u n g von Dauermilch, s. P e t r i R. J.

Maassen, Albert: Zur A e t i o l o g i e des Texasfiebers, s. W e i s s e r

Maassen, Albert [aus Düsseldorf]: Ueber einige vom m-Toluilendiamin sich ableitende Azo- und Disazoverbindungen.... Bonn, Univ.-Buchdr. v. Carl Georgi, 1885; 53 S. 8°.
Freiburg i. B., Phil. Fak., Inaug.-Diss. v. 1885.

Maassen, Albert, über einige vom m-Toluilendiamin sich ableitende Azo- und Disazoverbindungen. Diss. Freiburg i. B. 1885, Fr. Wagnersche Univ.-Buchh. 8°. 53 S.

— Über die unter dem Namen „Faulbrut" bekannten seuchenhaften Bruterkrankungen der Honigbiene, s.a. Mitteilungen aus der kaiserl. biologischen Anstalt f. Land- u. Forstwirtschaft. 7. Heft.

Über die unter dem Namen 'Faulbrut' bekannten seuchenhaften Bruterkrankungen der Honigbiene. Von Reg.R. Dr. Albert **Maaßen.** Mit 4 Taf. Berlin: P. Parey 1908. (24 S.) 8°
= **Mitteilungen** aus d. Kais. Biolog. Anstalt f. Land- u. Forstwirtschaft. H. 7. (08. 16450 3

Über die unter dem Namen 'Faulbrut' bekannten seuchenhaften Bruterkrankungen der Honigbiene. Von Reg.R. Dr. Albert **Maaßen.** 2. Aufl. Mit 4 Taf. Berlin: Parey 1909. 31 S. 8°
(Mitteilungen aus d. Kaiserlichen Biolog. Anstalt f. Land- u. Forstwirtschaft H. 7.)

Maaßen, Alb., die Faulbrut der Bienenvölker u. ihre Erkennung durch den Bienenzüchter, s.: Flugblatt 47 der kaiserl. biologischen Anstalt f. Land- u. Forstwirtschaft.

Über Gallertbildungen in den Säften der Zuckerfabriken. Ein Beitrag z. Kenntnis d. gallertbildenden Bodenbakterien. Von Dr. Albert **Maaßen,** Reg.R. Mit 3 Taf. u. 1 Abb. Berlin: P. Parey 1905. (36 S.) 4°
= **Arbeiten** aus d. Biolog. Abteilung f. Land- u. Forstwirtschaft am Kais. Gesundheitsamte. Bd 5, H. 1. (05. 6839 3

Maaßen, Aug., Sela od. die drei Perlen. Eine Dichtg. gr. 16. (III, 72 S.) Paderborn 890. F. Schöningh. n. 1. —; geb. n. 2. —

Maaßen, C. D., s. Zur Charakteristik der jetzt in d. Kirche herrsch. Ansichten.

Maassen, Friedr., Beiträge zur Geschichte der juristischen Literatur des Mittelalters, insbesondere der Decretisten-Literatur d. XII. Jahrhunderts. (Aus d. Sitzungsberichten d. k. Akad. d. W.) Wien 857. Gerold in Comm. gr. 8. (87 S.) n. 15 ngr.

Maassen, Friedrich, Dr.: B e i t r ä g e zur Geschichte der juridischen Literatur des Mittelalters, insbesondere der Dekretisten-Literatur des XII. Jahrhunderts. S. 24. 4.
Separatabdruck

– *Bibliotheca latina juris canonici manuscripta.* 1. Teil: Die Kanonensammlungen vor Pseudoisidor. 1. Geschichte der Quellen und der Literatur des kanonischen Rechtes im Abendlande bis zum Ausgange des Mittelalters. S. 53. 373 . vgr.
— – 1. Teil: Die Kanonensammlungen vor Pseudoisidor. 2. Frankreich. S. 54. 157 vgr.
— — 1. Teil: Die Kanonensammlungen vor Pseudoisidor. 3. Spanien, 4. England, 5. Belgien, 6. Schweiz. S. 56. 157 . . . . vgr.
Separatabdruck

Maassen, Friedr., **Bibliotheca latina juris canonici manuscripta.** 1. Thl. Die Canonensammlungen vor Pseudoisidor. 1—3. Heft. [Aus den Sitzungsber. der k. Akad. der Wiss.] Wien 866,67. (Gerold's Sohn.) Lex.-8. n. 1 ℳ 6 ngr.
1. Heft. (I. Italien.) (57 S.) n. 8 ngr.
2. Heft. (II. Frankreich.) (132 S.) n. 20 ngr.
3. Heft. (III. Spanien. — IV. England. — V. Belgien. — VI. Schweiz.) (55 S.) n. 8 ngr.

Maassen, Frdr., **concilia aevi merovingici,** s.: **Monumenta Germaniae historica.**

— unser Eherecht u. das Staatsgrundgesetz. Ein am 14. Januar 1878 in der Wiener jurist. Gesellschaft geh. Vortrag. Vom Verf. allein autoris. Ausg. gr. 8. (27 S.) Graz 878. Leuschner & Lubensky. n. 1. —

Maassen, Friedr., civilistische Erörterungen. 1. Heft. A. u. d. T.: Zur Lehre von den Bedingungen. gr. 8. (V und 41 S.) Bonn 854, Henry und Cohen. -

—— **Bobienser Excerpte des römischen Rechts.** Lex.-8. (15 S.) Wien 864, (Gerold's Sohn.)

– Bobienser E x c e r p t e des römischen Rechts. S. 46. 236
Separatabdruck

Maassen, Friedr., Gedächtnissrede, gehalten am 21. Febr. 1879 im Festsaale der kaiserl. Akademie der Wissenschaften zur Säcularfeier der Geburt Friedrich Carl v. Savigny's. gr. 8. (16 S.) Wien 879, Manz'sche Hofbuchh. *

Maassen, Friedr., **Geschichte der Quellen u. der Literatur des canonischen Rechts im Abendlande bis zum Ausgange des Mittelalters.** 1. Bd. (1. u. 2. Liefg.) Gratz 870. Leuschner & Lubensky. gr. 8. (LXVI u. S. 1—448.) n. 3 ℳ

— **Geschichte der Quellen u. der Literatur d. canonischen Rechts im Abendlande bis zum Ausgange d. Mittelalters.** 1. Bd. (3. Lfg.) gr. 8. (LXVII - LXX u. S. 449—982.) Ebend. 871. n. 11. — (I. cplt.: n. 20. —)

Maassen, Frdr., Glossen des canonischen Rechts aus dem carolingischen Zeitalter. Mitgetheilt u. beleuchtet. [Aus: „Sitzungsber. d. k. Akad. d. Wiss."] Lex.-8. (68 S.) Wien 877. Gerold's Sohn in Comm. n. 1. —

– G l o s s e n des kanonischen Rechts im karolingischen Zeitalter. S. 84. 235
Separatabdruck

— über die Gründe des Kampfes zwischen dem heidnisch-römischen Staat u. dem Christenthum. Inaugurationsrede, geh. am 14. Octbr. 1882. gr. 8. (36 S.) Wien 882. Toeplitz & Deuticke. n. — 80

Maassen, Frdr., neun Capitel üb. freie Kirche u. Gewissensfreiheit. gr. 8. (IV, 470 S.) Graz 876. Leuschner & Lubensky. n. 6. —

Maassen, Frdr., ein Capitulare Lothar's I. (Abdr. aus den Sitzungsber. der k. Akad. der Wissensch.) Wien 864. (Gerold.) gr. 8. (4 S.) 1½ ngr.

– Ein C a p i t u l a r e Lothars I. S. 46. 68
Separatabdruck

Maassen, Frdr., ein Commentar des Florus von Lyon zu einigen der sogenannten Sirmond'schen Constitutionen. [Aus: „Sitzungsber. d. k. Akad. d. Wiss."] Lex.-8. (29 S.) Wien 879. Gerold's Sohn in Comm. n.n. — 50

— Ein Kommentar des Florus von Lyon zu einigen der sogenannten Sirmondschen Konstitutionen. S. 92. 301 . . . . —50
Separatabdruck

-- Über eine *Lex Romana canonice compta*. Ein Beitrag zur Geschichte der Beziehungen beider Rechte im Mittelalter. S. 35. 73 . . . . vgr.
Separatabdruck

—— über eine lex romana canonice compta. Ein Beitrag zur Geschichte der Beziehungen beider Rechte im Mittelalter. Lex.-8. (88 S.) Wien 860, (Gerold's Sohn.) **

-- *Paucapalea*. Ein Beitrag zur Literaturgeschichte des kanonischen Rechtes im Mittelalter. S. 31. 419 . . . . vgr.
Separatabdruck

—— Paucapalea. Ein Beitrag zur Literaturgeschichte des canonischen Rechts im Mittelalter. Lex.-8. (70 S.) Wien 859, (Gerold's Sohn.) **

— der Primat des Bischofs von Rom u. die alten Patriarchalkirchen. Ein Beitrag zur Geschichte der Hierarchie, insbesondere zur Erläuterung des sechsten Canons des ersten allgemeinen Concils von Nicaa. Bonn 853. Henry u. Cohen. gr. 8. (XIV, 144 S.) 18 ngr.

Maassen, Friedr., Pseudoisidor-Studien. I. und II. Lex.-8. Wien 885, (Tempsky.) *

Inhalt:

I. Die Textesrecension der ächten Bestandtheile der Sammlung. (44 S.) * 70 Pf.

II. Die Hispana der Handschrift von Autun und ihre Beziehungen zum Pseudoisidor. (62 S.) *ℳ 1.—.

Aus: Sitzungsberichte der k. Akademie der Wissenschaften, besonders abgedruckt.

— Pseudoisidor-Studien: 1. Die Textrezension der echten Bestandteile der Sammlung. S. 108. 1061 . . . . 1.—
— – 2. Die Hispana der Handschrift von Autun und ihre Beziehungen zum Pseudoisidor. S. 109. 801 . . . . 1.—
Separatabdruck

— eine Rede d. Papstes Hadrian II. vom J. 869. Die erste umfass. Benutzg. der falschen Decretalen zur Begründung der Machtfülle d. röm. Stuhles. [Aus „Sitzungsber. d. k. Akad. d. Wiss."] Lex.-8. (30 S.) Wien 873. Gerold's Sohn in Comm. n. — 50

— Eine Rede des Papstes Hadrian II. vom Jahre 869. S. 72. 521 . . . . vgr.
Separatabdruck

— über eine Sammlung Gregor's I. von Schreiben u. Verordnungen der Kaiser u. Päpste. [Aus: „Sitzungsber. d. k. Akad. d. Wiss."] Lex.-8. (33 S.) Wien 877. Gerold's Sohn. n. n. — 50

Maassen, Friedrich, Dr.: Über eine S a m m l u n g Gregors I. von Schreiben und Verordnungen der Kaiser und Päpste. S. 85. 227
Separatabdruck

—— die römische Staatsstraße von Trier über Belgica bis Wesseling a. Rh. und der Römerkanal am Vorgebirge. gr. 8. (VI, 119 S. mit 2 lithogr. Zeichnungen.) Bonn 881. (Köln, Boisserée.) *

Maassen, Frdr., die alten Stände u. die neue Versammlung der Abgeordneten. gr. 8. (34 S.) Schwerin 849, Stiller in Comm. n. ¼ ℛ

— die Stellung der Staaten gegenüber dem vatikanischen Dogma. Rede geh. auf dem Alt-Katholiken-Congress zu Köln am 22. Sept. 1872. gr. 8. (12 S.) Leipzig 873. Mayer. — 30

— eine Burgundische Synode vom J. 855. [Aus: „Sitzungsber. d. k. Akad. d. Wiss."] Lex.-8. Ebend. 879. n.n. — 30

— Eine burgundische Synode vom Jahre 855. S. 92. 99? . . . . —30
Separatabdruck

— eine Mailänder Synode vom J. 863. [Aus den Sitzungsber. der k. Akad. der Wiss.] Wien 865. (Gerold's Sohn.) Lex.-8. (7 S.) n. 2 ngr.

– Eine Mailänder S y n o d e vom Jahre 863. S. 49. 306
Separatabdruck

— eine römische Synode aus der Zeit von 871 bis 878. [Aus: „Sitzungsber. d. k. Akad. d. Wiss."] Lex.-8. (22 S.) Ebend. 878. n. — 40

– Eine römische S y n o d e aus der Zeit von 871-878. S. 91. 773
Separatabdruck

— zwei Synoden unter König Childerich II. Nach einem Mscr. der Stadtbibliothek von Albi. Gratz 867. Leuschner & Lubensky. gr. 8. (27 S.) n. 12 ngr.

— die mit der Abgeordneten-Versammlung vereinbarte Verfassung f. Mecklenburg-Schwerin ist nicht rechtsbeständig. [Aus dem Norddeutschen Correspondenten abgedr.] gr. 8. (20 S.) Rostock 849, Stiller. n. n. ¹/₁₂ ℛ

—— weder die Nationalversammlung zu Frankfurt a. M. noch der bevorstehende mecklenburg. Verfassungslandtag sind einseitig konstituirend. Zwei Betrachtungen vom Standpunkte des Rechts. gr. 8. (29 S.) Rostock 848, Stiller'sche Hofbuchh. *

Maaßen, Germ. Hub. Chrn., Geschichte der Pfarreien des Dekanates Bonn. I. Stadt Bonn, } s. a. Geschichte der Pfarreien der Erzdiöcese Köln.

[J.] Geschichte der Pfarreien des Dekanates Bonn. Von German Hubert Christian Maassen, Pfarrer in Hemmerich. Th. 1. 2. *Köln: J. P. Bachem (2: Bonn: P. Hanstein) 1894—99.* 2 Bde 8.
1. Stadt Bonn 1894 (XIV, 422 S., 1 Bl.) 2. Bonn Land 1899 (X, 383 S.)
= Geschichte d. Pfarreien d. Erzdiöcese Köln. [Bd] v. (99 108) 6

– G e s c h i c h t e der Pfarreien des Dekanates Königswinter, s. G e s c h i c h t e der Pfarreien der Erzdiöcese Köln.

Maaßen, G. H. Chr., Dekanat Hersel, s. Geschichte der Pfarreien der Erzdiöcese Köln.

Maassen, H., De littera ν Graecorum paragogica quaest epigraphicae. Diss. 1881. 64 S.

Maaßen, Helmuth, dramatische Dichtungen. Der Tod d. Patroklus. Die Korinthierinnen. gr. 8. (80 S.) Berlin 875. Denicke. 1. 50

Maaßen, Johann Peter, a. Rheindahlen (Reg.-Bez. Düsseldorf): Der nordbrasilische Küstenstaat Ceará. Rheydt 1908: H. Dümmler. (48 S.) 8°
Bonn, Phil. Fak., Ref. Rein, Diss. v. 8. Juli 1908
[Geb. 14. Juli 81 Sittardheide; Wohnort: Rheindahlen; Staatsangeh.: Preußen; Vorbildung: Gymn. Neuß Reife M. 04; Studium: Münster, Bonn; Rig. 13. Mai 08.]

Maaßen, Jul., die Abweichungen von der normalen Führung der Vormundschaft durch Befreiungen u. Beschränkungen des Fürsorgers [Vormundes oder Pflegers]. gr. 8. (12 S.) Köln 878. Rommerskirchen. n. — 30

— die Auslegung der Gesetze aus den sogenannten Materialien, dargestellt an der Vormundschaft über Geisteskranke u. Verschwender in Bezug auf die Art. 499 u. 513 d. B. G.-B. gr. 8. (III, 47 S.) Ebend. 878. n. 1. —

Maaßen, Jul., das Bau-Recht f. das rheinische Rechtsgebiet, namentlich f. die Stadt Köln. Insbesondere: die Bau-Ordng. f. Köln vom 14. Jan. 1885 u. die stadtköln. Ortsstatuten üb. Canäle, Wasserleitg., Anlegg. v. Straßen. gr. 8. (IV, 84 S.) Köln 885. Rommerskirchen. n. 1. 80

Maaßen, Jul., das Einkommensteuergesetz [vom 24. Juni 1891] f. Preußen. Mit Anmerkgn. gr. 8. (VI, 130 S.) Köln 891. Rommerskirchen. Kart. n. 2. 50

Maaßen, Jul., Grundriß zu den Rechtsbestimmungen üb. Pflichttheil u. Erbunwürdigkeit. (Nach dem Systeme des bürgerl. Gesetzbuches.) Ein Hülfsmittel zum Studium. gr. 8. (17 S.) Köln 902. K. A. Stauff & Co. n. — 60

— Grundriß zum Vormundschaftsrecht. (Nach dem Systeme des bürgerl. Gesetzbuches.) Ein Hülfsmittel zum Studium. gr. 8. (32 S.) Ebd. 900. n. 1. —

Maaßen, Jul., allgemeines deutsches Handels-Gesetzbuch nebst dem Einführungsgesetz für Preußen, erläutert. gr. 8. (VIII und 296 S.) Köln (861)62, Hassel. geb. *

— — sowie die Einführungsgesetze für Preußen u. Bayern erläutert. Ebend. 862. gr. 8. (VIII, 330 S.) n. 1 ₰

— das Hinterlegungswesen in Preußen. Insbesondere die Hinterlegungs-Ordnung vom 14. März 1879 [Ergänzungsgesetz zu den neuen Justizgesetzen u. der Vormundschafts-Ordnung] mit systematischer Uebersicht, Anmerkungen rc. gr. 8. (X, 82 S.) Ebend. 879. n. 2. —

Maaßen, J., s.: Rechenknecht, der neue, f. Jedermann.

Maaßen, Jul., das Reichsvereinsgesetz vom 19. IV. 1908. Mit Erläutergn. (V, 98 S.) 8. Köln 908. M. du Mont-Schauberg. Kart. 2. —

— systematische Uebersicht der [vom 1. October 1879 an gültigen] Gesetze, Verordnungen, Verfügungen rc. über das neue deutsch-preußische Gerichtswesen. gr. 8. (15 S.) Ebend. 879. n. — 50

Maaßen, Jul., systematische Uebersicht der [vom 1. Octbr. 1879 an gültigen oder seitdem erlassenen] Gesetze, Verordnungen, Verfügungen rc. über das deutsch-preußische Gerichtswesen. 2. [verb. und fortgeführte] Aufl. gr. 8. (32 S.) Köln 880, Rommerskirchen's Buchh. *

— die Verfassungs-Urkunde für den Preußischen Staat vom 31. Janr. 1850, nebst den Verfassungs-Aenderungs-Gesetzen. Die Gesetze, Verordnungen u. Erlasse über die Bildung der beiden Häuser der Volksvertretung [des Landtages]. Sowie mehrere auf die Verfassung bezügliche Gesetze. Mit Erläuterungen. Köln 863. Du Mont-Schauberg. gr. 8. (VIII, 122 S.) n. 15 ngr.

—— und P. Merklinghaus, die allgemeine kommunale Verwaltung [einschließl. des Kommunalabgabenwesens] in der Rheinprovinz. Insbesondere Gemeinde- und Städte-Ordnung [in der den neuen Gesetzen entsprechenden Fassung], Kreis- und Provinzial-Ordnung. Mit Anmerkungen, Übersichten rc. gr. 8. (IX, 270 S.) Köln 887, Du Mont-Schauberg'sche Buchh. *

—— —— die allgemeine staatliche Verwaltung [einschließl. der Polizeiverwaltung und der Verwaltungsgerichtsbarkeit] in Preußen [mit einstweil. Ausnahme der Provinzen Posen und Schleswig-Holstein]. Insbesondere Gesetz über die allgemeine Landesverwaltung. Gesetz über die Zuständigkeit der Verwaltungs- und Verwaltungsgerichtsbehörden. Mit Anmerkungen, Übersichten, Tabellen u. s. w. gr. 8. (VIII, 292 S.) Köln 887, Du Mont-Schauberg'sche Buchh. *

Maaßen, Jul., die Vormundschaftsordnung vom 5. Juli 1875 nebst den dieselbe ergänz. Gesetzen. Mit Anmerkgn. gr. 8. (XIV, 102 S.) Köln 876. Rommerskirchen. n. 2. —

— dasselbe. 2. verm. u. verb. Aufl. gr. 8. (XXIII, 160 S.) Ebend. 876. n. 3. 50

Maassen, Nicolaus [aus Wöhrden in Holst.]: Gegenwärtiger Stand der Lehre über viscerale Neuralgien ... München, Buchdr. Kastner & Lossen, 1895; 33 S. 8.
München, Med. Fak., Inaug.-Diss. v. 1895

Maassen, Nikolaus Heinrich, s. Maass

Maaßen, P. J., zusätzliche Bemerkungen und Erläuterungen zum Strafgesetzbuch und Einführungsgesetz. Köln u. Neuß 854. Schwann in Comm. 8. (34 S.) n. 5 ngr.

Maassen, Pet., Lepidopteren, s.: Weymer, Gust.

Maassen, Peter Jos.

Maassen, P. Jos., der Bürgermeister u. d. Polizey-Commissair als Hülfs-Beamte d. gerichtl. Polizey in d. Preuß. Rheinprovinzen, od. kurze Zusammenstell. d. Gesetze üb. d. Amtsverrichtungen d. Bürgermeister u. Polizey-Commissarien rc. mit einigen Formularen vers., nebst e. Uebersetz. d. 2. Tit. d. Gesetzes v. 28. Sept. 1791 üb. d. Feld-Polizey u. d. 4. Buchs d. Straf-Codex üb. d. Polizey-Contraventionen u. nebst d. Straf-Bestimmn. d. Preuß. Allg. Landrechts üb. d. Verbrechen geg. d. Staat u. üb. d. Dienstvergehen d. Verwaltungsbeamten. gr. 8. (12½ B.) Neuß 832. (Köln, Renard u. Dübyen.)

Maassen, P. Jos.: Der Bürgermeister und der Polizey-Commissair als Hülfs-Beamte der gerichtlichen Polizey in den Preuß. Rheinprovinzen, oder kurze Zusammenstellung der Gesetze über die Amtsverrichtungen der Bürgermeister u. Polizey-Commissarien etc., mit einigen Formularen versehen, nebst einer Übersetzung des 2. Titels des Gesetzes vom 28. Sept. 1791 über die Feld-Polizey und des 4. Buchs des Straf-Codex üb. die Polizey-Contraventionen etc. Neuß: L. Schwann 1832. 8°

Maaßen, Pet. Jos., der Bürgermeister u. der Polizei-Commissair als Hülfs-Beamte der gerichtl. Polizei in den Preuß. Rheinprovinzen ꝛc. 2. verm. u. verb. Ausg. 12. Neuß 843, Schwann. 1⅓ ℛ

Maaßen, Peter Jos., der Bürgermeister u. der Polizei-Commissar als Hülfs-Beamte der gerichtl. Polizei, zunächst in den Preuß. Rheinprovinzen, nebst dem neuen Straf-Gesetz-Buche mit Anmerkungen für den Gebrauch. 3. verm. u. verb. Aufl. 12. (XVI u. 355 S.) Köln 851, Schwann in Comm. n. 1½ ℛ; das Strafgesetzbuch apart n. ⅔ ℛ

Maaßen, Wilh., das neue Rom und die echten Jesuiten. Der religiösen Frage des 19. Jahrhunderts gewidmet. Schneidemühl 861. Fribrichowicz. gr. 8. (29 S.) n. 5 ngr

Maass- u. Gewichtskunde aller Staaten d. Erde, s.: Zehn-Pfennig-Miniatur-Bibliothek.

Maaßlieb, Chrstn., von Gottes Gnaden ꝛc., s. a. Von.

Maaßlieb, Chrstn., (ps.) Von Gottes Gnaden: Ein Beitrag zur nähern Bestimmung des Begriffes der Legitimität. gr. 8. Jena 831. Cröker. 5 ℊ

Maaßlieb, W., Peter Schöffer und die Erfindung der Buchdruckerkunst. Ein Kulturbild für die reifere Jugend und das Volk. br. 8. (188 S. mit 4 chromolithogr. Bildern.) Neu-Ruppin [Leipzig] 868, Oehmigke's Verlag. geb. *

Maaßlieb, W., George Stephenson der Vater der Eisenbahnen. Ein Kultur- u. Lebensbild f. die reifere Jugend u. das Volk. Mit 4 Bildern in Farbendr. br. 8. (177 S.) Leipzig 873. Oehmigke. geb. 3. —

Maaßliebenkranz, der. Eine Familienchronik von der Verf. von „der Erbe von Redclyffe," „Herzblättchen" ꝛc. Aus dem Engl. 6 Bde. Leipzig 857. Kollmann. 8. (266; 300; 218; 223; 210; 216 S.) 4 ℛ

Maasnahmen gegen die Cholera. Die amtlichen Erlasse Bayerns und Preussens betreffs der Cholera, sowie die Beschlüsse der Reichscholeracommission in Berlin. In-8⁰. 16 S. Oberstrass, E. Speidel. 1892. — 30

Maaß-Notizbuch für Damenschneiderei. 16. (160 S.) Hamburg 881. Kramer. geb. n. — 90

Maaß-Notiz-Buch z. geometrischen Zuschneidekunst nach d. Agenda pour noter les mesures übertragen v. H. Diete. 8. (5¼ B.) Mühlhausen 846. (Erfurt, Bartholomäus.) *

Mauss- u. Gewichtsordnung für den norddeutschen Bund. Gesetz vom 17. Aug. 1868. Leipzig 868. Pardubitz. 32. (16 S.) n. 1½ ngr

— — Aus den Materialien erläutert. Mit Anh.: Zusammenstellung der Verhältnisszahlen der alten Maasse u. Gewichte zu den neuen u. der Anweisg. für die Aichungsstellen. Berlin 869. Kortkampf. Lex.-8. (86 S.) 15 ngr

Maass- u. Gewichtsordnung d. deut. Reichs mit den dazu gehör. Verordnungen, Bekanntmachgn. u. Instruktionen. Neue amtl. Ausg. Stuttg. 886.

Maaß- u. Gewichts-Ordnung, neue, für das Großherzogth. Baden. gr. 4. Karlsr. u. Freiburg. 829. Herder. 4 ℊ

— Dass., s. a. Maas-Ordnung ...

Ueber Maassregeln zur Hebung der Getreidepreise in Deutschland. Sonderabdruck aus den Verhandlungen der XXIII. Plenarversammlung des Deutschen Landwirthschaftsraths vom 5. und 6. März 1895.

Maaßregeln, über die, der ältern u. neuern Staaten b. Theurung u. Hungersnoth. (Von J. A. Vorst.) Mainz 817.

Maasstab und Kompass aller Vernunft . . . Meiningen 1789. V: *Obereit, Jacob Hermann.* (ML) »1798« (Ky)

Maaßstab u. Kompaß aller Vernunft, in der allgem. ziel- u. maaßgebenden Gleichgewichtswissenschaft ꝛc. (v. J. H. Obereit). 8. Meiningen 798.

Maaßstabe, von dem mögl. rechtl. u. national-ökonom., zur Repartition d. Grundsteuer, v. A. D. (Däzl). 8. Münch. 814.

Maassstäbe. qu. Fol. (1 Bl.) Ebendas. 874. — 30

Maassvergleichungen, hrsg. v. d. Centralbureau der europ. Gradmessung. Heft 1-2. Berlin 1872-76. 4⁰

Maassvergleichungen. 1. Heft. Hrsg. vom Centralbureau der Europäischen Gradmessung. gr. 4. Berlin 872, G. Reimer. *

Maass- und Gewichts-Vergleichungen, Französische, Englische, Russische, Preussische, Oesterreichische und Bayersche. [o. O. u. J.]

Maaß- und Gewichtssysteme, die, mehrerer Staaten. Vergleichung der in denselb. eingeführten Maaße u. Gewichte mit den neu französischen (metrischen) u. großh. hess. Maaßen u. Gewichten. gr. 4. (4½ B.) Darmstadt 838, Leske.
Aus den: Verhandlungen d. Gewerbevereins f. d. Großh. Hessen, besond. abgedruckt.

Maastricht [Schlagwort]

Maastricht, s.: Europa, Liebenow.

Maastricht, s.: Europa. Spezialkarte.

Maastricht, s.: Woerl's Reisehandbücher.

Maastrick [Schlagwort]

Maastrick — Plan du Project de Fortification sur la Ville de — et sur la Fortification de Wyck. Fait par Albert de Herbort, Ing. Aux depens de M. Seutter, Ggr. et Graveur d'Augsbourg. 1 : 5800. 1 Bl.

Maatz, Albert, aus Rostock: Zur Geschichte der Polyedercoordinaten. *Rostock 1903: C. Boldt.* (44 S.) 4°
Rostock, Phil. Diss. v. [24. Juni] 1903

Maatz, Anton [aus Rostock]: Der Einfluss des heroisch-galanten Romans auf das französische Drama im Zeitalter Ludwigs XIV ... Rostock, C. Boldt'sche Hof-Buchdr., 1896; 62 S., 1 Bl. 8.
Rostock, Phil. Fak., Inaug.-Diss. v. [17. Juni] 1896

Maatz, Rich., die kaufmänn. Bilanz u. d. steuerbare Einkommen. 2, verm. u. verb. Aufl. gr. 8. (VII, 192 u. Beilagen VI, VI u. IV S.) Altona 898. Schlüter. n. 3.—

Maatz, Rich., die kaufmännische Bilanz u. das steuerbare Einkommen. 3. verm. u. verb. Aufl. gr. 8. (VI, 276 S.) Berlin 902. C. Heymann. n. 4.—

Maatz, Rich., die kaufmännische Bilanz u. das steuerbare Einkommen. 4. Aufl. (VIII, 346 S.) gr. 8. Berlin 907. C. Heymann. 6.—; geb. 7.—
[Die 1. Aufl. erschien 1896 u. d. T.: Die kaufmänn. Inventur u. Bilanz.]

— das preuß. Einkommensteuergesetz. Systematisch dargestellt nach der Rechtsprechg: des Oberverwaltungsgerichts. gr. 8. (VIII, 184 S.) Ebd. 902. n. 3.—

[F.] Die kaufmännische Inventur und Bilanz als Grundlage der Veranlagung des Geschäftsinhabers zur Staatseinkommensteuer v. Richard **Maatz**, Kgl. Preuss. Regiergsr. ... *Liegnitz: Comm.-V. (u. Dr.) v. H. Krumbhaar 1896.* (2 Bl., 77 S., VI gez. Bl.) 1 Bd 8. [96. 3116

— Die Rechtsprechung des königl. preuß. Oberverwaltungsgerichts in Staatssteuersachen, s. a. Rechtsprechung, die, auf den Gebieten des öffentlichen Rechts. II.

Die Rechtsprechung des Kgl. Preuss. Oberverwaltungsgerichts in Staatssteuersachen in systemat. Darstellung bearb. von R[ichard] **Maatz**, Reg.R. Berlin: C. Heymann 1908. (XIII, 918 S.) 8° [F.]
= **Rechtsprechung**, Die, auf d. Gebieten d. öffentl. Rechts. 2. [08. 7851 2

Maaz, Jh. Brnh., Anweisung zur Branntweinbrennerei. gr. 8. Berlin 834. Halle, Golditz'sche Buchh. 1/6 ℛ

Maaz, Jh. Bernh.: Anweisung zur Brannt-wein-Brennerei. Berlin: Krause'sche B. 1834. 8°
jetzt Stackebrandt.

Maas, Paul, Apotheker aus Berlin: **Betrachtungen über den desinficierenden Wert der heutigen Waschmethoden mit specieller Berücksichtigung der Wollwäsche.** *Erlangen 1898: A. Vollrath.* (105 S.) 8°
Erlangen, Phil. Diss. v. 17. Febr. 1898

Mabel Vaughan, s. Cummins.

Mabil, C., le lettere di M. T. Cicerone. Disposte per ordine dei tempi col testo a fronte. Vol. 1 — 10. in 8. gr. Padova. 819-820. (Vienna, Volke.) Rthlr.

Mabillis, Lorenzo [aus Corfu]: Zwei Wiener Handschriften des Johannes Skylitzes. ... Breslau, Druck v. G. Hoyer & Co., 1890; 31 S. 8°
Erlangen, Phil. Fak., Inaug.-Diss. v. 1890

Mabillon, Johannes. Ein Lebensbild, s. Bäumer, Suitbert.

Mabillon, Jean, Iter Germanicum et Jo. Launoii de scholis celebribus a Carolo Magno et post Carolum M. in Occidente instauratis liber. Hamburgi 1717. 8. . . . . . . (1·)
[Mabillon reiste in der Schweiz, in Schwaben u. Bayern.]
Sieh. Mabillon, Vet. analecta, p. 1–16.

Mabire, J. L., Uebungen in der Französ. Conversation. Zum Gebrauch für Deutsche. Nach d. Französ. Herausgeg. von Conrad v. Orell. Auch als Anhang zu Hirzels Grammatik, so wie zu v. Orells kleinerer Sprachlehre zu gebrauchen. gr. 12. Aarau 842, Sauerländer. 1/12 ℛ

Mably, Gabriel Bonnot de. Anmerkungen über die Geschichte Griechenlands. A. d. Franz. Zürich 1767. Ü: *Vögelin*, *Johann Conrad.* (Cat. d. Stadtbibl. Zürich. Zürich 1864—97.)

— Anmerkk. üb. die Gesch. Griechenlands; aus d. Französ. 8. Zürich 767. Orell. 16 ℊ

v. **Mably**, Abt, von der Art, d. Geschichte zu schreiben; aus d. Französ. mit Anmerkk. v. F. R. Salzmann. Mit e. Vorr. v. A. L. Schlözer. 8. Straßb. 784. Akad. (Hinrichs in Leipz.) 12 ℊ

— Bemerkk. üb. die Gesch. Frankreichs; aus dem Französ. (von G. Walz.) 8. Danz. 758. Jacobäer in Leipz. (Aue in Altona). 1 ℛ 4 ℊ

Mably, G. B. de. Bemerkungen über die Französische Geschichte; a. d. Franz. Danzig 1768. Ü: *Walz, Hnr. Carl.* (ML) (Ky)

— droit et devoirs du citoyen. 12. Berne 789. Typ. 10 ℊ

Droit public de l'Europe, fondé sur les traités par l'Abbé de Mably. *Paris.* 747. Tom. II. 2. Edition mit *Rousset's* Anmerkk. II Tom. *Amsterd.* 748. 61. 8. 3. Edit. v. Verf. selbst verb. u. bis z. Hubertusb. Frieden fortges.; mit Hinweglass. d. *Roussetschen* Noten. Tom. III. *Génève.* 764. 8. 4. Ed. *Eb.* 768. 8. 5. Ed. mit Beifüg. d. mehrsten *Roussetschen* Noten u. d. *Mablyschen* Werks: Principes des négotiations, in 3 Tom. *Amst. u. Leipz.* 773.

— droit public de l'Europe fondé sur les traites. III Vols. 12maj. Génève 776. Typ. 3 ℛ 4 ℊ

— Entretiens de Phocion. 2 Vol. Leips. Ind. Comp.

— üb. die Gesetzgebung od. üb. die Grundsätze d. Gesetze. 2 Thle. a. d. Französ. 8. Nürnb. 779. Stein. 1 ℛ

— Grundsätze von Einrichtung d. polit. Gesellschaft, od. Anleit., d. Geschichte zu studiren. 8. Bern 777. Typ. 1 ℛ 4 ℊ

— moral. Grundsätze; a. d. Französ. übers. 8. Hildburgh. 785. (E. Fleischer in Leipz.) 10 ℊ

— moral. Grundsätze, a. d. Franz. übersetzt. 8. Hildburgh. Hanisch. 785.

— Grundsätze d. Staatsunterhandlungen; nebst s. Betr. üb. die Handlung, Schifffahrt rc. 8. Kopenh. 759. Pelt. 6 ℊ

de Mably, Gabr. Bonnot: Grundsätze d. Staatsunterhandll., nebst Betracht. üb. d. Handels-Schifffahrt u. s. w., als eine Einleit. zu d. Staatsrechte v. Europa. *Kopenhagen*, Brummer. 760. 8. (6 Gr.)

— sur l'histoire de la Grèce. 8maj. Zürich 767. Orell. 16 ℊ

Mably, de: De la législation ou principes des loix. Ed. augm. de quelques add., par F. J. Amsterdam et Leipzig 1777.

v. *Mably*, Abbé, de la manière d'écrire l'histoire. II Parts. 12maj. Dessau 784. Libr. des Savans. 20 ℊ

— de la manière d'écrire l'histoire; avec un tome de supplément. gr. 18. Mainz. Kupferberg. 12 ℊ

— Observations sur le Gouvernement d'Amérique. 8. Leipz. Sommer.

MABLY, Gabriel Bonnot de 1709 – 1785
Observations sur le gouvernement des États-Unis d'Amérique, par Mr. l'Abbé de Mably.
Hamburg: Virchaux. 1784. 232 S. 8°.
Harvard University Library Cambridge, Mass.
Ausg. Leipzig o. J. [Heinsius, II, Sp. 881] konnte nicht gefunden werden.

— oeuvres complettes. XXIV Vols. 18. Berne. Haller 7 ℛ 6 ℊ

— oeuvres complettes. XII Vols. 8. Strassb. 797. König. (Hinrichs in Leipz.) 12 ₰

— oeuvres complettes. 12 Vols. 8. Strasb. König. (a. Schöne à Paris) 797.

— das Staatsrecht v. Europa, wie solches auf d. bis ins Jahr 1740 geschlossenen Verträge gegründet ist, m. Anmerkk. durch Roussel. 8. Frankf. a. M. 750. Hermann; a. Gebhard u. K. 14 gl

de Mably, Gabr. Bonnot: Das Staatsrecht v. Europa, wie solches auf d. bis in d. J. 1740 geschl. Verträge gegründet ist, mit Anmerkk. v. Rousset. *Frankf.*, Kettembeil. 750. 8. (14 Gr.) — A. u. d. T.: Umständl. Gesch. d. Europ. Friedensschlüsse u. Verträge z. Erläut. d. gegenwärt. Kriegsunruhen, 1756.

— Unterred. üb. die Verbindlichkeiten des geselligen Menschen; aus d. Französ. v. Milbiller. 8. Weißenf. 788. (Baumgärtner in Leipz.) 18 gl

Mac-Adam, John London Esq., Oberaufseher der Chausseen im Bristoler Distrikt. Bemerkungen über das gegenwärtige System des Chaussee-Baues, nebst Vorschlägen und Verbesserungen. Mit einem Anhang. Aus dem Englischen übersetzt von Friedrich Vogel. 8. Darmstadt 1825.

Macadam, J. L., Bemerkk. über das gegenwärtige System d. Chausseebaues, nebst Vorschlägen u. Verbesserungen. Mit Anhang. Aus d. Engl. nach der 7n Aufl. v. Fr. Vogel. Mit 1 Steindr. 8. Darmst. 825. Heyer. 12 gl

Macadam, Stevenson (Glasgov)
On the presence of Jodine in various plants, with some remarks on its general distribution.
[In: Erdmanns Journal f. Prakt. Chemie Bd 57 (1852), S. 264-269.]
Dr. phil. Giessen 18.8.1853.

McAdoo, William, et al. Des armen Mannes Decke (Auszuge aus Reden gehalten im VS Congress). Washington, 1888.

Macaire-Prinsep, Isaac-François s. Notice sur la matière qui a coloré en rouge le lac de Morat ... 1825.

Macalester, Richard K., aus Philadelphia: Ueber Sarcom des Rückenmarks und seiner Häute. Zür. Orell Füssli Cie Dr. 1890. 39 S., 2 Taf. 8°. Zürich. Med. Diss. [v. 11. Juli 1890].

Macalester Loup, R., s. Zacher, Arbeiterversicherung, H. 13a.

MACALIK, Basil
Die Rindviehzucht in Böhmen, Mähren und Schlesien. Von Diplom. Agron. Basil Macalik. Separatabdruck aus dem zur Feier des Regierungs-Jubiläums Sr. Majestät des Kaisers Franz Joseph I. herausgegebenen Werke: „Geschichte der österreichischen Land- und Forstwirtschaft und ihrer Industrien 1848 bis 1898". Wien. 1899. In Comm. Perles. Lex.-8°. 15 S. K —.40

MACALIK, Basil
Die Thierzucht. Allgemeiner Theil. Von Diplom. Agron. Basil Macalik. Separatabdruck aus dem zur Feier des Regierungs-Jubiläums Sr. Majestät des Kaisers Franz Joseph I. herausgegebenen Werke: „Geschichte der österreichischen Land- und Forstwirtschaft und ihrer Industrien 1848 bis 1898". Wien. 1899. In Comm. Perles. Lex.-8°. 64 S. K 2.—

— die Thierzucht. Allgemeiner Thl. Lex.-8. (64 S.) Ebd. 899. n. 2.—
2 Sonderabdrucke aus: „Geschichte d. öst. Land- u. Forstwirtschaft u. ihrer Industrien 1848 bis 1898".

Macalik, Josef, s.a. Kampf, Der, um Gürtelfestungen.

Macalik, Jos., u. Alb. **Langer**, der Kampf um Gürtelfestungen. An e. zusammenhäng. Beispiel applicatorisch bearb. 1. u. 2. Hft. gr. 8. Wien, L. W. Seidel & Sohn. à n. 3. 60
1. Die Kriegsausrüstg. der Festg. Königgrätz. (VII, 54 S. m. 5 Taf.) 901.
2. Der Kampf um die Festg. Königgrätz. Mit 7 Beilagen. (IV, 71 S.) 902.

Macalik, Jos., u. A. **Langer**, der Kampf um Gürtelfestungen. An e. zusammenhängenden Beispiel applikatorisch bearb. 3. u. 4. (Schluss-)Heft gr. 8. Wien, L. W. Seidel & Sohn. à n. 3. 60
3. Der Kampf um die Festung Königgrätz. Mit 5 Beilagen. (III, 61 S.) 903.
4. Der Nahkampf u. Entsatz v. Königgrätz. Mit 10 Beilagen. (III, 65 S.) 904.

Streiflichter zur biblischen Geschichte aus der altpalästinensischen Stadt Geser [Bible sidelights from the mound of Gezer]. Ausgrabungen u. Entdeckungen von R[obert] A[lexander] Stewart **Macalister**. Autor. deutsche Ausg. mit Anm. von D. F[riedrich] Hashagen, Rostock. Wismar: H. Bartholdi 1907. (112 S.) 8° [ℌ.] [07. 5030]

Mc Alpine, D., A new genus of „Uredineae-Uromycladium". (S. 303—323 m. 4 Taf.) gr. 8. Burg (905). (Berlin, R. Friedländer & Sohn.) n.n. 4.—
Sonderabdruck aus: „Annales mycologici".

Mc. Alpine, D., some points of practical importance in connection with the life-history stages of Phytophthora infestans (Mont.) De Bary. (S. 155—166 m. 1 Taf. gr. 8. Berlin 910. R. Friedlaender & Sohn. nn 2.—
Sonderabdruck aus: „Annales mycol."

Macara, C[harles] W[right]. Die Baumwoll-Industrie. Geplanter Internationaler Congress. Von C. W. M', Vorsitzender der Federation der Baumwollspinnerei-Besitzer-Vereinigungen, Manchester. Abdruck [*d. i.* Uebersetzung] aus der «Revue Economique Internationale,» [Bruxelles] April 1904. II + 51 S. 8. Manchester, Thiel & Tangye, [1904].

Mac Ardle, Thomas. Die Folgen d. ehelichen Präventiv-Verkehrs. Uebers. v. Stille. gr. 8. (14 S.) Neuwied 889, Heuser's Verlag. — 75
Aus: Frauenarzt, besonders abgedruckt.

Macarius, s.a. Makarius

Macarii Aegyptii epistolae, homiliarum loci, preces ad fidem Vaticani, Vindobonensium, Berolinensis, aliorum codicum primus ed. Henr. Jos. Floss. Accedunt: I. De Macariorum Aegyptii et Alexandrini vitis quaestiones criticae et historicae. II. Acta Macariorum Aeg. et Alex. ad codd. mss. fidem partim recognita, partim primum edita. Smaj. (VIII und 324 S. mit 3 Stnt. in gr. Fol.) Coloniae 850. Heberle.

Macarii, Homiliae et Opuscula. Gr. et lat. ed. Pritius. Lips. 698. 2 Tom. 8. Ib. 714. 2 Tom. 8. 1 rthlr.

— homiliae et opuscula, ed. Pritius. gr. et lat. 8. Lps. Frommann. 714.

Schriften des Macarius. Übers. v. Nic. Casseder. Bamberg 819. 2 Bände. 8. 2 rthlr. 8 gr.

— auserles. Schriften, oder Denkmal des alten Christenthums. 8. Lpz. 738.

Macarius a S. Elia

— institutiones patrologiae. 8maj. Grätz 781. Ed. II. 783. Ed. III. 785. Ferstl. 1 ₰

Macarius a S. Elia, introduct. ad historiam liter. theologiae. 8maj. Grätz 782. Ed. II.... Ed. III. 785. Ferstl. 12 Gr.

Macarius a s. Elia, Introductio ad historiam litterariam theologiae. Graz, 1785, 8°, 10 Bogen.
1. Aufl. 1782. Vgl. Schwarz, a. a. O. S. 27.

S. Macarii fragmenta II e cod. ms. Berolinensi ed. et Latine reddidit H. J. Floss. B. 1866. 29 S. 4°. 1.-

Macarius, Handbuch zum Studium der christlichen, orthodox-dogmatischen Theologie. Ins Deutsche übers. v. Blumenthal. gr. 8. (VIII, 434 S.) Moskau 875. Lang. n. 6. --

— christliche Sittenlehre der Studenten. 8. Bauzen, Richter. 720.

Mc Armor, Chas., the new handbook of Vienna, including a guide for the Danube, the Austrian Alps and their chief watering places. 2. ed. With a (chromolith.) Plan of Vienna (in gr. Fol.). gr. 16. (206 S. m. eingedr. Holzschn.) Wien 879. Maass. geb. 3. –

Macarthy, Florentine, eine irländ. Novelle. Nach d. Engl. d. Lady Morgan, von G. J. F. v. Halem. 3 Bdchen. 8. Leipzig, Hinrichs. 821.

Macartney, ..., Gesandtschaftsreise nach China; n. d. Engl. f. d. Jugend bearb. von Hirschmann. Mit 6 ill. Kpf. gr. 8. Berl. 805. Schüppel. 1 Thlr.

— Reise d. engl. Gesandtschaft an den Kaiser v. China in d. J. 1792 u. 1793, aus dessen Papieren zusammengetragen von Staunton; aus d. Engl. v. J. Chr. Hüttner. 2 Bde. Mit Kpf. u. Kart. gr. 8. Zürich 798. Geßner. 5 Thlr. 10 Gr.

— — dies. s. Anderson.

— — dies. s. hist. Kalender.

— — dies. 2 Thle. s. Länder- und Reisebeschreibung 3r und 4r Thl.

— — dies. aus dem Englischen von Sprengel, s. Staunton.

Macasy, G., der Prophet, s.: Theater, neues Wiener.

Macasy, G., die Unbekannten. Schausp. in 3 Aufzgn. 8. (114 S.) Leipzig 895. Literar. Anstalt, A. Schulze. n. 2. –

— Zwischenwelt. Novellen u. Skizzen. 8. (V, 151 S.) Ebd. 896. n. 2. –

Macasy, Gust., die Chronik v. Dirnau. Geschichte e. Dorfes. (214 S.) gr. 8. Wien 903. C. W. Stern. n. 3. –

Macasy, Gust., die Chronik v. Dirnau. Geschichte e. Dorfes. 2. u. 3. Taus. (414 S.) 8. Wien 910. C. W. Stern. 3.—; geb. in Leinw. 4.50

Macasy, Gust., die Frau Direktor. Der Steinbruch, s. a. Bücherei Bruns. 3. Bd.

Die Frau Direktor. Der Steinbruch. Novellen von Gustav Macasy. *Minden i. W.: J. C. C. Bruns [1900].* (100 S.) 8° [F.]
= Bruns, Bücherei. Bd 3.

— Novellen. Umschlag-Zeichnung v. Frz. Schuster. 8. (V, 188 S.) Wien 900. Wiener Verlag. n. 2. —

Macaulay, s. Maccaulay

Macaulay, Alex., das nützliche u. unentbehrliche Allerlei od. Hand- u. Hülfsbuch erprobter u. bewährter Vortheile, Haus- u. Heilmittel rc. Nach der 8. Aufl. des Wörterbuchs der Heilkunde verbessert. 1—4. Lfg. gr. 8. (62 B.) Ulm 845, 46, Ebner, Berl. à

Macaulay, Alex., Wörterbuch d. Heilkunde, f. d. Volksgebr. Enth. e. Beschreib. d. Krankheiten u. ihrer Behandl., nebst Anleit. üb. d. Anwend. d. verschied. Arzneimittel, Vorschriften üb. d. Lebensordn. u. Diät u. besond. Anweisungen üb. d. Verfahren bei weibl. u. Kinderkrankheiten. Nach d. neuesten, 8. engl. Aufl. f. Deutsche bearb. u. reichl. verm. Mit e. Vorw. v. J. C. G. Neuß. 2 Bde. gr. 8. (62 B.) Ulm 841, Ebner'sche Bh.
Erschien zuerst in 4 Lfgn. u. d. T.: Popul. Wörterbuch d. Medizin f. d. allgem. Gebrauch. A. d. Engl. übers.

Macaulay, A.: Populäres Wörterbuch der Medizin für den allgemeinen Gebrauch, od. die Behandlung der Krankheiten nach den Klimaten. Nebst Anleitung zur Bereitung der Arzneyen, der Kost und Diät. Aus d. Engl. 4 Abthll. Ulm: Ebner 1840. 8°

— populäres Wörterbuch der Medizin für den allgemeinen Gebrauch. — Jetzt unter folg. Titel: Wörterbuch der Heilkunde, für den Volksgebrauch. Enthaltend eine Beschreibung der Krankheiten u. ihrer Behandlung, nebst Anleitung über die Anwendung der verschied. Arzneimittel, Vorschriften über die Lebensordnung u. Diät u. besond. Anweisungen über das Verfahren bei weibl. u. Kinderkrankheiten. Nach d. neuesten, 8. engl. Aufl. für Deutsche bearb. u. reichlich vermehrt. Mit einem Vorwort von J. C. G. Neuß. 2 Bde. gr. 8. Ebend. 841. 3 Thlr.

Mc Aulay, Allan, The affair at the inn, s.: Wiggin, Kate Douglas.

Mac Aulay, Allan: Was sich in dem Gasthaus begab, s.: Wiggin, Kate Douglas

Macaulay, Thom. Babington, historische Abhandlungen. Uebers. von Otto Seemann. 1—3. Abthl. gr. 8. Königsberg 850, Pfitzer und Heilmann. (Bon's Buchh.)
Auch unter den Titeln:
Abthl. 1. Machiavelli. Lord Clive. Zwei histor. Abhandlungen. (126 S.) 20 Ngr.
" 2. Warren Hastings. (123 S.) 15 Ngr.
" 3. Burleigh und seine Zeit. John Hampden. William Pitt, Earl von Chatham. Drei histor. Abhandlungen. (134 S.) 15 Ngr.

Macaulay, Thom. Babington, kritische u. geschichtliche Abhandlungen [Essays] der „Edinburgh Review." I. Lord Clive. Wortgetreu nach H. R. Mecklenburg's Grundsätzen aus dem Engl. übers. v. R. T. 1. Hft. 32. (32 S.) Berlin 885. H. R. Mecklenburg. n. — 25

Macaulay, Lord Thom. Babington, kritische u. geschichtliche Abhandlungen [Essays] der „Edinburgh Review". I. Lord Clive. Wortgetreu nach H. R. Mecklenburg's Grundsätzen aus dem Engl. übers. v. R. F. 2. u. 3. Hft. 32. (S. 65—192.) Berlin 891. H. R. Mecklenburg. à n. — 25 (1—3.: n. — 75)

Madame d'Arblay. Byron's Leben. Montgomery's Gedichte. (Von Thomas Babington Macaulay.) 8° Deutsch v. Friedrich Steger. Braunschweig 1853. = Macaulay's ausgewählte Schriften. Bd. 6, Abth. 1.

— **Argyle's and Monmouth's attempts on Scotland and England in 1685, s.: Textausgaben französischer u. englischer Schriftsteller f. den Schulgebrauch.**

Macaulay's, Thom. Babington, kritische u. historische Aufsätze, s.: Universal-Bibliothek.

Macaulay, Betrachtungen üb. die Geschichte d. Päpste, s.a. Stimmen aus dem Auslande. I. Hft.

Macaulay, Th. B. Betrachtungen über die Geschichte der Päpste. Aus dem Englischen von A. C. Ott. (Stimmen aus dem Auslande über sociale Zustände.) Freiberg 1846. 50 S. 8.

– Lord Clive, s. a. Authors, English.

— dasselbe, hrsg. v. Karl Köhler, s.a. Perthes' Schulausgaben engl. u. französ. Schriftsteller. Nr. 49.

— dasselbe, s.a. Rauch's English readings.

— dasselbe, s.a. Schulbibliothek, französische u. englische.

— Lord Clive. Student's Tauchnitz edition. Mit deutschen Erklärgn. v. R. Thum. gr. 8. (VII, 178 S.) Leipzig 886. B. Tauchnitz. n. 1. 40; cart. n. 1. 50

—— dass. — Student's Tauchnitz edition. Mit deutschen Erklärungen von R. Thum. gr. 8. (VII, 178 S.) Leipzig 888, B. Tauchnitz. *ℳ 1.40.; cart. *

— Lord Clive. Zum Schul- u. Privatgebrauch hrsg. v. J. Bauer u. Th. Link. Mit Wörterverzeichnis u. Karte. 8. (XI, 121 S.) München 894. J. Lindauer. n. 1. 20

Lord Clive. By Thomas Babington Macaulay. Abridged Ed. for Schools. With Pref. and Ann. by Dr. Oscar Thiergen, Prof., Dresden, and Arthur Lindenstead, B.A., Berlin. [Nebst] Appendix. *Bielefeld & Leipzig: Velhagen & Klasing 1904.* 2 Bde 8°
— Sammlung, Velhagen & Klasings, franz. u. engl. Schulausgaben. Reform-Ausgaben. No 3. (04. 8nd

— dasselbe, hrsg. v Osc. Thiergen u. Arth. Lindenstead, s.a. Velhagen & Klasing's Sammlung französ. u. engl. Schulausg.

—— Lord Clive und Warren Hastings. Die Gründer des indo-brit. Reiches. Zwei Essays. Für die oberen Klassen höherer Lehranstalten bearb. von K. Böddeker. Mit 1 (lithogr. und color.) Karte von H. Kiepert (in qu. 4.). gr. 8. (XV, 284 S.) Berlin 876, Weidmann'sche Buchh.

Macaulay's, Thom. Babington, Lord Clive und Warren Hastings. Die Gründer des indo-brit. Reiches. Zwei Essays. Erklärt von K. Böddeker. 2. Aufl. 2 Bde. gr. 8. Berlin 884, Weidmann'sche Buchh.
Inhalt:
Bd. 1. Lord Clive. (VII, 136 S. mit 1 lithogr. und color. Karte.) ℳ 1.50.
» 2. Warren Hastings. (VI, 162 S. mit 1 lithogr. und color. Karte.) ℳ 1,80.

Macaulay, Lord Thom. Babington, Lord Clive u. Warren Hastings, die Gründer des indo-brit. Reiches. Zwei Essays. Erklärt v. K. Böddeker. 3. Aufl. 1. Bd. Lord Clive. Text u. Anmerkgn. 8. (VII, 112 u. 63 S. m. 1 Karte.) Berlin 899. Weidmann. Geb. in Leinw. n. 1.80
(Weidmannsche Sammlung französ. u. engl. Schriftsteller.)

Macaulay, Thomas Babington, dějiny anglické, s. Bibliotéka historická.

— James the second's descent on Ireland and the siege of Londonderry, hrsg. v. Otto Hallbauer, s.: Schulbibliothek, französ. u. engl., A. 137.

Macaulay, Thom. Babington, description of England in 1685; taken from Macaulay's History of England; to which are added notes and a map of London by Carl Sachs. 8. (IV und 170 S. mit 1 lithogr. Plan in 4.) Leipzig 862, Violet. *

— a description of England in 1685, taken from the „History of England". 2. ed. with many explanatory notes by Carl Sachs. 8. (IV, 156 S.) Leipzig 880. Violet. n. 1. 50

— civil disabilities of the Jews. Eine 1831 veröffentlichte Abhandlung. Hrsg. u. m. Anmerkungen versehen von F. Fischer. 8. (29 S.) Berlin 882. Simion. n. — 40

— the Earl of Chatham. 16. (192 S.) Leipzig 888. Gressner & Schramm. n. — 80

— Empörung, Niederlage u. Tod d. Herzogs v. Monmouth. 5. Abschn. aus der „Geschichte Englands". Wortgetreu nach H. R. Mecklenburg's Grundsätzen aus dem Engl. übers. v. R. T. 1—3. Hft. 32. (160 S.) Berlin 886. H. R. Mecklenburg. à n. — 25

— Empörung, Niederlage u. Tod d. Herzogs v. Monmouth. 5. Abschn. aus der „Geschichte Englands". Wortgetreu nach H. R. Mecklenburg's Grundsätzen aus dem Engl. übers. v. G. T. 4. Hft. 32. (S. 193—260.) Berlin 889. H. R. Mecklenburg. n. — 25

— England under Charles II. (History of England. Chapter II.) Mit deutschen Erklärgn. hrsg. v. W. Ihne. gr. 8. (XII, 149 S.) Ebend. 886. n. 1. —; cart. n. 1. 10

— England before the restoration, s.a. Authors, English.

— England before the restoration. (History of England. Chapter I.) Students' Tauchnitz edition. Mit deutschen Erklärgn. v. W. Ihne. gr. 8. (XII, 90 S.) Leipzig 886. B. Tauchnitz. n. — 70; cart. n. — 80

Der spanische Erbfolgekrieg. Geschichte der Päpste. Johann Hampden. Geschichte der Revolution von 1688. Kirche und Staat. (Von Thomas Babington Macauley.) Deutsch v. Friedrich Steger. Braunschweig 1853. = Macaulay's ausgewählte Schriften. Bd. 3. 8°

— Essay on Madame d'Arblay. Abridged, with explanatory notes by H. Alex. Clay, and Gust. Schirmer. 8. (77 S.) Zürich 899. F. Schulthess. n. 1. —; kart. n. 1. 20

Macaulay, Thom. Babington, essay: on the ecclesiastical a. political history of the Popes of Rome during the 16. a. 17. centuries, by L. v. Ranke etc., s.: Specimens of english literature.

Macaulay, Thom. Babington, essays. Sir John Malcolm's life of Lord Clive. — Warren Hastings. — Machiavelli. — Lord Mahon's war of the succession. [Jugel's pocket-editions. Nr. 28.] 18. (370 S.) Frankfort a. M. 849, Jügel. n. 1 ß

Macaulay's, Thom. Babington, essays. (Lord Clive, and Letters and Diary of Madame d'Arblay.) With explanatory notes by J. Morris. Edited by the express sanction of the author and publisher. Leipzig 858. Friese. gr. 8. (2 Bl., 143 S.) n. 12 ngr.

— essays. [Lord Clive, a. letters and diary of Madame d'Arblay.] With explanatory notes by J. Morris. 2. Ed. Ed. by the express sanction of the author a. publisher. gr. 8. 143 S.) Leipzig 871. Friese. 1. 20

— Essays. [Lord Clive, and letters and diary of Madame d'Arblay.] With explanatory notes by J. Morris. 3. ed. Edited by the express sanction of the author and publisher. gr. 8. (143 S.) Bremen 884. Heinsius. n. 1. —

— ausgewählte Essays zur Geschichte der englischen Literatur. Erklärt von Karl Bindel. 1. u. 2. Bdchn. gr. 8. Berlin 879. 80. Weidmann. 2. 70
1. Oliver Goldsmith — Samuel Johnson. (174 S.) 1. 50
2. John Milton. (140 S.) 1. 20

— ausgewählte Essays zur Geschichte der englischen Litteratur. Erklärt v. Karl Bindel. 3. Bdchn.: Life and writings of Addison. gr. 8. (V, 170 S.) Berlin 885. Weidmann. 1. 50 (1—3.: 4. 20)

—— biographical essays, s. Collection of british authors.

Macaulay, Thomas Babington. Biographical essays. Copyright edition. (Frederic the Great. Bunyan. Goldsmith. Johnson Barère.) 8. Leipzig 1857.

— Essays on Bunyan and Addison. Für den Schulgebrauch hrsg. v. Johs. Mättig. (160 S.) 8. Leipzig 910. G. Freytag. — Wien, F. Tempsky. Geb. 1. 50

—— critical and historical essays, s. Collection of British authors.

Macaulay, Thomas Babington. Critical and historical essays. Contributed to the Edinburgh Review. (5 Bde.) 8. Leipzig 1850.

(The Traveller's Library. 85.) Frederic the Great. By Thomas Babington Macaulay. (Reprinted from Macaulay's Critical and Historical Essays.) London 1855. 8°

— Frederic the Great. Für den Schulgebrauch hrsg. v. Paul Reimann. (130 S.) 8. Ebd. 909. Geb. 1. 40

—— Friedrich der Große. Mit einem Vorwort des Uebersetzers. gr. 8. (XVI und 98 S.) Halle 857, Graeger.

Gedichte v. Thomas Babington Macaulay. Deutsch v. Alexander Schmidt. Altrömische Lieder. Ivoy. Die Armada. Braunschweig 1853. = Macaulay's ausgewählte Schriften. Bd. 6. Abth. 2. 8°

Macaulay, Thom. Babington, Gedichte. Lieder des alten Röm. Ivry. Die Armada. Uebers. v. J(ulius) S(chanz). Hrsg. u. m. einem Vorworte begleitet von Frdr. Bülau. Mit dem Portrait des Verf. (in Stahlst.) gr. 16. (VIII u. 237 S.) Leipzig 853, T. O. Weigel. 21 ngr

— Geschichte Englands, siehe: Lese-Cabinet, historisches, 9—20. 23. 24. 27—30. Lfg.

— die Geschichte Englands seit dem Regierungsantritte Jacob's II. Uebers. von Frdr. Bülau. 1. Bd. 2 Abthlgn. u. 2. Bd. gr. 8. (1. Bd. VIII u. 611 S. 2. Bd. XIV u. 612 S.) Leipzig 849, T. O. Weigel. (1. Bd. 1 u. 2. Abthl. à 1½ Thlr. 2. Bd. 3 Thlr.) 6 Thlr.

— dies. (Taschen-Ausg.) 4 Bde. à 2 Hälften. gr. 16. (1. Bd. 333 S. 2. Bd. X u. 509 S. 3. Bd. XII u. 468 S. 4. Bd. 372 S.) Ebd. 850. (I, 1: 12 ngr I, 2: 9 ngr II, 1: 12 ngr II, 2: 21 ngr III, 1: 12 ngr III, 2: 18 ngr IV, 1 u. 2 à 12 ngr) 3 Thlr. 18 ngr

— Geschichte v. England seit dem Regierungsantritte Jacob's II. Uebers. v. L. G. Lemcke. 3 Bde. à 4 Lfgn. gr. 8. (1. Bd. VIII u. 328 S. 2. Bd. VIII u. 315 S. 3. Bd. VIII u. 394 S. m. Portrait in Stahlst.) Braunschweig 852, Leibrock. (à Lfg. ¼ Thlr.) 3 Thlr.

— Geschichte von England seit dem Regierungsantritte Jacob's II. Deutsch von Wilh. Beseler. Mit dem Portrait Macaulay's. 3 Bde. gr. 8. (1. Bd. VIII u. 303 S. 2. Bd. 432 S. 3. Bd. 435 S.) Braunschweig 852, Westermann. (à ⅚ Thlr.) 2½ Thlr.

— Geschichte von England seit dem Regierungsantritte Jacob's II. Deutsch von Wilh. Beseler. 4. Bd. Braunschweig 853. Westermann. gr. 8. (2 Bl., 306 S. u. Portrait in Stahlst.) 25 ngr

— — 2. Stereot.-Aufl. 1—4. Bd. 853. — 3. Stereot.-Aufl. 1—4. Bd. Braunschweig 854. Westermann. 8. (1. Bd.: VIII, 305 S.; 2. Bd.: 433 S.; 3. Bd.: 437 S.; 4. Bd.: 306 S. u. Bildniß in Stahlst.) Jeder Bd. 25 ngr

— — 5—10. Bd. Ebend. 856. 8. (5. Bd.: 271 S.; 6. Bd.: 281 S.; 7. Bd.: 396 S.; 8. Bd.: 294 S.; 9. Bd.: 347 S.; 10. Bd.: 329 S.) Jeder Bd. 25 ngr

— — Uebers. von Friedr. Bülau. (Ausg. in gr. 8.) 3. u. 4. Bd. mit dem vollständ. Namen- u. Sach-Register über alle 4 Bde. Leipzig 856. T. O. Weigel. (XIV, 702 S. u. Bildniß in Stahlst.; XII, 928 S.) 3.: 3 Thlr. 15 ngr; 4.: 4 Thlr.

— — Uebers. von Friedr. Bülau. (Ausg. in 16.) 5—10. Bd. Ebend. 856. (5. Bd.: VIII, 298 S. u. Bildniß in Stahlst.; 6. Bd.: IX, 305 S.; 7. Bd.: VIII, 284 S.; 8. Bd.: VIII, 310 S.; 9. Bd.: VIII, 335 S.; 10. Bd.: VIII, 479 S.) 5 Thlr. 12 ngr
5—7. Bd.: à 24 ngr; 8. Bd.: 27 ngr; 9. Bd.: 1 Thlr.; 10. Bd.: 1 Thlr. 3 ngr

— — Uebers. von L. G. Lemcke. 4—7. Bd. Braunschweig 856. Leibrock. gr. 8. (4. Bd.: VI, 290 S.; 5. Bd.: VIII, 360 S.; 6. Bd.: VI, 316 S.; 7. Bd.: VI, 284 S.) Jeder Bd. 1 Thlr.

— — Aus dem Engl. von Heinr. Paret. 13—25. (letzte) Lief. Stuttgart 856, 57. Metzler. 16. (5. Bd.: 368 S.; 6. Bd.: 299 S.; 7. Bd.: 323 S.; 8. Bd.: 382 S.; 9. Bd.: 367 S.) 3 Thlr. 12 ngr
13—24. Lief.: à 7½ ngr; 25. Lief.: 12 ngr

— — Uebers. von G. F. W. Rödiger und A. Kretzschmar. 1—9. Thl. 2. Aufl. u. 10—19. (letzter) Thl. (Cabinets-Ausg.) Wien 856. Hartleben. 8. (1. Thl.: 162 S.; 2. Thl.: 142 S.; 3. Thl.: 162 S.; 4. Thl.: 160 S.; 5. Thl.: 174 S.; 6. Thl.: 174 S.; 7. Thl.: 174 S.; 8. Thl.: 158 S.; 9. Thl.: 158 S.; 10. Thl.: 148 S.; 11. Thl.: 138 S.; 12. Thl.: 175 S.; 13. Thl.: 178 S.; 14. Thl.: 191 S.; 15. Thl.: 168 S.; 16. Thl.: 192 S.; 17. Thl.: 182 S.; 18. Thl.: 172 S.; 19. Thl.: 172 S.) Jeder Thl. n. 8 ngr

Macaulay's, Thom. Babington, die Geschichte von England seit dem Regierungsantritte Jacobs II. Uebersetzt von Friedr. Bülau. 2. Aufl. Mit dem Portr. des Verf. (in Stahlst.) 4 Bde. oder 9 Lfgn. gr. 8. Leipzig 860, T. O. Weigel. [1. Bd. (X und 611 S.) 2. und 3. (XXVI und 1314 S.) 4. (928 S.)] à Lfg. 20 Ngr. Thlr.

—— dass. — (Bülau'sche Ausg.) 5. Bd. Hrsg. von Lady Trevelyan. Uebersetzt von Thdr. Stromberg. (Autorisirte Uebersetzung.) 3 Lfgn. gr. 8. (X und 887 S.) Ebendas. 861.

—— dass. — (Paret'sche Ausg.) 10. und 11. Bd. Hrsg. von Lady Trevelyan. Uebers. von Thdr. Stromberg. (Einzige, für Deutschland autoris. Uebersetzung.) gr. 16. Ebendas. [10. Bd. (IV und 841 S.) 861. 1 Thlr. 7½ Ngr., 11. (IV und 516 S.) 862. 1 Thlr. 15 Ngr.]

—— dass. — (Beseler'sche Ausg.) 11. und 12. Bd. Hrsg. von Lady Trevelyan. Uebersetzt von Thdr. Stromberg. (Autorisirte Uebersetzung.) gr. 8. Braunschweig 861, Westermann. [11. Bd. (II und 819 S.) 12. (II und 276 S.)]

—— dass. — Uebersetzt von L. G. Lemcke. 2. (Titel-)Aufl. 7 Bde. à 3 Lfgn. gr. 8. Braunschweig (852)60,61, Leibrock. [1. Bd. (828 S.) 2—6. (XXXV und 1675 S.) 7. (VI und 284 S.)] à Lfg. 5 Ngr.

—— dass. — 8. Bd. Hrsg. von der Schwester des Verf. Lady Trevelyan. Uebersetzt von W. du Roi. gr. 8. (VI und 226 S.) Ebendas. 861.

—— Geschichte von England seit dem Regierungsantritte Jakobs II. bis zum Tode Wilhelms III. Deutsch von W. Beseler. 1.—3., illustr. Volksausg. 8 Bde. in 40 Lfgn. 8. (3297 S. mit 200 Holzschntaf.) Braunschweig 862—66, Westermann. à Lfg. * 5 Ngr. *

Macaulay, Thom. Babington, Geschichte von England seit dem Regierungsantritte Jakobs II. bis zum Tode Wilhelms III. Deutsch von W. Beseler. 2—4., illustr. Volksausg. 8 Bde. Braunschweig 865—68. Westermann. 8. (3297 S. mit 200 Holzschntaff.) n. 6 ℛ︀ 20 ngr.

—— Geschichte Englands seit der Thronbesteigung Jakobs II. Aus dem Engl. von Heinr. Paret. 1—12. Lfg. (oder 1—3. Bd. und 4. Bd. 1—3. Lfg.) gr. 16. Stuttgart 850—51, Metzler'sche Buchh. [1. Bd. (IV und 288 S.) 2. (413 S.) 3. (416 S.) 4. (S. 1—340.) à Lfg. 7½ Ngr.]

—— dass. — Deutsch von Wilh. Beseler. 1. und 2. Aufl. 1852—54. und 3. Ster.-Aufl. 1—4. Bd. gr. 8. (VIII und 1478 S. mit Portr. in Stahlst.) Braunschweig 854, Westermann. à Bd. 25 Ngr.

—— dass. — Deutsch von Wilh. Beseler. 5—10. Bd. gr. 8. Ebds. [Bd. 5—8. (1238 S.) 9. und 10. (676 S.) 856. à Bd. 25 Ngr.]

—— dass. — Uebers. von Ludw. G. Lemcke. 1—7. Bd. gr. 8. Braunschweig, Leibrock. [1. (VIII und 328 S.) 2. (VII und 315 S.) 3. (VIII und 394 S. mit Portr. in Stahlst.) 4. (VI und 290 S.) 5—7. (XX und 960 S.) 852—56. à Bd. 1 Thlr.] Thlr.

Macaulay's (Thom. Babington,) Geschichte von England seit der Thronbesteigung Jacob's II. Aus dem Engl. von Heinr. Paret. 13—25 Lfg. (5—9. Bd.) gr. 16. Stuttgart, Metzler'sche Buchh. [5. Bd. (368 S.) 6. und 7. (622 S.) 8. (382 S.) 9. (367 S.) 853—56. à Lfg. 7½ Ngr.]
1—4. Bd. Ebendas. 1850—51. 3 Thlr.

—— Geschichte von England seit der Thronbesteigung Jacob's II. Aus dem engl. Ster.-Ausg. 1. Aufl. 1854 und 2. (Titel-) Aufl. 1—11. Bd. Mit Macaulay's Portr. (in Holzschn.) 8. Leipzig, Friedlein. [Bd. 1—5. (733 S.) 6. und 7. (340 S. mit 1 Holzschnt.) 8. und 9. (338 S.) 10. und 11. (379 S.) 855—56. à Bd. * 10 Ngr.] *

—— dass. — Uebers. von G. F. W. Rödiger und A. Kretzschmar. 2. Aufl. (Cabinets-Ausg.) 1. Thl. 8. (164 S.) Leipzig 856, Einhorn's Verlag. *

—— dass. — Supplement, s. Guizot. — Hamilton, Memoiren des Grafen Grammont.

—— dass. — Uebers. von Friedr. Bülau. 5—10. Bd. gr. 16. Leipzig 856, T. O. Weigel. [Bd. 5—9. (XLII und 1532 S. mit Portr. in Kpfrst.) 4 Thlr. 9 Ngr. 10. (VIII und 479 S.) 856. 1 Thlr. 3 Ngr.]
1—4. Bd. Ebendas. 1850. 3 Thlr. 18 Ngr.

—— dass. — 3. Bd. und 4. Bd. mit dem vollständ. Namen- und Sachregister über alle 4 Bde. gr. 8. (3. Bd. XIV und 702 S. und 4. Bd. XII und 928 S. mit Portr. in Kpfrst.) Ebds. 856.
1. und 2. Bd. Ebendas. 1849. 6 Thlr.

Macaulay, Thom. Babington, die Geschichte Englands von der Thronbesteigung Jacob des Zweiten bis zum Vertrag von Ryswick. Uebers. von G. F. W. Rödiger und A. Kretzschmar. 3. Volksausg. 20 Lfgn. 8. (XLVII und 1229 S. mit dem lithogr. Portr. des Verf.) Wien 866, Hartleben's Verlag. à Lfg. 7½ Ngr.

—— die Geschichte Englands von der Thronbesteigung Jakob's II. ab. 1. Bd. Wortgetreu nach H. R. Mecklenburg's Grundsätzen aus dem Engl. übers. von R. T. 1. Heft. 32. (S. 1—64.) Berlin 884, H. R. Mecklenburg. *

—— die Geschichte Englands von der Thronbesteigung Jacob's II. ab. 1. Bd. Wortgetreu nach H. R. Mecklenburg's Grundsätzen aus dem Engl. übers. von R. T. 2.—5. Heft. 32. (S. 65—320.) Berlin 885,86, H. R. Mecklenburg. à Heft * 25 Pf. *

—— dass. — 1. Bd. 3. Abschnitt: Zustand Englands im J. 1685. Wortgetreu nach H. R. Mecklenburg's Grundsätzen aus dem Engl. übers. von R. T. 1. und 2. Heft. 32. (S. 1—128.) Ebendas. 887. à Heft * 25 Pf. *

—— dass. — 2. Bd. [4. Abschnitt.] 1. und 2. Heft. 32. (S. 1—128.) Ebendas. 887. à Heft * 25 Pf. *

—— Die Geschichte Englands v. der Thronbesteigung Jakobs II. ab. I. Bd. 2. Abschn.: Unter Karl II. Uebers. v. R. F. 1. Heft. 32. (64 S.) Ebd. 889. * — 25

—— dass. — I. Bd. 3. Abschn.: Zustand Englands im J. 1685. Uebers. v. R. T. 3. Heft. 32. (S. 129—192.) Ebd. 889. * — 25
1. u. 2. Heft. Ebd. 1887. à * — 25.

— über Leop. Ranke's kirchliche und politische Geschichte der römischen Päpste des 16. u. 17. Jahrhunderts. Aus dem Engl. von R. M. Göttingen 864. Vandenhoeck & Ruprecht. gr. 8. (2 Bl., 48 S.) n. 6 ngr.

— Warren Hastings, hrsg. v. Ed. Paetsch, s.a. Authors, English.

—— dass. — s.a. Authors, English, for the use of schools.

— Warren Hastings, s.a. Klassiker, englische, mit deutschen Anmerkungen.

— dasselbe, hrsg. v. Karl Köhler, s.a. Perthes' Schulausgaben englischer u. französischer Schriftsteller.

— dasselbe, hrsg. v. Adf. Kressner, s.a. Schulbibliothek, französ. u. engl., A. 21.

— Warren Hastings. gr. 16. (191 S.) Leipzig 886. Gressner & Schramm. n. — 80

— Warren Hastings. Students' Tauchnitz edition. Mit deutschen Erklärgn. v. R. Thum. gr. 8. (VIII, 240 S.) Leipzig 887. B. Tauchnitz. n. 1. 50; cart. n. 1. 60

— altrömische Heldengesänge. (Lays of ancient Rome.) Anh.: Die Schlacht v. Ivry. Deutsch im Versmass der Originale z. Wilh. du Nord. (151 S.) gr. 8. Wien 903. (C. Gerold's Sohn.) Geb. in Leinw. n. 3. —

— altröm. Heldenlieder, s.a. Universal-Bibliothek.

—— altrömische Heldenlieder. Deutsch von Harry v. Pilgrim. 8. (154 S.) Berlin 888, Walther und Apolant. *
geb. *

—— Histoire et critique. Traduit avec l'autorisation de l'auteur par G. Lisse et P. Petroz et précédé d'une notice biographique sur Macaulay. gr. 12. (IV und 871 S.) Leipsig 860, A. Dürr. *

— The history of England

— dasselbe, s.a. Authors, English, for the use of schools.

— the history of England, s.a. Collection of British authors, vol. 172—174.

— History of England, s.a. Schriftsteller, englische u. französische, der neueren Zeit.

Macaulay, Thomas Babington. The history of England. from the accession of James the Second. (1685—1702. mit historischer Einleitung.) (Vol. 9—10. edited by his sister, Lady Trevelyan.) (10 Bde.) 8. Leipzig 1849—1861.

— history of England. Erklärt von F. Meffert. 1—3. Hft. gr. 8. Berlin 879. Weidmann. 3. 40
1. 1. Kapitel: Die Zeit bis zur Revolution im J. 1660. (VIII, 118 S.) 1. 20
2. 2. Kapitel: Die Regierung Karl's II. [1660—1685.] (104 S.) 1. —
3. 3. Kapitel: England im J. 1685. (116 S.) 1. 20

— History of England. 48 charakterist. Abschnitte aus dem I. Bde., m. Anmerkgn. versehen v. Karl Deutschbein. gr. 8. (VIII, 102 S. m. 1 Karte.) Cöthen 886. Schulze. n. 1. 40

— history of England. Erklärt v. F. Meffert. 1. Hft. gr. 8. Berlin 888. Weidmann. n. 1. —
1. Kapitel: Die Zeit bis zur Restauration im J. 1660. 2. Aufl. (VIII, 121 S.)

[Thomas Babington] Macaulay: History of England. Erkl. von Dr. F[ranz] Meffert, ehem. Dir. in Breslau. 3. Aufl. H. 1. Berlin: Weidmann 1902. 8° (Weidmannsche Sammlung franz. u. engl. Schriftsteller.)

— History of England. Erklärt v. F. Meffert. 1. Hft. 1. Kapitel: Die Zeit bis zur Restauration im J. 1660. 3. Aufl. 2 Tle. 8. (VIII, 125 u. 32 S.) Berlin 902. Weidmann. Geb. in Leinw. u. geh. n. 1. 60

— History of England from the accession of Charles the first to the restoration. Ein Abschnitt aus dem ersten Capitel von Macaulay's Geschichtswerk. Für die oberen Klassen höherer Schulen bearb. von F. C. Schwalbach. gr. 8. (IV, 91 S.) Leipzig 879, Teubner. *

— Ranke's history of the popes, s.a. Textausgaben französischer u. englischer Schriftsteller f. den Schulgebrauch.

— Ranke's history of the popes. Students' Tauchnitz edition. Mit deutschen Erklärgn. v. R. Thum. gr. 8. (VIII, 74 S.) Leipzig 887. B. Tauchnitz. n. — 60; cart. n. — 70

— Samuel Johnson. Biographische Skizze. Deutsch von Frz. v. Holtzendorff. Berlin 857. J. Springer. 16. (2 Bl., 64 S.) 9 ngr.

— — (Ausg. in gr. 8.) Ebend. 857. (2 Bl., 50 S.) 9 ngr.

— über die Judenfrage. gr. 8. (16 S.) Frankfurt a. M. 852, Auffarth. n. 2 ngr.

— über die Judenfrage. Aus dem Engl. von Phil. Siegfried Bauer. Hamburg 862. Boyes & Geisler. 16. (31 S.) n. 3 ngr.

— über die römisch-katholische Kirche. (Versuch über Ranke's Geschichte der Päbste.) Bearb. von Th. Creizenach. Frankfurt a. M. 854. Meidinger. gr. 8. (50 S.) 9 ngr.

— über die römisch-katholische Kirche. Bearb. von Th. Creizenach. 2. Aufl., mit e. Anh. Frankfurt a. M. 870. Auffarth. gr. 8. (VIII, 78 S.) n. 10 ngr.

— lays of the ancient Rome, s.a. Collection of British authors, vol. 198.

— lays of ancient Rome. With selections from the Essays. 8. (382 S.) Leipzig 886. Gressner & Schramm. geb. n. 3. —

— Leben u. Briefe. Hrsg. v. seinem Neffen G. O. Trevelyan. Autoris. deutsche Ausg. Aus dem Engl. v. C. Böttger. Mit Portr. 2 Bde. gr. 8. (VII, 480 u. VIII, 504 S.) Jena 876. Costenoble. n. 22. —

— Leben und Briefe. Hrsg. von seinem Neffen G. O. Trevelyan. Autoris. deutsche Ausg. Aus dem Engl. von C. Böttger. Mit (lithogr.) Portr. 2. (Titel-)Aufl. 10 Hefte oder 2 Bde. gr. 8. (480; 504 S.) Jena 882,83, Costenoble. à Heft *M 1. *

— the life a. letters of, s.: Collection of brit. authors.

Macaulay, Thomas Babington. Machiavelli. Lord Clive. Zwei historische Abhandlungen. Uebersetzt von Dr. Otto Seemann. (Historische Abhandlungen.) Beigebunden: Warren Hastings. Burleigh und seine Zeit. John Hampden. William Pitt. Carl v. Chathan. 8. Königsberg 1850.

— Masterpieces, selected by Paul Lange, s.: Reformbibliothek, neusprachliche. 9. Bd.

— Milton, s.a. Rauch's English readings.

Milton. Johann Bunyan. Die Lustspieldichter der Restauration. Addison. Sir Johnson. Die Emancipation der Juden. (Von Thomas Babington Macaulay.) Deutsch v. Friedrich Steger. Braunschweig 1853. = Macaulay's ausgewählte Schriften. Bd. 5. 8°

— the Duke of Monmouth, hrsg. v. Otto Werner, s.a. Schulbibliothek, französ. u. engl., A. 24.

— The Duke of Monmouth, hrsg. v. Eduard Paetsch, s.a. Authors, English.

The Duke of Monmouth by Lord (Thomas Babington) Macaulay. '(Ausz. aus 'History of England'.)' M. Anm. z. Schulgebr. hrsg. v. Eduard Paetsch, Prof. ... zu Potsdam. M. 1 Übersichtskt. (Text.) Anm. *Bielefeld & Leipzig: Velhagen & Klasing 1896.* 2 Bde 8. (Text.) VI, 107 S., 1 Kt.) Anm. (39 S.)
= Sammlung, Velhagen & Klasings, französ. u. engl. Schulausgaben. English Authors. Lfg 56. Ausg. B. 96. 7351

— William Pitt, s. Collection of british authors.

— Jacobite plots, s. Bibliothek der englischen Literatur.

— Historical portraits, ausgew. v. J. Klapperich, s.: Schriftsteller, englische u. französische, der neueren Zeit.

— der Protestantismus in der Vergangenheit, Gegenwart u. Zukunft. 1. Thl. Historischer Rückblick, übers. v. Jos. Clausing. (Englisch u. deutsch.) gr. 8. (95 S.) Hagen 894. H. Risel & Co. n. 1. —

Der Protestantismus ... Historischer Rückblick (enth.: The Ecclesiast. a. Polit. History of the Popes of Rome during the 16. a. 17. Centuries. By L. v. Ranke. Essay) v. Lord [Thomas Babington] Macaulay, übs. v. Josef Clausing ... *Hagen: H. Risel & C. [1894].* (95 S.) 1 Bd 8.
= Clausing, Jos.: Der Protestantismus in d. Vergangenht, Gegenw. u. Zukunft. Tl 1. 96. 5314

— the rebellion of Argyle and Monmouth. Zum Schul- u. Privatgebrauch hrsg. v. Karl Wimmer. Text m. Wörterverzeichnis u. 2 Karten. 8. (VIII, 146 S.) München 895. J. Lindauer. n. 1. 20

— Duke Monmouth's rebellion. A chapter from Macaulay's history of England. Für die Oberklassen höherer Schulen bearb. von H. A. Werner. Leipzig 870. Teubner. gr. 8. (III, 95 S.) 9 ngr.

—— Duke Monmouth's Rebellion. A chapter from the History of England. Für die Oberklassen höherer Schulen bearb. von H. A. Werner. 2. umgearb. Aufl. gr. 8. (IV, 108 S.) Leipzig 879, Teubner.

— Monmouth's rebellion. A chapter from M.'s history of England. Für die Oberklassen höherer Schulen bearb. v. H. A. Werner. 3., durchgeseh. Aufl. gr. 8. (IV, 115 S.) Leipzig 888. Teubner. 1. 20

—— The rebellions of Argyle and Monmouth, a chapter from the history of England. Students' Tauchnitz edition. Nr. 30. Mit deutschen Anmerkgn. v. Imman. Schmidt. gr. 8. (X, 150 S.) Lpz. 890, Tauchnitz. * 1 —; cart. * 1 10

Macaulay, Thom. Babington, Rede für die Emancipation der Juden. Geh. im engl. Unterhaus am 17. April 1833. Uebersetzt von A. E. gr. 8. (16 S.) Frankfurt a/M. 881. Boselli. n. — 50

— Rede vor seinen Wählern in Edinburgh, gehalt. d. 2. Novbr. 1852. 16. (39 S.) Berlin 852, Adolf & Co. n. 1/6 ₰

Macaulay, [Thomas Babington]. Macaulays Rede über den Zehnstundentag (gehalten im Haus der Gemeinen am 22. Mai 1846). Uebertragen [aus dem Englischen] mit einer Vorbemerkung von Rob[ert] Boehringer. Sonderabdruck aus den Schweizerischen Blättern für Wirtschafts- und Sozialpolitik. Jahrg. 1905, Heft 23/24. II + 24 S. 8. Bern, Scheitlin, Spring & Cie.

Reden v. Thomas Babington Macaulay. Nach der vom Verfasser selbst besorgten Ausg. übers. v. Friedrich Steger. Bd. 1–2. Braunschweig 1854. = Macaulay's ausgewählte Schriften. Bd. 7–8. 8°

— Reden. Nach der vom Verf. durchges. Ausg. übers. von Friedr. Bülau. 2 Bde. Mit dem Portr. Macaulay's (in Stahlst.). Leipzig 854. T. O. Weigel. 8. (XIII, 328; 2 Bl., 335 S.) 2 ₰. 7½ ngr.

— ausgewählte Reden u. andere Proben englischer u. amerikanischer Beredsamkeit zur Lectüre, zum Memoriren u. Vortragen. Geordnet für die obersten Klassen von Realschulen I. O. u. mit Anmerkungen u. biograph. Notizen versehen von D. Bendan. 8. (VIII, 88 S.) Berlin 880. Friedberg & Mode. n. — 80; geb. n.n. 1. —

— The English revolution (1688—89). Auszug aus The history of England, Chap. VII/X, f. den Schulgebrauch hrsg. v. A. Greeff. (164 S.) 8. Leipzig 906. G. Freytag. — Wien, F. Tempsky. Geb. n. 1. 60

Macaulay, Thom. Babington, Historical scenes and sketches from the history of England, erklärt v. J. Klapperich, s.a. Schriftsteller, engl. u. französische, der neueren Zeit. 26.

Historical scenes and sketches from the history of England by Thomas Babington Macaulay. Ausgewählt u. f. d. Schulgebr. erklärt von Prof. Dr. J[osef] Klapperich. Mit 2 Kärtchen. (Ausg. A.) [Nebst] Wörterbuch. Glogau: C. Flemming 1903[–07]. 2 Bde 8°
Wörterbuch nebst Verzeichnis d. Eigennamen mit Aussprachebezeichnung von Oberl. [Karl] Rudolph.

— Schriftsteller, Englische u. franz., d. neueren Zeit. Bdch. 26. (08. 4379

— ausgewählte Schriften geschichtlichen und literarischen Inhalts. Deutsch von Friedr. Steger und Alex. Schmidt. 8 Bde. 853. — 2. Aufl. 855. — 3. Aufl. 855. — 4. Aufl. Braunschweig 857. Westermann. gr. 8. Jeder Bd. 25 ngr.

1. Bd.: Warren Hastings, Lord Clive, Lord Burleigh, Machiavelli. Deutsch von F. Steger. (XV, 327 S.)
2. Bd.: William Temple, Horace Walpole, William Pitt, Lord Holland. Deutsch von F. Steger. (3 Bl., 331 S.)
3. Bd.: Der spanische Erbfolgekrieg. Geschichte der Päpste. Johann Hampden. Geschichte der Revolution von 1688. Kirche und Staat. Deutsch von F. Steger. (3 Bl., 331 S.)
4. Bd.: Zur englischen Verfassungsgeschichte. Southey's Gespräche über die Gesellschaft. Lord Bacon. Deutsch von F. Steger. (3 Bl., 304 S.)
5. Bd.: Milton. Johann Bunyan. Die Lustspieldichter der Restauration. Addison. Sam. Johnson. Die Emancipation der Juden. Deutsch von F. Steger. (2 Bl., 303 S.)
6. Bd. 1. Abth.: Madame d'Arblay. Byron's Leben. Montgomery's Gedichte. Deutsch von F. Steger. (3 Bl., 136 S.)
: 2. Abth.: Gedichte. Deutsch von Alex. Schmidt. (VI, 184 S.)
7. 8. Bd.: Reden. Nach der vom Verf. selbst besorgten Ausg. übers. von F. Steger. 2 Bde. (XIII, 324; 3 Bl., 296 S.)

— — 9. Bd. A. u. d. T.: Friedrich der Große, Joh. Bunyan, Oliv. Goldsmith, Samuel Johnson, Bertr. Barère. Braunschweig 858. Westermann. gr. 8. (4 Bl., 292 S.) 25 ngr.

—— ausgewählte Schriften geschichtlichen und literarischen Inhalts. Deutsch von Fr. Steger und Alex. Schmidt. 9. Bd. A. u. d. T.: Friedrich der Große, Joh. Bunyan, Oliv. Goldsmith, Sam. Johnson, Bertr. Barère. 2 Hälften. gr. 8. (VII und 292 S.) Braunschweig 858, Westermann.

—— dass. — 1—8. Bd. 4. Aufl. gr. 8. (LX und 2586 S.) Ebendas. 858.

— ausgewählte Schriften geschichtlichen und literarischen Inhalts. Neue Folge. 4 Bde. Braunschweig 860. Westermann. gr. 8. (X, 1005 S.) n. 3 ₰ 10 ngr.

—— kleine geschichtliche und biographische Schriften. Nach der 6. Orig.-Ausg. übers. von Friedr. Bülau. 1—9. Lfg. (oder 1—3. Bd.) 8. Leipzig 850. T. O. Weigel. [1. (III und 494 S.) 2. (472 S.) 3. (481 S.)]

—— kleine geschichtliche und biographische Schriften. Nach der 6. Orig.-Ausg. übers. von Friedr. Bülau. 4. Bd. 8. (IV und 584 S. mit dem Portr. des Verf. in Stahlst.) Leipzig 853, T. O. Weigel.
1—3. Bd. Ebendas. 1850. 4 Thlr. 18 Ngr.

— kleine geschichtliche und biographische Schriften. Uebers. von Friedr. Bülau. 5. Bd. A. u. d. T.: Neue biographische Aufsätze. Leipzig 857. T. O. Weigel. 8. (VIII, 432 S.) 1 ₰. 15 ngr.

—— kleine geschichtliche und biographische Schriften. Uebersetzt von Friedr. Bülau. 5. Bd. A. u. d. T.: Neue biographische Aufsätze. 8. (VIII und 432 S.) Leipzig 858, T. O. Weigel.
1—4. Bd. Ebendas. 1850—53. 6 Thlr. 15 Ngr.

— a selection from the works. With a memoir of the author, and explanatory notes. For the use of schools and private tuition ed. by F. H. Ahn. 8. (VII, 178 S.) Ebend. 881. n. 1. 50

— dasselbe. s.a. Collection of british and american authors.

— selections from M. Zum Schul- u. Privatgebrauch hrsg. v. R. Ackermann. Mit Wörterverzeichnis, 2 Plänen u. 1 Karte. 8. (IV, 99 S.) München 894. J. Lindauer. Kart. n. 1. 20

Manuale del codice di commercio di terra e di mare colle modificazioni fiuo ad oggi introdottevi dalla legislazione austriaca e corredato di formale degli atti e convenzioni commerciali di N. Foramiti. 2. ediz. aggiuntevi le nuove leggi etc. con in fine un copioso indice alfabetico. Trieste 854. Coen. 4. (141 S.) 1 *n*. 25 *ngr.*

— seu compendium ritualis Argentiensis. 12. Strassb. 780. (Lovrault). 18 *gr.* Neue Aufl. 8. Mainz 821. Müller. 1 *ß*

—— seu compendium ritualis Trevirensis, exhibens solam sacramentor. administrationem, et illas benedictiones, quae frequentius occurrunt. In gratiam et commoditatem parochor. ac vicarior. dioecesis Trevirensis de novo editum. 8. (16½ B.) Treviris 836, Troschel.

— seu compendium ritualis Trevirensis, exhibens solam sacramentorum administrationem, et illas benedictionis, quae frequentius occurrunt. In gratiam et commoditatem parochorum ac vicariorum diöcesis Trevirensis de novo editum. 8. (IV, 232 S.) Trier 873. Braun. n.n. 2. —

— per la conversazione, s. a. Conversations-Taschenbuch.

Manuale per la Conversazione, contenente le espressioni le più utili nei viaggi, ed in differenti circostanze della vita sociale. Composto secondo l'opera della Sig*a*. di Genlis e d'altri. In 6 lingue: nell' Inglese, Tedesca, Francese, Italiana, Spagnuola (od. Neugriechisch) e Russa. 6. ediz. aumentata e migliorata. 16. (27 B.) Lipsia 833, Hinrichs.

—— il medes. opera in 3 lingue: Italiana, Francese, Tedesca. 6. ediz. 16. (13½ B.) Lipsia 833, Hinrichs.

Manuale Curatorum secundum usum ecclesie Rosckildensis. Katholisches Ritualbuch der dänischen Diözese Roeskilde im Mittelalter. Hrsg. m. histor. Einl. v. Joseph Freisen, ... Prof. ... in Paderborn. *Paderborn: Junfermann 1898.* (XXXV, 68 S.) 1 Bd 8. [08. 7788

Manuale decretorum authenticorum sacrae rituum congregationis quod ex majore Fr. Bartholemaei a Clantio opere in breviorem commodioremque formam redegit Jac. Ant. Eberle. 8. (264 S. und 1 Tab. in hoch 4.) Ratisbonae 851, Manz.

Manuale decretorum sacrae rituum congregationis, quae ex collectione authentica ad ecclesiasticorum utilitatem et opportunitatem deprompta sunt ... Regensburg 1873. H: *Maier, Willibald Apollinar.* (Mitth. d. Verlagsbuchh.)

— decretorum sacrae rituum congregationis, quae ex collectione authentica ad ecelesiasticorum utilitatem et opportunitatem deprompta sunt. Editio post romanam tertiam plurimum aucta aptiorique ordine disposita. gr. 8. (XII, 862 S.) Regensburg 873. Manz. n. 9. —

Manuale ecclesiasticorum s. sacrae rituum congregationis decreta selecta ex collectione authentica ad ecclesiasticorum utilitatem et opportunitatem. Editio III. Romana emendata et auctior. 8maj. (VII und 381 S. mit 1 Tab. in Fol.) Romae 853. (Lipsiae, Gerhard.) *

— ecclesiasticum. 8. Stade. 710.

Manuale Equestre oder Compendium der Reichs-Ritterschaftlichen althergebrachten Rechten ... Ulm 1720—21. V: *Bürgermeister, Johann Stephan.* (EB) H: *Stephanus, Joannes.* (BrMm)

Manuale Ethicum, seu Monita et Exempla Vitae humanae. Viennae 1706. V: *Kogler, Anton.* (Jes)

— fratrum discalceator. ord. S. Trinitat. de redemtione captivor. 4maj. Wien 762. Gerold. 1 *ß* 8 *gr.*

Manuale di galvanoplastica e della doratura chimica. Aggiuntovi un ricettario per l'argentatura galvanica sul vetro sulle norme di Figuier, Volta, Brugnatelli ecc. 1. ediz. 1862. * 12 Ngr. e 2. ediz. gr. 16. (94 S.) Triest 864, Coen. *

—— dei giuochi contenente il modo pratico e facile per imparare il giuoco di Picchetto, del Tresette, di Trionfo ecc. preceduto da una prefazione istorica anneddotica sui giuochi. 1. ediz. 1862. * 12 Ngr. e 2. ediz. gr. 16. (135 S.) Triest 865, Coen. *

— od. Handb. v. Morg.: Ab.: Meß: u. Communion: Gebeten. 4. Augsb. Wolf. 744.

— od. wohlbewährt. Handbuch äußerl. Morgen: Meß: Beicht: u. Comm.: Gebete. gr. 8. Würzb. Stahel. 774.

— — dass. 4. Augsb. Wolf. 744.

Manvale oder Handgriffe der Infanterie Wie solches Aõ 1735. nach dem damahlig alt Kayserl: Würtenb: Regiment zu Fuss bey dem Löbl: General Feld-Zeugmeister Landgräffl Fürstenb: Schwäbische Crayß Regiment eingeführet worden. Entworffen von H: A. v. A. ... Jerem. Wachsmuth fecit. Martin Engelbrecht excudit A[ugustae] V[indelicorum 1735(?)]. M. d. Tit. 26 Taf. in Kupferst. 2°.

— hominis Christiani. 18. Vien. Trattner. 764.

— — idem liber. 18. Würzb. Stahel. 789.

Manuale hominis Christiani. Lucern. (Lips., Schmidt in comm.) 818.

Manuale hominis christiani. Edit. 3a. Lucernae 1831. H: *Holl, Philipp Joseph.* (schmal) (Ky)

—— hominis christiani. (Cur. Holt.) Ed. III. 12maj. (6 B.) Lucernae 831, Anich. *

—— per gli industriali. Lo stile d'affari, aritmetica e contabilità industriali, e nozioni principali sulla cambiale. 3 parte in 1 vol. gr. 8. (205; 143, 163 S.) Wien 887, Graeser. *
Vgl.: Libri di testo.

—— in usum studiosae juventutis ex variis auctoribus collectum. 12. (337 S. mit 1 Stahlst.) Brixen 865, Weger's Buchh. *

Manuale der Congregation der barmherzigen Schwestern vom heil. Karl Borromäus zu Prag. Prag, 1857. Dr. von Friedrich Rohlíček im fürst-erzbischöfl. Seminar. (358 S. 1 Bl. 8.)

Manuale musico-liturgicum (Chorálna kniha obriadow cirkewných) in usum ecclesiarum cathedralium et ruralium complectens antiphonas, hymnos, et responsoria ad processiones et solennes benedictiones etc. partim cum cantu Gregoriano, partim figurali a quatuor vocibus, partim chorali populari comitante organo juxta rituale, missale et breviarium romanum speciatim pro chori regentibus, organoedis etc. cum adjecta brevi ad cantum Gregorianum instructione elaboravit et edid. Franc. Zsasskovszky. (Editio latino-slavica.) gr. 4. (VIII und 240 S.) Erlau 858(57), (Fraenkel.) *
Ist auch mit lateinisch-ungarischem Text zu gleichem Preise erschienen.

David Macbride

Davidis Macbride [Methodical Introduction to the theory and practice of the art of medicine. Lat.:] Introductio methodica in theoriam et praxin medicinae. Ex lingua Anglica in Lat. convertit Joh(annes) Fridericus Clossius [Closs]. T.1.2. Basileae: Flick 1783. 1 Bd 8°

T.1: Pars theoretica.
T.2: Pars practica.

— Verf. über fünf physikalische Vorwürfe. 8. Zürich, Orell. 766.

David Macbride

David Mackbride [Macbride: Experimental Essays. Deutsch:] Durch Erfahrungen erläuterte Versuche, über folgende Vorwürffe: I. Von der Gährung der zur Nahrung dienenden Mischungen. II. Von der Natur und den Eigenschaften der figierten [!] Luft. III. Von den gegen einander gehaltenen Kräften,... IV. Von dem Scharbok;... V. Von der auflösenden Kraft des Kalks. Aus d. Engl. übers. von Conrad Rahn. Zürich: Orell, Geßner & Co. 1766. 342 S., 2 Kupfertaf. 8°

Mac Brown, der Erfolg zu höchster körperlicher Kraftentwicklung u. Machtentfaltung auf physischer u. psychischer (hypno-autosuggestiver) Grundlage, s.: Bibliothek des Erfolges.

Maccabäer, s. Machabaei

Mac Cabe, Wilh. Bern., Bertha oder Papst und Kaiser. Geschichtliche Erzählung. Nach der 2. Aufl. unter Einverständniß mit dem Verf. aus dem Engl. übers. 12. (549 S.) Aachen 858, Cremer'sche Buchh.

MACCABEUS (ps.). — Der Marquis de Crebron, d. i. ein Zusammenhang verschiedener wahren Begebenheiten, welche zum angenehmen Zeitvertreibe gesammlet worden von *Maccabeo.* (Zieml. zahmer Roman.) Buxtehude 1765. 8°. Selten!

Maccabez, Eugène. F(ortuné-)B(arthélemy) de Félice, 1723—1789, et son Encyclopédie. Yverdon 1770—1780 ⟨d'après des documents inédits⟩. Thèse Lett. Lausanne. ([Avec 2 planches: portrait et facsimile, et des] Annexes: Lettres et documents inédits.) VIII + XII + 205 p. 8. Bâle, Emile Birkhæuser, 1903.

Mac Caffrey, James, a. Fivemiletown (Tyrone), Irland: The Black Book of Limerick. Studies on the Diocese of Limerick, based principally upon the Manuscript known as „The Black Book of Limerick". (Dublin) 1906: (Sealy & Co.) (121 S.) 8°
Freiburg i. B., Phil. Fak., Ref. Finke, Diss. v. 1907
[Geb. 25. Okt. 75 Fivemiletown (Irland); Wohnort: Maynooth College (Irl.); Staatsangeh.: Großbritannien; Vorbildung: Maynooth Coll. Baccal. d. kan. Rechts Juni 00, Licent. d. Theol. Juni 01; Studium: École d. Chartes Paris 1, Freiburg i. B. 3 S.; Rig. 28. Juli 06.]

Mac Caldin, Jac. Jasperus (geb. Coleraine in Irland Apr. 1811): De hydrope ovarii. Berolini (1836). (37 S.) 8°
Berlin, Med. Diss. v. 18. Febr. 1836

Mac Call, Annie. Ueber Leichenverbrennung in hygienischer und forensischer Beziehung. Bern 1885.

Mc. Cants-Stewart, T., s. Handelsgesetze, die, des Erdballs, VI. Bd.

Mac-Carthy, der Ungläubige ist thöricht, verbrecherisch und unglücklich. Drei Vorlesungen, den Ultramontanen zum Troste, den Freimaurern und Liberalen zum Nachdenken. Zeitgemäß bearb. mit der Frage: Warum doch gelehrte Männer dem Unglauben verfallen? von J. M. Fick. 8. (IV, 66 S.) München 869, Stahl. *

Mc Carthy, Justin, the comet of a season, s.: Asher's collection of english authors.

Mc Carthy, J., dear Lady Disdain, s.: Collection of brit. authors.

—— Geschichte Englands von der Thronbesteigung Viktorias bis zum Berliner Kongress [1837—1878]. 1. Bd. Autoris. deutsche Ausg., besorgt von Leop. Katscher. gr. 8. (VIII, 327 S.) Leipzig 881, [Schlicke.] Elischer. *

— and Justin Huntly Mc Carthy, a history of the four Georges and of William IV., s.a. Collection of British authors.

A History of the four Georges (vol. 3ff.: and of William IV.) By Justin **Mac Carthy** (vol. 3ff.: and Justin Huntly MacCarthy). Copyright ed. In 5 vol. Vol. 1—5. Leipzig: Tauchnitz 1885—1901. 8°
1. 1885. 2. 1890. 3—5. 1901.
(Collection of British authors. Tauchnitz Ed. Vol. 2328. 2637. 3495—97.) [11. 8175

—— a short History of our own Times, s.a. Collection of British Authors.

A short History of our own times. By Justin **MacCarthy**. Copyright ed. (Vol. 1. 2: In 2 vol. Vol. 3: ⟨Suppl.⟩.). Vol. 1—3. Leipzig: Tauchnitz 1883—1907. 8°
1. 2. 1883. 3. 1907.
(Collection of British authors. Tauchnitz Ed. Vol. 2204/5. 3996.) [11. 8749

A History of our own times By Justin **MacCarthy**. Copyright ed. (Vol. 1ff.: In 5 vol. Vol. 6. 7: ⟨Suppl.⟩.) Vol. 1—7. Leipzig: Tauchnitz 1879—1897. 8°
1. 2. 1879. 3—5. 1880. 6. 7. 1897.
(Collection of British authors. Tauchnitz Ed. Vol. 1863/4. 1931—33. 3217/8). [11. 8173

— a history of our own times from the accession of queen Victoria to the Berlin congress, s.: Collection of british authors.

Mac Carthy, Justin, English literature in the reign of Queen Victoria, hrsg. v. Rich. Ackermann, s.: Library, English. 33.

—— Maid of Athens, s. Asher's Collection of English Authors.

– Miss Misanthrope, s. Collection of British Authors.

—— the Indian mutiny. [Chap. 32—35 of „A history of our own times".] Student's Tauchnitz edition. Mit deutschen Erklärungen von Alb. Hamann. gr. 8. (XVI, 68 S. mit 1 Karte.) Leipzig 887, B. Tauchnitz. *
cart. *

—— The Indian Mutiny. [Chap. 32—35 of „A history of our own times".] Students' Tauchnitz edition. Wörterbuch dazu. Bearb. v. Alb. Hamann. gr. 8. (16 S.) Lpz. 890, Tauchnitz. * — 20

—— Donna Quixote, s. Collection of British Authors.

— lieb Fräulein Unhold, s.: Roman-Bibliothek, englische.

Mac Carthy, Justin, the crimean war, s.a. Schulbibliothek französischer u. englischer Prosaschriften aus der neueren Zeit.

The Crimean War. Aus Justin McCarthy's History of our own times ausgew. u. f. d. Schulgebr. erkl. von W[ilh.] Gebert, Lehrer am Realgymn. in Bremen. Mit 1 Karte. [Nebst] Wörterverz. *Berlin: R.* Gaertner *1894[—1902].* 2 Bde. 8°
— Schulbibliothek französ. u. engl. Prosaschriften aus d. neueren Zeit. Abt. 2. Bdch. 6. Gaertner. [05. 4808

— Wenn ich der König wär'!, s.: Engelhorn's allgemeine Roman-Bibliothek.

Maccarthy, Lorence, nouvelle irlandaise de Lady Morgan, trad. de l'anglais, enrichios de notes. 4 Vol. 12. Strasbourg, Treuttel et Würtz. 819.

Mac Carthy, Nik. v., Predigten. Aus dem Franz. 2. Aufl. Aufs neue durchgesehen u. verb. v. e. Priester der Gesellschaft Jesu. 2 Bde. gr. 8. (IV, 613 u. IV, 596 S.) Regensburg 892. Nationale Verlags-Anstalt. n. 8. —

Mac Carthy, Nicol. Tuite de, Predigten, s. Bibliothek d. vorzügl. kathol. Kanzelredner.

MacCarthy, Nicolaus Tuite de: Predigten. Aus d. Franz. von e. kathol. Geistlichen. 1. Bd. Weissenburg a. S.: Meyer's Verlagsexped. 1840. 8°

de Mac Carthy, Nicol. Tuite, Predigten. Aus d. Französ. von einem kathol. Geistlichen. 2. (letzter) Bd. gr. 8. Weissenburg a/S. 841, Meyer's Verlagsexped. (à) $1^2/_3$ ₰

Mc Caul, נתיבות עולם. Gli antichi sentièri. Traduzione di D. E. Dall' Orto. Nr. 1—21. gr. 8. (S. 1—286.) Triest 873. Dase. n. — 84

1. Il Rabbinismo come via mal sicura alla salvaziono.
2. Fede implicita non dovuta ai Rabbini.
3. Ingiustizia rabbinica inverso le donne, gli schiavi ed i gentili.
4. Intolleranza rabbinica inverso le altre nazioni.
5. Intolleranza talmudica posta in confronto colla carità della bibbia.
6. Conversione forzata dei gentili.
7. La festa di Purim.
8. Disprezzo rabbinico pei figli di Noé.
9. I christiani non son contati fra „i pii delle nazioni del mondo."
10. Rabbinica abluzion delle mani.
11. Sutterfugi rabbinici riguardo al lievito di pasqua.
12. La pasqua qual tipo di futura liberazione.
13. Severità dei comandamenti rabbinici.
14. Severità ed artifizio.
15. Mistura pel sabbato.
16. Intolleranza delle preghiere rabbiniche.

17. 18. Leggende rabbiniche nel culto della sinagoga.

19–21. Leggende nelle preghiere per la pentecoste.

Mac Caul, A., die Lehre und Erklärung des 53. Capitels des Propheten Jesajah. Nach dem Engl. herausg. von H. P. 7. Aufl. Berlin 860. (Beck.) gr. 8. (32 S.) 3 ngr.

M'Caul, A., Nethivoth Olam, oder: Der wahre Israelit. Ein Vergleich zwischen dem modernen Judenthum u. der Religion Moses u. der Propheten. Nach d. Engl. herausg. von Rew. W. Ayerst A. M. gr. 8. Frankfurt a. M. 839. Kuchler. n. $1^1/_2$ ₰

M'Caul, A., Nethivoth olam, oder: Der wahre Israelit. Ein Vergleich zwischen dem modernen Judenthum u. der Religion Moses u. der Propheten. Nach d. Engl. hrsg. v. W. Ayerst. 2. Aufl. gr. 8. (XII u. 384 S.) Frankfurt a. M. 851, Zimmer'sche Sort.-Buchhandlung. [Völcker.] n. 2 ₰

M'(ac)Caul, A., die Persönlichkeit und das Wirken des heiligen Geistes, nach den Offenbarungen des Alten Testaments dargestellt. Ein Tractat für das Volk Israel. (Aus dem Engl. übers.) 4. Aufl. gr. 8. (24 S.) Berlin 863, (Beck.) *

M'Caul, A., u. M. S. **Alexander**, Stimmen über Jerusalem. Weihe- und Abschiedspredigt, gehalten zu London am 7. u. 8. Nov. 1841. Aus dem Engl. gr. 8. Berlin 842, Besser. n. $^1/_6$ ₰

Maccaulay, K.

— merkwürd. Gesch. v. England, von d. Revolution bis auf gegenwärtige Zeit; a. d. Engl. gr. 8. Lpz. 779. Weygand. 22 gr.

Maccaulay, K., über die Vortheile der in England eingeführten Sonntagsschulen; a. dem Engl. v. J. W. Ziegenbein. 8. Braunschw. 794. Schulbuchhandlg. 6 gr herabges. Pr. 2 gr

Mc Cay, Leroy W., Beitrag zur Kenntniss der Kobalt-, Nickel- u. Eisenkiese. gr. 8. (46 S.) Freiberg 883. (Craz & Gerlach.) n. 1. —

Macchiavell, s. Machiavelli.

Macchiavelli der Jüngere, s. Steffens, Heinrich

Macchiavelli, Niccolò, s. Machiavelli

Macciucca, Francesco Vargas, lustige gute Gesetze üb. verbotene Bücher. Aus dem Exlibris des italien. Rechtsgelehrten M. († 1785). Deutsch v. B. (Lateinisch u. deutsch.) (4 S.) 8. Leipzig 904. (A. Weigel.) n. 2. —

Mac Clellan, Geo. B., offizieller Bericht über die Operationen in der Krim von einem der in den Jahren 1855 u. 1856 auf den Kriegsschauplatz in Europa gesendeten Offiziere. Stuttgart 859. Aue. gr. 8. (48 S.) n. 8 ngr.

Mc Clumpha, Charles Flint: The alliteration of Chaucer . . . . Leipzig, printed by Grimme & Trömel (1888); 56 S. + 1 Bl. 8°
Leipzig, Phil. Fak., Inaug.-Diss. v. 7. Mai 1888

Mc Clumpha, Charles Flint. the alliteration of Chaucer. Diss. Leipzig 1888, Gustav Fock. 8°. 56 S.

Macco. Uebersichts-Karte von Schlesien nebst Theilen der angränzenden Länder. München 1831. 1 Bl. c. K. Ff

Macco, A., die Aussichten des Bergbaues in Deutsch-Südwestafrika. (VIII, 79 S. m. 2 farb. Karten.) 8. Berlin 907. D. Reimer. 2. —

Macco, Heinr., die Entwicklung des Eisenbahnnetzes, des Betriebes, der finanziellen Erträge u. die Organisation der Verwaltung der preußischen Staatsbahnen in Tabellen zusammengestellt. (44 S. m. 4 Tab.) 8. Berlin 908. J. Springer. 1. 40

Macco, Heinr., und O. Jasper, Reiseskizzen aus den Vereinigten Staaten von Nordamerika mit besond. Berücksicht. der Eisenindustrie. Zwei Vorträge, gehalten am 22. Octbr. 1876 im Siegener Bezirksverein deutscher Ingenieure. gr. 8. (62 S.) Siegen 877, (Welle.) *

Macco, H.: Tiefbauanlagen des Siegener Eisenstein-Bezirks. Abdruck. Berlin 1882.

Macco, Herm. Frdr., Beiträge zur Genealogie rheinischer Adels- u. Patrizierfamilien. 3. Bd. gr. 4. Aachen (A. Creutzer.) Geb. n.n. 30. —
Geschichte u. Genealogie der Familie Peltzer, (VIII, 369 S. m. Abbildgn. u. 1 farb. Taf.) 901.

Macco, Herm. Friedr., Beiträge zur Geschichte und Genealogie rheinischer Adels- und Patrizierfamilien nach urkundl. Quellen bearb. 2 Bde. gr. 4. (IV, 200 S. mit 8 Taf.; VI, 182 S. mit 12 Taf.) Aachen 885,87, Creutzer.
geb. à Bd. **ℳ 20.—. **

— die reformatorischen Bewegungen während des 16. Jahrh. in der Reichsstadt Aachen. gr. 8. (VI, 80 S. m. 4 Abb.) Leipzig (900). F. Fleischer's Sort. n. 2. —

Protestantische Aachener Emigranten aus der zweiten Hälfte des 17. Jahrhunderts. Von Herm. Friedr. **Macco** in Aachen. [Aachen 1906.] (15 S.) 8°
Aus: Maandblad van het Genealog.-heraldiek genootschap 'De Nederlandsche Leeuw'. 1906. [07. 7080]

Geschichte und Genealogie der Familie Pastor von H(erm.) F(riedr.) **Macco**. Aachen: (Aachener Verlags- u. Dr.-Gesellsch.) 1905. (233 S.) 4°
= (**Macco**:) Beiträge z. Genealogie rhein. Adels- u. Patrizierfamilien. Bd 4. [05. 18784]

Geschichte und Genealogie der Familien Peltzer. Von H(erm.) F(riedr.) **Macco**. *Aachen 1901: (C. H. Georgi).* (VIII, 369 S.) 4°
— **Macco**: Beiträge z. Geneal. rhein. Adels- u. Patrizierfamilien. Bd 3. [04. 9340

Das jülichsche Geschlecht von Werth. Von Herm. Friedr. **Macco**. *Bonn: C. Georgi 1904.* (32 S.) 8° [04. 16130

Zur Reformationsgeschichte Aachens während des 16. Jahrhunderts. Eine krit. Studie. Bearb. nach Archivalien von Herm. Friedr. **Macco**. Aachen: Aachener Verl.- u. Druckerei-Gesellsch. 1907. (V, 97 S.) 8° [07. 7081

Stammtafel der Familie von Halfern. Nach urkundl. Material zsgest. von Herm. Friedr. **Macco**. *Aachen 1901: C. H. Georgi.* (1 Tab.) 4° [Umschlagt. F.] [02. 3104

S t a m m t a f e l der Familie von Roeder zu Pöhl aus dem Vogtlande. Nach urkundl. Material bearb. von Herm. Friedr. **Macco**. Aachen: Aachener Verl.- u. Dr.-Ges. 1902. (1 Tab.) 4°

S t a m m t a f e l der Familie Sachs. Nach urkundl. Material zsgest. von Herm. Friedrich **Macco**. Aachen 1901: C. H. Georgi (1 Tab.) 4°

Aachener Wappen und Genealogien. Ein Beitrag z. Wappenkunde u. Genealogie Aachener, Limburgischer u. Jülicher Familien von Herm. Friedr. **Macco**. Bd 1. 2. Aachen: Aach. Verl. u. Dr.-Gesellsch. 1907–08. 2 Bde 4° [08. 17198

Zur Familien-Geschichte Wuppermann. Ansprache auf d. 2. Familientag 1908 in Düsseldorf geh. von Herm. Friedr. **Macco**. Berlin 1908: Dr. z. Gutenberg, Magdeburg-N. (13 S.) 8° [F.] [08. 16809

Volkamer, Christoph Adam Friedr.: Empfindungen bey dem frůhen Grabe unsers geliebtesten Brs Christoph Adam Frieder. Volkamer, im Namen aller hiesigen Brůder F.-M.*** ausgedrůckt durch J[oh.] P. **Macco.** Auf Veranstaltung der Loge zum Druck befördert. Nůrnberg, am 14ten Nov. 1794. 7 S. 4° [Umschlagtit.]
Kl. 1403b. Gedächtnisworte.

MacCombie, Hamilton: Addition von Halogenwasserstoff an ungesättigten para-disubstituierten Benzolderivaten. Straßburg 1905: J. H. E. Heitz. (33 S.) 8°
Straßburg, Math.-naturwiss. Fak., Ref. Thiele, Diss. v. 1905
[Geb. 7. Mai 80 London; Wohnort: Straßburg; Staatsangeh.: England; Vorbildung: Privatschulen; Studium: Aberdeen 5, London 6, Straßburg 4 S.; Rig. 10. Juli 05.]

Mc Conaughy, Christus u. d. Menschen. E. Handreichg. z. Suchen in d. Schrift. Nach d. Engl. bearb. u. deutschen Bibellesern dargeboten. 12. (96 S.) Berlin 897. Buchh. d. Ostdeutschen Jünglingsbundes. n. — 50

Mc. Conkey, James H., das G e b e t. Autoris. Übersetzg. v. C. F. (118 S.) kl. 8. Neumünster (907). Vereinsbuchh. G. Ihloff & Co. — 80

— Das dreifache G e h e i m n i s des hl. Geistes. Autoris. Uebersetzg. v. Gräfin Elisab. Groeben nach der 12. Aufl. des Werkes. (143 S.) kl. 8. Gotha (907). Missionsbuchh. P. Ott. 1. —

Mc Conkey, James H., das dahingegebene Leben. Bibelstudien u. Ansprachen üb. das ausgelieferte Leben. Autoris. Uebersetzg. v. Gräfin Elisab. Groeben. (122 S.) 8. Gotha (906). Missionsbuchh. P. Ott Kart. n. 1. —

— Die W i e d e r k u n f t C h r i s t i, e. trostbringende Wahrheit. Autoris. Uebersetzg. (16 S.) kl. 8. Ebd. (907). nn — 10

Mc. Connan, James, M. Sc. aus Liverpool ⟨Engl.⟩: **Beiträge zur Kenntnis der Pyrazole.** *Jena 1904: A. Kämpfe.* (43 S.) 8°
Jena, Phil. Diss. v. (14. Juli) 1904

M(a)c Cord, William J., das Heil, oder der Sünder auf den Weg des Lebens gerichtet. 12. (111 S.) Philadelphia 852, (Schäfer und Koradi.) Thlr. *

Mac Cormac, Sir W., über den Bauchschnitt bei der Behandlung von intraperitonealen Verletzungen, s.: **S a m m l u n g klinischer Vorträge.**

Mac Cormac, William, Notizen u. Erinnerungen e. Ambulanz-Chirurgen, e. Bericht üb. seine Thätigkeit unter dem rothen Kreuze, während d. Feldzuges v. 1870. Aus dem Engl. übers. u. m. Bemerkgn. versehen v. Louis Stromeyer. Mit 7 Heliotypen u. 10 (eingedr.) Holzschn. gr. 8. (VIII, 183 S.) Hannover 871. Hahn. n. 5. —

Mac Cormak, Heinr., über die Natur, Behandlung und Verhütung der Lungenschwindsucht, beiläufig auch der Scrofeln, nebst Demonstration der Krankheitsursache. Aus dem Engl. übers. von E. Hoffmann. Erlangen 858. Enke. gr. 8. (VIII, 81 S.) n. 16 *ngr.*

Mac Cormick, Rob. (geb. Santa Cruz in Amerika 23. 11. 1807): De regione inguinali et crurali. Berolini (1831). (32 S.) 8°
Berlin, Med. Diss. v. 19. Aug. 1831

McCormick Harvesting Machine Co.: Beschreibung der McCormick-Erntemaschinen. Chicago 1896

Mc Cormick Harvesting Machine Co.: Maschinen, die den Maisbau doppelt profitabel gestalten. Chicago 1902

M'Cosh, James, die gegenwärtige Richtung des religiösen Gedankens in den drei Königreichen England, Schottland u. Irland. Eine Abhandlung, vorgelesen vor der britt. Organisation der evangel. Allianz zu Edinburgh am 6. Juli 1864. Uebers. von J. D. Prochnow. Berlin 865. Buchh. des Missions-Vereins. 16. (60 S.) 3 *ngr.*

M'Coy, Freder., notes sur la zoologie et la paléontologie de Victoria. Traduit de l'Anglais par E. Lissignol. (Berlin 869. Friedländer & Sohn.) gr. 8. (35 S.) n. 16 *ngr.*

M[a]c Crackan, W[illiam] D[enison]. Romance Switzerland. [Illustrated Cover.] 8. Geneva and Basle 1895.

McCrackan, (W. D, M. A.). Romance and teutonic Switzerland. 2 vols. In-18°. Genève et Bâle, Georg & Co. 1895. 6 —; cart. toile 8 —

Mac Crackan, W D . Romance & Teutonic Switzerland. By W. D. McCrackan, M. A. .... In two Volumes. New illustrated Edition. xiv + 270 p. *and* viii + 315 p. 8. Geneva and Basle, Georg & C°, 1902. (*zus.* fr. 6. —)
Volume 1: (Romance Switzerland). — Volume 2: (Teutonic Switzerland).

Mac Crackan, W[illiam] D[enison]. Romance & Teutonic Switzerland. By W. D. McCrackan, M. A. .... In two Volumes. New illustrated Edition. 8. Geneva and Basle, Georg & C°, [1909]. [*zus.* fr. 12. —]
Volume 1: (Romance Switzerland). [With 16 Plates.] xvi + 270 p. Volume 2: (Teutonic S'). [With 16 Plates.] x + 315 p.

M[a]c Crackan, W[illiam] D[enison]. Teutonic Switzerland. [Illustrated Cover.] 8. Geneva and Basle 1895.

Mac Cracken, John Henry, aus New York: **Jonathan Edwards** [vielm.: Edwards'] **Idealismus.** *Halle a. S. 1899: C. A. Kaemmerer & Co.* (82 S.) 8°
Halle, Phil. Diss. v. 1899

Mc Crae, John [aus Glasgow (Schottl.)]: **Ueber die Jodonium-Basen aus p-Jodtoluol . . . Heidelberg, Univ.-Buchdr. v. Hörning,** 1895; 39 S. 8.
Heidelberg, Naturw.-math. Fak., Inaug.-Diss. v. [7. Nov.] 1895

Mc Creath, Dav., über einige Derivate des Guanidins u. des Harnstoffs. Inaugural-Dissertation. gr. 8. (48 S.) Berlin 876. (Göttingen, Vandenhoeck & Ruprecht.) n. 1.—

Maccree, s. Mac Crie.

M'Crie, Dr. Thomas: Geschichte der Ausbreitung u. Unterdrückung der Reformation in Spanien im 16. Jahrhunderte. Aus d. Engl. übersetzt u. mit Anmerkk. begleitet von Gust. Plieninger. Nebst e. Vorrede vom Prof. Dr. F. C. Baur. Stuttgart: Brodhag 1835. 8°

M'Cries, Thomas, Geschichte der Fortschritte u. Unterdrückung der Reformation in Italien u. Graubünden im 16. Jahrh. Herausgeg., mit einer Vorrede u. Anmerkungen begleitet, von G. Friedrich. Wohlfeile Ausg. gr. 8. (XVI u. 392 S.) Leipzig 847, Hinrichs. 1 ℛ

M'Crie, Th., Gesch. d. Fortschritte u. Unterdrückung d. Reformation in Italien im 16. Jahrh.; nebst e. Abrisse d. Geschichte d. Reformation in Graubünden. A. d. Engl. herausgg. mit e. Vorrede u. Anmerkk. begl. v. G. Friederich. gr. 8. Lpz. 829. Hinrichs. 1 ℛ 21 g

— Leben des schottischen Reformators Jh. Knox, mit e. Abrisse d. schott. Reformationsgeschichte. Aus d. Engl. von G. J. Plank. 8. Götting. 817. Vandenhöck u. R. 2 ℛ 8 g Schrbp. 3 ℛ

Macculach, J., s. Beyträge, Agronomisch-chemisch-technische....

McCulloch, J. R.

M. Culloch, Geld u. Banken. Aus dem Englischen von E. J. Bergius, u. J. B. Tellkampf. Die Banknoten und die Noth der Banken. Leipz. 1858.

Mac Culloch, J. R., Geld und Banken. Aus dem Engl. übers. von E. J. Bergius und J. L. Tellkampf. Mit ergänz. Abhandlgn. beider Uebersetzer. Leipzig 859. Weber. gr. 8. (X, 322 S.) n. 2 ℛ. 15 ngr.

- Grundsätze der Kunst Wein zu machen ..., s. a. Beyträge, Agronom. technische. 2. Bd.

— **Grundsätze der Kunst, Wein zu machen. Nach d. Engl. bearb. v. J. H. F. Lohmam. Hannov. 819. Helwing. 1 ℛ 6 g**

Mac-Culloch, J. R., Grundsätze d. polit. Oekonomie, nebst e. kurz. Darstellung des Ursprungs u. d. Fortschritte dies. Wissenschaft; aus d. Engl. übers. u. mit e. Vorr. v. G. M. v. Weber. gr. 8. Stuttg. 831. Hallberger. 1 ℛ 21 g

—— Handbuch f. Kaufleute, s. Handbuch.

Mac Culloch, J. R.: „Handbuch für Kaufleute, oder Uebersicht der wichtigsten Gegenstände des Handels und Manufacturwesens, der Schiffahrt und der Bankgeschäfte . . .", bearbeitet von C. F. E. Richter, 2 Bände, Stuttgart und Tübingen 1834. Dazu Supplementband, von L. R. Schmidt, Stuttgart und Tübingen 1837. — Vorh.: Preuß. Staatsbibliothek Berlin.

Mac-Culloch, J. R.: „Handbuch für Kaufleute oder Uebersicht der wichtigsten Gegenstände des Handels- und Manufacturwesens, der Schiffahrt und der Bankgeschäfte, in steter Beziehung auf National-Oekonomie und Finanzen", nach dem Englischen in alphabetischer Ordnung frei bearbeitet und mit den nötigen Anmerkungen und Zusätzen versehen von C. F. E. Richter. Mit Plänen, 2 Bände. — Supplem. — Band, bearbeitet nach der 2. Auflage in alph. Ordnung und mit Zusätzen, von L. R. Schmidt, Leipzig 1834, 1837. — Vorh.: Com. Bibl. Hamburg.

Mc Culloch, J. R. Handbuch für Kaufleute oder Uebersicht der wichtigsten Gegenstände des Handels und Manufacturwesens, der Schifffahrt und der Bankgeschäfte, mit steter Beziehung auf National-Oekonomie und Finanzen. Nach dem Englischen frei und in alphabetischer Ordnung bearbeitet von C. F. E. Richter. 2 Bände. Stuttgart 1834. Supplementband, Lieferung 2 und 3. 1836/1837.

—— über Handel u. Handelsfreiheit. A. d. Engl. übers. u. mit e. Einleit. üb. d. Nothwendigkeit unbedingter Freiheit d. Verkehrs vers. v. Jos. Gambihler. gr. 8. (17 B.) Nürnberg 834, Campe.

Mac-Culloch, J. R., theoret.-pract. Comptoir-Handbuch nach d. neuesten zuverlässigsten Quellen in alphabet. Ordn. v. L. R. Schmidt. (10 Lfgn.) Lex.-8. (107¾ B., 6 lith. Pläne u. 1 Karte.) Stuttgart u. Tübingen 836, 37, Cotta'sche Bh.

—— Pfennig-Encyclopädie 2c., s. Pfennig-Encyclopädie.

—— Universal-Lexikon f. Kaufleute u. Fabrikanten, od. vollständ. Handb. d. Handels, Fabrik- u. Manufakturwesens, d. Schiffahrt u. d. Bankgeschäfte, mit besond. Rücksicht auf National-Oekonomie u. Finanzen. N. d. Engl. frei bearb., mit Hinweglass. d. blos auf England Bezug habenden, dagegen mit vielen Zusätzen u. Anmerkn. verm. 2 Bde. (od. 12 Lfgn.) 1. Aufl. 835—38. u. 2. A. gr. 8. (à 97 B. u. 2 Tab.) Augsburg 842, v. Jenisch u. Stage'sche Buchh. à Aufl. 6 Thlr., hrbgs. Pr. Wurde auch u. d. T.:
Neuestes und vollständigstes Comptoir-Handbuch. 2 Bde., ausgegeben.

Mac-Culloch, J. R., Universal-Lexikon für Kaufleute und Fabrikanten. Nach der 2., gänzlich umgearb. Aufl. aus dem Engl. frei übersetzt, und mit Hinweglassung des bloß auf England Bezug habenden, dagegen mit vielen neuen Artikeln u. Anmerk. vermehrt. 2. Ausg. gr. 8. Augsburg 842, v. Jenisch u. Stage'sche Buchh. In Halbfranzband 6 ℛ

Macdonald, A., s. Mac-Donald, Alexander Hermann

Mac-Donald, Alexander Hermann. Abhandlung über die Inoculation der Kuhpocken . . . a. d. Engl. Hamburg 1801. Ü: *Lochet, Jean Pierre Franç.* (Ky) (EngM)

— **Abhandl. üb. die Inoculation der Kuhpocken, u. den Zweck, diese Blattern-Seuche ganz zu vertilgen; aus d. Engl. (v. J. P. F. Lochet). 8. Hamb. 801. Campe. 8 g**

Mac-Donald, Alex. Herrm., Bemerkk. üb. die gegen d. Einimpfung der Kuhpocken angegeb. Gründe. 8. Hamb. 801. Campe. 2 g

Mac Donald A. H.: Kritische Uebersicht d. Theorie u. Praxis d. Kuhpockenimpfung. Bd. 1. Hamb. 1802. 195 S.

— **krit. Uebersicht der Theorie u. Praxis der Kuhpockenimpfung. 1r Bd. gr. 8. Hamb. 802. Campe. 1 ℛ**

Macdonald, Diana Louisa, Leonardo da Vinci's Jugendjahre. Eine Erzählung. Aus dem Engl. 8. (III und 199 S.) Frankfurt a. M. 854, Brönner.

Macdonald, Diana Louisa, Villa Verochio oder die Jugendjahre Leonardo da Vinci's. Eine Erzählung. Aus dem Engl. Mit einem Vorwort von H. Weismann. Frankfurt a. M. 864. Brönner. 8. (IX, 199 S.) n. 20 ngr.

Macdonald, Diana Louisa, Villa Verocchio oder die Jugendjahre Leonardo da Vinci's. Eine Erzählung. Aus dem Engl. Mit einem Vorwort von H. Weismann. 8. (IX und 199 S.) Frankfurt a. M. 864, [Winter.] *

Macdonald, Duncan B., s.: Ibn Khaldûn, prolegomena.

— The story of the Fisherman and the Jinni, s.: Studien, orientalische.

Mac Donald, George

Mac Donald, G., Annals of a quied neighbourhood, } s. Collection of British authors.

Macdonald, George, Wilfrid Cumbermede, s. Asher's Collection of English Authors.

—— the Vicar's Daughter, } s. Collection of British Authors.

— David Elginbrod, s.a. Collection of brit. auth.

— David Elginbrod. Aus dem Engl. übersetzt v. Julie Sutter. gr. 8. (VII, 614 S.) Frankfurt a/M. 873. Heyder & Zimmer. n. 9. --

– Alec Forbes of Howglen, s. Collection of British authors.

– St. George a. St. Michael, s. Collection of Brit. authors.

Mac Donald, George, Sir Gibbie, } s. Collection of
—— the Gifts of the child Christ, } British Authors.

– The Marquis of Lossie, s. Collection of British Authors.

– Malcolm, s. Collection of British authors.

– Mary Marston, s. Collection of British authors.

Mac Donald, G., the princess and Curdie, s.: Collection of British authors.

Mac Donald, George, Castle Warlock, s. Asher's Collection of English Authors.

M[a]c Donald, Herbert, Reverend, Master of Arts, Cambridge University: The protestant episcopal church of America. As seen in the Journals of her Conventions 1785 to 1880. 74 + 12 S. 8°. [10. XII. 04.]
Bern. Kath.-theol. Diss. 1905/1906.

MacDonald, Herbert. The Protestant Episcopal Church of America. As seen in the Journals of her Conventions 1785 to 1880. Diss. Doct. Divin. (Kath.-Theol.) Berne. Submitted by the Reverend H' McD'.... II + 74 [+ *Appendix* 11] p. 8. *o. O.* [1905].

Macdonald, Jacques Étienne Joseph Alexandre

Macdonald, Memoiren, s.a. Memoirenbibliothek. N. S. 4. Bd.

Memoiren [Souvenirs] des Marschalls [Jacques Étienne Joseph Alexandre] **Macdonald** [duc de Tarente]. Nach d. 7. Aufl. d. franz. Orig. bearb. von H. v. Natzmer, Gen.Major z. D. Mit Portr. Stuttgart: R. Lutz 1903. (352 S.) 8° [F.]
— **Memoirenbibliothek**. N. S. 4.

Macdonald, James: Reise durch Schottland, seine Inseln, Dännemark und einen Theil von Deutschland. A. d. Engl. von (D.) W. Soltau. Th. 1-3. Leipzig 1808. 8°

MACDONALD, JOHN. Ueber das 5-3-Methylpyrazol, ein Beitrag zur Konstitutionsfrage des Pyrazols. Jena, 1894.

Macdonald, John [M. A., B. Sc. aus Aberdeen]: Ueber das (5) 3-Methylpyrazol, e. Beitr. z. Konstitutionsfrage d. Pyrazols ... Jena, Druck v. A. Kämpfe, 1894; 36 S., 1 Bl. 8.
Jena, Phil. Fak., Inaug.-Diss. v. [21. Juni] 1894

Macdonald, Margaret, everyday words for English conversation, with a few common idioms attached. 12. (VIII, 53 S.) Hamburg 894. L. Gräfe & Sillem. Kart. n. — 80

Macdonald, Margaret, Everyday words for English conversation, with a few common idioms attached. 2. ed. 12. (56 S.) Hamburg 898. L. Gräfe & Sillem. Kart. n. — 80

Macdonald, Margaret, Everyday words for English conversation, with a few common idioms attached. 3. ed. (56 S.) kl. 8. Hamburg 904. L. Gräfe & Sillem. Kart. n. — 80

Macdonald, Paul, Gerichtsref.: Die Ansprüche des Gastes aus dem Receptum des bürgerlichen Gesetzbuches. *Greifswald 1899: J. Abel.* (38 S.) 8° [F.]
Greifswald, Jur. Diss. v. 1899

Macdonald, Rob., Tag für Tag ein Segenswort. Aus dem Engl. frei übers. von C. Gr. P., geb. Pr. R. Mit Vorwort vom Gen.-Superint. Dr. Erdmann. gr. 8. (IV, 451 S.) Breslau 882, (Dülfer's Verlag.) *

Mac-Donaldt, G. H. C., de variolis. gr. 8. Gröning. 821. v. Bockeren. 1 ℳ

Vedic Grammar. By A[rthur] A[nthony] Macdonell. Strassburg: Trübner 1910. 456 S. 8°
(Grundriss d. indo-arischen Philologie u. Altertumskunde. Bd. 1, H. 4.)

Macdonell, A. A., Vedic mythology, s. Grundriss d. indoarischen Philologie u. Altertumskunde.

MacDonell, Jos[eph]. Sühnopfer der Liebe. Betrachtungen und Gebete für die Neun ersten Freitage. Für alle Verehrer des hlst. Herzens Jesu, auch aus dem Ordensstande. Autorisierte Uebersetzung nach der 6. Aufl. des Englischen von P. Jos. M'Donell, S. J, von Schwester M[aria] Xaveria. [Mit Illustrationen und 2 Tafeln.] 352 S. 8. Einsiedeln *etc.*, Benziger & Co. A. G., 1903. [geb. fr. 1. 40 *u.* 2. —]

M'Donell, Jos., S. J., Sühnopfer der Liebe. Betrachtgn. u. Gebete f. die neun ersten Freitage. Für alle Verehrer des hlst. Herzens Jesu, auch aus dem Ordensstande. Autoris. Uebersetzg. nach der 6. Aufl. des Engl. v. M. Xaveria. (352 S. m. Titelbild.) 16. Einsiedeln 904. Verlagsanstalt Benziger & Co.
Geb. in Leinw. n. 1. 10; in Ldr. n. 1. 60

Mac Donogh, Eliza, aus London: Können wir durch die mikroskopische Untersuchung der künstlichen Kindermehle ihre Bestandtheile diagnosticiren? Zür. Zürcher u. Furrer Dr. 1877. 51 S., 1 Bl. Thesen. 8°.
Zürich. Med. Diss. [v. 24. Nov. 1877].

Mac Donogh, E., Können wir durch die mikroskop. Untersuchung der künstlichen Kindermehle ihre Bestandtheile diagnosticiren? Inauguraldissertation. 51 Stn. 8. Zürich, Zürcher & Furrer. 1877.

Mac Dougall, Frank H(enry), a. Maxville, Ont., Canada: Über die Reaktion zwischen Chlorsäure und Salzsäure. Leipzig: W. Engelmann 1908. (60 S.) 8°
Leipzig, Phil. Fak., Ref. Le Blanc-Hantzsch, Diss. v. 14. Jan. 1908
[Geb. 24. Okt. 83 Maxville; Wohnort: Maxville; Staatsangeh.: England; Vorbildung: Queens Univ. Kingston, Canada B. A. April 02, M. A. April 03; Studium: Kingston 7, Leipzig 4 S.]

Verses. By Edward MacDowell. Boston, Leipzig, New York: A. P. Schmidt 1908. (59 S.) 8°

Macduff, s.: Bogen, der, in den Wolken.

— s.: Er ist treu, der verheißen hat.

— s.: Gedanken, die, Gottes.

— s.: Jesu Sinn.

— s.: **Morgenwachen.**

— s.: Nachtwachen.

Macduff, J. J., der Gnadenstuhl. Aus dem Engl. gr. 16. (XI, 190 S.) Heidelberg 878. C. Winter. n. 2. 80

Macduff, J. R., Baca-Brunnen oder Trost für den trauernden Christen u. andere Gedanken über Verwaistsein. Aus dem Engl. Uebersetzung der 23. Aufl. von Hansen. 8. (VII, 46 S.) Kropp 882. Buchh. „Eben-Ezer". n. — 60

— die Gesinnung Jesu, dargest. in 31 Betrachtgn. z. tägl. Anschauen. Frei aus d. Engl. v. Mina Waldner. Einz. rechtmäß. v. Verf. autor. Ausg. 2. Aufl. 12. (VIII, 101 S.) Zürich 893. Fäsi & Beer. n. — 50

Macduff, J. R., der Regenbogen in den Wolken od. Worte d. Trostes f. Stunden der Trübsal. Frei nach dem Engl. v. F. Leoni. Mit e. Vorwort v. G. Seesemann. 8. (V, 102 S.) Stuttgart 886. Greiner & Pfeiffer. geb. m. Silberschn. n. 2. —

Macduff, J. R., der Regenbogen in den Wolken od. Worte des Trostes f. Stunden der Trübsal. Frei nach dem Engl. v. F. Leoni. Mit e. Vorwort v. G. Seesemann. 2. Aufl. 8. (V, 102 S.) Stuttgart 894. Greiner & Pfeiffer. Geb. in Leinw. m. Silberschn. n. 2. —

[F.] Bethanien. E. stilles Heim voll Lieb u. Leid. Von O. J[ohn] R[oss] Macduff, Vf. v. 'D. Bogen in d. Wolken' ... Frei nach d. 44. engl. Ausg. ... *Barmen: Wupperth. Trakt.-Ges. (1895).* (4 Bl., 95 S., 1 Taf.) 1 Bd 8.

Macduff, J. R., Bethanien. E. stilles Heim voll Lieb u. Leid. Frei nach d. 44. engl. Ausg. 1. u. 2. Aufl. 8. (VII, 95 S. m. 1 Photograv.) Barmen 896. Wupperthaler Traktat-Gesellschaft. Geb. in Leinw. n. 1. 60; in Celluloid u. Leinw. m. Goldschn. n. 2. 80

Macduff, J. R., Bethanien. Ein stilles Heim voll Lieb u. Leid. Frei nach der 44. engl. Ausg. 5. Aufl. (V, 95 S. m. Titelbild.) 8. Barmen (908). Wuppertaler Traktat-Gesellschaft. Geb. in Leinw. 1.60; in Celluloid m. Goldschn. 2. 80

— meine Seele dürstet nach Gott. Gedanken aus d. 42. Psalm f. such. u. bekümmerte Seelen. Frei nach d. 20. engl. Ausg. 8. (VII, 209 S.) Barmen 896. Wupperthaler Traktat-Gesellschaft. Geb. in Leinw. n. 3. —

McDunnough, James: Ueber den Bau des Darms und seiner Anhänge von Chrysopa perla L. T. 1. Larve. (Berlin 1909: Ebering.) 47 S. 8° ¶(Ersch. vollst. mit den beiden hier fehlenden Teilen 'Biologie' und 'Imaginaler Darmtraktus und -Anhänge' in e. wissenschaftl. Zeitschr.)
Berlin, Phil. Diss. v. 26. Juni 1909, Ref. F. E. Schulze
[Geb. 10. Mai 77 Toronto, Canada; Wohnort: Berlin; Staatsangeh.: Großbritannien; Vorbildung: Collegiate Inst. Toronto, Queens Univ. Kingston; Studium: Berlin 8 S.; Rig. 10. Juni 09.] [U 09. 229

Macé, Kleiner republikanischer Katechismus. 8°. Köln 1848.

Macé, Antonin: Le comte de Plélo et le général Lamotte de Lapeyrouse. Vienne 1878. (19) 8°

Mace, Arth. C., s.: University of California publications III. (Cemeteries, the early dynastic, of Nagaed-Dêr.)

Macé, Jean, la France avant les Francs, hrsg. v. K. Zwerg, s.: Schulbibliothek, französ. u. engl.

Macé, Jean, ein Mund voll Brot. Briefe an ein kleines Mädchen über das Leben der Menschen und Thiere. Aus dem Franzôs. 8. (VI und 328 S.) Winterthur (861)62, Lücke. *

Macé, Jean, Théâtre du Petit-Chateau. Besondere Ausg. für die deutschen Schulen mit Wörterbuch. Leipzig 866. (Stuttgart, Metzler's Verlag.) 8. (230 S.) n. 10 ngr.

Mace, William H(arrison): Des älteren Pitt Beziehungen zur amerikanischen Revolution. *Jena 1897: B. Vopelius.* (92 S.) 8°
Jena, Phil. Diss. v. [3. Juli] 1897

Mac Eachran, John M.: Pragmatismus. Leipzig 1910: Kreysing. 86 S. 8° ¶(Ersch. auch als Buch b. Dieterich, Leipzig.)
Leipzig, Phil. Diss. v. 31. Mai 1910, Ref. Wundt, Volkelt
[Geb. 15. Jan. 78 Glencoe, Ontario; Wohnort: Paris; Staatsangeh.: Großbritannien; Vorbildung: Queen's Univ. Kingston M. A. 02; Studium: Berlin 1, Leipzig 3 S.; Rig. 16. Juni 09.] [U 10. 3190

MACEDO, Joachim von (Rio de Janeiro): De heredis institutione sub conditione. (Titel nach der Urkunde)
15.2.1845 - Urk: F 49
Diss. Ingolst.-Landsh.-Mchn.

Macedo, Joaquim Manoel de, geographische Beschreibung Brasiliens. Uebersetzt von M. P. Alves Nogueira und Wilh. Thdr. v. Schiefler. gr. 8. (VI, 586 S. mit 5 Tab. in 4. und Fol.) Leipzig 878, (Brockhaus' Sortiment und Antiq.) *

— notions de chorographie du Brésil. Traduction de J. F. Halbout. gr. 8. (VI, 504 S. m. 5 Tab. in 4. u. Fol.) Ebend. 873. n. 7. —

—— Notions on the chorography of Brazil. Translated by H. Le Sage. gr. 8. (VI, 576 S. mit 5 Tab. in 4. und Fol.) Ebendas. 871. *

— notions on the chorography of Brazil. Translated by H. Le Sage. gr. 8. (VI, 576 S. m. 5 Tab. in 4. u. Fol.) Ebend. 873. n. 7. —

Macedonien [Schlagwort]

Macedonien, s.: Geschichtskarten, Kiepert.

Macedonien, s.: Persien.

Maček, Alois: De Senecae epistularum codice Graeciensi. 16 S. 8. **Progr.** K. k. Staatsgymn. *Cilli* 1909.

MAČEK, Alois: De Senecae codice Graeciensi. — 1903. 41 S., 288 Bl. Diss. Graz, Univ.

Macek, Frant., sedmimistné obecné logaritmy. Brünn 862. Winiker. n. 1 Thlr.
Auch in polnischer u. ungarischer Sprache zu gleichem Preise.

Macellalo oder das geheimnisvolle Gerippe in der Felsenhöhle. Romantische Erzählung. Leipz. 1866. V: *Schöpfer, Georg Carl Ludwig.* (BGE II², 468)

Macellalo oder das geheimnißvolle Gerippe in der Felsenhöhle. Romantische Erzählung. 2 Bde. Leipzig 866. Literarisches Museum. gr. 16. (291 S.) 20 ngr.

Maecenatiana, sive de C. Cilnii Maecenatis vita et moribus, scrips. atque operum fragmenta quae sup. colleg. Alb. Lion. 8maj. (Mit Portr.) Götting. 824. (Vandenhöck et R.) 8 gr.

Mäcenas, über Volksgewalt u. Alleinherrschaft. gr. 8. Halle. Gebauer. 816. 1 Thlr. 12 gr.

Macer Floridus de viribus herbarum una cum Walafr. Strabonis, Othonis Cremonensis et Jo. Folcz carminibus similis argumenti, quae secundum Cod. mscptos et veteres edit. recens., supplevit et adnotat. crit. instr. Lud. Choulant. Acced. Anonymi carmen graecum de herbis, quod e Codice Vindobon. auxit et cum Gfr. Herrmanni suisque emendatt. edid. Jul. Sillig. 8maj. Leipz. 832. Voss. 1 Thlr. 18 gr.

Macerata, Fort., nothwendige Eigenschaft einer Mädchenschule. 8. Wien 810. Ant. Doll. 6 gr.

Macewen, Will., die Osteotomie mit Rücksicht auf die Aetiologie u. Pathologie von genu valgum, genu varum u. anderen Knochenverkrümmungen an den unteren Extremitäten. Autoris. deutsche Uebersetzung, hrsg. von Rich. Wittelshöfer. Mit den (eingedr.) Holzschn. des Originals. gr. 8. (X, 136 S.) Stuttgart 881. Enke. n. 4. —

Macewen, William, d. infectiös-eiterigen Erkrankgn. d. Gehirns u. Rückenmarks Meningitis, Hirnabscess, infectiöse Sinusthrombose. Autor. deutsche Ausg. v. Paul Rudloff. gr. 8. (VI, XV, 346 S. m. Kurven u. Taf.) Wiesbaden 898. J. F. Bergmann. n. 16. —

Macfarlan, Jh., Unters. üb. d. Armuth, die Ursachen derselben u. die Mittel, ihr abzuhelfen; aus d. Engl. mit Zus. v. Chr. Garve. 8. Leipz. 785. Weidmann. 1 Thlr. 8 gr.

Mac Farland, Frank Mace [aus Centralia, Illinois U. S. A.]: Celluläre Studien an Mollusken-Eiern ... M. 5 lithogr. Taf. Jena, G. Fischer, 1897; 41 S., 5 Taf. 8.
Würzburg, Phil. Fak., Inaug.-Diss. v. 1897

MacFarlane, Banditenleben. A. d. Engl. v. Wilh. Ado. Lindau. 2 Bde. 8. (23½ B. u. 4 Stndr.) Leipzig 833, Rein.

Macfarlane, *Charles* W. [C. E., of Philadelphia]: The History of the General Doctrine of Rent in German Economics ... (Theil v.: History of the General Doctrine of Rent.) Leipzig. G. Fock, 1893; 61 S., 1 Bl. 8.
Freiburg i. B., Phil. Fak., Inaug.-Diss. v. 1893

Macfarlane, John Muirhead: N e p e n t h a c e a e , s. a. P f l a n z e n r e i c h , Das. 36. Heft.

N e p e n t h a c e a e mit 95 Einzelbild. in 19 Fig. von J[ohn] M[uirhead] **Macfarlane.** Leipzig: W. Engelmann 1908. (92 S.) 8⁰ (Pflanzenreich, Das H. 36. (IV, 111.)

– S a r r a c e n i a c e a e , s. a. P f l a n z e n r e i c h , Das. 34. Heft.

S a r r a c e n i a c e a e mit 43 Einzelbild. in 10 Fig. u. e. Doppeltaf. von J[ohn] M[uirhead] **Macfarlane.** Leipzig: W. Engelmann 1908. (38 S.) 4⁰ (8⁰) (Pflanzenreich, Das. H. 34. (IV, 110.))

[MACFARLANE, Robert] 1734 - 1804
Ausführliche Geschichte der Regierung Georgs des Dritten, Königs von Großbritannien und Irland. Nebst Auszügen aus den im Parlemente vorgefallenen Debatten.
Aus dem Englischen übersetzt [von Albrecht Wittenberg].
Erster [- Zweyter] Theil.
Hamburg: Hoffmann. 1789. 8⁰.
Library Company of Philadelphia
Übers. v. Bd. 1 u. 2 d. History of the Reign of George III, 4 Bde., zuerst London 1770-1796. Bd. 2 nicht v. Macfarlane, vgl. National Union Catalog pre-1956, Bd. 197, S. 465, Bd. 350, S. 587.
Für frühere Ausg. v. Bd. 2 [1784], s. Nr. 339.
Ausg. v. Bd. 3 [1791], s. Nr. 556.
Albrecht Wittenberg, 1728-1807

MacFarlane, W(alter) D(ouglas), aus Montreal in Canada: **Beiträge** zur Anatomie und Entwicklung von Zea Mays. *Göttingen 1900: W. F. Kästner.* (78 S.) 8⁰
Göttingen, Phil. Diss. v. [13. Juli] 1900

Mac Farlane, W. D., Beiträge zur Anatomie u. Entwicklung v. Zea Mays. Diss. gr. 8. (78 S.) Göttingen 900. (Vandenhoeck & Ruprecht.) n. 1. 90

Mac Fearson, die Dame in allen Lebens- und Krankheitsfällen. Hamburg 862. Basset & Co. 8. (XVI, 111 S. u. 2 lith. Taf.) n. 1 Thlr.

Mc. Fee, Donalda, (von Montreal, Canada): Berkeleys neue Theorie des Sehens und ihre Weiterentwicklung in der englischen Associations-Schule und in der modernen empiristischen Schule in Deutschland. Zür. F. Schulthess Dr. 1895. 2 Bl., 118 S., 2 Bl. 8⁰.
Zürich, Phil. Diss. I. S. [v. 20. Sept. 1895].

Macferlan, s. M a c f a r l a n

Macgahan, J. A., die türkischen Gräuel in Bulgarien. Briefe. Mit einem Vorwort, sowie dem Bericht des amerikan. Gen.-Consuls Schuyler. gr. 8. (IV, 80 S.) Stettin 876, Brandner. *

Mac Garvey, Frederick *James* [aus Gorlice Galiz.]: Ueber die Hydrierungsstufen des m-Xylols ... Heidelberg, Univ.-Buchdr. v. J. Hörning, 1897; 34 S., 1 Bl. 8.
Heidelberg, Naturw.-math. Fak., Inaug.-Diss. v. [21. Apr.] 1897

Mac Garvey, Frederick: Ueber den Stickstoffgehalt des Bitumens in seiner Beziehung zur Frage der Bildung des Erdöls, Stickstoffbasen des Elsässer Erdöls, Untersuchung eines bituminösen Schiefers aus Texas, die Produkte der trockenen Destillation von Muscheln und von Fischen. 1896. 35 S. 8⁰
Karlsruhe, Dipl.-Diss. v. 22. 5. 1895

McGee, David Guilelmus [Canadius]: De topographia urbis Babylonis secundum inscriptiones Nabopolassaris et Nebucadnezaris atque relationes scriptorum classicorum ... (Erscheint vollst. in engl. Sprache in: Beitr. z. Assyriol. u. semit. Sprachwiss. hrsg. v. F. Delitzsch u. P. Haupt, Bd III.) Lipsiae, impr. A. Pries, 1895; 33 S., 2 Bl. 8.
Breslau, Phil. Fak., Inaug.-Diss. v. 18. März 1895

Mac Gibsy, Franc, Dämon Eifersucht, s.: Weber's moderne Bibliothek.

McGiffert, Arthur Cushman: Dialogue between a christian and a jew entitled *ἀντιβολὴ Παπίσκου καὶ Φίλωνος Ἰουδαίων πρός μοναχόν τινα* The Greek text edited with introduction and notes, together with a discussion of christian polemics against the jews . . . Marburg, *Press of J. J. Little & Co., New York*, 1889; IV S. + 1 Bl. + 94 S. 8°
Marburg, Phil. Fak., Inaug.-Diss. v. [8. Mai] 1889

Mac-Gillavry, Th. H., zur Anatomie der Leber. Mit 1 (lith.) Taf. (in 4.) (Abdr. aus den Sitzungsber. der k. Akad. der Wissensch.) Wien 864. (Gerold.) gr. 8. (18 S.) n. 14 ngr.

Mac-Gillavry Th. H., Dr. Zur Anatomie der Leber (mit 1 Taf.). S. 50. II. 907 . . . . ngr.
Separatabdruck

MacGillivray, H[ugh] S[winton]: Der Einfluss des Christentums auf den Wortschatz des Altenglischen. T. 1 — Hälfte 1. *Halle a. S. 1898: E. Karras.* (50 S.) 8° ¶(Erscheint vollständig in den Studien zur englischen Philologie.) H. 8.
Göttingen, Phil. Diss. v. [26. Mai] 1898

Mac Gillivray, H. S., the influence of christianity on the vocabulary of Old English, s.: Studien zur englischen Philologie. VIII.

Macgillivray, John [of Collingwood, Canada]: Life and works of Pierre Larivey . . . Leipzig, printed by Frankenstein and Wagner, 1889; 68 + 1 S. + 1 Bl. 8°
Leipzig, Phil. Fak., Inaug.-Diss. v. 20. Jul. 1889

Macgillivray, W., die Reisen u. Forschungen d. Frhrn. Alex. v. Humboldt, s. Cabinets-Bibliothek, edinburger, 7. u. 8. Bd.

Macgillivray, W., Alex. v. Humboldt's Reisen etc., s. Humboldt, Alex. v.

Macgillivray, W., Alex. von Humboldt's Reisen in die Aequinoctial-Gegenden, s. Kabinets-Bibliothek, Edinburger. 7r u. 8r Thl.

McGlothlin, William J., aus Amerika: Die Berner Täufer bis 1532. *Berlin (1902): E. Ebering.* (37 S.) 8° ¶(Enthält nur Kap. 7 u. 8 d. eingereichten Arbeit.)
Berlin, Phil. Diss. v. 9. Aug. 1902

Mac Glynn, Edward, das Kreuz des neuen Kreuzzuges, s. Zeitfragen, soziale. 27.

Das Kreuz des neuen Kreuzzuges. Von Dr. Edward **Mac Glynn**, Priester. Deutsch von Marie Brumm. Berlin: 'Bodenreform' 1905. (22 S.) 8° [J. u. Ant.]
— **Zeitfragen**, Soziale. 27. [06. 5446

McGowan, George. Ueber Abkömmlinge der Methylsulfonsäure, insbesondere des Trichlormethylsulfonchlorids. Leipzig, 1884.

Mac Grath, Harold, der Mann auf dem Bock, s.: Engelhorn's allgemeine Roman-Bibliothek.

Mac-Gregor, Mr., die stille Stunde. Berechtigte Übersetzg. von F. v. L. gr. 16. (32 S.) Kassel (901). E. Röttger. n. — 40

(Macgregor, .) Untergang des Ostindien-Fahrers Kent (1825). [Mit 2 Vignetten.] (Hrg. von der Niedersächsischen Gesellschaft zur Verbreitung christlicher Erbauungsschriften.) 8. (Hamburg,) Basel... *o. J.* [1830/60].

Macgregor, **F. C., Almanac des ambassades, avec un aperçu statistique et suivie d'une généalogie des Souverains de l'Europe et des membres vivans de leurs familles. L'an 822. 8. (Bremen, Heyse). 1 Thlr. 4 Gr.**

Mac-Gregor, Francis Coleman. Die Canarischen Inseln ... Hannover 1831. H: *Röding, Carl Nic.* (WFM) (CBH)

— die canarischen Inseln nach ihrem gegenwärtigen Zustande, u. mit besond. Beziehung auf Topographie u. Statistik, Gewerbefleiß, Handel u. Sitten. Mit 2 Karten u. 4 Kpf. gr. 8. Hannov. 831. Hahn. 2 Thlr. 16 Gr.

Macgregor, G. H. L., Evangeliumsstrahlen. (115 S.) kl. 8. Wandsbek 908. Hamburg, Verlagsbuchh. „Bethel". 1. —

— Ein Wandel m. Gott od. Wie führe ich e. hl. Leben. 3. Aufl. (94 S. m. Bildnis.) kl. 8. Ebd. (909). Kart. 1. —

Macgregor, George H. C., wie man den Segen der Fülle des hl. Geistes empfangen kann. Aus dem Engl. übers. gr. 16. (16 S.) Lichtenthal bei Baden-Baden 900. Christl. Kolportage-Verein. — 05

Macgregor, John, my Note Book. — **Switzerland. 18.** (300 Seit.) Frankfort o. M. 837, Jügel. **Thlr.** *

Mac Gregory, Albert Cook [aus Springfield Mass. U. S. A.]: Beobachtungen über die elektrische Leitfähigkeit von Salzen . . . Strassburg, Univ.-Buchdr. v. J. H. E. Heitz, 1893; 21 S., 1 Bl. 8.
Strassburg, Math.-naturw. Fak., Inaug.-Diss. v. 1893

Mach' die Guckäugelein auf! Ein Anschauungsbilderbuch f. die Kleinen. (12 S. m. farb. Abbildgn., auf Pappe.) gr. 8. Nürnberg (908). Th. Stroefer. Kart. 1. 20

Mach mich auf! Leporello-Album. 4. (18 Chromolithogr.) Eßlingen 887, Schreiber. *

Mach mich auf. Aufstellbilderbuch auf Pappe. 4. (18 farb. Taf. m. eingedr. Text.) Eßlingen 889, Schreiber. * 3 —

— mich auf! Ein (Aufstell-)Bilderbuch. gr. 4. (18 Farbendr. m. eingedr. Text auf Pappe.) Ebd. 890. n. 3. —

— mich auf! (Ein Bilderbuch auf Pappe.) (18 farb. Taf. in Leporelloform.) Lex. 8. Eßlingen (907). J. F. Schreiber. Kart. 2. —

Mach: Die griech. Kunst in ihrer geschichtlichen Bedeutung. –Eger, Progr. 1854

Mach, A. v. Geschichte des 2. Inf. gen. Königs-Reg. 1677—1840. Mit Bld. u. 1 Skz. Berlin 1843. 466 S.
(s. a. Gaul. v.)

v. Mach, A., Geschichte des K. Preuß. 2. Infanterie-, genannt Königs-Regiments seit dessen Stiftung im J. 1677 bis zum 3. Decbr. 1840. gr. 8. (Mit 2 color. u. 1 schw. Lithogr. u. 3 Tab.) Berlin 843. (Mittler.) n. $2^{2}/_{3}$ Thlr.

Mach, v., das zweite Infanterie- (Königs-) Regiment etc., s.a. Schneider, illustrirte Stamm-, Rang- und Quartierliste etc.

Mach, A. v., das 2. Infanterie-Regiment, s. Stamm-, Rang- und Quartier-Liste, illustrirte, der preuss. Armee.

Mach, A. v.: Das 2. Infanterie-[Königs-] Regiment. Nach d. Mittheilungen des Baron v. Gayl bearb. M. 1 Taf. Berlin 1854. VII, 64 S. 8°

Mach, A. v., Ueber die Namen Kospoth und Kosboth. 1885. S.-A.

Mach, Edm., die Gährung und die Technologie des Weines, s. Schwackhöfer, Fr., Lehrbuch der landwirthschaftlich-chemischen Technologie.

Mach, Edmund: Die Gährung und die Technologie des Weines. Mit 5 Taf. u. 61 Ill. im Texte. Wien: Faesy 1884. XIV, 242 S. (Schwackhöfer, Franz: Lehrbuch der landwirthschaftl.-chemischen Technologie. Bd 2, Hälfte 1.) -- UB Brünn*

— in welcher Weise kann die Bekämpfung d. Heu- u. Sauerwurmes m. dem größten Erfolge geführt werden? [Aus: „Allg. Weinzeitg."] (Internationaler land- u. forstwirthschaftl. Congreß zu Wien 1890, Hft. 23.) gr. 8. (26 S.) Wien 890. (W. Frick.) n. 1. —

Mach, E., ist die Errichtung v. Regionalversuchsstationen in den einzelnen Ländern, beziehungsweise wirthschaftlichen Zonen wünschenswerth, eventuell v. welchen Factoren sollen dieselben errichtet werden? Sollen dieselben als isolirte Anstalten od. in Verbindung mit landwirthschaftl. Lehranstalten bestehen? (Internationaler land- u. forstwirthschaftl. Congress zu Wien 1890, 52. Hft.) gr. 8. (26 S.) Wien 890. (Frick.) n. 1. 20

Mach, Edmund: Die Phylloxera vastatrix in Frankreich. Bericht über eine im Auftrage des k.k. Ackerbauministeriums unternommene Reise in das südliche Frankreich. Heidelberg: Winter 1874. 24 S. Aus: Annalen der Oenologie. 3.1874. -- UB Brünn*

— Reifestudien bei Trauben u. Früchten. [Mittheilungen der landw. Landesanstalt in S. Michele. IV.] [Aus: „Annalen d. Oenol."] gr. 8. (24 S.) Ebend. 878. n. — 60

— über Umbildung und Anpassung im naturwissenschaftlichen Denken. Rede, gehalten bei Antritt des Rectorates der k. k. deutschen Carl Ferdinands-Universität zu Prag am 18. Octbr. 1883. gr. 8. (16 S.) Wien 884, Hartleben's Verlag.

Mach, Edm., der Weinbau Österreichs 1848 bis 1898. Lex.-8. (97 S. m. 3 eingedr. Bildnissen.) Wien 899. (M. Perles.) n. 2. 80
Sonderabdruck aus: „Geschichte d. österr. Land- u. Forstwirtschaft u. ihrer Industrien 1848 bis 1898".

Der Weinbau und die Weine Deutschtirols. Darstellung d. Weinbau- u. Weinhandelsverhältnisse Deutschtirols mit e. Verzeichnisse sämmtlicher Weinbau treibenden Gemeinden ... Zsgst. von E. **Mach**, K. k. Reg.R. Hrsg. vom Verbande d. landw. Bezirksgenossenschaften Deutsch-Südtyrols in Bozen. (Bozen: Verband) 1894. 59 S. 8° (10. 1179)

Mach, Ernst, die Analyse der Empfindungen u. das Verhältniss des Physischen zum Psychischen. 2. verm. Aufl. der Beiträge zur Analyse der Empfindgn. gr. 8. (VIII, 244 S. m. 36 Abbildgn.) Jena 900. G. Fischer. n. 5. —; geb. n. 6. —

Die Analyse der Empfindungen und das Verhaltniss des Physischen zum Psychischen von Dr. E[rnst] Mach, em. Prof. in Wien. Mit 36 Abb. 3. verm. Aufl. *Jena: G. Fischer 1902.* (VIII, 286 S.) 8° (01 2,8) 2

Mach, Ernst, die Analyse der Empfindungen u. das Verhältniss des Physischen zum Psychischen. 4. verm. Aufl. gr. 8. (XI, 294 S. m. 36 Abbildgn.) Jena 903. G. Fischer. n. 5. —; geb. n. 6. —
3. verm. Aufl. (IX, 286 S. m. 36 Abb.) 902. n. 5.—; geb. n. 6.—

Mach, Ernst, die Analyse der Empfindungen u. das Verhältnis des Physischen zum Psychischen. 5. verm. Aufl. (XI, 309 S. m. 36 Abbildgn.) gr. 8. Jena 906. G. Fischer. n. 5. —; geb. n. 6. —

Mach, E. (I.), zur Analyse der Tonempfindungen. Lex.-8. (7 S.) Wien 885, (Tempsky.) *
Aus: Sitzungsberichte der k. Akademie der Wissenschaften, besonders abgedruckt.

— Zur Analyse der Tonempfindungen. S. 92. II. 183 . . . . vgr.
Separatabdruck

Mach Ernst, Dr.: Über die Änderung des Tones und der Farbe durch Bewegung. S. 41. 543 . . . . vgr.
Separatabdruck

Mach, Ernst, über wissenschaftliche Anwendungen der Photographie u. Stereoscopie. [Aus den Sitzungsber. der k. Akad. der Wiss.] Wien 867. (Gerold's Sohn.) Lex.-8. (4 S.) 1½ *ngr.*

— Über wissenschaftliche Anwendung der Photographie und Stereoskopie. S. 54. II. 123 . . . . vgr.
Separatabdruck

— u. J. **Wentzel**, e. Beitrag zur Mechanik der Explosionen. [Mit 11 Holzschn.] Lex.-8. (14 S.) Ebend. 885. n. — 40

— und **Wentzel** J.: Ein Beitrag zur Mechanik der Explosionen (mit 11 Holzschnitten). S. 92. II. 625 . . . . vgr.
Separatabdruck

—— Beiträge zur Analyse der Empfindungen. 1. Abthl. gr. 8. (VI, 168 S. mit 36 Abbild.) Jena 886, Fischer. *

Mach, E., Beiträge zur Doppler'schen Theorie der Ton- und Farbenänderung durch Bewegung. Gesammelte Abhandlungen. gr. 8. (34 S.) Prag 874, Calve'sche Universitäts-Buchh. *

—— und J. Kessel, Beiträge zur Topographie und Mechanik des Mittelohres. Lex.-8. (23 S. mit 1 lithogr. Taf. in qu. 4. und 5 eingedr. Holzschn.) (Ebendas.) 874. *

— — Beiträge zur Topographie und Mechanik des Mittelohres (mit 1 Taf. und 5 Holzschnitten). S. 69. III. 221 . . . . vgr.
Separatabdruck

—— Bemerkungen über die Accomodation des Ohres. Lex.-8. (4 S.) Wien 865, (Gerold's Sohn.)
aus: Sitzungsberichte der k. Akademie der Wissenschaften, besonders abgedruckt.

— Bemerkungen über die Akkommodation des Ohres. S. 51. II. 343 . . . . vgr.
Separatabdruck

— u. J. **Merten**, Bemerkungen üb. die Aenderung der Lichtgeschwindigkeit im Quarz durch Druck. [Aus „Sitzungsber. d. k. Akad. d. Wiss."] Lex.-8. (14 S. m. eingedr. Holzschn.) Ebend. 875. n.n. — 30

— und **Merten** J.: Bemerkungen über die Änderung der Lichtgeschwindigkeit im Quarz durch Druck. S. 72. II. 315 . . . . vgr.
Separatabdruck

— u. B. Doss, Bemerkungen zu den Theorien der Schallphänomene bei Meteoritenfällen. [Aus: „Sitzungsber. d. k. Akad. d. Wiss."] Lex.-8. (5 S.) Wien 893. (F. Tempsky.) n. — 30

— und Doß B. Bemerkungen zu den Theorien der Schallphänomene bei Meteoritenfällen (mit 1 Textfigur) S. 102. IIa. 243 . . . . — 30
Separatabdruck

— Beobachtungen über monoculare Stereoskopie. [Mit 6 (eingedr.) Holzschn.] [Aus den Sitzungsber. der k. Akad. der Wiss.] Ebend. 868. Lex.-8. (6 S.) n. 2 ngr.

— Beobachtungen über monokulare Stereoskopie (mit 6 Holzschnitten). S. 58. II. 731 . . . . vgr.
Separatabdruck

—— Beobachtungen über monoculare Stereoskopie. Lex.-8. (6 S. mit 6 eingedr. Holzschn.) Wien 869, (Gerold's Sohn.) *

— u. S. **Doubrava**, Beobachtungen über die Unterschiede der beiden elektrischen Zustände. [Mit 4 (eingedr.) Holzschn.] [Aus: „Sitzungsber. d. k. Akad. d. Wiss."] Lex.-8. (15 S.) Ebend. 879. n.n. — 30

— — Beobachtungen über die Unterschiede der beiden elektrischen Zustände (mit 4 Holzschnitten). S. 80. II. 331 . . . . vgr.
Separatabdruck

— über die stroboskopische Bestimmung der Tonhöhe. [Mit 2 (eingedr.) Holzschn.] [Aus „Sitzungsber. d. k. Akad. d. Wiss."] Lex.-8. (8 S.) Wien 873. (Gerold's Sohn.) n. — 20

— Über die stroboskopische Bestimmung der Tonhöhe (mit 2 Holzschnitten). S. 66. II. 207 . . . . vgr.
Separatabdruck

—— der relative Bildungswert der philologischen und der mathematisch-naturwissenschaftlichen Unterrichtsfächer der höheren Schulen. Vortrag, gehalten vor der Delegirtenversammlung des deutschen Realschulmännervereins zu Dortmund am 16. April 1886. gr. 8. (29 S.) Prag 886, Tempsky. — Leipzig, Freytag. *

Mach, Ernst, über den relativen Bildungswert der philologischen u. der mathematisch-naturwissenschaftlichen Unterrichtsfächer. (Schriften des Vereins f. Schulreform.) (32 S.) gr. 8. Wien 908. Manz. — 85

Mach, Ernst, über Herrn A. Guébhard's Darstellung der Aequipotentialcurven. [Mit 2 (eingedr.) Holzschn.] [Aus: „Sitzungsber. d. k. Akad. d. Wiss."] Lex.-8. (7 S.) Wien 882. (Gerold's Sohn.) n. — 20

— Über Herrn A. Guébhards Darstellung der Äquipotentialkurven (mit 2 Holzschnitten). S. 86. II. 8 . . . . vgr.
Separatabdruck

— und Doubrava S. Über die elektrische Durchbrechung des Glases. S. 78. II. 729 vgr.
Separatabdruck

—— über den physiologischen Effect räumlich vertheilter Lichtreize. (II. Abhandlung.) gr. 8. (14 S. mit 2 Taf.) Wien 866, (Gerold's Sohn.) *
Aus: Sitzungsberichte der k. Akademie der Wissenschaften, besonders abgedruckt.

— Über den physiologischen Effekt räumlich verteilter Lichtreize. 2. Abhandlung (mit 2 Taf.) S. 54. II. 131 . . . . vgr.
— — 3. Abhandlung S. 54. II. 393 . . . . vgr.
— — 4. Abhandlung S. 57. II. 11 . . . . — .30
Separatabdruck

— über den Einfluss räumlich u. zeitlich variierender Lichtreize auf die Gesichtswahrnehmung. (15 S. m 7 Fig.) gr. 8. Wien 906. (A. Hölder.) n. — 70
Sonderabdruck aus: „Sitzungsber. d. k. Akad. d. Wiss."

— Über den Einfluß räumlich und zeitlich variierender Lichtreize auf die Gesichtswahrnehmung (mit 7 Textfiguren). S. 115. IIa. 633 . . . . — 70
Separatabdruck

Mach, Ernst, Einleitung in die Helmholtz'sche Musiktheorie. Populär für Musiker dargestellt. Graz 866. Leuschner & Lubensky. gr. 8. (VIII, 98 S. mit 14 eingedr. Holzschn. im Text u. 2 Steintaff. in 4.) n. 22½ ngr.

— Über eine neue Einrichtung des Pulswellenzeichners. S. 47. II. 53 . . . . vgr.
Separatabdruck

— über elektrische Entladung u. Induction, s. Blaserna, P.

Mach, E., Ergänzungen zu den Mittheilungen üb. Projectile. [Aus: „Sitzungsber. d. k. Akad. d. Wiss."] Lex.-8. (7 S.) Wien 892. (F. Tempsky.) n. — 30

— Ergänzungen zu den Mitteilungen über Projektile. S. 101. IIa. 977 . . . . — .30
Separatabdruck

Erkenntnis und Irrtum. Skizzen z. Psychologie d. Forschung. Von E(rnst) Mach, Prof., Wien. Leipzig: J. A. Barth 1905. (IX, 461 S.) 8° [05. 9094

— Erkenntnis u. Irrtum. Skizzen zur Psychologie der Forschg. 2. durchgeseh. Aufl. (XI, 474 S. m. Fig.) gr. 8. Leipzig 906. J. A. Barth. n. 10. —; geb. in Leinw. n. 11. —
1. Aufl. (XI, 461 S.) 905. n. 10. —; geb. n. 11. —.

Mach, Ernst, über einige der physiologischen Akustik angehörige Erscheinungen. Lex.-8. (21 S.) Wien 864, (Gerold's Sohn.) *

— Über einige der physiologischen Akustik angehörige Erscheinungen. S. 50. II. 343 vgr.
Separatabdruck

— u. P. **Salcher**, photographische Fixirung der durch Projectile in der Luft eingeleiteten Vorgänge. [Mit 1 Taf. u. 8 Holzschn.] [Aus: „Sitzungsber. d. k. Akad. d. Wiss."] Lex.-8. (17 S.) Ebd. 887. n. — 80

und Salcher P. Photographische Fixierung der durch Projektile in der Luft eingeleiteten Vorgänge (mit 1 Taf. und 8 Holzschnitten). S. 95. II. 764 . . . . . vgr.
Separatabdruck

— u. W. **Rosicky**, üb. e. neue Form der Fresnel-Arago'schen Interferenzversuche m. polarisirtem Licht. Mit 2 (eingedr.) Holzschn. [Aus: „Sitzungsber. d. k. Akad. d. Wiss."] Lex.-8. (16 S.) Ebend. 875. n.n. — 30

— und Rosický W.: Über eine neue Form der Fresnel-Aragoschen Interferenzversuche mit polarisiertem Lichte (mit 2 Holzschnitten). S. 72. II. 197 . . . . vgr.
Separatabdruck

— u. J. v. **Weltrubský**, über die Formen der Funkenwellen. [Mit 3 (eingedr.) Holzschn.] [Aus: „Sitzungsber. d. k. Akad. d. Wiss."] Lex.-8. (10 S.) Ebend. 878. n.n. — 25

— und Weltrubsky J. v.: Über die Formen der Funkenwellen (mit 3 Holzschnitten). S. 78. II. 551 . . . . — .24
Separatabdruck

— u. J. **Sommer**, über die Fortpflanzungsgeschwindigkeit von Explosionsschallwellen. [Mit 7 (eingedr.) Holzschn.] [Aus: „Sitzungsber. d. k. Akad. d. Wiss."] Lex.-8. (30 S.) Ebend. 877. n.n. — 50

— und Sommer J.: Über die Fortpflanzungsgeschwindigkeit von Explosionsschallwellen (mit 7 Holzschnitten). S. 75. II. 101 . . . . — .50
Separatabdruck

— O. **Tumlirz** u. C. **Kögler**, über die Fortpflanzungsgeschwindigkeit der Funkenwellen. [Mit 7 (eingedr.) Holzschn.] [Aus: „Sitzungsber. d. k. Akad. d. Wiss."] Lex.-8. (26 S.) Ebend. 878. n.n. — 50

— Tamlirz O. und Kögler C.: Über die Fortpflanzungsgeschwindigkeit der Funkenwellen (mit 7 Holzschnitten). S. 77. II. 7 . . . . vgr.
Separatabdruck

Mach, E., üb. die Fortpflanzungsgeschwindigkeit des durch scharfe Schüsse erregten Schalles. [Mit 3 Textfig.] [Aus: „Sitzungsber. d. k. Akad. d. Wiss."] Lex.-8. (8 S.) Wien 888. (Tempsky.) n. — 50

— Über die Fortpflanzungsgeschwindigkeit des durch scharfe Schüsse erregten Schalles (mit 3 Textfiguren). S. 97. IIa. 1045 . . . . —.50
Separatabdruck

– und J. Kessel

— — die Function der Trommelhöhle u. der Tuba Eustachii. [Mit 5 (eingedr.) Holzschn.] [Aus: „Sitzungsber. d. k. Akad. der Wiss."] Lex.-8. (8 S.) Ebend. 873. n. — 20

— und Kessel J.: 1. Die Funktion der Trommelhöhle und der *Tuba Eustachii* (mit 5 Holzschnitten). 2. Versuche über die Akkommodation des Ohres (mit 5 Holzschnitten). S. 66. III. 329 . . . . vgr.
Separatabdruck

—— zur Geschichte des Arbeitbegriffes. Lex.-8. (10 S.) (Ebendas.) 874. *
Vorstehende drei Schriften sind aus: Sitzungsberichte der k. Akademie der Wissenschaften, besonders abgedruckt.

— Zur Geschichte des Arbeitsbegriffes. S. 68. II. 479 . . . . vgr.
Separatabdruck

— zur Geschichte u. Kritik d. Carnot'schen Wärmegesetzes. [Aus: „Sitzungsber. d. k. Akad. d. Wiss."] Lex.-8. (24 S. m. 1 Fig.) Ebd. 892. n. — 50

— Zur Geschichte und Kritik des Carnotschen Wärmegesetzes (mit 1 Textfigur). S. 101. IIa. 1599 . . . . — 50
Separatabdruck

—— die Geschichte und die Wurzel des Satzes von der Erhaltung der Arbeit. Vortrag gehalten in der k. böhm. Gesellschaft der Wissenschaften am 15. Novbr. 1871. gr. 8. (58 S.) Prag 872, Calve'sche Universitäts-Buchh. *

— Die Geschichte u. die Wurzel des Satzes v. der Erhaltung der Arbeit. Vortrag, geh. in der k. böhm. Gesellschaft der Wissenschaften am 15. XI. 1871. 2., unveränd. Abdr. nach der in Prag 1872 erschienenen 1. Aufl. (IV, 60 S.) gr. 8. Leipzig 909. J. A. Barth. 2. —

Mach, Ernst, über die Gesetze des Mitschwingens. Lex.-8. (16 S. mit 4 Stnt. in Lex.-8. und gr. 4.) Wien 863, (Gerold's Sohn.) * *

— Über die Gesetze des Mitschwingens (mit 4 Taf.). *A.* Theoretisches. *B.* Experimentelles. *C.* Anwendungen. S. 47. II. 33 . . . . vgr.
Separatabdruck

— die Gestalten der Flüssigkeit. Die Symmetrie. Zwei populäre Vorträge geh. im deutschen Casino zu Prag im Winter 1868 u. 1871. gr. 8. (33 S. m. eingedr. Holzschn. u. 1 Steintaf.) Prag 872. Calve. n. 1. 20

— über den Gleichgewichtsinn. 3. Mittheilung. [Aus: „Sitzungsber. d. k. Akad. d. Wiss."] Lex.-8. (8 S.) Wien 874. (Gerold's Sohn.) n. — 20

— Grundlinien der Lehre v. den Bewegungsempfindungen. Mit 18 (eingedr.) Holzschn. gr. 8. (IV, 128 S.) Leipzig 875. Engelmann. n. 3. —

Mach, Dr. C. und Dr. Joh. Odstrčill, Grundriss der Naturlehre für die unteren Classen der Mittelschulen. Ausgabe für Gymnasien. 8°. (IV, 231 S. mit 348 Abbildungen.) Prag, Tempsky. fl. 1.—. geb. fl. 1.15. 1886.
— — Ausgabe für Realschulen. 8°. (IV, 194 S. mit 320 Abbildgn.) Ebd. fl. 1.—; geb. fl. 1.15.

Mach, Dr. Ernst, Grundriß der Naturlehre für die oberen Classen der Mittelschulen. Ausgabe für Gymnasien. Mit 358 Abbildungen. Ausgabe für Realschulen. Mit 353 Abbildungen. Prag, Wien und Leipzig 1891. F. Tempsky. (Min.-Erl. 25. Oct. 1891, Z. 19586.) Geh. 1.40, geb. 1.60

Mach, Dr. E., Grundriß der Naturlehre für die unteren Classen der Mittelschulen. Ausgabe für Gymnasien. 2. verbesserte Auflage, bearbeitet von Dr. Karl Habart. Wien und Prag 1893. F. Tempsky. (Min.-Erl. v. 7. Juni 1893, Z. 11837.) Geheftet —.85, gebunden 1.10

Mach, Dr. E., Grundriß der Naturlehre für die unteren Classen der Mittelschulen. Ausgabe für Realschulen. 2. verbesserte Auflage, bearbeitet von Dr. Karl Habart. Wien und Prag 1896. F. Tempsky. (Min.-Erl. vom 13. Juni 1896, Z. 14311.) Geh. —.90, geb. 1.15

— dasselbe. Ausg. f. Realschulen. Bearb. v. Karl Habart. 2., verb. Aufl. gr. 8. (194 S. m. 358 Abbildgn.) Wien 896. F. Tompsky. Geb. in Leinw. n. 2. 30

Mach, Dr. E., Grundriß der Naturlehre für die unteren Classen der Mittelschulen. Ausgabe für Gymnasien. 3. verbesserte Auflage. Bearbeitet von Dr. Karl Habart. Wien und Prag, 1898. Tempsky. (Min.-Erl. v. 13. November 1897, Z. 28359.) Geh. —.95, geb. 1.20

— Grundriss der Naturlehre. Bearb. v. Karl Habart. Ausg. f. Gymnasien. I. Tl.: Unterstufe. 5., rev. Aufl. gr. 8. (IV, 180 S. m. 326 Abbildgn.) Leipzig 902. G. Freytag. Geb. in Leinw. n. 2. 20

— Grundriss der Naturlehre f. die unteren Klassen der Mittelschulen. Ausg. f. Gymnasien. Bearb. v. Karl Habart. 5., rev. Aufl. (IV, 180 S. m. 326 Abbildgn.) gr. 8. Wien 902. F. Tempsky. Geb. in Leinw. n. 2. 50

Mach E., Grundriß der Naturlehre für die unteren Klassen der Mittelschulen. Ausgabe für Gymnasien. Bearbeitet von Dr. Karl Habart. (6., unveränderte, somit nach Min.-Erl. vom 28. Februar 1902. Z. 5192, allgemein zulässige Auflage.) Wien 1906. F. Tempsky. Geh. K 2.—, geb. K 2.50.

— dasselbe f. die unteren Klassen der Realschulen. Bearb. v. Karl Habart. 4. Aufl. Unveränd. nach der neuen Rechtschreibg. hergestellter Abdr. der 3. Aufl. (192 S. m. 349 Abbildgn.) 8. Ebd. 905. Geb. n. 2. 30

Machs Grundriß der Naturlehre. Für die unteren Klassen der Realschulen bearbeitet von Dr. Karl Habart. 5., verbesserte Auflage. Wien 1907. F. Tempsky. Geh. K 2.–, geb. K 2.50.

— Grundriss der Naturlehre f. Gymnasien u. Realschulen. Bearb. v. Karl Habart. Unterstufe. 7., nach den neuen Normallehrplänen vollkommen umgearb. Aufl. (181 S. m. 355 Abb.) 8. Wien 910. F. Tempsky. Geb. in Leinw. 2. 50

— dasselbe f. Realgymnasien. Bearb. v. Karl Habart. Unterstufe. (180 S. m. 355 Abbildgn.) gr. 8. Ebd. 910. Geb. in Leinw. 2. 50

— Grundriss der Physik, f. die höheren Schulen des Deutschen Reiches bearb. v. Ferd. Harbordt u. Max Fischer. 1. u. 2. Tl. gr. 8. Leipzig, G. Freytag. Geb. n. 5. —

1. Vorbereitender Lehrgang. Ausg. f. das Gymnasium. (VI, 175 S. m. 306 Abbildgn.) 893. n. 2. —; Ausg. f. Real-Anstalten. (VI, 160 S. m. 256 Abbildgn.) n. 2. —
2. Ausführlicher Lehrgang. (VI, 346 S. m. 424 Abbildgn.) 894. n. 3. —

Mach's, Ernst, Grundriss der Physik f. höh. Schulen d. Deutschen Reiches, bearb. v. Ferd. Harbordt u. Max Fischer. 1. Thl.: Vorbereit. Lehrg. Ausg. f. d. Gymnasium. 2., verb. Aufl. gr. 8. (VI, 189 S. m. 328 Abb.) Leipzig 897. G. Freytag. Geb. in Leinw. n. 2. —

— dasselbe. Ausg. f. Real-Anstalten. 2., verb. Aufl. gr. 8. (VI, 176 S. m. 298 Abb.) Ebd. 897. Geb. in Leinw. n. 2. —

— Grundriss der Physik, f. die höheren Schulen des Deutschen Reiches bearb. v. Ferd. Harbordt u. Max Fischer. I. Tl.: Vorbereitender Lehrgang. 3., verb. Aufl. (VI, 226 S. m. 430 Abbildgn.) 8. Leipzig 905. G. Freytag. Geb. in Leinw. n. 2. —

— Grundriss der Physik f. die höheren Schulen des Deutschen Reiches. Bearb. v. Ferd. Harbordt u. Max Fischer. II. Tl.: Ausführlicher Lehrgang. 2., verb. u. durch Übungsaufgaben erweit. Aufl. (376 S. m. 537 Abbildgn.) 8. Leipzig 908. G. Freytag. — Wien. F. Tempsky. Geb. 4. —

— Handbuch d. Weinbaues u. d. Kellerwirtschaft, s.: Babo, Frhr. A. v.

*—— u. L. Mach. Ueber die Interferenz der Schallwellen v. grosser Excursion. Lex.-8. (4 S. m. 1 Taf. u. 3 Textfig.) Wien 890, (Tempsky). * — 50

— — Über die Interferenz der Schallwellen von großer Exkursion (mit 1 Taf. und 3 Textfiguren) S. 95 IIa 188 . . . . . . vgr
Separatabdruck

Mach, Ernst, Compendium der Physik für Mediciner. Mit 225 in den Text gedr. Holzschn. Wien 863. Braumüller. Lex.-8. (X, 274 S.) n. 2 ₰

Mach, E. u. G. Jaumann. Leitfaden d. Physik f. Studierende. gr. 8. (VI, 872 S. m. 431 Abbildgn.) Prag 891, Tempsky. — Lpz., Freytag. geb. ** 4 40

—— die Mechanik, in ihrer Entwickelung historisch-kritisch dargestellt, s. Bibliothek, internationale wissenschaftliche.

Mach E. die Mechanik in ihrer Entwicklung. (Bibl. Intern. wiss. 59) Leipzig 1883

Mach, Ernst: Die Mechanik in ihrer Entwickelung. 2. Aufl. Leipzig 1889

Die Mechanik in ihrer Entwickelung histor.-krit. dargest. v. Dr. Ernst Mach, Prof. . . . zu Wien. M. 250 Abb. 3. verb. u. verm. Aufl. *Leipzig: F. A. Brockhaus 1897.* (XII, 505 S.) 1 Bd 8.
= Bibliothek, Internationale wissenschaftliche. Bd 59. (97. 333)

Die Mechanik in ihrer Entwickelung histor.-krit. dargest. von Dr. Ernst Mach, Prof. zu Wien. Mit 257 Abb. 4. verb. u. verm. Aufl. *Leipzig: F. A. Brockhaus 1901.* (XIV, 550 S.) 8°
= Bibliothek, Internationale wissenschaftliche. Bd 59. (01. 4073) 2

Mach, Ernst: Die Mechanik in ihrer Entwickelung. 5. Aufl. Leipzig 1904

— Die Mechanik, in ihrer Entwickelung historisch-kritisch dargestellt. 6. verb. u. verm. Aufl. (XVIII, 576 S. m. 257 Abb.) 8. Leipzig 908. F. A. Brockhaus. 8. —; geb. 9. —

Mach, E. (I.), Mittheilungen der landwirthschaftlichen Landesanstalt in S. Michele. I—IV. gr. 8. Heidelberg, C. Winter's Universitäts-Buchh. *

Inhalt:
I. Ueber Lüftung. (6 S.) 875. ** 25 Pf.
II. Studien über den Zucker der Trauben. (15 S.) 876. * 60 Pf.
III. Flussschlamm als Weinbergsdünger. (7 S.) 877. * 40 Pf.
IV. Reifestudien bei Trauben und Früchten. (24 S.) 878. * 60 Pf.

— Über die Molekularwirkung der Flüssigkeiten. S. 46. II. 125 . . . . vgr.
Separatabdruck

—— die ökonomische Natur der physikalischen Forschung. Vortrag, gehalten in der feierl. Sitzung der kaiserl. Akademie der Wissenschaften am 25. Mai 1882. 8. (27 S.) Wien 882, (Gerold's Sohn.) **

— Die ökonomische Natur der physikalischen Forschung. F. S. 1882 . . . . . . vgr.
Separatabdruck

— über die Stefan'schen Nebenringe am Newton'schen Farbenglas u. einige verwandte Interferenzerscheinungen. [Aus: „Sitzungsber. d. k. Akad. d. Wiss."] Lex.-8. (11 S.) Wien 873. (Gerold's Sohn.) n. — 30

— Über die Stefanschen Nebenringe am Newtonschen Farbenglas und einige verwandte Interferenzerscheinungen. S. 67. II. 371 . . . . —.30
Separatabdruck

— Die Phasenverschiebung durch Reflexion an den Jamin'schen Platten. (4 S. m. 1 Fig.) gr. 8. Wien 907. A. Hölder. — 25
Sonderabdruck aus: „Sitzungsber. d. k. Akad. d. Wiss."

Mach Ernst, Dr.: Die Phasenverschiebung durch Reflexion an den Jaminschen Platten (mit 1 Textfigur). S. 116. IIa. 907 . . . . K —.25
Separatabdruck

— d. Principien d. Wärmelehre. Historisch-kritisch entwickelt. gr. 8. (VIII, 472 S. m. 105 Fig. u. 6 Porträts.) Leipzig 896. J. A. Barth. n. 10. —; geb. in Leinw. n.n. 11. —

— die Principien der Wärmelehre. Historisch-kritisch entwickelt. 2. Aufl. gr. 8. (XII, 484 S. m. 105 Fig. u. 6 Portr.) Leipzig 900. J. A. Barth. n. 10. —; geb. in Leinw. n. 11. —

— u. A. Fischer, die Reflexion u. Brechung d. Schalles. [Mit 6 (eingedr.) Holzschn.] [Aus „Sitzungsber. der k. Akad. d. Wiss."] Lex.-8. (8 S.) Wien 873. Gerold's Sohn in Comm. n. — 20

— und Fischer A.: Die Reflexion und Brechung des Schalles. S. 67. II. 81 . . . vgr.
Separatabdruck

— üb. die Schallgeschwindigkeit beim scharfen Schuss nach v. dem Krupp'schen Etablissement angestellten Versuchen. [Aus: „Sitzungsber. d. k. Akad. d. Wiss."] Lex.-8. (20 S.) Wien 890. (Tempsky.) n. — 40

— Schallgeschwindigkeit beim scharfen Schuß nach von dem Kruppschen Etablissement angestellten Versuchen (mit 1 Textfigur). S. 98. IIa. 1257 . . . . „ —.40
Separatabdruck

— Über das Sehen von Lagen und Winkeln durch Bewegung des Auges. Ein Beitrag zur Psychophysik. S. 43. II. 215 . . . . vgr.
Separatabdruck

Mach, Ernst: Die gewalzte Strasse, ihr Bau und ihre Erhaltung. Ein Handbuch für Alle, welche Strassen zu bauen haben. Mit 2 Taf. Brünn: C. Winkler 1885. 46 S. 8°

—— zur Theorie des Gehörorgans. 2. unveränd. Abdr. Lex.-8. (23 S.) Prag 872, Calve'sche Universitäts-Buchh. *
aus: Sitzungsberichte der k. Akademie der Wissenschaften, besonders abgedruckt.

— Zur Theorie des Gehororganes. S. 48. II. 283 . . . . vgr.
Separatabdruck

— Zur Theorie der Pulswellenzeichner (mit 2 Taf.). S. 46. II. 157 . . . . vgr.
Separatabdruck

— u. G. Grass, optische Untersuchung der Funkenwellen. [Mit 12 (eingedr.) Holzschn.] [Aus: „Sitzungsber. d. k. Akad. d. Wiss."] Lex.-8. (14 S.) Ebend. 878. n. — 40

— und Graß G.: Optische Untersuchung der Funkenwellen (mit 12 Holzschnitten). S. 78. II. 467 . . . . — 36
Separatabdruck

*—— u. P. Salcher. Optische Untersuchung der Luftstrahlen. Lex.-8. (7 S. m. 1 Lichtdr.-Taf. u. 1 Textfig.) (Ebd.) 890. * — 50

— — Optische Untersuchung der Luftstrahlen (mit 1 Taf. und 1 Textfigur). S. 98. II a. 1308 . . . . — 50
Separatabdruck

— u. J. Simonides, weitere Untersuchung der Funkenwellen. [Mit 6 (eingedr.) Holzschn.] [Aus: „Sitzungsber. d. k. Akad. d. Wiss."] Lex.-8. (11 S.) Ebend. 879. n.n. — 30

— und Simonides J.: Weitere Untersuchung der Funkenwellen (mit 6 Holzschnitten). S. 80. II. 476 . . . . — 30
Separatabdruck

— Untersuchungen über den Zeitsinn des Ohres. [Aus den Sitzungsber. der k. Akad. der Wiss.] Wien 865. (Gerold's Sohn.) Lex.-8. (18 S. mit 3 eingedr. Holzschn.) 3 ngr.

— Untersuchungen über den Zeitsinn des Ohres (mit 3 Holzschnitten). S. 51. II. 133 vgr.
Separatabdruck

Mach, E. (II.), über den Verlauf der Funkenwellen in der Ebene und im Raume. Lex.-8. (20 S. mit 15 eingedr. Holzschn.) Wien 878, (Gerold's Sohn.) *

— Über den Verlauf der Funkenwellen in der Ebene und im Raume (mit 15 Holzschnitten). S. 77. II. 819 . . . . — 40
Separatabdruck

und J. Kessel

—— —— Versuche über die Accommodation des Ohres. Lex.-8. (7 S. mit 5 eingedr. Holzschn.) (Ebendas.) 873. *
Vorstehende vier Schriften sind aus: Sitzungsberichte der k. Akademie der Wissenschaften, besonders abgedruckt.

—— Versuche und Bemerkungen über das Blitzableitersystem des Hrn. Melsens. Lex.-8. (8 S. mit 3 eingedr. Holzschn.) (Ebendas.) 883. *
Aus: Sitzungsberichte der k. Akademie der Wissenschaften, besonders abgedruckt.

— Versuche und Bemerkungen über das Blitzableitersystem des Herrn Melsens (mit 3 Holzschnitten). S. 87. II. 632 . . . . vgr.
Separatabdruck

—— neue Versuche zur Prüfung der Doppler'schen Theorie der Ton- und Farbenänderung durch Bewegung. Lex.-8. (12 S. mit 1 eingedr. Holzschn.) (Ebendas.) 878. **
Vorstehende zwei Schriften sind aus: Sitzungsberichte der k. Akademie der Wissenschaften, besonders abgedruckt.

— Neue Versuche zur Prüfung der Dopplerschen Theorie der Ton- und Farbenänderung durch Bewegung (mit 1 Holzschnitt). S. 77. II. 299 . . . . vgr.
Separatabdruck

— optisch-akustische Versuche. Die spectrale u. stroboskop. Untersuchg. tönender Körper. gr. 8. (VII, 110 S. m. eingedr. Holzschn.) Prag 873. Calve. n. 4. —

— physikalische Versuche üb. den Gleichgewichtssinn d. Menschen. 1—3. Mittheilg. [Aus: „Sitzungsber. d. k. Akad. d. Wiss."] Lex.-8. Wien 874. Gerold's Sohn in Comm. n. — 90
1. (17 S.) n. — 40. — 2. (15 S.) n. — 30. — 3. (8 S.) n. — 20.

— Physikalische Versuche über den Gleichgewichtssinn des Menschen 1. Mitteilung. S. 68. III. 124 . . . . vgr.
— — 2. Mitteilung. S. 69. II. 121 . . . . vgr.
— — 3. Mitteilung. S. 69. III. 44 . . . . — 20
Separatabdruck

— und P. Salcher

—— —— Ueber die in Pola u. Meppen angestellten ballistisch-photographischen Versuche. [Mit 8 Textfig.] Lex.-8. (10 S) (Ebd.) 889, * — 50
Die mit * bezeichneten Schriften sind aus: Sitzungsber. d. k. Akad. d. Wiss., besonders abgedruckt.

— — Über die in Pola und Meppen angestellten ballistisch-photographischen Versuche (mit 8 Textfiguren). S. 98. II a. 41 . . . . — 50
Separatabdruck

— u. J. Arbes, einige Versuche üb. totale Reflexion u. anomale Dispersion. [Mit 17 Holzschn.] Lex.-8. (11 S.) Ebend. 885. n.n. — 30

— und Arbes J.: Einige Versuche über totale Reflexion und anomale Dispersion (mit 17 Holzschnitten). S. 92. II. 416 . . . . — 30
Separatabdruck

— u. L. Mach, Versuche üb. Totalreflexion u. deren Anwendung. (12 S. m. 5 Fig.) gr. 8. Wien 904. (A. Hölder) n. — 40
Sonderabdruck aus: „Sitzungsber. d. k. Akad. d. Wiss."

— — Versuche über Totalreflexion und deren Anwendung (mit 5 Textfiguren). S. 113. II a. 1219 . . . . — 40
Separatabdruck

u. Ludwig Mach

— — weitere ballistisch-photographische Versuche. [Aus: „Sitzungsber. d. k. Akad. d. Wiss."] Lex.-8. (17 S. m. 2 Taf. u. 4 Textfig.) Ebd. 890. n. — 90

— und Mach Ludwig, Dr.: Weitere ballistisch-photographische Versuche (mit 2 Taf. und 4 Textfiguren). S. 98. II a. 1310 . . . . — 90
Separatabdruck

— s.: Vierteljahrsschrift f. wissenschaftl. Philosophie.

Populär-wissenschaftliche Vorlesungen v. Dr. E[rnst] Mach, Prof. an d. Univ. Wien. M. 46 Abb. *Leipzig: J. A. Barth 1896.* (5 Bl., 335 S.) 1 Bd 8. (95. 3)

— populärwissenschaftl. Vorlesungen. 2., unveränd. Aufl. 8. (IX, 344 S. m. 46 Abb.) Leipzig 897. J. A. Barth. n. 5. —; geb. in Leinw. n.n. 5. 75

— populär-wissenschaftliche Vorlesungen. 3. verm. u. durchgeseh. Aufl. 8. (XI, 403 S. m. 60 Abbildgn.) Ebd. 903. n. 6. —; geb. in Leinw. n. 6. 80

— Populär-wissenschaftliche Vorlesungen. 4. verm. u. durchgeseh. Aufl. (XII, 508 S. m. 73 Abbildgn.) 8. Leipzig 910. J. A. Barth. 6.80; geb. in Leinw. 7. 50

— zwei populäre Vorlesungen über musikalische Akustik. Graz 865. Leuschner & Lubensky. gr. 8. (32 S.) n. 8 ngr.

— zwei populäre Vorträge über Optik. gr. 8. (III und 39 S.) Graz 867, Leuschner und Lubensky. *

— s.: Weinlaube, die.

— und Ludwig Mach

— — über longitudinale fortschreitende Wellen im Glase. [Aus: „Sitzungsber. d. k. Akad. d. Wiss."] Lex.-8. (6 S. m. 1 Taf. u. 2 Textfig.) Ebd. 890. n. — 50

— — Über longitudinale fortschreitende Wellen im Glase (mit 1 Taf. und 2 Textfiguren). S. 98. II a. 1827 . . . . — .50
Separatabdruck

— über die physiologische Wirkung räumlich vertheilter Lichtreize auf die Netzhaut. 2—4. Abhandlg. [Aus den Sitzungsber. der k. Akad. der Wiss.] Ebend. 867,68. Lex.-8. [2. Abhandlung. (14 S. mit eingedr. Holzschn. u. 2 Steintaff.) n. 6 ngr., 3. Abhandlung. (16 S. mit eingedr. Holzschn.) n. 4 ngr., 4. Abhandlung. (9 S. mit eingedr. Holzschn.) n. 3 ngr.] n. 13 ngr.

— über die Wirkung der räumlichen Vertheilung des Lichtreizes auf die Netzhaut. (I. Abhandlung.) (Aus den Sitzungsber. der k. Akad. der Wiss.]. Wien 866. (Gerold's Sohn.) Lex.-8. (20 S. mit 3 Steintaff. in gr. 4.) n. 20 ngr.

— Über die Wirkung der räumlichen Verteilung des Lichtreizes auf die Netzhaut. 1. Abhandlung (mit 3 Taf.). S. 52. II. 366 . . . . Ngr.
Separatabdruck

— u. J. Wosyka, üb. einige mechanische Wirkungen d. elektrischen Funkens. [Mit 1 (lith.) Taf. (in qu. 4.) u. 5 (eingedr.) Holzschn.] [Aus: „Sitzungsber. d. k. Akad d. Wiss."] Lex.-8. (9 S.) Ebend. 875. n.n. — 50

— und Wosyka J. Über einige mechanische Wirkungen des elektrischen Funkens (mit 1 Taf. und 5 Holzschnitten). S. 72. II. 44 . . . . Ngr.
Separatabdruck

— s.: Zeitschrift f. d. physikal. u. chem. Unterricht.

— Zusammenstellung der f. den Oenologen wichtigsten Pilzformen. [Aus: „Annalen der Oenologie."] gr. 8. (67 S.) Heidelberg 875. C. Winter. n. 2. —

Mach, Felix [aus Tilsit]: Ueber die Einwirkung der Molybdänsäure auf Kalium- und Natriumarseniate. Ein Beitr. z. Kenntnis d. sog. Arsenmolybdänsäuren u. ihrer Salze ... Berlin, A. W. Schade's Buchdr., 1892; 52 S., 1 Bl. 8.
Berlin, Phil. Fak., Inaug.-Diss. v. 5. Aug. 1892

Mach, Franz: Zur Geschichte der Theorie des principiellen Verhältnisses zwischen „Staat" und „Kirche". 8 (S. 3—24). II. 8 (S. 3—33). **Progr.** K. k. Staats-Ober-G. *Saaz (Böhmen)* 1897. 1898.

Mach Franz, Grundriß der christlichen Religions- und Sittenlehre. Zum Unterrichtsgebrauch für die reifere altkatholische Mittelschuljugend. Warnsdorf 1909. Verlag des Synodalrates der altkatholischen Kirche in Österreich. Geh. K 1.—, geb. K 1.40.

Mach, Frz., Hussitismus, Reformation u. Gegen-Reformation in Saaz u. im „Saazer Lande". Ein deutschböhm. Geschichts- u. Kulturbild. Mit e. Abbildg. des alten Saaz. (71 S.) gr. 8. Saaz 903 J. L. Neudörfer. n. 1. —

Mach Franz, Altkatholischer Katechismus. Im Auftrage der Synode verfaßt. Warnsdorf. Verlag des Synodalrates der altkatholischen Kirche in Österreich. Geb. K —.60.

— die Krisis im Christentum u. die Religion der Zukunft. Ein Weck- u. Notruf an unsere Zeit. (VII, 295 S.) gr. 8. Dresden 905 E. Pierson. n. 3. 50; geb. n. 4. 50

Mach, Frz., die Krisis im Christentum u. die Religion der Zukunft. Ein Weck- u. Notruf an unsere Zeit. 2. [Titel-]Aufl. (VII, 295 S.) gr. 8. Dresden [905] 908. [E. Pierson.] Berlin, Verlag Berlin-Wien. 2.50; geb. n 3. 50

— Los v. Rom! 50 Reden u. Abhandlgn. (VIII, 223 S.) gr. 8. Dresden 908. A. Köhler. 1. 50

Mach, Fr. Über den Zweckbegriff und seine Bedeutung für die Naturwissenschaft, die Metaphysik und die Religionswissenschaft, zugleich mit einer historisch-kritischen Beleuchtung der Bestrebungen diesen Begriff aus der Wissenschaft zu verbannen. 24, 28 SS. 8. **Progr.** *Saaz* 1878. 1879.

Mach, Frz. J., Abriß der Kirchengeschichte in Erzählungen. Zum Unterrichtsgebrauche für Schulen. 8. (VIII, 117 S.) Regensburg 881. Manz. n. — 80

Mach, Frz. J., Abriss der Kirchengeschichte in Erzählungen. Zum Unterrichtsgebrauche für Schulen. 2. Aufl. 8. (VIII, 95 S.) Regensburg 886, Verlags-Anstalt. *

Mach, Frz. J. Abriß der Kirchengeschichte in Erzählungen. Zum Unterrichtsgebrauche f. Schulen. 4. unveränd. Aufl. gr. 8. (VIII, 95 S.) Regensb. 889, Verlagsanstalt. (Wien, Pichler's Wwe. u. Sohn.) * — 80

Mach, Franz J., Abriß der Kirchengeschichte in Erzählungen, zum Unterrichts-Gebrauche für Schulen. 8. Aufl. Gr.-8. (VIII, 95 S.) —.45
Wien: Pichler 1895.

Mach, Franz J., Abriß der Kirchengeschichte in Erzählungen. 9. Auflage. 8. (VI, 95 S.) In Lnwd. geb. —.55
Wien: Pichler 1896.

— Abriß der Kirchengeschichte in Erzählungen. Zum Unterrichtsgebrauche für Schulen. 10. Aufl. 8. (VI, 95 S.) In Lnwd. geb. * —.55
Wien: Pichler 1897.

Mach, Frz. J., Abriss d. Kirchengeschichte in Erzählgn. Zum Unterrichtsgebr. f. Schulen. 11. Aufl. Unveränd. Abdr. der 1. Aufl. gr. 8. (VI, 95 S.) Wien 898. A. Pichler's Wwe. & Sohn. Geb. in Leinw. n. 1. 10

MACH Franz J.
Abriss der Kirchengeschichte in Erzählungen. Zum Unterrichtsgebrauche für Schulen. Von Franz J. Mach. 12. Auflage. Unveränderter Abdruck der mit Erlass des hohen k. k. Ministeriums für Cultus und Unterricht vom 17. Juni 1882, Z. 9338, für zulässig erklärten 1. Auflage. Von den hochwürdigsten Ordinariaten zu Brünn, Klagenfurt u. a. approbiert. Wien. 1899. Pichlers W. & S. 8°. IV, 95 S. Geb. fl. —.55

MACH, Franz J.
Abriss der Kirchengeschichte in Erzählungen. Zum Unterrichtsgebrauche für Schulen. Von Franz J. Mach. 13. Auflage. Unveränderter Abdruck der mit Erlass des hohen k. k. Ministeriums für Cultus und Unterricht vom 17. Juni 1882, Z. 9338, für zulässig erklärten 1. Auflage. Von den hochwürdigsten Ordinariaten zu Brünn, Klagenfurt, Laibach, Leitmeritz, Marburg, St. Pölten, Prag, Trient, Wien u. a. approbiert. Wien. 1900. Pichler's W. & S. Gr.-8°. VI, 95 S. Geb. K 1.10

— Bilder aus der Leidensgeschichte Christi in 7 Fastenpredigten, nebst einer Osterfestpredigt. gr. 8. (146 S.) Ebend. 882. 1. 80

Mach, Fr. J., Erbauungsreden zunächst für Studirende höherer Bildungsanstalten auf alle Sonn- und Festtage des Studienjahres, mit besond. Berücksicht. der dogmatisch-apologet. Aufgabe der Gegenwart. 1.—3. Jahrg. 8. Regensburg, Manz. [1. Jahrg. (XII, 480 S.) 878. ℳ 4,50.; 2. Jahrg. (VIII, 565 S.) 879. ℳ 5,40.; 3. Jahrg. (VIII, 551 S.) 879. ℳ 5,40.]

— dasselbe. 2—4. Jahrg. 8. (VIII, 565; VIII, 551 u. XII, 563 S.) Ebend. 879. 80. à 5. 40

— Erklärung der heiligen Gebräuche der katholischen Kirche. Zum Unterrichtsgebrauche an Bürgerschulen. 8. (VIII, 75 S.) Ebend. 882. n.n. — 65

— — Erklärung der heiligen Gebräuche der katholischen Kirche. Zum Unterrichts-Gebrauche an Bürgerschulen. 4. Auflage. 8. (VII, 75 S.) In Lnwd. geb. —.50
Wien: Pichler 1896.

— Erklärung d. hl. Gebräuche d. kathol. Kirche. Zum Unterrichtsgebr. an Bürgerschulen. 5. Aufl. Unveränd. Abdr. der 1. Aufl. 8. (VII, 75 S.) Ebd. 898. Geb. in Leinw. n. 1. —

— Erklärung der hl. Gebräuche der katholischen Kirche. Zum Unterrichtsgebrauche an Bürgerschulen. 6. Aufl. Unveränd. Abdr. der 1. Aufl. gr. 8. (VII, 75 S.) Ebd. 899. Geb. in Leinw. n. — 83

Mach, Frz. J., Geschichte der Offenbarung d. alten Bundes. Zum Unterrichtsgebrauche an Mittelschulen u. verwandten Lehranstalten. Mit (2 lith.) Karten. gr. 8. (VIII, 125 S.) Regensburg 883. Verlags-Anstalt. n. 1. 85

Mach, Franz J., Geschichte der Offenbarung des alten Bundes. Zum Unterrichtsgebrauche an Mittelschulen und verwandten Lehranstalten. 2. Aufl. Wien 1892. A. Pichler's Witwe und Sohn (Min.-Erl. v. 2. März 1893, Z. 3822.) Geb. —.95 (gegen fl. 1.05 für ein geheftetes Exemplar der früheren Auflage).

— Geschichte d. Offenbarung d. Alten Bundes. Zum Unterrichtsgebr. an Mittelschulen u. verw. Lehranst. 3. Aufl. Revid., sachlich unveränd. Abdr. der 1. Aufl. gr. 8. (VII, 152 S. m. 2 Karten.) Ebd. 898. Geb. in Leinw. n. 1. 90

—— Geschichte der Offenbarung des neuen Bundes. Zum Unterrichtsgebrauche an Mittelschulen und verwandten Lehranstalten. gr. 8. (VIII, 140 S. mit 2 lithogr. Karten.) Ebendas. 883. *

— — Geschichte der Offenbarung des neuen Bundes. Zum Unterrichtsgebrauche an Mittelschulen und verwandten Lehranstalten. 2. Aufl. Wien 1892. A. Pichler's Witwe und Sohn. (Min.-Erl. v. 6. Februar 1894, Z 1184.) Geheftet —.80
Gebunden —.95

— Geschichte der Offenbarung des Neuen Bundes. Zum Unterrichtsgebrauche an Mittelschulen u. verwandten Lehranstalten. 3. Aufl. gr. 8. (VIII, 167 S. m. 2 Karten.) Ebd. 900. Geb. in Leinw. n. 1. 90

— Grundriß der Kirchengeschichte für Gymnasien u. andere höhere Lehranstalten. gr. 8. (XII, 222 S.) Ebend. 879. n. 2. 60

Mach, Franz J., Grundriß der Kirchengeschichte für Gymnasien und höhere Lehranstalten. 3. Aufl. Wien 1893. A. Pichler's Witwe und Sohn. (Min.-Erl. v. 25. October 1893, Z. 23301.) Geheftet 1.20, gebunden 1.35

— apologetisches Lehrbuch der katholischen Religion f. Realschulen u. verwandte Lehranstalten. gr. 8. (VIII, 95 S.) Ebend. 883. n. 1. 20

— kurzgefaßtes Lehrbuch der katholischen Religion für die unteren Klassen der Gymnasien u. anderer höherer Lehranstalten. gr. 8. (VIII, 111 S.) Regensburg 880. Manz. n. 1. 45

Mach, Franz J., Kurzgefaßtes Lehrbuch der katholischen Religion für die unteren Classen der Gymnasien und anderer höherer Lehranstalten. 2. Aufl. Wien 1889. A. Pichler's Witwe & Sohn. Geh. —.70, geb. —.85. (Min.-Erl. 19. October 1889. Z. 21030.)

— kurzgef. Lehrbuch d. kathol. Religion f. d. unteren Classen d. Gymnasien u. and. höh. Lehranst. 3. Aufl. Unveränd. Abdr. der 2. Aufl. gr. 8. (VII, 112 S.) Ebd. 897. Geb. in Leinw. n. 1. 50

Mach, Franz J., Kurzgefaßtes Lehrbuch der katholischen Religion für die unteren Classen der Gymnasien und anderer höherer Lehranstalten. 3. Aufl. Wien 1897. Pichler's Witwe & Sohn. (Min.-Erl. v. 12. Mai 1897, Z. 11626.) —.60
Geb. —.75

—— Lehrbuch der katholischen Religion für die erste und zweite Classe der Realschulen und verwandte Lehranstalten. gr. 8. (XII, 181 S.) Regensburg 881, Manz. *

— Lehrbuch der katholischen Religion f. die 1. u. 2. Classe der Realschulen u. verwandte Lehranstalten. gr. 8. (XII, 181 S.) Ebend. 884. n. 1. 70

— Lehrbuch d. kathol. Religion f. d. 1. u. 2. Classe d. Realschulen u. verw. Lehranst. 3. Aufl. Unveränd. Abdr. der 1. Aufl. gr. 8. (VIII, 181 S.) Ebd. 896. Geb. in Leinw. n. 2. 10

Mach, Franz, J., Lehrbuch der katholischen Religion für die I. und II. Classe der Realschulen und verwandte Lehranstalten. 3. Auflage. Wien 1896. A. Pichler's Witwe & Sohn. (Min.-Erl. vom 22. Mai 1896, Z. 12312.) Geh. —.90
Gebunden 1.05

—— Lehrbuch der katholischen Religion für die oberen Classen der Gymnasien und anderer höheren Lehranstalten. 3 Thle. gr. 8. Ebendas. *
Inhalt:
Thl. 1. Allgemeine Glaubenslehre oder Apologetik. (VIII, 171 S.) 880. *ℳ 2.

Mach, Frz. J., Lehrbuch der katholischen Religion ꝛc.
Thl. 2. Besondere Glaubenslehre oder Dogmatik. (VIII, 117 S.) 880. *ℳ 1,60.
" 3. Sittenlehre. (VIII, 118 S.) 881. *ℳ 1,60.

— die Verlobten. Eine mailänd. Geschichte aus dem 17. Jahrh. Nebst einem Anh.: Geschichte der Schandsäule, u. eine literarhistor. Einleitung über A. Manzoni von Ludw. Clarus. Nach der 6. Aufl. aus dem Italien. übersetzt. 2 Bde. 2., verb. Aufl. Schaffhausen 867. Hurter'sche Buchh. 8. (1141 S.) 2 ₰ 24 ngr.

—— die Verlobten. Eine mailänd. Geschichte aus dem 17. Jahrh. Aufgenommen und umgearb. Nebst einem Anhang: Geschichte der Schandsäule, und einer litterarhistor. Einleitung über A. Manzoni von Ludw. Clarus. Nach der neuesten Aufl. aus dem Italien. übers. 3. verb. Aufl. 2 Bde. 8. (566; 518 S.) Regensburg 884, Manz.

Manzoni, Alessandro, die Verlobten. Aus dem Ital. übers. von Ed. v. Bülow. In 2 Bdn. Neu hrsg. u. eingeleitet v. Ludw. Fränkel. 8. (384 u. 354 S. m. Bildn.) Stuttgart (894). J. G. Cotta Nachf.
In 1 Leinwdd. n. 2.—

— Die Verlobten. Eine Mailänder Geschichte aus dem 17. Jahrh. Aufgefund. v. M. Mit e. Einleitg. v. Arno Holst u. dem Portr. des Dichters. Vollständ. Ausg. (756 S.) 8. Berlin (909). A. Weichert. (3.—)

Manzoni's, Aless., Werke, s. Collection Spemann.

Manzoni, Romeo. Die Religion als pathologisches Phänomen. Beitrag zur Naturgeschichte der Religionen. Autoris. Uebersetzg. v. Friedr. Zündt. gr. 8. (110 S. m. 3 Abbildgn.) Genf 888. (Zür., Verlags-Magazin.) * 2 —

Manzotti, L., Amor, s.: Stolpe, Adf., Flick u. Flock.

Manzotti, Luigi. Excelsior, s. Stoltze, Adf.

Manzotti, Teof., Erinnerung an das Leben u. den Tod des römischen Jünglings Paola Piazzesi. Aus dem Ital. übers. von Wolfg. Prandl. Regensburg 864. Coppenrath. 8. (78 S.) 6 ngr.

Manzotti, Teofilo. Leben des römischen Jünglings Paulus Piazzesi . . . A. d. Ital. Sulzbach 1851. Ü: *Dietl, Ägyd.* (Ky)

Manzotti, Theoph., Leben des römischen Jünglings Paulus Piazzesi, gestorben den 19. Juli 1846. Aus dem Italien. (übers. von Aegid. Dietl.) 16. (95 S.) Sulzbach 851, v. Seidel'sche Buchh.

Maon. Trauersp. in 5 Akt. von H. J. Collie. 8. Berlin, Schade. 810.
Schweiz. Pap.

— — dasselbe. kl. 8. Ebend. 810.

Maon. Trauerspiel in 5 Aufzügen von J. v. Collin. gr. 8. Berlin, Unger. 810. (Schade.) 16 Gr. kl. 8.

Map of the city of New-York, with part of Brooklyn and Williamsburgh. Fol. Chemitypirt u. color. Hamburg 851, Schuberth & Co. n. 1/4 ₰

A Map, of the Gold Coast and inland countries between and beyond the Pra and Volta 1 : 300000. Chromolith. In-fol. Basel, Missionsbuchhandlg. 1885.

Map, historical, of Pennsylvania. Showing the Indian names of streams, and villages and paths of travel; the sites of old forts and battle-fields; the successive purchases from the Indians; and the names and dates of counties and county towns, with tables of forts and proprietary manors. Edited by P. W. Sheafer and others. Lithogr. and color. With text. Lex.-8. (26 S.) Philadelphia 875, (Schäfer und Koradi.) geb. * 4 —

Map of the United Kingdom of Great-Britain and Ireland. Photo-lithographed from reliefs and edit. by Sydney B. J. Skertchly. 9 Bl. Fol. Weimar 875, Photolithogr. Institut. * 8 —
aufgez. in Mappe * * ₰ 13,50.; mit Stäben * * 14 —

Mapa německo-francouzské války. (Karte des deutsch-französischen Krieges.) Titel böhmisch, Text deutsch. Wien, Rud. Lechner's k. k. Univ.-Buch. Folio. 30 kr.
1870.

Mapa de la República oriental del Uruguay. 2 Bl. Chromolithogr. Imp.-Fol. Montevideo 886. (Hamburg, Friederichsen und Comp.) * 16 —

Maple Valley Times: 1887?—1888?
Independent weekly, published in English and German. Edited & published by W. P. Suttle. Leigh, NE

Mappa Geographica Accuratissima Hungariae Sclavoniae, Bosniae, Croatiae, Dalmatiae, Serviae, Transilvaniae, Walachiae, Moldaviae, Bulgariae, Traciae, Bessarabiae, Tartariae Europaeae et in Specie Crimeae cum quibusdam adjacentibus Regionibus etc. a Joanne Bapt. Pniades, nunc vero Recusa à Gottefrido Jacobo Haupt, Calcographo Augustano 1758. Ohne M. 1 Bl.

Graeciae antiqua mappa geographica. Brunsvig. 822. f.

Holsatiae Mappa universalis in suos Ducatus nimirum Holsatiam in specie Ditmarsiam, Stormariam, Wagriam accurate distincta Cura et impensis Tobiae Conradi Lotter. Augustae Vindelicorum. s. a. Kupferstich, kol. 1 Bl. Fol., 59/72 cm.

Mappa totius Mundi adornata juxta observationes Dnn. Academiae Regalis Scientiarum et nonnullorum aliorum, secundum annotationes recentissimas edita per Guiliel. mum de l'Isle, celeberrimum regis Galliae Geographum. Augustae Vindelicorum recusa et venalis prostans apud Tobiam Conradum Lotter, Chalcographum. 1728? 1 Bl.

Maris Assoviensis — Nova Mappa geographica — vel de Zabache et Paludis Maeotis et edita per Matth. Seutter. 1 : 900,000. 1 Bl.

Maris Nigri — Nova Mappa — et Freti constantinopolitani quam exactissime consignata et in lucem edita per Matth. Seutter. 1 : 2,500,000. 1 Bl.

Regni Poloniae Magni Ducatus Lituaniae nova mappa geographica. Berlin 1770. 31 Bl. c. K.

Mappa specialis continens limites inter regna Poloniae et Prussiae a Marchia Nova usque ad Vistulam 3 Bl. K. v.

Mappa triangularis, d. i. neue Form u. Beschreibung e. Landtafel v. Ober- u. Niederbaiern v. J. 1776, nebst Angabe d. Anzahl v. Marktflecken, Stiften, Klöstern, Kirchen, Schlössern rc. qu. Fol. Landsh., Storno. 2 fl

Mappamondo ad uso della gioventù studiosa della geografia. Lithogr. und ill. gr. 8. (8 S. Text mit eingedr. Holzschn.) Triest 867, Coen. In Mappe. *

GV92
26

Mach, Ludw., opt. Untersuchung der Luftstrahlen. [Aus: „Sitzungsber. d. k. Akad. d. Wiss."] gr. 8. (50 S. m. 26 Fig. u. 4 Taf.) Wien 897. (C. Gerold's Sohn.) n. 2. 20

— Optische Untersuchung der Luftstrahlen (mit 4 Taf. und 26 Textfiguren). S. 106. II a. 1025 . . . . 2.20
Separatabdruck

— über ein. Verbessergn. an Interferenzapparaten. [Aus: „Sitzungsber. d. k. Akad. d. Wiss."] gr. 8. (9 S. m. 3 Fig.) Ebd. 898. n. — 30

— Über einige Verbesserungen an Interferenzapparaten (mit 3 Textfiguren). S. 107. II a. 851 . . . . , —.30
Separatabdruck

— weit. Versuche üb. Projectile. [Aus: „Sitzungsber. d. k. Akad. d. Wiss."] gr. 8. (29 S. m. 14 Fig. u. 5 Taf.) Ebd. 896. n. 1. 90

— Weitere Versuche über Projektile (mit 5 Taf. und 14 Textfiguren). S. 105. II a. 805 vgr.
Separatabdruck

Mach, Paul. Zur Frage einer obligatorischen Ablösung der regulierten Forstservituten. Klgft., Leon, 1905. 12 S.

Mach, Richard von

(**Mach,** v.) Elf Jahre Balkan. Erinnerungen eines preussischen Officiers aus den Jahren 1876—1887. (Mit 1 Karte.) 8. Breslau 1889.

Mach, Rich. v., der Machtbereich des bulgarischen Exarchats in der Türkei. Mit ethnographisch-statist. Taf. u. 1 Karte. (107 S.) gr. 8. Leipzig 906. Breitkopf & Härtel. — Neuchâtel, Gebr. Attinger. n. 3. —

Mach, Rich. v., die Wehrmacht d. Türkei u. Bulgariens, s. o. Heere u. Flotten, die, der Gegenwart.

Die Wehrmacht der Türkei und Bulgariens. Mit e. Vorw. d. Gen. d. Inf. Frh. Colmar v. der Goltz. Richard v. Mach, Bulgar. Oberstleutn. a. D. Berlin: A. Schall 1905. (V, 98 S.) 4° (8°) (Heere, Die, u. Flotten d. Gegenwart. [8.])

Mach, T. v., technisches Wörterbuch f. Telegraphie u. Post. Deutsch-französisch u. französisch-deutsch. gr. 8. (IV, 395 S.) Berlin 884. Springer. n. 3. —; geb. n. 3. 80

Mach, Walter Hermann von

Mach, Walt. H. v., d. Ausbildung d. Rekruten d. Infanterie unt. bes. Berücksicht. d. heut. Schul- u. Gefechtsschießens nach Exerzirreglement v. 1. 9. 88 (Abdruck 1889), Schieß-Vorschrift v. 9. 9. 93, Turn-Vorschrift v. 24. 10. 95 u. Bajonettir-Vorschrift v. 15. 8. 89. Auf Grund eigener Erfahrgn. in Wochenzetteln bearb. 12. (112 u. 7 S.) Leipzig 897. Zuckschwerdt & Co. n. — 60

— Beiträge zur Frage d. Schießausbildung der Infanterie unt. bes. Berücksicht. d. neuen Bedinggn. zum Schulschießen. 1. u. 2., unveränd. Aufl. gr. 8. (VII, 109 S.) Berlin 896. Liebel. n. 2. —

— Leitfaden f. d. Ausbildg. d. Rekruten im Schulschießen m. d. Wortlaut d. Bestimmgn. f. d. wesentl. Einzelausführungen nach d. Sch.-V. v. 9. IX. 1893, nach eig. Erfahrgn. bearb. f. Offiziere u. Unteroffiziere. 12. (VI, 88 S.) Leipzig 897. Zuckschwerdt & Co. n. — 80

— Leitfaden f. d. Ausbildg. d. Unterführer u. Mannschaften z. Schützengefecht. Für Offiziere u. Unteroffiziere bearb. 1. Thl. (1. Hft.) Der Einzelschütze im Feuerkampf u. als Gefechtspatrouille. Anh.: Ausbildungsplan f. d. Rekruten im Gelände. Als Ersatz d. 10. Aufl. d. sogen. „Rothen Buches" veranst. v. Verleger. gr. 8. (IV, 92 S. m. 7 Fig.) Ebd. 897. n. 1. 20

von **Mach,** Wilhelm [pract. Arzt]: Ueber die Bildung der Harnsäure aus dem Hypoxanthin .... Leipzig, Druck v. J. B. Hirschfeld, 1888; 16 S. 8°
Königsberg, Med. Fak., Inaug.-Diss. v. 24. März 1888

Mach, Wilhelm von, über die Bildung der Harnsäure aus dem Hypoanthin. Diss. Königsberg i. Pr. 1888, Graefe & Unzer. 8°. 16 S.

Mácha's, Karl Hynek, ausgewählte Gedichte. Aus dem Böhmischen übertragen von Alfr. Waldau. Prag 862. Dominicus. 16. (207 S.) 25 ngr.

— spisy, s. Spisy.

Machabei

— s. auch Libri.

Maccabäer, (d. erste Buch) übersetzt, mit Anmerkk. v. J. D. Michaelis. 4. Götting. u. Leipz. 777. (Brönner in Frankf.) 1 ℔ 16 gl

Maccabaeorum **liber I. gr. secund. exempl. Vatican. in usum lect. recudi cur. P. J. Bruns. 8. Helmst. 784.**

— (d. andere Buch) neu übersetzt, mit Anmerkk. v. Joh. Gf. Hasse. 8. Jena 786. Cuno. 14 gl

Das Buch der Maccabäer [**Machabaei**] in mitteldeutscher Bearb. hrsg. von Karl Helm. *Tübingen: Litt. Ver. in Stuttgart 1904.* (XCVI, 432 S.) 8°
= Bibliothek d. Litterarischen Vereins in Stuttgart. 233.

Macháč, Antonín, Lidová knížka obrázková. Výkladem opatřil. (Volksbilderbuch mit Text.) Gr.-br.-8. (20 S.) kart. K 2.40
Wien: Hölzel 1906.

Macháč, A., Učivo k názorným obrazům Hölzlovým. IV. řada obrazův. Stavba domu, byt, přístav, doly a hutě. (70 S.) K 1.60
Wien: Hölzel 1903.

Macháč, A., c. k. professor a okresní školdozorce, Učivo k názornému vyučování v prvních ročnících školy obecné. Za tekst k Hölzlovým obrazům názorným. Sešit 1., 2., 3., 4. Čtvrté, přehlédnuté vydání (Lehrstoff zum Anschauungsunterricht in den ersten Jahrgängen der Volksschule. Als Text zu Hölzel's Anschauungsbildern. 4., revidierte Auflage) Gr.-8. à * K 1.—
Sešit první: „Jaro." (Selský statek.) (50 S.) — Sešit druhý: „Léto." (Les) (42 S.) — Sešit třetí: „Podzim." (Horstvo.) (40 S.) — Sešit čtvrtý: „Zima." (Město.) (58 S.)
Wien: Hölzel 1906.

Machaček Friedrich: Die Gletscher der Goldberggruppe.
1898 PN 1164 Diss. Wien. Univ 2362

220

Machaček, Fritz, s.: Abhandlungen der k. k. geograph. Gesellschaft in Wien.

— Die Alpen, s. a. Wissenschaft u. Bildung.

Machaček, Fritz. Die Alpen. Mit 23 Bildern u. Figuren im Text. IV + 147 S. 8. Leipzig, Quelle & Meyer, 1908. (M. 1. —, geb. 1.25)

Wissenschaft und Bildung. Einzeldarstellungen aus allen Gebieten des Wissens. Hrg. von Privatdozent Dr. Paul Herre. (Bändchen) 29.

Machacek, Fritz: Beiträge zur Kenntniss der lokalen Gletscher des Schweizer und französischen Jura. ([S.-A.] Mittheilungen der Naturforschenden Gesellschaft in Bern. 1901. S. 9–17.) Bern 1901. 9 S. 8°

Machaček, Fritz: Die Ergebnisse der Forschung am Nord- und Südpol. S. 3–22. 8. **Progr.** K. k. Maximilians-Gymn. *Wien* 1910.
1. Die Verteilung von Wasser und Land. 2. Die ozeanographischen Verhältnisse der Polargebiete. 3. Die Polarländer. 4. Das Klima der Polarregionen.

Machaček, Fritz, Gletscherkunde, s. a. Sammlung Göschen.

Gletscherkunde von Dr. Fritz **Machaček.** Mit 5 Abb. u. 11 Taf. Leipzig: Göschen 1902. 125 S. 8°
(**Sammlung** Göschen. 154.) (11. 14389 11

Machacek, Fritz: Neuere Gletscherstudien in den Ostalpen. ([S.-A.] Programm der Staatsrealschule im V. Bezirk.) Wien 1901. 26 S. 8°

Machaček, Fritz, s.: Jahresbericht, geograph., aus Oesterreich.

- der Schweizer Jura, s. a. Petermann's, A., Mitteilungen aus Justus Perthes' geograph. Anstalt. 150. Erg.-Hft.

Machaček, Fritz. Der Schweizer Jura. Versuch einer geomorphologischen Monographie. Mit 1 Kartenskizze, 1 Profiltafel und 13 Abbildungen im Text. ⟨Ergänzungsheft No. 150 zu «Petermanns Mitteilungen».⟩ VIII + 148 S. 4. Gotha, Justus Perthes, 1905. (M. 9. —)
(Dr. A[ugust] Petermanns Mitteilungen aus Justus Perthes' Geographischer Anstalt. Hrg. von Prof. Dr. Alexander Supan. Ergänzungsheft Nr. 150.)

Machacek, Fritz: Zur Klimatologie der Gletscherregion der Sonnblickgruppe. ([S.-A.] Achter Jahres-Bericht des Sonnblick-Vereines für das Jahr 1899.) (Wien 1899.) 34 S., 3 Tf. 8°.

Geomorphologische Studien aus dem norwegischen Hochgebirge. Von Dr. Fritz **Machaček.** Mit 11 Taf. u. 1 Kt. Wien: Lechner 1908. 61 S. 4° (8°)
(Abhandlungen d. K. k. Geograph. Gesellschaft in Wien. Bd. 7, Nr. 2.)

Máchácek, Karl, s. Cicero oratt. IV. in Catilinam.

Machacek, S. K., Böhmische Chrestomathie f. Deutsche. Mit Erläutern. u. e. vollständ. hiezu gehör. Wörterbuche. gr. 8. (25 B.) Prag 830, Kronberger u. Weber.

Máchácek, S. C., s. Horatius de arte poetica.

Macháčka, S. K., drobnejsi básne. 12. (9½ B.) W Praze 846, (Ehrlich.) *

— nowé diwadelni hry. 8. (17½ B.) (Ebds.) 846. *

Machado, Jordano [aus São Paulo in Brasilien]: Beitrag zur Petrographie der südwestlichen Grenze zwischen Minas-Geraes und São Paulo . . . (Aus: Mineralog. u. petrogr. Mitth. IX.) Wien, Alfred Holder. k. k. Hof- u. Univ.-Buchh., 1887; 1 Bl. + 43 S. 8°
Jena, Phil. Fak., Inaug.-Diss. v. 1888

Machajewa, Alexandra, aus Moskau (Russland): Aus dem Züricher Kinderspital. Ein Beitrag zur Lehre von der Chorea minor. Zürich 1904. 27 S. 8°. [7. XII. 04.]
Zürich. Med. Diss. 1904/1905.

Machajewa, Alexandra. Ein Beitrag zur Lehre von der Chorea minor. Diss. Med. Univ. Zürich. *Kopftitel:* Aus dem Züricher Kinderspital. 27 S. 8. Zürich, Buchdr. des Schweiz. Grütlivereins. 1904.

Máchal, J., s.: Literaturen u. Sprachen, die osteuropäischen u. slawischen.

Machal, M.: De praeservatione spasmodicorum morborum, s. Buechner, Andr. El. (Praes.)

Máchal, P. J., Příspevek k otázce svevské (Tacitovy Germanie kap. 40). Pr. 23 S. **1888.** —.80

Mac-Hale, John, die Beweisgründe u. Lehren der kathol. Kirche. Nachweise über die Ueberzeugungskraft der ersteren u. die Wichtigkeit der letzteren für das Heil der menschlichen Gesellschaft. Nach der 2. verb. u. verm. Aufl. deutsch von J. A. Mor. Brühl. gr. 8. Regensburg 845, Manz. 2 *ß*

Machalicky, Joh., Statistik der Erzeugung u. des Verbrauches v. Kohle im Königr. Böhmen f. die J. 1880, 1885, 1890—1907 (zum Tle. f. die J. 1872—1907), s. a. Mitteilungen des statistischen Landesamtes des Königr. Böhmen. XI, 2.

Statistik der Erzeugung und des Verbrauches von Kohle im Königreiche Böhmen für die Jahre 1880, 1885, 1890 bis 1907 ⟨z. T. f. d. J. 1872-1907⟩. Zsgest. von Johann **Machalický.** Deutsche Ausg. Prag: Statist. Landesamt; Calve in Komm. 1909. XX, 33 S. 4°
(Mitteilungen d. Statist. Landesamtes d. Kgr. Böhmen. Bd. 11, H. 2.)

— **Die Tarifreform der k. k. Staatsbahnen. (24 S. m. 1 Tab.)** Lex. 8. Teplitz-Schönau 909. A. Becker. — 75
Sonderabdruck aus: „Der Kohleninteressent".

Machalicky, Ottokar, spanischer Successions-Krieg, s. a. Feldzüge d. Prinzen Eugen v. Savoyen.

Machalicky, O. Span. Successionskrieg. Feldzug 1713. (Mit) Atl. Wien 1892. 8° u. 2°.

Machalla, Karl, Amerika, das Land des unbehinderten Erwerbes. (176 S.) 8. Wien 905. A. Amonesta.
Geb. in Leinw. n.n. 3. —

Machan, Anna: Über Frauenbildung und Frauenbewegung in Kärnten zu Ende des 19. Jahrhunderts. — Klagenfurt: Kleinmayr 1901. 304 S. 8°

Machanek, Ign., Engelsbergiana. Gedenkblätter aus alter u. neuer Zeit; dem Wiener akadem. Gesangverein als Fest-Beitrag zur Jubelfeier seines 25jähr. Bestehens m. deutschem Gruß u. Handschlag gewidmet. gr. 8. (VIII, 128 S.) Wien 883. Rosner. n. 2. —

Machanek, Ign., Gedichte. 12. (288 S.) Wien 881. Rosner. n. 4. —

Machanek, Ign., Hemiorama vom Unterberge bei Pernitz [1341 m.]. Hrsg. vom österreich. Touristen-Club in Wien. Lithogr. qu. schmal-Fol. Wien 886, (Bretzner und Comp.) *

Machanek, Max, u. Erasm. **Schwab,** der Volksschulgarten. Ein Beitrag zur Lösung der Aufgabe unserer Volkserziehg. Mit 3 Plänen in Farbendr. (in qu. 4.) Wien 870. Hölzel's Verl. gr. 8. (30 S.) n. 8 *ngr.*

Machar, J. S., **Magdalena.** Roman in Versen. Autoris. Uebersetzg. Aus dem Tschech. v. Emerich Falk. (262 S. m. Bildnis.) 8. Wien 905. Wiener Volksbuchh. n. 2. 80

— **dasselbe. Ein Roman in Versen. Einzig autoris. Uebersetzg. aus dem Čech. v. Zdenko Fux-Jelenský. 1.—5. Taus. (VIII, 276 S.) gr. 8. Wien 905. Wiener Verlag.**
n. 3. 50; geb. n.n. 5. —

Machar, J. S., Rom. Geschrieben 1906—1907. Autoris. Übersetzg. aus dem Čech. v. Emil Sandek. (370 S.) kl. 8. Prag 908. Grosman & Svoboda. 4. —

Machard, Alfred [Genevois]: Extirpation du caecum. Contribution à l'étude du traitement opératoire des affections du caecum. Genève 1899. 168 p. 2 pl. 8°.
Genève. Thèse méd. 1898/99.

Machard, A. Exstirpation du Caecum. Contribution à l'étude du traitement opératoire des affections du Caecum. In-8°. 168 p. et 3 planches. Bâle et Genève, Georg & Co. (Thèse). 1899. 5 —

Machari's, Waldbruder, gesammelte Schriften, hrsg. v. Alfr. Brennwald. 1—3. Thl. gr. 8. Thalweil, Brennwald. n. 2. 50
1. Schatzkästlein. Sittengeschichten, Märchen u. Fabeln. Leitfaden f. Geistliche u. Lehrer zum Unterricht der Jugend u. f. Erwachsene aller Stände, gesammelt vom Waldbruder Machari. (IV, 140 S.) 884. n. 1. —
2. Ehespiegel. Bilder aus dem Eheleben zu Nutz u. Frommen aller Eheleute u. f. solche, die in den Ehestand treten wollen. (32 S.) 885. n. — 50
3. Stoß u. Stich. (70 S.) 885. n. 1. —

Machat's

— **Hausfreund,** Gemeinnütziger Volks- und Geschäftskalender für Böhmen, Mähren u. Schlesien auf das Jahr 1885. 44. Jahrg. Mit Titelbild u. 30 eingedr. Abbild. 4. (107 S.) Brünn, Karl Winiker. Cart. 45 kr.

Machat

——, der kleine, s. a. Noël, Charles.

—— der kleine. Eine französische Sprachlehre z. Schul- u. Privatgebrauche. Nach d. hauptsächlichsten Regeln d. besten französ. Grammatiker bearb. u. durch viele Sprachübungen, zweckmäßige Beispiele u. Uebersetzungen erläutert u. leicht faßl. eingerichtet von Ch. Noël. 12. Aufl. 8. (204 S.) Ebd. 1860. 85 kr.

Machat, Der k l e i n e . Eine französische Sprachlehre zum Schul- und Privatgebrauche. Nach den hauptsächlichsten Regeln der besten französischen Grammatiker bearbeitet und durch viele Sprechübungen, zweckmäßige Beispiele und Übersetzungen erläutert und leicht-faßlich eingerichtet v. Charles Noël. 14. verb. Aufl.
Wien: Lechner 1866. IV, 200 S. 8°

Machat, Jh. Bapt., französ. Sprachlehre in e. neuen u. faßl. Darstellung, mit besondr. Rücksicht auf Anfänger. 3e Aufl. gr. 8. Wien 826. Schrämbl. (Liebeskind in Lpz.) 1 Thlr. 6 Ngr.

Machat, J. B., französ. Sprachlehre, in einer ganz neuen u. sehr faßlichen Darstellung, mit besond. Rücksicht für Anfänger. Neu bearb. u. verb. 17. unveränd., nach dem Dictionnaire de l'Acad. verb. Aufl. 2 Thle. in 1 Bande. gr. 8. Wien 844. (Braumüller u. Seidel.) n. 1 Thlr.

— dies. Neu bearb. u. verb. 18. unveränd., nach dem Dictionnaire de l'Acad. verb. Aufl. 2 Thle. in 1 Bde. gr. 8. Wien 845, Lechner's Univ.-Buchh. 1 Thlr.

Machat's, J. B., Französische Sprachlehre in einer ganz neuen u. sehr faßlichen Darstellung mit besonderer Rücksicht für Anfänger. Hrsg. v. G. L e g a t. 19. unveränd. nach dem Dictionn. de l'Acad. verb. Aufl. gr. 8. (508 S.) Wien 847, Lechner. — 20. Aufl. gr. 8. (511 S.) Ebd. 847. — 21. Aufl. gr. 8. (512 S.) Ebd. 849. — 22. Aufl. gr. 8. (512 S.) Ebd. 851. — 23. Aufl. gr. 8. (512 S.) Ebd. 852. 1 Thlr.

Machat's, J. B., französische Sprachlehre in einer ganz neuen und sehr faßlichen Darstellung mit besonderer Rücksicht für Anfänger. Herausg. von G. Legat. 24—31. Aufl. Wien 853—58. Lechner. gr. 8. (464 S.) 1 Thlr.

Machat's, J. B., französische Sprachlehre in einer ganz neuen und sehr faßlichen Darstellung ꝛc. Herausg. von G. Legat. (Anhang.) Conversations-Theil zur Machat'schen Sprachlehre. Deutsch-französische und französisch-deutsche Uebersetzungs-Aufgaben in der neuester Zeit so beliebten Dialogform, über jene Lehr-Paragraphe, welche in den bisherigen 28 Ausgaben dieser Grammatik und in den meisten anderen Sprachlehren ohne Uebungs-Aufgaben geblieben sind. Von dem Verf. der Geheimnisse der französ. Causerie (J. Grüner). Wien 856. Lechner. gr. 8. (VIII, 56 S.) n. 10 Ngr.

Machat's, J. B., französische Sprachlehre in einer ganz neuen sehr faßlichen Darstellung mit besonderer Rücksicht für Anfänger. Herausg. von Geo. Legat. 32—36. Aufl. Wien 859—64. Lechner. gr. 8. (464 S.) 1 Thlr.

Machat's, J. B., französische Sprachlehre in einer ganz neuen sehr faßlichen Darstellung mit besond. Rücksicht für Anfänger. HerSg. von Geo. Legat. 37—40. Aufl. Wien 865—69. Lechner's Universitäts-Buchh. gr. 8. (464 S.) cart. 1 Thlr.

Machat's, J. B., französische Sprachlehre in einer ganz neuen, faßl. Darstellung mit besond. Rücksicht für Anfänger. Hrsg. von Geo. Legat. 40.—42. Aufl. 1869—72. *ℳ 3., und 43. verm. und verb. Aufl. oder 128. bis 130. Tausend. gr. 8. (463 S.) Wien 874, Lechner's Verlag. cart. *

— dasselbe. 43. verm. u. verb. Aufl. od. 128. bis 130. Tausend. gr. 8. (463 S.) Ebend. 874. n. 3. 70

Machat's, J. B., französische Sprachlehre in einer ganz neuen sehr faßlichen Darstellung mit besond. Rücksicht für Anfänger. 44.—46. Aufl. gr. 8. (463 S.) Wien 880—84, Lechner's Verlag. *ℳ 3,70.; geb. *

Machat's, J. B., französische Sprachlehre in e. ganz neuen sehr faßlichen Darstellung m. besond. Rücksicht f. Anfänger. 47. Aufl. od. 140. Taus. gr. 8. (463 S.) Wien 898. R. Lechner's Verl. Geb. n. 4. —

Machat, Joh. Bapt., kleine Französ. Sprachlehre f. d. allerersten Anfänger. N. d. hauptsächl. Regeln d. Noël, Chapsal u. Fournier durch viele Sprechübungen u. Beispiele erläut. u. populär vorgetragen f. Deutsche. gr. 8. (9½ B.) Wien 832, Schrämbl.

—— kleine französische Sprachlehre für die allerersten Anfänger. Nach den hauptsächlichsten Regeln der besten französ. Grammatiken bearb., und durch viele Sprechübungen und Beispiele erläutert und leichtfaßlich eingerichtet von C. Roberto und Julvécourt. 8. Aufl. 1847. und 9., geänd., verm. und nach dem neuen Dict. de l'académie verb. Aufl. gr. 8. (186 S.) Wien 851, Lechner's Universitäts-Buchh. *

— etymolog. Wörterbuch d. franz. Sprache, oder Verzeichniß d. franz. Stammwörter mit ihren Ableitungen. gr. 8. Wien 818. Wallishauser. 1 Thlr. 12 Ngr.

Machat, Wilhelm [app. Arzt aus Breslau]: Über congenitale Lebersyphilis ... Würzburg, P. Scheiner's Buchdr., 1896; 37 S. 8.
Würzburg, Med. Fak., Inaug.-Diss. v. 1896

Machatius, Walther (geb. Gnesen 14. 3. 1858): Ein Fall von geheiltem Trismus und Tetanus traumaticus. Berlin (1882). (31 S.) 8°
Berlin, Med. Diss. v. 7. Aug. 1882

Machatschek, Adolf, und Franz Leydolt, Anfangsgründe der Mineralogie, s. Leydolt, Franz.

Machatschek, E., ein Fest-Blatt zum Silber-Jubiläums-Kranze, s. Fest-Blatt.

Machatschek, E., Lesekränzchen für das jugendliche Alter. 1—6. Hft. 8. Dresden 868—78. (Burdach.) n. 2. 80
1—3. (243 S.) n. — 60. — 4. (89 S.) n. — 60. — 5. (132 S.) n. — 60. — 6. (130 S.) n. 1. —

Machatschek, E., Lesekränzchen für das jugendliche Alter. 7. Heft. 8. (48 S.) Dresden 882, Selbstverlag. *

Machatschek, E., Lesekränzchen für das jugendliche Alter. 8. Heft. 8. (40 S.) Dresden 886, Selbstverlag. *

Machatschek, Ed., Geschichte der Bischöfe d. Hochstiftes Meissen in chronologischer Reihenfolge. Zugleich e. Beitrag zur Culturgeschichte der Mark Meissen u. d. Herzog- u. Kurfürstenth. Sachsens. Nach dem „Codex diplomaticus Saxoniae regiae", anderen glaubwürd. Quellen u. bewährten Geschichtswerken. gr. 8. (V, 846 S.) Dresden 884. Meinhold & Söhne. n. 10. —

Machatschek, Ed., Geschichte des Königreichs Sachsen. Nach glaubwürdigen Quellen: Akten, Urkunden, Annalen etc. dargestellt. Leipzig 861. Jackowitz in Comm. gr. 8. (XVI, 535 S.) n. 1 Thlr. 20 ngr.

Machatschek, E., kurzer Leitfaden zur Geschichte Sachsens. Bearb. für die kathol. Volksschule. Chemnitz 868. (Leipzig, Jackowitz.) 8. (III, 60 S.) n.n. 6 ngr.

MACHE, Heinrich

Beiträge zur Kenntnis der atmosphärischen Elektricität. V. (Beobachtungen in Indien und Oberägypten) von Dr. Heinrich Mache. (Mit 1 Tafel und 2 Textfiguren.) (Aus den Sitzungsberichten der kaiserl. Akademie der Wissenschaften in Wien. Mathem.-naturw. Classe; Bd. CIX. Abth. II.a. Mai 1900.) Wien. 1900. In Comm. Gerold's Sohn. Gr.-8°. 39 S. K —.90

— [1] Beiträge zur Kenntnis der atmosphärischen Elektrizität. 5. Beobachtungen in Indien und Ober-Ägypten (mit 1 Taf. und 2 Textfiguren). S. 109. IIa. 656 . . . —.90
Separatabdruck

Mache, H., Beiträge zur Kenntnis der atmosphärischen Elektrizität. XXI. Über die Genesis der Ionen in der Atmosphäre. [Aus: Sitzungsber. d. k. Akad. d. Wiss., mathem.-naturw. Klasse. Bd. CXIV.] Gr.-8°. (ill. 12 S. mit 1 Tafel) † K —.40
Wien: Hölder 1906.

— [2] Beiträge zur Kenntnis der atmosphärischen Elektrizität. 21. Über die Genesis der Ionen in der Atmosphäre (mit 1 Taf. und 1 Textfigur). S. 114. IIa. 1377 . . . —.40
Separatabdruck

Mache, H., Beiträge zur Kenntnis der atmosphärischen Elektrizität. XXXVI. Messungen über die in der Atmosphäre vorhandenen radioaktiven Strahlungen von hohem Durchdringungsvermögen. [Aus: Sitzungsber. d. k. Akad. d. Wiss., mathem.-naturw. Klasse.] Gr.-8°. (ill. 33 S.) † K 1.
Wien: Hölder 1910.

— [2] Beiträge zur Kenntnis der atmosphärischen Elektrizität. 36. Messungen über die in der Atmosphäre vorhandene radioaktive Strahlung von hohem Durchdringungsvermögen (mit 1 Textfigur). S. 119. IIa. 55 . . . 1.—
Separatabdruck

Mache, Heinr., Beobachtungen der atmosphär. Elektricität in Indien u. Oberägypten, s.: Beiträge zur Kenntnis der atmosphär. Elektricität. V.

Mache, Heinr., Bestimmg. d. specifischen Wärme ein. schwer schmelzbarer Metalle. [Aus: „Sitzungsber. d. k. Akad. d. Wiss."] gr. 8. (4 S.) Wien 897. (C. Gerold's Sohn.) n.n. —10

Mache Heinrich. Dr. Bestimmung der spezifischen Wärme einiger schwer schmelzbarer Metalle. S. 106. IIa. 590 . . . K —.10
Separatabdruck

Mache, Heinr., ein einfacher Beweis f. das Maxwell'sche Gesetz der Geschwindigkeitsverteilung. (5 S.) gr. 8. Wien 906. (A. Hölder.) —30

— Ein einfacher Beweis für das Maxwell'sche Gesetz der Geschwindigkeitsverteilung. S. 115. IIa. 1435 . . . —.30
Separatabdruck

MACHE, Heinrich

Eine Beziehung zwischen der specifischen Wärme einer Flüssigkeit und der ihres Dampfes von Dr. Heinrich Mache. (Aus den Sitzungsberichten der kaiserl. Akademie der Wissenschaften in Wien. Mathem.-naturw. Classe. Bd. CX. Abth. II.a. März 1901.) [Wien. 1901. In Comm. Gerold's Sohn.] Gr.-8°. 5 S. K —.10

— Eine Beziehung zwischen der spezifischen Wärme einer Flüssigkeit und der ihres Dampfes. S. 110. IIa. 176 . . . —.10
Separatabdruck

— über den Druck im Funken, s.: Haschek, Ed.

— u. E. v. **Schweidler**, die atmosphärische Elektrizität, s.a. Wissenschaft, die. 30. Heft.

Mache, H., und E. v. **Schweidler**: Die atmosphärische Elektrizität. Braunschweig 1909. (Wissenschaft H. 30)

Mache, Heinr., über die Explosionsgeschwindigkeit in homogenen Knallgasen. (14 S. m. 5 Fig.) gr. 8. Wien 904. (A. Hölder.) n. — 50
Sonderabdruck aus: „Sitzungsber. d. k. Akad. d. Wiss."

— Über die Explosionsgeschwindigkeit in homogenen Knallgasen (mit 5 Textfiguren). S. 113. IIa. 341 . . . —.50
Separatabdruck

— über die Genesis der Ionen in der Atmosphäre, s.: Beiträge zur Kenntnis der atmosphär. Elektrizität. XXI.

— Grundzüge zu e. Theorie der Explosionen. (24 S. m. 6 Fig.) gr. 8. Ebd. 907. —85
2 Sonderabdrucke aus: „Sitzgsber. d. k. Akad. d. Wiss."

— Grundzüge zu einer Theorie der Explosionen (mit 6 Textfiguren). S. 116. IIa. 1081 . —.85
Separatabdruck

– Messungen üb. die in der Atmosphäre vorhandene radioaktive Strahlung v. hohem Durchdringungsvermögen, s. Beiträge zur Kenntnis d. atmosphärischen Elektrizität. 36.

— u. Jos. **Tagger**, eine einfache Methode zur Bestimmung der Wärmeleitungskonstante v. Flüssigkeiten. (I. Mitteilg.) (6 S. m. 1 Fig.) gr. 8. Wien 907. (A. Hölder.) — 35
Sonderabdruck aus: „Sitzungsber. d. k. Akad. d. Wiss."

— und Tagger Josef: Eine einfache Methode zur Bestimmung der Wärmeleitungskonstante von Flüssigkeiten. 1. Mitteilung (mit 1 Textfigur). S. 116. IIa. 1105 . . —.35
Separatabdruck

— [1] und Sueß Erhard: Mitteilungen aus dem Institut für Radiumforschung. 36. Über die Aufnahme von Radiumemanation in das menschliche Blut bei der Inhalations- und Trinkkur. S. 121. III. 171 . . . —.60
Separatabdruck

— und Bamberger Max Dr. Über die Radioaktivität der Gesteine und Quellen des Tauerntunnels und über die Gasteiner Therme. Physikalischer Teil von Heinrich Mache. Chemischer Teil von Max Bamberger (mit 4 Textfiguren). S. 123. IIa. 325 . . . 2.50
Separatabdruck

— u. Stef. **Meyer**, über die Radioaktivität der Quellen der böhm. Bädergruppe: Karlsbad, Marienbad, Teplitz-Schönau-Dux, Franzensbad sowie v. St. Joachimsthal. (31 S.) gr. 8. Ebd. 905. n. 1. 10

- und Meyer Stephan, Dr.: Über die Radioaktivität der Quellen der böhmischen Bädergruppe: Karlsbad, Marienbad, Teplitz-Schönau-Dux, Franzensbad sowie von St. Joachimsthal (mit 2 Taf. und 2 Textfiguren). S. 114. IIa. 355 . . . vgr.
Separatabdruck

— — über die Radioaktivität einiger Quellen der südl. Wiener Thermenlinie. (7 S.) gr. 8. Ebd. 905. n. — 20
4 Sonderabdrucke aus: „Sitzungsber. d. k. Akad. d. Wiss."

— — Über die Radioaktivität einiger Quellen der südlichen Wiener Thermenlinie. S. 114. IIa. 545 . . . —.20
Separatabdruck

— über die Radioaktivität der Gasteiner Thermen. (24 S. m. 2 Fig.) gr. 8. Wien 904. (A. Hölder.) n. — 60

— Über die Radioaktivität der Gasteiner Thermen (mit 2 Textfiguren). S 113 II a. 1329 . . . . vgr.
Separatabdruck

MACHE, Heinrich
Über die Regenbildung von Dr. Heinrich Mache. (Aus den Sitzungsberichten der kaiserl. Akademie der Wissenschaften in Wien. Mathem.-naturw. Classe; Bd. CIX. Abth. II.a. Juli 1900.) [Wien. 1900. In Comm. Gerold's Sohn.] Gr.-8°. 6 S. K —.10

— Über die Regenbildung. S. 109. II a. [illegible] . . . . , — .10
Separatabdruck

— über die Schutzwirkung v. Gittern gegen Gasexplosionen. (6 S. m. 1 Fig.) gr. 8. Ebd. 902. n. — 30

— Über die Schutzwirkung von Gittern gegen Gasexplosionen (mit 1 Textfigur). S 111. II a. 1223 . . . . — 30
Separatabdruck

MACHE, Heinrich
Über die Temperaturverhältnisse in der Flamme von Dr. Heinrich Mache. Mit 1 Textfigur). Aus den Sitzungsberichten der kaiserl. Akademie der Wissenschaften in Wien. Mathem.-naturw. Classe; Bd. CVIII. Abth. II a. October 1899.) [Wien. 1899. In Comm. Gerold's Sohn.] Gr.-8°. 9 S. fl. — 10

— Über die Temperaturverhältnisse in der Flamme (mit 1 Textfigur). S. 108. II a. 1152 . — 20
Separatabdruck

— über die Verdampfungswärme u. die Grösse der Flüssigkeitsmolekel. gr. 8. (12 S.) Ebd. 902. n. — 20

— Über die Verdampfungswärme und die Größe der Flüssigkeitsmolekel. S. 111. II a. 392 . . . . — .20
Separatabdruck

— Über die Verdunstungsgeschwindigkeit des Wassers in Wasserstoff und Luft (mit 1 Textfigur). S. 119. II a. 1[illegible] . . . . , — 80
Separatabdruck

— über Volumenänderungen v. Gasen unt. d. Einflusse starker elektromotor. Kräfte. [Aus: „Sitzungsber. d. k. Akad. d. Wiss."] gr. 8. (23 S. m. 3 Fig.) Ebd. 898. n. — 60

— Über Volumenänderungen von Gasen unter dem Einflusse starker elektromotorischer Kräfte (mit 3 Textfiguren). S. 107. II a. [illegible] . . . . — 60
Separatabdruck

— Über das Vorkommen radioaktiver Substanzen in Erde u. Luft, s.: Vorträge des Vereines zur Verbreitung naturwissenschaftlicher Kenntnisse in Wien. 49. Jahrg. 9. Heft.

— über die Zerstreuung der Elektricität in abgeschlossener Luft. gr. 8. (5 S.) Ebd. (901). n. — 20
8 Sonderabdrucke aus: „Sitzungsber. d. k. Akad. d. Wiss."

— Über die Zerstreuung der Elektrizität in abgeschlossener Luft. S. 110. II a. 1392 . — 20
Separatabdruck

Mache, Ign., über die Abhängigkeit der Helligkeit der Sterne von der Pupillenöffnung. gr. 8. (10 S.) Halle 887, Schmidt's Verlag. *

Mache, Ig.: Ergebnisse der im J. 1862 angestellten meteorologischen Beobachtungen. S. 9-15. – Elbogen OR., Progr. 1863.

Mache: Zur Lehre von den unbestimmten Ausdrücken von der Form $\frac{0}{0}$. 3 S.– Elbogen OR., Progr. 1862

Mache, Ig.: Zur Lehre von den Kegelschnitten. 8 S.– Elbogen OR., Progr. 1863.

Mache: Über die Natur des musikalischen Klanges. 18 S.– Elbogen OR., Progr. 1865.

Mache, Ign., üb. die Sichtbarkeit der Doppelsterne. gr. 8. (8 S.) Halle 886. Schmidt. n. — 40

Mache, Carolus Fridericus (Aloysius) (geb. Neustädtel in Schles. 1. 3. 1833): De delegata episcoporum jurisdictione. Vratislaviae 1859. (47 S.) 8°
Breslau, Jur. Diss. v. 13. Aug. 1859

Mache, L., die Leidenswerkzeuge des Herrn. 7 Fastenpredigten. [Aus: „St. Hedwigsbl."] gr. 8. (77 S.) Breslau 881. Görlich. 1. —

(MACHEK, MACARIUS:) Kurze Anmerkung über das in 76 Vaterunser bestehende Layen-Brevier der mindern Brüder, das ist: geistreiche Erklärung anmüthigster Gedanken, welche sich die zur Betung in 7 Chorstunden von dem seraphischen Erz-Vater S. Francisco ausgetheilten Vaterunser, verpflichtete Layen bei einem jeden derer zum Trost und Ermunterung ihres Geistes machen können. Aus dem edlen Werckleln (sonst Medulla S. Evangelii benannt) a R. P. Bonaventura Dernoye ... aus dem lateinischen, in das deutsche übersetzt, mit einem Anhang des von obbemeldten heil. Erz-Vater geistreich erklärten Vaterunsers, wie Er es selbst täglich, bei allen Tagzeilen zu beten pflegte. Preßburg 1816. Gedr. bei Belnay's Erben. 40 S. - 180 mm
- Vgl. Dernoye, Bonaventura: Kurtze Anmerkung. J. 1752. T. 0302.

MACHEK, MACARIUS: Rede, welche bei Gelegenheit der feyerlichen Erneuerungen der Ordens-Gelübde gehalten wurde, da der geistliche Bruder Rupertus Scharch ... nach vollendeten funfzigsten Jahre dieselben am 7. Hornung 1817 erneuert. Preßburg 1817. Gedr. bei Belnay's Erben. - 8°

Machek, R. Karte vom Salzkammergut, enthaltend die Umgebung von Gmunden, Ischl, Hallstadt und Aussee, Salzburg, Hallein, Zell am See, Berchtesgaden und Reichenhall. 1 : 150 000. Wien 1881. 1 Bl. c. L. Fl.

Macheleidt, Günther [aus Scheibe i. Schwarzb.-Rud.]: Über α- und β-Limonen-Nitrosochlorid und deren Beziehung zum Carvoxim. ... Göttingen, Druck d. Dieterich'schen Univ.-Buchdr., 1890; 54 S., 1 Bl. 8°
Göttingen, Phil. Fak., Inaug.-Diss. v. [5. Nov.] 1890

Macheleidt, Günth., üb. α- u. β-Limonen-Nitrosochlorid u. deren Beziehung zum Carvoxim. Diss. gr. 8. (54 S.) Göttingen 890. (Vandenhoeck & Ruprecht.) n. 1. —

Machelli, Mich., Großstadtsumpf. Streiflichter zum Sternberg-Prozeß. Sensationeller Roman. 8. (76 S.) Leipzig 901. (Jügner & Enslin.) 1. —; ermäß. Preis — 50

Machenhauer, über Retroflexio uteri. (6 S.) Lex. 8. Leipzig 909. B. Konegen. 1. —
Sonderabdruck aus: „Der Frauenarzt".

Machenhauer, über 1. Vaporisation, 2. Alexander-Adam'sche Operation, 3. Extrauterinschwangerschaft. (Erfahrungen aus der Privatfrauenklinik v. Dr. Machenhauer in Darmstadt.) gr. 8. (16 S.) Leipzig 902. B. Konegen. n. 1. —
Sonderabdruck aus: „Der Frauenarzt".

Machenhauer, Alfred [appr. Arzt aus Darmstadt]: Über Reinfectio syphilitica .... Reudnitz-Leipzig, Druck v. Max Hoffmann, 1888; 47 S. 8°
Strassburg. Med. Fak., Inaug.-Diss. v. 1888

Machenhauer, Alfred, über Reinfectio syphilitica. Diss Strassburg i. Els. 1888, Trübners Buchh. u. Antiqu. (E. d'Oleire). 8°. 47 S.

Machenhauer, Eduard (Friedr.) (geb. Darmstadt [illegible] 1861): Ueber Vegetarismus. Berlin (1883). (35 S.) 8°
Berlin, Med. Diss. v. 14. Aug. 1883

Machenhauer, J. C. Ernst, einfält. Zergliederung des Kl. Katechism. Luth. 8. Büding. 729.

McHenry County Volksblatt: 1885?–1915?
Weekly. Democratic, 1885–95; Republican, 1896–1909. Circulation: 1890, 1100; 1900, 1400; 1910, 1600; 1915, 1500. Edited & published by Friederich Renich, 1885–94; by Charles F. Renich, 1895–98; edited by Charles F. Renich, & published by Friederich Renich, 1899–1907; by Woodstock Sentinel Co., 1908–15.
Woodstock, IL

Machens, Andreas, appr. Tierarzt: Aus d. physiol. Inst. d. Tierärztl. Hochsch. zu Hannover. Über den Chemismus der Wirkung des Veratrin E. Merck auf die quergestreifte Muskulatur. (Mit 1 Kurventaf.) Hannover 1908: Osterwald. 63 S. 8°
Gießen, Veterinär-Med. Diss. v. 28. Sept. 1908, Ref. Geppert
[Geb. 23. Sept. 83 Gr.-Algermissen; Wohnort: Hannover; Staatsangeh.: Preußen; Vorbildung: Gymn. Hildesheim Reife O. 04; Studium: Tierärztl. Hochschulen München 1, Hannover 5 S.; Rig. 23. Juni 08.] [U 09. 1162

Machens, Heinrich, Rechtskand.: Die stille Gesellschaft im Innen- und Außenverhältnis. Borna-Leipzig 1909: Noske. IX, 78 S. 8°
Leipzig, Jur. Diss. v. 3. Juli 1909
[Geb. 12. Jan. 80 Rautenberg, Pr. Hannover; Wohnort: Rautenberg; Staatsangeh.: Preußen; Vorbildung: Gymn. Hersfeld Reife O. 03; Studium: Göttingen 1, Würzburg 2, Kiel 2, Berlin 3 S.; Rig. 3. Juli 09.] [U 09. 2002

Machens, Jos[ef]: Der Infinitiv mit de und der Infinitiv ohne Präposition im Französischen als Ausdruck gleicher Beziehungen im Satze. Fulda 1909: Uth. 16 S. 8°
Fulda, st. OR P 1909 (563) [S 09. 306

Macher, die Elemente der Kriegs-Wissenschaften, s. Aussin, v.

Macher, Chr. G., Predigt am Jubiläum der vor 50 Jahren erfolgten Vereinigung der Stadt Hof mit der Krone Bayern in der St. Michaeliskirche zu Hof gehalten. Hof 860. Grau & Co. 8. (8 S.) n. 2½ ngr.

Macher Engelbert: Quos auctores Nepos in vitis eorum virorum, qui in Persicum et Peloponnesiacum bellum inciderunt, et in vita Agesilai secutus sit.
II. 1906 PN 2060 Diss. Wien, Univ. 1603

Macher, Geo., zur Integration der partiellen Differentialgleichung $\sum_{\nu=1}^{\nu=n} \frac{d^2u}{dx_\nu^2} = 0.$ gr. 4. (23 S.) Halle 878. Nebert. n. 1. 50

Macher, Geo. Repetitorium der elementaren Mathematik. 2 Tle. gr. 8. [Würzb. 889.] Dresd., Hertz. cart. à Tl. * 1 20; * 2 40;
1. Planimetrie. (VIII, 79 S.)
2. Stereometrie u. ebene Trigonometrie. (VIII, 79 S.)

Macher, Gottfried „Von etlichen Fehlern, die bei dem Geschäfte der Kindererziehung nicht selten gemacht werden". pg. 3—12. 4°. Mintzel. Hof, Progr. 1863/64

Macher, Jh. Chr., s. 1) W. Blackstone, Abhandl. 2) Gillie's Betrachtt. 3) Home, H., Untersuchung. 4) Untersuchung über die Handlung.

Macher, Joh. Christoph, De doctore umbratico. Gera (Schrader) (22. XI. 1751.) 12 S. (4.—) **21947**

— — **Natalem invicti vetusto quodam in Kalend. Romano obvium. Gera (J. G. Schrader) (Jan. 1753.) (3.—) 21948**
Namen: B. Fritz, C. G. Frotscher, C. G. Weickert, Chr. O. Steinert.

Macher, Jh. Cph., († d. 15. Nov. 1754.) Opuscula varii lectissimique argumenti. Recudi curavit cum vita ejusdem Fr. A. Töpfer. 8. Regensb. 789. Montag u. W. 16 gl.

Macher, I. C., opuscula var. lectissimi argum. 8. Regsb. Montag. 790.

Macher, M., physikalisch-medicin. Beschreib. der Sauerbrunnen bei Rohitsch in Steyermark, mit kurzer Anleitung z. Gebrauche derselben an der Heilanstalt Sauerbrunnen, f. Kur-Gäste. 8. Grätz 826. Ferstl. 16 gl.

— **das Römerbad nächst Tüffer in Steyermark; in physikalisch-medicin. Hinsicht dargestellt, für Kur-Gäste. Mit 1 Kpf. 8. Grätz 823. Ferstl. 14 gl. 830. hrbgef. Pr. 8 gl.**

— das Römerbad nächst Tüffer in Steyermark; in physikalisch-medicin. Hinsicht dargestellt, f. Cur-Gäste. Mit 1 Kpf. 8. Grätz 826, Ferstl.

— **üb. d. Ursachen u. d. Wesen d. Scrophel-Krankheiten, ihr Verhältniß zur Menschen- u. Kuhpocke. 8. Wien 822. von Mösle. 10 gl.**

Macher, Math., das Anna-Kinderspital u. der Kinderspitals-Verein in Graz. Darstellung der Gründg. u. d. Gedeihens dieser Privatwohlthätigkeits-Anstalt in den ersten 29 Jahren, v. 1844 bis Ende 1872. gr. 8. (88 S.) Graz 873. Verl. „Leykam-Josefsthal" in Comm. n. 1. —

Macher, Math., das Apothekenwesen in den k. k. österreich. Staaten. Eine Darstellung der Geschichte des Apothekenwesens, der Rechte u. Pflichten der Apotheker u. jener Aerzte, Chirurgen u. Thierärzte, welche Hausapotheken halten ꝛc. 2. Bd. (Fortsetzung bis 1845.) gr. 8. Wien 846, Gerold's Verlagsbuchh. 1⅔ ₰

— dass. 1. Bd. 2. verb. Aufl. gr. 8. Ebend. 846. 1⅔ ₰

— die **Kuranstalt Einöd** an der Kronprinz Rudolf-Eisenbahn u. der Steierm.-Kärtner Reichsstraße nächst Neumarkt in Obersteier mit ihrer merkwürdigen Sauerbrunn-Therme. Graz 868. Leuschner & Lubensky. 16. (15 S.) n. 4 ngr.

Macher, Dr. Mathias — Der Fremdenführer nach dem Wallfahrtsorte Maria Zell in Steiermark und seinen interessanten Gebirgsgegenden. Eine historisch-topographische Darstellung dieses berühmten Wallfahrtsortes und seines Bezirkes, nach den neuesten Umstaltungen, Beschreibung der Gnadenkirche und Kapelle, der Schatzkammer und anderer Merkwürdigkeiten, der vorzüglichsten Wallfahrtswege, zumal der großen jährlichen Wallzüge von Wien und Gratz, mit Benützung der neuen Eisenbahnverbindungen, besonders der Semmering-Eisenbahn. Schilderung der interessantesten Umgebungen dieses merkwürdigen Gebirgsfleckens für Touristen und Freunde einer schönen, gesunden Alpennatur von — —. 3te ganz neu umgearbeitete Auflage mit 15 Holzschnitten. Wien, 1856. Druck und Verlag von Leopold Grund. (VI. 153 S. kl. 8.)

—— der Führer auf das Schöckel-Gebirge für Gebirgsfreunde nebst kurzer Darstellung der Kaltwasser-Heilanstalt zu Radegund am Schöckel für Kurgäste. gr. 16. (46 S.) Graz 873, Verlag Leykam-Josefsthal. *

— Gleichenberg in Steiermark als klimatischer u. Brunnen-Kurort m. der Konstantins- u. Emmaquelle, dem Johannisbrunnen, der Klausen-Stahlquelle, den Mineralbädern, der Inhalations- u. Molkenkur kurz dargestellt. 8. (71 S. m. 1 Holzschntaf.) Graz 873. Wien, Gerold's Sohn in Comm. n. — 80
Dasselbe erschien auch in englischer, französischer, italienischer u. ungarischer Sprache zu gleichem Preise.

Macher, Mathias: Handbuch der gemeinen Chirurgie für Chirurgen-Lehrlinge und Gehilfen. 240 S., gbd., 1 Taf.

Wien: Sollinger 1836

JB 3.426

—— Handbuch der k. k. Sanitäts-Gesetze u. Verordnungen, m. besond. Beziehung auf die innerösterreich. Provinzen, in chronolog. Ordnung mit e. sistemat. u. alfabet. Index für polit. u. Sanität-Beamte ꝛc. ꝛc. 1. u. 2. Bd. à 4 Hfte. gr. 8. (74¾ B.) Graz 846, 47, Dirnböck. à Hft. * 16 Ngr.; *

Macher, Mathias —. Handbuch der kaiserlich-österreichischen Sanitäts-Gesetze und Verordnungen mit besonderer Beziehung auf die inner-österreichischen Kronländer, für die k. k. Bezirks- und Kreisämter, besonders für Sanitätsbeamte, Aerzte, Chirurgen, Apotheker und Alle, deren Berufsgeschäfte zum öffentlichen Sanitätswesen in naher Beziehung stehen. Chronologisch geordnet von — —. Vierter Band. Vom Jahre 1842 bis Ende 1851. 8. (XI, 472 S.) Gratz. Aus der C. Tanzer'schen Buchdruckerei. In der Fr. Ferstl'schen Buchhandlung. Tendler und Wendelin. 1853

—- Handbuch der kaiserlich-östreichischen Sanitäts-Gesetze und Verordnungen für die k. k. Bezirks- und Kreisämter, besonders für Sanitätsbeamte, Aerzte, Chirurgen ꝛc. Chronologisch geordnet. 1—4. Bd.: Von den ältesten Zeiten bis Ende 1851. gr. 8. (CV und 2061 S.) Graz 853, Ferstl'sche Buchh. **

—— dass. — 1. Bd. Vom J. 1852 bis Ende 1855. (Des ganzen Werkes 5. Bd.) gr. 8. (388 S.) Ebds. 855(56.)

— Handbuch der kaiserl.-österreich. Sanitäts-Gesetze u. Verordnungen für die k. k. Bezirks- und Kreisämter, besonders für Sanitätsbeamte, Chirurgen ꝛc. Chronologisch geordnet. 1—4. Bd. Von den ältesten Zeiten bis Ende 1851. Graz 858. Ferstl. gr. 8. (CV, 2061 S.) nn. 6 ℛ.

— Handbuch der neuesten kaiserl.-österreich. Sanitäts-Gesetze und Verordnungen für die k. k. Bezirks- u. Kreisämter, besonders für Sanitätsbeamte, Aerzte, Chirurgen ꝛc. Chronologisch geordnet. 1. Bd. Vom J. 1852 bis Ende 1855. (Des ganzen Werkes ꝛc. 5. Bd.) 4. Hefte. u. 2. Bd. (Des ganzen Werkes 6. Bd.) 1. Heft. Jahre 1856 u. 1857. Ebend. 856, 58. gr. 8. (1. Bd.: 388 S.; 2. Bd.: S. 1—96.) Jedes Heft 16 ngr.

— Handbuch der neuesten kaiserlich-östreichischen Sanitäts-Gesetze u. Verordnungen für die k. k. Bezirks- u. Kreisämter, besonders für Sanitätsbeamte, Aerzte, Chirurgen ꝛc. Chronologisch geordnet. 2. Bd. Vom Jahre 1856 bis Ende 1859. (Des ganzen Werkes 6. Bd.) 2—5. Heft. Jahre 1858 u. 1859. Gratz 859, 60. Ferstl. gr. 8. (IV, S. 97—464.) Jedes Heft n. 16 ngr.

— — 3. Bd. (Des ganzen Werkes 7. Bd.) 1. u. 2. Heft. Jahre 1860—63. Ebend. 862, 63. gr. 8. (S. 1—96.) Jedes Heft n. 8 ngr.

— Handbuch der neuesten kaiserlich-östreichischen Sanitäts-Gesetze u. Verordnungen für die k. k. Bezirks- u. Kreisämter, besonders für Sanitätsbeamte, Aerzte, Chirurgen ꝛc. Chronologisch geordnet. 2. Aufl. 3. Bd. (Des ganzen Werkes 7. Bd.) 3—6. Heft. Graz 862—68. Ferstl'sche Buchh. gr. 8. (S. 97—288.) Jedes Heft. n. 8 ngr.

Macher, Dr. Mathias: Handbuch der neuesten kaiserlich-österreichischen Sanitäts-Gesetze und Verordnungen für die k. k. politischen und Justizbehörden und die Gemeindevertretungen, besonders für Sanitätsbeamte, Aerzte, Chirurgen, Apotheker und Alle, deren Berufsgeschäfte zum öffentlichen Sanitätswesen in naher Beziehung stehen. In chronologischer Ordnung, 3. Band (des ganzen Werkes, von den ältesten Zeiten an, 7. Band.) 7. 8. Heft. Schluß des Bandes nebst Titel, Vorbericht und alphabetischer Inhaltsanzeige. Graz: Leuschner & Lubensky 1869. (S. 305-408) 8⁰

— Handbuch der neuesten kaiserl.-östreichischen Sanitäts-Gesetze u. Verordnungen f. die k. k. politischen u. Justizbehörden u. die Gemeindevertretungen, besonders f. Sanitätsbeamte, Aerzte, Chirurgen ꝛc. In chronolog. Ordng. 4. Bd. Vom J. 1867 bis Ende 1870. [Des ganzen Werkes 8. Bd.] 1—4. Hft. gr. 8. (IV, 183 S.) Graz 872. Leuschner & Lubensky. à Hft. n. — 80

Macher. Dr. Math., Handbuch d. Topographie u. Statistik d. Herzogthums Steiermark mit besonderer Beziehung auf das Sanitätswesen. Gekrönte Preisschrift. 2 Thle. gr. 8. (VIII u. 616 S.) Ebd. 3 fl. 60 kr.

Macher, Mathias: Die den Gränzen der Steiermark nahen Heilwässer in Ungarn, Kroatien und Illyrien. Physikalisch-medizinische Beschreibung der Sauerbrunnen zu Tatzmannsdorf und Sulz, der schwefelhaltigen Bäder bei Warasdin und Krapina, und der Thermen bei Stubitza, Tschatesch und Neustandtl. 64 S., gbd.

Grätz: Ferstel 1834

JB 2.786

— die Kaltwasser-Heilanstalt zu St. Radegund am Schöckel bei Graz [das steierische Gräfenberg.] Ein Führer für Kurgäste u. Gebirgsreisende. Wien 868. Braumüller. 8. (VIII, 71 S.) n. 12 ngr.

Macher, Dr. Mathias — Kompendium der Apotheker-Gesetze und Verordnungen des Kaiserthums Oesterreich, mit besonderer Rücksicht auf das Bedürfniß der Kandidaten der Pharmacie, bearbeitet von — —. Wien, 1857. Druck von C. Tanzer. Bei Karl Gerold. (139 S. 8.)

Macher, Matthias, Compendium der Apotheker-Gesetze u. Verordnungen des Kaiserthumes Oestreich, mit besonderer Rücksicht auf das Bedürfniß der Candidaten der Pharmacie. 2. verb. u. verm. Aufl. Wien 857. Gerold. 8. (VIII, 140 S.) n. 20 ngr.

Macher, Mathias, Compendium der Apotheker-Gesetze u. Verordnungen des Kaiserthums Oesterreich, mit besonderer Rücksicht auf das Bedürfniß der Candidaten der Pharmacie. 3., verb., verm. u. bis zum Jahre 1861 ergänzte Ausg. Wien 862. Dirnböck. 8. (XXIV, 140 S.) 20 ngr.

Macher, Mathias, Compendium der Apotheker-Gesetze u. Verordnungen des Kaiserth. Oestreich, mit besond. Rücksicht auf das Bedürfniß der Candidaten der Pharmacie. 4., verb., verm. u. bis Ende 1867 ergänzte Ausg. Wien 868. Dirnböck's Buchh. 8. (XXIV, 140 S.) 20 ngr.

— der berühmte Wallfahrts-Ort Maria Zell in Steyermark, histor.-topographisch dargest. nach seinem Wiederaufbaue aus den Brandruinen vom Jahre 1827 ꝛc. Mit 1 Steindr. 8. Wien 832. (Schmidl). 1 𝒻. — Daraus apart: Der Pilger nach Maria-Zell in Steyermark. Eine Beschreib. der Wallfahrtswege von Wien u. Grätz nach diesem Gnadenorte ꝛc. Mit Ansicht. 8. Ebd. 832. 6 𝒦

— zur Medicinal-Reform in Oesterreich. Ansichten u. Wünsche, ausgesprochen durch den Verein der Aerzte in Steiermark. Ebend. 868. gr. 8. (39 S.) n. 8 ngr.

Macher, Mathias: Pastoral-Heilkunde. Eine kurzgefaßte Pastoral-Anthropologie-Diätetik und Medizin mit besonderer Rüksicht auf die in den k.k.östreichischen Staaten geltenden Sanität-Geseze und Verordnungen. 414 S., gbd.

Leipzig: Liebeskind
Wien: Bauer & Dirnböck } 1838
Prag: Dirnböck

JB 5.584

Macher, Matth., Pastoral-Heilkunde f. Seelsorger. Eine kurzgefaßte Pastoral-Anthropologie-Diätetik u. Medizin, m. besond. Rucksicht auf die in den k. k. östreich. Staaten geltenden Sanität-Gesetze u. Verordnungen. 2., neu bearb. u. verm. Aufl. gr. 8. (28 B.) Augsburg 843, Rieger'sche Buchh.

Macher, Mathias, Pastoral-Heilkunde für Seelsorger. Eine kurzgefaßte Pastoral-Anthropologie-Diätetik u. Medizin, mit besonderer Rücksicht auf die in den k. k. österreichischen Staaten geltenden Sanität-Gesetze u. Verordnungen. 3. verb. u. verm. Aufl. gr. 8. (XLIV u. 393 S.) Augsburg 847, Rieger. 1 5/6 ₰

— Pastoral-Heilkunde für Seelsorger. Eine kurzgefaßte Pastoral-Anthropologie-Diätetik u. Medizin, mit besonderer Rücksicht auf die in den k. k. östreich. Staaten geltenden Sanitäts-Gesetze u. Verordnungen. 4., umgearb. Aufl. Augsburg 860. Rieger. gr. 8. (XL, 388 S.) 1 ₰ 24 ngr.

—— der Pilger nach Maria Zell in Steiermark. Eine Beschreib. d. Wallfahrtwege v. Wien u. Grätz nach diesem Gnadenorte, nebst ausführl. Darstell. d. Schicksale dess., d. gegenwärt. Zustandes d. Gnadenkirche u. Kapelle, d. Schatzkammer u. ander. Merkwürdigkeiten. M. 1 Ansicht d. Einzuges d. Grätzer Prozession in d. Gnadenkirche. 8. (4 B.) Wien 832, (Schmidl.)
Aus nachstehender Schrift besond. abgedruckt.

— der Pilger nach Maria Zell in Steyermark, historisch-topograph. Darstellung dieses berühmten Wallfahrtsortes, mit 1 lithogr. Ansicht. 2e Ausg. 8. Wien 835, Joh. Klang. 5/12 ₰

— medizinisch-statistische Topografie des Herzogthums Steiermark. Gekrönte Preisschrift. Graz 860. (Wießner.) gr. 8. (VIII, 616 S.) 2 ₰ 10 ngr.

—— Uebersicht der Heilwässer und Natur-Merkwürdigkeiten des Herzogth. Steiermark. gr. 4. (17 S.) Graz 858. Wien, Dirnböck.

— die lauteren Warmbäder (Akratothermen) des Herzogthums Steiermark Neuhaus, Topolschitz, Römer- u. Franz-Josefsbad rc. nebst einer Beschreibung der Kaltwasser-Heilanstalt zu St. Radegund am Schöckel bei Graz. Graz 867. (Ferstl'sche Buchh.) 8. (IV, 88 S.) n. 12 ngr.

Macherel, Ferd(inand). Le Corps de Musique de Landwehr du Canton de Fribourg. Son Passé — Son Présent, 1804–1879–1904. Dédié aux Membres Honoraires, Passifs et Actifs de la M' de L'. [Avec des illustrations et 2 planches.] II + 56 p. 8. Fribourg, Impr. de l'Œuvre de Saint-Paul, 1904.

Macherl, P., Alpenblumen aus Steiermark. 16. (VIII, 107 S.) Graz 885. Moser. geb. n. 1. 50

Macherl, P., tägl. Andacht z. hl. Joseph, s. a. Liguori, Alf.

Macherl, Dr. P., Tägliche Andacht zum heiligen Josef oder Besuchungen des glorreichen Bräutigams der allerseligsten Jungfrau. 3. unveränderter Abdruck. 24. (103 S.) Geb. —.35
Graz: Styria 1897.

Macherl, P., Gentianen aus Steiermark. 8. (III, 51 S.) Rostock 887. Danzig, C. Hinstorff's Verl. n. 1. —

Macherl, P., Die Religion der sog. liberalen Zeitungen. Graz, Moser, 1870. 8°.

Macherl, P., die Wohlthaten Gottes. Ein Betrachtungs- u. Erbauungsbuch für alle Tage des Monats. Aus dem Ital. übers. 12. (239 S.) Kempten 881. Kösel. 1. 20

Macherl, Dr. Peter: Diöcesankarte d. Bisth. Seckau, auf Grundlage der Specialkarte d. Herzogth. Steiermark nach den Angaben d. P. T. hochw. Clerus der Diöcese ausgearb. 1:144.000 4 Blatt Lith. u. color. Graz: Moser 1886. Imp. Fol.

—— Geschichte Österreichs für das Volk. 2. Aufl. 2 Bde. in 15 Lfgn. gr. 8. (XVI, 431; VIII, 461 S. mit Kaiserbild.) Graz 888,89, Styria. à Lfg. * 60 Pf. *
Die 1. Aufl. erschien als Vereinsgabe des Kathol. Preßvereins Seckau und kam nicht in den Handel.

Macherl, Pet., Geschichte Oesterreichs f. das Volk. 3., gekürzte u. illustr. bis in die neueste Zeit fortgeführte Aufl. (XV, 779 S.) Lex.-8. Graz 905. 906. Styria.
Erschien auch in 17 Lfgn. à n. —45. Geb. n. 10. —

(F) **Macherl**, P., Geschichte Österreichs für das Volk. 4. Aufl. Gr.-8°. (ill. XX, 830 S.) geb. K 12.—
Graz: Styria 1908.

Macherl, Pet., Geschichte Österreichs f. d. Volk. 5., verm. Aufl. (XVI, 856 S. m. 230 Abbildgn. u. 1 Titelbild.) gr. 8. Graz 910. Styria. Geb. in Leinw. 10. —
4. Aufl. (XX, 830 S. m. Abb.) 908. Geb. 10.—.

— Karl der Große, s. a. Geschichtsbibliothek, illustrierte.

(F) **Macherl**, P., Karl der Große. [Illustrierte Geschichtsbibliothek für jung und alt. 3.] 8°. (ill. 78 S.) K —.80, geb. K 1.40
Graz: Styria 1906.

— s. a. Testament, das, des in den Himmel fahrenden Heilandes u. der allerseligsten Jungfrau.

(F) **Macherl**, P., Das Testament des in den Himmel fahrenden Heilandes und der allerseligsten Jungfrau. 2. Aufl. 16°. (XVI, 176 S.) K —.80
Graz: Styria 1910.

Machern, für Freunde der Natur und Gartenkunst. Leipzig 1796. V: *Andreae, Paul Christian Gottlob.* (MGT) (Ky)

Machern, (b. Leipzig). Für Freunde d. Natur u. Gartenkunst. Mit 1 Plan u. 11 col. Prospecten. Gez. v. J. E. Lange, beschrieben v. P. C. G. A(ndreä). Nebst e. alphabet. Verzeichnisse d. das. sich befindl. ausländ. Gewächse. Quer Fol., Leipzig, 1796. Voss. 2. 20

— Für Freunde d. Natur u. Gartenkunst. In 14 malerischen Ansichten v. Christ. Ferd. Müller. Ebend. 1798. 3. 15

Machern, für Freunde d. Natur u. Kunst, (v. P. Chr. G. Andreä). Mit 1 Plan u. 14 Ansichten v. C. F. Müller. qu. Fol. Leipz. 796. Voß. 3 ₰ 12 gr.

Machern, Cornelia v., Friedel's Irrfahrt u. Heimkehr, s.: Erzählungen f. Schulkinder. V. 5.

Machert, Willy: Beiträge zur Kenntnis der Granite des Fichtelgebirges m. bes. Berücks. d. Granites vom Epprechtstein u. seiner Mineralführg. nebst e. Anh.: Über Zinnbergbau im Fichtelgebirge ... Berlin, C. Feister'sche Buchdr., 1894; 61 S. 8.
Erlangen, Phil. Fak., Inaug.-Diss. v. 1894

Machet die Thore weit auf! d. Juden kommen. Ein Beitrag zu Tellers Sendschreiben rc. gr. 8. Gera 800. Haller. 12 gr.

Machet Euch Verdienste f. den Himmel! Fastenmandat Sr. Gnaden des hochwürdigsten Herrn Ferdinandus, Bischof v. St. Gallen, auf d. J. 1910. (15 S.) gr. 8. St. Gallen 910. A. & J. Köppel. nn — 25

Machet, J. J. Geheimnisse der Conditorei . . . Leipzig 1805. H: *Sommer, Johann Christian.* (Ky)

Machet, J. J., Geheimnisse d. Conditorei, od. Anweisung allerlei Früchte einzumachen, Zuckerwerk, Chokolade 2c. zu bereiten u. aufzubewahren. 2te Aufl. gr. 8. Leipz. Sommer. 811.

Machet, J. J., Geheimnisse der Conditorey u. s. w. 3te Aufl. gr. 8. Leipzig, Sommer. 818.

Machet, J. J. Vollkommener Conditor, oder Anweisung, Früchte einzumachen . . . Leipzig 1805. H: *Sommer, Johann Christian.* (Ky)

Machet, J. J., vollkomm. Conditor, od. Anweis., Früchte einzumachen, Zuckerwerke, Dragees, Gefrornes, Chocolate 2c. zu bereiten u. aufzubewahren, (herausgg. v. J. C. Sommer). A. u. d. T.: Geheimnisse d. Conditorei 2c. gr. 8. Lpz. 805. 2e A. 811. 3e A. 818. (W. Nauck). 1 ℛ 4 ℊ

Machet, J. J., vollkommener Conditor, oder Anweisung Früchte einzumachen, Zuckerwerk, Dragées 2c. zu bereiten und aufzubew. gr. 8. Lpz. Sommer. 811.

— die Kunst des franzöf. Liqueurfabrikanten, Wohlgeruchs- u. Limonadenhändlers. Nach d. Französ. v. J. G. Klett. gr. 8. Leipz. (ohne Jahrz.) Joachim. 1 ℛ

Machetes: Das Unrecht des Stärkeren in der Frauenfrage. Ein Beitrag zur Sozialpolitik und Sozialethik. — Leipzig: Naumburg 1891. 72 S. 8° 1: No 4422

Die ehemalige reformierte Kirchengemeinde zu Mohrungen ... Ein Beitrag z. Gesch. d. Reformierten in Altpreußen u. zugleich e. Gedenkblatt z. 200. Wiederkehr d. Stiftungstages d. Gemeinde ⟨1905⟩. Von Ernst Machholz, Königsberg i. Pr. Mohrungen: C. L. Rautenberg 1905. (20 S.) 8°
Aus: Mohrunger Kreis-Zeitung. 1905. Nr. 97. 100.101.

Machholz, Ernst, die reformierte Kirchengemeinde in Soldau im Kreise Neidenburg. Ein Beitrag zur Geschichte der Reformierten in Altpreußen u. zugleich e. Gedenkblatt zur 200. Wiederkehr des Stiftungstages der Gemeinde (14. XI. 1905.) (51 S.) 8. Königsberg (905). (F. Beyer.) n. — 80
Sonderabdruck aus: „Mitteilgn. d. litterar. Gesellsch. Masovia".

Die reformierte Kirchengemeinde in Soldau im Kreise Neidenburg. Ein Beitrag z. Geschichte d. Reformierten in Altpreußen u. zugl. e. Gedenkblatt z. 200. Wiederkehr d. Stiftungstages d. Gemeinde ⟨14. Nov. 1905⟩. Von Ernst **Machholz** in Königsberg i. Pr. Lötzen (1905): P. Kühnel. (51 S.) 8° [Umschlagt. J.]
Aus: Mitteilungen d. Litterar. Gesellschaft Masovia. H. 11. [06. 5531 10

Die Reformierten im Kreise Osterode in Ostpr. von E[rnst] M[achholz] in Königsberg. (Osterode 1904: F. Albrecht.) (7 Bl.) 8° [Kopft. J. u. Ant.]
Aus: Osteroder Zeitung. Jg. 1904, No 151. [05. 1769

Machiavel, der neue, e. praktische Moral f. die Ungläubigen, (v. Fr. Buchholz). 8. Hamb. 804. (Campe). 1 ℛ 12 ℊ

Machiavel, der neue. Ein Buch für Fürsten aus den Papieren eines gefallenen Ministers. Manuscript aus Wien. 8. (III und 80 S.) Leipzig 849. (Wien, Jasper's Witwe und Hügel.)

Machiavel, Maria, d. vollkommene Cameralist; aus d. Ital. 8. Cöln 765. (Meyer in Lemgo). 3 ℊ

Machiavell, Der neue. Praktische Moral für die Ungläubigen. Hamburg 1804. V: *Buchholz, Friedrich.* (ErGr) (ErschDL) (Ky)

Ma(c)chiavell, Nicolaus, geschildert nach Ginguenée u. Artaud. Von W. Grafen v. Hohenthal-Städteln. 1. Lfg. gr. 8. (9½ B.) Leipzig 837, (Hinrichssche Buchh.)

Machiavelli, s. Wolff, Fr.

Machiavelli, d. j., (Stutzmann), Denkmal d. J. 1813 gesetzt. Eine historisch-philos. Betrachtung d. Begebenheiten unserer Zeit u. der Lage d. Welt. gr. 8. Nürnb. 814. Schrag. 4 ℊ

Machiavelli, Antonio, die Heldin von St. Rémy. Historisch-romant. Erzählung aus der Zeit des deutsch-französ. Krieges 1870. 16 Lfgn. gr. 8. (766 S.) Berlin 871, Heidemann und Comp. à Lfg. 30 Pf.

Machiavelli, Niccolo, u. seine Zeit, s.: Villari, P.

Machiavelli, Niccolò

Machiavelli, Nikl. di Bernardo, Briefe an seine Freunde a. d. Ital. v. H. Leo. gr. 8. Berl. 826. Dümmler. 1 ℛ 8 ℊ

Macchiavelli's Buch vom Fürsten, s. Universal-Bibliothek Nr. 1218 und 1219.

— das Buch vom Fürsten; aus d. Ital. v. A. W. Rehberg. 8 Cöln (Hannover). 810. 2e A. 8. Hannov. 824. Hahn. 1 ℛ

Macchiavelli, Niccolo di Bernardo dei. Das Buch vom Fürsten. Berlin 1858. Ü: *Eberhard, A.* (Kat. d. Bibl. f. d. Gesch. Berlins. Berl. 1896.)

Machiavelli, Nicc., das Buch vom Fürsten. Ins Deutsche übertragen von Alfr. Eberhard. Mit Machiavelli's (in Tondr. lith.) Portr. Berlin 868. Adolf & Co. 8. (XXVIII, 100 S.) n. 25 ngr.; geb. n. 1 ℛ 5 ngr.

Machiavelli, Nicolo, das Buch vom Fürsten. In's Deutsche übertr. u. m. e. Einleitg. begleitet v. Alfr. Eberhard. Mit Machiavelli's (lith.) Portrait nach e. Originalbüste d. Berliner Museum's. 2. Aufl. 8. [XXVIII, 100 S.) Bielefeld 873. Gülker & Co. n. 2. —

Macchiavelli, Niccolò: „Discorsi sopra la prima decade di Tito Livio". (Deutsch: „Nikl. Macchiavel's Unterhaltung über die I. Decade der römischen Geschichte des Livius; in 3 Büchern, von F. G. Findeisen und J. G. Scheffner", Danzig 1776 (W. Nauck in Leipzig).

Macchiavelli, N., Erörterungen üb. die erste Dekade d. Titus Livius, s. Bibliothek, historisch-politische.

—— histor. Fragmente. A. d. Italien. v. H. Leo. 8. (12¼ B.) Hannover 828, Hahn.

– Der Fürst, s. a. Bibliothek, Historisch-politische.

— der Fürst, s. Bibliothek für moderne Politik 2c., 1. Hft.

Machiavelli, Nicolo di Bernardo dei. Der Fürst, frei übersetzt . . . Rudolstadt 1804. Ü: *Baur, Franz Nic.* (Ky)

— der Fürst, frei übers. u. mit Nachrr. u. Bemerkk. v. Amelot de la Houssaye, (v. Frz. N. Baur.) 8. Rudolst. 804. (Hildebrandt). 1 ℛ 16 g

— der Fürst, frey übersetzt und mit Nachr. und Bemerk. v. Amelot de la Houssaye. 8. Rudolst. Klüger. 804.

(Il Principe.) Der Fürst von Nicolaus Macchiavel. Frey übersetzt und mit biographischen etc. Nachrichten und der Anmerkungen des Amelot de la Houssaye. Hrgg. v. Franz Nicolaus Baur. Arnstadt und Rudolstadt 1805. 8°

—— der Fürst, in Verbindung mit Friedrich d. Zweiten Antimachiavell übers. v. Wilh. Grafen v. Hohenthal-Städteln. (2 Lfgn.) gr. 8. Leipzig, (Hinrichs.)
Lfg. 1. Kap. 1—11. (5 1/4 B.) 832. 10 Gr.
" 2. " 12—26. (Schluß.) (9 B.) 835. 18 Gr.

Der Fürst des Niccolo Macchiavelli. Uebers. und eingeleitet v. Karl Riedel. Darmstadt 1841. = Bibliothek für moderne Politik und Staatswissenschaft. Heft 1. 8°

— der Fürst, nebst einer authentischen Beilage, übers. von Glo. Regis. gr. 8. Stuttgart u. Tübingen 842, Cotta'scher Verlag. 1 ℛ

— der Fürst. Uebers. u. bevorwort. v. Grützmacher. Berlin 870.

— Geschichte d. Castruccio Castracani von Lucca; aus d. Ital. mit Anmerkk. v. K. J. A. v. Rennenkampf. 8. Wenden u. Reval 816. (Fr. Fleischer). Schreibp. 1 ℛ Druckp. 16 g

Machiavelli, N., Geschichte d. Castruccio Castrocano von Lucca. Aus d. Ital. mit Anmerk. v. Rennenkampf. 8. Wenden. (Fr. Fleischer.) 818.

Machiavelli, N. di B. dei. Florentinische Geschichte. Aus dem Ital. übersetzt. Berlin 1809. Ü: *Neumann, (Frdr.) Wilhelm.* (GGr VII, 187)

Die Florentinische Geschichte in acht Büchern v. Niccolo Machiavelli. A. d. Italienischen übers. v. Johann Ziegler. Karlsruhe 1834. = Niccolo Machiavelli's Sämmtliche Werke. Bd. 4. 8°

— Florentinische Geschichten; aus d. Ital. v. Wlh. Neumann. 2 Thle. gr. 8. Berl. 809. (Rücker). 3 ℛ Holl. P. 4 ℛ 16 g

— florentinische Geschichten, a. d. Ital. von Neumann. 2 Thle. gr. 8. Berlin, Weiß. 809.

— Florentinische Geschichten. Aus d. Italien. übers. von Alfr. Reumont. 2 Thle. gr. 12. Leipzig 846, Brockhaus. 3 ℛ

— dies. s. auch: Bibliothek, ausgewählte, der Classiker des Auslandes, 54. u. 55. Bd.

— Historien von Florenz; übers. mit Anmerkk. v. D. W. Otto. 2 Bde. 4. Leipz. 788. Hertel. 4 ℛ

Machiavelli, Nicolò,
— — Die Kriegskunst, in sieben Büchern, nebst den kleineren militärischen Schriften. Aus dem Italienischen übersetzt von Johann Ziegler. Als Anhang: Auszüge aus den Quellenschriftstellern zur Darstellung des Standes der Kriegskunst im Anfang des XVI. Jahrhunderts. Mit Planen. 8. Carlsruhe 1833.

Macchiavelli, Niccolò. Leben des Castruccio-Castracani von Lucca. Deutsch von C. Jac. Al. v. Rennenkampf. 8. Wenden u. Reval 1816.

— Leben und Regierungsmaximen eines Fürsten. 8. Cöln, 714.

Machiavelli, Niccolo. Lustspiele und andre Poetische Schriften. Aus dem Italienischen übersetzt von Joh. Ziegler. Karlsruhe 1838. 8°.

Machiavelli, Niccolò, Mandragola. Komödie in 5 Aufzügen. Aus dem Ital. übers. u. eingeleitet von Alb. Stern. 8. (83 S. m. Portr. d. Verf. in Holzschn.) Leipzig 882. O. Wigand. n. 1. —

Machiavelli, Niccolò, la mandragola. Pubblicata secondo la più antica stampa da Giac. Ulrich. 8. (IV, 50 S.) Leipzig 896. Renger. n. 1. 50

Machiavelli, Niccolò, Mandragola, s. a. Liebhaber-Bibliothek, kulturhistorische. 12. Bd.

Mandragola. Komödie in 5 Aufz. von Niccolò Machiavelli [Macchiavelli]. Aus d. Ital. übers. u. eingel. von Paul Seliger. Berlin & Leipzig: J. Hegner [1904]. (113 S.) 8° [F.]
= Liebhaberbibliothek, Kulturhistorische. Bd 12. fol. 410

— — Mandragora (so!). Ein Lustspiel in Jamben. Deutsch. O. O. 1805. 8°. (36 xr. Beck, Nördl., Cat. 116; jetzt theurer!) „Erlangen" 1805 hat Engelmann, ohne Namen d. Uebersetzers. (Anon.-Lex. III. p. 109.)

— Opere. VII Vol. 8. maj. Vienna, Camesina, 796-97.

— opere. VII Voll. 8maj. Wien 796. 97 (Volke). 10 ℛ

— Opere. X Vol. 12. Cassel, Tourneisen. 798.

— Opere VIII Vol. 8. Bale. (Levrault in Strasb.) 803.

— — Opere Col ritratto dell' autore. 8 Vol. in 8. gr. Italia. (Firenze.) 813. (Vienna, Volke. Lips., Weigel.)

— — Opere. 9 Vol. in 16. col ritratto dell' Autore. Italia. (Vienna, Volke.) 819

Machiavelli, Niccolò, Opere complete. Con aggiunte e correzioni tratte dai manoscritti originali. Volume unico. Lex.-8. Firenze 843. (München, Franz.) n. 13 1/3 ℛ

— Opere in prosa ed. d. G. de Valenti. 3 Vol. 8. Berlin, Lange. 797. (od. 3 Thle. a. Valenti Scuola m. N. Tit.)

— opere in prosa ed. d. G. de Valenti. III Voll. 8. Berlin 797. (Reimer). 3 ℛ 4 g

Machiavelli, Niccolò, Opere scelte pubblicate per cura Zirardini. Con ritratto. 8. Parigi 850. (Leipzig, Brockhaus.) n. 5 ℛ

— Oeuvres. 8 Vol. Par. (Sommer à Lps.) 793.

Machiavelli, Niccolò, il principe, colla vita dell' autore. 32. (XXIV u. 176 S.) Frankfurt a. M. 852, J. Baer. n. 14 ngr

Nic. Machiavells Regierungskunst eines Fürsten. Mit Herrn Amelots de la Houssaye historischen und politischen Anmerkungen aus dem Leben Machiavells. Hannover und Leipzig bey Johann Wilhelm Schmidt. 1756. 1 Bd. 8°. *Hieran schliesst sich:* Historie des Antimachiavells. Nebst denen darüber gefällten Urtheilen.

Machiavel, Nic. de, Regierungskunst eines Fürsten. (hat auch d. Titel: Antimachiavel, oder Vers. ein. Kritik über ꝛc., od. Histor. d. Antimachiavel) 8. Hannover, Hahn. 762.

Vom S t a a t e oder Betrachtungen über die ersten zehn Bücher des Titus Livius von Niccolo Machiavelli. A. d. Ital. übers. v. Johann Ziegler. Karlsruhe 1832. = Niccolo Machiavelli's Sämmtliche Werke. Bd. 1. 8°

Machiavelli, N. di B. dei. Unterhaltungen über die erste Dekade der römischen Geschichte des T. Livius. A. d. Ital. Danzig 1776. Ü: *Scheffner, Johann Georg.* (MGT) (Ky) & *Frdr. Gotthelf Findeisen.* (Ebert)

— Unterhalt. üb. d. erste Dekade der römischen Geschichte d. Livius, in 3 Büchern; aus d. Ital. (v. J. G. Scheffner). 8. Danzig 776. (W. Nauck in Leipz.) 2 ₰

— **Unterh. über d. erste Dekade der römischen Geschichte des Livius, in 3 Büchern, a. d. Ital. 8. Danzig, (Sommer in Lpz.) 776.**

§ * **WEIB**, Das, unleidlicher als die Hölle, oder Der verheyrathete, und wieder zu der Unter-Welt gekehrte Teufel Belfegor, Der galanten Welt Kurtzweilitatis gratia herfürgegeben, (nach d. Italien. des *Nicolo Macchiavelli*, 1469—1527) von I r i f l o r (d. i. Joh. Friedr. R i e d e r e r). Mit Titelkpfr. Franckfurth und Leipzig (Nürnberg), 1725. Kl. 8°. 48 S. (In Berlin: Yv 1891.)

Ma(c)chiavelli, Nicc. (di Bernardo dei), sämmtl. Werke. A. d. Italien. übers. v. Joh. Ziegler. (In 8 Bdn.) — 1. Bd. — A. u. d. T.: Vom Staate, od. Betrachtn. üb. d. ersten 10 Bücher d. Tit. Livius. gr. 8. (25½ B.) Karlsruhe 832, Groos.

—— dass. 2. Bd. — A. u. d. T.: Der Fürst, d. kleinern polit. Schriften u. Gesandtschaft bei d. Herzog v. Valentinois. gr. 8. (23 B.) Ebds. 833.

—— dass. 3. Bd. — A. u. d. T.: Die Kriegskunst in 7 Büchern, nebst d. kleinen militair. Schriften d. N. Ma(c)chiavelli. Als Anh., Auszüge a. Quellenschriftstellern z. Darstellung d. Standes d. Kriegskunst im Anfang d. 16. Jahrh. M. 11 Plänen (gr. 4. u. kl. Fol.) gr. 8. (23 B.) Ebds. 833.

—— dass. 4. Bd. — A. u. d. T.: Die florentin. Geschichte in 8 Büchern. gr. 8. (27½ B.) Ebds. 834.

Machiavelli, Nicc. (di Bernardo bei), sämmtl. Werke. A. d. Italien. übers. v. Joh. Ziegler. 5—8. Bd. gr. 8. Karlsruhe, Groos.

A. u. d. Titln.:

Bd. 5., 6. Histor. Fragmente u. Gesandtschaften u. Sendungen d. Nicc. Machiavelli. 2 Bde. [1. (23¾ B.), 2. (23½ B.) 838. à 1 Thlr. 12 Gr.] 3 Thlr.

" 7. Lustspiele u. andre poetische Schriften. (20⅛ B.) 838. 1 Thlr. 8 Gr.

" 8. Freundschaftl. Briefe. — Machiavelli's Leben. — Florentin. Geschichte v. J. 1492—1512. (32⅝ B.) 841. 2 Thlr.

1—4. Bd. Ebendas. 1832—34. 7 Thlr.

— sämmtliche Werke. Aus d. Italien. übers. von Jh. Ziegler. 8. Bd. — A. u. d. T.: Freundschaftl. Briefe.. Uebers. von J. Ziegler. — Machiavelli's Leben. — Florentinische Geschichte vom Jahr 1492—1512, von Carl Ziegler. gr. 8. Karlsruhe 841, Groos. 2 ₰ (1—8: 13⅓ ₰)

— — N e u e Z e i t u n g e n a u s d e r H ö l l e n, worinnen gründlich dargethan und bewiesen wird, das (!) die Weiber die einzige Ursache sind, das (!) heutiges Tages so viele Männer in die Hölle kommen, und Wie der Ertzteufel Belfagor, auf Geheiss des Plutonis, in diese Welt gesandt, um sich zu verheyrathen, den rechten Grund von der W e i b e r - B o s s h e i t dadurch zu vernehmen, welcher solchen Befehl zwar ausgerichtet, aber lieber wieder nach der Hölle zurückkehren als verheyrathet bleiben wollen. Mit Titelkpfr. Anno 1762. 8°. 30 S. (9 Mk. E. Frensdorff, 1909.) Rar!

Machicado, José Santos, Cuentos Bolivianos. (VII, 253 S. m. Bildnis.) kl. 8. Freiburg i/B. (908). Herder. 1.60; geb. in Leinw. 2.40

Machik, Béla, Beiträge zur Kenntniss des Sehnengewebes. (Aus den Sitzungsber. der k. Akad. der Wissensch.) Wien 859. Gerold in Comm. gr. 8. (10 S.) n. 2 ngr.

Machik Bela: Beiträge zur Kenntnis des Sehnengewebes. S. 34. 91 . . . . —.20
Separatabdruck

Machik, Joseph von

Machik, J. v., Gisela, s. Gisela.

Machik, Joseph v. Gisela. Eine Auswahl von Gedichten der hervorragendsten magyarischen Dichter. Deutsch von —. *Pest* 1858. Verl. v. *Robert Lampel. Leipzig.* XII, 130 S., 8°.

Machine à perforer les roches pour le percement des tunnels et galeries de mines, inventée par M. Penrice. Rapport de la commission avec une note par M. F e l l o t. Avec 2 planches lithogr. 24 pp. in-gr. 8. Zürich, typ. Orell, Füssli & Co. 1872.

M a c h i n e à visser les semelles, Brevetée. Nouveauté!... Indispensable pour tout Atelier de Cordonnier.... [Prospectus illustré.] IV + 4 p. 8. (Schaffhouse, H. Meier & Cie., [1901].)

Machinek, Anton, *Pfarrer in Domstadtl.* Die Schlacht bei Domstadtl im J. 1758. *Olmütz* 1858. *Frz. Slawik.* 54 S., 3 Bl., 8°.
Das Erträgniss dieses Werkes gedenkt der Verf. zur Errichtung einer Stiftung zu verwenden, in der Art, dass alljährl. am 30. Juni in der Domstadtler Pfarrkirche eine h. Seelenmesse gelesen werde.

Machinek, Anton, weiland Pfarrer in Domstadtl. Die Schlacht bei D o m s t a d t l (Ueberfall der Preussen durch Laudon und Siskowitz im Jahre 1758) nebst kurzer Lebensgeschichte Laudons 2. verbess. u. verm. Aufl. der Broschüre „Die Schlacht bei Domstadtl". Verfasst über Beschluss der Gemeinde-Vertretung Domstadtl's von Wilhelm Crist. Bürgermeister. Mit 3 Illustrationen.
8. Olmutz 1897.

Machinist, American, deutsche Ausg., s.: **Zeitschrift f. praktischen Maschinenbau.**

Machir bar Abba Mari, R., Jalkut Ha-Machiri. Sammlung midrasch. Ausleggn. der Sprüche Salomons. Zum ersten Male nach e. Handschrift hrsg. m. Anmerkgn., Quellennachweis u. Einleitg. versehen v. L. Grünhut. (In hebr. Sprache.) gr. 8. (232 S.) Frankfurt a/M. (902). J. Kauffmann. n. 4.—

Machir b. Abba Mari, (Saec. XII), the Yalkut on Isaiah. Edited for the first time from an unique ms. of the library of Leyden and annotated by J. Spira. (In hebr. Sprache.) gr. 8. (VII, XXX, 258 S.) Berlin 894. (Wien, Ch. D. Lippe.) n. 10. —

Maechler, A. Das Begräbniswesen nach Schweizerischem Bundesrecht. In-8°. 152 S. Diss. Bern. 1893.

Machmer, Fritz, über Graphologie oder die Kunst, die Geistes- und Gemütseigenschaften eines Menschen aus seiner Handschrift zu erkennen. Nach einem Vortrage, gehalten in der naturforsch. Gesellschaft Graubündens, im kaufmänn. Verein Churs u. a. O. gr. 8. (71 S. mit ca. 150 Handschriften-Abbild. und erklär. Text.) Zürich 888, Verlags-Magazin. *

Machmer, Joseph, a. Ahrbergen, Prov. Hannover: Das Krankenwesen der Stadt Hildesheim bis zum 17. Jahrhundert. Hildesheim 1907: A. Lax. (96 S.) 8° [F.]
Münster, Phil. Fak., Ref. Meister, Diss. v. 26. März 1907
[Geb. 16. Okt. 81 Ahrbergen; Wohnort: Ahrbergen; Staatsangeh.: Preußen; Vorbildung: Gymn. Hildesheim Reife O. 02; Studium: Freiburg i. B. 1, München 2, Münster 4 S.; Rig. 1. Aug. 06.]

Machmer, Jos., das Krankenwesen der Stadt Hildesheim bis zum 17. Jahrh., s. a. **Beiträge, Münstersche, zur Geschichtsforschung.** XV.

Das Krankenwesen der Stadt Hildesheim bis zum siebzehnten Jahrhundert, von Dr. Joseph **Machmer**. Münster ⟨Westf.⟩: F. Coppenrath 1907. (94 S.) 8°
= **Beiträge**, Münstersche, z. Geschichtsforschung. N. F. 15. [07. 10157 6

Machner, Karl, Erinnerungen an das 6. Deutsche Turnfest zu Dresden, Neidenburg O.-Pr. 1885, 56 S., 8°.

Machnig, Die Befreiung von der Teilnahme am Turnunterricht, Leipzig 1897, 4°.

[F.] **Machnig,** Julius [Dr.]: Bemerkungen zum Turnunterricht an höheren Lehranstalten. Neisse, Druck v. F. Bär, 1897; 1—16 S. 4.
Neisse, k. kath. G, OP 1897 (203)

Machnig, Julius: Katalog der Lehrer-Bibliothek des Königl. Kath. Gymnasiums zu Neifse. I. Teil Die deutsche und lateinische Litteratur. 8 (119 S.).
Progr. Kgl. kath. G. *Neifse* 1900

Machnig, Julius *(geb Roben bei Leobschütz 13. 5. 1860)*: De oraculo Dodonaeo capita V. Vratislaviae (1885). (39 S.) 8°
[Im Buchhandel 1885 bei Köhler in Breslau.]
Breslau, Phil Diss. v 14. März 1885

Machnig, Jul., de oraculo Dodonaeo capita V. Dissertatio inauguralis. gr. 8. (39 S.) Breslau 885, (Köhler.) *

Machnig, Julius, Dr.: Verzeichnis der Lehrer-Bibliothek des Königl. Kath. Gymnasiums zu Neisse. T. 1. Die deutsche u. latein. Litteratur. *Neisse 1900: F. Bär.* (119 S.) 8°
Neisse, k. kath. G, OP 1900 (209)

Mâchoire d'Ane. [Helmstadt 1707?] V: *Hardt, Hermann von der.* (BrMm)

Machol, Alfred, Arzt: Die Entstehung von Geschwülsten im Anschluss an Verletzungen. Ein Beitrag aus d. chirurg. Universitätsklinik Strassburg i. E. ⟨Dir.: Prof. Madelung.⟩ *Strassburg i. E.: J. Singer 1900.* (130 S.) 8°
Strassburg, Med. Diss. v. 1900

Machol, Hermann [pract. Arzt aus Friedheim]: Ein Fall von Paralysis agitans nach einer Ulnarisverletzung .... Berlin, Buchdr. v. Gustav Schade (Otto Francke) (1886); 2 + 30 + 2 S. 8°.
Berlin, Med. Fak., Inaug.-Diss. v. 23. Jul. 1886.

Machol, Hermann, ein Fall von Paralysis agitans nach einer Ulnarisverletzung. Diss. Berlin 1886, Mayer & Müller. 8°. 30 S.

Machold, Bernhard, approb. Arzt in Jena: Ein Fall von letal verlaufenem Eczema impetiginosum. *Jena 1903: A. Kämpfe.* (27 S.) 8°
Jena, Med. Diss. v. (10. Jan.) 1903

Machold, E., die Kunst zu plaudern u. was e. Gebildeter wissen muß! (111 S.) 8. Dresden (908). W. A. Schwarze. 1.80; geb. bar 2.60

— Die Macht der Energie u. wie man sie erlangt. Eine Anleitg., sich u. andere zu beherrschen. (91 S.) 8. Ebd. (908). 1.50; geb. 2.40

Machold, J., Roland-Schildträger. Ballade von Ludw. Uhland. Photographien nach den Orig.-Aquarellen. gr. Fol. (13 Bl.) Wien 862, Jägermayer und Comp. In Mappe. *

— Singen und Gesang in Bildern. 6 Photogr. qu. gr. 4. München 863, Albert. 8 Thlr.; grosse Ausg.

Machold J.: Zehn Tafeln z. Anatomie d. Pferdes, nach der Natur gezeichnet. 2. Aufl. Wien (1879). 15 S. 10 kol Tvl. St. tv.-Fol.

Machold, J., Zehn Tafeln zur Anatomie des Pferdes. Nach der Natur gez. Farbendr. (15 S. Text.) (II.) qu. 4°. Wien 80. F. Paterno. M. 16.—

Machold, J., zehn Tafeln zur Anatomie des Pferdes. Nach der Natur gezeichnet. 2. Aufl. Chromolith. qu. Fol. (15 S.) Wien 881. Paterno's Nachf. in Comm. cart. n. 16. —

Machold, Wilh. Goethes Hermann u. Dorothea. Erläutert f. den Schulgebrauch. gr. 8. (119 S.) Gera 889. Hofmann. * 1 —

Machold, Wilh., illustrierte Naturgeschichte der drei Reiche, s.: **Polack, Fr.**

— s.: **Polack, F., illustrierte Naturgeschichte der 3 Reiche.**

—— Reformbestrebungen d. Naturgeschichts-Unterrichts, s. Sammlung pädagogischer Vorträge.

— Ursachen, Ziele u. Wege der Reformbestrebungen d. Naturgeschichts-Unterrichts in der Volksschule, s.: Sammlung pädagogischer Vorträge.

Machol̈dt, Eug., Baupraxis. Nachschlagebuch f. alle Bauinteressenten, Bausachleute u. Bauhandwerker. Kurzgefaßte Zusammenstellung aller Arten zur Anfertigung v. Projekten, Bauplänen, Vorausmaßberechng, Preisentwickelg. u. Kostenanschlag, Bauführg. u. Abrechng. f. Bauanlagen jeder Art. Bearb. unter Mitwirkg. v. Ausschußmitgliedern des bayer. Techniker-Verbandes. Hrsg. durch den bayer. Techniker-Verband, Landes-Verwaltg. des deutschen Techniker-Verbandes. (VII, 272 S.) 8. München 906. Th. Ackermann. Geb. in Leinw. n. 4. —

Macholz, Waldemar, Studien-Inspektor am Kgl. Predigerseminar zu Naumburg a. Queis: Spuren binitarischer Denkweise im Abendlande seit Tertullian. *Jena 1902: A. Kämpfe.* (57 S.) 8° [Umschlagt.] ¶(Teil d. eingereichten Arbeit: Der binitarische Monotheismus von Sardika im Zusammenhange d. binitarischen Traditionen d. Abendlandes untersucht ... — Weitere Abschnitte sollen später erscheinen.)
Halle, Theol. Diss. v. 13. Dez. 1902

MacHoul, David A. Beiträge zur Kenntniss der Anthracenreihe. Freiburg im Breisgau, 1881.

Machovec, F., üb. die Krümmungsmittelpunkte der Dreiecks-Curven [courbes triangulaires]. [Aus: „Sitzungsber. d. k. böhm. Gesellsch. d. Wiss."] gr. 8. (S. 81—96 m. 1 Taf.) Prag 891. (F. Řivnáč.) n. — 60

Machovec, F., üb. die Osculationsebenen der Durchschnittscurve zweier Flächen zweiter Ordnung. [Aus: „Sitzungsber. d. k. böhm. Gesellsch. d. Wiss."] gr. 8. (6 S.) Prag 890. (Řivnáč.) n. — 20

— üb. den Zusammenhang der Krümmungshalbmesser der Parabeln u. Hyperbeln höherer Ordnung m. den Krümmungshalbmessern der Dreieckscurven. [Aus: „Sitzungsber. d. k. böhm. Gesellsch. d. Wiss."] gr. 8. (S. 77—81 m. 1 Fig.) Ebd. 892. n. — 12

MACHOVICH, Julius: De avulsione ecclesiae Constantinopolitanae a sede Romana. — (1882) 119 S. 8° (Handschr.) Diss. 431
Diss. Wien, Univ.

Machowicz, Anton

Machowicz, A., Grundsätze f. das Etats-, Kassen-, Rechnungs-, Revisions- u. Anleihewesen (Finanzordnung) der Stadtgemeinden in Form e. Geschäftsanweisung m. zahlr. Musterformularen u. Mustereintragungen. 3. Aufl. (XXV, 325 S.) Lex. 8. Berlin 908. F. Vahlen.
[1. Aufl. 1907.] Geb. in Leinw. 8. —

[**Machsor.**] מחזור, s. **Festgebete der Israeliten.**

Machsor. (Festtagsgebete). 2 Thle. 12. Wien 826. Ant. v. Schmid. 12 ℛ in 4. 2 ℛ

מחזור מכל מועדי חש נח מנהג פולין **Machsor mikol moadé hachana**, od. Cyklus d. Festgebete d. ganzen Jahres. Geordnet u. mit e. neuen deutsch. Uebersetz. vers. v. Mor. Fränkel. (1. Abthl.) 1—3. Bd. gr. 8. ($33\frac{1}{4}$ B.) Berlin 838, Lewent's Vrlsbuchh. * $2\frac{1}{2}$ Thlr., Vlnp. * $3\frac{1}{2}$ Thlr., extra f. Vlnp. *

— מחזור ראש השנה ויום כפור מנהג אשכנז **Machsor Rosch-haschana.** Gebete am Neujahr, und Jom-kippur. Frühgebete, Nach altem deutschen oder nach polnischem Ritus. Vollständiger hebräischer Text mit einer neuen hochdeutschen Uebersetzung in deutscher Schrift. Im Vereine mehrerer Gelehrten bearbeitet u. herausg. von J. Heinemann in Berlin. 2 Bde. in 5 Lfrgg. gr. 8. Leipzig 838. Göthe'sche Buchh. n. $3\frac{3}{4}$ ℛ Schreib-Velinp. n. $4\frac{7}{12}$ starkes Schweiz.-Velinp. n. $5\frac{5}{6}$ ℛ

—— מחזור ראש השנה ויום כפור מנהג פולין **Machsor Roschhaschana.** Gebete am Neujahr, u. Jom-kippur. Frühgebete. Nach polnischem Ritus. Mit einer neuen hochdeutschen Uebersetzung. Im Vereine mehrerer Gelehrten bearb. u. hrsg. v. J. Heinemann. 2 Bde. (5 Lfgn.) gr. 8. (77 B.) Leipzig 838, [O. A. Schulz.] $3\frac{1}{3}$ Thlr., Schrbp. $4\frac{1}{6}$ Thlr., Vlnp.

—— dass. (מנהג אשכנז) Nach altem deutschen Ritus rc. 2 Bde. (5 Lfgn.) gr. 8. (77 B.) Ebds. 838.
$3\frac{1}{3}$ Thlr., Schrbp. $4\frac{1}{6}$ Thlr., Vlnp.

—— מחזור לחג הסכות (**Machsor-Sucoth.**) Synagogal-Gebete am Laubhütten-Feste. Mit e. neuen hochdeutsch. Uebersetz. zunächst f. Frauen. Von J. Heinemann. gr. 8. ($20\frac{1}{2}$ B.) Berlin 5601 (840), Heymann. *

— (**Machsor-Pesach.**) Synagogal-Gebete am Ueberschreitungs-Feste. Mit einer neuen hochdeutschen Uebersetzung, zunächst für Frauen. Von J. Heinemann. gr. 8. Berlin 841. (Heymann.) n. $1\frac{3}{4}$ ℛ

—— (**Machsor-Schebuoth.**) Synagogal-Gebete am Wochen-Feste. Mit e. neuen hochdeutsch. Uebersetz. zunächst f. Frauen. Von J. Heinemann. gr. 8. (18 B.) Berlin 841, Heymann. *
Zusammen genommen 3 Bde. nur * 2 Thlr., Schrbp. 2 Thlr. 20 Gr., Vlnp. * 4 Thlr.

— für die sämmtl. Feste der Israeliten, nebst dem Selichoth mit einer neuen deutschen Uebersetzung. In 10 Bden. Mit Biur u. Uebersetzung von W. Heidenheim. 5. Aufl. 8. Wien 841, v. Schmid u. Busch. Pr.-Pr. f. alle 10 Bde. $5\frac{1}{4}$ ℛ — Velinp. $6\frac{2}{3}$ ℛ — Schreibp. $9\frac{5}{6}$ ℛ

— die sämmtl. Festgebete der Israeliten (nach poln. Ritus) mit einer deutschen Uebersetzung (in deutschen Lettern) von W. Heidenheim. In 5 Bden. gr. 8. Ebend. 841. Alle 5 Bde. $4\frac{1}{4}$ ℛ

— dass. nach poln. Ritus, ohne Uebersetzung. 2 Bde. 8. Ebend. 841. $\frac{7}{8}$ ℛ

מחזור כולל התפלות והפיוטים לכל מועדי אל מראשית השנה עד אחרית שנה. **Machsor.** Die sämmtl. Fest-Gebete u. gottesdienstl. Dichtungen d. Israeliten. Uebers. u. erklärt v. M. Letteris. (Ausgabe in 9 Bdn.) 1—6. Bd. Prag, Haase Söhne, Verl. [1. u. 2. Bd. (37 B.) 3. (11 B.) 845., 4. ($29\frac{5}{8}$ B.) 46., 5., 6. ($40\frac{1}{8}$ B.)] Ausg. A. Nr. 1. à 1 Thlr. 9 Ngr.; Nr. 2. 26 Ngr.; Nr. 3.

מחזור **Machsor.** Die sämmtlichen Festgebete der Israeliten für die 3 großen Feste. (Hebräisch und deutsch.) Uibers. und erklärt von M. Letteris. (Ausg. in 9 Bdn.) 7—9. Bd. gr. 8. (1000 S.) Prag 847—48, Haase Söhne, Verlags-Expedition.
Ausg. Nr. 1. *
Ausg. Nr. 2. *
Ausg. Nr. 3. *
Das vollständige Werk kostet jetzt: Ausg. Nr. 1. (Velinp.) * 10 Thlr. 15 Ngr. — Ausg. Nr. 2. (Schrbpr.) * 7 Thlr. — Ausg. Nr. 3. (Druckp.) * 5 Thlr. 8 Ngr. — Vgl. 10. Bd. 2. Abthl. S. 1.

—— dass. (Ausg. in 5 Bdn.) 1—3. Bd. gr. 8. Ebds. [1. ($24\frac{7}{8}$ B.) 845., 2. ($32\frac{1}{8}$ B.) 3. (27 B.) 47.] Ausg. B. Nr. 1. à * 1 Thlr. 12 Ngr.; Nr. 2. * 28 Ngr.; Nr. 3. *

—— Die sämmtl. Festgebete der Israeliten f. die Neujahrstage u. das Versöhnungsfest. Uebersetzt u. m. Anmerkungen begl. v. M. Letteris. Ausg. in 2 Bdn. 1. Bd. gr. 8. ($36\frac{1}{4}$ B.) Ebds. 846. Pränum.-Pr. 1 Thlr. 2 Ngr.; Schrbp. 1 Thlr. 14 Ngr.; Prachtausg.

—— dass. — (Hebräisch und deutsch.) Uibersetzt und mit Anmerkungen begleitet von M. Letteris. (Ausg. in 2 Bdn.) 2. Bd. gr. 12. (623 S.) Ebds. 848.
Ausg. Nr. 1. *
Ausg. Nr. 2. *
Ausg. Nr. 3. *
1. Bd. Ebendas. 1846. Für beide Bände ist der Preis jetzt: Ausg. Nr. 1. (Velinp.) * 2 Thlr. 26 Ngr. — Ausg. Nr. 2. (Schrbpr.) * 2 Thlr. 6 Ngr. — Ausg. Nr. 3. (Druckp.) * 1 Thlr. 20 Ngr.

—— Hebräisch mit deutscher Uebersetzung. Nebst neuen Gebeten. Gebetb. am neuen Jahr, am Pesachfest, am Schabouthfest, am Succothfest, am Versöhnungstag. 5 Bde. 8. Sulzbach 845. (Nördlingen, Beck'sche Buchh.) [1. ($21\frac{1}{2}$ B.) 2. (20 B.) 3. ($15\frac{1}{2}$ B.) 4. (17 B.) 5. ($29\frac{1}{4}$ B.)]

—— od. Festgebete der Israeliten für das ganze Jahr. gr. 12. ($22\frac{5}{6}$ B.) Danzig 846. (Anhuth.) *

— מחזור. Festgebete für Israeliten für das ganze Jahr. Königsberg 853. Samter. (Berlin, Ehle.) 8. (490 S.) n. 15 ngr.

— מחזור לראש השנה ויום כפור. Sämmtliche Gebete der Israeliten am Neujahrs- und Versöhnungsfeste. Sorgfältig geordneter und correcter hebräischer Text mit einer vollständigen Uebersetzung in deutscher Sprache nebst Erläuterungen aller dunkeln Stellen, die einer Erläuterung bedürfen. Von Mor. Fränkel. Verm. u. verb. Ausg. 2 Thle. Berlin 854, 55. Hasselberg. gr. 8. (IV, 352; 531 S.) n. 2 ℛ. 15 ngr.

—— [illegible] Frauen-Machsor. Sämmtliche Gebete der Israeliten am Neujahrs- und Versöhnungsfeste in deutscher Sprache mit hebr. Text der Haupt- und Pflichtgebete. Von Mor. Fränkel. Bevorwortet von der Rabbinats-Verwaltung zu Berlin. 3., verm. und verb. Ausg. gr. 8. (1. Thl.: Neujahrsfest. III und 295 S. und 2. Thl.: Versöhnungsfest. 444 S.) Berlin 855, Hasselberg'sche Vrlgsb. *

Machsor. Die sämmtlichen Festgebete der Israeliten für die Neujahrstage und das Versöhnungsfest. Uebers. u. mit Anmerkungen begleitet von M. Letteris. (Neue Ausg.) 1. Bd. Prag 855. Haase. gr. 8. (576 S.) n. 1 ₰. 4 ngr.

Machsor. Die sämmtlichen Festgebete und gottesdienstlichen Dichtungen der Israeliten. Uebersetzt und erklärt von Dr. M. Letteris. Ausgabe in 9 Bänden. 1—4. Band. Prag, 1856. Verlag, Druck und Papier von Gottlieb Haase Söhne. (300, 272, 167, VIII. 464 S. 8.)

Machsor. 1—5. Bd. Preßburg, 1856. Druck der vormals Schmid'schen Buchdr. Wien, 1856. Verlag von J. Knöpflmachers Buchhandl. (212, 16, 500, 296, 16, 324, 16, 216, 16 S. 8.)

Machsor. Tom. I—II. (kompl.) Druck der vormals Schmid'schen Buchdr. in Preßburg, 1856. Wien, 1856. Verlag von J. Knöpflmachers Buchhandlung. (36 S. 140 Bl. 16 S. 166 Bl. 16 S. 8.) (Hebräisch.)

Machsor Vitry, nach der Oxforder Handschrift (Cod. No. 1100) zum ersten Male hrsg. u. m. Anmerkgn. versehen v. S. Hurwitz. (In hebr. Sprache.) 5 Thle. gr. 8. (VIII, 801 S.) Berlin 889—893. M. Poppolauer. 15. —; ermäss. Preis n. 12. —

— dasselbe. Einleitung u. Register v. S. Hurwitz m. Beiträgen v. A. Berliner. (In hebr. Sprache.) gr. 8. (200 u. 16 S.) Ebd. 896. 897. n. 3. —

Macht, von der, der Bischöfe in Ehesachen. 8. München 782. Lentner. 4 gr.

Macht, die, des Bösen, in unsern Tagen, durch Gebet bekämpft. Regensburg 868. Pustet. 16. (21 S.) 1 ngr.

Macht der kath. Glaube die Leute arm? Paderborn, Bonif.-Druckerei. 1873. 16°, 10 Pf. (Bonif.-Broich. Jahrg. 4, Heft 1.)

— die, d. Papstes ist groß, s.: Brochüren-Cyclus.

Die Macht des Papstums ist groß, aber sie unterdrückt nicht, sondern sie unterstützt (Ausspruch Pius' IX.). Mit Anhang: Der Stellvertreter Jesu Christi ist der unfehlbare Lehrer der Kirche. Soest, Nasse, 1870, 12°, 20 Pf. (Broich.-Cyklus i. d. kath. Deutschl. Jahrg. 5, Nr. 1.)

Macht, Deutschlands und Frankreichs. Eine Schutz- und Trutzschrift von einem Deutschen Officier a. D. Potsdam 1859. V: *Wickede, Julius von.* (Russell IX, 290)

Macht euch bereit. Ein Wort an das deutsche Volk. 2. Aufl. 16. (4 B.) Herisau 846. [Schläpfer.] Thlr.

Macht Euch wehrhaft! Von Freunden deutscher Freiheit und Einheit in der Schweiz. 8. (Zürich [1866].)

Macht, die, der Finsternis. Kriminalroman v. Sphinx. (140 S.) 8. Leipzig (909). J. Püttmann. 1. 50

Macht Frieden im Lande! Elbing 863. Neumann-Hartmann. 8. (16 S.) n. 2 ngr.

Gegenseitige | Macht der Liebe | oder | Schwur der Treue. Höchst merkwürdiger Vorfall | aus der neuesten Zeit. Druck: Lüdecke'sche Buchdruckerei in Osnabrück. o. J., 8 S., 182 × 115. LBO Bänkelsängerlit. III, 105.

Macht, Die geistliche, des Papstes . . . St. Gallen 1850. V: *Bleyer, Eduard.* (Ky)

—— die geistliche, des Papstes und die weltgeschichtl. Bedeutung ihres neuerdings angekündigten Sturzes. Dargestellt von Ed. Bl(eye)r. 8. (19 S.) St. Gallen 850, Scheitlin und Zollikofer.

—— die, des Glaubens. Aus dem Engl. 16. (64 S.) Cleveland 871. (Philadelphia, Schäfer und Koradi.) geb. *

Macht. Die M' des christlichen Glaubens, dargestellt im Leben des ... Nikolaus Wolf. Luzern 1832 s.a[Widmer, Joseph].

Die Macht des christlichen Glaubens, dargestellt im Leben des durch auffallende Gebetserhörungen merkwürdig gewordenen Niclaus Wolf von Rippertschwand in dem Canton Luzern. Von einem — Freunde des Seeligen. Mit Portrait. Luzern 832. 8.

Macht, Die, des christl. Glaubens, dargestellt im Leben des durch auffallende Gebetserhörungen merkwürdig gewordenen Nikolaus Wolf von Rippertschwand, aus dem Kanton Luzern. Mit e. Anhange von Meß- u. a. kathol. Gebeten. 3e verb. u. verm. Aufl. Mit Wolfs Bildniß. Luzern: Gebr. Räber; St. Gallen, Scheitlin u. Zollikofer; (Augsb., Kollmann) 1834 16°

Macht, Die, des christlichen Glaubens, dargestellt im Leben des durch auffallende Gebetserhörungen merkwürdig gewordenen Niklaus Wolf von Rippertschwand, aus dem Kanton Luzern. 4. Aufl. [Luzern] 1846. V: *Ackermann, Jos.* (BSchw-Lk V, 5, 1/2)

Macht, die, der Kindesliebe. Schausp. v. Seidel. 8. Lpz. Fleischer. 789. Rthlr.

— über kirchliche, nach M. Mendelssohn, (v. Chr. G. Krause). 8. Berlin 785.

— die, des Kreuzes, siehe: Lebensschattirungen, 11. Bd.

Macht, die, der Leidenschaft, Trauerspiel in 4 Akten, von C. Schöne. 8. Berlin, Amelang. 818.

— die, der Leidenschaften. Schsp. v. W. Kraus. 8. Wien, Schaumburg. 797.

Macht, die, der Liebe, s. a. Kindertraktate.

MACHT, Die, der Liebe. Ein Schäferspiel in drey Aufzügen, aufgesetzt von einem Schäfer nach der Mode. Frankfurt u. Leipzig 1761. 8°. (In Stuttgart.) Selten!

Macht, die, der Liebe, vom Verf. von Susettens Aussteuer. 8. Hamb. 803. (Herold jun.) 16 gr

— die, der Liebe, vom Verf. von Susettens Aussteuer. 8. Hamburg, Vollmer. 803.

Macht, Die, der Liebe ... Aus dem Franz. Mainz 1804. V: *Fiévée, Jos.* (GGr VII, 679) (Zeitschr. f. Büch. N. F. 15, 1923, S. 115) Mainz u. Hamburg 1803. (Taute, Ordens- u. Bundesromane 181) (wolfstieg II, 885) (BGE IV³, 339 f.)

— die, der Liebe, Trauerspiel in 4 Aufz. v. F. W. Ziegler. gr. 8. Leipzig, Köhler. 818.

Macht, die, der Liebe. Hrsg. v. der niedersächs. Gesellschaft zur Verbreitg. christl. Schriften. 1.—20. Heft. (à 16 S.) 8. Hamburg, Ev. Buchh. à — 10

Aber die Liebe ist die größeste unter ihnen. (1. Kor. 13, 13.) Von M. v. O. (905.) (Nr. 7.)
Adderley, J., Parkstraße u. Mauergasse. (906.) (Hft. 15.)
Averdieck, Elise, die Ferienreise. (906.) (Hft. 12.)
— Heinrich d. Vogler, s.: Banks, A., Frau Nelly's billiger Einkauf.
— Wo ist Mariechen? — Heim. Von M. v. O. (906.) (Hft. 16.)
— d. Rittergut. (906.) (Hft. 14.)
Bach. Ueberwunden. (905.) (Hft. 4.)
Banks, Alice, Frau Nelly's billiger Einkauf. Autoris. Uebersetzg. v. Marie Schultz. — Averdieck, Elise, Heinrich d. Vogler. (906.) (Hft. 19.)
Engel, der, der Geduld. Von M. J. (905.) (Hft. 6.)
Erzählungen üb. Kirchenlieder. 3. Aufl. (905.) (Hft. 2.)
Fluch u. Segen. Von M. v. O. (905.) (Hft. 3.)
Gottesfurcht u. Heilandsliebe. Von M. v. O. (905.) (Hft. 5.)
Macht, die, der Liebe. Von M. v. O. (905.) (Hft. 1.)
Riese, Charlotte, mein Freund Kaspar. (906.) (Hft. 17.)
— Georg. Die Geschichte eines Kindes. (905.) (Hft. 8.)
Oguyomi od. das Sklavenkind u. seine Mutter. — Die Kaninchen. (906.) (Hft. 20.)
Pitkairn-Insel, die. (906.) (Hft. 18.)
Schultz, Marie, ein Gottesgeschenk. Frei nach d. Engl. — Was Mariechen aus der Sonntagsschule mitgebracht. Von M. v. O. (906.) (Hft. 13.)
Schultz, Marie, Kindesliebe. Frei nach d. Engl. — Bist du bereit? Von M. v. O. (906.) (Hft. 11.)
Tod od. Leben. Von M. v. O. (905.) (Hft. 9.)
Zwillinge, die. Von M. v. O. (905.) (Hft. 10.)

— die, der Liebe. 21.—36. Heft. (à 16 S.) 8. Hamburg (907—10). Ev. Buchh. à p nn — 10

— geschwisterlicher Liebe; aus d. Französ. 6 Thle. 12. Wien 793. Alberti. 2 rf 12 gr

Macht, die, geschwisterlicher Liebe, nach dem Franz. des Prevot frey bearbeitet, 6 Theile mit Kupf. 12. Breslau, 793/94. W. G. Korn. 1 Rthl. 15 sgl.

Macht, Die, der väterlichen Liebe Ein Schauspiel in drey Aufzügen. Wien 1781. V: *Traun, Carl Emanuel Graf.* (GGr V/325, Nr. 71/11) (BiblPort)

— d., der väterl. Liebe. Schausp. in 3 Akten. 8. Wien, Gerold. 781.

— die Mariens, od.: Die wiedergefundene Tochter v. A. S., s.: Esser's, J., Sammlung leicht aufführbarer Theaterstücke.

— über die, der Persönlichkeit. Rede am Geburtstage eines Regenten. Gehalten von einem blinden Zobelfänger. 8. (23 S.) Minden 847, Eßmann. 3 ngr

Macht, die, e. geheil. Persönlichkeit. M. e. Betrachtg. üb. Gottesleugng., s.a. Broschüren, religiöse, f. Gebildete.

[F.] Die Macht einer geheiligten Persönlichkeit. M. e. Betrachtg üb Gottesleugng. *Berlin: Christl. Zeitschriftenver. 1897.* (24 S.) 1 Bd 8.
= Broschüren, Religiöse, f. Gebildete. H. 3. (97. 629)

Macht oder Recht? Ein offenes Wort an das Schweizervolk. (Hrg. vom Schweizerischen Aktionskomitee für den Nationalratsproporz.) 16 S. 8. (Zürich, Buchdr. des Schweiz. Grütlivereins, [1910].)

— u. Recht im konstitutionellen Staate. Von Berus jr. gr. 8. (36 S.) Neuwied 893. Heuser's Verl. n. -- 80

Macht und Regung des Geblüts: oder die Liebes-Begebenheiten zwischen dem Rudolfen u. Leocadie. Cölln, Peter Marteau seel. Söhne (Hamburg, Liebezeit) 1718. 8°. 46 S. (Max Perl's Berliner Febr.-Auct. 1908, no. 130.)

MACHT, Die, der Rute und die Macht der Frauen. Illustriert! (190*.) (3 Kr. 60 H. W. Schindler, Pressburg, 1910:)

— d., des Schicksals; od. Männertreue auf d. Probe. Feenmährchen in 3 Aufz. 8. Wien, Wallishäußer. 806.

— solche Stiftung lieben Leute. Originallustsp. 8. Leipzig, Vogel. 785.

— solche Stiftungen, lieben Leutchen! Origial-Lustspiel. 8. Leipz. 785. (W. Vogel). 8 gr

Macht, die, u. Stärke der Erziehung, od. Begebenheiten Cromstads, a. d. Franz. 8. Nürnberg, Monath. 751.

Macht und Stärke, Die, der Erziehung, oder sonderbare Begebenheiten des Baron Cromstads, nachherigen Grafen von St. Eugen. Frankfurt u. Leipzig [Nürnberg] 1751. V: *Fabiot d'Aunillon, Pierre Charles.* (BGE IV³, 339)

Macht u. Stärke der Freundschaft; od. Wettstreit der Großmuth. Lustsp. 8. Wien. 758.

Macht, die steigende, der katholischen Hierarchie seit d. Februarrevolution. Eine Warnungsstimme aus der evangel. Kirche. gr. 8. (32 S.) Bremen 851, Schlodtmann. 1/6 rf

— des römischen Stuhls in Aufhebung der Regularorden. 4. Ulm. 774. Wohler. 4 gr

— die, der Sünde u. die Macht der Gnade. Aus dem Leben u Ende des Raubmörders Bartschat. 8. (16 S.) Berlin 852. (J. A. Wohlgemuth.) baar 1½ ngr

— die, der Tugend oder Begebenheiten der Klara Welldone, eine engl. Geschichte von der Frau von Malarme, 1r Theil. 8. Berlin, 781. Pauli. 25 sgl.

Macht, Die, der Verführung oder der gebesserte Lasterhafte. Berlin 1776. V: *Beuvius, Adam.* (ML) (BGE) (Ky)

— die, der Verführung, od. der gebesserte Lasterhafte, (v. A. Beuvius). 2 Thle. 8. Berl. 776. Rottmann. 2 rf 8 gr

— die, der Verhältnisse, ein Trauerspiel in 5 Aufz. und 2 Briefe über das antike und moderne und über das sogenannte bürgerl. Trauerspiel, von L. Robert. gr. 8. Stuttgart, Cotta. 819.

Dem Br. Heinr. Adolph Täschner nach funfzigjähriger rastloser freimaurerischer Thätigkeit in der Jubelfestloge an seinem Ehrentage nach der Aufnahme seiner beiden Söhne Paul Friedr. Wilh. Adolph, und Gust. Heinr. Adolph in den Bund der freien Maurer am 25. Oct. 1864 in Liebe, Dankbarkeit, Verehrung dargebracht von Osw. **Marbach.** [Leipzig 1864: Naumann.] 2 Bl. 8⁰ [Umschlagtit.]

Marbach, Oswald, Die Münchener Uebereinkunft vom 27. Februar 1850. Allen Parteien zur gewissenhaften Prüfung empfohlen. Leipzig, B. G. Teubner, 1850. II, 48 S. 8⁰.

—— Universitäten u. Hochschulen im auf Intelligenz sich gründenden Staate. Eine wissenschaftl. Abhandl. gr. 8. (6¾ B.) Leipzig 834, Hinrichs.

— Unsterblichkeit. Ein Sonettenkranz. 16. Leipzig 843, Francke. 1/6 ℛ︎

Ueber Unsterblichkeit. Eine Sylvester-Rede am 31. Dec. 1853 gehalten von Osw. **Marbach.** Leipzig: Weinedel [1853]. 23 S. 8⁰ [Umschlagtit.]
Abgedr. in: FZ. 8 (1854) S. 73—80; Marbach, O.: Katechismusreden. J. 1856 S. 371—391; Marbach, O.: Sylvesterreden. 1862 S. 47 bis 65. 25.

— über Unsterblichkeit. Eine Sylvester-Rede am 31. Decbr. 1853 gehalten. 8. (23 S.) Leipzig 854, Weinedel.

—— Volksbücher, s. Volksbücher.

Marbach, Oswald. Was heißt Preßfreiheit? Ein offener Brief an Jedermann der lesen kann. Leipzig, Siegel u. Stoll 1848. 36 S. 8.

Marbach, Oswald, was ist Preßfreiheit? Ein offner Brief an Jedermann, der lesen kann. gr. 8. (36 S.) Leipzig 848, Siegel & Stoll. 1/6 ℛ︎

—— Weihnachtsgabe. Taschenbuch f. 1845. 16. (13 B.) Leipzig 844, Voigt u. Fernau.

—— ein Weltuntergang. (Mit Vorbehalt der theatralischen Aufführung.) 8. (XVIII und 594 S.) Leipzig 861, Fries.

—— **Wörterbuch zu Xenophon's Feldzug nach Oberasien.** 8. (10½ B.) Leipzig 834, Reimann.

— griechisches Wörterbuch zu Xenophon's Feldzug nach Oberasien. 8. Leipzig 834. (Melzer.) 5/8 ℛ︎

Libanon z. den drei Zedern: Die drei Cedern. [Unterz.:] O[sw.] **Marbach.** [Leipzig] o. J. 1 Bl. 8⁰ [Kopftit.]
Gedicht: „Drei Cedern stehn noch heut' auf Libanon . . .“ 193.

Marbach, P.O. (Bearb.), s. Assmann, G.: Hülfstafeln zur Berechnung eiserner Träger u. Stützen.

Marbach, Rud., Staatsrechnungsbeamter, s.: Was werde ich? 10. Heft.

— **Ulrich** (Strassburg), De allodiis imperii. Präs. B. G. Struve. Jena (Chr. Krebs) 17. XII. 1710. 80 S. (6.—) 22133

— — De deo commissis Was Gott befohlen wird. Präs. Chr. Wildvogel. Jena (Müller) 16. VII. 1712. 84 S. (5.—) 22135
Widm. v.: J. E. Stolte, Sam. Artopoeus. — Gew.: J. B. v. Klingling, Jac. Fridius.

Marbach, Ulr.: Introitus ad jpdtiam apertus s. de genuinis jurium fontibus discendique ordine. *Jen.* 717. 8.

— — **De jure deceptorum Vom Recht der Hintergangenen. Jena (E. Cl. Bailliar) 1714. 72 Seiten. (5.—) 22136**

Marbach, Ulrich [Praes.], s. Mees, Adolph: Veritatem optimam judiciorum normam, Die Wahrheit als die beste Richt-Schnur derer Gerichte.

Marbach, Ulrich [Praes.], s. Morell, Johann Georg: De jure deceptorum Vom Recht der Hintergangenen.

Marbach, Ulrich [Praes.], s. Röttlin, Nikolaus: De usucapione.

Marbach, Ulrich [Praes.], s. Saintclo, Henricus: De subsidiaria ecclesiarum reparatione, Von der Beysteuer und Hülffs-Geldern zur Erbau- und Ausbesserung der Kirchen-Gebäude.

Marbach, Ulrich [Praes.], s. Saltzmann, Balthasar Friedrich: De feudo pignoratitio, vulgo Pfand-Lehn.

Marbach, Ulrich [Praes.], s. Schuilgué, Franz Bernhard: De usufructu eiusque jure.

Marbach, Ulrich [Praes.], s. Widerspach, Johann Erhard: De evictionibus, semicenturiam positionum selectiorum continens.

— **Valentin August** (Sachse), De legato Tacito et implicito in quo legatarius non nominatus est. Präs. Chr. Ludw. Crell. Wittenberg (Scheffler) 25. IX. 1742. 38 S. (4.—) 22137

Marbach, (Philippus Aemilius) Woldemar *(geb. Jauer 16. 9. 1815)*: De nervis spinalibus avium nonnullarum. Vratislaviae (1840). (30 S.) 8⁰
Breslau, Med. Diss. v. 29. Dez. 1840

Marbacher, [Robert]. J(osef) Eutych Kopp. Eine geschichtliche Auffrischung. Aus einem Vortrage von Lehrer Marbacher. [Mit Porträt. — Separatabdruck aus: Wöchentliche Unterhaltungen, Gratisbeilage zum «Luzerner Tagblatt», Jahrg. 1902, № 36.] 16 S. 8. [Luzern, H. Keller.]

Marbaise, Carolus Henricus (geb. am 17 Apr. 1815 [nicht 1816] in Aachen): De ossibus post amputationem membrorum prominentibus et de nova ad hocce malum curandum methodo ... Bonnae, litt. F. P. Lechneri 1846, 2 Bl., 18 S., 1 Bl., 1 Taf. 4.
Bonn, Med. Fak., Diss. v. 20 Febr, 1846

Arte de la lengua Moxa con su vocabulario y cathecismo compuesto por el Padre Pedro **Marban.** Publ. de nuevo por Julio Platzmann. Ed. facs. *Leipzig: B. G. Teubner 1894.* (664, 203 S.) 8⁰ [03. 581]

Marban, P., arte de la lengua Moxa. 894. (KBL 28.) Jetzt: Leipzig, O. Harrassowitz. Erm. Pr. nn 16. —

Machtkunst, Fürstliche, oder unerschöpfliche Goldgrube, wodurch ein Fürst sich kann mächtig ... machen ... Weissenfels 1703. V: *Marenholz, Asanius Christoph von.* (Adel)

Mächtle, Hermann: Ueber die primäre Tuberkulose der mesenterialen Lymphdrüsen. Tübingen 1908: Laupp. 16 S. 8°. ¶(Aus: Beiträge z. klin. Chirurgie. Bd 59.)
Tübingen, Med. Diss. v. 8. Jan. 1909, Ref. v. Bruns
[Geb. 7. April 84 Reutlingen; Wohnort: Tübingen; Staatsangeh.: Württemberg; Vorbildung: Gymn. Tübingen Reife M. 02; Studium: Tübingen 5, München 1, Tübingen 4 S.; Coll. 22. Juli 08; Approb. 31. Dez. 08.] [U 09. 3935

Machts, F., Rathgeber für Darlehnsuchende, welcher zeigt, wo und wie ein Hypothekar-Darlehen ohne Zwischenhändler und Auslagen zu erhalten ist. 16. (VII und 84 S.) Wien 867, Wenedikt.

Machts, F., **Rathgeber für Darlehnsuchende, welcher zeigt, wo u. wie ein Hypothekar-Darlehen ohne Zwischenhändler u. Auslagen zu erhalten ist. Wien 868. Wenedikt. 16. (VII, 84 S.)** 9 ngr.

Machts, Ferdinand

Machts, Ferd., praktische Anleitung zur landwirthschaftlichen Körperberechnung. Leichtfaßlich dargestellt. gr. 8. (56 S. m. eingedr. Holzschn.) Wien 872. Hartleben. 1. 50

—— praktische landwirthschaftliche Buchhaltung für den Groß- und Klein-Grundbesitz. gr. 8. (III, 120 S.) Ebendas. 871.

Machts, Ferd., praktische landwirthschaftliche Buchhaltung f. den Groß- u. Klein-Grundbesitz. Leichtfaßlich dargestellt. 2. Aufl. gr. 8. (III, 138 S.) Wien 886. Hartleben. n. 2. —

— die Güter-Buchhaltung nach dem Systeme der doppelten Buchführung. gr. 8. (VIII, 329 S.) Prag 875. Mercy. n. 7. —

— die Hilfsbücher f. das landw. Buchhaltungs- u. Rechnungs-Wesen. gr. 8. (79 S.) Wien 876. Hartleben. 1. 50

Machts, Ferd., die Classification des Acker- und Wiesenlandes. Hilfsmittel zur Güterbewerthung, Bewirthschaftung, Bodenkunde u. dgl. gr. 8. (120 S.) Wien 875, Hartleben's Verlag. *

Machts, Ferd., der Landwirth als Forstmann. Populärer Waldbau. Mit 52 (eingedr. Holzschn.-)Abbildungen. gr. 8. (XV, 96 S.) Wien 877. Hartleben. 2. —

— der Landwirth als Ingenieur. Praktische Darstellung des Feldmessens, Höhenmessens, Nivellirens, Situations-Zeichnens, der Entwässerung, Bewässerung, Urbarmachung u. Cultivirung des Waldbodens, Weidebodens, steilen Bodens, Sandbodens, Haidebodens, Moor- u. Torfbodens. Mit 69 (eingedr. Holzschn.-)Abbildungen. gr. 8. (III, 112 S.) Ebend. 878. 2. 25

— landwirthschaftlicher Taschen-Compaß. Ein prakt. Auskunftsgeber f. alle wirthschaftl. Vorkommnisse. gr. 8. (XI, 238 S.) Ebend. 871. 2. —

— die Werthschätzung landwirthschaftlicher Güter. Leichtfaßlich dargestellt. Wien 870. Hartleben. gr. 8. (112 S.) n. 20 ngr.

— die Werthschätzung landwirthschaftlicher Güter. Leichtfaßlich dargestellt. 2., verm. u. verb. Aufl. gr. 8. (128 S.) Ebend. 875. n. 1. 80

Machts, K., d. Hirten v. Bethlehem, } s. a. Dilettanten-Theater.

Die Hirten von Bethlehem. Weihnachtsspiel in 1 Aufz. Von K. **Machts.** 2. Aufl. Mit e. Musikbeilage. Paderborn: F. Schöningh [1907]. (20, 2 S.) 8° [F.]
= **Dilettanten-Theater.** H. 51. [07. 14067

— kuriert, s. a. Dilettanten-Theater.

Kuriert. Schwank in 3 Aufz. von K. Machts. (Paderborn: F. Schöningh 1898.) (16 S.) 8°
(Dilettanten-Theater. H. 46.)

Machts, K., Knecht Ruprecht, s.: **Bloch's, Ludw., Kinder-Theater.**

Machts, K., frohe Stunden, s.: Kinder-Bibliothek.

— fröhliche, selige Weihenacht, s. a. Theater f. d. weibl. Jugend.

[F.] Fröhliche, selige Weihenacht. Weihnachtsspiel in 4 Aufz. v. K. **Machts.** *Paderborn: F. Schöningh 1898.* (27 S.) 1 Bd 8.
= **Theater** f. d. weibliche Jugend. [II.] 15. [98. 1693

Fröhliche, selige Weihenacht. Weihnachtsspiel in 4 Aufz. von K. **Machts.** 2. Aufl. Paderborn: F. Schöningh [1907]. (27 S.) 8° [F.]
= **Theater** f. d. weibliche Jugend. 15. [07. 14150

— Weihnachtsfeier in Schule u. Haus. 12. (64 S.) Paderborn 897. F. Schöningh. n. — 50

— Weihnachtsfeier in Schule u. Haus. 2., stark verm. Aufl. Zum Tl. Texte f. leb. Bilder. (83 S.) kl. 8. Paderborn (909). F. Schöningh. — 60

— die Weisen aus dem Morgenlande, s. a. Dilettanten-Theater.

Die Weisen aus dem Morgenlande. Schausp. in 4 Akten von K. Machts. (Paderborn: F. Schöningh 1898.) (38 S.) 8°
(Dilettanten-Theater. H. 47.)

Machts, Ludw., im Walddorf. Weihnachtsidyll v. E. Born. Musik v. M. Op. 7. Textbuch. 8. (27 S.) Quedlinburg 898. Ch. F. Vieweg. n. — 60; Text d. Gesänge. 12. (8 S.) n. — 10

Machtspruch, der,. Schausp. in 5 Akten v. Ziegler. 8. Wien, Rehm.

Machtstellung und Streitkraft der im gegenwärtigen europäisch-orientalischen Kampfe betheiligten Staaten. gr. 8. (163 S. nebst einer großen lithogr. Karte Scandinaviens und der Ostsee und 2 Spezialkarten der Hafen von Kronstadt und Reval in gr. Fol.) Wien 854. (Leipzig, Hübner.) Thlr.

Machtstellung und Streitkraft der im gegenwärtigen europäisch-orientalischen Kampfe betheiligten Staaten. Nebst 1 großen (lith.) Karte Scandinaviens und der Ostsee und 2 Specialkarten der Hafen von Kronstadt und Reval (in Fol.). Wien 854. Sommer. (F. Klemm.) gr. 8. (163 S.) 27 ngr.

Machtverhältnisse, die militairischen, der sechs Europäischen Groß-Staaten in ihrer neuesten Gestalt. Eine gedrängte Uebersicht, nach den besten Quellen zusammengestellt. Berlin 863. Mittler & Sohn. gr. 8. (IV, 85 S.) 15 ngr.

Machul, Anton (Grossglogau / Schlesien), Diss. med. de scarlatina et intumescentia totius corporis ut sequela scarlatinae. Frankfurt / Oder (Apitz) 25. I. 1796. (3.60) 21949

Machule, P., Bemerkungen üb. das Studium der deutschen Philologie u. die Prüfungsordnung f. das höhere Lehramt. Aus e. Vortrage. 8. (28 S.) Leipzig 890. Roßberg. n. — 60

Machule, Paul, zur Anrechnungsfrage bei den Oberlehrern. (72 S.) gr. 8. Gelsenkirchen 904. E. Kannengießer. n. 1. —

Machule, Paul, Dr.: Die Entwicklung des öffentlichen Schulwesens der alten Provinzen des preuszischen Staates von 1816 bis 1901. Statistische und andere Notizen. T. 1. Ratibor 1906: R. Meyer. (24 S., 1 Taf.) 4°
Ratibor, k. ev. G OP 1906 (255)

Machule, Paul, Prof. Dr.: Die Entwickelung des öffentlichen Schulwesens der alten Provinzen des preussischen Staates von 1816 bis 1901. Statistische u. and. Notizen. T. 2. Historisch-statistische Übersichten über die Entwickelung des Volksschulwesens. Ratibor 1907: R. Meyer. (31 S.) 4° ¶[Forts. d. P-Beil. 1906.]
Ratibor, k. ev. G OP 1907 (255)

— **zur preussischen Schulpolitik.** (III, 74 S.) gr. 8. Breslau 905. Priebatsch. n. 1. 20

Machule, Paul [aus Crossen a. O.]: Die lautlichen Verhältnisse und die verbale Flexion des Schonischen Land- und Kirchenrechtes.... Halle, Druck v. E. Karras, 1885; 4 + 54 + 2 S. 8°.
Halle, Phil. Fak., Inaug.-Diss. v. 12. Okt. 1885.

Machule, Paul, die lautlichen Verhältnisse u. die verbale Flexion d. Schonischen Land- u. Kirchenrechtes. gr. 8. (54 S.) Halle 885. (Niemeyer.) n. 1. 20

Machuron, A., Andrée im Ballon zum Nordpol, s.: Lachambre, H.

Machwürth, H., d. Klassenschüler, s.: O du fröhliche, o du selige, gnadenbringende Weihnachtszeit. 36.

Machwürth, H. v., s.: Liebe, der, Lohn.

de Machy, ... Kunst des Essigfabrikanten; aus d. Französ. mit Anmerkk. v. Struve; herausgg. mit Bemerkk. u. e. Anhange v. Sam. Hahnemann. Mit 1 Kpf. gr. 8. Lpz. 787. W. Vogel. 12 gr

— chemischer Laborant im Großen, oder d. Kunst, die chemisch. Producte fabrikmäßig zu verfertigen, in 3 Theilen, mit Dr. Struve's Anmerkk. u. e. Anhange einiger Abhandll. Wieglebs, als 4r Thl. z. aus d. Franz. übers. u. mit Zusätzen versehen v. Sam. Hahnemann, 2 Bde. in 4 Thln. M. 8 Kpfr. gr. 8. Leipz. 784—801. W. Vogel. 1 Rthlr 20 gr

— u. Dubissons, Liqueurfabrikant; aus d. Franz. mit einigen Anmerkk. des Dr. Struve übers. u. mit Zusätzen bereichert v. Sam. Hahnemann. 2 Bde. Mit 4 Kupfr. gr. 8. Leipz. 785. W. Vogel. 1 Rthlr 12 gr

Machytka, Wladim., d. Zerstörg. u. Beschädigg. eiserner Brücken, s.: Bibliothek, militärtechnische. I.

Maciaga, Josef, k. u. k. Hauptmann im Regimente. Geschichte des k. u. k. galizischen Infanterie-Regimentes Feldmarschall Friedrich Josias Prinz zu Sachsen-Coburg-Saalfeld Nr. 57. Im Auftrage des Regiments-Commandanten zusammengestellt und bearbeitet. Mit 2 Porträts, 1 Gedenkblatt, 19 Skizzen und 4 Adjustierungsbildern gr. 8. Wien 1898.

Maecianus, Lucius Volusius

Macciani, **L. Volusii, Assis distributio et Balbi Mensoris de asse libellus. Emend. et annotat. tum Eliae Vineti et Io. Fr. Gronovii tum sua ipsius tabulisque instrux. Ed. Böcking. 12. (2 B. u. 3 Tab.) Bonnae 831, Marcus.**

Maeciani, Volusii, distributio partium herausg. von Thdr. Mommsen. (Aus den Abhdlgn. d. K. Sächs. Gesellschaft d. Wissensch.) Leipzig 853. Hirzel. 4. (16 S.) n. 6 ngr.

Maciejczyk, Aloysius, Silesius: De carminum Einsidlensium tempore et auctore. Gryphiae 1907: H. Adler. (48, II S.) 8°
Greifswald, Phil. Fak., Ref. Hosius, Diss. v. 12. Okt. 1907
[Geb. 28. Febr. 82 Roßberg, Kr. Beuthen (O.-S.); Wohnort: Konitz; Staatsangeb.: Preußen; Vorbildung: Gymn. Beuthen Reife O. 02; Studium: Breslau 3, Greifswald 4 S.; Rig. 1. Juli 07.]

Maciejewski, Jakob [app. Arzt aus Wloschnitz (Westpr.)]: Die Coincidenz der Influenza mit Endometritis. . . . Würzburg, P. Scheiner's Buchdr., 1890; 32 S., 1 Bl. 8°
Würzburg, Med. Fak., Inaug.-Diss. v. 1890

Maciejowski, Jacob., Masora sive critica Hebraeorum sacra ad primaevos fontes examinata una cum analysi polemica dogmatica. Würzburg, 1761, 4°.

MACIEJOWSKI, Ignatius: De infallibilitate Romani pontificis. — (1875) 98 S. 4° (Handschr.) Diss. 315
Diss. Wien, Univ.

Maciejowski, Wacław Aleksander

Macieiowski, W. A., **Legum Solonis et decemviralium comparatio. P. I. de debitoribus. Varsov. 819. 4. (17 S.)**

Maciejowski, Wenc. Alex., Essai historique sur l'église chrétienne primitive des deux rites, chez les Slaves. Traduit du Polonais en Français par le Louis François de Sauvé. gr. in-8. Berlin 846, Asher et Co. n. $1^{2}/_{3}$ Thlr

Maciejowski, W. A., Excursus ad Vergilii Aeneid. lib. X v. 74 sqq.: De origine stipulationis. Gel. 1827. 21 S. 4°.

— Excursus ad Virgilii Aeneid. libr. X. v. 74 sqq. Inest disquisitio, de origine stipulationis. 4maj. Warschau 827. (Hinrichs in Leipz.)

Macieiowski, W. Al., **Hystoria Prawodawstw Slowianskisch. Tom. I. (Einleitung, das politische Recht, Geschichte d. Kultur u. der Slawischen Rechte bis zum 14. Jahrhdrt.) 8maj. Warschau u. Leipz. 832. Brzezina. (Hinrichs). 2 Rthlr 4 gr**

Macieiowski, W. Alex., Historia Prawodawstw Slowianskich. Tom. II. (Bestimmungen der Civil-Strafgesetze und d. Gerichtsfolge der Slawischen Völker bis zum 14. Jahrhundert.) 8maj. Warszawie i Lipsku Brzezina 833. (Hinrichs.) n. $2^{1}/_{6}$ Thlr — Tom. III. et IV. 8maj. Warszawie 835. Sennewald. (Lipsku, Hinrichs.) n. $5^{1}/_{3}$ Thlr — Alle IV Bde. n. $9^{2}/_{3}$ Thlr

WACŁAW ALEKSANDER MACIEJOWSKI, Historya włościan i stosunków ich politycznych, społecznych i ekonomicznych, które istniały w Polsce od czasów najdawniejszych aż do drugiej połowy XIX wieku. Rozprawa konkursowa od Towarzystwa Przyjaciół Nauk Poznańskiego uwieńczona nagrodą, którą z własnych funduszów August hr. Cieszkowski wyznaczył, a która to rozprawa pojawia się w druku jako drugi artykuł dopełnień do historyi prawodawstw słowiańskich. Warszawa 1874. Druk K. Kowalewskiego. 8°.

Macieiowsky, (W. Al.,) Opusculorum Sylloge I. Lexiconform. Vratislav. 824. Max et Soc. 20 gr., bei Hinrichs in Lpz.

— Principior. juris Rom. Tom. I. — Etiam sub titulo: Historia juris Romani. Editio secunda. 8maj. Varsoviae 825, (Lips., Hinrichs.)

Macieiowski, Wenz. Alex., slavische Rechtsgeschichte. 4 Thle. A. d. Poln. übers. v. F. J. Buss u. M. Nawrocki, u. von d. Ersteren mit Anmerkn. aus d. vergleich. Rechtswissenschaft begleitet. gr. 8. (109 B.) Stuttgart, [Scheible, Rieger u. Sattler.]

Thl. 1. Die Einleitung z. I. Zeitraum, d. öffentl. Recht, d. Geschichte d. Cultur u. Gesetzgebungen d. Slaven bis z. XIV. Jahrh. (18 B.) 835. 1 Thlr. 6 Gr.
- 2. Die Grundsätze d. Strafrechtes, d. bürgerl. Rechtes u. d. gerichtl. Verfahrens d. slav. Völker bis z. XIV. Jahrh. (21 B.) 836. 1 Thlr. 12 Gr.
- 3. Die Einleitung z. II. Zeitraume, d. öffentl. Recht, d. Geschichte d. Cultur u. Gesetzgebung d. Slaven bis z. XVIII. Jahrh.
- 4. Die Grundsätze d. Straf- u. bürgerl. Rechtes u. d. gerichtl. Verfahrens d. slav. Völker bis z. XVIII. Jahrh., so wie auch e. Verzeichniss sämmtl. in d. 4 Bdn. d. Werkes enthalt. jurist. Kunstwörter d. slav. Rechte u. die Berichtign. u. Zusätze des ein. Bearbeiters zu allen 4 Bdn.

3. u. 4. Bd. (70 B.) 839. 3 Thlr.

Macieiowski, Wenceslaus Alexander (Pole), De vita et constitutionibus C. Q. Messii traiani decii. Göttingen (Christ. Herbst) 1818. 114 S. (3.—) 21950

Maciejowski, W. A., de vita et constitutionibus C. Q. Messii Trajani Decii. 8maj. Göttingae. (Lipsiae, Göthe.) 819.

Maciejewsky, Jacob., Dissertatio de Masora Hebraeorum discussa ad primaevos fontes. Würzburg, 1761, 4°.

Maciesza-Jelenska, Sabina, aus Dunajczyce: Mitteilungen über den Befund von Plasmazellen bei tuberkulös-pneumonischen Prozessen. Würzburg 1907. II + 40 S. 8°. S.-A. aus „Beiträge zur Klinik der Tuberkulose Bd. 8.“ [3. VIII. 07.]
Zürich, Med. Diss. 1906/1907.

Maciesza-Jelenska, Sabina. Mitteilungen über den Befund von Plasmazellen bei tuberkulös-pneumonischen Prozessen. Diss. Med. Univ. Zürich. ⟨Sonderabdruck aus den «Beiträgen zur Klinik der Tuberkulose», Bd. 8 (H. 1). A. Stuber's Verlag..., Würzburg.⟩ II + 40 S. 8. Zürich 1907.

Mc Ilvaine, Bischof Charles Pettit, die Wahrheit des Christenthums aus der geschichtlichen Bedeutung und Wirkung desselben erwiesen. 8. (430 S. mit Portr. des Verf. in Stahlst.) Philadelphia 874, (Schäfer und Koradi.) geb. *

Mac Innes', Harry, Lebensskizze, s. Freudig bereit.

Mac Intosh, Miß, Tante Katharina's Erzählungen für die Jugend. Aus dem Engl. von Ed. Flashar. Mit 4 color. Bildern. Berlin 868. Sacco Nachf. gr. 8. (VIII, 223 S.) cart. 1 ₰

Mac-Intosh, le fond et la forme, s. Fond, le.

Macintosh, the voice from the cross, a series of sermons by eminent living preachers of Germany, with biographical sketches and portrait of Rev. Rud. Kögel. 8. (XII, 265 S.) Coethen 888. (Schriftenniederlage des evangel. Vereinshauses.) geb. *

Macintosh, A. F., militärische Reise durch die Europäische Türkei, die Krim u. an den östlichen Ufern des Schwarzen Meeres. Mit strateg. Bemerkungen über den Schauplatz der Operationen der verbündeten Expeditionsarmee. Aus dem Engl. Mit (5 lith.) Karten (in Fol.). Riga 855. v. Boettichter. 8. (XII, 404 S.) 2 ₰

Macintosh, William. Reisen durch Europa, Asia und Africa . . . Leipzig 1785. Ü: *Wichmann, Christian Aug.* (Ky) (BrMm)

– Dass., s.a. Mackintosh, James

McIntosh Republikaner: 1889?–1913?
Republican weekly, published in English and German. Title varies: Der Deutsche Republikaner. Merged with Die Tribüne. Circulation: 1892, 528; 1908, 700; 1912, 500. Edited & published by H. R. Clowes & N. F. Heiss, 1889–97; by Fred Heiss, 1898–1904; by L. Grueninger, 1904–06; by E. J. Engel & Theo. H. Jensen, 1907; edited by J. Langer, 1908; by M. R. Boehmer, 1909; published by Theo. H. Jensen, 1908–09; edited & published by M. R. Boehmer, 1910–11; by R. E. Klipfel, 1912–13.
Ahsley, ND

Macintyre, Alfred E., aus Canada: Ueber einige neue Basen der Camphergruppe. *Jena 1900: G. Neuenhahn.* (27 S.) 8°
Jena, Phil. Diss. v. (27. Juli) 1900

Mc Intyre, R. F., Fels u. Meer. 4 Studien. Chromolith. Fol. Leipzig 889. Baldamus, Sep.-Cto. In Mappe. n. 5. —; einzelne Blätter à 1. 80

— Gebirgsseen. 6 Studien. Chromolith. qu. Fol. Ebd. 889. In Mappe. n. 7. 50; einzelne Blätter à 1. 80

— Wasserfälle. 4 Studien. Chromolith. Fol. Ebd. 889. n. 6. —; einzelne Blätter à 2. 25

Mack, s.: Adreß- u. Geschäfts-Handbuch v. Ulm.

Mack, die Gefahren der Mutterschaft u. deren Verhütung nach bisheriger u. neuester wissenschaftlicher Methode. (64 S. m. Abbildgn.) 12. Berlin (902). J. Ohlenschläger. — 50

Mack: Gips-Dielen. Berlin 1888.

Mack: Gips-Dielen, Hohlgips-Dielen, Spreutafeln, sämtlich mit Nut und Falz. Ludwigsburg 1893.

Mack. Grundriss der königl. bayer. Kreishauptstadt **Würzburg.** Würzburg. 1 Bl. I..

Mack. Plan der Städte **Ulm** und Neu-Ulm. 1 : 3 500. Ulm 1895. 1 Bl. c. L.

Mack A, Alte und neue Eisenbahnlinien in Württemberg. (24 S) Cannstatt 1903

Mack, Adf., die bauliche Entwicklung in Stuttgart auf dem Platze des abgebrannten Hoftheaters u. dessen Umgebung in den nächsten Jahren u. Dezennien. Eine Studie. Mit e. lith. Lageplan. (23 S.) gr. 8. Stuttgart 903. (K. Wittwer.) n. 1. 20

Gedanken, am zwei und vierzigsten Stiftungs-Feste der ger. u. vollk. Loge zur Ceder im Or. von Hannover, gedacht und ausgesprochen vom Br. Adolph **Mack.** Den 20sten Sept. 5818. o. O. [1818]. 8 Bl. 4° [Umschlagtit.]
[Beigedr.:] 1. Mack, A.: Die zwei Säulen. 1817.
2. Holscher, G. Ph.: Rede am 41. Stiftungs-Fest d. L. zur Ceder. 1817.
Gedicht: „Wenn wiederkehrt auf Kronos Zauberringe . . .“

— über die Verkehrsverhältnisse u. die finanzielle Möglichkeit der Ausführung meiner früheren Studie „Die bauliche Entwicklung in Stuttgart auf dem Platze des abgebrannten Hoftheaters u. dessen Umgebung in den nächsten Jahren u. Dezennien“, speziell der kgl. Hoftheatergruppe. Als Mskr. gedruckt. (16 S.) 8. Ebd. 903 n. — 75

Mack, Albert: Der Sprachschatz Neidharts von Reuenthal. (Teildruck.) Tübingen 1910: Laupp. VI, 120 S. 8° ¶(Aus d. gekr. Preisschr.: Der Sprachschatz d. dtsch. Minnesangs herausgewachsen.)

Tübingen. Phil. Diss. v. 30. Mai 1910, Ref. v. Fischer

[Geb. 12. Sept. 86 Grötzingen, O.-A. Nürtingen; Wohnort: Tübingen; Staatsangeh.: Württemberg; Vorbildung: Ev.-Theol. Sem. Urach Reife M. 04; Studium: Tübingen 9 S.; Coll. 15. Juli 09.] [U 10. 4187

Mack, Alexander. Eine Anmuthige Erinnerung zu einer Christlichen Betrachtung von der wunderbaren Allgegenwart des Allwissenden Gottes. Germantown: Saur, 1760. HSP

MACK, Anton (Dillingen): De carditide.- Monachii: Poessenbacher 1834. 27 S. 16.4.1834 - Urk; F 61
Diss. Ingolst.-Landsh.-Mchn.

Mack, Ant., der kostbare Tod der Heiligen, od. kl. Hauslegend. 4. Augsb. Wolf. 733.

Mack, Carl, s. M a c k , Karl

Der S t a p e l l a u f . Erinnerungen e. alten Soldaten u. Schulmeisters. Von E. P. **Mack**. Putbus: Decker 1908. 88 S. 8°

Mack, Eduard

Mack, Ed., Lehrbuch der Chemie für Realschulen, mit besond. Berücksicht. der Anwendung derselben auf die Gewerbe. 1. Thl.: Unorganische Chemie. gr. 8. (VII und 224 S.) Pressburg 853, (Krapp.) *

J a h r e s = P r o g r a m m , Fünftes — der öffentlichen Ober=Realschule der kön. Freistadt Preßburg. Preßburg. 1855. Vormals Schmid'sche Buchdruckerei. In Commission bei K. F. Wigand. (157 S. 4.)

I n h a l t : Abenteuer eines ungarischen Schulmannes mit Goethe, Schiller und Wieland, mitgetheilt von K. J. Schröer. — Beitrag zur deutschen Mythologie und Sittenkunde aus dem Volksleben der Deutschen in Ungarn, von K. J. Schröer. — Vorschlag zur Einigung in den Grundsätzen der Rechtschreibung. Von K. J. Schröer. — Uebersicht der phanerogamen Pflanzen in der Preßburger Flora. Dr. Kornhuber. — Barometrische Höhenmessungen und Beobachtungen über Quellen-Temparatur im Preßburger Gebirge. Dr. Kornhuber. — Ueber eine Bestimmungsart der irrationalen Wurzeln biquadratischer Gleichungen. J. Obermüller. — Chemisch-technische Notizen. Eduard Mack.

Mack: Chemisch-technische Notizen. 5 S. – Pressburg OR., Progr. 1855.

Mack, Erich, Ref. in Labiau (Ostpreußen): Das „Recht der Exklusive“ bei der Papstwahl. Eine rechtshistorische Studie. Borna-Leipzig 1906: R. Noske. (VIII, 50 S.) 8° [J.]

Leipzig, Jur. Fak., Diss. v. 27. Juli 1906

[Geb. 13. Febr. 82 Althof-Ragnit; Wohnort: Labiau; Staatsangeh.: Preußen; Vorbildung: Wilh.-Gymn. Königsberg i. Pr. Reife O. 01; Studium: Freiburg i. B. 1, Genf 2, Berlin 1, Königsberg i. Pr. 4 S.; Rig. 20. Juni 06.]

Mack, Eug., A l b e r t , Graf v. Hohenberg, d. Reichslandvogt. Ein Schauspiel in 5 Akten. (84 S.) 8. Rottenburg 909. (W. Bader.) 1. 50

— A l t - R o t e n b u r g , wohin d. Adler schauen vom Hohenzollern u. vom Habsburgstamm. Eine dramat. Dichtg. (54 S.) 8. Ravensburg 909. F. Alber. 1.40; geb. 1. 75

— D o r t h i n , wo's eisern klang. Ein Marsch auf d. Oberhohenberg u. ins Fernland der Vergangenheit. (38 S.) 8. Rottenburg 910. W. Bader. — 25

— Das J u b i l ä u m im Chorstift des hl. Mauritius. Ein Schauspiel in 5 Akten. (65 S.) 8. Ebd. 909. — 80

— Der Kelchdiebstahl in der Moritzkirche, s.: U n t e r der Fahne des kathol. Jugend-Vereins. 2.

— Dr. Karl L u e g e r , der Bürgermeister v. Wien. (83 S.) gr. 8. Rottenburg 910. W. Bader. p — 40

— Dr. Karl Lueger u. die Jugend, s.: U n t e r der Fahne d. kathol. Jugend-Vereins. 3. Bdchn.

— Die Waisenkinder v. Wien, s.: U n t e r der Fahne des kathol. Jugend-Vereins. 1. Bdchn.

— W a r t b u r g - W e i h n a c h t . Ein dramat. Wartburg-Bild in 5 Akten. (82 S.) 8. Ravensburg 908. F. Alber. In Leinw. kart. 2. —

Mack, F., Trennung v. Kirche u. Staat. Eine Schrift zur Aufklärg. f. das kathol. Volk. (IV, 224 S.) gr. 8. Trier 910. Paulinus-Druckerei. 2. —

Mack, Frdr., Gesangschulbuch f. höhere Lehranstalten, zugleich f. die Oberklassen der Volksschulen, sowie Privatunterricht. Hrsg. als methodisch geordneter Lehrgang. 3 Stufen. 8. Mannheim (U 6 18), Gesanglehrer Mack. Kart. à n. 1. 40

I. 2. verb. Aufl. (VIII, 75, 7 u. 8 S.) 904. — II. 2. verb. Aufl. (VIII. 96 S.) 904. — III. (VIII, 117 S.) 903.

Mack, Frdr., Gesangschulbuch f. höhere Schulen. Hrsg. als methodisch geordneter Lehrgang. 1. Hft. Sexta. 8. (VII, 71 S. m. Anh. I. [kathol.] 7 S. u. Anh. II. [evangel.] 8 S.) Karlsruhe 901. G. Braun'sche Hofbuchdr. Kart. n. 1.—

Mack, Frdr., Opfer. Vier Einakter. (129 S.) 8. Leipzig 909. Modernes Verlagsbureau. 2. —

O p f e r . 4 Einakter von Friedrich **Mack**. Berlin-Leipzig: C. Wigand 1909. 129 S. 8°

Mack, Fritz [aus Ludwigsburg]: Ueber einige Aethylendiamin-Trimethylendiamin- und Piperazinbasen. . . . Tübingen, Druck v. H. Laupp jr., 1891; 36 S. 8°

Erlangen, Phil. Fak., Inaug.-Diss. v. Okt. 1890

Mack, Heinrich [aus Braunschweig]: Beiträge zur Finanzgeschichte der Stadt Braunschweig im XIII. und XIV. Jahrhundert. . . . Breslau, Wilhelm Koebner, 1889; 3 Bl. + 38 S. + 1 Bl. 8°

Berlin, Phil. Fak., Inaug.-Diss. v. 12. Okt. 1889

Mack, Heinr., s.: **B i l d n i s s e v. Herzögen u. Herzoginnen d. neuen Hauses Braunschweig.**

Mack, Heinr., Erinnerungen e. braunschweig. Offiziers aus den J. 1848 u. 1849, s.: R i t t m e y e r , Gust.

Mack, Heinr. Die Finanzverwaltung d. Stadt Braunschweig b. z. J. 1374, s. Untersuchungen z. dtschn. Staats- u. Rechtsgesch.

Mack, Heinr., s.: Urkundenbuch der Stadt Braunschweig.

Mack, J. C., Nachf., Gold- und Silber-Spinnerei und -Weberei: Katalog über Spitzen usw. Nürnberg (1901?)

Mack, J. Jac., Abhl. von den Absichten d. Parabeln Jesu. 8. Heilb. Eckebrecht. (Claß) 764.

Mack, Joh. Anton (Frankenhausen i. Thür.)
Dissertatio inauguralis Extrajudicialis Camerae Imperialis exhibens.
Giessae 20. März 1710: J. R. Vulpius. 56 S. 4°
pro consequendis summis in utroque jure honoribus.

Mack, Jh. Jak.

— vermischte Predigten. 8. Schwab. 764. Enderes. 14 ß

Mack, Jh. Jak., neue Samml. einiger Predigten u. Reden v. vermischter Art. 8. Bayr. 775. Hofer. 14 ß

Mack, Jh. Jak., († d. 3. Aug. 1791.) Versuch e. Abhandl. von den Absichten u. Eigenschaften der Parabeln Jesu. 8. Heilbr. 764. (Claß). 12 ß

— Joh. Reinh. (Hamburg), Disp. jur. de appellatione per saltum. Präs. Chr. Wildvogel. Jena (Müller) Juni 1712. 44 S. (4.50) 21954
Gew.: Joh. van Sum (Hamburg). — Widm. v.: Chr. Wildvogel.

Mack, Johs., wie Muther Kunstkritiker wurde. E. Beitrag zur Psychologie d. Größenwahns, f. Züchtg. u. Nährg. 8. (18 S.) Leipzig-R. 896. P. Thom. n. — 40

Mack, Joseph

Mack, Jos., Kritik der Freiheitstheorien. Eine Abhandlg. üb. das Problem der Willensfreiheit. (VIII, 287 S.) 8. Leipzig 906. J. A. Barth. n. 4. 50; geb. in Leinw. n. 5. 50

— das specifisch Menschliche u. sein Verhältnis zur übrigen Natur (Analogien). Ein Versuch der Lösg. des Iohproblems. (III, 224 S.) gr. 8. München 904. L. Finsterlin. n. 3. 50

MACK, Joseph (Passau): De vi naturae medicatrice.- Monachii: Wolf (1833). 16 S.
28.11.1833 - Urk; F 61
Diss. Ingolst.-Landsh.-Mchn.

Mack, Karl

Mack, Carl, Anleitung zur Berechnung des Werthes der in der inneren Stadt Wien, den Vorstädten und den Vororten gelegenen Zinshäuser, mit besond. Berücksicht. der Berechnung des Werthes der Steuerfreiheit. 2. Abthl.: Auf Stadterweiterungsgründe erbaute Häuser, nebst einem Auszuge aus Simon Spitzer's Tabellen für die Zinses-Zinsen- und Renten-Rechnung, Tabellen I—IV. gr. 8. (49 S.) Wien 881, (Künast.) *

Mack, Carl, Anleitung zur Berechnung des Werthes der in der inneren Stadt Wien, den Vorstädten u. den Vororten gelegenen Zinshäuser, mit besonderer Berücksichtigung der Berechnung des Werthes der Steuerfreiheit. 2. Abth.: Auf Stadterweiterungsgründe erbaute Häuser, nebst einem Auszuge aus Simon Spitzer's Tabellen für die Zinses-Zinsen u. Renten-Rechnung, Tabellen I—IV. gr. 8. (49 S.) Wien 881. (Wallishausser.) n. 1. 20

Mack, Karl: Einige Ergebnisse der meteorolog. Beobachtungen in Hohenheim aus dem 25jährigen Zeitraum 1878—1902. Festschrift. Plieningen: Find 1903. 70 S.

Mack, Karl, physikalische Hypothesen u. ihre Wandlungen. Akademische Festrede, geh. am 19. XI. 1904 anlässlich der Feier des 86. Stiftungsfestes der kgl. württ. landwirtschaftl. Hochschule Hohenheim. Mit Anmerkgn. u. Literaturnachweisen. (39 S.) 8. Leipzig 905 J. A. Barth. n. 1. —

— s.: Jahrbuch, deutsohos metoorologisches. (Württemberg.)

Mack, v., Instructionspunkte f. d. Generäle d. K. K. Armee. gr. 8. Frft. Eßlinger. 795.

v. Mack, Karl, Instructionspunkte für die Generale d. k. k. Armee. gr. 8. Frank. a. M. 795. (Schäfer). 6 ß

v. Mack. Instructionspunkte für gesammte Generals der k. k. Armeen 1794. 8. Frankfurt 1796. 0,75.

Mack, Karl: Quae ratio intercedat inter Sallustii et Thucydidis historias. S. 3—22. 8. K. k. deutsches Staats-Gymn. *Kremsier* 1906.- Progr.

Mack Carl: Quatenus C. Sallustius Crispus Thucydidem respexerit.
1900 PN 1327 Diss. Wien, Univ. 1570

—: Quos locos Thucydidis imitatus esse Sallustius iure existimetur. S. 3—14. 8. Progr. K. k. deutsches Staats-Gymn. *Kremsier* 1907.

— Schlüsselzahlen zur sofortigen Berechnung des gegenwärtigen Werthes der Steuerfreiheit der Zinshäuser mittelst einer einfachen Multiplication. Ein Beitrag zur rationellen Berechnung des Werthes der Realitäten für Bank-Institute u. Capitalisten. gr. 8. (23 S.) Ebend. 882. n. 1. —

Mack, Carl: Die erste österr. S p a r c a s s e in Wien u. ihre Zweiginstitute im letzten Decennium (1872-1881 inclus.) Wien: *St. Pražak 1883. 64 S. 8°

Mack, Karl. Die klimatischen Verhältnisse von Hohenheim dargestellt auf Grund 11jähriger Beobachtungen von 1878—1888. Progr. Stuttgart: Muller & Co. 1889.

— Vertheidigung des östreich. Feldzuges von 1801. 8. Gotha. Hennings. 1 ß 20 gr

— Vertheidigung d. östreich. Feldzugs v. 1805, d. Hofkriegsrath übergeben. 8. Wien 806.

Mack, K. Frh. v. Verteidigung des österreichischen Feldzugs von 1805 dem Hofkriegsrat übergeben. Wien 1806. 156 S.

Mack L., Arbeiten in Konturen, gezeichnet von R Lohbauer, mit Gedichten von Magenau, Neuffer, Schwab. (5 Bl 6 T) fol Stuttgart 1829

Mack, L., die Lehre vom Dreikant, im Sinne der reinen Geometrie, nach heuristischer Methode entwickelt. gr. 8. (XV, 238 S. mit 1 lithogr. Fig.-Taf. in qu. 4.) Stuttgart 868, Kröner. [Bach und Kitzinger.] *

Mack, L.: Die L e h r e vom Dreikant. Stuttgart 1871.

Mack, L., die Lehre vom Dreikant, im Sinne der reinen Geometrie, nach heurist. Methode entwickelt. Mit e. (lith.) Fig.-Taf. Neue wohlfeilere Ausg. gr. 8. (XV, 237 S.) Stuttgart 884. A. Koch. n. 1. 60

Mack, Leopold [pr. Arzt aus Braunschweig]: Die in den Jahren 1886—1891 auf der chirurgischen Abtheilung des Juliushospitals zu Würzburg behandelten complicirten Fracturen ... Würzburg, P. Scheiner's Buchdr., 1892; 77 S. 8.
Würzburg, Med. Fak., Inaug.-Diss. v. 1892

Mack, Lizzie, Augenweid' u. Herzensfreud'. Ein Bilderbuch m. Reimen v. Emil Wolff. 4. (40 S.) München 888. Stroefer. geb. n. 4.—

Mack, L. Laß Dir was erzählen. Ein Bilderbuch m. Reimen v. Emil Wolff. 4. (32 S. m. farb. Illustr.) [Münch. 889.] Nürnb., Stroefer. geb. * 3 —

—— and Robert Ellice Mack, Old Father christmas picture-book. 4. (40 S.) London 888. München Stroefer. geb. *

Mack, Ludw., analytische Geometrie des Kreises, systematisch ausgearb. als Einleitung in die höhere Geometrie. gr. 8. (XVI und 316 S.) Stuttgart 855, Metzler'sche Buchh. *

Mack, Ludw., üb. hydraulischen Gips (Cementgips) u. üb. d. sogen. Alaunisieren d. Gipses. 8. (24 S) Stuttgart 896. K. Wittwer. n. —50

Mack, Ludw., Goniometrie und Trigonometrie. Mit 56 in den Text gedr. Fig. (Holzschn.) Stuttgart 860. Metzler. gr. 8. (IV, 218 S.) n. 1 ₰ 10 ngr.

*Mack, M. Theorie der Lebensversicherungsprämien. München 1890.

Mack, Mart. Jos., zur Abwehr u. zur Verständigung. 8. Schaffhausen 842, Hurter'sche Buchh. 1/8 ₰

Mack, Mart. Jos., Bericht üb. d. Hrn. Dr. Strauß krit. Bearbeit. d. Lebens Jesu. 1. u. 2. Hälfte. gr. 8. (17 1/8 B.) Tübingen 837, Laupp'sche Buchh.

Mack, Mart. Jos., Catholica. Mittheilungen aus der Geschichte der kathol. Kirche in Würtemberg. 1. Liefg. gr. 8. Augsburg 841, Wirth. 1 1/4 ₰

Mack, Martin Jos., über die Einsegnung der gemischten Ehen. Ein theologisches Votum. gr. 8. Tübingen 840. Laupp. 7 gr.

—— Haus-Postille f. Katholiken. 2 Thle. 8. Tübingen, Lauppsche Buchh. [1. (32 1/2 B.) 846., 2. (31 B.) 47.]

— die kathol. Kirchenfrage in Württemberg. Mit Rücksicht der 35. Sitzung der Kammer der Abgeordneten. 8. Schaffhausen 845, Hurter. 3/8 ₰

—— Commentar üb. d. Pastoralbriefe d. Apostels Paulus. 1. Aufl. 836. 2 Thlr., u. 2. Ausg. gr. 8. (à 34 1/2 B.) Tübingen 841, Laupp'sche Buchh.

– Commentar über die Pastoralbriefe des Apostels Paulus. Tübingen: Osiander 1836. 8°

Mack, M. J., Kommentar über die Pastoralbriefe des Apostels Paulus. Tübingen, Laupp, 1841, gr. 8°, 541 S., 2. Aufl., 5,60 Mk. 1. Aufl. 1836.

— Commentar über die Pastoralbriefe des Apostels Paulus. 2. Ausg. gr. 8. Tübingen 842, Laupp'sche Buchh. 1 7/8 ₰

– s. Quartalschrift, Theologische.

Mack, Max: Das Risico bei Lebensversicherungen. . . . (Aus: A. Ehrenzweig's „Assecuranz-Jahrb. XII.") Selbstverl. d. Verf., Druck v. Plaut & Co., Wien (1890); 62 S. 8°
München, Staatswirtsch. Fak., Inaug.-Diss. v. 1890

Mack, Otto, approb. Arzt aus Großweier (Baden): Über den muskulären **Schiefhals.** *Karlsruhe 1903: M. Gillardon.* (36 S.) 8°
Freiburg i. B., Med. Diss. v. 1903

Mack, P., der Aufschwung unseres Landwirtschaftsbetriebes durch Verbilligung der Produktionskosten. Eine Untersuchg. üb. den Dienst, den Maschinentechnik u. Elektrizität der Landwirtschaft bieten. gr. 8. (57 S.) Königsberg 900. Gräfe & Unzer, Buchh. n. — 60

Mack, R., Die Bedeutung des Schwarzen Meeres für den Welthandel. Pr. 1874. 27 S. 4°. 1.25

Mack, Rob. Ellice, Jack in the box. Illustrated by H. M. Bennett. 4. (48 S.) London 888. München, Stroefer. geb. n. 1. 30

— when all is young. Illustrated by H. M. Bennett. 4. (52 S.) Ebd. 888. geb. n. 5. 50

Mack, S., das Ahnenregister, s. Lauter.

— **Stephan (Lyon), De plica Polonica. Präs. Gg. Fr. Stabel. Halle (Chr. Hilliger) Oct. 1724. 42 S. (4.—) 21955**
Widm. v.: C. G. Schöpffer, Leop. Aug. Sperlette.

Mack, Wilh., Börsen-Handb. f. Hannover u. Braunschweig, s.: Blanck, Jul.

Mack, Wilhelm, Assistent am anatom. Institut: Aus d. chirurg. Klinik zu Heidelberg (Direktor: Geh. Rat Prof. Dr. Narath). Die Cholecystostomien der Heidelberger chirurgischen Klinik (1901—1906). Tübingen 1908: H. Laupp jr. (46 S.) 8° ¶ (Aus: Beiträge z. klin. Chirurgie Bd 57 S. 535—580.)
Heidelberg, Med. Fak., Ref. Narath, Diss. v. 1908
[Geb. 2. Nov. 77 Montabaur; Wohnort: Heidelberg; Staatsangeh.: Preußen; Vorbildung: Gymn. Montabaur Reife O. 97; Studium: Tübingen 1, Kiel 2, Freiburg i. B. 6, München 1, Bonn 1, Heidelberg 8 S.; Coll. 14. Jan. 08; Approb. 2. März 08.]

Mack, Wilhelm Robert, aus Amsterdam: Über das Vorkommen von Pepton in Pflanzensamen. *Leipzig 1903: Metzger & Wittig.* (32 S.) 8°
Leipzig, Phil. Diss. v. 1903

Mackall, Leonh. L., s.: Goethe's Gespräche.

Mackarness, Mrs.: The house on the rock, s. Authors, English.

Mackarness, Mrs., Old Joliffe, hrsg. v. F. Friedrich, } **s.: Authors, English.**

— two sunbeam stories, s.: Rauch's English readings.

Mackarneß, H. S., Sonnenblicke, s. Familien-Bibliothek, Calwer.

Mackarness, Mrs. Henry S., a peerless Wife,
—— a mingled Yarn, } **s.: Collection of British Authors.**

Mackarness, Matilda Anne

Mackarness, Mrs., Amy's kitchen, hrsg. v. B. Klatt, s.: Authors, English.

— a trap to catch a sunbeam, hrsg. v. Emil Grube, s.a. Authors, English.

A trap to catch a sunbeam by Mrs [Matilda Anne] **Mackarness**. Mit Anm. z. Schulgebr. hrsg. von Prof. Dr. Emil Grube, Dir., Berlin. [Nebst] Anmerkungen [&] Worterbuch (von B[erthold] Klatt, Lehrer, Berlin). *Bielefeld & Leipzig: Velhagen & Klasing 1901.* 3 Bde 8°
= Sammlung. Velhagen & Klasings, franz. u. engl. Schulausgaben. English authors. Lfg 46 B.

MACKAS, Georg Ath. (Chios/Griechenl.): De syphilitide. (Titel nach der Urkunde) 19.8.1837 - Urk; P 65
Diss. Ingolst.-Landsh.-Mchn.

Déclaration du Roy très-chrétien de l'entrée de ses troupes en Allemagne datée du 20. Mars 1757, délivrée à la diète de l'empire par son ministre Mr. le baron de Mackau. (Franz., lat., deutsch). Ratisbonne 1757. 4. 4 Bl.

Mackau, Baronin v., die Sprache d. Feldes, od. wie die sichtbare Welt uns in der Religion unterrichtet u. zur Tugend ermuntert. Aus dem Franz. Autoris. Uebersetzg. v. D. Hubert. 16. (VI, 165 S.) Kempten 876. Kösel. n. 1. —

Mackay, Alexander. Die westliche Welt. Reisen in den VS ... deutsch bearbeitet ... von O. L. H. 4v. Leipzig, 1855.

Mac Kay, Alex., die westliche Welt. Reise durch die Vereinsstaaten von Amerika. Aus dem Engl. übers. von Marie Heine. Nebst einer Einleitung u. 4 Illustr. von Wilh. Heine. 4 Thle. Leipzig 861. Kollmann. gr. 8. (1006 S. u. 4 Lithogr.) n. 7 ℳ

Mc. Kay, Alex., die westliche Welt. Reise durch die Vereinsstaaten v. Amerika. Aus dem Engl. übers. v. Marie Heine. Nebst e. Einleitg. u. 4 Illustr. (auf 4 Steintaf.) v. Wilh. Heine. 4 Thle. 2 Aufl. gr. 8. Leipzig 871. Kollmann. 12. —
1. Mit e. (lith.) Ansicht v. Washington. (253 S.)
2. Mit e. (lith.) Ansicht vom Mount Washington [New-Hampshire]. (264 S.)
3. Mit e. (lith.) Ansicht vom Niagara-Fall. (241 S.)
4. Mit e. (lith.) Ansicht vom hohen Trenton-Fall. (248 S.)

Mackay, Alex. M., der Held v. Uganda. 1.—3. Aufl. 8. (24 S. m. Abbildgn.) Basel 891—894. Missionsbuchh. n. — 10

— Pionier-Missionar v. Uganda. Von seiner Schwester. Übers. v. J. H. Nebinger. Mit e. Skizze seiner Persönlichkeit aus persönl. Verkehr v. Wilh. Baur. 1. u. 2. Tauf. gr. 8. (XXXII, 421 S.) Leipzig 891. 892. J. C. Hinrichs' Verl. n. 5. —; geb. n.n. 6. —

Mackay, Alexander M., Pionier-Missionar von Uganda. Von seiner Schwester. Übers. v. J. H. Nebinger. Mit e. Skizze seiner Persönlichkeit aus persönl. Verkehr von Wilh. Baur. Wohlf. [Titel-]Ausg. gr. 8. (XXXII, 421 S.) Leipzig [892.] 902. J. C. Hinrichs' Verl. n. 2.—; geb. in Leinw. n. 3. —

[Umschlagt.:] **McKay**, Donald [Dr]: Critical philosophy ...
o. O., 1891; 60 S. 8.
Freiburg i. B., Phil. Fak., Inaug.-Diss. v. 1891

Mackay, Eric, Liebesbriefe e. Geigers, s. a. Bibliothek d. Gesammtlitteratur d. In- u. Auslandes.

[F.] Liebesbriefe eines Geigers. Von Eric **Mackay**. Autoris. Übs. v. F. Dobbert. *Halle a. d. S.: O. Hendel (1895).* (2 Bl., 88 S.) 1 Bd 8.
= Bibliothek d. Gesamtlitteratur d. In- u. Auslandes. No 890. 897.

Mackay, Eric, love letters of a Violinist and other poems, s.: Collection of British authors.

Mackay, John Henry, Der Alte und der Junge. 8°. London 1888. (Anarchistisch-Communistische Bibliothek, Nr. 13.)

Mackay, John Henry, die Anarchisten. Kulturgemälde aus dem Ende des XIX. Jahrh. gr. 8. (XI, 370 S.) Zürich 891. Verlags-Magazin. n. 5. —

— dasselbe. Volksausg. Mit e. Vorwort u. dem Bilde d. Verf. (1.—5. Tauf.) gr. 8. (XVI, 285 S.) Berlin 893. Magazin f. Volkslitteratur, F. Harnisch & Co. n. 2. —; geb. n. 2. 50

Mackay, John Henry, die Anarchisten. Kulturgemälde aus d. Ende des XIX. Jahrh. Definitive Ausg. 7. u. 8. Tauf. (XV, 339 S.) 8. Berlin 903. [Schuster & Loeffler.] Treptow b. Berlin, B. Zack. 3. —
Auch die übrigen Schriften desselben Verfass. aus dem Verlage v. Schuster & Loeffler (vordem S. Fischer u. K. Henckell & Co.) sind an obige Firma übergegangen.

Die Anarchisten. Kulturgemälde aus d. Ende d. 19. Jhs. Von John Henry **Mackay**. Definitive Ausg. 7. u. 8. Taus. *Leipzig & Berlin: K. Henckell & Co. 1903.* (XIII, 339 S.) 8° [F.] [04. 3418 11

Mackay, John Henry, arma parata fero! Ein soziales Gedicht. 8. (14 S.) Zürich 887. Verlags-Magazin. n. — 40

— Dichtungen. 8. (205 S.) München 886. Heinrichs. n. 3. 60; geb. n. 4. 60

— Dichtungen. Neue (Titel-)Ausg. 8. (205 S.) Berlin 893. S. Fischer, Verl. n. 2. —; geb. n. 3. —

Mackay, John Henry, gesammelte Dichtungen. gr. 8. (VI, 636 S. m. Bildn.) Zürich 898. K. Henckell & Co. Geb. in Leinw. 9. —
Erschien auch in 20 Lfgn. à n. — 40.

[F.] Der kleine Finger und Anderes in Prosa. Von John Henry **Mackay**. *Berlin: S. Fischer 1896.* (4 Bl., 124 S.) 1 Bd 8.
= **Mackay**, J. H.: Zwischen d. Zielen. Bd 1. [97. 1117

—— Fortgang. Der „Dichtungen" 1. Folge. 12. (177 S.) Großenhain 888, Baumert und Ronge. ℳ 3.—.; geb. *

— Fortgang. Der „Dichtgn." 1. Folge. Neue (Titel-)Ausg. 12. (III, 177 S.) Ebd. 893. n. 2. —; geb. n. 3. —

Mackay, John Henry, Freunde u. Gefährten. Meisterdichtgn. auf einzelnen Blättern. Hrsg. v. M. 10 Serien. gr. 16. (à 100 Bl.) Berlin (902). Schuster & Loeffler. In Karton n. 20. —; ermäß. Pr. n. 10. —; einzelne Serien 3. —; ermäß. Pr. n. 1. —; 100 Bl. nach Wahl in Karton 3. —; ermäß. Pr. n. 1. —; 25 Bl. in Karton n. 1. —; ermäß. Pr. — 25; einzelne Bl. — 05; ermäß. Pr. — 01
1. Volkslieder. — 2. Gesungene Gedichte. — 3. Gesprochene Gedichte. — 4. Natur. — 5. Lieder der Liebe. — 6. Menschen-Leben u. -Schicksal. — 7. Stimmung. — 8. Soziale Gedichte. — 9. Eltern- u. Kinder-Lieder. — 10. Bunte Lese.
Weniger als 10 Bl. werden nicht abgegeben.

— Gedichte. (307 S.) 8. Treptow bei Berlin 909. B. Zack. 5.—; geb. 6.—; in Halbfrz. 7. —

Mackay, J. H. Gesammelte Gedichte. 8⁰. 636 S. Zürich, Karl Henckell & Co. 1898. geb. 11 25

SAGITTA [d. i. John Henry Mackay]. Gehör! — nur einen Augenblick! Ein Schrei. Sagitta's Bücher der namenlosen Liebe. Flugschrift. Berlin-Treptow, Zack-Verlag, 1908.
Verb. d. Ldg. III Berlin 2 b. J. 250/08, 22. 3. 08.

— Hans, mein Freund u. die Wasserratte, s.: Volksbücher, Wiesbadener.

— Helene. 8⁰. Zürich, Verlags-Magazin (J. Schabelitz), 1888.

— Anna Hermsdorf. Ein bürgerl. Trauerspiel. Neue (Titel=)Ausg. gr. 8. (62 S.) Ebd. 893. n. 1. —

— Anna Hermsdorff. Trauerspiel in 8 Aufzügen. gr. 8. (62 S.) Minden 886. Bruns. n. 1. 50

—— Das starke Jahr. Der „Dichtungen" 2. Folge. 8. (202 S.) Ebd. 890. * 2 —
„Dichtungen". Münch. 1886, Heinrichs. * 2 60, u. „Fortgang" (der „Dichtungen" 1. Folge). Großenhain 1888, Baumert u. Ronge. * 3 —.

Mackay, John Henry, Kinder des Hochlands. Eine Dichtung aus Schottlands Bergen. 12. (VII, 77 S.) Leipzig 885, Friedrich. *
geb. *

—— dass. — 2. (Titel-)Ausg. 12. (VII, 77 S.) Großenhain 888, Baumert und Ronge. * ℳ 2.—.; geb. *

— Kinder d. Hochlands. Eine Dichtg. aus Schottlands Bergen. Neue (Titel=)Ausg. 12. (V, 77 S.) Ebd. 893. n. 1. —; geb. n. 2. —

— Die Märtyrer von Chicago. 8⁰. s. l. 1890.

—— Die Menschen der Ehe. Schilderungen aus der kleinen Stadt. 8. (92 S.) Berl. 892, S. Fischer Verlag. * 1 50

Mackay, John Henry, die Menschen der Ehe. Schilderungen aus der kleinen Stadt. 2. Aufl. (96 S) 8. Berlin 903. [S. Fischer, Verl.] Schuster & Loeffler. n. 1. 50; geb. n.n. 2 50

— Acht Opfer des Classenhasses. 8⁰. Zürich, Mitgliedschaft deutscher Socialisten, 1888.

— die letzte Pflicht. Eine Geschichte ohne Handlg. 8. (137 S.) Ebd. 893. n. 2. —; geb. n. 3. —

— Die letzte Pflicht u. Albert Schnells Untergang, s.a. Universal-Bibliothek.

Die letzte Pflicht u. Albert Schnells Untergang. Eine Geschichte in zweien von John Henry **Mackay**. Leipzig: Reclam (1910). 268 S. 8°
(Universal-Bibliothek. 5236/37) [11. 150

Mackay, J. H., s. Propaganda des individualistischen Anarchismus in deutscher Sprache.

— Schatten. Novellistische Studien. 8. (VII, 214 S.) Leipzig 887. [Peterson.] Brünn, Winkler. n. 3. —; geb. n.n. 4. —

— Schatten. Novellistische Studien. Neue (Titel=)Ausg. 8. (VII, 214 S.) Ebd. 893. n. 2. —; geb. n. 3. —

— d. Schwimmer. Die Geschichte e. Leidenschaft. 8. (404 S.) Berlin 901. S. Fischer, Verl. n. 4. —; geb. n.n. 5. —

Der Schwimmer. Die Geschichte e. Leidenschaft von John Henry **Mackay**. 2. Aufl. *Berlin: S. Fischer 1901.* (404 S.) 8° [F.] [01. 11

— **Max Stirner. Sein Leben u. s. Werk. M. 3 Abb., mehreren Fcsms. u. e. Anh. gr. 8. (X, 160 S.) Berlin 898. Schuster & Loeffler. n 6. —; geb. 7. 50**

Max Stirner. Sein Leben u. sein Werk. Von John Henry **Mackay**. M. 3 Abb., mehreren Facs. u. e. Anh. *Berlin: Schuster & Loeffler 1898.* (X, 260 S., 3 Taf.) 1 Bd 8. [98. 4216

— **Max Stirner. Sein Leben u. sein Werk. 2., durchgeseh. u. um e. Nachschrift: „Die Stirner-Forschg. d. J. 1898—1909" verm. Aufl. (XIX, 298 S. m. Fksms. u. 4 Vollbildern.) gr. 8. Treptow b. Berlin 910. B. Zack. 6.—; geb. 7.—; in Halbfrz. 8. 50**

—— moderne Stoffe. Zwei Berliner Novellen. 8. (258 S.) Großenhain 888, Baumert und Ronge. ℳ 3.—.; geb. *

— moderne Stoffe. Zwei Berliner Novellen. Neue (Titel=)Ausg. 8. (IX, 258 S.) Ebd. 893. n. 2. —; geb. n. 3. -

—— Sturm. (Gedichte.) 2. durchges. u. verm. Aufl. 12. (XIII, 115 S.) Zür. 890, Verlags-Magazin. * 1 20

— Sturm. 3., verm. Aufl. 8. (112 S.) Zürich 898. K. Henckell & Co. n. 1. —

Der Sybarit und Anderes in Prosa von John Henry **Mackay**. *Berlin: Schuster & Loeffler 1903.* (122 S.) 8° [F.]
— **Mackay**: Zwischen d. Zielen. Bd. 2. [03. 10401

— Die Tragödie von Chicago. Zur Erinnerung an den 11. November 1897. (Auszug aus: „Die Anarchisten".) gr. 8⁰. Cincinnati 1891.

— Albert Schnell's Untergang. Schluß d. Geschichte ohne Handlg.: D. letzte Pflicht. 8. (167 S.) Berlin 895. S. Fischer, Verl. n. 2. —; geb. n. 3. —

— im Thüringer Wald. Eine Wanderfahrt in Liedern. 8. (32 S.) Dresden 886. Pierson. n. — 60

— im Thüringer Wald. Eine Wanderfahrt in Liedern. Neue (Titel=)Ausg. 8. (32 S.) Ebd. 893. n. — 50

—— Jenseits der Wasser. Uebertragungen aus engl. u. amerikan. Dichtern d. XIX. Jahrh. 12. (X, 86 S.) Ebd. 889. * 1 20

[F.] Wiedergeburt. Von John Henry **Mackay**. Der 'Dichtgn' 3. Folge. M. d. Bilde d. Dichters. *Berlin: S. Fischer 1896.* (156 S., 2 Bl., 1 Portr.) 1 Bd 8. [96. 7538

— zwischen d. Zielen. Prosa. 1. Bd. 8. Berlin 896. S. Fischer, Verl. n. 1. 50
Der kleine Finger u. anderes in Prosa. (VII, 124 S.)

— zwischen den Zielen. Prosa. 2. Bd. 1896—1901. Der Sybarit u. Anderes in Prosa. (122 S.) 8. Berlin 903. Schuster & Loeffler. n. 1. 50; geb. n. 2. 50
Sämtliche Mackayschen Schriften aus d. Verlage d. S. Fischer, Berlin, sowie von K. Henckell & Co. sind an obige Firma übergegangen.

Mackay, Katherine, Gabrielle. Ein Traum aus dem Inhaltsschatze der Briefe v. Abélard u. Héloïse. Einzig berecht. Uebersetzg. aus dem Engl. v. José de Mont u. Edm. Reimer. (60 S. m. Bildnis.) kl. 8. New York 904. Weipert, E. Reimer. n. 1. 70; Luxusausg. n. 10.-

Mackay, M. P., die Bedeutung der Wiedergeburt. 12. (24 S.) Berlin 892. Deutsche Ev. Buch- u. Tractat-Gesellschaft. n. - 10

– Dass., s. a. M a c k a y , W. P.

Mackay, S[amuel] F[rancis] H[enderson], B. A., Oxon: Die Entwickelung des schottischen Staatsschulwesens. Jena 1906: Frommann. (115 S.) 8°
Jena, Phil. Fak., Ref. Rein, Diss. v. 23. Mai 1906
[Geb. 15. Febr. 80 Helensburgh, Schottland; Wohnort: Helensburgh; Staatsangeh.: England; Vorbildung: Academy Glasgow Reife O. 96; Studium: Glasgow 4, Oxford 7, Jena 2 S.; Rig. 3. Febr. 06.]

Mackay, W., Schiffbruchsgeschichte der Juno an d. Küste von Arracan in Ostindien, a. d. Engl. v L. 8. Hamb. Hoffmann. 800.

— — dies. a. d. Engl. 8. Bremen, Seyffert. 800.

Mackay, W. P. Die Bedeutung der Wiedergeburt. 12. (24 S.) Berl. 892, Deutsche Evangel. Buch- u. Tractat-Gesellschaft. * — 10

– Dass. , s. a. M a c k a y , M. P.

Mackay, W. P., „Gnade u. Wahrheit". Unter 12 Gesichtspunkten. Nach der neuesten Aufl. des engl. Originals. 8. (201 S.) Basel 877. Spittler. n. 1. —

Mackay, W. P., „Gnade u. Wahrheit". Unter 12 Gesichtspunkten. Nach der neuesten Auflage d. engl. Originals. 2. Aufl. 8. (252 S.) Basel 884. Spittler. n. 1. —

Macke, die Missio canonica u. das Lehrerinnen-Seminar zu Xanten. 8. (56 S.) Xanten 878. (Breslau, Aderholz.) n. 1. —

Macke, Alphons, appr. Arzt a. Siegburg: Aus der medizinischen Klinik der Universität Bonn. Über die Behandlung der Hyperacidität mit Argentum nitricumspülungen. Leipzig (1907): Hallberg u. Büchting. (50 S.) 8°
Bonn, Med. Fak., Ref. Schultze, Diss. v. 8. Juli 1907
[Geb. 7. Juni 79 Siegburg; Wohnort: Weibern; Staatsangeh.: Preußen; Vorbildung: Gymn. Siegburg Reife O. 79; Studium: Bonn 9 S.; Coll. 31. Mai 07; Approb. 24. Juni 04.]

Macke, Ernst Rud. (geb. Sorau 2. 6. 1847). Ueber die Schussverletzungen des Kniegelenks. Berlin (1866). (40 S.) 8°
Berlin, Med. Diss. v. 17. Apr. 1866

Macke, K., Zu Horatius Episteln. S.-A. 1888. 10 S.

Macke, Carl, Dr.: Erasmus oder Reuchlin? ⟨Zur Reform d. griech. Unterrichts.⟩ *Köln 1900: H. Theissing.* (31 S.) 4°
Siegburg, k. G, P 1900 (493)

Macke, Karl (Hrsg.), s. F r e i l i g r a t h , Ferdinand: Werke. 1909.

Macke, Karl (Hrsg.), s. H a u f f , Wilh.: Werke. 1909.

Macke, Karl (Hrsg.), s. H e b b e l , Friedrich: Werke. 1909.

Macke, Karl, a. sturmbewegter Heldenzeit. (Cäsar's Brückenbau.) Vaterländisches Schuldrama. Dichtung v. M. Tonsatz der Chöre v. Winand Nick. Textbuch. 8. (20 S.) Düsseldorf (901). L. Schwann. n. — 50

Macke, Karl, allgemeine Litteraturgeschichte, s.: N o r r e n b e r g , Pet.

Macke, Karl (Hrsg.), s. M ü l l e r , Wolfgang: Dichtungen eines rheinischen Poeten.

[F.] **Macke,** Karl [Dr.]: Friedrich Rückert als Übersetzer. Siegburg, Druck v. Gebr. Daemisch, *1896;* 3—22 S. 4.
Siegburg, k. G, P 1896 (469)

Macke, Karl, der Stromgeiger. Romantische Dichtg. (VII, 232 S.) kl. 8. Heiligenstadt 905. F. W. Cordier. Geb. in Leinw. n. 3. —

Macke, Karl, vom Nil zum Nebo. Ein Wüstensang. 12 (XI, 431 S. m. farb. Titelbl.) Heiligenstadt 894. F. W. Cordier. n. 6. —; geb n. 8.

Macke, Reinhold Die römischen Eigennamen bei Tacitus. I. Eine sprachliche Untersuchung. 4 (19 S.). II. 4 (20 S.). III. 4 (22 S.). G. u. Rprg. *Hadersleben* 1886 (258). 1888 (265). 1889 (267) **Progr.**

Macke, Reinhold: Die römischen Eigennamen bei Tacitus. III. . . . Hadersleben, gedr. i. W. L. Schütze's Buchdr., 1889; 22 S. 4°
Hadersleben, k. G u. RPG, OP 1889 (267)

[F.] **Macke,** Reinhold: Die römischen Eigennamen bei Tacitus. IV. (Forts. d. P-Beil. 1886. 88. 89.) Hadersleben, gedr. in W. L. Schütze's Buchdr., 1893; 18 S. 4.
Hadersleben, k. G u. RPG, OP 1893 (281)

Macke, Reinhold, Prof.: Die römischen Eigennamen bei Tacitus. T. 6. Königshütte O.-S. 1906: R. Giebler. (S. 3—16.) 4° ¶[Forts. d. P-Beil. d. G Hadersleben 1886, 88, 89, 93, G Königshütte 1905.]
Königshütte, k. G u. R P 1906 (240)

Macke, Reinhold, Prof.: Die Eigennamen bei Tacitus. T. 5. Eine sprachliche Untersuchung. Königshütte O.-S. 1905: R. Giebler. (S. 3—12). 4° ¶[Forts. d. P-Beil. d. G u. RPG Hadersleben 1886. 88. 89. 93.]
Königshütte O.-S., k. G mit R P 1905 (230)

Macke, Rhold., Einiges aus der Geschichte und Sage von Ploen. Ein Vortrag, gehalten am 8. Febr. 1883 im Litterar. Verein zu Ploen. 4. (18 S.) Ploen 883, (Hahn.) *

Die S u b s t a n t i v a des Tacitus. Eine statistisch-lexicalische Untersuchung und Zusammenstellung v. Reinhold **Macke**. Ploen 1874. 28 S. 4° Gymn.-Prog.

Macke, Rud. Armin (geb. Klitschdorf bei Bunzlau 2. 6. 1819). De cornea obscurata. Berolini (1841). (42 S.) 8°
Berlin, Med. Diss. v. 27. Dez. 1841

Macke, Wilhelm, approb. Arzt aus Siegburg: Aus d. psychiatr. Klinik d. Universität Bonn. Ueber Dipsomanie. Ein casuistischer Beitrag. *Heiligenstadt ⟨Eichsfeld⟩ (1903): F. W. Cordier.* (47 S.) 8°
Bonn, Med. Diss. v. 4. Nov. 1903

Mäcke, Jh. Sam. Fr.

Mäcke, J. S. F., Anleit. z. Ausarbeitung d. v. e. Gen.-Accisinspect.-Einnehmer und Thorschreiber abzuleg. Rechnungsprobe. 8. Lpz. Böhme. 784.

Mäcke, Jh. Sam. Fr., Anleit. z. Ausarbeitung d. v. e. Gen.-Accisinspect.-Einnehmer u. Thorschreiber abzulegenden Rechnungsprobe. 8. Leipz. 784. (Knobloch)). 6 gr.

McKean, James, Viktoria. Der Land Act 1869, nebst den zugehörigen Verordnungen und Formularen, dem Verzeichniß der Kronlands-Verwaltungsbeamten, der Regierungs-Verwaltungsbeamten, der Kronland-Verwaltungsbureaus, einem Vorwort und Index. gr. 8. (XI, 131 S.) Berlin 871, F. Duncker. [Stuttgart, Krabbe.] *

M'Kechnie, J. F., Buddhismus als Wissenschaft. Aus e. Vorlesg. Berechtigte deutsche Übersetzg. v. Karl Seidenstücker. 2. Aufl. (19 S.) 8. Breslau 910. W. Markgraf. — 30

— Die Grundgedanken d. Buddhismus. Eine Skizze z. Einführg. Berechtigte deutsche Übersetzg. v. Karl Seidenstücker. (32 S.) gr. 8. Leipzig (Tauchaerstr. 50) (907). Verl. d. „Buddhist. Gesellschaft". (G. A. Dietze.)
Sonderabdruck aus: „Der Buddhist". — 30

Mc Kee, James L[ittle]: Thioderivate der Ketone. Stickstoff- und Schwefel-haltige Derivate des Dibenzalacetons. Freiburg i. B.: Speyer & Kaerner 1909. 42 S. 8°
Freiburg i. B., Phil. Diss. v. 7. Aug. 1909, Ref. Gattermann
[Geb. 9. März 78 Lurgan, Irland; Wohnort: Lurgan; Staatsangeh.: Großbritannien; Vorbildung: Queen's Univ. Belfast B. A. 05; Studium: Belfast 8, Freiburg i. B. 4 S.; Rig. 8. Jan. 09.] [U 10. 1070

M'Keevor's Reise nach d. Hudsonsbai, s. Reisen im Süden u. Norden v. Amerika.

Mackel, Emil

Mackel, E. Die germanischen Elemente in der altfranzösischen und altprovenzalischen Sprache. Diss. Greifswald 1884. 19 S.

Mackel, E., die germanischen Elemente in der französischen und provenzalischen Sprache, s. c. Studien, französische.

Die germanischen Elemente in der französischen und provenzalischen Sprache. Von Dr. Emil Mackel. Heilbronn: Gebr. Henninger 1887. (200 S.) 8°
= Studien, Französische. Bd 6, H. 1. [06. 6033

Mackel, Emil, Prof. Dr.: Über die Entstehung der Mundarten. Berlin 1906: W. Büxenstein. (S. 17—28.) 4°
Berlin, k. Prinz Heinrichs-G P 1906 (97)

[F.] Mackel, *Emil* [Dr.]: Die Metapher im Unterricht. Perleberg, Druck v. F. Jacobson, 1894; 3—15 S. 4.
Perleberg. k. RG, P 1894 (109)

Mackel, R., Vademecum für den Handel mit Hausthieren. 8. (158 S.) Luxemburg 882. Brück. 1. 50

Maeckel, Hermann J. D Sozialismus in den VS. Chi. 190-[?].

Mäckel, Theodor, approb. Arzt aus Dinklage in Old.: Aus d. chirurg. Poliklinik d. Universität Leipzig. Beitrag zur Aetiologie der Ganglien. *Leipzig 1903: B. Georgi.* (28 S.) 8°
Leipzig, Med. Diss. v. (19. Okt.) 1903

Mackeldey. Das kurfürstl. hess. Leib-Garde-Regt. Kassel 1855. 1 farb. Bl. 2°

Mackeldey, F., das praktische Aufnehmen mit dem Croquirtische sowie die zu einem Croquis nöthige Terrainbeschreibung. Ein Hülfsbüchlein für meine jüngeren Cameraden und zugleich eine Instruction für alle Diejenigen, welche sich zum Officier-Examen vorbereiten, nebst einem Anhange, das Croquiren à la vue betreffend. Für den Gebrauch im Felde eingerichtet. Mit mehreren (1 lith.) Kpfrtaf. (in gr. 4.) und (2 lith.) Plänen (in Fol.). Cassel 854. (Krieger.) 16. (109 S.) n. 15 ngr.

Mackeldey, Ferdinand

Μακκελδέϋ, Φερδ., Ἐγχειρίδιον τοῦ Ρωμαϊκοῦ δικαίου. Μεταφρασθὲν ἐκ τοῦ Γερμανικοῦ ὑπὸ Γ. Α. Ράλλη καὶ Μ. Ρινιέρη. Προσετέθησαν καὶ αἱ παραθέσεις τῶν Βασιλικῶν. Τομ. Α. Β'. Περιέχων τὴν εἰσαγωγὴν καὶ τὸ γενικὸν μέρος. — Περιέχων τὸ εἰδικὸν μέρος. gr. 8. Ἀθήναις. ... (Leipzig et Paris, Brockhaus et Avenarius.) n. $1^{1}/_{3}$ ₰

– s. Erörterung, Rechtliche, der Frage: Ob der § 71 der Kurhess. Verfassungs-Urkunde ...

Mackeldey, Ferd., Excurse üb. einzelne Rechtsmaterien. gr. 4. ($6^{1}/_{2}$ B.) Bonn 835, Weber.

Mackeldey, Fd.: Excurse über einz. Rechtsmaterie. *Giessen*, Heyer, Vater. 835. 4. (9 Gr.)

—— Grundriß d. Erbrechts. gr. 8. (2 B.) Bonn 835, Weber.

—— Grundriss zu Vorlesn. üb. d. gem. deutsche Lehnrecht. gr. 8. ... Bonn 828, Marcus.

Mackeldey, Fd., († d. 20 Oct. 1834) Grundriß zu Vorlesungen über den gemeinen Deutschen u. Preußischen Civilproceß, nebst e. Anhange, die Lehre von den summarischen Civilprocessen enthaltend. gr. 8. Bonn 833. Marcus. $^{1}/_{3}$ ₰

— Lehrbuch d. Institutionen d. heutig. röm. Privatrechts. gr. 8. Gießen 814. Heyer. 3 ₰ 8 g/. 2e A. ... 3e verb. A. 2 Bde. gr. 8. Ebd. 820. 4e A. 822. 3 ₰

Mackeldey, Fd.: Lehrb. d. Institutionen d. heut. röm. Rechts. *Giessen*, Heyer. (814. 18. 821. n. s. f.) Nach dess. Tode durchges. u. mit vielen Anmerk. u. Zus. bericht. v. Conr. Fr. Rosshirt. 11e Ausg. 2 Bde. gr. 8. 838. (3 Thl. 16 Gr.)

— Lehrbuch des heutigen römischen Rechts. 2 Bde. gr. 8. Gießen ... 2e A. 818. 9e A. 831. Heyer. 3 ₰ 16 g/

— Lehrbuch des heutigen Römischen Rechts. 2 Bde. 7e Aufl. gr. 8. Gießen 827, Heyer.

—— Lehrbuch d. heut. Röm. Rechts. 2 Bde. 8—10., sehr verb. u. verm. Ausg. gr. 8. (59, 59 u. $65^{1}/_{4}$ B.) Gießen 829, 31, 33, Heyer, Vater. à

— Lehrbuch des heutigen Römischen Rechts, 2 Bde. 10e sehr verb. u. verm. Ausg. gr. 8. Gießen 833. Heyer, Vater. $3^{2}/_{3}$ ₰
— dass. Nach dessen Tode durchgesehen u. mit vielen Anmerkk. u. Zusätzen bereichert von Konr. Franz Roßhirt. 2 Bde. 11e Original-Ausg. gr. 8. Ebd. 838. $3^{2}/_{3}$ ₰

Mackeldey, Ferd., Lehrbuch des heutigen Römischen Rechts. Nach dessen Tode zum zweitenmale herausgeg. u. mit vielen Zusätzen versehen v. Konr. Frz. Roßhirt. 2 Bde. 12. Orig.-Ausg. gr. 8. Gießen 842, Heyer's Verlag. $3^{2}/_{3}$ ₰

Mackeldey's, Ferd., Lehrbuch des römischen Rechts. 13. vielfach veränd. u. besonders in geschichtlicher Hinsicht verm. Orig.-Ausg., besorgt durch Joh. Adam Fritz. 2 Bde. gr. 8. (1. Bd. XVI u. 248 S. 2. Bd. ... S.) Wien 851, Gerold. $3^{1}/_{3}$ ₰

Mackeldey's, Ferd., Lehrbuch des römischen Rechts. 14. vielfach veränd. Orig.-Ausg., besorgt durch Joh. Adam Fritz. 2 Bde. Wien 862. Gerold. gr. 8. (1. Bd.: XVI, 239 S.) 3 ₰ 15 ngr.

Solemnia natalitia ... Friderici Wilhelmi III d. III Aug. ... ab universitate Fridericia Wilhelmia Rhenana ... celebranda ... indicit Ferdinandus **Mackeldey**, ord. iurecons. h. a. decanus. — Praemissa est dissertatio de ordinum provincialium in Germania origine. Bonnae, typ. C. Georgii 1832. 1 Bl., 22 S. 4. ¶ In Komm. bei Marcus in Bonn.

Enth. zugleich d. Preisaufgaben f. d. J. 1832—33 und in einem später ausgegebenen Anhang (= S. 19—22; [*Kopft.*] Iudicia de certamine lit. a. 1832 ...) d. Ergebnisse d. Preisbewerbung d. J. 1831—32

—— de ordinum provincialium in Germania origine. Dissertat. 4 maj. (2¼ B.) Bonnae 832, (Marcus.)

Mackeldey, Ferd., quatenus actio de recepto contra aurigas et curator. etc. 4. Helmst. Fleckeisen. 806.

— f. E. Schrader, conspectus.

—— systema juris Romani hodie usitati. Post Cl. Rosshirtii curas novissi. nunc primum latine interpret. est Ern. Ed. Hindenburg. 8maj. (XIII und 705 S.) Lipsiae 847, libr. Hinrichs.

Mackeldey, Fd., Theorie d. Erbfolgeordnung nach Napoleons Gesetzbuch. gr. 8. Marburg 811. Krieger. 14 gr

Mäcken's, Carl, Bibliothek technischer Wissenschaften, s. Becker, M., Handbuch der Ingenieur-Wissenschaft. — Schinz, C., die Wärmemeßkunst. — Wiebe, F. K. H., Handbuch der Maschinen-Kunde.

— technische Handbibliothek. Stuttgart 861, 62. Mäcken. gr. 8.
1. Bd.: Die Grundzüge der Mechanik als Leitfaden bei Vorlesungen und zum Selbststudium, bearb. von J. Bitzel. Mit Atlas, enth. 9 (lith.) Taf. in Fol. 2. Aufl. (VII, 336 S.) 1 ₰ 15 ngr
2. Bd.: Dampfkessel, deren rationelle Construction, Anlage u. Betrieb. Ein Hand- u. Hilfsbuch für Fabrikanten, technische Behörden, Schulen u. zum Selbstunterricht angehender Mechaniker, von O. Fallenstein. Mit Atlas, enth. 16 (lith.) Taf. in Fol. (X, 323 S.) 2 ₰ 15 ngr
4. Bd.: Die Heizung u. Ventilation in Fabrikgebäuden u. die Einrichtung von Trocknungs-Apparaten zum praktischen Gebrauche für Fabrikanten, Architekten, Werkmeister rc. verfaßt von C. Schinz. Mit Atlas, enth. 18 (lith.) Taf. in Fol. (V, 395 S.) 3 ₰
5. Bd.: Die Maß- u. Gewichtsverhältnisse der Roh- u. Zwischen-Producte bei der Darstellung des Schmiedeeisens nach der englischen Frischmethode oder durch den Puddlings- u. Walzproceß. Vom Standpunkt der Fabrikation u. mit besonderer Berücksichtigung des rheinischen u. westphälischen Hüttenbetriebes, auf Grund eigener Erfahrung u. Untersuchung selbstständig ausgearb. u. zum praktischen Gebrauche für Eisenfabrikanten, Hüttenbeamten rc. berechnet von Ed. Mäurer. (XV, 227 S.) 1 ₰ 15 ngr
9. Bd.: Lehre von den Eisenbahncurven u. Ausweichgeleisen, theoretisch u. praktisch dargestellt von A. M. Nell u. E. W. Kauffmann. Mit Atlas, enth.: 17 gravirte Taf. in Fol. (IV, 136 S.) 2 ₰ 5 ngr
11. Bd.: Die Appreturen der Baumwollwaaren aller Gattungen. Nebst einem Anh. über die neuesten Bleichverfahren von J. J. Heim. Mit Atlas, enth. 18 (lith.) Taf. in Fol. (XII, 184 S.) 2 ₰ 10 ngr

Mackenberg, Gerhard [aus Sünninghausen (Westfalen)]: Über intermusculäre Lipome .... Würzburg, Becker's Univ.-Buchdr., 1887; 24 S. 8°.
Würzburg, Med. Fak., Inaug.-Diss. v. 1887.

Mackenberg, Gerhard, über intermusculäre Lipome. Diss. Würzburg 1887, Stahelsche Univ.-Buchh. 8°. 24 S.

Mackenberg, Clemens, approb. Arzt aus Sünninghausen i. W.: Über Lymphangioma cysticum colli congenitum. *Köln [1901]: J. P. Bachem.* (22 S.) 8°
Freiburg i. B., Med. Diss. v. 1901

Mackenbrock, A., kurzer theoretischer Unterricht im Gregorianischen oder Choral-Gesange. Für Seminarien, Organisten u. Chordirigenten. Nebst einer geschichtlichen Einleitung. Münster 863. Coppenrath. gr. 8. (IV, 55 S.) n. 10 ngr

McKenney, Randolph E. B. Observations on the conditions of light production in luminous bacteria. (S.-A. aus Proceedings of the biological Society of Washington Vol. 15. 1902.) Washington 1902. 21 S. 8°.
Basel. Phil. Diss. 1902/1903.

Mackenrodt, Alwin

Mackenrodt, A., Beitrag zur intrauterinen Therapie, s.: Sammlung klinischer Vorträge.

Mackenrodt, A., Diagnose u. Behandlung der Endometritis, s. a. Klinik, Berliner.

Diagnose und Behandlung der Endometritis. Eine Vorlesung f. prakt. Aerzte von A[lwin] **Mackenrodt**. Berlin. Th. 1. *Berlin: Fischer 1900.* 8°
= Klinik, Berliner. H. 145.

Mackenrodt, A., weit. Erfahrgn. m. d. Operation der Retroflexio uteri, s. a. Arbeiten aus d. Privat-Frauenklinik v. A. Mackenrodt in Berlin.

Weitere Erfahrungen mit der Operation der retroflexio uteri von A[lwin] **Mackenrodt**. *Berlin: S. Karger 1898.* (20 S.) 8°
= Arbeiten aus d. Privat-Frauenklinik d. Dr. A. Mackenrodt in Berlin. H. 3, [...]

— üb. d. hint. Scheidenbauchschnitt, s. a. Sammlung klin. Vorträge.

Über den hintern Scheidenbauchschnitt v. A[lwin] Mackenrodt (Berlin. *Leipzig: Breitkopf & Härtel 1896.* (28 S.) 8.
= Sammlung klinischer Vorträge. N. F. No 156.

— d. Studium d. Frauenkrankheiten, ihre Begrenzg. innerhalb d. allgem. Medicin, s. a. Arbeiten aus d. Privat-Frauenklinik v. A. Mackenrodt in Berlin.

Das Studium der Frauenheilkunde, ihre Begrenzg innerhalb d. allgem. Medicin. Von A[lvin] **Mackenrodt**. *Berlin: S. Karger 1898.* (35 S.) 1 Bd 8.
= Arbeiten aus d. Privat-Frauenklinik d. Dr. A. Mackenrodt in Berlin. H. 1.

Mackenrodt, Alwin: Untersuchungen über das Chloasma uterinum .... Halle a. S., Druck d. Waisenhauses, 1885; 2 + 42 + 2 S. 8°.
Halle. Med Fak., Inaug.-Diss. v. 21. Sept. 1885.

Mackenrodt, Alwin, Untersuchungen über das Chloasma uterinum. Diss. Halle 1885, Lippertsche Buchh. 8o. 42 S.

Mackenroth, Anna: Zur Geschichte der Handels- und Gewerbefrau. — Zürich 1894: Schulthess. 71 S. 8°
Zürich, Staatswiss. Diss. v. 15. Dez. 1894. 1: Fi 2595

Mackenroth, A., Nebengesetze z. schweizer. Obligationenrecht. Anh. z. Kommentar d. schweizer. Obligationenrechts v. A. Schneider. Unt. Benutzg. d. Praxis bearb. 1. u. 2. Lfg. gr. 8. (176 S.) Zürich 898. F. Schultheß. à n. 1. —

Mackenroth, Anna, Nebengesetze zum schweizer. Obligationenrecht. Anh. zum Kommentar des schweizer. Obligationenrechts v. A. Schneider. Unter Benutzung der Praxis bearb. (1. Sammlg.) 3. u. 4. Lfg. gr. 8. (S. 177—323.) Zürich 898. Schultheß & Co. n. 2. 20; (kplt. n. 4. 20; in 1 Leinw.-Bd. n. 5. 40)

Mackenroth, Anna: Über die Rechtsstellung der Frau im Vorentwurf zum schweizer. Civilgesetzbuch. 4 Vorträge. — Zürich: Schröter 1901. 76 S. 8°

Aus: Schweizer. Familien-Wochenblatt Jg. 20. 1900/01. Nr 13 ff.

Mackenroth, V., mündliche u. schriftliche Übungen zu Kühns französischen Lehrbüchern. 2 Tle. gr. 8. Bielefeld 901. Velhagen & Klasing. n.n. 3. 10
1. Mit e. grammatischen Elementar-Kursus v. Karl Kühn als Anh. (XII, 166 S.) n.n. 1. 30
2. (XIV, 193 S.) Geb. n. 1. 80

— dasselbe. Lehrerheft. gr. 8. (VI, 36 S.) Ebd. 901. n. — 50

Mackenroth, V., mündliche u. schriftl. Uebungen zu Kühns französ. Lehrbüchern. 1. Tl. Mit e. grammat. Elementar-Kursus v. Karl Kühn als Anh. 2. durchgesch. u. verb. Aufl. (XIV, 160 S.) gr. 8. Bielefeld 903. Velhagen u. Klasing. Geb. in Leinw. n. 1. 80

v. Mackensen. Geschichte des 2. Leib-Husaren-Regiments No. 2. 8. Berlin 1877.

Mackensen, schwarze Husaren. Geschichte d. 1. Leib-Husaren-Regiments Nr. 1 u. d. 2. Leib-Husaren-Regiments Kaiserin Nr. 2. Aus Anlaß ihres 150jähr. Bestehens im Auftrage dieser Regimenter u. unter Benutzg. e. Handschrift d. fr. Maj. z. D. Blumenthal zusammengestellt 2 Bde. Mit zahlreichen Textzeichngn., Kartenskizzen, Uniformbildern, Porträts u. anderen Kunstbeilagen. gr. 4. (VII, III, 1197 u. 233 S.) Berlin 892. E. S. Mittler & Sohn. Erhöhter Pr. n.n. 50. —; geb. n.n. 60. —

Mackensen, v., s.: Leibhusaren, die.

Mackensen, s.: Leib-Husaren-Regiment Nr. 1, d. 1.

Mackensen, das 2. Leib-Husaren-Regiment Nr. 2 im Kriege gegen Frankreich 1870/71. Ein Beitrag zur Geschichte des Regiments. gr. 8. (VII, 388 S. mit 2 Tab.) Berlin 877, Mittler und Sohn. *

— — Hauptm. im Generalstabe. Das 2. Leib-Husaren-Regiment Nr. 2, von 1741—1886. Geschichte des Regiments zur Feier des 25jährigen Chef-Jubiläums Ihrer k. und k. Hoheit der Frau Kronprinzessin des Deutschen Reiches und von Preussen Victoria, den Unterofficieren und Mannschaften im Auszuge erzählt von einem ehemaligen Leib-Husaren. Mit den Bildern Seiner Majestät des Kaisers und Königs und Ihrer k. und k. Hoheit der Frau Kronprinzessin des Deutschen Reiches und von Preussen in der Regiments-Uniform, sowie zwei Uniform-Skizzen (im Texte). 8. Berlin 1886.

Mackensen, gemeinsame Waffenthaten der Leib-Husaren und Zieten-Husaren. Vortrag, gehalten zur Feier des Geburtstages Sr. K. Hoh. des Prinzen Friedrich Karl im Verein ehemaliger Leibhusaren zu Berlin am 13. März 1883. 8. (32 S.) Berlin 883, Liebel'sche Buchh. *

—— die Zusammengehörigkeit der beiden Leibhusaren-Regimenter der preußischen Armee. Vortrag, gehalten zur Feier der Konstituirung des Vereins ehemaliger Leibhusaren zu Berlin am 21. Novbr. 1882. 8. (32 S.) Ebendas. 883. *
Vorstehende zwei Schriften sind aus: Unteroffizier-Zeitung, besonders abgedruckt.

Mackensen, A.

— Anleit. zur Verfertigung u. Prüfung der Pachtanschläge v. Landgütern, nebst e. Anhange üb. d. bei Zehnt-Ablösungen rc. aufzustell. Berechnungen. Mit 4 Tabb. gr. 8. Hannov. u. Leipz. 824. Hahn. 1 ₰

Mackensen, A. von: „Hülfsbuch für Landwirthe, besonders für Gutsbesitzer, Oekonomen, Administratoren etc., aus praktischen Erfahrungen bearbeitet", 3 Theile, Hannover und Leipzig 1821—1824 (Hahn).

Mackensen, Ernst

Mackensen, E., u. R. Richard, Tunnelbau. Mit 16 lith. Taf. u. 38 Holzschn. [Handbuch der Ingenieurwissenschaften. 1. Aufl. 1. Bd., Cap. VIII.] Lex.-8. (XIII—XVI u. S. 859—1099 m. 3 S. Taf.-Erklärgn.) Leipzig 880. Engelmann. n. 13. —; Einbd. n.n. 2. 50

Mackensen, E., der Tunnelbau, s. a. Handbuch der Ingenieurwissenschaften. I. 5.

Der Tunnelbau. Bearb. von E[rnst] Mackensen, Geh. Baurat in Berlin. Hrsg. von L[eo] v. Willmann, Prof. in Darmstadt. 3. verm. Aufl. Mit 289 Textfig., vollst. Sachreg. u. 41 lith. Taf. *Leipzig: W. Engelmann 1902.* (XVI, 425, IV S.) 4°(8°)
= Handbuch d. Ingenieurwissenschaften. Bd 1, Abt. 5.

Mackensen, Fritz, s.: Aus Worpswede.

— s.: Vom Weyerberg.

Mackensen, L., Kanon der einzuprägenden Geschichtszahlen. Auf Grund der neuen Lehrpläne u. Lehraufgaben f. die höh. Schulen in Preußen v. 1901. (59 S.) 8. Wolfenbüttel 904. J. Zwißler. Kart. n. — 50

— Lehrbuch der Geschichte f. höhere Lehranstalten. Auf Grund der Gehrkeschen Grundrisse der Geschichte in Uebereinstimmg. m. den neuen Lehrplänen verf. 7 Tle. gr. 8. Ebd. n n. 8. 50; geb. n.n. 10. 90
1. Lehraufgabe der Quarta. Geschichte des Altertums. (IV, 101 S.) 903. n.n. — 90; geb. n. 1. 20
2. Lehraufgabe der Untertertia. Deutsche Geschichte bis zum Ausgang des Mittelalters. (IV, 93 S.) 903. n.n. — 90; geb. n. 1. 20
3. Lehraufgabe der Obertertia. Deutsche, insbesond. brandenburgisch-preuß. Geschichte vom Ausgange des Mittelalters bis zum Regierungsantritt Friedrichs des Großen. (96 S.) 903. n.n. — 90; geb. n. 1. 20
4. Lehraufgabe der Untersekunda. Deutsche u. preuß. Geschichte vom Regierungsantritt Friedrichs des Großen bis zur Gegenwart. (116 S.) 903. n. 1. —; geb. n.n. 1. 30
5. Lehraufgabe der Obersekunda. Geschichte des Altertums. (VI, 215 S.) 901. n. 1. 60; geb. n.n. 2. —
6. Lehraufgabe der Unterprima. Deutsche Geschichte bis zum westfäl. Frieden. (VI, 244 S.) 906. n. 1. 60; geb. n.n. 2. —
7. Lehraufgabe der Oberprima. Deutsche Geschichte vom westfäl. Frieden bis zur Gegenwart. (VIII, 277 S.) 906. n. 1. 60; geb. n. 2. —

Mackensen, Ludovicus [Brunsvicensis]: De Verrii Flacci libris orthographicis ... (Aus: Commentat. philol. Ien., VI 2.) Lipsiae, typ. B. G. Teubneri, 1896; 2 Bl., 62 S. 8.
Jena, Phil. Fak., Inaug.-Diss. v. [22. Juli] 1896

Mackensen, Wlh. Fr. Aug.

— Beitrr. z. Kritik d. Sprache, besonders d. deutschen. 1s Hft. 8. Wolfenb. 794. Albrecht. 9 gl

Mackensen, W., Grundriß zu einer Theorie des Abstractionsvermög. 8. Halle, Renger. 799.

Mackensen, Wlh. Fr. Aug., († d. 15. Aug. 1798.) Grundzüge zur Theorie des Abstractionsvermögens. 8. Halle 799. Renger. 18 gr.

– s. U n t e r s u c h u n g , Psychologische und physiologische, über das Lachen.

– s.a. U n t e r s u c h . über den deutschen Nationalcharakter.

[Mackensen, W.,] Untersuchungen über den deutschen Nationalcharakter, in Bezieh. auf die Frage: warum gibt es kein deutsches Nationaltheater? Wolfenbüttel 1794. 8.

— Untersuchung d. d e u t s c h e n Nationalcharakters. 8. Ebend. 797.

– s. a. W o r t , Letztes, über Göttingen und seine Lehrer.

Letztes Wort über Göttingen und seine Lehrer. [Von Wilh. F. A. Mackensen.] Leipzig: 1791. 19 S. 8°
8 Briefe. Brief 7 handelt von den Studentenorden in Göttingen. · KB.

Mackensen v. Alstfeld, Rud., Braunschweiger Husaren in Feindes Land. Erinnerungen aus dem Kriege 1870/71. Mit Abbildgn. von v. Eschwege. gr. 8. (VIII, 167 S.) Berlin 902. O. Salle. n. 2.—; kart. n. 2.50

Mackensen v. Alstfeld, s.: J a h r e , 100, braunschweigische Husaren.

Mackenstein, der kleine Patriot, s.: B e r b o l e t.

Mackenzie, das Buch vom Magen u. gründliche Abhülfe aller Unterleibsbeschwerden, od. deutliche Beschreibung d. Magens, seiner Organe, der Verdauungswerkzeuge etc., ferner Darstellg. des eigentlichen Wesens u. der Ursachen der Unterleibsbeschwerden. Nebst Angabe, wie Unterleibsübel meist ohne Arznei auf dem sichersten Wege geheilt u. verhütet werden können. Aus d. Engl. übers. 2. (Titel-) Ausg. 12. (IV u. 240 S.) Quedlinburg (845) 850, Ernst. — 2. verb. Aufl. 8. (IV u. 156 S.) Ebd. 851. 2/3 Rthlr.

— siehe: H ä m o r r h o i d e n.

Mackenzie: K e i n e Hämorrhoiden mehr, s. M a c k e n z i e , S.

Mc. Kenzie, Alex[ander], aus Dundee ⟨Schottl.⟩: T. 1. Über eine neue **Methode** zur Spaltung racemischer Verbindungen in die activen Bestandteile. T. 2. Über die Abscheidung von Isobutylcarbinol und Methyläthylcarbincarbinol aus Gährungsamylalkohol. *Berlin (1901): G. Schade.* (54 S.) 8°
Berlin, Phil. Diss. v. 26. Jan. 1901

Mackenzie, Alex., Reise v. Fort Chepewy an nach dem Eismeere 1789 etc., s.a.n. Bibliothek d. Reisebeschreibb. 7r Bd.

Mackenzie, Alex, Reise v. Fort Chepewy an nach dem Eismeere 1789. etc. a. d. Engl. von Sprengel. gr. 8. Weim. Ind. C. 802. (a. d. Bibl. d. Reisebeschr. 7r Bd.)

Mackenzie, Alexander: Reise nach dem nördlichen Eismeer vom 3. Juni bis 12. September 1798. Aus dem Englischen übersetzt und mit Anmerkungen versehen, herausgegeben von M. C. Sprengel.
in: Bibliothek der neuesten und wichtigsten Reisebeschreibungen. Bd. 7. Weimar 1802. 61 S., 1 Krt. 8°.

Mackenzie, Alexander: R e i s e nach dem nördlichen Eismeere vom 3. Jun. bis 12. September 1798. Aus dem Englischen übersetzt ... von M. C. Sprengel. Weimar 1802 [=BR. 7. Band.]

— R e i s e n z. Erforschung des Innern von Nordwest-Amerika, nämlich nach dem Eismeere hinauf, im J. 1789. etc. n. einer Gesch. des Pelzhandels in Canada, a. d. Engl. m. Ch. gr. 8. Berlin, Haude. 802.

— R e i s e n v. Montreal aus durch Nordamerika n. d. Eismeer und d. Südsee, s. G e s c h i c h t e der See- und Landreisen 16r Bd.

— v o y a g e s from montreal on the river St. Laurence trough the continent of North-America, to the frozen and pacific Oceans in the years 1789-793. etc. II Vol. 8. London. (Levrault in Strasb.) 802.

Heimchen am Heerd. Cricket on the hearth. ⟨Text nach Charles Dickens.⟩ Von Julian Sturgis. Oper in 3 Akten von A l e x a n d e r C[ampbell] **Mackenzie**. ⟨Op. 62.⟩ Clavier-Ausz. *Leipzig, London, Paris: Bosworth & Co. (1901).* (211 S.) 4°

M[a]cKenzie, Archibald J., a. Dundee: Ueber wässerige Lösungen gemischter Chloride. Gießen 1906: v. Münchow. (37 S.) 8°
Gießen, Phil. Fak., Ref. Naumann, Diss. v. 23. Nov. 1906
[Geb. 16. Apr. 78 Dundee; Wohnort: Gießen; Staatsangeh.: England; Vorbildung: Magister artium lib. St. Andrews Schottland O. 01; Studium: St. Andrews 2, Gießen 5 S.; Rig. 31. Juli 06.]

Mc. Kenzie, Colin Ernest, a. Beechworth ⟨Australien⟩: Abbau und Synthese des Buccokamphers ⟨Diosphenol⟩. (Berlin-Wilmersdorf: C. Arnold 1906.) (44 S.) 8°
Berlin, Phil. Fak., Ref. Fischer, Diss. v. 12. Juni 1906
[Geb. 15. Okt. 84 Beechworth; Wohnort: Beechworth; Staatsangeh.: Australien; Vorbildung: Bachelor of Geelong College Melbourne Reife Dez. 01; Studium: Berlin 8 S.; Rig. 21. Mai 06.]

Mackenzie, Collin

— 1000 Experimente d. Physik u. Chemie; aus dem Engl. v. K. G. Kühn. Mit Kupf. 1s—9s Heft. 8. Lpz. Ind.-Cptr. 6 Rthlr. Hbbf. Pr. 3 Rthlr.

— neues englisches Haus- u. Kunstbuch für Jedermann, bestehend in 5000 bewährten, bis jetzt unbekannten u. zum Theil geheim gehalt. Vorschriften, Recepten u. Anweisungen; aus dem Engl. v. H. Lenz.* 3 Thle. gr. 12. Ilmenau 825. Voigt. 4 Rthlr. 12 gr.

* Nach Kayser: Leng.

— dass. unter d. Titel: 5000 neue englische Recepte f. alle Vorfälle des Lebens, od. vollständige Hausbibliothek von Haushaltungskünsten. Aus d. Engl. v. H. F. Elsenbach. 1r Thl. gr. 8 Stuttg. 825, Metzler.

— dess. 2r Thl. — A. u. d. T.: Neue engl. Bibliothek von Gewerbskünsten. Aus d. Engl. nach d. 3n Aufl., mit Anmerkk. u. Berichtig., übers. v. H. F. Elsenbach. 2r Thl. gr. 8. Stuttg. 825, Metzler.

— dass. 3r Thl. — A. u. d. T.: Neue engl. Bibliothek v. Hausmitteln. 3r Thl. 8. Ebd. 826.

Mackenzie, Collin, Samml. e. Versuche das Färben u. Bleichen betreffend; aus d. Engl. gr. 8, Leipz. 823. Ind.-Cptr. 20 gr.

Mackenzie Duncan: Der West-Fries von Gjölbaschi.
1895 PN 952 Diss. Wien, Univ. 2585

Mackenzie, Eneas, Caroline Chisholm und ihre Wirksamkeit unter Soldatenkindern, Auswanderern und auch in Indien, Australien und England. (Aus dem Engl.) 12. (82 S.) Hamburg 855, Agentur des Rauhen Hauses.

Mackenzie, F., & A. Pugin, gothische Architekturen. Totalansichten u. Einzelheiten als Thore, Thüren, Fenster, Giebel, Pfeiler, Thürme etc., nach alten Bauwerken zu Oxford aufgen. u. gezeichnet. 64 Taf. gr 4. Berlin 896. B. Hessling. In Mappe n. 18.—
Erschien auch in 6 Lfgn. à n. 3.—.

Mackenzie, G. H., Reise nach Island, s. n. Bibliothek d. Reisebeschreibb. 7r Bd.

— Reise durch Island u. Roß, Reise z. Ausforschung d. Baffins-Bucht, ꝛc., bearb. v. W. Harnisch. Mit 2 Kart. u. 2 Kpf. 8. Leipz. 821. E. Fleischer. 1 ⸗ 12 ℊ

Mackenzie, George Steuart

Mackenzie, G. St., Reise d. d. Insel Island, s. a. Bibliothek, neue, d. wichtigsten Reisebeschreib. 1r Bd.

Mackenzie, George Steuart.
Reise durch die Insel Island im Sommer 1810 . . . Weimar 1815. Ü: *Retenbacher, Ferdinand & Francis C. Coleman.* H: *Bertuch, Friedrich Justin.* (BrMm)

Mackenzie G. S.: Reise durch die Insel Island im Sommer 1810. Nach d. 2. Ausg. d. engl. Orig.[s] Weimar 1815. (12) 588 S. 4 Tvl. 2 Kt. 1 Nodebl.

Mackenzie, H. Esq. Works. 12. London, Walker. (Leipzig. Fr. Fleischer.) 818.

Mackenzie, Henry, the man of feeling. gr. 16. (191 S.) Leipzig 886. Gressner & Schramm. n. — 80

Mackenzie, **Henry, the Man of the World. II Vols. 8. Dresd. 792. Walther. 1 ⸗ 8 ℊ**

Mackenzie, H., Man of the world. II Vol. 8. Dresd. (Levrault in Strasb.) 792.

MANN, Der, von Gefühl. Aus d. Englischen (des Schotten *Henry Mackenzie*, 1746—1831, übers. von Carl Gotthelf Lessing). Mit Titelvignette (Endner del. & sc.). Danzig, bey Jobst Herm. Flörke. 1774. 8⁰. (In Oettingen, Fürstl. Bibl.) (3 Mk. A. Bielefeld, 1892.)

— — Dasselbe. Ebd. 1794. 8⁰.

* — — Dasselbe. Nach der dritten Londner Ausgabe aufs neue übersetzt (von Wilh. Christhelf Siegm. Mylius). Mit 1 Kpfr. von Chodowiecki. Berlin, Himburg. 1778. 8⁰. (In Berlin: Zd 3331 oder: B. Diez. 8668.) (25 Mk. [!]. sehr schönes Expl., Friedr. Meyer. Lpz., 1906.)
Anon.-Lex. III p. 110 nennt „Christian Gottlieb Selle“ als Uebersetzer.

* — — Dasselbe. Mit 5 Kpfrn. (1 von Chodowiecki [Engelmann No. 240.], 4 nach Schumann von Ringck gestoch.). Ebd., 1783. bey Christian Friedrich Himburg. 8⁰. (In Berlin: Zd 3333.) (15 Mk. L. Rosenthal, 1907.)
224 S. (incl. Titel u. 3 Bll. Einleitg.). Anon.-Lex. III. p. 110 (nach Kayser u. Neuestes Gelehrtes Berlin II, 56).

— — Dasselbe. Zum 4. mal neu übersetzt. Mit 5 Kpfrn. Ebd. 1794. 8⁰.
Schlesinger's (Berlin) Leihbibl.-Cat. (c. 1825.) — Goedeke nennt auch e. Ausgabe „1799“.

— — Dasselbe. Nach der letzten Londoner Ausgabe übersetzt. 5. Auflage. Mit 5 Kpfrn. Ebd. 1803. 8⁰. (6 Mk. etwas fleckig, Friedr. Klüber, München, 1906.)

— — Dasselbe, neu verdeutscht. Leipzig 1802, bey Joh. Chr. Eurich. 8⁰.
Goedeke VII, 723, 418 b.

— — Dasselbe. Neue (Titel-) Auflage. Ebd. 1808. 8⁰. (2 Mk. Max Jaeckel, Potsdam, 1906.)

— der Mann von Welt, od. der Kavalier nach der Mode. Ein romant. Gemälde, dem eine wahre Geschichte zum Grunde liegt; aus d. Engl. von Dr. J. C. Petri. 2 Thle. Mit 1 Kpf. 8. Leipz. 824. Kummer. 1 ⸗ 20 ℊ

James Mackenzie
1680–1761

[The History of health. Deutsch:] Die Geschichte der Gesundheit und die Kunst dieselbe zu erhalten. ... Von Jakob Mackenzie. Nach der 2.Ausg. aus d. Engl. übers. Altenburg: Richter 1762. 415 S. 8⁰

Mackenzie, Jac., Geschichte der Gesundheit und die Kunst, dieselbe zu erhalten, a. d. Engl. 8. Altenb. Richter. (Akadem. Buchhdl. in Jena) 762.

Mackenzie, Jak., Geschichte d. Gesundheit u. die Kunst, dieselbe zu erhalten; a. d. Engl. 8. Altenb. 762. (Hennings in Neiße). 16 ℊ

Krankheitszeichen und ihre Auslegung (Symptoms and their interpretation) von James **Mackenzie**. Autor. Übers. aus d. Engl. von F. Müller. Hrsg. von Prof. Dr. Johs. Müller. Würzburg: Kabitzsch 1911. XIV, 200 S. 8⁰ [10. 16641

MACKENZIE, Jakob (Edinburg): De laryngotomia. (Titel nach der Urkunde)
28.8.1846 - Urk Diss. Ingolst.-Landsh.-Mchn.

Lehrbuch der Herzkrankheiten [Diseases of the heart]. Von James **Mackenzie**. Autor. Übers. d. 2. engl. Aufl. von Dr. F. Grote in Caux. Mit e. Vorw. von Wilhelm His. Mit 280 Textfig. Berlin: Springer 1910. XVI, 373 S. 8⁰ [10. 401

James **Mackenzie**. Die Lehre vom Puls [Study of the Pulse ...]. Arterienpuls, Venenpuls, Leberpuls, Sichtbare Herzbewegungen. Aus. d. Engl. von Dr. med. Adolf Deutsch. Mit 340 Fig. *Frankfurt a. M.: J. Alt 1904.* (XVI, 306 S.) 8⁰ [04. 3030 11

Mackenzie, John, prakt. Handbuch d. Handels-Korrespondenz, s.: Rhode, F. L.

Mackenzie, John Edwin [aus Schottland]: **Ueber die αβ- und βγ-Pentensäure . . . Strassburg i. E., Buchdr. C. Gœller,** 1894; 37 S., 1 Bl. 8.
Strassburg, Math.-naturw. Fak., Inaug.-Diss. v. 1894

MACKENZIE, JOHN JAMES. Ueber die Absorption der Gase durch Salzlösungen. Leipzig, 1877.

Mackenzie, Sir Morell, Friedrich der Edle und seine Ärzte. Antwort auf die Berliner Broschüre: „Die Krankheit Kaiser Friedrich III.“ gr. 8. (126 S.) Styrum 888, Spaarmann. *
Vgl.: Beleuchtung, kritische, des Heilverfahrens M. Mackenzie's. — Ilness, the, of the Emperor Frederick the third. — Kleist, J. L., die Krankheit Kaiser Friedrich III. und der Kampf gegen Mackenzie. — Kleyst, J. L., Kaiser Friedrich, der edle Dulder, seine Aerzte und das Buch Mackenzie's. — Knopstück, Ed. Friedr., contra Mackenzie. — Krankheit, die, Kaiser Friedrich's des Dritten. — Norvid, Herm., Mackenzie und seine Verläumder. — Reich, Ed., Kritik der Vertheidigung Dr. M. Mackenzie's. — Weber-Rumpe, Hugo, gegen Mackenzie. — Zeitungsstimmen von jetzt und früher.

Mackenzie, Morell, die Krankheiten des Halses u. der Nase. Deutsch unter Mitwirkung des Verf. hrsg. u. mit zahlreichen Zusätzen versehen von Felix Semon. 1. Bd.: Die Krankheiten d. Pharynx, Larynx u. der Trachea. Mit 112 (eingedr.) Holzschn. gr. 8. (XV, 804 S.) Berlin 880. Hirschwald. n. 18. —

Mackenzie, Morell, die Krankheiten d. Halses u. der Nase. Deutsch unter Mitwirkg. d. Verf. hrsg. u. m. zahlreichen Zusätzen versehen v. Felix Semon. 2. Bd. Die Krankheiten d. Oesophagus, der Nase u. d. Nasenrachenraumes. Mit 93 Holzschn. gr. 8. (XII, 838 S.) Berlin 884. Hirschwald. n. 18. —(1. u. 2.: n. 36.—)

—— **Singen und Sprechen.** Pflege und Ausbildung der menschl. Stimmorgane. Durch ein Vorwort des Verf. eingeleitete deutsche Ausg. von J. Michael. 8. (XIV, 252 S. mit dem Bildnis des Verf. und 19 Abbild.) Hamburg 887, Voß. geb. *

Singen und Sprechen. [The hygiene of the vocal organs]. Pflege u. Ausbildung d. menschl. Stimmorgane von Sir Morell **Mackenzie**. Deutsche Ausg. von J. Michael. 2. Aufl. Mit 19 Abb. im Text. *Hamburg & Leipzig: L. Voss 1901.* (234 S.) 8° [J.]

Mackenzie, S.

Mackenzie, keine Hämorrhoiden mehr! Erfahrungen üb. d. eigentl., bisher nicht erkannte Wesen u. d. Grund d. Hämorrhoidalkrankheit rc. A. d. Engl. (5 B.) 841. (u. neue Ausg. nach d. 7. verb. Orig.-A.) 12. (6 B.) Nordhausen 842, Fürst. à

Mackenzie, Dr., Keine Hämorrhoiden mehr! Erfahrungen über das eigentliche, bisher nicht erkannte Wesen u. den Grund der Hämorrhoidalkrankheit rc. Nach dem Engl. 12. Nordhausen 841, Fürst. 1/2 ₰ — 2. unveränd. Aufl. 12. Ebend. 842. 1/2 ₰ — 6. verb. u. verm. Aufl. 12. Ebend. 842. 1/2 ₰ — 7. verb. u. verm. Aufl. 12. Ebend. 842. 1/2 ₰ — 8. verb. u. verm. Aufl. 12. Ebend. 845. 1/2 ₰ — 9. verb. Aufl. 846. 1/2 ₰

Mackenzie, (S.): Keine Hämorrhoiden mehr! Erfahrungen über das eigene, bisher nicht erkannte Wesen und den Grund der Hämorrhoidalkrankheit, nebst Angabe des einzigen Mittels, durch welches dieselbe auf die sicherste, völlig unschädliche und schnellste Weise geheilt und verhütet werden kann. (Piles, haemorrhoids, and prolapsus. Practical observations...on the mode of curing these diseases by means safe and effectual. Dt.) 7.verbess. und verm.Aufl. 88 S., gbd.
Nordhausen: Fürst 1842

—— keine Unterleibs-Beschwerden mehr! A. d. Engl. übers. 12. (10 B.) Nordhausen 844, Fürst.

Mackenzie, W. B., der Glaubige im Leiden. Ein Wort über Hebr. 12, 7. Aus dem Engl. von L. Rehfueß. Mit einem Vorwort von J. C. F. Burk. 12. (27 S.) Heilbronn 851, Scheurlen. Thlr.

Mackenzie, W. B., eine Weckstimme aus England oder 16 Predigten. Aus dem Engl. von Ludwig Rehfueß. Stuttgart 854. Quack. gr. 8. (313 S.) 1 ₰.

Mackenzie, Will., praktische Abhandlungen üb. d. Krankheiten des Auges; aus d. Engl. gr. 8. Weimar 832. Landes-Ind.-Compt. 4 ₰ 12 gl

Mackenzie Wallace, D., M. A. Russland. Einzig berechtigte, vom Verfasser durchgesehene, durch ein Kapitel über geheime Gesellschaften in Russland vermehrte deutsche Ausgabe. Nach der 7. Aufl. des Originals übersetzt von Ernst Röttger. 2. verbess. Auflage in 1 Bde. gr. 8. Leipzig 1880.

Mackeprang, deutsche Kaiser in Schleswig. Eine geschichtl. Studie, der Anwesenheit Sr. Maj. d. deutschen Kaisers Wilhelm II. in Nordschleswig gewidmet. gr. 8. (48 S.) Berlin 890. Puttkammer & Mühlbrecht. n. — 80

Mackeprang, König u. Volk. gr. 8. (45 S.) Schleswig 892. J. Bergas. n. 1. 50

Mackeprang, M[ourits]: Jacob Helms. F. 14. Marts 1824, d. 10. Okt. 1906. 4° Aus: Architekten. Aarg. 9, Nr. 6. 1906.

Macker, Abbé, s. 1) Contes dédiés à l'adolescence. 2) Contes trois nouveaux.

Macker, Abbé, s. Nieritz, G., le quartième commandement. — Récréation, la, Journal destiné a offrir à la Jeunesse. — v. Schmid, Cph., Oeuvres complètes.

Maecker, Adolf, a. Golm in Mecklenburg-Strelitz: Die Dampfdichte dissociierender N_2O_4-Dämpfe. Rostock 1905: Adler. (18 S.) 8°
Rostock, Phil. Fak., Ref. Wachsmuth, Diss. v. 27. Juli 1905
[Geb. 3. Febr. 78 Golm; Wohnort: Rostock; Staatsangeh.: Preußen; Vorbildung: Gymn. Friedland Reife M. 98; Studium: Göttingen 6, Rostock 8 S.; Rig. 25. Juli 05.]

Harden-Hirschfeld. Eine Aufklärungsschrift von Eugen Johannes Maecker. Berlin: Maecker [1909.] 38 S. 8°

Maecker, Wilhelm [aus Berlin]: Ueber das Monochlorphenylchlorphosphin und dessen Derivate ... Rostock, Univ.-Buchdr. v. Adler's Erben, 1893; 35 S. 8.
Rostock, Phil. Fak., Inaug.-Diss. v. [18. Dez.] 1893

Mac Kernan, H., über d. Drucken u. Färben d. Seide rc., s. Gray, Sam. Fr.

Mac-Kernan, H., s. Sam. Fr. Gray, der prakt. Chemiker.

Mc Kerrow, R. B., s.: Enterlude, the, of Youth.

McKerrow, William J. [aus Manchester]: Zur Kenntnis der Bromüberträger. . . . Tübingen, L. F. Fues'sche Buchdr., 1891; 32 S. 8°
Tübingen. Naturw. Fak., Inaug.-Diss. v. 1891

Mackey, A., die westliche Welt, s. Länder- u. Völkerkunde.

Ein System belehrender Vorschriften in den drei Graden der alten Freimaurerei, der Arbeit, wie sie in der Jurisdiction von Süd-Carolina ausgeführt wird, angepasst. Von Albert G[allatin] Mackey. Uebers. auf Verordnung der Walhalla Loge Nr 66 [in Charleston] von F. Melchers. Charleston, S. C. 1852: Hinck. 35 S. 8°

Mackh, Karl, appr. Arzt a. Nördlingen: Aus dem pathologischen Institut zu Würzburg. Ueber Lebercirrhose, kombiniert mit Lebervenenthrombose. Würzburg 1904: A. Boegler. (46 S.) 8°
Würzburg, Med. Fak., Ref. v. Rindfleisch, Diss. v. 26. Nov. 1904
[Geb. 6. Apr. 79 Nördlingen; Wohnort: Nördlingen; Staatsangeh.: Bayern; Vorbildung: Gymn. Neuburg a. D. Reife Juli 98; Studium: München 6, Würburg 4 S.; Coll. 16. Nov. 04; Approb. 29. Febr. 04.]

Mackiewicz, Ignatz [app. Arzt aus Posen]: Über den Ersatz der circulären Darmnaht ... Posen, Selbstv. d. Vfs, 1894; 22 S., 1 Bl. 8.
Leipzig, Med. Fak., Inaug.-Diss. v. 18. Okt. 1894

v. Mackiewitz, Jh., Anweisung, Situationsplane zu zeichnen u. zu illuminiren, nebst e. Abhandlung vom Mappiren. Mit 22 illum. Plänen. gr. 4. Prag 806. 2e A. 821. Hartmann. 6 ₰ — Daraus apart: Anweis. zum Mappiren rc. Mit 4 Pl. Ebend. 1 ₰ 12 gl

— vom Verf. der Novantiken. 8. Weim. 832. Gräbner. 20 gr

— vom Verf. der Novantiken. 8. 1832, ist jetzt Verlag von Hennings u. Hopf in Erfurt. 5/12 Thlr

Märchen. Von einer Mutter erdacht. Für Kinder von 7 bis 10 Jahren. Mit (8) color. Stahlst. Stuttgart 858. Chelius. gr. 16. (IV, 231 S.) 1 Thlr. 15 ngr

— der Tante Emmy. Neue Folge. Illustrirt von J. Kiener. Mit dem Portr. der Tante Emmy in Lichtdr. gr. 8. (VIII, 198 S.) Donauwörth 883, [Buchh. des kathol. Erziehungsvereins.] Auer. geb. *

—— der Tante Emmy. Neue Folge. 2. bedeutend verm. Aufl. gr. 8. (VIII, 239 S. mit Portr. der Tante Emmy in Lichtdr., 1 farb. Umschlagbild und vielen Text-Illustr.) Ebendas. 887. geb. *

Vgl.: Emmy, Tante.

Märchen (10 diverse). 16. Wien, Carl Fritz. à 10 kr. 1865.

Märchen. Große u. leichte Malvorlagen. (12 [6 farb.] Bl.) 30×43 cm. Mainz (910). J. Scholz. 1.25

Mährchen, acht, erzählt für artige Kinder von mehrern Jugenderziehern. br. 8. (95 S. und 8 ill. Kpfr.) Erfurt 851, Bartholomäus.

Märchen, alte u. neue, v. Grimm, Bechstein, Hauff, Godin u. anderen, m. Bildern v. W. Planck. (IV, 88 S. m. Textabbildgn. u. 6 Farbdr.) gr. Fol. Stuttgart (903). G. Weise. Geb. n. 6. —

Märchen, alte u. neue, v. Grimm, Bechstein, Hauff, Godin u. anderen, m. Bildern v. W. Planck. (IV, 140 S. m. 6 Farbdr.) Lex.-8. Stuttgart (905). G. Weise. Geb. in Leinw. n. 3. 50

— alt-russische, übers. von Joh. Richter. 16 Bändchen, enth. den Ritter Bulat oder der goldne Kelch u. die heilige Krone. 8. Leipzig, Baumgärtner. 817.

Mährchen seiner Amme. O. O. 1764. 8°. Rarl (4 Mk. G. Priewe, Heringsdorf, 1895.)

Märchen, Das, vom Ersten Aprile, a. d. Holl. . . . Dritte . . . Aufl. Buttstädt 1755. V: *Rabener, Glieb Wilh.* (Mn)

Mährchen, arabische, s. Bibliothek d. Frohsinns, IX. Serie.

Das Märchen *von dem Aschenbrödel* mit 8 illuminirten Abbildungen. Nürnberg, bei G. N. Renner & Co. [c. 1845]. [Titel a. d. Einband]. 8 einseitig bedruckte Bll. mit Versen und reizenden handkolorierten Bildern, alles lithographiert. Kl.-8°. Or.-Karton mit Illustration a. d. Vorderdeckel. Rücken erneuert. Etw. fleckig u. benutzt. 15.—

Mährchen, das, von dem Aschenbrödel m. 8 (lith. u. color.) Abbildgn. 8. Nürnberg 849, Renner & Co. 1/6 Thlr

— ausgewählte, aus 1001 Nacht. Ein Strauß der unterhaltendsten u. lehrreichsten Märchen f. die liebe Jugend. (127 S. m. 4 Farbdr.) gr. 8. Stuttgart (905). Reutlingen, R. Bardtenschlager. Geb. 2. 50

— ausgewählte, aus 1001 Nacht. Ein Strauß d. unterhaltendsten u. lehrreichsten Märchen f. die liebe Jugend. (127 S. m. 4 Farbdr.-Bildern.) 8. Reutlingen (909). R. Bardtenschlager. Geb. 1. 10

— dasselbe, s.: Im Wundergarten.

— u. Balladen. Rhapsodieen v. Frater Pontanus. 12. (VII, 215 S.) Hamburg 895. F. W. Rademacher. Geb. in Halbleinw. n. 3. —

Märchen, Das, von Battaglia. [Hamburg] o. J. V: *Thomsen, Clarita geb. Scholvien.* Vgl. Kat. d. Schlesw.-Holst. Landesbibl. 1. Nachtr. 1907, S. 1631. (DARP)

Märchen, Das, vom Bilboquet. Altenburg 1772. V: *Bertuch, Frdr. Justin.* (Mn) (Ky) (MGT) (BrMm)

— das, von Bilboquet, (von Fr. Just. Bertuch). 8. Jena 772. (Hennings in Neisse). 4 gr

— das, vom Bilboquet. 8. Altenb. Richter. (Akadem. Bchhdl. zu Jena.) 772.

Märchen, das, vom Bismarck u. der Kaiserkrone. gr. 4. (II, 13 S. m. Text-Bildern, farb. Titel u. 6 Farbendr.) Frankfurt a/M. 891. W. Rommel. Kart. n. 3. —

—— das, vom bösen Ritter Blaubart, mit 8 lithogr. und ill. Abbildungen. 8. Nürnberg 849, Renner und Comp.

Märchen, Das blaue, d. i. wahre und eigentliche Beschreibung von einem Währwolf, der sich im Hochhäuserberg aufhält. O. O. 1789. V (nicht): *Wekhrlin, Wilh. Ludwig.* (GGr IV³/849, Nr. 11/20)

— das, vom Deutschen Bunde. (Gedicht.) gr. 8. (4 S.) Leipzig 848, Naumburg. n. 1 ngr

Märchen, ein, aus der Campagne. Allegorisch-phantastisches Ballet in 3 Acten (5 Bildern) von A. M. Willner. Musik von Ign. Brüll. Für das k. k. Hofoperntheater. (Erklärender Text.) 8. (12 S.) Wien 886, Künast. **

Märchen, Das, vom Zarewitsch Chlor. Berlin 1782. V: *Catharina II., Kaiserin von Russland.* (Ky) (EE)

— das, vom Zarewitsch Clor, (v. Katharina II. Kaiserin v. Rußland). 8. Berl. 782. Nicolai. 3 gr — Dass. Französisch. 8. Ebd. 782. 3 gr

Märchen für Junge Damen, oder: Beyträge zur Mädchen-Philosophie. (Freie versificirte Dichtungen.) (Motto: „Aimés (!) vous la Muscade? on en a mis par tout". Boileau.) In der Schweiz (Bern, Haller). MDCCLXXIV. (1774.) 8°. (In München: A. gr. 1962, 2; auch in Breslau, Kgl. u. Univ.-Bibl.) (5 Mk. Mk. Martin Breslauer's Berliner Oct.-Auction 1910, no. 1954.)

Mährchen für junge Damen, od. Beitr. zur Mädchenphilosophie. gr. 8. Bern 774. Haller. 10 gr — Dass. gr. 8. Manh. 776. Löffler. 12 gr

Märchen für die Dämmerstunde. Meinen Kindern erzählt von A. v. J. O. C., geb. Gräfin S. 8. (80 S.) Leipzig 880. M. Schäfer. *M 1.; geb.

Märchen, deutsche, s.: Jungbrunnen. 4. Bd.

MAC NOWEN, John C. (Jackson/USA): De renis atrophia. (Titel nach der Urkunde)
12.2.1876 - Urk; Chr 1875/76,16
Diss. Ingolst.-Landsh.-Mchn.

Mackowsky, Hans, s.: **Bayersdorfer's, Adolph, Leben u. Schriften.**

Mackowsky, Hans [aus Berlin]: Die vorbereitenden Entwürfe Schinkels und Rauchs zum Denkmale Friedrichs des Grossen in Berlin ... [Erschien vollst. 1894 u. d. T.: Das Friedrichsdenkmal nach d. Entwürfen Schinkels u. Rauchs '(1822—1836)'.] Berlin, C. Vogt's Buchdr., *1894;* 34 S., 1 Bl. 8.
Berlin, Phil. Fak., Inaug.-Diss. v. 13. Jan. 1894

Mackowsky, Hans, e. **Erdengang.** Eine Dichtg. nach Motiven aus der Passio Christi. 8. (VI, 81 S.) Berlin 893. F. Fontane & Co. n. 2. —

— Gottfried **Schadows** Familienalbum. (85 S. m. Abb. u. 3 Taf.) 40,5×31 cm. Wien 909. Gesellschaft f. vervielfältig. Kunst. 8. —
Sonderabdr. aus: „Graph. Künste".

— das **Friedrichsdenkmal** nach den Entwürfen Schinkels u. Rauchs (1822—1836). gr. 8. (64 S.) Berlin 894. C. Vogt. n. 1. 80

— **Michelagniolo.** Mit 61 Heliogravuren, Vollbildern in Tonätzg. u. Fksms. (VIII, 407 S.) Lex. 8. Berlin 908. Marquardt & Co. 18.—; geb. in Perg. 22. —

— **Verrocchio,** s.a. **Künstler-Monographien.** 52.

Verrocchio. Von Hans **Mackowsky**. Mit 80 Abb. *Bielefeld & Leipzig: Velhagen & Klasing 1901.* (102 S.) 4°(8°) [F.]
— **Künstler-Monographien**. 52. [01. 9525

Mackowsky, Walt., das Arbeiterwohnhaus, s.: **Weissbach, Karl.**

— s.: **Ministerialgebäude, das, in Dresden.**

Mackowsky, Walt., Giovanni Maria Nosseni u. die Renaissance in Sachsen, s.a. **Beiträge zur Bauwissenschaft. 4. Hft.**

Dr. ing. Walter **Mackowsky**. Giovanni Maria Nosseni und die Renaissance in Sachsen. Berlin: E. Wasmuth 1904. (110 S.) 4°(8°)
Von d. Techn. Hochschule zu Dresden genehmigte Doktordiss.
— **Beiträge** z. Bauwissenschaft. H. 4. [04. 5716

Mackphail, Al. Panegyris heroica de laudibus Friderici Augusti, regis Poloniae. fol. Cellis 1729.

Mackrodt, Johannes, a. Merseburg: Die Romanze vom Sire de Créqui. Halle a. S. 1905: (R. Heine, Merseburg.) (VIII, 71 S.) 8°
Halle, Phil. Fak., Ref. Suchier, Diss. v. 22. April 1905
[Geb. 22. Juni 80 Merseburg; Wohnort: Halle; Staatsangeh.: Preußen; Vorbildung: Gymn. Torgau Reife O. 00; Studium: Straßburg 2, Leipzig 1, Freiburg i. B. 1, Halle 4 S.; Rig. 11. Juli 04.]

Mackrodt, Rob. Der Olymp in Ilias und Odyssee. 24 S. *Eisenberg* 1882.
Progr.

Mackrot, G. W., Deutsche Lieder mit zweistimmigen Melodien u. Orig.-Compositionen. Zur Erinnerung f. seine Freunde. Mit Portr. 8. (VI u. 34 S.) Elberfeld 852, Bädeker. 1½ ngr

Schwarzburger, Günth. [d. i. **Mackroth**]: Wie bestellt man sein Haus? oder deutliche Anleitung für den Bürger und Landmann zu billigen, rechtsgültigen u. vorsichtigen Testamenten u. Erbschaften nach röm. sächs. und preuß. Rechten. Ilmenau 1828.

Macks, R. [prakt. Arzt aus Pommern]: Ueber den Zusammenhang zwischen psychischen Storungen und Abnahme des Körpergewichts .... Greifswald, Druck v. Julius Abel, 1887; 34 S. 8°
Greifswald, Med. Fak., Inaug.-Diss. v. 25. Nov. 1887

Mackwort, J. E., Beweis der Activität des Sinnes des Gesichts. gr. 8. Lpz. Hinrichs. 802.

McLachlan, Rob., a monographic revision and synopsis of the Trichoptera of the European Fauna. Part 1 and 2. gr. 8. London. Berlin, Friedländer und Sohn. [Part 1. (S. 1—46 mit 5 lithogr. Taf.) 874. ** M 6.; Part 2. (S. 47—108 mit 6 lithogr. Taf.) 875. ** M 14.] **

Mc Lachlan, Rob., a monographic Revision and Synopsis of the Trichoptera of European Fauna. Part III—VIII. Lex.-8. London. (Berlin, Friedländer und Sohn.) [Part III. (S. 109—144 mit 4 Kpfrt.) 875. ** M 4,50.; Part IV. (S. 145—220 mit 8 Kpfrt.) 876. ** M 8,50.; Part V. (S. 221—280 und Suppl. zu Part I. XII S. mit 8 Kpfrt.) 876. ** M 8.; Part VI. (S. 281—348 mit 6 Kpfrt.) 877. ** M 7,50.; Part VII. (S. 349—428 mit 7 Kpfrt.) 878. ** M 8,50.; Part VIII. (S. 429—500 mit 7 Kpfrt.) 879. ** M 7,50.] **
Part 1 und 2. (Ebendas.) 1873,75. **M 14.

McLachlan, Rob., a monographic Revision and Synopsis of the Trichoptera of the European Fauna. Part IX (end). Lex.-8. (IV, S. 501—523; Suppl. zu Part II, Appendix und Index S. XIII—CIII mit 8 Kpfrt.) London 880. (Berlin, Friedländer und Sohn.) **
Part I—VIII. (Ebendas.) 1873—79. **M 58,50.

Maclaren, A., Predigten, s.: **Schwert u. Kelle.**

Maclaren, Alex., drei Predigten. Autoris. Uebersetzung von Helene le Goullon. 8. (64 S.) Hagen 883, Risel und Comp. *

Maclaren, Alex., zehn Predigten. Übers. v. Luise Kunerth. gr. 8. (IV, 79 S.) Leipzig 899. Dieterich. n. 1. —; geb. n. 1. 80

Maclaren, Alex, Christi Wort f. unsere Zeit. 18 Predigten. Berechtigte Uebersetzg. v. L. Kunerth. Mit Vorwort v. A. Schlatter. (320 S.) 8. Stuttgart 905. J. F. Steinkopf. n. 3. —; geb. in Leinw. n. 4. —

Maclaren, Jan (Pseud.), s. a. Watson, John (wirkl. Name)

Maclaren, Jan (John Watson), **Altes u. Neues** aus Drumtochty. — Aus der Großstadt. Schottische Erzählgn. (II. Bd.) Aus dem Engl. v. Luise Öhler. 1. u. 2. Abdr. 8. (à 440 S.) Stuttgart 899. 900. J. F. Steinkopf. n. 4. —; geb. in Leinw. n. 5. —

Maclaren, Jan (John Watson), **Altes u. Neues** aus Drumtochty, aus der Großstadt. Deutsch v. Luise Öhler. 3. Aufl. (444 S.) 8. Stuttgart 907. J. F. Steinkopf. 4.—; geb. in Leinw. 5. —

— **his Majesty baby and some common people,** s.: **Collection of British authors.**

— Young barbarians, hrsg. v. A. Knobbe, s.: **Schulbibliothek französ. u. engl. Prosaschriften II.**

Maclaren, Jan, beside the Bonnie Brier Bush, — the days of Auld Langsyne, } s.: **Collection of British authors.**

Maclaren, Jan (John Watson), Ernstes u. Heiteres. (Schottische Erzählgn. III.) Aus dem Engl. Berechtigte Uebersetzung v. Luise Oehler. (313 S.) 8. Ebd. 904. n. 3. —; geb. in Leinw. n. 4. —

— Ernstes u. Heiteres. Aus d. Engl. Berechtigte Übersetzg. v. Luise Öhler. 2. Aufl. (310 S.) 8. Stuttgart 907. J. F. Steinkopf. 3.—; geb. in Leinw. 4. —

— Die Gemeinde v. St. Juda. Eine Schule in d. guten alten Zeit. Berechtigte Übersetzg. v. Luise Öhler. (356 S.) 8. Ebd. 908. 4.—; geb. in Leinw. 5. —

— Das Leben Jesu. Aus d. Engl. (V, 304 S.) 8. Potsdam (908). Stiftungsverlag. Geb. in Leinw. 4. 50

Maclaren, Jan., beim wilden Rosenbusch. „Lang, lang ist's her". Schott. Erzählungen. Autoris. Uebersetzg. v. Luise Öhler. 8. (IV, 428 S.) Stuttgart 898. J. F. Steinkopf. n. 4. —; geb. in Leinw. n. 5. —

— beim wilden Rosenbusch. Schottische Erzählungen. (I. Bd.) Autoris. Übersetzg. v. Luise Öhler. 3. Abdr. 8. (IV, 428 S.) Ebd. 901. n. 4.—; geb. in Leinw. n. 5. —

— beim wilden Rosenbusch. — Lang, lang ist's her. Schottische Erzählgn. Autoris. Uebersetzg. v. Luise Oehler. 5. Aufl. (432 S. m. Bildnis.) 8. Stuttgart 906. J. F. Steinkopf. n. 4. —; geb. in Leinw. n. 5. —

Maclaren, Iohannes W. H. [Oxoniensis]: Studia Herodotea . . . Oxonii, excud. Horatius Hart acad. typogr., 1888; 36 S. 8°
Rostock, Phil. Fak., Inaug.-Diss. v. 14. März 1888

Maclaren, Norman H. W., aus Glasgow: **Beiträge zur Kenntnis einiger Trematoden** ⟨Diplectanum aequans Wagener u. Nematobothrium molae n. sp.⟩ Mit 3 Taf. u. 6 Fig. i. Text. *Jena 1903: G. Fischer.* (S. 573—618.) 8° ¶ Aus: Jenaische Zeitschr. f. Naturwiss. Bd 38, N. F. 31.)
Jena, Phil. Diss. v. (24. Juli) 1903

McLauchlan, W[illiam] H.: Aus d. Chemischen Institut d. Universität Breslau. Über den Einfluß von Salzen auf die Wasserlöslichkeit von Schwefelwasserstoff, Jod und Brom. Mit 1 Fig. im Text. *Leipzig: W. Engelmann 1903.* (40 S.) 8° ¶ (Aus: Zeitschr. f. physikal. Chemie, Bd 44, H. 5.)
Breslau, Phil. Diss. v. 30. Juli 1903

Mac-Laurin, Colin, Expositio philosophiae Newtonianae. In latinum conversa a Gregorio Falck. Vindobonae 1761.

Mac-Laurint, expositio philosophiae Newtonianae a Falk. 4. maj. Viennae, Trattner. 761.

Maclay, W. W., der Portland-Cement, s. a. Taschenbibliothek, deutsche bautechnische.

Maclay, W: Der Portland-Cement. Deutsch von B. Stahl und R. Rudloff. Leipzig 1880

Mac Lean, A., Die industriellen Unternehmerverbände Frankreichs. (Syndicats industriels de producteurs.) Diss. 8°. Heidelberg 1905.

Maclean, A. P., sofort Bauchredner u. Tierstimmen-Imitator! Praktische Anleitung, die Kunst des Bauchredens nach der zweckmäß. Methode durch Selbstunterricht sicher zu erlernen. Nebst Anweisung zur Imitation v. Tierstimmen, Musikinstrumenten u. der verschiedenart. Geräusche. Anh.: Bauchredner-Gespräche, Bauchredner-Aufführgn. 8. (64 S. m. Abbildgn.) Leipzig (900). A. F. Schlöffel. n. 1. —

Maclean, A. P., sofort Bauchredner u. Tierstimmen-Imitator! Praktische Anleitung, die Kunst des Bauchredens nach der zweckmäßigsten Methode durch Selbstunterricht sicher zu erlernen. Nebst Anweisg. zur Imitation v. Tierstimmen, Musikinstrumenten u. der verschiedenartigsten Geräusche. Anh: Bauchredner-Gespräche, Bauchredner-Aufführgn. 2. Aufl. (64 S. m. Abbildgn.) 8. Leipzig (905). A. F. Schlöffel. 1. —

Maclean, Charles. Pest, gelbes Fieber, und ähnliche Krankheiten stecken nicht an. A. d. Engl. . . . Coburg u. Leipz. 1805. Ü: *Hohnbaum*, *Carl.* (MGT) (Ky) (EDgM)

Maclean, C., Pest, gelbes Fieber u. ähnliche Krankheiten stecken nicht an; aus d. Engl. mit Anmerkk. (v. Karl Hohnbaum). 8. Coburg 805. Sinner. 6 gr

Maclean, Dan., d. Keuchhusten u. seine physikal.-diätetische Behandlung, s. a. Bücherei, freie medizinische.

Der Keuchhusten und seine physikalisch-diätetische Behandlung. Von Dr. med. Daniel Maclean. Eilenburg-Leipzig: Boden 1908. 8 S. 8°
(Freie medizinische Bücherei. Nr. 23.)

Mac Lean, George Edwin, Aelfric's Anglo-Saxon Version of Alcuini Interrogationes Sigeuulfi presbyteri in Genesin. Now first edited from all the manuscripts, with an introduction upon the mss. and authorship. (Inaugural-Dissertation.) gr. 8. (113 S.) Halle 883. (Leipzig, Stauffer.) *
Aus: Anglia, besonders abgedruckt.

Maclean, J Kennedy. (Ruben Archer) Torrey und (Charles M) Alexander. Die Geschichte ihres Lebens von J. K' M'. Ins Deutsche übertragen von M[aria] K[ober]-G[obat]. [Mit 8 Tafeln.] 171 S. 8. Basel, Kober, 1905. [fr. 2. —, geb. 3. —]

M(ac) Lean, James, the first letter writer. A collection of one hundred letters on the most familiar topics. Mit Noten u. Wörterbuch. gr. 16. (IV u. 156 S.) Leipzig 850, Baumgartner. 9 ngr

M(ac) Lean, James, the first letter writer. A collection of one hundred letters on the most familiar topics. Mit Noten und Wörterbuch. 2., verb. Aufl. gr. 16. (IV und 156 S.) Leipzig 858, Baumgärtner's Verlagsbuchh.

M(ac) Lean, James, little english library, s. Library.

Mac Lean, J., the ornaments discovered, s. Library, little english.

Mac Lean, Car. F.: De jure emigrandi. Berolini (1869). (45 S.) 8°
Berlin, Jur. Diss. v. 24. Juli 1869

Mac Lean, Carol., de jure emigrandi. Dissertatio inauguralis. Berlin 869. (Puttkammer & Mühlbrecht.) gr. 8. (47 S.) n. 5 ngr

Mac Lean, Curt [aus Pr. Stargard]: Ueber Reposition bei Nabelschnurvorfall ... Berlin, C. Vogts Buchdr., *1896;* 28 S., 1 Bl. 8.
Berlin, Med. Fak., Inaug.-Diss. v. 14. Jan. 1896

McLean County Deutsche Presse: 1871—1894
Republican weekly. For supplement, see DER SONNTAGSGAST. Circulation: 1875, 812; 1880, 850; 1892, 1200. Edited & published by John Köster, 1871—93; by Mrs. John Köster & Mrs. W. Köster, 1894.
Bloomington, IL

Macleod, Fiona (William Sharp), das Reich der Träume. Autoris. Ausg. (Aus dem Engl. übers. von Winnibald Mey. Buchschmuck v. Jul. Nitsche.) (312 S.) 8. Jena 905. E. Diederichs. n. 4. —; geb. n. 5. —

— the sunset of old tales, s. a. Collection of British authors.

The Sunset of old tales. By Fiona **Macleod**. Copyright ed. Leipzig: Tauchnitz 1905. 288 S. 8°
(Collection of British authors. Tauchnitz Ed. Vol. 3835.)

Macleod, Fiona, wind and wave, s. a. Collection of British authors.

Wind and wave. Selected tales. By Fiona **Macleod**. Copyright ed. Leipzig: Tauchnitz 1902. 278 S. 8°
(Collection of British authors. Tauchnitz Ed. Vol. 3609.)

— Wind u. Woge. Keltische Sagen. (Autoris. Ausg. Aus dem Engl. übers. u. eingeleitet v. Winnibald Mey.) (XVI, 255 S.) 8. Jena 905. E. Diederichs. n. 4. —; geb. n. 5. —; Luxusausg. n. 8. —

Macleod, N., the old lieutenant and his son, s. Collection of British authors.

Macleod, Norman, der goldene Faden. Eine Geschichte für die Jugend. Aus dem Engl. gr. 8. (56 S.) Stuttgart 880. Dietz. geb. n. 1. —

Macleod, Norman, der goldene Faden. Eine Geschichte für die Jugend. Aus dem Engl. gr. 8. (56 S.) [Stuttgart 880, Fink.] Leipzig, Buchh. des Vereinshauses. geb. *

Macleod, Roderick, über den Rheumatismus in seinen verschiedenen Formen u. über die Krankheiten innerer Organe, vorzüglich des Herzens und Gehirnes, welche derselbe veranlaßt. Aus dem Engl. gr. 8. Wismar 843, Schmidt u. v. Cossel. 3/4 ß

Macler, A., s. **Krummacher, F. A., catéchisme de la Bible.**

Macler, G. La bible. Aperçu général des livres de l'Ancien et du Nouveau Testament. In-8°. 116 p. (Basel, P. Kober). 1898. 1 50

Macmichael, W., Reise v. Moskau nach Constantinopel in d. J. 1817. 18; nach d. Engl. gr. 8. Jena 819. Bran. 1 ß (Aus d. ethnograph. Archiv bes. abgedr.)

Macmillan, Hugh, zwei Welten sind unser. Übers. v. Klara Schütz. 8. (VII, 383 S.) Gotha 888. F. A. Perthes. geb. n. 5. —

Macmillan, Kerr Duncan, Some Cuneiform tablets bearing on the religion of Babylonia and Assyria, s. a. Beiträge zur Assyriologie u. semitischen Sprachwissenschaft. V. 5.

Some Cuneiform Tablets bearing on the religion of Babylonia and Assyria by Kerr Duncan **Macmillan**, Princeton, N. J. Nebst e. Abhandlung über d. Partikel -ma im Babylon.-Assyr. von A. Ungnad. Leipzig: J. C. Hinrichs 1906. (S. 531–716.) 8°
= **Beiträge** z. Assyriologie u. semit. Sprachwissenschaft. 5, 5.

Mac Mulock, Miß, [Mrs. Craik,] Gedichte. Aus dem Engl. v. C. B. Schlüter u. A. Jüngst. gr. 16. (139 S.) Münster 873. Russel. n. 2. —

Mc Murry, C. A., die Organisation d. höheren Schulwesens in den Vereinigten Staaten Amerikas u. in England u. die Stellung d. Staates zu demselben, s. a. Sammlung nationalökonomischer u. statistischer Abhandlungen.

Mc Murry, C. A.: Die Organisation des höheren Schulwesens in den Vereinigten Staaten Amerikas und in England und die Stellung des Staates zu demselben .... Halle a/S., *G. Pätz'sche Buchdr. (Lippert & Co.), Naumburg a. S.,* 1888; 3 Bl. + 44 S. 8°
Halle, Phil. Fak., Inaug.-Diss. v. [18. Apr.] 1888

Mc Murry, Frank: Herbert Spencers Erziehungslehre. Eine kritische Untersuchung. ... Gütersloh, Druck v. C. Bertelsmann, 1890; 79 + 1 S. + 1 Bl. 8°
Jena, Phil. Fak., Inaug.-Diss. v. 1890

Macnair, D. S. [aus Glasgow]: Über Derivate des Furils und Furoïns. ... Würzburg, Becker's Univ.-Buchdr., 1889; 17 S. 8°
Würzburg, Phil. Fak., Inaug.-Diss. v. 1889

Mc Nally, s.: Rand, Mc Nally & Co.

Mac Namara, Aug., historischer Ueberblick der kathol. Kirche, oder: Geschichtliche Darstellung der kathol. Kirche in jedem Alter und Lande, von den Zeiten der Apostel bis auf die Gegenwart. Aus dem Engl. übers. und verm. Hrsg. von J. G. S. gr. 16. (72 S. mit 1 Tab. in qu. gr. 4.) Wien 850, (Mayer und Comp.) *

Macneil, John, siehe, der Herr kommt! Aus dem Engl. übers. v. G. Späth. 1. u. 2. Taus. 8. (III, 53 S. m. 1 Taf.) Dessau 899. A. Haarth. Geb. in Leinw. n. 1.20

— werdet voll Geistes! Vorwort v. Andrew Murray. Aus dem Engl. übers. von G. Späth. 2. u. 3. Taus. gr. 8. (VII, 97 S.) Ebd. 900. n. 1. 25; geb. in Leinw. n.n. 1. 80

Macneill, ..., s. Navier, Grundsätze der Bewegung der Lokomotiven.

Mc. Neill, Walter S(cott), aus South-Carolina U. S.: Eine Studie über die Aufgaben der Stadtgemeinden in der Wohnungsfrage. *Berlin 1902: A. Gertz.* (88 S.) 8° [F.]
Berlin, Phil. Diss. v. 16. Aug. 1902

Mac Nevin O'Kelly, Frz. Frhr., vor 25 Jahren. Eigene Erinnerungen aus der Okkupations-Kampagne 1878 in Bosnien. (VII, 158 S. m. 3 Bildnissen.) gr. 8. Graz 903. Leykam. n. 2. 40

Macnight, Iac., commentar. harmonic. in quat. evangelia. III Tmi. 8. maj. Bremen, Förster. (Müller) 777–79.

Macnish, Rob., über Berauschung, deren Folgen u. Verhütungs- u. Heilmittel. N. d. 5. Aufl. der „Anatomy of Drunkenness." A. d. Engl. gr. 8. (5¾ B.) Köln 837, Du Mont-Schauberg.

Macnish, R.: Über Berauschung, deren Folgen und Verhütungs- und Heilmittel dagegen. Nach der 5. Aufl. der Anatomy of Drunkenness. Aus dem Englischen. 8°. 88 S. Barmen u. Köln. Friedrich Baats. 1837.

Macnish, Robert. Der Schlaf in allen seinen Gestalten. A. d. Engl. ... Leipzig 1835. Ü: *Becker, Gfr. Wilh.* (KY)

– Der Schlaf in allen seinen Gestalten. Aus d. Engl. von *r. (Becker.) Leipzig: Voß 1835. 8°

Maco, s. *Mako*.

Maçon, Der arbeitende und vollendete, in einer Rede ... Glogau 1778. V: *Herzberg, Friedrich.* (SJL)

Maçon, Maurice, der Chammer u. der Schaute. Eine Humoreske aus dem jüd. Leben der guten, alten Zeiten. — Blendwerk. Nach e. wahren Begebenheit. — Der Ring Nadri's. Eine Sedernacht in Teheran. (Umschlag: Drei humorvolle Erzählgn.) (145 S.) 8. Mainz 900. (Straßburg, J. Singer.) n. 1. 20

Maçon, Maurice, getreu bis in d. Tod. Nach e. wahren Begebenheit erzählt. 8. (165 S.) Straßburg 897. J. Singer. n. 1. 20

Macon County Deutsche Zeitung: 1892- Decatur, IL
Weekly. Edited & published by Armin Vogel.

Maçonnerie des femmes. 8. Dresd. 775. Hilscher. 12 gl

Maconochie, Verbrechen u. Strafe. Das Marken-System. In deutscher, möglichst wortgetreuer Uebersetzung von Herrm. Wulsten. gr. 8. (XVIII u. 56 S.) Frankfurt a. d. O. 851, Koscky & Co. 1/3 rf

Macoun, Johann: Untersuchungen über den Bacteriengehalt der Vaccine von Lancy-Genf. Znaim 1897. 31 S. 8°.
Bern. Phil. Diss. 1897/98.

Macoupin Anzeiger: 1879–1880. Carlinville, IL
Weekly. Edited & published by H. Schlange.

Macoupin County Anzeiger: 1875–1882. Staunton
Weekly. Circulation 1882, 500

M'Coy, Freder., Notes sur la zoologie et la paléontologie de Victoria. Traduit de l'anglais par E. Lissignol. gr. 8. (35 S.) Berlin 869, (Friedländer und Sohn.) *

Des **Freimaurers Handbuch.** Ein Taschenbegleiter für die Eingeweihten, enthaltend Erklärungen über die symbolischen Grade der Freimaurerei zum Gebrauche bei den Arbeiten und Vorlesungen mit über 200 Abbildungen verziert, zur Erläuterung der Zeichen und Symbole des Ordens. Gesammelt und geordnet von Robert Macoy. Nach dem englischen Originale deutsch bearbeitet von H. P. Finkelmeier. New York 1874. XI, 12—128 S. 8°.

Macpherson, J., der christliche Held. Aus dem Engl. v. A. M. Bevorwortet v. L. Tiesmeyer. 8. (IV, 70 S.) Bremen 873. (Barmen, Klein.) n. — 80

—— dass. — 2. Aufl. (VI, 71 S.) 1874, und 3. Aufl. 8. (VI, 101 S.) Basel 875, Spittler. *

Macpherson, J., s. *Ossian*, Poëms.

Macpherson, John, die Cholera in ihrer Heimath, mit einer Skizze ihrer Pathologie u. Therapie. Ins Deutsche übers. von Rob. Velten. Einzige vom Verf. autoris. u. durch Zusätze verm. deutsche Ausg. Erlangen 867. Enke's Verl. gr. 8. (156 S.) n. 24 ngr

Mac Pherson, Pet., Cantici Canticorum structura architectonica. Berolini 857. (Leipzig, Hartmann.) gr. 8. (12 S. u. 2 Tab., wovon 1 lith., in gr. Fol.) n. 15 ngr

Macpherson, Stewart, prakt. Harmonielehre. Ein kurzgefasstes Lehrbuch (die Harmonisierg. v. Melodien m. umfassend.) mit fortschreit. Aufgaben. Ins Deutsche übertr. v. Joh. Bernhoff. (X, 159 S.) Lex.-8. London 904. Leipzig, Breitkopf & Härtel. n. 3. 50
geb. in Leinw n.n. 4. 50

McPherson Anzeiger: Jahrgang 1–4, no. 20, Apr. 15, 1887—Aug. 29, 1890.
Independent weekly. Circulation: 1890, 300. Edited by J. F. Harms, & published by Western German Publishing Co., Apr. 15, 1887–Aug. 10, 1889; edited & published by J. F. Harms, Aug. 17, 1889—Aug. 29, 1890.
McPherson, KS

Macquardt, Anweis., was ein Officier rc. — s. J. K. Dt. Pirscher, coup d'oeil militaire.

Macquart, Beschr. e. nach dem Norden gemacht. Reise, enth. Abhandl. über Gegenstände d. Mineralogie; aus d. Französ. Mit Kpf. gr. 8. Frank. a. M. 790. Hermann. 2 rf

— Topographie von Moskau. gr. 8. Frankf. a. M. 790. Hermann. 9 gl

Macquart, (L. C.): Die Farben der Bluethen. Bonn 1835. 8°

Macquer, ... chronolog. Einleit. in die Kirchengeschichte; a. d. Französ. v. P. v. Osterwald. 5 Bde. gr. 8. Münch. 778. Fleischmann. 3 rf 8 gl

Macquer, Ph.: Anfangsgründe ... der Chymie, s. Macquer, Pierre Joseph

Macquer, Philippe. Römische Jahrbücher oder chronologischer Abriss der Geschichte Roms; a. d. Franz. ... Leipzig 1783. Ü: *Beck, Christian Daniel.* (MGT)

— römische Jahrbücher, od. chronolog. Abriß d. Gesch. Roms; a. d. Französ. übers., berichtigt u. mit Anmerkk. begl. v. Chr. Dan. Beck. gr. 8. Leipz. 783. Weygand. 1 rf 16 gl

Macquer, (Pierre Joseph): Anfangsgründe der praktischen Chemie. (Éléments de chymie...Dt.) Leipzig: 1768

s.: Macquer, (P.J.): Anfangsgründe der theoretischen Chymie. (Eléments de chymie... Dt.) Theil 2.

JB 278/2

Pierre Joseph Macquer

Des [Pierre Joseph] Macquer, [Éléments de chymie pratique. Deutsch:] Anfangsgründe der practischen Chymie. 2.Aufl. Leipzig: Junius 1768. 850 S. 8°

(= Macquer:[Éléments de chymie théorique.Deutsch:] Anfangsgründe der theoretischen Chemie.Th.2.)

— Anfangsgründe der theoretischen Chymie aus dem französischen ins Deutsche übersetzt. Leipzig, 1752. 8vo.
Zweyte Auflage. 1768.

Macquer, (Pierre Joseph): Anfangsgründe der theoretischen Chymie. (Éléments de chymie... Dt.) 2.Aufl. Th.1 - 2, gbd., Abb.

Leipzig: Junius 1768

JB 278

Pierre Joseph Macquer

Des [Pierre Joseph] Macquer, ([Éléments de chymie théorique.Deutsch:] Anfangsgründe der theoretischen Chemie.)Theoretische Anfangsgründe.Th. 2. 2.Aufl. Leipzig: Junius 1768. 8°

Th.2: Macquer:[Éléments de chymie pratique.Deutsch:] Anfangsgründe der practischen Chymie.1768.

Macquer, Pet. Jos., Anfangsgr. d. theoret. u. prakt. Chemie. 2 Thle. 8. Leipz. 768. (Brockhaus). 1 ℛ 8 gl

Macquer, Ph., Anfangsgr. d. theor. und prakt. Chymie. 2 Thle. 8. Lpz. Gleditsch. 768.

(Macquer, Pierre Joseph): Allgemeine Begriffe der Chymie nach alphabetischer Ordnung (Dictionnaire de chymie. Dt.)...übers.und mit Anmerkungen vermehrt von Karl Wilhelm Pörner. Th.1, 597 S., gbd., Abb.

Leipzig: Weidmann & Reich 1768

JB 301

Pierre Joseph Macquer

(Dictionnaire de chymie.[Deutsch:]) Allgemeine Begriffe der Chymie nach alphabetischer Ordnung. [Verf.: Pierre Joseph Macquer.] Aus dem Franz. übers. u.mit Anm.verm.von Carl Wilhelm Pörner. Th.1-3. Leipzig: Weidmann 1768-69. 8°

Th.1.2: 1768.
Th.3: 1769.

— Dictionnaire de Chymie. V Vols. 8. Berne 789. Typ. 6 ℛ 8 gl

— — — l. m. 4 Tom. 8. Par. Kessler. 778.

— — — l. m. 5 Tom. av. le supplém. p. Strave. gr. 8. Neuchatel, Haller. 789.

— — — l. m. 5 Vol. 8. Par. Kessler. 777.

— Kunst der Seidenfärberei; aus d. Französ. Mit Kpf. gr. 4. Königsb. 764. Kanter. 1 ℛ 4 gl (Hermann, Frkf. a. M.) 1 ℛ

— neue chem. Versuche, wie man der Seide vermittelst der Cochenille eine lebhafte rothe Farbe geben kann ꝛc.; a. dem Französ. übers., nebst e. Nachr. v. e. besond. u. neuen Zubereit. d. Zeuge auf d. König Georg III. Insel. 8. Leipz. 779. Müller. (Joachim). 8 gl

Macquer, Pierre Joseph: Chymisches Wörterbuch. (Dictionnaire de chymie. Dt.) Übers. von Johann Gottfried Leonhardi. Th.3, 5, 6. Neue Zusätze und Anmerkungen von J.G.Leonhardi: Bd 1, gbd.

Leipzig: Weidmann & Reich 1781 - 1792

JB 302

Pierre Joseph Macquer

Peter Joseph Macquers [Macquer] Dictionnaire de chymie. Deutsch:] Chymisches Wörterbuch oder Allgemeine Begriffe der Chymie nach alphabetischer Ordnung. Aus d.Franz. nach d.2.Ausg.übers. u.mit Anm.u.Zusätzen verm. von Johann Gottfried Leonhardi. Th.1-6. Leipzig:Weidmann 1781-83. 8°

Th.1: Von A-Erh. 1781.
Th.2: Von Erz-G.1781.
Th.3: Von H-Ph.1781.
Th.4: Von Pil-See.1782.
Th.5: Von Sei-Z.1782.
Th.6: Enthaltend die Reg. 1783.

— chem. Wörterbuch, od. allgem. Begriff der Chemie; a. dem Franz. übers., mit Anmerkk. u. Zusätzen verm. v. J. G. Leonhardi. 5 Thle. u. 6r Thl. Register. gr. 8. Leipz. 781—83. 2e verm. A. v. J. B. Richter. 7 Bde. 788—91. Weidmann. 12 ℛ Schrbp. 16 ℛ. 3e Ausg. v. J. B. Richter u. Hermbstädt. 1r — 3r Bd. gr. 8. Ebd. 806—9. 7 ℛ 12 gl Schrbp. 9 ℛ. Die Zusätze u. Anmerkk. zur 1n Ausg. v. Leonhardi. 2 Bde. apart. gr. 8. Ebd. 792. 93. 4 ℛ 8 gl

Macquer, Rtt. v. Arcy, Lavoisier u. a. Sammlung von Nachrichten u. Beobachtungen über die Erzeugung u. Verfertigung des Salpeters. A. d. Französ. übs. von J. H. Pfingsten. Mit Kpf. Dresden 1778. 557 S.

Macquet, Aug., s. Maquet, Aug.

Macquoid, Katharine S.: Berris, s. Library, The English.

Macquoid, Katharine S. Maisie Derrick, s. Library, the English.

Macquoid, Mrs. K. S, Diane, s. Collection of British Authors.

– At the red glove, s. Library, The English.

Macquoid, Mrs. K. S., a faithful Lover, s. Collection of British Authors.

– Miriam's marriage, s. Collection of British authors.

– Patty, s. Collection of British authors.

– Pictures across the channel, s. Collection of British authors.

– Beside the river, s. Collection of British authors.

– My story, s. Collection of British authors.

– Too soon, s. Collection of British authors.

MacRae, Archibald, aus Quebec: Die religiöse Gewissheit bei J. H. Newman. *Jena 1898: B. Vopelius.* (51 S.) 8°
Jena, Phil. Diss. v. (2. Aug.) 1898

Mac-Rei, Miss, roman historique. 12. Philad. Acad. 784.

— — — ein histor. Roman, a. d. Frz. 8. Lpz. Müller. 785.

Macridy-Bey, Th., une citadelle archaïque du Pont, s.: Mitteilungen der vorderasiat. Gesellschaft. 1907. IV.

— La porte des sphinx à Euyuk, s.: Mitteilungen d. vorderasiat. Gesellschaft. 1908, III.

Macrin, Heinrich Samuel: „Der Ursprung, Güthe und Gerechtigkeiten der Edlen Sültzen zu Lüneburg .... Mit einem gründlichen Abriss der Sültzen", Lüneburg 1710 (Joh. Georg Lipper). — Vorh.: StB Frankfurt a. M. — Flugschriftensammlung Gustav Freytag — IX, 60.

Macrizi's Geschichte der Copten. Aus den Handschriften zu Gotha u. Wien mit Uebersetzung u. Anmerkungen von Fd. Wüstenfeld. (Aus dem 3. Bde. der Abhandlungen der K. Gesellsch. d. Wissensch.) gr. 4. Göttingen 845, Dieterich'sche Buchh. n. 2 ℛ

Macrizii, (Al-) hist. monetae Arabicae, ed. O. G. Tychsen. 8. Rost. Stiller. 797.

Macrizii, hist. reg. Islamit. in Abyssinia. ed. F. I. Rinck. 4. Leyd. 790.

— de legalibus arab. Ponderib. ed. O. G. Tychsen. 8. ibid. 800.

Macrobiotik, oder Kunst lange und glücklich zu leben, nach Hufeland im Ausz. 8. Lpz. Günther. 797.

Macrobius, Ambrosius Theodosius

Macrobius, excerpta, s. Grammatici latini ex recensione Heur. Keilii.

Macrobius, Francisc. Eyssenhardt recognovit. Leipzig 868. Teubner. 8. (VIII, 665 S. mit 1 Steintaf. in qu. 4.) 1 ℛ 24 ngr

Macrobius. Franciscus Eyssenhardt iterum recognovit. 8. (VIII, 676 S. m. 1 Taf.) Leipzig 893. B. G. Teubner. n. 6. —

Macrobii, Aur. Theod., opera c. not. Jo. Pontani, J. Meursii, Jak. Gronovii, quibus adjunxit et suas J. C. Zeunius. 8maj. Lips. 774. (Unzer in Königsberg) 2 ℛ

— Opera ad opt. editt. collata. II Voll. 8maj. Zweibr. 788. (Treuttel u. W. in Strassb.) 1 ℛ 4 gl Schrbp. 1 ℛ 10 gl

Macrobii, Ambrosii Theodosii, v. c. et inl. opera quae supersunt. Excussis exemplaribus tam manu exarat. quam typis descriptis emendavit: prolegomena, apparatum crit., adnotationes, cum aliorum selectas tum suas, indicesque adjecit Ludov. Janus. Vol. I. Et. s. t.: Macrobii commentarii in Ciceronis somnium Scipionis et excerpta e libro de differentiis et societatibus graeci latinique verbi. Praemittuntur prolegomena et Ciceronis somnium Scipionis: subjicitur incerti fragmentum de verbo. 8maj. (CXVI und 319 S. mit 2 Stnt. in qu. 4.) Quedlinburgi 848, Basse.
Vlnp.

—— id. — Vol. II. (ultim.) Et. s. t.: Macrobii saturnaliorum libri VII. 8maj. (XX und 745 S.) Ibid. 852.
Vlnp.

Macroni, Jos., kurzgefaßte Lebensbeschreibung Jos. Labre, e. Franzosen. 8. Augsb. 787. M. Rieger. 12 gl

Macropedius, Georgius (Georgius v. Langveldt), Rebelles u. Aluta, hrsg. v. Johs. Bolte, s. a. Litteraturdenkmäler d. XV. u. XVI. Jahrh.

Georgivs Macropedivs. Rebelles und Alvta. Hrsg. v. Johannes Bolte. M. Bild. u. Notenbeig. *Berlin: Weidmann 1897.* (XLII, 104 S.) 1 Bd 8.
= Litteraturdenkmäler, Lateinische, d. XV. u. XVI. Jahrhunderts. [H.] 13. [97. 1848]

Das politische Ma- und Microscopium des gegenwärtigen Kriegs und das algem. System des röm. Reichs betr. 1758. 4.

Macrosty, H. W., Die Lage der englischen Eisenarbeiter. Sociale Praxis, 1907, 18. Juli.

Das Trustwesen in der britischen Industrie (The Trust Movement in British industry). Von Henry W. **Macrosty**. Ins Deutsche übertr. von Felicitas Leo. Berlin: Heymann 1910. XII, 308 S. 8°
(Moderne Wirtschaftsprobleme. Bd 4.) [11. 4647]

Macrotherister, Patritius ps.
Pretiosum a vili . . . Aug. Vindel. 1704. H: *Langenmantel, Hieronymus Ambrosius.* (BB)

Macrotheristri, Patr.) Pretiosum a vili sive de latinitate merito et immerito reprobata. Aug. Vind. 720. 8.

Macrothymia, od. Verf. z. Ausbild. der Menschh. 1r gr. 8. Erf. Beier. 797.

Macry, Nicolaus J. [app. Arzt]: Ein Fall von Arsen- und Sublimat-Vergiftung ... München, Buchdr. Gebr. Haertl, *1892*; 28 S. 8.
München, Med. Fak., Inaug.-Diss. v. 1892

Mac Sherry, James

Mac Sherry, der Schwur d. Huronenhäuptlings, s.: Hunder, Ant. (Aus fernen Landen. 9.)

Mac Sherry, James, Ahasistari's, des Huronen-Häuptlings, Treue. Eine Erzählung aus den Indianer-Missionen von Nord-Amerika. Nach dem Engl. von J. J. Menge. Freiburg im Br. 861. Herder. 8. (IV, 196 S.) 12 ngr

—— Willitoft oder die Lage Jacobs I. Eine Erzählung. Mit Genehmigung des Verf. deutsch von Bernard Wörner. 1. Aufl. Frankfurt und 2. (Titel-)Ausg. 8. (XIII und 402 S.) Mainz (858), Kirchheim.

— Willitoft oder die Tage Jacobs I. Eine Erzählung. Mit Genehmigung des Verf. deutsch von Bernard Wörner. 2. Ausg. Mainz 859. Kirchheim. 8. (XIII, 402 S.) 15 ngr.

Macte Lister triumphator! Feuchtfröhlich-antisept. Vademecum der inneren Chirurgie f. den strebsamen modernen Arzt v. Dr. Risorius Santorini. 12. (39 S.) Leipzig 887. [Herbich & Rapsilber.] Luzern, Schweiz. Verlags-Anstalt. n. 1. —

Macte Lister triumphator! 12. Lpz. 887. Münch., Taubald. * 1 —

Maculatur

— — S. auch Makulatur.

Maculatur oder Zeitung für Narren und ihre Freunde. Breslau 1811. V: *Müchler, Carl, Carl Wilh. Salice-Contessa & Carl Borr. Alex. Sessa.* (MGT) (Ky) (GGr)

Maculatur, Breslauische; eine Wochenschrift. Bresl. 1772. H: *Schäffer, Carl Friedrich Ludwig.* (MGT) (Kat. d. Druckschr. üb. Breslau. Breslau 1903. S. 395.)

Maculatur zum bewusten Gebrauch. Königsberg 1762. V: *Hinz, Johann Friedrich & Theodor Gottlieb von Hippel.* V (Das war ein kluger Pfiff): *Hamann, Johann Georg.* schstr S. 9)

Maculatur zum bewussten Gebrauch. Königsberg 1763. V: *Hinz, Johann Friedrich.* (ML)

Maculatur, pragmatisches, e. Monatsschr. 16 Stck. 8. Lpz. Holle. 769.

— theolog., s. Merkwürdigkeiten.

Macun J.: Nicc. Macchiavelli als Dichter, Historiker und Staatsmann. 30⁴ Graz I. 74. Progr.

Macun, Ivan, Kratka slovnica jezika nèmackoga. Složena za porabu mladezi gimnasialne po — —. 8. (154 S.) U Becu Tiskom udove i sina A Pichlera. 1854. (Kurze Grammatik der deutschen Sprache. Zum Gebrauche der Gymnasialschulen. Preis 21 kr. C. M.
Verlag der Schulbücher-Verschleiß-Administration.

Macun, Ivan. Slovnica jezika gérckoga sastavljena po — —. 8. I Strana. Izpitavanje recih iz nè nackoga od Dr. Rafaela Kühnera sa malenimi proměnami prevedeno. (356 S. 2 Bl.) II Strana. Skladnja. (390 S. 1 Bl.) U Becu. Tiskom Dragutina Ueberreutera. 1853. (Grammatik der griechischen Sprache.) Preis 37 kr. und 22 kr. C. M.
Verlag der Schulbücher-Verschleiß-Administration.

Mc Veigh-Miller, Alex., Lydia's düsteres Geheimniß oder Lebensschicksale eines jungen Mädchens. Roman. Deutsch von Marie Westensee. 8. (171 S.) Kaiserslautern 882. Rohr. 1. —

Maczeck, J., Beweis v. Dasein Gottes a. Gründen d. theoretischen Vernunft. gr. 8. Wien 799. Sammer. 1 fl

— s. Entwurf der reinen Philosophie.

— Entw. der rein. Philosophie. 8. Wien, Schaumburg. 803.

Maczewski, Fr. Gust., († d. 14. Sept. 1813.) s. Versuch e. Grundrisses rc.

(F. Gst. **Maczewski's** u. Glo. Bj. **Jäsche's**) Vers. e. fassl. Grundr. d. Rechts- u. Pflichtenlehre beym Unterr. d. reifern u. gebild. Jug. — *Königsb.*, Nicolovius. 796. 8° 5 gl

Zwei Beschreibungen der Stadt Lyck aus den Jahren 1692 u. 1740. (Verf [Karl] M[aczkowski].) *[Lyck 1902.]* (2 Bl.) 4° [Kopft. J.] [illegible]

MAĆZLIK, Johannes B.: Praemissis Venetos inter et Longobardos vicissitudinibus exponitur relatio regum Francorum ad eosdem Venetos (circa annum 800 p. C. — (1904) 97 Bl. 4° (Handschr.) Diss. 770
Diss. Wien, Univ.

Maczyński, Ir., aus Alt-Krakau. Strassen, Portale, Fluren. (91 Taf. u. 7 S. Text m. 1 Plan.) Lex. 8. Krakau 908. (Wien, A. Schroll & Co.) 13.50; französ. Ausg. nn 12. —